Win-Q

가스 기사 필기

SD에듀
(주)시대고시기획

합격에 윙크
Win-Q
하다^

가스기사 필기

Always with you

사람이 길에서 우연하게 만나거나 함께 살아가는 것만이 인연은 아니라고 생각합니다.
책을 펴내는 출판사와 그 책을 읽는 독자의 만남도 소중한 인연입니다.
SD에듀는 항상 독자의 마음을 헤아리기 위해 노력하고 있습니다.
늘 독자와 함께하겠습니다.

머리말

가스 분야의 전문가를 향한 첫 발걸음!

산업현장에서 발생할 수 있는 가스폭발사고 및 화재 발생은 안점점검이 제대로 이루어졌다면 충분히 막을 수 있는 인재(人災)이기 때문에 안타까움이 매우 클 수밖에 없습니다. 고압가스 등으로 인한 폭발 및 화재가 발생하면 인적 · 물적 피해가 크기 때문에 전문가를 통한 안전점검을 소홀히 해서는 절대 안 됩니다. 이에 따라 가스안전과 관련된 분야에 대한 관심이 지속적으로 높아지고 있습니다.

가스기사는 고압가스 제조 · 저장 · 판매업체와 기타 도시가스사업소, 용기제조업소, 냉동기계제조업체 등 전국의 고압가스 관련 업체 등으로 진출하여 가스 및 용기제조의 공정관리, 가스의 사용방법 및 취급요령 등을 위해 예방을 위한 지도 및 감독업무와 저장, 판매, 공급 등의 과정에서 안전관리 지도 및 감독의 업무를 수행합니다. 국민 생활수준의 향상과 산업의 발달로 연료용 및 산업용 가스의 수급 규모가 대형화되고 있으며, 가스시설이 복잡하고 다양화됨에 따라 가스사고 건수가 급증하고 사고 규모도 대형화되고 있으며, 가스설비의 경우 유해 · 위험물질을 다량으로 취급할 뿐만 아니라 복잡하고 정밀한 장치나 설비가 자동제어의 연속공정으로 거대 시스템화되어 있어 이들 설비의 잠재위험요소를 확인 · 평가하고 그 위험을 제거하거나 통제할 수 있는 전문인력의 필요성은 계속 증가할 것입니다. 이러한 현 상황에서 가스기사의 역할과 인력 수요는 지속적으로 증가하는 추세입니다.

본서는 빨간키 핵심요약, 핵심이론과 핵심예제, 최근 출제경향을 반영한 과년도 기출문제와 최근 기출복원문제 및 해설 등으로 구성되어 있습니다. 수험생들은 핵심이론을 공부한 후 기출문제 중에서 자주 출제되는 내용을 완벽하게 숙지하여 중요한 내용을 체계적으로 공부하고, 이해와 집중을 기본으로 시험을 준비한다면, 합격에 한발 더 가까이 다가갈 수 있습니다.

수험 생활 동안 만나게 되는 어려움과 유혹을 모두 이겨내고 합격을 목표로 하여 가스기사 자격을 취득하시길 바랍니다.

감사합니다.

기계기술사 박 병 호

시험안내

개 요

고압가스가 지닌 화학적 · 물리적 특성으로 인한 각종 사고로부터 국민의 생명과 재산을 보호하고 고압가스의 제조과정에서부터 소비과정에 이르기까지 안전에 대한 규제대책, 각종 가스용기, 기계, 기구 등에 대한 제품검사, 가스 취급에 따른 제반시설의 검사 등 고압가스에 관한 안전관리를 실시하기 위하여 자격제도를 제정하였다.

수행직무

고압가스 및 용기제조의 공정관리, 가스의 사용방법 및 취급요령 등을 위해 예방을 위한 지도 및 감독업무와 저장, 판매, 공급 등의 과정에서 안전관리를 위한 지도 및 감독업무를 수행한다.

시험일정

구 분	필기원서접수(인터넷)	필기시험	필기합격(예정자)발표	실기원서접수	실기시험	최종 합격자 발표일
제1회	1.23~1.26	2.15~3.7	3.13	3.26~3.29	4.27~5.12	6.18
제2회	4.16~4.19	5.9~5.28	6.5	6.25~6.28	7.28~8.14	9.10
제3회	6.18~6.21	7.5~7.27	8.7	9.10~9.13	10.19~11.8	12.11

※ 상기 시험일정은 시행처의 사정에 따라 변경될 수 있으니, www.q-net.or.kr에서 확인하시기 바랍니다.

시험요강

❶ 시행처 : 한국산업인력공단

❷ 관련 학과 : 대학과 전문대학의 화학공학, 가스냉동학, 가스산업학 관련 학과

❸ 시험과목

㉠ 필기 : 1. 가스유체역학 2. 연소공학 3. 가스설비 4. 가스안전관리 5. 가스계측

㉡ 실기 : 가스 실무

❹ 검정방법

㉠ 필기 : 객관식 4지 택일형 과목당 20문항(과목당 30분)

㉡ 실기 : 복합형[필답형(1시간 30분) + 작업형(1시간 30분 정도)]

❺ 합격기준

㉠ 필기 : 100점을 만점으로 하여 과목당 40점 이상, 전 과목 평균 60점 이상

㉡ 실기 : 100점을 만점으로 하여 60점 이상

검정현황

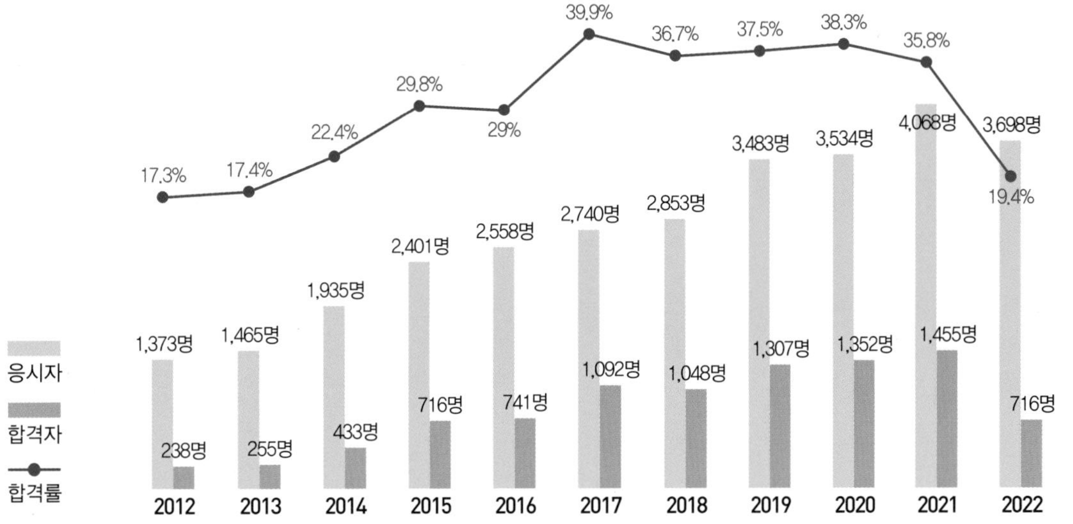

필기시험

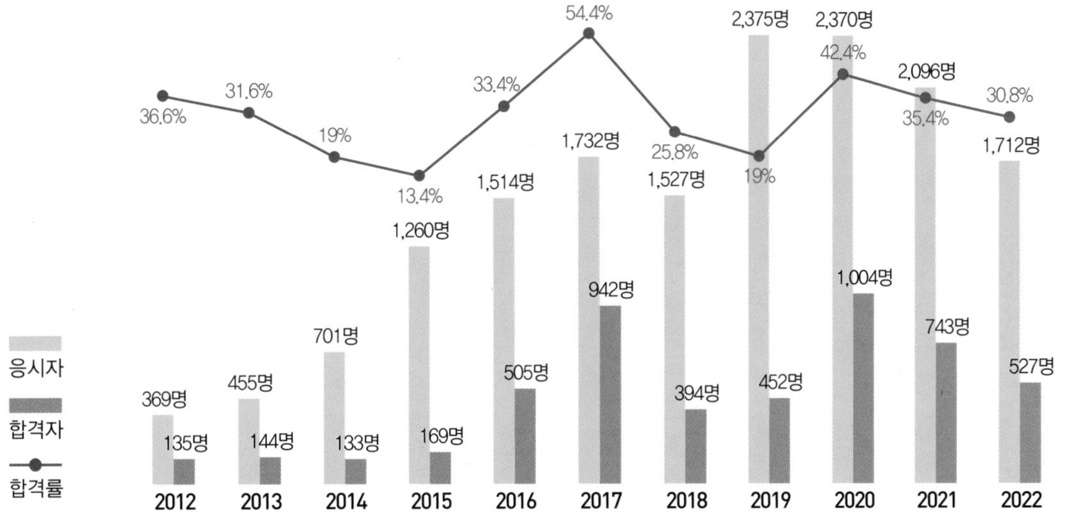

실기시험

시험안내

출제기준

필기과목명	주요항목	세부항목	세세항목	
가스유체역학	유체의 정의 및 특성	용어의 정의 및 개념의 이해	• 단위와 차원 해석 • 유체의 흐름현상	• 물리량의 정의
	유체 정역학	비압축성 유체	• 유체의 정역학 • 유체의 유동	• 유체의 기본 방정식 • 유체의 물질 수지 및 에너지 수지
	유체 동역학	압축성 유체	• 압축성 유체의 흐름공정 • 유체의 운동량이론 • 충격파의 전달속도	• 기체상태 방정식의 응용 • 경계층이론
		유체의 수송	• 유체의 수송장치 • 기체의 수송 • 유체의 수송에 있어서의 두손실	• 액체의 수송 • 유체의 수송동력
연소공학	연소이론	연소 기초	• 연소의 정의 • 열전달 • 연소속도	• 열역학 법칙 • 열역학의 관계식 • 연소의 종류와 특성
		연소 계산	• 연소현상이론 • 공기비 및 완전연소 조건 • 화염온도	• 이론 및 실제공기량 • 발열량 및 열효율 • 화염전파이론
	연소설비	연소장치의 개요	• 연소장치 • 연소현상	• 연소방법
		연소장치 설계	• 고부하 연소기술	• 연소부하 산출
	가스폭발/방지대책	가스폭발이론	• 폭발범위 • 열이론 • 폭발의 종류	• 확산이론 • 기체의 폭굉현상 • 가스폭발의 피해(영향) 계산
		위험성 평가	• 정성적 위험성 평가	• 정량적 위험성 평가
		가스화재 및 폭발방지대책	• 가스폭발의 예방 및 방호 • 방폭구조의 종류	• 가스화재소화이론 • 정전기 발생 및 방지대책
가스설비	가스설비의 종류 및 특성	고압가스 설비	• 고압가스 제조설비 • 고압가스 사용설비	• 고압가스 저장설비 • 고압가스 충전 및 판매설비
		액화석유가스 설비	• 액화석유가스 충전설비 • 액화석유가스 집단공급설비	• 액화석유가스 저장 및 판매설비 • 액화석유가스 사용설비
		도시가스 설비	• 도시가스 제조설비 • 도시가스 사용설비	• 도시가스 공급충전설비 • 도시가스 배관 및 정압설비
		수소설비	• 수소 제조설비 • 수소 사용설비	• 수소 공급충전설비 • 수소 배관설비
		펌프 및 압축기	• 펌프의 기초 및 원리 • 펌프 및 압축기의 유지관리	• 압축기의 구조 및 원리
		저온장치	• 가스의 액화사이클 • 가스의 액화분리장치의 계통과 구조	• 가스의 액화분리장치

<table>
<tr><th>필기과목명</th><th>주요항목</th><th>세부항목</th><th colspan="2">세세항목</th></tr>
<tr><td rowspan="3">가스설비</td><td rowspan="2">가스설비의 종류 및 특성</td><td>고압장치</td><td>• 고압장치의 요소
• 고압가스 반응장치
• 기화장치</td><td>• 고압장치의 계통과 구조
• 고압저장 탱크설비
• 고압측정장치</td></tr>
<tr><td>재료와 방식, 내진</td><td>• 가스설비의 재료, 용접 및 비파괴검사
• 방식의 원리
• 내진설비 및 기술사항</td><td>• 부식의 종류 및 원리
• 방식설비의 설계 및 유지관리</td></tr>
<tr><td>가스용 기기</td><td>가스용 기기</td><td>• 특정설비
• 압력조정기
• 연소기
• 차단용 밸브</td><td>• 용기 및 용기밸브
• 가스미터
• 콕 및 호스
• 가스누출경보/차단기</td></tr>
<tr><td rowspan="6">가스안전 관리</td><td rowspan="3">가스에 대한 안전</td><td>가스 제조 및 공급, 충전에 관한 안전</td><td colspan="2">• 고압가스 제조 및 공급 · 충전
• 액화석유가스 제조 및 공급 · 충전
• 도시가스 제조 및 공급 · 충전
• 수소 제조 및 공급 · 충전</td></tr>
<tr><td>가스 저장 및 사용에 관한 안전</td><td>• 저장탱크
• 용기</td><td>• 탱크로리
• 저장 및 사용시설</td></tr>
<tr><td>용기, 냉동기 가스용품, 특정설비 등의 제조 및 수리에 관한 안전</td><td colspan="2">• 고압가스 용기제조, 수리 및 검사
• 냉동기기 제조, 특정설비 제조 및 수리
• 가스용품 제조 및 수리</td></tr>
<tr><td rowspan="3">가스 취급에 대한 안전</td><td>가스 운반 취급에 관한 안전</td><td>• 고압가스의 양도, 양수 운반 또는 휴대
• 고압가스 충전용기의 운반</td><td>• 차량에 고정된 탱크의 운반</td></tr>
<tr><td>가스의 일반적인 성질에 관한 안전</td><td>• 가연성 가스
• 기타 가스</td><td>• 독성가스</td></tr>
<tr><td>가스 안전사고의 원인조사 분석 및 대책</td><td>• 화재사고
• 누출사고
• 안전관리이론, 안전교육 및 자체 검사</td><td>• 가스폭발
• 질식사고 등</td></tr>
<tr><td rowspan="5">가스계측</td><td rowspan="2">계측기기</td><td>계측기기의 개요</td><td>• 계측기 원리 및 특성
• 측정과 오차</td><td>• 제어의 종류</td></tr>
<tr><td>가스계측기기</td><td>• 압력 계측
• 온도 계측
• 밀도 및 비중의 계측</td><td>• 유량 계측
• 액면 및 습도 계측
• 열량 계측</td></tr>
<tr><td>가스 분석</td><td>가스 분석</td><td>• 가스검지 및 분석</td><td>• 가스기기 분석</td></tr>
<tr><td>가스미터</td><td>가스미터의 기능</td><td>• 가스미터의 종류 및 계량원리
• 가스미터의 고장처리</td><td>• 가스미터의 크기 선정</td></tr>
<tr><td>가스시설의 원격 감시</td><td>원격감시장치</td><td>• 원격감시장치의 원리
• 원격감시설비의 설치 · 유지</td><td>• 원격감시장치의 이용</td></tr>
</table>

이 책의 구성과 특징

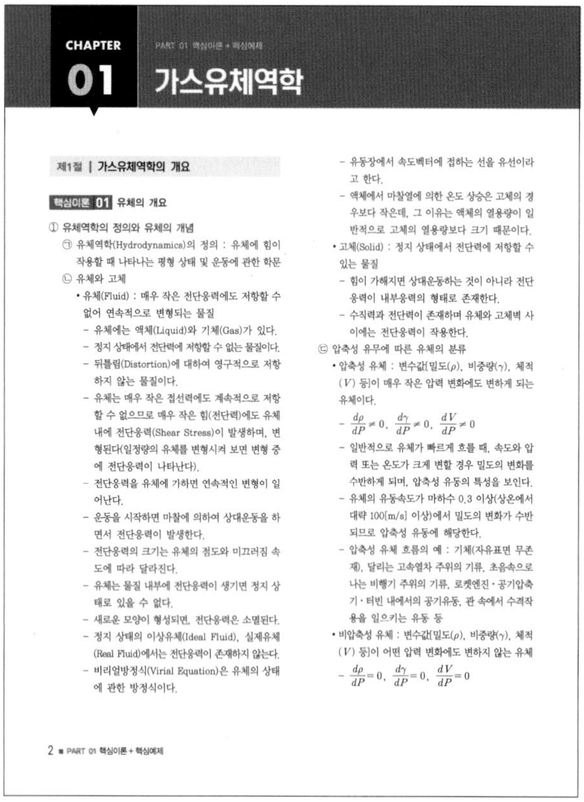

CHAPTER 01 PART 01 핵심이론 + 핵심예제

가스유체역학

제1절 | 가스유체역학의 개요

핵심이론 01 유체의 개요

① 유체역학의 정의와 유체의 개념

㉠ 유체역학(Hydrodynamics)의 정의 : 유체에 힘이 작용할 때 나타나는 평형 상태 및 운동에 관한 학문

㉡ 유체와 고체

- 유체(Fluid) : 매우 작은 전단응력에도 저항할 수 없어 연속적으로 변형되는 물질
  - 유체에는 액체(Liquid)와 기체(Gas)가 있다.
  - 정지 상태에서 전단력에 저항할 수 없는 물질이다.
  - 뒤틀림(Distortion)에 대하여 영구적으로 저항하지 않는 물질이다.
  - 유체는 매우 작은 접선력에도 계속적으로 저항할 수 없으므로 매우 작은 힘(전단력)에도 유체 내에 전단응력(Shear Stress)이 발생하며, 변형된다(일정량의 유체를 변형시켜 보면 변형 중에 전단응력이 나타난다).
  - 전단응력을 유체에 가하면 연속적인 변형이 일어난다.
  - 운동을 시작하면 마찰에 의하여 상대운동을 하면서 전단응력이 발생한다.
  - 전단응력의 크기는 유체의 점도와 미끄러짐 속도에 따라 달라진다.
  - 유체는 물질 내부에 전단응력이 생기면 정지 상태로 있을 수 없다.
  - 새로운 모양이 형성되면, 전단응력은 소멸된다.
  - 정지 상태의 이상유체(Ideal Fluid), 실제유체(Real Fluid)에서는 전단응력이 존재하지 않는다.
  - 비리얼방정식(Virial Equation)은 유체의 상태에 관한 방정식이다.
  - 유동장에서 속도벡터에 접하는 선을 유선이라고 한다.
  - 액체에서 마찰열에 의한 온도 상승은 고체의 경우보다 작은데, 그 이유는 액체의 열용량이 일반적으로 고체의 열용량보다 크기 때문이다.
- 고체(Solid) : 정지 상태에서 전단력에 저항할 수 있는 물질
  - 힘이 가해지면 상대운동하는 것이 아니라 전단응력이 내부응력의 형태로 존재한다.
  - 수직력과 전단력이 존재하며 유체와 고체벽 사이에는 전단응력이 작용한다.

㉢ 압축성 유무에 따른 유체의 분류

- 압축성 유체 : 변수값[밀도(ρ), 비중량(γ), 체적(V) 등]이 매우 작은 압력 변화에도 변하게 되는 유체이다.
  - $\frac{d\rho}{dP} \neq 0$, $\frac{d\gamma}{dP} \neq 0$, $\frac{dV}{dP} \neq 0$
  - 일반적으로 유체가 빠르게 흐를 때, 속도와 압력 또는 온도가 크게 변할 경우 밀도의 변화를 수반하게 되며, 압축성 유동의 특성을 보인다.
  - 유체의 유동속도가 마하수 0.3 이상(상온에서 대략 100[m/s] 이상)에서 밀도의 변화가 수반되므로 압축성 유동에 해당한다.
  - 압축성 유체 흐름의 예 : 기체(자유표면 무존재), 달리는 고속열차 주위의 기류, 초음속으로 나는 비행기 주위의 기류, 로켓엔진·공기압축기·터빈 내에서의 공기유동, 관 속에서 수격작용을 일으키는 유동 등
- 비압축성 유체 : 변수값[밀도(ρ), 비중량(γ), 체적(V) 등]이 어떤 압력 변화에도 변하지 않는 유체
  - $\frac{d\rho}{dP} = 0$, $\frac{d\gamma}{dP} = 0$, $\frac{dV}{dP} = 0$

2 ■ PART 01 핵심이론 + 핵심예제

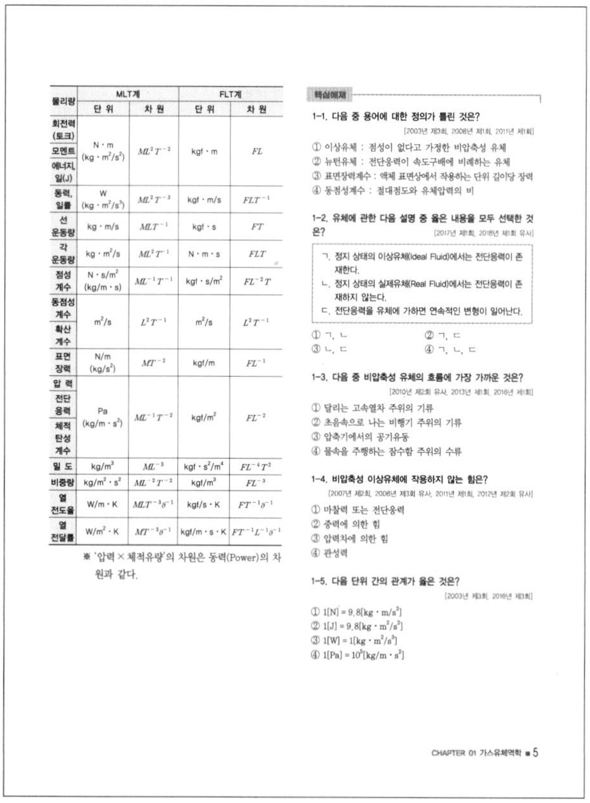

물리량	MLT계		FLT계	
	단 위	차 원	단 위	차 원
회전력(토크), 모멘트, 에너지, 일(J)	N·m (kg·m²/s²)	ML^2T^{-2}	kgf·m	FL
동력, 일률	W (kg·m²/s³)	ML^2T^{-3}	kgf·m/s	FLT^{-1}
선 운동량	kg·m/s	MLT^{-1}	kgf·s	FT
각 운동량	kg·m²/s	ML^2T^{-1}	N·m·s	FLT
점성계수	N·s/m² (kg/m·s)	$ML^{-1}T^{-1}$	kgf·s/m²	$FL^{-2}T$
동점성계수, 확산계수	m²/s	L^2T^{-1}	m²/s	L^2T^{-1}
표면장력	N/m (kg/s²)	MT^{-2}	kgf/m	FL^{-1}
압 력, 전단응력, 체적탄성계수	Pa (kg/m·s²)	$ML^{-1}T^{-2}$	kgf/m²	FL^{-2}
밀 도	kg/m³	ML^{-3}	kgf·s²/m⁴	$FL^{-4}T^2$
비중량	kg/m²·s²	$ML^{-2}T^{-2}$	kgf/m³	FL^{-3}
열전도율	W/m·K	$MLT^{-3}\theta^{-1}$	kgf/s·K	$FT^{-1}\theta^{-1}$
열전달률	W/m²·K	$MT^{-3}\theta^{-1}$	kgf/m·s·K	$FT^{-1}L^{-1}\theta^{-1}$

※ '압력 × 체적유량'의 차원은 동력(Power)의 차원과 같다.

핵심예제

1-1. 다음 중 용어에 대한 정의가 틀린 것은?
[2003년 제3회, 2008년 제1회, 2011년 제1회]

① 이상유체 : 점성이 없다고 가정한 비압축성 유체
② 뉴턴유체 : 전단응력이 속도구배에 비례하는 유체
③ 표면장력계수 : 액체 표면상에서 작용하는 단위 길이당 장력
④ 동점성계수 : 절대점도와 유체압력의 비

1-2. 유체에 관한 다음 설명 중 옳은 내용을 모두 선택한 것은?
[2017년 제1회, 2018년 제1회 유사]

ㄱ. 정지 상태의 이상유체(Ideal Fluid)에서는 전단응력이 존재한다.
ㄴ. 정지 상태의 실제유체(Real Fluid)에서는 전단응력이 존재하지 않는다.
ㄷ. 전단응력을 유체에 가하면 연속적인 변형이 일어난다.

① ㄱ, ㄴ ② ㄱ, ㄷ
③ ㄴ, ㄷ ④ ㄱ, ㄴ, ㄷ

1-3. 다음 중 비압축성 유체의 흐름에 가장 가까운 것은?
[2010년 제2회 유사, 2013년 제1회, 2016년 제1회]

① 달리는 고속열차 주위의 기류
② 초음속으로 나는 비행기 주위의 기류
③ 압축기에서의 공기유동
④ 물속을 주행하는 잠수함 주위의 수류

1-4. 비압축성 이상유체에 작용하지 않는 힘은?
[2007년 제2회, 2008년 제3회 유사, 2011년 제1회, 2012년 제2회 유사]

① 마찰력 또는 전단응력
② 중력에 의한 힘
③ 압력차에 의한 힘
④ 관성력

1-5. 다음 단위 간의 관계가 옳은 것은?
[2003년 제3회, 2016년 제3회]

① 1[N] = 9.8[kg·m/s²]
② 1[J] = 9.8[kg·m²/s²]
③ 1[W] = 1[kg·m²/s³]
④ 1[Pa] = 10⁵[kg/m·s²]

CHAPTER 01 가스유체역학 ■ 5

핵심이론

필수적으로 학습해야 하는 중요한 이론들을 각 과목별로 분류하여 수록하였습니다.
시험과 관계없는 두꺼운 기본서의 복잡한 이론은 이제 그만!
시험에 꼭 나오는 이론을 중심으로 효과적으로 공부하십시오.

핵심예제

출제기준을 중심으로 출제빈도가 높은 기출문제와 필수적으로 풀어보아야 할 문제를 핵심이론당 1~2문제씩 선정했습니다.
각 문제마다 핵심을 찌르는 명쾌한 해설이 수록되어 있습니다.

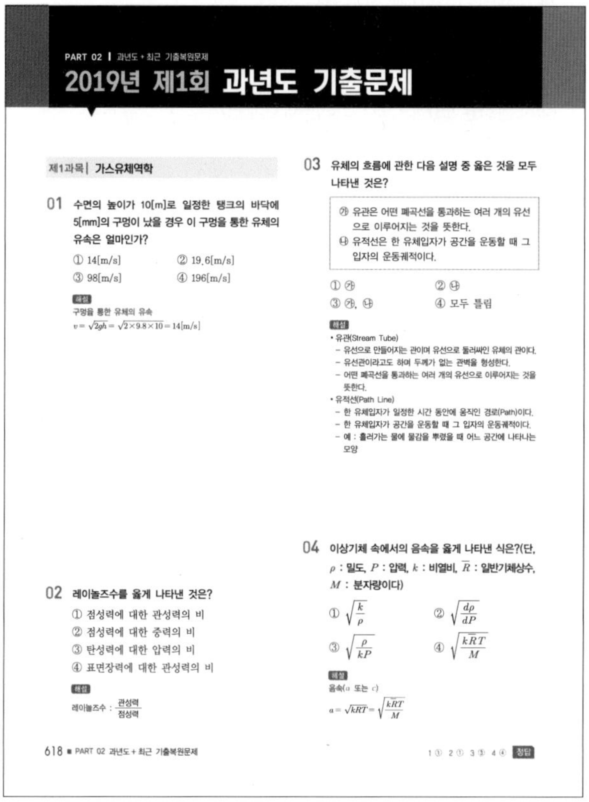

PART 02 | 과년도 + 최근 기출복원문제

2019년 제1회 과년도 기출문제

제1과목 | 가스유체역학

01 수면의 높이가 10[m]로 일정한 탱크의 바닥에 5[mm]의 구멍이 났을 경우 이 구멍을 통한 유체의 유속은 얼마인가?

① 14[m/s] ② 19.6[m/s]
③ 98[m/s] ④ 196[m/s]

해설
구멍을 통한 유체의 유속
$v = \sqrt{2gh} = \sqrt{2 \times 9.8 \times 10} = 14[m/s]$

02 레이놀즈수를 옳게 나타낸 것은?

① 점성력에 대한 관성력의 비
② 점성력에 대한 중력의 비
③ 탄성력에 대한 압력의 비
④ 표면장력에 대한 관성력의 비

해설
레이놀즈수 : $\frac{관성력}{점성력}$

03 유체의 흐름에 관한 다음 설명 중 옳은 것을 모두 나타낸 것은?

㉮ 유관은 어떤 폐곡선을 통과하는 여러 개의 유선으로 이루어지는 것을 뜻한다.
㉯ 유적선은 한 유체입자가 공간을 운동할 때 그 입자의 운동궤적이다.

① ㉮ ② ㉯
③ ㉮, ㉯ ④ 모두 틀림

해설
- 유관(Stream Tube)
  - 유선으로 만들어지는 관이며 유선으로 둘러싸인 유체의 관이다.
  - 유선관이라고도 하며 두께가 없는 관벽을 형성한다.
  - 어떤 폐곡선을 통과하는 여러 개의 유선으로 이루어지는 것을 뜻한다.
- 유적선(Path Line)
  - 한 유체입자가 일정한 시간 동안에 움직인 경로(Path)이다.
  - 한 유체입자가 공간을 운동할 때 그 입자의 운동궤적이다.
  - 예 : 흘러가는 물에 물감을 뿌렸을 때 어느 공간에 나타나는 모양

04 이상기체 속에서의 음속을 옳게 나타낸 식은?(단, ρ : 밀도, P : 압력, k : 비열비, $\overline{R}$: 일반기체상수, M : 분자량이다)

① $\sqrt{\frac{k}{\rho}}$ ② $\sqrt{\frac{d\rho}{dP}}$
③ $\sqrt{\frac{\rho}{kP}}$ ④ $\sqrt{\frac{k\overline{R}T}{M}}$

해설
음속(a 또는 c)
$a = \sqrt{kRT} = \sqrt{\frac{k\overline{R}T}{M}}$

618 ■ PART 02 과년도 + 최근 기출복원문제

1 ① 2 ① 3 ③ 4 ④ 정답

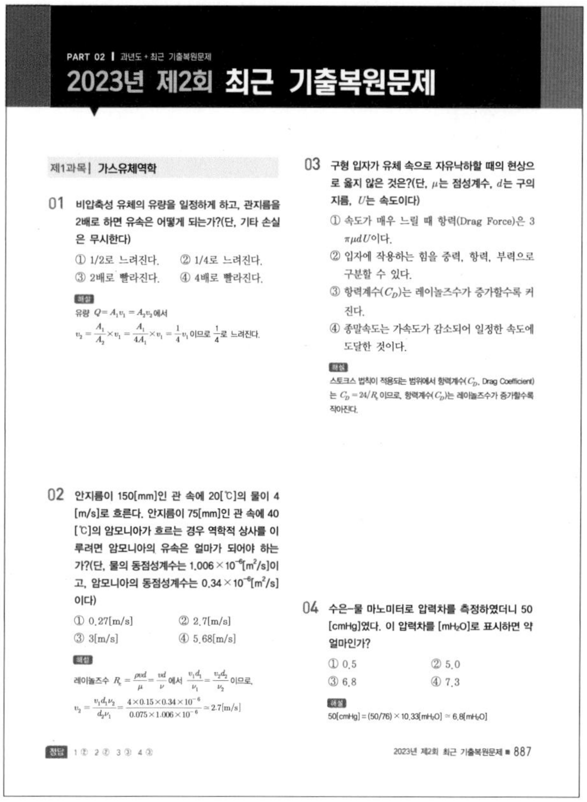

PART 02 | 과년도 + 최근 기출복원문제

2023년 제2회 최근 기출복원문제

제1과목 | 가스유체역학

01 비압축성 유체의 유량을 일정하게 하고, 관지름을 2배로 하면 유속은 어떻게 되는가?(단, 기타 손실은 무시한다)

① 1/2로 느려진다. ② 1/4로 느려진다.
③ 2배로 빨라진다. ④ 4배로 빨라진다.

해설
유량 $Q = A_1 v_1 = A_2 v_2$에서
$v_2 = \frac{A_1}{A_2} \times v_1 = \frac{A_1}{4A_1} \times v_1 = \frac{1}{4} v_1$이므로 $\frac{1}{4}$로 느려진다.

02 안지름이 150[mm]인 관 속에 20[℃]의 물이 4[m/s]로 흐른다. 안지름이 75[mm]인 관 속에 40[℃]의 암모니아가 흐르는 경우 역학적 상사를 이루려면 암모니아의 유속은 얼마가 되어야 하는가?(단, 물의 동점성계수는 $1.006 \times 10^{-6}[m^2/s]$이고, 암모니아의 동점성계수는 $0.34 \times 10^{-6}[m^2/s]$이다)

① 0.27[m/s] ② 2.7[m/s]
③ 3[m/s] ④ 5.68[m/s]

해설
레이놀즈수 $R_e = \frac{\rho v d}{\mu} = \frac{vd}{\nu}$에서 $\frac{v_1 d_1}{\nu_1} = \frac{v_2 d_2}{\nu_2}$이므로,
$v_2 = \frac{v_1 d_1 \nu_2}{d_2 \nu_1} = \frac{4 \times 0.15 \times 0.34 \times 10^{-6}}{0.075 \times 1.006 \times 10^{-6}} \simeq 2.7[m/s]$

03 구형 입자가 유체 속으로 자유낙하할 때의 현상으로 옳지 않은 것은?(단, μ는 점성계수, d는 구의 지름, U는 속도이다)

① 속도가 매우 느릴 때 항력(Drag Force)은 $3\pi\mu dU$이다.
② 입자에 작용하는 힘을 중력, 항력, 부력으로 구분할 수 있다.
③ 항력계수(C_D)는 레이놀즈수가 증가할수록 커진다.
④ 종말속도는 가속도가 감소되어 일정한 속도에 도달한 것이다.

해설
스토크스 법칙이 적용되는 범위에서 항력계수(C_D, Drag Coefficient)는 $C_D = 24/R_e$이므로, 항력계수(C_D)는 레이놀즈수가 증가할수록 작아진다.

04 수은-물 마노미터로 압력차를 측정하였더니 50[cmHg]였다. 이 압력차를 [mH_2O]로 표시하면 약 얼마인가?

① 0.5 ② 5.0
③ 6.8 ④ 7.3

해설
$50[cmHg] = (50/76) \times 10.33[mH_2O] \simeq 6.8[mH_2O]$

정답 1 ② 2 ② 3 ③ 4 ③

2023년 제2회 최근 기출복원문제 ■ 887

과년도 기출문제

지금까지 출제된 과년도 기출문제를 수록하였습니다. 각 문제에는 자세한 해설이 추가되어 핵심이론만으로는 아쉬운 내용을 보충 학습하고 출제경향의 변화를 확인할 수 있습니다.

최근 기출복원문제

최근에 출제된 기출문제를 복원하여 가장 최신의 출제경향을 파악하고 새롭게 출제된 문제의 유형을 익혀 처음 보는 문제들도 모두 맞힐 수 있도록 하였습니다.

최신 기출문제 출제경향

2020년 4회

- 유체 속에 잠긴 경사면에 작용하는 정수력의 작용점
- 뉴턴의 점성법칙과 관련 있는 변수
- 사건수분석(ETA)
- TNT당량
- 터보(Turbo)압축기의 특징
- 교반형 오토클레이브의 장점
- 사이안화수소의 안전성
- 가스누출경보 및 자동차단장치의 기능
- 비례적분미분제어기
- 열전대 사용온도범위

2021년 1회

- 흐름함수(Stream Function)에 대한 표현식
- 마찰계수와 마찰저항
- 연소에서 공기비가 작을 때의 현상
- 저위발열량
- 고압가스제조장치의 재료
- 적화식 버너의 특징
- 고압가스 충전용기를 차량에 적재 운반할 때의 기준
- 도시가스사업법에서 요구하는 전문교육대상자
- 측온저항체의 종류
- 부르동(Bourdon)관 압력계

2021년 2회

- 베르누이의 정리에 적용되는 조건
- 펌프의 특성곡선
- 가스의 연소속도에 영향을 미치는 인자
- 최소산소농도(MOC)와 이너팅(Inerting)
- 비교회전도(비속도, N_s)
- 저압배관에서 압력손실의 원인
- 염소가스의 제독제
- 가스경보기 검지부의 설치 장소
- 스트레인게이지의 응용원리
- 오르자트 가스분석기의 구성

2021년 3회

- 압축성 이상기체의 흐름
- 구형 입자가 유체 속으로 자유낙하할 때의 현상
- 난류 시의 가스연료의 연소현상
- 혼합가스의 공기 중 폭발하한계
- 분젠식 버너의 구성
- 도시가스의 제조공정 중 부분연소법의 원리
- 고압가스 저장탱크 실내 설치의 기준
- 매몰형 폴리에틸렌 볼밸브의 사용압력 기준
- 기체 크로마토그래피에서 사용되는 캐리어가스(Carrier Gas)
- 시퀀스제어의 특성

2022년 1회

- 빙햄 가소성 유체(Bingham Plastic Fluid)
- 수직 충격파가 미치는 영향
- 위험 장소의 등급 분류
- 최소점화에너지(MIE)
- 저온장치에 사용되는 팽창기
- 희생양극법의 장점
- 냉동기의 제품 성능의 기준
- 가스용 퀵 커플러
- 열전대 온도계의 측정범위
- 제어동작별 특징

2022년 2회

- 비원형관 속의 손실수두
- 얇은 불연속면의 충격파의 영향
- 난류 예혼합화염의 특징
- 부탄 완전연소에 필요한 산소량
- 고압가스설비의 연소열량
- 다기능 가스안전계량기(마이콤 미터)의 작동성능
- 가스의 종류와 용기 도색
- 안전관리 수준평가의 분야별 평가항목
- 가스계량기의 설치 시 주의사항
- GC에서 두 용질의 상대 머무름

2023년 1회

- 다단펌프의 비속도
- 액체의 체적탄성계수
- 이상기체의 폴리트로픽(Polytropic) 변화에 대한 식
- 방폭 전기기기의 구조별 표시방법
- 지하 매설배관의 이음방법
- 부취제의 주입방법
- 특정설비의 범위
- 산화에틸렌의 성질
- 열전도도 검출기의 측정 시 주의사항
- 가스미터의 구비조건

2023년 2회

- 충격파(Shock Wave)의 특징
- 베르누이 방정식이 적용되는 조건
- 생성물의 단열화염온도
- 랭킨 사이클의 열효율 증대방법
- LNG의 기화장치
- 압축기의 피스톤 압출량
- 철근콘크리트제 방호벽의 설치기준
- 배관용 밸브 제조 시 기술기준
- 가스검지시험지와 검지가스
- 캐스케이드 제어(Cascade Control)

이 책의 목차

빨간키

당신의 시험에 빨간불이 들어왔다면!
최다빈출키워드만 쏙쏙! 모아놓은
합격비법 핵심 요약집 "빨간키"와 함께하세요!
당신을 합격의 문으로 안내합니다.

01 가스유체역학

▌모세관현상에 의한 액면 상승 높이(h)

$$h = \frac{4\sigma\cos\theta}{\gamma d} = \frac{4\sigma\cos\theta}{\rho g d}$$

여기서, θ : 액면의 접촉각[°], σ : 표면장력[N/m], d : 관의 직경[m], γ : 액체의 비중량[N/m^3], h : 모세관현상에 의한 액면 상승 높이[m]

▌베르누이 방정식(Bernoulli's Equation)

- $\frac{P}{\gamma} + \frac{v^2}{2g} + Z = H = C$(일정) 또는 $P + \frac{\rho v^2}{2} + \rho g h = H = C$(일정)

  여기서, $\frac{P}{\gamma}$: 압력수두[m], $\frac{v^2}{2g}$: 속도수두[m], Z : 위치수두[m], H : 전수두[m]
- 베르누이 방정식의 가정조건
  - 유체는 비압축성이고 비점성이어야 한다.
  - 정상유동이며 동일한 유선상에 있어야 한다.
  - 유선이 경계층(Boundary Layer)을 통과해서는 안 된다.
  - 이상유체의 흐름이다.
  - 마찰이 없는 흐름이다.

▌유체가 곡관에 작용하는 힘

- $F_x = P_1 A_1 \cos\theta_1 - P_2 A_2 \cos\theta_2 + \rho Q(v_1 \cos\theta_1 - v_2 \cos\theta_2)$
- $F_y = P_1 A_1 \sin\theta_1 - P_2 A_2 \sin\theta_2 + \rho Q(v_1 \sin\theta_1 - v_2 \sin\theta_2)$
- 힘의 합력 : $F = \sqrt{{F_x}^2 + {F_y}^2}$
- 곡관의 평균 기울기각 : $\tan\alpha = \frac{F_y}{F_x}$

▌고정 날개에 작용하는 힘

- $F_x = \rho Q v(1 - \cos\theta) = \rho A v^2 (1 - \cos\theta)$
- $F_y = \rho Q v \sin\theta = \rho A v^2 \sin\theta$
- 힘의 합력 : $F = \sqrt{{F_x}^2 + {F_y}^2}$
- 베인의 기울기각 : $\tan\alpha = \frac{F_y}{F_x}$

이동 날개에 작용하는 힘

- $F_x = \rho Q(v-u)(1-\cos\theta) = \rho A(v-u)^2(1-\cos\theta)$
- $F_y = \rho Q(v-u)\sin\theta = \rho A(v-u)^2\sin\theta$
- 날개 출구에서의 절대속도 성분
  - $v_{x_2} = (v-u)\cos\theta + u$
  - $v_{y_2} = (v-u)\sin\theta$
- 동력 : $H = F_x u$

분류가 수직으로 충돌할 때 평판에 작용하는 힘

- 고정 평판 : $F = \rho Qv = \rho Av^2$
- 이동 평판 : $F = \rho Q(v-u) = \rho A(v-u)^2$

돌연확대관(급격확대관)에서의 손실(h_L)

- 운동량 방정식 적용 : $h_L = \dfrac{P_1 - P_2}{\gamma} = \dfrac{v_2^2 - v_1 \cdot v_2}{g}$
- 베르누이 방정식 적용 : $h_L = \dfrac{(v_1 - v_2)^2}{2g}$

레이놀즈수의 공식

- 원관일 경우 : $R_e = \dfrac{\rho v d}{\mu} = \dfrac{vd}{\nu}$

  여기서, ρ : 밀도[N·s²/m⁴], v : 평균유속[m/s], d : 관의 직경[m], μ : 점성계수[N·s/m²],

  ν : 동점성계수$\left(\nu = \dfrac{\mu}{\rho}\right)$[m²/s]
- 개수로 평판일 경우 : $R_e = \dfrac{vx}{\nu}$

  여기서, x : 유동 방향의 평판거리

레이놀즈수에 따른 유체유동 상태 판별

- 층류 : $R_e < 2{,}100$
- 천이구역 : $2{,}100 < R_e < 4{,}000$
- 난류 : $R_e > 4{,}000$

하겐-푸아죄유 방정식(Hagen-Poiseuille Equation)

- 유량 $Q=\dfrac{\Delta P\pi d^4}{128\mu l}$
- 원관 내에 완전 발달 층류유동에서 유량은 압력 강하, 관 지름의 4제곱에 비례하며 점성계수, 관의 길이에 반비례한다.
- 필요한 가정 : 완전히 발달된 흐름, 정상 상태 흐름, 층류, 비압축성 유체, 뉴턴유체
- 압력손실(ΔP)은 $\Delta P=\dfrac{128\mu l Q}{\pi d^4}=\gamma h_L$이므로, 점성으로 인한 압력손실은 유량($Q$), 점성계수($\mu$), 관의 길이($l$)에 비례하며 관의 지름($d$)의 4제곱에 반비례한다.
- 손실수두 : $h_L=\dfrac{128\mu l Q}{\gamma\pi d^4}$

경계층 두께

- 층류경계층 두께
  - $\delta=\dfrac{5x}{(R_{e_x})^{1/2}}$
  - 평판유동에서 층류경계층의 두께는 $R_{e_x}^{\frac{1}{2}}$에 반비례한다.
  - 평판유동에서 층류경계층의 두께는 $\left(R_{e_x}=\dfrac{u_\infty x}{\nu}\text{이므로}\right)$ $x^{\frac{1}{2}}$에 비례한다.
- 난류경계층 두께
  - $\delta=\dfrac{0.382x}{(R_{e_x})^{1/5}}$
  - 평판유동에서 난류경계층의 두께는 $R_{e_x}^{\frac{1}{5}}$에 반비례한다.
  - 평판유동에서 난류경계층의 두께는 $\left(R_{e_x}=\dfrac{u_\infty x}{\nu}\text{이므로}\right)$ $x^{\frac{4}{5}}$에 비례한다.

항력과 양력

- 항력(D) : 항력계수×동압×항력이 작용하는 단면적

  $D=C_D\dfrac{\gamma v^2}{2g}A=C_D\dfrac{\rho v^2}{2}A$

  여기서, A : 흐름에 수직한 면에 투영한 투영 면적
- 양력(L) : 양력계수×동압×양력이 작용하는 단면적

  $L=C_L\dfrac{\gamma v^2}{2g}A=C_L\dfrac{\rho v^2}{2}A$

  여기서, A : 현의 길이×날개의 폭

다르시-바이스바하(Darcy-Weisbach) 방정식

- 층류, 난류 모두에 적용한다.
- 압력손실(압력 강하) : $\Delta P = f\frac{l}{d}\frac{\gamma v^2}{2g} = f\frac{l}{d}\frac{\rho v^2}{2}$ $[\mathrm{N/m^2 \cdot mmHg}]$
- 손실수두 : $h_L = \frac{\Delta P}{\gamma} = f\frac{l}{d}\frac{v^2}{2g}$ [m]

  여기서, f : 관 마찰계수, l : 관의 길이, d : 관의 직경, v : 속도

수력 반경(Hydraulic Radius, R_h)

- $R_h = \frac{\text{유동 단면적}}{\text{접수 길이}} = \frac{A}{P}$

  여기서, 접수 길이 : 벽면과 물이 접해 있는 길이

원 관	사각형	삼각형
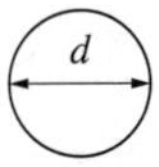	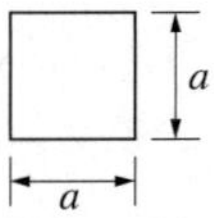	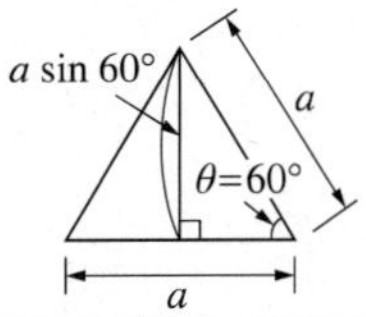
$R_h = \frac{d}{4}$, $d = 4R_h$	$R_h = \frac{a^2}{4a}$, $a = 4R_h$	$R_h = \frac{\sqrt{3}a}{12}$, $a = \frac{12R_h}{\sqrt{3}}$

- 반원형 : $R_h = \frac{\pi d}{4(2+\pi)} = \frac{d_e}{4} \simeq \frac{d}{4}$, $d_e = \frac{\pi d}{2+\pi} \simeq d = 4R_h$

  여기서, d_e : 등가지름

버킹엄(Buckingham)의 π(무차원수) 정리

$\pi = n - m$

여기서, π : 독립 무차원수, n : 물리량의 수, m : 기본 차원의 개수($[MLT]$)

상사법칙(Similitude Law)

- 기하학적 상사 : 원형과 모형이 동일한 모양이고, 대응하는 모든 치수의 비가 같은 상사
  - 상사비 : $\lambda_r = \frac{(l_x)_m}{(l_x)_p} = \frac{(l_y)_m}{(l_y)_p} = \frac{(l_z)_m}{(l_z)_p} = C$(일정)
  - 길이비 : $l_r = \frac{l_m}{l_p} = C$(일정)
  - 넓이비 : $A_r = \frac{A_m}{A_p} = l_r^2 = \left(\frac{l_m}{l_p}\right)^2 = C$(일정)
  - 체적비 : $V_r = \frac{V_m}{V_p} = C$(일정)

• 운동학적 상사 : 기하학적 상사가 존재하고, 원형과 모형 사이의 대응점에서 각각의 속도 방향이 같으며 그 크기의 비가 일정한 상사

– 속도비 : $\frac{v_m}{v_p} = \frac{l_m/T_m}{l_p/T_p} = \frac{l_m/l_p}{T_m/T_p} = \frac{l_r}{T_r}$

– 가속도비 : $\frac{a_m}{a_p} = \frac{v_m/T_m}{v_p/T_p} = \frac{v_m/v_p}{T_m/T_p} = \frac{l_r/T_r}{T_r} = \frac{l_r}{T_r^2}$

– 유량비 : $\frac{Q_m}{Q_p} = \frac{A_m v_m}{A_p v_p} = l_r^2 \frac{l_r}{T_r} = \frac{l_r^3}{T_r}$

• 역학적 상사(Inertia Force) : 기하학적 상사와 운동학적 상사가 존재하고, 원형과 모형 사이에 서로 대응하는 힘의 방향이 같으며, 그 크기의 비가 일정한 상사

– 모든 힘들의 비가 같을 때

$$\frac{(\text{관성력})_m}{(\text{관성력})_p} = \frac{(\text{중력})_m}{(\text{중력})_p} = \frac{(\text{전압력})_m}{(\text{전압력})_p} = \frac{(\text{전단력})_m}{(\text{전단력})_p} = \frac{(\text{표면장력})_m}{(\text{표면장력})_p} = \frac{(\text{탄성력})_m}{(\text{탄성력})_p}$$

– 관성력 : $F = ma = \rho l^3 \times \frac{v}{t} = \rho l^2 \times \frac{l}{t} \times v = \rho l^2 v^2$

– 중력 : $F = mg = \rho l^3 g$

– 전압력 : $F = P \times A = P l^2$

– 전단력 : $F = \tau \times A = \mu \times \frac{V}{h} \times A = \mu \times \frac{V}{l} \times l^2 = \mu V l$

– 표면장력 : $F = \sigma \times l$

– 탄성력 : $F = K \times A = K l^2$

여기서, K : 체적탄성계수

프루드수(Froude Number, F_r)

자유표면을 가지는 유체의 흐름, 선박(배), 강에서의 모형실험, 댐 공사, 수력도약, 개수로, 중력이 작용하는 유동, 조파저항(조파현상), 수차, 관성과 중력에 의한 영향의 상대적 중요도, 중력의 영향에 따른 유동형태 판별 등

$$F_r = \frac{\text{관성력}(F_I)}{\text{중력}(F_G)} = \frac{\rho v^2 l^2}{\rho l^3 g} = \frac{v^2}{gl} = \frac{v}{\sqrt{gl}}$$

웨버수(Weber Number, W_e)

기체-액체 또는 비중이 서로 다른 액체-액체의 경계면, 물방울 형성, 자유표면 흐름, 표면장력 작용 시, 오리피스, 위어, 모세관, 작은 파도 등

$$W_e = \frac{\text{관성력}(F_I)}{\text{표면장력}(F_T)} = \frac{\rho v^2 l^2}{\sigma l} = \frac{\rho v^2 l}{\sigma}$$

마하수(Mach Number, M_a)

- 유체속도를 음속으로 나눈 값의 무차원수

$$M_a = \frac{관성력}{압축성\ 힘} = \frac{관성력}{탄성력} = \frac{유속}{음속} = \frac{실제유동속도}{음속}$$

$$= \frac{\rho v^2 l^2}{K l^2} = \frac{\rho v^2}{K} = \frac{v^2}{\frac{K}{\rho}} = \frac{v}{\sqrt{\frac{K}{\rho}}} = \frac{v}{\sqrt{\frac{kP}{\rho}}} = \frac{v}{\sqrt{kRT}} = \frac{v}{a}$$

- 음속은 공기의 밀도 및 온도에 따라 변화되므로 속도가 일정해도 공기역학적인 조건에 따라 마하수가 변한다.
- 유속이 음속에 가까울 때나 음속 이상일 때, 압축성 유동일 때, 풍동실험 등에 적용한다.

프랜틀수(Prandtl Number, P_r)

- 운동량 전달계수를 열전달계수로 나눈 값이며, 유체의 흐름과 열이동의 관계를 정하는 무차원수이다. 강제대류의 열전달, 고속기류에서 점성이 문제되는 경우 중요한 의미를 지닌다.

$$P_r = \frac{소산}{전도} = \frac{운동전달계수}{열전달계수} = \frac{\mu C_p}{k} = \frac{\nu}{\alpha} \quad (C_p\ :\ 압력계수)$$

- 물의 프랜틀수는 약 10 정도이며, 가스의 경우는 약 1이다.
- 액체 금속은 운동량에 비해서 열확산속도가 매우 빠르므로 프랜틀수가 매우 작다(P_r : 0.004 ~ 0.030).
- 오일은 운동량에 비해서 열확산속도가 매우 느리므로 프랜틀수가 매우 크다(P_r : 50 ~ 100,000).

단면적이 변하는 관 속에서의 아음속 흐름과 초음속 흐름

- 아음속 흐름($M < 1$)

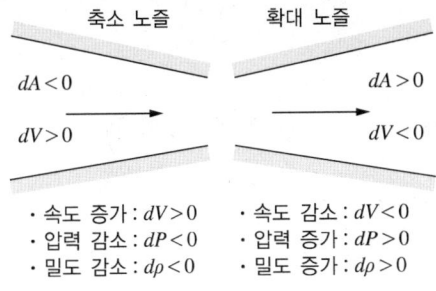

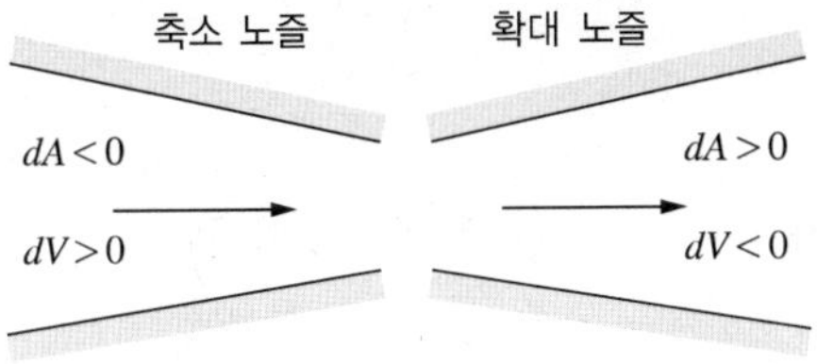

축소 노즐	확대 노즐
· 속도 증가 : $dV>0$	· 속도 감소 : $dV<0$
· 압력 감소 : $dP<0$	· 압력 증가 : $dP>0$
· 밀도 감소 : $d\rho<0$	· 밀도 증가 : $d\rho>0$

- 초음속 흐름($M > 1$)

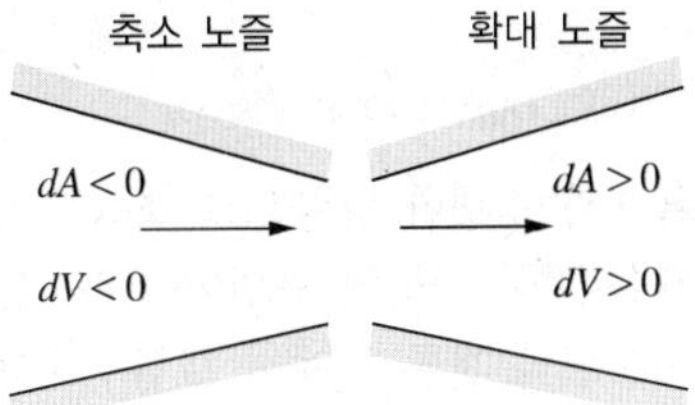

축소 노즐	확대 노즐
· 속도 증가 : $dV<0$	· 속도 감소 : $dV>0$
· 압력 감소 : $dP>0$	· 압력 증가 : $dP<0$
· 밀도 감소 : $d\rho>0$	· 밀도 증가 : $d\rho<0$

충격파의 유동특성을 나타내는 Fanno선도

- Fanno선도는 에너지방정식, 연속방정식, 운동량방정식, 상태방정식으로부터 얻을 수 있다.
- 질량유량이 일정하고 정체 엔탈피가 일정한 경우에 적용된다.
- Fanno선도는 정상 상태에서 일정단면유로를 압축성 유체가 마찰이 있는 상태에서 단열과정(외부와 열교환하지 않음)으로 흐를 때 적용된다.
- 일정질량유량에 대하여 마하수를 파라미터로 하여 작도한다.

Rayleigh선도

- Rayleigh선도는 정상 상태에서 일정단면유로를 압축성 유체가 외부와 열교환하면서 마찰 없이 흐를 때 적용된다.
- 에너지는 보존되지 않지만 마찰이 없으므로 모멘텀은 일정한다.
- $M_a < 1$일 때 가열 시 속도가 증가하며, 냉각 시 속도가 감소한다.
- $M_a > 1$일 때 가열 시 속도가 감소하며, 냉각 시 속도가 증가한다.

수직 충격파(Normal Shock Wave)

- 유동 통로 내 또는 출구에서 압력이 갑작스럽게 증가하는 현상이다.
- 초음속유동에서 아음속유동으로 바뀌어 갈 때 발생한다.
- 주로 파이프유동과 천음속 항공기의 날개 표면 등에서 발생한다.
- 수직 충격파를 지나는 유동은 언제나 초음속(Supersonic)에서 아음속(Subsonic) 방향으로 감속된다.
- 열역학 제2법칙에 의해 엔트로피가 증가한다.
- 1차원 유동에서 일어날 수 있는 충격파는 오직 수직 충격파뿐이다.
- 압력 P, 마하수 M, 엔트로피가 S일 때 수직 충격파가 발생하면, M은 감소하고 P와 S는 증가한다.
- 압력, 온도, 밀도, 비중량 상승률이 충격파 중에서 가장 크다.
- 정체압력은 감소한다.
- 충격파 중에서 에너지 상실이 가장 크다.
- 충격파를 가로지르는 유동은 등엔트로피 과정이 아니다.
- 비가역과정에 가깝다.
- 수직 충격파 발생 직후의 유동조건은 $H-S$선도로 나타낼 수 있다.
- 수직 충격파는 Fanno선도와 Rayleigh선도의 교점에서 일어난다.

경사 충격파(Oblique Shock Wave)

- 비행체 표면과 평행한 방향으로 초음속의 속도를 유지한다.
- 속도가 빠를수록, 비행체 표면이 유동 진행 방향과 이루는 각도가 클수록 더 큰 압축비를 가진다.
- 초음속 미사일과 전투기 엔진 흡입구에서 많이 관찰된다.
- 흡입구는 다수의 경사 충격파를 발생시켜 유동을 아음속으로 감속한다.

궁형 충격파(Bow Shock Wave)

- 비행체와 떨어져(Detached) 생성되는 충격파다.
- 아음속 영역과 초음속 영역이 모두 존재하여 계산과정이 복잡해진다.
- 궁형 충격파는 경사 충격파에 비해 감속되는 정도가 크다.
- 열에너지를 넓은 면적에 분포시켜 열 하중을 줄인다.
- 재진입 우주선에 이용된다.

완전기체의 등엔트로피 흐름(단열 흐름)

- 엔탈피 변화량(Δh) : $\Delta h = C_p \Delta T = \frac{v_2^2 - v_1^2}{2g}$

  여기서, C_p : 정압비열, ΔT : 온도 변화량, v_2 : 나중 온도, v_1 : 처음 온도, g : 중력가속도
- 동온(Dynamic Temperature) : 물체 표면의 이론온도

  $\Delta T = T_0 - T = \frac{k-1}{kR}\frac{v^2}{2}$

  여기서, T : 정온(Static Temperature), T_0 : 정체온도(Stagnation Temperature) 또는 전온도(Total Temperature), R : 이상기체상수
- 정체온도(T_0), 정체밀도(ρ_0), 정체압력(P_0)
  - 정체온도(T_0) : $\frac{T_0}{T} = \left(1 + \frac{k-1}{2}M_a^2\right)$

    ⓐ 압축성 흐름 중 정체온도가 변할 수 없는 경우 : 등엔트로피 팽창과정인 경우, 단면이 일정한 도관에서 단열 마찰흐름인 경우, 수직 충격파 전후 유동의 경우

    ⓑ 압축성 흐름 중 정체온도가 변할 수 있는 경우 : 단면이 일정한 도관에서 등온마찰 흐름인 경우
  - 정체밀도(ρ_0) : $\frac{\rho_0}{\rho} = \left(1 + \frac{k-1}{2}M_a^2\right)^{\frac{1}{k-1}}$
  - 정체압력(P_0) : $\frac{P_0}{P} = \left(1 + \frac{k-1}{2}M_a^2\right)^{\frac{k}{k-1}}$
- 임계조건 : 목에서 유속이 음속인 상태($M_a = 1$)인 임계 상태의 조건(압축성 유체의 등엔트로피 유동)
  - 임계온도비 : $\frac{T_c}{T_0} = \left(\frac{2}{k+1}\right)$

    여기서, T_c : 임계온도, T_0 : 정체온도, k : 비열비
  - 임계밀도비 : $\frac{\rho_c}{\rho_0} = \left(\frac{2}{k+1}\right)^{\frac{1}{k-1}}$

    여기서, ρ_c : 임계밀도, ρ_0 : 정체밀도, k : 비열비
  - 임계압력비 : $\frac{P_c}{P_0} = \left(\frac{2}{k+1}\right)^{\frac{k}{k-1}}$

    여기서, P_c : 임계압력, P_0 : 정체압력, k : 비열비

펌프의 동력

- 수동력(H_1) : 단위시간당 유체가 실제 감당하는 일

  $H_1 = \gamma h Q$

  여기서, γ : 유체의 비중량, h : 양정, Q : 유량 또는 송출량
- 축동력(H_2) : 단위시간당 펌프가 해야 하는 일로서 수동력을 펌프효율로 나눈 값이다.

  $H_2 = \frac{\gamma h Q}{\eta}$

  여기서, η : 펌프의 효율

• 소요동력(H_3) : 단위시간당 모터가 해야 할 일

$H_3 = H_2 \times (1+\alpha)$

여기서, α : 여유율

회전수가 일정할 경우 펌프의 특성곡선

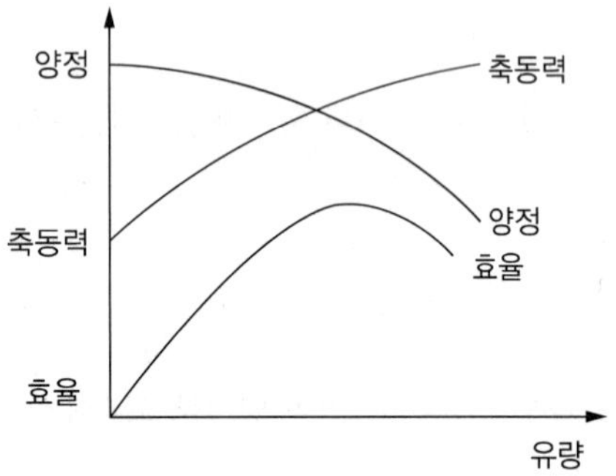

펌프의 상사법칙(비례법칙)

• 유량 : $Q_2 = Q_1\left(\dfrac{N_2}{N_1}\right)^1\left(\dfrac{D_2}{D_1}\right)^3$

• 양정 : $h_2 = h_1\left(\dfrac{N_2}{N_1}\right)^2\left(\dfrac{D_2}{D_1}\right)^2$

• 동력 : $H_2 = H_1\left(\dfrac{N_2}{N_1}\right)^3\left(\dfrac{D_2}{D_1}\right)^5$

여기서, D : 직경, N : 회전수

비교회전도(비회전도 또는 비속도, Specific Speed, N_s)

• 상사조건을 유지하면서 임펠러(회전차)의 크기를 바꾸어 단위유량에서 단위양정을 내게 할 때 임펠러에 주어져야 할 회전수

• 비속도(N_s)

– $N_s = \dfrac{n \times \sqrt{Q}}{(h/Z)^{0.75}}$

여기서, n : 회전수, Q : 유량, h : 양정, Z : 단수

– 양흡펌프의 경우는 $Z=2$로 한다.

– 비속도는 무차원수가 아니므로 단위조건에 따라 다르지만, 일반적으로 [rpm], [m^3/min], [m^{-1}]으로 나타낸다.

• 비속도의 활용 : 임펠러의 형상을 나타내는 척도, 펌프의 성능을 나타내는 척도, 최적 회전수의 결정에 이용한다.

• 펌프 크기와는 무관하고 임펠러의 형식을 표시한다.

02 연소공학

▮ 기체상수($\overline{R}$, R)

- $\overline{R}$: 이상기체상수 또는 일반기체상수로 모든 기체에 대해 동일한 값(일반기체상수는 모든 기체에 대해 항상 변함이 없다)
  $\overline{R}$ = 8.314[J/mol·K] = 8.314[kJ/kmol·K] = 8.314[N·m/mol·K] = 1.987[cal/mol·K]
  = 82.05[cc-atm/mol·K] = 0.082[L·atm/mol·K] = 848[kg·m/kmol·K]
- R : 특정기체상수로 기체마다 상이하다(물질에 따라 값이 다르다).
  - 일반기체상수를 분자량으로 나눈 값이다.
  - 단위로 [kJ/kg·K], [J/kg·K], [J/g·K], [kg·m/kg·K], [N·m/kg·K] 등을 사용한다.
  - 공기의 기체상수 : 8.314[kJ/kmol·K] × 1[kmol]/28.97[kg] ≒ 0.287[kJ/kg·K] = 287[J/kg·K]

▮ 비열비 : $k = C_p / C_v$

- 단원자 : $k = 1.67$(He 등)
- 2원자 : $k = 1.4$(O_2 등)
- 다원자 : $k = 1.33$(CH_4 등)

▮ 열역학 제1법칙

- 열과 일의 관계를 설명한 에너지보존의 법칙이다.
- 에너지의 한 형태인 열과 일은 본질적으로 서로 같다. 열은 일로, 일은 열로 서로 전환이 가능하며 이때 열과 일 사이의 변환에는 일정한 비례관계가 성립한다.
- 가역법칙이며 양적 법칙이다.
- 제1종 영구기관 부정의 법칙 : 에너지 공급 없이도 영원히 일을 계속할 수 있는 가상의 기관은 존재하지 않는다.
- 내부에너지 : $\Delta U = \Delta Q - \Delta W = \Delta H - \Delta W = \Delta H - P\Delta V$
- 엔탈피(Enthalpy, H) : 일정한 압력과 온도에서 물질이 지닌 고유 에너지량(열 함량)
- 엔탈피(H) = 내부에너지(U) + 유동일(에너지) = 내부에너지(U) + 압력(P) × 체적(V), $H = U + PV$

▮ 열역학 제2법칙

- 엔트로피 법칙, 비가역법칙이며 실제적 법칙이다.
- 자연현상을 판명해 주고, 열이동의 방향성을 제시해 주는 열역학 법칙이다.
- 비가역성을 설명하는 법칙이다.
- 차가운 물체에 뜨거운 물체를 접촉시키면 뜨거운 물체에서 차가운 물체로 열이 전달되지만, 반대의 과정은 자발적으로 일어나지 않는다.
- 제2종 영구기관의 존재 가능성을 부인하는 법칙 : 효율이 100[%]인 열기관을 제작하는 것은 불가능하다.

엔트로피(Entropy)

- 자연물질이 변형되어 다시 원래의 상태로 환원될 수 없게 되는 현상이다.
- 비가역공정에 의한 열에너지의 소산 : 에너지의 사용으로 결국 사용 가능한 에너지가 손실되는 결과
- 다시 가용할 수 있는 상태로 환원시킬 수 없는, 즉 무용의 상태로 전환된 질량(에너지)의 총량이다.
- 무질서도
- 엔트로피 : $\Delta S = \dfrac{\Delta Q}{T}$
- 엔트로피는 상태함수이다.
- 엔트로피는 분자들의 무질서도 척도가 된다.
- 고립계에서 엔트로피는 항상 증가하거나 일정하게 보존된다.
- 우주의 모든 현상은 총엔트로피가 증가하는 방향으로 진행된다.
- 비가역 단열 변화에서의 엔트로피 변화 : $dS > 0$
- 열의 이동 등 자연계에서의 엔트로피 변화 : $\Delta S_1 + \Delta S_2 > 0$
- 정압・정적 엔트로피 : $\Delta S_p = mC_p \ln \dfrac{T_2}{T_1}$, $\Delta S_v = mC_v \ln \dfrac{T_2}{T_1}$, $\dfrac{\Delta S_p}{\Delta S_v} = \dfrac{C_p}{C_v} = k$

클라시우스(Clausius)의 폐적분값 : $\oint \dfrac{\delta Q}{T} \leq 0$(항상 성립)

- 가역 사이클 : $\oint \dfrac{\delta Q}{T} = 0$
- 비가역 사이클 : $\oint \dfrac{\delta Q}{T} < 0$

열역학 제3법칙

- 엔트로피의 절댓값의 정의(절대영도 불가능의 법칙)이다.
- 어떤 계의 온도를 절대온도 0[K]까지 내릴 수 없다.
- 순수한(Perfect) 결정의 엔트로피는 절대영도에서 0이 된다.
- 제3종 영구기관 부정의 법칙 : 절대온도 0[K]에 도달할 수 있는 기관, 일을 하지 않으면서 운동을 계속하는 기관은 존재하지 않는다.

열역학 제0법칙

- 열평형에 관한 법칙이다.
- 물체 A와 B가 각각 물체 C와 열평형을 이루었다면, A와 B도 서로 열평형을 이룬다는 열역학 법칙이다.

보일(Boyle)의 법칙

- 온도가 일정할 때 기체의 부피는 압력에 반비례하여 변한다.
- $P_1V_1 = P_2V_2 = C$(일정)
- 기체분자의 크기가 0이고 서로 영향을 미치지 않는 이상기체의 경우, 온도가 일정할 때 가스의 압력과 부피는 서로 반비례한다.

샤를(Charles)의 법칙 또는 게이뤼삭(Gay Lussac)의 법칙

- 압력이 일정할 때 기체의 부피는 온도에 비례하여 변한다.
- $\frac{V_1}{T_1}=\frac{V_2}{T_2}=C$(일정)

보일-샤를의 법칙

- 일정량의 기체가 차지하는 부피는 압력에 반비례하고 절대온도에 비례한다.
- $\frac{P_1V_1}{T_1}=\frac{P_2V_2}{T_2}=C$(일정)

아보가드로(Avogadro)의 법칙

- 온도와 압력이 일정할 때 모든 기체는 같은 부피 속에 같은 수의 분자가 들어 있다.
- 모든 기체 1[mol]이 차지하는 부피는 표준 상태에서 22.4[L]이며, 그 속에는 6.02×10^{23}개의 분자가 들어 있다.

이상기체의 특징

- 고온·저압일수록 이상기체에 가까워진다.
- 기체분자 간의 인력이나 반발력이 없는 것으로 간주한다(분자 상호간의 인력이나 척력을 무시한다).
- 분자의 충돌로 총운동에너지가 감소되지 않는 완전탄성체다.
- 비열비는 온도에 무관하며 일정하다.
- 분자 자신이 차지하는 부피를 무시한다.
- 0[K]에서 부피는 0이어야 하며 평균 운동에너지는 절대온도에 비례한다.
- 가역과정, 비가역과정 모두에 대하여 성립한다.
- 가역과정의 경로에 따라 적분할 수 있으나, 비가역과정의 경로에 대하여는 적분할 수 없다.
- 이상기체의 정압비열과 정적비열의 관계 : $C_p > C_v$, $C_p - C_v = R$, $C_p/C_v = k$

이상기체의 상태방정식

- $PV=n\overline{R}T$

  여기서, P : 압력([Pa] 또는 [atm]), V : 부피([m^3] 또는 [L], n : 몰수[mol], $\overline{R}$: 일반기체상수, T : 온도[K]
- 1[mol]의 경우 $n=1$이므로, $PV=\overline{R}T$
- $PV=G\overline{R}T$

  여기서, P : 압력[kg/m^2], V : 부피[m^3], G : 몰수[mol], $\overline{R}$: 일반기체상수(848[kg·m/kmol·K]), T : 온도[K]
- $PV=n\overline{R}T=mRT$

  여기서, m : 질량(분자량×몰수), R : 특정기체상수, $R=\frac{\overline{R}}{M}$(M : 기체의 분자량), T : 온도[K]

▌카르노 사이클

- 실제로 존재하지 않는 이상 사이클이다.
- 2개의 등온변화(과정)와 2개의 단열변화(과정 = 등엔트로피 변화)로 구성된 가역 사이클이다.
- 카르노 사이클 구성과정 : 등온팽창 → 단열팽창 → 등온압축 → 단열압축
- 열기관 사이클 중에서 열효율이 최대인 사이클이다.
- 카르노 사이클의 열효율

$$\eta_c = \frac{W_{net}}{Q_1} = 1 - \frac{Q_2}{Q_1} = 1 - \frac{T_2}{T_1} = \frac{T_1 - T_2}{T_1}$$

여기서, Q_1 : 고열원의 열량, Q_2 : 저열원의 열량, T_1 : 고열원의 온도, T_2 : 저열원의 온도

▌오토 사이클

- 적용 : 가솔린기관의 기본 사이클
- 구성 : 2개의 등적과정과 2개의 등엔트로피 과정
- 과 정
  - 1→2 가역 단열(등엔트로피)압축
  - 2→3 가역 정적가열
  - 3→4 가역 단열(등엔트로피)팽창
  - 4→1 가역 정적방열
- 열효율

$$\eta_o = \frac{\text{유효한 일}}{\text{공급열량}} = \frac{W}{Q_1} = \frac{\text{공급열량} - \text{방출열량}}{\text{공급열량}} = \frac{mC_V(T_3 - T_2) - mC_V(T_4 - T_1)}{mC_V(T_3 - T_2)} = 1 - \frac{T_4 - T_1}{T_3 - T_2}$$

$$= 1 - \left(\frac{1}{\varepsilon}\right)^{k-1}$$

여기서, ε : 압축비, k : 비열비
- 열효율은 압축비만의 함수이다.
- 열효율은 공급열량과 방출열량에 의해 결정된다.
- 열효율은 작동유체의 비열비와 압축비에 의해서 결정된다.

▌API(American Petroleum Institute)도

$$API = \frac{141.5}{S} - 131.5$$

여기서, S : 비중(60[°F]/60[°F])

주요 연소방정식

- 수소 : $H_2 + 0.5O_2 \rightarrow H_2O$
- 황 : $S + O_2 \rightarrow SO_2$
- 메탄 : $CH_4 + 2O_2 \rightarrow CO_2 + 2H_2O$
- 에틸렌 : $C_2H_4 + 3O_2 \rightarrow 2CO_2 + 2H_2O$
- 프로판 : $C_3H_8 + 5O_2 \rightarrow 3CO_2 + 4H_2O$
- 옥탄 : $C_8H_{18} + 12.5O_2 \rightarrow 8CO_2 + 9H_2O$
- 탄소 : $C + O_2 \rightarrow CO_2$
- 일산화탄소 : $CO + 0.5O_2 \rightarrow CO_2$
- 아세틸렌 : $C_2H_2 + 2.5O_2 \rightarrow 2CO_2 + H_2O$
- 에탄 : $C_2H_6 + 3.5O_2 \rightarrow 2CO_2 + 3H_2O$
- 부탄 : $C_4H_{10} + 6.5O_2 \rightarrow 4CO_2 + 5H_2O$
- 등유 : $C_{10}H_{20} + 15O_2 \rightarrow 10CO_2 + 10H_2O$
- 탄화수소의 일반 반응식 : $C_mH_n + \left(m + \frac{n}{4}\right)O_2 \rightarrow mCO_2 + \frac{n}{2}H_2O$

공기비(m) 계산 공식

- $m = \frac{A}{A_0}$

  여기서, A : 실제공기량, A_0 : 이론공기량
- $m = \frac{CO_{2max}}{CO_2}$
- $m = \frac{21}{21 - O_2[\%]}$
- $m = \frac{N_2}{N_2 - 3.76(O_2 - 0.5CO)}$

이론산소량

- 질량계산[kg/kg] : O_0 =가연물질의 몰수×산소의 몰수×32
- 체적계산[Nm³/kg] : O_0 =가연물질의 몰수×산소의 몰수×22.4

이론공기량

- 질량계산식[kg/kg] : $A_0 = \frac{O_0}{0.232}$
- 체적계산식[Nm³/kg] : $A_0 = \frac{O_0}{0.21}$

화염색에 따른 불꽃의 온도[℃] : 암적색 700, 적색 850, 휘적색 950, 황적색 1,100, 백적색 1,300, 황백색 1,350, 백색 1,400, 휘백색 1,500 이상

화재의 분류

- A급 : 일반화재
- B급 : 유류화재
- C급 : 전기화재
- D급 : 금속화재

연소범위

- 연소범위의 별칭 : 폭발범위, 폭발한계, 연소한계, 가연한계
- 연소상한계(UFL) : 연소 가능한 상한치
- UFL 공식(르샤틀리에) : $\frac{100}{UFL} = \sum \frac{V_i}{U}$

  여기서, V_i : 각 가스의 조성[%], U : 각 가스의 연소상한계[%]
- 연소하한계(LFL) : 연소 가능한 하한치
- LFL 공식(르샤틀리에) : $\frac{100}{LFL} = \sum \frac{V_i}{L_i}$

  여기서, V_i : 각 가스의 조성[%], L_i : 각 가스의 연소하한계[%]

대표적 가스들의 폭발 범위[%], (　)는 폭발범위 폭 : 아세틸렌 2.5~81(78.5, 가장 넓음), 산화에틸렌 3~80(77), 수소 4~75(71), 일산화탄소(CO) 12.5~75(62.5), 에틸에테르 1.7~48(46.3), 이황화탄소 1.2~44(42.8), 황화수소 4.3~46(41.7), 사이안화수소 6~41(35), 에틸렌 3.0~33.5(30.5), 메틸알코올 7~37(30), 에틸알코올 3.5~20(16.5), 아크릴로나이트릴 3~17(14), 암모니아 15~28(13), 아세톤 2~13(11), 메탄 5~15(10), 에탄 3~12.5(9.5), 프로판 2.1~9.5(7.4), 부탄 1.8~8.4(6.6), 휘발유 1.4~7.6(6.2), 벤젠 1.4~7.4(6)

안전간격(MESG ; Maximum Experimental Safe Gap) : 최대안전틈새

- 규정한 조건에 따라 시험을 10회 실시했을 때 화염이 전파되지 않고, 접합면의 길이가 25[mm]인 접합의 최대틈새
- 폭발성 분위기 내에 방치된 표준용기의 접합면 틈새를 통하여 폭발 화염이 내부에서 외부로 전파되는 것을 방지할 수 있는 틈새의 최대간격치(화염일주한계)
- 화염일주가 일어나지 않는 틈새의 최대치
- 별칭 : 안전틈새, 최대안전틈새, 최대실험안전틈새, 화염일주한계

안전간격의 등급

- 1등급 : 0.6[mm] 초과
- 2등급 : 0.4[mm] 초과 0.6[mm] 이하
- 3등급 : 0.4[mm] 이하

가연성 가스의 위험

- 위험도(H) : 폭발상한과 하한의 차를 폭발하한계로 나눈 값으로, $H = \frac{U-L}{L}$로 계산한다.

  여기서, U : 폭발상한, L : 폭발하한
- 고대다(高大多) 시 위험요인 : 폭발상한과 폭발하한의 차이(폭발범위), 연소속도, 가스압력, 증기압
- 저소단(低少短) 시 위험요인 : 안전간격, 인화온도(인화점), 최소점화에너지, 비등점, 화염일주한계

폭굉유도거리(DID)

- 최초의 느린 연소가 폭굉으로 발전할 때까지의 거리
- DID가 짧아지는 요인 : 압력이 높을 때, 점화원의 에너지가 클 때, 관 속에 장애물이 있을 때, 관지름이 작을 때, 정상 연소속도가 빠른 혼합가스일수록

폭발성 물질의 분류

- 분해폭발성 물질 : 아세틸렌, 하이드라진, 산화에틸렌, 5류 위험물(자기반응성 물질)
- 중합폭발성 물질 : 사이안화수소, 산화에틸렌, 부타다이엔, 염화비닐
- 화합폭발성 물질 : 아세틸렌, 아세트알데하이드, 산화프로필렌

폭발의 분류

- 폭발원에 의한 분류 : 물리적 폭발, 화학적 폭발
- 물질의 상태에 의한 분류 : 기상폭발, 응상폭발(액상 및 고상의 폭발)
- 대량 유출 가연성 가스의 폭발 : 증기운폭발(UVCE), 액화가스탱크의 폭발(BLEVE)

소화의 종류

- 제거소화
  - 가스화재 시 밸브 및 콕을 잠가 연료 공급을 중단시키는 소화방법
  - LPG 저장탱크의 배관이 파손되어 가스로 인한 화재가 발생하였을 때 안전관리자가 긴급차단장치를 조작하여 LPG 저장탱크로부터의 LPG 공급을 중단하여 소화하는 방법
- 질식소화 : 산소(공기)를 차단하여 연소에 필요한 산소농도 이하가 되게 하여 소화하는 방법
- 냉각소화 : 화염온도를 낮추어 소화시키는 방법으로, 물 등 액체의 증발 잠열을 이용하여 가연물을 인화점 및 발화점 이하로 낮추어 소화하는 방법
- 억제소화 : 가연물의 산화연소되는 화학반응이 일어나지 않도록 억제시키는 소화방법

위험 장소의 분류

- 제0종 위험 장소
  - 인화성 물질이나 가연성 가스가 폭발성 분위를 생성할 우려가 있는 장소 중 가장 위험한 장소 등급
  - 폭발성 가스의 농도가 연속적이거나 장시간 지속적으로 폭발한계 이상이 되는 장소 또는 지속적인 위험 상태가 생성되거나 생성될 우려가 있는 장소
  - 상용의 상태에서 가연성 가스의 농도가 연속해서 폭발하한계 이상으로 되는 장소
  - 제0종 장소의 예
    - ⓐ 설비의 내부(용기 내부, 장치 및 배관의 내부 등)
    - ⓑ 인화성 또는 가연성 액체가 존재하는 피트(Pit) 등의 내부
    - ⓒ 인화성 또는 가연성의 가스나 증기가 지속적 또는 장기간 체류하는 곳

• 제1종 위험 장소
  - 상용의 상태에서 가연성 가스가 체류해 위험하게 될 우려가 있는 장소
  - 제1종 장소의 예
    ⓐ 통상의 상태에서 위험 분위기가 쉽게 생성되는 곳
    ⓑ 운전·유지보수 또는 누설에 의하여 자주 위험 분위기가 생성되는 곳
    ⓒ 설비 일부의 고장 시 가연성 물질의 방출과 전기계통의 고장이 동시에 발생되기 쉬운 곳
    ⓓ 환기가 불충분한 장소에 설치된 배관계통으로 쉽게 누설될 우려가 있는 곳
    ⓔ 주변 지역보다 낮아 가스나 증기가 체류할 수 있는 곳
    ⓕ 상용의 상태에서 위험 분위기가 주기적 또는 간헐적으로 존재하는 곳
• 제2종 위험 장소
  - 이상 상태하에서 위험 분위기가 단시간 동안 존재할 수 있는 장소(이 경우 이상 상태는 상용의 상태, 즉 통상적인 유지보수 및 관리 상태 등에서 벗어난 상태를 지칭하는 것으로, 일부 기기의 고장, 기능 상실, 오작동 등의 상태)
  - 가연성 가스가 밀폐된 용기 또는 설비의 사고로 인해 파손되거나 오조작의 경우에만 누출할 위험이 있는 장소
  - 환기장치에 이상이나 사고가 발생한 경우에 가연성 가스가 체류하여 위험하게 될 우려가 있는 장소
  - 제2종 장소의 예
    ⓐ 환기가 불충분한 장소에 설치된 배관계통으로 쉽게 누설되지 않는 구조의 곳
    ⓑ 개스킷(Gasket), 패킹(Packing) 등의 고장과 같이 이상 상태에서만 누출될 수 있는 공정설비 또는 배관이 환기가 충분한 곳에 설치될 경우
    ⓒ 제1종 장소와 직접 접하며 개방되어 있는 곳 또는 1종 장소와 덕트, 트랜치, 파이프 등으로 연결되어 이들을 통해 가스나 증기의 유입이 가능한 곳
    ⓓ 강제환기방식이 채용되는 곳 : 환기설비의 고장이나 이상 시에 위험 분위기가 생성될 수 있는 곳

방폭구조

• 내압 방폭구조
  - 용기 내부에서 가연성 가스의 폭발이 발생할 경우, 그 용기가 폭발압력에 견디고 접합면, 개구부 등을 통하여 외부의 가연성 가스에 인화되지 않도록 한 구조
  - 내압 방폭구조의 기호 : d
• 압력 방폭구조
  - 점화원이 될 우려가 있는 부분을 용기 안에 넣고 불활성 가스를 용기 안에 채워 넣어 폭발성 가스가 침입하는 것을 방지한 방폭구조
  - 압력 방폭구조의 기호 : p
• 유입 방폭구조
  - 전기기기의 불꽃 또는 아크 발생 부분을 기름 속에 넣어 유면상에 존재하는 폭발성 가스에 인화될 우려가 없도록 한 구조
  - 기호 : o
• 안전증 방폭구조
  - 정상 운전 중에 가연성 가스의 점화원이 될 전기불꽃, 아크 등의 발생을 방지하기 위하여 기계적·전기적 구조상 또는 온도 상승에 대해서 안전도를 증가시킨 방폭구조
  - 안전증 방폭구조의 기호 : e

• 본질안전 방폭구조
 - 방폭지역에서 전기(전기기기와 권선 등)에 의한 스파크, 접점단락 등에서 발생되는 전기적 에너지를 제한하여 전기적 점화원 발생을 억제하고 만약 점화원이 발생하더라도 위험물질을 점화할 수 없다는 것이 시험을 통하여 확인될 수 있는 구조
 - 본질안전 방폭구조의 기호 : ia 또는 ib
• 충전 방폭구조
 - 위험 분위기기가 전기기기에 접촉되는 것을 방지할 목적으로 모래, 분체 등의 고체 충진물로 채워서 위험원과 차단·밀폐시키는 구조
 - 충전 방폭구조의 기호 : q
• 비점화 방폭구조
 - 정상동작 상태에서 주변의 폭발성 가스 또는 증기에 점화시키지 않고 점화시킬 수 있는 고장이 유발되지 않도록 한 방폭구조
 - 비점화 방폭구조의 기호 : n
• 몰드(캡슐) 방폭구조
 - 보호기기를 고체로 차단시켜 열적 안정을 유지하게 하는 방폭구조
 - 몰드(캡슐) 방폭구조의 기호 : m
• 특수 방폭구조
 - 폭발성 가스 또는 증기에 점화 또는 위험 분위기로 인화를 방지할 수 있는 것이 시험, 기타에 의하여 확인된 구조
 - 특수 방폭구조의 기호 : s
• 설치 장소의 위험도에 대한 방폭구조의 선정
 - 제0종 장소에서는 원칙적으로 본질 방폭구조를 사용한다.
 - 제2종 장소에서는 사용하는 전선관용 부속품은 KS에서 정하는 일반 부품으로서 나사접속의 것을 사용할 수 있다.
 - 두 종류 이상의 가스가 같은 위험 장소에 존재하는 경우에는 그중 위험 등급이 높은 것을 기준으로 하여 방폭전기기기의 등급을 선정하여야 한다.
 - 유입 방폭구조는 제1종 장소에서는 사용을 피하는 것이 좋다.

집진장치

• 습식 집진장치 : 유수식, 가압수식(벤투리 스크러버, 사이클론 스크러버, 제트 스크러버, 충진탑), 회전식 등
• 건식 집진장치 : 중력식, 관성력식(충돌식, 반전식) , 원심식(사이클론, 멀티클론), 백필터(여과식), 진동무화식 등

03 가스설비

안전율 : 기준강도와 허용응력의 비

- 안전율(S) $= \dfrac{\text{기준강도}}{\text{허용응력}} = \dfrac{\sigma_f}{\sigma_a}\ (S > 1)$
- 상온에서 연성재료가 정하중을 받는 경우는 항복응력을, 상온에서 취성재료가 정하중을 받는 경우는 극한강도를, 고온에서 정하중을 받는 경우는 크리프한도를, 반복하중을 받는 경우는 피로한도를 기준강도로 삼는다.

전기방식법

- 희생양극법 또는 유전양극법 : 지중 또는 수중에 설치된 양극 금속과 매설배관을 전선으로 연결하여 양극 금속과 매설배관 사이의 전지작용으로 부식을 방지하는 방법
- 외부전원법 : 외부 직류전원장치의 양극(+)은 매설배관이 설치되어 있는 토양이나 수중에 설치한 외부전원용 전극에 접속하고, 음극(−)은 매설배관에 접속시켜 부식을 방지하는 방법
- 배류법 : 매설배관의 전위가 주위의 타 금속구조물의 전위보다 높은 장소에서 매설배관과 주위의 타 금속구조물을 전기적으로 접속시켜 매설배관에 유입된 누출전류를 전기회로적으로 복귀시키는 방법

내압시험압력

- 아세틸렌용 용접용기 제조 시 : 최고압력수치(최고충전압력)의 3배
- (아세틸렌가스가 아닌 압축가스를 충전할 때) 압축가스 용기, 압축가스를 저장하는 납붙임 용기 : 최고 충전압력의 $\dfrac{5}{3}$배
- 고압가스 특정제조시설 내의 특정가스 사용시설 : 상용압력의 1.5배 이상의 압력으로 5~20분 유지

항구 증가율 또는 영구 증가율

- 영구 증가율 공식 : 영구(항구) 증가율 $= \dfrac{\text{영구(항구) 증가량}}{\text{전 증가량}} \times 100[\%]$
- 용기의 내압시험 시 항구 증가율이 10[%] 이하인 용기를 합격한 것으로 한다.

아세틸렌 용기의 다공도

- 다공질물을 용기에 충전한 상태로 20[℃]에서 아세톤 또는 물의 흡수량으로 측정한다.
- 다공도 공식 : $\frac{V-E}{V} \times 100[\%]$

  여기서, V : 다공물질의 용적, E : 침윤 잔용적
- 다공도의 합격 범위 : 75[%] 이상 92[%] 미만
- 아세틸렌 용기의 다공성 물질 검사방법 : 진동시험, 부분가열시험, 역화시험, 주위가열시험, 충격시험 등

압력측정기의 종류별 기밀시험방법

종 류	최고사용압력	용 적	기밀유지시간
수은주게이지	0.3[MPa] 미만	10[m^3] 미만	10분
		10[m^3] 이상 300[m^3] 미만	V분. 다만, 120분을 초과할 경우에는 120분으로 할 수 있다.
수주게이지	0.03[MPa] 이하	10[m^3] 미만	10분
		10[m^3] 이상 300[m^3] 미만	V분. 다만, 60분을 초과할 경우에는 60분으로 할 수 있다.
전기식 다이어프램형 압력계	0.1[MPa] 미만	1[m^3] 미만	4분
		1[m^3] 이상 10[m^3] 미만	40분
		10[m^3] 이상 300[m^3] 미만	$4 \times V$분. 다만, 240분을 초과할 경우에는 240분으로 할 수 있다.
압력계 또는 자기압력기록계	0.3[MPa] 이하	1[m^3] 미만	24분
		1[m^3] 이상 10[m^3] 미만	240분
		10[m^3] 이상 300[m^3] 미만	$24 \times V$분. 다만, 1,440분을 초과한 경우에는 1,440분으로 할 수 있다.
	0.3[MPa] 초과	1[m^3] 미만	48분
		1[m^3] 이상 10[m^3] 미만	480분
		10[m^3] 이상 300[m^3] 미만	$48 \times V$분. 다만, 2,880분을 초과한 경우에는 2,880분으로 할 수 있다.

관 이음의 이격거리(최소거리)

- 10[cm] 이상 : 액화석유가스 사용시설에서 배관의 이음매와 절연조치를 한 전선과의 거리
- 30[cm] 이상 : 절연조치를 하지 않은 전선과의 거리, 굴뚝·전기점멸기 및 전기접속기와의 거리
- 60[cm] 이상 : 배관의 이음매와 전기계량기 및 전기계폐기와의 거리

용접 이음매의 효율

- 45[%] : 플러그용접을 하지 아니한 한 면 전 두께 필릿 겹치기 용접
- 50[%] : 플러그용접을 하는 한 면 전 두께 필릿 겹치기 용접
- 55[%] : 양면 전 두께 필릿 겹치기 용접
- 60[%] : 맞대기 한 면 용접
- 70[%] : 맞대기 양면 용접 – 방사선검사의 구분 C
- 95[%] : 맞대기 양면 용접 – 방사선검사의 구분 B
- 100[%] : 맞대기 양면 용접 – 방사선검사의 구분 A

스케줄 번호(SCH No.) : 배관 호칭법으로 사용

- 배관의 두께를 표시하는 번호이다.
- 스케줄 번호가 클수록 강관의 두께가 두꺼워진다.
- 스케줄 번호 산출에 영향을 미치는 요인 : 관의 외경, 관의 사용온도, 관의 허용응력, 사용압력(열팽창계수는 아님)
- 스케줄 번호 산출에 직접적인 영향을 미치는 요인 : 관의 허용응력, 사용압력
- SCH No. : $SCH = 10 \times \dfrac{P}{\sigma}$

  여기서, P : 사용압력, σ : 허용응력

배관 구경을 이용한 유량 계산

- 저압배관의 유량(도시가스 등) : $Q = K\sqrt{\dfrac{hD^5}{SL}}$

  여기서, K : 유량계수, h : 압력손실(기점, 종점 간의 압력 강하 혹은 기점압력과 말단압력의 차이), D : 배관의 지름, S : 가스의 비중, L : 배관의 길이
- 중압·고압배관의 유량 : $Q = K\sqrt{\dfrac{(P_1^2 - P_2^2)D^5}{SL}}$

  여기서, K : 유량계수, P_1 : 초압, P_2 : 종압, D : 배관의 지름, S : 가스의 비중, L : 배관의 길이

배관의 두께

- 고압가스 배관의 최소 두께 계산 시 고려사항 : 상용압력, 안지름에서 부식 여유에 상당하는 부분을 뺀 수치, 최소인장강도, 관 내면의 부식 여유치, 안전율
- 바깥지름과 안지름의 비가 1.2 미만인 경우 : $t = \dfrac{PD}{2f/s - P} + C$

  여기서, P : 상용압력, D : 안지름에서 부식 여유에 상당하는 부분을 뺀 수치, f : 최소인장강도, s : 안전율, C : 관 내면의 부식 여유치
- 바깥지름과 안지름의 비가 1.2 이상인 경우 : $t = \dfrac{D}{2}\left(\sqrt{\dfrac{f/s + P}{f/s - P}} - 1\right) + C$

  여기서, P : 상용압력, D : 안지름에서 부식 여유에 상당하는 부분을 뺀 수치, f : 최소인장강도, s : 안전율, C : 관 내면의 부식 여유 수치

관에 생기는 응력

- 원주 방향 응력 : $\sigma_1 = \frac{PD}{2t}$
- 축 방향 응력 : $\sigma_2 = \frac{PD}{4t}$

  여기서, P : 내압, D : 관의 안지름

입상관의 압력손실

- $H = 1.293 \times (S-1)h$[mmH$_2$O] 또는 [kgf/m^2]

  여기서, S : 가스의 비중, h : 입상관의 높이
- $H = 1.293 \times (S-1)h \times g$[Pa]

  여기서, S : 가스의 비중, h : 입상관의 높이, g : 중력가속도

마찰 손실수두

$h = f\frac{l}{d}\frac{v^2}{2g}$

여기서, f : 마찰계수, l : 관의 길이, d : 관의 내경, v : 유속, g : 중력가속도

웨버지수

- 가스의 연소성을 판단하는 중요한 수치
- 웨버지수 공식 : $WI = \frac{H}{\sqrt{S}}$

  여기서, H : 가스의 총발열량[kcal/m^3], S : 공기에 대한 가스의 비중
- 연소 특성에 따라 4A부터 13A까지 가스를 분류할 때의 숫자

저장능력(충전질량 또는 최대적재량) 산정기준

- 압축가스 저장탱크 및 용기의 저장능력[m^3] : $Q = n(10P+1)V_1$

  여기서, n : 용기 본수, P : 35[℃](아세틸렌가스의 경우에는 15[℃])에서의 최고충전압력[MPa], V_1 : 내용적[m^3])
- 액화가스 저장탱크의 저장능력[kg] : $W = 0.9dV_2$

  여기서, d : 상용온도에서 액화가스의 비중[kg/L], V_2 : 탱크의 내용적[L]$\left(\right.$액화가스의 저장탱크 설계 시 저장능력에 따른 내용적 : $V_2 = \frac{W}{0.9d}\left.\right)$
- 액화가스 용기 및 차량에 고정된 탱크의 저장능력 : $W = V_2/C$

  여기서, V_2 : 내용적[L], C : 저온용기 및 차량에 고정된 저온탱크와 초저온용기 및 차량에 고정된 초저온탱크에 충전하는 액화가스의 경우에는 그 용기 및 탱크의 상용온도 중 최고 온도에서의 그 가스의 비중(단위 : [kg/L])의 수치에 9/10를 곱한 수치의 역수, 그 밖의 액화가스의 충전용기 및 차량에 고정된 탱크의 경우에는 가스 종류에 따르는 정수

내진설계 적용대상시설

- 고압가스법의 적용을 받는 10[ton] 이상의 아르곤 탱크
- 도시가스사업법의 적용을 받는 3[ton] 이상의 저장탱크
- 액화석유가스법의 적용을 받는 3[ton] 이상의 액화석유가스 저장탱크
- 고법의 적용을 받는 5[ton] 이상의 암모니아 탱크

압축기의 압축비

압축비(ε) : $\varepsilon = \sqrt[n]{\dfrac{P_n}{P}}$

여기서, n : 단수, P_n : n단의 토출 절대압력, P : 흡입 절대압력

역카르노 사이클

- 이상적인 열기관 사이클인 카르노 사이클을 역작용시킨 사이클
- 저온측에서 고온측으로 열을 이동시킬 수 있는 사이클
- 이상적인 냉동 사이클 또는 열펌프 사이클
  - 냉동기 : 저온측을 사용하는 장치
  - 열펌프 : 고온측을 사용하는 장치
- 카르노 사이클과 마찬가지로 2개의 등온과정과 2개의 등엔트로피 과정으로 이루어진다.
  - 과정 : 단열압축→등온압축→단열팽창→등온팽창
  - 구성 : 압축기→응축기→팽창밸브→증발기
- 냉동기의 성능계수

$$(COP)_R = \varepsilon_R = \frac{\text{냉동열량(저온체에서의 흡수열량)}}{\text{압축일량(공급일)}} = \frac{Q_2}{W_c} = \frac{Q_2}{Q_1 - Q_2} = \frac{T_2}{T_1 - T_2} = \frac{h_1 - h_3}{h_2 - h_1}$$

여기서, h_1 : 압축기 입구의 냉매 엔탈피(증발기 출구의 엔탈피), h_2 : 응축기 입구의 냉매 엔탈피, h_3 : 증발기 입구의 엔탈피

- 열펌프의 성능계수

$$(COP)_H = \varepsilon_H = \frac{\text{방출열량(고온체에 공급한 열량)}}{\text{압축일량(공급일)}} = \frac{Q_1}{W_c} = \frac{Q_1}{Q_1 - Q_2} = \frac{T_2}{T_1 - T_2} = \frac{h_2 - h_3}{h_2 - h_1} = \varepsilon_R + 1$$

- 전체 성능계수 : $\varepsilon_T = \varepsilon_R + \varepsilon_H = 2\varepsilon_R + 1$

역랭킨 사이클

- 증기압축냉동식 사이클(가장 많이 사용되는 냉동 사이클)에 적용된다.
- 역카르노 사이클 중 실현 곤란한 단열과정(등엔트로피 팽창과정)을 교축팽창시켜 실용화한 사이클
- 증발된 증기가 흡수한 열량은 역카르노 사이클에 의하여 증기를 압축하고 고온의 열원에서 방출하는 사이클 사이에 액체와 기체의 두 상으로 변하는 물질을 냉매로 하는 냉동 사이클
- 과정 : 단열압축→정압방열→교축과정→등온정압흡열
  - 단열압축(압축과정) : 증발기에서 나온 저온·저압의 기체(냉매)를 압축기를 이용하여 단열압축하여 고온·고압의 상태가 되게 하여 과열증기로 만든다. 등엔트로피 과정이며, $T-S$ 곡선에서 수직선으로 나타나는 과정(1-2 과정)이다.

- 정압방열(응축과정) : 압축기에 의한 고온·고압의 냉매증기가 응축기에서 냉각수나 공기에 의해 열을 방출하고 냉각되어 액화된다. 냉매의 압력이 일정하며 주위로의 열방출을 통해 기체(냉매)가 액체(포화액)로 응축·변화하면서 열을 방출한다.
- 교축과정(팽창과정) : 응축기에서 액화된 냉매가 팽창밸브를 통하여 교축팽창한다. 온도와 압력이 내려가면서 일부 액체가 증발하여 습증기로 변한다. 교축과정 중에는 외부와 열을 주고받지 않으므로 단열팽창인 동시에 등엔탈피 팽창의 변화과정이 이루어진다.
- 등온정압흡열(증발과정) : 팽창밸브를 통해 증발기의 압력까지 팽창한 냉매는 일정한 압력 상태에서 주위로부터 증발에 필요한 잠열을 흡수하여 증발한다.

• 구성 : 압축기→응축기→팽창밸브→증발기
• 방출열량(응축효과) : $q_1 = h_2 - h_3 = h_2 - h_4$
  여기서, h_2 : 응축기 입구측의 엔탈피, h_3 : 팽창밸브 입구측 엔탈피, h_4 : 증발기 입구측의 엔탈피
• 흡입열량(냉동효과) : $q_2 = h_1 - h_4 = h_1 - h_3$
  여기서, h_1 : 압축기 입구에서의 엔탈피, h_3 : 팽창밸브 입구측 엔탈피, h_4 : 증발기 입구측의 엔탈피
• 압축기의 소요일량 : $W_c = h_2 - h_1$
  여기서, h_1 : 압축기 입구에서의 엔탈피, h_2 : 응축기 입구측의 엔탈피
• 냉동기의 성능계수

$$(COP)_R = \varepsilon_R = \frac{q_2(\text{냉동효과})}{W_c(\text{압축일량})} = \frac{q_2}{q_1 - q_2} = \frac{T_2}{T_1 - T_2} = \frac{h_1 - h_4}{h_2 - h_1} = \frac{h_1 - h_3}{h_2 - h_1}$$

  여기서, q_2 : 냉동효과, q_1 : 응축효과, W_c : 압축일량, h_1 : 압축기 입구에서의 엔탈피, h_2 : 응축기 입구측의 엔탈피, h_3 : 팽창밸브 입구측 엔탈피, h_4 : 증발기 입구에서의 엔탈피
• 열펌프의 성능계수

$$(COP)_H = \varepsilon_H = \frac{q_1(\text{응축효과})}{W_c(\text{압축일량})} = \frac{q_1}{q_1 - q_2} = \frac{T_1}{T_1 - T_2} = \frac{h_2 - h_3}{h_2 - h_1} = \frac{h_2 - h_4}{h_2 - h_1}$$

  여기서, q_1 : 응축효과, q_2 : 냉동효과, W_c : 압축일량, h_1 : 압축기 입구에서의 엔탈피, h_2 : 응축기 입구측의 엔탈피, h_3 : 팽창밸브 입구측 엔탈피, h_4 : 증발기 입구에서의 엔탈피

▌역브레이턴 사이클

• 공기압축식 냉동 사이클에 적용한다.
• 과정 : 정압흡열→단열압축→정압방열→단열팽창
• 흡입열량(냉동능력) : $Q_2 = C_p(T_2 - T_1)$
• 방출열량 : $Q_1 = C_p(T_3 - T_4)$
• 소요일량(냉동기가 소비하는 이론상의 일량)
  $W = W_1 - W_2 = Q_1 - Q_2 = C_p(T_3 - T_4) - C_p(T_2 - T_1)$
  여기서, W_1 : 압축기에서 소비되는 일, W_2 : 팽창터빈에서 발생되는 일
• 냉동기의 성능계수

$$(COP)_R = \varepsilon_R = \frac{Q_2}{W} = \frac{Q_2}{W_1 - W_2} = \frac{T_1}{T_4 - T_1} = \frac{T_2}{T_3 - T_2}$$

  여기서, Q_2 : 냉동능력, W : 소요일량

액화 사이클 : 압력을 크게 하면 액화율은 증가된다.

- 린데식 : 고압으로 압축된 공기를 줄-톰슨 밸브를 통과시켜 자유팽창(등엔탈피 변화)으로 냉각 · 액화시키는 공기액화 사이클
- 클라우드식 : 린데 사이클의 등엔탈피 변화인 줄-톰슨밸브효과와 더불어 피스톤 팽창기의 단열팽창(등엔트로피 변화)을 동시에 이용하는 공기액화 사이클
- 캐피자식 : 클라우드 사이클에서 피스톤 팽창기를 터빈식 팽창기(역브레이턴 사이클)로 대체하여 보다 많은 양의 액화공기를 얻는 형식
- 필립스식 : 수소, 헬륨을 냉매로 하며 2개의 피스톤이 한 실린더에 설치되어 팽창기와 압축기의 역할을 동시에 하는 액화 사이클
- 캐스케이드식(다원 액화 사이클) : 비등점이 점차 낮은 냉매를 사용하여 낮은 비등점의 기체를 액화시키는 액화 사이클로 암모니아(NH_3), 에틸렌(C_2H_4), 메탄(CH_4) 등이 냉매로 사용된다.

냉매의 구비조건

- 저소 : 응고온도, 액체 비열, 비열비, 점도, 표면장력, 증기의 비체적, 포화압력, 응축압력, 절연물 침식성, 가연성, 인화성, 폭발성, 부식성, 누설 시 물품 손상, 악취, 가격
- 고대 : 임계온도, 증발잠열, 증발열, 증발압력, 윤활유와의 상용성, 열전도율, 전열작용, 환경친화성, 절연내력, 화학적 안정성, 무해성(비독성), 내부식성, 불활성, 비가연성(내가연성), 누설 발견 용이성, 자동운전 용이성

조정기(Regulator)의 구조

- 다이어프램 고무재료 : 전체 배합 성분 중 NBR 성분의 함량 50[%] 이상, 가소제 성분 18[%] 이하
- 스프링 재질 : 강재

설치 위치, 사용목적에 따른 정압기의 분류

- 저압정압기 : 가스홀더압력을 소요공급압력으로 조정하는 정압기
- 지구정압기(City Gate Governor) : 일반도시가스사업자의 소유시설로서 가스도매사업자로부터 공급받은 도시가스의 압력을 1차적으로 낮추기 위해 설치하는 정압기
- 지역정압기(District Governor) : 일반도시가스사업자의 소유시설로서 지구정압기 또는 가스도매사업자로부터 공급받은 도시가스의 압력을 낮추어 다수의 사용자에게 가스를 공급하기 위해 설치하는 정압기
- 단독정압기 : 관리 주체가 1인이고 특정가스사용자가 가스를 공급받기 위한 정압기이며 가스사용자가 설치 · 관리한다.

용접용기의 동판 두께

$$t = \frac{PD}{2\sigma_a \eta - 1.2P} + C$$

여기서, P : 최고충전압력[kg/cm^2], D : 용기 안지름, σ_a : 허용응력, η : 효율, C : 부식 여유

안전밸브 관련 계산식

- 안전밸브의 작동압력 : P = 내압시험압력 × 0.8 = 최고충전압력 × $\frac{5}{3}$ × 0.8
- 안전밸브의 유효분출면적 : $A = \frac{W}{230 \times P\sqrt{M/T}}$

  여기서, W : 시간당 분출가스량, P : 안전밸브 작동압력, M : 가스분자량, T : 절대온도

용기 각인의 내용

- 납붙임 또는 접합용기
  - 용기 제조업자의 명칭 또는 약호
  - 충전하는 가스의 명칭
  - 내용적(기호 : V, 단위 : [L])
    ※ 액화석유가스 용기는 제외
  - 충전량(g)(납붙임 또는 접합용기에 한정)
- 기타 용기
  - 용기 제조업자의 명칭 또는 약호
  - 충전하는 가스의 명칭
  - 용기의 번호
  - 내용적(기호 : V, 단위 : [L])
    ※ 액화석유가스 용기는 제외
  - 초저온용기 외의 용기 : 밸브 및 부속품(분리 가능한 것)을 포함하지 아니한 용기의 질량(기호 : W, 단위 : [kg])
  - 아세틸렌가스 충전용기 : 상기의 질량에 용기의 다공물질·용제 및 밸브의 질량을 합한 질량(기호 : TW, 단위 : [kg])
  - 내압시험에 합격한 연월
  - 내압시험압력(기호 : TP, 단위 : [MPa])
    ※ 액화석유가스 용기, 초저온용기 및 액화 천연가스 자동차용 용기는 제외
  - 최고충전압력(기호 : FP, 단위 : [MPa])
    ※ 압축가스를 충전하는 용기, 초저온용기 및 액화천연가스 자동차용 용기에 한정
  - 내용적이 500[L]를 초과하는 용기에는 동판의 두께(기호 : t, 단위 : [mm])

가스용기의 도색 색상

- 공업용(산업용), 일반용 : 액화석유가스(밝은 회색), 산소(녹색), 액화탄산가스(청색), 액화염소(갈색), 그 밖의 가스(회색), 아세틸렌(황색), 액화암모니아(백색), 질소(회색), 수소(주황색), 소방용 용기(소방법에 의한 도색)
- 의료용 가스 : 에틸렌(자색), 헬륨(갈색), 액화탄산가스(회색), 사이크로 프로판(주황색), 질소(흑색), 아산화질소(청색), 산소(백색)
- 그 밖의 가스 : 회색
- 충전기한 표시 문자의 색상 : 적색

용기 부속품의 각인 표시내용

- 부속품 제조업자의 명칭 또는 약호
- 부속품의 기호와 번호
  - AG : 아세틸렌가스를 충전하는 용기의 부속품
  - PG : 압축가스를 충전하는 용기의 부속품
  - LG : 액화석유가스 외의 액화가스를 충전하는 용기의 부속품
  - LPG : 액화석유가스를 충전하는 용기의 부속품
  - LT : 초저온용기, 저온용기의 부속품
- 질량(기호 : W, 단위 : [kg])
- 부속품검사에 합격한 연월
- 내압시험압력(기호 : TP, 단위 : [MPa])

04 가스안전관리

흡수제, 중화제(제독제)

- 염소 : 가성소다(수용액, 670[kg]), 탄산소다(수용액, 870[kg]), 소석회(620[kg])
- 포스겐 : 가성소다(수용액, 390[kg]), 소석회(360[kg])
- 황화수소 : 가성소다(수용액, 1,140[kg]), 탄산소다(수용액, 1,500[kg])
- 사이안화수소 : 가성소다(수용액, 250[kg])
- 아황산 가스 : 가성소다(수용액, 530[kg]), 탄산소다(수용액, 700[kg]), 다량의 물
- 암모니아, 산화에틸렌, 염화메탄 : 다량의 물

가스의 품질검사

가 스	순 도	검사방법	검사시약
산 소	99.5[%] 이상	오르자트법	동, 암모니아 시약
수 소	98.5[%] 이상	오르자트법	파이로갈롤 또는 하이드로설파이드 시약
아세틸렌	98[%] 이상	오르자트법	발연황산
		뷰렛법	브롬 시약
		정성시험법	질산은 시약

※ 산소, 아세틸렌 및 수소를 제조하는 자가 실시하여야 하는 품질검사의 주기는 1일 1회 이상이다.

운반책임자의 동승기준

- 가스탱크 운반 시 운반책임자의 동승기준

압축가스	• 독성(1[ppm] 이상) : 100[m^3] 이상 • 가연성 : 300[m^3] 이상 • 조연성 : 600[m^3] 이상
액화가스	• 독성(1[ppm] 이상) : 1,000[kg] 이상 • 가연성 : 3,000[kg] 이상(에어졸 용기 : 2,000[kg] 이상) • 조연성 : 6,000[kg] 이상

- 충전용기 운반 시 운반책임자의 동승 기준

비독성 고압가스	압축가스	• 가연성 : 300[m^3] 이상 • 조연성 : 600[m^3] 이상
	액화가스	• 가연성 : 3,000[kg] 이상(에어졸 용기 : 2,000[kg] 이상) • 조연성 : 6,000[kg] 이상
독성 고압가스	압축가스	• 허용농도 100만분의 200 이하 : 10[m^3] 이상 • 허용농도 100만분의 200 초과 : 100[m^3] 이상
	액화가스	• 허용농도 100만분의 200 이하 : 100[kg] 이상 • 허용농도 100만분의 200 초과 : 1,000[kg] 이상

고압가스안전관리법에서 정하고 있는 특정고압가스의 종류 : 수소, 산소, 액화암모니아, 아세틸렌, 액화염소, 천연가스, 압축 모노실란, 압축 다이보레인, 액화알진, 그 밖에 대통령령으로 정하는 고압가스(포스핀, 셀렌화수소, 게르만, 다이실란, 오불화비소, 오불화인, 삼불화인, 삼불화질소, 삼불화붕소, 사불화유황, 사불화규소)

내진설계 : 저장탱크 및 압력용기, 지지구조물 및 기초와 이들의 연결부에 적용한다.

가연성, 독성	5[ton] 또는 500[m^3] 이상
비가연성, 비독성	10[ton] 또는 1,000[m^3] 이상

설비 사이의 거리 기준

- 안전구역 안의 고압가스 설비는 그 외면으로부터 다른 안전구역 안에 있는 고압가스 설비의 외면까지 30[m] 이상의 거리를 유지한다.
- 제조설비의 외면으로부터 그 제조소의 경계까지 20[m] 이상의 거리를 유지한다.
- 하나의 안전관리 체계로 운영되는 2개 이상의 제조소가 한 사업장에 공존하는 경우에는 20[m] 이상의 안전거리를 유지한다.
- 액화천연가스 저장탱크는 그 외면으로부터 처리능력이 20만[m^3] 이상인 압축기까지 30[m] 이상을 유지한다.

1일의 냉동능력 1[ton] 산정기준

- 원심식 압축기를 사용하는 냉동설비 : 압축기의 원동기 정격출력 1.2[kW]
- 흡수식 냉동설비 : 발생기를 가열하는 1시간의 입열량 6,640[kcal]

고압가스 냉동제조시설의 냉동능력 합산기준

- 냉매가스가 배관에 의하여 공통으로 되어 있는 냉동설비
- 냉매계통을 달리하는 2개 이상의 설비가 1개의 규격품으로 인정되는 설비 내에 조립되어 있는 것(유닛형)
- 2원 이상의 냉동방식에 의한 냉동설비
- 모터 등 압축기의 동력설비를 공통으로 하고 있는 냉동설비
- 브라인(Brine)을 공통으로 사용하는 2개 이상의 냉동설비(브라인 중 물과 공기는 미포함)

외관검사 등급분 류(용기의 상태에 따른 등급 분류)

- 1급(합격) : 사용상 지장이 없는 것으로서 2급, 3급 및 4급에 속하지 아니하는 것
- 2급(합격) : 깊이가 1[mm] 이하의 우그러짐이 있는 것 중 사용상 지장 여부를 판단하기 곤란한 것
- 3급(합격)
  - 깊이가 0.3[mm] 미만이라고 판단되는 흠이 있는 것
  - 깊이가 0.5[mm] 미만이라고 판단되는 부식이 있는 것
- 4급(불합격)
  - 부식 : 원래의 금속 표면을 알 수 없을 정도로 부식되어 부식 깊이 측정이 곤란한 것, 부식점의 깊이가 0.5[mm]를 초과하는 점부식이 있는 것, 길이가 100[mm] 이하이고 부식 깊이가 0.3[m]를 초과하는 선 부식이 있는 것, 길이가 100[mm]를 초과하는 부식 깊이가 0.25[mm]를 초과하는 선 부식이 있는 것, 부식 깊이가 0.25[mm]를 초과하는 일반 부식이 있는 것

- 우그러짐 및 손상 : 용기동체 내·외면에 균열·주름 등의 결함이 있는 것, 용기 바닥부 내·외면에 사용상 지장이 있다고 판단되는 균열·주름 등의 결함이 있는 것(다만, 만네스만방식으로 제조된 용기의 경우에는 용기 바닥면 중심부로부터 원주 방향으로 반지름의 1/2 이내의 영역에 있는 것을 제외), 우그러진 최대 깊이가 2[mm]를 초과하는 것, 우그러진 부분의 짧은 지름이 최대 깊이의 20배 미만인 것, 찍힌 흠 또는 긁힌 흠의 깊이가 0.3[mm]를 초과하는 것, 찍힌 흠 또는 긁힌 흠의 깊이가 0.25[mm]를 초과하고, 그 길이가 50[mm]를 초과하는 것
- 열영향을 받은 부분이 있는 것
- 네클링 부분의 유효나사수가 제조 시에 비하여 테이퍼 나사인 경우 60[%] 이하, 평행나사인 경우 80[%] 이하인 것
- 평행나사의 경우 오링이 접촉되는 면에 유해한 상처가 있는 것

가스방출관의 방출구 : 공기 중에 수직 상방향으로 가스를 분출하는 구조로서 방출구의 수직 상방향 연장선으로부터 다음의 안전밸브 규격에 따른 수평거리 이내에 장애물이 없는 안전한 곳으로 분출하는 구조로 한다.

- 입구 호칭지름 15A 이하 : 0.3[m]
- 입구 호칭지름 15A 초과 20A 이하 : 0.5[m]
- 입구 호칭지름 20A 초과 25A 이하 : 0.7[m]
- 입구 호칭지름 25A 초과 40A 이하 : 1.3[m]
- 입구 호칭지름 40A 초과 : 2.0[m]

정성적 안정성(위험성)평가기법

- 체크리스트기법 : 공정 및 설비의 오류, 결함 상태, 위험 상황 등을 목록화한 형태로 작성하여 경험적으로 비교함으로써 위험성을 정성적으로 파악하는 안전성평가기법
- 사고예상질문분석기법(WHAT-IF) : 공정에 잠재하고 있으면서 원하지 않은 나쁜 결과를 초래할 수 있는 사고에 대하여 예상질문을 통해 사전에 확인함으로써 그 위험과 결과 및 위험을 줄이는 방법을 제시하는 정성적 안전성평가기법
- 위험과 운전분석기법(HAZOP ; Hazard and Operability Studies) : 공정에 존재하는 위험요소들과 공정의 효율을 떨어뜨릴 수 있는 운전상의 문제점을 찾아내어 그 원인을 제거하는 정성적인 안전성평가기법
- 이상위험도분석기법(FMECA ; Failure Modes, Effects and Criticality Analysis) : 공정 및 설비의 고장의 형태 및 영향, 고장형태별 위험도 순위 등을 결정하는 기법

정량적 안정성(위험성)평가기법

- 상대위험순위결정기법(Dow And Mond Indices) : 설비에 존재하는 위험에 대하여 수치적으로 상대 위험 순위를 지표화하여 그 피해 정도를 나타내는 상대적 위험 순위를 정하는 안전성평가기법
- 작업자실수분석기법(HEA ; Human Error Analysis) : 설비의 운전원, 정비보수원, 기술자 등의 작업에 영향을 미칠만한 요소를 평가하여 그 실수의 원인을 파악하고 추적하여 정량적으로 실수의 상대적 순위를 결정하는 안전성평가기법
- 결함수분석기법(FTA ; Fault Tree Analysis) : 사고를 일으키는 장치의 이상이나 운전자 실수의 조합을 연역적으로 분석하는 정량적 안전성평가기법
- 사건수분석기법(ETA ; Event Tree Analysis) : 초기 사건으로 알려진 특정한 장치의 이상이나 운전자의 실수로부터 발생되는 잠재적인 사고결과를 예측 평가하는 정량적인 안전성평가기법
- 원인결과분석기법(CCA ; Cause-Consequence Analysis) : 잠재된 사고의 결과와 이러한 사고의 근본적인 원인을 찾아내고 사고결과와 원인의 상호관계를 예측 평가하는 정량적 안전성평가기법

05 가스계측기기

온도단위

- 섭씨온도[°C] : [°C]=$\frac{5}{9}$([°F]−32)
- 화씨온도[°F] : [°F]=$\frac{9}{5}$[°C]+32
- 절대온도[K] : [°C]+273.15
- 랭킨온도[°R] : [°F]+460=1.8[K]

SI 기본단위 7가지

미터[m], 킬로그램[kg], 초[s], 암페어[A], 켈빈[K], 몰[mol], 칸델라[cd]

측정량 계량방법

- 보상법 : 측정량의 크기가 거의 같은 미리 알고 있는 양의 분동을 준비하여 분동과 측정량의 차이로부터 측정량을 구하는 방법이다.
- 편위법 : 측정량의 크기에 따라 지침 등을 편위시켜 측정량을 구하는 방법이다. 감도는 떨어지지만, 취급이 쉽고 신속하게 측정할 수 있어 전압계 및 전류계 등의 공업용 기기로 많이 사용된다(예 스프링 저울, 부르동관 압력계, 전류계 등).
- 치환법 : 정확한 기준과 비교 측정하여 측정기 자신의 부정확한 원인이 되는 오차를 제거하기 위하여 사용되는 방법으로 다이얼게이지를 이용하여 두께를 측정하는 방법 등이 이에 해당한다.
- 영위법 : 측정량(측정하고자 하는 상태량)과 기준량(독립적 크기 조정 가능)을 비교하여 측정량과 똑같이 되도록 기준량을 조정한 후 기준량의 크기로부터 측정량을 구하는 방법(천칭)이다.

압력계의 분류

- 1차 압력계 : 액주식(U자관식, 단관식, 경사관식, 차압식, 플로트식, 환상천평식), 기준 분동식(부유피스톤식), 침종식
- 2차 압력계 : 탄성식(부르동관, 벨로스, 다이어프램, 콤파운드 게이지), 전기식(전기저항식, 자기 스테인리스식, 압전식), 진공식(맥라우드 진공계, 열전도형 진공계, 피라니 압력계, 가이슬러관, 열음극 전리 진공계)

피토관식 유량계

- 관에 흐르는 유체 흐름의 전압과 정압의 차이를 측정하고 유속을 구하는 장치
- 응용 원리 : 베르누이 정리

• 유량 계산식

$$Q = C \cdot Av_m = C \cdot A\sqrt{2g \times \frac{P_t - P_s}{\gamma}} = C \cdot A\sqrt{2gh \times \frac{\gamma_m - \gamma}{\gamma}} = C \cdot A\sqrt{2gh \times \frac{\rho_m - \rho}{\rho}}$$

여기서, Q : 유량[m³/s], C : 유량계수, A : 단면적[m²], v_m : 평균유속, g : 중력가속도(9.8[m/s²]), P_t : 전압[kgf/m²], P_s : 정압[kgf/m²], γ_m : 마노미터 액체 비중량[kgf/m³], γ : 유체 비중량[kgf/m³], ρ_m : 마노미터 액체밀도[kg/m³], ρ : 유체밀도[kg/m³]

• 유속 $v = C_v\sqrt{2g\Delta h} = C_v\sqrt{2g(P_t - P_s)/\gamma}$

여기서, v : 유속[m/s], C_v : 속도계수, g : 중력가속도(9.8[m/s²]), P_t : 전압[kgf/m²], P_s : 정압[kgf/m²], γ : 유체의 비중량[kgf/m³]

▌ 차압식 유량계

• 관로 내 조임기구(오리피스, 노즐, 벤투리관)를 설치하고 유량의 크기에 따라 전후에 발생하는 차압 측정으로 유량을 구하는 유량계
• 측정원리 : 운동하는 유체의 에너지 법칙, 베르누이 방정식, 연속의 법칙(질량보존의 법칙)
• 유량 계산식

$$Q = C \cdot Av_m = C \cdot A\sqrt{\frac{2g}{1-(d_2/d_1)^4} \times \frac{P_1 - P_2}{\gamma}} = C \cdot A\sqrt{\frac{2gh}{1-(d_2/d_1)^4} \times \frac{\gamma_m - \gamma}{\gamma}}$$

$$= C \cdot A\sqrt{\frac{2gh}{1-(d_2/d_1)^4} \times \frac{\rho_m - \rho}{\rho}}$$

여기서, Q : 유량[m³/s], C : 유량계수, A : 단면적[m²], v_m : 평균유속, g : 중력가속도(9.8[m/s²]), d_1 : 입구지름, d_2 : 조임기구 목의 지름, P_1 : 교축기구 입구측 압력[kgf/m²], P_2 : 교축기구 출구측 압력[kgf/m²], h : 마노미터 높이차, γ_m : 마노미터 액체 비중량[kgf/m³], γ : 유체 비중량[kgf/m³], ρ_m : 마노미터 액체밀도[kg/m³], ρ : 유체밀도[kg/m³])

▌ 탭 입구 위치에 따른 차압 측정 탭(압력 탭 또는 압력 도출구)방식의 분류

• 플랜지 탭(Flange Tap) : 가장 많이 사용되는 방법으로, 오리피스 전단 및 후단 플랜지로부터 오리피스 전단 및 후단의 표면에 평행하게 천공하여 차압을 측정하는 방식이다.
• 코너 탭(Corner Tap) : 오리피스 전단 및 후단 플랜지로부터 오리피스 전단 및 후단의 표면까지 경사지게 천공하여 차압을 측정하는 방식이다.
• D 및 D/2 탭 : 파이프 탭(Pipe Tap) 또는 Full-flow 탭이라고도 하며, 오리피스가 설치될 배관에 천공하여 차압(오리피스 양단의 손실압력)을 측정하는 방식이다. 배관 천공작업은 현장에서 한다.
• 축류 탭 : 오리피스 하류측 압력 구멍은 오리피스 유량계 직경비의 변화에 따라 가변적인 위치의 값을 갖게 한 방식으로, 이론적으로 최대의 압력을 얻을 수 있는 위치에 설치한다. 제작이 까다롭고 복잡하다.
• 반경 탭 : 축류 탭과 유사하나 하류 탭이 오리피스 판으로부터 관의 지름의 1/2 만큼 떨어진 위치에 설치된다는 것이 다르다.

▌ 액면계의 분류

• 직접측정식 : 유리관식(직관식), 검척식, 플로트식, 사이트글라스
• 간접측정식 : 차압식, 편위식(부력식), 정전용량식, 전극식(전도도식), 초음파식, 퍼지식(기포식), 방사선식(γ선식), 슬립 튜브식, 레이더식, 중추식, 중량식

■ 대표적인 온도계별 최고 측정 가능(사용 가능) 온도[℃]

- 접촉식 온도계 : 유리제 온도계 750(수은 360, 수은-불활성 가스 이용 750, 알코올 100, 베크만 150), 바이메탈 온도계 500, 압력식 온도계 600(액체 : 수은 600, 알코올 200, 아닐린 400, 기체압력식 : 420), 전기저항식 온도계 500(백금 500, 니켈 150, 동 120, 서미스터 300), 열전대 온도계 1,600(PR 1,600, CA 1,200, IC 800, CC 350)
- 비접촉식 온도계 : 광고온계(광온도계) 3,000, 방사 온도계 3,000, 광전관 온도계 3,000, 색 온도계 2,500(어두운 색 600, 붉은색 800, 오렌지색 1,000, 노란색 1,200, 눈부신 황백색 1,500, 매우 눈부신 흰색 2,000, 푸른 기가 있는 흰백색 2,500)

■ 열전대의 종류

- 백금-백금・로듐(PR), 크로멜-알루멜(CA), 철-콘스탄탄(IC), 구리-콘스탄탄(CC)
- 측정온도에 대한 기전력의 크기 순 : IC > CC > CA > PR

■ 화학적 가스분석법 : 연소가스의 주성분인 이산화탄소, 산소, 일산화탄소 등의 가스가 흡수액에 잘 녹는 성질을 이용하여 용적 감소나 흡수제를 적정하여 성분 비율을 구하거나 연소열 등의 화학적인 성질을 이용하는 가스분석법이다. 물리적 분석법에 비해 신뢰성, 신속성이 떨어진다. 화학적 가스분석법의 종류에는 흡수분석법, 연소분석법, 시험지법, 검지관법, 중화적정법, 칼피셔법 등이 있다.

■ 흡수분석법 : 시료가스를 각각 특정한 흡수액에 흡수시켜 흡수 전후의 가스 체적을 측정하여 가스의 성분을 분석하는 정량 가스분석법으로, 종류로는 오르자트법, 헴펠법, 게겔법 등이 있다.

- 오르자트법 : 용적 감소를 이용하여 연소가스 주성분인 이산화탄소, 산소, 일산화탄소 등을 분석하는 가스분석법이다. 연속 측정과 수분 분석은 불가하며, 건배기가스의 성분을 분석한다. 가스분석 순서는 $CO_2 \rightarrow O_2 \rightarrow CO$이다.
- 헴펠법 : 가스분석의 순서는 $CO_2 \rightarrow C_mH_n \rightarrow O_2 \rightarrow CO$이다.
- 게겔법 : 저급 탄화수소 분석에 이용하며, 가스분석의 순서는 $CO_2 \rightarrow C_2H_2 \rightarrow C_3H_6 \sim C_3H_8 \rightarrow C_2H_4 \rightarrow O_2 \rightarrow CO$이다.

■ 흡수분석법에서 사용되는 흡수액

CO_2	30[%]의 수산화칼륨(KOH) 수용액
C_2H_2(아세틸렌)	아이오딘수은칼륨용액(옥소수은칼륨용액)
C_2H_4(에틸렌)	HBr(취수소용액)
O_2	알칼리성 파이로갈롤용액(수산화칼륨+파이로갈롤 수용액)
CO	암모니아성 염화 제1동용액
C_3H_6(프로필렌), $n-C_4H_8$	87[%] H_2SO_4용액
중탄화수소(C_mH_n)	발연황산(진한 황산)

■ 연소분석법 : 시료가스를 공기, 산소 등으로 연소하고 그 결과를 가스 성분 산출하는 가스분석법으로, 종류로는 우인클러법(완만연소법), 분별연소법, 폭발법, 헴펠법 등이 있다.

- 우인클러법(완만연소법) : 산소와 시료가스를 피펫에 천천히 넣고 백금선 등으로 연소시켜 가스를 분석하는 방법

- 분별연소법 : 2종 이상의 동족 탄화수소와 수소가 혼합된 시료를 측정할 수 있는 방법으로, 분별적으로 완전연소시키는 가스로는 수소, 탄화수소 등이 있다.

팔라듐관 연소분석법	촉매로 팔라듐흑연, 팔라듐석면, 백금, 실리카겔 등이 사용된다.
산화구리법	주로 CH_4 가스를 정량한다.

- 폭발법
- 헴펠법 : 수소, 메탄 분석

▌ 시험지법에서의 검지 가스별 시험지와 누설 변색 색상

- 아세틸렌(C_2H_2) : 염화 제1동 착염지 – 적색
- 암모니아(NH_3) : (적색) 리트머스시험지 – 청색
- 염소(Cl_2) : KI 전분지(아이오딘화칼륨, 녹말종이) – 청색
- 일산화탄소(CO) : 염화팔라듐지 – 흑색
- 사이안화수소(HCN) : 질산구리벤젠지(초산벤젠지) – 청색
- 포스겐($COCl_2$) : 하리슨시험지 – 심등색
- 황화수소(H_2S) : 연당지(초산납지) – 흑(갈)색

※ 연당지 : 초산납을 물에 용해하여 만든 가스시험지

▌ 검지관법 : 화학공장에서 누출된 유독가스를 신속하게 현장에서 검지 정량하는 방법이며 검지가스별 측정농도의 범위 및 검지한도는 다음과 같다.

- 수소(H_2) : 0~1.5[%], 250[ppm]
- 아세틸렌(C_2H_2) : 0~0.3[%], 10[ppm]
- 암모니아 : 0~25[%], 5[ppm]
- 염소 : 0~0.004[%], 0.1[ppm]
- 일산화탄소(CO) : 0~0.1[%], 1[ppm]
- 프로판(C_3H_8) : 0~5[%], 100[ppm]

▌ 물리적 가스분석법 : 열전도율, 밀도, 자성, 적외선, 자외선, 도전율, 연소열, 점성, 흡수, 화학발광량, 이온전류 등의 물리적 성질을 계측하는 가스 상태를 그대로 분석하는 방법이며 신뢰성과 신속성이 높다. 물리적 가스분석법의 종류에는 열전도율법, 밀도법, 자기법, 적외선법, 자외선법, 도전율법, 고체전지법, 액체전지법, 흡광광도법, 저온증류법, 슐리렌법, 분리분석법 등이 있다.

▌ 세라믹식 O_2계 : 기전력을 이용하여 산소농도를 측정하는 가스분석계

- 세라믹 주성분 : 산화지르코늄(ZrO_2)
- 고온이 되면 산소이온만 통과시키고 전자나 양이온을 거의 통과시키지 않는 특수한 도전성 나타내는 지르코늄(Zr)의 특성을 이용하여 산소 농담을 전지를 만들어 시료가스 중의 산소농도를 측정한다.
- 비교적 응답이 빠르며(5~30초) 측정가스의 유량이나 설치장소의 주위 온도 변화에 의한 영향이 작다.
- 연속 측정이 가능하며 측정범위가 광범위([ppm]~[%])하다.
- 측정부의 온도 유지를 위하여 온도 조절 전기로가 필요하다.

적외선 흡수식 가스분석계 : 2원자 분자를 제외한 대부분의 가스가 고유한 흡수 스펙트럼을 가지는 것을 응용한 가스분석계(대상 성분 가스만이 강하게 흡수하는 파장의 광선을 이용하는 가스분석계)

- 별칭 : 적외선 분광분석계, 적외선식 가스분석계
- 저농도의 분석에 적합하며 선택성이 우수하다.
- CO_2, CO, CH_4 NH_3, $COCl_2$ 등의 가스분석이 가능하다.
- 대칭성 2원자 분자(N_2, O_2, H_2, Cl_2 등), 단원자 가스(He, Ar 등) 등의 분석은 불가능하다.

가스크로마토그래피

- 두 가지 이상의 성분으로 된 물질을 단일성분으로 분리하는 선택성이 우수한 분리분석기법이다.
- 이동상으로 캐리어가스(이동기체)를 이용, 고정상으로 액체 또는 고체를 이용해서 혼합성분의 시료를 캐리어가스로 공급하여 고정상을 통과할 때 시료 중의 각 성분을 분리하는 분석법이다.
- 시료가 칼럼을 지날 때 각 성분의 이동도 차이를 이용해 혼합물의 각 성분을 분리해 낸다.
- 원리 : 흡착의 원리, 분리의 원리
- 이용되는 기체의 특성 : 확산속도의 차이
- 용도 : 수소, 이산화탄소, 탄화수소(부탄, 나프탈렌, 할로겐화 탄화수소 등), 산화물, 연소기체 등의 분석(기체크로마토그래피 분석방법으로 분석하지 않는 가스 : 염소)
- 최근에는 열린 관 칼럼을 주로 사용한다.
- 시료를 이동시키기 위하여 흔히 사용되는 기체는 헬륨가스이다.
- 시료의 주입은 반드시 기체이어야 하는 것은 아니다.
- 피크면적측정법 : 주로 적분계(Integrator)에 의한 방법을 이용한다.
- 구성요소 : 시료주입기(Injector), 운반기체(Carrier Gas), 분리관(Column), 검출기(Detector), 기록계(Data System), 유속조절기(유량측정기), 압력조정기, 유량조절밸브, 압력계 등
- 캐리어(Carrier)가스 : He, Ar, N_2, H_2 등
- 칼럼에 사용되는 흡착제 : 활성탄, 실리카겔, 활성알루미나
- 특 징
  - 한 대의 장치로 여러 가지 가스를 분석할 수 있다.
  - 미량성분의 분석이 가능하다.
  - 분리성능이 좋고 선택성이 우수하다.
  - 응답속도가 다소 느리고 동일한 가스의 연속 측정이 불가능하다.
  - 연소가스에서는 SO_2, NO_2 등의 분석이 불가능하다.
  - 여러 가지 가스성분이 섞여 있는 시료가스분석에 적당하다.
  - 운반기체로서, 주로 화학적으로 비활성인 헬륨을 사용한다.
  - 칼럼에 사용되는 액체 정지상은 휘발성이 낮아야 한다.
  - 빠른 시간 내에 분석이 가능하다.
  - 액체크로마토그래피보다 분석속도가 빠르다.
  - 적외선 가스분석계에 비해 응답속도가 느리다.
  - 연속분석이 불가능하다.
  - 연소가스에서는 SO_2, NO_2 등의 분석이 불가능하다.

- 검출기 : 불꽃이온화검출기(FID), 염광광도검출기(FPD), 열전도도검출기(TCD), 전자포획검출기(ECD), 원자방출검출기(AED), 알칼리열이온화검출기(FTD), 황화학발광검출기(SCD), 열이온검출기(TID), 방전이온화검출기(DID)

▌가스크로마토그래피 관련 제반 계산

- 피크의 넓이 계산 : $A = Wh$

  여기서, W : 피크의 높이의 1/2 지점에서의 피크의 너비, h : 피크의 높이
- 이론단수 : $N = 16 \times \left(\frac{l}{W}\right)^2 = 16 \times \left(\frac{t}{T}\right)^2 = 16 \times \left(\frac{vt}{W}\right)^2$

  여기서, l : 시료 도입점으로부터 피크 최고점까지의 길이, W : 봉우리(피크)의 폭, t : 머무름 시간, T : 바닥에서의 너비 측정시간, v : 기록지의 속도
- 이론단 해당 높이(HETP ; Height Equivalent to a Theoretical Plate) : $HETP = \frac{L}{N}$

  여기서, L : 분리관의 길이, N : 이론단수
- 가스 주입시간 : $t_i = \frac{V}{Q}$

  여기서, V : 지속용량, Q : 이동기체의 유량
- 기록지 속도 : $v = \frac{l}{t_i} = \frac{Q}{V} \times l$

  여기서, l : 주입점에서 피크까지의 길이, t_i : 가스 주입시간

▌가스미터의 분류

- 실측식 가스미터 : 직접 측정방법
  - 건식 가스미터
    - ⓐ 막식(다이어프램식) 가스미터 : 그로바식, 독립내기식(T형, H형), 클로버식(B형)
    - ⓑ 회전자식 가스미터 : 루츠형(Roots), 로터리 피스톤식, 오벌식
  - 습식 가스미터 : 정확한 계량이 가능하여 기준기로 주로 이용되는 가스미터이며 기준습식 가스미터로, 드럼형 등이 있다.
- 추량식(추측식) 가스미터 : 간접 측정방법으로 터빈형(Turbine), 오리피스식(Orifice), 와류식(Vortex), 델타형(Delta), 벤투리식(Venturi) 등이 있다.

▌가스미터 관련 계산식

- 가스의 통과량
  - 지시량 ± 사용공차
  - 최소지시량 = 지시량 − 사용공차
  - 최대지시량 = 지시량 + 사용공차
- 가스미터의 기차 : $\frac{\text{계량치} - \text{기준치}}{\text{계량치}} \times 100[\%]$

- 가스 사용량 : $V=\sum Q_n T_n N_n$

  여기서, Q_n : 가스기기의 용량, T_n : 사용시간, N_n : 사용일수
- 최대가스사용량 : $V_{\max}=No\times T\times N$

  여기서, No : 호수, T : 작동시간, N : 사용일수
- 배관의 유량
  - 저압 배관의 유량(도시가스 등) : $Q=K\sqrt{\dfrac{hD^5}{SL}}$

    여기서, K : 유량계수, h : 압력손실(기점, 종점 간의 압력 강하 또는 기점압력과 말단압력의 차이), D : 배관의 지름, S : 가스의 비중, L : 배관의 길이
  - 중압·고압배관의 유량 : $Q=K\sqrt{\dfrac{(P_1^2-P_2^2)D^5}{SL}}$

    여기서, K : 유량계수, P_1 : 초압, P_2 : 종압, D : 배관의 지름, S : 가스의 비중, L : 배관의 길이
- 피크 시 가스 수요량 : 일 피크 사용량×세대수×피크 시율×피크 일률

자동제어

- 자동제어의 4대 기본장치 : 조절부, 조작부, 검출부, 비교부
- 자동제어의 일반적인 동작 순서 : 검출 → 비교 → 판단 → 조작

피드백 제어 : 폐루프를 형성하여 출력측의 신호를 입력측에 되돌리는 제어

- 입력과 출력을 비교하는 장치가 반드시 필요하다.
- 다른 제어계보다 정확도가 증가된다.
- 다른 제어계보다 제어폭이 증가(Band Width)된다.
- 급수제어에 사용된다.
- 설비비의 고액 투입이 요구된다.
- 운영에 있어 고도의 기술이 요구된다.
- 일부 고장이 있으면 전 생산에 영향을 미친다.
- 수리가 쉽지 않다.

온오프동작(2위치 동작)

- 조작량이 제어편차에 의해서 정해진 2개의 값이 어느 편인가를 택하는 제어방식이다.
- 제어량이 설정치로부터 벗어났을 때 조작부를 개 또는 폐의 2가지 중 하나로 동작시키는 동작이다.
- 편차의 정(+), 부(-)에 의해서 조작신호가 최대, 최소가 되는 제어동작이다.
- 2위치 제어 또는 뱅뱅제어라고도 한다.
- 외란에 의한 잔류편차(Off-set)가 발생하지 않는다.
- 사이클링(Cycling) 현상을 일으킨다.
- 설정값 부근에서 제어량이 일정하지 않다.
- 주로 탱크의 액위를 제어하는 방법으로 이용된다.

P동작(비례동작)

- 동작신호에 대해 조작량의 출력 변화가 일정한 비례관계에 있는 제어동작이다.
- 조절부 동작의 수식 표현

  $Y(t) = K \cdot e(t)$

  여기서, $Y(t)$: 출력, K : 비례감도(비례상수), $e(t)$: 편차
- 비례대(PB ; Proportional Band, $PB[\%]$)
  - 밸브를 완전히 닫힌 상태로부터 완전히 열린 상태로 움직이는 데 필요한 오차의 크기이다.

    $PB[\%] = \frac{CR}{SR} \times 100[\%]$

    여기서, CR : 제어범위(제어기 측정온도차), SR : 설정 조절범위(비례제어기 온도차 또는 조절온도차
  - 자동조절기에서 조절기의 입구신호와 출구신호 사이의 비례감도의 역수인 $1/K$을 백분율[%]로 나타낸 값이다.

    $PB[\%] = \frac{1}{K} \times 100[\%]$

    $K \times PB[\%] = 100[\%]$
- 사이클링(상하진동)을 제거할 수 있다.
- 외란이 작은 제어계, 부하 변화가 작은 프로세스 제어에 적합하다.
- 오차에 비례한 제어출력신호를 발생시키며 공기식 제어의 경우에는 압력 등을 제어출력신호로 이용한다.
- 잔류편차가 발생한다.
- 외란이 큰 제어계(부하가 변화하는 등)에는 부적합하다.

I동작(적분동작)

- 출력 변화의 속도가 편차에 비례하는 제어동작이다.
- 조절부 동작의 수식 표현

  $Y(t) = K \cdot \frac{1}{T_i} \int e(t)dt$

  여기서, $Y(t)$: 출력, K : 비례감도, T_i : 적분시간, $e(t)$: 편차, $\frac{1}{T_i}$: 리셋률
- 편차의 크기와 지속시간이 비례하는 동작이다.
- 제어량의 편차가 없어질 때까지 동작을 계속한다.
- 부하 변화가 커도 잔류편차가 제거된다.
- 진동하는 경향이 있다.
- 응답시간이 길어서 제어의 안정성은 떨어진다.
- 단독으로 사용되지 않고, 비례동작과 조합하여 사용된다.
- 적분동작은 유량제어에 가장 많이 사용된다.
- 적분동작이 좋은 결과를 얻을 수 있는 경우
  - 측정 지연 및 조절 지연이 작은 경우
  - 제어 대상이 자기평형성을 가진 경우
  - 제어 대상의 속응도가 큰 경우
  - 전달 지연과 불감시간이 작은 경우

D동작(미분동작)

- 조절계의 출력 변화가 편차의 시간 변화(편차의 변화속도)에 비례하는 제어동작이다.
- 조절부 동작의 수식 표현

  $$Y(t) = K \cdot T_d \cdot \frac{de}{dt}$$

  여기서, $Y(t)$: 출력, K : 비례감도, T_d : 미분시간, e : 편차
- 진동이 제거된다.
- 응답시간이 빨라져서 제어의 안정성이 높아진다.
- 오버슈트를 감소시킨다.
- 잔류편차가 제거되지 않는다.
- 단독으로 사용되지 않고, 비례동작과 조합하여 사용된다.

PI동작(비례적분동작)

- 비례동작에 의해 발생하는 잔류편차를 제거하기 위하여 적분동작을 조합시킨 제어동작이다.
- 조절부 동작의 수식 표현

  $$Y(t) = K \cdot \left[e(t) + \frac{1}{T_i} \int e(t)dt \right]$$

- 잔류편차가 제거된다.

  ※ 정상특성 : 출력이 일정한 값에 도달한 이후 제어계의 특성
- 부하 변화가 넓은 범위의 프로세스에도 적용할 수 있다.
- 진동하는 경향이 있다.
- 제어의 안정성이 떨어진다.
- 간헐현상이 발생한다.
- 제어시간은 단축되지 않는다.
- 전달 느림이나 쓸모없는 시간이 크면 사이클링의 주기가 커진다.
- 자동조절계의 비례적분동작에서 적분시간 : P동작에 의한 조작신호의 변화가 I동작만으로 일어나는 데 필요한 시간이다.

PD동작(비례미분동작)

- 제어결과에 신속하게 도달되도록 비례동작에 미분동작을 조합시킨 제어동작이다.
- 조절부 동작의 수식 표현

  $$Y(t) = K \cdot \left[e(t) + T_d \cdot \frac{de}{dt} \right]$$

- 오버슈트가 감소한다.
- 진동이 제거된다.
- 응답속도가 개선된다.
- 제어의 안정성이 높아진다.
- 잔류편차는 제거되지 않는다.

PID동작(비례적분미분동작)

- 비례적분동작에 미분동작을 조합시킨 제어동작이다.
- 조절부 동작의 수식 표현

$$Y(t) = K \cdot \left[e(t) + \frac{1}{T_i} \int e(t) dt + T_d \frac{de}{dt} \right]$$

- 잔류편차와 진동이 제거되어 응답시간이 가장 빠르다.
- 제어계의 난이도가 큰 경우에 가장 적합한 제어동작이다.
- 가장 최적의 제어동작이다.
- 조절효과가 좋다.
- 피드백 제어는 비례미적분 제어(PID Control)를 사용한다.

Win-Q

가스기사

CHAPTER 01 가스유체역학

CHAPTER 02 연소공학

CHAPTER 03 가스설비

CHAPTER 04 가스안전관리

CHAPTER 05 가스계측기기

PART 1

핵심이론 + 핵심예제

가스유체역학

제1절 | 가스유체역학의 개요

핵심이론 01 유체의 개요

① 유체역학의 정의와 유체의 개념

㉠ 유체역학(Hydrodynamics)의 정의 : 유체에 힘이 작용할 때 나타나는 평형 상태 및 운동에 관한 학문

㉡ 유체와 고체

- 유체(Fluid) : 매우 작은 전단응력에도 저항할 수 없어 연속적으로 변형되는 물질
  - 유체에는 액체(Liquid)와 기체(Gas)가 있다.
  - 정지 상태에서 전단력에 저항할 수 없는 물질이다.
  - 뒤틀림(Distortion)에 대하여 영구적으로 저항하지 않는 물질이다.
  - 유체는 매우 작은 접선력에도 계속적으로 저항할 수 없으므로 매우 작은 힘(전단력)에도 유체 내에 전단응력(Shear Stress)이 발생하며, 변형된다(일정량의 유체를 변형시켜 보면 변형 중에 전단응력이 나타난다).
  - 전단응력을 유체에 가하면 연속적인 변형이 일어난다.
  - 운동을 시작하면 마찰에 의하여 상대운동을 하면서 전단응력이 발생한다.
  - 전단응력의 크기는 유체의 점도와 미끄러짐 속도에 따라 달라진다.
  - 유체는 물질 내부에 전단응력이 생기면 정지 상태로 있을 수 없다.
  - 새로운 모양이 형성되면, 전단응력은 소멸된다.
  - 정지 상태의 이상유체(Ideal Fluid), 실제유체(Real Fluid)에서는 전단응력이 존재하지 않는다.
  - 비리얼방정식(Virial Equation)은 유체의 상태에 관한 방정식이다.
  - 유동장에서 속도벡터에 접하는 선을 유선이라고 한다.
  - 액체에서 마찰열에 의한 온도 상승은 고체의 경우보다 작은데, 그 이유는 액체의 열용량이 일반적으로 고체의 열용량보다 크기 때문이다.
- 고체(Solid) : 정지 상태에서 전단력에 저항할 수 있는 물질
  - 힘이 가해지면 상대운동하는 것이 아니라 전단응력이 내부응력의 형태로 존재한다.
  - 수직력과 전단력이 존재하며 유체와 고체벽 사이에는 전단응력이 작용한다.

㉢ 압축성 유무에 따른 유체의 분류

- 압축성 유체 : 변수값[밀도(ρ), 비중량(γ), 체적(V) 등]이 매우 작은 압력 변화에도 변하게 되는 유체이다.
  - $\frac{d\rho}{dP} \neq 0$, $\frac{d\gamma}{dP} \neq 0$, $\frac{dV}{dP} \neq 0$
  - 일반적으로 유체가 빠르게 흐를 때, 속도와 압력 또는 온도가 크게 변할 경우 밀도의 변화를 수반하게 되며, 압축성 유동의 특성을 보인다.
  - 유체의 유동속도가 마하수 0.3 이상(상온에서 대략 100[m/s] 이상)에서 밀도의 변화가 수반되므로 압축성 유동에 해당한다.
  - 압축성 유체 흐름의 예 : 기체(자유표면 무존재), 달리는 고속열차 주위의 기류, 초음속으로 나는 비행기 주위의 기류, 로켓엔진·공기압축기·터빈 내에서의 공기유동, 관 속에서 수격작용을 일으키는 유동 등
- 비압축성 유체 : 변수값[밀도(ρ), 비중량(γ), 체적(V) 등]이 어떤 압력 변화에도 변하지 않는 유체
  - $\frac{d\rho}{dP} = 0$, $\frac{d\gamma}{dP} = 0$, $\frac{dV}{dP} = 0$

- 유체의 속도나 압력의 변화에 관계없이 밀도가 일정하다.
- 액체만을 의미하는 것은 아니지만, 모든 실제유체를 의미하는 것도 아니다.
- 유체의 유동속도가 마하수 0.3 이하(상온에서 대략 100[m/s] 내외)에서 밀도의 변화가 무시할 정도가 되어 비압축성 유동에 해당한다.
- 비압축성 유체 흐름의 예 : 액체(자유표면 존재), 흐르는 냇물, 물속을 주행하는 잠수함 주위의 수류 등

㉣ 점성 유무에 따른 유체의 분류

- 점성유체 : 점성을 지닌 모든 유체로, 실제유체라고도 한다.
- 비점성유체 : 점성을 무시할 수 있는 유체로, 유체 유동 시 마찰저항이 유발되지 않는 유체를 뜻한다.

㉤ 이상유체(Ideal Fluid) 또는 완전유체(Perfect Fluid) : 비압축성, 비점성인 유체

- 전단응력, 마찰력 등이 작용하지 않는다.
- 중력에 의한 힘, 압력차에 의한 힘, 관성력 등이 작용한다.
- 기계적 에너지가 열로 손실되는 일이 없다.

㉥ 완전기체(이상기체) : 완전기체(이상기체)의 상태방정식을 만족시키는 기체이다.

㉦ 탄성유체 : 압력을 가한 후 압력을 제거하면 압축에 의해 저장된 탄성에너지에 의해 본래의 상태로 팽창되어 복원되는 유체이다. 체적탄성계수(K)가 무한대 근처인 유체이며, 고무가 이에 해당된다.

㉧ 연속체(Continuum) : 구성입자들이 조밀하게 결정체를 이루고 있는 하나의 물체

- 유체는 분자들 간의 응집력으로 인하여 하나로 연결되어 있어서 연속물질로 취급하여 전체의 평균적 성질을 취급하는 경우가 많다.
- 연속체의 예 : 모세혈관 내 혈액, 헬리콥터 날개 주위의 공기, 자동차 라디에이터 내 냉각수
- 비연속체의 예 : 매우 높은 고도에서의 대기층

㉨ 유체를 연속체로 가정하는 조건

- 유체입자의 크기가 분자 평균자유행로에 비해 충분히 크고 충돌시간은 충분히 짧을 것
- $l \gg \lambda$
  여기서, l : 유동을 특정지어 주는 대표 길이
  λ : 분자의 평균자유행로
- 물체의 특성 길이가 분자 간의 평균자유행로보다 훨씬 크다.
- 분자 간의 거리(분자의 평균자유행로)가 물체의 대표 길이(용기 치수, 관의 지름 등)에 비해서 1[%] 미만으로 매우 작다.
- 충돌과 충돌 소요시간이 매우 짧다(통계적 특성 보존 가능).
- 분자 간에 큰 응집력이 작용한다.

② 시스템과 검사체적

㉠ 유체역학에서의 시스템(System) : 열역학에서 정의하는 밀폐계와 흡사하다.

- 시스템의 유체역학적 정의 : 동작물질의 일정한 양 또는 공간 내의 일정한 구역(동일한 물질로 이루어진 범위)
- 시스템은 경계(Boundary)라는 것에 의하여 주위(Surroundings)와 구별된다.
- 경계는 상황에 따라서 변화가 가능하다.
- 경계를 통하여 주위와의 에너지 전달은 가능하지만 물질전달은 이루어지지 않는다.

㉡ 유체역학에서의 검사체적(Control Volume) : 열역학에서 정의하는 개방계에 해당한다.

- 검사체적의 유체역학적 정의 : 유동하는 유체 공간 내의 임의의 체적
- 검사체적은 연구대상으로 선택한 검사면(또는 경계)으로 구분된 공간, 질량, 장치, 장치들의 결합이다.
- 유체는 수많은 입자로 되어 있어 고체처럼 하나하나의 입자운동을 추적하는 것이 불가능하다.
- 검사체적은 유체를 연속체로 간주하고 정해진 체적을 출입하는 유체에 대해서만 운동을 기술하기 위한 방식이다.

- 검사체적은 검사 표면으로 외부와 경계를 하며, 이것을 통해서 물질과 에너지의 출입이 이루어진다.
- 검사면을 통해 일과 열 등의 에너지 이동이 가능하고 질량도 출입이 가능하다.
- 검사체적은 체적이 변하는 것, 움직이는 것이 있고 고정된 것도 있다.
- 검사체적 전체가 하나의 고체처럼 일정 가속도로 움직일 수도 있다.
- 검사체적은 공간상에서 등속이동하도록 설정해도 무방하다.

③ 단위와 차원

㉠ 단위(Unit)

- 절대단위계와 공학단위계

구 분	단 위	질 량	길 이	시 간	힘	일	동 력
절대단위	MKS	kg	m	sec (s)	N(kg · m/s²)	J(N · m)	W(J/s)
	CGS	g	cm		dyn(g · cm/s²)	erg(dyn · cm)	erg/s
공학단위 (중력단위)		kgf · s²/m	m cm		kgf	kgf · m	PS

- 국제단위계(SI) : 7가지 기본 측정단위를 정의하고 있으며, 이로부터 다른 모든 SI 유도단위를 이끌어낸다.

기본량	명 칭	기 호
길 이	미 터	m
질 량	킬로그램	kg
시 간	초	s
전 류	암페어	A
온 도	켈 빈	K
물질량	몰	mol
광 도	칸델라	cd

- 국제단위(SI)와 MKS 및 CGS 단위

구 분	양	SI	MKS	CGS
기본단위	길 이	m	m	cm
	질 량	kg	kg	g
	시 간	s	s	s
	전 류	A	A	A
	온 도	K	K	K
	물질량	mol	mol	mol
	광 도	cd	cd	cd
유도단위	힘	N	N	dyne
	압력, 응력	Pa	N/m²	dyne/cm²
	에너지, 일	J	J	erg
	일 률	W	W	erg/s

- 중력환산계수(중력전환계수, g_c) : 힘의 단위를 [N]에서 [kgf]으로 변환할 때 사용하는 보정계수

$g_c = 9.8$[N/kgf] = 9.8[kg · m/(s² · kgf)]

[기억해야 할 단위 관계]
- 1[kgf] = 9.8[N] = 9.8[kg · m/s²]
  = 9.8 × 10⁵[dyn]
- 1[kW] = 10²[kgf · m/s]
- 1[PS] = 75[kgf · m/s]

㉡ 차원(Dimension)

- 절대단위계의 차원 : MLT(질량, 길이, 시간)
- 중력단위계의 차원 : FLT(힘, 길이, 시간)

물리량	MLT계		FLT계	
	단 위	차 원	단 위	차 원
질 량	kg	M	kgf · s²/m	$FL^{-1}T^2$
길 이	m	L	m	L
시 간	s	T	s	T
힘	N(kg · m/s²)	MLT^{-2}	kgf	F
면 적	m²	L^2	m²	L^2
체 적	m³	L^3	m³	L^3
속 도	m/s	LT^{-1}	m/s	LT^{-1}
가속도	m/s²	LT^{-2}	m/s²	LT^{-2}
각 가속도	rad/s²	T^{-2}	rad/s²	T^{-2}
각속도	rad/s	T^{-1}	rad/s	T^{-1}

물리량	MLT계		FLT계	
	단 위	차 원	단 위	차 원
회전력(토크)	N · m (kg · m²/s²)	ML^2T^{-2}	kgf · m	FL
모멘트				
에너지, 일(J)				
동력, 일률	W (kg · m²/s³)	ML^2T^{-3}	kgf · m/s	FLT^{-1}
선 운동량	kg · m/s	MLT^{-1}	kgf · s	FT
각 운동량	kg · m²/s	ML^2T^{-1}	N · m · s	FLT
점성 계수	N · s/m² (kg/m · s)	$ML^{-1}T^{-1}$	kgf · s/m²	$FL^{-2}T$
동점성 계수	m²/s	L^2T^{-1}	m²/s	L^2T^{-1}
확산 계수				
표면 장력	N/m (kg/s²)	MT^{-2}	kgf/m	FL^{-1}
압 력	Pa (kg/m · s²)	$ML^{-1}T^{-2}$	kgf/m²	FL^{-2}
전단 응력				
체적 탄성 계수				
밀 도	kg/m³	ML^{-3}	kgf · s²/m⁴	$FL^{-4}T^2$
비중량	kg/m² · s²	$ML^{-2}T^{-2}$	kgf/m³	FL^{-3}
열 전도율	W/m · K	$MLT^{-3}\partial^{-1}$	kgf/s · K	$FT^{-1}\partial^{-1}$
열 전달률	W/m² · K	$MT^{-3}\partial^{-1}$	kgf/m · s · K	$FT^{-1}L^{-1}\partial^{-1}$

※ '압력 × 체적유량'의 차원은 동력(Power)의 차원과 같다.

핵심예제

1-1. 다음 중 용어에 대한 정의가 틀린 것은?

[2003년 제3회, 2008년 제1회, 2011년 제1회]

① 이상유체 : 점성이 없다고 가정한 비압축성 유체
② 뉴턴유체 : 전단응력이 속도구배에 비례하는 유체
③ 표면장력계수 : 액체 표면상에서 작용하는 단위 길이당 장력
④ 동점성계수 : 절대점도와 유체압력의 비

1-2. 유체에 관한 다음 설명 중 옳은 내용을 모두 선택한 것은?

[2017년 제1회, 2018년 제1회 유사]

ㄱ. 정지 상태의 이상유체(Ideal Fluid)에서는 전단응력이 존재한다.
ㄴ. 정지 상태의 실제유체(Real Fluid)에서는 전단응력이 존재하지 않는다.
ㄷ. 전단응력을 유체에 가하면 연속적인 변형이 일어난다.

① ㄱ, ㄴ
② ㄱ, ㄷ
③ ㄴ, ㄷ
④ ㄱ, ㄴ, ㄷ

1-3. 다음 중 비압축성 유체의 흐름에 가장 가까운 것은?

[2010년 제2회 유사, 2013년 제1회, 2016년 제1회]

① 달리는 고속열차 주위의 기류
② 초음속으로 나는 비행기 주위의 기류
③ 압축기에서의 공기유동
④ 물속을 주행하는 잠수함 주위의 수류

1-4. 비압축성 이상유체에 작용하지 않는 힘은?

[2007년 제2회, 2008년 제3회 유사, 2011년 제1회, 2012년 제2회 유사]

① 마찰력 또는 전단응력
② 중력에 의한 힘
③ 압력차에 의한 힘
④ 관성력

1-5. 다음 단위 간의 관계가 옳은 것은?

[2003년 제3회, 2016년 제3회]

① 1[N] = 9.8[kg · m/s²]
② 1[J] = 9.8[kg · m²/s²]
③ 1[W] = 1[kg · m²/s³]
④ 1[Pa] = 10⁵[kg/m · s²]

핵심예제

1-6. 단위계의 종류가 아닌 것은?

[2015년 제1회, 2020년 제1·2회 통합]

① 절대단위계　② 실제단위계
③ 중력단위계　④ 공학단위계

1-7. 국제단위계(SI단위계, The International System of Unit)의 기본단위가 아닌 것은?

[2004년 제3회 유사, 2006년 제3회, 2008년 제1회 유사, 2012년 제2회, 제3회 유사, 2018년 제1회, 2019년 제2회 유사]

① 길이[m]　② 압력[Pa]
③ 시간[s]　④ 광도[cd]

1-8. 국제단위계(SI단위계, The International System of Unit)에 해당하는 것은? [2003년 제1회, 2006년 제1회, 2013년 제2회]

① [Pa]　② [bar]
③ [atm]　④ [kgf/cm^2]

1-9. 질량 M, 길이 L, 시간 T로 압력의 차원을 나타낼 때 옳은 것은? [2004년 제2회, 2009년 제2회, 2014년 제1회, 2016년 제2회]

① MLT^{-2}　② ML^2T^{-2}
③ $ML^{-1}T^{-2}$　④ ML^2T^{-3}

1-10. 물리량은 몇 개의 독립된 기본단위(기본량의 나누기와 곱하기의 형태)로 표시할 수 있다. 이를 각각 길이 L, 질량 M, 시간 T의 관계로 표시할 때 다음의 관계가 맞는 것은?

[2015년 제1회]

① 압력 : $ML^{-1}T^{-2}$
② 에너지 : ML^2T^{-1}
③ 동력 : ML^2T^{-2}
④ 밀도 : ML^{-2}

1-11. 다음 중 차원이 같은 것끼리 나열한 것은?

[2010년 제3회, 2013년 제3회, 2020년 제1·2회 통합]

㉮ 열전도율	㉯ 점성계수
㉰ 저항계수	㉱ 확산계수
㉲ 열전달률	㉳ 동점성계수

① ㉮, ㉯　② ㉰, ㉲
③ ㉱, ㉳　④ ㉲, ㉳

|해설|

1-1
동점성계수(ν) : 점성계수를 밀도로 나눈 값

1-2
정지 상태의 이상유체(Ideal Fluid)에서는 전단응력이 존재하지 않는다.

1-3
물속을 주행하는 잠수함 주위의 수류는 비압축성 유체의 흐름에 가깝고, 보기 ①, ②, ③과 관 속에서 수격작용을 일으키는 유동 등은 압축성 유체의 흐름이다.

1-4
이상유체(Ideal Fluid) 또는 완전유체(Perfect Fluid) : 비압축성, 비점성인 유체
- 전단응력, 마찰력 등이 작용하지 않는다.
- 중력에 의한 힘, 압력차에 의한 힘, 관성력 등은 작용한다.

1-5
① 1[N] = 1[kg · m/s^2]
② 1[J] = 1[kg · m^2/s^2]
④ 1[Pa] = 1[kg/m · s^2]

1-6
단위계의 종류 : 절대단위계, 중력단위계(공학단위계), 국제단위계

1-7
압력[Pa]은 유도단위에 해당한다.

1-8
[Pa]은 압력의 단위이며 SI단위 중 유도단위에 해당한다.

1-9

물리량	MLT계		FLT계	
	단 위	차 원	단 위	차 원
압 력 전단응력(τ) 체적탄성계수	Pa	$ML^{-1}T^{-2}$	kgf/m^2	FL^{-2}

1-10
② 에너지 : ML^2T^{-2}
③ 동력 : ML^2T^{-3}
④ 밀도 : ML^{-3}

1-11
㉮ 열전도율[W/m · K] : $MLT^{-3}\theta^{-1}$
㉯ 점성계수[kg/m · s] : $ML^{-1}T^{-1}$
㉰ 저항계수(항력계수) : 무차원수
㉱ 확산계수[m^2/s] : L^2T^{-1}
㉲ 열전달률[W/m^2 · K] : $MT^{-3}\theta^{-1}$
㉳ 동점성계수[m^2/s] : L^2T^{-1}

정답 1-1 ④ 1-2 ③ 1-3 ④ 1-4 ① 1-5 ③ 1-6 ② 1-7 ② 1-8 ① 1-9 ③ 1-10 ① 1-11 ③

핵심이론 02 유체의 성질

① 개 요

㉠ 밀도와 비체적

- 밀도(ρ, 비질량) : $\rho = \dfrac{질량(m)}{단위\ 체적(V)}$
- 비체적(v)
  - 절대단위 : $v = \dfrac{체적(V)}{단위\ 질량(m)} = \dfrac{1}{\rho}$
  - 중력단위 : $v = \dfrac{체적(V)}{단위\ 중량(w)} = \dfrac{1}{\gamma}$

㉡ 비중(s) : $s = \dfrac{물질의\ 비중량(\gamma)}{물의\ 비중량(\gamma_w)} = \dfrac{물질의\ 밀도(\rho)}{물의\ 밀도(\rho_w)}$

- 비중은 같은 체적하에서 물과 물질의 무게의 비와 같다.

㉢ 비중량(γ) : $\gamma = \dfrac{무게(W)}{단위\ 체적(V)} = \dfrac{mg}{V} = \rho g$

㉣ 물의 밀도와 비중량

- 물의 밀도 : $\rho_w = 1{,}000[kg/m^3] = 102[kgf \cdot s^2/m^4]$
- 물의 비중량 : $\gamma_w = 1{,}000[kgf/m^3] = 1[kgf/L] = 1[gf/cc] = 9{,}800[N/m^3] = 9.8[kN/m^3]$

㉤ 물질의 밀도와 비중량

- 물질의 밀도 : $\rho = s \times \rho_w$
- 물질의 비중량 : $\gamma = s \times \gamma_w$

㉥ 점도 : 흐름에 대한 저항력의 척도이다.

- 점도의 단위
  - CGS 단위
    - ⓐ [poise](= dyn · s/cm²)
    - ⓑ 푸아즈라고 읽고, [P]로 표시한다.
  - SI 단위 : [Pa · s]
  - 1[P] = 0.1[Pa · s] = 100[cP]
- 1기압, 20[℃]일 때
  - 물의 점도 : 1.002×10^{-2}[P](= 1[cP])
  - 공기의 점도 : 1.81×10^{-4}[P]

㉦ 노점(Dew Point, 이슬점)

- 공기가 냉각되어 응결이 시작될 때의 온도
- 등압과정에서 응축이 시작되는 온도
- 대기 중 수증기의 분압이 그 온도에서 포화수증기압과 같아지는 온도
- 포화 상태에 도달할 때의 온도
- 포화증기가 응축하기 시작하는 온도
- 현재 수증기량과 포화수증기량이 같을 때의 온도
- 상대습도가 100[%]일 때의 온도

② 점성과 뉴턴(Newton)의 점성법칙

㉠ 점성(Viscosity)

- 유체의 입자와 입자 사이 혹은 유체와 고체면 사이의 상대운동을 방해하는 마찰력
- 유체의 형태가 변화할 때 나타나는 유체의 저항 또는 서로 붙어 있는 부분이 떨어지지 않으려는 성질
- 유체의 흐름에서 유속의 분포가 한결같지 않은 경우, 그 속도를 균일하게 하려는 성질
- 점성은 유체의 운동을 방해하는 저항의 척도로서 유속에 반비례한다.
- 점성이 클수록 전단응력이 크다.
- 비점성유체 내에서는 전단응력이 작용하지 않는다.
- 정지유체 내에서는 전단응력이 작용하지 않는다.

㉡ 뉴턴(Newton)의 점성법칙 : '유체의 점성으로 인한 흐름변형력(변형응력)은 속도기울기에 비례한다.'는 법칙이다.

- 두 평행 평판 사이에 점성유체가 가득 차 있을 경우, 평판을 이동시키는 힘은 유체의 넓이(또는 평판의 단면적) 및 속도에 비례한다.

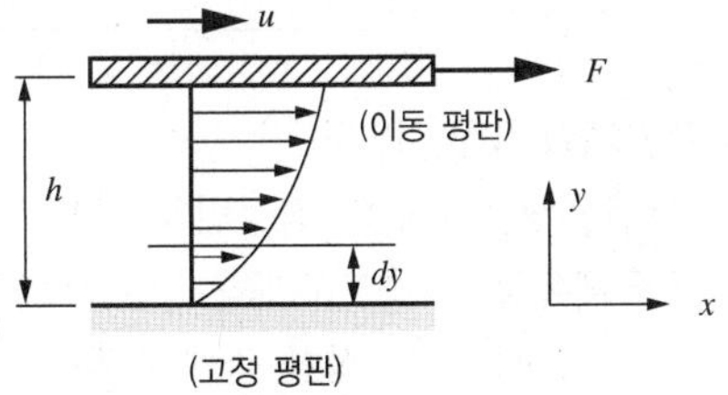

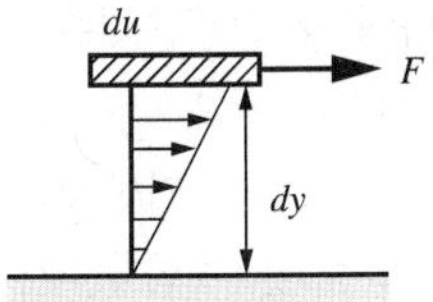

평판 사이가 아주 작으면 속도분포는 선형이다.

- $F \propto \dfrac{Au}{h}$에서 $F = \mu \dfrac{Au}{h}$이며 양변을 단면적 A로 나누면 $\dfrac{F}{A} = \mu \dfrac{u}{h} = \tau$가 되며 이를 미분형으로 표현하면 $\tau = \mu \dfrac{du}{dy}$가 된다.

  여기서, F : 평판을 움직이는 힘

  A : 평판의 단면적

  u : 평판의 속도

  h : 평판 사이의 수직거리

  μ : 점성계수

  $\dfrac{u}{h}$: 유체의 전단변형률

  τ : 유체의 전단응력

  $\dfrac{du}{dy}$: 속도구배, 전단변형률, 각변형률
- 뉴턴의 점성법칙과 관계있는 요인 : 전단응력, 속도구배(속도기울기), 점성계수
- 전단응력(Shear Stress)의 크기 : 어떤 관 내의 층류 흐름에서 관 벽으로부터의 거리에 따른 속도구배의 변화를 나타낸 다음 그림에서 속도구배 $\dfrac{du}{dy}$가 클수록 전단응력이 크므로, 전단응력이 가장 큰 곳은 A이다.

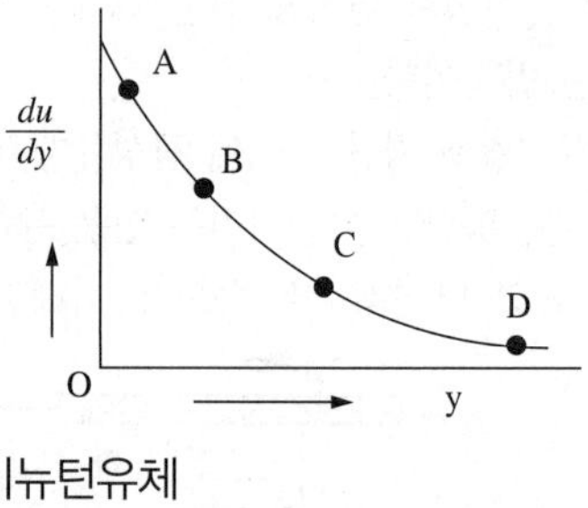

③ 뉴턴유체와 비뉴턴유체

㉠ 뉴턴유체 : 뉴턴의 점성법칙을 만족하는 유체
- 유체유동 시 속도구배와 전단응력의 변화가 원점을 통하는 직선적인 관계를 갖는 유체이다.
- 뉴턴유체의 전단응력은 속도구배에 선형적으로 비례한다.
- 전단응력과 속도기울기의 비가 일정하다.
- 모든 기체, 물, 소금물, 기름, 유기용매용액, 벤젠, 에탄올, 알코올, 사염화탄소, 암모니아수 등이 뉴턴유체에 해당한다.
- 뉴턴유체의 점도는 온도에 따라 증가한다.

  $\dfrac{\mu}{\mu_0} = \left(\dfrac{T}{273}\right)^n$

  여기서, μ : 절대온도 T에서의 점도

  μ_0 : 0[℃]에서의 점도

  n : 범위 0.65~1.0의 상수
- 평행한 두 판 사이를 층류로 흐르는 뉴턴유체의 유속(u)과 전단응력 분포(τ)

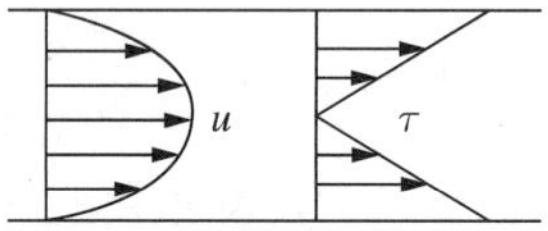

㉡ 비뉴턴유체 : 뉴턴의 점성법칙을 따르지 않는 유체
- 유체유동 시 속도구배와 전단응력의 변화가 직선적인 관계를 갖지 않는 유체이다.
- 타르, 치약, 페인트, 진흙, 플라스틱 등이 비뉴턴유체에 해당한다.

㉢ 비뉴턴유체의 분류
- 시간 독립성 거동유체
  - 의가소성 유체 또는 의소성 유체(Pseudo Plastic Fluid) : 전단속도가 증가함에 따라 점도가 감소하는 비뉴턴유체로, 전단율 희석성이 있다(밀가루 반죽, 진흙, 콜로이드, 시럽, 고분자용액(고무라텍스 등), 페인트, 펄프).
  - 팽창유체(Dilatant Fluid) : 전단속도가 증가함에 따라 점도가 증가하는 비뉴턴유체이다. 전단응력이 작을 때는 아래로 오목해졌다가, 전단응력이 커지면 거의 직선으로 펴져 흐름이 어렵다(녹말 현탁액, 물을 포함한 모래, 고온 유리, 아스팔트, 옥수수 전분, 생크림).
  - 빙엄 플라스틱 유체 또는 빙엄 가소성 유체(Bingham Plastic Fluid) : 일정 응력 이상을 가하지 않으면 흐름을 시작하지 않는 비뉴턴유체로, 전단응력이 속도구배에 비례한다. 일정한 온도와 압력조건에서 하수 슬러리(Slurry)와 같이 임계 전단응력 이상이 되어야만 흐르는 유체이며, 전단응력과 속도구배곡선에서 y절편이 존재한다(케첩, 마요네즈, 샴푸, 치약, 진흙).

• 시간 의존성 거동유체
  – 틱소트로피 유체 또는 요변성 유체(Thixotropy Fluid) : 교반을 하면 시간이 지남에 따라 점도가 감소하는 유체(젤라틴, 쇼트닝, 크림, 페인트)
  – 레오펙틱 유체(Rheopectic Fluid) : 교반을 하면 시간이 지남에 따라 점도가 증가하는 비뉴턴 유체로, 교반을 하면 시간이 지남에 따라 동력 소모가 증가하는 성질이 있다(고농축 녹말용액(녹말풀), 석고 페이스트, 프린터 잉크).

㉣ 전단응력-속도기울기 선도

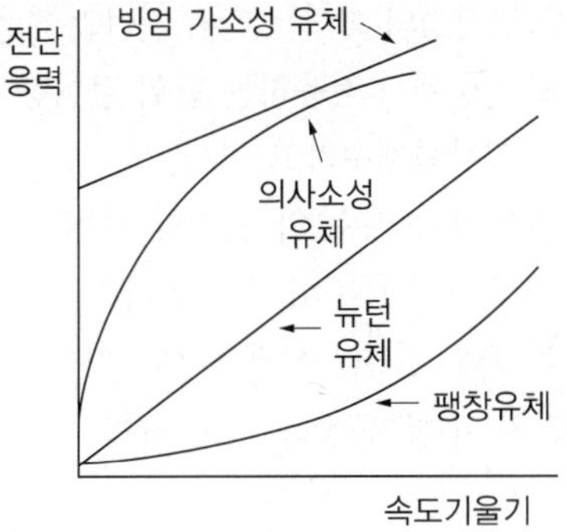

④ 점성계수(μ)

㉠ 점성계수 : 점성의 크기를 정량적으로 나타내기 위한 계수

㉡ 온도에 따른 점성계수의 변화
  • 기체 : 분자들의 운동이 μ를 지배하므로, μ는 온도에 비례한다.
  • 액체 : 분자들의 응집력이 μ를 지배하므로, μ는 온도에 반비례한다.
  • 상온에서 공기의 점성계수는 물의 점성계수보다 작다.

㉢ 점성계수의 단위와 차원

구 분	단 위	차 원
SI단위	$N \cdot s/m^2$	$ML^{-1}T^{-1}$
중력단위	$kgf \cdot s/m^2$	$FL^{-2}T$

㉣ 점성계수의 단위
  • SI단위 : $[Pa \cdot s]$
  • CGS단위 : [poise] = [P](푸아즈, 점도의 관습적 단위)
  • $1[poise] = 1[g/cm \cdot s] = 100[centipoise] = 1[dyne \cdot s/cm^2]$
  • $1[kgf \cdot s/m^2] = 9.8[N \cdot s/m^2] = 98[dyne \cdot s/cm^2] = 98[poise]$
  • $1[dyne \cdot s/cm^2] = 1[poise] = \frac{1}{98}[kgf \cdot s/m^2]$
  • $1[Pa \cdot s] = 10[P]$

⑤ 동점성계수(ν)

㉠ 동점성계수 : 점성계수를 밀도로 나눈 값이다.

㉡ $\nu = \frac{\mu}{\rho} = \left[\frac{N \cdot s/m^2}{N \cdot s^2/m^4}\right] = [m^2/s] = [L^2T^{-1}]$

㉢ 동점성계수의 단위
  • $[m^2/s]$
  • $1[Stokes] = 1[St] = 1[cm^2/s] = 10^{-4}[m^2/s] = 100[cSt](centistokes)$

⑥ 압축성계수(β)과 체적탄성계수(K)

밀폐용기에 압축성 유체를 넣고 압축할 경우 유체의 질량은 변하지 않지만, 밀도 및 체적은 변한다. 따라서 다음과 같은 관계식이 성립한다.

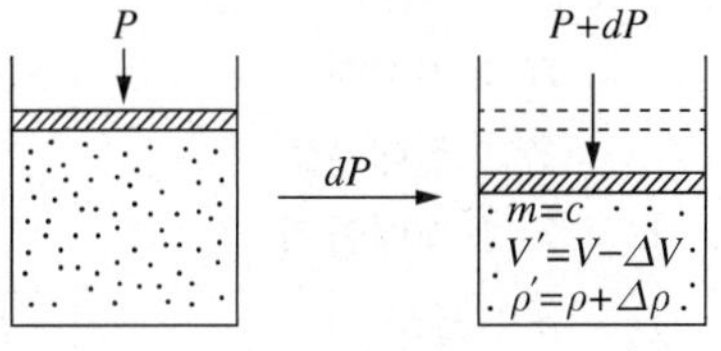

• m : 기체질량 • V : 체적 • ρ : 밀도

㉠ 압축성계수(β) :

$$\beta = \frac{\text{체적 변화율}}{\text{미소압력 변화}} = \frac{-dV/V}{dP} = -\frac{1}{V}\frac{dV}{dP}$$

  • 압축률이라고도 한다. 압력에 반비례하며 차원은 압력의 역수와 같다.
  • 단위와 차원 : $[m^2/N] = [F^{-1}L^2]$

㉡ 체적탄성계수(K) : $K = \frac{1}{\beta} = -V\frac{dP}{dV} = \rho\frac{dP}{d\rho}$
  • 유체의 압축성에 반비례한다.
  • 압력과 점성에 유관하다.
  • 체적탄성계수는 압력에 비례하며 차원은 압력과 같다.

- 체적탄성계수가 무한대인 유체는 비압축성 유체이다.
- 가역단열조건하에서 이상기체의 체적탄성계수 : $K = kP$(단, k : 비열비, P : 압력)
- 이상기체를 등온압축시킬 때 체적탄성계수 : $K = P$

⑦ **음속(전파속도, a 또는 c)**

㉠ 음속의 개요

- 이상기체에서 음속은 압력과 온도에 의존한다.
- 이상기체에서 음속은 온도의 제곱근에 비례한다.
- 이상기체 속에서의 음속 $a = \sqrt{\dfrac{k\overline{R}T}{M}}$

여기서, k : 비열비
$\overline{R}$: 일반기체상수
M : 분자량

- 음속의 일반식 :

$a = \sqrt{kRT} = \sqrt{\left(\dfrac{dP}{d\rho}\right)_s} = \sqrt{\dfrac{K}{\rho}} = \sqrt{\dfrac{gdP}{d\gamma}}$

여기서, k : 비열비
R : 기체상수
T : 절대온도
P : 절대압력
ρ : 밀도
s : 엔트로피
K : 체적탄성계수

㉡ 액체 중의 음속 : 등온변화로 간주하여 체적탄성계수 $K = P$이므로, 음속 $a = \sqrt{\dfrac{K}{\rho}} = \sqrt{\dfrac{1}{\beta\rho}}$

㉢ 공기(대기) 중의 음속 : 단열변화로 간주하여 체적탄성계수 $K = kP$(k : 비열비, 공기의 비열비 k = 1.4)이며, $PV = mRT$에서 $P = \dfrac{m}{V}RT$이며 이것은 $P = \rho RT$이므로 음속은 다음과 같다.

- SI단위 : $a = \sqrt{kRT}$
  여기서, R : 287[J/(kg·K)]
- 중력단위 : $a = \sqrt{kgRT}$
  여기서, R : 29.27[kgf·m/(kg·K)]

⑧ **표면장력(Surface Tension, σ)**

㉠ 표면장력의 개요

- 표면장력은 액체가 자유표면을 최소화하려는 경향 또는 성질이다.
- 표면장력은 액체 표면의 응집력 때문에 생기는 장력이다.
- 액체 표면상에서 작용하는 수축력 혹은 장력이다.
- 액체가 기체를 만나는 면에서 액체 분자들이 끌어당기게 되며, 이에 대한 역학적 표면현상인 표면장력이 나타난다.
- 표면장력의 크기는 단위 길이당 작용하는 힘, 액체 표면상에서 작용하는 단위 길이당 장력이며 이를 표면장력계수라고 한다.
- 표면장력(계수)의 단위와 차원
  - 단위 : [N/m], [kgf/m]
  - 차원 : $[MT^{-2}]$, $[FL^{-1}]$

㉡ 꽉 찬 구형 물방울(Droplet)

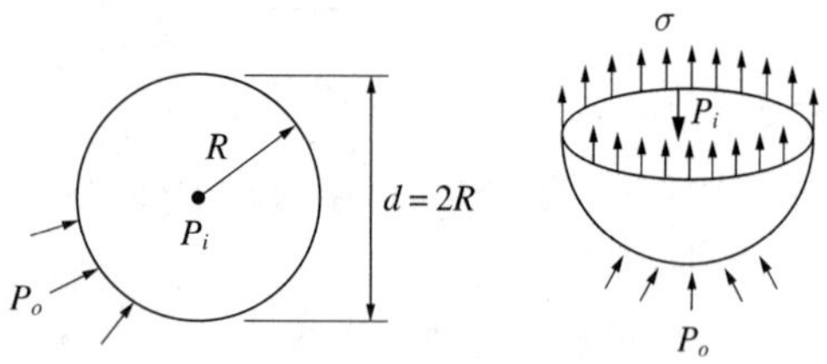

- 표면장력에 의한 힘 $F_\sigma = \sigma \times \pi d$, 압력차에 의한 힘 $F_p = \Delta P \times \dfrac{\pi d^2}{4}$이며 $\sum F_x = 0$이므로, $F_\sigma = F_p$에서 표면장력 $\sigma = \dfrac{\Delta P d}{4}$[N/m]이다.
- $\sigma = \dfrac{\Delta P d}{4}$에서 $\Delta P = \dfrac{4\sigma}{d} = P_i - P_o$이므로, $P_i = P_0 + \dfrac{4\sigma}{d}$이다.
- 비눗방울의 경우 내·외부가 모두 공기와 접하고 있고, 매우 얇아 표면장력은 내외 양면으로 작용하므로, $\Delta P \times \dfrac{\pi d^2}{4} = 2\sigma \times \pi d$이다. 따라서 이때의 표면장력 $\sigma = \dfrac{\Delta P d}{8}$[N/m]이다.

ⓒ 지름이 D인 물방울을 지름 d인 N개의 작은 물방울로 나누려고 할 때 요구되는 에너지양($D \gg d$이고, 물방울의 표면장력은 σ이다)

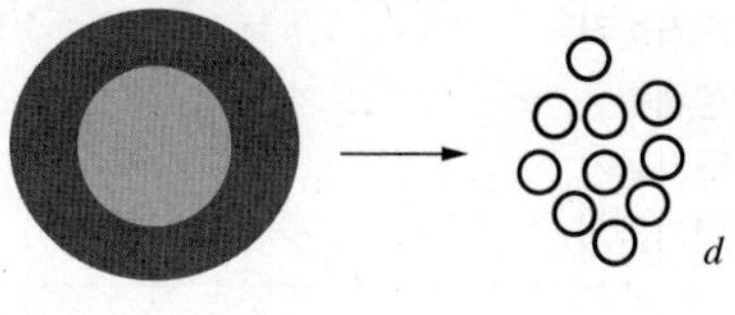

- 큰 물방울의 표면에너지

$E_D = (\pi D\sigma) \times D = \pi D^2 \sigma$

- 작은 물방울의 표면에너지

$E_d = E_D \times (D/d) = \pi D^2 \sigma \times (D/d)$

- N개의 작은 물방울로 나눌 때 필요한 에너지

$E = E_d - E_D = \pi D^2 \left(\frac{D}{d} - 1\right)\sigma$

⑨ 모세관현상(Capillarity)

㉠ 모세관현상의 개요

- 모세관현상은 가는 관을 액체 속에 세울 때 액체가 올라가거나 내려가는 현상이다.

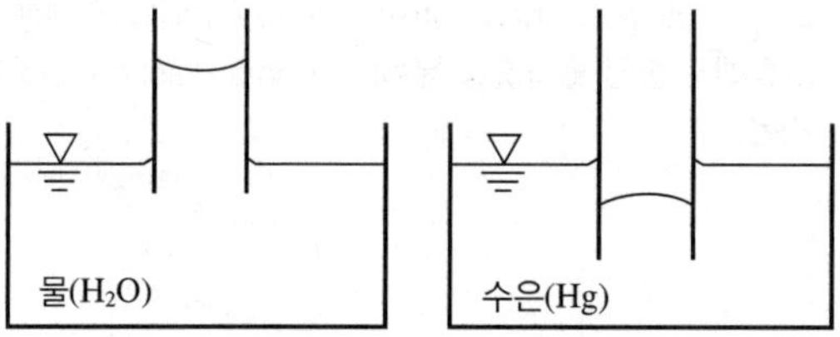

- 모세관현상은 액체와 기체의 경계에서 액체의 분자인력으로 표면에 있는 분자를 끌어 올리려는 표면에너지 때문에 발생한다.

㉡ 모세관현상에 의한 액면 상승 높이

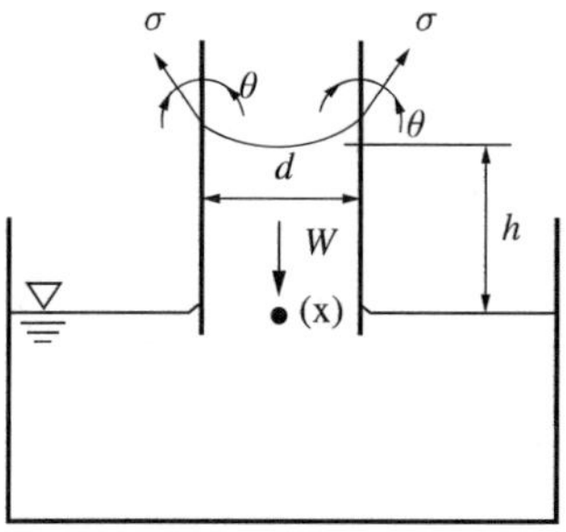

- 액면 상승 높이 $h = \frac{4\sigma\cos\theta}{\gamma d} = \frac{4\sigma\cos\theta}{\rho g d}$

여기서, θ : 액면의 접촉각[°]

σ : 표면장력[N/m]

d : 관의 직경[m]

γ : 액체의 비중량[N/m^3]

h : 모세관현상에 의한 액면 상승 높이[m]

- h의 비교 : 증류수 > 상수도 > 수은
- 평판일 경우 : $h = \frac{2\sigma\cos\theta}{\gamma t}$

여기서, t : 평판의 간격

- 관이 기울어져도 액면 상승 높이는 변하지 않는다.

핵심예제

2-1. 반지름 200[mm], 높이 250[mm]인 실린더 내에 20[kg]의 유체가 차 있다. 유체의 밀도는 약 몇 [kg/m^3]인가?

[2011년 제2회, 2020년 제1·2회 통합]

① 6.366 ② 63.66
③ 636.6 ④ 6,366

2-2. 어떤 유체의 밀도가 138.63[kgf·s^2/m^4]일 때 비중량은 몇 [kgf/m^3]인가? [2004년 제1회, 2016년 제2회]

① 1.381 ② 13.55
③ 140.8 ④ 1,359

2-3. 점도 6[cP]를 [Pa·s]로 환산하면 얼마인가?

[2014년 제2회, 2018년 제3회]

① 0.0006 ② 0.006
③ 0.06 ④ 0.6

2-4. 어떤 액체의 점도가 20[g/cm·s]라면 이것은 몇 [Pa·s]에 해당하는가? [2018년 제2회]

① 0.02 ② 0.2
③ 2 ④ 20

2-5. 유체의 점성과 관련된 설명 중 잘못된 것은?

[2016년 제2회, 2019년 제2회]

① [poise]는 점도의 단위이다.
② 점도란 흐름에 대한 저항력의 척도이다.
③ 동점성계수는 점도/밀도와 같다.
④ 20[℃]에서 물의 점도는 1[poise]이다.

핵심예제

2-6. 유체의 점성계수와 동점성계수에 관한 설명 중 옳은 것은?(단, M, L, T는 각각 질량, 길이, 시간을 나타낸다)

[2011년 제3회, 2015년 제3회, 2018년 제3회 유사, 2019년 제3회]

① 상온에서 공기의 점성계수는 물의 점성계수보다 크다.
② 점성계수의 차원은 $ML^{-1}T^{-1}$이다.
③ 동점성계수의 차원은 L^2T^{-2}이다.
④ 동점성계수의 단위에는 [poise]가 있다.

2-7. 다음 중 동점성계수와 가장 관련이 없는 것은?(단, μ는 점성계수, ρ는 밀도, F는 힘의 차원, T는 시간의 차원, L은 길이의 차원을 나타낸다) [2007년 제3회, 2018년 제2회]

① μ/ρ　② stokes
③ cm^2/s　④ FTL^{-2}

2-8. 노점(Dew Point)에 대한 설명으로 틀린 것은?

[2009회 제2회 유사, 2014년 제2회, 2018년 제1회]

① 액체와 기체의 비체적이 같아지는 온도이다.
② 등압과정에서 응축이 시작되는 온도이다.
③ 대기 중 수증기의 분압이 그 온도에서 포화수증기압과 같아지는 온도이다.
④ 상대습도가 100[%]가 되는 온도이다.

2-9. 두 평판 사이에 유체가 있을 때 이동 평판을 일정한 속도 u로 운동시키는 데 필요한 힘 F에 대한 설명으로 틀린 것은?

[2009년 제2회, 2011년 제3회]

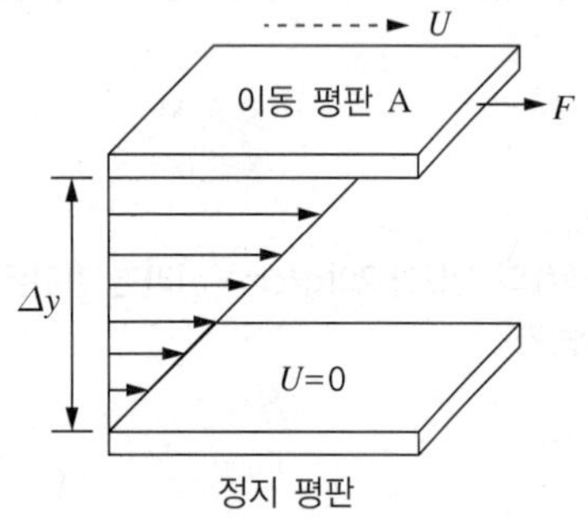

① 평판의 면적이 클수록 크다.
② 이동속도 u가 클수록 크다.
③ 두 평판의 간격 Δy가 클수록 크다.
④ 평판 사이에 점도가 큰 유체가 존재할수록 크다.

2-10. 다음 보기 중 Newton의 점성법칙에서 전단응력과 관련 있는 항으로만 되어 있는 것은?

[2007년 제1회, 제3회, 2008년 제3회, 2017년 제2회]

a. 온도기울기
b. 점성계수
c. 속도기울기
d. 압력기울기

① a, b　② a, d
③ b, c　④ c, d

2-11. 2개의 무한 수평 평판 사이에서의 층류유동의 속도분포가 $u(y) = U\left[1-\left(\frac{y}{H}\right)^2\right]$로 주어지는 유동장(Poiseuille Flow)이 있다. 여기에서 U와 H는 각각 유동장의 특성 속도와 특성 길이를 나타내며, y는 수직 방향의 위치를 나타내는 좌표이다. 유동장에서는 속도 $u(y)$만 있고, 유체는 점성계수가 μ인 뉴턴유체일 때 $y = H/2$에서의 전단응력의 크기는?

[2012년 제1회, 2017년 제1회]

① $\mu U/H^2$　② $\mu U/2H^2$
③ $\mu U/H$　④ $8\mu U/2H$

2-12. 전단응력(Shear Stress)과 속도구배의 관계를 나타낸 그림에서 빙엄 플라스틱 유체(Bingham Plastic Fluid)에 관한 것은? [2003년 제1회, 2004년 제2회 유사, 2007년 제2회, 2008년 제1회 유사, 2019년 제2회]

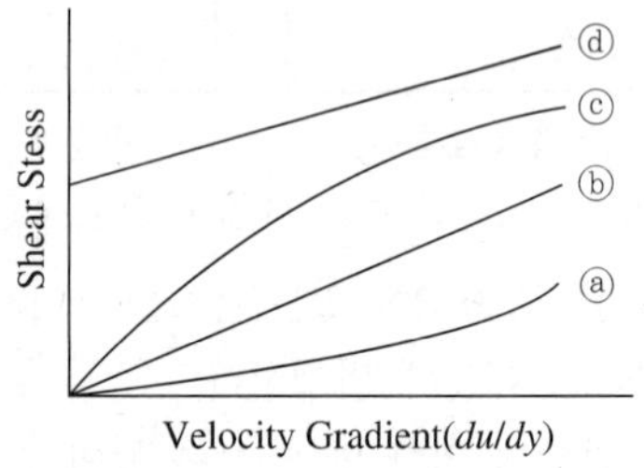

① ⓐ　② ⓑ
③ ⓒ　④ ⓓ

핵심예제

2-13. 압력 P_1에서 체적 V_1을 갖는 어떤 액체가 있다. 압력을 P_2로 변화시키고, 체적이 V_2가 될 때 압력 차이($P_2 - P_1$)를 구하면?(단, 액체의 체적탄성계수는 K로 일정하고, 체적 변화는 아주 작다) [2014년 제1회, 2019년 제2회]

① $-K\left(1-\frac{V_2}{V_1-V_2}\right)$　② $K\left(1-\frac{V_2}{V_1-V_2}\right)$

③ $-K\left(1-\frac{V_2}{V_1}\right)$　④ $K\left(1-\frac{V_2}{V_1}\right)$

2-14. 실린더 안에는 500[kgf/cm^2]의 압력으로 압축된 액체가 들어 있다. 이 액체 0.2[m^3]를 550[kgf/cm^2]로 압축하니 그 부피가 0.1996[m^3]로 되었다. 이 액체의 체적탄성계수는 몇 [kgf/cm^2]인가? [2016년 제1회]

① 20,000　② 22,500

③ 25,000　④ 27,500

2-15. 이상기체에서 음속은 온도와 어떠한 관계가 있는가? [2003년 제1회, 2010년 제3회, 2013년 제3회, 2016년 제3회]

① 온도의 제곱근에 반비례한다.

② 온도의 제곱근에 비례한다.

③ 온도의 제곱에 비례한다.

④ 온도의 제곱에 반비례한다.

2-16. 30[℃]인 공기 중에서의 음속은 몇 [m/s]인가?(단, 비열비는 1.4이고, 기체상수는 287[J/kg · K]이다) [2003년 제3회 유사, 2006년 제3회 유사, 2012년 제2회, 2019년 제3회]

① 216　② 241

③ 307　④ 349

2-17. 비열비가 1.2이고, 기체상수가 200[J/kg · K]인 기체에서의 음속이 400[m/s]이다. 이때 기체의 온도는 약 얼마인가? [2015년 제2회, 2018년 제1회]

① 253[℃]　② 394[℃]

③ 520[℃]　④ 667[℃]

2-18. 상온의 물속에서 압력파가 전파되는 속도는 얼마인가?(단, 물의 체적탄성계수는 2×10^8[kgf/m^2]이고, 비중량은 1,000[kgf/m^3]이다) [2010년 제2회, 2016년 제2회]

① 340[m/s]　② 680[m/s]

③ 1,400[m/s]　④ 1,600[m/s]

2-19. 압축률이 5×10^{-5}[cm^2/kgf]인 물속에서의 음속은 몇 [m/s]인가?

① 1,400　② 1,500

③ 1,600　④ 1,700

2-20. 유체의 물성 또는 힘에 대한 설명으로 옳지 않은 것은? [2004년 제3회, 2008년 제1회]

① 밀도는 단위 체적당 유체의 질량이다.

② 부력은 물체가 정지하고 있는 유체 속에 잠겨 있든가 또는 액면에 떠 있을 때 유체로부터 받는 힘이다.

③ 비중은 4[℃]일 때 수은의 밀도와 측정하려는 유체의 밀도비이다.

④ 전단응력은 점성에 의한 속도구배에 기인한 압력이다.

2-21. 온도가 일정할 때 압력이 10[kgf/cm^2 · abs]인 이상기체의 압축률은 몇 [cm^2/kgf]인가? [2013년 제1회, 2017년 제2회]

① 0.1　② 0.5

③ 1　④ 5

2-22. 모세관현상에서 액체의 상승 높이에 대한 설명으로 옳지 않은 것은? [2016년 제1회]

① 액체의 밀도에 반비례한다.

② 모세관의 지름에 비례한다.

③ 표면장력에 비례한다.

④ 접촉각에 의존한다.

|해설|

2-1

밀도 $\rho = \frac{m}{V} = \frac{20}{\frac{\pi}{4}\times0.4^2\times0.25} \simeq 636.6$[kg/m^3]

2-2

비중량 $\gamma = \rho g = 138.63\times9.8 \simeq 1,359$[kgf/m^3]

2-3

6[cP] = 6×10^{-2}[P] = $6\times10^{-2}\times10^{-1}$[Pa · s] = 0.006[Pa · s]

2-4

[Pa · s] = [N/m^2 · s] = [[(kg · m/s^2)/m^2] · s] = [kg/m · s]

20[g/cm · s] = 20[poise] = 20×10^{-1}[kg/m · s] = 2[kg/m · s] = 2[Pa · s]

2-5

20[℃]에서 물의 점도는 1[cP]이다.

2-6

① 상온에서 공기의 점성계수는 물의 점성계수보다 작다.

③ 동점성계수의 차원은 L^2T^{-1}이다.

④ [poise]는 점성계수의 단위이며, 동점성계수의 단위는 [m^2/s]이다.

2-7

동점성계수(ν) : 점성계수를 밀도로 나눈 값

- $\nu = \frac{\mu}{\rho} = \left[\frac{N \cdot s/m^2}{N \cdot s^2/m^4}\right] = [m^2/s] = [L^2T^{-1}]$
- 동점성계수의 단위
  - [m^2/s]
  - 1[Stokes] =1[St]=1[cm^2/s]
    =10^{-4}[m^2/s]
    =100[cSt](centistokes)

2-8

노점(Dew Point, 이슬점)

- 공기가 냉각되어 응결이 시작될 때의 온도
- 등압과정에서 응축이 시작되는 온도
- 대기 중 수증기의 분압이 그 온도에서 포화수증기압과 같아지는 온도
- 포화 상태에 도달할 때의 온도
- 포화증기가 응축하기 시작하는 온도
- 현재 수증기량과 포화수증기량이 같을 때의 온도
- 상대습도가 100[%]일 때의 온도

2-9

두 평판의 간격 Δy가 작을수록 크다.

2-10

뉴턴의 점성법칙과 관련 있는 변수 : 전단응력, 점성계수, 속도구배(속도기울기)

2-11

전단응력

$\tau = \mu\frac{du}{dy} = \mu U\left(-\frac{2y}{H^2}\right) = \mu U\left(-\frac{2\times\frac{H}{2}}{H^2}\right) = -\frac{\mu U}{H} = \frac{\mu U}{H}$(반대 방향)

2-12

ⓐ 팽창유체

ⓑ 뉴턴유체

ⓒ 의가소성 유체

ⓓ 빙엄 플라스틱 유체

2-13

체적탄성계수

$K = \frac{1}{\beta} = -V\frac{dP}{dV} = -V_1\frac{(P_2 - P_1)}{(V_2 - V_1)}$에서

$P_2 - P_1 = -K\left(\frac{V_2 - V_1}{V_1}\right) = K\left(1 - \frac{V_2}{V_1}\right)$

2-14

체적탄성계수

$K = \frac{1}{\beta} = -V\frac{dP}{dV}$

$= -0.2 \times \frac{550 - 500}{0.1996 - 0.2} = 25,000[kgf/cm^2]$

2-15

- 이상기체 속에서의 음속 $a = \sqrt{\frac{k\overline{R}T}{M}}$ (여기서, k : 비열비, $\overline{R}$: 일반기체상수, M : 분자량)
- 이상기체에서 음속은 온도의 제곱근에 비례한다.

2-16

음속 $a = \sqrt{kRT} = \sqrt{1.4 \times 287 \times (30 + 273)} \simeq 349[m/s]$

2-17

음속 $a = \sqrt{kRT}$에서 $400 = \sqrt{1.2 \times 200 \times T}$이므로,

$T = \frac{400 \times 400}{1.2 \times 200} \simeq 667[K] \simeq 394[℃]$

2-18

상온의 물속에서 압력파가 전파되는 속도

$a = \sqrt{kRT} = \sqrt{\left(\frac{dP}{d\rho}\right)_s} = \sqrt{\frac{K}{\rho}} = \sqrt{\frac{K}{\gamma/g}}$

$= \sqrt{\frac{2 \times 10^8}{1,000/9.8}} = 1,400[m/s]$

2-19

음 속

$a = \sqrt{\frac{K}{\rho}} = \sqrt{\frac{1}{\beta\rho}} = \sqrt{\frac{1}{\beta \times \frac{\gamma}{g}}}$

$= \sqrt{\frac{1}{5 \times 10^{-5} \times 10^{-4} \times \frac{1,000}{9.8}}} = 1,400[m/s]$

2-20

비중은 4[℃]일 때 물의 밀도와 측정하려는 유체의 밀도비이다.

2-21

압축률

$\beta = \frac{\text{체적 변화율}}{\text{미소압력 변화}} = \frac{-dV/V}{dP} = -\frac{1}{V}\frac{dV}{dP} = \frac{1}{P}$

$= \frac{1}{10} = 0.1[\text{cm}^2/\text{kgf}]$

2-22

모세관현상에서 액체의 상승 높이 $h = \frac{4\sigma\cos\theta}{\gamma d} = \frac{4\sigma\cos\theta}{\rho g d}$이므로, 모세관의 지름에 반비례한다.

정답 2-1 ③ 2-2 ④ 2-3 ② 2-4 ③ 2-5 ④ 2-6 ② 2-7 ④ 2-8 ① 2-9 ③ 2-10 ③ 2-11 ③ 2-12 ④ 2-13 ④ 2-14 ③ 2-15 ② 2-16 ④ 2-17 ② 2-18 ③ 2-19 ① 2-20 ③ 2-21 ① 2-22 ②

제2절 | 유체정역학과 유체운동학

핵심이론 01 유체정역학

① 유체정역학의 개요

㉠ 유체정역학의 정의 : 정지 상태에 있는 유체를 다루며, 역학적인 유체에 작용하는 힘으로 인한 정적 평형 상태의 계를 연구하는 분야이다.

㉡ 유체정역학의 가설

- 유체의 분자 사이에 상대운동은 없다.
- 속도구배가 없다.
- 점성계수와 관계없이 마찰력이나 전단력은 존재하지 않는다.

② 압력(Pressure)

㉠ 압력의 개요

- 압력의 정의 : 단위면적(A)에 작용하는 수직 방향의 힘(F), $P = \frac{F}{A}$
- 압력의 기준단위 : [Pa]
- 압력의 차원 : $FL^{-2} = ML^{-1}T^{-2}$
- 1[pa] : 1[m^2]의 면적에 1[N]의 힘이 작용할 때의 압력([N/m^2])
- 1[bar] = 10^5[Pa] = 100[kPa] = 0.9869[atm]
  = 14.507[psi] = 750.061[mmHg]
  = 10.20[mH_2O](물의 수두)
  = 1.02[kgf/cm^2]
- 1[kgf/cm^2] = 0.98[bar]

㉡ 대기압력

- 표준대기압 : 1[atm], 760[mmHg], 10.33[mAq], 10.33[mH_2O](물의 수두), 1.033[kgf/cm^2], 101,325[Pa], 101.325[kPa], 1.013[bar], 14.7[psi]

※ 산소의 분압 : $P_{O_2} = 101.325 \times 0.21 = 21.3[\text{kPa}]$

- 공학기압(1[kgf/cm^2] 압력 기준) : 1[ata], 0.967[atm], 735.5[mmHg], 0.98[bar], 10.14[mH_2O](물의 수두)

㉢ 절대압력
- 완전진공을 기준으로 측정한 압력
- 절대압력 = 대기압력 + 게이지압력
- 절대압력 = 대기압력 − 진공압

㉣ 게이지압력(계기압력)
- 측정 위치에서의 대기압을 기준으로 하는 압력
- 대기압보다 높은 압력, (+)게이지압력

㉤ 진공압력
- 대기압을 기준한 그 이하의 압력
- 대기압보다 낮은 압력, (−)게이지압력

③ 정지유체 내의 압력

㉠ 유체의 압력은 임의 면에 수직한다.

㉡ 정지유체 내의 한 점에 작용하는 압력은 방향에 관계없이 일정하다.

㉢ 파스칼(Pascal)의 원리 : 밀폐용기 내의 액체에 압력을 가하면 압력은 모든 부분에 동일하게 전달된다.

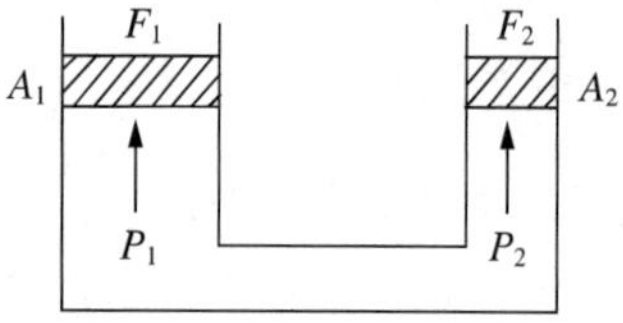

- $P_1 = P_2$이므로, $\dfrac{F_1}{A_1} = \dfrac{F_2}{A_2}$이며 $F_2 = \dfrac{A_2}{A_1} \times F_1$ 이다.
- 파스칼의 원리를 적용한 예 : 유압 액추에이터, 유압잭(Jack), 자동차의 파워핸들 등
- 유체 속 한 점에서의 압력이 방향에 관계없이 동일한 값을 갖는 경우
  - 유체가 정지한 경우
  - 비점성유체가 유동하는 경우
  - 유체층 사이에 상대운동이 없이 유동하는 경우

④ 정지유체 내의 압력 변화

㉠ x방향 : 동일 유체의 경우, 동일 수평에서의 두 점의 압력의 크기는 같다.

㉡ y방향
- 수면 아래로 갈수록 압력이 증가한다.
  $dP = \gamma dy$
- 수면쪽으로 갈수록 압력이 감소한다.
  $dP = -\gamma dy$

㉢ 비압축성 유체일 때 γ = 일정이며, $dP = \gamma dy$의 양변을 적분하면 $\int dP = \int \gamma dy$이며, $P = \gamma y + C$가 된다. 경계조건($y = 0$)에서 $P = P_0$(대기압)이므로 $C = P_0$이며 따라서 $P = P_0 + \gamma h$이다.

여기서, P : 절대압력
P_0 : 대기압
γh : 게이지압력

㉣ 수심이 h인 정지유체 내에서의 게이지압력 : $P_g = \gamma h = S\gamma_w h$

여기서, γ : 유체의 비중량
γ_w : 물의 비중량
S : 유체의 비중
h : 수심

⑤ 평면에 작용하는 힘

㉠ 개 요

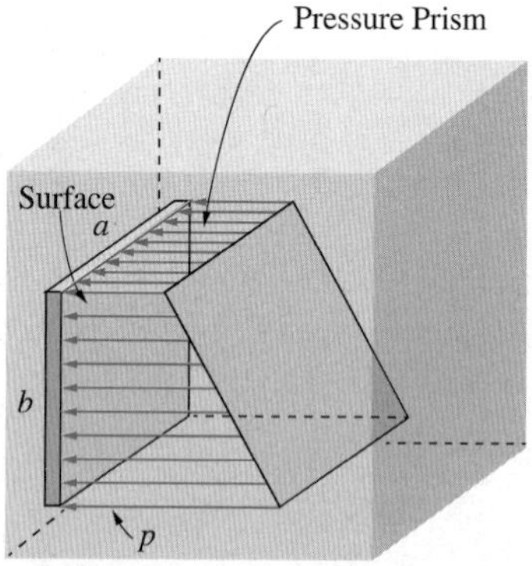

- 정지된 액체 속에 잠겨 있는 평면이 받는 압력에 의해 발생하는 합력(전압력)의 크기는 도심에서의 압력에 전체 면적을 곱한 것과 같다.
- 전압력(Total Pressure) : $P_t = F = PA$
  여기서, P : 도심에서의 압력
  A : 압력을 받는 전체 면적
- 전압력의 크기는 액체의 비중량에 비례한다.
- 깊게 잠길수록 받는 힘이 커진다.
- 압력프리즘(Pressure Prism)
  - 압력의 벡터로 이루어지는 사각형의 도형이다.
  - 압력프리즘의 무게는 전압력의 크기와 같다.
- 전압력은 압력프리즘의 도심점에 위치한다.

㉡ 평면에 작용하는 유체의 전압력

• 수평 평면에 작용하는 유체의 전압력

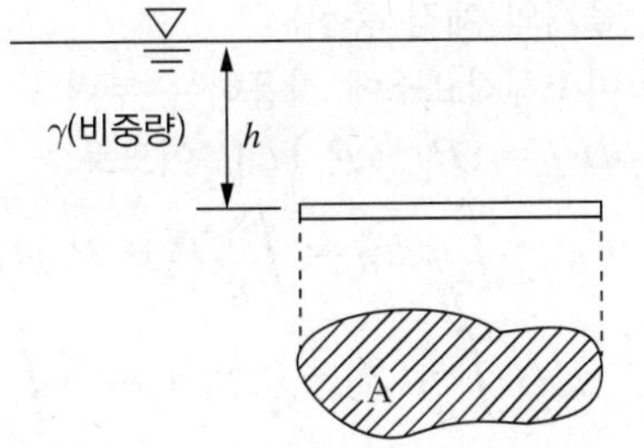

– 평균압력 $P = \gamma h$

– 전압력 $F = \int P dA = P \int dA = PA$

$= \gamma h A = \rho g h A$

• 수직 평면에 작용하는 유체의 전압력

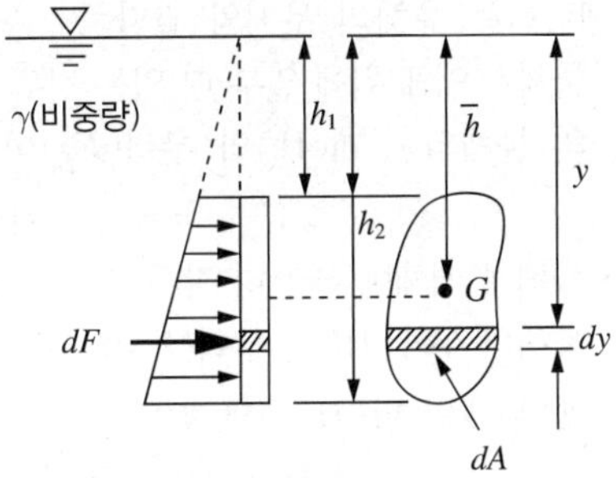

– 전압력 $F = PA = \gamma \bar{h} A$

여기서, $\bar{h} = \dfrac{h_1 + h_2}{2}$

• 수로에 수직으로 설치된 사다리꼴형 평면 수문이 받는 전체 힘 : $F = \dfrac{\gamma H^2(a+2b)}{6}$

여기서, γ : 물의 비중량

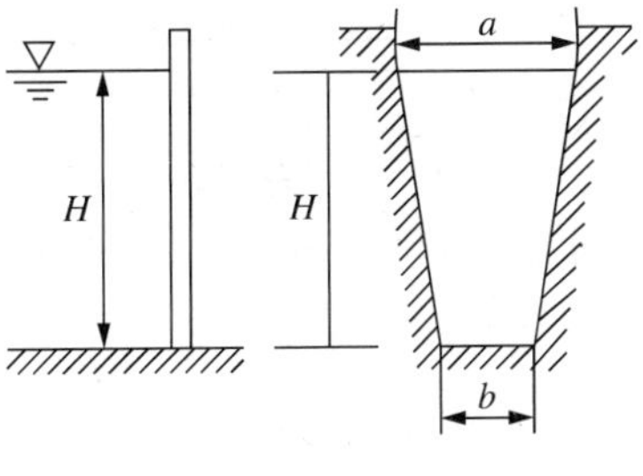

㉢ 경사면에 작용하는 유체의 전압력

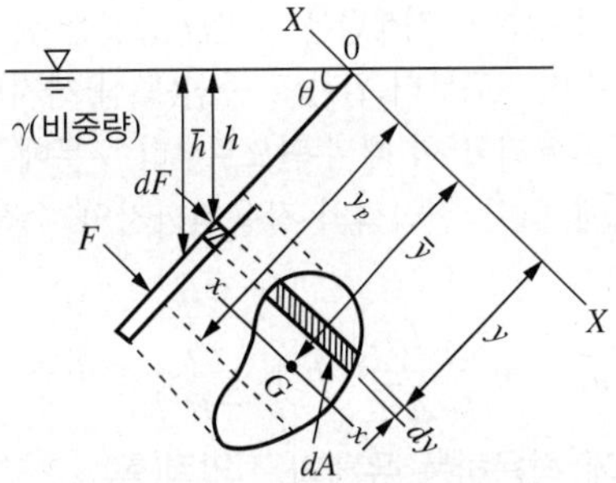

• 전압력은 경사 평판의 도심점 압력과 경사 평판의 단면적을 곱한 값이다.

• $dF = \gamma y \sin\theta dA$ 에서

전압력 $P_t = F = \int dF = \int_A \gamma y \sin\theta \, dA$

$= \gamma \sin\theta \int_A y dA$

$= \gamma \bar{y} \sin\theta A = \gamma \bar{h} A$

㉣ 작용점(y_p) : 전압력 중심, 압력 중심, 전압력의 작용점, 작용점의 위치, 수면으로부터 작용점까지의 수직거리 등으로도 부른다.

• $y_p = \bar{y} + \dfrac{\sin\theta I_G}{A\bar{y}}$

여기서, $\bar{y}$: 도심

I_G : 도심축의 단면 2차 모멘트

• 작용점(압력 중심)은 평면의 도심과 일치하지 않으며 도심 아래쪽에 위치한다.

• 작용점의 위치는 수면으로부터 $y_F = \bar{y} + \dfrac{I_G}{A\bar{y}}$ 아래에 있으므로 도심보다 $\dfrac{I_G}{A\bar{y}}$ 만큼 아래에 있다. 이것은 수직 평판, 경사 평판, 원형판 등에 적용된다.

• 수평으로 잠긴 경우, 압력중심은 도심과 일치한다.

• 반지름이 R인 원형 수문이 수직으로 설치되어 있고 수문의 최상단은 수면과 동일한 위치에 있으며, 수면으로부터 원판의 중심(도심)까지의 수직거리를 h라고 할 때 수면으로부터 수문에 작용하는 물에 의한 전압력의 작용점까지의 수직거리 :

$$y_p = \bar{y} + \frac{I_G}{A\bar{y}} = h + \frac{\frac{\pi R^4}{4}}{\pi R^2 h} = h + \frac{R^2}{4h}$$

⑥ 곡면에 작용하는 유체의 전압력(힘)

• 유체에 잠겨 있는 곡면에 작용하는 정수력의 수평 분력은 연직면에 투영한 투영면의 도심압력과 투영면의 면적을 곱한 값과 같다.

• 유체에 잠겨 있는 곡면에 작용하는 정수력의 수직 분력은 곡면의 수직 방향에 실려 있는 액체의 무게와 같다.

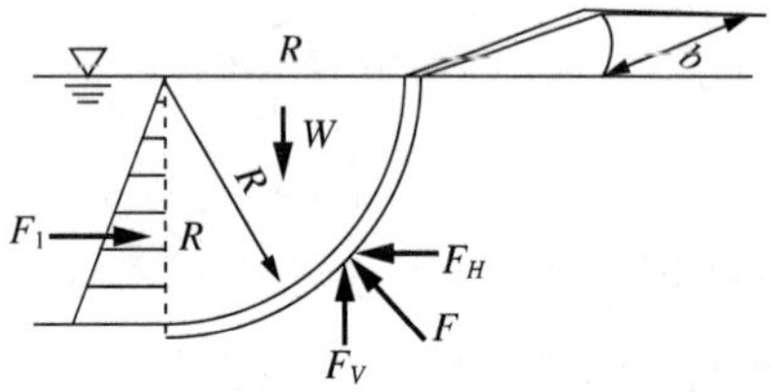

• 수평 성분(F_x 또는 F_H)

$$F_H = F_1 = PA = \gamma \bar{h} A = \gamma \frac{R}{2} Rb = \frac{1}{2}\gamma b R^2$$

• 수직 성분(F_y 또는 F_V)

$$F_V = W = \gamma V = \gamma \frac{\pi R^2}{4} b = \frac{\pi}{4}\gamma b R^2$$

• 합 력

$$F = \sqrt{F_H^2 + F_V^2}$$

⑦ 부력(Buoyancy Force)

㉠ 부력(F_B) : 정지유체 속에 잠겨 있거나 떠 있는 물체에 작용하는 표면력(압력)의 결과로, 수직 상방향으로 받는 힘 또는 물체의 체적에 해당하는 유체의 무게(물체가 배제한 유체의 무게)

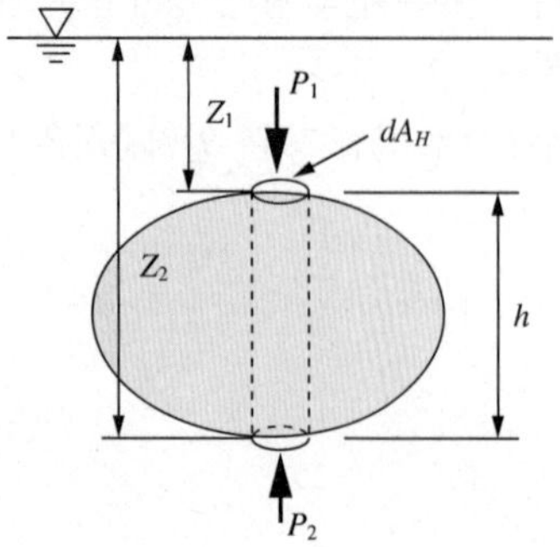

• 부력의 작용점(부력의 중심 또는 부심) : 유체에 잠긴 물체에 의해 배제된 유체의 중심(유체에 잠긴 물체의 체적 중심)

• 미소체적요소에 작용하는 부력 $dF_B = (P_2 - P_1)dA_H$이므로

$$F_B = \int_B dF_B = \int_B (P_2 - P_1) dA_H$$

$$= \int_B \gamma (Z_2 - Z_1) dA_H = \gamma \int_B h dA_H$$

$$= \gamma V$$

여기서, γ : 유체의 비중량

V : 물체의 체적

㉡ 아르키메데스의 원리(부력의 원리) : 유체 속에서 물체가 받는 부력은 그 물체가 차지하는 부피만큼 해당하는 유체의 무게와 같다.

• 물체가 액체 위에 일부 떠 있는 경우 : 공기 중에서의 물체의 무게(W)와 부력(F_B)이 같다.

$$\gamma_{물체} \times V_{물체} = \gamma_{유체} \times V_{잠긴}$$

• 물체가 액체에 완전히 잠긴 경우 : 공기 중에서의 물체의 무게(W)는 부력(F_B)과 액체 속에서의 물체 무게의 합(W')과 같다.

$$W = F_B + W'$$

⑧ 부양체의 안정

㉠ 안정성(Stability)

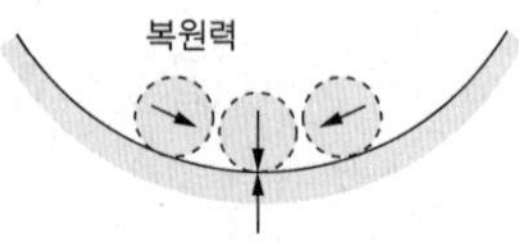

[안정(Stable)]

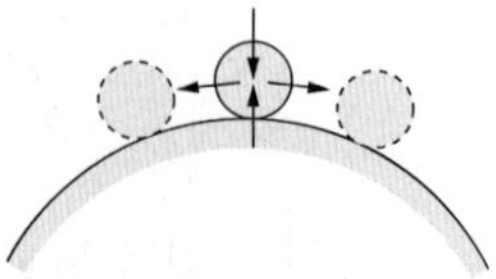

[불안정(Unstable)]

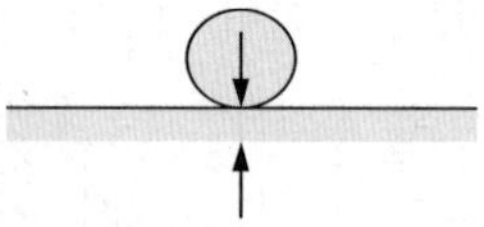

[중립(Neutral)]

㉡ 물에 잠긴 물체의 안정도(G : 무게중심, B : 부력 중심)

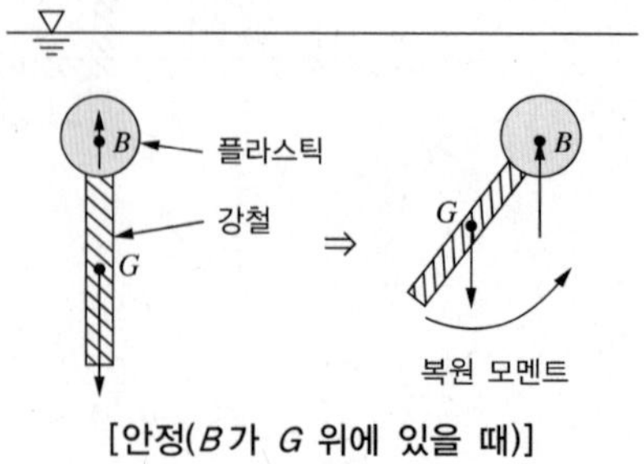

[안정(B가 G 위에 있을 때)]

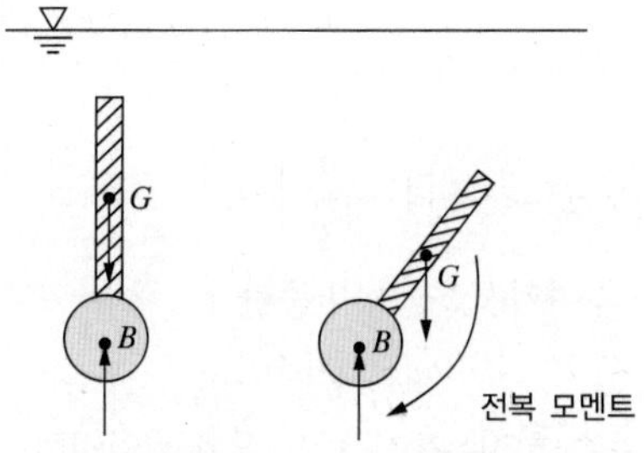

[불안정(B가 G 아래에 있을 때)]

㉢ 부양체의 안정도

안정(복원 모멘트 발생)	중 립
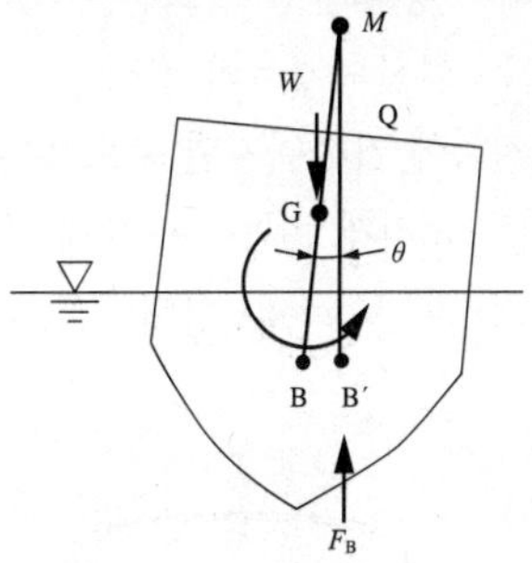	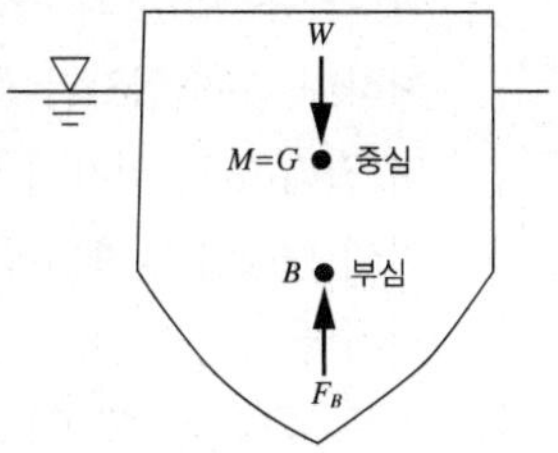
$\overline{MG}>0$	$\overline{MG}=0$
M이 G보다 위에 있음	M과 G가 같은 지점임
기울어져도 원래 위치로 복원	기울어지면 변경 위치에서 정지

불안정(전복 모멘트 발생)
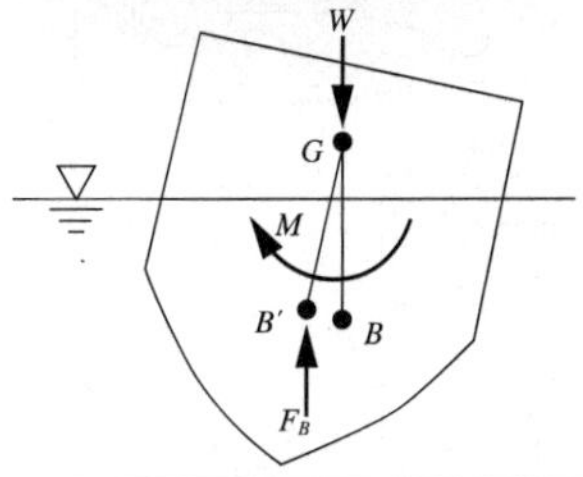
$\overline{MG}<0$
M이 G보다 아래에 있음
기울어지면 계속 기울어짐

- 절대안정조건 : 경심이 무게중심보다 위쪽에 있어야 한다. 경심고가 (+)이어야 한다.
- M : 경심(Metacenter, 부력(F_B)의 작용선과 부양축(GB)과의 교점)
- $\overline{MG}$: 경심고(경심(M)에서 무게중심(G)까지의 길이)

$$\overline{MG}=\overline{MB}-\overline{GB}=\frac{I_y}{V}-\overline{GB}$$

여기서, I_y : 단면2차 모멘트

V : 물체의 잠긴 체적

- 복원 모멘트 : $M_R = W\overline{MG}\sin\theta$
  $= F_B\overline{GM}\sin\theta$

⑨ 등가속도 운동을 하는 유체(상대적 평형)

㉠ 개 요

- 등가속도 운동을 하는 유체는 상대적 정지 상태의 유체이다.
- 상대적 평형 : 유체가 담긴 용기가 등가속도 운동을 하면 유체가 고체처럼 운동하는 것이다.
- 용기와 함께 등가속도 직선운동이나 등속 원운동을 하는 유체의 경우 유체층 사이, 유체와 경계면 사이에 상대운동이 없어 유체정역학을 적용한다.

㉡ 수평 등가속도 운동을 받는 유체

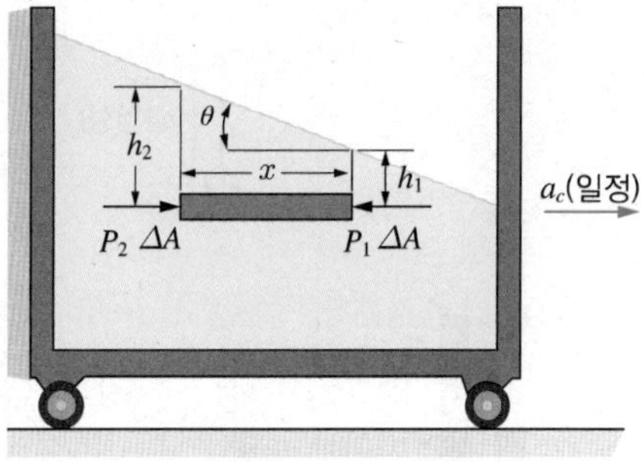

- 양단에 인접한 액체의 압력에 의해 미소요소에 작용하는 수평 힘이 발생한다.

$$P_2-P_1=\frac{\gamma x}{g}a_c$$

$$P_1=\gamma_1 h_1,\ P_2=\gamma_2 h_2$$

$$\frac{h_2-h_1}{x}=\frac{a_c}{g}=\tan\theta$$

여기서, $\tan\theta$: 기울기

- $a_c=g$일 때 $\tan\theta=1$이므로 $\theta=45°$
- $a_c=\sqrt{3}\,g$일 때 $\tan\theta=\sqrt{3}$이므로 $\theta=60°$

㉢ 수직 등가속도 운동을 받는 유체

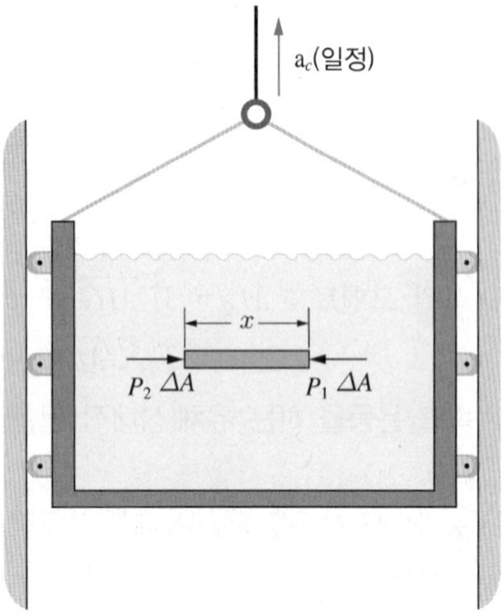

- 수평요소 : 액체 내부에서 동일한 깊이 상에 존재하며 요소의 끝에 압력이 작용되므로, x축 방향으로의 움직임은 없다.

  $\sum F_x = 0$

  $P_2 \Delta A - P_1 \Delta A = 0$

  $P_2 = P_1$

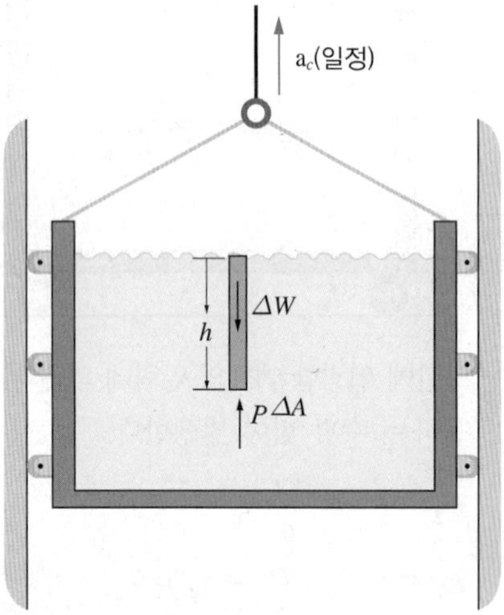

- 수직요소 : 길이 h, 면적 ΔA인 수직요소이며 중량, 아래에서 작용하는 압력에 의한 힘이 작용한다.

  $\Delta W = \gamma \Delta V = \gamma(h\Delta A)$

  $\Delta m = \Delta W/g = \gamma(h\Delta A)/g$

  $\sum F_y = ma_y$

  $P\Delta A - \gamma(h\Delta A) = \dfrac{\gamma(h\Delta A)}{g}a_c$이므로

  $\therefore\ P = \gamma h\left(1 + \dfrac{a_c}{g}\right)$

  여기서, γ : 비중량

  a_c : 가속도

㉣ 등속 회전운동을 받는 유체 : 일정한 각속도로 회전하면, 액체의 전단응력으로 인해 액체는 용기와 함께 회전한다. 시간이 지나면 액체 내부에서 상대적인 운동은 없어지고 액체는 강체와 같이 회전운동을 한다. 유체입자의 속도는 회전축에서의 거리에 비례하며, 유체입자가 회전축에 가까워지면 축으로부터 멀리 있는 입자에 비해 느리게 운동하여 유체 표면의 형상을 강제와류(Forced Vortex) 상태로 변형시킨다.

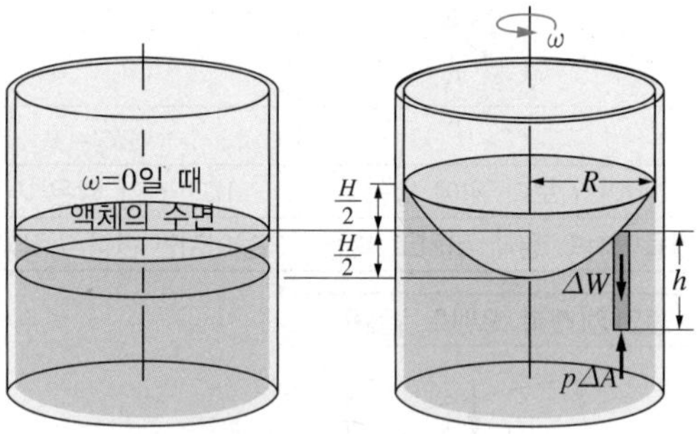

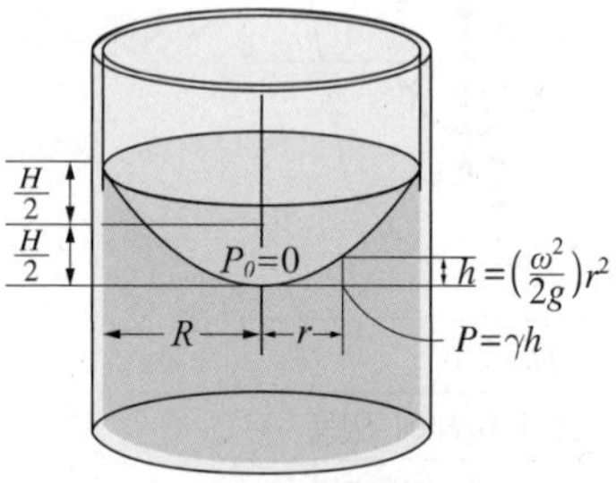

- 임의의 반경 r에서의 액면 상승 높이 : $h = \dfrac{r^2\omega^2}{2g}$
- 각속도 : $\omega = \dfrac{1}{r}\sqrt{2gh}$
- $P = P_0 + \dfrac{\gamma r^2\omega^2}{2g} = \gamma h$

  여기서, $P_0 = 0$

  $$h = \frac{r^2\omega^2}{2g}$$

- 등압면의 기울기각 : $\tan\theta = \frac{r\omega^2}{g}$
- 원통 속의 물이 중심축에 대하여 ω의 각속도로 등속회전하고 있을 때 가장 압력이 높은 지점 : 압력 $P = \gamma h$이므로, h가 가장 큰 바닥면의 가장 자리 지점의 압력이 가장 높다.

ⓜ 강제 볼텍스(Forced Vortex) 운동
- 유체가 고체처럼 회전한다.
- 자유 볼텍스(Free Vortex)와 같은 방향으로 돈다.
- 속도의 크기는 중심으로부터의 거리에 비례해서 변한다.
- 각속도가 일정하다(자유 볼텍스는 선속도가 일정함).
- 운동에너지는 모두 열로 되어 소실한다(자유 볼텍스는 에너지 소모가 없음).

ⓑ 반지름이 R인 원추와 평판으로 구성된 점도측정기(Cone and Plate Viscometer)를 사용하여 갭 사이를 채운 유체의 점도를 윗 평판을 정상적으로 돌리는데 필요한 토크를 측정하여 계산할 때, 원추의 밑면에 작용하는 전단응력의 크기(단, 액체시료의 원추는 아래쪽 원판과의 각도를 0.5° 미만으로 유지하고 일정한 각속도 ω로 회전하고 있으며, 갭 사이의 속도분포가 반지름 방향 길이에 선형적임)

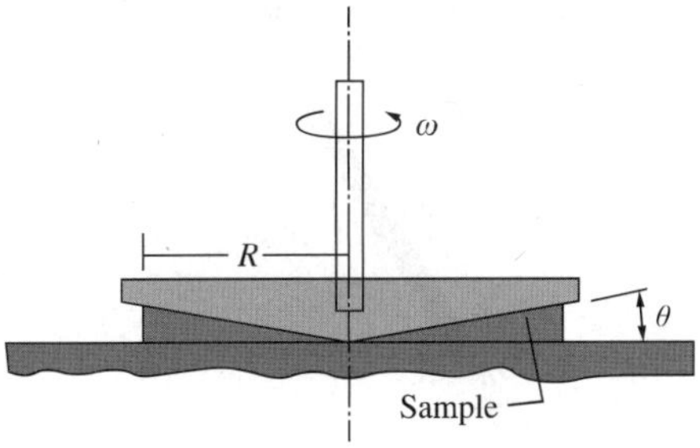

전단응력 $\tau = \mu\frac{u}{h} = \mu\frac{R\omega}{h}$에서 반지름 R이 커지면 h도 커지므로 전단응력의 크기는 반지름 방향 길이에 관계없이 일정하다.

핵심예제

1-1. 압력계의 읽음이 5[kgf/cm^2]일 때 이 압력을 수은주로 환산하면 약 얼마인가? [2010년 제2회]

① 367.8[mmHg] ② 3,678[mmHg]
③ 6,800[mmHg] ④ 68,000[mmHg]

1-2. 5.165[mH_2O]는 다음 중 어느 것과 같은가? [2017년 제3회]

① 760[mmHg] ② 0.5[atm]
③ 0.7[bar] ④ 1,013[mmHg]

1-3. 5[kgf/cm^2]는 약 몇 [mAq]인가? [2020년 제1·2회 통합]

① 0.5 ② 5
③ 50 ④ 500

1-4. 수은압력계를 사용하여 탱크 내의 압력을 측정한 결과 760[mmHg]이었다. 대기압이 750[mmHg]라면 절대압력은 약 몇 [kPa]인가? [2009년 제3회]

① 2.01 ② 20.1
③ 201 ④ 2,013

1-5. 대기압이 750[mmHg]일 때 탱크 내의 기체압력이 게이지압력으로 1.96[kgf/cm^2]이었다. 탱크 내 이 기체의 절대압력은 약 몇 [kgf/cm^2]인가? [2013년 제2회, 2015년 제1회]

① 1[kgf/cm^2] ② 2[kgf/cm^2]
③ 3[kgf/cm^2] ④ 4[kgf/cm^2]

1-6. 탱크 내의 기체압력을 측정하는 데 수은을 넣은 U자관 압력계를 쓰고 있다. 대기압이 753[mmHg]일 때 수은면의 차가 122[mm]라면 탱크 내 기체의 절대압은?(단, 수은의 비중량은 13.6[gf/cm^3]이다) [2004년 제2회]

① 0.166[kgf/cm^2] ② 0.215[kgf/cm^2]
③ 1.19[kgf/cm^2] ④ 2.45[kgf/cm^2]

1-7. 30[cmHg]인 진공압력은 절대압력으로 몇 [kgf/cm^2]인가?(단, 대기압은 표준대기압이다) [2020년 제3회]

① 0.160 ② 0.545
③ 0.625 ④ 0.840

핵심예제

1-8. 대기압이 760[mmHg]일 때 진공도 90[%]의 절대압력은 약 몇 [kPa]인가? [2009년 제3회]

① 10.13 ② 20.13
③ 101.3 ④ 203.3

1-9. 표준대기압에서 지름 10[cm]인 실린더의 피스톤 위에 686[N]의 추를 얹어 놓았을 때 평형 상태에서 실린더 속의 가스가 받는 절대압력은 약 몇 [kPa]인가?(단, 피스톤의 중량은 무시한다) [2015년 제1회]

① 87 ② 189
③ 207 ④ 309

1-10. 대기압이 745[mmHg]일때 절대압력이 5.26×10^4[kgf/m^2]이었다. 이때 계기압력은?(단, 1기압은 1.033×10^4[kgf/m^2]으로 한다) [2003년 제1회]

① 4.20×10^4[kgf/m^2]
② 4.25×10^4[kgf/m^2]
③ 6.27×10^4[kgf/m^2]
④ 6.31×10^4[kgf/m^2]

1-11. 두 피스톤의 지름이 각각 25[cm]와 5[cm]이다. 직경이 큰 피스톤을 2[cm] 움직이면 작은 피스톤은 몇 [cm] 움직이는가?(단, 누설량과 압축은 무시한다)
[2009년 제1회 유사, 2010년 제3회 유사, 2012년 제3회 유사, 2017년 제1회]

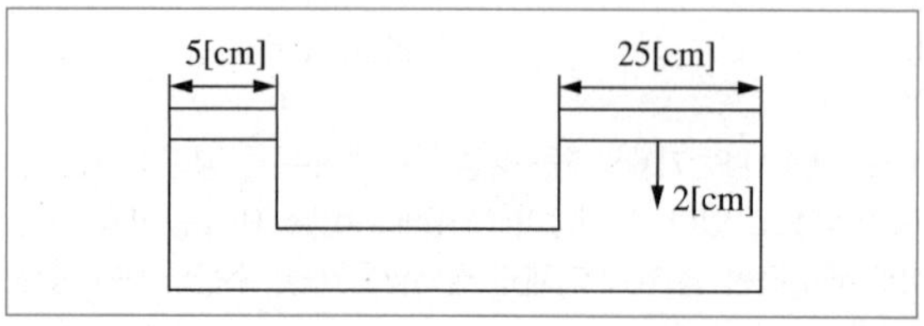

① 5 ② 10
③ 25 ④ 50

1-12. 지름이 3[m] 원형 기름탱크의 지붕이 평평하고 수평이다. 대기압이 1[atm]일 때 대기가 지붕에 미치는 힘은 몇 [kgf]인가? [2013년 제3회, 2017년 제2회]

① 7.3×10^2 ② 7.3×10^3
③ 7.3×10^4 ④ 7.3×10^5

1-13. 다음 그림과 같이 비중이 0.85인 기름과 물이 층을 이루며 뚜껑이 열린 용기에 채워져 있다. 물의 가장 낮은 밑바닥에서 받는 게이지압력은 얼마인가?(단, 물의 밀도는 1,000[kg/m^3]이다) [2017년 제2회, 2021년 제2회]

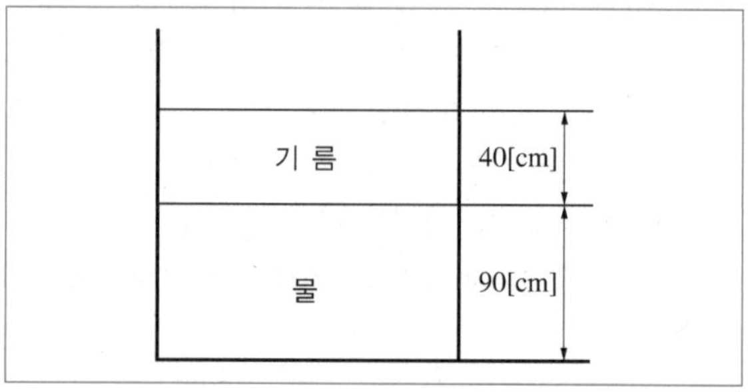

① 3.33[kPa] ② 7.45[kPa]
③ 10.8[kPa] ④ 12.2[kPa]

1-14. 물탱크의 크기가 높이 3[m], 폭 2.5[m]일 때, 물탱크 한 쪽 벽면에 작용하는 전압력은 약 몇 [kgf]인가? [2017년 제1회]

① 2,813 ② 5,625
③ 11,250 ④ 22,500

1-15. 다음 그림과 같이 60° 기울어진 4[m] × 8[m]의 수문이 A지점에서 힌지(Hinge)로 연결되어 있을 때, 이 수문에 작용하는 물에 의한 정수력의 크기는 약 몇 [kN]인가?
[2019년 제1회]

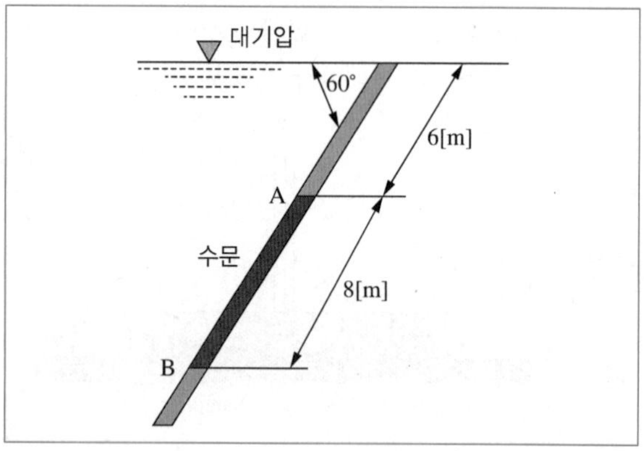

① 2.7 ② 1,568
③ 2,716 ④ 3,136

핵심예제

1-16. 부력에 대한 설명 중 틀린 것은?

[2011년 제2회, 2014년 제1회, 2017년 제1회]

① 부력은 유체에 잠겨 있을 때 물체에 대하여 수직 위로 작용한다.
② 부력의 중심을 부심이라 하고 유체의 잠긴 체적의 중심이다.
③ 부력의 크기는 물체가 유체 속에 잠긴 체적에 해당하는 유체의 무게와 같다.
④ 물체가 액체 위에 떠 있을 때는 부력이 수직 아래로 작용한다.

1-17. 반지름 40[cm]인 원통 속에 물을 담아 30[rpm]으로 회전시킬 때 수면의 가장 높은 부분과 가장 낮은 부분의 높이차는 약 몇 [m]인가? [2008년 제2회 유사, 2018년 제1회]

① 0.002 ② 0.02
③ 0.04 ④ 0.08

|해설|

1-1

$5[kgf/cm^2] = 5 \times 735.5[mmHg] \simeq 3,678[mmHg]$

1-2

$5.165[mH_2O] = 5.165/10.3 \simeq 0.5[atm]$

1-3

$5[kgf/cm^2] = 5 \times 10.14[mAq] \simeq 50[mAq]$

1-4

절대압력 = 대기압 + 게이지압력

$= \left(\frac{750}{760} + \frac{760}{760}\right)[atm] \simeq 1.987[atm]$

$\simeq (1.987 \times 101.325)[Pa] \simeq 201 \times 10^3[Pa] = 201[kPa]$

1-5

절대압력 = 대기압 + 게이지압력

$= \left(\frac{750}{760} \times 1.033 + 1.96\right)[kgf/cm^2] \simeq 3.0[kgf/cm^2]$

1-6

절대압력 = 대기압 + 게이지압력

$= \left(\frac{753}{735.5} + 0.0136 \times 12.2\right)[kgf/cm^2]$

$\simeq 1.19[kgf/cm^2]$

1-7

절대압력 $= \frac{76-30}{76} \times 1.033 \simeq 0.625[kgf/cm^2]$

1-8

$760[mmHg] = 101.325[kPa]$

절대압력 = 대기압 − 진공압

$= 101.325 - (101.325 \times 0.9) \simeq 10.13[kPa]$

1-9

절대압력 = 대기압 + 게이지압력

$P_a = P_0 + P_g = 101,325 + \frac{686}{\frac{\pi}{4} \times 0.1^2} \simeq 189 \times 10^3[Pa] = 189[kPa]$

1-10

절대압력 = 대기압 + 계기압력에서

계기압력 = 절대압력 − 대기압

$= \left(5.25 \times 10^4 - \frac{745}{760} \times 1.033 \times 10^4\right)[kgf/m^2]$

$\simeq 4.25 \times 10^4[kgf/m^2]$

1-11

$A_1 l_1 = A_2 l_2$에서 $l_1 = \frac{A_2}{A_1} \times l_2 = \left(\frac{25}{5}\right)^2 \times 2 = 50[cm]$

1-12

대기가 지붕에 미치는 힘

$F = PA = 10,332 \times \frac{\pi}{4} \times 3^2 \simeq 7.3 \times 10^4[kgf]$

1-13

압 력

$P = \gamma_1 h_2 + \gamma_2 h_2$

$= 0.85 \times 1,000 \times 9.8 \times 0.4 + 1,000 \times 9.8 \times 0.9 \simeq 12.2[kPa]$

1-14

전압력

$P_t = F = PA = \gamma \bar{h} A$

$= \frac{1}{2}\gamma h A = \frac{1}{2} \times 1,000 \times 3 \times (3 \times 2.5) = 11,250[kgf]$

1-15

정수력의 크기

$F = \gamma h A = \gamma \times y_c \sin\theta \times A$

$= 1,000 \times \left(6 + \frac{8}{2}\right) \times \sin 60° \times (4 \times 8) \simeq 277,128[kgf]$

$= 277,128 \times 9.8 \times 10^{-3} \simeq 2,716[kN]$

1-16

물체가 액체 위에 떠 있을 때는 부력이 수직 상방향으로 작용한다.

1-17

임의의 반경 r에서의 액면 상승 높이

$h = \frac{r^2\omega^2}{2g} = \frac{0.4^2 \times \left(\frac{2\pi \times 30}{60}\right)^2}{2 \times 9.8} \simeq 0.08[m]$

정답 1-1 ② 1-2 ② 1-3 ③ 1-4 ③ 1-5 ③ 1-6 ③ 1-7 ③ 1-8 ① 1-9 ② 1-10 ② 1-11 ④ 1-12 ③ 1-13 ④ 1-14 ③ 1-15 ③ 1-16 ④ 1-17 ④

핵심이론 02 유체운동학

① 유체운동학의 개요

㉠ 유체 흐름의 상태(유체운동의 분류)

- 정상류(Steady Flow) : 유동장 내 임의의 한 점에서 유동조건(유체 흐름의 특성)이 시간에 관계없이 항상 일정한 흐름으로, 정상유동이라고도 한다.

$$\frac{\partial v}{\partial t}=0,\ \frac{\partial \rho}{\partial t}=0,\ \frac{\partial P}{\partial t}=0,\ \frac{\partial T}{\partial t}=0$$

- 비정상류(Unsteady Flow) : 유동장 내 임의의 한 점에서 유동조건(유체 흐름의 특성)이 시간에 따라 변하는 흐름으로, 비정상유동이라고도 한다.

$$\frac{\partial v}{\partial t}\neq 0,\ \frac{\partial \rho}{\partial t}\neq 0,\ \frac{\partial P}{\partial t}\neq 0,\ \frac{\partial T}{\partial t}\neq 0$$

- 등류(Uniform Flow) : 유동장 내의 모든 점에서 유체의 유동속도 및 크기와 방향이 위치에 관계없이 동일할 때의 유동으로, 등속도 유동 또는 균속류라고도 한다.

$$\frac{\partial v}{\partial s}=0$$

- 비등류(Nonuniform Flow) : 어느 순간에 유동장 내의 속도벡터가 위치에 따라 변하는 흐름으로, 비균속도유동 또는 비등속류라고도 한다.

$$\frac{\partial v}{\partial s}\neq 0$$

- 정상 균일류(Steady Uniform Flow) : 유체의 유속이나 유량이 시간의 경과에 관계없이 일정한 흐름으로, 정상 균일유동이라고도 한다.

$$\frac{\partial v}{\partial t}=0,\ \frac{\partial \dot{m}}{\partial t}=0,\ \frac{\partial \dot{G}}{\partial t}=0$$

여기서, $\dot{m}$: 질량유량

G : 중량유량

- 정상 균속도류(Steady Uniform Velocity Flow) : 어느 순간 유동장 내의 속도벡터가 시간과 거리에 관계없이 일정한 흐름으로, 정상 균속도유동이라고도 한다.

$$\frac{\partial v}{\partial t}=0,\ \frac{\partial v}{\partial s}=0$$

㉡ 유선(Stream Line) : 유체의 흐름에 있어서 모든 점에서 접선 방향이 속도벡터의 방향을 갖는 연속적인 가상의 곡선으로 유체입자의 이동경로를 나타낸 것이다.

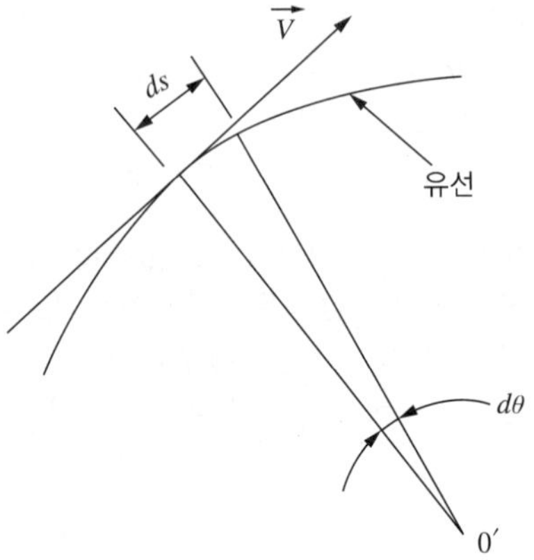

- 유선은 유체의 흐름을 따라 그은 곡선이며 속도벡터에 접하는 방향을 가지는 연속적인 선이다.
- 유체입자의 속도벡터와 접선이 되는 가상곡선이다.
- 유선 위에 있는 유체의 속도벡터는 유선의 접선 방향이다.
- 유선상의 각 점의 흐름 방향이 점의 접선 방향과 일치한다.
- 정상유동일 때 유선은 유체의 입자가 움직이는 궤적이다.
- 비정상유동에서 속도는 유선에 따라 시간적으로 변화할 수 있으며 유선도 시간에 따라 변화한다.

㉢ 유선의 방정식

속도벡터 $\vec{V}=u\vec{i}+v\vec{j}+w\vec{k}$ 이며,

유선 방향의 미소단위벡터 $ds=dx\vec{i}+dy\vec{j}+dz\vec{k}$ 이다.

$$\vec{V}\times ds=\begin{vmatrix} i & j & k \\ u & v & w \\ dx & dy & dz \end{vmatrix}$$

$$=(vdz-wdy)i-(udz-wdx)j$$
$$+k(udy-vdx)=0 \text{ 이므로}$$

유선의 미분방정식은 $\frac{dx}{u}=\frac{dy}{v}=\frac{dz}{w}$ 이다.

2차원 유동의 유선방정식은 $\frac{dx}{u}=\frac{dy}{v}$ 이다.

예제

2차원 속도장이 $u=x$, $v=-y$로 주어졌을 때 유선의 방정식은?(단, 직각좌표계에서 u, v는 x, y방향의 속도 성분을 나타내며 C는 임의의 상수이다)

해설

$\frac{dx}{u}=\frac{dy}{v}$에서 $\frac{dx}{x}=\frac{dy}{-y}$이므로 $\frac{dx}{x}+\frac{dy}{y}=0$이며 양변을 적분하면

$\ln x+\ln y=\ln C$이며 $\ln xy=\ln C$이므로 $xy=C$

㉣ 유관, 유적선, 유맥선

- 유관(Stream Tube)
  - 유선으로 만들어지는 관이며, 유선으로 둘러싸인 유체의 관이다.
  - 유선관이라고도 하며 두께가 없는 관 벽을 형성한다.
  - 어떤 폐곡선을 통과하는 여러 개의 유선으로 이루어진 것이다.
- 유적선(Path Line)
  - 유체입자가 주어진 시간 동안 통과한 경로(Path)이다.
  - 한 유체입자가 일정한 시간 동안에 움직인 경로이다.
  - 한 유체입자가 공간을 운동할 때 그 입자의 운동궤적이다.
  - 정상유동에서 유선과 유적선은 일치한다.
  - 흐르는 물에 물감을 뿌렸을 때 어느 공간에 나타나는 모양을 예로 들 수 있다.
- 유맥선(Streak Line) : 유동장 내의 고정된 한 점을 지나는 모든 유체입자들의 순간궤적이다. 따라서 정상류에서는 Stream Line, Path Line, Streak Line이 같다.

㉤ 뉴턴의 운동 제2법칙 : 가속도의 법칙

- 물체 운동량의 시간에 따른 변화율은 크기와 방향에 있어서 물체에 작용하는 힘과 같다.
- $F=m\frac{dv}{dt}=ma$[N]

② 연속방정식(Continuity Equation)

㉠ 개 요

- 연속방정식(연속의 정리)은 흐르는 유체에 질량보존의 법칙을 적용한 방정식이다.
- 질량보존의 법칙은 실제유체나 이상유체에 관계없이 모두 적용되는 법칙이다.
- 예를 들어, 냇물을 건널 때 안전을 위하여 일반적으로 물의 폭이 넓은 곳으로 건너간다. 그 이유는 폭이 넓은 곳에서는 유속이 느리기 때문이다. 이는 연속방정식과 관계가 깊다.

㉡ 1차원 연속방정식

- 체적유량($\dot{Q}$)
  - 단위시간당 통과하는 유체의 체적[L^3T^{-1}]

$$\dot{Q}=\frac{V}{t}=\frac{Al}{t}=A\times\frac{l}{t}=Av[\mathrm{m^3/s}]$$

  - 체적유량은 비압축성 유체에만 적용한다.

$$\dot{Q}=A_1v_1=A_2v_2$$

- 질량유량($\dot{M}$ 또는 $\dot{m}$) : 단위시간당 흘러간 유체의 질량[MT^{-1}]
  - $\dot{m}=\frac{m}{t}=\frac{\rho V}{t}$

$$=\rho Al\times\frac{1}{t}=\rho A\frac{l}{t}=\rho Av=\rho\dot{Q}[\mathrm{kg/s}]$$

  - $\dot{m}=\rho_1A_1v_1=\rho_2A_2v_2$
- 질량플럭스(Mass Flux) : 단위시간 동안 단위면적을 흐르는 유체의 질량
- 중량유량($\dot{G}$) : 단위시간당 흘러간 유체의 중량[FT^{-1}]
  - $\dot{G}=\frac{W}{t}=\frac{\gamma V}{t}$

$$=\gamma Al\times\frac{1}{t}=\gamma A\frac{l}{t}=\gamma Av[\mathrm{N/s}]$$

  - $\dot{G}=\gamma_1A_1v_1=\gamma_2A_2v_2$

• 1차원 연속방정식의 미분형

$\dot{m} = \rho A v = Const$의 양변을 미분하면

$d(\rho A v) = 0$에서 $Av d\rho + \rho v dA + \rho A dv = 0$

이며 양변을 $\rho A v$로 나누면 1차원 연속방정식의 미분형은

$\frac{d\rho}{\rho} + \frac{dA}{A} + \frac{dv}{v} = 0$으로 표현된다.

• 비압축성 유체가 흐르고 있는 유로가 갑자기 축소될 때 일어나는 현상 : 유로의 단면적 축소, 유속의 증가, 압력의 감소, 마찰손실 증가 등이 나타나지만 유량, 질량유량은 변화가 없다.

㉢ 2차원, 3차원 연속방정식

• 3차원 압축성 유동의 연속방정식

$\frac{\partial \rho}{\partial t} + \nabla \cdot (\rho \vec{V}) = 0$

• 3차원 비압축성 유동의 연속방정식

$\nabla \cdot \vec{V} = 0$ 또는 $\frac{\partial u}{\partial x} + \frac{\partial v}{\partial y} + \frac{\partial w}{\partial z} = 0$

• 2차원 비압축성 유동의 연속방정식 :

$\frac{\partial u}{\partial x} + \frac{\partial v}{\partial y} = 0$

• 위의 식은 정상류나 비정상류 어느 경우에도 성립하며 직교좌표계의 방정식으로 좌표계를 변형하면 실린더나 구좌표계에서의 방정식을 얻을 수 있다.

예제

다음에 주어진 속도장이 비압축성 유체의 평면유동의 연속방정식을 만족하는지 확인하시오.

㉠ $u = 3y,\ v = 5x$

㉡ $u = xy + y^2 t,\ v = wy + x^2 t$

풀이

㉠ $\frac{\partial u}{\partial x} + \frac{\partial v}{\partial y} = \frac{\partial(3y)}{\partial x} + \frac{\partial(5x)}{\partial y} = 0 + 0 = 0$

이므로, 연속방정식을 만족한다.

㉡ $\frac{\partial u}{\partial x} + \frac{\partial v}{\partial y} = \frac{\partial(xy + y^2 t)}{\partial x} + \frac{\partial(xy + x^2 t)}{\partial y}$

$= y + x \neq 0$이므로, 연속방정식을 만족시키지 못한다.

예제

x와 y의 속도성분이 각각 $u = x^3 + y^2 + 7$, $v = y^3 + z^2 + 1$으로 주어졌을 때 연속방정식을 만족하는 z방향의 가장 단순한 속도성분(w)을 구하시오.

풀이

$\frac{\partial u}{\partial x} + \frac{\partial v}{\partial y} + \frac{\partial w}{\partial z}$

$= \frac{\partial(x^3 + y^2 + 7)}{\partial x} + \frac{\partial(y^3 + z^2 + 1)}{\partial y} + \frac{\partial w}{\partial z} = 0$에서

$3x^2 + 3y^2 + \frac{\partial w}{\partial z} = 0$이므로

$\frac{\partial w}{\partial z} = -3(x^2 + y^2)$이다.

따라서 $w = -3z(x^2 + y^2)$이다.

㉣ 확대 유로를 통하여 a지점에서 b지점으로 비압축성 유체가 흐를 때, 정상 상태에서 일어나는 현상

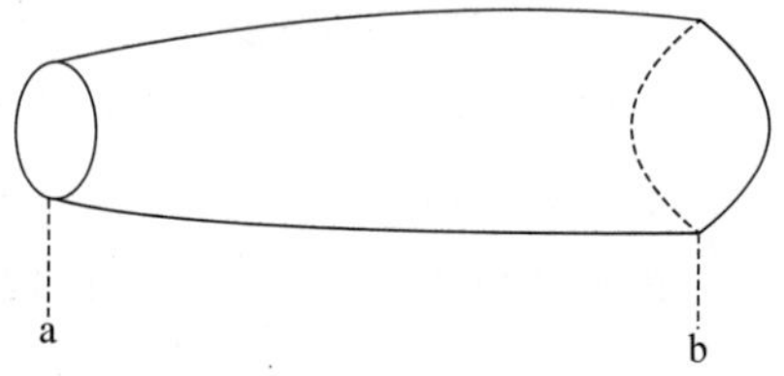

• a지점에서의 평균속도가 b지점에서의 평균속도보다 빠르다.

• a지점에서의 밀도는 b지점에서 밀도와 같다.

• a지점에서의 질량플럭스가 b지점에서의 질량플럭스보다 크다.

• a지점에서의 질량유량은 b지점에서의 질량유량과 같다.

③ 오일러의 운동방정식(Euler's Equation of Motion)

㉠ 오일러의 운동방정식 : $\frac{dP}{\rho} + v dv + g dZ = 0$

또는 $\frac{dP}{\gamma} + \frac{v dv}{g} + dZ = 0$

㉡ 오일러의 운동방정식은 유선 또는 미소 단면적의 유관을 따라 움직이는 비압축성이며, 비점성인 유체요소에 뉴턴의 운동 제2법칙을 적용하여 얻은 미분방정식이다. 압력, 속도, 체적력(중력), 밀도로 나타낸다.

㉢ 오일러의 운동방정식의 가정조건

• 유체입자가 유선을 따라 움직인다.

• 유체는 마찰이 없다(비점성이다).
• 정상류이다.

④ 나비에-스토크스 방정식(Navier-Stokes 방정식, N-S 방정식) : 비압축성이며 점성인 유체의 운동을 나타내는 비선형 편미분방정식

㉠ 압력, 속도, 체적력(중력), 밀도, 점성력으로 나타낸다.

㉡ Navier-Stokes 방정식을 이용하여 정상, 2차원 비압축성 속도장 $V = axi - ayj$에서 압력을 x, y의 방정식으로 표현한다(단, a는 상수이고, 원점에서의 압력은 0이다).

$u = ax$, $v = -ay$이며

x성분에 대하여 $u\dfrac{\partial u}{\partial x} + v\dfrac{\partial u}{\partial y} = -\dfrac{1}{\rho}\dfrac{\partial P_x}{\partial x}$

$\dfrac{\partial u}{\partial x} = a$이며 $\dfrac{\partial u}{\partial y} = 0$이므로

$ax \cdot a = -\dfrac{1}{\rho}\dfrac{\partial P_x}{\partial x}$에서 $P_x = -\dfrac{\rho a^2 x^2}{2}$

y성분에 대하여 $u\dfrac{\partial v}{\partial x} + v\dfrac{\partial v}{\partial y} = -\dfrac{1}{\rho}\dfrac{\partial P_y}{\partial y}$

$\dfrac{\partial v}{\partial x} = 0$이며 $\dfrac{\partial v}{\partial y} = -a$이므로

$-ay \cdot (-a) = -\dfrac{1}{\rho}\dfrac{\partial P_y}{\partial y}$에서 $P_y = -\dfrac{\rho a^2 y^2}{2}$

따라서, $P = P_x + P_y = -\dfrac{\rho a^2}{2}(x^2 + y^2)$

⑤ 유체입자의 회전운동과 비회전운동, 유동함수

㉠ 유체입자의 회전운동 : 점성유체의 유체입자에 전단력이 작용하여 입자의 상하에 속도기울기가 형성되어 회전운동을 한다.

• 와도 또는 회전도(Vorticity, Ω) : 유체입자의 회전운동의 척도로, 유체입자 각속도의 2배이다.
• 순환(Circulation, Γ) : 유체유동장에서 고정된 폐곡선상 임의의 점에서의 접선 방향의 속도성분이 소용돌이를 유발시키는 것이다.
  - 검사 표면상 접선 방향의 속도를 폐곡선을 따라서 선적분한 것으로 정의한다.
  - 순환(Γ) : $\Gamma = \oint d\Gamma = \oint \vec{V} dS = \Omega A$
    여기서, A : 단면적
  - 원판의 경우 : $\Gamma = \oint d\Gamma = \int_0^{2\pi} R^2 \omega d\theta$
    여기서, R : 반지름
    ω : 각속도
  - 순환은 회전강도(Flux of Vorticity)라고 하며 $[\mathrm{m^2/s}]$의 단위를 갖는다.

예제

반지름 $R = 50[\mathrm{cm}]$인 원판이 각속도 $\omega = 10[\mathrm{rad/s}]$로 회전하고 있다. 원판 주위에 형성되는 순환(Γ), 회전도(Ω), 접선 방향의 속도(V_t)를 구하시오.

풀이

• $\Gamma = \oint d\Gamma = \int_0^{2\pi} R^2 \omega d\theta$
$= 2\pi R^2 \omega = 2\pi \times 0.5^2 \times 10 \simeq 15.7[\mathrm{m^2/s}]$
• $\Omega = \dfrac{\Gamma}{A} = \dfrac{2\pi R^2 \omega}{\pi R^2} = 2\omega = 20[\mathrm{rad/s}]$
• $V_t = u_\theta = R\omega = 0.5 \times 10 = 5[\mathrm{m/s}]$

㉡ 유체입자의 비회전운동 : 회전도(Ω)가 0이며 퍼텐셜 유동(흐름)이라고 한다.

• 퍼텐셜 흐름(Potential Flow)의 정의
  - 점도가 0이고 비압축성인 유체의 흐름을 퍼텐셜 흐름이라고 한다.
  - 뉴턴 역학과 질량보존의 원리에 의해 기술 가능하다.
• 퍼텐셜 흐름이 될 수 있는 흐름 : 점성이 없는 완전유체(이상유체)의 흐름, 비회전 흐름, 맴돌이가 없는 흐름, 마찰이 없는 흐름
• 퍼텐셜 흐름의 특징
  - 흐름 중에 순환(Circulation)이나 에디(Eddy)가 발생하지 않는다.
  - 비회전 흐름(Irrotational Flow)라고도 한다.
  - 마찰이 발생하지 않는다.
  - 기계적 에너지가 열로 소실되지 않는다.

- 비회전유동의 성립조건

$$\frac{\partial v}{\partial x}=\frac{\partial u}{\partial y},\ \frac{\partial w}{\partial y}=\frac{\partial v}{\partial z},\ \frac{\partial u}{\partial z}=\frac{\partial w}{\partial x}$$

- 속도 퍼텐셜함수는 비회전유동을 표현하는 함수이다.
- 속도 퍼텐셜 ϕ : $\vec{V}=\nabla\phi=grad\phi(grad$: 구배)
- 속도 퍼텐셜함수는 스칼라함수 $\phi=\phi(x,\ y,\ z)$이며 각각의 속도성분은

$u=\dfrac{\partial\phi}{\partial x},\ v=\dfrac{\partial\phi}{\partial y},\ w=\dfrac{\partial\phi}{\partial z}$이다.

> **예제**
>
> 속도장 $V=4x^3yi+x^4j+10k$가 회전유동인지 비회전유동인지를 판단하시오.
>
> **풀이**
>
> 조건을 확인하기 위하여 각각의 미분을 취하여 정리하면
>
> $\dfrac{\partial v}{\partial x}-\dfrac{\partial u}{\partial y}=4x^3-4x^3=0,\ \dfrac{\partial w}{\partial y}-\dfrac{\partial v}{\partial z}=0-0=0,$
>
> $\dfrac{\partial u}{\partial z}-\dfrac{\partial w}{\partial x}=0-0=0$이므로 이 유동은 비회전유동이다.

㉢ 유동함수(Stream Function, ψ) : 2차원 유동에서 변수의 수를 줄이면서 2개의 변수($u,\ v$)를 함께 포함하는 함수로, 종종 연속방정식을 생략하여 문제를 해결한다.

- 유동함수의 정의(ψ) : $\psi=\psi(x,\ y)$
- 유동함수는 $x,\ y$의 함수로 연속방정식 대신 사용하므로 정상류, 비압축성 2차원 연속방정식을 만족해야 한다. 즉, $\dfrac{\partial u}{\partial x}+\dfrac{\partial v}{\partial y}=0$이다.
- 속도 퍼텐셜과 유동함수는 서로 직교한다.

$$u=\frac{\partial\phi}{\partial x}=\frac{\partial\psi}{\partial y},\ v=\frac{\partial\phi}{\partial y}=-\frac{\partial\psi}{\partial x}$$

※ (-)부호는 편의적으로 부여한 것으로, 유동의 방향을 좌측에서 우측으로 보기 위해서이다.

- 유선을 따르는 유동함수의 변화량은 없다. 즉, 유동함수가 일정한 곡선은 유동장의 유선이라고 할 수 있다.

$$d\psi=\frac{\partial\psi}{\partial x}dx+\frac{\partial\psi}{\partial y}dy=0$$

> **예제**
>
> $u=a(x^2-y^2),\ v=-2axy$로 표현되는 비회전속도장의 속도 퍼텐셜을 구하시오(단, 속도 퍼텐셜 ϕ는 $\vec{V}=\nabla\phi=grad\phi$로 정의되며, a와 C는 상수이다)
>
> **해설**
>
> $\vec{V}\equiv\nabla\phi=grad\phi$에서 $ui+vj=\dfrac{\partial\phi}{\partial x}i+\dfrac{\partial\phi}{\partial y}j$
>
> 이므로
>
> $\phi=\int udx=\int a(x^2-y^2)dx=\dfrac{ax^3}{3}-axy^2+C$

⑥ 베르누이 방정식(Bernoulli's Equation)

㉠ 베르누이 방정식 : $\dfrac{P}{\gamma}+\dfrac{v^2}{2g}+Z=H=C$(일정)

또는 $P+\dfrac{\rho v^2}{2}+\rho gh=H=C$(일정)

여기서, $\dfrac{P}{\gamma}$: 압력수두[m]

$\dfrac{v^2}{2g}$: 속도수두[m]

Z : 위치수두[m]

H : 전수두[m]

㉡ 베르누이 방정식의 가정조건

- 유체는 비압축성이어야 한다(압력이 변해도 밀도는 변하지 않아야 한다).
- 유체는 비점성이어야 한다(점성력이 존재하지 않아야 한다).
- 정상유동(정상 상태의 흐름, Steady State)이어야 한다(시간에 대한 변화가 없어야 한다).
- 동일한 유선상에 있어야 한다.
- 유선이 경계층(Boundary Layer)을 통과해서는 안 된다.
- 이상유체의 흐름이다.
- 마찰이 없는 흐름이다.

㉢ 베르누이 방정식에 대한 제반사항

- 오일러의 운동방정식을 유선에 따라 적분하면 베르누이 방정식이 얻어진다.
- 에너지보존의 법칙을 유체유동에 적용시킨 방정식이다(역학적 에너지보존법칙의 변형된 형태이다).
- 이상유체에 대해(유체에 가해지는 일이 없는 경우) 유체의 압력에너지, 속도에너지(운동에너지), 위치에너지 사이의 관계를 나타낸 식이다.
- 압력수두, 속도수두, 위치수두의 합은 언제나 일정하다(압력수두 + 속도수두 + 위치수두 = 전수두 = 일정).
- 흐르는 유체에 대해 유선상에서 모든 형태의 에너지의 합은 언제나 일정하다.
- 전압은 정압과 동압의 합이며, 일정하다.
- 우변의 상수값은 동일 유선에 대해서는 같은 값을 가진다는 의미이다.

㉣ 에너지선과 수력구배선

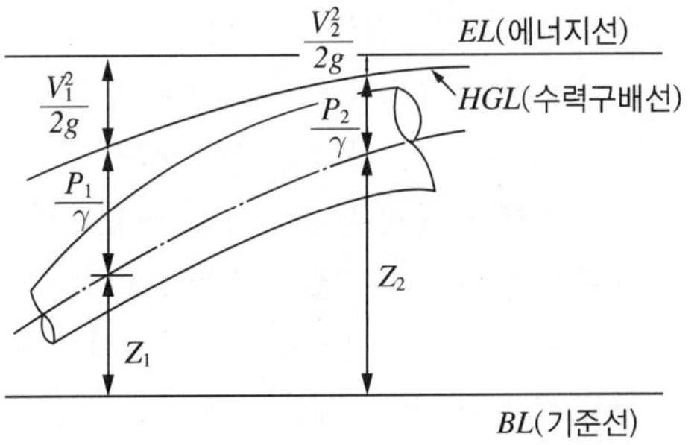

- 에너지선(EL ; Energy Line) : 임의의 점에서 유체가 갖는 전수두이다.
  - 에너지기울기선(EGL)이라고도 한다.
  - $EL = \frac{P}{\gamma} + \frac{v^2}{2g} + Z$
  - 에너지선은 수력구배선보다 속도수두만큼 위에 있다.
  - 에너지선은 기준선과 평행하다.
- 수력기울기선 또는 수력구배선(HGL ; Hydraulic Grade Line) : 에너지선(EL)에서 속도수두값을 뺀 값
  - 속도가 일정하고 마찰이 없을 때 이 선은 수평선이 된다.
  - 수력기울기선은 에너지기울기선의 크기보다 작거나 같다.
  - 수력기울기선은 에너지선보다 항상 속도수두만큼 아래에 있다.
  - $HGL = \frac{P}{\gamma} + Z$
  - 수력기울기선은 에너지선보다 속도수두만큼 아래에 있으므로, 수력기울기선이 관보다 아래에 있는 곳에서의 압력은 대기압보다 낮다.
  - 수력기울기선의 변화는 위치수두와 압력수두의 변화를 나타낸다. 총에너지선은 여기에 속도수두의 변화가 추가된다.
- 에너지기울기선과 수력기울기선의 공통사항
  - 정압은 수력기울기선과 에너지기울기선에 모두 영향을 미친다.
  - 관의 진행 방향으로 유속이 일정한 경우 부차적 손실에 의한 수력기울기선과 에너지기울기선의 변화는 같다.

㉤ 베르누이 방정식의 이론과 실제

- 베르누이 방정식을 실제유체에 적용할 때 보정해 주기 위해 도입하는 항 : W_p(펌프일), h_f(마찰손실), W_t(터빈일)
- 마찰 미고려 시(이론) :

$$\frac{P_1}{\gamma} + \frac{v_1^2}{2g} + Z_1 = \frac{P_2}{\gamma} + \frac{v_2^2}{2g} + Z_2$$

- 마찰 고려 시(실제) : 손실수두를 h_L이라고 하면,

$$\frac{P_1}{\gamma} + \frac{v_1^2}{2g} + Z_1 = \frac{P_2}{\gamma} + \frac{v_2^2}{2g} + Z_2 + h_L$$ 이며

이 식을 수정 베르누이 방정식이라고 한다.

- 유동유체 내에 펌프를 설치했을 때 :

$$\frac{P_1}{\gamma} + \frac{v_1^2}{2g} + Z_1 + h_P = \frac{P_2}{\gamma} + \frac{v_2^2}{2g} + Z_2$$

여기서, h_P : 펌프양정

- 유동유체 내에 터빈을 설치했을 때 :

$$\frac{P_1}{\gamma} + \frac{v_1^2}{2g} + Z_1 = \frac{P_2}{\gamma} + \frac{v_2^2}{2g} + Z_2 + h_T$$

여기서, h_T : 터빈양정

⑦ 베르누이 방정식의 적용

㉠ 토리첼리의 정리(Torricelli's Theorem)

- 수조 측면 하부에 있는 작은 구멍을 통하여 유출되는 유속을 수조의 주위 하강속도는 무시하고 계산하는 공식이다.
- 베르누이 방정식의 비압축성 흐름 방정식의 변형된 형태이다.

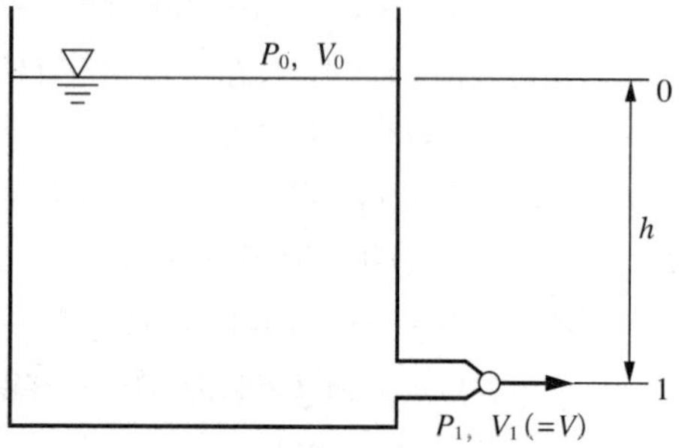

- 노즐의 이론 출구속도 : $v_1 = \sqrt{2gh}$
- 노즐의 실제 출구속도 : $v_a = C_v\sqrt{2gh}$

  여기서, C_v : 속도계수
- 노즐의 실제 출구속도는 이론 출구속도보다 느리다.
- 응용 : 노즐, 오리피스(Orifice)

㉡ 피토관(Pitot tube) : 동압을 측정하는 속도계측기기

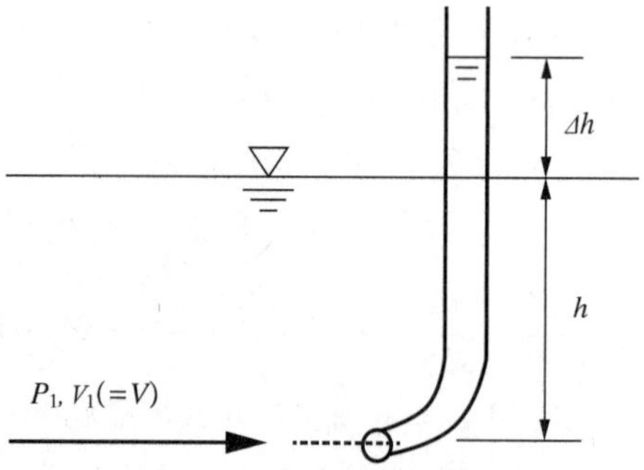

- 유체의 유속 : $V_1 = \sqrt{2g\Delta h}$
- $\Delta h = \dfrac{V_1^2}{2g}$

㉢ 벤투리관(Ventri Tube) 또는 벤투리미터(Venturi Meter) : 관의 내부에 작은 병목 부분이 있는 관으로, 작은 병목 부분을 경계로 하여 양쪽의 압력차를 이용하여 베르누이의 정리를 통해 양쪽의 유량을 계산할 수 있도록 만든 관이다.

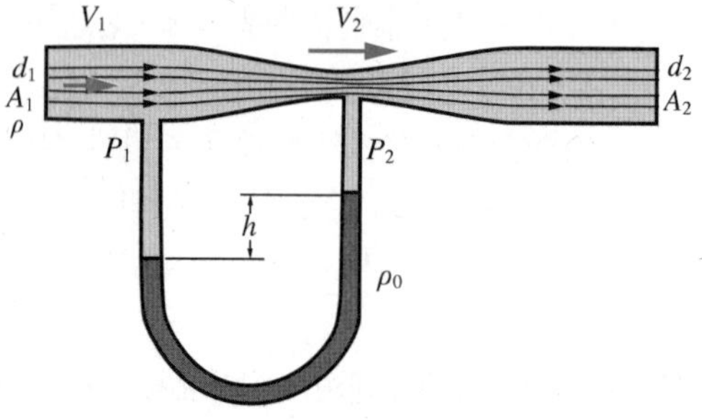

- 노즐 후방에 확대관을 두어 두손실을 작게 하고 압력을 회복하도록 한 것이다.
- 단면적이 감소하는 부분에서는 유체의 속도가 증가한다.
- 유량계수는 벤투리관의 치수, 형태 및 관 내벽의 표면 상태에 따라 달라진다.
- 수축부의 각도를 20~30°, 확대부의 각도를 6~13°로 하여야 압력손실이 작다.
- 인후부의 직경은 관경의 1/2~1/4 범위로 한다.
- 유체는 벤투리관 입구 부분에서 속도가 증가하며, 압력에너지의 일부가 속도에너지로 바뀐다.
- 실제유체에서는 점성 등에 의한 손실이 발생하므로 유량계수를 사용해 보정한다.

⑧ 동력(Power, H)

- $\text{동력} = \dfrac{\text{일}}{\text{시간}} = \dfrac{\text{힘} \times \text{거리}}{\text{시간}} = \text{힘} \times \text{속도}$

  $= \text{각속도} \times \text{토크}$
- $H = \dfrac{W}{t} = \dfrac{Fs}{t} = F \times v = (P \times A) \times v = \omega T$
- $H = PQ = \gamma h Q$

  여기서, γ : 비중량[kgf/m^3]

  $h(\text{전두수}) = \dfrac{P_1}{\gamma} + \dfrac{v_1^2}{2g} + Z\,[\text{m}]$

  Q : 유량[m^3/s]

• 효율 적용 시 동력 : $H=\dfrac{\gamma hQ}{\eta_P}=\gamma hQ\eta_T$

여기서, η_P : 펌프효율

η_T : 터빈효율

• $H_{PS}=\dfrac{rhQ}{75}$, $H_{kW}=\dfrac{rhQ}{102}$

핵심예제

2-1. 유동장 내의 속도(u)와 압력(P)의 시간 변화율을 각각 $\dfrac{\partial u}{\partial t}=A$, $\dfrac{\partial P}{\partial t}=B$라고 할 때 다음 중 옳은 것을 모두 고르면? [2010년 제3회, 2012년 제2회]

ㄱ. 실제유체(Real Fluid)의 비정상유동(Unsteady Flow)에서는 A≠0, B≠0이다.
ㄴ. 이상유체(Ideal Fluid)의 비정상유동(Unsteady Flow)에서는 A=0이다.
ㄷ. 정상유체(Steady Fluid)에서는 모든 유체에 대해 A=0이다.

① ㄱ, ㄴ ② ㄱ, ㄷ
③ ㄴ, ㄷ ④ ㄱ, ㄴ, ㄷ

2-2. 정상유동에 대한 설명 중 잘못된 것은? [2017년 제2회, 제3회 유사]

① 주어진 한 점에서의 압력은 항상 일정하다.
② 주어진 한 점에서의 속도는 항상 일정하다.
③ 유체입자의 가속도는 항상 0이다.
④ 유선, 유적선 및 유맥선은 모두 같다.

2-3. 유체의 흐름에 관한 다음 설명 중 옳은 것을 모두 나타낸 것은? [2013년 제2회, 2019년 제1회]

㉮ 유관은 어떤 폐곡선을 통과하는 여러 개의 유선으로 이루어지는 것을 뜻한다.
㉯ 유적선은 한 유체입자가 공간을 운동할 때 그 입자의 운동궤적이다.

① ㉮ ② ㉯
③ ㉮, ㉯ ④ 모두 틀림

2-4. 유선(Stream Line)에 대한 설명 중 가장 거리가 먼 내용은? [2006년 제2회, 2011년 제2회 유사, 2014년 제1회, 2018년 제3회, 2020년 제3회 유사]

① 유체 흐름에 있어서 모든 점에서 유체 흐름의 속도벡터의 방향을 갖는 연속적인 가상곡선이다.
② 유체 흐름 중의 한 입자가 지나간 궤적을 말한다. 즉, 유선을 가로지르는 흐름에 관한 것이다.
③ X, Y, Z에 대한 속도분포를 각각 U, V, W라고 할 때 유선의 미분방적식은 $\dfrac{dx}{u}=\dfrac{dy}{v}=\dfrac{dz}{w}$이다.
④ 정상유동에서 유선과 유적선은 일치한다.

2-5. 비압축성 유체가 흐르는 유로가 축소될 때 일어나는 현상 중 틀린 것은? [2008년 제3회, 2013년 제2회, 2016년 제3회]

① 압력이 감소한다.
② 유량이 감소한다.
③ 유속이 증가한다.
④ 질량유량은 변화가 없다.

2-6. 다음 중 퍼텐셜 흐름(Potential Flow)이 될 수 있는 것은? [2020년 제3회]

① 고체 벽에 인접한 유체층에서의 흐름
② 회전 흐름
③ 마찰이 없는 흐름
④ 파이프 내 완전발달 유동

2-7. 지름이 10[cm]인 파이프 안으로 비중이 0.8인 기름을 40[kg/min]의 질량유속으로 수송하면 파이프 안에서 기름이 흐르는 평균속도는 약 몇 [m/min]인가? [2017년 제2회 유사, 2018년 제3회]

① 6.37 ② 17.46
③ 20.46 ④ 27.46

2-8. 비중이 0.887인 원유가 관의 단면적이 0.0022[m^2]인 관에서 체적 유량이 10.0[m^3/h]일 때 관의 단위 면적당 질량유량[kg/m^2·s]은? [2016년 제3회]

① 1,120 ② 1,220
③ 1,320 ④ 1,420

핵심예제

2-9. 내경이 0.0526[m]인 철관에 비압축성 유체가 9.085[m^3/h]로 흐를 때의 평균유속은 약 몇 [m/s]인가?(단, 유체의 밀도는 1,200[kg/m^3]이다)

[2003년 제1회, 2013년 제3회, 2017년 제1회 유사, 2018년 제2회 유사, 2019년 제1회, 2019년 제3회 유사]

① 1.16　② 3.26
③ 4.68　④ 11.6

2-10. 단면적이 변하는 관로를 비압축성 유체가 흐르고 있다. 지름이 15[cm]인 단면에서의 평균속도가 4[m/s]이면 지름이 20[cm]인 단면에서의 평균속도는 몇 [m/s]인가?

[2010년 제1회, 2016년 제3회, 2017년 제2회 유사, 2021년 제2회]

① 1.05　② 1.25
③ 2.05　④ 2.25

2-11. 물이 내경 2[cm]인 원형관을 평균유속 5[cm/s]로 흐르고 있다. 같은 유량이 내경 1cm인 관을 흐르면 평균유속은?

[2008년 제1회 유사, 2012년 제3회, 2013년 제1회 유사, 2015년 제1회, 2020년 제1·2회 통합]

① 1/2만큼 감소　② 2배로 증가
③ 4배로 증가　④ 변함없다.

2-12. 비압축성 유체의 유량을 일정하게 하고, 관지름을 2배로 하면 유속은 어떻게 되는가?(단, 기타 손실은 무시한다)

[2008년 제1회, 2013년 제1회, 2016년 제1회]

① 1/2로 느려진다.　② 1/4로 느려진다.
③ 2배로 빨라진다.　④ 4배로 빨라진다.

2-13. 내경이 10[cm]인 관 속을 40[cm/s]의 평균속도로 흐르던 물이 다음 그림과 같이 내경이 5[cm]인 가지관으로 갈라져 흐를 때, 이 가지관에서의 평균유속은 약 몇 [cm/s]인가?

[2003년 제3회, 2016년 제1회]

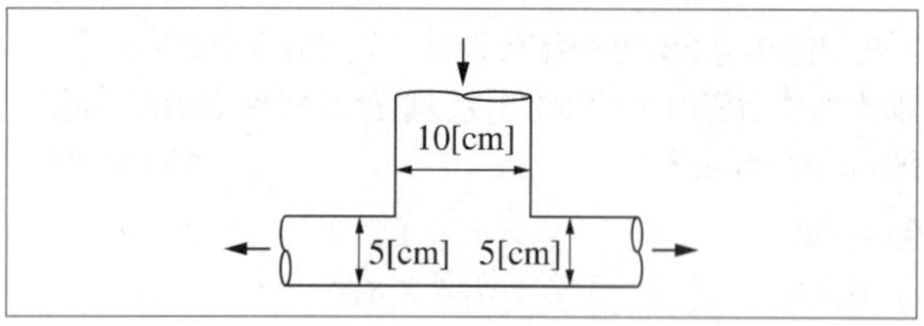

① 20　② 40
③ 80　④ 160

2-14. 밀도가 892[kg/m^3]인 원유가 단면적이 2.165×10^{-3}[m^2]인 관을 통하여 1.388×10^{-3}[m^3/s]로 들어가서 단면적이 각각 1.314×10^{-3}[m^2]로 동일한 2개의 관으로 분할되어 나갈 때 분할되는 관 내에서의 유속은 약 몇 [m/s]인가?(단, 분할되는 2개 관에서의 평균유속은 같다)

[2003년 제3회, 2011년 제2회, 2016년 제2회]

① 1.0.6　② 0.841
③ 0.619　④ 0.528

2-15. 내경 0.05[m]인 강관 속으로 공기가 흐르고 있다. 한쪽 단면에서의 온도는 293[K], 압력은 4[atm], 평균유속은 75[m/s]였다. 이 관의 하부에는 내경 0.08[m]의 강관이 접속되어 있는데 이곳의 온도는 303[K], 압력은 2[atm]이라고 하면 이곳에서의 평균유속은 몇 [m/s]인가?(단, 공기는 이상기체이고 정상유동이라 간주한다)

[2009년 제1회 유사, 2014년 제2회 유사, 2018년 제2회 유사, 2019년 제2회]

① 14.2　② 60.6
③ 92.8　④ 397.4

2-16. 2차원 직각좌표계 $(x,\ y)$상에서 x방향의 속도를 u, y방향의 속도를 v라고 한다. 어떤 이상유체의 2차원 정상유동에서 $v = -Ay$일 때, 다음 중 x방향의 속도 u가 될 수 있는 것은?(단, A는 상수이고 $A > 0$이다)

[2010년 제1회, 2017년 제1회]

① Ax　② $-Ax$
③ Ay　④ $-2Ax$

2-17. 2차원 직각좌표계 $(x,\ y)$상에서 속도 퍼텐셜(ϕ, Velocity Potential)이 $\phi = Ux$로 주어지는 유동장이 있다. 이 유동장의 흐름함수(ψ, Stream Function)에 대한 표현식으로 옳은 것은?(단, U는 상수이다)

[2011년 제2회, 2015년 제1회, 2018년 제3회, 2021년 제1회]

① $U(x+y)$　② $U(-x+y)$
③ Uy　④ $2Ux$

2-18. 베르누이의 방정식에 쓰이지 않는 Head(수두)는?

[2004년 제3회, 2014년 제2회, 2017년 제3회]

① 압력수두　② 밀도수두
③ 위치수두　④ 속도수두

핵심예제

2-19. 유체역학에서 다음과 같은 베르누이 방정식이 적용되는 조건이 아닌 것은? [2003년 제3회 유사, 2004년 제2회, 2006년 제1회 유사, 2008년 제2회 유사, 2009년 제1회 유사, 2010년 제1회 유사, 제3회 유사, 2011년 제1회, 2013년 제3회, 2014년 제1회, 2017년 제2회]

$$\frac{P}{\gamma}+\frac{v^2}{2g}+Z=\text{일정}$$

① 적용되는 임의의 두 점은 같은 유선상에 있다.
② 정상 상태의 흐름이다.
③ 마찰이 없는 흐름이다.
④ 유체 흐름 중 내부에너지 손실이 있는 흐름이다.

2-20. 베르누이 방정식에 관한 일반적인 설명으로 옳은 것은? [2007년 제2회, 2018년 제3회]

① 같은 유선상이 아니더라도 언제나 임의의 점에 대하여 적용된다.
② 주로 비정상류 상태의 흐름에 대하여 적용된다.
③ 유체의 마찰효과를 고려한 식이다.
④ 압력수두, 속도수두, 위치수두의 합은 일정하다.

2-21. 탱크 안의 액체의 비중량은 700[kgf/m^3]이며, 압력은 3[kgf/cm^2]이다. 압력을 수두로 나타내면 몇 [m]인가? [2003년 제2회, 2017년 제1회, 2020년 제3회 유사]

① 0.429[m] ② 4.286[m]
③ 42.86[m] ④ 428.6[m]

2-22. 어떤 관로의 벽에 구멍을 내고 측정한 압력이 정압으로 1,000,000[Pa]이었다. 이때 관로 내 기체의 유속이 100[m/s]인 지점의 전압은 약 몇 [kPa]인가?(단, 기체의 밀도는 1[kg/m^3]이다) [2011년 제1회]

① 1,005 ② 1,010
③ 1,050 ④ 1,100

2-23. 다음 그림과 같이 축소된 통로에 물이 흐르고 있을 때, 두 압력계의 압력이 같게 되기 위한 지름(d)은?(단, 다른 조건은 무시한다) [2003년 제2회]

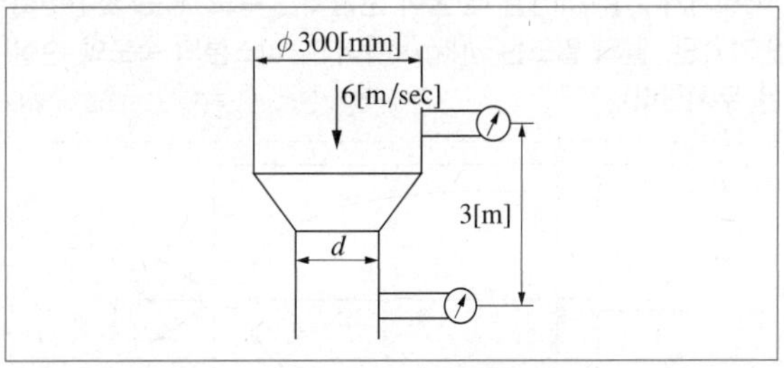

① 20.56[cm] ② 23.55[cm]
③ 33.55[cm] ④ 55.54[cm]

2-24. 밀도가 1,000[kg/m^3]인 액체가 수평으로 놓인 축소관을 마찰 없이 흐르고 있다. 단면 1에서의 면적과 유속은 각각 40[cm^2], 2[m/s]이고, 단면 2의 면적은 10[cm^2]일 때 두 지점의 압력 차이(P_1-P_2)는 몇 [kPa]인가? [2017년 제2회]

① 10 ② 20
③ 30 ④ 40

2-25. 200[℃]의 공기가 흐를 때 정압이 200[kPa] 동압이 1[kPa]이면 공기의 속도[m/s]는?(단, 공기의 기체상수는 287[J/kg·K]이다) [2020년 제1·2회 통합]

① 23.9 ② 36.9
③ 42.5 ④ 52.6

2-26. 베르누이 방정식을 실제유체에 적용할 때 보정해 주기 위해 도입하는 항이 아닌 것은? [2015년 제1회, 2020년 제3회]

① W_p(펌프일) ② h_f(마찰손실)
③ ΔP(압력차) ④ W_t(터빈일)

2-27. 펌프를 사용하여 지름이 일정한 관을 통하여 물을 이송하고 있다. 출구는 입구보다 3[m] 위에 있고 입구압력은 1[kgf/cm^2], 출구압력은 1.75[kgf/cm^2]이다. 펌프수두가 15[m]일 때 마찰에 의한 손실수두는? [2016년 제3회]

① 1.5[m] ② 2.5[m]
③ 3.5[m] ④ 4.5[m]

핵심예제

2-28. 다음 그림과 같은 물딱총 피스톤을 미는 단위 면적당 힘의 세기가 P[N/m^2]일 때 물이 분출되는 속도 V는 몇 [m/s]인가?(단, 물의 밀도는 ρ[kg/m^3]이고, 피스톤의 속도와 손실은 무시한다) [2009년 제3회, 2018년 제3회]

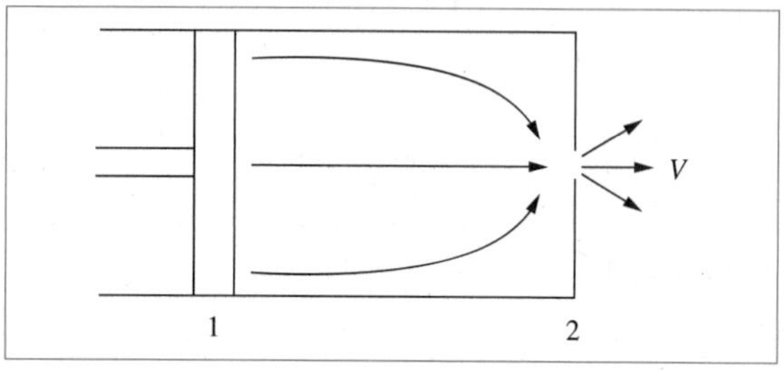

① $\sqrt{2P}$　② $\sqrt{\dfrac{2g}{\rho}}$

③ $\sqrt{\dfrac{2P}{g\rho}}$　④ $\sqrt{\dfrac{2P}{\rho}}$

2-29. 지름 75[mm], 속도계수가 0.96인 노즐이 지름 200[mm]인 관에 부착되어 물이 분출되고 있다. 관의 수두가 8.4[m]일 때 노즐 출구에서의 유속은 약 몇 [m/s]인가? [2011년 제3회]

① 6.2　② 12.3

③ 24.6　④ 48.2

2-30. 수면의 높이가 10[m]로 일정한 탱크의 바닥에 5[mm]의 구멍이 났을 경우 이 구멍을 통한 유체의 유속은 얼마인가? [2016년 제3회 유사, 2019년 제1회]

① 14[m/s]　② 19.6[m/s]

③ 98[m/s]　④ 196[m/s]

2-31. 그림과 같이 물 위에 비중이 0.7인 유체 A가 5[m]의 두께로 차 있을 때 유출속도는 V는 몇 [m/s]인가? [2007년 제3회 유사, 2016년 제2회]

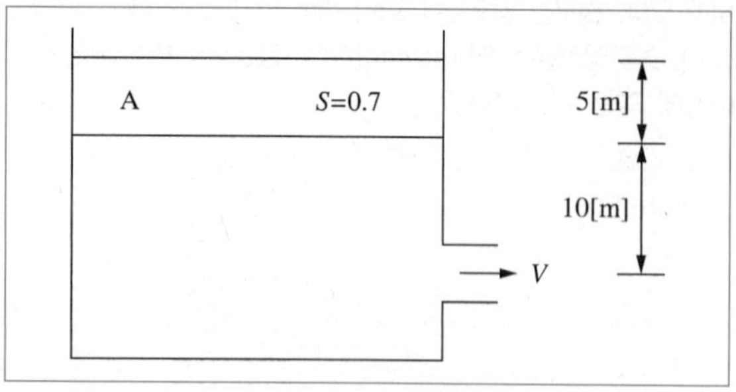

① 5.5　② 11.2

③ 16.3　④ 22.4

2-32. 다음 그림과 같은 사이펀을 통하여 나오는 물의 질량유량은 약 몇 [kg/s]인가?(단, 수면은 항상 일정하다) [2014년 제3회, 2018년 제2회]

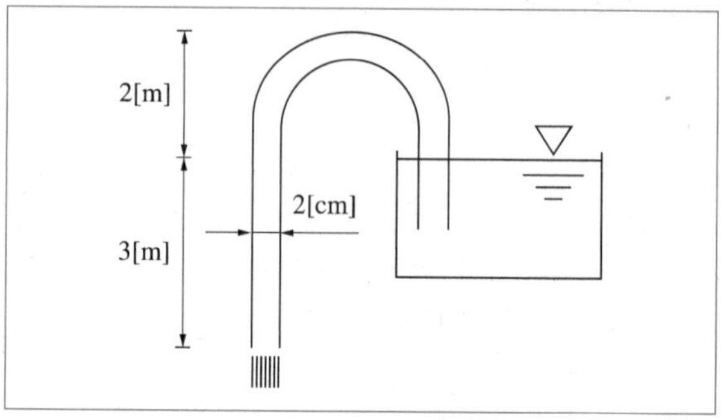

① 1.21　② 2.41

③ 3.61　④ 4.83

2-33. 벤투리관에 대한 설명으로 옳지 않은 것은? [2006년 제1회 유사, 2010년 제3회]

① 단면적이 감소하는 부분에서는 유체의 속도가 증가한다.
② 실제유체에서는 점성 등에 의한 손실이 발생하므로 유량계수를 사용하여 보정해 준다.
③ 유량계수는 벤투리관의 치수, 형태 및 관 내벽의 표면 상태에 따라 달라진다.
④ 확대부의 각도를 20~30°, 수축부의 각도를 6~13°로 하여야 압력손실이 작다.

2-34. 다음 그림에서와 같이 관 속으로 물이 흐르고 있다. A점과 B점에서의 유속은 각각 몇 [m/s]인가? [2003년 제1회, 2006년 제1회, 2016년 제1회, 2020년 제1·2회 통합]

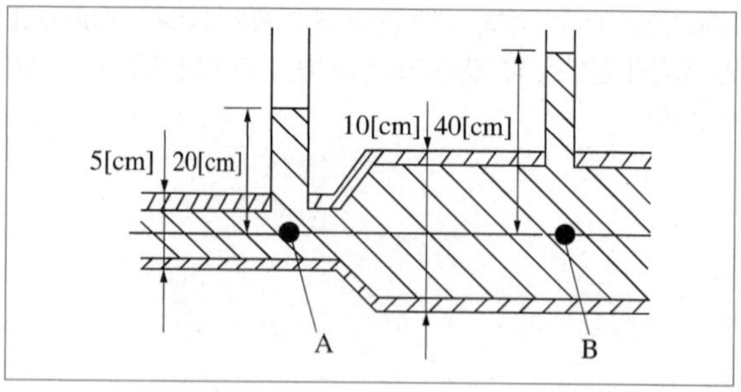

① 2.045, 1.022
② 2.045, 0.511
③ 7.919, 1.980
④ 3.960, 1.980

|해설|

2-1
이상유체(Ideal Fluid)의 비정상유동(Unsteady Flow)에서는 A≠0이다.

2-2
유체입자의 가속도는 항상 일정하다(등가속도운동).

2-3
- 유관(Stream Tube)
  - 유선으로 만들어지는 관이며, 유선으로 둘러싸인 유체의 관이다.
  - 유선관이라고도 하며 두께가 없는 관 벽을 형성한다.
  - 어떤 폐곡선을 통과하는 여러 개의 유선으로 이루어진 것이다.
- 유적선(Path Line)
  - 한 유체입자가 일정한 시간 동안에 움직인 경로(Path)이다.
  - 한 유체입자가 공간을 운동할 때 그 입자의 운동궤적이다.
  - 흐르는 물에 물감을 뿌렸을 때 어느 공간에 나타나는 모양을 예로 들 수 있다.

2-4
유체의 흐름에서 유선이란 유체 흐름의 모든 점에서 접선 방향이 그 점의 속도 방향과 일치하는 연속적인 선이다.

2-5
비압축성 유체가 흐르고 있는 유로가 갑자기 축소될 때 유로의 단면적 축소, 유속의 증가, 압력의 감소, 마찰손실 증가 등의 현상이 나타나지만, 유량・질량유량은 변화가 없다.

2-6
퍼텐셜 흐름(Potential Flow)이 될 수 있는 흐름 : 점성이 없는 완전 유체(이상유체)의 흐름, 비회전 흐름, 맴돌이가 없는 흐름, 마찰이 없는 흐름

2-7
질량유량 $\dot{m} = \rho A v$에서

평균속도 $v = \dfrac{\dot{m}}{\rho A} = \dfrac{40}{0.8 \times 10^3 \times \dfrac{\pi \times 0.1^2}{4}} \simeq 6.37[\text{m/min}]$

2-8
체적유량 $\dot{Q} = Av$에서

$v = \dfrac{\dot{Q}}{A} = \dfrac{10[\text{m}^3/\text{h}]}{0.0022[\text{m}^2] \times 3{,}600[\text{s/h}]} \simeq 1.263[\text{m/s}]$

질량유량 $\dot{m} = \rho A v$이므로

$\therefore$ 단위 면적당 질량유량 $= \dfrac{\dot{m}}{A} = \rho v$

$= (0.887 \times 10^3)[\text{kg/m}^3] \times 1.263[\text{m/s}]$

$\simeq 1{,}120[\text{kg/m}^2 \cdot \text{s}]$

2-9
유량 $Q = Av$에서 유속 $v = \dfrac{Q}{A} = \dfrac{4Q}{\pi d^2} = \dfrac{4 \times 9.085}{\pi \times 0.0526^2 \times 3{,}600}$

$\simeq 1.16[\text{m/s}]$

2-10
유량 $A_1 v_1 = A_2 v_2$에서

$v_2 = \dfrac{A_1}{A_2} \times v_1 = \dfrac{\pi (0.15)^2/4}{\pi (0.2)^2/4} \times 4 = 2.25[\text{m/s}]$

2-11
유량 $Q = A_1 v_1 = A_2 v_2$에서

$v_2 = \dfrac{A_1}{A_2} \times v_1 = \dfrac{\pi \times 2^2/4}{\pi \times 1^2/4} \times v_1 = 4v_1$

2-12
유량 $Q = A_1 v_1 = A_2 v_2$에서 $v_2 = \dfrac{A_1}{A_2} \times v_1 = \dfrac{A_1}{4A_1} \times v_1 = \dfrac{1}{4} v_1$

이므로 $\dfrac{1}{4}$로 느려진다.

2-13
유량 $Q_1 = Q_2 + Q_3$이며 $Q_2 = Q_3$이므로

$Q_1 = 2Q_2$에서 $A_1 v_1 = 2A_2 v_2$이며

$v_2 = \dfrac{A_1}{2A_2} \times v_1 = \dfrac{\pi \times 10^2/4}{2 \times \pi \times 5^2/4} \times 40 = 80[\text{cm/s}]$

2-14
유량 $Q_1 = Q_2 + Q_3$이며 $Q_2 = Q_3$이므로

$Q_1 = 2Q_2$에서 $Q_2 = \dfrac{Q_1}{2} = \dfrac{1.388 \times 10^{-3}}{2} = 0.694 \times 10^{-3}[\text{m}^3/\text{s}]$

$Q = A_2 v_2$에서 $v_2 = \dfrac{Q_2}{A_2} = \dfrac{0.694 \times 10^{-3}}{1.314 \times 10^{-3}} \simeq 0.528[\text{m/s}]$

2-15
처음 상태를 1, 하부 상태를 2라고 하면

처음 상태의 유량 $Q_1 = A_1 v_1 = \dfrac{\pi}{4} \times 0.05^2 \times 75 \simeq 0.147[\text{m}^3/\text{s}]$

$\dfrac{P_1 V_1}{T_1} = \dfrac{P_2 V_2}{T_2}$에서 V를 Q로 대치하면 $\dfrac{P_1 Q_1}{T_1} = \dfrac{P_2 Q_2}{T_2}$이므로

$Q_2 = \dfrac{P_1 Q_1 T_2}{P_2 T_1} = \dfrac{4 \times 0.147 \times 303}{2 \times 293} \simeq 0.304[\text{m}^3/\text{s}]$

$Q_2 = A_2 v_2$에서 $v_2 = \dfrac{Q_2}{A_2} = \dfrac{0.304}{\dfrac{\pi}{4} \times 0.08^2} \simeq 60.6[\text{m/s}]$

2-16
2차원 정상유동에서 $\dfrac{du}{dx} + \dfrac{dv}{dy} = 0$이므로

$\dfrac{du}{dx} = -\dfrac{dv}{dy} = -(-A) = A$가 되어야 한다.

각 $\dfrac{du}{dx}$ 값은 ① A, ② −A, ③ 0, ④ −2A이므로 ①이 정답이다.

2-17

속도 퍼텐셜이 $\phi = Ux$이므로 x방향으로 변하지만 y방향으로는 일정한 유체 흐름이다.

따라서, 흐름함수는 y방향으로 일정한 Uy가 된다.

2-18

베르누이 방정식 : 일정 또는 $P + \frac{\rho v^2}{2} + \rho gh = H = C$(일정)

여기서, $\frac{P}{\gamma}$: 압력수두[m] $\frac{v^2}{2g}$: 속도수두[m]

Z : 위치수두[m] H : 전수두[m]

2-19

베르누이 방정식의 가정조건

- 유체는 비압축성이어야 한다(압력이 변해도 밀도는 변하지 않아야 함).
- 유체는 비점성이어야 한다(점성력이 존재하지 않아야 한다).
- 정상유동(Steady State)이어야 한다(시간에 대한 변화가 없어야 한다).
- 동일한 유선상에 있어야 한다.
- 유선이 경계층(Boundary Layer)을 통과해서는 안 된다.
- 이상유체의 흐름이다.

2-20

① 같은 유선상에 대하여 적용된다.

② 주로 정상류 상태의 흐름에 대하여 적용된다.

③ 유체의 마찰효과를 고려하지 않은 식이다.

2-21

압력수두 $h = \frac{P}{\gamma} = \frac{3 \times 10^4}{700} \simeq 42.86$[m]

2-22

전압 = 정압 + 동압 = $10^6 + \frac{1 \times 100^2}{2} = 1{,}005$[kPa]

2-23

$\frac{P_1}{\gamma} + \frac{v_1^2}{2g} + Z_1 = \frac{P_2}{\gamma} + \frac{v_2^2}{2g} + Z_2$에서 $P_1 = P_2$이므로

$\frac{v_1^2}{2g} + Z_1 = \frac{v_2^2}{2g} + Z_2$

$\frac{v_2^2}{2g} = \frac{v_1^2}{2g} + (Z_1 - Z_2) = \frac{6^2}{2 \times 9.8} + 3 \simeq 4.84$

$v_2 = \sqrt{4.84 \times 2 \times 9.8} \simeq 9.74$[m/s]

유량 $Q = A_1 v_1 = A_2 v_2$이므로

$d_1^2 v_1 = d_2^2 v_2$에서

$d_2 = d_1 \times \sqrt{\frac{v_1}{v_2}} = 235.5$[mm] = 23.55[cm]

2-24

유량 $Q = A_1 v_1 = A_2 v_2$에서

$v_2 = \frac{A_1}{A_2} \times v_1 = \frac{40}{10} \times 2 = 8$[m/s]이다.

$\frac{P_A}{\rho} + \frac{v_1^2}{2} = \frac{P_2}{\rho} + \frac{v_2^2}{2}$에서

$\frac{P_1}{\rho} - \frac{P_2}{\rho} = \frac{v_2^2}{2} - \frac{v_1^2}{2} = \frac{8^2}{2} - \frac{2^2}{2} = 30$이므로,

$P_1 - P_2 = 30 \times 1{,}000 = 30 \times 10^3$[Pa] = 30[kPa]

2-25

정압을 P_1, 동압을 P_2라고 하면

밀도 $\rho = \frac{m}{V}$이며, 상태방정식 $PV = mRT$에서 P는 정압이므로

$P_1 V = mRT$로부터

밀도 $\rho = \frac{m}{V} = \frac{P_1}{RT} = \frac{200 \times 10^3}{287 \times (200 + 273)} \simeq 1.47$[kg/m³]이다.

베르누이 방정식에서 속도수두는 동압과 같으므로

속도수두 $\frac{\rho v^2}{2} = P_2 = 1 \times 10^3$에서

공기의 속도 $v = \sqrt{\frac{2 \times 10^3}{1.47}} \simeq 36.9$[m/s]

2-26

베르누이 방정식을 실제유체에 적용할 때 보정해 주기 위해 도입하는 항 : W_p(펌프일), h_f(마찰손실), W_t(터빈일)

2-27

입구를 1, 출구를 2라 하면

$\frac{P_1}{\gamma} + \frac{v_1^2}{2g} + Z_1 + h_P = \frac{P_2}{\gamma} + \frac{v_2^2}{2g} + Z_2 + h_L$에서 $v_1 = v_2$이며

$Z_2 - Z_1 = 3$[m]이므로

마찰에 의한 손실수두

$h_L = \frac{P_1}{\gamma} + Z_1 + h_P - \left(\frac{P_2}{\gamma} + Z_2\right) = \left(\frac{P_1}{\gamma} - \frac{P_2}{\gamma}\right) + h_P - (Z_2 - Z_1)$

$= \left(\frac{1 \times 10^4}{1{,}000} - \frac{1.75 \times 10^4}{1{,}000}\right) + 15 - 3 = (10 - 17.5) + 15 - 3$

$= 4.5$[m]

2-28

$\frac{P}{\gamma} + \frac{v_1^2}{2g} + Z_1 = \frac{P_2}{\gamma} + \frac{v_2^2}{2g} + Z_1$에서

$v_1 = 0$, $Z_1 = Z_2$, $P_2 = 0$이므로,

$\frac{P}{\gamma} = \frac{v_2^2}{2g}$에서 $v_2 = \sqrt{\frac{2Pg}{\gamma}} = \sqrt{\frac{2P}{\rho}}$

2-29

유속 $v = C_v \sqrt{2g\Delta h} = 0.96 \times \sqrt{2 \times 9.8 \times 8.4} \simeq 12.3$[m/s]

2-30

구멍을 통한 유체의 유속

$v = \sqrt{2gh} = \sqrt{2 \times 9.8 \times 10} = 14[\text{m/s}]$

2-31

유출속도 $v = \sqrt{2gh} = \sqrt{2 \times 9.8 \times (10 + 5 \times 0.7)} \simeq 16.3[\text{m/s}]$

2-33

수축부의 각도를 20~30°, 확대부의 각도를 6~13°로 하여야 압력손실이 작다.

2-34

유량 $Q = A_A v_A = A_B v_B$에서

$v_B = \dfrac{A_A}{A_B} \times v_A = \dfrac{\pi \times (0.05)^2/4}{\pi \times (0.1)^2/4} \times v_A = 0.25 v_A$

A지점의 압력 $P_A = \gamma h_A$에서 $\dfrac{P_A}{\gamma} = h_A = 0.2[\text{m}]$

B지점의 압력 $P_B = \gamma h_B$에서 $\dfrac{P_B}{\gamma} = h_B = 0.4[\text{m}]$

$\dfrac{P_A}{\gamma} + \dfrac{v_A^2}{2g} = \dfrac{P_B}{\gamma} + \dfrac{v_B^2}{2g}$에서 $0.2 + \dfrac{v_A^2}{2 \times 9.8} = 0.4 + \dfrac{v_B^2}{2 \times 9.8}$이며

$\dfrac{v_A^2 - v_B^2}{2 \times 9.8} = 0.4 - 0.2 = 0.2$이므로

$v_A^2 - v_B^2 = 0.2 \times 2 \times 9.8 = 3.92$이다.

$v_A^2 - v_B^2 = v_A^2 - (0.25 v_A)^2 = 3.92$이므로

$v_A \simeq 2.045$

$v_B = 0.25 v_A = 0.25 \times 2.045 = 0.511$

정답 2-1 ② 2-2 ③ 2-3 ③ 2-4 ② 2-5 ② 2-6 ③ 2-7 ① 2-8 ① 2-9 ① 2-10 ④ 2-11 ③ 2-12 ② 2-13 ③ 2-14 ④ 2-15 ② 2-16 ① 2-17 ③ 2-18 ② 2-19 ④ 2-20 ④ 2-21 ③ 2-22 ① 2-23 ② 2-24 ③ 2-25 ② 2-26 ③ 2-27 ④ 2-28 ④ 2-29 ② 2-30 ① 2-31 ③ 2-32 ② 2-33 ④ 2-34 ②

제3절 | 운동량이론과 유체유동

핵심이론 01 운동량이론

① 운동량이론의 개요

㉠ 운동량(Momentum) : 물체의 질량과 속도를 곱한 벡터량으로, 운동 상태(질량, 속도, 운동의 방향)를 나타낸다.

- 운동량 $P = mv$

  여기서, m : 질량

  v : 속도

- 단위와 차원 : [kg·m/s], $[MLT^{-1}]$

㉡ 각운동량

- 각운동량 $L = rP = rmv$

  여기서, r : 반경

- 단위와 차원 : [kg·m²/s], $[ML^2T^{-1}]$

㉢ 역적(力積) 또는 충격력(Impulse) : 힘의 크기와 힘의 작용시간의 곱이다.

- $\sum F = ma = m \times \dfrac{dv}{dt} = \dfrac{mdv}{dt}$에서

  $\sum F dt = mdv$이다.

  – 역적 : $\sum F dt$

  – 운동량의 변화 크기 : $d(mv)$

- 역적은 운동량의 변화 크기와 같다.
- 단위 : [N·s] = [kg·m/s]
- 차원 : $[FT] = [MLT^{-1}]$

㉣ 운동량 방정식 : 역적의 적분식

- $\displaystyle\int_0^t \sum F dt = \int_{v_1}^{v_2} mdv$에서

  $\sum Ft = m(v_2 - v_1)$

㉤ 유체의 운동량 방정식 : $\sum F = \rho Q \Delta v$

㉥ 유체의 운동량 방정식의 가정조건

- 비압축성 유동이다.
- 정상류 유동이다.
- 유동 단면에서 유속이 일정하다.

② 유체가 직관에 작용하는 힘

㉠ 단면적의 변화가 없을 경우

- 관 내 마찰이 없을 경우 유체에 의한 관 내 힘이 작용하지 않는다.
- 관 내 마찰이 있을 경우 관 내 마찰력이 작용한다.

㉡ 단면적이 점차 축소하는 경우 : 축소 단면에서 유체에 의한 힘이 관 내에 작용한다.

③ 유체가 곡관에 작용하는 힘

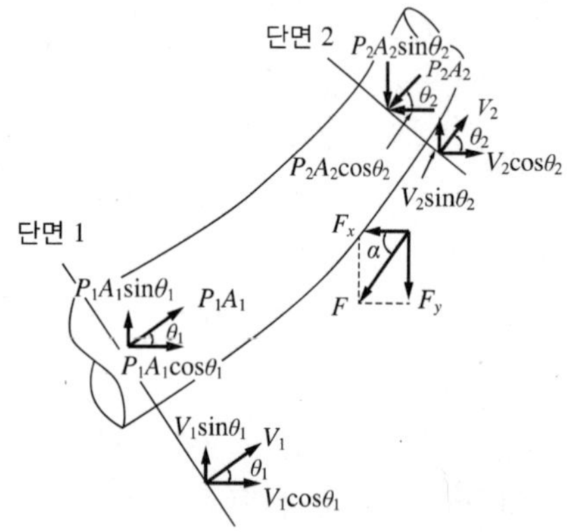

- $F_x = P_1A_1\cos\theta_1 - P_2A_2\cos\theta_2 + \rho Q(v_1\cos\theta_1 - v_2\cos\theta_2)$
- $F_y = P_1A_1\sin\theta_1 - P_2A_2\sin\theta_2 + \rho Q(v_1\sin\theta_1 - v_2\sin\theta_2)$
- 힘의 합력 : $F = \sqrt{{F_x}^2 + {F_y}^2}$
- 곡관의 평균 기울기각 : $\tan\alpha = \dfrac{F_y}{F_x}$

④ 날개(Vane)에 작용하는 힘

㉠ 고정 날개에 작용하는 힘

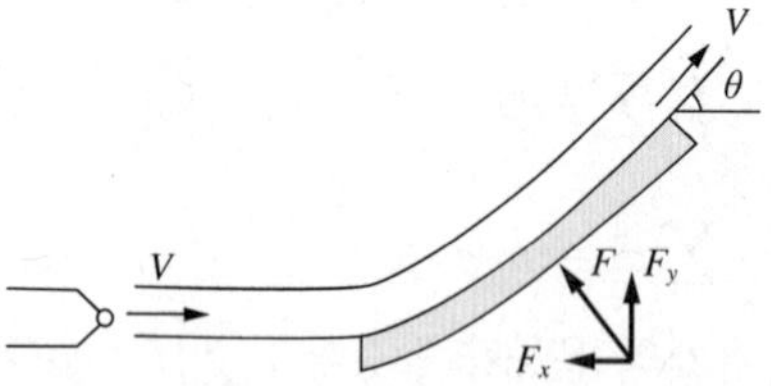

- $F_x = \rho Qv(1-\cos\theta) = \rho Av^2(1-\cos\theta)$
- $F_y = \rho Qv\sin\theta = \rho Av^2\sin\theta$
- 힘의 합력 : $F = \sqrt{{F_x}^2 + {F_y}^2}$
- 베인의 기울기각 : $\tan\alpha = \dfrac{F_y}{F_x}$

㉡ 이동 날개에 작용하는 힘

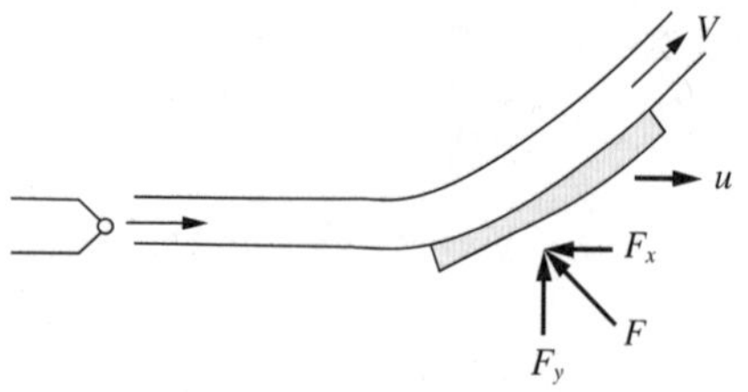

- $F_x = \rho Q(v-u)(1-\cos\theta)$
  $= \rho A(v-u)^2(1-\cos\theta)$
- $F_y = \rho Q(v-u)\sin\theta = \rho A(v-u)^2\sin\theta$
- 날개 출구에서의 절대속도 성분
  $v_{x_2} = (v-u)\cos\theta + u$
  $v_{y_2} = (v-u)\sin\theta$
- 동력 : $H = F_x u$

⑤ 평판에 작용하는 힘

㉠ 분류가 수직으로 충돌할 때

- 고정 평판
  $F = \rho Qv = \rho Av^2$

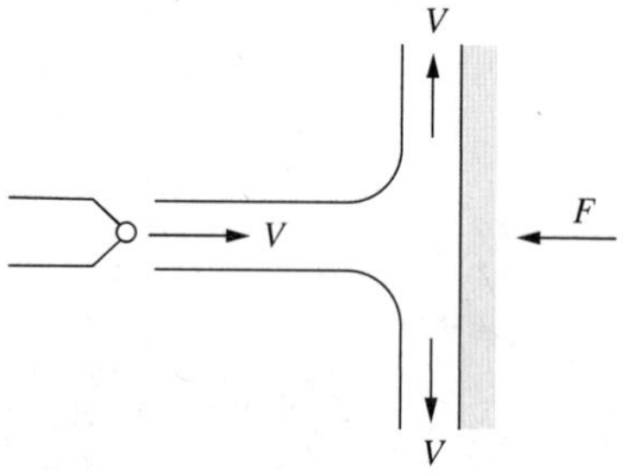

- 이동 평판
  $F = \rho Q(v-u) = \rho A(v-u)^2$
  동력 : $H = Fu$

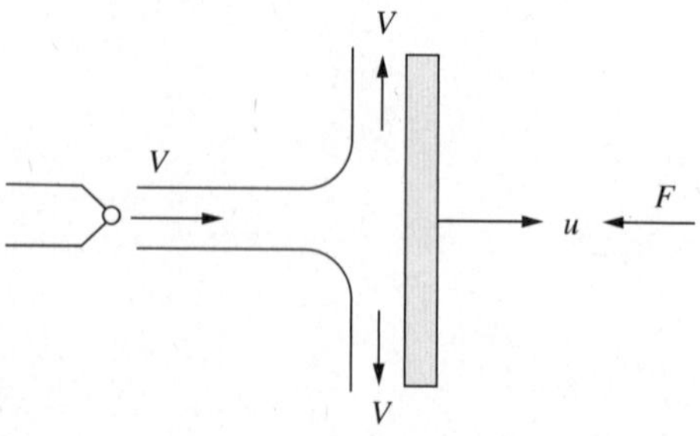

㉡ 분류가 고정 평판에 경사져서 충돌할 때

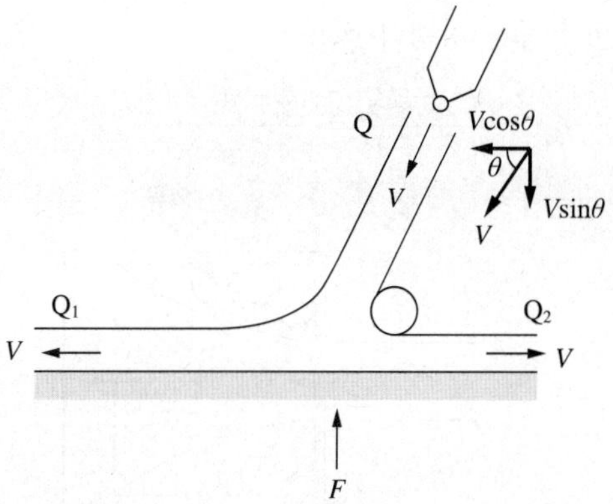

• 수평 방향에 대한 운동량 방정식 적용 시

$\sum F_x = \rho Q(v_{x2} - v_{x1})$

$Q\cos\theta = Q_1 - Q_2,\ Q = Q_1 + Q_2$

$Q_1 = \dfrac{Q}{2}(1+\cos\theta),\ Q_2 = \dfrac{Q}{2}(1-\cos\theta)$

• 수직 방향에 대한 운동량 방정식 적용 시

$\sum F_y = \rho Q(v_{y2} - v_{y1})$

$F = \rho Qv\sin\theta = \rho Av^2\sin\theta$

⑥ 프로펠러와 풍차

㉠ 프로펠러(Propeller) : 유체에 에너지를 공급하는 장치로, 교반기에서 사용되는 임펠러 중 축 방향 흐름(Axial Flow)을 유발시킨다.

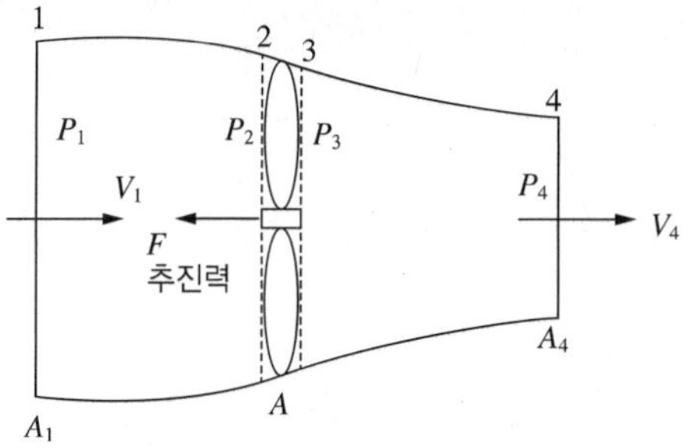

• 추력 : $F = (P_3 - P_2)A = \rho Q(v_4 - v_1)$

• 평균속도 : $v = \dfrac{v_4 + v_1}{2}$

• 입력 : $L_i = Fv = \rho Q(v_4 - v_1)v$

• 출력 : $L_o = Fv_1 = \rho Q(v_4 - v_1)v_1$

• 효율 : $\eta = \dfrac{L_o}{L_i} = \dfrac{v_1}{v}$

㉡ 풍차 : 유체에서 에너지를 얻는 장치이다.

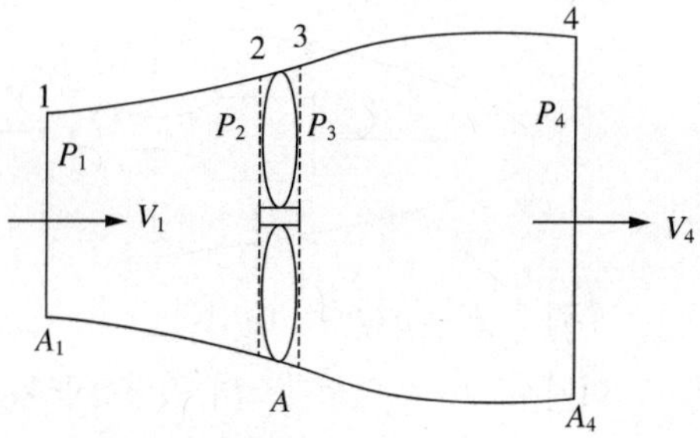

• 입력 : $L_i = \dfrac{\rho A v_1^3}{2}$

• 출력 : $L_o = \dfrac{\rho Q}{2}(v_1^2 - v_4^2) = \rho Av^2(v_1 - v_4)$

• 효율 : $\eta = \dfrac{L_o}{L_i} = \dfrac{(v_1 + v_4)(v_1^2 - v_4^2)}{2v_1^3}$

⑦ 분류에 의한 추진

㉠ 탱크에 설치된 노즐에 의한 추진

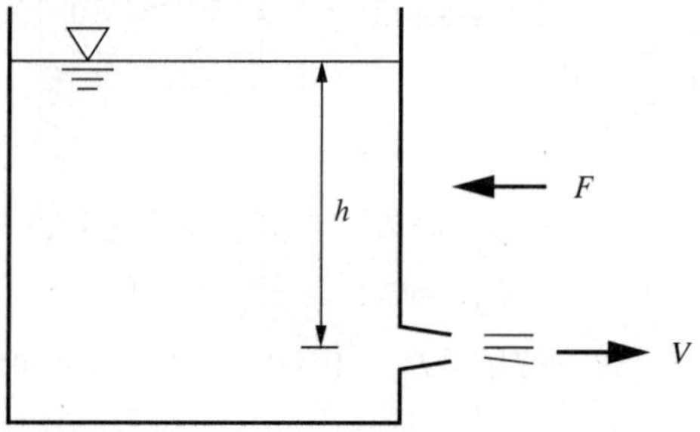

• 노즐의 유속 : $v = \sqrt{2gh}$

• 추력 : $F = \rho Qv = \rho Av^2 = \rho A 2gh = 2\gamma Ah$

㉡ 제트기의 추진

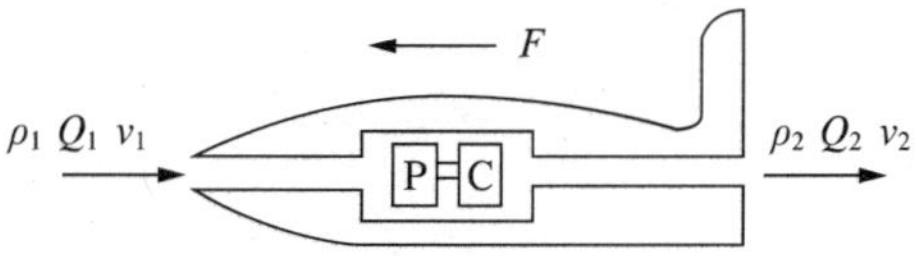

P : 압축실　C : 연소실

• 추력 : $F = \rho_2 Q_2 v_2 - \rho_1 Q_1 v_1$

$= \dot{m}_2 v_2 - \dot{m}_1 v_1$ [kg·m/s²] 또는 [N]

• $\dot{m}_1 = \rho_1 Q_1$: 유입공기의 질량유량[kg/s]

• $\dot{m}_2 = \rho_2 Q_2$: 연소가스의 질량유량[kg/s]

㉢ 로켓의 추진

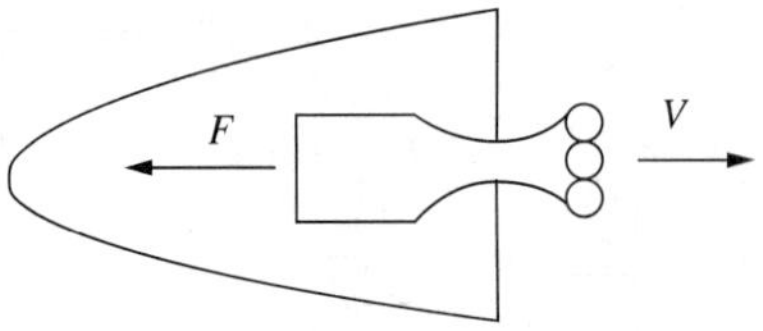

• 추력 : $F = \rho Qv = \dot{m}v$[N]

여기서, $\dot{m}$: 연소가스의 질량유량[kg/s]

v : 로켓의 분출속도[m/s]

㉣ 고정된 노즐로부터 밀도가 ρ인 액체의 제트가 속도 V로 분출하여 평판에 충돌하고 있을 때, 제트의 단면적이 A이고 평판이 u인 속도로 제트와 반대 방향으로 운동할 때 평판에 작용하는 힘 F

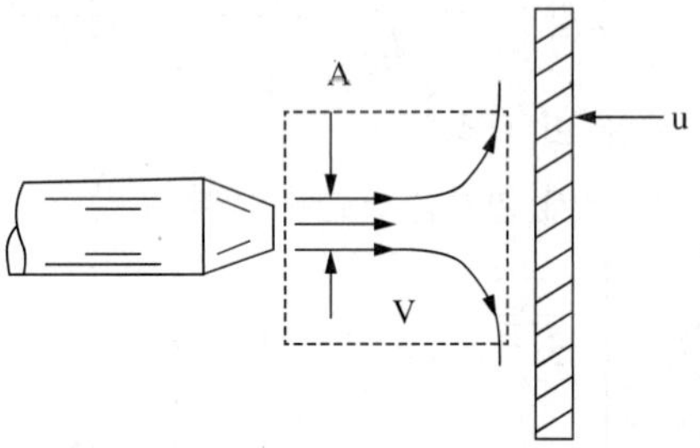

$$F = P_1A_1\cos\theta_1 - P_2A_2\cos\theta_2 + \rho Q(V_1\cos\theta_1 - V_2\cos\theta_2)$$

$P_1 = P_2 = P_0 = 0$, $\theta_1 = 0°$, $\theta_2 = 90°$,

$V_1 = V_2 = V + u$, $Q = A(V+u)$이므로

$$F = \rho QV_1\cos\theta_1 = \rho Q(V+u)\cos 0°$$
$$= \rho Q(V+u) = \rho A(V+u)(V+u)$$
$$= \rho A(V+u)^2$$

⑧ 돌연확대관(급격확대관)에서의 손실(h_L)

㉠ 운동량 방정식 적용

$$h_L = \frac{P_1 - P_2}{\gamma} = \frac{v_2^2 - v_1 \cdot v_2}{g}$$

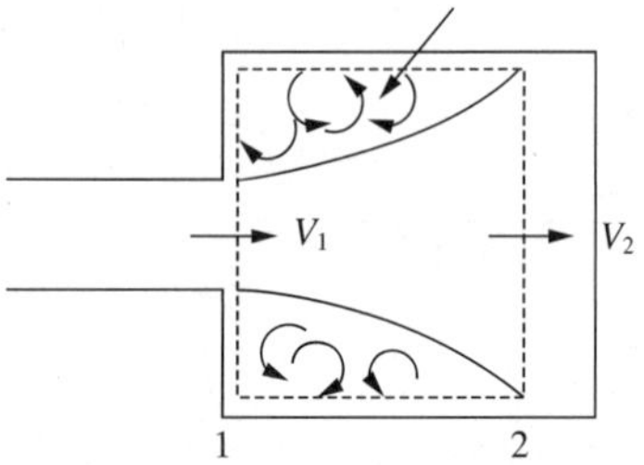

㉡ 베르누이 방정식 적용

$$h_L = \frac{(v_1 - v_2)^2}{2g}$$

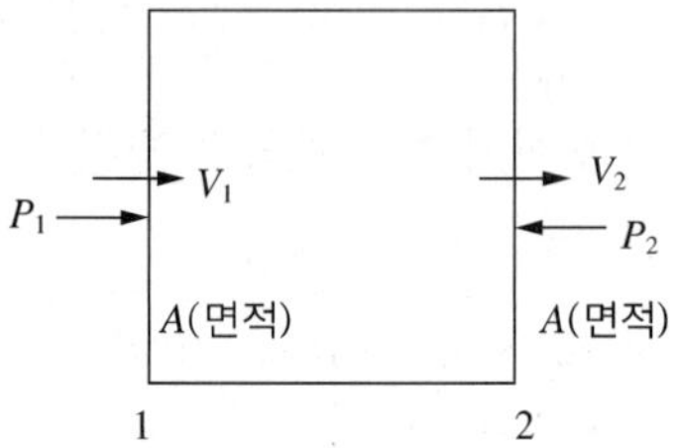

핵심예제

1-1. 다음 그림과 같이 유체가 속도 30[m/s]로 직경 0.08[m]의 관을 통해 정지된 평판에 분사된다. 이때 평판을 유지하기 위한 힘 F는 몇 [N]인가?(단, 유체의 비중은 0.85이다)

[2009년 제3회]

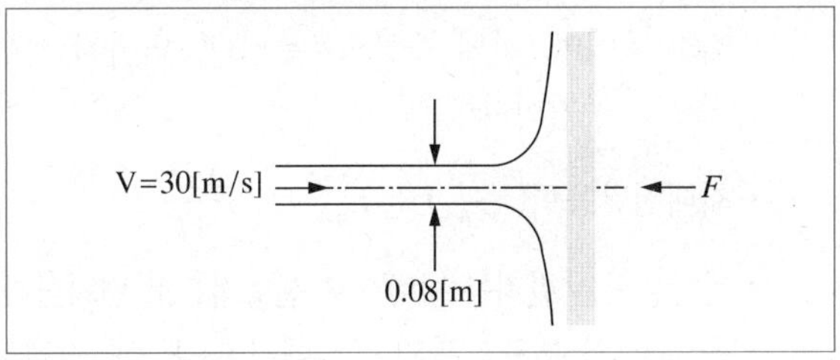

① 2,345　　② 2,845
③ 3,345　　④ 3,845

1-2. 분류에 수직으로 놓인 평판이 분류와 같은 방향으로 u의 속도로 움직일 때 분류가 v의 속도로 평판에 충돌한다면 평판에 작용하는 힘은 얼마인가?(단, ρ는 유체밀도, A는 분류의 면적이고 $v > u$이다)

[2007년 제3회, 2018년 제1회]

① $\rho A(v-u)^2$　　② $\rho A(v+u)^2$
③ $\rho A(v-u)$　　④ $\rho A(v+u)$

1-3. 제트엔진 비행기가 400[m/s]로 비행하는 데 30[kg/s]의 공기를 소비한다. 4,900[N]의 추진력을 만들 때 배출되는 가스의 비행기에 대한 상대속도는 약 몇 [m/s]인가?(단, 연료의 소비량은 무시한다)

[2003년 제2회 유사, 2008년 제3회, 2018년 제2회]

① 563　　② 583
③ 603　　④ 623

|해설|

1-1

평판을 유지하기 위한 힘

$$F=\rho Qv=\rho Av^2=(0.85\times 1,000)\times \frac{\pi}{4}\times 0.08^2\times 30^2 \simeq 3,845[\text{N}]$$

1-2

$$F=\rho Q(v-u)=\rho A(v-u)^2$$

1-3

$F=\rho Q(v_2-v_1)$에서

$$v_2=\frac{F}{\rho Q}+v_1=\frac{F}{m}+v_1=\frac{4,900}{30}+400\simeq 563[\text{m/s}]$$

정답 1-1 ④ 1-2 ① 1-3 ①

핵심이론 02 유체유동

① 층류와 난류

㉠ 층류(Laminar Flow) : 유체입자의 층이 부드럽게 미끄러지면서 질서정연하게 흐르는 유동 상태이다.

- 뉴턴의 점성법칙을 만족하는 뉴턴유체이다.
- 유선이 존재한다.
- 층류의 전단응력(τ) : $\tau=\mu\dfrac{du}{dy}$

  여기서, μ : 점성계수
- 두 개의 평행 평판 사이에 유체가 층류로 흐를 때 전단응력은 중심에서 0이고, 중심에서 평판까지의 거리에 비례하여 증가한다.

㉡ 난류(Turbulent Flow) : 유체입자의 층이 혼합되면서 어지럽고 불규칙하게 흐르는 유동 상태이다.

- 뉴턴의 점성법칙을 만족하지 않는 비뉴턴유체이다.
- 유선을 가상할 수 없다.

② 레이놀즈수(Reynolds Number, R_e)

㉠ 레이놀즈수의 개요

- 레이놀즈수는 점성력에 대한 관성력의 상대적인 비를 나타내는 무차원수이다.
- 레이놀즈수는 층류와 난류를 구분하는 척도이다.
- 레이놀즈수가 작으면 유체유동은 점성력에 크게 영향을 받는다.

㉡ 레이놀즈수의 공식

- 원관일 경우 : $R_e=\dfrac{\rho vd}{\mu}=\dfrac{vd}{\nu}$

  여기서, ρ : 밀도[$\text{N}\cdot\text{s}^2/\text{m}^4$]

  v : 평균유속[m/s]

  d : 관의 직경[m]

  μ : 점성계수[$\text{N}\cdot\text{s}/\text{m}^2$]

  ν : 동점성계수$\left(\nu=\dfrac{\mu}{\rho}\right)$[$\text{m}^2/\text{s}$]
- 개수로 평판일 경우 : $R_e=\dfrac{vx}{\nu}$

  여기서, x : 유동 방향의 평판거리

㉢ 레이놀즈수에 따른 유체유동 상태 판별
- 층류 : $R_e < 2{,}100$
- 천이구역 : $2{,}100 < R_e < 4{,}000$
- 난류 : $R_e > 4{,}000$

㉣ 레이놀즈수의 종류
- 상임계 레이놀즈수 : 층류에서 난류로 천이하는 레이놀즈수($R_e = 4{,}000$)
- 하임계 레이놀즈수 또는 임계 레이놀즈수 : 난류에서 층류로 천이하는 레이놀즈수($R_e = 2{,}100$)

③ **층류유동**

㉠ 수평 원관에서의 층류유동
- 가정조건(푸아죄유유동) : 층류이며 정상류이다. $v_1 = v_2 = v = C$(일정), 점성(μ)에 영향을 받으며, 유동 중 압력 강하가 있다.
- 원관에서의 층류운동에서 마찰저항은 유체의 점성계수에 비례한다.
- 파이프 내에 주입된 염료는 관을 따라 하나의 선을 이룬다.
- 레이놀즈수가 특정 범위를 넘어가면 유체 내의 불규칙한 혼합이 증가한다.
- 입구 길이란 파이프 입구부터 완전 발달된 유동이 시작하는 위치까지의 거리이다.
- 유동이 완전 발달되면 속도분포는 반지름 방향으로 균일하지 않다. 속도분포는 중심에서 가장 크며 벽면에서는 0이다.

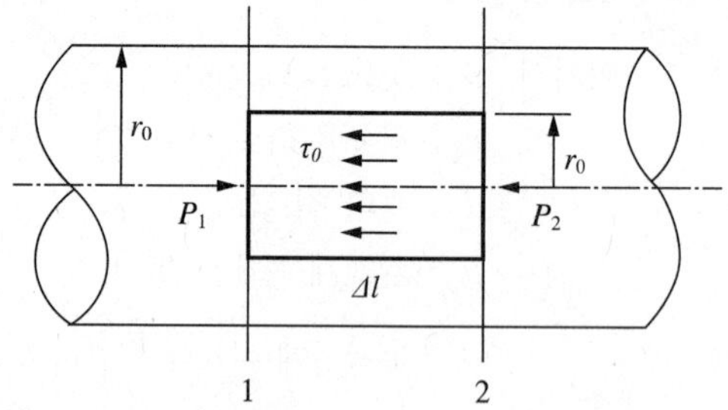

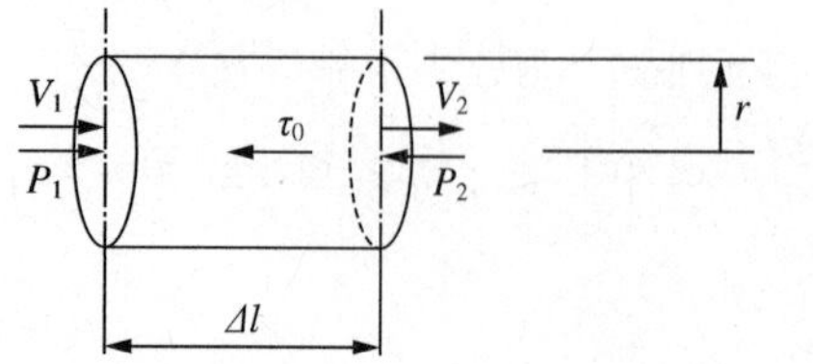

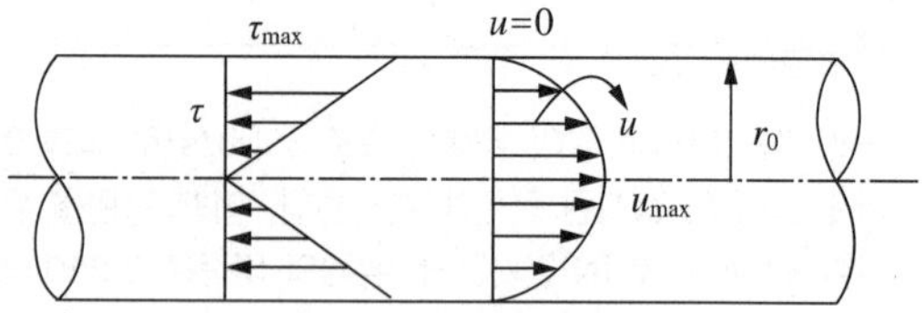

- 전단응력의 분포 : 관 벽에서 최대, 관의 중심에서 최소(0)이며, 관의 중심으로부터 관 벽까지 선형적으로 증가한다.
- 최대전단응력(τ_{max}) : $\tau_{max} = \dfrac{\Delta P d}{4l}$
- 전단응력은 반지름 방향으로 선형적으로 변화한다.
- 속도(u)의 분포 : 관의 중심에서 최대, 관 벽에서 0이며, 관 벽으로부터 관의 중심까지 2차 포물선 형태로 증가한다.
- 최대유속(u_{max}) : $u_{max} = \dfrac{\Delta P d^2}{16\mu l}$
- 평균속도는 관 중심속도의 절반이다.

  $u_{avg} = \dfrac{1}{2} u_{max}$
- 하겐-푸아죄유 방정식(Hagen-Poiseuille Equation) : 유량 $Q = \dfrac{\Delta P \pi d^4}{128\mu l}$
  - 원관 내에 완전 발달 층류유동에서 유량은 압력 강하, 관 지름의 4제곱에 비례하며 점성계수, 관의 길이에 반비례한다.
  - 원관 중의 흐름이 층류일 경우 유량이 직경(반경)의 4제곱과 압력기울기 $\dfrac{P_1 - P_2}{l}$ 에 비례하고, 점도에 반비례한다.
  - 점성의 영향을 고려한 유량관계식으로 층류유동에서만 성립한다.
  - 필요한 가정 : 완전히 발달된 흐름, 정상 상태 흐름, 층류, 비압축성 유체, 뉴턴유체
  - 층류의 경우이며, 압력손실을 구하는 데 사용된다.
  - 압력손실(ΔP)은 $\Delta P = \dfrac{128\mu l Q}{\pi d^4} = \gamma h_L$이므로, 점성으로 인한 압력손실은 유량($Q$), 점성계수($\mu$), 관의 길이($l$)에 비례하며 관 지름($d$)의 4제곱에 반비례한다.

– 손실수두(h_L) : $h_L = \dfrac{128\mu l Q}{\gamma \pi d^4}$

- 최대유속과 평균유속 관계 : $u_{\max} = 2v_{av}$
- 손실동력 : $H_L = \Delta P Q$

㉡ 평형 평판 사이에서의 층류유동

- 평균속도 $u_{avg} = \dfrac{2}{3} u_{\max}$,

$$u_{\max} = \frac{3}{2} u_{avg} = 1.5 u_{avg}$$

- 유량 $Q = \dfrac{\Delta P b h^3}{12 \mu l}$

여기서, ΔP : 압력손실
b : 평판의 너비
h : 평판과 평판 사이의 거리
μ : 점성계수
l : 평판 길이

④ 난류유동

㉠ 프랜틀(Prandtl)의 혼합거리(l) : 난동하는 유체입자가 운동량의 변화 없이 움직일 수 있는 최대거리이다(분자의 평균 자유행로).

- 프랜틀의 혼합거리는 벽면으로부터 떨어진 수직거리에 비례한다.
- 프랜틀의 혼합거리(l) : $l = ky$

  여기서, k : Karman상수 또는 난동상수
  y : 벽면으로부터 떨어진 수직거리
- 난동상수 k는 매끈한 원관의 경우 0.4(실험치)이다.
- 난류유동에 관련된다.
- 전단응력과 밀접한 관련이 있다.
- 벽면에서는 0이다.
- 프랜틀의 혼합거리는 난류 정도가 심할수록 길어진다.

㉡ 와점성계수(Eddy Viscosity, η) : 난류도와 유체밀도에 따라 정해지는 계수이다.

- $\eta = \rho l^2 \dfrac{du}{dy}$

  여기서, ρ : 밀도
  l : 프랜틀의 혼합거리
- 에디점도, 운동량 이동계수, 교환계수 또는 기계점성계수라고도 한다(운동량 이동계수라고도 하는 이유는 와점성계수는 운동량이 큰 점으로부터 작은 점으로 운동량을 이동시킨다고 생각하기 때문이다).
- 와점성계수(η)는 점성계수(μ)보다 훨씬 큰 값을 갖는다.

㉢ 난류전단응력(τ_t)

- 난류의 전단응력 :

$$\tau_t = -\rho \overline{u'v'} = \eta \frac{du}{dy} = \rho l^2 \left(\frac{du}{dy}\right)^2$$
$$= \rho (ky)^2 \left(\frac{du}{dy}\right)^2$$

  여기서, ρ : 밀도
  u' : 유체입자의 진행 방향에 수직한 난동속도
  v' : 유체입자의 진행 방향에 대한 난동속도
  η : 와점성계수 또는 에디점도
  $\dfrac{du}{dy}$: 속도구배
  l : 프랜틀의 혼합거리
  k : 난동상수
  y : 벽면으로부터 떨어진 수직거리
- 난류 전단응력을 겉보기 응력 또는 레이놀즈 응력이라고도 한다.
- 원관에서의 완전 난류운동에서 마찰저항은 평균유속의 제곱에 비례한다.

⑤ 유체경계층

㉠ 경계층(Boundary Layer) : 점성과 비점성이 구분되는 얇은 층이다.

- 유체의 점성이 속도에 영향을 미치는 영역이다.
- 물체 근방에서 속도구배가 존재하는 층이다.
- 유체가 유동할 때 점성의 영향에 의해 물체 표면 부근에 생긴 얇은 층이다.
- 경계층의 예 : 점성유체의 평판유동
- 경계층 내부유동은 점성유동으로 취급할 수 있다.
- 경계층의 형성은 압력기울기, 표면조도, 열전달 등의 영향을 받는다.

- 경계층 내에서는 점성의 영향이 크며, 경계층 외에는 비점성유동의 흐름이다.
- 경계층 내에서는 점성의 영향이 작용한다.
- 경계층 내에서는 속도기울기가 크기 때문에 마찰응력이 증가한다.
- 경계층 내의 속도구배는 경계층 밖에서의 속도구배보다 크다.
- 경계층 바깥층의 흐름은 비점성유동으로 가정할 수 있다.

㉡ 평판에서의 경계층
- 경계층 내부의 유동은 점성유동이므로 경계층 내에서는 점성의 영향이 크다.
- 경계층 외부는 비점성유동으로 취급할 수 있다.

㉢ 퍼텐셜 흐름 또는 퍼텐셜유동(Potential Flow) : 점성이 없는 완전유체(이상유체)의 흐름이다.
- 경계층 바깥의 흐름은 퍼텐셜 흐름에 가깝다.
- 경계층 내에서는 속도구배가 매우 커서 전단응력이 크게 작용하지만, 경계층 밖에서는 점성의 영향이 거의 없는 이상유체와 유사한 흐름을 보인다.
- 경계층 외부는 점성의 영향이 거의 없어 이상유체의 흐름으로 볼 수 있으며, 이러한 비회전 이상유체의 흐름을 퍼텐셜유동이라고 한다.
- 퍼텐셜유동에서는 점성저항이 없다.
- 퍼텐셜유동은 비회전유동(Irrotation Flow)이다.
- 퍼텐셜유동에서는 같은 유선상에 있지 않은 두 곳에서도 베르누이 방정식이 성립한다.

㉣ 평판유동에서 존재하는 구간
- 층류경계층 : 층류의 성질을 갖는 경계층이다(평판선단으로부터 어느 정도 거리까지).
- 천이구역 : 층류경계층이 성장해 가면 난류유동으로 변하기까지의 과도구간으로, 천이역 또는 천이대라고도 한다.
  - 표면조도와 경계층 외부유동에서의 교란 정도는 천이에 영향을 미친다.
  - 층류에서 난류로의 천이는 거리를 기준으로 하는 레이놀즈수의 영향을 받는다.
- 난류경계층 : 평판의 하류에서 난류의 성질을 갖고 있는 경계층이다.
- 층류저층(Laminar Sublayer) : 난류경계층 속 경계면에 인접한 부분에서 난류가 되지 않고 계속 층류를 이루고 있는 구역으로, 난류 구역에서 층류와 같은 유동을 하는 얇은 층이다. 난류경계층 내부에서 성장한 층류층으로, 점성저층 또는 층류막이라고 한다. 층류 흐름 내의 속도분포는 거의 포물선 형태지만 난류층 내 벽면 부근에서는 선형적으로 변한다.
- 완충역 : 층류와 난류를 완충시키는 구간이다. 난류경계층 내에서 층류저층과 완전난류역 사이에 유동의 불연속은 없다.

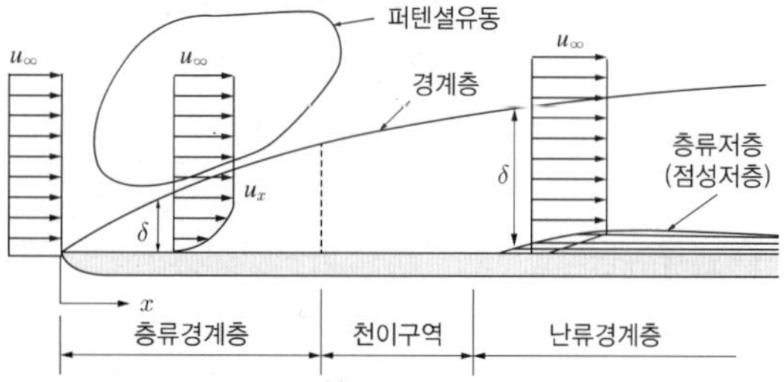

㉤ 평판에서의 레이놀즈수
- $R_{e_x} = \dfrac{u_\infty x}{\nu} = \dfrac{\rho u_\infty x}{\mu}$

  여기서, u_∞ : 자유흐름의 속도[m/s]

  x : 평판 선단으로부터 떨어진 임의의 거리[m]
- 평판유동에서 임계 레이놀즈수 : 5.0×10^5

㉥ 경계층 두께(δ) : 점성의 영향을 받지 않는 자유흐름 속도(u_∞)의 99[%]까지의 물체 표면으로부터의 거리이다.

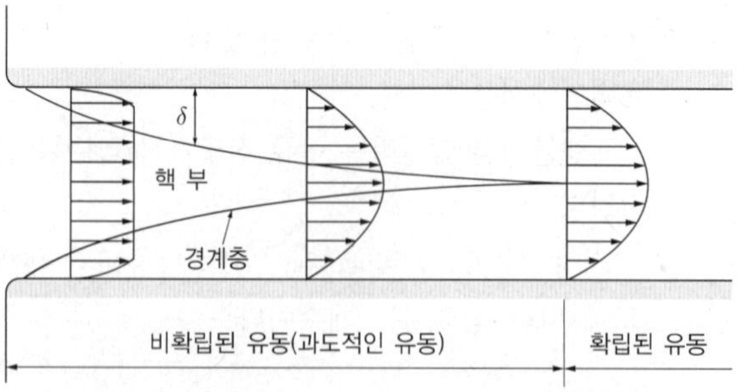

- 물체 표면으로부터 속도구배가 없어지는 곳 $\left(\dfrac{du}{dy} = 0\right)$까지의 거리이다.

- 경계층 내의 최대속도(u_{max})가 자유흐름속도(u_∞)와 같아질 때의 두께이다.
- 일반적으로 $u = 0.99u_\infty$ 정도이다.
- 경계층 두께와 비례요인 : 점성(계수), 동점성계수, 평판 길이
- 경계층 두께와 반비례요인 : 유속, 레이놀즈수, 밀도
- 경계층은 (평판 선단으로부터) 하류로 갈수록 두께가 두꺼워진다.
- 경계층 유동에서의 경계층 두께는 난류가 더 크다.
- 층류경계층 두께 : $\delta = \dfrac{5x}{(R_{e_x})^{1/2}}$
  - 평판유동에서 층류경계층의 두께는 $R_{e_x}^{\frac{1}{2}}$ 에 반비례한다.
  - 평판유동에서 층류경계층의 두께는 $\left(R_{e_x} = \dfrac{u_\infty x}{\nu}\right.$ 이므로$\left.\right)$ $x^{\frac{1}{2}}$ 에 비례한다.
- 난류경계층 두께 : $\delta = \dfrac{0.382x}{(R_{e_x})^{1/5}}$
  - 평판유동에서 난류경계층의 두께는 $R_{e_x}^{\frac{1}{5}}$ 에 반비례한다.
  - 평판유동에서 난류경계층의 두께는 $\left(R_{e_x} = \dfrac{u_\infty x}{\nu}\right.$ 이므로$\left.\right)$ $x^{\frac{4}{5}}$ 에 비례한다.

ⓢ 경계층의 배제 두께(δ_d) : 경계층 형성으로 자유흐름 유선이 밀려난 평균거리로, 배제 두께가 크면 점성의 영향이 커지고 경계층 내의 속도구배도 커진다.

$$\delta_d = \int_0^\delta \left(1 - \frac{u}{u_\infty}\right) dy$$

ⓞ 운동량 두께(δ_m) : 경계층이 형성되어 경계층 외부의 유체가 단위시간당 손실된 운동량을 나타내기 위한 경계층의 평균두께이다.

$$\delta_m = \frac{1}{u_\infty^2} \int_0^\delta u(u_\infty - u) dy = \int_0^\delta \frac{u}{u_\infty}\left(1 - \frac{u}{u_\infty}\right) dy$$

ⓩ 완전 발달된 흐름(Fully Developed Flow) : 파이프 내 점성 흐름에서 길이 방향으로 속도분포가 축을 따라 변하지 않는 흐름이다.

- 이 흐름은 경계층이 완전히 성장하여 생기는 흐름이다.
- 반지름이 R인 원형관 내의 완전 발달된 물의 층류 유동 속도분포 : $\dfrac{v}{v_{max}} = 1 - \left(\dfrac{r}{R}\right)^2$
- 원형관 내의 평균속도 : $v_m = \dfrac{v_{max}}{2}$

⑥ 물체 주위의 유동현상

㉠ 이상유동과 실제유동

이상유동	실제유동

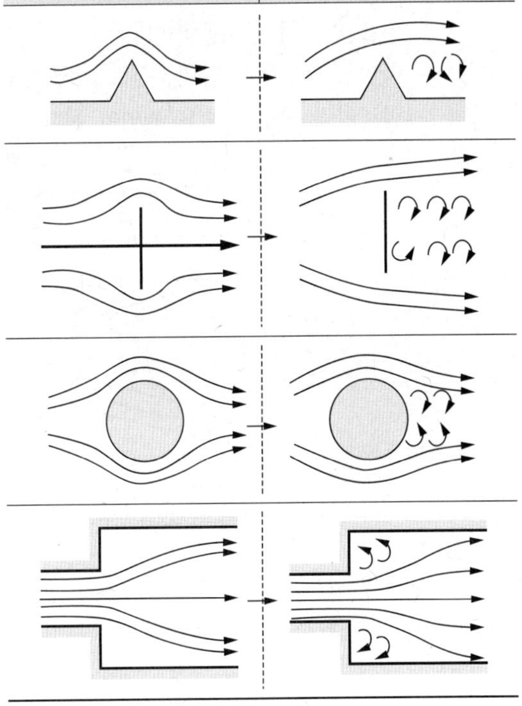

㉡ 박리와 후류현상

- 박리(Separation) : 점성유동에서 압력 상승에 의해 물체 표면 가까이 있던 유체층 점성이 운동량을 이기지 못해 유체입자가 물체 표면으로부터 이탈하는 현상이다. 속도가 증가하고 압력도 증가하면 유체입자가 유선을 이탈한다(역압력구배). 박리가 최초로 발생되는 곳을 박리점이라고 한다.

- 하류 방향의 압력기울기가 역으로 되는 것을 역압력구배라고 한다.
- 박리는 유동과정에서의 역압력구배로 인해 발생한다.
- 급확대관에서 생기기 쉽다.
- 압력이 유동 방향으로 증가할 때 생긴다.
- 박리점에서의 전단응력은 0이다.
- 박리는 압력항력과 관계가 깊다.
- 박리현상은 손실을 유발한다.

• 후류(Wake) : 박리점 이후에 유체의 압력이 감소되고 불규칙한 난동현상을 일으키는 유체의 유동이다.
- 박리가 일어나는 경계로부터 하류구역을 뜻한다.
- 박리현상에 의해 큰 속도구배를 갖는 복잡한 회전을 일으키는 유동역이다.
- 박리점 후방에서 압력손실로 인해 생긴다.
- 압력항력 발생의 주요 원인이 된다.

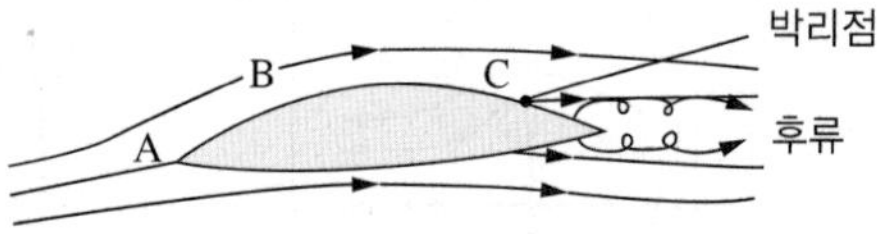

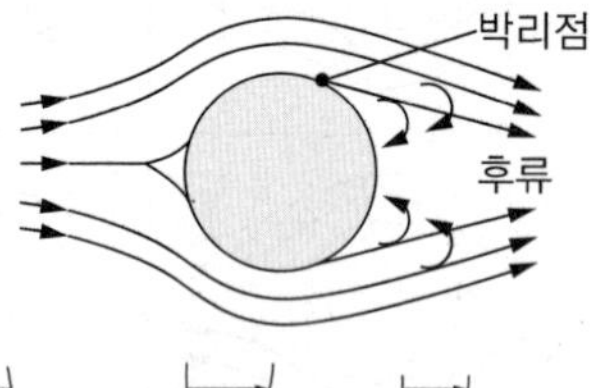

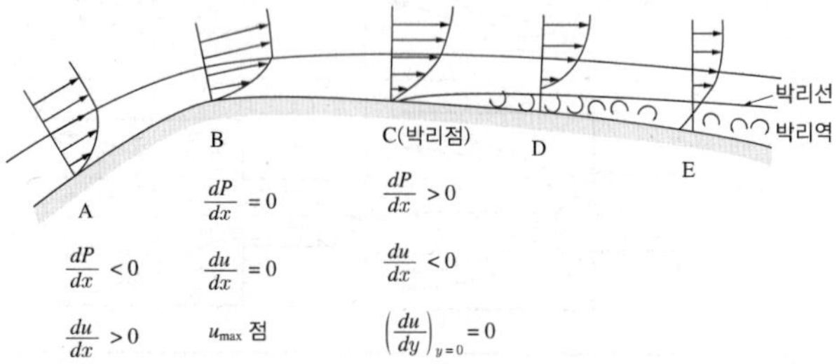

• 실제유체에서 가속은 효율적이다.
- 경계층 안정에 기여한다.
- 에너지 손실을 최소로 하는 바람직한 순압력 구배 : $\dfrac{dP}{dx} < 0$, $\dfrac{du}{dx} > 0$

• 실제유체에서 감속은 비효율적이다.
- 박리, 불안정, 후류
- 큰 에너지 손실을 주는 역압력 구배 : $\dfrac{dP}{dx} > 0$, $\dfrac{du}{dx} < 0$

• 점차확대관의 박리와 후류 : 점차확대관에서 관의 기울기각 θ가 7°보다 크면 후류현상이 발생하여 유동에 불리해진다.

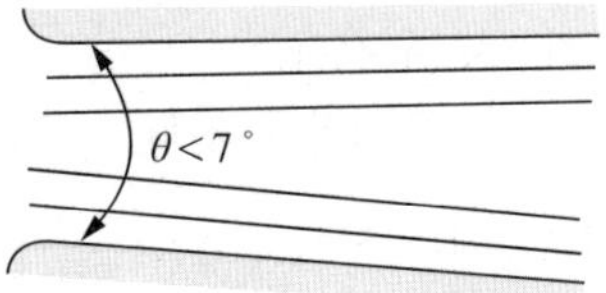

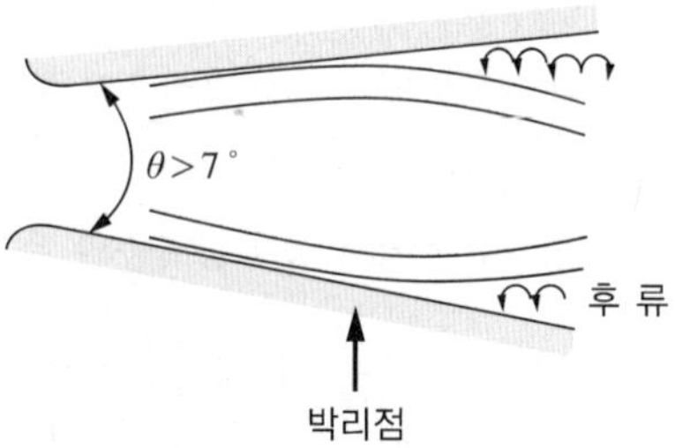

ⓒ 균일유동(Uniform Flow)이 원통을 지나 흘러갈 때의 유동
• 속도가 아주 느릴 때에는 상・하류유동이 대칭이다.
• 유속이 증가함에 따라 원통의 정점을 지나면서 역압력기울기가 형성되고 유동의 박리가 생긴다.
• 유동의 박리점 뒤쪽에 형성된 후류는 바깥쪽에 비하여 압력이 낮고 속도도 느리다.
• 층류의 박리점이 난류의 박리점보다 더 앞쪽에 있다.

ⓓ 항력과 양력
• 항력(Drag Force, D) : 유동하는 유체가 유동 방향으로 물체에 가하는 힘이다.
- 유체가 흐를 때 접촉면에 작용하는 힘이다.
- 물체가 유체 내에서 운동할 때 받는 저항력이다.
- 항력은 압력과 마찰력에 의해서 발생한다.
- 압력항력은 표면에 수직으로 작용하는 힘이다.
- 압력항력을 형상항력이라고도 한다.
- 마찰항력은 표면에 수평으로 작용하는 힘이다.
- 총항력 = 마찰항력 + 압력항력으로 나타낼 수 있다.

- 유도항력은 항력의 일종이다.
- 층류와 난류는 속도가 변함에 따라서 항력도 변한다.
- 항력은 물체의 형상에 영향을 받는다.
- 거친 표면은 항력을 감소시킬 수 있다.
- 레이놀즈수가 아주 작은 유동에서 구의 항력은 유체의 점성계수에 비례한다.
- 일반적으로 항력은 마찰과 같이 바람직하지 않은 효과이기 때문에 이를 최소화하여야 한다. 그러나 자동차 브레이크에서 항력은 매우 유용한 효과를 제공하므로, 이 경우 항력은 최대화되어야 한다.

• 양력(Life force, L) : 압력힘과 전단력의 성분 중 물체를 수직 방향으로 움직이려하는 유동 방향에 수직인 성분을 합한 힘이다. 즉, 물체를 들어 올리려는 힘이다. 양력은 유동에 수직 방향으로 작용한다.

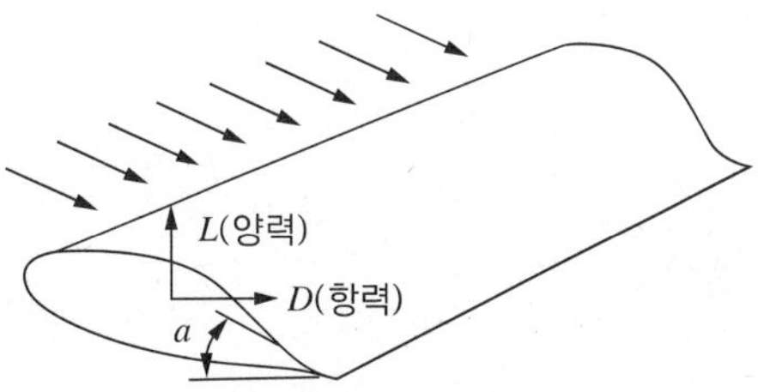

• 항력(D) : 항력계수×동압×항력이 작용하는 단면적

$$D = C_D \frac{\gamma v^2}{2g} A = C_D \frac{\rho v^2}{2} A$$

여기서, A : 흐름에 수직한 면에 투영한 투영 면적

• 양력(L) : 양력계수×동압×양력이 작용하는 단면적

$$L = C_L \frac{\gamma v^2}{2g} A = C_L \frac{\rho v^2}{2} A$$

여기서, A : 현의 길이×날개의 폭

• 비행기 날개의 형상과 위치는 항력을 최소화하면서 비행 중에 충분한 양력을 발생시키도록 설계한다.

• 항력과 양력은 유체의 밀도, 상류속도, 물체의 크기, 형상 및 방향과 관련 있는데, 이들 변수조건에 대하여 양력과 항력의 크기를 단순히 열거하는 것보다는 적절한 무차원수를 다루는 것이 더 편리하다. 이 무차원수들이 항력계수 C_D와 양력계수 C_L이다.

• 비점성, 비압축성 유체의 균일한 유동장에 유동 방향과 직각으로 정지된 원형 실린더에 작용하는 힘 : 비점성이며 비압축성의 성질을 지닌 유체는 이상유체이다. 이상유체의 유동에서는 항력(D)과 양력(L)이 모두 0이다.

• 비행기 수평 비행 시의 동력(H) : $H = Fv \times \frac{D}{L}$

여기서, F : 힘(비행기의 중량)
v : 속도
D : 항력
L : 양력

㉣ 스토크스(Stokes)의 법칙 : 이 법칙에 의한 식은 낙구식 점도 측정 실험식이다. 비압축성 점성유동에서 레이놀즈수가 1보다 작거나($R_e < 1$) 같으면 박리가 존재하지 않으므로, 이때의 항력은 마찰항력이 지배적이며 스토크스 법칙을 따른다.

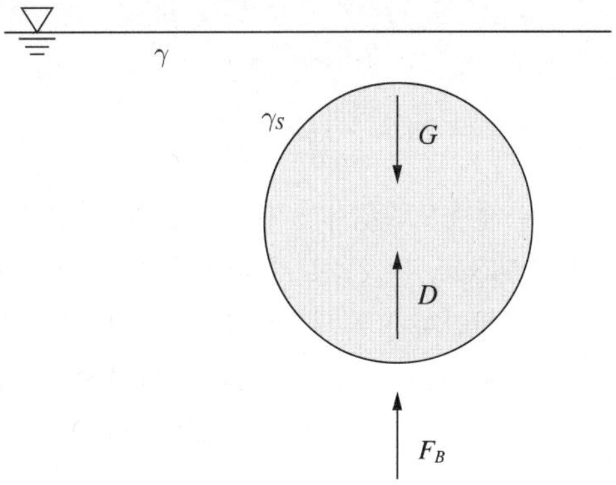

여기서, γ_s : 구의 비중량
γ : 유체의 비중량
G : 구의 무게
D : 구의 항력
F_B : 부력

• 항력 : $D = 3\pi\mu vd$

• 구의 무게 : $G = \gamma_s \times V_{구} = \gamma_s \times \dfrac{\pi d^3}{6}$

• 부력 : $F_B = \gamma \times V_{전체} = \gamma \times \dfrac{\pi d^3}{6}$

$G = D + F_B$

$\gamma_s \dfrac{\pi d^3}{6} = \gamma \dfrac{\pi d^3}{6} + 3\pi\mu dv$

• 낙하구의 종속도 : $v = \dfrac{(\gamma_s - \gamma)d^2}{18\mu}$

• 매우 느린 속도($R_e < 1$)의 압력기울기와 점성력이 균형을 이루는 유동을 크리핑(Creeping) 유동 또는 스토크스 유동이라고 한다. 레이놀즈수가 매우 작고 느린 유동(Creeping Flow)에서 물체의 항력 D는 속도 V, 크기 d, 그리고 유체의 점성계수 μ에 의존한다. 이와 관계하여 항력 F의 단위와 μVd의 단위가 같으므로 유도되는 무차원수는 $\dfrac{D}{\mu Vd}$이다.

• 스토크스 법칙이 적용되는 범위에서 항력계수(C_D, Drag Coefficient)

$$C_D = \frac{D}{A\dfrac{\rho v^2}{2}} = \frac{3\pi\mu vd}{\dfrac{\pi d^2}{4} \times \dfrac{\rho v^2}{2}}$$

$$= 24 \times \frac{\mu}{\rho vd} = \frac{24}{R_e}$$

• 유체 속으로 입자가 자유낙하할 때 종말속도(Terminal Velocity)는 가속도가 없어지는 점에서의 속도이다.

• 구형입자가 유체 속으로 자유낙하할 때의 현상
  - Stokes Range에서 속도가 매우 느리며, 항력(Drag Force)은 $3\pi\mu dU$이다.
    여기서, μ : 점성계수
    d : 구의 지름
    U : 속도
  - 입자에 작용하는 힘을 중력, 항력, 부력으로 구분할 수 있다.
  - 항력계수(C_D)는 레이놀즈수가 증가할수록 작아진다.
  - 종말속도는 가속도가 감소되어 일정한 속도에 도달한 것이다.

ⓑ 골프공 표면의 딤플(Dimple, 표면 굴곡)의 영향

• 골프공의 표면이 요철(딤플)되어 있는 이유는 전체 유동저항을 줄이기 위해서이다.
• 공의 항력을 줄이기 위해서 공 표면에 요철을 주어 인위적으로 난류를 만들어 준다.
• 딤플은 층류경계층을 난류경계층으로 천이시키는 역할을 한다.
• 레이놀즈수가 증가하여 경계층의 박리를 지연시킨다.
• 구 표면에서의 박리현상 발생이 늦어져서 오히려 항력계수가 감소한다.
• 골프공의 전체적인 항력을 감소시킨다.
• 점성저항보다 압력저항을 줄이는 데 효과적이다.

핵심예제

2-1. 다음 그림에서와 같이 파이프 내로 비압축성 유체가 층류로 흐르고 있다. A점에서 최대유속 1[m/s]을 갖는다면 R점에서의 유속은 몇 [m/s]인가?(단, 관의 직경은 10[cm]이다)

[2007년 제2회, 2021년 제1회 유사, 2022년 제1회]

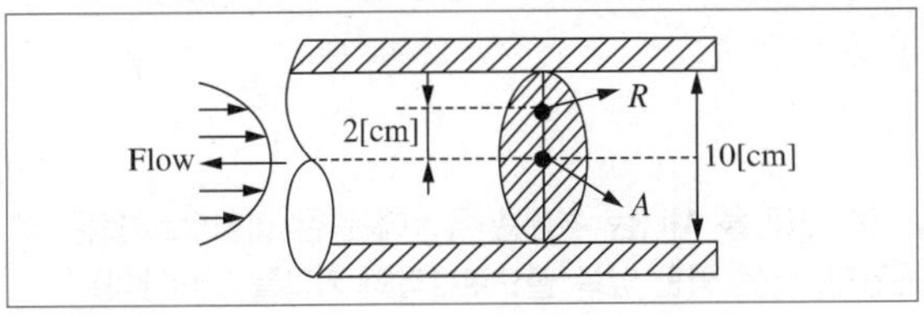

① 0.36 ② 0.60
③ 0.84 ④ 1.00

2-2. 비중이 0.9인 액체가 지름 5[cm]인 수평 관 속을 매초 0.2[m^3]의 유량으로 흐를 때 레이놀즈수는 얼마인가?(단, 액체의 점성계수 $\mu = 5 \times 10^{-3}$[kg · s/m^2]이다) [2012년 제2회]

① 8.73×10^4 ② 9.35×10^4
③ 1.02×10^5 ④ 9.18×10^5

2-3. 지름 8[cm]인 원관 속을 동점성계수가 1.5×10^{-6}[m^2/s]인 물이 0.002[m^3/s]의 유량으로 흐르고 있다. 이때 레이놀즈수는 약 얼마인가? [2004년 제3회, 2016년 제3회, 2021년 제1회]

① 20,000 ② 21,221
③ 21,731 ④ 22,333

2-4. 내경이 10[cm]인 원관 속을 비중 0.85인 액체가 10[cm/s]의 속도로 흐른다. 액체의 점도가 5[cP]라면 이 유동의 레이놀즈수는? [2017년 제1회, 2021년 제1회]

① 1,400 ② 1,700
③ 2,100 ④ 2,300

2-5. 지름이 0.1[m]인 관에 유체가 흐르고 있다. 임계 레이놀즈수가 2,100이고, 이에 대응하는 임계유속이 0.25[m/s]이다. 이 유체의 동점성계수는 약 몇 [cm^2/s]인가?

[2012년 제2회 유사, 2015년 제1회, 2018년 제3회]

① 0.095 ② 0.119
③ 0.354 ④ 0.454

2-6. 비중 0.8, 점도 2[poise]인 기름에 대해 내경 42[mm]인 관에서의 유동이 층류일 때 최대 가능 속도는 몇 [m/s]인가?(단, 임계 레이놀즈수 = 2,100이다) [2020년 제3회]

① 12.5 ② 14.5
③ 19.8 ④ 23.5

2-7. 관 속 흐름에서 임계 레이놀즈수를 2,100으로 할 때 지름이 10[cm]인 관에 16[℃]의 물이 흐르는 경우의 임계속도는?(단, 16[℃] 물의 동점성계수는 1.12×10^{-6}[m^2/s]이다)

[2018년 제1회]

① 0.024[m/s] ② 0.42[m/s]
③ 2.1[m/s] ④ 21.1[m/s]

2-8. 일반적으로 원관 내부 유동에서 층류만이 일어날 수 있는 레이놀즈수(Reynolds Number)의 영역은?

[2009년 제1회, 2012년 제2회, 2016년 제2회]

① 2,100 이상 ② 2,100 이하
③ 21,000 이상 ④ 21,000 이하

2-9. 원관 내 유체의 흐름에 대한 설명 중 틀린 것은?

[2007년 제1회, 2009년 제1회 유사, 제2회, 2013년 제1회, 2018년 제2회]

① 일반적으로 층류는 레이놀즈수가 약 2,100 이하인 흐름이다.
② 일반적으로 난류는 레이놀즈수가 약 4,000 이상인 흐름이다.
③ 일반적으로 관 중심부의 유속은 평균유속보다 빠르다.
④ 일반적으로 최대속도에 대한 평균속도의 비는 난류가 층류보다 작다.

2-10. 안지름 80[cm]인 관 속을 동점성계수 4[stokes]인 유체가 4[m/s]의 평균속도로 흐른다. 이때 흐름의 종류는?

[2003년 제3회 유사, 2011년 제2회 유사, 2020년 제1·2회 통합]

① 층 류 ② 난 류
③ 플러그 흐름 ④ 천이영역 흐름

2-11. 동점성계수가 각각 1.1×10^{-6}[m^2/s], 1.5×10^{-5}[m^2/s]인 물과 공기가 지름 10[cm]인 원형 관 속을 10[cm/s]의 속도로 각각 흐르고 있을 때, 물과 공기의 유동을 옳게 나타낸 것은? [2014년 제3회, 2018년 제2회]

① 물 : 층류, 공기 : 층류
② 물 : 층류, 공기 : 난류
③ 물 : 난류, 공기 : 층류
④ 물 : 난류, 공기 : 난류

핵심예제

2-12. 수평 원관 내에서의 유체 흐름을 설명하는 Hagen-Poiseuille식을 얻기 위해 필요한 가정이 아닌 것은?

[2007년 제1회 유사, 2009년 제1회 유사, 제2회, 2012년 제3회 유사, 2014년 제2회, 2017년 제3회 유사, 2018년 제1회]

① 완전히 발달된 흐름
② 정상 상태 흐름
③ 층 류
④ 퍼텐셜 흐름

2-13. 수평 원관에서의 층류유동을 Hagen-Poiseuille 유동이라고 한다. 이 흐름에서 일정한 유량의 물이 흐를 때 지름을 2배로 하면 손실수두는 몇 배가 되는가?

[2004년 제2회, 2006년 제2회, 2013년 제2회, 2016년 제2회]

① 4 ② 16
③ 1/4 ④ 1/16

2-14. Hagen-Poiseuille식이 적용되는 관 내 층류유동에서 최대속도 $V_{\max}$ = 6[cm/s]일 때 평균속도 V_{avg}는 몇 [cm/s]인가?

[2013년 제1회, 2016년 제1회, 제3회 유사, 2019년 제3회 유사, 2020년 제3회]

① 2 ② 3
③ 4 ④ 5

2-15. 물체 주위의 유동과 관련하여 다음 중 옳은 내용을 모두 나타낸 것은?

[2019년 제3회]

㉮ 속도가 빠를수록 경계층 두께는 얇아진다.
㉯ 경계층 내부유동은 비점성유동으로 취급할 수 있다.
㉰ 동점성계수가 커질수록 경계층 두께는 두꺼워진다.

① ㉮ ② ㉮, ㉯
③ ㉮, ㉰ ④ ㉯, ㉰

2-16. 다음 경계층에 대한 설명 중 틀린 것은?

[2004년 제3회, 2006년 제3회 유사, 2008년 제3회]

① 경계층 바깥층의 흐름은 비점성유동으로 가정할 수 있다.
② 경계층의 형성은 압력기울기, 표면조도, 열전달 등의 영향을 받는다.
③ 경계층 내에서는 점성의 영향이 작용한다.
④ 경계층 내에서는 속도기울기가 크기 때문에 마찰응력이 감소하여 매우 작게 된다.

2-17. 유체의 흐름에 대한 설명으로 다음 중 옳은 것을 모두 나타내면?

[2003년 제1회, 2017년 제3회]

㉮ 난류 전단응력은 레이놀즈 응력으로 표시할 수 있다.
㉯ 후류는 박리가 일어나는 경계로부터 하류구역을 뜻한다.
㉰ 유체와 고체벽 사이에는 전단응력이 작용하지 않는다.

① ㉮ ② ㉮, ㉰
③ ㉮, ㉯ ④ ㉮, ㉯, ㉰

2-18. 평판을 지나는 경계층 유동에 관한 설명으로 옳은 것은?(단, x는 평판 앞쪽 끝으로부터의 거리를 나타낸다)

[2017년 제3회]

① 평판유동에서 층류경계층의 두께는 $x^{\frac{1}{2}}$에 비례한다.
② 경계층에서 두께는 물체의 표면부터 측정한 속도가 경계층의 외부속도의 80[%]가 되는 점까지의 거리이다.
③ 평판에 형성되는 난류경계층의 두께는 x에 비례한다.
④ 평판 위의 층류경계층의 두께는 거리의 제곱에 비례한다.

2-19. 속도분포식 $U = 4y^{\frac{2}{3}}$일 때 경계면에서 0.3[m] 지점의 속도구배[s^{-1}]는?(단, U와 y의 단위는 각각 [m/s], [m]이다)

[2013년 제1회, 2017년 제2회]

① 2.76 ② 3.38
③ 3.98 ④ 4.56

2-20. 프랜틀의 혼합 길이(Prandtl Mixing Length)에 대한 설명으로 옳지 않은 것은?

[2015년 제3회, 2020년 제1·2회 통합]

① 난류유동에 관련된다.
② 전단응력과 밀접한 관련이 있다.
③ 벽면에서는 0이다.
④ 항상 일정한 값을 갖는다.

2-21. 항력계수를 옳게 나타낸 식은?(단, C_D는 항력계수, D는 항력, ρ는 밀도, v는 유속, A는 면적을 나타낸다)

[2013년 제2회, 2017년 제1회]

① $C_D = D/(0.5\rho v^2 A)$
② $C_D = D^2/(0.5\rho v A)$
③ $C_D = (0.5\rho v^2 A)/D$
④ $C_D = (0.5\rho v^2 A)/D^2$

핵심예제

2-22. 항력(Drag Force)에 대한 설명 중 틀린 것은?

[2007년 제1회 유사, 2011년 제3회 유사, 2018년 제2회]

① 물체가 유체 내에서 운동할 때 받는 저항력을 말한다.
② 항력은 물체의 형상에 영향을 받는다.
③ 항력은 유동에 수직 방향으로 작용한다.
④ 압력항력을 형상항력이라 부르기도 한다.

2-23. 구형입자가 유체 속으로 자유낙하할 때의 현상으로 틀린 것은?(단, μ는 점성계수, d는 구의 지름, U는 속도이다)

[2011년 제2회, 2017년 제1회]

① 속도가 매우 느릴 때 항력(Drag Force)은 $3\pi\mu dU$이다.
② 입자에 작용하는 힘을 중력, 항력, 부력으로 구분할 수 있다.
③ 항력계수(C_D)는 레이놀즈수가 증가할수록 커진다.
④ 종말속도는 가속도가 감소되어 일정한 속도에 도달한 것이다.

2-24. 중량 10,000[kgf]의 비행기가 270[km/h]의 속도로 수평 비행할 때 동력은?(단, 양력(L)과 항력(D)의 비 $L/D=5$이다)

[2013년 제1회, 2017년 제2회, 2020년 제3회]

① 1,400[PS] ② 2,000[PS]
③ 2,600[PS] ④ 3,000[PS]

|해설|

2-1

유속 $u=u_{\max}\left(1-\dfrac{r^2}{r_0^2}\right)=1\times\left(1-\dfrac{0.02^2}{0.05^2}\right)\simeq 0.84[\text{m/s}]$

2-2

유량 $Q=Av$에서 유속 $v=\dfrac{Q}{A}=\dfrac{0.2\times4}{3.14\times0.05^2}=101.9[\text{m/s}]$

레이놀즈수 $R_e=\dfrac{\rho vd}{\mu}=\dfrac{\gamma vd}{g\mu}=\dfrac{0.9\times10^3\times101.9\times0.05}{9.8\times(5\times10^{-3})}$

$\simeq 9.35\times10^4$

2-3

레이놀즈수 $R_e=\dfrac{\rho vd}{\mu}=\dfrac{vd}{\nu}=\dfrac{Qd}{A\nu}=\dfrac{Qd}{(\pi d^2/4)\times\nu}=\dfrac{4Q}{\pi d\nu}$

$=\dfrac{4\times0.002}{\pi\times0.08\times1.5\times10^{-6}}\simeq 21,221$

2-4

레이놀즈수 $R_e=\dfrac{\rho vd}{\mu}=\dfrac{0.85\times10^3\times0.1\times0.1}{0.05\times10^{-3}\times10^2}=1,700$

2-5

레이놀즈수 $R_e=\dfrac{\rho vd}{\mu}=\dfrac{vd}{\nu}$에서

동점성계수 $\nu=\dfrac{vd}{R_e}=\dfrac{0.25\times0.1}{2,100}\simeq 0.119[\text{cm}^2/\text{s}]$

2-6

임계 레이놀즈수 $R_e=\dfrac{\rho vd}{\mu}=\dfrac{0.8\times10^3\times v\times0.042}{2\times10^{-3}\times10^2}=2,100$

에서 최대 가능 속도 $v=12.5[\text{m/s}]$

2-7

레이놀즈수 $R_e=\dfrac{\rho vd}{\mu}=\dfrac{vd}{\nu}$에서 $2,100=\dfrac{v\times0.1}{1.12\times10^{-6}}$이므로

$v=\dfrac{2,100\times1.12\times10^{-6}}{0.1}\simeq 0.024[\text{m/s}]$

2-8

레이놀즈수에 따른 유체유동 상태 판별

- 층류 : $R_e<2,100$
- 천이구역 : $2,100<R_e<4,000$
- 난류 : $R_e>4,000$

2-9

일반적으로 최대속도에 대한 평균속도의 비는 난류가 층류보다 크다.

2-10

레이놀즈수 $R_e = \frac{\rho v d}{\mu} = \frac{vd}{\nu} = \frac{4 \times 0.8}{4 \times 10^{-4}} = 8,000$ 이므로 흐름의 종류는 난류이다.

2-11

- 물의 레이놀즈수 $R_e = \frac{vd}{\nu} = \frac{0.1 \times 0.1}{1.1 \times 10^{-6}} \simeq 9,090.9$ 이므로, 난류
- 공기의 레이놀즈수 $R_e = \frac{vd}{\nu} = \frac{0.1 \times 0.1}{1.5 \times 10^{-5}} \simeq 666.7$ 이므로, 층류

2-12

하겐-푸아죄유 방정식에 필요한 가정 : 완전히 발달된 흐름, 정상상태 흐름, 층류, 비압축성 유체, 뉴턴유체

2-13

압력손실 $\Delta P = \frac{128 \mu l Q}{\pi d^4} = \gamma h_L$ 이므로 지름을 2배로 하면 손실수두는 $\frac{1}{16}$ 배가 된다.

2-14

$V_{avg} = \frac{1}{2} V_{\max} = \frac{1}{2} \times 6 = 3[\mathrm{cm/s}]$

2-15

경계층 내부유동은 점성유동으로 취급할 수 있다.

2-16

경계층 내에서는 속도기울기가 크기 때문에 마찰응력이 증가한다.

2-17

유체와 고체벽 사이에는 전단응력이 작용한다.

2-18

② 경계층 두께(δ)는 점성의 영향을 받지 않는 자유흐름속도(u_∞)의 99[%]까지의 물체 표면으로부터의 거리이다.

③ 평판에 형성되는 난류경계층의 두께는 $x^{\frac{4}{5}}$ 에 비례한다.

④ 평판 위의 층류경계층의 두께는 $x^{\frac{1}{2}}$ 에 비례한다.

2-19

$\frac{dU}{dy} = \left(\frac{2}{3} \times 4\right) y^{\frac{2}{3}-1} = \frac{8}{3} y^{-\frac{1}{3}} = \frac{8}{3} \times 0.3^{-\frac{1}{3}} \simeq 3.98[\mathrm{s}^{-1}]$

2-20

프랜틀의 혼합거리는 난류 정도가 심할수록 길어진다.

2-21

항력 $D = C_D \frac{\gamma v^2}{2g} A = C_D \frac{\rho v^2}{2} A$ 에서 항력계수 $C_D = \frac{D}{0.5 \rho v^2 A}$

2-22

양력은 유동에 수직 방향으로 작용한다.

2-23

스토크스 법칙이 적용되는 범위에서 항력계수(C_D, Drag Coefficient)는 $C_D = 24/R_e$ 이므로 항력계수(C_D)는 레이놀즈수가 증가할수록 작아진다.

2-24

비행기 수평 비행 시의 동력

$$H = Fv \times \frac{D}{L} = 10,000 \times 270 \times \frac{1}{5}[\mathrm{kgf \cdot km/h}]$$

$$= 540 \times 10^6 [\mathrm{kgf \cdot m/h}] = \frac{540 \times 10^6}{75 \times 3,600}[\mathrm{PS}] = 2,000[\mathrm{PS}]$$

정답 2-1 ③ 2-2 ② 2-3 ② 2-4 ② 2-5 ② 2-6 ① 2-7 ① 2-8 ② 2-9 ④ 2-10 ② 2-11 ③ 2-12 ④ 2-13 ④ 2-14 ② 2-15 ③ 2-16 ④ 2-17 ③ 2-18 ① 2-19 ③ 2-20 ④ 2-21 ① 2-22 ③ 2-23 ③ 2-24 ②

핵심이론 01 손실수두

① 에너지손실과 두손실

㉠ 에너지손실

- 유체유동에서 마찰로 일어난 에너지손실은 유체의 내부에너지 증가와 계로부터 열전달에 의해 제거되는 열량의 합이다.
- 관로 안을 유체가 흐를 때 기계적 에너지는 하류로 내려가면서 감소한다.
- 기계적 에너지의 손실은 압력 강하로 나타난다.
- 관로에서는 입구나 출구 또는 관로 삽입기구에 의해 에너지손실이 일어난다.
- 정상 흐름이란 유체입자가 서로 층을 형성하여 규칙적이고 질서 있게 흐르며 마찰에 의한 에너지손실이 있는 것이다.
- 베르누이 정리가 성립하지 않는다.

㉡ 유체 수송 시 두손실 계산

- 층류영역에서는 하겐–푸아죄유식을 사용한다.
- 관 부속품에 대하여는 이에 상당하는 직관의 길이를 사용한다.
- 난류영역에서는 마찰계수를 구하여 패닝(Fanning) 식으로 계산한다.
- 관 중의 난류영역에서의 패닝 마찰계수(Fanning Friction Factor)에 직접적으로 영향을 미치는 요인 : 유체의 동점도, 유체의 흐름속도, 관 내부의 상대조도(Relative Roughness) 등
- 유체 수송 유로의 모양에 따라 다르게 계산한다.
- 관 내부에 유체가 흐를 때 흐름이 완전난류라면 수두손실은 대략적으로 속도의 제곱에 비례한다.
- 대략적으로 속도에 정비례한다.

② (수평)원형 관로에서의 손실수두

㉠ 다르시–바이스바하(Darcy–Weisbach) 방정식

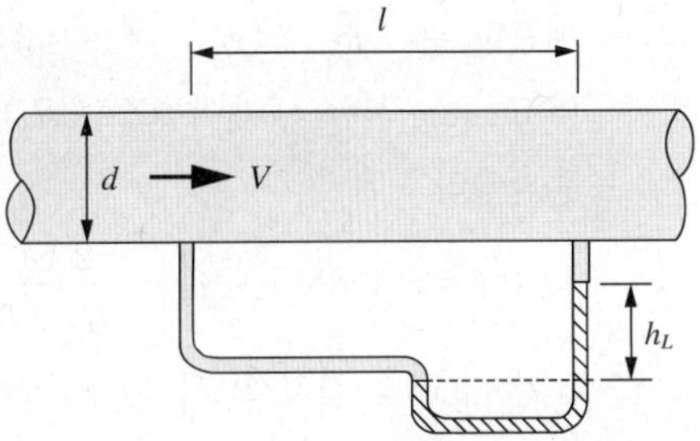

- 층류, 난류에 모두 적용한다.
- 압력손실(압력 강하)

$$\Delta P = f\frac{l}{d}\frac{\gamma v^2}{2g} = f\frac{l}{d}\frac{\rho v^2}{2}\ [\mathrm{N/m^2} \cdot \mathrm{mmHg}]$$

- 손실수두 $h_L = \dfrac{\Delta P}{\gamma} = f\dfrac{l}{d}\dfrac{v^2}{2g}$[m]

여기서, f : 관 마찰계수

l : 관의 길이

d : 관의 직경

v : 속도

㉡ 관 마찰계수(f) : 관 마찰계수는 레이놀즈수와 상대조도의 함수로 나타낸다.

- 층류의 관 마찰계수 : $f = \dfrac{64}{R_e}$ (레이놀즈수(R_e)만의 함수)
- 천이구역의 관 마찰계수 : 레이놀즈수(R_e)와 상대조도(e/d)의 함수
  - 매끈한 관 : $f = 0.3164R_e^{-1/4}$
    (= Blasius 실험식, $4{,}000 < R_e < 10^5$, 레이놀즈수(R_e)만의 함수)
  - 거친 관 : $1/\sqrt{f} = 1.14 - 0.86\ln(e/d)$
    (= Nikuradse 실험식, 상대조도(e/d)만의 함수)

• 난류의 관 마찰계수 : 레이놀즈수(R_e)와 상대조도(e/d)의 함수

– 매끈한 관 : $f = F(R_e)$, $f = 0.3164R_e^{-1/4}$
(= Blasius 실험식, 레이놀즈수(R_e)만의 함수)

– 중간영역 :

$$1/\sqrt{f} = -0.86\ln\left(\frac{e/d}{3.7} + \frac{2.51}{R_e\sqrt{f}}\right)$$

(= Colebrook 실험식, 레이놀즈수(R_e)와 상대조도(e/d)의 함수)

– 거친 관(완전난류유동) :

$$f = F\left(\frac{e}{d}\right),\ 1/\sqrt{f} = 1.14 - 0.86\ln(e/d)$$

(상대조도(e/d)만의 함수)

㉢ 무디(Moody)선도 : 관의 종류와 직경으로부터 상대조도(e/d)를 구하고, 상대조도와 레이놀즈수의 관계로부터 관 마찰계수를 구하는 선도이다.

• 무디선도는 관 마찰계수, 상대조도, 레이놀즈수의 함수이다.

• 유동변수의 매우 넓은 범위에 걸쳐 레이놀즈수의 사차수 이상에서의 관 마찰계수(f)를 구할 수 있는 선도이다.

• 이 선도는 대부분의 관유동에 대해 적용된다.

• 레이놀즈수가 10^5을 초과하면 블라시우스(Blasius) 실험식은 관 마찰계수값의 오차가 커지므로 무디선도를 이용한다.

• 매끄러운 원관에서 유량(Q), 관의 길이(L), 직경(D), 동점성계수(ν)가 주어졌을 때 손실수두(h_f)를 구하는 순서(단, f : 마찰계수, R_e : 레이놀즈수, V : 속도) : R_e를 계산하고 무디선도에서 f를 구한 후 h_f를 구한다.

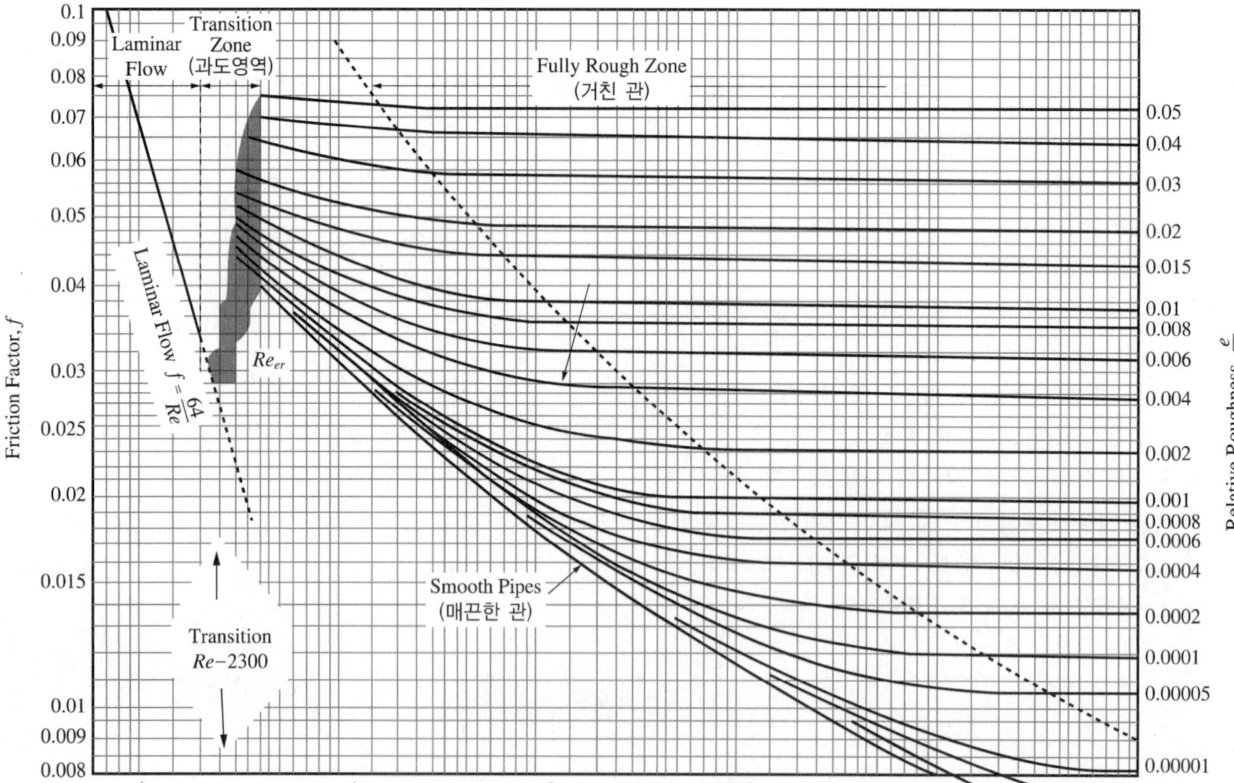

③ 비원형 관(비원형 단면)에서의 손실수두

㉠ 수력 반경(Hydraulic Radius, R_h)

- $R_h = \dfrac{\text{유동 단면적}}{\text{접수 길이}} = \dfrac{A}{P}$

여기서, 접수 길이 : 벽면과 물이 접해 있는 길이

원 관	사각형	삼각형
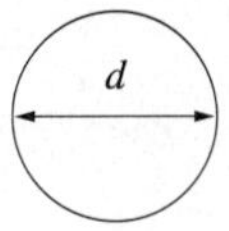	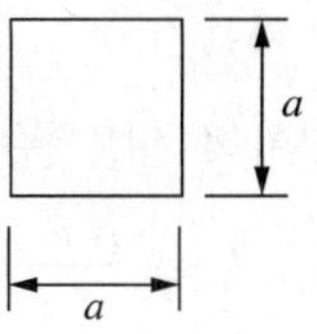	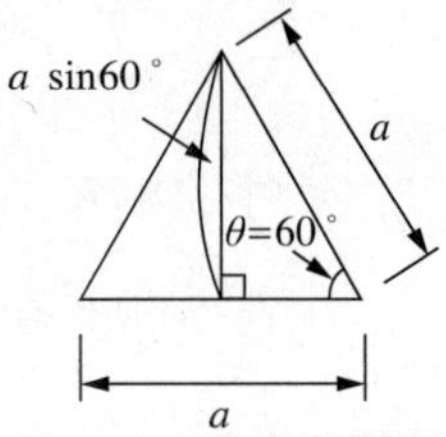
$R_h = \dfrac{d}{4}$, $d = 4R_h$	$R_h = \dfrac{a}{4}$, $a = 4R_h$	$R_h = \dfrac{\sqrt{3}\,a}{12}$, $a = \dfrac{12R_h}{\sqrt{3}}$

- 반원형 : $R_h = \dfrac{\pi d}{4(2+\pi)} = \dfrac{d_e}{4} \simeq \dfrac{d}{4}$,

$d_e = \dfrac{\pi d}{2+\pi} \simeq d = 4R_h$

여기서, d_e : 등가지름

㉡ 압력 강하

- 원형 단면 : $\Delta P = f\dfrac{l}{d}\dfrac{\gamma v^2}{2g} = f\dfrac{l}{d}\dfrac{\rho v^2}{2}$
- 비원형 단면 : $\Delta P = f\dfrac{l}{4R_h}\dfrac{\gamma v^2}{2g} = f\dfrac{l}{4R_h}\dfrac{\rho v^2}{2}$

㉢ 손실수두(h_L)

- 원형 단면 : $h_L = f\dfrac{l}{d}\dfrac{v^2}{2g}$
- 비원형 단면 : $h_L = f\dfrac{l}{4R_h}\dfrac{v^2}{2g}$

㉣ 레이놀즈수

- 원형 단면 : $R_e = \dfrac{vd}{\nu}$
- 비원형 단면 : $R_e = \dfrac{v(4R_h)}{\nu}$

㉤ 상대조도

- 원형 단면 : e/d
- 비원형 단면 : $e/4R_h$

④ 부차적 손실

㉠ 부차적 손실은 관유동에서 관 마찰에 의한 손실 이외에 벤드(Bend), 엘보(Elbow), 단면적 변화부, 밸브 및 관에 부착된 부품에 의한 부가적인 저항손실로, 국부 저항손실이라고도 한다.

㉡ 돌연확대관의 손실수두

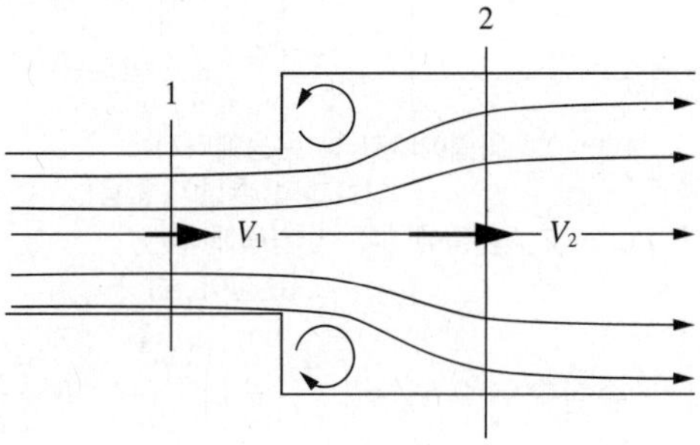

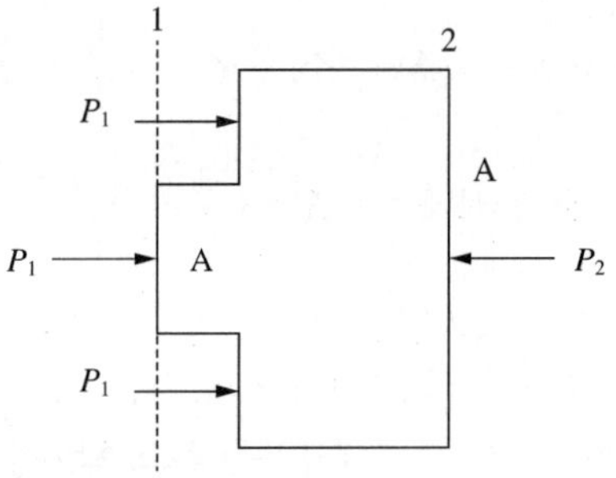

- 손실수두는 $h_L = \dfrac{(v_1 - v_2)^2}{2g} = \left(1 - \dfrac{A_1}{A_2}\right)^2 \dfrac{v_1^2}{2g}$

이며, $v_1 = \dfrac{Q}{A_1} = \dfrac{4Q}{\pi d_1^2}$, $v_2 = \dfrac{Q}{A_2} = \dfrac{4Q}{\pi d_2^2}$ 이다.

확대에 의한 마찰손실계수 $K = \left[1 - \left(\dfrac{d_1}{d_2}\right)^2\right]^2$

이므로, $h_L = K\dfrac{v_1^2}{2g}$ 이 된다.

- 돌연확대관에서는 와류가 발생되어 마찰손실이 증가하여 속도수두가 떨어지므로 압력수두도 그만큼 떨어진다. 와류가 사라지고 다시 정상적인 난류가 회복되려면 관지름의 50배 정도의 거리를 지나야 한다.

ⓒ 돌연축소관의 손실수두

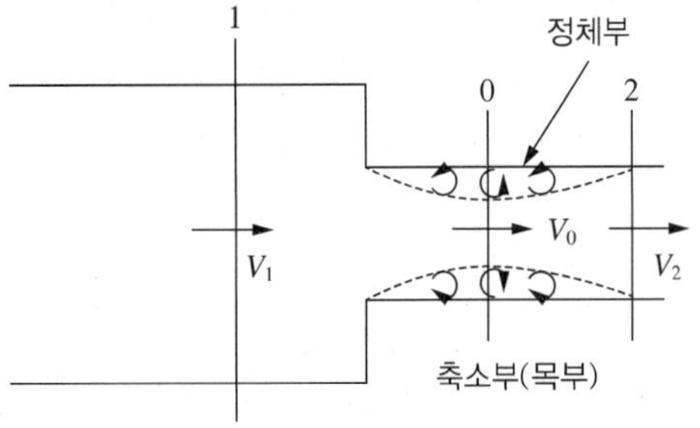

1 → 0 : 압력에너지 → 운동에너지
(효과적 손실이 없음)
0 → 2 : 운동에너지 → 압력에너지
(손실이 큼)

- 손실수두 : $h_L = \left(\dfrac{1}{C_c} - 1\right)^2 \dfrac{v_2^2}{2g} = K\dfrac{v_2^2}{2g}$
- 수축계수(축맥계수) : $C_c = \dfrac{A_0}{A_2} \leq 1$
- 축소손실계수 : $K = \left(\dfrac{1}{C_c} - 1\right)^2$

($d_1 \gg d_2$이면, $K \simeq 0.5$)

ⓔ 원추확대관(점차확대관)의 손실수두 :
확대각 θ = 5~7°에서 손실 최소, 확대각 θ = 62~65°에서 손실 최대

ⓜ 관 부속품의 손실계수(K)
- 글로브밸브(완전 개방) : 10
- 스윙체크밸브(완전 개방) : 2.5
- 표준엘보와 90° 엘보 : 0.9
- 스윙체크밸브(완전 개방) : 2.5
- 45° 엘보 : 0.42
- 게이트밸브(완전 개방) : 0.19

ⓑ 병렬관 : 총유량은 각 관의 유량의 합이지만, 손실수두는 경로와는 무관하게 각 관마다 같다.

ⓢ 관의 상당 길이 또는 등가 길이(l_e) : 부차적 손실을 동일 손실수두를 갖는 관의 길이로 나타낼 때의 관의 길이이다.

- 관 마찰에 의한 손실수두 : $h_L = f\dfrac{l}{d}\dfrac{v^2}{2g}$
- 임의의 부차적 손실수두의 합 :

$h_L = f\dfrac{l_e}{d}\dfrac{v^2}{2g} = K\dfrac{v^2}{2g}$

여기서, K : 부차적 손실계수

- 관의 상당 길이 : $l_e = \dfrac{Kd}{f}$

핵심예제

1-1. 관에서의 마찰계수 f에 대한 일반적인 설명으로 옳은 것은? [2007년 제1회, 2009년 제1회, 2015년 제1회, 제2회, 2020년 제3회 유사]

① 레이놀즈수와 상대조도의 함수이다.
② 마하수의 함수이다.
③ 점성력과는 관계가 없다.
④ 관성력만의 함수이다.

1-2. 관 내부에 유체가 흐를 때 흐름이 완전난류라면 수두손실은 어떻게 되겠는가? [2018년 제2회]

① 대략적으로 속도의 제곱에 반비례한다.
② 대략적으로 직경의 제곱에 반비례하고 속도에 정비례한다.
③ 대략적으로 속도의 제곱에 비례한다.
④ 대략적으로 속도에 정비례한다.

1-3. 어떤 매끄러운 수평 원관에 유체가 흐를 때 완전 난류유동(완전히 거친 난류유동) 영역이었고, 이때 손실수두가 10[m]이었다. 속도가 2배가 되면 손실수두는?

[2015년 제3회, 2019년 제3회]

① 20[m]　② 40[m]
③ 80[m]　④ 160[m]

1-4. 비압축성 유체가 수평 원형 관에서 층류로 흐를 때 평균유속과 마찰계수 또는 마찰로 인한 압력차의 관계를 옳게 설명한 것은? [2009년 제3회, 2018년 제2회]

① 마찰계수는 평균유속에 비례한다.
② 마찰계수는 평균유속에 반비례한다.
③ 압력차는 평균유속의 제곱에 비례한다.
④ 압력차는 평균유속의 제곱에 반비례한다.

핵심예제

1-5. 한 변의 길이가 a인 정삼각형 모양의 단면을 갖는 파이프 내로 유체가 흐른다. 이 파이프의 수력 반경(Hydraulic Radius)은? [2011년 제3회, 2014년 제1회, 2017년 제3회]

① $\frac{\sqrt{3}}{4}a$ ② $\frac{\sqrt{3}}{8}a$

③ $\frac{\sqrt{3}}{12}a$ ④ $\frac{\sqrt{3}}{16}a$

1-6. 비압축성 유체가 매끈한 원형 관에서 난류로 흐르며 Blasius 실험식과 잘 일치한다면 마찰계수와 레이놀즈수의 관계는? [2004년 제2회, 2011년 제3회, 2016년 제3회]

① 마찰계수는 레이놀즈수에 비례한다.
② 마찰계수는 레이놀즈수에 반비례한다.
③ 마찰계수는 레이놀즈수의 1/4승에 비례한다.
④ 마찰계수는 레이놀즈수의 1/4승에 반비례한다.

1-7. 유체 수송 시 두손실 계산에 대한 설명으로 틀린 것은? [2009년 제3회, 2012년 제2회]

① 층류영역에서는 Hagen-Poiseuille식을 사용한다.
② 관 부속품에 대하여는 이에 상당하는 직관의 길이를 사용한다.
③ 난류영역에서는 마찰계수를 구하여 패닝(Fanning)식으로 계산한다.
④ 유체 수송 유로의 모양과는 무관하게 계산한다.

1-8. 밀도 1.2[kg/m^3]의 기체가 직경 10[cm]인 관 속을 20[m/s]로 흐르고 있다. 관의 마찰계수가 0.02라면 1[m]당 압력손실은 약 몇 [Pa]인가? [2010년 제3회 유사, 2011년 제3회 유사, 2014년 제3회, 2020년 제1·2회 통합]

① 24 ② 36

③ 48 ④ 54

1-9. 유체가 반지름 150[mm], 길이가 500[m]인 주철관을 통하여 유속 2.5[m/s]로 흐를 때 마찰에 의한 손실수두는 몇 [m]인가?(단, 관 마찰계수 f = 0.03이다) [2003년 제1회 유사, 2004년 제1회 유사, 2006년 제1회 유사, 2013년 제1회 유사, 2014년 제3회 유사, 2016년 제1회 유사, 제2회 유사, 2018년 제3회 유사, 2019년 제3회]

① 5.47 ② 13.6

③ 15.9 ④ 31.9

1-10. 물이 평균속도 4.5[m/s]로 안지름 100[mm]인 관을 흐르고 있다. 이 관의 길이 20[m]에서 손실된 헤드를 실험적으로 측정하였더니 4.8[m]이었다. 관 마찰계수는? [2016년 제1회, 2017년 제1회 유사, 2020년 제3회]

① 0.0116 ② 0.0232

③ 0.0464 ④ 0.2280

1-11. 지름이 400[mm]인 공업용 강관에 20[℃]의 공기를 264[m^3/min]로 수송할 때, 길이 200[m]에 대한 손실수두는 약 몇 [cm]인가?(단, Darcy-Weisbach식의 관마찰계수는 0.1×10^{-3}이다) [2019년 제2회]

① 22 ② 37

③ 51 ④ 313

1-12. 지름 5[cm]의 관 속을 15[cm/s]로 흐르던 물이 지름 10[cm]로 급격히 확대되는 관 속으로 흐른다. 이때 확대에 의한 마찰손실계수는 얼마인가? [2003년 제2회 유사, 2019년 제2회]

① 0.25 ② 0.56

③ 0.65 ④ 0.75

1-13. 레이놀즈수가 10^6이고 상대조도가 0.005인 원관의 마찰계수 f는 0.030이다. 이 원관에 부차 손실계수가 6.6인 글로브 밸브를 설치하였을 때, 이 밸브의 등가 길이(또는 상당 길이)는 관 지름의 몇 배인가? [2011년 제1회 유사, 2016년 제2회]

① 25 ② 55

③ 220 ④ 440

|해설|

1-1

관 마찰계수(f) : 관 마찰계수는 레이놀즈수와 상대조도의 함수로 나타낸다.

- 층류의 관마찰계수 : $f = \dfrac{64}{R_e}$ (레이놀즈수(R_e)만의 함수)
- 천이구역의 관 마찰계수 : 레이놀즈수(R_e)와 상대조도(e/d)의 함수
- 난류의 관 마찰계수 : 레이놀즈수(R_e)와 상대조도(e/d)의 함수

1-2

손실수두는 $h_L = \dfrac{\Delta P}{\gamma} = f\dfrac{l}{d}\dfrac{v^2}{2g}$[m] 이므로, 관 내에서 유체의 흐름이 완전난류라면 수두손실은 속도의 제곱에 비례한다.

1-3

난류유동에서의 손실수두는 속도의 제곱에 비례한다. 따라서 속도가 2배가 되면 손실수두는 4배가 되므로 손실수두는 10 × 4 = 40[m]가 된다.

1-4

- 층류의 관 마찰계수 $f = \dfrac{64}{R_e} = \dfrac{64\mu}{\rho dv}$ 이므로, 마찰계수는 평균유속에 반비례한다.
- 압력차 $\Delta P = \dfrac{128\mu lQ}{\pi d^4} = \dfrac{32\mu lv}{d^2}$ 이므로, 압력차는 평균유속에 비례한다.

1-5

수력 반경(R_h)

원 관	사각형	삼각형
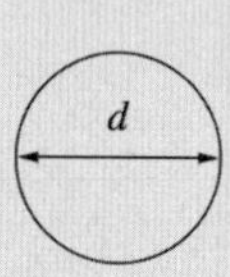	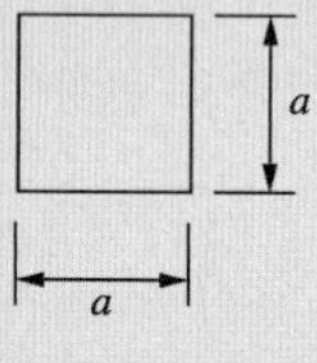	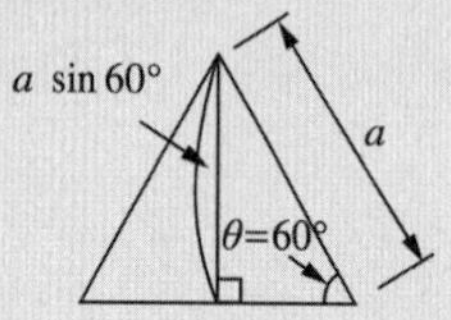
$R_h = \dfrac{d}{4}$, $d = 4R_h$	$R_h = \dfrac{a}{4}$, $a = 4R_h$	$R_h = \dfrac{\sqrt{3}a}{12}$, $a = \dfrac{12R_h}{\sqrt{3}}$

1-6

매끈한 원형 관에서 난류로 흐를 때 관 마찰계수의 함수는 $f = F(R_e)$로 레이놀즈수(R_e)만의 함수이며 관 마찰계수는 Blasius 실험식에 의하면 $f = 0.3164R_e^{-1/4}$ 이므로, 마찰계수는 레이놀즈수의 1/4제곱에 반비례한다.

1-7

유체 수송 시 두손실은 유체 수송 유로의 모양에 따라 다르게 계산한다.

1-8

압력 강하

$$\Delta P = f\frac{l}{d}\frac{\gamma v^2}{2g} = f\frac{l}{d}\frac{\rho v^2}{2}$$

$$= 0.02 \times \frac{1}{0.1} \times \frac{1.2 \times 20^2}{2} = 48[\text{kg/m} \cdot \text{s}^2] = 48[\text{Pa}]$$

1-9

손실수두

$$h_L = f\frac{l}{d}\frac{v^2}{2g} = 0.03 \times \frac{500}{2 \times 0.15} \times \frac{2.5^2}{2 \times 9.8} \simeq 15.9[\text{m}]$$

1-10

관 마찰에 의한 손실수두 $h_L = f\dfrac{l}{d}\dfrac{v^2}{2g}$ 에서

$4.8 = f \times \dfrac{20}{0.1} \times \dfrac{4.5^2}{2 \times 9.8} = f \times \dfrac{100 \times 4.5^2}{9.8}$ 이므로,

$$f = \frac{4.8 \times 9.8}{100 \times 4.5^2} \simeq 0.0232$$

1-11

- 유속 : $v = \dfrac{Q}{A} = \dfrac{264}{\dfrac{\pi}{4} \times 0.4^2 \times 60} \simeq 35[\text{m/s}]$
- 손실수두 : $h_L = f\dfrac{l}{d}\dfrac{v^2}{2g} = 0.1 \times 10^{-3} \times \dfrac{200}{0.4} \times \dfrac{35^2}{2 \times 9.8}$ $\simeq 3.13[\text{m}] = 313[\text{cm}]$

1-12

확대에 의한 마찰손실계수

$$K = \left[1 - \left(\frac{d_1}{d_2}\right)^2\right]^2 \quad K = \left[1 - \left(\frac{5}{10}\right)^2\right]^2 \simeq 0.56$$

1-13

관의 상당 길이

$$l_e = \frac{Kd}{f} = \frac{6.6d}{0.03} = 220d$$

정답 1-1 ① 1-2 ③ 1-3 ② 1-4 ② 1-5 ③ 1-6 ④ 1-7 ④ 1-8 ③ 1-9 ③ 1-10 ② 1-11 ④ 1-12 ② 1-13 ③

핵심이론 02 차원 해석과 상사법칙

① 차원 해석

㉠ 차원 해석의 개요

- 차원 해석(Dimension Analysis)의 정의 : 물리적 관계를 나타낼 때 관련이 있는 물리량의 제반 변수들의 함수관계를 결정하는 방법
- 차원계 :
  $[MLT]$ = [질량 길이 시간], $[FLT]$ = [힘 길이 시간]
  $F = ma$ 이므로 $F = [MLT^{-2}]$
- 낙하거리(s)는 물체의 질량(m), 낙하시간(t), 중력가속도(g)와 관계가 있는데, 차원 해석을 통한 이들의 관계식은 다음과 같다.
  $s = kgt^2$
  여기서, k : 비례상수

㉡ 동차성의 원리 : 좌변의 차원 = 우변의 차원

㉢ Buckingham의 π(무차원수) 정리 : $\pi = n - m$
여기서, π : 독립 무차원수
n : 물리량의 수
m : 기본 차원의 개수($[MLT]$)

② 상사법칙

㉠ 상사법칙(Similitude Law) : 모형실험을 통해서 원형에서 발생하는 제반 특성을 예측하는 수학적 기법이다.

- 이론적 해석이 어려운 경우, 실제의 구조물과 주변 환경 등 원형을 축소시켜 작은 구조로 제작한 모형을 통해 원형에서 발생할 수 있는 제반현상, 역학적 특성을 예측하고 실제로 반영하여 원형과 모형 간의 정량적·정성적 특성의 상관관계를 연구하는 기법이다.
- 모양과 크기가 같으면 합동(Congruence), 모양만 같고 크기가 다르면 상사(Similitude)라고 한다.
- 상사법칙은 유체기계설계 시 매우 중요한 역할을 한다.
- 상사의 종류 : 기하학적 상사, 운동학적 상사, 역학적 상사

㉡ 기하학적 상사 : 원형과 모형이 동일한 모양이고, 대응하는 모든 치수의 비가 같은 상사이다.

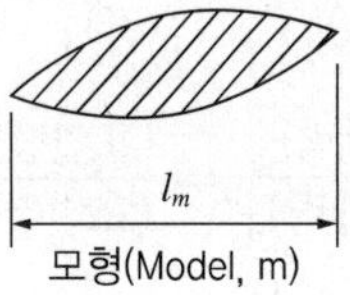

모형(Model, m)

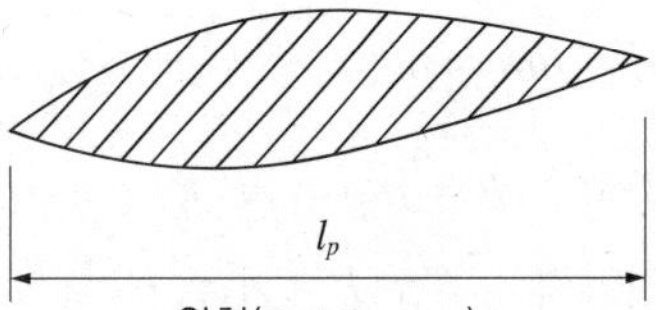

원형(Prototype, p)

- 상사비 : $\lambda_r = \dfrac{(l_x)_m}{(l_x)_p} = \dfrac{(l_y)_m}{(l_y)_p} = \dfrac{(l_z)_m}{(l_z)_p}$
  $= C$(일정)
- 길이비 : $l_r = \dfrac{l_m}{l_p} = C$(일정)
- 넓이비 : $A_r = \dfrac{A_m}{A_p} = l_r^2 = \left(\dfrac{l_m}{l_p}\right)^2 = C$(일정)
- 체적비 : $V_r = \dfrac{V_m}{V_p} = C$(일정)

㉡ 운동학적 상사 : 기하학적 상사가 존재하고, 원형과 모형 사이의 대응점에서 각각의 속도 방향이 같으며 그 크기의 비가 일정한 상사이다.

- 속도비 : $\dfrac{v_m}{v_p} = \dfrac{l_m/T_m}{l_p/T_p} = \dfrac{l_m/l_p}{T_m/T_p} = \dfrac{l_r}{T_r}$
- 가속도비 :
  $\dfrac{a_m}{a_p} = \dfrac{v_m/T_m}{v_p/T_p} = \dfrac{v_m/v_p}{T_m/T_p} = \dfrac{l_r/T_r}{T_r} = \dfrac{l_r}{T_r^2}$
- 유량비 : $\dfrac{Q_m}{Q_p} = \dfrac{A_m v_m}{A_p v_p} = l_r^2 \dfrac{l_r}{T_r} = \dfrac{l_r^3}{T_r}$

㉢ 역학적 상사(Inertia Force) : 기하학적 상사와 운동학적 상사가 존재한다. 원형과 모형 사이에 서로 대응하는 힘의 방향이 같으며, 그 크기의 비가 일정한 상사이다.

- 모든 힘의 비가 같을 때,

$$\frac{(관성력)_m}{(관성력)_p} = \frac{(중력)_m}{(중력)_p} = \frac{(전압력)_m}{(전압력)_p}$$

$$= \frac{(전단력)_m}{(전단력)_p} = \frac{(표면장력)_m}{(표면장력)_p} = \frac{(탄성력)_m}{(탄성력)_p}$$

- 관성력 :

$$F = ma = \rho l^3 \times \frac{v}{t} = \rho l^2 \times \frac{l}{t} \times v = \rho l^2 v^2$$

- 중력 : $F = mg = \rho l^3 g$
- 전압력 : $F = P \times A = Pl^2$
- 전단력 :

$$F = \tau \times A = \mu \times \frac{V}{h} \times A = \mu \times \frac{V}{l} \times l^2 = \mu Vl$$

- 표면장력 : $F = \sigma \times l$
- 탄성력 : $F = K \times A = Kl^2$

  여기서, K : 체적탄성계수

㉣ 역학적 상사의 중요한 무차원수와 그 적용

- 레이놀즈수(Reynolds Number, R_e) : 평행한 평판 사이의 층류 흐름 해석, 관유동, 잠수함, 파이프, 잠함정, 잠수정 등 점성력이 작용하는 비압축성 유체의 유동, 마찰손실, 항력, 양력, 경계층, 대류에 의한 열전달에 있어서 경막계수 결정 등

$$R_e = \frac{관성력(F_I)}{점성력(F_v)} = \frac{\rho l^2 \nu^2}{\mu \nu l} = \frac{\rho \nu l}{\mu}$$

- 프루드수(Froude Number, F_r) : 자유표면을 가지는 유체의 흐름, 선박(배), 강에서의 모형실험, 댐 공사, 수력도약, 개수로, 중력이 작용하는 유동, 조파저항(조파현상), 수차, 관성과 중력에 의한 영향의 상대적 중요도, 중력의 영향에 따른 유동 형태 판별 등

$$F_r = \frac{관성력(F_I)}{중력(F_G)} = \frac{\rho v^2 l^2}{\rho l^3 g} = \frac{v^2}{gl} = \frac{v}{\sqrt{gl}}$$

- 오일러수(Euler Number, E_u) : 압력이 낮을 때, 오리피스를 통과하는 유동, 물방울에서 기포 형성, 공동현상, 유체에 의해 생성되는 항력과 양력의 효과 등

$$E_u = \frac{압(축)력(F_P)}{관성력(F_I)} = \frac{Pl^2}{\rho v^2 l^2} = \frac{P}{\rho v^2}$$

- 웨버수(Weber Number, W_e) : 기체-액체 또는 비중이 서로 다른 액체-액체의 경계면, 물방울 형성, 자유표면 흐름, 표면장력 작용 시, 오리피스, 위어, 모세관, 작은 파도 등

$$W_e = \frac{관성력(F_I)}{표면장력(F_T)} = \frac{\rho v^2 l^2}{\sigma l} = \frac{\rho v^2 l}{\sigma}$$

- 마하수(Mach Number, M_a) : 유체속도를 음속으로 나눈 값의 무차원수이다.
  - $M_a = \frac{관성력}{압축성\ 힘} = \frac{관성력}{탄성력} = \frac{유속}{음속}$

$$= \frac{실제유동속도}{음속}$$

$$= \frac{\rho v^2 l^2}{Kl^2} = \frac{\rho v^2}{K} = \frac{v^2}{\frac{K}{\rho}} = \frac{v}{\sqrt{\frac{K}{\rho}}}$$

$$= \frac{v}{\sqrt{\frac{kP}{\rho}}} = \frac{v}{\sqrt{kRT}} = \frac{v}{a}$$

  - 음속은 공기의 밀도 및 온도에 따라 변화되므로 속도가 일정해도 공기역학적 조건에 따라 마하수가 변한다.
  - 유속이 음속에 가까울 때나 음속 이상일 때, 압축성 유동일 때, 풍동실험 등에 적용한다.
- 코시수(C_a) : $C_a = \frac{관성력}{탄성력} = \frac{\rho v^2}{K}$
- 압력계수(C_p) : $C_p = \frac{정압}{동압} = \frac{\Delta P}{\rho v^2/2}$

- 프랜틀수(Prandtl Number, P_r) : 운동량 전달계수를 열전달계수로 나눈 값이며, 유체의 흐름과 열이동의 관계를 정하는 무차원수이다. 강제대류의 열전달, 고속기류에서 점성이 문제되는 경우 중요한 의미를 지닌다.

$$P_r = \frac{소산}{전도} = \frac{운동전달계수}{열전달계수} = \frac{\mu C_p}{k} = \frac{\nu}{\alpha}$$

여기서, C_p : 압력계수

- 물의 프랜틀수는 약 10 정도이며 가스의 경우는 약 1이다.
- 액체금속은 운동량에 비해서 열 확산속도가 매우 빠르므로 프랜틀수가 매우 작다(P_r : 0.004~0.030).
- 오일은 운동량에 비해서 열 확산속도가 매우 느려 프랜틀수가 매우 크다(P_r : 50~100,000).

- 스트로할수(Strouhal Number, S_t) :

$$S_t = \frac{진동}{평균속도} = \frac{fd}{v} = \frac{fl}{v}$$

여기서, f : 진동 흐름의 주파수
d : 관의 직경
l : 관의 길이
v : 관의 속도

- Peclet수(P_e) : 대류속도/확산속도

㉤ 무차원수 관련 제반사항

- 중력은 무시할 수 있으나 관성력과 점성력 및 표면장력이 중요한 역할을 하는 미세구조물 중 마이크로 채널 내부의 유동을 해석하는 데 중요한 역할을 하는 무차원수는 레이놀즈수와 웨버수이다.
- 유체기계(펌프, 송풍기)는 레이놀즈수와 프란틀수가 매우 중요하다.
- 풍동시험에서는 레이놀즈수와 마하수가 매우 중요하다.
- 푸리에수(Fourier Number) : 부정상 열전도의 상태를 나타내는 무차원수이며, 역학적 상사 개념이 포함되어 있지 않다.

$$F_o = \frac{\alpha t}{l^2}$$

여기서, α : 온도 전파율
t : 기준 시간 간격
l : 기준 길이

핵심예제

2-1. 어떤 유체의 운동 문제에 8개의 변수가 관계되고 있다. 이 8개의 변수에 포함되는 기본 차원이 질량 M, 길이 L, 시간 T일 때 π정리로서 차원 해석을 한다면 몇 개의 독립적인 무차원량 π를 얻을 수 있는가? [2003년 제1회 유사, 2012년 제1회, 2013년 제1회 유사, 제3회 유사, 2016년 제1회 유사, 2017년 제2회, 제3회 유사, 2021년 제2회]

① 3개 ② 5개
③ 8개 ④ 11개

2-2. 안지름이 150[mm]인 관 속에 20[℃]의 물이 4[m/s]로 흐른다. 안지름이 75[mm]인 관 속에 40[℃]의 암모니아가 흐르는 경우 역학적 상사를 이루려면 암모니아의 유속은 얼마가 되어야 하는가?(단, 물의 동점성계수는 1.006×10^{-6}[m²/s]이고, 암모니아의 동점성계수는 0.34×10^{-6}[m²/s]이다) [2017년 제1회]

① 0.27[m/s] ② 2.7[m/s]
③ 3[m/s] ④ 5.68[m/s]

2-3. 표준기압, 25[℃]인 공기 속에서 어떤 물체가 910[m/s]의 속도로 움직인다. 이때 음속과 물체의 마하수는 각각 얼마인가?(단, 공기의 비열비는 1.4, 기체상수는 287[J/kg·K]이다) [2003년 제3회 유사, 2006년 제2회 유사, 제3회 유사, 2012년 제2회 유사, 2015년 제2회 유사, 2017년 제3회]

① 326[m/s], 2.79 ② 346[m/s], 2.63
③ 359[m/s], 2.53 ④ 367[m/s], 2.48

|해설|

2-1

무차원수

$\pi = n - m = 8 - 3 = 5$개

2-2

레이놀즈수 $R_e = \frac{\rho v d}{\mu} = \frac{vd}{\nu}$ 에서 $\frac{v_1 d_1}{\nu_1} = \frac{v_2 d_2}{\nu_2}$ 이므로,

$$v_2 = \frac{v_1 d_1 \nu_2}{d_2 \nu_1} = \frac{4 \times 0.15 \times 0.34 \times 10^{-6}}{0.075 \times 1.006 \times 10^{-6}} \simeq 2.7[\text{m/s}]$$

2-3

- 음속 : $a = \sqrt{kRT} = \sqrt{1.4 \times 287 \times (25 + 273)} \simeq 346[\text{m/s}]$
- 마하수 : $M_a = \frac{v}{a} = \frac{910}{346} \simeq 2.63$

정답 2-1 ② 2-2 ② 2-3 ②

제5절 | 개수로 유동과 압축성 유동

핵심이론 01 개수로 유동(Open Channel Flow)

① 개수로 유동의 개요

㉠ 개수로 흐름 : 강, 운하, 하수도, 관개 용수로 등 자유표면(대기와 접하는 면)을 지닌 밀폐되지 않은 공간에서의 흐름 상태이다.

- 경계면 일부가 항상 대기에 접해서 흐른다.
- 폐수로인 관유동은 높이와 압력차에 의해 유동되지만, 개수인 경우에는 압력차 없이 대기압이 작용하므로 높이차(수로의 기울기)에 의해서만 유동된다.

㉡ 개수로 유동의 특징

- 수력구배선(HGL)은 항상 수면(자유표면)과 일치한다.
- 에너지선(EL)은 수면보다 속도수두만큼 위에 있다.
- 수평선과 에너지선의 차이가 손실수두이다.
- 에너지선의 높이가 유동 방향으로 하강하는 것은 손실 때문이다.
- 등류에서 수면(자유표면)과 에너지선은 평행하다.
- 개수로에서 바닥면의 압력은 일정하지 않다.
- 에너지선의 기울기(S) : $S = \sin\theta = h_L/L$

  여기서, h_L : 손실수두

  L : 개수로를 흐르는 길이

㉢ 개수로에서의 레이놀즈수(R_e) : $R_e = \dfrac{vR_h}{\nu}$

여기서, v : 유속

R_h : 수력 반경

ν : 동점성계수

㉣ 수면의 높이 차이가 H인 두 저수지 사이에 지름 d, 길이 l인 관로가 연결되어 있을 때 관로에서의 평균 유속(v)

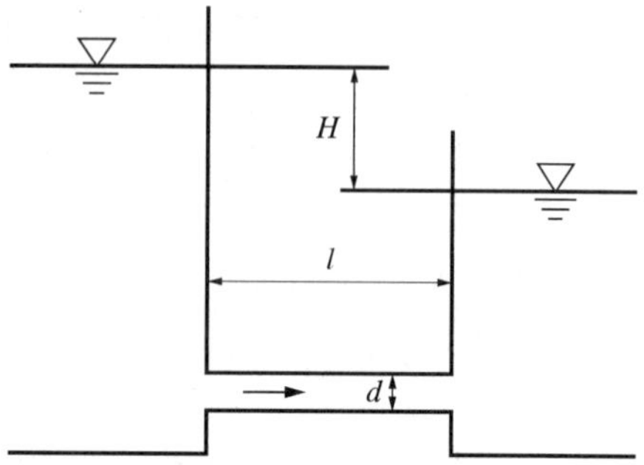

- 수면의 높이 차이 = 돌연축소손실 + 관마찰손실 + 돌연확대손실
- $H = K_1\dfrac{v^2}{2g} + f\dfrac{l}{d}\dfrac{v^2}{2g} + K_2\dfrac{v^2}{2g}$

  $= \left(K_1 + f\dfrac{l}{d} + K_2\right)\dfrac{v^2}{2g}$
- $v = \sqrt{\dfrac{2gH}{K_1 + f\dfrac{l}{d} + K_2}}$

  여기서, f : 관 마찰계수

  g : 중력가속도

  K_1 : 관 입구에서 부차적 손실계수

  K_2 : 관 출구에서 부차적 손실계수

② 개수로 유동의 분류

㉠ 등류와 비등류

- 등류(균속도유동) : $\dfrac{\partial v}{\partial s} = 0$

  여기서, v : 유속

  s : 거리
- 비등류(비균속도유동) : $\dfrac{\partial v}{\partial s} \neq 0$

㉡ 층류와 난류

- 층류 : $R_e < 500$
- 난류 : $R_e > 500$

ⓒ 상류와 사류

- 상류(常流, Tranquil Flow) : 유속이 기본파의 진행속도보다 느린 아임계 흐름이다. 하류조건이 상류조건을 변화시킨다(보통의 흐름, 속도가 느린 흐름, 아임계 흐름, $F_r < 1$).
- 사류(射流, Rapid Flow) : 유속이 기본파의 진행속도보다 빠른 초임계 흐름이다. 상류조건이 하류조건을 변화시킨다(빠른 흐름, 속도가 빠른 흐름, 초임계 흐름, $F_r > 1$).
- 임계 흐름 : 유속이 기본파의 진행속도와 같은 흐름이다.

③ 최대효율단면(최량수력단면)

㉠ 최대효율단면의 개요

- 최대효율단면은 개수로가 주어진 기울기와 벽면의 조건에 대하여 유량을 최대로 하는 단면이다.
- 주어진 유량에 대하여 접수 길이(Wetted Perimeter, P)를 최소로 하는 단면이며 최대유량값($Q_{\max}$)을 갖는다.

㉡ Chezy-Manning식에 의하면,

최량수력단면 A, 수력 반경 R_h, 기울기 S, 조도계수 n일 때 유량은 $Q = \dfrac{AR_h^{2/3}S^{1/2}}{n}$이다. 이때 $Q < n$이며 S가 일정하고, $\dfrac{nQ}{S} = C$라고 하면 $R_h^{2/3} = \dfrac{C}{A}$이며, $\left(\dfrac{A}{P}\right)^{2/3} = \dfrac{C}{A}$에서 $A^{5/3} = CP^{2/3}$이므로, 최량수력단면은 $A = CP^{2/5}$가 된다.

ⓒ 사각형 단면의 개수로의 단면 크기 결정

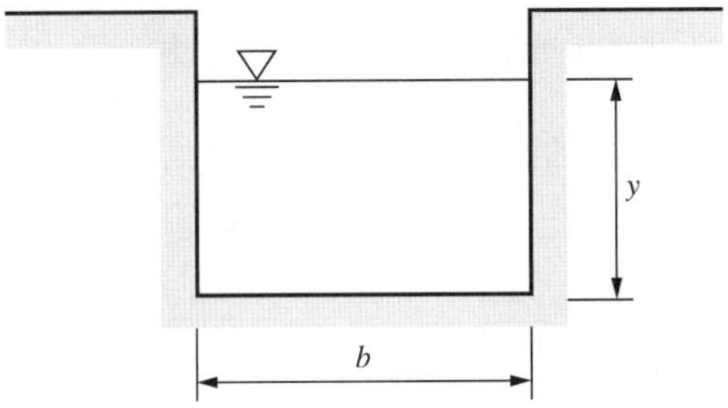

- 유동의 폭(b)이 깊이(y)의 2배(또는 깊이(y)가 폭(b)의 1/2)일 때 최대유량을 얻을 수 있고 최량수력단면이 된다.

$$b = 2y \ \text{ 또는 } \ y = \frac{b}{2}$$

- 최소접수길이 : $P = 2y + b = 2 \times \dfrac{b}{2} + b = 2b$
- 수력 반경 : $R_h = \dfrac{y \times b}{2b} = \dfrac{\frac{b}{2} \times b}{2b} = \dfrac{b}{4}$

ⓡ 사다리꼴 단면의 개수로의 단면 크기 결정

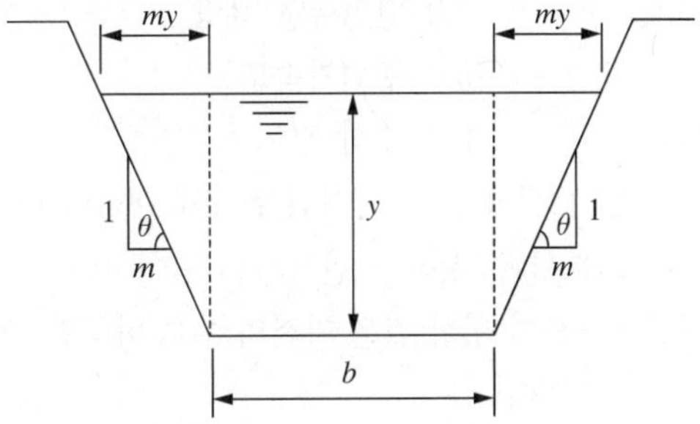

- 최량수력단면은 밑면과 측면의 길이가 같을 때이고, 그때의 측면 경사각은 60°이다.

$$y = b\cos 30°$$

- 단면 형상이 정육각형의 절반 형상이다.
- 최소접수길이 :

$$P = 3b = 3 \times y/\cos 30° = 2\sqrt{3}\,y$$

- 수력 반경 : $R_h = \dfrac{A}{P} = \dfrac{by + by\sin 30°}{P}$

④ 비에너지와 임계 깊이

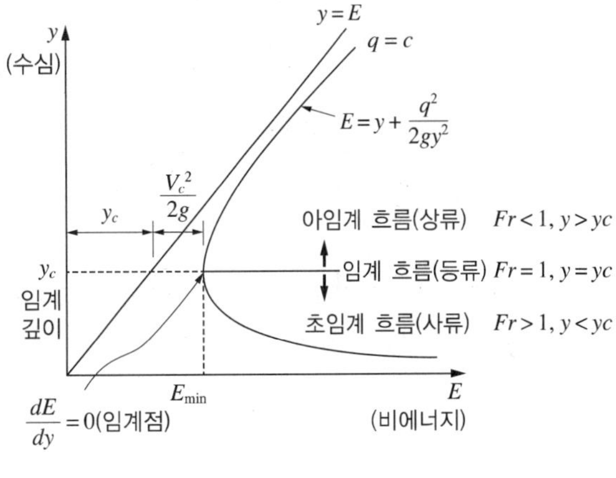

㉠ 비에너지(E) : 수로 바닥을 기준으로 한 단위 중량당 에너지

- 수로의 바닥면에서부터 에너지선(EL)까지의 높이(수직거리)와 같다.
- 수심과 속도수두의 합이며, 비수두라고도 한다.
- $E = y + \dfrac{v^2}{2g} = y + \dfrac{q^2}{2gy^2}$

 여기서, y : 위치에너지수두

 $\dfrac{v^2}{2g}$: 속도수두

 q : 단위폭당 유량

 g : 중력가속도

 y : 수심 깊이

㉡ 임계 깊이(y_c) : 주어진 유량에 대하여 비에너지가 최소이며, 등류를 만족하는 깊이이다.

- 속도가 항상 같은 지점의 수로 바닥면으로부터의 거리이다.
- 유량이 최대이고, 비에너지는 최소인 지점이다.
- $y_c = \left(\dfrac{q^2}{g}\right)^{1/3} = \dfrac{2}{3}E_{\min}$

 여기서, $E_{\min}$: 최소 비에너지

- 임계 깊이에서의 한계유속 : $v_c = \sqrt{gy_c}$

⑤ 수력도약

㉠ 수력도약(Hydraulic Jump)은 개수로(Open Channel)에서 유체의 흐름이 빠른 유동에서 느린 유동으로 변할 때 수면이 갑자기 상승하는 현상(운동에너지 → 위치에너지 증가)이다.

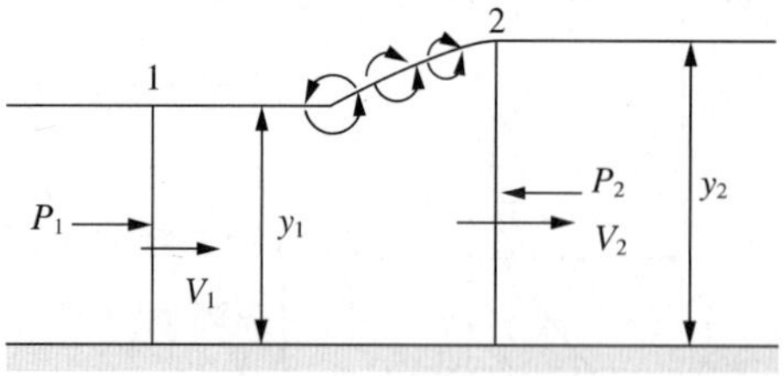

㉡ 수력도약의 발생조건

- 수로의 경사가 급경사에서 완경사로 변할 때
- 사류에서 상류로 변할 때
- 프루드수가 1보다 큰 수에서 1보다 작은 수로 변할 때

㉢ 수력도약 후의 깊이(수심)(y_2)는

$y_2 = \dfrac{y_1}{2}\left(-1 + \sqrt{1 + \dfrac{8v_1^2}{gy_1}}\right)$이며, $\dfrac{8v_1^2}{gy_1}$를 판별식이라고 한다.

- $\dfrac{v_1^2}{gy_1} = 1$이면, $y_1 = y_2$: 미도약(등류 또는 균속도유동)
- $\dfrac{v_1^2}{gy_1} > 1$이면, $y_1 < y_2$: 수력도약 발생(상류)
- $\dfrac{v_1^2}{gy_1} < 1$이면, $y_1 > y_2$: 불능(사류)

㉣ 수력도약에 따른 손실수두(h_L) : $h_L = \dfrac{(y_2 - y_1)^3}{4y_1y_2}$

핵심예제

개수로 유동(Open Channel Flow)에 관한 설명으로 옳지 않은 것은? [2007년 제3회, 2013년 제2회, 2019년 제3회]

① 수력구배선은 자유표면과 일치한다.
② 에너지선은 수면 위로 속도수두만큼 위에 있다.
③ 에너지선의 높이가 유동 방향으로 하강하는 것은 손실 때문이다.
④ 개수로에서 바닥면의 압력은 항상 일정하다.

|해설|

개수로에서 바닥면의 압력은 일정하지 않다.

정답 ④

핵심이론 02 압축성 유동

① 압축성 유동의 개요

㉠ 압축성 유동 : 유체유동 중 서로 다른 유선상에서 유체의 밀도가 크게 변화하는 흐름이다.

- 일반적으로 기체는 분자 간의 간격이 커서 압축성 유체라고 할 수 있으나 모든 기체의 유동을 압축성 유동이라고는 할 수 없다.
- 마하수가 0.3보다 작은 저속유동에서는 기체의 유동이라도 비압축성 유동으로 취급한다.
- 고속에서의 유동은 유체의 밀도가 크게 변하므로 압축성 유동으로 취급한다(예 비행기 주위의 유동, 로켓엔진·공기압축기·터빈 내에서의 공기의 흐름 등)
- 액체의 유동이라도 수격작용과 같이 밀도 변화에 의해 일어나는 현상은 압축성 유동으로 취급한다.

㉡ 압축성 이상기체(Compressible Ideal Gas)의 운동을 지배하는 기본방정식 : 에너지방정식, 연속방정식, 운동량방정식

㉢ 덕트 내 압축성 유동에 대한 에너지방정식과 직접적으로 관련된 변수 : 위치에너지, 운동에너지, 엔탈피

㉣ 배관에 압축성 기체가 흐를 때 일어날 수 있는 과정

- 등엔트로피 팽창(Insentropic Expansion)
- 단열마찰 흐름(Adiabatic Friction Flow)
- 등온마찰 흐름(Isothermal Friction Flow)

※ 등압마찰 흐름은 일어나지 않는다.

㉤ 압축성 유체의 유동에 대한 현상

- 이상기체의 음속은 온도의 함수이다.
- 가역과정 동안 마찰로 인한 손실이 일어나지 않는다.
- 유체의 유속이 아음속(Subsonic)일 때, 마하수는 1보다 작다.
- 온도가 일정할 때 이상기체의 압력은 밀도에 비례한다.
- 단면이 일정한 도관에서 등온마찰 흐름은 비단열적이다.
- 초음속유동일 때 확대 도관에서 속도는 점점 증가한다.
- 단면이 일정한 도관에서 단열마찰 흐름은 비가역적이다.
- 압축성 유체가 음속으로 유동할 때의 특성을 임계특성(임계온도 T^*, 임계압력 P^* 등)이라고 한다.
- 압축성 유체가 축소 유로를 통해 아음속에서 등엔트로피 과정에 의해 가속될 때 얻을 수 있는 최대 유속은 음속이다.
- 압축성 유체가 아음속으로부터 초음속을 얻으려면 유로에 수축부, 목 부분 및 확대부를 가져야 한다.
- 유체가 갖는 엔탈피를 운동에너지로 효율적으로 바꿀 수 있도록 설계된 유로를 노즐이라고 한다.

㉥ 유동에 관한 등엔트로피의 흐름에서 에너지에 대한 미분방정식

$$v\,dv + \frac{dP}{\rho} = 0$$

여기서, v : 속도

P : 압력

ρ : 밀도

② 압축성 유동의 등엔트로피 과정

㉠ 개 요

- 압축성 유동은 등엔트로피 유동으로 간주하여 해석되는 경우가 많다.
- 압축성 유체의 흐름과정 중 등엔트로피 과정은 가역단열과정이다.

㉡ 단열과정(Adiabatic Process) : 경계를 통한 열전달 없이 일의 교환만 있는 과정이다(등엔트로피 과정).

- 단열변화 : $PV^n = C$(일정)
  여기서, $n = k$
- 계의 전 엔트로피는 변하지 않는다.
  $\Delta S = 0$(등엔트로피 = 엔트로피 불변, 그러나 비가역 단열과정에서 ΔS는 항상 증가한다)
- 이상기체를 단열팽창시키면 온도는 내려가고, 단열압축시키면 온도는 올라간다.
- 이상기체와 실제기체를 진공 속으로 단열팽창시키면 이상기체의 온도는 변동 없지만 실제기체의 온도는 내려간다.

• 밀폐계가 행한 일(절대일)은 내부에너지의 감소량과 같다.
• 순수한 물질로 된 밀폐계가 가역단열과정 동안 수행한 일의 양은 내부에너지의 변화량과 같다(절대량 기준).
• 단열된 정상 유로에서 압축성 유체의 운동에너지의 상승량은 도중의 비체적의 변화과정에 관계없이 엔탈피의 강하량과 같다.

㉢ 압력, 부피, 온도 : $PV^k = C$, $TV^{k-1} = C$, $PT^{\frac{k}{1-k}} = C$, $TP^{\frac{1-k}{k}} = C$, $\frac{T_2}{T_1} = \left(\frac{V_1}{V_2}\right)^{k-1} = \left(\frac{P_2}{P_1}\right)^{\frac{k-1}{k}}$

㉣ 절대일(외부에 하는 일 = 팽창일) :

$$ {}_1W_2 = \int PdV = \frac{1}{k-1}(P_1V_1 - P_2V_2) $$

$$ = \frac{mR}{k-1}(T_1 - T_2) = \frac{mRT_1}{k-1}\left(1 - \frac{T_2}{T_1}\right) $$

$$ = \frac{mRT_1}{k-1}\left[1 - \left(\frac{V_1}{V_2}\right)^{k-1}\right] $$

$$ = \frac{mRT_1}{k-1}\left[1 - \left(\frac{P_2}{P_1}\right)^{\frac{k-1}{k}}\right] $$

$$ = \frac{P_1V_1}{k-1}\left[1 - \left(\frac{T_2}{T_1}\right)\right] $$

$$ = \frac{P_1V_1}{k-1}\left[1 - \left(\frac{V_1}{V_2}\right)^{k-1}\right] $$

$$ = \frac{P_1V_1}{k-1}\left[1 - \left(\frac{P_2}{P_1}\right)^{\frac{k-1}{k}}\right] $$

㉤ 공업일(압축일) : $W_t = -\int VdP = k \cdot {}_1W_2$

㉥ (가)열량 : $Q = 0$, $\Delta Q = 0$, $\delta q = 0$

㉦ 내부에너지 변화량 : $\Delta U = -{}_1W_2$

㉧ 엔탈피 변화량 : $\Delta H = -W_t = -k \cdot {}_1W_2$

㉨ 엔트로피 변화량 : $\Delta S = 0$

③ 마하수와 마하각

㉠ 마하수(Mach Number, M_a)

• $M_a = \frac{\text{속도}}{\text{음속}} = \frac{v}{a} = \frac{v}{\sqrt{kRT}}$

여기서, v : 속도[m/s]
a : 음속[m/s]
k : 비열비
R : 기체상수
T : 절대온도

• 음속(a)
- SI단위 : $a = \sqrt{kRT}$
  여기서, k : 비열비
  R : 기체상수
  $R = 287$[J/(kg · K)]
  T : 절대온도
- 중력단위 : $a = \sqrt{kgRT}$
  여기서, k : 비열비
  g : 중력가속도[m/s^2]
  R : 기체상수
  $R = 29.27$[kgf · m/(kg · K)]
  T : 절대온도

• 마하수를 기준으로 한 음속의 구분 : 일반적으로 아음속 흐름 $M_a < 1$, 음속 $M_a = 1$, 초음속 흐름 $M_a > 1$로 구분한다. 세분하여 구분하면 다음과 같다.
- 아음속 영역(M_a < 0.8) : 유체를 비압축성으로 가정한다. 액체는 통상 비압축성으로 가정하며 기체의 경우 밀도의 변화가 5[%] 이하로 일어나는 M_a < 0.3의 조건에서는 비압축성 유체로 취급할 수 있다.
- 천음속 영역(08 < M_a < 1.0) : 이 영역의 유동장을 지나가는 물체 표면에 부분적인 충격파가 발생된다. 아음속과 초음속의 특성이 혼재되어 있는 영역이다.
- 초음속 영역(1.0 < M_a < 5.0) : 충격파가 본격적으로 발생되는 영역이다.

- 극초음속 영역(M_a > 5.0) : 충격파는 물론 유체의 점성에 의한 공력가열현상으로 화학반응까지도 일어나는 영역이다.

㉡ 마하각(Mach Angle, α 또는 μ) :

$$\sin\mu = \frac{1}{M_a} = \frac{a}{v},$$

$$\mu = \sin^{-1}\left(\frac{1}{M_a}\right) = \sin^{-1}\left(\frac{a}{v}\right)$$

④ 단면적이 변하는 관 속에서의 아음속과 초음속 흐름

㉠ 아음속 흐름($M < 1$)

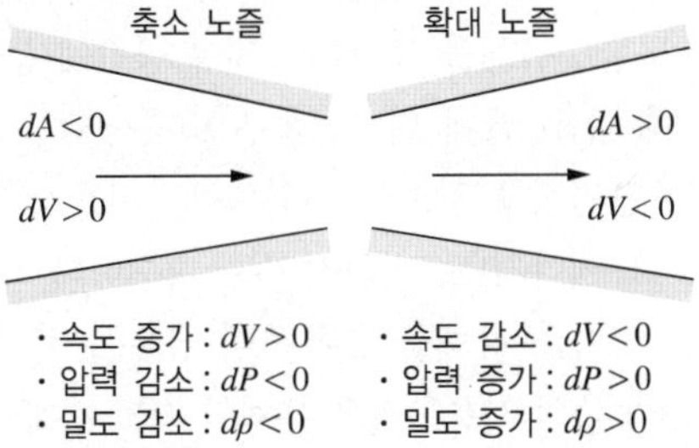

㉡ 초음속 흐름($M > 1$)

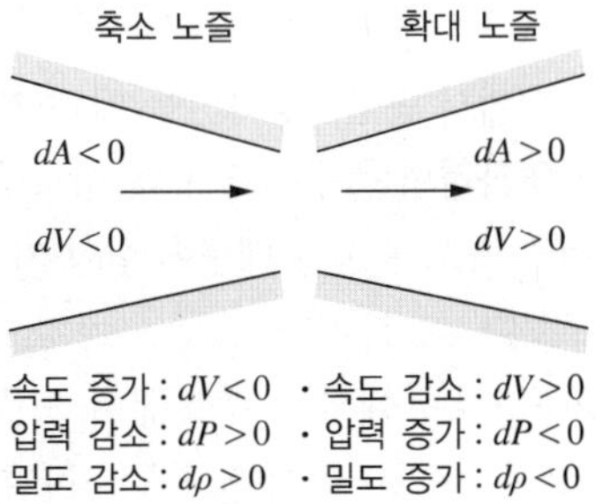

- 아음속유동에서 관지름의 변화에 의해서 생기는 손실
  - 급격한 팽창에서는 작은 관에서보다 큰 관에서 유속이 작다.
  - 급격한 팽창에서는 유체가 확대 부분 근처에서 혼합되어 소용돌이를 이룬다.
  - 급격한 확대나 축소에서 흐름의 충돌과 이때 생기는 소용돌이 때문에 손실이 발생한다.
- 축소 노즐(수축 노즐)에서는 아음속 흐름을 음속보다 빠른 유속으로 가속시킬 수 없으므로 아음속 흐름을 초음속 흐름으로 가속시키려면 축소-확대 노즐을 사용해야 한다. 유체가 축소 노즐을 따라 흐르다가 단면적의 변화가 없는 목(Throat)을 거쳐 확대 노즐을 통해 팽창될 때 초음속이 얻어진다.

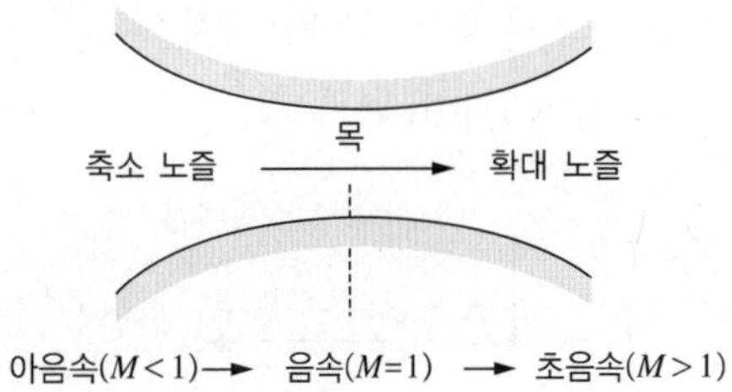

- 축소 부분 : 아음속만 가능
- 확대 부분 : 초음속 가능
- 노즐의 목 부분 : 음속 또는 아음속 가능(축소-확대 노즐의 목에서 유체속도는 음속보다 클 수 없다)

㉢ 축소-확대 노즐을 통해 흐르는 등엔트로피 흐름에서 노즐거리에 대한 압력분포곡선에서 노즐 출구의 압력을 낮출 때 처음으로 음속 흐름(Sonic Flow)이 일어나기 시작하는 선은 C선이다.

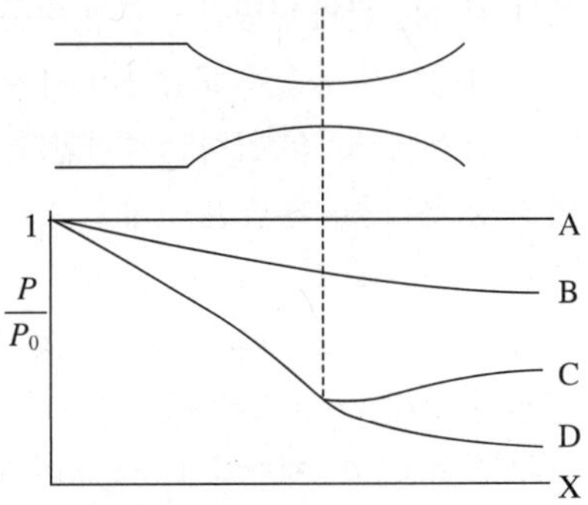

㉣ 압축성 흐름 프로세스

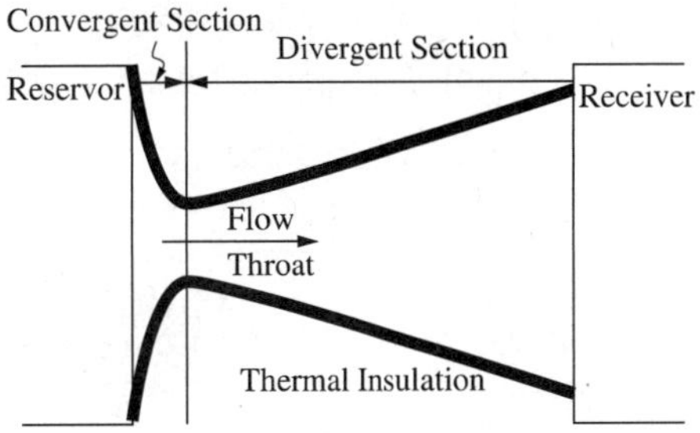

- 등엔트로피 팽창과정이다.
- 이 과정은 면적 변화과정이다.
- 이 과정은 가역과정이다.
- 정체온도는 도관에서 변하지 않는다.

㉤ 수축노즐을 갖는 고압용기에서 기체가 분출될 때 질량유량($\dot{m}$)과 배압(P_b)과 용기 내부압력(P_r)의 비의 관계

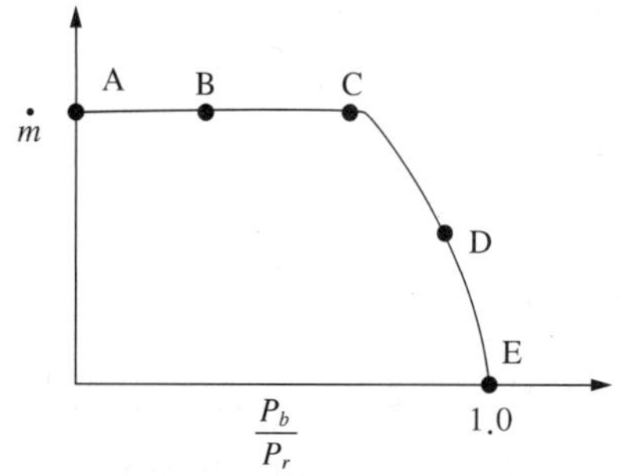

수축노즐에서 가스가 지나는 관의 직경을 줄이면 속도가 빨라지는데(베르누이의 정리), 이것은 로켓 추진력을 증가시키는 데 이용된다. 그러나 압축성 유체가 지나는 관의 단면적을 일정 수준 이하로 줄이면 유체속도가 음속에 도달하며 더 이상 빨라지지 않고 연소관 내부의 압력만 증가한다. 수축 노즐로 더 이상 유체속도를 줄일 수 없는 유체의 흐름을 질식유동(Choked Flow)이라고 한다.

- A, B : 분출밸브가 폐쇄되어 고압용기의 밀봉 상태(질식 상태)가 유지된다.
- C : 분출밸브가 개방되기 시작하여 고압용기의 기체가 분출된다.
- D : 기체 분출이 계속 진행된다.
- E : 분출압력과 내부압력의 비가 같다.

④ 노즐(Nozzle)과 디퓨저(Diffuser)

㉠ 노즐과 디퓨저의 개요

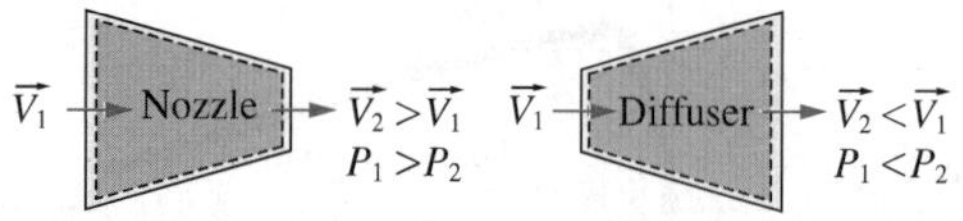

- 노즐과 디퓨저는 비행기의 엔진, 우주선의 로켓 및 소방호스, 정원용 호스 등에 다양하게 사용된다.
- 노즐은 유체의 속도를 증가, 디퓨저는 유체의 속도를 감소시키기 위하여 사용한다.
- 노즐이나 디퓨저의 사용목적은 유체의 속도 변화이므로, 유체가 노즐을 통과하는 동안 발생하는 열전달은 거의 없다.
- 노즐이나 디퓨저에는 일을 하는 장치가 설치되지 않는다.
- 노즐이나 디퓨저를 통과하는 동안 유체의 높이는 거의 변하지 않기 때문에 위치에너지의 변화는 무시할 수 있다.
- 유체가 노즐이나 디퓨저를 통과하면서 상당한 속도의 변화를 일으키기 때문에 운동에너지의 변화는 고려해야 한다.
- 엔탈피와 운동에너지 항만 남기 때문에 운동에너지의 변화는 엔탈피의 변화로 나타난다.

㉡ 노즐 : 유체를 고속으로 자유 공간에 분출시키기 위해 유로 끝에 단 가는 관이다.

- 단면적을 감소시켜 압력에너지를 운동에너지(속도에너지)로 변환시키는 기구이다.
- 고속의 유체를 분류하여 유속을 증가시킨다.
- 노즐의 사용목적은 유체의 속도 변화이므로, 유체가 노즐을 통과하는 동안 발생하는 열전달은 거의 없다.
- 노즐에서 단열팽창하였을 때 비가역과정에서보다 가역과정의 출구속도가 더 빠르다. 비가역과정에서의 속도는 손실 때문에 항상 가역과정의 출구속도보다 더 느리다.
- 아음속유동에서는 축소 분사 노즐을, 초음속유동에서는 축소-확대 노즐을 사용한다.
- 축소-확대 노즐 목의 목적은 음속 또는 아음속이다.
- 단열된 노즐을 유체가 유동할 때 노즐 내에서는 마찰손실이 생긴다.
- 아음속유동($M_a < 1$)에서 유체가 가속되려면 노즐의 단면적은 유동 방향에 따라 감소되어야 한다.
- 아음속유동을 가속시켜 초음속유동으로 만들려면 단면적이 감소하였다가 증가하는 축소-확대 노즐을 사용하면 가능하다.
- 흐름이 음속 이상이 될 때에는 임계 상태 이후의 축소노즐의 유량은 배압의 영향을 받지 않게 된다.

- 초킹(Choking) : 노즐의 출구압력을 감소시키면 질량유량이 증가하다가 어느 압력 이상 감소하면 질량유량이 더 이상 증가하지 않는 현상이다.
- 단열 노즐 출구의 유속
  - $v_2 = \sqrt{2 \times (h_1 - h_2)}$ [m/s]

    여기서, h_1 : 노즐 입구에서의 비엔탈피[J/kg]

    h_2 : 노즐 출구에서의 비엔탈피[J/kg]
  - $v_2 = 44.72\sqrt{h_1 - h_2}$ [m/s]

    여기서, h_1 : 노즐 입구에서의 비엔탈피[kJ/kg]

    h_2 : 노즐 출구에서의 비엔탈피[kJ/kg]
- 단열 노즐 출구에서의 속도계수(노즐계수)

$$\phi = \frac{\text{비가역 단열팽창 시 노즐 출구속도}}{\text{가역 단열팽창 시 노즐 출구속도}}$$

$$= \frac{\text{실제속도}}{\text{이론속도}} = \frac{v_2'}{v_2}$$

- 탱크에 저장된 건포화증기가 노즐로부터 분출될 때의 임계압력(P_c) : $P_c = P_1\left(\frac{2}{k+1}\right)^{\frac{k}{k-1}}$

  여기서, P_1 : 탱크의 압력

  k : 비열비
- 증기터빈의 노즐효율(초속 무시) : $\eta_n = \left(\frac{C_a}{C_t}\right)^2$

  여기서, C_a : 수증기의 실제속도

  C_t : 수증기의 이론속도

㉢ 확산기(Diffuser, 디퓨저) : 액체의 유속을 원활하게 줄이고 정압을 상승시키기 위해 사용되는 확대관이다.

- 유체가 가진 운동에너지(속도에너지)를 압력에너지로 변환시키기 위해 단면적을 차츰 넓게 한 유로이다.
- 유속을 감소시켜 유체의 정압력을 증가시킨다.
- 노즐과 방향이 반대인 기구로 기능도 반대이다.
- 초음속 흐름일 때에는 단면이 유동 방향으로 감소하는 축소 디퓨저이어야 한다.
- 디퓨저에서는 운동에너지 교환, 혼합, 초음속유동, 충격파 발생, 동결현상 등 복잡한 유동현상이 발생하므로 이론적 해석이 거의 불가능하다.
- 확산기 운전 시 고려해야 할 사항
  - 역압력구배로 인한 강력한 박리 경향
  - 효과적인 운전 유지를 위한 조건 변화 중 발생하는 충격파의 위치 조절 곤란
  - 시동 곤란

⑤ 충격파(Shock Wave)

㉠ 충격파의 개요

- 충격파는 기체를 통하여 전파되는 진폭이 큰 압축파이다.
- 충격파는 초음속 흐름에 갑자기 압력 상승이 일어나 아음속으로 변하면서 발생되며, 불연속면을 형성한다.
- 열역학 제2법칙에 따라 엔트로피가 증가한다.
- 초음속 노즐에서는 충격파가 생길 수 있다.
- 충격파 생성 시 초음속에서 아음속으로 급변한다.
- 열역학적으로 비가역적인 현상이다.
- 축소-확대 노즐의 각 위치에서 압력곡선이 ③과 ④의 사이인 경우, 노즐 내에서 충격파가 발생한다(여기서, pr은 용기 내부압력이다).

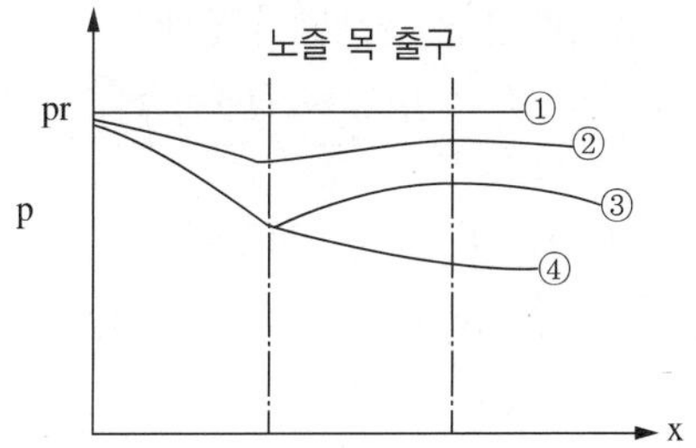

- 면적이 변하는 도관에서의 흐름

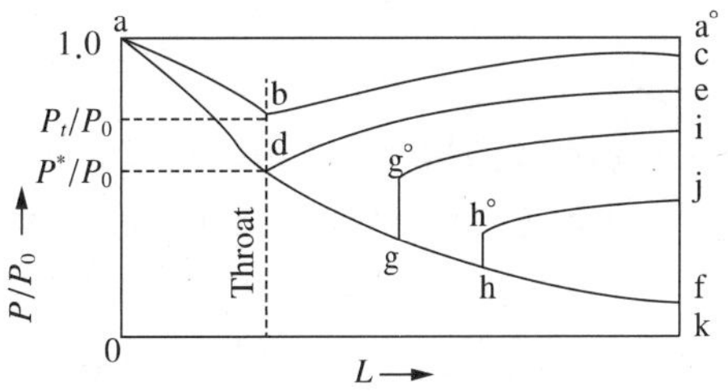

  - d점에서의 압력비를 임계압력비라고 한다.
  - gg′ 및 hh′는 충격파를 나타낸다.
  - 선 abc상의 다른 모든 점에서의 흐름은 아음속이다.

- 초음속인 경우 노즐의 확산부의 단면적이 증가하면 속도도 증가한다.

- 충격파 현상의 예 : 수력도약(운동에너지 → 위치에너지), 총구를 빠져나가는 탄환의 앞부분, 로켓이나 제트엔진의 노즐 출구, 초음속 비행기 주위를 유동하는 공기의 흐름 등
- 충격파가 발생하면 압력, 온도, 밀도 등이 불연속적으로 변한다.
- 충격파의 영향
  - ↑ : 압력, 온도, 밀도, 비중량, 마찰열(비가역과정), 엔트로피
  - ↓ : 정체압력, 속도, 마하수
- 충격파의 종류
  - 수직 충격파(Normal Shock Wave) : 유동 방향에 대해 수직으로 발생되는 충격파
  - 경사 충격파(Oblique Shock Wave) : 유동 방향에 대해 경사져서 발생되는 충격파
  - 궁형 충격파(Bow Shock Wave) : 유동 방향에 대해 활처럼 휘어 발생되는 충격파
- 충격파 전후 상태량의 관계식

$$P_2 = (P_1)\frac{2kM_1^2 - (k-1)}{k+1}$$

여기서, P_2 : 충격파 후 압력

P_1 : 충격파 전 압력

k : 비열비

M : 마하수

T : 온도

σ : 밀도

- 충격파의 관찰 : 충격파 자체의 밀도 변화가 크므로 이를 극대화시켜 포착하는 특수광학기법인 슐리렌(Schlieren) 광학기법을 사용한다.
- 마하 원뿔(Mach Cone, 마하콘) : 유체를 매체로 초음속의 질점에서 발산하는 원뿔 모양의 파면이다.
  - 초음속으로 비행하는 비행체에서 발생하는 원뿔 모양의 파면이다.
  - 공기 속의 한 점에서 발생한 음은 주위에 음속으로 전해지지만 그 음의 발생원, 예를 들어 음속 비행 시의 항공기가 발생하는 음은 항공기와 함께 전해지는 결과가 된다.
  - 음파는 항공기보다 앞쪽으로 나아가지 않고 진행 방향에 직각으로 충격파를 형성하여 앞쪽에서는 그 음을 들을 수 없다.
  - 항공기의 속도가 초음속이 되면 음파는 뒤로 처져 원뿔면 모양의 충격파가 형성된다. 이때 음은 항공기를 꼭짓점으로 하는 원뿔 내에만 전해진다.
  - 충격파가 약하면 충격파는 거의 마하 원뿔에 잇대어 형성되며, 마하 원뿔보다 바깥쪽의 기류는 항상 초음속이다.

㉡ 충격파의 유동 특성을 나타내는 Fanno선도

- Fanno선도는 에너지방정식, 연속방정식, 운동량방정식, 상태방정식으로부터 얻을 수 있다.
- 질량유량이 일정하고 정체 엔탈피가 일정한 경우에 적용된다.
- Fanno선도는 정상 상태에서 일정단면유로를 압축성 유체가 마찰이 있는 상태에서 단열과정(외부와 열교환하지 않음)으로 흐를 때 적용된다.
- 일정질량유량에 대하여 마하수를 파라미터(Parameter)로 하여 작도한다.

㉢ Rayleigh선도

- Rayleigh선도는 정상 상태에서 일정단면유로를 압축성 유체가 외부와 열교환하면서 마찰 없이 흐를 때 적용된다.
- 에너지는 보존되지 않지만 마찰이 없으므로 모멘텀은 일정하다.
- $M_a < 1$일 때 가열 시 속도가 증가하며, 냉각 시에는 속도가 감소한다.
- $M_a > 1$일 때 가열 시 속도가 감소하며, 냉각 시에는 속도가 증가한다.

㉣ 수직 충격파(Normal Shock Wave)

- 유동 통로 내 또는 출구에서 압력이 갑작스럽게 증가하는 현상이다.
- 초음속유동에서 아음속유동으로 바뀌어 갈 때 발생한다.

- 주로 파이프유동과 천음속 항공기의 날개 표면 등에서 발생한다.
- 수직 충격파를 지나는 유동은 항상 초음속(Supersonic)에서 아음속(Subsonic) 방향으로 감속된다.
- 열역학 제2법칙에 의해 엔트로피가 증가한다.
- 1차원 유동에서 일어날 수 있는 충격파는 오직 수직 충격파뿐이다.
- 압력 P, 마하수 M, 엔트로피가 S일 때 수직 충격파가 발생하면, M은 감소하고 P와 S는 증가한다.
- 압력, 온도, 밀도, 비중량 상승률이 충격파 중에서 가장 크다.
- 정체압력은 감소한다.
- 에너지 상실이 충격파 중에서 가장 크다.
- 충격파를 가로지르는 유동은 등엔트로피 과정이 아니다.
- 비가역과정에 가깝다.
- 수직 충격파 발생 직후의 유동조건은 $h-s$ 선도로 나타낼 수 있다.
- 수직 충격파는 Fanno선도와 Rayleigh선도의 교점에서 일어난다.

㉤ 경사 충격파(Oblique Shock Wave)

- 비행체 표면과 평행한 방향으로 초음속의 속도를 유지한다.
- 속도가 빠를수록, 비행체 표면이 유동 진행 방향과 이루는 각도가 클수록 더 큰 압축비를 가진다.
- 초음속 미사일과 전투기 엔진 흡입구에서 많이 관찰된다.
- 흡입구는 다수의 경사 충격파를 발생시켜 유동을 아음속으로 감속한다.

㉥ 궁형 충격파(Bow Shock Wave)

- 비행체와 떨어져(Detached) 생성되는 충격파이다.
- 아음속 영역과 초음속 영역이 모두 존재하게 되어 계산과정이 복잡해진다.
- 궁형 충격파는 경사 충격파에 비해 감속되는 정도가 크다.
- 열에너지를 넓은 면적에 분포시켜 열하중을 줄인다.
- 재진입 우주선에 이용된다.

⑥ 완전기체의 등엔트로피 흐름(단열 흐름)

㉠ 엔탈피 변화량(Δh) : $\Delta h = C_p \Delta T = \dfrac{v_2^2 - v_1^2}{2g}$

여기서, C_p : 정압비열

ΔT : 온도 변화량

v_2 : 나중 온도

v_1 : 처음 온도

g : 중력가속도

㉡ 동온(Dynamic Temperature) : 물체 표면의 이론 온도이다.

$$\Delta T = T_0 - T = \frac{k-1}{kR}\frac{v^2}{2}$$

여기서, T : 정온(Static Temperature)

T_0 : 정체온도(Stagnation Temperature) 또는 전온도(Total Temperature)

R : 이상기체 상수

㉢ 정체온도(T_0), 정체밀도(ρ_0), 정체압력(P_0)

- 정체온도(T_0) : $\dfrac{T_0}{T} = \left(1 + \dfrac{k-1}{2} M_a^2\right)$
  - 압축성 흐름 중 정체온도가 변할 수 없는 경우 : 등엔트로피 팽창과정인 경우, 단면이 일정한 도관에서 단열마찰 흐름인 경우, 수직 충격파 전후 유동의 경우
  - 압축성 흐름 중 정체온도가 변할 수 있는 경우 : 단면이 일정한 도관에서 등온마찰 흐름인 경우
- 정체밀도(ρ_0) : $\dfrac{\rho_0}{\rho} = \left(1 + \dfrac{k-1}{2} M_a^2\right)^{\frac{1}{k-1}}$
- 정체압력(P_0) : $\dfrac{P_0}{P} = \left(1 + \dfrac{k-1}{2} M_a^2\right)^{\frac{k}{k-1}}$

㉣ 임계조건 : 목에서 유속이 음속인 상태($M_a = 1$)인 임계 상태의 조건(압축성 유체의 등엔트로피 유동)이다.

- 임계온도비 : $\dfrac{T_c}{T_0} = \left(\dfrac{2}{k+1}\right)$

여기서, T_c : 임계온도

T_0 : 정체온도

k : 비열비

• 임계밀도비 : $\dfrac{\rho_c}{\rho_0}=\left(\dfrac{2}{k+1}\right)^{\frac{1}{k-1}}$

여기서, ρ_c : 임계밀도

ρ_0 : 정체밀도

k : 비열비

• 임계압력비 : $\dfrac{P_c}{P_0}=\left(\dfrac{2}{k+1}\right)^{\frac{k}{k-1}}$

여기서, P_c : 임계압력

P_0 : 정체압력

k : 비열비

핵심예제

2-1. 압축성 유체에 대한 설명 중 가장 올바른 것은? [2011년 제1회, 2019년 제3회]

① 가역과정 동안 마찰로 인한 손실이 일어난다.
② 이상기체의 음속은 온도의 함수이다.
③ 유체의 유속이 아음속(Subsonic)일 때, 마하수는 1보다 크다.
④ 온도가 일정할 때 이상기체의 압력은 밀도에 반비례한다.

2-2. 압축성 유체 흐름에 대한 설명으로 가장 거리가 먼 것은? [2013년 제1회, 2016년 제3회]

① 마하수는 유체의 속도와 음속의 비로 정의된다.
② 단면이 일정한 도관에서 단열마찰 흐름은 가역적이다.
③ 단면이 일정한 도관에서 등온마찰 흐름은 비단열적이다.
④ 초음속유동일 때 확대 도관에서 속도는 점점 증가한다.

2-3. 압축성 유체의 유동에 대한 현상으로 옳지 않은 것은? [2004년 제3회, 2008년 제1회, 2011년 제3회]

① 압축성 유체가 축소 유로를 통해 아음속에서 등엔트로피 과정에 의해 가속될 때 얻을 수 있는 최대 유속은 음속이다.
② 압축성 유체가 아음속으로부터 초음속을 얻으려면 유로에 수축부, 목 부분 및 확대부를 가져야 한다.
③ 압축성 유체가 초음속으로 유동할 때의 특성을 임계특성(임계온도 T^*, 임계압력 P^* 등)이라고 한다.
④ 유체가 갖는 엔탈피를 운동에너지로 효율적으로 바꿀 수 있도록 설계된 유로를 노즐이라고 한다.

2-4. 압력 100[kPa abs], 온도 20[℃]의 공기 5[kg]이 등엔트로피가 변화하여 온도 160[℃]로 되었다면 최종압력은 몇 [kPa abs]인가?(단, 공기의 비열비 k = 1.4이다) [2017년 제3회]

① 392 ② 265
③ 112 ④ 462

2-5. 100[kPa], 25[℃]에 있는 이상기체를 등엔트로피 과정으로 135[kPa]까지 압축하였다. 압축 후의 온도는 약 몇 [℃]인가?(단, 이 기체의 정압비열 C_p는 1.213[kJ/kg·K]이고 정적비열 C_v는 0.821[kJ/kg·K]이다) [2004년 제2회 유사, 2007년 제2회 유사, 제3회 유사, 2010년 제1회, 2018년 제1회, 2019년 제1회 유사]

① 45.5 ② 55.5
③ 65.5 ④ 75.5

2-6. 정적비열이 1,000[J/kg·K]이고, 정압비열이 1,200[J/kg·K]인 이상기체가 압력 200[kPa]에서 등엔트로피 과정으로 압력이 400[kPa]로 바뀐다면, 바뀐 후의 밀도는 원래 밀도의 몇 배가 되는가? [2017년 제2회, 2020년 제3회]

① 1.41 ② 1.64
③ 1.78 ④ 2

2-7. 실험실의 풍동에서 20[℃]의 공기로 실험을 할 때 마하각이 30°이면 풍속은 몇 [m/s]가 되는가?(단, 공기의 비열비는 1.4이다) [2006년 제2회, 2009년 제3회, 2018년 제3회 유사, 2019년 제2회 유사, 2020년 제1·2회 통합]

① 278 ② 364
③ 512 ④ 686

2-8. 이상기체가 초음속으로 단면적이 줄어드는 노즐로 유입되어 흐를 때 감소하는 것은?(단, 유동은 등엔트로피 유동이다) [2019년 제1회]

① 온 도 ② 속 도
③ 밀 도 ④ 압 력

핵심예제

2-9. 압축성 유체가 다음 그림과 같이 확산기를 통해 흐를 때 속도와 압력은 어떻게 되는가?(단, M_a는 마하수이다)

[2010년 제1회, 2011년 제1회, 2015년 제2회, 2017년 제1회, 2018년 제1회, 제3회, 2019년 제2회, 2020년 제1·2회 통합, 제3회]

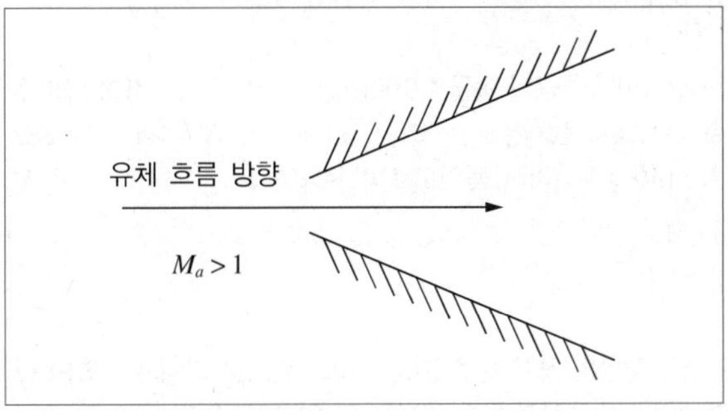

① 속도 증가, 압력 감소
② 속도 감소, 압력 증가
③ 속도 감소, 압력 불변
④ 속도 불변, 압력 증가

2-10. 다음 그림과 같은 관에서 유체가 등엔트로피 유동할 때 마하수 $M_a < 1$이라고 한다. 이때 유동 방향에 따른 속도와 압력의 변화를 옳게 나타낸 것은? [2003년 제2회, 2006년 제2회, 2007년 제1회, 2010년 제2회, 2012년 제1회, 2013년 제2회, 2018년 제2회]

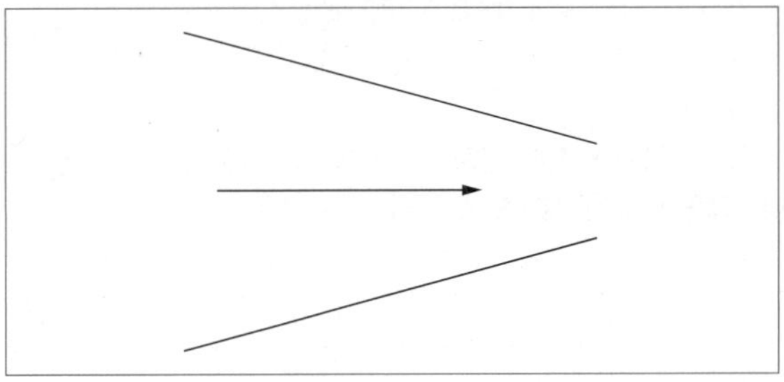

① 속도-증가, 압력-감소
② 속도-증가, 압력-증가
③ 속도-감소, 압력-감소
④ 속도-감소, 압력-증가

2-11. 덕트 내 압축성 유동에 대한 에너지 방정식과 직접적으로 관련되지 않는 변수는? [2004년 제2회, 2007년 제2회, 2010년 제3회, 2013년 제2회, 제3회, 2018년 제1회]

① 위치에너지　② 운동에너지
③ 엔트로피　④ 엔탈피

2-12. 다음 그림과 같은 덕트에서의 유동이 아음속유동일 때 속도 및 압력의 관계를 옳게 표시한 것은?

[2010년 제1회, 2015년 제2회, 2019년 제1회, 제2회, 2020년 제1·2회 통합]

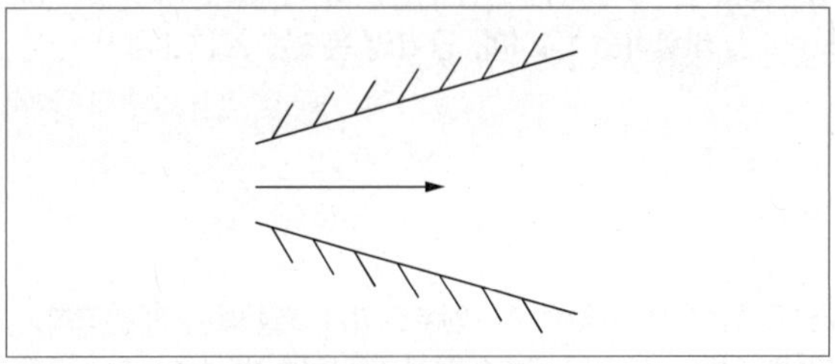

① 속도 감소, 압력 감소
② 속도 증가, 압력 증가
③ 속도 증가, 압력 감소
④ 속도 감소, 압력 증가

2-13. 다음의 압축성 유체의 흐름 과정 중 등엔트로피 과정인 것은? [2003년 제3회, 2004년 제4회, 2007년 제1회, 2010년 제2회, 2011년 제1회, 2015년 제2회, 2016년 제1회, 제2회, 2017년 제3회, 2019년 제2회]

① 가역단열과정
② 가역등온과정
③ 마찰이 있는 단열과정
④ 마찰이 없는 비가역과정

2-14. 충격파(Shock Wave)에 대한 설명 중 옳지 않은 것은?

[2017년 제2회]

① 열역학 제2법칙에 따라 엔트로피가 감소한다.
② 초음속 노즐에서는 충격파가 생겨날 수 있다.
③ 충격파 생성 시 초음속에서 아음속으로 급변한다.
④ 열역학적으로 비가역적인 현상이다.

2-15. 충격파와 에너지선에 대한 설명으로 옳은 것은?

[2011년 제2회, 2014년 제3회, 2017년 제2회 유사, 2018년 제3회]

① 충격파는 아음속 흐름에서 갑자기 초음속 흐름으로 변할 때에만 발생한다.
② 충격파가 발생하면 압력, 온도, 밀도 등이 연속적으로 변한다.
③ 에너지선은 수력구배선보다 속도수두만큼 위에 있다.
④ 에너지선은 항상 상향 기울기를 갖는다.

핵심예제

2-16. 미사일이 공기 중에서 시속 1,260[km]로 날고 있을 때의 마하수는 약 얼마인가?(단, 공기의 기체상수 R은 287[J/kg·K], 비열비는 1.4이며, 공기의 온도는 25[℃]이다)

[2011년 제3회, 2016년 제1회]

① 0.83 ② 0.92
③ 1.01 ④ 1.25

2-17. 압력 P, 마하수 M, 엔트로피가 S일 때 수직 충격파가 발생한다면 P, M, S는 어떻게 변화하는가? [2016년 제1회]

① M, P는 증가하고 S는 일정
② M은 감소하고 P, S는 증가
③ P, M, S 모두 증가
④ P, M, S 모두 감소

2-18. 수직 충격파가 발생할 때 나타나는 현상으로 옳은 것은?

[2004년 제2회 유사, 2011년 제1회 유사, 2012년 제2회 유사, 2018년 제3회, 2020년 제3회, 2021년 제2회]

① 마하수가 감소하고 압력과 엔트로피도 감소한다.
② 마하수가 감소하고 압력과 엔트로피는 증가한다.
③ 마하수가 증가하고 압력과 엔트로피는 감소한다.
④ 마하수가 증가하고 압력과 엔트로피도 증가한다.

2-19. 1차원 흐름에서 수직 충격파가 발생하면 어떻게 되는가?

[2003년 제3회 유사, 2004년 제2회 유사, 2010년 제2회, 2012년 제2회 유사, 2014년 제3회, 2015년 제1회, 제2회, 2018년 제3회 유사, 2021년 제1회]

① 속도, 압력, 밀도가 증가
② 압력, 밀도, 온도가 증가
③ 속도, 온도, 밀도가 증가
④ 압력, 밀도, 속도가 감소

2-20. 충격파의 유동 특성을 나타내는 Fanno선도에 대한 설명 중 옳지 않은 것은? [2014년 제3회, 2018년 제2회]

① Fanno선도는 에너지방정식, 연속방정식, 운동량방정식, 상태방정식으로부터 얻을 수 있다.
② 질량유량이 일정하고 정체 엔탈피가 일정한 경우에 적용된다.
③ Fanno선도는 정상 상태에서 일정단면유로를 압축성 유체가 외부와 열교환하면서 마찰 없이 흐를 때 적용된다.
④ 일정질량유량에 대하여 Mach수를 Parameter로 하여 작도한다.

2-21. 1차원 공기유동에서 수직 충격파(Normal Shock Wave)가 발생하였다. 충격파가 발생하기 전의 Mach수가 2이면, 충격파가 발생한 후의 Mach수는?(단, 공기는 이상기체이고, 비열비는 1.4이다) [2004년 제3회, 2011년 제1회 유사, 2013년 제3회]

① 0.317 ② 0.471
③ 0.577 ④ 0.625

2-22. 20[℃] 공기 속을 1,000[m/s]로 비행하는 비행기의 주위 유동에서 정체온도는 몇 [℃]인가?(단, K = 1.4, R = 287[N·m/kg·K]이며 등엔트로피 유동이다) [2019년 제3회]

① 518 ② 545
③ 574 ④ 598

2-23. 상온의 공기 속을 260[m/s]의 속도로 비행하고 있는 비행체의 선단에서의 온도 증가는 약 얼마인가?(단, 기체의 흐름을 등엔트로피 흐름으로 간주하고 공기의 기체상수는 287[J/kg·K]이고 비열비는 1.4이다) [2017년 제1회]

① 24.5[℃] ② 33.6[℃]
③ 44.6[℃] ④ 45.1[℃]

2-24. 압력 1.4[kgf/cm²abs], 온도 96[℃]의 공기가 속도 90[m/s]로 흐를 때, 정체온도[K]는 얼마인가?(단, 공기의 C_p = 0.24[kcal/kg·K]이다) [2019년 제1회, 2021년 제2회 유사]

① 397 ② 382
③ 373 ④ 369

2-25. 다음은 면적이 변하는 도관에서의 흐름에 관한 그림이다. 그림에 대한 설명으로 옳지 않은 것은?

[2006년 제1회, 2015년 제3회, 2019년 제2회]

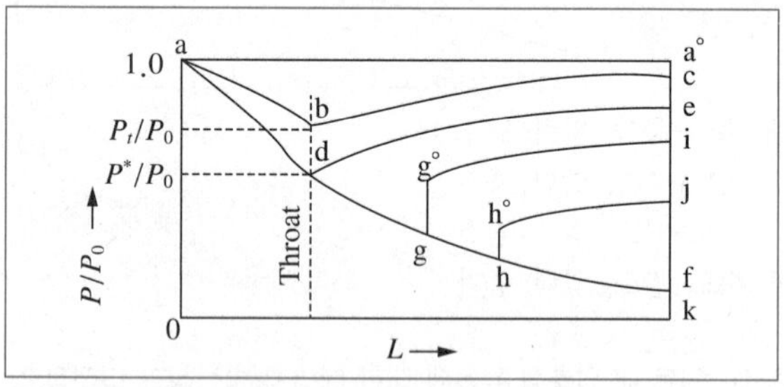

① d점에서의 압력비를 임계압력비라고 한다.
② gg′ 및 hh′는 충격파를 나타낸다.
③ 선 abc상의 다른 모든 점에서의 흐름은 아음속이다.
④ 초음속인 경우 노즐의 확산부의 단면적이 증가하면 속도는 감소한다.

|해설|

2-1

① 가역과정 동안 마찰로 인한 손실이 일어나지 않는다.

③ 유체의 유속이 아음속(Subsonic)일 때, 마하수는 1보다 작다.

④ 온도가 일정할 때 이상기체의 압력은 밀도에 비례한다.

2-2

단면이 일정한 도관에서 단열마찰 흐름은 비가역적이다.

2-3

압축성 유체가 음속으로 유동할 때의 특성을 임계특성(임계온도 T^*, 임계압력 P^* 등)이라고 한다.

2-4

$\frac{T_2}{T_1}=\left(\frac{V_1}{V_2}\right)^{k-1}=\left(\frac{P_2}{P_1}\right)^{\frac{k-1}{k}}$ 에서 $\frac{160+273}{20+273}=\left(\frac{P_2}{100}\right)^{\frac{1.4-1}{1.4}}$ 이며

$1.478=\left(\frac{P_2}{100}\right)^{\frac{0.4}{1.4}}$ 이므로, $P_2=1.478^{\frac{1.4}{0.4}}\times 100\simeq 392[\text{kPa abs}]$

2-5

비열비 $k=\frac{C_p}{C_v}=\frac{1.213}{0.821}\simeq 1.48$이다.

$\frac{T_2}{T_1}=\left(\frac{V_1}{V_2}\right)^{k-1}=\left(\frac{P_2}{P_1}\right)^{\frac{k-1}{k}}$ 에서 $\frac{T_2}{25+273}=\left(\frac{135}{100}\right)^{\frac{1.48-1}{1.48}}$ 이며

$T_2=298\times 1.35^{\frac{0.48}{1.48}}\simeq 328.5[\text{K}]=55.5[℃]$

2-6

비열비 $k=\frac{C_p}{C_v}=\frac{1,200}{1,000}=1.2$

$\frac{T_2}{T_1}=\left(\frac{P_2}{P_1}\right)^{\frac{k-1}{k}}=\left(\frac{400}{200}\right)^{\frac{1.2-1}{1.2}}\simeq 1.1225$에서 $T_2=1.1225\,T_1$

밀도 $\rho=\frac{m}{V}$이며 $PV=mRT$에서 $\frac{m}{V}=\frac{P}{RT}$이므로,

$$\frac{\rho_2}{\rho_1}=\frac{\frac{P_2}{RT_2}}{\frac{P_1}{RT_1}}=\frac{P_2}{P_1}\times\frac{T_1}{T_2}=\frac{400}{200}\times\frac{T_1}{T_2}$$

$$=2\times\frac{T_1}{T_2}=2\times\frac{T_1}{1.1225\,T_1}$$

$$\simeq 1.78$$

2-7

공기음속 $a=\sqrt{kRT}=\sqrt{1.4\times 287\times(20+273)}\simeq 343[\text{m/s}]$

마하각(α 또는 μ)

$\sin\mu=\frac{1}{M_a}=\frac{a}{v}$ 에서

비행체의 속도 $v=\frac{a}{\sin\mu}=\frac{343}{\sin 30°}=686[\text{m/s}]$

2-8

이상기체가 초음속으로 단면적이 줄어드는 노즐로 유입되어 흐를 때

- 증가 : 압력, 온도, 밀도
- 감소 : 속도, 단면적

2-9

압축성 유체가 확산기를 통해 흐를 때 $M_a > 1$이면, 속도는 증가하고 압력과 밀도는 감소한다.

2-10

축소관에서 유체가 등엔트로피 유동할 때 마하수 $M_a < 1$이면, 속도는 증가하고 압력과 밀도는 감소한다.

2-11

덕트 내 압축성 유동에 대한 에너지 방정식과 직접적으로 관련된 변수 : 위치에너지, 운동에너지, 엔탈피

2-13

압축성 유체의 흐름 과정 중 가역단열과정은 등엔트로피 과정이다.

2-14

충격파에서는 엔트로피가 급격히 증가한다.

2-15

① 충격파는 초음속 흐름에서 갑자기 아음속 흐름으로 변할 때 발생한다.

② 충격파가 발생하면 압력, 온도, 밀도 등이 불연속적으로 변한다.

④ 에너지선은 기준선과 평행하다.

2-16

$$M_a=\frac{v}{a}=\frac{v}{\sqrt{kRT}}=\frac{1,260\times 10^3/3,600}{\sqrt{1.4\times 287\times(25+273)}}\simeq 1.01$$

2-17

수직 충격파(Normal Shock Wave)

- 유동 통로 내 또는 출구에서 압력이 갑작스럽게 증가하는 현상이다.
- 초음속유동에서 아음속유동으로 바뀌어 갈 때 발생한다.
- 주로 파이프유동과 천음속 항공기의 날개 표면 등에서 발생한다.
- 수직 충격파를 지나는 유동은 항상 초음속(Supersonic)에서 아음속(Subsonic) 방향으로 감속된다.
- 열역학 제2법칙에 의해 엔트로피가 증가한다.
- 1차원 유동에서 일어날 수 있는 충격파는 오직 수직 충격파뿐이다.
- 압력 P, 마하수 M, 엔트로피가 S일 때 수직 충격파가 발생하면, M은 감소하고 P, S는 증가한다.

2-18, 2-19

충격파의 영향

- ↑ : 압력, 온도, 밀도, 비중량, 마찰열(비가역과정), 엔트로피
- ↓ : 정체압력, 속도, 마하수

2-20

Fanno선도는 정상 상태에서 일정단면유로를 압축성 유체가 마찰이 있는 상태에서 단열과정(외부와 열교환하지 않음)으로 흐를 때 적용된다.

2-21

$$M_{a2}^2 = \frac{(k-1)M_{a1}^2 + 2}{2kM_{a1}^2 - (k-1)}$$

여기서, M_{a1} : 충격파 발생 전 마하수

M_{a2} : 충격파 발생 후 마하수

k : 비열비

$M_{a2} = 0.577$

2-22

$\Delta T = T_0 - T = \frac{k-1}{kR}\frac{v^2}{2}$에서

정체온도 $T_0 = T + \frac{k-1}{kR}\frac{v^2}{2}$

$= (20+273) + \frac{1.4-1}{1.4\times 287}\times\frac{1,000^2}{2} \simeq 791[\mathrm{K}]$

$= 518[℃]$

2-23

온도 증가

$$\Delta T = \frac{1}{R}\times\frac{k-1}{k}\times\frac{v^2}{2}$$

$$\Delta T = \frac{1}{287}\times\frac{1.4-1}{1.4}\times\frac{260^2}{2} \simeq 33.6[℃]$$

2-24

$\bar{k} = 1.987[\mathrm{kcal/kg\cdot k}]$

공기의 기체상수 $R = \frac{1.987}{29} \simeq 0.0685$,

$C_v = C_p - R = 0.24 - 0.0685 = 0.1715$이므로

비열비 $k = \frac{C_p}{C_v} = \frac{0.24}{0.1715} \simeq 1.4$

마하수 $M_a = \frac{속도}{음속} = \frac{v}{a} = \frac{v}{\sqrt{kgRT}}$, $\bar{R} = 848[\mathrm{kgf\cdot m/kg\cdot k}]$

$$= \frac{90}{\sqrt{1.4\times 9.8\times\frac{848}{29}\times(96+273)}} \simeq 0.234$$

$\frac{T_0}{T} = \left(1 + \frac{k-1}{2}M_a^2\right)$에서

정체온도

$$T_0 = T\times\left(1+\frac{k-1}{2}M_a^2\right) = (96+273)\times\left(1+\frac{1.4-1}{2}\times 0.234^2\right)$$

$\simeq 373[\mathrm{K}]$

2-25

초음속인 경우 노즐 확산부의 단면적이 증가하면 속도도 증가한다.

정답 2-1 ② 2-2 ② 2-3 ③ 2-4 ① 2-5 ② 2-6 ③ 2-7 ④ 2-8 ② 2-9 ① 2-10 ① 2-11 ③ 2-12 ④ 2-13 ① 2-14 ① 2-15 ③ 2-16 ③ 2-17 ② 2-18 ② 2-19 ② 2-20 ③ 2-21 ③ 2-22 ① 2-23 ② 2-24 ③ 2-25 ④

제6절 | 유체 수송

핵심이론 01 유체 수송의 개요

① 유체 수송기계의 개요

㉠ 유체 수송기계의 용도별 분류

- 비압축성 유체 수송기계 : 펌프, 수차, 유체엔진 및 터빈
- 기체 수송기계 : 팬(Fan), 송풍기(Blower), 압축기(Air Compressor)

② 동력(H, Power)

㉠ 동력의 크기

- $H = Fv$

  여기서, F : 힘

  v : 속도

- $H = \omega T$

  여기서, ω : 각속도

  T : 토크

- $H = \gamma h Q$

  여기서, γ : 유체의 비중량

  h : 양정

  Q : 유량 또는 송출량

※ 압력 × 체적유량

- 효율 적용 시 효율로 나눈다.

㉡ 동력의 단위

- 마력[PS] ≃ 75[kgf · m/s] ≃ 736[W] = 0.736[kW]
- [kW] : 1,000 × [J/s] = 1,000 × [N · m/s]

㉢ 펌프의 동력

- 수동력(H_1) : 단위시간당 유체가 실제 감당하는 일

  $H_1 = \gamma h Q$

  여기서, γ : 유체의 비중량

  h : 양정

  Q : 유량 또는 송출량

- 축동력(H_2) : 단위시간당 펌프가 해야 하는 일로서 수동력을 펌프효율로 나눈 값이다.

  $$H_2 = \frac{\gamma h Q}{\eta}$$

  여기서, η : 펌프의 효율

• 소요동력(H_3) : 단위시간당 모터가 해야 할 일

$H_3 = H_2 \times (1+\alpha)$

여기서, α : 여유율

㉣ 송풍기의 동력

• 이론동력 : $H_1 = \frac{PQ}{102 \times 60}$[kW]

여기서, Q : 풍량[m^3/min]

P : 전압[mmAq]

• 축동력 : $H_2 = \frac{PQ}{102 \times 60 \times \eta}$[kW]

여기서, Q : 풍량[m^3/min]

P : 전압[mmAq]

η : 송풍기의 효율[%]

㉤ 수차의 동력

• 이론동력 : $H_1 = \frac{\gamma h Q}{102 \times 60}$[kW]

여기서, γ : 물의 비중량(1,000[kgf/m^3])

h : 양정[m]

Q : 유량[m^3/min]

• 축동력 : $H_1 = \frac{\gamma h Q}{102 \times 60 \times \eta}$[kW]

여기서, γ : 물의 비중량(1,000[kgf/m^3])

h : 양정[m]

Q : 유량[m^3/min]

η : 수차의 효율[%]

③ 효율(η)

㉠ 펌프의 효율

• 기계효율(η_m) : $\eta_m = \frac{L - L_m}{L}$

여기서, L : 축동력

L_m : 기계의 손실 동력

• 펌프의 전효율(총효율) $\eta = \eta_m \times \eta_V \times \eta_h$

여기서, η_m : 기계효율

η_V : 체적효율

η_h : 수력효율

㉡ 유체엔진 및 터빈의 효율 : 실제로 전달한 일/가능한 최대일

㉢ 전 폴리트로프 효율 : $\eta = [\eta_1 \times (1 - h_m)] \times 100$[%]

여기서, η_1 : 원심압축기의 폴리트로프 효율

h_m : 기계손실

핵심예제

1-1. 전양정 30[m], 송출량 7.5[m^3/min], 펌프의 효율 0.8인 펌프의 수동력은 약 몇 [kW]인가?(단, 물의 밀도는 1,000[kg/m^3]이다) [2008년 제1회, 2010년 제2회, 2020년 제3회]

① 29.4　② 36.8
③ 42.8　④ 46.8

1-2. 양정 25[m], 송출량 0.15[m^3/min]로 물을 송출하는 펌프가 있다. 효율 65[%]일 때 펌프의 축동력은 몇 [kW]인가?

[2003년 제1회 유사, 2009년 제1회, 2014년 제2회 유사, 2019년 제3회]

① 0.94　② 0.83
③ 0.74　④ 0.68

1-3. 전양정 15[m], 송출량 0.02[m^3/s], 효율 85[%]인 펌프로 물을 수송할 때 축동력은 몇 마력인가?

① 2.8[PS]　② 3.5[PS]
③ 4.7[PS]　④ 5.4[PS]

1-4. 터보팬의 전압이 250[mmAq], 축 동력이 0.5[PS], 전압효율이 45[%]라면 유량은 약 몇 [m^3/min]인가?

[2017년 제3회]

① 7.1　② 6.1
③ 5.1　④ 4.1

1-5. 비중 0.9인 유체를 10[ton/h]의 속도로 20[m] 높이의 저장탱크에 수송한다. 지름이 일정한 관을 사용할 때 펌프가 유체에 가해 준 일은 몇 [kgf·m/kg]인가?(단, 마찰손실은 무시한다) [2009년 제2회, 2016년 제2회, 2019년 제2회]

① 10　② 20
③ 30　④ 40

핵심예제

1-6. 송풍기의 공기유량이 3[m³/s]일 때 흡입쪽의 전압이 110[kPa], 출구쪽의 정압이 115[kPa]이고, 속도가 30[m/s]이다. 송풍기에 공급하여야 하는 축동력은 얼마인가?(단, 공기의 밀도는 1.2[kg/m³]이고, 송풍기의 전효율은 0.8이다)

[2017년 제2회]

① 10.45[kW] ② 13.99[kW]
③ 16.62[kW] ④ 20.78[kW]

1-7. 원심압축기의 폴리트로프 효율이 94[%], 기계손실이 축동력의 3.0[%]라면 전 폴리트로프 효율은 약 몇 [%]인가?

[2012년 제1회 유사, 2015년 제3회]

① 88.9 ② 91.2
③ 93.1 ④ 94.7

|해설|

1-1

펌프의 수동력

$H_1 = \gamma h Q = 1,000 \times 30 \times 7.5 = 225,000[\text{kgf} \cdot \text{m/min}]$

$= 225,000 \times \frac{9.8}{60} = 36,750[\text{W}] \simeq 36.8[\text{kW}]$

1-2

축동력

$H_2 = \frac{\gamma h Q}{\eta} = \frac{1,000 \times 25 \times 0.15}{0.65} \simeq 5,769[\text{kgf} \cdot \text{m/min}]$

$= 5,769 \times \frac{9.8}{60} \simeq 942[\text{W}] \simeq 0.94[\text{kW}]$

1-3

축동력

$H_2 = \frac{\gamma h Q}{\eta} = \frac{1,000 \times 15 \times 0.02}{0.85} \simeq 353[\text{kgf} \cdot \text{m/s}]$

$= \frac{353}{75}[\text{PS}] \simeq 4.7[\text{PS}]$

1-4

축동력 $H = \frac{PQ}{\eta}$에서 $0.5 \times 75 = \frac{250 \times Q}{0.45}$이므로

유량 $Q = \frac{0.5 \times 75 \times 0.45}{250} = 0.0675[\text{m}^3/\text{s}] \simeq 4.1[\text{m}^3/\text{min}]$

1-5

동력 $H = \frac{W}{t} = \gamma h Q$에서 일량 $W = \gamma h Q t$이며

단위질량당 펌프가 유체에 가해 준 일량

$\text{w} = W/m = \gamma h Q t / \dot{m} t = \gamma h Q t / \rho Q t = \gamma h / \rho$

$= 0.9 \times 10^3 \times 20 \times \frac{1}{0.9 \times 10^3} = 20[\text{kgf} \cdot \text{m/kg}]$

1-6

• 전압 P = 출구전압 − 흡입전압

$= \left(115 + \frac{1.2 \times 30^2 \times 10^{-3}}{2}\right) - 110 = 5.54[\text{kPa}]$

• 축동력 $H_2 = \frac{\gamma h Q}{\eta} = \frac{\gamma \times \frac{P}{\gamma} \times Q}{\eta} = \frac{PQ}{\eta}$

$= \frac{5.54 \times 3}{0.8} \simeq 20.78[\text{kW}]$

1-7

전 폴리트로프 효율

$\eta = [\eta_1 \times (1 - h_m)] \times 100[\%] = [0.94 \times (1 - 0.03)] \times 100[\%]$

$\simeq 91.2[\%]$

정답 1-1 ② 1-2 ① 1-3 ③ 1-4 ④ 1-5 ② 1-6 ④ 1-7 ②

핵심이론 02 기체 수송기계

① 기체 수송기계의 개요

㉠ 기체 수송기계의 종류 : 팬, 송풍기, 압축기

- 팬(Fan) : 작동압력 10[kPa] 미만
- 송풍기(Blower) : 작동압력 10[kPa] 이상 0.1[MPa] 미만
- 압축기(Air Compressor) : 작동압력 0.1[MPa] 이상

㉡ 발생하는 압력차가 작은 것부터 큰 순서 : 팬 < 송풍기 < 압축기

㉢ 터보기계의 성능 특성을 나타내는 데 사용되는 변수 : 비속도, 유량계수, 동력계수

② 팬(Fan)

㉠ 팬의 개요

- 팬은 운반용 운반 매체가 없는 공기량을 한 지점에서 다른 지점으로 옮기는 기체 수송기계이다.
- 압력범위 : 1,000[mmAq] 미만

㉡ 팬의 종류

- 축류형 : 프로펠러형, 튜브형, 베인형
- 사류형
- 원심형 : 후곡형(터보팬), 익형, 한정부하형, 방사형(플레이트 팬), 다익형(시로코 팬), 관류형

③ 송풍기(Blower)

㉠ 송풍기의 개요

- 국소배기장치의 저항을 극복하고, 필요한 양의 공기를 이송시키는 기체 수송기계이다.
- 압력범위 : 1~10[mAq]

㉡ 송풍기의 종류

- 축류송풍기 : 원심식 송풍기에 비해 풍량이 크지만, 정압이 낮고 소음이 크며 운전 시 효율이 급격히 떨어지는 특성이 있다. 종류로는 프로펠러송풍기, 축관형(송풍관붙이) 송풍기, 날개축형(안내깃붙이) 송풍기가 있다.
- 사류송풍기 : 유체유동의 흐름 방향이 원심형과 축류형의 중간(혼류형)인 송풍기이다.
  - 축류형 송풍기의 간결성과 소음이 작은 원심 송풍기의 장점을 가지고 있다.
  - 고속 회전이 가능하고 0.1[MPa] 압력까지 올릴 수 있다.
  - 효율이 좋다.
- 원심송풍기 : 다익송풍기(시로코), 레이디얼송풍기, 터보송풍기, 한정부하송풍기, 익형(Airfoil) 송풍기

④ 압축기(Air Compressor)

㉠ 압축기의 개요

- 압축기는 기체를 압축시켜 압력을 높이는 기계적 장치이다.
- 압축기는 LPG 이송 시 탱크로리 상부를 가압하여 액을 저장탱크로 이송시킬 때 사용되는 동력장치이다.
- 압축기의 주목표는 가스의 정압을 높이는 것이다.
- 기체수송용 압축기의 최대사용압력이 높은 순서 : 왕복압축기 > 원심압축기 > 회전압축기
- 2단 압축 시 압축일을 가장 적게 하는 중간 압력 : $\sqrt{P_1 \cdot P_2}$
- 폴리트로픽 압축 : 압축 중에 가해지는 열량의 일부가 외부로 방출되는 압축방식

㉡ 압축기의 종류

- 용적형 : 왕복식 압축기(피스톤식, 다이어프램식), 회전식 압축기(베인식, 루트식, 스크루식)
- 비용적형(터보형) : 원심식 압축기, 축류 압축기

㉢ 왕복식 압축기의 특징

- 압력비가 높다.
- 송출압력 변화에 따라 풍량의 변화가 작다.
- 송출량이 맥동적이므로 공기탱크가 필요하다.
- 회전속도가 늦다.
- 기계적 접촉 부분이 많다.
- 대풍량에 적합하지 않다.

㉣ 터보압축기의 특징

- 용량제어가 쉽고 범위도 넓다.
- 무급유식이다.
- 고속회전이 가능하다.
- 설치 면적이 작다.

㉤ 축류압축기의 특징
- 축류압축기는 동익과 정익이 조합된 익렬을 가지고 있으며 동익은 로터에 박혀 있다.
- 에너지 증가 구간 : 익렬

핵심예제

2-1. 다음 중 기체 수송에 사용되는 기계로 가장 거리가 먼 것은?
[2020년 제1·2회 통합]

① 팬　　② 송풍기
③ 압축기　　④ 펌 프

2-2. 원심송풍기에 속하지 않는 것은?
[2003년 제3회, 2014년 제1회, 2016년 제3회]

① 다익송풍기　　② 레이디얼송풍기
③ 터보송풍기　　④ 프로펠러송풍기

2-3. 원심식 압축기와 비교한 왕복식 압축기의 특징에 대한 설명으로 가장 거리가 먼 것은?
[2003년 제1회, 2006년 제3회, 2013년 제1회, 제2회 유사]

① 압력비가 낮다.
② 송출압력 변화에 따라 풍량의 변화가 작다.
③ 회전속도가 늦다.
④ 송출량이 맥동적이므로 공기탱크를 필요로 한다.

|해설|

2-1
펌프(Pump)는 비압축성 유체를 이송하는 기계이다.

2-2
프로펠러 송풍기는 축류 송풍기에 해당한다.

2-3
왕복식 압축기는 압력비가 높다.

정답 2-1 ④　2-2 ④　2-3 ①

핵심이론 03 비압축성 유체 수송기계 등

① 펌프의 개요

㉠ 펌프(Pump)
- 액체에 에너지를 주어 이것을 저압부(또는 낮은 곳)에서 고압부(또는 높은 곳)로 송출하는 기계
- 주로 비압축성 유체의 수송에 쓰이는 유체 수송기계
- 회전수가 일정할 경우 펌프의 특성곡선

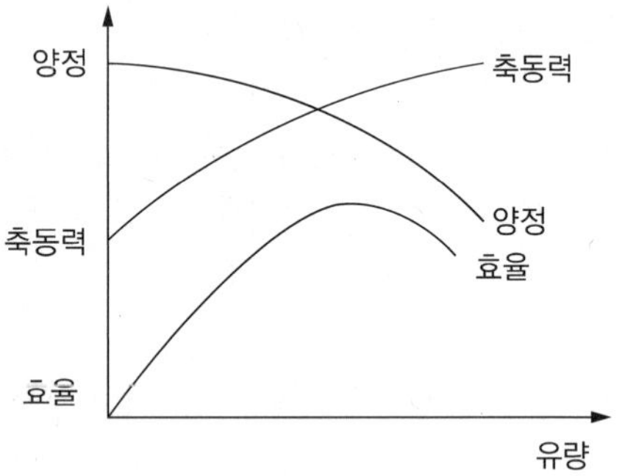

㉡ 펌프의 종류
- 왕복펌프 : 피스톤펌프, 플런저펌프, 다이어프램펌프 등
- 회전펌프 : 기어펌프, 나사펌프, 베인펌프 등(회전펌프는 연속 회전하므로 토출액의 맥동이 적다)
- 터보펌프 : 원심펌프(센트리퓨걸펌프 : 벌류트펌프, 터빈펌프), 축류펌프, 사류펌프, 마찰펌프 등
  - 벌류트펌프는 저양정 시동 시 물이 필요하다.
  - 터빈펌프는 고양정, 저점도의 액체에 적당하다.
- 특수펌프 : 제트펌프, 수격펌프 등
- 왕복식 펌프의 운전형식에서 차동식의 형태 : 피스톤이 1회 왕복할 때 1회 흡입하고 2회 배출한다.

㉢ 유효흡입수두 또는 유효흡입양정(NPSH ; Net Positive Suction Head)

NPSH = 펌프 흡입구에서의 전체 수두 − 포화증기압 수두 = 흡입부 전체두 − 증기압두

㉣ 펌프의 상사법칙(비례법칙)
- 유량 : $Q_2 = Q_1\left(\frac{N_2}{N_1}\right)^1\left(\frac{D_2}{D_1}\right)^3$

여기서, D : 직경
N : 회전수

- 양정 : $h_2 = h_1\left(\dfrac{N_2}{N_1}\right)^2\left(\dfrac{D_2}{D_1}\right)^2$
- 동력 : $H_2 = H_1\left(\dfrac{N_2}{N_1}\right)^3\left(\dfrac{D_2}{D_1}\right)^5$

ⓜ 비교회전도(비회전도 또는 비속도, Specific Speed, N_s) : 상사조건을 유지하면서 임펠러(회전차)의 크기를 바꾸어 단위유량에서 단위양정을 내게 할 때의 임펠러에 주어져야 할 회전수이다.

- 비속도(N_s) : $N_s = \dfrac{n \times \sqrt{Q}}{(h/Z)^{0.75}}$

  여기서, n : 회전수
  Q : 유량
  h : 양정
  Z : 단수

  - 양흡펌프의 경우는 $Z=2$로 한다.
  - 비속도는 무차원수가 아니므로 단위는 조건에 따라 다르지만, 일반적으로 [rpm], [m^3/min], [m^{-1}]으로 나타낸다.
- 비속도의 활용
  - 임펠러의 형상을 나타내는 척도에 이용한다.
  - 펌프의 성능을 나타내는 척도에 이용한다.
  - 최적 회전수의 결정에 이용한다.
- 펌프 크기와는 무관하고 임펠러의 형식을 표시한다.
- 비속도가 작을수록 유량이 적고, 양정은 높은 펌프이다. 이러한 펌프는 소요양정 20[m] 이상의 수도용 또는 취수용에 적합한 원심펌프, 왕복식 펌프, 소방용 펌프이다. 소방용 펌프는 비속도가 600 이하로 작다.
- 비속도가 클수록 유량이 많고, 양정은 낮은 펌프이다. 이러한 펌프는 소요양정 10[m] 이하의 수도용 또는 취수용에 적합한 축류식, 사류식 펌프이다.
- 고유량, 고양정의 경우는 다단펌프를 사용하여 비속도를 크게 한다.

② 왕복펌프

㉠ 왕복펌프의 개요

- 왕복펌프 : 유체를 공동에 가두었다가 고압으로 밀어냄으로써 일을 하는 장치로, 일반적으로 압력 상승이 크고 유량이 작다.
- 펌프작용이 단속적이므로 맥동이 일어나기 쉬워 이를 완화하기 위하여 공기실이 필요하다.

㉡ 왕복펌프의 특징

- 양수량이 적고, 저양정·고압에 적합하다.
- 저속운전에 적합하다.
- 고압을 얻을 수 있고 송수량 가감이 가능하다.
- 고압, 고점도 유체에 적당하다.
- 회전수가 변화되면 토출량은 변화하고, 토출압력은 변화가 작다.
- 토출량이 일정하여 정량토출이 가능하고, 수송량을 가감할 수 있다.
- 단속적인 송출이라 맥동이 일어나기 쉽고 진동이 있다.
- 고압으로 액의 성질이 변할 수 있고, 밸브의 그랜드 패킹의 고장이 많다.
- 동일 유량에 대하여 펌프체적이 크다.
- 같은 유량을 내는 원심펌프에 비하면 일반적으로 대형이다.
- 진동이 발생하고, 동일 용량의 원심펌프에 비해 크기가 커서 설치 면적이 크다.
- 송수압 변동이 심하다.
- 규정 이상 고속회전을 하면 효율이 저하된다.
- 양수량 조절이 어렵다.

㉢ 왕복펌프의 분류

- 양수작용에 따른 종류 : 단동식, 복동식, 차동식
  - 단동식 : 피스톤이 1회 왕복할 때 1회 흡입하고, 1회 배출한다.
  - 복동식 : 피스톤이 1회 왕복할 때 2회 흡입하고, 2회 배출한다.
  - 차동식 : 피스톤이 1회 왕복할 때 1회 흡입하고, 2회 배출한다.

• 구조에 따른 종류 : 피스톤펌프, 플런저펌프, 다이어프램펌프, 워싱턴펌프

㉣ 피스톤펌프 : 피스톤작용으로 물을 급수하는 펌프로, 수량이 많고 수압이 낮은 곳에 사용한다.

• 이론 송출량(Q_{th}) : $Q_{th} = Aln[\text{m}^3/\text{min}]$

여기서, A : 피스톤 단면적[m²]

l : 행정[m]

n : 회전수[rpm]

• 실제 송출량(Q) : $Q = \eta_V \frac{ASn}{60}[\text{m}^3/\text{s}]$

여기서, η_V : 체적효율

A : 피스톤 단면적[m²]

S : 행정[m]

n : 회전수[rpm]

㉤ 플런저펌프 : 플런저에 의해 급수하는 펌프로서, 구조가 간단하다.

㉥ 다이어프램펌프 : 산, 알칼리액을 수송하는 데 사용되는 펌프로, 격막펌프라고도 한다.

㉦ 워싱턴펌프 : 횡형 피스톤펌프로 구조가 간단하고 고장이 적으며, 보일러 급수용 펌프로 사용한다.

③ 회전펌프

㉠ 회전펌프의 특징

• 연속회전하므로 토출액의 맥동이 적다.

• 운동 부분과 고정 부분이 밀착되어 있어서 배출 공간에서부터 흡입 공간으로의 역류가 최소화된다.

• 경질 윤활유와 같은 유체 수송에 적합하다.

• 배출압력을 200[atm] 이상 얻을 수 있다.

㉡ 기어펌프 : 두 개의 회전기어를 사용하여 액체를 이동시키는 기계식 펌프이다.

㉢ 나사펌프 : 케이싱 속에 나사가 있는 로터(Rotor, 회전자)를 회전시켜 나사 홈 사이를 통해 액체를 축방향으로 밀어내어 흐르게 하는 펌프이다.

㉣ 베인펌프 : 로터가 내재된 케이싱 속에 다수의 베인(Vane, 날개)을 설치하여 회전시켜 유체를 흡입하고 송출하는 펌프로, 편심펌프라고도 한다.

④ 터보펌프

㉠ 원심펌프 : 충격이나 맥동 없이 액체를 균일한 압력으로 수송할 수 있으며, 그 두(Head)에 있어 제한을 받으므로 비교적 낮은 압력에서 사용하는 펌프이다.

• 원심펌프의 특징 : 고양정에 적합하고 양수량 조절이 용이하다.

• 양정거리가 짧고 양수량, 수송량이 많을 때 사용한다.

– 진동이 작아 고속운전에 적합하다.

– 액체를 비교적 균일한 압력으로 수송할 수 있다.

– 토출유동의 맥동이 작다.

– 왕복펌프에 비해 소형이며 구조가 간단하다.

– 마감점이 낮고 마감기동이 가능하다.

– 공기 바인딩 현상이 나타날 수 있다.

• 원심펌프의 종류

– 벌류트펌프 : 원심펌프 중 회전차 바깥둘레에 안내깃이 없는 펌프이다. 축에 날개차가 달려 있어 원심력으로 양수하며, 저양정 시동 시 물이 필요하다. 임펠러의 수에 따라 단단 벌류트펌프와 다단 벌류트펌프로 구분되며, 주로 20[m] 이하의 저양정에 사용된다.

– 터빈펌프 : 임펠러의 외주부에 안내날개가 달려 있어 물의 흐름을 조절하며, 고양정 · 저점도의 액체에 적당하다. 임펠러의 수에 따라 단단 터빈펌프와 다단 터빈펌프로 구분되며, 단단 터빈펌프는 저양정에, 다단 터빈펌프는 고양정에 사용된다.

㉡ 축류펌프 : 프로펠러형 임펠러를 회전시켜 액체를 축방향으로 보내는 펌프이다.

• 축류펌프의 특성

– 양력이 양정을 만드는 힘으로 작용한다.

– 비속도가 크기 때문에 회전속도를 크게 할 수 있다.

– 저양정(보통 10[m] 이하) 대용량에 사용한다.

– 비속도가 높은 영역에서는 원심펌프보다 효율이 높다.

- 날개수(깃의 수)가 증가하면 유량이 일정하지만 양정이 증가한다.
- 가동익(가동날개)의 설치 각도를 크게 하면 유량을 증가시킬 수 있다.
- 유체는 임펠러를 지나서 축 방향으로 유출된다.
- 농업용의 양수펌프, 배수펌프, 상하수도용 펌프에 이용된다.
- 체절 상태로 운전은 불가능하다.

㉢ 사류펌프 : 축류펌프와 구조가 비슷하지만 유체가 날개차의 축 방향으로 들어왔다가 축에 대해서 경사진 방향으로 유출되는 펌프이다.

- 원심펌프와 축류펌프의 중간적인 특징을 지닌다.
- 저양정 대유량에 사용된다.

㉣ 마찰펌프(Friction Pump) : 둘레에 많은 홈을 가진 임펠러를 고속회전시켜 케이싱 벽과의 마찰에너지에 의해 압력이 생겨 송수하는 펌프

- 웨스코펌프(Westco Rotary Pump)라고 하는 와류펌프(Vortex Pump)가 대표적이다.
- 구조가 간단하고 구경에 비해 고양정이다.
- 운전 및 보수가 쉽다.
- 주택의 소형 우물용 펌프, 보일러의 급수펌프에 적합하다.
- 토출량이 적고 효율이 낮다.

⑤ **특수펌프**

㉠ 제트펌프 : 증기의 분류(제트)로 액체를 수송하는 펌프이다.

- 수중에 제트(Jet)부를 설치하고 벤투리관의 원리를 이용하여 증기 또는 물을 고속으로 노즐에서 분사시켜 압력 저하에 의한 흡인작용으로 양수하는 펌프이다.
- 분사펌프라고도 한다.
- 가동부가 없어 고장이 적고, 취급이 간단하다.
- 증기를 사용하여 보일러의 급수에 사용하는 인젝터, 물 또는 공기를 사용해서 오수를 배출시키는 배수펌프, 깊은 우물의 양수에 사용되는 가정용 제트펌프(흡상 높이 12[m]까지 가능) 등에 사용된다.
- 효율이 낮다.

㉡ 수격펌프 : 높은 곳에서 원형 관 속을 흘러 떨어지는 물의 에너지만 사용하며 그 물의 일부를 보다 높은 곳으로 양수하는 펌프이다.

㉢ 나쉬(Nash)펌프 : 물이나 다른 액체를 넣은 타원형 용기를 회전하여 유독성 기체를 수송하는 데 사용하는 수송장치

⑥ **수차(Hydraulic Turbine, 수력터빈)**

㉠ 개 요

- 수차는 물이 지닌 에너지를 기계적 에너지로 변환시키켜 물을 수송하는 장치이다.
- 물이 지닌 에너지 : 위치에너지(낙차, Head), 속도에너지, 압력에너지

㉡ 수력을 이용하여 동력을 얻는 방식

- 수로식 : 산간의 고낙차(200[m] 이상), 중낙차(50~200[m])의 발전소 하천에 댐을 만들어 취수한다. 수로를 거쳐 물탱크에 물을 유도하며 수로의 기울기는 1/1,500 1/2,000이다.
- 댐식 : 저수지, 조정지, 댐 등을 설치하여 발전하며, 저낙차(50[m] 이하) 발전소에서 사용한다.
- 댐-수로식 : 수로식과 댐식의 중간의 특징을 지닌다.
- 양수식 : 야간 여유 전력으로 양수한다. 전력 수요가 적은 시간에 펌프를 이용하여 물을 표고가 높은 저수지에 공급하여 저장하고 전력 수요가 많은 시간에 저수지의 물을 이용하여 수차를 운전하여 전력을 생산하는 수력발전의 형태이다. 고낙차 소유량에 이용되며 펌프와 수차의 기능을 동시에 할 수 있는 펌프수차를 이용한다.
- 조력식 : 조석간만의 차가 심한 해안에 댐을 설치하여 동력을 얻는 방식이다.

㉢ 낙 차

- 자연낙차(h_g, 총낙차) : 취수구와 방수로의 고저차
- 유효낙차(h) : 총낙차에서 수로, 수압관, 방수로의 손실수두를 뺀 것

$$h = h_g - (\Delta h_1 + \Delta h_2 + \Delta h_3)$$

여기서, Δh_1 : 수로의 손실수두

Δh_2 : 수압관의 손실수두

Δh_3 : 방수로의 손실수두

$$h = \frac{L}{13.3\eta Q}[\mathrm{m}]$$

여기서, L : 수차의 실제 출력[PS]

η : 수차의 효율

Q : 수량[$\mathrm{m^3/s}$]

㉣ 수차에서 얻는 수두(h)

- 유입하는 물이 갖는 수두(h_1) :

$$h_1 = \frac{v_1^2}{2g} + \frac{P_1}{\gamma} + h_t$$

여기서, v_1^2 : 유입속도

g : 중력가속도

P_1 : 유입압력

γ : 물의 비중량

h_t : 유입구와 유출구의 높이차

- 유출하는 물이 갖는 수두(h_2) :

$$h_2 = \frac{v_2^2}{2g} + \frac{P_2}{\gamma}$$

여기서, v_2^2 : 유출속도

g : 중력가속도

P_2 : 유출압력

γ : 물의 비중량차

- $h = h_1 - h_2$

㉤ 물에너지의 종류에 의한 수차의 분류

- 충동 수차 : 속도에 의한 영향을 이용하는 수차로, 충격식 수차라고도 하며 펠톤 수차가 대표적이다.
  - 수압관을 거쳐 노즐에서 분류된 물줄기가 회전자 둘레의 버킷에 충돌하여 회전력을 전달하는 수차
  - 속도수두의 항이 전수두의 대부분을 차지한다.
  - 고낙차 저수량에 사용된다.
- 반동 수차 : 물의 속도에너지와 압력에너지를 동시에 이용하는 수차
  - 프랜시스(Francis) 수차 : 중낙차용
  - 프로펠러 수차 : 저낙차, 대유량용
  - 카플란 수차 : 가동깃 프로펠러 수차
- 중력 수차 : 주로 위치에너지, 즉 유입구와 유출구의 높이차(h_t)에 의한 영향을 이용하는 수차로, 물레방아가 대표적이다.

㉥ 물이 수차에 미치는 방향에 의한 분류

- 접선 수차(Tangential Wheel) : 제트가 수차에 접선 방향으로 작용하는 수차로, 펠톤 수차가 이에 해당한다.
- 반경류 수차(Radial Flow Turbine) : 내향류형 수차로, 프란시스 수차가 이에 해당한다.
- 혼류 수차(Mixed Flow Turbine) : 비속도가 큰 프랜시스 수차가 이에 해당한다.
- 축류 수차(Propeller Turbine) : 고정익(프로펠러 수차), 가동익(카플란 수차)

⑦ 밸 브

㉠ 체크밸브 : 역류를 방지하고 유체를 한 방향으로 수송시킬 때 사용하는 밸브이다.

㉡ 게이트 밸브 : 섬세한 유량 조절이 힘들다.

㉢ 글로브 밸브 : 가정에서 사용하는 수도꼭지와 같은 것으로 유체의 흐름 방향을 변화시킬 수 있고, 섬세한 유량 조절이 가능한 밸브이다.

㉣ 왕복펌프의 밸브 설계 시 유의할 점

- 밸브의 개폐가 정확해야 할 것
- 물의 밸브를 지날 때의 저항을 최소한으로 할 것
- 누설을 방지할 것
- 내구성이 있을 것

핵심예제

3-1. 왕복펌프의 특징으로 옳지 않은 것은?

[2006년 제1회 유사, 2019년 제2회]

① 저속운전에 적합하다.
② 같은 유량을 내는 원심펌프에 비하면 일반적으로 대형이다.
③ 유량은 적어도 되지만 양정이 원심펌프로 미칠 수 없을 만큼 고압을 요구하는 경우는 왕복펌프가 적합하지 않다.
④ 왕복펌프는 양수작용에 따라 분류하면 단동식과 복동식 및 차동식으로 구분된다.

3-2. 원심펌프에 대한 설명으로 옳지 않은 것은?

[2003년 제2회 유사, 2019년 제3회]

① 액체를 비교적 균일한 압력으로 수송할 수 있다.
② 토출유동의 맥동이 작다.
③ 원심펌프 중 벌류트펌프는 안내깃을 갖지 않는다.
④ 양정거리가 크고 수송량이 적을 때 사용된다.

3-3. 축류펌프의 특징에 대해 잘못 설명한 것은?

[2011년 제2회 유사, 제3회, 2017년 제3회, 2018년 제2회 유사]

① 가동익(가동날개)의 설치 각도를 크게 하면 유량을 감소시킬 수 있다.
② 비속도가 높은 영역에서는 원심펌프보다 효율이 높다.
③ 깃의 수를 많이 하면 양정이 증가한다.
④ 체절 상태로 운전은 불가능하다.

3-4. 성능이 동일한 n대의 펌프를 서로 병렬로 연결하고 원래와 같은 양정에서 작동시킬 때 유체의 토출량은?

[2008년 제1회, 2010년 제2회, 2014년 제1회, 2018년 제1회]

① $1/n$로 감소한다.
② n배로 증가한다.
③ 원래와 동일하다.
④ $1/(2n)$로 감소한다.

3-5. 동일한 펌프로 동력을 변화시킬 때 상사조건이 되려면 동력은 회전수와 어떤 관계가 성립하여야 하는가? [2018년 제2회]

① 회전수의 1/2승에 비례
② 회전수와 1대 1로 비례
③ 회전수의 2승에 비례
④ 회전수의 3승에 비례

3-6. 단수가 Z인 다단펌프의 비속도는 다음 중 어느 것에 비례하는가?

[2006년 제2회 유사, 2016년 제1회]

① $Z^{0.33}$
② $Z^{0.75}$
③ $Z^{1.25}$
④ $Z^{1.33}$

3-7. 펌프에서 전체 양정 10[m], 유량 15[m³/min], 회전수 700[rpm]을 기준으로 한 비속도는? [2017년 제2회]

① 271
② 482
③ 858
④ 1,050

|해설|

3-1
왕복펌프는 양수량이 적고, 저양정·고압에 적합하다.

3-2
원심펌프는 양정거리가 짧고, 수송량이 많을 때 사용된다.

3-3
가동익(가동날개)의 설치 각도를 크게 하면 유량을 증가시킬 수 있다.

3-4
펌프의 직렬연결과 병렬연결
- 직렬연결 : 양정 증가, 유량 불변
- 병렬연결 : 유량 증가, 양정 불변

3-5
동력 $H_2 = H_1\left(\frac{N_2}{N_1}\right)^3\left(\frac{D_2}{D_1}\right)^5$ 이므로, 동력은 회전수의 3승에 비례한다.

3-6
비속도는 $N_s = \frac{n\times\sqrt{Q}}{(h/Z)^{0.75}}$ 이므로
단수가 Z인 다단펌프의 비속도는 $Z^{0.75}$에 비례한다.
여기서, n : 회전수
Q : 유량
h : 양정
Z : 단수

3-7
비속도 $N_s = \frac{n\times\sqrt{Q}}{(h/Z)^{0.75}} = \frac{700\times\sqrt{15}}{10^{0.75}} \simeq 482$

정답 3-1 ③ 3-2 ④ 3-3 ① 3-4 ② 3-5 ④ 3-6 ② 3-7 ②

핵심이론 04 유체 수송기계의 이상현상

① 캐비테이션(Cavitation, 공동현상)

㉠ 캐비테이션

- 펌프의 흡입압력이 유체의 증기압보다 낮을 때 유체 내부에서 기포(Vapor Pocket)가 발생하는 현상
- 관 내 유체의 급격한 압력 강하에 따라 수중에서 기포가 분리되는 현상
- 원심펌프가 높은 능력으로 운전되는 경우 임펠러 흡입부의 압력이 유체의 증기압보다 낮아지면 흡입부의 유체는 증발하게 되며, 이 증기는 임펠러의 고압부로 이동하여 갑자기 응축되는 현상

㉡ 캐비테이션 발생에 따른 현상

- 소음과 진동 발생
- 양정곡선의 하강(양정의 저하)
- 효율곡선의 저하(효율의 감소)
- 펌프 깃의 마모와 침식
- 펌핑 중단

㉢ 캐비테이션의 발생원인

- 흡입압력(Suction Pressure)이 증기압보다 낮을 때
- 흡입압력수두와 증기압수두의 차가 유효흡입수두(Net Positive Suction Head)보다 낮을 때
- 흡입압력수두가 증기압수두와 유효흡입수두의 합보다 낮을 때
- 과속으로 유량이 증대될 때
- 관로 내의 온도가 상승할 때
- 흡입양정이 길 때
- 흡입의 마찰저항이 증가할 때

㉣ 캐비테이션 방지방법

- 흡입배관계는 흡입관 지름을 크게 하고, 가능한 한 굽힘을 작게 한다.
- 펌프의 설치 높이를 낮추어 흡입양정을 작게 한다.
- 펌프의 회전수를 낮추어 흡입비교회전도를 작게 한다.
- 양흡입펌프 또는 2대 이상의 펌프를 사용한다.
- 손실수두를 작게 한다.

② 서징(Surging)현상

㉠ 개 요

- 서징현상은 펌프의 송출압력과 송출유량 사이에 주기적인 변동이 일어나는 현상이다.
- 맥동현상이라고도 한다.

㉡ 서징에 의한 현상

- 펌프의 운전 중에 압력계기의 눈금이 주기적으로 큰 진폭으로 흔들린다.
- 토출량의 주기적인 변동이 발생한다.
- 흡입 및 토출배관의 주기적인 진동과 소음을 수반한다.
- 일단 발생되면 변동주기는 비교적 일정하고, 송출밸브로 송출량을 조작하여 인위적으로 운전 상태를 바꾸지 않는 한 상태가 지속된다.
- 펌프의 수명을 단축시킨다.

㉢ 서징의 발생원인

- 펌프의 유량변동이 있을 때
- 관 속을 흐르는 유체의 유량이 급격히 변화될 때
- 펌프의 유량 – 양정곡선이 우향 상승 구배곡선일 때
- 배관 중에 수조나 공기조가 있을 때
- 유량조절밸브가 수조나 공기조의 뒤쪽에 있을 때

㉣ 서징 방지방법

- 배관 내 경사를 완만하게 해 준다.
- 교축밸브를 기계에 가까이 설치한다.
- 토출가스를 흡입측에 바이패스시킨다.
- 공기실(에어챔버)을 설치한다.

③ 워터해머현상(Water Hammering, 수격현상)

㉠ 수격현상은 관 내를 흐르고 있는 액체의 유속을 급격히 변화시키면 발생할 수 있는 현상이다.

㉡ 유체가 흐르는 배관 내에서 갑자기 밸브를 닫았더니 급격한 압력 변화가 일어났을 때 발생할 수 있는 현상이다.

핵심예제

4-1. 원심펌프의 공동현상 발생의 원인으로 다음 중 가장 거리가 먼 것은?

[2009년 제2회 유사, 2013년 제3회 유사, 2015년 제2회, 2016년 제2회 유사]

① 과속으로 유량이 증대될 때
② 관로 내의 온도가 상승할 때
③ 흡입양정이 길 때
④ 흡입의 마찰저항이 감소할 때

4-2. 캐비테이션 발생에 따른 현상으로 가장 거리가 먼 것은?

[2008년 제1회, 2013년 제3회, 2019년 제3회]

① 소음과 진동 발생
② 양정곡선의 상승
③ 효율곡선의 저하
④ 깃의 침식

4-3. 펌프의 캐비테이션을 방지할 수 있는 방법이 아닌 것은?

[2004년 제2회 유사, 2006년 제1회, 2014년 제2회 유사, 2015년 제3회, 2016년 제1회 유사]

① 펌프의 설치 높이를 낮추어 흡입양정을 작게 한다.
② 펌프의 회전수를 낮추어 흡입비교회전도를 작게 한다.
③ 양흡입펌프 또는 2대 이상의 펌프를 사용한다.
④ 흡입배관계는 관경과 굽힘을 가능한 한 작게 한다.

4-4. 서징(Surging)현상의 발생원인으로 거리가 가장 먼 것은?

[2008년 제2회 유사, 2012년 제1회, 2018년 제1회]

① 펌프의 유량-양정곡선이 우향 상승 구배곡선일 때
② 배관 중에 수조나 공기조가 있을 때
③ 유량조절밸브가 수조나 공기조의 뒤쪽에 있을 때
④ 관 속을 흐르는 유체의 유속이 급격히 변화될 때

|해설|

4-1
흡입의 마찰저항이 증가할 때 공동현상이 발생한다.

4-2
캐비테이션이 발생하면 양정곡선이 하강한다.

4-3
흡입배관계는 관경을 크게 하고, 가능한 한 굽힘을 작게 한다.

4-4
관 속을 흐르는 유체의 유량이 급격히 변화될 때

정답 4-1 ④ 4-2 ② 4-3 ④ 4-4 ④

제7절 | 유체 계측

핵심이론 01 비중량 · 점성계수 측정

① 비중량(γ) 측정

㉠ 비중병(Pycnometer, 피크노미터)

액체의 비중량 $\gamma = \dfrac{(\text{용기 무게} + \text{액체 무기}) - \text{용기 무게}}{\text{용기의 체적}}$

$= \dfrac{W_2 - W_1}{V}$

㉡ 아르키메데스(Archimedes)의 원리를 이용한 비중량 측정

- 무게를 알고 있는 추를 이용한다.
- 부력(F_B)과 물체의 무게(W)가 같으므로

$F_B = W$이며,

$F_B = \gamma_{유체} \times V_{잠긴\ 부분}$, $W = \gamma_{물체} \times V_{물체}$이므로

$\gamma_{유체} \times V_{잠긴\ 부분} = \gamma_{물체} \times V_{물체}$에서

$\gamma_{유체} = \dfrac{\gamma_{물체} \times V_{물체}}{V_{잠긴}}$이다.

㉢ U자관

- 압력평형식을 이용한다.

$P_A = P_B$에서 $\gamma_2 l_2 = \gamma_1 l_1$이므로 2의 비중량은

$\gamma_2 = \dfrac{l_1}{l_2}\gamma_1$

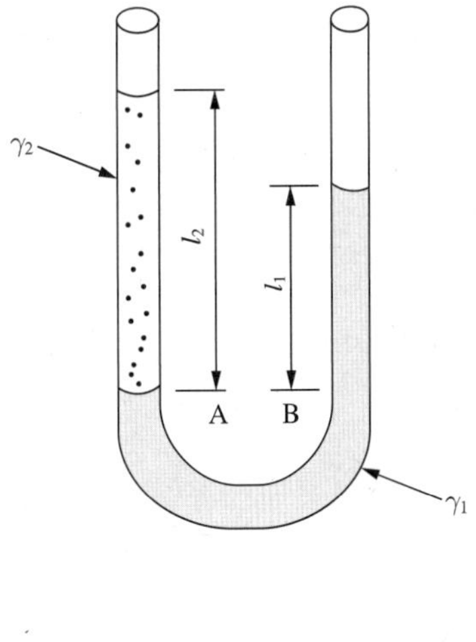

㉣ 비중계

- 가늘고 긴 유리관 아랫부분을 굵게 하고, 최하단에 수은을 넣어 액체 중에 똑바로 세워 액체 비중량을 측정한다.
- 가는 관을 물에 세웠을 때 수면과 관이 만나는 곳의 눈금을 읽는다.

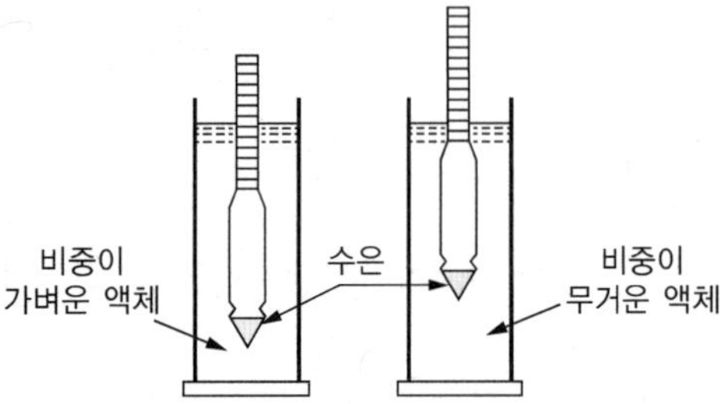

② 점성계수(μ) 측정

㉠ 낙구식 점도계 : 스토크스법칙 이용

㉡ 오스트발트(Ostwald) 점도계, 세이볼트(Saybolt) 점도계 : 하겐-푸아죄유방정식 이용

㉢ 맥마이클(Macmichael) 점도계, 스토머(Stomer) 점도계 : 뉴턴의 점성법칙 이용

핵심예제

1-1. 어떤 유체의 액면 아래 10[m]인 지점의 계기압력이 2.16[kgf/cm²]일 때 이 액체의 비중량은 몇 [kgf/m³]인가?

[2006년 제2회, 2013년 제1회, 2017년 제1회, 2022년 제2회]

① 2,160　② 216
③ 21.6　④ 0.216

1-2. 비중량이 30[kN/m³]인 물체가 물속에서 줄(Rope)에 매달려 있다. 줄의 장력이 4[kN]이라고 할 때 물속에 있는 이 물체의 체적은 얼마인가? [2019년 제2회]

① 0.198[m³]　② 0.218[m³]
③ 0.225[m³]　④ 0.246[m³]

1-3. 20[℃]에서 어떤 액체의 밀도를 측정하였다. 측정용기의 무게가 11.6125[g], 증류수를 채웠을 때가 13.1682[g], 시료용액을 채웠을 때 12.8749[g]이라면 이 시료액체의 밀도는 약 몇 [g/cm³]인가?(단, 20[℃]에서 물의 밀도는 0.99823[g/cm³]이다) [2009년 제2회, 2021년 제1회, 제2회]

① 0.791　② 0.801
③ 0.810　④ 0.820

|해설|

1-1

비중량 $\gamma = \frac{P}{h} = \frac{2.16\times 10^4}{10} = 2{,}160[\mathrm{kgf/m^3}]$

1-2

줄의 장력을 W, 물체를 1, 물을 2라고 하면,

$\gamma_1 \times V - W = \gamma_2 \times V$에서 $30\times V - 4 = 9.8\times V$이므로

$V = \frac{4}{20.2} \simeq 0.198[\mathrm{m^3}]$

1-3

시료액체의 밀도

$$\rho = \frac{\text{시료액체 무게}}{\text{증류수 무게}} \times \text{물의 밀도}$$

$$= \frac{12.8749 - 11.6125}{13.1682 - 11.6125} \times 0.99823 \simeq 0.810[\mathrm{g/cm^3}]$$

정답 1-1 ① 1-2 ① 1-3 ③

핵심이론 02 압력 · 유속 · 유량 · 측정

① 압력 측정

㉠ Mercury Barometer(수은기압계) : 수은을 이용하여 대기압을 측정하는 기압계이다. 수은을 사용하는 가장 큰 이유는 수은의 비중이 크기 때문이다. 수은의 비중이 물의 비중보다 13.6배나 무거워서 기압 측정을 위한 높이를 그만큼 더 낮게 할 수 있다.

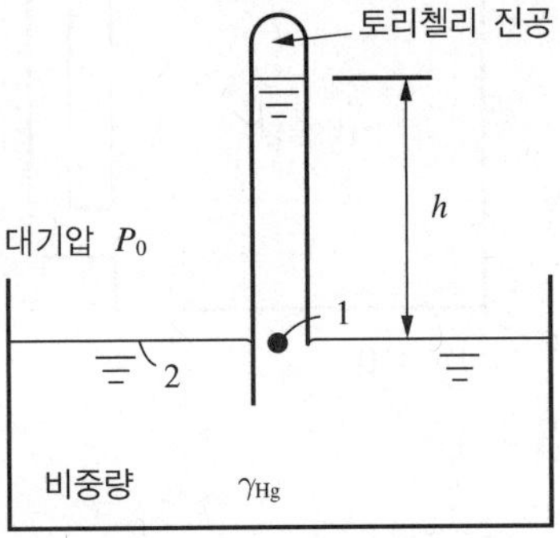

$P_1 = P_2$

$P_1 = P_v + \gamma h$, $P_2 = P_0$(대기압)

$P_0 = P_v + \gamma h$에서

P_v는 기체증발압으로 0이 되므로

$P_0 = \gamma_{Hg} h$

㉡ Manometer(액주계) : 밀도를 알고 있는 액체의 액주 높이를 측정하여 유체의 압력을 구하는 계기이다. Inclined-tube Manometer는 액주를 경사시켜 계측의 감도를 높인 압력계이다.

㉢ Micro Manometer(미압계) : 두 원관 속을 미소한 압력차로 흐르는 기체의 작은 압력차를 측정하는 압력계이다.

• 비경사미압계

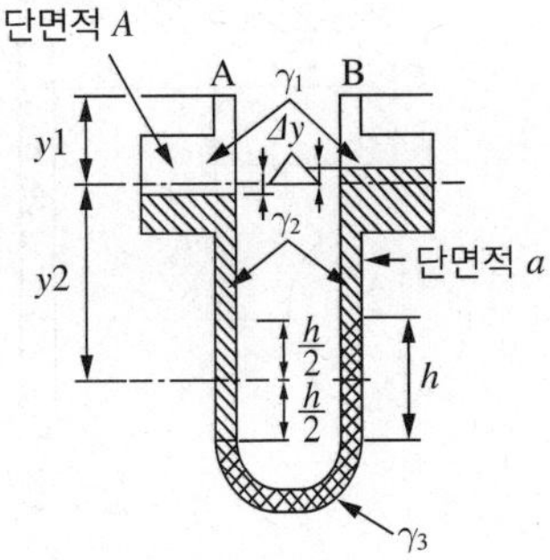

$$\Delta P = P_A - P_B$$

$$= h\left\{\gamma_3 - \gamma_2\left(1 - \frac{a}{A}\right) - \gamma_1 \frac{a}{A}\right\}$$

• 경사미압계

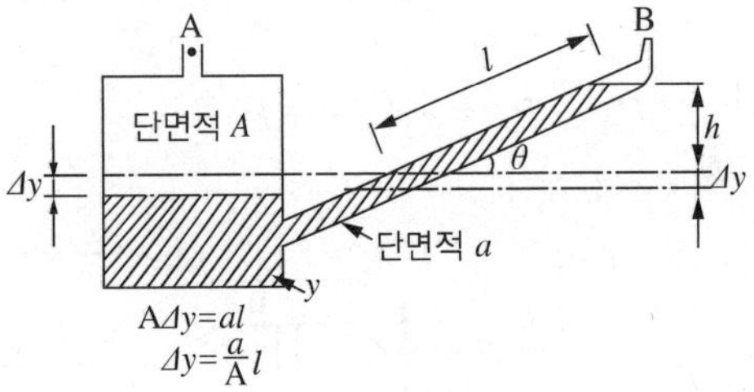

$$\Delta P = P_A - P_B = \gamma l\left(\sin\theta + \frac{a}{A}\right)$$

㉣ 시차액주계 : 두 개의 탱크나 관 속에 있는 유체의 압력을 측정한다.

• U자관

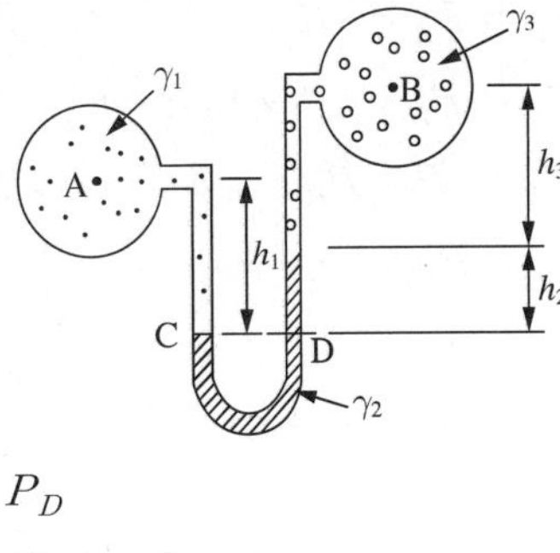

$P_C = P_D$

$P_C = P_A + \gamma_1 h_1$

$P_D = P_B + \gamma_2 h_2 + \gamma_3 h_3$

$P_A - P_B = \gamma_3 h_3 + \gamma_2 h_2 - \gamma_1 h_1$

• 역U자관

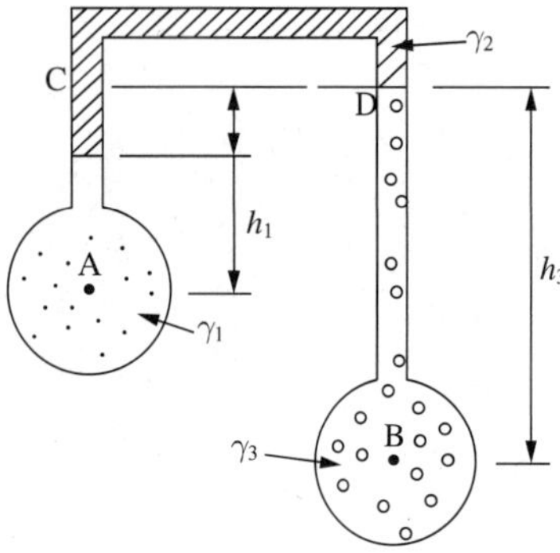

$P_C = P_D$

$P_C = P_A - \gamma_1 h_1 - \gamma_2 h_2$

$P_D = P_B - \gamma_3 h_3$

$P_A - \gamma_1 h_1 - \gamma_2 h_2 = P_B - \gamma_3 h_3$

$P_A - P_B = \gamma_1 h_1 + \gamma_2 h_2 - \gamma_3 h_3$

• 축소관

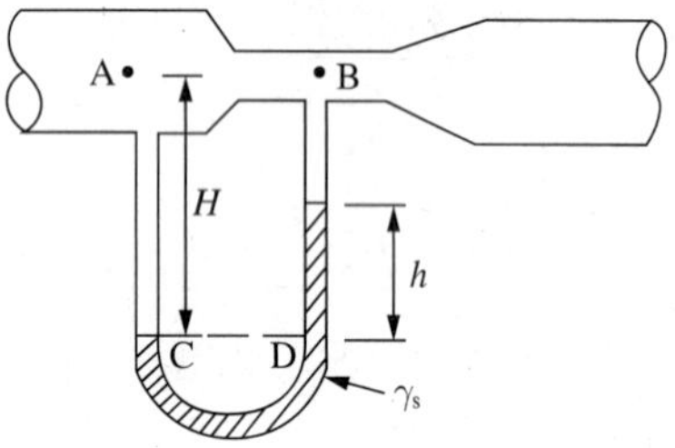

$P_C = P_D$

$P_C = P_A + \gamma H$

$P_D = P_B + \gamma_s h + \gamma(H - h)$

$P_A + \gamma H = P_B + \gamma_s h + \gamma(H - h)$

$P_A - P_B = (\gamma_s - \gamma)h$

㉤ Piezometer(간단한 액주계) : 탱크, 용기, 관 속의 작은 유압을 측정하는 액주계이다. 유동하는 유체가 교란되지 않고 균일하게 유동할 때 매끄러운 관에서 액주계의 높이차 Δh를 측정하여 유체의 정압을 측정한다.

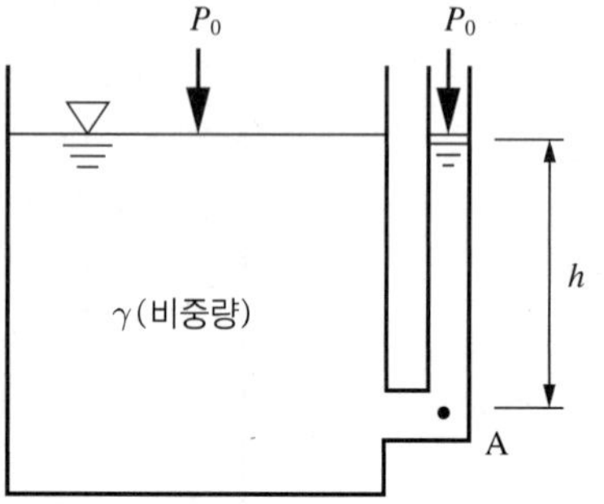

$P_A - \gamma h = 0$

$P_A = \gamma h$

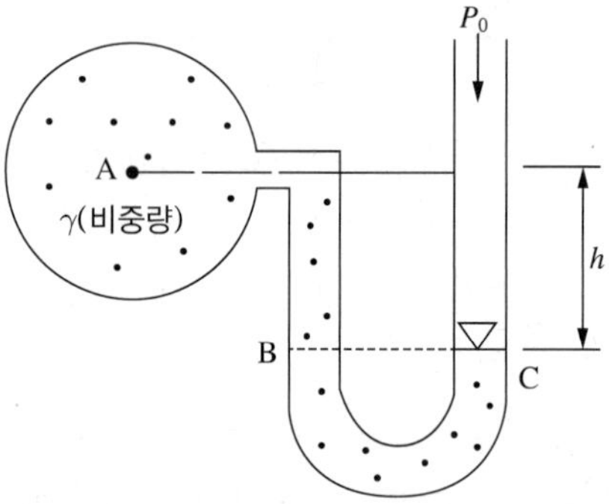

$P_B = P_C,\ P_B = P_A + \gamma h,\ P_C = P_0$

$P_A + \gamma h = P_0$에서 $P_A = P_0 - \gamma h$

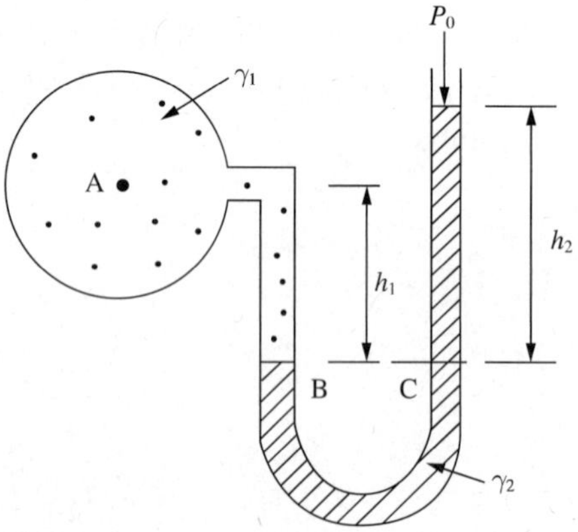

$$P_B = P_C,\ P_B = P_A + \gamma_1 h_1$$
$$P_C = P_0 + \gamma_2 h_2$$
$$P_A + \gamma_1 h_1 = P_0 + \gamma_2 h_2$$
$$P_A = P_0 + \gamma_2 h_2 - \gamma_1 h_1 \text{(절대압력)}$$
$$P_A = \gamma_2 h_2 - \gamma_1 h_1 \text{(게이지압력)}$$

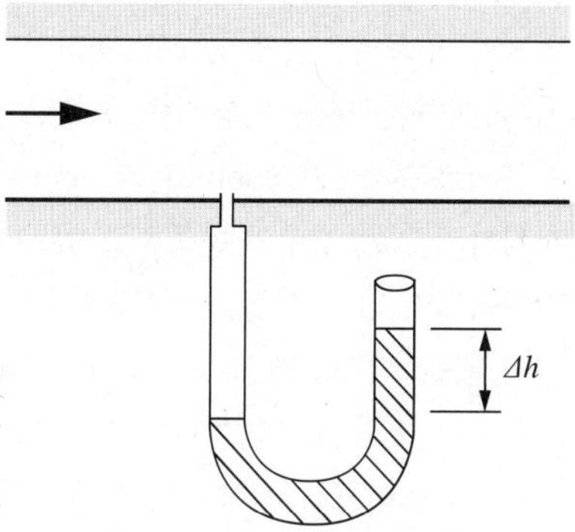

[피에조미터(Piezometer)]

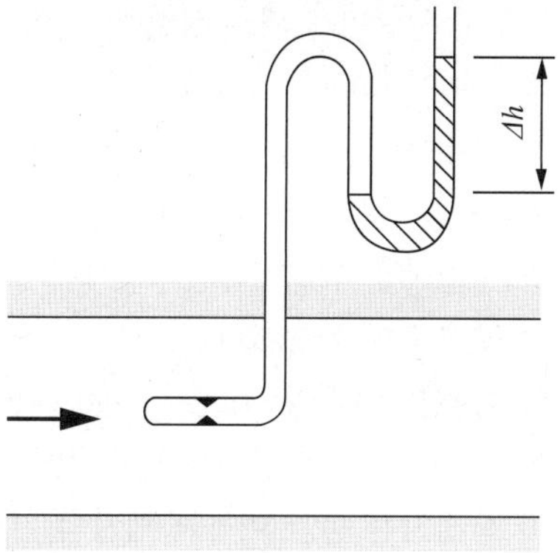

[정압관]

ⓑ 정압관(Static Tube) : 내부 벽면이 거칠어 피에조미터를 사용하기 곤란한 경우 정압관을 마노미터에 연결하여 액주계의 높이차 Δh를 측정하여 유체의 정압을 측정한다.

② 유속 측정

유동하는 유체의 동압 측정으로 유속을 측정한다.

㉠ 피토관(Pitot Tube) : 유체의 총압과 정압의 차이로부터 동압을 구하고 이로부터 다시 유속을 구한다.

- 측정원리는 베르누이 정리이다.

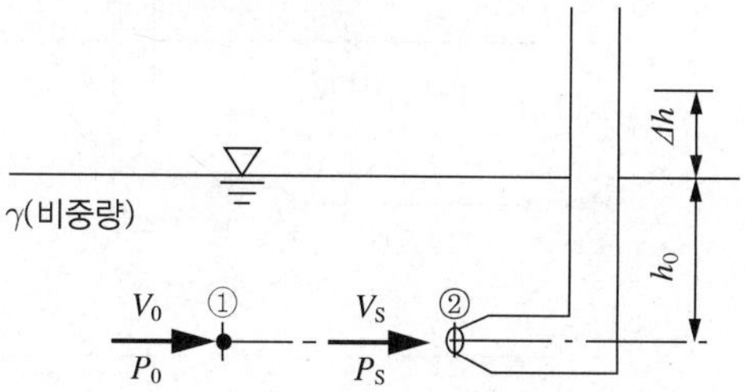

- 선단에 구멍이 있고 직각으로 굽은 관으로, 구멍을 이용하여 유속을 측정한다. 개수로나 강의 유속 측정에 이용한다.

$$\text{유속 } v = \sqrt{2g\left(\frac{P_s - P_0}{\gamma}\right)} = \sqrt{2g\Delta h}$$

- 피토관의 입구에는 동압과 정압의 합인 정체압이 작용한다.
- 측정된 유속은 정체압과 정압 차이의 제곱근에 비례한다.

㉡ 시차액주계(피에조미터 + 피토관)

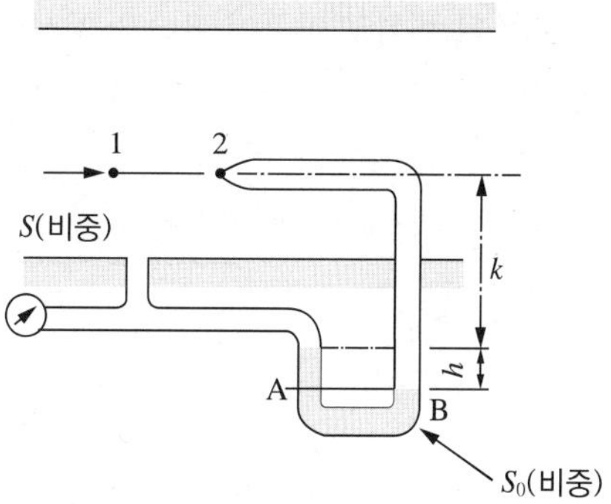

- 피에조미터와 피토관을 조합한 것으로, 두 곳의 압력(두 개의 탱크나 관 속에 있는 유체압력)을 비교 측정하여 유속을 구한다.

$$\text{유속 } v = \sqrt{2gh\left(\frac{\gamma_0}{\gamma} - 1\right)} = \sqrt{2gh\left(\frac{S_0}{S} - 1\right)}$$

㉢ 피토-정압관(Pitot-static Tube)

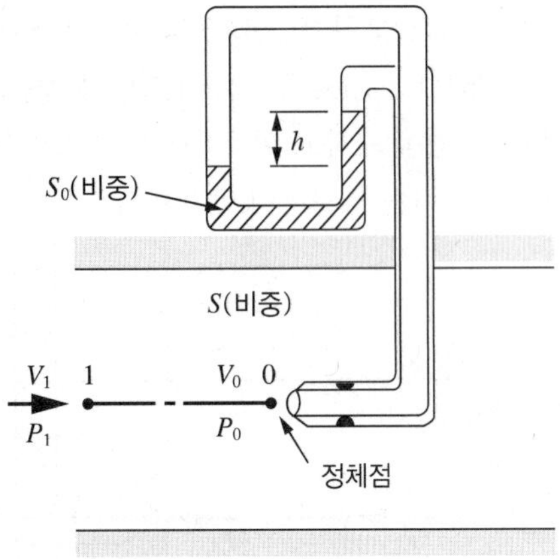

• 피토관과 정압관을 결합하여 유동하고 있는 유체에 대한 동압을 측정하여 유속을 측정한다.

• 유속 $v = \sqrt{2gh\left(\dfrac{S_0}{S} - 1\right)}$ 이며, 계측기의 저항손실을 고려하면 최종 유속을 구하는 식은

$v = C_v\sqrt{2gh\left(\dfrac{S_0}{S} - 1\right)}$ [m/s]이 된다.

여기서, C_v : 속도계수

• 비행기의 속도 측정에 적합하다.

㉣ 열선유속계(Hot-wire) : 전열선의 온도 변화를 전기저항의 변화로 바꾸어 유속을 계산한다. 난류유동과 같이 매우 빠르게 변화는 유체의 속도를 측정한다. 기체유동의 국소속도를 직접 측정하며, 열선속도계 또는 열선풍속계라고도 한다.

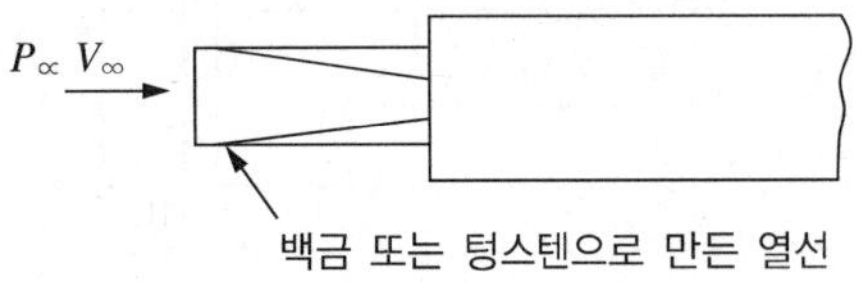

• 두 개의 작은 지지대 사이에 연결된 가는 선(직경 0.01[mm] 이하, 길이 1[mm])을 유동장 내에 넣어 전기적으로 가열하여 난류유동과 같이 매우 빠른 유체의 속도를 측정하는 계측기이다.

㉤ 역U자관(Inverted U Tube) 액주계 : 수두차를 읽어 관 내 유체의 속도를 측정할 때 계기유체(Gage Fluid)의 비중이 관 내 유체보다 작은 경우, U자관(U Tube) 액주계는 관 내 유체가 아래로 흘러서 수두차를 읽을 수 없어 수두차를 읽기 위해서는 위에 떠 있어야 하므로 역U자관을 사용한다.

㉥ 회전형 유속계 : 날개차, 프로펠러의 회전수가 유속에 비례하는 것을 이용하여 유속을 측정한다.

㉦ 초음파유속계(Ultrasound Velocimetry) : 유체가 정지하고 있는 경우와 운동하고 있는 경우의 외관상 전파속도가 다른 성질을 이용하여 유속을 측정한다.

㉧ 레이저도플러속도계(LDV : Laser Doppler Velocimetry) : 빛의 도플러효과를 이용하여 유속을 측정한다. 도플러효과는 움직이는 물체에 빛을 조사하면 빛이 산란되면서 물체의 속도에 비례하는 주파수 변화를 일으키게 되는 성질이다. 이 주파수차를 도플러 편이(Doppler Shift) 또는 도플러 주파수라고 하며 유속으로 환산할 수 있다. 운동하는 물체에 레이저광을 조사하고 그 산란광의 주파수 변화로 운동하는 물체의 속도를 측정하기 때문에 입자가 있어야 속도 측정이 가능하다.

㉨ 입자영상유속계(Particle Image Velocimetry) : 유동장 내에 포함된 입자를 레이저와 카메라를 사용하여 특정시간 동안 이동한 입자의 거리를 추적하여 유속을 측정한다.

③ 유량 측정

㉠ 관로 내에서의 유량 측정 : 관의 단면에 축소 부분이 있어서 유체를 그 단면에서 가속시킴으로써 생기는 압력 강하를 이용하여 유량을 측정한다. 벤투리미터, 노즐, 오리피스 등이 이에 해당한다.

㉡ 벤투리미터(Venturi Meter) : 연속방정식과 베르누이 방정식을 이용한 압력평형식 유량측정기로, 입구에서 단면이 점차 감소되어 유체를 가속시켜 압력 강하를 발생시켜 유량을 측정한다.

• 가장 정확한 유량측정장치 중의 하나이다.

- 단면 1과 단면 2의 단면적, 평균유속 및 압력을 각각 A_1, v_1, P_1 및 A_2, v_2, P_2라고 하고, 두 점에 베르누이 방정식을 적용하면,

  $\frac{v_1^2}{2g}+z_1+\frac{P_1}{\gamma}=\frac{v_2^2}{2g}+z_2+\frac{P_2}{\gamma}$ 이며

  $z_1=z_2$이므로 $\frac{v_1^2}{2g}+\frac{P_1}{\gamma}=\frac{v_2^2}{2g}+\frac{P_2}{\gamma}$ 에서

  $\frac{v_2^2}{2g}-\frac{v_1^2}{2g}-=\frac{P_1}{\gamma}-\frac{P_2}{\gamma}$ 이며

  연속방정식에 의해 $v_1=\frac{A_2}{A_1}v_2$이므로

  이를 대입하고 정리하면

  $v_2^2\left[1-\left(\frac{A_2}{A_1}\right)^2\right]=2g\left(\frac{P_1-P_2}{\gamma}\right)$이므로

  $v_2=\frac{A_1}{\sqrt{A_1^2-A_2^2}}\sqrt{2g\left(\frac{P_1-P_2}{\gamma}\right)}$ 가 되며

  밀도 $\rho=\frac{\gamma}{g}$ 이므로

  $v_2=\frac{A_1}{\sqrt{A_1^2-A_2^2}}\sqrt{2\left(\frac{P_1-P_2}{\rho}\right)}$ 가 된다.

  이와 같은 방식으로 압력차를 유도하면 압력차는

  $P_1-P_2=\rho v_1^2\left[\left(\frac{A_1}{A_2}\right)^2-1\right]/2$ 이 된다.

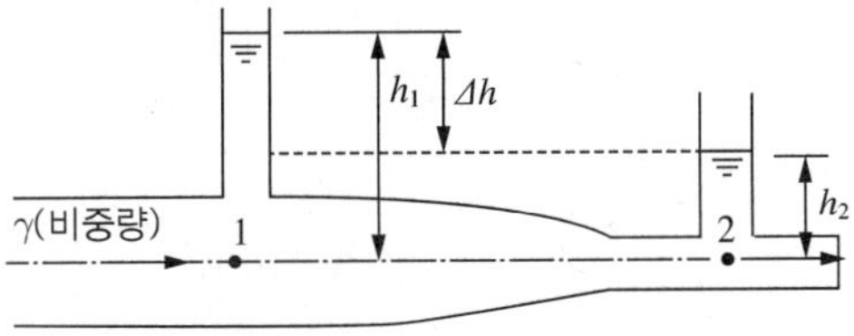

유량 $Q=CA_2\sqrt{2g\Delta h}$

$$C=\frac{C_v}{\sqrt{1-\left(\frac{A_2}{A_1}\right)^2}}$$

여기서, C : 유량계수

C_v : 송출계수 또는 속도계수

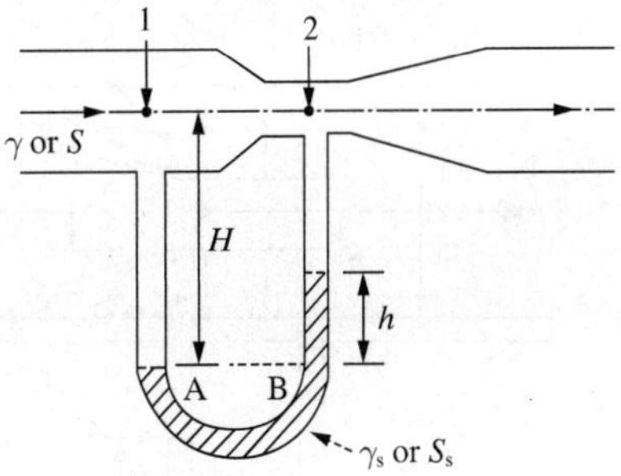

$$Q=CA_2\sqrt{2gh\left(\frac{S_s}{S}-1\right)}$$

$$=CA_2\sqrt{2gh\left(\frac{\rho_s}{\rho}-1\right)}$$

ⓒ 노즐(Nozzle)

- 벤투리미터에서 수두손실을 감소시키기 위하여 있는 대원추부를 제외한 것과 같은 구조이다.

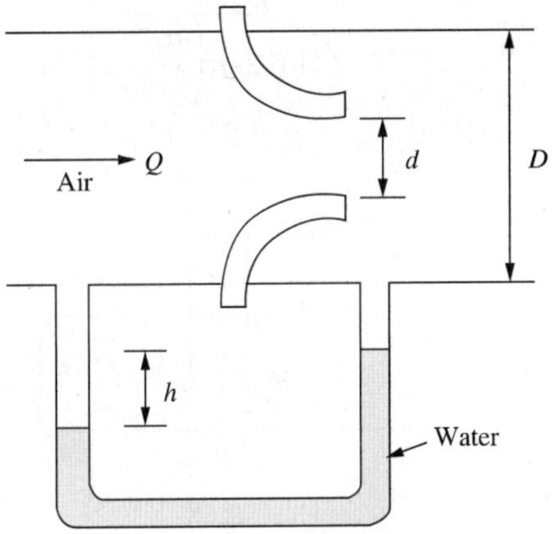

- 유량 $Q=CA\sqrt{2gh\left(\frac{S_0}{S}-1\right)}$

  $=CA\sqrt{2gh\left(\frac{\rho_0}{\rho}-1\right)}$

  여기서, A : 노즐 단면적

  S_0 : 공기의 비중량

  S : 물의 비중량

  ρ_0 : 공기의 밀도

  ρ : 물의 밀도

㉣ 오리피스(Orifice)

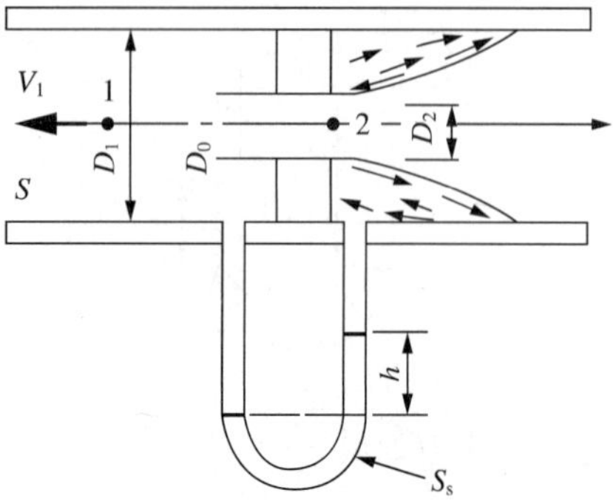

- 관의 이음매 사이에 얇은 판을 끼워 넣어 유량을 측정하는 계측기로, 구조가 간단하고 저렴하게 설치할 수 있다.
- 유량 $Q = CA\sqrt{2gh\left(\dfrac{S_s}{S} - 1\right)}$

  $= CA\sqrt{2gh\left(\dfrac{\rho_s}{\rho} - 1\right)}$

  여기서, A : 오리피스 단면적

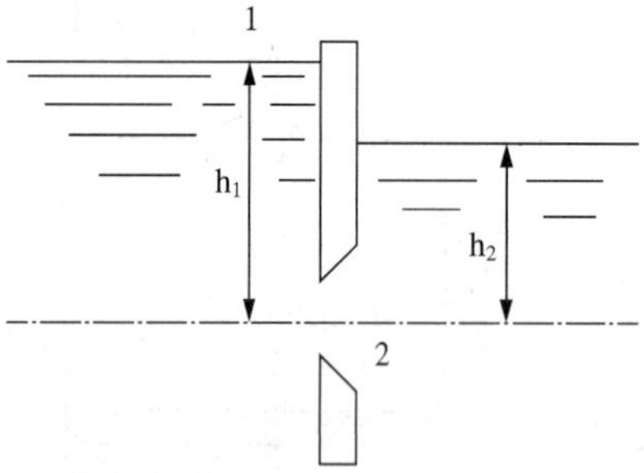

- 수직벽의 양쪽에 수위가 다른 물이 있고, 벽면에 붙인 오리피스를 통하여 수위가 높은 쪽에서 낮은 쪽으로 물이 유출되고 있을 때 속도는 $v_2 = \sqrt{2g(h_1 - h_2)}$ 이다.

  여기서, g : 중력가속도

㉤ 초음파 유량계 : 도플러효과(Doppler Effect)를 이용한 유량계

㉥ 위어(Weir) : 개수로의 유량을 측정하기 위한 계측기

- 예봉위어와 광봉위어는 대유량 측정에, 사각위어는 중간 유량 측정에 이용한다. 유량은 $Q = KLH^{3/2}$[m^3/min]이다.
- V-노치위어(삼각위어)는 소유량 측정에 사용하며 유량은 $Q = \dfrac{8}{15}C\tan\dfrac{\theta}{2}\sqrt{2gH^5} \simeq KH^{5/2}$ [m^3/min]이다.

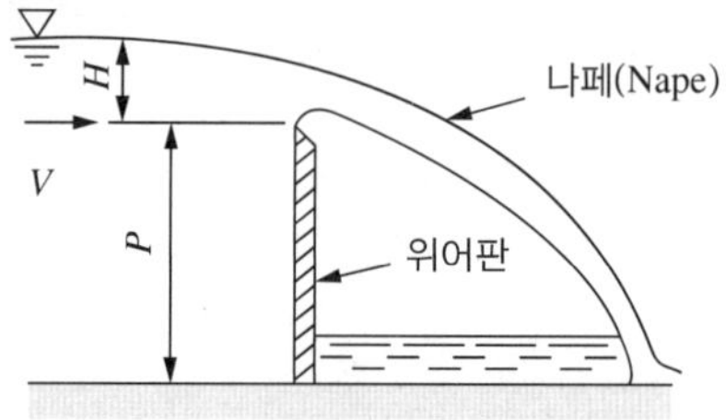

[예봉위어]

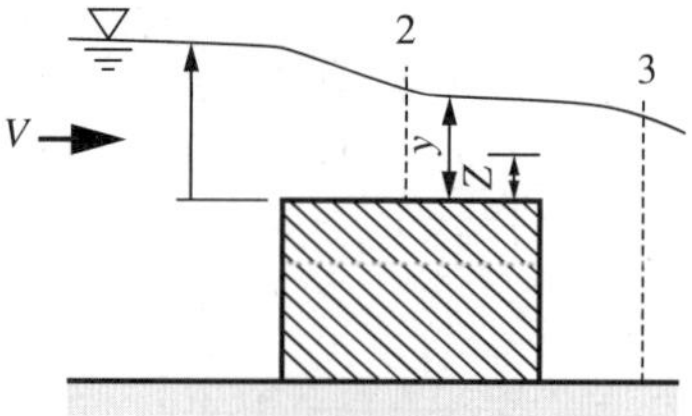

[광봉위어]

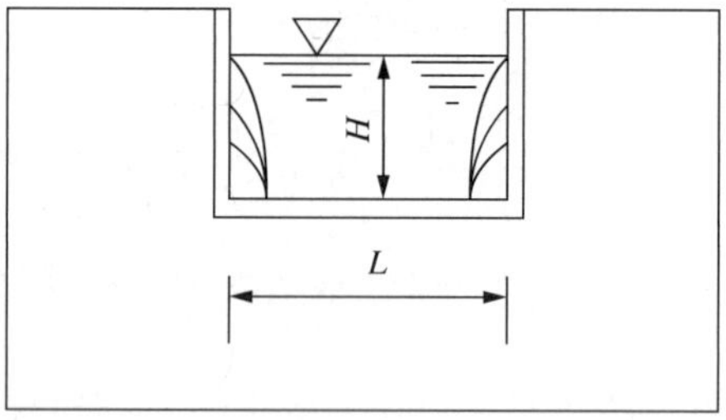

[사각위어]

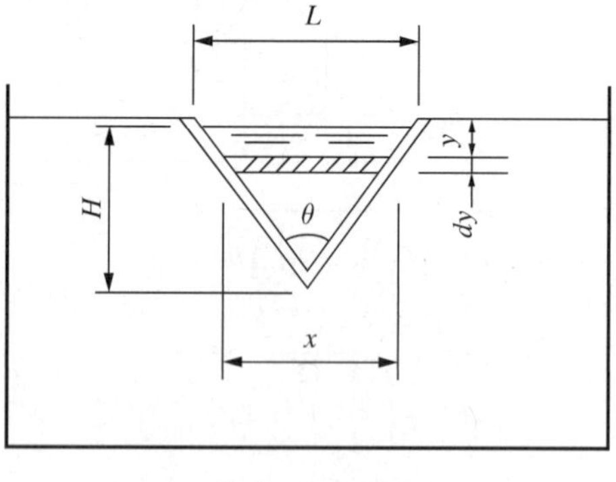

[V-노치위어]

핵심예제

2-1. 측정기기에 대한 설명으로 옳지 않은 것은?

[2011년 제2회, 2014년 제1회, 2017년 제3회]

① Piezometer : 탱크나 관 속의 작은 유압을 측정하는 액주계
② Micromanometer : 작은 압력차를 측정할 수 있는 압력계
③ Mercury Barometer : 물을 이용하여 대기 절대압력을 측정하는 장치
④ Inclined-tube Manometer : 액주를 경사시켜 계측의 감도를 높인 압력계

2-2. 다음 중 대기압을 측정하는 계기는?

[2010년 제3회, 2014년 제2회, 2020년 제1・2회 통합]

① 수은기압계 ② 오리피스미터
③ 로타미터 ④ 둑(Weir)

2-3. 피토관을 이용하여 유속을 측정하는 것과 관련된 설명으로 틀린 것은? [2010년 제1회, 2018년 제1회]

① 피토관의 입구에는 동압과 정압의 합인 정체압이 작용한다.
② 측정원리는 베르누이 정리이다.
③ 측정된 유속은 정체압과 정압 차이의 제곱근에 비례한다.
④ 동압과 정압의 차를 측정한다.

2-4. 수은-물 마노미터로 압력차를 측정하였더니 50[cmHg]였다. 이 압력차를 [mH_2O]로 표시하면 약 얼마인가?

[2017년 제1회]

① 0.5 ② 5.0
③ 6.8 ④ 7.3

2-5. LPG 저장탱크 내 액화가스의 높이가 2.0[m]일 때, 바닥에서 받는 압력은 약 몇 [kPa]인가?(단, 액화석유가스 밀도는 0.5[g/cm^3]이다) [2014년 제2회]

① 1.96 ② 3.92
③ 4.90 ④ 9.80

2-6. 깊이 1,000[m]인 해저의 수압은 계기압력으로 몇 [kgf/cm^2]인가?(단, 해수의 비중량은 1,025[kgf/m^3]이다)

[2013년 제3회, 2019년 제1회]

① 100 ② 102.5
③ 1,000 ④ 1,025

2-7. 비중이 0.9인 액체가 나타내는 압력이 1.8[kgf/cm^2]일 때 이것은 수두로 몇 [m] 높이에 해당하는가?

[2013년 제3회, 2019년 제1회, 2020년 제3회 유사]

① 10 ② 20
③ 30 ④ 40

2-8. 수직으로 세워진 노즐에서 물이 10[m/s]의 속도로 뿜어 올려진다. 마찰손실을 포함한 모든 손실이 무시된다면 물은 약 몇 [m] 높이까지 올라갈 수 있는가? [2019년 제1회]

① 5.1[m] ② 10.4[m]
③ 15.6[m] ④ 19.2[m]

2-9. 깊이 3[m]의 탱크에 사염화탄소가 가득 채워져 있다. 밑바닥에서 받는 압력은 약 몇 [kgf/m^2]인가?(단, CCl_4의 비중은 20[℃]일 때 1.59, 물의 비중량은 20[℃]에서 998.2[kgf/m^3]이고, 탱크 상부는 대기압과 같은 압력을 받는다)

[2015년 제1회]

① 15,093 ② 14,761
③ 10,806 ④ 5,521

2-10. 다음 그림과 같이 물을 사용하여 기체압력을 측정하는 경사 마노미터에서 압력차($P_1 - P_2$)는 몇 [cmH_2O]인가?(단, $\theta = 30°$, 면적 $A_1 \gg$ 면적 A_2이고, $L = 30$[cm]이다)

[2014년 제2회, 2019년 제3회]

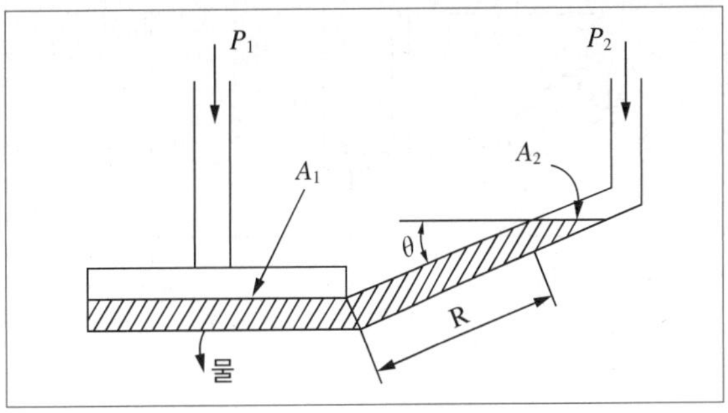

① 15 ② 30
③ 45 ④ 90

핵심예제

2-11. 다음 그림과 같이 물이 흐르는 관에 U자 수은관을 설치하고, A지점과 B지점 사이의 수은 높이차(h)를 측정하였더니 0.7[m]이었다. 이때 A점과 B점 사이의 압력차는 약 몇 [kPa]인가?(단, 수은의 비중은 13.6이다)

[2007년 제3회, 2013년 제3회, 2017년 제3회 유사, 2020년 제1·2회 통합]

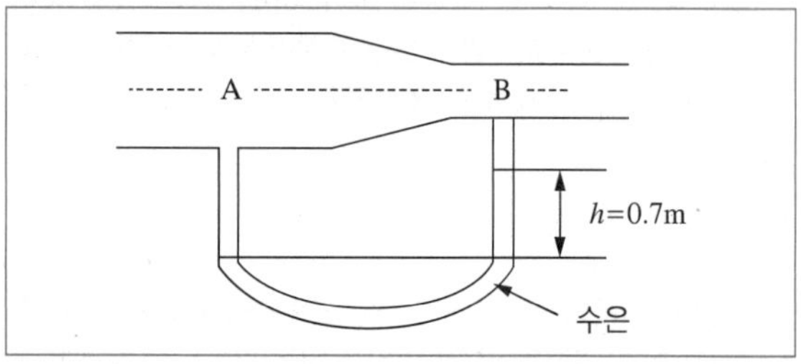

① 8.64　② 9.33
③ 86.49　④ 93.3

2-12. 다음 그림과 같이 비중량이 γ_1, γ_2, γ_3인 세 가지의 유체로 채워진 마노미터에서 A위치와 B위치의 압력 차이($P_B - P_A$)는?

[2010년 제1회, 2019년 제2회]

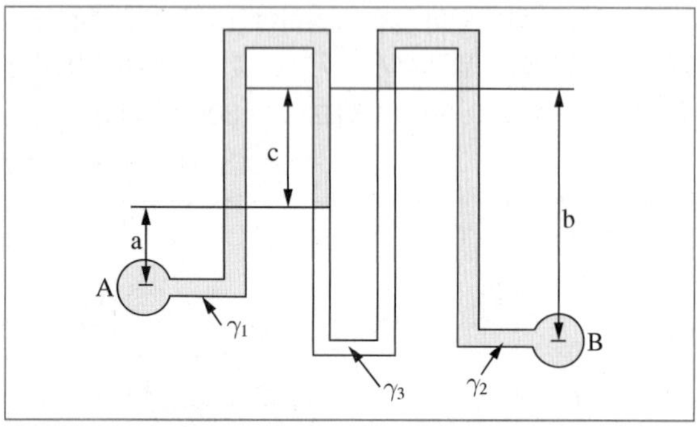

① $-a\gamma_1 - b\gamma_2 + c\gamma_3$
② $-a\gamma_1 + b\gamma_2 - c\gamma_3$
③ $a\gamma_1 - b\gamma_2 - c\gamma_3$
④ $a\gamma_1 - b\gamma_2 + c\gamma_3$

2-13. 단면적이 변화하는 수평 관로에 밀도가 ρ인 이상유체가 흐르고 있다. 단면적 A_1인 곳에서의 압력은 P_1, 단면적이 A_2인 곳에서의 압력은 P_2이다. $A_2 = A_1/2$이면 단면적이 A_2인 곳에서의 평균유속은?

[2010년 제2회, 2012년 제3회, 2019년 제2회]

① $\sqrt{\dfrac{4(P_1 - P_2)}{3\rho}}$
② $\sqrt{\dfrac{4(P_1 - P_2)}{15\rho}}$
③ $\sqrt{\dfrac{8(P_1 - P_2)}{3\rho}}$
④ $\sqrt{\dfrac{8(P_1 - P_2)}{15\rho}}$

2-14. U자관 마노미터를 사용하여 오리피스 유량계에 걸리는 압력차를 측정하였다. 오리피스를 통하여 흐르는 유체는 비중이 1인 물이고, 마노미터 속의 액체는 비중이 13.6인 수은이다. 마노미터 읽음이 4[cm]일 때 오리피스에 걸리는 압력차는 약 몇 [Pa]인가?

[2009년 제3회 유사, 2018년 제3회]

① 2,470　② 4,940
③ 7,410　④ 9,880

|해설|

2-1

Mercury Barometer(수은기압계) : 수은을 이용하여 대기압을 측정하는 계기

2-2

수은기압계(Barometer) : 대기압을 측정하는 기압계로, 수은의 비중이 물의 비중보다 13.6배나 무거워서 기압 측정을 위한 높이를 그만큼 더 낮게 할 수 있다.

2-3

유체의 총압과 정압의 차이로부터 동압을 구하고 이로부터 다시 유속을 구한다.

2-4

50[cmHg] = (50/76) × 10.33[mH_2O] ≃ 6.8[mH_2O]

2-5

바닥에서 받는 압력

$P = \gamma h = \rho g h = (0.5 \times 10^3 \times 9.8) \times 2.0 = 9{,}800[\mathrm{Pa}]$

$= 9.80[\mathrm{kPa}]$

2-6

해저의 수압

$P = \gamma h = 1{,}025 \times 1{,}000 = 1{,}025 \times 10^3[\mathrm{kgf/m^2}]$

$= 1{,}025 \times 10^3 \times 10^{-4}[\mathrm{kgf/cm^2}]$

$= 102.5[\mathrm{kgf/cm^2}]$

2-7

압력 $P = \gamma h$에서 수두 $h = \dfrac{P}{\gamma} = \dfrac{1.8 \times 10^4}{0.9 \times 10^3} = 20[\mathrm{m}]$

2-8

물이 올라가는 높이

$h = \dfrac{v^2}{2g} = \dfrac{10^2}{2 \times 9.8} \simeq 5.1[\mathrm{m}]$

2-9

절대압력 = 대기압 + 게이지압력

= 10,332 + (1.59 × 998.2 × 3) ≃ 15,093[$\mathrm{kgf/m^2}$]

2-10

압력차

$P_1 - P_2 = \gamma R \sin\theta = 1{,}000 \times 0.3 \times \sin 30°$

$= 150[\mathrm{mmH_2O}] = 15[\mathrm{cmH_2O}]$

2-11

압력차

$\Delta P = (\gamma_2 - \gamma_1)h = (13.6 - 1) \times 1{,}000 \times 0.7 = 8{,}820[\mathrm{kgf/m^2}]$

$= 8{,}820 \times 9.8[\mathrm{Pa}] = 86{,}436[\mathrm{Pa}] \simeq 86.4[\mathrm{kPa}]$

2-12

$P_A - a\gamma_1 - c\gamma_3 = P_B - b\gamma_2$에서

$P_B - P_A = -a\gamma_1 + b\gamma_2 - c\gamma_3$

2-13

단면적이 A_2인 곳에서의 평균유속

$v_2 = \dfrac{A_1}{\sqrt{A_1^2 - A_2^2}} \sqrt{2\left(\dfrac{P_1 - P_2}{\rho}\right)} = \sqrt{\dfrac{8(P_1 - P_2)}{3\rho}}$

2-14

오리피스에 걸리는 압력차

$\Delta P = (\gamma_2 - \gamma_1)h$

$= (13.6 \times 1{,}000 - 1 \times 1{,}000) \times 0.04 = 504[\mathrm{kgf/m^2}]$

$= 504 \times 9.8[\mathrm{Pa}] \simeq 4{,}940[\mathrm{Pa}]$

정답 2-1 ③ 2-2 ① 2-3 ④ 2-4 ③ 2-5 ④ 2-6 ② 2-7 ② 2-8 ① 2-9 ① 2-10 ① 2-11 ③ 2-12 ② 2-13 ③ 2-14 ②

연소공학

제1절 | 열역학(냉동 별도)

1-1. 열역학의 기초

핵심이론 01 열역학의 개요

① 열역학의 정의와 목적, 에너지

㉠ 열역학(Thermodynamics)의 정의

- 열과 일의 관계 및 열과 일에 관계를 갖는 물질의 성질을 다루는 과학
- 열에너지를 효율적으로 기계적 에너지로 변환하는 방법을 연구하는 학문

㉡ 열역학의 목적

- 열이 일로 변환되는 과정 및 사이클(과정이 반복되는 주기)을 통한 열에너지의 효율적 이용을 위해
- 보다 효율적이고 경제적인 방법으로 열에너지를 기계적 에너지로 변환 및 사용하기 위해

㉢ 에너지(Energy) : 물리량의 하나로 물체나 물체계가 가지고 있는 일을 하는 능력의 총칭

- 에너지법에 의한 에너지의 정의 : 연료, 열 및 전기
- 에너지의 형태 : 열에너지, 전기에너지, 운동에너지, 핵에너지, 태양에너지 등
- 에너지의 단위 : [J](줄, Joule)

$$1[\mathrm{J}] = 1[\mathrm{N\cdot m}] = 1[\mathrm{kg\cdot m^2/s^2}] = 1[\mathrm{Pa\cdot m^3}]$$
$$= \frac{1}{4.184}[\mathrm{cal}] = 0.239[\mathrm{cal}]$$

② 물질(Substance)

㉠ 물질 : 물체를 이루는 바탕으로 자연계를 이루는 요소 중 하나이다. 공간을 차지하고 질량을 갖는 것으로 기체, 액체, 고체 등 여러 상태로 존재할 수 있다.

㉡ 물질의 분류

- 순수물질 : 내부 어디서나 화학적 조성이 단일 또는 일정한 물질로, 예를 들면 포화 상태의 물, 물과 수증기의 혼합물, 얼음과 물의 혼합물 등이 있다.
  - 홑원소물질 : 화학적 조성이 단일한 원자, 단원자로 된 원소물질
  - 화합물 : 두 종류 이상의 화학원소가 결합된 일정한 조성비를 갖는 물질
  - 균질한 혼합물 : 균질한 혼합물은 순수물질로도 간주된다.
- 혼합물질 : 둘 이상의 순수물질로 이루어진 다양한 조성비를 갖는 물질로, 예를 들면 액체공기와 기체공기의 혼합물, 식염수 등이 있다.

㉢ 물질의 상변화

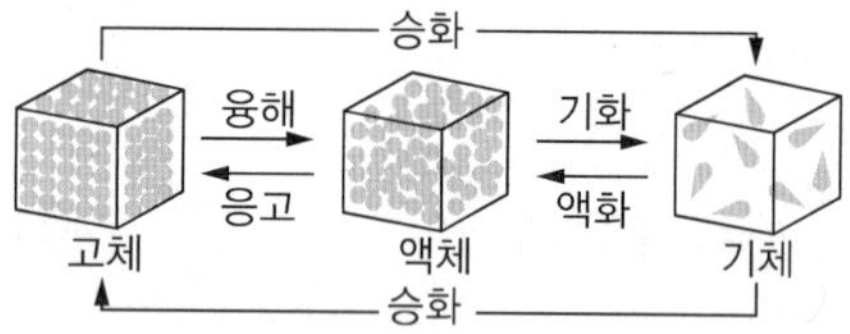

- 융해(Melting) : 고체가 열을 받아 융해열을 흡수하여 액체로 변화하는 것
- 응고(Solidification) : 액체가 냉각되어 응고열을 방출하고 고체로 변화하는 것
- 기화(Vaporization) : 액체가 열을 받아 기화열을 흡수하여 기체가 되는 것
- 액화(Liquefaction) : 기체가 냉각되어 액화열을 방출하여 액체로 되는 것
- 승화(Sublimation) : 고체와 기체 사이의 상변화로, 고체가 열을 흡수하여 액체 상태를 거치지 않고 기체로 되거나 기체가 열을 방출하여 액체 상태를 거치지 않고 고체로 되는 것

③ 물질을 보는 관점

㉠ 미시적 관점 : 물질의 기술 가능한 모든 변수를 고려하는 관점이며, 순수학문의 물리화학적 관점이다. '고체를 가열하면 격자의 진동이 활발해진다.'는 것은 미시적 관점의 설명이다.

㉡ 거시적 관점 : 기술 가능한 부분만 취급하는 관점이다. 개개의 분자작용은 무시하고 전체적인 평균효과에만 관심(물질의 연속되어 있다고 보는 관점)을 갖는 관점으로, 응용학문의 열역학적 관점이다. 그 예는 다음과 같다.

- 밀폐 공간의 기체를 가열하면 압력이 증가한다.
- 같은 온도에서 액체보다 증기가 더 많은 에너지를 갖고 있다.
- 압력이 증가하면 액체의 끓는 온도가 올라간다.

④ 연속체, 동작물질과 계

㉠ 연속체(Continuum) : 물체를 더 작은 요소로 무한히 나누어도 그 각각의 요소가 전체로서의 물질의 성질을 그대로 유지하는 물질이다.

- 분자와 분자 사이의 공간과 구멍이 존재하지 않는 입자들의 집합체로 이루어진 물질이다.
- 압력, 속도, 에너지, 운동량 등의 물리량이 극소·극한에서도 그대로 유지된다고 가정한다.
- 연속체 역학에서는 문제를 푸는 데 미분방정식을 사용한다.
- 연속체로 취급하는 공간의 영역이 분자의 평균자유행로보다 더 커야 한다.
- 유체는 작은 체적 내에도 충분히 많은 양의 분자들로 구성되어 있으므로 연속체로 볼 수 있다.
- 저압의 기체는 분자 간의 간격이 크고 입자가 넓게 분포되어 있으나 예외적으로 연속체로 취급한다.

㉡ 동작물질(Working Substance)

- 계 내에서 에너지를 저장 또는 운반하는 물질이다.
- 작업물질 또는 작업유체라고도 한다.
- (액상에서 기상으로) 상변화가 일어날 수 있다.
- 예 : 열에너지를 일에너지로 바꾸는 내연기관 내의 연료와 공기의 혼합가스, 저온에서 고온으로 열을 운반하는 냉동기 내의 냉매, 증기관의 수증기(증기터빈의 증기), 가스터빈의 공기와 연료의 혼합가스 등

※ 터빈 : 작동유체의 에너지를 유용한 기계적인 일로 변환시키는 장치

㉢ 계(System)

- 계의 정의 : 연구대상으로 가상적으로 분리된 일정량의 물질이나 어떤 공간의 영역
- 계의 경계(System Boundary) : 적절히 선택할 수 있는 부분구역이며 고정 또는 가변적일 수 있다.
- 주위(Surroundings) : 계에 포함되어 있지 않은 나머지의 모든 물질
- 한 사이클 동안 열역학계로 전달되는 모든 에너지의 합은 0이다.

⑤ 계의 종류

㉠ 개방계(Open System) 또는 유동계 : 경계를 통해 물질의 이동이 가능한 계

- 동작물질 및 일과 열이 모두 경계를 통과할 수 있는 특정 공간이다.
- 경계로 구별되는 일정한 체적을 검사체적(Control Volume) 그리고 경계면을 검사면(Control Surface)이라고 한다.
- 예 : 펌프, 터빈 등
- 유동계의 분류
  - 정상유(Steady State Flow) : 과정 간에서 계의 열역학적 성질이 시간에 따라 변하지 않는 흐름
  - 비정상유(Non-steady State Flow) : 과정 간에서 계의 열역학적 성질이 시간에 따라 변하는 흐름으로, 시간함수(타임팩터)이다.

㉡ 밀폐계(Closed System) 또는 폐쇄계 또는 비유동계 : 경계를 통하여 물질의 이동이 불가능한 계

- 동작물질은 계의 경계를 통과할 수 없으나 열과 일은 경계를 통과할 수 있는 특정 공간이다.
- 계의 질량은 변하지 않으며 경계를 통해 열과 일의 이동이 가능하다.
- 임의의 사이클을 이룰 때 열전달의 합은 이루어진 일의 총합과 같다.
- 예 : 피스톤-실린더 내의 공간 등

㉢ 고립계(Isolated System) 또는 절연계 : 밀폐계 중에서 주위로부터 완전히 고립되어 일 및 열의 어떤 형태의 에너지와 물질도 주위와 상호작용이 없는 계
- 계의 경계를 통하여 물질이나 에너지 전달이 없는 계이다.
- 동작물질 및 일과 열이 경계를 통과하지 않는 특정 공간이다.

⑥ 경로함수와 상태함수, 상태량

㉠ 경로함수 또는 과정함수 또는 도정함수(Path Function) : 경로에 따라 달라지는 물리량/함수/변수(일, 일량, 열, 열량)

㉡ 상태함수 또는 점함수(State Function or Point Function) : 경로와는 무관하게 처음과 나중의 상태만으로 정해지는 물리량/함수/변수(온도, 부피, 압력, 에너지, 엔트로피, 엔탈피)
- 상태(State) : 물질이 각 상(고체, 액체, 기체)에서 각각의 압력과 온도하에 놓여 있으면서 일정한 물리적 값을 가질 때 이 시스템(계)은 어떤 상태에 있다고 한다.
- 성질(Properties) : 시스템(계)의 상태에 따라 달라지는 어떤 양으로, 열역학에서 경로와 무관한 상태량을 성질이라 하고, 일과 열은 성질이 아니다.

㉢ 상태량 : 시스템의 열역학적 상태를 기술하는 데 열역학적 상태량(또는 성질)이 사용된다. 상태량은 점함수이며 종량성 성질, 강도성 성질로 분류된다.
- 종량적 상태량 또는 종량성 성질(Extensive Property) : 시량특성 또는 용량성 상태량이라고도 하며, 질량에 비례하는 상태량(무게(중량), 체적, 질량, 에너지, 엔탈피, 엔트로피 등)
- 강도성 성질(Intensive Property) : 시강특성이라고도 하며, 물질의 양과는 무관한 상태량(절대온도, 압력, 비체적, 비질량, 밀도, 조성, 몰분율, 비내부에너지, 비엔탈피, 비엔트로피 등)

㉣ 상태와 상태량의 관계
- 순수물질 단순 압축성 시스템의 상태는 2개의 독립적 강도성 상태량에 의해 완전하게 결정된다.
- 상변화를 포함하는 물과 수증기의 상태는 온도와 비체적에 의해 완전하게 결정된다.
- 상변화를 포함하는 물과 수증기의 상태는 압력과 비체적에 의해 완전하게 결정된다.

⑦ 밀도 · 비중량 · 비체적 · 비중

㉠ 밀도(ρ) : 비질량
- 단위체적당 질량 : $\rho = \dfrac{m}{V}$
- 물의 밀도 : 1[g/cm^3] = 1,000[kg/m^3]
- 리터당 밀도[g/L] : 분자량/22.4

㉡ 비중량(γ)
- 단위체적당 중량 : $\gamma = \dfrac{w}{V} = \dfrac{G}{V} = \dfrac{mg}{V} = \rho g$
- 물의 비중량 : 1,000[kgf/m^3] = 9,800[N/m^3] (표준기압, 4[℃])

㉢ 비체적(V_s)
- 단위중량당 체적(공학단위계) : $V_s = \dfrac{V}{w} = \dfrac{1}{\gamma}$
- 단위질량당 체적(절대단위계) : $V_s = \dfrac{V}{m} = \dfrac{1}{\rho}$
- 물의 비체적 : 0.001[m^3/kg]

㉣ 비중(S)
- 물의 비중량에 대한 대상물질의 비중량(공학단위계) : $S = \dfrac{\gamma}{\gamma_w}$
- 물의 밀도에 대한 대상물질의 밀도(절대단위계) : $S = \dfrac{\rho}{\rho_w}$
- 기체 비중 : 공기 분자량에 대한 해당 기체의 분자량의 비

⑧ 압력(P)

(Chapter 01 가스유체역학에 수록)

⑨ 온 도

㉠ 개 요
- 온도란 열, 즉 에너지와는 다른 개념이다.
- 온도는 일반적으로 온도 변화에 따른 물질의 물리적 변화를 가지고 측정한다.
- 온도 측정의 타당성에 대한 근거 : 열역학 제0법칙

㉡ 온도 표시의 종류

- 섭씨온도[℃] : 물의 어는점(0)과 끓는점(100)을 기준으로 전체 구간을 100등분한 눈금으로 값을 정한 온도
- 화씨온도[°F] : 물의 어는점(32)과 끓는점(212)을 기준으로 전체 구간을 180등분한 눈금으로 값을 정한 온도
- 절대온도[K] : 물의 삼중점을 273.15[K]로 정한 온도
- 랭킨온도[°R] : 화씨온도에 물의 삼중점의 온도 460[R]을 더한 온도(란씨온도)

㉢ 온도 관련 제반사항

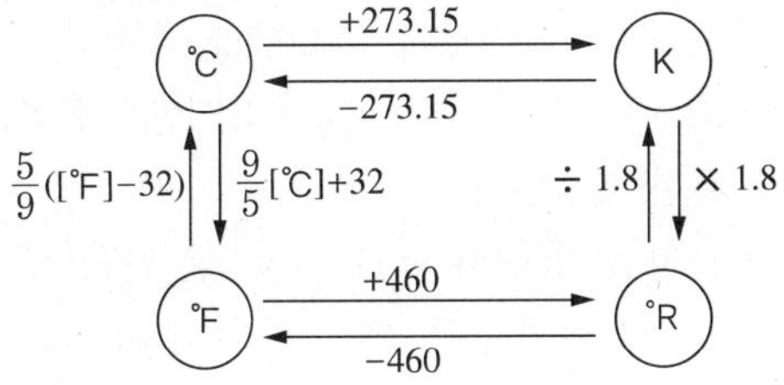

- 섭씨온도[℃] : $[℃] = \frac{5}{9}([°F] - 32)$
- 화씨온도[°F] : $[°F] = \frac{9}{5}[℃] + 32$,

  $[°F] = 1.8[℃] + 32$
- 절대온도[K] : [℃] + 273.15
- 랭킨온도[°R] : [°F] + 460 = 1.8[K]
- 섭씨온도[℃]와 화씨온도[°F]가 같은 온도 : −40[℃] = −40[°F] = 233[K]
- 온도의 SI단위 : [K](켈빈, Kelvin)
- 물의 삼중점 : 273.16[K](0.01[℃])
- 평형수소의 삼중점 : −259.34[℃] = 13.81[K]
- 물의 빙점(Icing Point) : 0[℃] = 32[°F] = 273.15[K] = 492[°R]
- 생성열을 나타내는 표준온도 : 25[℃]

⑩ 물

㉠ 물의 상평형도(상태도)

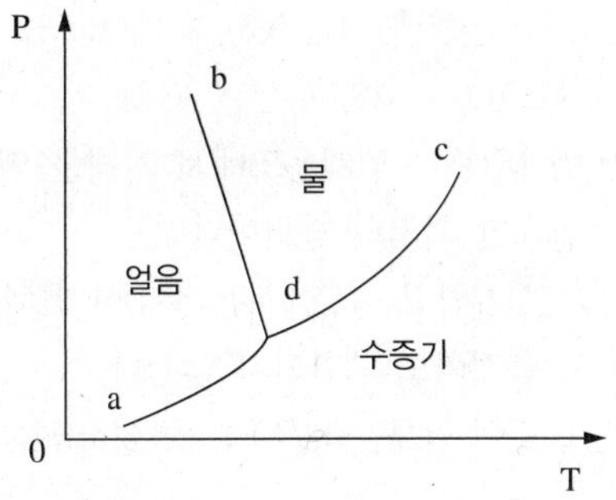

- ad : 승화곡선
- bd : 융해곡선
- cd : 증발곡선
- d : 삼중점(Triple Point)
  - 기상, 액상, 고상이 함께 존재하는 점
  - 온도 273.16K(0.01[℃]), 압력(수증기압) 611.657[Pa](0.006[atm])
- c : 임계점(Critical Point)

㉡ 임계점 : 고온, 고압에서 포화액과 포화증기의 구분이 없어지는 상태이다.

- 고체, 액체, 기체가 평형으로 존재하지 않는 상태이다.
- 액상과 기상이 평형 상태로 존재할 수 있는 최고온도(임계온도) 및 최고압력(임계압력)이다.
- 그 이상의 온도에서는 증기와 액체가 평형으로 존재할 수 없는 상태이다.
- 어떤 압력하에서 증발이 시작하는 점과 끝나는 점이 일치하는 곳이다.
- 임계점에서는 액상과 기상을 구분할 수 없다.
- 임계온도 : 임계압력에서 기체를 액화시키는 데 필요한 최저의 온도
  - 임계온도 이상에서는 순수한 기체를 아무리 압축시켜도 액화되지 않는다.
  - 물의 임계온도(T_c) : 374.15[℃]

- 가스의 임계온도[℃](높은 순) : 염소(Cl_2, 144) > 프로판(C_3H_8, 96.67) > 이산화탄소(CO_2, 31.1) > 에틸렌(C_2H_4, 9.5) > 메탄(CH_4, −82.6) > 산소(O_2, −118.6)
- 임계압력 : 임계온도에서 기체를 액화시키는 데 필요한 최저의 압력이다.
  - 임계압력 이상에서는 순수한 기체를 아무리 압축시켜도 액화되지 않는다.
  - 물의 임계압력(P_c) : 218.3[atm] = 22[MPa] = 225.65[ata]
- 포화액체와 포화증기의 상태가 동일하다.
- 증발잠열, 증발열 : 0
- 액체와 증기의 밀도가 같다.
- 임계점은 물질마다 다르다.
- 헬륨이 상온에서 기체로 존재하는 이유는 임계온도가 상온보다 훨씬 낮기 때문이다.
- 초임계압력에서는 하나의 상으로 존재한다.

㉢ 물의 특성
- 4[℃] 부근에서 비체적이 최소가 된다.
- 물이 얼어 고체가 되면 밀도가 감소한다.
- 임계온도보다 높은 온도에서는 액상과 기상을 구분할 수 없다.
- 물을 가열하여도 체적의 변화가 거의 없으므로 가열량은 내부에너지로 변환된다.
- 물을 가열하여 온도가 상승하는 경우, 이때 공급한 열을 현열이라고 한다.

㉣ 증발잠열
- 온도에 따라 변화되지 않는 열량
- 물의 증발잠열

  0[℃] 물 : 597[kcal/kg] = 2,501[kJ/kg]

  100[℃] 물 : 539[kcal/kg] = 2,256[kJ/kg]
- 포화압력이 낮으면 물의 증발잠열은 증가한다.

㉤ 노점온도(Dew Point Temperature) : 공기, 수증기의 혼합물에서 수증기의 분압에 해당하는 수증기의 포화온도이다.

⑪ **현열 · 잠열 · 비열**

㉠ 현열(감열, Sensible Heat)
- 물질의 상태 변화 없이 온도 변화에만 필요한 열량
- 현열 $Q_s = mC\Delta t$

  여기서, m : 질량

  C : 비열

  Δt : 온도차

㉡ 잠열(Latent Heat)
- 물질의 온도 변화 없이 상태 변화에만 필요한 열량
- 잠열 $Q_L = m\gamma$

  여기서, m : 질량

  γ : 융해잠열, 증발잠열

㉢ 비열(Specific Heat, [kcal/kg · ℃])
- 1[kg]의 물체를 1[℃] 또는 1[K]만큼 올리는 데 필요한 열량이다.
- 물의 비열(1.0[kcal/kg · ℃])은 일반적으로 다른 물질에 비해서 큰 편이어서 물입자는 많은 열량을 흡수하여 냉각효과가 우수하다.

핵심예제

1-1. 열역학적 상태량이 아닌 것은? [2017년 제1회]

① 정압비열　② 압 력

③ 기체상수　④ 엔트로피

1-2. 섭씨온도 25[℃]는 몇 [°R]인가? [2009년 제2회, 2012년 제2회]

① 77　② 298

③ 485　④ 537

1-3. 다음 보기에서 임계온도가 0[℃]에서 40[℃] 사이인 것으로만 나열된 것은?

[2003년 제1회, 2007년 제3회, 2011년 제1회, 2013년 제2회]

보기

ⓐ 산 소　ⓑ 이산화탄소

ⓒ 프로판　ⓓ 에틸렌

ⓔ 메 탄

① ⓐ, ⓑ　② ⓑ, ⓒ

③ ⓑ, ⓓ　④ ⓒ, ⓔ

핵심예제

1-4. -5[℃] 얼음 10[g]을 16[℃]의 물로 만드는 데 필요한 열량은 몇 [kJ]인가?(단, 얼음의 비열은 2.1[J/g · K]이고, 용해열은 335[J/g]이다) [2010년 제1회, 2022년 제2회]

① 3.01 ② 4.12
③ 5.23 ④ 6.34

|해설|

1-1
열역학적 상태량은 물질이 열에 의하여 변화를 일으키는 관계를 지닌 것이므로 기체상수는 이에 해당하지 않는다.

1-2
25[℃] = 1.8 × [K] = 1.8 × (25 + 273.15) ≃ 537[°R]

1-3
임계온도[℃]
- 산소(O_2) : −118.6
- 이산화탄소(CO_2) : 31.1
- 프로판(C_3H_8) : 96.67
- 에틸렌(C_2H_4) : 9.5
- 메탄(CH_4) : −82.6

1-4
- −5[℃] 얼음 → 0[℃] 얼음 : $Q_1 = mC\Delta T = 10 \times 2.1 \times 5 = 105[J]$
- 0[℃] 얼음 → 0[℃] 물 : $Q_2 = m\gamma = 10 \times 335 = 3,350[J]$
- 0[℃] 물 → 16[℃] 물 : $Q_1 = mC\Delta T = 10 \times 4.184 \times 16 \simeq 669[J]$

∴ −5[℃] 얼음 10[g]을 16[℃]의 물로 만드는 데 필요한 열량
$Q = Q_1 + Q_2 + Q_3 = 105 + 3,350 + 669 = 4,124[J] = 4.12[kJ]$

정답 1-1 ③ 1-2 ④ 1-3 ③ 1-4 ②

핵심이론 02 일과 열

① 일과 열의 개요

㉠ 일과 열의 열역학적 개념
- 일과 열은 경로함수이다.
- 일과 열은 일시적 현상, 전이현상, 경계현상이다.
- 일과 열은 계의 경계에서만 측정되고, 경계를 이동하는 에너지이다.
- 일과 열은 전달되는 에너지로, 열역학적 성질은 아니다.
- 일과 열은 온도와 같은 열역학적 상태량이 아니다.
- 열과 일은 서로 변할 수 있는 에너지이며, 그 관계는 1[kcal] = 427[kg · m]이다.
- 사이클에서 시스템의 열전달 양은 시스템이 수행한 일과 같다.
- 일은 계에서 나올 때, 열은 계에 공급될 때 (+)값을 가진다.
- 일은 계에 공급될 때, 열은 계에서 나올 때 (−)값을 가진다.

㉡ 부호 규약

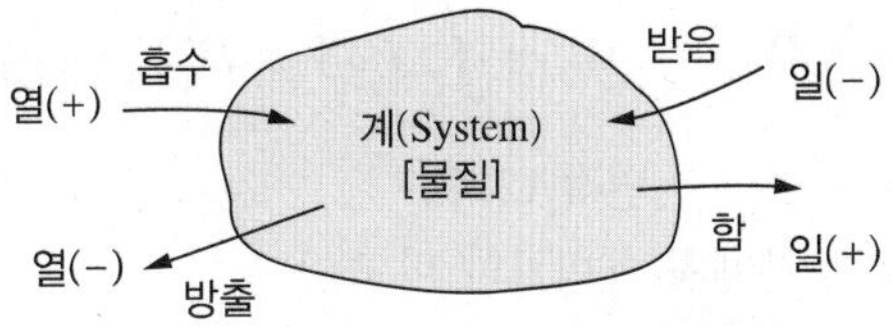

+	−
공급열(열을 받는다)	방출열(열을 내보낸다)
+	−
팽창일(일을 한다)	압축일(일을 받는다)

㉢ 절대일과 공업일
- 절대일(비유동일) : 동작유체가 유동하지 않고 팽창 및 압축만으로 하는 일
- 공업일(유동일) : 동작유체가 유동하면서 하는 일

② 일(Work)

㉠ 일의 정의
- 일의 크기는 힘(무게 등)과 힘이 작용하는 거리를 곱한 값
- 물체에 힘이 가해져 물체가 이동했을 때 힘과 힘의 방향으로의 이동거리의 곱

- 이동 방향으로의 힘의 크기와 이동거리의 곱
- 일 = 힘 × 변위 = $W = F \cdot s = \int F dx = PV$
- 힘–변위 그래프의 어떤 구간에서의 밑 넓이

㉡ 일의 기본단위 : 줄(J) = [N × m] = 에너지 단위

㉢ 밀폐계의 일량

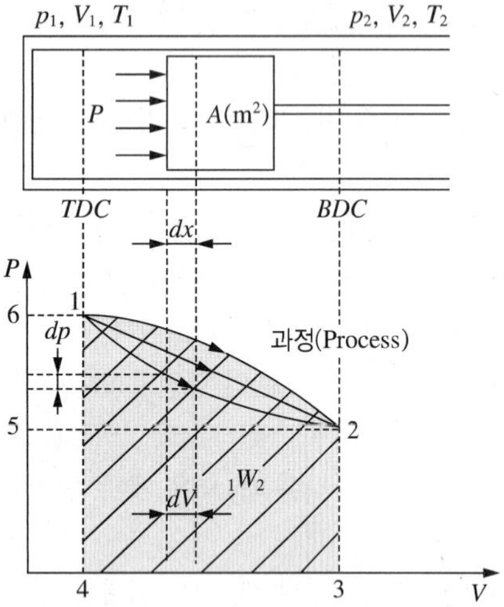

- 밀폐계의 일량 : 절대일, 팽창일, 비유동일, 정상류 가역과정일, (+)일
- $W_{12} = {}_1W_2 = \int_1^2 PdV = P(V_2 - V_1)$

  = 면적 12341

㉣ 밀폐계와 개방계의 비교

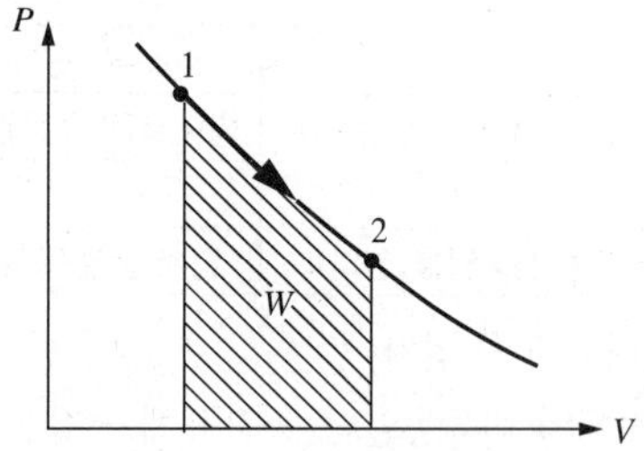

[밀폐계의 일량(절대일)]

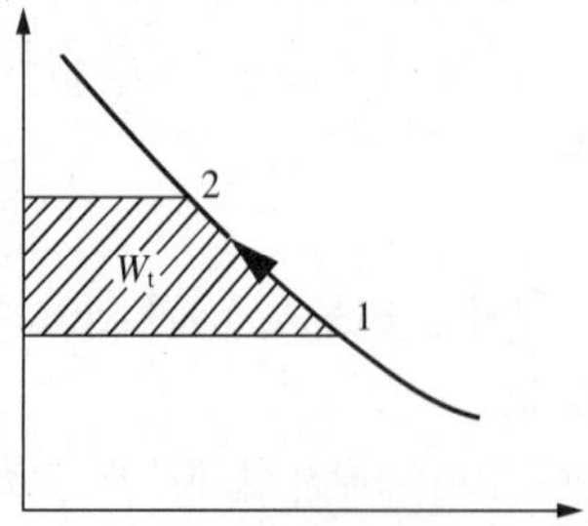

[개방계의 일량(공업일)]

- 밀폐계의 일량(내연기관) : 절대일, 팽창일, 비유동일, 가역일이며 선도에서 V축으로 투영한 면적(면적 12341)
  - $_1W_2 = \int_1^2 PdV$[N · m]
  - $_1w_2 = \int_1^2 pdv$[N · m/kg]
- 개방계의 일량(펌프, 터빈, 압축기) : 공업일, 압축일, 유동일, 가역일, 정상류일, 소비일이며 선도에서 P축으로 투영한 면적(면적 12561)
  - $W_t = -\int_1^2 VdP$[N · m]
  - $w_t = -\int_1^2 vdp$[N · m/kg]

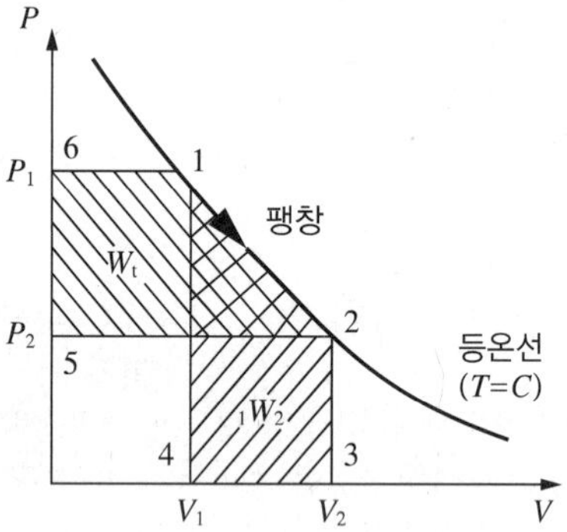

㉤ 절대일($_1W_2$)과 공업일(W_t)의 관계
- $_1W_2 = W_t + P_2V_2 - P_1V_1$
- $W_t = {}_1W_2 + P_1V_1 - P_2V_2$

③ 열(Heat)

㉠ 열의 정의
- 온도가 다른 두 계(System) 사이의 가상적인 경계를 통하여 전달된 에너지의 한 형태
- 온도차나 온도구배에 의해 계의 경계를 이동하는 에너지의 형태

㉡ 열의 단위
- SI단위 : [J](Joule) 또는 [kJ]
- 공학단위 : [cal] 또는 [kcal]
- SI단위계에서 일과 열의 단위는 Joule(또는 kJ)로 동일하게 사용한다.

- $1[kcal] \simeq 427[kgf \cdot m] \simeq 4.185[kJ]$, $1[cal] = 4.185[J]$
- $1[kgf \cdot m] \simeq \frac{1}{427}[kcal]$
- $A = \frac{1}{427}[kcal/kgf \cdot m]$(일의 열상당량)
- $J = 427[kgf \cdot m/kcal]$(열의 일상당량)

㉢ 비열 : 단위질량당 물질의 온도를 1[℃] 올리는 데 필요한 열량

- 정압비열(C_p) : 압력이 일정하게 유지되는 열역학적 과정에서의 비열이다. 압력이 일정할 때 엔탈피 변화를 온도 변화로 나눈 값이며, 온도에 따라 다르다.

$$C_p = \left(\frac{\partial H}{\partial T}\right)_p$$

여기서, H : 엔탈피

T : 온도

- 정적비열(C_v) : 물체의 부피가 일정하게 유지되는 열역학적 과정에서의 비열이다. 부피가 일정할 때 내부에너지의 변화를 온도의 변화로 나눈 값이며, 압력에 따라 다르다.

$$C_v = \left(\frac{\partial U}{\partial T}\right)_v$$

여기서, U : 내부에너지

T : 온도

- 정압비열(C_p) > 정적비열(C_v) : 물질의 온도를 1[℃] 상승시키는 데 정압과정에서는 압력을 일정하게 유지시키기 위해 부피를 팽창시키는 데 에너지가 사용되므로 정적과정에서보다 더 많은 열량이 소요된다.
- 정압비열 − 정적비열 = 기체상수
- 온도 298.15[K](25[℃])에서의 정압비열과 정적비열 데이터[J/kg · K]

구 분	수소 (H_2)	메탄 (CH_4)	수증기	부탄 (C_4H_{10})	공 기	산소 (O_2)
C_p	14.3044	2.2215	1.8645	1.6945	1.0035	0.9180
C_v	10.1800	1.7032	1.4030	1.5514	0.7165	0.6582

㉣ 비열비 : $k = C_p / C_v = dH/dU$

- 고체와 액체는 정압비열값과 정적비열값의 차이가 별로 없지만, 기체는 열팽창에 의해 외부압력에 대해 일을 하므로 차이가 발생되므로, 비열비는 기체의 단열과정에서 매우 중요한 의미를 갖는 지수이다.
- 비열비가 크다는 것은 동일 발열량당 외부에 하는 일이 많다는 것이다.
- 액체의 비열비는 1에 가깝다.
- 기체의 비열비는 온도가 낮을수록 증가한다.
- 단원자 : $k = 1.67$(He 등)
- 2원자 : $k = 1.4$(O_2 등)
- 다원자 : $k = 1.33$(CH_4 등)
- $C_p = \frac{k}{k-1}R$, $C_v = \frac{1}{k-1}R$

㉤ 비열의 특징

- 정압비열은 정적비열보다 항상 크다.
- 물질의 비열은 물질의 종류와 온도에 따라 달라진다.
- 정적비열에 대한 정압비열의 비(비열비)가 큰 물질일수록 압축 후의 온도가 더 높다.
- 물질의 비열이 크면 그 물질의 온도를 변화시키기 쉽지 않고, 비열이 크면 열용량도 크다.
- 물은 비열이 커서 공기보다 온도를 증가시키기 어렵고, 열용량도 크다.

㉥ 열량 : $Q = mC\Delta T$

㉦ 소요전력량 : $P = \frac{Q}{\eta}$

여기서, Q : 가열량

η : 전열기의 효율

핵심예제

2-1. 중량 50[kgf]인 물체를 4[m] 들어 올리는 데 필요한 일을 열량으로 환산하면 약 몇 [kcal]인가? [2010년 제2회]

① 0.468 ② 0.485
③ 4.683 ④ 4.590

2-2. 비열에 대한 설명으로 옳지 않은 것은?

[2006년 제3회, 2012년 제1회, 2018년 제1회]

① 정압비열은 정적비열보다 항상 크다.
② 물질의 비열은 물질의 종류와 온도에 따라 달라진다.
③ 비열비가 큰 물질일수록 압축 후의 온도가 더 높다.
④ 물은 비열이 작아 공기보다 온도를 증가시키기 어렵고 열용량도 작다.

2-3. 50[℃], 30[℃], 15[℃]인 세 종류의 액체 A, B, C가 있다. A와 B를 같은 질량으로 혼합하였더니 40[℃]가 되었고, A와 C를 같은 질량으로 혼합하였더니 20[℃]가 되었다고 하면, B와 C를 같은 질량으로 혼합하면 온도는 약 몇 [℃]가 되겠는가? [2004년 제1회, 2019년 제3회]

① 17.1 ② 19.5
③ 20.5 ④ 21.1

2-4. 이상기체 10[kg]을 240[K]만큼 온도를 상승시키는 데 필요한 열량이 정압인 경우와 정적인 경우에 그 차가 415[kJ]이었다. 이 기체의 가스상수는 몇 [kJ/kg·K]인가?

[2004년 제3회, 2008년 제3회, 2010년 제2회 유사, 2015년 제3회]

① 0.173 ② 0.287
③ 0.381 ④ 0.423

2-5. 분자량이 30인 어떤 가스의 정압비열이 0.516[kJ/kg·K]이라고 가정할 때 이 가스의 비열비 [k]는 약 얼마인가?

[2007년 제2회, 2008년 제2회 유사, 2011년 제3회, 2017년 제3회, 2020년 제1·2회 통합 유사, 2021년 제1회]

① 1.0 ② 1.4
③ 1.8 ④ 2.2

|해설|

2-1

일 량

$W = F \times s = (50 \times 9.8) \times 4[\text{kg} \cdot \text{m/s}^2][\text{m}] = 1{,}960[\text{N} \cdot \text{m}]$
$= 1{,}960[\text{J}] = 1{,}960 \times 0.239[\text{cal}] = 468.44[\text{cal}] \simeq 0.468[\text{kcal}]$

2-2

물은 비열이 커서 공기보다 온도를 증가시키기 어렵고, 열용량도 크다.

2-3

열량 $Q = mC\Delta T$에서
$mC_A(50-40) = mC_B(40-30)$이므로, $C_A = C_B$
$mC_A(50-20) = mC_C(20-15)$이므로, $6C_A = C_C$
$mC_B(30-T_m) = mC_C(T_m-15)$에서
$C_B(30-T_m) = C_C(T_m-15) = 6C_B(T_m-15)$이므로,

$T_m = \dfrac{30+6\times 15}{7} \simeq 17.1[℃]$

2-4

열량 $Q = mC\Delta T$에서 비열 $C = \dfrac{Q}{m\Delta T}$

가스상수

$R = C_p - C_v = \dfrac{415}{10\times 240} \simeq 0.173[\text{KJ/kg} \cdot \text{K}]$

2-5

$C_p - C_v = R = \dfrac{8.314}{30} \simeq 0.277$이므로,

$C_v = C_p - R = 0.516 - 0.277 = 0.239[\text{KJ/kg} \cdot \text{K}]$

비열비 $k = \dfrac{C_p}{C_v} = \dfrac{0.516}{0.239} \simeq 2.159 \simeq 2.2$

정답 2-1 ① 2-2 ④ 2-3 ① 2-4 ① 2-5 ④

1-2. 열역학 법칙

핵심이론 01 열역학 제1법칙

① 열역학 제1법칙의 개요

㉠ 열역학 제1법칙(에너지보존의 법칙 = 가역법칙 = 양적 법칙 = 제1종 영구기관 부정의 법칙)

- 열과 일의 관계를 설명한 에너지보존의 법칙이다.
- 일과 열은 서로 교환된다는 열교환법칙이다.
- 열을 일로 변환할 때 또는 일을 열로 변환할 때 전체 계의 에너지 총량은 변화하지 않고 일정하다.
- 에너지의 한 형태인 열과 일은 본질적으로 서로 같다. 열은 일로, 일은 열로 서로 전환이 가능하며 이때 열과 일 사이의 변환에는 일정한 비례관계가 성립한다.
- 어떤 계에 있어서 에너지 증가는 그 계에 흡수된 열량에서 그 계가 한 일을 뺀 것과 같다.
- 계의 내부에너지의 변화량은 계에 들어온 열에너지에서 계가 외부에 해 준 일을 뺀 양과 같다.
- $\Delta U = \Delta Q - \Delta W$
- 물체에 공급된 에너지는 물체의 내부에너지를 높이거나 외부에 일을 하므로, 에너지의 양은 일정하게 보존된다.
- 밀폐계가 임의의 사이클을 이룰 때 전달되는 열량의 총합은 행하여진 일량의 총합과 같다.
- 어떤 계가 임의의 사이클을 겪는 동안 그 사이클에 따라 열을 적분한 것이 그 사이클에 따라서 일을 적분한 것에 비례한다.
- 시스템의 경계 안에 비가역성이 존재하지 않는 내적 가역과정을 온도-엔트로피 선도상에 표시하였을 때, 이 과정 아래의 면적은 열전달량(열량)이다.
- 가역이나 비가역과정에 모두 성립한다.

㉡ 제1종 영구기관

- 에너지 공급 없이도 영원히 일을 계속할 수 있는 가상의 기관(외부에서 에너지를 가하지 않은 채 영구히 에너지를 내는 기관)
- 에너지 소비 없이 연속적으로 동력을 발생시키는 기관
- 에너지 소비 없이 계속 일을 하는 원동기
- 주위로 일을 계속할 수 있는 원동기
- 제1종 영구기관은 열역학 제1법칙에 위배된다.

㉢ 유로계(Flow System)에서 입구에서의 전체 에너지는 출구에서의 전체 에너지와 같으며, 이것은 시간에 따라 변하지 않는다.

㉣ 정상유동의 에너지방정식 : 정상 상태(Steady State)에서의 유체 흐름은 입구와 출구에서의 유체 물성이 시간에 따라 변하지 않는 흐름이다.

② 열역학적 에너지방정식

㉠ 밀폐계의 에너지방정식

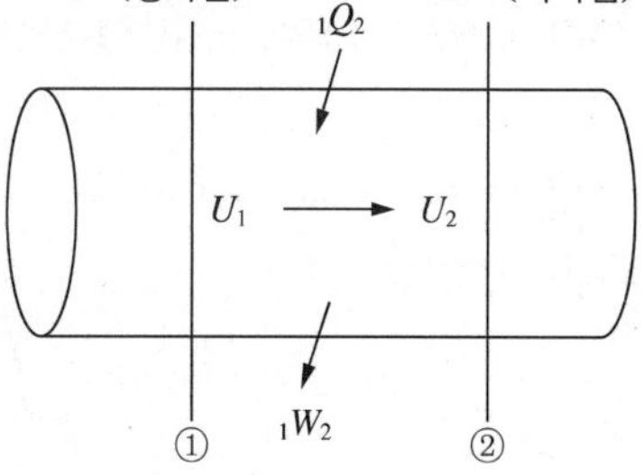

- $_1Q_2 = \Delta U + A_1W_2$(공학단위)
- $_1Q_2 = \Delta U + {}_1W_2$(SI단위)
- 열역학 제1법칙의 미분형 제1식
  - $\delta Q = dU + A\delta W = dU + APdV$[kcal] (공학단위)
  - $\delta q = du + Apdv$[kcal/kg](공학단위)
  - $\delta Q = dU + \delta W = dU + PdV$[kJ](SI단위)
  - $\delta q = du + pdv$[kJ/kg](SI단위)

㉡ 개방계의 에너지방정식

- 정상유동의 에너지방정식

$$_1Q_2 = AW_t + \frac{A\dot{G}(w_2^2 - w_1^2)}{2g} + \dot{G}(h_2 - h_1) + A\dot{G}(Z_2 - Z_1)[\text{kcal/hr}]\ (\text{공학단위})$$

$$_1Q_2 = W_t + \frac{\dot{m}(w_2^2 - w_1^2)}{2} + \dot{m}(h_2 - h_1) + \dot{m}g(Z_2 - Z_1)[\text{kW}]\ (\text{SI단위})$$

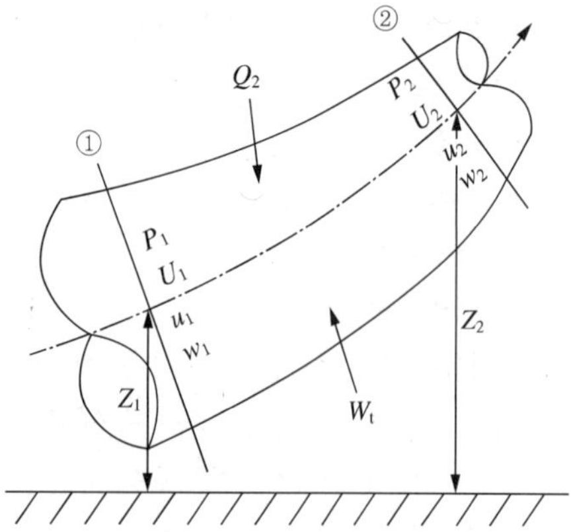

- 열역학 제1법칙의 미분형 제2식
  - $\delta q = dh - Avdp$[kcal/kg] (공학단위)
  - $\delta Q = dH - AVdp$[kcal] (공학단위)
  - $\delta q = dh - vdp$[kJ/kg] (SI단위)
  - $\delta Q = dH - Vdp$[kJ] (SI단위)
- 개방계의 일량(공업일)

$$w_t = -\int_1^2 vdp \text{ 또는 } W_t = -\int_1^2 Vdp$$

③ 내부에너지와 엔탈피

㉠ 내부에너지(U) : 분자의 운동 상태(분자의 병진운동, 회전운동, 분자 내 원자의 진동)와 분자의 집합 상태(고체, 액체, 기체의 상태)에 따라서 달라지는 에너지이다.

- 내부에너지의 정의 : (총에너지)−(위치에너지)−(운동에너지)
- 내부에너지의 변화량 :

$$\Delta U = \Delta Q - \Delta W = \Delta H - \Delta W$$
$$= \Delta H - P\Delta V$$

- 예를 들어, 상온의 감자를 가열하여 뜨거운 감자로 요리하였을 때 감자의 내부에너지가 증가한다.

㉡ 엔탈피(Enthalpy, H) : 일정한 압력과 온도에서 물질이 지닌 고유 에너지량(열 함량)

- 엔탈피(H) = 내부에너지(U) + 유동일(에너지)
  = 내부에너지(U) + 압력(P) × 체적(V)
  = $U + PV$
- 압력을 일정하게 유지하였을 때 엔탈피의 변화량 : $dH = dU + PdV$
- 엔탈피는 물리 · 화학적 변화에서 출입하는 열의 양을 구하게 해 주고, 화학평형과도 밀접하게 연관되는 열역학의 핵심함수로, 엔트로피와 더불어 열역학에서 가장 중요한 개념 중 하나이다.
- 경로에 따라 변화하지 않는 상태함수이다.
- 완전 미적분이 가능한 열량적 상태량(상태함수)이다.
- $H = H(T, P)$로부터

  $dH = \left(\frac{\partial H}{\partial P}\right)_T dP + \left(\frac{\partial H}{\partial T}\right)_P dT$를 유도할 수 있는데, $\left(\frac{\partial H}{\partial P}\right)_T$, $\left(\frac{\partial H}{\partial T}\right)_P$ 모두 T, P의 함수이다.
- 엔탈피의 측정에는 흐름열량계를 사용한다.
- 내부에너지와 유동일(흐름일)의 합으로 나타난다.
- 실제 가스의 엔탈피
  - 온도와 비체적의 함수이다.
  - 압력과 비체적의 함수이다.
  - 온도, 질량, 압력의 함수이다.
- 압력 엔탈피 선도에서 등엔트로피 선의 기울기는 체적에 해당한다.

④ 에너지 식과 단위질량유량당 축일

㉠ 베르누이의 방정식 : 압력에너지 + 운동에너지 + 위치에너지 = 일정

㉡ 운동에너지 : $K = \frac{1}{2}mv^2$

㉢ 위치에너지 : $W = mgh$

㉣ 위치에너지 · 운동에너지 · 열에너지의 변화 : $mgh = mC\Delta T$

㉤ 유동하는 기체의 단위질량당 역학적 에너지 :

$$E = \frac{P}{\rho} + \frac{v^2}{2} + gh = C$$

여기서, P : 압력
ρ : 밀도
v : 속도
g : 중력가속도
h : 높이
C : 일정

ⓑ 증기의 속도가 빠르고, 입출구 사이의 높이차도 존재하여 운동에너지 및 위치에너지를 무시할 수 없다고 가정하고, 증기는 이상적인 단열 상태에서 개방시스템 내로 흘러들어가 단위질량유량당 축일(w_s)을 외부로 제공하고 시스템으로부터 흘러나온다고 할 때단위질량유량당 축일(w_s)의 계산식 :

$$w_s = -\int_i^e VdP + \frac{1}{2}(v_i^2 - v_e^2) + g(z_i - z_e)$$

여기서, V : 비체적 P : 압력

v : 속도 z : 높이

i : 입구 e : 출구

핵심예제

1-1. 열역학 제1법칙에 대하여 옳게 설명한 것은?

[2003년 제1회 유사, 2007년 제2회, 2018년 제2회]

① 열평형에 관한 법칙이다.
② 이상기체에만 적용되는 법칙이다.
③ 클라시우스의 표현으로 정의되는 법칙이다.
④ 에너지보존법칙 중 열과 일의 관계를 설명한 것이다.

1-2. 엔탈피(Enthalpy)에 대한 설명으로 옳지 않은 것은?

[2004년 제3회, 2007년 제2회, 2010년 제1회, 2018년 제3회]

① 열량을 일정한 온도로 나눈 값이다.
② 경로에 따라 변화하지 않는 상태함수이다.
③ 엔탈피의 측정에는 흐름열량계를 사용한다.
④ 내부에너지와 유동일(흐름일)의 합으로 나타난다.

1-3. 반응기 속에 1[kg]의 기체가 있고, 기체를 반응기 속에 압축시키는 데 1,500[kgf · m]의 일을 하였다. 이때 5[kcal]의 열량이 용기 밖으로 방출했다면 기체 1[kg]당 내부에너지 변화량은 약 몇 [kcal]인가? [2010년 제3회, 2016년 제2회 유사, 2020년 제3회]

① 1.3 ② 1.5
③ 1.7 ④ 1.9

1-4. 기체가 168[kJ]의 열을 흡수하면서 동시에 외부로부터 20[kJ]의 일을 받으면 내부에너지의 변화는 약 몇 [kJ]인가?

[2019년 제2회]

① 20 ② 148
③ 168 ④ 188

1-5. 어떤 계에 42[kJ]을 공급했다. 만약 이 계가 외부에 대하여 17,000[N · m]의 일을 하였다면 내부에너지의 증가량은 약 몇 [kJ]인가? [2019년 제3회]

① 25 ② 50
③ 100 ④ 200

1-6. 1[kg]의 기체가 압력 50[kPa], 체적 2.5[m³]의 상태에서 압력 1.2[MPa], 체적 0.2[m³]의 상태로 변화하였다. 이 과정 중에 내부에너지가 일정하다고 할 때 엔탈피의 변화량은 약 몇 [kJ]인가? [2010년 제3회, 2014년 제1회]

① 100 ② 105
③ 110 ④ 115

|해설|

1-1
① 열역학 제0법칙
② 모든 기체에 적용되는 법칙이다.
③ 열역학 제2법칙

1-2
엔탈피(Enthalpy, H)는 일정한 압력과 온도에서 물질이 지닌 고유 에너지량(열 함량)이다. 열량을 일정한 온도로 나눈 값은 엔트로피이다.

1-3
내부에너지 변화량

$$\Delta U = \Delta Q - \Delta W = -5 - \left(-\frac{1,500}{427}\right) \simeq -1.5[\text{kcal/kg}]$$

즉, 내부에너지는 1.5[kcal/kg]만큼 감소하였다.

1-4
내부에너지 변화량

$\Delta U = \Delta Q - \Delta W = 168 - (-20) = 188[\text{kJ}]$

1-5
내부에너지 변화량

$\Delta U = \Delta Q - \Delta W = 42 - 17 = 25[\text{kJ}]$

1-6

$H = U + PV$

$H_2 - H_1 = (U_2 + P_2V_2) - (U_1 + P_1V_1)$

$U_1 = U_2$이므로

$H_2 - H_1 = \Delta H = P_2V_2 - P_1V_1$

$= (1.2 \times 10^3 \times 0.2) - (50 \times 2.5) = 115[\text{kJ}]$

정답 1-1 ④ 1-2 ① 1-3 ② 1-4 ④ 1-5 ① 1-6 ④

핵심이론 02 열역학 제2법칙

① 열역학 제2법칙의 개요

㉠ 열역학 제2법칙(엔트로피 법칙 = 비가역법칙(에너지 흐름의 방향성) = 실제적 법칙 = 제2종 영구기관 부정의 법칙)

- 임의의 과정에 대한 가역성과 비가역성을 논의하는데 적용되는 법칙이다.
- 자연현상을 판명해 주고, 열과 일 사이에 열이동의 방향성을 제시해 주는 열역학 법칙이다.
- 열기관의 효율에 대한 이론적 한계를 결정한다.
  ※ 열기관 : 열에너지를 기계적 에너지로 변환하는 기관
- 열효율이 100[%]인 기관은 없다.
- 진공 중에서의 가스 확산은 비가역적이다.
- 고립계 내부의 엔트로피 총량은 언제나 증가한다.
- 어떤 과정이 일어날 수 있는가를 제시해 준다.
- 자연계에서 일어나는 모든 현상은 규칙적이고 체계화된 정도가 감소하는 방향으로 일어난다. 즉, 자연계에서 일어나는 현상은 한 방향으로만 진행된다.
- 에너지가 전환될 때 에너지는 형태만 바뀔 뿐 보존되지만, 외부로 확산된 열에너지는 다시 회수하여 사용할 수 없다.
- 전열선에 전기를 가하면 열이 발생하지만, 전열선을 가열하여도 전력을 얻을 수 없다.
- 예를 들어, 가정용 냉장고를 이용하여 겨울에 난방을 할 수 있다고 주장하였다면, 이 주장은 이론적으로 열역학 제1법칙과 제2법칙에 위배되지는 않는다.
- 반응이 일어나는 속도는 알 수 없다.

㉡ 열역학 제2법칙과 열

- 열은 고온에서 저온으로 흐른다.
- 열은 스스로 고온에서 저온으로 흐를 수 있지만, 저온에서 고온으로는 흐르지 않는다.
- 차가운 물체에 뜨거운 물체를 접촉시키면 뜨거운 물체에서 차가운 물체로 열이 전달되지만, 반대의 과정은 자발적으로 일어나지 않는다.
- 사이클에 의하여 일을 발생시킬 때는 고온체와 저온체가 필요하다.
- 주위에 아무런 변화를 남기지 않고 열을 저온의 열원으로부터 고온의 열원으로 전달하는 것은 불가능하다.
- 자연계에 아무런 변화도 남기지 않고 어느 열원의 열을 계속해서 일로 바꿀 수 없다.
- 외부에 어떠한 영향을 남기지 않고 한 사이클 동안에 계가 열원으로부터 받은 열을 모두 일로 바꾸는 것은 불가능하다.
- 열은 외부 동력 없이 저온체에서 고온체로 이동할 수 없다.
- 외부로부터 일을 받으면 저온에서 고온으로 열을 이동시킬 수 있다.
- 열에너지가 모두 역학적 에너지로 전환되는 것은 불가능하다.
- 일을 열로 바꾸는 것은 쉽고 완전히 되는 것에 반하여, 열을 일로 바꾸는 것은 그 효율이 절대로 100[%]가 될 수 없다.

㉢ 제2종 영구기관 : 공급된 열을 100[%] 완전하게 역학적인 일로 바꿀 수 있는 가상의 기관이다.

- 열역학 제2법칙은 제2종 영구기관의 존재 가능성을 부인하는 법칙이다.
- 효율이 100[%]인 열기관을 제작하는 것은 불가능하다.
- 주위에 어떤 변화를 주지 않고 열을 모두 일로 변환시켜 주기적으로 작동하는 기계는 만들 수 없다.

㉣ 유효에너지와 무효에너지

- 유효에너지 : 유효한 일로 변환되는 에너지 혹은 기계에너지로 변환할 수 있는 에너지(엑서지, Exergy)
- 무효에너지 : 저열원으로 버리게 되는 에너지 혹은 기계에너지로 변환할 수 없는 에너지(아너지, Anergy)

② 엔트로피(Entropy)

㉠ 엔트로피의 정의

- 자연물질이 변형되어 다시 원래의 상태로 환원될 수 없게 되는 현상
- 비가역공정에 의한 열에너지의 소산 : 에너지의 사용으로 결국 사용 가능한 에너지가 손실되는 결과
- 다시 가용할 수 있는 상태로 환원시킬 수 없는, 즉 무용의 상태로 전환된 질량(에너지)의 총량
- 무질서도
- 열량을 일정한 온도로 나눈 값
- 엔트로피 : $\Delta S = \dfrac{\Delta Q}{T}$

㉡ 엔트로피의 특징

- 엔트로피는 열의 흐름을 수반한다.
- 엔트로피는 상태함수이다.
- 엔트로피는 경로에 따라 값이 다르지 않다.
- 엔트로피는 분자들의 무질서도 척도가 된다.
- 엔트로피는 자연현상의 비가역성을 측정하는 척도이다.
- 계의 엔트로피는 증가할 수도 있고, 감소할 수도 있다.
- 비가역현상의 엔트로피가 증가하는 방향으로 일어난다.
- 고립계에서 엔트로피는 항상 증가하거나 일정하게 보존된다.
- 엔트로피 생성항은 항상 양수이다.
- 우주의 모든 현상은 총엔트로피가 증가하는 방향으로 진행된다.
- 전체 우주의 엔트로피가 감소하는 경우는 없다.
- 자발적인 과정이 일어날 때 전체(계와 주위)의 엔트로피는 감소하지 않는다.
- 고립계에서의 모든 자발적 과정은 엔트로피가 증가하는 방향으로 진행된다.
- 자유팽창, 종류가 다른 가스의 혼합, 액체 내 분자의 확산 등의 과정은 비가역과정이므로 엔트로피는 증가한다.
- 클라우지우스(Clausius) 방정식에 들어가는 온도값은 절대온도(K)를 사용한다.
- 계의 엔트로피는 계가 열을 흡수하거나 방출해야만 변화하는 것은 아니다.

㉢ 엔트로피의 변화

- 비가역 단열변화에서의 엔트로피 변화 : $dS > 0$
- 열의 이동 등 자연계에서의 엔트로피 변화 : $\Delta S_1 + \Delta S_2 > 0$

㉣ 정압·정적 엔트로피 : $\Delta S_p = mC_p \ln \dfrac{T_2}{T_1}$,

$$\Delta S_v = mC_v \ln \frac{T_2}{T_1},\ \frac{\Delta S_p}{\Delta S_v} = \frac{C_p}{C_v} = k$$

㉤ 물질이 보유한 엔트로피의 증감

- (　) 안의 물질이 보유한 엔트로피가 증가한 경우 : 컵에 있는 (물)이 증발하였다.
- (　) 안의 물질이 보유한 엔트로피가 증가하지 않은 경우
  - 목욕탕의 (수증기)가 차가운 타일벽에 물로 응결되었다.
  - 실린더 안의 (공기)가 가역단열적으로 팽창되었다.
  - 뜨거운 (커피)가 식어서 주위 온도와 같게 되었다.

③ 가역과정과 비가역과정

㉠ 가역과정(Reversible Process) : 변화 전의 원래 상태로 되돌아갈 수 있는 과정(이상과정)

- 과정은 어느 방향으로나 진행될 수 있다.
- 시스템의 가역과정은 한 번 진행된 과정이 역으로 진행될 수 있으며, 그때 시스템이나 주위에 아무런 변화를 남기지 않는 과정이다.
- 가역과정은 우주의 엔트로피를 증가시키지 않는다(가역과정은 엔트로피 생성을 초래하지 않는다. 이 원리는 공정의 최대 일 출력과 최소 일 입력을 계산하는 데 유용하다).
- 동일한 온도범위에서 작동되는 가역 열기관은 비가역 열기관보다 열효율이 높다.
- 과정은 이를 조절하는 값을 무한소만큼씩 변화시켜 역행할 수 있다.

- 작용 물체는 전 과정을 통하여 항상 평형 상태에 있다.
- 마찰로 인한 손실이 없다.
- 열역학적 비유동계 에너지의 일반식 : $\delta Q = dU + PdV = dH - VdP$
- 등온 열 전달과정은 가역과정이다.
- 예 : 카르노 순환계, 노즐에서의 팽창, 마찰이 없는 관 내의 흐름, 잘 설계된 터빈·압축기·노즐을 통한 흐름, 유체의 균일하고 느린 팽창이나 압축, 충분히 천천히 일어나서 시스템 내에 기울기가 나타나지 않는 많은 과정들

㉡ 비가역과정(Irreversible Process) : 변화 전의 원래 상태로 되돌아갈 수 없는 과정(실제과정)

- 과정은 실제과정이며 정방향으로만 진행된다.
- 과정은 이를 조절하는 값을 무한소만큼씩 변화시켜도 역행할 수는 없다.
- 계와 외계의 에너지의 총합은 일정하고, 엔트로피의 총합은 증가한다.
- 비가역 단열변화에 있어서 엔트로피 변화량은 증가한다.
- 예 : 실린더 내의 기체의 갑작스런 팽창, 불구속 팽창, 점성력이 존재하는 관 또는 덕트 내의 흐름, 부분적으로 열린 밸브나 다공성 플러그와 같이 국부적으로 좁은 공간을 통과하는 흐름(Joule-Thomson 팽창), 낮은 압력으로의 자유팽창, 충격파와 같은 큰 기울기를 통과하는 흐름, 유한 온도차에 의한 열전달, 온도기울기가 존재하는 열전도, 마찰현상, 마찰이 중요한 모든 과정, 온도 또는 압력이 서로 다른 유체의 흐름, 상이한 조성물질의 혼합 등

㉢ 클라우지우스의 폐적분값 : $\oint \frac{\delta Q}{T} \leq 0$(항상 성립)

- 가역사이클 : $\oint \frac{\delta Q}{T} = 0$
- 비가역사이클 : $\oint \frac{\delta Q}{T} < 0$

핵심예제

2-1. 열역학 제2법칙을 잘못 설명한 것은?

[2006년 제1회, 2008년 제2회 유사, 2011년 제1회, 2012년 제2회, 2013년 제1회 유사, 2016년 제2회 유사, 2018년 제3회 유사, 2019년 제1회]

① 열은 고온에서 저온으로 흐른다.
② 전체 우주의 엔트로피는 감소하는 법이 없다.
③ 일과 열은 전량 상호 변환할 수 있다.
④ 외부로부터 일을 받으면 저온에서 고온으로 열을 이동시킬 수 있다.

2-2. 어떤 과정이 가역적으로 되기 위한 조건은?

[2003년 제2회 유사, 2011년 제1회 유사, 2019년 제1회]

① 마찰로 인한 에너지 변화가 있다.
② 외계로부터 열을 흡수 또는 방출한다.
③ 작용 물체는 전 과정을 통하여 항상 평형이 이루어지지 않는다.
④ 외부조건에 미소한 변화가 생기면 어느 지점에서라도 역전시킬 수 있다.

2-3. 다음 중 비가역과정이라고 할 수 있는 것은?

[2003년 제2회 유사, 2011년 제1회, 2021년 제2회 유사]

① Carnot 순환
② 노즐에서의 팽창
③ 마찰이 없는 관 내의 흐름
④ 실린더 내에서의 급격한 팽창과정

|해설|

2-1
열역학 제2법칙에서는 자연계에 아무런 변화도 남기지 않고 어느 열원의 열을 계속해서 일로 바꿀 수 없다.

2-2
① 마찰로 인한 에너지 변화가 없다.
② 외계로부터 열을 흡수 또는 방출하지 않는다.
③ 작용 물체는 전 과정을 통하여 항상 평형이 이루어진다.

2-3
①, ②, ③ : 가역과정
④ : 비가역과정

정답 2-1 ③ 2-2 ④ 2-3 ④

핵심이론 03 제0법칙 · 제3법칙 · 제반법칙 · 관계식 · 화학평형

① 열역학 제0법칙 · 열역학 제3법칙

㉠ 열역학 제0법칙(열평형의 법칙)

- 온도가 서로 다른 물체를 접촉시키면 높은 온도를 지닌 물체의 온도는 내려가고, 낮은 온도를 지닌 물체의 온도는 올라가서 두 물체의 온도 차이는 없어진다.
- 물체 A와 B가 각각 물체 C와 열평형을 이루었다면, 물체 A와 B도 서로 열평형을 이룬다는 열역학 법칙이다.
- 제3의 물체와 열평형에 있는 두 물체는 그들 상호간에도 열평형에 있으며, 물체의 온도는 서로 같다.
- 두 계가 다른 한 계와 열평형을 이룬다면, 그 두 계는 서로 열평형을 이룬다.
- 두 물체가 제3의 물체와 온도의 동등성을 가질 때는 두 물체도 서로 온도의 동등성을 갖는다.
- 온도계의 원리를 제공한다.

㉡ 열역학 제3법칙 : 엔트로피 절댓값의 정의(절대영도 불가능의 법칙) = 제3종 영구기관 부정의 법칙

- 어떤 방법으로도 물체의 온도를 절대영도(0[K])로 내릴 수 없다(Nernst).
- 절대온도 0도(0[K])에는 도달할 수 없다.
- 절대영도에서의 엔트로피값을 제공한다.
- 순수한(Perfect) 결정의 엔트로피는 절대영도에서 0이 된다.
- 자연계에 실제 존재하는 물질은 절대영도에 이르게 할 수 없다.
- 제3종 영구기관(절대온도 0[K]에 도달할 수 있는 기관, 일을 하지 않으면서 운동을 계속하는 기관)의 존재 가능성을 부인하는 법칙이다.

② 열역학의 제반법칙

㉠ 보일(Boyle)의 법칙

- 온도가 일정할 때 기체의 부피는 압력에 반비례하여 변한다.
- $P_1V_1 = P_2V_2 = C$(일정)
- 기체분자의 크기가 0이고 서로 영향을 미치지 않는 이상기체의 경우, 온도가 일정할 때 가스의 압력과 부피는 서로 반비례한다.

㉡ 샤를(Charles)의 법칙 또는 게이뤼삭(Gay Lussac)의 법칙

- 압력이 일정할 때 기체의 부피는 온도에 비례하여 변한다.
- $\dfrac{V_1}{T_1} = \dfrac{V_2}{T_2} = C$(일정)

㉢ 보일-샤를의 법칙

- 일정량의 기체가 차지하는 부피는 압력에 반비례하고 절대온도에 비례한다.
- $\dfrac{P_1V_1}{T_1} = \dfrac{P_2V_2}{T_2} = C$(일정)

㉣ 헨리(Henry)의 법칙

- 기체의 압력이 클수록 액체 용매에 잘 용해된다는 것을 설명한 법칙이다.
- 일정 온도에서 기체의 용해도는 용매와 평형을 이루고 있는 기체의 부분압력에 비례한다는 법칙이다.

㉤ 아보가드로(Avogadro)의 법칙

- 온도와 압력이 일정할 때 모든 기체는 같은 부피 속에 같은 수의 분자가 들어 있다.
- 모든 기체 1[mol]이 차지하는 부피는 표준 상태(STP : 0[℃], 1기압)에서 22.4[L]이며, 그 속에는 6.02×10^{23}개의 분자가 들어 있다.

㉥ 그레이엄의 법칙(Graham's Law of Diffusion)

- 혼합기체의 확산속도는 일정한 온도에서 기체 분자량의 제곱근에 반비례한다는 법칙이다.
- $\dfrac{v_A}{v_B} = \sqrt{\dfrac{M_B}{M_A}}$

여기서, v_A : 기체 A의 확산속도

v_B : 기체 B의 확산속도

M_A : 기체 A의 분자량

M_B : 기체 B의 분자량

ⓢ 깁스(Gibbs)의 상법칙(상률 또는 상칙, Phase Rule)
- 상태의 자유도와 혼합물을 구성하는 성분물질의 수 그리고 상의 수에 관계되는 법칙이다.
- 평형일 때 존재하는 관계식이며, 열역학의 기본법칙으로부터 유도할 수 있다.
- 깁스의 상률은 강도성 상태량과 관계한다.
- 깁스 상법칙의 공식 : $F = C - P + 2$

여기서, F : 자유도

C : 성분수

P : 상의 수

$+2$: 환경변수
- 자유도 : 시스템의 상태를 결정하는 독립적인 강성적 성질의 수이며 0, 1, 2, 3의 값 중 어느 하나의 값이다.
- 단일 성분의 물질이 기상, 액상, 고상 중 임의의 2상이 공존할 때 상태의 자유도는 1이다.
- 3상이 모두 존재하면 자유도는 0이며, 독립적인 강성적 성질 없이 압력과 온도는 모두 자연적으로 결정되어 있는 상태이다. 이것이 온도의 기준을 물의 삼중점에서 택한 이유이기도 하다.

ⓞ 헤스(Hess)의 법칙 : 임의의 화학반응에서 발생(또는 흡수)하는 열은 변화 전과 변화 후의 상태에 의해서 정해지며, 그 경로는 무관하다.

③ 열역학의 제반관계식

㉠ 깁스의 자유에너지식 : 깁스 자유에너지의 정의와 직접 관련이 있는 것은 엔탈피, 온도 그리고 엔트로피다.

$\Delta G = \Delta H - T\Delta S$

㉡ 맥스웰(Maxwell) 관계식 : 엔트로피(s) 변화 등과 같이 직접 측정할 수 없는 양들을 압력(P), 비체적(v), 온도(T)와 같은 측정 가능한 상태량으로 나타내는 관계식이다.

$$\left(\frac{\partial T}{\partial v}\right)_s = -\left(\frac{\partial P}{\partial s}\right)_v$$

$$\left(\frac{\partial T}{\partial P}\right)_s = \left(\frac{\partial v}{\partial s}\right)_P$$

$$\left(\frac{\partial P}{\partial T}\right)_v = \left(\frac{\partial s}{\partial v}\right)_T$$

$$\left(\frac{\partial v}{\partial T}\right)_P = -\left(\frac{\partial s}{\partial P}\right)_T$$

④ 화학평형

㉠ 화학평형의 개요
- 화학평형은 가역반응이 일정한 온도에서 시간이 충분히 흐른 후, 반응물이나 생성물의 초기 농도에 관계없이 더 이상 겉보기 농도에 변화가 없는 상태로, 평형 상태라고도 한다.
- 화학평형은 화학반응에 있어서 정반응속도와 역반응속도가 같아져 겉보기에는 화학반응이 일어나지 않는 것처럼 보이는 상태이다.
- 화학평형의 상태에서 반응물과 생성물의 농도비는 일정하게 된다.

㉡ 평형상수(K) : 가역적인 화학반응이 특정온도에서 평형을 이루고 있을 때, 반응물과 생성물의 농도관계를 나타낸 상수로, 생성물의 몰 농도 곱과 반응물의 몰 농도 곱의 비로 계산한다. 반응물 A와 B가 반응하여 생성물 C와 D를 생성하는 가역적 반응에 대한 화학반응식 $aA + bB \leftrightarrow cC + dD$이 일어날 때, 평형상수 $K = \frac{[C]^c [D]^d}{[A]^a [B]^b}$로 계산된다(여기서, $[A]$, $[B]$, $[C]$, $[D]$는 A, B, C, D의 평형에서의 몰 농도이며 a, b, c, d는 계수이다). 이를 질량작용의 법칙(Law of Mass Action)이라고 한다.
- 반응물 및 생성물의 초기 농도에 관계없이 항상 같은 값을 지닌다.
- 온도만의 함수로서 압력이나 농도에는 영향을 받지 않는다.
- 평형상수는 실험적으로 결정하며, 화학평형식에 따라 단위는 달라진다.
- 관례적으로 평형상수의 단위를 생략한다.
- 평형상수의 값은 온도에 따라 변하며, 화학식의 계수에 의존한다.

- 온도에 따른 화학반응의 평형상수
  - 온도가 상승하면 발열반응에서는 감소하고, 흡열반응에서는 증가한다.
  - 온도가 하강하면 발열반응에서는 증가하고, 흡열반응에서는 감소한다.

㉢ 평형반응식의 이동

- 기체 상태의 평형 이동에 영향을 미치는 변수 : 온도, 압력, 농도(pH는 무관)
- 온도에 따른 반응식의 이동 방향
  - 반응식은 온도를 높이면 온도가 내려가는 방향인 흡열반응쪽으로 이동한다.
  - 반응식은 온도를 낮추면 온도가 올라가는 방향인 발열반응쪽으로 이동한다.
- 압력에 따른 반응식의 이동 방향
  - 반응식은 압력을 높이면 기체입자수가 감소하는 쪽으로 이동한다.
  - 반응식은 압력을 낮추면 기체입자수가 증가하는 쪽으로 이동한다.
- 농도에 따른 반응식의 이동 방향
  - 반응식은 농도를 높이면 물질의 농도가 감소하는 쪽으로 이동한다.
  - 반응식은 농도를 낮추면 물질의 농도가 증가하는 쪽으로 이동한다.

핵심예제

3-1. 온도 200[°C], 압력 5[kgf/cm^2]인 이상기체 10[cm^3]를 등온조건에서 5[cm^3]까지 압축시키면 압력은 약 몇 [kgf/cm^2]인가? [2007년 제1회, 2013년 제2회, 2018년 제3회]

① 2.5 ② 5
③ 10 ④ 20

3-2. 대기의 온도가 일정하다고 가정하고 공중에 높이 떠 있는 고무풍선이 차지하는 부피(a)와 그 풍선이 땅에 내렸을 때의 부피(b)를 옳게 비교한 것은? [2016년 제1회, 2021년 제1회]

① a는 b보다 크다.
② a와 b는 같다.
③ a는 b보다 작다.
④ 비교할 수 없다.

3-3. 고압가스저장설비에서 수소와 산소가 동일한 조건에서 대기 중에 누출되었다면 확산속도는 어떻게 되겠는가? [2009년 제1회, 2018년 제1회]

① 수소가 산소보다 2배 빠르다.
② 수소가 산소보다 4배 빠르다.
③ 수소가 산소보다 8배 빠르다.
④ 수소가 산소보다 16배 빠르다.

3-4. 헬륨과 성분을 모르는 어떤 순수물질의 확산속도를 측정하였더니 헬륨의 확산속도의 1/2이였다. 이 순수물질은 무엇인가? [2012년 제2회]

① 수 소 ② 메 탄
③ 산 소 ④ 프로판

3-5. C(s)가 완전연소하여 CO_2(g)가 될 때의 연소열(MJ/kmol)은 얼마인가? [2015년 제2회]

㉮ $C(s) + \frac{1}{2}O_2 \rightarrow CO + 122$[MJ/kmol]

㉯ $CO + \frac{1}{2}O_2 \rightarrow CO_2 + 285$[MJ/kmol]

① 407 ② 330
③ 223 ④ 141

3-6. 298.15[K], 0.1[MPa]에서 메탄(CH_4)의 연소엔탈피는 약 몇 [MJ/kg]인가?(단, CH_4, CO_2, H_2O의 생성엔탈피는 각각 −74,873, −393,522, −241,827[kJ/kmol]이다) [2006년 제3회, 2014년 제2회]

① −40 ② −50
③ −60 ④ −70

3-7. 다음과 같은 기초반응에서 A의 농도는 그대로 하고 B의 농도를 처음의 2배로 해 주면 반응속도는 처음의 몇 배가 되겠는가? [2013년 제3회, 2017년 제2회]

$$2A + 3B \rightarrow 3C + 4D$$

① 2배 ② 4배
③ 8배 ④ 16배

핵심예제

3-8. 수증기와 CO의 몰 혼합물을 반응시켰을 때 1,000[℃], 기압에서의 평형조성이 CO, H_2O가 각각 28[mol%], H_2, CO_2가 각각 22[mol%]라 하면, 정압평형정수(K_p)는 약 얼마인가?

[2009년 제1회, 2019년 제3회]

① 0.2 ② 0.6
③ 0.9 ④ 1.3

3-9. 어느 온도에서 A(g) + B(g) ⇌ C(g) + D(g)와 같은 가역반응이 평형 상태에 도달하여 D가 1/4[mol] 생성되었다. 이 반응의 평형상수는?(단, A와 B를 각각 1[mol]씩 반응시켰다)

[2013년 제2회, 2016년 제1회, 2019년 제1회]

① 16/9 ② 1/3
③ 1/9 ④ 1/16

|해설|

3-1

$\frac{P_1V_1}{T_1} = \frac{P_2V_2}{T_2}$에서 $T_1 = T_2$이므로

$P_2 = \frac{P_1V_1}{V_2} = \frac{5\times10}{5} = 10[\text{kgf/cm}^2]$

3-2

$P_aV_a = P_bV_b$에서 $V_a = \frac{P_b}{P_a}\times V_b$이며

$P_a < P_b$이므로 $V_a > V_b$이다.

3-3

그레이엄 기체 확산속도의 법칙 $\frac{v_A}{v_B} = \sqrt{\frac{M_B}{M_A}}$에서

$\frac{v_{H_2}}{v_{O_2}} = \sqrt{\frac{M_{O_2}}{M_{H_2}}} = \sqrt{\frac{32}{2}}$ =4배

3-4

② $\frac{v_{CH_4}}{v_{He}} = \sqrt{\frac{M_{He}}{M_{CH_4}}} = \sqrt{\frac{4}{16}} = \frac{1}{2}$ 배

① $\frac{v_{H_2}}{v_{He}} = \sqrt{\frac{M_{He}}{M_{H_2}}} = \sqrt{\frac{4}{2}} = \sqrt{2}$ 배

③ $\frac{v_{O_2}}{v_{He}} = \sqrt{\frac{M_{He}}{M_{O_2}}} = \sqrt{\frac{4}{32}} = \sqrt{\frac{1}{8}}$ 배

④ $\frac{v_{C_3H_3}}{v_{He}} = \sqrt{\frac{M_{He}}{M_{C_3H_8}}} = \sqrt{\frac{4}{44}} = \sqrt{\frac{1}{11}}$ 배

헬륨의 확산속도의 1/2인 순수물질은 메탄이다.

3-5

㉮ + ㉯를 하면

$C(s) + 2O_2 \rightarrow CO_2 + (122 + 285)$[MJ/kmol]이므로

C(s)가 완전연소하여 $CO_2(g)$가 될 때의 연소열은

(122 + 285) = 407[MJ/kmol]이다.

3-6

메탄의 연소방정식 : $CH_4 + 2O_2 \rightarrow CO_2 + H_2O$

메탄(CH_4)의 연소엔탈피

= 74,873 − 393,522 − 2 × 241,827 = −802,303[kJ/kmol]

$= -\frac{802,303}{1,000\times16}$[MJ/kg] ≃ −50[MJ/kg]

3-7

반응속도 $v = [A]^2[B]^3$에서 B의 농도를 2배로 하면

반응속도 $v = [1]^2[2]^3 = 8$이므로 처음 반응속도의 8배가 된다.

3-8

반응식 : $CO + H_2O \rightarrow CO_2 + H_2$

정압평형정수

$K_p = \frac{[CO_2]\times[H_2]}{[CO]\times[H_2O]} = \frac{22\times22}{28\times28} \simeq 0.6$

3-9

화학반응식	A(g)	+	B(g)	⇌	C(g)	+	D(g)
초기 농도	1		1		0		0
변화 농도	$-x$		$-x$		$+x$		$+x$
평형 농도	$1-x$		$1-x$		x		x

평형 상태에 도달하여 D가 $\frac{1}{4}$[mol] 생성되었으므로 $x = \frac{1}{4}$

평형상수 $K = \frac{[C]^c[D]^d}{[A]^a[B]^b} = \frac{x^1x^1}{(1-x)^1(1-x)^1} = \frac{\frac{1}{4}\times\frac{1}{4}}{\frac{3}{4}\times\frac{3}{4}} = \frac{1}{9}$

정답 3-1 ③ 3-2 ① 3-3 ② 3-4 ② 3-5 ① 3-6 ② 3-7 ③ 3-8 ② 3-9 ③

1-3. 이상기체와 실제기체 및 혼합기체

핵심이론 01 이상기체와 실제기체

① 이상기체

㉠ 이상기체의 개요

- 이상기체(Ideal Gas)는 기체분자 간 인력이나 반발력이 작용하지 않는다고 가정한 가상적인 기체로, 완전기체(Perfect Gas)라고도 한다.
- 이상기체는 이상기체의 상태방정식 $PV = n\overline{R}T$를 만족시키는 기체이다.
- 기체분자 간의 인력이나 반발력이 없는 것으로 간주한다(분자 상호간의 인력이나 척력을 무시한다).
- 자유롭게 운동하며 뉴턴의 운동법칙을 따르는 수많은 분자들로 구성된다.
- 기체분자들의 부피는 기체가 차지하는 부피에 비해 무시할 수 있을 정도로 작다.
- 고온・저압일수록 이상기체에 가까워진다.

㉡ 이상기체의 특징

- 분자의 충돌로 총운동에너지가 감소되지 않는 완전탄성체이다.
- 이상기체는 저장용기의 벽에 충돌하여도 탄성을 잃지 않는다.
- 온도에 대비하여 일정한 비열을 가진다.
- 무시할 수 있을 정도로 짧은 순간 동안 일어나는 탄성충돌을 제외하고는 기체분자 간에는 아무런 힘도 작용하지 않는다.
- 비열비는 온도와 무관하며 일정하다.
- 분자 자신이 차지하는 부피를 무시한다.
- 0[K]에서 부피는 0이어야 하며 평균 운동에너지는 절대온도에 비례한다.
- 보일-샤를의 법칙을 만족한다(압력과 부피의 곱은 온도에 비례한다).
- 아보가드로의 법칙에 따른다.
- 실체 기체 중 H_2, He 등의 가스는 이상기체에 가깝다.
- 내부에너지는 온도만의 함수이다.
- 아무리 응축시켜도 액화되지 않는다.
- 분자와 분자 사이의 거리가 매우 멀다.
- 분자 사이의 인력이 없다(기체분자의 크기와 분자들 사이의 인력이 일정).
- 줄-톰슨 계수는 0이다.
- 내부에너지는 온도만의 함수다.
  $dU = C_v dT$
  (엔탈피는 온도만의 함수이므로 엔탈피가 일정하면 온도 변화도 일정하다)
- 이상기체의 엔탈피는 온도만의 함수이다.
  $dh = C_p dT$
  - 이상기체는 질량을 갖는다.
  - 기체분자 자신의 부피는 없다.
  - 기체분자 상호간에는 반발력이 작용하지 않는다.
  - 기체분자 자신의 부피를 무시한다.
  - 분자 사이에는 인력이나 반발력이 작용하지 않는다.
  - 저압・고온하의 실제기체는 이상기체의 성질을 가진다.
  - 저온・고온으로 하여도 액화나 응고하지 않는다.
  - 절대온도 0[K]에서 기체로서의 부피는 0으로 된다.
  - 보일-샤를의 법칙이나 이상기체 상태방정식을 만족한다.
  - 비열비는 온도에 관계없이 일정하다.
- 압축성 인자 또는 압축계수$\left(Z = \dfrac{PV}{RT}\right)$가 1이다.

※ 질소의 압축성 인자(계수) : 상온 및 상압인 300[K], 1기압 상태에서 압축성 인자는 거의 1에 가까워 이상기체의 거동을 보인다. 기체의 경우 압력이 0에 가까워지면 압축성 인자의 값은 1에 가까워진다.

㉢ 상태량 간의 관계식(이상기체의 내부에너지・엔탈피・엔트로피 관계식)

- $Tds = du + pdv$

여기서, u : 단위질량당 내부에너지
h : 엔탈피
s : 엔트로피
T : 절대온도
p : 압력
v : 비체적

- $Tds = dh - vdp$
- 가역과정, 비가역과정 모두에 대하여 성립한다.
- 가역과정의 경로에 따라 적분할 수 있으나, 비가역과정의 경로에 대하여는 적분할 수 없다.

㉣ 이상기체의 정압비열과 정적비열의 관계

- $C_p > C_v$, $C_p - C_v = R$, $C_p/C_v = k$,

  $C_p = \dfrac{k}{k-1}R$

  여기서, k : 비열비

  R : 기체상수
- 이상기체의 정압비열과 정적비열의 차이는 온도와 관계없이 일정하다.

㉤ 실제기체가 이상기체로 근사시키기 가장 좋은 조건 : 저압, 고온, 큰 비체적, 작은 분자량, 작은 분자 간 인력

㉥ 이상기체 상태방정식으로 공기의 비체적을 계산할 때, 저압과 고온일수록 오차가 가장 작다.

㉦ 이상기체의 상태방정식

- $PV = n\overline{R}T$

  여기서, P : 압력([Pa] 또는 [atm])

  V : 부피([m^3] 또는 [L])

  n : 몰수[mol]

  $\overline{R}$: 일반 기체상수

  T : 온도[K]
- 1[mol]의 경우 $n = 1$이므로 $PV = \overline{R}T$
- $PV = G\overline{R}T$

  여기서, P : 압력[kg/m^2]

  V : 부피[m^3]

  G : 몰수[mol]

  $\overline{R}$: 일반 기체상수(848[kg · m/kmol · K])

  T : 온도[K]
- 특정 기체상수 $R = \dfrac{\overline{R}}{M}$ (M : 기체의 분자량)이므로 $PV = n\overline{R}T = mRT$

  여기서, m : 질량(분자량 × 몰수)

  R : 특정 기체상수

  T : 온도[K]

※ 기체상수

- $\overline{R}$: 이상 기체상수 또는 일반 기체상수로 모든 기체에 대해 동일한 값(일반 기체상수는 모든 기체에 대해 항상 변함이 없다)

  $\overline{R}$ = 8.314[J/mol · K] = 8.314[kJ/kmol · K]
  = 8.314[N · m/mol · K]
  = 1.987[cal/mol · K]
  = 82.05[cc-atm/mol · K]
  = 0.082[L · atm/mol · K]
  = 848[kg · m/kmol · K]
- R : 특정 기체상수로 기체마다 상이하다(물질에 따라 값이 다르다).
  - 일반 기체상수를 분자량으로 나눈 값이다.
  - 단위 : [kJ/kg · K], [J/kg · K], [J/g · K], [kg · m/kg · K], [N · m/kg · K] 등
  - 공기의 기체상수 :
    8.314[kJ/kmol · K] × 1[kmol]/28.97[kg]
    ≒ 0.287[kJ/kg · K] = 287[J/kg · K]

> - 실제 가스가 이상기체 상태방정식을 만족하기 위한 기본조건 : 고온 및 저압 상태
> - 이상기체 상태방정식으로 공기의 비체적을 계산할 때 저압과 고온일수록 오차가 가장 작다.

② 실제기체

㉠ 실제기체의 개요

- 실제기체란 일반적으로 분자 간의 인력이 있고, 차지하는 부피가 있는 기체이다.
- 실제기체는 실제로 존재하는 모든 기체로, 이상기체 상태방정식이 그대로 적용되지 않는다.
- 대응 상태의 원리란 같은 환산온도, 환산압력에서는 모든 기체가 동일한 압축인수를 갖는다는 것이다.
- 실제기체의 상태방정식($PV = ZnRT$)은 이상기체의 상태식에 보정계수(Z)를 사용하여 나타낼 수 있다.
- 이상기체 상태방정식은 실제기체에서는 높은 온도, 낮은 압력에서 잘 적용된다.

㉡ 반데르발스(Van der Waals) 상태방정식

- 실제기체의 최초의 3차 상태방정식이다.

$$\left(P+a\frac{n^2}{V^2}\right)(V-nb)=n\overline{R}T$$

여기서, $\frac{a}{V^2}$: 분자 간의 작용인력

b : 기체분자들이 차지하는 체적

- a와 b는 실험적으로 결정된 값으로 특정기체 특유의 성질이며 온도와 무관한 인자이다.
- 상수 a, b는 PV도표에서 임계점에서의 기울기와 곡률을 이용해서 구한다.
- a인자 : 인력인자
  - 기체분자가 서로 어떻게 강하게 끌어당기는가를 나타낸 값이다.
  - 단위 : [atm · L^2/mol^2]
  - 인력 상호작용이 유리한 극성분자, 분자량이 큰 분자들의 a값이 크다.
  - 기체의 종류에 따라 a값의 편차가 크다.
- $a\frac{n^2}{V^2}$항은 분자들 사이의 인력작용으로 충돌 빈도가 감소하여 낮아진 압력을 보정하기 위하여 더해 준 것이다.
- b인자 : 부피인자
  - 부피에 대한 보정항의 비례상수이다.
  - 기체분자 자체의 부피를 고려한 것이다.
  - 기체 1[mol]당 제외해 주어야 하는 부피값을 나타낸다.
  - 단위 : [L/mol]
  - 대부분의 기체가 비슷한 값을 갖는다.
  - 분자량이 큰 분자일수록 b값이 크다.
- nb항은 기체가 자유롭게 운동할 수 있는 공간 부피가 되도록 측정한 전체 부피에서 기체분자 자체 부피를 뺀 것이다.
- 실제기체의 상호작용을 위한 고려조건 : 반데르발스 상태방정식에서 압력은

$P=\frac{\overline{R}T}{V-nb}-a\left(\frac{n}{V}\right)^2$ 이며, 이것은 인력 및 척력의 효과를 고려한 식이다.

  - 인력의 효과 고려 : 기체 상호간의 인력 때문에 실제기체의 압력이 감소된다.

    $-a\left(\frac{n}{V}\right)^2$
  - 척력의 효과 고려 : 기체는 부피가 작은 구처럼 행동하므로, 실제기체가 차지하는 부피는 측정된 부피보다 작다.

    $(V-nb)$
- 기체에 따라 주어지는 상수 a, b를 구하는 임계점 관계식 : $\left(\frac{\partial P}{\partial V}\right)_{T_c}=0$, $\left(\frac{\partial^2 P}{\partial V^2}\right)_{T_c}=0$
- 반데르발스 식에 의한 실제가스의 등온곡선

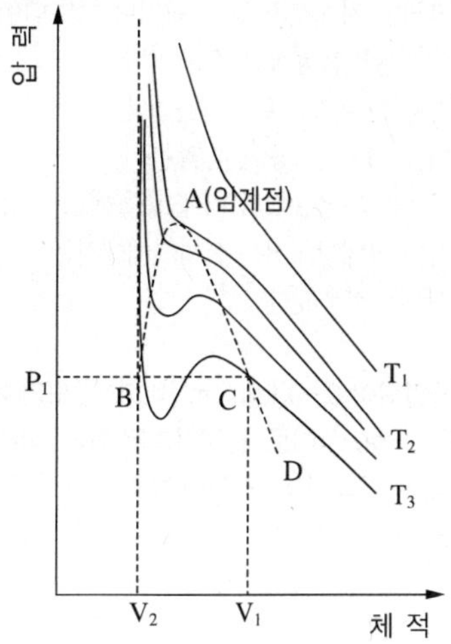

[실제가스의 상태]

㉢ 그 밖의 실제기체 상태방정식

- 비리얼(Virial) 상태방정식

$$PV=\overline{R}T\left(1+\frac{B}{V}+\frac{C}{V^2}+\cdots\right)$$

$$PV=\overline{R}T(1+B'P+C'P^2+\cdots)$$

여기서 V가 무한대가 되면 이상기체가 된다.

- 비티-브리지먼(Beattie-Bridgeman) 상태방정식

$$P=\frac{\overline{R}T(1-\varepsilon)}{\overline{V}^2}(\overline{V}+B)-\frac{A}{\overline{V}^2}$$

• 클라우지우스 상태방정식

$$\left(P+\frac{C}{T(V+C)^2}\right)(V-b)=\overline{R}T$$

• 베르틀로(Berthelot) 상태방정식

$$\left(P+\frac{a}{TV^2}\right)(V-b)=\overline{R}T$$

핵심예제

1-1. 이상기체의 성질에 대한 설명으로 틀린 것은?

[2003년 제2회 유사, 2004년 제3회 유사, 2007년 제3회, 2009년 제2회, 2011년 제1회 유사, 2018년 제1회]

① 보일-샤를의 법칙을 만족한다.
② 아보가드로의 법칙을 따른다.
③ 비열비는 온도에 관계없이 일정하다.
④ 내부에너지는 온도와 무관하며 압력에 의해서만 결정된다.

1-2. 이상기체와 실제기체 대한 설명으로 틀린 것은?

[2014년 제1회, 2019년 제1회 유사]

① 이상기체는 기체분자 간 인력이나 반발력이 작용하지 않는다고 가정한 가상적인 기체이다.
② 실제기체는 실제로 존재하는 모든 기체로 이상기체 상태방정식이 그대로 적용되지 않는다.
③ 이상기체는 저장용기의 벽에 충돌해도 탄성을 잃지 않는다.
④ 이상기체 상태방정식은 실제기체에서는 높은 온도, 높은 압력에서 잘 적용된다.

1-3. 진공압력이 0.10[kgf/cm²]이고, 온도가 20[℃]인 기체가 계기압력 7[kgf/cm²]로 등온압축되었다. 이때 압축 전 체적(V_1)에 대한 압축 후의 체적(V_2)의 비는 얼마인가?(단, 대기압은 720[mmHg]이다)

[2006년 제1회, 2011년 제2회, 2019년 제2회]

① 0.11 ② 0.14
③ 0.98 ④ 1.41

1-4. 산소의 기체상수(R) 값은 약 얼마인가? [2019년 제2회]

① 260[J/kg·K]
② 650[J/kg·K]
③ 910[J/kg·K]
④ 1,074[J/kg·K]

1-5. 온도 27[℃]의 이산화탄소 3[kg]이 체적 0.30[m³]의 용기에 가득 차 있을 때 용기 내의 압력[kgf/cm²]은?(단, 일반기체상수는 848[kgf·m/kmol·K]이고, 이산화탄소의 분자량은 44이다) [2003년 제3회, 2008년 제1회 유사, 2009년 제2회 유사, 2012년 제2회 유사, 2019년 제1회]

① 5.78 ② 24.3
③ 100 ④ 270

1-6. 압력이 287[kPa]일 때 체적 1[m³]의 기체질량이 2[kg]이었다. 이때 기체의 온도는 약 몇 [℃]가 되는가?(단, 기체상수는 287[J/kg·K]이다) [2018년 제2회]

① 127 ② 227
③ 447 ④ 547

1-7. 산소기체가 30[L]의 용기에 27[℃], 150[atm]으로 압축저장되어 있다. 이 용기에는 약 몇 [kg]의 산소가 충전되어 있는가?

[2007년 제1회 유사, 2010년 제1회 유사, 2011년 제3회 유사, 2015년 제1회]

① 5.9 ② 7.9
③ 9.6 ④ 10.6

1-8. 온도 20[℃], 절대압력이 5[kgf/cm²]인 산소의 비체적은 몇 [m³/kg]인가?(단, 산소의 분자량은 32이고, 일반 기체상수는 848[kgf·m/kmol·K]이다) [2019년 제3회]

① 0.551 ② 0.155
③ 0.515 ④ 0.605

1-9. 체적이 0.8[m³]인 용기 내에 분자량이 20인 이상기체 10[kg]이 들어 있다. 용기 내의 온도가 30[℃]라면 압력은 약 몇 [MPa]인가?

[2004년 제3회, 2008년 제3회, 2009년 제2회 유사, 2018년 제3회]

① 1.57 ② 2.45
③ 3.37 ④ 4.35

1-10. 100[℃], 2기압의 어떤 이상기체의 밀도는 200[℃], 1기압일 때의 몇 배인가? [2020년 제3회]

① 0.39 ② 1
③ 2 ④ 2.54

핵심예제

1-11. 압력 30[atm], 온도 50[℃], 부피 1[m³]의 질소를 −50[℃]로 냉각시켰더니 그 부피가 0.32[m³]이 되었다. 냉각 전후의 압축계수가 각각 1.001, 0.930일 때 냉각 후의 압력은 약 몇 [atm]이 되는가? [2016년 제1회]

① 60 ② 70
③ 80 ④ 90

1-12. 125[℃], 10[atm]에서 압축계수(Z)가 0.96일 때 NH_3(g) 35[kg]의 부피는 약 몇 [Nm³]인가?(단 N의 원자량 14, H의 원자량은 1이다) [2010년 제1회, 2016년 제3회, 2022년 제1회]

① 2.81 ② 4.28
③ 6.45 ④ 8.54

1-13. 10[kgf/cm²], 25[℃], 10[kg] 가스가 충전된 탱크에서 가스가 새어 압력과 온도가 7[kgf/cm²], 15[℃]로 변할 때 누출된 가스량[kg]은? [2004년 제3회]

① 1.6 ② 2.2
③ 2.8 ④ 3.4

|해설|

1-1
이상기체의 내부에너지는 온도만의 함수이다.

1-2
실제 가스가 이상기체 상태방정식을 만족하기 위한 조건 : 고온 및 저압 상태

1-3
$$P_1=\frac{720}{760}\times 1.033\simeq 0.979[\text{kgf/cm}^2]$$
$P_1V_1=P_2V_2$에서
$$\frac{V_2}{V_1}=\frac{P_1}{P_2}=\frac{0.979-0.1}{0.979+7}\simeq 0.11$$

1-4
$\overline{R}=mR$이므로
산소의 기체상수 $R=\frac{\overline{R}}{m}=\frac{8,314}{32}\simeq 260[\text{J/kg}\cdot\text{K}]$이다.

1-5
$PV=n\overline{R}T$에서
$$P=\frac{n\overline{R}T}{V}=\frac{3}{44}\times\frac{848\times(27+273)}{0.3}\simeq 57,818[\text{kgf/m}^2]$$
$$=57,818\times 10^{-4}[\text{kgf/cm}^2]\simeq 5.78[\text{kgf/cm}^2]$$

1-6
$PV=mRT$에서
$$T=\frac{PV}{mR}=\frac{287\times 10^3\times 1}{2\times 287}=500[\text{K}]=227[℃]$$

1-7
$PV=n\overline{R}T=\frac{m}{M}\overline{R}T$에서
산소질량 $m=\frac{PVM}{\overline{R}T}=\frac{150\times 30\times 10^{-3}\times 32}{0.082\times(27+273)}\simeq 5.9[\text{kg}]$

1-8
$PV=G\overline{R}T=\frac{w}{M}\overline{R}T$에서
비체적
$$\nu=\frac{V}{w}=\frac{\overline{R}T}{MP}=\frac{848\times(20+273)}{32\times 5\times 10^4}\simeq 0.155[\text{m}^3/\text{kg}]$$

1-9
$PV=n\overline{R}T=\frac{m}{M}\overline{R}T$이므로
$$P=\frac{m\overline{R}T}{MV}=\frac{10\times 8.314\times(30+273)}{20\times 0.8}\simeq 1,574[\text{kPa}]$$
$\simeq 1.57[\text{MPa}]$

1-10
'100[℃], 2기압의 어떤 이상기체의 밀도는 200[℃], 1기압일 때의 몇 배인가?'라는 것은 '373[K], 2기압의 어떤 이상기체의 밀도는 473[K], 1기압일 때의 몇 배인가?'라는 것이다.

밀도 $\rho=\frac{m}{V}$이며 이상기체의 상태방정식

$PV=n\overline{R}T$는 $PV=\frac{m}{M}\overline{R}T$에서 양변을 V로 나누면

$P=\frac{m}{VM}\overline{R}T$에서 $P=\rho\frac{\overline{R}T}{M}$이므로 $\rho=\frac{PM}{\overline{R}T}$가 된다.
즉, 기압에 비례하고 온도에 반비례하므로
473[K], 1기압일 때를 상태 1, 373[K], 2기압일 때를 상태 2라고 하면 $\frac{\rho_2}{\rho_1}=\frac{P_2M/\overline{R}T_2}{P_1M/\overline{R}T_1}=\frac{P_2/T_2}{P_1/T_1}=\frac{2/373}{1/473}\simeq 2.54$이므로
$\rho_2=2.54\rho_1$이다.

1-11
압축계수 $Z_1=\frac{P_1V_1}{RT_1}$에서 $R=\frac{P_1V_1}{T_1Z_1}$이며 $Z_2=\frac{P_2V_2}{RT_2}$이므로
$$P_2=\frac{RT_2Z_2}{V_2}=\frac{P_1V_1T_2Z_2}{V_2T_1Z_1}=\frac{30\times 1\times(-50+273)\times 0.930}{0.32\times(50+273)\times 1.001}$$
$\simeq 60[\text{atm}]$

1-12

$PV = ZnRT$에서

$V = \frac{ZnRT}{P} = 0.96 \times \frac{35}{17} \times \frac{0.082 \times (125+273)}{10} \simeq 6.45[\text{Nm}^3]$

1-13

$PV = m_1RT_1$에서

$V = \frac{m_1RT_1}{P_1} = \frac{10 \times R \times (25+273)}{10} = 298R$이며

$m_2 = \frac{P_2V}{RT_2} = \frac{7 \times 298R}{R \times (15+273)} \simeq 7.2[\text{kg}]$이므로

새어나간 공기는 $m = m_1 - m_2 = 10 - 7.2 = 2.8[\text{kg}]$이다.

정답 1-1 ④ 1-2 ④ 1-3 ① 1-4 ① 1-5 ① 1-6 ② 1-7 ① 1-8 ② 1-9 ① 1-10 ④ 1-11 ① 1-12 ③ 1-13 ③

핵심이론 02 이상기체의 가역 변화과정

① 정압과정(Constant Pressure Process, 등압과정) : 압력이 일정한 상태에서의 과정

㉠ 압력, 부피, 온도 : $P = C$(일정), $\frac{V_1}{T_1} = \frac{V_2}{T_2}$

㉡ 절대일(비유동일) :

$${}_1W_2 = \int PdV = P(V_2 - V_1)$$
$$= mR(T_2 - T_1)$$

※ 과정 중에서 외부로 가장 많은 일을 하는 과정이다.

㉢ 공업일(유동일) : $W_t = -\int VdP = 0$

㉣ (가)열량

$${}_1Q_2 = \Delta H$$
$$= mC_p\Delta T = mC_p(T_2 - T_1)$$
$$= mC_pT_1\left(\frac{T_2}{T_1} - 1\right) = mC_pT_1\left(\frac{V_2}{V_1} - 1\right)$$

㉤ 내부에너지 변화량 : $\Delta U = mC_v\Delta T$

㉥ 엔탈피 변화량 : $\Delta H = {}_1Q_2 = mC_p\Delta T$

㉦ 엔트로피 변화량

$$\Delta S = mC_p\ln\frac{T_2}{T_1} = mC_p\ln\frac{V_2}{V_1}$$

㉧ 정압비열

$$C_p = \frac{Q}{m(T_2 - T_1)} = \frac{k}{k-1}R[\text{kJ/kgK}]$$

㉨ 체적팽창계수 : $\beta = \frac{1}{V}\left(\frac{\partial V}{\partial T}\right)_p$ 이며, 비압축성 유체의 경우 $\beta = 0$이다.

② 정적과정(Constant Volume Process, 등적과정) : 체적이 일정한 상태에서의 과정

㉠ 압력, 부피, 온도 : $V = C$, $\frac{P_1}{T_1} = \frac{P_2}{T_2}$

㉡ 절대일(비유동일)

$${}_1W_2 = \int PdV = 0$$

㉢ 공업일(유동일)

$$W_t = -\int VdP = V(P_1 - P_2)$$
$$= mR(T_1 - T_2)$$

㉣ (가)열량 : ${}_1Q_2 = \Delta U,\ \delta q = du$

㉤ 내부에너지 변화량 : $\Delta U = \Delta Q = mC_v \Delta T$

㉥ 엔탈피 변화량 : $\Delta H = mC_p \Delta T$

㉦ 엔트로피 변화량

$$\Delta S = mC_v \ln\frac{T_2}{T_1} = mC_v \ln\frac{P_2}{P_1}$$

③ **등온과정**(Constant Temperature Process) : 온도가 일정한 상태에서의 과정

㉠ 압력, 부피, 온도 : $T = C,\ P_1V_1 = P_2V_2$

㉡ 절대일(비유동일)

$$_1W_2 = \int_1^2 PdV = P_1V_1\ln\frac{V_2}{V_1} = P_1V_1\ln\frac{P_1}{P_2}$$
$$= mRT\ln\frac{V_2}{V_1} = mRT\ln\frac{P_1}{P_2}$$

㉢ 공업일(유동일) : $W_t = -\int VdP = {}_1W_2$

㉣ (가)열량 : ${}_1Q_2 = {}_1W_2 = W_t,\ Q = W,\ \delta q = \delta w$

㉤ 내부에너지 변화량, 엔탈피 변화량, 엔트로피 변화량 : $\Delta U = 0,\ \Delta H = 0,\ \Delta S > 0$

㉥ 엔트로피 변화량 : $\Delta S = mR\ln\frac{V_2}{V_1} = mR\ln\frac{P_1}{P_2}$

㉦ 등온압축과정 : 기체압축에 필요한 일을 최소로 할 수 있는 과정

- 압축기에서 압축일의 크기 순 : 가역 단열압축일 > 폴리트로픽 압축일 > 등온압축일
- 등온압축계수 : $K = -\frac{1}{V}\left(\frac{dV}{dP}\right)_T$

④ **단열과정**(Adiabatic Process) : 경계를 통한 열전달 없이 일의 교환만 있는 과정

㉠ 압력, 부피, 온도

$$PV^k = C,\ TV^{k-1} = C,\ PT^{\frac{k}{1-k}} = C,$$
$$TP^{\frac{1-k}{k}} = C,\ \frac{T_2}{T_1} = \left(\frac{V_1}{V_2}\right)^{k-1} = \left(\frac{P_2}{P_1}\right)^{\frac{k-1}{k}}$$

㉡ 절대일(비유동일)

$$_1W_2 = \int PdV = \frac{1}{k-1}(P_1V_1 - P_2V_2)$$
$$= \frac{mR}{k-1}(T_1 - T_2) = \frac{mRT_1}{k-1}\left(1 - \frac{T_2}{T_1}\right)$$
$$= \frac{mRT_1}{k-1}\left[1 - \left(\frac{V_1}{V_2}\right)^{k-1}\right]$$
$$= \frac{mRT_1}{k-1}\left[1 - \left(\frac{P_2}{P_1}\right)^{\frac{k-1}{k}}\right]$$
$$= \frac{P_1V_1}{k-1}\left[1 - \left(\frac{T_2}{T_1}\right)\right]$$
$$= \frac{P_1V_1}{k-1}\left[1 - \left(\frac{V_1}{V_2}\right)^{k-1}\right]$$
$$= \frac{P_1V_1}{k-1}\left[1 - \left(\frac{P_2}{P_1}\right)^{\frac{k-1}{k}}\right]$$

㉢ 공업일(유동일) : $W_t = -\int VdP = k \cdot {}_1W_2$

㉣ (가)열량 $Q = 0,\ \Delta Q = 0,\ \delta q = 0$

㉤ 내부에너지 변화량 : $\Delta U = -{}_1W_2$

㉥ 엔탈피 변화량 : $\Delta H = -W_t = -k \cdot {}_1W_2$

㉦ 엔트로피 변화량 : $\Delta S = 0$

㉧ 이상기체에 대한 단열온도 상승은 열역학 단열압축식으로 계산할 수 있다.

열역학 단열압축식 $T_f = \frac{T_f(P_f/P_i)(\gamma - 1)}{\gamma}$

여기서, T_f : 최종 절대온도
T_i : 처음 절대온도
P_f : 최종 절대압력
P_i : 처음 절대압력
γ : 압축비

⑤ **폴리트로픽 과정**(Polytropic Process) : 'PV^n = 일정'으로 기술할 수 있는 과정

㉠ 폴리트로픽 지수(n)와 상태 변화의 관계식

- n의 범위 : $-\infty \sim +\infty$
- $n = 0$이면 $P = C$: 등압변화
- $n = 1$이면 $T = C$: 등온변화

- $n = k(= 1.4)$: 단열변화
- $n = \infty$ 이면 $V = C$: 등적변화
- $n > k$이면, 팽창에 의한 열량은 방열량이 되며 온도는 올라간다.
- $1 < n < k$이면, 압축에 의한 열량은 흡열량이 되며 온도는 내려간다.

㉡ 압력, 부피, 온도

$$PV^n = C,\ \frac{T_2}{T_1} = \left(\frac{V_1}{V_2}\right)^{n-1} = \left(\frac{P_2}{P_1}\right)^{\frac{n-1}{n}}$$

㉢ 절대일(비유동일)

$$_1W_2 = \int PdV = P_1V_1^n \int_1^2 \left(\frac{1}{V}\right)^n dV$$

$$= \frac{1}{n-1}(P_1V_1 - P_2V_2)$$

$$= \frac{P_1V_1}{n-1}\left(1 - \frac{P_2V_2}{P_1V_1}\right)$$

$$= \frac{P_1V_1}{n-1}\left(1 - \frac{T_2}{T_1}\right)$$

$$= \frac{mRT}{n-1}\left(1 - \frac{T_2}{T_1}\right)$$

$$= \frac{mRT}{n-1}\left[1 - \left(\frac{P_2}{P_1}\right)^{\frac{n-1}{n}}\right]$$

$$= \frac{mR}{n-1}(T_1 - T_2)$$

※ 만약 $n = 2$라면,

$$_1W_2 = \frac{1}{n-1}(P_1V_1 - P_2V_2)$$

$$= P_1V_1 - P_2V_2$$

㉣ 공업일(유동일) : $W_t = -\int VdP = n \times {}_1W_2$

- 비열 : 폴리트로픽 비열 $C_n = C_v\left(\frac{n-k}{n-1}\right)$

㉤ 외부로부터 공급되는 열량

$$_1Q_2 = C_v(T_2 - T_1) + {}_1W_2$$

$$= C_v(T_2 - T_1) + \frac{R}{n-1}(T_1 - T_2)$$

$$= C_v\frac{n-k}{n-1}(T_2 - T_1) = C_n(T_2 - T_1)$$

㉥ 내부에너지 변화량

$$\Delta U = mC_v(T_2 - T_1)$$

$$= \frac{mRT_1}{k-1}\left[\left(\frac{P_2}{P_1}\right)^{\frac{n-1}{n}} - 1\right]$$

㉦ 엔탈피 변화량

$$\Delta h = mC_p(T_2 - T_1)$$

$$= \frac{kmRT_1}{k-1}\left[\left(\frac{P_2}{P_1}\right)^{\frac{n-1}{n}} - 1\right]$$

㉧ 엔트로피 변화량

$$\Delta S = mC_n \ln\frac{T_2}{T_1} = mC_v\left(\frac{n-k}{n-1}\right)\ln\frac{T_2}{T_1}$$

$$= mC_v(n-k)\ln\frac{V_1}{V_2}$$

$$= mC_v\left(\frac{n-k}{n}\right)\ln\frac{P_2}{P_1}$$

핵심예제

2-1. 이상기체에서 등온과정의 설명으로 옳은 것은?

[2018년 제2회]

① 열의 출입이 없다.
② 부피의 변화가 없다.
③ 엔트로피 변화가 없다.
④ 내부에너지의 변화가 없다.

2-2. 다음 보기에서 열역학에 대한 설명으로 옳은 것을 모두 나열한 것은?

[2006년 제2회, 2009년 제3회, 2014년 제1회]

보기
㉮ 기체에 기계적 일을 가하여 단열압축시키면 일은 내부에너지로 기체 내에 축적되어 온도가 상승한다. ㉯ 엔트로피는 가역이면 항상 증가하고, 비가역이면 항상 감소한다. ㉰ 가스를 등온팽창시키면 내부에너지의 변화는 없다.

① ㉮　　② ㉯
③ ㉮, ㉰　　④ ㉯, ㉰

핵심예제

2-3. 다음 중 등엔트로피의 과정은? [2004년 제1회, 2006년 제1회, 2008년 제1회, 2011년 제2회, 2013년 제3회, 2016년 제3회, 2019년 제3회]

① 가역 단열과정
② 비가역 단열과정
③ Polytropic 과정
④ Joule-Thomson 과정

2-4. 이상기체의 식 $PV^n = C$(상수)에서 $n = 1$이면 무슨 변화인가? [2003년 제1회 유사, 2006년 제3회, 2007년 제1회 유사, 제3회 유사, 2008년 제3회 유사, 2011년 제3회 유사, 2013년 제1회, 2016년 제1회 유사]

① 등압변화 ② 단열변화
③ 등적변화 ④ 등온변화

2-5. 이상기체에 대한 상호관계식을 나타낸 것 중 옳지 않은 것은?(단, U는 내부에너지, Q는 열, W는 일, T는 온도, P는 압력, V는 부피, k는 비열비, C_v는 정적비열, C_p는 정압비열, R은 기체상수이다) [2006년 제3회, 2009년 제1회, 2013년 제1회]

① 등적과정 : $dU = dQ = C_v dT$
② 등온과정 : $Q = W = RT\ln\frac{P_1}{P_2}$
③ 단열과정 : $\frac{T_2}{T_1} = \left(\frac{V_2}{V_1}\right)^k$
④ 등압과정 : $C_p dT = C_v dT + RdT$

2-6. 1기압의 외압에서 1[mol]인 어떤 이상기체의 온도를 5[℃] 높였다. 이때 외계에 한 최대일은 약 몇 [cal]인가? [2008년 제1회, 2016년 제2회]

① 0.99 ② 9.94
③ 99.4 ④ 994

2-7. 체적이 2[m³]인 일정 용기 안에서 압력 200[kPa], 온도 0[℃]의 공기가 들어 있다. 이 공기를 40[℃]까지 가열하는 데 필요한 열량은 약 몇 [kJ]인가?(단, 공기의 R은 287[J/kg · K]이고, C_V는 718[J/kg · K]이다) [2020년 제3회]

① 47 ② 147
③ 247 ④ 347

2-8. 4[kg]의 공기가 팽창하여 그 체적이 3배가 되었다. 팽창하는 과정 중의 온도는 50[℃]로 일정하게 유지되었다면, 이 시스템이 한 일은 약 몇 [kJ]인가?(단, 공기의 기체상수는 0.287[kJ/kg · K]이다) [2007년 제3회]

① 371 ② 408
③ 471 ④ 508

2-9. 1[kg]의 공기가 127[℃]에서 열량 300[kcal]를 얻어 등온팽창한다고 할 때 엔트로피의 변화량[kcal/kg · K]은? [2016년 제3회]

① 0.493 ② 0.582
③ 0.651 ④ 0.750

2-10. 1[atm], 15[℃] 공기를 0.5[atm]까지 단열팽창시키면 그때 온도는 몇 [℃]인가?(단, 공기의 C_P/C_V =1.4이다) [2014년 제1회 유사, 2017년 제2회 유사, 2018년 제1회 유사, 2019년 제1회]

① −18.7[℃] ② −20.5[℃]
③ −28.5[℃] ④ −36.7[℃]

2-11. 압력이 0.1[MPa], 체적이 3[m³]인 273.15[K]의 공기가 이상적으로 단열압축되어 그 체적이 1/3로 감소되었다. 엔탈피 변화량은 약 몇 [kJ]인가?(단, 공기의 기체상수는 0.287[kJ/kg · K], 비열비는 1.4이다) [2007년 제3회, 2010년 제2회, 2016년 제2회]

① 560 ② 570
③ 580 ④ 590

2-12. 1[mol]의 이상기체 $C_v = \frac{3}{2}R$가 40[℃], 35[atm]으로부터 1[atm]까지 단열가역적으로 팽창하였다. 최종 온도는 약 몇 [℃]인가? [2013년 제3회, 2018년 제2회]

① −100[℃] ② −185[℃]
③ −200[℃] ④ −285[℃]

2-13. 가스 혼합물을 분석한 결과 N_2 70[%], CO_2 15[%], O_2 11[%], CO 4[%]의 체적비를 얻었다. 이 혼합물은 10[kPa], 20[℃], 0.2[m³]인 초기 상태로부터 0.1[m³]으로 실린더 내에서 가역 단열압축할 때 최종 상태의 온도는 약 몇 [K]인가?(단, 이 혼합가스의 정적비열은 0.7157[kJ/kg · K]이다) [2006년 제1회, 2019년 제2회]

① 300 ② 380
③ 460 ④ 540

핵심예제

2-14. 정적비열이 1,000[J/kg·K]이고, 정압비열이 1,200[J/kg·K]인 이상기체가 압력 200[kPa]에서 등엔트로피 과정으로 압력이 400[kPa]로 바뀐다면, 바뀐 후의 밀도는 원래 밀도의 몇 배가 되는가? [2017년 제2회, 2020년 제3회]

① 1.41 ② 1.64
③ 1.78 ④ 2

2-15. 압력 0.2[MPa], 온도 333[K]의 공기 2[kg]이 이상적인 폴리트로픽 과정으로 압축되어 압력 2[MPa], 온도 523[K]로 변화하였을 때 그 과정에서의 일량은 약 몇 [kJ]인가?

[2003년 제3회, 2009년 제1회, 2012년 제2회, 2018년 제3회]

① -447 ② -547
③ -647 ④ -667

|해설|

2-1
① 열의 출입이 있다.
② 부피의 변화가 있다.
③ 엔트로피 변화가 있다.

2-2
엔트로피는 가역이면 0이고, 비가역이면 항상 증가한다.

2-3
가역 단열과정 = 등엔트로피 과정

2-4
폴리트로픽 지수(n)와 상태 변화의 관계식(n의 범위 : $-\infty \sim +\infty$)

- $n=0$이면 $P=C$: 등압변화
- $n=1$이면 $T=C$: 등온변화
- $n=k(=1.4)$: 단열변화
- $n=\infty$이면 $V=C$: 등적변화
- $n>k$이면 팽창에 의한 열량은 방열량이 되며 온도는 올라간다.
- $1<n<k$이면 압축에 의한 열량은 흡열량이 되며 온도는 내려간다.

2-5
단열과정 : $\frac{T_2}{T_1}=\left(\frac{V_1}{V_2}\right)^{k-1}$

2-6
최대일
$W=nR\Delta T=1\times1.987\times5\simeq9.94[\text{cal}]$

2-7
$P_1V=mRT_1$에서 $m=\frac{P_1V}{RT_1}=\frac{200\times10^3\times2}{287\times273}\simeq5.1[\text{kg}]$

필요한 열량
$Q=mC_v(T_2-T_1)=5.1\times718\times40=146,472[\text{J}]\simeq147[\text{kJ}]]$

2-8
시스템이 한 일
$W=mRT\ln\frac{V_2}{V_1}=[4\times0.287\times(50+273)]\times\ln3\simeq408[\text{kJ}]$

2-9
엔트로피의 변화량
$\Delta S=\frac{dQ}{T}=\frac{300}{127+273}=0.75[\text{kcal/kg}\cdot\text{K}]$

2-10
$$\frac{T_2}{T_1}=\left(\frac{V_1}{V_2}\right)^{k-1}=\left(\frac{P_2}{P_1}\right)^{\frac{k-1}{k}}$$
$$T_2=T_1\times\left(\frac{P_2}{P_1}\right)^{\frac{k-1}{k}}=(15+273)\times\left(\frac{0.5}{1}\right)^{\frac{1.4-1}{1.4}}\simeq236.3[\text{K}]$$
$=-36.7[℃]$

2-11
엔탈피 변화량
$$\Delta H=-W_t=-k\cdot{}_1W_2=-k\times\frac{P_1V_1}{k-1}\left[1-\left(\frac{V_1}{V_2}\right)^{k-1}\right]$$
$$=-1.4\times\frac{0.1\times10^3\times3}{1.4-1}\left[1-\left(\frac{3}{3\times1/3}\right)^{1.4-1}\right]$$
$\simeq580[\text{kJ}]$

2-12
$C_p-C_v=R$에서 $C_p=R+C_v=R+\frac{3}{2}R=\frac{5}{2}R$

$k=\frac{C_p}{C_v}=\frac{5R}{2}\times\frac{2}{3R}\simeq1.67$

$\frac{T_2}{T_1}=\left(\frac{P_2}{P_1}\right)^{\frac{k-1}{k}}$ 에서

$$T_2=T_1\times\left(\frac{P_2}{P_1}\right)^{\frac{k-1}{k}}=(40+273)\times\left(\frac{1}{35}\right)^{\frac{1.67-1}{1.67}}$$
$\simeq75.174[\text{K}]\simeq-197.83[℃]$

2-13

혼합가스 평균 분자량

$M = 28\times0.7 + 44\times0.15 + 32\times0.11 + 28\times0.04 = 30.84$

$C_p - C_v = R$에서

정압비열 $C_p = R + C_v = \frac{8.314}{30.84} + 0.7157 \simeq 0.9853[\text{kJ/kg}\cdot\text{K}]$

비열비 $k = \frac{C_p}{C_v} = \frac{0.9853}{0.7157} \simeq 1.377$

$\frac{T_2}{T_1} = \left(\frac{V_1}{V_2}\right)^{k-1}$ 에서

최종 상태의 온도

$T_2 = T_1 \times \left(\frac{V_1}{V_2}\right)^{k-1} = (20+273)\times\left(\frac{0.2}{0.1}\right)^{1.377-1} \simeq 380.5[\text{K}]$

2-14

비열비 $k = \frac{C_p}{C_v} = \frac{1,200}{1,000} = 1.2$

$\frac{T_2}{T_1} = \left(\frac{P_2}{P_1}\right)^{\frac{k-1}{k}} = \left(\frac{400}{200}\right)^{\frac{1.2-1}{1.2}} \simeq 1.1225$에서 $T_2 = 1.1225\,T_1$

밀도 $\rho = \frac{m}{V}$이며 $PV = mRT$에서 $\frac{m}{V} = \frac{P}{RT}$이므로

$$\frac{\rho_2}{\rho_1} = \frac{\frac{P_2}{RT_2}}{\frac{P_1}{RT_1}} = \frac{P_2}{P_1}\times\frac{T_1}{T_2} = \frac{400}{200}\times\frac{T_1}{T_2}$$

$$= 2\times\frac{T_1}{T_2} = 2\times\frac{T_1}{1.1225\,T_1}$$

$\simeq 1.78$

2-15

일량 $W = \frac{mRT}{n-1}\left[1-\left(\frac{P_2}{P_1}\right)^{\frac{n-1}{n}}\right]$

$$= \frac{2\times(8.314/29)\times333}{1.3-1}\times\left[1-\left(\frac{2}{0.2}\right)^{\frac{1.3-1}{1.3}}\right]$$

$\simeq -447[\text{kJ}]$

정답 2-1 ④ 2-2 ③ 2-3 ① 2-4 ④ 2-5 ③ 2-6 ② 2-7 ② 2-8 ② 2-9 ④ 2-10 ④ 2-11 ③ 2-12 ③ 2-13 ② 2-14 ③ 2-15 ①

핵심이론 03 혼합기체

① 혼합기체의 기본 법칙

㉠ 돌턴(Dalton)의 (분압)법칙 : 혼합기체의 전압은 각 성분 기체들의 분압의 합과 같다.

- 기체 혼합물의 압력은 각 성분 기체가 단독으로 혼합물 온도에서 전 체적을 차지하고 있을 때의 각 성분 기체의 압력과 같다.
- 분압 = 전압 × 성분 부피비 = 전압 × $\frac{\text{성분 몰수}}{\text{전체 몰수}}$
- 실제기체 혼합물이 차지하는 전압은 각 기체가 단독으로 같은 부피, 같은 온도에서 나타내는 압력, 즉 순성분 압력의 합과 같지 않다.

㉡ 아마갓(Amagat)의 법칙 : 기체 혼합물의 각 체적은 각 성분 기체가 단독으로 전 압력을 차지하고 있을 때의 각 성분 기체의 체적의 합과 같다.

② 혼합기체 관련 제반사항

㉠ 혼합기체의 평균 분자량 :

$\sum$(성분 분자량 × 성분 부피비)

㉡ 혼합기체의 기체상수 $R = \sum_{i=1}^{n}\frac{G_i}{G}R_i = \sum_{i=1}^{n}\frac{m_i}{m}R_i$

㉢ 가스 비중 : 가스 평균 분자량/공기분자량

핵심예제

3-1. 0.5[atm], 5[L]의 기체 A, 1[atm], 10[L]의 기체 B와 0.6[atm], 5[L]의 기체 C를 전체 부피 20[L]의 용기에 넣었을 경우 전압은 약 몇 [atm]인가?(단, 기체 A, B, C는 이상기체로 가정한다) [2003년 제2회, 2008년 제2회]

① 0.625 ② 0.700
③ 0.775 ④ 0.938

3-2. 용적 100[L]인 밀폐된 용기 속에 온도 0[℃]에서의 8[mol]의 산소와 12[mol]의 질소가 들어 있다면 이 혼합기체의 압력[kPa]은 약 얼마인가? [2007년 제1회 유사, 2014년 제3회]

① 454 ② 558
③ 658 ④ 754

3-3. 실린더 속에 N_2가 0.5[mol], O_2가 0.2[mol], H_2가 0.3[mol]이 혼합되어 있을 때 전체의 압력이 1[atm]이었다면, 이때 산소의 부분압력은 몇 [mmHg]인가? [2003년 제2회, 2006년 제3회, 2011년 제1회]

① 152 ② 179
③ 182 ④ 194

3-4. 메탄을 이론공기로 연소시켰을 때 생성물 중 질소의 분압은 약 몇 [MPa]인가?(단, 메탄과 공기는 0.1[MPa], 25[°C]에서 공급되고 생성물의 압력은 0.1[MPa]이고, H_2O는 기체 상태로 존재한다) [2007년 제3회, 2014년 제1회]

① 0.0315 ② 0.0493
③ 0.0603 ④ 0.0715

3-5. 밀폐된 용기 내에 1[atm], 37[℃]로 프로판과 산소의 비율이 2 : 8로 혼합되어 있으며, 그것이 연소하여 다음과 같은 반응을 하고 화염온도는 3,000[K]가 되었다면, 이 용기 내에 발생하는 압력은 약 몇 [atm]인가?

$$2C_3H_8 + 8O_2 \rightarrow 6H_2O + 4CO_2 + 2CO + 2H_2$$

① 13.5 ② 15.5
③ 16.5 ④ 19.5

3-6. 체적 2[m^3]의 용기 내에서 압력 0.4[MPa], 온도 50[℃]인 혼합기체의 체적분율이 메탄(CH_4) 35[%], 수소(H_2) 40[%], 질소(N_2) 25[%]이다. 이 혼합기체의 질량은 약 몇 [kg]인가? [2006년 제2회, 2019년 제3회]

① 2 ② 3
③ 4 ④ 5

3-7. 다음과 같은 용적 조성을 가지는 혼합기체 91.2[g]이 27[℃], 1[atm]에서 차지하는 부피는 약 몇 [L]인가? [2018년 제1회]

CO_2 : 13.1[%], O_2 : 7.7[%], N_2 : 79.2[%]

① 49.2 ② 54.2
③ 64.8 ④ 73.8

3-8. 공기가 산소 20[v%], 질소 80[v%]의 혼합기체라고 가정할 때 표준 상태(0[℃], 101.325[kPa])에서 공기의 기체상수는 약 몇 [kJ/kg·K]인가? [2016년 제2회]

① 0.269 ② 0.279
③ 0.289 ④ 0.299

3-9. C_3H_8을 공기와 혼합하여 완전연소시킬 때 혼합기체 중 C_3H_8의 최대농도는 약 얼마인가?(단, 공기 중 산소는 20.9[%]이다) [2016년 제3회, 2020년 제1·2회 통합]

① 3[vol%] ② 4[vol%]
③ 5[vol%] ④ 6[vol%]

3-10. 다음과 같은 조성을 갖는 혼합가스의 분자량은?(단, 혼합가스의 체적비는 CO_2(13.1[%]), O_2(7.7[%]), N_2(79.2[%])이다) [2014년 제3회, 2017년 제3회]

① 22.81 ② 24.94
③ 28.67 ④ 30.40

3-11. N_2와 O_2의 가스 정수는 각각 30.26[kgf·m/kg·K], 26.49[kgf·m/kg·K]이다. N_2가 70[%]인 N_2와 O_2의 혼합가스의 가스 정수는 얼마인가? [2003년 제3회, 2012년 제1회]

① 10.23 ② 17.56
③ 23.95 ④ 29.13

|해설|

3-1

전 압

$$P = P_A \times \frac{5}{20} + P_B \times \frac{10}{20} + P_C \times \frac{5}{20}$$

$$= 0.5 \times \frac{5}{20} + 1 \times \frac{10}{20} + 0.6 \times \frac{5}{20} = 0.775[\text{atm}]$$

3-2

$PV = G\bar{R}T$에서

압력 $P = \frac{G\bar{R}T}{V} = \frac{(8+12)\times 0.082 \times 273}{100} \simeq 4.48[\text{atm}]$

$= (4.48 \times 101.325)[\text{kPa}] \simeq 454[\text{kPa}]$

3-3

산소의 부분압력 : 전체의 압력 $\times \frac{\text{산소의 몰수}}{\text{전체 몰수}}$

$$= 1 \times \frac{0.2}{0.5+0.2+0.3} = 0.2[\text{atm}]$$

$$= (0.2 \times 760)[\text{mmHg}] = 152[\text{mmHg}]$$

3-4

메탄의 연소방정식 : $CH_4 + 2O_2 + (N_2) \rightarrow CO_2 + 2H_2O + (N_2)$

배기가스 중 질소의 몰수는 산소의 몰수의 3.76배이므로

연소 생성물 중 질소의 분압

$$P_{N_2} = \text{전압} \times \frac{\text{질소의 몰수}}{\text{전체의 몰수}} = 0.1 \times \frac{2\times 3.76}{1+2+2\times 3.76}$$

$$\simeq 0.0715[\text{MPa}]$$

3-5

반응 전을 상태 1, 반응 후를 상태 2라고 하면

$P_1V_1 = n_1\bar{R}T_1$, $P_2V_2 = n_2\bar{R}T_2$에서 $V_1 = V_2$이므로

$\frac{P_2V_2}{P_1V_1} = \frac{n_2\bar{R}T_2}{n_1\bar{R}T_1}$에서 $\frac{P_2}{P_1} = \frac{n_2T_2}{n_1T_1}$이므로

$$P_2 = \frac{n_2T_2}{n_1T_1} \times P_1 = \frac{(6+4+2+2)\times 3{,}000}{(2+8)\times(37+273)} \times 1 \simeq 13.5[\text{atm}]$$

3-6

혼합기체의 평균 분자량

$M = (16 \times 0.35) + (2 \times 0.4) + (28 \times 0.25) = 13.4$

$PV = n\bar{R}T = \frac{w}{M}\bar{R}T$에서 질량은

$$w = \frac{MPV}{\bar{R}T} = \frac{13.4 \times 0.4 \times 10^3 \times 2}{8.314 \times (50+273)} \simeq 4[\text{kg}]$$

3-7

혼합기체의 평균 분자량

$M = (44 \times 0.131) + (32 \times 0.077) + (28 \times 0.792) = 30.404$

$PV = n\bar{R}T$에서 부피는

$$V = \frac{n\bar{R}T}{P} = \frac{(91.2/30.404) \times 0.082 \times (27+273)}{1} \simeq 73.8[\text{L}]$$

3-8

공기의 기체상수

$= 8.314[\text{kJ/kmol}\cdot\text{K}] \times 1[\text{kmol}]/(32 \times 0.2 + 28 \times 0.8[\text{kg}])$

$\simeq 0.289[\text{kJ/kg}\cdot\text{K}]$

3-9

- 프로판의 연소방정식 : $C_3H_8 + 5O_2 \rightarrow 3CO_2 + 4H_2O$
- 혼합기체 중 C_3H_8의 최대농도

$$= \frac{\text{프로판가스의 양}}{\text{전체 혼합가스의 양}} \times 100[\%]$$

$$= \frac{22.4}{22.4 + \frac{5 \times 22.4}{0.209}} \times 100[\%] \simeq 4[\text{vol}\%]$$

3-10

혼합가스의 분자 $= 44 \times 0.131 + 32 \times 0.077 + 28 \times 0.792$

$\simeq 30.40$

3-11

혼합가스의 가스 정수 $= 0.7 \times 30.26 + 0.3 \times 26.49$

$= 29.13[\text{kgf}\cdot\text{m/kg}\cdot\text{K}]$

정답 3-1 ③ 3-2 ① 3-3 ① 3-4 ④ 3-5 ① 3-6 ③ 3-7 ④ 3-8 ③ 3-9 ② 3-10 ④ 3-11 ④

핵심이론 04 교축과정과 유속 및 임계압력

① 교축과정(Throttling Process)

㉠ 교축 : 유체가 관 내를 흐를 때 단면적이 급격히 작아지는 부분을 통과할 때 압력이 급격하게 감소되는 현상(비가역 단열과정)이다.

㉡ 일반적으로 교축과정에서는 외부에 대하여 일을 하지 않고 열교환이 없으며 속도 변화가 거의 없음에 따라 엔탈피는 변하지 않는다고 가정한다.

㉢ 이상기체의 교축과정 : 온도·엔탈피 일정, 압력 강하, 엔트로피 증가

㉣ 실제유체의 교축과정 : 엔탈피 일정, 압력·온도 강하, 엔트로피·비체적·속도 증가의 비가역 정상류 과정

㉤ 줄-톰슨(Joule-Thomson) 효과 또는 줄-톰슨의 법칙 : 기체가 가는 구멍에서 일을 하지 않고 비가역적으로 유출될 때 온도 변화가 일어나는 현상이다.

- 실제기체의 부피(V)가 절대온도(T)에 비례하지 않기 때문에 일어나는 효과이다.
- 이 효과는 수소, 헬륨, 네온의 3가지 기체를 제외한 모든 기체에서 나타나는 현상이다.
- 압축된 기체를 좁은 관이나 구멍을 통해 팽창시키면 기체의 온도는 내려간다.
- 실제기체를 다공물질을 통하여 고압에서 저압측으로 연속적으로 팽창시킬 때 온도는 변화한다. 외계와의 열의 출입을 무시할 수 있는 관의 중간에 솜 등의 다공성 물질을 채우고, 그 한쪽에서 다른 쪽으로 기체를 보내면 기체의 압력은 ΔP만큼 내려가며, 동시에 ΔT의 온도 변화가 일어난다.

㉥ 줄-톰슨 계수 : 등엔탈피 과정에 대한 온도 변화와 압력 변화의 비를 나타낸다.

- 줄-톰슨 계수식 μ 또는 $\mu_J = \left(\dfrac{\partial T}{\partial P}\right)_{h=c}$
- $\mu_J = 0$: 이상기체, $\mu_J > 0$: 실제유체
- 온도 강하 시($T_1 > T_2$) : $\mu_J > 0$
- 온도 상승 시($T_1 < T_2$) : $\mu_J < 0$

㉦ 교축과정의 예 : 노즐, 오리피스, 팽창밸브 등

② 유속 및 임계압력

㉠ 공기의 음속 : $C = \sqrt{kRT}$

여기서, k : 비열비

R : 기체상수

T : 절대온도

㉡ 단열 노즐 출구의 유속 :

$$v_2 = \sqrt{\frac{2kRT_1}{k-1}\left[1-\left(\frac{P_2}{P_1}\right)^{\frac{k-1}{k}}\right]}\ [\mathrm{m/s}]$$

여기서, k : 비열비

R : 기체상수

T_1 : 절대온도

P_1 : 처음 압력

P_2 : 나중 압력

핵심예제

4-1. 줄-톰슨 효과를 참조하여 교축과정(Throttling Process)에서 생기는 현상과 관계없는 것은?

[2013년 제2회, 2014년 제1회, 2019년 제2회]

① 엔탈피 불변
② 압력 강하
③ 온도 강하
④ 엔트로피 불변

4-2. 이상기체의 엔탈피 불변과정은? [2014년 제1회]

① 가역 단열과정
② 비가역 단열과정
③ 교축과정
④ 등압과정

|해설|

4-1
교축과정(Throttling Process)에서는 이상기체와 실제유체 모두 엔트로피가 일정하다.

4-2
- 이상기체의 교축과정 : 온도·엔탈피 일정, 압력 강하, 엔트로피 증가
- 실제유체의 교축과정 : 엔탈피 일정, 압력·온도 강하, 엔트로피·비체적·속도 증가의 비가역 정상류 과정

정답 4-1 ④ 4-2 ③

1-4. 카르노 사이클과 기체동력 사이클

핵심이론 01 카르노 사이클

① 카르노(Carnot) 사이클의 개요

㉠ 카르노 사이클의 정의 : 2개의 가역 등온과정과 2개의 가역 단열과정으로 구성된 가역 사이클이며, 실제로 존재하지 않는 이상 사이클이다.

㉡ 카르노 사이클의 특징

- 열역학 제2법칙과 엔트로피의 기초가 되는 사이클이다.
- 열기관 사이클 중 열효율이 가장 좋은 사이클로서 다른 기관의 효율을 비교하는 데 표준이 된다.
- 일전달, 열전달은 등온과정에서만 발생한다.
- 사이클에서 총엔트로피의 변화는 없다.

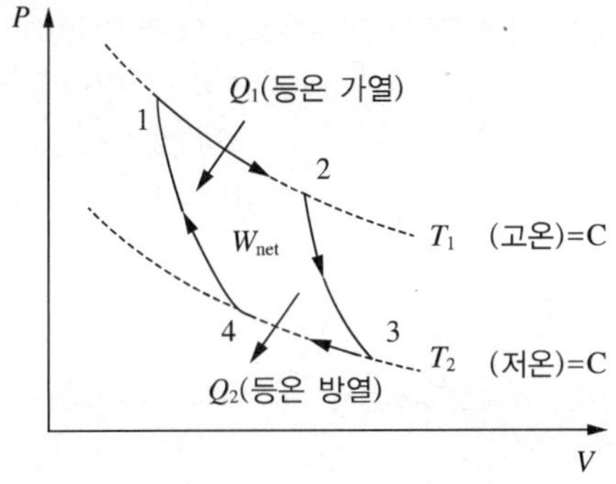

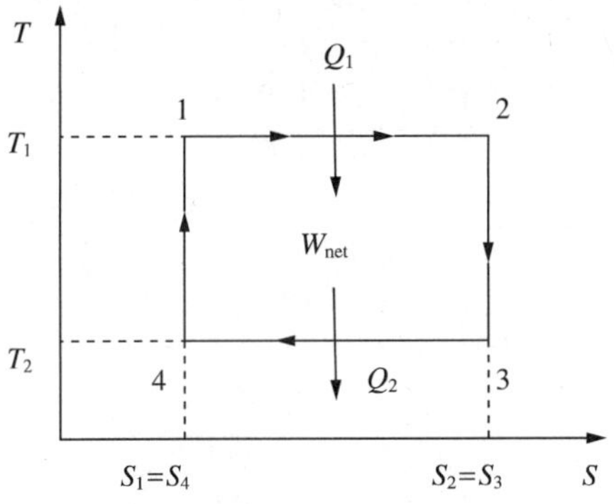

② 카르노 사이클의 구성과정

등온팽창 → 단열팽창 → 등온압축 → 단열압축

㉠ 1 → 2 등온팽창 : 고온 열저장조와 열교환

- 카르노 사이클에서 열량의 흡수는 등온팽창과정에서 이루어진다.

㉡ 2 → 3 단열팽창 : 작동유체의 온도가 고온에서 저온으로 하강

㉢ 3 → 4 등온압축 : 저온 열저장조와 열교환(열이 방출되는 과정)

㉣ 4 → 1 단열압축 : 작동유체의 온도가 저온에서 고온으로 상승

③ 카르노 사이클의 열효율과 관련 제반사항

㉠ 카르노 사이클의 열효율 :

$$\eta_c = \frac{W_{net}}{Q_1} = 1 - \frac{Q_2}{Q_1} = 1 - \frac{T_2}{T_1} = \frac{T_1 - T_2}{T_1}$$

여기서, Q_1 : 고열원의 열량(공급열량)

Q_2 : 저열원의 열량(방출열량)

T_1 : 고열원의 온도

T_2 : 저열원의 온도

- 고온 열저장조와 저온 열저장조의 온도(고열원의 온도와 저열원의 온도)만으로 표시할 수 있다.

$$\eta_c = f(T_1,\ T_2)$$

- 동일한 두 열저장조 사이에서 작동하는 용량이 다른 카르노 사이클 열기관의 열효율은 서로 같다.
- 고온 열저장조의 온도가 높을수록 열효율은 높아진다.
- 저온 열저장조의 온도가 높을수록 열효율은 낮아진다.
- 주어진 고온 열저장조와 저온 열저장조 사이에서 작동할 수 있는 열기관 중 카르노 사이클 열기관의 열효율이 가장 높다.
- 사이클의 효율을 높이는 가장 유효한 방법은 고열원(급열) 온도를 높이는 것이다.
- 열기관의 효율을 길이의 비로 나타낼 수 있는 선도 : $H-S$선도
- 열기관의 효율을 면적비로 나타낼 수 있는 선도 : $T-S$선도

㉡ 카르노 사이클에서 엔트로피의 변화량 :

$$\Delta S = \frac{\delta Q}{T}$$

㉢ 카르노 사이클의 손실일 : $W_2 = Q_2 = \frac{T_2}{T_1} \times Q_1$

여기서, W_2 : 손실일

Q_2 : 비가용에너지

㉣ 카르노 사이클의 순환 적분 시 등온 상태에서 흡열·방열이 이루어지므로 가열량과 사이클이 행한 일량이 같다.

$$\oint Tds = \oint PdV$$

핵심예제

1-1. 카르노사이클에서 열량을 받는 과정은? [2007년 제3회, 2011년 제2회, 2016년 제2회]

① 등온팽창
② 등온압축
③ 단열팽창
④ 단열압축

1-2. 다음은 Carnot 사이클의 PV 도표를 각 단계별로 설명한 것이다. 옳은 것은? [2003년 제3회, 2015년 제3회 유사]

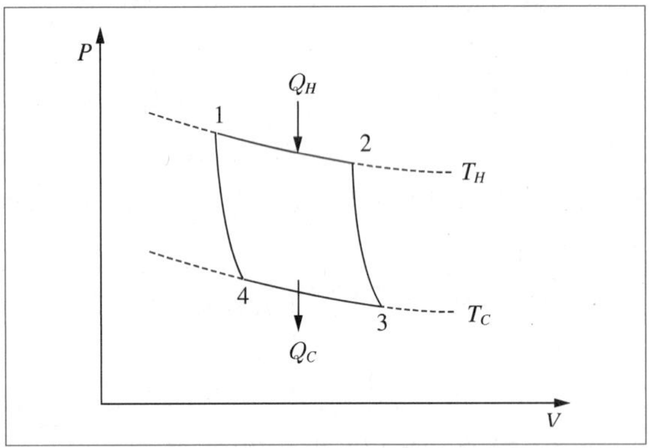

① 1 → 2는 Q_C의 열을 흡수하여 임의점 2까지 압축과정이다.
② 2 → 3은 온도가 T_C 감소할 때까지 단열팽창과정이다.
③ 3 → 4는 Q_C의 열을 흡수하여 원상태로 정온팽창과정이다.
④ 4 → 1은 온도가 T_C로부터 T_H까지의 정온압축과정이다.

1-3. 열기관의 효율을 길이의 비로 나타낼 수 있는 선도는? [2003년 제2회 유사, 2009년 제3회, 2012년 제1회, 2018년 제3회]

① $P-T$선도
② $T-S$선도
③ $H-S$선도
④ $P-V$선도

1-4. 800[℃]의 고열원과 300[℃]의 저열원 사이에서 작동하는 카르노사이클 열기관의 열효율은? [2003년 제1회 유사, 제2회 유사, 2004년 제3회 유사, 2006년 제2회 유사, 제3회 유사, 2007년 제2회 유사, 2008년 제2회 유사, 2010년 제1회 유사, 제3회 유사, 2012년 제1회 유사, 2014년 제3회 유사, 2017년 제1회]

① 31.3[%] ② 46.6[%]
③ 68.8[%] ④ 87.3[%]

1-5. 어떤 과학자가 대기압하에서 물의 어는점과 끓는점 사이에서 운전할 때 열효율이 28.6[%]인 열기관을 만들었다고 발표하였다. 다음 설명 중 옳은 것은? [2016년 제3회]

① 근거가 확실한 말이다.
② 경우에 따라 있을 수 있다.
③ 근거가 있다 없다 말할 수 없다.
④ 이론적으로 있을 수 없는 말이다.

1-6. Carnot 기관이 12.6[kJ]의 열을 공급받고 5.2[kJ]의 열을 배출한다면 동력기관의 효율은 약 몇 [%]인가? [2009년 제3회, 2011년 제3회, 2015년 제1회 유사, 2018년 제1회]

① 33.2 ② 43.2
③ 58.7 ④ 68.4

|해설|

1-1

카르노 사이클의 구성과정 : 등온팽창 → 단열팽창 → 등온압축 → 단열압축

- 1 → 2 등온팽창 : 열량의 흡수
- 2 → 3 단열팽창 : 온도의 하강
- 3 → 4 등온압축 : 열량의 방출
- 4 → 1 단열압축 : 온도의 상승

1-2

① 1 → 2는 등온팽창과정이다.
③ 3 → 4는 등온압축과정이다.
④ 4 → 1은 단열압축과정이다.

1-3

- 열기관의 효율을 길이의 비로 나타낼 수 있는 선도 : $H-S$선도
- 열기관의 효율을 면적비로 나타낼 수 있는 선도 : $T-S$선도

1-4

카르노 사이클 열기관의 열효율

$$\eta_c = \frac{T_1 - T_2}{T_1} = \frac{(800+273)-(300+273)}{800+273} \times 100[\%]$$

$$\simeq 46.6[\%]$$

1-5

대기압하에서 물의 어는점과 끓는점 사이에서 운전할 때 카르노 사이클의 열효율

$$\eta_c = 1 - \frac{T_2}{T_1} = 1 - \frac{0+273}{100+273}[\%] = 1 - 0.732 \simeq 0.268 = 26.8[\%]$$

과학자가 만든 열기관의 열효율이 28.6[%]이라면 카르노 사이클 열효율보다 높으므로 이것은 이론적으로 있을 수 없는 말이다.

1-6

$$\eta_c = \frac{Q_1 - Q_2}{Q_1} = \frac{12.6 - 5.2}{12.6} \simeq 0.587 = 58.7[\%]$$

정답 1-1 ① 1-2 ② 1-3 ③ 1-4 ② 1-5 ④ 1-6 ③

핵심이론 02 기체동력기관의 사이클

기체동력 사이클의 작업유체는 공기와 연료의 혼합가스이며, 다음 가정하에 해석한다.

- 동작물질은 공기이며 이상기체로 취급하고 비열은 일정하다.
- 밀폐 사이클이며 고열원에서 열을 받고 저열원으로 열을 방출한다.
- 각 과정은 모두 가역과정이며 이상 사이클이다.
- 압축 및 팽창은 단열과정이다.
- 연소 중 열해리현상은 없다.
  ※ 열해리현상 : 연소반응이 완료되지 않아 연소가스 중에 반응의 중간 생성물이 들어 있는 현상

① 오토(Otto) 사이클

㉠ 정의 : 2개의 단열과정(등엔트로피 과정)과 2개의 정적과정(등적과정)으로 구성된 사이클

㉡ 적용 : 가솔린기관의 기본 사이클(=가솔린기관의 공기 표준 사이클, 전기점화기관(불꽃점화기관)의 이상적 사이클)

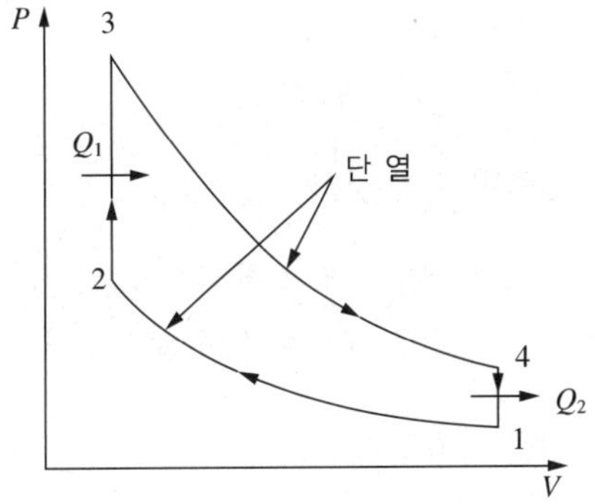

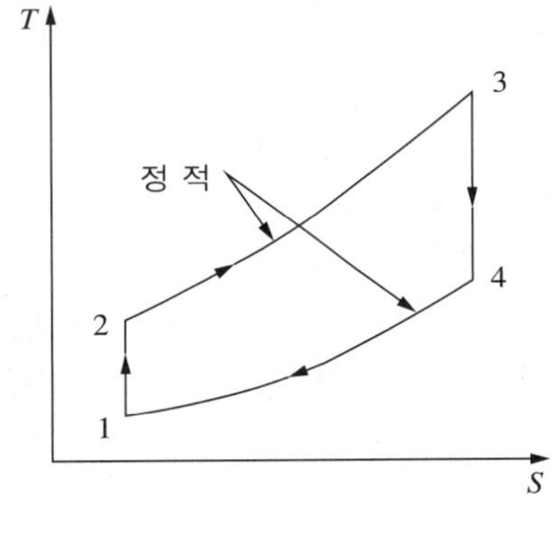

㉢ 오토 사이클의 구성과정

- 1 → 2 단열압축 : 열출입 없이 외부로부터 일을 받아 혼합가스의 내부에너지와 온도가 상승한다.
- 2 → 3 정적가열 : 열에너지가 공급되는 구간이며 연소 및 폭발이 일어난다.
- 3 → 4 단열팽창 : 열출입 없이 연소가스의 운동에너지를 통해 외부로 일을 한다.
- 4 → 1 정적방열 : 연소가스(배기가스)와 열에너지가 방출된다.

㉣ 관련식

- 열효율 : $\eta_o = \dfrac{\text{유효한 일}}{\text{공급열량}} = \dfrac{W}{Q_1}$

$$= \frac{\text{공급열량} - \text{방출열량}}{\text{공급열량}}$$

$$= \frac{mC_v(T_3 - T_2) - mC_v(T_4 - T_1)}{mC_v(T_3 - T_2)}$$

$$= 1 - \frac{T_4 - T_1}{T_3 - T_2} = 1 - \left(\frac{1}{\varepsilon}\right)^{k-1}$$

여기서, ε : 압축비

k : 비열비

- 압축비 : $\varepsilon = \dfrac{V_1}{V_2}$

여기서, V_1 : 초기 체적

V_2 : 압축 후의 체적

- 평균 유효압력 : $p_{mo} = P_1 \dfrac{(\alpha - 1)(\varepsilon^k - \varepsilon)}{(k-1)(\varepsilon - 1)}$

여기서, $\alpha = \dfrac{P_3}{P_2}$: 압력비

P_1 : 최소압력

㉤ 열효율 관련 제반사항

- 열효율은 압축비만의 함수이다.
- 열효율은 압축비가 증가하면 증가한다.
- 열효율은 공급열량과 방출열량에 의해 결정된다.
- 열효율은 작동유체의 비열비와 압축비에 의해서 결정된다.
- 열효율은 작동유체의 비열비가 클수록 증가한다.
- 4행정기관이 2행정기관보다 열효율이 높다.
- 열효율은 작업기체의 종류와 관련이 있다.
- 카르노 사이클의 열효율보다 낮다(열효율은 공기표준 사이클보다 낮다).
- 이상연소에 의해 열효율은 크게 제한을 받는다.

㉥ 열효율 향상방법

- 최고온도를 증가시킨다.
- 압축비를 증가시킨다.
- 비열비를 증가시킨다.

㉦ 오토 사이클의 특징

- 열효율이 압축비만으로 인하여 결정된다.
- 작업유체의 열 공급(연소) 및 방열이 일정한 체적에서 이루어지므로 등적 사이클 또는 정적 사이클이라고도 한다.
- 연소과정을 등적가열과정으로 간주한다.
- 압축비가 클수록 효율이 높다.
- 압축비는 노킹현상 때문에 제한을 가진다.

② 디젤(Diesel) 사이클

㉠ 정의 : 2개의 단열과정(등엔트로피 과정)과 1개의 정압과정과 1개의 정적과정으로 구성된 사이클

㉡ 적용 : (저속)디젤기관의 기본 사이클

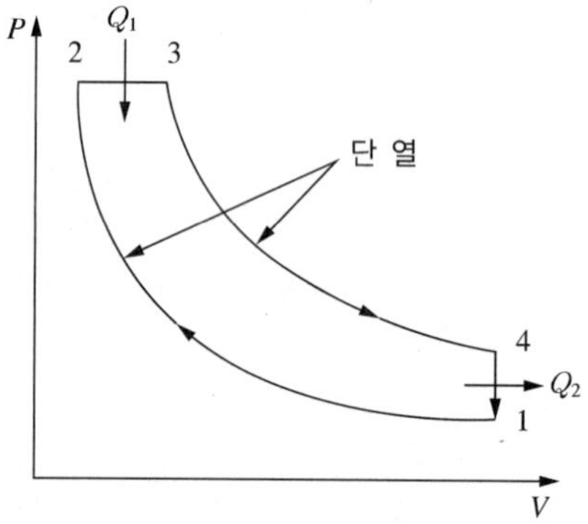

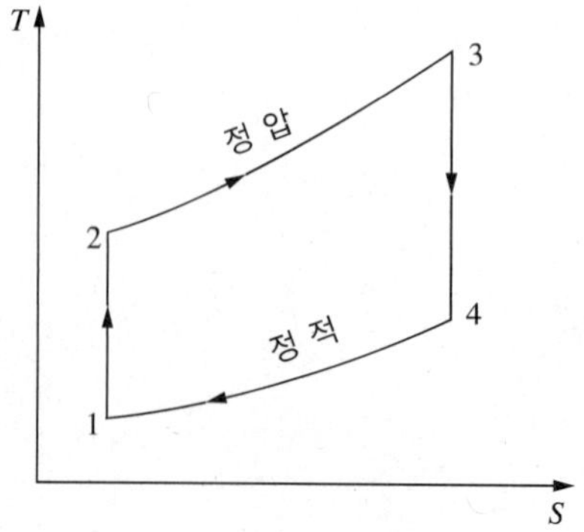

ⓒ 디젤 사이클의 구성과정

- 1 → 2 단열압축 : 열출입 없이 외부로부터 일을 받아 내부에너지 및 온도가 상승한다.
- 2 → 3 정압가열 : 열에너지가 공급되는 구간으로, 연소 및 폭발이 일어난다.
- 3 → 4 단열팽창 : 열출입 없이 운동에너지를 통해 외부로 일을 한다.
- 4 → 1 정적방열 : 연소가스(배기가스)와 열에너지가 방출된다.

ⓓ 관련식

- 열효율 : $\eta_d = 1 - \left(\frac{1}{\varepsilon}\right)^{k-1} \times \frac{\sigma^k - 1}{k(\sigma - 1)}$

  여기서, ε : 압축비

  k : 비열비

  σ : 차단비
- 압축비 : $\varepsilon = \left(\frac{P_2}{P_1}\right)^{\frac{1}{k}}$
- 차단비(Cut-off Ratio, 단절비 혹은 체절비, 등압팽창비) : $\sigma = \frac{V_3}{V_2} = \frac{T_3}{T_2} = \frac{T_3}{T_1 \varepsilon^{k-1}}$
- 평균 유효압력 :

  $$P_{md} = P_1 \frac{\varepsilon^k k(\sigma - 1) - \varepsilon(\sigma^k - 1)}{(k-1)(\varepsilon - 1)}$$

ⓔ 디젤 사이클의 특징

- 가열(연소)과정은 정압과정으로 이루어진다(일정한 압력에서 열 공급을 한다).
- 정압(등압) 사이클이라고도 한다.
- 일정 체적에서 열을 방출한다.
- 등엔트로피 압축과정이 있다.
- 조기 착화 및 노킹 염려가 없다.
- 오토 사이클보다 효율이 높다.
- 평균 유효압력이 높다.
- 압축비는 15~20 정도이다.

③ 브레이턴(Brayton) 사이클

㉠ 정의 : 2개의 단열과정(등엔트로피 과정)과 2개의 정압과정(등압과정)으로 구성된 사이클

㉡ 적용 : 가스터빈의 이상 사이클

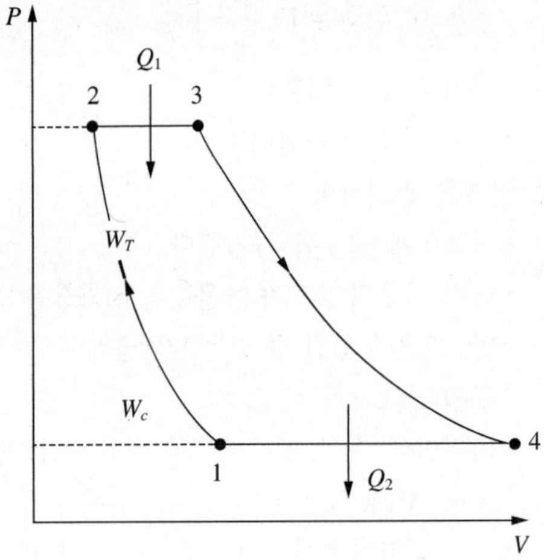

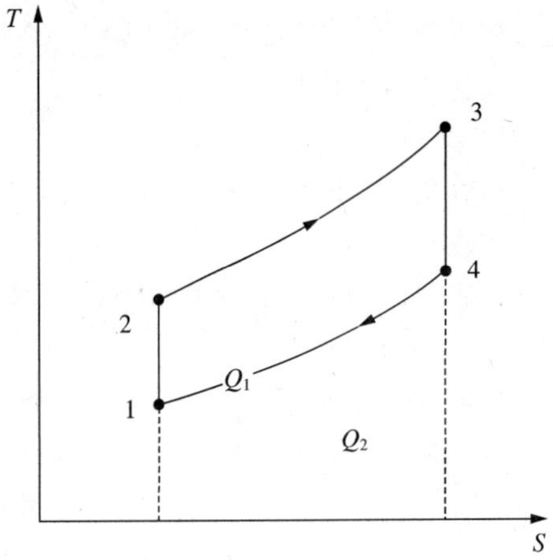

㉢ 브레이턴 사이클의 구성과정

- 1 → 2 단열압축 : 압축기에서 열출입 없이 혼합가스를 압축한다.
- 2 → 3 정압가열 : 연소실(열교환기)에서 연소가 일어난다.
- 3 → 4 단열팽창 : 터빈에서 연소열을 받아 일을 한다.
- 4 → 1 정압방열 : 냉각기(열교환기)에서 냉각을 통해 연소가스를 배기한다.

㉣ 관련식

• 열효율 : $\eta_B = 1 - \dfrac{Q_2}{Q_1} = 1 - \dfrac{T_4 - T_1}{T_3 - T_2}$

$$= 1 - \left(\frac{1}{\varepsilon}\right)^{\frac{k-1}{k}}$$

여기서, ε : 압축비

k : 비열비

㉤ 열효율 관련사항

- 압축비가 클수록 증가한다.
- 터빈 입구의 온도가 높을수록 열효율은 증가하지만, 고온에 견딜 수 있는 터빈블레이드 개발이 요구된다.
- 터빈일에 대한 압축기일의 비를 역일비(BWR ; Back Work Ratio)라고 한다. 이 비가 클수록 압축기 구동일이 증가되어 열효율이 낮아지며, 반대로 이 비가 작을수록 압축기 구동일이 감소되므로 열효율이 높아진다.

㉥ 열효율 향상방법

- 터빈 입구 온도의 증가 : 소재 및 코팅 기술, 냉각 기술
- 터보기계의 효율 증가 : 터빈(Turbine), 압축기(Compressor)
- 기본 사이클 개선 : 중간 냉각(Intercooling), 재생(Regeneration), 재열(Reheating)
- 가스터빈 엔진은 증기터빈 원동소와 결합된 복합 시스템을 구성하여 열효율을 높일 수 있다.
- 압축비를 크게 한다.
- 터빈에 다단팽창을 이용한다.
- 기관에 부딪치는 공기가 운동에너지를 갖게 하므로 압력을 확산기에서 감소시킨다.
- 터빈을 나가는 연소 기체류와 압축기를 나가는 공기류 사이에 열교환기를 설치한다.
- 공기를 압축하는 데 필요한 일은 압축과정을 몇 단계로 나누고, 각 단 사이에 중간 냉각기를 설치한다.

㉦ 브레이턴 사이클의 특징

- 정압(등압) 상태에서 흡열(연소)되므로 정압(연소) 사이클 또는 등압(연소) 사이클이라고도 한다.
- 사이클 최고온도는 터빈 블레이드가 견딜 수 있는 최대온도로 제한되며, 이에 따라 사이클 압력비도 결정된다.
- 기관중량당 출력이 크다.
- 연소가 연속적으로 이루어진다.
- 단위시간당 동작유체의 유량이 많다.
- 공기는 산소를 공급하고 냉각제의 역할을 한다.
- 증기터빈에 비해 중량당의 동력이 크다.
- 가스터빈은 완전연소에 의해서 유해성분의 배출이 거의 없다.
- 실제 가스터빈은 개방 사이클이다.
- 2 → 3 과정, 4 → 1 과정의 압력이 일정하다.
- 압축기에서는 터빈에서 생산되는 일의 40[%] 내지는 80[%]를 소모한다.
- 단열팽창과정을 하는 터빈을 재생시켰을 때, $T-S$ 선도에서 가장 큰 면적을 갖는 사이클이다.

㉧ 기본 브레이턴 사이클 이외의 브레이턴 사이클

- 재생 브레이턴 사이클 : 터빈 출구의 배기열을 이용하여 연소기 입구의 압축공기를 가열하는 재생기(Regenerator) 또는 회수 열교환기(Recuperator)를 설치한 브레이턴 사이클이다. 배기가스 에너지의 일부가 사이클 공급 열에너지로 재사용되기 때문에 동일 출력에 대한 열효율이 증가한다.
- 재열 브레이턴 사이클 : 터빈 출력을 증가시키기 위해 기체를 단계적으로 팽창시키고 그 사이에 기체를 재열시키는 브레이턴 사이클이다. 터빈일을 최대로 하는 중간 압력과정이 있다.
- 중간 냉각 브레이턴 사이클 : 압축일을 감소시키기 위해 중간 냉각이 있는 다단압축기를 사용하는 브레이턴 사이클이다.
- 중간 냉각 재열재생 브레이턴 사이클

④ 사바테(Sabathe) 사이클

㉠ 정의 : 2개의 단열과정(등엔트로피 과정), 2개의 정적과정(등적과정), 1개의 정압과정(등압과정)으로 구성된 사이클

㉡ 적용 : 고속 디젤기관의 기본 사이클

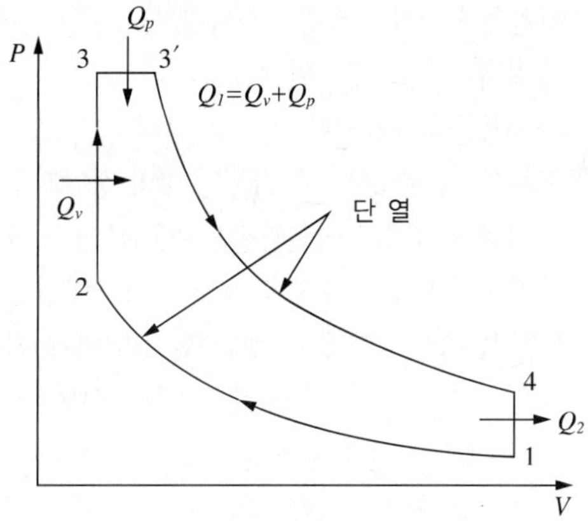

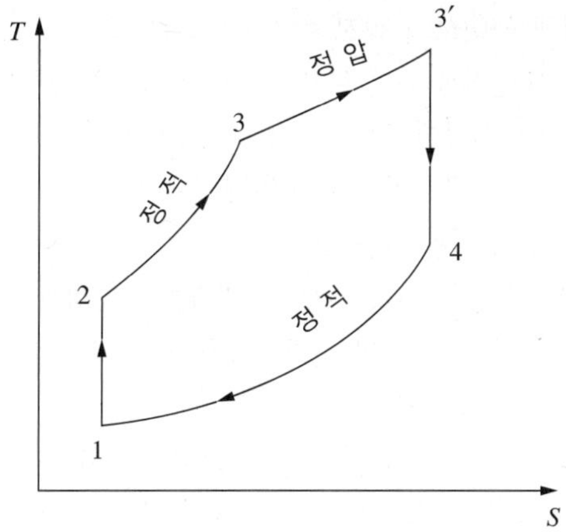

㉢ 사바테 사이클의 구성과정

- 1 → 2 단열압축 : 열출입 없이 외부로부터 일을 받아 혼합가스의 내부에너지와 온도가 상승한다.
- 2 → 3 정적가열 : 열에너지가 공급되는 구간이며 연소 및 폭발이 일어난다.
- 3 → 3′ 정압가열 : 열에너지가 공급되는 구간이며 연소 및 폭발이 일어난다.
- 3′ → 4 단열팽창 : 열출입 없이 운동에너지를 통해 외부로 일을 한다.
- 4 → 1 정적방열 : 연소가스(배기가스)와 열에너지가 방출된다.

㉣ 관련식

- 열효율 :

$$\eta_S = 1-\left(\frac{1}{\varepsilon}\right)^{k-1} \times \frac{\rho\sigma^k - 1}{(\rho-1)+k\rho(\sigma-1)}$$

여기서, ε : 압축비

k : 비열비

ρ : 최고압력비(압력 상승비)

σ : 단절비

- 평균유효압력 :

$$P_{ms} = P_1 \frac{\varepsilon^k\{(\alpha-1)+k\alpha(\sigma-1)\}-\varepsilon(\sigma^k\alpha-1)}{(k-1)(\varepsilon-1)}$$

㉤ 사바테 사이클의 특징

- 가열과정은 정적과정과 정압과정이 복합적으로 이루어진다.
- 복합 사이클, 등적·등압 사이클, 2중 연소 사이클이라고도 한다.

⑤ 스털링(Stirling) 사이클

㉠ 정의 : 2개의 정압과정(등압과정)과 2개의 정적과정(등적과정)으로 구성된 사이클

㉡ 적용 : 스털링기관(밀폐식 외연기관)의 기본 사이클

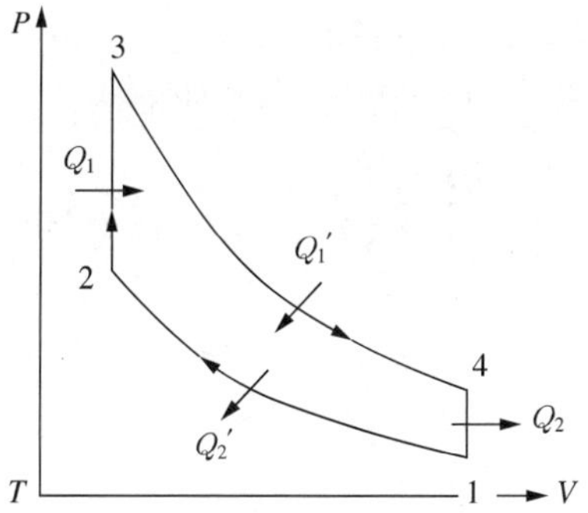

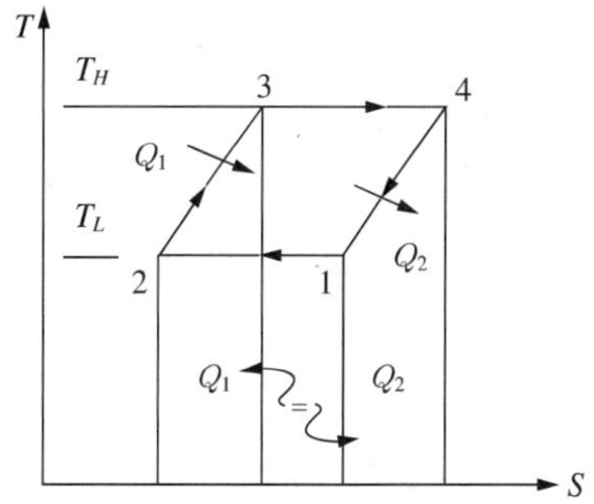

㉢ 스털링 사이클의 구성과정
- 1 → 2 등온압축
- 2 → 3 정적가열
- 3 → 4 등온팽창
- 4 → 1 정적방열

㉣ 스털링 사이클의 특징
- 밀폐된 공간 안의 기체를 압축·팽창하며 열을 일로 바꾼다.
- 고온부와 저온부의 온도 차이만 있으면 되고, 반드시 연료를 태워야 할 필요가 없으므로 폐열도 이용 가능하다.
- 온도 차이가 작아도 작동할 수 있다.
- 연료가 연소할 때 폭발단계가 없어 소음, 진동이 없다.
- 구조가 간단하고, 제작 및 유지비용이 적게 든다.
- 출력이 낮고, 출력속도 조절이 어렵다.
- 등온압축 또는 등온팽창의 압축기나 기관을 제작, 운전해야 한다.

⑥ 에릭슨(Ericsson) 사이클

㉠ 정의 : 2개의 등온과정과 2개의 정압과정(등압과정)으로 구성된 사이클

㉡ 적용 : 가스터빈의 기본 사이클

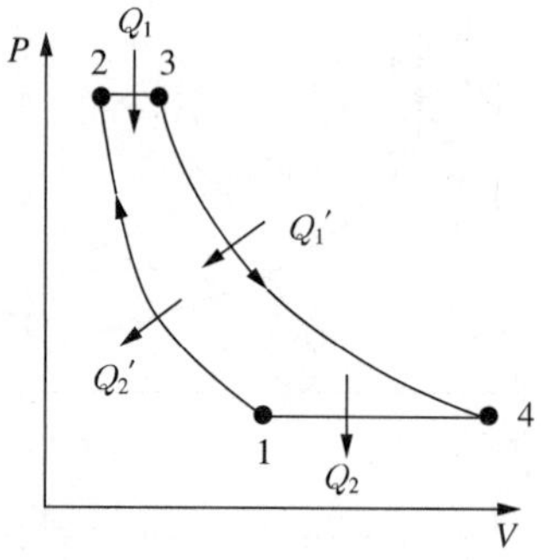

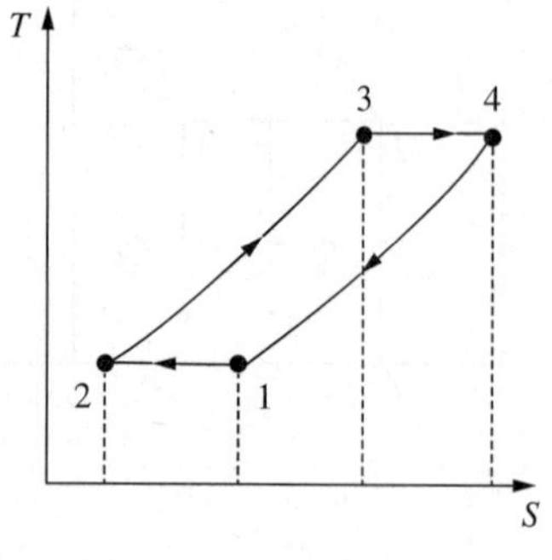

㉢ 에릭슨 사이클의 구성과정
- 1 → 2 등온압축
- 2 → 3 정압가열
- 3 → 4 등온팽창
- 4 → 1 정압방열

㉣ 에릭슨 사이클의 특징 : 스털링 사이클의 정적과정이 정압과정으로 대치된 사이클

⑦ 기타 기체동력 사이클

㉠ 르누아르(Lenoir) 사이클 : 1개의 정압과정, 1개의 정적과정, 1개의 단열과정으로 이루어진 사이클로, 동작물질이 압축과정이 없이 정적하에서 급열되어 압력을 상승시켜 일을 행한 후 정압하에 배출된다.

㉡ 앳킨슨(Atkinson) 사이클 : 2개의 단열과정과 1개의 정적과정, 1개의 정압과정으로 구성되며, 등적 브레이턴 사이클이라고도 한다.

⑧ 기체 사이클의 비교

㉠ 내연기관의 기본 사이클은 오토 사이클, 디젤 사이클, 사바테 사이클이다. 이 사이클은 열 공급과정은 다르지만, 일 생성과정(단열팽창과정)과 열 배출과정(정적과정)은 같다.

㉡ 사이클의 열효율 비교 : 압축비가 일정하면 오토 사이클, 최고압력이 일정하면 디젤 사이클의 열효율이 가장 좋다.
- 초온, 초압, 최저온도, 압축비, 공급열량, 가열량, 연료 단절비 등이 같은 경우 : 오토 사이클 > 사바테 사이클 > 디젤 사이클
- 최고압력이 일정한 경우 : 디젤 사이클 > 사바테 사이클 > 오토 사이클

㉢ 동일한 압축비에서는 오토 사이클의 효율이 디젤 사이클의 효율보다 높다.

㉣ 카르노 사이클의 최고 및 최저온도와 스털링 사이클의 최고 및 최저온도가 서로 같을 경우 두 사이클의 이론 열효율은 동일하다.

핵심예제

2-1. 다음 그림은 오토 사이클 선도이다. 계로부터 열이 방출되는 과정은? [2003년 제2회, 2008년 제1회, 2011년 제3회, 2018년 제1회]

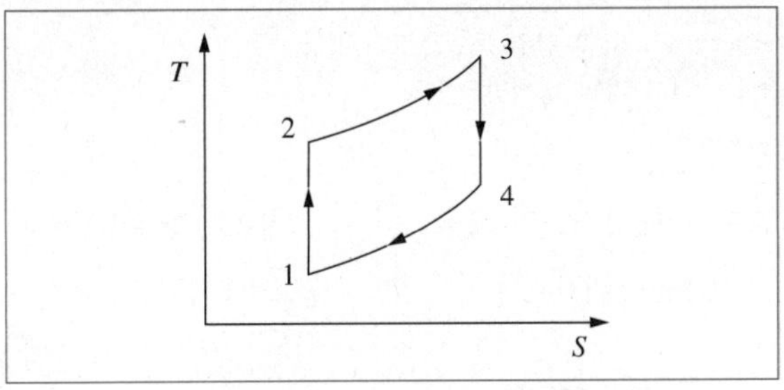

① 1 → 2 과정
② 2 → 3 과정
③ 3 → 4 과정
④ 4 → 1 과정

2-2. 오토 사이클에 대한 일반적인 설명으로 틀린 것은?
[2006년 제3회, 2018년 제3회]

① 열효율은 압축비에 대한 함수이다.
② 압축비가 커지면 열효율은 작아진다.
③ 열효율은 공기 표준 사이클보다 낮다.
④ 이상연소에 의해 열효율은 크게 제한을 받는다.

2-3. 오토 사이클에서 압축비(ε)가 8일 때 열효율은 약 몇[%]인가?(단, 비열비(k)는 1.4이다) [2007년 제2회 유사, 2009년 제1회, 2010년 제2회 유사, 2015년 제3회, 2017년 제2회, 2018년 제2회 유사]

① 56.5
② 58.2
③ 60.5
④ 62.2

2-4. Diesel Cycle의 효율에 관한 사항으로서 맞는 것은?(단, 압축비를 ε, 단절비(Cut-off Ratio)를 σ라 한다)
[2006년 제1회]

① σ와 ε이 작을수록 효율이 떨어진다.
② σ와 ε이 작을수록 효율이 좋아진다.
③ σ가 증가하고, ε이 작을수록 효율이 떨어진다.
④ σ가 증가하고, ε이 작을수록 효율이 좋아진다.

2-5. 디젤 사이클에서 압축비 10, 등압팽창비(체절비) 1.8일 때 열효율을 약 얼마인가?(단, 비열비는 $k = C_P / C_V$ =1.3이다) [2014년 제2회]

① 30.3[%]
② 38.2[%]
③ 42.5[%]
④ 44.7[%]

2-6. 20[kW]의 어떤 디젤기관에서 마찰손실이 출력의 15[%]일 때 손실에 의해 발생되는 열량은 약 몇 [kJ/s]인가?
[2016년 제1회]

① 3
② 4
③ 6
④ 7

2-7. 다음은 디젤기관 사이클이다. 압축비를 구하면?(단, 비열비 k는 1.4이다) [2012년 제1회]

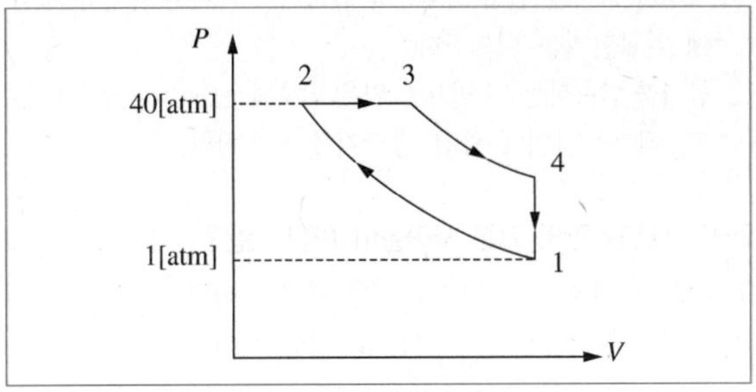

① 8.74
② 11.50
③ 13.94
④ 12.83

2-8. 오토(Otto) 사이클의 효율을 η_1, 디젤(Diesel) 사이클의 효율을 η_2, 사바테(Sabathe) 사이클의 효율을 η_3이라고 할 때 공급열량과 압축비가 같을 경우 효율의 크기는?
[2004년 제3회, 2007년 제2회, 2010년 제2회, 2019년 제3회]

① $\eta_1 > \eta_2 > \eta_3$
② $\eta_1 > \eta_3 > \eta_2$
③ $\eta_2 > \eta_1 > \eta_3$
④ $\eta_2 > \eta_3 > \eta_1$

2-9. 기체동력 사이클 중 2개의 단열과정과 2개의 등압과정으로 이루어진 가스터빈의 이상적인 사이클은?
[2014년 제1회, 2016년 제1회, 2018년 제2회]

① 오토 사이클(Otto Cycle)
② 카르노 사이클(Carnot Cycle)
③ 사바테 사이클(Sabathe Cycle)
④ 브레이턴 사이클(Brayton Cycle)

2-10. 브레이턴 사이클에서 열은 어느 과정을 통해 흡수되는가? [2007년 제2회, 2013년 제3회]

① 정적과정
② 등온과정
③ 정압과정
④ 단열과정

핵심예제

2-11. 가스터빈 장치의 이상 사이클을 Brayton 사이클이라고도 한다. 이 사이클의 효율을 증대시킬 수 있는 방법이 아닌 것은? [2004년 제2회, 2009년 제1회, 2011년 제3회, 2016년 제3회]

① 터빈에 다단팽창을 이용한다.
② 기관에 부딪치는 공기가 운동에너지를 갖게 하므로 압력을 확산기에서 증가시킨다.
③ 터빈을 나가는 연소 기체류와 압축기를 나가는 공기류 사이에 열교환기를 설치한다.
④ 공기를 압축하는 데 필요한 일은 압축과정을 몇 단계로 나누고, 각 단 사이에 중간 냉각기를 설치한다.

2-12. 내연기관의 기본 사이클이 아닌 것은? [2013년 제2회]

① 정적 사이클 ② 재생 사이클
③ 합성 사이클 ④ 정압 사이클

2-13. 다음은 정압연소 사이클의 대표적인 브레이턴 사이클(Brayton Cycle)의 $T-S$선도이다. 이 그림에 대한 설명으로 옳지 않은 것은? [2010년 제2회, 2019년 제1회]

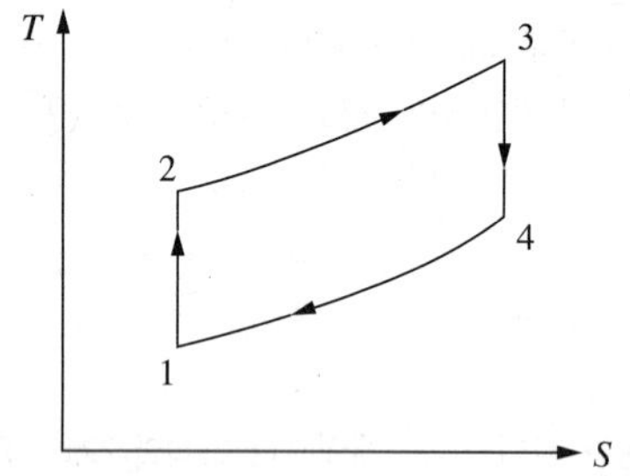

① 1 → 2의 과정은 가역 단열압축과정이다.
② 2 → 3의 과정은 가역 정압가열과정이다.
③ 3 → 4의 과정은 가역 정압팽창과정이다.
④ 4 → 1의 과정은 가역 정압배기과정이다.

|해설|

2-1
- 1 → 2 : 가역 단열(등엔트로피)압축
- 2 → 3 : 가역 정적가열
- 3 → 4 : 가역 단열(등엔트로피)팽창
- 4 → 1 : 가역 정적방열

2-2

오토 사이클의 열효율은 $\eta_o = 1-\left(\frac{1}{\varepsilon}\right)^{k-1}$ 이므로, 압축비가 커지면 열효율도 커진다.

2-3

오토 사이클의 열효율

$$\eta_o = 1-\left(\frac{1}{\varepsilon}\right)^{k-1} = 1-\left(\frac{1}{8}\right)^{1.4-1} \simeq 56.5[\%]$$

2-4

디젤 사이클의 열효율 $\eta_d = 1-\left(\frac{1}{\varepsilon}\right)^{k-1} \times \frac{\sigma^k - 1}{k(\sigma-1)}$ 이므로, σ가 증가하고 ε이 작을수록 효율이 떨어진다.

2-5

디젤 사이클의 열효율

$$\eta_d = 1-\left(\frac{1}{\varepsilon}\right)^{k-1} \times \frac{\sigma^k-1}{k(\sigma-1)}$$
$$= 1-\left(\frac{1}{10}\right)^{1.3-1} \times \frac{1.8^{1.3}-1}{1.3\times(1.8-1)}$$
$$\simeq 0.4472 = 44.72[\%]$$

2-6

손실열량

$20 \times 0.15 = 3[\mathrm{kW}] = 3[\mathrm{kJ/s}]$

2-7

압축비

$$\varepsilon = \left(\frac{P_2}{P_1}\right)^{\frac{1}{k}} = \left(\frac{40}{1}\right)^{\frac{1}{1.4}} \simeq 13.94$$

2-8

열효율의 크기 순서
- 초온, 초압, 최저온도, 압축비, 공급열량, 가열량, 연료 단절비 등이 같은 경우 : 오토 사이클 > 사바테 사이클 > 디젤 사이클
- 최고압력이 일정한 경우 : 디젤 사이클 > 사바테 사이클 > 오토 사이클

2-9

① 오토 사이클(Otto Cycle) : 2개의 단열과정과 2개의 정적과정으로 구성된 사이클

② 카르노 사이클(Carnot Cycle) : 2개의 가역 등온과정과 2개의 가역 단열과정으로 구성된 이상 사이클

③ 사바테 사이클(Sabathe Cycle) : 2개의 단열과정, 2개의 정적과정, 1개의 정압과정으로 구성된 사이클

2-10

- 1 → 2(압축기) : 가역 단열압축
- 2 → 3(연소실) : 정압가열
- 3 → 4(터빈) : 가역 단열팽창
- 4 → 1(배기) : 정압방열

2-11

기관에 부딪치는 공기가 운동에너지를 갖게 하므로 압력을 확산기에서 감소시킨다.

2-12

재생 사이클은 랭킨 사이클을 개선한 사이클이다.

2-13

3 → 4 단열팽창 : 터빈에서 연소열을 받아 일을 한다.

정답 2-1 ④ 2-2 ② 2-3 ① 2-4 ③ 2-5 ④ 2-6 ① 2-7 ③ 2-8 ② 2-9 ④ 2-10 ③ 2-11 ② 2-12 ② 2-13 ③

1-5. 증기와 증기동력 사이클

핵심이론 01 증 기

① 증기의 개요

㉠ 증기 관련 기본 용어

- 액체열(현열 또는 감열, Sensible Heat) : 포화수 상태에 도달할 때까지 가한 열량
- 포화온도(Saturated Temperature) : 가해진 압력에 대응하여 증발을 시작한 때의 온도(100[℃], 1기압)
- 건도(x) : 어떤 물질이 포화온도하에서 일부는 액체로 존재하고, 일부는 증기로 존재할 때 전체 질량에 대한 액체질량의 비를 습도로 정의한다(습증기 중량당 증발 증기 중량의 비).
- 습도(y) : 어떤 물질이 포화온도하에서 일부는 액체로 존재하고, 일부는 증기로 존재할 때 전체 질량에 대한 증기질량의 비를 건도로 정의한다(습증기 중량당 (증기 증발 후) 잔재 액체 중량의 비).
- 과열도 : 과열증기온도(t_B)와 포화온도의 차로, 증기 성질은 과열도가 증가할수록 이상기체에 근사한다.
- 임계점 : 습증기가 존재할 수 없는 압력과 온도 이상의 점
- 증발잠열(γ) : 포화액이 건포화증기로 변할 때까지 가한 열량으로, 1기압에서 2,256[kJ/kg], 539[kcal/kg]
  - 내부잠열과 외부잠열로 이루어진다.
  - 포화압력이 증가할수록 증발잠열은 감소한다.
  - 포화압력이 감소할수록 증발잠열은 증가한다.
- 압축액 또는 과냉각액 : 물의 포화온도가 현재 압력에 대한 포화온도보다 낮을 때의 액체

㉡ 증발잠열(γ) : 포화액이 건포화증기로 변할 때까지 가한 열량으로, 1기압에서 2,256[kJ/kg], 539[kcal/kg]

- 내부잠열과 외부잠열로 이루어진다.
- 포화압력이 증가할수록 증발잠열은 감소한다.
- 포화압력이 감소할수록 증발잠열은 증가한다.

㉢ 증기의 특징

- 물보다 비열이 작다.
- 임계압력하에서의 증발열은 0이 된다.
- 동일한 압력에서 포화수와 포화증기의 온도는 같다.
- 물의 포화온도가 올라가면 포화압력도 올라간다.
- 증기의 압력이 높아지면 엔탈피가 커진다.
- 증기의 압력이 높아지면 현열이 커진다.
- 증기의 압력이 높아지면 포화온도가 높아진다.
- 증기의 압력이 높아지면 증발열이 작아진다.

㉣ 증기와 가스

- 증기 : 액화와 기화가 용이한 작동유체(증기원동기의 수증기, 냉동기의 냉매 등)
- 가스 : 액화와 증발현상이 잘 일어나지 않은 작동유체(내연기관의 연소가스 등)

② 증발과정

증발과정은 등압가열과정이며, 물질이 액체에서 기체로 변해가는 과정이다.

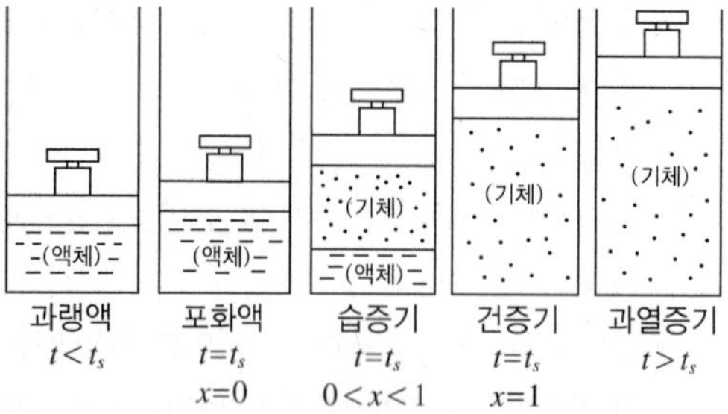

※ t_s=포화온도, x=건도

㉠ 과랭액(물, 압축수) : 가열 전 상태(포화온도 이하)의 물이다. 포화액의 온도를 유지하면서 압력을 높이면 과랭액체가 된다.

㉡ 포화액(포화수) : 포화온도에 도달하여 증발하기 시작하는 상태(건도 $x = 0$)

- 포화수의 증기압력이 낮을수록 물의 증발열이 크다.
- 포화수가 갖는 열량에서 액체열은 포화수가 갖는 엔탈피와 같다.

㉢ 습증기(습포화증기) : 포화액과 포화증기의 혼합물로, 체적이 현저하게 증가되어 외부에 일을 하는 상태(계속 가열하지만 온도는 더 이상 증가하지 않음. 건도 $0 < x < 1$)

- 포화온도와 포화압력이 일정하므로 압력이 높아지면 증발잠열이 작아진다.
- 증발잠열과 엔트로피는 비례하므로 가압이 높을수록 엔트로피가 작아진다.
- 온도와 비체적, 압력과 비체적, 압력과 건도 등으로 습증기의 상태를 나타낼 수 있다.
- 습증기 구역에서는 온도와 압력선이 일치하므로(등압선과 등온선이 같으므로) 온도와 압력으로는 습증기의 상태를 나타낼 수 없다.
- 습증기를 가역 단열압축하면 건도는 감소 또는 증가한다.

㉣ 건증기(건포화증기) : 액체가 모두 증기로 변한 상태(건도 $x = 1$)

- 동일한 압력에서 습포화증기와 건포화증기는 온도가 같다.
- 포화증기(습포화증기와 건포화증기)의 온도는 포화수의 온도와 같다.
- 건포화증기를 정적하에서 압력을 낮추면 건도는 감소한다.

㉤ 과열증기(Superheated Steam) : 건포화증기에 계속 열을 가하여 포화온도 이상의 온도로 된 상태

- 건포화 증기를 가열한 것이 과열증기이다.
- 과열증기는 건포화증기보다 온도가 높다.
- 과열증기의 상태 : (+)과열도(동일한 압력하의 과열증기와 포화증기의 온도 차이), 주어진 압력에서 포화증기온도보다 높은 온도, 주어진 압력에서 포화증기 비체적보다 높은 비체적, 주어진 비체적에서 포화증기압력보다 높은 압력, 주어진 온도에서 포화증기 엔탈피보다 높은 엔탈피
- 과열증기 상태의 예 : 1[MPa]의 포화증기가 등온상태에서 압력이 700[kPa]까지 하강할 때의 최종상태
- 포화증기를 정적하에서 압력을 증가시키면 과열증기가 된다.
- 포화증기를 정압하에서 가열하면 과열증기가 된다.
- 포화증기를 등엔트로피 과정으로 압축시키면(가역단열압축 : 온도와 압력 상승) 과열증기가 된다.

• 수증기는 과열도가 증가할수록 이상기체에 가까운 성질을 나타낸다.

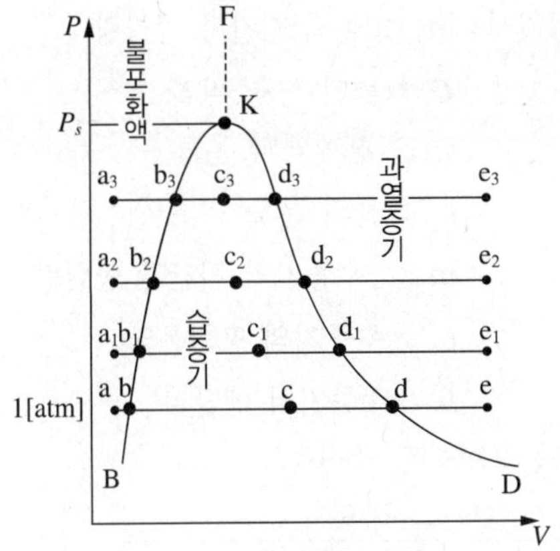

[$P-V$ 선도]

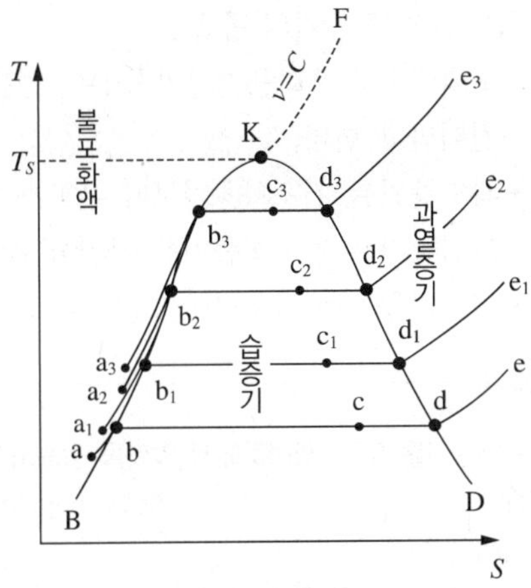

[$T-S$ 선도]

ⓑ 포화액과 포화증기의 비엔트로피 변화량 : 온도가 올라가면 포화액의 비엔트로피는 증가하고, 포화증기의 비엔트로피는 감소한다.

③ 증기의 열적 상태량

㉠ 증기의 열적 상태량의 개요
- 기준 : 0[℃]의 포화액
  - 물 : 엔탈피와 엔트로피를 0으로 가정한다.
  - 냉동기 : 엔탈피 100[kcal/kg], 엔트로피 1[kcal/kg·K]를 기준
- 표시 기호
  - 포화수의 상태량 : 비체적 v', 내부에너지 u', 엔탈피 h', 엔트로피 s'
  - 건포화증기의 상태량 : 비체적 v'', 내부에너지 u'', 엔탈피 h'', 엔트로피 s''
  - 임의의 건도 x인 경우 습증기의 상태량 : 비체적 v_x, 내부에너지 u_x, 엔탈피 h_x, 엔트로피 s_x

㉡ 건도(x)와 습도(y), 과열도, 과열증기 가열량
- 건도 : $x = \dfrac{\text{증기 중량}}{\text{습증기 중량}} = \dfrac{v_x - v'}{v'' - v'}$

  $= \dfrac{(V/G) - v'}{v'' - v'}$
- 습도 : $y = 1 - x$
- 과열도 : 과열증기온도(t_B) − 포화온도(t_A)
- 과열증기 가열량 :

  $Q_B = (1-x)(h'' - h') + C_p A$

  여기서, x : 건도
  h'' : 건포화증기의 엔탈피
  h' : 포화액의 엔탈피
  C_p : 증기의 평균 정압비열
  A : 과열도

㉢ 건포화증기의 엔탈피(h'')와 증발잠열(γ)
- 건포화증기의 엔탈피 : $h'' = h' + \gamma$

  여기서, h' : 포화액의 엔탈피
  γ : 증발잠열
- 증발잠열 :

  $\gamma = Q = h'' - h' = (u'' - u') + P(v'' - v')$

  여기서, h'' : 건포화증기의 엔탈피
  h' : 포화액의 엔탈피
  $(u'' - u')$: 내부 증발잠열
  $P(v'' - v')$: 외부 증발잠열

㉣ 건도 x인 습증기의 비체적, 내부에너지, 엔탈피, 엔트로피
- 비체적 : $v_x = v' + x(v'' - v')$

  여기서, v' : 포화수의 비체적
  v'' : 건포화증기의 비체적
- 내부에너지 : $u_x = (1-x)u' + xu''$

  $= u' + x(u'' - u')$

  $= u'' - y(u'' - u')$

- 엔탈피 : $h_x = (1-x)h' + xh''$
$= h' + x(h'' - h')$
$= h'' - y(h'' - h')$
- 엔트로피 : $s_x = s' + x(s'' - s')$
$= s'' - y(s'' - s')$

ⓜ 액체열(감열) : $Q = \int mCdT = mCT_s$

여기서, T_s : 포화온도

ⓑ 수증기와 물의 엔탈피 차이 혹은 건포화증기 형성에 필요한 열량 :

$\Delta H = Q =$ 가열량(현열) + 잠열량
$= m_1 C\Delta t + m_2 \gamma_0$

여기서, m_1 : 물의 무게
C : 비열
Δt : 온도차
m_2 : 수증기의 무게
γ_0 : 증발잠열

ⓢ 수증기의 엔탈피 : 포화수 엔탈피 + 증발잠열 + 포화증기 엔탈피

ⓞ 수증기의 엔트로피 변화량

- $\Delta S = \dfrac{\Delta Q}{T} = mC\ln\dfrac{T_s}{T_0} = -\dfrac{\text{증발잠열}}{\text{온도}}$
- $s'' - s' = \dfrac{\gamma}{T}$
- 증기를 가역 단열과정을 거쳐 팽창시키면 증기의 엔트로피는 변하지 않는다.

ⓙ 과열증기의 엔탈피 : $h_B = h'' + C_B(t_B - t_A)$

여기서, h'' : 포화증기의 엔탈피
C_B : 과열증기의 평균비열
t_B : 과열증기의 온도
t_A : 포화증기의 온도

ⓒ 물과 증기의 혼합 배출액의 열량 관계식 :

$Q = m_1 C(t_m - t_1) = m_2 C(t_2 - t_m) + m_2 h$

여기서, m_1 : 물의 시간당 공급량
C : 물의 평균 비열
t_m : 혼합액의 온도
t_1 : 물의 온도
m_2 : 수증기의 시간당 공급량
t_2 : 수증기의 포화온도
h : 수증기의 엔탈피

ⓚ 습윤포화증기 충전량 :

$\dfrac{\text{내용적}}{\text{건성도} \times \text{건성포화증기의 비용적}}$

ⓣ 등압하에서 증기의 증발

- 포화액선과 포화증기선의 구분이 없는 것을 임계점이라고 한다.
- 과열증기는 건포화증기보다 온도가 높다.
- 과열증기는 건포화증기를 가열한 것이다.
- 건포화증기는 습포화증기보다 온도가 높다.

핵심예제

1-1. 포화증기를 일정 체적하에서 압력을 상승시키면 어떻게 되는가? [2007년 제1회, 2017년 제1회, 제2회]

① 포화액이 된다.
② 압축액이 된다.
③ 과열증기가 된다.
④ 습증기가 된다.

1-2. 압력이 1기압이고 과열도가 10[℃]인 수증기의 엔탈피는 약 몇 [kcal/kg]인가?(단, 100[℃]의 물의 증발잠열이 539[kcal/kg]이고, 물의 비열은 1[kcal/kg·℃], 수증기의 비열은 0.45[kcal/kg·℃], 기준 상태는 0[℃]와 1[atm]으로 한다) [2011년 제2회, 2019년 제2회]

① 539 ② 639
③ 643.5 ④ 653.5

핵심예제

1-3. 물 10[kg]이 100[℃]에서 증발할 때의 엔트로피 변화량은 약 몇 [kcal/K]인가?(단, 100[℃]에서의 증발잠열은 539[kcal/kg]이다) [2003년 제2회 유사, 2009년 제3회]

① 1.45 ② 2.9
③ 14.5 ④ 29

1-4. 수증기 1[mol]이 100[℃], 1[atm]에서 물로 가역적으로 응축될 때 엔트로피의 변화는 약 몇 [cal/mol · K]인가?(단, 물의 증발열은 539[cal/g], 수증기는 이상기체라고 가정한다) [2006년 제3회, 2012년 제1회, 2017년 제3회]

① 26 ② 540
③ 1,700 ④ 2,200

1-5. 체적 300[L]의 탱크 속에 습증기 58[kg]이 들어 있다. 온도 350[℃]일 때 증기의 건도는 얼마인가?(단, 350[℃] 온도 기준 포화증기표에서 $V'=1.7468\times10^{-3}$[m³/kg], $V''=8.811\times10^{-3}$[m³/kg]이다) [2003년 제3회, 2007년 제3회, 2011년 제3회]

① 0.485 ② 0.585
③ 0.693 ④ 0.793

1-6. 습증기의 엔트로피가 압력 2,026.5[kPa]에서 3.22[kJ/kg · K]이고, 이 압력에서 포화수 및 포화증기의 엔트로피가 각각 2.44[kJ/kg · K] 및 6.35[kJ/kg · K]이라면, 이 습증기의 습도는 약 몇 [%]인가? [2009년 제3회, 2011년 제2회]

① 56 ② 68
③ 75 ④ 80

|해설|

1-1
과열증기(Superheated Steam) : 건포화증기에 계속 열을 가하여 포화온도 이상의 온도로 된 상태이다.

1-2
과열도가 10[℃]이므로 과열증기온도는 110[℃]이다.
압력이 1기압이고 과열도가 10[℃]인 수증기의 엔탈피
= 물의 현열 + 물의 증발잠열 + 수증기의 현열

$$= mC_{물}\Delta T + 539 + mC_{수증기}\Delta T$$
$$= 1\times1\times(100-0)+539+1\times0.45\times(110-100)$$
$$= 643.5[\text{kcal/kg}]$$

1-3
엔트로피 변화량

$$\Delta S = \frac{\Delta Q}{T} = \frac{m\gamma}{T} = \frac{10\times539}{100+273} \simeq 14.5[\text{kcal/K}]$$

1-4
엔트로피 변화량

$$\Delta S = \frac{dQ}{T} = \frac{539\times18}{100+273} \simeq 26[\text{cal/mol}\cdot\text{K}]$$

1-5

$$\text{습포화증기의 비체적} = \frac{300\times10^{-3}}{58} \simeq 5.17\times10^{-3}[\text{m}^3/\text{kg}]$$

$$\text{증기의 건도} = \frac{\text{포화증기량[kg]}}{\text{습증기량[kg]}}$$
$$= \frac{\text{습포화증기의 비체적} - \text{포화수의 비체적}(V')}{\text{포화증기의 비체적}(V'') - \text{포화수의 비체적}(V')}$$
$$= \frac{5.17\times10^{-3}-1.7468\times10^{-3}}{8.811\times10^{-3}-1.7468\times10^{-3}} \simeq 0.485$$

1-6
엔트로피 $s_x = s' + x(s''-s')$에서

$$\text{습증기의 건도 } x = \frac{s_x - s'}{s''-s'} = \frac{3.22-2.44}{6.35-2.44} \simeq 0.2 = 20[\%]$$

건도 x와 습도 y의 합이 1(100[%])이므로
습도 $y = 100-20 = 80[\%]$

정답 1-1 ③ 1-2 ③ 1-3 ③ 1-4 ① 1-5 ① 1-6 ④

핵심이론 02 증기동력 사이클

① 랭킨(Rankine) 사이클

㉠ 랭킨 사이클의 정의 : 2개의 단열과정과 2개의 정압과정으로 이루어진 사이클

㉡ 적용 : 증기동력 사이클의 열역학적 이상 사이클, 증기원동기(증기기관)의 가장 기본이 되는 증기동력 사이클

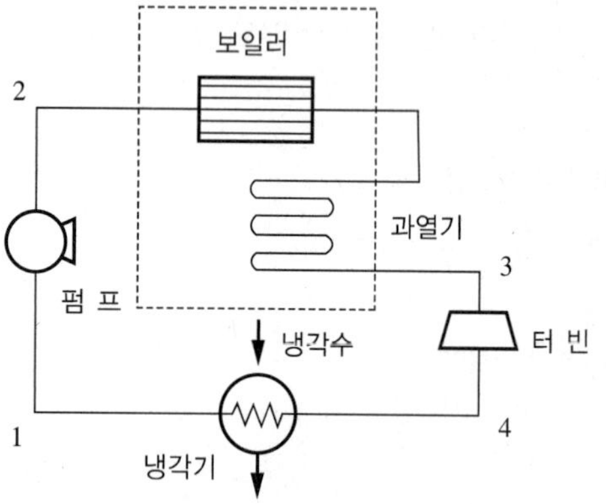

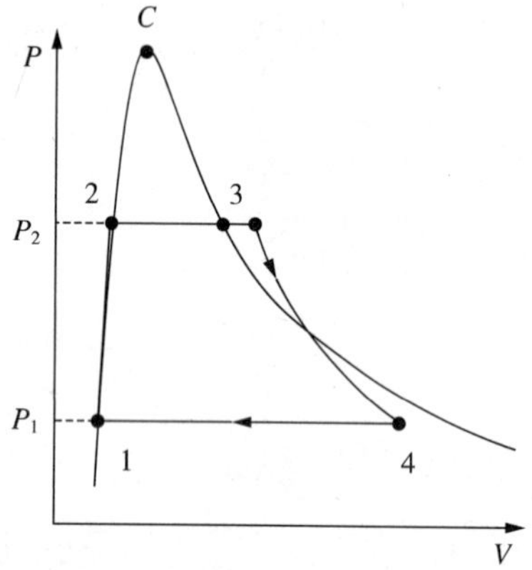

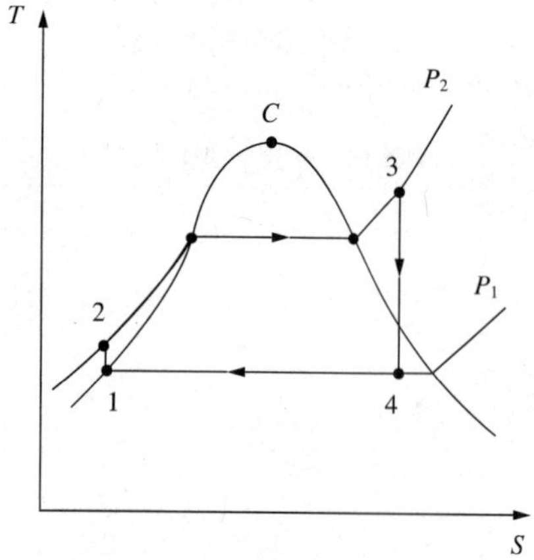

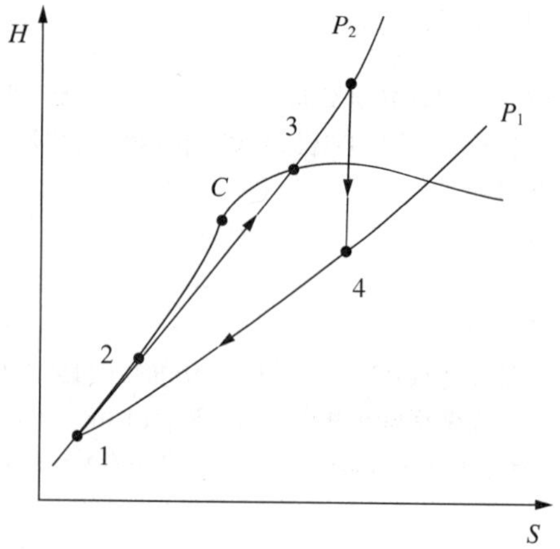

㉢ 랭킨 사이클의 순서 : 단열압축 → 정압가열 → 단열팽창 → 정압냉각

㉣ 증기원동기의 순서 : 펌프(단열압축) → 보일러・과열기(징입가열) → 터빈(단열팽창) → 복수기(정압냉각)

- 1→2 단열압축 : 열출입과 체적의 변화 없이 외부 일을 받아 급수펌프로 가압하여 포화수를 압축수로 만든다.
- 2→3 정압가열 : 압력 변화 없이 보일러에서 가열 및 연소가 일어나 압축수를 건포화증기로 만들고 과열기가 가열되어 건포화증기를 과열증기로 만든다.
- 3→4 단열팽창 : 열출입 없이 터빈에서 과열증기가 팽창되어 습증기가 된다.
- 4→1 정압냉각 : 응축기(냉각기 또는 복수기)에서 열이 방열되어 습증기가 포화수로 되어 방출된다.

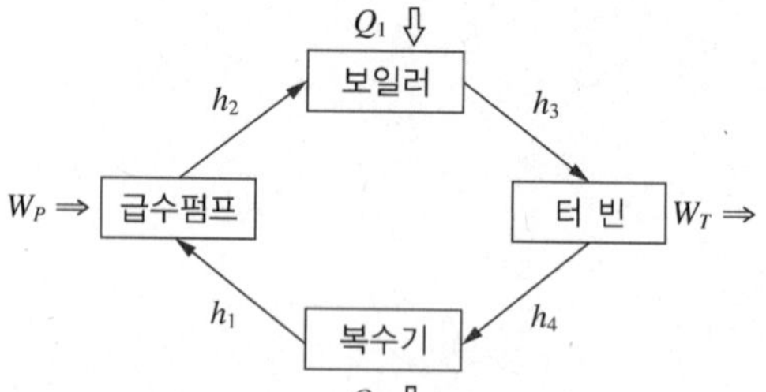

㉤ 엔탈피(h)·일량(W)·열량(Q)

- 엔탈피(h)
  - h_1 : 포화수 엔탈피(펌프 입구 엔탈피)
  - h_2 : 급수 엔탈피(보일러 입구 엔탈피)
  - h_3 : 과열증기 엔탈피(터빈 입구 엔탈피)
  - h_4 : 습증기 엔탈피(응축기 입구 엔탈피)
- 일량(W)
  - 펌프일량 : $W_P = h_2 - h_1$
  - 터빈일량 : $W_T = h_3 - h_4$
- 열량(Q)
  - 공급열량 : $Q_1 = h_3 - h_2$
  - 방출열량 : $Q_2 = h_4 - h_1$

㉥ 랭킨 사이클의 열효율

- 열량에 의한 랭킨 사이클 효율식 :

$$\eta_R = \frac{Q_1 - Q_2}{Q_1} = \frac{(h_3 - h_2) - (h_4 - h_1)}{(h_3 - h_2)}$$

- 일량에 의한 랭킨 사이클 효율식 :

$$\eta_R = \frac{W_T - W_P}{Q_1} = \frac{(h_3 - h_4) - (h_2 - h_1)}{h_3 - h_2}$$

- 펌프일을 생략한 랭킨 사이클의 열효율 :
  $W_T \gg W_P$이므로 W_P를 생략(무시)할 수 있고, 이 경우 $h_2 \simeq h_1$이므로

$$\eta_R = \frac{W_T - W_P}{Q_1} = \frac{W_T}{Q_1} = \frac{W_{net}}{Q_1} = \frac{h_3 - h_4}{h_3 - h_2}$$

$$= \frac{h_3 - h_4}{h_3 - h_1}$$ 이 된다.

㉦ 랭킨 사이클의 열효율 향상 요인

- 고대 : 초온, 열 공급온도, 초압, 보일러 압력, 고온측과 저온측의 온도차, 사이클 최고온도, 과열도(증기가 고온으로 과열될수록 출력 증가), 재열, 과열, 터빈 출구의 건도
- 저소 : 응축기(복수기)의 압력(배압)과 온도, 열 방출온도, 터빈 출구온도
- 재열기를 사용한 재열 사이클(2유체 사이클)에 의한 운전
- 과열기를 설치하여 과열한다.

㉧ 응축기(복수기)의 압력을 낮출 때 나타나는 현상

- 고대 : 정미일, 이론 열효율 향상, 터빈 출구에서의 수분 함유량, 터빈 출구부의 부식
- 저소 : 방출온도, 터빈 출구의 증기건도, 응축기의 포화온도, 응축기 내의 절대압력, 배출열량

㉨ 랭킨 사이클의 특징

- 증기 사이클 혹은 베이퍼 사이클이라고도 한다.
- 2개의 정압과정이 포함된 사이클이다.
- 보일러와 응축기를 통한 실제과정에서 압력 강하 때문에 증발온도 및 응축온도가 감소한다.
- 증기의 최고온도는 터빈재료의 내열 특성에 의하여 제한된다.
- 팽창일에 비하여 압축일이 적은 편이다.
- 증기동력시스템에서 이상적인 사이클로 카르노 사이클을 택하지 않고 랭킨 사이클을 택한 이유는 수증기와 액체가 혼합된 습증기를 효율적으로 압축하는 펌프를 제작하는 것이 어렵기 때문이다.
- 열효율은 터빈 입구의 과열증기 상태와 복수기의 진공도에 의해서 거의 결정된다.
- 증기터빈에서 복수기의 배압은 냉각수의 온도에 의해서 정해지므로 자유롭게 바꿀 수는 없다.
- 보일러와 응축기를 통한 실제과정에서 압력 강하 때문에 증발온도 및 응축온도가 감소한다.
- 카르노 사이클에 가깝다.
- 증기터빈에서의 상태 변화 중 가장 이상적인 과정은 가역 단열과정이다.
- 이상 랭킨 사이클과 카르노 사이클의 유사성이 가장 큰 두 과정은 단열팽창, 등온방열이다.
- 포화수증기를 생산하는 핵동력장치에 가깝다.
- 랭킨 사이클도 단점이 존재한다.

② 재열(Reheating) 사이클

㉠ 정의 : 랭킨 사이클을 개선한 사이클

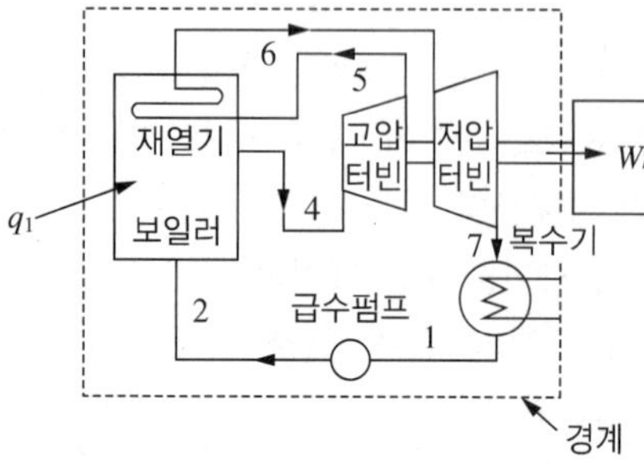

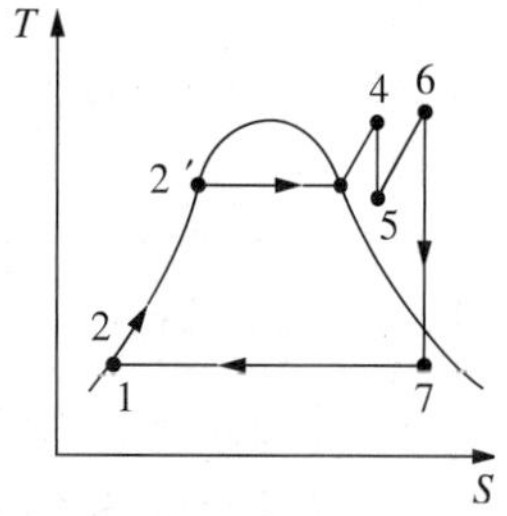

㉡ 재열 사이클의 특징

- 터빈일이 크다.
- 랭킨 사이클의 단열팽창과정 도중 추출한 증기는 재열기에서 재가열되고, 터빈에 되돌려서 팽창하게 해 열효율을 높인다.
- 고압 증기터빈에서 저압 증기터빈으로 유입되는 증기의 건도를 높여 상대적으로 높은 보일러 압력을 사용할 수 있게 하고, 터빈일을 증가시키며 터빈 출구의 건도를 높인다.
- 랭킨 사이클의 터빈 출구 증기의 건도를 상승시켜 터빈날개의 부식을 방지하기 위한 사이클이다.
- 설비가 복잡해지기 때문에 일반적으로 출력이 75,000[kW] 이상인 대형 터빈에 이용된다.
- 열효율은 3~4[%] 증가하지만, 실제로는 재생 사이클의 팽창과정에 들어가 재열 재생 사이클로 이용되는 경우가 있다.

㉢ 과열기가 있는 랭킨 사이클에 이상적인 재열 사이클을 적용할 경우

- 이상 재열 사이클의 열효율이 더 높다.
- 이상 재열 사이클의 경우 터빈 출구 건도가 증가된다.
- 이상 재열 사이클의 기기비용이 더 많이 요구된다.
- 이상 재열 사이클의 경우 터빈 입구온도를 더 내릴 수 있다.

㉣ 열효율 : $\eta = \dfrac{(h_4 - h_5) + (h_6 - h_7)}{(h_4 - h_1) + (h_6 - h_5)}$

$= 1 - \dfrac{h_7 - h_1}{(h_4 - h_1) + (h_6 - h_5)}$

③ 재생(Regenerative) 사이클

㉠ 정의 : 터빈에서 증기의 일부를 빼내어 그 증기로 급수를 예열하여 열효율을 향상시키는 사이클이다.

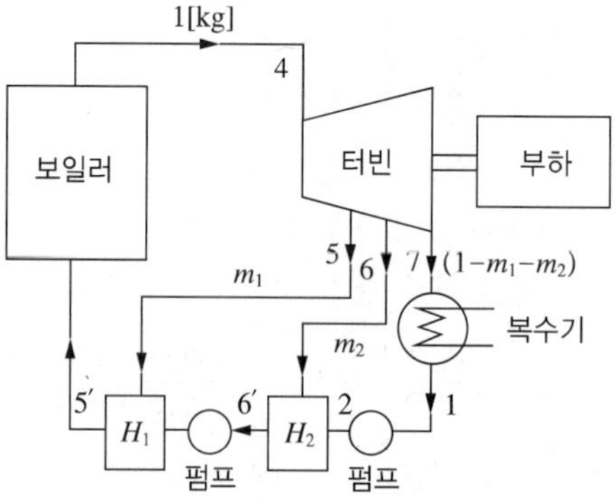

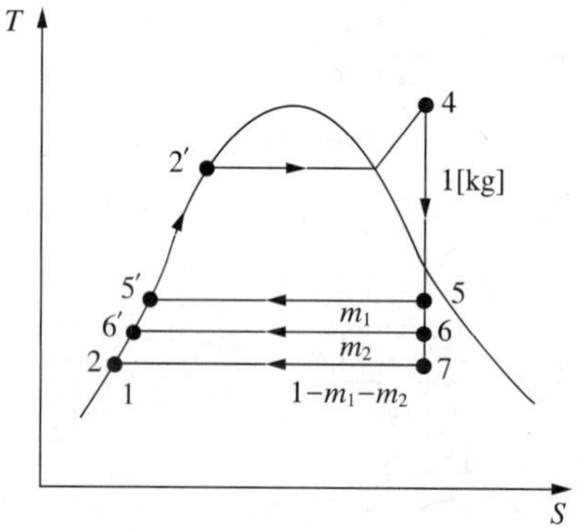

㉡ 재생 사이클의 특징

- 사이클의 효율이 높다.
- 응축기의 방열량이 작다.
- 보일러에서 가해야 할 열량이 작다.
- 대부분의 원자력발전소에서 이 방식을 채택한다.
- 공기예열기(급수가열기)가 필요하다.
- 추기에 의하여 보일러 급수를 예열하므로 보일러에서 가열량을 감소시킨다.
- 추기 재생 사이클의 단수가 너무 많으면 효율의 증가에 따른 에너지 절약의 효과보다 추가적인 장비의 가격이 높아져서 경제성이 떨어진다.

• 터빈 저압부가 과대해지는 것을 막을 수 있다.
• 랭킨 사이클에 비해 효율이 증가한다.

ⓒ 열효율 :

$$\eta = \frac{(h_4 - h_7) - m_1(h_5 - h_7) + m_2(h_6 - h_7)}{h_4 - h_5{}'}$$

④ 재생-재열 사이클

㉠ 정의 : 재생 사이클에서 팽창 도중의 증기를 재가열하기 위해 재열기를 첨가한 사이클(대용량 증기동력 플랜트)

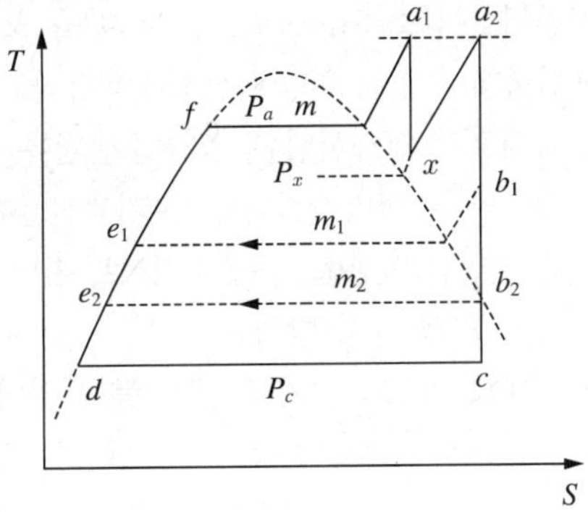

ⓛ 열효율 :

$$\eta_{th} = \frac{h_{a1} - h_c + (h_{a2} - h_x) - \{g_1(h_1 - h_c) + g_2(h_2 - h_c)\}}{h_{a1} - h_1{}' + h_{a2} - h_x}$$

핵심예제

2-1. 다음은 간단한 수증기 사이클을 나타낸 그림이다. 여기서 랭킨(Rankine) 사이클의 경로를 옳게 나타낸 것은?

[2004년 제3회 유사, 2007년 제2회, 2009년 제1회, 2012년 제2회, 2017년 제1회]

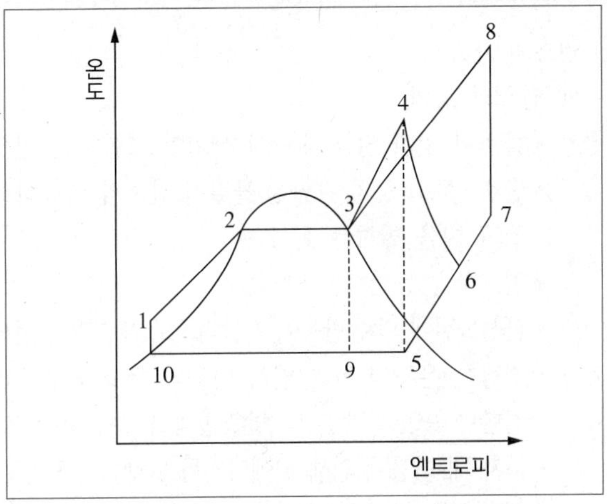

① 1-2-3-4-5-9-10-1
② 1-2-3-9-10-1
③ 1-2-3-4-6-5-9-10-1
④ 1-2-3-8-7-5-6-9-10-1

2-2. 랭킨 사이클(Rankine Cycle)에 대한 설명으로 옳지 않은 것은?

[2004년 제2회, 2014년 제2회]

① 증기기관의 기본사이클로 상의 변화를 가진다.
② 두 개의 단열변화와 두 개의 등압변화로 이루어져 있다.
③ 열효율을 높이려면 배압을 높게 하되 초온 및 초압은 낮춘다.
④ 단열압축 → 정압가열 → 단열팽창 → 정압냉각의 과정으로 되어 있다.

|해설|

2-1

랭킨(Rankine)사이클의 경로 : 1-2-3-4-5-9-10-1

2-2

랭킨 사이클에서 열효율을 높이려면 배압은 낮게 하되 초온 및 초압은 높인다.

정답 2-1 ① 2-2 ③

제2절 | 연소이론

2-1. 연소기초

핵심이론 01 연소이론의 개요

① 연소의 개요

㉠ 연소의 정의

- 물질이 빛과 열을 내면서 산소와 결합하는 현상
- 탄소, 수소 등의 가연성 물질이 산소와 화합하여 열과 빛을 발하는 현상
- 열, 빛을 동반하는 발열반응
- 활성물질에 의해 반응이 자발적으로 계속되는 현상
- 적당한 온도의 열과 일정 비율의 산소와 연료의 결합반응으로 발열 및 발광현상을 수반하는 것
- 분자 내 반응에 의해 열에너지를 발생하는 발열분해반응도 연소의 범주에 속한다.

㉡ 연소의 난이성

- 화학적 친화력이 큰 가연물이 연소가 잘된다.
- 연소성 가스가 많이 발생하면 연소가 잘된다.
- 산화성 분위기가 잘 조성되면 연소가 잘된다.
- 열전도율이 낮은 물질은 연소가 잘된다.

㉢ 1차 공기와 2차 공기

- 1차 공기 : 연료의 산화반응과 액체연료의 무화 등에 필요한 공기
- 2차 공기 : 완전연소에 필요한 부족한 공기를 보충 공급하는 공기

㉣ 이론 연소온도는 실제 연소온도보다 높다.

㉤ 연소부하율 : 연소실의 단위체적당 열 발생률

㉥ 1[kWh]의 열당량 : 3,600[kJ] ≃ 860[kcal]

※ [J]=[W/s], 1[cal] ≃ 4.186[J]

㉦ 기억해야 할 단위 : 열전도율[kcal/m · h · ℃]

② **연소의 3요소** : 가연물, 산소, 점화원

㉠ 가연물(환원제) : 산화되기 쉬운 것으로, 산화반응 시 발열반응을 일으키며 열을 축적하는 물질

- 고체, 액체, 기체로 구분되는 물질로 수많은 유기화합물, 금속(Na, Mg 등), 비금속, 가연성 가스(LPG, LNG, 프로판, 부탄, 암모니아, CO 등)

  ※ 사염화탄소는 가연물이 아니라 소화제이다.
- 쉽게 불에 탈 수 있다는 의미로 이연성 물질이라고도 한다.

㉡ 산소공급원(산화제) : 공기, 산화제, 자기연소성(자기반응성) 물질, 분해성 가스, 조연성 물질 등(환원제는 가연물임)

- 공기 : 산소 21[vol%], 23[wt%]을 포함한다.
- 산화제 : 제1류 위험물(산소를 함유하고 있는 강산화제로서 염소산염류, 과염소산염류, 과산화물, 질산염류, 과망간산염류, 무기과산물류 등), 제6류 위험물(과염소산, 질산 등)로, 가열 · 충격 · 마찰에 의해 산소 발생
- 분해성 가스 : 공기나 산소 등이 없어도 압력이 상승하거나 온도가 높아지면 단일 가스의 분해에 의해서 폭발하는 성질을 가지는 가스로 아세틸렌(C_2H_2), 하이드라진(N_2H_4), 산화에틸렌(C_2H_4O), 오존(O_3) 등이 이에 해당한다.
- 자기연소성(자기반응성) 물질 : 산소 없이도 자기분해하여 폭발을 일으킬 수 있는 물질이다. 연소속도가 빠르고 분자 내에 가연물과 산소를 충분히 함유하고 있는 제5류 위험물(나이트로글리세린(NG), 셀룰로이드, 질산에스테르, 아세틸렌, 산화에틸렌, 질화면, 하이드라진, TNT(트라이나이트로톨루엔) 등)
- 조연성 물질 : 자신은 연소하지 않고 가연물의 연소를 돕는 물질(공기, 염소, 산소, 플루오린, 오존, 염소와 할로겐원소 등)

㉢ 점화원(열원) : 가연물이 연소를 시작할 때 가해지는 활성화 에너지이며 생성물질을 형성하는 데 필요한 에너지이다. 열적, 기계적, 전기적, 화학적, 원자력 에너지 등으로 분류되며 점화원의 강도는 온도로 표시한다(전기 불꽃, 충격 · 마찰, 단열압축, 나화 및 고온 표면, 정전기 불꽃, 자연발화, 복사열 등).

- 전기 불꽃 : 접점 스파크, 방전, 과열 필라멘트 노출, 릴레이 접점, 정류자의 작은 불꽃 등

- 충격·마찰 : 2개 이상의 물체가 서로 충격·마찰을 일으키면서 생기는 작은 마찰 불꽃
- 단열압축 : 고압의 기체 압축 시 온도 상승과 함께 오일이나 윤활유가 열분해되어 저온 발화물 생성으로 발화물질이 발화하여 폭발이 발생한다.
- 나화 및 고온 표면 : 연소성 화학물질 및 가연물이 존재하고 있는 장소에서 나화(항상 화염을 가지고 있는 열 또는 화기)의 사용은 매우 위험하며, 고온의 표면(작업장 화기, 가열로, 건조장치, 굴뚝, 전기 및 기계설비 등)은 항상 화재 위험성이 내재되어 있다.
- 정전기 불꽃 : 정전기 불꽃은 접촉이나 결합 후 떨어질 때 양(+)전하와 음(−)전하로 전하의 분리가 일어나 발생한 과잉전하가 물질에 축적되는 현상으로, 이 현상이 발생되면 정전기의 전압은 가연물질에 착화가 가능하다. 전기전도도가 낮은 인화성 액체의 유동이나 여과 시, 그리고 가스 분출 시 가스 중에 액체나 고체의 미립자가 섞여 있는 경우 정전기가 쉽게 발생한다.
- 자연발화 : 일정한 장소에 장시간 저장하면 열이 발생하여 축적됨으로써 발화점에 도달하여 부분적으로 발화되는 현상이다(원면, 고무분말, 셀룰로이드, 석탄, 플라스틱의 가소제, 금속가루 등).

자연발화의 원인(자연발화의 형태)

- 분해열에 의한 발열 : 셀룰로이드, 나이트로셀룰로스
- 산화열에 의한 발열 : 석탄, 건성유, 불포화 유지
- 발효열에 의한 발열(미생물의 작용에 의한 발열) : 퇴비, 건초, 먼지
- 흡착열에 의한 발열 : 목탄, 활성탄 등
- 중합열에 의한 발열 : HCN, 산화에틸렌, 부타다이엔, 염화비닐 등

자연발화 방지방법

- 통풍구조를 양호하게 하여 공기 유통, 통풍을 잘 시킬 것
- 저장실, 저장실 주위의 온도를 낮출 것
- 습도가 높은 것, 습도 상승을 피할 것
- 열이 축적되지 않게 연료의 보관방법에 주의할 것

- 복사열 : 복사열(물체에서 방출하는 전자기파를 직접 물체가 흡수하여 열로 변했을 때의 에너지)은 전자기파에 의해 열이 매질을 통하지 않고 고온의 물체에서 저온의 물체로 직접 전달될 때 발생한다. 물질에 따라서 비교적 약한 복사열도 장시간 방사되면 발화할 수 있다.

연소의 4요소

- 연소의 3요소 + 연소의 연쇄반응

수소와 산소의 연쇄반응

총괄반응식은 $H_2 + \frac{1}{2}O_2 \rightarrow H_2O$이며, 연쇄 운반체는 H·, O·, HO· 등이다.

- 연쇄개시반응(Chain Initiation) : 안정한 분자로부터 활성기가 발생되는 반응이다.
  $H_2 + O_2 \rightarrow HO_2 + H$
  $H_2 + M \rightarrow H + H + M$
- 연쇄전파반응(Chain Propagation) : 활성기의 종류가 교체되는 반응으로 연쇄이동반응 또는 연쇄전화반응이라고도 한다.
  $OH + H_2 \rightarrow H_2O + H$
  $O + HO_2 \rightarrow O_2 + OH$
- 연쇄분지반응(가지(Branching)반응) : 활성기의 수가 증가하는 반응이다.
  $H + O_2 \rightarrow OH + O$
  $O + H_2 \rightarrow OH + H$
  $O + H_2O \rightarrow OH + OH$
- 연쇄종결반응(Chain Termination) : 기상 중 안정된 분자와 충돌하여 활성이 상실되는 반응으로, 연쇄종말반응 또는 기상정지반응이라고도 한다.
  $H + OH + M \rightarrow H_2O + M$
  $H + O_2 + M \rightarrow HO_2 + M$
  $OH + HO_2 + M \rightarrow H_2O + O_2 + M$
- 표면정지반응 : 용기 등 고체 표면에 충돌하여 활성이 상실되는 반응이다.
  − $H_2O_2 \rightarrow H_2O + \frac{1}{2}O_2$
  − H, OH, O → 안정 분자(H_2, O_2, H_2O)

③ 가연물

㉠ 가연물의 구비조건

- 고대 : 연소열량, 산소와의 친화력, 산소와의 접촉면적, 가연물의 표면적, 반응열, 건조도, 계의 온도 상승
- 저소 : 열전도도, 활성화 에너지

※ 활성화 에너지 : 어떤 반응물질이 반응을 시작하기 전에 반드시 흡수하여야 하는 에너지의 양

㉡ 가연성 물질의 특징

- 끓는점(비등점)이 낮으면 인화의 위험성이 높아진다.
- 가연성 액체는 온도가 상승하면 점성이 작아지고 화재를 확대시킨다.
- 파라핀 등 가연성 고체는 화재 시 가연성 액체가 되어 화재를 확대한다.
- 물과 혼합되기 쉬운 가연성 액체는 물과 혼합되면 증기압이 낮아져서 인화점이 올라간다.
- 일반적으로 가연성 액체는 물보다 비중이 작아 연소 시 확대된다.
- 가연물의 주성분 : C, H, O, S, N, P

④ 불연성 물질 : 가연물이 될 수 없는 물질(이너트 가스, Inert Gas)

㉠ 주기율표 0족(8족)의 원소 : 헬륨(He), 네온(Ne), 아르곤(Ar), 크립톤(Kr), 크세논(Xe) 등

㉡ 산화반응 시 흡열반응을 하는 물질 : 질소, 질소산화물 등

㉢ 자체가 연소하지 아니하는 물질 : 돌, 흙 등

㉣ 완전연소한 산화물, 이미 산소와 결합하여 더 이상 산소와 화학반응을 일으킬 수 없는 물질 : 물(H_2O), 이산화탄소(CO_2), 산화알루미늄(Al_2O_3), 산화규소(SiO_2), 오산화인(P_2O_5), 삼산화황(SO_3), 삼산화크롬(CrO_3), 산화안티몬(Sb_2O_3) 등

⑤ 연료의 기초

㉠ 연료의 구비조건

- 고대 : 발열량, 산소와의 결합력, 발열반응, 연쇄반응, 무해성, 저장성, 운반효율, 안정성, 안전성, 자원 풍부성, 용이성(연소, 연소 조절, 점화 및 소화, 운반, 저장, 취급, 조달, 구입)
- 저소 : 공해성분의 함량, 배출물, 유해성, 유해가스 발생량, 이성질체, 가격

※ 이성질체(Isomers) : 분자식은 똑같지만 원자배열(구조식)이 다른 두 개 이상의 화합물

㉡ 연료의 가연성분 원소 : 유황, 수소, 탄소(질소는 아니다)

㉢ 1차 연료와 2차 연료

- 1차 연료 : 자연 상태의 물질을 화학적으로 변형시키지 않은 상태의 연료(목재, 석탄, 원유, 천연가스 등)
- 2차 연료 : 자연 상태의 물질을 어떤 과정(Process)을 통해 화학적으로 변형시킨 상태의 연료(LPG, LNG 등)

⑥ 열량 · 열용량 · 연소열

㉠ 열량 : 물 1[g]을 1[℃]만큼 올리는 데 필요한 에너지[cal]

- 1[cal]
  - 1기압하에서 물 1[g]을 1[℃] 올리는 데 필요한 열량으로, 이때 1[cal] ≃ 4.184[J]이다.
  - 1기압하에서 물 1[g]을 14.5[℃]에서 15.5[℃]까지 올리는 데 필요한 열량으로, 이때 1[cal] ≃ 4.186[J]이다.
- 1[BTU] : 1기압하에서 순수한 물 1[lb]의 온도를 1[°F] 변화시키는 데 필요한 열량
- 1[CHU] : 1기압하에서 순수한 물 1[lb]의 온도를 1[℃] 올리는 데 필요한 열량
- 1[kcal] = 3.968[BTU](kcal의 약 4배) = 2.205[CHU] ≃4.2[kJ]
- 1[CHU] = 1.8[BTU]
- 10^5[BTU]를 1[Therm]이라 한다.

㉡ 열용량([kcal/℃]) : 물질의 질량과는 상관없이 물체의 온도를 1[K] 또는 1[℃] 올리는 데 필요한 열량

- 물체의 온도가 얼마나 쉽게 변하는가를 나타낸다.
- 비열에 질량(무게)을 곱한 값이다.

㉢ 연소열 : 어떤 물질 1[mol]이 완전연소할 때의 열량이다.

- 연소열은 단위질량당 방출되는 화학적 에너지와 같다.
- 연료는 연소열이 클수록 효과적이다.

- 발열반응이므로 엔탈피 변화량(ΔH)의 부호는 (-)이다.
- 연료의 연소열([kJ/g], [kJ/mol])
  - 수소(H_2) : 141.8, 285.8
  - 에탄올(C_2H_5OH) : 29.7, 1,367
  - 탄소(C) : 32.8, 393.5
  - 메탄(CH_4) : 55.5, 890.8
  - 프로판(C_3H_8) : 49.1, 2,160
  - 일산화탄소(CO) : 9.9, 276

⑦ 화학양론(Chemical Stoichiometry)

㉠ 개 요
- 화학반응의 반응물과 생성물 사이의 정량적인 관계이다.
- 화학반응식은 화학반응에 관한 정성적 정보(반응물과 생성물의 종류)와 정량적 정보(반응물과 생성물의 몰수비)를 제공한다.

㉡ 화학양론계수 : (반응물의 몰수) - (생성물의 몰수)

㉢ 화학양론농도(C_{st})
- $C_{st} = \dfrac{\text{연료의 몰수}}{\text{연료의 몰수} + \text{공기의 몰수}} \times 100[\%]$
- $C_{st} = \dfrac{1}{1+\dfrac{O_2[\text{mol}]}{0.21}} \times 100[\%]$

(연료의 몰수가 1일 때)

> **예제**
> 부탄가스의 완전연소방정식을 다음과 같이 나타낼 때 화학양론농도(C_{st})는 몇 [%]인가?(단, 공기 중 산소는 21[%]이다)
>
> **풀이**
>
> $C_{st} = \dfrac{1}{1+\dfrac{O_2[\text{mol}]}{0.21}} \times 100[\%]$
>
> $C_{st} = \dfrac{1}{1+\dfrac{6.5}{0.21}} \times 100[\%] \simeq 3.1[\%]$

⑧ 연소이론 제반 관련 사항

㉠ 연소에서 사용되는 용어와 내용
- 폭발 : 비정상연소
- 착화점 : 점화 시 최소에너지
- 연소범위 : 위험도의 계산 기준
- 자연발화 : 불씨에 의한 최저연소 시작온도

㉡ 증기 속에 수분이 많을 때 일어나는 현상
- 건조도가 감소된다.
- 증기엔탈피가 감소된다.
- 증기배관에 수격작용이 발생된다.
- 증기배관 및 장치에 부식이 발생된다.

㉢ 강제점화 : 혼합기체 속에서 전기 불꽃 등을 이용하여 화염핵을 형성하여 화염을 전파하는 것으로, 가전점화, 열면점화, 화염점화 등이 있다(자기점화는 아니다).

㉣ 점화지연 또는 발화지연(Ignition Delay) : 특정 온도에서 가열하기 시작하여 발화시까지 소요되는 시간
- 혼합기체가 어떤 온도 및 압력 상태하에서 자기점화가 일어날 때까지 약간의 시간이 걸리는 것이다.
- 물리적 점화지연과 화학적 점화지연으로 나눌 수 있다.
- 자기점화가 일어날 수 있는 최저온도를 점화온도라고 한다.
- 발화지연시간에 영향을 주는 요인 : 온도, 압력, 가연성 가스의 농도, 혼합비 등
  - 압력에도 의존하지만 압력보다는 주로 온도에 의존한다.
  - 저온, 저압일수록 발화지연은 길어진다.
  - 고온, 고압, 혼합비가 완전산화에 가까울수록 발화지연은 짧아진다.

㉤ 연소의 열역학 관련 사항
- 반응열은 반응물과 생성물의 엔탈피의 차이를 의미하며 활성화에너지와 관련이 없다.
- 표준생성 엔탈피는 ΔHf° 로 표시한다.
- 흡열반응에서 ΔHr은 정(正)의 값을 가진다.
- 생성물질은 반응물질보다 절댓값 $|\Delta Hr|$만큼 엔탈피가 낮다.

- 몰엔탈피를 H_j, 몰엔트로피를 S_j라고 할 때, 깁스 자유에너지 F_j와의 관계 : $F_j = H_j - TS_j$
- 프랜틀수(Prandtl Number) : 열확산계수에 대한 운동량 확산계수의 비로 된 무차원수이며, 열화학 반응 시 온도 변화의 열전도 범위에 비해 속도 변화의 전도 범위가 크다는 것을 나타낸다.

핵심예제

1-1. 다음 중 연소의 3요소로만 옳게 나열된 것은?

[2003년 제2회 유사, 2010년 제3회, 2011년 제1회, 2014년 제3회 유사, 2017년 제3회 유사, 2019년 제1회]

① 공기비, 산소농도, 점화원
② 가연성 물질, 산소공급원, 점화원
③ 연료의 저열발열량, 공기비, 산소농도
④ 인화점, 활성화에너지, 산소농도

1-2. 가연성 물질이 되기 쉬운 조건이 아닌 것은?

[2013년 제3회 유사, 2016년 제2회]

① 열전도율이 작아야 한다.
② 활성화에너지가 커야 한다.
③ 산소와 친화력이 커야 한다.
④ 가연물의 표면적이 커야 한다.

1-3. 연료가 구비해야 될 조건에 해당하지 않는 것은?

[2013년 제2회, 2015년 제3회, 2016년 제3회]

① 발열량이 높을 것
② 조달이 용이하고 자원이 풍부할 것
③ 연소 시 유해가스를 발생하지 않을 것
④ 성분 중 이성질체가 많이 포함되어 있을 것

1-4. 다음 중 단위질량당 방출되는 화학적 에너지인 연소열 [kJ/g]이 가장 낮은 것은? [2014년 제1회, 2018년 제1회]

① 메 탄　　② 프로판
③ 일산화탄소　　④ 에탄올

1-5. 다음 열량의 단위에 대한 설명 중 틀린 것은?

[2003년 제2회, 2010년 제2회]

① 10^5[BTU]를 1[Therm]이라고 한다.
② 1[CHU]는 순수한 물 1[kg]의 온도를 1[°F] 올리는 데 필요한 열량을 말한다.
③ 1[BTU]는 순수한 물 1[lb]의 온도를 1[°F] 변화시키는 데 필요한 열량을 말한다.
④ 1[kcal]는 순수한 물 1[kg]을 14.5[℃]에서 15.5[℃]까지 올리는데 필요한 열량을 말한다.

1-6. 프로판(C_3H_8)의 연소반응식은 다음과 같다. 프로판(C_3H_8)의 화학양론계수는? [2014년 제3회, 2017년 제2회, 2020년 제3회]

$$C_3H_8 + 5O_2 \rightarrow 3CO_2 + 4H_2O$$

① 1　　② 1/5
③ 6/7　　④ −1

|해설|

1-1
- 연소의 3요소 : 가연물(환원제), 산소(산화제), 점화원(열원)
- 연소의 4요소 : 연소의 3요소+연소의 연쇄반응

1-2
가연성 물질은 활성화에너지가 작아야 한다.

1-3
연료는 성분 중 이성질체가 적게 포함되어 있어야 한다.

1-4
연소열[kJ/g]
- 메탄(CH_4) : 55.5
- 프로판(C_3H_8) : 49.1
- 일산화탄소(CO) : 9.9
- 에탄올(C_2H_5OH) : 29.7

1-5
1[CHU]는 표준대기압에서 순수한 물 1[lb]의 온도를 1[℃] 올리는 데 필요한 열량이다.

1-6
화학양론계수 = (1+5) − (3+4) = −1

정답 1-1 ② 1-2 ② 1-3 ④ 1-4 ③ 1-5 ② 1-6 ④

핵심이론 02 연료의 기본성질

① 개 요

㉠ 비중 : 물질의 중량과 이와 동등한 체적의 표준물질과의 중량의 비(액체연료인 석유계 연료의 가장 중요한 성질 중의 하나)

- 주요 액체연료의 비중 : 가솔린(휘발유) 0.65~0.8, 등유 0.78~0.8, 경유 0.81~0.88, 중유 0.85~0.99
- API(American Petroleum Institute)도 :

$$API = \frac{141.5}{S} - 131.5$$

여기서, S : 비중(60[°F]/60[°F])

㉡ 유동점 : 액체가 흐를 수 있는 최저온도로 응고점보다 2.5[℃] 높다.

② 인화점

㉠ 개 요

- 인화(Pilot Ignition) : 점화원이 있는 조건하에서 점화되어 연소를 시작하는 것이다.
- 인화점(Flash Point) : 액체를 가열하면 증발하여 증기가 되고, 점화원에 의하여 인화하는 최저의 액체온도이다.
  - 연소를 시작하는 가장 낮은 온도로, 인화온도 또는 유도발화점이라고도 한다.
  - 공기 중에서 가연성 액체의 액면 가까이 생기는 가연성 증기가 작은 불꽃에 의하여 연소될 때의 가연성 물체의 최저온도이다.
  - 연소범위에서 외부의 직접적인 점화원에 의하여 인화될 수 있는 최저온도, 즉 인화물질을 사용하여 불을 붙일 수 있는 처음의 온도이다.
  - 인화점은 액체의 증기농도가 연소범위의 하한에 있을 때의 액체의 온도로, 공기 중에서 착화원의 존재 시 발화가 일어날 수 있는 액체의 최저온도이다.
  - 공기 중에서 액체를 가열하는 경우 액체 표면에서 증기가 발생하여 그 증기에 착화원을 접근하면 연소가 되는 최저의 온도이다.
  - 가연성 액체에서 발생한 증기의 공기 중 농도가 연소범위 내에 있을 때 불꽃을 접근시키면 불이 붙는 최저온도이다.
- 인화점은 물질의 위험 정도를 나타내는 지표이다.

㉡ 인화점의 특징

- 인화온도가 낮을수록 위험성이 크다.
- 일반적으로 연소온도는 인화점보다 높다.
- 연소온도가 인화점보다 낮아지면 연소가 중단된다.

㉢ 인화 위험의 증가요인 : 증기압・최소점화에너지가 높을수록, 연소범위가 넓을수록, 인화온도・비점이 낮을수록 인화 위험이 증가한다.

㉣ 가연성 액체의 인화온도[℃] : 가솔린 −20, 벤졸 −10, 등유 30~60, 경유 50~70, 중유 60~150

③ 연소점

㉠ 개 요

- 연소점(Fire Point)은 연소 상태가 중단되지 않고 계속 유지될 수 있는 최저온도이다.
- 연소점은 인화점 이후 지속적인 연소상황을 가질 수 있는 처음의 온도이다.
- 연소점은 연소 상태가 5초 이상 유지될 수 있는 온도이다.
- 연소점은 화재점, 연소온도라고도 한다.

㉡ 연소점의 특징

- 일반적으로 인화점보다 대략 10[℃] 정도 높다.
  연소점 ≥ 인화점 + (5~10[℃])
- 연소를 지속시킬 수 있는 충분한 증기를 발생시킬 수 있는 최저온도이다.
- 이 온도에서는 가연성 증기 발생속도가 연소속도보다 빠르다.

④ 착화점

㉠ 개 요

- 착화점(Ignition Point) : 공기를 충분히 공급한 상태에서 점화원 없이 서서히 가열하였을 때 연소하는 최저의 온도이다.
  - 외부의 직접적인 점화원이 없이 가열된 열의 축적에 의하여 발화가 되고 연소가 되는 최저의 온도이다.

- 착화점은 점화원이 없는 상태에서 가연성 물질을 공기 또는 산소 중에서 가열함으로써 발화되는 최저온도이다.
- 착화점은 발화점, 점화점, 착화온도 등으로도 부른다.

• 연료를 초기온도로부터 착화온도까지 가열하는 데 필요한 열량을 착화열이라고 한다.

㉡ 착화점의 특징

• 착화점 85[℃]의 의미 : 85[℃]로 가열하면 공기 중에서 스스로 발화(연소)한다.
• 착화점은 물질의 종류에 따라 다르다.
• 기체의 착화점은 산소의 함유량에 따라 달라진다.
• 착화점은 인화온도보다 항상 높다.
• 착화점과 연소점은 다르다.
• 온도 분포 : 인화점 < 연소점 < 착화점

㉢ 가스가 폭발하기 전 발화 또는 착화가 일어날 수 있는 요인 : 온도, 압력, 조성, 용기의 크기, 산소농도, 발열량, 반응활성도, 산소와의 친화력 등

㉣ 착화온도가 낮아지는 경우(요인)

• 산소농도 · 압력 · 발열량 · 반응활성도 등이 높을수록
• 산소와 친화력이 클수록
• 분자구조가 복잡할수록
• 습도 · 활성화 에너지 · 열전도율 등이 낮을수록

㉤ 물질의 착화온도[℃] : 셀룰로이드 180, 아세틸렌 299, 휘발유(가솔린) 210~300, 목탄(목재, 장작) 250~300, 갈탄 250~450, 목탄(역청탄) 300~400, 석탄 330~450, 무연탄 400~500, 코크스 400~600, 프로판 460~520, 벙커C유(중유) 500~600, 중유 530~580, 수소 580~600, 메탄 615~682, 탄소 800, 소금 800

※ 고체연료 중에서는 목재의 착화온도가 가장 낮다.

⑤ 자연발화온도(AIT ; Auto-Ignition Temperature)

㉠ 자연발화온도(AIT)의 정의

• 가연물이 공기 중에서 가열될 때 그 산화열로 인해 스스로 발화하게 되는 온도이다.
• 외부에서 착화원을 부여하지 않고 증기가 주위의 에너지로부터 자발적으로 발화하는 최저온도이다.
• 가연성 혼합기체에 열 등의 형태로 에너지가 주어졌을 때 스스로 타기 시작하는 산화현상이 발생하여 주위로부터 충분한 에너지를 받아서 스스로 점화할 수 있는 최저온도이다.

㉡ AIT에 영향을 미치는 요인

• AIT가 낮아지는 요인 : 산소량(산소농도)이 많을수록, 유속이 빠를수록, 압력이 높을수록, 분자량 · 부피 · 용기의 크기 등이 클수록, 발화지연시간이 길수록 AIT가 낮아진다.
• 가연성 증기에 비하여 산소의 농도가 클수록 AIT는 낮아진다.
• 가연성 혼합기체의 AIT는 가연성 가스와 공기(산소)의 혼합비가 1 : 1일 때 가장 낮다.
• AIT는 가연성 증기의 농도가 양론농도보다 약간 높을 때가 가장 낮다.
• 포화탄화수소 중 n-화합물이 iso-화합물보다 AIT가 낮다.

⑥ 탄화도 · 연료비 · 탄화수소비

㉠ 탄화도

• 탄화도는 석탄의 오래된 정도를 의미하며, 고정탄소가 많을수록 탄화도는 높다.
• 고체연료에서 탄화도가 높은 경우
  - 고증 : 고정탄소, 발열량, 열전도율, 인화점, 발화온도(착화온도), 연료비, 연소효과
  - 저감 : 휘발분, 매연, 열손실, 연소속도, 수분, 비열, 산소함량, 폭발하한계

㉡ 연료비(Fuel-Ratio) $= \dfrac{\text{고정탄소(\%)}}{\text{휘발분(\%)}}$

※ 고정탄소가 높을수록 연료비가 크다.

㉢ 석유계 액체연료의 탄화수소(C/H)비 : 구성 탄소와 수소의 질량비

• C/H비가 클수록 방사율이 크다.
• C/H비가 클수록 이론공연비가 감소한다.
• C/H비가 큰 연료일수록 그을음이 잘 발생된다.
• 중질연료일수록 C/H비가 크다.

• C/H비가 크면 비교적 비점이 높은 연료는 매연이 발생되기 쉽다.
• 석유의 비중이 커지면 C/H비가 증가하고 매연 발생량이 많아진다.

핵심예제

2-1. 가스가 폭발하기 전 발화 또는 착화가 일어날 수 있는 요인으로 가장 거리가 먼 것은?
[2010년 제3회, 2012년 제2회, 2016년 제1회]

① 습 도 ② 조 성
③ 압 력 ④ 온 도

2-2. 연료의 발화점(착화점)이 낮아지는 경우가 아닌 것은?
[2007년 제2회 유사, 2015년 제2회, 제3회, 2017년 제3회 유사, 2019년 제3회]

① 산소농도가 높을수록
② 발열량이 높을수록
③ 분자구조가 단순할수록
④ 압력이 높을수록

2-3. 자연발화온도(AIT)는 외부에서 착화원을 부여하지 않고 증기가 주위의 에너지로부터 자발적으로 발화하는 최저온도이다. 다음 설명 중 틀린 것은? [2011년 제2회, 2016년 제3회]

① 부피가 클수록 AIT는 낮아진다.
② 산소농도가 클수록 AIT는 낮아진다.
③ 계의 압력이 높을수록 AIT는 낮아진다.
④ 포화탄화수소 중 iso-화합물이 n-화합물보다 AIT가 낮다.

2-4. 고체연료에서 탄화도가 높은 경우에 대한 설명으로 틀린 것은? [2008년 제3회, 2018년 제2회]

① 수분이 감소한다.
② 발열량이 증가한다.
③ 착화온도가 낮아진다.
④ 연소속도가 느려진다.

2-5. 연료에 고정탄소가 많이 함유되어 있을 때 발생되는 현상으로 옳은 것은?
[2006년 제3회, 2012년 제2회, 2016년 제2회, 2019년 제1회]

① 매연 발생이 많다.
② 발열량이 높아진다.
③ 연소효과가 나쁘다.
④ 열손실을 초래한다.

2-6. 메탄의 탄화수소(C/H)비는 얼마인가? [2017년 제3회]

① 0.25 ② 1
③ 3 ④ 4

|해설|

2-1
가스가 폭발하기 전 발화 또는 착화가 일어날 수 있는 요인 : 온도, 압력, 조성, 용기의 크기, 산소농도, 발열량, 반응활성도, 산소와의 친화력 등

2-2
착화온도는 분자구조가 복잡할수록 낮아진다.

2-3
포화탄화수소 중 n-화합물이 iso-화합물보다 AIT가 낮다.

2-4
고체연료에서 탄화도가 높으면 착화온도가 높아진다.

2-5
① 매연 발생이 적다.
③ 연소효과가 좋다.
④ 열손실을 줄인다.

2-6

$$\text{메탄의 탄화수소(C/H)비} = \frac{12}{1 \times 4} = 3$$

정답 2-1 ① 2-2 ③ 2-3 ④ 2-4 ③ 2-5 ② 2-6 ③

핵심이론 03 최소점화에너지와 소염거리

① 최소점화에너지

㉠ 개 요

- 최소점화에너지(MIE ; Minimum Ignition Energy)는 가연성 혼합기체(가스 및 증기, 분체 등)의 점화에 필요한 최소에너지이다.
- 최소점화에너지가 작을수록 연소 위험성은 증가한다.
- 동의어 : 최소착화에너지, 최소발화에너지
- $MIE = \frac{1}{2}CV^2$

  여기서, C : 콘덴서 용량[F]

  V : 전압[V]
- 불꽃 방전 시 일어나는 MIE의 크기는 전압의 제곱에 비례한다.
- MIE는 매우 작아서 [J]의 1/1,000배인 [mJ] 단위를 사용한다.
- MIE의 개념과는 반대로, 압력이 매우 낮아 점화원(착화원)이 존재해도 점화할 수 없는 한계를 최소점화압력이라고 한다.

㉡ 영향을 주는 요인 : 산소농도, 가연성 물질의 농도, 압력, 온도, 연소속도, 질소농도, 열전도도(열전도율), 유속 등

- 높을수록 MIE가 낮아지는 요인 : 산소농도, 가연성 물질의 농도, 압력, 온도, 연소속도
- 낮을수록 MIE가 증가하는 요인 : 질소농도, 열전도도(열전도율), 유속
- 일반적으로 분진의 최소점화에너지는 가연성 가스보다 크다.
- 분진의 MIE는 가연성 가스보다 더 큰 에너지 준위를 가진다.
- MIE에 영향을 주는 요인 중 MIE의 변화를 가장 작게 하는 것은 양론농도하에서 가연성 기체의 분자량이다.
- 가연성 가스의 조성이 화학양론적 조성(완전연소 조성) 부근일 경우 MIE는 최저가 된다. 이것보다 상한계나 하한계로 향함에 따라 MIE는 증가한다.
- 전극의 형상은 구상보다 침상일 때 MIE가 작아진다.
- 전극의 재료는 비점이 낮을수록 MIE가 작아진다.
- 방전 지속시간이 짧을수록 MIE가 감소되지만, 너무 짧으면 에너지 손실로 MIE가 오히려 증가한다.
- 전극 간 거리가 짧을수록 MIE가 감소되지만, 어떤 거리 이하로 짧아지면 아무리 큰 에너지를 가하여도 인화되지 않는다.

㉢ 가연성 물질과 공기의 혼합가스 최소점화에너지

가연성 물질	가연성 가스 농도(vol[%])	최소점화에너지 [mJ]
메탄(CH_4)	8.5	0.28
에탄(C_2H_6)	6.5	0.25
프로판(C_3H_8)	5.0~5.5	0.26
부탄(C_4H_{10})	4.7	0.25
헥산(C_6H_{14})	3.8	0.24
벤젠(C_6H_6)	4.7	0.20
에틸에테르($C_4H_{10}O$)	5.1	0.19
아세톤(C_3H_6O)	–	0.019
수소(H_2)	28~30	0.019
이황화탄소(CS_2)	–	0.019

② 소염거리

㉠ 개 요

- 전극 간의 거리가 짧아질수록 MIE는 감소되지만, 일정한 거리 이내가 되면 MIE가 무한대로 된다.
- 인화되지 않는 최대거리를 소염거리(Quenching Distance)라고 한다
- 화염면 전체에서 얻어지는 에너지 :

  $$H \simeq l^2 \lambda \frac{(T_f - T_u)}{S_u}$$

  여기서, l : 소염거리

  λ : 화염 평균전달률

  T_f : 화염온도

  T_u : 미연소가스 온도

  S_u : 연소속도
- 전극 간 거리가 너무 가까워지면 전극 평판으로의 열손실이 증대된다. 따라서 전극 간 거리가 소염거리 이하가 되면 전극을 통한 발열이 증대되어 발열량보다 매우 커지기 때문에 인화되지 않는다.

ⓑ 소염경 : 화염 전파가 차단 가능한 최대구경

- 소염거리(dc) = 0.65 × 소염경(Do)
- 소염경(Do) > 소염거리(dc) > 최대안전틈새(MESG)
- 소염경, 소염거리는 화염방지기나 내압 방폭구조의 원리로 이용된다.

핵심예제

3-1. 최소 착화에너지(MIE)의 특징에 대한 설명으로 옳은 것은?

[2004년 제1회 유사, 2008년 제1회 유사, 2009년 제2회, 2012년 제1회 유사, 2013년 제3회, 2019년 제2회 유사]

① 최소 착화에너지는 압력 증가에 따라 감소한다.
② 산소농도가 많아지면 최소 착화에너지는 증가한다.
③ 질소농도의 증가는 최소 착화에너지를 감소시킨다.
④ 일반적으로 분진의 최소 착화에너지는 가연성 가스보다 작다.

3-2. 다음 가연성 가스 및 증기 중 최소 착화에너지 값이 가장 작은 것은? [2007년 제1회, 2010년 제2회]

① 메 탄　　② 암모니아
③ 에틸렌　　④ 이황화탄소

|해설|

3-1
② 산소농도가 많아지면 최소착화에너지는 감소한다.
③ 질소농도의 감소는 최소착화에너지를 감소시킨다.
④ 일반적으로 분진의 최소착화에너지는 가연성 가스보다 크다.

3-2
최소착화에너지[mJ]

- 메탄 : 0.28
- 암모니아 : 0.77
- 에틸렌 : 0.096
- 이황화탄소 : 0.019

정답 3-1 ① 3-2 ④

핵심이론 04 연료의 종류

① 고체연료

㉠ 고체연료의 특징

- 저렴하고 구하기 쉽다.
- 주성분은 C, H, O이며 가연성은 C, H, S이다.
- 회분이 많고 발열량이 적다.
- 연소효율이 낮고 고온을 얻기 어렵다.
- 점화 및 소화가 곤란하고, 온도 조절이 어렵다.
- 완전연소가 어렵고 연료의 품질이 균일하지 못하다.
- 설비비 및 인건비가 많이 든다.
- 품질이 좋은 고체연료의 조건 : 고정탄소가 많고 수분·회분·황분이 적을 것
- 착화온도는 산소량이 증가할수록 낮아진다.
- 휘발분이 많으면 점화가 쉽고 연소가 잘되지만 발열량은 물질특성에 따라 다르다.
- 회분이 많으면 연소를 나쁘게 하여 열효율이 저하된다.
- 수분이 많으면 통풍 불량의 원인이 된다.

㉡ 고체연료의 종류 : 목재, 석탄, 코크스, 미분탄

㉢ 고체연료의 착화 : 노벽온도가 높을수록 착화지연시간은 짧아지며, 노벽온도가 낮을수록 착화지연시간은 길어진다.

② 액체연료

㉠ 액체연료의 특징

- 고체연료에 비해서 수소(H_2) 함량이 많고 산소(O_2) 함량이 적다.
- 연소온도가 높기 때문에 국부과열을 일으키기 쉽다.
- 발열량이 높고 품질이 일정하다.
- 화재나 역화의 위험이 크다.
- 연소할 때 소음이 발생한다.

㉡ 액체연료의 종류 : 가솔린, 등유, 경유, 중유, 나프타

㉢ 미립화(무화, Atomization) : 액체연료를 미세한 기름방울로 잘게 부수어 단위질량당의 표면적을 증가시키고, 기름방울을 분산시켜 주위 공기와의 혼합을 적당히 하는 것이다.

- 액체연료의 미립화 분무기와 방법
  - 가압식 분무기 : 노즐을 통하여 연료를 고속·고압으로 분사하는 방법
  - 2유체 분무기 : 공기나 증기 등의 기체를 분무매체로 하여 연료를 무화시키는 방법
  - 회전체 분무기 : 원판, 컵 등을 고속으로 회전시켜 회전체 외주에서 원심력에 의해 액막을 형성한 후 분산시키는 방법
  - 초음파 분무기 : 초음파에 의해 액체연료를 촉진시키는 방법
  - 선회분사밸브 : 연료를 선회시켜 오리피스에서 액막으로 분출시키는 방법
  - 분공분사밸브 : 공기나 증기를 분무매체로 이용하는 방법
  - 회전분출공 분무기 : 회전분출공에서 원심력으로 연료를 분출시키는 방법
  - 충돌식 분무기 : 액체 분출류를 고체면과 충돌시키는 방법
  - 정전식 분무기 : 고압의 정전기에 의하여 액체를 분열시키는 방법

③ 기체연료

㉠ 기체연료의 특징

- 연소 조절 및 점화, 소화가 용이하다.
- 연소의 조절이 신속, 정확하며 자동제어에 적합하다.
- 단위중량당 발열량이 크다.
- 적은 공기로 완전연소시킬 수 있으며 연소효율이 높다.
- 연료의 예열이 쉽고 전열효율이 좋다.
- 온도가 낮은 연소실에서도 안정된 불꽃으로 높은 연소효율이 가능하다.
- 화염온도의 상승이 비교적 용이하다.
- 확산연소되므로 연소용 공기가 적게 든다.
- 고온을 얻기 쉽다.
- 하나의 가스원으로 다수의 연소장치에 쉽게 공급할 수 있다.
- 소형 버너를 병용하여 노 내 온도분포를 자유롭게 조절할 수 있다.
- 연소 후에 유해성분의 잔류가 거의 없다.
- 회분 및 유해물질의 배출량이 적고 매연이 없어 청결하다.
- 연소장치의 온도 및 온도분포의 조절이 용이하다.
- 다량으로 사용하는 경우 운반과 저장이 용이하지 않다.
- 연소속도가 커서 연료로서 안전성이 낮다.
- 인화의 위험성이 있고 연소장치가 간단하지 않다.
- 누출되기 쉽고, 폭발 위험성이 크다.
- 회분을 전혀 함유하지 않으므로 이것에 의한 장해가 없다.
- 연료온도와 공기온도가 모두 25[℃]인 경우 기체연료의 이론 화염온도[℃] : 아세틸렌 2,526, 수소 2,252, 메탄 2,000, 일산화탄소 2,182, 프로판 2,120

㉡ 기체연료의 종류 : 액화천연가스(LNG), 액화석유가스(LPG), 메탄, 프로판, 수소, 부생가스(코크스로가스, 고로가스, 전로가스, 발생로가스, 석탄가스, 수성가스, 오일가스), 도시가스 등

부생가스의 주성분[%]

- 코크스로가스(COG) : H_2[55.5], CH_4[25.2]
- 고로가스(BFG) : N_2[49.6], CO[25.2], CO_2[21.1]
- 전로가스(LDG) : CO[68], N_2[18], CO_2[12]
- 발생로가스 : N_2[53.4], CO[27.3], H_2[12.4]
- 석탄가스 : H_2[54.4], CH_4[31.5]
- 수성가스 : H_2[49], CO[39.2]
- 오일가스 : C_nH_{2n}[35.3], CH_4[29]

㉢ 천연가스(LNG)

- 가연성 가스이며 주성분은 메탄가스로 탄화수소의 혼합가스다.
- 상온, 상압에서 LPG보다 액화하기 어렵다.
- 발열량이 수성가스에 비하여 크다.
- 연소 시 많은 공기를 필요로 하지 않는다.
- 연소범위는 5~15[%]이므로 폭발범위가 넓지 않다.
- 화염 전파속도가 늦다.
- 누출 시 폭발 위험성이 크다.

㉣ LPG(Liquefied Petroleum Gas, 액화석유가스)
- 조성이 일정한 포화 탄화수소 화합물이다.
- 성분 : 주성분인 프로판(C_3H_8)과 부탄(C_4H_{10}) 그리고 소량의 프로필렌(C_3H_6), 부틸렌(C_4H_8) 등의 탄화수소의 단일 물질 또는 혼합물
- 프로판가스라고도 한다.
- 무색투명하며 냄새가 거의 나지 않지만, 미약한 냄새는 난다.
- 물에 녹지 않으나, 알코올 및 에테르에는 잘 용해된다.
- 석유류나 동식물유, 천연고무 등을 잘 녹인다.
- 발열량이 크고 발화온도가 높다.
- 휘발유 등 유기용매에 용해된다.
- 상온에서는 기체이지만 가압하면 액화된다.
- 액체 상태의 LP가스의 비중은 공기보다 무겁다.
- 액체비중(0.5)은 물보다 가볍고, 기체 상태에서는 공기보다 무겁다.
- 공기보다 무겁기 때문에 바닥에 체류한다.
- 특별한 가압장치가 필요 없다.
- 용기, 조정기와 같은 공급설비가 필요하다.
- 공기 중에서 쉽게 연소폭발한다.
- LPG가 완전연소될 때 생성되는 물질 : CO_2, H_2O

㉤ 메탄(CH_4)
- 알케인계 탄화수소로서 가장 간단한 형의 화합물이다.
- 가연성 가스로서 유기화합물을 발효시킬 때 발생한다.
- 무색의 기체로서 연소 시 약한 빛을 내면서 탄다.
- 고온에서 수증기와 작용하면 일산화탄소와 수소를 생성한다.
- 공기 중 메탄성분이 5~11[%] 정도 함유되어 있는 혼합기체는 점화되면 폭발한다.
- 부취제와 메탄을 혼합하면 서로 반응하지 않는다.

㉥ 가정용 프로판
- 공기보다 약 1.5배 정도 무겁다.
- 1[mol]의 프로판을 완전연소하는 데 5[mol]의 산소가 필요하다.
- 완전연소하면 이산화탄소와 물이 생성된다.
- 상온에서 쉽게 액화된다.

㉦ 수성가스 : 무연탄이나 코크스와 같이 탄소를 함유한 물질을 고온으로 가열하여 수증기를 통과시켜 얻는 H_2와 CO를 주성분으로 하는 기체연료이다.

핵심예제

4-1. 액체연료를 미세한 기름방울로 잘게 부수어 단위 질량당의 표면적을 증가시키고 기름방울을 분산, 주위 공기와의 혼합을 적당히 하는 것을 미립화라고 한다. 다음 중 원판, 컵 등의 외주에서 원심력에 의해 액체를 분산시키는 방법에 의해 미립화하는 분무기는? [2017년 제3회]

① 회전체 분무기
② 충돌식 분무기
③ 초음파 분무기
④ 정전식 분무기

4-2. 다음 보기는 액체연료를 미립화시키는 방법을 설명한 것이다. 옳은 것을 모두 고른 것은? [2018년 제2회]

보기
ⓐ 연료를 노즐에서 고압으로 분출시키는 방법
ⓑ 고압의 정전기에 의해 액체를 분열시키는 방법
ⓒ 초음파에 의해 액체연료를 촉진시키는 방법

① ⓐ　　② ⓐ, ⓑ
③ ⓑ, ⓒ　　④ ⓐ, ⓑ, ⓒ

4-3. 무연탄이나 코크스와 같이 탄소를 함유한 물질을 가열하여 수증기를 통과시켜 얻는 H_2와 CO_2를 주성분으로 하는 기체 연료는? [2017년 제2회]

① 발생로가스　　② 수성가스
③ 도시가스　　④ 합성가스

|해설|

4-1
회전체 분무기는 원심력을 이용한 분무기이다.

4-3
수성가스 : 무연탄이나 코크스와 같이 탄소를 함유한 물질을 가열하여 수증기를 통과시켜 얻는 H_2와 CO_2를 주성분으로 하는 기체연료

정답 4-1 ① 4-2 ④ 4-3 ②

핵심이론 05 연료시험 및 배기가스 분석

① 고체연료의 시험

㉠ 시료채취

- 계통 시료채취 : 로트(석탄 500[ton])에서 단위시료를 1회 동작으로 무작위 채취한다.
- 층별 시료채취 : 로트의 몇 부분을 나누어 무작위로 채취한다.
- 2단 시료채취 : 화차 시료채취, 선창 시료채취, 벨트 시료채취

㉡ 베이스 환산

- 도착베이스 : 습분, 수분, 회분, 휘발분, 고정탄소를 분석한다.
- 항습베이스 : 도착베이스 항목에서 습분이 제외된 항목이다.
- 무수베이스 : 휘발분, 회분, 고정탄소 3개의 항목을 측정한다.
- 순탄베이스(무수, 무회베이스) : 무수베이스에서 회분을 제외한 분석이다.

㉢ 석탄류 공업분석 방법(시료는 1[g] 내외)

- 고정탄소 = 100 − (수분 + 회분 + 휘발분)
- 연료비 = 고정탄소/휘발분
- 분석 순서 : 수분 → 회분 → 휘발분 → 고정탄소

㉣ 고체연료 전황분 측정방법 : 에슈카법, 연소용량법, 산소봄베법

② 액체연료의 시험

㉠ 비중시험

- 15[℃]인 기름의 밀도를 4[℃]인 물의 밀도와의 비로 이용
- $API = 11.4/17.2$
- 비중 측정기기 : 피크노미터(비중병), 모올・웨스트팔 비중천평, 비중계, 스프렝겔・오스트왈드 피크노미터(피크노미터는 유체의 밀도 측정에 이용되는 기구이기도 하다)

㉡ 인화점 시험

- 에벨 펜스키 밀폐식 시험 : 인화점 50[℃] 이하인 시료의 인화점 시험
  - 적용 유종 : 원유, 경유, 중유
- 태그 밀폐식 시험 : 인화점 93[℃] 이하인 시료의 인화점 시험
  - 적용 유종 : 원유, 가솔린, 등유, 항공터빈연료유
  - 제외 : 40[℃]에서 동점도 5.5[mm^2/s] 이상인 액체, 25[℃]에서 동점도 9.5[mm^2/s] 이상인 액체, 시험조건에서 기름막이 생기는 시료, 현탁 물질을 함유하는 시료
- 펜스키 마르텐스 밀폐식 시험 : 태그 밀폐식을 적용할 수 없는 시료의 인화점 시험
  - 적용 유종 : 원유, 경유, 중유, 전기 절연유, 방청유, 절삭유제 등
- 신속평형법 : 인화점 110[℃] 이하인 시료의 인화점 시험
  - 적용 유종 : 원유, 등유, 경유, 중유, 항공터빈연료유
- 클리블랜드 개방식 시험 : 인화점 80[℃] 이상인 시료의 인화점 시험
  - 적용 유종 : 석유 아스팔트, 유동 파라핀, 에어필터유, 석유왁스, 방청유, 전기 절연유, 열처리유, 절삭유제, 각종 윤활유
  - 제외 : 원유 및 연료유

㉢ 황 함량은 석영관산소법으로 측정한다.

㉣ 동점도는 Redwood Viscometer로 측정한다.

③ 기체연료의 시험

㉠ 링겔만 농도표(매연 측정) : 0~5도까지 6단계로 구성하며 매연 측정농도가 가능하다. 매연농도 1도당 매연이 20[%]이다.

㉡ 천연가스의 비중 측정방법 : 분젠실링법

- 분젠실링법은 시료가스를 세공에서 유출시키고 같은 조작으로 공기를 유출시켜서 각각의 유출시간의 비로부터 가스의 비중을 산출하는 시험법이다.
- 비중계, 스톱워치, 온도계가 필요하다.

④ 배기가스 분석

㉠ 연소기기에 대한 배기가스 분석의 목적
- 배기가스 조성을 알기 위해서
- 연소 상태를 파악하기 위하여
- 열효율의 증가를 위하여
- 열정산의 자료를 얻기 위하여

㉡ 연소 배출가스 CO_2 함량을 분석하는 이유
- 연소 상태 판단
- 공기비 계산
- 열효율 상승

핵심예제

5-1. 천연가스의 비중측정방법은? [2017년 제1회, 2022년 제2회]

① 분젠실링법
② Soap Bubble법
③ 라이트법
④ 분젠버너법

5-2. 연소기기에 대한 배기가스 분석의 목적으로 가장 거리가 먼 것은? [2019년 제3회, 2022년 제2회]

① 연소 상태를 파악하기 위하여
② 배기가스 조성을 알기 위해서
③ 열정산의 자료를 얻기 위하여
④ 시료가스 채취장치의 작동 상태를 파악하기 위해

|해설|

5-1

분젠실링법 : 시료가스를 세공에서 유출시키고 같은 조작으로 공기를 유출시켜서 각각의 유출 시간의 비로부터 가스의 비중을 산출한다. 비중계, 스톱워치, 온도계가 필요하다.

5-2

연소기기에 대한 배기가스 분석의 목적
- 배기가스 조성을 알기 위해서
- 연소 상태를 파악하기 위하여
- 열효율의 증가를 위하여
- 열정산의 자료를 얻기 위하여

정답 5-1 ① 5-2 ④

핵심이론 06 연소의 형태(상태)

① 개 요

㉠ 정상연소와 비정상연소
- 정상연소 : 공기가 충분히 공급되고 연소 시 기상조건이 양호할 때의 연소로, 열의 발생속도와 방산속도가 균형을 유지하는 상태의 연소이다.
- 비정상연소 : 공기 공급이 충분하지 않고 연소 시 기상조건이 좋지 않을 때의 연소로, 열의 발생속도가 방산속도보다 빠르며 연소속도가 급격히 증가하여 폭발적으로 일어나는 연소이다.
  - 폭발연소 : 가연성 기체와 공기의 혼합가스가 밀폐용기 안에 있을 때 점화되면 연소가 폭발적으로 일어나는데, 예혼합연소의 경우에 밀폐된 용기로의 역화가 일어나면 폭발할 위험성이 크다. 이것은 많은 양의 가연성 기체와 산소가 혼합되어 일시에 폭발적인 연소현상을 일으키는 비정상연소이다.

㉡ 완전연소와 불완전연소
- 완전연소 : 공기 중의 산소 공급이 충분할 때의 연소(이산화탄소(CO_2)와 수증기(H_2O) 발생)
- 불완전연소 : 공기 중의 산소 공급이 불충분할 때의 연소(일산화탄소(CO) 발생)

㉢ 연료를 완전연소시키기 위한 조건
- 적정량의 공기를 공급하고 연료와 공기를 적절하게 혼합시킬 것
- 연료 및 공기를 적당하게 예열하여 공급할 것
- 연료에 충분한 공기를 공급할 것
- 연료나 공기온도를 높게 유지할 것
- 연소실 내의 온도를 연소조건에 맞게 유지할 것
- 연료를 인화점 이상의 온도로 유지할 것
- 연소실의 온도를 고온으로 유지할 것
- 연소에 충분한 시간을 부여하기 위하여 연료의 연소시간을 가능한 한 길게 할 것
- 연소실의 용적을 장소에 따라 적정하게(가능한 크게) 할 것

㉣ 불완전연소가 발생되는 경우
- 공기비가 작을 경우
- 과대한 가스량 또는 필요량의 공기가 없을 때
- 배기가스의 배출이 불량할 때
- 공기와의 접촉 및 혼합이 불충분할 때
- 불꽃이 저온 물체에 접촉되어 온도가 내려갈 때
- 연료의 증발속도가 연소의 속도보다 빠른 경우

㉤ 공기의 확산에 의하여 반응하는 연소 : 분해연소, 증발연소, 확산연소

㉥ 펄스연소 : 고부하연소 중 내연기관의 동작과 같은 흡입, 연소, 팽창, 배기를 반복하는 연소방식

② 고체연료의 연소 형태

㉠ 개 요
- 고체 및 액체연료는 고온의 가스 분위기에서 먼저 가스화된다.
- 고체연료 가열 시 '증발 가연물의 증발연소 → 열분해에 의한 분해연소 → 나머지 남은 물질의 표면연소'의 연소 형태를 보인다.
- 고체연료의 연소과정 중 화염 이동속도
  - 발열량이 높을수록 화염 이동속도는 커진다.
  - 석탄화도가 낮을수록 화염 이동속도는 커진다.
  - 입자직경이 작을수록 화염 이동속도는 커진다.
  - 1차 공기온도가 높을수록 화염 이동속도는 커진다.

㉡ 증발연소 : 열분해를 일으키지 않고 증발하여 증기가 공기와 혼합하여 일어나는 연소 형태이다.
- 융점이 낮은 고체연료가 액상으로 용융되어 발생한 가연성 증기가 착화하여 화염을 내고, 이 화염의 온도에 의하여 액체 표면에서 증기의 발생을 촉진시켜 연소를 계속해 나가는 연소 형태이다.
- 고체 가연물이 점화에너지를 공급받아 가연성 증기를 발생시키고 발생한 증기와 공기의 혼합 상태에서 연소하는 형태로, 불꽃이 없다.
- 파라핀(양초), 유지 등은 가열하면 융해되어 액체로 변화하고, 계속 가열하면 기화되면서 증기가 되어 공기와 혼합하여 연소하는 형태를 보인다.
- 해당 고체연료 : 유황, 나프탈렌, 파라핀(촛불), 왁스

㉢ 분해연소 : 복잡한 경로의 열분해반응을 일으켜 생성된 가연성 증기와 공기가 혼합하여 일어나는 연소 형태이다.
- 고체 가연물의 일반적인 연소 형태로 표면이 산소와 반응하여 연소하는 현상이며, 연소 초기에 화염을 내면서 연소하는 형태이다.
- 열분해온도가 증발온도보다도 낮아 가열에 의해 열분해가 일어나 휘발되기 쉬운 성분이 연료 표면으로부터 떨어져 나와 일어나는 연소로, 연소속도가 느리다.
- 열분해에 의해 생기는 물질 : 일산화탄소(CO), 이산화탄소(CO_2), 수소(H_2), 메탄(CH_4) 등
- 해당 고체연료 : 석탄(무연탄), 목재(장작), 종이, 섬유, 플라스틱(합성수지), 고무류 등

㉣ 표면연소(Surface Combustion) : 고체 가연물의 일반적인 연소 형태로 열분해나 증발 없이 고체 가연물의 표면이 직접 산소와 급격히 반응하는 연소 형태로 직접연소, 무염연소, 작열연소 등으로도 부른다(작열연소는 응축 상태의 연소로 불꽃은 없지만 가시광을 방출하면서 일어나는 연소이다).
- 적열된 코크스 또는 숯의 표면에 산소가 접촉하여 연소하는 상태이다.
- 일반적으로 연료가 열분해되고 남은 고체분(Char)은 표면연소를 하게 된다.
- 휘발분을 거의 포함하고 있지 않은 코크스, 목탄, 분해연소 후의 고체분 등에서 나타나는 현상으로, 산소나 산화성 가스가 고체 표면이나 내부의 빈 공간에 확산되어 표면반응을 한다.
- 확산에 의한 산소 공급이 부족하면, 불완전연소에서 생긴 CO와 같은 중간 생성물이 표면에서 떨어진 곳에서 기상연소되기 때문에, 일반적으로 표면연소는 표면반응뿐만 아니라 기체 상태의 연소반응도 동반한다.
- 휘발성분이 없으므로, 가연성 증기 증발도 없고 열분해반응도 없기 때문에 불꽃이 없다.
- 연소속도는 비교적 느린 편이며, 연소 생성물의 상태에 따라 달라진다.

- 해당 고체연료 : 숯, 코크스, 목탄, 금속분(마그네슘 등) 등

※ 그을음연소 : 열분해를 일으키기 쉬운 불안전한 물질에서 발생하기 쉬운 연소로, 열분해로 발생한 휘발분이 자기점화온도보다 낮은 온도에서 표면연소가 계속되기 때문에 일어난다.

㉤ 자기연소(내부연소) : 외부로부터 산소 공급이 없어도 자기 스스로 산소가 공급되어 일어나는 연소 형태이다.

- 제5류 위험물처럼 가연성이면서 자체 내에 산소를 함유하고 있어 공기 중의 산소를 필요로 하지 않는 연소 형태이며, 외부 산소 존재 시 폭발로 진행된다.
- 연소속도가 매우 빠르며 폭발적이다.

③ 액체연료의 연소 형태

㉠ 개 요

- 액체연료는 액상 그대로 연소되는 경우는 거의 없으며, 증발되어 연료증기와 산소와 반응하여 연소가 이루어진다.
- 액체연료의 증발을 촉진시키기 위해서는 분무 특성이 매우 중요하다.
- 액체연료를 사용하는 거의 모든 연소장치에서의 연소 형태는 난류연소의 특성을 보인다.
- 액체연료의 미시적인 화염 형태는 거의 기체연소와 같다.
- 액체연료의 연소시간(t)의 변화에 따른 유적 직경(d)의 거동

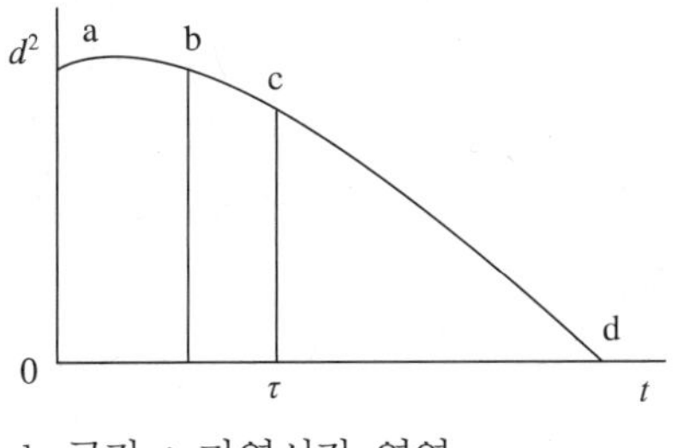

- a-b 구간 : 가열시간 영역
- b-c 구간 : 증발기간 영역
- c-d 구간 : 연소기간 영역

㉡ 액면연소(Pool Combustion or Surface Combustion) : 액체 표면에서 발생된 증기가 공기와 혼합하여 발생하는 가장 일반적인 액체연료의 연소 형태로, 액체연소의 대부분을 차지한다.

- 연소원리 : 화염에서 복사나 대류로 액체 표면에 열이 전파되어 증발이 일어나고 발생된 증기가 공기와 접촉하여 액면의 상부에서 연소되는 반복현상이다.
- 큰 용기에 휘발성이 낮은 연료를 넣어 액체연료 표면에 점화시켜 발생하는 불꽃이다.
- 액면연소에서는 표면에서 연소하고 있는 화염으로 가열된 연료가 증발하여 기체가 된다. 그러나 충분한 산소가 공급되지 않는 조건이 많아 불완전연소로 인한 매연이 발생하고, 연료의 액면으로부터 멀리 떨어진 부분에서는 산소가 공급되어 화염을 형성하기도 한다.
- 연료의 증발속도가 연소의 속도보다 빠른 경우 불완전연소가 된다.
- 해당 액체연료 : 에테르, 이황화탄소, 알코올류, 아세톤, 석유류(휘발유, 등유, 경유, 중유) 등
- 액면연소의 종류 : 액면경계층연소, 액면전파연소, 포트액면연소

㉢ 등심연소(심지연소, Wick Combustion) : 모세관현상으로 인해 액체연료가 심지를 통하여 빨려 올라가 대기 중에 노출된 심지에서 증발하여 연소반응이 일어나는 확산연소이다.

- 대류, 복사에 의해 화염으로부터 열이 심지 상부로 전달되어 증발한 연료증기가 상부 및 측면에서 연소한다.
- 심지의 노출 면적이 넓을수록 모세관현상에 의해 심지를 통하여 올라가는 기름이 많아져 연료 소비속도는 빨라지지만, 확산공기량이 증가하지 않으면 산소 부족 상태를 초래하여 불완전연소가 일어나 그을음이나 CO의 배출량이 증가한다.
- 공기의 유속이 낮을수록 심지연소의 화염 높이는 커진다.

- 공급공기의 유속이 빨라지면 화염 길이는 짧아지고, 공기의 온도가 높을수록 화염 길이는 길어진다.
- 공기유속이 느릴 때는 안정된 확산 화염이 형성되지만, 공기유속이 빨라지면 심지 상부에 환류영역이 생겨 화염이 심지로부터 떨어지는 부상 화염이 발생하여 불안정한 연소가 일어난다.
- 심지연소의 예 : 호롱불, 촛불, 석유램프, 석유곤로 등

㉣ 증발연소(Vaporization Combustion) : 가열된 면이나 세라믹 다공성 물질의 증발관 내에 연료를 공급하여 증발한 연료와 공기를 부분적으로 혼합한 후 연소시키는 방법이다.

- 연소기의 액체연료를 미세한 분무를 위한 노즐 없이 일반 노즐을 통해 공급하고 하류에 가열된 세라믹 다공물질을 장착해 두면, 그 가열된 면에서 액체연료가 증발하여 연소한다.
- 저공해연소가 가능하다.
- 증기의 재응축이 가능하여 드레인밸브가 필요하다.
- 중질유는 증발 시 잔류물이 남으므로, 등유보다 경질의 연료에 사용한다.

㉤ 분무연소(Spray Combustion) : 액체연료를 무화(Atomization)시키기 위해 특수노즐을 이용하여 공기류 중에 분무시켜 액적연료의 표면적을 증가시키고, 이로 인한 연료의 증발을 촉진시켜 주변의 공기와 혼합을 잘 일으키게 하여 연소를 시키는 방법이다. 무화연소 또는 액적연소라고도 한다.

- 액적(Droplet) : 분무된 각각의 입자
- 1차 공기 : 액체연료의 무화에 필요한 공기
- 분무특성을 나타내는 인자 : 무화, 분산도, 관통도
  - 무화(Atomization) : 액체연료를 분사하여 액적으로 분산시키고 공기와 혼합을 촉진하여 혼합기를 형성시키는 과정으로, 분무화 또는 미립화라고도 한다.
  - 분산도(Distribution) : 분무 중의 입자가 공간에 분포하고 있는 정도
  - 관통도(Penetration) : 액체연료가 분사기에서 분사되었을 때 노즐 끝의 주위 분위기 기체를 뚫고 나아가는 도달거리
- 분무연소는 액체연료를 사용하는 연소장치(공업용 보일러 또는 버너, 가스터빈, 내연기관 등)에 있어서 매우 중요하다.
- 분무연소는 공업적으로 가장 많이 이용되고 가장 효율적인 액체연료의 연소방식이다.
- 액체연료를 수 [μm]에서 수백 [μm]으로 만들어 증발 표면적을 크게 하여 연소한다.
- 증발 표면적을 증가시켜 가스연료와 같은 형태로 연소할 수 있게 한다.
- 연료의 미립화 → 공기와 혼합 → 액적의 증발 및 연소의 과정을 거친다.
- 미립화와 1차 공기에 따른 연소 형태
  - 미립화가 좋고 1차 공기의 양이 많은 경우 : 액적이 작아 증발이 빠르며 충분한 산소와 혼합되어 있어 가스연료의 예혼합연소와 유사하다.
  - 미립화가 좋고 1차 공기의 양이 적은 경우 : 액적이 작아 증발이 빠르고, 산소가 부족한 상태이며 가스연료의 확산연소와 유사하다.
  - 미립화가 나쁘고 1차 공기의 양이 많은 경우 : 액적의 증발속도에 의해 연소속도가 결정된다.
  - 미립화가 나쁘고 1차 공기의 양이 적은 경우 : 액적의 증발속도, 산소의 확산속도에 의해 연소속도가 결정된다.
- 분무연소 시 열, 물질 및 운동량의 이동뿐만 아니라 화학반응까지 동반한 복잡한 현상이 발생된다.

㉥ 분해연소(Destructive Combustion) : 연료가 가열로 인하여 분해되면서 가연성 혼합기체가 되어 연소하는 것이다. 점도가 높고 비중이 큰 비휘발성 액체를 열분해시켜 분해가스(증기)가 공기와 혼합하여 발생하는 연소로, 연소속도가 느리다.

④ 기체연료의 연소 형태

㉠ 확산연소 : 연료·공기 별도 공급

- 별칭 : 발염연소, 불꽃(Flaming)연소, 불균질연소
- 가연성 기체와 산화제의 확산에 의해 화염을 유지하는 것을 확산연소라고 한다.
- 연소 버너 주변에 가연성 가스를 확산시켜 산소와 접촉, 연소범위의 혼합가스를 생성하여 연소하는 방식으로 기체연료의 일반적인 연소 형태이다.

- 가연성 기체를 공기와 같은 지연성 기체 중에 분출시켜 연소시키므로 불완전연소에 의한 그을음을 형성하는 기체연소 형태이다.
- 연료와 공기를 인접한 2개의 분출구에서 각각 분출시켜 양자의 계면에서 연소를 일으키는 형태이다.
- 분젠 버너에서 공기의 흡입구를 닫았을 때의 연소나 가스라이터의 연소 등 주변에서 볼 수 있는 전형적인 기체연료의 연소 형태이다.
- 연료와 공기를 별개로 공급하여 연료와 공기의 경계에서 연소시키는 방식이다.
- 연료와 산화제의 경계면이 생겨 서로 반대측 면에서 경계면으로 연료와 산화제가 확산해 온다.
- 연소부하율이 작고 화염의 안정범위가 넓으며 조작이 용이하여 역화의 위험이 없다.
- 가스량의 조절범위가 넓다.
- 가스의 고온 예열이 가능하다.
- 확산연소 과정은 연료와 산화제의 혼합속도에 의존한다.
- 경계층이 형성된 기체연료의 연소는 확산연소이다.
- 개방 대기 중에서는 완전연소가 불가능하다.
- 가연성 기체를 공기와 같은 조연성 기체 중에 분출시켜 연소시키므로, 불완전연소에 의한 그을음을 형성하기 쉽다.
- 확산연소의 예 : LPG – 공기, 수소 – 산소, 가스라이터의 연소 등

ⓛ 예혼합연소 : 연료와 공기 혼합 공급

- 연소시키기 전에 이미 연소 가능한 혼합가스를 만들어 연소시키는 방식이다.
- 기체연료와 공기를 미리 혼합시킨 후 연소시키는 것으로, 고온의 화염면(반응면)이 형성되어 자력으로 전파되어 일어나는 연소 형태이다.
- 예혼합연소는 미리 공기와 연료가 충분히 혼합된 상태에서 연소하므로 별도의 확산과정이 필요하지 않다.
- 연소실부하율을 높게 얻을 수 있다.
- 연소실의 체적이나 길이가 짧아도 된다.
- 고온의 화염을 얻을 수 있다.
- 혼합기만으로도 연소 가능하다.
- 조작범위가 좁다.
- 연소실부하율을 높게 얻을 수 있다.
- 연소부하가 크다.
- 예혼합연소는 확산연소에 비해 조작이 상대적으로 어렵다.
- 버너에서 상류의 혼합기로 역화를 일으킬 염려가 있다.
- 별칭 : 균질연소, 혼합연소
- 예혼합연소의 예 : 탄화수소가 큰 가스에 적합하며 가솔린엔진의 연소 등에 사용한다.

핵심예제

6-1. 연료를 완전연소시키기 위한 조건이 아닌 것은?
[2004년 제3회 유사, 2006년 제2회, 2010년 제1회]

① 연료와 공기의 혼합 촉진
② 연료에 충분한 공기를 공급
③ 노 내 온도를 낮게 유지
④ 연료나 공기온도를 높게 유지

6-2. 고체연료의 연소과정 중 화염 이동속도에 대한 설명으로 옳은 것은? [2012년 제3회, 2015년 제2회, 2016년 제1회]

① 발열량이 낮을수록 화염 이동속도는 커진다.
② 석탄화도가 높을수록 화염 이동속도는 커진다.
③ 입자직경이 작을수록 화염 이동속도는 커진다.
④ 1차 공기온도가 높을수록 화염 이동속도는 작아진다.

6-3. 다음 중 액체연료의 연소 형태가 아닌 것은?
[2004년 제1회, 2007년 제1회 유사, 2015년 제1회, 2019년 제3회]

① 등심연소(Wick Combustion)
② 증발연소(Vaporizing Combustion)
③ 분무연소(Spray Combustion)
④ 확산연소(Diffusive Combustion)

6-4. 기체연료의 연소 형태에 해당하는 것은? [2006년 제2회, 2015년 제2회, 2016년 제2회, 2018년 제2회, 2020년 제1·2회 통합]

① 확산연소, 증발연소
② 예혼합연소, 증발연소
③ 예혼합연소, 확산연소
④ 예혼합연소, 분해연소

핵심예제

6-5. 확산연소에 대한 설명으로 옳지 않은 것은?

[2015년 제3회, 2020 제1·2회 통합]

① 조작이 용이하다.
② 연소부하율이 크다.
③ 역화의 위험성이 적다.
④ 화염의 안정범위가 넓다.

6-6. 예혼합연소의 특징에 대한 설명으로 옳은 것은?

[2007년 제3회, 2010년 제3회, 2016년 제1회]

① 역화의 위험성이 없다.
② 노(爐)의 체적이 커야 한다.
③ 연소실부하율을 높게 얻을 수 있다.
④ 화염대에 해당하는 두께는 10~100[mm] 정도로 두껍다.

6-7. 기체연료의 연소 특성에 내해 바르게 설명한 것은?

[2020년 제3회]

① 예혼합연소는 미리 공기와 연료가 충분히 혼합된 상태에서 연소하므로 별도의 확산과정이 필요하지 않다.
② 확산연소는 예혼합연소에 비해 조작이 상대적으로 어렵다.
③ 확산연소의 역화 위험성은 예혼합연소보다 크다.
④ 가연성 기체와 산화제의 확산에 의해 화염을 유지하는 것을 예혼합연소라고 한다.

|해설|

6-1
연료를 완전연소시키려면 노 내 온도를 높게 유지한다.

6-2
① 발열량이 높을수록 화염 이동속도는 커진다.
② 석탄화도가 낮을수록 화염 이동속도는 커진다.
④ 1차 공기온도가 높을수록 화염 이동속도는 커진다.

6-3
확산연소는 기체연료의 연소 형태이다.

6-4
기체연료의 2대 연소형태 : 확산연소, 예혼합연소

6-5
확산연소는 연소부하율이 작다.

6-6
① 역화의 위험성이 있다.
② 노(爐)의 체적이 작아도 된다.
④ 화염대에 해당하는 두께는 0.1~0.3[mm] 정도로 얇다.

6-7
② 예혼합연소는 확산연소에 비해 조작이 상대적으로 어렵다.
③ 예혼합연소의 역화 위험성은 확산연소보다 크다.
④ 가연성 기체와 산화제의 확산에 의해 화염을 유지하는 것을 확산연소라고 한다.

정답 6-1 ③ 6-2 ③ 6-3 ④ 6-4 ③ 6-5 ② 6-6 ③ 6-7 ①

핵심이론 07 연소장치

① 고체연료의 연소장치

㉠ 화격자 연소장치(Grate or Stoker) : 소각로 내에 고정 화격자 또는 가동 화격자를 설치하여 그 위에 소각물을 올려서 태우는 방식의 연소장치이다.

- 화격자연소는 고체연료의 고정층을 만들고 공기를 통하여 연소시키는 방법이다(노 내의 화격자 위에 괴상의 고체연료로 고정층을 만들고 여기에 공기를 보내 연소시킨다).
- 화격자연소를 질량연소 또는 고정층 연소라고도 한다.
- 1차 공기에 의해 석탄을 가스화하고 2차 공기로 가연성 가스를 연소시키는 두 과정으로 이루어지며, 연소단계에서 층을 형성한다.
- 재가 쉽게 낙하하여 하부에서 재를 수집한다.
- 연속적인 소각과 배출이 가능하다.
- 경사 스토커(Stoker) 방식의 경우, 수분이 많거나 발열량이 낮은 것도 어느 정도 소각 가능하다.
- 전처리시설이 필요하지 않다.
- 노 내 제어는 유동층에 비하여 용이하다.
- 도시 폐기물은 대부분 화격자 연소방식을 채용한다.
- 슬러지상이나 분체 또는 미세한 폐기물, 플라스틱과 같이 용융한다.
- 연소효율이 낮다.
- 적하하는 폐기물에는 적용하기 곤란하다.
- 수분이 많거나 플라스틱과 같이 열에 쉽게 용해되는 물질은 화격자가 막힐 염려가 있다.
- 체류시간이 길고 교반력이 약하여 국부가열이 발생할 염려가 있다.
- 고온 중에서 기계적으로 구동하기 때문에 금속부의 마모손실이 심하다.
- 플라스틱 등 고열량 폐기물이나 용융성 폐기물 또는 슬러지, 미세한 폐기물의 처리에는 부적합하다.
- 화격자 연소방식의 종류 : 상입식, 하입식
  - 상입식 연소방식(Overfeed Firing) : 연료를 위에서 공급하는 연소방식이다.

ⓐ 석탄의 공급방법이 1차 공기 공급 방향과 반대이다.

ⓑ 고정층의 최상면에 괴상의 연료를 공급하고, 고정층의 최하면에서 1차 공기를 공급한다.

ⓒ 장작, 산포식 급탄기 등이 상입식 연소방식이다.

ⓓ 석탄을 화격자 위에 올려놓아야 하므로 입자가 너무 작으면 연소가 곤란하다. 석탄의 입자는 직경 20[mm] 정도가 적당하다.

ⓔ 고체연료는 화격자 위에 균일한 두께로 공급하는 것이 좋다.

ⓕ 공급된 석탄층을 고온의 연소가스가 통과하기 때문에 착화가 확실하여 착화성이 떨어지는 탄이나 저품위탄의 연소에 적합하다.

ⓖ 정상 상태의 고정층은 상부로부터 석탄층, 건조층, 건류층, 환원층, 산화층, 재층으로 구성된다.

ⓗ 석탄이 얇게 산포되면, 석탄층과 환원층은 존재하지 않을 수도 있다.

ⓘ 1차 공기는 화격자를 통과하여 예열된 후 산화층으로 들어가 빨갛게 된 건류탄을 연소시킨다.

ⓙ 산화층에서는 코크스화한 석탄입자 표면에 충분한 산소가 공급되어 표면연소에 의한 탄산가스가 발생한다. 산화층에서 건류탄이 연소하므로 발열반응이 일어난다. 대부분의 산소가 산화층에서 소비되고, 표면연소를 하면서 온도, 이산화탄소 농도가 최대로 되며 CO도 급격하게 생성된다.

ⓚ 이후 코크스화한 석탄은 환원층에서 아래 산화층에서 발생한 탄산가스(CO_2) 일부를 일산화탄소(CO)로 환원한다. 환원반응은 흡열반응이므로 온도는 저하된다.

ⓛ 환원층을 나온 고온가스는 건류층으로 들어가 석탄건류가스(휘발성 성분)을 방출하고 건조층으로 들어간다. 이 과정 동안 석탄의 온도는 낮기 때문에 CO_2와 석탄의 반응은 거의 일어나지 않는다.

ⓜ 고정층을 나온 고온의 건류가스는 CO와 같은 가연성 성분을 포함하므로, 이것을 연소시키기 위한 2차 공기가 고정층 위에서 공급되어 휘발분과 일산화탄소는 석탄층 위쪽에서 2차 공기와 혼합하여 기상연소한다.

– 하입식 연소방식(Underfeed Firing) : 연료를 아래에서 공급하는 연소방식
  ⓐ 석탄의 공급방법이 1차 공기 공급 방향과 같다.
  ⓑ 고정층의 최하면에 괴상의 연료를 공급하고, 고정층의 최하면에서 1차 공기를 공급한다.
  ⓒ 스크루형 급탄기, 이동식 화격자 급탄기 등이 하입식 연소방식이다.
  ⓓ 갈탄, 역청탄의 연소에 적합하다.
  ⓔ 정상 상태의 고정층은 하부로부터 석탄층, 건조층, 건류층, 산화층, 환원층, 재층으로 구성된다.
  ⓕ 석탄층은 연소가스에 직접 접하지 않고 상부의 고온산화층으로부터 전도와 복사에 의해 가열된다.
  ⓖ 건류층에서 건류가스가 최고농도로 배출되고, 산화층으로부터 열이 전도·복사 등으로 공급되어 석탄의 건류를 촉진하고, 건류가스는 공기와 잘 혼합한 후 고온산화층을 통과하여 완전연소가 이루어진다.
  ⓗ 재층이 최상부에 있고, 항상 고온을 유지하고 있기 때문에 저융점 회분을 많이 포함한 연료에는 부적당하다.
  ⓘ 고정층 내에서는 공기의 흐름 방향으로 산화, 환원층이 이동해 나가야 하기 때문에 착화성이 나쁜 연료는 사용하기 어렵다.
  ⓙ 재층 이후에 빠져 나오는 가연성분은 2차 공기에 의해 연소한다.

㉡ 미분탄 연소장치

• 미분탄 연소장치는 석탄을 200[Mesh] 이하의 미분으로 분쇄하여 1차 공기와 함께 노의 연소 버너로 보내어 연소실에서 취출하여 공기 중의 미분을 부유시켜서 연소하는 방식의 연소장치이다.
• 적은 양의 과잉공기로도 완전연소가 가능하다.
• 연소반응속도가 빨라 연소온도를 올릴 수 있다.
• 부하의 급격한 변동에 의하여 부하 조정이 용이하다.
• 점화 및 소화가 신속하고 단시간 내에 연소가 완료된다.
• 점화, 소화 시 연료손실이 작다.
• 고온의 예열공기를 사용할 수 있어 연소효율이 높다.
• 저질탄, 저품위탄도 양호하게 연소한다.
• 화격자연소보다 공기비가 낮아 높은 연소효율을 얻을 수 있다.
• 명료한 화염이 형성되지 않고 화염이 연소실 전체에 퍼진다.
• 연소 완료시간은 표면연소속도에 의해 결정된다.
• 가스화속도가 느리다.
• 연소실의 공간을 유효하게 이용할 수 있다.
• 부하변동에 대한 적응력이 우수하다.
• 2상류 상태에서 연소한다.
• 완전연소에 시간과 거리가 필요하다.
• 설비비 및 유지비가 많이 든다.
• 공간연소를 시키므로 넓은 연소실 용적이 필요하다.
• 중유나 가스연소 보일러보다 큰 연소실을 필요로 한다.
• 분진, 비산회(Fly Ash)의 발생량이 많아 고성능, 고효율의 집진장치가 필요하다.
• 타고 남은 연재의 처리에 특별한 장치를 요한다.
• 연소온도가 높아 노재의 손상 우려가 있다.
• 미분탄 연소장치의 종류
  – 편평류 버너 : 수랭벽의 수관 사이에 설치하며 화염이 선회류식보다 장염이고 형상이 편평하다.
  – 선회식 버너 : 버너 내의 이중관 노즐(Nozzle)에서 1차 공기와 혼합된 미분탄의 흐름이 2차 공기와 같이 선회하면서 노 내에 분사되는 형식으로, 화염이 비교적 짧다.
  – 슬래그 탭 연소장치 : 1차로와 2차로로 구분하고 1차로가 슬래그 탭로이며, 여기서 재의 약 80[%]가 용융되어 배출되는 습식 연소방식의 연소장치이다.
  – 기타 : 크레이머 연소장치, 사이크론 연소장치

㉢ 유동층 연소장치
- 유동층 연소장치는 석탄 분쇄입자와 유동매체(석회석)의 혼합가루층에 적정 속도의 공기를 불어넣은 부유 유동층 상태에서 연소하는 방식의 연소장치이다.
- 고체연료를 모래(규사) 등의 유동층 중에서 연소시키는 방식이다.
- 균일한 연소가 가능하다.
- 연료에 광범위하게 적용 가능하다.
- 높은 전열성능을 가진다.
- 전열면적이 작게 소요된다.
- 유동매체의 열용량이 커서 액상물, 다습물, 고형물 등의 다종 혼합 소각이 가능하며 소각시간도 짧다.
- 노 내에 기계적 가동 부분이 없기 때문에 유지관리가 용이하다.
- 연소효율이 높고 미연분이 극히 적어 잔사 매립량이 적어진다.
- 소각로 내에서 탈황이 가능하다.
- 석회석을 유동층에 혼입시켜 연소할 경우 노 내에서 탈황이 가능하다.
- 질소산화물의 발생량이 감소된다.
- 과잉공기량이 적어 다른 소각로보다 보조연료 사용량과 배출가스량이 적다.
- 화염층이 작아진다.
- 클링커 장해를 경감할 수 있다.
- 화격자 단위면적당의 열부하를 크게 얻을 수 있다.
- 유동매체(규사)의 손실을 보충해야 한다.
- 가스화속도가 크기 때문에 공기의 공급방법이 완전하지 못하면 다량의 매연이 발생한다.
- 고형물의 크기가 클 경우 투입 전에 파쇄하여야 완전연소가 이루어진다.
- 정비 시에 소각로 냉각시간이 많이 소요된다.
- 운전을 잘하기 위한 운전기술이 요구된다.
- 부하변동에 따른 적응력이 나쁘다.

② 액체연료의 연소장치

㉠ 기화연소방식(증발식) : 연료를 고온의 물체에 접촉시켜 액체연료가 기체의 가연증기로 되어 연소시키는 방식으로 포트형, 심지형, 웰프레임형이 있다.

㉡ 무화연소방식(분무식) : 노즐(Nozzle)에서 연료를 고속으로 분출하여 액체연료의 입경을 작게 하여 비표면적을 크게 하기 위해 마치 안개와 같이 분무연소시키는 방식(무화 입경 10~500[m])이다.
- 무화의 목적
  - 비표면적을 크게 하기 위하여
  - 연료와 공기의 접촉이 잘되게 하기 위하여
  - 연소효율을 높여 연소부하를 증대하기 위하여
- 무화요소
  - 액체유동의 운동장
  - 공기와의 마찰력
  - 액체 기체의 표면장력

㉢ 액체연료 연소장치의 종류
- 유압분무식 버너 : 유압펌프를 이용하여 연료에 고압력(5~20[kg/cm^2]) 정도로 가압하여 노즐로 분출시켜 무화시키는 방식의 버너이다.
  - 구조, 유지, 보수가 간단하다.
  - 보일러 가동 중 버너 교환이 용이하다.
  - 대용량의 버너 제작이 용이하다.
  - 소음 발생이 적고, 무화매체인 증기나 공기가 필요하지 않다.
  - 넓은 각의 화염이 형성된다.
  - 분무 유량 조절의 범위가 좁아 연소의 제어범위가 좁다.
  - 기름의 점도가 너무 높으면 무화가 나빠진다.
- 회전식 버너(선회식 버너) : 회전 이류체 무화방식을 이용한 버너로 원심력을 이용하여 고속으로 회전하는 분무컵(Atomizing Cup)에서 비산되어 나오는 연료와 1차 공기에 의해서 무화하는 형식의 버너이다.
  - 비교적 넓은 각의 화염이 형성된다.
  - 유량 조절범위가 넓다.

- 부속설비가 없으며 구조가 간단하다.
- 교환, 자동제어, 자동화가 용이하다.
- 화염이 짧고 안정한 연소를 얻을 수 있다.
- 분무각은 에어노즐의 안내날개각도에 따르지만 보통 40~80° 정도이다.
- 사용 유압은 0.3~0.5[kg/cm^2] 정도로 매우 작다.
- 유량 조절범위는 1 : 5 정도이다.
- 유량이 적으면 무화가 불량해진다.

• 고압기류식 버너 : 보일러에서 발생한 증기 또는 고압압축기로부터의 압축공기를 이용하여 연료를 무화시키는 방식의 버너이다.
- 유량 조절범위가 1 : 10 정도로 넓다.
- 분무각도가 30° 정도로 작다.
- 점도가 높은 연료도 무화가 가능하다.
- 2~7[kg/cm^2]의 고압증기에 사용된다.
- 연소 시 소음이 발생한다.

• 저압기류식 버너 : 저압공기를 이용하여 연료를 미립화시키는 방식의 버너이다.
- 좁은 각의 단염이 형성된다.
- 소형 가열로, 열처리로 등 비교적 소규모의 가열장치에 사용된다.
- 분무각도가 30~60°까지 가능하다.
- 유량 조절범위가 넓다.
- 0.05~2[kg/cm^2]의 저압증기에 사용된다.
- 공기압을 높일수록 무화공기량이 저감된다.

• 건(Gun) 타입 버너 : 버너에 송풍기가 장치되어 있고 보일러나 열교환기에 사용 가능하다. 연소가 양호하고 소형이며 구조가 간단한 버너이다.

• 증발식 버너 : 증발연소는 액체연료가 증발하고 확산에 의해서 공기와 혼합되어 불꽃연소하는 것으로, 포트식 연소방식(등유, 경유 등의 휘발성이 큰 연료를 접시 모양의 용기에 넣어 증발연소시키는 방식)을 취한다.

③ 기체연료의 연소장치

㉠ 확산연소 버너 : 연료와 공기를 각각 별도로 공급하여 접촉면에서 연소시키는 방식의 버너로, 조작범위가 넓고 가스와 공기를 예열할 수 있다. 화염은 일반적으로 휘염으로 되기 쉽고, 예혼합 버너에 비하여 역화의 위험성이 작다.

• 포트형(Port Type) : 단면적이 넓은 화구로부터 공기와 가스를 연소실에 보내는 방식으로, 발생로 가스나 고로가스 등의 탄화수소가 적은 연료를 사용한다. 가스와 공기를 고온으로 예열할 수 있지만, 가스와 공기의 속도를 빠르게 할 수는 없다.

• 버너형(Burner Type) : 공기와 가스를 가이드베인을 통하여 혼합시키는 형태로, 선회형과 방사형이 있다. 선회형 버너는 저질의 가스를 사용할 경우에, 방사형 버너는 천연가스와 같은 고발열량 가스를 사용할 경우에 사용한다.

㉡ 예혼합연소 버너 : 연료와 공기를 미리 혼합하여 공급하여 접촉면에서 점화하면 화염이 혼합기에서 전파되는 형상대로 연소시키는 방식의 내부 혼합식 버너로, 연소실 부하가 높고 고온의 화염을 얻을 수 있다. 불꽃의 길이가 짧고 역화 위험성이 있어 역화방지기를 설치해야 안전하다. 완전예혼합 버너와 부분예혼합 버너로 구분된다.

• 완전예혼합 버너
- 적화식 : 연소에 필요한 공기를 모두 2차 공기로 취하는 방식이며, 가스를 그대로 대기 중에 분출하여 연소하는 버너이다.
  ⓐ 필요한 공기를 불꽃 주변에서 얻는다.
  ⓑ 연소반응이 완만하여 불꽃이 길고 적황색을 보인다.
  ⓒ 소음이 적고 역화 염려가 없으며, 공기 조절이 필요 없다.
  ⓓ 고온을 얻기 어렵고 불완전연소로 인한 매연 발생이 우려된다.

ⓔ 불꽃 형태 부위에 따른 불꽃온도[℃]

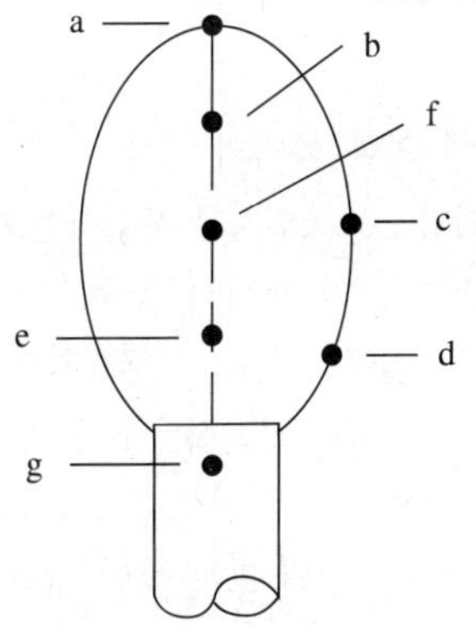

a. 최고 고온 부위 : 900

b. 고온 외염막 : 850

c. 중온 외부염 : 800

d. 저온 외부염 : 500

e. 내염(환원염) : 300

f. 외염(산화염) : 200

g. 염심(미연가스) : 200

- 분젠식 버너 : 가스가 노즐로부터 일정한 압력으로 분출하는 힘을 이용하여 연소에 필요한 공기를 흡인하고, 혼합관에서 혼합한 후 화염공에서 분출시켜 예혼합연소시키는 버너이다. 역화의 우려가 있다.
- 세미분젠식 버너 : 분젠식과 적화식의 중간 방식 버너이다. 1차 공기율이 약 40[%] 이하이며 내염과 외염의 구별이 확실하지 않고, 불꽃온도는 1,000[℃] 정도이며 불꽃색은 청색이다. 역화는 거의 없다.
- 전 1차식 : 연소에 필요한 공기량 전체를 1차 공기에 의존하여 연소하는 버너이다.
  - ⓐ 1차 공기와 가스를 미리 혼합시켜 연소한다.
  - ⓑ 역화 가능성이 가장 크다.
  - ⓒ 역화를 방지하기 위하여 염공을 특별한 구조로 하여 원적외선 난로, 세라믹・메탈 화이버 버너 등을 만든다.
  - ⓓ 가정용 난방기, 특수용도에 이용된다.
  - ⓔ 불꽃온도는 850[℃] 정도이다.
  - ⓕ 금속망이나 세라믹 표면에 연소시키는 방식으로 설치가 용이하다.

• 부분예혼합 버너 : 연료와 공기의 일부를 예혼합(공기량은 30~80[%])하여 노즐로부터 분출시켜서 나머지 공기를 2차 공기로 하여 연소시키는 버너로 저압 버너, 고압 버너, 송풍 버너 등의 종류가 있다.

- 저압 버너(공기 흡입) : 송풍기를 사용하지 않고 연소실 내를 부압(−)으로 하여 2차 공기를 흡입 가스와 혼합하여 연소하는 버너로, 발열량이 높은 가스를 사용할 때는 노즐 구경을 작게 하고 공기 흡입을 한다. 도시가스의 연소 시 압력 70~160[mmH_2O](0.007~0.086[kg/cm^2]) 정도의 저압으로 가스가 공급된다.
- 고압 버너 : 연소실 내 압력을 정압(+)으로 하여 가스와 공기를 혼합연소시키는 버너로, 도시가스, LPG, 부탄가스 등을 혼합하여 소형 가열로에서 사용한다. 가스의 압력이 2[kg/cm^2] 이상의 고압이다.
- 송풍 버너 : 공기를 압축시켜 가압연소로서 고압버너와 마찬가지로 노 내 압력을 정압으로 유지시키는 버너이다.

㉢ 가스버너의 연소 중 화염이 꺼지는 현상이 일어나는 원인

• 공기량의 변동이 클 때
• 연료 공급라인이 불안정할 때
• 공기연료비가 정상범위를 벗어났을 때

핵심예제

7-1. 화격자 연소방식 중 하입식 연소에 대한 설명으로 옳은 것은? [2012년 제3회, 2017년 제1회]

① 산화층에서는 코크스화한 석탄입자 표면에 충분한 산소가 공급되어 표면연소에 의한 탄산가스가 발생한다.
② 코크스화한 석탄은 환원층에서 아래 산화층에서 발생한 탄산가스를 일산화탄소로 환원한다.
③ 석탄층은 연소가스에 직접 접하지 않고 상부의 고온 산화층으로부터 전도와 복사에 의해 가열된다.
④ 휘발분과 일산화탄소는 석탄층 위쪽에서 2차 공기와 혼합하여 기상연소한다.

7-2. 미분탄연소의 특징에 대한 설명으로 틀린 것은? [2015년 제3회, 2017년 제1회 유사, 2020년 제3회]

① 가스화속도가 빠르고 연소실의 공간을 유효하게 이용할 수 있다.
② 화격자연소보다 낮은 공기비로써 높은 연소효율을 얻을 수 있다.
③ 명료한 화염이 형성되지 않고 화염이 연소실 전체에 퍼진다.
④ 연소 완료시간은 표면연소속도에 의해 결정된다.

7-3. 유동층 연소에 대한 설명으로 틀린 것은? [2003년 제3회 유사, 2016년 제2회]

① 균일한 연소가 가능하다.
② 높은 전열 성능을 가진다.
③ 소각로 내에서 탈황이 가능하다.
④ 부하변동에 대한 적응력이 우수하다.

|해설|

7-1
①·②·④는 상입식 연소방식(Overfeed Firing)에 대한 설명이다.

7-2
미분탄연소는 가스화속도가 느리고 연소실의 공간을 유효하게 이용할 수 있다.

7-3
유동층 연소는 부하변동에 대한 적응력이 떨어진다.

정답 7-1 ③ 7-2 ① 7-3 ④

핵심이론 08 화염이론

① 개 요
㉠ 빛에 의한 화염의 분류
- 휘염 : 고체입자를 포함하는 화염으로, 불꽃 중 탄소가 많이 생겨서 황색으로 빛나는 불꽃이다.
- 불휘염(무휘염) : 고체입자를 포함하지 않은 화염으로 수소, 일산화탄소 등의 청록색(푸른색) 연소 불꽃이다.

㉡ 화학적인 성질 또는 화염 내의 반응에 의한 화염의 분류
- 산화염(겉불꽃) : 과잉의 산소를 내포하여 연소가스 중 산소를 포함한 상태의 화염이다.
  - 내염의 외측을 둘러싸고 있는 약한 청자색(파란색)의 불꽃이다.
  - 공기가 충분하여 완전연소 상태의 화염이다.
  - 산소, 이산화탄소, 수증기를 함유한다.
  - 산화반응이란 공기의 과잉 상태에서 생기는 것으로, 이때의 화염을 산화염이라고 한다.
- 환원염(속불꽃) : 산소 부족으로 일산화탄소와 같은 미연분을 포함한 상태의 화염이다.
  - 혼합기염에서 청록색으로 빛나는 내염을 이루고 있다.
  - 수소나 불완전연소에 의한 CO가스를 함유한 환원성의 불꽃이다.
  - 환원반응이란 공기가 부족한 상태에서 생기는 것으로, 이때의 화염을 환원염이라고 한다.

㉢ 연료 분출 흐름 상태에 의한 화염의 분류 : 층류화염, 난류화염
㉣ 연소용 공기 공급방식에 의한 화염의 분류 : 확산화염, 예혼합화염
㉤ 화염사출률 : 연료 중의 탄소, 수소 질량비가 클수록 높다.
㉥ 등심연소 시 화염의 높이(길이) : 공기 유속이 낮고 공기온도가 높을수록 길어진다.

㉦ 화염색에 따른 불꽃의 온도[℃]

암적색 700, 적색 850, 휘적색 950, 황적색 1,100, 백적색 1,300, 황백색 1,350, 백색 1,400, 휘백색 1,500 이상

㉧ 선회기(Swirler) : 압력 분무 오일 연소기나 고압 기류 분무 오일 연소기의 보염기로 사용되는 것으로, 선회 날개를 이용하여 연소기로 유입되는 공기를 선회시키는 역할을 한다.

- 기류의 흐름에 소용돌이를 일으켜서 이때 중심부에 생기는 부압에 의해 순환류를 발생시켜 화염을 안정시키려는 수단으로 가장 적당하다.
- 선회기에 의해서 연소기로 유입되는 공기 및 연료의 혼합기체는 중심부에 부압을 형성함으로써 착화가 가능한 저속의 고온 순환역을 형성한다.
- 선회기의 분류 : 축류식 선회기, 레이디얼 플로 선회기
  - 축류식 선회기(Axial Flow Swirler) : 구조가 단순하여 제작이 용이한 장점이 있으나, 유입 유체의 속력의 큰 변화 없이 방향만 변경되기 때문에 공기와 연료 간의 혼합 성능이 다소 부족한 경우가 있다.
  - 레이디얼 플로 선회기(Radial Flow Swirler) : 유입 공기의 급격한 속력 변화로 인해서 공기와 연료의 혼합 측면에서는 우수한 장점을 가지지만, 축류식 선회기에 비해서 제작 난이도가 높고 유체의 흐름 제어가 용이하지 않은 단점이 있다.

㉨ 화염 전파 관련 제반

- 화염 전파 : 연료와 공기가 혼합된 혼합기체 안에서 화염이 전파해 가는 현상
- 화염면 : 가연가스와 미연가스의 경계
- 화염 전파속도에 영향을 미치는 인자 : 농도, 온도, 압력, 가연성 가스와 공기의 혼합비(가연 혼합기체의 성분 조성) 등
- 가스 자체의 온도, 가스의 점도는 기체연료의 연소에서 화염 전파속도에 큰 영향을 미치지 않는다.
- 화염 전파의 분류
  - 데토네이션파(Detonation Wave) : 화염면 전후에 충격파가 있으며 전파속도는 음속을 넘는다.
  - 연소파(Combustion Wave) : 화염면 전후에 압력파가 있으며 전파속도는 음속을 넘지 않는다.

② 층류화염과 난류화염

㉠ 층류(예혼합)화염(Laminar Flame)

- 난류가 없는 혼합기의 연소이다.
- 층류의 연소속도 : 혼합기의 고유한 성질(20~50[cm/s], 상태(조성, 온도, 압력 등)에 따라 일정하다.
- 층류화염의 구조 : 예열대, 반응대
- 시간이 지남에 따라 유속 및 유량이 증대할 경우 화염의 높이는 높아진다.
- 화염의 길이는 유속에 비례한다.
- 고온의 화염을 얻을 수 있다.
- 층류화염의 연소특성을 결정하는 요소 : 연료와 산화제의 혼합비, 압력 및 온도, 혼합기의 물리·화학적 특성 등(연소실의 응력과는 무관하다)

㉡ 난류화염(Turbulent Flame)

- 난류 유동혼합기의 불규칙한 운동의 연소이다.
- 난류의 연소속도 : 난류 특성(난류 강도, 난류 스케일) 및 혼합기 상태의 함수
- 특징 : 작은 스케일, 높은 연소 강도
- 연소가 양호하며 화염이 짧아진다.
- 난류 유동은 화염 전파를 증가시키지만 화학적 내용은 거의 변하지 않는다.
- 유속이나 유량이 증대할 경우 시간이 지남에 따라 화염의 높이는 거의 변화가 없다.
- 층류 시보다 열효율이 좋아진다.
- 미연소혼합기의 흐름이 화염 부근에서 층류에서 난류로 바뀌었을 때의 현상
  - 확산연소일 경우는 단위면적당 연소율이 높아진다.
  - 적화식 연소는 난류 확산연소로서 연소율이 낮다.
  - 화염의 성질이 크게 바뀌며 화염대의 두께가 증대한다.
  - 예혼합연소일 경우 화염 전파속도가 가속된다.

③ 확산화염

㉠ 확산화염의 개요
- 확산화염은 증발연소 시 발생되는 화염이다.
- 확산화염은 연료가스와 산소가 농도차에 의해 반응영역으로 확산 이동되어 연소하는 과정의 화염이다.
- 공기 중의 산소는 반응에 의해 소모되어 농도가 0이 되는 화염쪽으로 이동하여 연료나 공기 공급에 인위적 제어가 없는 경우이다.

㉡ 확산화염의 예 : 성냥불, 양초화염, 건물 화재, 산림화재

㉢ 확산화염의 형태
- 자유분류 확산화염 : 버너 출구로부터 정지한 공기 중에 연료를 분사해 발생하는 연료 분류의 경계에 화염면이 형성되는 것이다.

- 동축류 확산화염 : 버너 출구로부터 공기류와 같은 축상으로 분출하는 연료류의 경계면에 화염면이 형성되는 것이다. 이 연소 형태는 확산화염 버너의 기본 형태이다.

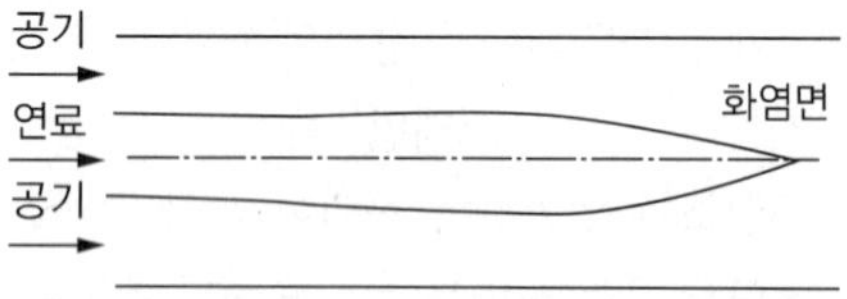

- 대향류 확산화염 : 서로 마주 보는 연료 흐름과 공기 흐름의 충돌면에 발생하는 화염으로, 증발연소하는 액적이나 분해연소하는 고체입자(예 미분탄)의 주위에 형성되는 화염과 유사한 형태이다.

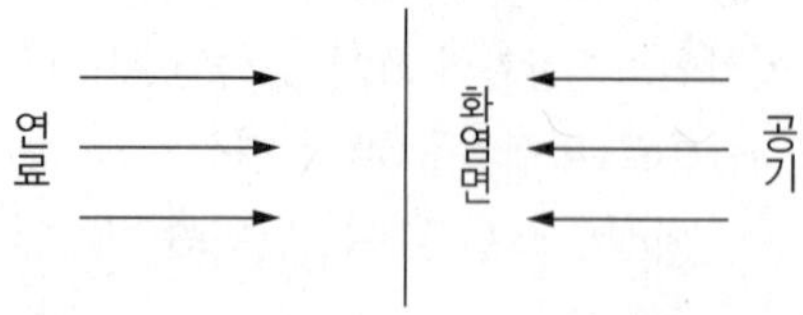

- 대향분류 확산화염 : 공기류와 마주 본 상태에서 연료노즐에서 분출하는 연료 분류의 경계면에 발생하는 화염이다.

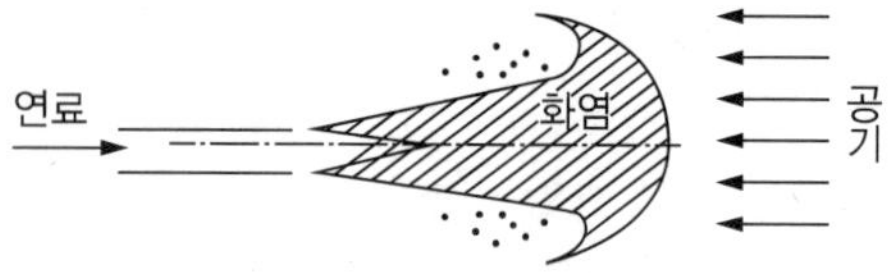

- 경계층 확산화염 : 연료가 다공층판 같은 물질로부터 균일하게 배어 나오는 경우 판의 표면에 따라 만들어지는 경계면에 화염이 형성되는 것으로, 측면 바람을 받는 기름면(예 해양 유조선 화재), 분해연소하는 고체벽의 표면에 형성되는 화염과 유사한 형태이다.

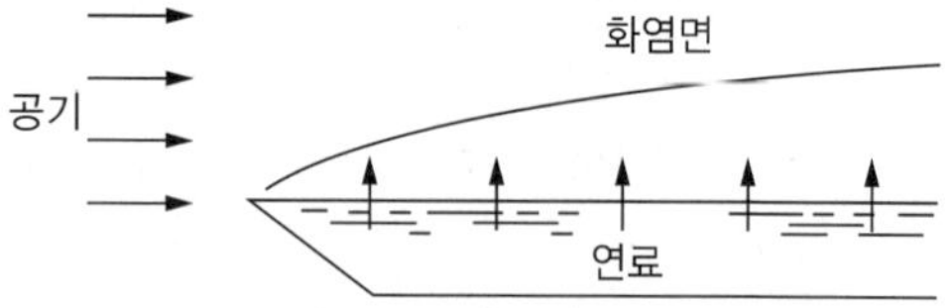

㉣ 확산화염의 구조

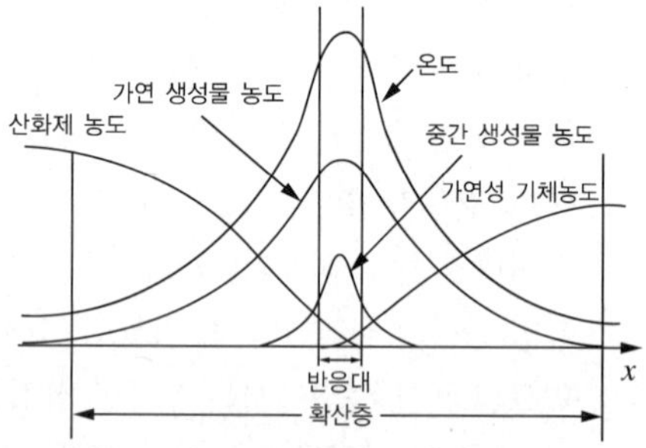

- 반응대는 연료와 산화제의 경계에 존재한다.
- 반응대를 향하여 연료와 산화제가 확산된다.
- 확산화염의 반응대는 예혼합화염의 반응대보다 몇 배 이상 두껍다.
- 연소속도는 연료와 산화제의 확산속도에 의존하기 때문에 연소속도 측정이 어렵다.
- 화염면 바깥쪽에서 화염면을 향하여 접선 방향으로 산화제가 확산된다.
- 확산영역이 반응대에 비하여 훨씬 두껍다.
- 반응대 주변에 열분해 등에 의한 (−) 열 발생률 영역이 존재한다(예열대와 유사).

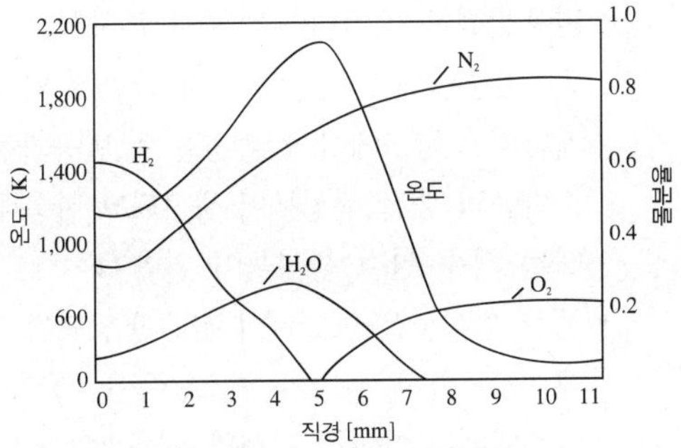

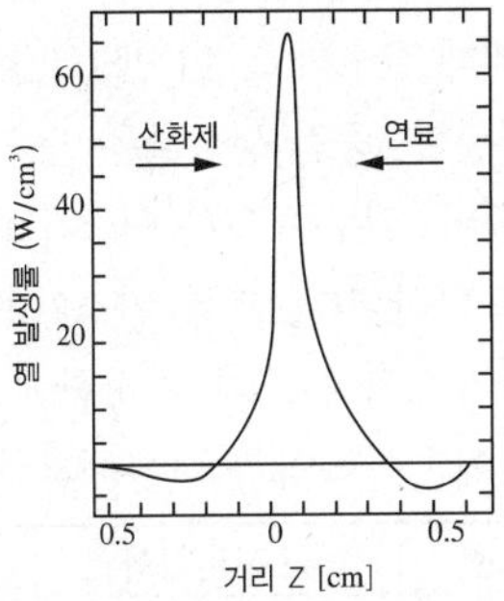

- 확산화염 부근의 연료는 열분해에 의하여 탄소 미립자가 되기 쉽다(황색 발광, 그을음).

㉤ 확산화염의 특징
- 연소 생성물은 양쪽 방향에서 화염으로부터 멀어지며 확산된다.
- 연소 생성물은 화염면의 양측면으로 확산됨에 따라 없어진다.
- 연료와 산화제의 경계면이 생겨 서로 반대측 면에서 경계면으로 연료와 산화제가 확산해 온다.
- 연료가스와 공기의 반대 방향 확산이므로 화염면 전파가 없다.
- 연소는 불충분하고 바람의 영향을 받기 쉽다.
- 확산화염에 영향을 미치는 것은 중력이다.
- 산림 화재, 액면 화재(Pool Fire) 등의 자연 화재의 화염은 대부분 확산화염이다.
- 화염대에 해당하는 두께는 10~100[mm] 정도로 두껍다.
- 가스라이터의 연소는 전형적인 기체연료의 확산화염이다.

- 층류 확산화염과 난류 확산화염으로 구분한다.

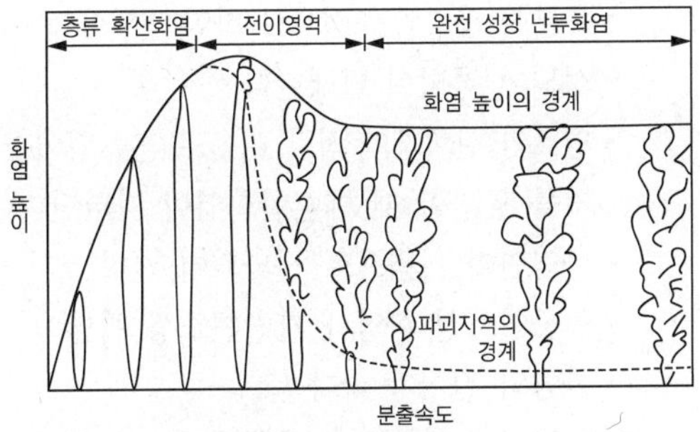

- 임계유속(천이영역)에서 화염의 끝이 갈라지고 화염이 교란되며, 층류화염의 길이가 짧아진다.
- 한계유속에 도달하면 화염이 노즐 출구에서 조금 떨어진 위치에 존재하는 부상화염이 형성되고, 유속이 더 증가하면 소화에 이르게 된다.

㉥ 층류 확산화염
- 레이놀즈수가 작은 곳에서 일어난다.
- 화염이 뚜렷하게 나타난다.
- 유속이 느리고 화염 길이가 길다.

㉦ 난류 확산화염
- 레이놀즈수가 큰 곳에서 일어난다.
- 화염이 헝클어지고 불명확해진다.
- 유속이 빠르고 화염 길이가 짧다.
- 화염 길이는 유속에 거의 변화하지 않는다.
- 화염에 만곡이 생겨 화염 면적이 증대된다.
- 완전연소에 의해 연소가 양호하여 열효율이 증가한다.

④ 예혼합화염

㉠ 예혼합화염의 개요
- 예혼합화염은 연료가스와 공기가 발화되어 전파되기 전에 미리 혼합된 연소과정의 화염이다.
- 밀폐 공간에서는 이러한 과정이 급속한 압력 증가를 초래하고 폭발이 발생한다.

㉡ 예혼합화염의 예 : 가솔린 엔진에서의 스파크에 의한 발화, 디젤엔진에서의 단열 압축에 의한 자연 발화, 증기운폭발, 프로판가스의 폭발 등

㉢ 예혼합화염의 특징

- 충분한 압력의 축적으로 화염 전면에 충격파가 형성되어 폭발이 발생한다.
- 연료와 산화제가 적당 비율로 혼합되어 가연혼합기를 통과할 때 예혼합화염이 나타난다.
- 화염면이 자력으로 전파되어 간다.
- 인공연소성 화염과 자연연소성 화염이 있다.
- 화염의 길이가 짧다.
- 화염대에 해당하는 두께는 0.1~0.3[mm] 정도로 얇다.
- 화염의 가속에 따라 밀폐 공간에서는 급속한 압력증가를 초래하고 충분한 압력이 전파되는 화염 뒤에 축적되면 화염면에 충격파를 형성한다.
- 층류 예혼합화염과 난류 예혼합화염이 있다.

㉣ 층류 예혼합화염

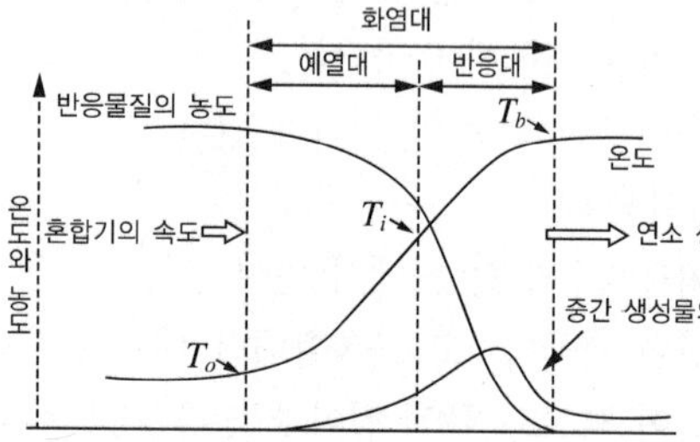

- 청색 화염이 형성되며 이를 혼합기염이라고 한다.
- 화염대는 예열대와 반응대로 되어 있다.
- 미연소혼합기측의 예열대온도는 반응대로부터 열전달이 일어나 상승한다.
- T_o는 미연소혼합기의 온도이다.
- 반응대의 온도는 연소반응의 발열반응에 의해 상승한다.
- 온도곡선의 변곡점인 T_i는 발열속도와 방열속도가 평형을 이루는 점으로, 여기서부터 반응이 시작되며 이 점을 착화온도라고 한다.
- 반응대의 온도 T_b는 열손실을 무시하면 단열화염온도에 가까워진다.
- 반응물질은 예열대에서 주로 분자확산운동을 하고, 반응대에서 반응과 분자 확산에 의해 농도가 저하되고 출구에서 소멸된다. 이 반응과정에서 연소반응의 중간 생성물이 생성되고 반응대를 나올 때는 최종 연소 생성물이 된다.
- 중간 생성물은 예열대에서도 생성되어 확산되는데 이들 중 활성기가 연소반응을 촉진시킨다.
- 반응대에서 가연성 기체와 산화제의 농도는 반응에 의해 감소하고, 이 반응과정에서 중간 생성물이 생성된다. 중간 생성물은 반응대에서 농도가 최대로 되며, 일부는 고온 연소가스에 잔류하거나 상하류로 확산된다. 또한 연소가스 중 중간 생성물은 연소가스의 온도가 저하함에 따라서 감소한다.
- 층류예혼합화염과 난류예혼합화염의 비교

구 분	층류 예혼합화염	난류 예혼합화염
연소속도	느리다.	빠르다.
화염 형상	명확한 원추상이다.	헝클어지고 불명확하다.
화염 색상	연한 청색	흰 색
화염 크기	얇고 길다.	두껍고 짧다.
화염 휘도	낮다(어둡다).	높다(밝다).
미연소분	미연소분 미존재	미연소분 존재

㉤ 난류 예혼합화염

- 난류 예혼합화염의 연소속도가 층류 예혼합화염의 수배 내지 수십배에 달한다.
- 난류 예혼합화염의 두께는 수[mm]~수십[mm]에 달한다.
- 내연기관의 화염은 난류, 비정상 예혼합화염이다.

8-1. 연소에 대한 설명 중 옳지 않은 것은?

[2006년 제2회, 2011년 제2회, 2016년 제3회, 2020년 제3회]

① 연료가 한 번 착화하면 고온으로 되어 빠른 속도로 연소한다.
② 환원반응이란 공기의 과잉 상태에서 생기는 것으로 이때의 화염을 환원염이라 한다.
③ 고체, 액체연료는 고온의 가스 분위기 중에서 먼저 가스화가 일어난다.
④ 연소에 있어서는 산화반응뿐만 아니라 열분해반응도 일어난다.

8-2. 등심연소의 화염의 높이에 대하여 옳게 설명한 것은?

[2006년 제3회, 2011년 제1회, 2014년 제3회]

① 공기유속이 낮을수록 화염의 높이는 커진다.
② 공기온도가 낮을수록 화염의 높이는 커진다.
③ 공기유속이 낮을수록 화염의 높이는 낮아진다.
④ 공기유속이 높고 공기온도가 높을수록 화염의 높이는 커진다.

8-3. 확산화염의 연소방식에 대한 설명으로 틀린 것은?

[2007년 제1회, 2010년 제3회, 2022년 제2회 유사]

① 연소 생성물은 화염면의 양측면으로 확산됨에 따라 없어진다.
② 연료와 산화제의 경계면이 생겨 서로 반대측 면에서 경계면으로 연료와 산화제가 확산해 온다.
③ 가스라이터의 연소는 전형적인 기체연료의 확산화염이다.
④ 연료와 산화제가 적당 비율로 혼합되어 가연혼합기를 통과할 때 확산화염이 나타난다.

8-4. 공기 흐름이 난류일 때 가스연료의 연소현상에 대한 설명으로 옳은 것은? [2006년 제1회, 2011년 제2회, 2017년 제3회]

① 화염이 뚜렷하게 나타난다.
② 연소가 양호하여 화염이 짧아진다.
③ 불완전연소에 의해 열효율이 감소한다.
④ 화염이 길어지면서 완전연소가 일어난다.

8-5. 다음 확산화염의 여러 가지 형태 중 대향분류(對向噴流) 확산화염에 해당하는 것은?

[2006년 제1회, 2014년 제1회, 2017년 제2회, 2021년 제1회]

①
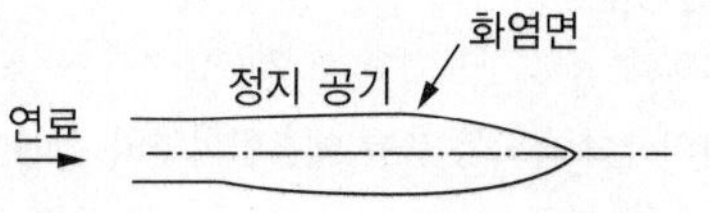

②
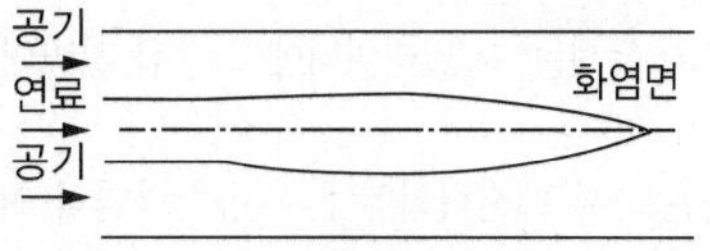

③

④
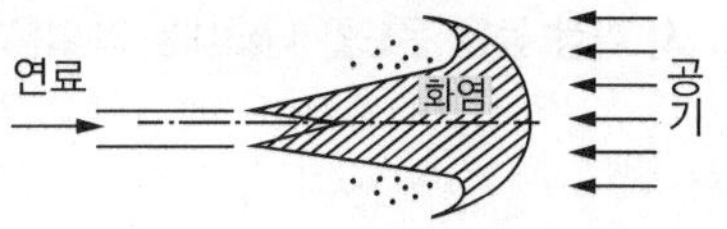

8-6. 다음 그림은 층류 예혼합화염의 구조도이다. 온도곡선의 변곡점인 T_i를 무엇이라고 하는가?

[2004년 제1회, 2006년 제1회, 2009년 제1회, 2020년 제3회]

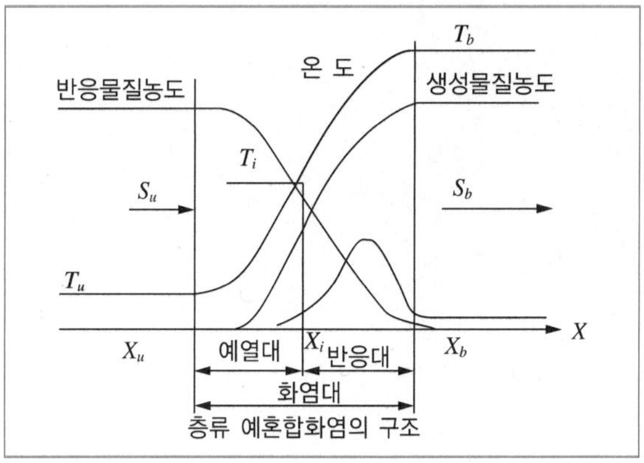

① 착화온도　　② 반전온도
③ 화염평균온도　　④ 예혼합화염온도

8-7. 층류 예혼합화염과 비교한 난류 예혼합화염의 특징에 대한 설명으로 옳은 것은? [2006년 제1회, 2008년 제3회, 2009년 제3회, 2012년 제3회, 2017년 제2회, 2020년 제3회]

① 화염의 두께가 얇다.
② 화염의 밝기가 어둡다.
③ 연소속도가 현저하게 늦다.
④ 화염의 배후에 다량의 미연소분이 존재한다.

핵심예제

8-8. 난류예혼합화염과 층류예혼합화염에 대한 특징을 설명한 것으로 옳지 않은 것은?

[2007년 제1회, 2012년 제2회, 2020년 제1·2회 통합]

① 난류 예혼합화염의 연소속도는 층류 예혼합화염의 수배 내지 수십배에 달한다.
② 난류 예혼합화염의 두께는 수 밀리미터에서 수십 밀리미터에 달하는 경우가 있다.
③ 난류 예혼합화염은 층류 예혼합화염에 비하여 화염의 휘도가 낮다.
④ 난류 예혼합화염의 경우 그 배후에 다량의 미연소분이 잔존한다.

8-9. 다음 중 연소 시 가장 높은 온도를 나타내는 색깔은?

[2016년 제2회, 2022년 제1회 유사]

① 적 색 ② 백적색
③ 휘백색(輝白色) ④ 황적색

|해설|

8-1
• 환원반응 : 공기의 부족 상태에서 생기는 것으로 이때의 화염을 환원염이라고 한다.
• 산화반응 : 공기의 과잉 상태에서 생기는 것으로 이때의 화염을 산화염이라고 한다.

8-2
② 공기온도가 높을수록 화염의 높이는 커진다.
③ 공기유속이 낮을수록 화염의 높이는 커진다.
④ 공기유속이 낮고 공기 온도가 높을수록 화염의 높이는 커진다.

8-3
연료와 산화제가 적당 비율로 혼합되어 가연혼합기를 통과할 때 예혼합화염이 나타난다.

8-4
① 화염이 헝클어지고 불명확해진다.
③ 완전연소에 의해 열효율이 증가한다.
④ 화염이 짧아지면서 완전연소가 일어난다.

8-5
④ 대향분류 확산화염
① 자유분류 확산화염
② 동축류 확산화염
③ 대향류 확산화염

8-6
온도곡선의 변곡점인 T_i는 발열속도와 방열속도가 평형을 이루는 점으로, 여기서부터 반응이 시작되며 이 점을 착화온도라고 한다. T_u는 미연소혼합기온도, T_b는 단열화염온도이다.

8-7
① 화염의 두께가 두껍다.
② 화염의 밝기가 밝다.
③ 연소속도가 현저하게 빠르다.

8-8
난류 예혼합화염은 층류 예혼합화염에 비하여 화염의 휘도가 높다.

8-9
③ 휘백색 : 1,500[℃]
① 적색 : 850[℃]
② 백적색 : 1,300[℃]
④ 황적색 : 1,100[℃]

정답 8-1 ② 8-2 ① 8-3 ④ 8-4 ② 8-5 ④ 8-6 ① 8-7 ④ 8-8 ③ 8-9 ③

핵심이론 09 연소속도

① 연소속도와 화염속도

㉠ 연소속도(Burning Rate)

- 미연소 혼합기류의 화염면에 대한 법선 방향의 속도이다.
- 미연소가스에 대한 화염 진행속도이다.
- 연소 시 화염이 미연소 혼합가스에 대하여 수직으로 이동하는 속도이다.
- 단위면적의 화염면이 단위시간에 소비하는 미연소혼합기의 체적이다.
- 단위시간 · 단위면적당 혼합가스량($[m^3/m^2 \cdot s] = [m/s]$)
- 별칭 : 산화속도, 산화반응속도, 반응속도
  - $반응속도 = \dfrac{반응물질의\ 농도\ 감소량}{시간의\ 변화} = \dfrac{생성물질의\ 농도\ 증가량}{시간의\ 변화}$
  - 반응은 원자나 분자의 충돌에 의해 이루어진다.
  - 연소는 연료의 산화 발열반응이므로 연소속도란 산화하는 속도라고 할 수 있다.
  - 연소속도를 결정하는 가장 중요한 인자는 산화반응을 일으키는 속도이다.
  - 온도가 높을수록 반응속도가 증가한다.
  - 기체의 경우 압력이 커지면 단위부피 속 분자수가 많아져서 반응물질의 농도가 증가되어 분자 사이의 충돌수가 증가하므로 반응속도가 빨라진다.
  - 반응물질의 농도가 커지면 반응속도는 항상 증가한다.
- 연소속도는 일반적으로 이론혼합비보다 약간 과농한 혼합비에서 최대가 된다.
- 혼합기체의 연소속도
  - 보통의 탄화수소와 공기의 혼합기체 연소속도는 약 40~50[cm/s] 전후로 느린 편이다.
  - 기체연료 중 공기와 혼합기체를 만들었을 때 연소속도가 가장 빠른 것은 수소이다.
  - 공기 중에서 기체연료(가스)의 정상 연소속도 : 0.03~10[m/s]
  - 산화제로 순 산소를 사용할 때 혼합기체의 연소속도는 최대가 된다. 이때 공기와의 혼합기체에 비해 약 5~7배 정도 빨라져서 수소-산소 혼합기체는 1,400[cm/s], 아세틸렌-산소 혼합기체는 1,140[cm/s] 정도의 연소속도를 낸다.
- 일반적인 정상연소의 연소속도 지배요인 : 공기(산소)의 확산속도
- 연소속도는 가스의 분출 상태에 따라 층류연소속도와 난류연소속도로 구분된다.
  - 층류와 난류는 레이놀즈수에 의해 정해진다.
  - 화재의 경우는 난류연소속도이다.

㉡ 화염속도

- 화염(Flame) : 연소한 가스와 미연소가스의 경계면에서 일어나는 복잡한 화학반응에 의해 발생되는 고온의 강한 빛이다.
- 화염 전파 : 발화원에서 발생한 화염이 혼합가스를 이동하는 현상이다.
- 화염 전파속도 : 정지 관찰자에 대한 상대적인 화염의 이동속도로, 기체연료의 화염 전파속도는 온도, 압력, 가연성 가스와 공기와의 혼합비 등에 영향을 받는다.
- 화염속도 : 화염이 전파해 가는 속도로 연소속도와 미연소가스의 전방 이동속도를 합한 속도이다.
  - 화염속도 = 연소속도 + 미연소가스의 전방 이동속도
  - 연소속도 = 화염속도 − 미연소가스의 전방 이동속도
- 화염면의 앞에 존재하고 있는 미연소가스(혼합가스)는 이미 연소에 의하여 발생한 연소가스의 열팽창 때문에 전방으로 밀려나므로 화염은 이동하고 있는 미연소가스(혼합가스) 속을 전파해서 가게 된다.
- 화염속도 중에 미연소가스의 이동속도가 가산되어 있고 이동속도는 연소의 상태에 의하여 변동하므로, 화염의 전파를 이론적으로 고려할 때는 미연소가스의 이동하는 속도를 뺀다.

② 연소속도에 영향을 미치는 요인

가연성 물질(산화 용이성, 열전도율, 활성화 에너지, 발열량), 미연소혼합기, 농도(산소농도), 온도(반응계 온도, 화염온도), 압력(산소와의 혼합비), 표면적, 촉매, 관의 단면적, 내염 관의 염경, 혼합물의 조성, 유체 흐름, 억제제 등(요인이 아닌 것으로는 염의 높이, 지연성 물질, 연소요소 등이 출제된다)

㉠ 가연성 물질 : 산화되기 쉽고 발열량이 크고 열전도율·활성화 에너지·비열·비중(밀도)·분자량이 작을수록 연소속도가 빠르다.

㉡ 미연소혼합기 : 열전도도, 열확산계수가 크고 비열·비중(밀도)·분자량이 작을수록 연소속도가 빠르다.

㉢ 농도 : 높을수록 연소속도가 빨라진다.
- 반응물질의 농도가 높을수록 단위부피 속 입자수가 증가되어 충돌 횟수가 많아져서 반응속도가 빨라진다.
- 공기 중의 산소농도를 높이면 연소속도는 빨라지고, 폭발이 더 잘 일어나며 화염온도가 높아지고 발화온도는 낮아진다.

㉣ 온도 : 높아지면 연소속도가 빨라진다.
- 온도가 높아지면 분자 평균 운동에너지가 증가하여 반응속도가 빨라진다.
- 주변 온도가 상승함에 따라 연소속도는 증가한다.
- 혼합기체의 초기온도가 올라갈수록 연소속도는 빨라진다.
- 반응속도상수는 온도와 관계있다.
- 반응속도상수는 아레니우스 법칙으로 표시할 수 있다.
- 미연소혼합기의 온도를 높이면 연소속도는 증가한다.

㉤ 압력 : 커질수록 연소속도가 빨라진다.
- 기체의 경우 압력이 커지면 단위부피 속 분자수가 많아져서 반응물질의 농도가 증가되어 분자 사이의 충돌수가 증가하므로 반응속도가 빨라진다.
- 공기의 산소분압을 높이면 연소속도는 빨라진다.

㉥ 표면적 : 커질수록 연소속도가 빨라진다.
- 반응물질의 표면적이 커지면 분자 충돌 횟수가 증가하여 반응속도가 빨라진다.
- 입자의 크기가 작을수록 표면적이 커지므로 작은 입자일수록 연소속도가 빠르다.

㉦ 촉매 : 자신은 변하지 않고 다른 물질의 화학 변화를 촉진하는 물질이다.
- 정촉매 : 활성화 에너지를 감소시켜 반응속도를 빠르게 하는 촉매
- 부촉매 : 활성화 에너지를 증가시켜 반응속도를 느리게 하는 촉매
- (정)촉매는 정반응의 반응속도는 증가시키지만, 역반응의 반응속도는 감소시킨다.

㉧ 관의 단면적이 클수록, 내염 관의 염경이 클수록 연소속도는 빠르다.

㉨ 혼합물의 조성 : 연소속도는 화학양론적 혼합 조성에서 최고가 된다. 혼합물이 연소한계에 가까워질수록 연소속도는 낮아진다.
- 연소속도는 이론혼합기 근처에서 최대이다.
- 일산화탄소 및 수소, 기타 탄화수소계 연료는 당량비가 1.0 부근에서 연소속도의 피크가 나타난다.
- 메탄의 경우 당량비가 1.1 부근에서 연속속도는 최저가 된다.

㉩ 유체 흐름 : 층류보다 난류 흐름에서 연소속도가 빠르다. 난류에 의해 주름 잡힌 화염은 더 많은 표면적과 에너지를 갖게 되어 연소속도를 증가시킨다.

㉪ 억제제 : 혼합기 속에 억제제가 존재하면 산소농도가 작아져 연소속도가 상당히 감소한다.

③ 층류연소속도

㉠ 층류(예혼합)연소속도는 연료의 종류, 혼합기의 조성, 온도, 압력에 대응하는 고유값을 가지며 흐름의 상태와는 무관하다.

㉡ 층류연소속도에 미치는 요인 : 미연소혼합기의 압력, 온도, 산소농도, 열확산계수, 연료의 발열량, 혼합기체의 조성, 비열, 비중, 분자량, 층류화염의 예열대 두께 등

• 높을수록 연소속도가 빨라지는 요인 : 미연소혼합기의 압력, 온도, 산소농도, 열확산계수, 발열량
• 낮을수록 연소속도가 빨라지는 요인 : 미연소혼합기의 비열, 비중, 분자량, 층류화염의 예열대 두께
• 층류연소속도는 연료와 산소의 이론혼합기 부근에서 최댓값이 되며, 비중이 작을수록 이 최댓값이 가장 크다.
• 층류연소속도는 표면적, 가스의 흐름 상태 등과는 무관하다.

㉢ 각종 혼합기의 층류연소속도

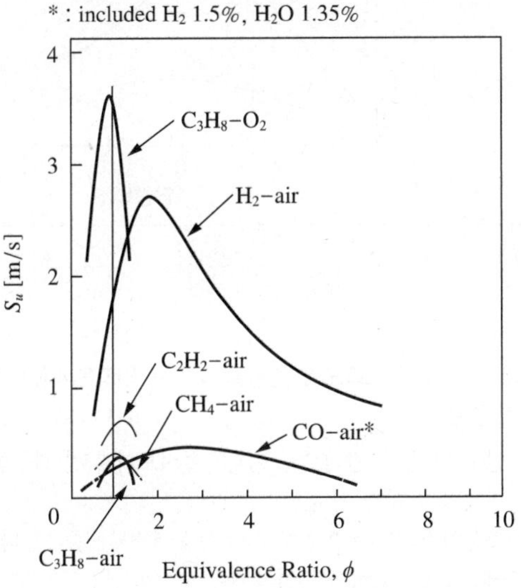

• 메탄, 에틸렌, 프로판 등의 탄화수소계 연료는 이론공연비보다 약간 농후한 영역인 당량비 1.1 부근에서 연소속도가 최고이지만, 일산화탄소나 수소의 경우에는 당량비 2 이상의 더욱 농후한 영역에서 최고 연소속도를 나타낸다.
• 연소속도의 변동은 단열 평형 가스온도의 변동과 매우 잘 대응하고 있다. 따라서 미연소혼합기의 온도를 높이면(혼합기 예열) 단열 평형 연소가스 온도가 상승하여 연소속도도 증가한다. 또한, 공기의 산소분압을 높이는 경우에도 연소속도가 빨라진다.

㉣ 층류연소속도의 측정법 : 평면화염버너법, 슬롯버너법, 분젠버너법, 비눗방울법

• 평면화염버너법 : 가연성 혼합기를 일정 속도분포로 만들어 혼합기의 유속과 연소속도가 균형을 이루게 하여 혼합기의 유속을 연소속도로 가정하는 방법
• 슬롯버너법(Slot Nozzle Burner Method) : 가로와 세로의 비율이 3 이상인 노즐 내부에서는 균일한 속도분포를 얻을 수 있게 하여 착화시킨 후, 노즐 위에 역 V자의 화염콘(Flame Cone)이 만들어진 것을 이용하여 화염 모형도로부터 연소속도를 구하는 방법
• 분젠버너법 : 단위 화염 면적당 단위시간에 소비되는 미연소 혼합기체의 체적을 연소속도로 정의하여 결정한다. 오차가 크지만 연소속도가 빠른 혼합기체에 편리하게 이용되는 측정방법
• 비눗방울법(비누거품법) : 연료−산화제 혼합기로 비누 거품을 만들고 그 중심에 전기불꽃점화전극을 이용하여 점화시켜 화염을 구상으로 만들어 밖으로 전파되게 하여 비눗방울 내부가 연소 진행과 동시에 팽창하여 터지는 정압연소되는 속도를 측정하는 방법

④ **난류연소속도**

㉠ 개 요

• 층류화염에서 난류화염으로 전이하는 높이는 유속이 증가함에 따라 급속히 아래쪽으로 이동하여 층류화염의 길이가 감소된다.
• 전이화염에서 유속을 더 증가시키면 대부분의 화염이 난류가 되고 전체 화염의 길이는 크게 변화하지 않는다.
• 층류화염에서 난류화염으로의 전이는 분류 레이놀즈수에 의존한다.
• 화염 전파속도(V_f) : $V_f = u + S_u$

여기서, u : 미연소가스속도

S_u : 연소속도

㉡ 화염 가속의 원인 : 혼합기의 성질, 온도의 상승, 압력의 상승, 유체와 고체벽의 전단응력(외부 유체의 전단응력), 흐름의 속도 변동, 농도의 불균일 등

핵심예제

9-1. 연소속도에 관한 설명으로 옳은 것은?

[2003년 제1회, 2014년 제3회]

① 단위는 [kg/s]으로 나타낸다.
② 미연소 혼합기류의 화염면에 대한 법선 방향의 속도이다.
③ 연료의 종류, 온도, 압력과는 무관하다.
④ 정지 관찰자에 대한 상대적인 화염의 이동속도이다.

9-2. 기체연료의 연소속도에 대한 설명으로 틀린 것은?

[2009년 제2회, 2018년 제3회]

① 보통의 탄화수소와 공기의 혼합기체 연소속도는 약 400~500[cm/s] 정도로 매우 빠른 편이다.
② 연소속도는 가연한계 내에서 혼합기체의 농도에 영향을 크게 받는다.
③ 연소속도는 메탄의 경우 당량비 농도 근처에서 최고가 된다.
④ 혼합기체의 초기온도가 올라갈수록 연소속도도 빨라진다.

9-3. 다음 중 공기와 혼합기체를 만들었을 때 최대 연소속도가 가장 빠른 기체연료는? [2013년 제1회, 2020년 제1·2회 통합]

① 아세틸렌
② 메틸알코올
③ 톨루엔
④ 등 유

9-4. 층류연소속도에 대한 설명으로 가장 거리가 먼 것은?

[2003년 제3회, 2010년 제2회, 2015년 제1회 유사]

① 층류연소속도는 압력에 따라 결정된다.
② 층류연소속도는 표면적에 따라 결정된다.
③ 층류연소속도는 연료의 종류에 따라 결정된다.
④ 층류연소속도는 가스의 흐름 상태와는 무관하다.

9-5. 다음 그림은 프로판-산소, 수소-공기, 에틸렌-공기, 일산화탄소-공기의 층류연소속도를 나타낸 것이다. 이 중 프로판-산소 혼합기의 층류연소속도를 나타낸 것은?

[2014년 제2회, 2018년 제1회]

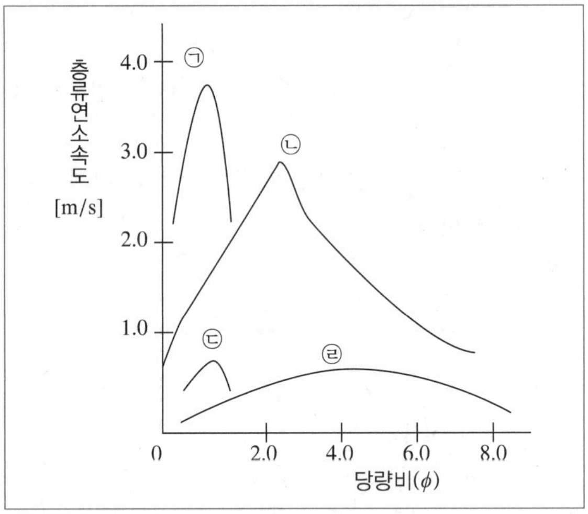

① ㉠
② ㉡
③ ㉢
④ ㉣

9-6. 가스의 연소속도에 영향을 미치는 인자에 대한 설명 중 틀린 것은? [2012년 제1회, 2021년 제2회]

① 연소속도는 일반적으로 이론혼합비보다 약간 과농한 혼합비에서 최대가 된다.
② 층류연소속도는 초기온도의 상승에 따라 증가한다.
③ 연소속도의 압력 의존성이 매우 커 고압에서 급격한 연소가 일어난다.
④ 이산화탄소를 첨가하면 연소범위가 좁아진다.

9-7. 층류연소속도의 측정법이 아닌 것은?

[2003년 제2회, 2014년 제2회 유사, 2018년 제3회]

① 분젠버너법
② 슬롯버너법
③ 다공버너법
④ 비눗방울법

|해설|

9-1

① 단위는 [m/s]으로 나타낸다.

③ 연료의 종류, 온도, 압력에 따라 달라진다.

④ 정지 관찰자에 대한 상대적인 화염의 이동속도는 화염전파속도라 한다.

9-2

보통의 탄화수소와 공기의 혼합기체 연소속도는 약 40~50[cm/s] 전후로 느린 편이다.

9-3

기체연료의 분자량을 살펴보면, 아세틸렌(C_2H_2) 26, 메틸알코올(CH_3OH) 32, 톨루엔($C_6H_5CH_3$) 92, 등유 약 170이다. 미연소 혼합기의 분자량이 작을수록 최대연소속도가 빠르므로 분자량이 가장 작은 아세틸렌과 공기의 혼합기체의 연소속도가 가장 빠르다.

9-4

층류연소속도에 미치는 요인

- 높을수록 연소속도가 빨라지는 요인 : 미연소혼합기의 압력, 온도, 산소농도, 열확산계수, 발열량
- 낮을수록 연소속도가 빨라지는 요인 : 미연소혼합기의 비열, 비중, 분자량, 층류화염의 예열대 두께

9-5

① 프로판 - 산소

② 수소 - 공기

③ 에틸렌 - 공기

④ 일산화탄소 - 공기

9-6

압력이 높아지면 분자 간 간격이 좁아지므로 분자들의 유효 충돌이 증가하여 연소속도가 증가하지만, 고압에서 급격한 연소가 일어나지는 않는다.

9-7

층류연소속도의 측정법 : 평면화염버너법, 슬롯버너법, 분젠버너법, 비눗방울법(비누거품법)

정답 9-1 ② 9-2 ① 9-3 ① 9-4 ② 9-5 ① 9-6 ③ 9-7 ③

2-2. 연소 계산

핵심이론 01 연소 계산의 개요

① 실제 연소에 사용하는 공기의 조성

㉠ 질량비 : 산소 0.232, 질소 0.768

㉡ 체적비 : 산소 0.21, 질소 0.79

② 연소 계산을 위한 필수 암기사항

㉠ 주요 원자와 원자량 : 수소원자(H) 1, 탄소원자(C) 12, 질소원자(N) 14, 산소원자(O) 16, 황원자(S) 32

㉡ 주요 분자와 분자량[g/mol] : 수소분자(H_2) 2, 메탄(CH_4) 16, 물(H_2O) 18, 질소분자(N_2) 28, 일산화탄소(CO) 28, 공기(혼합물) 29, 에탄(C_2H_6) 30, 산소분자(O_2) 32, 이산화탄소(CO_2) 44, 프로판(C_3H_6) 44, 부탄(C_4H_{10}) 58, 아황산가스(SO_2) 64

③ 주요 연소방정식

㉠ 수소 : $H_2 + 0.5O_2 \rightarrow H_2O$

㉡ 탄소 : $C + O_2 \rightarrow CO_2$

㉢ 황 : $S + O_2 \rightarrow SO_2$

㉣ 일산화탄소 : $CO + 0.5O_2 \rightarrow CO_2$

㉤ 메탄 : $CH_4 + 2O_2 \rightarrow CO_2 + 2H_2O$

㉥ 아세틸렌 : $C_2H_2 + 2.5O_2 \rightarrow 2CO_2 + H_2O$

㉦ 에틸렌 : $C_2H_4 + 3O_2 \rightarrow 2CO_2 + 2H_2O$

㉧ 에탄 : $C_2H_6 + 3.5O_2 \rightarrow 2CO_2 + 3H_2O$

㉨ 프로판 : $C_3H_8 + 5O_2 \rightarrow 3CO_2 + 4H_2O$

㉩ 부탄 : $C_4H_{10} + 6.5O_2 \rightarrow 4CO_2 + 5H_2O$

㉪ 옥탄 : $C_8H_{18} + 12.5O_2 \rightarrow 8CO_2 + 9H_2O$

㉫ 등유 : $C_{10}H_{20} + 15O_2 \rightarrow 10CO_2 + 10H_2O$

㉬ 탄화수소의 연소반응식 :

$$C_mH_n + \left(m + \frac{n}{4}\right)O_2 \rightarrow mCO_2 + \frac{n}{2}H_2O$$

※ 메탄, 아세틸렌, 에틸렌, 에탄, 프로판, 부탄, 옥탄, 등유 등의 탄화수소가 완전연소하면 탄산가스와 물이 생성된다.

④ 유효수소와 유효수소수

㉠ 유효수소 : 실제 연소 가능한 수소

㉡ 유효수소수 : 연료 중에 포함된 산소가 연소 전에 수소와 반응하여 실제 연소에 영향을 주는 가연성분인 수소가 감소된 수로 $\left(H - \frac{O}{8}\right)$로 계산한다.

핵심예제

1-1. 다음의 연소반응식 중 틀린 것은?

[2008년 제2회, 2016년 제1회]

① $C_3H_8 + 5O_2 \rightarrow 3CO_2 + 4H_2O$
② $C_3H_6 + (7/2)O_2 \rightarrow 3CO_2 + 3H_2O$
③ $C_4H_{10} + (13/2)O_2 \rightarrow 4CO_2 + 5H_2O$
④ $C_6H_6 + (15/2)O_2 \rightarrow 6CO_2 + 3H_2O$

1-2. 탄화수소(C_mH_n) 1[mol]이 완전연소될 때 발생하는 이산화탄소의 몰[mol]수는 얼마인가?

[2006년 제3회, 2013년 제2회, 2018년 제2회]

① $\frac{1}{2}m$　② m
③ $m+\frac{1}{4}n$　④ $\frac{1}{4}m$

1-3. 프로판(C_3H_8) 5[m^3]가 완전연소 시 생성되는 이산화탄소(CO_2)의 부피는 표준 상태에서 몇 [m^3]인가? [2004년 제3회]

① 5　② 10
③ 15　④ 20

|해설|

1-1

$C_3H_6 + 4.5O_2 \rightarrow 3CO_2 + 3H_2O$

1-2

탄화수소의 연소반응식

$C_mH_n + \left(m+\frac{n}{4}\right)O_2 \rightarrow mCO_2 + \frac{n}{2}H_2O$

이산화탄소는 m[mol]이 발생된다.

1-3

• 프로판의 연소방정식 : $C_3H_8 + 5O_2 \rightarrow 3CO_2 + 4H_2O$
• 생성되는 이산화탄소(CO_2)의 부피 $= 5 \times 3 = 15$[m^3]

정답 1-1 ② 1-2 ② 1-3 ③

핵심이론 02 공기량과 연소가스량

① 이론공기량

㉠ 개 요

• 이론공기량
　– 연료의 연소 시 이론적으로 필요한 공기량
　– 연소에 필요한 최소한의 공기량
　– 완전연소에 필요한 최소공기량
　– A_0로 표시한다.
• 액화석유가스와 같이 이론산소량이 크게 요구되는 연료는 이론공기량도 크게 필요하다.
• 무연탄보다 중유연소 시 이론공기량이 더 많이 필요하다.
• 필요한 공기량의 최소량은 화학반응식으로부터 이론적으로 구할 수 있다.

㉡ 이론연소·희박연소·과농 상태

• 이론연소(양론연소) : 이론공기량으로 연료를 완전연소시키는 것
• 희박연소 : 이론공기보다 많은 양이 들어가는 상태의 연소로, 연료의 완전연소가 가능하도록 연료와 공기가 반응할 충분한 기회 제공이 가능하며 연소실 온도를 조절할 수 있다.
• 과농 상태 : 이론공기보다 부족한 상태의 연소

㉢ 결핍공기 : 이론공기보다 부족한 상태의 공기

② 과잉공기

㉠ 과잉공기는 연소를 위해 필요한 이론공기량보다 더 많은(과잉된) 공기이다.

㉡ 과잉공기량이 연소에 미치는 영향 : 열효율, CO 배출량, 노 내 온도

㉢ 과잉공기량이 너무 많을 때 일어나는 현상

• 배가가스에 의한 열손실이 증가한다.
• 연소실의 온도가 낮아진다.
• 연료 소비량이 많아진다.
• 불완전 연소물의 발생이 적어진다.
• 연소가스 중의 N_2O 발생이 심하여 대기오염을 초래한다.
• 연소속도가 느려지고 연소효율이 저하된다.

③ 실제공기량

㉠ 연료를 완전히 연소할 수 있는 공기량

㉡ 이론공기량에 과잉공기량이 추가된 공기량

㉢ A로 표시한다.

④ 이론연소가스량

㉠ 단위량의 연료를 포함한 이론혼합기가 완전반응을 하였을 때 발생하는 연소가스량이다.

㉡ 연소 후 생성되는 가스량이다.

⑤ $(CO_2)_{max}$[%]

㉠ $(CO_2)_{max}$[%]

- 최대탄산가스율 또는 탄산가스 최대량이다.
- 이론공기량으로 완전연소(공기비 $m = 1$)했을 때의 CO_2[%]값이다.
- 이론건연소가스 중의 CO_2[%]이다.
- $(CO_2)_{max}$[%]는 탄소가 가장 높다.

㉡ 고체, 액체연료의 $(CO_2)_{max}$[%]

$$(CO_2)_{max}[\%] = \frac{(C/12)\times 22.4}{G_0'}\times 100[\%]$$

$$= \frac{1.867C}{8.89C + 21.1[H-(O/8)] + 3.33S + 0.8N}\times 100[\%]$$

여기서, G_0' : 이론건배기가스량

㉢ 기체연료의 $(CO_2)_{max}$[%]

$$(CO_2)_{max}[\%] = \frac{CO + \sum mC_mH_n + CO_2}{G_0'}\times 100[\%]$$

$$\simeq \frac{1.867C + 0.7S}{G_0'}\times 100[\%]$$

여기서, G_0' : 이론건배기가스량

㉣ 연소가스 분석결과로 $(CO_2)_{max}$[%]를 구하는 방법

- CO 성분이 0[%]일 때 :

$$(CO_2)_{max}[\%] = \frac{21\times CO_2[\%]}{21 - O_2[\%]}$$

- CO 성분이 주어졌을 때 :

$$(CO_2)_{max}[\%] = \frac{21\times (CO_2[\%] + CO[\%])}{21 - O_2[\%] + 0.395\times CO[\%]}$$

핵심예제

2-1. 다음 중 이론공기량[Nm^3/Nm^3]이 가장 적게 필요한 연료는? [2008년 제3회, 2014년 제1회]

① 역청탄　② 코크스
③ 고로가스　④ LPG

2-2. $(CO_2)_{max}$ 18.0[%], CO_2 14.2[%], CO 3.0[%]일 때 연도가스 중의 O_2는 약 몇 [%]인가? [2007년 제2회]

① 2.12　② 3.12
③ 4.12　④ 5.12

|해설|

2-1

이론공기량([Nm^3/Nm^3])

- 고로가스 : 0.6~0.8
- 역청탄 : 7.5~8.5
- 코크스 : 8.0~8.7
- LPG : 23.9

2-2

$$(CO_2)_{max}[\%] = \frac{21\times (CO_2[\%] + CO[\%])}{21 - O_2[\%] + 0.395\times CO[\%]}$$ 에서

$$18.0 = \frac{21\times(14.2 + 3.0)}{21 - O_2[\%] + 0.395\times 3.0}$$ 이므로

$O_2[\%] = 2.12[\%]$

정답 2-1 ③ 2-2 ①

핵심이론 03 공기비 등

① 공기비 또는 과잉공기계수(m)

㉠ 개 요

- 공기비는 연료 1[kg]당 완전연소에 필요한 공기량에 대한 실제 혼합된 공기량의 비이다.

  공기비 = $\frac{\text{실제공기량}}{\text{이론공기량}}$(수증기를 제거한 상태의 공기비)
- 과잉연소 상태일 때의 공기비(m)는 $m > 1$이다.
- 기체연료의 공기비(m)는 1.1~1.3이 가장 적당하다.
- 미분탄은 표면적이 크므로 적은 과잉공기계수로도 완전연소가 가능하다.
- 매연 생성에 가장 큰 영향을 미치는 요인은 공기비이다.
- 연소관리에서 연소 배기가스를 분석하는 가장 주된 이유는 공기비를 계산하기 위해서이다.
- 부하율이 변동될 때의 공기비를 턴다운(Turn Down)비라고 한다.

㉡ 공기비(m) 계산 공식

- $m = \frac{A}{A_0}$

  여기서, A : 실제공기량

  A_0 : 이론공기량
- $m = \frac{CO_{2max}}{CO_2}$
- $m = \frac{21}{21 - O_2[\%]}$
- $m = \frac{N_2}{N_2 - 3.76(O_2 - 0.5CO)}$

㉢ 공기비가 너무 클 때 발생하는 현상

- 연소실 내의 연소온도가 내려간다.
- 연소가스 중에 NO_x, SO_x가 많아져 저온부식이 촉진된다.
- 통풍력이 강하여 배기가스량이 증가하고 배기가스에 의한 열손실이 많아진다.

㉣ 공기비가 1 이하로 너무 작을 때 발생하는 현상

- 미연소에 의한 열손실이 증가한다.
- 미연소에 의한 열효율이 감소한다.
- 불완전연소가 되어 일산화탄소(CO)가 많이 발생한다.
- 불완전연소에 의한 매연 발생이 증가한다.
- 미연소가스에 의한 역화 위험성이 증가한다.
- 미연소가스로 인한 폭발사고가 일어나기 쉽다.

② 공연비와 연공비

㉠ 공연(Air Fuel)비($A/F = AFR$) : 공기와 연료의 공급 질량비이다.

- 연소과정 중 사용되는 공기량과 연료량의 비
- $A/F = \frac{\text{공기량}}{\text{연료량}}$

㉡ 연공(Fuel Air)비($F/A = FAR$) : 공연비의 역수

$$F/A = \frac{\text{연료량}}{\text{공기량}}$$

③ 과잉공기 및 제반 관련사항

㉠ 과잉공기 : 완전연소를 위하여 필요로 하는 이론공기량보다 많이 공급된 공기이다.

㉡ 과잉공기가 너무 많을 때 나타나는 현상

- 열효율을 감소시킨다.
- 연소실 온도, 연소온도, 배기가스 온도가 내려간다.
- 배기가스의 열손실을 증대시킨다.
- 연소가스량이 증가하여 통풍을 저해한다.

㉢ 과잉공기비(λ) : $\lambda = m - 1$

- (실제공기량) ÷ (이론공기량) − 1
- 실제공연비와 이론공연비의 비$\left(\frac{\text{실제공연비}}{\text{이론공연비}}\right)$
- 이론연공비와 실제연공비의 비$\left(\frac{\text{이론공연비}}{\text{실제공연비}}\right)$

㉣ 과잉공기 백분율 :

$$\frac{M - M_0}{M_0} \times 100[\%] = (m-1) \times 100[\%]$$

여기서, M_0 : 이론상 필요한 공기량[m^3]

M : 실제로 사용한 공기량[m^3]

㉤ 당량비(Equivalence Ratio, ϕ) : 과잉공기비의 역수

$$당량비 = \frac{이론공연비}{실제공연비} = \frac{실제연공비}{이론연공비}$$

㉥ 혼합기

혼합기의 종류	과잉공기비	당량비
과농혼합기	< 1	> 1
양론혼합기	1	1
희박혼합기	> 1	< 1

※ 수소-산소 혼합기가 $2H_2O + O_2 \rightarrow 2H_2 + O$와 같은 반응을 할 때의 혼합기를 양론혼합기라고 한다.

핵심예제

3-1. 공기비가 클 경우 연소에 미치는 현상으로 가장 거리가 먼 것은? [2007년 제3회 유사, 2008년 제2회, 2009년 제3회 유사, 2017년 제1회 유사, 2018년 제3회, 2020년 제1·2회 통합 유사]

① 연소실 내의 연소온도가 내려간다.
② 연소가스 중에 CO_2가 많아져 대기오염을 유발한다.
③ 연소가스 중에 SO_x가 많아져 저온부식이 촉진된다.
④ 통풍력이 강하여 배기가스에 의한 열손실이 많아진다.

3-2. 공기비가 작을 때 연소에 미치는 영향이 아닌 것은?
[2004년 제2회 유사, 2008년 제3회 유사, 2010년 제3회 유사, 2011년 제1회 유사, 2012년 제3회, 2014년 제3회 유사, 2018년 제2회]

① 연소실 내의 연소온도가 저하한다.
② 미연소에 의한 열손실이 증가한다.
③ 불완전연소가 되어 매연 발생이 심해진다.
④ 미연소가스로 인한 폭발사고가 일어나기 쉽다.

3-3. 과잉공기가 너무 많은 경우의 현상이 아닌 것은?
[2004년 제2회, 2009년 제2회, 2018년 제1회]

① 열효율을 감소시킨다.
② 연소온도가 올라간다.
③ 배기가스의 열손실을 증대시킨다.
④ 연소가스량이 증가하여 통풍을 저해한다.

3-4. 액체연료의 완전연소 시 배출가스 분석결과 CO_2 20[%], O_2 5[%], N_2 75[%]이었다. 이 경우 공기비는 약 얼마인가?
[2006년 제1회 유사, 2007년 제2회, 2013년 제2회]

① 1.3　② 1.5
③ 1.7　④ 1.9

3-5. 연도가스의 몰조성이 CO_2 : 25[%], CO : 5[%], N_2 : 65[%], O_2 : 5[%]이면 과잉공기 백분율[%]은?
[2003년 제3회 유사, 2013년 제1회 유사, 2014년 제3회]

① 14.46　② 16.9
③ 18.8　④ 82.2

3-6. 과잉공기계수가 1일 때 224[Nm^3]의 공기로 탄소는 약 몇 [kg]을 완전연소시킬 수 있는가? [2018년 제1회]

① 20.1　② 23.4
③ 25.2　④ 27.3

|해설|

3-1
연소가스 중에 CO_2가 많아지면 대기오염을 유발한다.

3-2
연소실 내의 연소온도가 저하하는 경우는 공기비가 너무 클 때 발생되는 현상이다.

3-3
과잉공기가 너무 많으면 연소온도가 내려간다.

3-4
공기비

$$m = \frac{N_2}{N_2 - 3.76(O_2 - 0.5CO)} = \frac{75}{75 - 3.76 \times 5} \simeq 1.3$$

3-5
공기비

$$m = \frac{N_2}{N_2 - 3.76(O_2 - 0.5CO)} = \frac{65}{65 - 3.76 \times (5 - 0.5 \times 5)}$$
$$\simeq 1.169$$

과잉공기백분율 : $(m-1) \times 100 = (1.169 - 1) \times 100 = 16.9[\%]$

3-6
공기 224[Nm^3] 중 산소가 21[%] 함유되어 있으므로
산소는 $224 \times 0.21 = 47.04[Nm^3]$이며 이것은 $47.04/22.4 = 2.1$ [kmol]이다.
탄소의 연소방정식 : $C + O_2 \rightarrow CO_2$
탄소[kg] = $12 \times 2.1 = 25.2$[kg]

정답 3-1 ② 3-2 ① 3-3 ② 3-4 ① 3-5 ② 3-6 ③

핵심이론 04 이론산소량과 이론공기량의 계산

① 이론산소량

㉠ 연소방정식을 이용한 이론산소량 계산

- 질량 계산[kg/kg] : O_0 = 가연물질의 몰수 × 산소의 몰수 × 32
- 체적 계산[Nm^3/kg] : O_0 = 가연물질의 몰수 × 산소의 몰수 × 22.4

㉡ 연료 1[kg]에 대한 이론산소량을 구하는 식[Nm^3/kg] : 1.87C + 5.6(H − O/8) + 0.7S

② 이론공기량

㉠ 질량계산식[kg/kg] : $A_0 = \dfrac{O_0}{0.232}$

㉡ 체적계산식[Nm^3/kg] : $A_0 = \dfrac{O_0}{0.21}$

핵심예제

4-1. 부탄(C_4H_{10}) 2[Nm^3]를 완전연소시키기 위하여 약 몇 [Nm^3]의 산소가 필요한가? [2018년 제2회, 2022년 제2회]

① 5.8 ② 8.9
③ 10.8 ④ 13.0

4-2. 도시가스의 조성을 조사해 보니 부피조성으로 H_2 30[%], CO 14[%], CH_4 49[%], CO_2 5[%], O_2 2[%]를 얻었다. 이 도시가스를 연소시키기 위한 이론산소량[Nm^3]은?

[2007년 제3회 유사, 2010년 제2회, 2019년 제3회]

① 1.18 ② 2.18
③ 3.18 ④ 4.18

4-3. 비중이 0.75인 휘발유(C_8H_{18}) 1[L]를 완전연소시키는 데 필요한 이론산소량은 약 몇 [L]인가?

[2007년 제3회, 2019년 제2회]

① 1,510 ② 1,842
③ 2,486 ④ 2,814

4-4. 프로판 20[v%], 부탄 80[v%]인 혼합가스 1[L]가 완전연소하는 데 필요한 산소는 약 몇 [L]인가?

[2012년 제3회, 2019년 제1회]

① 3.0[L] ② 4.2[L]
③ 5.0[L] ④ 6.2[L]

4-5. 과잉공기계수가 1.3일 때 230[Nm^3] 공기로 탄소(C) 약 몇 [kg]을 완전연소시킬 수 있는가?

[2014년 제1회, 2018년 제3회]

① 4.8[kg] ② 10.5[kg]
③ 19.9[kg] ④ 25.6[kg]

4-6. 메탄가스 1[Nm^3]를 완전연소시키는 데 필요한 이론공기량은 약 몇 [Nm^3]인가? [2006년 제1회, 2008년 제3회, 2012년 제1회 유사, 2017년 제3회 유사, 2020년 제1·2회 통합, 2021년 제1회, 제2회 유사]

① 2.0[Nm^3] ② 4.0[Nm^3]
③ 4.76[Nm^3] ④ 9.5[Nm^3]

4-7. 메탄가스 1[m^3]를 완전연소시키는 데 필요한 공기량은 몇 [m^3]인가?(단, 공기 중 산소는 20[%] 함유되어 있다)

① 5 ② 10
③ 15 ④ 20

4-8. 프로판 가스 44[kg]을 완전연소시키는 데 필요한 이론공기량은 약 몇 [Nm^3]인가?

[2003년 제3회 유사, 2006년 제2회 유사, 2009년 제1회 유사, 2011년 제3회 유사, 2015년 제3회 유사, 2017년 제2회 유사, 2019년 제1회]

① 460 ② 533
③ 570 ④ 610

4-9. 프로판을 완전연소시키는 데 필요한 이론공기량은 메탄의 몇 배인가?(단, 공기 중 산소의 비율은 21[v%]이다)

[2007년 제2회, 2017년 제1회]

① 1.5 ② 2.0
③ 2.5 ④ 3.0

4-10. 어떤 연료의 성분이 다음과 같을 때 이론공기량[Nm^3/kg]은 약 얼마인가?(단, 각 성분의 비는 C : 0.82, H : 0.16, O : 0.02이다) [2008년 제3회 유사, 2016년 제1회]

① 8.7 ② 9.5
③ 10.2 ④ 11.5

4-11. 발생로 가스의 가스분석 결과 CO_2 3.2[%], CO 26.2[%], CH_4 4[%], H_2 12.8[%], N_2 53.8[%]이었다. 또한 가스 1[Nm^3] 중에 수분이 50[g]이 포함되어 있다면 이 발생로 가스 1[Nm^3]을 완전연소시키는 데 필요한 공기량은 약 몇 [Nm^3]인가?

[2003년 제2회, 2008년 제2회, 2017년 제2회]

① 1.023 ② 1.228
③ 1.324 ④ 1.423

핵심예제

4-12. 프로판과 부탄의 체적비가 40 : 60인 혼합가스 10[m³]를 완전연소하는 데 필요한 이론공기량은 약 몇 [m³]인가?(단, 공기의 체적비는 산소 : 질소 = 21 : 79이다)

[2015년 제2회, 2020회 제3회]

① 96 ② 181
③ 206 ④ 281

|해설|

4-1
- 부탄의 연소방정식 : $C_4H_{10} + 6.5O_2 \rightarrow 4CO_2 + 5H_2O$
- 필요한 산소량 = 2 × 6.5 = 13[Nm³]

4-2
- 성분 중 가연성 물질의 연소방정식
  - $H_2 + 0.5O_2 \rightarrow H_2O$
  - $CO + 0.5O_2 \rightarrow CO_2$
  - $CH_4 + 2O_2 \rightarrow CO_2 + 2H_2O$
- 연소에 필요한 이론산소량

  $O_0 = 0.5 \times 0.3 + 0.5 \times 0.14 + 2 \times 0.49 - 0.02 = 1.18$[Nm³]

4-3
- 휘발유(C_8H_{18}) 1[L]의 무게 = 체적 × 비중

  = 1 × 0.75 = 0.75[kg] = 750[g]
- 옥탄의 연소방정식 : $C_8H_{18} + 12.5O_2 \rightarrow 8CO_2 + 9H_2O$
- 필요한 이론산소량 = $\frac{750}{114} \times 22.4 \times 12.5 \simeq 1,842$[L]

4-4
- 프로판의 연소방정식 : $C_3H_8 + 5O_2 \rightarrow 3CO_2 + 4H_2O$
- 부탄의 연소방정식 : $C_4H_{10} + 6.5O_2 \rightarrow 4CO_2 + 5H_2O$
- 프로판 20[v%], 부탄 80[v%]인 혼합가스 1[L]가 완전연소하는 데 필요한 산소량

  0.2 × 5 + 0.8 × 6.5 = 6.2[L]

4-5
- 이론산소량

  $O_0 = 0.21 \times A_0 = 0.21 \times (A/m)$

  $= 0.21 \times (230/1.3) \simeq 37.2$[Nm³]
- 탄소의 연소방정식 : $C + O_2 \rightarrow CO_2$
- 완전연소되는 탄소량 = (12/22.4) × 37.2 ≃ 19.9[kg]

4-6
- 메탄의 연소방정식 : $CH_4 + 2O_2 \rightarrow CO_2 + 2H_2O$
- 필요한 이론공기량 $A_0 = \frac{O_0}{0.21} = \frac{2}{0.21} \simeq 9.5$[Nm³]

4-7
- 메탄의 연소방정식 : $CH_4 + 2O_2 \rightarrow CO_2 + 2H_2O$
- 필요한 공기량 $A_0 = \frac{O_0}{0.20} = \frac{2}{0.2} = 10$[m³]

4-8
- 프로판의 연소방정식 : $C_3H_8 + 5O_2 \rightarrow 3CO_2 + 4H_2O$

  프로판(C_3H_8) 10[kg] = $\frac{44}{44}$[kmol]이며
- 필요한 산소량 = $\frac{44}{44} \times 5 \times 22.4 = 112$[m³]이므로

  이론공기량 $A_0 = \frac{O_0}{0.21} = \frac{112}{0.21} \simeq 533$[Nm³]

4-9
- 프로판의 연소방정식 : $C_3H_8 + 5O_2 \rightarrow 3CO_2 + 4H_2O$
- 메탄의 연소방정식 : $CH_4 + 2O_2 \rightarrow CO_2 + 2H_2O$
- 이론공기량의 비는 산소 몰수비와 같으므로

  이론공기량의 비는 $\frac{5}{2} = 2.5$이다.

4-10
- 이론산소량

  $O_0 = 1.87C + 5.6(H - O/8) + 0.7S$

  $= 1.87 \times 0.82 + 5.6(0.16 - 0.02/8) = 2.415$[Nm³/kg]
- 이론공기량

  $A_0 = O_0/0.21 = 2.415/0.21 = 11.5$[Nm³/kg]

4-11
- 수분 50[g]의 체적 = $\frac{50}{18} \times 22.4 \simeq 62$[L] = 0.062[m³]
- 가연성분의 연소방정식
  - $CO + 0.5O_2 \rightarrow CO_2$
  - $CH_4 + 2O_2 \rightarrow CO_2 + 2H_2O$
  - $H_2 + 0.5O_2 \rightarrow H_2O$
- 발생로 가스 1[Nm³]을 완전 연소시키는 데 필요한 공기량

  $= (1-0.062) \times \frac{0.5 \times 0.262 + 2 \times 0.04 + 0.5 \times 0.128}{0.21}$

  $\simeq 1.228$[Nm³]

4-12

- 프로판의 연소방정식 : $C_3H_8 + 5O_2 \rightarrow 3CO_2 + 4H_2O$

  프로판(C_3H_8) $4[m^3] = \frac{4}{22.4}[kmol]$이며

- 필요한 산소량 $= \frac{4}{22.4} \times 5 \times 22.4 = 20[m^3]$이므로

  이론공기량 $A_0 = \frac{O_0}{0.21} = \frac{20}{0.21} \simeq 95.2[m^3]$

- 부탄의 연소방정식 : $C_4H_{10} + 6.5O_2 \rightarrow 4CO_2 + 5H_2O$

  부탄(C_4H_{10}) $6[m^3] = \frac{6}{22.4}[kmol]$이며

- 필요한 산소량 $= \frac{6}{22.4} \times 6.5 \times 22.4 = 39[m^3]$이므로

  이론공기량 $A_0 = \frac{O_0}{0.21} = \frac{39}{0.21} \simeq 185.7[m^3]$

  필요한 전체 이론공기량 $= 95.2 + 185.7 \simeq 281[m^3]$

정답 4-1 ④ 4-2 ① 4-3 ② 4-4 ④ 4-5 ③ 4-6 ④ 4-7 ② 4-8 ② 4-9 ③ 4-10 ④ 4-11 ② 4-12 ④

핵심이론 05 연소가스량의 계산

① 습연소가스량

㉠ 고체, 액체연료의 습연소가스량(G)

- 연소방정식에 의한 계산
  - [kg/kg] $G = (m - 0.232)A_0 + (44/12)C + (18/2)H + (64/32)S + N + w$
  - $[Nm^3/kg]$ $G = (m - 0.21)A_0 + 22.4\{(C/12) + (H/2) + (S/32) + (N/28) + (w/18)\}$
- 체적 변화에 의한 계산
  - $[Nm^3/kg]$ $G = mA_0 + 22.4\{(O/32) + (H/4) + (N/28) + (w/18)\}$
  - $[Nm^3/kg]$ $G = mA_0 + 5.6H$ (액체연료성분이 탄소와 수소만일 경우)

㉡ 기체연료의 습연소가스량(G)

- 연소방정식에 의한 계산
  - $[Nm^3/Nm^3]$ $G = (m - 0.21)A_0 + CO + H_2 + \sum(m + n/2)C_mH_n + (N_2 + CO_2 + H_2O)$
  - $[Nm^3/kg]$ $G = (m - 0.21)A_0 +$ 연료의 몰수 $\times 22.4 \times$ 연소가스의 몰수
- 체적 변화에 의한 계산 :

  $[Nm^3/Nm^3]$ $G = 1 + mA_0 - (1/2)CO - (1/2)H_2 + \sum(n/4 - 1)C_mH_n$

㉢ 실제연소가스량과 이론연소가스량의 관계식 :

$G = G_0 + A - A_0 = G_0 + (m - 1)A_0$

여기서, G : 습연소가스량(습배기가스량)

G_0 : 이론습연소가스량(이론습배기가스량)

A : 실제공기량

A_0 : 이론공기량

m : 공기비

② 건연소가스량

㉠ 고체, 액체연료의 건연소가스량(G')

- 연소방정식에 의한 계산
  - [Nm³/kg] $G' = (m-0.21)A_0 + 22.4\{(C/12) + (S/32) + (N/28)\}$
- 체적 변화에 의한 계산
  - [Nm³/kg] $G' = mA_0 + 22.4\{(O/32) - (H/4) + (N/28)\}$
  - [Nm³/kg] $G' = mA_0 - 5.6H$ (액체연료의 성분이 탄소와 수소만일 경우)

㉡ 기체연료의 건연소가스량(G')

- 연소방정식에 의한 계산 :

  [Nm³/Nm³] $G' = (m-0.21)A_0 + CO + H_2 + \sum(m)C_mH_n + (N_2 + CO_2)$
- 체적 변화에 의한 계산 :

  [Nm³/Nm³] $G' = 1 + mA_0 - (1/2)CO - (3/2)H_2 - \sum\{(n/4)+1\}C_mH_n - H_2O$

㉢ 고체연료의 건연소가스량 :

$G' = G_0' + A - A_0 = G_0' + (m-1)A_0$

여기서, G' : 건연소가스량

G_0' : 이론건연소가스량

A : 실제공기량

A_0 : 이론공기량

m : 공기비

㉣ CO_2와 연료 중의 탄소분을 알고 있을 때의 건연소가스량 : $G' = \dfrac{1.867 \times C}{(CO_2)}$ [Nm^3/kg]

㉤ 습연소가스량과 건연소가스량의 관계식 :

$G = G' + 1.25(9H + w)$

㉥ 산소의 몰분율(연소가스 조성 중 산소값)

$$M = \frac{0.21(m-1)A_0}{G}$$

여기서, m : 공기과잉률

A_0 : 이론공기량

G : 실제 배기가스량

핵심예제

5-1. 탄소 1[kg]을 이론공기량으로 완전연소시켰을 때 발생되는 연소가스량은 약 몇 [Nm³]인가?

[2006년 제2회, 2009년 제3회, 2019년 제2회]

① 8.9　② 10.8

③ 11.2　④ 22.4

5-2. 프로판가스 1[Sm³]을 완전연소시켰을 때의 건조연소가스량은 약 몇 [Sm³]인가?(단, 공기 중의 산소는 21[v%]이다)

[2004년 제1회 유사, 2007년 제1회, 2008년 제2회 유사, 2009년 제3회, 2010년 제3회 유사, 2011년 제1회, 제3회, 2017년 제3회]

① 10　② 16

③ 22　④ 30

5-3. 조성이 $C_6H_{10}O_5$인 어떤 물질 1.0[kmol]을 완전연소시킬 때 연소가스 중의 질소의 양은 약 몇 [kg]인가?(단, 공기 중의 산소는 23[w%], 질소는 77[w%]이다)

[2009년 제2회, 2018년 제1회]

① 543　② 643

③ 57.35　④ 67.35

5-4. 메탄가스 1[Nm³]를 10[%]의 과잉공기량으로 완전연소시켰을 때의 습연소가스량은 약 몇 [Nm³]인가?

[2010년 제2회, 2015년 제1회]

① 5.2　② 7.3

③ 9.4　④ 11.5

5-5. C : 86[%], H2 : 12[%], S : 2[%]의 조성을 갖는 중유 100[kg]을 표준 상태에서 완전연소시킬 때 동일 압력, 온도 590[K]에서 연소가스의 체적은 약 몇 [m³]인가?

[2015년 제1회]

① 296　② 320

③ 426　④ 640

|해설|

5-1

- 탄소의 연소방정식 : $C + O_2 \rightarrow CO_2$
- 연소가스량 $= \frac{1}{12} \times 22.4 \times \left(1 + \frac{79}{21} \times 1\right) \simeq 8.9[Nm^3]$

5-2

- 프로판의 연소방정식 : $C_3H_8 + 5O_2 \rightarrow 3CO_2 + 4H_2O$
- 이론공기량 $A_0 = \frac{O_0}{0.21} = \frac{5}{0.21} \simeq 23.81[Sm^3]$
- 건조연소가스량 $G_d = (m - 0.21)A_0 + CO_2$

$$= (1 - 0.21) \times 23.81 + 3 \simeq 21.81$$
$$\simeq 22[Sm^3]$$

5-3

- $C_6H_{10}O_5$의 연소방정식 : $C_6H_{10}O_5 + 6O_2 + (N_2) \rightarrow 6CO_2 + 5H_2O + (N_2)$
- 연소가스 중의 질소의 양[kg] $= \frac{6 \times 32}{0.23} \times 0.77 \simeq 643[kg]$

5-4

- CH_4(메탄)의 연소방정식 : $CH_4 + 2O_2 \rightarrow CO_2 + 2H_2O$
- 습연소가스량

$$G = (m - 0.21)A_0 + CO + H_2 + \sum(m + n/2)C_mH_n + (N_2 + CO_2 + H_2O)$$
$$= (1.1 - 0.21) \times \frac{2}{0.21} + (1 + 2) \simeq 11.5[Nm^3]$$

5-5

- 습연소가스량

$$G = (1.867C + 11.2H + 0.7S + 0.8N + 1.24w) \times 100$$
$$= (1.867 \times 0.86 + 11.2 \times 0.12 + 0.7 \times 0.02) \times 100$$
$$\simeq 296[Nm^3]$$

- 동일 압력, 온도 590[K]에서 연소가스의 체적을 V_2라고 하면

$\frac{P_1V_1}{T_1} = \frac{P_2V_2}{T_2}$에서 $P_1 = P_2$이므로

$$V_2 = \frac{V_1T_2}{T_1} = \frac{296 \times 590}{273} \simeq 640[m^3]$$

정답 5-1 ① 5-2 ③ 5-3 ② 5-4 ④ 5-5 ④

핵심이론 06 발열량

① 발열량의 개요와 분류

㉠ 발열량의 개요

- 발열량의 정의
  - 연료가 보유한 화학에너지
  - 연료가 완전연소할 때 발생하는 열량
  - 25[℃]에서 산소와 완전연소한 연료의 생성물이 25[℃]의 온도로 배출될 때 단위질량당 연료가 내는 열량
- 연료의 비중이 클수록 체적당 발열량은 증가하고, 중량당 발열량은 감소한다.
- 기체연료는 그 성분으로부터 발열량을 계산할 수 있다.
- 실제의 연소에 의한 열량을 계산하는 데 필요한 요소 : 연소가스 유출단면적, 연소가스의 밀도, 연소가스의 비열
- 연료의 발열량 자체는 연소속도에 크게 영향을 주는 요인이 아니다.
- 연료의 발열량 측정방법의 종류 : 열량계에 의한 방법, 공업분석에 의한 방법, 원소분석에 의한 방법

㉡ 발열량의 분류 : 고위발열량, 저위발열량

- 고위발열량은 H_h 또는 HHV로 표시한다.
- 저위발열량은 H_L 또는 LHV로 표시한다.

㉢ 고위발열량(H_h)

- 고위발열량은 연료의 연소과정에서 발생하는 수증기의 잠열을 포함한 발열량이다.
- 총발열량이라고도 한다.
- $H_h = H_L + H_S = H_L + 600(9H + w)$로 나타낼 수 있다.

㉣ 저위발열량(H_L)

- 저위발열량은 연료의 연소과정에서 발생하는 수증기의 잠열을 제외한 발열량이다.
- 저위발열량은 열로 이용할 수 없는 수증기 증발의 잠열을 뺀 값이므로 실제로 사용되는 연료의 발열량을 나타낸다는 의미이다. 순발열량 또는 진발열량이라고도 한다.

• 저위발열량 = 고위발열량 − 물의 증발열

ⓜ 고위발열량(H_h)과 저위발열량(H_L)의 관계 및 적용

• H_h와 H_L의 차이는 연료의 수소와 수분성분 때문에 발생한다.

• 고위발열량과 저위발열량은 차이는 수소성분과 관련 있으므로 수소 함량이 적은 석탄의 경우 H_h와 H_L의 차가 작고, 수소 함량이 많은 천연가스는 그 차이가 크다.

• 수소를 함유한 연료가 연소할 경우 발열량의 관계식 : 총발열량 = 진발열량 + 생성된 물의 증발잠열

• 표준 상태에서 물의 증발잠열은 540[kcal/kg]이며, 표준 상태에서 고발열량(총발열량)과 저발열량(진발열량)과의 차이는 9,700[kcal/kg · mol]이다.

• H_2O의 발생이 없으면 고위발열량과 저위발열량이 같다(일산화탄소, 유황).

• 목탄 등 고체연료는 고발열량과 저발열량의 값이 가깝다.

• 고발열량(HHV)와 저발열량(LHV)의 관계식 :

$$HHV = LHV + n\Delta H_V$$

여기서, n : H_2O의 생성 몰수

ΔH_V : 물의 증발잠열

• 연료의 특성에 따라 H_h와 H_L 기준 적용 : 천연가스와 석탄화력발전은 H_h 기준, 디젤엔진과 보일러는 H_L 기준이다.

• 석유환산톤[TOE]을 계산할 때는 H_h을, 이산화탄소 배출량을 계산할 때는 H_L을 사용한다.

② 고체, 액체연료의 발열량

㉠ 고체, 액체연료의 고위발열량

• [kcal/kg] $H_h = 8,100\text{C} + 34,200(\text{H} - \text{O}/8) + 2,500\text{S} = H_L + 600(9\text{H} + w)$

• [MJ/kg] $H_h = 33.9\text{C} + 144(\text{H} - \text{O}/8) + 10.5\text{S} = H_L + 2.51(9\text{H} + w)$

㉡ 고체, 액체연료의 저위발열량 : 가솔린 > 등유 > 경유 > 중유

• [kcal/kg] $H_L = 8,100\text{C} + 28,800(\text{H} - \text{O}/8) + 2,500\text{S} - 600w = H_h - 600(9\text{H} + w)$

• [MJ/kg] $H_L = 33.9\text{C} + 121.4(\text{H} - \text{O}/8) + 9.5\text{S} - 2.5w = H_h - 2.51(9\text{H} + w)$

③ 기체연료의 발열량

㉠ 기체연료의 고위발열량 :

[kcal/Nm³] $H_h = 3.05\text{H}_2 + 3.035\text{CO} + 9.530\text{CH}_4 + 14.080\text{C}_2\text{H}_2 + 15.280\text{C}_2\text{H}_4 + \cdots$

㉡ 기체연료의 저위발열량 :

[kcal/Nm³] $H_L = H_h - 480$(H_2O 몰수)

④ 발열량 데이터(저위발열량/고위발열량, [kcal/kg])

㉠ 수소(H_2) 28,800/34,200

㉡ 메탄(CH_4) 11,970/13,320, 천연가스(LNG) 11,750/13,000, 에틸렌 11,360/12,130, 에탄(C_2H_6) 11,200/12,410, 아세틸렌 11,620/12,030, 프로판(C_3H_8) 11,000/12,040, 프로필렌 11,000/11,770, 가솔린 11,000/

㉢ 부탄(C_4H_{10}) 10,940/11,840, 부틸렌 10,860/11,630, 헵탄(C_2H_{16}) 10,740/11,580, 옥탄(C_8H_{18}) 10,670/11,540, 등유 10,500/, 경유 10,400/, 중유 10,100/

㉣ 벤졸증기 9,620/10,030, 탄소 8,100/8,100, 코크스 7,000/7,000, 수입 무연탄 6,400/6,550, 에탄올(에틸알코올) 6,540/, 유연탄(원료용) 5,950/7,000

ⓜ 아역청탄 5,000/5,350, 메탄올(메틸알코올) 4,700/, 국내 무연탄 4,600/4,650, 황 2,500/2,500, 일산화탄소 2,430/2,430

⑤ 에너지열량 환산기준(에너지법 시행규칙 별표)

구 분	에너지원	단 위	총발열량			순발열량		
			MJ	kcal	석유 환산톤 (10^{-3} [toe])	MJ	kcal	석유 환산톤 (10^{-3} [toe])
석 유	원 유	kg	45.7	10,920	1.092	42.8	10,220	1.022
	휘발유	L	32.4	7,750	0.775	30.1	7,200	0.720
	등 유	L	36.6	8,740	0.874	34.1	8,150	0.815
	경 유	L	37.8	9,020	0.902	35.3	8,420	0.842
	바이오디젤	L	34.7	8,280	0.828	32.3	7,730	0.773
	B-A유	L	39.0	9,310	0.931	36.5	8,710	0.871
	B-B유	L	40.6	9,690	0.969	38.1	9,100	0.910
	B-C유	L	41.8	9,980	0.998	39.3	9,390	0.939
	프로판 (LPG 1호)	kg	50.2	12,000	1.200	46.2	11,040	1.104
	부탄 (LPG 3호)	kg	49.3	11,790	1.179	45.5	10,880	1.088
	나프타	L	32.2	7,700	0.770	29.9	7,140	0.714
	용 제	L	32.8	7,830	0.783	30.4	7,250	0.725
	항공유	L	36.5	8,720	0.872	34.0	8,120	0.812
	아스팔트	kg	41.4	9,880	0.988	39.0	9,330	0.933
	윤활유	L	39.6	9,450	0.945	37.0	8,830	0.883
	석유코크스	kg	34.9	8,330	0.833	34.2	8,170	0.817
	부생연료유 1호	L	37.3	8,900	0.890	34.8	8,310	0.831
	부생연료유 2호	L	39.9	9,530	0.953	37.7	9,010	0.901
가 스	천연가스(LNG)	kg	54.7	13,080	1.308	49.4	11,800	1.180
	도시가스(LNG)	Nm^3	42.7	10,190	1.019	38.5	9,190	0.919
	도시가스(LPG)	Nm^3	63.4	15,150	1.515	58.3	13,920	1.392
석 탄	국내 무연탄	kg	19.7	4,710	0.471	19.4	4,620	0.462
	연료용 수입 무연탄	kg	23.0	5,500	0.550	22.3	5,320	0.532
	원료용 수입 무연탄	kg	25.8	6,170	0.617	25.3	6,040	0.604
	연료용 유연탄 (역청탄)	kg	24.6	5,860	0.586	23.3	5,570	0.557
	원료용 유연탄 (역청탄)	kg	29.4	7,030	0.703	28.3	6,760	0.676
	아역청탄	kg	20.6	4,920	0.492	19.1	4,570	0.457
	코크스	kg	28.6	6,840	0.684	28.5	6,810	0.681
전기 등	전기 (발전 기준)	kWh	8.9	2,130	0.213	8.9	2,130	0.213
	전기 (소비 기준)	kWh	9.6	2,290	0.229	9.6	2,290	0.229
	신 탄	kg	18.8	4,500	0.450	–	–	–

[비 고]
1. '총발열량'이란 연료의 연소과정에서 발생하는 수증기의 잠열을 포함한 발열량을 말한다.
2. '순발열량'이란 연료의 연소과정에서 발생하는 수증기의 잠열을 제외한 발열량을 말한다.
3. '석유환산톤'(toe : ton of oil equivalent)이란 원유 1톤(t)이 갖는 열량으로 10^7[kcal]를 말한다.
4. 석탄의 발열량은 인수식을 기준으로 한다. 다만, 코크스는 건식을 기준으로 한다.
5. 최종 에너지사용자가 사용하는 전력량값을 열량값으로 환산할 경우에는 1kWh=860[kcal]를 적용한다.
6. 1[cal] = 4.1868[J]이며, 도시가스 단위인 Nm^3은 0℃ 1기압[atm] 상태의 부피 단위 [m^3]를 말한다.
7. 에너지원별 발열량(MJ)은 소수점 아래 둘째 자리에서 반올림한 값이며, 발열량[kcal]은 발열량(MJ)으로부터 환산한 후 1의 자리에서 반올림한 값이다. 두 단위 간 상충될 경우 발열량(MJ)이 우선한다.

핵심예제

6-1. 발열량에 대한 설명으로 틀린 것은?

[2013년 제3회, 2019년 제1회]

① 연료의 발열량은 연료단위량이 완전연소했을 때 발생한 열량이다.
② 발열량에는 고위발열량과 저위발열량이 있다.
③ 저위발열량은 고위발열량에서 수증기의 잠열을 뺀 발열량이다.
④ 발열량은 열량계로는 측정할 수 없어 계산식을 이용한다.

6-2. 고발열량에 대한 설명 중 틀린 것은?

[2015년 제1회, 2017년 제3회]

① 총발열량이다.
② 진발열량이라고도 한다.
③ 연료가 연소될 때 연소가스 중에 수증기의 응축잠열을 포함한 열량이다.
④ $H_h = H_L + H_S = H_L + 600(9H + w)$로 나타낼 수 있다.

6-3. 발열량이 21[MJ/kg]인 무연탄이 7[%]의 습분을 포함한다면 무연탄의 발열량은 약 몇 [MJ/kg]인가? [2019년 제2회]

① 16.43
② 17.85
③ 19.53
④ 21.12

6-4. 30[kg] 중유의 고위발열량이 90,000[kcal]일 때 저위발열량은 약 몇 [kcal/kg]인가?(단, C : 30[%], H : 10[%], 수분 : 2[%]이다) [2003년 제1회 유사, 2008년 제2회 유사, 2011년 제3회 유사, 2016년 제1회]

① 1,552
② 2,448
③ 3,552
④ 4,944

핵심예제

6-5. 수소(H_2)가 완전연소할 때의 고위발열량(H_h)과 저위발열량(H_L)의 차이는 약 몇 [kJ/kmol]인가?(단, 물의 증발열은 273[K], 포화 상태에서 2,501.6[kJ/kg]이다)

[2004년 제2회, 2009년 제3회, 2016년 제3회]

① 40,240　　② 42,410
③ 44,320　　④ 45,029

6-6. 액체 프로판이 298[K], 0.1[MPa]에서 이론공기를 이용하여 연소하고 있을 때 고발열량은 약 몇 [MJ/kg]인가?(단, 연료의 증발엔탈피는 370[kJ/kg]이고, 기체 상태 C_3H_8의 생성엔탈피는 −103,909[kJ/kmol], CO_2의 생성엔탈피는 −393,757[kJ/kmol], 액체 및 기체 상태 H_2O의 생성엔탈피는 각각 −286,010[kJ/kmol], −241,971[kJ/kmol]이다)

[2009년 제3회 유사, 2015년 제1회, 2018년 제1회, 2021년 제1회]

① 44　　② 46
③ 50　　④ 2,205

6-7. 액체 상태의 프로판이 이론공기연료비로 연소하고 있을 때 저발열량은 몇 [kJ/kg]인가?(단, 이때 온도는 25[℃]이고, 이 연료의 증발엔탈피는 360[kJ/kg]이다. 또한 기체 상태의 C_3H_8의 형성엔탈피는 −103,909[kJ/kmol], CO_2의 형성엔탈피는 −393,757[kJ/kmol], 기체 상태의 H_2O의 형성엔탈피는 −241,971[kJ/kmol]이다)

[2004년 제1회, 2010년 제1회, 2015년 제3회]

① 23,501　　② 46,123
③ 50,002　　④ 2,149,155

6-8. 옥탄(g)의 연소엔탈피는 반응물 중의 수증기가 응축되어 물이 되었을 때 25[℃]에서 −48,220[kJ/kg]이다. 이 상태에서 옥탄(g)의 저위발열량은 약 몇 [kJ/kg]인가?(단, 25[℃] 물의 증발엔탈피[h_{fg}]는 2,441.8[kJ/kg]이다)

[2007년 제3회, 2010년 제2회, 2017년 제3회, 2021년 제1회]

① 40,750　　② 42,320
③ 44,750　　④ 45,778

6-9. 발열량이 24,000[kcal/m³]인 LPG 1[m³]에 공기 3[m³]을 혼합하여 희석하였을 때 혼합기체 1[m³]당 발열량은 몇 [kcal]인가?　[2004년 제2회, 2016년 제3회, 2019년 제1회]

① 5,000　　② 6,000
③ 8,000　　④ 16,000

6-10. 어떤 고체연료의 조성은 탄소 71[%], 산소 10[%], 수소 3.8[%], 황 3[%], 수분 3[%], 기타 성분 9.2[%]로 되어 있다. 이 연료의 고위발열량[kcal/kg]은 얼마인가?

[2011년 제1회, 2019년 제2회]

① 6,698　　② 6,782
③ 7,103　　④ 7,398

6-11. CH_4, CO_2, H_2O 의 생성열이 각각 75[kJ/kmol], 394[kJ/kmol], 242[kJ/kmol]일 때 CH_4의 완전연소 발열량은 약 몇 [kJ]인가?　[2004년 제3회 유사, 2019년 제3회]

① 803　　② 786
③ 711　　④ 636

6-12. 다음 기체의 연소반응 중 가스의 단위체적당 발열량(kcal/Sm³)이 가장 큰 것은?

[2006년 제3회, 2010년 제1회, 2012년 제3회]

① $H_2 + (1/2)O_2 \rightarrow H_2O$
② $C_2H_2 + (5/2)O_2 \rightarrow 2CO_2 + H_2O$
③ $C_2H_6 + (7/2)O_2 \rightarrow 2CO_2 + 3H_2O$
④ $CO + (1/2)O_2 \rightarrow CO_2$

|해설|

6-1
발열량은 열량계로 측정할 수 있다.

6-2
저발열량을 진발열량이라고도 한다.

6-3
$H_L = H_h - 2.51(9H + w) = 21 - 2.51 \times 0.07 \simeq 20.82$[MJ/kg]

6-4
- [kg]당 고위발열량 = 90,000/30 = 3,000[kcal/kg]
- 저위발열량
  $H_L = H_h - 600(9H + w)$
  $= 3,000 - 600 \times (9 \times 0.1 + 0.02) = 2,448$[kcal/kg]

6-5
- 수소의 연소방정식 : $H_2 + 0.5O_2 \rightarrow H_2O$
- 고위발열량(H_h)과 저위발열량(H_L)의 차이
  = 18[kg/kmol] × 2,501.6[kJ/kg] ≃ 45,029[kJ/kmol]

6-6
- 프로판의 연소방정식 : $C_3H_8 + 5O_2 \rightarrow 3CO_2 + 4H_2O$
- 고발열량 : $Q = \dfrac{(3 \times 393,757 + 4 \times 286,010) - 103,909}{44 \times 1,000}$
  $\simeq 50$[MJ/kg]

6-7

• 프로판의 연소방정식 : $C_3H_8 + 5O_2 \rightarrow 3CO_2 + 4H_2O$

• 저발열량 : $Q = \dfrac{(3\times393,757 + 4\times241,971) - 103,909}{44} - 360$

$\simeq 46,123[kJ/kg]$

6-8

• 옥탄의 연소방정식 : $C_8H_{18} + 12.5O_2 \rightarrow 8CO_2 + 9H_2O$

• 옥탄 1[kg] 연소 시 발생되는 수증기량을 x라 하면

$114 : 9\times18 = 1 : x$이므로 $x = \dfrac{1\times9\times18}{114} \simeq 1.42[kg]$

저위발열량 $H_L = 48,220 - (2,441.8\times1.421)$

$\simeq 44,750[kJ/kg]$

6-9

• $Q_1 = (1+3)Q_2$

• $Q_2 = \dfrac{Q_1}{1-3} = \dfrac{24,000}{4} = 6,000[kcal/m^3]$

6-10

$H_h = 8,100C + 34,200(H - O/8) + 2,500S$

$= 8,100\times0.71 + 34,200\times(0.038 - 0.1/8) + 2,500\times0.03$

$\simeq 6,698[kcal/kg]$

6-11

• CH_4(메탄)의 연소방정식 : $CH_4 + 2O_2 \rightarrow CO_2 + 2H_2O$

• CH_4의 완전연소 발열량

$Q = -75 + 394 + 2\times242 = 803[kJ]$

6-12

연료의 비중이 클수록 체적당 발열량은 증가하고, 중량당 발열량은 감소하므로 C_2H_6(에탄)의 단위체적당 발열량이 가장 크다.

정답 6-1 ④ 6-2 ② 6-3 ③ 6-4 ② 6-5 ④ 6-6 ③ 6-7 ② 6-8 ③ 6-9 ② 6-10 ① 6-11 ① 6-12 ③

핵심이론 07 열전달량 · 연소온도 · 열효율 · 열손실

① 열전달량

$Q = (H_2 - n_2\overline{R}T_2) - (H_1 - n_1\overline{R}T_1)$

여기서, $\overline{R}$: 일반기체상수

$H_2,\ n_2,\ T_2$: 생성물의 총엔탈피, 총몰수, 온도

$H_1,\ n_1,\ T_1$: 반응물의 총엔탈피, 총몰수, 온도

② 연소온도

㉠ 개 요

• 연소장치에서는 고온의 연소가스를 발생시켜 그 연소가스가 연소장치 내의 가열물질에 열을 전달하여 연료가 가지고 있는 열에너지를 유효하게 이용하게 해 준다. 이때 연소가스의 온도는 열전달 과정에 매우 중요한 변수이다.

• 연소장치를 설계 또는 열관리할 때는 연소에 관여하는 물질의 양적관계에 더하여 연소가스의 온도를 아는 것이 매우 중요하다.

• 연소가스의 온도는 열역학 제1법칙인 에너지보존 법칙에 따라 결정되며, 연소 전 연료와 공기가 가지고 있는 열량과 연소 후 연소가스 보유열과 연소가스로부터 방열량이 균형을 이룬다고 가정하고 계산할 수 있다.

• 연소과정에서 화학에너지는 주위로 열을 방출하거나 내부적으로 연소 생성물의 온도를 높이는 데 이용된다.

• 연소온도에 영향을 미치는 요인 : 공기비, 공기 중의 산소농도, 연소효율, 공급공기의 온도, 연소 시 반응물질 주위의 온도, 연료의 저위발열량(연소온도는 공기비의 영향을 가장 많이 받는다)

• 연소온도(화염온도)를 높이는 방법

- 연료 또는 공기를 예열한다.
- 발열량이 높은 연료를 사용한다.
- 연소용 공기의 산소농도를 높인다.
- 연료를 완전연소시킨다.
- 노벽 등의 열손실을 막는다.
- 복사전열을 줄이기 위해 연소속도를 빠르게 한다.
- 과잉공기를 적게 공급한다.

㉡ 단열화염온도

- 정 의
  - 외부와의 에너지 출입이 차단된 조건에서 연소가 진행될 때 연소가스의 온도
  - 연소과정에서 이론적으로 가능한 화염의 최고온도
  - 연소과정 동안 열손실(벽면 열전달, 복사, 해리 등)이 없을 때 연소가스의 최종온도
  - 계(연소실)와 주위 사이에 열전달이 없고, 외부에 대해 일을 하지 않으며, 운동에너지와 위치에너지의 변화가 없을 때 연소가스의 최종온도
  - 연소과정에서 가연물질이 이론공기량(A_0)으로 완전연소되고, 연소실의 벽면에서 열전달이나 복사에 의한 손실이 전혀 없다고 가정할 때 연소실 내의 가스온도
  - 단열불꽃온도 또는 단열연소온도, 이론연소온도라고도 한다.
- 단열화염온도는 반응물의 상태, 반응의 완전 정도, 공기 사용량에 따라 좌우된다.
- 단열화염온도는 연료를 이론공기량으로 완전연소시킬 때 최대가 된다.
- 프로판을 연소할 때 이론단열불꽃온도가 가장 높을 때는 이론량의 순수산소로 연소하였을 때이다.
- 옥탄(C_8H_{18})이 공기 중에서 연소할 때 공기 과잉률이 높아지면 최고단열연소온도가 낮아진다.
- 단열화염온도의 종류
  - 정압 단열화염온도 : 반응물과 생성물의 엔탈피가 같아지는 온도(가스터빈에 사용)
  - 정적 단열화염온도 : 반응물과 생성물의 내부에너지가 같아지는 온도(가솔린엔진에 사용)
- 단열화염온도 구하기 : 반응물의 엔탈피는 쉽게 구할 수 있으나, 온도를 모르기 때문에 생성물의 엔탈피는 구할 수 없다. 따라서 반응물과 생성물의 엔탈피가 같아지는 생성물의 온도를 시행착오법으로 구한다.

㉢ 실제연소온도와 이론연소온도

- 불완전연소와 열전달로 인해 실제연소온도는 단열화염온도보다 항상 낮게 형성된다.
- 실제 연소장치의 연소온도는 버너와 연소실 벽으로 열전도, 대류, 복사, 열손실, 불완전연소의 영향으로 단열화염온도보다 낮다.
- 가연혼합기의 초기온도가 표준기준 상태보다 높거나 낮을 때는 표준기준 상태를 기준으로 미연혼합기의 현열을 고려해야 한다.
- 실제연소온도 :

$$T_{ac} = \frac{\eta_c H_L + Q_{air} + Q_f - Q_r}{GC} + t$$

여기서, η_c : 연소효율

H_L : 저위발열량

Q_{air} : 공기의 현열(연소용 공기의 보유 열량)

Q_f : 연료의 현열

Q_r : 방열량

G : 이론습연소가스량(배기가스량)

C : 배기가스의 평균 비열

t : 기준온도(298[K])

- 이론연소온도 : 표준기준 상태의 공기와 연료가 완전연소하면,

$\eta_c = 1$, $Q_{air} = 0$, $Q_f = 0$, $Q_r = 0$이 되므로

이론연소온도(T_{th})는 $T_{th} = \dfrac{H_L}{GC} + t$가 된다.

- 연료소모량 m, 연소가스의 열용량 Q일 때의

이론연소온도 : $T_{th} = \dfrac{H_L \times m}{Q} + t$

③ **열효율**

㉠ 연소효율(η_e) : 연소장치의 열효율

$$\eta_e = \frac{\text{실제 연소열량}}{\text{연료의 발열량}}$$

㉡ 보일러 효율 : $\eta_B = \dfrac{G_a(h_2 - h_1)}{H_L \times G_f} = \dfrac{G_e \times 539}{H_L \times G_f}$

$$= \eta_e \times \eta_r$$

$$= \frac{\text{실제 연소열량}}{\text{연료의 발열량}} \times \frac{\text{유효열량}}{\text{실제 연소열량}}$$

$$= \frac{\text{유효열량}}{\text{연료의 발열량}}$$

※ 상당증발량 $G_e = \frac{G_a(h_2 - h_1)}{539}$[kgf/h]

여기서, G_a : 실제증발량[kgf/h]

h_2 : 발생증기 비엔탈피[kcal/kgf]

h_1 : 급수의 비엔탈피[kcal/kgf]

㉢ 동력(출력)과 열효율

- 출력, 연료 발열량, 연료 소모율이 주어졌을 때의

열효율 : $\eta = \frac{H}{H_L \times m_f}$

여기서, H : 출력

H_L : 연료 발열량

m_f : 연료 소모율

- 발생동력(출력) : $H = H_L \times m_f \times \eta$
- 연료 소모율 : $m_f = \frac{H}{H_L \times \eta}$

㉣ 열효율의 향상 대책

- 연소가스의 온도를 높인다.
- 과잉공기를 감소시킨다.
- 열손실(손실열)을 줄인다.
- 되도록 연속으로 조업할 수 있도록 한다.
- 연소기구에 알맞은 적정 연료를 사용한다.
- 장치의 최적 설계조건(설치조건)과 운전조건을 일치시킨다.
- 전열량이 증가되는 방법을 취한다.

④ 전열량·열손실

㉠ 전열량

$$Q = K \cdot A \cdot \Delta t = K \cdot F \cdot \Delta t = \frac{\lambda}{b} \cdot F \cdot \Delta t$$

여기서, K : 열관류율

A, F : 전열면적

Δt : 온도차($\Delta t = t_1 - t_2$)

t_1 : 고온부 온도

t_2 : 저온부 온도

λ : 열전도율

b : 두께

㉡ 노벽의 열손실

$Q = K \cdot A \cdot (t_1 - t_2) = K \cdot F \cdot (t_1 - t_2)$

여기서, K : 열관류율

A, F : 전열면적

t_1 : 노벽 내부온도

t_2 : 노벽 외부온도

㉢ 원통(강관)의 열손실

$$Q = \frac{2\pi Lk(t_1 - t_2)}{\ln(r_2/r_1)}$$

여기서, L : 원통의 길이

k : 열전도율

t_1 : 내면온도

t_2 : 외기온도

r_2 : 바깥쪽 반지름

r_1 : 안쪽 반지름

㉣ 중공구(구형 용기)를 통한 열손실

$$Q = \frac{4\pi k(t_1 - t_2)}{1/r_1 - 1/r_2}$$

여기서, k : 열전도계수(열전도율)

t_1 : 중공지름부의 온도

t_2 : 구의 바깥지름의 온도

r_1 : 중공지름

r_2 : 구의 바깥지름

핵심예제

7-1. 연소온도를 높이는 방법으로 가장 거리가 먼 것은?

[2015년 제1회, 2017년 제3회, 2020년 제3회 유사]

① 연료 또는 공기를 예열한다.
② 발열량이 높은 연료를 사용한다.
③ 연소용 공기의 산소농도를 높인다.
④ 복사전열을 줄이기 위해 연소속도를 늦춘다.

7-2. 저발열량이 41,860[kJ/kg]인 연료를 3[kg] 연소시켰을 때 연소가스의 열용량이 62.8[kJ/℃]였다면, 이때의 이론연소 온도는 약 몇 [℃]인가?

[2010년 제2회 유사, 2015년 제2회, 2019년 제3회]

① 1,000[℃] ② 2,000[℃]
③ 3,000[℃] ④ 4,000[℃]

핵심예제

7-3. 저위발열량 93,766[kJ/Sm^3]의 C_3H_8을 공기비 1.2로 연소시킬 때의 이론연소온도는 약 몇 [K]인가?(단, 배기가스의 평균비열은 1.653[kJ/Sm^3·K]이고 다른 조건은 무시한다)

[2013년 제2회, 2020년 제1·2회 통합]

① 1,735 ② 1,856
③ 1,919 ④ 2,083

7-4. 메탄을 공기비 1.3에서 연소시킨 경우 단열연소온도는 약 몇 [K]인가?(단, 메탄의 저발열량은 50[MJ/kg], 배기가스의 평균비열은 1.293[kJ/kg·K]이고 고온에서의 열분해는 무시하고 연소 전 온도는 25[℃]이다) [2011년 제3회, 2016년 제2회]

① 1,688 ② 1,820
③ 1,951 ④ 2,234

7-5. 298.15[K], 0.1[MPa] 상태의 일산화탄소(CO)를 같은 온도의 이론공기량으로 정상유동과정으로 연소시킬 때 생성물의 단열화염온도를 주어진 표를 이용하여 구하면 약 몇 [K]인가?(단, 이 조건에서 CO 및 CO_2의 생성엔탈피는 각각 −110,529[kJ/kmol], −393,522[kJ/kmol]이다)

[2004년 제2회, 2008년 제1회, 2019년 제1회]

CO_2의 기준 상태에서 각각의 온도까지 엔탈피차	
온도[K]	엔탈피차[kJ/kmol]
4,800	266,500
5,000	279,295
5,200	292,123

① 4,835 ② 5,058
③ 5,194 ④ 5,293

7-6. 1[kmol]의 일산화탄소와 2[kmol]의 산소로 충전된 용기가 있다. 연소 전 온도는 298[K], 압력은 0.1[MPa]이고 연소 후 생성물은 냉각되어 1,300[K]로 되었다. 정상 상태에서 완전연소가 일어났다고 가정했을 때 열전달량은 약 몇 [kJ]인가?(단, 반응물 및 생성물의 총엔탈피는 각각 −110,529[kJ], −293,338[kJ]이다) [2010년 제3회, 2019년 제2회]

① −202,397 ② −230,323
③ −340,238 ④ −403,867

7-7. 100[kPa], 20[℃] 상태인 배기가스 0.3[m^3]을 분석한 결과 N_2 70[%], CO_2 15[%], O_2 11[%], CO 4[%]의 체적률을 얻었을 때 이 혼합가스를 150[℃]인 상태로 정적가열할 때 필요한 열전달량은 약 몇 [kJ]인가?(단, N_2, CO_2, O_2, CO의 정적비열[kJ/kg·K]은 각각 0.7448, 0.6529, 0.6618, 0.7445이다) [2004년 제1회, 2020년 제3회]

① 35 ② 39
③ 41 ④ 43

7-8. 피열물의 가열에 사용된 유효열량이 7,000[kcal/kg], 전입열량이 12,000[kcal/kg]일 때 열효율은 약 얼마인가?

[2015년 제3회, 2019년 제3회]

① 49.2[%] ② 58.3[%]
③ 67.4[%] ④ 76.5[%]

7-9. 프로판가스의 연소과정에서 발생한 열량은 50,232[MJ/kg]이었다. 연소 시 발생한 수증기의 잠열이 8,372[MJ/kg]이면 프로판가스의 저발열량 기준 연소효율은 약 몇 [%]인가?(단, 연소에 사용된 프로판가스의 저발열량은 46,046[MJ/kg]이다)

[2006년 제2회 유사, 2007년 제2회 유사, 2012년 제2회 유사, 2014년 제1회, 2017년 제3회 유사, 2020년 제1·2회 통합]

① 87 ② 91
③ 93 ④ 96

7-10. 안쪽 반지름 55[cm], 바깥 반지름 90[cm]인 구형 고압 반응용기(λ = 41.87[W/m·℃]) 내외의 표면온도가 각각 551[K], 543[K]일 때 열손실은 약 몇 [kW]인가?

[2009년 제1회, 2016년 제1회]

① 6 ② 11
③ 18 ④ 29

|해설|

7-1

복사전열을 줄이기 위해 연소속도를 빠르게 한다.

7-2

이론연소온도 : $T_{th} = \frac{H_L \times m}{Q} + t = \frac{41,860 \times 3}{62.8} + 0$

$\simeq 2,000[℃]$

7-3

- 프로판의 연소방정식 : $C_3H_8 + 5O_2 \rightarrow 3CO_2 + 4H_2O$
- 전체 연소가스량[Sm^3]

$G = (m - 0.21)A_0 + 3CO_2 + 4H_2O$

$= (1.2 - 0.21) \times 5 \times \frac{1}{0.21} + 3 + 4 \simeq 30.57[Sm^3]$

- 이론연소온도 $T_{th} = \frac{H_L}{GC} = \frac{93,766}{30.57 \times 1.653} \simeq 1,856[K]$

7-4

- 메탄의 연소방정식 : $CH_4 + 2O_2 \rightarrow CO_2 + 2H_2O$
- 전체 연소가스량[kg]

$G = (m - 0.232)A_0 + CO_2 + 2H_2O$

$= \frac{1}{16} \times \left[(1.3 - 0.232) \times 2 \times \frac{32}{0.232} + 1 \times 44 + 2 \times 18\right]$

$\simeq 23.4[kg]$

- 단열연소온도 $T_{th} = \frac{H_L}{GC} + t = \frac{50,000}{23.4 \times 1.293} + (25 + 273)$

$\simeq 1,951[K]$

7-5

CO와 CO_2의 생성엔탈피의 차

= −110,529 − (−393,522) = 282,993[kJ/kmol]이므로

주어진 표에서 단열화염온도는 5,000~5,200[K] 사이이다. 5,000[K]와 5,200[K]의 중간온도인 5,100[K]에서의 엔탈피차를 시행착오법으로 계산하면

$279,295 + \frac{292,123 - 279,295}{2} = 285,709[kJ/kmol]$ 이므로

단열화염온도는 5,000~5,200[K] 사이이며, 엔탈피 차는 5,100[K]에서의 엔탈피차보다 작으므로 ①~④ 중에서 5,058[K]가 구하고자 하는 단열화염온도에 가장 가깝다.

7-6

- 연소방정식 : $CO + 2O_2 \rightarrow CO_2 + 1.5O_2$
- 열전달량

$Q = (H_2 - n_2\overline{R}T_2) - (H_1 - n_1\overline{R}T_1)$

$= (-293,338 - 2.5 \times 8.314 \times 1300) - (-110,529 - 3.0 \times 8.314 \times 298)$

$= -320,359 + 117,962 = -202,397[kJ]$

7-7

- 연소방정식

$0.7N_2 + 0.15CO_2 + 0.11O_2 + 0.04CO \rightarrow 0.04CO_2 + 0.09O_2 + 0.7N_2 + 0.15CO_2$이며

이를 정리하면

$0.7N_2 + 0.15CO_2 + 0.11O_2 + 0.04CO \rightarrow 0.19CO_2 + 0.09O_2 + 0.7N_2$

$m_1 C_v T_1 = \frac{0.3 \times 1.0}{22.4} \times (0.7 \times 28 \times 0.7448 + 0.15 \times 44 \times 0.6529 + 0.11 \times 32 \times 0.6618 + 0.04 \times 28 \times 0.7445) \times 293$

$= \frac{0.3}{22.4} \times 22.07 \times 293 \simeq 86.6[kJ]$

$m_2 C_v T_2 = \frac{0.3}{22.4} \times (0.19 \times 44 \times 0.6529 + 0.09 \times 32 \times 0.6618 + 0.7 \times 28 \times 0.7448) \times 423$

$= \frac{0.3 \times 0.98}{22.4} \times 21.96 \times 423 \simeq 121.9[kJ]$

- 열전달량

$Q = m_2 C_v T_2 - m_1 C_v T_1 = 121.9 - 86.6 = 35.3[kJ]$

7-8

열효율

$\eta = \frac{7,000}{12,000} \times 100[\%] \simeq 58.3[\%]$

7-9

연소효율

$\eta = \frac{\text{실제 발생열량}}{\text{저발열량}} = \frac{50,232 - 8,372}{46,046} \simeq 0.91 = 91[\%]$

7-10

중공구(구형 용기)를 통한 열손실

$Q = K\frac{4\pi(t_1 - t_2)}{1/r_1 - 1/r_2} = 41.87 \times \frac{4 \times 3.14 \times (551 - 543)}{1/0.55 - 1/0.9}$

$\simeq 5,950[W] \simeq 6[kW]$

정답 7-1 ④ 7-2 ② 7-3 ② 7-4 ③ 7-5 ② 7-6 ① 7-7 ① 7-8 ② 7-9 ② 7-10 ①

제3절 | 연소범위 · 이상연소현상 · 폭발 · 가스안전

핵심이론 01 연소범위 · 안전간격 · 위험도

① 연소범위

㉠ 정 의

- 연소에 필요한 혼합가스의 농도
- 공기 중에서 가연성 가스가 연소할 수 있는 가연성 가스의 농도범위
- 공기 중 연소 가능한 가연성 가스의 최저 및 최고 농도
- 폭발이 일어나는 데 필요한 농도의 한계
- 연소범위의 별칭 : 폭발범위, 폭발한계, 연소한계, 가연한계

㉡ 연소범위는 상한치와 하한치의 값을 가지며 각각 연소상한계 또는 폭발상한(UFL), 연소하한계 또는 폭발하한(LFL)라고 한다.

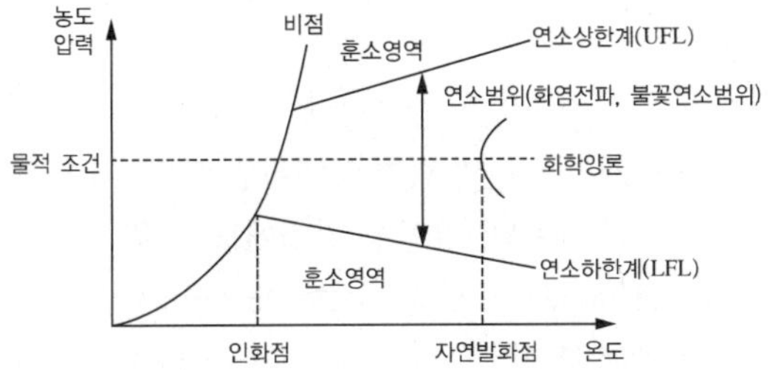

- 연소상한계와 연소하한계 사이의 공간을 화염 전파 공간이라고 한다.
- 모든 가연물질은 폭발범위 내에서만 폭발하므로 폭발범위 밖에서는 위험성이 감소하며 폭발범위는 넓을수록 위험하다.
- 가연성 가스는 혼합한 공기와의 비율이 연소범위일 때 연소가 잘된다.
- 연소하한계 이하에서도 산화는 되지만, 산화에 따른 반응열이 작아서 가연물의 분해 증발률이 낮아서 기상반응이 아닌 작열연소가 일어나는 표면반응을 하기 때문에 화염 전파가 일어나지 않는다.

㉢ 연소상한계(UFL) : 연소 가능한 상한치

- 공기 중에서 가장 높은 농도에서 연소할 수 있는 부피
- 가연물의 최대용량비
- UFL 이상의 농도에서는 산소농도가 너무 낮다.
- UFL이 높을수록 위험도는 증가한다.
- UFL 공식(르샤틀리에) : $\dfrac{100}{UFL} = \sum \dfrac{V_i}{U_i}$

여기서, V_i : 각 가스의 조성[%]

U_i : 각 가스의 연소상한계[%]

㉣ 연소하한계(LFL) : 연소 가능한 하한치

- 공기 중에서 가장 낮은 농도에서 연소할 수 있는 부피
- 가연물의 최저용량비
- LFL 이하의 농도에서는 가연성 증기의 농도가 너무 낮다.
- LFL이 낮을수록 위험도는 증가한다.
- LFL 공식(르샤틀리에) : $\dfrac{100}{LFL} = \sum \dfrac{V_i}{L_i}$

여기서, V_i : 각 가스의 조성[%]

L_i : 각 가스의 연소하한계[%]

- 활성화 에너지의 영향을 받는다.

㉤ 대표적인 가스의 폭발범위[%], ( )는 폭발범위 폭

- 아세틸렌(C_2H_2) 2.5~82(79.5, 가장 넓음), 산화에틸렌(C_2H_4O) 3~80(77), 수소(H_2) 4~75(71)
- 일산화탄소(CO) 12.5~75(62.5)
- 에틸에테르($C_4H_{10}O$) 1.7~48(46.3), 이황화탄소(CS_2) 1.2~44(42.8), 황화수소(H_2S) 4.3~46(41.7)
- 사이안화수소(HCN) 6~41(35), 에틸렌(C_2H_4) 3.0~33.5(30.5), 메틸알코올(CH_3OH, 메탄올) 7~37(30)
- 에틸알코올(C_2H_5OH, 에탄올) 3.5~20(16.5), 아크릴로나이트릴 3~17(14), 암모니아(NH_3) 15~28(13), 아세톤 2~13(11), 메탄(CH_4) 5~15.4(10.4)
- 에탄(C_2H_6) 3~12.5(9.5), 프로판(C_3H_8) 2.5~9.5(7.0), 부탄(C_4H_{10}) 1.8~8.4(6.6), 휘발유 1.4~7.6(6.2), 벤젠(C_6H_6) 1.4~7.4(6)

ⓗ 연소범위에 영향을 주는 요인으로 온도·압력·산소량·조성(농도) 그리고 불활성 기체량 등이 있으며, 일반적으로 온도·압력·산소량(산소농도) 등에 비례하며 불활성 기체량에 반비례한다.

- 일반적으로 압력이 올라가면 연소범위가 넓어지는데 일산화탄소는 공기 중 질소의 영향을 받아 오히려 연소범위가 좁아진다.
- 수소와 공기의 혼합가스는 압력을 증가시키면 (1기압까지는) 폭발범위가 좁아지다가 10[atm] 이상의 고압 이후부터는 넓어진다.
- 산소의 농도가 증가할수록 화염온도가 높아지고 연소속도가 빨라지며 폭발범위가 넓어지는 반면에 발화온도는 낮아진다.
- LFL(연소하한계)은 온도가 100[℃] 증가할 때마다 8[%] 정도 감소한다.
- UFL(연소상한계)은 온도가 증가하면 올라간다.
- 압력이 1[atm]보다 낮아질 때 폭발범위는 크게 변화되지 않는다.
- UFL(연소상한계)은 압력이 증가하면 현격히 증가되지만, 매우 낮은 압력(< 50mmHg)을 제외하고 압력은 LFL(연소하한계)에 거의 영향을 주지 않는다.
- 혼합가스의 폭발범위는 그 가스의 폭굉범위보다 좁다.

② 피크농도(Inflammability Peak)

㉠ 혼합기체의 연소범위가 완전히 없어져 버리는 첨가기체의 농도

$$\frac{1}{\text{가연물(1몰)} + \text{공기 몰수}} \times 100[\text{vol\%}]$$

㉡ 피크농도 관련 제반사항

- 질소(N_2)의 피크농도는 약 37[vol%]이다.
- 이산화탄소(CO_2)의 피크농도는 약 23[vol%]이다.
- 피크농도는 비열이 클수록 작아진다.
- 피크농도는 열전달률이 클수록 작아진다.

③ 파라핀계 탄화수소의 폭발한계에 나타나는 규칙성

㉠ 버제스 휠러(Burgess-Wheeler)의 법칙 : 파라핀계 탄화수소는 연소열과 연소하한계의 곱이 일정하다는 법칙이다.

- $\Delta H_C \times LFL$의 값 : 메탄을 제외한 파라핀계 탄화수소 대부분은 1,000~1,200 사이이며, 약 1,050이다.

  여기서, ΔH_C : 연소열

  LFL : 연소하한계
- 연소하한계가 낮은 물질은 연소열이 크고, 하한계가 높은 물질은 연소열이 작다.
- 파라핀계 탄화수소의 탄소수 증가에 따른 일반적인 성질 변화
  - 분자량, 비중이 증가하며 분자구조가 복잡해진다.
  - 발열량[kcal/m^3]이 커진다.
  - 연소하한계는 낮아진다.
  - 발화점(착화점)이 낮아진다.
  - 인화점이 높아진다.
  - 연소범위가 좁아진다.
- 버제스 휠러의 법칙은 파라핀계 탄화수소뿐만 아니라 다수의 가연성 가스에도 적용 가능하다.

㉡ 존스(Jones)의 법칙 : 온도 25[℃]에서 파라핀계 탄화수소의 연소하한계 또는 연소상한계는 화학양론조성비에 일정한 값을 곱하여 구할 수 있다는 법칙

- $LFL_{25} = 0.55\,C_{st}$, $UFL_{25} = 3.5\,C_{st}$

  여기서, LFL : 연소하한계

  FL_{25} : 연소상한계

  C_{st} : 화학양론조성비
- 연소하한계의 경우는 비교적 정확한 편이지만, 연소상한계의 경우는 오차가 크다.

④ 최대안전틈새(MESG ; Maximum Experimental Safe Gap)

㉠ 최대안전틈새의 정의

- 규정한 조건에 따라 시험을 10회 실시했을 때 화염이 전파되지 않고, 접합면의 길이가 25[mm]인 접합의 최대틈새

- 폭발성 분위기 내에 방치된 표준용기의 접합면 틈새를 통하여 폭발 화염이 내부에서 외부로 전파되는 것을 방지할 수 있는 틈새의 최대간격치(화염일주한계)
- 화염일주가 일어나지 않는 틈새의 최대치
- 내용적이 8[L]이고, 틈새 깊이가 25[mm]인 표준용기 안에서 가스가 폭발할 때 발생한 화염이 용기 밖으로 전파하여 가연성 가스에 점화되지 않는 최댓값

> **화염일주와 소염거리**
> - 화염일주 : 화염이 소실되는 것
> - 소염거리 : 두 면의 평행판 거리를 좁혀가며 화염이 전파하지 않게 될 때의 면 간 거리

- 별칭 : 안전틈새, 안전간격, 최대실험안전틈새, 화염일주한계

㉡ 안전간격의 등급
- 1등급 : 0.6[mm] 초과(암모니아, 메탄, 부탄, 프로판, 메타놀 등 2, 3등급을 제외한 모든 가스)
- 2등급 : 0.4[mm] 초과 0.6[mm] 이하(에틸렌, 석탄가스)
- 3등급 : 0.4[mm] 이하(아세틸렌, 수소, 이황화탄소, 황화수소, 수성가스)

㉢ 가스별 안전간격[mm]
- 1등급 : 암모니아 3.17, 메탄 1.14, 부탄 0.98, 프로판 0.92, 메타놀 0.92
- 2등급 : 에틸렌 0.65, 석탄가스
- 3등급 : 아세틸렌 0.37, 수소 0.29, 이황화탄소, 황화수소, 수성가스

㉣ 안전간격의 특징
- 급수가 클수록 위험하다(3등급 > 2등급 > 1등급).
- 안전간격이 짧은 가스일수록 위험하다(H_2, C_2H_2, $CO + H_2$, CS_2 등).
- 안전간격은 방폭 전기기기 등의 설계에 중요하다.
- 한계직경은 가는 관 내부를 화염이 진행할 때 도중에 꺼지는 관의 직경이다.
- 두 평행판 간의 거리를 화염이 전파하지 않을 때까지 좁혔을 때 그 거리를 소염거리라고 한다.

⑤ 가연성 가스의 위험

㉠ 위험도(H) : 폭발상한과 폭발하한의 차를 폭발하한계로 나눈 값으로, $H = \frac{U-L}{L}$로 계산한다.

여기서, U : 폭발상한

L : 폭발하한

㉡ 고대다(高大多) 시 위험요인 : 폭발상한과 폭발하한의 차이(폭발범위), 연소속도, 가스압력, 증기압

㉢ 저소단(低少短) 시 위험요인 : 안전간격, 인화온도(인화점), 최소점화에너지, 비등점, 화염일주한계

핵심예제

1-1. 가연성 가스의 폭발범위에 대한 설명으로 옳지 않은 것은?

[2004년 제2회, 2007년 제3회 유사, 2009년 제2회 유사, 2010년 제3회, 2011년 제3회 유사, 2012년 제1회, 2015년 제1회, 2017년 제1회 유사, 2019년 제2회]

① 일반적으로 압력이 높을수록 폭발범위가 넓어진다.
② 가연성 혼합가스의 폭발범위는 고압에서는 상압에 비해 훨씬 넓어진다.
③ 프로판과 공기의 혼합가스에 불연성 가스를 첨가하는 경우 폭발범위는 넓어진다.
④ 수소와 공기의 혼합가스는 고온에 있어서는 폭발범위가 상온에 비해 훨씬 넓어진다.

1-2. 연소범위에 대한 설명으로 옳은 것은?

[2007년 제1회, 2010년 제2회, 2012년 제2회]

① N_2를 가연성 가스에 혼합하면 연소범위는 넓어진다.
② CO_2를 가연성 가스에 혼합하면 연소범위가 넓어진다.
③ 가연성 가스는 온도가 일정하고 압력이 내려가면 연소범위가 넓어진다.
④ 가연성 가스는 온도가 일정하고 압력이 올라가면 연소범위가 넓어진다.

1-3. 연소범위에 대한 설명으로 틀린 것은?

[2011년 제2회, 2018년 제2회]

① LFL(연소하한계)은 온도가 100[℃] 증가할 때마다 8[%] 정도 감소한다.
② UFL(연소상한계)은 온도가 증가하여도 거의 변화가 없다.
③ 대단히 낮은 압력(< 50[mmHg])을 제외하고 압력은 LFL(연소하한계)에 거의 영향을 주지 않는다.
④ UFL(연소상한계)은 압력이 증가할 때 현격히 증가된다.

핵심예제

1-4. 다음 중 가스와 그 폭발한계가 틀린 것은?

[2006년 제2회 유사, 2011년 제1회 유사, 2013년 제2회 유사, 2017년 제1회]

① 수소 : 4~75[%]
② 암모니아 : 15~28[%]
③ 메탄 : 5~15.4[%]
④ 프로판 : 2.5~40[%]

1-5. 다음 중 폭발범위의 하한값이 가장 낮은 것은?

[2012년 제2회, 2019년 제1회]

① 메 탄　② 아세틸렌
③ 부 탄　④ 일산화탄소

1-6. 다음 가스 중 연소의 상한과 하한의 범위가 가장 넓은 것은? [2006년 제3회 유사, 2015년 제3회 유사, 2020년 제3회]

① 산화에틸렌　② 수 소
③ 일산화탄소　④ 암모니아

1-7. 에탄 5[vol%], 프로판 65[vol%], 부탄 30[vol%] 혼합가스의 공기 중에서 폭발범위를 표를 참조하여 구하면?

[2006년 제1회 유사, 2008년 제1회, 2010년 제1회 유사, 2012년 제3회 유사, 2015년 제3회]

공기 중에서의 폭발한계		
가 스	폭발한계[vol%]	
	하한계	상한계
C_2H_6	3.0	12.4
C_3H_8	2.1	9.5
C_4H_{10}	1.8	8.4

① 1.95~8.93[vol%]
② 2.03~9.25[vol%]
③ 2.55~10.85[vol%]
④ 2.67~11.33[vol%]

1-8. 프로판 및 메탄의 폭발하한계는 각각 2.5[v%], 5.0[v%]이다. 프로판과 메탄이 4 : 1의 체적비로 있는 혼합가스의 폭발하한계는 약 몇 [v%]인가? [2003년 제1회, 2011년 제1회]

① 2.16　② 2.56
③ 2.78　④ 3.18

1-9. 혼합기체의 연소범위가 완전히 없어져 버리는 첨가기체의 농도를 피크농도라고 하는데 이에 대한 설명으로 잘못된 것은? [2012년 제3회, 2020년 제3회]

① 질소(N_2)의 피크농도는 약 37[vol%]이다.
② 이산화탄소(CO_2)의 피크농도는 약 23[vol%]이다.
③ 피크농도는 비열이 작을수록 작아진다.
④ 피크농도는 열전달률이 클수록 작아진다.

1-10. 가스의 폭발 등급은 안전간격에 따라 분류한다. 다음 가스 중 안전간격이 넓은 것부터 옳게 나열된 것은?

[2007년 제3회, 2009년 제2회 유사, 2010년 제1회, 2013년 제2회, 2015년 제3회 유사, 2017년 제2회]

① 수소 > 에틸렌 > 프로판
② 에틸렌 > 수소 > 프로판
③ 수소 > 프로판 > 에틸렌
④ 프로판 > 에틸렌 > 수소

1-11. 위험도는 폭발 가능성을 표시한 수치로서 수치가 클수록 위험하며 폭발상한과 하한의 차이가 클수록 위험하다. 공기 중 수소(H_2)의 위험도는 얼마인가? [2011년 제2회, 2014년 제2회]

① 0.94　② 1.05
③ 17.29　④ 71

1-12. 다음 가연성 가스 중 위험도가 가장 큰 것은?

[2012년 제3회]

① 산화에틸렌　② 암모니아
③ 메 탄　④ 일산화탄소

1-13. 어떤 물질이 0[MPa](게이지압)에서 UFL(연소상한계)이 12.0[vol%]일 경우 7.0[MPa](게이지압)에서는 UFL[vol%]이 약 얼마인가? [2018년 제3회]

① 31　② 41
③ 50　④ 60

|해설|

1-1
프로판과 공기의 혼합가스에 불연성 가스를 첨가하면 폭발범위는 좁아진다.

1-2
① N_2를 가연성 가스에 혼합하면 연소범위는 좁아진다.
② CO_2를 가연성 가스에 혼합하면 연소범위가 좁아진다.
③ 가연성 가스는 온도가 일정하고 압력이 내려가면 연소범위가 좁아진다.

1-3
UFL(연소상한계)은 온도가 증가하면 올라간다.

1-4
프로판 : 2.1~9.5[%]

1-5
폭발범위
- 부탄(C_4H_{10}) : 1.8~8.4[%]
- 아세틸렌(C_2H_2) : 2.5~82[%]
- 메탄(CH_4) : 5~15.4[%]
- 일산화탄소(CO) : 12.5~75[%]

1-6
연소범위(폭)
- 산화에틸렌(C_2H_4O) : 3~80[%](77)
- 수소(H_2) : 4~75[%](71)
- 일산화탄소(CO) : 12.5~75[%](62.5)
- 암모니아(NH_3) : 15~28[%](13)

1-7
- $\frac{100}{LFL}=\sum\frac{V_i}{L_i}$ 에서 $\frac{100}{LFL}=\frac{V_1}{L_1}+\frac{V_2}{L_2}+\frac{V_3}{L_3}$ 이며
  $\frac{100}{LFL}=\frac{5}{3}+\frac{65}{2.1}+\frac{30}{1.8}\simeq 49.286$ 이므로
  $LFL=\frac{100}{49.29}\simeq 2.03[\%]$
- $\frac{100}{UFL}=\sum\frac{V_i}{U_i}$ 에서 $\frac{100}{UFL}=\frac{V_1}{L_1}+\frac{V_2}{L_2}+\frac{V_3}{L_3}$ 이며
  $\frac{100}{UFL}=\frac{5}{12.4}+\frac{65}{9.5}+\frac{30}{8.4}\simeq 10.817$ 이므로
  $UFL=\frac{100}{10.82}\simeq 9.25[\%]$

1-8
$\frac{100}{LFL}=\sum\frac{V_i}{L_i}$ 에서 $\frac{100}{LFL}=\frac{V_1}{L_1}+\frac{V_2}{L_2}$ 이며
$\frac{100}{LFL}=\left(\frac{4}{2.5}+\frac{1}{5.0}\right)\times\frac{100}{5}=36$ 이므로
$LFL=\frac{100}{36}\simeq 2.78[\%]$

1-9
피크농도(Inflammability Peak)는 비열이 클수록 작아진다.

$$\text{피크농도}=\frac{1}{\text{가연물(1몰)}+\text{공기몰수}}\times 100[\text{vol\%}]$$

1-10
안전간격[mm]
- 프로판(1등급) : 0.92
- 에틸렌(2등급) : 0.65
- 수소(3등급) : 0.29

1-11
수소의 위험도
$H=\frac{75-4.1}{4.1}\simeq 17.29$

1-12
위험도
- 산화에틸렌 $H=\frac{80-3}{3}\simeq 25.67$
- 일산화탄소 $H=\frac{75-12.7}{12.7}\simeq 4.91$
- 메탄 $H=\frac{15.4-5}{5}\simeq 2.08$
- 암모니아 $H=\frac{28-15}{15}\simeq 0.87$

1-13
구하고자 하는 UFL
$UFL=12+20.6\times[\log(7+0.1)+1]\simeq 50[\text{vol\%}]$

정답 1-1 ③ 1-2 ④ 1-3 ② 1-4 ④ 1-5 ③ 1-6 ① 1-7 ② 1-8 ③ 1-9 ③ 1-10 ④ 1-11 ③ 1-12 ① 1-13 ③

핵심이론 02 이상연소현상

① 불완전연소

㉠ 불완전연소(Incomplete Combustion)의 정의

- 산소량이 부족하여 산화반응을 완전히 완료하지 못해 일산화탄소, 그을음, 카본 등과 같은 미연소물이 생기는 연소현상이다.
- 염공에서 연료가스가 연소 시 가스와 공기의 혼합이 불충분하거나 연소온도가 낮을 경우에 황염이나 그을음이 발생하는 연소현상이다.

㉡ 불완전연소의 원인

- 공기와의 접촉 및 혼합이 불충분할 때
- 과대한 가스량 또는 필요량의 공기가 없을 때
- 배기가스의 배출이 불량할 때
- 불꽃이 저온 물체에 접촉되어 온도가 내려갈 때

② 역 화

㉠ 역화(Back Fire, Flash Back, Lighting Back)의 정의

- 연소속도보다 가스 분출속도가 작을 때 발생되는 현상
- 불꽃이 돌발적으로 화구 속으로 역행하는 현상
- 불꽃이 염공 속으로 빨려 들어가 연소기 내 혼합관 속에서 연소하는 현상
- 가스압이 이상 저하하거나 노즐과 콕 등이 막혀 가스량이 극히 적어질 경우 발생하는 현상

㉡ 역화의 원인

- 가스의 분출속도보다 연소속도가 빨라질 경우
- 연소속도가 일정하고 분출속도가 느린 경우
- 공기 과다로 혼합가스의 연소속도가 빠르게 나타나는 경우
- 1차 공기가 적을 때
- 1차 공기댐퍼가 너무 열려 1차 공기 흡입이 과대하게 된 경우
- 혼합기체의 양이 너무 적은 경우
- 가스압력이 지나치게 낮을 때
- 콕이 충분히 열리지 않은 경우
- 노즐, 콕 등 기구밸브가 막혀 가스량이 극히 적어질 경우
- 노즐 구경, 염공이 크거나 부식에 의해 확대되었을 경우
- 버너가 과열되었을 경우
- 인화점이 낮을 때

㉢ 연소기에서 발생할 수 있는 역화를 방지하는 방법

- 다공 버너에서는 각각의 연료 분출구를 작게 한다.
- 버너가 과열되지 않도록 버너의 온도를 낮춘다.
- 연료의 분출속도를 크게 한다.
- 리프트(Lift)한계가 큰 버너를 사용하여 저연소 시의 분출속도를 크게 한다.
- 연소용 공기를 분할 공급하여 1차 공기를 착화범위보다 작게 한다.

③ 리프팅

㉠ 리프팅(선화, Lifting)의 정의

- 불꽃이 버너에서 떠올라 일정한 거리를 유지하면서 공간에서 연소하는 현상이다.
- 염공을 떠나 연소하는 현상이다.

㉡ 리프팅의 원인

- 가스의 분출속도가 연소속도보다 클 때
- 공기조절기를 지나치게 열었을 경우
- 1차 공기가 너무 많아 혼합기체의 양이 많은 경우
- 가스의 공급압력이 지나치게 높은 경우
- 버너 내의 압력이 높아져 가스가 과다 유출할 경우
- 공기 및 가스의 양이 많아져 분출량이 증가한 경우
- 콕이 충분히 열리지 않는 경우
- 노즐이 줄어든 경우, 버너의 염공이 작거나 막혔을 경우
- 버너가 낡고 염공이 막혀 염공의 유효면적이 작아져 버너 내압이 높게 되어 분출속도가 빠르게 되는 경우

④ 황 염

㉠ 황염(Yellow Tip)은 불꽃의 색이 황색으로 되는 현상으로, 염공에서 연료가스의 연소 시 공기량의 조절이 적정하지 못하여 완전연소가 이루어지지 않을 때 발생한다.

㉡ 황염의 원인 : 1차 공기의 부족

⑤ 블로 오프

㉠ 블로 오프(Blow Off)의 정의

- 불꽃의 주위, 특히 불꽃의 기저부에 대한 공기의 움직임이 세지면 불꽃이 노즐에 정착하지 않고 떨어지게 되어 꺼지는 현상
- 선화(Lifting) 상태에서 다시 분출속도가 증가하여 결국 화염이 꺼지는 현상
- 주위 공기의 움직임에 따라 불꽃이 날려서 꺼지는 현상

㉡ 블로 오프의 원인 : 연료가스의 분출속도가 연소속도보다 클 때

⑥ 탄화수소계 연료에서 연소 시 발생되는 검댕이(미연소분)

㉠ 불포화도가 클수록 많이 발생

㉡ 많이 발생하는 순서 : 나프탈렌계 > 벤젠계 > 올레핀계 > 파라핀계

⑦ 질소산화물의 주된 발생원인 : 연소실 온도가 높을 때

핵심예제

2-1. 가스 연소기에서 발생할 수 있는 역화(Flash Back)현상의 발생원인으로 가장 거리가 먼 것은? [2004년 제1회 유사, 2007년 제2회 유사, 2012년 제1회 유사, 제2회 유사, 2017년 제3회]

① 분출속도가 연소속도보다 빠른 경우
② 노즐, 기구밸브 등이 막혀 가스량이 극히 적게 된 경우
③ 연소속도가 일정하고 분출속도가 느린 경우
④ 버너가 오래되어 부식에 의해 염공이 크게 된 경우

2-2. 연소기에서 발생할 수 있는 역화를 방지하는 방법에 대한 설명 중 옳지 않은 것은? [2012년 제1회 유사, 2016년 제1회, 2020년 제3회]

① 연료 분출구를 작게 한다.
② 버너의 온도를 높게 유지한다.
③ 연료의 분출속도를 크게 한다.
④ 1차 공기를 착화범위보다 작게 한다.

2-3. 연소 시 발생할 수 있는 여러 문제 중 리프팅(Lifting) 현상의 주된 원인은? [2019년 제3회]

① 노즐의 축소
② 가스압력의 감소
③ 1차 공기의 과소
④ 배기 불충분

|해설|

2-1
연소속도가 분출속도보다 빠른 경우 역화현상이 나타난다.

2-2
역화를 방지하기 위해서는 버너가 과열되지 않도록 온도를 낮춘다.

2-3
② 가스압력의 증가
③ 1차 공기의 과대
④ 배기량 증대

정답 2-1 ① 2-2 ② 2-3 ①

핵심이론 03 화재와 소화

① 화 재

㉠ 화재의 개요

- 화재의 정의 : 사람의 의도에 반하거나 고의에 의해 발생하는 연소현상으로서 소화시설 등을 사용하여 소화할 필요가 있거나 화학적인 폭발현상(화재조사 및 보고규정 제2조 제1호)이다.
  - 학문적 정의 : 가연성 물질이 산소와 반응하여 열과 빛을 발생하면서 연소하는 현상으로 인간에게 물질적, 신체적인 손해를 주는 재해이다.
  - ISO(국제표준화기구) : 시간적, 공간적으로 제어되지 않고 확대되는 급격한 연소현상이다.
  - USFA(National Fire Incident Reporting System, 미국실무서) : 파괴적이고 통제되지 않는 가연성 고체, 액체, 기체의 연소로, 폭발을 포함한다.
  - 일본화재보고취급요령 제1총칙 2 : 인간의 의도에 반하여 발생 또는 확대되거나 방화에 의하여 발생되어 소화의 필요가 있는 연소현상으로서, 이것을 소화하기 위하여 소화시설 또는 이것과 같은 정도의 효과가 있는 것의 이용을 필요로 하는 것 또는 인간의 의도에 반하여 발생 또는 확대된 폭발현상이다.
- 화재의 특성 : 우발성, 확대성, 불안정성
- 화재 위험성 : 인화점·발화점·착화에너지가 낮을수록, 연소범위가 넓을수록 위험하다.
- 화재의 성장 3요소 : 점화, 연소속도, 화염 확산
- 파라핀 등 가연성 고체는 화재 시 가연성 액체가 되어 화재를 확대시킨다.
- 화재와 폭발을 구별하기 위한 주된 차이점 : 에너지 방출속도
- 공기압축기의 흡입구로 빨려 들어간 가연성 증기가 압축되어 그 결과로 큰 재해가 발생할 때 가연성 증기에 작용한 기계적 발화원 : 충격, 마찰, 정전기 등

㉡ 에너지방출속도(Energy Release Rate)

- 화재와 관련하여 가장 중요한 값이다.
- 다른 요소와 비교할 때 직접적으로 화재의 크기와 손상 가능성을 나타낸다.
- 화염 높이와 밀접한 관계가 있다.
- 화재 주위의 복사열 유속과 직접 관련된다.
- 화재가 성장하여 플래시오버가 일어날 수 있는 모든 가능성과 관련이 있다.
- 에너지 방출속도는 다음과 같이 질량유속을 이용하여 구할 수 있다.

$$\dot{Q} = \dot{m} A \Delta H_c$$

여기서, $\dot{Q}$: 에너지 방출속도

$\dot{m}$: 질량유속

A : 기화되는 면적

ΔH_c : 연소열

㉢ 화재의 분류

- A급 : 일반화재
- B급 : 유류화재
- C급 : 전기화재
- D급 : 금속화재
- K급 : 주방화재

㉣ 제트화재(Jet Fire)

- 고압의 LPG 누출 시 주위의 점화원에 의하여 점화되어 불기둥을 이루는 것이다.
- 누출압력으로 인하여 화염이 굉장한 운동량을 가지고 있으며 화재의 직경이 작다.

㉤ 풀화재(Pool Fire) 또는 액면화재 : 용기에 담긴 액체화재(깡통화재)이다.

- 누출 후 액상으로 남아 있는 LPG에 점화되면 발생한다.
- 고농도의 LPG가 연소되는 것으로 주위의 공기 부족으로 인하여 검은 연기를 유발한다.

㉥ 플래시화재(Flash Fire) : 인화성 또는 가연성 액체나 가스의 표면을 타고 순간적으로 확산되는 분출성 화재이다.

- 동의어 : 플래시화재, 섬광화재, 증기운화재, 표면화재(Surface Fire)

- 누출된 LPG는 누출 즉시 기화된다. 이런 현상을 플래시(Flash) 증발이라 하고, 기화된 증기가 점화원에 의해 화재가 발생된 현상을 플래시화재(Flash Fire)라고 한다. 점화 시 폭발음이 있을 수 있으나, 강도가 약해 고려될 만한 사항은 아니다.
- 플래시화재는 느린 폭연으로 중대한 과압이 발생하지 않는 가스운에서 발생한다.
- 연소 특성
  - 넓게 퍼진 증기운의 자연발화에 의한 화재로서, 근본적으로 연소속도의 증가가 없는 경우이다.
  - UVCE와 같은 폭풍파에 의한 손상은 일어나지 않는다. UVCE와의 구분은 연소속도의 차이에 있으며, 이에 따라 폭풍효과(Blast Effect)의 존재 여부가 결정된다.
  - 화염속도는 UVCE만큼 크지 않지만 증기운의 가연성 영역 전체에 걸쳐 화재가 빠르게 확산된다.
  - 일반적으로 직접 화염 접촉에 의한 근거리 손상효과와 복사에 의한 원거리 인적 피해 영향을 나타낸다.
  - 타깃(Target)에 대한 복사효과는 화염으로부터의 거리, 화염 높이, 화염의 복사력, 대기의 복사에너지 전달성 그리고 증기운의 크기에 의존한다.

ⓢ 오일오버(Oil Over) : 저장된 연소 중인 기름에 의해 화재가 확대되고 원추형 탱크의 지붕판이 폭발에 의해 날아가 버리는 현상이다.

ⓞ 플래시오버(Flash Over, 전실화재) : 실내화재 시 연소열에 의해 천장류(Ceiling Jet)의 온도가 상승하여 600[℃] 정도가 되면 천장류에서 방출되는 복사열에 의하여 실내에 있는 모든 가연물질이 분해되어 가연성 증기를 발생하게 됨으로써 실내 전체가 연소되는 상태이다.

- 플래시오버는 화재성장기(제1단계)에서 발생한다.
- 플래시오버의 요인은 열의 공급이다.
- 급격한 가연성 가스의 착화로서 폭풍이나 충격파는 없다.
- 피해 : 농연 또는 화염 분출(화재 관점), 인접 건물 연소 위험 증가
- 방지대책 : 천장의 불연화, 가연물량의 제한, 화원의 억제(개구부의 제한)

ⓙ 백드래프트(Back Draft) : 밀폐된 공간에서 플래시오버 후 계속해서 연소를 하려고 해도 산소가 부족하여 연소가 잠재적으로 진행되고 있다가 소방대가 소화활동을 위하여 화재실의 문을 개방할 때 신선한 공기가 유입되어 실내에 축적되었던 가연성 가스가 단시간에 폭발적으로 연소함으로써 화재가 폭풍을 일으키며 실외로 분출되는 현상이다.

- 백드래프트는 최성기(제2단계)나 감쇠기(제3단계)에서 발생한다.
- 백드래프트는 급격한 가연성 가스의 착화로서 폭풍과 충격파를 동반한다.
- 백드래프트의 요인은 산소 공급이다.
- 피해 : 농연의 분출, 화구(Fire Ball)의 형성, 벽체 도괴
- 방지대책 : 폭발력의 억제, 환기, 소화, 격리

ⓒ 화구(Fire Ball)

- 화구란 대량의 증발한 가연성 액체가 갑자기 연소할 때 생기는 구상의 불꽃이다.
- BLEVE 발생 시 탱크 외부로 방출된 증발기체가 주위의 공기와 혼합하여 방출 시의 고압으로 인하여 탱크 상부로 버섯 모양의 증기운을 형성하여 상승한다. 이때 증발된 기체가 주위의 공기와 혼합하여 가연범위 내에 들어오면서 점화원이 있을 경우 대형 버섯 모양의 화염을 형성하는데, 이를 화구라고 한다. 그 복사열로 인한 피해가 매우 커서 500[m] 이내의 가연물이 모두 타버릴 정도로 위험하다.
- 화구에 의한 피해 : 공기팽창에 의한 피해, 폭풍압에 의한 피해, 복사열에 의한 피해
- BLEVE와 동시에 화구가 형성되기 쉬우므로 그 위험성이 증대된다.
- 화구의 피해를 가중시키는 요소는 복사열이다.

• 화구 형성에 영향을 미치는 요인으로는 넓은 폭발 범위, 낮은 증기밀도, 높은 연소열, 유출되는 형태에 따라 증기-공기 혼합물의 조성이 결정되며, 조성은 화구 형성조건에 결정적인 영향을 미친다.

② 소 화

㉠ 소화의 정의 : 화재의 온도를 발화온도 이하로 감소시키는 것, 산소농도를 희석시키기 위해 산소 공급을 차단하는 것, 화재현장으로부터 가연물질을 제거하는 것, 연소 연쇄반응 차단 및 억제 등으로 불을 끄는 것

㉡ 소화의 원리

• 가연성 가스나 가연성 증기의 공급을 차단시킨다.
• 연소 중에 있는 물질에 물이나 냉각제를 뿌려 온도를 낮춘다.
• 연소 중에 있는 물질에 공기 공급을 차단한다.
• 연소 중에 있는 물질의 표면에 불활성 가스를 덮어씌워 가연성 물질과 공기의 접촉을 차단시킨다.

㉢ 소화의 3대 효과

• 제거효과 : 가연물질을 다른 위치로 이동시켜 연소 방지 및 제거로 연소를 중단시키는 소화방법
• 질식효과 : 이산화탄소 등으로 가연물을 덮는 방법(분말 소화기, 포말 소화기, CO_2 소화기, 할로겐화합물 소화약제 등)
• 냉각효과 : 기화열로 온도를 인화점 · 발화점 이하로 낮추는 소화방법(산 · 알칼리 소화기, 물)

㉣ 소화의 4대 효과 : 3대 효과 + 억제효과

• 억제효과 : 연소의 연쇄반응을 차단 및 억제시키는 소화방법으로, 부촉매효과 또는 화학효과라고도 한다(할로겐화합물 소화약제 등).

㉤ 소화의 종류

• 제거소화
  - 가스화재 시 밸브 및 콕을 잠가 연료 공급을 중단시키는 소화방법
  - LPG 저장탱크의 배관이 파손되어 가스로 인한 화재가 발생하였을 때 안전관리자가 긴급차단장치를 조작하여 LPG 저장탱크로부터 LPG 공급을 중단하여 소화하는 방법
• 질식소화 : 산소(공기)를 차단시켜 연소에 필요한 산소농도 이하가 되게 하여 소화하는 방법
• 냉각소화 : 화염온도를 낮추어 소화시키는 방법으로, 물 등 액체의 증발잠열을 이용하여 가연물을 인화점 및 발화점 이하로 낮추어 소화하는 방법
• 억제소화 : 가연물이 산화연소되는 화학반응이 일어나지 않도록 억제시키는 소화방법

㉥ 소화(약)제의 일반 특성

• 소화약제는 현저한 독성이나 부식성이 없어야 하며, 열과 접촉할 때 현저한 독성이나 부식성의 가스를 발생하지 아니하여야 한다.
• 수용액의 소화약제 및 액체 상태의 소화약제는 결정의 석출, 용액의 분리, 부유물 또는 침전물의 발생 등의 이상이 생기지 아니하여야 하며, 과불화옥탄술폰산(PFOS)을 함유하지 않아야 한다.

㉦ 주요 소화약제의 종류와 특성 비교

구 분	수계 소화약제		가스계 소화약제		
	물	포	CO_2	할로겐화합물	분 말
주된 소화효과	냉 각	질식, 냉각	질 식	부촉매	부촉매, 질식
소화속도	느리다.	느리다.	빠르다.	빠르다.	빠르다.
냉각효과	크다.	크다.	작다.	작다.	매우 작다.
재발화 위험성	작다.	작다.	있다.	있다.	있다.
대응 화재 규모	중~대형	중~대형	소~중형	소~중형	소~중형
사용 후 오염도	높다.	매우 높다.	전혀 없다.	극히 낮다.	낮다.
적응 화재 등급	A	A, B	B, C	B, C	(A), B, C

• 분말은 털면 떨어지기 때문에 일반적으로 오염의 정도는 작지만 정밀 기기류나 통신기기 등에는 적합하지 않다. 그러나 소화기구의 장소별 적응성을 보면 전기실 및 전산실에 적응성이 있는 것으로 되어 있어 전기실 및 전산실의 분말소화설비 설치 여부는 설치자의 선택에 따른다.

• 밀폐 상태에서 방출되는 경우에는 일반화재에도 사용이 가능하다.
• ABC 분말 소화약제는 일반화재에도 적용되지만 분말이 도달되지 않는 대상물에는 적당하지 않다.

ⓞ 화재별 적정 소화약제

소화약제		일반화재(A급)	유류화재(B급)	전기화재(C급)	금속화재(D급)	주방화재(K급)
가 스	CO_2	×	○	○		×
	할 론	○	○	○		×
	할로겐화합물 및 불활성 기체	○	○	○		×
분 말	인산염류	○	○	○		×
	중탄산염류	×	○	○		△
액 체	산·알칼리	○	○	×		×
	강화액	○	○	×		△
	포	○	○	×		△
	물·침윤	○	○	×		△
기 타	고체 에어로졸화합물	○	○	○		×
	마른 모래	○	○	×	○	×
	팽창질석, 팽창진주암	○	○	×	○	×
	기 타					△

• 일반화재에 적정하지 않은 소화약제 : CO_2, 중탄산염류
• 전기화재에 적정하지 않은 소화약제 : 액체 소화약제, 마른 모래, 팽창질석, 팽창진주암
• △ : 형식승인 및 제품검사의 기술기준에 따라 화재종류별 적합한 것으로 인정되는 경우

ⓩ 물 소화약제의 특징
• 대부분 화재 진압용으로 널리 사용되며 구하기 쉽고 경제적이다.
• 극성공유결합을 하고 있다.
• 비열과 증발잠열, 기화잠열이 커서 냉각효과가 우수하다.
• 물의 소화효과는 냉각작용, 질식작용, 유화작용, 희석작용 등인데, 이 중에서 가장 주된 소화효과는 냉각작용(냉각효과, 냉각소화)이다.
• 펌프, 배관, 호스 등을 사용하여 유체의 이송이 용이하다.
• 화재 진화 이후 오염의 정도가 심하다.
• 주로 A급(일반화재)에 사용한다.

ⓧ 이산화탄소 소화약제의 특징
• 이산화탄소는 상온에서 기체 상태로 존재하는 불활성 가스로 질식성을 갖고 있기 때문에 가연물의 연소에 필요한 산소 공급을 차단한다.
• 유류 및 전기화재에 적합하다.
• 소화 후 잔여물이 남지 않는다.
• 연소반응을 억제하는 효과와 냉각효과를 동시에 가지고 있다.
• 소화기의 무게가 무겁고, 사용 시 동상의 우려가 있다.

ⓚ 차량에 고정된 탱크 운반 시의 소화설비

가스 종류	소화기 능력단위	소화약제	비치 개수
가연성 가스	BC용, B-10 이상 또는 ABC용, B-12 이상	분말 소화제	차량 좌우에 각각 1개 이상 (총 2개 이상)
산 소	BC용, B-8 이상 또는 ABC용, B-10 이상		

[비 고]
- 가연성 가스 또는 산소 운반 차량에 휴대하여야 하는 소화기 : 분말 소화기
- BC용은 유류화재나 전기화재, ABC용은 보통화재·유류화재 및 전기화재에 각각 사용한다.
- 소화기 1개의 소화능력이 소정의 능력단위에 부족한 경우에는 추가해서 비치하는 다른 소화기와의 합산능력이 소정의 능력단위에 상당한 능력 이상이면 그 소정의 능력단위의 소화기를 비치한 것으로 본다.

ⓣ 충전된 용기 차량 적재 운반 시 비치하여야 할 소화설비

운반가스량	소화기 능력단위	소화약제	비치 개수
압축가스 15[m^3] 또는 액화가스 150[kg] 이하	B-3 이상	분말 소화제	1개 이상
압축가스 15[m^3] 초과 100[m^3] 미만 또는 액화가스 150[kg] 초과 1,000[kg] 미만	BC용 또는 ABC용, B-6(약재 중량 4.5[kg]) 이상		1개 이상
압축가스 100[m^3] 또는 액화가스 1,000[kg] 이상			2개 이상

[비 고] 소화기 1개의 소화능력이 소정의 능력단위에 부족한 경우에는 추가해서 비치하는 다른 소화기와의 합산능력이 소정의 능력단위에 상당한 능력 이상이면 그 소정의 능력단위의 소화기를 비치한 것으로 본다.

㉲ 가스화재 소화대책

- LNG에 착화할 때에는 노출된 탱크, 용기 및 장비를 냉각시키면서 누출원을 막아야 한다.
- 소규모 화재 시 고성능 포말 소화액을 사용하여 소화할 수 있다.
- 큰 화재나 폭발로 확대된 위험이 있을 경우에는 먼저 누출원을 막고 소화해야 한다.
- 진화원을 막는 것이 바람직하다고 판단되면 분말 소화약제, 탄산가스, 할론 소화기를 사용할 수 있다.

핵심예제

3-1. 에너지 방출속도(Energy Release Rate)에 대한 설명으로 틀린 것은? [2012년 제3회, 2016년 제1회]

① 화재와 관련하여 가장 중요한 값이다.
② 다른 요소와 비교할 때 간접적으로 화재의 크기와 손상 가능성을 나타낸다.
③ 화염 높이와 밀접한 관계가 있다.
④ 화재 주위의 복사열 유속과 직접 관련된다.

3-2. Flash Fire에 대한 설명으로 옳은 것은? [2014년 제2회, 2020년 제3회]

① 느린 폭연으로 중대한 과압이 발생하지 않는 가스운에서 발생한다.
② 고압의 증기압 물질을 가진 용기의 고장으로 인한 액체의 Flashing에 의해 발생된다.
③ 누출된 물질이 연료라면 BLEVE는 매우 큰 화구가 뒤따른다.
④ Flash Fire는 공정지역 또는 Offshore 모듈에서는 발생할 수 없다.

3-3. 전실화재(Flash Over)와 역화(Back Draft)에 대한 설명으로 틀린 것은? [2013년 제2회, 2019년 제3회]

① Flash Over는 급격한 가연성 가스의 착화로서 폭풍과 충격파를 동반한다.
② Flash Over는 화재성장기(제1단계)에서 발생한다.
③ Back Draft는 최성기(제2단계)에서 발생한다.
④ Flash Over는 열의 공급이 요인이다.

3-4. Fire Ball에 의한 피해로 가장 거리가 먼 것은? [2012년 제1회, 2016년 제3회, 2020년 제1·2회 통합]

① 공기팽창에 의한 피해
② 탱크 파열에 의한 피해
③ 폭풍압에 의한 피해
④ 복사열에 의한 피해

3-5. 가스화재 시 밸브 및 콕을 잠그는 경우 어떤 소화효과를 기대할 수 있는가? [2007년 제1회, 2008년 제2회, 2011년 제3회, 2016년 제1회 유사, 2019년 제3회]

① 질식소화　② 제거소화
③ 냉각소화　④ 억제소화

3-6. 소화약제로서 물이 가지는 성질에 대한 설명으로 옳지 않은 것은? [2006년 제2회, 2013년 제1회]

① 기화잠열이 작다.
② 비열이 크다.
③ 극성 공유결합을 하고 있다.
④ 가장 주된 소화효과는 냉각소화이다.

3-7. B급 화재가 발생하였을 때 가장 적당한 소화약제는? [2003년 제1회, 2014년 제2회]

① 건조사, CO가스
② 불연성 기체, 유기소화액
③ CO_2, 포, 분말약제
④ 봉상주수, 산·알칼리액

|해설|

3-1

에너지 방출속도(Energy Release Rate)는 화재와 관련하여 가장 중요한 값으로, 다른 요소와 비교할 때 직접적으로 화재의 크기와 손상 가능성을 나타낸다.

3-2

누출된 LPG는 누출 즉시 기화된다. 이런 현상을 플래시 증발이라 하고, 기화된 증기가 점화원에 의해 화재가 발생된 현상을 플래시 화재라 한다. 플래시화재는 느린 폭연으로 중대한 과압이 발생하지 않는 가스운에서 발생한다. 점화 시 폭발음이 있을 수 있으나, 강도가 약해 고려될 만한 사항은 아니다.

3-3

역화는 급격한 가연성 가스의 착화로서 폭풍과 충격파를 동반한다.

3-4

탱크 파열에 의한 피해는 BLEVE에 의한 피해이다. BLEVE의 위험성은 폭발압력으로 탱크가 파열되는 순간 방출되는 폭발압력으로 인근 건물의 유리창이 파손된다.

3-5

① 질식소화 : 산소(공기)를 차단하여 연소에 필요한 산소농도 이하가 되게 하여 소화하는 방법
③ 냉각소화 : 화염온도를 낮추어 소화시키는 방법으로 물 등 액체의 증발잠열을 이용하여 가연물을 인화점 및 발화점 이하로 낮추어 소화하는 방법
④ 억제소화 : 가연물이 산화 연소되는 화학반응이 일어나지 않도록 억제시키는 소화방법

3-6

물은 기화잠열이 크다.

3-7

① 건조사(A, B급), CO가스(부적합)
② 불연성 기체(A, B, C급), 유기소화액(ABC)
④ 봉상주수(A급), 산·알칼리액(A, B급)

정답 3-1 ② 3-2 ① 3-3 ① 3-4 ② 3-5 ② 3-6 ① 3-7 ③

핵심이론 04 폭연과 폭굉

① 폭연(Deflagration)

㉠ 개 요

- 폭연은 연소파의 전달속도가 음속보다 느린 속도로 이동할 때이다.
- 연소파의 전파속도는 기체 조성·농도에 따라 다르지만, 일반적으로 0.1~10[m/s] 범위이다.
- 전파에 필요한 에너지 : 전도, 대류, 복사
- 전파 메커니즘 : 반응면이 열의 분자 확산 이동과 반응물과 연소 생성물의 난류 혼합에 의하여 전파된다.
- 연소파가 미반응매질 속으로 음속보다 느리게 이동하는 경우 발생되며 폭굉으로 전이될 수 있다.

㉡ 폭연의 특징

- 화재로의 파급효과가 크다.
- 전파속도는 음속 이하이다.
- 폭발압력은 초기압력의 10배 이하이다.
- 폭연 시 벽이 받는 압력은 정압뿐이다.
- 충격파가 발생하지 않는다.
- 연소파의 파면(화염면)에서 온도, 압력, 밀도의 변화가 연속적이다.
- 에너지 방출속도는 물질 전달속도의 영향을 받는다.
- 연소파를 수반하고 난류 확산의 영향을 받는다.

② 폭굉(Detonation)

㉠ 개 요

- 연소파의 화염 전파속도가 음속을 돌파할 때 그 선단에 충격파가 발달하는 현상이다.
- 가스의 화염(연소) 전파속도가 음속보다 크며, 파면선단의 압력파에 의해 파괴작용을 일으킨다.
- 배관 내 혼합가스의 한 점에서 착화되었을 때 연소파가 일정거리를 진행한 후 급격히 화염 전파속도가 증가되어 1,000~3,500[m/s]에 도달하는 현상이다.
- 전파에 필요한 에너지 : 충격(파)에너지
- 전파 메커니즘 : 반응면이 혼합물을 자연발화온도 이상으로 압축시키는 강한 충격파에 의해 전파된다.

- 물질 내에서 충격파가 발생하여 반응을 일으키고, 반응을 유지한다.
- 충격파에 의해 유지되는 화학반응현상이다.

㉡ 폭굉의 특징

- 발열반응이다.
- 주로 밀폐된 공간에서 발생한다.
- 충격파가 발생하고 심한 파괴, 굉음을 동반한다.
- 반응 후에 온도와 밀도가 모두 증가하여 압력이 증가한다.
- 충격파의 파면(화염면)에서 온도, 압력, 밀도의 변화가 불연속적이다.
- 짧은 시간에 에너지가 방출되므로 에너지 방출속도는 물질 전달속도의 영향을 받지 않는다.
- 폭발 시 압력은 초기압력의 10배 이상이다.
- 파면의 압력은 정상연소에서 발생하는 것보다 일반적으로 약 2배 크다.
- 폭속은 정상 연소속도의 몇 백배이다.
- 가연성 가스와 공기를 혼합하였을 때 폭굉범위는 일반적으로 가연성 가스의 폭발하한계와 상항계 사이에 존재한다.
- 폭굉범위는 폭발(연소)범위보다 좁다.
- 폭굉의 상한계값은 폭발(연소)의 상한계값보다 작다.
- 난류의 정도가 클수록 화염의 가속을 촉진하여 폭굉이 잘 발생한다.
- 확산이나 열전도의 영향을 거의 받지 않는다.
- 가연성 가스와 산소의 혼합가스가 존재할 때 연소범위가 넓어져 폭굉이 발생하기 쉽다(아세틸렌-산소 혼합가스의 경우가 폭굉이 발생하기 가장 쉽다).
- 화재로의 파급효과가 작다.

㉢ 폭굉유도거리(DID)

- 최초의 완만한 연소로부터 격렬한 폭굉으로 발전할 때까지의 거리이다.
- DID가 짧아지는 요인 : 압력이 높을 때, 점화원의 에너지가 클 때, 관 속에 장애물이 있을 때, 관지름이 작을 때, 정상 연소속도가 빠른 혼합가스일수록

㉣ 범위 폭의 크기 비교 : 폭굉한계 < 연소한계 = 폭발한계

㉤ 폭굉을 일으킬 수 있는 기체가 파이프 내에 있을 때 폭굉 방지 및 방호에 대한 사항

- 파이프라인에 오리피스 같은 장애물이 없도록 한다.
- 공정라인에서 회전이 가능하면 가급적 완만한 회전을 이루도록 한다.
- 파이프의 지름에 대한 길이의 비는 가급적 작게 한다.
- 파이프라인에 장애물이 있는 곳은 관경을 크게 한다.

핵심예제

4-1. 폭굉(Detonation)에서 유도거리가 짧아질 수 있는 경우가 아닌 것은? [2003년 제1회 유사, 2006년 제2회, 2008년 제1회 유시, 2009년 제1회 유시, 2016년 제1회, 2017년 제3회 유사, 2018년 제1회]

① 압력이 높을수록
② 관경이 굵을수록
③ 점화원의 에너지가 클수록
④ 관 속에 방해물이 많을수록

4-2. 폭굉현상에 대한 설명으로 틀린 것은? [2004년 제2회 유사, 2016년 제1회]

① 폭굉한계의 농도는 폭발(연소)한계의 범위 내에 있다.
② 폭굉현상은 혼합가스의 고유 현상이다.
③ 오존, NO_2, 고압하의 아세틸렌의 경우에도 폭굉을 일으킬 수 있다.
④ 폭굉현상은 가연성 가스가 어느 조성범위에 있을 때 나타나는데 여기에는 하한계와 상한계가 있다.

4-3. 폭굉(Detonation)에 대한 설명으로 옳지 않은 것은? [2009년 제3회, 2014년 제2회]

① 폭굉파는 음속 이하에서 발생한다.
② 압력 및 화염속도가 최고치를 나타낸 곳에서 일어난다.
③ 폭굉 유도거리는 혼합기의 종류, 상태, 관의 길이 등에 따라 변화한다.
④ 폭굉은 폭약 및 화약류의 폭발, 배관 내에서의 폭발사고 등에서 관찰된다.

핵심예제

4-4. 가연성 가스와 공기를 혼합하였을 때 폭굉범위는 일반적으로 어떻게 되는가?

[2004년 제2회, 2008년 제3회, 2011년 제2회, 2019년 제1회]

① 폭발범위와 동일한 값을 가진다.
② 가연성 가스의 폭발상한계값보다 큰 값을 가진다.
③ 가연성 가스의 폭발하한계값보다 작은 값을 가진다.
④ 가연성 가스의 폭발하한계와 상한계값 사이에 존재한다.

4-5. 다음 반응 중 폭굉(Detonation)속도가 가장 빠른 것은?

[2004년 제3회, 2015년 제1회, 2021년 제1회]

① $2H_2 + O_2$　② $CH_4 + 2O_2$
③ $C_3H_8 + 3O_2$　④ $C_3H_8 + 6O_2$

|해설|

4-1
폭굉에서 관경이 가늘수록 유도거리가 짧아진다.

4-2
폭굉현상은 관 내에서 연소파가 일정거리 진행 후 급격히 연소속도가 증가하는 현상이다.

4-5
• 기체연료 중 공기와 혼합기체를 만들었을 때 연소속도가 가장 빠른 것은 수소이다.
• 수소의 폭굉반응 $2H_2 + O_2$의 속도는 1,400~3,500[m/s]로 가장 빠르다.

정답 4-1 ② 4-2 ② 4-3 ① 4-4 ④ 4-5 ①

핵심이론 05 폭 발

① 폭발(Explosion)의 개요
㉠ 폭발의 정의
• 화염의 음속 이하의 속도로 미반응물질 속으로 전파되어 가는 발열반응
• 혼합기체의 온도를 고온으로 상승시켜 자연착화를 일으키고, 혼합기체의 전 부분이 극히 단시간 내에 연소하는 것으로서 압력 상승의 급격한 현상
• 급격한 압력의 발생 결과, 고압의 가스가 폭음을 내면서 급속하게 팽창하는 현상

㉡ 폭발성 물질의 분류
• 분해폭발성 물질 : 아세틸렌, 하이드라진, 산화에틸렌, 5류 위험물(자기반응성 물질)
• 중합폭발성 물질 : 사이안화수소, 산화에틸렌, 부타다이엔, 염화비닐
• 화합폭발성 물질 : 아세틸렌, 아세트알데하이드, 산화프로필렌

㉢ 염소폭명기 : 염소와 수소가 점화원에 의해 폭발적으로 반응하는 현상이다.

㉣ 가스 발화나 가스폭발의 원인으로 작용하는 점화원 : 정전기 불꽃, 압축열, 마찰열, 고열체, 단열압축 등

② 폭발의 분류
㉠ 폭발원에 의한 분류 : 물리적 폭발, 화학적 폭발
• 물리적 폭발 : 물리적 변화를 주체로 하여 발생되는 폭발
  – 액상 또는 고상에서 기상으로의 상변화, 온도 상승이나 충격에 의해 압력이 이상적으로 상승하여 일어나는 폭발로, 증기폭발이 이에 속한다.
  – 물리적 폭발의 원인이 되는 물리적 변화 : 압력조정 및 압력방출장치의 고장, 부식으로 인한 용기두께 축소, 과열로 인한 용기 강도의 감소
    ※ 파열의 원인이 될 수 있는 용기 두께 축소의 원인 : 부식, 침식, 화학적 침해 등
  – 물리적 폭발의 종류 : 고압용기 파열・탱크 감압파손 등에 의한 압력폭발, 증기폭발, 폭발적 증발, 금속선폭발, 고체상 전이폭발 등(고압,

비반응성 기체가 들어 있는 용기 파열에 의한 폭발은 기계적 폭발이다)

- 화학적 폭발 : 화학반응을 주체로 하여 발생되는 폭발
  - 화학적 폭발의 원인이 되는 화학반응 : 누출된 가스의 점화, 폭발적 연소, 중축합, 분해, 반응폭주 등
  - 화학적 폭발의 종류 : 산화폭발, 분해폭발, 중합폭발, 촉매폭발 등

㉡ 물질의 상태에 의한 분류 : 기상폭발, 응상폭발(액상 및 고상의 폭발)

- 기상폭발
  - 발화원 : 전기 불꽃, 열선, 화염, 충격파 등
  - 기상폭발의 종류 : 혼합가스 폭발, 분해폭발, 분진폭발, 분무폭발, 증기운폭발(UVCE), 액화가스탱크의 폭발(BLEVE) 등
  - 기상폭발의 특징
    ⓐ 반응이 기상으로 일어난다.
    ⓑ 폭발 상태는 압력에너지의 축적 상태에 따라 달라진다.
    ⓒ 반응에 의해 발생하는 열에너지는 반응기 내 압력 상승의 요인이 된다.
    ⓓ 가연성 혼합기를 형성하면 혼합기의 양에 비례하여 압력파가 생겨 압력이 상승된다.
- 응상폭발(액상 및 고상의 폭발) : 고상이나 액상에서 기상으로 상변화할 때 발생되는 폭발
  - 용융금속이나 슬러그 같은 고온물질이 물속에 투입되었을 때, 고온물질이 갖는 열이 저온의 물에 짧은 시간에 전달되면 일시적으로 물은 과열 상태가 되고, 조건에 따라서는 순간적인 짧은 시간에 급격하게 비등하여 발생되는 폭발
  - 응상폭발의 종류 : 혼합 위험성 물질의 폭발, 폭발성 화합물의 폭발, 증기폭발, 금속선폭발, 고체상 전이폭발

㉢ 대량 유출 가연성 가스의 폭발 : 증기운폭발(UVCE), 액화가스탱크의 폭발(BLEVE)

③ 주요 폭발 해설

㉠ 혼합가스 폭발 : 농도조건이 맞고 발화원(에너지 조건)이 존재할 때 가연성 가스와 지연성 가스의 혼합기체에서 발생되는 폭발

- 가연성 가스나 액상에서 증발한 가스가 산화제와 혼합하여 가연범위 내의 혼합기가 만들어져 발화원에 의해 착화되어 일어나는 폭발
- 혼합가스폭발 물질 : 프로판가스와 공기, 에테르 증기와 공간 등

㉡ 중합폭발 : 중합열에 의해 폭발하는 현상

- 중합폭발 물질 : 사이안화수소, 염화비닐, 산화에틸렌, 부타디엔 등
- 사이안화수소를 60일 이상 장기간 저장하지 않는 이유 : 중합폭발하기 때문에

㉢ 분해폭발 : 가스분자가 분해하여 발생하는 가스가 (단일성분이라도) 발화원에 의해 착화되어 발생되는 폭발

- 분해폭발 물질을 일정 압력 이상으로 압축하면 가스가 분해되면서 상당히 큰 발열을 동반하여 열팽창이 일어나면서 상승된 압력이 방출되면서 폭발을 일으키는 현상
- 분해폭발 물질 : 아세틸렌, 에틸렌, 산화에틸렌, 하이드라진, 이산화염소 등

㉣ 분진폭발 : 가연성 고체의 미분 또는 산화 발열반응이 큰 금속분말이 특정 농도영역에서 가연성 가스 중에 분산되었을 때 점화원에 의해 착화되어 일어나는 폭발

- 가연성의 미세입자가 공기 중에 퍼져 있을 때, 약간의 불꽃이나 열에도 돌발적으로 연쇄 산화–연소를 일으켜 폭발하는 현상
- 분질폭발 물질 : 유황, 플라스틱, 알루미늄, 타이타늄, 실리콘분말 등
- 분진폭발이 전파되는 조건
  - 분진은 가연성이어야 한다.
  - 분진은 적당한 공기를 수송할 수 있어야 한다.
  - 분진은 화염을 전파할 수 있는 크기의 분포를 가져야 한다.

- 입자들은 일정 크기 이하이어야 한다.
- 부유된 입자의 농도가 어떤 한계 사이에 있어야 한다.
- 분진의 농도는 폭발범위 내에 있어야 한다.
- 부유된 분진은 거의 균일하여야 한다.
- 착화원, 가연물, 산소가 있어야 발생한다.

• 분진폭발의 특징
- 입자의 크기가 작을수록 위험성은 더 크다.
- 분진의 농도가 높을수록 위험성은 더 크다.
- 수분 함량의 증가는 폭발 위험을 감소시킨다.
- 가연성 분진의 난류 확산은 일반적으로 분진 위험을 증가시킨다.
- 분진은 공기 중에 부유하는 경우 가연성이 된다.
- 분진은 구조물 위에 퇴적하는 경우 가연성이다.
- 분진이 발화, 폭발하기 위해서는 점화원이 필요하다.
- 분진폭발은 입자 표면에 열에너지가 주어져 표면온도가 상승한다.
- 분진폭발은 1차 폭발과 2차 폭발로 구분되어 발생한다.
- 주로 탄갱(炭坑)에서 발생하는 폭발사고의 형태이다.

• 분진폭발의 위험성을 방지하기 위한 조건
- 환기장치는 단독 집진기를 사용한다.
- 분진이 발생하는 곳에 습식 스크러버를 설치한다.
- 분진 취급공정을 습식으로 운영한다.
- 정기적으로 분진 퇴적물을 제거한다.

ⓜ 분무폭발 : 가연성 액체가 무화되어 특정 농도로 가연성 가스 중에 분산되어 있을 때 점화원에 의한 착화로 일어나는 폭발이다.

• 고압의 유압설비의 일부가 파손되어 내부의 가연성 액체가 공기 중에 분출되어, 이것이 미세한 액적이 되어 무상으로 되고 공기 중에 현탁하여 존재할 때 어떤 원인으로 인해 착화에너지가 주어지면 발생한다.
• 유적폭발은 분무폭발에 해당한다.

ⓗ 증기폭발(Vapor Explosion) : 고열의 고체와 저온의 물 등 액체가 접촉할 때 찬 액체가 큰 열을 받아 갑자기 증기가 발생하여 증기의 압력에 의하여 폭발하는 현상

ⓢ 증기운폭발(UVCE ; Unconfined Vapor Cloud Explosion) : 대기 중에 대량의 가연성 가스나 인화성 액체가 유출되어 발생 증기가 대기 중의 공기와 혼합하여 폭발성인 증기운을 형성하고 착화폭발하는 현상

• 증기운폭발에 영향을 주는 인자 : 방출된 물질의 양, 증발된 물질의 분율, 점화원의 위치, 점화 확률, 점화 전 증기운의 이동거리, 시간 지연, 폭발확률, 폭발효율 등
• 증기운 폭발의 특징
- 증기운의 크기가 커지면 점화 확률도 커진다.
- 증기운의 재해는 폭발보다 화재가 보통이다.
- 폭발효율은 BLEVE보다 작다.
- 증기와 공기의 난류혼합은 폭발의 충격을 증가시킨다.
- 점화 위치가 방출점에서 멀수록 폭발효율이 증가하여 폭발 위력이 커진다.
- 연소에너지의 약 20[%]만 폭풍파로 변한다.
- 누출된 가연성 증기가 양론비에 가까운 조성의 가연성 혼합기체를 형성하면 폭굉의 가능성이 높아진다.

ⓞ 비등액체팽창증기폭발(BLEVE ; Boiling Liquid Expanding Vapor Explosion) : 과열 상태의 탱크에서 내부의 액화가스가 분출, 일시에 기화되어 착화·폭발하는 현상

• 가스용기나 저장탱크가 직화에 노출되어 가열되고 용기 또는 저장탱크의 강도를 상실한 부분을 통한 급격한 파단에 의해 내부 비등액체가 일시에 유출되어 화구(Fire ball)현상을 동반하며 폭발하는 현상
• 액체가 급격한 상변화를 하여 증기가 된 후 폭발하는 현상
• 액화가스탱크의 폭발

- 액체가 비등하여 증기가 팽창하면서 폭발을 일으키는 현상
- BLEVE 현상 발생조건 : 비점 이상에서 저장되어 있는 휘발성이 강한 액체가 누출되었을 때
- BLEVE에 영향을 주는 인자 : 저장된 물질의 종류와 형태, 저장용기의 재질, 내용물의 물질적 역학 상태, 주위 온도와 압력 상태, 내용물의 인화성 및 독성 여부 등
- BLEVE 발생 단계 순서
  - 1단계 : 가연성 액체탱크 주위에서 화재 발생
  - 2단계 : 화재에 의한 외부열로 탱크벽 가열
  - 3단계 : 액위 이하의 탱크벽은 액에 의해 냉각되나 액의 온도는 상승되어 탱크 내 압력이 급격히 상승
  - 4단계 : 외부 화염이 증기만 존재하는 액위 이상의 탱크벽과 천장에 도달하면 화염이 접촉되는 금속의 온도가 상승되어 구조적 강도 손실 발생
  - 5단계 : 탱크는 파열되고 내용물은 폭발적으로 증발

④ TNT당량과 스켈링(Scaling)법칙

㉠ TNT당량 : 어떤 물질의 폭발에너지와 동일한 에너지를 내는 TNT의 양

$$W_{TNT} = \frac{\triangle H_C \times W_C}{1,100[\text{kcal/kgTNT}]} \times \eta$$

여기서, W_{TNT} : TNT당량[kg]

$\triangle H_C$: 연소열(폭발성 물질의 발열량)

W_C : 누출된 가스 등의 질량(폭발한 물질의 양)[kg]

1,100 : 저위발열량[kcal/kg]

η : 폭발효율

㉡ 스켈링(Scaling)법칙 : 폭발의 영향범위를 나타내며 스켈링 삼승근 법칙이라고도 한다. 환산거리가 같으면 폭발물의 양에 관계없이 충격파 등 재해 크기는 같다.

- $k = \dfrac{R}{W^{\frac{1}{3}}}$

여기서, k : 반경거리 R에서 압력을 나타내는 상수

R : 폭발 시 파편이 화염 중심으로부터 압력이 전파되는 반경거리[m]

W : TNT당량(폭발물 질량)

- $R = k\,W^{\frac{1}{3}}$

⑤ 폭발 재해의 형태와 예방대책

㉠ 폭발 재해의 형태

- 발화원을 필요로 하는 폭발 : 착화파괴형 폭발, 누설착화형 폭발
- 반응열의 축적에 의한 폭발 : 자연발화폭발, 반응폭주형 폭발
- 과열액체의 증기폭발 : 열이동형 증기폭발, 평형파괴형 폭발

㉡ 폭발 재해 예방대책

- 착화파괴형 : 불활성 가스 치환, 혼합가스의 조성 관리, 발화원 관리, 열에 민감한 물질의 생성 저지
- 누설착화형 : 위험물질의 누설방지, 밸브의 오조작방지, 누설물질의 감지경보, 발화원 관리
- 자연발화형 : 물질의 자연발화성 조사, 온도 계측 관리, 분산·냉각·소각, 혼합 위험 방지
- 반응폭주형 : 발열반응 특성 조사, 반응속도 계측 관리, 냉각·교반 조작시설, 반응폭주 시의 처치
- 열이동형 : 작업대의 건조, 물 침입 저지, 고온 폐기물의 처치, 주수파쇄설비 설계, 저온냉각 액화가스 취급
- 평형파괴형 : 용기 강도 유지, 외부 하중에 의한 파괴방지, 화재에 의한 용기의 가열 방지, 반응폭주에 의한 압력 상승 방지

㉢ 폭발 방호(Explosion Protection)대책 : Containment(봉쇄), Isolation(차단), Flame Arrester(불꽃방지기), Suppression(억제), Venting(배출), Safety Distance(안전거리)

핵심예제

5-1. 폭발을 원인에 따라 분류할 때 물리적 폭발에 해당되지 않는 것은? [2004년 제2회 유사, 2008년 제3회, 2012년 제3회]

① 증기폭발 ② 중합폭발
③ 금속선폭발 ④ 고체상 전이폭발

5-2. 분진폭발의 발생조건으로 가장 거리가 먼 것은? [2014년 제1회 유사, 2018년 제2회]

① 분진이 가연성이어야 한다.
② 분진농도가 폭발범위 내에서는 폭발하지 않는다.
③ 분진이 화염을 전파할 수 있는 크기 분포를 가져야 한다.
④ 착화원, 가연물, 산소가 있어야 발생한다.

5-3. 분진폭발의 위험성을 방지하기 위한 조건으로 틀린 것은? [2020년 제1·2회 통합]

① 환기장치는 공동 집진기를 사용한다.
② 분진이 발생하는 곳에 습식 스크러버를 설치한다.
③ 분진 취급공정을 습식으로 운영한다.
④ 정기적으로 분진 퇴적물을 제거한다.

5-4. 증기운폭발의 특징에 대한 설명으로 틀린 것은? [2007년 제1회 유사, 2009년 제1회, 2014년 제3회 유사, 2017년 제1회, 2021년 제2회 유사]

① 폭발보다 화재가 많다.
② 점화 위치가 방출점에서 가까울수록 폭발 위력이 크다.
③ 증기운의 크기가 클수록 점화될 가능성이 커진다.
④ 연소에너지의 약 20[%]만 폭풍파로 변한다.

5-5. 다음 중 비등액체팽창증기폭발(BLEVE ; Boiling Liquid Expansion Vapor Explosion)의 발생조건과 무관한 것은? [2014년 제1회, 2017년 제3회 유사]

① 가연성 액체가 개방계 내에 존재하여야 한다.
② 주위에 화재 등이 발생하여 내용물이 비점 이상으로 가열되어야 한다.
③ 입열에 의해 탱크 내압이 설계압력 이상으로 상승하여야 한다.
④ 탱크의 파열이나 균열에 의해 내용물이 대기 중으로 급격히 방출하여야 한다.

5-6. 다음 보기에서 비등액체증기폭발(BLEVE) 발생의 단계를 순서에 맞게 나열한 것은? [2008년 제2회, 2012년 제2회, 2014년 제2회, 2018년 제3회]

보기

A. 탱크가 파열되고 그 내용물이 폭발적으로 증발한다.
B. 액체가 들어 있는 탱크 주위에서 화재가 발생한다.
C. 화재로 인한 열에 의하여 탱크의 벽이 가열된다.
D. 화염이 열을 제거시킬 액은 없고 증기만 존재하는 탱크의 벽이나 천장(Roof)에 도달하면, 화염과 접촉하는 부위의 금속온도는 상승하여 탱크는 구조적 강도를 잃게 된다.
E. 액위 이하의 탱크벽은 액에 의하여 냉각되나 액의 온도는 올라가고, 탱크 내의 압력이 증가한다.

① E - D - C - A - B
② E - D - C - B - A
③ B - C - E - D - A
④ B - C - D - E - A

5-7. 다음 중 폭발방호(Explosion Protection)의 대책이 아닌 것은? [2003년 제1회, 2009년 제2회, 2013년 제1회, 2016년 제3회]

① Venting
② Suppression
③ Containment
④ Adiabatic Compression

5-8. TNT당량은 어떤 물질이 폭발할 때 방출하는 에너지와 동일한 에너지를 방출하는 TNT의 질량을 말한다. LPG 1[ton]이 폭발할 때 방출하는 에너지는 TNT당량으로 약 몇 [kg]인가?(단, 폭발한 LPG의 발열량은 15,000[kcal/kg]이며, LPG의 폭발계수는 0.1, TNT가 폭발 시 방출하는 당량에너지는 1,125[kcal/kg]이다) [2007년 제1회 유사, 2012년 제3회 유사, 2020년 제4회]

① 133 ② 1,333
③ 2,333 ④ 4,333

|해설|

5-1
중합폭발은 화학적 폭발에 해당된다.

5-2
분진농도가 폭발범위 내에서 폭발한다.

5-3
환기장치는 단독 집진기를 사용한다.

5-4
방출점으로부터 먼 지점에서의 증기운 점화는 폭발의 충격을 증가시킨다.

5-5
가연성 기체가 개방계 내에 존재하여야 한다.

5-6
비등액체증기폭발(BLEVE) 발생단계 순서
① 액체가 들어 있는 탱크 주위에서 화재가 발생한다.
② 화재로 인한 열에 의하여 탱크벽이 가열된다.
③ 액위 이하의 탱크벽은 액에 의하여 냉각되나, 액의 온도는 올라가고, 탱크 내의 압력이 증가한다.
④ 화염이 열을 제거시킬 액은 없고 증기만 존재하는 탱크벽이나 천장(Roof)에 도달하면, 화염과 접촉하는 부위의 금속온도는 상승하여 탱크는 구조적 강도를 잃게 된다.
⑤ 탱크가 파열되고 그 내용물이 폭발적으로 증발한다.

5-7
폭발방호(Explosion Protection)의 대책 : 봉쇄(Containment), 차단(Isolation), 불꽃방지기(Flame Arrester), 억제(Suppression), 배출(Venting), 안전거리(Safety Distance)

5-8
$$\text{TNT당량} = \frac{15,000 \times 1,000 \times 0.1}{1,125} \simeq 1,333[\text{kg}]$$

정답 5-1 ② 5-2 ② 5-3 ① 5-4 ② 5-5 ① 5-6 ③ 5-7 ④ 5-8 ②

핵심이론 06 가스 안전

① 위험 장소의 분류

가연성 가스가 폭발할 위험이 있는 농도에 도달할 우려가 있는 장소를 위험 장소라고 한다.

㉠ 제0종 위험 장소
- 인화성 물질이나 가연성 가스가 폭발성 분위기를 생성할 우려가 있는 장소 중 가장 위험한 장소 등급
- 폭발성 가스의 농도가 연속적이거나 장시간 지속적으로 폭발한계 이상이 되는 장소 또는 지속적인 위험 상태가 생성되거나 생성될 우려가 있는 장소
- 상용의 상태에서 가연성 가스의 농도가 연속해서 폭발하한계 이상으로 되는 장소
- 제0종 장소의 예
  - 설비의 내부(용기 내부, 장치 및 배관의 내부 등)
  - 인화성 또는 가연성 액체가 존재하는 피트(Pit) 등의 내부
  - 인화성 또는 가연성 가스나 증기가 지속적 또는 장기간 체류하는 곳

㉡ 제1종 위험 장소
- 상용의 상태에서 가연성 가스가 체류해 위험하게 될 우려가 있는 장소
- 정비·보수 또는 누출 등으로 인하여 종종 가연성 가스가 체류하여 위험하게 될 우려가 있는 장소
- 1종 장소의 예
  - 통상의 상태에서 위험 분위기가 쉽게 생성되는 곳
  - 운전·유지보수 또는 누설에 의하여 위험 분위기가 자주 생성되는 곳
  - 설비 일부의 고장 시 가연성 물질의 방출과 전기계통의 고장이 동시에 발생되기 쉬운 곳
  - 환기가 불충분한 장소에 설치된 배관계통으로 쉽게 누설될 우려가 있는 곳
  - 주변 지역보다 낮아 가스나 증기가 체류할 수 있는 곳
  - 상용의 상태에서 위험 분위기가 주기적 또는 간헐적으로 존재하는 곳

㉢ 제2종 위험장소
- 밀폐된 용기 또는 설비 내 밀봉된 가연성 가스가 그 용기 또는 설비의 사고로 인해 파손되거나 오조작의 경우에만 누출될 위험이 있는 장소
- 이상 상태하에서 위험 분위기가 단시간 동안 존재할 수 있는 장소(이 경우 이상 상태는 상용의 상태, 즉 통상적인 유지보수 및 관리 상태 등에서 벗어난 상태를 지칭하는 것으로, 일부 기기의 고장, 기능상실, 오작동 등의 상태)
- 환기장치에 이상이나 사고가 발생한 경우에 가연성 가스가 체류하여 위험하게 될 우려가 있는 장소
- 제2종 장소의 예
  - 환기가 불충분한 장소에 설치된 배관계통으로 쉽게 누설되지 않는 구조의 곳
  - 개스킷(Gasket), 패킹(Packing) 등의 고장과 같이 이상 상태에서만 누출될 수 있는 공정설비 또는 배관이 환기가 충분한 곳에 설치될 경우
  - 제1종장소와 직접 접하며 개방되어 있는 곳 또는 제1종 장소와 덕트, 트랜치, 파이프 등으로 연결되어 이들을 통해 가스나 증기의 유입이 가능한 곳
  - 강제환기방식이 채용되는 곳 : 환기설비의 고장이나 이상 시에 위험 분위기가 생성될 수 있는 곳

② 연소가스의 폭발 등급

㉠ 폭발 1등급 : 메탄, 에탄, 가솔린 등

㉡ 폭발 2등급 : 에틸렌, 석탄가스 등

㉢ 폭발 3등급 : 수소, 아세틸렌, 이황화탄소, 수성가스 등

③ 방폭구조

㉠ 내압 방폭구조 : 용기 내부에서 가연성 가스의 폭발이 발생할 경우, 그 용기가 폭발압력에 견디고 접합면, 개구부 등을 통하여 외부의 가연성 가스에 인화되지 않도록 한 방폭구조
- 전 폐쇄구조인 용기 내부에서 폭발성 (혼합)가스의 폭발이 일어날 경우, 용기가 폭발압력에 견디고 외부의 폭발성 분위기에 불꽃이 전파되는 것을 방지하도록 하여 외부 폭발성 가스에 인화할 우려를 없도록 한 방폭구조
- 내압 방폭구조로 방폭 전기기기를 설계할 때 가장 중요하게 고려해야 할 사항 : 가연성 가스의 안전간극 또는 가연성 가스의 최대안전틈새(MESG)
- 가연성 가스의 폭발 등급 및 이에 대응하는 내압 방폭구조 폭발 등급의 분류 기준 : 최대안전틈새범위
- 내압 방폭구조의 폭발 등급 분류

MESG[mm]	0.9 이상	0.5 초과 0.9 미만	0.5 이하
가스폭발 등급	A	B	C
방폭기기 폭발 등급	ⅡA	ⅡB	ⅡC

- 전기기기의 내압방폭구조의 선택 요인 : 가연성 가스의 최대안전틈새, 발화온도
- 슬립링, 정류자, 정크션 박스(Junction Box), 풀박스(Pull Box), 접송함 등은 내압 방폭구조로 하여야 한다.
- 내압 방폭구조는 내부 폭발에 의한 내용물 손상으로 영향을 미치는 기기에는 부적당하다.
- 내압 방폭구조의 기호 : d

㉡ 유입 방폭구조 : 용기 내부에 절연유를 주입하여 불꽃·아크 또는 고온 발생 부분이 기름 속에 잠기게 하여 기름면 위에 존재하는 가연성 가스에 인화되지 않도록 한 방폭구조
- 전기기기의 불꽃, 아크가 발생하는 부분을 절연유에 격납하여 폭발가스에 점화되지 않도록 한 방폭구조
- 전기기기의 불꽃 또는 아크 발생 부분을 기름 속에 넣어 유면상에 존재하는 폭발성 가스에 인화될 우려가 없도록 한 구조
- 점화선의 방폭적 격리방법의 기호 : o

㉢ 압력 방폭구조 : 용기 내부에 보호가스(신선한 공기 또는 불활성 가스)를 압입하여 내부압력을 유지함으로써 가연성 가스가 용기 내부로 유입되지 않도록 한 방폭구조
- 제1종 장소와 제2종 장소에 적합한 구조로 전기기기를 전폐구조의 용기 내부에 불활성가스를 압입하여 내부압력을 유지함으로써 가연성 가스가 용기 내부로 유입되지 않도록 한 방폭구조

- 점화원이 될 우려가 있는 부분을 용기 안에 넣고 불활성 가스를 용기 안에 채워 넣어 폭발성 가스가 침입하는 것을 방지한 방폭구조
- 압력 방폭구조의 기호 : p

㉣ 안전증 방폭구조 : 정상운전 중에 가연성 가스의 점화원이 될 전기 불꽃·아크 또는 고온 부분 등의 발생을 방지하기 위해 기계적·전기적 구조상 또는 온도 상승에 대해 특히 안전도를 증가시킨 방폭구조

- 구조상 및 온도의 상승에 대하여 특별히 안전도를 증가시킨 구조
- 안전증 방폭구조의 기호 : e
- 제2종 장소에서는 안전증 방폭구조를 많이 사용한다.

㉤ 본질안전 방폭구조 : 정상 및 사고(단선, 단락, 지락 등) 시에 발생하는 전기 불꽃·아크 또는 고온부로 인하여 가연성 가스가 점화되지 않는 것이 점화시험, 기타 방법에 의하여 확인된 구조

- 공적기관에서 점화시험 등의 방법으로 확인한 구조
- 방폭지역에서 전기(전기기기와 권선 등)에 의한 스파크, 접점단락 등에서 발생되는 전기적 에너지를 제한하여 전기적 점화원 발생을 억제하고 만약 점화원이 발생하더라도 위험물질을 점화할 수 없다는 것이 시험을 통하여 확인될 수 있는 구조
- 본질안전 방폭구조의 기호 : ia 또는 ib
- 메탄(CH_4)을 기준으로 하는 최소점화전류(MIC) 비로 폭발 등급을 분류한다.
- 본질안전 방폭구조의 폭발등급 분류

MIC비(CH_4 기준)	0.8 초과	0.45~0.8	0.45 미만
가스폭발 등급	A	B	C
방폭기기 폭발 등급	ⅡA	ⅡB	ⅡC

㉥ 충전 방폭구조

- 위험 분위기가 전기기기에 접촉되는 것을 방지할 목적으로 모래, 분체 등의 고체 충진물로 채워서 위험원과 차단, 밀폐시키는 구조
- 충진물은 불활성 물질이 사용되어야 한다.
- 충전 방폭구조의 기호 : q

㉦ 비점화 방폭구조

- 정상동작 상태에서 주변의 폭발성 가스 또는 증기에 점화시키지 않고 점화시킬 수 있는 고장이 유발되지 않도록 한 방폭구조
- 정상운전 중인 고전압 등까지도 적용 가능하며, 특히 계장설비에 에너지 발생을 제한한 본질안전구조의 대용으로 적용 가능하다.
- 비점화 방폭구조의 기호 : n

㉧ 몰드(캡슐) 방폭구조

- 보호기기를 고체로 차단시켜 열적 안정을 유지하게 하는 방폭구조
- 유지보수가 필요 없는 기기를 영구적으로 보호하는 방법에 효과가 매우 크다.
- 일반적으로 캡슐방폭구조는 용기와 분리하여 사용하는 전자회로판 등에 사용하는데, 충격·진동 등 기계적 보호효과도 매우 크다.
- 몰드(캡슐) 방폭구조의 기호 : m

㉨ 특수 방폭구조 : 가연성 가스에 점화를 방지할 수 있다는 것이 시험, 그 밖의 방법으로 확인된 방폭구조

- 특수 사용조건 변경 시에는 보호방식에 대한 완벽한 보장이 불가능하므로, 제0종 장소나 제1종 장소에서는 사용할 수 없다.
- 용기 내부에 모래 등의 입자를 채우는 충전 방폭구조 또는 협극 방폭구조 등이 있다.
- 특수 방폭구조의 기호 : s

㉩ 설치 장소의 위험도에 대한 방폭구조의 선정

- 제0종 장소에서는 원칙적으로 본질 방폭구조를 사용한다.
- 제2종 장소에서 사용하는 전선관용 부속품은 KS에서 정하는 일반 부품으로서 나사 접속의 것을 사용할 수 있다.
- 두 종류 이상의 가스가 같은 위험 장소에 존재하는 경우에는 그중 위험 등급이 높은 것을 기준으로 하여 방폭 전기기기의 등급을 선정하여야 한다.
- 유입 방폭구조는 제1종 장소에서는 사용을 피하는 것이 좋다.

④ 최소산소농도와 이너팅

㉠ 최소산소농도(MOC ; Minimum Oxygen Concentration) : 가연성 혼합가스 내에 화염이 전파될 수 있는 최소한의 산소농도

- LFL(연소하한계)은 공기량을 기준으로 하지만, 연소나 폭발은 결국 산소의 문제이며 화염을 전파하기 위해서는 최소한의 산소농도가 요구된다.
- 일반적으로 가스의 최소산소농도(MOC)는 보통 10[%] 정도이고 분진인 경우에는 8[%] 정도이지만, 실제로는 안전성을 고려하여 계산상의 MOC보다 4[%] 이상 낮게 하여 가연성(폭발성) 가스의 경우는 6[%], 분진의 경우는 4[%]로 설계한다.
- 폭발 및 화재는 연료의 농도에 관계없이 산소의 농도를 감소시킴으로써 방지할 수 있다.
- MOC값은 연소반응식 중 산소의 양론계수와 LFL(연소하한계)의 곱을 이용하여 추산할 수 있다.

$$MOC = LFL \times \frac{M_{O_2}}{M_f}$$

여기서, LFL : 연소한계

M_{O_2} : 산소 몰수

M_f : 연료 몰수

예제

프로판과 부탄이 각각 50[%] 부피로 혼합되어 있을 때 최소산소농도(MOC)의 부피[%]는 얼마인가?(단, 프로판과 부탄의 연소하한계는 각각 2.2[v%], 1.8[v%]이다)

① 1.9[%] ② 5.5[%]
③ 11.4[%] ④ 15.1[%]

정답 ③

해설

프로판의 연소방정식 $C_3H_8 + 5O_2 \rightarrow 3CO_2 + 4H_2O$, 부탄의 연소방정식 $C_4H_{10} + 6.5O_2 \rightarrow 4CO_2 + 5H_2O$에 의하면, 프로판 1[mol]당 산소 5[mol], 부탄 1[mol]당 산소 6.5[mol]이 소요되므로

$$MOC = \left(2.2 \times \frac{5}{1} \times 50[\%]\right) + \left(1.8 \times \frac{6.5}{1} \times 50[\%]\right) \simeq 11.4[\%]$$

㉡ 이너팅(Inerting, 불활성화)

- 불활성화는 가연성 혼합가스에 불활성 가스를 주입하여 산소의 농도를 최소산소농도 이하로 낮춰 폭발을 방지하는 공정으로, 이너팅이라고도 한다.
- 이너팅은 산소농도를 안전한 농도로 낮추기 위하여 이너트 가스를 용기에 처음 주입하면서 시작한다.
- 이너트 가스 : 질소, 이산화탄소, 수증기 등
- 일반적으로 실시되는 산소농도의 제어점은 최소산소농도 이하로 낮은 농도이다.
- 퍼지 또는 치환(Purging) : 가연성 가스 또는 증기에 불활성 가스를 주입하여 산소농도를 최소산소농도 이하로 낮게 하는 작업을 통하여 제한된 공간에서 화염이 전파되지 않도록 유지된 상태

㉢ 불활성화를 위한 퍼지방법

- 스위프퍼지(Sweep-through Purging) : 용기의 한쪽 개구부에 퍼지가스를 주입하고 다른 개구부로 혼합가스를 대기 또는 스크러버로 빼내어 혼합가스를 축출하는 퍼지방법으로, 일소퍼지라고도 한다.
- 사이펀퍼지(Siphon Purging) : 용기에 액체를 채운 다음 용기로부터 액체를 배출시키는 동시에 증기층으로 불활성 가스를 주입하여 원하는 산소농도를 만드는 퍼지방법
- 진공퍼지 : 용기, 반응기에 대한 가장 일반적인 이너팅 방법으로, 저압퍼지라고도 한다. 큰 용기에는 내진공설계가 고려되지 않은 경우가 많아 부적합하다.
- 압력퍼지 : 불활성 가스를 가압하에서 장치 내로 주입하고 불활성 가스가 공간에 채워진 후에 압력을 대기로 방출함으로써 정상압력으로 환원하는 방법이다. 가압공정이 매우 빨라 퍼지시간이 매우 짧지만 퍼지가스(불활성 가스) 소모량이 많은 퍼지방법이다.

⑤ 가스 안전 관련 제반사항

㉠ 방폭대책 : 예방, 국한, 소화, 피난대책 등

㉡ 기상폭발 예방대책

- 환기에 의해 가연성 기체의 농도 상승을 억제한다.
- 집진장치 등으로 분진 및 분무의 퇴적을 방지한다.

- 휘발성 액체와 공기의 접촉을 피하기 위해 휘발성 액체를 불활성 기체로 차단한다.
- 반응에 의해 가연성 기체의 발생 가능성을 검토하고, 반응을 억제하거나 발생한 기체를 밀봉한다.

ⓒ 분진폭발 위험 방지방법
- 분진의 산란이나 퇴적을 방지하기 위하여 정기적으로 분진을 제거한다.
- 분진의 취급방법은 습식법으로 한다.
- 분진이 일어나는 근처에 습식 스크러버 장치를 설치한다.
- 환기장치는 공정별로 연독집진기를 사용한다.

ⓓ 정전기 방지대책
- 정전기 발생 우려 장소에 접지시설을 설치한다.
- 전기저항이 큰 물질은 대전이 용이하므로 전도체 물질을 사용한다.
- 제전기를 사용하여 대전된 물체를 전기적으로 중성 상태로 한다.
- 정전기는 습도가 낮거나 압력이 높을 때 많이 발생하므로, 상대습도를 70[%] 이상으로 유지한다.
- 인체에서 발생하는 정전기를 방지하기 위하여 방전복 등을 착용하여 정전기 발생을 제거한다.
- 실내 공기를 이온화하여 정전기 발생을 예방한다.
- 전하 생성 방지방법(접속과 접지, 도전성 재료 사용, 침액(Dip) 파이프 설치 등)을 적용한다.
- 동절기의 습도가 50[%] 이하인 경우, 수소용기밸브를 서서히 개폐해야 한다.

ⓔ 폭발방지안전장치 및 폭발억제장치
- 폭발방지안전장치 : 안전밸브, 가스누출 경보장치, 긴급차단장치 등
- 폭발억제장치 : 폭발검출기구(감지부), 제어기구(제어부), 살포기구(소화약제부)

ⓕ 연소폭발 방지방법
- 가연성 물질 제거
- 조연성 물질의 혼입 차단
- 발화원의 소거 또는 억제
- 불활성 가스로 치환

ⓖ 폭굉 발생 가능한 기체가 파이프 내에 있을 때의 폭굉 방지 및 방호
- 파이프라인에 오리피스와 같은 장애물이 없도록 한다.
- 공정라인에서 회전이 가능하면 가급적 완만한 회전을 이루도록 한다.
- 파이프의 지름 대 길이의 비는 가급적 작게 한다.
- 파이프라인에 장애물이 있는 곳은 관경을 더 크게 한다.

ⓗ 폭연 벤트(Vent)
- 연소로 내의 폭발에 의한 과압을 안전하게 방출시켜 노의 파손에 의한 피해를 최소화하기 위해 설치하는 장치
- 과압으로 손쉽게 열리는 구조로 한다.
- 과압을 안전한 방향으로 방출시킬 수 있는 장소를 선택한다.
- 크기와 수량은 노의 구조와 규모 등에 의해서 결정된다.
- 가능한 한 곡절부에 설치하지 않고 직선부에 설치한다.

ⓘ 가스폭발의 방지대책
- 내부폭발을 유발하는 연소성 혼합물을 피한다.
- 반응성 화합물에 대해 폭굉으로의 전이를 고려한다.
- 안전밸브나 파열판을 설계에 반영한다.
- 용기의 내압을 강하게 설계한다.

ⓙ 질소산화물(NO_x) 생성 억제 및 경감방법
- 물분사법, 2단 연소법, 배기가스 재순환연소법, 저산소(저공기비)연소법, 저온연소법, 농담연소법
- 건식법 환원제(암모니아, 탄화수소, 일산화탄소)를 사용한다.
- 질소성분이 적거나 질소성분을 함유하지 않은 연료를 사용한다.
- 저소감 : 과잉공기량, 연소온도, 연소용 공기 중의 산소농도, 노 내 가스의 잔류시간, 미연소분, 연소실 부하, 고온영역에서의 체류시간
- 고대증 : 연소실 크기
- 연료와 공기의 혼합을 양호하게 하여 연소온도를 낮춘다.

- 저온배출가스 일부를 연소용 공기에 혼입해서 연소용 공기 중의 산소농도를 저하시킨다.
- 버너 부근의 화염온도와 배기가스온도를 낮춘다.
- 연소가스가 고온으로 유지되는 시간을 짧게 한다.
- 박막연소를 통해 연소온도를 낮춘다.

㉪ 폭발 가능 가스 누출량 : 누출 가능 공간의 체적×폭발하한

㉫ 유독물질의 대기 확산에 영향을 주는 매개변수 : 대기 안정도, 바람의 속도, 국지적 지형 영향, 누출원의 높이, 누출원의 기하학적 형태, 누출물질의 모멘텀, 누출물질의 부력 등

㉬ 불꽃점화기관에서 발생하는 노킹(Knocking)현상을 방지하는 방법
- 화염속도를 크게 한다.
- 말단가스의 온도를 내린다.
- 불꽃 진행거리를 짧게 해 준다.
- 혼합기의 자기착화온도를 높인다.

㉭ 가스호환성 : 가스를 사용하고 있는 지역 내에서 가스기기의 성능이 보장되는 대체가스의 허용 가능성으로, 가스호환성을 만족하기 위한 조건은 다음과 같다.
- 초기 점화가 안정하게 이루어져야 한다.
- 황염(Yellow Tip)과 그을음이 없어야 한다.
- 비화 및 역화(Flash Back)가 발생되지 않아야 한다.
- 웨버지수(Webbe Index)가 ±5[%] 이내이어야 한다.

㉮ 통풍력 계산식
- 이론 통풍력
  - 비중량이 주어졌을 때

$$Z_{th} = 273H \times \left(\frac{\gamma_a}{T_a} - \frac{\gamma_g}{T_g}\right)[\text{mmH}_2\text{O}]$$

여기서, H : 연돌의 높이[m]

γ_a : 대기의 비중량[kg/Nm³]

T_a : 외기의 절대온도

γ_g : 배기가스의 비중량[kg/Nm³]

T_g : 배기가스의 절대온도

  - 비중량이 주어지지 않았을 때

$$Z_{th} = 355H \times \left(\frac{1}{T_a} - \frac{1}{T_g}\right)[\text{mmH}_2\text{O}]$$

- 실제 통풍력 $Z_{real} = 0.8 Z_{th}$

㉯ 폭발 위험 예방 원칙으로 고려하여야 할 사항
- 가연성 가스 취급설비를 설계, 제작, 시공, 운전 및 유지보수할 때는 설비가 정상작동이나 비정상작동일 때에도 가연성 가스의 누출과 그에 따라 생성되는 폭발 위험 장소의 범위가 최소화되도록 누출의 빈도수, 지속기간 및 양을 제어한다.
- 시운전 또는 비일상적 유지관리 활동은 별도의 안전관리시스템(Safe System of Work)에 따라 수행되므로, 폭발 위험 장소를 구분하는 때는 일상적인 유지관리 활동만 고려하여 수행한다.
- 폭발성 가스 분위기가 존재할 가능성이 있는 경우에는 점화원 주위에서 폭발성 가스 분위기가 형성될 가능성 또는 점화원을 제거한다.
- 가연성 가스를 취급하는 시설 및 설비를 설계하거나 운전절차서를 작성하는 때에는 제0종 장소 또는 제1종 장소의 수와 범위가 최소화되도록 하고, 1차 누출 등급 또는 연속누출 등급의 공정설비 사용이 불가피한 경우에는 가연성 가스의 누출이 최소화되도록 한다.
- 공정설비가 비정상적으로 운전되는 경우에도 대기로 누출되는 가연성 가스의 양이 최소화되도록 한다.
- 가연성 가스 취급시설 및 설비를 변경하거나 운전절차서를 변경하는 때에는 폭발 위험 장소를 다시 구분한다.
- 위험 장소 구분 작업은 가능한 한 가연성 가스의 특성, 확산원리 및 공정설비의 기술에 관한 전문지식을 보유한 방폭시설설계사가 한다.

  [비 고]

  1. IECEx OD 504(2014-09)에 따른 Unit Ex 002(위험 장소 구분)의 교육을 이수하고 관련 인증서(CoPC)를 획득한 자는 2.7에 따른 방폭시설설계사의 자격을 가진 것으로 본다.
  2. 한국가스안전공사가 제1호에 따른 교육과 동등 이상의 수준으로 실시하는 방폭시설설계사 교육을 이수한 자는 방폭시설설계사의 자격을 가진 것으로 본다.

㉰ 지구온난화를 유발하는 6대 온실가스 : 이산화탄소(CO_2), 메탄(CH_4), 아산화질소(N_2O), 수소불화탄소(HFCs), 과불화탄소(PFCs), 육불화유황(SF_6)

핵심예제

6-1. 방폭에 대한 설명으로 틀린 것은? [2017년 제1회]

① 분진처리시설에서 호흡을 하는 경우 분진을 제거하는 장치가 필요하다.
② 분해폭발을 일으키는 가스에 비활성기체를 혼합하는 이유는 화염온도를 낮추고 화염전파능력을 소멸시키기 위함이다.
③ 방폭대책은 크게 예방, 긴급대책 등 2가지로 나누어진다.
④ 분진을 다루는 압력을 대기압보다 낮게 하는 것도 분진 대책 중 하나이다.

6-2. 방폭전기기기의 구조별 표시방법 중 틀린 것은?
[2011년 제1회 유사, 제3회 유사, 2012년 제1회, 2016년 제2회 유사, 2017년 제2회]

① 내압방폭구조 : d
② 안전증방폭구조 : s
③ 유입방폭구조 : o
④ 본질안정방폭구조 : ia 또는 ib

6-3. 내압방폭구조로 전기기기를 설계할 때 가장 중요하게 고려해야 할 사항은?
[2007년 제2회, 2010년 제1회, 2012년 제2회, 2017년 제3회, 2018년 제2회]

① 가연성 가스의 연소열
② 가연성 가스의 발화열
③ 가연성 가스의 안전간극
④ 가연성 가스의 최소점화에너지

6-4. 내압방폭구조의 폭발 등급 분류 중 가연성 가스의 폭발 등급 A에 해당하는 최대안전틈새의 범위[mm]는?
[2015년 제2회, 2018년 제3회]

① 0.9 이하 ② 0.5 초과 0.9 미만
③ 0.5 이하 ④ 0.9 이상

6-5. 정상 및 사고(단선, 단락, 지락 등) 시에 발생하는 전기불꽃 · 아크 또는 고온부에 인하여 가연성 가스가 점화되지 않는 것이 점화시험, 기타 방법에 의하여 확인된 구조를 무엇이라고 하는가? [2008년 제3회, 2014년 제1회, 제2회, 2018년 제2회]

① 안전증방폭구조
② 본질안전방폭구조
③ 내압방폭구조
④ 압력방폭구조

6-6. 유독물질의 대기 확산에 영향을 주게 되는 매개변수로서 가장 거리가 먼 것은? [2016년 제2회, 2019년 제3회]

① 토양의 종류 ② 바람의 속도
③ 대기안정도 ④ 누출지점의 높이

6-7. 불활성화에 대한 설명으로 틀린 것은?
[2014년 제2회, 2018년 제3회]

① 가연성 혼합가스 중의 산소농도를 최소산소농도(MOC) 이하로 낮게 하여 폭발을 방지하는 것이다.
② 일반적으로 실시되는 산소농도의 제어점은 최소산소농도(MOC)보다 약 4[%] 낮은 농도이다.
③ 이너트 가스로는 질소, 이산화탄소, 수증기가 사용된다.
④ 일반적으로 가스의 최소산소농도(MOC)는 보통 10[%] 정도이고, 분진인 경우에는 1[%] 정도로 낮다.

6-8. 최소산소농도(MOC)와 이너팅(Inerting)에 대한 설명으로 틀린 것은? [2013년 제1회, 2016년 제3회, 2021년 제2회]

① LFL(연소하한계)은 공기 중의 산소량을 기준으로 한다.
② 화염을 전파하기 위해서는 최소한의 산소농도가 요구된다.
③ 폭발 및 화재는 연료의 농도에 관계없이 산소의 농도를 감소시킴으로써 방지할 수 있다.
④ MOC값은 연소반응식 중 산소의 양론계수와 LFL(연소하한계)의 곱을 이용하여 추산할 수 있다.

6-9. 벤젠(C_6H_6)에 대한 최소산소농도(MOC[vol%])를 추산하면?(단, 벤젠의 LFL(연소하한계)는 1.3[vol%]이다)
[2009년 제3회 유사, 2015년 제1회, 2022년 제1회 유사]

① 7.58 ② 8.55
③ 9.75 ④ 10.46

6-10. 배기가스의 온도가 120[℃]인 굴뚝에서 통풍력 12[mmH_2O]를 얻기 위하여 필요한 굴뚝의 높이는 약 몇 [m]인가?(단, 대기의 온도는 20[℃]이다) [2008년 제3회, 2017년 제1회]

① 24 ② 32
③ 39 ④ 47

|해설|

6-1

방폭대책에는 예방, 국한, 소화, 피난대책이 있다.

6-2

안전증방폭구조 : e

6-3

내압 방폭구조로 방폭 전기기기를 설계할 때 가장 중요하게 고려해야 할 사항 : 가연성 가스의 안전간극 또는 가연성 가스의 최대안전틈새(MESG)

6-4

내압 방폭구조의 폭발 등급 분류

MESG[mm]	0.9 이상	0.5~0.9	0.5 이하
가스폭발 등급	A	B	C
방폭기기 폭발 등급	ⅡA	ⅡB	ⅡC

6-5

본질안전 방폭구조

- 공적기관에서 점화시험 등의 방법으로 확인한 구조
- 방폭지역에서 전기(전기기기와 권선 등)에 의한 스파크, 접점단락 등에서 발생되는 전기적 에너지를 제한하여 전기적 점화원 발생을 억제하고, 만약 점화원이 발생하더라도 위험물질을 점화할 수 없다는 것이 시험을 통하여 확인될 수 있는 구조
- 본질안전 방폭구조의 기호 : ia 또는 ib

6-6

토양의 종류는 유독물질의 대기 확산에 영향을 주는 매개변수와는 무관하다.

6-7

- 일반적으로 가스의 최소산소농도(MOC)는 보통 10[%] 정도이고, 분진인 경우에는 8[%] 정도이다.
- 실제로는 안전성을 고려하여 계산상의 MOC보다 4[%] 이상 낮게 하여 가연성(폭발성) 가스의 경우는 6[%], 분진의 경우는 4[%]로 설계한다.

6-8

LFL(연소하한계)은 공기량을 기준으로 하지만, 연소나 폭발은 산소의 문제이며 화염을 전파하기 위해서는 최소한의 산소농도가 요구된다.

6-9

벤젠(C_6H_6)의 연소방정식 : $C_6H_6 + 7.5O_2 \rightarrow 6CO_2 + 3H_2O$

$$MOC = LFL \times \frac{M_{O_2}}{M_f} = 1.3 \times \frac{7.5}{1} = 9.75[\text{vol\%}]$$

6-10

$Z_{th} = 355H \times \left(\frac{1}{T_a} - \frac{1}{T_g}\right)[\text{mmH}_2\text{O}]$에서

$12 = 355H \times \left(\frac{1}{20+273} - \frac{1}{120+273}\right) = 0.803H$이므로

$H = \frac{12}{0.308} \simeq 39[\text{m}]$

정답 6-1 ③ 6-2 ② 6-3 ③ 6-4 ④ 6-5 ② 6-6 ① 6-7 ④ 6-8 ① 6-9 ③ 6-10 ③

핵심이론 07 집진장치

① 건식 집진장치

중력식, 관성력식(충돌식, 반전식), 원심식(사이클론식, 멀티 사이클론형), 백필터(여과식), 진동무화식

㉠ 중력식 : 분진을 함유한 배기가스의 유속을 감속시켜 사이즈 20[μm] 정도까지의 매연을 침강, 분리시켜 집진하는 장치

- 취급이 용이하고 설비비가 저렴하다.
- 구조가 간단하고 압력손실이 작다.
- 함진량이 많은 배기가스의 1차 집진기로 많이 사용된다.

㉡ 관성력식 : 기류와 같이 방향 전환이 어려운 매연을 충돌, 반전시켜 관성력에 의해 크기 20[μm] 이상의 매연을 십진하는 상치로, 가주가 간단하지만 집진효율이 낮다. 집진율을 높이는 방법은 다음과 같다.

- 방해판이 많을수록 집진효율이 우수하다.
- 함진 배기가스의 속도는 느릴수록 좋다.
- 충돌 직전 처리가스의 속도는 빠를수록 좋다.
- 충돌 후의 출구가스의 속도가 느릴수록 미세한 입자가 제거된다.
- 곡률반경이 작을수록 작은 입자가 포집된다.
- 기류의 방향 전환각도가 작고 전환 횟수가 많을수록 집진효율이 증가한다.
- 적당한 더스트 박스(Dust Box)의 형상과 크기가 필요하다.

㉢ 원심식(원심분리기) : 처리가스를 선회시켜 매연을 하강시키고, 가스를 상승 분리하여 매연을 집진하는 장치로 집진장치 중 압력손실이 가장 크다.

- 사이클론 집진기 : 분진을 포함하고 있는 가스를 선회시켜 입자에 원심력을 주어 분리시키는 집진기
  - 주로 고성능 집진장치의 전처리용으로 사용한다.
  - 집진효율을 80[%] 정도이며 시설비가 가장 저렴하다.
  - 함진가스의 충돌로 쉽게 집진기의 마모가 일어나고, 사이클론 전체로서의 압력손실은 입구 헤드의 4배 정도이다.
  - 입구의 속도가 클수록, 본체의 길이가 길수록, 입자의 지름 및 밀도가 클수록, 동반되는 분진량이 많을수록, 내벽이 미끄러울수록, 직경비가 클수록 집진효율이 향상된다.
- 멀티사이클론 집진기 : 소형 사이클론을 병렬로 연결한 형식으로, 5[μm]까지 집진하며 처리량이 많고 집진효율이 70~95[%]로 우수하다.
- 멀티 스테이지 사이클론 : 동일한 크기의 사이클론을 직렬로 연결한 형식

㉣ 여과 집진기 또는 백 필터(Bag-filter) : 백 필터를 거꾸로 매달아 함진가스를 밑으로부터 백 내부로 송입하여 걸러내는 집진장치

- 미립자 크기에 관계없이 집진효율(99[%])이 가장 높다.
- 수 [μm] 이하의 작은 입자와 박테리아의 제거도 가능하다.
- 여과면의 가스 유속은 미세한 더스트일수록 작게 한다.
- 더스트 부하가 클수록 집진율은 커진다.
- 여포재에 더스트 일차 부착층이 형성되면 집진율은 높아진다.
- 백의 밑에서 가스백 내부로 송입하여 집진한다.
- 여과 집진장치의 여과재 중 내산성, 내알칼리성이 모두 좋은 성질을 지닌 것은 비닐론이다.
- 건조한 함진가스의 집진장치이므로 100[℃] 이상의 고온가스나 습한 함진가스의 처리에는 부적당하다.
- 백(Bag)이 마모되기 쉽다.
- 처리가스의 온도는 250[℃]를 넘지 않도록 한다.
- 고온가스를 냉각할 때는 산노점 이상을 유지하여야 한다.
- 미세입자 포집을 위해서는 겉보기 여과속도가 작아야 한다.
- 높은 집진율을 얻기 위해서는 간헐식 털어내기 방식을 선택한다.

② **습식(세정식) 집진장치** : 액방울(액적)이나 액막과 같은 작은 매진과 관성에 의한 충돌 부착, 배기의 습도(습기) 증가로 입자의 응집성 증가에 의한 부착, 미립자(작은 매진) 확산에 의한 액적과의 접촉을 좋게 하여 부착, 입자(매진)를 핵으로 한 증기의 응결에 의한 응집성 증가 등의 입자 포집원리를 이용하며 종류로는 유수식, 가압수식(벤투리 스크러버, 사이클론 스크러버, 제트 스크러버, 충진탑), 회전식 등이 있다.

㉠ 유수식 : 집진실 내에 일정량의 물통을 집어넣어 오염물질을 집진하는 장치

㉡ 가압수식 : 가압한 물을 분사시켜 충돌 확산시키므로 집진율은 비교적 우수하나 압력손실이 큰 습식집진방식이며 종류에는 사이클론 스크러버, 제트 스크러버, 벤투리 스크러버, 충진탑 등이 있다.

- 사이클론 스크러버 : 분무 시 원심력 이용으로 액방울을 함진가스에 유입·분리시키는 장치
- 제트 스크러버 : 집진장치는 일반적으로 압력손실을 초래하지만, 제트 스크러버는 승압효과를 나타낸다.
- 벤투리 스크러버 : 가스 흡입구에 벤투리관을 조합하여 먼지를 세정하는 장치로 집진입자 크기는 0.1~1[μm] 정도이며 분진 제거능력이 좋지만, 압력손실이 크다.
- 충진탑(세정탑) : 탑 내부에 모래, 코크스 입자, 유리섬유 등을 넣고 함진가스를 통과시켜 포집하는 장치이다. 매연 입자의 크기는 0.5~3[μm]이며, 농도가 낮은 가스를 고도로 정화하고자 할 때 사용된다. 스크러버라고도 한다.

㉢ 회전식 : 물을 회전시켜 오염물질을 집진하는 장치

③ **전기식 집진장치(코트렐식)**

㉠ 전기식 집진장치는 직류전원으로 불평등 전계를 형성하고 이 전계에 코로나 방전을 이용하여 가스 중의 입자에 전하를 주어 (-)로 대전된 입자를 전기력(쿨롱력)에 의해 집진극(+)으로 이동시켜 미립자를 분리 및 포집하는 장치이다(건식, 습식).

㉡ 전기식 집진장치의 특징

- 방전극을 음, 집진극을 양으로 한다.
- 전기집진은 쿨롱력에 의해 포집된다.
- 포집입자의 직경은 0.05~20[μm] 정도이다.
- 집진효율이 90~99.9[%]로서 가장 우수하다.
- 광범위한 온도범위에서 설계가 가능하다.
- 낮은 압력손실로 대량의 가스처리가 가능하다.

핵심예제

7-1. 집진효율이 가장 우수한 집진장치는? [2018년 제3회]

① 여과 집진장치
② 세정 집진장치
③ 전기 집진장치
④ 원심력 집진장치

7-2. 연소 시 발생하는 분진을 제거하는 장치가 아닌 것은? [2016년 제3회]

① 백 필터
② 사이클론
③ 스크린
④ 스크러버

7-3. 다음 중 대기오염방지기기로 이용되는 것은? [2019년 제2회]

① 링겔만
② 플레임로드
③ 레드우드
④ 스크러버

7-4. 가장 미세한 입자까지 집진할 수 있는 집진장치는? [2021년 제3회]

① 사이클론
② 중력 집진기
③ 여과 집진기
④ 스크러버

|해설|

7-1
전기 집진장치의 집진효율은 90~99.9[%]로 가장 우수하다.

7-2
연소 시 발생하는 분진을 제거하는 장치를 집진장치라고 하며 건식, 습식으로 구분한다.

- 습식 집진장치 : 유수식, 가압수식(벤투리 스크러버, 사이클론 스크러버, 제트 스크러버, 충진탑), 회전식 등
- 건식 집진장치 : 중력식, 관성력식(충돌식, 반전식), 원심식(사이클론, 멀티클론), 백필터(여과식), 진동무화식, 전기식 등

7-3
스크러버는 대기오염방지기기인 습식 집진장치에 해당한다.

7-4
집진입자의 크기

- 사이클론 : 3~100[μm]
- 중력 집진기 : 50~100[μm]
- 여과 집진기 : 0.1~20[μm]
- 스크러버(세정탑) : 0.5~3[μm]

정답 7-1 ③ 7-2 ③ 7-3 ④ 7-4 ③

가스설비

제1절 | 재 료

핵심이론 01 재료의 개요

① 재료의 분류

금속재료	철강재료	순철(전해철), 강(탄소강, 합금강), 주철(보통주철, 특수주철), 주강
	비철재료	구리(Cu, 동), 알루미늄(Al), 마그네슘(Mg), 니켈(Ni), 아연(Zn), 타이타늄(Ti), 베어링합금, 기타-납(Pb), 주석(Sn), 코발트(Co), 텅스텐(W), 몰리브덴(Mo), 은(Ag), 금(Au), 백금(Pt), 게르마늄(Ge), 규소(Si) 등
비금속재료	유기질재료	플라스틱, 고무, 목재, 피혁직물 등
	무기질재료	세라믹, 단열재, 연마재, 탁마재, 유리, 시멘트, 석재 등

② 금속재료의 성질

㉠ 금속의 공통된 성질

- 상온에서 고체이며 결정체이다(단, 상온에서 액체인 수은(Hg)는 예외).
- 빛을 반사하며 금속 특유 광택이 있다.
- 전성, 연성이 우수하고, 소성변형성이 있어서 가공이 용이하다.
- 비중과 강도, 경도가 크며 용융점이 높다.
- 전도성 우수(열, 전기) : 열과 전기의 양도체

㉡ 금속의 기계적 성질

- 전성(Malleability) : 얇은 판으로 넓게 펼쳐지는 성질이다(Au > Ag > Pt > Al > Fe).
- 연성(Ductility) : 금속이 탄성한계를 초과한 힘을 받고도 파괴되지 않고 늘어나서 소성변형이 되는 성질, 길고 가늘게 늘어나는 성질로, 연신율로 표시한다.
- 경도(Hardness) : 재료의 단단한 정도이다.
- 강도(Strength) : 외력에 견디는 힘이다(인장강도, 압축강도, 전단강도, 비틀림강도, 굽힘강도 등).
- 인성(Toughness) : 외력(충격)에 저항하는 질긴 성질로, 취성의 반대 성질이다.
- 피로(Fatigue) : 작은 힘의 반복작용에 의해 재료가 파괴되는 현상이다.
- 크리프(Creep)
  - 어느 온도 이상에서 일정 하중이 작용할 때 시간의 경과와 더불어 그 변형이 증가하는 현상이다.
  - 금속재료를 고온에서 오랜 시간 외력을 걸어 놓으면 시간의 경과에 따라 서서히 그 변형이 증가하는 현상으로, 고온에 의해 발생(인장강도, 경도 등의 저하)되거나 자중에 의해 발생되기도 한다(전기줄).
  - 크리프가 발생되면 변형뿐만 아니라 변형이 증대하고 때로 파괴가 일어난다.

㉢ 금속의 물리적 성질

- 용융온도 : 고체 상태가 액체 상태로 변하는 온도(Melting Point, 용융점, 녹는점)이다. 텅스텐(W)이 3,410[℃]로 가장 높고, 수은(Hg)이 −38[℃]로 가장 낮다.

> Hg(−38[℃]), Al(660[℃]), Au(1,063[℃]), Cu(1,083[℃]), Fe(1,539[℃]), Ir(2,447[℃]), W(3,410[℃])

- 비중 : 물과 똑같은 부피를 갖는 물체의 무게와 물의 무게와의 비(물의 온도 4[℃]일 때)이다. 금속재료 중에서 이리듐(Ir)이 22.5로 가장 크며, 리튬(Li)이 0.53으로 가장 가볍다. 금속재료는 비중 4.5(4.6) 전후로 경금속, 중금속으로 구분한다.

경금속	Li(0.53), K(0.86), Na(0.97), Mg(1.74), Be(1.85), Si(2.33), Al(2.7)
중금속	Ti(4.6), Zn(7.13), Cr(7.19), Sn(7.3), Co(8.85), Fe(7.87), Ni(8.85), Cu(8.96), Mo(10.2), Ag(10.5), Pb(11.34), Hg(13.8), Ta(16.6), W(19.3), Au(19.32), Pt(21.5), Ir(22.5)

- 선팽창계수 : 물체의 단위 길이에 대하여 온도가 1[℃] 상승하였을 때 팽창된 길이와 원래 길이의 비이다(Pb > Mg > Al > Sn).
- 전도율
  - 열전도율 : 길이 1[cm]에 대하여 1[℃] 온도차가 있을 때 1[cm^2]의 단면을 통하여 1초간에 전해지는 열량, [cal/cm^2 · sec · ℃]
  - 전기전도율 : 전기가 잘 통하는 정도

Ag > Cu > Au > Al > Mg > Zn > Ni > Fe > Pt > Pb > Sn

- 자기적 성질 : 자석에 의하여 자(석)화되는 성질로, 강자성체(Fe, Ni, Co), 상자성체(Cr, Pt, Mn, Al), 반자성체(Bi, Sb, Au, Hg)로 구분한다.

㉣ 금속의 화학적 성질

- 내부식성, 내열성, 내산성, 내염기성, 내산화성, 이온화 경향(금속원자가 전자를 잃고 양이온으로 되려는 성질, K > Ca > Na > Mg > Al > Zn > Cr > Fe > Co)
- 일산화탄소에 의한 카보닐을 생성시키는 금속은 Fe(철), Ni(니켈), Co(코발트) 등이다.

③ 재료의 기계적 시험

㉠ 인장시험 : 재료를 잡아당겨 견디는 힘을 측정하는 시험이다. 인장시험으로 비례한도, 탄성한도, 항복점, 인장강도, 연신율, 단면수축률 등의 측정은 가능하지만, 경도나 피로한도 등의 측정은 불가능하다. 인장시험의 종류로는 올센법(Olsen, 기계적 동력전달방식)과 암슬러법(Amsler, 유압동력전달방식)이 있다.

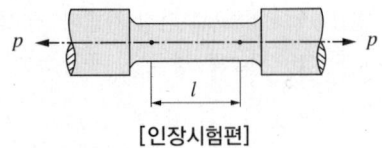

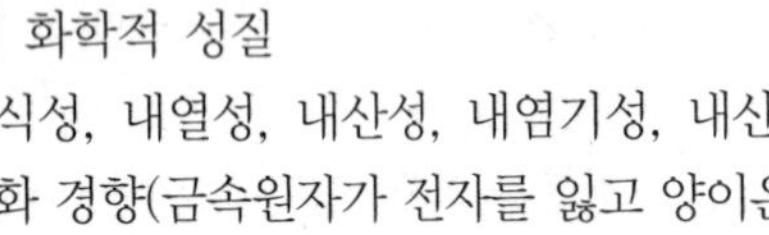

[인장시험편]

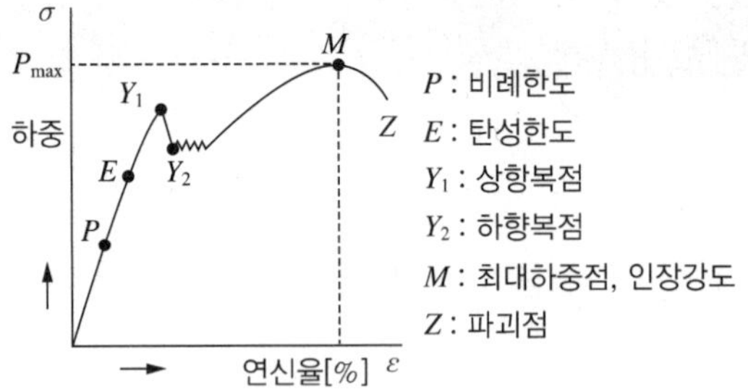

- 인장강도 : $\sigma = \frac{\text{최대하중}}{\text{단면적}} = \frac{P_{max}}{A}$ [kg/cm^2]
- 연신율 :

$$\varepsilon = \frac{\text{시험 후 늘어난 길이}}{\text{표점거리}} = \frac{l - l_0}{l_0} \times 100[\%]$$

- 단면수축률 :

$$\phi = \frac{\text{시험 후 단면적 차이}}{\text{원단면적}} = \frac{A_0 - A}{A_0} \times 100[\%]$$

㉡ 경도시험 : 금속의 시험편 또는 제품 표면에 일정한 하중으로 일정 모양의 경질 압자를 압입하거나 일정한 높이에서 해머를 낙하시키는 등의 방법으로, 금속재료를 시험한다.

- 브리넬(Brinell)경도(HB) : 강구의 자국 크기(표면적)로 경도를 나타낸다.
- 비커스(Vickers)경도(HV)
  - 꼭지각 136° 다이아몬드 자국의 대각선 길이로 경도를 측정한다.
  - 질화강과 침탄강의 경도 시험에 적합하다.
- 로크웰(Rockwell)경도 : 강구 또는 다이아몬드 원추를 압입한 때 생기는 압흔의 깊이로 경도를 나타내는 방법이다. HRC(꼭지각 120° 다이아몬드 콘(Cone, 원뿔체) 압입 자국의 깊이 측정), HRB(지름 1/16인치 강구 깊이 측정)가 있다.
- 쇼어(Shore)경도(HS) : 다이아몬드 압입추(낙하추)를 낙하시켰을 때 반발되어 튀어 올라오는 높이로 경도를 나타내는 방법이다.

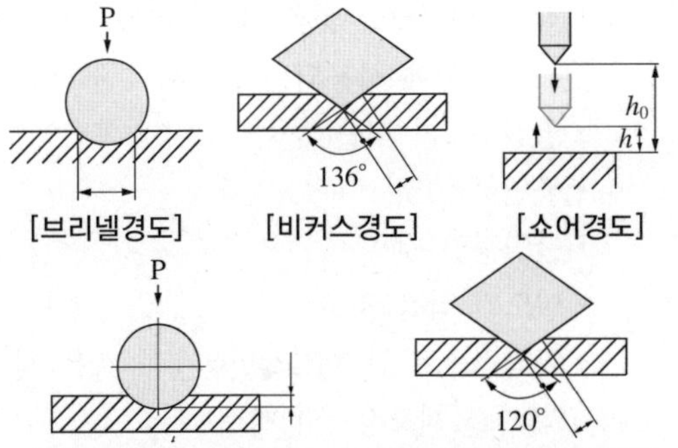

[브리넬경도] [비커스경도] [쇼어경도]

[로크웰경도(A스케일)] [로크웰경도(C스케일)]

㉢ 충격시험 : 시편에 순간적인 충격력을 작용시켜 파괴하는 데 소요되는 에너지로 인성을 측정한다.

- 아이조드(Izod)법 : 진자 끝에 달려 있는 추를 들었다가 시편의 노치 부분을 파괴하는 데 소요된 에너지를 계산하여 인성을 측정한다.
- 샤르피(Sharpy)법 : 시편의 모양이나 시험기기는 아이조드법과 동일하지만, 시편을 수평으로 고정시키고 홈이 파인 부분의 반대면에 충격을 가해 파괴에 소요된 에너지를 계산하여 인성을 측정한다.
- 가드너(Gardner)법 : 디스크 모양의 시편에 일정한 무게의 추를 자유낙하시켜 시편 전체 수의 절반이 파괴되는 높이를 측정하여, 이 추의 위치에너지(충격강도)로 충격저항성을 측정하여 인성을 파악한다. 방법 F(시편에 추를 직접 떨어뜨리는 방법)와 방법 G(시편 위에 있는 임팩터를 통하여 시편에 충격을 가하는 방법)가 있다.

㉣ 에릭센시험(Erichsen Test) : 재료의 연성을 알아보기 위한 시험으로 커핑시험(Cupping Test)이라고도 한다.

④ **소성가공(냉간가공과 열간가공)** : 재결정온도 이하에서의 가공을 냉간가공(상온가공), 재결정온도 이상에서의 가공을 열간가공(고온가공)이라고 한다.

㉠ 냉간가공과 열간가공의 비교

냉간가공	열간가공
• 재결정온도 이하에서의 가공 • 열간가공에 비해 가공에 필요한 동력이 크다. • 소재의 변형저항이 커서 소성가공이 용이하지 않다. • 가공면이 깨끗하고 정확한 치수가공이 가능하므로 열간가공에 비해 정밀한 허용치수오차를 갖는다. • 가공경화가 발생하여 가공품의 강도가 증가한다. • 열간가공된 같은 제품에 비해 균일성이 좋다.	• 재결정온도 이상에서의 가공 • 냉간가공에 비해 가공에 필요한 동력이 작다. • 소재의 변형저항이 작아 소성가공이 용이하다. • 표면산화물의 발생이 많고, 가공 표면이 거칠다. • 냉간가공된 같은 제품에 비해 균일성이 나쁘다. • 피니싱온도 : 열간가공이 끝나는 온도

㉡ 냉간가공의 장단점

냉간가공의 장점	냉간가공의 단점
• 비교적 제품 치수가 정밀하다. • 가공면이 우수하다. • 기계적 성질이 개선(강도 및 경도 증가)된다.	• 가공 방향으로 섬유조직이 발생(방향성)하여 방향에 따라 강도가 다르게 나타난다. • 연신율이 감소한다. • 가공동력이 많이 소요된다.

※ 열간가공의 장단점은 냉간가공의 반대이다.

㉢ 냉간가공 시 증가 및 감소되는 성질(열간가공 시에는 반대)

- 증가 : 경도, 인장강도, 피로한도
- 감소 : 신장, 단면수축률, 충격치

⑤ **금속재료의 강도를 증가시키는 방법**

㉠ 가공경화 : 금속을 가공하는 도중 결정 내 변형이 생겨 경도가 증가되는 현상

㉡ 고용체 강화 : 합금원소가 고용되어 용질원자 주위의 결정격자에 탄성변형이 발생하여, 이것이 전위운동을 방해하여 금속재료가 강화되는 현상

㉢ 석출강화 : 고온과 저온에서의 용해도 차이가 큰 재료를 고온에서 급랭하여 과포화된 합금을 만든 후 저온에서 고체의 일부를 별개의 고체상으로 석출시켜 모재의 강도가 증가되는 현상

㉣ 시효(석출)경화 : 냉간가공이 끝난 후 시간이 지남에 따라 단단해지면서 경화되는 현상으로 강, 두랄루민, 황동 등에서 일어난다(인공시효 : 인공적으로 100~200[℃]에서 시효경화를 촉진시키는 것). 머레이징강은 극저탄소 마텐자이트를 시효석출에 의하여 강인화시킨 강으로, 시효경화강 중에서 기계적 성질이 가장 우수하다.

㉤ 분산강화 : 미세한 입자로 된 합금원소가 첨가되어 이것이 분산되면서 강도가 증가되는 현상

㉥ 결정립미세화 강화 : 금속재료의 결정을 미세화시키면 결정립계가 전위이동의 장애물 역할을 하여 재료의 강도가 증가하는 현상

㉦ 규칙화 강화 : 이종원자의 결합에너지가 동종원자의 결합에너지보다 클 경우 이종원자가 서로 규칙적으로 결합하여 규칙격자를 이루어 고용체가 강화되는 현상

⑥ 가스장치재료 관련 제반사항

㉠ 비열처리재료와 열처리재료
- 비열처리재료 : 가스장치 제조에 사용되는 재료로 오스테나이트계 스테인리스강, 내식 알루미늄합금판, 내식 알루미늄합금 단조품, 그 밖의 이와 유사한 열처리가 필요 없는 재료
- 열처리재료 : 가스장치 제조에 사용되는 재료로 비열처리재료 외의 재료

㉡ 저온장치용 금속재료에 있어서 일반적으로 온도가 낮을수록 항복점, 경도, 인장강도는 높아지고 연신율, 인성, 단면수축률, 충격값은 감소한다.

㉢ 초저온용기 재료
- 초저온용기 : -50[℃] 이하의 액화가스를 충전하기 위한 용기이다. 단열재로 피복하거나 냉동설비로 냉각하는 등의 방법으로, 용기 안의 가스온도가 상용의 온도를 초과하지 않도록 한 용기이다.
- 초저온용기의 재료 : 오스테나이트계 스테인리스강 또는 알루미늄합금
- 용기 동판의 최대 두께와 최소 두께의 차이는 평균 두께의 10[%] 이하로 한다.

㉣ LNG, 액화산소, 액화질소 저장탱크, 저온 및 초저온 용기 등에 사용되는 단열재의 구비조건
- 열전도도가 작을 것
- 불연성일 것
- 난연성일 것
- 밀도가 작을 것
- 화학적으로 안정되고 반응성이 작을 것

㉤ 고압가스 제조장치의 재료
- 상온 건조 상태의 염소가스에 보통강을 사용할 수 있다.
- LPG 및 아세틸렌용기 재료로는 내부압력이 높지 않아 일반적으로 탄소강을 주로 사용한다.
- 완전히 건조한 염소는 상온에서 철과 작용하지 않는다.
- 구리 및 구리합금재료는 암모니아, 아세틸렌에 심하게 부식되므로 배관재료로 사용할 수 없다.
- 구리 및 구리합금재료를 고압장치의 재료로 사용하기에는 산소가스가 적당하다.
- 초저온장치에는 구리, 알루미늄이 사용된다.
- 고압가스장치에는 스테인리스강 또는 크롬강이 적당하다.
- 산소, 수소용기에는 Cr강이 적당하다.
- 고압의 이산화탄소 세정장치 등에는 내산강을 사용하는 것이 좋다.
- 9[%] 니켈강은 액화 천연가스에 대하여 저온취성에 강하다.
- 18-8 스테인리스강은 저온취성에 강하므로 저온재료에 적당하다.
- 상온 상압에서 수증기가 포함된 탄산가스 배관에 18-8 스테인리스강을 사용한다.
- 암모니아 합성탑 내통의 재료에는 18-8 스테인리스강을 사용한다.
- 고압가스 설비의 두께는 상용압력의 2배 이상의 압력에서 항복을 일으키지 않아야 한다.
- 고온, 고압의 수소는 강에 대하여 탈탄작용을 한다.

㉥ 금속재료의 내산화성 증대방법

- 내산화성을 증대시키는 원소로서 유효한 것은 Cr, Si, Al, Ni 등이 있다.
- 이 원소는 강의 산화피막에 Cr_2O_3(또는 FeO, Cr_2O_3), Al_2O_3, SiO_2 등 보호층을 만들어 산화의 진행을 방지한다.
- Cr은 30[%]까지는 내산화성을 증가시키지만 40[%] 이상에서는 감소한다.
- Si는 일반적으로 0.03[%] 이하를 첨가하면 내산화성이 증가한다.
- Al은 Cr의 보조로서 10[%] 이하 첨가한다.
- Ni는 Cr과 같이 첨가되며 고온강도, 열안정성, 가공성을 양호하게 한다.
- Ni을 다량 함유한 합금은 안정된 오스테나이트 조직으로 고온에서 변태점이 없고 내구도가 높다.
- 강관에 Al분말을 노 중에서 가열하여 표면에 침투시켜 내식성을 부여한다.

㉦ 고압가스 제조설비에 사용하는 금속재료의 부식

- 고온에서의 부식은 상온보다도 심하게 빠르게 진행한다.
- 장시간 고온으로 가열하면 재료의 조직 그 자체에 변화를 가져올 수 있으며, 이 경우 재료의 강도는 현저하게 열화한다.
- 고온에서 사용하는 재료는 고온부식에 대한 내식성과 열안전성을 가져야 한다.
- Al, Cr, Mo은 질소와 친화력이 커서 이 성분을 함유한 강은 질화되기 쉽다.
- H_2S는 Fe, Cr, Ni을 심하게 부식시킨다.
- 암모니아 합성, 석유의 수소화 분해, 수소화 탈황 등에 사용하는 탄소강은 수소에 침식된다.
- CO를 함유한 고온의 가스 중에서는 강에 침탄이 일어나고 심하면 취화하는데, 특히 Cr 및 Ni를 함유한 강에서는 더욱 심하다. 이를 방지하기 위하여 Si, Al, Ti, V 등을 첨가한다.
- CO를 많이 함유한 가스는 고온, 고압에서 Fe, Ni과 작용하여 휘발성의 카보닐화합물을 생성한다. 일반적으로 압력, 수증기가 이 작용을 촉진시키는데 이것을 피하기 위해 Cu또는 Cu-Mn합금으로 라이닝한다.
- 수분이 함유된 산소를 용기에 충전할 때에는 용기의 부식방지를 위하여 산소가스 중의 수분을 제거한다.

핵심예제

1-1. 인장시험 방법에 해당하는 것은?

[2014년 제3회, 2017년 제1회, 2020년 제1·2회 통합]

① 올센법 ② 샤르피법
③ 아이조드법 ④ 파우더법

1-2. 저온장치용 금속재료에 있어서 일반적으로 온도가 낮을수록 감소하는 기계적 성질은? [2007년 제2회, 2014년 제2회]

① 항복점 ② 경 도
③ 인장강도 ④ 충격값

1-3. 고압가스 제조장치의 재료에 대한 설명으로 옳지 않은 것은? [2004년 제1회, 2008년 제3회, 2014년 제1회, 2017년 제2회, 제3회, 2021년 제1회 유사]

① 상온 건조 상태의 염소가스에 대하여는 보통강을 사용할 수 있다.
② 암모니아, 아세틸렌의 배관 재료에는 구리 및 구리합금이 적당하다.
③ 고압의 이산화탄소 세정장치 등에는 내산강을 사용하는 것이 좋다.
④ 암모니아 합성탑 내통의 재료에는 18-8 스테인리스강을 사용한다.

1-4. 금속재료에 대한 설명으로 옳은 것으로만 짝지어진 것은? [2006년 제1회, 2020년 제1·2회 통합]

㉠ 염소는 상온에서 건조하여도 연강을 침식시킨다. ㉡ 고온, 고압의 수소는 강에 대하여 탈탄작용을 한다. ㉢ 암모니아는 동, 동합금에 대하여 심한 부식성이 있다.

① ㉠ ② ㉠, ㉡
③ ㉡, ㉢ ④ ㉠, ㉡, ㉢

핵심예제

1-5. 고압장치용 금속재료의 고온부식에 대한 설명으로 틀린 것은? [2011년 제2회]

① Al, Cr, Mo은 질소와 친화력이 크므로 이 성분을 함유한 강은 질화되기 쉽다.

② H_2S는 Fe, Ni을 심하게 부식시킨다.

③ 암모니아 합성, 석유의 수소화 분해, 수소화 탈황 등에 사용하는 탄소강은 수소에 침식된다.

④ CO를 많이 함유한 가스는 고온, 고압에서 Al, Ti, V과 화합물을 생성한다.

|해설|

1-1

②, ③ 인성시험법이고, ④는 존재하지 않는 시험법이다.

1-2

저온장치용 금속재료에 있어서 일반적으로 온도가 낮을수록 항복점, 경도, 인장강도는 높아지고 연성, 인성, 단면수축률, 충격값은 감소한다.

1-3

- 구리 및 구리합금재료는 암모니아, 아세틸렌에 심하게 부식되므로 배관재료로 사용할 수 없다.
- 구리 및 구리합금재료를 고압장치의 재료로 사용하기에는 산소가스가 적당하다.

1-4

염소는 고온(300[℃])에서 철과 급격히 반응하지만, 완전히 건조된 염소는 상온에서 철과 작용하지 않는다. 따라서 액체 염소 제조에는 우선 염소 건조에 의해 수분을 0.01[%] 이하로 한다.

1-5

CO를 많이 함유한 가스는 고온, 고압에서 Fe, Ni과 작용하여 휘발성의 카보닐화합물을 생성한다.

정답 1-1 ① 1-2 ④ 1-3 ② 1-4 ③ 1-5 ④

핵심이론 02 철강재료

① 철강재료의 분류

㉠ 순철 : 탄소 함유량 0.02[%] 이하이고, 전기분해법으로 제조한다. 담금질이 불가하고 연하고 약하다. 항장력이 낮고 투자율이 높아서 전기재료(변압기 철심, 변압기 및 발전기용 발전 철판), 자성재료 등으로 많이 사용되며 분말야금재료로도 사용된다.

㉡ 강 : 탄소 함유량은 0.02~2.0[%]이며, 제강로에서 제조한다. 담금질이 가능하고 강도와 경도가 모두 우수하며 일반 기계재료로 사용한다. 탄소 함유량에 따라 다음과 같이 구분한다.

- 공석강 중심의 분류 : 공석강(0.86[%] C), 아공석강(0.02~0.85[%] C), 과공석강(0.87~2.0[%] C)
- 탄소 함유량에 따른 분류 : 저탄소강(0.03~0.25[%] C), 중탄소강(0.25~0.6[%] C), 고탄소강(0.6~1.4[%] C)

㉢ 주철 : 탄소 함유량 2.0~6.67[%], 용선로에서 제조한다. 담금질이 불가하며 경도는 높지만 잘 깨진다. 주물용으로 사용하며 탄소 함유량에 따라 공정주철(4.3[%] C), 아공정주철(2.0~4.2[%] C), 과공정주철(4.4~6.67[%] C)로 구분된다.

② **탄소강** : 철과 탄소를 주성분으로 하는 재료

㉠ 탄소강의 5대 원소 : 탄소(C), 망간(Mn), 규소(Si), 황(S), 인(P)

㉡ 탄소(C) : 주된 경화원소

- 증가 : 강도, 경도, 담금질효과, 항복점, 전기저항, 비열, 항자력 등
- 감소 : 인성, 전성, 충격치, 냉간가공성, 용해온도, 비중, 열팽창계수, 열전도도 등
- 일정 : 탄성계수, 강성률

㉢ 탄소 이외의 함유원소

- 망간(Mn)
  - 적열취성방지(MnS)
  - 증가 : 강도, 경도, 인성, 점성, 고온가공성, 주조성, 담금질성, 탈산
  - 감소 : 결정립 성장, 연성, 황의 해로움

• 규소(Si)
  – 증가 : 경도, 탄성한계, 인장강도, 주조성(유동성), 결정립 성장
  – 감소 : 연신율, 충격치, 전성, 냉간가공성, 단접성
• 황(S)
  – 적열취성(적열메짐), 기포 발생
  – 증가 : 강도, 경도, 연성, 피절삭성
  – 감소 : 인장강도, 연신율, 충격치, 용접성, 유동성
• 인(P)
  – 편석 · 균열 · 상온취성 발생
  – 증가 : 강도, 경도, 냉간가공성, 피절삭성 증가
  – 감소 : 연신율, 충격치 감소
• 구리(Cu) : 함유량 0.25[%] 이내에서 인장강도와 탄성한도를 높이며 내식성을 증가시킨다.

㉣ 강재에서 발생 가능한 취성의 종류
• 저온취성(상온 이하) : 냉간취성이라고도 하며, 온도가 상온 이하의 저온으로 내려가서 연신율이 감소되고 취성이 증가되는 현상이다. 저온취성을 막기 위하여 사용되는 저온장치용 재료에는 9[%] 니켈강, 18-8 스테인리스강, 구리 및 구리합금 등이 있다.
• 상온취성(상온온도) : 인(P)의 영향으로 충격치가 감소하고, 냉간가공 시 균열이 발생한다.
  ※ 강은 100[℃] 부근에서 충격값이 최대이다.
• 청열취성(Blue Shortness, 200~300[℃]) : 강은 200~300[℃]에서 인장강도와 경도가 커지지만, 연신율과 단면수축률이 저하되면서 취약해져 메짐성(깨지는 성질)이 증가되는 현상이다. 청색의 산화피막을 형성하여 청열취성이라고도 한다. 강의 인장강도와 경도는 300[℃] 이상이 되면 급격히 저하된다.
• 뜨임취성(500~650[℃]) : 담금질한 뒤 뜨임하면 충격치가 극히 감소되는 현상으로, 이를 방지하는 성분은 몰리브덴(Mo)이다.
• 적열취성(Red Shortness, 900[℃] 이상) : 황이 많은 강이 고온(900[℃] 이상)에서 황(S)이나 산소가 철과 화학반응을 일으켜 황화철, 산화철을 만들어 연신율이 감소되고 메짐성이 증가되는 현상으로, 단조압연 시 균열을 발생시킨다. 망간(Mn)은 적열취성을 방지한다.
• 고온취성 : 고온에서 현저하게 취성이 증가하여 깨지는 현상이다. 강의 구리 함유량이 보통 0.1[%] 이하지만, 구리 함유량이 0.2[%] 이상이 되면 고온취성현상이 발생된다.
• 수소취성(Hydrogen Embrittlement) : 금속재료, 특히 철강 중에 흡수된 수소에 의하여 강재의 연성과 인성이 저하하고, 소성변형 없이도 파괴되는 경향이 증대되는 현상이다. 수소 흡수에 의한 파괴를 지연파괴라고도 하며, 이는 주로 결정립계나 응력 집중 부위 또는 인장응력이 걸리는 부위에서 일어난다.
  – 탄소강은 수소취성을 일으킬 수 있으므로, 고온·고압에서 수소가스설비에 탄소강을 사용하면 수소취성을 일으키게 된다.
  – 수소는 환원성 가스로 상온에서는 부식을 일으키지 않는다.
  – 고온 · 고압에서 강 중의 탄소와 화합하여 메탄을 생성하는데 이것이 수소취성의 원인이 된다.
  – 재료의 강도가 클수록 극미량의 수소에 의해서도 취성이 생기며 공식 부위를 기점으로 발생되기 쉽다.
  – 수소취성 방지방법
    ⓐ 기체 또는 액체 상태의 억제제를 첨가한다.
    ⓑ 몰리브덴, 텅스텐, 바나듐 등의 금속원소를 첨가한다.
    ⓒ 금속 박막 또는 비금속 무기막과 같은 표면막 처리를 한다.

㉤ 수소 또는 수소를 포함하는 가스를 취급하는 반응장치의 재료로 탄소강을 사용할 때 예상할 수 있는 문제점에 대한 해결방안

- 수소조장균열방지법은 용접재료를 잘 건조시키고, 용접 후 서랭 및 후열을 통한 용접금속 중의 수소를 제거하는 탈수소처리를 한다.
- 수소침식방지를 위해 내수소침식용 강인 Cr이나 Mo을 첨가한 강 중 탄소를 안정화시킨 강인 KS D 3543(보일러 및 압력용기용 Cr, Mo 강판)을 사용한다.
- 수소유기균열을 방지하는 방법은 강 중의 유황분이 적게 되도록 칼슘을 첨가하여 황을 구상화시키며, 근본적으로는 황화합물이 많은 환경은 라이닝 등으로 설비를 보호한다.

ⓗ 고압가스용 기화장치의 기화통의 용접하는 부분에 사용할 수 없는 재료의 기준 : 탄소 함유량이 0.35[%] 이상인 강재 또는 저합금 강재

ⓢ 고압가스용기의 재료로 사용되는 강의 성분 중 탄소, 인, 유황의 함유량이 제한되는 이유
- 탄소(C)의 양이 많아지면 수소취성을 일으킨다.
- 인(P)의 양이 많아지면 연신율이 감소하고, 상온취성을 일으킨다.
- 유황(S)은 적열취성의 원인이 된다.
- 탄소량이 증가하면 인장강도는 공석강에서 최대가 되지만, 공석강 이상으로 탄소량이 증가되면 인장강도는 저하되고, 연신율과 충격치는 감소한다.

ⓞ 열처리 : 강을 열처리하는 주된 목적은 기계적 성질을 향상시키기 위함이다. 금속가공 중에 생긴 잔류응력을 제거할 때 열처리를 한다.
- 담금질(퀜칭, Quenching) : 담금질온도 아공석강에서는 A_3점 이상 30~50[℃], 과공석강에서는 A_1점 이상 30~50[℃]의 범위)까지 가열했다가 수랭으로 급랭시켜 경도를 올리는 열처리 공법이다.
- 뜨임(템퍼링, Tempering) : 철을 담금질하면 경도는 커지지만 취성이 생기므로, 이를 적당한 온도로 재가열했다가 공기 중에서 서랭시켜 인성을 부여하는 열처리 공법이다.
  - 뜨임온도 : A_1점(723[℃]) 이하
  - 저온뜨임의 주목적은 내부응력 제거이다.
- 풀림(어닐링, Annealing) : 금속의 내부응력을 제거하고 가공경화된 재료를 연화시켜 결정조직을 결정하고, 상온가공을 용이하게 할 목적으로 하는 열처리 공법이다.
- 불림(노말라이징, Normalizing) : 결정조직이 거친 것을 미세화하여 조직을 균일하게 하고, 조직의 변형을 제거하기 위하여 균일하게 가열한 후 공기 중에서 냉각하는 열처리 공법이다. 불균일한 조직을 균일하고, 표준화된 조직으로 만든다.
- 심랭처리(Sub-Zero Treatment) : (잔류)오스테나이트 조직을 마텐자이트 조직으로 바꿀 목적으로 0[℃] 이하로 처리하는 방법이다.
- 고압가스용기 및 장치 가공 후 열처리를 실시하는 가장 큰 이유 : 가공 중 나타난 잔류응력을 제거하기 위하여

ⓩ 표면처리
- 표면경화 : 표면은 견고하게 하여 내마멸성을 높이고, 내부는 강인하게 하여 내충격성을 향상시킨 이중 조직을 가지게 하는 열처리(침탄법, 질화법, 금속침투법, 화염경화법, 고주파경화법, 피복법 등)
- 금속피복방법 : 용융도금법, 클래딩법, 전기도금법, 증착법

③ 합금강(특수강)

㉠ 저온・고압재료로 사용되는 특수강의 구비조건
- 크리프 강도가 클 것
- 접촉 유체에 대한 내식성이 클 것
- 고압에 대하여 기계적 강도를 가질 것
- 저온에서 재질의 노화를 일으키지 않을 것

㉡ 합금원소의 영향
- 니켈(Ni) : 강인성・내식성・내마멸성・저온 충격성 증가, 저온취성의 개선
- 크롬(Cr) : 경도, 인장강도, 내열성, 내식성, 내마멸성 증가
- 망간(Mn) : 탄소강에 자경성을 주며 이 성분을 다량으로 첨가한 강은 공기 중에서 냉각하여도 쉽게 오스테나이트 조직으로 된다.
- 몰리브덴(Mo) : 담금질성・고온강도・인성・내식성・내크리프성 증가, 뜨임취성 방지

• 구리(Cu) : 내산화성, 내식성 증가
• 납(Pb) : 기계가공성 향상

㉢ 크롬강
• 고온·고압에서 수소를 사용하는 장치의 재료로, 일반적으로 사용된다.
• 500[℃] 이상의 고온·고압가스설비에 사용하기 적당한 재료이다.

㉣ 스테인리스강 : 일반적으로 Fe, Cr, Ni 등의 조성으로 구성된다.
• 고온·고압하에서 수소를 사용하는 장치 공정의 재질로 적당하다.
• 18-8 스테인리스강 : 18[%] Cr, 8[%] Ni을 함유한 합금강
• 스테인리스강의 조직학적 종류 : 페라이트계, 오스테나이트계, 마텐자이트계 등

㉤ 실리콘강 : 자기감응도가 크고, 잔류자기 및 항자력이 작아 변압기 철심이나 교류기계의 철심 등에 쓰이는 강

④ 주 철

㉠ 주철의 개요 : 주철은 철에 탄소를 2.0~6.67[%] 함유시킨 기계재료로, 주물을 만들기 쉽고 내마멸성이 우수하다. 상용 주철은 보통 2.5~4.5[%] C 정도 함유된다.

㉡ 주철의 장단점

장 점	단 점
• High : 주조성(유동성), 복잡한 형상 제작, 마찰저항, 압축강도, 방청성, 피절삭성, 내마모성, (일반) 내식성, 감쇠능(진동 흡수능력) • Low : 용융온도, 가격	• High : 취성(메짐) • Low : 인장강도, 충격값, 연신율, 휨강도, 단련성, 내산성 • Impossible : 소성변형(소성가공), 단조, 담금질, 뜨임

㉢ 보통주철(회주철 GC1~3종) : 보통주철에는 회주철(탄소가 흑연 상태로 존재, 파단면 회색)과 백주철(탄소가 시멘타이트 상태로 존재, 파단면 백색)이 있지만, 회주철이 대표적이다. 회주철은 기계가공성이 우수하고 공작기계 베드, 기계구조물 몸체 등에 사용된다.

㉣ 구상흑연주철(노듈러 주철, 덕타일 주철) : 마그네슘(Mg), 세륨(Ce), 칼슘(Ca) 등을 첨가하여 흑연을 구상화한 것으로 불스 아이(Bull's Eye) 조직을 얻는다. 크랭크축, 캠축, 브레이크, 드럼 등의 재료로 사용된다. 한편, 흑연구상화처리 후 용탕 상태로 방치하면 구상화효과가 소멸하는데 이 현상을 페이딩(Fading)이라고 한다. 보통주철과 마찬가지로 구상흑연주철에 영향을 미치는 주요 원소는 C, Si, Mn, S, P 등이다.

핵심예제

2-1. 탄소강에 소량씩 함유하고 있는 원소의 영향에 대한 설명으로 옳지 않은 것은? [2003년 제3회, 2010년 제1회]

① 인(P)은 상온에서 충격치가 떨어지며, 담금 균열의 원인이 된다.
② 망간(Mn)은 점성을 증가시키고 고온가공을 쉽게 한다.
③ 구리(Cu)는 인장강도와 탄성한도를 높이며 내식성을 감소시킨다.
④ 규소(Si)는 유동성을 좋게 하지만 냉간가공성을 나쁘게 한다.

2-2. 고압가스용기의 재료로 사용되는 강의 성분 중 탄소, 인, 유황의 함유량은 제한되고 있다. 그 이유로서 다음 보기 중 옳은 것으로만 나열된 것은? [2010년 제2회, 2012년 제3회, 2016년 제2회 유사, 2020년 제1·2회 통합 유사]

보기
ⓐ 탄소의 양이 많아지면 수소취성을 일으킨다.
ⓑ 인의 양이 많아지면 연신율이 증가하고, 고온취성을 일으킨다.
ⓒ 유황은 적열취성의 원인이 된다.
ⓓ 탄소량이 증가하면 인장강도 및 충격치가 증가한다.

① ⓐ, ⓑ
② ⓑ, ⓒ
③ ⓒ, ⓓ
④ ⓐ, ⓒ

핵심예제

2-3. 수소취성에 대한 설명으로 가장 옳은 것은?

[2004년 제3회, 2012년 제1회, 2020년 제3회]

① 탄소강은 수소취성을 일으키지 않는다.
② 수소는 환원성 가스로 상온에서도 부식을 일으킨다.
③ 수소는 고온·고압하에서 철과 화합하며 이것이 수소취성의 원인이 된다.
④ 수소는 고온·고압에서 강 중의 탄소와 화합하여 메탄을 생성하여 이것이 수소취성의 원인이 된다.

2-4. 수소 또는 수소를 포함하는 가스를 취급하는 반응장치의 재료로 탄소강을 사용할 때 예상될 수 있는 문제점에 대한 해결방안을 제시하였다. 다음 설명 중 가장 거리가 먼 내용은?

[2006년 제2회]

① 수소조장균열방지법은 용접재료를 잘 건조시키고, 용접 후 서랭 및 후열을 통한 용접금속 중의 수소를 제거하는 탈수소 처리를 한다.
② 수소침식방지를 위해 내수소침식용 강인 Cr이나 Mo을 첨가한 강 중 탄소를 안정화시킨 강인 KSD 3543(보일러 및 압력용기용 Cr, Mo강판)을 사용한다.
③ 수소취성균열을 방지하기 위해서는 18-8 오스테나이트 스테인리스강을 사용하고 탄소강의 경도를 높이기 위해 경도가 높은 용접봉을 선택하고 용접 후 열처리를 한다.
④ 수소유기균열을 방지하는 방법은 강 중의 유황분이 적게 되도록 칼슘을 첨가하여 황을 구상화시키며, 근본적으로는 황화합물이 많은 환경은 라이닝 등으로 설비를 보호한다.

2-5. 금속재료의 열처리 방법에 대한 설명으로 틀린 것은?

[2010년 제2회]

① 담금질 : 강의 경도나 강도를 증가시키기 위하여 적당히 가열한 후 급랭을 시킨다.
② 뜨임 : 인성을 증가시키기 위해 담금질온도보다 조금 낮게 가열한 후 급랭을 시킨다.
③ 불림 : 소성가공 등으로 거칠어진 조직을 미세화하거나 정상상태로 하기 위해 가열 후 공랭시킨다.
④ 풀림 : 잔류응력을 제거하거나 냉간가공을 용이하게 하기 위하여 뜨임보다 약간 높게 가열하여 노 중에서 서랭시킨다.

|해설|

2-1
구리(Cu)는 인장강도와 탄성한도를 높이며 내식성을 증가시킨다.

2-2
ⓑ 인(P)의 양이 많아지면 연신율이 감소하고, 상온취성을 일으킨다.
ⓓ 탄소량이 증가하면 인장강도는 공석강에서 최대가 되지만, 공석강 이상으로 탄소량이 증가되면 인장강도는 저하되고, 연신율과 충격치는 감소한다.

2-3
① 탄소강은 수소취성을 일으킬 수 있다.
② 수소는 환원성 가스로 상온에서는 부식을 일으키지 않는다.
③ 수소는 고온·고압하에서 강 중의 탄소와 화합하는데, 이것이 수소취성의 원인이 된다.

2-4
오스테나이트 스테인리스강을 사용하고 탄소강의 경도를 높이기 위해 경도가 높은 용접봉을 선택하고 용접 후 열처리를 하면 오히려 수소취성균열을 야기할 수 있다.

2-5
• 담금질온도 : 담금질온도의 범위는 아공석강에서는 A_3 점 이상 30~50[℃], 과공석강에서는 A_1 점 이상 30~50[℃]이다.
• 뜨임온도 : A_1 점(723[℃]) 이하

정답 2-1 ③ 2-2 ④ 2-3 ④ 2-4 ③ 2-5 ②

핵심이론 03 비철금속재료와 비금속재료

① 구리와 구리합금

㉠ 황동(Brass) : 구리 + 아연

㉡ 청동(Bronze) : 구리 + 주석, 강도가 크고 주조성과 내식성이 좋다.

㉢ 동 및 동합금은 불활성 가스인 아르곤 가스를 위한 장치재료로 사용할 수 있으나 암모니아, 아세틸렌, 황화수소 등의 가연성 가스를 위한 장치재료로는 사용할 수 없다.

㉣ 고압장치의 재료로 구리관의 성질과 특징

- 알칼리에는 내식성이 강하지만, 산성에는 약하다.
- 내면이 매끈하여 유체저항이 작다.
- 굴곡성이 좋아 가공이 용이하다.
- 전도성이 우수하다.

② 플라스틱

㉠ 열가소성 수지 : 가열하여 성형한 후 냉각하면 경화되는 합성수지이다. 재가열하면 녹아서 원상태로 되며 새로운 모양으로 다시 성형할 수 있다(폴리에틸렌 수지, 폴리프로필렌 수지, 폴리스티렌 수지, 폴리염화비닐 수지, 초산비닐 수지, 폴리아마이드 수지, 폴리카보네이트 수지, 아크릴 수지, 아크릴나이트릴부타다이엔스티렌 수지 등).

㉡ 열경화성 수지 : 가열하면 경화하고 재용융하여도 다른 모양으로 다시 성형할 수 없어 재생이 불가능한 합성수지이다. 열경화성 수지의 종류에는 페놀 수지, 멜라민 수지, 에폭시 수지(EP, 합성수지 중 가장 우수한 특성을 지녀 널리 이용), 규소 수지, 요소 수지, 불포화 폴리에스테르 수지 등이 있다.

③ 멤브레인 : 국내에서 사용되는 저장탱크에서 초저온의 LNG와 직접 접촉하는 내부 바닥 및 벽체에 주로 사용되는 재료이다.

핵심예제

3-1. 금속재료에 대한 일반적인 설명으로 옳지 않은 것은?

[2003년 제1회 유사, 2006년 제1회 유사, 2013년 제3회, 2017년 제2회]

① 황동은 구리와 아연의 합금이다.
② 뜨임의 목적은 담금질 후 경화된 재료에 인성을 증대시키는 등 기계적 성질의 개선을 꾀하는 것이다.
③ 철에 크롬과 니켈을 첨가한 것은 스테인리스강이다.
④ 청동은 강도는 크지만 주조성과 내식성은 좋지 않다.

3-2. 다음 금속재료에 대한 설명으로 틀린 것은?

[2012년 제2회, 2016년 제1회, 2019년 제2회, 2022년 제2회]

① 강에 P(인)의 함유량이 많으면 신율, 충격치는 저하된다.
② 18[%] Cr, 8[%] Ni을 함유한 강을 18-8 스테인리스강이라고 한다.
③ 금속가공 중에 생긴 잔류응력을 제거할 때에는 열처리를 한다.
④ 구리와 주석의 합금은 황동이고, 구리와 아연의 합금은 청동이다.

|해설|

3-1
청동은 강도가 크고 주조성과 내식성이 좋다.

3-2
구리와 주석의 합금은 청동이고, 구리와 아연의 합금은 황동이다.

정답 3-1 ④ 3-2 ④

핵심이론 04 응력과 변형

① **응력(Stress)** : 재료에 하중이 작용할 때 재료 내부에 생기는 저항력

㉠ 응력(σ) 계산식 : $\sigma = W/A$

여기서, W : 내력 혹은 하중

A : 단면적

㉡ 재료에 작용하는 하중의 방향에 따라 인장응력, 압축응력, 전단응력, 비틀림응력, 굽힘응력 등이 있는데, 인장응력과 압축응력은 수직응력이다.

㉢ 가위로 물체를 자르거나 전단기로 철판을 전단할 때 생기는 가장 큰 응력은 전단응력이다.

② **탄성계수**

㉠ 훅의 법칙(Hooke's Law) : 비례한도 이내에서 응력과 변형률은 비례한다. 따라서

탄성계수 $= \dfrac{\text{응력}}{\text{변형률}}$이며, 늘어난 길이는 $\lambda = \dfrac{Wl}{AE}$

이다.

여기서, W : 인장하중

A : 단면적

E : 탄성계수

l : 길이

㉡ 세로 탄성계수, 영계수 : $E = \dfrac{\sigma}{\varepsilon} = \dfrac{\frac{W}{A}}{\frac{\lambda}{l}} = \dfrac{Wl}{\lambda A}$

㉢ 가로 탄성계수(전단 탄성계수) :

$G = \dfrac{\text{전단응력}}{\text{전단변형률}} = \dfrac{\tau}{\gamma}$

③ **열응력** : 온도의 변화에 따라 재료가 팽창과 수축을 하면서 내부에 생기는 응력

㉠ 재료의 변형량 : $\lambda = l - l' = l\alpha(t - t')$

여기서, l : 처음 길이

l' : 나중 길이

t : 처음 온도

t' : 나중 온도

α : 선팽창계수

㉡ 재료에 생기는 변형률 : $\varepsilon = \dfrac{\lambda}{l} = \alpha(t - t')$

㉢ 열응력 : $\sigma = E\varepsilon = E\alpha\Delta t = E\alpha(t - t')$

여기서, E : 세로 탄성계수

④ **변형률(Strain) 또는 변율** : 변형량을 처음 길이로 나눈 값

㉠ 세로 변형률 : $\varepsilon = \dfrac{l' - l}{l} = \dfrac{\lambda}{l}$

여기서, l : 하중 받기 전 처음 길이

l' : 변형 후 길이

λ : 길이 변형량

㉡ 가로 변형률 : $\varepsilon' = \dfrac{d - d'}{d} = \dfrac{\delta}{l}$

여기서, d : 처음 지름

d' : 변형 후 지름

δ : 지름의 변형량

㉢ 전단 변형률 : $\gamma = \dfrac{\lambda}{l} = \tan\theta$

㉣ 푸아송비 : 재료에 압축하중과 인장하중이 작용할 때 생기는 세로 변형률 ε과 가로 변형률 ε'의 관계는 탄성한도 이내에서는 일정한 비의 값을 가지는데 이 비를 푸아송비(Poisson's Ratio)라고 하며, ν(누)로 나타낸다. 푸아송비는 0~0.5의 값을 나타낸다. 푸아송비의 역수($1/\nu = m$)를 푸아송수(Poisson's Number)라고 한다.

$\nu = \dfrac{\varepsilon'}{\varepsilon} = \dfrac{1}{m}$, $\varepsilon = \dfrac{1}{\nu} \times \varepsilon'$

⑤ **안전율** : 기준강도와 허용응력의 비

㉠ 안전율(S) $= \dfrac{\text{기준강도}}{\text{허용응력}} = \dfrac{\sigma_f}{\sigma_a}$ $(S > 1)$

㉡ 상온에서 연성재료가 정하중을 받는 경우는 항복응력을, 상온에서 취성재료가 정하중을 받는 경우는 극한강도를, 고온에서 정하중을 받는 경우는 크리프한도를, 반복하중을 받는 경우는 피로한도를 기준강도로 삼는다.

핵심예제

4-1. '응력(Stress)과 스트레인(Strain)은 변형이 작은 범위에서는 비례관계에 있다.'는 법칙은? [2020년도 제3회]

① Euler의 법칙
② Wein의 법칙
③ Hooke의 법칙
④ Trouton의 법칙

4-2. 도시가스 강관 파이프의 길이가 5[m]이고, 선팽창계수(α)가 0.000015(1/[℃])일 때 온도가 20[℃]에서 70[℃]로 올라갔다면 늘어날 길이는? [2003년 제1회, 2016년 제1회]

① 2.74[mm]
② 3.75[mm]
③ 4.78[mm]
④ 5.76[mm]

|해설|

4-1

① Euler의 법칙 : 꼭짓점(Vertex)의 수 V, 모서리(Edge)의 수 E, 면(Facet)의 수 F일 때, $V-E+F=2$가 성립한다는 법칙
② Wein의 법칙 : 최대 복사파장은 온도에 반비례한다는 법칙
④ Trouton의 법칙 : 표준증발열에 관한 법칙

4-2

파이프의 늘어난 길이

$\lambda = l - l' = l\alpha(t-t') = 5{,}000 \times 0.000015 \times (70-20)$
$= 3.75[\text{mm}]$

정답 4-1 ③ 4-2 ②

핵심이론 05 부식과 방식

① 부식(Corrosion)의 개요

㉠ 부식의 정의

- 금속이 공기 중에서 산화물 또는 다른 화합물로 변하는 현상
- 주위 환경의 성분과 전기화학적 또는 화학적 반응으로 소모되어 금속의 성능을 상실하는 현상(불꽃 없는 화재)

㉡ 전기화학반응의 조건(부식의 요소)

- 전극(금속, Electrode) : 양극, 음극의 전자전도체
- 전해질 용액(Electrolyte) : 이온전도체

㉢ 방식(부식방지방법)의 분류

- 전기방식 : 희생양극법(유전양극법), 외부전원법, 배류법 등
- 가스배관의 부식방지조치로서 피복에 의한 방식법 : 아연도금, 도장, 도복장 등

㉣ 부식방지방법

- 금속을 피복한다.
- 선택배류기를 접속시킨다.
- 이종의 금속을 접촉시키지 않는다.
- 금속 표면의 불균일을 없앤다.

㉤ 부식 관련 사항

- 전기저항이 낮은 토양 중의 부식속도는 빠르다.
- 배수가 불량한 점토 중의 부식속도는 빠르다.
- 혐기성 세균이 번식하는 토양 중의 부식속도는 매우 빠르다.
- 통기성이 좋은 토양에서 부식속도는 점차 느려진다.
- 전식 부식은 주로 전철에 기인하는 미주전류에 의한 부식이다.
- 콘크리트와 흙이 접촉된 배관은 토양 중에서 부식을 일으킨다.
- 배관이 점토나 모래에 매설된 경우 모래보다 점토 중의 관이 더 부식되는 경향이 있다.

② 부식의 종류

㉠ 균일 부식 또는 일반 부식 : 금속 표면 전체가 전기화학 또는 화학적 반응에 의해서 균일하게 침식하는 부식

- 특 징
  - 다른 부식에 비해서 부식량이 많다.
  - 부식으로 인한 유효 수명의 예측이 가능하다.
  - 방식방법이 비교적 용이하다.
- 방지대책 : 적당한 재료 선택, 부식억제제 사용, 음극방식, 도장 등

㉡ 갈바닉 부식 : 두 개의 다른 금속이 접촉되어 전해질 용액 내에 존재할 때 다른 재질의 금속 간 전위차에 의해 용액 내에 전류가 흐르는데, 이에 의해 양극부가 부식이 되는 현상(서로 다른 두 금속이 부식액이나 전해질 용액에 노출되었을 때 각 금속의 전위차에 의해서 발생하는 부식)

- 특 징
  - 두 종류의 금속이 접촉에 의해서 일어나는 부식이다.
  - 이종금속 접촉 부식이라고도 한다.
  - 부식저항이 작은 금속은 양극, 부식저항이 큰 금속은 음극이다.
  - 전위가 낮은 금속 표면에서 양극반응이 진행된다.
  - 전위가 높은 금속 표면에서 방식된다.
- 방지대책
  - 다른 종류의 금속을 사용할 경우 가능한 한 갈바닉 계열이 가까운 위치에 있는 금속을 사용할 것
  - 소양극-대음극의 환경을 피할 것
  - 가능하면 다른 금속은 절연할 것
  - 상황을 정확하게 파악하여 도장할 것
  - 환경의 영향을 억제하기 위하여 부식억제제를 사용할 것
  - 양극 부분을 쉽게 바꿀 수 있도록 하고, 양극 부분을 두껍게 할 것
  - 갈바닉 접촉을 이루고 있는 두 금속보다 활성전위가 큰 금속을 설치할 것(희생양극)

㉢ 틈새 부식 : 일반적으로 두 금속이 접촉하고 있는 좁은 틈새에 수용액이 고여 있는 상태에서 일어나는 부식

- 특 징
  - 부식이 진행되는 동안 틈 내부에만 국한되어 국부적으로 일어난다.
  - 긴 잠복기간이 요구되는 경우가 많지만, 일단 부식이 발생하면 가속도적으로 증가한다.
  - 부동태 피막으로 내식성을 지닌 금속 또는 합금은 틈 부식에 민감하다(스테인리스강, 알루미늄, 타이타늄 등).
- 방지대책
  - 장비의 접합부를 리베팅이나 볼팅으로 하지 않고, 가능한 한 용접으로 접합한다.
  - 용액 중에서 할로겐이온(Cl^-)을 제거하거나 감소시킨다.
  - 장비를 완전한 배수가 되도록 설계한다.
  - 장비를 자주 점검하여 침전물을 제거한다.
  - 가능하면 테프론 등과 같은 비흡수성 고체를 개스킷으로 사용한다.
  - 금속 표면을 균일하게 한다.

㉣ 점 부식(Pitting) 또는 공식 또는 국부 부식 : 부식이 금속 표면의 국부에만 집중하고, 그 부위에서 부식속도가 매우 빠르게 진행되어 금속 내부로 깊이 뚫고 들어가는 국부적인 부식

- 특 징
  - 스테인리스강, 알루미늄 등과 같이 금속 표면에 부동태 피막이 형성되는 것으로, 주로 내식성을 가지는 금속에서 발생한다.
  - 공식이 발생한 이외의 부분은 거의 부식을 일으키지 않는다.
  - 대부분의 공식은 작고, 서로 멀리 떨어져 있기도 하고, 집중적으로 생기기도 한다.
  - 일반적으로 부식 생성물에 의해서 가려져 있기 때문에 발견하기 어렵다.
  - 주로 중력장이 미치는 방향으로 발생한다.

- 재료의 관통으로 매우 위험하고, 몇 [%]의 무게의 감소로 장비 사용이 불가한 현상이 생긴다.
- 방지대책 : 틈 부식의 방지책과 유사하다. 우수한 재료를 선택하고, 부식억제제를 첨가한다.

ⓜ 입계 부식 : 특수한 조건하에서 결정입자 또는 그 부근에서 발생하는 국부적인 부식(일반적인 환경에서는 금속의 결정립계와 결정입자 사이에는 전위차가 아주 작아 입계 부식이 잘 유발되지는 않음)

- 방지대책 : 용체화 열처리(약 1,050~1,150[℃] 정도까지 가열 후 수랭), 안정화제 첨가, 탄소 함량 감소

ⓑ 응력 부식 : 금속재료의 표면에 주위의 부식환경과 인장장력이 복합적으로 작용하여 금속의 기계적 강도에 치명적인 영향을 미쳐 갑작스럽게 파괴를 유발하는 현상

- 특 징
  - 특정의 재료와 환경이 조합되어서 일어난다.
  - 균열 부위 이외는 정상적인 표면을 유지한다.
  - 균열은 특정의 경사면을 따라서 일어난다.
  - 입자(Grain) 균열과 입계 균열이 있다.
  - 파괴면에 특유의 모양이 나타난다(입자 균열 : 빗살 모양).
- 방지대책
  - 응력을 낮춘다.
  - 환경의 유해성분을 제거한다.
  - 합금을 변화시킨다.
  - 외부 전력 공급에 의하거나 희생양극을 사용하여 음극방식을 한다.
  - 부식억제제를 첨가한다.

ⓢ 침식 부식 또는 마모 부식 : 부식용액과 금속 표면 사이의 상대적인 운동으로 인하여 금속의 부식속도가 더욱 촉진되어 파괴되는 현상

- 특 징
  - 형태 : 흠(Groove), 도랑(Gully), 파도(Wave), 둥근 구멍, 골짜기 모양 등의 방향성을 가진다.
  - 비교적 짧은 시간에 이루어진다.
  - 예상하지 못한 손상이 크다.
- 발생이 쉬운 부위와 재료
  - 부동태 피막 파괴 시
  - 기계적 손상이 쉬운 연한 금속(Pb, Cu 등)
  - 유체에 노출된 모든 장비 : 파이프(굴곡부), 밸브, 펌프, 프로펠러, 임펠러, 교반기, 열교환기 등
- 방지대책
  - 저항력이 큰 재료를 선택한다.
  - 침식 부식을 방식할 수 있는 설계를 한다.
  - 고체 부유물 침전, 여과 등으로 부식환경을 피한다.
  - 피복하거나 음극방식을 한다.

ⓞ 동공 부식 : 금속 표면 가까이의 액체에서 증기포가 생성 또는 파괴되면서 일어나는 손상에 의한 부식(캐비테이션 부식)

- 특징 : 유속이 크고 압력 변화가 큰 곳에서 발생(선박의 프로펠러, 펌프의 임펠러 등)한다.
- 방지대책
  - 수압의 차이가 최소가 되도록 설계한다.
  - 내식성이 강한 재료를 선택한다.
  - 표면조건을 균일하게 하여 기포 발생 부위를 없앤다.
  - 고무나 플라스틱 등으로 피복한다.
  - 음극방식, 충격파를 수소 기포의 발생으로 완화시킨다.

ⓩ 프레팅 부식(Fretting) : 부식환경에서 두 금속이 진동이나 미끄럼 운동을 하는 부분의 금속 접촉면 사이에서 발생하는 부식(Friction Oxidation, Wear Oxidation)

- 특 징
  - 대기 상태의 침식 부식이다.
  - 금속성분이 파괴되어 산화물 입자가 생성된다.
  - 응력과 변형이 증가되어 피로파괴를 발생시킨다.
- 방지대책
  - 윤활제(윤활유, 그리스 등)를 사용한다.
  - 베어링 표면 사이의 마찰 감소 및 산소 제거 조치를 한다.

- 인산염 피막처리(파커라이징, Parkerizing)으로 다공질을 형성시켜 윤활제를 저장한다.
- 경도가 높은 금속 또는 합금을 선택한다.
- 개스킷을 사용하여 베어링 표면의 진동을 흡수시키고 산소를 제거한다.
- 마찰계수가 작은 금속을 사용한다.
- 하중을 크게 하여 두 접촉면 사이에 미끄럼이 발생하지 않도록 한다.

ⓩ 마크로 셀 부식 : 토양과 접촉하여 가스관 표면의 상태, 조성, 환경 등의 작은 차이에 따른 미시적인 양극과 음극의 국부 전지 부식
- 콘크리트/토양 부식
- 토양의 통기차에 의한 부식
- 이종금속 접촉 부식

③ 전기방식법

㉠ 전기방식의 개요
- 지중 및 수중에 설치하는 강재배관 및 저장탱크 외면에 전류를 유입시켜 양극반응을 저지함으로써 배관의 전기적 부식을 방지한다.
- 전해질 중 물, 토양, 콘크리트 등에 노출된 금속에 전류를 이용하여 부식을 제어하는 방식이다.
- 부식 자체를 제거할 수 있는 것이 아니라 음극에서 일어나는 부식을 양극에서 일어나도록 하는 것이다.
- 방식전류는 양극에서 양극반응에 의하여 전해질로 이온이 누출되어 금속 표면으로 이동하고 음극 표면에서는 음극반응에 의하여 전류가 유입된다.
- 금속의 부식을 방지하기 위해서는 방식전류가 부식전류 이상이 되어야 한다.
- 부식방지를 위한 방식 전위
  - 포화 황산동 : -5[V] 이상 -0.85[V] 이하
  - 황산염 환원 박테리아 번식 토양 : -5[V] 이상 -0.95[V] 이하
  - 방식전류가 흐르는 상태에서 자연전위와의 전위 변화를 최소한 -300[mV] 이하로 한다(단, 다른 금속과 접촉하는 시설은 제외).
- 과방식 : 강의 표면에 수소가 발생하여 강의 조직 속에 확산되는 것과 도복장의 벗겨짐이 나타나는 현상

㉡ 희생양극법 혹은 유전양극법
- 지중 또는 수중에 설치된 양극금속과 매설배관을 전선으로 연결하여 양극금속과 매설배관 사이의 전지작용으로 부식을 방지하는 방법
- 가스배관보다 저전위의 금속(마그네슘 등)을 전기적으로 접촉시킴으로써 목적하는 방식으로 대상 금속 자체를 음극화하여 방식하는 방법
- 특 징
  - 시공이 간단하고 유지보수가 거의 불필요하다.
  - 과방식의 우려가 없다.
  - 양극의 소모가 발생한다.
  - 다른 매설금속에 대한 간섭이 거의 없다.
  - 소규모, 단거리 배관에 경제적이다.
  - 전위차가 일정하고 비교적 작다.
  - 저전압의 방폭지역, 전원 공급 불가능 지역, 전위구배가 작은 장소, 해양구조물 등에 적합하다.
  - 방식 효과범위가 좁다.
  - 방식전류의 세기(강도) 조절이 자유롭지 않다.
  - 양극전류가 제한되어 대용량에는 부적합하다.
- 종류 : 마그네슘합금 양극법(Mg-Anode), 알루미늄합금 양극법(Al-Anode), 아연합금 양극법(Zn-Anode)

㉢ 외부전원법 : 외부 직류전원장치의 양극(+)은 매설배관이 설치되어 있는 토양이나 수중에 설치한 외부전원용 전극(불용성 양극)에 접속하고, 음극(-)은 매설배관(가스배관)에 접속시켜 부식을 방지하는 방법
- 특 징
  - 방식 효과범위가 넓다.
  - 거대한 구조물도 하나의 방식시설로 보호 가능하다.
  - 전식에 대한 방식이 가능하다.
  - 장거리 배관에는 설치 개수가 적어진다.

– 전압 · 전류의 조정이 용이하며, 전기방식의 효과범위가 넓다.
– 별도의 유지관리가 요구된다.
– 대용량 시설물, 장거리 파이프라인, 대용량 저장탱크 등에 적용된다.
– 항상 전원 공급이 필요하다.
– 과방식 그리고 타 매설물과의 간섭이 우려된다.
– 초기 설비 투자비가 많이 든다.
– 3개월에, 1회 이상 점검대상 : 정류기 출력, 배선의 접속 상태, 계기류 확인

• 종 류
– 천매법 : 군집형, 분산배치형, 그리드형
– 심매전극법 : 지표면의 비저항보다 깊은 곳의 비저항이 낮은 경우 적용하는 양극 설치방법이다. 방식전류의 양을 조절할 수 있으며 비저항이 낮은 곳, 낙뢰 등의 피해 저감에 이용된다.

㉣ 배류법 : 매설배관의 전위가 주위의 타 금속구조물의 전위보다 높은 장소에서 매설배관과 주위의 타 금속구조물을 전기적으로 접속시켜 매설배관에 유입된 누출전류를 전기회로적으로 복귀시키는 방법이다. 직류전철이 주행할 때 누출전류에 의해서 지하 매몰배관에는 전류의 유입지역과 유출지역이 생기는데, 이때 유출지역이 부식된다. 이러한 지역은 전철의 운행 상태에 따라 계속 변할 수 있으므로 이에 대응하기 위하여 배류법의 전기방식을 선정한다.

• 직접법 : 피방식구조물과 전철변전소의 부극 또는 레일 사이를 직접 도체로 접속하는 방법이다. 간단하고 설비비가 가장 적게 드는 방법이지만, 변전소가 하나밖에 없거나 배류선을 통해 전철로부터 피방식 구조물로 유입하는 전류(역류)가 없는 경우에만 사용 가능한 방법이다.

• 선택배류법 : 레일과 배관을 도선으로 연결할 때 레일쪽에서 배관으로 직접 유입 누설되는 전류에 의한 전식을 방지하기 위해 순방향 다이오드를 배관의 직류전원 (–)선을 레일에 연결하여 방식하는 방법이다.
– 전철의 위치에 따라 효과범위가 넓다.
– 시공비가 저렴하다.
– 전철전류를 사용하여 비용 절감의 효과가 있다.
– 과방식 그리고 타 매설물과의 간섭이 우려된다.
– 전철 운행 중지 시에는 효과가 없다.

• 강제배류법
– 외부전원법과 선택배류법을 조합하여 레일의 전위가 높아도 방식전류를 흐르게 할 수 있게 한 방식방법이다.
– 외부의 전원을 이용하여 그 양극을 땅에 접속시키고 땅속에 있는 금속체에 음극을 접속함으로써 매설된 금속체로 전류를 흘러 보내 전기 부식을 일으키는 전류를 상쇄하는 방법이다.
– 전압 · 전류의 조정이 가능하며, 전기방식의 효과범위가 넓다.
– 전철 운행 중지 중에도 방식이 가능하다.
– 전식 방지방법으로 매우 유효한 수단이며, 압출에 의한 전식을 방지할 수 있다.

㉤ 전기방식시설의 유지관리를 위한 전위측정용 터미널(T/B)

• T/B 설치기준
– 희생양극법, 배류법 : 배관 길이 300[m] 이내 간격
– 외부전원법 : 배관 길이 500[m] 이내 간격

• T/B를 반드시 설치해야 하는 곳(단, 폭 8[m] 이하의 도로에 설치된 배관과 사용자 공급관으로서 밸브 또는 입상관절연부 등의 시설물이 있어 전위 측정이 가능할 경우에는 해당 시설로 대체할 수 있다)
– 직류전철 횡단부 주위
– 지중에 매설되어 있는 배관절연부의 양측
– 강재보호관 부분의 배관과 강재보호관(단, 가스배관과 보호관 사이에 절연 및 유동방지조치가 된 보호관은 제외)
– 다른 금속구조물과 근접 교차 부분
– 도시가스도매사업자시설의 밸브기지 및 정압기지
– 교량 및 횡단배관의 양단부(단, 외부전원법 및 배류법에 의해 설치된 것으로 횡단 길이가 500[m] 이하인 배관과 희생양극법으로 설치된 것으로 횡단 길이가 50[m] 이하인 배관은 제외)

ⓑ 고압가스시설에 설치한 전기방식시설의 유지관리 방법

- 전기방식시설의 관대지 전위 등은 1년에 1회 이상 점검한다.
- 외부전원법에 의한 전기방식시설은 외부 전원점 관대지 전위, 정류기의 출력, 전압, 전류, 배선의 접속상태 및 계기류 확인 등을 3개월에 1회 이상 점검한다.
- 배류법에 따른 전기방식시설은 배류점 관대지 전위, 배류기의 출력, 전압, 전류, 배선의 접속 상태 및 계기류 확인 등을 3개월에 1회 이상 점검한다.
- 절연 부속품, 역전류방지장치, 결선 및 보호절연체의 효과는 6개월에 1회 이상 점검한다.

핵심예제

5-1. 부식방지방법에 대한 설명으로 틀린 것은?
[2013년 제2회, 2016년 제1회, 2019년 제2회]

① 금속을 피복한다.
② 선택배류기를 접속시킨다.
③ 이종의 금속을 접촉시킨다.
④ 금속 표면의 불균일을 없앤다.

5-2. 토양 중에 금속 부식을 시험편을 이용하여 실험하였다. 이에 대한 설명으로 틀린 것은? [2010년 제2회, 2016년 제1회]

① 전기저항이 낮은 토양 중의 부식속도는 빠르다.
② 배수가 불량한 점토 중의 부식속도는 빠르다.
③ 혐기성 세균이 번식하는 토양 중의 부식속도는 빠르다.
④ 통기성이 좋은 토양 중의 부식속도는 점차 빨라진다.

5-3. 도시가스설비에 대한 전기방식(防蝕)의 방법이 아닌 것은?
[2003년 제2회, 2006년 제3회, 2008년 제3회, 2015년 제3회, 2019년 제1회]

① 희생양극법 ② 외부전원법
③ 배류법 ④ 압착전원법

5-4. 배관의 전기방식 중 희생양극법에서 저전위 금속으로 주로 사용되는 것은? [2008년 제1회, 2014년 제3회, 2018년 제3회]

① 철 ② 구 리
③ 칼 슘 ④ 마그네슘

5-5. 지중에 설치하는 강재배관의 전위측정용 터미널(T/B)의 설치기준으로 틀린 것은? [2016년 제2회]

① 희생양극법은 300[m] 이내 간격으로 설치한다.
② 직류전철 횡단부 주위에는 설치할 필요가 없다.
③ 지중에 매설되어 있는 배관절연부 양측에 설치한다.
④ 타 금속구조물과 근접 교차 부분에 설치한다.

5-6. 고압가스시설에 설치한 전기방식의 시설의 유지관리방법으로 옳은 것은? [2017년 제2회]

① 관대지 전위 등은 2년에 1회 이상 점검하였다.
② 외부전원법에 의한 전기방식시설은 외부 전원점 관대지 전위, 정류기의 출력, 전압, 전류, 배선의 접속은 3개월에 1회 이상 점검하였다.
③ 배류법에 의한 전기방식시설은 배류점 관대지 전위, 배류기 출력, 전압, 전류, 배선 등은 6개월에 1회 이상 점검하였다.
④ 절연 부속품, 역전류방지장치, 결선 등은 1년에 1회 이상 점검하였다.

|해설|

5-1
부식을 방지하기 위해서 이종의 금속을 접촉시키지 않는다.

5-2
통기성이 좋은 토양에서 부식속도는 점차 느려진다.

5-3
가스설비에 대한 전기방식(防蝕)의 방법 : 희생양극법(유전양극법), 외부전원법, 배류법

5-4
희생양극법(유전양극법) : 가스배관보다 저전위의 금속(마그네슘 등)을 전기적으로 접촉시킴으로써 목적하는 방식으로 대상 금속 자체를 음극화하여 방식하는 방법

5-5
T/B는 직류전철 횡단부 주위에 설치한다.

5-6
① 전기방식시설의 관대지 전위 등은 1년에 1회 이상 점검한다.
③ 배류법에 따른 전기방식시설은 배류점 관대지 전위, 배류기의 출력, 전압, 전류, 배선의 접속 상태 및 계기류 확인 등을 3개월에 1회 이상 점검한다.
④ 절연 부속품, 역전류방지장치, 결선 및 보호절연체의 효과는 6개월에 1회 이상 점검한다.

정답 5-1 ③ 5-2 ④ 5-3 ④ 5-4 ④ 5-5 ② 5-6 ②

핵심이론 06 용 접

① 용접의 개요

㉠ 용접은 2개 이상의 금속을 용융온도 이상의 고온으로 가열하여 접합하는 금속적 결합이며 영구 이음에 해당한다. 용접 이음의 장단점은 다음과 같다.

용접 이음의 장점	용접 이음의 단점
• 이음효율이 높고 기밀성이 우수하다.	• 고열로 인한 재질 변화가 생긴다.
• 구조가 간단하고, 공수가 적어 제작속도가 신속하다.	• 취성 파손, 강도 저하가 우려된다.
• 재료와 제작비가 경감되고, 판 두께는 무제한이다.	• 진동 감쇠와 비파괴검사가 곤란하다.
• 별도 기계결합요소가 불필요하다.	• 팽창과 수축, 잔류응력이 발생한다.
• 저소음 작업을 할 수 있다.	• 용접재료에 제한이 있다.

㉡ 용접 이음의 종류

- 모재 배치에 따른 분류 : 맞대기 이음, 양면 덮개판 이음, 겹치기 이음, T 이음, 모서리 이음, 끝단 이음
- 용접부의 형상에 따른 분류 : 비드용접, 필릿용접, 그루브용접, 플러그용접
  - 비드용접(Bead Welding) : 홈을 만들지 않고 평판 위에 비드를 용착하는 용접방법으로, 두께가 얇은 모서리용접이나 표면을 높일 때 사용한다.
  - 필릿용접(Fillet Welding) : 수직에 가까운 두 면을 접합하는 용접이다.
  - 그루브용접(Groove Welding) : 모재 사이의 그루브(홈)에 용접(맞대기 용접), 두께가 두꺼울 경우에 사용하는 용접방법이다.
  - 플러그용접(Plug Welding) : 접합하는 모재의 한쪽에 구멍을 뚫고 모재의 표면까지 구멍에 가득 차게 용접하여 다른 쪽 모재와 접합시키는 용접이다.
- 모재 이음의 형식에 따른 분류 : I형, V형, U형, ⋁형, J형, X형, H형, K형, 양면 J형

㉢ 토치(Torch)

- 불변압식 토치는 니들밸브가 없는 것으로 독일식이라고 한다.
- 가변압식 토치를 프랑스식이라고 한다.
- 팁의 크기는 용접할 수 있는 판 두께에 따라 선정한다.
- 아세틸렌 토치는 사용압력 0.007~0.1[MPa] 이하에서 사용한다.

㉣ 용접 이음매의 위치

- 맞대기용접 용접 이음매의 간격 :

$D = 2.5\sqrt{(R_m \cdot t)}$

여기서, D : 용접 이음매의 간격[mm]

R_m : 배관의 두께 중심까지의 반경[mm]

t : 배관의 두께[mm]

※ 단, 최소 간격은 50[mm]

- 배관 상호의 길이 이음매는 원주 방향에서 원칙적으로 50[mm] 이상 떨어지도록 한다.
- 배관의 용접은 지그를 사용하여 가운데부터 정확하게 위치를 맞춘다.
- 관의 두께가 다른 배관의 맞대기 이음에서는 관 두께가 완만히 변화되도록 길이 방향의 기울기를 1/3 이하로 한다.

② 용접결함

㉠ 뒤틀림 : 용접부 금속의 팽창과 수축으로 인하여 형상과 치수가 변하는 결함

㉡ 슬래그 혼입 : 용접전류가 낮고 운봉속도가 너무 느릴 때 용착금속 안이나 모재와의 융합부에 슬래그가 남는 불량

㉢ 아크 스트라이크(Arc Strike) : 용접봉과 모재가 순간적으로 접촉하여 단시간에 아크가 발생했을 때 생긴 모재 표면이 작게 파인 것

㉣ 용입 불량(부족) : 용접금속이 루트 부분까지 도달하지 못해 모재와 모재 사이에 발생한 결함

㉤ 융합 불량(Incomplete of Fusion) : 용접전류가 낮고 용접속도가 빠를 때 모재를 충분히 용융시키지 못한 상태에서 용접금속이 흘러들어가 메워진 상태

㉥ 오버랩(Overlap) : 용접금속이 용접살 끝에서 모재와 융합하지 않고 덮여 있는 부분

㉦ 언더컷(Undercut) : 용접살 끝에 인접하여 모재가 파인 후 용착금속이 채워지지 않고 남은 부분

ⓞ 언더필(Underfill) : 용착 부족으로 용접부 표면이 주위 모재의 표면보다 낮은 현상으로, 용접속도가 너무 빠를 때 생기는 결함

ⓩ 기공(Porosity, Blow Hole) : 용접부에 작은 구멍이 산재된 형태

ⓧ 피트(Pit) : 용접부 바깥면에서 발생된 작고 오목한 구멍

ⓚ 균열(Crack) : 예리한 노치로서 큰 응력집중이 생기고, 강도면에서도 가장 나쁜 결함 중의 하나

ⓣ 은점(Fisheye) : 용착금속의 인장 또는 굽힘시험의 파단면에 나타나는 물고기 눈 모양의 취화 파면

③ 비파괴검사 : 제품을 파괴하지 않고 내부 기공, 내부 균열, 용접부 내부 결함 등을 외부에서 검사하는 방법

㉠ 타진법 : 두드려서 소리의 청탁으로 결함을 검사하는 방법

㉡ 방사선투과시험(RT) : 용접부 내부결함검사에 가장 적합하며, 검사결과의 기록이 가능한 검사방법

㉢ 초음파탐상법(UT) : 초음파를 이용하여 재료 내·외부의 결함을 검사하는 방법

- 내부결함 또는 불균일층의 검사를 할 수 있다.
- 용입 부족 및 용입부의 검사를 할 수 있다.
- 검사비용이 비교적 저렴하다.
- 탐지되는 결함의 형태가 명확하지 않다.
- 검사 두께별 대상 재질
  - 두께가 50[mm] 이상인 탄소강
  - 두께가 38[mm] 이상인 저합금강
  - 두께가 19[mm] 이상이고, 최소인장강도가 568.4[N/mm^2] 이상인 강
  - 두께가 13[mm] 이상인 2.5[%], 3.5[%] 니켈강
  - 두께가 6[mm] 이상인 9[%] 니켈강

㉣ 자분탐상시험(MT)

- 주로 표면결함을 시험하는 방법이다.
- 재료를 자화시켜 결함을 검출하며 상자성(자석에 붙는 성질)체만 시험 가능하다.
- 배관 용접부의 비파괴검사에 많이 적용한다.
- 결함자분 모양의 길이가 4[mm] 이상이면 불합격으로 한다.

㉤ 침투탐상법(PT)

- 형광침투제 등으로 결함을 조사한다(암실에서 형광물질 이용).
- 표면의 미세한 균열, 작은 구멍, 슬러그 등을 검출할 수 있으며, 철 및 비철재료에 모두 적용되며 전원이 없는 곳에서도 이용할 수 있다.

㉥ 와전류탐상시험(ET) : 전자유도 원형전류인 와전류를 이용한 비접촉 표면 탐상

㉦ 용접부의 외관검사(육안검사)

- 보강 덧붙임은 그 높이가 모재 표면보다 낮지 않도록 하고, 3[mm] 이하로 할 것(알루미늄은 제외)
- 외면의 언더컷은 그 단면이 V자형이 되지 않도록 하며, 1개의 언더컷 길이 및 깊이는 각각 30[mm] 이하 및 0.5[mm] 이하일 것
- 비드 형상이 일정하며 슬러그, 스패터 등이 부착되어 있지 않을 것
- 용접부 및 그 부근에는 균열, 아크 스트라이크, 위해하다고 인정되는 지그의 흔적, 오버랩 및 피트 등의 결함이 없을 것

핵심예제

6-1. 용접결함 중 접합부의 일부분이 녹지 않아 간극이 생기는 현상은? [2019년 제1회]

① 용입 불량 ② 융합 불량
③ 언더컷 ④ 슬러그

6-2. 금속의 표면결함을 탐지하는 데 주로 사용되는 비파괴검사법은? [2017년 제3회 유사, 2019년 제1회]

① 초음파탐상법
② 방사선투과시험법
③ 중성자투과시험법
④ 침투탐상법

6-3. 내경이 492.2[mm]이고 외경이 508.0[mm]인 배관을 맞대기용접하는 경우 평행한 용접 이음매의 간격은 얼마로 하여야 하는가? [2012년 제2회]

① 75[mm] ② 95[mm]
③ 115[mm] ④ 135[mm]

|해설|

6-1
② 융합 불량(Incomplete of Fusion) : 용접전류가 낮고 용접속도가 빠를 때 모재를 충분히 용융시키지 못한 상태에서 용접 금속이 흘러들어가 메워진 상태
③ 언더컷(Undercut) : 용접살 끝에 인접하여 모재가 파인 후 용착 금속이 채워지지 않고 남은 부분
④ 슬러그(Slag) : 용접전류가 낮고 운봉속도가 너무 느릴 때 용착금속 안이나 모재와의 융합부에 슬래그가 남는 불량(슬래그 혼입)

6-2
침투탐상법은 금속의 표면결함을 탐지하는 데 주로 사용되는 비파괴검사법으로, 내부의 결함을 검사할 수는 없다.

6-3
맞대기용접 용접 이음매의 간격
$D = 2.5\sqrt{(R_m \cdot t)} = 2.5\sqrt{(250 \times 7.9)} \simeq 111.1[\text{mm}]$

정답 6-1 ① 6-2 ④ 6-3 ③

핵심이론 07 가스설비 시험검사

① 개 요

㉠ 용 어

- 공정검사 : 생산공정검사와 종합공정검사를 말한다.
- 공정확인심사 : 생산공정검사를 받고자 하는 제품에 필요한 제조 및 자체 검사공정에 대한 품질시스템 운용의 적합성을 확인하는 것
- 내력비 : 내력과 인장강도의 비
- 상시품질검사 : 제품확인검사를 받고자 하는 제품에 대하여 같은 생산단위로 제조된 동일 제품을 1조로 하고, 그 조에서 샘플을 채취하여 기본적인 성능을 확인하는 검사
- 상용압력 : 내압시험압력 및 기밀시험압력의 기준이 되는 압력으로서 사용 상태에서 해당 설비 등의 각 부에 작용하는 최고사용압력
- 수시품질검사 : 생산공정검사 또는 종합공정검사를 받은 제품이 이 기준에 적합하게 제조되었는지의 여부를 확인하기 위하여 양산된 제품에서 예고없이 시료를 채취하여 확인하는 검사
- 정기품질검사 : 생산공정검사를 받고자 하는 제품이 이 기준에 적합하게 제조되었는지의 여부를 확인하기 위하여 제조공정 또는 완성된 제품 중에서 시료를 채취하여 성능을 확인하는 검사
- 종합품질관리체계심사 : 제품의 설계·제조 및 자체 검사 등 용기 제조 전 공정에 대한 품질시스템 운용의 적합성을 확인하는 것
- 최고충전압력 : 상용압력 중 최고압력
- 형식 : 구조·재료·용량 및 성능 등에서 구별되는 제품의 단위

② 제조시설에 대한 검사항목

㉠ 제조설비 구비 여부

- 초저온가스용 용기 제조설비 : 성형설비, 용접설비(내용적 250[L] 미만의 용기제조시설은 자동용접설비), 세척설비, 밸브 탈·부착기, 용기 내부 건조설비 및 진공흡입설비(대기압 이하)

㉡ 검사설비 구비 여부
  - 초저온가스용 용기 검사설비 : 내압시험설비, 기밀시험설비, 초음파 두께측정기・나사게이지・버니어캘리퍼스 등 두께측정기, 저울, 용기부속품 성능시험기, 용기전도대, 내부 조명설비, 단열성능시험설비, 만능재료시험기, 밸브토크측정기, 표준이 되는 압력계, 표준이 되는 온도계

③ 제품에 대한 검사항목(단계별 검사항목)

㉠ 설계단계 검사항목 : 설계검사, 외관검사, 재료검사, 용접부검사, 용접부 단면 매크로검사, 방사선투과검사, 침투탐상검사, 내압검사, 기밀검사
  - 초저온가스용 용기는 상기 항목에 단열성능검사를 추가한다.
  - 다공물질은 상기 항목에 다공물질 성능검사를 추가한다.

㉡ 생산단계 검사항목
  - 제품확인검사(상시제품검사) : (용접용기)제조기술기준 준수 여부 확인, 외관검사, 재료검사, 용접부검사, 방사선투과검사, 내압검사, 기밀검사
    - 초저온가스용 용기는 상기 항목에 단열성능검사를 추가한다.
    - 다공물질은 상기항목에 다공물질 성능검사를 추가한다.
  - 생산공정검사
    - 정기품질검사 : 재료검사, 용접부검사, 방사선투과검사, 다공물질 성능검사(다공물질)
    - 공정확인심사
    - 수시품질검사 : 제조기술기준 준수 여부 확인, 외관검사, 내압검사, 기밀검사, 단열성능검사(초저온용기)

④ 제반용기・용접탱크의 검사

㉠ 이동식 부탄연소기용 용접용기 검사방법 : 고압가압검사, 반복사용검사, 진동검사, 기밀검사, 외관검사 등

㉡ 저장탱크의 맞대기용접부 기계시험방법 : 이음매 인장시험, 표면 굽힘시험, 측면 굽힘시험

㉢ 이음매 없는 용기 제조 시 재료시험항목 : 인장시험, 충격시험, 굽힘시험, 압궤시험(기밀시험은 불필요)

㉣ 이음매 없는 용기검사 시 실시하는 검사항목 : 음향검사, 외부 및 내부 외관검사, 영구팽창측정시험

㉤ 고압가스용 이음매 없는 용기의 재검사항목 : 외관검사, 음향검사, 내압검사

㉥ 고압가스용 차량에 고정된 탱크 재검사항목
  - 초저온 탱크 : 외관검사, 자분탐상검사, 침투탐상검사, 기밀검사, 단열성능검사
  - 초저온 탱크 이외의 탱크 : 외관검사, 두께측정검사, 자분탐상검사, 침투탐상검사, 방사선투과검사, 초음파탐상검사, 내압검사, 기밀검사

⑤ 내압시험

㉠ 고압가스시설 및 장치의 내압시험
  - 내압시험압력은 상용압력의 1.5배 이상으로 한다(단, 공기 등의 기체압력으로 하는 내압시험은 상용압력의 1.25배).
  - 규정압력을 유지하는 시간은 5~20분간을 표준으로 한다(단, 초고압(압력을 받는 금속부의 온도가 -50[℃] 이상 350[℃] 이하인 고압가스설비의 상용압력 98[MPa])의 고압가스설비와 초고압의 배관에 대하여는 1.25배(운전압력이 충분히 제어 될 수 있는 경우에는 공기 등의 기체에 의한 상용압력의 1.1배) 이상의 압력으로 실시할 수 있다).

㉡ 고압가스용 저장탱크 및 압력용기 제조에 대한 내압시험압력 계산식
  - $P_t = \mu P \left(\dfrac{\sigma_t}{\sigma_d} \right)$

여기서, P_t : 내압시험압력[MPa]

P : 설계압력[MPa]

σ_t : 수압시험온도에서의 재료의 허용응력 [N/mm^2]

σ_d : 설계온도에서의 재료의 허용응력 [N/mm^2]

μ : 계수

설계압력	계수 μ의 값
20.6[MPa] 이하	설계압력의 1.3배
20.6[MPa] 초과 98[MPa] 이하	설계압력의 1.25배
98[MPa] 초과	$1.1 \le \mu \le 1.25$의 범위에서 사용자와 제조자가 합의하여 결정한다.

- 내압을 받는 압력용기 등의 내압시험을 기체로 하는 경우 계수 μ의 값 : 설계압력의 1.1배

㉢ LP가스 배관과 용기의 내압시험

- 내압시험압력은 상용압력의 1.5배 이상의 압력으로 내압시험을 실시하여 이상이 없는 것으로 한다(단, 그 구조상 물로 하는 내압시험이 곤란하여 공기·질소 등의 기체로 내압시험을 실시하는 경우에는 1.25배)
- 액화석유가스용 강제용기검사설비 중 내압시험설비의 가압능력은 3[MPa] 이상이다.

㉣ 도시가스 배관과 공급시설의 내압시험

- 중압 이상의 배관은 최고사용압력의 1.5배(고압의 가스시설로서 공기·질소 등의 기체로 내압시험을 실시하는 경우에는 1.25배) 이상의 압력으로 내압시험을 실시하여 이상이 없는 것으로 한다.
- 압력 강하 및 이상 변형, 파손이 없는지 확인한다.
- 도시가스공급시설의 내압시험은 다음 기준에 따라 실시한다.
  - 내압시험은 수압으로 실시한다. 다만, 중압 이하의 배관, 길이 50[m] 이하로 설치되는 고압배관과 부득이한 이유로 물을 채우는 것이 부적당한 경우에는 공기나 위험성이 없는 불활성 기체로 할 수 있다.
  - 공기 등의 기체압력으로 내압시험을 실시하는 경우에는 안전하게 작업하기 위하여 강관 용접부 전 길이에 대하여 내압시험 전에 '강용접부의 방사선투과시험방법 및 투과사진의 등급 분류방법'에 따라 방사선투과시험을 하고 그 등급분류가 2급(중압 이하의 배관은 3급) 이상임을 확인한다.
  - 중압 이상 강관의 양끝부에는 이음부의 재료와 동등 이상의 성능이 있는 배관용 앤드 캡, 막음 플랜지 등을 용접으로 부착하고 비파괴시험을 실시한 후 내압시험을 실시한다.
  - 내압시험은 해당 설비가 취성파괴를 일으킬 우려가 없는 온도에서 실시한다.
  - 내압시험은 최고사용압력의 1.5배(고압의 가스시설로서 공기·질소 등의 기체로 내압시험을 실시하는 경우에는 1.25배) 이상으로 하며, 규정 압력을 유지하는 시간은 5분부터 20분까지를 표준으로 한다.
  - 내압시험을 공기 등의 기체로 하는 경우에 압력은 일시에 시험압력까지 승압하지 않아야 하며, 먼저 상용압력의 50[%]까지 승압하고 그 후에는 상용압력의 10[%]씩 단계적으로 승압하여 내압시험 압력에 달하였을 때 누출 등의 이상이 없고, 그 후 압력을 내려 상용압력으로 하였을 때 팽창, 누출 등의 이상이 없으면 합격으로 한다.
  - 내압시험에 종사하는 사람의 수는 작업에 필요한 최소 인원으로 하고, 관측 등을 하는 경우에는 적절한 방호시설을 설치하고 그 뒤에서 실시한다.
  - 내압시험을 하는 장소 및 그 주위는 잘 정돈하여 긴급한 경우 대피하기 좋도록 하고, 2차적으로 인체에 대한 위해가 발생하지 않도록 한다.
  - 내압시험 시 감독자는 시험이 시작되는 때부터 끝날 때까지 시험 구간을 순회점검하고 이상 유무를 확인한다.
  - 내압시험에 필요한 준비는 검사 신청인이 한다.
- 고압 또는 중압인 가스공급시설 중 내압시험을 생략할 수 있는 가스공급시설
  - 내압시험을 위해 구분된 구간과 구간을 연결하는 이음관으로서, 그 관의 용접부가 방사선투과시험에 합격된 이음관

- 길이가 15[m] 미만으로 최고사용압력이 중압 이상인 배관 및 그 부대설비로서 그들의 이음부와 동일한 재료, 동일한 치수 및 동일한 시공방법으로 접합시킨 시험을 위한 관을 이용해 미리 최고사용압력의 1.5배(고압의 가스시설로서 공기·질소 등의 기체로 내압시험을 실시하는 경우에는 1.25배) 이상인 압력으로 시험을 실시해 합격된 배관 및 그 부대설비
- 정압기실 안에 설치된 배관의 원주 이음 용접부 모두에 대해 외관검사 및 방사선투과시험을 실시해 합격한 배관

ⓜ 기타 사항

- 아세틸렌용 용접용기 제조 시 내압시험압력은 최고압력 수치(최고충전압력)의 3배이다.
- (아세틸렌가스가 아닌 산소 등의 압축가스를 충전할 때)압축가스용기, 압축가스를 저장하는 납붙임 용기, 액화가스저장용기, 초저온용기 등의 내압시험압력은 최고충전압력의 $\frac{5}{3}$배이다.

⑥ 항구 증가율 또는 영구 증가율

- 영구 증가율 공식 :

$$영구(항구)\ 증가율 = \frac{영구(항구)\ 증가량}{전\ 증가량} \times 100[\%]$$

- 용기의 내압시험 시 항구 증가율이 10[%] 이하인 용기를 합격한 것으로 한다.

⑦ 아세틸렌용기의 다공도

- 다공질물을 용기에 충전한 상태로 20[℃]에서 아세톤 또는 물의 흡수량으로 측정한다.
- 다공도 공식 : $\frac{V-E}{V} \times 100[\%]$

  여기서, V : 다공물질의 용적

  E : 침윤 잔용적
- 다공도의 합격범위 : 75[%] 이상 92[%] 미만
- 아세틸렌용기의 다공성 물질 검사방법 : 진동시험, 부분가열시험, 역화시험, 주위가열시험, 충격시험 등

⑧ 기밀시험

㉠ 고압가스설비와 배관의 기밀시험

- 기밀시험압력은 상용압력 이상으로 하되, 0.7[MPa]를 초과하는 경우 0.7[MPa] 압력 이상으로 한다.
- 원칙적으로 공기 또는 불활성 가스를 사용한다.
- 취성파괴를 일으킬 우려가 없는 온도에서 실시한다.
- 처음과 마지막 시험의 온도차가 있는 경우에는 압력차를 보정한다.
- 기밀시험압력 및 기밀유지시간에서 누설 등의 이상이 없을 때 합격으로 한다.

㉡ LP 가스배관과 용기, 부대설비의 기밀시험

- 고압배관은 상용압력 이상의 압력으로 기밀시험(정기검사 시에는 사용압력 이상의 압력으로 실시하는 누출검사)을 실시하여 누출이 없는 것으로 한다.
- 압력조정기 출구에서 연소기 입구까지의 배관은 8.4[kPa] 이상의 압력(압력이 3.3[kPa] 이상 30[kPa] 이하인 것은 35[kPa] 이상의 압력)으로 기밀시험(정기검사 시에는 사용압력 이상의 압력으로 실시하는 누출검사)을 실시하여 누출이 없도록 한다.
- 내압검사에 적합한 용기를 전수검사한다(기밀시험은 샘플링검사를 하지 않는다).
- 공기, 질소 등의 불활성 가스를 이용한다.
- 누출 유무의 확인은 용기 1개에 1분(50[L] 미만의 용기는 30초)에 걸쳐서 실시한다.
- 기밀시험압력 이상으로 압력을 가하여 실시한다.

㉢ 도시가스 배관의 기밀시험

- 기밀시험은 공기 또는 위험성이 없는 불활성 기체로 실시한다. 다만, 통과하는 가스로 기밀시험을 할 수 있는 경우는 다음과 같다.
  - 최고사용압력이 고압이나 중압으로 길이가 15[m] 미만인 배관 또는 그 부대설비로서 그 이음부와 동일한 재료, 동일한 치수 및 동일한 시공방법에 따르고 최고사용압력의 1.1배 이상인 압력에서 누출이 없는가를 확인하고 기밀시험을 한 경우

- 최고사용압력이 저압인 배관 또는 그 부대설비로서 기밀시험을 한 경우
- 이미 설치된 사용자 공급관의 기밀시험을 하는 경우

• 기밀시험은 최고사용압력의 1.1배 또는 8.4[kPa] 중 높은 압력 이상으로 실시한다. 다만, 다음 기준에 해당하는 경우에는 최고사용압력의 1.1배 또는 8.4[kPa] 중 높은 압력 이상으로 실시하지 않을 수 있다.
  - 최고사용압력이 저압인 배관 및 그 부대설비 이외의 것으로서 최고사용압력이 30[kPa] 이하인 것은 시험압력을 최고사용압력으로 할 수 있다.
  - 이미 설치된 사용자 공급관은 시험압력을 사용압력 이상으로 할 수 있다.

• 기밀시험은 그 설비가 취성파괴를 일으킬 우려가 없는 온도에서 실시한다.

• 기밀시험은 기밀시험압력에서 누출 등의 이상이 없을 때 합격으로 한다.

• 기밀시험에 종사하는 인원은 작업에 필요한 최소 인원으로 하고, 관측 등은 적절한 장애물을 설치하고 그 뒤에서 실시한다.

• 기밀시험을 하는 장소 및 그 주위는 잘 정돈하여 긴급한 경우 대피하기 좋도록 하고, 2차적으로 인체에 피해가 발생하지 않도록 한다.

• 기밀시험 및 누출검사에 필요한 준비는 검사 신청인이 한다.

• 신규로 설치되는 본관, 공급관의 기밀시험은 상기 항목 및 다음 중 어느 하나의 방법에 따라 실시한다.
  - 발포액을 이음부에 도포하여 거품의 발생 여부로 판정하는 방법(단, 매설배관의 경우는 제외)
  - 시험에 사용하는 가스농도가 0.2[%] 이하에서 작동하는 가스검지기를 사용하여 해당 검지기가 작동되지 않는 것으로 판정하는 방법(매설된 배관은 시험가스를 넣어서 12시간 경과한 후 판정한다)
  - 최고사용압력이 고압이나 중압인 배관으로서 용접에 의하여 접합되고 방사선투과시험에 따라 합격된 배관은 통과하는 가스를 시험가스로 사용하고, 0.2[%] 이하에서 작동하는 가스검지기를 사용하여 해당 검지기가 작동하지 않는 것으로 판정하는 방법(매설된 배관은 시험가스를 넣어 24시간 경과한 후 판정한다). 이때 시험압력은 사용압력으로 할 수 있다.
  - 압력측정기구의 종류와 시험할 부분의 용적 및 최고사용압력에 따라 정한 기밀유지시간 이상을 유지하여 처음과 마지막 시험의 측정압력차가 압력측정기구의 허용오차 안에 있는 것을 확인함으로써 판정하는 방법(처음과 마지막 시험의 온도차가 있는 경우에는 압력차에 대하여 보정한다)

• 이미 설치된 가스배관의 기밀시험
  - 기밀시험방법은 신규로 설치되는 배관 기준에 따라 실시한다. 다만, 자기압력계 및 전기식 다이어프램형 압력계를 사용하여 기밀시험을 실시할 경우 기밀유지시간은 수은주게이지 유지시간으로 실시할 수 있으며, 이 경우 자기압력기록계는 최소 기밀유지시간을 30분으로 하고, 전기식 다이어프램형 압력계는 최소 기밀유지시간을 4분으로 한다.
  - 기밀시험 실시시기

<table>
<tr><th colspan="2">대상 구분</th><th>기밀시험 실시시기</th></tr>
<tr><td colspan="2">PE배관</td><td rowspan="2">설치 후 15년이 되는 해 및 그 이후 5년마다</td></tr>
<tr><td rowspan="2">폴리
에틸렌
피복
강관</td><td>1993년 6월 26일 이후에 설치된 것</td></tr>
<tr><td>1993년 6월 25일 이전에 설치된 것</td><td>설치 후 15년이 되는 해 및 그 이후 3년마다(단, 정밀안전진단을 받은 경우 그 이후 3년으로 한다)</td></tr>
<tr><td colspan="2">그 밖의 배관</td><td>설치 후 15년이 되는 해 및 그 이후 1년마다</td></tr>
<tr><td colspan="2">공동주택 등(다세대주택 제외)의 부지 내에 설치된 배관</td><td>3년마다</td></tr>
</table>

• 다음 중 어느 하나의 검사를 한 경우에는 기밀시험을 한 것으로 볼 수 있다.
  - 이미 설치된 배관으로서 노출배관, 배관 직상부에 가스 누출 여부를 확인할 수 있는 검지공이 있는 배관에 대해서 누출검사를 한 경우

- 피복손상탐지장치, 지하매설배관부식탐지장치 또는 그밖에 배관의 손상 여부를 측정할 수 있는 장비를 이용하여 배관의 상태를 점검・측정하고 이상 부위에 대하여 누출검사를 한 경우. 이 경우 배관피복 손상 여부는 희생양극의 실제 연결 부위 상태를 고려하여 판정한다.
- 배관의 노선상을 약 50[m] 간격으로 깊이 약 50[cm] 이상으로 보링하고 수소염이온화식 가스검지기 등을 이용하여 가스의 누출 여부를 확인한 경우. 다만, 배관이 매설된 동일 도로상에 50[m] 간격의 누출검지용 보링을 대체 할 수 있는 하수 또는 우수 맨홀이 수평거리 25[m] 이내에 있어 가스누출검지가 가능한 경우 보링을 생략할 수 있다.

• 시공감리 후 자율적인 검사를 하는 때에는 다음 중 어느 하나의 기준에 따라 누출검사를 실시한다.
  - 배관의 노선상을 약 50[m] 간격으로 깊이 약 50[cm] 이상의 보링을 하고 관을 이용하여 흡입한 후, 가스검지기 등으로 누출 여부를 검사하는 방법으로 한다. 다만, 보도블록, 콘크리트 및 아스팔트포장 등 도로구조상 보링이 곤란한 경우에는 그 주변의 맨홀 등을 이용하여 누출 여부를 검사할 수 있다.
  - 불꽃이온화검지기(FID ; Flame Ionization Detector), 광학메탄검지기(OMD ; Optical Methane Detector) 등을 이용하여 배관노선상의 지표에서 누출 여부를 검사하는 방법으로 한다.

• 기밀시험을 생략할 수 있는 가스공급시설은 최고사용압력이 0[MPa] 이하의 것 또는 항상 대기로 개방되어 있는 것으로 한다.

㉣ 냉동기 냉매설비의 기밀시험 압력기준 : 설계압력 이상의 압력

• 기밀시험용 가스 : 질소, 공기, 탄산가스(이산화탄소), 아르곤 등의 불연성, 불활성 가스

㉤ 압력측정기구별 기밀시험 유지시간

압력측정 기구	최고 사용압력	용 적	기밀유지시간
수은주 게이지	0.3[MPa] 미만	1[m^3] 미만	2분
		1[m^3] 이상 10[m^3] 미만	10분
		10[m^3] 이상 300[m^3] 미만	V분. 다만, 120분을 초과할 경우에는 120분으로 할 수 있다.
수주 게이지	저 압	1[m^3] 미만	1분
		1[m^3] 이상 10[m^3] 미만	5분
		10[m^3] 이상 300[m^3] 미만	$0.5 \times V$분. 다만, 60분을 초과할 경우에는 60분으로 할 수 있다.
전기식 다이어프램형 압력계	저 압	1[m^3] 미만	4분
		1[m^3] 이상 10[m^3] 미만	40분
		10[m^3] 이상 300[m^3] 미만	$4 \times V$분. 다만, 240분을 초과할 경우에는 240분으로 할 수 있다.
압력계 또는 자기압력 기록계	저압, 중압	1[m^3] 미만	24분
		1[m^3] 이상 10[m^3] 미만	240분
		10[m^3] 이상 300[m^3] 미만	$24 \times V$분. 다만, 1,440분을 초과한 경우에는, 1,440분으로 할 수 있다.
	고 압	1[m^3] 미만	48분
		1[m^3] 이상 10[m^3] 미만	480분
		10[m^3] 이상 300[m^3] 미만	$48 \times V$분. 다만, 2,880분을 초과한 경우에는 2,880분으로 할 수 있다.

[비 고]
1. V는 피시험 부분의 용적(단위 : [m^3])이다.
2. 전기식 다이어프램형 압력계는 공인검사기관으로부터 성능인증을 받아 합격한 것이어야 한다.

ⓗ 정기검사 시의 기밀시험
- 기밀시험압력은 사용압력 이상으로 실시한다.
- 지하 매설배관은 3년마다 기밀시험을 실시한다.
- 기밀시험방법은 자기압력계 및 전기식 다이어프램형 압력계를 사용하여 기밀시험을 실시할 경우 기밀유지시간은 ⓟ 압력측정기구별 기밀시험 유지시간 표에서 정한 수은주게이지 유지시간으로 실시할 수 있으며, 이 경우 자기압력기록계는 최소 기밀유지시간을 30분으로 하고, 전기식 다이어프램형 압력계는 최소 기밀유지시간을 4분으로 한다.
- 다음 중 어느 하나의 검사를 한 경우에는 기밀시험을 한 것으로 볼 수 있다.
  - 노출된 가스설비 및 배관은 가스검지기 등으로 누출 여부를 검사한다.
  - 지하 매설배관의 노선상을 50[m] 이하의 간격으로 깊이 50[cm] 이상의 보링을 하고 관을 이용하여 흡입한 후, 가스검지기 등으로 누출 여부를 검사하는 경우에는 기밀시험을 한 것으로 볼 수 있다. 다만 보도블록, 콘크리트 및 아스팔트 포장 등 도로구조상 보링이 곤란한 경우에는 그 주변의 맨홀 등을 이용하여 누출 여부를 검사할 수 있다.
- 초저온용기의 기밀시험압력은 최고충전압력의 1.1배의 압력이다.

⑨ 단열성능검사

㉠ 검사방법
- 시험용 가스(액화질소, 액화산소, 액화아르곤 등)을 사용하여 전수검사한다.
- 용기에 시험용 가스를 충전하고, 기상부에 접속된 가스방출밸브를 완전히 열고 다른 모든 밸브는 잠근다. 용기에서 가스를 대기 중으로 방출하여 기화가스의 양이 거의 일정하게 될 때까지 정지한 후 가스방출밸브에서 방출된 기화량을 중량계(저울) 또는 유량계를 사용하여 측정한다.
- 시험용 가스의 충전량은 충전한 후 기화가스의 양이 거의 일정하게 되었을 때 시험용 가스의 용적이 초저온용기 내용적의 1/3 이상 1/2 이하가 되도록 충전한다.
- 침입열량(Q) : $Q = \dfrac{Wq}{H \cdot \Delta t \cdot V}$

  여기서, Q : 침입열량[J/h · ℃ · L]
  W : 기화된 가스의 양[kg]
  q : 시험용 가스의 기화잠열[J/kg]
  H : 측정기간[h]
  Δt : 시험용 가스의 비점과 대기온도의 온도차[℃]
  V : 초저온용기의 내용적[L]

㉡ 판정기준 : 침입열량이 2.09[J/h · ℃ · L](0.0005[kcal/h · ℃ · L]) 이하인 경우를 적합한 것으로 한다.
※ 내용적이 1,000[L] 이상인 초저온용기는 8.37[J/h · ℃ · L](0.002[kcal/h · ℃ · L])

㉢ 단열성능에 대한 재시험 : 단열성능검사에 부적합된 초저온용기는 단열재를 교체하여 재시험을 행할 수 있다.

㉣ 합부 판정 : 검사에 모두 적합한 경우 합격한 것으로 한다.

⑩ 설비검사 관련 제반사항

㉠ 검사에 합격한 가스용품에는 국가표준기본법에 따른 국가통합인증마크(KC)를 부착하여야 한다.

㉡ 수집검사대상 가스용품
- 불특정 다수인이 많이 사용하는 제품
- 가스사고 발생 가능성이 높은 제품
- 동일 제품으로 생산 실적이 많은 제품
- 전년도 수집검사 결과, 문제가 있었던 제품

㉢ 사이안화수소를 용기에 충전하는 경우, 품질검사 시 합격 최저순도 : 98[%]

㉣ 용기 내장형 LP가스 난방기용 압력조정기에 사용되는 다이어프램의 물성시험
- 인장강도는 12[MPa] 이상인 것으로 한다.
- 인장응력은 2.0[MPa] 이상인 것으로 한다.
- 신장영구늘음률은 20[%] 이하인 것으로 한다.
- 압축영구늘음률은 30[%] 이하인 것으로 한다.

㉤ 도시가스사용시설에 대해 실시하는 내압시험을 공기 등의 기체로 하는 경우 압력을 일시에 시험압력까지 올리지 않아야 한다. 먼저 상용압력의 50[%]까지 승압하고, 그 후에 상용압력의 10[%]씩 단계적으로 승압한다.

㉥ 에어졸 충전용기의 가스 누출시험온도 : 46[℃] 이상 50[℃] 미만

㉦ 용기 및 특정설비의 재검사기간의 기준

• 용기의 재검사기간의 기준

용기의 종류		신규검사 후 경과연수		
		15년 미만	15년 이상 20년 미만	20년 이상
		재검사주기		
액화석유가스용 용접용기를 제외한 용접용기	500[L] 이상	5년마다	2년마다	1년마다
	500[L] 미만	3년마다	2년마다	1년마다
액화석유가스용 용접용기	500[L] 이상	5년마다	2년마다	1년마다
	500[L] 미만	5년마다		2년마다
이음매 없는 용기 또는 복합재료용기	500[L] 이상	5년마다		
	500[L] 미만	신규검사 후 경과연수가 10년 이하인 것은 5년마다, 10년을 초과한 것은 3년마다		
액화석유가스용 복합재료용기		5년마다(설계조건에 반영되고, 산업통상자원부장관으로부터 안전한 것으로 인정을 받은 경우에는 10년마다)		
용기 부속품	용기에 부착되지 아니한 것	용기에 부착되기 전(검사 후 2년이 지난 것만 해당한다)		
	용기에 부착된 것	검사 후 2년이 지나 용기 부속품을 부착한 해당 용기의 재검사를 받을 때마다		

- 가스설비 안의 고압가스를 제거한 상태에서 휴지 중인 시설에 있는 특정설비에 대하여는 그 휴지기간은 재검사기간 산정에서 제외한다.
- 재검사기간이 되었을 때에 소화용 충전용기 또는 고정장치된 시험용 충전용기의 경우에는 충전된 고압가스를 모두 사용한 후에 재검사한다.
- 재검사일은 재검사를 받지 않은 용기의 경우는 신규검사일부터 산정하고, 재검사를 받은 용기의 경우는 최종 재검사일부터 산정한다.
- 제조 후 경과연수가 15년 미만이고 내용적이 500[L] 미만인 용접용기(액화석유가스용 용접용기를 포함한다)에 대하여는 재검사주기를 다음과 같이 한다.
  ⓐ 용기내장형 가스난방기용 용기 : 6년
  ⓑ 내식성 재료로 제조된 초저온용기 : 5년
- 내용적 20[L] 미만인 용접용기(액화석유가스용 용접용기를 포함한다) 및 지게차용 용기는 10년을 첫번째 재검사주기로 한다.
- 일회용으로 제조된 용기는 사용 후 폐기한다.
- 내용적 125[L] 미만인 용기에 부착된 용기 부속품(산업통상자원부장관이 정하여 고시하는 것은 제외)은 그 부속품의 제조 또는 수입 시의 검사를 받은 날부터 2년이 지난 후 해당 용기의 첫 번째 재검사를 받게 될 때 폐기한다. 다만, 아세틸렌용기에 부착된 안전장치(용기가 가열되는 경우 용융합금이 녹아 압력을 방출하는 장치)는 용기 재검사 시 적합할 경우 폐기하지 않고 계속 사용할 수 있다.
- 복합재료용기는 제조검사를 받은 날부터 15년이 되었을 때에 폐기한다.
- 내용적 45[L] 이상 125[L] 미만인 것으로서 제조 후 경과연수가 26년 이상 된 액화석유가스용 용접용기(1988년 12월 31일 이전에 제조된 경우로 한정)는 폐기한다.

• 특정설비 재검사기간의 기준

<table>
<tr><th rowspan="3" colspan="2">특정설비의 종류</th><th colspan="3">재검사주기</th></tr>
<tr><th colspan="3">신규검사 후 경과연수</th></tr>
<tr><th>15년 미만</th><th>15년 이상
20년 미만</th><th>20년 이상</th></tr>
<tr><td rowspan="2" colspan="2">차량에 고정된 탱크</td><td>5년마다</td><td>2년마다</td><td>1년마다</td></tr>
<tr><td colspan="3">해당 탱크를 다른 차량으로 이동하여 고정할 경우에는 이동하여 고정한 때마다</td></tr>
<tr><td colspan="2">저장탱크</td><td colspan="3">1) 5년(재검사에 불합격되어 수리한 것은 3년, 다만, 음향방출시험에 의하여 안전성이 확인된 경우에는 5년으로 한다)마다. 다만, 검사주기가 속하는 해에 음향방출시험 등의 신뢰성이 있다고 인정하는 방법에 의하여 안전성이 확인된 경우에는 검사주기를 2년간 연장할 수 있다.
2) 다른 장소로 이동하여 설치한 저장탱크(액화석유가스의 안전관리 및 사업관리법 시행규칙 제2조제1항제3호에 따른 소형 저장탱크는 제외한다)는 이동하여 설치한 때마다</td></tr>
<tr><td colspan="2">안전밸브 및
긴급차단장치</td><td colspan="3">검사 후 2년을 경과하여 해당 안전밸브 또는 긴급차단장치가 설치된 저장탱크 또는 차량에 고정된 탱크의 재검사 시마다</td></tr>
<tr><td rowspan="3">기화장치</td><td>저장탱크와 함께 설치된 것</td><td colspan="3">검사 후 2년을 경과하여 해당 탱크의 재검사 시마다</td></tr>
<tr><td>저장탱크가 없는 곳에 설치된 것</td><td colspan="3">3년마다</td></tr>
<tr><td>설치되지 아니한 것</td><td colspan="3">설치되기 전(검사 후 2년이 지난 것만 해당한다)</td></tr>
<tr><td colspan="2">압력용기</td><td colspan="3">4년마다. 다만, 산업통상자원부장관이 정하여 고시하는 기법에 따라 산정하여 그 적합성을 인정받는 경우 그 주기로 할 수 있다.</td></tr>
</table>

– 다음의 어느 하나에 해당하는 특정설비는 재검사대상에서 제외한다.
  ⓐ 평저형 및 이중각 진공단열형 저온저장탱크
  ⓑ 역화방지장치
  ⓒ 독성가스배관용 밸브
  ⓓ 자동차용 가스자동주입기
  ⓔ 냉동용 특정설비
  ⓕ 대기식 기화장치
  ⓖ 저장탱크 또는 차량에 고정된 탱크에 부착되지 않은 안전밸브 및 긴급차단밸브
  ⓗ 저장탱크 및 압력용기 중 다음에서 정한 것 : 초저온저장탱크, 초저온압력용기, 분리할 수 없는 이중관식 열교환기, 그 밖에 산업통상자원부장관이 재검사를 실시하는 것이 현저히 곤란하다고 인정하는 저장탱크 또는 압력용기
  ⓘ 특정고압가스용 실린더 캐비닛
  ⓙ 자동차용 압축천연가스 완속충전설비
  ⓚ 액화석유가스용 용기잔류가스회수장치

– 재검사를 받아야 하는 연도에 업소가 자체 정기보수를 하고자 하는 경우에는 자체 정기보수 시까지 재검사기간을 연장할 수 있다.

– 기업활동 규제 완화에 관한 특별조치법 시행령 제19조제1항에 따라 동시 검사를 받고자 하는 경우에는 재검사를 받아야 하는 연도 내에서 사업자가 희망하는 시기에 재검사를 받을 수 있다.

㉧ 용기 및 특정설비의 신규검사 또는 재검사에서 불합격한 제품의 파기방법

• 신규용기는 절단 등의 방법으로 파기하여 원형으로 재가공하여 사용할 수 없도록 하여야 한다.
• 재검사에 불합격된 용기는 검사원으로 하여금 파기토록 하여야 하며, 파기 전에 파기 일시, 사유, 장소 등을 검사 신청인에게 통지하여야 한다.
• 재검사에 불합격된 용기는 검사 장소에서 검사원으로 하여금 파기토록 하거나 검사원의 입회하에 해당 설비의 사용자로 하여금 파기하도록 할 수 있다.
• 파기된 용기는 검사 신청인이 인수시한(통지일로부터 1개월 이내) 내에 인수하지 아니하면 검사기관이 임의로 매각처분할 수 있다.

핵심예제

7-1. 액화석유가스용기의 기밀검사에 대한 설명으로 틀린 것은?(단, 내용적 125[L] 미만의 것에 한한다) [2006년 제1회, 2008년 제1회, 2016년 제3회]

① 내압검사에 적합한 용기를 샘플링하여 검사한다.
② 공기, 질소 등의 불활성 가스를 이용한다.
③ 누출 유무의 확인은 용기 1개에 1분(50[L] 미만의 용기는 30초)에 걸쳐서 실시한다.
④ 기밀시험압력 이상으로 압력을 가하여 실시한다.

7-2. 고압가스용 저장탱크 및 압력용기(설계압력 20.6[MPa] 이하) 제조에 대한 내압시험압력 계산식 $\left\{P_t = \mu P\left(\frac{\sigma_t}{\sigma_d}\right)\right\}$에서 계수 μ의 값은? [2016년 제3회, 2020년 제4회]

① 설계압력의 1.25배
② 설계압력의 1.3배
③ 설계압력의 1.5배
④ 설계압력의 2.0배

7-3. 수소가스 집합장치의 설계 매니폴드 지관에서 감압밸브는 상용압력이 14[MPa]인 경우 내압시험압력은 얼마 이상인가? [2006년 제1회, 2014년 제2회, 2017년 제3회]

① 14[MPa] ② 21[MPa]
③ 25[MPa] ④ 28[MPa]

7-4. 액화석유가스용기충전시설에서 기체에 의한 가스설비의 내압시험압력은? [2012년 제2회]

① 상용압력의 0.75배 이상
② 상용압력의 1.0배 이상
③ 상용압력의 1.25배 이상
④ 상용압력의 1.5배 이상

7-5. 산소용기의 내압시험압력은 얼마인가?(단, 최고충전압력은 15[MPa]이다) [2003년 제2회 유사, 2015년 제1회]

① 12[MPa] ② 15[MPa]
③ 25[MPa] ④ 27.5[MPa]

7-6. 내부 용적이 47[L]인 용기를 내압시험에서 3[MPa]의 수압을 가하니 용기의 내부 용적이 47.125[L]로 되었다. 다시 압력을 제거하여 대기압 상태로 하였더니 용기의 내부 용적이 47.002[L]가 되었다면 항구 증가율은? [2012년 제1회 유사, 2013년 제3회]

① 0.8[%] ② 1.3[%]
③ 1.6[%] ④ 2.6[%]

7-7. 신규용기의 내압시험 시 전 증가량이 100[cm^3]이었다. 이 용기가 검사에 합격하려면 영구 증가량은 몇 [cm^3] 이하이어야 하는가? [2006년 제3회 유사, 2007년 제3회 유사, 2012년 제3회 유사, 2014년 제1회 유사, 2016년 제3회, 2019년 제1회 유사, 제2회]

① 5 ② 10
③ 15 ④ 20

7-8. 도시가스사용시설에서 최고사용압력이 0.1[MPa] 미만인 도시가스 공급관을 설치하고, 내용적을 계산하였더니 8[m^3]이었다. 전기식 다이어프램형 압력계로 기밀시험을 할 경우 최소 유지시간은 얼마인가? [2015년 제2회 유사, 2020년 제3회]

① 4분 ② 10분
③ 24분 ④ 40분

7-9. 내용적이 190[L]인 초저온용기에 대하여 단열성능시험을 위해 24시간 방치한 결과 70[kg]이 되었다. 이 용기의 단열성능시험 결과를 판정한 것으로 옳은 것은?(단, 외기온도는 25[℃], 액화질소의 끓는점은 −196[℃], 기화잠열은 48[kcal/kg]으로 한다) [2010년 제3회]

① 계산결과 0.00333[kcal/h · ℃ · L]이므로 단열성능이 양호하다.
② 계산결과 0.00333[kcal/h · ℃ · L]이므로 단열성능이 불량하다.
③ 계산결과 0.03334[kcal/h · ℃ · L]이므로 단열성능이 양호하다.
④ 계산결과 0.03334[kcal/h · ℃ · L]이므로 단열성능이 불량하다.

|해설|

7-1

액화석유가스용기 기밀검사 시 내압검사에 적합한 용기를 전수검사한다.

7-2

계수 μ의 값

- 설계압력 20.6[MPa] 이하 : 설계압력의 1.3배
- 설계압력 20.6[MPa] 초과 98[MPa] 이하 : 설계압력의 1.25배
- 설계압력 98[MPa] 초과 : $1.1 \le \mu \le 1.25$의 범위에서 사용자와 제조자가 합의하여 결정한다.

7-3

내압시험압력 $= 14 \times 1.5 = 21$[MPa]

7-4

LP 가스배관과 용기의 내압시험압력은 상용압력의 1.5배 이상의 압력으로 내압시험을 실시하여 이상이 없는 것으로 한다(단, 그 구조상 물로 하는 내압시험이 곤란하여 공기·질소 등의 기체로 내압시험을 실시하는 경우에는 1.25배)

7-5

압축가스 및 액화가스 저장용기의 내압시험(TP) 조건은 최고충전압력 ×5/3이므로, 최고충전압력 15[MPa] 조건에서 산소용기의 내압시험압력은 15 × 5/3 = 25[MPa]이다.

7-6

$$\text{항구 증가율} = \frac{\text{항구 증가량}}{\text{전 증가량}} \times 100[\%]$$

$$= \frac{47.002 - 47}{47.125 - 47} \times 100[\%] = 1.6[\%]$$

7-7

용기의 내압시험 시 영구 증가율이 10[%] 이하인 용기를 합격한 것으로 한다.

$$\text{영구 증가율} = \frac{\text{영구 증가량}}{\text{전 증가량}} \times 100[\%]$$

$$= \frac{\text{영구 증가량}}{100} \times 100[\%] = 10[\%]\text{이므로}$$

영구 증가량은 10[cm^3] 이하이어야 한다.

7-8

압력측정 기구	최고 사용압력	용 적	기밀유지시간
전기식 다이어프램형 압력계	저 압	1[m^3] 미만	4분
		1[m^3] 이상 10[m^3] 미만	40분
		10[m^3] 이상 300[m^3] 미만	4× V분. 다만, 240분을 초과할 경우에는 240분으로 할 수 있다.

7-9

침입열량 $Q = \dfrac{Wq}{H \cdot \Delta t \cdot V} = \dfrac{70 \times 48}{24 \times (25+196) \times 190} \simeq 0.00333$ [kcal/h·℃·L]이며, 적합 기준 침입열량인 0.0005[kcal/h·℃·L] 이하를 초과하였으므로 단열성능이 불량하다.

정답 7-1 ① 7-2 ② 7-3 ② 7-4 ③ 7-5 ③ 7-6 ③ 7-7 ② 7-8 ④ 7-9 ②

제2절 | 배관 · 관 이음 · 밸브 · 호스

핵심이론 01 배관 일반

① 배관의 개요

㉠ 용 어

- 배관 : 가스를 공급하기 위하여 배치된 관으로 본관, 공급관, 내관 또는 그 밖의 관
- 본관(LP가스) : 제조소 경계로부터 정압기까지 이르는 배관(제조소 안의 배관은 제외)
- 본관(도시가스)
  - 가스도매사업의 경우에는 도시가스제조사업소(액화천연가스의 인수기지 포함)의 부지 경계에서 정압기지의 경계까지 이르는 배관(단, 밸브기지 안의 배관은 제외)
  - 일반도시가스사업의 경우에는 도시가스제조사업소의 부지 경계 또는 가스도매사업자의 가스시설 경계에서 정압기까지 이르는 배관
  - 나프타부생가스, 바이오가스제조사업의 경우에는 해당 제조사업소의 부지 경계에서 가스도매사업자 또는 일반도시가스사업자의 가스시설 경계 또는 사업소 경계까지 이르는 배관
  - 합성천연가스제조사업의 경우에는 해당 제조사업소의 부지 경계에서 가스도매사업자의 가스시설 경계 또는 사업소 경계까지 이르는 배관
- 공급관
  - (LP가스, 도시가스) 공동주택 등(공동주택, 오피스텔, 콘도미니엄, 그 밖에 안전관리를 위하여 산업통상자원부장관이 인정하여 정하는 건축물)에 가스를 공급하는 경우에는 정압기에서 가스사용자가 구분하여 소유하거나 점유하는 건축물의 외벽에 설치하는 계량기의 전단밸브(계량기가 건축물 내부에 설치된 경우에는 건축물의 외벽)까지 이르는 배관
  - (LP가스, 도시가스) 공동주택 등 이외 건축물 등에 가스를 공급하는 경우에는 정압기에서 가스사용자가 소유하거나 점유하고 있는 토지의 경계까지 이르는 배관
  - (도시가스)가스도매사업의 경우에는 정압기지에서 일반도시가스사업자의 가스공급시설이나 대량 수요자의 가스사용시설까지 이르는 배관
  - (도시가스)나프타부생가스, 바이오가스제조사업 및 합성천연가스제조사업의 경우에는 해당 사업소의 본관 또는 부지 경계에서 가스 사용자가 소유하거나 점유하고 있는 토지의 경계까지 이르는 배관
- 사용자 공급관 : 공급관 중 가스 사용자가 소유하거나 점유하고 있는 토지의 경계에서 가스 사용자가 구분하여 소유하거나 점유하는 건축물의 외벽에 설치된 계량기의 전단밸브(계량기가 건축물의 내부에 설치된 경우에는 그 건축물의 외벽)까지 이르는 배관
- 내관 : 가스 사용자가 소유하거나 점유하고 있는 토지의 경계(공동주택 등으로서 가스 사용자가 구분하여 소유하거나 점유하는 건축물의 외벽에 계량기가 설치된 경우에는 그 계량기의 전단밸브, 계량기가 건축물의 내부에 설치된 경우에는 건축물의 외벽)에서 연소기까지 이르는 배관
- 입상관 : 수용가에 가스를 공급하기 위해 건축물에 수직으로 부착되어 있는 배관, 가스의 흐름 방향과 관계없이 수직배관은 입상관으로 본다.
- 가스배관시설 : 제조소로부터 가스 사용자가 소유하거나 점유하고 있는 토지의 경계(공동주택 등으로서 가스 사용자가 구분하여 소유하거나 점유하는 건축물의 외벽에 계량기가 설치된 경우에는 그 계량기의 전단밸브, 계량기가 건축물의 내부에 설치된 경우에는 건축물의 외벽)까지 이르는 배관 · 공급설비 및 그 부속설비

㉡ 배관설계 시 고려해야 할 사항

- 가능한 한 옥외에 설치할 것
- 최단거리로 할 것
- 굴곡을 작게 할 것
- 가능한 한 눈에 보이도록 할 것
- 건축물 기초 하부 매설을 피할 것

㉢ 가스배관의 표면 색상
- 지상배관의 표면 색상은 황색으로 한다(단, 지상배관 중 건축물의 내·외벽에 노출된 것으로서 바닥(2층 이상 건물의 경우에는 각 층의 바닥)으로부터 1[m]의 높이에 폭 3[cm]의 황색 띠를 2중으로 표시한 경우에는 표면 색상을 황색으로 하지 아니할 수 있다)
- 지하 매설배관은 최고사용압력이 저압인 배관은 황색, 중압인 배관은 적색으로 한다.

㉣ 배관재료 및 시공상의 주의사항
- 배관계의 최저점에는 드레인밸브를 설치하는 것이 좋다.
- 지하에 배관을 매설하는 경우 반드시 방청조치를 해야 한다.
- 저장탱크로부터 펌프 흡입측을 향하여 배관하는 경우에는 상향 구배가 되지 않도록 한다.
- 관의 재질은 접합이 용이하고 토양, 지하수 등에 내식성이 있어야 한다.

② 배관재료

㉠ 강관(탄소강관) : 배관의 바깥지름을 호칭지름의 기준으로 한다.
- SPP(일반배관용 탄소강관) : 350[℃] 이하에서, 사용압력 10[kg/cm^2] 이하에서 사용한다(증기, 물 등의 유체 수송관). 백관과 흑관으로 구분되며 가스관이라고도 한다.
- SPPS(압력배관용 탄소강관) : 350[℃] 이하의 온도에서, 압력 9.8[N/mm^2] 이하에서 사용한다.
- SPPH(고압배관용 탄소강관) : 450[℃] 이하의 온도에서, 압력 9.8[N/mm^2] 이상에서 사용한다. 탄소 함량 0.35[%] 이상의 재료는 고압가스설비의 배관재료로서 내압 부분에 사용해서는 안 된다.
- SPLT(저온배관용 탄소강관) : 빙점 이하의 특히 낮은 온도의 배관에 사용한다.
- SPLT(저온배관용 탄소강관) : 영점 이하의 저온도에서 사용한다.
- SPPW(수도용 아연도금강관) : 정수두 100[m] 이하의 급수배관에 사용한다.

㉡ SPA(배관용 합금강관) : 주로 고온도의 배관에 사용되는 합금강관

㉢ 주철관
- 탄소 함량 약 2[%] 이상이다.
- 제조방법 : 수직법, 원심력법
- 인성이 작아(취성이 커서) 충격에 약하다.
- 적용 이음 : 소켓 이음, 플랜지 이음, 메커니컬 이음, 빅토리 이음, 타이톤 이음 등
- 용접 이음은 불가능하다.
- 용도 : 수도용, 배수용, 가스용

㉣ 동관(구리관)
- 전도성(전기, 열)이 우수하다.
- 알칼리에는 내식성이 강하지만, 산성에는 약하다.
- 내면이 매끈하여 유체저항이 작다.
- 굴곡성이 좋아 가공이 용이하다.
- 내식성·전연성·내압성이 우수하다.
- 용도 : 압력계 도입관, 고압장치의 재료, 열교환기용 튜브(내관), 냉매가스용, 화학공업용 등
- 직경 20[mm] 이하의 경우 플레어 이음(압축 이음)을 한다.
- 플레어링 툴 : 동관 끝을 나팔형으로 만들어 압축 이음 시 사용하는 동관용 공구

㉤ 스테인리스강관 : 내식성이 우수한 금속관이며 일반강관에 비해 기계적 성질이 우수하다. 얇고 가벼워 운반 및 가공 쉽고 위생적이다.

㉥ 알루미늄관 : 배관재료 중 온도범위 0~100[℃] 사이에서 온도 변화에 의한 팽창계수가 가장 크다.

㉦ 가스용 PE관(폴리에틸렌관)
- 염화비닐에 비해서 가볍다(경량성 우수).
- 열가소성, 내한성, 내식성, 내역품성, 비독성, 유연성, 절연성, 보온성 등이 우수하며 상온에서도 유연성이 풍부하다.
- 운반 및 취급이 용이하며 균일한 단위 제품을 얻기 쉽다.
- 지하 매설배관재료 : 가스용 폴리에틸렌관, 폴리에틸렌피복강관, 분말용착식 폴리에틸렌피복강관
- 인장강도가 낮다.

- 일광, 열에 약하다.
- 가스용 PE 배관을 온도 40[℃] 이상의 장소에 설치할 수 있는 가장 적절한 방법 : 파이프 슬리브를 이용한 단열조치

③ 고압가스의 배관

㉠ 고압가스특정제조시설에서 배관을 지하에 매설할 경우 유지거리

- 건축물과는 1.5[m] 이상, 지하도로 및 터널과는 10[m] 이상
- 독성가스배관은 수도시설과 300[m] 이상
- 지하의 다른 시설물과 0.3[m] 이상

④ LP가스의 배관

㉠ LP가스집합공급설비의 배관설계 시 기본사항

- 사용목적에 적합한 기능을 가질 것
- 사용상 안전할 것
- 고장이 적고 내구성이 있을 것
- 가스 사용자의 선택에 따르지 말 것
- 안전규정을 따를 것

㉡ LP가스의 배관의 설치

- 건축물 내의 배관은 단독 피트 내에 설치하거나 노출하여 설치한다.
- 배관은 건축물의 내부 또는 기초의 밑에 설치하지 아니한다.
- 지하 매몰배관은 붉은색 또는 노란색으로 표시한다.
- 배관 이음부와 전기계량기의 거리는 60[cm] 이상을 유지한다.
- 스테인리스강관의 배관을 사용할 때는 배관을 매몰 설치할 수 있다.
- 배관은 건축물의 기초 밑에 설치하지 않는다.
- 배관은 움직이지 않도록 고정시켜 부착·설치한다.
- LPG 집단공급시설에서 입상관 : 수용가에 가스를 공급하기 위해 건축물에 수직으로 부착되어 있는 배관으로, 가스의 흐름 방향과 관계없이 수직배관은 입상관으로 본다.

⑤ 도시가스의 배관

㉠ 도시가스사용시설에 사용하는 배관재료 선정기준

- 배관의 재료는 배관 내의 가스 흐름이 원활한 것으로 한다.
- 배관의 재료는 내부의 가스압력과 외부로부터의 하중 및 충격하중 등에 견디는 강도를 갖는 것으로 한다.
- 배관의 재료는 배관의 접합이 용이하고 가스의 누출을 방지할 수 있는 것으로 한다.
- 배관의 재료는 절단, 가공을 쉽게 하여 임의로 고칠 수 있도록 한다.

㉡ 도시가스배관의 접합시공방법 중 원칙적으로 규정된 접합시공방법은 용접 접합이다.

㉢ 도시가스배관의 내진설계 시 성능평가항목 : 지진파에 의해 발생하는 지반진동, 지반의 영구 변형, 도시가스배관에 발생한 응력과 변형

㉣ 도시가스배관의 공사 시 기울기는 도로의 기울기를 따르는데, 도로가 평탄한 경우의 경사도 : 1/500~1/1,000

㉤ 도시가스 배관에서 가스 공급이 불량하게 되는 원인

- 배관의 파손
- 정압기의 고장 또는 능력 부족
- 배관 내의 물의 고임, 녹으로 인한 폐쇄

㉥ 도로에 매설되어 있는 도시가스 배관의 누출검사방법 : 배관의 노선상을 50[m] 간격으로 깊이 50[cm] 이상으로 보링하여 수소염 이온화식 가스검지기 등을 이용하여 가스 누출 여부를 검사한다.

⑥ 지하 매설배관

㉠ 지하 매설배관의 종류

- 폴리에틸렌 피복강관(PLP관)
- 분말용착식 폴리에틸렌 피복강관
- 가스용 폴리에틸렌관(PE관)

㉡ 지하에 매설하는 배관의 이음방법 : 용접 접합, 전기융착 접합, 열융착 접합

㉢ PE 배관의 매설 위치를 지상에서 탐지할 수 있는 로케팅와이어 전선의 굵기 : 6[mm^2]

㉣ 전자유도탐사법 : 지하 매설물 탐사방법 중 주로 가스 배관을 탐사하는 기법으로, 전도체에 전기가 흐르면 도체 주변에 자장이 형성되는 원리를 이용한 탐사법

⑦ 배관 관련 제반사항

㉠ 지하에 매설하여 설치하는 배관의 이음방법 : 용접 접합, 플랜지 접합, 열융착 접합

㉡ 이음매 없는 고압배관 제작방법 : 연속주조법, 만네스만법, 인발

㉢ 관의 신축량 : 관의 길이, 열팽창계수, 온도차에 비례한다.

㉣ 가스배관이 콘크리트벽을 관통할 경우 배관의 부식을 방지하기 위하여 배관과 벽 사이에 절연을 한다.

㉤ 수소화염 또는 산소・아세틸렌 화염을 사용하는 시설 중 분기되는 각각의 배관에 반드시 역화방지장치를 설치해야 한다.

핵심예제

1-1. 배관재료 및 시공상의 주의사항으로 옳지 않은 것은?
[2003년 제2회]

① 배관계의 최저점에는 드레인밸브를 설치하는 것이 좋다.
② 지하의 배관을 매설하는 경우 공기에 직접 접촉하지 않으므로 방청조치를 할 필요가 없다.
③ 저장탱크로부터 펌프 흡입측을 향하여 배관하는 경우에는 상향 구배가 되지 않도록 한다.
④ 관의 재질은 접합이 용이하고 토양, 지하수 등에 대하여 내식성이 있어야 한다.

1-2. 다음 중 압력배관용 탄소강관을 나타내는 것은?
[2003년 제3회, 2017년 제3회, 2021년 제2회 유사]

① SPHT ② SPPH
③ SPP ④ SPPS

1-3. 도시가스 지하 매설에 사용되는 배관으로 가장 적합한 것은?
[2008년 제2회, 2014년 제1회, 2020년 제3회]

① 폴리에틸렌 피복강관
② 압력배관용 탄소강관
③ 연료가스 배관용 탄소강관
④ 배관용 아크용접 탄소강관

|해설|

1-1
지하에 배관을 매설하는 경우 반드시 방청조치를 해야 한다.

1-2
① SPHT : 고온배관용 탄소강관
② SPPH : 고압배관용 탄소강관
③ SPP : 배관용 탄소강관

1-3
지하 매설배관의 종류
• 폴리에틸렌 피복강관(PLP관)
• 분말용착식 폴리에틸렌 피복강관
• 가스용 폴리에틸렌관(PE관)

정답 1-1 ② 1-2 ④ 1-3 ①

핵심이론 02 관 이음

① 관 이음의 개요

㉠ 관 이음 부품

- 캡(Cap), 플러그(Plug) : 관 끝을 마무리할 때(막을 때) 사용하는 부품
- 리듀서(Reducer), 부싱(Bushing) : 배관의 지름이 서로 다른 관을 이을 때 사용하는 부품
- 유니언(Union) : 같은 지름의 관을 직선 연결할 때 사용되는 부품으로, 관과 관의 접합에 이용되며 분해가 쉽다.
- 티(Tee) : 유입구와 배출구와 분기구를 잇는 부품
- 엘보(Elbow), 벤드(Bend) : 직선 배관에서 90° 또는 45° 방향으로 따라갈 때의 연결 부품
- 플랜지(Flange) : 관과 관, 관과 다른 기계 부분을 잇는 부품으로, 주철관을 납으로 연결시킬 수 없는 장소에 사용한다.
- 니플(Nipple) : 관과 관, 관 부속품과 관 부속품, 관과 관 부속품 등의 암나사와 암나사 부위를 연결하는 것으로, 전체 길이는 10[cm] 이내이며 양쪽은 수나사로 되어 있다.

- 밴드(Band) : 관의 완만한 굴곡에 이용한다.

㉡ 이격거리(최소거리)

- 10[cm] 이상 : 액화석유가스 사용시설에서 배관의 이음매와 절연조치를 한 전선과의 거리
- 30[cm] 이상 : 절연조치를 하지 않은 전선과의 거리, 굴뚝·전기점멸기 및 전기접속기와의 거리
- 60[cm] 이상 : 배관의 이음매와 전기계량기 및 전기개폐기와의 거리

㉢ 고압가스 관 이음의 종류 : 용접 이음, 플랜지 이음, 나사 이음, 신축 이음

㉣ 관경에 따른 고정장치 설치기준

- 13[mm] 미만 : 1[m]마다
- 13[mm] 이상 33[mm] 미만 : 2[m]마다
- 33[mm] 이상 : 3[m]마다

② 용접 이음

㉠ 배관의 용접 이음

- 가스배관 설치 시 배관과 배관의 이음은 원칙적으로 용접 접합을 하여야 한다.
- 직관의 접합은 배관과 배관을 직접 연결할 수 있지만 배관이 굽혀지는 부분, 분기하는 부분, 배관의 관경이 급격히 변하는 부분이나 배관의 단말부 등은 배관과 배관을 직접 접합할 수 없으므로 이러한 부분은 관 이음매를 사용하여 접합한다.

㉡ 용접 이음매의 효율

- 45[%] : 플러그용접을 하지 않는 한 면 전 두께 필릿 겹치기 용접
- 50[%] : 플러그용접을 하는 한 면 전 두께 필릿 겹치기 용접
- 55[%] : 양면 전 두께 필릿 겹치기 용접
- 60[%] : 맞대기 한 면 용접
- 70[%] : 맞대기 양면 용접-방사선검사의 구분 C
- 95[%] : 맞대기 양면 용접-방사선검사의 구분 B
- 100[%] : 맞대기 양면 용접-방사선검사의 구분 A

③ 플랜지 이음

가스배관의 플랜지(Flange) 이음에 사용되는 부품 : 플랜지, 개스킷, 체결용 볼트

㉠ 영구적이거나 반영구적인 이음이 아닌 일시적 이음이다.

㉡ 플랜지 접촉면에는 기밀을 유지하기 위하여 패킹을 한다.

㉢ 유니언 이음보다 관경이 크고 압력이 많이 걸리는 경우에 사용한다.

㉣ 패킹 양면에 그리스 같은 기름을 발라 두면 분해 시 편리하다.

④ 조인트(Joint)

㉠ 고압 조인트

㉡ 다방 조인트

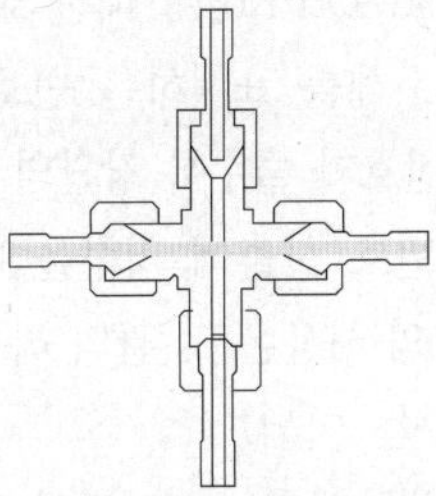

㉢ 영구 조인트 : 용접, 납땜 등에 의한 것으로서 가스 누출에 대한 안전도가 높으며 버트용접 조인트와 소켓용접 조인트로 구분되는 조인트 방법

㉣ 분해 조인트

㉤ 신축 조인트(신축 이음) : 관 내 유체의 온도와 압력 변동에 의한 배관의 팽창 또는 수축을 흡수하여 배관에 발생된 열응력을 제거하기 위한 이음이다. 종류로는 루프(곡관)형, 슬리브(미끄럼)형, 벨로스형, 스위블형, 볼 조인트형, 플렉시블 튜브형, 콜드 스프링형 등이 있다.

- 루프형 신축 조인트 : 관 자체의 가요성을 이용하여 관을 루프 모양으로 구부려 그 휨에 의하여 신축을 흡수하는 신축 조인트로, 신축 곡관형이라고도 한다.
  - 누설이 거의 없다.
  - 고온・고압의 옥외 배관에 많이 사용된다.
  - 곡률반경은 관지름의 6배 이상으로 해야 한다.
  - 설치 공간을 많이 차지한다.
  - 신축에 따른 자체 응력이 발생한다.
- 슬리브(미끄럼)형 신축 조인트
  - 신축량이 크고 신축으로 인한 응력이 생기지 않는다.
  - 직선 이음이므로 설치 공간이 작다.
  - 배관에 곡선 부분이 있으면 신축 이음쇠에 비틀림이 생겨 파손의 원인이 된다.
  - 장시간 사용 시 패킹의 마모로 누수의 원인이 된다.
- 벨로스형 신축 조인트 : 주름(벨로스) 변형에 의하여 신축을 흡수하는 신축 조인트로 팩리스 조인트라고도 한다.
  - 설치 공간이 작다.
  - 자체 응력 및 누설이 없다.
  - 벨로스의 재질은 부식되지 않는 스테인리스강이나 청동을 사용한다.
  - 압력 2[MPa] 이하의 고압가스배관설비로서 곡관을 사용하기 곤란한 경우에 적합하다.
  - 고압배관에는 부적당하다.
- 스위블형 신축 조인트 : 2개 이상의 엘보를 사용하여 이음부 나사의 회전을 이용하여 신축을 흡수하는 방식의 신축 조인트이다.
  - 설치비가 저렴하고, 쉽게 조립할 수 있다.
  - 방열기 주위 배관 등에 사용한다.
  - 굴곡부에 압력이 강하게 걸려서 굴곡부에서 압력 강하를 가져온다.
  - 신축량이 큰 배관에서는 누설의 염려가 있기 때문에 부적당하다.
- 볼 조인트형 신축 조인트 : 증기, 물, 기름 등의 배관에서 평면 및 입체적인 변위까지 안전하게 흡수하는 방식이 신축 조인트이다.
  - 설치 공간이 작다.
  - 어떠한 형상의 신축에도 배관이 안전하다.
  - 2.94[N/mm^2]의 압력과 220[℃] 온도까지 사용한다.
- 플렉시블 튜브형 : 배관에서 진동과 신축을 흡수하는 신축 조인트로 가요관(可撓管)이라고도 한다.
- 콜드 스프링 : 배관이 열팽창할 경우 응력이 경감되도록 미리 늘어날 여유를 두는 신축 조인트이다.
  - 배관의 자유팽창을 미리 계산하여 관의 길이를 약간 짧게 절단하여 강제배관을 함으로써 열팽창을 흡수하는 방법이다.
  - 절단하는 길이는 계산에서 얻은 자유팽창량의 1/2 정도로 한다.

핵심예제

2-1. 관경이 13[mm] 이상 33[mm] 미만인 것에는 얼마의 길이마다 고정장치를 하여야 하는가?

[2011년 제1회 유사, 2014년 제2회]

① 1[m]마다 ② 2[m]마다
③ 3[m]마다 ④ 4[m]마다

2-2. 압력 2[MPa] 이하의 고압가스배관설비로서 곡관을 사용하기 곤란한 경우 가장 적정한 신축 이음매는?

[2013년 제3회, 2017년 제3회]

① 벨로스형 신축 이음매
② 루프형 신축 이음매
③ 슬리브형 신축 이음매
④ 스위블형 신축 이음매

|해설|

2-1

관경에 따른 고정장치 설치기준

- 13[mm] 미만 : 1[m]마다
- 13[mm] 이상 33[mm] 미만 : 2[m]마다
- 33[mm] 이상 : 3[m]마다

2-2

② 루프형 신축 이음매 : 관 자체의 가요성을 이용하여 관을 루프 모양으로 구부려 그 휨에 의하여 신축을 흡수하는 신축 조인트로, 신축 곡관형이라고도 한다.
③ 슬리브형 신축 이음매 : 직선 이음으로 설치 공간이 적게 소요되며 신축량이 큰 이음매이다.
④ 스위블형 신축 이음매 : 2개 이상의 엘보를 사용하여 이음부 나사의 회전을 이용하여 신축을 흡수하는 방식의 신축 조인트이다.

정답 2-1 ② 2-2 ①

핵심이론 03 배관 관련 계산식과 배관 관련 현상

① 배관 관련 계산식

㉠ 스케줄 번호(SCH No.) : 배관 호칭법으로 사용한다.

- 배관의 두께를 표시하는 번호이다.
- 스케줄 번호가 클수록 강관의 두께가 두꺼워진다.
- 스케줄 번호 산출에 영향을 미치는 요인 : 관의 외경, 관의 사용온도, 관의 허용응력, 사용압력(열팽창계수는 아님)
- 스케줄 번호 산출에 직접적인 영향을 미치는 요인 : 관의 허용응력, 사용압력
- SCH No. : $SCH = 10 \times \dfrac{P}{\sigma}$

  여기서, P : 사용압력[kgf/cm^2]

  σ : 허용응력[kgf/mm^2]

  사용압력과 허용응력의 단위가 같은 경우는

  $SCH = 1{,}000 \times \dfrac{P}{\sigma}$ 이다.
- 스케줄 번호를 숫자로 표기하지 않는 경우의 표기
  - STD : 표준 벽 두께(Standard Wall)
  - XS : 강한 벽 두께(Extra Strong)
  - XXS : 두 배 강한 벽 두께(Double Extra Strong)로 가장 두껍다.

㉡ 가스배관의 구경(직경) 산출에 필요한 사항 : 가스 유량, 배관 길이, 압력 손실, 가스의 비중 등

㉢ 배관 구경을 이용한 유량, 압력손실 등의 계산

- 중압·고압배관의 유량 :

$$Q = K\sqrt{\frac{(P_1^2 - P_2^2)D^5}{SL}}$$

여기서, K : 유량계수

P_1 : 초압

P_2 : 종압

D : 배관의 지름

S : 가스의 비중

L : 배관의 길이

• 저압배관의 유량(도시가스 등) :

Pole식 $Q = K\sqrt{\frac{hD^5}{SL}}$

여기서, K : 유량계수

h : 압력손실(기점, 종점 간의 압력 강하 또는 기점압력과 말단압력의 차이)

D : 배관의 지름

S : 가스의 비중

L : 배관의 길이

– 도시가스 공급설비에서 배관 부분의 압력손실 (h) : $h = \left(\frac{Q}{K}\right)^2 \cdot \frac{SL}{D^5}$

– 도시가스 저압배관의 설계 시 관경을 결정하고자 할 때 사용되는 식 : $D = \sqrt[5]{\frac{Q^2SL}{K^2H}}$

㉣ 배관의 두께

• 고압가스배관의 최소 두께 계산 시 고려사항 : 상용압력, 안지름에서 부식 여유에 상당하는 부분을 뺀 수치, 최소인장강도, 관 내면의 부식 여유치, 안전율

• 바깥지름과 안지름의 비가 1.2 미만인 경우

$t = \frac{PD}{2f/s - P} + C$

여기서, P : 상용압력

D : 안지름에서 부식 여유에 상당하는 부분을 뺀 수치

f : 최소인장강도

s : 안전율

C : 관 내면의 부식 여유치

• 바깥지름과 안지름의 비가 1.2 이상인 경우

$t = \frac{D}{2}\left(\sqrt{\frac{f/s + P}{f/s - P}} - 1\right) + C$

여기서, D : 안지름에서 부식 여유에 상당하는 부분을 뺀 부분의 수치

f : 최소인장강도

s : 안전율

P : 상용압력

C : 관 내면의 부식 여유 수치

㉤ 관에 생기는 응력

• 원주 방향 응력 $\sigma_1 = \frac{PD}{2t}$

여기서, P : 내압

D : 관의 안지름

• 축 방향 응력 $\sigma_2 = \frac{PD}{4t}$

㉥ 플랜지 이음의 볼트수 = $\frac{\text{전체에 걸리는 힘}}{\text{볼트 1개에 걸리는 힘}}$

㉦ 상온 스프링을 이용한 배관 중간 연결부의 간격 : $\frac{\Delta L}{2} = \frac{L\alpha\Delta t}{2}$

여기서, ΔL : 배관의 신축 길이(자유팽창량)

L : 처음 길이

α : 열팽창계수

Δt : 온도차

㉧ 입상관의 압력손실

• $H = 1.293 \times (S-1)h[\text{mmH}_2\text{O}]$ 또는 $[\text{kgf/m}^3]$

여기서, S : 가스의 비중

h : 입상관의 높이

• $H = 1.293 \times (S-1)h \times g[\text{Pa}]$

여기서, S : 가스의 비중

h : 입상관의 높이

g : 중력가속도

㉨ 마찰손실

• 유체가 관로 내를 흐를 때 유체가 갖는 에너지 일부가 유체 상호 간 또는 유체와 내벽과의 마찰로 인해 소모되는 것

• 마찰손실 중 주손실수두 : 관 내에서 유체와 관 내벽과의 마찰에 의한 것

• 마찰손실수두 : $h = f\frac{l}{d}\frac{v^2}{2g}$

여기서, f : 마찰계수

l : 관의 길이

d : 관의 내경

v : 유속

g : 중력가속도

• 마찰손실 중 국부저항 손실수두
  – 배관 중의 밸브, 이음쇠류 등에 의한 것
  – 관의 굴곡 부분에 의한 것
  – 관의 축소, 확대에 의한 것

② 배관의 부식

㉠ 지하 매몰배관의 부식에 영향을 주는 요인 : pH, 토양의 전기전도성, 배관 주위의 지하 전선 등

㉡ 부식을 방지하는 효과 : 피복, 잔류응력 제거, 관이 콘크리트 벽을 관통할 때 절연조치

㉢ 배관의 부식과 그 방지에 대한 사항
- 매설되어 있는 배관에 있어서 일반적인 주철관이 강관보다 내식성이 좋다.
- 구상흑연주철관의 인장강도는 강관과 거의 같지만 내식성은 강관보다 좋다.
- 전식이란 땅속으로 흐르는 전류가 배관으로 흘러들어간 후 이것이 유출되는 부분에서 일어나는 전기적인 부식이다.
- 전식은 일반적으로 천공성 부식이 많다.
- 수중에 설치하는 PE관은 전기방식이 불필요하지만, 지중에 설치하는 PE 피복강관은 전기방식이 필요하다.
- 배관의 부식방지를 위한 전기방식 전류가 흐르는 상태에서 자연전위와 전위 변화는 최소 −300[mV] 이하이어야 한다.
- 매설배관의 경우 유기물질 재료를 피복재로 사용하면 방식이 된다.

㉣ 타르 에폭시 피복재의 특성
- 밀착성이 좋다.
- 내마모성이 크다.
- 토양응력이 강하다.
- 저온에서의 경화속도가 느리다.

③ 절 연

㉠ 전기방식의 효과를 유지하기 위하여 빗물이나 이물질의 접촉으로 인한 절연의 효과가 상쇄되지 아니하도록 절연 이음매 등을 사용하여 절연한다.

㉡ 절연조치 장소
- 교량횡단배관의 양단
- 배관과 철근콘크리트 구조물 사이
- 배관과 배관 지지물 사이
- 배관과 강재보호관 사이
- 지하에 매설된 배관 부분과 지상에 설치된 부분의 경계(가스 사용자에게 공급하기 위하여 지중에서 지상으로 연결되는 배관에 한한다)
- 타 시설물과 접근 교차 지점(단, 타 시설물과 30[cm] 이상 이격 설치된 경우에는 제외할 수 있다)
- 저장탱크와 배관 사이
- 기타 절연이 필요한 장소

④ 진동 · 가스 누출 · 응급조치

㉠ 고압가스배관에서 발생 가능한 진동의 원인
- 펌프 및 압축기의 진동
- 안전밸브의 분출 작동
- 유체의 압력 변화
- 바람이나 지진
- 외부 충격
- 관의 굴곡에 의해 생기는 힘

㉡ 가스배관 플랜지 부분에서 발생 가능한 가스 누출의 원인
- 재료 부품이 적당하지 않았다.
- 수소취성에 의한 균열이 발생하였다.
- 플랜지 부분의 개스킷이 불량하였다.

㉢ 가스 충전 시 밸브 및 배관이 얼었을 때 응급조치방법
- 40[℃] 이하의 미지근한 물로 녹인다.
- 얼어 있는 부분에 열습포를 사용한다.
- 석유버너 불은 위험하므로 사용하지 않는다.

㉣ 저압배관에서 압력손실의 원인
- 마찰저항에 의한 손실
- 배관의 입상에 의한 손실
- 밸브 및 엘보 등 배관 부속품에 의한 손실
- 배관의 지름이나 길이에 의한 손실

㉤ 가스배관 내의 압력손실을 작게 하는 방법
- 유체의 양을 적게 한다.
- 배관 내면의 거칠기를 줄인다.
- 배관 구경을 크게 한다.
- 유속을 느리게 한다.
- 굴곡부를 적게 한다.
- 최단거리로 한다.

핵심예제

3-1. 관지름 50A인 SPSS가 최고사용압력이 5[MPa], 인장강도가 500[N/mm²]일 때 SCH No.는?(단, 안전율은 4이다)

[2015년 제2회]

① 40 ② 60
③ 80 ④ 100

3-2. 저압배관의 관지름 설계 시에는 Pole식을 주로 이용한다. 배관의 내경이 2배가 되면 유량은 약 몇 배가 되는가?

[2004년 제2회 유사, 2018년 제1회]

① 2.00 ② 4.00
③ 5.66 ④ 6.28

3-3. 관경 1B, 길이 30[m]의 LP가스 저압배관에 가스 상태의 프로판이 5[m³/h]로 흐를 경우 압력손실은 수주 14[mm]이다. 이 배관에 가스 상태의 부탄을 6[m³/h]로 흐르게 할 경우 수주는 약 몇 [mm]가 되는가?(단, 프로판, 부탄의 가스 비중은 각각 1.5 및 2.0이다)

[2013년 제1회]

$$Q = K\sqrt{\frac{hD^5}{SL}}$$

① 17 ② 20
③ 27 ④ 30

3-4. 가스배관 내의 압력손실을 작게 하는 방법으로 틀린 것은?

[2015년 제1회, 2016년 제2회 유사]

① 유체의 양을 많게 한다.
② 배관 내면의 거칠기를 줄인다.
③ 배관 구경을 크게 한다.
④ 유속을 느리게 한다.

3-5. 가스배관에 대한 설명 중 옳은 것은?

[2013년 제3회, 2016년 제1회]

① SDR21 이하의 PE배관은 0.25[MPa] 이상 0.4[MPa] 미만의 압력에 사용할 수 있다.
② 배관의 규격 중 관의 두께는 스케줄 번호로 표시하는데 스케줄수 40은 살 두께가 두꺼운 관을 말하고, 160 이상은 살 두께가 가는 관을 나타낸다.
③ 강괴에 내재하는 수축공, 국부적으로 집합한 기포나 편식 등의 개재물이 압착되지 않고 층상의 균열로 남아 있어 강에 영향을 주는 현상을 래미네이션이라 한다.
④ 재료가 일정온도 이하의 저온에서 하중을 변화시키지 않아도 시간이 경과함에 따라 변형이 일어나고 끝내 파단에 이르는 것을 크리프 현상이라 하고, 한계온도는 −20[℃] 이하이다.

|해설|

3-1

$$SCH = 10 \times \frac{P}{\sigma} = 1{,}000 \times \frac{5}{500/4} = 40$$

3-2

유량 $Q = K\sqrt{\frac{hD^5}{SL}}$ 이므로, 배관의 내경이 2배가 되면 유량은 $\sqrt{2^5} \simeq 5.66$배가 된다.

3-3

프로판의 경우 $Q = K\sqrt{\frac{hD^5}{SL}}$ 에서 $5 = K\sqrt{\frac{14 \times 1^5}{1.5 \times 30}}$ 이므로

$$K = \frac{5}{0.5578} \simeq 8.964$$

부탄의 경우 $Q = K\sqrt{\frac{hD^5}{SL}}$ 에서 $6 = 8.964 \times \sqrt{\frac{h \times 1^5}{2.0 \times 30}}$ 이므로

$$h = \left(\frac{6}{8.964}\right)^2 \times 60 \simeq 27[\text{mm}]$$

3-4

가스배관 내 압력손실을 작게 하려면 유체의 양을 적게 한다.

3-5

① SDR21 이하의 PE배관은 0.25[MPa] 이하의 압력에 사용할 수 있다.
② 배관의 규격 중 관의 두께는 스케줄 번호로 표시하는데 스케줄수 40은 살 두께가 가는 관이고, 160 이상은 살 두께가 두꺼운 관을 나타낸다.
④ 재료가 일정온도 이상의 고온에서 하중을 변화시키지 않아도 시간이 경과함에 따라 변형이 일어나고 끝내 파단에 이르는 것을 크리프 현상이라 하고, 한계온도는 탄소강의 경우 350[℃] 이상이다.

정답 3-1 ① 3-2 ③ 3-3 ③ 3-4 ① 3-5 ③

핵심이론 04 밸브

① 밸브(Valve)의 개요

㉠ 관로의 도중이나 용기에 설치하여 유체의 유량·방향·압력 등을 제어하는 장치이다.

- 물, 증기, 공기, 가스 등 유체(기체, 액체)배관의 유량 제어, 방향, 유로의 개폐, 배관계의 안전 유지 등과 같은 여러 가지 목적으로 밸브 및 콕이 사용된다.
- 목적에 따라 그 종류가 다양하며 밸브의 형식·치수는 규격에 규정되어 있다.
- 배관에서 많이 사용되는 밸브류에는 안전밸브, 콕, 스톱밸브(글로브밸브 및 앵글밸브), 슬루스밸브, 체크밸브, 감압밸브 등이다.
- 밸브의 재료 : 중온·중압에는 청동, 고온·고압에는 단동, 대형에는 압력·온도의 고저에 의해 청동·주철·주동·합금강 등이 사용된다.

㉡ 밸브구조 결정 시 고려사항 : 밸브에 작용하는 내압력에 대한 밸브 몸통의 강도, 밸브시트에서의 내누설 강도, 밸브가 원활하게 동작하는 데 필요한 외력에 대한 구조적 강도 등

㉢ 배관용 밸브 제조 시 기술기준

- 밸브의 O링과 패킹은 마모 등 이상이 없는 것으로 한다.
- 개폐용 핸들 휠의 열림 방향은 시계 반대 방향으로 한다.
- 밸브의 표면은 매끈하고 사용상 지장이 있는 부식·균열·주름·흠·단조결함 및 슬래그 혼입 등이 없는 것으로 한다.
- 볼밸브의 O링이 접촉하는 몸통 부분은 매끄럽고 윤이 나는 것으로 한다.
- 볼 진원도는 기준에 적합하여야 하고, 양쪽 구멍 모서리는 모나지 않은 것으로 한다.
- 볼밸브는 핸들 끝에서 294.2[N] 이하의 힘을 가해서 90° 회전할 때에 완전히 개폐되는 구조로 한다(단, 공압식, 유압식 및 전동식 밸브는 제외).
- 볼밸브는 완전히 열렸을 때 핸들 방향과 유로의 방향이 평행인 것으로 하고, 볼의 구멍과 유로와는 어긋나지 않는 것으로 한다.
- 나사식 밸브 양끝의 나사축선에 대한 어긋남은 양 끝면의 나사 중심을 연결하는 직선에 대하여 끝면으로부터 300[mm] 거리에서 2.0[mm]를 초과하지 않는 것으로 한다.
- 관 연결부가 나사식인 경우에는 관용 테이퍼나사에 적합한 것으로 한다. 다만, 튜브 연결용의 경우에는 제조자 사양에 적합한 것으로 한다.
- 관 연결부가 플랜지식인 경우에는 철강제 관 플랜지의 기본치수에 적합한 것으로 한다.
- 관 연결부가 용접형인 경우에는 강제 맞대기 용접식 관 이음쇠, 배관용 강제 삽입용접식 관 이음쇠에 적합한 것으로 한다.
- 호칭지름 50A 이상의 볼밸브는 볼, 몸통, 스템 사이에 전기적 연속성을 보장하는 정전 방지 특성을 갖는 구조이어야 한다. 정전 방지 특성은 새것이고, 건조하고, 완성된 밸브에 대해 밸브압력시험 전에 최소 5회 개폐 후에 DC 12[V]를 초과하지 않는 전원으로부터 10[Ω]을 초과하지 않는 저항을 가진 방출경로에 걸쳐서 전기적인 연속성을 가져야 한다(단, 상용압력 1[MPa] 이하의 밸브는 제외)
- 볼밸브의 스템은 밸브 내부에 압력이 있는 상태에서 글랜드 플랜지 볼트 또는 외부 부품의 분해에 의해 밸브로부터 이탈되지 않아야 한다.
- 금속재의 시트 및 시트링을 몸통에 부착할 경우에는 나사나 용접 등에 의해 부착하고 사용 중 헐거워지거나 빠지지 않는 것으로 하며, 비금속시트인 경우에도 사용 중 헐거워지지 않도록 한다.

㉣ 고압가스용 밸브

- 고압밸브는 그 용도에 따라 스톱밸브, 감압밸브, 안전밸브, 체크밸브 등으로 구분한다.
- 가연성 가스인 브롬화메탄과 암모니아 용기밸브의 충전구는 오른나사이다.
- 암모니아 용기밸브의 재료로는 강재가 사용된다.

- 용기에는 용기 내 압력이 규정압력 이상으로 될 때 작동하는 안전밸브가 부착되어 있다.
- 밸브는 주조품보다 단조품이 더욱 안전하다.
- 글로브밸브는 슬루스밸브보다 기밀도가 크다.
- 밸브의 패킹재료는 흑연, 석면, 테프론 등이 사용된다.
- 주조품보다 단조품을 깎아서 만든다.
- 기밀 유지를 위해 스핀들에 패킹이 사용된다.
- 밸브시트는 내식성과 경도가 높은 재료를 사용한다.
- 밸브시트는 대부분 교체할 수 있도록 되어 있다.

② 용기용 밸브

㉠ 가스 충전구의 형식에 따른 용기용 밸브의 분류
- A형 : 가스 충전구가 수나사
- B형 : 가스 충전구가 암나사
- C형 : 가스 충전구에 나사가 없는 것

㉡ 충전구
- 나사형식 : 가연성 가스 이외의 가스는 오른 나사이며 수소 등의 가연성 가스는 왼나사이지만, 암모니아(NH_3)와 브롬화메탄(CH_3Br)은 오른나사를 적용한다.
- 왼나사의 경우, 용기 충전구에 'V'홈 표시를 한다.
- 반드시 나사형이어야 하는 것은 아니다.

㉢ 밸브구조에 의한 용기용 밸브의 분류 : 패킹식, 백시트식, O링식, 다이어프램식

㉣ 용기밸브의 구성 : 본체부, 조작부, 보조기기
- 본체부 : 몸체, 상개(밸브의 윗덮개), 트림 또는 플러그나 밸브시트(Trim, Plug, Valve Seat, 유체 유로를 열었다 닫았다 하는 부분)
- 조작부 : 다이어프램, 스프링, 스템 등
- 보조기기 : O링(누설방지용 부품) 등

③ 안전밸브

㉠ 안전밸브의 개요
- 안전밸브는 유체가 일정압력 이상으로 압력 증가 시 자동으로 열리게 되어 배관 및 장치의 안전을 보전하는 밸브이다.
- 용도 : 보일러, 가열기, 압력용기, 가스용기 및 배관용 등
- 고압가스용 안전밸브에서 밸브 몸체를 밸브시트에 들어 올리는 장치를 부착하는 경우에는 안전밸브 설정압력의 75[%] 이상일 때 수동으로 조작되고 압력 해지 시 자동으로 폐지된다.
- 양정(안전밸브의 작동거리)에 의한 안전밸브의 분류 : 저양정식, 고양정식, 전양정식, 전량식
  - 저양정식 : 안전밸브 작동거리가 배수구 직경의 1/40 이상 1/15 미만의 것
  - 고양정식 : 안전밸브 작동거리가 배수구 직경의 1/7 이상의 것
  - 전양정식 : 안전밸브 작동거리가 배수구 직경의 1/40 이상 1/15 미만의 것(배수구 직경의 1/7을 열 때 유체 통로의 면적보다도 그 외 부분의 유체의 최소 통로 면적을 10[%] 이상 크게 해야 함)
  - 전량식 : 배수구 직경이 목부 지름의 1.15배 이상인 것(밸브가 열린 경우 밸브의 유체 통로 면적이 목부 면적의 1.05배 이상으로, 안전밸브의 입구 및 배관 유체 통로의 면적은 목부 면적의 1.7배 이상으로 해야 함)
- 배기에 의한 분류 : 개방형, 밀폐형, 벨로스형
  - 개방형 : 분출가스가 대기로 방출되는 형식으로 보일러 및 압력용기에 사용된다.
  - 밀폐형 : 분출가스가 다른 공정시스템으로 방출되는 형식으로 화학설비에 사용된다.
  - 벨로스형 : 벨로스를 사용하여 부식 유체로부터 스프링을 보호하는 형식으로 부식성, 독성가스에 사용된다.
- 설치형식에 의한 안전밸브의 분류 : 단식, 복식, 2조식

㉡ 작동기구에 의한 안전밸브의 종류 : 스프링식, 가용전식, 파열판식, 중추식
- 스프링식 안전밸브 : 일정 압력 이하로 내려가면 가스 분출이 정지되는 구조의 안전밸브
  - 가장 일반적으로 널리 사용된다.

- 스프링의 힘에 의해 압력을 조절한다.
- 설정압력 이상이 되면 서서히 개방된다.
- 주로 저장탱크 또는 용기에서 사용된다.
- 고압가스의 양을 결정하여 이 양을 충분히 분출시킬 수 있는 구경이어야 한다.
- 반복 사용이 가능하므로 한 번 작동하면 밸브 전체를 교환할 필요는 없다.

• 가용전식 안전밸브 : 이상 고압에 의해 작동하지 않고 설정온도에서 밸브의 개구부 금속이 용융되어 압을 분출시키는 안전밸브이다.
- 밸브 부근의 온도가 일정 온도를 넘으면 퓨즈메탈이 녹아 가스를 전부 방출시킨다.
- Cl_2, C_2H_2 등에 사용된다.

• 파열판식 안전밸브 : 작동 부분에 얇은 평판을 설치하여 이상압력이 발생되면 판이 파열되어 장치 내의 가스를 분출시키는 안전밸브이다.
- 구조가 간단하며, 취급이 용이하다.
- 토출용량이 높아 압력 상승이 급격하게 변하는 곳에 적당하다.
- 밸브시트의 누출이 없다.
- 부식성, 괴상물질(슬러지 등)을 함유한 유체에 적합하다.

• 중추식 안전밸브 : 밸브장치에 무게가 있는 추를 달아서 이상압력이 발생하면 추를 밀어 올려 장치 내의 고압가스를 분출시키는 안전밸브이다.

㉢ 고압가스용 스프링식 안전밸브의 구조

• 안전밸브는 그 일부가 파손되어도 충분한 분출량을 얻을 수 있어야 하며, 밸브시트는 이탈되지 않도록 밸브 몸통에 부착되어 있을 것
• 스프링의 조정나사는 자유로이 헐거워지지 않는 구조이고, 스프링이 파손되어도 밸브디스크 등이 외부로 빠져나가지 않는 구조일 것
• 안전밸브는 압력을 마음대로 조정할 수 없도록 봉인할 수 있는 구조일 것
• 가연성 또는 독성가스용의 안전밸브는 개방형을 사용하지 말 것
• 밸브디스크와 밸브시트의 접촉면이 밸브축과 이루는 기울기는 45°(원추시트) 또는 90°(평면시트)로 할 것
• 안전밸브에 사용하는 스프링은 다음에 적합할 것
- 스프링은 유해한 흠 등의 결함이 없을 것
- 자리감기 부분의 모양은 테이퍼가공 또는 연삭가공의 어느 것이든 좋으며, 자리감기의 수는 각각 한 번 감기 이상으로 할 것
- 시트의 양끝은 연삭을 하여 스프링의 축선에 직각이고 매끄러워야 하며, 연삭부의 길이는 3/4 감기 이상으로 할 것
- 스프링은 세팅한 후 시험하중 또는 밀착하중을 가해서 이를 제거한 후 자유 높이의 감소가 1.0[%] 이하일 것

㉣ 밸브 몸통의 내압시험시간

공칭밸브 크기	최소시험유지시간(초)
50A 이하	15
65A 이상 200A 이하	60
250A 이상	180

※ 공기 또는 기체로 내압시험을 하는 경우에도 같다.

㉤ 고압가스 안전밸브 설치 위치

• 압력용기의 기상부 또는 상부
• 압력을 상승시키거나 압력을 갖는 기체를 발생하는 설비의 아랫부분(압력용기, 가열로, 압축기 등)
• 조정기, 감압밸브 또는 등 감압을 하는 설비는 조정기 전·후단(상·하류) : 저압측과 고압측을 다른 압력으로 구분한다.
• 밸브 등으로 차단되는 부분으로 가열·반응 등에 의하여 압력 상승이 예상되는 부분
• 다단압축기 등 압력을 상승시키는 기기의 경우 각 단의 압축기마다
• 저장탱크
• 배관에 접속하는 부분

ⓑ 안전밸브 설치 시 유의사항

- 검사하기 쉬운 위치에 밸브축을 수직으로 설치한다.
- 분출 시 반발력을 고려한다.
- 용기에서 안전밸브 입구까지의 압력차가 설정압력의 3[%]를 초과하지 않도록 배관 치수를 결정한다.
- 방출관이 긴 경우 배압에 주의한다.
  - 배압이 설정압력의 10[%] 이내 : Conventional Spring Type
  - 배압이 설정압력의 30[%]까지 : Balanced Type (Bellows Type, Piston Type)
- 안전밸브의 전후에는 원칙적으로 차단밸브를 설치하지 않는다.
- 안전밸브 전후에 차단밸브를 설치하는 경우
  - 이웃에 위치한 압력용기에 안전밸브가 설치되어 있어서 공동으로 사용될 수 있는 경우
  - 안전밸브 및 자동압력조절밸브가 병렬로 연결된 경우
  - 특수방식으로 안전밸브가 설치된 경우
  - 압력용기가 이중으로 설치되고 각각 안전밸브가 설치된 경우
  - 열팽창에 의한 압력방출밸브의 경우

ⓢ 안전밸브 작동 불량의 원인

- 밸브디스크의 녹 등에 의한 부식
- 스프링의 열화나 탄성 불량
- 가이드의 불량이나 슬라이드의 불능
- 조정 시 설정의 실수
- 전단밸브의 오조작에 의한 폐쇄
- 디스크에 이물질 부착

ⓞ 안전밸브 관련 계산식

- 최고충전압력 : 내압시험압력$\times\frac{3}{5}$
- 안전밸브의 작동압력 :

  내압시험압력$\times 0.8 =$ 최고충전압력$\times\frac{5}{3}\times 0.8$
- 안전밸브의 유효 분출면적 :

$$A = \frac{W}{230 \times P\sqrt{M/T}}$$

  여기서, W : 시간당 분출가스의 양

  P : 안전밸브 작동압력

  M : 가스분자량

  T : 절대온도

ⓩ 안전밸브의 선정 절차 순서

- 통과 유체 확인
- 밸브 용량계수값 확인
- 해당 메이커 자료 확인
- 기타 밸브구동기 선정

④ 콕(Cock)

㉠ 콕의 개요

- 콕은 가스레인지 등의 연소기구 직전에 설치하여 연소기의 고장이나 잘못 잠금으로 인한 가스 누출을 방지해 주고 연소기를 수리 또는 청소할 때 가스를 차단해 주며, 압력조정기의 고장으로 고압의 가스가 공급될 때 가스를 차단시켜 연소기의 고장을 방지해 주는 역할을 한다.
- 중간밸브라고도 한다.
- 각각의 연소기에 설치하는 중간밸브로 퓨즈콕 또는 이와 동등 이상의 성능을 가진 안전장치를 설치해야 하는 조건 : 가스 소비량 19,400[kcal/h] 초과, 사용압력 3.3[kPa] 초과

㉡ 콕의 재료

- 콕의 몸통 및 덮개의 재료는 구리 및 구리합금봉의 단조용 황동봉 및 쾌삭 황동봉을 사용한다. 다만, 업무용 대형 연소기용 노즐콕 몸통의 재료는 구리 및 구리합금봉의 단조용 황동봉을 사용한다.
- 콕의 몸통 및 덮개 이외의 금속 부품재료는 내식성 또는 표면에 내식처리를 한 것을 사용한다.
- 상자콕은 상기의 재료 이외에 주물 황동을 사용할 수 있다.

㉢ 구조 및 치수

- 콕의 표면은 매끈하고, 사용에 지장을 주는 부식·균열·주름 등이 없는 것으로 한다.
- 콕의 각 부분은 기계적·화학적 및 열적인 부하에 견디고, 사용에 지장을 주는 변형·파손 및 누출 등이 없고 원활하게 작동하는 것으로 한다.
- 콕은 1개의 핸들 등으로 1개의 유로를 개폐하는 구조로 한다.
- 콕의 핸들 등을 회전하여 조작하는 것은 핸들의 회전 각도를 90°나 180°로 규제하는 스토퍼를 갖추어야 한다. 또한 핸들 등을 누름, 당김, 이동 등 조작을 하는 것은 조작범위를 규제하는 스토퍼를 갖추어야 한다.
- 콕의 핸들 등은 개폐 상태가 눈으로 확인할 수 있는 구조로 하고 핸들 등이 회전하는 구조는 회전 각도가 90°인 것을 원칙으로 열림 방향은 시계 바늘의 반대 방향인 구조로 한다. 다만, 주물연소기용 노즐콕 및 업무용 대형 연소기용 노즐콕의 핸들 열림 방향은 그러하지 아니할 수 있다.
- 완전히 열었을 때의 핸들 방향은 유로의 방향과 평행인 것으로 하고, 볼 또는 플러그의 구멍과 유로와는 어긋나지 않는 것으로 한다.
- 콕의 플러그 및 플러그와 접촉하는 몸통 부분 테이퍼는 1/5부터 1/15까지이고, 몸통과 플러그의 표면은 밀착되도록 다듬질하며, 회전이 원활한 것으로 한다.
- 콕은 닫힌 상태에서 예비 동작 없이는 열리지 않는 구조로 한다. 다만, 업무용 대형 연소기용 노즐콕은 그러하지 아니할 수 있다.
- 콕에 과류차단안전기구가 부착된 것은 과류차단되었을 때 간단하게 복원되도록 하는 기구를 부착한다.
- 콕의 몸통과 덮개는 나사에 금속접착제를 사용하여 조립한다.
- 콕의 O링이 접촉하는 몸체 부분은 매끄럽고 윤이 나는 것으로 한다.
- 콕의 볼은 진원도가 양호하고, 양쪽 구멍 모서리는 모나지 않은 구조로 한다.
- 콕의 볼 표면은 니켈크롬 도금 또는 크롬 도금을 한다.
- 콕의 관 이음부가 나사일 경우 관용 테이퍼나사로 한다. 다만, 상자콕의 관 이음부에는 가단주철제 관 이음쇠를 사용할 수 있다.
- 볼 또는 플러그의 구멍지름은 6.0[mm] 이상이고, 유로의 크기는 볼 또는 플러그의 구멍지름 이상으로 한다. 다만, 과류차단안전기구가 부착된 것과 주물연소기용 노즐콕 및 업무용 대형 연소기용 노즐콕은 그러지 아니할 수 있다.

㉣ 가스용 퀵 커플러

- 퀵 커플러는 사용 형태에 따라 호스접속형과 호스엔드접속형으로 구분한다.
- 4.2[kPa] 이상의 압력으로 기밀시험을 하였을 때 가스 누출이 없어야 한다.
- 탈착조건은 분당 10~20회의 속도로 6,000회 실시한 후 작동시험에서 이상이 없어야 한다.

㉤ 콕의 종류

- 퓨즈콕 : 과전류차단기가 부착된 것으로 배관과 호스 또는 배관과 퀵 커플러를 연결하는 구조이다.
  - 가스유로를 볼로 개폐하고, 과류차단안전기구가 부착된 것으로서 배관과 호스, 호스와 호스, 배관과 배관 또는 배관과 커플러를 연결하는 구조로 한다.
  - 가스 사용 중 호스가 빠지거나 절단되었을 때 또는 화재 시 규정압력 이상의 가스가 흐르면 콕에 내장되어 있는 볼이 떠올라 가스 통로를 자동으로 차단하여 안전을 지켜 준다.
- 상자콕 : 상자에 넣어 바닥, 벽 등에 설치하는 것으로서 3.3[kPa] 이하의 압력과 1.2[m^3/h] 이하의 표시 유량에 사용하는 콕이다.
  - 퀵 커플러안전기구와 과전류차단안전기구가 부착된 것으로서 배관과 퀵 커플러를 연결하는 구조로 되어 있다.
  - 벽에 설치하여 가스를 사용할 때만 퀵 커플러로 연결하여 사용하는 것으로, 전기콘센트와 같은 구조이다.

- 커플러를 연결하지 않으면 핸들 등을 열림 위치로 조작하지 못하는 구조로 하고, 핸들 등을 커플러가 빠지는 위치로 조작해야만 커플러가 빠지는 구조로 한다.
- 가스 유로를 핸들, 누름, 당김 등의 조작으로 개폐하고, 과류차단안전기구가 부착된 것으로서 배관과 커플러를 연결하는 구조로 한다.
- 상자의 재료는 통상 사용 상태에서 강도 및 내구성이 있어야 한다.
- 몸체는 상자를 벗기지 않고 교체할 수 있는 것이어야 한다.
- 상자 내 조립 시의 출구쪽 가스 접속부는 상자 끝으로부터 돌출되지 않아야 한다.
- 입구쪽에 스트레이너(황동선망 또는 스테인리스강선망을 말한다)를 내장하는 구조로 가스 유량에 대하여 충분한 단면적을 갖고 공구를 사용하지 않으면 빠지지 않는 것으로 한다.
- 주로 난로와 같은 이동식 연소기에 사용할 수 있는 구조로 되어 있는 콕이다.

• 노즐콕 : 호스콕의 출구측에 연소기의 노즐을 결합시키고 볼로 개폐하는 구조의 콕이다. 주물연소기용 또는 업무용 대형 연소기에 부착하여 사용한다.

• 호스콕 : 퓨즈가 없어서 과압 차단이 불가능하여 노후화됐거나 훼손이나 절단 시 가스 누출 사고가 발생할 수 있어서 1993년부터 퓨즈콕 사용이 의무화되어 현재는 사용 금지된 콕이다.

ⓗ 콕의 사용과 유지관리상의 주의점

• 콕 사용 시 완전히 열거나 닫힌 상태로 사용한다.

• 호스 끝의 표시선까지 완전히 밀어 넣은 후 호스밴드로 꽉 조여야 한다.

• 퓨즈가 작동하면 다시 한 번 손잡이를 닫았다가 열림으로 한다.

• 마음대로 분해 조립을 하면 안 되며 콕은 티자형으로 연결해서 사용하지 말아야 한다.

ⓢ 제품 성능

• 기밀 성능 : 콕은 35[kPa] 이상의 공기압을 1분간 가했을 때 누출이 없는 것으로 한다. 다만, 상자콕은 열림 및 닫힘 위치에서 각각 가스 입구측에서 22.5[kPa]의 공기압을 1분간 가하였을 때 누출이 없는 것으로 한다.

• 내구 성능

- 퓨즈콕, 주물연소기용 노즐콕 및 업무용 대형 연소기용 노즐콕은 2.8[kPa]의 액화석유가스를 1.5~3.0[L/h]의 유량(다른 기체로 시험하는 경우 이에 상응하는 유량)으로 통과시키면서 15~20[회/분]의 속도로 6,000회 반복하여 개폐 조작한 후, 기밀시험에서 누출이 없고 회전력이 0.588[N・m] 이하인 것으로 한다.
- 상자콕의 밸브는 2.8[kPa]의 액화석유가스를 1.5~3.0[L/h]의 유량(다른 기체로 시험하는 경우 이에 상응하는 유량)으로 통과시키면서 15~20[회/분]의 속도로 10,000회 반복하여 개폐 조작한 후, 기밀시험에서 누출이 없고 핸들의 회전력이 0.588[N・m] 이하인 것으로 한다. 다만 개폐가 누름, 당김 등의 조작을 하는 경우의 조작력은 40[N] 이하인 것으로 한다.
- 상자콕의 과류차단안전기구는 가스 입구쪽에서 2.8[kPa]의 액화석유가스를 표시 유량(다른 기체로 시험하는 경우 이에 상응하는 유량) 이상으로 통과시키면서 5~20[회/분]의 속도로 1,000회 반복하여 개폐 조작한 후 4.2[kPa] 이상의 압력에서 누출량이 1.0[L/h] 이하인 것으로 한다.
- 커플러안전기구가 부착된 것은 500회 개폐 조작한 후 4.2[kPa] 압력으로 기밀시험을 하여 누출량이 0.55[L/h] 이하인 것으로 한다.
- 콕의 온오프(ON-OFF)장치는 2.8[kPa]의 액화석유가스를 1.5~3.0[L/h]의 유량(다른 기체로 시험하는 경우 이에 상응하는 유량)으로 통과시키면서 5~20[회/분]의 속도로 10,000회 반복하여 개폐 조작한 후 차단한 상태에서 4.2[kPa] 이상의 압력에서 누출량이 1.0[L/h] 이하인 것으로 한다.

- 내열 성능
  - 콕을 연 상태로 60±2[℃]에서 각각 30분간 방치한 후 지체 없이 기밀시험을 실시하여, 누출이 없고 회전력은 0.588[N·m] 이하인 것으로 한다.
  - 콕을 연 상태로 120±2[℃]에서 30분간 방치한 후 꺼내 상온에서의 기밀시험에서 누출이 없고 변형이 없으며, 핸들 회전력은 1.177[N·m] 이하인 것으로 한다.
- 내한 성능 : 콕을 연 상태로 −10±2[℃]에서 각각 30분간 방치한 후 지체 없이 기밀시험을 실시하여, 누출이 없고 회전력은 0.588[N·m] 이하인 것으로 한다.
- 누출량 성능
  - 커플러안전기구부는 4.2[kPa] 이상의 압력에서 누출량은 0.55[L/h] 이하인 것으로 한다.
  - 과류차단안전기구부는 4.2[kPa] 이상의 압력에서 누출량은 1.0[L/h] 이하인 것으로 한다.

⑤ 기타 밸브류

㉠ 글로브밸브 : 유량 조절이 정확하고 용이하며 기밀도가 커서 주로 기체의 배관에 사용되는 밸브

- 기밀도가 커서 가스배관에 적당하다.
- 개폐가 쉽고 차단 성능이 좋다.
- 유량 조절이 정확하고 용이하여 주로 유량 조절에 사용한다.
- 유체의 저항이 커서 압력손실이 크다.
- 고압의 대구경 밸브로는 부적합하다.

㉡ 게이트밸브 : 밸브판(밸브디스크)이 유체 흐름에 직각으로 미끄러져서 유체의 통로를 수직으로 막아 개폐를 한다.

- 밸브를 사용할 때는 완전히 열어 사용한다. 일부만 열어 사용하면 밸브판의 후면에 심한 와류를 일으켜서 밸브가 진동한다.
- 전개 시 유동저항이 작다.
- 서서히 개폐가 가능하다.
- 압력손실은 글로브밸브에 비해서 극히 작다.
- 충격 발생이 작다.
- 유체 중 불순물이 있으면 밸브에 고이기 쉬워 차단능력이 저하될 수 있다.
- 대규모 플랜트나 길고 큰 배관에 널리 사용된다.

㉢ 팽창밸브 : 증기압축식 냉동기에서 고온·고압의 액체냉매를 교축작용에 의해 증발을 일으킬 수 있는 압력까지 감압시켜 주는 역할을 하는 기기

㉣ 체크밸브(역류방지밸브) : 유체의 흐름을 한 방향으로만 수송할 때 사용하는 것으로, 역류 시에는 자동으로 폐쇄된다.

- 종류로는 리프팅형, 스윙형, 볼형, 경사판형 등이 있다.
- 반드시 역류방지밸브를 설치해야 할 배관
  - 가연성 가스를 압축하는 압축기와 충전용 주관과의 사이
  - 아세틸렌을 압축하는 압축기의 유분리기와 고압건조기 사이
  - 암모니아의 합성탑과 압축기 사이
- 반드시 역류방지밸브를 설치할 필요가 없는 배관 : 가연성 가스를 압축하는 압축기와 오토클레이브 사이

㉤ 매몰용접형 가스용 볼밸브 : 밸브 내의 한 방향으로 구멍이 뚫린 볼(구슬)이 있어, 밸브 개폐 손잡이(핸들)를 90° 회전시키면 내부의 볼이 같이 회전하면서 유체의 흐름을 제어하는 밸브이다.

- 퍼지관의 부착 여부에 따른 볼밸브의 종류
  - 짧은 몸통형(Short Pattern) : 볼밸브에 퍼지관을 부착하지 아니한 것
  - 긴 몸통형(Long Pattern) : 볼밸브에 퍼지관을 부착한 것(일체형과 용접형으로 구분)
    - ⓐ 일체형 : 볼밸브의 몸통(덮개)에 퍼지관을 부착한 구조
    - ⓑ 용접형 : 볼밸브의 몸통(덮개)에 배관을 용접하여 퍼지관을 부착한 구조
- 개폐용 핸들 휠의 열림 방향은 시계 반대 방향으로 한다.
- 표면은 매끈하고 사용에 지장이 있는 부식·균열·주름 등이 없는 것으로 한다.

• 볼밸브의 볼은 진원도가 양호하고, 양쪽 구멍 모서리는 모나지 아니한 것으로 한다.
• 회전력은 시험 전 최소한 3회 개폐한 후 핸들 끝에서 294.2[N] 이하의 힘으로 90° 회전할 경우에 완전히 개폐하는 구조로 한다. 다만, 공압식, 유압식, 전동식 밸브는 제외한다.
• 완전히 열렸을 때 핸들 방향과 유로의 방향이 평행인 것으로 하고, 볼의 구멍과 유로와는 어긋나지 않은 것으로 한다. 다만, 구동부가 부착된 것은 개폐 표시가 있는 구조로 한다.
• 몸통과 퍼지관의 용접은 웰도렛(Weldolet) 또는 소코렛(Sokolet)을 사용한다. 다만, 일체형인 경우에는 소켓용접으로 할 수 있다.
• 볼밸브 퍼지관의 구조는 스템 보호관에 고정시켜 용접한 것으로 한다.
• 볼밸브의 외면은 절연피복을 한다. 이 경우 절연피복 부분은 사용상 지장이 있는 갈라짐 · 벗겨짐 · 균열 · 흠 등이 없고, 핀홀시험기로 10~12[kV]에서 측정하였을 때 이상이 없는 것으로 한다.
• 퍼지밸브는 볼밸브(검사품 사용)로서 출구쪽이 관용 테이퍼 수나사인 것을 퍼지관에 용접 · 설치한 것으로 한다.
• 볼밸브의 퍼지관 규격은 호칭지름이 150A 미만인 것은 25A, 호칭지름이 150A 이상인 것은 50A로 한다. 다만, 한국가스안전공사 사장이 인정하는 경우에는 그러하지 아니하다.
• 호칭지름이 25A 이하이고, 상용압력이 2.94[MPa] 이하의 나사식 배관용 볼밸브는 10[회/min] 이하의 속도로 6,000회 개폐 동작 후 기밀시험에서 이상이 없어야 한다.

ⓑ 고압가스 저장탱크와 유리제 게이지를 접속하는 상하 배관에 설치하는 밸브는 자동식 및 수동식의 스톱밸브이다.

핵심예제

4-1. 용기용 밸브는 가스 충전구의 형식에 따라 A형, B형, C형의 3종류가 있다. 가스 충전구가 암나사로 되어 있는 것은?
[2011년 제2회, 2014년 제1회, 2017년 제3회, 2018년 제2회, 2021년 제2회]

① A형 ② B형
③ A, B형 ④ C형

4-2. 고압가스용 밸브에 대한 설명 중 틀린 것은?
[2008년 제2회, 2016년 제1회]

① 고압밸브는 그 용도에 따라 스톱밸브, 감압밸브, 안전밸브, 체크밸브 등으로 구분된다.
② 가연성 가스인 브롬화메탄과 암모니아용기 밸브의 충전구는 오른나사이다.
③ 암모니아용기 밸브는 동 및 동합금의 재료를 사용한다.
④ 용기에는 용기 내 압력이 규정압력 이상으로 될 때 작동하는 안전밸브가 부착되어 있다.

4-3. 고압가스용 스프링식 안전밸브의 구조에 대한 설명으로 틀린 것은?
[2014년 제3회, 2018년 제1회]

① 밸브시트는 이탈되지 않도록 밸브 몸통에 부착되어야 한다.
② 안전밸브는 압력을 마음대로 조정할 수 없도록 봉인된 구조로 한다.
③ 가연성 가스 또는 독성가스용의 안전밸브는 개방형으로 한다.
④ 안전밸브는 그 일부가 파손되어도 충분한 분출량을 얻어야 한다.

4-4. 35[℃]에서 최고충전압력이 15[MPa]로 충전된 산소용기의 안전밸브가 작동하기 시작하였다면, 이때 산소용기 내의 온도는 약 몇 [℃]인가?
[2013년 제3회, 2019년 제2회]

① 137[℃] ② 142[℃]
③ 150[℃] ④ 165[℃]

4-5. 과류차단 안전기구가 부착된 것으로 배관과 호스 또는 배관과 커플러를 연결하는 구조의 콕은?
[2007년 제2회, 2010년 제2회, 2013년 제2회, 2016년 제1회, 2020년 3회 유사]

① 호스콕 ② 퓨즈콕
③ 상자콕 ④ 노즐콕

|해설|

4-1

가스 충전구의 형식에 따른 용기용 밸브의 분류

- A형 : 가스 충전구가 수나사
- B형 : 가스 충전구가 암나사
- C형 : 가스 충전구에 나사가 없는 것

4-2

암모니아용기 밸브의 재료로는 강재가 사용된다.

4-3

가연성 또는 독성가스용의 안전밸브는 개방형을 사용하지 않는다.

4-4

안전밸브의 작동압력

P = 내압시험압력×0.8

$= \text{최고충전압력} \times \frac{5}{3} \times 0.8 = 15 \times \frac{5}{3} \times 0.8 = 20[\text{MPa}]$

산소용기 내의 온도를 T_2라 하면

$\frac{P_1 V_1}{T_1} = \frac{P_2 V_2}{T_2}$에서 $V_1 = V_2$이므로

$\frac{P_1}{T_1} = \frac{P_2}{T_2}$에서 $T_2 = \frac{T_1 \times P_2}{P_1} = \frac{(273+35) \times 20}{15} = 410.7[\text{K}]$

$= (410.7-273)[℃] = 137.7[℃]$

4-5

① 호스콕 : 퓨즈가 없어서 과압 차단이 불가능하여 노후화됐거나 훼손이나 절단 시 가스 누출 사고가 발생할 수 있어서 1993년부터 퓨즈콕 사용이 의무화되어 현재 사용 금지된 콕이다.

③ 상자콕 : 벽에 설치하여 가스를 사용할 때만 퀵 커플러로 연결하여 사용하는 것으로, 전기콘센트와 같은 구조이다. 주로 난로와 같은 이동식 연소기에 사용 시 편리하다.

④ 노즐콕 : 호스콕의 출구측에 연소기의 노즐을 결합시킨 콕이며, 주물연소기 또는 업무용 대형 연소기에 부착하여 사용한다.

정답 4-1 ② 4-2 ③ 4-3 ③ 4-4 ① 4-5 ②

핵심이론 05 호스(Hose)

① 고압고무호스

㉠ 구조 및 치수

- 호스부는 안층・보강층・바깥층으로 되어 있고 안지름과 두께가 균일해야 한다. 안층 및 바깥층은 고무로 되어 있어야 하며, 보강층은 섬유 등으로 편조한 것으로, 굽힘성이 좋고 흠・기포・균열 등 결점이 없어야 한다.
- 호스부는 안층과 바깥층이 잘 접착되어 있어야 한다.
- 트윈호스는 차압 70[kPa] 이하에서 정상적으로 작동하는 체크밸브를 부착한 것으로 한다.
- 트윈호스와 측도관의 호스부 안지름은 4.8[mm]나 6.3[mm]로 하되, 허용차를 −0.3~0.5[mm]로 한다.
- 용기밸브 충전구와 조정기에 연결하는 이음쇠의 나사는 왼나사로서 W22.5×14T, 나사부의 길이는 12[mm] 이상으로 한다.
- 측도관의 집합관에 연결하는 이음쇠(치구 포함)의 나사는 관용 테이퍼나사로 한다.
- 트윈호스 길이는 900[mm]나 1,200[mm]이고, 측도관 길이는 600[mm] 또는 1,000[mm]로 하되, 허용차를 −10~20[mm]로 한다.
- 호스와 연결 이음쇠를 연결하는 바깥 몸체의 스웨이징부 진원도는 원주 방향으로 3회 측정하였을 때 평균 지름 ±0.25[mm] 이내로 한다.
- 호스의 바깥 이음쇠에는 호스의 삽입 길이를 확인할 수 있는 홀(Hole)을 설치한다.

㉡ 제품 성능

- 내압 성능 : 3[MPa] 이상의 압력으로 1분간 실시하는 수압시험에서 물이 새거나 파열 및 국부적인 팽창 등 이상이 없고, 파열시험압력이 9.0[MPa] 이상이어야 한다.
- 기밀 성능 : 1.8[MPa] 이상의 압력에서 1분간 실시하는 기밀시험에서 누출이 없는 것으로 한다.

• 내한 성능 : 호스는 -25[℃] 이하에서 5시간 이상 방치한 후 최대 반원으로 굽혔을 경우 꺾임 · 균열 등이 없고, 기밀시험에서 누출이 없는 것으로 한다.
• 내구 성능 : 체크밸브는 25±5[회/분]의 속도로 360회 반복하여 작동시험한 후 차압 70[kPa] 이하에서 정상적으로 작동해야 한다.
• 내이탈 성능 : 고압고무호스는 981[N] 이상의 힘을 5분간 가하였을 때 이음쇠의 이탈 및 파손 등이 없고 기밀 성능에 이상이 없는 것으로 한다.
• 호스부 성능
  - 호스부는 안층 · 보강층 및 바깥층으로 되어 있고, 안지름과 두께가 균일하다. 안층 내면에는 가소제 및 가공조제의 추출을 방지할 수 있는 코팅가공을, 바깥층에는 핀 프리킹(Pin Pricking) 가공을 한다.
  - 호스부는 9[MPa] 이상의 수압을 가하여 파열이 없는 것으로 한다.
  - 호스부 안층과 바깥층의 박리강도는 25 ± 2.5 [mm/min]의 속도로 인장하였을 경우 1.2[kN/m](3.1[kgf/25mm]) 이상인 것으로 한다.
  - 호스부 안층은 -20[℃]의 액화석유가스액 및 40[℃]의 액화석유가스액에 침적시킨 후 -25[℃]의 공기 중에서 각각 24시간 방치한 후 이상이 없고, 부피 변화율은 -3~10[%] 이내인 것으로 한다.
  - 호스부 안층과 바깥층은 인장강도가 8[MPa] 이상이고, 연신율은 200[%] 이상인 것으로 한다.
  - 호스부 안층과 바깥층은 70±1[℃]에서 96시간 공기 가열 노화시험을 한 후 인장강도 저하율이 25[%] 이하인 것으로 한다.

    인장강도 저하율[%] :

    $$\Delta T = \frac{T_1 - T_2}{T_1} \times 100[\%]$$

    여기서, T_1 : 공기 가열 전의 인장강도
    T_2 : 공기 가열 후의 인장강도
  - 호스의 안층은 40±1[℃]의 아이소옥탄에서 96시간 침적한 후 추출물(유출물)의 질량비율이 2.0[%] 이하인 것으로 한다.

    추출물의 질량비율[%] : $\Delta E = \frac{m_e}{m_1} \times 100[\%]$

    여기서, m_1 : 시험편 침지 전의 공기 중 질량 [mg]
    m_e : 추출물의 질량[mg]
  - 호스부는 최대 반원으로 굽힌 후 시험온도 40±2[℃], 오존농도 50±5[ppm]으로 96시간 시험한 후 균열이 없는 것으로 한다.
  - 호스부는 90[%] 이상의 프로판을 담은 상태로 45±5[℃]에서 120시간 유지한 후 투과된 가스의 양이 3[mL/m · h] 이하인 것으로 한다.
  - 호스부는 120±2[℃] 공기 중에서 48시간 이상 유지한 후 최소 굴곡 반경으로 굽혔을 때 균열 · 부풂 등이 없고, 기밀시험에서 이상이 없는 것으로 한다.
  - 호스부 안층과 바깥층의 쇼어경도(A형) 기준으로 75±5 이내인 것으로 한다.
  - 호스부는 -25[℃] 이하에서 24시간 유지한 후 8~12초간 최대 반원으로 양쪽 각각 1회씩 굽혀서 꺾임, 균열 등이 없어야 하며 기밀 성능에 이상이 없는 것으로 한다.
  - 호스부에는 호스부 내용적의 80[%] 이상으로 액화석유가스(프로필렌 조성 30~40[%])를 주입하여 상온에서 96시간 유지한 후 가소제가 추출되지 않는 것으로 한다.

② 가스용 염화비닐호스

㉠ 구조 및 치수

• 호스의 구조는 안층 · 보강층 · 바깥층으로 되어 있고 안지름과 두께가 균일한 것으로, 굽힘성이 좋고 흠 · 기포 · 균열 등의 결점이 없어야 한다.
• 호스는 안층과 바깥층이 잘 접착되어 있는 것으로 한다. 다만, 자바라 보강층의 경우에는 그러하지 아니한다.

- 호스의 안지름은 1종, 2종, 3종으로 구분하며, 안지름은 1종 6.3[mm], 2종 9.5[mm], 3종 12.7[mm]이고 그 허용오차는 ±0.7[mm]이다.
- 강선보강층은 직경 0.18[mm] 이상의 강선을 상하로 겹치도록 편조하여 제조한다.

㉡ 제품 성능

- 내압 성능 : 1[m]의 호스를 3.0[MPa]의 압력으로 5분간 실시하는 내압시험에서 누출이 없으며, 파열 및 국부적인 팽창 등이 없는 것으로 한다.
- 파열성능 : 1[m]의 호스가 4.0[MPa] 이상의 압력에서 파열되는 것으로 한다.
- 기밀 성능
  - 1[m]의 호스를 2.0[MPa]의 압력에서 실시하는 기밀시험에서 3분간 누출이 없고, 국부적인 팽창 등이 없는 것으로 한다.
  - 호스는 0.2[MPa]의 압력에서 실시하는 기밀시험에서 3분간 누출이 없고, 국부적인 팽창 등이 없는 것으로 한다.
- 내한 성능 : 1[m]의 호스를 −20[℃](공차 : −5~0[℃])의 공기 중에서 24시간 방치한 후 굽힘 최대 반경으로 좌우 각 5회 굽힘시험을 한 후 기밀성능 시험에서 누출이 없어야 한다.
- 내가스 성능 : 호스 안층은 −20[℃]의 액화석유가스액, 40[℃]의 액화석유가스액 및 −25[℃]의 공기 중에서 각각 24시간 방치한 후 흠, 기포, 균열, 팽창 등 이상이 없는 것으로 한다.
- 내인장시험 : 호스 안층의 인장강도는 73.6[N/5mm] 폭 이상인 것으로 한다.
- 내노화 성능 : 호스의 안층은 70±1[℃]에서 48시간 공기 가열 노화시험을 한 후 인장강도 저하율이 20[%] 이하인 것으로 한다.

  인장강도 저하율[%] :

  $$\Delta T = \frac{T_1 - T_2}{T_1} \times 100[\%]$$

  여기서, T_1 : 공기 가열 전의 인장강도[N/5mm]

  T_2 : 공기 가열 후의 인장강도[N/5mm]

- 내유분 성능
  - 호스의 안층은 아이소옥탄에 40±1[℃]로 22시간 담근 후 인장강도 저하율이 다음 식에 따라 20[%] 이하인 것으로 한다.

    인장강도 저하율[%] :

    $$\Delta T = \frac{T_1 - T_2}{T_1} \times 100[\%]$$

    여기서, T_1 : 담그기 전의 인장강도[N/5mm]

    T_2 : 담근 후 공기 중에 1시간 방치한 후의 인장강도[N/5mm]
  - 호스의 안층은 아이소옥탄에 40±1[℃]로 22시간 담근 후 질량 변화율이 ±5[%] 이내인 것으로 한다.

    질량 변화율[%] :

    $$\Delta W = \frac{W_1 - W_2}{W_1} \times 100[\%]$$

    여기서, W_1 : 담그기 전의 질량[mg]

    W_2 : 담근 후 공기 중에 1시간 방치한 후의 질량[mg]

③ 가스용 금속 플렉시블호스

㉠ 금속 플렉시블호스의 제조기준 적합 여부에 대해 실시하는 생산단계 검사의 검사 종류별 검사항목 : 구조검사, 치수검사, 기밀시험, 인장시험, 충격시험, 굽힘시험, 비틀림시험, 반복 부착시험, 표시 적합 여부 시험 등(내압시험은 해당 없음)

㉡ 제품 성능

- 기밀 성능은 0.02[MPa], 1분간 공기압에서 누출이 없어야 한다.
- 내압 성능은 610[mm] 호스를 1.8[MPa], 1분간 수압에서 누출, 그 밖의 이상이 없어야 한다.
- 내이탈 성능은 305[mm] 호스에 이탈하중을 5분간 가한 후 기밀시험에서 이음쇠의 이탈, 호스의 파손 및 누출 등 이상이 없어야 한다.
- 내비틀림 성능은 610[mm] 호스에 대해 비틀림하중을 가하면서 90° 비틀림을 1회당 10~12초의 균일한 속도로 좌우 각 10회 실시하여, 파손・균열 및 누출 등 이상이 없어야 한다.

- 내굽힘 성능은 610[mm] 호스에 대해 U자형 굽힘을 1회당 10~12초의 균일한 속도로 좌우 각 30회 실시하는 시험에서 누출, 파단 그 밖의 이상이 없어야 한다.
- 내충격 성능
  - 튜브는 2[kg]의 강구를 1[m]의 높이에서 낙하 후 기밀시험에서 파손, 균열 및 누출 등 이상이 없어야 한다.
  - 이음쇠는 기준에 따른 충격력을 가한 후 기밀시험에서 파손, 균열 및 누출 등 이상이 없어야 한다.
- 내구성능
  - 반복 부착성은 기준에 따른 체결조건으로 8회 실시 후 이상이 없어야 한다.
  - 기밀성은 반복 부착시험 후 0.02[MPa], 1분간 실시 후 누출이 없어야 한다.
- 내열성능은 305[mm] 호스를 427±5[℃]에서 15분 유지한 후 기밀시험 후 파손 및 누출 등 이상이 없어야 한다.
- 내응력 · 부식 성능
  - 노출 또는 침적 : 동합금제는 180° 굽힘, 암모니아 분위기가스 중에 18시간 그리고 스테인리스강재는 180° 굽힘, 염화나트륨과 아초산나트륨의 혼합액 중에 14시간 시험 후 균열 등 이상이 없어야 한다.
  - 기밀성 : 노출(침적)시험 후 0.02[MPa], 1분간 시험에서 누출이 없어야 한다.
- 유량 성능 : 입구압력 2.8[kPa]로 기준 압력차로 공기를 흐르게 한다.
- 내굽힘력 성능 : 90° 굽힘시험을 한다.
- 내진동 성능 : 610[mm] 호스에 대해 5[kPa] 공기압과 진폭 3.2[mm]으로 1,000회/분, 55분간 진동을 가하고 5분간 휴식을 반복하여 총 30시간 시험 후 누출 등 이상이 없어야 한다.

㉢ 배관용 호스의 성능시험

- 튜 브
  - 기밀 성능은 0.02[MPa], 1분간 공기압에서 누출이 없어야 한다.
  - 내압 성능은 1.8[MPa], 30초간 수압에서 누출이 없고, 그 밖의 이상이 없어야 한다.
  - 내비틀림 성능은 90° 비틀림을 1회당 10~12초의 균일한 속도로 좌우 각 10회 실시하여 파손, 균열 및 누출 등 이상이 없어야 한다.
  - 내굽힘 성능은 U자형 굽힘을 1회당 10~12초의 균일한 속도로 좌우 16회 실시한 시험에서 파손 및 누출 등 이상이 없어야 한다.
  - 내충격 성능은 2[kg]의 강구를 1[m]의 높이에서 낙하 후 기밀시험에서 파손, 균열 및 누출 등 이상이 없어야 한다.
  - 내열 성능은 120±2[℃]에서 30분 기밀시험 후 파손, 균열 및 누출 등 이상이 없어야 한다.
  - 내응력 · 부식 성능
    - ⓐ 노출 또는 침적 : 동합금제는 180° 굽힘, 암모니아 분위기 가스 중에 18시간 그리고 스테인리스강재는 180° 굽힘, 염화나트륨과 아초산나트륨의 혼합액 중에 14시간 시험 후 균열 등 이상이 없어야 한다.
    - ⓑ 기밀성 : 노출(침적)시험 후 0.02[MPa], 1분간 시험에서 누출이 없어야 한다.
  - 내굽힘력 성능 : 90° 굽힘시험을 한다.
  - 유량 성능 : 입구압력 2.8[kPa]로 기준 압력차로 공기를 흐르게 한다.
- 이음쇠
  - 기밀 성능은 0.02[MPa], 1분간 공기압에서 누출이 없어야 한다.
  - 내압 성능은 1.8[MPa], 1분간 수압에서 누출 등 이상이 없어야 한다.
  - 내이탈 성능은 이탈하중을 5분간 가한 후 기밀시험에서 이음쇠의 이탈, 호스의 파손 및 누출 등 이상이 없어야 한다.

- 내충격 성능은 기준에 따른 충격력을 5분간 가한 후 기밀시험에서 파손, 균열 및 누출 등 이상이 없어야 한다.
- 내응력·부식 성능
  ⓐ 노출 또는 침적 : 동합금제는 180° 굽힘, 암모니아 분위기 가스 중에 18시간 그리고 스테인리스강재는 180° 굽힘, 염화나트륨과 아초산나트륨의 혼합액 중에 14시간 시험 후 균열 등 이상이 없어야 한다.
  ⓑ 기밀성 : 노출(침적)시험 후 0.02[MPa], 1분간 시험에서 누출이 없어야 한다.
- 내가스 성능
  ⓐ n-펜탄 : 35±2[℃]에서 48시간 시험 후 체적변화율 20[%] 이하, 연화·취화가 없는 것으로 한다.
  ⓑ 부탄 : 0.02[MPa], 35±2[℃]에서 72시간 시험 후 체적 변화율 10[%] 이하, 연화·취화가 없는 것으로 한다.

핵심예제

5-1. 콕 및 호스에 대한 설명으로 옳은 것은?

[2014년 제2회 유사, 2017년 제3회]

① 고압고무호스 중 트윈호스는 차압 100[kPa] 이하에서 정상적으로 작동하는 체크밸브를 부착하여 제작한다.
② 용기밸브 및 조정기에 연결하는 이음쇠의 나사는 오른나사로서 W22.5×14T, 나사부의 길이는 20[mm] 이상으로 한다.
③ 상자콕은 과류차단안전기구가 부착된 것으로서 배관과 커플러를 연결하는 구조이고, 주물황동을 사용할 수 있다.
④ 콕은 70[kPa] 이상의 공기압을 10분간 가했을 때 누출이 없는 것으로 한다.

5-2. 연소기용 금속 플렉시블호스의 성능시험방법으로 가장 적정한 것은?

[2013년 제3회]

① 기밀 성능은 0.02[MPa], 1분간 공기압에서 실시 후 누출이 없어야 한다.
② 내압 성능은 0.8[MPa], 30초간, 공기압에서 실시 후 누출, 그 밖에 이상이 없어야 한다.
③ 내비틀림 성능은 90° 비틀림을 1회당 5초의 균일한 속도로 좌우 100회 실시하여 파손 등 이상이 없어야 한다.
④ 내구성능 중 기밀성은 반복 부착시험 후 0.05[MPa], 30초간 실시 후 누출이 없어야 한다.

|해설|

5-1

① 고압고무호스 중 트윈호스는 차압 70[kPa] 이하에서 정상적으로 작동하는 체크밸브를 부착하여 제작한다.
② 용기밸브 충전구와 조정기에 연결하는 이음쇠의 나사는 왼나사로서 W22.5×14T, 나사부의 길이는 12[mm] 이상으로 한다.
④ 콕은 35[kPa] 이상의 공기압을 1분간 가했을 때 누출이 없는 것으로 한다.

5-2

② 내압 성능은 610[mm] 호스를 1.8[MPa], 1분간 수압에서 실시 후 누출이 없고, 그 밖에 이상이 없어야 한다.
③ 내비틀림 성능은 90° 비틀림을 1회당 10~12초의 균일한 속도로 좌우 각 10회 실시하여 파손, 균열 및 누출 등 이상이 없어야 한다.
④ 내구성능 중 기밀성은 반복 부착시험 후 0.02[MPa], 1분간 실시 후 누출이 없어야 한다.

정답 5-1 ③ 5-2 ①

제3절 | 가 스

핵심이론 01 가스의 특성과 품질검사

① 가스의 개요

㉠ 가스의 비중과 비용적

- 비중을 정하는 기존 물질로 공기가 이용된다.
- 가스 비중 : $S=\frac{\text{가스분자량}}{\text{공기분자량}}=\frac{M}{29}$
- 가스의 부력은 비중에 의해 정해진다.
- 비중은 기구의 염구(炎口)의 형에 의해 변화하지 않는다.
- 가스의 비용적 : $\frac{\text{가스의 체적}}{\text{가스의 무게}}$

㉡ 가스의 비등점(끓는점)[℃] : 수소(H_2) −252.5, 질소(N_2) −196, 일산화탄소(CO) −192, 산소(O_2) −183, 프로판(C_3H_8) −41.1, 부탄(C_4H_{10}) −0.5

- 가스의 끓는점이 낮을수록 기화가 잘된다.
- 부탄은 끓는점이 높아서 겨울이나 한랭지에서 기화가 곤란하다.

㉢ 아세톤, 톨루엔, 벤젠이 제4류 위험물로 분류되는 주된 이유 : 공기보다 밀도가 큰 가연성 증기를 발생시키기 때문에

㉣ 작은 구멍을 통해 새어 나오는 가스의 양 : 비중이 작을수록, 압력이 높을수록 많아진다.

㉤ 가연성 가스의 연소

- 폭굉속도는 보통 연소속도의 수백 배 정도이다(폭굉속도 3,500[m/s], 보통 연소속도 0.1~10[m/s]).
- 폭발범위는 온도가 높아지면 일반적으로 넓어진다.
- 혼합가스의 폭굉속도는 3,500[m/s] 이하이다.
- 가연성 가스와 공기의 혼합가스에 질소를 첨가하면 폭발범위의 상한값은 내려간다.

㉥ C/H비 : 탄소와 수소의 중량비로, 가스화의 용이함을 나타내는 지수로 이용된다.

㉦ 웨버지수(WI ; Webbe Index)

- 가스의 연소성, 가스의 호환성을 판단하는 중요한 수치이다.
- 가스 발열량과 가스 비중의 관계를 나타낸다.
- 공식 : $WI=\frac{H}{\sqrt{S}}$

  여기서, H : 가스의 총발열량[kcal/Nm³]

  S : 가스의 비중
- 연소 특성에 따라 4A부터 13A까지 가스를 분류할 때의 숫자이다.
- 웨버지수는 표준웨버지수의 ±4.5[%] 이내를 유지해야 한다.
- 서로 상이한 웨버지수의 연료를 호환되게 하려면 노즐의 지름을 변경한다.

㉧ 노즐지름 변경률

$$\frac{D_2}{D_1}=\sqrt{\frac{WI_1\sqrt{P_1}}{WI_2\sqrt{P_2}}}$$

여기서, D_1 : 처음 상태의 노즐지름[mm]

WI_1 : 웨버지수

P_1 : 압력[kPa]

D_2 : 변경된 상태의 노즐지름[mm]

WI_2 : 웨버지수

P_2 : 압력[kPa]

※ 제조압력[kg/cm²] : 오일 가스화 500, 암모니아 합성 1,000, 메탄올 합성 1,000, 폴리에틸렌 합성 2,000

㉨ 정류(Rectification)

- 비점이 비슷한 혼합물 분리에 효과적이다.
- 상층의 온도는 하층의 온도보다 낮다.
- 환류비를 크게 하면 제품의 순도는 좋아진다.
- 포종탑에서는 액량이 거의 일정하므로 접촉효과가 우수하다.

② 부취제

㉠ 사용목적 : 냄새 나게 하여 가스 누설을 조기에 발견하여 폭발사고나 중독사고 등을 방지하기 위해

㉡ 부취제의 구비조건

- 인체에 해가 없고 독성이 없을 것
- 냄새가 잘 날 것

- 연료가스와 균일하게 혼합될 것
- 연료가스에 대하여 휘발성이 높을 것
- 일반적으로 느낄 수 있는 생활 악취와 명료하게 구별될 것
- 매우 낮은 농도에서도 특유한 냄새가 날 것(공기 혼합 비율이 1/1,000의 농도에서 가스 냄새가 감지될 수 있을 것)
- 화학적 안정성은 높고, 부식성은 낮을 것
- 완전연소가 가능하고 연소 후에는 유해하거나 냄새를 지닌 물질을 남기지 않을 것
- 후각 피로가 빨리 회복될 수 있을 것
- 물에 녹지 않고 응고점과 비점이 낮을 것
- 토양에 대한 투과성이 좋을 것
- 다른 가스와 반응성이 없을 것
- 배관 내 상용의 온도에서 응축하지 않을 것
- 가스관이나 가스미터에 흡착하는 성질이 없을 것
- 취각 이외의 다른 검지방법이 가능할 것
- 가격이 저렴하고 수급이 용이할 것

㉢ 부취제의 종류

- TBM(Tertiary Butyl Mercaptan)
  - 양파 썩는 냄새가 난다.
  - 메르캅탄류 중에서 내산화성이 우수하다.
- THT(Tetra Hydro Thiophene)
  - 석탄가스 냄새가 난다.
  - LD_{50}은 6,400[mg/kg] 정도로 거의 무해하다.
- DMS(Dimethyl Sulfide)
  - 마늘 냄새가 난다.
  - 토양 투과성이 아주 우수하다.
  - 충격에 가장 약하다.

㉣ 부취제의 특성비교

- 부취제 냄새의 강도 : TBM > THT > DMS
- 내충격성 : THT > TBM > DMS
- 화학적 안정성 : THT > DMS > TBM
- 토양 투과성 : DMS > TBM > THT

※ EM(Ethyl Mercaptan)의 냄새 : 마늘 냄새

㉤ 부취제의 주입방식

- 액체 주입방식(고압분사식) : 부취제를 액상 그대로 직접 가스 흐름에 주입하여 가스 중에서 기화 및 확산시키는 방식이며, 가스 유량에 맞춰서 부취제 주입량을 변화시킬 수 있으므로 부취제 첨가율을 일정하게 유지할 수 있다.
  - 펌프 주입방식 : 소요량의 다이어프램 펌프 등으로 직접 부취제를 가스 중에 주입하는 방식으로, 대규모에 적합하다.
  - 적하 주입방식 : 부취제 주입용기를 가스압력으로 균형을 맞춰서 중력에 의해 부취제를 가스 흐름 중에 공급하는 가장 간단한 방식으로, 유량변동이 작은 소규모에 적합하다.
  - 미터연결 바이패스 방식 : 가스 주배관의 오리피스 차압에 의해 바이패스라인과 가스유량을 변화시켜서 바이패스라인에 설치된 가스미터에 연동된 부취제 첨가장치를 구동하여 부취제를 가스 중에 주입하는 방식으로, 대규모 설비에는 적합하지 않다.
- 기체 주입방식(증기 주입식) : 부취제의 증기를 가스 흐름에 혼합하는 방식으로, 설비비가 저렴하고 동력이 필요 없다. 설치 장소는 압력과 온도 변동이 작고 가스 유속이 큰 곳이 바람직하다. 부취제 첨가율을 일정하게 유지하기 어렵고 유량변동이 작은 소규모에 적합하다.
  - 바이패스 증발방식 : 대표적인 증발방식이며 부취제 주입방식 중 전원이 필요하지 않고, 온도·압력 등의 변동에 따라 부취제 첨가율이 변동하는 방식이다. 부취제를 넣은 용기에 가스를 저속으로 흐르게 하여 가스가 부취제 증발로 포화 상태에 이르면 가스라인에 설치된 오리피스에 의해 부취제 용기에서 흐르는 유량을 조절하여 가스 유량에 상당한 부취제 포화가스가 가스라인으로 흘러 들어가게 하여 부취제 첨가율을 일정하게 유지하는 방식이다. 부취범위가 한정되며 혼합부취제에는 적용할 수 없다.

- 워크증발방식 : 아스베스토스에 부취제가 흡수되어 가스가 접촉하는 부분에서 부취제가 증발하여 주입되는 방식이다. 설비는 간단하고 저렴하지만, 부취제 첨가량 조절이 어렵고 아주 소규모에 적합하다.

㉥ 부취제 냄새 측정방법 : 관능시험법과 화학적 분석법이 있는데, 관능시험법이 화학적 분석법보다 오래 전부터 사용되어 왔다.

- 관능시험법 : 오더(Odor)미터법(냄새측정기법), 주사기법, 냄새주머니법, 무취실법
- 화학적 분석법 : 가스크로마토그래피법, 검지관법, 분광광도법 등

③ 사용신고대상가스

㉠ 특정고압가스 사용신고대상가스

- 저장능력 50[cm^3] 이상인 압축가스 저장설비를 갖추고 특정고압가스를 사용하고자 하는 자
- 배관에 의하여 특정고압가스를 공급받아 사용하고자 하는 자
- 압축 모노실란, 압축다이보레인, 액화알진, 포스핀, 셀렌화수소, 게르만, 다이실란, 오불화비소, 오불화인, 삼불화인, 삼불화질소, 삼불화붕소, 사불화유황, 사불화규소, 액화염소 또는 액화암모니아를 사용하고자 하는 자

㉡ LP가스 사용신고대상가스 : 제1종 보호시설(학교 등) 또는 지하실 안에서 사용하는 LP가스

④ 주요 가스의 특징

㉠ 니켈카보닐[$Ni(CO)_4$] : 가연성, 독성가스

- 니켈(Ni) 금속을 포함하고 있는 촉매를 사용하는 공정에서 주로 발생할 수 있는 맹독성 가스이다.
- 무색이며 200[℃]에서 금속 니켈과 일산화탄소로 분해된다.

㉡ 메탄(CH_4) : 가연성, 비독성 가스

- 분자량 16, 비점 −161.5[℃]이다.
- LNG(천연가스)의 주성분이다.
- 무색의 기체이며 청색의 화염을 낸다.
- 임계온도가 낮으며 상온에서는 액화가 불가능하다.
- 공기 중에 5~15[%](폭발범위)의 메탄가스가 혼합된 경우 점화하면 폭발한다.
- 고온에서 수증기와 작용하면 일산화탄소와 수소를 생성한다.
- 파라핀계 탄화수소로서 가장 간단한 형의 화합물이다.

㉢ 메탄올(CH_3OH) : 가연성, 독성가스

- 천연가스 또는 코크스로가스 중의 메탄을 산소, 수증기와 함께 일산화탄소와 수소로 구성된 합성가스로 만든 후 이것을 다시 촉매에서 반응시켜 제조한다.
- 이산화탄소와 메탄, 수증기를 합성가스 반응장치에 넣고 촉매를 투입해 얻은 합성가스로부터 제조한다.

㉣ 불소(F, 플루오린) : 조연성, 독성가스

- 반응성과 독성이 매우 강하다.
- 반응성이 매우 커서 헬륨이나 네온 이외의 대부분의 원소와 반응한다.

㉤ 불화수소(HF) : 불연성, 독성가스

- 무색이며 자극적 냄새가 난다.
- 약산성이지만 강산보다 훨씬 더 독성이 강하다(2020년 제1·2회 통합 시험에서는 강산으로 출제).
- 물과 매우 잘 섞이며, 강력한 수소 결합으로 다시 분리하기가 쉽지 않다.
- 유리를 녹이므로 유리용기에 보관하면 안 되며 납용기, 강철용기, 스테인리스용기 등에 보관한다.

㉥ 산소(O_2) : 조연성, 비독성 가스

- 비점 : −183[℃]
- 임계온도 : −118.6[℃], 임계압력 : 49.8[atm]
- 공기보다 무겁다.
- 액체 공기를 분류하여 제조하는 반응성이 강한 가스이다.
- 염소산칼륨을 이산화망간 촉매하에서 가열하면 실험적으로 얻을 수 있다.
- 산화력이 아주 크다.
- 순산소 중에서는 철, 알루미늄 등도 연소되며 금속 산화물을 만든다.

- 고압에서 유기물과 접촉시키면 위험하다.
- 오일과 혼합하면 산화력의 증가로 강력히 연소한다.
- 가연성 물질과 반응하여 폭발할 수 있다.
- 공기액화분리기 내에 아세틸렌이나 탄화수소가 축적되면 방출시켜야 한다.
- 액화산소는 기화되면 부피가 800배로 팽창된다.
- 상온에서는 액화될 수 없다.
- 용도 : 가스용접 및 절단용, 유리 제조 및 수성가스 제조용, 의료용, 폭약 제조 및 로켓분사장치 추진용 등

ⓢ 산화에틸렌(C_2H_4O, Ethylene Oxide(에틸렌 옥사이드), EO가스) : 가연성, 독성가스

- 고리 모양 에테르의 하나로 상온에서는 상쾌한 냄새가 나는 무색의 가스 또는 액체이다. 분자량이 이산화탄소와 비슷하다.
- 발암성과 독성(신경계 독성, 피부 독성 등)이 있다.
- 허용농도 : 50[ppm]
- 휘발성과 활성이 큰 물질이다.
- 사염화탄소, 에테르 등에 잘 녹는다.
- 충격 등에 의해 분해폭발할 수 있다.
- 증기가 전기스파크나 화염에 의해 분해폭발을 일으키는 가스이다.
- 상온・상압에서는 비교적 안정적이지만, 427[℃] 이상에서는 화염속도가 빠르게 폭발적으로 분해될 수 있다.
- 중합폭발하기 쉬우므로 취급에 주의하여야 한다.
- 산, 가연성 물질, 염기, 금속염, 금속화합물, 아민, 할로 탄소화합물, 금속, 사이안화물, 산화제 등과는 혼합하여 사용하는 것을 금지하여야 한다.
- 산화에틸렌 증기는 공기보다 무거우며, 발원지와 거리가 멀어도 순간적으로 확산되어 화재 및 폭발의 위험이 있을 수 있으니 주의해야 한다.
- 물에 녹으면 안정된 수화물을 형성한다.
- 산화에틸렌의 해독제 : 물

ⓞ 산화질소(NO) : 가연성, 독성가스

- 상온에서 무색의 기체로 존재하며 일산화질소라고도 한다.
- 화학적으로 반응성이 매우 큰 물질이다.
- 산화되어 이산화질소로 되기 쉽다.

ⓩ 수소(H_2) : 가연성, 비독성 가스

- 무색・무미・무취의 가스이므로 누출되었을 경우 색깔이나 냄새로 알 수 없다.
- 모든 가스 중 가장 가벼워서 확산속도도 가장 빠르다.
- 비중이 약 0.07 정도로 공기보다 가볍다.
- 가벼워서 확산하기 쉬우며, 작은 틈새로 잘 발산한다.
- 열전도도가 매우 크며 폭발하한계가 낮다.
- 산소 또는 공기 중에서 연소하여 물을 생성한다.
- 산소・공기나 염소와 혼합하여 격렬하게 폭발한다.
- 수소와 염소의 혼합가스는 빛과 접촉하면 상온에서 심하게 반응한다.
- 염소와의 혼합기체에 일광을 쬐면 폭발한다.
- 공기와 혼합된 상태에서의 폭발범위는 4.0~75[%]이다.
- 열전도도가 매우 크고, 열에 대하여 안정하다.
- 산화제로 사용되며 용기의 색은 회색이다.
- 암모니아 합성의 원료로 사용된다.
- 고온, 고압에서 강 중의 탄소와 반응하여 수소취성(가스용기의 탈탄작용)을 일으킨다.
- 고온, 고압에서 강재 등의 금속을 투과한다.
- 수소의 특성으로 인한 폭발, 화재 등의 재해 발생원인
  - 가벼운 기체이므로 가스가 확산하기 쉽다.
  - 고온, 고압에서 강에 대해 탈탄작용을 일으킨다.
  - 공기와 혼합된 경우 폭발범위는 약 4~75[%]이다.
- 수소의 취성을 방지하는 원소 : 텅스텐(W), 바나듐(V), 크롬(Cr)
- 수소의 공업적 제조방법 : 천연가스・석유・석탄 등의 열분해(천연가스분해법, 석유분해법, 석탄분해법), 수성가스법, 수전해법, 수증기개질법
- 수소를 얻을 수 있는 반응
  - $Al + NaOH + H_2O$
  - $Na + H_2O$
  - $Zn + H_2SO_4$

- $C_mH_n + mH_2O \rightarrow mCO + \frac{(2m+n)}{2}H_2$

  (수증기개질법의 반응식)

- 용기에 의한 수소가스 공급 순서 : 수소용기 → 압력계 → 압력조정기 → 압력계 → 안전밸브 → 차단밸브
- 수소가스 공급 시 용기의 충전구에 사용하는 패킹 재료는 파이버가 적당하다.
- 용기밸브는 왼나사이며, 가능한 한 서서히 연다.
- 용기 도색은 주황색, 가연성 가스임을 표시하는 '연' 표시와 가스 명칭은 백색으로 표기한다.
- 무계목용기(이음매 없는 용기)로 안전밸브는 가용전이나 파열판식을 병용한다.

㉧ 사이안화수소(HCN) : 가연성, 독성가스

- 독성이 강하며 쉽게 액화되고 액체는 휘발되기 쉽다.
- 가스의 색깔은 무색이다.
- 약산성이며 폭발성이 있다.
- 공기보다 약간 가벼운 기체로, 공기 중에서 폭발할 수 있다.
- 공기보다 가벼워서 누출 시 위쪽에 체류하기 쉽다.
- 물에 잘 녹으며 할로겐과도 반응한다.
- 아몬드향이 나지만 인체에 대한 강한 독성작용을 나타낸다.
- 순수한 액체는 안정하지만, 소량의 수분에 급격한 중합을 일으키고 폭발할 수 있다.
- 중합폭발하는 성질 때문에 장기간 저장할 수 없다.
- 사이안화수소에 첨가되는 안정제로 사용되는 중합방지제 : SO_2, H_2SO_4, $CaCl_2$
- 살충용 훈증제, 전기도금, 화학물질 합성에 이용된다.
- 취급 시 주의사항 : 노출 주의, 독성 주의, 중합폭발 주의

㉨ 실란(SiH_4, 수소화규소) : 가연성, 독성가스

- 특이한 냄새가 나는 무색의 독성기체로 공기 중에 누출되면 자연발화한다.
- 파라핀계 탄화수소에 비해 불안정하여 물, 수산화알칼리용액 등과 반응한다.
- 반도체 제조공정에서 실리콘 중심의 막질 증착 등에 사용된다.
- 가열하면 폭발할 수 있고 흡입 및 피부 흡수 시 치명적일 수 있다.
- 증기는 자각 없는 현기증 또는 질식을 유발할 수 있다.
- 격렬하게 중합반응하여 화재와 폭발을 일으킬 수 있다.

㉩ 아세틸렌(C_2H_2) : 가연성, 비독성 가스

- 상온에서 무색무취의 기체로 존재한다.
- 순수 아세틸렌은 에테르 향기가 나지만 무취의 기체로 분류된다.
- 시판용은 누설 검지 및 안전을 고려하여 부취제를 첨가한다.
- 분자량 : 26, 비중 : 0.92, 자연발화온도 : 235[℃], 폭발범위 : 2.5~81.0
- 각종 액체에 잘 용해된다(물에 1배, 석유에 2배, 벤젠에 4배, 알코올에 6배, 아세톤에 25배가 용해된다).
- 아세틸렌 만드는 방법 : 탄화칼슘을 이용한 제조법(주수식, 침지식, 투입식), 탄화수소분해를 이용한 제조법
- 카바이드와 물의 화학반응을 이용하여 아세틸렌가스를 발생시키는 장치를 발생기라고 하며 주수식 발생기, 침지식 발생기, 투입식 발생기로 구분한다.
- 탄화칼슘(CaC_2, 카바이드)을 이용한 아세틸렌 제조법 : 탄화칼슘은 물과 반응하기 쉬우며, 반응식은 $CaC_2 + 2H_2O \rightarrow C_2H_2 + Ca(OH)_2 + 33.07$[kcal/mole]로 발열이 수반된다. 탄화칼슘 1[kg]은 약 230~290[L]의 아세틸렌을 발생하고, 이때의 발열량은 약 400[kcal]에 달한다.
  - 주수식 : 용기에 카바이드를 넣고 필요량의 물을 주입하여 아세틸렌가스를 발생시키는 방식이다. 주수량의 가감으로 양을 조정할 수 있으나 불순가스 발생량이 많다.

- 침지식 : 용기에 물을 넣고 카바이드를 천에 감싸서 필요시 물에 담가서 아세틸렌가스를 발생시키는 방식이어서 위험성이 크다.
- 투입식 : 용기에 물을 넣고 필요량의 카바이드를 넣어 아세틸렌가스를 발생시키는 방식이다.
  - ⓐ 카바이드 투입량을 조절하여 아세틸렌가스 발생량을 조절할 수 있다.
  - ⓑ 불순 가스 발생이 적다.
  - ⓒ 대량 생산에 적합하다.
  - ⓓ 카바이드가 물속에 있어 온도 상승이 느리다.
  - ⓔ 후기 가스가 발생할 가능성이 있다.

• 탄화수소분해를 이용한 아세틸렌 제조법 : 메탄, 나프타, 에탄, 프로판 등의 탄화수소를 분해하여 아세틸렌을 얻는 방법이다. 메탄을 사용할 경우 $2CH_4 \rightarrow C_2H_2 + 3H_2 - 95.5$[kcal/mole]의 반응이 일어나므로 탄화수소분해반응은 흡열반응이다. 따라서 이 반응을 진행시키기 위해서는 많은 열이 필요하다.
- 일반적으로 메탄 또는 나프타를 열분해한다.
- 분해반응온도는 1,000~3,000[℃]이다. 고온일수록 아세틸렌이 증가하고, 저온에서는 아세틸렌 생성이 감소한다.
- 반응압력은 저압일수록 아세틸렌 생성에 유리하다.
- 흡열반응이므로 반응열의 공급은 보통 연소열을 이용한다.
- 원료 나프타는 파라핀계 탄화수소가 가장 적합하다.
- 중축합반응을 억제시켜 아세틸렌 수율을 높인다.
- 중축합반응을 억제하기 위하여 분해생성가스를 빨리 냉각시킨다.

• 아세틸렌 제조설비에서 제조공정 순서 : 가스 발생로 → 쿨러 → 가스청정기 → 압축기 → 충전장치

• 공업용 카바이드에 물을 부어 만든 아세틸렌은 불순물이 섞여 있어 유독할 수 있다.

• 순수한 아세틸렌은 에테르 냄새가 나지만 불순물이 섞여 있으면 악취 발생의 원인이 된다.

• 가연성 가스 중 폭발범위가 매우 넓고, 아세틸렌 100[%]에서도 폭발하는 경우가 있다.

• 공기 중 폭발하한계가 2.5[%]로서 아주 낮다.

• 아세틸렌가스의 충전제로 규조토, 목탄 등의 다공성 물질을 사용한다.

• 아세틸렌은 아세톤을 함유한 다공물질에 용해시켜 저장한다.

• 아세톤을 석면과 같은 다공성 물질에 흡수시킨 후 아세틸렌을 넣어 15[℃], 15.5[kgf/cm^2] 이하의 압력에서 용해시킨 것을 용해 아세틸렌이라고 한다.

• 반응성이 매우 크고 분해 시 흡열반응을 한다.

• 열이나 충격에 의해 분해폭발이 일어날 수 있다.

• 흡열화합물이므로 압축하면 분해폭발할 수 있다. 이를 방지하기 위하여 아세톤을 함유한 다공성 물질을 충전하고, 다이메틸폼아마이드를 침윤시키고 여기에 용해시켜 용해 아세틸렌으로 만들어 용기에 충전한다.

• 다공성 물질을 충전하는 이유 : 아세틸렌용기 내부를 미세한 공간으로 구분하여 분해폭발의 기회를 최소화하며, 분해폭발 발생 시 압력이 용기 전체로 파급되는 효과를 저지하기 위함이다.

• 아세틸렌의 폭발성
- 분해폭발 : 1기압 이상에서 산소(공기)와 혼합 없이 불꽃, 가열, 충격 시 탄화수소로 자기분해하여 폭발한다. 온도에 관계없이 아세틸렌을 2.5[MPa]의 압력으로 압축하려고 할 때는 질소, 메탄, 일산화탄소, 에틸렌 등의 희석제를 첨가한다.
- 화합폭발 : 동, 은, 수은 등의 금속과 화합 시 아세틸리드를 형성한다. 동, 은, 수은 및 그 화합물과 화합하여 $C_2H_2 + 2Cu \rightarrow Cu_2C_2$의 반응을 일으키며 폭발성의 금속 아세틸리드를 생성하여 충격 등에 의하여 폭발한다. 그러나 62[%] 이하 동합금이나 금과는 화합폭발을 일으키지 않는다.

- 산화폭발 : 산소와 혼합 점화 시 폭발하며, 발열량은 13,900[kcal/m^3], 12,000[kcal/kg] 정도이다.
- 아세틸렌이 아세톤에 용해되어 있을 때에는 비교적 안정해진다.
- 액체 아세틸렌은 고체 아세틸렌보다 불안정하다.
- 염화 제1동 암모니아용액에 아세틸렌을 통과시키면 황색의 구리아세틸리드(Cu_2C_2)가 생성된다.
- 염화 제2수은을 침착시킨 활성탄을 촉매로 염화수소와 반응 시 염화비닐이 생성된다.
- 융점(−81.8[℃])과 비점(−83.6[℃])이 비슷하여 고체 아세틸렌은 안정하며 융해하지 않고 승화한다.
- 산소와 혼합하여 3,300[℃]까지의 고온을 얻을 수 있으므로 용접에 사용된다.
- 비중이 0.90(26/29) 정도로 낮아 누출되면 높은 곳으로 확산된다.
- 용기에 충전할 때에 단독으로 가압 충전할 수 없으며 용해 충전한다.
- 15[℃]에서 물에는 1.1배로 용해되며 아세톤에는 25배 용해된다.
- 동과 직접 접촉하여 폭발성 아세틸리드를 만든다.
- 동, 수은, 은 등과 폭발성 화합물을 만들기 때문에 이러한 물질과 접촉되지 않게 보관한다.
- 아세틸렌가스와 염소가스가 혼합 적재되어 있을 경우 폭발 위험성이 매우 크다.
- 일반적으로 압축가스가 충전된 용기를 차량으로 운반 시 옆으로 뉘여서 적재하지만, 원칙적으로 세워서 적재하여야 하는 가스는 아세틸렌이다.
- 아세틸렌의 고압건조기와 충전용 교체밸브 사이의 배관, 충전용 지관에는 역화방지기를 설치한다.
- 아세틸렌 제조공정에서 저압건조기, 유분리기, 역화방지기 등은 필요장치이지만, CO_2 흡수기는 반드시 필요한 장치는 아니다.
- 아세틸렌가스의 분해폭발을 방지하기 위해 사용되는 희석제 : 질소, 에틸렌, 메탄, 일산화탄소 등
- (용해) 아세틸렌 제조설비에서 정제장치가 제거하는 가스류 : PH_3, H_2S, NH_3, N_2, O_2, H_2, CO, SiH_4 등
- 레페(Reppe) 반응장치 : 아세틸렌의 압축 시 분해폭발의 위험을 줄이기 위한 반응장치로, N_2 49[%] 또는 CO_2 42[%]를 첨가한다.
- 아세틸렌이 접촉하는 부분에 사용하는 재료의 기준
  - 동 또는 동 함유량이 62[%]를 초과하는 동합금은 사용하지 아니한다.
  - 충전용 지관에는 탄소 함유량이 0.1[%] 이하의 강을 사용한다.
- 아세틸렌용기 충전 시 사용하는 다공성 물질의 구비조건
  - 화학적으로 안정하고 기계적 강도가 있어야 한다.
  - 가스 충전이 용이하고 용제 침윤이 균일해야 한다.
  - 고다공도(75~92[%])이어야 하며 안전성이 있어야 한다.
  - 가스 방출이 쉬워야 한다.
- 용기에 아세틸렌 충전 시 주의사항
  - 아세틸렌을 2.5[MPa]의 압력으로 압축하는 때에는 질소, 메탄, 일산화탄소 또는 에틸렌 등의 희석제를 첨가할 것
  - 습식 아세틸렌 발생기의 표면은 70[℃] 이하의 온도로 유지하여야 하며, 그 부근에서는 불꽃이 튀는 작업을 하지 말 것
  - 아세틸렌을 용기에 충전할 때에는 미리 용기에 다공질물을 고루 채워야 하는데, 이때 다공도 기준은 75[%] 이상 92[%] 미만이다.
  - 아세틸렌을 용기에 충전하는 때의 충전 중 압력은 2.5[MPa] 이하로 하고, 충전 후에는 압력이 15[℃]에서 1.5[MPa] 이하로 될 때까지 정치하여 둘 것
- 아세틸렌용기의 압력기준
  - 내압시험압력 : 최고충전압력의 3배
  - 기밀시험압력 : 최고충전압력의 1.8배
- 어느 가스용기에 구리관을 연결시켜 사용하던 도중 구리관에 충격을 가하였더니 폭발사고가 발생하였다면, 이 용기에 충전된 가스는 아세틸렌이다.
- 아세틸렌은 일정 압력에 도달하면 탄소와 수소로 분해하여 다량의 열을 발산한다.

- 아세틸렌의 분해한계압
  - 아세틸렌 용기의 크기에 따라 분해한계압이 다르다.
  - 아세틸렌의 온도에 따라 분해한계압이 다르다.
  - 아세틸렌은 혼합가스의 종류에 따라 분해한계압이 다르다.
- 아세틸렌용기의 도색 및 표시기준
  - 용기에 '연'자를 표시한다.
  - 충전용기의 도색은 황색으로 한다.
  - 충전기한의 문자 색상은 적색으로 한다.
  - 아세틸렌가스명의 문자 색상은 흑색으로 한다.
- 산소-아세틸렌 불꽃은 약 3,000[℃]이다.
- 아세틸렌은 흡열화합물이다.
- 암모니아성 질산은용액에 아세틸렌을 통하면 백색의 아세틸리드를 얻는다.
- 아세틸렌을 충전하기 위한 설비 중 충전용 지관에는 탄소 함유량 0.1[%] 이하의 강을 사용하여야 한다.

㉴ 아황산가스(SO_2) : 불연성, 독성가스
- 물에 매우 잘 녹는 무색의 자극성이 있는 불연성 가스이다.
- 황산화물(SO_x) 중에서 가장 많은 양을 차지하는 대기오염물질이다.
- 대기 중에서 산화된 후에는 수분과 결합하여 쉽게 황산(H_2SO_4)으로 변화하는 특성을 갖는다.

㉵ 암모니아(NH_3) : 가연성, 독성가스
- 상온, 상압에서 강한 자극성을 나타낸다.
- 무색이며 물에 잘 용해된다.
- 약염기성을 띠는 질소와 수소의 화합물이다.
- 임계압력이 112.5[atm]으로 높아 압축시키면 상온에서도 쉽게 액화된다.
- 용기 내에서 액화 상태로 존재하며 공기보다 가볍다.
- 암모니아를 물에 계속 녹이면 용액의 비중은 약간 내려간다.
- 액체 암모니아가 피부에 접촉되면 동상에 걸려 심한 상처를 입게 된다.
- 암모니아가스는 기도, 코, 인후의 점막을 자극한다.
- 붉은 리트머스시험지에 접촉하면 푸른색으로 변한다.
- 고온에서 마그네슘과 반응하여 질화마그네슘을 만든다.
- 산이나 할로겐과도 잘 화합한다.
- 암모니아 합성탑 : 촉매를 사용하여 수소와 질소를 반응시켜 암모니아를 합성하는 탑 모양의 장치
  - 구성 : 동체, 촉매층, 전열 부문, 부속 설비 등
  - 재질 : 18-8 스테인리스강
  - 촉매 : 보통 산화철에 CaO나 K_2O 및 Al_2O_3 등을 첨가한 것
- 암모니아의 공업적 제조방식(암모니아 합성탑의 종류) : 고압합성법(하버-보슈법, 클라우드법, 카자레법), 중압합성법(뉴파우더법, IG법, 케미크법, JCI법, 동공시법), 저압합성법(켈로그식, 구우데법)
  - 하버-보슈법(Haber-Bosch Process) : 촉매(산화철과 약간의 세륨 및 크로뮴) 존재하에 530[℃], 290[atm]에서 수소와 질소를 용적비 3 : 1로 반응시키는 암모니아 합성방법
    - ⓐ 주촉매 : 산화철(Fe_3O_4)
    - ⓑ 보조촉매 : Al_2O_3, K_2O, MgO, CaO
  - 클라우드법(Claude Process, 클로드법) : 합성탑에 철계통의 촉매를 사용하며 합성압력은 약 300~400[atm]에서 촉매층 온도는 약 500~600[℃]이다. 다른 사항은 하버-보슈법과 같다.
  - 카자레법(Casale Process) : 450~600[atm]의 고압조건에서 암모니아를 합성하는 방법이다.
  - 켈로그식 : 고압가스의 합성탑 중 촉매층의 온도조절법으로 냉가스를 적당량 혼입하여 사용하는 방법이다.
  - IG법 : 암모니아 합성가스 분리장치에서 저온에서 디엔류와 반응하여 폭발성의 검(Gum)상의 물질을 만드는 가스는 일산화질소이다.
- 암모니아의 검출 확인방법
  - 특유의 자극성 냄새로 알 수 있다.
  - 붉은 리트머스시험지를 푸르게 변화시킨다.
  - 진한 염산을 접촉시키면 흰 연기가 난다.

- 네슬러 시약 투입 시 황색이 되고 암모니아가 많으면 적갈색이 된다.
- 암모니아 취급 및 저장 시 주의사항
  - 암모니아용의 장치나 계기에는 직접 동이나 황동을 사용할 수 없다.
  - 액체 암모니아는 할로겐, 강산과 접촉하면 심하게 반응하여 폭발・비산하는 경우가 있으므로 주의한다.
  - 고온・고압이 되면 질화작용과 수소취성을 동시에 일으킨다.
  - Cu 및 Al 합금과는 부식성을 가지므로 철합금을 사용한다.
  - 암모니아 건조제는 알칼리성이므로 진한 황산 등을 쓸 수 없고 소다석회를 사용한다.

㉮ 액화 프로판 : 가연성, 비독성 가스
- 이음매 없는 용기에 충전할 경우 그 용기에 대하여 음향검사를 실시하고 음향이 불량한 용기는 내부 조명검사를 하지 않아도 되는 가스이다.
- 대기 중으로 방출 시 기화된다.
- 액화되어 체적이 약 1/250 정도로 줄어들게 되므로 저장 및 수송 시 유리하다.

㉯ 에틸렌(C_2H_4) : 가연성, 독성가스
- 임계온도 : 9.5[℃], 임계압력 : 49.98[atm]
- 냄새가 나며 상온에서 무색의 기체로 존재한다.
- 가장 간단한 올레핀계 탄화수소이다.
- 물에는 거의 용해되지 않지만 알코올, 에테르에는 용해된다(물에 약간 녹는다).
- 공기 중에서 연소시키면 빛을 발하며 탄다.
- 2중 결합의 존재에 따른 활성으로 첨가반응 등의 여러 가지 반응을 일으킨다.
- 주로 가스 절단 및 용접 그리고 각종 화합물의 원료로 사용된다.

㉰ 염소(Cl_2) : 조연성, 독성가스
- 반응성이 강한 가스
- 화학적으로 활성이 강하고 강력한 산화제이다.
- 색깔은 녹황색이며 자극적인 냄새가 나는 맹독성 기체이다.
- 독성이 강하여 흡입하면 호흡기가 상한다.
- 제해제로 소석회 등이 사용된다.
- 염소압축기의 윤활유는 진한 황산이 사용된다.
- 수분 존재 시 금속에 강한 부식성이 있다.
- 고온에서 강을 부식시킨다.
- 습기가 있으면 철 등을 부식시키므로 수분을 차단해야 한다.
- 가스 누출 시에는 소석회 등으로 중화시키면 좋다.
- 묽은 알칼리용액과 반응하여 하이포염소산이 되며 표백에 이용된다.
- 염소 자체는 폭발성이나 인화성이 없다.
- 유기화합물과 반응하여 폭발적인 화합물을 형성한다.
- 염소와 수소는 햇빛 등의 촉매에 의하여 촉발성을 형성하는 염소폭명기를 형성하므로 동일 차량에 적재를 금한다.
- 염소가스와 아세틸렌가스가 혼합 적재되어 있을 경우 폭발 위험성이 매우 크다.
- 염소와 수소를 혼합하면 가열, 일광의 직사, 자외선 등에 의하여 폭발하여 염화수소가 된다.
- 염소와 수소를 혼합하여도 냉암소 내에서는 폭발하지 않고 안전하다.

㉱ 염화메틸(CH_3Cl) : 가연성, 독성가스
- 자연발화 가능성이 있다.
- 오존층 파괴, 지구온난화, 알루미늄설비의 부식이 가능한 물질이다.
- 염화메틸 제조법
  - 메탄염소화법 : 메탄을 온도 400[℃]로 염소와 함께 가열하여 생성된 염화메틸(CH_3Cl), 염화메틸렌(CH_2Cl_2), 클로로폼($CHCl_3$), 사염화탄소(CCl_4) 등의 혼합물을 분해증류하여 제조하는 방법
  - 메탄올법 : 메탄올과 염화수소를 반응시켜 염화메틸을 제조하는 방법이다. 염소는 조연성이므로 동일한 장소에 혼합 적재하여도 위험하지 않다.

㉮ 염화수소(HCl) : 불연성, 독성가스
- 무색이며 자극성 냄새를 갖는다.
- 무수염산이라고도 한다.
- 물에 잘 녹으며, 물에 녹으면 염산이 된다.
- 폐가스는 대량의 물로 처리한다.
- 누출된 가스는 암모니아수로 알 수 있다.
- 건조 상태에서는 금속을 거의 부식시키지 않는다.

㉯ 오존(O_3) : 조연성, 독성가스
- 상온 대기압에서 푸른빛의 기체이다.
- 불안정하여 이원자의 산소로 분해되려는 경향이 있는데 이러한 경향은 온도가 올라갈수록, 압력이 낮아질수록 강하다.
- 오존이 갖고 있는 강력한 산화력은 하수의 살균, 악취 제거 등에 유용하게 이용되기도 하고, 지구 대기 중에 오존층을 형성하여 보호막의 역할도 하는 등 좋은 역할을 하지만, 지표면에 생성되는 오존은 인간의 건강에 해로운 대기오염물질이다.
- 살균력이 뛰어난 화학물질로 수돗물을 만드는 데 쓰인다.

㉰ 이산화탄소(CO_2) : 불연성, 비독성 가스
- 상온에서 무색의 기체로 존재하며 물에 녹으면 약한 산성을 띠는 탄산을 생성한다.
- 임계온도 : 31[℃], 임계압력 : 72.8[atm]
- 기체 상태일 때는 무색무취, 무미로 지구의 대기에도 존재하며, 화산가스에도 포함되어 있다.
- 고체 상태로부터 해빙되면 기체로 승화하므로 드라이아이스(Dry Ice)라고 한다.
- 유기물의 연소, 생물의 호흡, 미생물의 발효 등으로 만들어진다.
- 생물의 광합성 과정에서 주로 이산화탄소를 이용하여 탄수화물을 합성한다.
- 대표적인 온실가스 중의 하나로, 지구온난화의 주요 원인가스이다.
- 이산화탄소와 산소는 반응하지 않으므로 동일한 장소에 저장해도 괜찮다.

㉱ 일산화탄소(CO) : 가연성, 독성가스
- 공기보다 약간 가벼운 무색무취, 무미의 가스이다.
- 공기 중에서 잘 연소한다.
- 공기 중 폭발범위는 약 12.5~74[v%]이다.
- 상온에서 염소와 반응하여 질식성 유독가스인 포스겐($COCl_2$)을 생성한다.
- 헤모글로빈과의 결합력이 산소의 약 250배 정도이다.
- 공기 중 농도에 따른 증상
  - 공기 중 0.02[%]일 때 : 2~3시간 내에 가벼운 두통
  - 공기 중 0.04[%]일 때 : 1~2시간에서 앞두통, 2.5~3.5시간에서 후두통
  - 공기 중 0.08[%] 이상일 때 : 45분에서 두통, 메스꺼움, 구토, 2시간 내 실신
  - 공기 중 0.16[%] 이상일 때 : 20분에 두통, 메스꺼움, 구토, 2시간 내 사망
  - 공기 중 1.28[%]일 때 : 1~3분 내 사망
- 압력을 고압으로 할수록 공기 중에서의 폭발범위가 좁아진다.
- 환원성이 강해 철광석의 환원에 이용된다.
- 연소가스 중의 CO 함량을 분석하면, 노 내의 분위기가 산성 또는 환원성 여부를 확인할 수 있다.

㉲ 질소(N_2) : 불연성, 비독성 가스
- 비점 : -196[℃]
- 공기에 가장 많이 포함된 기체이다.
- 상온에서 매우 안정된 불연성 가스로 존재한다.
- 고온·고압에서는 금속과 반응한다.
- 대기 중에 질소 성분이 너무 많을 경우 산소부족증으로 질식사가 발생될 수 있다.

㉳ 포스겐($COCl_2$) : 불연성, 독성가스
- 질식성 유독가스, 맹독성 가스
- 무색이며, 상큼한 마른 풀 냄새나 곰팡이가 핀 건초에서 나는 냄새와 비슷한 냄새가 난다.
- 노출기준(TWA) : 0.1[ppm]
- 폴리염화비닐(PVC), 수지류 등의 열가소성 수지가 연소할 때 발생된다.
- 상온에서 일산화탄소와 염소와 반응하면 생성된다.
- 포스겐의 제조 시 사용되는 촉매 : 활성탄

- 합성수지, 고무, 합성섬유(폴리우레탄), 도료, 의약, 용제 등의 원료로 사용된다.
- 인체에 미치는 영향 : 안구나 피부 자극, 인후 작열감, 호흡곤란 발생
- 흡입 시 재채기, 호흡곤란 등의 증상이 나타나며 2~8시간 이후부터 폐수종을 일으켜 사망한다.
- 용기가 가열되면 폭발할 수 있다.
- 취급 시 주의사항
  - 취급 시 방독마스크를 착용할 것
  - 물이나 열을 피할 것
  - 공기보다 무거우므로 환기시설은 보관장소의 아래쪽에 설치할 것
  - 사용 후 폐가스를 방출할 때에는 중화시킨 후 옥외로 방출시킬 것
  - 취급 장소는 직사광선을 피하고 환기가 잘되는 곳일 것
  - 충전용기를 차량에 적재하여 운반하는 때에는 용기 승하차용 리프트와 밀폐된 구조의 적재함이 부착된 전용 차량으로 운반할 것

㉮ 포스핀(PH_3) : 가연성, 독성가스
- 극독성, 반응성 가스이며 고압가스이다.
- 가열하면 폭발할 수 있다.
- 흡입하면 치명적이며 수생생물에 매우 유독하다.
- 환기가 양호한 곳에서 취급하고, 용기는 40[℃] 이하를 유지한다.
- 수분과의 접촉을 금지하고 정전기 발생방지시설을 갖춘다.
- 가연성이 매우 강하기 때문에 모든 발화원으로부터 격리시킨다.
- 취급 시 반드시 방독면을 착용한다(누출 시뿐만 아니라 취급 시 항상 착용).

㉯ 프레온(염화불화탄소) : 불연성, 비독성 가스
- 별칭 : 에어로졸, 프레온가스, 플루오린화탄소 등
- 종류 : FC(플루오로카본), HCFC(하이드로클로로플루오로카본), HFC(하이드로플루오로카본), CFC(클로로플루오로카본) 등
- 상온에서 무색무취이다.
- 불연성이므로 폭발하지는 않지만, 800[℃] 이상의 열을 받으면 독성가스인 포스겐가스가 발생된다.
- 부식성이 없는 비인화성 기체이지만 오존층을 파괴하는 환경파괴 가스 중의 하나다.
- 클로로폼($CHCl_3$), 사염화탄소(CCl_4), 육염화에테인(C_2Cl_6) 등을 원료로 하여 플루오린화수소(HF)와 촉매반응을 거쳐 만든다.
- 냉매로 사용되거나 스프레이나 소화기 분무제로도 사용된다.
- 인체에 무해한 가스로 알려져 있지만 밀폐된 곳에서 누출되면 공기보다 무거워 산소를 위로 밀어내어 질식사가 발생될 수 있다.
- 실수로 프레온 냉매가 눈에 들어갔을 때 사용되는 눈 세척제 : 희붕산용액

㉰ 프로판(C_3H_8) : 가연성, 비독성 가스
- 비점 : -42.1[℃]
- 임계온도 : 약 96.67[℃], 임계압력 : 41.94[atm]
- 착화온도 : 약 450~550[℃]
- 증기압 : 21[℃]에서 약 28.4[kPa]

㉱ 프로필렌(C_3H_6, 프로펜) : 가연성, 독성가스
- 상온에서 무색, 거의 무취이지만, 약간 나쁜 냄새가 난다.
- 물에 잘 녹지 않는다.
- 메틸에틸렌이라고도 한다.

Ⓐ 황화수소(H_2S) : 가연성, 독성가스
- 무색이며 특유한 냄새(계란 썩은 냄새)가 난다.
- 알칼리와 반응하여 염을 생성한다.
- 발화온도는 약 260[℃]이다.
- 습기를 함유한 공기 중에는 대부분 금속과 작용한다.
- 각종 산화물을 환원시킨다.

핵심예제

1-1. 가스화의 용이함을 나타내는 지수로서 C/H비가 이용된다. 다음 중 C/H비가 가장 낮은 것은?

[2013년 제1회, 2017년 제2회 유사, 2018년 제3회]

① Propane ② Naphtha
③ Methane ④ LPG

1-2. 발열량이 13,000[kcal/m³]이고, 비중이 1.3, 공급압력이 200[mmH₂O]인 가스의 웨버지수는? [2003년 제3회, 2010년 제1회, 2011년 제2회 유사, 2017년 제3회 유사, 2019년 제3회]

① 10,000 ② 11,402
③ 13,000 ④ 16,900

1-3. 발열량 5,000[kcal/m³], 비중 0.61, 공급 표준압력 100[mmH₂O]인 가스에서 발열량 11,000[kcal/m³], 비중 0.66, 공급 표준압력이 200[mmH₂O]인 천연가스로 변경할 경우 노즐 변경률은 얼마인가? [2007년 제3회, 2009년 제2회, 2013년 제2회, 2017년 제3회, 2021년 제2회 유사, 제3회]

① 0.49 ② 0.58
③ 0.71 ④ 0.82

1-4. 부취제의 구비조건으로 틀린 것은? [2003년 제2회 유사, 제3회 유사, 2007년 제1회 유사, 2017년 제1회 유사, 2018년 제2회]

① 배관을 부식하지 않을 것
② 토양에 대한 투과성이 클 것
③ 연소 후에도 냄새가 있을 것
④ 낮은 농도에서도 알 수 있을 것

1-5. 천연가스에 첨가하는 부취제의 성분으로 적합하지 않은 것은? [2006년 제3회 유사, 2007년 제3회, 2010년 제1회 유사, 제2회, 2017년 제1회, 제3회 유사, 2020년 제1·2회 통합]

① THT(Tetra Hydro Thiophene)
② TBM(Tertiary Butyl Mercaptan)
③ DMS(Dimethyl Sulfide)
④ DMDS(Dimethyl Disulfide)

1-6. 냄새가 나는 물질(부취제)에 대한 설명으로 틀린 것은?

[2004년 제1회, 2010년 제3회 유사, 2018년 제1회 유사, 2019년 제2회]

① DMS는 토양 투과성이 아주 우수하다.
② TBM은 충격(Impact)에 가장 약하다.
③ TBM은 메르캅탄류 중에서 내산화성이 우수하다.
④ THT의 LD_{50}은 6,400[mg/kg] 정도로 거의 무해하다.

1-7. 냄새가 나는 물질(부취제)의 주입방법이 아닌 것은?

[2006년 제2회, 2009년 제1회, 2011년 제3회, 2016년 제2회]

① 적하식 ② 증기주입식
③ 고압분사식 ④ 회전식

1-8. 부취제 주입방식 중 액체 주입방식이 아닌 것은?

[2007년 제1회, 2015년 제2회, 2018년 제3회 유사]

① 펌프 주입방식 ② 적하 주입방식
③ 워크식 ④ 미터연결 바이패스방식

1-9. 액화석유가스에 첨가하는 냄새가 나는 물질의 측정방법이 아닌 것은? [2007년 제1회, 2012년 제2회, 2019년 제2회]

① 오더미터법 ② 에지법
③ 주사기법 ④ 냄새주머니법

1-10. 다음 중 가연성이면서 독성인 가스로만 나열된 것은?

[2004년 제1회, 2006년 제2회 유사, 2011년 제1회, 2016년 제2회 유사]

① 염소, 사이안화수소
② 산화질소, 수소
③ 오존, 아세틸렌
④ 일산화탄소, 암모니아

1-11. 산소의 성질, 취급 등에 대한 설명으로 틀린 것은?

[2015년 제1회, 2018년 제1회]

① 산화력이 아주 크다.
② 임계압력이 25[MPa]이다.
③ 공기액화분리기 내에 아세틸렌이나 탄화수소가 축적되면 방출시켜야 한다.
④ 고압에서 유기물과 접촉시키면 위험하다.

1-12. 산화에틸렌의 성질에 대한 설명으로 틀린 것은?

[2016년 제1회]

① 불연성이다.
② 무색의 가스 또는 액체이다.
③ 분자량이 이산화탄소와 비슷하다.
④ 충격 등에 의해 분해폭발할 수 있다.

1-13. 수소(H_2)의 기본특성에 대한 설명 중 틀린 것은?

[2012년 제3회, 2015년 제3회 유사, 2019년 제2회, 2020년 제3회 유사]

① 가벼워서 확산하기 쉬우며 작은 틈새로 잘 발산한다.
② 고온, 고압에서 강재 등의 금속을 투과한다.
③ 산소 또는 공기와 혼합하여 격렬하게 폭발한다.
④ 생물체의 호흡에 필수적이며 연료의 연소에 필요하다.

핵심예제

1-14. 수소에 대한 설명으로 틀린 것은? [2004년 제3회 유사, 2012년 제2회 유사, 2013년 제1회 유사, 제2회 유사, 2014년 제3회 유사, 2016년 제3회 유사, 2020년 제1·2회 통합]

① 암모니아 합성의 원료로 사용된다.
② 열전달률이 작고 열에 불안정하다.
③ 염소와의 혼합기체에 일광을 쪼이면 폭발한다.
④ 모든 가스 중 가장 가벼워 확산속도도 가장 빠르다.

1-15. 다음 중 수소의 공업적 제법이 아닌 것은?
[2006년 제3회 유사, 2008년 제3회, 2010년 제1회 유사, 2013년 제3회, 2017년 제1회 유사]

① 수성가스법 ② 석유분해법
③ 천연가스분해법 ④ 하버 보슈법

1-16. 사이안화수소에 대한 설명으로 옳은 것은?
[2004년 제2회, 2010년 제3회 유사, 2016년 제2회]

① 가연성, 독성가스이다.
② 가스의 색깔은 연한 황색이다.
③ 공기보다 아주 무거워 아래쪽에 체류하기 쉽다.
④ 냄새가 없고, 인체에 대한 강한 마취작용을 나타낸다.

1-17. 아세틸렌(C_2H_2)에 대한 설명 중 틀린 것은?
[2010년 제1회, 2017년 제1회, 2019년 제2회 유사]

① 산소와 혼합하여 3,300[℃]까지의 고온을 얻을 수 있으므로 용접에 사용된다.
② 가연성 가스 중 폭발한계가 가장 작은 가스이다.
③ 열이나 충격에 의해 분해폭발이 일어날 수 있다.
④ 용기에 충전할 때에 단독으로 가압 충전할 수 없으며 용해 충전한다.

1-18. 아세틸렌에 대한 설명으로 틀린 것은?
[2006년 제3회 유사, 2007년 제3회, 2015년 제1회, 2016년 제2회 유사, 2019년 제2회]

① 반응성이 대단히 크고 분해 시 발열반응을 한다.
② 탄화칼슘에 물을 가하여 만든다.
③ 액체 아세틸렌보다 고체 아세틸렌에 안정하다.
④ 폭발범위가 넓은 가연성 기체이다.

1-19. 암모니아 취급에 대한 설명 중 틀린 것은?
[2003년 제2회, 2007년 제3회, 2010년 제3회 유사]

① 암모니아의 건조제로 진한 황산을 사용한다.
② 진한 염산과 접촉시키면 흰 연기가 나므로 암모니아 누출을 검출할 수 있다.
③ 고온, 고압이 되면 질화작용과 수소취성을 동시에 일으킨다.
④ Cu 및 Al 합금과는 부식성을 가지므로 철합금을 사용한다.

1-20. 암모니아의 검출 확인방법으로 틀린 것은?
[2007년 제1회 유사, 2009년 제1회]

① 자극성 냄새로 알 수 있다.
② 붉은 리트머스시험지를 푸르게 변화시킨다.
③ 진한 염산을 접촉시키면 흰 연기가 난다.
④ 네슬러 시약에 흰색이 검출된다.

1-21. 염소가스에 대한 설명으로 틀린 것은?
[2003년 제3회 유사, 2012년 제1회]

① 수분 존재 시 금속에 강한 부식성이 있다.
② 강력한 산화제이다.
③ 무색·무미의 맹독성 기체이다.
④ 유기화합물과 반응하여 폭발적인 화합물을 형성한다.

1-22. 내용적 120[L]의 LP 가스용기에 50[kg]의 프로판을 충전하였다. 이 용기 내부가 액으로 충만될 때의 온도를 그림에서 구한 것은? [2014년 제1회, 2016년 제2회]

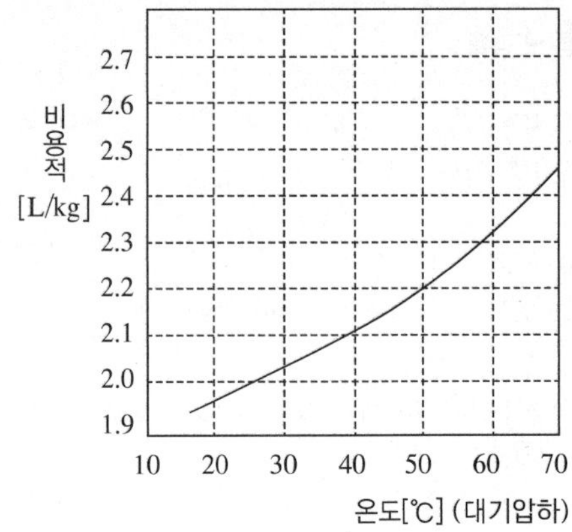

① 37[℃] ② 47[℃]
③ 57[℃] ④ 67[℃]

핵심예제

1-23. 다음 각 가스의 특징에 대한 설명 중 옳은 것은?

[2012년 제2회, 2017년 제1회]

① 암모니아가스는 갈색을 띤다.
② 일산화탄소는 산화성이 강하다.
③ 황화수소는 갈색의 무취 기체이다.
④ 염소 자체는 폭발성이나 인화성이 없다.

|해설|

1-1

C/H비

① Propane(C_3H_8) : $\frac{12\times3}{1\times8}=4.5$

② Naphtha : 라이트 나프타의 탄소원자는 5~12개, 헤비 나프타의 탄소원자는 6~12개이다.

③ Methane(CH_4) : $\frac{12\times1}{1\times4}=3.0$

④ LPG : 주성분은 프로판(C_3H_8)과 부탄(C_4H_{10})이다. 프로판의 C/H비는 ①에서 계산하였으므로 부탄의 C/H비를 계산하면 $\frac{12\times4}{1\times10}=4.8$

∴ Methane(CH_4)의 C/H비가 3.0으로 가장 낮다.

1-2

웨버지수

$$WI=\frac{H}{\sqrt{S}}=\frac{13,000}{\sqrt{1.3}}\simeq11,402$$

1-3

노즐지름 변경률

$$\frac{D_2}{D_1}=\sqrt{\frac{WI_1\sqrt{P_1}}{WI_2\sqrt{P_2}}}=\sqrt{\frac{\frac{5,000}{\sqrt{0.61}}\times\sqrt{100}}{\frac{11,000}{\sqrt{0.66}}\times\sqrt{200}}}\simeq0.58$$

1-4

부취제는 연소 후에 냄새가 없어야 한다.

1-5

부취제의 성분으로 적합하지 않은 것으로 'DMDS, TEA, OCP' 등이 출제된다.

1-6

내충격성의 크기 순 : THT > TBM > DMS

1-7, 1-8

- 액체 주입방식(고압분사식) : 펌프 주입방식, 적하 주입방식, 미터연결 바이패스방식
- 기체 주입방식(증기 주입식 또는 증발식) : 바이패스 증발방식, 위크증발방식

1-9

부취제 냄새 측정방법

- 관능시험법 : 오더(Odor)미터법(냄새측정기법), 주사기법, 냄새주머니법, 무취실법
- 화학적 분석법 : 가스크로마토그래피법, 검지관법, 분광광도법 등

1-10

① 염소 : 조연성 · 독성가스, 사이안화수소 : 가연성 · 독성가스
② 산화질소 : 가연성 · 독성가스, 수소 : 가연성 · 비독성 가스
③ 오존 : 가연성 · 독성가스, 아세틸렌 : 가연성 · 비독성 가스

1-11

산소의 임계온도는 −118.6[℃], 임계압력은 49.8[atm]이다.

1-12

산화에틸렌은 가연성 가스이다.

1-13

생물체의 호흡에 필수적이며 연료의 연소에 필요한 것은 산소(O_2) 기체이다.

1-14

열전달률이 아주 크고, 열에 대하여 안정하다.

1-15

수소의 공업적 제조방법 : 천연가스 · 석유 · 석탄 등의 열분해(천연가스분해법, 석유분해법, 석탄분해법), 수성가스법, 수전해법, 수증기개질법

1-16

② 가스의 색깔은 무색이다.
③ 공기보다 가벼워서 누출 시 위쪽에 체류하기 쉽다.
④ 아몬드향이 나지만 인체에 대한 강한 독성작용을 나타낸다.

1-17

아세틸렌은 가연성 가스 중 폭발범위가 가장 넓은 가스이다.

1-18

아세틸렌은 반응성이 매우 크고 분해 시 흡열반응을 한다.

1-19

암모니아 건조제는 알칼리성이므로 진한 황산 등을 사용할 수 없고 소다석회를 사용한다.

1-20

네슬러 시약 투입 시 황색이 되고 암모니아가 많으면 적갈색이 된다.

1-21

염소가스는 녹황색이며 자극적인 냄새가 나는 맹독성 기체이다.

1-22

내용적 120[L], 무게 50[kg]이므로 비용적은 120/50 = 2.4이다. 그래프에서 비용적 2.4와 만나는 온도는 67[℃]이다.

1-23

① 암모니아가스는 무색이다.
② 일산화탄소는 환원성이 강하다.
③ 황화수소는 무색이며 특유한 냄새(계란 썩은 냄새)가 난다.

정답 1-1 ③ 1-2 ② 1-3 ② 1-4 ③ 1-5 ④ 1-6 ② 1-7 ④ 1-8 ③ 1-9 ② 1-10 ④ 1-11 ② 1-12 ① 1-13 ④ 1-14 ② 1-15 ④ 1-16 ① 1-17 ② 1-18 ① 1-19 ① 1-20 ④ 1-21 ③ 1-22 ④ 1-23 ④

핵심이론 02 LP가스

① LP가스의 개요

㉠ LP가스

- 액화석유가스를 뜻하며 일반적으로 LPG(Liquefied Petroleum Gas)라고 한다.
- 프로판, 부탄 등과 같이 원유 등에 함유되어 있는 비교적 액화되기 쉬운 가스를 총칭한다.
- 액화석유가스의 안전 및 사업관리법에 의한 LP가스의 정의 : 프로판, 부탄을 주성분으로 한 가스를 액화한 것(기화된 것 포함)
- 주성분은 프로판(C_3H_8)과 부탄(C_4H_{10})이며 프로필렌(C_3H_6)과 부틸렌(C_4H_8)도 약간 포함한다.
- 주성분은 탄소수 3 및 4의 탄화수소인 저급 탄화수소의 화합물이다.

※ 저급 탄화수소 : 1분자 중에 탄소원자수가 5개 이하인 탄화수소

㉡ 분자 내 탄소원자 결합 상태에 따른 LP가스의 분류

- 파라핀계 탄화수소 : 탄소가 사슬 모양으로 연결되고 다른 결합수는 수소와 결합한 포화결합으로 되어 있는 탄화수소이다. 일반적으로 C_nH_{2n+2}로 표시한다.
  - 해당 탄화수소 : 메탄(CH_4), 에탄(C_2H_6), 프로판(C_3H_8), 부탄(C_4H_{10})
  - 연소범위[%]는 탄소수가 증가할수록 하한이 낮아진다.
  - 연소속도[m/s]는 탄소수가 증가할수록 늦어진다.
  - 발화온도[℃]는 탄소수가 증가할수록 낮아진다.
  - 발열량[kcal/m^3]은 탄소수가 증가할수록 커진다.
- 올레핀계 탄화수소(에틸렌계 탄화수소) : 파라핀계와 마찬가지로 탄소가 사슬 모양으로 결합되어 있으나, 그중에 탄소끼리의 이중결합이 하나 들어 있는 것이 특징이다. 일반적으로 C_nH_{2n}으로 표시한다.
  - 해당 탄화수소 : 에틸렌, 프로필렌, 부틸렌
  - 불포화결합이 있기 때문에 다른 물질과 결합하기 쉬운 성질이 있다.

- 화학적으로 불안정하다.
- 석유의 성분으로서는 거의 존재하지 않으며 약간 들어 있는 경우에도 석유를 정제하는 단계에서 원유로부터 제거되지만, 석유화학공업의 매우 중요한 원료이다.
- 미국은 천연가스에서 얻고 있지만, 우리나라는 나프타를 분해해서 얻는다.

• 다이올레핀계 탄화수소
• 아세틸렌계 탄화수소

ⓒ LP가스의 특징
• 상온·상압하에서 기체이지만, 가압하거나 상압에서 냉각하면 쉽게 액화한다.
• 온도가 낮을수록 액화시키는 압력은 낮아도 된다.
• 석유의 증류, 정제과정에서 생성된다.
• 증발잠열이 크다.
• 물에 녹지 않는다.
• 온도에 따라서 액체의 체적이 변한다.
• 기상의 LP가스는 공기보다 무겁다(공기에 대한 무게 배수 : 프로판 1.52배, 부탄 2배).
• 액상의 LP가스는 물보다 가볍다(비중 0.5).
• 에틸렌은 약간의 꽃향기가 있지만, 순수한 LP가스는 무색무취이다.
• 공기 중의 혼합비율이 용량으로 1/1,000인 상태에서 감지가 될 수 있도록 부취제를 주입한다.
• 액화 시 체적이 1/250로 축소되어 작은 용기에 많은 양의 가스를 저장 보관할 수 있기 때문에 보관 수송이 용이하다.
• 황산화물 생성성분인 유황성분이 거의 없고, 가스성분 중에 일산화탄소(CO)가 전혀 함유되어 있지 않다.
• 다른 연료에 비하여 비교적 발열량이 높다(발열량[kcal/N·m^3] : 프로판 23,000, 부탄 30,000).
• 다른 가스에 비하여 완전연소에 많은 공기량이 필요하다(필요한 이론공기량[N·m^3] : 수소나 일산화탄소 2.38, 메탄 9.52, 부탄 32.24, 프로판 24.24).

ⓔ OFF가스(정류가스)
• 석유정제 OFF가스 : 석유정제공정의 상압증류 및 가솔린 생산을 위한 접촉개질처리 등에서 생산되는 가스
• 석유화학 OFF가스 : 석유화학의 나프타 분해공정 중 에틸렌, 벤젠 등을 제조하는 공정에서 생산되는 가스

② LP가스의 제조방법
㉠ 습성 천연가스 및 원유에서 제조
㉡ 나프타 분해 생성물에서 제조
㉢ 나프타 수소화 분해 생성물에서 제조

③ LPG 공급방식
㉠ 공기혼합방식(Air Dilute)
• 연소효율이 증대된다.
• 열량 조절이 자유롭다.
• 공급배관에서 가스의 재액화를 방지할 수 있다.
• 누설 시의 손실이 감소된다.
• 폭발범위 내의 혼합가스를 형성하는 위험성이 있다.

㉡ 강제기화방식
• 기화량을 가감할 수 있다.
• 설치 면적이 작아도 된다.
• 한랭 시에도 연속적인 가스 공급이 가능하다.
• 공급가스의 조성을 일정하게 유지할 수 있다.

④ LP가스시설 관련 사항
㉠ LP가스사용시설의 설계 시 유의사항
• 사용목적에 합당한 기능을 가지고 사용상 안전할 것
• 취급이 용이하고 사용에 편리할 것
• 구조가 간단하고 시공이 용이할 것

㉡ LP가스사용시설 기준
• 저장설비로부터 중간밸브까지의 배관은 강관·동관 또는 금속 플렉시블호스로 한다.
• 건축물 안의 배관은 노출하여 시공한다.
• 건축물의 벽을 통과하는 배관에는 보호관과 부식방지피복을 한다.
• 호스의 길이는 연소기까지 3[m] 이내로 한다.
• 저장설비는 화기를 취급하는 장소를 피하여 옥외에 두어야 한다.

㉢ LPG 집단공급시설 및 사용시설에 설치하는 가스누출자동차단기
- 설치해야 하는 곳
  - 동일 건축물 안에 있는 전체 가스사용시설의 주배관
  - 동일 건축물 안으로서 구분 밀폐된 2개 이상의 층에서 가스를 사용하는 경우 층별 주배관
  - 동일 건축물의 동일 층 안에서 2 이상의 자가 가스를 사용하는 경우 사용자별 주배관
- 설치하지 않아도 되는 곳 : 체육관, 수영장, 농수산시장 등 상가와 유사한 가스사용시설

㉣ 주거용 가스보일러의 설치방법
- 공장에서 부품을 생산하여 성능인증을 받은 배기통과 이음연통은 성능인증기준에 따라 조립한다.
- 라이너는 내화벽돌 또는 배기가스에 대하여 동등 이상의 내열 및 내식 성능을 가진 것을 설치한다.
- 바닥 설치형 가스보일러는 그 하중에 충분히 견디는 구조의 바닥면 위에 설치하고, 벽걸이형 가스보일러는 그 하중에 충분히 견디는 구조의 벽면에 견고하게 설치한다.
- 가스보일러를 설치하는 주위는 가연성 물질 또는 인화성 물질을 저장·취급하는 장소가 아니어야 하며, 조작·연소·확인 및 점검수리에 필요한 간격을 두어 설치한다.
- 가스보일러는 전용 보일러실(보일러실 안의 가스가 거실로 들어가지 아니하는 구조로서 보일러실과 거실 사이의 경계벽은 출입구를 제외하고는 내화구조의 벽으로 한 것)에 설치한다. 다만, 다음 중 어느 하나에 해당하는 경우에는 전용 보일러실에 설치하지 아니할 수 있다.
  - 밀폐식 가스보일러
  - 옥외에 설치한 가스보일러
  - 전용 급기통을 부착시키는 구조로 검사에 합격한 강제배기식 가스보일러
- 가스보일러는 방, 거실 그밖에 사람이 거처하는 곳과 목욕탕, 샤워장, 베란다, 그밖에 환기가 잘되지 않아 가스보일러의 배기가스가 누출되는 경우 사람이 질식할 우려가 있는 곳에는 설치하지 아니한다. 다만, 밀폐식 가스보일러로서 다음 중 어느 하나의 조치를 한 경우에는 설치할 수 있다.
  - 가스보일러와 연통의 접합은 나사식, 플랜지식 또는 리브식으로 하고, 연통과 연통의 접합은 나사식, 플랜지식, 클램프식, 연통 일체형 밴드조임식 또는 리브식 등으로 하여 연통이 이탈되지 아니하도록 설치하는 경우
  - 막을 수 없는 구조의 환기구가 외기와 직접 통하도록 설치되어 있고, 그 환기구의 크기가 바닥 면적 1[m^2]마다 300[cm^2]의 비율로 계산한 면적(철망 등을 부착할 때는 철망이 차지하는 면적을 뺀 면적) 이상인 곳에 설치하는 경우
- 전용 보일러실에는 음압(대기압보다 낮은 압력) 형성의 원인이 되는 환기팬을 설치하지 아니한다.
- 전용 보일러실에는 사람이 거주하는 거실·주방 등과 통기될 수 있는 가스레인지 배기덕트(후드) 등을 설치하지 아니한다.
- 가스보일러는 지하실 또는 반지하실에 설치하지 아니한다. 다만, 밀폐식 가스보일러 및 급배기시설을 갖춘 전용 보일러실에 설치하는 반밀폐식 가스보일러의 경우에는 지하실 또는 반지하실에 설치할 수 있다.
- 가스보일러를 옥외에 설치할 때에는 눈·비·바람 등에 의하여 연소에 지장이 없도록 보호조치를 강구한다. 다만, 옥외형 가스보일러의 경우에는 보호조치를 하지 아니할 수 있다.
- 연통이 가연성의 벽을 통과하는 부분은 금속 이외의 불연성재료 등으로 피복하는 등의 방화조치를 하고, 배기가스가 실내로 유입되지 아니하도록 조치한다.

- 연통의 터미널에는 동력팬을 부착하지 아니한다. 다만, 부득이하게 연돌에 무동력팬을 부착할 경우에는 무동력팬의 유효 단면적이 연돌의 단면적 이상이 되도록 한다.
- 가스보일러 연통의 호칭지름은 가스보일러 연통의 접속부 호칭지름 이상의 것으로 하며(콘덴싱보일러의 경우에는 이하의 것), 연통과 가스보일러의 접속부 및 연통과 연통의 접속부는 내열실리콘, 내열실리콘 밴드(KS D 2805 4종C 또는 동등 이상으로서 해당 배기통의 부속품으로 성능인증을 득한 제품) 등(석고붕대 제외)으로 마감조치하여 기밀이 유지되도록 한다.
- 가스보일러에 연료용 가스를 공급하기 위한 배관은 가스의 누출이 없도록 확실하게 접속한다.
- 가스보일러실 내에 동파방지열선을 설치하는 경우에는 전기적 안전장치(과전류차단기 또는 퓨즈)를 설치하고, 동파방지열선은 전기용품안전인증을 받은 것으로 한다.
- 벽걸이식 가스보일러는 벽에 확실하게 고정·설치한다.

ⓜ LPG 사용시설에 가스보일러를 설치한 경우의 예
- 환기팬이 설치되지 않은 전용 보일러실에 가스보일러를 설치했다.
- 급배기시설이 있는 지하 전용 보일러실에 반밀폐식 보일러를 설치했다.
- 밀폐식 가스보일러를 사방이 새시로 밀폐되어 있는 아파트 베란다에 설치했다.
- 벽걸이형 가스보일러를 벽에 견고하게 설치했다.

⑤ LP가스 관련 제반사항

㉠ LP가스 사용 시의 특징
- 연소기는 LP가스에 맞는 구조이어야 한다.
- 발열량이 커서 단시간에 온도 상승이 가능하다.
- 배관이 거의 필요 없어 입지적 제약을 받지 않는다.
- 예비용기와 전용 연소장치가 필요하다.
- 겨울철 LPG 용기에 서릿발이 생겨 가스가 잘 나오지 않을 때 가스를 사용하기 위한 조치 : 두터운 헝겊으로 용기를 감싸거나 40[℃] 이하의 열습포로 녹인다.
- LPG를 연료로 하는 차량에 LPG를 충전하기 위한 용적계량계로 디스펜서를 사용한다. 액온을 조정 환산하기 위하여 디스펜서에 내장되어 있는 자동온도보정장치의 기준온도는 15[℃]이다.

㉡ LPG사용설비에 사용되는 기구 : 압력조정기, 중간콕, 호스

㉢ LPG수송관의 이음 부분에 사용할 수 있는 패킹재료는 실리콘 고무가 적합하다.

㉣ LP가스수입기지플랜트의 기능적 구별 설비시스템 : 수입가스설비 → 수입설비 → 저온저장설비 → 이송설비 → 고압저장설비 → 출하설비

㉤ LP가스 배관의 단열을 위한 보랭재의 재질 선정조건
- 열전도율이 작을 것
- 흡습성이 적을 것
- 불연성일 것
- 시공성이 좋을 것

㉥ 노즐에서 분출되는 가스량(Q[m^3/h])
- $Q = t \times 0.009 \times D^2 \times \sqrt{\dfrac{P}{S}}$

  여기서, t : 분출시간[hr]
  D : 노즐지름[mm]
  P : 분출압력[mmH_2O]
  S : 가스 비중
- $Q = 0.011KD^2 \times \sqrt{\dfrac{P}{S}}$

  여기서, K : 유량계수
  D : 노즐지름[mm]
  P : 분출압력[mmH_2O]
  S : 가스 비중

㉦ 액화석유가스충전사업자는 액화석유가스를 자동차에 고정된 용기에 충전하는 경우에 허용오차 1.5[%]를 벗어나 정량을 미달되게 공급해서는 아니 된다.

핵심예제

2-1. LP가스의 일반적인 성질에 대한 설명 중 옳은 것은?

[2004년 제3회 유사, 2009년 제2회 유사, 2013년 제2회, 2014년 제2회 유사, 2018년 제3회]

① 증발잠열이 작다.
② LP가스는 공기보다 가볍다.
③ 가압하거나 상압에서 냉각하면 쉽게 액화한다.
④ 주성분은 고급 탄화수소의 화합물이다.

2-2. LP 가스 공급설비에서 공기혼합(Air Dilute)방식의 장점이 아닌 것은? [2007년 제2회 유사, 2008년 제3회]

① 연소효율이 증대된다.
② 열량 조절이 자유롭다.
③ 공급배관에서 가스의 재액화를 방지할 수 있다.
④ 폭발범위 내의 혼합가스를 형성하는 위험성이 없다.

2-3. LPG 공급방식에서 강제기화방식의 특징이 아닌 것은?

[2003년 제3회, 2013년 제2회]

① 기화량을 가감할 수 있다.
② 설치 면적이 작아도 된다.
③ 한랭 시에는 연속적인 가스 공급이 어렵다.
④ 공급 가스의 조성을 일정하게 유지할 수 있다.

2-4. LP가스 사용 시의 특징에 대한 설명으로 틀린 것은?

[2009년 제3회, 2017년 제2회]

① 연소기는 LP가스에 맞는 구조이어야 한다.
② 발열량이 커서 단시간에 온도 상승이 가능하다.
③ 배관이 거의 필요 없어 입지적 제약을 받지 않는다.
④ 예비용기는 필요 없지만 특별한 가압장치가 필요하다.

2-5. 겨울철 LPG 용기에 서릿발이 생겨 가스가 잘 나오지 않을 때 가스를 사용하기 위한 조치로 옳은 것은?

[2007년 제1회, 2009년 제1회, 2015년 제3회]

① 용기를 힘차게 흔든다.
② 연탄불로 쪼인다.
③ 40[℃] 이하의 열습포로 녹인다.
④ 90[℃] 정도의 물을 용기에 붓는다.

2-6. 액화석유가스사용시설에 대한 설명으로 틀린 것은?

[2006년 제2회 유사, 2014년 제3회]

① 저장설비로부터 중간밸브까지의 배관은 강관·동관 또는 금속 플렉시블호스로 한다.
② 건축물 안의 배관은 매설하여 시공한다.
③ 건축물의 벽을 통과하는 배관에는 보호관과 부식방지피복을 한다.
④ 호스의 길이는 연소기까지 3[m] 이내로 한다.

2-7. 고무호스가 노후되어 직경 1[mm]의 구멍이 뚫려 280[mmH_2O]의 압력으로 LP가스가 대기 중으로 2시간 유출되었을 때 분출된 가스의 양은 약 몇 [L]인가?(단, 가스의 비중은 1.6이다) [2010년 제2회 유사, 2012년 제3회 유사, 2014년 제3회, 2017년 제2회 유사, 2019년 제1회]

① 140[L]	② 238[L]
③ 348[L]	④ 672[L]

2-8. 가스난로를 사용하다가 부주의로 점화되지 않은 상태에서 콕을 전부 열었다. 이때 노즐로부터 분출되는 생가스의 양은 약 몇 [m^3/h]인가?(단, 유량계수 : 0.8, 노즐지름 : 2.5[mm], 가스압력 : 200[mmH_2O], 가스 비중 : 0.5로 한다)

[2006년 제2회, 2019년 제3회]

① 0.5[m^3/h]	② 1.1[m^3/h]
③ 1.5[m^3/h]	④ 2.1[m^3/h]

2-9. LPG(액체) 1[kg]이 기화했을 때 표준 상태에서의 체적은 약 몇 [L]가 되는가?(단, LPG의 조성은 프로판 80[wt%], 부탄 20[wt%]이다) [2007년 제3회, 2013년 제1회, 2018년 제1회]

① 387	② 479
③ 584	④ 783

2-10. LPG의 액체 1[L]는 약 200[L]의 기체가 된다. 10[kg]의 LPG를 기체로 바꾸면 얼마인가?(단, 액체의 밀도는 0.5[kg/L]이다) [2004년 제3회]

① 1[m^3]	② 4[m^3]
③ 8[m^3]	④ 15[m^3]

|해설|

2-1

① 증발잠열이 크다.
② LP가스는 공기보다 무겁다.
④ 주성분은 저급 탄화수소의 화합물이다.

2-2

공기혼합방식은 폭발범위 내의 혼합가스를 형성하는 위험성이 있다.

2-3

강제기화방식은 한랭 시에도 연속적인 가스 공급이 가능하다.

2-4

LP가스 사용 시 예비용기와 전용 연소장치가 필요하다.

2-5

기온이 너무 낮아 가스가 남아 있어도 가스가 잘 나오지 않을 때 갑자기 용기에 전열기나 불을 갖다 대거나 뜨거운 물을 부으면 사고를 유발하게 된다. 이때는 두터운 헝겊으로 용기를 감싸거나 40[℃] 이하의 열습포로 녹인다.

2-6

건축물 안의 배관은 노출시켜 시공한다.

2-7

분출된 가스의 양

$Q = 2\times0.009\times1^2\times\sqrt{\frac{280}{1.6}} \simeq 0.238[m^3] = 238[L]$

2-8

노즐로부터 분출되는 생가스의 양

$Q = 0.011KD^2\times\sqrt{\frac{P}{S}} = 0.011\times0.8\times2.5^2\times\sqrt{\frac{200}{0.5}}$

$\simeq 1.1[m^3/h]$

2-9

표준 상태는 0[℃](273[K]), 1기압[atm]이며 기체 1[mol]의 체적은 22.4[L]이므로 LPG(액체) 1[kg]이 기화했을 때 표준 상태에서의 체적은

$V = (M/W)\times22.4$

$= [1{,}000/(44\times0.8+58\times0.2)]\times22.4 = 479[L]$ 또는

$PV = nRT = (W/M)RT$

$= [1{,}000/(44\times0.8+58\times0.2)]\times0.082\times273$

$= 479[atm\cdot L]$

이므로 체적 $V = 479[atm\cdot L/1atm] = 479[L]$

2-10

LPG 10[kg] 기체의 체적

$V = \frac{0.2\times10}{0.5} = 4[m^3]$

정답 2-1 ③ 2-2 ④ 2-3 ③ 2-4 ④ 2-5 ③ 2-6 ②
2-7 ② 2-8 ② 2-9 ② 2-10 ②

핵심이론 03 도시가스

① 도시가스의 개요

㉠ 도시가스의 정의(도시가스사업법) : 천연가스(액화한 것을 포함), 배관을 통하여 공급되는 석유가스, 나프타부생가스, 바이오가스 또는 합성천연가스로서 대통령령으로 정하는 것

㉡ 도시가스의 원료 : LNG, LPG, 나프타(Naphtha)

- 파라핀계 탄화수소가 많다.
- C/H비가 작다.
- 유황분이 적다.
- 비점이 낮다.

㉢ LNG(Liquefied Natural Gas : 액화천연가스)

- LNG의 주성분은 메탄이다.
- 주성분인 메탄의 비점은 약 −163[℃]이다.
- 액화석유가스는 상온(15[℃])에서 압력을 올렸을 때 쉽게 액화되지만, 메탄은 임계온도 때문에 상온에서 액화되지 않는다.
- LNG는 천연가스를 −162[℃]까지 냉각, 액화한 것이다.
- 기화설비만으로 도시가스를 쉽게 만들 수 있다.
- 대기 및 수질오염 등 환경문제가 없다.
- 냉열 이용이 가능하다.
  - LNG를 기화시킬 때 발생하는 한랭을 이용한다.
  - LNG 냉열로 전기를 생산하는 발전에 이용할 수 있다.
  - LNG는 온도가 낮을수록 냉열 이용량은 증가한다.
  - LNG의 용도 중 한랭을 이용하는 방법 : 액화산소·액화질소의 제조, 저온 분쇄, 해수 담수화
  - 국내에서는 LNG 냉열을 실제 적용한 실적이 증가하고 있다.
- 대량의 천연가스를 액화하는 데에는 캐스케이드 사이클이 사용된다.
- 대량의 천연가스를 액화하려면 3원 캐스케이드 액화 사이클을 채택한다.
- LNG 저장탱크는 일반적으로 2중 탱크로 구성된다.

- NG는 탈황 등의 정제장치가 필요하며 황을 제거하기 위한 건식탈황법의 탈황제로서 일반적으로 산화철이나 산화아연이 사용된다.
- LNG Bunkering : LNG를 해상 선박에 급유하는 기술 및 설비이다.
- 액화천연가스(LNG)의 유출 시 발생되는 현상 : 메탄가스의 비중은 상온에서는 공기보다 작지만 온도가 낮으면 공기보다 커져서 땅 위에 체류한다.

㉣ 천연가스의 액화
- 가스전에서 채취된 천연가스는 불순물이 포함되어 있어서 별도의 전처리과정이 필요하다.
- 임계온도 이하, 임계압력 이상에서 천연가스를 액화한다.
- 캐스케이드 사이클은 천연가스를 액화하는 대표적인 냉동 사이클이다.
- 천연가스의 효율적 액화를 위해서는 성능이 우수한 복합 조성의 냉매 사용이 권고된다.

㉤ CNG(Compressed Natural Gas, 압축천연가스) : 운반의 용이성을 위해 천연가스를 압축한 가스
- CNG는 경유와 비슷한 성격을 갖고 있어서 버스나 청소차 등의 대형 차량에 이용된다.
- CNG 충전소의 충전방법
  - Fast/Quick Fill : NG를 고압으로 저장용기에 저장 후 충전하는 방법으로, 수요자 요구 시 즉시 공급이 가능하다. 충전시간이 2~5분 정도로 짧지만 설비 가격이 비싸다.
  - Slow/Time Fill : 저장설비 없이 압축설비만으로 충전하는 방법으로, 단거리 업무용 차량을 이용한다. 소규모, 개인용으로 적용되며 설비 가격이 저렴하지만 충전시간이 6~7시간 정도로 길다.
  - Home Fill : 가정에서 개인용으로 사용된다.
  - Mother/Daughter Fill : NG(천연가스)가 공급되지 않는 지역에 차량(Mother)을 이용하여 충전설비에 충전하는 방법으로, 투자비가 많이 든다.
  - Mobile Fill : 충전통을 탑재한 차량이 충전소가 없는 곳에서 차량에 공급하는 설비로 투자비가 많이 든다.
  - Combination Fill : Slow와 Quick을 조합하여 동시에 운영되며, 공간이 크고 설비 가격이 비싸다.

㉥ SNG(Substitute Natural Gas) : 대체천연가스, 합성천연가스, 대체합성천연가스 등으로 부른다.
- 천연가스를 대체할 수 있는 제조가스이다.
- 원료는 각종 탄화수소이다.
- 저온수증기개질방식을 채택한다.
- 저온수증기개질에 의한 SNG(대체천연가스) 제조 프로세스의 순서 : LPG → 수소화 탈황 → 저온수증기 개질 → 메탄화 → 탈탄산 → 탈습 → SNG
- 유동식 수첨분해법 : 원유를 750[℃]에서 수소와 반응시켜 메탄 성분을 많게 하는 방법이다.
- 합성천연가스(SNG) 제조 시 나프타를 원료로 하는 메탄합성 공정 관련 설비 : 가열기, 탈황장치, 나프타과열장치, 반응기, 수첨분해탑, 메탄합성탑, 탈탄산탑 등

㉦ 도시가스 원료로서 나프타가 갖추어야 할 조건
- 황분이 적을 것
- 카본 석출이 적을 것
- 탄화물성 경향이 적을 것
- 파라핀계 탄화수소가 많을 것

② 도시가스 공급방식

㉠ 공급가스에 따른 도시가스 공급방식
- LNG(Liquefied Natural Gas, 액화천연가스)를 원료로 한 방식 : 천연가스 중에 함유되어 있는 탄산가스, 황화수소 등의 불순물을 제거하고 남은 메탄(CH_4)을 주성분으로 하고, 에탄・프로판 등이 일부 함유된 가스를 −162[℃]로 냉각시켜 그 부피를 1/600로 압축시킨 무색투명 액체를 기화시켜 배관을 통하여 각 사용가로 가스를 공급하는 방식이다. 우리나라 대부분 지역에 적용되고 있다.
- LP가스를 이용한 도시가스 공급방식 : 공급방식의 종류로는 직접혼입방식, 공기혼합방식, 변성혼입방식 등이 있으며 강원도, 경북 북부 내륙지역 일부 지역에 적용되고 있다.

- 나프타를 원료로 한 방식 : 석유 정제 시에 나오는 나프타(납사)를 분해시켜 만든 가스를 공급하는 방식이다.

㉡ 압력에 따른 도시가스 공급방식의 일반적인 분류

- 저압공급방식 : 압력 0.1[MPa] 미만
  - 수요량의 변동과 거리에 따라 공급압력이 다르다.
  - 압송비용이 저렴하거나 불필요하다.
  - 공급량이 적고 공급구역이 좁은 소규모의 가스 사업소에 적합하다.
  - 일반수용가를 대상으로 하는 방식이다.
  - 공급계통이 간단해 유지관리가 쉽다.
- 중압공급방식 : 압력 0.1[MPa] 이상 1[MPa] 미만이며, 단시간의 정전이 발생하여도 영향을 받지 않고 가스를 공급할 수 있다.
- 고압공급방식 : 압력 1[MPa] 이상
  - 큰 배관을 사용하지 않아도 많은 양의 가스를 수송할 수 있다.
  - 고압홀더가 있을 경우 정전 등의 고장에 대하여 안전성이 좋다.
  - 고압압송기 및 고압정압기 등의 유지관리가 어렵다.
  - 부속품의 열화 및 건조에 대한 방지책이 필요하다.

③ 도시가스 제조 프로세스의 분류

㉠ 가열방식에 의한 도시가스 제조 프로세스의 분류 : 자열식, 축열식, 외열식

- 자열식 : 가스화에 필요한 열을 발열반응에 의해 가스를 발생시키는 방식
- 축열식 : 반응기 내에서 연료를 연소시켜 충분히 가열한 후 원료를 송입하여 가스화하는 방식
- 외열식 : 원료가 들어 있는 용기를 외부에서 가열시키는 방식

㉡ 가스화 방식에 의한 도시가스 제조공정의 분류 : 열분해공정, 접촉분해공정(수증기개질공정), 부분연소공정, 수소화분해공정(수첨분해공정), 대체천연가스공정

- 열분해공정 : 원유, 중유, 나프타 등의 분자량이 큰 탄화수소 원료를 고온(800~900[℃])으로 분해하여 10,000[kcal/m^3] 정도의 고열량의 가스를 제조하는 공정
  - 열분해 오일가스 제조 프로세스 : Hall식, UGI식, Semet Solvay식
- 접촉분해공정(수증기개질공정) : 니켈 계통의 촉매를 사용하여 반응온도 400~800[℃]에서 나프타 등의 탄화수소와 수증기를 반응시켜 메탄, 수소, 일산화탄소, 이산화탄소 등으로 변환시키는 공정
  - 고압으로 수송하기 위해 압송기가 필요한 프로세스이다.
  - 저온수증기개질공정 : CH_4 성분이 많은 열량 6,500[kcal/Nm^3] 정도의 가스를 제조하는 방법으로 적당하며, 기본적 구성 단계는 '원료 탈황 → 가스 제조 → 열회수'로 진행된다. 종류로는 CRG식, MRG식, Lurgi식 등이 있다.
  - 고온수증기개질공정(ICI)법의 공정 : 원료의 탈황, CO의 변성, 가스 제조
  - 접촉분해공정으로 도시가스를 제조하는 공정에서 발열반응을 일으키는 온도는 반응압력은 10기압에서 500[℃] 이하가 적당하다.
  - 사이클링식 접촉분해(수증기개질)법에서는 천연가스로부터 원유까지의 넓은 범위의 원료를 사용할 수 있다.
  - 온도와 압력이 일정할 때 수증기와 원료 탄화수소의 중량비(수증기비)가 증가하면 CO의 변성반응이 촉진된다.
  - 나프타 접촉분해법에서 가스성분량에 미치는 온도와 압력의 영향

구 분		CH_4, CO_2	CO, H_2
온 도	상 승	감 소	증 가
	하 강	증 가	감 소
압 력	가 압	증 가	감 소
	감 압	감 소	증 가

- 접촉분해(수증기 개질)에서 카본 생성을 방지하는 방법 : 고온, 저압, 고수증기
- 접촉분해 프로세스에서 $CH_4 \rightleftarrows 2H_2 + C$의 반응식에 의해 카본이 생성될 때 카본 생성을 방지하는 방법 : 반응온도를 낮게 하고 반응압력을 높게 한다.
- 접촉분해 프로세스에서 $2CO \rightleftarrows CO_2 + C$의 반응식에 의해 카본이 생성될 때 카본 생성을 방지하는 방법 : 반응온도를 높게 하고 반응압력을 낮게 한다.
- 일정 온도와 압력에서 수증기비가 증가하면 CH_4, CO가 적고 CO_2, H_2가 많이 생성된다.
- 가스화 프로세스에서 발생하는 일산화탄소의 함량을 줄이기 위한 CO 변성반응 : $CO + H_2O \leftrightarrows CO_2 + H_2$

• 부분연소공정 : 원료에 소량의 공기와 산소를 혼합하여 가스 발생의 반응기에 넣어 원료의 일부를 연소시켜 그 열을 열원으로 이용하는 방식
  - 메탄에서 원유까지의 탄화수소를 원료로 하여 산소 또는 공기 및 수증기를 이용하여 메탄, 수소, 일산화탄소, 이산화탄소로 변환시키는 방법이다.
  - 나프타의 접촉개질장치의 주요 구성 : 예열로, 기액분리기, 수소화정제반응기
  - 접촉개질반응의 종류 : 나프텐의 탈수소반응, 파라핀의 탄화탈수소반응, 파라핀・나프텐의 이성화반응, 불순물의 수소화 정제반응

• 수소화분해공정(수첨분해공정)
  - 원료는 나프타를 사용하지만 LPG도 가능하다.
  - 반응온도는 750[℃] 정도이며, 압력은 20~60기압이다.
  - 수소비는 원료 1[kg]당 1,000[m^3] 정도이다.
  - 방법 1 : C/H비가 큰 탄화수소를 원료로 하여 고온(700~800[℃]), 고압(20~60기압)의 수소기류 중에서 열분해 또는 접촉분해로 메탄을 주성분으로 하는 고열량의 가스 제조
  - 방법 2 : C/H비가 작은 탄화수소인 나프타 등을 원료로 하여 수소화 촉매(Ni 등)를 사용하여 메탄 제조
  - 고급 탄화수소를 수소화분해법으로 연료가스를 제조할 때의 반응
    ⓐ $C_2H_6 + H_2 \rightleftarrows 2CH_4$
    ⓑ $C_3H_8 + 2H_2 \rightleftarrows 3CH_4$
    ⓒ $C_4H_{10} + 3H_2 \rightleftarrows 4CH_4$

• 대체천연가스공정 : 천연가스가 아닌 각종 탄화수소 원료(석탄, 원유, 나프타, LPG 등)에서 천연가스의 물리적・화학적 제반 성질(조성, 열량, 연소성 등)과 거의 일치하는 가스를 제조하는 공정

④ 도시가스 관련 제반사항

㉠ 도시가스의 연소속도 :

$$C_p = K \cdot \frac{1.0H_2 + 0.6(CO + C_mH_n) + 0.3CH_4}{\sqrt{d}}$$

여기서, K : 도시가스 중 산소 함유율에 따라 정하는 정수
H_2 : 가스 중 수소의 함유율[vol%]
CO : 가스 중 일산화탄소의 함유율[vol%]
C_mH_n : 가스 중 탄화수소의 함유율[vol%]
CH_4 : 가스 중 메탄의 함유율[vol%]
d : 가스의 비중

㉡ 원료 천연가스 중의 수분을 최종적으로 제거할 때 주로 Molecular-sieve를 사용한다.

㉢ 도시가스사업자가 공급하는 도시가스의 물성을 측정하고 그 결과를 기록하여야 하는 항목 : 압력, 열량, 유해성분(단, 온도는 아니다)

㉣ 도시가스의 유해성분(황전량, 황화수소 및 암모니아)에 대하여 연소가스의 특수성분 분석방법으로 측정하는데, 검사주기는 매주 1회씩이며 측정 위치는 가스홀더 출구이다.

㉤ 가스화재
• 수증기 : 열분해 프로세스, 접촉분해 프로세스
• 수증기 + 공기 : 부분연소 프로세스
• 수소 : 수소화 분해 프로세스
• 수증기 + 수소 + 산소 : 대체천연가스 프로세스

핵심예제

3-1. 천연가스의 액화에 대한 설명으로 옳은 것은?

[2012년 제1회, 2016년 제2회]

① 가스전에서 채취된 천연가스는 불순물이 거의 없어 별도의 전처리과정이 필요하지 않다.
② 임계온도 이상, 임계압력 이하에서 천연가스를 액화한다.
③ 캐스케이드 사이클은 천연가스를 액화하는 대표적인 냉동 사이클이다.
④ 천연가스의 효율적 액화를 위해서는 성능이 우수한 단일 조성의 냉매 사용이 권고된다.

3-2. 액화천연가스(메탄기준)를 도시가스 원료로 사용할 때 액화천연가스의 특징을 옳게 설명한 것은? [2004년 제3회, 2006년 제3회, 2013년 제2회, 2014년 제1회, 2015년 제1회, 2017년 제3회]

① 천연가스의 C/H 질량비가 3이고, 기화설비가 필요하다.
② 천연가스의 C/H 질량비가 4이고, 기화설비가 필요 없다.
③ 천연가스의 C/H 질량비가 3이고, 가스 제조 및 정제설비가 필요하다.
④ 천연가스의 C/H 질량비가 4이고, 개질설비가 필요하다.

3-3. LNG를 도시가스 원료로 사용할 경우의 장점에 대한 설명으로 틀린 것은? [2009년 제3회, 2011년 제3회]

① 냉열 이용이 가능하다.
② 안정된 연소 상태를 얻을 수 있다.
③ 기화시켜 사용할 경우 정제설비가 필요하다.
④ 메탄가스가 주성분으로 공기보다 가벼워 폭발 위험이 작다.

3-4. LNG 냉열 이용에 대한 설명으로 틀린 것은?

[2011년 제3회, 2016년 제3회]

① LNG를 기화시킬 때 발생하는 한랭을 이용하는 것이다.
② LNG 냉열로 전기를 생산하는 발전에 이용할 수 있다.
③ LNG는 온도가 낮을수록 냉열 이용량은 증가한다.
④ 국내에서는 LNG 냉열을 이용하기 위한 타당성 조사가 활발하게 진행 중이며 실제 적용한 실적은 아직 없다.

3-5. −160[℃]의 LNG(액비중 : 0.62, 메탄 : 90[%], 에탄 : 10[%])를 기화(10[℃])시키면 부피는 약 몇 [m^3]가 되겠는가?

[2014년 제2회, 2016년 제3회]

① 827.4 ② 82.74
③ 356.3 ④ 35.6

|해설|

3-1

① 가스전에서 채취된 천연가스는 불순물이 포함되어 있어서 별도의 전처리과정이 필요하다.
② 임계온도 이하, 임계압력 이상에서 천연가스를 액화한다.
④ 천연가스의 효율적 액화를 위해서는 성능이 우수한 복합 조성의 냉매 사용이 권고된다.

3-2

액화천연가스(메탄 기준)를 도시가스 원료로 사용할 때 액화천연가스는 천연가스의 C/H 질량비가 3이고, 기화설비가 필요하다.

3-3

기화시켜 사용할 경우 정제설비가 필요하지 않다.

3-4

국내에서는 LNG 냉열을 실제 적용한 실적이 증가하고 있다. 한국초저온의 냉동・냉장창고 설계에 LNG 냉열을 적용한 것이 국내 최초 사례이다.

3-5

기체의 평균 분자량 $M = (16 \times 0.9) + (30 \times 0.1) = 17.4$

$PV = n\overline{R}T$ 에서

$$V = \frac{n\overline{R}T}{P} = \frac{\frac{0.62 \times 1{,}000}{17.4} \times 8.314 \times (10 + 273)}{101{,}325} \simeq 827.4[\text{m}^3]$$

정답 3-1 ③ 3-2 ① 3-3 ③ 3-4 ④ 3-5 ①

제4절 | 냉동과 냉매 및 냉동 사이클

핵심이론 01 냉동과 냉매

① 냉 동

㉠ 냉동능력(Q_2) : 단위시간당 냉동기가 흡수하는 열량([kcal/h] 또는 [kJ/h])

$Q_2 = m(C\Delta t + \gamma_0)$

여기서, m : 시간당 생산되는 얼음의 질량

C : 비열

Δt : 온도차

γ_0 : 얼음의 융해열

㉡ 냉동효과(q_2) : 냉매 1[kg]이 흡수하는 열량([kcal/kg] 또는 [kJ/kg])

$q_2 = \varepsilon_R W_c$

여기서, ε_R : 성능계수

W_c : 공급일

㉢ 체적냉동효과 : 압축기 입구에서의 증기 1[m³]의 흡열량

㉣ 냉동톤[RT] : 냉동능력을 나타내는 단위

- 0[℃]의 물 1[ton]을 24시간(1일) 동안 0[℃]의 얼음으로 만드는 냉동능력
- 1[RT] : 3,320[kcal/h] = 3.86[kW] = 5.18[PS]

㉤ 제빙톤 : 24시간(1일) 얼음생산능력을 톤으로 나타낸 것. 1제빙톤 = 1.65[RT]

㉥ 냉매순환량

$$G \text{ 또는 } m_R = \frac{\text{냉동능력}}{\text{냉동효과}} = \frac{Q_2}{q_2}[\text{kg/h}]$$

㉦ 체적효율

$$\eta_v = \frac{\text{실제 피스톤의 냉매 압축량}}{\text{이론 피스톤의 냉매 압축량}} = \frac{V_a}{V_{th}} = \frac{V_a}{V}$$

② 냉 매

㉠ 냉매(Refrigerant)의 정의 : 냉동기 내를 순환하며 냉동 사이클을 형성하고, 상변화(Phase Change)에 의해 저온부(증발기)에서 열을 흡수하여 고온부(응축기)에 배출하는 매체이다. 냉동기의 성능에 큰 영향을 미친다.

㉡ 냉동기의 냉매가 갖추어야 할 조건

- 저소 : 응고온도, 액체 비열, 비열비, 점도, 표면장력, 증기의 비체적, 포화압력, 응축압력, 절연물 침식성, 가연성, 인화성, 폭발성, 부식성, 누설 시 물품 손상, 악취, 가격
- 고대 : 임계온도, 증발잠열, 증발열, 증발압력, 윤활유와의 상용성, 열전도율, 전열작용, 환경친화성, 절연내력, 화학적 안정성, 무해성(비독성), 내부식성, 불활성, 비가연성(내가연성), 누설 발견 용이성, 자동운전 용이성

㉢ 냉매의 순환경로(냉매의 상태 변화 = 증기압축식 냉동 사이클의 과정) : 압축기 → 응축기 → 수액기 → 팽창밸브 → 증발기

- 압축기(압축과정)
  - 증발된 가스를 단열압축하여 고온·고압의 가스를 생성하는 과정이다.
  - 등엔트로피 과정이다.
  - 압축기에 흡입된 증기는 실린더 안에서 피스톤에 의해 응축압력까지 압축된다.
  - 토출가스 중에 포함된 압축기의 윤활유 대부분은 유분리기에서 분리된다.
- 응축기(응축과정)
  - 고온·고압의 가스가 고압의 액체로 변환하는 과정이다.
  - 등온·등압과정이다.
  - 응축열량이 방출되어 엔탈피가 감소된다.
- 수액기
  - 주로 응축기에서 응축한 액(액체 상태의 냉매)을 저장하는 역할을 하면서 증발기 내에서 소요되는 만큼의 냉매만 팽창밸브로 보내는 안전장치의 역할도 하므로, 냉동 사이클의 위험을 감소시켜 준다.
  - 수액기는 저압측 부자형이나 팽창밸브형 냉매조절장치가 있는 냉동장치에 사용된다.
  - 모세관을 사용하는 소형 유닛에서는 모든 액상의 냉매가 사이클의 닫히는 부분에서 증발기에 저장되므로 수액기가 필요 없다.

- 팽창밸브(팽창과정) : 증기압축 냉동 사이클에서 단열팽창과정이 이루어지는 곳이다.
  - 증기압축식 냉동기에서 열을 흡수할 수 있는 적정량의 냉매량을 조절한다.
  - 냉매의 상태 변화 : 압력과 온도 강하, 등엔탈피 과정, 비가역과정, 엔트로피 증가
- 증발기(증발과정)
  - 액체가 기체로 증발하며 증발잠열에 의해 주위의 열을 흡수하는 과정이다.
  - 등온팽창·등압과정이다.
  - 증발압력과 증발온도는 비례하므로, 증발압력을 낮게 하면 낮은 증발온도를 얻을 수 있다.
  - 자동차에서 에어컨을 가동할 때 차량 밑으로 물이 떨어졌다면, 이 물은 주로 증발기에서 발생한 것이다.

㉣ 냉매선도 : 냉매의 물리적, 화학적 성질을 모두 나타낼 수 있는 선도(등압선, 등엔탈피선, 포화액선, 포화증기선, 등온선, 등엔트로피선, 등비체적선, 등건조도선이 존재)

- 압력-체적선도($P-V$ 선도)
- 온도-엔탈피선도($T-S$ 선도) : 가로축(x축)에 엔트로피, 세로축(y축)에 온도를 나타내는 선도로, 면적은 열량을 나타낸다.
- 압력-엔탈피선도($P-H$ 선도) : 가로축(x축)에 엔탈피, 세로축(y축)에 압력을 나타내는 선도로, 몰리에르(Mollier)선도로 많이 이용된다. 냉동 사이클의 운전 특성을 잘 나타내고 사이클을 해석하는 데 가장 많이 사용되는 선도로, 냉동 사이클을 도시하여 냉동기의 성적계수를 구할 수 있다.

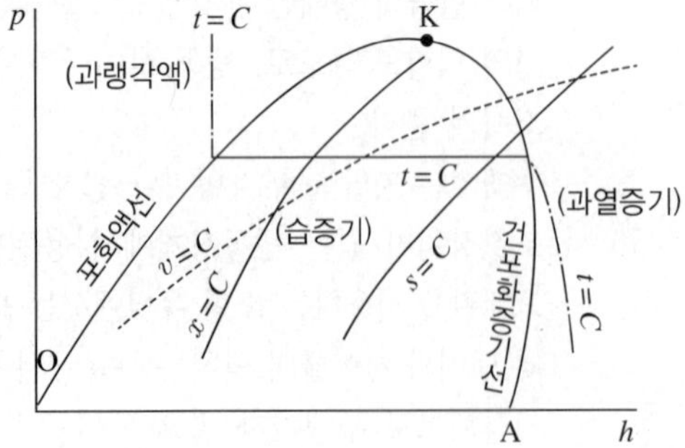

- 엔탈피-엔트로피선도($H-S$ 선도) : 가로축(x축)에 엔트로피, 세로축(y축)에 엔탈피를 나타내는 선도로, $P-H$ 선도와 함께 몰리에르선도로 많이 이용되며 터빈, 압축기, 노즐과 같은 정상유동장치의 해석에 유용하다.

㉤ 냉매의 종류

- 암모니아(NH_3, R-717) : 냉매의 증발열이 매우 커서 표준(이상) 사이클에서 동일 냉동능력에 대한 냉매순환량이 가장 적으며 냉동효과가 가장 좋은 냉매이다. 비열비가 커서($k=1.31$) 토출가스 온도가 높다. 우수한 열역학적 특성 및 높은 효율을 지닌 냉매로 제빙 냉동, 냉장 등 산업용의 증기압축식 및 흡수식 냉동기의 냉매로 오래 전부터 많이 사용되어 왔으나 작동압력이 다소 높고 인체에 해로운 유독성이 있어 위험하다. 주로 산업용 대용량 시스템에서 사용되어 왔으며, 소형에는 특수한 목적에만 사용되어 왔다.
- 물(R-718) : 가정 안전하고 투명한 무해·무취의 냉매로 증기분사식 냉동기, 흡수식 냉동기 등의 공기조화용으로 사용되지만, 응고점이 너무 높고 비체적이 커서 증기압축식 냉동기에는 사용 불가하다.
- 공기(R-729) : 안전하고 투명한 무해·무취의 냉매로 소요동력이 크고 냉동효과와 성능계수가 낮아 항공기의 냉방과 같은 특수한 목적의 공기냉동기 및 공기액화 등에 사용된다.
- 이산화탄소(CO_2, R-744) : 투명하고 무해·무취이며, 공기보다 무겁고 연소 및 폭발성이 없는 냉매이다. 냉매가 개발되기 전에는 선박이나 건물 등의 냉방용 냉매로 널리 사용되었으나 현재 특수한 용도 외에는 거의 사용되지 않는다. 가스의 비체적이 매우 작기 때문에 체적유량이 적으며, 소형의 냉동 시스템 제작이 가능하다. 임계점(31[℃])이 매우 낮아서 냉각수의 온도가 충분히 낮지 않으면 응축기에서 액화가 곤란하다.
- 아황산가스(SO_2, R-764) : 소형 냉동기에 적합한 특성이 있어 초기에는 가정용 냉동기 등에 널리 사용되었지만, 냄새와 독성이 매우 강해 현재는 사용되지 않는다.

- CFC(염화불화탄소) 냉매(프레온) : Cl, F, C만으로 화합된 냉매로 열역학적 우수성, 화학적 안정성 등 냉매로서의 구비조건을 거의 완벽하게 갖추어 냉장고 및 에어컨을 포함한 냉동공조기기의 냉매는 물론 발포제, 세정제 및 분사제 등으로 널리 사용되어 왔다. 그러나 오존층파괴지수(ODP ; Ozone Depletion Potential)가 커서 대기에 누출될 경우 오존층을 파괴하고 지구온난화지수(GWP ; Global Warming Potential)가 높아 지구온난화에 영향을 미치는 환경오염물질로 판명되어 국제협약에 의해 제조와 사용이 금지되었다.
  - R-11(CCl_3F) : 오존파괴지수가 가장 큰 냉매이다. 비등점이 비교적 높고, 냉매가스의 비중이 커서 주로 터보식 압축기에 사용되었다.
  - R-12(CCl_2F_2) : 프레온 냉매 중 제일 먼저 개발되어, 왕복식 압축기에 가장 많이 사용되는 등 널리 사용되었다.
  - R-13($CClF_3$) : 비등점과 응고점이 매우 낮아 -100[℃] 이하의 극저온 냉동기에 사용되었다. 포화압력이 다른 냉매에 비해 매우 높아 R-22와 더불어 극저온을 얻는 이원냉동기의 저온측 냉매로 쓰였다.
  - R-113($C_2Cl_3F_3$) : 에탄계의 할로겐화 탄화수소 냉매로 포화압력이 매우 낮다. 비등점과 응고점이 비교적 높아 냉방용, 소형 터보압축기에 사용되었다.
- HCFC(수소염화불화탄소) 냉매 : H, Cl, F, C만으로 구성된 냉매이다. HCFC에 포함된 Cl이 공기 중에 쉽게 분해하지 않아 오존층에 대한 영향이 CFC 냉매보다 작아 HFC 냉매가 개발되기 전까지 CFC의 대체냉매로 사용되었지만, 지구온난화지수가 높아 CFC 냉매와 마찬가지로 환경오염물질로 판명되어 제조와 사용이 금지되었다.
  - R-22($CHClF_2$) : 비열비가 작아($k=1.18$) 토출가스 온도가 낮다. 성질이 암모니아와 흡사한 냉매로, R-12와 더불어 가장 많이 사용되며 비등점 및 응고점이 낮고 저온영역에서 냉동능력이 암모니아보다 우수하여 -80~-50[℃]까지의 2단 압축냉동기에 쓰인다. 오존층파괴지수가 0.05로 낮은 편이지만, 지구온난화지수가 1,810으로 매우 높아 2030년부터 사용이 금지된다.
  - R-21($CHCl_2F$)
  - R-123($C_2HCl_2F_3$)
- HFC(수소불화탄소) 냉매 : H, F, C만으로 구성된 냉매로 오존 파괴의 원인인 Cl을 포함하지 않아 오존층 파괴 염려는 없어서 CFC/HCFC 냉매의 대체냉매로 사용되지만, 지구온난화지수가 높아서 교토의정서에서 6개의 온실가스 중 하나에 포함되어 대기방출규제물질로 분류된 규제 대상 냉매이다.
  - R-134a(CH_2FCF_3) : R-12의 대체냉매로 개발되어 가정용 냉장고 및 자동차 에어컨에 사용된다.
  - R-152a(CHF_2CH_3)
- HFO(수소불화올레핀) : 오존층파괴지수가 0이고, 지구온난화지수도 4 이하이며, 약가연성(A2 Level)이고 비싸지만, 자동차 에어컨용에 사용된다.
  - R-1234yf : 교토협약에 의해 지구온난화지수가 높은 HFC도 규제되어 R-134a 대체냉매로 개발된 냉매이다. 약가연성(A2L Level)이며, Mineral Oil(광유)에는 적합하지 않아 PAG Oil을 사용하여야 한다. 냉장고용, 자동차 에어컨용 등으로 쓰이고 있지만 비싸다. 오존층파괴지수는 0이며 지구온난화지수는 4 이하로 매우 낮아 환경친화적이기는 하지만 독성에 관한 안전은 검증되지 않았다.
- 할론냉매 : Br을 포함하는 냉매, 소화제로도 널리 사용되지만, 오존파괴물질로 사용이 제한된다.
- 탄화수소 냉매 : C, H만으로 이뤄진 냉매로 오존층파괴지수가 0이고, 지구온난화지수도 3 이하로 매우 낮으며, 에너지 절감효과가 뛰어나 전 세계에서 냉장고와 정수기 등에 사용하고 있지만, 화재나 폭발 위험이 있으므로 각별한 주의와 대책이 필요하다.

- R-600a(아이소부탄) : 반드시 99.55 이상의 고순도이어야 한다. 비등점이 -11.7[℃]이고, 분자량이 적어 냉매 주입량이 적다. 오존층파괴지수가 0이고, 지구온난화지수도 3 이하로 매우 낮아 매우 친환경적이다. 이 냉매는 가연성 등급이 A3임에도 불구하고 냉장고용 냉매로 전 세계적으로 사용하고 있다.
- R-290(프로판) : 반드시 99.55 이상의 고순도이어야 한다. 비등점이 -42.1[℃]이고, 분자량이 적어 냉매 주입량이 적다. 오존층파괴지수가 0이고, 지구온난화지수도 3 이하로 낮아 매우 친환경적이다. 이 냉매는 가연성 등급이 A3임에도 불구하고 유럽에서는 가정용 및 산업용 에어컨 냉매로 사용하도록 권장하고 있다. 오존층 파괴나 지구온난화에 미치는 영향이 없고 가연성을 제외하면 기존의 압축오일을 사용할 수 있어서 매우 우수한 냉매이기 때문에 R-22의 대체냉매로 개발되었다. 가정용 공조기와 같은 소형 공조기에 적합하다.
- R-1270(프로필렌) : 반드시 99.55 이상의 고순도이어야 한다. 비등점이 -47.7[℃]이고, 분자량이 작아 냉매 주입량이 적다. 오존층파괴지수가 0이고, 지구온난화지수도 3 이하로 낮아 매우 친환경적이다. 이 냉매는 가연성 등급이 A3이고, 냉각탑차, 쇼케이스 등의 냉매로 사용할 수 있다.
- 기타 : 메탄(CH_4), 에탄(C_2H_6)

• 혼합냉매
- 공비 혼합냉매 : 2종의 할로겐화 탄화수소냉매를 일정 비율로 혼합했을 때 전혀 다른 새로운 특성을 가지면서 혼합물의 비등점이 일치하는 냉매이다. 응축압력을 감소시키거나 압축기의 압축비를 줄일 수 있다. R-500부터 개발된 순서에 따라 R-501, R-502와 같이 일련번호를 붙인다.

  예 R-500(R-12(73.8[%]) + R-152a(26.2[%]),
  R-502(R-12(48.8[%]) + R-115(51.2[%])
- 비공비 혼합냉매 : 2개 이상의 냉매가 혼합되어 각각 개별적인 성격을 띠며, 등압의 증발 및 응축과정을 겪을 때 조성비가 변하고 온도가 증가 또는 감소되는 온도구배를 나타내는 냉매이다. 400번대의 번호로 표시되며, 비등점이 낮은 냉매부터 먼저 명시하는 것이 관례이다.

  예 R-404A, R-407C, R-410A 등

핵심예제

1-1. 냉동능력에서 1[RT]를 [kcal/h]로 환산하면?

① 1,660[kcal/h]
② 3,320[kcal/h]
③ 39,840[kcal/h]
④ 79,680[kcal/h]

1-2. 냉동장치에서 냉매가 갖추어야 할 성질로서 가장 거리가 먼 것은? [2017년 제2회]

① 증발열이 적은 것
② 응고점이 낮은 것
③ 가스의 비체적이 적은 것
④ 단위냉동량당 소요동력이 적은 것

|해설|

1-1

냉동톤[RT] : 냉동능력을 나타내는 단위
- 0[℃]의 물 1[ton]을 24시간(1일) 동안에 0[℃]의 얼음으로 만드는 능력
- 1[RT] : 3,320[kcal/h]=3.86[kW]=5.18[PS]

1-2

냉매는 증발열이 커야 한다.

정답 1-1 ② 1-2 ①

핵심이론 02 냉동 사이클

① 역카르노 사이클

㉠ 역카르노 사이클의 정의
- 이상적인 열기관 사이클인 카르노 사이클을 역작용시킨 사이클이다.
- 저온측에서 고온측으로 열을 이동시킬 수 있는 사이클이다.
- 이상적인 냉동 사이클 또는 열펌프 사이클이다.
  - 냉동기 : 저온측을 사용하는 장치
  - 열펌프 : 고온측을 사용하는 장치

㉡ 사이클 구성 : 카르노 사이클과 마찬가지로 2개의 등온과정과 2개의 등엔트로피 과정으로 구성된다.

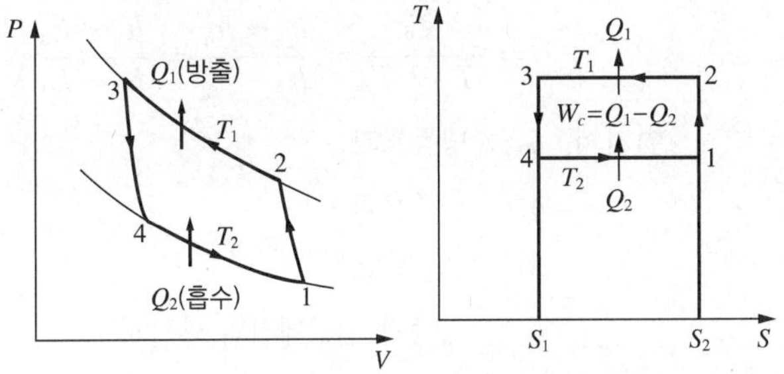

- 과정 : 단열압축 → 등온압축 → 단열팽창 → 등온팽창
- 구성 : 압축기 → 응축기 → 팽창밸브 → 증발기

㉢ 성능계수(성적계수) : 냉동효과 또는 열펌프효과의 척도이다. 냉동 사이클 중에서 성능계수가 가장 크며, 성능계수를 최대로 하기 위해서는 고온열원과 저온열원의 온도차를 작게 하거나 저온열원의 온도(냉동기) 또는 고온열원의 온도(열펌프)를 높여야 한다.

- 냉동기의 성능계수

$$(COP)_R = \varepsilon_R = \frac{\text{냉동열량(저온체에서의 흡수열량)}}{\text{압축일량(공급일)}} = \frac{Q_2}{W_c} = \frac{Q_2}{Q_1 - Q_2} = \frac{T_2}{T_1 - T_2} = \frac{h_1 - h_3}{h_2 - h_1}$$

여기서, h_1 : 압축기 입구의 냉매 엔탈피(증발기 출구의 엔탈피)

h_2 : 응축기 입구의 냉매 엔탈피

h_3 : 증발기 입구의 엔탈피

- 열펌프의 성능계수

$$(COP)_H = \varepsilon_H = \frac{\text{방출열량(고온체에 공급한 열량)}}{\text{압축일량(공급일)}} = \frac{Q_1}{W_c} = \frac{Q_1}{Q_1 - Q_2} = \frac{T_1}{T_1 - T_2} = \frac{h_2 - h_3}{h_2 - h_1} = \varepsilon_R + 1$$

- 전체 성능계수 : $\varepsilon_T = \varepsilon_R + \varepsilon_H = 2\varepsilon_R + 1$

㉣ 동력 및 냉동시스템에서 사이클의 효율을 향상시키기 위한 방법
- 재생기 사용
- 다단압축
- 다단팽창
- 압축비 증가

㉤ 열펌프의 성능계수를 높이는 방법
- 응축온도를 낮춘다.
- 증발온도를 높인다.
- 손실일을 줄인다.
- 생성 엔트로피를 줄인다.

㉥ 냉난방 겸용의 열펌프 사이클 구성 주요 요소 : 전기구동압축기, 4방 밸브, 전자팽창밸브 등

② 역랭킨 사이클

㉠ 증기압축 냉동 사이클(가장 많이 사용되는 냉동 사이클)에 적용한다.

㉡ 역카르노 사이클 중 실현이 곤란한 단열과정(등엔트로피 팽창과정)을 교축팽창시켜 실용화한 사이클이다.

㉢ 증발된 증기가 흡수한 열량은 역카르노 사이클에 의하여 증기를 압축하고, 고온의 열원에서 방출하는 사이클 사이에 액체와 기체의 두 상으로 변하는 물질을 냉매로 하는 냉동 사이클이다.

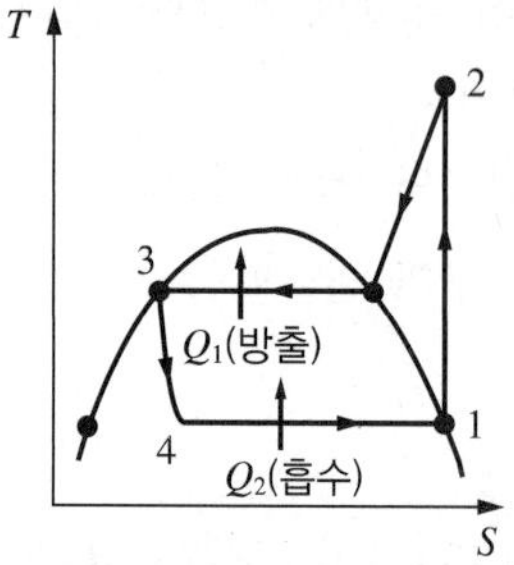

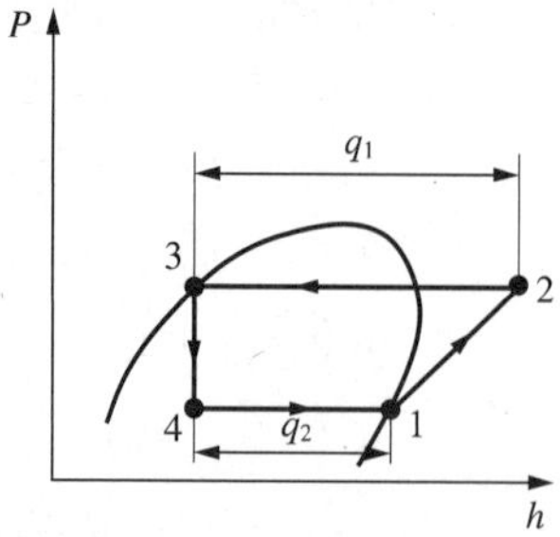

㉣ 과정 : 단열압축 → 정압방열 → 교축과정 → 등온정압흡열

- 단열압축(압축과정) : 증발기에서 나온 저온·저압의 기체(냉매)를 단열압축하여 고온·고압의 상태가 되게 하여 과열증기로 만든다. 등엔트로피 과정이며, $T-S$ 곡선에서 수직선으로 나타나는 과정(1-2 과정)이다.
- 정압방열(응축과정) : 압축기에 의한 고온·고압의 냉매증기가 응축기에서 냉각수나 공기에 의해 열을 방출하고 냉각되어 액화된다. 냉매의 압력이 일정하며 주위로의 열방출을 통해 기체(냉매)가 액체(포화액)로 응축·변화하면서 열을 방출한다.
- 교축과정(팽창과정) : 응축기에서 액화된 냉매가 팽창밸브를 통하여 교축팽창한다. 온도와 압력이 내려가면서 일부 액체가 증발하여 습증기로 변한다. 교축과정 중에는 외부와 열을 주고받지 않으므로 단열팽창인 동시에 등엔탈피 팽창의 변화과정이 이루어진다.
- 등온정압흡열(증발과정) : 팽창밸브를 통해 증발기의 압력까지 팽창한 냉매는 일정한 압력 상태에서 주위로부터 증발에 필요한 잠열을 흡수하여 증발한다.

㉤ 구성 : 압축기 → 응축기 → 팽창밸브 → 증발기

㉥ 방출열량(응축효과)

$q_1 = h_2 - h_3 = h_2 - h_4$

여기서, h_2 : 응축기 입구측의 엔탈피

h_3 : 팽창밸브 입구측 엔탈피

h_4 : 증발기 입구측의 엔탈피

㉦ 흡입열량(냉동효과)

$q_2 = h_1 - h_4 = h_1 - h_3$

여기서, h_1 : 압축기 입구에서의 엔탈피

h_3 : 팽창밸브 입구측 엔탈피

h_4 : 증발기 입구측의 엔탈피

㉧ 압축기의 소요일량

$W_c = h_2 - h_1$

여기서, h_1 : 압축기 입구에서의 엔탈피

h_2 : 응축기 입구측의 엔탈피

㉨ 냉동기의 성능계수

- $(COP)_R = \varepsilon_R = \dfrac{q_2(\text{냉동효과})}{W_c(\text{압축일량})} = \dfrac{q_2}{q_1 - q_2}$

$$= \frac{T_2}{T_1 - T_2} = \frac{h_1 - h_4}{h_2 - h_1} = \frac{h_1 - h_3}{h_2 - h_1}$$

여기서, q_2 : 냉동효과

q_1 : 응축효과

W_c : 압축일량

h_1 : 압축기 입구에서의 엔탈피

h_2 : 응축기 입구측의 엔탈피

h_3 : 팽창밸브 입구측 엔탈피

h_4 : 증발기 입구에서의 엔탈피

- 증발온도는 높을수록, 응축온도는 낮을수록 크다.

㉩ 열펌프의 성능계수

$$(COP)_H = \varepsilon_H = \frac{q_1(\text{응축효과})}{W_c(\text{압축일량})} = \frac{q_1}{q_1 - q_2}$$

$$= \frac{T_1}{T_1 - T_2} = \frac{h_2 - h_3}{h_2 - h_1} = \frac{h_2 - h_4}{h_2 - h_1}$$

여기서, q_1 : 응축효과

q_2 : 냉동효과

W_c : 압축일량

h_1 : 압축기 입구에서의 엔탈피

h_2 : 응축기 입구측의 엔탈피

h_3 : 팽창밸브 입구측 엔탈피

h_4 : 증발기 입구에서의 엔탈피

③ 역브레이턴 사이클

㉠ 공기압축식 냉동 사이클에 적용한다.

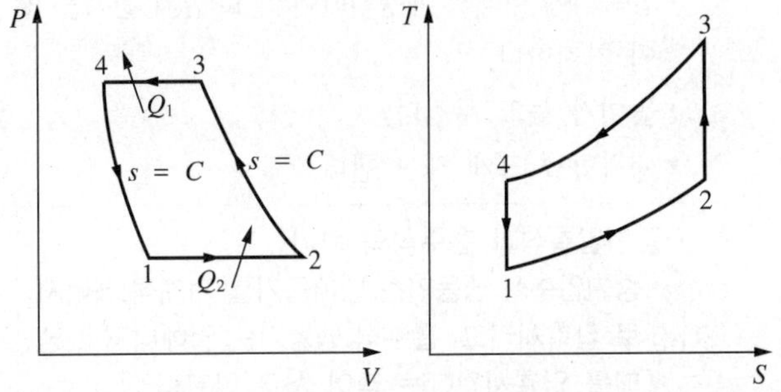

㉡ 과정 : 정압흡열→단열압축→정압방열→단열팽창

㉢ 흡입열량(냉동능력) : $Q_2 = C_p(T_2 - T_1)$

㉣ 방출열량 : $Q_1 = C_p(T_3 - T_4)$

㉤ 소요일량(냉동기가 소비하는 이론상의 일량)

$$W = W_1 - W_2 = Q_1 - Q_2$$
$$= C_p(T_3 - T_4) - C_p(T_2 - T_1)$$

여기서, W_1 : 압축기에서 소비되는 일

W_2 : 팽창터빈에서 발생되는 일

㉥ 냉동기의 성능계수

$$(COP)_R = \varepsilon_R = \frac{Q_2}{W} = \frac{Q_2}{W_1 - W_2} = \frac{T_1}{T_4 - T_1}$$
$$= \frac{T_2}{T_3 - T_2}$$

여기서, Q_2 : 냉동능력

W : 소요일량

㉦ 실제 증기압축식 냉동시스템에서 고려해야 할 사항

- 압축기 입구의 냉매를 약간 과열된 상태로 만든다.
- 냉매가 교축밸브로 들어가기 전에 약간 과냉각시킨다.
- 압축과정 동안 비가역성과 열전달이 존재한다.
- 교축밸브는 가급적 증발기에서 가까운 곳에 위치시킨다.

④ 이원 냉동 사이클

㉠ 개 요

- 냉동 사이클이 2개(저온용 냉동 사이클, 고온용 냉동 사이클)로 구성된 사이클이다.
- −70~−40[℃] 이하의 극저온을 얻고자 할 때 사용된다.
- 저온측 냉동 사이클 및 고온측 냉동 사이클을 연계하여 열교환시켜서 저온측 냉동 사이클에서 초저온으로 냉각시킨다.

㉡ 특 징

- 고온부와 저온부에 비등점이 다른 상이한 냉매를 사용한다.
- 저온측 냉매는 비등점, 응고점이 낮은 냉매를 사용한다(저온측 냉매 : R-13, R-14, R-23).
- 고온측 냉매는 비등점, 응고점이 높은 냉매를 사용한다(고온측 냉매 : R-12, R-22).
- 저온측 응축부하는 고온측 증발부하가 된다.
- 다단압축방식보다 저온에 효율이 좋다.
- 이단압축 사이클보다 낮은 온도를 얻을 때 사용한다.
- 다른 냉동 사이클보다 효율이 높다.
- −70[℃] 이하의 초저온을 얻을 수 있지만, −100[℃] 이하의 경우에는 삼원냉동방식을 사용한다.
- 저단측 윤활유와 고단측 윤활유가 서로 다른 것이 사용된다.
- 팽창탱크가 필요하다.
- 저온측 냉매는 상온에서 응축되지 않으므로 고온측 증발기를 열교환하게 하여 고온 냉동기의 증발기에 의해 저온측 냉매를 응축시킨다.

⑤ 흡수식 냉동 사이클

㉠ 개 요

- 자연냉매를 사용하고 가스나 배열, 태양열 등으로 구동하는 사이클이다.
- 암모니아, 물 등이 냉매로 사용되며 열구동 사이클이라고도 한다.
- 냉매증기를 흡수제인 액체에 흡수시키고, 액체를 고압으로 압축하는 시스템을 대체할 수 있고, 고압상태에서 냉매증기를 발생시키기 위해 보일러와 같은 발생기를 설치하여 외부의 열을 받아 냉매를 증기로 변하게 한다.
- 재생기, 흡수기 등이 압축기 역할을 함께하므로 압축기가 없다.

• 압축에 소요되는 일이 감소하고 소음 및 진동도 작아진다.

㉡ 냉동 사이클(4대 구성요소) : 흡수기 → 발생기 → 응축기 → 증발기

• 흡수기
  - 증발기로부터 수증기를 받아 수용액에 흡수시켜 묽게 하여 발생기로 보낸다.
  - 냉동기의 증발기에서 발생하는 수증기의 흡수제로는 주로 리튬브로마이드(LiBr) 용액을 사용한다.

• 발생기(재생기)
  - 흡수기로부터 묽은 수용액을 받아 증기 등으로 열을 가하거나 연소기를 연소시켜 직접 가열하여 물을 증발시켜 수증기로 만들고, 이를 응축기로 보내고 나머지 진한 용액은 다시 흡수기로 보낸다.
  - 흡수식 냉동기에서 고온의 열을 필요로 하는 곳은 재생기이다.
  - 냉동용 특정설비제조시설에서 발생기란 흡수식 냉동설비에 사용하는 발생기에 관계되는 설계온도가 200[℃]를 넘는 열교환기 및 이들과 유사한 것이다.

• 응축기 : 재생기로부터 수증기를 받아 냉각수로 냉각하여 물로 응축시켜 이를 증발기로 보낸다.

• 증발기 : 저압의 증발기 내에서 물이 증발하면서 냉수 코일 내의 물로부터 열을 빼앗아 냉수의 냉각이 이루어진다.

㉢ 특 징

• 압축기가 필요 없다.
• 자연냉매를 사용한다.
• 진공 상태에서 운전하므로 안전하다.
• 부하변동에 안정적이며 소음과 진동이 작다.
• 도시가스를 주원료로 사용하므로 전력 소비가 작다.
• 전력 소비가 작기 때문에 수변전설비가 작아도 된다.
• 용량제어성이 좋다.
• 하절기에 발생하는 피크부하가 작아져 전기요금이 절감된다.
• 저온의 냉수를 얻기 어렵다.
• 여름철에도 보일러를 가동해야 한다.
• 압축식에 비해서 예랭시간이 길고 설치 면적을 많이 차지한다.
• 높이가 높고 무겁다.
• 냉각탑을 크게 해야 한다.

증기압축식과 흡수식의 차이

• 증기압축식 냉동기는 냉매증기를 기계적 에너지로 압축시키고, 흡수식 냉동기는 열에너지로 냉매를 압축시킨다는 점이 서로 다르다.
• 증기압축 사이클은 냉매의 압력 상승이 일을 요구하는 압축기에 의해 일어나기 때문에 일구동 사이클(Work-operated Cycle)이라고 한다.
• 흡수 사이클은 작동비의 대부분이 고압액체로부터 증기를 방출하는 열의 제공과 관련 있기 때문에 열구동 사이클(Heat-operation Cycle)이라고 한다.
• 흡수식 냉동시스템에서는 재생기, 흡수기 등이 압축기 역할을 함께하기 때문에 압축기가 없어 압축에 소요되는 일이 감소하고, 소음 및 진동도 작아진다.

㉣ LiBr-H_2O형 흡수식 냉난방기 : 증발기에서 물(냉매)이 6.5[mmH_2O] 정도의 진공압력하에서 증발하고(포화온도 5[℃]), 증발된 냉매증기는 흡수기 내의 LiBr 수용액에 의해 흡수되는 원리를 이용한다.

• 증발기 내부압력을 5~6[mmHg]로 할 경우 물은 약 5[℃]에서 증발한다.
• 증발기 내부의 압력은 진공 상태이다.
• 냉매는 물(H_2O)이다.
• LiBr은 수증기를 흡수할 때 흡수열이 발생한다.
• LiBr용액은 소금과 유사한 물질로, 금속에 대하여 부식성이 크며 인체에는 유해하지 않고 냄새가 없다. 상온에서 약 60[%] 정도의 용해도를 지니고 있고(60[%] LiBr 수용액의 비중은 약 1.7), 비열이 작아 높은 냉난방효율을 얻을 수 있으며 수용액이 가지는 증기분압이 낮아 흡습성이 뛰어나다. 난방의 경우에는 재생기가 보일러와 같은 역할을 하므로 재생기에서 발생된 수증기를 증발기로 보내어 실내기로 순환되는 온수를 가열하여 난방에 이용한다.

⑥ 액화 사이클 : 압력을 크게 하면 액화율은 증가된다.

㉠ 린데식 사이클 : 고압으로 압축된 공기를 줄-톰슨 밸브를 통과시켜 자유팽창(등엔탈피 변화)으로 냉각·액화시키는 공기액화 사이클. 공기압축기, 열교환기, 팽창밸브(줄-톰슨밸브), 액화기(액화공기 저장용기)로 구성된다. 공기 속의 이산화탄소와 수분을 제거한 후 -40~-30[℃]까지 예랭하고, 린데 복식 정류탑에서 자유팽창시켜 액화한다. 린데식 정류탑은 압력탑 내에서 정류가 이루어져 탑 정상부에서는 질소를, 윗부분인 정류탑에서는 산소를 얻는다.

㉡ 클라우드식 사이클 : 압축기, 열교환기, 팽창기, 액화기 등으로 구성되며, 압축기에서 압축된 가스가 열교환기로 들어가 팽창기에서 일을 하면서 단열팽창하여 가스를 액화시키는 사이클이다. 린데 사이클의 등엔탈피 변화인 줄-톰슨밸브효과와 더불어 피스톤 팽창기의 단열팽창(등엔트로피 변화)을 동시에 이용하는 공기액화 사이클이며, 린데식에 있던 공기의 예랭은 필요하지 않다.

㉢ 캐피자식 사이클 : 클라우드 사이클에서 피스톤 팽창기를 터빈식 팽창기(역브레이턴 사이클)로 대체하여 보다 많은 양의 액화 공기를 얻는 형식으로 원료 공기를 냉각하면서 동시에 원료 공기 중의 수분과 탄산가스를 제거한다. 다량의 공기 액화공정에서는 대부분 캐피자식을 사용한다.

㉣ 필립스식 사이클 : 수소와 헬륨을 냉매로 하며 2개의 피스톤이 한 실린더에 설치되어 팽창기와 압축기의 역할을 동시에 하는 액화사이클이다.

㉤ 캐스케이드식 사이클(다원 액화 사이클) : 비등점이 점차 낮은 냉매를 사용하여 낮은 비등점의 기체를 액화시키는 액화사이클이다. 암모니아(NH_3), 에틸렌(C_2H_4), 메탄(CH_4) 등이 냉매로 사용된다.

※ 역스털링 사이클 : 헬륨을 냉매로 하는 극저온용 가스냉동기의 기본 사이클

핵심예제

2-1. 역카르노 사이클로 작동되는 냉동기가 20[kW]의 일을 받아서 저온체에서 20[kcal/s]의 열을 흡수한다면 고온체로 방출하는 열량은 약 몇 [kcal/s]인가?

[2004년 제1회 유사, 2007년 제2회 유사, 2014년 제3회, 2017년 제1회]

① 14.8 ② 24.8
③ 34.8 ④ 44.8

2-2. 성능계수가 3.2인 냉동기가 10[ton]의 냉동을 위하여 공급하여야 할 동력은 약 몇 [kW]인가?

[2009년 제3회, 2021년 제1회]

① 8 ② 12
③ 16 ④ 20

2-3. 다음 그림은 어떤 냉매의 $P-H$ 선도이다. 냉매의 증발과정을 표시한 것은?

[2009년 제1회, 2011년 제2회]

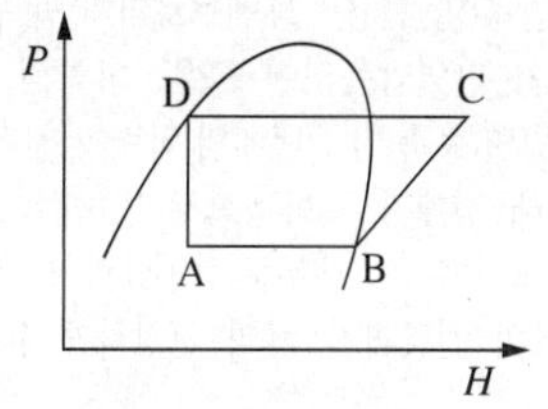

① A → B ② B → C
③ C → D ④ D → A

|해설|

2-1

성능계수

$(COP)_R = \varepsilon_R = \frac{흡수열}{받은일} = \frac{q_2}{W_c} = \frac{q_2}{q_1 - q_2}$

$q_1 = \frac{W_c q_2}{q_2} + q_2 = \frac{\left(20 \times \frac{860}{3,600}\right) \times 20}{20} + 20 \simeq 24.8[\text{kcal/s}]$

2-2

1[RT] = 3,320[kcal/h] = 3.86[kW]이며

성능계수 $\varepsilon_R = \frac{흡수열}{받은일} = \frac{q_2}{W_c}$ 이므로

공급하여야 할 동력 $W_c = \frac{q_2}{\varepsilon_R} = \frac{10 \times 3.86}{3.2} \simeq 12[\text{kW}]$

2-3

① A → B 등온등압(증발기) : 일정한 압력 상태에서 저온부로부터 열을 공급받아 냉매가 증발하는 증발과정
② B → C 단열압축(압축기) : 등엔트로피의 압축과정으로 기체 상태의 냉매가 단열압축되어 고온·고압의 상태가 된다.
③ C → D 등압방열(응축기) : 냉매의 압력이 일정하며 주위로의 열방출을 통해 냉매가 포화액으로 변하는 응축과정이다.
④ D → A 교축(팽창밸브) : 대부분 등엔탈피 팽창을 하는 팽창과정으로, 냉매의 엔탈피가 거의 일정하게 유지된다.

정답 2-1 ② 2-2 ② 2-3 ①

제5절 | 가스설비장치

핵심이론 01 가스설비장치의 개요

① 용 어

㉠ 재 료

- 비열처리재료 : 용기 제조에 사용되는 재료로서 오스테나이트계 스테인리스강·내식알루미늄 합금판·내식알루미늄 합금 단조품, 그 밖에 이와 유사한 열처리가 필요 없는 것
- 열처리재료 : 용기 제조에 사용되는 재료로서 비열처리재료 외의 것

㉡ 검 사

- 상시품질검사 : 제품확인검사를 받고자 하는 제품에 대하여 같은 생산단위로 제조된 동일 제품을 1조로 하고, 그 조에서 샘플을 채취하여 기본적인 성능을 확인하는 검사
- 정기품질검사 : 생산공정검사를 받고자 하는 제품이 이 기준에 적합하게 제조되었는지의 여부를 확인하기 위하여 제조공정 또는 완성된 제품 중에서 시료를 채취하여 성능을 확인하는 검사
- 수시품질검사 : 생산공정검사 또는 종합공정검사를 받은 제품이 이 기준에 적합하게 제조되었는지의 여부를 확인하기 위하여 양산된 제품에서 예고 없이 시료를 채취하여 확인하는 검사
- 공정검사 : 생산공정검사와 종합공정검사

㉢ 심 사

- 공정확인심사 : 생산공정검사를 받고자 하는 제품에 필요한 제조 및 자체 검사공정에 대한 품질시스템 운용의 적합성을 확인하는 것
- 종합품질관리체계심사 : 제품의 설계·제조 및 자체검사 등 용기 제조 전 공정에 대한 품질시스템 운용의 적합성을 확인하는 것

㉣ 그 밖의 용어

- 형식 : 구조·재료·용량 및 성능 등에서 구별되는 제품의 단위
- 최고충전압력 : 상용압력 중 최고압력
- 내력비 : 내력과 인장강도의 비
- 초저온용기 : −50[℃] 이하의 액화가스를 충전하기 위한 용기로서 단열재로 피복하거나 냉동설비로 냉각하는 등의 방법으로 용기 안의 가스온도가 상용의 온도를 초과하지 아니하도록 한 것

② 저장능력(충전질량 또는 최대적재량) 산정기준

㉠ 압축가스 저장탱크 및 용기의 저장능력[m^3] : $Q=n(10P+1)V_1$

여기서, n : 용기 본수

P : 35[℃](아세틸렌가스의 경우에는 15[℃])에서의 최고충전압력[MPa]

V_1 : 내용적[m^3]

㉡ 액화가스 저장탱크의 저장능력[kg] : $W=0.9dV_2$

여기서, d : 상용온도에서 액화가스의 비중[kg/L]

V_2 : 탱크의 내용적[L] $\left(\text{액화가스의 저장탱크 설계 시 저장능력에 따른 내용적 : } V_2=\dfrac{W}{0.9d}\right)$

㉢ 액화가스용기 및 차량에 고정된 탱크의 저장능력 : $W=V_2/C$

여기서, V_2 : 내용적[L]

C : 저온용기 및 차량에 고정된 저온탱크와 초저온용기 및 차량에 고정된 초저온탱크에 충전하는 액화가스의 경우에는 그 용기 및 탱크의 상용온도 중 최고온도에서의 그 가스의 비중(단위 : [kg/L])의 수치에 9/10를 곱한 수치의 역수, 그 밖의 액화가스의 충전용기 및 차량에 고정된 탱크의 경우에는 가스 종류에 따르는 정수

㉣ 저장탱크 및 용기가 다음에 해당하는 경우에는 각각의 저장능력을 합산한다. 다만, 액화가스와 압축가스가 섞여 있는 경우에는 액화가스 10[kg]을 압축가스 1[m^3]로 본다.

- 저장탱크 및 용기가 배관으로 연결된 경우
- (상기 것을 제외한) 저장탱크 및 용기 사이의 중심거리가 30[m] 이하인 경우 또는 같은 구축물에 설치되어 있는 경우(단, 소화설비용 저장탱크 및 용기는 제외한다)

③ 지반의 종류별 허용지지력도[MPa] : 암반 1, 단단히 응결된 모래층 0.5, 황토흙·조밀한 자갈층 0.3, 조밀한 모래질 지반 0.2, 단단한 점토질 지반·단단한 롬층 0.1, 모래질 지반·롬층 0.05, 점토질 지반 0.02

④ 도시가스공급시설 관련 제반사항

㉠ 도시가스공급시설 : 본관, 사용자 공급관, 일반도시가스사업자의 정압기, 압송기 등

㉡ 압송기 : 도시가스 수요가 증가함으로써 가스압력이 부족하게 될 때 압력을 증가시키기 위해 사용하는 가스공급시설로, 종류로는 터보형, 회전형, 피스톤형이 있다.

㉢ 도시가스용 가스 냉난방제어는 운전 상태를 감시하기 위하여 재생기에 온도계를 설치하여야 한다.

㉣ 도시가스사용시설에서 액화가스란 상용의 온도 또는 35[℃]에서 압력 0.2[MPa] 이상이 되는 것이다.

⑤ 가스설비장치 관련 제반사항

㉠ RTU(Remote Terminal Unit, 원격단말장치) : 기지국에서 발생된 정보를 취합하여 통신선로를 통해 원격감시제어소에 실시간으로 전송하고, 원격 감시제어소로부터 전송된 정보에 따라 해당 설비의 원격제어가 가능하도록 제어신호를 출력하는 장치

㉡ 액화가스 안전 및 사업법상 검사대상인 콕 : 퓨즈콕, 상자콕, 주물연소기용 노즐콕, 업무용 대형 연소기용 노즐콕

ⓒ 압력계에 눈금을 표시하기 위해서 자유피스톤형 압력계를 설치하였을 때, 마찰 및 피스톤의 변경오차는 무시하면 표시되는 압력(P)은

$P=\dfrac{W_1+W_2}{A_1}+PA$ 이다.

여기서, A_1 : 피스톤 단면적

A_2 : 추의 단면적

W_1 : 추의 무게

W_2 : 피스톤 무게

PA : 대기압

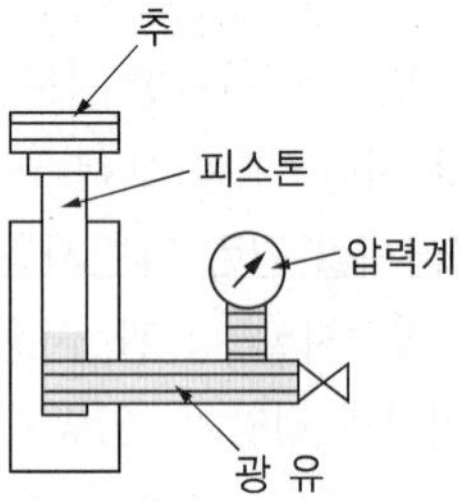

핵심예제

1-1. 내용적이 3,000[L]인 용기에 액화암모니아를 저장하려고 한다. 용기의 저장능력은 약 몇 [kg]인가?(단, 액화 암모니아 정수는 1.86이다) [2006년 제1회 유사, 2010년 제2회 유사, 2011년 제2회 유사, 2013년 제1회 유사, 2018년 제3회 유사, 2020년 제3회]

① 1,613　② 2,324
③ 2,796　④ 5,580

1-2. 액화프로판 50[kg]을 충전하고자 할 때 용기의 내용적[L]은?(단, 액화프로판의 가스정수는 2.35이다) [2003년 제2회, 2012년 제3회, 2013년 제3회 유사]

① 21.3　② 50
③ 105.75　④ 117.5

1-3. 프로판 1[ton]을 내용적 47[L]의 LPG 용기에 충전할 경우 필요한 용기의 수는 몇 개인가?(단, 프로판의 충전정수는 2.35이다) [2008년 제1회]

① 45　② 50
③ 55　④ 60

1-4. 내부 용적이 35,000[L]인 액화산소 저장탱크의 저장능력은 얼마인가?(단, 비중은 1.2) [2009년 제1회 유사, 2011년 제2회 유사, 2017년 제3회]

① 24,780[kg]　② 26,460[kg]
③ 27,520[kg]　④ 37,800[kg]

1-5. 내용적이 25,000[L]인 액화산소 저장탱크와 내용적이 3[m³]인 압축산소 용기가 배관으로 연결된 경우 총저장능력은 약 몇 [m³]인가?(단, 액화산소의 비중량은 1.14[kg/L]이고, 35[℃]에서 산소의 최고충전압력은 15[MPa]이다) [2010년 제3회]

① 2,818　② 2,918
③ 3,018　④ 3,118

|해설|

1-1

용기의 저장능력

$W=\dfrac{V}{C}=\dfrac{3,000}{1.86}\simeq 1,613[\text{kg}]$

1-2

용기의 내용적

$V=GC=50\times 2.35=117.5[\text{L}]$

1-3

용기의 저장능력

$W=\dfrac{V}{C}=\dfrac{47}{2.35}=20[\text{kg}]$

필요한 용기의 수 $=\dfrac{1,000}{20}=50$개

1-4

저장능력

$W=0.9dV=0.9\times 1.2\times 35,000=37,800[\text{kg}]$

1-5

액화산소 저장능력

$W=0.9dV=0.9\times 1.14\times 25,000=25,650[\text{kg}]$

액화가스와 압축가스의 혼합가스에서는 액화가스 10[kg]을 압축가스 1[m³]으로 환산한다.

- 액화산소 저장능력
  $Q_1=25,650\times 0.1=2,565[\text{m}^3]$
- 압축산소 저장능력
  $Q_2=(10P+1)V=(10\times 15+1)\times 3=453[\text{m}^3]$
- 총저장능력
  $Q=Q_1+Q_2=2,565+453=3,018[\text{m}^3]$

정답 1-1 ① 1-2 ④ 1-3 ② 1-4 ④ 1-5 ③

핵심이론 02 펌 프

① 펌프의 개요

㉠ 용 어

- 스트레이너(Strainer) : 이물질이 내부 부품을 손상시키지 않도록 펌프 주입구에 설치된 여과장치
- 실양정(Actual Head) : 흡입 실양정 + 송출 실양정
- 양정(Pumping Head) : 펌프가 물을 끌어 올리는 높이(수두)
  - 유체가 가지고 있는 에너지를 표시하는 방법이다.
  - 압력을 유체의 비중으로 나눈 값, 즉 길이로 표시한다.
- 유효흡입양정(NPSH ; Net Positive Suction Head) : 유체가 펌프로 들어갈 때 유체의 포화증기압을 초과하는 에너지의 양
  - 공동현상을 일으키지 않을 한도의 최대흡입양정이다.
  - 유효흡입수두 또는 순수흡입양정이라고도 한다.
- 체절운전(체절양정) : 유량이 0일 때의 양정이다.
- 포화증기압 : 액체의 밀도와 기체의 밀도가 같아질 때 증기의 압력으로, 액체가 기체로의 증발을 더할 수 없는 한계증기압이다.
- 프라이밍(Priming) : 펌프 운전 시 펌프 내에 액이 충만하지 않아 공회전을 일으키면서 펌핑이 이루어지지 않는 현상을 방지하기 위하여 펌프 내에 액을 충만시키는 것이다.

㉡ 펌프의 분류

- 작동원리에 따른 펌프의 분류(일반적인 분류)
  - 왕복펌프 : 피스톤펌프, 플런저펌프, 다이어프램펌프 등
  - 회전펌프 : 기어펌프, 나사펌프, 베인펌프 등
  - 터보펌프 : 원심펌프(터빈펌프와 벌류트펌프), 축류펌프, 사류펌프, 마찰펌프 등
  - 특수펌프 : 제트펌프, 수격펌프, 진공펌프 등
- 단수에 따른 펌프의 분류 : 단단펌프와 다단펌프로 구분하며, 다단펌프는 양정이 높을 때 사용한다.
- 흡입방식에 따른 펌프의 분류 : 단흡입펌프, 양흡입펌프

㉢ 펌프용 윤활유의 구비조건

- 인화점이 높을 것
- 분해 및 탄화가 안 될 것
- 온도에 따른 점성의 변화가 없을 것
- 사용하는 유체와 화학반응을 일으키지 않을 것

㉣ 펌프의 효율 : 축동력에 대한 수동력의 비

- 전효율 : $\eta = \eta_v \cdot \eta_m \cdot \eta_h$

  여기서, η_v : 체적효율

  η_m : 기계효율

  η_h : 수력효율
- 체적효율 : $\eta_v = \dfrac{Q}{Q+\Delta Q}$

  여기서, Q : 펌프의 실제 송출유량

  $Q+\Delta Q$: 회전차 속을 지나는 유량
- 펌프의 효율은 펌프의 구조, 크기 등에 따라 다르다.
- 펌프의 효율이 좋다는 것은 각종 손실동력이 작고, 축동력이 작은 동력으로 구동한다는 뜻이다.

㉤ 축동력 : $H = \dfrac{\gamma Q h}{\eta}$

여기서, γ : 비중량[kgf/m^3]

Q : 유량

h : 양정

η : 펌프효율

㉥ 펌프의 회전수(n) : $n = \dfrac{120f}{P}\left(1 - \dfrac{S}{100}\right)$

여기서, f : 전원 주파수

P : 극수

S : 미끄럼률

㉦ 펌프의 상사법칙(비례법칙)

- 유량 : $Q_2 = Q_1\left(\dfrac{N_2}{N_1}\right)^1\left(\dfrac{D_2}{D_1}\right)^3$

  여기서, D : 임펠러의 직경

  N : 회전수
- 양정 : $h_2 = h_1\left(\dfrac{N_2}{N_1}\right)^2\left(\dfrac{D_2}{D_1}\right)^2$

• 소요동력 : $H_2 = H_1\left(\frac{N_2}{N_1}\right)^3\left(\frac{D_2}{D_1}\right)^5$

ⓞ 비교회전도(비회전도 또는 비속도, Specific Speed, N_s) : 상사조건을 유지하면서 임펠러(회전차)의 크기를 바꾸어 단위유량에서 단위양정을 내게 할 때의 임펠러에 주어져야 할 회전수

• 비속도 $N_s = \frac{n \times \sqrt{Q}}{h^{0.75}}$

여기서, n : 회전수

Q : 유량

h : 양정

– 양정 h : 양흡펌프의 경우는 2로 나누고 다단펌프의 경우는 단수로 나눈 값이다.

– 비속도는 무차원수가 아니므로 단위의 조건에 따라 다르지만, 일반적으로 [rpm · m³/min · m]으로 나타낸다.

• 비속도의 활용

– 임펠러의 형상을 나타내는 척도

– 펌프의 성능을 나타내는 척도

– 최적 회전수의 결정에 이용

• 펌프 크기와는 무관하고 임펠러의 형식을 표시한다.

• 몇 가지 펌프의 비교회전도

– 터빈펌프 : 약 100

– 벌류트펌프 : 약 350

– 사류펌프 : 약 880

– 축류펌프 : 약 1,500

• 비속도가 작을수록 유량이 적고 양정은 높은 펌프이다. 이러한 펌프는 소요양정 20[m] 이상의 수도용 또는 취수용에 적합한 원심펌프, 왕복식 펌프, 소방용 펌프이다. 소방용 펌프는 비속도가 600 이하로 작다.

• 비속도가 클수록 유량이 많고 양정은 낮은 펌프이다. 이러한 펌프는 소요양정 10[m] 이하의 수도용 또는 취수용에 적합한 축류식, 사류식 펌프이다.

• 고유량, 고양정의 경우는 다단펌프를 사용하여 비속도를 크게 한다.

ⓩ 특성곡선(Characteristic Curve, Performance Curve) : 원심, 축류펌프에서 회전수와 흡입양정을 일정하게 하고 x축에 유량(Q), y축에 효율(η), 축동력(L), 양정(H)을 표시하여 이들의 관계를 표시한 곡선

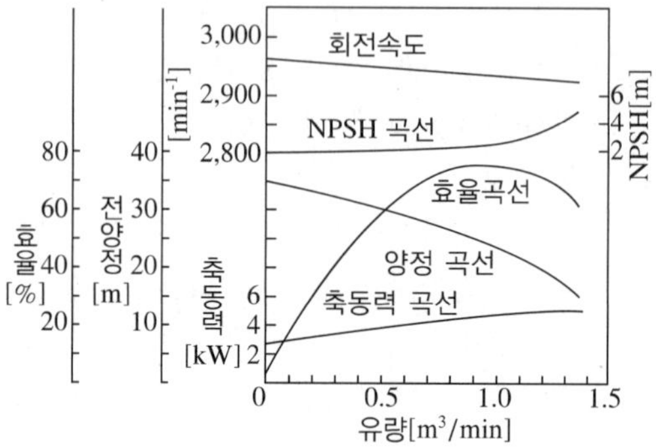

② 대표적인 펌프

㉠ 회전펌프

• 회전운동을 하는 회전체와 케이싱으로 구성된다.

• 회전펌프는 연속회전하므로 토출액의 맥동이 작다.

• 액의 이송에 적합하다.

• 점성이 큰 액체의 이송에 적합하다.

• 고압유체펌프로 널리 사용된다.

• 구조가 간단하다.

• 청소 및 분해가 용이하다.

㉡ 왕복펌프(피스톤펌프) : 작동이 단속적이고 송수량을 일정하게 하기 위하여 공기실을 장치할 필요가 있는 회전펌프

• 토출량이 일정하여 정량 토출할 수 있다.

• 회전수에 따른 토출압력 변화가 작다.

• 송수량의 가감이 가능하며 흡입양정이 크다.

• 고압, 고점도의 소유량에 적당하다.

• 단속적으로 맥동이 일어나기 쉽다.

• 밸브의 그랜드부가 고장 나기 쉽다.

• 고압에 의하여 물성이 변화하는 경우가 있다.

• 진동이 있으며 설치 면적이 많이 필요하다.

㉢ 나사펌프

• 고점도액의 이송에 적합하다.

• 고압에 적합하다.

• 토출압력이 변하여도 토출량의 변화는 크지 않다.

• 구조가 간단하고 청소와 분해가 용이하다.

㉣ 베인펌프 : 원통형 케이싱 안에 편심 회전자가 있고 그 홈 속에 판상의 깃이 있어 이의 원심력 혹은 스프링 장력에 의해 벽에 밀착하면서 액체를 압송하는 형식의 펌프

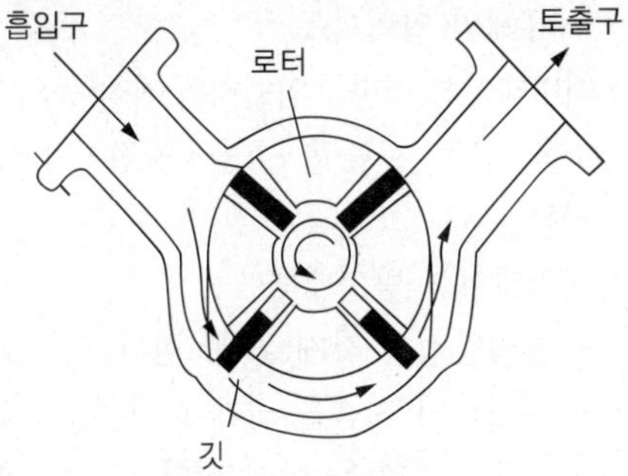

㉤ 터보펌프
- 토출량이 크다.
- 낮은 점도의 액체용이다.
- 시동 시 물이 필요하다.
- 저양정이다.

> **터보펌프의 정지 시 조치 순서**
> ① 토출밸브를 천천히 닫는다.
> ② 전동기의 스위치를 끊는다.
> ③ 흡입밸브를 천천히 닫는다.
> ④ 드레인밸브를 개방시켜 펌프 속의 액을 빼낸다.

㉥ 원심펌프
- 원심펌프의 종류
  - 터빈펌프 : 속도에너지를 압력에너지로 변환시키는 역할을 하는 가이드 베인(Guide Vane, 안내깃)이 있으며 시동하기 전에 프라이밍이 필요하며 고양정, 저점도의 액체에 적당하다.
  - 벌류트펌프 : 임펠러의 바깥 둘레에 가이드 베인이 없으며 토출량이 커서 주로 대용량에 사용되는 펌프로 저양정 시동 시 물이 필요하다.
- 원심펌프의 특징
  - 양수원리 : 회전차의 원심력을 압력에너지로 변환시킨다.
  - 원심력에 의하여 액체를 이송한다.
  - 고양정에 적합하다.
  - 펌프에 충분히 액을 채워야 한다.
  - 용량에 비하여 설치 면적이 작고 소형이다.
  - 원심펌프를 병렬로 연결시켜 운전하면 유량이 증가한다.
- 직렬연결과 병렬연결
  - 직렬연결 : 양정 증가, 유량 불변
  - 병렬연결 : 유량 증가, 양정 불변
- 송출 구경을 흡입 구경보다 작게 설계하는 이유
  - 회전차에서 빠른 속도로 송출된 액체를 갑자기 넓은 와류실에 넣으면 속도가 떨어지기 때문이다.
  - 에너지 손실이 커져서 펌프효율이 저하되기 때문이다.
  - 대형 펌프 또는 고양정의 펌프에 적용된다.
- 원심펌프의 표시 : 흡입 구경×송출 구경 원심펌프
  예 흡입 구경 100[mm], 송출 구경 90[mm]인 원심펌프 : 100×90 원심펌프

㉦ 축류펌프
- 비속도가 크다(1,200~2,200).
- 마감 기동이 불가능하다.
- 펌프의 크기가 작다.
- 높은 효율을 얻을 수 있다.

㉧ 사류펌프
- 원심펌프와 축류펌프의 중간적인 특징을 가진다.
- 유체가 회전축에 대하여 경사지게 흘러서 원심력을 받으면서 동시에 축 방향으로도 가속된다.
- 원심펌프보다 고속 운전이 가능하며 소형, 경량이다.
- 축류펌프에 비하여 높은 양정으로 사용이 가능하다.
- 종류 : 가로축 사류펌프, 세로축 사류펌프
- 펌프가 항상 물속에 있기 때문에 시동 및 조작이 용이하다.
- 중양정, 중수량의 경우에 많이 사용된다.
- 5~30[m]의 양정의 상하수도용, 관개배수용, 공업용수용, 복수기의 냉각수 순환용 등에 사용된다.

㉨ 제트펌프 : 고압의 액체를 분출할 때 그 주변의 액체가 분사류에 따라서 송출되는 구조로서 노즐, 슬로트, 디퓨저 등으로 구성된 펌프이다.

ⓩ 저비점 액체용 펌프

- 저비점 액체는 기화할 경우 흡입효율이 저하된다.
- 저온취성이 생기지 않는 스테인리스강, 합금 등이 사용된다.
- 플런저식 펌프는 용적용 펌프 중 왕복식 펌프로 용량이 적고 높은 압력이 요구되는 경우에 사용된다.
- 축 실(Seal)은 대부분 메커니컬 실을 채택한다.

③ 펌프에서 발생하는 이상현상

㉠ 캐비테이션(Cavitation, 공동현상)

- 캐비테이션의 정의
  - 파이프 내부의 정압이 액체의 증기압 이하로 되면 증기가 발생하여 진동이 발생하는 현상
  - 펌프에서 일어나는 현상으로 유수 중에 그 수온의 증기압보다 낮은 부분이 생기면 물이 증발을 일으키고 기포가 발생되는 현상
- 펌프가 정상운전할 수 있는 유효흡입양정(NPSH)의 조건
  - 펌프를 낮은 곳에 설치한다.
  - 흡입관 내면의 마찰저항을 작게 한다.
  - 흡입배관을 짧게 한다.
  - 흡입관경을 크게 한다.
- 캐비테이션의 발생원인
  - 액체의 압력이 증기압 이하로 낮아질 때
  - 유체의 압력이 국부적으로 매우 낮아질 때
  - 규정속도 이상의 펌프 고속회전
  - 과도한 유량(관 속의 유량이 증가한 경우)
  - 흡입양정이 클 경우
  - 흡입양정이 지나치게 길 때
  - 작동유 온도가 상승할 때
  - 관 내의 온도가 증가하였을 경우
  - 관로 내의 온도가 액체의 냉각점보다 높을 때
  - 관경이 작은 경우
  - 흡입필터가 막히거나 유로가 차단된 경우
  - 날개차의 부적절한 모양
  - 과부하
  - 펌프와 흡수면 사이의 거리가 너무 멀 때
  - 펌프의 위치가 흡입액면보다 너무 높게 설치될 경우
  - 캐비테이션수가 임계 캐비테이션수보다 낮을 때
  - 마찰저항 증가 시
  - 유체의 압력파동
- 캐비테이션 영향 : 임펠러의 침식 등의 기계 손상, 소음, 진동, 토출량·효율·양정·펌프 수명 등의 저하
- 캐비테이션 방지대책
  - 흡입양정을 작게(짧게) 한다.
  - 흡입관의 지름을 크게 한다.
  - 펌프의 위치를 낮게 한다.
  - 유효 흡입수두를 크게 한다.
  - 손실수두를 작게 한다.
  - 펌프의 회전수를 줄인다.
  - 양흡입펌프 또는 두 대 이상의 펌프를 사용한다.
  - 회전차를 물속에 완전히 잠기게 한다.

㉡ 서징현상(Surging, 맥동현상)

- 서징현상의 정의 : 펌프를 운전하였을 때에 주기적으로 한숨을 쉬는 듯한 상태가 되어 입출구 압력계의 지침이 흔들리고 동시에 송출유량이 변화하는 현상
  - 송출압력과 송출유량 사이에 주기적인 변동이 일어나는 현상
  - 펌프 입구와 출구의 진공계 및 압력계의 바늘이 흔들리며 송출유량이 변하는 현상
- 서징현상의 발생원인 : 유체의 흐름이 제어밸브 등의 조작에 의한 급격한 변화로 인한 유체의 운동에너지가 압력에너지로 변함에 따른 송출량과 압력의 주기적인 급격한 변동과 진동
  - 압력이 주기적으로 변화할 때
  - 배관 중에 물탱크나 공기탱크가 있을 때
  - 운전 상태가 펌프의 고유 진동수와 같을 때
  - 펌프의 양정곡선이 우향 상승구배일 때
- 서징현상은 압축기와 펌프에서 공통으로 일어날 수 있는 현상이다.

• 서징현상의 영향 : 진동 소음 증가, 펌프 수명 저하 등
• 서징현상 방지대책
- 회전차, 안내깃의 모양을 바꾼다.
- 배수량을 늘리거나 임펠러의 회전수를 변경한다.
- 관경을 변경하여 유속을 변화시킨다.
- 배관 내 잔류공기를 제거한다.

㉢ 워터해머링(Water Hammering, 수격현상)
• 수격현상의 정의 : 유속이 빠르게 진행되면서 압력파가 형성되어 유체가 망치처럼 관로를 때리는 현상
• 수격현상의 발생원인 : 빠른 유속, 유속의 급변, 펌프의 급정지 등
• 수격현상의 영향 : 주요 부품·기기의 파손, 진동·소음 증가, 주기적 압력변동으로 인한 기기들의 난조 발생, 펌프 수명 저하 등
• 수격현상 방지대책
- 관 내에 서지(Surge)탱크(조압수조)를 설치한다.
- 관 내의 유속 흐름속도를 가능한 한 느리게 하기 위하여 관의 지름을 크게 선정한다.
- 플라이휠을 설치하여 펌프의 속도가 급변하는 것을 막는다.
- 밸브는 펌프 송출구 근처 가까이에 설치하고 밸브를 적당히 제어한다.
- 송출 관로에 공기실을 설치한다.
- 펌프의 급정지를 피하고 밸브 조작을 서서히 한다.

㉣ 베이퍼로크 현상(Vapor Lock)
• 베이퍼로크 현상의 정의 : 저비등점 액체 이송 시 펌프의 입구측에서 발생되는 액체의 비등현상
• 베이퍼로크 현상의 발생원인 : 액체와 흡입배관 외부의 온도 상승, 펌프 냉각기가 작동하지 않거나 설치되지 않은 경우, 흡입관의 지름이 작거나 펌프 설치 위치가 적당하지 않을 때, 흡입 관로의 막힘, 스케일 부착 등에 의한 저항의 증대 등
• 베이퍼로크 현상의 영향 : 초기 운전 시 캐비테이션 발생, 펌프 수명 저하
• 베이퍼로크 현상 방지대책
- 펌프의 설치 위치를 낮춘다.
- 흡입관의 지름을 크게 한다.
- 흡입배관의 경로를 청소한다.
- 흡입배관을 단열처리한다.
- 실린더 라이너의 외부를 냉각한다.
- 회전수를 줄인다.
- 저장탱크와 펌프의 액면차를 충분히 크게 한다.

핵심예제

2-1. 전양정 30[m], 유량 1.5[m^3/min]인 펌프의 효율이 80[%]인 경우 펌프의 축동력 L[PS] 및 소요전력 W[kW]은 각각 얼마인가? [2004년 제2회 유사, 2009년 제3회 유사, 2011년 제2회 유사, 제3회, 2012년 제1회 유사, 2013년 제2회 유사, 2017년 제2회 유사, 2018년 제1회 유사]

① $L = 10.3$, $W = 7.4$
② $L = 12.5$, $W = 9.2$
③ $L = 15.3$, $W = 11.3$
④ $L = 15.7$, $W = 15.2$

2-2. 양정 20[m], 송수량 3[m^3/min]일 때 축동력 15[PS]를 필요로 하는 원심펌프의 효율은 약 몇 [%]인가?
[2010년 제3회 유사, 2012년 제2회 유사, 2016년 제1회 유사, 2018년 제2회]

① 59[%]　② 75[%]
③ 89[%]　④ 92[%]

2-3. 4극 3상 전동기를 펌프와 직결하여 운전할 때 전원 주파수가 60[Hz]이면 펌프의 회전수는 몇 [rpm]인가?(단, 미끄럼률은 2[%]이다) [2011년 제2회, 2017년 제1회]

① 1,562　② 1,663
③ 1,764　④ 1,865

2-4. 1,000[rpm]으로 회전하는 펌프를 2,000[rpm]으로 변경하였다. 이 경우 펌프의 양정과 소요동력은 각각 얼마씩 변화하는가? [2003년 제3회, 2007년 제1회 유사, 2009년 제1회, 2017년 제1회, 2019년 제3회]

① 양정 : 2배, 소요동력 : 2배
② 양정 : 4배, 소요동력 : 2배
③ 양정 : 8배, 소요동력 : 4배
④ 양정 : 4배, 소요동력 : 8배

핵심예제

2-5. 토출량 5[m^3/min], 전양정 30[m], 비교회전수 90[rpm · m^3/min · m]인 3단 원심펌프의 회전수는 약 몇 [rpm]인가?

[2008년 제2회 유사, 2018년 제3회]

① 226 ② 255
③ 326 ④ 343

2-6. 회전펌프에 해당하는 것은?

[2009년 제1회 유사, 2012년 제1회, 2019년 제1회 유사, 제3회]

① 플런저펌프 ② 피스톤펌프
③ 기어펌프 ④ 다이어프램펌프

2-7. 회전펌프의 특징에 대한 설명으로 옳지 않은 것은?

[2003년 제2회, 2007년 제2회 유사, 2013년 제1회, 2020년 제3회]

① 회전운동을 하는 회전체와 케이싱으로 구성된다.
② 점성이 큰 액체의 이송에 적합하다.
③ 토출액의 맥동이 다른 펌프보다 크다.
④ 고압유체펌프로 널리 사용된다.

2-8. 원심펌프의 특징에 대한 설명으로 틀린 것은?

[2012년 제1회]

① 저양정에 적합하다.
② 펌프에 충분히 액을 채워야 한다.
③ 용량에 비하여 설치 면적이 작고 소형이다.
④ 원심력에 의하여 액체를 이송한다.

2-9. 다음 중 캐비테이션의 발생조건이 아닌 것은?

[2008년 제2회, 2010년 제3회 유사, 2011년 제3회]

① 관경이 작은 경우
② 관 속의 유량이 증가한 경우
③ 관 내의 온도가 증가하였을 경우
④ 펌프의 위치가 흡입액면보다 너무 낮게 설치될 경우

2-10. 서징(Surging)의 발생 원인이 아닌 것은?

[2003년 제1회]

① 압력이 주기적으로 변화할 때
② 배관 중에 물탱크나 공기탱크가 있을 때
③ 운전 상태가 펌프의 고유 진동수와 같을 때
④ 펌프의 양정곡선이 우향 감소구배일 때

2-11. 펌프의 이상현상에 대한 설명 중 틀린 것은?

[2007년 제1회, 2013년 제1회, 2018년 제3회]

① 수격작용이란 유속이 급변하여 심한 압력 변화를 갖게 되는 작용이다.
② 서징(Surging)의 방지법으로 유량조정밸브를 펌프 송출측 직후에 배치시킨다.
③ 캐비테이션 방지법으로 관경과 유속을 모두 크게 한다.
④ 베이퍼로크는 저비점 액체를 이송시킬 때 입구쪽에서 발생되는 액체비등현상이다.

2-12. 펌프에서 발생하는 캐비테이션이나 수격작용을 방지하는 방법에 대한 설명 중 옳지 않은 것은?

[2006년 제3회, 2011년 제1회]

① 캐비테이션을 방지하기 위해서는 펌프의 흡입양정을 작게 한다.
② 캐비테이션을 방지하기 위해서는 펌프의 설치 위치를 낮춘다.
③ 수격작용을 방지하기 위해서는 관 내의 유속을 느리게 한다.
④ 수격작용을 방지하기 위해서는 관경을 작게 한다.

2-13. 펌프에서 발생되는 베이퍼로크의 방지방법이 아닌 것은?

[2008년 제3회, 2009년 제2회, 2010년 제1회 유사, 2015년 제2회 유사]

① 회전수를 줄인다.
② 펌프의 설치 위치를 낮춘다.
③ 흡입관의 지름을 크게 한다.
④ 실린더 라이너의 외부를 가열한다.

|해설|

2-1

• 축동력 : $L = \dfrac{\gamma Qh}{\eta} = \dfrac{1,000 \times 1.5 \times 30}{0.8} = 56,250[\text{kgf} \cdot \text{m/min}]$

$= \dfrac{56,250}{75 \times 60}[\text{PS}] = 12.5[\text{PS}]$

• 소요전력 : $W = 12.5 \times 0.7355 \simeq 9.2[\text{kW}]$

2-2

축동력

$L = \dfrac{\gamma Qh}{\eta}$

$15 = \dfrac{1,000 \times 3 \times 20}{\eta \times 75 \times 60}$

$\eta = \dfrac{1,000 \times 3 \times 20}{15 \times 75 \times 60} \simeq 0.89 = 89[\%]$

2-3

펌프의 회전수

$$n=\frac{120f}{P}\left(1-\frac{S}{100}\right)=\frac{120\times60}{4}\times\left(1-\frac{2}{100}\right)=1,764[\text{rpm}]$$

2-4

• 양정 : $h_2=h_1\left(\frac{N_2}{N_1}\right)^2\left(\frac{D_2}{D_1}\right)^2h_2=h_1\left(\frac{2,000}{1,000}\right)^2=4h_1$

• 소요동력 : $H_2=H_1\left(\frac{N_2}{N_1}\right)^3\left(\frac{D_2}{D_1}\right)^5=H_1\left(\frac{2,000}{1,000}\right)^3=8H_1$

2-5

비교회전수(비속도) $N_s=\frac{n\times\sqrt{Q}}{h^{0.75}}$ 에서 $90=\frac{n\times\sqrt{5}}{(30/3)^{0.75}}$ 이므로

$$n=\frac{90\times10^{0.75}}{\sqrt{5}}\simeq226[\text{rpm}]$$

2-6

①, ②, ④는 왕복펌프이다.

2-7

회전펌프는 연속회전하므로 토출액의 맥동이 다른 펌프보다 작다.

2-8

원심펌프는 고양정에 적합하다.

2-9

펌프의 위치가 흡입액면보다 너무 높게 설치되면 캐비테이션이 발생한다.

2-10

펌프의 양정곡선이 우향 상승구배일 때 서징현상이 발생한다.

2-11

캐비테이션 방지법으로 관경은 크게 하고 유속은 감속시킨다.

2-12

수격작용을 방지하기 위해서는 관경을 크게 한다.

2-13

베이퍼로크 현상을 방지하기 위해서는 실린더 라이너의 외부를 냉각시킨다.

정답 2-1 ② 2-2 ③ 2-3 ③ 2-4 ④ 2-5 ① 2-6 ③ 2-7 ③ 2-8 ① 2-9 ④ 2-10 ④ 2-11 ③ 2-12 ④ 2-13 ④

핵심이론 03 탱 크

① 탱크의 개요

㉠ 도시가스 제조원료의 저장설비에서 액화석유가스(LPG) 저장법 : 가압식 저장법, 저온식(냉동식) 저장법

㉡ 지하 암반을 이용한 저장시설에서는 외부에서 압력이 작용되고 있다.

㉢ 액화석유가스 저장소의 저장탱크의 유지온도 : 40[℃] 이하

㉣ 복수의 인접 저장탱크의 상호간 최소유지거리

- 2개 이상 인접 탱크 상호간 최소유지거리 : 1[m] 이상
- 두 저장탱크 간의 거리 : 두 저장탱크의 최대지름을 합산한 길이의 $\frac{1}{4}$ 이상

㉤ LPG 저장탱크를 지하에 묻을 경우 저장탱크실 상부 윗면으로부터 저장탱크 상부까지의 깊이는 60[cm] 이상, 벽과 저장탱크 사이는 30[cm] 이상 유지해야 한다.

㉥ 가스의 이송법

- 차압에 의한 방법
- 액송펌프 이용법
- 압축기 이용법 : 탱크로리에서 저장탱크로 LP가스 이송 시 잔가스 회수가 가능한 이송법
  - 충전 작업시간이 단축된다.
  - 잔가스 회수가 가능하다.
  - 사방밸브를 이용하면 가스의 이송 방향을 변경할 수 있다.
  - 압축기를 사용하기 때문에 베이퍼로크 현상이 생기지 않는다.
  - 재액화현상이 일어날 수 있다.
  - 서징현상이 발생할 수 있다.
- 압축가스용기 이용법

㉦ 고압가스 일반제조시설에서 저장탱크를 지하에 매설하는(묻는) 기준

- 저장탱크 정상부와 지면의 거리(깊이) : 60[cm] 이상

• 저장탱크 주위에 마른 모래를 채울 것
• 저장탱크를 2개 이상 인접하여 설치하는 경우 상호 간에 1[m] 이상의 거리를 유지할 것
• 저장탱크를 묻는 곳의 주위에는 지상에 경계 표지를 할 것

ⓞ 가연성 고압가스 저장탱크의 색상
• 외부 : 은백색 도료로 도장한다.
• 가스 명칭 표시의 색상 : 적색

ⓩ LPG를 탱크로리에서 저장탱크로 이송 시 작업을 중단해야 하는 경우
• 누출이 생긴 경우
• 과충전된 경우
• 작업 중 주위에 화재 발생 시

ⓩ LPG가스 저장탱크에서 A와 C밸브가 조작 전에 닫혀 있을 때, 드레인밸브(Drain Valve)의 조작 순서 : A를 열고 B로 드레인을 유입한다. → A를 닫는다. → C를 단속적으로 열고 드레인을 배출한다. → C를 닫는다.

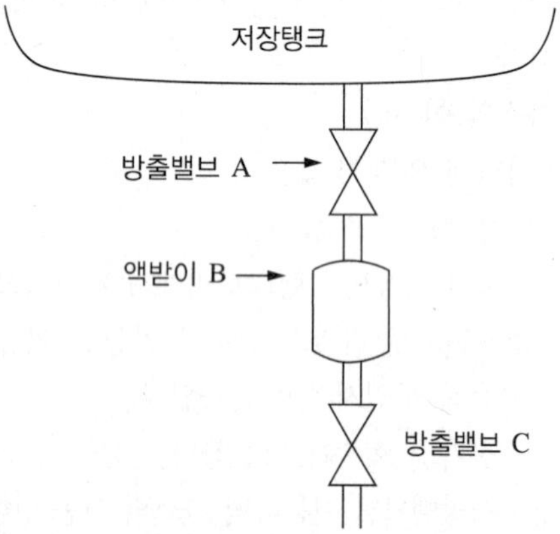

ⓚ LP가스 탱크로리에서 하역작업을 종료한 후 처리할 작업 순서 : 차량 및 설비의 각 밸브를 잠근다. → 호스를 제거한다. → 밸브에 캡을 부착한다. → 어스선(접지선)을 제거한다.

ⓣ LNG 저장탱크에서 사용되는 잠액식 펌프(Submerged Pump)의 윤활 및 냉각을 위해 액화질소 또는 LNG를 사용한다.

② 고압 원통형 저장탱크

㉠ 지지방법
• 횡형 탱크 : 새들형
• 수직형 탱크 : 지주형, 스커트형

㉡ 입형 탱크 : 지진에 의한 피해 방지를 위해 이중으로 한다.

③ 구형 저장탱크

㉠ 모양이 아름답다.

㉡ 동일 용량, 동일 압력의 경우 원통형 탱크보다 두께가 얇다.

㉢ 표면적이 다른 탱크보다 작으며, 강도가 우수하다.

㉣ 기초 구조를 간단하게 할 수 있다.

㉤ 부지 면적과 기초공사가 경제적이다.

㉥ 드레인이 쉽고, 유지관리가 용이하다.

④ LPG 저장설비 중 저온 저장탱크

㉠ 내부압력이 외부압력보다 저하됨에 따른 저장탱크 파괴를 방지하는 설비를 설치한다.

㉡ 주로 탱커(Tanker)에 의하여 수입되는 LPG를 저장하기 위한 것이다.

㉢ 내부압력이 대기압 정도여서 강재의 두께가 얇아도 된다.

㉣ 저온액화의 경우에는 가스 체적이 적어 다량 저장에 사용된다.

⑤ 지상탱크

㉠ 단열재를 사용한 이중구조로 하여 진공시키면 LNG도 저장할 수 있다.

㉡ 내진설계 적용대상시설
• 고압가스법의 적용을 받는 10[ton] 이상의 아르곤 탱크
• 도시가스사업법의 적용을 받는 3[ton] 이상의 저장탱크
• 액화석유가스법의 적용을 받는 3[ton] 이상의 액화석유가스저장탱크
• 고압가스법의 적용을 받는 5[ton] 이상의 암모니아탱크
• 동체부 높이 5[m] 이상의 탑류

㉢ 내진설계 시 지반은 6가지로 분류한다.
- S_1 : 암반 지반
- S_2 : 얕고 단단한 지반
- S_3 : 얕고 연약한 지반
- S_4 : 깊고 단단한 지반
- S_5 : 깊고 연약한 지반
- S_6 : 부지 고유의 특성평가 및 지반 응답 해석이 필요한 지반

⑥ **리시버탱크** : 배관 내 가스 중의 수분 응축 또는 배관의 부식 등으로 인하여 지하수가 침입하는 등의 장애 발생으로 가스 공급이 중단되는 것을 방지하기 위해 설치하는 탱크

⑦ **(30[ton] 미만의 LP가스) 소형 저장탱크**

㉠ 동일한 장소에 설치하는 경우 소형 저장탱크의 수는 6기 이하로 한다.

㉡ 동일한 장소에 설치하는 경우 충전질량의 합계는 5,000[kg] 미만으로 한다.

㉢ 탱크 지면에서 5[cm] 이상 높게 설치된 콘크리트 바닥 등에 설치한다.

㉣ 탱크가 손상받을 우려가 있는 곳에는 가드레일 등의 방호조치를 한다.

㉤ 화기와의 우회거리는 5[m] 이상으로 한다.

㉥ 주위 5[m] 이내에서는 화기 사용을 금지한다.

㉦ 인화성 또는 발화성 물질을 쌓아두지 않는다.

㉧ 지상 설치식으로 한다.

㉨ 건축물이나 사람이 통행하는 구조물의 하부에 설치하지 아니한다.

⑧ **액화천연가스(LNG) 탱크의 종류**

㉠ 프리스트레스트 탱크(Prestressed Tank) : 철근 대신 높은 인장강도를 발휘하는 고강도 강재(강선, 강연선, 강봉 등)를 사용하여 콘크리트에 미리 압축응력(Prestress)을 가해 주어 하중으로 인한 인장응력을 일부 상쇄시켜서 더 큰 외부하중을 가할 수 있게 만든 탱크

㉡ 금속제 이중구조 탱크 : 내부탱크와 외부탱크의 이중 설계구조의 탱크

㉢ 멤브레인 탱크 : 저온 수축을 흡수하는 기구를 가진 금속박판을 사용하여 정적하중과 반복하중을 모두 고려하여 충분한 피로강도를 지니게 제작한 탱크

⑨ **가스홀더** : 정제된 가스를 저장하고 가스의 질을 균일하게 유지하면서 가스 생산량을 조절하는 탱크로, 중고압식으로 원통형과 구형이 있고, 저압식으로 유수식과 무수식이 있다. 가스홀더와 배관의 접속부 부근에는 가스 차단장치를 설치한다.

㉠ 가스홀더의 기능
- 가스 수요의 시간적 변화에 따라 제조가 따르지 못할 때 가스의 공급 및 저장
- 정전, 배관공사 등에 의한 제조 및 공급설비의 일시적 중단 시 공급
- 조성의 변동이 있는 제조가스를 받아들여 공급가스의 성분, 열량, 연소성 등의 균일화
- 최고 피크 시에 공장에서 수요지에 이르는 배관의 수동능력 이상으로 공급능력 제고

㉡ 고압, 중압인 가스홀더에 대한 안전조치사항
- 관의 입구와 출구에는 온도나 압력의 변화에 따른 신축을 흡수하는 조치를 한다.
- 응축액을 외부로 뽑을 수 있는 장치를 설치한다.
- 응축액의 동결을 방지하는 조치를 한다.
- 맨홀이나 검사구를 설치한다.

㉢ 유수식 가스홀더
- 제조설비가 저압인 경우에 사용한다.
- 구형 홀더에 비해 유효 가동량이 많다.
- 물탱크의 수분으로 습기가 있다.
- 가스가 건조하면 물탱크의 수분을 흡수한다.
- 부지 면적과 기초 공사비가 많이 소요된다.
- 물의 동결방지조치가 필요하다.

㉣ 무수식 가스홀더
- 대용량 저장에 사용한다.
- 물탱크가 없어 기초가 간단하며, 설치비가 적게 든다.
- 건조 상태로 가스가 저장된다.
- 작업 중 압력변동이 작다.

⑩ 오토클레이브(Autoclave) : 온도 상승 시 증기압이 상승하여 액상을 유지하면서 반응하는 고압반응 가마솥으로 교반형, 진탕형, 회전형, 가스교반형 등의 종류가 있다.

㉠ 교반형

- 기액반응(기체, 액체의 반응)으로 기체를 계속 유통시킬 수 있다.
- 교반효과는 진탕형에 비하여 더 좋다.
- 특수 라이닝을 하지 않아도 된다.
- 주로 전자코일을 이용한다.
- 가스 누출의 우려가 있다.

㉡ 진탕형

- 횡형 오토클레이브 전체가 수평전후운동으로 교반한다.
- 가스 누설의 가능성이 적다.
- 고압력에서 사용할 수 있고 반응물의 오손이 없다.
- 뚜껑판의 뚫린 구멍에 촉매가 끼어 들어갈 염려가 없다.

㉢ 회전형 : 교반효율이 떨어지기 때문에 용기벽에 장애판을 설치하거나 용기 내에 다수의 볼을 넣어 내용물의 혼합을 촉진시켜 교반효과를 올리는 형식

- 오토클레이브 자체를 회전시켜서 교반한다.
- 액체에 가스를 적용시키는 데 적합하지만 교반효과는 떨어진다.

㉣ 가스교반형

- 레페반응장치에 이용된다.
- 기상부에 반응가스를 취출 액상부의 최저부에 순환 송입한다.
- 주로 가늘고 긴 수평반응기로 유체가 순환되어 교반한다.

핵심예제

3-1. 최대지름이 10[m]인 가연성 가스 저장탱크 2기가 상호 인접하여 있을 때 탱크 간에 유지하여야 할 거리는? [2020년 제4회]

① 1[m] ② 2[m]
③ 5[m] ④ 10[m]

3-2. 일정 규모 이상의 고압가스 저장탱크 및 압력용기를 설치하는 경우 내진설계를 하여야 한다. 다음 중 내진설계를 하지 않아도 되는 경우는? [2016년 제1회]

① 저장능력 100[ton]인 산소저장탱크
② 저장능력 1,000[m^3]인 수소저장탱크
③ 저장능력 3[ton]인 암모니아저장탱크
④ 증류탑으로서의 높이 10[m]의 압력용기

3-3. 오토클레이브(Autoclave)의 종류가 아닌 것은? [2018년 제1회]

① 교반형 ② 가스교반형
③ 피스톤형 ④ 진탕형

3-4. 교반형 오토클레이브의 장점에 해당되지 않는 것은? [2020년 제4회]

① 가스 누출의 우려가 없다.
② 기액반응으로 기체를 계속 유통시킬 수 있다.
③ 교반효과는 진탕형에 비하여 더 좋다.
④ 특수 라이닝을 하지 않아도 된다.

|해설|

3-1

인접 이격거리 : $\frac{10+10}{4} = 5[m]$

3-2

내진설계 적용대상시설

- 고압가스법의 적용을 받는 10[ton] 이상의 아르곤탱크
- 도시가스사업법의 적용을 받는 3[ton] 이상의 저장탱크
- 액화석유가스법의 적용을 받는 3[ton] 이상의 액화석유가스 저장탱크
- 고압가스법의 적용을 받는 5[ton] 이상의 암모니아 탱크
- 동체부 높이 5[m] 이상의 탑류

3-3

오토클레이브(Autoclave) : 온도 상승 시 증기압이 상승하여 액상을 유지하면서 반응하는 고압반응 가마솥으로 교반형, 진탕형, 회전형, 가스교반형 등의 종류가 있다.

3-4

교반형 오토클레이브는 가스 누출의 우려가 있다.

정답 3-1 ③ 3-2 ③ 3-3 ③ 3-4 ①

핵심이론 04 압축기

① 압축기의 개요

㉠ 용 어

- 상사점(TDC ; Top Dead Center) : 실린더 체적이 최소가 되는 점(실린더 체적이 최소일 때 피스톤의 위치)
- 하사점(BDC ; Bottom Dead Center) : 실린더 체적이 최대가 되는 점(실린더의 체적이 최대일 때 피스톤의 위치)
- 행정(S ; Stroke) : 실린더 내에서 피스톤이 이동하는 거리
- 간극체적(Clearance Volume, V_C) : 실린더의 최소 체적(피스톤이 상사점에 있을 때 가스가 차지하는 체적)
- 행정체적(Stroke Volume, V_S) : 피스톤이 상사점과 하사점의 사이를 왕복할 때의 가스의 체적
- 실린더체적(Cylinder Volume) : 행정체적 + 간극체적
- 압축비 : 실린더체적과 간극체적의 비

㉡ 압축비(ε) : $\varepsilon = \sqrt[n]{\dfrac{P_n}{P}}$

여기서, n : 단수

P : 흡입 절대압력

P_n : n단에서의 토출 절대압력

- 압축비가 커짐에 따라 증가, 상승하는 요인 : 소요동력, 압축일량, 실린더 내의 온도, 토출가스온도
- 압축비가 커짐에 따라 감소하는 요인 : 토출가스의 양, 체적효율

㉢ 등온과정

- 등온압축일 : $W = RT_1 \ln \dfrac{V_1}{V_2} = P_1 V_1 \ln \dfrac{P_2}{P_1}$
- 등온헤드(h) : 등온압축에 의해 단위중량의 공기에 주어진 압축기 일의 양으로 등온압축일과 같다.
- 등온공기동력 = 등온헤드 × 중량유량

㉣ 단열과정

- 단열압축일 : $W = \dfrac{1}{k-1}(P_2 V_2 - P_1 V_1)$
- 단열헤드(h) : 단열압축에 의해 단위중량의 공기에 주어진 압축기 일의 양

$$h = \frac{k}{k-1} P_1 V_1 \left[\left(\frac{P_2}{P_1} \right)^{\frac{k-1}{k}} - 1 \right]$$

- 단열공기동력 = 단열헤드 × 중량유량

㉤ 효율(η)

- 가스토출효율 : $\dfrac{\text{가스토출량}}{\text{피스톤행정용량} \times \text{회전수}}$
- 전등온효율 :

$$\frac{\text{등온공기동력}}{\text{축동력}} = \frac{\text{등온헤드} \times \text{흡입공기량}}{\text{축동력}}$$

- 전단열효율 :

$$\frac{\text{단열공기동력}}{\text{축동력}} = \frac{\text{단열헤드} \times \text{흡입공기량}}{\text{축동력}}$$

- 등온효율 : $\dfrac{\text{등온공기동력}}{\text{내부동력}}$
- 단열효율 : $\dfrac{\text{단열공기동력}}{\text{내부동력}}$
- 전효율 : $\eta = \eta_h \eta_v \eta_m$

여기서, η_h : 유체효율

η_v : 체적효율

η_m : 기계효율

– 유체효율 : $\eta_h = \dfrac{h}{h_{th}}$

– 체적효율 : $\eta_v = \dfrac{G}{G + \Delta G}$

– 기계효율 : $\eta_m = \dfrac{L - \Delta L_m}{L} = \dfrac{L_i}{L}$

- 폴리트로픽 체적효율 :

$\eta_v = 1 + \varepsilon_0 - \varepsilon_0 \times \varepsilon^{1/n} = 1 - \varepsilon_0 (\varepsilon^{1/n} - 1)$

여기서, ε_0 : 실린더의 간극비

ε : 압축비

n : 폴리트로픽지수(단열 $n = k$, 등온 $n = 1$)

ⓑ 동력·압출량·토출가스 온도

- 압축기에 필요한 전동기의 동력 : $H = \dfrac{F \times S}{\eta}$

  여기서, F : 소요 힘
  S : 시간당 이동거리
  η : 효율

- 압축기의 피스톤 압출량 : $Q = V = lanz\eta$

  여기서, l : 행정거리
  a : 단면적
  n : 분당 회전수
  z : 기통수
  η : 체적효율

- 압축기 토출가스 온도 : $T_1 = T_1 \times \left(\dfrac{P_2}{P_1}\right)^{\frac{k-1}{k}}$

  여기서, T_1 : 흡입 절대온도
  T_2 : 토출 절대온도
  P_1 : 흡입 절대압력
  P_2 : 토출 절대압력
  k : 비열비

ⓢ 압축기 윤활유의 구비조건

- 점도가 적당할 것
- 인화점이 높고, 응고점이 낮을 것
- 사용가스와 화학반응을 일으키지 않을 것
- 열에 의해 분해되지 않을 것
- 항유화성이 클 것
- 수분이나 산 등의 불순물 함유량이 적을 것
- 정제도가 높고 잔류 탄소의 양이 적을 것

ⓞ 압축가스별 압축기

- 공기압축기 : 광유(디젤엔진유)를 실린더 내부 윤활유로 사용한다.
- 산소가스압축기
  - 물이 크랭크실로 들어가지 않는 구조로 한다.
  - 일반 윤활유의 사용이 불가능하다(압축산소에 유기물이 있으면 산화력이 커서 폭발하기 때문).
  - 적합한 실린더 내부 윤활유 : 물 또는 10[%] 이하의 묽은 글리세린 수용액
- 염소가스압축기 : 진한 황산을 실린더 내부 윤활유로 사용한다.
- 수소가스압축기
  - 누설되기 쉬우므로, 누설되면 가스를 흡입측으로 되돌리는 구조로 한다.
  - 적합한 실린더 내부 윤활유 : 순광물유(양질의 광유)
- 아세틸렌압축기
  - 용량 15~60[m^3/hr], 2~3단 왕복식 압축기로 사용된다.
  - 분해폭발 방지를 위하여 20[℃] 이하, 압력 25[kg/cm^2]로 냉각 운전한다.
  - 금속 아세틸라이드의 발생을 방지하기 위하여 압축비를 낮게 유지하여야 한다.
  - 적합한 실린더 내부 윤활유 : 순광물유(양질의 광유)
- LP가스압축기 : 식물성유를 실린더 내부 윤활유로 사용한다.
- 이산화황가스압축기 : 화이트유, 정제된 용제 터빈유를 실린더 내부 윤활유로 사용한다.
- 염화메탄압축기 : 화이트유를 실린더 내부 윤활유로 사용한다.
- 메틸클로라이드압축기 : 화이트유를 실린더 내부 윤활유로 사용한다.

ⓩ 암모니아압축기 실린더에 워터재킷을 사용하는 이유

- 압축효율의 향상을 도모한다.
- 윤활유의 탄화를 방지한다.
- 밸브 스프링의 수명을 연장시킨다.
- 압축 소요열량을 작게 한다.

ⓒ 가스의 압축방식(온도 상승이 높은 순서) : 단열압축 > 폴리트로픽압축 > 등온압축

ⓚ 압축기의 실린더를 냉각하는 이유

- 체적효율, 압축효율 증대
- 소요동력 감소
- 윤활기능 유지 및 향상
- 윤활유 열화 및 탄화 방지
- 습동 부품의 수명 유지

② 단수에 따른 압축기의 종류

㉠ 단단압축기 : 단수가 1개인 압축기

㉡ 다단압축기 : 단수가 2개 이상인 압축기

- 압축기에서 다단압축을 하는 목적 : 압축일(소요일량) 감소, 체적효율 증가, 이용효율 증가, 양호한 힘의 평형, 가스온도 상승 방지
- 다단압축기에서 실린더 냉각의 목적
  - 흡입효율을 좋게 하기 위하여
  - 밸브 및 밸브스프링에서 열을 제거하여 오손을 줄이기 위하여
  - 흡입 시 가스에 주어진 열을 가급적 낮추기 위하여
  - 피스톤링에 탄소산화물이 발생하는 것을 막기 위하여

③ 구조에 따른 압축기 형식 : 개방형, 반밀폐형, 밀폐형, 무급유형

㉠ 개방형 : 구동모터와 압축기가 분리된 구조로서 벨트나 커플링에 의하여 구동되는 압축기 형식

- 압축기와 전동기가 별개로 되어 있다.
- 압축기 회전수를 바꾸어 사용조건에 적합한 운전이 가능하다.
- 보수・점검・취급이 용이하다.
- 소음과 진동이 발생한다.

㉡ 반밀폐형 : 개방형과 밀폐형의 중간 형식이다.

㉢ 밀폐형 : 전동기와 압축기가 한 하우징 속에 밀폐된 형식으로 소음과 진동이 작다.

㉣ 무급유형 : 오일 혼입을 방지한 형식으로 식품, 양조, 특수약품의 제조 시 이용된다.

④ 작동원리에 의한 압축기의 분류(압축방식에 따른 분류)

㉠ 압축기의 분류

용적형	왕복식	피스톤식(단동, 복동), 다이어프램식
	회전식	베인식, 스크루식(나사식), 루트식
터보형	원심식	
	축류식	

- 용적형 압축기 : 일정한 용적의 실린더 내에 기체를 흡입한 다음 흡입구를 닫아 기체를 압축하면서 다른 토출구에 압축하는 형식의 압축기이다.
- 터보형 압축기 : 기체 흐름이 축 방향에서 반지름 방향으로 흐를 때 원심력에 의하여 에너지를 부여하는 방식으로, 비용적형이다.

㉡ 왕복동 압축기(피스톤식 압축기) : 실린더 안에 피스톤의 왕복운동으로 압축공기를 생성하는 압축기

- 용적형이며 기체의 비중에 영향이 없다.
- 압축효율이 높다.
- 용량 조절범위가 넓다.
- 쉽게 고압을 얻을 수 있어 고압에 적합하다.
- 토출압력 변화에 의한 유량의 변동이 작다.
- 윤활유식 및 무급유식이다.
- 공기 사용량이 많은 공정에는 부적합하다(최대 생산 가능 유량 : 3,300[m^3/h] 정도).
- 왕복 부분의 관성 때문에 회전속도에 한계가 있다.
- 관성력 때문에 진동이 발생한다.
- 압축 시 맥동이 생길 수 있다.
- 무급유식 이외는 실린더 내에 윤활유가 필요하고, 압축공기 중에 유분이 포함된다.
- 피스톤운동의 특성상 공기의 흐름이 연속적이지 못하다.
- 형태가 커서 설치 면적이 많이 소요된다.
- 접촉부가 많아 보수 및 점검이 어렵다(왕복동 압축기에서의 맥동현상 : 흡입구 토출계에서 압력계의 바늘이 흔들리면서 유량이 감소되는 현상).
- 실린더를 냉각시켜 얻을 수 있는 냉각효과 : 체적효율의 증가, 압축효율의 증가(동력 감소), 윤활기능의 유지 향상
- 왕복식 압축기에서 체적효율에 영향을 주는 요소 : 압축비, 냉각, 가스 누설, 클리어런스
- 용량제어방법
  - 연속적인 용량제어방법 : 바이패스밸브에 의한 조정, 회전수를 변경하는 방법, 흡입밸브를 폐쇄하는 방법, 타임드밸브제어에 의한 방법
  - 불연속적(단계적) 용량제어방법 : 클리어런스밸브에 의한 방법, 흡입밸브 개방에 의한 방법
- 압축기의 흡입온도 상승의 원인 : 흡입밸브 불량에 의한 역류, 전단 냉각기의 능력 저하, 관로에 수열이 있을 경우, 전단 쿨러의 고장

㉢ 다이어프램식 압축기 : 기계적 구동이나 유압으로 작동되는 횡격막의 운동에 의해 압축하는 왕복식 압축기

- 용적식, 무급유식이다.
- 기계적 다이어프램 압축기는 유압식보다 소형으로 제작되며, 기계식 다이어프램 압축기에서 고압을 형성하기 위해 압축기와 드라이버를 압력용기로 밀봉하기도 한다.
- 기계식은 가격이 비교적 저렴하고, 구조가 간단하며 대기보다 낮은 압력을 압축하는 장치로 사용할 수 있다.
- 기계식은 보통 베어링하중을 고려해야 하기 때문에 제한이 있는 반면, 유압식은 기계식보다 고압을 더 쉽게 형성할 수 있다.
- 기계식에는 보통 합성고무로 된 다이어프램을 적용하며, 유압식은 금속막을 사용하고 고압을 형성할 수 있다.
- 기계식과 유압식을 혼합하여 다단압축을 할 수 있다.
- 기밀이 정적이므로 안정된 기체를 만들 수 있다.
- 기체가 분리돼서 운전하기 때문에 100[%] 오일이 없는 압축공기를 공급한다.
- 토출량이 적고 압축비가 제한된다.

㉣ 베인식 압축기 : 원통형 실린더 내에 편심으로 로터를 설치하고, 로터에는 가동익(Vane)을 설치하므로 가동익과 실린더에 둘러싸인 공간이 로터의 회전에 의해서 변화하는 것을 이용해서 기체를 압축하는 회전식 압축기이다.

- 일반적으로는 다량의 윤활유를 실린더 내에 주입하여 밀폐, 윤활과 동시에 압축열을 제거하는 유랭식으로 되어 있다. 베인이 실린더 또는 로터에 대하여 습동운동을 하므로 베인의 재질 선정이 중요하므로, 내열성이 높고 오일이나 수분의 흡수가 적은 것을 선택한다.
- 구조상 습동에 의한 마모를 초래하는 것은 피할 수 없다.
- 베인 강도가 습동 속에 제한되기 때문에 습동속도가 크게 될 때에는 2단 압축식의 채용이 필요하며, 기계 크기가 커진다.
- 구조상 고압압축기에는 사용할 수 없다.

㉤ 나사식 압축기 : 피스톤 대신 암수 로터가 맞물려 회전함으로써 압축공기를 생성하는 압축기

- 공기 유량이 많으므로 왕복동 압축기보다 많은 유량을 생산할 수 있다(최대 생산 가능 유량 : 20,000[m^3/h] 정도).
- 고유량, 저압에 적합하다.
- 기체에는 맥동이 적고 연속적으로 압축한다.
- 기초, 설치 면적 등이 작다.
- 토출압력의 변화에 의한 용량 변화가 작다.
- 용기 조절이 어렵다.
- 기계적인 소음이 매우 크다.

㉥ 루트식 압축기 : 케이싱 내에 2개의 기어를 가진 한 쌍의 로터가 90° 위상으로 서로 역방향으로 회전하면서 기체를 흡입·송출하는 압축기

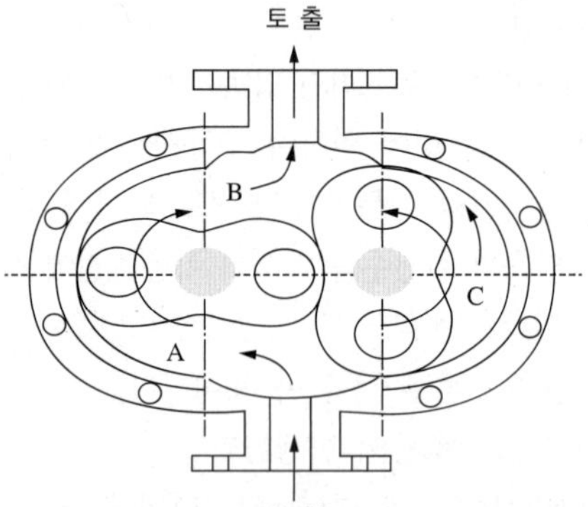

㉦ 원심식 압축기(터보압축기) : 케이싱 내에 모인 임펠러가 회전하면서 기체가 원심력 작용에 의해 임펠러의 중심부에서 흡입되어 외부로 토출하는 구조의 압축기이다. 임펠러를 고속회전시켜 공기의 속도를 높이고 디퓨저를 통해 속도에너지를 압력에너지로 전환시켜 압축공기를 생성한다.

- 왕복동 압축기와 스크루 압축기의 단점을 보완한 형식이다.
- 원심형이며 윤활유가 불필요하다(무급유식이다).
- 윤활유가 필요 없어 기체에 기름의 혼입이 적다.
- 다른 종류의 압축기보다 전력당 많은 유량을 생산할 수 있다.

- 압축이 연속적이다.
- 연속적인 토출로 맥동현상이 작다.
- 마찰손실이 작다.
- 유량을 압력변동 없이 조절할 수 있다.
- 고속회전으로 용량이 크다.
- 형태가 작아서 설치 면적이 작고 경량이다.
- 대용량에 적합하다.
- 터보압축기의 밀봉장치 형식 : 메커니컬 실, 래버린스 실, 카본 실 등
- 압축비가 작고, 효율이 낮다.
- 유량 대비 압축비가 높을 때 맥동현상이 발생할 수 있다.
- 다단식은 압축비를 크게 할 수 있으나, 설비비가 많이 소요된다.
- 토출압력 변화에 의해 용량 변화가 크다.
- 용량 조정이 어렵고 범위가 좁다.
- 운전 중 서징현상에 주의해야 한다.
- 서징방지책 : 회전수 가감에 의한 방법, 가이드 베인 컨트롤에 의한 방법, 방출밸브에 의한 방법
- 주로 누출이 생기는 부분 : 임펠러 입구, 다이어프램 부위, 밸런스 피스톤 부분, 축이 케이싱을 관통하는 부분
- 진동 발생 주요원인 : 불안정 상태에서 운전하는 경우, 설치 또는 센터링 불량에 의한 것, 래버린스와 회전체의 접촉에 의한 것

⑤ 압축기 관련 제반사항

㉠ 압축기 설치환경
- 바닥이 평평하고 수평인 면일 것
- 기초 진동이 심한 장소에는 방진매트를 깔아 줄 것
- 습기와 먼지가 적고, 통풍이 잘되는 곳일 것
- 점검 및 보수가 용이하도록 벽면과 최소 30[cm] 이상 띄울 것
- 빗물이나 유해가스가 침입하지 않는 곳일 것
- 환풍기를 설치할 것(실내온도가 높으면 압축기의 효율이 저하되고 압축에 장해가 발생할 우려가 있다)

㉡ 압축기 운전 개시 전의 주의사항
- 압력조정밸브는 천천히 잠그고 주밸브를 열어 압력을 조정한다.
- 냉각수밸브를 닫고 워터재킷 내부의 물을 드레인한다.
- 드레인밸브를 1단에서 다음 단으로 서서히 잠근다.

㉢ 압축기 운전 후의 주의사항 : 압력계, 압력조절밸브, 드레인밸브를 전개하여 지시 압력의 이상 유무를 확인한다.

㉣ 압축기에서 발생 가능한 과열의 원인
- 증발기의 부하가 증가했을 때
- 가스량이 부족할 때
- 윤활유가 부족할 때
- 압축비가 증대할 때

㉤ LP가스 충전소에서 LP가스 압축기 수리 후 운전 순서 : 나사, 볼트, 너트 등의 부착, 고정 상태 등을 점검한다. → 수동으로 2~3회전 돌려서 압축기 내부에 이상이 없는지 확인한다. → 흡입 주밸브를 모두 열고 전동기 스위치를 넣는다. → 바이패스밸브를 닫고 동시에 토출측 주밸브를 개방한다.

㉥ 공기압축기의 내부 윤활유

잔류 탄소질량	인화점	170[℃]에서 교반시간
1[%] 이하	200[℃] 이상	8시간
1[%] 초과 1.5[%] 이하	230[℃] 이상	12시간

※ 재생유의 사용은 금지한다.

㉦ 독성가스 냉매를 사용하는 압축기 설치 장소에는 냉매 누출 시 체류하지 않도록 통풍구를 설치하여야 한다. 통풍구 설치기준은 냉동능력 1[ton]당 0.05[m^2] 이상의 통풍구 설치이다.

핵심예제

4-1. 흡입밸브압력이 6[MPa]인 3단 압축기가 있다. 각 단의 토출압력은?(단, 각 단의 압축비는 3이다)

[2006년 제1회 유사, 2008년 제2회 유사, 2018년 제2회]

① 18, 54, 162[MPa]
② 12, 36, 108[MPa]
③ 4, 16, 64[MPa]
④ 3, 15, 63[MPa]

4-2. 흡입밸브압력이 0.8[MPa · g]인 3단 압축기의 최종단의 토출압력은 약 몇 [MPa · g]인가?(단, 압축비는 3이며, 1[MPa]은 10[kg/cm^2]로 한다)

[2008년 제2회, 2022년 제1회]

① 16.1 ② 21.6
③ 24.2 ④ 28.7

4-3. 대기압에서 1.5[MPa · g]까지 2단 압축기로 압축하는 경우 압축동력을 최소로 하기 위해서는 중간압력을 얼마로 하는 것이 좋은가?

[2016년 제3회, 2020년 제1·2회 통합]

① 0.2[MPa · g] ② 0.3[MPa · g]
③ 0.5[MPa · g] ④ 0.75[MPa · g]

4-4. 대기압에서 26[kg/cm^2 · g]까지 3단 압축하는 경우 압축동력을 최소로 하고자 할 때 1단 토출압력은 약 몇 [kg/cm^2 · g]가 되겠는가?

[2009년 제3회]

① 1.07 ② 2.07
③ 3.07 ④ 4.05

4-5. 흡입압력 105[kPa], 토출압력 480[kPa], 흡입공기량 3[m^3/min]인 공기압축기의 등온압축일은 약 몇 [kW]인가?

[2015년 제3회]

① 2 ② 4
③ 6 ④ 8

4-6. 피스톤의 지름 100[mm], 행정거리 150[mm], 회전수 1,200[rpm], 체적효율 75[%]인 왕복압축기의 압출량은?

[2004년 제3회, 2015년 제1회, 2016년 제2회 유사]

① 0.95[m^3/min] ② 1.06[m^3/min]
③ 2.23[m^3/min] ④ 3.23[m^3/min]

4-7. 실린더 안지름 20[cm], 피스톤 행정 15[cm], 매분 회전수 300, 효율이 80[%]인 수평 1단 단동압축기가 있다. 지시평균 유효압력을 0.2[MPa]로 하면 압축기에 필요한 전동기의 마력은 약 몇 [PS]인가?(단, 1[MPa]은 10[kgf/cm^2]로 한다)

[2008년 제1회, 2012년 제3회, 2019년 제3회 유사]

① 5.0 ② 7.8
③ 9.7 ④ 13.2

4-8. 피스톤 행정용량 0.00248[m^3], 회전수 175[rpm]의 압축기로 1시간에 토출구로 92[kg/h]의 가스가 통과하고 있을 때 가스 토출효율은 약 몇 [%]인가?(단, 토출가스 1[kg]을 흡입한 상태로 환산한 체적은 0.189[m^3]이다)

[2008년 제1회 유사, 제3회, 2021년 제1회]

① 66.8 ② 70.2
③ 76.8 ④ 82.2

4-9. 단열 헤드 15,014[m], 흡입공기량 1.0[kgf/s]를 내는 터보압축기의 축동력이 191[kW]일 때의 전달 열효율은?

[2012년 제3회]

① 76.1[%] ② 77.1[%]
③ 78.1[%] ④ 79.1[%]

4-10. 공기압축기에서 초기 압력 2[kg/cm^2]의 공기를 8[kg/cm^2]까지 압축하는 공기의 잔류가스 팽창이 등온팽창 시 체적효율은 약 몇 [%]인가?(단, 실린더의 간극비(ε_0)는 0.06, 공기의 단열지수 (γ)은 1.4로 한다)

[2013년 제2회]

① 24[%] ② 40[%]
③ 48[%] ④ 82[%]

4-11. 압축기와 적합한 윤활유 종류가 잘못 짝지어진 것은?

[2006년 제2회 유사, 2012년 제3회 유사, 2015년 제2회, 2020년 제3회 유사, 2021년 제2회 유사]

① 산소가스압축기 : 유지류
② 수소가스압축기 : 순광물유
③ 메틸클로라이드압축기 : 화이트유
④ 이산화황가스압축기 : 정제된 용제 터빈유

4-12. 왕복식 압축기의 특징이 아닌 것은?

[2007년 제3회 유사, 2010년 제2회 유사, 2011년 제2회, 2012년 제1회 유사, 2017년 제3회 유사, 2020년 제1·2회 통합]

① 용적형이다.
② 압축효율이 높다.
③ 용량 조정의 범위가 넓다.
④ 점검이 쉽고 설치 면적이 작다.

핵심예제

4-13. 터보형 압축기에 대한 설명으로 옳지 않은 것은?

[2008년 제3회, 2012년 제2회, 2013년 제3회 유사, 2015년 제1회 유사, 제3회 유사]

① 연속 토출로 맥동현상이 작다.
② 설치 면적이 크고, 효율이 높다.
③ 운전 중 서징현상에 주의해야 한다.
④ 윤활유가 필요 없어 기체에 기름의 혼입이 적다.

4-14. 원심식 압축기의 특징이 아닌 것은?

[2012년 제2회, 2018년 제3회]

① 설치 면적이 적다.
② 압축이 단속적이다.
③ 용량 조정이 어렵다.
④ 윤활유가 불필요하다.

|해설|

4-1

• 1단 : $\varepsilon = \frac{P_1}{P}$에서 $P_1 = \varepsilon P = 3 \times 6 = 18[\text{MPa}]$

• 2단 : $\varepsilon = \sqrt[2]{\frac{P_2}{P}}$ 에서 $P_2 = \varepsilon^2 P = 9 \times 6 = 54[\text{MPa}]$

• 3단 : $\varepsilon = \sqrt[3]{\frac{P_3}{P}}$ 에서 $P_3 = \varepsilon^3 P = 27 \times 6 = 162[\text{MPa}]$

4-2

$\varepsilon = \sqrt[3]{\frac{P_3}{P}}$

$P_3 = \varepsilon^3 P = 27 \times (0.8 + 0.1) = 24.3[\text{MPa}]$
$= (24.3 - 0.1)[\text{MPa} \cdot \text{g}] = 24.2[\text{MPa} \cdot \text{g}]$

4-3

대기압 0.1[MPa]에서 1.5[MPa · g] = (1.5 + 0.1)[MPa]까지 2단 압축하였으므로

압축비 $\varepsilon = \sqrt{\frac{1.6}{0.1}} = \sqrt{16} = 4$

중간압력은 1단의 토출압력 P_1이므로

$\varepsilon = \frac{P_1}{P}$에서 $P_1 = \varepsilon P = 4 \times 0.1 = 0.4[\text{MPa}]$
$= (0.4 - 0.1)[\text{MPa} \cdot \text{g}] = 0.3[\text{MPa} \cdot \text{g}]$

4-4

대기압 1[atm] = 1.0332[kg/cm²]에서 26[kg/cm² · g] = (26 + 1.0332)[kg/cm²]까지 3단 압축하였으므로

압축비 $\varepsilon = \sqrt[3]{\frac{26 + 1.0332}{1.0332}} \simeq 2.97$

1단의 토출압력 P_1은 $\varepsilon = \frac{P_1}{P}$에서

$P_1 = \varepsilon P = 2.97 \times 1.0332 = 3.07[\text{MPa}]$
$= (3.07 - 1.0332)[\text{kg/cm}^2 \cdot \text{g}] \fallingdotseq 2.04[\text{kg/cm}^2 \cdot \text{g}]$

4-5

공기압축기의 등온압축일

$W = RT_1 \ln \frac{V_1}{V_2} = P_1 V_1 \ln \frac{P_2}{P_1}$

$= 105 \times 3 \times \ln \frac{480}{105} \times \frac{1}{60} \simeq 8[\text{kW}]$

4-6

압축기의 피스톤 압출량

$V = lanz\eta = 0.15 \times \frac{\pi}{4} \times 0.1^2 \times 1,200 \times 1 \times 0.75 \simeq 1.06[\text{m}^3/\text{min}]$

4-7

압력 $P = \frac{F}{A}$에서 힘 $F = PA = 0.2 \times 10^6 \times \frac{3.14 \times 0.2^2}{4}$
$= 6,280[\text{N}]$

전동기의 마력

$H = \frac{F \times S}{\eta} = \frac{6,280 \times 0.15 \times 300}{0.8 \times 60 \times 10} = 588.75[\text{kgf} \cdot \text{m/s}]$

$= \frac{588.75}{75}[\text{PS}] = 7.85[\text{PS}]$

4-8

가스토출효율

$\eta = \frac{92 \times 0.189}{0.00248 \times 175 \times 60} \times 100[\%] \simeq 66.8[\%]$

4-9

전달 열효율 $= \frac{15,014 \times 1.0 \times 9.81}{191,000} \times 100 \simeq 77.1[\%]$

4-10

압축비 $\varepsilon = \frac{P_2}{P_1} = \frac{8}{2} = 4$이며 등온팽창이므로,

폴리트로픽지수 $n = 1$

체적효율 $\eta_v = 1 + \varepsilon_0 - \varepsilon_0 \times \varepsilon^{1/n} = 1 - \varepsilon_0 (\varepsilon^{1/n} - 1)$
$= 1 - 0.06 \times 3 = 0.82 = 82[\%]$

4-11

산소가스압축기 : 물 또는 10[%] 이하의 묽은 글리세린 수용액

4-12

왕복식 압축기는 점검이 어렵고 설치 면적이 넓다.

4-13

터보형 압축기는 설치 면적을 적게 차지하고, 효율이 낮다.

4-14

원심식 압축기는 압축이 연속적이다.

정답 4-1 ① 4-2 ③ 4-3 ② 4-4 ② 4-5 ④ 4-6 ② 4-7 ② 4-8 ① 4-9 ② 4-10 ④ 4-11 ① 4-12 ④ 4-13 ② 4-14 ②

핵심이론 05 저온장치

① 냉동장치

㉠ 냉동기의 성능계수(성적계수)

- 냉동효과와 압축기에 의해 가해진 일과의 비
- 성능계수 :

$$(COP)_R = \varepsilon_R = \frac{\text{흡수열}}{\text{받은일}} = \frac{q_2}{W_c}$$

$$= \frac{q_2}{q_1 - q_2} = \frac{T_2}{T_1 - T_2} = \frac{h_1 - h_4}{h_2 - h_1}$$

여기서, q_2 : 흡입열량

q_1 : 응축열량

W_c : 압축기 소요동력

T_1 : 고온

T_2 : 저온

h_1 : 압축기 입구에서의 엔탈피

h_2 : 증발기 입구에서의 엔탈피

h_4 : 응축기 입구에서의 엔탈피

㉡ 고압가스 냉동제조시설의 자동제어장치 : 저압차단장치, 과부하보호장치, 단수보호장치

㉢ 냉동장치의 냉매는 냉동실에서 증발잠열을 흡수함으로써 온도를 강하시킨다.

㉣ LP가스 수입기지 플랜트를 기능적으로 구별한 설비시스템에서 저온저장설비에 해당하는 것은 1번 설비이다.

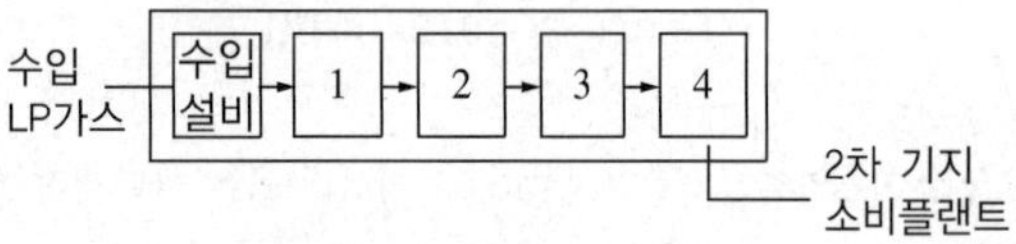

② 저온단열법 : 상압단열법, 진공단열법

㉠ 상압단열법 : 단열 공간에 분말섬유 등의 단열재를 충전하여 단열하는 방법

- 액체산소장치의 단열에는 불연성 단열재 사용
- 탱크의 기밀 유지를 위하여 외부 수분의 침입 방지

㉡ 진공단열법 : 공기 열전도율보다 낮은 값을 얻기 위해 단열 공간을 진공으로 하여 공기를 이용하여 전열을 제거하는 단열법

- 고진공단열법 : 단열 공간을 진공으로 하여 열전도를 차단하는 단열법
- 분말진공단열법 : 알루미늄분말, 펄라이트, 규조토 등의 충전용 분말로 열전도를 차단하는 단열법
- 다층진공단열법 : 고진공도를 이용하여 열전도를 차단하는 단열법
  - 고진공 단열법과 같은 두께의 단열재를 사용해도 단열효과가 더 우수하다.
  - 최고의 단열 성능을 얻기 위해서는 높은 진공도가 필요하다.
  - 단열층이 어느 정도의 압력에 잘 견딘다.
  - 저온부일수록 온도분포가 완만하여 유리하다.

③ 가스액화분리장치

㉠ 개 요

- 가스액화분리장치는 저온에서 정류, 분리, 흡수 등의 조작에 의해 기체를 분리하는 장치이다.
- 가스액화를 위한 냉각과정은 압축된 가스에 외부열이 흡입되지 못하는 단열팽창과정이다.
- 팽창기에 의해 외부일의 양을 주지 않고 단열팽창시키는 방식에 의해서도 저온을 얻을 수 있다.
- 가스액화원리 : 줄-톰슨효과
  - 실제 압축가스를 고압 상태에서 단열팽창시키면 온도, 압력이 강하하는 현상이다.
  - 단열을 한 배관 중에 작은 구멍을 내고 이 관에 압력이 있는 유체를 흐르게 하면 유체가 작은 구멍을 통할 때 유체의 압력이 하강함과 동시에 온도가 변화한다.
  - 팽창밸브를 통과시켜 저온을 얻는 방식을 줄-톰슨효과에 의한 방식이라고 한다.
- 가스액화 사이클의 종류 : 린데 사이클, 클라우드 사이클, 필립스 사이클
- 대표적인 가스액화분리장치는 공기액화분리장치로 고압식과 저압식이 있다.

ⓛ 가스액화분리장치의 주요 구성장치 : 한랭발생장치, 정류장치, 불순물제거장치

- 한랭발생장치(냉각장치) : 냉동 사이클, 가스액화 사이클의 응용으로 액화가스 채취 시 필요한 한랭을 보급하는 장치로, 가스액화분리장치의 열손실을 돕는다. 냉매는 일반적으로 각종 기체가 사용되지만 공기액화분리장치는 분리되는 공기 그 자체가 냉매이다.
- 정류장치 : 분리 및 흡수장치, 원료가스를 저온에서 분리 및 정제하는 장치이며 목적에 따라 선정된다. 정류가스여과기(분축, 흡수)장치라고도 한다.
- 불순물제거장치 : 저온도가 되면 동결하는 원료가스 중의 수분, 탄산가스(CO_2) 및 공기액화 분리 중에서 재해의 원인이 되는 위급한 불순물 등을 제거한다.

ⓒ 가스액화분리장치용 빈출 기기

- 팽창기 : 압축기체가 피스톤과 터빈의 운동에 대해 일을 할 때 등엔트로피 팽창을 하여 기체온도를 낮추는 역할을 한다. 왕복동식 팽창기와 터보팽창기가 사용된다.
  - 왕복동식 팽창기
    - ⓐ 팽창비 : 약 40 정도
    - ⓑ 처리가스의 양 : 1,000[m^3/h] 정도
    - ⓒ 처리가스의 양이 1,000[m^3/h] 이상의 대량이면 다기통이 된다.
    - ⓓ 효율 : 60~65[%]
    - ⓔ 흡입압력은 저압에서 고압(20[MPa])까지 범위가 넓다.
    - ⓕ 오일 제거를 잘해야 한다.
    - ⓖ 고압식 액체산소분리장치, 수소액화장치, 헬륨액화기 등에 사용된다.
  - 터보팽창기
    - ⓐ 팽창비 : 약 5 정도
    - ⓑ 처리가스의 양 : 10,000[m^3/h] 정도
    - ⓒ 회전수 : 10,000~20,000[rpm] 정도
    - ⓓ 효율 : 80~85[%]
    - ⓔ 처리가스에 윤활유가 혼입되지 않는다.

- 정류탑 : 두 성분 이상의 혼합액을 저온으로부터 각 성분의 비점에 따라 순수한 상태로 분리 정제하는 장치로 단식과 복식(복정류탑)이 있다.
  - 복정류탑(복식정류탑) : 기액 혼합 상태로 공급되어 높은 비점을 가진 성분인 산소는 탑저로 이동하여 산소의 농도가 높아지며, 비점이 낮은 성분인 질소는 상승하여 상부로 이동하여 질소의 농도가 높아진다. 증류된 고순도 질소는 액체 산소의 냉열에 의해 액화된다. 질소는 가압하여 액화온도를 상승시키고 탑 상부에 존재하는 액체산소의 온도보다 높아짐에 따라 액화에 필요한 냉열을 얻는다.

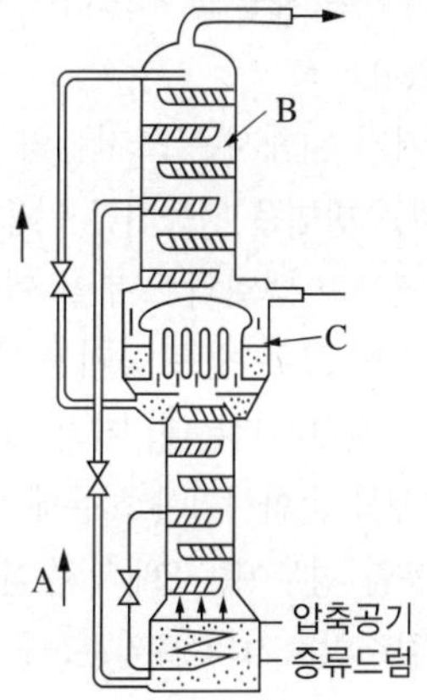

  - 상부는 상부 정류탑, 중앙부는 산소응축기, 하부는 하부 정류탑과 증류드럼으로 구성된다.
  - 하부탑은 약 5기압, 상부탑은 약 0.5기압의 압력에서 정류된다.
  - 복정류탑의 중간에 있는 응축기는 하부통에 대해서는 분류기, 상부통에 대해서는 증발기로 작용한다.
  - 산소가 많은 액이나 질소가 많은 액 모두 팽창밸브를 통하여 상압으로 감압된 다음 상부 정류탑으로 이송한다.

④ 공기액화분리장치

㉠ 개 요

- 공기 분리 : 공기를 정제, 냉각하여 액화시킨 다음 정류, 분리하여 산소, 질소, 아르곤을 만드는 방법
- 공기액화분리장치는 원료 공기를 압축하여 액화산소, 액화아르곤, 액화질소를 비등점 차이로 분리하는 제조공정의 장치이다.
- 공기를 액화시켜 산소와 질소를 분리하는 원리 : 액체산소와 액체질소의 비등점의 차이에 의해 분리
- 액화 순서 : O_2(−183[℃]), Ar(−186[℃]), N_2(−196[℃])
- 공기액화분리장치에는 가스산소나 가스질소를 제조하는 장치, 액화된 제품을 제조하는 장치의 두 가지 형태가 있다.
- 공기를 액화시키기 위해서는 초저온의 냉열이 필요하며, 이를 얻는 방법은 냉동기를 이용한 기존의 방법과 액화천연가스 냉열의 일부를 이용하는 방식이 있다. 두 방법 모두 원료 공기를 냉각시키기 위해 액체질소를 순환시키는데, 기존 방식의 경우는 생산량의 10배를 순환시켜야 하는데 반해, 액화천연가스를 이용할 경우에는 3배의 순환 질소량만 필요하며 순환질소압축기의 흡입온도를 떨어뜨림으로써 소요동력을 50[%]까지 절감할 수 있다.
- 액화천연가스의 이용온도는 초저온으로 가장 효과적으로 냉열을 이용할 수 있는 공정이다.
- 공기액화분리장치는 산소가스 때문에 가연성 물질을 단열재로 사용할 수 없다.

㉡ 공기 중의 불순물 : 먼지, 탄산가스, 수분, 아세틸렌, SO_2, NO_2, 오존

- 먼지 : 압축기나 열교환기의 효율을 저하시키므로 공기가 장치 내로 흡입될 때 여과기로 제거한다.
- 탄산가스(CO_2), 수분(H_2O)
  - 저온장치에서 탄산가스와 수분은 드라이아이스가 되고, 수분은 얼음이 되어 고체로 존재하여 배관밸브를 막아 연속 흐름을 방해하거나 트레이의 구멍을 막는 원인으로 작용하므로 흡착탑에서 제거한다.
  - 탄산가스의 제거
    - ⓐ 고압식 : 탄산가스흡수기에서 약 8[%]의 가성소다(수산화나트륨) 수용액으로 제거하며 이때 $2NaOH + CO_2 \rightarrow Na_2CO_3 + H_2O$의 반응이 일어난다.
    - ⓑ 저압식 : 축랭기 하부의 원료 공기량이 감소하며 교체된 다음의 주기에서 불순 질소에 의한 탄산가스가 완전히 제거된다. 주기된 공기에는 공기성분량에 따른 탄산가스가 함유되어 있으므로 이를 탄산가스흡착기에서 제거한다.
  - 수분은 건조제로 제거한다.
  - 수분제거용 건조제 : 실리카겔(SiO_2), 알루미나(Al_2O_3), 가성소다(NaOH)
- 아세틸렌 : 가장 치명적인 불순물인 아세틸렌가스는 흡착탑을 통하여도 제거되지 않는다. 혼입되면 응고되어 있다가 액체산소 중에서 산소와 반응하거나 구리와 접촉하여 폭발하므로, 액체산소 중의 아세틸렌의 농도가 1[ppm]이 넘지 않도록 수시로 확인해야 한다.
- SO_2는 장치를 부식시키며 NO_2, 오존 등은 공기 중에 0.025[ppm] 이상 존재하면 불안정한 화합물을 생성시켜 장치에 악영향을 미친다.

㉢ 공기액화분리장치의 폭발원인

- 공기 취입구로부터 아세틸렌의 혼입(아세틸렌가스가 응고되어 돌아다니다가 산소 중에서 폭발할 수 있다)
- 압축기용 윤활유의 분해에 따른 탄화수소의 생성
- 공기 중에 있는 질소화합물(산화질소 및 과산화질소 등)의 혼입
- 액체 공기 중의 오존(O_3)의 혼입

㉣ 공기액화분리장치의 폭발 대책

- 장치 내 여과기 설치
- 맑은 곳에 공기취입구 설치
- 흡입구 부근에서 카바이드 작업, 아세틸렌용접 등 금지
- 유분리기 설치

- 연 1회 내부 세정제인 CCl_4로 내부 세척
- 양질의 광유를 압축기의 윤활유로 사용
- 공기취입구로부터 아세틸렌 및 탄화수소 혼입이 없도록 관리

㉢ 공기액화분리장치의 종류

- 린데(Linde)식 공기액화분리장치 : 증기압축기 냉동 사이클에서 다원 냉동 사이클과 같이 비등점이 낮은 냉매를 사용하여 낮은 비등점의 기체를 액화시키는 장치이다. 압축된 공기는 열교환기로 들어가 액화기에서 액화하지 않고 나오는 저온공기와 열교환을 하여 저온이 되어, 팽창밸브를 통하여 단열팽창시킨 후 온도를 강하시켜 액화기로 보내진다. 이때 공기는 액화기에서 액화되어 나오고 일부는 열교환기로 다시 보내져 압축가스와 열을 교환하게 되어 온도가 상승하여 압축기로 흡입된다.
  - 줄-톰슨효과에 의해 저온을 얻는 방식이다.
  - 터보식 공기압축기를 사용한다.
  - 축랭기를 사용한다.
- 클라우드(Claude)식 공기액화분리장치 : 단열팽창이 팽창밸브에 의한 것이 아니라 팽창기에 의한 것이다. 단열팽창기에서 압축기와 반대로 실린더 내에서 압축공기를 팽창시켜 피스톤을 밀어 주어 외부에서 일을 하게 된 공기는 자신이 갖고 있던 엔탈피가 감소하여 온도가 강하되는 것을 이용하여 액화시키는 원리의 장치이다.
- 필립스(Philips)식 공기액화분리장치 : 밀폐 스털링 사이클을 이용한 것으로, 하나의 실린더에 피스톤과 보조 피스톤이 있어서 양 피스톤이 팽창기와 압축기의 역할을 한다. 장치의 구조가 간단하고 소형이며 냉매는 수소, 헬륨 등을 사용한다.
- 캐스케이드(Cascade)식 공기액화분리장치 : 압축기에서 압축된 가스가 열교환기로 들어가 팽창기에서 일을 하면서 단열팽창하여 가스를 액화시키는 장치이다.
  - 피스톤식 팽창기를 사용한다.
  - 여러 대의 압축기를 이용하여 각 단에서 점차 비점이 낮은 냉매를 사용하여 낮은 비점의 기체를 액화시킨다.
- 압력변동 흡착식 공기액화분리장치 : 압축공기가 흡착탑으로 들어가서 흡착제에 대한 가스의 흡착 특성에 의해 산소와 질소를 분리·액화시키는 장치이다.
- 심랭식 공기액화분리장치(Cryogenic Air Separation) : 대기 중의 공기를 초저온 열교환기로 보내 액화된 공기를 콜드박스라는 보온장치에서 상평형 원리에 따라 분리하는 장치이다.

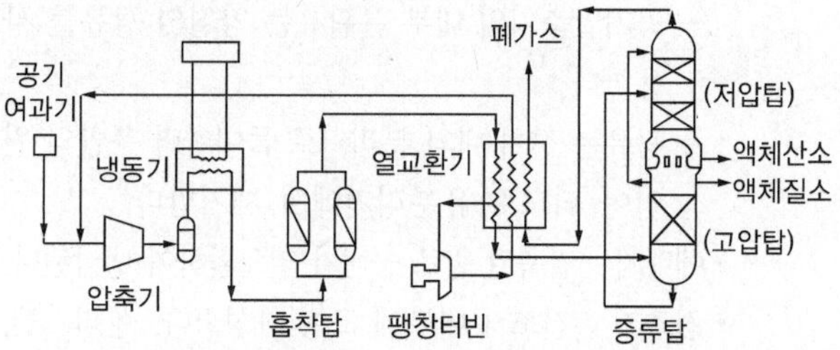

  - 공기분리공법 중 가장 오래된 방법이다.
  - 대량 생산이나 고순도가스를 얻는 동시에 기체를 액체화할 수 있다.
  - 저장과 운반이 용이하다.
  - 공기를 액화시켜야 하므로 장치의 규모가 크고 복잡하다.
  - 투자비가 많이 든다.
  - 초소형 심랭분리장치 : 한랭발생원을 팽창터빈이 아닌 액체질소를 사용하기 때문에 장치가 간단할 뿐 아니라, 운반과 설치가 편리하고 심랭분리법의 특징인 초고순도가스를 생산할 수 있다는 장점이 있다.

⑤ 고압식 액화산소분리장치

㉠ 개 요

- 고압식 액화산소분리장치는 공기액화분리장치 중에서 원료 공기를 압축기로 흡입하여 15~20[MPa]로 압축한 후 중간단에 약 1.5[MPa]의 압력으로 탄산가스를 흡수탑으로 송출시켜 분리하는 장치이다.
- 분리공정 순서 : 탄산가스흡수기 → 공기압축기(유분리기) → 예랭기 → 건조기 → 열교환기 → 액체산소탱크

㉡ 고압식 액화산소분리장치의 제조공정

- 탄산가스흡수기 : 공기 중의 탄산가스는 저온에서 드라이아이스가 되어 밸브와 배관을 폐쇄하기 때문에 농도 8[%]의 묽은 가성소다 수용액에 흡수하여 제거한다.
- 공기압축기(유분리기) : 원료 공기가 여과기(공기 중의 먼지, 이물질 제거)를 통해 압축기에 흡입되어 15~20[MPa](150~200[atm])로 압축된다.
  - 공기압축기의 내부 윤활유는 양질의 광유를 사용한다.
  - 광유는 장치 내의 분리기로 들어가면 폭발의 원인이 되므로 유분리기에서 제거한다.
- 예랭기 : 압축된 원료 공기가 열교환하여 냉각된다.
- 건조기 : 건조기 내부에 고형 가성소다, 실리카겔, 염화칼슘, 몰레큘러시브(수분 제거 가능, 이산화탄소 제거 불가능) 등의 흡착제를 충전하여 수분을 제거한다.
- 열교환기 : 건조된 원료 공기가 팽창기와 정류탑의 하부로 열교환하며 들어간다.
- 액체산소탱크
  - 액체질소와 액화공기는 상부탑에 이송되나 이때 아세틸렌 흡착기에서 액체공기 중 아세틸렌과 탄화수소가 제거된다.
  - 상부탑 하부에 액체산소가 분리되어 액체산소 탱크에 저장된다.

⑥ 저압식 액화산소분리장치

㉠ 개 요

- 충동식 팽창터빈을 채택하고 있다.
- 일정 주기가 되면 1조의 축랭기에서의 원료 공기와 불순 질소류는 교체된다.
- 순수한 산소는 축랭기 내부에 있는 사관에서 상온이 되어 채취된다.
- 저압식(Linde-Frankl식) 공기액화분리장치의 정류탑 하부의 압력 : 5기압

㉡ 저압식 액화산소분리장치 제조공정

- 공기여과기 : 원료 공기를 여과한다.
- 공기압축기 : 여과된 공기는 터보식 공기압축기에서 약 5[atm]으로 압축된다.
- 축랭기 : 일정 주기가 되면 1조의 축랭기에서의 원료 공기와 불순 질소가 교체되고 순수한 산소가 축랭기 내부의 사관에서 상온이 되어 채취된다. 압력 5[atm], 상온의 공기는 축랭기를 통하는 사이에 냉각되어 불순물인 수분과 탄산가스를 축랭체상에 빙결 분리한다. 축랭기 하부의 원료 공기량이 감소하며 교체된 다음의 주기에서 불순 질소에 의한 탄산가스가 완전히 제거된다.
- 복정류탑 : 불순물이 제거된 공기는 약 −170[℃]로 되어 복정류탑의 하부탑에 송입된다. 하부탑에서 약 5[atm]의 압력하에 원료 공기가 정류되고 동탑 상부에 98[%] 정도의 액체질소, 하단에 40[%] 정도의 액체공기가 분리된다.
- 탄산가스흡착기 : 주기된 공기에는 공기성분량에 따른 탄산가스가 함유되어 있으므로 이를 제거한다.
- 상부탑 : 흡착기로부터 나온 원료 공기는 축랭기 하부에서 약간의 공기와 혼합되며 온도가 −150~−140[℃] 정도로 되고 팽창하여 약 −190[℃]의 온도가 되어 상부탑에 송입된다. 복정류탑에서 나온 액체질소와 액체공기가 상부탑으로 이송되고 터빈에서의 공기와 더불어 약 0.5[atm]의 압력하에서 정류된다. 이 결과로 상부탑 하부에서 순도 99.6~99.8[%]의 산소가 분리되고 축랭기 내의 사관에서 가열된 후 채취된다.
- 과랭기와 액화기 : 불순 질소는 순도 96~98[%]로 상부탑 상부에서 분리되고 과랭기, 액화기를 거쳐 축랭기에 도달한다.
- 축랭기 : 불순 질소는 축랭체상에 빙결된 탄산가스, 수분을 승화·흡수함과 동시에 온도가 상승하여 축랭기에서 빠져 나온다.
- 냉수탑 : 불순 질소는 냉수탑에 이르러 냉각된 후 대기에 방출된다. 원료 공기 중에 함유된 아세틸렌 등의 탄화수소는 아세틸렌흡착기, 순환흡착기 등에서 흡착·분리된다.

핵심예제

5-1. 가스액화분리장치를 구분할 경우 구성요소에 해당되지 않는 것은? [2004년 제1회 유사, 2015년 제1회]

① 단열장치 ② 냉각장치
③ 정류장치 ④ 불순물제거장치

5-2. 어떤 냉동기에서 0[℃]의 물로 0[℃]의 얼음 3[ton]을 만드는데 100[kW/h]의 일이 소요되었다면 이 냉동기의 성능계수는?(단, 물의 응고열은 80[kcal/kg]이다) [2006년 제1회 유사, 2008년 제3회, 2017년 제3회]

① 1.72 ② 2.79
③ 3.72 ④ 4.73

5-3. 고압식 액화산소분리장치의 제조과정에 대한 설명으로 옳은 것은? [2008년 제3회 유사, 2009년 제1회 유사, 2012년 제1회, 2019년 제2회]

① 원료 공기는 1.5~2.0[MPa]로 압축된다.
② 공기 중의 탄산가스는 실리카겔 등의 흡착제로 제거한다.
③ 공기압축기 내부 윤활유를 광유로 하고 광유는 건조로에서 제거한다.
④ 액체질소와 액화공기는 상부탑에 이송되나 이때 아세틸렌 흡착기에서 액체공기 중 아세틸렌과 탄화수소가 제거된다.

5-4. 공기액화분리장치에서 이산화탄소 1[kg]을 제거하기 위해 필요한 NaOH는 약 몇 [kg]인가?(단, 반응률은 60[%]이고, NaOH의 분자량은 40이다) [2007년 제1회, 2013년 제1회]

① 0.9 ② 1.8
③ 2.3 ④ 3.0

5-5. 공기액화분리장치의 폭발원인이 아닌 것은? [2008년 제2회 유사, 2017년 제3회]

① 액체공기 중 산소(O_2)의 혼입
② 공기취입구로부터 아세틸렌 혼입
③ 공기 중 질소화합물(NO, NO_2)의 혼입
④ 압축기용 윤활유 분해에 따른 탄화수소의 생성

5-6. 공기액화분리장치의 폭발 방지대책으로 옳지 않은 것은? [2004년 제2회, 2013년 제1회, 2015년 제3회 유사, 2021년 제3회]

① 장치 내에 여과기를 설치한다.
② 유분리기는 설치해서는 안 된다.
③ 흡입구 부근에서 아세틸렌용접은 하지 않는다.
④ 압축기의 윤활유는 양질유를 사용한다.

|해설|

5-1
가스액화분리장치의 3대 기본 구성요소는 한랭발생장치(냉각장치), 정류장치, 불순물제거장치 등이며, 아닌 것으로 단열장치, 액체증발장치 등이 출제된다.

5-2
성능계수

$$(COP)_R = \varepsilon_R = \frac{\text{흡수열}}{\text{받은일}} = \frac{q_2}{W_c} = \frac{3{,}000 \times 80}{100 \times 860} \simeq 2.79$$

5-3
① 원료 공기는 15~20[MPa]로 압축된다.
② 공기 중의 탄산가스는 농도 8[%]의 묽은 가성소다를 이용하여 제거한다.
③ 공기압축기 내부 윤활유를 광유로 하고 광유는 유분리기에서 제거한다.

5-4
• 반응식 : $2NaOH + CO_2 \rightarrow Na_2CO_3 + H_2O$
• 이산화탄소 1[kg]을 제거하기 위해 필요한 NaOH의 양

$$= 2 \times \frac{40}{44} \times \frac{1}{0.6} \simeq 3.0[\text{kg}]$$

5-5
액체공기 중 오존(O_3)이 혼입되면 공기액화분리장치가 폭발할 수 있다.

5-6
공기액화분리장치의 폭발을 방지하기 위해 유분리기를 설치한다.

정답 5-1 ① 5-2 ② 5-3 ④ 5-4 ④ 5-5 ① 5-6 ②

핵심이론 06 압력조정기

① 압력조정기(Regulator)의 개요

㉠ 역할 : 용기 내의 가스압력과 관계없이 연소기에서 완전연소에 필요한 최적의 압력으로 감압하고 일정한 적정 공급압력을 유지한다.

㉡ 압력조정기의 기본 3요소 : 다이어프램(감지부), 밸브(제어부), 스프링(부하부)

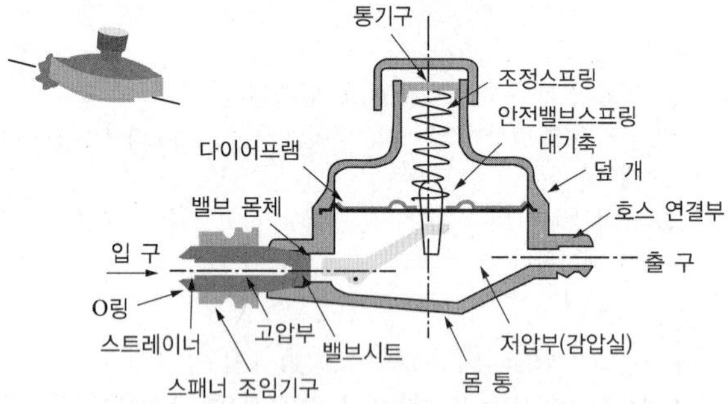

- 다이어프램(감지부) : 상부는 부하요소로 작용하고 하부는 감지요소로 작용한다. 사용되는 고무재료는 전체 배합 성분 중 NBR 성분의 함량이 50[%] 이상이며, 가소제 성분은 18[%] 이하이다.
- 메인밸브(제어부) : 제어부의 유로 면적이 배관쪽보다 좁아 유속이 빨라진다. 따라서 운동에너지가 증가되고 위치에너지는 감소하여 압력이 하강된다. 이후 가스 유속이 감소되면 압력이 어느 정도 증가되는데 이를 압력회복(Pressure Recovery)이라고 한다. 제어부의 유속은 음속까지 도달할 수 있고, 이때의 유량은 출구측 압력에 상관없이 증가하지 않는데 이를 임계유량이라고 하며, 제어부 압력 강하를 임계압력 강하라고 한다. 임계유량은 유속이 음속에 도달할 때 입구측과 교축부 사이의 압력차에 의해 결정된다. 이때 교축부의 압력은 하류측 배관의 압력보다 낮다.
- 부하부(스프링) : 제어부의 위치 조정에 사용되며 재질은 강재이다. 간결하고 유량 변화에 대한 응답속도가 매우 빠르다. 스프링은 힘을 가함에 따라 일정범위 내에서 신축이 용이하므로 넓은 범위의 압력 조절이 가능하다.

㉢ 압력조정기의 구성 부품 : 커버, 캡, 로드, 다이어프램, 압력조정스프링, 조정나사, 안전밸브, 안전장치용 스프링, 접속금구, 레버, 밸브 등

㉣ 공동주택에 압력조정기를 설치할 경우 설치기준 : 공동주택 등에 공급되는 가스압력은 저압으로서 전세대수가 250세대 미만인 경우 설치할 수 있다.

② 1단 감압식 조정기 : 각 연소기구에 맞는 압력으로 공급이 불가능하다.

㉠ 1단 감압식 저압조정기 : 일반 소비자 생활용 이외(음식점, 호텔 등)의 용도로 공급하는 경우에 한하여 사용되는 조정기로서 조정압력은 수주 5[kPa] 이상 30[kPa]까지로 여러 종류가 있다.

- 출구로부터 연소기 입구까지의 허용압력손실 : 수주 30[mm]를 초과해서는 안 된다.
- 입구압력 : 0.07~1.56[MPa]
- 조정압력 : 2.30~3.30[kPa]
- 최대폐쇄압력 : 3.50[kPa] 이하

㉡ 1단 감압식 준저압 조정기 : 용기의 압력(0.07~1.56[MPa])을 연소기의 압력(2~3[kPa])으로 1단 감압하여 공급하는 것으로, 용기와 가스미터기 사이에 설치한다.

- 장치 및 조작이 간단하다.
- 배관이 비교적 굵고, 압력 조정이 정확하지 않다.
- 일반 소비자의 생활용 이외의 용도에 공급하는 경우에 사용되고 조정압력의 종류가 다양하다.
- 입구압력 : 0.1~1.56[MPa]
- 조정압력 : 5.0~30.0[kPa] 이내에서 제조자가 설정한 기준압력의 ±20[%]
- 최대폐쇄압력 : 조정압력의 1.25배 이하

③ 2단 감압식 조정기

㉠ 특 징

- 연소기구에 적합한 압력으로 공급할 수 있다.
- 가스배관이 길어도 공급압력이 안정하다.
- 배관의 관경을 비교적 작게 할 수 있다.
- 입상배관에 의한 압력 강하를 보정할 수 있다.
- 재액화가 발생할 우려가 있다.
- 장치, 검사방법이 복잡하고 조작이 어렵다.

- 조정기의 수가 많아서 점검할 부분이 많다.
- 시설의 압력이 높아서 이음방식에 주의하여야 한다.

㉡ 2단 감압식 1차용 조정기
- 2단 감압방식의 1차용으로 사용되는 것으로 중압 조정기라고도 한다.
- 각 연소기구에 맞는 압력으로 공급이 불가능하다.
- 입구압력
  - 용량 100[kg/h] 이하 : 0.1~1.56[MPa]
  - 용량 100[kg/h] 초과 : 0.3~1.56[MPa]
- 조정압력 : 57.0~83.0[kPa]
- 최대폐쇄압력 : 95[kPa] 이하

㉢ 2단 감압식 2차용 조정기
- 1단 감압식 저압조정기 대신 사용할 수 없다(단단식 저압조정기의 대용으로 사용할 수 없다).
- 입구압력
  - 저압조정기 : 0.01~0.1[MPa] 또는 0.025~0.1[MPa]
  - 준저압조정기 : 조정압력 이상~0.1[MPa]
- 조정압력
  - 저압조정기 : 2.30~3.30[kPa]
  - 준저압조정기 : 5.0~30.0[kPa] 이내에서 제조자가 설정한 기준압력의 ±20[%]
- 출구쪽 기밀시험 압력 : 5.5[kPa]
- 최대폐쇄압력
  - 저압조정기 : 3.50[kPa]
  - 준저압조정기 : 조정압력의 1.25배 이하

④ 자동절체식 조정기

㉠ 개 요
- 자동절체식 조정기는 공급측 용기 내의 가스가 소진되면 자동으로 예비측의 용기로부터 가스가 공급된다. 절체식 표시창의 표시기가 적색을 나타내어 가스가 소진된 상태를 표시하는 조정기이다.
- 입구에 사용측과 예비측의 용기가 각각 접속되어 있어 사용측의 압력이 낮아지면, 예비측 용기로부터 가스가 공급된다.

㉡ 특 징
- 가스 공급의 중단 없이 가스가 지속적으로 공급될 수 있다.
- 잔액이 거의 없어질 때까지 사용이 가능하다.
- 용기 교환주기의 폭을 넓힐 수 있어 가스 발생량이 많아진다.
- 수동절체방식보다 가스 발생량이 크다.
- 전체 용기 수량이 수동교체방식보다 적어도 된다.
- 가스 소비 시의 압력변동이 작다.
- 분리형을 사용하면 1단 감압식 조정기의 경우보다 배관의 압력손실이 어느 정도 커도 문제없다.
- 단단감압식 조정기보다 배관의 압력손실을 크게 해도 된다.
- 설치 시 사용측과 예비측 용기의 밸브를 모두 연다.
- 조작 및 장치가 간단하지 않다.

㉢ 자동절체식 일체형 저압조정기 : 현재 가장 많이 사용되고 있는 조정기로, 입구에 사용측과 예비측의 용기가 각각 접속되어 있어 사용측의 압력이 낮아지면 예비측 용기로부터 가스가 공급되는 조정기이다.
- 1차 감압과 자동절체기능을 갖는 조정기가 2단 1차용 조정기의 출구측에 직결되어 있는 것과 함께 자동절체부가 부착되어 2개 이상의 용기를 사용하여 사용측 용기로부터 가스 공급량이 부족해지면 예비측 용기로부터 자동으로 가스를 공급하여 가스 공급이 중단되지 않도록 함과 동시에 가스를 일정한 압력으로 공급한다.
- 입구압력 : 0.1~1.56[MPa]
- 조정압력 : 2.55~3.30[kPa]
- 최대폐쇄압력 : 3.50[kPa] 이하

㉣ 자동절체식 일체형 준저압조정기 : 자동절체부와 2단 2차용 준저압조정기를 일체시킨 것이다. 용기압력을 자동절체부에서 1차 감압하고, 2차용 조정기에서 가스를 일정한 압력으로 공급하는 조정기이다.
- 자동절체식 일체형 저압조정기와 기능과 구조가 유사하다.
- 1단 감압식 준저압조정기와 출구압력이 같다.
- 입구압력 : 0.1~1.56[MPa]

• 조정압력 : 5.0~30.0[kPa] 이내에서 제조자가 설정한 기준압력의 ±20[%]

• 최대폐쇄압력 : 조정압력의 1.25배 이하

ⓜ 자동절체식 분리형 조정기 : 일체형 자동절체식 조정기의 1차측 자동 절체부를 분리한 것이다. 분리형 자체만으로는 사용할 수 없으며, 2단 감압식 2차용 조정기를 부착하여 사용한다.

• 2단 감압식으로서 자동절체기능과 2단 1차 감압기능을 겸한 1차용 조정기로서, 출구측 압력이 0.032~0.083[MPa]로서 중압조정기라고도 한다.

• 조정기의 출구측 배관에 의하여 저압용 연소기(입구압력이 수주 2~3.3[kPa]) 전단에는 2단 2차용 저압조정기를 설치하여 사용하며, 준저압용 연소기(입구압력이 수주 5~30[kPa]) 전단에는 기타 조정기를 설치하여 사용하여야 한다.

※ 압력조정기의 종류에 따른 입구압력 · 조정압력 요약표

종 류	입구압력[MPa]	조정압력[kPa]
1단 감압식 저압조정기	0.07~1.56	2.30~3.30
1단 감압식 준저압조정기	0.1~1.56	5.0~30.0 이내에서 제조자가 설정한 기준압력의 ±20[%]
2단 감압식 1차용 조정기 (용량 100[kg/h] 이하)	0.1~1.56	57.0~83.0
2단 감압식 1차용 조정기 (용량 100[kg/h] 초과)	0.3~1.56	57.0~83.0
2단 감압식 2차용 저압조정기	0.01~0.1 또는 0.025~0.1	2.30~3.30
2단 감압식 2차용 준저압조정기	조정압력 이상~0.1	5.0~30.0 이내에서 제조자가 설정한 기준압력의 ±20[%]
자동절체식 일체형 저압조정기	0.1~1.56	2.55~3.30
자동절체식 일체형 준저압조정기	0.1~1.56	5.0~30.0 이내에서 제조자가 설정한 기준압력의 ±20[%]
그 밖의 압력조정기	조정압력 이상~1.56	5[kPa]를 초과하는 압력범위에서 상기 압력조정기의 종류에 따른 조정압력에 해당하지 않는 것에 한하며, 제조자가 설정한 기준압력의 ±20[%]일 것

⑤ 성 능

㉠ 제품 성능 : 내압 성능, 기밀 성능, 내구성능, 내한성능, 다이어프램 성능

• 내압 성능

– 입구쪽 내압시험은 3[MPa] 이상으로 1분간 실시한다. 다만, 2단 감압식 2차용 조정기의 경우에는 0.8[MPa] 이상으로 한다.

– 출구쪽 내압시험은 0.3[MPa] 이상으로 1분간 실시한다. 다만, 2단 감압식 1차용 조정기의 경우에는 0.8[MPa] 이상 또는 조정압력의 1.5배 이상 중 압력이 높은 것으로 한다.

– 도시가스용의 경우, 입구쪽은 압력조정기에 표시된 최대입구압력의 1.5배 이상의 압력, 출구쪽은 압력조정기에 표시된 최대출구압력 및 최대폐쇄압력 1.5배 이상의 압력으로 실시한다.

• 기밀 성능

– 기밀시험압력

구 분 \ 종 류	1단 감압식 저압 조정기	1단 감압식 준저압 조정기	2단 감압식 1차용 조정기	2단 감압식 2차용 저압 조정기	2단 감압식 2차용 준저압 조정기	자동 절체식 저압 조정기	자동 절체식 준저압 조정기	그 밖의 압력 조정기
입구쪽	1.56 [MPa] 이상	1.56 [MPa] 이상	1.8 [MPa] 이상	0.5 [MPa] 이상	0.5 [MPa] 이상	1.8 [MPa] 이상	1.8 [MPa] 이상	최대 입구 압력의 1.1배 이상
출구쪽	5.5 [kPa]	조정 압력의 2배 이상	150 [kPa] 이상	5.5 [kPa]	조정 압력의 2배 이상	5.5 [kPa]	조정 압력의 2배 이상	조정 압력의 1.5배

- 도시가스용의 경우, 입구쪽은 압력조정기에 표시된 최대입구압력 이상, 출구쪽은 압력조정기에 표시된 최대출구압력과 최대폐쇄압력 중 높은 압력의 1.1배 이상의 압력으로 실시한다.

• 내구성능
- 용량 10[kg/h] 미만의 1단 감압식 저압조정기는 입구압력을 0.1[MPa]로 유지한 상태에서 표시 용량의 30[%] 이상의 가스나 공기를 사용하여 통과·차단하는 조작을 100,000회 반복 실시한다. 반복시험의 1회 시간은 6초 이상, 통과·차단시간은 각 3초 이상이어야 한다.
- 용량 10[kg/h] 미만의 자동절체식 일체형 저압조정기는 입구압력을 0.1[MPa]로 유지한 상태에서 표시 용량의 30[%] 이상의 가스나 공기를 사용하여 통과하거나 차단하는 조작을 좌우 각각 50,000회 반복 실시한다. 반복시험의 1회 시간은 6초 이상, 통과·차단시간은 각 3초 이상이어야 한다.
- 반복시험을 실시한 후 최대폐쇄압력이 반복시험 실시 전 최대폐쇄압력의 110[%] 이내인 것으로 한다.
- 도시가스용의 경우 60,000회 반복 작동 후 누출이 없고, 폐쇄압력이 내구성 시험 전 최대폐쇄압력의 +10[%] 이내로 한다(최대 표시 유량이 10[Nm^3/h] 이하인 것만 말한다).

• 내한성능
- 용량 10[kg/h] 미만의 1단 감압식 저압조정기는 −25[℃] 이하의 공기 중에서 1시간 방치한 후 최대폐쇄압력 성능과 안전장치 성능에 맞는 것으로 한다.
- 도시가스용의 경우, 압력조정기를 −25[℃]에서 1시간 방치한 후 폐쇄압력이 내한성시험 전 최대폐쇄압력의 +10[%] 이내이고, 안전장치 작동시험에 이상이 없는 것으로 한다(최대 표시 유량이 10[Nm^3/h] 이하인 것만 말한다).

• 다이어프램 성능
- 재료와 외관
  ⓐ 다이어프램의 재료는 전체 배합성분 중 NBR의 성분 함유량이 50[%] 이상이고, 가소제 성분은 18[%] 이하인 것으로 한다.
  ⓑ 각 부분은 표면이 매끈하고 흠·균열·기포·터짐 등이 없는 것으로 한다.
  ⓒ 보강층을 사용한 다이어프램의 경우에는 신장을 가하지 아니한 상태에서, 그 외의 다이어프램은 최초 길이의 2배만큼 신장시켰을 때 0.5[mm] 이상의 결함이 3개 이하인 것으로 한다.
  ⓓ 보강층이 있는 다이어프램은 액화석유가스와 접촉하는 면에서 천의 직조무늬가 식별되지 아니하는 것으로 한다.
- 내압시험
  ⓐ 최고사용압력이 3.5[kPa] 이하의 압력조정기에 사용되는 다이어프램은 0.3[MPa]의 수압을 30분간 가하였을 때 파열 등 이상이 없는 것으로 한다.
  ⓑ 최고사용압력이 3.5[kPa] 초과 0.1[MPa] 미만에 사용되는 것은 0.8[MPa]의 수압을 각각 30분간 가하였을 때 파열 등 이상이 없는 것으로 한다.
- 물성시험
  ⓐ 인장강도는 12[MPa] 이상, 신장률은 300[%] 이상인 것으로 한다.
  ⓑ 인장응력은 2.0[MPa] 이상이고, 경도는 쇼어경도(A형) 기준으로 50 이상 90 이하인 것으로 한다.
  ⓒ 신장영구늘음률은 20[%] 이하인 것으로 한다.
  ⓓ 압축영구줄음률은 30[%] 이하인 것으로 한다.
  ⓔ −25[℃]의 공기 중에서 24시간 방치한 후 인장강도 및 신장률을 측정하였을 때 인장강도 변화율은 ±15[%] 이내, 신장 변화율은 ±30[%] 이내, 경도 변화는 +15° 이하인 것으로 한다.

㉡ 재료 성능 : 내가스 성능, 각형패킹 성능

㉢ 작동 성능 : 최대폐쇄압력성능, 안전장치 성능, 조정 성능, 절체 성능

- 최대폐쇄압력 성능
  - 1단 감압식 저압조정기, 2단 감압식 2차용 저압조정기 및 자동절체식 일체형 저압조정기는 3.50[kPa] 이하로 한다.
  - 2단 감압식 1차용 조정기는 95.0[kPa] 이하로 한다.
  - 1단 감압식 준저압조정기, 자동절체식 일체형 준저압조정기 및 그 밖의 압력조정기는 조정압력의 1.25배 이하로 한다.
- 안전장치 성능
  - 조정압력이 3.30[kPa] 이하인 압력조정기의 안전장치 작동압력
    - ⓐ 작동 표준압력 : 7.0[kPa]
    - ⓑ 작동 개시압력 : 5.60~8.40[kPa]
    - ⓒ 작동 정지압력 : 5.04~8.40[kPa]
  - 분출 용량
    - ⓐ 노즐지름이 3.2[mm] 이하일 때 140[L/h] 이상
    - ⓑ 노즐지름이 3.2[mm] 초과일 때 다음 계산식에 의한 값 이상

      $Q = 44D$

      여기서, Q : 안전장치 분출량[L/h]

      D : 조정기의 노즐지름[mm]
  - 도시가스용의 경우, 안전장치는 제조자가 제시한 최대출구압력 및 최대폐쇄압력 이상이고, 제조자가 제시한 최대작동압력 이하에서 작동하는 것으로 한다.
- 조정 성능
  - 조정 성능시험에 필요한 시험용 가스는 15[℃]의 건조한 공기로 하고, 15[℃]의 프로판가스의 질량으로 환산하며 환산식은 다음과 같다.

    $W = 1.513Q$

    여기서, W : 순프로판의 질량[kg/h]

    Q : 건공기의 유량[m^3/h]

    (프로판가스의 비중 : 1.522(15[℃]), 프로판가스의 밀도 : 1.865[kg/m^3](15[℃]))
  - 압력조정기의 조정압력은 조절스프링을 고정한 상태에서 입구압력의 전 범위에서 최저 및 최대 유량을 통과시켜 조정압력 범위 안이어야 한다.
- 절체 성능 : 자동절체식 조정기의 경우에는 사용쪽 용기 안의 압력이 0.1[MPa] 이상일 때 표시 용량의 범위에서 예비쪽 용기에서 가스가 공급되지 않아야 한다.

핵심예제

6-1. 다음 그림은 가정용 LP가스 소비시설이다. R_1에 사용되는 조정기의 종류는? [2009년 제2회, 2014년 제3회, 2017년 제2회]

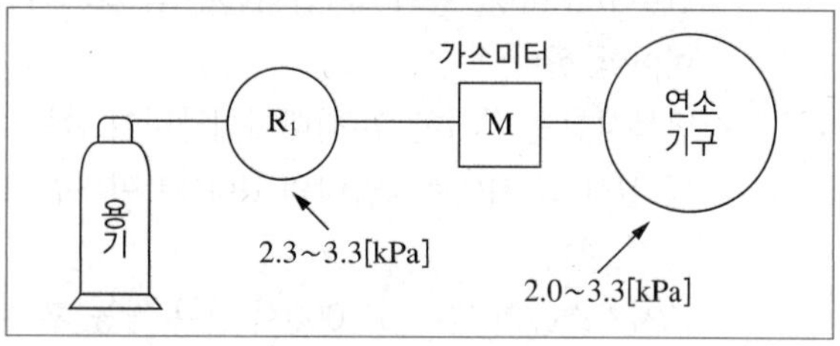

① 1단 감압식 저압조정기
② 1단 감압식 중압조정기
③ 1단 감압식 고압조정기
④ 2단 감압식 저압조정기

6-2. 입구압력이 0.07~1.56[MPa]이고, 조정압력이 2.3~3.3[kPa]인 액화석유가스 압력조정기의 종류는?

[2004년 제3회, 2016년 제1회]

① 1단 감압식 저압조정기
② 1단 감압식 준저압조정기
③ 자동절체식 분리형 조정기
④ 자동절체식 일체형 저압조정기

핵심예제

6-3. 가스조정기 중 2단 감압식 조정기의 장점이 아닌 것은?
[2007년 제2회, 2012년 제3회 유사, 2014년 제1회, 2018년 제3회 유사, 2020년 제1·2회 통합]

① 조정기의 개수가 적어도 된다.
② 연소기구에 적합한 압력으로 공급할 수 있다.
③ 배관의 관경을 비교적 작게 할 수 있다.
④ 입상배관에 의한 압력 강하를 보정할 수 있다.

6-4. 2단 감압방식 조정기의 특징에 대한 설명 중 틀린 것은?
[2004년 제1회, 2008년 제1회, 2012년 제2회]

① 장치가 복잡하고 조작이 어렵다.
② 재액화가 발생할 우려가 있다.
③ 공급압력이 안정하다.
④ 배관의 지름이 커야 한다.

6-5. LP가스 장치에서 자동절체식 조정기를 사용할 경우의 장점에 해당되지 않는 것은? [2003년 제2회 유사, 2010년 제1회, 2015년 제1회 유사, 2020년 제1회, 제2회]

① 잔액이 거의 없어질 때까지 소비된다.
② 용기 교환주기의 폭을 좁힐 수 있어 가스 발생량이 적어진다.
③ 전체 용기 수량이 수동 교체식의 경우보다 적어도 된다.
④ 가스 소비 시의 압력변동이 적다.

6-6. 다음 중 가장 높은 압력은? [2012년 제3회]

① 1단 감압식 저압조정기의 조정압력
② 자동절체식 저압조정기의 출구쪽 기밀시험압력
③ 1단 감압식 저압조정기의 최대폐쇄압력
④ 자동절체식 일체형 저압조정기의 최대폐쇄압력

6-7. 일반용 액화석유가스 압력조정기의 내압 성능에 대한 설명으로 옳은 것은? [2013년 제2회, 2016년 제1회]

① 입구쪽 시험압력은 2[MPa] 이상으로 한다.
② 출구쪽 시험압력은 0.2[MPa] 이상으로 한다.
③ 2단 감압식 2차용 조정기의 경우에는 입구쪽 시험압력을 0.8[MPa] 이상으로 한다.
④ 2단 감압식 2차용 조정기 및 자동절체식 분리형 조정기의 경우에는 출구쪽 시험압력을 0.8[MPa] 이상으로 한다.

|해설|

6-1
조정압력 범위가 2.3~3.3[kPa]에 해당하는 조정기는 1단 감압식 저압조정기이다.

6-2
② 1단 감압식 준저압조정기 : 입구압력 0.1~1.56[MPa], 조정압력 5~30[kPa]
③ 자동절체식 분리형 조정기 : 출구측 압력 0.032~0.083[MPa]
④ 자동절체식 일체형 저압조정기 : 입구압력 0.1~1.56[MPa], 조정압력 2.55~3.3[kPa]

6-3
2단 감압식 조정기는 조정기 수가 많아서 점검해야 할 부분이 많다.

6-4
2단 감압식 조정기는 배관의 지름이 작아도 된다.

6-5
자동절체식 조정기는 용기 교환주기의 폭을 넓힐 수 있어 가스 발생량이 많아진다.

6-6
② 자동절체식 저압조정기의 출구쪽 기밀시험압력 : 5.5[kPa]
① 1단 감압식 저압조정기의 조정압력 : 2.30~3.30[kPa]
③ 1단 감압식 저압조정기의 최대폐쇄압력 : 3.5[kPa] 이하
④ 자동절체식 일체형 저압조정기의 최대폐쇄압력 : 3.5[kPa] 이하

6-7
① 입구쪽 시험압력은 3[MPa] 이상으로 한다.
② 출구쪽 시험압력은 0.3[MPa] 이상으로 한다.
④ 2단 감압식 1차용조정기의 경우에는 출구쪽 시험압력을 0.8[MPa] 이상 또는 조정압력의 1.5배 이상 중 압력이 높은 것으로 한다.

정답 6-1 ① 6-2 ① 6-3 ① 6-4 ④ 6-5 ② 6-6 ② 6-7 ③

핵심이론 07 정압기

① 정압기의 개요

㉠ 정압기(Governor)의 정의

- 1차 압력 및 부하유량의 변동에 관계없이 2차 압력을 일정한 압력으로 유지하는 기능의 가스공급설비이다.
- 가스압력을 사용처에 맞게 낮추는 감압기능, 2차측의 압력을 허용범위 내의 압력으로 유지하는 정압기능 및 가스의 흐름이 없을 때는 밸브를 완전히 폐쇄하여 압력 상승을 방지하는 폐쇄기능을 가진 기기로서, 압력조정기(Regulator) 또는 정압기용 압력조정기와 그 부속설비를 말한다.

㉡ 정압기의 특징

- 정압기는 배관을 통한 도시가스 공급에 있어서 압력을 변경하여야 할 지점마다 설치되는 설비이다.
- 도시가스사용자에게 가스를 안정적으로 공급하기 위하여 수요가의 가스사용기기에 적합한 가스압력을 일정하게 유지시키는 필수시설이다(전기의 변압기에 해당).
- 도시가스사에서 배관으로 공급하는 압력은 0.2~0.5[MPa]의 중압으로, 일반 가정에서 가스기기를 사용하기 위해서는 저압(2[kPa])으로 감압하는 정압시설이 반드시 필요하다.
- 정압기 1개소는 약 7,000여 수요가에 공급 가능하며, 정압기를 중심으로 반경 250~300[m] 이내만 공급이 가능하고 거리가 더 멀어지면 압력이 떨어져 가스 공급이 불가능하다.

㉢ 정압기의 부속설비 : 정압기실 내부의 1차측(Inlet) 최초 밸브(밸브가 없는 경우 플랜지 또는 절연조인트)로부터 2차측(Outlet) 말단 밸브(밸브가 없는 경우 플랜지 또는 절연조인트) 사이에 설치된 배관, 가스차단장치(Valve), 정압기용 필터(Gas Filter) 등의 불순물 제거설비, 긴급차단장치(Slam Shut Valve), 안전밸브(Safety Valve) 등의 이상압력상승방지장치, 압력기록장치(Pressure Recorder), 가스누출검지통보설비 등의 각종 통보설비 및 이들과 연결된 배관과 전선

㉣ 필터 : 조정기 전단에 설치되어 배관 내의 먼지, 이물질 등을 제거하는 장치

㉤ 정압기에 설치되는 안전밸브 분출부의 크기

- 정압기 입구측 압력이 0.5[MPa] 이상인 것 : 50A 이상
- 정압기 입구측 압력이 0.5[MPa] 미만인 것 : 정압기의 설계유량에 따른 기준 크기
  - 정압기 설계유량이 1,000[Nm^3/h] 이상인 것 : 50A 이상
  - 정압기 설계유량이 1,000[Nm^3/h] 미만인 것 : 25A 이상

㉥ 정압기의 기본구조 중 2차 압력을 감지하여 그 2차 압력의 변동을 메인밸브로 전하는 부분이 다이어프램이다.

㉦ 정압기의 이상감압에 대처할 수 있는 방법

- 저압배관의 루프화
- 2차측 압력감시장치 설치
- 정압기 2계열 설치

㉧ 안전밸브 작동압력의 설정 : 환상배관망에 설치되는 정압기의 안전밸브의 작동압력은 정압기 중 1개 이상의 정압기에는 다른 정압기의 안전밸브보다 작동압력을 낮게 설정하여 이상압력 상승 경우 위해의 우려가 없는 안전한 장소에 가스를 우선적으로 방출할 수 있도록 한다. 다만, 단독 사용자에게 가스를 공급하는 정압기의 경우에는 다른 정압기의 안전밸브보다 작동압력을 낮게 설정하지 않을 수 있다.

㉨ 도시가스 공급설비인 정압기 전단에 설치된 가스 히터(Gas Heater)의 설치목적

- 공급온도 적정 유지
- 설비 동결 방지
- 사전 가스온도 보상

② 정압기의 운전 특성

㉠ 정특성 : 정압기의 정상 상태에서 유량과 2차 압력의 관계

- Lock-up : 폐쇄압력과 기준유량일 때의 2차 압력과의 차

- 오프셋(Off-set) : 유량이 변화했을 때 2차 압력과 기준압력의 차이이며, 오프셋값은 작을수록 바람직하다.
- 유량이 증가할수록 2차 압력은 점점 낮아진다.
- 다이어프램에서의 압력 변화로 2차 압력을 조정한다.

㉡ 동특성 : 부하변동에 대한 응답속도와 안정성의 관계 또는 부하변동에 대한 신속성과 안정성이 요구되는 특성으로, 부하 변화가 큰 곳에 사용되는 정압기의 중요한 특성이다.

㉢ 유량특성 : 메인밸브의 열림과 유량의 관계로, 종류로는 직선형, 2차형, 평방근형 등이 있다.

㉣ 사용최대차압 : 메인밸브에 1차 압력과 2차 압력이 작동하여 최대로 되었을 때의 차압

㉤ 작동최소차압 : 정압기가 작동할 수 있는 최소 차압

㉥ 작동최대차압 : 정압기가 작동할 수 있는 최대 차압

③ 정압기·관련 기기와 정압기실의 설치 및 관리

㉠ 정압기의 설치 및 관리

- 정압기는 제조소 내에 설치한다. 다만, 액화석유가스의 공급량 또는 공급압력의 강하 등을 고려하여 필요한 경우에는 제조소 밖에도 설치할 수 있으나, 이 경우에도 제조소 밖에 설치하는 정압기는 제조소 내에 설치되는 정압기로부터 액화석유가스를 공급받아야 한다.
- 도시가스 정압기의 일반적인 설치 위치는 필터와 출구밸브 사이이다.
- 정압기는 유지관리에 지장이 없고, 그 정압기 및 배관에 대한 위해의 우려가 없도록 설치하되, 원칙적으로 건축물(건축물 외부에 설치된 정압기실을 제외한다)의 내부 또는 기초 밑에 설치하지 않는다.
- 정압기는 지하에 설치하지 않는다(매몰형 정압기는 제외).
- 정압기의 입구에는 수분 및 불순물제거장치를 설치한다.
- 정압기의 출구에는 가스압력 이상상승방지장치를 설치한다.
- 정압기의 출구에는 가스압력 측정·기록장치를 설치한다.
- 정압기의 분해점검 및 고장을 대비하여 예비 정압기를 설치한다.
- 정압기는 설치 후 2년에 1회 이상 분해점검을 실시한다.
- 가스공급차단장치는 정압기의 입구 및 출구에 설치하며, 지하의 경우는 정압기 외부의 가까운 곳에 추가 설치한다.

㉡ 매몰형 정압기의 설치와 관리

- 정압기의 기초는 바닥 전체가 일체로 된 철근콘크리트 구조로 하고, 그 두께는 300[mm] 이상으로 한다.
- 정압기 본체는 두께 4[mm] 이상의 철판에 부식방지 도장을 한 격납상자 안에 넣어 매설하고 격납상자 안의 정압기 주위는 모래를 사용하여 되메움처리를 한다.
- 정압기에는 누출된 가스를 검지하여 이를 안전관리자에게 상주하는 곳에 통보할 수 있는 설비를 설치한다.
- 가스누출검지 통보설비의 검지부는 지상에 설치된 컨트롤 박스(안전밸브, 자기압력기록계, 압력계 등이 설치된 박스이다) 안에 1개소 이상 설치한다.
- 정압기 본체에서 누출된 가스를 포집하여 가스누출검지 통보설비 검지부로 이송할 수 있는 도입관을 설치한다.
- 격납상자쪽 도입관의 말단부에는 누출된 가스를 포집할 수 있는 직경 20[cm] 이상의 포집갓을 설치한다. 다만, 정압기 본체에서의 누출가스를 컨트롤 박스 안의 가스누출검지 통보설비 검지부로 용이하게 이송할 수 있는 구조의 경우에는 포집갓을 설치하지 않는다.
- 정압기로부터 컨트롤 박스에 이르는 도입관·계측라인(배관) 및 센싱라인(배관) 중 지하에 매설되는 부분의 재료는 스테인리스강관, 폴리에틸렌피복강관 등 내식성 재료로 한다.
- 정압기의 상부 덮개 및 컨트롤 박스 문에는 개폐여부를 안전관리자가 상주하는 곳에 통보할 수 있는 경보설비를 갖춘다.

㉢ 정압기실의 설치와 관리
- 정압기실의 재료는 정압기에 위해를 미치지 않도록 철근콘크리트 등 불연재료로 한다.
- 정압기실 내부 공간의 크기는 정압기를 조작하는데 필요한 크기 이상으로 한다.
- 정압기실에는 가스공급시설 외의 시설물을 설치하지 않는다.
- 침수 위험이 있는 지하에 설치하는 정압기에는 침수방지조치를 한다.

④ 경계표지와 경계책

㉠ 경계표지
- 정압기실 주변의 보기 쉬운 곳에 게시한다.
- 경계표지의 크기는 명확하게 식별할 수 있는 크기로 한다.
- 단독 사용자에게 가스를 공급하는 정압기의 경우에는 경계표지를 하지 않을 수 있다.
- 경계표지판 : 검정·파랑·적색 글씨 등으로 시설명, 공급자, 연락처 등을 표기한다.

㉡ 경계책
- 정압기의 안전을 확보하기 위하여 정압기실 주위에 외부 사람의 출입을 통제할 수 있도록 경계책를 설치한다.
- 단독 사용자에게 가스를 공급하는 정압기의 경우에는 경계책을 설치하지 않을 수 있다.
- 정압기실 주위에는 높이 1.5[m] 이상의 철책 또는 철망 등의 경계책을 설치하여 일반인의 출입을 통제한다.
- 경계표지만 설치하여도 경계책를 설치한 것으로 간주하는 경우
  - 철근콘크리트 및 콘크리트 블록재로 지상에 설치된 정압기실
  - 도로의 지하 또는 도로와 인접하게 설치되어 사람과 차량의 통행에 영향을 주는 장소로서, 경계책 설치가 부득이한 정압기실
  - 정압기가 건축물 안에 설치되어 있어 경계책를 설치할 수 있는 공간이 없는 정압기실
  - 상부 덮개에 시건조치를 한 매몰형 정압기
  - 경계책 설치가 불가능하다고 일반도시가스사업자를 관할하는 시장·군수·구청장이 인정하는 경우에 해당하는 정압기실(공원지역이나 녹지지역 등에 설치된 경우, 그 밖에 부득이한 경우)
- 경계책 주위에는 외부 사람의 무단 출입을 금하는 내용의 경계표지를 보기 쉬운 장소에 부착한다.
- 경계책 안에는 누구도 발화 또는 인화하기 쉬운 물질을 휴대하고 들어가서는 안 된다. 다만, 해당 설비의 정비·수리 등 불가피한 사유가 발생할 경우에만 안전관리책임자의 감독하에 휴대할 수 있다.

⑤ 직동식 정압기와 파일럿식 정압기

㉠ 직동식 정압기
- 2차 압력이 설정압력보다 높은 경우는 다이어프램을 들어 올리는 힘이 증가한다.
- 2차 압력이 설정압력보다 낮은 경우는 메인밸브를 열리게 하여 가스량을 증가시킨다.
- 2차 압력을 마감압력으로 이용하므로 로크업은 크게 된다.
- 신호계통이 단순하여 응답속도가 빠르다.

㉡ 파일럿식 정압기
- 2차 압력이 설정압력보다 높은 경우는 다이어프램을 밀어 올리는 힘이 스프링과 작용하여 가스량이 감소한다.
- 2차 압력이 설정압력보다 낮은 경우는 다이어프램에 작용하는 힘과 스프링의 힘에 의해 가스량이 증가한다.
- 대용량이다.
- 2차 압력이 작은 변화를 증폭하여 메인 정압기를 작동하기 때문에 오프셋이 작아진다.
- 1차 압력 변화의 영향이 작다.
- 로크업을 작게 할 수 있다.
- 요구유량제어범위가 넓은 경우에 적합하다.
- 높은 압력제어 정도가 요구되는 경우에 적합하다.
- 구조 및 신호계통이 복잡하다.

⑥ 설치 위치, 사용목적에 따른 정압기의 분류

㉠ 저압정압기 : 가스홀더압력을 소요 공급압력으로 조정하는 정압기

㉡ 지구정압기(City Gate Governor)

- 일반도시가스사업자의 소유시설로서 가스도매사업자로부터 공급받은 도시가스의 압력을 1차적으로 낮추기 위해 설치하는 정압기
- 가스도매사업자에서 도시가스사 소유 배관과 연결되기 직전에 설치하는 정압기

㉢ 지역정압기(District Governor)

- 일반도시가스사업자의 소유시설로서 지구정압기 또는 가스도매사업자로부터 공급받은 도시가스의 압력을 낮추어 다수의 사용자에게 가스를 공급하기 위해 설치하는 정압기
- 일정 구역별로 설치하는 중압의 가스압력을 다수의 사용자가 사용하기 적정한 사용압력으로 조정하는 정압기로, 도시가스사업자가 설치·관리한다.
- 지하에 설치하는 지역정압기실(기지)의 조작을 안전하고 확실하게 하기 위해 조명도는 최소 150[lx] 이상으로 유지하여야 한다.
- 도시가스공급시설에 설치하는 공기보다 무거운 가스를 사용하는 지역정압기실 개구부와 RTU(Remote Terminal Unit) 박스는 4.5[m] 이상의 거리를 유지하여야 한다.

㉣ 단독정압기 : 관리 주체가 1인이고 특정가스사용자가 가스를 공급받기 위한 정압기이며 가스사용자가 설치·관리한다.

⑦ 로딩에 따른 정압기의 분류

㉠ 로딩형 : 피셔(Fisher)식

㉡ 언로딩형 : 레이놀즈식, KRF식

- 2차 압력이 저하하면 유체 흐름의 양은 증가한다.
- 구동압력이 상승하면 유체 흐름의 양은 감소한다.
- 2차 압력이 상승하면 구동압력은 상승한다.
- 구동압력이 저하하면 메인밸브는 열린다.

㉢ 변칙 언로딩형 : 액시얼 플로(Axial Flow)식

⑧ 형식에 따른 정압기의 종류

㉠ 레이놀즈(Reynolds)식 정압기 : 언로딩형으로 일반 소비기기용, 지구정압기로 널리 사용되고 구조와 기능이 우수하며 정특성이 좋지만 안전성이 부족하고 크기가 다른 것에 비하여 대형이다. 본체는 복좌 밸브로 되어 있어서 상부에 다이어프램을 지닌다.

㉡ 피셔식 정압기

- 로딩형으로 주로 중압용으로 사용된다.
- 파일럿 로딩형 정압기와 작동원리가 같다.
- 정특성, 동특성이 모두 양호하다.
- 비교적 간단하고, 콤팩트하다.
- 구동압력이 증가하면 개도가 증가되는 방식이다.
- 닫힘 방향의 응답성을 향상시킨 것이다.
- 부하가 없을 때는 2차 압력이 상승하고, 구동압력은 저하한다.
- 사용량이 증가하면 2차 압력은 저하하고, 구동압력은 상승한다.
- 2차 압력 이상저하의 원인
  - 정압기 능력 부족
  - 필터 먼지류의 막힘
  - 파일럿 오리피스의 녹 막힘
  - 센터스템의 작동 불량
  - 스트로크 조정 불량
  - 주다이어프램의 파손
- 2차 압력 이상 상승의 원인
  - 메인밸브류의 먼지 끼임으로 인한 완전 차단 불량
  - 센터스템과 메인밸브의 접속 불량
  - 가스 중 수분 동결
  - 바이패스밸브류의 누설
  - 메인밸브의 폐쇄 능력 상실

㉢ AFL식 정압기(AFV ; Axial Flow Valve)

- 변칙 언로딩형으로, 액시얼 플로식 정압기라고도 한다.
- 흐름 방향의 변경이 가능하다.
- 아주 간단한 작동방식을 가지고 있다.
- 구조가 간단하며 보수점검이 용이하다.

• 소형이며, 가볍다(매우 콤팩트하다).
• 정특성, 동특성이 모두 좋다.
• 고차압이 될수록 특성이 좋다.
• 유선이 층류 흐름이므로 소음이 작다.
• 대유량에서 소유량까지 안정된 컨트롤이 가능하다.
• 수송, 공급 및 공업용 분야의 폭넓은 사용이 가능하다.
• AFV식 정압기의 작동상황
  - 유일한 가동 부분은 고무슬리브이다.
  - 가스 사용량이 감소하면 고무슬리브의 개도가 감소된다.
  - 2차 압력이 저하하면 구동압력이 저하된다.
  - 가스 사용량이 증가하면 구동압력은 저하된다.
  - 구동압력은 2차측 압력보다 항상 높다.

㉣ KRF식 정압기
• 언로딩형이다.
• 정특성은 극히 좋다.
• 안정성이 부족하다.

핵심예제

7-1. 정압기의 운전 특성 중 정상 상태에서의 유량과 2차 압력과의 관계를 나타내는 것은? [2007년 제3회, 2009년 제1회, 2010년 제1회, 2016년 제2회, 2017년 제1회, 제2회, 2018년 제3회]

① 정특성 ② 동특성
③ 사용최대차압 ④ 작동최소차압

7-2. 일반도시가스사업소에 설치하는 매몰형 정압기의 설치에 대한 설명으로 옳은 것은? [2016년 제3회]

① 정압기 본체는 두께 3[mm] 이상의 철판에 부식방지 도장을 한 격납상자 안에 넣어 매설한다.
② 철근콘크리트 구조의 그 두께는 200[mm] 이상으로 한다.
③ 정압기의 기초는 바닥 전체가 일체로 된 철근콘크리트 구조로 한다.
④ 격납상자쪽 도입관의 말단부에는 누출된 가스를 포집할 수 있는 직경 10[cm] 이상의 포집갓을 설치한다.

7-3. 액시얼 플로(Axial Flow)식 정압기의 특징에 대한 설명으로 틀린 것은? [2010년 제2회, 2020년 제3회]

① 변칙 Unloading형이다.
② 정특성, 동특성 모두 좋다.
③ 저차압이 될수록 특성이 좋다.
④ 아주 간단한 작동방식을 가지고 있다.

|해설|

7-1
② 동특성 : 부하변동에 대한 응답속도와 안정성의 관계 또는 부하변동에 대한 신속성과 안전성이 요구되는 특성으로, 부하 변화가 큰 곳에 사용되는 정압기의 중요한 특성이다.
③ 사용최대차압 : 메인밸브에 1차 압력과 2차 압력이 작동하여 최대로 되었을 때의 차압
④ 작동최소차압 : 정압기가 작동할 수 있는 최소차압

7-2
① 정압기 본체는 두께 4[mm] 이상의 철판에 부식방지 도장을 한 격납상자 안에 넣어 매설한다.
② 철근콘크리트 구조의 그 두께는 300[mm] 이상으로 한다.
④ 격납상자쪽 도입관의 말단부에는 누출된 가스를 포집할 수 있는 직경 20[cm] 이상의 포집갓을 설치한다.

7-3
액시얼 플로 정압기는 고차압이 될수록 특성이 좋다.

정답 7-1 ① 7-2 ③ 7-3 ③

핵심이론 08 연소기

① 급배기방식에 의한 연소기의 분류 : 개방식, 반밀폐식, 밀폐식

② 연소 시 1차 공기의 혼합비율과 혼합방법에 의한 연소기(연소방식)의 분류

㉠ 분젠식
- 연소에 필요한 공기를 1차 공기(40~70[%])와 2차 공기(30~60[%])에서 취하는 방식이다.
- 주로 일반 가스기구에 적용되는 방식으로 고온을 얻기 쉽다.
- 염의 온도는 1,300[℃] 정도이다.
- 염의 길이가 짧고 청록색이다.
- 버너가 연소가스량에 비해서 크고 역화의 우려가 있다.
- 노즐에서 분출되는 가스 분출속도에 의해 연소에 필요한 공기의 일부를 흡입하여 혼합기 내에서 잘 혼합하여 염공으로 보내 연소한다. 이때 부족한 연소공기는 불꽃 주위로부터 새로운 공기를 혼입하여 가스를 연소시키며 연소온도가 가장 높다.

㉡ 세미분젠식
- 연소에 필요한 공기를 1차 공기(30~40[%])와 2차 공기(60~70[%])에서 취하는 방식이다.
- 1차 공기를 제한하여 연소시킨다.
- 염의 온도는 1,000[℃] 정도이다.
- 염의 길이가 약간 길고 청색이다.

㉢ 적화식
- 연소에 필요한 공기를 모두 2차 공기에서 취하는 방식이다.
- 가스를 그대로 대기 중에 분출하여 연소시킨다.
- 염의 온도는 900[℃] 정도이다.
- 염의 길이가 길고 적색이다.
- 불완전연소가 되기 쉽다.
- 고온을 얻기 힘들다.
- 넓은 연소실이 필요하다.

㉣ 전 1차 공기식
- 연소에 필요한 공기를 모두 1차 공기에서 취하는 방식이다.
- 2차 공기가 불필요하다.
- 염의 온도는 950[℃] 정도이다.
- 세라믹이나 금망의 표면에서 불탄다.

핵심예제

8-1. 가스의 연소기구가 아닌 것은? [2021년 제1회]

① 피셔식 버너
② 적화식 버너
③ 분젠식 버너
④ 전 1차 공기식 버너

8-2. 적화식 버너의 특징으로 틀린 것은? [2021년 제1회]

① 불완전연소가 되기 쉽다.
② 고온을 얻기 힘들다.
③ 넓은 연소실이 필요하다.
④ 1차 공기를 취할 때 역화 우려가 있다.

|해설|

8-1
가스의 연소기구 : 분젠식, 세미분젠식, 적화식, 전 1차 공기식

8-2
적화식 버너는 연소에 필요한 공기를 모두 2차 공기에서 취하는 방식이므로 1차 공기를 취하지 않는다.

정답 8-1 ① 8-2 ④

핵심이론 09 기화장치

① 기화장치의 개요

㉠ 용 어

- 기화장치(Vaporizer) : 액체 상태의 가스를 기체로 변환시켜 주는 설비로, 액화가스를 증기・온수・공기 등 열매체로 가열하여 기화시키는 기화통을 주체로 한 장치이다. 이것에 부속된 기기・밸브류・계기류 및 연결관을 포함한 것(기화장치가 캐비닛 등에 격납된 것은 캐비닛 등의 외측에 부착된 밸브 또는 플랜지까지)이다.
- 액화가스 : 가압・냉각 등의 방법으로 액체 상태로 되어 있는 것으로서 대기압에서의 비점이 40[℃] 이하 또는 상용의 온도 이하인 것이다.
- 연결압력실 : 기화통의 동체 또는 경판과 교차하여 기화통에 종속된 압력실로 섬프(Sump)・돔(Dome)・맨홀(Manhole) 등이다.

㉡ 기화장치 제조설비와 검사설비

- 기화장치 제조설비 : 성형설비, 용접설비, 세척설비, 제관설비, 전처리설비 및 부식방지도장설비, 유량계, 그 밖에 제조에 필요한 설비 및 기구
- 기화장치 검사설비 : 초음파두께측정기・나사게이지・버니어캘리퍼스 등 두께측정기, 내압시험설비, 기밀시험설비, 표준이 되는 압력계, 표준이 되는 온도계, 그밖에 검사에 필요한 설비 및 기구

㉢ 기화기 사용 시의 장점

- 종류에 관계없이 한랭 시에도 충분히 기화된다.
- 공급가스의 조성이 일정하다.
- 공급 발열량이 일정하다.
- 기화량을 가감할 수 있다.
- 연속 공급이 가능하다.
- 설비 장소가 작고 설비비는 적게 든다.

㉣ 가연성 가스용 기화장치의 접지저항치 : 10[Ω] 이하

② 기화장치의 구성요소

㉠ 기화부

- 기화통이라고도 한다. 기화장치 중 액화가스를 증기・온수・공기 등 열매체로 가열하여 기화시키는 부분으로서 그 내부의 기구와 접속노즐을 포함한 것이다.
- 액상의 가스를 가스화시키는 열교환기이다.

㉡ 조압부 : 압력조정기, 안전밸브

㉢ 제어부

- (열매)온도제어장치
- 과열방지장치
- 액면제어장치(액유출방지장치) : 가스가 액체 상태로 열교환기 밖으로 유출되는 것을 방지하는 장치

③ 고압가스용 기화장치

㉠ 기화장치의 구조 : 기화통 및 그 부속품

- 형태 : 다관식, 코일식, 캐비닛식(캐비닛형 스팀직열식)
- 가열방식 : 전열식 온수형, 전열식 고체전열형, 온수식, 스팀식 직접형, 스팀식 간접형

㉡ 구조 설계 시 유의사항

- 열매체 부분은 분해하여 확인이 가능한 구조로 한다.
- 기화통 내부는 점검구 등을 통하여 확인할 수 있거나 분해점검을 통하여 확인할 수 있는 구조로 한다.
- 기화장치의 액화가스 인입부에는 이물질 유입 방지를 위한 필터 또는 스트레이너를 설치한다.
- 기화장치에는 액화가스의 유출을 방지하기 위한 액유출방지장치 또는 액유출방지기구를 설치한다. 단, 임계온도가 -50[℃] 이하인 액화가스용 기화장치와 이동식 기화장치는 그러하지 아니하다.
- 액유출방지장치로서의 전자식 밸브는 액화가스 인입부의 필터 또는 스트레이너 후단에 설치한다.
- 기화통 또는 기화장치의 기체 부분에는 그 부분의 압력이 허용압력을 초과하는 경우 즉시 그 압력을 허용압력 이하로 되돌릴 수 있는 안전장치를 설치한다. 다만, 임계온도가 -50[℃] 이하인 액화가스용 고정식 기화장치에는 적용하지 아니한다.
- 기화통의 기체가 통하는 부분으로서 배관 또는 동체에는 압력계를 설치하고, 증기 또는 온수가열식에는 열매체의 온도를 측정하기 위한 온도계(임계온도 -50[℃] 이하인 액화가스용 기화장치는 제외)를 설치한다. 단, 다른 부분에서 온도 및 압력을 측정할 수 있는 기구는 그러하지 아니한다.

- 증기 및 온수가열구조의 기화장치에는 응축된 물 또는 기화장치 안에 물을 쉽게 뺄 수 있는 드레인 밸브를 설치한다.
- 가연성 가스(암모니아, 브롬화 메탄 및 공기 중에서 자기발화하는 가스는 제외)용 기화장치에 부속된 전기설비는 누출된 가스의 점화원이 되는 것을 방지하기 위하여 방폭전기기기의 설계, 선정 및 설치에 관한 기준에 따라 방폭성능을 가진 것으로 한다.
- 기화장치는 그 외면에 부식·변형·흠·주름 등의 결함이 없고, 그 다듬질이 매끈한 것으로 한다.
- 가연성 가스용 기화장치에는 정전기 제거조치를 위한 접지단자를 설치한 것으로 한다.

㉢ 고압가스 기화장치의 검사

- 내압시험은 물을 사용하는 것을 원칙으로 하고, 물을 사용하여 가스·온수 및 증기 통과 부분에 대하여 설계압력의 1.3배 이상의 압력으로 내압시험을 실시하였을 때 각 부분에 누수·변형·이상 팽창이 없는 것으로 한다. 단, 기화장치의 구조상 물을 사용하는 것이 곤란한 경우에는 질소 또는 공기 등의 불활성 기체를 사용하여 설계압력의 1.1배의 압력으로 실시할 수 있다.
- 기밀시험은 공기 또는 불활성 가스를 사용하여 가스·온수 및 증기 통과 부분에 대하여 설계압력 이상의 압력으로 기밀시험을 실시하였을 때 각 부분에 가스 누출이 없는 것으로 한다.
- 온수가열방식은 그 온수의 온도가 80[℃] 이하이고, 증기가열방식은 그 증기의 온도가 120[℃] 이하로 한다.
- 온도계 및 압력계는 검사 합격품이고, 압력계의 최고눈금은 상용압력의 1.5배에서 2배 이하인 것으로 한다.
- 안전장치는 최고허용압력 이하의 압력에서 작동하는 것으로 한다.

④ LPG용 기화장치

㉠ 개 요

- 구 조
  - 기화부 : LP가스를 열교환기에 의해 가스화
  - 온도제어장치 : 열매의 온도 일정 범위 내 보존을 위한 장치
  - 과열방지장치
  - 액유출방지장치 : 열교환기 밖으로 누출 방지
  - 조정기 : 소비목적에 따라 일정 압력 조정
  - 안전밸브
- 열매체의 종류 : 온수증기, 공기
- 기화기에 의해 기화된 LPG에 공기를 혼합하는 목적 : 발열량 조절, 재액화 방지, 연소효율 증대, 누설 시의 손실 및 체류 감소
- LPG 자동차에 설치되어 있는 베이퍼라이저(Vaporizer)의 주요 기능 : 압력 감압, 가스 기화

㉡ 기화방식의 종류 : LP가스의 주성분은 프로판과 부탄이다. 프로판의 비등점은 -41.1[℃], 부탄의 비등점은 -0.5[℃]로서 프로판은 비등점이 낮아 기화가 쉽기 때문에 일반적으로 자연기화방식을 택하지만, 부탄은 비등점이 높아 기화가 어려워 강제기화방식을 택한다.

㉢ 자연기화방식(C_3H_8) : 용기 내에 LP가스가 대기 중의 열을 흡수해서 기화된 가스를 공급하는 방식으로, 공급방식이 간단하며 가스 발생능력은 외기온도·가스조성비와 가장 밀접한 관계가 있다.

㉣ 강제기화방식(C_4H_{10}) : 용기 또는 탱크에서 액체의 LP가스를 도관을 통하여 기화기에 의해서 기화하는 방식이다.

- 강제기화방식의 특징
  - 기화량의 가감 조절이 용이하다.
  - 공급가스 조성이 일정하다.
  - 한랭 시에도 가스 공급이 순조로워 충분히 기화된다.
  - 설치 면적이 작아도 된다.
  - 비점이 높은 부탄 소비, 가스 소비량이 많은 경우, 한랭지 LP가스 공급 등에 이용한다.

- 강제기화방식의 종류
  - 생가스 공급방식 : 기화기에 의해 기화된 가스를 그대로 공급하는 방식으로서, 부탄의 경우 온도가 0[℃] 이하가 되면 재액화할 우려가 있어 배관을 보온처리하여 재액화를 방지해야 한다.
  - 공기혼합가스 공급방식 : 기화기에서 기화된 LP가스를 혼합기(믹서)에 의해 공기와 혼합하여 공급하는 방식으로 부탄을 다량 소비하는 경우 적합하다.
  - 변성가스 공급방식

⑤ **LNG용 기화장치** : 일반 산업용 초저온기화기에 비해 고압이며 대용량이다.

㉠ 오픈 랙 기화기(ORV ; Open Rack Vaporizer) : 바닷물과 LNG를 열교환하여 LNG를 기화하는 방식
- 따뜻한 바닷물로 천연가스를 데워 주는 방식의 기화장치이다.
- LNG 수입기지에서 LNG를 NG로 전환하기 위하여 가열원을 해수로 기화시키는 장치로, 해수식 기화장치라고도 한다.
- 해수를 가열원으로 이용하므로 해수를 용이하게 입수할 수 있는 입지조건이 필요하다.
- 액화가스와 해수 및 하천수 등을 열교환시켜 기화하는 형식이다.
- 해수를 열원으로 하기 때문에 운전비용이 저렴하여 기저부하(Base Load)용으로 주로 사용한다.

㉡ 수중연소식 기화장치(SCV ; Submerged Combustion Vaporizer) 또는 연소열 기화장치(Combustion Heat Vaporizer) : 직접 열을 가해 천연가스를 데워 주는 방식의 기화장치
- LNG 인수기지에서 사용되고 있는 기화장치 중 간헐적으로 평균 수요를 넘을 경우 그 수요를 충족(Peak Saving용)시키는 목적으로 주로 사용된다.
- 연소식 기화장치(SMV)라고도 한다.
- 연소가스가 수조에 설치된 열교환기의 하부에 고속으로 분출되는 구조이다.

㉢ 공기식 기화장치 : 대기 중의 공기를 열교환 매체로 한 기화장치이다.
- 기화 시 공기를 사용하기 때문에 친환경적이다.
- 운영비가 저렴하다.
- 대기 중의 공기와 직접 열교환이 가능하여 동절기에도 LNG 기화가 가능하지만, 운무와 결빙현상에 주의해야 한다. 운무현상을 해소하기 위해 기화장치 상단에 팬을 설치하고 4시간 운전, 2시간 자동 절체방식으로 운영하며 결빙현상 방지를 위하여 주기적으로 운전을 정지시킨다.
- 용량이 적어 소규모 생산기지에 적용한다.

㉣ 중간매체 기화장치(IFV ; Intermediate Fluid Vaporizer) : 주위의 대기공기 열을 이용하여 열을 교환하는 대기식, 강제통풍식 공기기화기(AAV 또는 FDAAV)가 있다.
- 폐쇄루프, 개방루프 또는 복합시스템에서 작동하도록 구성되어 있다.
- 해수와 LNG 사이에 프로판과 같은 중간 열매체가 순환한다.
- 중간 열매체는 프로판이 사용된다.
- Base Load용으로 개발된 것이다.
- 중간유체기화장치라고도 한다.

㉤ 셸 및 튜브기화기(STV ; Shell and Tube Vaporizer) : 원통다관형 액화천연가스기화장치로, 액화천연가스를 천연가스로 기화시키는 일종의 열교환기이다.

㉥ 전기가압식 기화기

핵심예제

9-1. 고압가스기화장치의 검사에 대한 설명 중 옳지 않은 것은? [2007년 제1회 유사, 2018년 제2회]

① 온수가열방식의 과열방지 성능은 그 온수의 온도가 80[℃]이다.
② 안전장치는 최고허용압력 이하의 압력에서 작동하는 것으로 한다.
③ 기밀시험은 설계압력 이상의 압력으로 행하여 누출이 없어야 한다.
④ 내압시험은 물을 사용하여 상용압력의 2배 이상으로 행한다.

9-2. LP가스사용시설에 강제기화기를 사용할 때의 장점이 아닌 것은? [2006년 제2회 유사, 2008년 제1회 유사, 2017년 제2회]

① 기화량의 증감이 쉽다.
② 가스 조성이 일정하다.
③ 한랭 시 가스 공급이 순조롭다.
④ 비교적 소량 소비 시에 적당하다.

9-3. LNG의 기화장치에 대한 설명으로 틀린 것은? [2009년 제1회 유사, 2010년 제3회, 2016년 제2회]

① Open Rack Vaporizer는 해수를 가열원으로 사용한다.
② Submerged Combustion Vaporizer는 연소가스가 수조에 설치된 열교환기의 하부에 고속으로 분출되는 구조이다.
③ Submerged Combustion Vaporizer는 물을 순환시키기 위하여 펌프 등의 다른 에너지원을 필요로 한다.
④ Intermediate Fluid Vaporizer는 프로판을 중간매체로 사용할 수 있다.

|해설|

9-1
내압시험은 물을 사용하여 설계압력의 1.3배 이상으로 행한다.

9-2
비교적 대량 소비 시에 적당하다.

9-3
Submerged Combustion Vaporizer는 직접 열을 가해 천연가스를 데워 주는 방식의 기화장치로, 물을 순환시키기 위한 펌프 등의 다른 에너지원을 필요로 하지 않는다.

정답 9-1 ④ 9-2 ④ 9-3 ③

핵심이론 10 용 기

① 용기의 개요
㉠ 가스용기 재료의 구비조건
- 충분한 강도를 가질 것
- 무게가 가벼울 것
- 가공 중 결함이 생기지 않을 것
- 내식성을 가질 것

㉡ 용기 속의 잔류가스를 배출시키려 할 때는 통풍이 있는 옥외에서 실시하고, 조금씩 배출한다.
㉢ 용기의 두께
- 고압가스용 납붙임 또는 접합용기의 두께는 그 용기의 안전성을 확보하기 위하여 0.125[mm] 이상으로 하여야 한다.
- 이동식 부탄연소기용 용기의 두께는 0.20[mm] 이상으로 한다.

② 압력용기
㉠ 압력용기(Pressure Vessel)는 용기의 내면 또는 외면에서 일정한 유체의 압력을 받는 밀폐된 용기이다.
㉡ 고압가스법의 압력용기
- 압력용기는 35[℃]에서의 압력 또는 설계압력이, 그 내용물이 액화가스인 경우는 0.2[MPa] 이상, 압축가스인 경우는 1[MPa] 이상인 용기이다.
- 압력용기에서 제외되는 용기
  - 용기 제조의 기술·검사기준 적용을 받는 용기
  - 설계압력[MPa]과 내용적[m^3]을 곱한 수치가 0.004 이하인 용기
  - 펌프, 압축장치(냉동용 압축기는 제외) 및 축압기(Accumulator, 축압용기 내에 액화가스 또는 압축가스와 유체가 격리될 수 있도록 고무격막 또는 피스톤 등이 설치된 구조로서, 상시 가스가 공급되지 않는 구조의 것)의 본체와 그 본체와 분리되지 않는 일체형 용기
  - 완충기 및 완충장치에 속하는 용기와 자동차 에어백용 가스충전용기
  - 유량계, 액면계, 그 밖의 계측기기

- 소음기 및 스트레이너(필터를 포함한다)로서 다음의 기준에 해당되는 것
  - ⓐ 플랜지 부착을 위한 용접부 외에는 용접 이음매가 없는 것
  - ⓑ 용접구조이나 동체의 바깥지름(D)이 320[mm](호칭지름 12B 상당) 이하이고, 배관 접속부 호칭지름(d)과의 율(D/d)이 2.0 이하인 것
- 압력에 관계없이 안지름, 폭, 길이 또는 단면의 지름이 150[mm] 이하인 용기

• 압력용기의 기하학적 범위
- 용접으로 배관과 연결하는 것은 첫 번째 용접 이음매까지
- 플랜지로 배관과 연결하는 것은 첫 번째 플랜지 이음면까지
- 나사 결합으로 배관과 연결하는 것은 첫 번째 나사 결합부까지
- 그 밖의 방법으로 압력용기와 배관을 연결하는 것은 그 첫 번째 이음부까지

㉢ 에너지이용합리화법의 압력용기

• 1종 압력용기 : 최고사용압력[MPa]과 내용적[m^3]을 곱한 수치가 0.004를 초과하는 다음의 것
- 증기 기타 열매체를 받아들이거나 증기를 발생시켜 고체 또는 액체를 가열하는 기기로서, 용기 안의 압력이 대기압을 넘는 것
- 용기 안의 화학반응에 의하여 증기를 발생하는 용기로서, 용기 안의 압력이 대기압을 넘는 것
- 용기 안의 액체의 성분을 분리하기 위하여 해당 액체를 가열하거나 증기를 발생시키는 용기로서, 용기 안의 압력이 대기압을 넘는 것
- 용기 안의 액체 온도가 대기압에서의 비점을 넘는 것

• 2종 압력용기 : 최고사용압력이 0.2[MPa]를 초과하는 기체를 그 안에 보유하는 용기로서 다음의 것
- 내용적이 0.04[m^3] 이상인 것
- 동체의 안지름이 200[mm] 이상(증기 헤더의 경우에는 안지름이 300[mm] 초과)이고, 그 길이가 1,000[mm] 이상인 것

㉣ 저온 및 초저온용기 취급 시 주의사항
- 용기는 항상 세운 상태를 유지한다.
- 용기를 운반할 때는 별도 제작된 운반용구를 이용한다.
- 용기를 물기나 기름이 있는 곳에 두지 않는다.
- 용기 주변에서 인화성 물질이나 화기를 취급하지 않는다.

③ LP가스 용기

㉠ 용기의 재질은 탄소강으로 제작하고 충분한 강도와 내식성이 있어야 한다.

㉡ 사용 탄소강의 조성 성분 : 탄소(C) 0.33[%](이음매 없는 용기는 0.55[%]) 이하, 인(P) 0.04[%] 이하, 황(S) 0.05[%] 이하로 함유량 제한

㉢ 용기 바탕색은 회색이며, 가스 명칭과 충전기한을 표시한다.

㉣ 가연성 가스의 용기에 반드시 '연'자를 표시하지만 LP가스는 제외한다.

㉤ 고압산소용기는 이음매 없는 용기를 사용하지만, LP가스 용기나 프로판 충전용 용기는 일반적으로 용접용기를 사용한다.

㉥ 용기의 개수 결정 시 고려해야 할 사항
- 피크 시의 기온
- 소비자 가구수
- 1가구당 1일 평균 가스소비량 또는 최대소비수량
- 피크 시 용기에서의 가스 발생능력
- 용기의 종류(크기)
- 사용가스의 종류

㉦ LP가스 용기의 도장 시 분체 도료(폴리에스테르계) 도장의 최소 도장두께와 도장 횟수 : 60[μm], 1회 이상

④ 용기 내장형 가스 난방기용 부탄 충전용기

㉠ 용기 몸통부의 재료는 고압가스용기용 강판 및 강대이다.

㉡ 프로텍터의 재료는 KS D 3503 SS400의 규격에 적합하여야 한다.

㉢ 스커트의 재료는 KS D 3533 SG295 이상의 강도 및 성질을 가지는 것이나 KS D 3503(일반구조용 압연강재) SS400의 규격에 적합하여야 한다.

㉣ 넥크링의 재료는 KS D 3752의 규격에 적합한 것으로 탄소 함유량이 0.28[%] 이하인 것으로 한다.

㉤ 검사기준 시험항목 : 내가스성 시험, 안전밸브 분출량 실험, 충격시험

⑤ 용기 설치 수량과 최대가스소비량

㉠ 용기 설치 수량

- 자연기화방식의 용기 설치 수량

$$= \frac{\text{필요가스량[kg/h]}}{\text{용기 1개당 가스 발생능력[kg/h]}} \times 2(\text{예비용기})$$

- 강제기화방식의 용기 설치 수량

$$= \frac{\text{필요가스량[kg/h]} \times \text{1일 평균사용시간[h]}}{\text{용기 1개당 가스 발생능력[kg/h]}} \times 2(\text{예비용기})$$

- 필요가스양은 단독주택, 공동주택 및 숙박시설은 최대가스소비량 이상으로 하고, 단독주택, 공동주택 및 숙박시설 외의 경우에는 최대 가스 소비량의 1.1배 이상으로 한다.

㉡ 최대가스소비량 산정

- 단독주택, 공동주택 및 숙박시설의 공동사용시설 : 최대가스소비량 = 개별 가구의 연소기 합산 소비량[kg/h] × 가구수 × 동시 사용률([%])
  - 개별 가구의 연소기 합산 소비량은 전체 가구의 평균값을 취한다.
  - 동시 사용률은 취사 및 난방용으로 가스를 공동 저장하여 사용하는 가스시설에 있어 수요자 간에 연소기를 동시에 사용할 수 있는 최대비율([%])이다.
  - 200가구 초과하는 경우의 동시 사용률([%])

$$= 25.6 + \frac{74.4}{\sqrt{\text{가구수}}}$$

- 업무용 시설
  - 사용자가 하나인 경우 최대가스소비량[kg/h] = 연소기의 가스소비량 합계[kg/h] × 피크 시의 최대가스소비율[%]
  - 사용자가 둘 이상인 경우 최대가스소비량[kg/h] = 사용자별 가스소비량 합계[kg/h] × 피크 시의 최대가스소비율[%]
  - 피크 시의 최대가스소비율[%] = 해당 시설에서 피크 시 최대로 사용하는 최대가스소비량[kg/h]/전체 연소기의 가스소비량[kg/h] ≧ 60[%]
  - 연소기(버너가 1개인 연소기에 한함)가 1대만 설치된 경우에는 100[%]로 한다.

⑥ 용기의 설계와 계산식

㉠ 용기 동판의 최대 두께와 최소 두께의 차이는 평균 두께의 20[%] 이하로 한다.

㉡ 아세틸렌용기의 압력

- 충전 중의 압력 : 온도에 불구하고 2.5[MPa] 이하
- 충전 후의 압력 : 15[℃]에서 1.5[MPa] 이하

㉢ 원통형 용기의 응력

- 원주 방향 응력 $\sigma_1 = \frac{PD}{2t}$

여기서, P : 내압
D : 용기의 안지름
t : 용기의 두께

- 축 방향 응력 $\sigma_2 = \frac{PD}{4t}$

㉣ 필요 용기수 :

$$\frac{\text{1호당 평균 가스소비량} \times \text{호수} \times \text{소비율}}{\text{가스 발생능력}} \times \text{계열수[개]}$$

㉤ 압력용기 동판의 두께(t) 계산

- 안지름 기준 : $t = \frac{PD_i}{2\sigma_a \eta - 1.2P} + C$

여기서, P : 최고충전압력[kgf/cm^2] 또는 [MPa]
D_i : 용기의 안지름
σ_a : 허용인장응력
η : 용접 이음매 효율
C : 부식 여유 두께

• 바깥지름 기준 : $t = \frac{PD_o}{2\sigma_a \eta - 0.8P} + C$

여기서, P : 최고충전압력[kg/cm²] 또는 [MPa]

D_o : 용기의 바깥지름

σ_a : 허용인장응력

η : 용접 이음매 효율

C : 부식 여유 두께

ⓑ 압력용기 경판의 두께(t) 계산

• 접시형 경판 : $t = \frac{PRW}{2S\eta - 0.2P} + C$

여기서, P : 최고충전압력[MPa]

R : 중앙만곡부 내면의 반지름[mm]

W : 접시형 경판의 형상에 따른 계수

S : 허용응력[N/mm²]

η : 경판 중앙부 이음매의 용접효율

C : 부식 여유 두께[mm]

• 반타원체형 경판 : $t = \frac{PRV}{2S\eta - 0.2P} + C$

여기서, P : 최고충전압력[MPa]

R : 중앙만곡부 내면의 반지름[mm]

V : 반타원체형 경판의 형상에 따른 계수로, $V = \frac{2+m^2}{6}$ 이며 m은 반타원체형 내면의 장축부와 단축부의 길이의 비

S : 허용응력[N/mm²]

η : 경판 중앙부 이음매의 용접효율

C : 부식 여유 두께[mm]

핵심예제

10-1. LPG 저장용기에 대한 설명으로 틀린 것은?

[2006년 제3회, 2007년 제1회 유사, 2009년 제3회]

① 용기의 색은 회색을 사용한다.
② 안전밸브는 스프링식을 주로 사용한다.
③ 용기의 재질은 탄소강을 주로 사용한다.
④ 내압시험압력은 상용압력 이상으로 한다.

10-2. 다음 수치를 가진 고압가스용 용접용기의 동판 두께는 약 몇 [mm]인가? [2003년 제2회 유사, 2013년 제3회 유사, 2015년 제2회 유사, 2020년 제1·2회 통합]

• 최고충전압력 : 15[MPa] • 동체의 내경 : 200[mm] • 재료의 허용응력 : 150[N/mm²] • 용접효율 : 1.00 • 부식 여유 두께 : 고려하지 않음

① 6.6 ② 8.6
③ 10.6 ④ 12.6

10-3. 염소가스(Cl_2) 고압용기의 지름을 4배, 재료의 강도를 2배로 하면 용기의 두께는 얼마가 되는가?

[2017년 제1회, 2020년 제1·2회 통합]

① 0.5 ② 1배
③ 2배 ④ 4배

10-4. LPG를 사용하는 식당에서 연소기의 최대가스소비량이 3.56[kg/h]이었다. 자동절체식 조정기를 사용하는 경우 20[kg] 용기를 최소 몇 개를 설치하여야 자연기화방식으로 원활하게 사용할 수 있겠는가?(단, 20[kg] 용기 1개의 가스 발생능력은 1.8[kg/h]이다) [2019년 제3회]

① 2개 ② 4개
③ 6개 ④ 8개

|해설|

10-1
내압시험 압력은 상용압력 이상으로 한다.

10-2
동판의 두께

$$t = \frac{PD_i}{2\sigma_a \eta - 1.2P} + C = \frac{15 \times 200}{2 \times 150 \times 1.0 - 1.2 \times 15} + 0$$

$\simeq 10.6[\text{mm}]$

10-3
용기의 두께 $t = \frac{PD_i}{2\sigma_a \eta - 1.2P} + C$에서 지름 4배, 강도 2배이므로 용기의 두께는 4/2배 = 2배가 된다.

10-4
자연기화방식의 용기 설치 수량

$$= \frac{\text{필요가스량[kg/h]}}{\text{용기 1개당 가스 발생능력[kg/h]}} \times 2(\text{예비용기})$$

$$= \frac{3.56}{1.8} \times 2 \simeq 3.956 \simeq 4\text{개}$$

정답 10-1 ④ 10-2 ③ 10-3 ③ 10-4 ②

핵심이론 11 혼합기 · 안전장치 · 부속기 기류

① **혼합기(Mixer)** : 기화기에서 기화된 LP가스를 공기와 혼합시키는 장치

㉠ 벤투리 믹서(Venturi Mixer) : 기화한 LP가스를 일정한 압력으로 노즐에서 분출시켜 노즐 내를 감압하여 공기를 혼입하는 방식이다. 가장 많이 사용되며 원료가스 압력제어방식, 전자밸브 개폐방식, 공기흡입 조절방식 등이 있다.

㉡ 플로 믹서(Flow Mixer) : 공기와 함께 플로로 흡인하는 방식

② **안전장치**

㉠ 고압가스 저장탱크 및 설비에 설치하는 안전장치

- 고압가스 저장탱크 설비 내 안전밸브는 기체 및 증기의 압력 상승을 방지하기 위하여 설치한다.
- 릴리프밸브는 펌프 및 배관에 있어서 액체의 압력 상승을 방지하기 위하여 설치한다.
- 파열판만 설치할 수 있는 경우
  - 반응폭주 등 급격한 압력 상승의 우려가 있는 경우
  - 가연성 가스 및 독성가스 누출의 우려가 있는 경우
  - 유체의 부식성 또는 반응 생성물의 성상 등에 따라 안전밸브를 설치하는 것이 부적당한 경우
  - 운전 중 안전밸브에 이상물질이 누적되어 안전밸브가 작동되지 아니할 우려가 있는 경우
- 고압가스설비 내의 압력을 자동적으로 제어하는 자동압력제어장치는 다른 안전장치와 병행하여 설치한다.

㉡ 가스연소기기의 안전장치 : 연소기의 종류별로 약간씩 상이하다.

- 가스보일러 : 소화안전장치, 헛불방지장치(공연소방지장치), 과열방지장치, 동결방지장치, 정전안전장치, 불완전연소방지장치, 과대풍압안전장치(강제배기식), 저수위안전장치(저장식), 재통전시 안전장치

- 가스온수기 : 소화안전장치, 과열방지장치, 역풍방지장치, 산소결핍안전장치, 불완전연소방지장치, 과대수압안전장치, 정전안전장치
- 가스난로 : 소화안전장치, 과열방지장치, 불완전연소방지장치 또는 산소결핍안전장치(개방식), 전도안전장치(이동식), 정전안전장치(교류전기 사용)
- 가스레인지 : 소화안전장치, 정전안전장치(교류전기 사용)
- 이동식 부탄연소기 : 과압안전장치, 오장착방지안전장치
- 가스보일러용 버너 : 소화안전장치, 과대풍압안전장치(강제배기식), 정전안전장치(교류전기 사용), 공기풍압안전장치, 가스이상고압안전장치, 가스이상저압안전장치, 재통전시안전장치, 프리퍼지, 포스트퍼지 기능

ⓒ 가스연소기기 안전장치의 방식 및 작동원리

- 소화안전장치(화염감시장치) : 불이 꺼지면 이를 감지하여 가스밸브를 닫아 주는 역할을 한다.
  - 열전대식 : 열전대의 원리를 이용한 것으로 열전대가 가열되어 기전력이 발생되면서 전자밸브가 개방된 상태가 유지되고, 소화된 경우에는 기전력 발생이 감소되면서 스프링에 의해서 전자밸브가 닫혀서 가스를 차단하는 방식이다. 가스레인지 등에 적용된다.
  - 플레임 로드식 : 버너의 불꽃을 감지하여 정상적인 연소 중에 불꽃이 꺼졌을 때 신속하게 가스를 차단하여 생가스 누출을 방지하는 장치이다. 불꽃의 도전성에 의한 정류성을 이용하여 불꽃을 감지하는 방식으로, 대용량의 연소기에 사용하는 방식의 연소안전장치이다.
  - 자외선 광전관식 : 불꽃의 빛을 감지하는 센서를 이용한 방식으로, 연소 중 전자밸브가 개방되고 소화 시에는 전자밸브가 닫힌다.
- 헛불방지장치(공연소방지장치) : 보일러, 순간온수기 등의 연소기 내부에 목적물이 없는 경우에 자동으로 연료를 차단하는 안전장치로, 가스보일러의 물탱크의 수위를 다이어프램에 의해 압력 변화로 검출하여 전기접점에 의해 가스회로를 차단한다.
- 과열방지장치 : 대부분 둥근 바이메탈판 형태로 되어 있으며 일정 온도에 도달하면 바이메탈이 작동하여 접점을 끊어 전기회로를 차단하여 가스밸브를 닫도록 되어 있다. 과열방지장치의 검지부방식에는 바이메탈식, 액체팽창식, 퓨즈메탈식 등이 있다.
- 동결방지장치 : 물을 사용하는 연소기인 보일러에서 겨울철 보일러 내 또는 난방배관 내 물의 온도가 영하로 내려가 보일러가 파손되는 것을 방지하기 위하여 물에 부동액을 섞거나, 온도를 감지하여 점화를 하거나, 전기히터를 작동하거나, 물을 순환시켜 그 운동에너지로 동결을 방지한다.
- 정전안전장치 및 재통전시안전장치 : 정전안전장치는 교류전원을 쓰는 보일러의 경우 정전이 되면 가스밸브를 자동을 닫는 기능이고, 재통전시안전장치는 정전 후 다시 통전이 되어도 조작자의 조작 없이는 밸브를 열지 않도록 하는 기능이다.
- 불완전연소방지장치 : 개방형의 가스온수기나 가스난로에서 공기 중 탄산가스 농도가 높거나 열교환기가 막혀 정상적인 연소가 어려울 경우 연소실 내의 압력이 높아지게 되며, 연소실 상부에서 파일럿 버너의 입구에 도관을 연결하게 되면 탄산가스가 도관을 따라 파일럿 버너 입구로 유입됨에 따라 파일럿 버너의 화염에 리프팅이 일어나 열전대를 가열하지 못하게 되어 소화되는 장치이다.
- 과대풍압안전장치(강제배기식) : 강제배기식 보일러에서 보일러 굴뚝이 어느 정도(8[mmH_2O] 이내) 막혀도 배기가스를 밀어내어 주도록 하는 기능이다.
- 저수위안전장치(저장식) : 저장식 보일러에서 열교환기 내의 물이 일정 수위 이하에서 보일러를 가열하게 되면 열교환기가 과열되므로 일정 수위 이상일 때만 불이 붙도록 하는 장치이다.
- 과대수압안전장치 : 온수기에서 공급되는 수압이 높아도 내부 배관의 변형이 일어나기 전에 내부의 물을 방출하는 안전밸브이다.

- 산소결핍안전장치(개방식) : 가스온수기나 가스 난로에서 공기 중 탄산가스의 농도가 높아 정상적인 연소가 어려울 경우 파일럿 버너는 공기 중의 탄산가스로 파일럿 버너의 화염이 리프팅이 일어나 열전대를 가열하지 못하게 되어 소화되는 장치이다.
- 전도안전장치(이동식) : 이동식의 난로에서 수은 스위치를 이용하여 난로가 어느 정도의 경사 이상일 경우 전기회로를 차단하여 소화하는 장치이다.
- 과압안전장치 : 이동식 부탄연소기에서 부탄가스 용기 내의 압력이 일정압력 이상으로 올라가게 되면 가스 통로를 자동으로 차단하여 소화하는 장치이다.
- 오장착방지안전장치 : 이동식 부탄연소기에서 부탄가스용기를 오장착하지 않도록 용기를 장착할 때 홈을 내어 오장착을 방지하는 장치이다. 만약 오장착을 하게 되면 액체의 부탄이 연소기에 공급되어 화재가 발생할 우려가 있다.
- 공기풍압안전장치 : 가스보일러용 버너에서 송풍기에서 송풍이 되지 않으면 전원을 차단하여 가스 밸브를 닫는 장치이다.
- 가스이상고압안전장치 : 가스보일러용 버너에서 공급되는 가스의 압력이 이상고압일 경우 전기회로를 차단하여 가스밸브를 닫는 장치이다.
- 가스이상저압안전장치 : 가스보일러용 버너에서 공급되는 가스의 압력이 이상저압일 경우 전기회로를 차단하여 가스밸브를 닫는 장치이다.
- 프리퍼지 : 연소를 하기 전에 연소실 내의 공기를 외부로 불어내는 것이다. 이를 통해 혹시 있을지도 모르는 연소실 내의 누출가스로부터의 폭발을 막을 수 있다.
- 포스트퍼지 기능 : 연소를 종료한 후에 연소실 내의 공기를 외부로 불어내는 것이다. 이를 통해 마지막으로 미연소된 연소실 내의 누출가스를 외부로 불어내고, 신선한 공기를 보관하여 연소실의 수명을 높일 수 있다.

③ 가스누출경보기

㉠ 가스누출경보기가 지녀야 할 성능
- 가스의 누출을 검지하여 그 농도를 지시함과 동시에 경보를 울리는 것
- 미리 설정된 가스농도(폭발하한계의 1/4 이하)에서 자동적으로 경보를 울리는 것
- 경보를 울린 후에는 주위의 가스농도가 변화되어도 계속 경보를 울리며, 그 확인 또는 대책을 강구함에 따라 경보가 정지되어야 할 것
- 담배연기 등 잡가스에 경보를 울리지 아니하는 것

㉡ 가스누출경보기의 구조
- 충분한 강도를 가지며, 취급과 정비(특히 엘리먼트의 교체)가 용이할 것
- 경보기의 경보부와 검지부는 분리하여 설치할 수 있을 것
- 검지부가 다점식인 경우에는 경보가 울릴 때 경보부에서 가스의 검지 장소를 알 수 있는 구조일 것
- 경보는 램프의 점등 또는 점멸과 동시에 경보를 울릴 것

㉢ 가스누출경보기의 설치장소
- 경보기의 검지부는 저장설비 및 처리설비(버너 등으로써 파일럿 버너 등에 의한 인터로크 기구를 갖추어 가스 누출의 우려가 없는 사용설비에 있어서 그 버너 등의 부분은 제외) 중 가스가 누출하기 쉬운 설비가 설치되어 있는 장소의 주위로서 누출한 가스가 체류하기 쉬운 장소에 설치할 것
- 경보기의 검지부를 설치하는 위치는 가스의 성질, 주위상황, 각 설비의 구조 등의 조건에 따라 정하되 다음에 해당하는 장소에는 설치하지 아니할 것
  - 증기, 물방울, 기름 섞인 연기 등이 직접 접촉될 우려가 있는 곳
  - 주위 온도 또는 복사열에 의한 온도가 40[℃] 이상이 되는 곳
  - 설비 등에 가려져 누출가스의 유통이 원활하지 못한 곳

- 차량, 그 밖의 작업 등으로 인하여 경보기가 파손될 우려가 있는 곳
- 배관장치에 경보기 검지부 또는 가스 누출을 용이하게 검지할 수 있는 구조의 검지부를 설치하여야 하는 장소는 다음과 같아야 한다.
  - 긴급차단장치의 부분(밸브피트를 설치한 것에는 해당 밸브피트 내)
  - 슬리브관, 2중관, 방호구조물 등에 의해 밀폐되어 설치(매설 포함)된 배관의 부분
  - 누출된 가스가 체류하기 쉬운 구조로 된 배관의 부분
- 경보기 검지부의 설치 높이는 가스의 비중, 주위 상황, 가스설비의 높이 등에 적합한 곳으로 한다.
- 경보기의 설치 장소는 관계자가 상주하거나 경보를 식별할 수 있는 곳으로서 경보가 울린 후 각종 조치를 취하기에 적절한 곳으로 한다.

㉣ 가스누출경보기의 설치 개수
- 건축물 내(지붕이 있고 둘레의 1/4 이상이 벽으로 쌓여 있는 장소)에 설치된 경우에는 그 설비군의 바닥면 둘레 10[m]에 대하여 1개 이상의 비율로 계산한 수
- 설비가 건축물 밖에 설치된 경우에는 그 설비군의 주위 20[m]에 대하여 1개 이상의 비율로 계산한 수
- 계기실에는 1개 이상
- 가스 침입 우려가 없는 장소에 설치되어 있거나 누출한 가스가 침입하지 아니하도록 다음의 조치를 한 계기실은 제외한다.
  - 계기실 내에 외부로부터의 가스 침입을 방지하기 위하여 필요한 압력을 유지한 경우
  - 공기보다 무거운 가스에만 관계되는 계기실에 있어서 계기실 입구의 바닥면의 위치를 지상 2.5[m] 이상으로 한 경우

④ 고압가스 제조시설에 설치하는 내부 반응감시장치
- 온도감시장치 : 해당 특수반응설비 안의 국부과열 등으로 인한 이상온도 변화 상태를 정확히 측정할 수 있는 장소에 그 온도를 측정하기에 충분한 수로 한다.
- 압력감시장치 : 해당 특수반응설비 안의 상용압력이 상당한 정도로 달라지거나 달라질 우려가 있는 부위 2곳 이상에 설치한다.
- 유량감시장치 : 해당 특수반응설비와 관련되는 원재료의 송·출입 계통 부위마다 한 곳 이상 설치한다.
- 가스의 밀도·조성 등의 감시장치 : 해당 특수반응설비 안의 가스의 밀도·조성 등을 정확하게 측정할 수 있는 장소에 1개 이상 설치한다.

핵심예제

11-1. 소화안전장치(화염감시장치)의 종류가 아닌 것은?

[2011년 제3회 유사, 2015년 제2회, 2019년 제1회]

① 열전대식
② 플레임 로드식
③ 자외선 광전관식
④ 방사선식

11-2. 가스누출경보기의 구조에 대한 설명으로 틀린 것은?

[2012년 제3회]

① 충분한 강도를 가지며, 엘리먼트의 교체가 용이한 것
② 경보기의 경보부와 검지부는 일체형으로 설치할 수 있는 것
③ 검지부가 다점식인 경우에는 경보가 울릴 때 경보부에서 가스의 검지 장소를 알 수 있는 것
④ 경보는 램프의 점등 또는 점멸과 동시에 경보를 울리는 것

11-3. 가스보일러에 설치되어 있지 않은 안전장치는?

[2014년 제2회, 2018년 제1회, 2019년 제2회 유사]

① 전도안전장치
② 과열방지장치
③ 헛불방지장치
④ 과압방지장치

핵심예제

11-4. 고압가스 저장탱크 및 설비에 설치하는 안전장치에 대한 설명으로 옳은 것은? [2007년 제2회, 2011년 제1회]

① 릴리프밸브는 압축기 및 배관에 있어서 기체 증기의 압력 상승을 방지하기 위하여 설치한다.
② 고압가스 저장탱크 설비 내 안전밸브는 액체의 압력 상승을 방지하기 위하여 설치한다.
③ 고압가스설비 내의 압력을 자동적으로 제어하는 자동압력 제어장치는 다른 안전장치와 병행하여 설치한다.
④ 파열판은 급격한 압력 상승, 가연성 가스 및 독성가스의 누출의 우려가 있는 경우에 안전밸브와 겸용하여 설치한다.

|해설|

11-1

소화안전장치(화염감시장치)의 종류 : 열전대식, 플레임 로드식, 자외선 광전관식

11-2

경보기의 경보부와 검지부는 분리하여 설치할 수 있어야 한다.

11-3

전도안전장치는 이동식 가스 난로의 안전장치이다.

11-4

① 릴리프밸브는 펌프 및 배관에 있어서 액체의 압력 상승을 방지하기 위하여 설치한다.
② 고압가스 저장탱크 설비 내 안전밸브는 기체 및 증기의 압력 상승을 방지하기 위하여 설치한다.
④ 급격한 압력 상승, 가연성 가스 및 독성가스의 누출의 우려가 있는 경우에 파열판만 설치할 수 있다.

정답 11-1 ④ 11-2 ② 11-3 ① 11-4 ③

핵심이론 12 용기 등의 표시

① 용기의 각인

㉠ 각인 요령

- 용기 제조자 또는 수입자는 용기의 어깨 부분 또는 프로텍터 부분 등 보기 쉬운 곳에 각인한다.
- 접합용기 또는 납붙임용기의 경우에는 인쇄한다.
- 복합재료용기의 경우에는 인쇄한 라벨을 그 용기에 떨어지지 않도록 부착한다.
- 재충전금지용기의 경우에는 용기 외면에 지워지지 않도록 인쇄하거나 금속박판에 각인한 것을 그 용기에 부착한다.
- 각인하기 곤란한 용기의 경우에는 다른 금속박판에 각인한 것을 그 용기에 부착함으로써 용기에 대한 각인에 갈음할 수 있다.

㉡ 용기 각인의 내용

- 납붙임 또는 접합용기
  - 용기제조업자의 명칭 또는 약호
  - 충전하는 가스의 명칭
  - 내용적(기호 : V, 단위 : [L])(액화석유가스용기는 제외)
  - 충전량[g](납붙임 또는 접합용기에 한정)
- 기타 용기
  - 용기 제조업자의 명칭 또는 약호
  - 충전하는 가스의 명칭
  - 용기의 번호
  - 내용적(기호 : V, 단위 : [L])(액화석유가스 용기는 제외)
  - 초저온용기 외의 용기 : 밸브 및 부속품(분리 가능한 것)을 포함하지 아니한 용기의 질량(기호 : W, 단위 : [kg])
  - 아세틸렌가스 충전용기 : 상기의 질량에 용기의 다공물질·용제 및 밸브의 질량을 합한 질량(기호 : TW, 단위 : [kg])
  - 내압시험에 합격한 연월

- 내압시험압력(기호 : TP, 단위 : [MPa])(액화석유가스 용기, 초저온용기 및 액화천연가스 자동차용 용기는 제외)
- 최고충전압력(기호 : FP, 단위 : [MPa])(압축가스를 충전하는 용기, 초저온용기 및 액화천연가스 자동차용 용기에 한정)
- 내용적이 500[L]를 초과하는 용기에는 동판의 두께(기호 : t, 단위 : [mm])

② 가스용기의 도색과 표기

㉠ 도색 및 표기 요령

- 용기 제조자 또는 수입자는 용기의 외면에 도색을 하고 충전하는 가스의 명칭을 표시한다.
- 수출용 용기의 경우에는 도색하지 않을 수 있다.
- 스테인레스강 등 내식성 재료를 사용한 용기의 경우에는 용기 동체의 외면 상단에 10[cm] 이상의 폭으로 충전가스에 해당하는 색으로 도색할 수 있다.
- 가연성 가스용기에는 빨간색 테두리에 검은색 불꽃 그림 표시를 한다.
- 독성가스 용기에는 빨간색 테두리에 검은색 해골 그림 표시를 한다.

- 내용적 2[L] 미만의 용기는 제조자가 정한 바에 의한다(소방용 용기는 제외).
- 액화석유가스 용기 중 부탄가스를 충전하는 용기는 부탄가스임을 표시하여야 한다.
- 선박용 액화석유가스 용기의 표시방법
  - 용기의 상단부에 폭 2[cm]의 백색 띠를 두 줄로 표시한다(의료용 가스용기는 별도 표기).
  - 백색띠의 하단과 가스 명칭 사이에 백색 글자로 가로×세로 5[cm]의 크기로 선박용이라고 표시한다.
- 자동차의 연료장치용 용기의 외면에는 그 용도를 자동차용으로 표시한다.
- 그 밖의 가스에는 가스 명칭 하단에 가로×세로 5[cm]의 크기의 백색 글자로 용도(절단용)를 표시한다.
- 용기의 도색 색상은 산업표준화법에 따른 한국산업표준을 기준으로 산업통상자원부장관이 정하는 바에 따른다.
- 의료용 가스
  - 용기의 상단부에 폭 2[cm]의 백색(산소는 녹색)의 띠를 두 줄로 표시하여야 한다.
  - 용도의 표시 : 의료용(각 글자마다 백색(산소는 녹색)으로 가로×세로 5[cm]로 띠와 가스 명칭 사이에 표시)

㉡ 가스용기의 도색 색상

- 공업용(산업용)·일반용 : 액화석유가스(밝은 회색), 산소(녹색), 액화탄산가스(청색), 액화염소(갈색), 그 밖의 가스(회색), 아세틸렌(황색), 액화암모니아(백색), 질소(회색), 수소(주황색), 소방용 용기(소방법에 의한 도색)
- 의료용 가스 : 에틸렌(자색), 헬륨(갈색), 액화탄산가스(회색), 사이클프로판(주황색), 질소(흑색), 아산화질소(청색), 산소(백색)
- 그 밖의 가스 : 회색
- 충전기한 표시 문자의 색상 : 적색

③ 용기 부속품의 표시

㉠ 용기 부속품의 표시 요령

- 용기 부속품의 제조자 또는 수입자는 용기 부속품의 보기 쉬운 곳에 표시내용을 각인한다.
- 각인하기 곤란한 것의 경우에는 다른 금속박판에 각인한 것을 그 용기 부속품에 부착함으로써 그 용기부속품에 대한 각인에 갈음할 수 있다.

㉡ 용기 부속품의 각인 표시내용

- 부속품 제조업자의 명칭 또는 약호
- 부속품의 기호와 번호
  - AG : 아세틸렌가스를 충전하는 용기의 부속품
  - PG : 압축가스를 충전하는 용기의 부속품
  - LG : 액화석유가스 외의 액화가스를 충전하는 용기의 부속품

– LPG : 액화석유가스를 충전하는 용기의 부속품
– LT : 초저온용기 · 저온용기의 부속품

- 질량(기호 : W, 단위 : [kg])
- 부속품 검사에 합격한 연월
- 내압시험압력(기호: TP, 단위: [MPa])

④ 수소 용기의 각인 표시 기호의 예

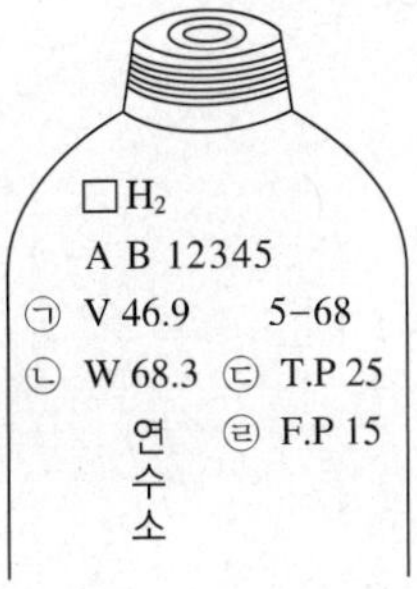

㉠ V : 내용적(단위 : [L])
㉡ W : 밸브와 부속품을 제외한 용기의 질량(단위 : [kg])
㉢ TP : 내압시험압력(단위 : [MPa])
㉣ FP : 최고충전압력(단위 : [MPa])

⑤ 냉동기에 대한 표시

㉠ 냉동기의 표시 요령

- 냉동기의 제조자 또는 수입자는 금속박판에 표시 내용을 각인하여 이를 냉동기의 보기 쉬운 곳에 떨어지지 아니하도록 부착한다.
- 독성가스 또는 가연성 가스가 아닌 냉매가스를 사용하는 것으로서 냉동능력이 20[ton] 미만인 경우에는 표시사항이 인쇄된 표지를 부착할 수 있다.

㉡ 냉동기의 각인 표시내용

- 냉동기 제조자의 명칭 또는 약호
- 냉매가스의 종류
- 냉동능력(단위 : [RT]). 다만, 압력용기의 경우에는 내용적(단위 : [L])을 표시하여야 한다.
- 원동기 소요전력 및 전류(단위 : [kW], [A]). 단, 압축기의 경우에 한한다.
- 제조번호
- 검사에 합격한 연월
- 내압시험압력(기호 : TP, 단위 : [MPa])
- 최고사용압력(기호 : DP, 단위 : [MPa])

⑥ 특정설비에 대한 표시

㉠ 특정설비의 표시 요령

- 특정설비의 제조자 또는 수입자는 금속박판에 표시 사항을 각인하여 해당 특정설비의 보기 쉬운 곳에 떨어지지 않도록 부착한다.
- 저장탱크, 차량에 고정된 탱크, 기화장치 및 압력용기 외의 특정설비의 경우에는 그 몸통 부분 등의 보기 쉬운 곳에 각인할 수 있다.
- 복합재료 압력용기의 경우에는 인쇄한 라벨이 그 압력용기에서 떨어지지 않도록 부착해야 한다.

㉡ 저장탱크 및 압력용기

- 제조자의 명칭 또는 약호
- 충전하는 가스의 명칭
- 제조번호 및 제조연월
- 사용재료명
- 동체 및 경판의 두께(기호 : t, 단위 : [mm])
- 내용적(기호 : V, 단위: [L])
- 설계압력(기호 : DP, 단위 : [MPa])
- 설계온도(기호 : DT, 단위 : [℃])
- 검사기관의 명칭 또는 약호
- 내압시험에 합격한 연월

㉢ 차량에 고정된 탱크

- 표기사항을 각인하고 그 외면에는 은백색의 도색을 하고 충전하는 가스의 명칭 및 충전기한을 표시하여야 하며, 구분에 따른 표시를 부착한다.
- 크기는 네 변의 길이가 각각 25[cm] 이상이어야 하며, 차량에 고정된 탱크 양측면과 후면에 부착한다.
- 국제연합의 위험물 운송에 관한 권고(RTDG ; Recommendations on the Transport of Dangerous Goods)의 적용대상인 경우
  – 그림문자 외부에 표시하는 경우에는 주황색 바탕에 검은색 글씨, 그림문자 내부에 표시하는 경우에는 흰색 바탕에 검은색 글씨여야 한다.
  – 글자의 높이는 6.5[cm] 이상이 되도록 해야 하며, 바탕은 가로 25[cm] 이상, 세로 10[cm] 이상이어야 한다.

– 가연성 가스인 경우에는 빨간색 바탕에 흰색 불꽃 모양, 독성가스인 경우에는 흰색 바탕에 검은색 해골 모양이어야 하며, 크기는 네 변의 길이가 각각 25[cm] 이상이어야 한다.

- 국제연합의 위험물 운송에 관한 권고(RTDG)의 적용대상이 아닌 경우, 가연성 가스인 경우에는 빨간색 테두리에 검은색 불꽃 모양, 독성가스인 경우에는 빨간색 테두리에 검은색 해골 모양이어야 한다.

㉣ 기화장치
- 제조자의 명칭 또는 약호
- 사용하는 가스의 명칭
- 제조번호 및 제조연월일
- 내압시험에 합격한 연월
- 내압시험압력(기호 : TP, 단위 : [MPa])
- 가열방식 및 형식
- 최고사용압력(기호 : DP, 단위 : [MPa])
- 기화능력(단위 : [kg/hr] 또는 [m^3/hr])

㉤ 특정고압가스용 실린더 캐비닛
- 제조자의 명칭 또는 약호
- 사용하는 가스의 명칭
- 제조번호 및 제조연월
- 최고사용압력(기호 : DP , 단위 : [MPa])
- 내압시험에 합격한 연월

㉥ 냉동용 특정설비
- 압축기・응축기 및 증발기의 경우에는 냉동기에 대한 표시기준을 준용한다. 이 경우 압축기의 냉동능력은 [RT] 또는 [m^3/hr]로 표시할 수 있다.
- 압력용기의 경우에는 특정설비에 대한 표시기준을 준용한다.

㉦ 그 밖의 특정설비
- 제조자의 명칭 또는 약호
- 검사에 합격한 연월
- 질량(기호 : W, 단위 : [kg])
- 내압시험에 합격한 연월
- 내압시험압력(기호 : TP, 단위 : [MPa])
- 특정설비별 기호 및 번호
  – 아세틸렌가스용 : AG
  – 압축가스용 : PG
  – 액화석유가스용 : LPG
  – 저온 및 초저온가스용 : LT
  – 그 밖의 가스용 : LG

핵심예제

12-1. 가스용기의 도색으로 옳지 않은 것은?(단, 의료용 가스용기는 제외한다) [2006년 제3회, 2007년 제1회 유사, 2011년 제3회 유사, 2014년 제1회 유사, 2016년 제3회 유사, 2018년 제1회 유사, 제3회]

① 산소(O_2) : 녹색
② 수소(H_2) : 주황색
③ 아세틸렌(C_2H_2) : 황색
④ 액화암모니아 : 회색

12-2. 용기에 표시된 각인 기호의 연결이 잘못된 것은?
[2008년 제2회 유사, 2012년 제2회 유사, 2015년 제2회, 2018년 제1회 유사]

① V : 내용적
② TP : 검사일
③ TW : 질량
④ FP : 최고충전압력

12-3. 용기의 도색 및 표시에 대한 설명으로 틀린 것은?
[2020년 제1·2회 통합]

① 가연성 가스용기는 빨간색 테두리에 검은색 불꽃 모양으로 표시한다.
② 내용적 2[L] 미만의 용기는 제조자가 정하는 바에 의한다.
③ 독성가스 용기는 빨간색 테두리에 검은색 해골 모양으로 표시한다.
④ 선박용 LPG 용기는 용기의 하단부에 2[cm]의 백색 띠를 한 줄로 표시한다.

12-4. 고압가스 용기에 대한 설명으로 틀린 것은?
[2019년 제1회]

① 아세틸렌 용기는 황색으로 도색하여야 한다.
② 압축가스를 충전하는 용기의 최고충전압력은 TP로 표시한다.
③ 신규검사 후 경과년수가 20년 이상인 용접용기는 1년마다 재검사를 하여야 한다.
④ 독성가스 용기의 그림문자는 흰색 바탕에 검은색 해골 모양으로 한다.

|해설|

12-1
액화암모니아 : 백색

12-2
TP : 내압시험압력

12-3
선박용 LPG 용기는 용기의 상단부에 2[cm]의 백색 띠를 두 줄로 표시한다.

12-4
압축가스를 충전하는 용기의 최고충전압력은 FP로 표시한다.

정답 12-1 ④ 12-2 ② 12-3 ④ 12-4 ②

CHAPTER 04

가스안전관리

제1절 | 가스의 안전 · 특성 · 운반

핵심이론 01 가스안전의 개요

① 가스의 공통 용어

㉠ 가 스

- 가연성 가스
  - 폭발한계(공기와 혼합된 경우 연소를 일으킬 수 있는 공기 중의 가스농도의 한계)의 하한이 10[%] 이하인 것과 폭발한계의 상한과 하한의 차가 20[%] 이상인 가스
  - 아크릴로나이트릴 · 아크릴알데하이드 · 아세트알데하이드 · 아세틸렌 · 암모니아 · 수소 · 황화수소 · 사이안화수소 · 일산화탄소 · 이황화탄소 · 메탄 · 염화메탄 · 브롬화메탄 · 에탄 · 염화에탄 · 염화비닐 · 에틸렌 · 산화에틸렌 · 프로판 · 사이클로프로판 · 프로필렌 · 산화프로필렌 · 부탄 · 부타다이엔 · 부틸렌 · 메틸에테르 · 모노메틸아민 · 다이메틸아민 · 트라이메틸아민 · 에틸아민 · 벤젠 · 에틸벤젠 및 공기 중에서 연소하는 가스
- 조연성 가스 : 연소를 도와주는 가스(염소, 산소 등)
- 불연성 가스 : 공기 중에서 점화원에 의해 연소하지 않는 가스(아르곤, 탄산가스, 질소 등)
- 독성가스
  - 허용농도(해당 가스를 성숙한 흰쥐 집단에게 대기 중에서 1시간 동안 계속하여 노출시킨 경우 14일 이내에 그 흰쥐의 2분의 1 이상이 죽게 되는 가스의 농도)가 백만 분의 5,000 이하인 가스
  - 독성가스 허용농도 계산식(LC_{50}) :

$$LC_{50} = \frac{1}{\sum_{i=1}^{n} \frac{C_i}{LC_{50i}}}$$

여기서, n : 혼합가스 구성 가스 종류의 수

C_i : 혼합 가스에서 i번째 독성성분의 몰분율

LC_{50i} : 부피 [ppm]으로 표현되는 i번째 가스의 허용농도

  - 아크릴로나이트릴 · 아크릴알데하이드 · 아황산가스 · 암모니아 · 일산화탄소 · 이황화탄소 · 불소 · 염소 · 브롬화메탄 · 염화메탄 · 염화프렌 · 산화에틸렌 · 사이안화수소 · 황화수소 · 모노메틸아민 · 다이메틸아민 · 트라이메틸아민 · 벤젠 · 포스겐 · 아이오딘화수소 · 브롬화수소 · 염화수소 · 불화수소 · 겨자가스 · 알진 · 모노실란 · 다이실란 · 다이보레인 · 세렌화수소 · 포스핀 · 모노게르만 및 공기 중에 일정량 이상 존재하는 경우 인체에 유해한 독성을 가진 가스

  ※ 가연성 가스이며 동시에 독성인 가스 : 일산화탄소, 황화수소, 사이안화수소, 트라이메틸아민 등
- 압축가스 : 일정한 압력에 의하여 압축되어 있는 가스
- 액화가스
  - 가압 · 냉각 등의 방법으로 액체 상태로 되어 있는 것
  - 대기압에서의 비점이 40[℃] 이하 또는 상용온도 이하인 가스
  - 상용의 온도 또는 35[℃]의 온도에서 압력이 0.2[MPa] 이상이 되는 가스

• 특정고압가스 : 수소, 산소, 액화암모니아, 아세틸렌, 액화염소, 천연가스, 압축 모노실란, 압축 다이보레인, 액화알진, 그 밖에 대통령령으로 정하는 고압가스(포스핀, 셀렌화수소, 게르만, 다이실란, 오불화비소, 오불화인, 삼불화인, 삼불화질소, 삼불화붕소, 사불화유황, 사불화규소)
  - 특정고압가스이면서 그 성분이 독성가스인 것 : 액화암모니아, 액화염소
  - 고압가스 안전관리법에서 정한 특정고압가스가 아닌 가스 : 염화수소, 질소 등
• 특수고압가스 : 특정고압가스 중 압축 모노실란, 압축 다이보레인, 액화알진, 포스핀, 세렌화수소, 게르만, 다이실란, 오불화비소, 오불화인, 삼불화인, 삼불화질소, 삼불화붕소, 사불화유황, 사불화규소

ⓛ 용 기
• 잔가스용기 : 가스의 충전질량 또는 충전압력의 1/2 미만이 충전되어 있는 상태의 용기
• 충전용기 : 가스의 충전질량 또는 충전압력의 1/2 이상이 충전되어 있는 상태의 용기

ⓒ 압 력
• 배압(Back Pressure) : 배출물처리설비 등으로부터 안전밸브의 토출측에 걸리는 압력
• 상용압력 : 내압시험압력 및 기밀시험압력의 기준이 되는 압력으로서, 사용 상태에서 해당 설비 등의 각부에 작용하는 최고사용압력
• 설정압력(Set Pressure) : 안전밸브의 설계상 정한 분출압력 또는 분출개시압력으로서, 명판에 표시된 압력
• 초과압력(Over Pressure) : 안전밸브에서 내부 유체가 배출될 때 설정압력 이상으로 올라가는 압력
• 축적압력(Accumulated Pressure) : 내부 유체가 배출될 때 안전밸브로 인하여 축적되는 압력으로서, 그 설비 안에서 허용될 수 있는 최대압력

ⓔ 이외의 용어
• 평형 벨로스형 안전밸브(Balanced Bellows Safety Valve) : 밸브의 토출측 배압의 변화로 인하여 성능 특성에 영향을 받지 않는 안전밸브
• 일반형 안전밸브(Conventional Safety Valve) : 밸브의 토출측 배압의 변화로 인하여 직접적으로 성능 특성에 영향을 받는 안전밸브

② 보호시설 : 제1종 보호시설 및 제2종 보호시설

ⓖ 제1종 보호시설
• 학교, 유치원, 어린이집, 놀이방, 어린이놀이터, 경로당, 청소년수련시설, 학원, 병원(의원 포함), 도서관, 전통시장, 호텔, 여관, 공중목욕탕, 영화상영관(극장), 종교시설(교회, 공회당 등)
• 사람을 수용하는 건축물(가설 건축물 제외)로서 사실상 독립된 부분의 연면적이 1,000[m^2] 이상인 것
• 공연장, 예식장, 전시장 및 장례식장, 그 밖에 이와 유사한 시설로서 300명 이상 수용할 수 있는 건축물
• 사회복지시설(아동복지시설, 장애인복지시설 등)로서 20명 이상 수용할 수 있는 건축물
• 문화재보호법에 따라 지정문화재로 지정된 건축물

ⓛ 제2종 보호시설
• 주택(단독주택, 공동주택)
• 사람을 수용하는 건축물(가설 건축물 제외)로서 사실상 독립된 부분의 연면적이 100[m^2] 이상 1,000[m^2] 미만인 것

③ 가스 저장과 보관기술 기준

ⓖ 용기 보관 장소
• 용기 보관 장소에는 계량기 등 작업에 필요한 물건 외에는 두지 않을 것
• 용기 보관 장소의 주위 2[m] 이내에는 화기 또는 인화성 물질이나 발화성 물질을 두지 않을 것
• 가연성 가스 용기 보관 장소에는 방폭형 휴대용 손전등 외의 등화를 지니고 들어가지 않을 것
• 용기 보관 장소는 그 경계를 명시하고, 외부에서 보기 쉬운 장소에 경계 표시를 한다.
• 가연성 가스 및 산소 충전용기 보관실은 불연성 재료를 사용하고 지붕은 가벼운 재료로 한다.
• 가연성 가스의 용기 보관실은 가스가 누출될 때 체류하지 아니하도록 통풍구를 갖춘다.
• 통풍이 잘되지 아니한 곳에는 강제환기시설을 설치한다.

- 독성가스 용기 보관실에는 가스누출검지경보장치를 설치하여야 한다.
- 공기보다 무거운 가연성 가스의 용기 보관실에는 가스누출검지경보장치를 설치하여야 한다.
- 아세틸렌가스를 용기에 충전하는 장소 및 충전용기 보관 장소에는 화재 등에 의한 파열을 방지하기 위하여 살수장치를 설치해야 한다.

㉡ 요 령

- 충전용기와 잔가스용기는 각각 구분하여 용기 보관 장소에 놓을 것
- 가연성 가스·독성가스 및 산소의 용기는 각각 구분하여 용기 보관 장소에 놓을 것
- 충전용기는 항상 40[℃] 이하의 온도를 유지하고, 직사광선을 받지 않도록 조치할 것
- (밸브가 돌출된) 충전용기(내용적이 5[L] 이하인 것은 제외)에는 넘어짐 등에 의한 충격 및 밸브의 손상을 방지하는 등의 조치를 하고 난폭한 취급을 하지 않을 것
- 산화에틸렌의 저장탱크에는 45[℃]에서 그 내부 가스의 압력이 0.4[MPa] 이상이 되도록 탄산가스를 충전한다.
- 소비 중에는 물론 이동, 저장 중에도 아세틸렌용기를 세워두는 이유는 아세톤의 누출을 막기 위해서이다.
- 사이안화수소의 저장은 용기에 충전한 후 60일을 초과하지 아니한다.

④ 방호벽

㉠ 개 요

- 방호벽 : 높이 2[m] 이상, 두께 12[cm] 이상의 철근콘크리트 또는 이와 같은 수준 이상의 강도를 가지는 구조의 벽
- 방호벽 설치가 필요한 곳
  - 고압가스시설 : 고압가스용기 및 차량에 고정된 탱크충전시설, 고압가스일반제조시설, 특정고압가스사용시설, 용기에 의한 고압가스판매시설, 고압가스특정제조시설, 수소자동차충전시설(저장식, 제조식), 용기에 의한 고압가스판매시설
  - 액화석유가스시설 : 용기에 의한 액화석유가스사용시설, 저장탱크에 의한 액화석유가스저장소, 액화석유가스집단공급시설, 액화석유가스판매시설, 액화석유가스배관망공급제조소
  - 도시가스시설 : 도시가스도매사업정압기지 및 밸브기지시설(철근콘크리트제, 콘크리트블록제), 고정식 압축도시가스자동차충전시설, 액화도시가스자동차충전시설, 고정식 압축도시가스 이동식 충전차량충전시설, 이동식 액화도시가스야드트랙터충전시설, 이동식 압축도시가스자동차충전시설, 나프타부생가스제조사업제조소(철근콘크리트제), 바이오가스제조사업제조소(철근콘크리트제), 합성천연가스제조사업제조소(철근콘크리트제)

㉡ 철근콘크리트제 방호벽

- 직경 9[mm] 이상의 철근을 가로, 세로 400[mm] 이하의 간격으로 배근하고 모서리 부분의 철근을 확실히 결속한 두께 120[mm] 이상, 높이 2,000[mm] 이상으로 한다.
- 일체로 된 철근콘크리트 기초로 한다.
- 기초의 높이는 350[mm] 이상, 되메우기 깊이는 300[mm] 이상으로 한다.
- 기초의 두께는 방호벽 최하부 두께의 120[%] 이상으로 한다.

㉢ 콘크리트블록제 방호벽

- 철근을 철근콘크리트제 방호벽과 마찬가지로 배근·결속하고, 블록 공동부에는 콘크리트 모르타르를 채운 두께는 150[mm] 이상, 높이는 2,000[mm] 이상으로 한다.
- 두께 150[mm] 이상, 간격 3,200[mm] 이하의 보조벽을 본체와 직각으로 설치한다.
- 보조벽은 방호벽면으로부터 400[mm] 이상 돌출한 것으로 하고, 그 높이는 방호벽의 높이보다 400[mm] 이상 아래에 있지 아니하게 한다.
- 기초는 일체로 된 철근콘크리트 기초이고, 기초의 높이는 350[mm] 이상으로 하되, 되메우기 깊이는 300[mm] 이상으로 한다.

㉣ 강판제 방호벽
- 두께 6[mm](허용공차 ±0.6[mm]) 이상의 강판 또는 두께 3.2[mm](허용공차 ±0.34[mm]) 이상의 강판에 30[mm]×30[mm] 이상의 앵글강을 가로×세로 400[mm] 이하의 간격으로 용접 보강한 강판을 1,800[mm] 이하의 간격으로 세운 지주와 용접을 결속해 높이 2,000[mm] 이상으로 한다.
- 지주는 1,800[mm] 이하의 간격으로 하되 벽면과 모서리 및 벽면 양쪽 끝에도 설치한다.
- 지주와 벽면은 필렛용접으로 결속하고, 모서리부의 지주는 모서리의 안쪽에, 벽부의 지주는 벽면의 바깥쪽(바깥쪽에 설치하기 곤란한 경우에는 안쪽에 설치할 수 있다)에 설치한다.
- 일체로 된 철근콘크리트 기초로 한다.
- 높이는 350[mm] 이상, 되메우기 깊이는 300[mm] 이상으로 한다.
- 지주는 기초에 400[mm] 이상의 깊이로 묻거나 M20 이상의 앵커볼트를 사용하여 고정시킨다.
- 사용시설의 용기 보관실을 건축물 내에 설치하는 경우에는 기초기준을 적용하지 아니한다.

⑤ 안전교육

㉠ 교육계획의 수립 : 한국가스안전공사는 매년 11월말까지 전문교육과 특별교육의 종류별, 대상자별 및 지역별로 다음 연도의 교육계획을 수립하여 이를 관할 시·도지사에게 보고하여야 한다.

㉡ 교육 신청
- 전문교육이나 특별교육의 대상자가 된 자는 그 날부터 1개월 이내에 교육수강신청을 하여야 한다. 단, 부득이한 사유로 교육수강신청을 하지 못한 자는 그 사유가 종료된 날부터 1개월 이내에 교육수강신청을 하여야 한다.
- 양성교육을 이수하려는 자는 한국가스안전공사가 매년 초에 지정하는 기간에 교육수강신청을 하여야 한다.

㉢ 교육 일시 통보 : 한국가스안전공사는 교육 신청이 있으면 교육일 10일 전까지 교육 대상자에게 교육장소와 교육 일시를 알려야 한다.

㉣ 교육의 과정, 대상자 및 시기 : 고압가스법, 액화석유가스법, 도시가스사업법별로 다르다.

⑥ 허 가

㉠ 허가를 받아야 하는 가스사업
- 압력조정기 제조사업을 하고자 하는 자
- LPG 자동차 용기충전사업을 하고자 하는 자
- 도시가스용 보일러 제조사업을 하고자 하는 자
- 가스도매사업을 하려는 자
- 액화석유가스 판매사업을 하려는 자

㉡ 고압가스 특정제조허가의 대상시설
- 석유정제업자 : 저장능력 100[ton] 이상
- 석유화학공업자 : 저장능력 100[ton] 이상, 처리능력이 1만[m^3] 이상
- 철강공업자 : 처리능력이 10만[m^3] 이상
- 산업통상부장관이 정하는 시설

㉢ 고압가스 제조허가의 종류 : 고압가스 특정제조, 고압가스 일반제조, 고압가스 충전, 냉동 제조 등

㉣ 액화석유가스 집단공급사업 허가대상 : 전체 수용가구수가 100세대 미만의 공동주택인 경우

㉤ 허가대상 가스용품의 범위
- 압력조정기(용접 절단기용 액화석유가스 압력조정기 포함)
- 가스누출자동차단장치
- 정압기용 필터(정압기에 내장된 것은 제외)
- 매몰형 정압기
- 호 스
- 배관용 밸브(볼밸브와 글로브밸브만 해당)
- 콕(퓨즈콕, 상자콕, 주물연소기용 노즐콕 및 업무용 대형 연소기용 노즐콕만 해당)
- 배관이음관
- 강제혼합식 가스버너
- 연소기(가스버너를 사용할 수 있는 구조로 된 연소장치로서 가스 소비량이 232.6[kW](20만[kcal/h]) 이하인 것)
- 다기능가스안전계량기(가스계량기에 가스누출차단장치 등 가스안전기능을 수행하는 가스안전장치가 부착된 가스용품)

- 로딩암
- 연료전지[가스 소비량이 232.6[kW](20만[kcal/h]) 이하인 것]
- 다기능보일러(온수보일러에 전기를 생산하는 기능 등 여러 가지 복합기능을 수행하는 장치가 부착된 가스용품으로서 가스소비량이 232.6[kW](20만[kcal/h]) 이하인 것)

⑦ 가스안전 관련 제반사항

㉠ 독성가스의 허용농도 : 포스겐($COCl_2$) 0.1[ppm], 염소(Cl_2) 1[ppm], 황화수소(H_2S) 10[ppm], 사이안화수소(HCN) 10[ppm], 암모니아(NH_2) 25[ppm], 일산화탄소(CO) 50[ppm], 산화에틸렌(C_2H_4O) 50[ppm]

㉡ 독성가스의 제독조치 : 흡수제에 의한 흡수, 중화제에 의한 중화, 제독제 살포에 의한 제독

㉢ 가스별 흡수제·중화제(제독제)
- 염소 : 가성소다(수용액, 670[kg]), 탄산소다(수용액, 870[kg]), 소석회(620[kg])
- 포스겐 : 가성소다(수용액, 390[kg]), 소석회(360[kg])
- 황화수소 : 가성소다(수용액, 1,140[kg]), 탄산소다(수용액, 1,500[kg])
- 사이안화수소 : 가성소다(수용액, 250[kg])
- 아황산가스 : 가성소다(수용액, 530[kg]), 탄산소다(수용액, 700[kg]), 다량의 물
- 암모니아, 산화에틸렌, 염화메탄(CH_3Cl) : 다량의 물

㉣ 제독제별 해당 가스
- 물 : 암모니아, 산화에틸렌, 염화메탄, 아황산가스
- 가성소다 : 염소, 포스겐, 황화수소, 사이안화수소, 아황산가스
- 탄산소다 : 염소, 황화수소, 아황산가스
- 소석회 : 염소, 포스겐

㉤ 유황분 정량 시 표준용액 : 수산화나트륨

㉥ 최대안전틈새 : 내용적이 8[L]이고 틈새 깊이가 25[mm]인 표준용기 안에서 가스가 폭발할 때 발생한 화염이 용기 밖으로 전파하여 가연성 가스에 점화되지 아니하는 최댓값

㉦ 에어로졸(Aerosol) : 내용액과 액화석유가스(LPG) 등의 분사제가 밀폐용기 안에 혼합되어 있어 사용할 때 분무형태로 분사되는 가스(제품)
- 사용의 편리성으로 인해 헤어무스, 헤어스프레이, 살충제, 방향제, 각종 자동차 용품 등의 다양한 용도로 제품이 시판된다.
- 에어로졸의 충전 기준에 적합한 용기의 내용적 : 1[L] 이하
- 에어로졸 제조 시 금속제 용기의 두께 : 0.125[mm] 이상

㉧ 가스의 품질검사

가 스	순 도	검사방법	검사 시약
산 소	99.5[%] 이상	오르자트법	동, 암모니아 시약
수 소	98.5[%] 이상	오르자트법	파이로갈롤 또는 하이드로설파이드 시약
아세틸렌	98[%] 이상	오르자트법	발연황산
		뷰렛법	브롬 시약
		정성시험법	질산은 시약

㉨ 산소, 아세틸렌 및 수소가스를 제조할 경우의 품질검사방법
- 산소, 아세틸렌 및 수소가스를 제조하는 경우에는 품질검사를 실시한다.
- 액체산소를 기화시켜 용기에 충전하는 경우에는 품질검사를 아니할 수 있다.
- 자체 사용을 목적으로 제조하는 경우에는 품질검사를 하지 아니할 수 있다.
- 검사는 1일 1회 이상 가스제조장에서 실시한다.
- 검사는 안전관리책임자가 실시한다.
- 검사결과를 안전관리 부총괄자와 안전관리책임자가 함께 확인하고 서명 날인한다.
- 산소용기 안의 가스충전압력이 35[℃]에서 11.8[MPa] 이상이어야 한다.

㉩ 가연성 가스의 농도 측정은 공기보다 무거운 가스는 바닥으로부터 높이 30[cm] 이내, 공기보다 가벼운 가스는 천장으로부터 하부 30[cm] 이내에서 실시한다.

㉠ 불화수소(HF)가스를 물에 흡수시킨 물질을 저장하는 용기로 납용기, 강철용기, 스테인리스용기 등은 사용하기 적합하지만 유리용기는 사용하기 부적절하다.

㉡ 가스의 비점이 높을수록 압력을 가하거나 온도를 낮추면 쉽게 액화한다.

- 가스의 비점[℃] : 헬륨 −269, 질소 −196, 산소 −191, 천연가스 −162, 프로판 −42.1
- 상기 가스 중 프로판의 비점이 가장 높으므로 압력을 가하거나 온도를 낮추면 가장 쉽게 액화한다.

㉢ 안전관리자가 하여야 하는 임무

- 안전 유지 및 검사 기록의 작성·보존
- 가스용품의 제조공정관리
- 공급자의 의무 이행 확인
- 안전관리규정 실시 기록의 작성·보존
- 정기검사 및 수시검사 결과 부적합 판정을 받은 시설의 개선
- 사고의 통보
- 사업소 또는 액화석유가스 특정사용시설의 종업원에 대한 안전관리를 위하여 필요한 사항의 지휘·감독
- 그 밖의 위해 방지조치

㉣ 안전관리규정의 작성기준에서 종합적 안전관리규정에 포함되어야 할 항목

- 경영이념
- 안전관리목표
- 안전관리투자
- 안전문화

핵심예제

1-1. 다음 중 독성가스가 아닌 것은?

[2017년 제2회, 제3회 유사, 2018년 제1회 유사]

① 아크릴로나이트릴 ② 아크릴알데하이드
③ 아황산가스 ④ 아세트알데하이드

1-2. 가연성 가스이면서 독성가스인 것은? [2004년 제2회, 2006년 제1회 유사, 제3회, 2008년 제3회, 2009년 제2회 유사, 2016년 제2회, 2018년 제2회 유사]

① 염소, 불소, 프로판
② 암모니아, 질소, 수소
③ 프로필렌, 오존, 아황산가스
④ 산화에틸렌, 염화메탄, 황화수소

1-3. 다음 중 가연성 가스이지만 독성이 없는 가스는?

[2009년 제3회, 2011년 제3회, 2013년 제2회 유사, 2018년 제3회, 2020년 제1·2회 통합 유사]

① NH_3 ② CO
③ HCN ④ C_3H_6

1-4. 고압가스 안전관리법에서 정한 가스에 대한 설명으로 옳은 것은? [2003년 제3회, 2007년 제2회, 2009년 제1회, 2011년 제2회]

① 트라이메틸아민은 가연성 가스이지만 독성가스는 아니다.
② 독성가스 분류기준은 허용농도가 백만분의 2,000 이하인 것을 말한다.
③ 가압·냉각 등의 방법에 의하여 액체 상태로 되어 있는 것으로서 대기압에서의 비점이 40[℃] 이하 또는 상용의 온도 이하인 것을 가연성 가스라 한다.
④ 일정한 압력에 의하여 압축되어 있는 가스를 압축가스라 한다.

1-5. 다음 중 독성이 강한 것에서 약한 순서로 나타낸 것은?

[2006년 제1회, 2012년 제1회]

ⓐ Cl_2	ⓑ HCN
ⓒ HCl	ⓓ CO

① ⓐ－ⓒ－ⓑ－ⓓ
② ⓐ－ⓒ－ⓓ－ⓑ
③ ⓑ－ⓐ－ⓓ－ⓒ
④ ⓑ－ⓐ－ⓒ－ⓓ

핵심예제

1-6. 다음 중 특수고압가스가 아닌 것은? [2015년 제3회]

① 압축 모노실란
② 액화알진
③ 게르만
④ 포스겐

1-7. 고압가스 특정제조허가의 대상시설로서 옳은 것은? [2006년 제3회, 2017년 제3회]

① 석유정제업자의 석유정제시설 또는 그 부대시설에서 고압가스를 제조하는 것으로서 그 저장능력이 10[ton] 이상인 것
② 석유화학공업자의 석유화학공업시설 또는 그 부대시설에서 고압가스를 제조하는 것으로서 그 저장능력이 10[ton] 이상인 것
③ 석유화학공업자의 석유화학공업시설 또는 그 부대시설에서 고압가스를 제조하는 것으로서 그 처리능력이 1,000[m^3] 이상인 것
④ 철강공업자의 철강공업시설 또는 그 부대시설에서 고압가스를 제조하는 것으로서 그 처리능력이 10만[m^3] 이상인 것

1-8. 철근콘크리트제 방호벽의 설치기준에 대한 설명 중 틀린 것은? [2007년 제2회 유사, 2016년 제2회]

① 일체로 된 철근콘크리트 기초로 한다.
② 기초의 높이는 350[mm] 이상, 되메우기 깊이는 300[mm] 이상으로 한다.
③ 기초의 두께는 방호벽 최하부 두께의 120[%] 이상으로 한다.
④ 직경 8[mm] 이상의 철근을 가로, 세로 300[mm] 이하의 간격으로 배근한다.

1-9. 용기 보관실에 고압가스용기를 취급 또는 보관하는 때의 관리기준에 대한 설명 중 틀린 것은? [2006년 제3회 유사, 2010년 제1회, 2015년 제1회 유사, 2016년 제2회, 2018년 제1회 유사]

① 충전용기와 잔가스용기는 각각 구분하여 용기 보관 장소에 놓는다.
② 용기 보관 장소의 주위 8[m] 이내에는 화기 또는 인화성 물질이나 발화성 물질을 두지 아니한다.
③ 충전용기는 항상 40[℃] 이하의 온도를 유지하고 직사광선을 받지 않도록 조치한다.
④ 가연성 가스 용기 보관 장소에는 방폭형 휴대용 손전등 외의 등화를 휴대하고 들어가지 아니한다.

1-10. 산소, 아세틸렌 및 수소가스를 제조할 경우의 품질검사 방법으로 옳지 않은 것은? [2006년 제2회 유사, 2011년 제1회 유사, 2012년 제1회 유사, 2019년 제1회 유사, 제2회]

① 검사는 1일 1회 이상 가스제조장에서 실시한다.
② 검사는 안전관리부총괄자가 실시한다.
③ 액체산소를 기화시켜 용기에 충전하는 경우에는 품질검사를 아니할 수 있다.
④ 검사결과는 안전관리부총괄자와 안전관리책임자가 함께 확인하고 서명 날인한다.

1-11. 물을 제독제로 사용하는 독성가스는? [2009년 제1회 유사, 2011년 제2회 유사, 2012년 제2회 유사, 2013년 제1회 유사, 제3회 유사, 2014년 제1회 유사, 2016년 제2회, 2017년 제2회 유사, 제3회 유사, 2018년 제2회 유사]

① 염소, 포스겐, 황화수소
② 암모니아, 산화에틸렌, 염화메탄
③ 아황산가스, 사이안화수소, 포스겐
④ 황화수소, 사이안화수소 염화메탄

|해설|

1-1
④ 아세트알데하이드 : 가연성, 비독성 가스
① 아크릴로나이트릴 : 가연성, 독성가스
② 아크릴알데하이드 : 가연성, 독성가스
③ 아황산가스 : 불연성, 독성가스

1-2
① 염소 : 조연성·독성가스
불소 : 조연성·독성가스
프로판 : 가연성·무독성 가스
② 암모니아 : 가연성·독성가스
질소 : 불연성·무독성 가스
수소 : 가연성·무독성 가스
③ 프로필렌 : 가연성·독성가스
오존 : 조연성·독성가스
아황산가스 : 가연성·독성가스

1-3
① NH_3 : 가연성, 독성가스
② CO : 가연성, 독성가스
③ HCN : 가연성, 독성가스

1-4
① 트라이메틸아민은 가연성 가스이며 독성가스이다.
② 독성가스 분류기준은 허용농도가 백만 분의 5,000 이하인 것을 말한다.
③ 가압, 냉각 등의 방법에 의하여 액체 상태로 되어 있는 것으로서 대기압에서의 비점이 40[℃] 이하 또는 상용의 온도 이하인 것을 액화가스라고 한다.

1-5

독성가스의 허용농도

- Cl_2 : 1[ppm]
- HCl : 5[ppm]
- HCN : 10[ppm]
- CO : 50[ppm]

1-6

특수고압가스 : 특정고압가스사용시설 중 압축 모노실란 · 압축 다이보레인 · 액화알진 · 포스핀 · 세렌화수소 · 게르만 · 다이실란 · 오불화비소 · 오불화인 · 삼불화인 · 삼불화질소 · 삼불화붕소 · 사불화유황 · 사불화규소

1-7

① 석유정제업자의 석유정제시설 또는 그 부대시설에서 고압가스를 제조하는 것으로서 그 저장능력이 100[ton] 이상인 것
② 석유화학공업자의 석유화학공업시설 또는 그 부대시설에서 고압가스를 제조하는 것으로서 그 저장능력이 100[ton] 이상인 것
③ 석유화학공업자의 석유화학공업시설 또는 그 부대시설에서 고압가스를 제조하는 것으로서 그 처리능력이 10,000[m^3] 이상인 것

1-8

철근콘크리트제 방호벽은 직경 9[mm] 이상의 철근을 가로, 세로 400[mm] 이하의 간격으로 배근한다.

1-9

용기 보관 장소의 주위 2[m] 이내에는 화기 또는 인화성 물질이나 발화성 물질을 두지 아니한다.

1-10

품질검사는 안전관리책임자가 실시한다.

1-11

제독제별 해당 가스

- 물 : 암모니아, 산화에틸렌, 염화메탄, 아황산가스
- 가성소다 : 염소, 포스겐, 황화수소, 사이안화수소, 아황산가스
- 탄산소다 : 염소, 황화수소, 아황산가스
- 소석회 : 염소, 포스겐

정답 1-1 ④ 1-2 ④ 1-3 ④ 1-4 ④ 1-5 ① 1-6 ④ 1-7 ④ 1-8 ④ 1-9 ② 1-10 ② 1-11 ②

핵심이론 02 가스의 특성

① 가스 특성의 개요

㉠ 산소 중에서 물질의 연소성 및 폭발성

- 기름이나 그리스 같은 가연성 물질은 발화 시에 산소 중에서 거의 폭발적으로 반응한다.
- 산소농도나 산소분압이 높아질수록 물질의 발화온도는 낮아진다.
- 폭발한계 및 폭굉한계는 공기 중과 비교할 때 산소 중에서 현저하게 넓어진다.
- 산소 중에서는 물질의 점화에너지가 낮아진다.

㉡ 대기 중에 방출되었을 때 분자량이 작은 기체일수록 빨리 공기 중으로 확산된다(예 질소 > 산소 > 프로판 > 부탄).

㉢ 분해폭발을 일으키는 가스 : 아세틸렌(C_2H_2), 에틸렌(C_2H_4), 산화에틸렌(C_2H_4O) 등

㉣ 공기 중에 누출되었을 때

- 바닥에 고이는 가스 : 분자량이 공기의 평균 분자량 29보다 큰 가스로 프로판(C_3H_8), 부탄(C_4H_{10}), 산화에틸렌(C_2H_4O), 염소(Cl_2), 포스겐, 황화수소 등
- 바닥에 고이지 않는 가스 : 분자량이 공기의 평균 분자량 29보다 작은 가스로 메탄(CH_4), 암모니아(NH_3), 아세틸렌(C_2H_2), 에틸렌(C_2H_4)

㉤ 고압가스의 일반적인 성질

- 산소는 가연물과 접촉하지 않으면 폭발하지 않는다.
- 철은 염소와 연속적으로 화합할 수 있다.
- 아세틸렌은 공기 또는 산소가 혼합하지 않아도 폭발할 수 있다.
- 수소는 고온 · 고압에서 강재의 탄소와 반응하여 수소취성을 일으킨다.

㉥ 액화석유가스(LPG)의 일반적인 성질

- 석유계 저급 탄화수소의 혼합물이다.
- 가스 상태의 LP가스는 공기보다 무거워 낮은 곳에 체류한다.
- 완전연소를 위한 공기의 부피는 가스 부피의 약 24배 내지 30배가 필요하다.

- 폭발범위가 좁고, 연소속도는 늦지만 발화온도는 높다.

② 가스 취급 시 주의사항

㉠ 산소 취급 시 주의사항
- 액체 충전 시에는 불연성 재료를 밑에 깔 것
- 가연성 가스충전용기와 함께 저장하지 말 것(산소 가스 용기는 가연성 가스나 독성가스 용기와 분리 저장한다)
- 고압가스설비의 기밀시험용으로 사용하지 말 것(액화석유가스 고압설비를 기밀시험하려고 할 때 공기 또는 위험성이 없는 이산화탄소나 질소 등의 가스를 사용한다)
- 밸브의 나사 부분에 그리스를 사용하여 윤활시키지 말 것(산소용기 기구류에는 기름, 그리스를 사용하지 않는다)
- 공기액화분리기 안에 설치된 액화 산소통 안의 액화산소는 1일 1회 이상 분석한다.

㉡ 염소가스 취급 시 주의사항
- 제해제로 소석회 등이 사용된다.
- 염소압축기의 윤활유는 진한 황산이 사용된다.
- 수소와 염소폭명기를 일으키므로 동일 차량에 적재를 금한다.
- 독성이 강하여 흡입하면 호흡기가 상한다.
- 암모니아 저장탱크에는 가스용량이 저장탱크 내용적의 90[%]를 초과하는 것을 방지하기 위하여 과충전방지조치를 하여야 한다.

㉢ 폭발 및 인화성 위험물 취급 시 주의하여야 할 사항
- 습기가 없고 통풍이 잘되는 냉암소에 둔다.
- 취급자 외에는 취급하지 않는다.
- 부근에서 화기를 사용하지 않는다.
- 용기는 난폭하게 취급하거나 충격을 주어서는 아니된다.

③ 가스 충전 기준

㉠ 에어로졸 충전
- 에어로졸의 충전은 그 성분 배합비(분사제의 조성 및 분사제와 원액과의 혼합비) 및 1일에 제조하는 최대수량을 정하고 이를 지킨다.
- 에어로졸의 분사제는 독성가스를 사용하지 아니한다.
- 인체용(의약품, 의약부외품, 화장품으로서 인체에 직접 사용하는 제품)으로 사용하거나 가정에서 사용하는 에어로졸의 분사제는 가연성 가스를 사용하지 아니한다. 단, 다음에서 정한 것은 가연성 가스를 분사제로 사용할 수 있다.
  - 보건복지부장관의 허가를 받은 의약품·의약부외품
  - 화장품 중 물이 내용물 전 질량의 40[%] 이상이고 분사제가 내용물 전 질량의 10[%] 이하인 것으로서 내용물이 거품이나 반죽(Gel) 상태로 분출되는 제품
  - 액화석유가스 및 액화석유가스와 가연성 이외의 가스의 혼합물
  - 다이메틸에테르 및 다이메틸에테르와 가연성 이외의 가스의 혼합물
  - 상기에 열거한 각각의 가스 상호의 혼합물
- 에어로졸 충전 시 용기의 기준
  - 용기의 내용적은 1[L] 이하로 하고, 내용적이 100[cm^3]를 초과하는 용기의 재료는 강이나 경금속을 사용한다.
  - 금속제의 용기는 그 두께가 0.125[mm] 이상이고 내용물에 의한 부식을 방지할 수 있는 조치를 한 것으로 하며, 유리제 용기의 경우에는 합성수지로 그 내면이나 외면을 피복한다.
  - 용기는 50[℃]에서 용기 안의 가스압력 1.5배의 압력을 가할 때에 변형되지 아니하고, 50[℃]에서 용기 안의 가스압력의 1.8배 압력을 가할 때에 파열되지 아니하는 것으로 한다. 단, 1.3[MPa] 이상의 압력을 가할 때에 변형되지 아니하고, 1.5[MPa]의 압력을 가할 때에 파열되지 아니하는 것은 그러하지 아니하다.
  - 내용적이 100[cm^3]를 초과하는 용기는 그 용기의 제조자의 명칭이나 기호가 표시되어 있는 것으로 한다.

- 사용 중 분사제가 분출하지 아니하는 구조의 용기는 사용 후 그 분사제인 고압가스를 그 용기로부터 용이하게 배출하는 구조인 것으로 한다.
- 내용적이 30[cm^3] 이상인 용기는 에어로졸의 충전에 재사용하지 아니한다.

• 에어로졸 충전시설 및 에어로졸 충전용기 저장소는 화기나 인화성 물질과 8[m] 이상의 우회거리를 유지한다.

• 에어로졸의 충전은 건물의 내면을 불연재료로 입힌 충전실에서 하고, 충전실 안에서는 담배를 피우거나 화기를 사용하지 아니한다.

• 충전실 안에는 작업에 필요한 물건 외의 물건을 두지 아니한다.

• 에어로졸은 35[℃]에서 그 용기의 내압이 0.8[MPa] 이하이어야 하고, 에어로졸의 용량이 그 용기 내용적의 90[%] 이하로 한다.

• 에어로졸을 충전하기 위한 충전용기·밸브 또는 충전용 지관을 가열하는 때에는 열습포나 40[℃] 이하의 더운 물을 사용한다.

• 에어로졸이 충전된 용기는 그 전수에 대하여 온수시험탱크에서 그 에어로졸의 온도를 46[℃] 이상 50[℃] 미만으로 하는 때에 그 에어로졸이 누출되지 않도록 한다.

• 에어로졸이 충전된 용기(내용적이 30[cm^3] 이상인 것)의 외면에는 그 에어로졸을 제조한 자의 명칭·기호·제조번호 및 취급에 필요한 주의사항(사용 후 폐기 시의 주의사항 포함)을 명시하며, 가정용 또는 인체용 에어로졸 제품에 대하여는 불꽃길이시험을 실시하고 종류에 따라 기재사항을 표시한다.

• 에어로졸을 충전하기 위한 접합이나 납붙임용기는 신규제작용기로 한다.

㉡ 사이안화수소 충전

• 용기에 충전하는 사이안화수소의 순도는 98[%] 이상이어야 한다.

• 아황산가스나 황산 등의 안정제를 첨가한 것이어야 한다.

• 사이안화수소를 충전한 용기는 충전 후 24시간 정치하고, 그 후 1일 1회 이상 질산구리벤젠 등의 시험지로 가스누출검사를 하며 용기에 충전 연월일을 기록한 표지를 붙이고, 충전한 후 60일이 경과되기 전에 다른 용기에 옮겨 충전한다. 단, 순도가 98[%] 이상으로서 착색되지 아니한 것은 다른 용기에 옮겨 충전하지 아니할 수 있다.

㉢ 아세틸렌 충전

• 충전은 2~3회 걸쳐서 서서히 한다.

• 아세틸렌을 2.5[MPa] 압력으로 압축하는 때에는 질소·메탄·일산화탄소 또는 에틸렌 등의 희석제를 첨가한다.

• 습식 아세틸렌발생기의 표면은 70[℃] 이하의 온도로 유지하며, 그 부근에서는 불꽃이 튀는 작업을 하지 아니한다.

• 아세틸렌을 용기에 충전하는 때에는 미리 용기에 다공물질을 고루 채워 다공도가 75[%] 이상 92[%] 미만이 되도록 한 후 아세톤이나 다이메틸폼아마이드를 고루 침윤시키고 충전한다.

• 아세틸렌을 용기에 충전하는 때의 충전 중의 압력은 2.5[MPa] 이하로 하고, 충전 후에는 압력이 15[℃]에서 1.5[MPa] 이하로 될 때까지 정치하여 둔다.

• 상하의 통으로 구성된 아세틸렌발생장치로 아세틸렌을 제조하는 때에는 사용 후 그 통을 분리하거나 잔류가스가 없도록 조치한다.

• 아세틸렌가스 충전 시 희석제 : 수소(H_2), 질소(N_2), 일산화탄소(CO), 탄산가스(CO_2), 메탄(CH_4), 에틸렌(C_2H_4), 프로판(C_3H_8) 등

• 아세틸렌가스 충전 시 침윤제 : 아세톤, 다이메틸폼아마이드(DMF) 등

• 아세톤의 최대충전량[%](20[℃] 기준)

다공도[%] \ 용기 구분	내용적 10[L] 이하	내용적 10[L] 초과
90 이상 92 이하	41.8 이하	43.4 이하
87 이상 90 미만	–	42.0 이하
83 이상 90 미만	38.5 이하	–
80 이상 83 미만	37.1 이하	–
75 이상 87 미만	–	40.0 이하
75 이상 80 미만	34.8 이하	–

• 다이메틸폼아마이드의 최대충전량[%](20[℃] 기준)

다공도[%] \ 용기 구분	내용적 10[L] 이하	내용적 10[L] 초과
90 이상 92 이하	43.5 이하	43.7 이하
85 이상 90 미만	41.1 이하	42.8 이하
80 이상 85 미만	38.7 이하	40.3 이하
70 이상 80 미만	36.3 이하	37.8 이하

㉣ 산소 충전

- 산소를 용기에 충전하는 때에는 미리 용기밸브 및 용기의 외부에 석유류 또는 유지류로 인한 오염 여부를 확인하고 오염된 경우에는 용기 내·외부를 세척하거나 용기를 폐기한다.
- 용기와 밸브 사이에는 가연성 패킹을 사용하지 아니한다.
- 산소나 천연메탄을 용기에 충전하는 때에는 압축기(산소압축기는 물을 내부 윤활제로 사용한 것)와 충전용 지관 사이에 수취기를 설치하여 그 가스 중의 수분을 제거한다.
- 밀폐형의 수 전해조에는 액면계와 자동급수장치를 설치한다.

㉤ 산화에틸렌 충전

- 산화에틸렌의 저장탱크는 그 내부의 질소가스·탄산가스 및 산화에틸렌가스의 분위기 가스를 질소가스나 탄산가스로 치환하고 5[℃] 이하로 유지한다.
- 산화에틸렌을 저장탱크나 용기에 충전하는 때에는 미리 그 내부 가스를 질소가스나 탄산가스로 바꾼 후에 산이나 알칼리를 함유하지 아니하는 상태로 충전한다.
- 산화에틸렌의 저장탱크 및 충전용기에는 45[℃]에서 그 내부가스의 압력이 0.4[MPa] 이상이 되도록 질소가스나 탄산가스를 충전한다.

㉥ 고압가스 충전 시 압축 금지 가스

- 가연성 가스(아세틸렌·에틸렌 및 수소를 제외한다) 중 산소용량이 전용량의 4[%] 이상인 것
- 산소 중의 가연성 가스(아세틸렌·에틸렌 및 수소를 제외한다)의 용량이 전 용량의 4[%] 이상인 것
- 아세틸렌·에틸렌 또는 수소 중의 산소용량이 전용량의 2[%] 이상인 것
- 산소 중의 아세틸렌·에틸렌 및 수소의 용량 합계가 전 용량의 2[%] 이상인 것

핵심예제

2-1. 에어로졸 충전 시 용기의 기준으로 옳지 않은 것은?

[2004년 제2회]

① 내용적 100[cm^3]를 초과하는 용기의 재료는 강 또는 경금속을 사용할 것
② 용기는 50[℃]에서 용기 안의 가스압력의 1.2배 압력을 가할 때 변형되지 아니할 것
③ 유리제 용기는 합성수지로 그 내면 또는 외면을 피복한 것일 것
④ 금속제 용기의 두께는 0.125[mm] 이상일 것

2-2. 사이안화수소 충전작업에 대한 설명으로 틀린 것은?

[2003년 제2회, 2018년 제1회]

① 1일 1회 이상 질산구리벤젠 등의 시험지로 가스 누출을 검사한다.
② 사이안화수소 저장은 용기에 충전한 후 90일을 경과하지 않아야 한다.
③ 순도가 98[%] 이상으로서 착색되지 않은 것은 다른 용기에 옮겨 충전하지 않을 수 있다.
④ 폭발을 일으킬 우려가 있으므로 안정제를 첨가한다.

핵심예제

2-3. 사이안화수소(HCN)을 용기에 충전할 경우에 대한 설명으로 옳지 않은 것은? [2006년 제3회, 2007년 제2회 유사, 2010년 제2회 유사, 2013년 제2회, 2015년 제1회 유사]

① HCN의 순도는 98[%] 이상이어야 한다.
② HCN은 아황산가스 또는 황산 등의 안정제를 첨가한 것이어야 한다.
③ HCN을 충전한 용기는 충전 후 12시간 이상 정치하여야 한다.
④ HCN을 일정 시간 정치한 후 1일 1회 이상 질산구리벤젠 등의 시험지로 가스의 누출검사를 하여야 한다.

2-4. 아세틸렌을 충전하기 위한 기술기준으로 옳은 것은? [2003년 제3회 유사, 2006년 제1회 유사, 2010년 제1회 유사, 2012년 제1회, 제3회 유사, 2013년 제3회 유사, 2014년 제3회 유사, 2015년 제1회 유사, 2018년 제1회, 2019년 제1회 유사]

① 아세틸렌 용기에 다공물질을 고루 채워 다공도가 70[%] 이상 95[%] 미만이 되도록 한다.
② 습식 아세틸렌발생기의 표면의 부근에 용접작업을 할 때에는 70[℃] 이하의 온도로 유지하여야 한다.
③ 아세틸렌을 2.5[MPa]의 압력으로 압축할 때에는 질소・메탄・일산화탄소 또는 에틸렌 등의 희석제를 첨가한다.
④ 아세틸렌을 용기에 충전할 때 충전 중의 압력은 3.5[MPa] 이하로 하고, 충전 후에는 압력이 15[℃]에서 2.5[MPa] 이하로 될 때까지 정치하여 둔다.

|해설|

2-1
에어로졸 충전 시 용기는 50[℃]에서 용기 안의 가스압력의 1.5배 압력을 가할 때 변형되지 아니할 것

2-2
사이안화수소 저장은 용기에 충전한 후 60일을 경과하지 않아야 한다.

2-3
HCN을 충전한 용기는 충전 후 24시간 이상 정치하여야 한다.

2-4
① 아세틸렌 용기에 다공물질을 고루 채워 다공도가 75[%] 이상 92[%] 미만이 되도록 한다.
② 습식 아세틸렌발생기 표면은 70[℃] 이하의 온도를 유지해야 하며 그 부근에서는 불꽃이 튀는 작업을 하지 아니한다.
④ 아세틸렌을 용기에 충전할 때 충전 중의 압력은 2.5[MPa] 이하로 하고, 충전 후에는 압력이 15[℃]에서 1.5[MPa] 이하로 될 때까지는 정치하여야 한다.

정답 2-1 ② 2-2 ② 2-3 ③ 2-4 ③

핵심이론 03 가스의 운반

① 독성가스 용기 운반

㉠ 운반 차량 구조

- 독성가스 충전용기를 운반하는 차량은 용기를 안전하게 취급하기 위하여 용기 승하차용 리프트와 적재함이 부착된 전용 차량으로 한다.
- 적재함은 적재할 충전용기 최대 높이의 3/5 이상까지 SS400 또는 이와 동등 이상의 강도를 갖는 재질(가로×세로×두께가 75×40×5[mm] 이상인 ㄷ형강 또는 호칭지름×두께가 50×3.2[mm] 이상의 강관)로 보강하여 용기 고정이 용이하도록 한다.
- 보강대로 인하여 용기의 상하차 작업이 곤란한 경우에는 적재함의 가로보강대를 개폐형으로 설치한다. 이 경우 가로보강대가 차량 운행 중에 흔들리지 않도록 걸쇠 등으로 차량에 단단히 고정한다.
- 충전용기를 운반하는 가스 운반 전용 차량의 적재함에는 리프트를 설치한다. 단, 다음에 해당하는 차량의 경우에는 적재함에 리프트를 설치하지 아니할 수 있다.
  - 가스를 공급받는 업소의 용기 보관실 바닥이 운반 차량 적재함 최저 높이로 설치되어 있거나, 컨베이어 벨트 등 상하차 설비가 설치된 업소에 가스를 공급하는 차량
  - 적재능력 1.2[ton] 이하의 차량
- 허용농도가 100만분의 200 이하인 독성가스 충전용기를 운반하는 경우에는 독성가스 전용 차량(용기 승하차용 리프트와 밀폐된 구조의 적재함이 부착된 전용 차량)으로 운반한다. 단, 내용적이 1,000[L] 이상인 충전용기를 운반하는 경우에는 그러하지 아니하다.

㉡ 경계표지 설치

- 충전용기를 차량에 적재하여 운반하는 때에는 그 차량의 앞뒤 보기 쉬운 곳에 각각 붉은 글씨로 '위험고압가스', '독성가스'라는 경계표지와 위험을 알리는 도형, 상호, 전화번호, 운반기준 위반행위를 신고할 수 있는 허가・신고 또는 등록관청의 전화번호 등이 표시된 안내문을 부착한다.

- 고압가스사업자, 특정고압가스 사용신고자 또는 액화석유가스사업자 등이 아닌 경우에는 상호를 표시하지 않을 수 있다.
- 허가·신고 및 등록대상이 아닌 경우에는 안내문을 부착하지 않을 수 있다.
- 경계표지는 차량의 앞뒤에서 명확하게 볼 수 있도록 '위험고압가스' 및 '독성가스'라 표시하고 삼각기를 운전석 외부의 보기 쉬운 곳에 게시한다. 단, RTC(Rail Tank Car)의 경우는 좌우에서 볼 수 있도록 한다.
- 경계표지 크기의 가로 치수는 차체 폭의 30[%] 이상, 세로 치수는 가로 치수의 20[%] 이상으로 된 직사각형으로 하고 문자는 발광도료 또는 산업 및 교통안전용 재귀반사시트를 사용하고, 삼각기는 적색 바탕에 글자색은 황색, 경계표지는 적색 글씨로 표시한다. 단, 차량구조상 정사각형이나 이에 가까운 형상으로 표시하여야 할 경우에는 그 면적을 600[cm^2] 이상으로 한다.
- 다음 차량의 경우에는 경계표지와 위험을 알리는 도형 및 전화번호를 표시하지 아니할 수 있다.
  - 소방차·구급차종·레카차·경비차 및 그 밖의 긴급사태가 발생한 경우에 사용하는 차량이 긴급 시에 사용하기 위한 충전용기만을 적재한 경우
  - 냉동차·활어 운반차 등이 이동 중에 소비하기 위한 충전용기만을 적재한 경우
  - 타이어의 가압용으로 자동차의 비품으로서 판매하는 용기(플루오린화 카본, CO_2가스 그 밖의 불활성가스를 충전한 것에 한한다)만을 적재한 경우
  - 해당 차량의 장비로서 적재하는 소화기만을 적재한 경우
- 독성가스를 용기를 이용하여 운반 시 비치하여야 하는 적색기의 규격 : 빨간색 포로 한 변의 길이가 40[cm] 이상의 정방향으로 하고 길이가 1.5[m] 이상의 깃대일 것

㉢ 보호장비 비치
- 독성가스의 종류에 따른 보호장비(방독면, 고무장갑, 고무장화 그 밖의 보호구와 재해 발생 방지를 위한 응급조치에 필요한 제독제, 자재 및 공구 등)을 비치하며, 매월 1회 이상 점검하여 항상 정상적인 상태로 유지한다.
- 독성가스 중 가연성 가스를 차량에 적재하여 운반하는 경우(질량 5[kg] 이하의 고압가스를 운반하는 경우는 제외)에 휴대하는 소화설비는 다음에 기재한 소화기로서 신속하게 사용할 수 있는 위치에 비치한다.

운반하는 가스량에 따른 구분	소화기의 종류		비치 개수
	소화약제 종류	능력단위	
압축가스 100[m^3] 또는 액화가스 1,000[kg] 이상인 경우	분말 소화제	BC용 또는 ABC용, B-6 (약재 중량 4.5[kg]) 이상	2개 이상
압축가스 15[m^3] 초과 100[m^3] 미만 또는 액화가스 150[kg] 초과 1,000[kg] 미만인 경우	분말 소화제	BC용 또는 ABC용, B-6 (약재 중량 4.5[kg]) 이상	1개 이상
압축가스 15[m^3] 또는 액화가스 150[kg] 이하인 경우	분말 소화제	B-3 이상	1개 이상

[비 고]
소화기 1개의 소화능력이 소정의 능력단위에 부족한 경우에는 추가해서 비치하는 다른 소화기와의 합산능력이 소정의 능력단위에 상당한 능력 이상이면 그 소정의 능력단위의 소화기를 비치한 것으로 본다.

- 보호구는 다음과 같이 정한 것으로 하고 그 차량의 승무원 수에 상당한 수량으로 한다.
- 독성가스 운반 시 차량의 승무원 수에 상당한 수량의 보호구를 휴대하여야 한다.
  - 압축가스 100[m^3], 액화가스 1,000[kg] 미만의 경우 : 방독마스크(전면형 고농도용), 보호의(비닐피복제 또는 고무피복제의 상의 등의 신속히 착용할 수 있는 것), 보호장갑, 보호장화
  - 압축가스 100[m^3], 액화가스 1,000[kg] 이상의 경우 : 상기 보호구 + 공기호흡기(전면형 압축공기호흡기이며 모든 독성가스에 대해 방독마스크가 준비된 경우는 제외)

- 압축가스의 독성가스의 경우 : 보호의, 보호장갑, 보호장화는 제외
- 자재는 다음의 것으로 하고, 각각 1개 이상으로 한다.
  - 비상삼각대, 비상신호봉
  - 휴대용 손전등
  - 메가폰 또는 휴대용 확성기(압축가스의 독성가스 이외의 가스인 때에는 휴대용 확성기를 갖춘다)
  - 자동안전바
  - 완충판
  - 누출검지기 : 가연성 가스의 경우에는 누출검지기를 갖춘다. 단, 자연발화성 가스의 경우에는 누출검지기를 갖추지 않을 수 있다.
  - 누출검지액
  - 차바퀴 고정목 : 2개 이상
  - 통신기기
- 응급조치에 필요한 제독제는 다음과 같고, 비를 맞지 않도록 조치를 한 상자에 넣어 둔다.
  - 운반하는 독성가스의 양이 액화가스질량 1,000[kg] 미만인 경우 : 소석회 20[kg] 이상
  - 운반하는 독성가스의 양이 액화가스질량 1,000[kg] 이상인 경우 : 소석회 40[kg] 이상
  - 염소, 염화수소, 포스겐, 아황산가스 등 효과가 있는 액화가스에 적용된다.
- 공작용 공구
  - 차량비품공구로 적합한 것은 대용 가능한 공구 : 해머 또는 나무망치, 펜치, 멍키스패너, 가위 또는 칼
  - 밸브 개폐용 핸들(차량에 고정된 탱크 및 용기에 밸브 개폐용 핸들이 부착된 것은 제외)
  - 밸브 그랜드스패너(차량에 고정된 탱크의 경우 및 멍키스패너로 대용 가능한 경우는 제외)
  - 가죽장갑
- 누출 방지공구
  - 고무시트 또는 납패킹(고무시트는 누출 부위를 효과적으로 감쌀 수 있는 것으로 5[m] 이상의 것)
  - 링 또는 실(Seal)테이프
  - 헝 겊
  - 용기밸브용 플러그너트 : 운반하는 용기에 적합한 것으로서 패킹이 붙어 있는 것(차량에 고정된 탱크의 경우는 제외)
- 용기의 충격을 완화하기 위하여 완충판 등을 비치한다.

㉣ 적재작업(충전용기 적재에 관한 기준)

- 충전용기를 차량에 적재하는 때에는 적재함에 세워서 적재한다.
- 차량의 최대 적재량을 초과하여 적재하지 아니한다.
- 차량의 적재함을 초과하여 적재하지 아니한다.
- 납붙임용기 및 접합용기에 고압가스를 충전하여 차량에 적재할 때에는 포장상자(외부의 압력 또는 충격 등으로 인하여 그 용기 등에 흠이나 찌그러짐 등이 발생되지 아니하도록 만들어진 상자이다)의 외면에 가스의 종류·용도 및 취급 시 주의사항을 기재한 것에만 적용하여 적재하고, 그 용기의 이탈을 막을 수 있도록 보호망을 적재함 위에 씌운다.
- 충전용기를 차량에 적재할 때에는 차량 운행 중의 동요로 인하여 용기가 충돌하지 아니하도록 고무링을 씌우거나 적재함에 넣어 세워서 적재한다. 단, 압축가스의 충전용기 중 그 형태 및 운반 차량의 구조상 세워서 적재하기 곤란한 때에는 적재함 높이 이내로 눕혀서 적재할 수 있다.
- 충전용기 등을 목재·플라스틱 또는 강철제로 만든 팰릿(견고한 상자 또는 틀) 내부에 넣어 안전하게 적재하는 경우와 용량 10[kg] 미만의 액화석유가스 충전용기를 적재할 경우를 제외하고 모든 충전용기는 1단으로 쌓는다.
- 충전용기 등은 짐이 무너지거나 떨어지거나 차량의 충돌 등으로 인한 충격과 밸브의 손상 등을 방지하기 위하여 차량의 짐받이에 바짝 대고 로프 등(로프, 짐을 조이는 공구 또는 그물 등)을 사용하여 확실하게 묶어서 적재한다. 운반 차량 뒷면에는 두께가 5[mm] 이상, 폭 100[mm] 이상의 범퍼(SS400 또는 이와 동등 이상의 강도를 갖는 강재를 사용한 것에만 적용) 또는 이와 동등 이상의 효과를 갖는 완충장치를 설치한다.

• 차량에 충전용기 등을 적재한 후 그 차량의 측판 및 뒤판을 정상적인 상태로 닫은 후 확실하게 걸쇠로 걸어 잠근다.
• 독성가스 중 가연성 가스와 조연성 가스는 동일 차량 적재함에 운반하지 아니한다.
• 밸브가 돌출한 충전용기는 고정식 프로텍터나 캡을 부착시켜 밸브의 손상을 방지하는 조치를 한 후 차량에 싣고 운반한다.
• 충전용기를 차에 실을 때에는 넘어지거나 부딪힘 등으로 충격을 받지 아니하도록 주의하여 취급하며, 충격을 최소한으로 방지하기 위하여 완충판을 차량 등에 갖추고 이를 사용한다.
• 충전용기는 이륜차(자전거 포함)에 적재하여 운반하지 아니한다.
• 염소와 아세틸렌·암모니아 또는 수소는 동일 차량에 적재하여 운반하지 아니한다.
• 가연성 가스와 산소를 동일 차량에 적재하여 운반하는 때에는 그 충전용기의 밸브가 서로 마주 보지 아니하도록 적재한다.
• 충전용기와 위험물 안전관리법에 따른 위험물과는 동일 차량에 적재하여 운반하지 아니한다.

ⓜ 하역작업
• 충전용기 등을 차에서 내릴 때에는 그 충전용기 등의 충격이 완화될 수 있는 완충판 위에서 주의하여 취급하며, 이들을 항시 차량에 비치한다.
• 충전용기 몸체와 차량의 사이에 헝겊·고무링 등을 사용하여 마찰을 방지하고, 그 충전용기 등에 흠이나 찌그러짐 등이 생기지 않도록 조치한다.
• 충전용기를 용기 보관 장소로 운반할 때에는 가능한 한 손수레를 사용하거나 용기의 밑부분을 이용하여 운반한다.
• 교통량이 많은 장소에서는 하역작업을 하지 아니한다.
• 경사진 곳에서는 하역작업을 하지 아니한다.

ⓑ 운반책임자의 동승 : 다음과 같이 정하는 기준 이상의 독성가스를 차량에 적재하여 운반하는 때에는 운전자 외에 한국가스안전공사에서 실시하는 운반에 관한 소정의 교육을 이수한 자, 안전관리책임자 또는 안전관리원 자격을 가진 자(운반책임자)를 동승시켜 운반에 대한 감독 또는 지원을 하도록 한다. 단, 운전자가 운반책임자의 자격을 가진 경우에는 운반책임자의 자격이 없는 자를 동승시킬 수 있다.

가스의 종류	허용농도	기 준
압축가스	200/100만 초과 5,000/100만 이하	100[m^3] 이상
	200/100만 이하	10[m^3] 이상
액화가스	200/100만 초과 5,000/100만 이하	1,000[kg] 이상
	200/100만 이하	100[kg] 이상

ⓢ 운행 중 조치사항
• 노면이 나쁜 도로에서는 가능한 한 운행을 하지 아니한다. 단, 부득이하여 노면이 나쁜 도로를 운행할 때에는 운행 개시 전에 충전용기 등의 적재상황을 재점검하여 이상이 없는가를 확인한다.
• 노면이 나쁜 도로를 운행한 후에는 일단 정지하여 적재상황, 용기밸브, 로프의 풀림 등이 없는 것을 확인한다.
• 운행 중에는 직사광선을 받는 기회가 많으므로 충전용기 등의 온도 상승을 방지하는 조치를 하여 온도가 40[℃] 이하가 되도록 한다.
• 충전용기 등을 차량에 적재하여 운행할 때에는 급커브 또는 노면이 나쁜 도로 등에서의 차량의 무게중심을 고려하여 신중하게 운전한다.
• 운반책임자를 동승하는 차량의 운행 시에는 다음 사항을 준수한다.
  – 현저하게 우회하는 도로인 경우와 부득이한 경우를 제외하고 번화가나 사람이 붐비는 장소는 피한다.
    ⓐ 현저하게 우회하는 도로란 이동거리가 2배 이상이 되는 경우이다.

ⓑ 번화가란 도시의 중심부나 번화한 상점이며, 차량의 너비에 3.5[m]를 더한 너비 이하인 통로의 주위이다.

ⓒ 사람이 붐비는 장소란 축제시의 행렬, 집회 등으로 사람이 밀집된 장소이다.

- 200[km] 이상의 거리를 운행하는 경우에는 중간에 충분한 휴식을 취하도록 하고 운행시킨다.
- 운반계획서에 기재된 도로를 따라 운행한다.

• 운반 중 누출 등의 위해 우려가 있는 경우에는 소방서나 경찰서에 신고하고, 도난당하거나 분실한 때에는 즉시 그 내용을 경찰서에 신고한다.

• 고압가스를 운반하는 때에는 그 고압가스의 명칭·성질 및 이동 중의 재해 방지를 위하여 필요한 주의사항을 기재한 서류를 운반책임자나 운전자에게 교부하고 운반 중에 휴대시킨다.

• 고압가스를 적재하여 운반하는 차량은 차량의 고장, 교통 사정, 운반책임자 또는 운전자의 휴식 등 부득이한 경우를 제외하고는 장시간 정차해서는 안 되며, 운반책임자와 운전자는 동시에 차량에서 이탈하지 아니한다.

• 고압가스를 운반하는 때에는 안전관리총괄자, 안전관리부총괄자 또는 안전관리책임자가 운반책임자나 운반 차량 운전자에게 그 고압가스의 위해 예방에 필요한 사항을 주지시킨다.

• 고압가스를 운반하는 자는 그 충전용기를 수요자에게 인도하는 때까지 최선의 주의를 다하여 안전하게 운반하며, 운반 도중 보관하는 때에는 안전한 장소에 보관·관리한다.

ⓞ 운행 후 조치사항

• 충전용기 등을 적재한 차량의 주정차 장소 선정은 지형을 충분히 고려하여 가능한 한 평탄하고, 교통량이 적은 안전한 장소를 택한다. 또한 시장 등 차량의 통행이 매우 곤란한 장소 등에는 주정차하지 아니한다.

• 충전용기 등을 적재한 차량의 주정차 시는 가능한 한 언덕길 등 경사진 곳을 피하며, 엔진을 정지시킨 다음 주차 브레이크를 걸어 놓고 반드시 차바퀴를 고정목으로 고정시킨다.

• 충전용기 등을 적재한 차량은 제1종 보호시설에서 15[m] 이상 떨어지고, 제2종 보호시설이 밀집되어 있는 지역과 육교 및 고가차도 등의 아래 또는 부근은 피하며, 주위의 교통장애, 화기 등이 없는 안전한 장소에 주정차한다. 또한 차량의 고장, 교통사정 또는 운반책임자 운전자의 휴식, 식사 등 부득이한 경우를 제외하고는 그 차량에서 동시에 이탈하지 아니하며, 동시에 이탈할 경우에는 차량이 잘 보이는 장소에 주차한다.

• 차량의 고장 등으로 인하여 정차하는 경우는 적색표지판 등을 설치하여 다른 차와의 충돌을 피하기 위한 조치를 한다.

ⓩ 운반 중 재해 방지를 위하여 운행 개시 전 차량에 비치하여야 하는 필요한 조치 및 주의사항

• 가스의 명칭 및 물성
  - 가스의 특성(온도와 압력의 관계, 비중, 색깔, 냄새)
  - 화재, 폭발의 위험성 유무
  - 인체에 대한 독성 유무

• 운반 중의 주의사항
  - 점검 부분과 방법
  - 휴대품의 종류와 수량
  - 경계표지 부착
  - 온도 상승 방지조치
  - 주차 시 주의
  - 안전 운행 요령

• 충전용기 등을 적재한 경우는 짐을 내릴 때의 주의사항

• 사고 발생 시 응급조치
  - 가스 누출이 있는 경우에는 그 누출 부분을 확인하고 수리한다.

- 가스 누출 부분의 수리가 불가능한 경우
  ⓐ 상황에 따라 안전한 장소로 운반한다.
  ⓑ 부근의 화기를 없앤다.
  ⓒ 착화된 경우 용기 파열 등의 위험이 없다고 인정될 때는 소화한다.
  ⓓ 독성가스가 누출된 경우에는 가스를 제독한다.
  ⓔ 부근에 있는 사람을 대피시키고, 동행인은 교통 통제를 하여 출입을 금지시킨다.
  ⓕ 비상연락망에 따라 관계업소에 원조를 의뢰한다.
  ⓖ 상황에 따라 안전한 장소로 대피한다.
  ⓗ 구급조치

ⓩ 고압가스 운반 중 재해 발생 또는 확대를 방지하기 위하여 필요한 조치사항

- 운반 개시 전에 차량, 고압가스가 충전된 용기 및 탱크, 그 부속품 등 및 보호구, 자재, 제독제, 공구 등 휴대품의 정비점검 및 가스 누출의 유무를 확인한다.
- 운반 중 사고가 발생한 경우의 조치사항
  - 가스 누출이 있는 경우에는 그 누출 부분의 확인 및 수리를 한다.
  - 가스 누출 부분의 수리가 불가능한 경우
    ⓐ 상황에 따라 안전한 장소로 운반한다.
    ⓑ 부근의 화기를 없앤다.
    ⓒ 착화된 경우 용기 파열 등의 위험이 없다고 인정될 때는 소화한다.
    ⓓ 독성가스가 누출된 경우에는 가스를 제독한다.
    ⓔ 부근에 있는 사람을 대피시키고, 동행인은 교통 통제를 하여 출입을 금지시킨다.
    ⓕ 비상연락망에 따라 관계업소에 원조를 의뢰한다.
    ⓖ 상황에 따라 안전한 장소로 대피한다.

② 독성가스 외 용기 운반

㉠ 운반 차량 구조 : 독성가스 용기 운반기준을 따른다.

㉡ 경계표지 설치

- 충전용기 등을 차량에 적재하여 운반하는 때에는 그 차량의 앞뒤 보기 쉬운 곳에 각각 붉은 글씨로 '위험고압가스'라는 경계표시와 상호, 전화번호, 운반기준 위반행위를 신고할 수 있는 허가·신고 또는 등록관청의 전화번호 등이 표시된 안내문을 부착하며, 그 밖의 사항은 독성가스 기준을 따른다. 단, 다음의 경우에는 각각 규정된 바를 따른다.
  - 고압가스사업자, 특정고압가스 사용신고자 또는 액화석유가스사업자 등이 아닌 경우에는 상호를 표시하지 않을 수 있다.
  - 허가, 신고 및 등록대상이 아닌 경우에는 안내문을 부착하지 않을 수 있다.
  - 독성가스 외 가스를 운반하는 차량의 경우에는 경계표지에 '독성가스'를 표시하지 아니한다.
  - 접합용기 또는 납붙임용기에 충전하여 포장한 것을 운반하는 차량의 경우에는 그 차량의 앞뒤 보기 쉬운 곳에 붉은 글씨로 '위험고압가스'라는 경계표지와 전화번호만 표시할 수 있다.

㉢ 보호장비 휴대

- 가연성 가스 또는 산소를 운반하는 차량에는 소화설비 및 재해 발생 방지를 위한 응급조치에 필요한 자재 및 공구 등을 휴대하고, 매월 1회 이상 점검하여 항상 정상적인 상태로 유지한다(접합용기 또는 납붙임용기에 충전하여 포장한 것을 포함).
- 가연성 가스 운반 시 반드시 휴대하여야 하는 장비 : 소화설비, 가스누출검지기, 누출 방지공구
- 충전용기 등을 차량에 적재하여 운반하는 경우(질량 5[kg] 이하의 고압가스를 운반하는 경우는 제외)에 휴대하는 소화설비는 독성가스 용기 운반기준의 경우와 같다.

• 자재는 다음의 것으로 하고, 각각 1개 이상으로 한다.
- 비상삼각대, 비상신호봉
- 휴대용 손전등
- 메가폰 또는 휴대용 확성기
- 자동안전바
- 완충판
- 물 통
- 누출검지기 : 가연성 가스의 경우에는 누출검지기를 갖춘다.
- 누출검지액 : 비눗물과 적용하는 가스에 따라 10[%] 암모니아수 또는 5[%] 염산 등 검지가 가능한 액체
- 차바퀴 고정목 : 2개 이상
- 통신기기

• 공작용 공구와 누출 방지공구는 독성가스의 경우와 같다.

㉣ 적재작업

• 충전용기를 차량에 적재하는 때에는 고압가스 전용 운반 차량에 세워야 한다.
• 충전용기는 이륜차에 적재하여 운반하지 아니한다. 단, 차량이 통행하기 곤란한 지역이나 그 밖에 시·도지사가 지정하는 경우에는 다음 기준에 적합한 경우에만 액화석유가스 충전용기를 이륜차(자전거는 제외)에 적재하여 운반할 수 있다.
- 넘어질 경우 용기에 손상이 가지 아니하도록 제작된 용기 운반 전용 적재함이 장착된 것인 경우
- 적재하는 충전용기는 충전량이 20[kg] 이하이고, 적재수가 2개를 초과하지 아니한 경우
• 납붙임용기와 접합용기에 고압가스를 충전하여 차량에 적재할 때에는 포장상자(외부의 압력 또는 충격에 의하여 그 용기 등에 흠이나 찌그러짐 등이 발생되지 않도록 만들어진 상자)의 외면에 가스의 종류, 용도 및 위급 시 주의사항을 적은 것만 적재하고, 그 용기의 이탈을 막을 수 있도록 보호망을 적재함 위에 씌운다.
• 염소와 아세틸렌·암모니아 또는 수소는 동일 차량에 적재하여 운반하지 아니한다.
• 가연성 가스와 산소를 동일 차량에 적재하여 운반하는 때에는 그 충전용기의 밸브가 서로 마주 보지 아니하도록 적재한다.
• 충전용기와 위험물 안전관리법에서 정하는 위험물과는 동일 차량에 적재하여 운반하지 아니한다.
• 그 밖에 사항은 독성가스의 적재기준을 따른다.

㉤ 하역작업 : 독성가스 용기의 하역기준을 따른다.

㉥ 운반책임자의 동승 : 다음과 같이 정하는 기준 이상의 고압가스를 차량에 적재하여 운반하는 때에는 운전자 외에 운반책임자(운전자가 운반책임자의 자격을 가진 경우에는 운반책임자의 자격이 없는 자로 할 수 있다)를 동승시켜 운반에 대한 감독 또는 지원을 하도록 한다.

압축가스	• 가연성 : 300[m³] 이상 • 조연성 : 600[m³] 이상
액화가스	• 가연성 : 3,000[kg] 이상(납붙임용기 및 접합용기 : 2,000[kg] 이상) • 조연성 : 6,000[kg] 이상

㉦ 운행 중 조치사항

• 고압가스를 운반하는 때에는 그 고압가스의 명칭·성질 및 이동 중의 재해 방지를 위하여 필요한 주의사항을 기재한 서면을 운반책임자나 운전자에게 교부하고 운반 중에 휴대시킨다.
• 그 밖에 기준은 독성가스 용기의 운행 중 조치사항을 따른다.

㉧ 운행 후 조치사항 : 독성가스 용기의 운행 후 조치사항을 따른다.

③ 차량에 고정된 탱크에 의한 운반

㉠ 차량 및 탱크 기준

• 허용농도가 200[ppm] 이하인 독성가스는 전용 차량으로 운반한다.
• 내용적 제한 : 가연성 가스(액화석유가스 제외)나 산소탱크의 내용적은 18,000[L], 독성가스(액화암모니아 제외)의 탱크 내용적은 12,000[L]를 초과하지 아니한다. 단, 철도차량 또는 견인되어 운반되는 차량에 고정하여 운반하는 탱크의 경우에는 그러하지 아니하다.

- 온도계 설치 : 충전탱크는 그 온도(가스온도를 계측할 수 있는 용기의 경우에는 가스의 온도)를 항상 40[℃] 이하로 유지한다. 이 경우 액화가스가 충전된 탱크에는 온도계 또는 온도를 적절히 측정할 수 있는 장치를 설치한다.
- 액화가스를 충전하는 탱크에는 요동을 방지하기 위한 방파판 등을 설치한다.
- 검지봉 설치 : 탱크(탱크의 정상부에 설치한 부속품 포함)의 정상부의 높이가 차량 정상부의 높이보다 높을 경우에는 높이를 측정하는 기구를 설치한다.
- 돌출 부속품의 보호조치
  - 탱크 주밸브(가스를 이송 또는 이입하는 데 사용되는 밸브)를 후부취출식 탱크(후면에 설치한 탱크)에는 탱크 주밸브 및 긴급차단장치에 속하는 밸브와 차량의 뒷범퍼와의 수평거리를 40[cm] 이상 이격한다.
  - 후부취출식 탱크 외의 탱크는 후면과 차량의 뒷범퍼와의 수평거리가 30[cm] 이상이 되도록 탱크를 차량에 고정시킨다.
  - 탱크 주밸브 · 긴급차단장치에 속하는 밸브 그 밖의 중요한 부속품이 돌출된 저장탱크는 그 부속품을 차량의 좌측면이 아닌 곳에 설치한 단단한 조작상자 내에 설치한다. 이 경우 조작상자와 차량의 뒷범퍼와의 수평거리는 20[cm] 이상 이격한다.
  - 부속품이 돌출된 탱크는 그 부속품의 손상으로 가스가 누출되는 것을 방지하기 위하여 필요한 조치를 한다.
- 액화가스 중 가연성 가스 · 독성가스 또는 산소가 충전된 탱크에는 손상되지 아니하는 재료로 된 액면계를 사용한다.
- 탱크에 설치한 밸브나 콕(조작스위치로 그 밸브나 콕을 개폐하는 경우에는 그 조작스위치)에는 개폐 방향과 개폐 상태를 외부에서 쉽게 식별하기 위한 표시 등을 한다.
- 2개 이상의 탱크를 동일한 차량에 고정하여 운반하는 경우의 기준
  - 탱크마다 탱크의 주밸브를 설치한다.
  - 탱크 상호간 또는 탱크와 차량과의 사이를 단단하게 부착하는 조치를 한다.
  - 충전관에는 안전밸브 · 압력계 및 긴급탈압밸브를 설치한다.
- 폭발방지장치 설치
  - 운반책임자 동승을 제외하고자 하는 액화석유가스용 차량에 고정된 탱크에는 그 탱크의 외벽이 화염으로 인하여 국부적으로 가열될 경우 그 탱크 벽면의 열을 신속히 흡수 · 분산시킴으로써 탱크 벽면의 국부적인 온도 상승으로 인한 탱크의 파열을 방지하기 위하여 탱크 내 벽에 폭발방지제(다공성 벌집형 알루미늄합금박판)을 설치한다.
  - 폭발방지제는 알루미늄합금박판에 일정 간격으로 슬릿(Slit)을 내고 이것을 팽창시켜 다공성 벌집형으로 한다.
  - 폭발방지제의 지지구조물의 재질
    ⓐ 후프링의 재질은 탱크의 재질과 같거나 이와 동등 이상의 것으로서 액화석유가스에 대하여 내식성을 가지며 열적 성질이 탱크 동체의 재질과 유사한 것으로 한다.
    ⓑ 지지봉은 배관용 탄소강관에 적합한 것(최저 인장강도 294[N/mm^2])으로 한다.
    ⓒ 그 밖의 지지구조물 부품의 재질은 안전 확보상 충분히 기계적 강도 및 액화석유가스에 대한 내식성을 가지는 것으로 한다.
  - 폭발방지제의 두께는 114[mm] 이상으로 하고, 설치 시에는 2~3[%] 압축하여 설치한다.
  - 수압시험을 하거나 탱크가 가열될 경우 탱크 동체의 변형에 대응할 수 있도록 후프링과 팽창볼트 사이에 접시스프링을 설치한다. 단, 후프링을 탱크에 용접으로 부착하는 경우에는 그러하지 아니하다.

- 폭발방지제와 연결봉 및 지지봉 사이에는 폭발방지제의 압축 변위를 일정하게 유지할 수 있도록 탄성이 큰 강선 등을 이용하여 만든 철망을 설치한다.
- 폭발방지장치의 설치 시에는 탱크의 제작공차를 고려한다.
- 폭발방지장치의 지지구조물에 대하여는 필요에 따라 부식방지조치를 한다.
- 탱크가 충격을 받은 경우에는 폭발방지장치의 안전성에 대하여 검토한다.
- 폭발방지장치를 설치한 탱크 외부의 가스명 밑에는 가스명 크기의 1/2 이상이 되도록 폭발방지장치를 설치하였음을 표시한다.
- 폭발방지창치의 공급자는 탱크의 형식별로 그 설계조건에 대하여 한국가스안전공사의 검토를 받는다.

• 차량의 앞뒤 보기 쉬운 곳에 각각 붉은 글씨로 '위험고압가스'라는 경계표지를 하며, 그 밖의 사항은 독성가스 용기 운반기준을 따른다.

• 차량에 고정된 탱크로 가스를 운반하는 경우에는 다음과 같이 규정된 소화기로서 신속하게 사용할 수 있는 위치에 비치하며 재해 발생 방지를 위한 응급조치에 필요한 자재 및 공구 등은 독성가스 용기 운반기준과 독성가스 외의 용기 운반기준을 따른다.

가스의 구분	소화기의 종류		비치 개수
	소화약제 종류	능력단위	
가연성 가스	분말 소화제	BC용, B-10 이상 또는 ABC용, B-12 이상	차량 좌우에 각각 1개 이상
산 소		BC용, B-8 이상 또는 ABC용, B-10 이상	차량 좌우에 각각 1개 이상

[비 고]
1. BC용은 유류화재나 전기화재, ABC용은 보통화재, 유류화재 및 전기화재 각각에 사용된다.
2. 소화기 1개의 소화능력이 소정의 능력단위에 부족한 경우에는 추가해서 비치하는 다른 소화기와의 합산능력이 소정의 능력단위에 상당한 능력 이상이면 그 소정의 능력단위의 소화기를 비치한 것으로 본다.

㉡ 고압가스용 차량에 고정된 탱크의 설계기준
• 탱크의 길이 이음 및 원주 이음은 맞대기 양면 용접으로 한다.
• 용접하는 부분의 탄소강은 탄소 함유량이 0.35[%] 미만으로 한다.
• 용접하는 부분의 탄소강은 탄소 함유량이 1.0[%] 미만으로 한다.
• 탱크에는 지름 375[mm] 이상의 원형 맨홀 또는 긴 지름 375[mm] 이상, 짧은 지름 275[mm] 이상의 타원형 맨홀을 1개 이상 설치한다.
• 탱크의 내부에는 차량의 진행 방향과 직각이 되도록 방파판을 설치하며, 방파판의 면적은 탱크 횡단면적의 40[%] 이상이 되어야 한다.
• 초저온탱크의 원주 이음에 있어서 맞대기 양면 용접이 곤란한 경우에는 맞대기 한 면 용접을 할 수 있다.

㉢ 이입작업
• 차량 운전자는 안전관리자의 책임하에 다음 기준에 따른 조치를 한다.
- 차량을 소정의 위치에 정차시키고 주차 브레이크를 확실히 건 다음, 엔진을 끄고(엔진구동방식의 것은 제외) 메인스위치 그 밖의 전기장치를 완전히 차단하여 스파크가 발생하지 않도록 하고, 커플링을 분리하지 않은 상태에서는 엔진을 사용할 수 없도록 적절한 조치를 강구한다.
- 차량이 앞뒤로 움직이지 않도록 차바퀴의 전후를 차바퀴 고정목 등으로 확실하게 고정시킨다.
- 정전기제거용의 접지코드를 접지탭에 접속하여 차량에 고정된 탱크에서 발생하는 정전기를 제거한다.
- 이입작업 장소 및 그 부근에 화기가 없는지를 확인한다.
- '이입작업 중(충전 중) 화기엄금' 표시판이 눈에 잘 띄는 곳에 세워져 있는지를 확인한다.
- 만일의 화재에 대비하여 작업 장소 부근에 소화기를 비치한다.
- 저온 및 초저온가스의 경우에는 가죽장갑 등을 끼고 작업을 한다.

– 이입작업이 종료될 때까지 차량 부근에 위치하며, 가스 누출 등 긴급사태 발생 시 차량의 긴급차단장치를 작동하거나 차량 이동 등 안전관리자의 지시에 따라 신속하게 누출방지조치를 한다.
– 이입작업을 종료한 후에는 차량 및 수입시설쪽에 있는 각 밸브의 잠금 및 캡 부착, 호스의 분리, 접지코드의 제거 등이 적절하게 되었는지 확인하고, 차량 부근에 가스가 체류되어 있는지의 여부를 점검한 후 안전관리자의 지시에 따라 차량을 이동한다.

• 안전관리자는 다음 기준에 따른 조치를 한다.
– 가스 누출 등 긴급사태 발생 시 차량 운전자에게 차량의 긴급차단장치 작동 및 차량의 이동을 지시하는 등 신속하게 누출방지조치를 한다.
– 가스를 공급한 차량에 고정된 탱크에 대하여 가스의 누출 여부 등 안전점검을 실시하고 그 결과를 기록・보존한다.
– 점검결과 이상이 없음을 확인한 후 차량운전자에게 차량 이동을 지시한다.

㉣ 이송작업

• 차량 운전자는 안전관리자의 책임 하에 다음 기준에 따른 조치를 한다.
– 차량을 소정의 위치에 정차시키고 주차 브레이크를 확실히 건 다음 엔진을 끄고(엔진구동방식의 것은 제외) 메인스위치 그 밖의 전기장치를 완전히 차단하여 스파크가 발생하지 않도록 하고, 커플링을 분리하지 않은 상태에서는 엔진을 사용할 수 없도록 적절한 조치를 강구한다.
– 차량이 앞뒤로 움직이지 않도록 차바퀴의 전후를 차바퀴 고정목 등으로 확실하게 고정시킨다.
– 정전기제거용의 접지코드를 접지탭에 접속하여 차량에 고정된 탱크에서 발생하는 정전기를 제거한다.
– 저온 및 초저온가스의 경우에는 가죽장갑 등을 끼고 작업을 한다.
– 이송작업이 종료될 때까지 차량 부근에 위치하며, 가스 누출 등 긴급사태 발생 시 차량의 긴급차단장치를 작동하거나 차량 이동 등 안전관리자의 지시에 따라 신속하게 누출방지조치를 한다.

• 이송작업에 필요한 설비 중 차량에 고정된 탱크 및 그 부속설비(차량에 고정 설치된 펌프・압축기 등을 포함)는 차량 운전자가, 고압가스를 공급받는 저장탱크 및 그 부속설비(사업소에 고정 설치된 펌프・압축기 등을 포함)는 안전관리자가 각각 다음 기준에 따라 안전하게 취급・조작해야 한다.
– 이송작업 전후에 밸브의 누출 유무를 점검하고 개폐는 서서히 행한다.
– 저울・액면계, 유량계 또는 압력계를 사용하여 가스를 공급받는 저장탱크의 저장능력을 초과하여 가스를 공급하지 않도록 주의한다.
– 가스 속에 수분이 혼입되지 않도록 하고, 슬립튜브식 액면계의 계량 시에는 액면계의 바로 위에 얼굴이나 몸을 내밀고 조작하지 않는다.

• 안전관리자는 다음 기준에 따른 조치를 한다.
– 이송작업 장소 및 그 부근에 화기가 없는지를 확인한다.
– '이송작업 중(충전 중) 화기엄금'의 표시판이 눈에 잘 띄는 곳에 세워져 있는지를 확인한다.
– 만일의 화재에 대비하여 작업 장소 부근에 소화기를 비치한다.
– 저온 및 초저온가스의 경우에는 가죽장갑 등을 끼고 작업을 한다.
– 가스를 공급받은 저장설비에 대하여 가스의 누출 여부 등 안전점검을 실시하고 그 결과를 기록・보존한다.
– 이송작업 장소 및 그 부근에는 동시에 2대 이상의 차량에 고정된 탱크를 주정차시키지 않도록 통제・관리한다. 단, 충전가스가 없는 차량에 고정된 탱크의 경우에는 그러하지 아니한다.

㉤ 액화도시가스 선박 충전작업 : 액화도시가스를 연료로 사용하는 선박에 충전작업을 할 경우에는 안전관리자(액화도시가스 선박충전시설에 선임된 안전관리자)가 다음 기준에 따른 조치를 한다.

- 차량을 소정의 위치에 정차시키고 주차 브레이크를 확실히 건 다음 엔진을 끄고(엔진구동방식의 것은 제외) 메인스위치 그 밖의 전기장치를 완전히 차단하여 스파크가 발생하지 않도록 하고, 커플링을 분리하지 않은 상태에서는 엔진을 사용할 수 없도록 적절한 조치를 강구한다.
- 차량이 앞뒤로 움직이지 않도록 차바퀴의 전후를 차바퀴 고정목 등으로 확실하게 고정시킨다.
- 정전기제거용의 접지코드를 접지탭에 접속하여 차량에 고정된 탱크에서 발생하는 정전기를 제거한다.
- 만일의 화재에 대비하여 작업 장소 부근에 소화기를 비치한다.
- 저온 및 초저온가스의 경우에는 가죽장갑 등을 끼고 작업을 한다.
- 액화도시가스 선박충전작업이 종료될 때까지 차량 부근에 위치하며, 가스 누출 등 긴급사태 발생 시 차량의 긴급차단장치를 작동하거나 차량 이동 등 안전관리자의 지시에 따라 신속하게 누출방지조치를 한다.
- 액화도시가스 선박충전작업 전후에 밸브의 누출유무를 점검하고 개폐는 서서히 행한다.
- 가스 속에 수분이 혼입되지 않도록 하고, 슬립 튜브식 액면계의 계량 시에는 액면계의 바로 위에 얼굴이나 몸을 내밀고 조작하지 않는다.
- 충전작업은 풍랑 등이 심하지 않은 온화한 날씨에 실시하며, 반드시 지정된 충전 장소에서 실시하여야 한다.
- 액화도시가스를 선박에 충전하기 위한 차량의 설치대수는 2대 이하로 하고, 2대의 차량이 진입·진출 및 동시에 주정차할 수 있는 충분한 공지를 확보한다.
- 액화도시가스를 선박에 충전하기 위해서는 다음과 같은 표시를 한다.
  - 충전 장소의 지면에는 차량의 주정차 위치와 진입 및 진출 방향을 표시하고 눈에 잘 띄는 곳에 '액화도시가스 선박 충전 장소'라는 표시를 한다.
  - 충전장소의 주위에는 황색 바탕에 흑색문자로 '충전작업 중 엔진 정지'라는 표시를 한 게시판을 설치한다.
- 충전 장소의 중심(지면에 표시한 정차 위치의 중심)으로부터 선박의 외면까지의 거리는 3[m] 이상의 안전거리를 유지한다. 단, 방호책 등을 설치하여 선박과의 충돌 우려가 없는 경우에는 그러하지 아니하다.
- 충전 장소와 화기 사이에 유지하여야 하는 거리는 8[m] 이상으로 하고, 충전 장소에는 인화성 물질이나 발화성 물질이 없어야 한다.
- 충전작업 중 선박이 이동하는 것을 방지하기 위하여 충전작업 전에 정박 밧줄의 고정 상태 등 선박의 정박 상태를 확인하여야 한다.
- 충전작업 중에는 배관 접속 부분의 가스 누출 여부를 확인한다.
- 충전 중에는 선박 보수작업 또는 다른 선박의 접근을 금지한다.
- 충전 중에는 충전 장소 및 선박 주위에 충전작업 관련자 또는 안전관리자 이외의 자의 출입을 금한다.
- 차량과 선박에는 충전작업 중 발생할 수 있는 이상사태를 가상하여 긴급조치기준을 작성하고, 긴급시에 필요한 비상연락망 체계를 비치한다.
- 선박에 액화도시가스를 충전하는 때에는 가스의 용량이 상용의 온도에서 선박 내 저장탱크 내용적의 90[%](용기의 경우에는 85[%])를 넘지 아니하도록 한다.
- 차량에 고정된 탱크로부터 액화도시가스를 충전한 후에는 그 배관 안에 남아 있는 액화도시가스로 인한 위해가 발생하지 아니하도록 퍼지작업 등의 조치를 한다.
- 긴급사태 발생 시 이를 신속히 통보하고 충전작업 전·중·후의 작업상황을 선박 내의 작업자와 연락할 수 있도록 하기 위하여 통신설비를 2대 이상 보유하여야 한다.

- 일몰 후 충전작업을 하는 경우 밸브 주위에는 밸브를 확실히 조작할 수 있도록 조명도 150[lx] 이상을 확보한다.
- 충전작업 전과 충전작업 후에는 반드시 그 충전작업에 필요한 설비의 이상 유무를 점검하고, 이상이 있을 때에는 보수 등 필요한 조치를 한다.
- 안전관리자는 충전작업 전에 다음 사항이 포함된 안전점검표를 작성하고 필요한 조치를 한다.
  - 차바퀴의 전후에 고정목 설치 상태
  - 선박이 부두에 적절하게 고정(연결)되어 있는지의 여부
  - 기상조건을 포함한 충전 장소의 모든 조건이 선박 충전작업에 적합한지의 여부
  - 선박의 보수작업 또는 다른 선박의 접근은 없는지의 여부
  - 선박에 숙련된 충전작업자(또는 승무원)와 감독관이 있는지의 여부
  - 선박에 소방시설의 비치 여부
  - 선박의 외부 출입문이 모두 닫혀 있는지의 여부
  - 충전 장소 주위에 인화성 물질이나 발화성 물질의 존재 여부 및 금연구역으로 지정(표시) 여부
  - 차량과 선박 사이의 충전호스 지지 상태 및 꼬임 여부
  - 접지선이 적절하게 연결되었는지의 여부
  - 조명도가 선박 충전에 적합한지의 여부
  - 스프링쿨러 설치 여부 및 작동 상태 양호 여부
  - 공급사의 대리인, 트럭 운전자 및 선장이 안전점검을 실시하고 점검표에 서명하였는지의 여부
  - 충전 장소에 충전 관계자 이외의 자는 없는지의 여부
  - 충전 장소에 충전차량 이외의 차량이 주차하고 있지 않은지의 여부
  - 동결을 방지하기 위해 충전호스를 부두와 목재로 분리조치하였는지 여부
  - 관계자에게 충전작업 보고(또는 통보)의 여부

ⓗ 운반책임자 동승

가스의 종류		기 준
액화가스	가연성 가스	3,000[kg] 이상
	독성가스	1,000[kg] 이상
	조연성 가스	6,000[kg] 이상
압축가스	가연성 가스	300[m^3] 이상
	독성가스	100[m^3] 이상
	조연성 가스	600[m^3] 이상

- 위의 기준 이상의 고압가스를 200[km]를 초과하는 거리까지 차량에 고정된 탱크로 운반하는 경우에는 운반책임자(운전자가 운반책임자의 자격을 가진 경우에는 운반책임자의 자격이 없는 자로 할 수 있다)를 동승시켜 운반에 대한 감독 또는 지원을 하도록 한다.
- 단, 액화석유가스용 차량에 고정된 탱크에 폭발방지장치를 설치하고 운반하는 경우 및 소형 저장탱크에 액화석유가스를 공급하기 위한 차량에 고정된 탱크로서 액화석유가스의 충전능력이 5[ton] 이하인 차량에 고정된 탱크로 운반하는 경우에는 운반책임자를 동승시키지 아니할 수 있다.

ⓢ 차량에 고정된 탱크 운행 전의 점검내용
- 탱크와 그 부속품 점검
- 차량의 점검
- 탑재기기의 점검

ⓞ 차량에 고정된 탱크를 운행할 때의 주의사항
- 적재할 가스의 특성, 차량의 구조, 탱크 및 부속품의 종류와 성능, 정비점검의 요령, 운행 및 주차 시의 안전조치와 재해 발생 시에 취해야 할 조치를 잘 알아둔다.
- 운행 시에는 도로교통법을 준수하고, 운행경로는 이동통로표에 따라서 번화가나 사람이 많은 곳을 피하여 운행한다.
- 특히 화기에 주의하고 운행 중은 물론 정차 시에도 허용된 장소 이외에서는 절대 담배를 피우거나 그 밖의 화기를 사용하지 아니한다.
- 차를 수리할 때는 통풍이 양호한 장소에서 실시한다.

- 화기를 사용하는 수리는 가스를 완전히 빼고 질소나 불활성 가스 등으로 치환한 후 작업을 하며, 운행 도중의 사고 또는 수리할 경우를 고려하여 미리 수리공장을 지정하여 평소에 고장 등을 고려한 대비책을 세운다.
- 관계법규 및 기준을 잘 준수한다.
- 노면이 나쁜 도로를 통과한 경우에는 그 직후에 안전한 장소를 선택하여 주차하고 가스의 누출, 밸브의 이완, 부속품의 부착 부분 등을 점검하여 이상이 없도록 한다.
- 부득이하게 운행경로를 변경하고자 할 때에는 긴급한 경우를 제외하고는 소속사업소, 회사 등에 연락한다.
- 차량이 육교 등 밑을 통과할 때는 육교 등 높이에 주의하여 서서히 운행하며, 차량이 육교 등의 아랫부분에 접촉할 우려가 있는 경우에는 다른 길로 돌아서 운행하고, 빈 차의 경우는 적재 차량보다 차의 높이가 높으므로 적재 차량이 통과한 장소라도 특히 주의한다.
- 철도 건널목을 통과하는 경우는 건널목 앞에서 일단 정차하고 열차가 지나가는지 여부를 확인하여 건널목 위에 차가 정지하지 아니하도록 통과하고, 특히 야간의 강우, 짙은 안개, 적설의 경우 또한 건널목 위에 사람이 많이 지나갈 때는 차를 안전하게 운행할 수 있는가를 생각하고 통과한다.
- 터널에 진입하는 경우는 전방에 이상사태가 발생했는지 여부를 표시등에 주의하면서 진입한다.
- 가스를 이송한 후에도 탱크 속에는 잔가스가 남아 있으므로 가스를 이입할 때 동일하게 취급한다.
- 운행 도중 노상에 주차할 필요가 있는 경우에는 다음 기준에 따라 주차한다.
  - 제1종 보호시설로부터 15[m] 이상 떨어지도록 하고, 제2종 보호시설이 밀집되어 있는 지역과 육교 및 고가차도 등의 아래 또는 부근은 피하며, 교통량이 적고, 부근에 화기가 없는 안전하고 지반이 좋은 장소를 선택하여 주차한다.
  - 부득이하게 비탈길에 주차하는 경우에는 주차 브레이크를 확실히 걸고 차바퀴에 차바퀴 고정목으로 고정한다.
  - 차량 운전자나 운반책임자가 차량으로부터 이탈한 경우에는 항상 눈에 띄는 곳에 있도록 한다.
- 태양의 직사광선을 받아 가스의 온도가 40[℃]를 초과할 경우가 있으므로 장시간 운행하는 경우에는 가스의 온도 상승에 주의한다. 가스의 온도가 40[℃]를 초과할 우려가 있을 때는 도중에 급유소 등을 이용하여 탱크에 물을 뿌려 냉각시키고, 노상에 주차할 경우는 직사광선을 받지 아니하도록 그늘에 주차시키거나 탱크에 덮개를 씌우는 등의 조치를 한다. 단, 저온 및 초저온탱크의 경우에는 그러하지 아니하다.
- 고속도로를 운행할 경우에는 속도감이 둔하여 실제의 속도 이하로 느낄 수 있으므로 제한속도에 주의하고, 커브 등에서는 특히 신중하게 운전한다.
- 고압가스를 운반하는 경우의 운반책임자(운전자가 운반책임자의 자격을 가진 경우에는 운전자를 말한다)는 운반 도중에 응급조치를 위한 긴급지원을 요청할 수 있도록 운반경로의 주위에 소재하는 그 고압가스의 제조·저장·판매자·수입업자 및 경찰서·소방서의 위치 등을 파악한다.
- 고압가스를 운반하는 자는 시장·군수 또는 구청장이 지정하는 도로·시간·속도에 따라 운반한다.
- 고압가스를 운반하는 때에는 운반책임자나 고압가스 운반 차량의 운전자에게 그 고압가스의 위해예방에 필요한 사항을 주지시킨다.
- 고압가스를 운반하는 자는 그 고압가스를 수요자에게 인도하는 때까지 최선의 주의를 다하여 안전하게 운반하며, 고압가스를 보관하는 때에는 안전한 장소에 보관·관리한다.
- 200[km] 이상의 거리를 운행하는 경우에는 중간에 충분한 휴식을 취한 후 운행한다.

- 차량에 고정된 탱크로 고압가스를 운반하는 때에는 그 고압가스의 명칭·성질 및 운반 중의 재해방지를 위하여 필요한 주의사항을 기재한 서면을 운반책임자나 운전자에게 교부하고 운반 중에 휴대시킨다.
- 충격을 방지하기 위해 와이어로프 등으로 결속한다.

ⓩ 차량에 고정된 탱크의 안전 운행기준으로 운행을 완료하고 점검하여야 할 사항(운행 종료 시 조치사항)

- 밸브의 이완 상태(밸브 등의 이완이 없도록 한다)
- 경계표지 및 휴대품 등의 손상 유무(경계표지와 휴대품 등의 손상이 없도록 한다)
- 부속품 등의 볼트 연결 상태(부속품 등의 볼트 연결 상태가 양호하도록 한다)
- 높이검지봉과 부속배관 등의 부착 상태(높이검지봉과 부속배관 등이 적절히 부착되어 있도록 한다)
- 가스 누출 등의 이상 유무(가스 누출 등의 이상 유무를 점검하고 이상이 있을 때에는 보수를 하거나 그 밖에 위험을 방지하기 위한 조치를 한다)

④ 차량에 고정된 용기에 의한 운반

㉠ 차량 및 용기기준

- 검지봉 설치 : 용기(용기의 정상부에 설치한 부속품을 포함)의 정상부의 높이가 차량 정상부의 높이보다 높을 경우에는 높이를 측정하는 기구를 설치한다.
- 돌출 부속품의 보호조치
  - 후부취출식 용기(용기 주밸브(가스를 이송 또는 이입하는 데 사용되는 밸브)를 후면에 설치한 용기)에는 용기 주밸브 및 긴급차단장치에 속하는 밸브와 차량의 뒷범퍼와의 수평거리를 40[cm] 이상 이격한다. 단, ISO 용기 컨테이너의 경우에는 제외한다.
  - 후부취출식 용기 외의 용기는 후면과 차량의 뒷범퍼와의 수평거리가 30[cm] 이상이 되도록 용기를 차량에 고정시킨다. 단, ISO 용기 컨테이너의 경우에는 제외한다.
  - 용기 주밸브, 긴급차단장치에 속하는 밸브 그 밖의 중요한 부속품이 돌출된 저장용기는 그 부속품을 차량의 좌측면이 아닌 곳에 설치한 단단한 조작상자 내에 설치한다. 이 경우 조작상자와 차량의 뒷범퍼와의 수평거리는 20[cm] 이상 이격한다. 단, ISO 용기 컨테이너의 경우에는 제외한다.
  - 부속품이 돌출된 용기는 그 부속품의 손상으로 가스가 누출되는 것을 방지하기 위하여 필요한 조치를 한다.
- 용기에 설치한 밸브나 콕(조작스위치로 그 밸브나 콕을 개폐하는 경우에는 그 조작스위치)에는 개폐 방향과 개폐 상태를 외부에서 쉽게 식별하기 위한 표시 등을 한다.
- 용기마다 주밸브를 설치한다.
- 용기 상호간 또는 용기와 차량의 사이를 단단하게 부착하는 조치를 한다.
- 충전관에는 안전밸브·압력계 및 긴급탈압밸브를 설치한다.
- 경계표지 설치 : 차량의 앞뒤 보기 쉬운 곳에 각각 붉은 글씨로 '위험고압가스'라는 경계표시를 하며, 그 밖의 사항은 독성가스 용기 운반기준을 따른다.
- 차량에 고정된 용기로 가스를 운반하는 때에는 차량에 고정된 탱크에 의한 운반기준에 따라 응급조치에 필요한 자재 등을 휴대한다.

㉡ 이입·이송작업 : 차량에 고정된 용기에 의한 운반기준을 따른다.

㉢ 운반책임자 동승기준

가스의 종류		기 준
액화가스	가연성 가스	3,000[kg] 이상
	독성가스	1,000[kg] 이상
	조연성 가스	6,000[kg] 이상
압축가스	가연성 가스	300[m^3] 이상
	독성가스	100[m^3] 이상
	조연성 가스	600[m^3] 이상

- 상기의 기준 이상의 고압가스를 200[km]를 초과하는 거리까지 차량에 고정된 탱크로 운반하는 경우에는 운반책임자(운전자가 운반책임자의 자격을 가진 경우에는 운반책임자의 자격이 없는 자로 할 수 있다)를 동승시켜 운반에 대한 감독 또는 지원을 하도록 한다.

㉣ 운행기준 및 재해 발생 또는 확대 방지조치 : 차량에 고정된 용기의 운행기준을 따른다.

⑤ 고압가스의 운반

㉠ 고압가스 운반기준

- 충전용기와 위험물 안전관리법이나 소방기본법이 정하는 위험물과는 동일 차량에 적재하여 운반하지 아니한다.
- 고압가스의 운반기준에서 동일 차량에 적재하여 운반할 수 없는 것 : 염소와 아세틸렌, 염소와 수소, 염소와 암모니아
- 염소와 아세틸렌, 암모니아 또는 수소는 동일 차량에 혼합 적재 및 운반하지 아니한다.
- 충전용기와 휘발유나 경유는 동일 차량에 적재하여 운반하지 못한다(충전용기와 등유는 동일 차량에 적재하여 운반하지 않는다).
- 가연성 가스와 산소를 동일 차량에 적재하여 운반하는 때에는 그 충전용기의 밸브가 서로 마주 보지 않도록 적재하여야 한다.
- 가연성 가스 또는 산소를 운반하는 차량에는 소화설비 및 응급조치에 필요한 자재 및 공구를 휴대한다.
- 밸브가 돌출된 충전용기는 캡을 부착시켜 운반한다.
- 차량의 적재함을 초과하여 적재하지 않는다.
- 원칙적으로 이륜차에 적재하여 운반하지 아니한다.
- 차량이 통행하기 곤란한 지역이나 그 밖에 시·도지사가 지정하는 경우에는 다음 기준에 적합한 경우에만 액화석유가스 충전용기를 이륜차(자전거 제외)에 적재하여 운반할 수 있다.
  - 넘어질 경우 용기에 손상이 가지 아니하도록 제작된 용기 운반 전용 적재함이 장착된 것인 경우
  - 적재하는 충전용기는 충전량이 20[kg] 이하이고, 적재수가 2개를 초과하지 아니한 경우
- 운반 중의 충전용기는 항상 40[℃] 이하로 유지하여야 한다.
- 액화석유가스를 제외한 수소, 산소 등의 가연성 가스의 탱크의 내용적은 18,000[L]를 초과하지 않아야 한다.
- 액화암모니아를 제외한 액화염소 등의 독성가스의 탱크는 12,000[L]를 초과하지 않아야 한다.
- 저장탱크와 차량 뒷범퍼의 수평거리
  - 후부취출식 저장탱크 : 40[cm] 이상
  - 후부취출식 이외의 저장탱크 : 30[cm] 이상
  - 조작상자 : 20[cm] 이상
- 액화가스 중 가연성 가스, 독성가스 또는 산소가 충전된 탱크에는 손상되지 아니하는 재료로 된 액면계를 사용한다.
- 액면 요동을 방지하기 위하여 액화가스 충전탱크 내부에 방파판을 설치한다.
- 방파판은 탱크 내용적 5[m^3] 이하마다 1개씩 설치한다.
- 2개 이상의 탱크를 동일한 차량에 고정하여 운전하는 경우에는 탱크마다 탱크의 주밸브를 설치한다.
- 차량의 앞뒤 보기 쉬운 곳에 각각 붉은 글씨로 '위험 고압가스'라는 경계 표시를 하여야 한다.
- 고압가스를 운반하는 차량의 안전경계표지 중 삼각기의 바탕과 글자색 : 적색 바탕 – 황색 글씨
- 충전용기 운반 차량에는 운반기준 위반행위를 신고할 수 있도록 안내물을 부착하여야 한다.

㉡ 다량의 고압가스를 차량에 적재하여 운반할 경우 운전상의 주의사항

- 부득이한 경우를 제외하고는 장시간 정차해서는 아니 된다.
- 차량의 운반책임자와 운전자가 동시에 차량에서 이탈하지 아니하여야 한다.
- 200[km] 이상의 거리를 운행하는 경우에는 중간에 충분한 휴식을 취한 후 운행하여야 한다.

- 가스의 명칭·성질 및 이동 중의 재해방지를 위하여 필요한 주의사항을 기재한 서면을 운반책임자 또는 운전자에게 교부하고 운반 중에 휴대를 시켜야 한다.
- 독성가스를 운반 중 도난당하거나 분실한 때에는 즉시 그 내용을 경찰서에 신고한다.

⑥ 차량에 고정된 탱크의 안전

㉠ 차량에 고정된 탱크

- 차량에 고정된 탱크의 내용적
  - 가연성 가스(액화천연가스, 산소 등) : 18,000[L]를 초과할 수 없음(액화석유가스 제외)
  - 독성가스(염소 등) : 12,000[L]를 초과할 수 없음(액화암모니아 제외)
- 차량에 고정된 2개 이상을 서로 연결한 이음매 없는 용기의 운반 차량에 반드시 설치해야 하는 것 : 검지봉, 압력계, 긴급탈압밸브 등
- 차량에 고정된 탱크 운행 시 휴대해야 하는 서류 : 고압가스이동계획서, 차량등록증, 탱크용량환산표, 운전면허증, 차량운행일지, 그 밖에 필요한 서류

㉡ 차량에 고정된 탱크의 안전 유지기준

- 자동차에 고정된 탱크는 저장탱크의 외면으로부터 3[m] 이상 떨어져 정지한다. 단, 저장탱크와 자동차에 고정된 탱크의 사이에 방호 울타리 등을 설치한 경우에는 3[m] 이상 떨어져 정지하지 아니할 수 있다.
- 자동차에 고정된 탱크(내용적 5,000[L] 이상인 것)에 가스를 충전하는 때에는 자동차가 고정되도록 자동차 정지목 등을 설치한다.
- 고압가스를 충전하거나 그로부터 가스를 이입받을 때에는 차량 정지목을 설치하여야 하나, 주변 상황에 따라 이를 생략할 수 있다.
- 차량에 고정된 탱크에는 안전밸브가 부착되어야 하며, 안전밸브는 40[MPa] 이하의 압력에서 작동되어야 한다.
- 차량에 고정된 탱크에 부착되는 밸브, 부속배관 및 긴급차단장치는 50[MPa] 이상의 압력으로 내압시험을 실시하고 이에 합격된 제품이어야 한다.
- 차량에 고정된 탱크에 설치된 긴급차단장치는 원격조작에 의하여 작동되고 차량에 고정된 탱크 또는 이에 접속하는 배관의 외면온도가 110[℃]일 때 자동적으로 작동할 수 있어야 한다.

㉢ 차량에 고정된 탱크의 안전운행기준으로 운행을 완료하고 점검하여야 할 사항

- 밸브의 이완 상태
- 경계표지 및 휴대품 등의 손상 유무
- 부속품 등의 볼트 연결 상태
- 높이검지봉과 부속배관 등의 부착 상태
- 가스의 누출 등의 이상 유무

㉣ 차량에 고정된 탱크에서 저장탱크로 가스 이송작업 시의 기준

- 탱크의 설계압력 이상으로 가스를 충전하지 아니한다.
- 이송 전후에 밸브의 누출 유무를 점검하고 개폐는 서서히 행한다.
- 탱크의 설계압력 이상의 압력으로 가스를 충전하지 아니한다.
- 저울·액면계 또는 유량계를 사용하여 과충전에 주의한다.
- 가스 속에 수분이 혼입되지 아니하도록 하고 슬립튜브식 액면계의 계량 시에는 액면계의 바로 위에 얼굴이나 몸을 내밀고 조작하지 아니한다.
- LPG 충전소 내에서는 동시에 2대 이상의 차량에 고정된 탱크에서 저장설비로 이송작업을 하지 아니한다.
- 충전장 내에는 동시에 2대 이상의 차량에 고정된 탱크를 주정차시키지 아니한다. 단, 충전가스가 없는 차량에 고정된 탱크의 경우에는 그러하지 아니하다.

㉤ 저장탱크에서 차량에 고정된 탱크로 가스 이송작업 시의 기준

- 정전기 제거용 접지코드를 기지의 접지탭에 접속한다.
- 차량에 고정된 탱크의 운전자는 이입작업이 종료될 때까지 차량의 긴급차단밸브 부근에서 대기한다.

- 부근에 화기가 없는가를 확인한다.
- 해당 소정의 위치에 정차시키고, 주차브레이크를 확실히 건 다음 엔진을 끄고 메인스위치 그 밖의 전기스위치를 완전히 차단하여 스파크가 발생하지 않도록 한다.
- 차바퀴 전후에 차바퀴 고정목으로 확실히 고정시킨다.
- '이입작업 중(충전 중) 화기엄금'의 표시판이 눈에 잘 띄는 곳에 세워져 있는가를 확인한다.
- 저온 및 초저온가스의 경우에는 가죽장갑 등을 끼고 작업한다.
- 차를 소정의 위치에 정차시키고, 주차 브레이크를 확실히 건 다음 엔진을 끄고 메인스위치 그 밖의 전기스위치를 완전히 차단하여 스파크가 발생하지 않도록 한다.
- 가스 누출을 발견한 경우에는 긴급차단장치를 작동시키는 등의 신속한 누출방지조치를 한다.

⑦ 액화석유가스의 이송

㉠ 이송방식의 종류 : 차압을 이용하는 방식(탱크의 자체 압력에 의한 방법), 액송펌프를 이용하는 방식, 압축기를 이용하는 방식

㉡ 차압을 이용하는 방식 : 저장탱크보다 탱크로리의 차압이 더 큰 것을 이용하여 탱크로리에서 저장탱크로 액상가스를 이송하는 방식

㉢ 액송펌프를 이용하는 이송방식
- 드레인, 재액화현상이 발생하지 않는다.
- 충전시간이 길다.
- 베이퍼로크 등의 이상이 있다.
- 탱크로리 내의 잔가스 회수가 불가능하다.

㉣ 압축기를 이용하는 이송방식
- 액송펌프에 비해 충전시간이 짧다.
- 베이퍼로크 현상이 발생하지 않는다.
- 사방밸브를 이용하면 가스의 이송 방향을 변경할 수 있다.
- 탱크 내 잔류가스를 빠르고 용이하게 회수할 수 있다.
- 압축기 오일이 탱크에 들어가 드레인의 원인이 된다.
- 드레인, 재액화현상이 발생할 수 있다.
- 서징현상 발생의 우려가 있다.
- 부탄의 경우 저온에서 재액화의 우려가 있다(부탄가스 공급 또는 이송 시 가스 재액화현상에 대한 대비가 필요하다).

㉤ 액화석유가스의 이송 시 베이퍼로크 현상을 방지하기 위한 방법
- 흡입배관을 크게 한다.
- 펌프의 회전수를 줄인다.
- 펌프의 설치 위치를 낮춘다.

핵심예제

3-1. 차량이 통행하기 곤란한 지역에서 액화석유가스 충전용기를 이륜차(자전거는 제외)에 적재·운반 시의 기준으로 틀린 것은? [2007년 제2회, 2008년 제3회 유사, 2009년 제3회]

① 오토바이에는 용기 운반 전용 적재함이 장착되어 있어야 한다.
② 적재하는 충전용기는 충전량이 20[kg] 이하이어야 한다.
③ 적재하는 충전용기의 적재수는 2개를 초과하지 않아야 한다.
④ 적재하는 충전용기의 충전량이 10[kg] 이하인 경우에는 적재수를 4개까지 할 수 있다.

3-2. 고압가스를 운반하는 차량의 경계표지에 대한 기준 중 옳지 않은 것은? [2006년 제2회, 2010년 제2회 유사]

① 경계표지는 차량의 앞뒤에서 명확하게 볼 수 있도록 '위험고압가스'라 표시한다.
② 삼각기는 운전석 외부의 보기 쉬운 곳에 게시한다. 단, RTC의 경우는 좌우에서 볼 수 있도록 하여야 한다.
③ 경계표지 크기의 가로 치수는 차체 폭의 20[%] 이상, 세로 치수는 가로 치수의 30[%] 이상으로 된 직사각형으로 한다.
④ 경계표지에 사용되는 문자는 KS M 5334(발광도료) 또는 KS A 3507(보안용 반사시트 및 테이프)에 따라 사용한다.

3-3. 고압가스 운반 시에 준수하여야 할 사항으로 옳지 않은 것은? [2007년 제3회 유사, 2008년 제3회 유사, 2013년 제3회 유사, 2014년 제1회 유사, 2015년 제3회 유사, 2017년 제2회]

① 밸브가 돌출한 충전용기는 캡을 씌운다.
② 운반 중 충전용기의 온도는 40[℃] 이하로 유지한다.
③ 오토바이에 20[kg] LPG 용기 3개까지는 적재할 수 있다.
④ 염소와 수소는 동일 차량에 적재 운반을 금한다.

핵심예제

3-4. 고압가스 충전용기를 운반할 때의 기준으로 틀린 것은?

[2004년 제3회, 2008년 제3회, 2009년 제1회, 2013년 제1회, 2020년 제3회]

① 충전용기와 등유는 동일 차량에 적재하여 운반하지 않는다.
② 충전량이 30[kg] 이하이고, 용기수가 2개를 초과하지 않는 경우에는 오토바이에 적재하여 운반할 수 있다.
③ 충전용기 운반 차량은 '위험고압가스'라는 경계표시를 하여야 한다.
④ 충전용기 운반 차량에는 운반기준 위반행위를 신고할 수 있도록 안내물을 부착하여야 한다.

3-5. 안전관리상 동일 차량으로 적재 운반할 수 없는 것은?

[2008년 제2회, 2013년 제1회 유사, 2017년 제3회 유사, 2020년 제3회]

① 질소와 수소
② 산소와 암모니아
③ 염소와 아세틸렌
④ LPG와 염소

3-6. 고압가스 용기를 운반할 때 혼합 적재를 금지하는 기준으로 틀린 것은? [2014년 제2회 유사, 2016년 제2회, 2017년 제1회 유사]

① 염소와 아세틸렌은 동일 차량에 적재하여 운반하지 않는다.
② 염소와 수소는 동일 차량에 적재하여 운반하지 않는다.
③ 가연성 가스와 산소를 동일 차량에 적재하여 운반할 때에는 그 충전용기의 밸브가 서로 마주 보지 않도록 적재한다.
④ 충전용기와 석유류는 동일 차량에 적재할 때에는 완충판 등으로 조치하여 운반한다.

3-7. 고압가스 운반기준에 대한 설명으로 틀린 것은?

[2003년 제2회, 2011년 제3회 유사, 2016년 제1회, 2018년 제3회 유사]

① 운반 중 충천용기는 항상 40[℃] 이하를 유지한다.
② 가연성 가스와 산소는 동일 차량에 적재해서는 안 된다.
③ 충전용기와 휘발유는 동일 차량에 적재해서는 안 된다.
④ 납붙임용기에 고압가스를 충전하여 운반 시에는 주의사항 등을 기재한 포장상자에 넣어서 운반한다.

3-8. 용기에 의한 고압가스의 운반기준으로 틀린 것은?

[2017년 제1회]

① 운반 중 도난당하거나 분실한 때에는 즉시 그 내용을 경찰서에 신고한다.
② 충전용기 등을 적재한 차량은 제1종 보호시설에서 15[m] 이상 떨어진 안전한 장소에 주정차한다.
③ 액화가스 충전용기를 차량에 적재하는 때에는 적재함에 세워서 적재한다.
④ 충전용기를 운반하는 모든 운반 전용 차량의 적재함에는 리프트를 설치한다.

3-9. 고압가스 운반 차량에 대한 설명으로 틀린 것은?

[2014년 제3회, 2019년 제2회]

① 액화가스를 충전하는 탱크에는 요동을 방지하기 위한 방파판 등을 설치한다.
② 허용농도가 200[ppm] 이하인 독성가스는 전용 차량으로 운반한다.
③ 가스 운반 중 누출 등의 위해 우려가 있는 경우에는 소방서 및 경찰서에 신고한다.
④ 질소를 운반하는 차량에는 소화설비를 반드시 휴대하여야 한다.

3-10. 고압가스용 차량에 고정된 탱크의 설계기준으로 틀린 것은? [2007년 제2회 유사, 2014년 제2회 유사, 2017년 제3회]

① 탱크의 길이 이음 및 원주 이음은 맞대기 양면 용접으로 한다.
② 용접하는 부분의 탄소강은 탄소 함유량을 1.0[%] 미만으로 한다.
③ 탱크에는 지름 375[mm] 이상의 원형 맨홀 또는 긴 지름 375[mm] 이상, 짧은 지름 275[mm] 이상의 타원형 맨홀을 1개 이상 설치한다.
④ 탱크의 내부에는 차량의 진행 방향과 직각이 되도록 방파판을 설치한다.

3-11. 차량에 고정된 탱크 운반 차량의 운반기준 중 다음 ( ) 안에 옳은 것은? [2003년 제3회, 2004년 제3회 유사, 2008년 제1회 유사, 제3회 유사, 2015년 제1회 유사, 2019년 제1회]

가연성 가스(액화석유가스를 제외한다) 및 산소탱크의 내용적은 (Ⓐ)[L], 독성가스(액화암모니아를 제외한다)의 탱크의 내용적은 (Ⓑ)[L]를 초과하지 않을 것

① Ⓐ 20,000, Ⓑ 15,000
② Ⓐ 20,000, Ⓑ 10,000
③ Ⓐ 18,000, Ⓑ 12,000
④ Ⓐ 16,000, Ⓑ 14,000

핵심예제

3-12. 고압가스 충전용기(비독성)의 차량 운반 시 '운반책임자'가 동승해야 하는 기준으로 틀린 것은?

[2003년 제1회, 2007년 제3회 유사, 2008년 제1회 유사, 2009년 제3회 유사, 2012년 제3회 유사, 2013년 제3회 유사, 2015년 제2회 유사, 2017년 제2회 유사, 2018년 제2회, 2020년 제1·2회 통합 유사, 제3회 유사]

① 압축 가연성 가스 – 용적 300[m^3] 이상
② 압축 조연성 가스 – 용적 600[m^3] 이상
③ 액화 가연성 가스 – 질량 3,000[kg] 이상
④ 액화 조연성 가스 – 질량 5,000[kg] 이상

3-13. 저장시설로부터 차량에 고정된 탱크에 가스를 주입하는 작업을 할 경우 차량 운전자는 작업기준을 준수하여 작업하여야 한다. 다음 중 틀린 것은? [2008년 제1회, 2019년 제1회]

① 차량이 앞뒤로 움직이지 않도록 차바퀴의 전후를 고정목 등으로 확실하게 고정시킨다.
② '이입작업 중(충전 중) 화기엄금'의 표시판이 눈에 잘 띄는 곳에 세워져 있는가를 확인한다.
③ 정전기 제거용의 접지코드를 기지(基地)의 접지탭에 접속하여야 한다.
④ 운전자는 이입작업이 종료될 때까지 운전석에 위치하여 만일의 사태가 발생하였을 때 즉시 엔진을 정지할 수 있도록 대비하여야 한다.

3-14. 차량에 고정된 탱크 운반 차량의 기준으로 옳지 않은 것은? [2018년 제1회]

① 이입작업 시 차바퀴 전후를 차바퀴 고정목 등으로 확실하게 고정시킨다.
② 저온 및 초저온가스의 경우에는 면장갑을 끼고 작업한다.
③ 탱크 운전자는 이입작업이 종료될 때까지 탱크로리 차량의 긴급차단장치 부근에 위치한다.
④ 이입작업은 그 사업소의 안전관리자 책임하에 차량의 운전자가 한다.

3-15. 차량에 고정된 탱크의 운반기준에 대한 설명으로 옳지 않은 것은? [2011년 제1회]

① 탱크 정상부의 높이가 차량 정상부의 높이보다 높을 경우에는 높이를 측정하는 기구를 설치한다.
② 후부취출식 탱크 외의 탱크는 후면과 차량 뒷범퍼와의 수평거리가 30[cm] 이상이 되도록 탱크를 차량에 고정시킨다.
③ 충전관에는 안전밸브, 압력계 및 긴급탈압밸브를 설치한다.
④ 탱크 주밸브, 긴급차단장치에 속하는 밸브 그 밖의 중요한 부속품이 돌출된 저장탱크는 그 부속품을 차량의 우측면이 아닌 곳에 설치한 단단한 조작상자 내에 설치한다.

3-16. 차량에 고정된 탱크를 운행할 때의 주의사항으로 옳지 않은 것은? [2004년 제1회, 2015년 제2회]

① 차를 수리할 때에는 반드시 사람의 통행이 없고 밀폐된 장소에서 한다.
② 운행 중은 물론 정차 시에도 허용된 장소 이외에서는 담배를 피우거나 화기를 사용하지 않는다.
③ 운행 시 도로교통법을 준수하고 번화가를 피하여 운행한다.
④ 화기를 사용하는 수리는 가스를 완전히 빼고 질소나 불활성가스로 치환한 후 실시한다.

3-17. 차량에 고정된 탱크를 운행하고자 할 경우에는 사전에 점검하여야 한다. 운행 전의 점검내용과 관계없는 것은?

[2004년 제3회]

① 탱크와 그 부속품 점검
② 차량의 점검
③ 탑재기기의 점검
④ 밸브 등의 이완의 점검

3-18. 차량에 고정된 탱크의 안전운행기준으로 운행을 완료하고 점검하여야 할 사항이 아닌 것은?

[2013년 제2회, 2017년 제1회]

① 밸브의 이완 상태
② 부속품 등의 볼트 연결 상태
③ 자동차 운행등록허가증 확인
④ 경계표지 및 휴대품 등의 손상 유무

핵심예제

3-19. 산소 및 독성가스의 운반 중 가스 누출 부분의 수리가 불가능한 사고 발생 시 응급조치사항으로 틀린 것은?

[2006년 제2회 유사, 2010년 제2회 유사, 2012년 제1회, 2015년 제2회, 2020년 제1·2회 통합 유사]

① 상황에 따라 안전한 장소로 운반한다.
② 부근에 있는 사람을 대피시키고, 동행인은 교통 통제를 하여 출입을 금지시킨다.
③ 화재가 발생한 경우 소화하지 말고 즉시 대피한다.
④ 독성가스가 누출된 경우에는 가스를 제독한다.

3-20. 차량에 고정된 탱크로 가연성 가스를 적재하여 운반할 때 휴대하여야 할 소화설비의 기준으로 옳은 것은?

[2009년 제2회, 2010년 제1회 유사, 2012년 제3회, 2019년 제3회]

① BC용, B-10 이상 분말소화제를 2개 이상 비치
② BC용, B-8 이상 분말소화제를 2개 이상 비치
③ ABC용, B-10 이상 포말소화제를 1개 이상 비치
④ ABC용, B-8 이상 포말소화제를 1개 이상 비치

3-21. 차량에 고정된 탱크에 의하여 고압가스를 운반할 때 설치하여야 하는 소화설비의 기준 중 틀린 것은?

[2007년 제1회, 2013년 제2회]

① 가연성 가스는 분말소화제 사용
② 산소는 분말소화제 사용
③ 가연성 가스의 소화기 능력단위는 BC용, B-10 이상
④ 산소의 소화기 능력단위는 ABC용, B-12 이상

3-22. 2개 이상의 탱크를 동일한 차량에 고정하여 운반하는 경우의 기준에 대한 설명으로 틀린 것은?

[2009년 제3회 유사, 2014년 제3회, 2018년 제1회, 2019년 제2회 유사]

① 충전관에는 유량계를 설치한다.
② 충전관에는 안전밸브를 설치한다.
③ 탱크마다 탱크의 주밸브를 설치한다.
④ 탱크와 차량의 사이를 단단하게 부착하는 조치를 한다.

3-23. 고압가스 충전용기 등의 적재, 취급, 하역 운반 요령에 대한 설명으로 가장 옳은 것은? [2010년 제3회, 2018년 제3회]

① 교통량이 많은 장소에서는 엔진을 켜고 용기 하역작업을 한다.
② 경사진 곳에서는 주차 브레이크를 걸어 놓고 하역작업을 한다.
③ 충전용기를 적재한 차량은 제1종 보호시설과 10[m] 이상의 거리를 유지한다.
④ 차량의 고장 등으로 인하여 정차하는 경우는 적색 표지판 등을 설치하여 다른 차와의 충돌을 피하기 위한 조치를 한다.

3-24. 차량에 고정된 탱크에서 저장탱크로 가스 이송작업 시의 기준에 대한 설명이 아닌 것은? [2014년 제1회, 2018년 제2회]

① 탱크의 설계압력 이상으로 가스를 충전하지 아니한다.
② LPG 충전소 내에서는 동시에 2대 이상의 차량에 고정된 탱크에서 저장설비로 이송작업을 하지 아니한다.
③ 플로트식 액면계로 가스의 양을 측정 시에는 액면계 바로 위에 얼굴을 내밀고 조작하지 아니한다.
④ 이송 전후에 밸브의 누출 여부를 점검하고 개폐는 서서히 행한다.

3-25. 탱크로리에서 저장탱크로 액화석유가스를 이송하는 방법이 아닌 것은? [2006년 제1회 유사, 제3회 유사, 2012년 제2회 유사, 2014년 제2회 유사, 2015년 제2회]

① 액송펌프에 의한 방법
② 압축기를 이용하는 방법
③ 압축가스 용기에 의한 방법
④ 탱크의 자체 압력에 의한 방법

3-26. 액화석유가스를 이송할 때 펌프를 이용하는 방법에 비하여 압축기를 이용할 때의 장점에 해당하지 않는 것은?

[2003년 제2회 유사, 2006년 제2회 유사, 2009년 제2회 유사, 2018년 제1회, 제3회 유사]

① 베이퍼로크 현상이 없다.
② 잔가스 회수가 가능하다.
③ 서징(Surging)현상이 없다.
④ 충전작업 시간이 단축된다.

3-27. 액화석유가스 이송 시 베이퍼로크 현상을 방지하기 위한 방법으로 가장 적절한 것은? [2003년 제3회, 2007년 제1회]

① 흡입배관을 크게 한다.
② 토출배관을 크게 한다.
③ 펌프의 회전수를 크게 한다.
④ 펌프의 설치 위치를 높인다.

|해설|

3-1
적재하는 충전용기의 충전량이 10[kg] 이하인 경우에도 적재수는 2개를 초과할 수 없다.

3-2
경계표지 크기의 가로 치수는 차체 폭의 30[%] 이상, 세로 치수는 가로 치수의 20[%] 이상으로 된 직사각형으로 한다.

3-3
오토바이에 20[kg] LPG 용기 2개까지는 적재할 수 있다.

3-4
충전량이 20[kg] 이하인 경우에는 오토바이에 적재하여 운반할 수 있다.

3-5
염소는 조연성 가스이고 아세틸렌은 가연성 가스이므로, 동일 차량에 적재하면 매우 위험하다.

3-6
충전용기와 휘발유나 경유는 동일 차량에 적재하여 운반하지 않는다.

3-7
가연성 가스와 산소를 동일 차량에 적재하여 운반하는 때에는 그 충전용기의 밸브가 서로 마주 보지 않도록 적재하여야 한다.

3-8
충전용기를 운반하는 가스 운반 전용 차량의 적재함에는 리프트를 설치한다.

3-9
불활성 가스인 질소를 운반하는 차량에는 소화설비를 반드시 휴대할 필요가 없다.

3-10
용접하는 부분의 탄소강은 탄소 함유량을 0.35[%] 미만으로 한다.

3-11
차량에 고정된 탱크 운반차량의 운반기준 : 가연성 가스(액화석유가스를 제외한다) 및 산소탱크의 내용적은 18,000[L], 독성가스(액화암모니아를 제외한다)의 탱크의 내용적은 12,000[L]를 초과하지 않을 것

3-12
운반책임자 동승기준

가스의 종류		기 준
액화가스	가연성 가스	3,000[kg] 이상
	독성가스	1,000[kg] 이상
	조연성 가스	6,000[kg] 이상
압축가스	가연성 가스	300[m^3] 이상
	독성가스	100[m^3] 이상
	조연성 가스	600[m^3] 이상

3-13
운전자는 이입작업이 종료될 때까지 운전석에 위치할 필요가 없고, 엔진은 이입작업 전에 끈다.

3-14
저온 및 초저온가스의 경우에는 가죽장갑을 끼고 작업한다.

3-16
차를 수리할 때는 통풍이 양호한 장소에서 실시한다.

3-17
밸브 등의 이완 점검은 차량에 고정된 탱크의 안전운행기준으로 운행을 완료하고 점검하여야 할 사항에 해당한다.

3-18
차량에 고정된 탱크의 안전운행기준으로 운행을 완료하고 점검하여야 할 사항
- 밸브의 이완 상태
- 경계표지 및 휴대품 등의 손상 유무
- 부속품 등의 볼트 연결 상태
- 높이검지봉과 부속배관 등의 부착 상태
- 가스의 누출 등의 이상 유무

3-19
화재가 발생한 경우 용기 파열 등의 위험이 없다고 인정될 때는 소화한다.

3-20

가스의 구분	소화기의 종류		비치 개수
	소화약제 종류	능력단위	
가연성 가스	분말 소화제	BC용, B-10 이상 또는 ABC용, B-12 이상	차량 좌우에 각각 1개 이상
산 소		BC용, B-8 이상 또는 ABC용, B-10 이상	차량 좌우에 각각 1개 이상

3-21
산소의 소화기 능력단위는 BC용, B-8 이상 또는 ABC용, B-10 이상

3-22
충전관에는 안전밸브, 압력계 및 긴급탈압밸브 등을 설치한다.

3-23
① 교통량이 많은 장소에서는 하역작업을 하지 아니한다.
② 경사진 곳에서는 하역작업을 하지 아니한다.
③ 충전용기를 적재한 차량은 제1종 보호시설과 15[m] 이상의 거리를 유지한다.

3-24
슬립 튜브식 액면계로 가스의 양을 측정 시에는 액면계 바로 위에 얼굴이나 몸을 내밀고 조작하지 아니한다.

3-25
액화석유가스 이송방법에는 탱크의 자체 압력에 의한 방법, 차압에 의한 방법, 액송펌프에 의한 방법, 압축기를 이용하는 방법 등이 있다. 아닌 것으로 압축가스 용기에 의한 방법, 위치에너지를 이용한 자연충전방법, 비중차에 의한 방법, 파이프라인을 이용하는 방법 등이 출제된다.

3-26
액화석유가스 이송 시 압축기를 이용하면 베이퍼로크 현상은 없으나 서징(Surging)현상은 발생할 수 있다.

3-27
② 토출배관을 작게 한다.
③ 펌프의 회전수를 줄인다.
④ 펌프의 설치 위치를 낮춘다.

정답 3-1 ④ 3-2 ③ 3-3 ③ 3-4 ② 3-5 ③ 3-6 ④ 3-7 ② 3-8 ④ 3-9 ④ 3-10 ② 3-11 ③ 3-12 ④ 3-13 ④ 3-14 ② 3-15 ④ 3-16 ① 3-17 ④ 3-18 ③ 3-19 ③ 3-20 ① 3-21 ④ 3-22 ① 3-23 ④ 3-24 ③ 3-25 ③ 3-26 ③ 3-27 ①

제2절 | 고압가스의 안전관리

핵심이론 01 고압가스 안전관리의 개요

① 용 어

㉠ 사용시설 : 사용설비 및 이에 부수되는 사무실, 그 밖의 건축물 · 소화기 · 가스누설검지경보장치 · 재해설비 · 동력설비 등 특수고압가스의 사용을 위한 시설

㉡ 설 비

- 가스설비 : 고압가스의 제조 · 저장설비(제조 · 저장설비에 부착된 배관을 포함하며, 사업소 밖에 있는 배관 제외) 중 가스(해당 제조 · 저장하는 고압가스, 제조공정 중에 있는 고압가스가 아닌 상태의 가스 및 해당 고압가스 제조의 원료가 되는 가스를 말한다)가 통하는 부분
- 고압가스설비 : 가스설비 중 고압가스가 통하는 부분
- 고압가스용 실린더 캐비닛 : 용기를 장착하여 고압가스 등을 사용하기 위한 것으로서 배관과 안전장치 등이 일체로 구성된 설비
- 사용설비 : 저장설비 · 배관 · 조정기 · 감압설비 등 특수고압가스의 사용을 위한 설비
- 수소압축가스설비 : 압축기로부터 압축된 수소가스를 저장하기 위한 것으로, 설계압력이 41[MPa]을 초과하는 압력용기
- 저장설비 : 고압가스를 충전 · 저장하기 위한 설비로서 저장탱크 및 충전용기보관설비
- 처리설비 : 압축 · 액화 및 그 밖의 방법으로 가스를 처리할 수 있는 설비 중 고압가스의 제조(충전 포함)에 필요한 설비와 저장탱크에 부속된 펌프 · 압축기 및 기화장치

㉢ 탱 크

- 저장탱크 : 고압가스를 충전 · 저장하기 위해 지상 또는 지하에 고정 설치된 탱크
  - 가연성 가스 저온 저장탱크 : 대기압에서의 끓는 점이 0[℃] 이하인 가연성 가스를 0[℃] 이하인 액체 또는 해당 가스 기상부의 상용압력이 0.1

[MPa] 이하인 액체 상태로 저장하기 위한 저장탱크로서, 단열재를 씌우거나 냉동설비로 냉각하는 등의 방법으로 저장탱크 내의 가스온도가 상용온도를 초과하지 아니하도록 한 것

- 저온 저장탱크 : 액화가스를 저장하기 위한 저장탱크로서 단열재를 씌우거나 냉동설비로 냉각시키는 등의 방법으로 저장탱크 내의 가스온도가 상용의 온도를 초과하지 아니하도록 한 것 중 초저온 저장탱크와 가연성 가스 저온 저장탱크를 제외한 것
- 초저온 저장탱크 : -50[℃] 이하의 액화가스를 저장하기 위한 저장탱크로서, 단열재를 씌우거나 냉동설비로 냉각시키는 등의 방법으로 저장탱크 내의 가스온도가 상용의 온도를 초과하지 아니하도록 한 것

• 차량에 고정된 탱크 : 고압가스의 수송·운반을 위해 차량에 고정 설치된 탱크

㉣ 용 기

• 저온용기 : 액화가스를 충전하기 위한 용기로서 단열재를 씌우거나 냉동설비로 냉각시키는 등의 방법으로 용기 내의 가스온도가 상용의 온도를 초과하지 아니하도록 한 것 중 초저온용기 외의 것

• 접합 또는 납붙임용기 : 동판 및 경판을 각각 성형하여 심(Seam)용접이나 그 밖의 방법으로 접합하거나 납붙임하여 만든 내용적 1[L] 이하인 일회용 용기

• 초저온용기 : -50[℃] 이하의 액화가스를 충전하기 위한 용기로서, 단열재를 씌우거나 냉동설비로 냉각시키는 등의 방법으로 용기 내의 가스온도가 상용온도를 초과하지 아니하도록 한 것

• 이음매 없는 용기 : 동판 및 경판을 일체로 성형하여 이음매 없이 제조한 용기

㉤ 압 력

• 설계압력 : 고압가스 용기 등의 각 부의 계산 두께 또는 기계적 강도를 결정하기 위해 설계된 압력

㉥ 이외의 용어

• 시공감리 : 고압가스 배관이 관계법령의 규정에 적합하게 시공되는지의 여부를 시장·군수·구청장이 시공감리하기 위한 제도로서, 한국가스안전공사가 시장·군수·구청장으로부터 시공감리 권한을 위탁받아 한국가스안전공사의 명의와 권한으로 고압가스 배관의 공사현장에 상주하여 시공과정의 일체를 확인·감리하는 것

• 정밀안전검진 : 대형 가스사고를 방지하기 위하여 오래되어 낡은 고압가스 제조시설의 가동을 중지한 상태에서 가스안전관리전문기관이 정기적으로 첨단장비와 기술을 이용하여 잠재된 위험요소와 원인을 찾아내고 그 제거방법을 제시하는 것

• 정밀안전진단 : 가스안전관리전문기관이 가스 사고를 방지하기 위하여 가스 공급시설에 대하여 장비와 기술을 이용하여 잠재된 위험요소와 원인을 찾아내는 것

• 처리능력 : 처리설비 또는 감압설비로 압축·액화 및 그 밖의 방법으로 1일에 처리할 수 있는 가스의 양

- 처리능력은 공정흐름도(PFD ; Process Flow Diagram)의 물질수지(Material Balance)를 기준으로 액화가스는 무게([kg])로, 압축가스는 용적(온도 0[℃], 게이지압력 0[Pa]의 상태를 기준으로 한 [m^3])으로 계산한다.
- 처리능력은 가스 종류별로 구분하고 원료가 되는 고압가스와 제조되는 고압가스가 중복되지 않도록 계산한다.

② 고압가스의 분류

㉠ 상태에 따른 분류

• 압축가스 : 상온에서 압축하여도 액화하기 어려운 가스로, 임계온도(기체가 액체로 되기 위한 최고온도)가 상온보다 낮아 상온에서 압축시켜도 액화되지 않고 단지 기체 상태로 압축된 가스(예 수소, 산소, 질소, 메탄 등)

• 액화가스 : 상온에서 가압 또는 냉각에 의해 비교적 쉽게 액화되는 가스로, 임계온도가 상온보다 높아 상온에서 압축시키면 비교적 쉽게 액화되어 액체 상태로 용기에 충전하는 가스(예 액화암모니아, 염소, 프로판, 산화에틸렌 등)

• 용해가스 : 가스의 독특한 특성 때문에 용매를 추진시킨 다공물질에 용해시켜 사용되는 가스로, 아세틸렌가스는 압축하거나 액화시키면 분해폭발을

일으키므로 용기에 다공물질과 가스를 잘 녹이는 용제(예 아세톤, 다이메틸폼아마이드 등)를 넣어 용해시켜 충전한다(예 아세틸렌).

㉡ 연소성에 따른 분류

- 가연성 가스 : 산소와 결합하여 빛과 열을 내며 연소하는 가스로, 수소 · 메탄 · 에탄 · 프로판 등 32종과 공기 중에 연소하는 가스로서 폭발한계하한이 10[%] 이하인 것과 폭발한계의 상 · 하한의 차가 20[%] 이상인 것을 대상으로 한다(예 메탄, 에탄, 프로판, 부탄, 수소 등).
- 불연성 가스 : 스스로 연소하지도 못하고 다른 물질을 연소시키는 성질도 갖지 않는 가스(예 질소, 이산화탄소, 아르곤 등 불활성 가스)
- 조연성 가스 : 가연성 가스가 연소되는 데 필요한 가스, 지연성 가스라고도 한다(예 공기, 산소, 염소 등).

㉢ 독성에 따른 분류

- 독성가스 : 공기 중에 일정량 존재하면 인체에 유해한 가스로, 허용농도가 200[ppm] 이하인 가스이다(예 염소, 암모니아, 일산화탄소 등 31종).
- 비독성 가스 : 공기 중에 어떤 농도 이상 존재하여도 유해하지 않는 가스이다(예 산소, 수소 등).

㉣ 고압가스법에 의한 고압가스의 종류(고압가스법 시행령 제2조)

- 상용의 온도에서 압력(게이지압력)이 1[MPa] 이상이 되는 압축가스로서 실제로 그 압력이 1[MPa] 이상이 되는 것 또는 35[℃]의 온도에서 압력이 1[MPa] 이상이 되는 압축가스(아세틸렌가스는 제외)
- 15[℃]의 온도에서 압력이 0[Pa]을 초과하는 아세틸렌가스
- 상용의 온도에서 압력이 0.2[MPa] 이상이 되는 액화가스로서 실제로 그 압력이 0.2[MPa] 이상이 되는 것 또는 압력이 0.2[MPa]이 되는 경우의 온도가 35[℃] 이하인 액화가스
- 35[℃]의 온도에서 압력이 0[Pa]을 초과하는 액화가스 중 액화사이안화수소 · 액화브롬화메탄 및 액화산화에틸렌가스

㉤ 적용범위에서 제외되는 고압가스(고압가스법 시행령 별표 1)

- 보일러 안과 그 도관 안의 고압증기
- 철도차량의 에어컨디셔너 안의 고압가스
- 선박 안의 고압가스
- 광산에 소재하는 광업을 위한 설비 안의 고압가스
- 항공기 안의 고압가스
- 발전 · 변전 또는 송전을 위하여 설치하는 전기설비 또는 전기를 사용하기 위하여 설치하는 변압기 · 리액터 · 개폐기 · 자동차단기로서 가스를 압축 또는 액화 그 밖의 방법으로 처리하는 그 전기설비 안의 고압가스
- 원자로 및 그 부속설비 안의 고압가스
- 내연기관의 시동, 타이어의 공기 충전, 리베팅, 착암 또는 토목공사에 사용되는 압축장치 안의 고압가스
- 오토크레이브 안의 고압가스(수소 · 아세틸렌 및 염화비닐은 제외)
- 액화브롬화메탄 제조설비 외에 있는 액화브롬화메탄
- 등화용의 아세틸렌가스
- 청량 음료수 · 과실주 또는 발포성 주류에 혼합된 고압가스
- 냉동능력이 3[ton] 미만인 냉동설비 안의 고압가스
- 내용적 1[L] 이하의 소화기용 용기 또는 소화기에 내장되는 용기 안에 있는 고압가스
- 정부 · 지방자치단체 · 자동차제작자 또는 시험연구기관이 시험 · 연구목적으로 제작하는 고압가스 연료용 차량 안의 고압가스
- 총포에 충전하는 고압공기 또는 고압가스
- 국가기관에서 특수한 목적으로 사용하는 휴대용 최루액 분사기에 최루액 추진재로 충전되는 고압가스
- 35[℃]의 온도에서 게이지압력이 4.9[MPa] 이하인 유닛형 공기압축장치(압축기, 공기탱크, 배관, 유수분리기 등의 설비가 동일한 프레임 위에 일체로 조립된 것. 단, 공기액화분리장치는 제외) 안의 압축공기
- 한국가스안전공사 또는 한국표준과학연구원에서 표준가스를 충전하기 위한 정밀충전설비 안의 고압가스

- 무기체계에 사용되는 용기 등 안의 고압가스
- 어선 안의 고압가스
- 그 밖에 산업통상자원부장관이 위해 발생의 우려가 없다고 인정하는 고압가스

③ 배치기준

㉠ 화기와의 거리

- 가스설비와 저장설비 외면으로부터 화기(그 설비 안의 것을 제외)를 취급하는 장소 사이에 유지하여야 하는 거리
  - 고압가스 : 우회거리 2[m] 이상
  - 가연성 가스, 산소 : 8[m] 이상
- 우회거리는 가스설비 및 저장설비 외면으로부터 화기를 취급하는 장소까지의 최단수평거리로서, 가스설비 및 저장설비와 화기를 취급하는 장소 사이에 유동방지시설을 설치하는 경우에는 이 시설을 우회한 거리
- 가스설비 등(가연성 가스의 가스설비 또는 사용시설에 관련된 저장설비, 기화장치 및 이들 사이의 배관)에서 누출된 가연성 가스가 화기를 취급하는 장소로 유동하는 것을 방지하기 위하여 유동방지시설을 설치한다. 단, 가스설비 등이 화기와의 거리 이상을 유지한 경우에는 유동방지시설을 설치하지 않을 수 있다.
- 가연성 가스시설의 유동방지시설 기준
  - 유동방지시설은 높이 2[m] 이상의 내화성 벽으로 하고, 저장설비 및 가스설비와 화기를 취급하는 장소 사이는 우회수평거리 8[m] 이상을 유지한다.
  - 불연성 건축물 안에서 화기를 사용하는 경우, 가스설비 등으로부터 수평거리 8[m] 이내에 있는 건축물 개구부는 방화문 또는 망입유리로 폐쇄하고, 사람이 출입하는 출입문은 이중문으로 한다.

㉡ 보호시설과의 안전거리 : 고압가스용기의 보관실 중 보관할 수 있는 고압가스의 용적이 300[m^3](액화가스는 3[ton])를 넘는 보관실은 그 외면으로부터 보호시설(사업소 안에 있는 보호시설 및 전용공업지역 안에 있는 보호시설 제외)까지 규정된 안전거리 이상을 유지한다.

- 산소의 처리설비 및 저장설비

처리 및 저장능력[kg]	제1종 보호시설	제2종 보호시설
1만 이하	12[m]	8[m]
1만 초과 2만 이하	14[m]	9[m]
2만 초과 3만 이하	16[m]	11[m]
3만 초과 4만 이하	18[m]	13[m]
4만 초과	20[m]	14[m]

- 독성가스 또는 가연성 가스의 처리설비 및 저장설비

<table>
<tr><th>처리 및 저장능력[kg]</th><th>제1종 보호시설</th><th>제2종 보호시설</th></tr>
<tr><td>1만 이하</td><td>17[m]</td><td>12[m]</td></tr>
<tr><td>1만 초과 2만 이하</td><td>21[m]</td><td>14[m]</td></tr>
<tr><td>2만 초과 3만 이하</td><td>24[m]</td><td>16[m]</td></tr>
<tr><td>3만 초과 4만 이하</td><td>27[m]</td><td>18[m]</td></tr>
<tr><td>4만 초과 5만 이하</td><td>30[m]</td><td>20[m]</td></tr>
<tr><td rowspan="2">5만 초과 99만 이하</td><td>30[m]</td><td>20[m]</td></tr>
<tr><td>가연성 가스 저온 저장탱크는 $\frac{3}{25}\sqrt{X+10,000}$[m]</td><td>가연성 가스 저온 저장탱크는 $\frac{2}{25}\sqrt{X+10,000}$[m]</td></tr>
<tr><td rowspan="2">99만 초과</td><td>30[m]</td><td>20[m]</td></tr>
<tr><td>가연성 가스 저온 저장탱크는 120[m]</td><td>가연성 가스 저온 저장탱크는 80[m]</td></tr>
</table>

- 그 밖의 가스의 처리설비 및 저장설비

저장능력[kg]	제1종 보호시설	제2종 보호시설
1만 이하	8[m]	5[m]
1만 초과 2만 이하	9[m]	7[m]
2만 초과 3만 이하	11[m]	8[m]
3만 초과 4만 이하	13[m]	9[m]
4만 초과	14[m]	10[m]

- 각 저장능력의 단위 및 X는 저장능력으로서 압축가스의 경우에는 [m^3], 액화가스의 경우에는 [kg]으로 한다.
- 동일 사업소 안에 2개 이상의 저장설비가 있는 경우에는 그 저장능력별로 각각 안전거리를 유지한다.
- 저장설비를 지하에 설치할 경우의 안전거리는 지상에 설치할 경우의 안전거리의 1/2로 할 수 있다.

㉢ 다른 설비와의 거리

- 안전구역 안의 고압가스설비(배관 제외)의 외면으로부터 다른 안전구역 안에 있는 고압가스설비의 외면까지 유지하여야 할 거리는 30[m] 이상으로 한다(하나의 안전관리체계로 운영되는 2개 이상의 제조소가 한 사업장 안에 공존하는 경우에도 이 기준을 적용).
- 가연성 가스 저장탱크의 외면으로부터 처리능력이 20만[m^3] 이상인 압축기까지 유지하여야 하는 거리는 30[m] 이상으로 한다.
- 가연성 가스 제조시설의 고압가스설비(저장탱크 및 배관은 제외)는 그 외면으로부터 다른 가연성 가스제조시설의 고압가스설비와 5[m] 이상, 산소 제조시설의 고압가스설비와 10[m] 이상의 거리를 유지하는 등 하나의 고압가스설비에서 발생한 위해요소가 다른 고압가스설비로 전이되지 않도록 필요한 조치를 한다.

㉣ 사업소 경계와의 거리

- 제조설비의 외면으로부터 그 제조소의 경계까지 유지하여야 하는 거리는 20[m] 이상으로 한다.
- 다음에 해당하는 제조소의 제조설비가 인접한 제조소의 제조설비와 인접한 경우에는 해당 제조소의 경계와의 거리를 20[m] 이상 유지하지 아니할 수 있다.
  - 제조설비와 인접한 제조소의 제조설비 사이의 거리가 40[m] 이상 유지되고, 그 안에 다른 제조설비가 설치되지 아니하는 것이 보장되는 경우
  - 비가연성·비독성 가스의 제조설비인 경우
  - 비독성 가스인 가연성 가스의 제조설비로서 연소열량의 수치가 3.4×10^6 미만인 경우

㉤ 안전구역 안의 고압가스설비 연소열량수치(Q)는 다음 연소열량수치 산정기준 중 어느 하나에 따라 산정한 것으로서, 6×10^8 이하로 한다.

- 저장설비 또는 처리설비 안에 1종류의 가스가 있는 경우에는 $Q = K \cdot W$식에 따라 연소열량수치 Q를 구한다.

  여기서, Q : 연소열량의 수치(가스의 단위중량인 진발열량의 수)

  K : 가스의 종류 및 상용의 온도에 따라 표에서 정한 수치

  W : 저장설비 또는 처리설비에 따라 표에서 정한 수치
- 저장설비 안에 두 종류 이상의 가스가 있는 경우에는 각각의 가스량(톤)을 합산한 양의 제곱근 수치에 각각의 가스량에 해당 합계량에 대한 비율을 곱하여 얻은 수치와 각각의 가스에 관계되는 K를 곱해 $K \cdot W$를 구한다. 저장설비 안에 A가스가 W_A톤, B가스가 W_B톤, C가스가 W_C톤이 있고 각 가스의 K값을 K_A, K_B, K_C라 하면 Z와 $K \cdot W$는 다음과 같이 계산한다.

$$Z = W_A + W_B + W_C$$

$$Q = K \cdot W = \left(\frac{K_A W_A}{Z}\right) \times \sqrt{Z} + \left(\frac{K_B W_B}{Z}\right) \times \sqrt{Z} + \left(\frac{K_C W_C}{Z}\right) \times \sqrt{Z}$$

예제

브롬화메틸 30[ton](T=110[℃]), 펩탄 50[ton](T=120[℃]), 사이안화수소 20[ton](T=100[℃])이 저장되어 있는 고압가스특정제조시설의 안전구역 내 고압가스 설비의 연소열량은?(단, T는 사용온도이며, $K = 4.1(T - T_0) \times 10^3$로 산정)

〈상용온도에 따른 K의 수치〉

상용온도[℃]	40 미만	40 이상 70 미만	70 이상 100 미만	100 이상 130 미만	130 이상 160 미만
브롬화메틸	7	12	23	32	12
펩 탄	65	84	240	401	550
사이안화수소	46	59	124	178	255

풀이

$Z = W_A + W_B + W_C = 30 + 50 + 20 = 100[\text{ton}]$

$$Q = K \cdot W = \left(\frac{K_A W_A}{Z}\right) \times \sqrt{Z} + \left(\frac{K_B W_B}{Z}\right) \times \sqrt{Z} + \left(\frac{K_C W_C}{Z}\right) \times \sqrt{Z}$$

$$= \left(\frac{30 \times 32}{100}\right) \times \sqrt{100} + \left(\frac{50 \times 401}{100}\right) \times \sqrt{100} + \left(\frac{20 \times 178}{100}\right) \times \sqrt{100} = 2,457$$

- 처리설비 안에 2종류 이상의 가스가 있는 경우에는 처리설비의 안전거리는 긴급차단밸브로 구분된 구간 안에 있는 처리설비의 $K \cdot W$의 합계치로 구한다.

④ 고압가스시설 안전

㉠ 고압가스 공급시설
- 안전구획 안에 설치
- 안전구역의 면적 : 2만[m^2] 미만

㉡ 고압가스 제조시설
- 독성가스 및 공기보다 무거운 가연성 가스의 제조시설에는 가스누출검지경보장치를 설치할 것
- 안전거리 결정요인 : 가스저장능력, 저장하는 가스의 종류, 안전거리를 유지해야 할 건축물의 종류(가스 사용량은 아니다)

㉢ 고압가스사업소에 설치하는 경계표지
- 경계표지는 외부에서 보기 쉬운 곳에 게시한다.
- 사업소 내 시설 중 일부만 같은 법의 적용을 받을 때에는 사업소 전체가 아닌 해당 시설이 설치되어 있는 구획, 건축물 또는 건축물 내에 구획된 출입구 등에 경계표지를 한다.
- 충전용기 및 잔가스용기 보관 장소는 각각 구획 또는 경계선에 따라 안전 확보에 필요한 용기 상태를 식별할 수 있도록 한다.
- 경계표지는 법의 적용을 받는 시설이라는 것을 외부사람이 명확히 식별할 수 있어야 한다.

㉣ 정밀안전검진 대상시설
- 고압가스 특정제조시설로서 특수반응설비가 설치된 시설
- 노후시설 : 최초의 완성검사를 받은 날부터 15년을 경과한 시설

㉤ 정기점검 : 점검 기록은 2년간 보존

⑤ 고압가스설비 안전

㉠ 고압가스 관련 설비(특정설비) : 차량에 고정된 탱크, 저장탱크, 저장탱크에 부착된 안전밸브 및 긴급차단장치, 기화장치, 압력용기, 평저형 및 이중각 진공단열형 저온 저장탱크, 역화방지장치, 독성가스 배관용 밸브, 자동차용 가스 자동주입기, 냉동용 특정설비(냉동설비를 구성하는 압축기, 응축기, 증발기 또는 압력용기), 대기식 기화장치, 저장탱크 또는 차량에 고정된 탱크에 부착되지 않은 안전밸브 및 긴급차단밸브, 특정고압가스용 실린더 캐비닛, 자동차용 압축천연가스 완속충전설비, 액화석유가스용 용기 잔류가스 회수장치

㉡ 고압가스설비에 설치하는 안전장치의 기준
- 압력계는 상용압력의 1.5배 이상 2배 이하의 최고 눈금이 있는 것일 것
- 아세틸렌 충전용 교체밸브는 충전하는 장소에서 격리하여 설치한다.
- 공기액화분리기에 설치하는 피트는 양호한 환기구조로 한다.
- 에어로졸 제조시설에는 과압을 방지할 수 있는 자동충전기를 설치한다.
- 고압가스설비는 상용압력이 1.5배 이상의 압력으로 내압시험을 실시하여 이상이 없어야 한다.

㉢ 가스혼합기, 가스정제설비, 배송기, 압송기, 그 밖의 가스 공급시설의 부대설비의 거리 규정
- 그 외면으로부터 사업장 경계까지의 거리 : 3[m] 이상 유지
- 최고사용압력이 고압인 경우, 그 외면으로부터 사업장 경계까지의 거리 : 20[m] 이상 유지
- 최고사용압력이 고압인 경우, 그 외면으로부터 제1종 보호시설까지의 거리 : 30[m] 이상 유지

㉣ 내진설계
- 일정 규모 이상의 고압가스 저장탱크 및 압력용기를 설치하는 경우 내진설계를 하여야 한다.

- 내진설계설비 : 내진설계 적용대상인 저장탱크 · 가스홀더 · 응축기 · 수액기, 탑류 및 그 지지구조물과 처리설비(압축기 · 펌프 · 기화기 · 열교환기 · 냉동설비 · 가열설비 · 계량설비 · 정압설비)의 지지구조물
- 내진설계 구조물 : 내진설계설비, 내진설계설비의 기초 또는 내진설계설비와 배관 등의 연결부
- 고압가스법 적용대상시설
  - 고압가스법의 적용을 받는 5[ton](비가연성 가스나 비독성 가스의 경우에는 10[ton]) 또는 500[m^3](비가연성 가스나 비독성 가스의 경우에는 1,000[m^3]) 이상의 저장탱크(지하에 매설하는 것은 제외) 및 압력용기(반응 · 분리 · 정제 · 증류 등을 행하는 탑류로서 동체부의 높이가 5[m] 이상인 것만 적용), 지지구조물 및 기초와 이들의 연결부
  - 고압가스법의 적용을 받는 세로 방향으로 설치한 동체의 길이가 5[m] 이상인 원통형 응축기 및 내용적 5,000[L] 이상인 수액기, 지지구조물 및 기초와 이들의 연결부
- 액화석유가스법 적용대상시설 : 3[ton] 이상의 액화석유가스 저장탱크(지하에 매설하는 것은 제외), 지지구조물 및 기초와 이들의 연결부
- 도시가스사업법 적용대상시설 : 저장능력이 3[ton](압축가스의 경우에는 300[m^3]) 이상인 저장탱크(지하에 매설하는 것은 제외) 또는 가스홀더, 지지구조물 및 기초와 이들의 연결부

ⓜ 압축기는 그 최종단에, 그 밖의 고압가스설비에는 압력이 상용압력을 초과한 경우에 그 압력을 직접 받는 부분마다 각각 내압시험압력의 8/10 이하의 압력에서 작동되도록 안전밸브를 설치해야 한다.

ⓑ 사업소 내 긴급사태 발생 시 신속한 연락을 위해 구비해야 할 통신시설
- 안전관리자가 상주하는 사업소와 현장사업소 또는 현장사무소 상호간 : 구내전화, 구내방송설비, 인터폰, 페이징설비
- 사업소 내 전체 : 구내방송설비, 사이렌, 휴대용 확성기, 페이징설비, 메가폰
- 종업원 상호간 : 페이징설비, 휴대용 확성기, 트랜스시버(계기 등에 대하여 영향이 없는 경우에 한함), 메가폰

⑥ 방호벽 설치 관련 특기사항

㉠ 고압가스 용기 및 차량에 고정된 탱크충전시설, 고압가스 일반제조시설
- 아세틸렌가스나 압력이 9.8[MPa] 이상인 압축가스를 용기에 충전하는 경우에는 압축기와 그 충전장소 사이, 압축기와 그 가스 충전용기 보관 장소 사이, 충전 장소와 그 가스 충전용기 보관 장소 사이 및 충전 장소와 그 충전용 주관밸브 조작밸브 사이에는 그 한쪽에서 발생하는 위해요소가 다른 쪽으로 전이되는 것을 방지하기 위하여 방호벽을 설치한다.
- 방호벽을 설치하지 아니할 수 있는 경우
  - 성능 확인 안전 충전함이 설치된 공기 호흡기용 용기충전시설
  - 공기를 충전하는 시설 중 처리능력이 30[m^3] 이하인 시설

㉡ 특정고압가스 사용시설
- 고압가스의 저장량이 300[kg](압축가스의 경우 1[m^3]를 5[kg]으로 본다) 이상인 용기 보관실의 벽은 방호벽으로 설치한다.
- 용기 보관실의 외면으로부터 보호시설(사업소 안에 있는 보호시설 및 전용공업지역 안에 있는 보호시설 제외)까지 보호시설과의 안전거리 또는 시장 · 군수 · 구청장이 필요하다고 인정하는 지역의 경우는 보호시설과의 거리에 일정거리를 더한 거리를 유지할 경우에는 방호벽을 설치하지 아니할 수 있다.

㉢ 수소자동차 충전시설(제조식, 저장식) : 압축장치와 충전설비 사이 및 압축가스설비와 충전설비 사이에는 가스폭발에 따른 충격에 견딜 수 있고 한쪽에서 발생하는 위해요소가 다른 쪽으로 전이되는 것을 방지하기 위하여 방호벽을 설치한다.

㉣ 고압가스 특정제조시설 : 아세틸렌가스나 압력이 9.8[MPa] 이상인 압축가스를 용기에 충전하는 경우에는 압축기와 그 충전 장소 사이, 압축기와 그 가스 충전용기 보관 장소 사이, 충전 장소와 그 가스 충전용기 보관 장소 사이 및 충전 장소와 그 충전용 주관밸브 조작밸브 사이에는 그 한쪽에서 발생하는 위해요소가 다른 쪽으로 전이되는 것을 방지하기 위하여 방호벽을 설치한다.

⑦ 고압가스의 충전

㉠ 사이안화수소 충전작업

- 용기에 충전하는 사이안화수소는 순도가 98[%] 이상이고, 아황산가스 또는 황산 등의 안정제를 첨가한 것으로 한다.
- 사이안화수소를 충전한 용기는 충전 후 24시간 정치한다.
- 그 후 1일 1회 이상 질산구리벤젠 등의 시험지로 가스의 누출검사를 한다.
- 용기에 충전 연월일을 명기한 표지를 붙이고, 충전한 후 60일이 경과되기 전에 다른 용기에 옮겨 충전한다. 다만, 순도가 98[%] 이상으로서 착색되지 아니한 것은 다른 용기에 옮겨 충전하지 않을 수 있다.

㉡ 아세틸렌 충전작업

- 아세틸렌을 2.5[MPa] 압력으로 압축하는 때에는 질소·메탄·일산화탄소 또는 에틸렌 등의 희석제를 첨가한다.
- 습식 아세틸렌발생기의 표면은 70[℃] 이하의 온도로 유지하고, 그 부근에서는 불꽃이 튀는 작업을 하지 아니한다.
- 아세틸렌을 용기에 충전하는 때에는 미리 용기에 다공물질을 고루 채워 다공도가 75[%] 이상 92[%] 미만이 되도록 한 후 아세톤 또는 다이메틸폼아마이드를 고루 침윤시키고 충전한다.
- 아세틸렌을 용기에 충전하는 때 충전 중의 압력은 2.5[MPa] 이하로 하고, 충전 후에는 15[℃]에서 압력이 1.5[MPa] 이하로 될 때까지 정치하여 둔다.
- 상하의 통으로 구성된 아세틸렌발생장치로 아세틸렌을 제조하는 때에는 사용 후 그 통을 분리하거나 잔류가스가 없도록 조치한다.

㉢ 산소 충전작업

- 산소를 용기에 충전하는 때에는 미리 용기밸브 및 용기의 외부에 석유류 또는 유지류로 인한 오염 여부를 확인하고 오염된 경우에는 용기 내·외부를 세척하거나 용기를 폐기한다.
- 용기와 밸브 사이에는 가연성 패킹을 사용하지 아니한다.
- 산소 또는 천연메탄을 용기에 충전하는 때에는 압축기(산소압축기는 물을 내부 윤활제로 사용한 것에 한정)와 충전용 지관 사이에 수취기를 설치하여 그 가스 중의 수분을 제거한다.
- 밀폐형의 수전 해조에는 액면계와 자동급수장치를 설치한다.

㉣ 산화에틸렌 충전작업

- 산화에틸렌의 저장탱크는 그 내부의 질소가스, 탄산가스 및 산화에틸렌가스의 분위기가스를 질소가스 또는 탄산가스로 치환하고 5[℃] 이하로 유지한다.
- 산화에틸렌을 저장탱크 또는 용기에 충전하는 때에는 미리 그 내부 가스를 질소가스 또는 탄산가스로 바꾼 후에 산 또는 알칼리를 함유하지 아니하는 상태로 충전한다.
- 산화에틸렌의 저장탱크 및 충전용기에는 45[℃]에서 그 내부 가스의 압력이 0.4[MPa] 이상이 되도록 질소가스 또는 탄산가스를 충전한다.

㉤ 방호벽을 설치해야 하는 장소

- 압축기와 그 충전 장소 사이(압축가스의 압력 9.8[MPa] 이상)
- 압축기와 그 가스 충전용기 보관 장소 사이
- 충전장소와 그 충전용 주관밸브 조작밸브 사이
- 판매시설의 용기 보관실 벽

⑧ 점검·검사·시험

㉠ 고압가스 제조설비의 사용 개시 전 점검항목

- 자동제어장치의 기능
- 가스설비의 전반적인 누출 유무
- 배관계통의 밸브 개폐 상황
- 가스설비에 있는 내용물의 상황

- 전기, 물 등 유틸리티 시설의 준비 상황
- 회전기계의 윤활유 보급 상황
- 비상전력 등의 준비 상황

㉡ 검사대상 독성가스 배관용 밸브 : 볼밸브, 글로브밸브, 콕 등

㉢ 고압가스용 용접용기(내용적 500[L] 미만) 제조에 대한 가스 종류별 내압시험 압력의 기준

- 액화프로판 : 2.5[MPa]
- 액화프레온 22 : 2.9[MPa]
- 액화암모니아 : 2.9[MPa]
- 액화부탄 : 0.9[MPa]

㉣ 고압가스용 저장탱크 및 압력용기 제조에 대한 내압시험압력 계산식 $P_t = \mu P\left(\dfrac{\sigma_t}{\sigma_d}\right)$에서 계수 μ의 값

- 설계압력 20.6[MPa] 이하 : 설계압력의 1.3배 이상
- 설계압력 20.6[MPa] 초과 98[MPa] 이하 : 설계압력의 1.25배 이상
- 설계압력 98[MPa] 초과 : 설계압력의 1.1배 이상 1.25배 이하

⑨ 수 리

㉠ 용기 제조자의 수리범위 : 용기 몸체의 용접, 용기 부속품의 부품 교체, 초저온용기의 단열재 교체, 아세틸렌 용기 내의 다공질물 교체, 용기의 스커트·프로텍터·네크링의 교체 및 가공 등

㉡ 고압가스 특정설비 제조자의 수리범위 : 단열재 교체, 특정설비의 부품 교체, 특정설비의 부속품 교체 및 가공(용기밸브의 부품 교체, 냉동기의 부품 교체 등 포함), 용접가공 등

㉢ 특정설비의 부품을 교체할 수 있는 수리자격자 : 특정설비 제조자, 고압가스 제조자, 검사기관 등

㉣ 수리자격별 수리범위

- 저장능력 50[ton]의 액화석유가스용 저장탱크 제조자는 해당 제품의 부속품 교체 및 가공이 가능하며, 필요한 경우 단열재를 교체할 수 있다.
- 액화산소용 초저온용기 제조자는 해당 용기에 부착되는 용기 부속품을 탈부착할 수 있으며 용기 용체의 용접도 가능하다.
- 열처리설비를 갖춘 용기전문검사기관에서는 LPG 용기의 프로텍터, 스커트 교체가 가능하다.
- 저장능력이 50[ton]인 석유정제업자의 석유정제시설에서 고압가스를 제조하는 자는 해당 저장시설의 단열재 교체를 할 수 없으며 특정고압가스를 제조하는 자만이 단열재 교체가 가능하다.

㉤ 가스 치환(저장설비 또는 가스설비의 수리 또는 청소 시 안전사항)

- 작업계획에 따라 해당 책임자의 감독하에 실시한다.
- 탱크 내부의 가스를 그 가스와 반응하지 아니하는 불활성 가스 또는 불활성 액체로 치환한다.
- 가스의 성질에 따라 사업자가 확립한 작업절차서에 따라 가스를 치환하되 불연성 가스설비에 대하여는 치환작업을 생략할 수 있다.
- 독성가스 : 독성가스를 제해시키고 독성가스의 농도가 TLV-TWA 기준농도 이하로 될 때까지 불활성 가스로 치환한 후 작업한다.
- 가연성 가스 : 폭발하한의 1/4 이하(25[%] 이하) 또는 허용농도 이하가 되도록 치환한다.
- 산소가스설비를 수리 또는 청소할 때 산소농도 22[%] 이하가 될 때까지 공기나 질소로 치환한다. 이때 작업원이 들어가는 경우는 산소농도 18~22[%] 범위의 치환을 한다.
- 불활성 가스의 경우 치환작업의 제어점은 산소농도를 최소산소농도(MOC)보다 4[%] 이상 낮게 한다. 즉, 최소산소농도가 10[%]인 경우 치환작업으로 산소농도가 6[%] 이하로 되게 한다.
- 가스 치환 시 농도의 확인은 가스검지기로 한다.
- 고압가스저장시설에서 가연성 가스설비를 수리할 때 가스설비 내를 대기압 이하까지 가스 치환을 해야 하지만, 다음의 경우는 치환을 생략하여도 무방하다.
  - 가스설비의 내용적이 1[m^3]일 때
  - 출입구의 밸브가 확실히 폐지되어 있고 내용적이 5[m^3] 이상의 가스설비에 이르는 사이에 2개 이상의 밸브를 설치한 것
  - 사람이 그 설비의 밖에서 작업할 때

- 화기를 사용하지 않는 작업일 때
- 설비의 간단한 청소 또는 개스킷의 교환 등 경미한 작업을 할 때

• 수리를 끝낸 후에 그 설비가 정상으로 작동하는 것을 확인한 후 충전작업을 한다.

ⓑ 운전 정지 후 수리할 때의 유의사항

• 가스 치환작업
• 배관 차단 확인
• 장치 내 가스분석

⑩ **용기 및 특정설비의 재검사기간(고압가스법 시행규칙 별표 22)**

㉠ 용기의 재검사기간

• 재검사를 받아야 하는 용기 : 법이 정하는 기간이 경과한 용기, 손상이 발생된 용기, 충전가스의 종류를 변경한 용기(단, 최고충전압력으로 사용했던 용기는 아니다)

용기의 종류		신규검사 후 경과연수에 따른 재검사주기		
		15년 미만	15년 이상 20년 미만	20년 이상
용접용기	500[L] 이상	5년	2년	1년
	500[L] 미만	3년		
액화석유가스용 용접용기	500[L] 이상	5년	2년	1년
	500[L] 미만		5년	2년
이음매 없는 용기, 복합재료 용기	500[L] 이상	5년		
	500[L] 미만	신규검사 후 경과연수가 10년 이하인 것은 5년마다, 10년을 초과한 것은 3년마다		
액화석유가스용 복합재료용기		5년마다(설계조건에 반영되고, 산업통상자원부장관으로부터 안전한 것으로 인정을 받은 경우에는 10년마다)		
용기 부속품	용기 미부착	용기에 부착되기 전(검사 후 2년이 지난 것만 해당)		
	용기 부착	검사 후 2년이 지나 용기 부속품을 부착한 해당 용기의 재검사를 받을 때마다		

• 가스설비 안의 고압가스를 제거한 상태에서 휴지 중인 시설에 있는 특정설비에 대하여는 그 휴지기간은 재검사기간 산정에서 제외한다.

• 재검사기간이 되었을 때에 소화용 충전용기 또는 고정 장치된 시험용 충전용기의 경우에는 충전된 고압가스를 모두 사용한 후에 재검사한다.

• 재검사일은 재검사를 받지 않은 용기의 경우에는 신규검사일로부터 산정하고, 재검사를 받은 용기의 경우에는 최종 재검사일로부터 산정한다.

• 제조 후 경과연수가 15년 미만이고, 내용적이 500[L] 미만인 용접용기(액화석유가스용 용접용기 포함)에 대하여는 재검사주기를 다음과 같이 한다.
  - 용기 내장형 가스 난방기용 용기 : 6년
  - 내식성 재료로 제조된 초저온용기 : 5년

• 내용적 20[L] 미만인 용접용기(액화석유가스용 용접용기 포함) 및 지게차용 용기는 10년을 첫 번째 재검사주기로 한다.

• 일회용으로 제조된 용기는 사용 후 폐기한다.

• 내용적 125[L] 미만인 용기에 부착된 용기 부속품(산업통상자원부장관이 정하여 고시하는 것은 제외)은 그 부속품의 제조 또는 수입 시의 검사를 받은 날부터 2년이 지난 후 해당 용기의 첫 번째 재검사를 받게 될 때 폐기한다. 단, 아세틸렌용기에 부착된 안전장치(용기가 가열되는 경우 용융합금이 녹아 압력을 방출하는 장치)는 용기 재검사 시 적합할 경우 폐기하지 않고 계속 사용할 수 있다.

• 복합재료용기는 제조검사를 받은 날부터 15년이 되었을 때에 폐기한다.

• 내용적 45[L] 이상 125[L] 미만인 것으로서 제조 후 경과연수가 26년 이상 된 액화석유가스용 용접용기(1988년 12월 31일 이전에 제조된 경우로 한정한다)는 폐기한다.

• 재검사 시 액화질소 용기는 내면 및 외면검사가 제외된다.

㉡ 특정설비의 재검사기간

- 재검사 대상 특정설비 : 차량에 고정된 탱크, 저장탱크, 저장탱크에 부착된 안전밸브 및 긴급차단장치, 기화장치, 압력용기

특정설비의 종류		신규검사 후 경과연수에 따른 재검사주기		
		15년 미만	15년 이상 20년 미만	20년 이상
차량에 고정된 탱크		5년	2년	1년
		해당 탱크를 다른 차량으로 이동하여 고정할 경우에는 이동하여 고정한 때마다		
저장탱크		5년(재검사에 불합격되어 수리한 것은 3년. 단, 음향방출시험에 의하여 안전성이 확인된 경우에는 5년으로 한다)마다. 단, 검사주기가 속하는 해에 음향방출시험 등의 신뢰성이 있다고 인정하는 방법에 의하여 안전성이 확인된 경우에는 검사주기를 2년간 연장할 수 있다.		
		다른 장소로 이동하여 설치한 저장탱크(액화석유가스의 안전관리 및 사업관리법 시행규칙에 따른 소형저장탱크는 제외)는 이동하여 설치한 때마다		
안전밸브 및 긴급차단장치		검사 후 2년을 경과하여 해당 안전밸브 또는 긴급차단장치가 설치된 저장탱크 또는 차량에 고정된 탱크의 재검사 시마다		
기화장치	저장탱크와 함께 설치된 것	검사 후 2년을 경과하여 해당 탱크의 재검사 시마다		
	저장탱크가 없는 곳에 설치된 것	3년		
	설치되지 아니한 것	설치되기 전(검사 후 2년이 지난 것만 해당)		
압력용기		4년(산업통상자원부장관이 고시하는 기법에 따라 산정하여 적합성을 인정받는 경우는 그 주기로 할 수 있다)		

- 재검사를 받아야 하는 연도에 업소가 자체 정기보수를 하고자 하는 경우에는 자체 정기보수 시까지 재검사기간을 연장할 수 있다.
- 기업활동 규제 완화에 관한 특별조치법 시행령에 따라 동시검사를 받고자 하는 경우에는 재검사를 받아야 하는 연도 내에서 사업자가 희망하는 시기에 재검사를 받을 수 있다.

- 재검사 비대상 특정설비
  - 평저형 및 이중각 진공단열형 저온 저장탱크
  - 역화방지장치
  - 독성가스 배관용 밸브
  - 자동차용 가스 자동주입기
  - 냉동용 특정설비
  - 대기식 기화장치
  - 저장탱크 또는 차량에 고정된 탱크에 부착되지 않은 안전밸브 및 긴급차단밸브
  - 저장탱크 및 압력용기 중 다음에서 정한 것
    ⓐ 초저온 저장탱크
    ⓑ 초저온 압력용기
    ⓒ 분리할 수 없는 이중관식 열교환기
    ⓓ 그 밖에 산업통상자원부장관이 재검사를 실시하는 것이 현저히 곤란하다고 인정하는 저장탱크 또는 압력용기
  - 고압가스용 실린더 캐비닛
  - 자동차용 압축천연가스 완속충전설비
  - 액화석유가스용 용기잔류가스회수장치

⑪ 고압가스법에 의한 안전교육

㉠ 전문교육

교육대상자	교육기간 등
1) 안전관리책임자·안전관리원[2), 5) 및 6)의 자는 제외]	신규 종사 후 6개월 이내 및 그 후에는 3년이 되는 해마다 1회(검사기관의 기술인력은 제외)
2) 특정고압가스사용신고시설의 안전관리책임자[6)의 자는 제외]	
3) 운반책임자	
4) 검사기관의 기술인력	
5) 독성가스시설의 안전관리책임자·안전관리원[6)의 자는 제외]	
6) 특정고압가스사용신고시설 중 독성가스시설의 안전관리책임자	

㉡ 특별교육

교육대상자	교육기간 등
1) 운반 차량 운전자	신규 종사 시 1회
2) 고압가스 사용 자동차 운전자	
3) 고압가스 자동차 충전시설의 충전원	
4) 고압가스 사용 자동차 정비원	
5) 공기충전시설 안전관리책임자가 되려는 사람	

㉢ 양성교육 대상자
- 일반시설안전관리자가 되려는 사람
- 냉동시설안전관리자가 되려는 사람
- 판매시설안전관리자가 되려는 사람
- 사용시설안전관리자가 되려는 사람
- 운반책임자가 되려는 사람

⑫ 공급자의 안전

㉠ 안전점검자의 자격 및 인원

구 분	안전점검자	자 격	인 원
고압가스 제조(충전)자	충전원	안전관리책임자로부터 가스 충전에 관한 안전교육을 10시간 이상 받은 사람	충전 필요 인원
고압가스 판매자	수요자 시설 점검원	안전관리책임자로부터 수요자시설에 관한 안전교육을 10시간 이상 받은 사람	가스 배달 필요 인원

㉡ 점검장비

구 분	산 소	불연성 가스	가연성 가스	독성 가스
가스누출검지기			○	
가스누출시험지				○
가스누출검지액	○	○	○	○
그밖에 점검에 필요한 시설 및 기구	○	○	○	○

㉢ 점검기준
- 충전용기의 설치 위치
- 충전용기와 화기의 거리
- 충전용기 및 배관의 설치 상태
- 충전용기, 충전용기로부터 압력조정기·호스 및 가스사용기기에 이르는 각 접속부와 배관 또는 호스의 가스 누출 여부 및 그 가스의 적합 여부
- 독성가스의 경우 흡수장치·제해장치 및 보호구 등에 대한 적합 여부
- 역화방지장치의 설치 여부(용접 또는 용단작업용으로 액화석유가스를 사용하는 시설에 산소를 공급하는 자에 한정)
- 시설기준에의 적합 여부(정기점검만을 말함)

㉣ 점검방법
- 가스 공급 시마다 점검 실시
- 2년에 1회 이상 정기점검 실시(자동차 연료용으로 사용되는 특정고압가스를 공급받아 사용하는 시설은 제외)

㉤ 점검기록의 작성·보존
- 정기점검 실시기록을 작성하여 2년간 보존
- 안전점검 실시기록을 작성하여 2년간 보존(고압가스 자동차에 충전하는 경우에 한정)

⑬ 고압가스 관련 제반사항

㉠ 특정고압가스 사용신고를 하여야 하는 자(고압가스법 시행규칙 제46조)
- 저장능력 500[kg] 이상인 액화가스 저장설비를 갖추고 특정고압가스를 사용하려는 자
- 저장능력 50[m^3] 이상인 압축가스 저장설비를 갖추고 특정고압가스를 사용하려는 자
- 배관으로 특정고압가스(천연가스는 제외)를 공급받아 사용하려는 자
- 압축 모노실란·압축 다이보레인·액화알진·포스핀·셀렌화수소·게르만·다이실란·오불화비소·오불화인·삼불화인·삼불화질소·삼불화붕소·사불화유황·사불화규소·액화염소 또는 액화암모니아를 사용하려는 자. 단, 시험용(해당 고압가스를 직접 시험하는 경우만 해당)으로 사용하려 하거나 시장·군수 또는 구청장이 지정하는 지역에서 사료용으로 볏짚 등을 발효하기 위하여 액화암모니아를 사용하려는 경우는 제외한다.
- 자동차 연료용으로 특정고압가스를 공급받아 사용하려는 자

• 특정고압가스 사용신고를 하려는 자는 사용 개시 7일 전까지 특정고압가스 사용신고서를 시장·군수 또는 구청장에게 제출하여야 한다.
• 신고를 받은 시장·군수 또는 구청장은 그 신고인에게 특정고압가스 사용신고증명서를 발급하고, 그 신고사항을 한국가스안전공사에 알려야 하며, 자동차관리법에 따라 등록을 받은 관청은 그 등록사항을 한국가스안전공사에 알려야 한다.

ㄴ 고압가스 압축 시 가스를 압축하여서는 안 되는 기준
• 가연성 가스 중 산소의 용량이 전체 용량의 4[%] 이상의 것
• 산소 중 가연성 가스의 용량이 전체 용량의 4[%] 이상의 것
• 아세틸렌, 에틸렌 또는 수소 중의 산소 용량이 전체 용량의 2[%] 이상의 것
• 산소 중의 아세틸렌, 에틸렌 또는 수소의 용량 합계가 전체 용량의 2[%] 이상의 것

ㄷ 품질유지대상인 고압가스의 종류
• 냉매로 사용되는 가스 : 프레온 22, 프레온 134a, 프레온 404a, 프레온 407c, 프레온 410a, 프레온 507a, 프레온 1234yf, 프로판, 아이소부탄
• 연료전지용으로 사용되는 수소가스

ㄹ 동절기에 습도가 낮은 날 아세틸렌 용기밸브를 급히 개방할 경우 정전기에 의한 착화 위험의 발생 가능성이 매우 높다.

ㅁ 고압가스 제조설비에서 가스의 분출 또는 누출사고의 원인으로 가장 많이 발생하는 사고 : 이음매 패킹에서의 누출

핵심예제

1-1. 다음 중 특정고압가스에 해당하지 않는 것은?
[2013년 제1회]

① 사불화규소 ② 삼불화질소
③ 오불화황 ④ 포스핀

1-2. 다음 중 특수고압가스가 아닌 것은?
[2018년 제1회, 2022년 제2회]

① 포스겐 ② 액화알진
③ 다이실란 ④ 세렌화수소

1-3. 고압가스 안전관리법의 적용을 받는 고압가스의 종류 및 범위에 대한 내용 중 옳은 것은?(단, 압력은 게이지압력이다)
[2007년 제1회, 2016년 제3회 유사, 2020년 제3회]

① 상용의 온도에서 압력이 1[MPa] 이상이 되는 압축가스로서 실제로 그 압력이 1[MPa] 이상이 되는 것 또는 25[℃]의 온도에서 압력이 1[MPa] 이상이 되는 압축가스
② 35[℃]의 온도에서 압력이 1[Pa]을 초과하는 아세틸렌가스
③ 상용의 온도에서 압력이 0.1[MPa] 이상이 되는 액화가스로서 실제로 그 압력이 0.1[MPa] 이상이 되는 것 또는 압력이 0.1[MPa]이 되는 액화가스
④ 35[℃]의 온도에서 압력이 0[Pa]을 초과하는 액화사이안화수소

1-4. 저장설비 또는 가스설비의 수리 또는 청소 시 안전에 대한 설명으로 틀린 것은? [2003년 제1회 유사, 2016년 제2회]

① 작업계획에 따라 해당 책임자의 감독하에 실시한다.
② 탱크 내부의 가스를 그 가스와 반응하지 아니하는 불활성가스 또는 불활성 액체로 치환한다.
③ 치환에 사용된 가스 또는 액체를 공기로 재치환하고 산소농도가 22[%] 이상으로 된 것이 확인될 때까지 작업한다.
④ 가스의 성질에 따라 사업자가 확립한 작업절차서에 따라 가스를 치환하되 불연성 가스설비에 대하여는 치환작업을 생략할 수 있다.

1-5. 다음 중 내진설계를 하지 않아도 되는 경우는?
[2009년 제1회 유사, 2010년 제1회 유사, 2016년 제1회]

① 저장능력 100[ton]인 산소저장탱크
② 저장능력 1,000[m^3]인 수소저장탱크
③ 저장능력 3[ton]인 암모니아저장탱크
④ 증류탑으로서의 높이 10[m]의 압력용기

핵심예제

1-6. 다음 중 특정설비의 범위에 해당되지 않는 것은?

[2016년 제1회, 2019년 제2회]

① 조정기 ② 저장탱크
③ 안전밸브 ④ 긴급차단장치

1-7. 다음 특정설비 중 재검사대상에 해당하는 것은?

[2008년 제2회, 2017년 제1회]

① 평저형 저온저장탱크
② 초저온용 대기식 기화장치
③ 저장탱크에 부착된 안전밸브
④ 특정고압가스용 실린더 캐비닛

1-8. 고압가스 제조시설사업소에서 안전관리자가 상주하는 현장사무소 상호간에 설치하는 통신설비가 아닌 것은?

[2009년 제3회, 2011년 제1회 유사, 2014년 제2회, 제3회 유사, 2020년 제1·2회 통합]

① 인터폰 ② 페이징설비
③ 휴대용 확성기 ④ 구내 방송설비

1-9. 용기 및 특정설비의 재검사에 대한 기준으로 옳은 것은?

[2012년 제2회, 2014년 제3회 유사, 2015년 제2회 유사]

① 15년 미만의 차량에 고정된 탱크는 5년마다 검사를 받아야 한다.
② 저장탱크를 다른 장소로 이동하여 설치한 때에는 3년 후에 재검사를 받아야 한다.
③ 15년 미만의 내용적이 10[L]인 용접용기는 5년마다 검사를 받아야 한다.
④ 저장탱크가 없는 곳에 설치된 기화장치는 2년마다 재검사를 받아야 한다.

1-10. 고압가스용 용접용기(내용적 500[L] 미만) 제조에 대한 가스 종류별 내압시험압력의 기준으로 옳은 것은?

[2007년 제3회, 2016년 제3회]

① 액화프로판은 3.0[MPa]이다.
② 액화프레온 22는 3.5[MPa]이다.
③ 액화암모니아는 3.7[MPa]이다.
④ 액화부탄은 0.9[MPa]이다.

1-11. 고압가스 특정설비 제조자의 수리범위에 해당하지 않는 것은?

[2011년 제1회, 2017년 제1회]

① 단열재 교체
② 특정설비 몸체의 용접
③ 특정설비의 부속품 가공
④ 아세틸렌 용기 내의 다공물질 교체

1-12. 용기의 제조등록을 한 자가 수리할 수 있는 용기의 수리범위에 해당되는 것으로만 모두 짝지어진 것은?

[2012년 제1회, 2019년 제3회]

㉠ 용기 몸체의 용접
㉡ 용기 부속품의 부품 교체
㉢ 초저온용기의 단열재 교체

① ㉠ ② ㉠, ㉡
③ ㉡, ㉢ ④ ㉠, ㉡, ㉢

1-13. 고압가스 안전관리법상 전문교육의 교육대상자가 아닌 자는?

[2012년 제2회, 2016년 제1회, 2021년 제1회 유사]

① 안전관리원
② 운반 차량 운전자
③ 검사기관의 기술인력
④ 특정고압가스 사용신고시설의 안전관리책임자

1-14. 공급자의 안전점검기준 및 방법과 관련하여 틀린 것은?

[2008년 제3회 유사, 2018년 제3회]

① 충전용기의 설치 위치
② 역류방지장치의 설치 여부
③ 가스 공급 시마다 점검 실시
④ 독성가스의 경우 흡수장치·제해장치 및 보호구 등에 대한 적합 여부

1-15. 특정고압가스를 사용하고자 한다. 다음 중 신고대상이 아닌 것은?

[2004년 제1회 유사, 2012년 제3회]

① 저장능력 10[m^3]의 압축가스 저장능력을 갖추고 다이실란을 사용하는 자
② 저장능력 200[kg]의 액화가스 저장능력을 갖추고 액화암모니아를 사용하는 자
③ 저장능력 500[kg]의 액화가스 저장능력을 갖추고 액화산소를 사용하는 자
④ 저장능력 200[m^3]의 압축가스 저장능력을 갖추고 학교 실험실에서 수소를 사용하는 자

|해설|

1-1

특정고압가스 : 수소 · 산소 · 액화암모니아 · 아세틸렌 · 액화염소 · 천연가스 · 압축 모노실란 · 압축 다이보레인 · 액화알진 · 포스핀 · 셀렌화수소 · 게르만 · 다이실란 · 오불화비소 · 오불화인 · 삼불화인 · 삼불화질소 · 삼불화붕소 · 사불화유황 · 사불화규소

1-2

특수고압가스 : 특정고압가스 사용시설 중 압축 모노실란 · 압축 다이보레인 · 액화알진 · 포스핀 · 세렌화수소 · 게르만 · 다이실란 · 오불화비소 · 오불화인 · 삼불화인 · 삼불화질소 · 삼불화붕소 · 사불화유황 · 사불화규소

1-3

고압가스 안전관리법의 적용을 받는 고압가스의 종류 및 범위

- 35[℃]에서 게이지압력 0[Pa]을 초과하는 액화가스 중 액화사이안화수소, 액화브롬화메탄 및 액화산화에틸렌가스
- 상용의 온도에서 게이지압력 1[MPa] 이상이 되는 압축가스로서 실제로 그 압력이 1[MPa] 이상이 되는 것 또는 35[℃]에서 게이지압력 1[MPa] 이상인 압축가스(아세틸렌가스 제외)
- 상용온도에서 게이지압력 0.2[MPa] 이상인 액화가스로서 실제로 그 압력이 0.2[MPa] 이상이 되는 것
- 15[℃]에서 게이지압력 0[MPa]을 초과하는 아세틸렌가스

1-4

산소가스설비를 수리 또는 청소할 때 산소농도 22[%] 이하가 될 때까지 공기나 질소로 치환한다.

1-5

저장능력 5[ton] 이상인 암모니아저장탱크는 내진설계를 하지 않아도 된다.

1-6

특정설비 : 차량에 고정된 탱크, 저장탱크, 저장탱크에 부착된 안전밸브 및 긴급차단장치, 기화장치, 압력용기, 평저형 및 이중각 진공단열형 저온 저장탱크, 역화방지장치, 독성가스 배관용 밸브, 자동차용 가스자동주입기, 냉동용 특정설비(냉동설비를 구성하는 압축기, 응축기, 증발기 또는 압력용기), 대기식 기화장치, 저장탱크 또는 차량에 고정된 탱크에 부착되지 않은 안전밸브 및 긴급차단밸브, 특정고압가스용 실린더 캐비닛, 자동차용 압축천연가스 완속충전설비, 액화석유가스용 용기잔류가스 회수장치

1-7

재검사대상 특정설비 : 차량에 고정된 탱크, 저장탱크, 저장탱크에 부착된 안전밸브 및 긴급차단장치, 기화장치, 압력용기

1-8

고압가스 제조시설사업소에서 안전관리자가 상주하는 현장사무소 상호간에 설치하는 통신설비가 아닌 것으로 휴대용 확성기, 메가폰 등이 출제된다.

1-9

② 저장탱크를 다른 장소로 이동하여 설치한 때에는 이동하여 고정한 때마다 재검사를 받아야 한다.

③ 15년 미만의 내용적이 10[L]인 용접용기는 3년마다 검사를 받아야 한다.

④ 저장탱크가 없는 곳에 설치된 기화장치는 3년마다 재검사를 받아야 한다.

1-10

① 액화프로판은 2.5[MPa]이다.

② 액화프레온 22는 2.9[MPa]이다.

③ 액화암모니아는 2.9[MPa]이다.

1-11

아세틸렌용기 내의 다공물질 교체는 용기 제조자의 수리범위에 해당한다.

1-12

용기 제조자의 수리범위 : 용기 몸체의 용접, 용기 부속품의 부품교체, 초저온용기의 단열재 교체, 아세틸렌 용기 내의 다공물질 교체, 용기의 스커트 · 프로텍터 · 네크링의 교체 및 가공 등

1-13

고압가스 안전관리법상 전문교육의 교육대상자

- 안전관리책임자 · 안전관리원
- 특정고압가스사용신고시설의 안전관리책임자
- 운반책임자
- 검사기관의 기술인력
- 독성가스시설의 안전관리책임자 · 안전관리원
- 특정고압가스사용신고시설 중독성 가스 시설의 안전관리책임자

1-14

공급자의 안전점검기준 및 방법이 아닌 것으로 역류방지장치의 설치 여부, 다공물질 교체 여부 등이 출제된다.

1-15

④의 경우 저장능력 200[m^3]의 압축가스 저장능력을 갖추어서 압축가스 저장설비의 저장능력이 50[m^3] 이상이므로 일단은 신고대상이지만, 학교 실험실에서 시험용으로 사용하기 위한 것이므로 신고대상이 아니다.

정답 1-1 ③ 1-2 ① 1-3 ④ 1-4 ③ 1-5 ③ 1-6 ① 1-7 ③ 1-8 ③ 1-9 ① 1-10 ④ 1-11 ④ 1-12 ④ 1-13 ② 1-14 ② 1-15 ④

핵심이론 02 고압가스 제조의 시설 · 기술 기준

① 고압가스 일반제조기술 및 시설

㉠ 화기와의 거리

- 가스설비 및 저장설비 외면으로부터 화기(그 설비 안의 것은 제외)를 취급하는 장소 사이에 유지하여야 하는 거리는 우회거리 2[m](가연성 가스 및 산소의 가스설비 또는 저장설비는 8[m]) 이상으로 하고, 가스설비 등(가연성 가스의 가스설비 또는 사용시설에 관련된 저장설비, 기화장치 및 이들 사이의 배관)에서 누출된 가연성 가스가 화기를 취급하는 장소로 유동하는 것을 방지하기 위하여 유동방지시설을 설치한다. 단, 가스설비 등이 화기와의 거리 이상을 유지한 경우에는 유동방지시설을 설치하지 않을 수 있다.
- 유동방지시설은 높이 2[m] 이상의 내화성 벽으로 하고, 가스설비 등과 화기를 취급하는 장소와는 우회수평거리 8[m] 이상을 유지한다.
- 불연성 건축물 안에서 화기를 사용하는 경우에는 가스설비 등으로부터 수평거리 8[m] 이내에 있는 건축물 개구부는 방화문 또는 망입유리로 폐쇄하고, 사람이 출입하는 출입문은 이중문으로 한다.

㉡ 다른 설비와의 거리

- 가연성 가스 제조시설의 고압가스설비(저장탱크 및 배관은 제외)와 다른 가연성 가스 제조시설의 고압가스설비 또는 산소제조시설의 고압가스설비 사이에는 하나의 고압가스설비에서 발생한 위해요소가 다른 고압가스설비로 전이되지 아니하도록 하기 위하여 다음 기준에 따라 적절한 거리를 유지한다.
  - 가연성 가스 제조시설의 고압가스설비 외면으로부터 다른 가연성 가스 제조시설의 고압가스설비까지의 거리는 5[m] 이상으로 한다.
  - 가연성 가스 제조시설의 고압가스설비 외면으로부터 산소 제조시설의 고압가스설비까지의 거리는 10[m] 이상으로 한다.

㉢ 저장탱크를 지하에 매설하는 경우의 기준

- 저장탱크의 외면에는 부식방지 코팅과 전기적 부식방지를 위한 조치를 하고, 저장탱크는 저장탱크실(천장 · 벽 및 바닥의 두께가 각각 30[cm] 이상인 방수조치를 한 철근콘크리트로 만든 곳)에 설치할 것
- 저장탱크의 주위에 마른 모래를 채울 것
- 지면으로부터 저장탱크의 정상부까지의 깊이는 60[cm] 이상으로 할 것
- 저장탱크를 2개 이상 인접하여 설치하는 경우에는 상호간에 1[m] 이상의 거리를 유지할 것
- 저장탱크를 매설한 곳의 주위에는 지상에 경계표지를 할 것
- 저장탱크에 설치한 안전밸브에는 지면에서 5[m] 이상의 높이에 방출구가 있는 가스방출관을 설치할 것

㉣ 저장탱크 및 처리설비를 실내에 설치하는 경우의 기준

- 저장탱크실과 처리설비실은 각각 구분하여 설치하고 강제통풍시설을 갖출 것
- 저장탱크실 및 처리설비실은 천장 · 벽 및 바닥의 두께가 30[cm] 이상인 철근콘크리트로 만든 실로서 방수처리가 된 것일 것
- 가연성 가스 또는 독성가스의 저장탱크실과 처리설비실에는 가스누출검지경보장치를 설치할 것
- 저장탱크의 정상부와 저장탱크실 천장과의 거리는 60[cm] 이상으로 할 것
- 저장탱크를 2개 이상 설치하는 경우에는 저장탱크실을 각각 구분하여 설치할 것
- 저장탱크 및 그 부속시설에는 부식방지 도장을 할 것
- 저장탱크실 및 처리설비실의 출입문은 각각 따로 설치하고, 외부인이 출입할 수 없도록 자물쇠 채움 등의 조치를 할 것
- 저장탱크실 및 처리설비실을 설치한 주위에는 경계표지를 할 것
- 저장탱크에 설치한 안전밸브는 지상 5[m] 이상의 높이에 방출구가 있는 가스방출관을 설치할 것

㉤ 액면계

- 액화가스의 저장탱크에는 액면계(산소 또는 불활성 가스의 초저온 저장탱크의 경우에 한하여 환형 유리제 액면계도 가능)를 설치하여야 한다.
- 액면계가 유리제일 때에는 그 파손을 방지하는 장치를 설치하고, 저장탱크(가연성 가스 및 독성가스에 한함)와 유리제 게이지를 접속하는 상하 배관에는 자동식 및 수동식의 스톱밸브를 설치할 것

㉥ 고압가스 제조장치의 재료

- 상온, 건조 상태의 염소가스에서는 탄소강을 사용할 수 있다.
- 아세틸렌에 접촉하는 부분에 사용하는 재료
  - 동이나 동 함유량이 62[%]를 초과하는 동합금을 사용할 수 없다.
  - 충전용 지관에는 탄소 함유량이 0.1[%] 이하의 강을 사용한다.
  - 굴곡에 의한 응력이 일부에 집중되지 않도록 된 형상으로 한다.
- 탄소강에 나타나는 조직의 특성은 탄소(C)의 양에 따라 달라진다.
- 암모니아 합성탑 내통의 재료로는 18-8 스테인리스강을 사용한다.

㉦ 사업소 밖의 배관 매몰 설치(지하 배관 설치) 시 타 매설물과의 최소이격거리

- 건축물과는 1.5[m] 이상
- 지하도로 및 터널과는 10[m] 이상
- 독성가스의 배관은 수도시설로부터 300[m] 이상
- 배관은 그 외면으로부터 지하의 다른 시설물과 0.3[m] 이상
- 지표면으로부터 매설 깊이 : 산이나 들에서는 1[m] 이상, 그 밖의 지역에서는 1.2[m] 이상

㉧ 사업소 밖의 지역에 배관을 노출하여 설치하는 경우 시설과 지상배관의 수평거리(KGS FS112)

시 설	가연성 가스 [m]	독성 가스 [m]
철도(화물 수송용으로만 쓰이는 것은 제외) 도로(전용 공업지역 내에 있는 도로는 제외)	25	40
학교, 유치원, 새마을유아원, 사설강습소 아동복지시설이나 심신장애인복지시설로서 수용능력이 20인 이상인 건축물 병원(의원 포함) 공공 공지(도시계획시설에 한함)나 도시공원(전용공업지역 내에 있는 도시공원은 제외) 극장, 교회, 공회당 그밖에 이와 유사한 시설로서 수용능력이 300인 이상을 수용할 수 있는 곳 백화점, 공중목욕탕, 호텔, 여관 그밖에 사람을 수용하는 건축물(가설건축물 제외)로서 사실상 독립된 부분의 연면적이 1,000[m^2] 이상인 곳	45	72
지정문화재로 지정된 건축물	65	100
수도시설로서 고압가스가 혼입될 우려가 있는 곳	300	300
주택(앞에 열거한 것 또는 가설 건축물은 제외)이나 앞에 열거한 시설과 유사한 시설로서, 다수인이 출입하거나 근무하고 있는 곳	25	40

※ 상용압력이 1[MPa] 미만인 배관은 기준에 따른 수평거리에서 각각 15[m]를 뺀 거리로 한다.

㉨ 운전 중의 1일 1회 이상 점검항목

- 가스설비로부터의 누출
- 온도, 압력, 유량 등 조업조건의 변동 상황
- 탑류, 저장탱크류, 배관 등의 진동 및 이상음

㉩ 산소 제조시설 및 기술기준

- 공기액화분리장치기에 설치된 액화산소통 안의 액화산소 5[L] 중 아세틸렌의 질량이 5[mg] 또는 탄화수소의 탄소질량이 500[mg]을 넘을 때에는 공기액화분리장치기의 운전을 중지하고 액화산소를 방출한다.
- 석유류 또는 글리세린은 산소압축기 내부 윤활유로 사용하지 아니한다.
- 산소의 품질검사 시 순도가 99.5[%] 이상이어야 한다.

- 산소를 수송하기 위한 배관과 이에 접속하는 압축기의 사이에는 수취기를 설치한다.

㉠ 용기에 의한 액화석유가스 사용시설에 설치하는 기화장치 설치

- 사용시설에는 그 사용시설의 안전 확보 및 정상 작동을 위하여 최대가스소비량 이상의 용량이 되는 기화장치를 설치하여야 한다. 단, 기화기를 병렬로 설치하는 경우, 각각의 기화기가 사용시설의 최대가스소비량 이상의 용량이 되는 것을 설치하여야 한다.
- 기화장치를 전원으로 조작하는 경우에는 비상전력을 보유하거나 예비용기를 포함한 용기집합설비의 기상부에 별도의 예비 기체라인을 설치하여 정전 시 사용할 수 있도록 조치하여야 한다.
- 기화장치의 출구측 압력은 1[MPa] 미만이 되도록 하는 기능을 갖거나 1[MPa] 미만에서 사용한다.
- 가열방식이 액화석유가스 연소에 의한 방식인 경우에는 파일럿 버너가 꺼지는 경우 버너에 대한 액화석유가스 공급이 자동적으로 차단되는 자동안전장치를 부착한다.
- 기화장치는 콘크리트 기초 등에 고정하여 설치한다.
- 기화장치는 옥외에 설치한다. 단, 옥내에 설치하는 경우 건축물의 바닥 및 천장 등은 불연성 재료를 사용하고 통풍이 잘되는 구조로 한다.
- 용기는 그 외면으로부터 기화장치까지 3[m] 이상의 우회거리를 유지한다. 단, 기화장치를 방폭형으로 설치하는 경우에는 3[m] 이내로 유지할 수 있다.
- 기화장치의 출구배관에는 고무호스를 직접 연결하지 아니한다.
- 기화장치의 설치 장소에는 배수구나 집수구로 통하는 도랑이 없어야 한다.
- 기화장치에는 정전기 제거조치를 한다.

㉡ 고압가스 일반제조시설에서 긴급차단장치를 반드시 설치해야 하는 설비

- 특수반응설비
- 연소열량이 6×10^7[kcal]인 고압가스설비
- 연소열량이 6×10^7[kcal] 미만이지만 정체량이 100[ton] 이상인 고압가스설비
- 정체량 30[ton] 이상인 독성가스의 고압가스설비
- 정체량이 100[ton] 이상인 산소의 고압가스설비

㉢ 안전사항

- 고압가스 제조시설에서 재해가 발생할 경우 그 재해의 확대를 방지하기 위하여 가연성 가스설비 또는 독성가스설비는 통로·공지 등으로 구분된 안전구역에 설치하는 등 필요한 조치를 마련할 것
- 고압가스설비에 장치하는 압력계는 상용압력의 1.5배 이상 2배 이하의 최고 눈금이 있어야 한다.
- 소형 저장탱크 및 충전용기는 항상 40[℃] 이하를 유지한다.
- 공기보다 가벼운 가연성 가스의 가스설비실에는 두 방향 이상의 개구부 또는 강제환기설비를 설치하거나 이들을 병설하여 환기를 양호하게 한 구조로 해야 한다(고려사항 : 가스의 성질, 처리 또는 저장 가스의 양, 설비의 특성 및 실의 넓이 등).
- 저장능력이 1,000[ton] 이상인 가연성 가스(액화가스)의 지상 저장탱크의 주위에는 방류둑을 설치하여야 한다.
- 아세틸렌의 충전용 교체밸브는 충전하는 장소에서 격리하여 설치한다.
- 공기액화분리기로 처리하는 원료공기의 흡입구는 공기가 맑은 곳에 설치한다.
- 공기액화분리기에 설치하는 피트는 양호한 환기구조로 한다.
- 공기액화분리기(1시간의 공기압축량이 1,000[m^3] 이하의 것은 제외)의 액화공기탱크와 액화산소증발기와의 사이에는 석유류·유지류 그 밖의 탄화수소를 여과·분리하기 위한 여과기를 설치한다.
- 에어로졸 제조시설에는 정량을 충전할 수 있는 자동충전기를 설치하고, 인체에 사용하거나 가정에서 사용하는 에어로졸의 제조시설에는 불꽃길이 시험장치를 설치한다.
- 에어로졸 제조시설에는 온도를 46[℃] 이상 50[℃] 미만으로 누출시험을 할 수 있는 에어로졸 충전용기의 온수시험탱크를 설치한다.

- 액화가스를 용기에 충전하는 시설에는 액화가스의 저장능력을 초과하지 않도록 과충전 방지설비를 갖춘다. 단, 비독성·비가연성의 초저온가스는 그러하지 아니하다.
- 액화가스의 저장능력 초과 여부를 확인하는 방법은 계측기를 사용하여 측정하는 방법이나 이에 갈음할 수 있는 유효한 방법으로 한다.
- 가연성이거나 독성인 액화가스를 용기에 충전하는 시설에는 검지되었을 때는 지체 없이 경보(버저 등 음향으로 하는 것)를 울리는 것으로 한다.
- 경보는 해당 충전작업 관계자가 상주하는 장소 및 작업 장소에서 명확하게 들을 수 있는 것으로 한다.
- 안전밸브의 점검주기
  - 압축기 최종단에 설치한 경우는 1년에 1회 이상
  - 나머지의 경우는 2년에 1회 이상
- 1시간의 공기압축량이 1,000[m^3]를 초과하는 공기액화분리기 내에 설치된 액화산소통 내의 액화산소는 1일 1회 이상 분석하여야 한다.
- 산소 등의 충전에 있어 밀폐형의 물 전해조에는 액면계와 자동급수장치를 하여야 한다.

② 고압가스 특정제조기술 및 시설

㉠ 고압가스 특정제조의 기술 및 시설기준

- 가연성 가스 또는 산소의 가스설비 부근에는 작업에 필요한 양 이상의 연소하기 쉬운 물질을 두지 아니할 것
- 산소 중의 가연성 가스의 용량이 전 용량의 4[%] 이상의 것은 압축을 금지할 것
- 석유류 또는 글리세린은 산소압축기의 내부 윤활제로 사용하지 말 것
- 산소 제조 시 공기액화분리기 내에 설치된 액화산소통 내의 액화산소는 1일 1회 이상 분석할 것
- 공기액화분리기 내부장치는 1년에 1회 정도 사염화탄소를 이용하여 세척할 것
- 고압가스 특정제조시설에서 플레어스택의 설치위치 및 높이는 플레어스택 바로 밑의 지표면에 미치는 복사열이 4,000[$kcal/m^2 \cdot h$] 이하로 되도록 하여야 한다. 단, 4,000[$kcal/m^2 \cdot h$]를 초과하는 경우로서 출입이 통제되어 있는 지역은 그러하지 아니하다.

㉡ 특수반응설비

- 고압가스설비 중 반응기 또는 이와 유사한 설비로, 현저한 발열반응 또는 부차적으로 발생하는 2차 반응으로 인하여 폭발 등의 위해가 발생할 가능성이 큰 설비이며, 내부 반응감시설비를 설치해야 한다.
- 종류 : 암모니아 2차 개질로, 에틸렌 제조시설의 아세틸렌 수첨탑, 사이크로헥산 제조시설의 벤젠 수첨반응기, 산화에틸렌 제조시설의 에틸렌과 산소 또는 공기와의 반응기, 석유정제에 있어서 중유 수첨탈황반응기 및 수소화 분해반응기, 저밀도 폴리에틸렌 중합기, 메탄올 합성 반응탑 등

㉢ 가스누출검지경보장치

- 제조설비에 설치하는 가스누출검지경보장치의 설치기준
  - 건축물 내에 설치된 압축기, 펌프, 반응설비, 저장탱크 등이 설치되어 있는 장소 주위에는 바닥면 둘레 10[m]에 대하여 1개 이상의 비율로 설치
  - 건축물 밖에 설치된 고압가스설비가 다른 고압가스설비, 벽이나 그 밖의 구조물에 인접하여 설치된 경우, 피트 등의 내부에 설치되어 있는 경우 및 누출된 가스가 체류할 우려가 있는 장소에 설치되어 있는 경우에는 바닥면 둘레 20[m]에 대하여 1개 이상의 비율로 계산한 수
  - 특수반응설비는 그 바닥면 둘레 10[m]에 대하여 1개 이상의 비율로 설치
  - 가열로 등 발화원이 있는 제조설비가 누출된 가스가 체류하기 쉬운 장소에 설치되는 경우에는 그 장소의 바닥면 둘레 20[m]에 대하여 1개 이상의 비율로 계산한 수
  - 계기실 내부에는 1개 이상
  - 독성가스의 충전용 접속구 군의 주위에 1개 이상 설치
  - 방류둑 내에 설치된 저장탱크의 경우에는 해당 저장탱크에 대하여 1개 이상 설치

- 고압가스설비 등이 2층 이상의 구조물 위에 설치되어 있는 경우로서 그 바닥이 누출된 가스가 체류하기 쉬운 구조인 경우에는 그 설비군에 대하여 각 층별로 정하는 비율로 설치

• 고정식 압축도시가스 자동차 충전시설에서 가스누출검지경보장치의 검지경보장치 설치 수량의 기준
  - 압축설비 주변 또는 충전설비 내부에는 1개 이상
  - 압축가스설비 주변에는 2개
  - 배관 접속부마다 10[m] 이내에 1개
  - 펌프 주변에는 1개 이상

• 가스누출검지경보장치의 성능기준
  - 경보는 접촉연소방식, 격막갈바닉전지방식, 반도체방식, 그 밖의 방식으로 검지엘리먼트의 변화를 전기적 신호에 의해 경보농도(이미 설정하여 놓은 가스농도)에서 자동적으로 울리는 것으로 한다. 이 경우 가연성 가스경보기는 담배연기 등에, 독성가스용 경보기는 담배연기, 기계세척유 가스, 등유의 증발가스, 배기가스 및 탄화수소계 가스 등 잡가스에는 경보하지 않은 것으로 한다.
  - 경보농도는 (검지경보장치의 설치 장소, 주위 분위기 온도에 따라) 가연성 가스인 경우 폭발하한계의 1/4 이하, 독성가스인 경우 TLV-TWA 기준농도 이하로 하여야 한다(단, 암모니아를 실내에서 사용하는 경우에는 50[ppm]으로 할 수 있다).
  - 경보기의 정밀도는 경보농도 설정치에 대하여 가연성 가스용은 ±25[%] 이하 그리고 독성가스용은 ±30[%] 이하이어야 한다.
  - 검지에서 발신까지 걸리는 시간은 경보농도의 1.6배 농도에서 보통 30초 이내로 한다. 단, 검지경보장치의 구조상이나 이론상 30초가 넘게 걸리는 가스(암모니아 · 일산화탄소 또는 이와 유사한 가스)에서는 1분 이내로 할 수 있다.
  - 검지경보장치의 경보 정밀도는 전원의 전압 등 변동이 ±10[%] 정도일 때에도 저하되지 아니하여야 한다.
  - 지시계의 눈금은 가연성 가스인 경우 0~폭발하한계값, 독성가스인 경우 0~TLV-TWA 기준농도의 3배값(암모니아를 실내에서 사용하는 경우에는 150[ppm])을 명확하게 지시하여야 한다.
  - 경보를 발신한 후에는 (원칙적으로 분위기 중) 가스농도가 변화하여도 계속 경보를 울려야 하며, 확인 또는 대책을 강구함에 따라 경보가 정지되게 한다.
  - 비상전력설비 : 타처 공급전력, 자가발전, 축전지장치 등

㉣ 설비 사이의 거리 기준
  • 안전구역 안의 고압가스설비는 그 외면으로부터 다른 안전구역 안에 있는 고압가스설비의 외면까지 30[m] 이상의 거리를 유지한다.
  • 제조설비의 외면으로부터 그 제조소의 경계까지 20[m] 이상의 거리를 유지한다.
  • 하나의 안전관리 체계로 운영되는 2개 이상의 제조소가 한 사업장에 공존하는 경우에는 20[m] 이상의 안전거리를 유지한다.
  • 액화천연가스 저장탱크는 그 외면으로부터 처리능력이 20만[m^3] 이상인 압축기까지 30[m] 이상을 유지한다.

㉤ 작업원에 대한 제독작업에 필요한 보호구의 장착훈련주기 : 매 3개월마다 1회 이상

㉥ 고압가스 특정제조시설에서 액화가스 저장탱크 온도 상승 방지설비 설치와 관련한 물분무살수장치 설치기준
  • 준내화구조 : 표면적 1[m^2]당 2.5[L/분] 이상
  • 내화구조 : 표면적 1[m^2]당 5[L/분] 이상

③ 고압가스 냉동제조시설

㉠ 고압가스 냉동제조시설의 냉동능력 합산기준
  • 냉매가스가 배관에 의하여 공통으로 되어 있는 냉동설비
  • 냉매계통을 달리하는 2개 이상의 설비가 1개의 규격품으로 인정되는 설비 내에 조립되어 있는 것(유닛형)
  • 2원 이상의 냉동방식에 의한 냉동설비

• 모터 등 압축기의 동력설비를 공통으로 하고 있는 냉동설비
• 브라인(Brine)을 공통으로 사용하는 2개 이상의 냉동설비(브라인 중 물과 공기는 미포함)

㉡ 냉동기의 재료는 냉매가스, 흡수용액, 윤활유, 이들의 혼합물 등으로 인한 화학작용에 의하여 약화되지 아니하는 것으로 하며 냉동기의 냉매가스와 접하는 부분은 냉매가스의 종류에 따라 금속재료의 사용이 제한된다.
• 암모니아
  - 동 및 동합금의 사용을 제한한다.
  - 동 함유량이 62[%] 미만일 때는 사용 가능하다.
  - 압축기의 축수 또는 이들과 유사한 부분으로 항상 유막으로 덮여 액화암모니아에 직접 접촉하지 않는 부분에는 청동류를 사용할 수 있다.
• 염화메탄 : 알루미늄합금의 사용을 제한한다.
• 프레온 : 2[%] 초과 마그네슘을 함유한 알루미늄합금의 사용을 제한한다.
• 항상 물에 접촉되는 부분에는 순도 99.7[%] 미만의 알루미늄합금의 사용을 제한하지만, 적절한 내식처리를 한 때에는 사용 가능하다.

㉢ 냉동기 냉매설비의 냉매가스가 진동, 충격, 부식 등으로 인하여 누출되지 않게 조치하기 위한 방법
• 주름관을 사용한 방진조치
• 냉매설비 중 돌출 부위에 대한 적절한 방호조치
• 냉매가스가 누출될 우려가 있는 부분에 대한 부식방지조치
• 배관이 건축물의 벽을 통과하는 부분에는 부식방지피복조치를 하고 보호관 설치

㉣ 가스(냉매)설비시험 관련 사항
• 기밀시험압력 : 설계압력 이상
• 내압성능시험압력 : 설계압력의 1.5배 이상(시험유체 : 물), 설계압력의 1.25배 이상(시험유체 : 기체)
• 내압성능을 확보하여야 할 대상은 냉매설비로 한다.
• 안전장치는 설계압력 이상 내압시험압력의 10분의 8 이하 압력에서 작동하도록 조정한다.
• 압축기 최종단에 설치된 안전장치는 1년에 1회 이상 작동시험을 한다.

㉤ 안전장치 관련사항
• 압력이 상용압력을 초과할 때 압축기의 운전을 정지시키는 고압차단장치는 원칙적으로 수동복귀방식으로 한다.
• 안전밸브 또는 방출밸브에 설치된 스톱밸브는 항상 완전히 열어 놓는다. 단, 안전밸브 또는 방출밸브의 수리 등을 위하여 특히 필요한 경우에는 열어 놓지 아니할 수 있다.
• 냉매설비에 부착하는 안전밸브는 떼고 붙임이 용이한 구조로 한다.
• 독성가스의 안전밸브에는 가스방출관을 설치한다.
• 파열판은 냉매설비 내의 냉매가스압력이 이상 상승할 때 판이 파열되어야 한다.
• 파열판의 파열압력은 내압시험압력 이하의 압력으로 한다. 단, 냉매설비에 파열판과 안전밸브를 부착하는 경우에는 안전밸브의 작동압력 이상으로 한다.
• 냉매설비에 파열판과 안전밸브를 부착하는 경우에는 파열판의 파열압력은 안전밸브의 작동압력 이상이어야 한다.
• 사용하고자 하는 파열판의 파열압력을 확인하고 사용하여야 한다.
• 가연성 가스의 검지경보장치는 방폭성능을 갖는 것으로 한다.
• 독성가스를 사용하는 내용적이 1만[L] 이상인 수액기 주위에는 방류둑을 설치한다.
• 암모니아를 냉매로 사용하는 냉동제조시설에는 제독제로 물을 다량 보유한다.
• 냉매설비의 안전을 확보하기 위하여 액면계를 설치하며 액면계의 상하에는 수동식 및 자동식 스톱밸브를 각각 설치한다.
• 해당 냉동설비의 냉동능력에 대응하는 환기구의 면적을 확보하지 못하는 때에는 그 부족한 환기구 면적에 대하여 냉동능력 1[ton]당 2[m^3/분] 이상의 강제환기장치를 설치해야 한다.

㉥ 점검주기
• 압축기 최종단에 설치한 안전장치는 1년에 1회 이상 점검을 실시한다.

- 압축기 최종단에 설치한 안전장치 이외의 것은 2년에 1회 이상 점검한다.
- 고압가스특정제조허가를 받아 설치된 안전밸브의 조정주기는 4년(압력용기에 설치된 안전밸브는 그 압력용기의 내부에 대한 재검사주기)의 범위에서 연장할 수 있다.

ⓢ 1일의 냉동능력 1[ton] 산정기준
- 원심식 압축기 사용 냉동설비 : 압축기의 원동기 정격출력 1.2[kW]
- 흡수식 냉동설비 : 발생기를 가열하는 1시간의 입열량 6,640[kcal]

ⓞ 냉동능력 20[ton] 이상의 냉동설비에 설치하는 압력계의 설치기준
- 압축기의 토출압력 및 흡입압력을 표시하는 압력계를 보기 쉬운 곳에 설치한다.
- 강제윤활방식인 경우에는 윤활압력을 표시하는 압력계를 설치한다. 단, 윤활유 압력에 대한 보호장치가 설치되어 있는 경우 압력계를 설치하지 아니할 수 있다.
- 발생기에는 냉매가스의 압력을 표시하는 압력계를 설치한다.

ⓙ 고압가스 냉동제조설비의 냉매설비에 설치하는 자동제어장치 설치기준
- 압축기의 고압측 압력이 상용압력을 초과하는 때에 압축기의 운전을 정지하는 고압차단장치를 설치한다.
- 개방형 압축기에서 저압측 압력이 상용압력보다 이상 저하할 때 압축기의 운전을 정지하는 저압차단장치를 설치한다.
- 강제윤활장치를 갖는 개방형 압축기에 윤활유 압력이 운전에 지장을 주는 상태에 이르는 압력까지 저하할 때 압축기를 정지하는 장치를 설치한다(다만, 작용하는 유압이 0.1[MPa] 이하의 경우는 생략할 수 있음).
- 압축기를 구동하는 동력장치에 과부하보호장치를 설치한다.
- 셸형 액체 냉각기에 동결방지장치를 설치한다.
- 수랭식 응축기에 냉각수 단수보호장치(냉각수 펌프가 운전되지 않으면 압축기가 운전되지 않도록 하는 기계적 또는 전기적 연동기구를 갖는 장치 포함)를 설치한다.
- 공랭식 응축기 및 증발식 응축기에 해당 응축기용 송풍기가 운전되지 않는 한 압축기가 운전되지 않도록 하는 연동장치를 설치한다(다만 상용압력 이하의 상태를 유지하게 하는 응축온도제어장치가 있는 경우에는 그러하지 아니하다).
- 난방용 전열기를 내장한 에어컨 또는 이와 유사한 전열기를 내장한 냉동설비에 과열방지장치를 설치한다.

④ **고압가스용 냉동기 제조시설**

㉠ 냉매가스가 통하는 부분의 설계압력 설정
- 냉매설비의 응축온도가 기준 응축온도 아래일 때에는 가장 가까운 상위 온도에 대응하는 압력으로서 해당 냉매설비의 고압부 설계압력으로 한다.
- 보통의 운전 상태에서 응축온도가 65[℃]를 초과하는 냉동설비는 그 응축온도에 대한 포화증기압력을 그 냉동설비의 고압부 설계압력으로 한다.
- 냉매설비의 냉매가스량을 제한하여 충전함으로써 해당 냉동설비의 정지 중에 냉매가스가 상온에서 증발을 완료한 때 냉매설비 내의 압력이 일정치(제한 충전압력) 이상으로 상승하지 않도록 한 경우는 해당 냉매설비 저압부의 설계압력은 제한 충전압력 이상의 압력으로 할 수 있다.
- 냉매설비의 주위 온도가 항상 40[℃]를 초과하는 냉매설비 등의 저압부 설계압력은 그 주위 온도의 최고 온도에서의 냉매가스의 포화압력 이상으로 한다.
- 냉매설비가 국부에 열영향을 받아 충전된 냉매가스의 압력이 상승하는 냉매설비에서는 해당 냉매설비의 설계압력은 열영향을 최대로 받을 때의 냉매가스의 평균압력 이상의 압력으로 한다.
- 냉매설비의 저압부가 항상 저온으로 유지되고, 냉매가스의 압력이 0.4[MPa] 이하인 경우에는 그 저압부의 설계압력을 0.8[MPa]로 할 수 있다.

• 보통의 상태에서 내부가 대기압 이하로 되는 부분에는 압력이 0.1[MPa]을 외압으로 하여 걸리는 설계압력으로 한다.

㉡ 냉동기 제조시설에서 압력용기의 용접부 전 길이에 대하여 방사선투과시험을 실시하여야 하는 것
• 독성가스를 수용하는 압력용기의 용접부
• 두께 38[mm] 이상의 탄소강을 사용한 동판 및 경판에 속한 용접부
• 저합금강 또는 오스테나이트계 스테인리스강을 사용한 동판 또는 경판으로 두께가 25[mm] 이상의 것에 속하는 용접부
• 기체로 내압시험을 하는 압력용기에 속하는 용접부
• 페라이트계 스테인리스강을 모재로 하는 용접부(두께가 25[mm](관의 경우에는 13[mm]) 이하의 페라이트계 스테인리스강을 모재로 하는 것으로 오스테나이트계의 용접봉을 사용한 것은 제외한다)
• 클래드강(클래드재와 모재가 완전 접착되어 있는 것 및 맞대기용접부의 클래드재가 내부식성의 용착금속으로 완전하게 용착되어 있는 것에만 적용한다)을 모재로 하는 용접부
• 두께가 19[mm] 이상의 고장력강(인장강도가 568.4 [N/mm^2] 이상인 것)을 모재로 하는 용접부
• 두께가 19[mm] 이상의 저온에서 사용하는 강(알루미늄으로 탈산처리한 것에 한정)을 모재로 하는 용접부
• 두께가 13[mm] 이상의 저온에 사용하는 것 중 2.5[%] 니켈강 또는 3.5[%] 니켈강을 모재로 하는 용접부
• 두께가 8[mm] 이상의 9[%] 니켈강을 모재로 하는 용접부
• 두께가 13[mm] 이상의 알루미늄 또는 알루미늄합금을 모재로 하는 용접부
• 두께가 4.5[mm] 이상의 타이타늄을 모재로 하는 용접부
• 압력용기와 플랜지 또는 노즐과의 부착부에 관련된 용접

㉢ 시험 관련사항
• 용접부 기계시험의 종류 : 이음매 인장시험, 굽힘시험(표면, 측면, 이면), 충격시험
• 내압시험압력 : 설계압력의 1.3배 이상(시험유체 : 물), 설계압력의 1.1배 이상(시험유체 : 기체)
• 기밀시험압력 : 설계압력 이상
• 압축기 최종단에 설치된 안전장치는 1년에 1회 이상 작동시험을 한다.

⑤ 긴급이송설비 및 부속 처리설비

㉠ 적용범위
• 고압가스제조시설에 설치하는 특수반응설비
• 연소열량의 수치가 1.2×10^7을 초과하는 고압가스설비
• 긴급차단장치를 설치한 구간 내의 고압가스설비

㉡ 긴급이송설비에 부속된 처리설비는 이송되는 설비 내의 내용물을 다음의 방법으로 처리한다.
• 플레어스택에서 안전하게 연소시킨다.
• 안전한 장소에 설치된 저장탱크에 임시 이송할 수 있어야 한다.
• 벤트스택에서 안전하게 배출시킨다.
• 독성가스는 제독조치 후 안전하게 폐기시킨다(고압가스제조시설에 한한다).

㉢ 벤트스택(Vent Stack) : 긴급이송설비에 부속된 처리설비이며 정상운전 또는 비상운전 시 방출된 가스 또는 증기를 소각하지 않고 대기 중으로 안전하게 방출시키기 위하여 설치한 제해설비이다.
• 적용범위
  - 수소나 메탄과 같이 공기보다 가벼운 가스를 대기로 배출하는 경우에 적용한다.
  - 대량 배출에 의해 대기 중에서 증기운폭발을 일으킬 위험이 있는 경우에는 플레어스택을 통해 소각처리 후 배출하여야 한다.
  - 공기보다 무거운 가스나 증기라도 가연성인 경우 소량 배출하여 착지농도가 해당 가스나 증기 연소범위의 하한치에 25[%] 이하 또는 독성가스일 경우에는 해당 가스의 허용농도 이하로 유지가 가능하다면 대기로 배출하는 데 적용 가능하다.

- 벤트스택으로부터 방출하고자 하는 가스가 독성가스인 경우에는 중화조치를 한 후에 방출하고, 가연성 가스인 경우에는 방출된 가연성 가스가 지상에서 폭발한계에 도달하지 아니하도록 한다.

• 설치기준(고려사항)
  - 벤트스택은 그 벤트스택에서 방출되는 가스의 종류·양·성질·상태 및 주위상황에 따라 안전한 높이와 위치에 설치한다.
  - 벤트스택 높이 : 벤트스택은 배출되는 물질이 가연성인 경우에는 착지농도가 연소하한치(LFL)의 25[%] 이하, 독성인 경우에는 허용농도의 이하가 되도록 정량적인 위험성 평가를 통하여 높이를 결정한다.
  - 벤트스택 지름 : 벤트스택의 지름은 허용 가능한 압력손실과 배출가스가 확산되는 데 필요한 최소의 방출속도를 기준으로 결정하되, 최대방출속도가 150[m/s]를 초과하지 않도록 하여야 한다.
  - 액화가스가 함께 방출될 우려가 있는 경우에는 기액분리기를 설치한다.
  - 벤트스택 방출구는 작업원이 통행하는 장소로부터 10[m] 이상 떨어진 곳에 설치한다.
  - 벤트스택에 연결된 배관에는 응축액의 고임을 제거할 수 있는 조치를 한다.
  - 진동, 바람, 지진 등에 견딜 수 있도록 설치되어야 한다.
  - 수소가 벤트되는 경우에는 화재 가능성이 항시 존재한다. 따라서 벤트스택 끝단에서 화재가 발생하는 경우에도 안전하게 처리될 수 있도록 설치하여야 한다.
  - 수소 벤트시스템에는 수소와 공기의 혼합물이 항시 존재하므로 폭연과 폭굉의 발생 가능성이 있다. 따라서 폭연과 폭굉의 발생에 대비한 안전대책으로 수소 벤트시스템의 길이와 지름(L/D)의 비율을 낮게 하여야 한다.
  - 벤트배관에는 질소 등과 같은 불활성 가스배관을 설치하여 벤트시스템 내에서 수소와 공기의 가연성 혼합물이 생기지 않도록 퍼지하여야 하며, 벤트스택에서의 화재에 대비하여 질소 등을 소화용 가스로 항시 사용할 수 있도록 하여야 한다.
  - 저온가스를 방출시키는 벤트시스템인 경우에는 배관에서의 열수축을 고려하여야 한다.
  - 벤트배관의 가장 낮은 위치에는 배수설비(드레인)를 설치하여 배관 내에서 응축되는 수분을 제거하여야 한다.
  - 설계압력 및 온도 : 벤트스택 및 배관의 설계압력은 3.5[kgf/cm^2]를 기본설계압력으로 한다. 설계온도는 최고운전온도에 10[℃]를 더한 수치 또는 최고운전온도에 1.1을 곱한 수치 중 큰 값을 설계온도로 하며, 저온증기용 벤트스택 및 배관의 설계온도는 최저운전온도보다 10[%] 이상 낮은 온도를 설계온도로 한다.
  - 수소나 메탄을 방출할 목적으로 설치된 벤트스택의 끝단에는 스테인리스강과 같이 부식이 되지 않는 재질로 정전기방지링을 설치하여야 한다.

㉣ 플레어스택 : 긴급이송설비에 부속된 처리설비이며 가연성 가스를 대기 중에 폐기 시 폐기가스를 연소시켜 내보내는 제해설비이다.

• 연소능력은 (긴급이송설비에 의하여) 이송되는 가스를 안전하게 연소시킬 수 있는 것으로 한다.
• 플레어스택에서 발생하는 복사열이 다른 가스공급시설에 나쁜 영향을 미치지 않도록 안전한 높이 및 위치에 설치한다.
• 플레어스택의 설치 위치 및 높이는 플레어스택 바로 밑의 지표면에 미치는 복사열이 4,000[kcal/m^2·hr] 이하가 되도록 한다. 단, 4,000[kcal/m^2·hr]를 초과하는 경우로서 출입이 통제되어 있는 지역은 설치 위치 및 높이를 제한하지 않을 수 있다.
• 플레어스택에서 발생하는 최대열량에 장시간 견딜 수 있는 재료 및 구조로 한다.

• 플레어스택의 구조는 이송되는 가스를 연소시켜 대기로 안전하게 방출할 수 있도록 다음 조치를 한다.
  - 파일럿 버너는 항상 점화하여 두어야 한다(파일럿 버너나 항상 작동할 수 있는 자동점화장치를 설치한다. 이때 파일럿 버너는 꺼지지 않는 것으로 하거나 자동점화장치의 기능이 완전하게 유지되는 것으로 한다)
  - 역화 및 공기 등과의 혼합폭발을 방지하기 위하여 그 제조시설의 가스 종류 및 시설의 구조에 따라 다음 중 어느 하나 이상을 갖춘 것으로 한다.
    ⓐ Liquid Seal의 설치
    ⓑ Flame Arrestor의 설치
    ⓒ Vapor Seal의 설치
    ⓓ Purge Gas(N_2 , Off Gas 등)의 지속적인 주입 등
• 플레어스택은 파일럿 버너를 항상 점화하여 두는 등 플레어스택과 관련된 폭발을 방지하기 위한 조치가 되어 있는 것으로 한다.

ⓜ 긴급이송설비의 조치사항
• 긴급이송설비에는 가스를 방출 또는 이송하는 경우 압력 등의 강하로 인하여 공기가 유입되지 않도록 방지조치를 하여야 한다.
• 긴급이송설비에는 배관 안에 응축액의 고임을 제거 또는 방지하기 위한 조치를 하여야 한다.
• 두 종류 이상의 고압가스를 이송하는 경우에는 이송되는 고압가스의 종류, 양, 성질, 온도 및 압력 등에 따라서 이송할 때 혼합되므로 이상반응, 응축, 비등 및 역류 등이 발생되는 것을 고려하여 이송한다(고압가스 제조시설에 한한다).

핵심예제

2-1. 고압가스 일반제조의 시설 및 기술기준으로 틀린 것은?

[2011년 제3회]

① 산소의 가스설비 또는 저장설비는 화기와 5[m] 이상의 거리를 두어야 한다.
② 가연성 가스제조시설의 고압가스설비 외면으로부터 산소제조시설의 고압가스설비와 10[m] 이상의 거리를 두어야 한다.
③ 가연성 가스제조시설의 고압가스설비 외면으로부터 다른 가연성 가스 제조시설의 고압가스설비와 5[m] 이상의 거리를 두어야 한다.
④ 가스설비 외면으로부터 화기(그 설비 안의 것을 제외한다)를 취급하는 장소까지 우회거리 2[m] 이상의 거리를 두어야 한다.

2-2. 고압가스 일반제조시설의 저장탱크 및 처리설비를 실내에 설치하는 경우의 기준으로 옳은 것은?

[2007년 제1회 유사, 2008년 제2회]

① 저장탱크실과 처리설비시설은 각각 구분하여 설치하고 구분하지 않을 경우는 강제통풍구조로 하여야 한다.
② 저장탱크실과 처리설비시설은 천장, 벽, 바닥의 두께를 20[cm] 이상이 되도록 한다.
③ 가연성 가스 또는 독성가스의 저장탱크와 처리시설에는 가스누출자동차단장치를 설치하여야 한다.
④ 저장탱크의 정상부와 저장탱크실의 천장과의 거리는 60[cm] 이상으로 한다.

2-3. 고압가스 일반제조의 시설에서 사업소 밖의 배관 매몰 설치 시 다른 매설물과의 최소 이격거리를 바르게 나타낸 것은?

[2003년 제2회, 2019년 제1회]

① 배관은 그 외면으로부터 지하의 다른 시설물과 0.5[m] 이상
② 독성가스의 배관은 수도시설로부터 100[m] 이상
③ 터널과는 5[m] 이상
④ 건축물과는 1.5[m] 이상

핵심예제

2-4. 가스누출경보 및 자동차단장치의 기능에 대한 설명으로 옳은 것은? [2013년 제3회, 2014년 제2회 유사]

① 경보농도는 가연성 가스는 폭발하한계 이하, 독성가스는 TLV-TWA 기준농도 이하로 한다.
② 경보를 발신한 후에는 원칙적으로 분위기 가스 중 가스농도가 변화하여도 계속 경보를 울리고 대책을 강구함에 따라 정지되는 것으로 한다.
③ 경보기의 정밀도는 경보농도설정치에 대하여 가연성 가스용에서는 10[%] 이하, 독성가스용에서는 ±20[%] 이하로 한다.
④ 검지에서 발신까지 걸리는 시간은 경보농도의 1.2배 농도에서 20초 이내로 한다.

2-5. 가스누출검지경보장치의 성능기준에 대한 설명으로 틀린 것은? [2004년 제3회, 2008년 제3회, 2011년 제3회]

① 가연성 가스의 경보농도는 폭발하한계의 1/4 이하로 할 것
② 독성가스의 경보농도는 TLV-TWA 기준농도 이하로 할 것
③ 경보기의 정밀도는 경보농도 설정치에 대하여 가연성 가스용에 있어서는 ±25[%] 이하로 할 것
④ 지시계의 눈금은 독성가스는 0부터 TLV-TWA 기준농도의 5배값을 눈금범위에 명확하게 지시하는 것일 것

2-6. 고압가스 특정제조시설에서 준내화구조 액화가스 저장탱크 온도상승방지설비 설치와 관련한 물분무살수장치 설치기준으로 적합한 것은? [2020년 제1·2회 통합]

① 표면적 1[m^2]당 2.5[L/분] 이상
② 표면적 1[m^2]당 3.5[L/분] 이상
③ 표면적 1[m^2]당 5[L/분] 이상
④ 표면적 1[m^2]당 8[L/분] 이상

2-7. 고압가스 냉동제조시설에서 냉동능력 20[ton] 이상의 냉동설비에 설치하는 압력계의 설치기준으로 틀린 것은? [2006년 제2회, 2015년 제1회, 2019년 제1회]

① 압축기의 토출압력 및 흡입압력을 표시하는 압력계를 보기 쉬운 곳에 설치한다.
② 강제윤활방식인 경우에는 윤활압력을 표시하는 압력계를 설치한다.
③ 강제윤활방식인 것은 윤활유 압력에 대한 보호장치가 설치되어 있는 경우 압력계를 설치한다.
④ 발생기에는 냉매가스의 압력을 표시하는 압력계를 설치한다.

2-8. 냉동제조시설의 기술기준에 대한 설명으로 옳지 않은 것은? [2003년 제3회]

① 압축기 최종단에 설치한 안전장치는 1년에 1회 이상 점검을 실시한다.
② 안전장치는 설계압력 이상 내압시험압력의 10분의 8 이하 압력에서 작동하도록 조정을 한다.
③ 압축기 최종단에 설치한 안전장치 이외의 것은 2년에 1회 이상 점검을 실시한다.
④ 안전밸브 또는 방출밸브에 설치된 스톱밸브는 항상 닫아 놓아야 한다.

2-9. 냉동기의 냉매가스와 접하는 부분은 냉매가스의 종류에 따라 금속재료의 사용이 제한된다. 다음 중 사용 가능한 가스와 그 금속재료가 옳게 연결된 것은?
[2007년 제1회, 2010년 제2회, 2012년 제1회 유사]

① 암모니아 : 동 및 동합금
② 염화메탄 : 알루미늄합금
③ 프레온 : 2[%] 초과 마그네슘을 함유한 알루미늄합금
④ 탄산가스 : 스테인리스강

2-10. 냉동제조시설의 안전장치에 대한 설명 중 틀린 것은?
[2013년 제2회 유사, 2015년 제2회]

① 압축기 최종단에 설치된 안전장치는 1년에 1회 이상 작동시험을 한다.
② 독성가스의 안전밸브에는 가스방출관을 설치한다.
③ 내압성능을 확보하여야 할 대상은 냉매설비로 한다.
④ 압력이 상용압력을 초과할 때 압축기의 운전을 정지시키는 고압차단장치는 자동복귀방식으로 한다.

2-11. 고압가스 냉동시설에서 냉동능력의 합산기준으로 틀린 것은? [2011년 제2회, 2016년 제3회]

① 냉매가스가 배관에 의하여 공통으로 되어 있는 냉동설비
② 냉매계통을 달리하는 2개 이상의 설비가 1개의 규격품으로 인정되는 설비 내에 조립되어 있는 것
③ 1원(元) 이상의 냉동방식에 의한 냉동설비
④ Brine을 공통으로 하고 있는 2개 이상의 냉동설비

2-12. 냉동기의 냉매설비는 진동, 충격, 부식 등으로 냉매가스가 누출되지 않도록 조치하여야 한다. 다음 중 그 조치방법이 아닌 것은? [2008년 제3회, 2015년 제3회]

① 주름관을 사용한 방진조치
② 냉매설비 중 돌출 부위에 대한 적절한 방호조치
③ 냉매가스가 누출될 우려가 있는 부분에 대한 부식방지조치
④ 냉매설비 중 냉매가스가 누출될 우려가 있는 곳에 차단밸브 설치

핵심예제

2-13. 고압가스용 냉동기 제조시설에서 냉동기의 설비에 실시하는 기밀시험과 내압시험(시험유체 : 물)의 압력기준은 각각 얼마인가? [2017년 제1회]

① 설계압력 이상, 설계압력의 1.3배 이상
② 설계압력의 1.5배 이상, 설계압력 이상
③ 설계압력의 1.1배 이상, 설계압력의 1.1배 이상
④ 설계압력의 1.5배 이상, 설계압력의 1.3배 이상

2-14. 가스제조시설 등에 설치하는 플레어스택에 대한 설명으로 옳지 않은 것은? [2003년 제3회, 2004년 제3회 유사, 2013년 제1회 유사, 2014년 제2회, 2019년 제2회 유사, 2020년 제1·2회 통합 유사]

① 긴급이송설비에 의하여 이송되는 가스를 안전하게 연소시킬 수 있는 것으로 한다.
② 설치 위치 및 높이는 플레어스택 바로 밑의 지표면에 미치는 복사열이 4,000[kcal/m·h] 이하가 되도록 한다.
③ 방출된 가스가 지상에서 폭발한계에 도달하지 아니하도록 한다.
④ 파일럿 버너는 항상 점화하여 두어야 한다.

|해설|

2-1
산소의 가스설비 또는 저장설비는 화기와 8[m] 이상의 거리를 두어야 한다.

2-2
① 저장탱크실과 처리설비시설은 각각 구분하여 설치하고 강제통풍구조로 하여야 한다.
② 저장탱크실과 처리설비시설은 천장, 벽, 바닥의 두께를 30[cm] 이상이 되도록 한다.
③ 가연성 가스 또는 독성가스의 저장탱크와 처리시설에는 가스누출검지경보장치를 설치하여야 한다.

2-3
① 배관은 그 외면으로부터 지하의 다른 시설물과 0.3[m] 이상
② 독성가스의 배관은 수도시설로부터 300[m] 이상
③ 터널과는 10[m] 이상

2-4
① 경보농도는 가연성 가스인 경우 폭발하한계의 1/4 이하, 독성가스인 경우 TLV-TWA 기준농도 이하로 하여야 한다.
③ 경보기의 정밀도는 경보농도설정치에 대하여 가연성 가스용은 ±25[%] 이하 그리고 독성가스용은 ±30[%] 이하이어야 한다.
④ 검지에서 발신까지 걸리는 시간은 경보농도의 1.6배 농도에서 보통 30초 이내로 한다.

2-5
지시계의 눈금은 가연성 가스용은 0~폭발하한계값, 독성가스는 0~TLV-TWA 기준농도의 3배값(암모니아를 실내에서 사용하는 경우에는 150[ppm])을 명확하게 지시하는 것으로 한다.

2-6
고압가스 특정제조시설에서 액화가스 저장탱크 온도상승방지설비 설치와 관련한 물분무살수장치 설치기준
- 준내화구조 : 표면적 1[m^2]당 2.5[L/분] 이상
- 내화구조 : 표면적 1[m^2]당 5[L/분] 이상

2-7
강제윤활방식인 경우에는 윤활압력을 표시하는 압력계를 설치한다. 단, 윤활유 압력에 대한 보호장치가 설치되어 있는 경우 압력계를 설치하지 아니할 수 있다.

2-8
안전밸브 또는 방출밸브에 설치된 스톱밸브는 항상 완전히 열어 놓는다. 단, 안전밸브 또는 방출밸브의 수리 등을 위하여 특히 필요한 경우에는 열어 놓지 아니할 수 있다.

2-9
①, ②, ③의 경우에는 냉매가스와 금속재료는 부식의 우려가 있으므로 사용이 제한된다.

2-10
압력이 상용압력을 초과할 때 압축기의 운전을 정지시키는 고압차단장치는 원칙적으로 수동복귀방식으로 한다.

2-11
2원(元) 이상의 냉동방식에 의한 냉동설비

2-12
냉동기 냉매설비의 냉매가스가 진동, 충격, 부식 등으로 인하여 누출되지 않게 조치하기 위한 방법
- 주름관을 사용한 방진조치
- 냉매설비 중 돌출 부위에 대한 적절한 방호조치
- 냉매가스가 누출될 우려가 있는 부분에 대한 부식방지조치

2-13
고압가스용 냉동기 제조시설에서 냉동기의 설비에 실시하는 기밀시험과 내압시험(시험유체 : 물)의 압력기준은 각각 설계압력 이상, 설계압력의 1.3배 이상이다.

2-14
방출된 가스가 지상에서 폭발한계에 도달하지 아니하도록 하는 것은 벤트스택이다.

정답 2-1 ① 2-2 ④ 2-3 ④ 2-4 ② 2-5 ④ 2-6 ① 2-7 ③ 2-8 ④ 2-9 ④ 2-10 ④ 2-11 ③ 2-12 ④ 2-13 ① 2-14 ③

핵심이론 03 고압가스설비

① 충전설비 및 저장설비

㉠ 개 요

- 고압가스 충전설비 및 저장설비 중 전기설비를 방폭구조로 하지 않아도 되는 고압가스(가연성 가스의 검지경보장치 중 방폭구조로 하지 않아도 되는 가연성 가스) : 암모니아, 브롬화메탄, 공기 중에서 자기발화하는 가스
- 고압가스 저장설비 내부 수리의 순서 : 작업계획 수립 → 불연성 가스로 치환 → 공기로 치환 → 산소농도 측정(18~21[%]) → 작업
- 가연성 가스는 저장탱크의 출구에서 1일 1회 이상 채취하여 분석하여야 한다.

㉡ 저장설비의 재료

- 가연성 가스 및 산소의 가스설비실 또는 저장설비실의 벽은 불연재료를 사용한다.
- 가연성 가스의 가스설비실 또는 저장설비실의 지붕은 가벼운 불연재료 또는 난연재료를 사용한다.
- 액화암모니아 가스설비실 및 저장설비실 또는 특정고압가스용 실린더 캐비닛의 보관실 지붕은 가벼운 재료를 사용하지 않을 수 있다.

㉢ 저장설비의 구조

- 저장탱크 및 가스홀더는 가스가 누출하지 않는 구조로 하고, 5[m^3] 이상의 가스를 저장하는 것에는 가스방출장치를 설치한다.
- 저장능력이 5[ton](비가연성 가스나 비독성 가스의 경우에는 10[ton])이나 500[m^3](비가연성 가스나 비독성 가스의 경우에는 1,000[m^3]) 이상인 저장탱크 및 압력용기(반응, 분리, 정제, 증류 등을 행하는 탑류로서 높이 5[m] 이상인 것)와 저장탱크 및 압력용기의 지지구조물 및 기초와 이들의 연결부에는 지진에 안전한 구조로 설계·제작·설치하고 그 성능을 유지한다.

㉣ 고압가스 저장설비에 설치하는 긴급차단장치

- 저장설비의 내부에 설치하여도 된다.
- 동력원은 액압, 기압, 전기 또는 스프링으로 한다.
- 조작 버튼은 저장설비의 외면으로부터 5[m] 이상 떨어진 위치에서 조작할 수 있는 곳에 설치한다.
- 간단하고 확실하며 신속히 차단되는 구조이어야 한다.

㉤ 부압방지파괴방지설비(고압가스 저온 저장탱크의 내부 압력이 외부 압력보다 낮아져 저장탱크가 파괴되는 것을 방지하기 위해 설치하여야 할 설비) : 압력계, 압력경보설비, 진공안전밸브, 다른 저장탱크 또는 시설로부터의 가스도입배관(균압관), 압력과 연동하는 긴급차단장치를 설치한 냉동제어설비, 압력과 연동하는 긴급차단장치를 설치한 송액설비

② 저장탱크와 저장실

㉠ 저장탱크 간의 거리

- 가연성 가스의 저장탱크(저장능력이 300[m^3] 또는 3[ton] 이상의 것에 한정)와 다른 가연성 가스 또는 산소의 저장탱크와의 사이에는 두 저장탱크의 최대지름을 합산한 길이의 4분의 1 이상에 해당하는 거리(두 저장탱크의 최대 지름을 합산한 길이의 4분의 1이 1[m] 미만인 경우에는 1[m] 이상의 거리)를 유지한다.
- 상기에 따른 거리를 유지하지 못하는 경우에는 물분무장치를 설치한다.

㉡ 저장탱크의 지하 설치

- 저장탱크의 외면에는 부식방지 코팅과 전기적 부식방지를 위한 조치를 한다.
- 저장탱크는 저장탱크실(천장·벽 및 바닥에 두께가 각각 30[cm] 이상인 방수조치를 한 철근콘크리트로 만든 곳)에 설치한다.
- 저장탱크실은 다음 규격을 가진 레디믹스트콘크리트(Ready-Mixed Concrete)를 사용하여 수밀콘크리트로 시공한다.

• 저장탱크실 재료 규격

항 목	규 격
굵은 골재의 최대 치수	25[mm]
설계강도	20.6~23.5[MPa]
슬럼프(Slump)	12~15[cm]
공기량	4[%]
물-시멘트 비	53[%] 이하
기 타	KS F 4009(레디믹스트콘크리트)에 따른 규정

- 수밀 콘크리트의 시공기준은 건설교통부가 제정한 '콘크리트 표준시방서'를 준용한다.

• 지하 수위가 높은 곳 또는 누수의 우려가 있는 경우에는 콘크리트를 친 후 저장탱크실의 내면에 무기질계 침투성 도포방수제로 방수처리한다.

• 저장탱크실의 콘크리트제 천장으로부터 돌기물(맨홀, 돔, 노즐 등)을 돌출시키기 위한 구멍 부분은 콘크리트제 천장과 외면 보호면(돌기물이 접하여 저장탱크 본체와 부착부에 응력집중이 발생하지 않도록 돌기물의 주위에 돌기물의 부식방지조치를 한 외면)으로부터 10[mm] 이상의 간격을 두고 강판 등으로 만든 프로텍터를 설치한다. 또한, 프로텍터와 돌기물의 외면 보호면 사이에는 빗물의 침입을 방지하기 위해 피치, 아스팔트 등을 채운다.

• 저장탱크실에 물이 침입한 경우 및 기온 변화로 인해 생성된 이슬방울의 굄 등이 생길 경우 저장탱크실의 바닥은 물이 빠지도록 구배를 갖도록 하고 집수구를 설치한다. 이 경우 집수구에 고인물은 쉽게 배수될 수 있도록 한다.

• 지면과 거의 같은 높이에 있는 가스검지관, 집수관 등의 입구에는 빗물 및 지면에 고인물 등이 저장탱크실 내로 침입하지 않도록 덮개를 설치한다.

• 저장탱크의 주위는 마른 모래를 채운다.

• 지면으로부터 저장탱크의 정상부까지의 깊이는 60[cm] 이상으로 한다.

• 저장탱크를 2개 이상 인접하여 설치하는 경우에는 상호간에 1[m] 이상의 거리를 유지한다.

• 저장탱크를 매설한 곳의 주위에는 지상에 경계표지를 설치한다.

• 저장탱크에 설치한 안전밸브에는 지면에서 5[m] 이상의 높이에 방출구가 있는 가스방출관을 설치한다.

㉢ 저장탱크(처리설비)의 실내 설치

• 저장탱크실과 처리설비실은 각각 구분하여 설치하고 강제환기시설을 갖춘다.

• 천장・벽 및 바닥의 두께가 30[cm] 이상인 철근콘크리트로 만든 실로서 방수처리가 된 것으로 한다.

• 가연성 가스 또는 독성가스의 저장탱크실과 처리설비실에는 가스누출검지경보장치를 설치한다.

• 저장탱크의 정상부와 저장탱크실 천장과의 거리는 60[cm] 이상으로 한다.

• 저장탱크를 2개 이상 설치하는 경우에는 저장탱크실을 각각 구분하여 설치한다.

• 저장탱크 및 그 부속시설에는 부식방지 도장을 한다.

• 저장탱크실 및 처리설비실의 출입문은 각각 따로 설치하고, 외부인이 출입할 수 없도록 자물쇠 채움 등의 조치를 한다.

• 저장탱크실 및 처리설비실을 설치한 주위에는 경계표지를 한다.

• 저장탱크에 설치한 안전밸브는 지상 5[m] 이상의 높이에 방출구가 있는 가스방출관을 설치한다.

㉣ 저장실 설치

• 가연성 가스, 산소 및 독성가스의 용기 보관실은 각각 구분하여 설치한다.

• 가연성 가스의 용기 보관실은 그 가스가 누출됐을 때에 체류하지 않도록 통풍구를 갖추고, 통풍이 잘되지 않는 곳에는 강제환기시설을 설치하며, 독성가스의 용기 보관실은 누출되는 가스의 확산을 적절하게 방지할 수 있는 구조로 한다.

㉤ 특정제조시설의 저장량 15[ton]인 액화산소 저장탱크의 설치

• 저장탱크 외면으로부터 인근 주택과의 안전거리는 9[m] 이상 유지하여야 한다.

• 저장탱크 또는 배관에는 그 저장탱크 또는 배관을 보호하기 위하여 온도 상승 방지 등 필요한 조치를 하여야 한다.

- 저장탱크는 그 외면으로부터 화기를 취급하는 장소까지 8[m] 이상의 우회거리를 유지하여야 한다.
- 저장탱크 주위에는 액상의 가스가 누출한 경우에 그 유출을 방지하기 위한 조치를 반드시 할 필요는 없다.

ⓑ 물분무장치

- 물분무장치는 30분 이상 동시에 방사할 수 있는 수원에 접속되어야 한다.
- 물분무장치는 매월 1회 이상 작동 상황을 점검하여야 한다.
- 물분무장치는 저장탱크 외면으로부터 15[m] 이상 떨어진 위치에서 조작할 수 있어야 한다.
- 물분무장치는 표면적 1[m^2]당 8[L/분]을 표준으로 한다.

③ 고압가스 용기

㉠ 용기에 의한 고압가스 판매시설의 기준

- 사업소의 부지는 고압가스 운반 차량의 통행에 지장이 없도록 폭 4[m] 이상의 도로와 접하는 곳으로 한다. 단, 교통 소통에 지장이 없는 경우에는 폭 4[m] 이상의 도로와 접하지 아니할 수 있다.
- 가연성 가스 및 독성가스의 충전용기 보관실의 주위 2[m] 이내에서는 충전용기 보관실에 악영향을 미치지 아니하도록 화기를 사용하거나 인화성 물질이나 발화성 물질을 두지 아니한다.
- 저장설비 재료 : 충전용기의 보관실은 불연재료를 사용하고 불연성의 재료나 난연성의 재료를 사용한 가벼운 지붕을 설치한다. 단, 허가관청이 건축물의 구조로 보아 가벼운 지붕을 설치하기가 현저히 곤란하다고 인정하는 경우에는 허가관청이나 등록관청이 정하는 구조나 시설을 갖추어야 한다.
- 저장설비 구조 : 산소·독성가스 및 가연성 가스의 용기 보관실은 그 용기 보관실에서 누출된 가스가 사무실로 유입되지 아니하는 구조로 하고, 산소·독성가스 또는 가연성 가스를 보관하는 용기 보관실의 면적은 각 고압가스별로 10[m^2] 이상으로 한다.
- 용기 보관실 및 사무실은 동일 부지 내에 구분하여 설치한다. 단, 해상에서 가스판매업을 하고자 하는 경우에는 용기 보관실을 해상구조물이나 선박에 설치할 수 있다.
- 가연성 가스·산소 및 독성가스의 저장실은 각각 구분하여 설치한다.
- 누출된 가스가 혼합하여 폭발성 가스나 독성가스가 생성될 우려가 있는 경우 그 가스의 용기 보관실은 분리하여 설치한다.

㉡ 고압가스 용기 제조의 기준

- 용기의 재료는 스테인리스강, 알루미늄합금, 탄소·인·황의 함유량이 각각 0.33[%]·0.04[%]·0.05[%] 이하인 강 또는 이와 동등 이상의 기계적 성질 및 가공성 등을 가지는 것으로 한다.
- 용기 동판의 최대 두께와 최소 두께의 차이는 평균 두께의 10[%] 이하로 한다.
- 내용적이 125[L] 미만인 액화석유가스를 충전할 용기에는 아랫부분의 부식 및 넘어짐을 방지하기 위하여 적절한 구조 및 재질의 스커트를 부착하여야 한다.
- 액화석유가스용 강제용기의 스커트 형상은 용기의 축 방향에 대한 수직 단면을 원형으로 하고 하단에는 내측으로 굴곡부를 만들도록 한다.
- 액화석유가스용 강제용기 스커트의 상단부 또는 중간부에는 용기의 종류에 따른 통기를 위하여 필요한 면적을 가진 통기 구멍을 3개소 이상 설치한다.
- 액화석유가스용 강제용기 스커트 하단 굴곡부에는 용기의 종류에 따른 물빼기를 위하여 필요한 면적을 가진 물빼는 구멍을 원주에 대하여 같은 간격으로 3개소 이상 설치한다. 이 경우 물빼는 구멍의 형상은 스커트 하단 굴곡부에 물이 남아있지 않도록 고려한다.
- 액화석유가스용 강제용기와 스커트 부착은 용접으로 하고, 용기와 접속부의 안쪽 각도는 30° 이상으로 한다.

- 열처리재료로 제조하는 용기는 그 용기의 안전성을 확보하기 위하여 그 용기의 재료 및 두께에 따라 적절한 열처리를 하고 스케일·석유류 그 밖의 이물질을 세척하여 제거한다. 단, 비열처리재료로 제조하는 용기는 열가공을 한 후에 스케일·석유류 그 밖의 이물질을 세척하여 제거할 수 있다.
- 내식성이 없는 용기에는 부식방지 도장을 한다.
- 용기에는 그 용기의 부속품을 보호하기 위하여 프로텍터 또는 캡을 고정식 또는 체인식으로 부착한다.
- 초저온용기의 재료는 그 용기의 안전성을 확보하기 위하여 오스테나이트계 스테인리스강 또는 알루미늄합금으로 한다.
- 고압가스용 이음매 없는 용기에서 부식 도장을 실시하기 전에 도장효과를 향상시키기 위한 전처리 방법 : 탈지, 피막화성처리, 산세척, 쇼트블라스팅, 에칭프라이머

㉢ 고압가스 제조자 또는 고압가스 판매자가 실시하는 용기의 안전점검 및 유지관리 사항

- 용기는 도색 및 표시가 되어 있는지의 여부를 확인할 것
- 용기캡이 씌워져 있거나 프로텍터가 부착되어 있는지의 여부를 확인할 것
- 용기밸브의 이탈 방지조치 여부를 확인할 것
- 용기의 재검사기간의 도래 여부를 확인할 것
- 유통 중 열영향을 받았는지 여부를 점검하고 열영향을 받은 용기는 재도색하여 재사용하면 안 되며 폐기조치하여야 한다.

㉣ 용기의 신규검사에 대한 기준

- 내용적이 1[L] 미만의 이음매 없는 용기 중 에어로졸 제조용, 절단용 및 용접용으로 제조한 것은 접합 또는 납붙임용기의 검사항목 및 검사기준에 의하여 검사한다.
- 이음매 없는 용기는 그 두께가 13[mm] 이상의 것은 충격시험을 한다.
- 압궤시험을 실시하기 부적당한 용기는 용기에서 채취한 시험편에 대한 굽힘시험으로 이에 갈음할 수 있다.
- 강재용접용기의 신규검사항목 : 외관검사, 인장시험, 충격시험, 압궤시험, 인장시험, 굽힘시험, 방사선검사, 내압시험, 기밀시험(파열시험은 아니다)
- 초저온용기의 신규검사 시 다른 용접용기 검사항목에서 특별히 시험하여야 하는 검사항목 : 단열성능시험
- 초저온용기의 충격시험은 3개의 시험편 온도를 −150[℃] 이하로 하여 그 충격치의 최저가 20[J/cm^2] 이상이고, 평균 30[J/cm^2] 이상의 경우를 적합한 것으로 한다.
- 초저온용기에 대한 신규검사 시 단열성능시험을 실시할 경우 내용적에 대한 침입열량 기준 : 용기마다 실시하여 침입열량이 0.0005[kcal/h·℃·L](내용적 1,000[L] 이상인 것은 0.002[kcal/h·℃·L] 이하의 경우를 합격으로 한다.

  침입열량 $Q = \dfrac{Wq}{H \Delta t\, V}$

  여기서, Q : 침입열량[kcal/h·℃·L]
  W : 기화된 가스량[kg]
  q : 시험용 가스의 기화잠열[kcal/kg]
  H : 측정시간[hr]
  Δt : 시험용 가스의 비점과 대기온도와의 온도차[℃]
  V : 초저온용기의 내용적[L]

㉤ 고압가스 용기의 재검사를 받아야 할 경우 : 손상의 발생, 합격 표시의 훼손, 충전할 고압가스 종류의 변경, 산업통상자원부령이 정하는 기간의 경과

㉥ 고압가스 용기를 취급 또는 보관하는 때에는 위해요소가 발생하지 않도록 관리하여야 한다. 용기 보관장소에 충전용기를 보관할 경우의 준수사항은 다음과 같다.

- 충전용기와 잔가스용기는 각각 구분하여 용기 보관장소에 놓는다.
- 용기 보관 장소에는 계량기 등 작업에 필요한 물건 외에는 두지 아니한다.
- 용기 보관 장소 주위 2[m] 이내에는 화기 또는 인화성 물질이나 발화성 물질을 두지 아니한다.

- 충전용기는 항상 40[℃] 이하의 온도를 유지하고, 직사광선을 받지 않도록 조치한다.
- 가연성 가스 용기 보관 장소에서는 방폭형 손전등을 사용한다.

ⓢ 고압가스 제조설비에 사용하는 금속재료의 부식

- 18-8 스테인리스강은 저온취성에 강하므로 저온재료에 적당하다.
- 황화수소(H_2S)는 Fe, Cr, Ni을 심하게 부식시킨다.
- 일산화탄소에 의한 금속 카보닐화의 억제를 위해 장치 내면에 구리 등으로 라이닝한다.
- 수분이 함유된 산소를 용기에 충전할 때에는 용기의 부식방지를 위하여 산소가스 중의 수분을 제거한다.

ⓞ 용기의 시험

- 이음매 없는 용기 제조 시 압궤시험을 실시한다.
- 용접용기의 측면 굽힘시험은 시편을 180°로 굽혀서 3[mm] 이상의 금이 생기지 아니하여야 한다.
- 용접용기는 용접부에 대한 안내 굽힘시험을 실시한다.
- 용접용기의 방사선투과시험은 2급 이상을 합격으로 한다.
- 압력용기 및 저장탱크에 대한 용접부 기계시험의 종류 : 이음매 인장시험, 굽힘시험(표면, 측면, 이면), 충격시험

④ 고압가스용 이음매 없는 용기 재검사 기준

㉠ 용 어

- 카트리지 용기 : 용기 2개 이상을 상호 연결하여 차량에 고정한 이음매 없는 용기
- 점 부식 : 독립된 부식점 지름이 6[mm] 이하이고, 인접한 부식점과의 거리가 50[mm] 이상인 것
- 선 부식 : 선상으로 형성된 부식 및 쇄상이 단속적으로 이어진 부식으로 각각의 폭이 10[mm] 이하인 것
- 일반 부식 : 점 부식과 선 부식 이외의 부식으로 어느 정도 면적이 있는 부식 및 국부적 부식
- 우그러짐 : 두께가 감소하지 아니하고 용기 내부로 변형된 것
- 찍힌 흠 또는 긁힌 흠 : 두께 감소를 동반한 변형으로 금속이 깎이거나 이동된 것
- 열영향 : 용기가 과다한 열로 인하여 영향을 받은 것
  - 도장의 그을음
  - 용기의 일그러짐
  - 밸브 본체 또는 부품의 용융
  - 전기불꽃으로 인한 흠집, 용접불꽃의 흔적
- 최고충전압력
  - 압축가스를 충전하는 용기 : 35[℃]의 온도에서 그 용기에 충전할 수 있는 가스의 압력 중 최고압력
  - 저온용기, 초저온용기, 아세틸렌 용접용기 : 상용압력 중 최고압력
  - 저온용기 외의 용기로서 액화가스를 충전하는 용기 : 내압시험압력의 3/5배의 압력
  - 용기 내장형 액화석유가스 난방기용 용접용기 : 15[MPa]
- 기밀시험압력 : 초저온용기 및 저온용기의 경우에는 최고충전압력의 1.1배의 압력, 아세틸렌용기는 최고충전압력의 1.8배의 압력, 그 밖의 용기는 최고충전압력
- 내력비 : 내력과 인장강도의 비

㉡ 외관검사 등급 분류(용기의 상태에 따른 등급 분류)

- 1급(합격) : 사용상 지장이 없는 것으로서 2급, 3급 및 4급에 속하지 아니하는 것
- 2급(합격) : 깊이가 1[mm] 이하의 우그러짐이 있는 것 중 사용상 지장 여부를 판단하기 곤란한 것
- 3급(합격)
  - 깊이가 0.3[mm] 미만이라고 판단되는 흠이 있는 것
  - 깊이가 0.5[mm] 미만이라고 판단되는 부식이 있는 것
- 4급(불합격)
  - 부식 : 원래의 금속 표면을 알 수 없을 정도로 부식되어 부식 깊이 측정이 곤란한 것, 부식점의 깊이가 0.5[mm]를 초과하는 점 부식이 있는 것, 길이가 100[mm] 이하이고 부식 깊이가

0.3[m]를 초과하는 선 부식이 있는 것, 길이가 100[mm]를 초과하는 부식 깊이가 0.25[mm]를 초과하는 선 부식이 있는 것, 부식 깊이가 0.25[mm]를 초과하는 일반 부식이 있는 것

- 우그러짐 및 손상 : 용기 동체 내·외면에 균열·주름 등의 결함이 있는 것, 용기 바닥부 내·외면에 사용상 지장이 있다고 판단되는 균열·주름 등의 결함이 있는 것(단, 만네스만 방식으로 제조된 용기의 경우에는 용기 바닥면 중심부로부터 원주 방향으로 반지름의 1/2 이내의 영역에 있는 것을 제외), 우그러진 최대 깊이가 2[mm]를 초과하는 것, 우그러진 부분의 짧은 지름이 최대 깊이의 20배 미만인 것, 찍힌 흠 또는 긁힌 흠의 깊이가 0.3[mm]를 초과하는 것, 찍힌 흠 또는 긁힌 흠의 깊이가 0.25[mm]를 초과하고, 그 길이가 50[mm]를 초과하는 것
- 열영향을 받은 부분이 있는 것
- 네클링 부분의 유효 나사수가 제조 시에 비하여 테이퍼 나사인 경우 60[%] 이하, 평행나사인 경우 80[%] 이하인 것
- 평행나사의 경우 오링이 접촉되는 면에 유해한 상처가 있는 것

⑤ 배관설비 기준

㉠ 배관설비재료 사용 제한

- 최고사용압력이 98[MPa] 이상의 배관
- 최고사용온도가 815[℃]를 초과하는 배관
- 직접 화기를 받는 배관
- 이동제조설비용 배관

㉡ 고압가스 배관 등의 내압 부분에 사용할 수 없는 재료

- 탄소 함유량이 0.35[%] 이상의 탄소강재 및 저합금강 강재로서 용접구조에 사용되는 재료. 단, 탄소 함유량의 규정이 없는 재료는 탄소 함유량을 확인한 후에 사용한다.
- 배관용 탄소강관
- 배관용 아크용접 탄소강관
- 회주철품

㉢ 배관재료로 사용할 수 없는 탄소강 강재

- 일반구조용 압연강재 및 용접구조용 압연강재의 1종 A, 2종 A 및 3종 A는 다음에 기재하는 것에 사용하지 않는다.
  - 독성가스를 수송하는 배관 등
  - 설계압력이 1.6[MPa]를 초과하는 내압 부분
  - 설계압력이 1[MPa]를 초과하는 길이 이음매를 가지는 관 또는 관 이음
  - 두께가 16[mm]를 초과하는 내압 부분
- 용접구조용 압연강재(1종 A, 2종 A, 3종 A 제외)는 설계압력이 3[MPa]를 초과하는 배관 등에 사용하지 않는다.

㉣ 배관재료로 사용할 수 없는 주철품

- 구상흑연주철품의 3종·4종 및 5종, 가단주철품 중 GCMB 30-06, 백심가단주철품, 펄라이트가단주철품은 다음에 기재하는 것에 사용하지 않는다.
  - 독성가스를 수송하는 배관
  - 설계압력이 0.2[MPa] 이상인 가연성 가스의 배관
  - 설계압력이 1.6[MPa]를 초과하는 가연성 가스 및 독성가스 외의 가스밸브 및 플랜지
  - 설계온도가 0[℃] 미만 또는 250[℃]를 초과하는 배관
- 구상흑연주철품의 1종, 2종 및 가단주철품 중 GCMB는 다음에 기재하는 것에 사용하지 않는다.
  - 독성가스를 수송하는 배관
  - 설계압력이 1.6[MPa]를 초과하는 밸브 및 플랜지
  - 설계압력이 1.1[MPa]를 초과하는 가연성 가스 및 독성가스 외의 가스를 수송하는 내압 부분으로 밸브 및 플랜지 외의 것
  - 설계온도가 0[℃] 미만 또는 250[℃]를 초과하는 배관
- 덕타일 철주조품 및 맬리어블 철주조품은 다음에 기재하는 것에 사용하지 않는다.
  - 독성가스(포스겐 및 사이안화수소에 한정)를 수송하는 배관
  - 설계압력이 2.4[MPa]를 초과하는 밸브 및 플랜지

- 설계온도가 -5[℃] 미만 또는 350[℃]를 초과하는 배관

ⓜ 배관재료로 사용할 수 없는 구리·구리합금 및 니켈동합금

- 압력용기-설계 및 제조일반 중 허용인장응력치에 대응하는 온도를 초과하는 것(단, 압력계·액면계 연결관에 사용하는 것은 제외)
- 구리 및 구리의 함유량이 62[%]를 초과하는 합금으로 내부 유체에 아세틸렌이 함유된 것

ⓑ 알루미늄 및 알루미늄합금은 압력용기-설계 및 제조일반 중 기준 허용인장력치에 대응하는 온도를 초과하여 사용하지 아니한다(단, 압력계·액면계 연결관에 사용하는 것을 제외).

ⓢ 타이타늄은 압력용기-설계 및 제조일반 중 기준 허용인장응력치에 대응하는 온도를 초과하여 사용할 수 없다.

ⓞ 2중관

- 2중관으로 해야 하는 독성가스 : 암모니아, 아황산가스, 염소, 염화메탄, 산화에틸렌, 사이안화수소, 포스겐 및 황화수소
- 고압가스 특정제조시설에서 하천 또는 수로를 횡단하여 배관을 매설할 경우 2중관으로 해야 하는 가스 : 염소, 포스겐, 불소, 아크릴알데하이드, 아황산가스, 사이안화수소 또는 황화수소
- 독성가스배관 중 2중관으로 해야 할 부분은 그 고압가스가 통하는 배관으로서 그 양끝을 원격조작밸브 등으로 차단할 경우에도 그 내부의 가스를 다른 설비에 안전하게 이송할 수 없는 구간 내의 가스량에 따라 해당 배관으로부터 보호시설까지 안전거리가 유지되지 않은 부분으로 한다. 이 경우 안전거리는 해당 구간 내의 가스량을 기준으로 한다. 단, 해당 배관을 보호관이나 방호구조물 내에 설치하여 배관의 파손을 방지하고 누출된 가스가 주변에 확산되지 않도록 한 경우에는 그렇지 않다.
- 2중관의 외층관 내경은 내층관 외경의 1.2배 이상을 표준으로 한다.
- 2중관의 내층관과 외층관 사이에는 가스누출검지경보설비의 검지부를 설치하여 가스 누출을 검지하는 조치를 강구한다.

ⓙ 고압가스 배관의 지진 해석 시 적용사항

- 지반운동의 수평 2축 방향 성분과 수직 방향 성분을 고려한다.
- 지반을 통한 파의 방사조건을 적절하게 반영한다.
- 배관-지반의 상호작용 해석 시 배관의 유연성과 변형성을 고려한다.
- 기능 수행 수준 지진 해석에서 배관의 거동은 비선형으로 가정한다.

ⓒ 고압가스 배관을 보호하기 위하여 고압가스 배관과의 수평거리 0.3[m] 이내에서는 파일박기 작업을 금한다.

ⓚ 고압가스 일반제조시설의 배관

- 액화가스의 배관에는 반드시 온도계와 압력계를 설치하여야 한다.
- 배관은 지면으로부터 최소한 1[m] 이상의 깊이에 매설한다.
- 배관의 부식방지를 위하여 지면으로부터 30[cm] 이상의 거리를 유지한다.
- 배관설비는 상용압력의 2배 이상의 압력에 항복을 일으키지 아니하는 두께 이상으로 한다.
- 이중관으로 하여야 하는 가스 대상 : 암모니아, 아황산가스, 염소, 염화메탄, 산화에틸렌, 사이안화수소, 포스겐, 황화수소 등

ⓣ 고압가스 특정제조시설의 배관의 도로 밑 매설기준

- 배관의 외면으로부터 도로의 경계까지 1[m] 이상의 수평거리를 유지한다.
- 배관은 그 외면으로부터 도로 밑의 다른 시설물과 0.3[m] 이상의 거리를 유지한다.
- 포장되어 있는 차도에 매설하는 경우에는 그 포장부분의 노반 밑에 매설하고 배관의 외면과 노반의 최하부와의 거리는 0.5[m] 이상으로 한다.
- 시가지 도로 노면 밑에 매설할 때는 노면으로부터 배관의 외면까지의 깊이를 1.5[m] 이상으로 한다.

• 시가지 외의 도로 노면 밑에 매설할 때는 노면으로부터 배관의 외면까지의 깊이를 1.2[m] 이상으로 한다.

ⓟ 설계압력이 2[MPa]를 초과하는 것 및 설계압력을 [MPa]로 표시한 값과 플랜지의 호칭 내경을 [mm]로 표시한 값의 곱이 500을 초과하는 것은 허브플랜지를 사용한다.

ⓗ 가스용 폴리에틸렌(PE) 배관의 열융착 이음

• 열융착 이음방법은 맞대기 융착, 소켓융착 또는 새들융착으로 구분한다.
• 맞대기 융착
  - 공칭 외경 90[mm] 이상의 직관과 이음관 연결에 적용한다.
  - 비드(Bead)는 좌우 대칭형으로 둥글고 균일하게 형성되어 있어야 한다.
  - 비드의 표면은 매끄럽고 청결하여야 한다.
  - 접합면의 비드와 비드 사이의 경계 부위는 배관의 외면보다 높게 형성되어야 한다.
  - 이음부의 연결 오차는 배관 두께의 10[%] 이하이어야 한다.
• 소켓융착
  - 용융된 비드는 접합부 전면에 고르게 형성되고 관 내부로 밀려나오지 아니하도록 한다.
  - 배관 및 이음관의 접합은 일직선을 유지한다.
  - 비드 높이는 이음관의 높이 이하로 한다.
  - 융착작업은 홀더 등을 사용하고 관의 용융 부위는 소켓 내부 경계턱까지 완전히 삽입되도록 한다.
• 새들융착
  - 접합부 전면에는 대칭형의 둥근 형상 이중 비드가 고르게 형성되어 있도록 한다.
  - 비드의 표면은 매끄럽고 청결하도록 한다.
  - 접합된 새들의 중심선과 배관의 중심선이 직각을 유지한다.
  - 비드의 높이는 이음관 높이 이하로 한다.

㉮ 독성가스 배관용 밸브 제조의 기준 중 고압가스안전관리법의 적용대상 밸브 종류 : 볼밸브, 글로브밸브, 게이트밸브, 체크밸브 및 콕

⑥ 고압호스의 제조

㉠ 고압호스 제조시설설비 : 공작기계, 절단설비, 동력용 조립설비, 작업공구 및 작업대

㉡ 검사설비

• 반드시 갖추어야 할 검사설비의 종류 : 버니어캘리퍼스・마이크로미터・나사게이지 등 치수측정설비, 액화석유가스액 또는 도시가스 침적설비, 염수분무시험설비, 내압시험설비, 기밀시험설비, 저온시험설비, 이탈력시험설비
• 필요한 경우 갖추어야 할 검사설비의 종류 : 내구시험설비, 체크밸브성능시험, 그 밖에 검사에 필요한 설비 및 기구

핵심예제

3-1. 일반고압가스의 시설 및 제조기술상 안전관리 측면에서 정한 기준으로 틀린 것은? [2008년 제2회, 2017년 제3회 유사]

① 가연성 가스는 저장탱크의 출구에서 1일 1회 이상 채취하여 분석하여야 한다.
② 1시간의 공기압축량이 1,000[m^3]를 초과하는 공기액화분리기 내에 설치된 액화산소통 내의 액화산소는 1일 1회 이상 분석하여야 한다.
③ 저장탱크는 가스가 누출되지 아니하는 구조로 하고 50[m^3] 이상의 가스를 저장하는 곳에는 가스방출장치를 설치하여야 한다.
④ 산소 등의 충전에 있어 밀폐형의 물 전해조에는 액면계와 자동급수장치를 하여야 한다.

3-2. 고압가스 용기의 보관 장소에 용기를 보관할 경우의 준수할 사항 중 틀린 것은?

[2011년 제1회 유사, 2015년 제3회, 2016년 제1회 유사, 2019년 제2회]

① 충전용기와 잔가스용기는 각각 구분하여 용기 보관 장소에 놓는다.
② 용기 보관 장소에는 계량기 등 작업에 필요한 물건 외에는 두지 아니한다.
③ 용기 보관 장소의 주위 2[m] 이내에는 화기 또는 인화성 물질이나 발화성 물질을 두지 아니한다.
④ 가연성 가스 용기 보관 장소에는 비방폭형 손전등을 사용한다.

핵심예제

3-3. 압력용기 및 저장탱크에 대한 용접부 기계시험의 항목이 아닌 것은? [2003년 제1회, 2007년 제1회]

① 이음매 인장시험 ② 표면굽힘시험
③ 방사선투과시험 ④ 충격시험

3-4. 고압가스 용기제조기술기준에 대한 설명으로 옳지 않은 것은? [2004년 제3회 유사, 2006년 제3회 유사, 2013년 제3회]

① 용기는 열처리(비열처리재료로 제조한 용기의 경우에는 열가공)를 한 후 세척하여 스케일・석유류 그 밖의 이물질을 제거할 것
② 용기 동판의 최대 두께와 최소 두께의 차이는 평균 두께의 10[%] 이하로 할 것
③ 열처리 재료로 제조하는 용기는 열가공을 한 후 그 재료 및 두께에 따라서 적당한 열처리를 할 것
④ 초저온용기는 오스테나이트계 스테인리스강 또는 타이타늄합금으로 제조할 것

3-5. 고압가스 제조설비에 사용하는 금속재료의 부식에 대한 설명으로 틀린 것은? [2016년 제3회]

① 18-8 스테인리스강은 저온취성에 강하므로 저온재료에 적당하다.
② 황화수소에서 탄소강은 내식성이 약하나 구리나 니켈합금은 내식성이 우수하다.
③ 일산화탄소에 의한 금속 카보닐화의 억제를 위해 장치 내면에 구리 등으로 라이닝한다.
④ 수분이 함유된 산소를 용기에 충전할 때에는 용기의 부식방지를 위하여 산소가스 중의 수분을 제거한다.

3-6. 독성가스 특정제조의 시설기준 중 배관의 도로 및 매설기준으로 틀린 것은? [2017년 제1회]

① 배관의 외면으로부터 도로의 경계까지 1[m] 이상의 수평거리를 유지한다.
② 배관은 그 외면으로부터 도로 밑의 다른 시설물과 0.3[m] 이상의 거리를 유지한다.
③ 시가지의 도로 노면 밑에 매설하는 배관의 노면과의 거리는 1.2[m] 이상으로 한다.
④ 포장되어 있는 차도에 매설하는 경우에는 그 포장 부분의 노반 밑에 매설하고 배관의 외면과 노반의 최하부와의 거리는 0.5[m] 이상으로 한다.

3-7. 용적 100[L]의 초저온용기에 200[kg]의 산소를 넣고 외기온도 25[℃]인 곳에서 10시간 방치한 결과 180[kg]의 산소가 남아 있다. 이 용기의 침입열량[kcal/h・℃・L]의 값과 단열성능시험의 합격 여부를 판정한 것으로 옳은 것은?(단, 액화산소의 비점은 −183[℃], 기화잠열은 51[kcal/kg]이다) [2011년 제2회]

① 0.02, 불합격 ② 0.05, 합격
③ 0.005, 불합격 ④ 0.008, 합격

3-8. 아세틸렌 용기의 15[℃]에서의 최고충전압력은 1.55[MPa]이다. 아세틸렌 용기의 내압시험압력 및 기밀시험압력은 각각 얼마인가? [2014년 제3회]

① 4.65[MPa], 1.71[MPa]
② 2.58[MPa], 1.55[MPa]
③ 2.58[MPa], 1.71[MPa]
④ 4.65[MPa], 2.79[MPa]

3-9. 특정설비에 설치하는 플랜지 이음매로 허브플랜지를 사용하지 않아도 되는 것은? [2006년 제2회, 2020년 제1・2회 통합]

① 설계압력이 2.5[MPa]인 특정설비
② 설계압력이 3.0[MPa]인 특정설비
③ 설계압력이 2.0[MPa]이고, 플랜지의 호칭 내경이 260[mm] 특정설비
④ 설계압력이 1.0[MPa]이고, 플랜지의 호칭 내경이 300[mm] 특정설비

3-10. 독성 고압가스의 배관 중 2중관의 외층관 내경은 내층관 외경의 몇 배 이상을 표준으로 하는가? [2016년 제1회]

① 1.2배 ② 1.5배
③ 2.0배 ④ 2.5배

3-11. 독성가스 배관을 2중관으로 하여야 하는 독성가스가 아닌 것은? [2003년 제3회, 2008년 제3회 유사, 2009년 제2회, 2010년 제3회 유사, 2014년 제1회 유사, 2019년 제2회, 2020년 제3회 유사]

① 포스겐 ② 염 소
③ 브롬화메탄 ④ 산화에틸렌

|해설|

3-1

저장탱크 및 가스홀더는 가스가 누출하지 않는 구조로 하고, $5[m^3]$ 이상의 가스를 저장하는 것에는 가스방출장치를 설치한다.

3-2

가연성 가스 용기 보관 장소에서는 방폭형 손전등을 사용한다.

3-3

압력용기 및 저장탱크에 대한 용접부 기계시험의 종류 : 이음매 인장시험, 굽힘시험(표면, 측면, 이면), 충격시험

3-4

초저온용기는 오스테나이트계 스테인리스강 또는 알루미늄합금으로 제조할 것

3-5

황화수소(H_2S)는 Fe, Cr, Ni을 심하게 부식시킨다.

3-6

시가지의 도로 노면 밑에 매설하는 배관의 노면과의 거리는 1.5[m] 이상으로 한다.

3-7

침입열량

$$Q = \frac{Wq}{H\Delta t\,V} = \frac{(200-180)\times 51}{10\times[25-(-183)]\times 100}$$

$$\simeq 0.005[\text{kcal/h}\cdot{}^\circ\text{C}\cdot\text{L}]$$

침입열량이 0.0005[kcal/h · ℃ · L]을 초과하므로 불합격이다.

3-8

- 아세틸렌 용기의 내압시험압력
  = 최고충전압력 × 3배 = 1.55 × 3 = 4.65[MPa]
- 아세틸렌 용기의 기밀시험압력
  = 최고충전압력 × 1.8배 = 1.55 × 1.8 = 2.79[MPa]

3-9

설계압력이 2[MPa]를 초과하는 것 및 설계압력을 [MPa]로 표시한 값과 플랜지의 호칭 내경을 [mm]로 표시한 값의 곱이 500을 초과하는 것은 허브플랜지를 사용한다.

3-10

독성 고압가스의 배관 중 2중관의 외층관 내경은 내층관 외경의 1.2배 이상을 표준으로 한다.

3-11

이중관으로 해야 하는 가스 : 암모니아, 아황산가스, 염소, 염화메탄, 산화에틸렌, 사이안화수소, 포스겐 및 황화수소

정답 3-1 ③ 3-2 ④ 3-3 ③ 3-4 ④ 3-5 ② 3-6 ③ 3-7 ③ 3-8 ④ 3-9 ④ 3-10 ① 3-11 ③

제3절 | 액화석유가스의 안전관리

핵심이론 01 LPG 안전관리의 개요

① 용 어

㉠ 시 설

- 가스공급시설 : 액화석유가스를 제조하거나 공급하기 위한 시설로서 다음의 가스제조시설 및 가스배관시설을 말한다.
  - 가스제조시설 : 액화석유가스의 하역설비 · 저장설비 · 기화설비 및 그 부속설비
  - 가스배관시설 : 제조소로부터 가스사용자가 소유하거나 점유하고 있는 토지의 경계(공동주택 등으로서 가스사용자가 구분하여 소유하거나 점유하는 건축물의 외벽에 계량기가 설치된 경우에는 그 계량기의 전단밸브, 계량기가 건축물의 내부에 설치된 경우에는 건축물의 외벽)까지 이르는 배관 · 공급설비 및 그 부속설비
- 가스사용시설 : 가스공급시설 외의 가스사용자의 시설(내관 · 연소기 및 그 부속설비, 공동주택 등의 외벽에 설치된 가스계량기) 지하층에 설치된 가스사용시설에는 지상에서 가스의 공급을 용이하게 차단할 수 있는 장치를 설치한다.
- 다중이용시설 : 많은 사람이 출입 · 이용하는 시설(대형마트 · 전문점 · 백화점 · 쇼핑센터 · 복합쇼핑몰 및 그 밖의 대규모 점포, 공항의 여객청사, 여객자동차터미널, 철도역사, 고속도로의 휴게소, 관광호텔업, 관광객이용시설업 중 전문휴양업 · 종합휴양업 및 유원시설업 중 종합유원시설업으로 등록한 시설, 경마장, 청소년수련시설, 종합병원, 종합여객시설, 그 밖에 시 · 도지사가 안전관리를 위하여 필요하다고 지정하는 시설 중 그 저장능력이 100[kg]을 초과하는 시설
- 일반집단공급시설 : 저장설비에서 가스사용자가 소유하거나 점유하고 있는 건축물의 외벽(외벽에 가스계량기가 설치된 경우에는 그 계량기의 전단밸브)까지의 배관과 그 밖의 공급시설

- 제조소 : 액화석유가스공급시설의 공사계획에 대해 승인을 받은 장소

㉡ 설 비

- 가스설비 : 저장설비 외의 설비로서 액화석유가스가 통하는 설비(배관 제외)와 그 부속설비
- 가스제조시설 : 액화석유가스의 하역설비 · 저장설비 · 기화설비 및 그 부속설비
- 공급설비 : 용기가스소비자에게 액화석유가스를 공급하기 위한 설비
  - 액화석유가스를 부피단위로 계량하여 판매하는 방법(체적판매방법)으로 공급하는 경우에는 용기에서 가스계량기 출구까지의 설비
  - 액화석유가스를 무게단위로 계량하여 판매하는 방법(중량판매방법)으로 공급하는 경우에는 용기
- 소비설비 : 용기가스소비자가 액화석유가스를 사용하기 위한 설비
  - 체적판매방법으로 가스를 공급하는 경우에는 가스계량기 출구에서 연소기까지의 설비
  - 중량판매방법으로 가스를 공급하는 경우에는 용기 출구에서 연소기까지의 설비(액화석유가스를 중량판매방법으로 공급할 수 있는 경우 : 6개월 이내의 기간 동안만 액화석유가스를 사용하는 자)
- 용기집합설비 : 2개 이상의 용기를 집합하여 액화석유가스를 저장하기 위한 설비로서 용기 · 용기집합장치 · 자동절체기(사용 중인 용기의 가스공급압력이 떨어지면 자동적으로 예비용기에서 가스가 공급되도록 하는 장치)와 이를 접속하는 관 및 그 부속설비
- 저장설비 : 액화석유가스를 저장하기 위한 설비로서 저장탱크, 마운드형 저장탱크, 소형 저장탱크 및 용기(용기집합설비와 충전용기 보관실을 포함)
- 충전설비 : 용기 또는 자동차에 고정된 탱크에 액화석유가스를 충전하기 위한 설비로서 충전기와 저장탱크에 부속된 펌프 및 압축기
- 폭발방지장치 : 액화석유가스 저장탱크 외벽이 화염으로 국부적으로 가열될 경우 그 저장탱크 벽면의 열을 신속히 흡수 · 분산시킴으로써 탱크 벽면의 국부적인 온도 상승에 따른 저장탱크의 파열을 방지하기 위하여 저장탱크 내벽에 설치하는 다공성 벌집형 알루미늄 합금박판

㉢ 탱 크

- 마운드형 저장탱크 : 액화석유가스를 저장하기 위하여 지상에 설치된 원통형 탱크에 흙과 모래를 사용하여 덮은 탱크로서, 자동차에 고정된 탱크충전사업시설에 설치되는 탱크
  - 저장탱크는 그 주위에 20[cm] 이상 모래를 덮은 후 1[m] 이상 흙으로 채워야 한다.
- 벌크로리 : 자동차에 고정된 탱크로서 액화석유가스를 공급하기 위한 펌프 및 압축기가 부착된 자동차에 고정된 탱크
- 소형 저장탱크 : 액화석유가스를 저장하기 위하여 지상 또는 지하에 고정 설치된 탱크로서 그 저장능력이 3[ton] 미만인 탱크. 소형 저장탱크를 기초에 고정하는 방식은 화재 등의 경우에 쉽게 분리되는 것으로 한다.
- 자동차에 고정된 탱크 : 액화석유가스의 수송 · 운반을 위하여 자동차에 고정 설치된 탱크
- 저장탱크 : 액화석유가스를 저장하기 위하여 지상 또는 지하에 고정 설치된 탱크로서 그 저장능력이 3[ton] 이상인 탱크

㉣ 이외의 용어

- 액화석유가스충전사업 : 저장시설에 저장된 액화석유가스를 용기 또는 차량에 고정된 탱크에 충전하여 공급하는 사업
  - 액화석유가스충전사업자는 거래상황기록부를 작성하여 액화석유가스충전사업자단체에 매분기 다음달 15일까지 보고하여야 한다.
- 용기가스소비자 : 용기에 충전된 액화석유가스를 연료로 사용하는 자(제외 : 액화석유가스를 자동차연료용 · 용기 내장형 가스 난방기용 · 이동식 부탄연소기용 · 이동식 프로판연소기용 · 공업용

또는 선박용으로 사용하는 자, 액화석유가스를 이동하면서 사용하는 자)

- 저장능력 : 저장설비에 저장할 수 있는 액화석유가스의 양으로서 $W=0.9dV$식에 따라 산정된 것이다. 단, 소형 저장탱크의 경우에는 0.9 대신 0.85를 적용한다.

  여기서, W : 저장탱크 및 소형 저장탱크의 저장능력([kg])

  d : 상용온도에서 액화석유가스의 비중([kg/L])

  V : 저장탱크 및 소형 저장탱크의 내용적([L])

- 캐스케이드 연통(Cascade Flue Pipe) : 동일 공간에 설치된 2개 이상의 캐스케이드용 연료전지에서 나오는 배기가스를 금속 이중관형 연돌까지 이송하거나 바깥 공기 중으로 직접 배출하기 위하여 공동으로 사용하는 연통으로, 연료전지 제조자 시공지침에 따라 하나의 생산자가 스테인리스강판으로 제조한 것
- 터미널(Terminal) : 배기가스를 건축물 바깥 공기 중으로 배출하기 위하여 배기시스템 말단에 설치하는 부속품(배기통과 터미널이 일체형인 경우에는 배기가스가 배출되는 말단 부분)

② 액화석유가스의 특성

㉠ 주성분은 저급 탄화수소의 화합물이다(액화된 프로판, 액화된 부탄, 기화된 프로판).

㉡ 가압하거나 상압에서 냉각하면 쉽게 액화한다.

㉢ 액체는 물보다 가볍고, 기체는 공기보다 무겁다.

- 액상의 액화석유가스는 물보다 가볍다.
- 액화석유가스는 공기보다 무겁다.

㉣ 기화하면 체적이 커진다.

㉤ 액체의 온도에 의한 부피 변화가 크다.

㉥ 일반적으로 LNG보다 발열량이 크다.

㉦ 연소 시 다량의 공기가 필요하다.

㉧ 증발잠열이 크다.

㉨ 공기 중에서 쉽게 연소폭발한다.

③ 배치기준

㉠ 화기와의 거리

- 저장설비와 가스설비 외면으로부터 화기(그 설비 안의 것을 제외)를 취급하는 장소까지 8[m] 이상의 우회거리를 두거나 화기를 취급하는 장소와의 사이에는 그 저장설비와 가스설비로부터 누출된 가스가 유동하는 것을 방지하기 위한 조치를 한다.
- 누출된 가연성 가스가 화기를 취급하는 장소로 유동하는 것을 방지하기 위한 시설은 높이 2[m] 이상의 내화성 벽으로 하고, 저장설비 및 가스설비와 화기를 취급하는 장소의 사이는 우회수평거리를 8[m] 이상으로 한다.
- 화기를 사용하는 장소가 불연성 건축물 안에 있는 경우 저장설비 및 가스설비로부터 수평거리 8[m] 이내에 있는 그 건축물의 개구부는 방화문이나 망입유리를 사용하여 폐쇄하고, 사람이 출입하는 출입문은 이중문으로 한다.

㉡ 보호시설과의 안전거리

처리 및 저장능력	제1종 보호시설	제2종 보호시설
10[ton] 이하	17[m]	12[m]
10[ton] 초과 20[ton] 이하	21[m]	14[m]
20[ton] 초과 30[ton] 이하	24[m]	16[m]
30[ton] 초과 40[ton] 이하	27[m]	18[m]
40[ton] 초과	30[m]	20[m]

- 지하에 저장설비를 설치하는 경우에는 상기 보호시설과의 안전거리의 1/2로 할 수 있다.

㉢ 사업소 경계와의 거리

처리 및 저장능력	제1종 보호시설
10[ton] 이하	17[m]
10[ton] 초과 20[ton] 이하	21[m]
20[ton] 초과 30[ton] 이하	24[m]
30[ton] 초과 40[ton] 이하	27[m]
40[ton] 초과	30[m]

- 동일한 사업소에 두 개 이상의 저장설비가 있는 경우에는 그 설비별로 각각 안전거리를 유지하여야 한다.

④ 액화석유가스법에 의한 안전교육

㉠ 전문교육

교육대상자	교육시기
1) 안전관리책임자와 안전관리원·안전점검원[2)의 대상자는 제외]	신규 종사 후 6개월 이내 및 그 후에는 3년이 되는 해마다 1회
2) 액화석유가스특정사용시설의 안전관리책임자와 안전관리원	
3) 시공관리자(제1종 가스시설 시공업자에 채용된 시공관리자)	
4) 시공자(제2종 가스시설시공업자의 기술능력인 시공자 양성교육 또는 가스시설 시공관리자 양성교육을 이수한 사람으로 한정)와 제2종 가스시설 시공업자에게 채용된 시공관리자	
5) 온수보일러 시공자(제3종 가스시설 시공업자의 기술능력인 온수보일러 시공자 양성교육 또는 온수보일러 시공관리자 양성교육을 이수한 사람으로 한정)와 제3종 가스시설 시공업자에게 채용된 온수보일러 시공관리자	
6) 액화석유가스 운반책임자	

㉡ 특별교육

교육대상자	교육시기
1) 액화석유가스 운반 자동차 운전자와 액화석유가스 배달원	신규 종사 시 1회
2) 액화석유가스충전시설의 충전원	
3) 제1종 또는 제2종 가스시설 시공업자 중 자동차정비업 또는 자동차폐차업자의 사업소에서 액화석유가스를 연료로 사용하는 자동차의 액화석유가스 연료계통 부품의 정비작업 또는 폐차작업에 직접 종사하는 자	
4) 사용시설점검원	

㉢ 양성교육 대상자
- 일반시설 안전관리자가 되려는 자
- 액화석유가스 충전시설 안전관리자가 되려는 자
- 판매시설 안전관리자가 되려는 자
- 사용시설 안전관리자가 되려는 자
- 가스시설 시공관리자가 되려는 자
- 시공자가 되려는 자
- 온수보일러 시공자가 되려는 자
- 온수보일러 시공관리자가 되려는 자
- 폴리에틸렌관 융착원이 되려는 자
- 안전점검원이 되려는 자

㉣ 특기사항
- 교육대상자별 교육과목 및 교육시간 그 밖에 교육운영에 필요한 사항은 한국가스안전공사사장이 정한다.
- 액화석유가스 배달원으로 신규 종사하게 될 경우 특별교육을 1회 받아야 한다.
- 액화석유가스특정사용시설의 안전관리책임자로 신규 종사하게 될 경우 신규 종사 후 6개월 이내 및 그 이후에는 3년이 되는 해마다 전문교육을 1회 받아야 한다.
- 액화석유가스를 연료로 사용하는 자동차의 정비작업에 종사하는 자가 한국가스안전공사에서 실시하는 액화석유가스 자동차 정비 등에 관한 전문교육을 받은 경우에는 별도로 특별교육을 받을 필요가 없다.
- 액화석유가스 충전시설의 충전원으로 신규 종사하게 될 경우 6개월 이내 특별교육을 1회 받아야 한다.

⑤ 액화석유가스 관련 제반사항

㉠ LPG에 Air를 혼합하는 주된 이유 : 재액화를 방지하고 발열량을 조정하기 위해서

㉡ 액화석유가스 충전용기 내에 수분이 존재할 때 용기 밸브 및 배관에 미치는 영향 : 사용 중 증발잠열로 수분이 얼어 밸브나 배관을 막는다.

㉢ LPG 용기에 있는 잔가스의 처리법
- 폐기 시에는 용기를 분리한 후 처리한다.
- 잔가스 폐기는 통풍이 양호한 장소에서 소량씩 실시한다.
- 되도록 사용 후 용기에 잔가스가 남지 않도록 한다.
- 용기를 가열할 때는 온도 40[℃] 이상의 뜨거운 물을 사용한다.

㉣ 액화석유가스용 용기 잔류가스 회수장치의 성능 등 기밀성능의 기준 : 1.86[MPa] 이상의 공기 등 불활성 기체로 10분간 유지하였을 때 누출 등 이상이 없어야 한다.

ⓜ 액화석유가스의 충전, 집단공급, 저장 및 사용시설의 사용 개시 전 점검사항
- 제조설비 등에 있는 내용물의 상황
- 계기류의 기능 및 제어장치의 상태
- 긴급차단 및 긴급방출장치의 기능

ⓑ 저장량이 각각 1,000[ton]인 액화석유가스 저장탱크 2기에서 발생 가능한 사고와 상해 발생 메커니즘
- 누출 → 화재 → BLEVE → Fireball → 복사열 → 화상
- 누출 → 증기운 확산 → 증기운폭발 → 폭발 과압 → 폐출혈
- 누출 → 화재 → BLEVE → Fireball → 화재 확대 → BLEVE

ⓢ 액화석유가스의 적절한 품질을 확보하기 위하여 정해진 품질기준에 맞도록 품질을 유지하여야 하는 자
- 액화석유가스 수출입업자
- 액화석유가스 충전사업자
- 액화석유가스 집단공급사업자
- 액화석유가스 판매사업자
- 석유정제업자
- 부산물인 석유제품판매업자

ⓞ LPG 사용자 중 가스사고배상책임보험에 가입하여야 하는 자
- 용기에 충전된 액화석유가스를 산업통상자원부령으로 정하는 액화석유가스 사용시설에 공급하는 액화석유가스 충전사업자 및 액화석유가스 판매사업자(이 자는 소비자보장책임보험도 가입해야 함)
- 액화석유가스를 소형 저장탱크가 설치된 액화석유가스 사용시설에 공급하는 액화석유가스 충전사업자 및 액화석유가스 판매사업자(이 자는 소비자보장책임보험도 가입해야 함)
- 액화석유가스 충전사업자, 가스용품 제조사업자 및 가스용품을 수입한 자
- 액화석유가스 집단공급사업자, 액화석유가스 판매사업자 및 액화석유가스 위탁운송사업자
- 액화석유가스 저장자
- 가스시설시공업자 및 액화석유가스 특정사용자 중 산업통상자원부령으로 정하는 자
- LPG 사용자 중 가스사고배상책임보험을 가입해야 하는 경우의 예
  - 시장에서 액화석유가스의 저장능력이 120[kg]인 저장설비를 갖추고 사용하는 경우
  - 지하의 집단급식소로서 상시 1회 수용 인원이 60인인 급식소에서 가스를 사용하는 경우
  - 저장능력이 300[kg](자동절체기 설치)인 저장설비를 갖추고 음식점에서 사용하는 경우
- LPG 사용자 중 가스사고배상책임보험을 가입하지 않아도 되는 경우의 예
  - 영업장 면적이 200[m^2]인 학원에서 난방용으로 가스보일러를 사용하는 경우

ⓩ LPG용 가스레인지를 사용하는 도중 불꽃이 치솟는 사고가 발생하였을 때 가장 직접적인 사고원인은 압력조정기의 불량이다.

ⓒ 찜질방 가열로실의 구조
- 가열로실은 불연재료를 사용하여 설치하며 가열로실과 찜질실은 불연재료의 벽 등으로 구분하여 설치하고 가열로실과 찜질실 사이의 출입문은 금속재로 설치한다.
- 가열로실에는 다음 기준에 맞는 급·환기시설을 갖춘다.
  - 가열로의 연소에 필요한 공기를 공급할 수 있는 급기구(또는 급기시설) 및 환기구(또는 환기시설)를 설치한다.
  - 급기구의 유효 단면적은 배기통의 단면적 이상으로 한다.
  - 환기구는 상시 개방구조로서 급기구와 별도로 설치하고 환기구의 전체 유효 단면적은 가스소비량 0.085[kg/h]당 10[cm^2](지하실 또는 반지하실의 경우에는 가스소비량 0.085[kg/h]당 3[m^3/h] 이상의 통풍능력을 갖는 강제통풍설비) 이상으로 하고, 2방향(강제통풍설비의 경우는 제외) 이상으로 분산하여 설치한다.

- 가열로의 배기통재료는 스테인리스 또는 배기가스 및 응축수에 내열・내식성이 있는 것으로 한다.
- 가열로의 배기통은 금속 이외의 불연성재료로 단열조치를 한다.
- 가열로의 배기통 끝에는 터미널을 설치하되 배기통에는 댐퍼를 설치하지 않는다.
- 가열로의 배기구와 배기통의 접속부는 스테인리스 밴드 등으로 견고하게 설치하고 각 접속부 등에는 내열실리콘 등(석고붕대 제외)으로 마감조치하여 기밀이 유지되게 한다.
- 버너마다 자동점화장치, 소화안전장치, 과열방지장치를 설치한다.
- 버너의 배기는 강제배기식으로 한다.

핵심예제

1-1. LP가스의 일반적인 성질에 대한 설명 중 옳은 것은?

[2018년 제3회, 2021년 제2회 유사]

① 증발잠열이 작다.
② LP가스는 공기보다 가볍다.
③ 가압하거나 상압에서 냉각하면 쉽게 액화한다.
④ 주성분은 고급 탄화수소의 화합물이다.

1-2. 액화석유가스의 적절한 품질을 확보하기 위하여 정해진 품질기준에 맞도록 품질을 유지하여야 하는 자에 해당하지 않는 것은?

[2009년 제3회, 2019년 제1회]

① 액화석유가스 충전사업자
② 액화석유가스 특정사용자
③ 액화석유가스 판매사업자
④ 액화석유가스 집단공급사업자

1-3. 찜질방 가열로실의 구조에 대한 설명으로 틀린 것은?

[2012년 제1회 유사, 2019년 제3회]

① 가열로의 배기통은 금속 이외의 불연성재료로 단열조치를 한다.
② 가열로실과 찜질실 사이의 출입문은 유리재로 설치한다.
③ 가열로의 배기통 재료는 스테인리스를 사용한다.
④ 가열로의 배기통에는 댐퍼를 설치하지 아니한다.

|해설|

1-1
① 증발잠열이 크다.
② LP가스는 공기보다 무겁다.
④ 주성분은 저급 탄화수소의 화합물이다.

1-2
액화석유가스의 적절한 품질을 확보하기 위하여 정해진 품질기준에 맞도록 품질을 유지하여야 하는 자 : 액화석유가스 수출입업자, 액화석유가스 충전사업자, 액화석유가스 집단공급사업자, 액화석유가스 판매사업자, 석유정제업자, 부산물인 석유제품판매업자

1-3
가열로실과 찜질실 사이의 출입문은 금속재로 설치한다.

정답 **1-1** ③ **1-2** ② **1-3** ②

핵심이론 02 액화석유가스 설비

① 용기 충전시설 · 기술기준

㉠ 배치기준

- 저장설비와 가스설비는 그 바깥면으로부터 화기(설비 안의 것은 제외)를 취급하는 장소까지 8[m] 이상의 우회거리를 두거나 저장설비 · 가스설비와 화기를 취급하는 장소의 사이에는 그 설비로부터 누출된 가스가 유동하는 것을 방지하기 위한 적절한 조치를 할 것
- 액화석유가스 충전시설 중 저장설비는 그 바깥면으로부터 사업소 경계까지의 거리를 다음 표에 따른 거리(저장설비를 지하에 설치하거나 지하에 설치된 저장설비 안에 액중펌프를 설치하는 경우에는 저장능력별 사업소 경계와의 거리에 0.7을 곱한 거리) 이상으로 유지할 것

저장능력	사업소 경계와의 거리
10[ton] 이하	24[m]
10[ton] 초과 20[ton] 이하	27[m]
20[ton] 초과 30[ton] 이하	30[m]
30[ton] 초과 40[ton] 이하	33[m]
40[ton] 초과 200[ton] 이하	36[m]
200[ton] 초과	39[m]

[비 고]

1. 이 표의 저장능력 산정은 다음의 계산식에 따른다. $W=0.9dV$이지만, 소형 저장탱크의 경우에는 $W=0.85dV$
   여기서, W : 저장탱크 또는 소형 저장탱크의 저장능력(단위 : [kg])
   d : 상용온도에서의 액화석유가스 비중(단위 : [kg/L])
   V : 저장탱크 또는 소형 저장탱크의 내용적(단위 : [L])
2. 동일한 사업소에 2개 이상의 저장설비가 있는 경우에는 각 저장설비별로 안전거리를 유지하여야 한다.

- 액화석유가스 충전시설 중 충전설비(가스라이터용 충전기는 제외)는 다음의 요건을 모두 갖출 것
  - 액화석유가스 충전시설 중 충전설비는 그 바깥면으로부터 사업소 경계까지 24[m] 이상을 유지할 것
  - 충전설비 중 충전기는 사업소 경계가 도로에 접한 경우에는 충전기 바깥면으로부터 가장 가까운 도로 경계선까지 4[m] 이상을 유지할 것
  - 자동차에 고정된 탱크 이입 · 충전 장소에는 정차 위치를 지면에 표시하되 다음의 요건을 모두 갖출 것
    ⓐ 지면에 표시된 정차 위치의 중심으로부터 사업소 경계까지 24[m] 이상을 유지할 것
    ⓑ 사업소 경계가 도로에 접한 경우에는 지면에 표시된 정차 위치의 바깥면으로부터 가장 가까운 도로 경계선까지 2.5[m] 이상을 유지할 것
- 1999년 4월 1일 이전에 설치된 시설(충전기의 수량 증가가 수반되지 않는 경우의 변경을 하는 경우만 해당)에 대해서는 저장설비와 충전설비(전용공업지역에 있는 저장설비와 충전설비는 제외)는 그 바깥면으로부터 사업소 경계까지의 거리를 다음의 기준에서 정한 거리 이상으로 유지할 것. 단, 지하에 저장설비를 설치하는 경우에는 다음 기준에서 정한 사업소 경계와의 거리의 2분의 1 이상을 유지할 수 있으며, 저장설비가 지상에 설치된 저장능력 30[ton]을 초과하는 용기충전시설의 충전설비는 사업소 경계까지 24[m] 이상의 안전거리를 유지할 수 있다.

저장능력	제1종 보호시설
10[ton] 이하	17[m]
10[ton] 초과 20[ton] 이하	21[m]
20[ton] 초과 30[ton] 이하	24[m]
30[ton] 초과 40[ton] 이하	27[m]
40[ton] 초과	30[m]

- 1999년 4월 1일 이전에 설치된 시설 중 충전기의 수량 증가가 수반되지 않는 경우의 변경을 하는 경우 상기 기준에 따르는 조건
  - 충전시설 변경 전후의 안전도에 관하여 한국가스안전공사의 안전성평가를 받을 것. 이 경우 안전성평가의 비용은 엔지니어링 사업대가 산정기준의 범위에서 한국가스안전공사와 신청자 간의 계약에 따라 정한다.

– 안전성평가 결과 저장설비 또는 가스설비의 위치 변경 · 용량 증가 또는 수량 증가로 사업소의 안전도가 향상될 것
– 안전성평가 결과에 맞게 충전시설을 변경할 것

• 통상산업부령 제34호 액화석유가스의 안전 및 사업관리법 시행규칙 중 개정령의 시행일인 1996년 3월 11일 전에 종전의 규정에 따라 설치된 충전시설로서 주변에 보호시설이 설치되어 종전의 규정에 따른 안전거리를 유지하지 못하게 된 시설(종전의 규정에 따른 안전거리의 2분의 1 이상이 유지되는 시설)은 다음의 요건을 모두 갖춘 경우에 해당 기준에 적합한 것으로 본다.
  – 보호시설이 설치되기 전과 후의 안전도에 관하여 한국가스안전공사가 다음 기준에 따라 실시하는 안전성평가를 받을 것
    ⓐ 안전성평가는 액화석유가스법 제45조의 상세기준에 따른 적절한 방법으로 할 것
    ⓑ 안전성평가 결과 보호시설 설치 후 사업소의 안전도가 향상될 것
  – 안전성평가 결과에 맞게 충전시설을 보완할 것
• 사업소의 부지는 그 한 면이 폭 8[m] 이상의 도로에 접할 것

㉡ 기초기준 : 저장설비와 가스설비의 기초는 지반 침하로 그 설비에 유해한 영향을 끼치지 않도록 필요한 조치를 할 것. 이 경우 저장탱크(저장능력이 3[ton] 미만의 저장설비는 제외)의 받침대(받침대가 없는 저장탱크에는 그 아랫부분)는 같은 기초 위에 설치할 것

㉢ 저장설비기준
• 지상에 설치하는 저장탱크(소형 저장탱크는 제외한다), 그 받침대 및 부속설비는 화재로부터 보호하기 위하여 열에 견딜 수 있는 적절한 구조로 하고, 온도 상승을 방지할 수 있는 적절한 조치를 할 것
• 저장탱크(저장능력이 3[ton] 이상인 저장탱크를 말한다)의 지지구조물과 기초는 지진에 견딜 수 있도록 설계하고 지진의 영향으로부터 안전한 구조일 것
• 저장탱크와 다른 저장탱크의 사이에는 두 저장탱크의 최대 지름을 더한 길이의 4분의 1 이상에 해당하는 거리를 유지하는 등 하나의 저장탱크에서 발생한 위해요소가 다른 저장탱크로 전이되지 않도록 하기 위하여 필요한 조치를 할 것
• 시장 · 군수 · 구청장이 위해 방지를 위하여 필요하다고 지정하는 지역의 저장탱크는 그 저장탱크 설치실 안에서의 가스폭발을 방지하기 위하여 필요한 조치를 하여 지하에 묻을 것. 단, 소형 저장탱크의 경우에는 그렇지 않다.
• 처리능력은 연간 1만[ton] 이상의 범위에서 시장 · 군수 · 구청장이 정하는 액화석유가스 물량을 처리할 수 있는 능력 이상일 것. 단, 다음 중 어느 하나에 해당하는 경우에는 연간 1만[ton] 이상의 물량을 처리할 수 있는 능력을 갖추지 않을 수 있다.
  – 소형 용기와 가스 난방기용 용기에 충전하는 시설의 경우
  – 1984년 8월 28일 전에 허가를 받은 액화석유가스 충전시설의 경우(저장설비의 처리능력을 줄이는 경우는 제외)
• 저장탱크의 저장능력은 정한 규모의 100분의 1(주거지역이나 상업지역에서 다른 지역으로 이전하는 경우에는 200분의 1) 이상일 것
• 소형 저장탱크의 보호와 그 탱크를 사용하는 시설의 안전을 위하여 소형 저장탱크는 지상의 수평한 장소 등 적절한 장소에 설치할 것
• 소형 저장탱크의 보호와 그 탱크를 사용하는 시설의 안전을 위하여 같은 장소에 설치하는 소형 저장탱크의 수는 6기 이하로 하고 충전질량의 합계는 5,000[kg] 미만이 되도록 하는 등 위해의 우려가 없도록 적절하게 설치할 것
• 소형 저장탱크의 보호와 그 탱크를 사용하는 시설의 안전을 위하여 소형 저장탱크에 설치하는 세이프티 커플링과 소화설비의 재료, 구조 및 설치방법 등에 대한 적절한 조치를 할 것

- 저장탱크에는 안전을 위하여 필요한 과충전경보 또는 방지장치, 폭발방지장치 등의 설비를 설치하고, 부압파괴방지조치 및 방호조치 등 필요한 조치를 할 것. 단, 다음 중 어느 하나를 설치한 경우에는 폭발방지장치를 설치한 것으로 본다.
  - 물분무장치(살수장치 포함)나 소화전을 설치하는 저장탱크
  - 저온저장탱크(이중각(二重殼) 단열구조의 것)로서 그 단열재의 두께가 그 저장탱크 주변의 화재를 고려하여 설계 시공된 저장탱크
  - 지하에 매몰하여 설치하는 저장탱크

㉣ 액화석유가스용 소형 저장탱크의 설치장소의 기준
- 소형 저장탱크는 지상 설치식으로 한다.
- 소형 저장탱크는 옥외에 설치한다. 단, 다음의 경우에는 소형 저장탱크를 옥외에 설치하지 아니할 수 있다.
  - 다수인이 접근할 가능성이 있는 곳으로서 건축물 밖에 설치함으로써 안전관리가 저해될 우려가 있어 소형 저장탱크를 설치하기 위한 전용탱크실을 다음에 따라 설치한 경우
    - ⓐ 전용탱크실은 단층으로 3면 이상(벽둘레의 75[%] 이상)의 불연성벽으로 된 구조로서, 지붕은 설치하지 않는다. 단, 지붕을 가벼운 불연재료로 설치할 경우에는 지붕을 설치할 수 있다.
    - ⓑ 전용탱크실은 다른 건물벽과 직접 접하지 않고 환기가 양호한 독립된 장소에 설치한다. 단, 다른 건물과 직접 접하는 부분의 벽을 방호벽(기초 부분 제외)으로 설치할 경우에는 다른 건물과 직접 접하여 설치할 수 있다.
    - ⓒ 전용탱크실에는 바닥면에 접하고 외기에 면한 구조의 환기구를 바닥 면적 1[m^2]마다 300[cm^2](철망 등 부착 시는 철망 등의 면적을 뺀 면적)의 비율로 2방향 이상 분산하여 설치한다.
    - ⓓ 소형 저장탱크 상부에는 소형 저장탱크의 외면으로부터 5[m] 이상 떨어진 위치에서 조작할 수 있는 살수장치를 설치한다. 단, 1[ton] 미만인 소형 저장탱크의 경우 그 살수용량이 기준에 적합하다면 그 수원을 일반 상수도로 설치할 수 있다.
    - ⓔ 전용탱크실 외부에는 'LPG저장소', '화기엄금', '관계자 외 출입금지' 등의 경계표지를 설치한다.
    - ⓕ 가스누출경보기를 설치한다.
  - 살수장치 설치 등 안전조치를 강구하여 안전관리상 지장이 없다고 한국가스안전공사가 인정하는 경우
- 소형 저장탱크는 습기가 적은 장소에 설치한다.
- 소형 저장탱크는 액화석유가스가 누출한 경우 체류하지 아니하도록 통풍이 좋은 장소에 설치한다.
- 소형 저장탱크는 기초의 침하, 산사태, 홍수 등에 의한 피해의 우려가 없는 장소에 설치한다.
- 소형 저장탱크는 수평한 장소에 설치한다.
- 소형 저장탱크는 부등침하 등에 의하여 탱크나 배관 등에 유해한 결함이 발생할 우려가 없는 장소에 설치한다. 단, 건축사, 건축 관련 기술사 등 전문가가 발행하는 해당 건축구조물의 강도계산서 등을 통해 소형 저장탱크의 하중을 견딜 수 있는 구조물로 확인된 경우에는 건축물의 옥상, 지하주차장 상부 등 건축구조물 위에 설치할 수 있다.
- 소형 저장탱크는 건축물이나 사람이 통행하는 구조물의 하부에 설치하지 아니한다. 단, 처마, 차양, 부연(附椽), 그밖에 이와 비슷한 것으로서 건축물의 외벽으로부터 수평거리 1[m] 이내로 돌출된 부분의 하부에는 소형 저장탱크를 설치할 수 있다.

㉤ 가스설비기준
- 가스설비의 재료는 액화석유가스의 취급에 적합한 기계적 성질과 화학적 성분이 있는 것일 것
- 가스설비의 강도・두께 및 성능은 액화석유가스를 안전하게 취급할 수 있는 적절한 것일 것

• 충전시설에는 시설의 안전과 원활한 충전작업을 위하여 충전기 · 잔량측정기 · 자동계량기로 구성된 충전설비와 로딩암 등 필요한 설비를 설치하고 적절한 조치를 할 것

ⓑ 배관설비기준

• 배관(관 이음매와 밸브를 포함한다) 안전을 위하여 액화석유가스의 압력, 사용하는 온도 및 환경에 적절한 기계적 성질과 화학적 성분이 있는 재료로 되어 있을 것
• 배관의 강도 · 두께 및 성능은 액화석유가스를 안전하게 취급할 수 있는 적절한 것일 것
• 배관의 접합은 액화석유가스의 누출을 방지할 수 있도록 확실한 방법으로 하고, 이를 확인하기 위하여 필요한 경우에는 비파괴시험을 할 것. 건축물 내부에 설치된 저압으로 호칭지름 50[mm]인 사용자 공급관(단, 환기가 불량하며 가스누출경보기가 설치되어 있지 않음)은 비파괴시험을 해야 한다.
• 배관은 신축 등으로 인하여 액화석유가스가 누출하는 것을 방지하기 위하여 필요한 조치를 할 것
• 배관은 수송하는 액화석유가스의 특성과 설치 환경조건을 고려하여 위해의 우려가 없도록 설치하고, 배관의 안전한 유지 · 관리를 위하여 필요한 설비를 설치하거나 필요한 조치를 할 것
• 배관의 안전을 위하여 배관 외부에는 액화석유가스를 사용하는 배관임을 명확하게 알아볼 수 있도록 도색하고 표시할 것

ⓢ 사고예방설비기준

• 저장설비, 가스설비 및 배관에는 그 설비 및 배관 안의 압력이 허용압력을 초과한 경우 즉시 압력을 허용압력 이하로 되돌릴 수 있는 안전장치를 설치하는 등 필요한 조치를 할 것
• 충전기 주위, 저장설비실 및 가스설비실에는 가스가 누출될 경우 이를 신속히 검지(檢知)하여 효과적으로 대응할 수 있도록 하기 위하여 필요한 조치를 할 것
• 저장탱크(소형 저장탱크는 제외한다)에 부착된 배관에는 긴급 시 가스의 누출을 효과적으로 차단할 수 있는 조치를 할 것. 단, 액체 상태의 액화석유가스를 옮겨 넣기 위하여 설치된 배관에는 역류방지밸브로 대신할 수 있다.
• 위험 장소 안에 있는 전기설비는 누출된 가스의 점화원이 되는 것을 방지하기 위하여 적절한 방폭성능을 갖춘 것일 것
• 저장설비실과 가스설비실에는 누출된 가스가 머물지 않도록 하기 위하여 그 구조에 따라 환기구를 갖추는 등 필요한 조치를 할 것
• 저장설비, 가스설비 및 배관의 바깥면에는 부식을 방지하기 위하여 그 설비와 배관이 설치된 상황에 따라 적절한 조치를 할 것
• 저장설비와 가스설비에는 그 설비에서 발생한 정전기가 점화원이 되는 것을 방지하기 위하여 필요한 조치를 할 것
• 용기 보관 장소에는 용기가 넘어지는 것을 방지하기 위하여 적절한 조치를 할 것

ⓞ 피해저감설비기준

• 저장탱크를 지상에 설치하는 경우 저장능력(2개 이상의 탱크가 설치된 경우에는 이들의 저장능력을 합한 것을 말한다)이 1,000[ton] 이상의 저장탱크 주위에는 액체 상태의 액화석유가스가 누출된 경우에 그 유출을 방지하기 위한 조치를 할 것
• 지상에 설치된 저장탱크와 가스 충전 장소 사이에는 가스폭발에 따른 충격에 견딜 수 있는 방호벽을 설치하거나, 그 한쪽에서 발생하는 위해요소가 다른 쪽으로 전이되는 것을 방지하기 위하여 필요한 조치를 할 것
• 저장탱크(지하에 매설하는 경우는 제외) · 가스설비 및 자동차에 고정된 탱크의 이입 · 충전 장소에는 소화를 위하여 살수장치, 물분무장치 또는 이와 같은 수준 이상의 소화능력이 있는 설비를 설치할 것
• 배관에는 온도상승방지조치 등 필요한 보호조치를 할 것

㉫ 부대설비기준

- 충전시설에는 이상사태가 발생하는 것을 방지하고 이상사태 발생 시 사태 확대를 방지하기 위하여 계측설비·비상전력설비·통신설비 등 필요한 설비를 설치하거나 조치를 할 것
- 충전시설에 안전을 위하여 가스설비 설치실과 충전용기 보관실을 설치하는 경우에는 불연재료(가스설비 설치실의 지붕은 가벼운 불연재료)를 사용하고, 충전 장소와 저장설비(저장탱크는 제외)에는 불연재료나 난연재료를 사용한 가벼운 지붕을 설치하며, 사무실 등 건축물의 창의 유리는 망입유리나 안전유리로 하는 등 안전한 구조로 할 것
- 충전된 용기(소형 용기는 제외한다) 전체에 대하여 누출을 시험할 수 있는 수조식 장치 등의 필요한 설비를 갖추고, 용기 보수를 위하여 필요한 잔가스 제거장치 등의 필요한 설비를 갖출 것. 단, 용기 재검사기관의 설비를 이용하는 경우에는 용기 보수를 위하여 필요한 설비를 갖추지 않을 수 있다.
- 소형 용기 중 액화석유가스가 충전된 접합 또는 납붙임용기와 이동식 부탄연소기용 용접용기 및 이동식 프로판연소기용 용접용기에 대해서는 적절한 온도에서 가스누출시험을 할 수 있는 온수시험탱크를 갖출 것
- 소형 용기 중 이동식 부탄연소기용 용접용기 및 이동식 프로판연소기용 용접용기충전시설에는 캔밸브(이동식 프로판연소기용 용접용기의 경우에는 용기밸브) 교체를 위하여 캔밸브 교체설비를 설치할 수 있고, 캔밸브를 교체하는 경우 그 용기 안의 잔가스를 회수하여야 하며, 회수된 잔가스는 다시 이동식 부탄연소기용 용접용기 및 이동식 프로판연소기용 용접용기에 충전하는 등의 안전한 방법으로 처리할 것
- 충전능력에 맞는 수량의 용기 전용 운반 자동차를 허가받은 사업소의 대표자 명의(법인의 경우에는 법인 명의)로 확보하여야 하며, 용기 전용 운반 자동차에는 사업소의 상호와 전화번호를 가로×세로 5[cm] 이상 크기의 글자로 도색하여 표시할 것. 단, 액화석유가스 판매사업자에게만 액화석유가스를 공급하는 경우에는 1대 이상을 허가받은 사업소의 대표자 명의(법인의 경우에는 법인의 명의)로 확보하여야 한다.
- 벌크로리로 소형 저장탱크 또는 저장능력이 10[ton] 이하인 저장탱크에 액화석유가스를 공급하는 경우에는 다음의 요건을 모두 갖출 것
  - 벌크로리를 허가받은 사업소의 대표자 명의(법인의 경우에는 법인 명의)로 확보하여야 하며, 벌크로리에는 사업소의 상호와 전화번호를 가로×세로 5[cm] 이상 크기의 글자로 도색하여 표시할 것
  - 벌크로리의 원활한 통행을 위하여 충분한 부지를 확보할 것
  - 누출된 가스가 화기를 취급하는 장소로 유동(流動)하는 것을 방지하고, 벌크로리의 안전을 위한 유동방지시설을 설치할 것. 단, 벌크로리의 주차 위치 중심으로부터 보호시설(사업소 안에 있는 보호시설과 전용공업지역에 있는 보호시설은 제외)까지 안전거리를 유지하는 경우에는 예외로 하되, 이 경우 벌크로리의 저장능력은 다음 식에 따라 계산한다.

    $G = V/C$

    여기서, G : 액화석유가스의 질량[kg]

    V : 벌크로리의 내용적[L]

    C : 가스의 충전 정수(프로판은 2.35, 부탄은 2.05의 수치)
  - 벌크로리를 2대 이상 확보한 경우에는 각 벌크로리별로 기준에 적합하여야 하고, 벌크로리 주차 위치 중심 설정 시 벌크로리 간에는 1[m] 이상 거리를 두고 각각 벌크로리의 주차 위치 중심을 설정한다.

㉬ 안전유지기준

- 저장탱크의 안전을 위하여 1년에 1회 이상 정기적으로 적절한 방법으로 침하 상태를 측정하고, 그 침하 상태에 따라 적절한 안전조치를 할 것

- 저장탱크는 항상 40[℃] 이하의 온도를 유지할 것
- 저장설비실 안으로 등화를 휴대하고 출입할 때에는 방폭형 등화를 휴대할 것
- 가스누출검지기와 휴대용 손전등은 방폭형일 것
- 저장설비와 가스설비의 바깥 면으로부터 8[m] 이내에서는 화기(담뱃불을 포함한다)를 취급하지 않을 것
- 소형 저장탱크의 주위 5[m] 이내에서는 화기의 사용을 금지하고 인화성 물질이나 발화성 물질을 많이 쌓아 두지 않을 것
- 소형 저장탱크 주위에 있는 밸브류의 조작은 원칙적으로 수동조작으로 할 것
- 소형 저장탱크의 세이프티 커플링의 주밸브는 액봉 방지를 위하여 항상 열어 둘 것. 단, 그 커플링으로부터의 가스 누출이나 긴급 시의 대책을 위하여 필요한 경우에는 닫아 두어야 한다.
- 소형 저장탱크에 가스를 공급하는 가스공급자가 시설의 안전유지를 위해 필요하여 요청하는 사항은 반드시 지킬 것
- 용기 보관 장소에 충전용기를 보관할 때에는 다음의 기준에 맞게 할 것
  - 용기 보관 장소에는 계량기 등 작업에 필요한 물건 외에는 두지 않을 것
  - 용기 보관 장소의 주위 8[m](우회거리) 이내에는 화기 또는 인화성 물질이나 발화성 물질을 두지 않을 것
  - 충전용기는 항상 40[℃] 이하를 유지하고, 직사광선을 받지 않도록 조치할 것
  - 충전용기(내용적이 5[L] 이하인 것은 제외한다)에는 넘어짐 등에 의한 충격이나 밸브의 손상을 방지하는 조치를 하고 난폭하게 취급하지 않을 것
  - 용기 보관 장소에는 방폭형 휴대용 손전등 외의 등화를 지니고 들어가지 않을 것
  - 용기 보관 장소에는 충전용기와 잔가스용기를 각각 구분해 놓을 것
- 가스설비의 부근에는 연소하기 쉬운 물질을 두지 않을 것
- 가스설비 중 진동이 심한 곳에는 진동을 최소한도로 줄일 수 있는 조치를 할 것
- 가스설비를 이음쇠로 연결하려면 그 이음쇠와 연결되는 부분에 잔류응력이 남지 않도록 조립하고, 관이음 또는 밸브류를 나사로 조일 때에는 무리한 하중이 걸리지 않도록 할 것
- 가스설비에 설치한 밸브 또는 콕(조작스위치로 그 밸브 또는 콕을 개폐하는 경우에는 그 조작스위치)은 다음의 기준에 따라 종업원이 적절히 조작할 수 있도록 조치할 것
  - 밸브 또는 콕의 개폐 방향(조작스위치로 그 밸브등이 설치된 설비의 안전에 중대한 영향을 미치는 경우에는 개폐 상태 포함)을 표시할 것
  - 밸브 또는 콕(조작스위치로 개폐하는 것은 제외)이 설치된 배관에는 그 밸브 등의 가까운 부분에 쉽게 알아볼 수 있는 방법으로 가스의 종류와 방향을 표시할 것
  - 밸브 또는 콕이 설치된 설비의 안전에 영향을 미치는 경우 항상 사용하는 것이 아닌 것(긴급 시에 사용하는 것은 제외)에는 자물쇠를 채우거나 봉인해 두는 등의 조치를 할 것
  - 밸브 또는 콕을 조작하는 장소에는 기능 및 사용 빈도에 따라 확실히 조작하는 데 필요한 발판과 조명도를 확보할 것
- 가스설비의 기밀시험이나 시운전을 하려면 불활성가스를 사용할 것. 단, 부득이하게 공기를 사용하는 경우에는 그 설비 중에 있는 가스를 방출한 후에 하여야 하고, 온도를 그 설비에 사용하는 윤활유의 인화점 이하로 유지할 것
- 배관에는 그 온도를 항상 40[℃] 이하로 유지할 수 있는 조치를 할 것
- 폐기해야 하는 액화석유가스 용기는 부득이한 경우를 제외하고는 지체 없이 지정받은 전문검사기관 중 액화석유가스 용기 전문검사기관에 보내 폐기할 것

- 벌크로리는 수요자의 주문에 따라 운반 중인 경우 외에는 해당 충전사업소의 주차 장소에 주차할 것. 단, 해당 충전사업소의 주차 장소에 주차할 수 없는 경우에는 산업통상자원부장관이 고시하는 장소에 주차할 수 있다.

㉠ 제조 및 충전기준

- 저장탱크에 가스를 충전하려면 가스의 용량이 상용 온도에서 저장탱크 내용적의 90[%](소형 저장탱크의 경우는 85[%])를 넘지 않도록 충전할 것
- 자동차에 고정된 탱크는 저장탱크의 바깥 면으로부터 3[m] 이상 떨어져 정지할 것. 단, 저장탱크와 자동차에 고정된 탱크의 사이에 방호 울타리 등을 설치한 경우에는 그렇지 않다.
- 가스를 충전하려면 충전설비에서 발생하는 정전기를 제거하는 조치를 할 것
- 액화석유가스가 공기 중에 1/1,000의 비율로 혼합되었을 때 그 사실을 알 수 있도록 냄새가 나는 물질(공업용의 경우는 제외)을 섞어 용기에 충전할 것
- 액화석유가스의 충전은 다음의 기준에 따라 안전에 지장이 없는 상태로 할 것
  - 안전밸브 또는 방출밸브에 설치된 스톱밸브는 항상 열어 둘 것. 단, 안전밸브 또는 방출밸브의 수리·청소를 위하여 특히 필요한 경우에는 그렇지 않다.
  - 자동차에 고정된 탱크(내용적이 5,000[L] 이상인 것을 말한다)로부터 가스를 이입받을 때에는 자동차가 고정되도록 자동차 정지목 등을 설치할 것
  - 액화석유가스를 자동차에 고정된 탱크로부터 이입할 때에는 배관 접속 부분의 가스 누출 여부를 확인하고, 이입한 후에는 그 배관 안의 가스로 인한 위해가 발생하지 않도록 조치할 것
  - 자동차에 고정된 탱크로부터 저장탱크에 액화석유가스를 이입받을 때에는 5시간 이상 연속하여 자동차에 고정된 탱크를 저장탱크에 접속하지 않을 것
- 충전설비에서 가스충전작업을 하려면 외부에서 눈에 띄기 쉬운 곳에 충전작업 중임을 알리는 표시를 할 것
- 가스를 용기에 충전하려면 다음의 계산식에 따라 산정된 충전량을 초과하지 않도록 충전할 것

  $G = V/C$

  여기서, G : 액화석유가스의 질량[kg]

  V : 용기의 내용적[L]

  C : 가스의 충전 정수(프로판은 2.35, 부탄은 2.05의 수치)
- 가스를 용기에 충전하기 위하여 밸브 또는 충전용 지관을 가열할 필요가 있으면 열습포나 40[℃] 이하의 물을 사용할 것
- 소형 용기 중 접합 또는 납붙임용기와 이동식 부탄연소기용 용접용기 및 이동식 프로판연소기용 용접용기에 액화석유가스를 충전하려면 에어로졸충전기준에 따를 것. 이 경우 충전하는 가스의 압력과 성분은 다음의 구분에 따른다.
  - 접합 또는 납붙임용기와 이동식 부탄연소기용 용접용기
    - ⓐ 가스의 압력 : 40[℃]에서 0.52[MPa] 이하
    - ⓑ 가스의 성분 : 프로판 + 프로필렌은 10[mol%] 이하, 부탄 + 부틸렌은 90[mol%] 이상
  - 이동식 프로판연소기용 용접용기
    - ⓐ 가스의 압력 : 40[℃]에서 1.53[MPa] 이하
    - ⓑ 가스의 성분 : 프로판 + 프로필렌 90[mol%] 이상
- 액화석유가스를 충전한 후 과충전된 것은 가스회수장치로 보내 초과량을 회수하고 부족한 양은 재충전할 것
- 소형 저장탱크에 액화석유가스를 충전할 때에는 벌크로리 등에서 발생하는 정전기를 제거하고, '화기엄금' 등의 표지판을 설치하는 등 안전에 필요한 수칙을 준수하고, 안전 유지에 필요한 조치를 할 것

- 이동식 부탄연소기용 용접용기 및 이동식 프로판연소기용 용접용기에 액화석유가스를 충전할 때 다음의 안전점검을 한 후 점검기준에 맞는 용기에 충전할 것
  - 외관검사
    - ⓐ 제조 후 10년이 지나지 않은 용접용기일 것
    - ⓑ 용기의 상태가 4급에 해당하는 찍힌 흠(긁힌 흠), 부식, 우그러짐 및 화염(전기불꽃)에 의한 흠이 없을 것
  - 캔밸브와 용기밸브
    - ⓐ 캔밸브와 용기밸브는 부착한 지 2년이 지나지 않아야 하며, 부착 연월이 새겨져 있을 것
    - ⓑ 사용에 지장이 있는 흠, 주름, 부식 등이 없을 것
  - 충전사업자는 용접용기의 표시사항을 확인하여야 하며, 표시사항이 훼손된 것은 다시 표시하여야 한다.
  - 충전사업자는 산업통상자원부장관이 정하는 바에 따라 용접용기에 부탄가스 또는 프로판가스를 충전할 때마다 그 용접용기의 이상 유무를 확인하고 충전하여야 한다.
- 액화석유가스 충전사업자가 액화석유가스 특정사용자 또는 주거용으로 액화석유가스를 직접 공급하는 경우에는 다음 기준에 따를 것
  - 자동차에 고정된 탱크로부터 액화석유가스를 저장탱크 또는 소형 저장탱크에 송출하거나 이입하려면 '가스 충전 중'이라 표시하고, 자동차가 고정되도록 자동차 정지목 등을 설치할 것
  - 저장탱크에 가스를 충전하려면 정전기를 제거한 후 저장탱크 내용적의 90[%](소형 저장탱크의 경우는 85[%])를 넘지 않도록 충전할 것
  - 저장설비 또는 가스설비에는 방폭형 휴대용 전등 외의 등화를 지니고 들어가지 않을 것
- 벌크로리로 수요자의 소형 저장탱크 또는 저장능력이 10[ton] 이하인 저장탱크에 액화석유가스를 충전할 때에는 다음 기준에 따를 것
  - 액화석유가스를 충전하려면 소형 저장탱크 또는 저장능력이 10[ton] 이하인 저장탱크 안의 잔량을 확인한 후 충전할 것
  - 충전작업은 수요자가 채용한 안전관리자가 지켜보는 가운데에서 할 것
  - 충전 중에는 액면계의 움직임 · 펌프 등의 작동을 주의 · 감시하여 과충전방지 등 작업 중의 위해방지를 위한 조치를 할 것
  - 충전작업이 완료되면 세이프티 커플링으로부터의 가스 누출이 없는지를 확인할 것
  - 벌크로리로 저장능력 10[ton] 이하인 저장탱크에 액화석유가스를 충전하려면 벌크로리의 탱크 주밸브를 통하여 충전할 것. 단, 저장탱크 설치 장소까지 벌크로리의 진입이 불가능하여 탱크 주밸브를 통하여 충전이 어려운 경우에는 벌크로리의 충전호스 커플링을 통하여 충전할 수 있고, 이 경우 충전호스 커플링 연결부 등을 감시하는 사람을 추가로 배치해야 한다.

ⓔ 점검기준

- 충전시설 중 액화석유가스의 안전을 위하여 필요한 시설 또는 설비에 대해서는 작동 상황을 주기적(충전설비의 경우에는 1일 1회 이상)으로 점검하고, 이상이 있을 경우에는 그 시설 또는 설비가 정상적으로 작동될 수 있도록 필요한 조치를 할 것
- 충전용기(소형 용기는 제외한다) 중 외관이 불량한 용기에 대해서는 액화석유가스법 시행규칙 별표 4. 1. 용기 충전 가목 8) 다)에 따른 시설로 누출시험을 실시하고, 그 밖의 용기에 대해서는 비눗물을 이용하여 누출시험을 할 것
- 액화석유가스가 충전된 이동식 부탄연소기용 용접용기 및 이동식 프로판연소기용 용접용기는 연속공정에 의하여 55±2[℃]의 온수조에 60초 이상 통과시키는 누출검사를 모든 용기에 대하여 실시하고, 불합격된 용기는 파기할 것

- 안전밸브(액체의 열팽창으로 인한 배관의 파열방지용 안전밸브는 제외한다) 중 압축기의 맨 끝 부분에 설치한 것은 1년에 1회 이상, 그 밖의 안전밸브는 2년에 1회 이상 액화석유가스법 시행규칙 별표 4, 1. 용기 충전 가목 6) 가)에 따라 설치 시 설정되는 압력 이하의 압력에서 작동하도록 조정할 것. 단, 종합적 안전관리 대상자의 시설에 설치된 안전밸브의 조정주기는 저장탱크 및 압력용기에 대한 재검사주기로 한다.
- 가스시설에 설치된 긴급차단장치에 대해서는 1년에 1회 이상 밸브시트의 누출검사 및 작동검사를 하여 누출량이 안전에 지장이 없는 양 이하이고, 작동이 원활하며 확실하게 개폐될 수 있는 작동기능을 가졌음을 확인할 것
- 정전기 제거설비를 정상 상태로 유지하기 위하여 다음 기준에 따라 검사를 하여 기능을 확인할 것
  - 지상에서의 접지저항치
  - 지상에서의 접속부의 접속 상태
  - 지상에서의 절선 부분이나 그 밖의 손상 부분의 유무
- 물분무장치, 살수장치와 소화전은 매월 1회 이상 작동 상황을 점검하여 원활하고 확실하게 작동하는지 확인하고, 점검 기록을 작성·유지할 것. 단, 얼어붙을 우려가 있는 경우에는 펌프 구동만으로 통수시험을 갈음할 수 있다.
- 슬립 튜브식 액면계의 패킹을 주기적으로 점검하고 이상이 있을 때에는 교체할 것
- 충전용 주관의 압력계는 매월 1회 이상, 그 밖의 압력계는 1년에 1회 이상 국가표준기본법에 따른 교정을 받은 압력계로 그 기능을 검사할 것
- 비상전력은 그 기능을 정기적으로 점검하여 사용에 지장이 없도록 할 것

ⓟ 수시검사 대상

- 안전밸브, 긴급차단장치, 가스누출자동차단장치 및 경보기, 물분무장치와 살수장치, 강제통풍시설, 정전기 제거장치와 방폭 전기기기 등의 유지 및 관리 상태
- 배관 등의 가스 누출 여부
- 비상전력의 작동 여부

ⓗ 부취제 혼합설비의 이입작업 안전기준

- 운반 차량으로부터 부취제를 저장탱크에 이입할 경우 보호의 및 보안경 등의 보호장비를 착용한 후 작업한다.
- 운반 차량은 저장탱크의 외면과 3[m] 이상 이격거리를 유지한다. 단, 운반 차량과 저장탱크와의 사이에 경계턱 등을 설치한 경우에는 3[m] 이상 유지하지 아니할 수 있다.
- 운반 차량으로부터 부취제를 저장탱크로 이입하는 경우 운반 차량이 고정되도록 자동차 정지목 등을 설치한다.
- 부취제 이입 시 이입펌프의 작동 상태를 확인한 후 이입작업을 시작한다.
- 부취제 이입작업을 시작하기 전에 주위에 화기 및 인화성 또는 발화성 물질이 없도록 한다.
- 운반 차량에 발생하는 정전기를 제거하는 조치를 한다.
- 부취제가 누출될 수 있는 주변에 중화제 및 소화기 등을 구비하여 부취제 누출 시 곧바로 중화 및 소화작업을 한다.
- 누출된 부취제는 중화 또는 소화작업을 하여 안전하게 폐기한다.
- 저장탱크에 이입을 종료한 후 설비에 남아 있는 부취제를 최대한 회수하고 누출점검을 실시한다.
- 부취제 이입작업 시에는 안전관리자가 상주하여 이를 확인하여야 하고, 작업관련자 이외에는 출입을 통제한다.

② 액화석유가스 집단공급시설과 사업

㉠ 시설의 점검기준

- 충전용 주관의 압력계는 매분기 1회 이상, 그 밖의 압력계는 1년에 1회 이상 국가표준기본법에 따른 교정을 받은 압력계로 그 기능을 검사한다.
- 안전밸브 중 압축기의 최종단에 설치한 것은 1년에 1회 이상, 그 밖의 안전밸브는 2년에 1회 이상 설치 시 설정되는 압력 이하의 압력에서 작동하도록 조정한다.

• 물분무장치, 살수장치와 소화전은 매월 1회 이상 작동 상황을 점검한다.
• 집단공급시설 중 충전설비의 경우에는 1일 1회 이상 작동 상황을 점검한다.

㉡ 액화석유가스 집단공급시설 매설 깊이
• 허가대상지역 부지 : 0.6[m] 이상
• 폭 8[m] 이상의 도로 : 1.2[m] 이상
• 폭 4[m] 이상 8[m] 미만의 도로 : 1[m] 이상
• 상기에 해당되지 않는 곳 : 0.8[m] 이상

③ 액화석유가스사용시설

㉠ 저장탱크에 의한 액화석유가스사용시설에서 지반조사의 기준
• 저장 및 가스설비에 대하여 제1차 지반조사를 한다.
• 제1차 지반조사방법은 보링을 실시하는 것을 원칙으로 한다.
• 지반조사 위치는 저장설비 외면으로부터 10[m] 이내에서 2곳 이상 실시한다.
• 지반의 허용지지력도 또는 기초파일첨단의 지반 허용지지력을 구하기 위하여 필요에 따라 제2차 지반조사를 한다.
• 표준관입시험은 표준관입시험방법에 따라 N값을 구한다.
• 베인(Vane)시험은 베인시험용 베인을 흙 속으로 밀어 넣고 이를 회전시켜 최대 토크 또는 모멘트를 구한다.
• 토질시험은 흙의 1축 압축시험에 따라 지반의 점착력, 지반의 단위체적중량 및 1축 압축강도를 구하거나 3축 압축시험(원통형 시료에 고무막을 씌운 것을 액체 속으로 넣어 측압 및 수직압을 가한 상태에서 시료의 용적 변화를 측정하는 방법) 또는 직접 전단시험(시료를 상하로 분리된 전단상자에 넣어 전단시험기로 전단력을 가하려는 방향과 직각의 방향으로 압축력을 가한 후 전단력을 가하여 전단하는 것으로 한다)에 따라 지반의 점착력 또는 내부 마찰력을 구한다.
• 평판재하시험은 도로의 평판재하시험방법에서 정하는 방법으로 시험하여 항복하중 및 극한하중을 구한다.
• 파일재하시험은 수직으로 박은 파일에 수직 정하중을 걸어 그때의 하중과 침하량을 측정하는 방법으로 시험하여 항복하중 및 극한하중을 구한다.

㉡ 액화석유가스사용시설의 배관
• 사용시설의 배관은 강관·동관 또는 금속 플렉시블호스로 할 것. 단, 다음의 어느 하나에 해당하는 경우에는 해당 방법으로 설치할 수 있다.
  – 저장설비에서 압력조정기까지의 경우 : 일반용 고압고무호스(트윈호스·측도관만)로 설치
  – 중간밸브에서 연소기 입구까지의 경우 : 호스로 설치
  – 1996년 3월 11일 전에 압력조정기에서 중간밸브까지 염화비닐호스로 설치된 사용시설로서 산업통상자원부장관이 강관·동관 또는 금속 플렉시블호스로 설치하기 곤란하다고 정하여 고시하는 주택의 경우 : 산업통상자원부장관이 정하여 고시하는 기준에 적합한 것으로 설치
• 저장능력이 250[kg] 이상인 경우에는 고압배관에 이상 압력 상승 시 압력을 방출할 수 있는 안전장치를 설치하여야 한다.
• 건축물의 벽을 관통하는 부분의 배관에는 보호관 및 부식방지피복을 하여야 한다.
• 용접 이음매를 제외한 배관 이음부와 전기개폐기와의 거리는 60[cm] 이상의 거리를 유지하여 설치하여야 한다.
• 저장탱크에 의한 LPG 사용시설에서 배관에 대한 내압시험 압력의 기준 : 상용압력의 1.5배 이상의 압력
• 배관의 관경과 고정장치 거리 간격기준
  – 호칭지름 13[mm] 미만의 것 : 1[m]마다
  – 호칭지름 13[mm] 이상 33[mm] 미만의 것 : 2[m]마다
  – 호칭지름 33[mm] 이상의 것 : 3[m]마다

- 저장탱크에 의한 액화석유가스사용시설에서 배관설비 신축흡수조치 기준(입상관)
  - 분기관에는 90° 엘보 1개 이상을 포함하는 굴곡부를 설치한다.
  - 분기관이 외벽, 베란다 또는 창문을 관통하는 부분에 사용하는 보호관의 내경은 분기관 외경의 1.2배 이상으로 한다.
  - 건축물에 노출하여 설치하는 배관의 분기관의 길이는 50[cm] 이상으로 한다. 단, 다음에 해당하는 경우에는 분기관의 길이를 50[cm] 이상으로 하지 아니할 수 있다.
    - ⓐ 분기관에 90° 엘보 2개 이상을 포함하는 굴곡부를 설치하는 경우
    - ⓑ 건축물 외벽 관통 시 사용하는 보호관의 내경을 분기관 외경의 1.5배 이상으로 하는 경우
  - 11층 이상 20층 이하 건축물의 배관에는 1개소 이상의 곡관을 설치하고, 20층 이상인 건축물의 배관에는 2개소 이상의 곡관을 설치한다.
  - 지상에 설치하는 배관을 지지하는 행거, 서포트 등은 그 배관의 신축을 고려하여 고정한다. 단, 배관을 고정함으로써 그 배관에 과대한 응력을 유발할 우려가 없는 것이 명확한 경우에는 그 배관의 신축을 고려하지 아니할 수 있다.

㉢ 용기에 의한 액화석유가스 사용시설에 설치하는 기화장치

- 최대가스소비량 이상의 용량이 되는 기화장치를 설치한다.
- 기화장치의 출구배관에는 고무호스를 직접 연결하지 아니한다.
- 기화장치의 출구측 압력은 1[MPa] 미만이 되도록 하는 기능을 갖거나, 1[MPa] 미만에서 사용한다.
- 용기는 그 외면으로부터 기화장치까지 3[m] 이상의 우회거리를 유지한다.
- 사이펀용기는 기화장치가 설치되어 있는 시설에서만 사용한다.
- 특정설비인 고압가스용 기화장치 제조설비에서 반드시 갖추어야 하는 제조설비 : 성형설비, 용접설비, 세척설비, 제관설비, 전처리설비 및 부식방지도장설비, 유량계 등(단조설비는 아니다)

㉣ 과압안전장치 설치 위치

- 액화가스 저장능력이 300[kg] 이상이고 용기집합장치가 설치된 고압가스설비
- 내・외부 요인에 따른 압력 상승이 설계압력을 초과할 우려가 있는 압력용기 등
- 토출측의 막힘으로 인한 압력 상승이 설계압력을 초과할 우려가 있는 압축기(다단압축기의 경우에는 각 단) 또는 펌프의 출구측
- 배관 내의 액체가 2개 이상의 밸브에 의해 차단되어 외부 열원에 따른 액체의 열팽창으로 파열이 우려되는 배관
- 용기에 의한 액화석유가스 사용시설에서 과압안전장치 설치 대상은 자동절체기가 설치된 가스설비의 경우 저장능력의 500[kg] 이상이다.
- 상기 이외에 압력조절 실패, 이상반응, 밸브의 막힘 등으로 인한 압력 상승이 설계압력을 초과할 우려가 있는 고압가스설비 또는 배관 등

㉤ 경계책

- LPG 저장설비 위에는 경계책을 설치하여 외부인의 출입을 방지할 수 있도록 해야 한다.
- 경계책의 높이 : 1.5[m] 이상

㉥ 액화석유가스의 저장실 통풍구조

- 사방을 방호벽으로 설치하는 경우 두 방향으로 분산 설치한다.
- 강제통풍시설의 통풍능력은 1[m^2]마다 0.5[m^3/분] 이상으로 한다.
- 강제통풍장치 배기가스 방출구는 지면에서 5[m] 이상 높이에 설치해야 한다.
- 강제통풍장치 흡입구는 바닥면 가까이에 설치해야 한다.
- 환기구의 가능 통풍 면적은 바닥 면적 1[m^2]당 300[cm^2] 이상이어야 한다.

- 저장실을 방호벽으로 설치할 경우는 환기구를 2개 방향 이상으로 설치해야 한다.
- 환기구의 1개소 면적은 2,400[cm^2] 이하로 한다.
- 환기구의 유효 면적 : 환기구 면적×개구율
- 액화석유가스 저장탱크에는 자동차에 고정된 탱크에서 가스를 이입할 수 있도록 로딩암을 건축물 내부에 설치할 경우 환기구를 설치하여야 한다. 이때 환기구 면적의 합계는 바닥 면적의 6[%] 이상으로 하여야 한다.

ⓢ 저장탱크에 의한 LPG 사용시설에서 실시하는 기밀시험
- 상용압력 이상의 기체의 압력으로 실시한다.
- 합격판정기준
  - 가스누출검지기로 시험하여 누출이 검지되지 않은 경우 합격으로 한다.
  - 발포액을 도포하여 거품이 발생하지 않는 경우에 합격으로 한다.
  - 한국가스안전공사사장이 정하는 합격기준에 적합한 경우 합격으로 한다.
- 지하 매설배관은 3년마다 기밀시험을 실시한다.
- 기밀시험에 필요한 조치는 검사 신청인이 한다.

ⓞ 액화석유가스 사용시설 관련 제반사항
- 용기 저장능력이 100[kg]을 초과 시에는 용기 보관실을 설치한다.
- 용기는 용기집합설비의 저장능력이 100[kg] 이하인 경우 용기, 용기밸브 및 압력조정기가 직사광선, 빗물 등에 노출되지 않도록 한다.
- 내용적 20[L] 이상의 충전용기를 옥외에서 이동하여 사용하는 때에는 용기 운반 손수레에 단단히 묶어 사용한다.
- 가스저장실 주위에 보기 쉽게 경계표시를 한다.
- 저장설비를 용기로 하는 경우 저장능력은 500[kg] 이하로 한다.
- 저장탱크에 의한 액화석유가스 저장소에서 지상에 설치하는 저장탱크 및 받침대에는 외면으로부터 5[m] 이상 떨어진 위치에서 조작할 수 있는 냉각장치를 설치하여야 한다.
- 용기에 의한 액화석유가스 저장소에서 액화석유가스 저장설비 및 가스설비는 그 외면으로부터 화기를 취급하는 장소까지 최소 8[m] 이상의 우회거리를 두어야 한다(가연성 및 산소가 아닐 경우는 2[m] 이상).

④ LPG 판매시설에서의 시설 및 기술기준

㉠ LPG 판매시설에서의 시설기준
- 사업소의 부지는 그 한 면의 폭이 4[m] 이상의 도로에 접하여야 한다.
- 용기 보관실은 그 외면으로부터 화기를 취급하는 장소까지 2[m] 이상의 우회거리를 두어야 한다.
- 누출된 가연성 가스가 화기를 취급하는 장소로 유동하는 것을 방지하기 위한 시설은 높이 2[m] 이상의 내화성 벽으로 한다.
- 화기를 사용하는 장소가 불연성 건축물 안에 있는 경우 저장설비로부터 수평거리 2[m] 이내로 있는 그 건축물의 개구부는 방화문 또는 다음에 따른 유리로 한다.
  - KS L 2006(망 판유리 및 선 판유리) 중 망 판유리
  - 공인시험기관의 시험결과 이와 같은 수준 이상의 유리
- 용기 보관실의 벽은 기준에 적합한 방호벽으로 하고, 용기 보관실은 불연성 재료를 사용하며 지붕은 가벼운 불연성 재료를 사용하여 설치한다.
- 용기 보관실은 용기 보관실에서 누출된 가스가 사무실로 유입되지 않는 구조(동일 실내에 설치할 경우 용기 보관실과 사무실 사이에 불연성 재료로 칸막이를 설치하여 구분한다. 이 경우 틈새가 없는 밀폐구조로 하여 누출된 가스가 사무실로 유입되지 않도록 한다)로 하고, 용기 보관실의 면적은 19[m^2] 이상으로 한다.
- 용기 보관실의 용기는 그 용기 보관실의 안전을 위하여 용기집합식으로 하지 않는다.
- 용기 보관실과 사무실은 동일한 부지에 구분하여 설치하되, 해상에서 가스판매업을 하려는 판매업소의 용기 보관실은 해상 구조물이나 선박에 설치할 수 있다.

- 용기 보관실 바닥은 확보한 운반 차량 중 적재함의 높이가 가장 낮은 운반 차량의 적재함 높이로 한다. 단, 용기의 안전을 저해하지 않는 다음 중 어느 하나의 방법으로 용기를 취급하는 경우에는 용기 보관실 바닥의 높이를 확보한 운반 차량 중 적재함의 높이가 가장 낮은 운반 차량의 적재함 높이로 하지 않을 수 있다.
  - 용기 보관실 또는 액화석유가스 전용 운반 차량에 유압・공압・전기 등으로 작동하는 전용 리프트(Lift)를 고정 설치하여 용기를 취급하는 경우
  - 용기 보관실에 벨트컨베이어로 충전용기를 차에 싣거나 내리는 설비를 고정 설치하여 용기를 취급하는 경우
  - 그 밖에 고압가스 안전관리법에 따라 한국가스안전공사사장이 용기의 안전관리상 지장이 없다고 인정하는 방법으로 용기를 취급하는 경우

㉡ LPG 판매시설에서의 기술기준

- 충전용기는 항상 40[℃] 이하를 유지해야 하고, 수요자의 주문에 따라 운반 중인 경우 외에는 충전용기와 잔가스용기를 구분하여 용기 보관실에 저장한다.
- 용기를 차에 싣거나 차에서 내리는 등 이동할 때에는 난폭하게 취급하지 않아야 하고, 필요한 경우에 손수레를 이용한다.
- 용기 보관실 주위의 2[m](우회거리) 이내에는 화기 취급을 하거나 인화성 물질과 가연성 물질(용기를 차에 싣거나 차에서 내리는 등 이동할 때에 충격 완화를 위한 고무판은 제외)을 두지 않는다.
- 용기 보관실에서 사용하는 휴대용 손전등은 방폭형으로 한다.
- 용기 보관실에는 계량기 등 작업에 필요한 물건 외에는 두지 않는다.
- 용기는 2단 이상으로 쌓지 않는다. 단, 내용적 30[L] 미만의 용접용기는 2단으로 쌓을 수 있다.
- 벌크로리는 수요자의 주문에 따라 운반 중인 경우 외에는 해당 판매사업소의 주차 장소에 주차한다. 단, 해당 판매사업소의 주차 장소에 주차할 수 없는 경우에는 산업통상자원부장관이 고시하는 장소에 주차할 수 있다.

⑤ 용 기

㉠ LPG 용기 저장(액화석유가스 판매사업소 및 영업소 용기 저장소의 시설기준)

- 용기 보관실 주위의 2[m](우회거리) 이내에는 인화성 물질을 두지 않는다.
- 용기 보관실 및 사무실은 동일 부지 내에 구분하여 설치한다.
- 용기 보관실은 불연성 재료를 사용한 가벼운 지붕으로 한다.
- 판매업소의 용기 보관실 벽은 방호벽으로 한다.
- 용기 보관실의 전기설비 스위치는 용기 보관실 외부에 설치한다.
- 가스누출경보기는 용기 보관실에 설치하되 분리형으로 설치한다.
- 충전용기는 항상 40[℃] 이하를 유지하여야 한다.
- 용기 보관실의 실내온도는 40[℃] 이하로 유지한다.
- 내용적 30[L] 미만의 용접용기는 2단으로 쌓을 수 있다.

㉡ LPG 사용시설에서 용기 보관실의 설치

- 저장능력이 100[kg]을 초과하는 경우에는 옥외에 용기 보관실을 설치한다.
- 용기 보관실의 벽, 문, 지붕은 불연재료(지붕의 경우에는 가벼운 불연재료)로 하고 단층구조로 한다.
- 건물과 건물 사이 등 용기 보관실 설치가 곤란한 경우에는 외부인의 출입을 방지하기 위한 출입문을 설치한다.

㉢ 용기집합설비의 설치기준

- 용기집합설비의 양단 마감조치 시에는 캡 또는 플랜지로 마감한다.
- 용기를 3개 이상 집합하여 사용하는 경우에 용기집합장치로 설치한다.
- 용기와 연결된 트윈호스의 조정기 연결부는 조정기 이외의 다른 저장설비나 가스설비에 연결하지 아니한다.
- 용기와 연결된 측도관의 용기집합장치 연결부는 용기집합장치나 조정기 이외의 다른 저장설비나 가스설비에 연결하지 아니한다.

- 용기와 소형 저장탱크는 혼용하여 설치할 수 없다.
- 용기집합장치를 설치하지 않을 수 있는 경우
  - 내용적 30[L] 미만인 용기로 LPG를 사용하는 경우
  - 옥외에서 이동하면서 LPG를 사용하는 경우
  - 6개월 이내의 기간 동안 LPG를 사용하는 경우
  - 단독주택에서 LPG를 사용하는 경우
  - 주택 외의 건축물 중 그 영업장의 면적이 40 [m^2] 이하인 곳에서 LPG를 사용하는 경우

㉣ 용기에 의한 액화석유가스 사용시설의 기준
- 저장능력 100[kg] 이하 : 용기, 용기밸브, 압력조정기가 직사광선, 눈, 빗물에 노출되지 않도록 조치
- 저장능력 100[kg] 초과 : 용기 보관실 설치
- 저장능력 250[kg] 이상 : 고압부에 안전장치 설치
- 저장능력 500[kg] 초과 : 저장탱크 또는 소형 저장탱크 설치

㉤ 액화석유가스 용기의 안전밸브
- 종류로는 스프링식, 가용전식, 파열판식, 중추식이 있으며 스프링식이 가장 널리 사용된다.
- 작동압력은 내압시험압력의 10분의 8 이하로 한다.
  안전밸브의 작동압력 = 내압시험압력 × (8/10)
- 가연성 가스 저장탱크에는 부압파괴방지장치인 진공 안전밸브를 설치한다.
- 액화가스의 고압가스 설비 등에 부착되어 있는 스프링식 안전밸브는 상용온도에서 그 고압가스설비 등 내부 액화가스의 상용체적이 그 고압가스설비 등 내용적의 98[%]까지 팽창되는 온도에 대응하는 그 고압가스설비 등 내부의 압력에서 작동하는 것으로 하여야 한다.
- 용기 내장형 액화석유가스 용기의 안전밸브 작동성능의 기준 : 2.0[MPa] 이상, 2.2[MPa] 이하에서 작동
- LP가스 집단공급시설의 안전밸브 중 압축기의 최종단에 설치한 것은 1년에 1회 이상 작동 조정을 해야 한다.
- 고압가스 특정제조시설에서 분출원인이 화재인 경우 안전밸브의 축적압력은 안전밸브의 수량과 관계없이 최고허용압력의 121[%] 이하로 하여야 한다.

㉥ LPG용 용접용기의 스커트
- 직경, 두께 및 아랫면 간격(용기를 수평면에 똑바로 세운 상태에서 그 용기 본체의 아랫면과 수평면의 간격)

용기의 내용적	직 경	두 께	아랫면 간격
20[L] 이상 25[L] 미만	용기 동체 직경의 80[%] 이상	3[mm] 이상	10[mm] 이상
25[L] 이상 50[L] 미만		3.6[mm] 이상	15[mm] 이상
50[L] 이상 125[L] 미만		5[mm] 이상	

- KS D 3533(고압가스용기용 강판 및 강대) SG 295 이상의 강도 및 성질을 갖는 재료로 제조 시
  - 내용적 25[L] 이상 50[L] 미만인 용기 : 두께 3.0[mm] 이상
  - 내용적 50[L] 이상 125[L] 미만인 용기 : 두께 4.0[mm] 이상
- LPG용 용접용기의 스커트 통기 면적
  - 20[L] 이상 25[L] 미만 : 300[mm^2] 이상
  - 25[L] 이상 50[L] 미만 : 500[mm^2] 이상
  - 50[L] 이상 125[L] 미만 : 1,000[mm^2] 이상

㉦ LPG 용기 저장
- 용기 보관실 주위의 2[m](우회거리) 이내에는 인화성 물질을 두지 않는다.
- 충전용기는 항상 40[℃] 이하를 유지하여야 한다.
- 용기 보관실은 사무실과 구분하여 동일한 부지에 설치한다.
- 내용적 30[L] 미만의 용기는 2단으로 쌓을 수 있다.
- 용기 보관실의 저장설비는 용기집합식으로 하지 아니한다.

㉧ 용기가스소비자에게 액화석유가스를 공급하고자 하는 가스공급자의 공급기준
- 용기가스소비자에게 액화석유가스를 공급하고자 하는 가스공급자는 해당 용기가스 소비자와 안전공급계약을 체결한 후 공급하여야 한다.

- 안전공급계약 포함사항 : 액화석유가스의 전달방법, 액화석유가스의 계량방법과 가스요금, 공급설비와 소비설비에 대한 비용 부담, 공급설비와 소비설비의 관리방법, 위해예방조치에 관한 사항, 계약의 해지, 계약기간, 소비자보장책임보험 가입에 관한 사항
- 가스공급자가 용기가스소비자에게 LPG를 공급하고자 할 때는 공급설비를 자기의 부담으로 실시하고 관리한다.
- 공급설비를 가스공급자의 부담으로 설치한 경우 최초의 안전공급계약기간은 주택은 2년 이상으로 한다.
- 가스공급자는 용기가스소비자가 액화석유가스 공급을 요청하면 다른 가스공급자와의 안전공급계약 체결 여부와 그 계약의 해지를 확인한 후 안전공급계약을 체결하여야 한다.
- 안전공급계약을 체결한 가스공급자는 용기가스소비자에게 지체 없이 소비설비 안전점검표 및 소비자보장책임보험가입확인서를 교부하여야 한다.
- 동일 건축물 내 여러 용기가스소비자에게 하나의 공급설비로 액화석유가스를 공급하는 가스공급자는 그 용기 가스소비자의 대표자와 안전공급계약을 체결할 수 있다.
- 가스사용자는 공급계약기간에 가스공급자가 안전점검, 기타 안전관리의무를 이행하지 않을 경우에는 계약을 해지할 수 있다.

ㅈ 용기에 의한 액화석유가스 저장소의 저장설비 설치기준

- 용기 보관실은 사무실과 구분하여 동일한 부지에 설치하되, 용기 보관실에서 누출되는 가스가 사무실로 유입되지 아니하는 구조로 한다.
- 저장설비는 용기집합식으로 하지 아니한다.
- 용기 보관실은 불연재료를 사용하고 용기 보관실 창의 유리는 망입유리 또는 안전유리로 한다.
- 실외 저장소는 그 실외 저장소의 안전 확보와 실외 저장소에서 가스가 누출되는 경우 재해 확대를 방지하기 위하여 다음 기준에 따라 설치한다.
  - 충전용기와 잔가스용기의 보관 장소는 1.5[m] 이상의 간격을 두어 구분하여 보관한다.
- 바닥으로부터 3[m] 이내의 도랑이나 배수시설이 있을 경우에는 방수재료로 이중으로 덮는다.
- 움푹 패인 곳은 적절한 재료로 포장하거나 메워 평평하게 한다.
- 실외 저장소 안의 용기군 사이의 통로는 다음 기준에 맞게 한다.
  - 용기의 단위 집적량은 30[ton]을 초과하지 아니할 것
  - 팰릿(Pallet)에 넣어 집적된 용기군 사이의 통로는 그 너비가 2.5[m] 이상일 것
  - 팰릿에 넣지 아니한 용기군 사이의 통로는 그 너비가 1.5[m] 이상일 것
- 실외 저장소 안의 집적된 용기의 높이는 다음 기준에 맞게 한다.
  - 팰릿에 넣어 집적된 용기의 높이는 5[m] 이하일 것
  - 팰릿에 넣지 아니한 용기는 2단 이하로 쌓을 것

ㅊ LPG 용기의 안전점검기준

- 용기의 내면・외면을 점검하여 사용에 지장을 주는 부식・금・주름 등이 있는지를 확인할 것
- 용기에 도색과 표시가 되어 있는지를 확인할 것
- 용기의 스커트에 찌그러짐이 있는지와 사용에 지장이 없도록 적정 간격을 유지하고 있는지를 확인할 것
- 유통 중 열영향을 받았는지를 점검할 것
- 열영향을 받은 용기는 재검사를 할 것
- 용기 캡이 씌워져 있거나 프로텍터가 부착되어 있는지를 확인하고, 용기 내장형 액화석유가스 난방기용 용기는 밀봉용 캡이 부착되어 있는지도 확인할 것
- 재검사기간의 도래 여부를 확인할 것
- 용기 아랫부분의 부식 상태를 확인할 것
- 밸브의 몸통・충전구 나사 및 안전밸브의 사용에 지장을 주는 흠, 주름, 스프링의 부식 등이 있는지를 확인할 것

- 밸브의 그랜드 너트가 이탈하는 것을 방지하기 위하여 고정핀 등을 이용하는 등의 조치가 있는지를 확인할 것
- 밸브의 개폐 조작이 쉬운 핸들이 부착되어 있는지를 확인할 것
- 내용적 15[L] 이하의 용기(용기 내장형 가스 난방기용 용기와 내용적 1[L] 이하의 이동식 부탄연소기용 용기는 제외)의 경우에는 '실내 보관 금지' 표시 여부를 확인할 것

㉪ 액화석유가스용 용기잔류가스회수장치의 구조

- 잔류가스회수장치의 구성 : 압축기(액분리기 포함) 또는 펌프·잔류가스회수탱크 또는 압력용기·연소설비·질소퍼지장치 등
- 압축기 또는 펌프 등은 액화석유가스이송용으로 적합하고, 펌프는 토출압력이 1.0[MPa] 이하인 것으로 한다.
- 잔류가스회수장치는 동일 프레임 위에 조립·설치된 유닛형 구조(연소설비 및 질소퍼지설비는 제외)로 하고 배관은 용접 또는 플랜지 이음으로 한다. 다만, 15A 미만의 배관(밸브 포함), 관 이음쇠, 고압고무호스, 계기류 등의 접속부는 나사 이음 등으로 할 수 있다.
- 압축기 또는 펌프 등의 입출구와 이송배관 사이에는 금속 플렉시블호스 등이 설치되고, 진동발생설비(회전기류 등)의 기초에는 방진조치를 한다.
- 압축기의 흡입측에는 액분리기를 설치하고, 하부에는 최고사용압력이 2.0[MPa] 이상인 드레인밸브를 설치한다.
- 잔류가스회수탱크 또는 압력용기의 기상부 및 압축기 토출측에는 스프링식 안전밸브를, 펌프토출측에는 바이패스 릴리프밸브를 설치하고, 전단에는 최고사용압력이 2.0[MPa] 이상인 스톱밸브를 설치한다. 다만, 바이패스 릴리프밸브 전단에는 스톱밸브를 설치하지 아니할 수 있다.
- 안전밸브의 방출구는 잔류가스회수장치의 정상부로부터 2[m] 이상인 곳에 설치한다.
- 잔류가스회수장치에는 정전기 제거를 위한 접지단자를 부착한다.
- 잔류가스회수장치에는 압축기의 운전압력을 감시할 수 있는 고압·저압차단스위치(상한과 하한 설정이 가능한 것)를 설치한다.
- 잔류가스회수장치에 설치하는 압력계는 상용압력의 1.5배 이상 2배 이하의 최고 눈금이 있는 것으로 하고, 전단에는 최고사용압력이 2.0[MPa] 이상인 스톱밸브를 설치한다. 다만, 패널에 고정 설치한 압력계의 경우에는 스톱밸브를 설치하지 아니할 수 있다.
- 액이송배관에는 액 흐름을 눈으로 확인할 수 있는 투시창(Sight Glass) 등을 설치한다.
- 잔류가스회수탱크 또는 압력용기 및 퍼지용 질소용기를 제외한 처리설비는 스테인리스강판(별도로 부착된 환기창 포함)을 사용한 격납상자 안에 설치하고, 연소를 위한 소각설비는 불연재료로 한다.
- 설비 내에는 가스누출경보기를 설치하고 기준에 적합한 환기구를 설치한다.

㉫ LPG 용기 관련 제반사항

- 액화석유가스 용기 저장소를 설치할 때 액화석유가스는 공기보다 무거우므로 자연환기시설은 바닥면에 가깝게 설치한다.
- LPG를 사용할 때 안전관리상 용기는 옥외에 두는 것이 좋은데 그 이유는 옥외쪽이 가스가 누출되어도 확산이 빨라 사고가 발생하기 어렵기 때문이다.

⑥ 충전시설

㉠ 액화석유가스 충전소 내에 설치할 수 있는 시설

- 충전소의 관계자가 근무하는 대기실
- 자동차의 세정을 위한 세차시설
- 충전소에 출입하는 사람을 대상으로 한 자동판매기 및 현금자동지급기
- 충전을 하기 위한 작업장
- 충전소의 업무를 행하기 위한 사무실 및 회의실
- 기타 산업통상자원부장관 고시에서 정한 용기재검사시설, 충전소 종업원의 이용을 위한 연면적 100[m^2] 이하의 식당, 공구 등을 보관하기 위한 연면적 100[m^2] 이하의 창고

㉡ 액화석유가스 충전소 내에 설치할 수 없는 시설 : 충전소의 관계자 및 충전소에 출입하는 사람을 대상으로 한 놀이방

㉢ 액화석유가스 자동차 용기 충전의 시설기준
- 충전호스에 부착하는 가스 주입기는 원터치형으로 한다.
- 충전기의 충전호스의 길이는 5[m] 이내로 한다.
- 충전기와 가스 주입기는 분리형으로 하여 분리될 수 있도록 하여야 한다.
- 충전호스에 과도한 인장력이 가해졌을 때 충전기와 가스 주입기가 분리될 수 있는 안전장치를 설치한다.
- 충전용 호스의 끝에 정전기 제거장치를 반드시 설치해야 한다.
- 충전기 주위에는 정전기방지를 위하여 충전 이외의 필요 없는 장비는 시설을 금한다.

㉣ 액화석유가스 자동차에 고정된 용기충전시설에서 충전기의 시설기준
- 충전기 상부에는 캐노피(닫집 모양의 차양)를 설치하고 그 면적은 공지 면적의 2분의 1 이하로 한다.
- 배관이 캐노피 내부를 통과하는 경우에는 1개 이상의 점검구를 설치한다.
- 캐노피 내부의 배관으로서 점검이 곤란한 장소에 설치하는 배관은 용접 이음으로 한다.
- 충전기 주위에는 정전기방지를 위하여 충전 이외의 필요 없는 시설을 금지한다.

㉤ 액화석유가스 충전소의 용기 보관 장소에 충전용기를 보관하는 때의 기준
- 용기 보관 장소의 주위 8[m] 이내에는 석유, 휘발유를 보관하여서는 아니 된다.
- 충전용기는 항상 40[℃] 이하를 유지하여야 한다.
- 직사광선을 받지 아니하도록 조치하여야 한다.
- 충전용기와 잔가스용기는 각각 구분하여 놓아야 한다.
- 용기 보관 장소에는 계량기 등 작업에 필요한 물건 외에는 두지 않는다.

㉥ 가연성 가스 충전시설의 고압가스설비 유지거리
- 그 외면으로부터 다른 가연성 가스충전시설의 고압가스설비와 5[m] 이상
- 산소충전시설의 고압가스설비와 10[m] 이상

㉦ 소형 저장탱크 설치거리

충전 질량 [kg]	가스충전구로부터 토지 경계선에 대한 수평거리[m]	탱크 간 거리[m]	가스충전구로부터 건축물 개구부에 대한 거리[m]
1,000 미만	0.5 이상	0.3 이상	0.5 이상
1,000 이상 2,000 미만	3.0 이상	0.5 이상	3.0 이상
2,000 이상	5.5 이상	0.5 이상	3.5 이상

㉧ 충전설비 중 액화석유가스의 안전을 확보하기 위하여 필요한 시설이나 설비에 대하여는 작동상황을 주기적으로 점검 및 확인하여야 한다. LPG 충전설비의 경우 점검주기는 1일 1회 이상이다.

㉨ 충전시설에 설치되는 안전밸브 성능 확인 작동시험 주기는 1년에 1회 이상이다.

㉩ 액화석유가스 저장탱크에 가스를 충전할 때 액체 부피가 내용적의 90[%]를 넘지 않도록 규제하는데 그 이유는 액체팽창으로 인한 압력 상승과 탱크 파열을 방지하기 위함이다.

㉪ LPG 충전소 내의 가스 사용시설 수리
- 화기를 사용하는 경우에는 설비 내부의 가연성 가스가 폭발하한계의 1/4 이하인 것을 확인하고 수리한다.
- 충격에 의한 불꽃에 가스가 인화할 염려가 있다.
- 내압이 완전히 빠져 있어도 화기를 사용하면 위험하다.
- 볼트를 조일 때는 전체적으로 잘 조여야 한다.

⑦ 저장탱크

㉠ 액화석유가스 저장탱크의 설치기준
- 저장탱크에 설치한 안전밸브에는 지면으로부터 5[m] 이상의 높이 또는 그 저장탱크의 정상부로부터 2[m] 이상의 높이 중 더 높은 위치에 방출구가 있는 가스방출관을 설치한다.
- 저장탱크의 일부를 지하에 설치한 경우 지하에 묻힌 부분이 부식되지 않도록 조치한다.

- 지상에 설치된 액화석유가스 저장탱크와 가스충전장소의 사이에 방호벽을 설치하여야 한다.
- 탱크로리로부터 저장탱크에 LPG를 주입할 경우 안전관리자는 이송작업기준을 준수하여야 한다.
- 최저부에 LPG 내의 수분 및 불순물을 제거하는 장치를 한다.
- 지상에 설치하는 액화석유가스 저장탱크의 외면에는 은백색 도료를 칠한다.
- 액화석유가스 제조시설 저장탱크의 폭발방지장치로 사용되는 금속 : 알루미늄

㉡ 액화석유가스 저장탱크의 지하 설치(소형 저장탱크 제외)

- 저장탱크는 지하 저장탱크실에 설치한다.
- 저장탱크를 2개 이상 인접하여 설치하는 경우에는 상호간에 1[m] 이상의 거리를 유지한다.
- 저장탱크의 지면으로부터 지하 저장탱크의 정상부까지의 깊이는 60[cm] 이상으로 한다.
- 저장탱크실은 천장·벽 및 바닥(집수구 바닥 포함)의 두께가 각각 30[cm] 이상의 방수조치를 한 철근콘크리트 구조로 한다.
- 저장탱크 주위 빈 공간에는 세립분을 함유하지 않은 것으로서 손으로 만졌을 때 물이 손에서 흘러내리지 않는 상태의 모래를 채운다(저장탱크 주위 빈 공간에는 마른 모래를 채운다).
- 저장탱크의 외면에는 부식방지 코팅과 전기적 부식방지를 위한 조치를 한다.
- 저장탱크 및 처리설비를 지하에 설치하는 경우 저장탱크에 설치한 안전밸브는 지상에서 5[m] 이상의 높이에 방출구가 있는 가스방출관을 설치하여야 한다.
- 저장탱크를 묻는 곳의 지상에는 경계표지를 한다.
- 점검구는 저장능력이 20[ton] 초과인 경우에는 2개소로 한다.
- 저장탱크실의 재료는 다음과 같이 정한 규격을 가진 레디믹스트 콘크리트(Ready-mixed Concrete)로 하고, 저장탱크실의 시공은 수밀 콘크리트로 한다.
  - 굵은 골재의 최대 치수 : 25[mm]
  - 설계강도 : 21[MPa] 이상
  - 슬럼프(Slump) : 120~150[mm]
  - 공기량 : 4[%] 이하
  - 물-결합재 비 : 50[%] 이하
  - 그 밖의 사항 : KS F 4009(레디믹스트 콘크리트)에 따른 규정
  - 수밀 콘크리트의 시공기준은 국토교통부가 제정한 콘크리트 표준시방서를 준용한다.
- 지하 수위가 높은 곳 또는 누수의 우려가 있는 곳에는 콘크리트를 친 후 저장탱크실 내면에 무기질계 침투성 도포방수제로 방수하고, 먼저 타설된 콘크리트와 나중에 타설되는 콘크리트 사이에는 지수판 등으로 물이 저장탱크실 안으로 흐르지 않도록 조치한다.
- 저장탱크실의 철근 규격 및 배근
  - 20[ton] 이하 저장탱크실은 가로×세로 300[mm] 이하의 간격(1조 기준)으로 호칭명 D13 이상의 철근(이형봉강)을 이중배근하고 모서리 부분을 확실히 결속한다.
  - 20[ton] 초과 저장탱크실은 가로×세로 300[mm] 이하의 간격(1조 기준)으로 호칭명 D16 이상의 철근(이형봉강)을 이중배근하고 모서리 부분을 확실히 결속한다.
  - 건축사·구조기술사 등 전문가나 전문기관에서 구조 계산을 하고 이를 확인한 경우에는 상기 규정을 적용하지 않을 수 있다.
- 저장탱크실의 콘크리트제 천장으로부터 돌기물(맨홀, 돔, 노즐 등)을 돌출시키기 위한 구멍 부분은 콘크리트제 천장과 외면 보호면(돌기물이 접함으로써 저장탱크 본체와의 부착부에 응력집중이 발생하지 아니하도록 돌기물 주위에 돌기물의 부식방지조치를 한 외면)으로부터 10[mm] 이상의 간격을 두고 강판 등으로 만든 프로텍터를 설치한다. 또한, 프로텍터와 돌기물의 외면 보호면과의 사이는 빗물의 침입을 방지하기 위하여 피치, 아스팔트 등으로 채운다.

- 저장탱크실의 바닥은 저장탱크실에 침입한 물 또는 기온 변화에 따라 생성된 물이 모이도록 구배를 가지는 구조로 하고, 바닥의 낮은 곳에 집수구를 설치하며 집수구에 고인 물을 쉽게 배수할 수 있도록 한다.
  - 집수구는 가로 30[cm], 세로 30[cm], 깊이 30[cm] 이상의 크기로 저장탱크실 바닥면보다 낮게 설치한다.
  - 집수관은 스테인리스강관, 내충격 경질 폴리염화비닐관(HIVP) 또는 이와 같은 수준 이상의 강도 및 내식성을 갖는 관 등의 내식성 재료를 사용하고, 직경을 80A 이상으로 하며 집수구 바닥에 고정한다.
  - 집수구 및 집수관 주변은 자갈 등으로 조치하고, 집수구는 침수된 물을 배출시키기 위한 펌프 가동 시 모래가 유입되지 않도록 그물 등으로 조치한다.
  - 집수관 안의 물이 앵커박스 상부까지 차는 경우에는 펌프로 배수한다.
  - 상시 침수 우려 지역에 설치된 가스설비실 내의 점검구, 검지관 및 집수관 등은 바닥면보다 30[cm] 이상 높게 설치한다.
  - 검지관은 내식성 재료를 사용하고, 직경 40A 이상으로 4개소 이상 설치하되, 집수관을 설치한 경우에는 검지관 1개를 설치한 것으로 본다.

㉢ 액화석유가스 집단공급시설에서 지상에 설치하는 저장탱크의 내열구조
- 가스설비실 및 자동차에 고정된 탱크의 이입, 충전장소에는 외면으로부터 5[m] 이상 떨어진 위치에서 조작할 수 있는 냉각장치를 설치한다.
- 살수장치는 저장탱크 표면적 1[m^2]당 5[L/min] 이상의 비율로 계산된 수량을 저장탱크 전 표면적에 분무할 수 있는 고정된 장치로 한다.
- 소화전의 설치 위치는 해당 저장탱크의 외면으로부터 40[m] 이내이고, 소화전의 방수 방향은 저장탱크를 향하여 어느 방향에서도 방수할 수 있어야 한다.
- 소화전은 동시에 방사를 필요로 하는 최대 수량을 30분 이상 연속하여 방사할 수 있는 양을 갖는 수원에 접속되어야 한다.

㉣ LPG 소형 저장탱크의 설치기준
- 바닥이 지면보다 5[cm] 이상 높게 설치된 콘크리트 바닥 등에 설치한다.
- 지상 설치식으로 한다.
- 원칙적으로 옥외에 설치하여야 한다.
- 습기가 적은 장소에 설치한다.
- 액화석유가스가 누출한 경우 체류하지 않도록 통풍이 좋은 장소에 설치한다.
- 기초의 침하, 산사태, 홍수 등에 의한 피해의 우려가 없는 장소에 설치한다.
- 수평한 장소에 설치한다.
- 부등 침하 등에 의하여 탱크나 배관 등에 유해한 결함이 발생할 우려가 없는 장소에 설치한다.
- 건축물이나 사람이 통행하는 구조물의 하부에 설치하지 않는다. 단, 처마, 차양, 부연(附椽), 그 밖에 이와 비슷한 것으로서 건축물의 외벽으로부터 수평거리 1[m] 이내로 돌출된 부분의 하부에는 소형 저장탱크를 설치할 수 있다.
- 저장량이 3[ton]인 소형 저장탱크에는 높이 1[m] 이상의 경계책을 설치하여야 한다.

㉤ 가연성 액화가스 저장탱크에서 가스 누출에 의해 화재가 발생했을 때의 대책
- 즉각 송입펌프를 정지시킨다.
- 소정의 방법으로 경보를 울린다.
- 살수장치를 작동시켜 저장탱크를 냉각한다.

㉥ 저장탱크에 의한 액화석유가스 저장소의 이·충전설비 정전기 제거조치에 대한 사항
- 저장설비 및 충전설비에 이·충전하거나 가연성가스를 용기 등으로부터 충전할 때에는 해당 설비 등에 대하여 정전기 제거조치를 하여야 한다.
- 접지저항 총합이 100[Ω] 이하의 것은 정전기 제거조치를 하지 않아도 된다.
- 피뢰설비가 설치된 것의 접지저항 총합이 10[Ω] 이하의 것은 정전기 제거조치를 하지 않아도 된다.
- 본딩용 접속선 및 접지접속선 단면적은 5.5[mm^2] 이상의 것을 사용한다.
- 충전용으로 사용하는 저장탱크 및 충전설비는 반드시 접지한다.

⑧ LPG용 압력조정기

㉠ 압력조정기의 종류에 따른 입구압력과 조정압력

종 류	입구압력[MPa]	조정압력[kPa]
1단 감압식 저압조정기	0.07~1.56	2.30~3.30
1단 감압식 준저압조정기	0.1~1.56	5.0~30.0 이내에서 제조자가 설정한 기준압력의 ±20[%]
2단 감압식 일체형 저압조정기	0.07~1.56	2.30~3.30
2단 감압식 일체형 준저압조정기	0.1~1.56	5.0~30.0 이내에서 제조자가 설정한 기준압력의 ±20[%]
2단 감압식 1차용 조정기 (용량 100[kg/h] 이하)	0.1~1.56	57.0~83.0
2단 감압식 1차용 조정기 (용량 100[kg/h] 초과)	0.3~1.56	57.0~83.0
2단 감압식 2차용 저압조정기	0.01~0.1 또는 0.025~0.1	2.30~3.30
2단 감압식 2차용 준저압조정기	조정압력 이상~0.1	5.0~30.0 이내에서 제조자가 설정한 기준압력의 ±20[%]
자동절체식 일체형 저압조정기	0.1~1.56	2.55~3.30
자동절체식 일체형 준저압조정기	0.1~1.56	5.0~30.0 이내에서 제조자가 설정한 기준압력의 ±20[%]
그 밖의 압력조정기	조정압력 이상~1.56	5[kPa]를 초과하는 압력범위에서 상기 압력조정기의 종류에 따른 조정압력에 해당하지 않는 것에 한하며, 제조자가 설정한 기준압력의 ±20[%]일 것

㉡ 압력조정기 제조자가 갖추어야 할 제조설비

- 구멍가공기, 외경 절삭기, 내경 절삭기, 나사 전용 가공기, 다이캐스팅머신, 프레스 그 밖의 제조에 필요한 가공설비
- 표면처리설비 및 도장설비
- 초음파 세척설비
- 압력조정기를 조립할 수 있는 동력용 조립지그 및 공구

㉢ 압력조정기 제조자가 갖추어야 할 검사설비

- 버니어캘리퍼스 · 마이크로미터 · 나사게이지 등 치수측정설비
- 액화석유가스액 또는 도시가스 침적설비
- 염수분무시험설비
- 내압시험설비
- 기밀시험설비
- 안전장치작동시험설비
- 출구압력측정시험설비
- 내구시험설비
- 저온시험설비
- 유량측정설비
- 그 밖에 필요한 검사설비 및 기구

㉣ 구조 및 치수기준

- 사용 상태에서 충격에 견디고 빗물이 들어가지 아니하는 구조로 한다.
- 출구압력을 변동시킬 수 없는 구조로 한다.
- 용량 10[kg/h] 미만의 1단 감압식 저압조정기 및 1단 감압식 준저압조정기는 몸통과 덮개를 일반공구(멍키렌치 · 드라이버 등)로 분리할 수 없는 구조로 한다.
- 압력이 이상 상승한 경우에 자동으로 가스를 방출시키는 안전장치를 가지는 것으로 하고, 용량 30[kg/h]를 초과하는 압력조정기의 방출구는 1/4B 이상의 배관 접속이 가능한 구조로 한다. 단, 조정압력이 3.5[kPa] 이상인 것 및 그 밖에 안전에 필요 없다고 인정한 것은 압력이 이상 상승한 경우에 자동으로 가스를 방출시키는 안전장치를 가지지 아니할 수 있다.
- 용량 100[kg/h] 이하의 압력조정기는 입구쪽에 황동선망 또는 스테인리스강선망을 사용한 스트레이너를 내장하는 구조로 한다.
- 자동절체식 조정기는 가스 공급 방향을 알 수 있는 표시기를 갖춘다.
- 관 연결부 및 방출구가 나사식인 경우에는 KS B 0222(관용 테이퍼나사)에 해당하는 것으로 하고, 플랜지식인 경우에는 KS B 1511(철강제 관플랜지의 기본치수)에 해당하는 것으로 한다.

- 용기밸브에 연결하는 조정기의 나사는 왼나사로서 W22.5×14T, 나사부의 길이 12[mm] 이상으로 하고, 용기밸브에 연결하는 조정기 핸들의 지름은 50[mm] 이상, 폭은 9[mm] 이상으로 한다.
- 자동절체식 조정기의 출구는 KS B 0222(관용 테이퍼나사)에 연결할 수 있는 유니언을 내장하는 구조로 한다.
- 용기밸브 충전구에 연결하는 조정기의 각형 패킹 및 핸들 좜 니플, 손 좜 핸들의 치수에 대한 허용편차는 6[mm] 이하는 ±0.1[mm], 6[mm] 초과 30[mm] 이하는 ±0.2[mm], 30[mm] 초과 120[mm] 이하는 ±0.3[mm]으로 한다.

ⓜ 기타 사항

- 자동절체식 조정기의 경우에는 사용쪽 용기 안의 압력이 0.1[MPa] 이상일 때 표시용량의 범위에서 예비쪽 용기에서 가스가 공급되지 아니하는 구조로 한다.
- 압력조정기를 설치하는 경우 그 압력조정기는 원칙적으로 실외에 설치한다.

⑨ 배관 관련

㉠ LPG 사용시설 중 배관의 설치방법

- 건축물 내의 배관은 단독 피트 내에 설치하거나 노출하여 설치한다.
- 지하 매몰배관은 붉은색 또는 노란색으로 표시한다.
- 배관 이음부와 전기계량기의 거리는 60[cm] 이상 거리를 유지한다.
- 가스배관 이음부(용접 이음매 제외)와 전기개폐기의 이격거리 : 60[cm] 이상
- 배관은 건축물의 내부 또는 기초의 밑에 설치하지 아니한다.
- 액화석유가스 수송배관의 온도 : 항상 40[℃] 이하 유지

㉡ 저장탱크에 의한 액화석유가스 사용시설에서 배관설비 신축흡수조치 기준(입상관)

- 분기관에는 90° 엘보 1개 이상을 포함하는 굴곡부를 설치한다.
- 분기관이 외벽, 베란다 또는 창문을 관통하는 부분에 사용하는 보호관의 내경은 분기관 외경의 1.2배 이상으로 한다.
- 건축물에 노출하여 설치하는 배관의 분기관 길이는 50[cm] 이상으로 한다.
- 11층 이상 20층 이하 건축물의 배관에는 1개소 이상의 곡관을 설치한다.
- 20층 이상인 건축물의 배관에는 2개소 이상의 곡관을 설치한다.

㉢ LPG 배관의 압력손실 요인

- 마찰저항에 의한 압력손실
- 배관의 이음류에 의한 압력손실
- 배관의 수직 상향에 의한 압력손실

⑩ 액화석유가스 안전관리자의 자격과 선임인원

㉠ 액화석유가스 충전시설

저장능력	안전관리자별 선임인원(자격)
저장능력 500[ton] 초과	• 안전관리총괄자 1명 • 안전관리부총괄자 1명 • 안전관리책임자 1명 이상(가스산업기사 이상의 자격을 가진 사람) • 안전관리원 2명 이상(가스기능사 이상의 자격을 가진 사람 또는 충전시설 안전관리자 양성교육 이수자)
저장능력 100[ton] 초과 500[ton] 이하	• 안전관리총괄자 1명 • 안전관리부총괄자 1명 • 안전관리책임자 1명 이상(가스기능사 이상의 자격을 가진 사람) • 안전관리원 2명 이상(가스기능사 이상의 자격을 가진 사람 또는 충전시설 안전관리자 양성교육 이수자)
저장능력 100[ton] 이하	• 안전관리총괄자 1명 • 안전관리부총괄자 1명 • 안전관리책임자 1명 이상(가스기능사 이상의 자격을 가진 사람 또는 현장실무 경력이 5년 이상인 충전시설 안전관리자 양성교육 이수자) • 안전관리원 1명 이상(가스기능사 이상의 자격을 가진 사람 또는 충전시설 안전관리자 양성교육 이수자)
저장능력 30[ton] 이하(자동차용기 충전시설만 해당)	• 안전관리총괄자 1명 • 안전관리책임자 1명 이상(가스기능사 이상의 자격을 가진 사람 또는 충전시설 안전관리자 양성교육 이수자)

㉡ 액화석유가스 집단공급시설

수용가 수	안전관리자별 선임인원(자격)
수용가 500가구 초과	• 안전관리총괄자 1명 • 안전관리책임자 1명 이상(가스기능사 이상의 자격을 가진 사람) • 안전관리원 1명 이상/500가구 초과 1,500가구 이하인 경우, 1,000 가구마다 1명 이상 추가/1,500가구 초과인 경우(가스기능사 이상의 자격을 가진 사람 또는 일반시설 안전관리자 양성교육 이수자)
수용가 500가구 이하	• 안전관리총괄자 1명 • 안전관리책임자 1명 이상(가스기능사 이상의 자격을 가진 사람 또는 일반시설 안전관리자 양성교육 이수자)

㉢ 액화석유가스 저장소시설

저장능력	안전관리자별 선임인원(자격)
저장능력 100[ton] 초과	• 안전관리총괄자 1명 • 안전관리부총괄자 1명 • 안전관리책임자 1명 이상(가스기능사 이상의 자격을 가진 사람) • 안전관리원 2명 이상(가스기능사 이상의 자격을 가진 사람 또는 일반시설 안전관리자 양성교육 이수자)
저장능력 30[ton] 초과 100[ton] 이하	• 안전관리총괄자 1명 • 안전관리부총괄자 1명 • 안전관리책임자 1명 이상(가스기능사 이상의 자격을 가진 사람) • 안전관리원 1명 이상(가스기능사 이상의 자격을 가진 사람 또는 일반시설 안전관리자 양성교육 이수자)
저장능력 30[ton] 이하	• 안전관리총괄자 1명 • 안전관리책임자 1명 이상(가스기능사 이상의 자격을 가진 사람 또는 일반시설 안전관리자 양성교육 이수자)

㉣ 액화석유가스 판매시설 및 영업소

- 안전관리총괄자 1명
- 안전관리책임자 1명 이상(가스기능사 이상의 자격을 가진 사람 또는 판매시설 안전관리자 양성교육 이수자)
- 안전관리원 1명 이상/자동차에 고정된 탱크를 이용하여 판매하는 시설만 해당(판매시설 안전관리자 양성교육 이수자)

㉤ 액화석유가스 위탁운송시설

저장능력	안전관리자별 선임인원(자격)
저장능력(자동차에 고정된 탱크의 저장능력 총합) 100[ton] 초과	• 안전관리총괄자 1명 • 안전관리부총괄자 1명 • 안전관리책임자 1명 이상(가스기능사 이상의 자격을 가진 사람) • 안전관리원 2명 이상(가스기능사 이상의 자격을 가진 사람 또는 충전시설 안전관리자 양성교육 이수자)
저장능력 30[ton] 초과 100[ton] 이하	• 안전관리총괄자 1명 • 안전관리부총괄자 1명 • 안전관리책임자 1명 이상(가스기능사 이상의 자격을 가진 사람) • 안전관리원 1명 이상(가스기능사 이상의 자격을 가진 사람 또는 충전시설 안전관리자 양성교육 이수자)
저장능력 30[ton] 이하	• 안전관리총괄자 1명 • 안전관리책임자 1명 이상(가스기능사 이상의 자격을 가진 사람 또는 충전시설 안전관리자 양성교육 이수자)

㉥ 액화석유가스 특정사용시설 중 공동저장시설

수용가 수	안전관리자별 선임인원(자격)
수용가 500가구 초과	• 안전관리총괄자 1명 • 안전관리책임자 1명 이상(가스기능사 이상의 자격을 가진 사람. 단, 저장설비가 용기인 경우에는 판매시설 안전관리자 양성교육 이수자로 할 수 있다) • 안전관리원 1명 이상/500가구 초과 1,500가구 이하인 경우, 1,000 가구마다 1명 이상 추가/1,500가구 초과인 경우(가스기능사 이상의 자격을 가진 사람 또는 사용시설 안전관리자 양성교육 이수자)
수용가 500가구 이하	• 안전관리총괄자 1명 • 안전관리책임자 1명 이상(가스기능사 이상의 자격을 가진 사람 또는 사용시설 안전관리자 양성교육 이수자)

ⓢ 액화석유가스특정사용시설 중 공동저장시설 외의 시설

저장능력	안전관리자별 선임인원(자격)
저장능력 250[kg] 초과 (소형 저장탱크 설치 시설은 저장능력 1[ton] 초과)	• 안전관리총괄자 1명 • 안전관리책임자 1명 이상(가스기능사 이상의 자격을 가진 사람 또는 사용시설 안전관리자 양성교육 이수자)
저장능력 250[kg] 이하 (소형 저장탱크 설치 시설은 저장능력 1[ton] 이하)	• 안전관리총괄자 1명

ⓞ 가스용품 제조시설
- 안전관리총괄자 1명
- 안전관리부총괄자 1명
- 안전관리책임자 1명 이상[일반기계기사・화공기사・금속기사・가스산업기사 이상의 자격을 가진 사람 또는 일반시설 안전관리자 양성교육 이수자(상시 근로자수가 10명 미만인 시설로 한정)]
- 안전관리원 1명 이상(가스기능사 이상의 자격을 가진 사람 또는 일반시설 안전관리자 양성교육 이수자)

핵심예제

2-1. 저장탱크에 의한 액화석유가스 사용시설에서 지반조사의 기준에 대한 설명으로 틀린 것은?

[2012년 제2회, 2013년 제3회 유사, 2016년 제1회 유사, 2018년 제1회, 2020년 제3회 유사]

① 저장 및 가스설비에 대하여 제1차 지반조사를 한다.
② 제1차 지반조사방법은 드릴링을 실시하는 것을 원칙으로 한다.
③ 지반조사 위치는 저장설비 외면으로부터 10[m] 이내에서 2곳 이상 실시한다.
④ 표준관입시험은 표준관입시험방법에 따라 N값을 구한다.

2-2. LPG 용기 저장에 대한 설명으로 옳지 않은 것은?

[2004년 제2회 유사, 2018년 제2회]

① 용기 보관실은 사무실과 구분하여 동일한 부지에 설치한다.
② 충전용기는 항상 40[℃] 이하를 유지하여야 한다.
③ 용기 보관실의 저장설비는 용기집합식으로 한다.
④ 내용적 30[L] 미만의 용기는 2단으로 쌓을 수 있다.

2-3. 용기에 의한 액화석유가스 사용시설에 설치하는 기화장치에 대한 설명으로 틀린 것은? [2018년 제3회]

① 최대가스소비량 이상의 용량이 되는 기화장치를 설치한다.
② 기화장치의 출구배관에는 고무호스를 직접 연결하여 열차단이 되게 하는 조치를 한다.
③ 기화장치의 출구측 압력은 1[MPa] 미만이 되도록 하는 기능을 갖거나, 1[MPa] 미만에서 사용한다.
④ 용기는 그 외면으로부터 기화장치까지 3[m] 이상의 우회거리를 유지한다.

2-4. 액화석유가스 용기의 안전점검기준에 대한 설명 중 틀린 것은? [2007년 제2회, 2014년 제2회 유사]

① 용기는 도색 및 표시가 되어 있는지 여부를 확인할 것
② 용기 아랫부분의 부식 상태를 확인할 것
③ 재검사 기간의 도래 여부를 확인할 것
④ 열영향을 받은 용기는 폐기할 것

핵심예제

2-5. 액화석유가스 자동차에 고정된 용기충전시설에서 충전기의 시설기준에 대한 설명으로 옳은 것은?
[2008년 제3회 유사, 2014년 제2회 유사, 2018년 제2회]

① 배관이 캐노피 내부를 통과하는 경우에는 2개 이상의 점검구를 설치한다.
② 캐노피 내부의 배관으로서 점검이 곤란한 장소에 설치하는 배관은 플랜지 접합으로 한다.
③ 충전기 주위에는 가스누출자동차단장치를 설치한다.
④ 충전기 상부에는 캐노피를 설치하고 그 면적은 공지 면적의 2분의 1 이하로 한다.

2-6. 부취제 혼합설비의 이입작업 안전기준에 대한 설명으로 틀린 것은?
[2019년 제2회]

① 운반 차량으로부터 저장탱크에 이입 시 보호의 및 보안경 등의 보호장비를 착용한 후 작업한다.
② 부취제가 누출될 수 있는 주변에는 방류둑을 설치한다.
③ 운반 차량은 저장탱크의 외면과 3[m] 이상 이격거리를 유지한다.
④ 이입작업 시에는 안전관리자가 상주하여 이를 확인한다.

2-7. 자동차에 고정된 탱크로 수요자의 소형 저장탱크에 액화석유가스를 충전할 때의 기준으로 틀린 것은?
[2003년 제3회, 2008년 제2회, 2010년 제3회]

① 소형 저장탱크의 검사 여부를 확인하고 공급할 것
② 소형 저장탱크 내의 잔량을 확인한 후 충전할 것
③ 충전작업은 수요자가 채용한 경험이 많은 사람의 입회하에 할 것
④ 작업 중의 위해방지를 위한 조치를 할 것

2-8. 액화석유가스 저장탱크 지하 설치 시의 시설기준으로 틀린 것은? [2003년 제1회 유사, 2008년 제1회 유사, 2009년 제1회 유사, 제2회 유사, 2011년 제1회 유사, 2018년 제2회 유사, 2020년 제1·2회 통합]

① 저장탱크 주위 빈 공간에는 세립분을 포함한 마른 모래를 채운다.
② 저장탱크를 2개 이상 인접하여 설치하는 경우에는 상호간에 1[m] 이상의 거리를 유지한다.
③ 점검구는 저장능력이 20[ton] 초과인 경우에는 2개소로 한다.
④ 검지관은 직경 40A 이상으로 4개소 이상 설치한다.

2-9. 상용압력이 40.0[MPa]의 고압가스설비에 설치된 안전밸브의 작동압력은 얼마인가? [2004년 제2회 유사, 2006년 제1회 유사, 2007년 제1회 유사, 2015년 제1회]

① 33[MPa] ② 35[MPa]
③ 43[MPa] ④ 48[MPa]

2-10. 액화석유가스의 저장실 통풍구조에 대한 설명으로 옳지 않은 것은? [2004년 제2회, 2006년 제3회]

① 강제통풍장치 배기가스 방출구는 지면에서 3[m] 이상 높이에 설치해야 한다.
② 강제통풍장치 흡입구는 바닥면 가까이에 설치해야 한다.
③ 환기구의 가능 통풍 면적은 바닥 면적 1[m^2]당 300[cm^2] 이상이어야 한다.
④ 저장실을 방호벽으로 설치할 경우는 환기구를 2개 방향 이상으로 설치해야 한다.

2-11. 지하에 설치하는 액화석유가스 저장탱크의 재료인 레디믹스트 콘크리트의 규격으로 틀린 것은?
[2010년 제2회, 2016년 제2회 유사, 2019년 제2회 유사, 2020년 제3회]

① 굵은 골재의 최대 치수 : 25[mm]
② 설계강도 : 21[MPa] 이상
③ 슬럼프(Slump) : 120~150[mm]
④ 물-결합재 비 : 83[%] 이하

2-12. 저장탱크에 의한 액화석유가스 저장소의 이·충전설비 정전기 제거조치에 대한 설명으로 틀린 것은?
[2003년 제3회 유사, 2007년 제3회, 2013년 제1회, 2018년 제2회]

① 접지저항 총합이 100[Ω] 이하의 것은 정전기 제거조치를 하지 않아도 된다.
② 피뢰설비가 설치된 것의 접지저항값이 50[Ω] 이하의 것은 정전기 제거조치를 하지 않아도 된다.
③ 접지접속선 단면적은 5.5[mm^2] 이상의 것을 사용한다.
④ 충전용으로 사용하는 저장탱크 및 충전설비는 반드시 접지한다.

핵심예제

2-13. 액화석유가스 충전소의 용기 보관 장소에 충전용기를 보관하는 때의 기준으로 옳지 않은 것은?

[2006년 제3회, 2012년 제3회, 2017년 제2회]

① 용기 보관 장소의 주위 8[m] 이내에는 석유, 휘발유를 보관하여서는 아니 된다.
② 충전용기는 항상 40[℃] 이하를 유지하여야 한다.
③ 용기가 너무 냉각되지 않도록 겨울철에는 직사광선을 받도록 조치하여야 한다.
④ 충전용기와 잔가스용기는 각각 구분하여 놓아야 한다.

2-14. 안정성, 편리성 및 호환성을 확보하기 위한 일반용 액화석유가스 압력조정기의 구조 및 치수기준으로 옳은 것은?

[2010년 제1회 유사, 2012년 제3회]

① 출구압력을 변동시킬 수 있는 구조로 한다.
② 용량 30[kg/h] 미만의 1단 감압식 저압조정기는 몸통과 덮개를 일반공구로 분리할 수 없는 구조로 한다.
③ 용량 10[kg/h]를 초과하는 압력조정기의 방출구는 1/2B 이상의 배관 접속이 가능한 구조로 한다.
④ 용량 100[kg/h] 이하의 압력조정기는 입구쪽에 황동선망 또는 스테인리스강선망을 사용한 스트레이너를 내장한 구조로 한다.

2-15. 용기에 의한 액화석유가스 사용시설에서 용기집합설비의 설치기준으로 틀린 것은? [2019년 제1회]

① 용기집합설비의 양단 마감조치 시에는 캡 또는 플랜지로 마감한다.
② 용기를 3개 이상 집합하여 사용하는 경우에 용기집합장치로 설치한다.
③ 내용적 30[L] 미만인 용기로 LPG를 사용하는 경우 용기집합설비를 설치하지 않을 수 있다.
④ 용기와 소형 저장탱크를 혼용 설치하는 경우에는 트윈호스로 마감한다.

2-16. LPG 사용시설 중 배관의 설치방법으로 옳지 않은 것은? [2004년 제1회, 2018년 제1회]

① 건축물 내의 배관은 단독 피트 내에 설치하거나 노출하여 설치한다.
② 건축물의 기초 밑 또는 환기가 잘되는 곳에 설치한다.
③ 지하 매몰배관은 붉은색 또는 노란색으로 표시한다.
④ 배관 이음부와 전기계량기와의 거리는 60[cm] 이상 거리를 유지한다.

2-17. 액화석유가스를 용기에 의하여 가스소비자에게 공급할 때의 기준으로 옳지 않은 것은? [2006년 제3회, 2013년 제3회]

① 용기가스소비자에게 액화석유가스를 공급하고자 하는 가스 공급자는 해당 용기가스소비자와 안전공급계약을 체결한 후 공급하여야 한다.
② 다른 가스공급자와 안전공급계약이 체결된 용기가스소비자에게는 액화석유가스를 공급할 수 없다.
③ 안전공급계약을 체결한 가스공급자는 용기가스소비자에게 지체 없이 소비설비 안전점검표 및 소비자보장책임보험가입확인서를 교부하여야 한다.
④ 동일 건축물 내 여러 용기가스소비자에게 하나의 공급설비로 액화석유가스를 공급하는 가스공급자는 그 용기가스소비자의 대표자와 안전공급계약을 체결할 수 있다.

2-18. 액화석유가스 취급에 대한 설명으로 옳은 것은?

[2015년 제1회]

① 자동차에 고정된 탱크는 저장탱크 외면으로부터 2[m] 이상 떨어져 정지한다.
② 소형 용접용기에 가스를 충전할 때에는 가스압력이 40[℃]에서 0.62[MPa] 이하가 되도록 한다.
③ 충전용 주관의 모든 압력계는 매년 1회 이상 표준이 되는 압력계로 비교 검사한다.
④ 공기 중의 혼합비율이 0.1[v%] 상태에서 감지할 수 있도록 냄새 나는 물질(부취제)을 충전한다.

|해설|

2-1
제1차 지반조사방법은 보링을 실시하는 것을 원칙으로 한다.

2-2
용기 보관실의 저장설비는 용기집합식으로 하지 아니한다.

2-3
기화장치의 출구배관에는 고무호스를 직접 연결하지 아니한다.

2-4
열영향을 받은 용기는 재검사한다.

2-5
① 배관이 캐노피 내부를 통과하는 경우에는 1개 이상의 점검구를 설치한다.
② 캐노피 내부의 배관으로서 점검이 곤란한 장소에 설치하는 배관은 용접 이음으로 한다.
③ 충전기 주위에는 정전기방지를 위하여 충전 이외의 필요 없는 시설을 금지한다.

2-6
부취제가 누출될 수 있는 주변에 중화제 및 소화기 등을 구비하여 부취제 누출 시 곧바로 중화 및 소화작업을 한다.

2-7
충전작업은 수요자가 채용한 안전관리자가 지켜보는 가운데에서 한다.

2-8
저장탱크 주위 빈 공간에는 세립분을 함유하지 않은 것으로서 손으로 만졌을 때 물이 손에서 흘러내리지 않는 상태의 모래를 채운다.

2-9
안전밸브의 작동압력
내압시험압력 × (8/10) = (상용압력 × 1.5) × (8/10)
= (40.0[MPa] × 1.5) × (8/10) = 48[MPa]

2-10
강제통풍장치 배기가스 방출구는 지면에서 5[m] 이상 높이에 설치해야 한다.

2-11
물-결합재 비 : 50[%] 이하

2-12
피뢰설비가 설치된 것의 접지저항 총합이 10[Ω] 이하의 것은 정전기 제거조치를 하지 않아도 된다.

2-13
충전용기는 항상 40[℃] 이하를 유지하여야 하며, 직사광선을 받지 아니하도록 조치하여야 한다.

2-14
① 출구압력을 변동시킬 수 없는 구조로 한다.
② 용량 10[kg/h] 미만의 1단 감압식 저압조정기 및 1단 감압식 준저압조정기는 몸통과 덮개를 일반공구(멍키렌치 · 드라이버 등)로 분리할 수 없는 구조로 한다.
③ 용량 30[kg/h]를 초과하는 압력조정기의 방출구는 1/4B 이상의 배관 접속이 가능한 구조로 한다.

2-15
용기와 소형 저장탱크는 혼용하여 설치할 수 없다.

2-16
배관은 건축물의 내부 또는 기초의 밑에 설치하지 아니한다.

2-17
가스공급자는 용기가스소비자가 액화석유가스 공급을 요청하면 다른 가스공급자와의 안전공급계약 체결 여부와 그 계약의 해지를 확인한 후 안전공급계약을 체결하여야 한다.

2-18
① 자동차에 고정된 탱크는 저장탱크 외면으로부터 3[m] 이상 떨어져 정지한다.
② 소형 용접용기에 가스를 충전할 때에는 가스압력이 40[℃]에서 0.52[MPa] 이하가 되도록 한다.
③ 충전용 주관의 모든 압력계는 매분기 1회 이상 표준이 되는 압력계로 비교 검사한다.

정답 2-1 ② 2-2 ③ 2-3 ② 2-4 ④ 2-5 ④ 2-6 ② 2-7 ③
2-8 ① 2-9 ④ 2-10 ① 2-11 ④ 2-12 ② 2-13 ③
2-14 ④ 2-15 ④ 2-16 ② 2-17 ② 2-18 ④

제4절 | 도시가스의 안전관리

핵심이론 01 도시가스 안전관리의 개요

① 용 어

㉠ 시 설

- 가스사용시설
  - 내관 · 연소기 및 그 부속설비(단, 선박에 설치된 것은 제외)
  - 공동주택 등의 외벽에 설치된 가스계량기
  - 도시가스를 연료로 사용하는 자동차
  - 자동차용 압축천연가스 완속충전설비

㉡ 압 력

- 고압 : 1[MPa] 이상의 압력(게이지압력). 단, 액체 상태의 액화가스의 경우에는 이를 고압으로 본다.
- 중압 : 0.1[MPa] 이상 1[MPa] 미만의 압력. 단, 액화가스가 기화되고 다른 물질과 혼합되지 않은 경우에는 0.01[MPa] 이상 0.2[MPa] 미만의 압력을 말한다.
- 저압 : 0.1[MPa] 미만의 압력. 단, 액화가스가 기화되고 다른 물질과 혼합되지 않은 경우에는 0.01[MPa] 미만의 압력을 말한다.

㉢ 이외의 용어

- 수요자수 : 주택의 경우에는 가구수, 주택 이외의 경우에는 업소수
- 도시가스시설 현대화 : 도시가스시설의 안전성 향상을 위하여 노후 및 위험시설을 개선하고 선진화된 기술과 장비의 도입으로 도시가스시설의 안전을 강화하는 것
  - 배관망 전산화(수치화된 도면 및 관련 자료를 전산망에 입력을 완료하고 그 자료의 입출력이 가능한 정도)
  - 관리대상시설의 개선(심도 미달 배관 및 하수도 관통배관의 이설, 학교 부지 안의 정압기 및 고가도로 아래 정압기의 이전 등)
  - 노후 배관(자체 점검이나 외부기관의 안전진단 결과 보수 · 수리 또는 교체가 필요하다고 인정된 배관) 교체 실적
  - 가스사고 발생 빈도
- 안전성 제고를 위한 과학화 : 가스공급시설의 설치위치 및 시공방법 등에 따라 체계적으로 안전관리를 수행하고 과학적으로 운영하는 것
  - 시공감리 실시 배관
  - 배관 순찰 차량 보유 대수(안전점검원 2인에 1대 기준)
  - 노출 배관 길이(굴착공사로 인하여 노출된 배관)
  - 주민모니터링제 실시 및 선정 인원

② 평가서와 품질검사, 완성검사

㉠ 도시가스사업자가 가스시설에 대한 안전성평가서를 작성할 때 반드시 포함하여야 할 사항

- 절차에 관한 사항
- 결과조치에 관한 사항
- 기업에 관한 사항(품질보증에 관한 사항은 반드시 포함해야 할 사항은 아니다)

㉡ 도시가스 품질검사의 방법 및 절차

- 검사방법은 한국산업표준에서 정한 시험방법에 따른다.
- 일반 도시가스사업자가 도시가스 제조사업소에서 제조한 도시가스에 대해서 월 1회 이상 품질검사를 실시한다.
- 도시가스 충전사업자가 도시가스 충전사업소의 도시가스에 대해서 분기별 1회 이상 품질검사를 실시한다.
- 품질검사기관으로부터 불합격 판정을 통보받은 자는 보관 중인 도시가스에 대하여 품질보정 등의 조치를 강구해야 한다.

㉢ 도시가스시설의 완성검사 대상

- 가스충전시설의 설치공사
- 특정가스사용시설의 설치공사
- 가스충전시설의 변경에 따른 공사
- 다음의 어느 하나에 해당하는 특정가스사용시설의 변경공사

- 도시가스 사용량의 증가로 인하여 특정가스사용시설로 전환되는 가스사용시설의 변경공사
- 특정가스사용시설로서 호칭지름 50[mm] 이상인 배관을 증설·교체 또는 이설하는 것으로서 그 전체 길이가 20[m] 이상인 변경공사
- 특정가스사용시설의 배관을 변경하는 공사로서 월 사용 예정량을 500[m^3] 이상 증설하거나 월 사용 예정량이 500[m^3] 이상인 시설을 이설하는 변경공사
- 특정가스사용시설의 정압기나 압력조정기를 증설·교체(동일 유량으로 교체하는 경우는 제외) 또는 이설하는 변경공사

③ 도시가스 시설

㉠ 도시가스를 제조하는 고압 또는 중압의 가스공급설비에 대한 내압시험 및 기밀시험압력의 기준

- 내압시험 : 최고사용압력의 1.5배 이상
- 기밀시험 : 최고사용압력의 1.1배 이상

㉡ 도시가스 공급시설

- 안전거리
  - 가스혼합기·가스정제설비·배송기·압송기 그 밖에 가스공급시설의 부대설비(배관 제외)는 그 외면으로부터 사업장의 경계까지의 거리를 3[m] 이상 유지할 것. 단, 최고사용압력이 고압인 것은 그 외면으로부터 사업장의 경계까지의 거리를 20[m] 이상, 제1종 보호시설(사업소 안에 있는 시설은 제외)까지의 거리를 30[m] 이상으로 할 것
  - 가스발생기와 가스홀더는 그 외면으로부터 사업장의 경계까지 최고사용압력이 고압인 것은 20[m] 이상, 최고사용압력이 중압인 것은 10[m] 이상, 최고사용압력이 저압인 것은 5[m] 이상의 거리를 각각 유지할 것
- 도시가스사업자가 공급하는 도시가스의 유해성분, 열량, 압력 및 연소성 측정
  - 열량 측정 : 6시 30분부터 9시 사이에 가스공급시설 끝부분의 배관에서 측정
  - 연소성 측정 : 매일 6시 30분부터 9시 사이와 17시부터 20시 30분 사이에 각각 1회씩 가스홀더 또는 압송기 출구에서 측정

㉢ 도시가스 사용시설

- 배관이 움직이지 않도록 고정 부착하는 조치로 관경이 13[mm] 미만의 것은 1[m]마다, 13[mm] 이상 33[mm] 미만의 것은 2[m]마다, 33[mm] 이상은 3[m]마다 고정장치를 설치한다.
- 최고사용압력이 중압 이상인 노출배관은 원칙적으로 용접시공방법으로 접합한다.
- 지상에 설치하는 배관은 배관의 부식방지와 검사 및 보수를 위하여 지면으로부터 30[cm] 이상의 거리를 유지한다.
- 철도의 횡단부 지하에는 지면으로부터 1.2[m] 이상인 깊이에 매설하고, 강제의 케이싱을 사용하여 보호한다.
- 도시가스 공급 시 패널(Panel)에 의한 가스 냄새농도 측정에서 냄새 판정을 위한 시료의 희석 배수는 500배 이상으로 한다.

  도시가스 사용량

  $$= \frac{\text{법적 사용량} \times \text{도시가스 열량}}{\text{도시가스의 월 사용 예정량을 구할 때의 열량}} [m^3]$$

  (도시가스의 월 사용 예정량을 구할 때의 열량 : 11,000[kcal/m^3])
- 기밀시험압력 : 최고사용압력의 1.1배 이상
- 도시가스 사용시설에 대한 가스시설 설치방법
  - 개방형 연소기를 설치한 실에는 환풍기 또는 환기구를 설치한다.
  - 반밀폐형 연소기는 배기통을 설치한다.
  - 가스보일러 전용 보일러실에는 석유통을 보관할 수 없다.
  - 밀폐식 가스보일러, 옥외에 설치한 가스보일러, 전용 급기통을 부착시키는 구조로 검사에 합격한 강제배기식 가스보일러 등은 전용 보일러실에 설치하지 아니할 수 있다.

㉣ 압축 천연가스 자동차충전시설

• 안전거리
  - 처리설비·압축 가스설비 및 충전설비는 그 외면으로부터 사업소 경계까지 10[m] 이상의 안전거리를 유지하여야 한다.
  - 처리설비 및 압축 가스설비의 주위에 방호벽을 설치하는 경우에는 5[m] 이상의 안전거리를 유지할 수 있다.
  - 처리설비·압축 가스설비로부터 30[m] 이내에 보호시설이 있는 경우에는 처리설비 및 압축가스설비의 주위에 산업통상부장관이 정하여 고시하는 기준에 적합한 방호벽을 설치한다. 단, 처리설비 주위에 액 확산방지시설을 설치한 경우에는 그러하지 아니하다.
  - 충전설비는 도로법에 의한 도로경계로부터 5[m] 이상 유지하여야 한다.
  - 저장설비·처리설비·압축 가스설비 및 충전설비는 철도에서부터 30[m] 이상의 거리를 유지해야 한다.
  - 충전설비는 인화성 물질이나 가연성 물질 저장소로부터 8[m] 이상의 거리를 유지하여야 한다.
• 압축 가스설비의 모든 배관 부속품 주위에는 안전한 작업을 위하여 1[m] 이상의 공간을 확보하여야 한다.
• 압축 천연가스 자동차 연료용 이음매 없는 용기의 최고충전압력 : 26[MPa]
• 긴급분리장치 : 압축 천연가스 충전시설에서 자동차가 충전호스와 연결된 상태로 출발할 경우 가스의 흐름이 차단될 수 있도록 하는 장치
  - 긴급분리장치는 고정 설치해야 한다.
  - 긴급분리장치는 각 충전설비마다 설치한다.
  - 긴급분리장치는 수평 방향으로 당길 때 666.4[N] 미만의 힘에 의해 분리되어야 한다.
  - 긴급분리장치와 충전설비 사이에는 충전자가 접근하기 쉬운 위치에 90° 회전의 수동밸브를 설치해야 한다.

④ 도시가스사업법에 의한 안전교육

㉠ 전문교육

교육대상자	교육시기
1) 도시가스사업자(가스공급시설설치자 포함)의 안전관리책임자·안전관리원·안전점검원	신규 종사 후 6개월 이내 및 그 후에는 3년이 되는 해마다 1회
2) 가스사용시설 안전관리업무대행자에 채용된 기술인력 중 안전관리책임자	
3) 특정가스사용시설의 안전관리책임자	
4) 제1종 가스시설 시공자에 채용된 시공관리자	
5) 시공사(제2종 가스시설 시공업자의 기술 인력인 시공자 양성교육이수자) 및 제2종 가스시설 시공업자에 채용된 시공관리자	
6) 온수보일러 시공자(제3종 가스시설 시공업자의 기술 인력인 온수보일러 시공자 양성교육과 온수보일러 시공관리자 양성교육이수자)와 제3종 가스시설 시공업자에 채용된 온수보일러 시공관리자	

㉡ 특별교육

교육대상자	교육시기
1) 보수·유지 관리원	신규 종사 시 1회
2) 사용시설 점검원	
3) 도시가스 사용 자동차(야드 트랙터 포함) 운전자	
4) 도시가스자동차 충전시설의 충전원	
5) 도시가스 사용 자동차 정비원	

㉢ 양성교육 대상자
• 도시가스시설 안전관리자가 되려는 자
• 사용시설 안전관리자가 되려는 자
• 가스시설 시공관리자가 되려는 자
• 시공자가 되려는 자
• 온수보일러 시공자가 되려는 자
• 온수보일러 시공관리자가 되려는 자
• 안전점검원이 되려는 자
• 폴리에틸렌관 융착원이 되려는 자

⑤ 도시가스 안전 관련 제반사항

㉠ 도시가스 중의 유해성분 물질
• H_2S(황화수소) : 0.02[g] 이하
• S(유황) : 0.5[g] 이하
• NH_3(암모니아) : 0.2[g] 이하

㉡ 도시가스사업자 및 특정가스사용시설 안전관리자의 임무
- 가스공급시설 또는 특정가스사용시설의 안전 유지
- 정기검사 및 수시검사에서 부적합 판정을 받은 시설의 개선
- 안전점검의무의 이행 확인
- 안전관리규정 실시 기록의 작성・보존
- 종업원에 대한 안전관리를 위하여 필요한 사항의 지휘・감독
- 정압기・도시가스 배관 및 그 부속설비의 순회점검, 구조물의 관리, 원격감시시스템의 관리, 검사업무 및 안전에 대한 비상계획의 수립・관리
- 본관・공급관의 누출검사 및 전기방식시설의 관리
- 사용자 공급관의 관리
- 공급시설 및 사용시설의 굴착공사의 관리
- 배관의 구멍 뚫기 작업
- 그 밖의 위해방지조치

㉢ 국내에서 발생한 대형 도시가스 사고 중 대구 도시가스 폭발사고의 주원인 : 공사 중 도시가스 배관 손상

㉣ 밀폐된 목욕탕에서 도시가스 순간온수기로 목욕하던 중 의식을 잃은 사고가 발생하였을 때의 사고원인(추정) : 일산화탄소 중독, 산소결핍에 의한 질식

㉤ 사람이 사망한 도시가스 사고 발생 시 사업자가 한국가스안전공사에 상보(서면으로 제출하는 상세한 통보)를 할 때 그 기한은 사고 발생 후 20일 이내이다.

㉥ 도시가스시설에서 가스사고가 발생한 경우 사고의 종류별 통보방법과 통보기한의 기준
- 사람이 사망한 사고 : 속보(즉시), 상보(사고 발생 후 20일 이내)
- 사람이 부상당하거나 중독된 사고 : 속보(즉시), 상보(사고 발생 후 10일 이내)
- 도시가스 누출로 의한 폭발이나 화재사고(사람이 사망・부상・중독된 사고 제외) : 속보(즉시)
- 가스시설이 손괴되거나 도시가스 누출로 인하여 인명 대피나 공급 중단이 발생한 사고(상기 경우 제외) : 속보(즉시)
- LNG 인수기지의 LNG 저장탱크에서 가스가 누출된 사고(사람이 사망・부상・중독되거나 폭발・화재사고 제외) : 속보(즉시)

핵심예제

1-1. 도시가스 사용시설에 대한 설명으로 틀린 것은?

[2018년 제2회]

① 배관이 움직이지 않도록 고정 부착하는 조치로 관경이 13[mm] 미만의 것은 1[m]마다, 13[mm] 이상 33[mm] 미만의 것은 2[m]마다, 33[mm] 이상은 3[m]마다 고정장치를 설치한다.
② 최고사용압력이 중압 이상인 노출 배관은 원칙적으로 용접시공방법으로 접합한다.
③ 지상에 설치하는 배관은 배관의 부식방지와 검사 및 보수를 위하여 지면으로부터 30[cm] 이상의 거리를 유지한다.
④ 철도의 횡단부 지하에는 지면으로부터 1[m] 이상인 깊이에 매설하고 또한 강제의 케이싱을 사용하여 보호한다.

1-2. 실제 사용하는 도시가스의 열량이 9,500[kcal/m^3]이고, 가스사용시설의 법적 사용량은 5,200[m^3]일 때 도시가스 사용량은 약 몇 [m^3]인가?(단, 도시가스의 월 사용 예정량을 구할 때의 열량을 기준으로 한다)

[2008년 제1회, 2017년 제3회]

① 4,490 ② 6,020
③ 7,020 ④ 8,020

1-3. 압축 천연가스 충전시설의 고정식 자동차 충전소 시설기준 중 안전거리에 대한 설명으로 옳은 것은?

[2004년 제1회 유사, 2010년 제1회, 2012년 제2회]

① 처리설비・압축 가스설비 및 충전설비는 사업소 경계까지 20[m] 이상의 안전거리를 유지한다.
② 저장설비・처리설비・압축 가스설비 및 충전설비는 인화성 물질 또는 가연성 물질의 저장소로부터 8[m] 이상의 거리를 유지한다.
③ 충전설비는 도로 경계까지 10[m] 이상의 거리를 유지한다.
④ 저장설비 압축 가스설비 및 충전설비는 철도까지 20[m] 이상의 거리를 유지한다.

|해설|

1-1

철도의 횡단부 지하에는 지면으로부터 1.2[m] 이상인 깊이에 매설하고, 강제의 케이싱을 사용하여 보호한다.

1-2

$$\text{도시가스 사용량} = \frac{5,200 \times 9,500}{11,000} \simeq 4,490[\text{m}^3]$$

1-3

① 처리설비·압축 가스설비 및 충전설비는 사업소경계까지 10[m] 이상의 안전거리를 유지한다.
③ 충전설비는 도로 경계까지 5[m] 이상의 거리를 유지한다.
④ 저장설비 압축가스설비 및 충전설비는 철도까지 30[m] 이상의 거리를 유지한다.

정답 1-1 ④ 1-2 ① 1-3 ②

핵심이론 02 도시가스 배관

① 개 요

㉠ 도시가스 배관에 대한 용어

- 배관 : 도시가스를 공급하기 위하여 배치된 관으로서 본관, 공급관, 내관 또는 그 밖의 관을 말한다.
- 본 관
  - 가스도매사업의 경우에는 도시가스제조사업소(액화천연가스의 인수기지 포함)의 부지 경계에서 정압기지의 경계까지 이르는 배관. 단, 밸브기지 안의 배관은 제외한다.
  - 일반도시가스사업의 경우에는 도시가스제조사업소의 부지 경계 또는 가스도매사업자의 가스시설 경계에서 정압기까지 이르는 배관
  - 나프타부생가스·바이오가스제조사업의 경우에는 해당 제조사업소의 부지 경계에서 가스도매사업자 또는 일반도시가스사업자의 가스시설 경계 또는 사업소 경계까지 이르는 배관
  - 합성천연가스제조사업의 경우에는 해당 제조사업소의 부지 경계에서 가스도매사업자의 가스시설 경계 또는 사업소 경계까지 이르는 배관
- 공급관
  - 공동주택 등(공동주택, 오피스텔, 콘도미니엄, 그 밖에 안전관리를 위하여 산업통상자원부장관이 필요하다고 인정하여 정하는 건축물)에 도시가스를 공급하는 경우에는 정압기에서 가스사용자가 구분하여 소유하거나 점유하는 건축물의 외벽에 설치하는 계량기의 전단밸브(계량기가 건축물의 내부에 설치된 경우에는 건축물의 외벽)까지 이르는 배관
  - 공동주택 외의 건축물 등에 도시가스를 공급하는 경우에는 정압기에서 가스사용자가 소유하거나 점유하고 있는 토지의 경계까지 이르는 배관
  - 가스도매사업의 경우에는 정압기지에서 일반도시가스사업자의 가스공급시설이나 대량 수요자의 가스사용시설까지 이르는 배관

- 나프타부생가스·바이오가스제조사업 및 합성천연가스제조사업의 경우에는 해당 사업소의 본관 또는 부지 경계에서 가스사용자가 소유하거나 점유하고 있는 토지의 경계까지 이르는 배관

• 사용자 공급관 : 공급관 중 가스사용자가 소유하거나 점유하고 있는 토지 안에 설치된 도시가스사업자의 가스차단장치에서 가스사용자가 구분하여 소유하거나 점유하는 건축물의 외벽에 설치된 계량기의 전단밸브까지에 이르는 배관
• 내관 : 가스사용자가 소유하거나 점유하고 있는 토지의 경계(공동주택 등으로서 가스사용자가 구분하여 소유하거나 점유하는 건축물의 외벽에 계량기가 설치된 경우에는 그 계량기의 전단밸브, 계량기가 건축물의 내부에 설치된 경우에는 건축물의 외벽)에서 연소기까지 이르는 배관을 말한다.

ⓛ 도시가스 저압배관의 설계 시 고려사항
• 허용압력손실
• 가스소비량
• 관의 길이

ⓒ 라인마크
• 도로 밑 도시가스 배관 직상단에는 배관의 위치, 흐름 방향을 표시한 라인마크를 설치(표시)하여야 한다.
• 직선배관인 경우 라인마크의 최소 설치 간격은 50[m]이다.

ⓔ 배관의 굴곡허용반지름
• 도시가스용 PE 배관의 매몰 설치 시 배관의 굴곡허용반지름은 바깥지름의 20배 이상으로 하여야 한다.
• 굴곡 허용 반지름이 바깥지름의 20배 미만일 경우에는 엘보를 사용한다.

ⓜ 도시가스 배관망의 전산화 포함 내용 : 배관의 설치도면, 정압기의 시방서, 배관의 시공자와 시공 연월일 등

ⓑ 도시가스 배관을 지하에 매설할 때 배관에 작용하는 하중을 수직 방향 및 횡 방향에서 지지하고 하중을 기초 아래로 분산시키기 위한 침상재료는 배관 하단에서 배관 상단 30[cm]까지 포설하여야 한다.

ⓢ 배관용 밸브
• 도시가스 사용시설에 설치하는 중간 밸브 : 배관이 분기되는 경우에는 각각의 배관에 대하여 배관용 밸브(스톱밸브, 긴급차단밸브 등)를 설치한다.
• 배관용 밸브는 합격 표시를 각인으로 하여야 한다.

ⓞ 환상망 배관설계 : 도시가스 배관을 설치하고 나서 그 지역에 대규모로 주택이 들어서거나 주택 및 인구가 증가하게 되는데, 이를 방지하기 위하여 인근 배관과 상호 연결하여 압력 저하를 방지하는 공급 방식

ⓙ 도시가스 배관용 볼밸브 제조의 시설 및 기술기준
• 배관용 밸브의 핸들을 고정시키는 너트의 재료는 내식성 재료 또는 표면에 내식처리를 한 것으로 한다.
• 각 부분은 개폐 동작이 원활히 작동하고 밸브의 O링과 패킹에 마모 등 이상이 없는 것으로 한다.
• 개폐용 핸들의 열림 방향은 시계 반대 방향으로 한다.
• 표면은 매끄럽고 사용상 지장이 있는 부식·균열·주름·흠·단조결함 및 슬래그 혼입 등이 없어야 한다.
• 볼밸브의 O링이 접촉하는 몸통 부분은 매끄럽고 윤이 나는 것으로 한다.
• 볼밸브의 볼진원도는 30[μm] 이하이고, 양쪽 구멍 모서리는 모나지 않아야 한다.
• 볼밸브는 핸들 끝에서 294.2[N] 이하의 힘을 가해서 90° 회전할 때 완전히 개폐하는 구조로 한다.
• 밸브는 완전히 열었을 때 핸들 방향과 유로의 방향이 평행인 것으로 하고, 볼의 구멍과 유로는 어긋나지 아니하는 것으로 한다.
• 나사식 밸브 양끝의 나사축선에 대한 어긋남은 양끝면의 나사 중심을 연결하여 직선에 대하여 끝면으로부터 300[mm] 거리에서 2.0[mm]를 초과하지 아니하는 것으로 한다.
• 매몰형 폴리에틸렌 볼밸브의 사용압력 : 0.4[MPa] 이하

② 도시가스 배관공사 관련 제반사항

㉠ 도시가스 배관공사

- 배관 접합은 원칙적으로 용접에 의한다.
- 지상배관의 표면 색상은 황색으로 한다.
- 지하 매설배관재료는 PE관을 사용한다.
- 폭 8[m] 이상의 도로에는 1.2[m] 이상 매설한다.
- 도시가스 배관을 도로 매설 시 배관의 외면으로부터 도로 경계까지 1.0[m] 이상의 수평거리를 유지하여야 한다.
- 도시가스를 지하에 매설할 경우 배관은 그 외면으로부터 지하의 다른 시설물과 0.3[m] 이상의 거리를 유지하여야 한다.
- 도시가스 배관을 지하에 설치 시 되메움 재료를 3단계로 구분하여 포설한다.
- 도시가스 배관의 내진설계기준에서 일반도시가스사업자가 소유하는 배관의 경우, 내진 1등급에 해당되는 압력은 최고사용압력이 0.5[MPa]인 배관이다.

㉡ 도시가스 배관공사 시 주의사항

- 현장마다 그날의 작업공정을 정하여 기록한다.
- 작업현장에는 소화기를 준비하여 화재에 주의한다.
- 현장감독자 및 작업원은 지정된 안전모 및 완장을 착용한다.
- 가스의 공급을 일시 차단할 경우에는 사용자에게 사전통보해야 한다.

㉢ 타 공사로 인하여 노출된 도시가스 배관을 점검하기 위한 점검 통로의 설치기준

- 점검통로의 폭은 80[cm] 이상으로 한다.
- 가드레일은 90[cm] 이상의 높이로 설치한다.
- 배관 양 끝단 및 곡관은 항상 관찰이 가능하도록 점검통로를 설치한다.
- 점검통로는 가스배관에서 가능한 한 가까이 설치하는 것을 원칙으로 한다.

㉣ 일반도시가스시설에서 배관 매설 시 사용하는 보호포의 기준

- 보호포는 일반형 보호포와 탐지형 보호포로 구분한다.
  ※ 탐지형 보호포 : 매설된 보호포의 설치 위치를 지면에서 탐지할 수 있도록 제조된 보호포
- 폴리에틸렌 수지, 폴리프로필렌 수지 등 잘 끊어지지 않는 재질로 직조한 것으로 두께는 0.2[mm] 이상으로 한다.
- 저압관은 황색, 중압관 이상인 관은 적색으로 하고 가스명, 사용압력, 공급자명 등을 표시한다.
- 최고사용압력이 중압 이상인 배관의 경우에는 보호관의 상부로부터 30[cm] 이상 떨어진 곳에 보호포를 설치한다.
- 보호포는 호칭지름에 10[cm]를 더한 폭으로 설치한다.
- 2열 이상으로 설치할 경우 보호포 간의 간격은 보호포 넓이 이내로 한다.

㉤ 상용압력에 따른 공지의 폭

상용압력	공지의 폭
0.2[MPa] 미만	5[m]
0.2[MPa] 이상 1[MPa] 미만	9[m]
1[MPa] 이상	15[m]

- 공지의 폭은 배관 양쪽의 외면으로부터 계산하되 다음 중 어느 하나의 지역에 설치하는 경우에는 위 표에서 정한 폭의 3분의 1로 할 수 있다.
  - 도시계획법에 의한 전용공업지역 또는 일반공업지역
  - 그 밖에 산업자원통상부장관이 지정하는 지역

㉥ 도시가스시설 중 본관 또는 최고사용압력이 중압 이상인 공급관을 20[m] 이상 설치하는 공사는 공사계획의 승인을 받아야 한다.

핵심예제

2-1. 도시가스 배관용 볼밸브 제조의 시설 및 기술기준으로 틀린 것은? [2003년 제1회 유사, 제3회 유사, 2011년 제1회, 2012년 제3회 유사, 2016년 제2회 유사, 2019년 제1회]

① 밸브의 오링과 패킹 등은 마모 등 이상이 없는 것으로 한다.
② 개폐용 핸들의 열림 방향은 시계 방향으로 한다.
③ 볼밸브는 핸들 끝에서 294.2[N] 이하의 힘을 가해서 90° 회전할 때 완전히 개폐하는 구조로 한다.
④ 나사식 밸브 양끝의 나사축선에 대한 어긋남은 양 끝면의 나사 중심을 연결하여 직선에 대하여 끝면으로부터 300[mm] 거리에서 2.0[mm]를 초과하지 아니하는 것으로 한다.

2-2. 지상에 일반도시가스 배관을 설치(공업지역 제외)한 도시가스사업자가 유지하여야 할 상용압력에 따른 공지의 폭으로 적합하지 않은 것은? [2012년 제3회, 2017년 제1회]

① 5.0[MPa] – 19[m]
② 2.0[MPa] – 16[m]
③ 0.5[MPa] – 8[m]
④ 0.1[MPa] – 6[m]

|해설|

2-1
개폐용 핸들 휠의 열림 방향은 시계 반대 방향으로 한다.

2-2
상용압력에 따른 공지의 폭

상용압력	공지의 폭
0.2[MPa] 미만	5[m]
0.2[MPa] 이상 1[MPa] 미만	9[m]
1[MPa] 이상	15[m]

정답 2-1 ② 2-2 ③

핵심이론 03 도시가스 설비

① 정압기실

㉠ 정압기실의 시설기준

- 정압기실 주위에는 높이 1.5[m] 이상의 경계책을 설치한다.
- 지하에 설치하는 지역정압기실의 조명도는 150[lx]를 확보한다.
- 침수 위험이 있는 지하에 설치하는 정압기에는 침수방지조치를 한다.
- 정압기실에는 가스공급시설 외의 시설물을 설치하지 아니한다.
- 안전장치의 설정압력

구 분		상용압력이 2.5[kPa]인 경우	그 밖의 경우
(1) 이상압력 통보설비	상한값	3.2[kPa] 이하	상용압력의 1.1배 이하
	하한값	1.2[kPa] 이상	상용압력의 0.7배 이상
(2) 주정압기에 설치하는 긴급차단장치		3.6[kPa] 이하	상용압력의 1.2배 이하
(3) 안전밸브		4.0[kPa] 이하	상용압력의 1.4배 이하
(4) 예비정압기에 설치하는 긴급차단장치		4.4[kPa] 이하	상용압력의 1.5배 이하

㉡ 정압기실 경계책의 설치기준

- 높이 1.5[m] 이상의 철책 또는 철망으로 경계책을 설치한다.
- 경계책 주위에는 외부 사람의 무단 출입을 금하는 내용의 경계표지를 부착(설치)한다.
- 철근 콘크리트 및 콘크리트 블록재로 지상에 설치된 정압기실에 경계표지를 설치한 것은 경계책이 설치된 것으로 간주한다.
- 철근 콘크리트로 지상에서 6[m] 이상의 높이에 설치된 정압기는 별도의 경계책을 설치할 필요가 없다.
- 도로의 지하에 설치되어 사람 또는 차량 통행에 지장을 주는 정압기는 경계표지를 설치하고 경계책 설치를 생략한다.

㉢ 정압기 필터 분해점검 : 가스 공급 개시 후 매년 1회 이상 실시

㉣ 일반도시가스사업자의 정압기에서 시공감리 기준 중 기능검사 기준

- 2차 압력을 측정하여 작동압력을 확인한다. 단, 이 경우 확인은 시운전 시에 할 수 있다.
- 주정압기의 압력 변화에 따라 예비정압기가 정상 가동되는지를 확인한다. 단, 시운전 시에 확인할 수 있다.
- 가스차단장치의 개폐 작동성능을 확인한다.
- 가스누출검지통보설비, 이상압력통보설비, 정압기실 출입문 개폐 여부, 긴급차단밸브 개폐 여부 등이 연결된 원격감시장치의 기능을 작동시험에 따라 확인한다.
- 압력계와 압력기록장치의 기록압력 오차 여부를 확인한다.
- 강제통풍시설이 있을 경우 작동시험에 따라 확인한다.
- 이상압력통보설비, 긴급차단장치 및 안전밸브의 설정압력 적정 여부와 정압기 입구측 압력 및 설계유량에 따른 안전밸브 규격의 크기 및 방출구의 높이를 확인한다.
- 정압기로 공급되는 전원을 차단 후 비상전력의 작동 여부를 확인한다.
- 지하에 설치된 정압기실 내부에 150[lx] 이상의 조명도가 확보되는지 확인한다.

㉤ 일반도시가스사업자 시설의 정압기에 설치되는 안전밸브 분출부의 크기 기준

- 정압기 입구측 압력이 0.5[MPa] 이상 : 50A 이상
- 정압기 입구측 압력이 0.5[MPa] 미만
  - 정압기 설계유량이 1,000[Nm^3/h] 이상 : 50A 이상
  - 정압기 설계유량이 1,000[Nm^3/h] 미만 : 25A 이상

② 도시가스용 압력조정기

㉠ 개 요

- 도시가스용 압력조정기의 정의 : 도시가스 정압기 이외에 설치되는 압력조정기로서 입구쪽 호칭지름이 50A 이하이고, 최대표시유량이 300[Nm^3/h] 이하인 것
- 정압기용 압력조정기 : 도시가스 정압기에 설치되는 압력조정기

㉡ 도시가스 정압기용 압력조정기의 출구압력에 따른 구분

- 중압 : 0.1~1[MPa] 미만
- 준저압 : 4~100[kPa] 미만
- 저압 : 1~4[kPa] 미만

㉢ 도시가스용 압력조정기의 구조 및 치수 기준

- 사용 상태에서 충격에 견디고 빗물 등이 들어가지 아니하는 구조로 한다.
- 출구압력은 스프링 또는 파일럿(Pilot) 조정기로 조절하는 구조로 한다.
- 압력조절나사를 최대로 조였을 때 스프링이 밀착되지 아니하고, 압력조절나사가 외부 충격에 보호조치된 구조로 한다.
- 다이어프램이 다른 부품 등으로 인하여 손상되지 아니하고 통기구나 방출구 등에 장애를 주지 아니하는 구조로 한다.
- 통기구와 방출구는 곤충 등으로 인하여 막히지 아니하는 구조로 한다.
- 입구쪽에는 황동선망이나 스테인리스강선망 등을 사용한 스트레이너를 부착(조립)할 수 있는 구조로 한다. 단, 최대표시유량이 300[Nm^3/h] 이하인 것에만 적용한다.
- 출구압력이 이상 상승한 경우에는 자동으로 가스를 방출시킬 수 있는 릴리프식 안전장치와 입구쪽 가스 흐름을 차단시키는 이상승압차단장치를 부착한 구조로 한다. 단, 다음의 것은 적용하지 아니할 수 있다.

- 최대표시유량이 10[Nm^3/h] 이하인 조정기로서 모니터를 내장한 것은 이상승압차단장치를 부착하지 아니할 수 있다.
- 외장형 정압기용 압력조정기

- 릴리프식 안전장치 방출구는 배관접속이 가능한 나사식 또는 플랜지식 구조로 한다.
- 이상승압차단장치는 차단된 후 복원 조작을 하여야만 열리는 구조로 한다.
- 관 연결부 및 방출구가 나사식일 경우에는 KS B 0222(관용 테이퍼나사)로하고, 플랜지식일 경우에는 KS B 1511(철강제 관플랜지의 기본치수)에 적합한 것으로 한다. 단, 국제적으로 공인된 규격으로 제작된 경우는 제외한다.
- 압력조정기의 관 연결부가 플랜지식일 경우에는 평행도가 ±30′분 이내이고, 나사식일 경우에는 나사축선에 대한 어긋남이 양끝면 나사중심을 연결하는 직선에 대하여 끝면으로부터 300[mm] 거리에서 2.0[mm]을 초과하지 아니하도록 한다.
- 사용에 유해한 흠·균열·틈 등의 결함이 없고 매끄러운 것으로 한다.

㉣ 압력조정기의 제품성능

- 입구쪽은 압력조정기에 표시된 최대입구압력의 1.5배 이상의 압력으로 내압시험을 하였을 때 이상이 없어야 한다.
- 출구쪽은 압력조정기에 표시된 최대출구압력 및 최대폐쇄압력의 1.5배 이상의 압력으로 내압시험을 하였을 때 이상이 없어야 한다.
- 입구쪽은 압력조정기에 표시된 최대입구압력 이상의 압력으로 기밀시험하였을 때 누출이 없어야 한다.
- 출구쪽은 압력조정기에 표시된 최대출구압력 및 최대폐쇄압력의 1.1배 이상의 압력으로 기밀시험하였을 때 누출이 없어야 한다.
- 압력조정기의 스프링의 재질은 주로 강재가 사용된다.

㉤ 제품표시사항

- 형식 또는 모델명
- 사용가스
- 제조자명, 수입자명 또는 그 약호
- 제조 연월 및 제조(로트)번호
- 입구압력 범위(단위 : [MPa])
- 출구압력범위 및 설정압력(단위 : [kPa] 또는 [MPa])
- 최대표시유량(단위 : [Nm^3/h])
- 오리피스 구경(단위 : [mm])
- 안전장치 작동압력(단위 : [MPa] 또는 [kPa])
- 관 연결부 호칭지름
- 품질보증기간
- 눈에 띄기 쉬운 곳에 가스의 공급 방향 표시

㉥ 매 6개월에 1회 이상 안전점검 시 확인하여야 할 사항

- 압력조정기의 정상 작동 유무
- 필터 또는 스트레이너의 청소 및 손상 유무
- 건축물 내부에 설치된 압력조정기의 경우는 가스 방출구의 실외 안전 장소 설치 여부
- 압력조정기의 몸체 및 연결부의 가스 누출 유무
- 격납상자 내부에 설치된 압력조정기의 경우, 격납상자에 견고한 고정 여부

③ 기화장치의 설치기준

㉠ 기화장치에는 액화가스가 넘쳐흐르는 것을 방지하는 장치를 설치한다.

㉡ 기화장치는 직화식 가열구조가 아닌 것으로 한다.

㉢ 기화장치로서 온수로 가열하는 구조의 것은 온수부의 동결방지를 위하여 부동액을 첨가하거나 연성 단열재로 피복한다.

㉣ 기화장치의 조작용 전원이 정지할 때에도 가스 공급을 계속 유지할 수 있도록 자가 발전기를 설치한다.

④ 연소기

㉠ 연료전지의 설치기준

- 연료전지는 연료전지실(연료전지 설치 장소 안의 가스가 거실로 들어가지 아니하는 구조로서 연료전지 설치 장소와 거실 사이의 경계벽은 출입구를 제외하고는 내화구조의 벽으로 한 것)에 설치한다.

- 밀폐식 연료전지, 연료전지를 옥외에 설치한 경우에는 연료전지실에 설치하지 아니할 수 있다.
- 밀폐식 연료전지는 방, 거실 그 밖에 사람이 거처하는 곳과 목욕탕, 샤워장 그 밖에 환기가 잘되지 않아 연료전지의 배기가스가 누출되는 경우 사람이 질식할 우려가 있는 곳에는 설치하지 아니한다.
- 연료전지실에는 부압(대기압보다 낮은 압력을 말한다) 형성의 원인이 되는 환기팬을 설치하지 아니한다.
- 연료전지실에는 사람이 거주하는 거실·주방 등과 통기될 수 있는 가스레인지 배기덕트(후드) 등을 설치하지 아니한다.
- 연료전지를 설치하는 주위는 가연성 물질 또는 인화성 물질을 저장·취급하는 장소가 아니어야 하며, 조작·연소·확인 및 점검수리에 필요한 간격을 두어 설치한다.
- 연료전지를 옥외에 설치할 때는 눈·비·바람 등에 의하여 연소에 지장이 없도록 보호조치를 강구한다. 단, 옥외형 연료전지는 보호조치를 하지 아니할 수 있다.
- 물이 침입하거나 침투할 우려가 없는 위치에 설치한다.
- 연료전지 및 구성부품은 출입구의 개폐 및 사람의 움직임에 방해가 되지 않도록 설치해야 한다.
- 바닥 설치형 연료전지는 그 하중에 충분히 견디는 구조의 평평한 바닥면 위에 설치하고, 벽걸이형 연료전지는 그 하중에 충분히 견디는 구조의 벽면에 견고하게 설치한다.
- 연료전지 및 구성부품은 쉽게 탈착되지 않는 구조로 하며, 움직이지 않도록 고정 부착한다.
- 지진과 그 외의 진동 또는 충격(이하 지진 등이라고 한다)에 의해 쉽게 전도하거나 균열 또는 파손을 일으키지 않으며, 그 배선 및 배관 등의 접속부가 쉽게 풀리지 않는 구조로 한다.
- 연료전지는 지하실 또는 반지하실에 설치하지 아니한다. 단, 밀폐식 연료전지 및 급배기시설을 갖춘 연료전지실에 설치된 반밀폐식 연료전지의 경우에는 지하실 또는 반지하실에 설치할 수 있다.
- 배기통의 재료는 스테인리스강판 또는 배기가스 및 응축수에 내열·내식성이 있는 것으로서 배기통은 한국가스안전공사 또는 공인시험기관의 성능인증을 받은 것으로 한다.
- 배기통이 가연성의 벽을 통과하는 부분은 방화조치를 하고 배기가스가 실내로 유입되지 아니하도록 조치한다.
- 연료전지의 단독 배기통 톱 및 공동 배기구 톱에는 동력팬을 부착하지 아니한다. 단, 부득이하게 무동력 팬을 부착할 경우에는 무동력 팬의 유효 단면적이 공동 배기구의 단면적 이상이 되도록 한다.
- 연료전지 배기통의 호칭지름은 연료전지의 배기통접속부의 호칭지름과 동일한 것으로 하며, 배기통과 연료전지의 접속부는 내열실리콘 등(석고붕대를 제외한다)으로 마감조치하여 기밀이 유지되도록 한다.
- 연료전지에서 발생되는 가연성 가스는 건축물 밖으로 배기되도록 한다.
- 연료전지는 발전전압 및 수전전압에 따라 감전 또는 화재의 우려가 없도록 설치한다.
- 연료전지는 접지하여 설치한다.
- 전선은 나선을 사용하지 않으며 수도관, 가스관 등과 접촉하지 않도록 설치한다.
- 전선은 연료전지의 발열 부분으로부터 15[cm] 이상 이격하여 설치한다.
- 연료전지의 가스접속배관은 금속배관 또는 가스용품검사에 합격한 가스용 금속 플렉시블호스를 사용하고 가스 누출이 없도록 확실하게 접속한다.
- 연료전지 설치 장소와 연결된 전기 및 가스배관 관통부와 이음부들은 내열실리콘 등 불연성재료로 기밀이 유지되도록 한다.
- 기준에서 규정하지 아니한 사항은 제조자가 제시한 시공지침에 따른다.
- 연료전지를 설치 시공한 자는 그가 설치·시공한 시설에 대하여 시공표지판을 부착한다.

㉡ 연소기의 설치기준

- 개방형 연소기를 설치한 실에는 환풍기 또는 환기구를 설치한다.
- 가스온풍기와 배기통의 접합은 나사식이나 플랜지식 또는 밴드식 등으로 한다.
- 밀폐형 연소기는 급기통·배기통과 벽 사이에 배기가스가 실내에 들어올 수 없도록 밀폐하여 설치한다.
- 배기통의 재료는 스테인리스 강판이나 배기가스 및 응축수에 내열·내식성이 있는 재료를 사용한다.
- 반밀폐형 연소기는 급기구 및 배기통을 설치한다.
- 배기통이 가연성 물질로 된 벽 또는 천장 등을 통과하는 때에는 금속 외의 불연성재료로 단열조치를 한다.
- 자연배기식 반밀폐형 및 밀폐형 연소기의 배기통 끝은 배기가 방해되지 아니하는 구조이고 장애물 또는 외기의 흐름에 의해 배기가 방해받지 아니하는 위치에 설치한다.
- 배기팬이 있는 밀폐형 또는 반밀폐형의 연소기를 설치한 경우 그 배기팬의 배기가스와 접촉하는 부분은 불연성재료로 한다.

㉢ 업무용 대형 연소기

- 연소기의 전가스소비량이 232.6[kW](20만[kcal/h]) 이하이고, 가스사용압력이 30[kPa] 이하인 튀김기, 국솥, 그리들, 브로일러, 소독조, 다단식 취반기 등 업무용으로 사용하는 대형 연소기
- 연소기의 전가스소비량 또는 버너 1개의 가스소비량이 다음의 표에 해당하고, 가스사용압력이 30[kPa] 이하인 레인지, 오븐, 그릴, 오븐레인지 또는 밥솥

종 류	가스소비량	
	전가스소비량	버너 1개의 소비량
레인지	16.7[kW](14,400[kcal/h]) 초과 232.6[kW](20만[kcal/h]) 이하	5.8[kW](5,000[kcal/h]) 초과
오 븐	5.8[kW](5,000[kcal/h]) 초과 232.6[kW](20만[kcal/h]) 이하	5.8[kW](5,000[kcal/h]) 초과
그 릴	7.0[kW](6,000[kcal/h]) 초과 232.6[kW](20만[kcal/h]) 이하	4.2[kW](3,600[kcal/h]) 초과
오븐레인지	22.6[kW](19,400[kcal/h]) 초과 232.6[kW](20만 [kcal/h]) 이하 [오븐부 : 5.8[kW](5,000[kcal/h]) 초과]	4.2[kW](3,600[kcal/h]) 초과 [오븐부 : 5.8[kW](5,000[kcal/h]) 초과]
밥 솥	5.6[kW](4,800[kcal/h]) 초과 232.6[kW](20만[kcal/h]) 이하	5.6[kW](4,800[kcal/h]) 초과

- 업무용 대형 연소기의 상시 샘플검사항목 : 가스통로의 기밀성능, 연소 상태성능, 표시의 적합 여부

⑤ 가스누출경보기의 설치

㉠ 고정식 압축 도시가스 이동식 충전차량 충전시설에 설치하는 가스누출검지경보장치의 설치 위치

- 압축가스설비 주변
- 개별 충전설비 본체 내부
- 펌프 주변(개방형 피트 외부에 설치된 배관접속부 주위는 아니다)

㉡ 도시가스 배관의 굴착으로 20[m] 이상 노출된 배관에 대하여 누출된 가스가 체류하기 쉬운 장소에 매 20[m]마다 가스누출경보기를 설치하여야 한다.

㉢ 도시가스제조소의 가스누출통보설비로서 가스경보기 검지부의 설치 장소

- 부적합 장소
  - 증기, 물방울, 기름 섞인 연기 등이 직접 접촉될 우려가 있는 곳
  - 주위 온도 또는 복사열에 의한 온도가 40[℃] 이상이 되는 곳
  - 설비 등에 가려져 누출가스의 유통이 원활하지 못한 곳
  - 차량 그 밖의 작업 등으로 인하여 경보기가 파손될 우려가 있는 곳

- 적합 장소
  - 증기, 물방울, 기름 섞인 연기 등이 직접 접촉될 우려가 없는 곳
  - 주위 온도 또는 복사열에 의한 온도가 40[℃] 이하가 되는 곳
  - 누출가스의 유통이 원활한 곳
  - 차량 그 밖의 작업 등으로 인하여 경보기가 파손될 우려가 없는 곳

⑥ 운영시설물

㉠ 계기실

- 특수반응설비와 계기실은 15[m] 이상의 거리를 유지하여야 한다.
- 연소열량의 수치가 1.2×10^7[kcal] 이상이 되는 고압가스 설비와 계기실은 15[m] 이상의 거리를 유지하여야 한다.
- 계기실의 내장재는 불연성재료를 사용하되, 바닥재료는 난연성재료를 사용할 수 있다.
- 계기실의 출입구는 2곳 이상에 설치하고 출입문은 건축법에 의한 방화문으로 하며, 그중 1곳은 위험한 장소로 향하지 않도록 설치하여야 한다. 또한 출입문은 쉽게 열리지 않도록 조치를 해 둘 수 있다.
- 창문은 망입유리 및 안전유리로 한다. 또한 유지관리 및 안전 확보에 필요한 최소한의 창문을 제외한 나머지 창문에 대하여는 가스공급시설에 인접한 방향으로 향하지 않도록 설치한다.
- 실내로 들어가는 배선 및 배관류의 인입구 주위에는 불연재료로 충분히 채운다.
- 실내로 공기를 흡입하기 위한 설비를 보유하고, 공기를 흡입한다. 이 경우 공기흡입구는 가스공급시설이 있는 방향과 반대 방향에 설치하고 누출된 가스를 흡입할 우려가 없는 위치와 높이에 설치한다.

㉡ 비상공급시설 설치

- 비상공급시설의 주위는 인화성·발화성 물질을 저장·취급하는 장소가 아니어야 한다.
- 비상공급시설에는 접근을 금지하는 내용의 경계표지를 설치한다.
- 고압이나 중압의 비상공급시설은 최고사용압력의 1.5배(고압의 비상공급시설로서 공기·질소 등의 기체로 내압시험을 실시하는 경우에는 1.25배) 이상의 압력으로 내압시험을 실시하여 이상이 없는 것으로 한다.
- 비상공급시설 중 가스가 통하는 부분은 최고사용압력의 1.1배 이상의 압력으로 기밀시험이나 누출검사를 실시하여 이상이 없어야 한다.
- 비상공급시설은 그 외면에서 제1종 보호시설까지의 거리가 15[m] 이상, 제2종 보호시설까지의 거리가 10[m] 이상이 되도록 한다.
- 비상공급시설의 원동기에는 불씨가 방출되지 않도록 하는 조치를 한다.
- 비상공급시설에는 그 설비에서 발생하는 정전기를 제거하는 조치를 한다.
- 비상공급시설에는 소화설비 및 재해 발생방지를 위해 응급조치에 필요한 자재나 용구 등을 비치한다.
- 이동식 비상공급시설은 엔진을 정지한 후 주차제동장치를 걸어 놓고, 차바퀴를 고정목 등으로 고정한다.

핵심예제

3-1. 도시가스 정압기용 압력조정기를 출구압력에 따라 구분할 경우의 기준으로 틀린 것은? [2009년 제2회, 2016년 제3회]

① 고압 : 1[MPa] 이상
② 중압 : 0.1~1[MPa] 미만
③ 준저압 : 4~100[kPa] 미만
④ 저압 : 1~4[kPa] 미만

3-2. 일반도시가스사업자 시설의 정압기에 설치되는 안전밸브 분출부의 크기 기준으로 옳은 것은?

[2016년 제1회, 2019년 제2회]

① 정압기 입구측 압력이 0.5[MPa] 이상인 것은 50A 이상
② 정압기 입구압력에 관계없이 80A 이상
③ 정압기 입구측 압력이 0.5[MPa] 미만인 것으로서 설계유량이 1,000[Nm^3/h] 이상인 것으로 32A 이상
④ 정압기 입구측 압력이 0.5[MPa] 미만인 것으로서 설계유량이 1,000[Nm^3/h] 미만인 것으로 32A 이상

핵심예제

3-3. 다음 연소기의 분류 중 전가스소비량의 범위가 업무용 대형 연소기에 속하는 것은? [2011년 제1회, 2017년 제2회]

① 전가스소비량이 6,000[kcal/h]인 그릴
② 전가스소비량이 7,000[kcal/h]인 밥솥
③ 전가스소비량이 5,000[kcal/h]인 오븐
④ 전가스소비량이 14,400[kcal/h]인 가스레인지

|해설|

3-1

도시가스 정압기용 압력조정기의 출구압력에 따른 구분

- 중압 : 0.1~1[MPa] 미만
- 준저압 : 4~100[kPa] 미만
- 저압 : 1~4[kPa] 미만

도시가스 정압기용 압력조정기를 출구압력에 따라 구분할 경우의 기준으로 고압 기준은 해당하지 않는다.

3-2

일반도시가스사업자 시설의 정압기에 설치되는 안전밸브 분출부의 크기 기준

- 정압기 입구측 압력이 0.5[MPa] 이상 : 50A 이상
- 정압기 입구측 압력이 0.5[MPa] 미만
  - 정압기 설계유량이 1,000[Nm^3/h] 이상 : 50A 이상
  - 정압기 설계유량이 1,000[Nm^3/h] 미만 : 25A 이상

3-3

업무용 대형 연소기의 전가스소비량의 범위

종 류	전가스 소비량
레인지	16.7[kW](14,400[kcal/h]) 초과 232.6[kW](20만[kcal/h]) 이하
오 븐	5.8[kW](5,000[kcal/h]) 초과 232.6[kW](20만[kcal/h]) 이하
그 릴	7.0[kW](6,000[kcal/h]) 초과 232.6[kW](20만[kcal/h]) 이하
오븐레인지	22.6[kW](19,400[kcal/h]) 초과 232.6[kW](20만[kcal/h]) 이하 [오븐부 : 5.8[kW](5,000[kcal/h]) 초과]
밥 솥	5.6[kW](4,800[kcal/h]) 초과 232.6[kW](20만[kcal/h]) 이하

정답 3-1 ① 3-2 ① 3-3 ②

제5절 | 고압가스, 액화석유가스, 도시가스 안전관리의 공통사항

핵심이론 01 장치 관련 공통사항

① 역화방지장치

㉠ 역화방지장치의 구조 : 소염소자, 역류방지장치, 방출장치

㉡ 역화방지장치 설치 장소
- 가연성 가스를 압축하는 압축기와 오토크레이브 사이의 배관
- 아세틸렌 충전용 지관
- 아세틸렌의 고압건조기와 충전용 교체밸브 사이 배관

㉢ 석유화학 공장 등에 설치되는 플레어스택에서 역화 및 공기 등과의 혼합폭발을 방지하기 위하여 가스 종류 및 시설 구조에 따라 갖추어야 하는 것 : Flame Arrestor, Liquid Seal, Vapor Seal, Molecular Seal, Purge Gas

② 역류방지밸브

㉠ 역류방지밸브(체크밸브)는 유체의 역류를 방지하여 한쪽 방향으로만 흐르게 하는 밸브로, 특징은 다음과 같다.
- Non Return Valve라고도 한다.
- 몸체에 2개의 구멍이 있는 2포트 밸브이며, 한 구멍으로 유체가 들어가고 다른 한 구멍으로는 유체가 나간다.
- 유체의 역류를 방지하여 관련 장치류를 보호한다.
- 제어를 위한 장치와 외부 구동력이 불필요하다.
- 엘보 등 유체 흐름이 급격하게 변화하는 구간은 호칭경의 5~10배 이상의 거리에 설치한다.
- 흐름이 정지될 때 수격작용이 발생할 수 있으므로 빠르게 잠가야 한다.
- 원활한 설치 및 관리를 위하여 체크밸브 몸체에 유체 방향을 표시해 놓는 것이 좋다.
- 상황에 따라 유체가 약간 샐 수 있다.

㉡ 역류방지밸브의 설치 장소
- 가연성 가스 압축기와 충전용 주관 사이

• 아세틸렌을 압축하는 압축기의 유분리기와 고압 건조기 사이
• 암모니아나 메탄올의 합성탑 또는 정제탑과 압축기 사이의 배관
• 감압설비와 해당 가스의 반응설비 사이의 배관 등

③ 가스누출경보기

㉠ 가스누출경보기의 기능

• 가스의 누출을 검지하여 그 농도를 지시함과 동시에 경보를 울리는 것으로 한다.
• 미리 설정된 가스농도(폭발하한계의 1/4 이하)에서 자동적으로 경보를 울리는 것으로 한다.
• 미리 설정된 가스농도에서 60초 이내에 경보를 울리는 것으로 한다.
• 경보를 울린 후에는 주위의 가스농도가 변화되어도 계속 경보를 울리며, 그 확인 또는 대책을 강구함에 따라 경보가 정지되는 것으로 한다.
• 담배연기 등 잡가스에는 경보를 울리지 아니하는 것으로 한다.

㉡ 가스누출경보기의 구조

• 충분한 강도를 가지며, 취급과 정비(특히 엘리먼트의 교체)가 용이한 것으로 한다.
• 가스누출경보기의 경보부와 검지부는 분리하여 설치할 수 있는 것으로 한다.
• 검지부가 다점식인 경우에는 울릴 때 경보부에서 가스의 검지 장소를 알 수 있는 구조로 한다.
• 경보는 램프의 점등 또는 점멸과 동시에 경보를 울리는 것으로 한다.

㉢ 가스누출경보기 검지부 설치 위치

• 경보기의 검지부는 저장설비 및 가스설비 중 가스가 누출하기 쉬운 설비가 설치되어 있는 장소의 주위 중에서 누출된 가스가 체류하기 쉬운 장소에 설치한다.
• 가스검지부의 설치 높이는 공기보다 무거운 가스의 경우 바닥면으로부터 검지부 상단까지의 높이가 30[cm] 이내인 범위에서 가능한 한 바닥에 가까운 곳으로 하고 공기보다 가벼운 가스의 경우 천장으로부터 검지부 하단까지의 거리가 30[cm] 이하가 되도록 설치한다.
• 검지부 설치 제외 장소 : 출입구의 부근 등으로서 외부의 기류가 통하는 곳, 환기구 등 공기가 들어오는 곳으로부터 1.5[m] 이내의 곳, 연소기의 폐가스에 접촉하기 쉬운 곳
• 검지부 설치 개수
  – 도시가스 사용시설 : 검지부는 연소기(가스누출자동차단기의 경우에는 소화안전장치가 부착되지 않은 연소기에 한함) 버너의 중심 부분으로부터 수평거리가 8[m](공기보다 무거운 가스를 사용하는 경우에는 4[m]) 이내인 곳에 검지부 1개 이상이 설치되도록 한다. 단, 연소기 설치실이 별실로 구분되어 있는 경우에는 실별로 산정한다.
  – LPG(액화석유가스) : 연소기 중심 부분으로부터 4[m] 이내에 1개 이상 설치한다.

㉣ 가스누출경보기 제어부 설치 위치 : 가스사용시설의 연소기 주위로서 조작하기 쉬운 위치 또는 안전관리원 등이 상주하는 장소에 설치한다.

㉤ 가스누출경보기 차단부 설치 위치

• 동일 건축물 내에 있는 전체 가스사용시설의 주배관(건축물의 외부에 설치)
• 동일 건축물 내로서 구분 밀폐된 2개 이상의 층에서 가스를 사용하는 경우 층별 주배관
• 동일 건축물의 동일 층 내에서 둘 이상의 사용자가 가스를 사용하는 경우 사용자별 주배관(가스사용실의 외부에 설치하나 건축물의 구조상 부득이한 경우 건축물의 내부에 설치). 단, 동일한 가스사용실에서 다수의 가스사용자가 가스를 사용하는 경우에는 그 실의 주배관으로 할 수 있다.

㉥ 가스누출경보기의 검출부 설치 장소 및 개수

• 특수반응설비의 경우, 건축물 내에 설치된 경우 : 바닥면 둘레 10[m]에 대하여 1개 이상의 비율
• 가열로 등 발화원이 있는 제조설비 주위의 경우, 건축물 밖에 설치된 경우 : 바닥면 둘레 20[m]에 대하여 1개 이상의 비율
• 계기실 내부, 독성가스의 충전용 접속구군의 주위 : 1개 이상

- 방류둑 내에 설치된 저장탱크 : 저장탱크마다 1개 이상

㉦ 검지부의 검지방식별 원리

반도체식	검지부 표면에 가스가 접촉하면 금속산화물의 전기전도도가 변하는 원리(반도체에 가스가 접촉하면 그 전기저항이 감소하는 성질을 이용)
접촉연소식	가연성 가스가 백금상에 촉매와 작용하여 연소하고 온도 상승을 발생하여 백금선의 전기저항이 증가하는 것을 측정한다.
기체열전도식	코일상으로 감겨진 백금선이 칠해진 반도체 가스에 대한 열전도도의 차이를 응용한 것으로, 접촉연소와는 반대로 변화한다.

④ 가스누출자동차단기(가스누출자동차단장치)

㉠ 재료, 구조 및 치수

- 고압부 몸통의 재료는 단조용 황동봉을 사용한다.
- 저압부 몸통의 재료는 아연합금 또는 알루미늄합금 다이캐스팅을 사용한다.
- 스프링의 재료는 피아노선 또는 경강선재로서 표면에 내식처리를 하거나 내식성 재료를 사용한다.
- 과류차단성능과 누출점검성능을 가지는 구조로 한다.
- 과류차단되었을 경우 복원 사용이 가능하고 사용에 안전한 구조로 한다.
- 외관은 다듬질면이 매끈하고 사용에 지장이 있는 부식·균열·주름 등이 없는 것으로 한다.
- 용기밸브에 연결하는 핸들의 나사는 왼나사로서 W22.5×14T, 나사부의 길이는 12[mm] 이상이고 핸들지름은 50[mm] 이상인 것으로 한다.
- 관 이음부의 나사 치수는 관용 테이퍼나사에 따르고 호스연결부의 치수는 가스밸브에 적합한 것으로 한다.

㉡ 가스누출자동차단장치의 제품성능

- 내압성능 : 고압부는 3[MPa] 이상, 저압부는 0.3[MPa] 이상의 압력으로 실시하는 내압시험에서 이상이 없는 것으로 한다.
- 기밀성능 : 고압부는 1.8[MPa] 이상, 저압부는 8.4[kPa]이상 10[kPa] 이하의 압력으로 실시하는 기밀시험에서 누출이 없는 것으로 한다.
- 내구성능 : 전기적으로 개폐하는 자동차단기는 6,000회의 개폐 조작 반복 후에 기밀시험·과류차단성능 및 누출점검성능에 이상이 없는 것으로 한다.
- 내진동성능 : 제어부 및 차단부는 진동수 600[회/min], 진폭 5[mm]의 진동을 상하, 좌우, 전후의 세 방향에서 각각 20분 동안 가한 후 작동시험과 기밀시험을 하여 이상이 없는 것으로 한다.
- 절연저항성능 : 전기적으로 개폐하는 자동차단기는 전기충전부와 비충전금속부의 절연저항을 1[MΩ] 이상으로 한다.
- 내전압성능 : 전기적으로 개폐하는 자동차단기는 500[V]의 전압을 1분간 가하였을 때 이상이 없는 것으로 한다.
- 내열성능 : 제어부는 온도 40[℃] 이상, 상대습도 90[%] 이상에서 1시간 이상 유지한 후 10분 이내에 작동시험을 하여 이상이 없는 것으로 한다.
- 과류차단성능 : 유량이 표시유량의 1.1배 범위 이내일 때 차단되는 것으로 하고, 가스계량기 출구쪽 밸브를 일시에 완전 개방하여 10회 이상 작동하였을 때의 누출량이 매회마다 200[mL] 이하인 것으로 한다.

㉢ 가스누출자동차단장치의 설치기준

- 공기보다 가벼운 경우에는 검지부의 설치 위치는 천장으로부터 검지부 하단까지의 거리가 30[cm] 이하가 되도록 한다.
- 공기보다 무거운 경우에는 검지부 상단이 바닥면으로부터 30[cm] 이하가 되도록 한다.
- 연소기 버너의 중심 부분으로부터 수평거리 4[m] 이내에 검지부를 1개 이상 설치한다.
- 제어부는 가스사용실의 연소기 주위로서 조작하기 쉬운 위치 또는 안전관리원 등이 상주하는 장소에 설치한다.
- 가스누출자동차단장치의 검지부를 설치하지 않는 장소
  - 출입구의 부근 등으로서 외부의 기류가 통하는 곳

- 환기구 등 공기가 들어오는 곳으로부터 1.5[m] 이내의 곳
- 연소기의 폐가스에 접촉하기 쉬운 곳

⑤ 가스누출경보차단장치

㉠ 구조 및 치수

- 경보차단장치는 검지부, 제어부 및 차단부로 구성된 구조로서, 유선으로 연동하여 원격 개폐가 가능하고 누출된 가스를 검지하여 경보를 울리면서 자동으로 가스통로를 차단한다. 단, 특정소방대상물 중 아파트에 설치되는 주거용 주방자동소화장치의 가스차단장치로 사용되는 경우에는 제어부 및 차단부를 일체형의 구조로 할 수 있다.
- 제어부는 벽 등에 나사못 등으로 확실하게 고정시킬 수 있는 구조로 한다.
- 경보차단장치는 제어부에서 차단부의 개폐 상태를 확인할 수 있는 구조로 하고, 호칭지름이 25A를 초과하는 경우에 한정하여 차단부의 기어 고정부분에는 금속제 베어링을 사용한 구조로 한다.
- 차단부가 검지부의 가스검지 등에 의하여 닫힌 후에는 복원 조작을 하지 아니하는 한 열리지 아니하는 구조로 하고, 차단부의 구동제어회로는 리밋스위치방식 등으로 개폐되는 구조로 한다.
- 차단부가 전자밸브인 경우에는 통전의 경우에는 열리고 정전의 경우에는 닫히는 구조로 한다.
- 2회선 이상의 경보신호를 복수 표시할 수 있는 제어부는 각각의 표시가 확실한 것으로 한다.
- 경보차단장치는 정전 시에 예비전원을 사용할 수 있는 구조이며, 수동으로 개폐 조작이 가능한 구조로 한다.
- 차단부에 사용되는 배관용 밸브(볼밸브나 글로브밸브)는 법에 따른 가스용품으로 검사 합격품인 것으로 한다. 단, 전자밸브식은 그러하지 아니하다.
- 용기밸브에 연결하는 차단부의 나사는 왼나사로서 W22.5 × 14T, 나사부의 길이는 12[mm] 이상이고, 연결용 너트에는 6각부에 V형 홈을 새기고 핸들에는 조임 및 풀림 방향을 표시한다.
- 차단부의 배관연결용 나사는 KS B 0222(관용 테이퍼나사)에 적합하고, 플랜지는 KS B 1511(철강제 관 플랜지의 기본치수)에 적합한 것으로 한다.
- 검지부는 방수형 구조(가정용 제외) 또는 방폭형 구조(가정용 제외)로서 검정품인 것으로 한다.
- 제어부의 열림 및 닫힘 표시는 다음과 같은 색으로 한다.
  - 열림 : 녹색
  - 닫힘 : 적색 또는 황색

㉡ 가스누출경보차단장치의 성능시험방법

- 경보차단장치는 가스를 검지한 상태에서 연속 경보를 울린 후 30초 이내에 가스를 차단하는 것으로 한다.
- 전자밸브식 차단부는 0.3[MPa]의 수압으로 1분간 내압시험을 할 때 누출 및 파손 등이 없는 것으로 한다. 단, 차단부의 구조상 물을 사용하는 것이 곤란한 경우에는 공기나 질소 등의 기체로 가압시험을 할 수 있다.
- 전자밸브식 차단부는 35[kPa] 이상의 압력으로 기밀시험을 실시하여 외부 누출이 없어야 한다.
- 전자밸브식 차단부는 8.4[kPa] 이상의 압력으로 기밀시험을 실시하여 내부 누출량이 0.55[L/h] 이하인 것으로 한다.
- 내열시험에서 제어부는 40[℃](상대습도 90[%] 이상)에서 1시간 이상 유지한 후 10분 이내에 작동시험을 실시하여 이상이 없는 것으로 한다.
- 내한시험에서 제어부는 −10[℃] 이하(상대습도 90[%] 이상)에서 1시간 이상 유지한 후 10분 이내에 작동시험을 실시하여 이상이 없어야 한다.
- 교류전원을 사용하는 경보차단장치는 전압이 정격전압의 90[%] 이상 110[%] 이하일 때 사용에 지장이 없는 것으로 한다.

⑥ 호 스

㉠ 호스의 길이는 연소기까지 3[m] 이내(용접 또는 용단작업용 시설 제외)로 하되, 호스는 T형으로 연결하지 아니한다.

㉡ 염화비닐호스
- 안층의 재료는 염화비닐을 사용한다.
- 호스는 안층・보강층・바깥층의 구조로 하고, 안지름과 두께가 균일한 것으로 굽힘성이 좋고, 흠・기포・균열 등 결점이 없어야 한다.
- 호스는 안층과 바깥층이 잘 접착되어 있는 것으로 한다.
- 호스의 안지름 치수

구 분	안지름[mm]	허용차[mm]
1종	6.3	±0.7
2종	9.5	
3종	12.7	

- 강선보강층은 직경 0.18[mm] 이상의 강선을 상하로 겹치도록 편조하여 제조한다.
- 1[m]의 호스를 3.0[MPa]의 압력으로 5분간 실시하는 내압시험에서 누출이 없으며, 파열 및 국부적인 팽창 등이 없는 것으로 한다.
- 1[m]의 호스를 4.0[MPa] 이상의 압력에서 파열되는 것으로 한다.
- 1[m]의 호스를 2.0[MPa]의 압력에서 실시하는 기밀시험에서 3분간 누출이 없고, 국부적인 팽창 등이 없는 것으로 한다.
- 호스 안층의 인장강도는 73.6[N/5m] 폭 이상인 것으로 한다.
- 호스의 안층은 70±1[℃]에서 48시간 공기가열노화시험을 한 후 인장강도 저하율이 20[%] 이하인 것으로 한다.

㉢ 금속 플렉시블호스
- 보일러 입구 또는 실내 저압 배관부에 주로 사용되는 호스
- 배관용 호스는 플레어 또는 유니언의 접속기능을 갖추어야 한다.
- 연소기용 호스의 길이는 한쪽 이음쇠의 끝에서 다른 쪽 이음쇠까지로 하며, 길이 허용오차는 +3[%], −2[%] 이내로 한다.
- 튜브의 재료는 스테인리스강이나 동합금을 사용한다.
- 호스의 내열성시험은 120±2[℃]에서 30분간 유지 후 균열 등의 이상이 없어야 한다.

㉣ 고압고무호스로 분류되는 트윈호스에 부착된 체크밸브의 정상작동차압의 기준은 70[kPa] 이하이다.

⑦ 저장탱크

㉠ 지상에 설치된 저장탱크 중 저장능력 10[ton] 이상인 저장탱크에는 폭발방지장치를 설치하여야 한다.

㉡ 가연성 가스 저온저장탱크가 압력에 의해 파괴되는 것을 방지하기 위한 부압파괴방지설비
- 압력계
- 압력경보설비
- 한 개 이상의 대상설비 : 진공안전밸브, 다른 저장탱크 또는 시설로부터의 가스도입배관(균압관), 압력과 연동되는 긴급차단장치를 설치한 냉동제어설비, 압력과 연동하는 긴급차단장치를 설치한 송액설비

⑧ 방류둑

㉠ 설치목적 : 액상의 가스가 누출된 경우, 저장탱크 주위의 한정된 범위를 벗어나서 다른 곳으로 유출되는 것을 방지하기 위함이다.

㉡ 설치 위치 : 대용량의 액화석유가스 지상 저장탱크 주위

㉢ 설치기준
- 가연성 가스, 산소 : 저장능력 1,000[ton] 이상
- 독성가스 : 저장능력 5[ton] 이상
- 독성가스를 사용하는 내용적이 1만[L] 이상인 수액기 주위
- 가스도매사업의 가스공급시설의 설치기준에 따르면, 액화가스 저장탱크의 저장능력이 500[ton] 이상일 때 방류둑을 설치하여야 한다.

㉣ 방류둑의 용량
- 저장탱크의 저장능력에 상당하는 용적 이상으로 한다.
- 액화산소 저장탱크는 저장능력 상당용적의 60[%] 이상으로 한다.
- 2개 이상의 저장탱크를 집합 방류둑 안에 설치할 경우 : 최대저장탱크 용적 + 총잔여 저장탱크 용적의 10[%]

- 칸막이로 구분된 방류둑의 용량 : $V = A \times \frac{B}{C}$

  (여기서, V : 칸막이로 분리된 방류둑의 용량[m^3], A : 집합방류둑의 총용량[m^3], B : 각 저장탱크별 저장탱크 상당용적[m^3], C : 집합방류둑 안에 설치된 저장탱크의 저장능력 상당능력 총합[m^3])
  - 칸막이의 높이는 방류둑보다 최소 10[cm] 이상 낮게 한다.
- 암모니아 냉동설비의 수액기 방류둑 용량
  - 수액기 내의 압력 0.7[MPa] 이상 2.1[MPa] 미만 : 수액기 내용적의 90[%] 이상
  - 수액기 내의 압력 2.1[MPa] 이상 : 수액기 내용적의 80[%] 이상

ⓜ 방류둑 재료 및 구조
- 방류둑의 재료는 철근콘크리트, 철골, 금속, 흙 또는 이들을 혼합하여야 한다.
- 철근콘크리트, 철골・철근콘크리트는 수밀성 콘크리트를 사용하고 균열 발생을 방지하도록 배근, 리베팅 이음, 신축 이음 및 신축 이음의 간격, 배치 등을 한다.
- 금속은 해당 가스에 침식되지 아니하는 것 또는 부식방지・녹방지조치를 강구한 것으로 하고 대기압하에서 액화가스의 기화온도에 충분히 견디는 것으로 한다.
- 성토는 수평에 대하여 45° 이하의 기울기로 하여 쉽게 허물어지지 아니하도록 충분히 다져 쌓고, 강우 등으로 인하여 유실되지 아니하도록 그 표면에 콘크리트 등으로 보호하고, 성토 윗부분의 폭은 30[cm] 이상으로 한다.
- 방류둑은 액밀한 것으로 한다.
- 독성가스 저장탱크 등에 대한 방류둑의 높이는 방류둑 안의 저장탱크 등의 안전관리 및 방재활동에 지장이 없는 범위에서 방류둑 안에 체류한 액의 표면적이 될 수 있는 한 작게 되도록 한다.
- 방류둑은 그 높이에 상당하는 해당 액화가스의 액두압에 견딜 수 있는 것으로 한다.
- 방류둑에는 계단, 사다리 또는 토사를 높이 쌓아 올린 형태 등으로 된 출입구를 둘레 50[m]마다 1개 이상씩 설치하되, 그 둘레가 50[m] 미만일 경우에는 2개 이상을 분산하여 설치한다.
- 배관 관통부는 내진성을 고려하여 틈새를 통한 누출방지 및 부식방지를 위한 조치를 한다.
- 방류둑 안에는 고인물을 외부로 배출할 수 있는 조치를 한다. 이 경우 배수조치는 방류둑 밖에서 배수 및 차단 조작을 할 수 있도록 하고, 배수할 때 이외에는 반드시 닫아 둔다.
- 집합 방류둑 안에는 가연성 가스와 조연성 가스 또는 가연성 가스와 독성가스의 저장탱크를 혼합하여 배치하지 아니한다. 단, 가스가 가연성 가스이고, 독성가스인 것으로서 집합 방류둑 안에 같은 가스의 저장탱크가 있는 경우에는 같이 배치할 수 있다.
- 저장탱크를 건축물 안에 설치한 경우는 그 건축물이 방류둑의 기능 및 구조를 갖도록 하여 유출된 가스가 건축물 외부로 흘러 나가지 아니한 구조로 한다.

⑨ 제조하고자 하는 자가 반드시 갖추어야 할 설비

㉠ LPG 용접용기 제조자가 반드시 갖추어야 할 설비 : 성형설비, 열처리설비, 세척설비 등

㉡ LPG 압력조정기를 제조하고자 하는 자가 반드시 갖추어야 할 검사설비 : 유량측정설비, 내압시설설비, 기밀시험설비

㉢ 냉동기를 제조하고자 하는 자가 갖추어야 할 제조설비 : 프레스설비, 조립설비, 용접설비, 제관설비, 건조설비 등

㉣ 아세틸렌용 용접용기를 제조하고자 하는 자가 갖추어야 할 제조설비 : 단조설비 또는 성형설비, 아랫부분 접합설비(아랫부분을 접합하여 제조하는 경우로 한정), 열처리로(노 안의 용기를 가열하는 각 부분의 온도차가 25[℃] 이하가 되도록 한 구조의 것) 및 그 노 내의 온도를 측정하여 자동으로 기록하는 장치, 세척설비, 쇼트브라스팅 및 도장설비, 밸브 탈・부착기, 용기 내부 건조설비 및 진공흡입설비(대기압 이하), 용접설비(내용적 250[L] 미만의 용기제조시설은 자동용접설비), 네크링가공설비(전문생산업체로부터 공급받는 경우에는 제외), 원료혼합기, 건조로, 원료충전기, 자동부식방지도장설비, 아세톤 또는 다이메틸폼아마이드 충전설비, 그 밖에 제조에 필요한 설비 및 기구

㉤ 금속 플렉시블호스 제조자가 갖추어야 하는 검사설비 : 버니어캘리퍼스·마이크로미터·나사게이지 등 치수측정설비, 액화석유가스액 또는 도시가스 침적설비, 염수분무시험설비, 내압시험설비, 기밀시험설비, 내구시험설비, 유량측정설비, 인장시험, 비틀림시험, 굽힘시험장치, 충격시험기, 내열시험설비, 내응력부식균열시험설비, 내용액시험설비, 냉열시험설비, 반복부착시험설비, 난연성 시험설비, 항온조(-5[℃] 이하, 120[℃] 이상 가능), 내후성 시험설비 등

⑩ **과압안전장치 방출관 설치**

과압안전장치 중 안전밸브에는 다음 기준에 따라 가스 방출관을 설치한다.

㉠ 가스방출관의 방출구는 건축물 밖에 화기가 없는 위치로서 지면으로부터 2.5[m] 이상 또는 소형 저장탱크의 정상부로부터 1[m] 이상의 높이 중 높은 위치에 설치한다. 단, 다음 것을 모두 충족하는 경우에는 가스방출관의 방출구 위치를 지면으로부터 2[m] 이상 또는 소형 저장탱크의 정상부로부터 50[cm] 이상 높이 중 높은 위치에 설치할 수 있다.

- 소형 저장탱크의 저장능력(2개 이상의 소형 저장탱크가 가스방출관을 같이 사용하는 경우에는 합산 저장능력을 말함)이 1[ton] 미만인 경우
- 가스방출관 방출구의 수직 상방향 연장선으로부터 2[m] 이내에 화기나 다른 건축물이 없는 경우

㉡ 가스방출관의 방출구는 공기 중에 수직 상방향으로 가스를 분출하는 구조로서, 방출구의 수직 상방향 연장선으로부터 다음의 안전밸브 규격에 따른 수평거리 이내에 장애물이 없는 안전한 곳으로 분출하는 구조로 한다.

- 입구 호칭지름 15A 이하 : 0.3[m]
- 입구 호칭지름 15A 초과 20A 이하 : 0.5[m]
- 입구 호칭지름 20A 초과 25A 이하 : 0.7[m]
- 입구 호칭지름 25A 초과 40A 이하 : 1.3[m]
- 입구 호칭지름 40A 초과 : 2.0[m]

㉢ 가스방출관 끝에는 빗물이 유입되지 않도록 캡을 설치하고, 그 캡은 방출가스의 흐름을 방해하지 않도록 설치하며, 가스방출관 하부에는 드레인밸브를 설치한다. 단, 안전밸브에 드레인 기능이 내장되어 있는 경우에는 드레인밸브를 설치하지 않을 수 있다.

㉣ 가스방출관 단면적은 안전밸브 분출 면적(하나의 방출관에 2개 이상의 안전밸브 방출관이 연결되어 있는 경우에는 각 안전밸브 분출 면적의 합계 면적) 이상으로 한다.

⑪ **장치 관련 그 밖의 공통사항**

㉠ 지하 정압실 통풍구조를 설치할 수 없는 경우의 적합한 기계환기설비 기준

- 통풍능력이 바닥 면적 1[m^2]마다 0.5[m^3/분] 이상으로 한다.
- 배기구는 바닥면(공기보다 가벼운 경우는 천장면) 가까이 설치한다.
- 배기가스 방출구는 지면에서 5[m] 이상 높게 설치한다.
- 공기보다 비중이 가벼운 경우에는 배기가스 방출구는 3[m] 이상 높게 설치한다.

㉡ 인터로크 기구

- 가스설비가 오조작되거나 정상적인 제조를 할 수 없는 경우 자동적으로 원재료를 차단하는 장치
- 도시가스 공급시설 또는 그 시설에 속하는 계기를 장치하는 회로에 설치하는 것으로서 온도 및 압력과 그 시설의 상황에 따라 안전 확보를 위한 주요 부분에 설비가 잘못 조작되거나 이상이 발생하는 경우에 자동으로 가스의 발생을 차단시키는 장치

㉢ 가연성 또는 독성가스를 냉매로 사용하는 수액기에 사용 가능한 액면계 : 정전용량식 액면계, 편위식 액면계, 회전튜브식 액면계

㉣ 가스공급시설에 비상공급시설의 설치방법의 기준

- 비상공급시설의 주위는 인화성 물질이나 발화성 물질을 저장·취급하는 장소가 아닐 것
- 비상공급시설에는 접근을 금지하는 내용의 경계표지를 할 것

- 고압의 비상공급시설은 최고사용압력의 1.5배 이상의 압력으로 내압시험을 실시하여 이상이 없는 것으로 한다.
- 비상공급시설 중 가스가 통하는 부분은 최고사용압력의 1.1배 이상의 압력으로 기밀시험이나 누출검사를 실시하여 이상이 없는 것으로 한다.
- 비상공급시설은 그 외면으로부터 제1종 보호시설까지의 거리가 15[m] 이상, 제2종 보호시설까지의 거리가 10[m] 이상이 되도록 할 것
- 비상공급시설의 원동기에는 불씨가 방출되지 않도록 하는 조치를 할 것
- 비상공급시설에는 그 설비에서 발생하는 정전기를 제거하는 조치를 할 것
- 비상공급시설에는 소화설비와 재해발생방지를 위한 응급조치에 필요한 자재 및 용구 등을 비치할 것
- 이동식 비상공급시설은 엔진을 정지시킨 후 주차제동장치를 걸어 놓고, 자동차 바퀴를 고정목 등으로 고정시킬 것

㉤ 콕 제조기술기준

- 1개의 핸들로 1개의 유로를 개폐하는 구조로 한다.
- 핸들의 회전 각도를 90°나 180°로 규제하는 스토퍼를 갖추어야 한다.
- 완전히 열었을 때 핸들의 방향은 유로의 방향과 평행인 것으로 한다.
- 닫힌 상태에서 예비 동작 없이는 열리지 아니하는 구조로 한다.

㉥ (용접 이음매를 제외한) 배관의 이음부와 전기설비와의 거리

- 전기계량기 및 전기개폐기 : 60[cm] 이상
- 전기점멸기 및 전기접속기 : 15[cm] 이상
- 절연조치를 한 전선(가스누출자동차단장치를 작동시키기 위한 전선은 제외) : 10[cm] 이상
- 절연조치하지 않은 전선 및 단열조치하지 않은 굴뚝(배기통 포함, 밀폐형 강제급배기식 보일러에 설치하는 2중 구조의 배기통은 제외) : 15[cm] 이상

㉦ 소화안전장치 : 파일럿 버너 또는 메인 버너의 불꽃이 꺼지거나 연소기구 사용 중에 가스 공급이 중단 또는 불꽃검지부에 고장이 생겼을 때 자동으로 가스밸브를 닫히게 하여 불이 꺼졌을 때 가스가 유출되는 것을 방지하는 안전장치

㉧ 가스용 퀵 커플러

- 퀵 커플러는 사용 형태에 따라 호스 접속형과 호스 앤드 접속형으로 구분한다.
- 4.2[kPa] 이상의 압력으로 기밀시험을 하였을 때 가스 누출이 없어야 한다.
- 탈착 조작은 분당 10~20회의 속도로 6,000회 실시한 후 작동시험에서 이상이 없어야 한다.

⑫ 보일러 · 온수기 · 난방기 관련 사항

㉠ 가스온수기나 가스보일러는 목욕탕 또는 환기가 잘 되지 아니하는 곳에는 설치하지 아니한다.

㉡ 가스보일러의 급배기방식

- 자연배기식(CF식) : 연소용 공기는 옥내에서 취하고 연소 배기가스는 자연통기력을 이용하여 옥외로 배출하는 방식(반밀폐식)
- 강제배기식(FE식) : 연소용 공기는 옥내에서 취하고 연소 배기가스는 배기용 송풍기를 사용하여 강제로 옥외로 배출하는 방식(반밀폐식)
- 자연급배기식(BF식) : 급·배기통을 외기와 접하는 벽을 관통하여 옥외로 빼고, 자연통기력에 의해 급·배기를 하는 방식(밀폐식)
- 강제급배기식(FF식) : 가스보일러에 장착된 배출기(Fan)와 이중연도를 통하여 연소용 공기를 옥외에서 취하고 연소 배기가스도 이들을 통하여 강제로 옥외로 배출하는 방식(밀폐식)
  - 시공성이 우수하다.
  - 미관이 좋다.
  - 배기가스 중독사고 우려가 작다.
- 옥외용(RF) : 옥외에 설치하는 보일러

㉢ 전용 보일러실
- 보일러실 안의 가스가 거실로 들어가지 아니하는 구조로서 보일러실과 거실 사이의 경계벽은 출입구를 제외하고는 내화구조의 벽으로 한 것
- 전용 보일러실에는 부압(대기압보다 낮은 압력을 말한다) 형성의 원인이 되는 환기팬을 설치하지 아니한다.
- 전용 보일러실에는 사람이 거주하는 거실·주방 등과 통기될 수 있는 가스레인지 배기덕트(후드) 등을 설치하지 아니한다.
- 배기가스의 실내 누출로 인하여 질식사고가 발생하는 것을 방지하기 위하여 반드시 전용보일러실에 설치하여야 하는 가스보일러는 반밀폐식 가스보일러, 강제배기식(FE식) 가스보일러이다.
- 전용 보일러실을 설치하지 아니하여도 무방한 경우 : 밀폐식 보일러, 가스보일러를 옥외에 설치한 경우, 전용 급기통을 부착시키는 구조로 검사에 합격한 강제배기식 보일러

㉣ 전가스소비량에 의한 가스보일러의 분류(총발열량 기준)
- 강제배기식 및 강제급배기식 가스온수보일러 : 70[kW] 이하
- 중형 가스온수보일러 : 70[kW] 초과 232.6[kW] 이하
- 강제혼합식 가스버너 : 232.6[kW] 초과

㉤ 다기능 보일러(가스 스털링 엔진 방식)의 재료
- 사용조건에서 용융되지 않도록 충분한 내열성이 있어야 한다.
- 금속 부품은 내식성 재료나 그 표면에 내식처리를 한 것을 사용한다. 단, 온수 저장방식이 저장식인 경우 저장탱크의 몸체는 호칭 두께 2.3[mm] 이상의 일반구조용 압연강재 또는 두께 2[mm] 이상의 회주철품으로 할 수 있다.
- 가스가 통하는 부분의 재료는 불연성이나 난연성인 것으로 한다. 단, 패킹류, 실(Seal)재 등의 기밀 유지부는 불연성이나 난연성 재료로 하지 아니할 수 있다.
- 가스가 통하는 부분에 사용되는 실(Seal), 패킹류 및 금속 이외의 기밀 유지부 재료는 내가스성이 있어야 한다.
- 배기가스 통로의 재료가 배기가스의 열에 영향을 받거나 받을 수 있을 경우에는 다기능 보일러에 제조자가 지정한 최대사용온도를 초과하지 아니하도록 하는 장치를 부착하고, 이 장치의 온도 등은 조절되지 아니하는 것으로 한다.
- 사용되는 재료의 품질과 두께 및 부품의 조립방법은 통상적인 조건에서 구조 및 성능의 변경을 수반하지 아니하도록 한다.
- 단열재는 불연성 재질로 통상의 사용 상태에서 변형이 없이 단열성능이 유지되는 것으로 한다. 단, 물과 접촉하는 부분, 85[℃] 이하의 표면 또는 불연성 케이스로 보호되는 부분에는 난연성 재료를 사용할 수 있다.
- 콘덴싱 보일러를 내장한 경우, 응축수와 접하거나 접할 우려가 있는 부품은 내식성 재료 또는 표면을 적절하게 내식처리한 것으로 한다.
- O링, 다이어프램, 실(Seal)재 등을 제외한 가스통로에 사용하는 재료는 금속재료로 한다. 단, 비금속재료가 사용되는 경우에는 비금속재료 파손으로 인한 가스의 누출량은 30[L/h] 이하로 한다.
- 전기 절연물 및 단열재는 접촉부 또는 그 부근의 온도에 충분히 견디고 흡습성이 적은 것으로 한다.
- 도전재료는 동, 동합금, 스테인리스강 또는 이하 같은 수준 이상의 전기적·열적 및 기계적인 안전성이 있는 것으로 한다. 단, 탄성이 필요한 부분, 구조에 있어 사용하기 곤란한 부분은 그러하지 아니하다.
- 발전 엔진을 지지하는 방진재는 내구성 있는 재료를 사용하여야 한다.
- 80[℃] 이상의 온도에 노출될 우려가 있는 가스통로에는 아연합금을 사용할 수 없다.
- 석면 또는 폴리염화비페닐을 포함하는 재료는 사용되지 아니하도록 한다.
- 카드뮴을 포함한 경납땜은 사용하지 않아야 한다.

ⓑ 가스온수기
- 주요 안전장치 : 정전안전장치, 역풍방지장치, 소화안전장치
- 그 밖의 안전장치 : 거버너(세라믹 버너를 사용하는 온수기에만 해당), 과열방지장치, 물온도조절장치, 점화장치(파일럿 버너가 없는 것은 자동점화장치), 물빼기장치, 수압자동가스밸브, 동결방지장치, 과압방지안전장치
- 구조별 갖추어야 할 장치
  - 자연배기식 온수기 : 역풍방지장치
  - 강제배기식 온수기 : 배기폐쇄안전장치, 과대풍압안전장치
  - 강제 급배기식 온수기 : 재점화 시 안전장치 또는 동등 이상의 기능을 보유한 것
  - ※ 전가스소비량이 232.6[kW] 이하인 가스온수기의 성능기준에서 전가스소비량은 표시치의 ±10[%] 이내이어야 한다.

ⓢ 가스 냉난방기에 설치하는 안전장치
- 주요 안전장치 : 정전안전장치, 역풍방지장치, 소화안전장치
- 그 밖의 안전장치 : 경보장치, 가스압력스위치, 공기압력스위치, 고온재생기 과열방지장치, 고온재생기 과압방지장치, 냉수흐름(Flow)스위치 또는 인터로크(Interlock), 동결방지장치, 냉각수흐름스위치 또는 인터로크, 운전 상태 감시장치

ⓞ 가스 난방기의 안전장치
- 주요 안전장치 : 정전안전장치, 역풍방지장치, 소화안전장치
- 그 밖의 안전장치 : 거버너(세라믹 버너를 사용하는 난방기에만 해당), 불완전연소방지장치, 산소결핍안전장치(가스소비량이 11.6[kW](10,000[kcal/h) 이하인 가정용 및 업무용의 개방형 가스난방기에만 해당), 전도안전장치(고정 설치형은 제외), 배기폐쇄안전장치(FE식 난방기에 한함), 과대풍압안전장치(FE식 난방기에 한함), 과열방지안전장치(강제대류식 난방기에 한함), 저온차단장치(촉매식 난방기에 한함)
- 도시가스용 난방기에 설치하여야 할 안전장치 중 법적 의무사항 : 소화안전장치, 전도안전장치, 불완전연소방지장치(과열방지장치는 아니다)

ⓩ 가스보일러 설치・시공 확인
- 가스보일러 설치 후 설치・시공확인서를 작성하여 사용자에게 교부하여야 한다.
- 확인사항 : 사용교육의 실시 여부, 배기가스 적정 배기 여부, 연통의 접속부 이탈 여부 및 막힘 여부 등

ⓒ 용기 내장형 가스 난방기
- 난방기는 용기와 직결되지 아니하는 구조로 한다.
- 난방기는 버너 후면에 용기를 내장할 수 있는 공간이 있는 것으로 한다.
- 난방기의 하부에는 난방기를 쉽게 이동할 수 있도록 4개 이상의 바퀴를 부착한다.
- 난방기와 용기 내장형 액화석유가스 난방기용 압력조정기를 연결하는 호스의 양끝 부분은 나사식이나 피팅 접속방법으로 연결하여 쉽게 분리할 수 없는 것으로 한다.
- 난방기의 부탄용기 내장실 구조는 다음 기준에 적합한 것으로 한다.
  - 내장실은 하부와 상부의 통기구에 따라 효율적인 환기가 이루어지는 것으로 한다.
  - 통기구의 면적은 용기 내장실 바닥 면적에 대하여 하부는 5[%], 상부는 1[%] 이상으로 한다.
  - 내장실은 칸막이 문을 열지 않고도 용기밸브의 개폐가 가능한 것으로 한다.
  - 내장실은 충전용기의 최대 하중에서도 변형이 일어나지 않도록 충분한 강도를 가진 것으로 한다.
  - 내장실은 용기 교환을 원활히 할 수 있는 것으로 한다.
- 가스 또는 물의 회전식 개폐 콕이나 회전식 밸브의 핸들의 열림 방향은 시계 반대 방향으로 한다. 단, 열림 방향이 양방향으로 되어 있는 다기능의 회전식 개폐 콕의 경우에는 그러하지 아니하다.
- 난방기의 콕은 용량이나 능력 조절이 가능하도록 설계하고 항상 열림 상태를 유지하는 구조(닫힘이 안 되는 구조)로 한다.

- 파일럿 버너가 있는 난방기는 파일럿 버너가 점화되지 아니하면 메인 버너의 가스통로가 열리지 아니하는 구조로 한다.
- 난방기의 버너는 적외선방식(세라믹버너) 또는 촉매연속방식의 버너를 사용한다.
- 난방기는 모양이 균일하고 겉모양에 영향을 주는 실금·갈라짐·흠·도장 얼룩·늘어짐 및 그밖에 결함이 없는 것으로 한다.
- 난방기 각부의 구조는 가스 누출·화재 등에 관한 안전성 및 내구성을 고려하여 만들어지고, 통상의 수송·설치 및 사용 등에 대하여 파손 또는 사용상 지장이 있는 변형 등이 생기지 않는 구조여야 한다.
- 각부의 작동은 원활하고 확실한 것으로 한다.
- 통상의 설치 상태에서 사용 조작에 따라 쉽게 전도되지 않는 것으로 한다.
- 원칙적으로 파일럿 버너 등에 점화시키는 것이 눈·거울 및 확인램프 등에 의해 점화 조작을 하는 장소에서 확인 가능한 것으로 한다.
- 가스가 통하는 결합부는 용접·나사 조임·볼트·너트 및 나사 등으로 확실하게 결합하고 기밀성이 있는 것으로 한다.
- 가스의 통로는 기밀성이 있고 통상의 수송·설치 및 사용 등에 따라 기밀성이 손상되지 않는 것으로 한다.
- 버너 및 점화용 버너는 소정의 위치에 안정되게 설치되어 노즐·연소실·전기점화장치 및 안전장치 등 관련된 부분과 관계 위치가 확실하게 유지되어 통상의 사용 상태에서 이동되거나 옮겨지지 않는 것으로 한다.
- 버너 및 점화용 버너는 기기의 다른 부품을 과열 및 손상시키지 않는 위치에 부착되어 있는 것으로 한다.
- 버너 및 기타 주요 부품은 조정이나 교환이 가능한 것으로 한다.
- 파일럿 가스통로에 동관을 사용하는 것은 내면에 표면처리를 하거나 안지름이 호칭 2[mm] 이상인 것으로 한다.
- 노즐은 원칙적으로 조립과 분해가 가능하여야 하고, 외부로부터 먼지·이물질 등이 부착하기 쉬운 위치에 설치되거나 쉽게 막히지 않는 것으로 한다.
- 방전불꽃을 이용하는 점화장치는 다음 기준에 따른다.
  - 전극부는 항상 노란 불꽃이 닿지 않는 위치에 설치되도록 한다.
  - 전극은 전극 간격이 통상의 사용 상태에서 변화되지 않도록 고정되어 있는 것으로 한다.
  - 고압배선의 충전부와 비충전 금속부 사이는 전극 간격 이상의 충분한 공간거리가 유지되어야 한다. 단, 점화동작 시에 누전되는 일이 없는 효과적인 전기절연조치를 한 경우에는 공간거리를 유지하지 않을 수 있다.
  - 통상의 사용 시에 손이 닿을 우려가 있는 고압배선 부분에는 효과적인 전기절연피복이 되어 있어야 한다.
- 사용 중 및 청소할 때 손이 닿는 부분의 끝부분은 매끄러워야 한다.
- 청소 및 보수 등을 위해 분해가 필요한 부분은 원칙적으로 통상의 공구로 분해·조립할 수 있는 것으로 한다.
- 각부의 조립에 사용되는 나사는 조임이 확실하고 보수 및 점검을 위해 분해를 필요로 하는 부분은 반복해서 사용할 수 있는 것으로 한다.
- 가스접속구는 원칙적으로 외부에 노출되어 있거나 외부에서 쉽게 발견될 수 있는 위치에 있어야 한다.
- 가스접속구에 사용하는 호스접속구는 호스 탈착에 따라 기밀성을 손상시키는 헐거움이나 변형 등이 없는 것으로 한다.
- 기구밸브는 다음 기준에 적합해야 한다.
  - 버너의 가스통로를 원활하고 확실하게 개폐할 수 있어야 하고, 여러 개의 가스통로를 개폐하는 것은 각각의 가스통로를 확실히 개폐할 수 있어야 한다.

– 회전 조작에 따라 개폐하는 구조의 것은 여는 조작 방향은 원칙적으로 시계 반대 방향이어야 한다. 단, 기구밸브와 가스접속구가 일체의 구조이고, 기구밸브 몸체가 외부에 노출되어 부착된 것 및 여러 개의 버너에 겸용인 것은 제외한다.
– 콕구조의 기구밸브는 가스통로를 확실하게 잠글 수 있도록 모든 가스통로를 잠근 상태에서 기구밸브 몸체와 콕 사이의 지지면 및 원주 방향의 연면은 유효한 실 길이가 있어야 한다.
– 밸브구조의 기구밸브는 가스통로를 확실하게 잠글 수 있도록, 밸브와 밸브시트가 확실하게 밀착되어 기밀이 유지되는 것이어야 한다.
– 기구밸브에 사용하는 그리스는 가스에 적합한 것이며, 가스 누설 및 사용상 지장이 없어야 한다.

- 적합한 보호망을 설치해야 한다.
- 가스 난방기는 상용압력의 1.5배 이상의 압력으로 실시하는 기밀시험에서 가스차단밸브를 통한 누출량이 70[mL/h] 이하가 되어야 한다.
- 용기 내장형 난방기용 용기의 네크링 재료는 탄소 함유량이 0.28[%] 이하이어야 한다.

㉪ 부탄가스용 연소기의 구조

- 연소기는 용기와 직결되지 아니한 구조로 한다.
- 회전식 밸브의 핸들의 열림 방향은 시계 반대 방향으로 한다.
- 용기 장착부 이외에는 용기가 들어가지 아니하는 구조로 한다.
- 파일럿 버너가 있는 연소기는 파일럿 버너가 점화되지 아니하면 메인 버너의 가스통로가 열리지 아니하는 것으로 한다.

㉫ 온수기나 보일러를 겨울철에 장시간 사용하지 않거나 실온에 설치하였을 때 물이 얼어 연소기구가 파손될 우려가 있으므로 이를 방지하기 위하여 드레인(Drain)장치를 설치한다.

㉬ 반밀폐형 강제배기식 가스보일러를 공동배기방식으로 설치하고자 할 때의 기준

- 공동배기구의 정상부에서 최상층 보일러의 역풍방지장치 개구부 하단까지의 거리가 4[m] 이상일 경우에는 공동 배기구에 연결하며, 그 이하일 경우에는 단독으로 설치한다.
- 공동 배기구의 단면 형태는 될 수 있는 한 원형 또는 정사각형에 가깝도록 해야 하며 가로와 세로의 비는 1 : 1.4 이하로 한다.
- 동일 층에서 공동 배기구로 연결되는 보일러의 수는 2대 이하로 한다.
- 공동 배기구는 주위에 공기층이 있는 등 단열성이 좋은 경우 이외에는 보온한다.
- 공동 배기구 최하부에 청소구와 수취기를 설치한다.
- 공동 배기구 및 배기통에는 방화댐퍼(Damper)를 설치하지 않는다.
- 공동 배기구와 배기통과의 접속부는 기밀을 유지한다.
- 공동 배기구 톱은 풍압대 밖에 있어야 한다.
- 공동 배기구 톱은 통기저항이 작고 유풍 시 흡인성이 좋은 것을 사용한다.
- 보일러 설치실에는 반드시 외기와 통하는 급기구를 설치하고 급기구의 단면적은 각각 단독 배기통의 단면적 이상으로 한다.
- 보일러 설치실에 환기팬 등이 설치되어 있는 경우에는 환기팬용 급기구를 충분한 크기로 설치한다.
- 반밀폐식 보일러를 전용 보일러실 외에 설치한 경우에는 배기가스역류방지장치를 설치한다.

㉭ 명판에 열효율을 기재하여야 하는 가스연소기 : 가스레인지

㉮ 대기차단식 가스보일러에 의무적으로 장착하여야 하는 부품 : 압력계, 압력팽창탱크, 과압방지용안전장치

㉯ 충전된 가스를 전부 사용한 빈 용기의 밸브를 닫아두는 것이 좋은 주된 이유

- 외기 공기에 의한 용기 내면의 부식
- 용기 내 공기의 유입으로 인해 재충전 시 충전량 감소
- 용기 내 공기의 유입으로 인한 폭발성 가스의 형성

핵심예제

1-1. 역화방지장치를 설치하지 않아도 되는 곳은?

[2006년 제1회 유사, 2009년 제2회 유사, 2010년 제3회 유사, 2018년 제3회]

① 아세틸렌 충전용 지관
② 가연성 가스를 압축하는 압축기와 오토크레이브 사이의 배관
③ 가연성 가스를 압축하는 압축기와 충전용 주관과의 사이
④ 아세틸렌 고압건조기와 충전용 교체밸브 사이 배관

1-2. 고압가스 일반제조시설에서 역류방지밸브를 반드시 설치하지 않아도 되는 곳은? [2008년 제2회, 2011년 제2회]

① 아세틸렌의 고압건조기와 충전용 교체밸브 사이의 배관
② 아세틸렌을 압축하는 압축기의 유분리기와 고압건조기와의 사이
③ 가연성 가스를 압축하는 압축기와 충전용 주관과의 사이
④ 암모니아 또는 메탄올의 합성탑 및 정제탑과 압축기와의 사이의 배관

1-3. 액화석유가스 집단공급시설에 설치하는 가스누출자동차단장치의 검지부에 대한 설명으로 틀린 것은?

[2007년 제3회 유사, 2018년 제1회]

① 연소기의 폐가스에 접촉하기 쉬운 장소에 설치한다.
② 출입구 부근 등 외부의 기류가 유동하는 장소에는 설치하지 아니한다.
③ 연소기 버너의 중심 부분으로부터 수평거리 4[m] 이내에 검지부 1개 이상 설치한다.
④ 공기가 들어오는 곳으로부터 1.5[m] 이내의 장소에는 설치하지 아니한다.

1-4. 도시가스용 염화비닐호스의 성능기준에 대한 설명으로 옳은 것은? [2004년 제1회 유사, 2010년 제1회]

① 호스는 3[MPa] 이상 압력에서 실시하는 내압시험에서 이상이 없어야 한다.
② 호스는 0.1[MPa] 이하 압력에서 실시하는 기밀시험에서 누출이 없는 것으로 한다.
③ 호스 안층의 인장강도는 36.7[N/5m] 폭 이상인 것으로 한다.
④ 호스의 안층은 60[℃]에서 48시간 공기가열노화시험을 한 후 인장강도 저하율이 10[%] 이하인 것으로 한다.

1-5. 고압가스 저장탱크에 설치하는 방류둑에 대한 설명으로 옳지 않은 것은?

[2003년 제1회 유사, 2008년 제3회 유사, 2014년 제3회]

① 흙으로 방류둑을 설치할 경우 경사를 45° 이하로 하고 성토 윗부분의 폭은 30[cm] 이상으로 한다.
② 방류둑에는 출입구를 둘레 50[m]마다 1개 이상 설치하고 둘레가 50[m] 미만일 경우에는 2개 이상의 출입구를 분산하여 설치한다.
③ 방류둑의 배수조치는 방류둑 밖에서 배수 및 차단 조작을 할 수 있어야 하며 배수할 때 이외에는 반드시 닫혀 있도록 한다.
④ 독성가스 저장탱크의 방류둑 높이는 가능한 한 낮게 하여 방류둑 내에 체류한 액의 표면적이 넓게 되도록 한다.

1-6. 콕 제조기술기준에 대한 설명으로 틀린 것은?

[2009년 제3회, 2014년 제3회]

① 1개의 핸들로 1개의 유로를 개폐하는 구조로 한다.
② 완전히 열었을 때 핸들의 방향은 유로의 방향과 직각인 것으로 한다.
③ 닫힌 상태에서 예비적 동작이 없이는 열리지 아니하는 구조로 한다.
④ 핸들의 회전 각도를 90°나 180°로 규제하는 스토퍼를 갖추어야 한다.

1-7. 배관의 이음부와 전기설비와의 이격거리를 나타낸 것 중 바르게 연결된 것은?(단, 배관 이음부는 용접 이음매를 제외한다) [2010년 제3회 유사, 2011년 제3회]

① 전기계량기 – 60[cm] 이상
② 전기접속기 – 20[cm] 이상
③ 전기개폐기 – 30[cm] 이상
④ 절연조치하지 않은 전선 – 10[cm] 이상

1-8. 다기능 보일러(가스 스털링 엔진 방식)의 재료에 대한 설명으로 옳은 것은? [2016년 제3회]

① 카드뮴이 함유된 경납땜을 사용한다.
② 가스가 통하는 모든 부분의 재료는 반드시 불연성재료를 사용한다.
③ 80[℃] 이상의 온도에 노출된 가스통로에는 아연합금을 사용한다.
④ 석면 또는 폴리염화비페닐을 포함하는 재료는 사용되지 아니하도록 한다.

핵심예제

1-9. 반밀폐형 강제배기식 가스보일러를 공동 배기방식으로 설치하고자 할 때의 기준으로 틀린 것은?

[2010년 제3회, 2013년 제2회]

① 공동 배기구 단면형태는 원형 또는 정사각형에 가깝도록 한다.
② 동일 층에서 공동 배기구로 연결되는 보일러의 수는 2대 이하로 한다.
③ 공동 배기구에는 방화댐퍼를 설치해야 한다.
④ 공동 배기구 톱은 풍압대 밖에 있어야 한다.

|해설|

1-1
가연성 가스를 압축하는 압축기와 충전용 주관 사이에는 역류방지밸브를 설치해야 한다.

1-2
아세틸렌의 고압건조기와 충전용 교체밸브 사이의 배관에는 역화방지밸브를 설치해야 한다.

1-3
가스누출자동차단장치의 검지부를 설치하지 않는 장소
- 출입구의 부근 등으로서 외부의 기류가 통하는 곳
- 환기구 등 공기가 들어오는 곳으로부터 1.5[m] 이내의 곳
- 연소기의 폐가스에 접촉하기 쉬운 곳

1-4
② 1[m]의 호스를 2.0[MPa]의 압력에서 실시하는 기밀시험에서 3분간 누출이 없고, 국부적인 팽창 등이 없는 것으로 한다.
③ 호스 안층의 인장강도는 73.6[N/5m] 폭 이상인 것으로 한다.
④ 호스의 안층은 70±1[℃]에서 48시간 공기가열노화시험을 한 후 인장강도 저하율이 20[%] 이하인 것으로 한다.

1-5
독성가스 저장탱크 등에 대한 방류둑의 높이는 방류둑 안의 저장탱크 등의 안전관리 및 방재활동에 지장이 없는 범위에서 방류둑 안에 체류한 액의 표면적이 될 수 있는 한 적게 되도록 한다.

1-6
완전히 열었을 때 핸들의 방향은 유로의 방향과 평행인 것으로 한다.

1-7
② 전기접속기 – 15[cm] 이상
③ 전기개폐기 – 60[cm] 이상
④ 절연조치하지 않은 전선 – 15[cm] 이상

1-8
① 카드뮴을 포함한 경납땜은 사용하지 않아야 한다.
② 가스가 통하는 부분의 재료는 불연성이나 난연성인 것으로 한다.
③ 80[℃] 이상의 온도에 노출될 우려가 있는 가스통로에는 아연합금을 사용할 수 없다.

1-9
공동 배기구 및 배기통에는 방화댐퍼(Damper)를 설치하지 않는다.

정답 1-1 ③ 1-2 ① 1-3 ① 1-4 ① 1-5 ④ 1-6 ② 1-7 ① 1-8 ④ 1-9 ③

핵심이론 02 가스 트러블 및 안전대책

① 가스 누출

㉠ 고압가스의 분출 또는 누출의 원인
- 용기에서 용기밸브의 이탈
- 용기에 부속된 압력계의 파열
- 안전밸브의 작동

㉡ 가연성 가스 운반 차량의 운행 중 가스 누출 시 긴급 조치사항(운반 중 가스 누출 부분에 수리 불가능한 상태가 발생했을 때의 조치)
- 누출방지조치를 취한다.
- 상황에 따라 안전한 장소로 운반한다(주위가 안전한 곳으로 차량을 이동시킨다).
- 부근의 화기를 없앤다(교통 및 화기를 통제한다).
- 소화기를 이용하여 소화하는 것은 부적절하다.
- 비상연락망에 따라 관계업소에 원조를 의뢰한다.

㉢ 고압가스설비를 운전하는 중 플랜지부에서 가연성 가스가 누출하기 시작할 때 취해야 할 대책
- 화기 사용 금지
- 가스 공급 즉시 중지
- 누출 전·후단 밸브 차단

㉣ 고압가스 특정제조시설 중 배관의 누출 확산방지를 위한 시설 및 기술 수준
- 시가지, 하천, 터널 및 수로 중에 배관을 설치하는 경우에는 누출된 가스의 확산방지조치를 한다.
- 사질토 등의 특수성 지반(해저 제외) 중에 배관을 설치하는 경우에는 누출가스의 확산방지조치를 한다.
- 독성가스의 용기 보관실은 누출되는 가스의 확산을 적절하게 방지할 수 있는 구조로 한다.
- 고압가스의 종류 및 압력과 배관의 주위 상황에 따라 배관을 2중관으로 하고, 가스누출검지경보장치를 설치한다.

㉤ 독성가스의 식별 조치
- 예 : 독성가스 ○○ 제조시설, 독성가스 ○○ 저장소
- ○○에는 가스 명칭을 적색으로 기재한다.
- 문자의 크기는 가로, 세로 10[cm] 이상으로 한다.
- 30[m] 이상의 거리에서 식별이 가능하도록 한다.
- 경계표지와는 별도로 게시한다.
- 식별표지에는 다른 법령에 따른 지시사항 등을 명기할 수 있다.

㉥ 독성가스 누출 우려 부분의 위험표지
- 위험표지의 바탕색은 백색, 글씨는 흑색으로 한다.
- 문자의 크기는 가로, 세로 5[cm] 이상으로 한다.
- 문자는 10[m] 이상 떨어진 위치에서도 알 수 있도록 한다.
- 문자는 가로 또는 세로 방향으로 모두 쓸 수 있다.

㉦ 누출 가스의 TNT 폭발위력 :

$$\text{폭발열량[kcal]} \times \frac{1\text{[kg]TNT}}{1,100\text{[kcal]}}$$

㉧ 액체염소가 누출된 경우 필요한 조치 : 소석회 살포, 가성소다 살포, 탄산소다 수용액 살포

㉨ LNG의 유출사고 시 메탄가스의 거동 : 메탄가스의 비중은 상온에서는 공기보다 작지만, 온도가 매우 낮으면 공기보다 커지기 때문에 지상에 체류한다.

② 독성가스 누출 시의 제독

㉠ 확산방지조치 : 아황산가스·암모니아·염소·염화메틸·산화에틸렌·사이안화수소·포스겐·황화수소 등의 독성가스가 누출된 때에 확산을 방지하는 조치는 다음의 방법 또는 이와 동등 이상의 효과가 있는 조치 중 독성가스의 종류 및 설비의 상황에 따라 한 가지 또는 두 가지 이상의 것을 선택하여 조치한다.
- 수용성이거나 물에 독성이 희석되는 가스에 대하여는 확산된 액화가스를 물 등의 용매에 희석하여 가스의 증기압을 저하시키는 조치를 한다.
- 설비 내에 있는 액화가스 또는 설비 외에 누설된 액화가스를 누설된 가스의 흡입장치와 연동된 중화설비 등의 안전한 장소로 이송하는 조치를 한다.
- 누설된 액화가스의 액면을 흡착제·중화제에 의하여 흡착 제거·흡수 또는 중화하는 조치 또는 기포성 액체나 부유물 등으로 덮어 액화가스의 증발기화를 가능한 한 적게 하는 조치를 한다.
- 방호벽 또는 국소배기장치 등에 의하여 가스가 주변으로 확산되지 아니하도록 하는 조치를 한다.
- 집액구에 의하여 다른 곳으로 유출하는 것을 방지하는 조치를 한다.

㉡ 제독조치 : 제독조치는 다음 방법이나 이와 동등 이상의 작용을 하는 조치 중 한 가지 또는 두 가지 이상인 것을 선택하여 한다.

- 물이나 흡수제로 흡수 또는 중화하는 조치
- 흡착제로 흡착 제거하는 조치
- 저장탱크 주위에 설치된 유도구로 집액구 · 피트 등으로 고인 액화가스를 펌프 등의 이송설비로 안전하게 제조설비로 반송하는 조치
- 연소설비(플레어스택, 보일러 등)에서 안전하게 연소시키는 조치

㉢ 제독설비 기능 : 제독설비는 누출된 가스의 확산을 적절히 방지할 수 있는 것으로서 판매시설의 상황 및 가스의 종류에 따라 다음의 설비 또는 이와 동등 이상의 기능을 가지는 것으로 한다.

- 가압식, 동력식 등에 의하여 작동하는 제독제 살포장치 또는 살수장치
- 가스를 흡인하여 이를 흡수 · 중화제와 접속시키는 장치

③ 이동식 부탄연소기(휴대용 부탄 가스레인지)

㉠ 이동식 부탄연소기의 구조 및 치수의 공통사항

- 가스 또는 물의 회전식 개폐 콕이나 회전식 밸브의 핸들의 열림 방향은 시계바늘 반대 방향으로 한다. 단, 열림 방향이 양방향으로 되어 있는 다기능 회전식 개폐 콕의 경우에는 그렇지 않다.
- 점화플러그, 노즐 및 가스배관은 연소기 몸체에 견고하게 고정되어 있는 것으로 한다.
- 온도상승시험 직후 삼발이 위에 49[N](조리용 카세트식의 경우 150[N])의 하중을 1시간 가하였을 때 변형이 없는 것으로 한다. 단, 난로 및 등화용 연소기는 그렇지 않다.
- 연소기는 50[%] 이상 충전된 용기가 연결된 상태에서 어느 방향으로 기울여도 15° 이내에서는 넘어지지 않고, 부속품의 위치가 변하지 아니한 것으로 한다.
- 용기 장착부 이외에는 용기가 들어가지 않는 구조로 한다. 단, 그릴의 경우 상시 내부 공간이 용이하게 확인되는 구조로 할 수 있다.
- 공기조절기는 통상의 사용 상태에서 설치 위치가 변하지 않도록 하며 손잡이를 움직여 공기를 조절하는 구조의 것은 조작이 원활하고 확실하게 하며, 개폐 조작 방향을 명시한다.
- 연소기의 겉모양은 고르며 흠 · 균열 · 파손 · 칠의 얼룩 및 늘어짐, 그 밖에 겉모양을 손상시키는 결함이 없는 것으로 한다.
- 연소기에 연결되는 용기의 수는 두 개를 초과하지 않는 구조로 한다.
- 연소기는 용기의 접속방법 및 가스의 종류가 변경되는 별도의 부품(어댑터 등)을 갖지 아니한다.

㉡ 카세트식 이동식 부탄연소기의 구조 및 치수

- 용기 연결 레버가 있는 것은 다음 구조에 적합하게 한다.
  - 용기 연결 레버는 연소기 몸체에 견고하게 부착되어 있고, 작동이 원활하고 확실한 것으로 한다.
  - 빈 용기를 반복 탈착하는 경우에 용기가 정위치에서 이탈되지 않도록 용기 장착 가이드 홈 등을 설치한다.
  - 용기를 장착하는 경우에 용기 밑면을 미는 구조인 것은 용기를 미는 부분의 면적이 용기 밑면 면적의 1/3 이상으로 한다. 단, 판스프링을 사용하여 용기를 미는 부분의 높이를 용기지름의 1/2 이상으로 한 것은 그렇지 않다.
- 연소기는 2가지 용도로 동시에 사용할 수 없는 구조로 한다.
- 삼발이를 뒤집어 놓을 수 있는 것은 삼발이를 뒤집어 놓았을 때 용기가 연결되지 않거나 가스통로가 열리지 않는 구조로 한다. 단, 삼발이를 뒤집어 놓았을 때 취사용구를 올려놓을 수 없는 구조 및 그릴은 그렇지 않다.
- 연소기는 콕이 닫힌 상태에서 예비 동작 없이는 열리지 않는 구조로 한다. 단, 콕이 닫힌 상태에서 용기가 탈착되는 구조나 소화안전장치가 부착된 것은 그렇지 않다.

- 연소기는 용기 연결 가이드를 부착하고 거버너의 용기 연결 가이드 중심과 용기 홈부 중심이 일치하는 경우에만 용기가 장착되는 구조로서, 용기를 연결하는 경우에는 가스 누출이 없는 것으로 한다.
- 콕이 열린 상태에서는 용기가 연소기에 연결되지 않는 것으로 한다.
- 연소기에 용기를 연결할 때 용기 아랫부분을 스프링의 힘으로 직접 밀어서 연결하는 방법이 아닌 구조로 한다. 단, 자석으로 연결하는 연소기는 비자성 용기를 사용할 수 없음을 표시해야 한다.
- 용기 장착부의 양 옆면과 아랫면에는 통풍구가 있고, 연소기 밑면이 바닥에 직접 닿지 않는 구조로 한다.
- 조리용 연소기 메인 버너의 최상부는 국물받이 바닥면보다 20[mm] 이상 높게 한다. 단, 그릴은 그렇지 아니하다.
- 용기로부터 연소기에 공급되는 가스는 기체 상태이어야 한다.
- 안전장치 작동부(용기 탈착 기계적 작동장치)는 외부 영향으로부터 방해받지 않아야 한다.
- 용기는 적정한 위치에서 어긋난 상태로 장착되었을 때 용기 연결 레버의 중앙에 150[N](밸브를 회전하여 장착하는 구조는 100[N·cm]의 회전력)의 힘을 3초 동안 가했을 때 장착되지 않는 구조로 한다.
- 2차 과압방지장치 중 플레어스택식은 콕이 닫힌 상태에서 용기가 탈착되는 구조로 한다.

㉢ 직결식 이동식 부탄연소기의 구조 및 치수
- 압력조정기, 감압밸브 또는 노즐 등 감압장치를 갖춘다.
- 액상의 가스가 나오지 않는 위치에 용기 연결 가이드를 부착한다. 단, 용기를 수직으로 연결하는 구조의 것은 용기 연결 가이드를 부착하지 않을 수 있다.
- 연소기는 2가지 용도로 동시에 사용할 수 없는 구조로 한다.
- 삼발이를 뒤집어 놓을 수 있는 것은 삼발이를 뒤집어 놓았을 때 용기가 연결되지 않거나 가스통로가 열리지 않는 구조로 한다. 단, 삼발이를 뒤집어 놓았을 때 취사용구를 올려놓을 수 없는 구조 및 그릴은 그렇지 않다.
- 용기로부터 연소기에 공급되는 가스는 기체 상태이어야 한다.

㉣ 분리식 이동식 부탄연소기의 구조 및 치수
- 연소기는 2가지 용도로 동시에 사용할 수 없는 구조로 한다. 단, 용접용기를 연결하는 구조의 것은 2가지 용도로 동시에 사용할 수 있다.
- 호스 연결부의 한쪽을 고정하고 다른 한쪽에 98.1[N](접합용기용 호스는 29.4[N])의 하중을 5분 이상 가하였을 때 누출 및 사용상 지장이 없는 것으로 한다.
- 용기를 수평으로 연결하는 구조의 것은 다음에 적합하게 한다.
  - 용기 연결 레버가 있는 것은 다음과 같이 한다.
    - ⓐ 용기 연결 레버는 연소기 몸체에 견고하게 부착되도록 하며, 작동이 원활하고 확실하도록 한다.
    - ⓑ 빈 용기를 반복 탈착하는 경우에 용기가 정위치에서 이탈되지 않도록 용기 장착 가이드 홈 등을 설치한다.
    - ⓒ 용기를 장착하는 경우에 용기 밑면을 미는 구조인 것은 용기를 미는 부분의 면적이 용기 밑면 면적의 1/3 이상으로 한다. 단, 판스프링을 사용하여 용기를 미는 부분의 높이를 용기지름의 1/2 이상으로 한 것은 그렇지 않다.
  - 연소기는 2가지 용도로 동시에 사용할 수 없는 구조로 한다.
  - 삼발이를 뒤집어 놓을 수 있는 것은 삼발이를 뒤집어 놓았을 때 용기가 연결되지 않거나 가스통로가 열리지 않는 구조로 한다. 단, 삼발이를 뒤집어 놓았을 때 취사용구를 올려놓을 수 없는 구조 및 그릴은 그렇지 않다.

- 용기 연결 레버가 없는 것은 콕이 닫힌 상태에서 예비 동작 없이는 열리지 않는 구조로 한다. 단, 소화안전장치가 부착된 것은 그렇지 않다.
- 연소기는 용기 연결 가이드를 부착하고 거버너의 용기 연결 가이드 중심과 용기 홈부 중심이 일치하는 경우에만 용기가 장착되는 구조로서, 용기를 연결하는 경우에는 가스 누출이 없는 것으로 한다.
- 콕이 열린 상태에서는 용기가 연소기에 연결되지 않도록 한다.
- 연소기에 용기를 연결할 때 용기 아랫부분을 스프링의 힘으로 직접 밀어서 연결하는 방법이 아닌 구조로 한다. 단, 자석으로 연결하는 연소기는 비자성 용기를 사용할 수 없음을 표시해야 한다.
- 용기 장착부의 양 옆면과 아랫면에는 통풍구가 있고, 연소기 밑면이 바닥에 직접 닿지 않는 구조로 한다.

• 용기를 수평으로 연결하지 않는 분리식 연소기는 압력조정기·감압밸브 또는 노즐 등 감압장치를 갖춘다.
• 용기로부터 연소기에 공급되는 가스는 기체 상태이어야 한다. 단, 카세트식 이동식 부탄연소기용 용기 외의 용기를 사용하는 연소기로서 액상의 가스를 기화하는 기능을 가진 것은 제외한다.
• 연소기에 사용되는 호스의 양끝 부분은 나사식이나 피팅(Fitting) 접속방법으로 연결하여 쉽게 분리할 수 없도록 한다.

ⓜ 이동식 부탄연소기 관련 사고 예방방법
• 연소기에 접합용기를 정확히 장착한 후 사용한다.
• 과대한 조리기구를 사용하지 않는다.
• 잔가스 사용을 위해 용기를 가열하지 않는다.
• 폐기할 때는 환기가 잘되는 넓은 장소에서 바람을 등지고 사용한 접합용기를 평평한 바닥에 휴대용 부탄가스의 노즐을 대고 잔존가스를 완전히 제거한다.
• 잔가스를 완전히 제거한 후 (장갑을 착용하고 송곳이나 날카로운 요철을 사용하여) 구멍을 뚫어 화기가 없는 장소(분리수거함 등)에 버린다.

ⓗ 이동식 부탄연소기의 올바른 사용방법
• 텐트 안에서 사용하지 않는다.
• 두 대를 나란히 사용해야 할 경우에는 연결하거나 붙여 사용하면 위험하므로 적당한 거리를 유지한다.
• 사용하는 그릇은 연소기의 삼발이보다 폭이 좁은 것을 사용한다.
• 사용 후 과량 남게 되면 노즐이 눌려 가스가 누출될 수 있으므로, 이를 예방하기 위하여 빨간 캡으로 닫는다.
• 사용 후에나 연소기 운반 중에는 용기를 연소기 외부에 보관한다.

④ 밀폐식 보일러의 사고원인
㉠ 설치 후 이음부에 대한 가스 누출 여부를 확인하지 아니한 경우
㉡ 배기통이 수평보다 위쪽을 향하도록 설치한 경우
㉢ 배기통과 건물의 외벽 사이에 기밀이 완전히 유지되지 않는 경우

⑤ 정전기
㉠ 정전기 제거설비를 정상 상태로 유지하기 위한 검사항목
• 지상에서 접지저항치
• 지상에서의 접속부의 접속 상태
• 지상에서의 절선 그밖에 손상 부분의 유무

㉡ 정전기의 발생에 영향을 주는 요인
• 물질의 표면이 원활하면 발생이 적어진다.
• 물질 표면이 기름 등에 의해 오염되었을 때는 산화, 부식에 의해 정전기가 크게 발생한다.
• 정전기의 발생은 처음 접촉, 분리가 일어났을 때 최대가 된다.
• 분리속도가 빠를수록 정전기의 발생량은 많아진다.
• 고압가스의 분출 시 가스 중에 액체나 고체의 미립자가 섞여 있는 경우, 정전기가 매우 쉽게 발생된다.

㉢ 정전기 제거 또는 발생방지조치(정전기로 인한 화재나 폭발사고의 예방조치)
• 가습하여 상대습도를 높인다(작업실 내 습도를 75[%] 이상 유지).
• 공기를 이온화시킨다.

- 마찰을 작게 한다.
- 대상물을 본딩하거나 접지시킨다.
- 가연성 분위기를 불활성화한다.
- 유체 분출을 방지한다.
- 접촉전위차가 작은 재료를 선택한다.
- 유체의 이전, 충전 시의 유속을 제한한다.
- 정전 차단 또는 정전 차폐(접지된 도체로 대전 물체를 덮거나 둘러싸는 것)한다.
- 전도성 도료를 칠하거나 전기저항이 큰 물질(절연체) 대신에 전도성 물질을 사용하여 전도성을 증가시킨다.
- 정전기의 중화 및 전기가 잘 통하는 물질을 사용한다.
- 제전기(완전제전이 아니라 재해나 장애가 발생되지 않을 정도로 정전기를 제거하는 기기)를 사용한다.
- 저장탱크, 열교환기 등은 가능한 한 단독으로 되어 있어야 한다.

⑥ 제반 안전 관련 사항

㉠ 위험표지 : 독성가스 충전시설에서 다른 제조시설과 구분하여 외부로부터 독성가스 충전시설임을 쉽게 식별할 수 있도록 설치하는 조치

㉡ 질소 충전용기에서 질소의 누출 여부를 확인하는 가장 쉽고 안전한 방법 : 비눗물 사용

㉢ 퓨즈콕 관련
- 퓨즈콕 : 가스밸브와 연소기기(가스레인지 등) 사이에서 호스가 끊어지거나 빠진 경우 가스가 계속 누출되는 것을 차단하기 위한 안전장치
- 퓨즈콕의 의무표시사항 : 보증기간, 제조번호 또는 로트번호, 용도
- 가스사용시설에 퓨즈콕 설치 시 예방 가능한 사고유형 : 가스레인지 연결호스 고의 절단사고

㉣ 공기액화분리기의 운전을 중지하고 액화산소를 방출해야 하는 경우
- 액화산소 5[L] 중 아세틸렌의 질량이 5[mg]을 넘을 때
- 탄화수소의 5[L] 중 탄소의 질량이 500[mg]을 넘을 때

㉤ 폭발방지 대책 수립 시 먼저 분석하여야 할 사항 : 요인분석, 위험성평가분석, 피해예측분석 등

㉥ 유해물질의 사고 예방대책
- 안전보호구 착용
- 작업시설의 정돈과 청소
- 유해물질과 발화원 제거

㉦ 독성가스 제조시설의 시설기준(독성가스의 안전)
- 암모니아 등의 독성가스 저장탱크에는 가스충전량이 그 저장탱크 내용적의 90[%]를 초과하는 것을 방지하는 장치를 설치한다.
- 독성가스의 제조시설에는 그 가스가 누출 시 흡수 또는 중화할 수 있는 장치를 설치한다.
- 독성가스의 제조시설에는 풍향계를 설치한다.
- 암모니아와 브롬화메탄 등의 독성가스의 제조시설의 전기설비는 방폭성능을 가지는 구조로 할 필요가 없다.

㉧ 안전과 관련된 가스의 성질
- 메탄, 아세틸렌 등의 가연성 가스의 농도는 천장부근이 가장 높다.
- 벤젠, 가솔린 등의 인화성 액체의 증기농도는 바닥의 오목한 곳이 가장 높다.
- 가연성 가스의 농도 측정은 공기보다 무거운 가스는 바닥으로부터 높이 30[cm] 이내, 공기보다 가벼운 가스는 천장으로부터 하부 30[cm] 이내에서 실시한다.
- 액체산소의 증발에 의해 발생한 산소가스는 증발 직후 낮은 곳에 정체하기 쉽다.

㉨ 장치 운전 중 고압반응기의 플랜지부에서 가연성 가스가 누출되기 시작했을 때 취해야 할 일반적인 대책
- 가스 공급의 즉시 정지
- 장치 내를 불활성 가스로 치환
- 화기 사용 금지

㉩ 위험물을 취급하는 사업장에는 비상사태 발생 시 피해를 최소화시킬 수 있는 비상조치계획을 수립하여 운용하여야 한다. 비상조치계획에 포함될 사항은 다음과 같다.

- 위험성 및 재해의 파악과 분석
- 비상사태 구분
- 비상조치계획의 수립 및 검토
- 비상대피계획
- 비상사태의 발령
- 비상정보통신체계
- 비상사태의 종결
- 비상조치위원회의 구성
- 비상통제소의 설치와 기능
- 운전 정지 절차
- 비상훈련의 실시 및 조정

⑦ 과열, 파열과 폭발

㉠ 상온·상압에서 수소용기의 과열원인 : 과충전, 용기의 균열·녹, 용기의 취급 불량 등

㉡ 용기 파열사고의 원인

- 가열, 일광의 직사, 내용물의 중합반응 등으로 인한 용기 내압의 이상 상승
- 염소용기는 용기의 부식에 의하여 파열사고가 발생할 수 있다.
- 수소용기는 산소와 혼합 충전으로 격심한 가스폭발에 의한 파열사고가 발생할 수 있다.
- 고압 아세틸렌가스는 분해폭발에 의한 파열사고가 발생될 수 있다.
- 고압가스 용기의 파열사고 주원인은 용기의 내압력 부족에 기인한다. 내압력 부족의 원인으로 용접불량, 용기 내벽의 부식, 강재의 피로 등이 있다.
- 용기 내에서의 폭발성 혼합가스의 발화(용기 내 과다한 수증기 발생으로는 용기 파열이 발생되지 않는다)

㉢ 용기 저장실에서의 가스 폭발사고 발생원인

- 누출경보기의 미작동
- 통풍구의 환기능력 부족
- 배관 이음매 부분의 결함

㉣ 공기액화분리에 의한 산소와 질소 제조시설에 아세틸렌가스가 소량 혼입되었을 때, 발생 가능한 현상으로 가장 유의하여야 할 사항 : 응고되어 이동하다가 구리 등과 접촉하면 산소 중에서 폭발할 가능성이 크다.

㉤ 냉장고 수리를 위하여 아세틸렌 용접작업 중 산소가 떨어지자 산소에 연결된 호스를 뽑아 얼마 남지 않은 것으로 생각되는 LPG 용기에 연결하여 용접 토치에 불을 붙이자 LPG 용기가 폭발하였다면, 그 원인으로 가장 가능성이 높은 것은 호스 속의 산소 또는 아세틸렌이 역류되어 역화에 의한 폭발인 것이다.

㉥ 고온·고압하의 수소에서는 수소원자가 발생되어 금속조직으로 침투하여 카본이 결합, CH_4 등의 가스를 생성하여 용기가 파열하는 원인이 될 수 있는 현상 : 금속조직에서의 탄소의 추출

㉦ 이동식 부탄연소기(220[g] 납붙임용기 삽입형)를 사용하는 음식점에서 부탄연소기의 본체보다 큰 주물 불판을 사용하여 오랜 시간 조리하다가 폭발사고가 일어났다면, 사고의 원인으로 용기 내부의 압력 급상승이 추정된다.

㉧ 가연성 가스와 산소의 혼합가스에 불활성 가스를 혼합하여 산소농도를 감소해 가면 어떤 산소농도 이하에서는 점화하여도 발화되지 않는다. 이때의 산소농도를 한계산소농도라 한다. 아세틸렌과 같이 폭발범위가 넓은 가스의 경우 한계산소농도는 약 4[%]이다. 프로판가스 폭발 시 폭발 위력 및 격렬함 정도가 가장 크게 될 때 공기와의 혼합농도는 4.0[%]이다.

⑧ 제반 트러블 관련 사항

㉠ 부식에 의해 염공이 커지면 연소기에서 역화가 발생할 수 있다.

㉡ 가스레인지 점화 동작 시도 후 점화가 안 될 때의 조치방법

- 가스용기밸브 및 중간밸브가 완전히 열렸는지를 확인한다.
- 버너 캡 및 버너 보디를 바르게 조립한다.
- 본체 뒷면의 건전지가 사용한지 오래되어 약해진 것인지를 확인하고 약하다면 새 건전지로 교환한다(점화 시 '따따따'하는 방전음의 간격이 길어지고, 소리가 약할 때는 건전지를 새것으로 교환해야 한다).
- 점화플러그 주위를 깨끗이 닦아 준다.

㉢ 사람이 사망하거나 부상, 중독가스사고가 발생하였을 때 사고의 통보내용
- 통보자의 인적사항(통보자의 소속, 직위, 성명 및 연락처)
- 사고 발생 일시 및 장소
- 시설현황
- 사고내용 및 피해 현황(인명과 재산)

㉣ 가스 안전사고를 조사할 때 유의해야 할 사항
- 재해조사는 발생 후 되도록 빨리 현장이 변경되지 않은 가운데 실시하는 것이 좋다.
- 재해에 관계가 있다고 생각되는 것은 물적 · 인적인 것을 모두 수집 · 조사한다.
- 시설의 불안전한 상태나 작업자의 불안전한 행동에 대하여 유의하여 조사한다.
- 재해조사에 참여하는 자는 항상 객관적인 입장을 유지하여 조사한다.

㉤ 가스 관련 사고의 원인으로 가장 많이 발생한 경우는 사용자 취급 부주의이며 가스사고를 사용처별로 구분했을 때 가장 빈도가 높은 곳은 주택이다.

㉥ 가연성 가스 제조소에서 화재의 원인이 될 수 있는 착화원 : 정전기, 촉매의 접촉작용, 밸브의 급격한 조작

㉦ 가스보일러가 가동 중인 아파트 7층 다용도실에서 세탁 중이던 주부가 세탁 30분 후 머리가 아프다며 다용도실을 나온 후 실신하였고, 정밀조사 결과 상층으로 올라갈수록 CO의 농도가 높아짐을 알았을 때, 최우선 대책으로 공동 배기구 시설 개선이 적절하다.

㉧ 가스보일러에서 CO 가스의 발생원인
- 연소기의 열교환기 상태 불량에 의한 CO 발생
- 연소가스가 외풍으로 연소기 설치실로 역류 유입
- 배기 상태 불량으로 CO 증대와 산소 공급 불량

㉨ 공기액화분리장치의 폭발원인
- 공기 취입구에서 아세틸렌 혼입
- 공기 중 질소화합물 혼입
- 압축기 윤활유의 분해에 의한 탄화수소의 생성

㉩ 20[m^3] 미만의 장소에서 사염화탄소 소화기를 사용하지 않아야 하는 이유 : 포스겐 가스($COCl_2$)가 발생할 수 있기 때문

㉪ 가스 안전사고의 원인을 정확하게 분석하여야 하는 이유 : 사고에 대한 정확한 예방대책 수립

㉫ 액화가스의 저장탱크압력이 이상 상승하였을 때 조치사항
- 가스방출밸브를 열어 가스를 방출시킨다.
- 살수장치를 작동시켜 저장탱크를 냉각시킨다.
- 액이입 펌프를 긴급히 정지시킨다.
- 입구측의 긴급차단밸브를 작동시킨다.

핵심예제

2-1. 이동식 부탄연소기(카세트식)의 구조에 대한 설명으로 옳은 것은? [2010년 제1회 유사, 2018년 제1회 유사, 제3회]

① 용기 장착부 이외에 용기가 들어가는 구조이어야 한다.
② 연소기는 50[%] 이상 충전된 용기가 연결된 상태에서 어느 방향으로 기울여도 20° 이내에서는 넘어지지 아니하여야 한다.
③ 연소기는 2가지 용도로 동시에 사용할 수 없는 구조로 한다.
④ 연소기에 용기를 연결할 때 용기 아랫부분을 스프링의 힘으로 직접 밀어서 연결하는 방법 또는 자석에 의하여 연결하는 방법이어야 한다.

2-2. 가스 안전사고를 조사할 때 유의할 사항으로 적합하지 않은 것은? [2013년 제3회, 2016년 제2회]

① 재해조사는 발생 후 되도록 빨리 현장이 변경되지 않은 가운데 실시하는 것이 좋다.
② 재해에 관계가 있다고 생각되는 것은 물적 · 인적인 것을 모두 수집 · 조사한다.
③ 시설의 불안전한 상태나 작업자의 불안전한 행동에 대하여 유의하여 조사한다.
④ 재해조사에 참가하는 자는 항상 주관적인 입장을 유지하여 조사한다.

2-3. 공기액화분리기를 운전하는 과정에서 안전대책상 운전을 중지하고 액화산소를 방출해야 하는 경우는?(단, 액화산소통 내의 액화산소 5[L] 중의 기준이다) [2008년 제1회 유사, 제3회, 2010년 제2회 유사, 2014년 제2회 유사, 제3회, 2018년 제2회 유사]

① 아세틸렌이 0.1[mg]을 넘을 때
② 아세틸렌이 5[mg]을 넘을 때
③ 탄화수소의 탄소 질량이 5[mg]을 넘을 때
④ 탄화수소의 탄소 질량이 50[mg]을 넘을 때

핵심예제

2-4. 장치 운전 중 고압반응기의 플랜지부에서 가연성 가스가 누출되기 시작했을 때 취해야 할 일반적인 대책으로 가장 적절하지 않은 것은? [2015년 제2회, 2019년 제2회]

① 화기 사용 금지
② 일상점검 및 운전
③ 가스 공급의 즉시 정지
④ 장치 내를 불활성 가스로 치환

2-5. 가연성 가스 제조소에서 화재의 원인이 될 수 있는 착화원이 모두 바르게 나열된 것은? [2015년 제3회, 2019년 제1회]

Ⓐ 정전기
Ⓑ 베릴륨합금제 공구에 의한 충격
Ⓒ 안전증 방폭구조의 전기기기
Ⓓ 촉매의 접촉작용
Ⓔ 밸브의 급격한 조작

① Ⓐ, Ⓓ, Ⓔ
② Ⓐ, Ⓑ, Ⓒ
③ Ⓐ, Ⓒ, Ⓓ
④ Ⓑ, Ⓒ, Ⓔ

2-6. 정전기 제거설비를 정상 상태로 유지하기 위한 검사항목이 아닌 것은? [2008년 제3회, 2011년 제2회, 2017년 제2회]

① 지상에서 접지저항치
② 지상에서의 접속부의 접속 상태
③ 지상에서의 접지접속선의 절연 여부
④ 지상에서의 절선 그밖에 손상 부분의 유무

2-7. 정전기를 억제하기 위한 방법이 아닌 것은?
[2007년 제3회 유사, 2015년 제1회, 2016년 제3회 유사, 2020년 제3회]

① 습도를 높여 준다.
② 접지(Grounding)한다.
③ 접촉전위차가 큰 재료를 선택한다.
④ 정전기의 중화 및 전기가 잘 통하는 물질을 사용한다.

2-8. 10[kg]의 LPG가 누출하여 폭발할 경우 TNT 폭발 위력으로 환산하면 TNT 몇 [kg]에 해당하는가?(단, 가스의 발열량은 12,000[kcal/kg], TNT의 연소열은 1,100[kcal/kg]이고, 폭발효율은 3[%]이다) [2012년 제3회]

① 0.3
② 3.3
③ 12
④ 20

2-9. 독성가스에 대한 설명으로 틀린 것은?
[2013년 제3회 유사, 2016년 제1회]

① 암모니아 등의 독성가스 저장탱크에는 가스 충전량이 그 저장탱크 내용적의 90[%]를 초과하는 것을 방지하는 장치를 설치한다.
② 독성가스의 제조시설에는 그 가스가 누출 시 흡수 또는 중화할 수 있는 장치를 설치한다.
③ 독성가스의 제조시설에는 풍향계를 설치한다.
④ 암모니아와 브롬화메탄 등의 독성가스의 제조시설의 전기설비는 방폭성능을 가지는 구조로 한다.

2-10. 가스의 성질에 대한 설명으로 틀린 것은? [2018년 제1회]

① 메탄, 아세틸렌 등의 가연성 가스의 농도는 천장 부근이 가장 높다.
② 벤젠, 가솔린 등의 인화성 액체의 증기농도는 바닥의 오목한 곳이 가장 높다.
③ 가연성 가스의 농도 측정은 사람이 앉은 자세의 높이에서 한다.
④ 액체산소의 증발에 의해 발생한 산소가스는 증발 직후 낮은 곳에 정체하기 쉽다.

2-11. 고압가스의 분출 시 정전기가 가장 발생하기 쉬운 경우는? [2004년 제2회, 2007년 제1회, 2008년 제1회 유사, 2010년 제3회]

① 다성분의 혼합가스인 경우
② 가스의 분자량이 작은 경우
③ 가스가 건조해 있을 경우
④ 가스 중에 액체나 고체의 미립자가 섞여 있는 경우

2-12. 정전기의 발생에 영향을 주는 요인에 대한 설명으로 옳지 않은 것은?
[2003년 제3회, 2008년 제2회, 2011년 제3회, 2016년 제3회]

① 물질의 표면이 원활하면 발생이 적어진다.
② 물질 표면이 기름 등에 의해 오염되었을 때는 산화, 부식에 의해 정전기가 크게 발생한다.
③ 정전기의 발생은 처음 접촉, 분리가 일어났을 때 최대가 된다.
④ 분리속도가 빠를수록 정전기의 발생량은 적어진다.

|해설|

2-1

① 용기 장착부 이외에 용기가 들어가지 아니하는 구조이어야 한다.

② 연소기는 50[%] 이상 충전된 용기가 연결된 상태에서 어느 방향으로 기울여도 15° 이내에서는 넘어지지 아니하여야 한다.

④ 연소기에 용기를 연결할 때 용기 아랫부분을 스프링의 힘으로 직접 밀어서 연결하는 방법이 아닌 구조로 하며, 자석으로 연결하는 연소기는 비자성용기를 사용할 수 없음을 표시해야 한다.

2-2

재해조사에 참여하는 자는 항상 객관적인 입장을 유지하여 조사한다.

2-3

공기액화분리기의 운전을 중지하고 액화산소를 방출해야 하는 경우

- 액화산소 5[L] 중 아세틸렌 질량이 5[mg]을 넘을 때
- 탄화수소의 5[L] 중 탄소 질량이 500[mg]을 넘을 때

2-4

장치 운전 중 고압반응기의 플랜지부에서 가연성 가스가 누출되기 시작했을 때는 일상점검 및 운전을 할 것이 아니라 가스 공급의 즉시 정지, 장치 내를 불활성 가스로 치환하고, 화기 사용 금지 등의 조치를 취해야 한다.

2-5

Ⓑ 베릴륨합금제 공구는 방폭공구이다.

Ⓒ 안전증 방폭구조의 전기기기는 폭발방지장치이다.

2-6

정전기 제거설비를 정상 상태로 유지하기 위한 검사항목

- 지상에서 접지저항치
- 지상에서의 접속부의 접속 상태
- 지상에서의 절선 그밖에 손상 부분의 유무

2-7

정전기를 억제하기 위해서는 접촉전위차가 작은 재료를 선택한다.

2-8

누출 가스의 TNT 폭발 위력

$$폭발열량[kcal] \times \frac{1[kg]TNT}{1,100[kcal]} = \frac{10 \times 12,000 \times 0.03}{1,100} \simeq 3.3[kg]TNT$$

2-9

암모니아와 브롬화메탄 등의 독성가스의 제조시설의 전기설비는 방폭성능을 가지는 구조로 할 필요가 없다.

2-10

가연성 가스의 농도 측정은 공기보다 무거운 가스는 바닥으로부터 높이 30[cm] 이내, 공기보다 가벼운 가스는 천장으로부터 하부 30[cm] 이내에서 실시한다.

2-11

고압가스의 분출 시 가스 중에 액체나 고체의 미립자가 섞여 있는 경우, 정전기가 매우 쉽게 발생된다.

2-12

분리속도가 빠를수록 정전기의 발생량은 많아진다.

정답 2-1 ③ 2-2 ④ 2-3 ② 2-4 ② 2-5 ① 2-6 ③ 2-7 ③ 2-8 ② 2-9 ④ 2-10 ③ 2-11 ④ 2-12 ④

핵심이론 03 안전성 평가

① 안전성 평가의 개요

㉠ SMS(Safety Management System, 체계적이고 종합적인 안전관리체계) : 기업활동 전반을 시스템으로 보고 시스템 운영규정을 작성·시행하여 사업장에서의 사고 예방을 위한 모든 형태의 활동 및 노력을 효과적으로 수행하기 위한 체계적이고 종합적인 안전관리체계

㉡ 안전관리 수준 평가의 분야별 평가항목
- 안전관리 리더십 및 조직
- 안전교육 훈련 및 홍보
- 가스사고
- 비상사태 대비
- 운영관리
- 시설관리

㉢ 안정성(위험성) 평가기법의 분류
- 정성적 평가기법 : 체크리스트기법, 사고예상질문분석(WHAT-IF)기법, 위험과 운전분석(HAZOP)기법, 고장형태영향분석(FMEA)기법, 이상위험도분석(FMECA)기법
- 정량적 평가기법 : 상대위험순위결정(Dow And Mond Indices)기법, 작업자실수분석(HEA)기법, 결함수분석(FTA), 사건수분석(ETA)기법, 원인결과분석(CCA)기법

㉣ 안전성 평가 관련 제반사항
- 가스 안전 영향 평가를 하여야 하는 굴착공사 : 지하보도 공사, 지하차도 공사, 도시철도 공사
- 안전성 평가 전문가의 구성 : 안전성 평가 전문가, 설계 전문가, 공정운전 전문가(각 1명 이상)
- 액화천연가스 인수기지에 대하여 위험성 평가를 하려고 할 때의 절차 : 위험의 인지 → 사고 발생 빈도분석 → 사고 피해 영향분석 → 위험의 해석 및 판단

② 정성적 평가기법

㉠ 체크리스트기법 : 공정 및 설비의 오류, 결함 상태, 위험 상황 등을 목록화한 형태로 작성하여 경험적으로 비교함으로써 위험성을 정성적으로 파악하는 안전성 평가기법

㉡ 사고예상질문분석(WHAT-IF)기법 : 공정에 잠재하고 있으면서 원하지 않은 나쁜 결과를 초래할 수 있는 사고에 대하여 예상질문을 통해 사전에 확인함으로써 그 위험과 결과 및 위험을 줄이는 방법을 제시하는 정성적 안전성 평가기법

㉢ 위험과 운전분석기법
- 위험과 운전분석 기법(HAZOP ; HAZard and OPerability studies)은 공정에 존재하는 위험요소들과 공정의 효율을 떨어뜨릴 수 있는 운전상의 문제점을 찾아내어 그 원인을 제거하는 정성적인 안전성 평가기법이다.
- 공정을 이해하는 데 도움이 된다.
- 공정의 상호작용을 완전히 분석할 수 있다.
- 정확한 상세도면 및 데이터가 필요하다.
- 여러 가지 공정형식(연속식, 회분식)에 적용 가능하다.
- 일반적으로 산업체(화학공장)에서 사용된다.
- 사용 용어
  - 의도(Intention) : 설계자가 바라고 있는 운전조건
  - 변수(Parameter) : 유량, 압력, 온도, 물리량이나 공정의 흐름조건을 나타내는 변수
  - 가이드워드(Guide Words) : 변수의 질이나 양을 표현하는 간단한 용어
    - ⓐ 연속공정의 가이드워드 : 없음(No, Not, None), 증가(More), 반대(Reverse), 부가(As Well As), 부분(Parts Of), 기타(Other Than)
    - ⓑ 회분공정의 가이드워드 중 시간에 관련된 가이드워드 : 생략(No Time), 지연(More Time), 단축(Less Time), 오차(Wrong Time)

ⓒ 회분공정의 가이드워드 중 시퀀스에 관련된 가이드워드 : 조작지연(Step Too Late), 조기조작(Step Too Early), 조작생략(Step Left Out), 역행조작(Step Backwards), 부분조작(Part Of Missed), 다른조작(Extra Action Included), 기타 오조작(Wrong Action Taken)

- 이탈(Deviation) : 가이드워드와 변수가 조합되어 유체 흐름의 정지 또는 과잉 상태와 같이 설계 의도로부터 벗어난 상태
- 원인(Cause) : 이탈이 일어나는 이유
- 결과(Consequence) : 이탈이 일어남으로써 야기되는 상태
- 검토구간(Node) : HAZOP 검토를 하고자 하는 설비구간

㉣ 고장형태영향분석기법

- 고장형태영향분석(FMEA ; Failure Mode & Effects Analysis)은 시스템에 영향을 미치는 모든 요소의 고장을 형태별로 분석하여 그 영향을 검토하는 기법이다.
- 시스템을 하위시스템으로 점점 좁혀 가고 고장에 대해 그 영향을 기록하여 평가하는 기법이다.
- 일반적으로 서브시스템 위험분석이나 시스템 위험분석을 위하여 사용된다.
- 전형적인 정성적 · 귀납적 분석기법이다.

㉤ 이상위험도분석(FMECA ; Failure Modes, Effects and Criticality Analysis)기법 : 공정 및 설비의 고장의 형태 및 영향, 고장형태별 위험도 순위 등을 결정하는 기법이다.

③ 정량적 평가기법

㉠ 상대위험순위결정(Dow And Mond Indices)기법 : 설비에 존재하는 위험에 대하여 수치적으로 상대 위험 순위를 지표화하여 그 피해 정도를 나타내는 상대적 위험 순위를 정하는 안전성평가기법

㉡ 작업자실수분석(HEA ; Human Error Analysis)기법 : 설비의 운전원, 정비보수원, 기술자 등의 작업에 영향을 미칠만한 요소를 평가하여 그 실수의 원인을 파악하고 추적하여 정량적으로 실수의 상대적 순위를 결정하는 안전성평가기법

㉢ 결함수분석(FTA ; Fault Tree Analysis)기법 : 사고를 일으키는 장치의 이상이나 운전자 실수의 조합을 연역적으로 분석하는 정량적 안전성 평가기법

㉣ 사건수분석(ETA ; Event Tree Analysis)기법 : 초기 사건으로 알려진 특정한 장치의 이상이나 운전자의 실수로부터 발생되는 잠재적인 사고결과를 예측 평가하는 정량적인 안전성 평가기법

- 사상의 안전도를 사용하며 시스템의 안전도를 나타내는 모델이다.
- 귀납적이기는 하지만 정량적 분석기법이다.
- 재해의 확대요인의 분석에 적합하다.

㉤ 원인결과분석(CCA ; Cause-Consequence Analysis)기법 : 잠재된 사고의 결과와 이러한 사고의 근본적인 원인을 찾아내고 사고결과와 원인의 상호관계를 예측 · 평가하는 정량적 안전성 평가기법

핵심예제

3-1. 안전관리 수준평가의 분야별 평가항목이 아닌 것은?

[2016년 제3회]

① 안전사고
② 비상사태 대비
③ 안전교육 훈련 및 홍보
④ 안전관리 리더십 및 조직

3-2. 가스 안전성 평가에서 사용되는 위험성 평가기법 중 정성적 위험성 평가기법이 아닌 것은?

[2006년 제3회 유사, 2010년 제2회]

① Check List 기법
② HAZOP 기법
③ FTA 기법
④ WHAT-IF 기법

핵심예제

3-3. 가스 안전성평가기법은 정성적 기법과 정량적 기법으로 구분한다. 정량적 기법이 아닌 것은? [2008년 제2회 유사, 2011년 제1회, 2016년 제1회, 2018년 제1회 유사, 2019년 제2회]

① 결함수 분석(FTA)
② 사건수 분석(ETA)
③ 원인결과 분석(CCA)
④ 위험과 운전분석(HAZOP)

3-4. 가스 안전성평가기법에 대한 설명으로 틀린 것은? [2006년 제2회, 2018년 제2회]

① 체크리스트기법은 설비의 오류, 결함 상태, 위험 상황 등을 목록화한 형태로 작성하여 경험적으로 비교함으로써 위험성을 정성적으로 파악하는 기법이다.
② 작업자실수분석기법은 사고를 일으키는 장치의 이상이나 운전자 실수의 조합을 연역적으로 분석하는 정량적 기법이다.
③ 사건수분석기법은 초기사건으로 알려진 특정한 장치의 이상이나 운전자의 실수로부터 발생되는 잠재적인 사고결과를 평가하는 정량적 기법이다.
④ 위험과 운전분석기법은 공정에 존재하는 위험요소들과 공정의 효율을 떨어뜨릴 수 있는 운전상의 문제점을 찾아내어 그 원인을 제거하는 정성적 기법이다.

3-5. 운전과 위험분석(HAZOP)기법에서 변수의 양이나 질을 표현하는 간단한 용어는? [2019년 제1회]

① Parameter
② Cause
③ Consequence
④ Guide Words

3-6. 가스설비의 정성적 위험성평가방법으로 주로 사용되는 HAZOP 기법에 대한 설명으로 틀린 것은? [2012년 제1회]

① 공정을 이해하는 데 도움이 된다.
② 공정의 상호작용을 완전히 분석할 수 있다.
③ 정확한 상세 도면 및 데이터가 필요하지 않다.
④ 여러 가지 공정형식(연속식, 회분식)에 적용 가능하다.

|해설|

3-1

안전관리 수준 평가의 분야별 평가항목

- 안전관리 리더십 및 조직
- 안전교육 훈련 및 홍보
- 가스사고
- 비상사태 대비
- 운영관리
- 시설관리

3-2

FTA 기법은 정량적 평가기법에 해당한다.

3-3

위험과 운전분석 기법(HAZOP)은 정성적 평가기법에 해당한다.

3-4

사고를 일으키는 장치의 이상이나 운전자 실수의 조합을 연역적으로 분석하는 정량적 기법은 결함수분석기법(FTA)이다.

3-5

① Parameter(변수) : 유량, 압력, 온도, 물리량이나 공정의 흐름조건을 나타내는 변수
② Cause(원인) : 이탈이 일어나는 이유
③ Consequence(결과) : 이탈이 일어남으로써 야기되는 상태

3-6

HAZOP 기법은 정확한 상세 도면 및 데이터가 필요하다.

정답 3-1 ① 3-2 ③ 3-3 ④ 3-4 ② 3-5 ④ 3-6 ③

가스계측기기

제1절 | 계측 일반

핵심이론 01 압력 · 온도 · 밀도 · 비중

① 압 력

(CHAPTER 01 가스유체역학에 수록)

② 온 도

(CHAPTER 02 연소공학에 수록)

③ 밀도와 비중

㉠ 개 요

- 밀도는 단위체적당 물질의 질량으로 정의한다.
- 비중은 두 물질의 밀도비로서 무차원수이다.
- 표준물질인 순수한 물은 4[℃], 1기압에서 비중이 1이다.

㉡ 밀도의 단위는 [$N \cdot s^2/m^4$]이다.

㉢ 상태방정식을 이용한 밀도 계산 :

$$PV = G\overline{R}T = \frac{m}{M}\overline{R}T\text{에서}$$

$$\text{밀도 } \rho = \frac{m}{V} = \frac{PM}{\overline{R}T}$$

핵심예제

1-1. 밀도와 비중에 대한 설명으로 틀린 것은? [2020년 제1 · 2회 통합]

① 밀도는 단위체적당 물질의 질량으로 정의한다.
② 비중은 두 물질의 밀도비로서 무차원수이다.
③ 표준물질인 순수한 물은 0[℃], 1기압에서 비중이 1이다.
④ 밀도의 단위는 [$N \cdot s^2/m^4$]이다.

1-2. 압력 5[$kgf/cm^2 \cdot abs$], 온도 40[℃]인 산소의 밀도는 약 몇 [kg/m^3]인가? [2004년 제2회, 2010년 제1회, 2016년 제2회]

① 2.03 ② 4.03
③ 6.03 ④ 8.03

1-3. 1기압, 100[°C]에서 공기의 밀도[g/L]는?(단, 공기는 N_2, O_2, Ar이 78[%], 21[%], 1[%]를 각각 함유하고 있으며, 분자량은 각각 28, 32, 40이다) [2013년 제3회]

① 0.66 ② 0.74
③ 0.88 ④ 0.94

|해설|

1-1

표준물질인 순수한 물은 4[℃], 1기압에서 비중이 1이다.

1-2

$$PV = G\overline{R}T = \frac{m}{M}\overline{R}T\text{이며}$$

$$\text{밀도 } \rho = \frac{m}{V} = \frac{PM}{\overline{R}T} = \frac{5 \times 10^4 \times 32}{848 \times (40 + 273)} \simeq 6.03[kg/m^3]$$

1-3

$$PV = G\overline{R}T = \frac{m}{M}\overline{R}T\text{이며}$$

$$\text{밀도 } \rho = \frac{m}{V} = \frac{PM}{\overline{R}T}$$

$$= \frac{1.033 \times 10^4 \times (28 \times 0.78 + 32 \times 0.21 + 40 \times 0.01)}{848 \times (100 + 273)}$$

$$\simeq 0.945[g/L]$$

정답 1-1 ③ 1-2 ③ 1-3 ④

핵심이론 02 측정의 기본

① 측정의 기본 용어

㉠ 평균치 : 측정치를 모두 더하여 측정 횟수로 나눈 값(측정치의 산술평균값)

㉡ 공차 · 오차 · 참값 · 측정값

- 공차(Tolerance) : 계측기(계량기) 고유오차의 최대허용한도
- 오차(Error) : 측정값 – 참값 또는 측정값 – 기준값

※ 오차율 $= \dfrac{\text{측정값} - \text{참값}}{\text{참값}} \times 100[\%]$

$= \dfrac{\text{측정값} - \text{기준값}}{\text{기준값}} \times 100[\%]$

- 참값 : 측정값 – 오차
- 측정값 : 참값 + 오차

㉢ 편차와 정확도

- 편차(Bias, 치우침) : 측정값 – 평균값
  - 측정치로부터 모평균을 뺀 값이다.
  - 목표치와 제어양의 차이다.
- 정확도(Accuracy) : 치우침이 작은 정도
- 오차가 작은 계량기는 정확도가 높다.

㉣ 산포와 정밀도

- 산포(분산) : 흩어짐의 정도
- 정밀도(Precision) : 분산(산포)이 작은 정도. 참값에 가까운 정도('계기로 같은 시료를 여러 번 측정하여도 측정값이 일정하지 않다.'고 할 때, 이 일치하지 않는 것이 작은 정도를 정밀도라고 한다)

㉤ 감도(Sensitivity)

- 감도는 계측기가 측정량의 변화에 민감한 정도이다.
- 감도는 측정량의 변화(ΔM)에 대한 지시량의 변화(ΔA)의 비로 표시된다.

감도 $E = \dfrac{\text{지시량의 변화}}{\text{측정량의 변화}} = \dfrac{\Delta A}{\Delta M}$

- 지시량은 눈금 상에서 읽을 수 있는 측정량이다.
- 감도의 표시는 지시계의 감도와 눈금의 너비로 나타낸다.
- 지시계의 확대율이 커지면 감도는 높아진다.
- 감도가 좋으면 아주 작은 양의 변화를 측정할 수 있다.
- 정밀한 측정을 위해서는 감도가 좋은 측정기를 사용해야 한다.
- 감도가 나쁘면 정밀도도 나빠진다.
- 감도가 좋으면 측정시간이 길어진다.
- 감도가 좋으면 측정범위는 좁아진다.

㉥ 동특성 : 시간 지연과 동오차

- 측정량이 시간에 따라 변동하고 있을 때 계기의 지시값은 그 변동에 따를 수 없는 것이 일반적이며, 시간적으로 처짐과 오차가 생기는데 이 측정량의 변동에 대하여 계측기의 지시가 어떻게 변하는지 대응관계를 나타내는 계측기의 특성을 의미한다.

㉦ 계량단위의 접두어

크 기	기 호	명 칭	크 기	기 호	명 칭
10^1	da	deca	10^{-1}	d	deci
10^2	h	hecto	10^2	c	centi
10^3	k	kilo	10^{-3}	m	mili
10^6	M	Mega	10^{-6}	μ	micro
10^9	G	Giga	10^{-9}	n	nano
10^{12}	T	Tera	10^{-12}	p	pico
10^{15}	P	Peta	10^{-15}	f	femto
10^{18}	E	Exa	10^{-18}	a	atto
10^{21}	Z	Zetta	10^{-21}	z	zepto
10^{24}	Y	Yotta	10^{-24}	y	yocto

② 측정오차의 종류 : 우연오차, 계통적 오차

㉠ 우연오차 : 발생원인을 알 수 없는 오차

- 원인 규명이 명확하지 않다.
- 측정할 때마다 측정값이 일정하지 않은 오차이다.
- 측정치가 일정하지 않고 분포현상을 일으키는 흩어짐(Dispersion)이 원인이 되는 오차이다.
- 측정자 자신의 산포 및 관측자의 오차와 시차 등 산포에 의하여 발생한다.
- 상대적인 분포현상을 가진 측정값을 나타낸다.
- 정 · 부의 오차가 일정한 분포 상태를 가진다.
- 완전한 제거가 가능하지 않다.

㉡ 계통적 오차 : 발생원인을 알고 있는 오차이며, 측정값의 쏠림(Bias)에 의하여 발생하는 오차
- 계기오차(기차) : 계측기 자체에 원인으로 발생되는 오차
  - 계측기가 가지고 있는 고유의 오차
  - 정오차(Static Error) : 측정량이 변동하지 않을 때의 계측기의 오차
- 개인오차 : 개인 숙련도에 따른 오차
- 이론오차 : 이론적으로 보정 가능한 오차(열팽창이나 처짐 등)
- 환경오차 : 측정 시의 온도, 습도, 압력 등의 영향으로 발생되는 오차
  - 강(Steel)으로 만들어진 자(Rule)로 길이를 잴 때 자가 온도의 영향을 받아 팽창·수축함으로써 발생하는 오차는 계통적 오차 중 환경오차에 해당한다.

※ 측정기 정도 표준 : 온도 20±0.5[℃], 습도 65[%], 기압 760[mmHg](1,013[mb])

㉢ 계통적 오차 제거방법
- 외부조건을 표준조건으로 유지한다.
- 진동, 충격 등을 제거한다.
- 제작 시부터 생긴 기차를 보정한다.

③ 측정의 종류

㉠ 직접측정 : 측정기를 피측정물에 직접 접촉시켜서 길이나 각도를 측정기의 눈금으로 읽는 방식(자, 버니어캘리퍼스, 마이크로미터 등)

㉡ 비교측정 : 기준 치수와 피측정물을 비교하여 차이를 읽는 방식(다이얼게이지, 미니미터, 공기 마이크로미터, 전기 마이크로미터 등)

㉢ 간접측정 : 피측정물의 측정부의 치수를 수학적이나 기하학적인 관계로 측정하는 방식(사인바에 의한 각도 측정, 롤러와 블록게이지에 의한 테이퍼 측정, 삼침법에 의한 나사의 유효지름 측정 등)

㉣ 절대측정 : 정의에 따라 결정된 양을 사용하여 측정하는 방식(U자관 압력계-수은주 높이, 밀도, 중력가속도를 측정해서 압력의 측정값 결정 등)

④ 측정량 계량방법

㉠ 보상법 : 측정량의 크기가 거의 같은 미리 알고 있는 양의 분동을 준비하여 분동과 측정량의 차이로부터 측정량을 구하는 방법

㉡ 편위법 : 측정량의 크기에 따라 지침 등을 편위시켜 측정량을 구하는 방법
- 취급이 쉽고 신속하게 측정할 수 있다.
- 적용 : 스프링 저울, 부르동관 압력계, 전압계, 전류계 등
- 스프링식 저울의 경우 물체의 무게가 작용되어 스프링의 변위가 생기고, 이에 따라 바늘의 변위가 생겨 물체의 무게를 지시하는 눈금으로 무게를 측정한다.
- 감도는 떨어진다.

㉢ 치환법 : 정확한 기준과 비교 측정하여 측정기 자신의 부정확한 원인이 되는 오차를 제거하기 위하여 사용되는 방법으로, 다이얼게이지를 이용하여 두께를 측정하는 방법 등이 이에 해당한다.

㉣ 영위법 : 측정량(측정하고자 하는 상태량)과 기준량(독립적 크기 조정 가능)을 비교하여 측정량과 똑같이 되도록 기준량을 조정한 후 기준량의 크기로부터 측정량을 구하는 방법(천칭)

⑤ 계량·계측·계기

㉠ 개 요
- 계량·계측기의 교정 : 계량, 계측기의 지시값을 참값과 일치하도록 수정하는 것
- 계량·계측기기의 정확도와 정밀도를 확보하기 위한 제도 중 계량법상 강제 규정 : 검정, 교정, 정기검사, 수시검사 등

㉡ 계량에 관한 법률의 목적
- 계량의 기준을 정한다.
- 적절한 계량을 실시한다.
- 공정한 상거래 질서를 유지한다.
- 산업의 선진화에 기여한다.

㉢ 계측기의 원리
- 액주 높이로부터 압력을 측정한다.
- 초음파속도 변화로 유량을 측정한다.
- 기전력의 차이로 온도를 측정한다.
- 전압과 정압의 차를 이용하여 유속을 측정한다.

㉣ 계측기기의 구비조건
- 구조가 단순하고, 취급이 용이하여야 한다.
- 정확도가 있고, 견고하고 신뢰할 수 있어야 한다.
- 주변 환경에 대하여 내구성이 있어야 한다.
- 경제적이며 수리가 용이하여야 한다.
- 연속적이고 원격 지시, 기록이 가능하여야 한다.

㉤ 계측기 선정 시 고려사항
- 측정대상 : 측정량의 종류, 상태
- 측정환경 : 장소, 조건
- 측정 수량 : 소량, 다량
- 측정방법 : 원격 측정, 자동 측정, 지시, 기록 등
- 요구 성능 : 측정범위, 정확도와 정밀도, 감도, 견고성 및 내구성, 편리성, 고장조치 등
- 경제 사항 : 가격, 유지비, 측정에 소요되는 비용

㉥ 계측기기의 보존을 위해 취하여야 할 사항
- 예비 부품, 예비 계측기기의 상비
- 계측 관련 업무 근무자의 관리교육
- 관리자료의 정비
- 점검 및 수리

㉦ 계측 관련 제반사항
- 측정 전 상태의 영향으로 발생하는 히스테리시스(Hysteresis) 오차의 원인 : 기어 사이의 틈, 운동부위의 마찰, 탄성 변형(주위 온도의 변화는 아니다)
- 제동(Damping) : 관성이 있는 측정기의 지나침(Overshooting)과 공명현상을 방지하기 위해 취하는 행동

핵심예제

2-1. 계측기기의 감도에 대한 설명 중 틀린 것은?

[2007년 제2회 유사, 제3회, 2009년 제1회 유사, 2013년 제1회 유사, 제2회 유사, 2016년 제3회 유사, 2018년 제1회]

① 감도가 좋으면 측정시간이 길어지고 측정범위는 좁아진다.
② 계측기기가 측정량의 변화에 민감한 정도를 말한다.
③ 측정량의 변화에 대한 지시량의 변화 비율을 말한다.
④ 측정결과에 대한 신뢰도를 나타내는 척도이다.

2-2. 우연오차에 대한 설명으로 옳은 것은?

① 원인 규명이 명확하다.
② 완전한 제거가 가능하다.
③ 산포에 의해 일어나는 오차를 말한다.
④ 정·부의 오차가 다른 분포 상태를 가진다.

2-3. 자를 가지고 공작물의 길이를 측정하였다. 시선의 경사각이 15°이고, 자의 두께가 1.5[mm]일 때 얼마의 시차가 발생하는가?

[2012년 제3회]

① 0.35[mm]
② 0.40[mm]
③ 0.45[mm]
④ 0.50[mm]

2-4. 다음 중 편위법에 의한 계측기기가 아닌 것은?

[2013년 제1회, 2016년 제3회]

① 스프링 저울
② 부르동관 압력계
③ 전류계
④ 화학천칭

2-5. 계측기기 구비조건으로 가장 거리가 먼 것은?

[2012년 제2회, 2018년 제1회]

① 정확도가 있고, 견고하고 신뢰할 수 있어야 한다.
② 구조가 단순하고, 취급이 용이하여야 한다.
③ 연속적이고 원격 지시, 기록이 가능하여야 한다.
④ 구성은 전자화되고, 기능은 자동화되어야 한다.

핵심예제

2-6. 계측기의 선정 시 고려사항으로 가장 거리가 먼 것은?

[2015년 제1회, 2020년 제3회]

① 정확도와 정밀도
② 감 도
③ 견고성 및 내구성
④ 지시방식

|해설|

2-1
측정결과에 대한 신뢰도를 나타내는 정량적 척도는 측정 불확도이다.

2-2
① 원인 규명이 명확하지 않다.
② 완전한 제거가 가능하지 않다.
④ 정·부의 오차가 일정한 분포 상태를 가진다.

2-3
시차를 x라고 하면 $\tan 15° = \frac{x}{1.5}$ 이므로
$x = 1.5 \times \tan 15° \simeq 0.40[\text{mm}]$

2-4
화학천칭은 미리 알고 있는 양과 측정량을 평형시켜 알고 있는 양의 크기로부터 측정량을 알아내는 측정방법인 영위법에 의한 계측기기이다.

2-5
계측기기의 구성은 전자화되고, 기능은 자동화되어야만 하는 것은 아니다.

2-6
계측기 선정 시 고려사항
- 측정대상 : 측정량의 종류, 상태
- 측정환경 : 장소, 조건
- 측정 수량 : 소량, 다량
- 측정방법 : 원격 측정, 자동 측정, 지시, 기록 등
- 요구 성능 : 측정범위, 정확도와 정밀도, 감도, 견고성 및 내구성, 편리성, 고장 조치 등
- 경제 사항 : 가격, 유지비, 측정에 소요되는 비용

정답 2-1 ④ 2-2 ③ 2-3 ② 2-4 ④ 2-5 ④ 2-6 ④

제2절 | 유체 측정

2-1. 압력 측정

핵심이론 01 압력 측정의 개요

① 압력계의 분류
㉠ 1차 압력계 : 압력 변화를 직접 측정하는 압력계로, 주로 정확한 압력의 측정이나 2차 압력계의 눈금교정에 사용된다.
- 액주식 : U자관식, 단관식, 경사관식, 플로트식, 링밸런스식(환상천평식), 2액식
- 기준 분동식(부유피스톤식)
- 침종식

㉡ 2차 압력계 : 간접식 압력계
- 탄성식 : 부르동관, 벨로스, 다이어프램, 콤파운드 게이지
- 전기식 : 전기저항식, 자기 스테인리스식, 압전식
- 진공식 : 맥라우드 진공계, 열전도형 진공계, 피라니 압력계, 가이슬러관, 열음극 전리 진공계

② 압력계 선택 시 유의사항
㉠ 사용 용도를 고려하여 선택한다.
㉡ 사용압력에 따라 압력계의 측정범위를 정한다.
㉢ 진동 등을 고려하여 필요한 부속품을 준비하여야 한다.
㉣ 사용목적 중요도에 따라 압력계의 크기, 등급 정도를 결정한다.

핵심예제

1-1. 압력 계측기기 중 직접 압력을 측정하는 1차 압력계에 해당하는 것은? [2004년 제1회, 2018년 제1회, 2022년 제2회]

① 액주계 압력계
② 부르동관 압력계
③ 벨로스 압력계
④ 전기저항 압력계

1-2. 액주식 압력계에 해당하는 것은? [2007년 제2회 유사, 2013년 제1회 유사, 2016년 제1회 유사, 2020년 제3회]

① 벨로스 압력계
② 분동식 압력계
③ 침종식 압력계
④ 링밸런스식 압력계

1-3. 물체의 탄성변위량을 이용한 압력계가 아닌 것은? [2003년 제2회 유사, 2008년 제3회 유사, 2017년 제2회, 2020년 제1·2회 통합]

① 부르동관 압력계
② 벨로스 압력계
③ 다이어프램 압력계
④ 링밸런스식 압력계

|해설|

1-1
②, ③, ④는 2차 압력계(간접식 압력계)에 해당한다.

1-2
① 벨로스 압력계 : 압력의 변화에 대응하여 자체 길이와 체적이 정밀하게 변하는 벨로스(주름)를 이용한 탄성식 압력계
② 분동식 압력계 : 유압 및 공압 측정에서 1차 표준기로 사용되고 있는 압력계이다.
③ 침종식 압력계 : 종 모양의 플로트를 액 속에 넣어 압력에 따른 플로트의 변위량으로 압력을 측정하는 압력계

1-3
물체의 탄성변위량을 이용한 압력계는 부르동관 압력계, 벨로스 압력계, 다이어프램 압력계 등의 탄성식 압력계이며, 링밸런스식 압력계는 액주식 압력계에 해당한다.

정답 1-1 ① 1-2 ④ 1-3 ④

핵심이론 02 액주식 압력계

① 액주식 압력계의 개요
㉠ 액주식 압력계(Manometer)는 측정압력에 의해 발생되는 힘과 액주의 무게가 평형을 이룰 때 액주의 높이로부터 압력을 계산하는 압력계로 오래 전부터 사용되었다.
㉡ 액주식 압력계의 종류
- 형태에 따른 분류 : U자관식, 단관식, 경사관식, 플로트식, 링밸런스식, 2액식
- 측정방법에 따른 분류 : 열린식, 차압식, 닫힌식
  - 열린식(Open-end) : 한쪽 끝이 대기 중에 개방되어 있으므로 대기압 기준압력인 상대압력(계기압력)을 측정하는 마노미터
  - 차압식(Differential) : 공정 흐름선상의 두 지점의 압력차를 측정하며 압력 계산 시 유체의 밀도에는 무관하고 단지 마노미터 액의 밀도에만 관계되는 마노미터
  - 닫힌식(Sealed-end) : 한쪽 끝이 진공 상태로 막혀 있으므로 진공 기준압력인 절대압력을 측정하는 마노미터

㉢ 구비조건과 취급 시 주의사항
- 온도에 따른 액체의 밀도 변화를 작게 해야 한다.
- 모세관현상에 의한 액주의 변화가 없도록 해야 한다.
- 순수한 액체를 사용한다.
- 점도를 작게 하여 사용하는 것이 안전하다.
- 액주식 압력계의 보정방법 : 모세관현상의 보정, 중력의 보정, 온도의 보정

㉣ 액주식 압력계의 특징
- 1차 압력계로 미압 분야의 1차 표준기로 사용되고 있다.
- 구조가 간단하다.
- 응답성 및 정도가 양호하다.
- 고장이 적다.
- 현재까지도 고도화된 각종 산업의 압력 측정 분야에서 널리 사용된다.

- 액주식 압력계에 봉입되는 액체 : 수은, 물, 기름(석유류) 등
- 압력 측정 크기 순 : 플로트식 > 링밸런스식 > 단관식 > U자관 > 경사관식
- 온도에 민감하다.
- 액체와 유리관의 오염으로 인한 오차가 발생한다.

㉤ 액주식 압력계에 사용되는 액주의 구비조건
- 고대 : 화학적 안정성
- 저소 : 점성(점도), 열팽창계수, 모세관현상, 온도 변화에 의한 밀도 변화
- 유지 : 액면은 항상 수평, 일정한 (화학)성분

② U자관식 압력계

㉠ 개 요
- U자관식 압력계는 U자관 속에 수은, 물 등을 넣고 한쪽 끝에 측정압력을 도입하여 압력을 측정하는 액주식 압력계이다.
- 차압을 측정할 때 양쪽에 압력을 가한다.

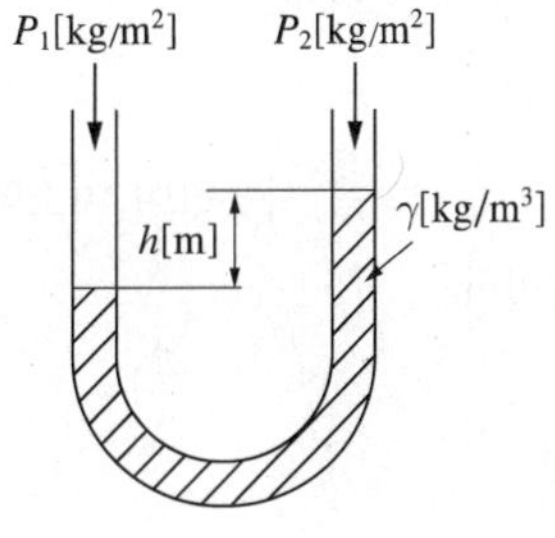

$P_1 = P_2 + \gamma h$

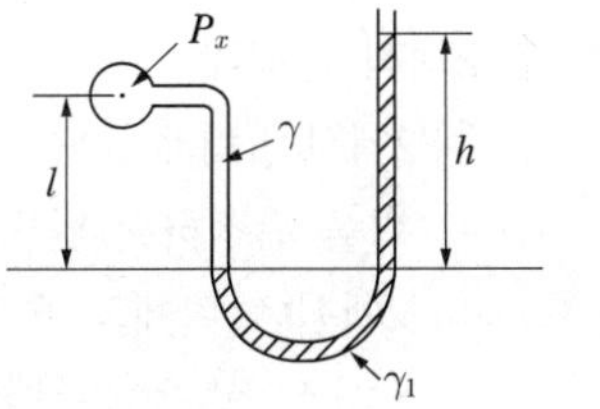

$P_x + \gamma l = \gamma_1 h + P_0$(절대압력)
$P_x + \gamma l = \gamma_1 h$(게이지압력)

여기서, P : 압력
γ : 비중량
P_0 : 대기압

㉡ 특 징
- 측정범위 : 5~2,000[mmH_2O], 정확도 : ±0.1[mmH_2O]
- 압력 유도식이며 고압 측정이 가능하다.
- 크기는 특수한 용도를 제외하고는 보통 2[m] 정도로 한다.
- 주로 통풍력을 측정하는 데 사용된다.
- 측정 시 메니스커스, 모세관현상 등의 영향을 받으므로 이에 대한 보정이 필요하다.

③ 단관식 압력계(Cistern)

㉠ U자관 압력계의 한쪽 관의 단면적을 크게 하여 압력계의 크기를 줄인 액주식 압력계이며, 유리관을 압력측정용기에 수직으로 세워 유리관 내의 상승 액주 높이로 액체의 압력을 측정한다.

㉡ 특 징
- 측정범위 : 300~2,000[mmH_2O], 정확도 : ±0.1[mmH_2O]
- 액체를 넣을 때는 액면이 눈금의 영점과 일치하도록 넣어야 한다.
- 압력을 시스턴에 가하면 액체는 가는 유리관을 통하여 올라간다.
- 주로 저압용으로 사용된다.

④ 경사관식 압력계

㉠ 경사관식 압력계는 액주를 경사지게 하여 눈금을 확대하여 읽을 수 있는 구조로 만든 액주식 압력계이다.

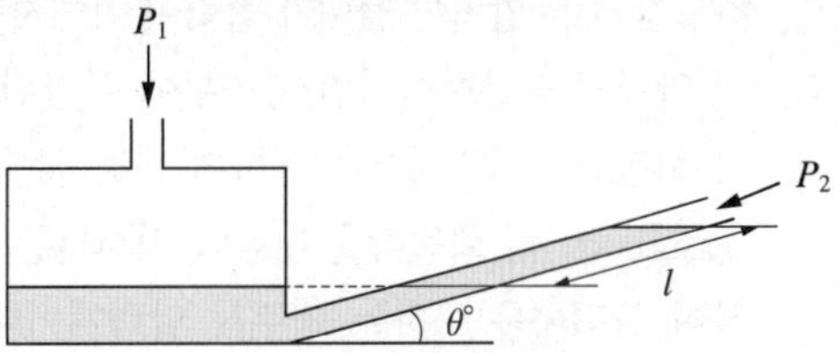

$P_1 = P_2 + \gamma l \sin\theta$

여기서, γ : 액체의 비중량
l : 경사관 압력계의 눈금
θ : 경사각

㉡ 특 징
- 측정범위 : 10~300[mmH_2O], 정확도 : ±0.01[mmH_2O]
- 정밀도가 높은 것이 요구되는 미압 측정에 가장 적합한 압력계이다.
- 미세압 측정용으로 가장 적합하여 통풍계로 사용 가능하다.
- 감도(정도)가 우수하여 주로 정밀 측정에 사용된다.

⑤ 플로트식 압력계

㉠ 플로트식 압력계는 U자관식과 비슷하지만, 플로트를 이용하여 액의 변화를 기계적 또는 전기적으로 변환시켜 압력을 측정하는 액주식 압력계이다.

㉡ 압력 측정범위 : 500~6,000[mmH_2O]

⑥ 링밸런스식 압력계

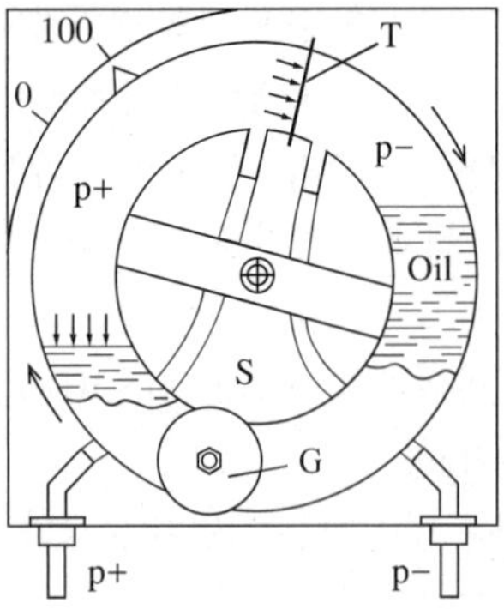

㉠ 개 요

- 링밸런스식 압력계는 링 모양의 액주의 하부에는 봉입액이 절반쯤 채워져 있고, 상부에는 격벽을 두어 하부의 액체와의 사이에는 2개의 실(Chamber)로 구성되어 있다. 각 압력 도입 구멍(총 2개)의 한쪽으로는 대기압이 들어가고, 한쪽으로는 측정하고자 하는 압력이 들어가 압력이 가해지면 각 실의 압력이 불균형해지면서 하부에 부착된 평형추가 회전되어 압력차에 비례하여 회전하는 링 본체(Ringbody)의 회전각을 지침이 지시하는 값을 통하여 압력차를 구하는 액주식 압력계이다.
- 평형추의 복원력과 회전력이 평형을 이루면 링 본체는 정지한다.
- U자관식 압력계의 변형된 형태이며 환상천평식이라고도 한다.
- 봉입액 : 물, 수은, 기름 등

㉡ 링밸런스식 압력계의 특징

- 측정범위 : 25~3,000[mmH_2O] 정도
- 도압관은 굵고 짧게 한다.
- 원격 전송이 가능하고 회전력이 커서 기록이 쉽다.
- 단면적을 크게 하면 회전력이 커지므로 고정도를 얻을 수 있다.
- 평형추의 증감이나 취부장치의 이동에 의해 측정범위의 변경이 가능하다.
- 주로 저압가스의 압력 측정이나 드래프트 게이지로 이용된다.
- 부식성 가스나 습기가 많은 곳에서는 정도가 떨어진다.
- 봉입 유체가 액체이므로 액의 압력 측정에는 사용할 수 없고, 기체의 압력 측정에만 사용할 수 있다.

㉢ 설치 시 주의사항

- 진동 및 충격이 없는 곳에 수평 또는 수직으로 설치한다.
- 온도 변화가 작고, 상온이 유지되는 곳에 설치한다.
- 부식성 가스나 습기가 적은 곳에 설치한다.
- 계기는 압력원에 접근하도록 가깝게 설치한다.
- 보수 및 점검이 원활하고 눈에 잘 띄는 곳에 설치한다.

⑦ 2액식 압력계

㉠ 2액식 압력계는 비중이 다른 2액을 사용하여 미소압력을 측정하는 압력계이다.

㉡ 2액식 압력계의 특징

- 미소압력을 측정한다.
- 감도가 우수하다.
- 사용되는 2액 : 물과 클로로폼을 1:1.47의 비율로 사용하며, 물과 톨루엔을 사용하기도 한다.

핵심예제

2-1. 액주식 압력계의 구비조건과 취급 시 주의사항으로 가장 옳은 것은? [2006년 제1회, 2014년 제2회]

① 온도에 따른 액체의 밀도 변화를 크게 해야 한다.
② 모세관현상에 의한 액주의 변화가 없도록 해야 한다.
③ 순수한 액체를 사용하지 않아도 된다.
④ 점도를 크게 하여 사용하는 것이 안전하다.

2-2. 액주형 압력계의 일반적인 특징에 대한 설명으로 옳은 것은? [2011년 제1회, 2018년 제2회]

① 고장이 많다.
② 온도에 민감하다.
③ 구조가 복잡하다.
④ 액체와 유리관의 오염으로 인한 오차가 발생하지 않는다.

2-3. 다음 그림과 같은 U자관 수은주 압력계의 경우 액주의 높이차(h)는?(단, P_1과 P_2 간의 압력차는 0.68[kgf/cm^2]이고, 수은의 비중은 13.6이라고 가정한다) [2004년 제1회]

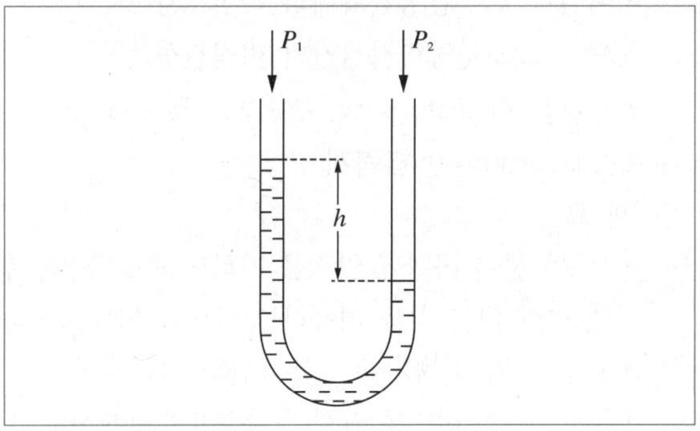

① 50[mm] ② 25[mm]
③ 500[mm] ④ 250[mm]

2-4. U자관 마노미터를 사용하여 오리피스에 걸리는 압력차를 측정하였다. 마노미터 속의 유체는 비중 13.6인 수은이며 오리피스를 통하여 흐르는 유체는 비중이 1인 물이다. 마노미터의 읽음이 40[cm]일 때 오리피스에 걸리는 압력차는 약 몇 [kgf/cm^2]인가? [2011년 제1회]

① 0.05 ② 0.30
③ 0.5 ④ 1.86

2-5. 다음 그림과 같이 원유탱크에 원유가 채워져 있고, 원유 위의 가스압력을 측정하기 위하여 수은 마노미터를 연결하였다. 주어진 조건하에서 P_g의 압력(절대압)은?(단, 수은, 원유의 밀도는 각각 13.6[g/cm^3], 0.86[g/cm^3], 중력가속도는 9.8[m/s^2]이다) [2007년 제1회, 2015년 제1회]

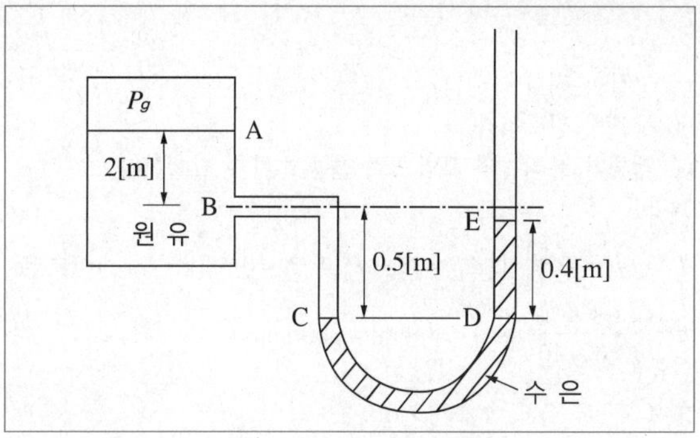

① 69.1[kPa] ② 101.3[kPa]
③ 133.6kPa] ④ 175.8[kPa]

2-6. 경사가(θ)이 30°인 경사관식 압력계의 눈금(x)을 읽었더니 60[cm]가 상승하였다. 이때 양단의 차압($P_1 - P_2$)은 약 몇 [kgf/cm^2]인가?(단, 액체의 비중은 0.8인 기름이다) [2008년 제3회, 2016년 제2회 유사, 2017년 제1회, 2019년 제1회 유사, 2021년 제3회]

① 0.001 ② 0.014
③ 0.024 ④ 0.034

|해설|

2-1

① 온도에 따른 액체의 밀도 변화를 작게 해야 한다.

③ 순수한 액체를 사용한다.

④ 점도를 작게 하여 사용하는 것이 안전하다.

2-2

① 고장이 적다.

③ 구조가 간단하다.

④ 액체와 유리관의 오염으로 인한 오차가 발생한다.

2-3

$P_1 + \gamma h = P_2$에서 $\Delta P = P_2 - P_1 = \gamma h = 0.68[\text{kgf/cm}^2]$이므로

$h = \dfrac{0.68 \times 10^6}{13.6 \times 10^3}[\text{cm}] = 50[\text{cm}] = 500[\text{mm}]$

2-4

압력차

$\Delta P = \gamma h = 13.6 \times 1{,}000 \times 0.4$

$= 5{,}440[\text{kgf/m}^2] = 0.544[\text{kgf/cm}^2]$

2-5

원유를 상태 1, 수은을 상태 2, 대기를 상태 0이라고 하면

$P_g + \gamma_1 h_1 = \gamma_2 h_2 + P_0$이므로

$P_g = \gamma_2 h_2 + P_0 - \gamma_1 h_1$

$= 13.6 \times 10^3 \times 9.8 \times 0.4 + 101{,}325 - 0.86 \times 10^3 \times 9.8 \times (0.5 + 2.0)$

$= 154{,}637 - 21{,}070 = 133{,}567[\text{Pa}] \simeq 133.6[\text{kPa}]$

2-6

압력차

$\Delta P = \gamma x \sin\theta = (0.8 \times 1{,}000) \times 0.6 \times \sin 30°$

$= 240[\text{kgf/m}^2] = 0.024[\text{kgf/cm}^2]$

정답 2-1 ② 2-2 ② 2-3 ③ 2-4 ③ 2-5 ③ 2-6 ③

핵심이론 03 탄성식 압력계

① 탄성식 압력계의 개요

㉠ 탄성식 압력계는 탄성한계 내의 변위는 외력에 비례한다는 탄성법칙을 이용하여 수압부(수압소자)를 탄성체로 하여 탄성변위를 측정하여 압력을 구하는 압력계이다.

㉡ 탄성식 압력계의 특징

- 기계적인 압력계로 2차 압력계이다.
- 취급이 간단하고 공업적으로 적용이 편리하여 산업혁명 이후 가장 많이 사용되는 압력계이다.
- 탄성의 법칙을 완전하게 만족시키는 수압소자를 얻기가 곤란하다.

㉢ 탄성식 압력계의 오차유발요인

- 히스테리시스(Hysteresis) 오차
- 마찰에 의한 오차
- 아날로그식 탄성압력계의 측정오차
- 탄성요소와 압력지시기의 비직진성
- Creep, Repeatability, 경년변화 및 온도 변화 등

② 부르동(Bourdon)관 압력계

㉠ 개 요

- 부르동관은 곡관에 압력을 가하면 곡률반경이 증대(변화)되는 것을 이용하는 탄성식 압력계이다.
- 호칭 크기 결정기준 : 눈금판의 바깥지름
- 부르동관의 선단은 압력이 상승하면 팽창하고, 낮아지면 수축한다.
- 암모니아용 압력계에는 Cu 및 Cu 합금의 사용을 금한다.
- 과열증기로부터 부르동관 압력계를 보호하기 위한 방법으로 사이펀(Siphon) 설치가 가장 적당하다.

㉡ 형태에 따른 종류 : C자형, 스파이럴형(와권형), 헬리컬형(나선형), 버튼형(토크 튜브 타입)

㉢ 용도에 따른 종류로 구분할 때 사용하는 기호

- M : 증기용 보통형
- H : 내열형
- V : 내진형
- MV : 증기용 내진형
- HV : 내열, 내진형

㉣ 부르동관의 재질
- 저압용 : 황동, 청동, 인청동, 특수청동
- 고압용 : 니켈(Ni)강, 스테인리스강

㉤ 특 징
- 측정범위 : 0.1~5,000[kg/cm^2], 정확도 : ±0.5~2[%]
- 구조가 간단하며 제작비가 저렴하다.
- 높은 압력을 넓은 범위로 측정할 수 있다.
- 주로 고압용에 사용된다.
- 다이어프램 압력계보다 고압 측정이 가능하다.
- 일반적으로 장치에 사용되고 있는 부르동관 압력계 등으로 측정되는 압력은 게이지압력이다.
- 측정 시 외부로부터 에너지를 필요로 하지 않는다.
- 계기 하나로 2공정의 압력차 측정이 불가능하다.
- 정도는 좋지 않다.
- 설치 공간을 비교적 많이 차지한다.
- 내부 기기들의 마찰에 의한 오차가 발생한다.
- 감도가 비교적 느리다.
- 히스테리시스가 크다.

③ 벨로스 압력계

㉠ 개 요
- 벨로스(Bellows)의 내부 또는 외부에 압력을 가하여 중심축 방향으로 팽창 및 수축을 일으키는 양으로 압력을 구하는 탄성식 압력계이다.
- 벨로스는 외주에 주름상자형의 주름을 갖고 있는 금속박판 원통상을 말한다.

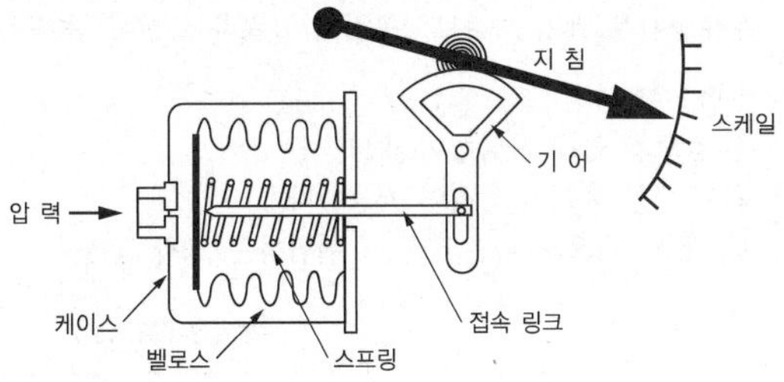

㉡ 특 징
- 측정범위 : 0.01~10[kg/cm^2], 정확도 : ±1~2[%]
- 주로 진공압 및 차압 측정용으로 사용한다.
- 히스테리시스 현상(압력 측정 시 벨로스 내부에 압력이 가해질 경우 원래 위치로 돌아가지 않는 현상)을 없애기 위하여 벨로스 탄성의 보조로 코일 스프링을 조합하여 사용한다.

④ 다이어프램 압력계

㉠ 개 요
- 다이어프램(Diaphragm) 압력계는 박막으로 격실을 만들고 압력 변화에 따른 격막의 변위를 링크, 섹터, 피니언 등에 의해 지침에 전달하여 지시계로 나타내는 탄성식 압력계이다.
- 미소압력의 변화에도 민감하게 반응하는 얇은 막을 이용하여 입력을 감지한다.
- 격막식 압력계라고도 한다.

㉡ 다이어프램의 재질 : 고무(천연고무, 합성고무), 테프론, 양은, 인청동, 스테인리스강 등

㉢ 다이어프램 압력계의 종류 : 평판형, 물결무늬형, 캡슐형

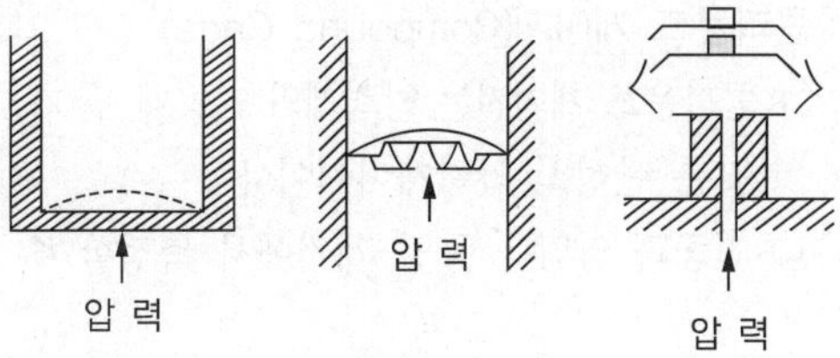

[평판형] [물결무늬형] [캡슐형]

㉣ 다이어프램의 특성 결정요인 : 다이어프램의 유효경, 박막의 두께, 굴곡의 모양, 굴곡의 횟수, 재료의 탄성계수

㉤ 특 징
- 측정범위 : 0.01~500[kg/cm^2], 정확도 : ±0.25~2[%]
- 감도가 우수하며 응답성이 좋다.
- 정확성이 높은 편이다.
- 압력증가현상이 일어나면 피니언이 시계 방향으로 회전한다.
- 작은 변화에도 크게 편향하는 성질이 있다.
- 극히 미소한 압력을 측정할 수 있다.
- 저기압, 미소한 압력을 측정하기 적합하다.
- 격막식 압력계로 압력을 측정하기에 적당한 대상 : 점도가 큰 액체, 먼지 등을 함유한 액체, 고체 부유물이 있는 유체, 부식성 유체

• 연소로의 드래프트(Draft) 게이지(통풍계 또는 드래프트계)로 주로 사용되며 공기식 자동제어의 압력검출용으로도 이용 가능하다.
• 주로 압력의 변화가 크지 않은 곳에서 사용된다.
• 과잉압력으로 파손되면 그 위험성은 크지 않다.
• 온도의 영향을 받는다.

ⓗ 격막식 압력계의 겉모양 및 구조
• 영점조절장치를 갖추고 있어야 한다.
• 직결형은 A형, 격리형은 B형을 사용한다.
• 직접 지침에 닿는 멈추개는 원칙적으로 붙이지 않아야 한다.
• 중간 플랜지는 나사식 및 I형 플랜지식에 적용한다.

⑤ 콤파운드 게이지(Compound Gage)
㉠ 콤파운드 게이지는 압력계와 진공계 두 가지 기능을 갖춘 탄성식 압력게이지이다.
㉡ 진공과 양압을 동일 계기에서 측정할 수 있다.

핵심예제

3-1. 부르동관(Bourdon Tube) 압력계의 종류가 아닌 것은?

[2008년 제1회, 2016년 제3회]

① C자형
② 스파이럴형(Spiral Type)
③ 헬리컬형(Helical Type)
④ 케미컬형(Chemical Type)

3-2. 부르동관(Bourdon Tube)에 대한 설명 중 틀린 것은?

[2007년 제3회, 2009년 제3회, 2014년 제3회]

① 다이어프램 압력계보다 고압 측정이 가능하다.
② C형, 와권형, 나선형, 버튼형 등이 있다.
③ 계기 하나로 2공정의 압력차 측정이 가능하다.
④ 곡관에 압력이 가해지면 곡률반경이 증대되는 것을 이용한 것이다.

3-3. 다이어프램 압력계의 특징에 대한 설명 중 옳은 것은?

[2004년 제3회 유사, 2008년 제3회, 2010년 제3회 유사, 2018년 제3회]

① 감도는 높으나 응답성이 좋지 않다.
② 부식성 유체의 측정이 불가능하다.
③ 미소한 압력을 측정하기 위한 압력계이다.
④ 과잉압력으로 파손되면 그 위험성은 커진다.

|해설|

3-1
부르동관 압력계의 종류 : C자형, 스파이럴형, 헬리컬형, 버튼형(토크 튜브 타입)

3-2
부르동관은 계기 하나로 2공정의 압력차 측정이 불가능하다.

3-3
① 감도가 높고 응답성이 좋다.
② 부식성 유체의 측정이 가능하다.
④ 과잉압력으로 파손되면 그 위험성은 크지 않다.

정답 3-1 ④ 3-2 ③ 3-3 ③

핵심이론 04 기타 압력계

① 기준 분동식 압력계

㉠ 개 요

- 기준 분동식 압력계는 램, 실린더, 기름탱크, 가압 펌프 등으로 구성된 압력계이다.
- (자유)피스톤식 압력계(피스톤형 게이지 또는 부유 피스톤형 압력계)의 일종이며 분동식 압력계, 표준 분동식 압력계라고도 한다.

㉡ 사용 액체와 측정압력

- 모빌유 : 5,000[kg/cm^2]
- 경유 : 40~100[kg/cm^2]
- 스핀들유 : 100~1,000[kg/cm^2]
- 피마자유 : 100~1,000[kg/cm^2]

㉢ 특 징

- 측정범위 : 2~100,000[kg/cm^2], 정확도 : ±0.01[%]
- 압력계 중 압력 측정범위가 가장 크다.
- 측정압력이 매우 높고 정도가 좋다.
- 다른 압력계의 교정 또는 검정용 표준기, 연구실용으로 사용된다.
- 주로 탄성식 압력계의 일반교정용 시험기(부르동관식 압력계의 눈금 교정)로 사용된다.

㉣ 게이지압력 : $P_g = \dfrac{W}{A}$

여기서, W : 사하중계의 추, 피스톤 그리고 팬(Pan)의 전체 무게

A : 피스톤의 단면적

② 침종식 압력계

㉠ 개 요

- 침종식 압력계(Inverted Bell Pressure Gauge)는 수은이나 기름 위에 종 모양의 플로트(부자)를 액 속에 넣고 압력에 따라 떠오르는 플로트의 변위량으로 압력을 측정하는 압력계이다.
- 용기 내에 압력이 가해지면 종을 뒤집어 놓은 모양의 용기를 위로 밀어 올리는 힘이 작용하여 종과 평형을 유지시켜 압력을 측정한다.
- 압력을 고체의 무게와 평형시켜 이에 대응하는 고체량으로 압력을 구하는 방법이다.
- 단종식과 복종식이 있다.

단종식	복종식
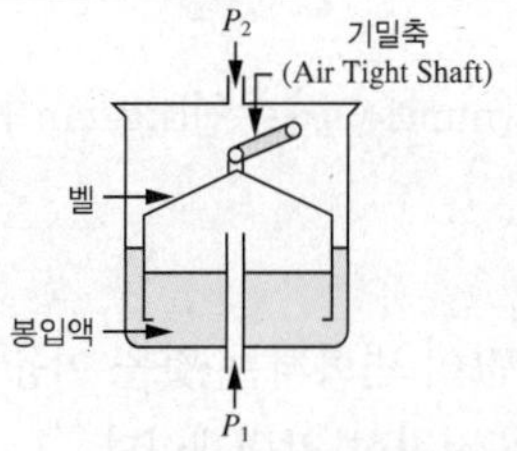	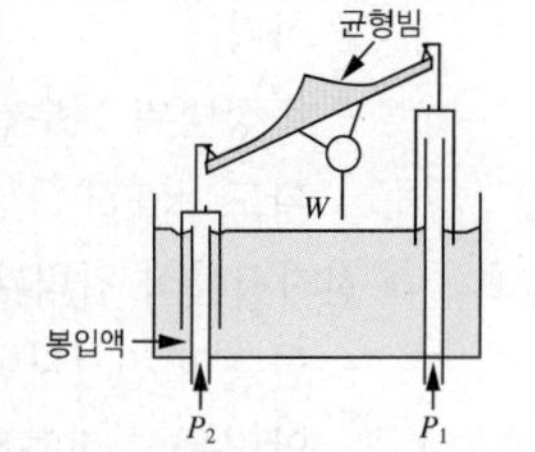

㉡ 측정원리 : 아르키메데스의 원리

㉢ 특 징

- 측정범위 : 단종식 100[mmH_2O] 이하, 복종식 5~30[mmH_2O]
- 정도 : ±1~2[%] 또는 ±2.5[%] 이하
- 봉입액 : 물, 수은, 기름 등
- 진동과 충격의 영향을 작게 받는다.
- 압력이 낮은 기체의 압력 측정에 적합하다.
- 미소차압의 측정이 가능하다.
- 액체 측정에서는 부적당하고, 기체의 압력 측정에는 적당하다.

㉣ 설치 시 주의사항

- 계기는 똑바로 수평으로 설치한다.
- 압력 취출구에서 압력계까지 배관은 직선으로 가능한 한 짧게 설치한다.
- 봉입액은 자주 세정 또는 교환하여 청정하도록 유지한다.
- 봉입액의 양은 일정하게 유지해야 한다.
- 과대압력이나 큰 차압은 피해야 한다.

③ 전기식 압력계

㉠ 개 요

- 기계식 압력계는 보통 육안용으로 사용하고, 공정에 대한 기록, 분석, 원격 자동제어를 하기 위해서는 전기식 압력계를 사용한다.
- 전기식 압력계의 특징
  - 정도가 매우 좋다.
  - 자동계측이나 제어가 용이하다.
  - 장치가 비교적 소형이어서 가볍다.
  - 기록장치와의 조합이 용이하다.
  - 변환기, Indicator, 기록계 등의 측정장치와 분리가 가능하다.

- 정확도 및 신뢰성이 아날로그 압력계보다 우수하다.
- 측정범위 : 수천[mmH_2O]~수천[kg/cm^2], 정확도 ±0.5[%]

• 전기저항식 압력계
- 금속의 전기저항값이 변화되는 것을 이용하여 압력을 측정하는 전기식 압력계이다.
- 응답속도가 빠르고, 초고압에서 미압까지 측정한다.
- 종류 : 자기변형식 전기압력계, 피에조 전기압력계, 퍼텐쇼메트릭형 압력계

ⓛ 자기변형식 전기압력계 : 압전저항효과를 이용한 전기식 압력계
• 금속은 늘어나면 전기저항은 증가하고, 줄어들면 전기저항은 감소한다는 피에조 저항(Piezo-resistivity)효과원리를 이용한 전기식 압력계
• 별칭 : 스트레인 게이지(Strain Gauge), 스트레인 게이지형 압력센서, 자기 스트레인리스식 압력계, 스트레인 게이지식 압력계
• 전기저항 측정기 휘트스톤 브리지(Wheatstone Bridge)를 결합하여 압력을 전기적인 신호로 감지하여 측정한다.

ⓒ 피에조 전기압력계
• 피에조 전기저항효과라고도 하는 압전효과(Piezo-electric Effect)를 이용한 전기식 압력계이다.
• 몇몇 종류의 결정체는 특정한 방향으로 힘을 받으면 자체 내에 전압이 유기되는 성질이 있는데, 피에조 전기압력계는 이러한 성질을 이용한 압력계이다.
• 수정 등의 결정체에 압력을 가할 때 표면에 발생하는 전기적 변화의 특성을 이용하는 압력계이다.
• 별칭 : 압전식 압력계, 압전형(Piezoelectric Type) 압력센서
• 측정범위 : 7×10^{-8}~700[kg/cm^2], 정확도 : ±0.5~4[%]
• 압전효과는 수정이나 세라믹 등을 매개로 하여 특정한 방향으로 기계적 에너지(압력 등)를 받으면 매개 자체 내에 전압이 발생되는데, 이 전기적 에너지를 측정하여 압력으로 환산하여 사용하는 원리이다.
• 수정이나 전기석 또는 로셸염 등의 결정체의 특정 방향으로 압력을 가할 때 표면에 발생하는 전기적 변화의 특성(표면전기량)으로 압력을 측정한다.
• 응답이 빠르고 일반 기체에 부식되지 않는다.
• 기전력을 이용한 것으로 응답이 빠르고 급격히 변화하는 압력의 측정에 적당하다.
• 가스폭발 등 급속한 압력 변화를 측정하는 데 가장 적합하다.
• 가스의 폭발 등 급속한 압력 변화를 측정하거나 엔진의 지시계로 사용한다.

ⓔ 퍼텐쇼메트릭(Potentiometric)형 압력계
• 인가압력에 의해서 벨로스 또는 부르동관이 신축하면 그 변위가 와이퍼 암(Wiper Arm)을 구동해서 전위차계의 저항을 변화시켜 압력을 측정하는 전기식 압력계
• 측정범위
- 사양에 따라 결정
- 정확도 : ±0.25[%]
• 전위차계식 압력센서(Potentiometric Pressure Sensor)라고도 한다.
• 부르동관 또는 벨로스와 전위차계로 구성된다.
• 전위차계 압력센서는 매우 작게 만들 수 있다.
• 추가의 증폭기가 필요 없을 정도로 출력도 커서 저전력이 요구되는 곳에 응용된다.
• 가격이 저렴하다.
• 히스테리시스 오차가 크고, 재현성이 나쁘다.
• 진동에 민감하다.
• 가동 접촉부의 마모 및 접촉저항이 발생된다.

ⓜ 커패시턴스(Capacitance)형 압력계 또는 정전용량형(Capacitance Type) 압력센서
• 측정범위 : 수천[mmH_2O]~수천[kg/cm^2], 정확도 : ±1.0[%]
• 평판과 전극 사이의 정전용량을 측정하여 압력을 구하는 전기식 압력계
• 평판은 주로 다이어프램이 사용된다.

• 측정원리 : 다이어프램에 압력이 가해지면 고정전극 사이의 위치에 따른 정전용량의 변화(정전용량은 극판 사이의 거리에 반비례)가 일어나며, 이 정전용량을 측정하여 압력으로 환산하는 원리
• 게이지압, 차압, 절대압 검출이 가능하다.
• 관리 유지가 편리하다.
• 직선성이 좋다.
• 신호변환기가 고가이다.

④ **진공식 압력계** : 대기압 이하의 진공압력을 측정하는 압력계

㉠ 진공계의 원리
• 수은주를 이용한 것(맥클라우드 진공계)
• 열전도를 이용한 것(피라니 진공계, 열전쌍 진공계, 서미스터 진공계)
• 전기적 현상을 이용한 것(가이슬러관, 열음극 전리 진공계)

㉡ 맥클라우드(McLeod) 진공계 : 측정 기체를 압축하여 체적 변화를 수은주로 읽어 원래의 압력을 측정하는 형식의 진공에 대한 폐관식 압력계이다.
• 일종의 폐관식 수은 마노미터이다.
• 표준 진공계, 진공계의 교정용으로 사용된다.
• 측정범위는 1×10^{-2}[Pa] 정도이다.

㉢ 열전도형 진공계
• 진공 속에서 가열된 물체이 열손실이 압력에 비례하는 것을 이용한 진공계
• 필라멘트에 충돌하는 기체분자의 수가 많을수록 증가되는 필라멘트의 열손실로 인한 필라멘트의 온도 변화를 이용한다.
• 압력이 증가하면 열전도현상으로 필라멘트의 온도가 감소한다.
• 필라멘트의 열전대로 측정하는 열전대 진공계의 측정범위 : 10^{-3}~1[torr](10^{-2}[torr])
• 사용이 간편하며 가격이 저렴하다.
• 필라멘트 재질이나 가스의 종류에 따라 특성이 달라진다.

㉣ 피라니(Pirani) 진공계 : 압력에 따른 기체의 열전도 변화를 이용하여 저압을 측정하는 진공계(압력계)이다.
• 저압에서 기체의 열전도도는 압력에 비례하는 원리를 이용한 진공계이다.
• 응답속도가 빠르며 회로가 간단하다.
• 전기적 출력을 자동 기록장치 등에 쉽게 연결할 수 있다.

㉤ 가이슬러관 : 방전을 이용하는 진공식 압력계

㉥ 열음극 전리 진공계 : 정밀도가 가장 우수한 진공계로, 전리되는 양이온의 수가 충돌되는 기체분자수(기체분자의 밀도)와 방출되는 전자수에 비례하는 것을 이용한다.

핵심예제

4-1. 피스톤형 압력계 중 분동식 압력계에 사용되는 다음 액체 중 3,000[kg/cm^2] 이상의 고압 측정에 사용되는 것은?
[2013년 제1회, 2019년 제1회]

① 모빌유 ② 스핀들유
③ 피마자유 ④ 경 유

4-2. 부르동관 압력계로 측정한 압력이 5[kg/cm^2]이었다. 이때 부유 피스톤 압력계 추의 무게가 10[kg]이고, 펌프 실린더의 직경이 8[cm], 피스톤 지름이 4[cm]라면 피스톤의 무게는 약 몇 [kg]인가?
[2003년 제1회, 제3회 유사, 2007년 제1회, 2010년 제2회 유사, 제3회]

① 52.8 ② 72.8
③ 241.2 ④ 743.6

4-3. 부유 피스톤 압력계로 측정한 압력이 20[kg/cm^2]이었다. 이 압력계의 피스톤 지름이 2[cm], 실린더 지름이 4[cm]일 때 추와 피스톤의 무게는 약 몇 [kg]인가? [2014년 제2회]

① 52.6 ② 62.8
③ 72.6 ④ 82.8

4-4. 부유 피스톤형 압력계에 있어서 실린더 직경 2[cm], 피스톤 무게의 합계가 20[kg]일 때 이 압력계에 접속된 부르동관 압력계의 읽음이 7[kg/cm^2]를 나타내었다. 이 부르동관 압력계의 오차는 약 몇 [%]인가? [2010년 제2회]

① 0.5[%] ② 1[%]
③ 5[%] ④ 10[%]

핵심예제

4-5. 다음 침종식 압력계에 대한 설명 중 틀린 것은?

[2004년 제1회, 2008년 제2회, 2010년 제2회 유사]

① 진동, 충격의 영향을 작게 받는다.
② 아르키메데스의 원리를 이용한 계기이다.
③ 복종식의 측정범위는 5~30[mmH_2O] 정도이다.
④ 압력이 높은 기체의 압력을 측정하는 데 쓰인다.

|해설|

4-1

사용 액체와 측정압력

- 모빌유 : 5,000[kg/cm^2]
- 경유 : 40~100[kg/cm^2]
- 스핀들유 : 100~1,000[kg/cm^2]
- 피마자유 : 100~1,000[kg/cm^2]

4-2

피스톤의 무게를 x라 하면

부르동관 압력 $P = \frac{W}{A}$에서 $5 = \frac{10+x}{\frac{\pi}{4}\times(8-4)^2}$이므로,

$x = 52.8$[kg]

4-3

추와 피스톤의 무게를 W라고 하면

부르동관 압력 $P = \frac{W}{A}$에서 $20 = \frac{W}{\frac{\pi}{4}\times(4-2)^2}$이므로,

$W = 62.8$[kg]

4-4

부유 피스톤형 압력계의 압력(참값)

$P_0 = \frac{W}{A} = \frac{20}{\frac{\pi}{4}\times 2^2} \simeq 6.37$[$kg/cm^2$]

부르동관 압력계의 오차율 $= \frac{7-6.37}{6.37}\times 100[\%] \simeq 10[\%]$

4-5

침종식 압력계는 압력이 낮은 기체의 압력을 측정하는 데 쓰인다.

정답 4-1 ① 4-2 ① 4-3 ② 4-4 ④ 4-5 ④

2-2. 유량 측정

핵심이론 01 유량 측정의 개요

① 유량과 유량계

㉠ 유 량

- 유량의 정의 : 단위시간당 통과하는 유체의 양(유체의 양/단위시간)
- 유체의 양은 주로 체적으로 나타내지만, 질량이나 중량으로도 표시한다.
- 유량의 단위 : [Nm^3/s], [m^3/s], [L/s], [kg/s], [kg/h], [ft^3/s] 등

㉡ 유량계(Flow Meter) : 유체의 양을 체적, 질량이나 중량으로 나타내는 계측기로 유량측정계라고도 한다.

- 체적유량계 : 유체의 양을 체적으로 나타내는 유량계
- 질량유량계 : 유체의 양을 질량으로 나타내는 유량계
- 중량유량계 : 유체의 양을 중량으로 나타내는 유량계

② 체적유량계의 종류

㉠ 직접측정식 유량계(용적식 유량계)

- 용적식 유량계는 유체의 체적이나 질량을 직접 측정하는 유량계이다.
- 용적식 유량계의 종류 : 오벌식, 루트식, 로터리 피스톤식, 회전원판식, 나선형 회전자식, 가스미터

㉡ 간접측정식 유량계 : 유체의 제반법칙이나 원리, 유체의 흐름에 따른 물리량의 변화, 전기적 현상 등을 근거로 계산을 통하여 간접적으로 유량을 측정하는 유량계로 추측식 유량계 또는 추량식 유량계라고도 한다.

- 차압식 : 오리피스미터, 플로노즐, 벤투리미터
- 유속식 : 임펠러식 유량계, 피토관식 유량계, 열선식 유량계, 아누바 유량계
- 면적식 유량계, 와류유량계, 전자유량계, 초음파유량계

③ 질량유량계와 중량유량계의 종류

㉠ 질량유량계의 종류

- 직접식 : 열식(기체용), 코리올리스식(액체용), 와류식(기체용), 각운동량식
- 간접식 : 유량계와 밀도계의 조합형, 유량계와 유량계의 조합형, 온도보정형, 온도·압력보정형, MFC

㉡ 중량유량계의 종류(일반적이지 않아 설명 생략함)

④ 직관거리(Straight Pipe)

㉠ 개 요

- 유량계의 전·후단에 구부러짐 또는 방해물이 없이 직선으로 설치되는 직관거리가 확보되어야 한다.
- 유량계의 전단부는 파이프 내경의 10배 정도의 직관거리가 필요하고, 유량계 후단은 파이프 내경의 5배 정도의 직관거리가 필요하다.
- 직관거리는 길면 길수록 평평한 유속을 얻을 수 있기 때문에 유량계의 오차를 최소화할 수 있다.
- 직선 파이프가 있는 경우 총직관의 2/3 지점이 유량계의 전단, 1/3이 유량계의 후단이 되도록 설치한다.
- 유량계 전단에 구부러짐이나 제어밸브 등의 방해물을 설치해야 한다면 직관거리는 배로 늘리는 것이 좋다.
- 설치조건상 부득이 충분한 직관거리를 확보할 수 없다면 유량계에 측정값에 대해 어느 정도의 오차는 감수해야 한다.
- 유량계에서는 원리상 직관 길이가 필요하지 않는 유량계도 있다.

㉡ 안정된 유속분포를 얻기 위해서 일반적으로 추천하는 직관 길이

- 상·하류 직관 길이가 필요 없는 유량계 : 용적식, 면적식, 질량식(코리올리식, 열식)
- 상류 5D, 하류 3D 이상 필요한 경우(D : 파이프 내경) : 전자식(단, 구경이 500[mm] 이상인 다전극형에서는 상류 직관 길이가 3D면 충분하다)
- 상류 10~15D, 하류 5~7D : 차압식, 터빈식, 와류식, 초음파식

㉢ 유량계 형식에 따른 직관부 길이 규정(국내 상수도법)

구 분		전자식	초음파	기계식
상류측	밸 브	3	30	5
	곡 관	2	10	5
	확대관	5	30	5
	축소관	3	10	5
하류측	확대관	2	5	3
	밸 브	2	10	3

⑤ 유체조건에 따른 유량계의 그루핑

㉠ 유체의 종류에 따라 적합한 유량계

- 유체의 종류에 관계없이 측정이 가능한 유량계 : 차압식, 와류식, 면적식, 초음파식
- 액체 및 기체만 측정할 수 있는 유량계 : 용적식, 터빈식
- 액체만 측정 가능한 유량계 : 전자유량계, 질량식(코리올리식)
- 기체만 측정이 가능한 유량계 : 질량식(열식)

㉡ 유체의 온도와 압력에 따라 추천하는 유량계

- 200[℃] 이상의 고온유체 측정 : 차압식, 터빈식, 와류식, 면적식, 질량식(열식), 용적식
- −100[℃] 이하의 저온유체 측정 : 와류식, 터빈식, 면적식, 질량식(코리올리식)
- 10[MPa]을 넘는 고압유체 측정 : 차압식, 와류식, 면적식, 질량식(코리올리식, 열식)

㉢ 유량계의 압력손실 정도

- 압력손실이 없는 유량계 : 전자식, 초음파식, 코리올리식(단일 직관형)
- 압력손실이 작은 유량계 : 면적식, 와류식
- 압력손실이 큰 유량계 : 차압식, 용적식, 터빈식, 질량식(코리올리 곡관형, 열식)

㉣ 측정 정밀도에 따른 유량계

- 지시값의 0.2~0.3[%] 정밀도를 갖는 유량계 : 코리올리식, 용적식, 터빈식
- 지시값의 0.5~1[%] 정밀도를 갖는 유량계 : 전자식, 와류식, 용적식, 터빈식
- 전 범위의 1~2[%] 정밀도를 갖는 유량계 : 면적식, 차압식, 초음파식, 질량(열식)

㉢ 측정 가능범위에 따른 유량계

- 광범위한 범위를 가진 유량계(20 : 1 이상) : 전자식, 초음파식, 질량(코리올리식, 열식)
- 중간 범위를 가진 유량계(10 : 1 이상) : 와류식, 용적식, 터빈식
- 좁은 범위를 가진 유량계(10 : 1 미만) : 면적식, 차압식

⑥ 기본식 · 선정요령 · 유량 측정 관련 제반사항

㉠ 유량 관련 기본식

- 체적유량 : $Q = Av_m$ [m³/s]

  여기서, A : 단면적

  v_m : 평균유속
- 질량유량 : $M = \rho A v_m$ [kg/s]

  여기서, ρ : 밀도
- 중량유량 : $Q = \gamma A v_m$ [N/s]

  여기서, γ : 비중량
- 적산유량 : $G = \int \rho A v_m$ [m³, kg]

㉡ 유량 측정 관련 기타 사항

- 유체의 밀도가 변할 경우 질량유량을 측정하는 것이 좋다.
- 유체가 기체일 경우 온도와 압력에 의한 영향이 크다.
- 유체가 액체일 때 온도나 압력에 의한 밀도의 변화는 무시할 수 있다.
- 유체의 흐름이 층류일 때와 난류일 때의 유량 측정 방법은 다르다.
- 압력손실의 크기 순 : 오리피스 > 플로노즐 > 벤투리 > 전자유량계
- 유량계를 교정하는 방법 중 기체유량계의 교정에 가장 적합한 것은 기준 체적관을 사용하는 방법이다.

핵심예제

1-1. 다음 중 용적형 유량계가 아닌 것은?

[2016년 제3회 유사, 2019년 제1회, 2022년 제1회]

① 가스미터(Gas Meter)
② 오벌유량계
③ 선회피스톤형 유량계
④ 로터미터

1-2. 배관의 모든 조건이 같을 때 지름을 2배로 하면 체적유량은 약 몇 배가 되는가? [2003년 제2회, 2011년 제1회, 2017년 제2회]

① 2배　② 4배
③ 6배　④ 8배

|해설|

1-1

로터미터는 면적식 유량계에 해당한다.

1-2

체적유량 $Q = Av = \frac{\pi d^2}{4} \times v$이므로 지름이 2배가 되면 체적유량은 $2^2 = 4$배가 된다.

정답 1-1 ④ 1-2 ②

핵심이론 02 용적식 유량계(직접식 유량계)

① 개 요

㉠ 용적식 유량계[PD(Positive Displacement) Meter]

- 직접 체적유량을 측정하는 적산유량계이다.
- 계량실 내부의 회전자나 피스톤 등의 가동부와 그것을 둘러싸고 있는 케이스와의 사이에 일정 용적의 공간부를 밸브로 하고, 그 속에 유체를 충만시켜 유체를 연속적으로 유출구로 송출하는 구조로 되어 있다.
- 계량 횟수를 통하여 용적유량을 측정하는 적산식 유량계이다.

㉡ 종류 : 오벌식, 루트식, 로터리 피스톤식, 회전원판식, 나선형 회전자식, 가스미터

㉢ 특 징

- 정밀도가 우수하다.
- 유체의 성질에 영향을 작게 받는다.
- 유체의 물성치(온도, 압력 등)에 의한 영향을 거의 받지 않는다.
- 점도가 높거나 점도 변화가 있는 유체의 유량 측정에 가장 적합하다.
- 고점도의 유체에 적합하며 주로 액체유량의 정량 측정에 사용된다.
- 외부에너지의 공급이 없어도 측정할 수 있다.
- 유량계 전후의 직관 길이에 영향을 받지 않는다.
- 직관부가 필요하지 않지만, 유량계 전단에 반쯤 열린 밸브가 있어 기포가 발생할 우려가 있는 경우에는 주의해야 한다.
- 유량계 상류측에 기체분리기를 설치한다.
- 여과기(Strainer)는 유량계의 바로 전단에 설치한다.
- 유량계의 전후 및 우회 파이프(By-pass Line)에는 밸브를 설치한다.
- 유량계 본체의 입구 및 출력 플랜지는 설치 시까지 더미 플랜지를 설치하여 먼지 등 이물질이 유입되지 않도록 유의해야 한다.
- 유량계의 점검이 가능하도록 반드시 우회 파이프를 설치하고, 우회 파이프의 크기는 주파이프와 동일하게 한다.
- 수직 설치의 경우 유량계는 우회 파이프에 설치한다. 이것은 파이프 중량에 의한 응력이 유량계에 직접 가해지는 것을 피하기 위함이다.
- 유량계는 펌프의 배기(Discharge)쪽에 설치해야 한다. 펌프의 흡기(Suction)쪽은 압력이 낮기 때문에 유량계의 압력손실보다 압력이 낮은 경우에는 유량계가 회전하지 않는 경우가 생길 수 있다.
- 설치 시 유량계를 떨어뜨리거나 충격을 주지 않도록 유의해야 한다. 특히 플랜지 표면에 흠이 나지 않도록 유의해야 한다.
- 유량계의 흐름 방향과 실체 유체의 흐름 방향이 일치하도록 해야 한다.
- 압력변동의 가압유체의 측정은 어렵다.

② 용적식 유량계의 종류

㉠ 오벌식 유량계(Oval) : 맞물린 2개의 타원형의 기어를 유체 흐름 속에 놓고, 유체의 압력으로 생기는 기어의 회전을 계수하는 방식의 유량계

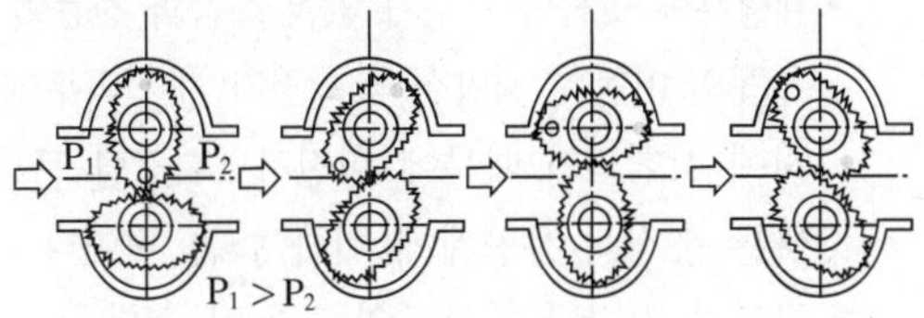

- 오벌기어식 또는 원형기어식이라고도 한다.
- 기어의 회전이 유량에 비례하는 것을 이용한 용적식 유량계이다.
- 유입되는 유체 흐름에 의해 2개의 타원형 기어가 서로 맞물려 회전하며 유체를 출구로 밀어 보낸다.
- 회전체의 회전속도를 측정하여 유량을 구한다.
- 액체의 유량 측정에 적합하나 기체의 유량 측정에는 부적합하다.

㉡ 루트식 유량계 : 오벌기어식과 유사한 구조이지만 회전자의 모양(누에고치 모양)이 다르며 회전자에 기어가 없다.

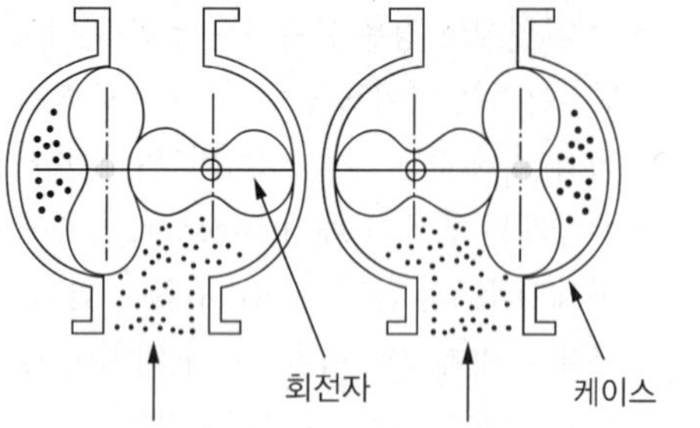

㉢ 로터리 피스톤식 유량계 : 입구에서 유입되는 유체에 의한 회전자의 회전속도를 이용하여 유량을 구하는 용적식 유량계

- 선회피스톤형이라고도 한다.
- 회전자가 1개이므로 회전저항이 작아 작은 유량 측정에 적합하다.
- 계량실과 회전자 사이를 크게 하였기 때문에 고점도 유체의 측정에 적합하다.
- 수평, 수직, 기울임 설치 등 설치방법에 제한이 없다.
- 계량부에 맞물림 기구가 없어 소음과 진동이 작다.
- 유체의 이동이 계량실의 회전자 내·외부에서 동시에 실행되기 때문에 회전자 1회전당 토출량이 다른 용적식 유량계에 비하여 큰 편이다.
- 구조가 간단하여 분해와 세척이 쉽다.
- 주로 수도계량기에 사용된다.
- 로터리 피스톤식에서 중량유량을 구하는 식 :

$$G = CA\sqrt{\frac{2g\gamma W}{a}}$$

여기서, C : 유량계수

A : 유출구의 단면적

W : 유체 중의 피스톤 중량

a : 피스톤의 단면적

㉣ 회전원판식 유량계 : 둥근 축을 갖는 원판이 유량실의 중심에 위치하고 원판의 회전에 따른 유체의 통과량을 측정하는 용적식 유량계

㉤ 나선형 회전자식 유량계

- 나선형 기어식이라고도 한다.
- 액체유량을 측정한다.
- 오벌 기어식과 같이 맥동을 발생시키는 유량계에 비하여 등속회전이고, 동일한 토크이기 때문에 맥동이 발생하지 않는다.
- 진공 및 소음이 매우 작다.
- 토출되는 유량이 연속적이며, 1회전당 토출량이 크다. 회전속도도 비교적 빠르게 할 수 있기 때문에 소형이라도 대용량 측정이 가능하다.
- 두 회전자 사이에 에너지 교환이 없으므로 회전자의 톱니면에 부하가 발생하지 않아 내구성이 뛰어나다.
- 파일럿 기어방식에서는 회전자가 비접촉식으로 동작하므로 내구성이 매우 뛰어나다.

㉥ 가스미터 : 실측식, 추량식

- 실측식
  - 습식 가스미터 : 기준 가스미터, 공해 측정용으로 사용한다.
  - 건식 가스미터(막식, 회전식) : 도시가스 측정으로 사용한다.
- 추량식 : 오리피스식, 벤투리식, 터빈식, 와류식, 델타식

핵심예제

용적식 유량계의 방식 중 측정 유체가 액체용이 아닌 것은?

[2012년 제3회]

① 원형 기어식
② 나선형 회전자식
③ 로터리 피스톤식
④ 막 식

|해설|

- 막식은 기체의 유량측정에 적합하다.
- 막식은 실측식 가스미터인 건식 가스미터에 해당한다.

정답 ④

핵심이론 03 차압식 유량계

① 차압식 유량계의 개요

㉠ 차압식 유량계는 관로 내 조임기구(오리피스, 노즐, 벤투리관)를 설치하고 유량의 크기에 따라 전후에 발생하는 차압 측정으로 유량을 구하는 유량계이다.

- 조리개식 유량계 혹은 (스로틀(Throttle) 기구에 의하여 유량 측정(순간치 측정)하므로) 교축기구식이라고도 한다.

㉡ 측정원리

- 운동하는 유체의 에너지 법칙
- 베르누이 방정식
- 연속의 법칙(질량보존의 법칙)

㉢ 유량 계산식

$$Q = C \cdot Av_m$$

$$= C \cdot A\sqrt{\frac{2g}{1-(d_2/d_1)^4} \times \frac{P_1 - P_2}{\gamma}}$$

$$= C \cdot A\sqrt{\frac{2gh}{1-(d_2/d_1)^4} \times \frac{\gamma_m - \gamma}{\gamma}}$$

$$= C \cdot A\sqrt{\frac{2gh}{1-(d_2/d_1)^4} \times \left(\frac{\gamma_m}{\gamma} - 1\right)}$$

$$= C \cdot A\sqrt{\frac{2gh}{1-(d_2/d_1)^4} \times \left(\frac{\rho_m}{\rho} - 1\right)}$$

$$= C \cdot A\sqrt{\frac{2gh}{1-(d_2/d_1)^4} \times \left(\frac{S_m}{S} - 1\right)}$$

여기서, Q : 유량[m^3/s]

C : 유량계수

A : 단면적[m^2]

v_m : 평균 유속

g : 중력가속도(9.8[m/s^2])

d_1 : 입구 지름

d_2 : 조임기구 목의 지름

P_1 : 교축기구 입구측 압력[kgf/m^2]

P_2 : 교축기구 출구측 압력[kgf/m^2]

h : 마노미터 높이차

γ_m : 마노미터 액체 비중량[kgf/m^3]

γ : 유체 비중량[kgf/m^3]

ρ_m : 마노미터 액체밀도[kg/m^3]

ρ : 유체밀도[kg/m^3]

S_m : 마노미터 액체 비중

S : 유체 비중

- 차압식 유량계에서 유량은 압력차의 제곱근에 비례한다.
- 유량을 계산하기 위하여 설치한 유량계에서 유체를 흐르게 하면서 측정해야 할 값은 마노미터 액주계의 눈금인 h의 값이다.

㉣ 특 징

- 압력 강하를 측정(정압의 차)한다.
- 간접식(간접계량)이다.
- 액체, 기체, 스팀 등 거의 모든 유체의 유량 측정이 가능하다.
- 기체 및 액체 양용으로 사용한다.
- 구조가 간단하고 견고하며 가동부가 없어 수명이 길고 내구성도 좋다.
- 가격이 저렴하다. 특히 대구경인 경우 더욱 유리하다.
- 고온·고압의 과부하에 잘 견딘다.
- 유체의 점도 및 밀도를 알고 있어야 한다.
- 하류측과 상류측의 절대압력의 비가 0.75 이상이어야 한다.
- 조임기구 재료의 열팽창계수를 알아야 한다.
- 관로의 수축부가 있어야 하므로 압력손실이 비교적 높은 편이다.
- 압력손실 크기 순 : 오리피스식 > 플로노즐식 > 벤투리 미터식
- 오리피스의 교축기구를 기하학적으로 닮은꼴이 되도록 정밀하게 끝맺음질을 하면 정확한 측정값을 얻을 수 있다.
- 유량은 압력차의 평방근에 비례한다.
- 레이놀즈수 10^5 이상에서 유량계수가 유지된다.
- 직관부가 필요하며 요구 직관부 길이가 길다.
- 유출계수 및 유량 측정 정확도는 배관의 형태, 유체의 유동 상태에 따라 큰 영향을 받는다.

- 정도가 좋지 않고 측정범위가 좁다.
- 유량에 대한 교정을 하면 높은 정확도를 얻을 수 있지만, 교정을 하지 않으면 2[%] 이내의 정확도를 얻기 힘들다.
- 기계 부분의 마모 및 노후화로 인하여 유량 측정 정확도가 큰 영향을 받을 소지가 있으며, 이에 대한 영향이 정량화되어 있지 않다.
- 일부 유량계의 경우, 특히 오리피스 유량계의 경우 압력손실이 크며, 이로 인한 동력 소모가 높다.

㉤ 탭 입구 위치에 따른 차압 측정 탭(압력 탭 또는 압력 도출구)방식의 분류

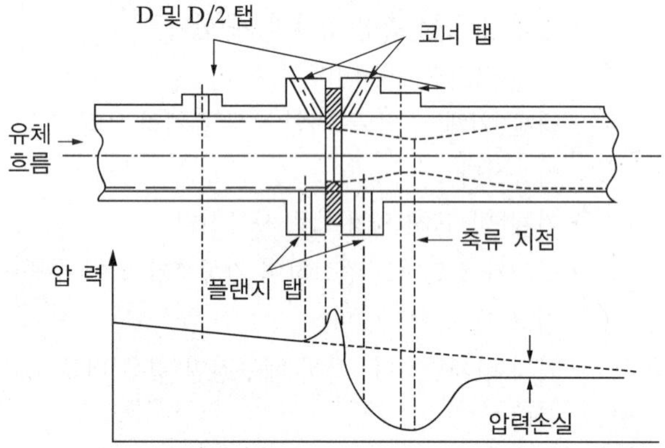

- 플랜지 탭(Flange Tap) : 가장 많이 사용되는 방법으로, 오리피스 전단 및 후단 플랜지로부터 오리피스 전단 및 후단의 표면에 평행하게 천공하여 차압을 측정하는 방식이다. 오리피스의 압력을 측정하기 위하여 관지름에 관계없이 오리피스 판벽으로부터 상하류 25[mm] 위치에 설치한다.
- 코너 탭(Corner Tap) : 오리피스 전단 및 후단 플랜지로부터 오리피스 전단 및 후단의 표면까지 경사지게 천공하여 차압을 측정하는 방식이다. 오리피스판에 바로 인접한 위치에서 압력을 측정하는 방식이며, 주로 2인치 이하의 라인에 사용된다. 플랜지 탭보다 가공하기 어려워 가격이 플랜지 탭보다 비싸고 구멍이 작아서 막히기 쉽고 압력이 불안정하다.
- D 및 D/2 탭 : 파이프 탭(Pipe Tap) 또는 Full-flow 탭이라고도 하며 오리피스가 설치될 배관에 천공하여 차압(오리피스 양단의 손실압력)을 측정하는 방식이다. 배관 천공작업은 현장에서 한다. 상류 탭은 판으로부터 관의 지름의 2-1/2 만큼 떨어진 위치에 설치되고 하류 탭은 관의 지름의 8배만큼 떨어진 위치에 설치된다.
- 축류 탭 : 오리피스 하류측 압력 구멍은 오리피스 유량계 직경비의 변화에 따라 가변적인 위치의 값을 갖게 한 방식으로, 이론적으로 최대의 압력을 얻을 수 있는 위치에 설치한다. 제작이 까다롭고 복잡하다.
- 반경 탭 : 축류 탭과 유사하나 하류 탭이 오리피스 판으로부터 관의 지름의 1/2만큼 떨어진 위치에 설치된다는 것이 다르다.

㉥ 종류 : 오리피스 미터, 플로노즐, 벤투리 미터

② 오리피스 유량계(Orifice)

㉠ 개 요

- 오리피스 유량계는 조임기구의 하나인 오리피스를 이용한 유량계이다.
- 오리피스 플레이트 설계 시 고려요인 : 에지 각도, 베벨각, 표면거칠기 등
- 오리피스에서 유출하는 물의 속도수두 : $h \cdot C_v^2$

  여기서, h : 수면의 높이

  C_v : 속도계수
- 오리피스 유량계의 측정오차 중 맥동에 의한 영향
  - 게이지 라인이 배관 내 압력 변화를 차압계까지 전달하지 못하는 경우
  - 차압계의 반응속도가 좋지 않은 경우
  - SRE(Square Root Error)가 생기는 경우

㉡ 적용원리 : 유체의 운동방정식(베르누이의 원리)

㉢ 오리피스의 종류

- 동심형 오리피스
  - 제작과 교정이 용이하다.
  - 가격이 저렴하다.
  - 정확도가 좋지 않다.
  - 에지판이 마모되기 쉽다.
  - 정확도의 계속적인 저하가 발생한다.
- 편심형 또는 반원형 오리피스 : 이물질이 많은 유체에 적용한다.

- 콘형(원뿔형), 사분원형 오리피스 : 고점도 유체, 낮은 레이놀즈수의 유체에 적용한다.

㉣ 특 징

- 형상과 구조가 간단하고 제작이 용이하여 널리 사용된다.
- 설치가 쉽고 고압에 적당하다.
- 사용조건에 따라 다르지만, 거의 반영구적이다.
- 측정유량범위 변경 시 플레이트 변경만으로 가능하다.
- 액체, 가스, 증기의 유량 측정이 가능하고, 광범위한 온도, 압력에서의 유량 측정이 가능하다.
- 충분한 정도를 보증하기 위해서 직관부가 필요하다.
- 관의 곡선부에 설치하면 정도가 떨어진다.
- 압력손실이 크다.
- 유량계수가 작다.
- 에지(Edge) 마모가 정도에 영향을 미치므로 유체 중에 고형물 함유를 피해야 한다.

③ 플로노즐(Flow Nozzle)

㉠ 개요 : 플로노즐은 조임기구의 하나인 노즐을 이용한 유량계이다.

㉡ 특 징

- 고속·고압 및 레이놀즈수가 높은 경우에 사용하기 적정하다.
- 유체 흐름에 의한 유선형의 노즐 형상을 지니므로 유체 중 이물질에 의한 마모 등의 영향이 매우 작다.
- 같은 사양의 오리피스에 비해 유량계수가 60[%] 이상 많다.
- 소량 고형물이 포함된 슬러지 유체의 유량 측정이 가능하다.
- 오리피스에 비해 압력손실(차압손실)이 작으나 벤투리관보다는 크다.
- 오리피스보다 마모가 정도에 미치는 영향이 작다.
- 고속유체의 유속 측정에는 플로노즐식이 이용된다.
- 고온·고압·고속의 유체 측정에도 사용된다.
- 노즐은 수직 관로상에서 유입부가 위쪽으로 설치하는 것이 바람직하며, 액체보다는 기체유량 측정에 더 적합하다.
- 노즐에 대한 압력 탭 위치는 코너 탭을 사용하지만, 타원노즐에 대해서는 오리피스의 D 및 D/2 탭방식을 사용하고, 압력 탭의 위치가 노즐 출구보다 높은 경우에는 노즐 출구 이내에 위치하도록 한다.
- 유체 중 고압입자가 지나치게 많이 들어 있는 경우에는 사용할 수 없다.
- 유량 측정범위 변경 시 교환이 오리피스에 비하여 어렵다.
- 다소 구조가 복잡하며 오리피스에 비해 고가이다.

④ 벤투리(Venturi) 미터 유량계

㉠ 개 요

- 벤투리 미터 유량계는 조리개부가 유선형에 가까운 형상으로 설계되어 축류의 영향을 비교적 적게 받게 하고 조리개에 의한 압력손실을 최대한으로 줄인 조리개형식의 유량계이다.
- 유량은 유량계수·관지름의 제곱·차압의 평방근 등에 비례하며 조리개비의 제곱에 반비례한다.

㉡ 특 징

- 압력손실이 작고, 측정 정도가 높다.
- 유체 체류부가 없어 마모에 의한 내구성 좋다.
- 오리피스 및 노즐에 비해 압력손실이 작다.
- 축류(縮流)의 영향을 비교적 작게 받는다.
- 침전물의 생성 우려가 작다.
- 고형물을 함유한 유체에 적합하다(단, 차압 취출구의 막힘이 발생하므로 퍼지 등의 대책 필요).
- 대유량 측정이 가능하며 취부범위가 크다.
- 동일한 사이즈의 오리피스에 비해서 발생 차압이 작다.
- 구조가 복잡하고 공간을 많이 차지하며, 대형이고 비싸다.
- 파이프와 목부분의 지름비를 변화시킬 수 없다.
- 유량의 측정범위 변경 시 교환이 어렵다.

핵심예제

3-1. 다음 중 차압식 유량계가 아닌 것은?

[2004년 제1회, 2007년 제1회, 2008년 제3회 유사, 2011년 제1회]

① 오리피스 ② 벤투리 미터
③ 플로노즐 ④ 피스톤식

3-2. 차압식 유량계에 대한 설명으로 틀린 것은?

[2012년 제2회]

① 베르누이 정리를 이용하여 유량을 측정한다.
② 오리피스식은 편식 오리피스와 복식 오리피스가 있다.
③ 고속유체의 유속 측정에는 플로노즐식이 이용된다.
④ 벤투리식은 제작비가 비싸고 교환이 어려운 단점이 있다.

3-3. 다음 오리피스식 유량계에 대한 설명 중 틀린 것은?

[2004년 제2회, 2008년 제1회]

① 구조가 비교적 간단하다.
② 압력손실이 크다.
③ 관의 곡선부에 설치하여도 정도가 높다.
④ 고압에 적당하다.

3-4. 벤투리관 유량계의 특징에 대한 설명으로 옳지 않은 것은?

[2012년 제1회]

① 압력손실이 작다.
② 구조가 복잡하고 대형이다.
③ 축류(縮流)의 영향을 비교적 많이 받는다.
④ 내구성이 좋고 정확도가 높다.

3-5. 차압식 오리피스 유량계에서 오리피스 전후의 압력 차이가 처음보다 4배만큼 커졌을 때 유량은 어떻게 변하는가?(단, 다른 조건은 모두 같으며 Q_1, Q_2는 각각 처음과 나중의 유량을 나타낸다)

[2009년 제1회, 2010년 제3회, 2012년 제3회]

① $Q_2 = Q_1$ ② $Q_2 = 2Q_1$
③ $Q_2 = \sqrt{2}\,Q_1$ ④ $Q_2 = 4Q_1$

3-6. 차압식 유량계로 유량을 측정하였더니 오리피스 전후의 차압이 1,936[mmH_2O]일 때 유량은 22[m^3/h]이었다. 차압이 1,024[mmH_2O]이면 유량은 얼마가 되는가?

[2004년 제1회 유사, 2008년 제1회 유사, 2011년 제2회 유사, 제3회 유사, 2013년 제2회 유사, 2014년 제3회 유사, 2017년 제3회]

① 12[m^3/h] ② 14[m^3/h]
③ 16[m^3/h] ④ 18[m^3/h]

|해설|

3-1
차압식 유량계가 아닌 것으로 피스톤식, Rota Meter 등이 출제된다.

3-2
오리피스식은 동심형 오리피스와 편심형 오리피스가 있다.

3-3
오리피스식 유량계는 관의 곡선부에 설치하면 정도가 떨어진다.

3-4
벤투리관 유량계는 축류(縮流)의 영향을 비교적 작게 받는다.

3-5
차압식 유량계에서 유량은 압력차의 제곱근에 비례하므로 압력차가 4배 증가하면 유량은 2배가 증가된다.

3-6
차압식 유량계에서 유량은 압력차의 제곱근에 비례하므로 차압 1,936[mmH_2O]일 때 유량을 Q_1이라 하고, 차압 1,024[mmH_2O]일 때의 유량을 Q_2이라 하면

$\frac{Q_2}{Q_1} = \sqrt{\frac{\Delta P_2}{\Delta P_1}}$ 이므로

$$Q_2 = Q_1 \times \sqrt{\frac{\Delta P_2}{\Delta P_1}} = 22 \times \sqrt{\frac{1,024}{1,936}} = 16[m^3/h]$$

정답 3-1 ④ 3-2 ② 3-3 ③ 3-4 ③ 3-5 ② 3-6 ③

핵심이론 04 유속식 유량계

① 임펠러식 유량계

㉠ 개 요

- 임펠러식 유량계는 관 속에 설치된 임펠러를 통한 유속 변화를 이용한 유량계이다.
- 유체에너지를 이용한다.
- 종 류
  - 접선식 : 임펠러의 축이 유체 흐름 방향에 수직(단상식, 복상식)
  - 축류식 : 임펠러의 축이 유체 흐름 방향에 수평

㉡ 특 징

- 구조가 간단하고 보수가 용이하다.
- 내구력이 우수하다.
- 부식성이 강한 액체에도 사용할 수 있다.
- 측정 정도는 약 ±0.5[%]이다.
- 직관 부분이 필요하다.

㉢ 접선식 임펠러 유량계 : 배관에 수직으로 임펠러 축을 설치하여 유체의 흐름에 의하여 발생하는 임펠러의 회전수로 유량을 측정하는 임펠러식 유량계이다.

- 단상식은 복상식에 비해서 감도가 좋고 가격이 저렴하지만, 정밀도가 불안정하고 마모가 심하여 내구력이 떨어진다.
- 복상식은 단상식보다 정밀도가 우수하고 임펠러에 균일한 힘이 작용하고 회전부 부분 마모가 작아 내구성이 우수하다.

㉣ 축류식 임펠러 유량계 : 배관에 수평으로 터빈 축을 설치하여 유체의 흐름에 의하여 발생하는 터빈의 회전수로 유량을 측정하는 임펠러식 유량계이다.

- 유체에너지를 이용하는 유속식 유량계이다.
- 날개에 부딪히는 유체의 운동량으로 회전체를 회전시켜 운동량과 회전량의 변화로 가스 흐름을 측정한다.
- 터빈 유량계, 월트만(Woltman)식 또는 터빈미터라고도 한다.
- 원통상의 유로 속에 로터(회전날개)를 설치하고 이것에 유체가 흐르게 되면 통과하는 유체의 속도에 비례한 회전속도로 로터가 회전하게 된다. 이 로터의 회전속도를 측정하여 흐르는 유체의 유량을 구하는 방식이다.
- 용적식에 비해 소형이고 구조가 간단하여 제작이 쉽고 저가이다.
- 내구력이 있고 수리가 용이하다.
- 크기가 간결하고 선형도가 우수하며 재현성이 좋아 교정 후 사용하면 ±0.2[%]의 측정 정확도 유지가 가능하다.
- 측정범위가 넓고 압력손실이 작다.
- 주로 기체용으로 많이 사용되나 액체에도 적용 가능하다.
- 순시유량과 적산유량의 측정에 적당하다.
- 상류측은 5D, 하류측은 3D 정도의 직관부가 필요하다.
- 상부에 밸브나 곡관이 있으면 정확한 측정이 어려우므로 반드시 상부와 하부에 직관부를 두어야 한다.
- 파이프 유동조건과 측정대상 유체의 점도에 따라 특성이 달라진다.
- 유속이 급격히 변화하는 경우 오차가 발생한다.
- 교정 후 사용기간이 길어지면 베어링 등 기계 구동부의 마모로 유량 측정 정확도와 특성이 달라지는 문제가 발생한다.
- 유량 측정 정확도를 보장하기 위해서는 요구되는 직관부의 길이가 길다.
- 슬러리 유체에는 적용 불가능하다.

② 피토관식 유량계

㉠ 개 요

- 피토관식 유량계는 관에 흐르는 유체 흐름의 전압과 정압의 차이를 측정하고 유속을 구하는 장치이다.
- 관 속을 흐르는 유체의 한 점에서의 속도를 측정하고자 할 때 가장 적당한 유속 측정이 가능한 유속식 유량계이다.
- 액체의 전압과 정압의 차(동압)로부터 순간치 유량을 측정한다.
- 응용원리 : 베르누이 정리

㉡ 유량 계산식

$$Q = C \cdot Av_m = C \cdot A\sqrt{2g \times \frac{P_t - P_s}{\gamma}}$$

$$= C \cdot A\sqrt{2gh \times \frac{\gamma_m - \gamma}{\gamma}}$$

$$= C \cdot A\sqrt{2gh \times \left(\frac{\gamma_m}{\gamma} - 1\right)}$$

$$= C \cdot A\sqrt{2gh \times \left(\frac{\rho_m}{\rho} - 1\right)}$$

$$= C \cdot A\sqrt{2gh \times \left(\frac{S_m}{S} - 1\right)}$$

여기서, Q : 유량[m^3/s]

C : 유량계수

A : 단면적[m^2]

v_m : 평균 유속

g : 중력가속도(9.8[m/s^2])

P_t : 전압[kgf/m^2]

P_s : 정압[kgf/m^2]

γ_m : 마노미터 액체 비중량[kgf/m^3]

γ : 유체 비중량[kgf/m^3]

ρ_m : 마노미터 액체밀도[kg/m^3]

ρ : 유체밀도[kg/m^3]

S_m : 마노미터 액체 비중

S : 유체 비중

㉢ 관련식

- 피토관을 이용한 풍속 측정 :

$$풍속\ v = C\sqrt{2gh\left(\frac{\gamma_w}{\gamma_{Air}} - 1\right)}$$

$$= C \cdot A\sqrt{2gh \times \left(\frac{S_w}{S_{Air}} - 1\right)}$$

여기서, C : 피스톤 속도계수

g : 중력가속도

h : 전압

γ_w : 물의 비중량

γ_{Air} : 공기의 비중량

S_w : 물의 비중

S_{Air} : 공기의 비중

- 유속 $v = C_v\sqrt{2g\Delta h} = C_v\sqrt{2g(P_t - P_s)/\gamma}$

여기서, v : 유속[m/s]

C_v : 속도계수

g : 중력가속도(9.8[m/s^2])

P_t : 전압[kgf/m^2]

P_s : 정압[kgf/m^2]

γ : 유체의 비중량[kgf/m^3]

이므로 피토관의 유속은 $v \propto \sqrt{\Delta h}$, 즉 $\sqrt{\Delta h}$ 에 비례한다.

㉣ 특 징

- 측정이 간단하다.
- 피토관의 헤드 부분은 유동 방향에 대해 평행하게 (일치) 부착한다.
- 흐름에 대해 충분한 강도를 가져야 한다.
- 5[m/s] 이하의 기체에는 부적당하다.
- 피토관의 단면적은 관단면적의 1[%] 이하이어야 한다.
- 노즐 부분의 마모에 의한 오차가 발생한다.
- 더스트(분진), 미스트, 슬러지 등의 불순물이 많은 유체에는 부적합하다.
- 비행기의 속도 측정, 수력발전소의 수량 측정, 송풍기의 풍량 측정 등에 사용된다.
- 사용방법에 따라 오차가 발생하기 쉬우므로 주의가 필요하다.

③ 열선식 유량계

㉠ 개 요

- 열선식 유량계는 관에 전열선을 설치하여 유체유속 변화에 따른 온도 변화를 측정하여 순간유량을 구하는 유속식 유량계이다.
- 보일러 공기예열기의 공기유량을 측정하는 데 가장 적합한 유량계이다.

㉡ 특 징

- 유체의 압력손실이 작다.
- 기체의 질량유량의 직접 측정이 가능하다.

• 기체의 종류가 바뀌거나 조성이 변하면 정도가 떨어진다.

㉢ 종류 : 토마스식 유량계, 열선 풍속계(미풍계), 서멀 유량계

• 토마스식 유량계 : 유체의 흐름 중에 전열선을 넣고 유체의 온도를 높이는 데 필요한 에너지를 측정하여 유체의 질량유량을 알 수 있는 열선식 유량계(유체가 필요로 하는 열량이 유체의 양에 비례하는 것을 이용한 유량계)로, 가스의 유량 측정에 적합하다.
• 열선 풍속계 : 열선의 전기저항이 감소하는 것을 이용한 유량계

④ 아누바 유량계

㉠ 개 요

• 아누바 유량계는 관속의 평균유속을 구하여 유량을 측정하는 속도수두 측정식 유량계이다.
• 아누바(Annubar)는 메이커의 상품명에서 유래된 것이다.
• 아누바관 유량계라고도 한다.
• 2개의 관을 이용하여 1개는 유체와 부딪히는 관으로서 4개의 구멍을 통하여 유속에 의한 압력을 측정하여 평균점을 찾고, 다른 1개의 관은 유로의 반대쪽으로 향하게 하여 일정압을 측정하게 하여 이 두 압력의 차이를 측정하여 유량을 구한다.

㉡ 특 징

• 피토관식과 구조가 유사하다.
• 구조가 간단하다.
• 유량범위가 넓다.
• 측정 정확도가 우수하다.
• 여러 변수를 측정할 수 있다.

핵심예제

4-1. 내경 10[cm]인 관 속으로 유체가 흐를 때 피토관의 마노미터 수주가 40[cm]이었다면, 이때의 유량은 약 몇 [m³/s]인가? [2004년 제1회, 2017년 제3회 유사, 2019년 제3회]

① 2.2×10^{-3}　② 2.2×10^{-2}
③ 0.22　④ 2.2

4-2. 공기의 유속을 피토관으로 측정하였을 때 차압이 60[mmH_2O]이었다. 이때 유속[m/s]은?(단, 피토관 계수 1, 공기의 비중량 1.2[kgf/m³]이다)
[2004년 제3회 유사, 2006년 제2회 유사, 2007년 제1회 유사, 제2회 유사, 2009년 제1회 유사, 2012년 제3회 유사, 2015년 제2회 유사, 2016년 제1회]

① 0.053　② 31.3
③ 5.3　④ 53

4-3. 22[℃]의 1기압 공기(밀도 1.21[kg/m³])가 덕트를 흐르고 있다. 피토관을 덕트 중심부에 설치하고 물을 봉액으로 한 U자관 마노미터의 눈금이 4.0[cm]이었다. 이 덕트 중심부의 유속은 약 몇 [m/s]인가? [2014년 제2회, 2019년 제3회]

① 25.5　② 30.8
③ 56.9　④ 97.4

4-4. 관 속을 흐르는 물의 속도를 측정하기 위하여 관의 중심부 아래 피토관을 설치하였다. 이때 피토관 끝에서 측정되는 전압수두는 2.5[m]이었고 피토관부 옆면에서 측정되는 정압수두가 1.2[m]이었다. 관 속을 흐르는 물의 유속은 약 몇 [m/s]인가? [2009년 제3회 유사, 2013년 제3회]

① 4　② 5
③ 7　④ 12

4-5. 임펠러식(Impeller Type) 유량계의 특징에 대한 설명으로 틀린 것은?
[2003년 제1회 유사, 2007년 제1회 유사, 2016년 제3회 유사, 2017년 제1회]

① 구조가 간단하다.
② 직관 부분이 필요 없다.
③ 측정 정도는 약 ±0.5[%]이다.
④ 부식성이 강한 액체에도 사용할 수 있다.

4-6. 다음 중 열선식 유량계에 해당하는 것은?
[2013년 제2회, 2021년 제2회]

① 델타식　② 아누바식
③ 스웰식　④ 토마스식

|해설|

4-1

유 량

$$Q = Av = A\sqrt{2gh} = \frac{\pi}{4}\times 0.1^2 \times \sqrt{2\times 9.8\times 0.4}$$
$$\simeq 2.2\times 10^{-2}[\mathrm{m^3/s}]$$

4-2

피토관의 유속

$$v = C\sqrt{2g\Delta h} = C\sqrt{2g(P_t - P_s)/\gamma} = 1\times\sqrt{\frac{2\times 9.8\times 60}{1.2}}$$
$$\simeq 31.3[\mathrm{m/s}]$$

4-3

유속

$$v = \sqrt{2gh\left(\frac{\gamma_m - \gamma}{\gamma}\right)} = \sqrt{2\times 9.8\times 0.04\times\left(\frac{1{,}000 - 1.21}{1.21}\right)}$$
$$\simeq 25.5[\mathrm{m/s}]$$

4-4

전압 = 정압 + 동압이므로 $2.5 = 1.2 + \frac{v^2}{2\times 9.8}$ 에서 $v \simeq 5[\mathrm{m/s}]$

4-5

임펠러식 유량계는 직관 부분이 필요하다.

4-6

열선식 유량계의 종류 : 토마스식 유량계, 열선 풍속계(미풍계), 서멀 유량계

정답 4-1 ② 4-2 ② 4-3 ① 4-4 ② 4-5 ② 4-6 ④

핵심이론 05 기타 유량계

① 면적식 유량계(Area Flowmeter)

㉠ 개 요

- 면적식 유량계는 관로에 설치된 테이퍼 관에 부자(Float)를 넣고 유체를 관의 밑 부분에서 위쪽으로 흘려서 부자가 위쪽으로 변위하는 변위량을 측정하여 유량을 측정하는 유량계이다.
- 변위량은 유량 및 밀도에 비례하는 것을 이용한다.

㉡ 종류 : 부자식(플로트 타입, 로터미터), 게이트식, 피스톤식

- 플로트 타입 면적식 유량계의 검사 및 교정시기 : 유량계를 분해·소제한 경우, 장시간 사용하지 않았던 것을 재사용할 경우, 그 밖의 성능에 의문이 생긴 경우 등
- 로터(Rota)미터 : 부표(Float)와 관의 단면적 차이를 이용하여 유량을 측정하는 면적식 순간 유량계
  - 수직 유리관 속에 원뿔 모양의 플로트를 넣어 관 속을 흐르는 유체의 유량에 의해 밀어 올리는 위치로 유량을 구한다.
  - 유체가 흐르는 단면적이 변함으로써 직접 유체의 유량을 읽을 수 있고 압력차를 측정할 필요가 없다.

㉢ 특 징

- 압력손실이 작고 균등한 유량을 얻을 수 있다.
- 슬러리나 부식성 액체의 측정이 가능하다.
- 적은 유량(소유량)도 측정이 가능하다.
- 플로트 형상에 따르며, 측정치가 균등 눈금으로 얻어진다.
- 측정하려는 유체의 밀도를 미리 알아야 한다.
- 고점도 유체의 측정이 가능하지만 점도가 높으면 유동저항의 증가로 정밀 측정이 곤란하다.
- 수직 배관에만 적용 가능하다.
- 정도는 1~2[%]로 낮아 정밀 측정에는 부적당하다.

② 와류(Eddy Flow) 유량계

㉠ 개 요

- 와류 유량계는 와류에서 발생되는 와류(소용돌이) 발생수를 이용하여 압력 변화나 유속 변화를 검출하여 유량을 측정하는 유량계이다.
- 계량기 내에서 와류를 발생시켜 초음파로 측정하여 계량하는 방식이다.
- 볼텍스 유량계(Vortex Flow Meter)라고도 한다.
- 유량계의 입구에 고정된 터빈형태의 가이드 보디(Guide Body)가 와류현상을 일으켜 발생한 고유의 주파수가 피에조 센서(Piezo Sensor)에 의해 검출되어 유량을 적산하는 방법의 가스미터이다.
- 유량 출력은 유동유체의 평균유속에 비례한다.

㉡ 종류 : 델타식, 칼만(Karman)식, 스와르 미터식 등

㉢ 특 징

- 압전소자인 피에조 센서를 이용한다.
- 액체, 가스, 증기 모두 측정 가능한 범용형 유량계이지만, 주로 증기유량 계측에 사용되고 있다.
- 측정범위가 넓다.
- 유체의 압력이나 밀도에 관계없이 사용이 가능하다.
- 오리피스 유량계 등과 비교해서 높은 정도를 지닌다.
- 구조가 간단하고 설치, 관리가 쉽다.
- 신뢰성이 높고 수명이 길다.
- 압력손실이 작다.
- 고점도 유량 측정은 어느 정도는 가능하지만, 슬러리 유체, 고체를 포함한 액체의 측정에는 사용할 수 없다.
- 외란에 의해 측정에 영향을 받는다.

③ 전자 유량계

㉠ 개 요

- 전자 유량계는 유체에 생기는 기전력을 측정하여 유량을 구하는 간접식 유량계이다.
- 패러데이의 전자유도법칙을 원리로 한다.
- 유량계 출력이 유량에 비례한다.

㉡ 특 징

- 전도성 액체(도전성 유체)에 한하여 사용할 수 있다.
- 유속 검출에 지연시간이 없으므로 응답이 매우 빠르다.
- 측정관 내에 장애물이 없으며, 압력손실이 거의 없다.
- 정도는 약 1[%]이고, 고성능 증폭기를 필요로 한다.
- 액체의 온도, 압력, 밀도, 점도의 영향을 거의 받지 않으며 체적유량의 측정이 가능하다.
- 유체의 밀도, 점성 등의 영향을 받지 않아 밀도, 점도가 높은 유체의 측정이 가능하다.
- 적절한 라이닝 재질을 선정하면 슬러리나 부식성 액체의 측정이 용이하다.
- (관 내에 적당한 재료를 라이닝하므로) 높은 내식성을 유지할 수 있다.
- 유로에 장애물이 없고, 압력손실과 이물질 부착의 염려가 없다.
- 다른 물질이 섞여 있거나 기포가 있는 액체도 측정 가능하다.
- 미소한 측정전압에 대하여 고성능의 증폭기가 필요하다.

④ 초음파 유량계

㉠ 초음파 유량계는 관로의 밖에서 유체의 흐름에 초음파를 방사하여 유속에 의하여 변화를 받은 투과파와 반사파를 관 밖에서 포착하여 유량을 측정하는 유량계이다.

㉡ 특 징

- 도플러 효과를 원리로 한다.
- 압력은 유량에 비례하며 압력손실이 거의 없다.
- 정확도가 매우 높은 편이다.
- 측정체가 유체와 접촉하지 않는다.
- 비전도성 유체 측정도 가능하다.
- 대구경 관로의 측정이 가능하며 대유량 측정에 적합하다.
- 개방 수로에 적용된다.
- 고온, 고압, 부식성 유체에도 사용이 가능하다.
- 액체 중 고형물이나 기포가 많이 포함되어 있으면 정도가 나빠진다.

⑤ 질량 유량계(Mass Flow Meter)

㉠ 열식 질량 유량계 : 압력과 온도가 변화하는 유동성 배관에서 압력이나 온도의 변화에 따른 밀도를 직접 보상하여 질량유량을 측정하는 질량 유량계이다.

- 질량유량을 직접 측정한다.
- 작은 유속에서도 측정 가능하다.
- 압력손실이 작다.
- 반응속도가 빠르다.
- 설치비용, 운전비용이 적게 든다.
- 측정 가능한 배관 크기가 4~50,000[mm]로 광범위하다.
- 먼지나 파티클이 있어도 유량 측정에 문제가 없다.
- 다양한 출력이 가능하다.
- 컴퓨터와의 연계가 가능하다.

㉡ 코리올리스 질량 유량계 : 양단이 고정된 플로 튜브 내로 유체가 흐를 때 유출의 각 지점의 반대 방향의 힘(Coriolis Force)이 작용하여 진동의 반사이클 지점에서 발생되는 뒤틀림현상이 질량유량에 비례하는 것을 이용하여 질량유량을 측정하는 질량 유량계이다.

- 액체, 기체에 모두 적용 가능하다.
- 질량유량을 직접 측정하는 것이 가능하다.
- 정확도가 매우 높다(±0.2[%]).
- 제한된 온도 및 압력범위에서 거의 모든 유체의 유량 측정이 가능하다.
- 검출센서는 유체와 접촉하지 않는 비접촉이다.
- 유량 외에 유체의 밀도 측정도 가능하다.
- 원리적으로 유체의 점도나 밀도의 영향을 받지 않는다.

㉢ MFC(Mass Flow Controller) : 관을 통과하는 기체의 질량의 유량을 센서로 측정하고 제어하는 유량계

- 부피가 아니라 질량을 측정하기 때문에 온도나 압력으로 인한 기체의 부피 변화와 상관없이 유량 측정이 가능하다.
- 질량유량을 매우 정확하게 폭넓은 범위에서 측정 및 제어할 수 있다.
- 유체의 압력 및 온도 변화에 영향이 작다.
- 정확한 가스유량 측정과 제어가 가능하다.
- 응답속도가 빠르다.
- 소유량이며 혼합가스 제조 등에 유용하다.
- 질소용 Mass Flow Controller를 헬륨에 사용하면, 지시계는 변화가 없으나 부피유량은 증가한다.

핵심예제

5-1. 다음 중 면적식 유량계는? [2016년 제3회]

① 로터미터
② 오리피스 미터
③ 피토관
④ 벤투리 미터

5-2. 와류 유량계(Vortex Flow Meter)의 특성에 해당하지 않는 것은? [2006년 제1회, 2010년 제1회 유사, 2014년 제2회]

① 계량기 내에서 와류를 발생시켜 초음파로 측정하여 계량하는 방식
② 구조가 간단하여 설치, 관리가 쉬움
③ 유체의 압력이나 밀도에 관계없이 사용 가능
④ 가격이 경제적이나, 압력손실이 큰 단점이 있음

5-3. 전자 유량계의 특징에 대한 설명 중 가장 거리가 먼 내용은? [2006년 제2회, 2007년 제3회 유사, 2012년 제2회 유사, 2014년 제1회]

① 액체의 온도, 압력, 밀도, 점도의 영향을 거의 받지 않으며 체적유량의 측정이 가능하다.
② 측정관 내에 장애물이 없으며, 압력손실이 거의 없다.
③ 유량계 출력이 유량에 비례한다.
④ 기체의 유량 측정이 가능하다.

5-4. 유체의 압력 및 온도 변화에 영향이 작고, 소유량이며 정확한 유량제어가 가능하여 혼합가스 제조 등에 유용한 유량계는? [2016년 제2회]

① Roots Meter
② 벤투리 유량계
③ 터빈식 유량계
④ Mass Flow Controller

|해설|

5-1

② 오리피스 미터 : 차압식 유량계
③ 피토관 : 유속식 유량계
④ 벤투리 미터 : 차압식 유량계

5-2

와류 유량계는 가격이 비싸지만, 압력손실은 작다.

5-3

전도성 액체(도전성 유체)에 한하여 사용할 수 있다.

5-4

MFC(Mass Flow Controller, 질량유량측정제어기)

- 질량유량을 매우 정확하게 폭넓은 범위에서 측정 및 제어할 수 있다.
- 유체의 압력 및 온도 변화에 영향이 작다.
- 정확한 가스유량 측정과 제어가 가능하다.
- 응답속도가 빠르다.
- 소유량이며 혼합가스 제조 등에 유용하다.

정답 5-1 ① 5-2 ④ 5-3 ④ 5-4 ④

2-3. 액면 측정

핵심이론 01 액면 측정의 개요

① 액면계의 구비조건 및 선정 시 고려해야 할 사항

㉠ 공업용 액면계(액위계)로서 갖추어야 할 조건

- 연속 측정이 가능하고, 고온과 고압에 잘 견디어야 한다.
- 지시기록 또는 원격 측정이 가능하고 내식성이 좋아야 한다.
- 액면의 상·하한계를 간단히 계측할 수 있어야 하며, 적용이 용이해야 한다.
- 구조가 간단하고 조작이 용이해야 한다.
- 자동제어장치에 적용이 가능해야 한다.
- 가격이 싸고 보수가 용이해야 한다.

㉡ 액면계의 선정 시 고려사항

- 측정범위
- 측정 정도
- 측정 장소 조건 : 개방, 밀폐탱크, 탱크의 크기 또는 형상
- 피측정체의 상태 : 액체, 분말, 온도, 압력, 비중, 점도, 입도(입자 크기)
- 변동 상태 : 액위의 변화속도
- 설치조건 : 플랜지 치수, 설치 위치의 분위기
- 안정성 : 내식성, 방폭성
- 정격 출력 : 현장 지시, 원격 지시, 제어방식

② 액면계의 분류

㉠ 직접측정식 : 유리관식(직관식), 검척식, 플로트식(부자식), 사이트글라스

㉡ 간접측정식 : 차압식, 편위식(부력식), 퍼지식(기포관식), 초음파식, 정전용량식, 전극식(전도도식), 방사선식(γ선식), 레이더식, 슬립 튜브식, 중추식, 중량식

핵심예제

1-1. 액면계 선정 시 고려사항이 아닌 것은? [2015년 제3회]

① 동특성 ② 안정성
③ 측정범위와 정도 ④ 변동 상태

1-2. 일반적인 액면 측정방법이 아닌 것은? [2008년 제3회, 2009년 제3회, 2016년 제2회, 2019년 제3회 유사, 2021년 제1회 유사]

① 압력식 ② 정전용량식
③ 박막식 ④ 부자식

1-3. 직접식 액면계에 속하지 않는 것은?
[2004년 제3회 유사, 2012년 제3회 유사, 2014년 제3회 유사, 2017년 제3회]

① 직관식 ② 차압식
③ 플로트식 ④ 검척식

1-4. 액면계는 액면의 측정방법에 따라 직접법과 간접법으로 구분한다. 간접법 액면계의 종류가 아닌 것은? [2016년 제3회]

① 방사선식 ② 플로트식
③ 압력검출식 ④ 퍼지식

|해설|

1-1
액면계 선정 시 동특성은 고려사항이 아니다.

1-2
액면측정방법이 아닌 것으로 박막식, 임펠러식 등이 출제된다.

1-3
차압식 액면계는 액화산소 등을 저장하는 초저온 저장탱크의 액면 측정용으로 적합한 간접식 액면계이다.

1-4
플로트식 액면계는 아르키메데스의 원리를 이용한 직접식 액면계이며 LPG 자동차 용기의 액면계로 적당하다.

정답 1-1 ① 1-2 ③ 1-3 ② 1-4 ②

핵심이론 02 직접측정식 액면계

① 유리관식 액면계

㉠ 개 요

- 유리관식 액면계는 유리 등을 이용하여 액위를 직접 판독할 수 있는 직접측정식 액위계이다.
- 직관식 액위계 또는 봉상 액위계라고도 한다.

㉡ 특 징

- 직접적으로 자동제어가 가장 어려운 액면계이다.
- 구조와 설치가 간단하다.
- 저압용이다.
- 개방된 액체용 탱크에 적합하다.

② 검척식 액면계

㉠ 개 요

- 검척식 액면계는 직접 검척봉의 눈금을 읽어 액면을 측정하는 액면계이다.
- 검척봉으로 직접 액면의 높이를 측정한다.

㉡ 특 징

- 구조와 사용이 간단하다.
- 액면 변동이 작은 개방된 탱크, 저수탱크 등에 사용한다.
- 자동차 엔진오일 체크용으로 사용된다.

③ 플로트(Float)식 액면계

㉠ 개 요

- 플로트식 액면계는 액면 상에 부자(Float)의 변위를 여러 가지 기구에 의해 지침이 변동되는 것을 이용하여 액면을 측정하는 방식의 직접측정식 액면계이다.
- 부자식 액면계라고도 한다.
- 적용원리 : 아르키메데스의 원리
- 종류 : 플로트스위치식, 디스플레이서식, 차동변압식(LVDT) 등
  - 플로트스위치식 : 부자의 반대편에 영구자석을 부착하여 액면의 위치에 따라 영구자석이 상하로 이동하게 하여 액위를 측정하는 액면계

- 디스플레이서식 : 디스플레이서를 액 중에 잠기게 하여 부력에 다른 토크튜브의 비틀림각을 회전각도센서를 이용하여 계측하여 액위를 측정하는 액면계
- 차동변압식(LVDT) : 플로트의 위치 검출에 차동변압기를 이용하는 액면계

ⓛ 특 징

- 고압 밀폐탱크의 액면 측정용으로 가장 많이 이용된다.
- 여러 종류의 액체 레벨을 검출할 수 있다.
- 원리와 구조가 간단하다.
- 견고하고 수명이 길다.
- 고온·고압의 액체에도 사용 가능하다.
- 액면의 상·하한계에 경보용 리밋스위치를 설치할 수 있다.
- 용도 : LPG 자동차 용기의 액면계, 경보 및 액면 제어용 등에 사용한다.
- 액면이 심하게 움직이는 곳에는 사용하기 어렵다.

④ 사이트 글라스(Sight Glass)

㉠ 개 요

- 액체용 탱크에 많이 사용되는 액위계이다.
- 입구를 완만한 동심형으로 축소 설계하여 난류가 촉진되게 하여 유체 흐름 상태 판단을 쉽게 할 수 있다.

ⓛ 특 징

- 유체의 흐름 방향이 올바른지 확인이 가능하다.
- 흐름이 막혔는지 확인이 가능하다.
- 생증기 및 재증발증기가 새는지 확인이 가능하다.
- 공정을 통해서 나온 제품의 색상검사가 가능하다.
- 측정범위가 넓은 곳에서는 사용하기 곤란하다.
- 동결방지를 위한 보호가 필요하다.
- 파손되기 쉬우므로 보호대책이 필요하다.
- 외부 설치 시 요동을 방지하기 위해 스틸링 체임버(Stilling Chamber) 설치가 필요하다.

핵심예제

유리관 등을 이용하여 액위를 직접 판독할 수 있는 액위계는?

[2004년 제3회, 2017년 제1회]

① 직관식 액위계
② 검척식 액위계
③ 퍼지식 액위계
④ 플로트식 액위계

|해설|

직관식 액위계는 유리관 등을 이용하여 액위를 직접 판독할 수 있는 액위계로, 봉상 액위계라고도 한다.

정답 ①

핵심이론 03 간접측정식 액면계

① 차압식 액면계

㉠ 개 요

- 차압식 액면계는 기준 수위에서의 압력과 측정 액면계에서 압력의 차이로부터 액위를 구하는 간접측정식 액면계이다.
- 액위는 높이와 비중에 비례하므로 비중만 알면 액위의 측정이 가능하다.

차압 $\Delta P = \gamma h = \rho g h$ 에서 액체의 높이 $h = \dfrac{\Delta P}{\gamma}$

여기서, γ : 비중량

ρ : 밀도

g : 중력가속도

㉡ 종류 : U자관식(햄프슨식), 다이어프램식, 벨로스식

- 액화산소와 같은 극저온 저장조의 상・하부를 U자 관에 연결하여 차압에 의하여 액면을 측정하는 방식인 햄프슨식이 대표적이다.
- 햄프슨식 액면계는 액체산소, 액체질소 등과 같이 초저온 저장탱크에 주로 사용된다.

㉢ 특 징

- 정압측정으로 액위를 구한다.
- 주로 고압 밀폐탱크의 액면 측정용으로 사용한다.
- (고압) 밀폐탱크의 액위를 측정할 수 있다.
- 고압・고온에 사용할 수 있다.
- 공업용 프로세스용에 가장 많이 사용된다.
- 액화산소 등을 저장하는 초저온 저장탱크의 액면 측정용으로 가장 적합하다.
- 액체의 밀도가 변화하면 측정오차가 유발된다.

② 편위식 액면계

㉠ 개 요

- 편위식 액면계는 아르키메데스의 원리를 이용하여 액체에 잠긴 부력기의 무게를 측정하여 액위를 검출하는 액면계이다.
- 부력식 액면계라고도 한다.

㉡ 특 징

- 구조가 간단하고 견고하다.
- 고온・고압에서 사용이 가능하다.
- 완충효과가 있어 안정적인 검출이 용이하다.

③ 퍼지(Purge)식 액면계

㉠ 개 요

- 퍼지식 액면계는 액체의 정압과 공기압력을 비교하여 액면의 높이를 측정하는 간접측정식 액면계이다.
- 액체의 압력을 이용하여 액위를 측정하는 방식이다.
- 액 중에 관을 넣고 압축공기의 압력을 조절하여 보내어 관 끝에서 기포가 발생될 때의 압력 측정으로 액위를 계산한다.
- 탱크 내에 퍼지관을 삽입하여 공기나 불활성 가스를 흘리면 퍼지관으로부터 항상 기포가 발생되고, 이때 파이프 내의 압력은 퍼지관 끝단의 정압과 같으므로 이 압력을 측정함으로써 액면을 검출한다.
- 기포관식 액면계라고도 한다.

㉡ 특 징

- 압력식 액면계이다.
- 부식성이 강하거나 점도가 높은 액체에 사용한다.
- 주로 개방탱크에 이용된다.

④ 초음파식 액면계

㉠ 개 요

- 초음파식 액면계는 초음파를 이용하여 액면을 측정하는 간접측정식 액면계이다.
- 20[kHz] 이상을 초음파라고 하며 초음파식 액위계에 적용하는 초음파는 50[kHz]까지 이용된다.
- 초음파 진동식, 초음파 레벨식 등으로 부른다.

㉡ 특 징

- 측정 대상에 직접 접촉하지 않고 레벨을 측정할 수 있다.
- 부식성 액체나 유속이 큰 수로의 레벨을 측정할 수 있다.
- 측정 정도가 높고 측정범위가 넓다.
- 공정온도에 따라 오차가 발생될 수 있으므로 측정온도를 보정해 주어야 한다.
- 고온이나 고압의 환경에서는 사용하기 부적합하다.

⑤ 정전용량식 액면계

㉠ 개 요

- 정전용량식 액면계는 검출소자를 액 속에 넣어 액위에 따른 정전용량의 변화를 측정하여 액면 높이를 측정하는 액면계이다.
- 액 중에 탐사침을 넣어 검출되는 물질의 유전율을 이용하는 액면계이다.
- 프로브 형성 및 부착 위치와 길이에 따라 정전용량이 변화한다.
- 전극 프로브와 전극벽 사이에 레벨이 상승하면 전극 프로브를 둘러싸고 있던 전기가 다른 유전체(측정물)로 대체되어 레벨에 따라 정전용량값이 변하게 된다. 전극 프로브는 공기 중에 있을 때 초기의 낮은 정전용량값을 가지며 측정물이 상승하면서 전극 프로브를 덮어 정전용량값이 증가하게 된다. 정전용량은 두 개의 서로 절연된 도체가 있을 경우, 두 도체 사이에서 형성되는 두 도체의 크기, 상대적인 위치관계 및 도체 간에 존재하는 매질(내용물)의 유전율에 따라 결정된다.
- 서로 맞서 있는 2개 전극 사이의 정전용량은 전극 사이에 있는 물질 유전율의 함수이다.

㉡ 특 징

- 측정범위가 넓다.
- 온도, 압력 등의 사용범위가 넓다.
- 구조가 간단하고 설치 및 보수가 용이하다.
- 액체 및 분체에 사용이 가능하다.
- 도전성이나 비도전성 액체의 수위 측정에 모두 사용된다.
- 저장탱크는 전도성 물질이여야 한다.
- 액체가 탐침에 부착되면 오차가 발생한다.
- 대상물질 액체의 유전율이 변화하는 경우 오차가 발생한다.
- 온도에 따라 유전율이 변화되는 곳에는 사용할 수 없다.
- 습기가 있거나 전극에 피측정체를 부착하는 곳에는 적당하지 않다.

⑥ 전극식 액면계

㉠ 개 요

- 전극식 액면계는 전도성 액체 내에 전극을 설치하여 저전압을 이용하여 액면을 검지하며, 자동급배수 제어장치에 이용되는 액면계이다.
- 2개의 전극에 전압을 가하여 전극의 선단에 도전성 액체가 접촉하면, 전기적인 폐회로가 구성되고 전류가 통하면서 릴레이를 구동시켜 경보가 울리게 된다.
- 전도도식 액면계라고도 한다.

㉡ 특 징

- 내식성이 강한 전극봉이 필요하다.
- 액체의 고유저항 차이에 따라 동작점의 차이가 발생하기 쉽다.
- 고유저항이 큰 액체에는 사용이 불가능하다.

⑦ 방사선식 액면계

㉠ 개 요

- 방사선식 액면계는 γ선을 방사시켜 액위를 측정하는 간접측정식 액면계이다.
- 방사선 동위원소에서 방사되는 γ선이 투과할 때 흡수되는 에너지를 이용한다.
- 탱크 외벽에 방사선원을 놓고 강한 투과력에 의해 탱크벽을 통해 투과되는 방사선량을 측정하는 방식이다.
- γ선식 액면계라고도 한다.

㉡ 종류 : 조사식, 가반식, 투과식

㉢ 특 징

- 레벨계는 용기 외측에 검출기를 설치한다.
- 측정범위는 25[m] 정도이다.
- 방사선원은 코발트60(Co60)의 γ선이 이용된다.
- 용해 금속의 레벨 측정 등에 이용된다.
- 액면 측정 가능 대상 : 고온·고압의 액체, 밀폐 고압 탱크, 고점도의 부식성 액체, 분립체
- 고온·고압 또는 내부에 측정자를 넣을 수 없는 경우에 사용한다.
- 매우 까다로운 조건의 레벨 측정이 가능하다.
- 법적 규제가 있고 취급상에 주의가 필요하며, 고가이다.

⑧ 레이더식 액면계

㉠ 개 요

- 레이더식 액면계는 극초단파(Microwave) 주파수를 연속적으로 가변하여 탱크 내부에 발사하고, 탱크 내 액체에서 반사되어 되돌아오는 극초단파와 발사된 극초단파의 주파수차를 측정하여 액위를 측정하는 액면계이다.

㉡ 특 징

- 측정면에 비접촉으로 측정할 수 있다.
- 고정밀 측정을 할 수 있다.
- 초음파식보다 정도가 좋다.
- 진공용기에서의 측정이 가능하다.
- 탱크 내의 공기나 증기 또는 거품의 영향을 받지 않는다.
- 압력 또는 가스의 성질에 영향을 받지 않는다.
- 모든 액위, 극심한 공정조건에 사용할 수 있다.
- 고온·고압의 환경에서도 사용이 가능하다.
- 산업용으로 허가된 주파수 대역을 사용한다.

⑨ 그 밖의 액면계

㉠ 슬립 튜브식 액면계

- 슬립 튜브식 액면계는 저장탱크 정상부에서 탱크 밑면까지 지름이 작은 스테인리스관을 부착하여 관을 상하로 움직여서 관 내에서 분출하는 가스 상태와 액체 상태의 경계면을 찾아 액면을 측정하는 간접식 액면계이다.
- 액면계로부터 가스가 방출되었을 때 인화 또는 중독의 우려가 없는 장소에 주로 사용한다.

㉡ 중추식 액면계

- 중추식 액면계는 모터에 의해서 추를 하강시키고 하강 길이를 레벨지시계에 표시하고 추가 원료 표면까지 하강하면, 모터와 레벨지시계는 정지하고 다시 원위치로 추가 복귀되는 것을 반복적으로 측정하는 간접식 액면계이다.
- 탱크 내의 고체 레벨은 추의 이동거리 또는 시간과 관계가 있다.

㉢ 중량식 액면계

- 탱크의 중량은 무시되도록 교정하고 고체를 포함한 탱크 중량을 로드셀에 의해 측정하여 고체 레벨로 환산하는 액면계이다.
- 저장탱크 내의 고체 레벨은 탱크 내의 고체 중량과 직접적인 관계를 갖는다.
- 로드셀은 스트레인게이지를 포함하는 신호변환기로서 스트레인 게이지는 인가되는 중량에 비례하는 전기적 출력을 발생한다.

핵심예제

3-1. 액화산소 등을 저장하는 초저온 저장탱크의 액면 측정용으로 가장 적합한 액면계는?

[2004년 제1회, 2006년 제3회 유사, 2009년 제1회 유사, 2011년 제3회 유사, 2015년 제2회, 2017년 제3회, 2020년 제3회]

① 직관식 ② 부자식
③ 차압식 ④ 기포식

3-2. 수은을 넣은 차압계를 이용한 액면계에서 수은의 높이가 40[mm]라면 상부의 압력 취출구에서 탱크 내 액면까지의 높이는 약 몇 [mm]인가?(단, 액의 비중량 998[kgf/m^3], 수은의 비중 13.55이다) [2006년 제1회, 2008년 제2회]

① 5.4 ② 54
③ 50.3 ④ 503

3-3. 방사선식 액면계의 종류가 아닌 것은?

[2010년 제1회, 2016년 제2회]

① 조사식 ② 전극식
③ 가반식 ④ 투과식

3-4. 방사선식 액면계에 대한 설명으로 틀린 것은?

[2011년 제2회]

① 측정범위는 25[m] 정도이다.
② 레벨계는 용기 내측에 검출기를 설치한다.
③ 방사선원은 코발트60(Co60)의 γ선이 이용된다.
④ 용해 금속의 레벨 측정 등에 이용된다.

핵심예제

3-5. 마이크로파식 레벨측정기의 특징에 대한 설명 중 틀린 것은? [2008년 제2회]

① 초음파식보다 정도가 낮다.
② 진공용기에서의 측정이 가능하다.
③ 측정면에 비접촉으로 측정할 수 있다.
④ 고온·고압의 환경에서도 사용이 가능하다.

|해설|

3-1

차압식 액면계

- 주로 고압 밀폐탱크의 액면 측정용으로 사용한다.
- 액화산소와 같은 극저온 저장조의 상·하부를 U자관에 연결하여 차압에 의하여 액면을 측정하는 방식인 햄프슨식이 대표적이다.

3-2

상부의 압력 취출구에서 탱크 내 액면까지의 높이를 H, 액면계에서 수은의 높이를 h, 액의 비중량을 γ, 수은의 비중량을 γ_0라 하면

$H+h=\frac{\gamma_0}{\gamma}\times h$이므로

$$H=\left(\frac{13.55\times1,000}{998}\times40\right)-40\simeq503[\text{mm}]$$

3-3

방사선식 액면계의 종류 : 조사식, 가반식, 투과식

3-4

레벨계는 용기 외측에 검출기를 설치한다.

3-5

초음파식보다 정도가 좋다.

정답 3-1 ③ 3-2 ④ 3-3 ② 3-4 ② 3-5 ①

2-4. 온도 측정

핵심이론 01 온도 측정의 개요

① 1차 온도계와 2차 온도계

㉠ 1차 온도계 : 열역학법칙에 근거한 열역학적 온도를 측정하는 온도계

- 물리실험방식으로 측정해야 하므로 측정 절차가 복잡하고 계산을 통해 눈금을 도출해 내야 한다.
- 소리 온도계 : 소리의 속도를 재서 온도값을 계산하는 온도계
- 기체 온도계 : 압력과 부피를 측정값을 통해 온도 눈금을 도출하는 온도계

㉡ 2차 온도계 : 거의 대부분의 실용 온도계로 접촉식 온도계와 비접촉식 온도계로 구분한다.

② 접촉식 온도계와 비접촉식 온도계

㉠ 접촉식 온도계

- 접촉식의 온도 계측에는 열팽창, 전기저항 변화, 물질 상태의 변화, 열기전력 등을 이용한다.
- 수은 온도계와 같은 접촉식 온도계는 열역학 0법칙을 이용한 것이다.
- 측온소자를 접촉시킨다.
- 피측정체의 내부 온도를 측정한다.
- 1,600[℃]까지도 측정이 가능하지만, 일반적으로 1,000[℃] 이하의 측온에 적합하다.
- 측정범위가 넓고 측정오차가 비교적 작지만 응답속도가 느리다.
- 측정 정도는 측정조건에 따라 0.01[%]도 가능하지만, 일반적으로 0.5~1.0[%] 정도이다.
- 응답속도는 조건이 나쁘면 1시간이 걸리기도 하지만, 일반적으로 1~2분 정도 걸린다.
- 이동하는 물체의 온도 측정은 불가능하다.
- 접촉식 온도계의 종류 : 유리제 온도계, 열전대 온도계, 바이메탈 온도계, 압력식 온도계, 전기저항식 온도계, 제게르콘 등

㉡ 비접촉식 온도계
- 피측정 대상이 충분히 보여야 한다.
- 물체의 표면온도 측정이 가능하다.
- 고온의 노 내 온도 측정에 적절하다.
- 1,000[℃] 이하에서는 오차가 크며, 일반적으로 1,000[℃] 이상의 측온에 적합하다.
- 측정범위가 좁고 측정오차가 비교적 크지만 응답속도가 빠르다.
- 측정 정도는 일반적으로 20° 정도이며 좋더라도 5~10° 정도이다.
- 응답속도는 일반적으로 2~3초이며 아무리 늦어도 10초 이하다.
- 움직이는 물체의 온도 측정이 가능하다.
- 측정량의 변화가 없다.
- 측정시간의 지연이 크다.
- 방사온도계의 경우, 방사율의 보정이 필요하다.
- 비접촉식 온도계의 종류 : 방사 온도계, 광온도계, 광전관식 온도계, 적외선 온도계, 색 온도계

③ 측정원리에 의한 온도계의 분류

㉠ 열팽창 : 유리제 온도계, 바이메탈 온도계, 압력식 온도계

㉡ 열기전력 : 열전대 온도계

㉢ 저항 변화 : 저항 온도계, 서미스터

㉣ 상태 변화 : 제게르콘, 서모컬러

㉤ 방사 (복사)에너지 : 방사 온도계

㉥ 단파장 : 광고온도계, 광전관 온도계, 색 온도계

④ 온도계별 최고 측정온도[℃]

㉠ 접촉식 온도계의 최고 측정온도[℃]
- 유리제 온도계 : 750(수은 360, 수은-불활성 가스 이용 750, 알코올 100, 베크만 150)
- 바이메탈 온도계 : 500
- 압력식 온도계 : 600(액체 : 수은 600, 알코올 200, 아닐린 400, 기체압력식 : 420)
- 전기저항식 온도계 : 500(백금 500, 니켈 150, 동 120, 서미스터 300)
- 열전대 온도계 : 1,600(R형(PR) 1,600, K형(CA) 1,200, E형(CRC) 900, J형(IC) 800, T형(CC) 350)

㉡ 비접촉식 온도계의 최고 측정온도[℃]
- 광고온계(광온도계), 방사 온도계, 광전관 온도계 : 3,000
- 색 온도계 2,500(어두운 색 600, 붉은색 800, 오렌지색 1,000, 노란색 1,200, 눈부신 황백색 1,500, 매우 눈부신 흰색 2,000, 푸른기가 있는 흰백색 2,500)

⑤ 온도계 관련 제반사항

㉠ 온도계 눈금값의 기준이 되는 정의 정점 : 몇 가지 표준물질의 비등, 용해, 응고점

㉡ 온도계에 이용되는 것 : 유체의 팽창, 열기전력, 복사에너지 등(탄성체의 탄력은 아니다)

㉢ 온도계의 검출단은 열용량이 작은 것이 좋다.

핵심예제

1-1. 온도 계측기에 대한 설명으로 틀린 것은?

① 기체 온도계는 대표적인 1차 온도계이다.
② 접촉식의 온도 계측에는 열팽창, 전기저항 변화 및 열기전력 등을 이용한다.
③ 비접촉식 온도계는 방사 온도계, 광온도계, 바이메탈 온도계 등이 있다.
④ 유리 온도계는 수은을 봉입한 것과 유기성 액체를 봉입한 것 등으로 구분한다.

1-2. 다음 온도 계측기 중 비접촉식으로만 짝지어진 것은?

[2004년 제2회, 2008년 제2회]

㉠ 압력식 온도계	㉡ 방사 온도계
㉢ 전기저항 온도계	㉣ 광전광식 온도계

① ㉠, ㉢　　② ㉡, ㉣
③ ㉠, ㉡　　④ ㉢, ㉣

|해설|

1-1
방사 온도계, 광온도계는 비접촉식 온도계이지만, 바이메탈 온도계는 접촉식 온도계에 해당한다.

1-2
- 접촉식 온도계 : 압력식 온도계, 전기저항 온도계
- 비접촉식 온도계 : 방사 온도계, 광전광식 온도계

정답 1-1 ③ 1-2 ②

핵심이론 02 유리제 온도계

① 개 요

㉠ 봉상 온도계라고도 한다.

㉡ 봉상 온도계에서 측정오차를 최소화하려면 가급적 온도계 전체를 측정하는 물체에 접촉시키는 것이 좋다.

㉢ 종류 : 알코올 온도계, 수은 온도계, 베크만 온도계 등

② 알코올 온도계

㉠ 개 요

- 알코올 온도계는 가는 유리관에 착색한 알코올을 봉입한 온도계이다.
- 알코올의 온도에 따른 체적 변화로부터 온도를 구한다.
- 알코올의 끓는점은 78[℃], 어는점은 -117[℃]이다.

㉡ 특 징

- 0[℃] 이하에서 팽창계수의 온도 변화가 작으므로 0[℃] 이하의 측정에 우수하다.
- 저온(78[℃] 이하) 측정에 적합하다.
- 표면장력이 작아서 모세관현상이 작다.
- 열팽창계수가 크다.
- 열전도율이 낮다.
- 매우 작은 단위의 값까지 도출 가능하므로 정밀도가 높다.
- 액주가 상승한 후 하강하는 데 시간이 많이 걸린다.
- 다소 부정확하다.

③ 수은 온도계

㉠ 개 요

- 수은 온도계는 가는 유리관에 수은을 봉입한 온도계로 수은의 온도에 따른 체적 변화로부터 온도를 구한다.
- 모세관의 상부에 수은을 봉입한 부분에 대해 측정온도에 따라 남은 수은의 양을 가감하여 그 온도 부분의 온도차를 0.01[℃]까지 측정할 수 있다.
- 온도 측정범위 : -60~350[℃]
- 수은의 끓는점은 356[℃], 어는점은 -38[℃]이다.
- 2개의 수은 온도계를 사용하는 습도계 : 건습구 습도계

㉡ 특 징

- 극저온을 제외하고는 정도가 높다.
- 판독하기가 약간 어렵다.

④ 베크만 온도계

㉠ 개 요

- 베크만 온도계는 모세관 상부에 보조 구부를 설치하고 사용온도에 따라 수은의 양을 조절하여 미세한 온도차의 측정이 가능한 수은 온도계이다.
- 온도측정범위 : -20~160[℃]
- 용도 : 끓는점이나 응고점의 변화, 발열량, 유기화합물의 분자량 측정 등

㉡ 특 징

- 미세한 온도 변화를 정밀하게 측정할 수 있다.
- 모세관의 상부에 수은을 봉입한 부분에 대해 측정온도에 따라 남은 수은의 양을 가감하여 그 온도 부분의 온도차를 0.01[℃]까지 측정할 수 있다.
- 온도 그 자체가 아니라 임의의 기준온도와의 미세한 온도 차이를 정밀하게 측정한다.
- 응답성은 좋지 않다.

핵심예제

베크만 온도계는 어떤 종류의 온도계에 해당하는가?

[2011년 제3회]

① 바이메탈 온도계
② 유리 온도계
③ 저항 온도계
④ 열전대 온도계

|해설|

베크만 온도계 : 모세관 상부에 보조 구부를 설치하고 사용온도에 따라 수은의 양을 조절하여 미세한 온도차의 측정이 가능한 유리제 온도계

정답 ②

핵심이론 03 열전대 온도계

① 열전대 온도계의 개요

㉠ 열전(대) 온도계(Thermocouple)

- (열기전력의) 전위차계를 이용한 접촉식 온도계
- 2종의 금속선 양끝에 접점을 만들어 주어 온도차를 주면 기전력이 발생하는데 이 기전력을 이용하여 온도를 표시하는 온도계
- 회로의 두 접점 사이의 온도차로 열기전력을 일으키고 그 전위차를 측정하여 온도를 알아내는 온도계

㉡ 열전대 온도계의 원리

- 제베크(Seebeck)효과 : 두 가지 다른 도체의 양끝을 접합하고 두 접점을 다른 온도로 유지할 경우, 회로에 생기는 기전력에 의해 열전류가 흐르는 현상(성질이 다른 두 금속의 접점에 온도차를 두면 열기전력이 발생된다)
- 펠티에효과
- 톰슨효과

㉢ 열기전력을 이용하는 법칙 : 열전효과의 3법칙(균질회로의 법칙, 중간금속의 법칙, 중간온도의 법칙)

- 균질회로의 법칙 : 균질한 금속 재질의 도체로 구성된 회로에 있어서는 그 형상 및 부분적 온도분포와 관계없이 측온접점을 가열시킨다 해도 열전류는 발생하지 않는다. 즉, 열기전력이 0이 된다는 법칙으로 열역학적 고찰에 의해서 증명될 수 있으며, 하나의 절대 제베크계수만 가지는 회로의 선적분 평가에 의해서 증명된다.
- 중간금속의 법칙 : 제3의 금속이 도입되는 두 개의 접점이 동일한 온도하에 있을 때에는 중간금속의 열전대 회로 내의 삽입은 정미기전력에 영향을 미치지 않는다.
- 중간온도의 법칙 : 간단한 열전대 회로에서 양접점의 온도가 T_1, T_2일 때 기전력은 e_1이고, 온도가 T_2, T_3일 때 기전력이 e_2라고 한다면 T_1, T_3일 때 기전력은 $e_1 + e_2$로 된다. 이는 온도는 알고 있으나, 직접적으로 조정할 수 없는 2차 접점에 대한 직접적인 보정이 가능함을 뜻한다.

㉣ 열전대의 구비조건

- 저소 : 열전도율, 전기저항, 온도계수, 이력현상
- 고대 : 열기전력, 기계적 강도, 내열성, (고온가스에 대한) 내식성, 내변형성, 재생도, 가공 용이성
- 장시간 사용에 견디며 이력현상이 없을 것
- 온도 상승에 따라 연속적으로 상승할 것

㉤ 열전대의 특징

- 측정온도(사용온도)의 범위가 넓다.
- 가격이 비교적 저렴하다.
- 내구성이 우수하다.
- 공업용으로 가장 널리 사용된다.
- 국부온도의 측정이 가능하다.
- 응답속도가 빠르다.
- 원격측정용으로 적합하다.
- 진동 및 충격에 강하다.
- 온도차를 측정할 수 있다.
- 온도에 대한 열기전력이 크다.
- 온도 증가에 따라 열기전력이 상승해야 한다.
- 기준접점이 필요하며 기준접점의 온도를 일정하게 유지해야 한다.
- 냉접점이 있으며 냉접점의 온도를 0[℃]로 유지해야 하며 0[℃]가 아닐 때는 지시온도를 보정한다.
- 접촉식 온도계에서 비교적 높은 온도 측정에 사용한다(접촉식 온도계 중 가장 높은 온도에 사용된다).
- 적용 예 : 큐폴라 상부의 배기가스 온도 측정, 가스보일러의 화염온도를 측정하여 가스 및 공기의 유량 조절에 이용
- 소자를 보호관 속에 넣어 사용한다.
- 열용량이 적다.
- 보상도선을 사용한다.
- 보상도선에 의한 오차가 발생할 수 있다.
- 장기간 사용하면 재질이 변한다.

㉥ (가스온도를) 열전대 사용 시 주의사항

- 계기의 부착은 수평 또는 수직으로 바르게 달고 먼지와 부식성 가스가 없는 장소에 부착한다.
- 기계적 진동이나 충격은 피한다.

• 사용온도에 따라 적당한 보호관을 선정하고 바르게 부착한다.
• 열전대를 배선할 때에는 접속에 의한 절연 불량을 고려해야 한다.
• 주위의 고온체로부터 복사열의 영향으로 인한 오차가 생기지 않도록 주의해야 한다.
• 오차의 종류 : 열적 오차와 전기적 오차
  - 열적 오차 : 삽입전이의 영향, 열복사의 영향, 열저항 증가에 의한 영향 등
  - 전기적 오차 : 전자유도의 영향 등
• 보호관 선택 및 유지관리에 주의한다.
• 열전대는 측정하고자 하는 곳에 정확히 삽입하며 삽입된 구멍이 냉기가 들어가지 않게 한다.
• 단자의 (+), (-)를 보상도선의 (+), (-)와 일치하도록 연결하여 감온부의 열팽창에 의한 오차가 발생하지 않도록 하여야 한다.
• 보호관의 선택에 주의한다.

ⓢ 열전대 온도계의 구성 : 보상도선, 측온접점 및 기준접점, 보호관, 계기
• 보상도선의 원리 : 중간금속의 법칙
• 금속보호관 : 내부의 온도 변화를 신속하게 열전대에 전달 가능할 것
• 계기 : 전위차계, 자동평형계기, 디지털 온도계, 온도지시계, 온도기록계

ⓞ 보상도선의 구비조건
• 일반용은 비닐로 피복한 것으로 침수 시에도 절연이 저하되지 않을 것
• 내열용은 글라스 울(Glass Wool)로 절연되어 있을 것
• 절연은 500[V] 직류전압하에서 3~10[MΩ] 정도일 것

ⓩ 열전대 보호관의 구비조건
• 기밀을 유지할 것
• 사용온도에 견딜 것
• 화학적으로 강할 것
• 열전도율이 높을 것

ⓒ 열전대 보호관의 재질
• 유 리
• 카보런덤 : 상용온도가 가장 높고 급랭·급열에 강하고, 주로 방사 고온계의 단망관이나 이중 보호관의 외관으로 사용되는 재료이다.
• 자기 : 최고측정온도는 1,600[℃] 이하이며 상용사용온도는 약 1,450[℃]이다. 급열이나 급랭에 약하며 이중 보호관 외관에 사용되는 비금속 보호관 재료이다.
• 석영 : 최고측정온도는 1,100[℃] 이하이며 상용사용온도는 약 1,000[℃]이다. 내열성, 내산성이 우수하나 환원성 가스에서는 기밀성이 약간 떨어진다.
• 내열강 SEH-5
  - 탄소강 + 크롬(Cr) 25[%] + 니켈(Ni) 25[%]로 구성된다.
  - 내식성, 내열성, 강도가 우수하다.
  - 상용온도는 1,050[℃]이고, 최고 사용온도는 1,200[℃]이다.
  - 유황가스 및 산화염과 환원염에도 사용 가능하다.
  - 비금속관(자기관 등)에 비해 비교적 저온 측정에 사용한다.
• Ni-Cr 스테인리스강 : 1,050[℃] 이하
• 구리 : 최고 측정온도는 400[℃] 이하

ⓚ 열전대의 결선

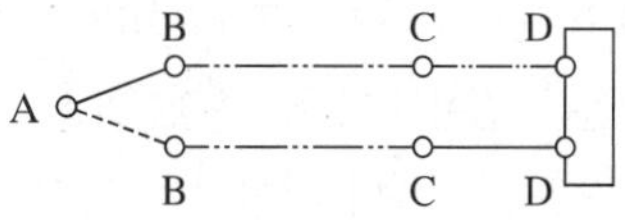

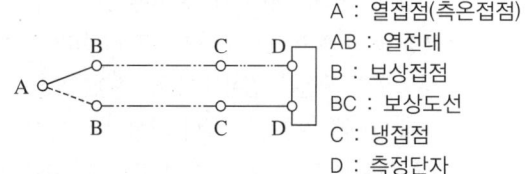

A : 열접점(측온접점)
AB : 열전대
B : 보상접점
BC : 보상도선
C : 냉접점
D : 측정단자

• 열접점 : 측온접점
• 냉접점 : 냉각을 하여 항상 0[℃]를 유지한 점으로 기준접점이라고도 한다.

ⓣ 주위 온도에 의한 오차를 전기적으로 보상할 때 주로 구리저항선을 사용한다.

ⓟ 측정온도에 대한 기전력의 크기순 : IC(철-콘스탄탄) > CC(구리-콘스탄탄) > CA(크로멜-알루멜) > PR(백금-백금·로듐)

② **백금・로듐 열전대 온도계** : B형, R형, S형

㉠ 극성 : (+) 백금・로듐 / (-) 백금 또는 (-) 백금・로듐

㉡ 특 징

- 열전대 중 내열성이 가장 우수하다.
- 측정온도의 범위가 0~1,600[℃] 정도이다.
- 보상도선의 허용오차 : 0.5[%] 이내
- 열전대 중에서 측정온도가 가장 높다.
- 정도가 높으므로 주로 정밀측정용으로 사용된다(다른 열전대에 비하여 측정값이 가장 정밀하다).
- 다른 열전대 온도계보다 안정성이 우수하여 고온 측정에 적합하다.
- 산화성 분위기에서 강하다.
- 환원성 분위기에 약하고, 금속증기 등에 침식되기 쉽다.
- 열기전력이 작다.

㉢ 종 류

- B형(Pt-30%Rh / Pt-6%Rh) : 약칭으로 PR이라고 하며, 보상도선의 색깔은 회색이다. 측정온도의 범위는 0~1,700[℃]이며, 다른 백금・로듐 열전대보다 로듐 함량이 높기 때문에 용융점 및 기계적 강도가 우수하다. 1,600[℃]까지의 산화 및 중성 분위기에서 지속적으로 사용할 수 있고, 다른 백금, 로듐 열전대보다 환원 분위기에도 장시간 사용할 수 있다. 특히, 정밀 측정 및 고온하에 내구성을 요구하는 장소에 유리하다.
- R형(Pt-13%Rh/Pt) : 약칭으로 PR이라고 하며 보상도선의 색깔은 검은색이다. 측정온도의 범위는 0~1,600[℃]이다. 1,400[℃]까지는 연속적으로, 1,600[℃]까지는 간헐적으로 산화 및 비활성 분위기 내에서 측정이 가능하지만, 세라믹 절연관과 보호관으로 올바르게 보호했더라도 진공, 환원 또는 금속증기 분위기 내에서는 사용 불가하다.
- S형(Pt-10% Rh/Pt) : 약칭으로 PR이라고 하며 보상도선의 색깔은 검은색이다. 측정온도의 범위는 0~1,600[℃]이며, 1886년 르샤틀리에(LeChatelier)에 의해 처음으로 개발된 역사적인 열전대이다. IPTS(International Practical Temperature Scale, 국제실용온도눈금)에 의해 정의된 630.74[℃]에서 Antimony(안티모니)로부터 1,064.43[℃]의 Gold(금) 범위까지 동결점으로 정의하는 표준 열전대로 사용된다. 가격이 비싸다.

③ **크로멜-알루멜 열전대 온도계** : K형

㉠ 극성 : (+) 크로멜(Ni 90, Cr 10) / (-) 알루멜(Ni 94, Mn 2)(Si 1, Al 3)

㉡ 특 징

- 구기호는 CA이며 보상도선의 색깔은 청색이다.
- 온도와 기전력의 관계가 거의 선형적이며 공업용으로 널리 사용된다.
- 다양한 특성을 지니며 신뢰성이 높은 산업용 열전대로 가장 널리 사용된다.
- 측정온도의 범위 : -20~1,250[℃]
- 열기전력이 크다.
- 환원성 분위기에 강하지만, 산화성・부식성 분위기에 약하다.

④ **크로멜-콘스탄탄 열전대 온도계** : E형

㉠ 극성 : (+) 크로멜(Ni 90, Cr 10) / (-) 콘스탄탄(Cu 55, Ni 45)

㉡ 특 징

- 구기호는 CRC이며 보상도선의 색깔은 분홍색이다.
- 산업용 열전대 중 기전력 특성이 가장 높다.
- 대단위 화력 및 원자력 발전소에서 폭넓게 사용한다.
- 측정온도의 범위 : -210~900[℃]
- 750[℃]까지 지속적으로 사용할 수 있고, 실제 사용을 위해 E형과 유사한 K형을 예방책으로 사용한다.
- 금속열전대 중 가장 높은 저항성이 있어 이와 연결시키는 계기 선정 시에 각별한 주의가 요구된다.

⑤ **철-콘스탄탄 열전대 온도계** : J형

㉠ 극성 : (+) 순철(Fe) / (-) 콘스탄탄(Cu 55, Ni 45)

㉡ 특 징

- 구기호는 IC이며 보상도선의 색깔은 노란색이다.
- 측정온도의 범위 : -210~760[℃]
- 열기전력이 크다(기전력 특성이 우수하다).

- 환원성 분위기에 강하지만 수분을 포함한 산화성·부식성 분위기에 약하다.
- E형 열전대 다음으로 기전력 특성이 높다.
- 환원, 비활성, 산화 또는 진공 분위기 등에서 사용 가능하다.
- 수소와 일산화탄소 등에 사용 가능하다.
- 가격이 저렴하고 다양한 곳에서 사용된다.
- 538[℃] 이상의 유황 분위기에서는 사용이 불가하다(녹이 슬거나 물러지므로, 이때는 저온 측정용 T형을 적용).

⑥ **구리-콘스탄탄 열전대 온도계 : T형**

㉠ 극성 : (+) 순동(Cu) / (-) 콘스탄탄(Cu 55, Ni 45)

㉡ 특 징

- 구기호는 CC이며 보상도선의 색깔은 갈색이다.
- 측정온도의 범위 : -200~350[℃]
- 열기전력이 크고 저항 및 온도계수가 작다.
- 수분에 의한 습한 분위기에서도 부식에 강하므로 저온 측정에 적합하다. 열전대 중에서 가장 저온에 대하여 연속으로 사용할 수 있는 열전대 온도계이다.
- 기전력 특성이 안정되고 정확하다.
- 비교적 저온의 실험용으로 주로 사용한다.
- 중간이 0[℃]인 온도 측정에 적합하며 이 범위에서 정도가 가장 우수하다.
- 진공 및 산화, 환원 또는 비활성 분위기 등에서 사용 가능하다.

⑦ **Ni-Cr-Si / Ni-Si-Mg 열전대 온도계 : N형**

㉠ 극성 : (+) 84[%] Ni-14.2[%] Cr-1.4[%] Si / (-) 95.5[%] Ni-4.4[%] Si-0.1[%] Mg

㉡ 특 징

- K형의 개량형으로 Si 함량을 늘려서 내열성을 증가한 것이다.
- 보상도선 색깔은 갈색(미국 색상코드 사용)이다.
- 측정온도의 범위 : 600~1,250[℃]
- 호주 국방성 재료연구실험실에서 처음 개발하였다.
- 안정되고 산화에 우수한 저항력을 지닌다.
- 1,000~1,200[℃]에서 지속적 산화 분위기에서 사용 가능하다.

측온접점이 형성되는 열전대 소선 보호형태에 따른 열전대 분류

- 일반 열전대(General Thermocouple) : 분리 제작된 보호관, 열전대 소선, 절연관, 단자함을 결합하여 구성한다.
- 시스 열전대(Sheath Thermocouple) : 보호관, 열전대 소선, 산화마그네슘(MgO) 등의 절연재가 일체로 구성되며, 기계적 내구성이 좋고 임의로 구부릴 수 있는 등의 특징이 있어 일반 열전대보다 많이 사용된다.

⑧ **시스(Sheath) 열전대 온도계** : 열전대가 있는 보호관 속에 무기질 절연체인 마그네시아, 알루미나 등을 넣고 다져서 가늘고 길게 만든 열전대 온도계

㉠ 특 징

- 무기질 절연 금속시스 열전대(Mineral Insulated Metal Sheathed Thermocouple), MI Cable이라고도 한다.
- 보호관, 소선, 절연재를 일체화한 열전대이다.
- 응답속도가 빠르다.
- 국부적인 온도 측정에 적합하다.
- 피측온체의 온도 저하 없이 측정할 수 있다.
- 시간 지연이 없다.
- 매우 가늘고 가소성이 있다.
- 진동이 심한 곳에 사용 가능하다.

㉡ 종류 : 금속 보호관에 대한 열전대 소선의 접지 여부에 따라 접지식과 비접지식으로 분류한다.

- 접지식 : 열전대 소선을 시스의 선단부에 직접 용접하여 측온접점을 만든 형태로서, 응답이 빠르고 고온·고압하의 온도 측정에 적당하다.
- 비접지식 : 열전대 소선을 시스와 완전히 절연시키고 측온접점을 만든 형태로서, 열기전력의 경시변화가 작고 장시간의 사용에 견딜 수 있다. 잡음전압에도 영향을 받지 않고 위험 장소에도 안전하게 사용할 수 있다. 한 쌍의 열전대 소선에 절연저항계를 설치하면 간편하게 절연재의 절연저항을 측정할 수 있다.

핵심예제

3-1. 열전대 온도계의 특징에 대한 설명으로 틀린 것은?

[2010년 제1회, 2015년 제3회, 2018년 제3회, 2020년 제3회 유사]

① 냉접점이 있다.
② 보상도선을 사용한다.
③ 원격 측정용으로 적합하다.
④ 접촉식 온도계 중 가장 낮은 온도에 사용된다.

3-2. 열전대 사용상의 주의사항 중 오차의 종류는 열적 오차와 전기적인 오차로 구분할 수 있다. 다음 중 열적 오차에 해당되지 않는 것은? [2011년 제2회, 2018년 제2회]

① 삽입전이의 영향
② 열복사의 영향
③ 전자유도의 영향
④ 열저항 증가에 의한 영향

3-3. 철-콘스탄탄 열전대에서 기준접점이 0[℃]이고, 측온접점이 20[℃] 및 200[℃]일 때의 열기전력이 각각 1.03[mV] 및 10.87[mV]이다. 이 열전대가 기준접점 20[℃], 측온접점 200[℃]에 있을 때의 열기전력은 약 몇 [mV]인가?

[2003년 제3회, 2009년 제1회]

① 3.10　　② 9.84
③ 10.55　　④ 11.90

3-4. 일반적인 열전대 온도계의 종류가 아닌 것은?

[2007년 제3회, 2016년 제1회 유사, 2019년 제2회]

① 백금 - 백금·로듐
② 크로멜 - 알루멜
③ 철 - 콘스탄탄
④ 백금 - 알루멜

3-5. 열전대를 사용하는 온도계 중 가장 고온을 측정할 수 있는 것은? [2003년 제1회 유사, 2008년 제1회 유사, 2010년 제2회, 2018년 제1회]

① R형　　② K형
③ E형　　④ J형

|해설|

3-1

열전대 온도계는 접촉식 온도계 중 가장 높은 온도에 사용된다.

3-2

전자유도의 영향은 전기적인 오차에 해당한다.

3-3

열기전력 = 10.87 - 1.03 = 9.84[mV]

3-4

열전대의 종류 : 백금-백금·로듐(PR), 크로멜-알루멜(CA), 철-콘스탄탄(IC), 구리-콘스탄탄(CC)

3-5

측정온도범위

- R형(Pt-13%Rh/Pt) : 0~1,600[℃]
- K형(크로멜-알루멜) : -20~1,250[℃]
- E형(크로멜-콘스탄탄) : -210~900[℃]
- J형(철-콘스탄탄) : -210~760[℃]

정답 3-1 ④ 3-2 ③ 3-3 ② 3-4 ④ 3-5 ①

핵심이론 04 기타 접촉식 온도계

① 바이메탈(Bimetal) 온도계

㉠ 개 요

- 바이메탈 온도계는 열팽창계수가 다른 2종 박판 금속을 맞붙여 온도 변화에 의하여 휘어지는 변위로 온도를 측정하는 접촉식 온도계이다.
- 바이메탈의 두께는 0.1~2[mm] 정도이다.
- 선팽창계수가 다른 2종의 금속을 결합시켜 온도 변화에 따라 굽히는 정도가 다른 점을 이용한다.
- 열팽창식 온도계 또는 금속 온도계라고도 한다.
- 선팽창계수가 큰 재질로, 주로 황동을 사용한다.
- 변환방식 : 기계적 변환
- 기본작동원리 : 두 금속판의 열팽창계수의 차
- 온도 측정범위 : -50~500[℃]

㉡ 특 징

- 온도 지시를 바로 읽을 수 있다.
- 구조가 간단하고 보수가 쉽다.
- 고체팽창식 온도계이며 유리 온도계보다 견고하다.
- 간단한 온도제어나 기록이 가능하다.
- 보호판을 내압구조로 하면 압력용기 내의 온도를 측정할 수 있다.
- 온도조절스위치, 온도자동조절장치, 온도보정장치, 현장 지시용 등에 이용된다.
- 작용하는 힘이 크다.
- 원격 지시가 불가능하다.
- 오래 사용 시 히스테리시스 오차가 발생할 수 있다.

② 압력식 온도계(충만식 온도계)

㉠ 개 요

- 압력식 온도계는 밀폐된 관에 수은 등과 같은 액체나 기체를 봉입한 것으로, 온도에 따라 체적 변화를 일으켜 관 내에 생기는 압력의 변화를 이용하여 온도를 측정하는 접촉식 온도계이다.
- 액체, 기체 또는 액체와 그 증기로 충만된 금속제 부분의 내부 압력 또는 포화증기압이 온도에 따라 변화하는 것을 이용한다.
- 내부 주입물(액체, 증기, 기체)을 주입시킨 상태에서 감온부에 피측정 물체의 온도가 가해지면 그에 따른 내부 주입물의 열팽창(체적팽창)에 의해 발생하는 압력이 모세관으로 전달되어 부르동관으로 입력된다.
- 구성 : 감온부(측온부), 도압부(전달부(모세관)), 감압부(지시부 또는 표시부(부르동관))
- 원리방식의 종류 : 액체팽창식, 증기팽창식, 기체팽창식
- 압력방식의 종류 : 차압식, 기포식, 액저압식
- 압력식 온도계의 종류 : 수은충만압력식 온도계, 액체충만압력식 온도계, 증기압식 온도계, 가스압력식 온도계

㉡ 특 징

- 진동 및 충격에 강하다.
- 간편하게 사용할 수 있다.
- 구조가 간단하고 전원이 필요하지 않다.
- 정도가 열선식이나 측온저항체보다는 낮다.

㉢ 수은충만압력식 온도계

- 사용 봉입액 물질 : 수은
- 온도 측정범위 : -50~600[℃]
- 진동 및 충격에 강하다.
- 원격 지시, 온도제어, 기록이 가능하다.
- 눈금 간격이 균일하다.

㉣ 액체충만압력식 온도계

- 사용 봉입액 물질 : 알코올, 수은, 아닐린, 크실렌, 케로신 등
- 온도 측정범위 : -100~400[℃]
- 진동 및 충격에 강하다.
- 원격 지시, 온도제어, 기록이 가능하다.
- 눈금 간격이 균일하다.

㉤ 증기압(력)식 온도계

- 사용 봉입액 물질 : 휘발성 액체(프로판, 염화에틸, 부탄, 에테르, 물, 톨루엔, 아닐린, 프레온, 에틸에테르, 염화메틸 등)
- 온도 측정범위 : -30~200[℃]
- 측정온도의 범위가 좁다.

- 특정 온도범위의 것을 제작할 수 있다.
- 눈금 간격이 불균일하다.
- 신용도가 높아 공업용 온도계로, 광범위한 목적으로 널리 사용된다.
- 공해와는 무관하며 측정압력이 낮아 안전면에서도 좋은 편이다.
- 만약 주입액이 누출되어도 증발하기 때문에 인체에 무관하다.
- 고온이 아닌 장소에 적용한다.
- 정밀도는 액체충만압력식보다 조금 낮다.

ⓗ 가스압력식 온도계
- 사용 봉입액 물질 : 질소, 헬륨 등 비활성 기체
- 온도 측정범위 : −200~600[℃]
- 지시부와 감온부 위치 높이차의 영향이 없다.
- 주위 압력의 영향을 받는다.
- 눈금 간격이 균일하다.

③ 전기저항식 온도계

㉠ 개 요
- 전기저항식 온도계는 온도가 증가함에 따라 금속의 전기저항이 증가하는 현상을 이용한 접촉식 온도계이다.
- 서미스터 등을 사용하며 저항 온도계라고도 한다.
- 측정회로로서, 일반적으로 휘트스톤브리지를 채택한다.
- 전기저항 온도계의 측온저항체의 공칭저항치 : 온도 0[℃]일 때의 저항소자의 저항
- 측온저항체의 종류 : Cu, Ni, Pt
- 노 내 온도 : $T = \frac{R_1 - R_0}{\alpha \times R_0}$[℃]

  여기서, R_0 : 0[℃]에서의 저항

  R_1 : 노 내 삽입 시의 저항

  α : 저항온도계의 저항온도계수
- 저항값 : $R_1 = R_0(1 + \alpha dt)$

  여기서, R_0 : 0[℃]에서의 저항값

  α : 저항온도계수

  dt : 온도차
- 온도 측정범위 : −273~500[℃]

㉡ 특 징
- 정밀도가 좋은 온도측정에 적합하다.
- 저온도~중온도 범위의 계측에서의 정도가 우수하다.
- 자동 기록이 가능하며 원격 측정이 용이하다.
- 응답이 빠르다.
- 저항체의 저항온도계수는 커야 한다.
- 일정 온도에서 일정한 저항을 지녀야 한다.
- 강한 진동이 있는 대상에는 부적합하다.

㉢ 동 전기저항식 온도계 : 비례성은 좋으나 고온에서 산화되며, 온도 측정범위는 0~120[℃]이며 저항률이 낮다.

㉣ 니켈 저항 온도계 : 온도 측정범위는 −50~300[℃]이고 저항온도계수가 크며, 표준측온저항체는 0[℃]에서 500[Ω]이다.

㉤ 백금 저항 온도계
- 백금측온저항체 온도계라고도 한다.
- 온도 측정범위가 −200~850[℃]로 넓다.
- 사용 온도범위가 넓어 저항온도계의 저항체 중 재질이 가장 우수하다.
- 초저온영역에서 사용될 수 있다.
- 경시변화(시간이 경과함에 따라 열화되는 현상)가 작다.
- 안정성과 재현성이 우수하다.
- 표준용으로 사용할 수 있을 만큼 안정되어 있다.
- 큰 출력을 얻을 수 있다.
- 기준접점의 온도보상이 필요 없다.
- 고온에서 열화가 작고 일반적으로 가장 많이 사용한다.
- 0[℃]에서 100[Ω], 50[Ω], 25[Ω] 등을 사용한다.
- 저항온도계수가 비교적 낮고, 가격이 비싸다.
- 온도 측정시간이 지연된다.

㉥ 서미스터(Thermistor) (측온)저항(체) 온도계 : Ni, Mn, Co 등의 금속산화물 분말을 혼합 소결시켜 만든 반도체로서, 미세한 온도 측정에 용이한 전기저항식 온도계

- 반도체를 이용하여 온도 변화에 따른 저항 변화를 온도 측정에 이용한다.
- 이용현상 : 온도에 의한 전기저항의 변화
- 저항온도계수(α_T, 단위 : [%/℃]) : 임의 측정온도에서 온도 1[℃]당 서미스터 저항의 변화 비율을 나타내는 계수로서 저항온도계수는 섭씨온도의 제곱에 반비례한다.
- 조성 성분 : 니켈(Ni), 코발트(Co), 망간(Mn), 철(Fe), 구리(Cu)
- 온도 측정범위 : -100~300[℃]
- 서미스터의 종류
  - CTR(Critical Temperature Resistor) 서미스터 : 온도 경계에서 전기저항이 갑자기 감소하는 특성을 가지는 서미스터
  - NTC(Negative Temperature Coefficient) 서미스터
  - PTC(Positive Temperature Coefficient) 서미스터
  - PNTC(Positive & Negative Temperature Coefficient) 서미스터
- 응답이 빠르고 감도가 높다.
- 도선저항에 의한 오차를 작게 할 수 있다.
- 소형으로 좁은 장소의 측온에 적합하다.
- 저항온도계수가 부특성이며, 저항온도계 중 저항값이 가장 크다.
- 온도계수가 크다(저항온도계수는 25[℃]에서 백금의 10배 정도이다).
- 온도 상승에 따라 저항치가 감소한다(온도 증가에 따라 전기저항이 감소된다).
- 저항 변화가 크다.
- 도선저항에 비하여 검출기의 저항이 크다.
- 사용온도의 범위가 좁다.
- 자기가열현상이 있다.
- 온도 변화에 따른 저항 변화가 직선성이 아니다.
- 주로 온도 변화가 작은 곳의 측정에 이용된다.
- 수분을 흡수하면 오차가 발생한다.
- 특성을 고르게 얻기 어렵다(소자의 온도특성인 균일성을 얻기 어렵다).
- 재현성과 호환성이 좋지 않다.
- 흡습 등으로 열화되기 쉽다.
- 충격에 대한 기계적 강도가 떨어진다.
- 경년변화가 있다.

㉦ 시스(Sheath)형 측온저항체

- 응답성이 빠르다.
- 진동에 강하다.
- 가소성이 있다.
- 국부적인 측온에 사용된다.

㉧ 측온저항체의 설치방법

- 내열성, 내식성이 커야 한다.
- 삽입 길이는 관 직경의 10~15배이어야 한다.
- 유속이 가장 느린 곳에 설치하는 것이 좋다.
- 가능한 한 파이프 중앙부의 온도를 측정할 수 있게 한다.
- 파이프 길이가 아주 짧을 때에는 유체의 방향으로 굴곡부에 설치한다.

④ 제게르콘(Segel Cone) : 내화물의 내화도를 측정한다.

핵심예제

4-1. 0[℃]에서 저항이 120[Ω]이고 저항온도계수가 0.0025인 저항온도계를 어떤 노 안에 삽입하였을 때 저항이 180[Ω]이 되었다면, 노 안의 온도는 약 몇 [℃]인가?

[2007년 제3회, 2014년 제2회 유사, 2016년 제3회, 2022년 제2회 유사]

① 125 ② 200
③ 320 ④ 534

4-2. 온도 0[℃]에서 저항이 40[Ω]인 니켈저항체로서 100[℃]에서 측정하면 저항값은 얼마인가?(단, Ni의 온도계수는 0.0067[deg^{-1}]이다) [2016년 제2회]

① 56.8[Ω] ② 66.8[Ω]
③ 78.0[Ω] ④ 83.5[Ω]

4-3. 서미스터(Thermister)저항체 온도계의 특징에 대한 설명으로 옳은 것은? [2008년 제3회, 2011년 제3회, 2012년 제1회]

① 온도계수가 작으며 균일성이 좋다.
② 저항 변화가 작으며 재현성이 좋다.
③ 온도 상승에 따라 저항치가 감소한다.
④ 수분 흡수 시에도 오차가 발생하지 않는다.

|해설|

4-1

노 내 온도

$$T = \frac{R_1 - R_0}{\alpha \times R_0} = \frac{180-120}{0.0025 \times 120} = 200[℃]$$

4-2

저항값

$$R_1 = R_0(1+\alpha dt) = 40 \times (1+0.0067 \times 100) = 66.8[\Omega]$$

4-3

① 온도계수가 크며 균일성이 좋지 않다.
② 저항 변화가 크며 재현성이 좋지 않다.
④ 수분을 흡수하면 오차가 발생한다.

정답 4-1 ② 4-2 ② 4-3 ③

핵심이론 05 비접촉식 온도계

① 방사 온도계

㉠ 개 요

- 방사 온도계는 고온의 피측온 물체의 전 방사에너지를 렌즈 또는 반사경을 이용하여 열전대와 측온 접점에 모아서, 이때 생기는 열기전력을 측정하여 온도를 알아내는 비접촉식 온도계이다.
- 측정온도의 범위 : 50~3,000[℃]
- 응용이론 : 스테판-볼츠만 법칙

㉡ 전 방사에너지와 피측정체의 실제온도

- 전 방사에너지 : $E = \sigma \varepsilon T^4$[W]

  여기서, σ : 스테판-볼츠만 상수 5.67×10^{-12} [W/cm^2K^4]
  ε : 방사율
  T : 흑체표면온도

- 피측정체의 실제온도 : $T = \frac{S}{\sqrt[4]{Et}}$

  여기서, S : 계기의 지시온도
  Et : 전 방사율

㉢ 특 징

- 열복사를 이용한다.
- 측정대상의 온도의 영향이 작다.
- 이동 또는 회전하고 있는 물체의 표면온도 측정이 가능하다.
- 고온도에 대한 측정에 적합하다.
- 원격 측정이 가능하다.
- 피측정물의 온도를 혼란시키는 일이 적다.
- 1,000[℃] 이상 최고 2,000[℃]까지 고온 측정이 가능하다.
- 응답속도가 빠르다.
- 발신기의 온도가 상승하지 않게 필요에 따라 냉각한다.
- 노벽과의 사이에 수증기, 탄산가스 등이 있으면 오차가 생기므로 주의해야 한다.
- 방사율에 대한 보정량이 크다.
- 측정거리에 따라 오차 발생이 크다.

② 광온도계

㉠ 개 요

- 복사선 중 가시광선의 휘도로 온도를 판정하는 비접촉식 온도계로, 광고온계 또는 광고온도계라고도 한다.
- 광고온계는 특정 파장을 온도계 내에 통과시켜 온도계 내의 전구 필라멘트의 휘도를 육안으로 직접 비교하여 온도를 측정하는 비접촉식 온도계이다.
- 물체에서 방사된 빛의 강도와 비교된 필라멘트의 밝기가 일치되는 점을 비교 측정하여 고온도를 측정한다.
- 온도 측정범위 : 700~2,000[℃](약 3,000[℃]까지 측정은 가능하다)

㉡ 특 징

- 파장을 이용한다.
- 구조가 간단하고 휴대가 편리하다.
- 정도가 우수하여 비접촉식 온도측정기 중 가장 정확한 측정이 가능하다.
- 방사 온도계에 비해 방사율에 대한 보정량이 적다.
- 900[℃] 이하의 경우 오차가 발생된다.
- 측정시간이 지연된다.
- 측정 시 사람의 손이 필요하므로, 개인오차가 발생한다.
- 기록, 경보, 자동제어는 불가능하다.

㉢ 사용상 주의점

- 개인차가 발생되므로 여러 명이 모여서 측정한다.
- 측정하는 위치와 각도를 같은 조건으로 한다.
- 광학계의 먼지, 상처 등을 수시로 점검한다.
- 측정체와의 사이에 연기나 먼지 등이 생기지 않도록 주의한다.
- 발신부 설치 시 성립사항 : $\frac{L}{D} < \frac{l}{d}$

  여기서, L : 렌즈로부터 물체까지의 거리
  D : 물체의 직경
  l : 렌즈로부터 수열판까지의 거리
  d : 수열판의 직경

③ 광전관 온도계 : 광전관을 사용하여 고온체에서 복사를 광전류로 바꾸어 온도를 판정하는 비접촉식 온도계이다.

㉠ 이동 물체의 온도 측정이 가능하다.

㉡ 응답시간이 매우 빠르다.

㉢ 온도의 연속 기록 및 자동제어가 용이하다.

㉣ 비교증폭기가 부착되어 있다.

④ 적외선 온도계(Infrared-Ray Thermometer)

㉠ 개 요

- 상온이나 저온도 측정할 수 있는 비접촉식 온도계이다.
- 물체에서 방사되는 적외선 복사에너지를 계측하여 그 물체의 방사온도를 얻는 온도계이다.
- 물질이 방출하는 적외선 복사에너지가 온도에 따라 달라지는 원리를 이용하여 물질의 온도를 측정한다.
- 모든 물질은 가시광선의 붉은색보다 파장이 긴 적외선을 방출하는데, 이 적외선 복사에너지의 세기를 열로 변환·감지하여 온도를 측정한다.
- 필요에 따라서는 거울로 반사시키거나 창을 통해서 안쪽의 온도를 측정할 수 있다.

㉡ 특 징

- 물체의 온도에 따른 에너지 전달량이 가시광선의 10만 배에 해당하기 때문에 주위의 공기를 포함한 매질을 통해 열평형이 이루어진 온도를 측정하는 것보다 유리하다.
- 물체에 직접 접촉하지 않고도 온도를 측정할 수 있으므로, 주로 손이 닿지 않는 곳이나 회전·이동 중인 물체 등의 표면온도를 측정할 때 쓰인다.
- 적외선 온도계를 통해 온도를 측정할 때 가장 주의해야할 요소는 방사율(Emissivity)이다.

  ※ 방사율 : 물체가 외부로부터 빛에너지를 흡수한 후 재방사하거나 표면반사현상이 일어날 때 재복사하는 에너지 비율
- 이론적으로 외부에너지를 흡수한 후 100[%] 복사하고 표면반사하지 않는 물체를 흑체(Blackbody)라고 하며, 이때의 방사율(ε)값을 1로 규정한다.

그러나 일반적인 물체들은 광택, 거칠기, 산화 정도 등 표면 상태에 따라서 흡수, 반사, 방사하는 에너지량이 변화하며, 흡수하고 반사하는 에너지 비율이 흑체를 기준으로 1보다 작은 값을 갖게 된다. 적외선 온도계는 전자기파의 일종인 적외선을 이용하므로 정확한 온도 측정을 위해서는 방사율을 고려하여 물체의 고유 에너지 중 방사되지 않은 일부분에 의한 오차를 보정해 주어야 한다.

⑤ 색 온도계

㉠ 개 요

- 복사에너지의 온도와 파장의 관계를 이용한 비접촉식 온도계이다.
- 고온 물체로부터 방사되는 복사에너지는 온도가 높아지면 파장이 짧아진다.
- 온도에 따라 색이 변하는 일원적인 관계로부터 온도를 측정한다.
- 온도 측정범위 : 600~2,000[℃]
- 색에 따른 온도 : 어두운 색 600[℃], 적색 800[℃], 오렌지색 1,000[℃], 노란색 1,200[℃], 눈부신 황백색 1,500[℃], 매우 눈부신 흰색 2,000[℃], 푸른 기가 있는 흰백색 2,500[℃]

㉡ 특 징

- 방사율의 영향이 작다.
- 광흡수의 영향이 작다.
- 응답이 매우 빠르다.
- 휴대와 취급이 간편하다.
- 고온 측정이 가능하며 기록 조절용으로 사용된다.
- 구조가 복잡하며 주위로부터 빛 반사의 영향을 받는다.

핵심예제

5-1. 스테판-볼츠만의 이론을 적용한 온도계는?

[2012년 제3회, 2015년 제3회 유사]

① 열전대 온도계 ② 방사 온도계
③ 광고온도계 ④ 바이메탈식 온도계

5-2. 광고온계의 특징에 대한 설명으로 틀린 것은?

[2009년 제2회, 2011년 제2회]

① 접촉식으로는 가장 정확하다.
② 약 3,000[℃]까지 측정이 가능하다.
③ 방사 온도계에 비해 방사율에 의한 보정량이 적다.
④ 측정 시 사람의 손이 필요하므로 개인오차가 발생한다.

5-3. 고온 물체로부터 방사되는 복사에너지는 온도가 높아지면 파장이 짧아진다. 이것을 이용한 온도계는?

[2004년 제3회, 2011년 제1회]

① 열전대 온도계 ② 광고온계
③ 서모컬러 온도계 ④ 색 온도계

|해설|

5-1
방사 온도계의 원리는 방사열(전 방사에너지)과 절대온도의 관계인 스테판-볼츠만의 법칙을 응용한 것이다. 이때 전 방사에너지 Q는 절대온도 T의 4제곱에 비례한다.

5-2
광고온계는 비접촉식 온도계에 해당한다.

5-3
색 온도계
- 복사에너지의 온도와 파장의 관계를 이용한 비접촉식 온도계이다.
- 고온 물체로부터 방사되는 복사에너지는 온도가 높아지면 파장이 짧아진다.
- 온도에 따라 색이 변하는 일원적인 관계로부터 온도를 측정한다.
- 온도 측정범위 : 600~2,000[℃]

정답 5-1 ② 5-2 ① 5-3 ④

2-5. 기타 측정

핵심이론 01 습도 측정

① 습도 측정의 개요

㉠ 절대습도(ω, 비습도) : 습공기 중에서 건공기 1[kg]에 대한 수증기의 양과의 비로, 온도에 관계없이 일정하다.

$$\omega = \frac{G_w}{G_a} = \frac{G_w}{G - G_w}$$

$$= \frac{M_w}{M_a} \times \frac{P_w}{P_a} = \frac{M_w}{M_a} \times \frac{P_w}{P - P_w}$$

$$\simeq 0.622 \times \frac{P_w}{P - P_w} [\text{kgH}_2\text{O/kgDA}]$$

여기서, G_w : 수증기량

G_a : 건공기량

G : 습공기량

P_w : 수증기분압

P : 전압

DA : Dry Air

㉡ 포화습도(ω_s) : 수증기가 포화 상태일 때의 절대습도(일정온도에서 공기가 함유할 수 있는 최대수증기량)

$$\omega_s = \frac{G_s}{G_a} = \frac{G_s}{G - G_s}$$

$$= \frac{M_s}{M_a} \times \frac{P_s}{P_a} = \frac{M_s}{M_a} \times \frac{P_s}{P - P_s}$$

$$\simeq 0.622 \times \frac{P_s}{P - P_s} [\text{kgH}_2\text{O/kgDA}]$$

여기서, G_s : 포화수증기량

G_a : 건공기량

G : 습공기량

P_s : 포화수증기압력

P : 전압

㉢ 몰습도(ω_m) : 습공기 중에서 건조기체 1[kgmol]에 대한 수증기의 [kgmol]수

$$\omega_m = \frac{P_w}{P_a} = \frac{P_w}{P - P_w} [\text{kgH}_2\text{O/kgDA}]$$

여기서, P_w : 수증기 분압

P : 전압

㉣ 상대습도(ϕ) : 수증기 분압(P_w)과 포화수증기압(P_s)의 비([%] R.H.)

$$\phi = \frac{P_w}{P_s} = \frac{\chi_w}{\chi_s} = \frac{\rho_w}{\rho_s}$$

여기서, P_w : 수증기 분압

P_s : 포화수증기압

χ_w : 수증기 몰분율

χ_s : 포화수증기 몰분율

ρ_w : 수증기 밀도

ρ_s : 포화수증기 밀도

- 일반적으로 습도라고 하면 상대습도를 의미한다.
- 온도가 상승하면 상대습도는 감소한다.
- 상대습도 100[%]가 되면 물방울이 생긴다.
- 상대습도가 0이라 함은 공기 중에 수증기가 존재하지 않는다는 의미이다.

㉤ 비교습도(ω_p) : 절대습도와 포화습도의 비(습공기의 절대습도와 포화수증기의 절대습도와의 비)

$$\omega_p = \frac{\omega}{\omega_s}$$

② 습도측정법

㉠ 습도측정방법의 3가지 개념적 분류

- 첫째, 화학반응, 전기분해, 흡착 등의 방법으로 공기 중의 수증기를 분리하여 습도를 측정하는 것으로 높은 정확도를 기대할 수 있는 1차적인 방법이다.
- 둘째, 물분자의 적외성 흡수, 영구쌍극자특성, 습공기의 정해진 온도에서의 포화 등 물분자가 지닌 고유한 물리적 성질을 이용한 방법이다.
- 셋째, 흡습성 물질의 수증기 흡착에 의한 물질의 물리적 특성의 변화를 평형 상태에 도달했을 때 습도를 측정하는 법이다.

㉡ 습도 측정방법의 원리별 분류

• 직접측정법

포화에 의한 방법	노점 습도계	노점 측정
	염화리튬 노점 습도계	변이점 온도 측정
흡수에 의한 방법	부피식 습도계	수증기의 부피 측정
	전기분해식 습도계	흡수된 물의 전해전류 측정
	기타 흡수식 습도계	흡수된 물의 양 측정
증발에 의한 방법	건습구 습도계	증발에 의한 냉각온도 측정

• 간접측정법

수분 흡착에 의한 방법	중량식 습도계	흡착제의 무게 변화 측정
	모발 습도계	모발의 길이 변화 측정
	탄소피막 습도계	전기전도도의 변화 측정
	전기식 습도계	표면전도도의 변화 측정
	전기용량식 습도계	유전상수의 변화 측정
	색 습도계	변색 측정
분광학적 방법	근적외선 습도계	근적외선 흡수 측정
	마이크로파 습도계	유전성 측정
기타 방법	확산식 습도계	확산 습도의 차에 의한 압력차 측정
	방전식 습도계	이온화전위의 변화 측정

㉢ 노점(이슬점)법

• 습도를 측정하는 가장 간편한 방법은 노점을 측정하는 방법이다.
• 흡습염(염화리튬)을 이용하여 흡습체 표면에 대기 중의 습도를 흡수시켜 포화용액층을 형성하게 하여 포화용액과 대기의 증기평형을 이루는 온도 측정으로 습도를 측정하는 방법이다.

㉣ 수분흡수법(흡습법)

• 수분흡수법은 일정 용적의 공기 중의 수분(수증기)을 흡수제(건조제)를 이용하여 흡수시켜서 수분을 정량하여 습도를 측정하는 방법이다.
• 사용되는 흡수제 : 염화칼슘, 오산화인, 실리카겔, 황산, 활성탄 등

③ 건습구 습도계(Psychrometer) : 2개의 수은 온도계를 사용하여 건구온도와 습구온도를 동시에 측정하는 습도계

㉠ 특 징
• 구조가 간단하고 가격이 저렴하다.
• 원격 측정, 자동기록이 가능하다.
• 습도 측정 시 계산이 필요하다.
• 물이 필요하다.
• 증류수 공급, 거즈 설치·관리가 필요하다.
• 통풍 상태에 따라 오차가 발생한다.
• 정확한 습도를 구하려면 3~5[m/s] 정도의 통풍이 필요하다.
• 종류 : 간이 건습구 습도계, 통풍형 건습구 습도계

㉡ 간이 건습구 습도계 : 자연통풍에 의한 건습구 습도계
• 습도가 낮을수록 온도편차가 커진다.
• 정확도가 낮다.
• 측정은 건구와 습구 온도를 측정한 다음 건구와 습구 온도 차이를 구한다.
• 풍속에 따라 건구와 습구 사이의 열전달에 영향을 미치므로 풍속 1[m/s] 이하에서 사용한다.

㉢ 통풍형 건습구 습도계 또는 아스만(Assmann) 습도계 : 측정오차에 대한 풍속의 영향을 최소화하기 위해 강제통풍장치를 이용하여 설계된 건습구 습도계이다.
• 태엽의 힘으로 통풍하는 통풍형 건습구 습도계이다.
• 휴대가 편리하고 최소 필요 풍속이 3[m/s]이다.
• 3~5[m/s]의 통풍이 필요하다.
• 증류수 공급, 거즈 설치·관리가 필요하다.
• 습도 측정 시 계산이 필요하다.
• 습구온도가 0[℃]보다 높은 범위에서 사용하는 것이 바람직하다.
• 고온쪽은 100[℃] 근처까지 측정할 수 있다.
• 휴대용으로 상온에서 비교적 정도(정확도)가 좋다.
• 비교적 가격이 저렴하다.
• 안정에 많은 시간이 소요되며 숙련이 필요하다.
• 물이 필요하다.
• 습구에서 증발한 물이 측정 장소의 습도에 영향을 줄 정도의 좁은 공간에서 사용하는 것은 적당하지 않다.

• 가스・먼지 등으로 현저하게 오염된 대기 중에서 사용하는 것은 적당하지 않다.
• 거즈와 감온부 사이에 틈새가 생기지 않도록 해야 하며, 거즈가 원통의 내벽에 접촉하지 않도록 주의하여 설치한다.
• 장기간 사용하면 습구의 감온부에 물때가 부착되므로 물때를 씻어 내야 한다(유리제 온도계의 경우, 묽은 염산에 담근 후 물로 씻는다).
• 연료탱크 속에 부착하여 사용하면 안 된다.
• 측정 위치의 기압이 표준기압과 30[%] 이상 차이가 날 경우에는 측정 정밀도에 영향을 줄 수 있다.

④ 기타 습도계

㉠ 모발 습도계(Hair Hygrometer) : 습도에 따라 규칙적으로 신축하는 모발의 성질을 이용한 습도계
• 구조가 간단하고 취급 및 사용이 간편하다.
• 저습도 측정이 가능하다.
• 한랭지역(추운 지역)에서 사용하기 편리하다.
• 재현성이 좋아 상대습도계의 감습소자로 사용된다.
• 상대습도가 바로 나타난다.
• 실내의 습도 조절용으로 많이 이용된다.
• 실내에서 사용하기 좋지만, 머리카락 길이는 물에 젖으면 오히려 수축하는 성질이 있어 야외에서는 사용하기 곤란하다.
• 모발은 10~20개 정도 묶어서 사용하며 2년마다 모발을 바꾸어 주어야 한다.
• 히스테리시스 오차가 발생한다.
• 정도, 안정성과 응답성이 좋지 않다.

㉡ 듀셀(Dewcell) 노점계(가열식 노점계) : 염화리튬이 공기 수증기압과 평형을 이룰 때 생기는 온도 저하를 저항 온도계 측정으로 습도를 알아내는 습도계
• 저습도 측정 가능하다.
• 구조가 간단하고 고장이 적다.
• 고압에서 사용이 가능하지만, 응답이 늦다.

㉢ 전기저항식 습도계
• 교류전압을 사용하여 저항치를 측정하여 상대습도를 표시한다.
• 응답이 빠르고 정도가 우수하다.
• 저습도의 측정이 가능하다.
• 물이 필요하다.
• 연속 기록, 원격 측정, 자동제어에 이용된다.
• 온도계수가 비교적 크다.
• 고습도에 장기간 방치하면 감습막이 유동한다.

㉣ 서미스터 습도센서 : 물을 함유한 공기와 건조공기의 열전도율 차이를 이용하여 습도를 측정하는 습도센서
• 사용온도 영역이 0~200[℃]로 넓다.
• 응답이 신속하다.

㉤ 광전관식 노점계 : 거울 표면에 이슬(서리)이 부착되어 있는 상태에서 거울의 온도를 조절해 노점 상태를 유지하는 노점계이다. 열전대 온도계로 온도를 측정하여 습도를 구한다.
• 상온 또는 저온에서 상점의 정도가 우수하다.
• 저습도의 측정이 가능하다.
• 고압 상태에서의 측정이 가능하다.
• 연속 기록, 원격 측정, 자동제어에 이용된다.
• 노점과 상점의 육안 판정이 필요하다.
• 기구가 복잡하다.
• 교류전원 및 가열, 냉각장치가 필요하다.
• 저습도의 응답시간이 늦다.
• 경년변화가 존재한다.

㉥ 기타 습도센서 : 고분자 습도센서, 염화리튬 습도센서, 수정진동자 습도센서

핵심예제

1-1. 습도에 대한 설명으로 틀리 것은?

[2014년 제2회, 2019년 제1회]

① 절대습도는 비습도라고도 하며 [%]로 나타낸다.
② 상대습도는 현재의 온도 상태에서 포함할 수 있는 포화수증기 최대량에 대한 현재 공기가 포함하고 있는 수증기의 양을 [%]로 표시한 것이다.
③ 이슬점은 상대습도가 100[%]일 때의 온도이며 노점온도라고도 한다.
④ 포화공기는 더 이상 수분을 포함할 수 없는 상태의 공기이다.

핵심예제

1-2. 모발 습도계에 대한 설명으로 틀린 것은?

[2014년 제3회, 2018년 제2회]

① 재현성이 좋다.
② 히스테리시스가 없다.
③ 구조가 간단하고 취급이 용이하다.
④ 한랭지역에서 사용하기 편리하다.

1-3. 습한 공기 205[kg] 중 수증기가 35[kg] 포함되어 있다고 할 때 절대습도[kg/kg]는?(단, 공기와 수증기의 분자량은 각각 29, 18로 한다)

[2007년 제2회, 2014년 제1회, 2015년 제1회, 2018년 제3회]

① 0.106 ② 0.128
③ 0.171 ④ 0.206

1-4. 상대습도가 30[%]이고, 압력과 온도가 각각 1.1[bar], 75[℃]인 습공기가 100[m^3/h]로 공정에 유입될 때 몰습도[mol H_2O/mol Dry Air]는?(단, 75[℃]에서 포화수증기압은 289[mmHg]이다)

[2010년 제2회, 2021년 제1회]

① 0.017 ② 0.117
③ 0.129 ④ 0.317

1-5. 온도 25[℃] 습공기의 노점온도가 19[℃]일 때 공기의 상대습도는?(단, 포화 증기압 및 수증기 분압은 각각 23.76[mmHg], 16.47[mmHg]이다)

[2004년 제3회 유사, 2007년 제1회, 2008년 제3회 유사, 2017년 제2회 유사, 2019년 제2회]

① 69[%] ② 79[%]
③ 83[%] ④ 89[%]

1-6. 실온 22[℃], 습도 45[%], 기압 765[mmHg]인 공기의 증기 분압(P_w)은 약 몇 [mmHg]인가?(단, 공기의 가스 상수는 29.27[kg·m/kg·K], 22[℃]에서 포화 압력[P_s]은 18.66[mmHg]이다)

[2009년 제3회, 2010년 제2회 유사, 2015년 제1회, 2019년 제2회]

① 4.1 ② 8.4
③ 14.3 ④ 16.7

1-7. 온도 25[℃], 전압 760[mmHg]인 공기 중의 수증기 분압은 17.5[mmHg]이었다. 이 공기의 습도를 건조공기 [kg]당 수증기의 [kg]수로 나타낸 것은?(단, 공기 및 물의 분자량은 각각 29, 18이다)

[2016년 제3회]

① 0.0014[kg] H_2O/[kg] 건조공기
② 0.0146[kg] H_2O/[kg] 건조공기
③ 0.0029[kg] H_2O/[kg] 건조공기
④ 0.0292[kg] H_2O/[kg] 건조공기

1-8. 건조공기 120[kg]에 6[kg]의 수증기를 포함한 습공기가 있다. 온도가 49[℃]이고, 전체 압력이 750[mmHg]일 때의 비교습도는 약 얼마인가?(단, 49[℃]에서의 포화수증기압은 89[mmHg]이고 공기의 분자량은 29로 한다)

[2013년 제2회, 2020년 제3회]

① 30[%] ② 40[%]
③ 50[%] ④ 60[%]

1-9. 온도가 21[℃]에서 상대습도 60[%]의 공기를 압력은 변화하지 않고 온도를 22.5[℃]로 할 때, 공기의 상대습도는 약 얼마인가?

[2007년 제3회, 2011년 제2회, 2018년 제1회, 2022년 제2회 유사]

온도[℃]	물의 포화증기압[mmHg]
20	16.54
21	17.83
22	19.12
23	20.41

① 52.41[%] ② 53.63[%]
③ 54.13[%] ④ 55.95[%]

|해설|

1-1

습도 표기의 종류

- 상대습도(Relative Humidity) : 수증기의 분압을 포화수증기압으로 나눈 것으로 단위는 [%]이다. 습도라고 할 때는 일반적으로 상대습도를 의미한다.
- 절대습도(Absolute Humidity) : 단위부피당 포함된 수증기량으로 단위는 [g/m^3]이다.
- 비습도(Specific Humidity) : 일정 질량의 공기에 대한 수증기 질량의 비율로 무차원이며 비습이라고도 한다.

1-2

모발 습도계는 히스테리시스 오차가 발생한다.

1-3

절대습도

$X = \frac{G_w}{G_a} = \frac{G_w}{G - G_w} = \frac{35}{205-35} \simeq 0.206$

1-4

상대습도 $\phi = \frac{P_w}{P_s}$ 에서

- 수증기분압 $P_w = \phi \times P_s = 0.3 \times 289 = 86.7[\text{mmHg}]$
- 습공기전압 $P = \frac{1.1}{1.01325} \times 760 \simeq 825.1[\text{mmHg}]$
- 몰습도 $\omega_m = \frac{G_v}{G_a} = \frac{G_v}{G - G_v} = \frac{P_w}{P_a} = \frac{P_w}{P - P_w}$

$= \frac{86.7}{825.1 - 86.7} \simeq 0.117[\text{mol } H_2O/\text{molDA}]$

1-5

상대습도

$\phi = \frac{P_w}{P_s} \times 100[\%] = \frac{16.47}{23.76} \times 100[\%] \simeq 69[\%]$

1-6

$\phi = \frac{P_w}{P_s}$ 에서

$P_w = \phi \times P_s = 0.45 \times 18.66 \simeq 8.4[\text{mmHg}]$

1-7

건조공기 [kg]당 수증기의 [kg]수로 계산한 공기의 습도

$= 0.622 \times \frac{17.5}{760 - 17.5} \simeq 0.0146[\text{kg}]\ H_2O/[\text{kg}]$ 건조공기

1-8

- 절대습도 $\omega = \frac{G_v}{G_a} = \frac{6}{120} = 0.05$
- 포화습도 $\omega_s = \frac{M_s}{M_a} \times \frac{P_s}{P - P_s} = \frac{18}{29} \times \frac{89}{760 - 89} \simeq 0.0823$
- 비교습도 $\omega_p = \frac{\omega}{\omega_s} = \frac{0.05}{0.0823} \simeq 0.6075 \simeq 60[\%]$

1-9

- 온도 21[℃], 상대습도 60[%]에서의 수증기 분압
  $P_w = \phi \times P_s = 0.6 \times 17.83 = 10.698[\text{mmHg}]$
- 22.5[℃]에서의 물의 포화증기압
  $P_s = 19.12 + \frac{22.5 - 22}{(23-22)/(20.41 - 19.12)} = 19.765[\text{mmHg}]$
- 22.5[℃]에서의 상대습도
  $\phi = \frac{P_w}{P_s} \times 100[\%] = \frac{10.698}{19.765} \times 100[\%] \simeq 54.13[\%]$

정답 1-1 ① 1-2 ② 1-3 ④ 1-4 ② 1-5 ① 1-6 ② 1-7 ② 1-8 ④ 1-9 ③

핵심이론 02 밀도 · 비중 · 점도 · 열량 측정

① 밀도 측정

㉠ 용기를 이용하는 방법

㉡ 추를 이용하는 방법

② 비중 측정

㉠ 비중병법 : 병이 비었을 때, 증류수로 채웠을 때, 시료로 채웠을 때의 각 질량으로부터 같은 부피의 시료 및 증류수의 질량을 구해 그것과 증류수 및 공기의 비중으로부터 시료의 비중을 구하는 비중측정법이다.

㉡ 분젠실링법 : 가는 구멍으로부터 시료가스, 공기를 유출시켜 각 유출시간의 비를 구하여 가스의 비중을 계산하는 가스비중측정법이다.

- 비중계, 스톱워치(Stop Watch), 온도계가 필요하다.
- 건조공기에 대한 건조시료가스의 비중(S) :

$$S = \left(\frac{t_s}{t_a}\right)^2 + d$$

여기서, t_s : 시료가스의 유출시간(sec)

t_a : 공기의 유출시간(sec)

d : 건조가스비중 환산을 위한 보정값

㉢ 보메 비중계(Baumé Scale) : 물과 식염수를 기준으로 하는 비중계이다.

- 액체의 비중을 재는 데 사용된다.
- 눈금 : [°Bé](Baumé도)
- Baumé도 = $144.3 - \frac{144.3}{\text{비중}}$
- 종류 : 경액용, 중액용
  - 경액용 : 물보다 무거운 10[%]의 식염수를 10[°Bé], 순수한 물을 0[°Bé]로 하여 그 사이를 10등분해서 만든 비중계
  - 중액용 : 물보다 무거운 15[%]의 식염수를 15[°Bé], 순수한 물을 0[°Bé]로 하여 그 사이를 15등분해서 만든 비중계

③ 점도 측정

㉠ 하겐–푸아죄유법칙을 이용한 점도계 : 오스트발드(Ostwald) 점도계, 세이볼트(Saybolt) 점도계

㉡ 스토크스법칙을 이용한 점도계 : 낙구식 점도계(Falling Ball Type)

㉢ 뉴턴의 점성법칙을 이용한 점도계 : 스토머 점도계, 맥미첼 점도계, 회전식 점도계(Rotation Type), 모세관 점도계

④ 열량 측정

㉠ 습증기의 열량을 측정하는 기구 : 조리개 열량계, 분리 열량계, 과열 열량계

㉡ 간이 열량계 : 발생 열량 모두 용액이 흡수한다고 가정하고 열량을 측정하는 열량계

㉢ 단열형 열량계(봄베 열량계 또는 열연식 단열 열량계) : 액체와 고체연료의 열량을 측정하는 열량계

발열량 $H_h = \dfrac{(\text{내통수량} + \text{수당량}) \times \text{내통수비열} \times \text{상승온도} - \text{발열보정}}{\text{시료량}} \times \dfrac{100}{100 - \text{수분}[\%]}$

㉣ 융커스(Junker)식 열량계(유수형 열량계) : 주로 기체연료의 발열량을 측정하는 열량계

발열량 $H_h = \dfrac{\text{냉각수량} \times \text{비열} \times \text{유수 상승 온도}}{\text{기체연료 체적}}$

㉤ Parr Bomb을 이용한 열량 측정 : 열에너지 전달에 의한 온도차로 발열량을 측정하는 열량계로, Parr Bomb의 일정 부피 특성을 이용한다.

핵심예제

2-1. 20[℃]에서 어떤 액체의 밀도를 측정하였다. 측정용기의 무게가 11.6125[g], 증류수를 채웠을 때가 13.1682[g], 시료용액을 채웠을 때가 12.8749[g]이라면 이 시료액체의 밀도는 약 몇 [g/cm³]인가?(단, 20[℃]에서 물의 밀도는 0.99823[g/cm³]이다) [2009년 제2회, 2020년 제1·2회 통합]

① 0.791 ② 0.801
③ 0.810 ④ 0.820

2-2. 빈 병의 질량이 414[g]인 비중병이 있다. 물을 채웠을 때 질량이 999[g], 어느 액체를 채웠을 때의 질량이 874[g]일 때 이 액체의 밀도는 얼마인가?(단, 물의 밀도 : 0.998[g/cm³], 공기의 밀도 : 0.00120[g/cm³]이다) [2004년 제3회, 2018년 제1회]

① 0.785[g/cm³] ② 0.998[g/cm³]
③ 7.85[g/cm³] ④ 9.98[g/cm³]

2-3. 추 무게가 공기와 액체 중에서 각각 5[N], 3[N]이었다. 추가 밀어낸 액체의 체적이 1.3×10^{-4}[m³]일 때 액체의 비중은 약 얼마인가? [2016년 제2회]

① 0.98 ② 1.24
③ 1.57 ④ 1.87

2-4. 비중 1.1인 물질의 Baumé도는 얼마인가? [2012년 제1회]

① 6 ② 8
③ 10 ④ 13

2-5. Stokes의 법칙을 이용한 점도계는? [2017년 제2회]

① Ostwald 점도계
② Falling Ball Type 점도계
③ Saybolt 점도계
④ Rotation Type 점도계

2-6. 단열형 열량계로 2[g]의 기체연료를 연소시켜 발열량을 구하였다. 내통의 수량이 1,600[g], 열량계의 수당량이 800[g], 온도 상승이 10[℃]이었다면 발열량은 약 몇 [J/g]인가?(단, 물의 비열은 4.19[J/g·K]로 한다) [2012년 제1회]

① 1.7×10^4 ② 3.4×10^4
③ 5.0×10^4 ④ 6.8×10^4

핵심예제

2-7. 유수형 열량계로 5[L]의 기체연료를 연소시킬 때 냉각수량이 2,500[g]이었다. 기체연료의 온도가 20[℃], 전체 압이 750[mmHg], 발열량이 5,437.6[kcal/Nm^3]일 때 유수 상승온도는 약 몇 [℃]인가? [2018년 제1회]

① 8[℃] ② 10[℃]
③ 12[℃] ④ 14[℃]

2-8. 천연가스의 성분이 메탄(CH_4) 85[%], 에탄(C_2H_6) 13[%], 프로판(C_3H_8) 2[%]일 때 이 천연가스의 총발열량은 약 몇 [kcal/m^3]인가?(단, 조성은 용량 백분율이며, 각 성분에 대한 총발열량은 다음과 같다)

성 분	메 탄	에 탄	프로판
총발열량[kcal/m^3]	9,520	16,850	24,160

① 10,766 ② 12,741
③ 13,215 ④ 14,621

|해설|

2-1

시료액체의 밀도

$$\rho = \frac{\text{시료액체무게}}{\text{증류수무게}} \times \text{물의 밀도}$$

$$= \frac{12.8749 - 11.6125}{13.1682 - 11.6125} \times 0.99823$$

$$\simeq 0.810[\text{g/cm}^3]$$

2-2

빈 병의 체적을 x[cm^3]라 하면,

$\frac{999-414}{x} = 0.998$이므로 $x = 586.17[\text{cm}^3]$

어느 액체의 밀도 $\rho = \frac{874-414}{586.17} \simeq 0.785[\text{g/cm}^3]$

2-3

액체의 비중

$$S = \frac{5-3}{1.3 \times 10^{-4} \times 1{,}000 \times 9.8} \simeq 1.57$$

2-4

Baumé도

$$144.3 - \frac{144.3}{\text{비중}} = 144.3 - \frac{144.3}{1.1} \simeq 13$$

2-5

점도계별 이용되는 법칙

- Ostwald 점도계 : 하겐-푸아죄유법칙
- Falling Ball Type 점도계 : 스토크스법칙
- Saybolt 점도계 : 하겐-푸아죄유법칙
- Rotation Type 점도계 : 뉴턴의 점성법칙

2-6

발열량

$$H_h = \frac{(\text{내통수량} + \text{수당량}) \times \text{내통수비열} \times \text{상승온도} - \text{발열보정}}{\text{시료량}} \times \frac{100}{100 - \text{수분}[\%]}$$

$$= \frac{(1{,}600 + 800) \times 4.19 \times 10}{2} \simeq 5.0 \times 10^4[\text{J/g}]$$

2-7

발열량

$$H_h = 5{,}437.6 = \frac{2.5 \times 1 \times \Delta t}{0.005}$$

$$\Delta t = \frac{5{,}437.6 \times 0.005}{2.5 \times 1} \simeq 10.875[℃]$$

2-8

천연가스의 총발열량

$9{,}520 \times 0.85 + 16{,}850 \times 0.13 + 24{,}160 \times 0.02 \simeq 10{,}766[\text{kcal/m}^3]$

정답 2-1 ③ 2-2 ① 2-3 ③ 2-4 ④ 2-5 ② 2-6 ③ 2-7 ② 2-8 ①

2-6. 가스분석

핵심이론 01 가스분석의 개요

① 목적에 따른 분석의 분류

㉠ 정성분석 : 시료에 포함된 성분의 종류를 파악하거나 시료 내의 특정 화학물질의 유무를 확인하기 위한 분석

㉡ 정량분석 : 시료에 포함된 성분의 양을 파악하기 위한 분석으로, 가스 정량분석을 통해 표준 상태의 체적을 구하는 식은 다음과 같다.

$$V_0 = V \times \frac{P_1 - P_0}{760} \times \frac{273}{t+273}$$

여기서, V_0 : 표준 상태의 체적

V : 측정 시의 가스의 체적

P_1 : t[℃]의 증기압[mmHg]

P_0 : 대기압[mmHg]

t : 온도[℃]

② 가스분석의 기초

㉠ 연소가스의 주성분은 독성이 없는 질소, 수증기, 이산화탄소 등이며 기타 성분으로 일산화탄소, 탄화수소, 질소산화물, 황산화물, 오존, 매연(검댕), 중금속 등이 있다.

㉡ 연소가스 중의 유해 성분

- 일산화탄소 : 연료의 불완전 연소에 의해 발생되며 혈액의 헤모글로빈과 결합해서 혈액의 산소 운반 능력을 급격히 떨어뜨리므로 많은 양에 노출되면 치명적이다.
- 탄화수소 : 연료가 타지 않고 남은 것으로, 독성물질이며 스모그의 주요 원인이 된다. 장기간 노출되면 천식, 간질환, 폐질환, 암 유발의 가능성이 있다.
- 질소산화물 : 공기 중의 질소가 산소와 결합하여 발생되며, 보통 녹스(NO_x)라고 한다. 스모그와 산성비의 원인이 된다.
- 황산화물 : 연료에 포함된 황이 산화되어 생성되며, 10[ppm] 이하로 규제한다.
- 매연 : 미세먼지로 이루어진 검댕이 또는 황의 산화물로 호흡기 질환이나 암 유발의 가능성이 있다.
- 중금속 : 엔진 부식, 연료 첨가물, 엔진오일 등에 의하여 발생한다.

㉢ 가스분석의 목적

- 공기비의 추정
- 연소가스량의 파악
- 열정산
- 배출가스 손실의 산정

㉣ 가스분석계의 특징

- 적정한 시료가스의 채취장치가 필요하다.
- 선택성에 대한 고려가 필요하다.
- 시료가스의 온도 및 압력의 변화로 측정오차를 유발할 우려가 있다.
- 계기의 교정에는 화학분석에 의해 검정된 표준시료가스를 이용한다.

㉤ LPG의 성분분석에 이용 가능한 분석법 : 적외선분광분석법, 저온정밀증류법, 가스크로마토그래피법

③ 시료가스 채취

㉠ 시료가스 채취장치 구성

- 일반 성분의 분석 및 발열량·비중을 측정할 때, 시료가스 중의 수분이 응축될 염려가 있을 때는 도관 가운데에 적당한 응축액 트랩을 설치한다.
- 특수 성분을 분석할 때, 시료가스 중의 수분 또는 기름 성분이 유입되지 않도록 분리장치 및 여과장치를 설치한다.
- 시료가스에 타르류, 먼지류를 포함하는 경우는 채취관 또는 도관 가운데에 적당한 여과기를 설치한다.
- 고온의 장소로부터 시료 가스를 채취하는 경우는 도관 가운데에 적당한 냉각기를 설치한다.

㉡ 시료가스 채취 시 주의하여야 할 사항

- 가스 구성성분의 비중을 고려하여 적정 위치에서 측정하여야 한다.
- 가스 채취구는 외부에서 공기가 유통되지 않도록 잘 밀폐시켜야 한다.
- 채취된 가스의 온도, 압력의 변화로 측정오차가 생기지 않도록 한다.
- 가스성분과 화학반응을 일으키지 않는 관을 이용하여 채취한다.

④ 가스 정량분석법의 분류 : 화학적 가스분석법, 물리적 가스분석법

㉠ 화학적 가스분석법 : 연소가스의 주성분인 이산화탄소, 산소, 일산화탄소 등의 가스가 흡수액에 잘 녹는 성질을 이용하여 용적 감소나 흡수제를 적정하여 성분 비율을 구하거나 연소열 등 화학적인 성질을 이용하는 가스분석법이다.

- 물리적 분석법에 비해 신뢰성, 신속성이 떨어진다.
- 화학적 가스분석법의 종류 : 흡수분석법(흡수법), 연소분석법(연소열법), 시험지법, 검지관법, 아이오딘적정법, 중화적정법, 칼피셔법 등

㉡ 물리적 가스분석법 : 열전도율, 밀도, 자성, 적외선, 자외선, 도전율, 연소열, 점성, 흡수, 화학발광량, 이온전류 등의 물리적 성질을 계측하는 가스 상태를 그대로 분석하는 가스분석법이다.

- 신뢰성과 신속성이 높다.
- 물리적 가스분석법의 종류 : 열전도율법, 밀도법, 자기법, 적외선법(적외선흡수법), 자외선법, 도전율법, 화학발광법, 고체전지법, 액체전지법, 흡광광도법, 저온정밀증류법, 슐리렌법, 분리분석법, 가스크로마토그래피법 등

핵심예제

1-1. 다음 중 화학적 가스분석방법에 해당하는 것은?

[2014년 제3회]

① 밀도법　　② 열전도율법
③ 적외선 흡수법　　④ 연소열법

1-2. 다음 가스분석방법 중 성질이 다른 하나는?

[2010년 제1회, 2014년 제2회, 2021년 제1회]

① 자동화학식　　② 열전도율법
③ 밀도법　　④ 가스크로마토그래피법

|해설|

1-1
①, ②, ③은 물리적 가스분석방법에 해당한다.

1-2
①은 화학적 가스분석방법에 해당하며, ②, ③, ④는 물리적 가스분석방법에 해당한다.

정답 1-1 ④ 1-2 ①

핵심이론 02 화학적 가스분석법

① 흡수분석법

㉠ 개 요

- 흡수분석법은 시료가스를 각각 특정한 흡수액에 흡수시켜 흡수 전후의 가스 체적을 측정하여 가스의 성분을 분석하는 정량 가스분석법이다.
- 종류로는 오르자트법, 헴펠법, 게겔법 등이 있다.
- 가스와 흡수제

CO_2	30[%]의 수산화칼륨(KOH) 용액
C_2H_2(아세틸렌)	아이오딘수은칼륨 용액(옥소수은칼륨 용액)
C_2H_4(에틸렌)	HBr(브롬화수소용액)
O_2	알칼리성 파이로갈롤 용액(수산화칼륨 + 파이로갈롤 수용액)
CO	암모니아성 염화 제1구리 용액
C_3H_6(프로필렌), n-C_4H_8	87[%] H_2SO_4 용액
중탄화수소(C_mH_n)	발연 황산(진한 황산)

㉡ 오르자트법 : 채취된 가스를 분석기 내부의 성분 흡수제에 흡수시켜 체적 변화를 측정하는 정량 가스분석법이다.

- 용적 감소를 이용하여 연소가스 주성분인 이산화탄소, 산소, 일산화탄소 등을 분석한다.
- 배기가스 중 이산화탄소를 정량분석하고자 할 때 가장 적당한 방법이다.
- 건배기가스의 성분을 분석한다.
- 가스분석 순서 : $CO_2 \rightarrow O_2 \rightarrow CO$
  - CO_2 성분[%] 계산식 : (KOH 30[%] 용액 흡수량/시료 채취량) × 100
  - O_2 성분[%] 계산식 : (알칼리성 파이로갈롤 용액 흡수량/시료 채취량) × 100
  - CO 성분[%] 계산식 : (암모니아성 염화 제1구리 용액 흡수량/시료 채취량) × 100

  ※ N_2 성분[%] 계산식 : 100 − (CO_2[%] + O_2[%] + CO[%])
- 연속 측정과 수분분석은 불가능하다.
- 자동화학식 : 오르자트가스분석법을 자동화하여 탄산가스를 흡수액에 흡수시키고, 시료가스의 용적 감소를 측정하여 탄산가스의 농도를 지시하는 화학적 가스분석법이다.

㉢ 헴펠법 : 시료가스 중 각각의 성분을 규정된 흡수액에 의해 순차적이고 선택적으로 흡수시켜, 그 가스 부피의 감소량으로부터 성분을 분석하는 정량 가스분석법이다.

- 가스분석의 순서 $CO_2 \rightarrow C_mH_n \rightarrow O_2 \rightarrow CO$
- 흡수액에 흡수되지 않는 성분은 산소와 함께 연소시켜, 그때 가스 부피의 감소량 및 이산화탄소의 생성량으로부터 계산에 의해 정량하는 가스분석방법이므로 연소분석법이기도 하다.
- 헴펠식 가스분석법에서 수소나 메탄은 연소법으로 성분을 분석한다.

㉣ 게겔법 : 흡수액을 이용하여 저급 탄화수소분석에 이용하는 정량 가스분석법이다.

- 가스분석의 순서 : $CO_2 \rightarrow C_2H_2 \rightarrow C_3H_6 \sim C_3H_8 \rightarrow C_2H_4 \rightarrow O_2 \rightarrow CO$

② 연소분석법

㉠ 개 요

- 시료가스를 공기, 산소 등으로 연소하고 그 결과를 가스 성분으로 산출하는 가스분석법이다.
- 종류로는 완만연소법(우인클러법), 분별연소법, 폭발법 등이 있다.

㉡ 완만연소법(우인클러법) : 산소와 시료가스를 피펫에 천천히 넣고 백금선(지름 0.5[mm] 정도) 등으로 연소시켜 가스를 분석하는 방법이다.

- 질소산화물 생성을 방지할 수 있다.
- 완만연소피펫은 지름 0.5[mm] 정도의 백금선을 3~4[mm]의 코일로 한 적열부를 가지고 있다.

㉢ 분별연소법 : 2종 이상의 동족 탄화수소와 수소가 혼합된 시료를 측정할 수 있는 연소분석법이다. 분별 연소법을 사용하여 가스를 분석할 경우 분별적으로 완전히 연소되는 가스는 수소, 일산화탄소이다.

• 팔라듐관 연소분석법 : 탄화수소는 산화시키지 않고 H_2 및 CO만 분별적으로 완전산화시키는 연소분석법이다.
  - 촉매, 가스뷰렛, 봉액 등이 이용된다.
  - 촉매로는 팔라듐, 백금, 실리카겔 등이 사용된다.
• 산화구리법 : 산화구리를 250[℃]로 가열하여 시료가스 중 H_2와 CO 가스를 연소시키고 CH_4를 남겨서 CH_4 가스를 정량분석한다.

ⓔ 폭발법 : 폭발법은 일반적으로 가스 조성이 일정할 때 사용하지만, 안전과는 무관하다.

③ **용량법(아이오딘 적정법)** : 시료 중의 황화수소를 아연아민착염 용액에 흡수시킨 다음 염산산성으로 하고, 아이오딘 용액을 가하여 과잉의 아이오딘을 싸이오황산나트륨 용액으로 적정하여 황화수소를 정량한다. 이 방법은 시료 중의 황화수소가 100~2,000[ppm] 함유되어 있는 경우의 분석에 적합하다. 또 황화수소의 농도가 2,000[ppm] 이상인 것에 대하여는 분석용 시료 용액을 흡수액으로 적당히 희석하여 분석에 사용할 수 있다. 이 방법은 다른 산화성 가스와 환원성 가스에 의하여 방해를 받는다.

④ **기 타**

㉠ 중화적정법 : 중화반응을 이용하여 시료가스의 농도를 측정하는 가스분석법이다.
• 전유황, 암모니아의 분석에 이용된다.
• 연료가스 중의 암모니아(NH_3)를 황산(H_2SO_4)에 흡수시켜 남은 황산을 수산화나트륨(NaOH)용액으로 적정한다.

㉡ 칼피셔법 : 물의 화학반응을 통해 시료의 수분 함량을 측정하며 휘발성 물질 중의 수분을 정량하는 방법

⑤ **화학적 가스분석계의 예**

㉠ 오르자트 가스분석계 : 용적 감소를 이용하여 저온인 16~20[℃]에서 연소가스의 주성분을 이산화탄소, 산소, 일산화탄소의 순서대로 분석하는 가스분석계

㉡ 헴펠 가스분석계(헴펠식 분석장치) : 흡수법, 연소법으로 이산화탄소, (중)탄화수소, 산소, 일산화탄소, 질소, 수소, 메탄 등을 분석하는 가스분석계
• 구성 : 가스뷰렛(기체 부피 측정), 가스피펫(흡수액 포함), 수준관 또는 수준병(차단액인 물 포함)
• 흡수법 적용 : 이산화탄소, (중)탄화수소, 산소, 일산화탄소, 질소
• 연소법 적용 : 수소, 메탄

㉢ 자동화학식 CO_2계 : 30[%] KOH 수용액을 흡수제로 사용하여 시료가스의 용적 감소를 측정함으로써 이산화탄소농도를 측정한다.
• 조작은 모두 자동화되어 있다.
• 선택성이 비교적 우수하다.
• 흡수액 선정에 따라 O_2 및 CO의 분석계로도 사용 가능하다.
• 유리 부분이 많아 구조상 약하고 파손되기 쉽다.
• 점검과 보수가 용이하지 않다.

㉣ 연소식 O_2계 : 시료가스가 가연성인 경우 일정량의 시료가스에 가연성 가스(수소 등)를 혼합하여 촉매를 넣고 연소시켰을 때 반응열에 의해 온도 상승이 생기는데 이 반응열이 측정가스 중에 산소농도에 비례한다는 것을 이용한다.
• 원리가 간단하며 취급이 용이하다.
• 산소(O_2) 측정용 촉매로 주로 팔라듐(Palladium)이 사용된다.
• 가스의 유량이 변동되면 오차가 발생한다.

㉤ 미연소식 가스계 : 연소가스 중 일산화탄소(CO)와 수소(H_2) 분석에 주로 사용되는 가스분석계이다.

핵심예제

2-1. 다음 가스분석방법 중 흡수분석법이 아닌 것은?
[2010년 제3회, 2014년 제1회, 2018년 제3회]

① 헴펠법　② 적정법
③ 오르자트법　④ 게겔법

2-2. 오르자트(Orsat) 가스분석기의 가스분석 순서를 옳게 나타낸 것은? [2010년 제1회, 2011년 제2회, 2012년 제1회, 2013년 제2회, 2015년 제2회, 2018년 제2회]

① $CO_2 \rightarrow O_2 \rightarrow CO$
② $O_2 \rightarrow CO \rightarrow CO_2$
③ $O_2 \rightarrow CO_2 \rightarrow CO$
④ $CO \rightarrow CO_2 \rightarrow O_2$

핵심예제

2-3. 오르자트(Orsat) 가스분석기의 특정으로 틀린 것은?

[2012년 제3회, 2018년 제2회]

① 연속 측정이 불가능하다.

② 구조가 간단하고 취급이 용이하다.

③ 수분을 포함한 습식 배기가스의 성분분석이 용이하다.

④ 가스의 흡수에 따른 흡수제가 정해져 있다.

2-4. 오르자트 분석기에 의한 배기가스 각 성분 계산법 중 CO의 성분[%] 계산법은?

[2004년 제3회, 2014년 제3회 유사, 2017년 제2회]

① 100 – (CO_2[%] + N_2[%] + O_2[%])

② (KOH 30[%] 용액 흡수량 / 시료 채취량) × 100

③ (알칼리성 파이로갈롤 용액 흡수량 / 시료 채취량) × 100

④ (암모니아성 염화 제1구리 용액 흡수량 / 시료 채취량) × 100

2-5. 가스보일러의 배기가스를 오르자트 분석기를 이용하여 시료 50[mL]를 채취하였더니 흡수피펫을 통과한 후 남은 시료 부피는 각각 CO_2 40[mL], O_2 20[mL], CO 17[mL]이었다. 이 가스 중 N_2의 조성은? [2007년 제2회, 2010년 제2회, 2014년 제2회]

① 30[%] ② 34[%]

③ 64[%] ④ 70[%]

2-6. 흡수법에 의한 가스분석법 중 각 성분과 가스 흡수액을 옳지 않게 짝지은 것은? [2003년 제2회 유사, 2006년 제2회 유사, 2008년 제3회 유사, 2009년 제3회 유사, 2010년 제3회 유사, 2011년 제1회 유사, 제2회 유사, 2012년 제1회, 2013년 제1회 유사, 2015년 제1회 유사, 2016년 제1회 유사, 제2회 유사, 제3회 유사, 2017년 제3회, 2020년 제1·2회 통합 유사, 제3회 유사]

① 중탄화수소 흡수액 – 발연 황산

② 이산화탄소 흡수액 – 염화나트륨 수용액

③ 산소 흡수액 – (수산화칼륨 + 파이로갈롤) 수용액

④ 일산화탄소 흡수액 – (염화암모늄 + 염화 제1구리)의 분해 용액에 암모니아수를 가한 용액

2-7. 연료가스의 헴펠식(Hempel) 분석방법에 대한 설명으로 틀린 것은? [2004년 제3회 유사, 2008년 제2회 유사, 2009년 제1회, 제2회 유사, 2012년 제2회 유사]

① 이산화탄소, 중탄화수소, 산소, 일산화탄소 등의 성분을 분석한다.

② 흡수법과 연소법을 조합한 분석방법이다.

③ 흡수법의 흡수 순서는 이산화탄소, 메탄계 탄화수소, 중탄화수소, 산소의 순이다.

④ 질소성분은 흡수되지 않은 나머지로 각 성분의 용량 [%]의 합을 100에서 뺀 값이다.

2-8. 배기가스 100[mL]를 채취하여 KOH 30[%] 용액에 흡수된 양이 15[mL]이었고, 알칼리성 파이로갈롤용액을 통과 후 70[mL]가 남았으며, 암모니아성 염화제1구리에 흡수된 양은 1[mL]이었다. 이때 가스 중 CO_2, CO, O_2는 각각 몇 [%]인가?

[2013년 제3회]

① CO_2 : 15[%], CO : 5[%], O_2 : 1[%]

② CO_2 : 1[%], CO : 15[%], O_2 : 15[%]

③ CO_2 : 15[%], CO : 1[%], O_2 : 15[%]

④ CO_2 : 15[%], CO : 15[%], O_2 : 1[%]

2-9. 가스 성분에 대하여 일반적으로 적용하는 화학분석법이 옳게 짝지어진 것은? [2004년 제3회 유사, 2007년 제2회, 2020년 제3회]

① 황화수소 – 아이오딘적정법

② 수분 – 중화적정법

③ 암모니아 – 기체크로마토그래피법

④ 나프탈렌 – 흡수평량법

2-10. 다음 중 연소분석법이 아닌 것은?

[2008년 제2회, 2013년 제2회]

① 완만연소법 ② 분별연소법

③ 혼합연소법 ④ 폭발법

2-11. 연소분석법에 대한 설명으로 틀린 것은? [2017년 제2회]

① 폭발법은 대체로 가스 조성이 일정할 때 사용하는 것이 안전하다.

② 완만연소법은 질소산화물 생성을 방지할 수 있다.

③ 분별연소법에서 사용되는 촉매는 팔라듐, 백금 등이 있다.

④ 완만연소법은 지름 0.5[mm] 정도의 백금선을 사용한다.

|해설|

2-1

흡수분석법의 종류 : 오르자트법, 헴펠법, 게겔법

2-2

오르자트 가스분석기에서 가스의 흡수 순서 : $CO_2 \rightarrow O_2 \rightarrow CO$

2-3

오르자트(Orsat) 가스분석기는 분석 대상 가스에 수분이 포함되어 있으면 오차가 발생하므로 수분을 포함한 습식 배기가스의 성분분석에 부적합하다.

2-4

④ (암모니아성 염화 제1구리 용액 흡수량 / 시료 채취량)×100 : CO 성분[%] 계산식

① 100 − (CO_2[%] + O_2[%] + CO[%])라면, N_2 성분[%] 계산식이다.

② (KOH 30[%] 용액 흡수량 / 시료 채취량)×100 : CO_2 성분[%] 계산식

③ (알칼리성 파이로갈롤 용액 흡수량 / 시료 채취량)×100 : O_2 성분[%] 계산식

2-5

- N_2의 부피 $= 50 - [(50-40)+(40-20)+(20-17)] = 17[\text{mL}]$
- N_2의 조성 $= \dfrac{17}{50} \times 100[\%] = 34[\%]$

2-6

이산화탄소 흡수액 – 30[%]의 수산화칼륨(KOH) 수용액

2-7

흡수법의 흡수 순서 : $CO_2 \rightarrow C_mH_n \rightarrow O_2 \rightarrow CO$

2-8

- KOH 30[%] 용액에 흡수된 양이 15[mL]이므로, CO_2 15[%]
- 알칼리성 파이로갈롤 용액을 통과 후 70[mL]가 남았으므로, $O_2 = (100-15) - 70 = 15[\%]$
- 암모니아성 염화제1구리에 흡수된 양은 1[mL]이므로, CO 1[%]

2-9

가스 성분에 대하여 일반적으로 적용하는 화학분석법

- 황화수소 – 요오드적정법
- 수분 – 칼피셔법
- 암모니아 – 중화적정법
- 나프탈렌 – 헴펠법

2-10

연소분석법의 종류 : 완만연소법, 분별연소법, 폭발법

2-11

폭발법은 일반적으로 가스 조성이 일정할 때 사용하지만, 안전과는 무관하다.

정답 2-1 ② 2-2 ① 2-3 ③ 2-4 ④ 2-5 ② 2-6 ② 2-7 ③ 2-8 ③ 2-9 ① 2-10 ③ 2-11 ①

핵심이론 03 물리적 가스분석법

① **열전도율법** : 열전도율법은 측정가스 도입 셀과 공기를 채운 비교 셀 속에 백금선을 넣어 전기저항값을 측정하여 열전도율이 매우 작은 탄산가스(CO_2)의 농도를 측정하는 물리적 가스분석법이다. 열전도율이 큰 수소가 혼입되면 측정오차가 커진다.

② **밀도법** : 가스의 밀도차를 이용하는 방법으로, 탄산가스(CO_2)의 밀도가 공기보다 크다는 것을 이용한다.

③ **자기법** : 가스의 자성을 이용하는 가스분석법으로 가스 중에서 산소만 매우 높은 자성을 나타내며, 실내 열선의 냉각작용이 강해질 때의 온도 저하에 의한 전기저항의 변화를 측정한다. 자기법으로 O_2농도 측정이 가능하지만 CO_2농도 측정은 불가능하다.

④ **적외선 분광분석법**

㉠ 개 요

- 적외선 분광분석법은 화합물이 가지는 고유의 흡수정도의 원리(흡광도의 원리)를 이용하여 정성 및 정량분석에 이용할 수 있는 가스분석법이다.
- LPG의 정량분석에서 흡광도의 원리를 이용한 가스 분석법이다.
- 적외선법 또는 적외선흡수법이라고도 한다.
- 분자가 적외선을 흡수하려면 진동과 회전운동에 의한 쌍극자 모멘트의 알짜 변화를 일으켜야 한다.
- 분자가 진동할 때 쌍극자 모멘트의 변화량이 클수록 적외선의 흡수는 크다.
- 쌍극자 모멘트의 변화량은 진동하고 있는 원자 간 거리가 짧을수록, 부분전하가 클수록 커져서 강한 적외선 흡수가 관측된다.
- 쌍극자 모멘트의 알짜 변화 조건하에서만 복사선의 전기장이 분자와 작용할 수 있고, 분자의 진동 및 회전운동의 진폭에 변화를 일으킬 수 있다.
- 단원자 분자(He, Ne, Ar 등)와 이원자 분자(O_2, N_2, Cl_2 등)의 경우에는 분자의 진동 또는 회전운동에 의해 쌍극자 모멘트의 알짜 변화가 일어나지 않으므로 적외선을 흡수하지 않는다.

• 미량 성분의 분석에는 셀(Cell) 내에서 다중반사되는 기체 셀을 사용한다.
• 흡광계수는 셀압력에 비례한다.

㉡ 특 징
• 적외선을 이용하여 대부분의 가스를 분석할 수 있다.
• 선택성이 우수하고 연속분석이 가능하다.
• 단원자 분자(He, Ne, Ar 등)와 이원자 분자(H_2, O_2, N_2, Cl_2 등)는 적외선을 흡수하지 않으므로 분석이 불가능하다.

⑤ **자외선법** : 대부분의 물질이 지닌 고유의 특유한 자외선 흡수 스펙트럼을 이용한 가스분석법

⑥ **도전율법** : 흡수액에 시료가스를 흡수시켜서 용액의 도전율 변화로 가스농도를 측정하는 방법

⑦ **화학발광법**

㉠ 화학발광법은 NO_x 분석에 이용되는데, NO_x 분석 시 약 590~2,500[nm]의 파장영역에서 발광하는 광량을 이용하는 물리적 가스분석법이다.

㉡ 화학발광(Chemiluminescence)은 가시광선의 방출에 의해 일어나는 화학반응이다.

㉢ 활성화된 상태의 이산화질소(NO_2)는 오존이 있는 낮은 압력 상태에서 일산화질소가 산화될 때 형성되고, 활성화된(들뜬 상태) 분자들이 바닥 상태로 천이되면서 화학발광에 의한 빛(파장 590~2,500[nm])을 방출하게 된다.

⑧ **이온법** : 이온전류를 이용하는 방법으로, 수소염 속에 유기물을 넣고 연소시켜 유기물 중의 탄소수에 비례하여 발생하는 이온을 모아 전류를 끌어내어 유기물의 농도를 측정하는 분석법

⑨ **고체전지법** : 고온에서 산소이온만 통과시키고 전자나 양이온을 거의 통과시키지 않는 특수한 도전성을 지닌 지르코니아의 특성을 이용하여 산소농담전지를 만들어 시료가스 중의 산소농도를 측정하는 가스분석법

⑩ **액체전지법** : 전해질 액체의 전지반응을 이용하여 산소농도를 측정하는 가스분석법

⑪ **흡광광도법(분광광도법 또는 광학분광법)**

㉠ 개 요
• 분광광도법은 흡수, 형광, 방출 등의 현상에 바탕을 두고 있는 가스분석법이다.
• 측정 대상 가스를 흡수한 용액에 적당한 화학적 조작을 가하여 발색시킨 후 발색 시료에 가시부 또는 자외부 파장의 빛을 비추어 흡수된 광량으로 가스농도를 측정하는 가스분석법이며 미량분석에 유용하다.
• 적용법칙 : 램버트-비어의 법칙

㉡ 램버트-비어의 법칙(Lambert-Beer) : 흡광도는 매질을 통과하는 길이와 용액의 농도에 비례한다는 법칙으로, 비어의 법칙 또는 비어-램버트의 법칙이라고도 한다.

$A = \varepsilon bc$

여기서, A : 흡광도
ε : 시료의 몰 흡광계수(해당 빛의 파장에서 화합물의 특성에 의존)
b : 시료의 길이(빛이 시료를 통과하는 길이)
c : 시료의 몰농도

⑫ **질량분석법** : 질량분석계로 가스를 분석하는 방법으로 탄화수소 혼합가스, 희가스, 동위원소 등의 분석에 이용된다.

⑬ **저온정밀증류법** : 시료 기체를 냉각하여 액화시킨 후 정밀증류분석하는 가스분석법으로 LPG의 성분분석이 이용되며 지방족 탄화수소의 분리 정량이 가능하다.

⑭ **슐리렌(Schlieren)법** : 기체의 흐름에 대한 밀도 변화를 광학적 방법으로 측정하는 분석법이다.

⑮ **분리분석법** : 두 가지 이상의 성분으로 된 물질을 단일 성분으로 분리하는 선택성이 우수한 분석법이다.

⑯ **물리적 가스분석계의 예**

㉠ 열전도율형 CO_2(분석)계 : 탄산가스의 열전도율이 매우 작은 특성을 이용한 가스분석계이다. 사용 시 주의사항은 다음과 같다.
• 가스의 유속을 거의 일정하게 한다.
• 셀의 주위 온도와 측정가스의 온도는 거의 일정하게 유지시키고, 온도의 과도한 상승을 피한다.

• 브리지의 공급전류의 점검을 확실하게 한다.
• 수소가스가 혼입되지 않도록 주의한다(열전도율이 큰 수소가 혼입되면 지시값이 저하되어 측정오차가 커진다).

㉡ 밀도식 CO_2계 : 가스의 밀도차(CO_2의 밀도가 공기보다 크다)를 이용하여 CO_2의 농도를 측정하는 가스분석계

㉢ 자기식 O_2계(O_2 가스계) : 산소(O_2)는 다른 가스에 비하여 강한 상자성체이므로 자장에 대하여 흡인되는 특성을 이용하여 분석하는 가스분석계이다.
• 열선(저항선)의 냉각작용이 강해지면 온도가 저하하는데 온도 저하에 의한 전기저항의 변화를 측정한다.
• 자기풍 세기 : O_2농도에 비례, 열선온도에 반비례
• 자화율 : 열선온도에 반비례
• 가동 부분이 없고 구조도 비교적 간단하며 취급이 용이하다.
• 가스의 유량, 압력, 점성의 변화에 대하여 지시오차가 거의 발생하지 않는다.
• 열선은 유리로 피복되어 있어 측정가스 중의 가연성 가스에 대한 백금의 촉매작용을 막아 준다.
• 다른 가스의 영향이 없고 계기 자체의 지연시간이 작다.
• 감도가 크고 정도는 1[%] 내외이다.

㉣ 세라믹식 O_2계 : 기전력을 이용하여 산소농도를 측정하는 가스분석계
• 세라믹 주성분 : 산화지르코늄(ZrO_2)
• 고온이 되면 산소이온만 통과시키고 전자나 양이온을 거의 통과시키지 않는 특수한 도전성을 나타내는 지르코늄(Zr)의 특성을 이용하여 산소 농담으로 전지를 만들어 시료가스 중의 산소농도를 측정한다.
• 비교적 응답이 빠르며(5~30초) 측정가스의 유량이나 설치 장소의 주위 온도 변화에 의한 영향이 작다.
• 연속 측정이 가능하며 측정범위가 광범위([ppm]~[%])하다.
• 측정부의 온도 유지를 위하여 온도 조절 전기로가 필요하다.

㉤ 전지식 O_2계 : 액체의 전해질의 전지반응을 이용하는 가스분석계

㉥ 적외선 흡수식 가스분석계 : 2원자 분자를 제외한 대부분의 가스가 고유한 흡수 스펙트럼을 가지는 것을 응용한 가스분석계(대상 성분 가스만 강하게 흡수하는 파장의 광선을 이용하는 가스분석계)
• 별칭 : 적외선 분광분석계, 적외선식 가스분석계
• 저농도의 분석에 적합하며 선택성이 우수하다.
• CO_2, CO, $CH4_4$ NH_3, $COCl_2$ 등의 가스분석이 가능하다.
• 대칭성 2원자 분자(N_2, O_2, H_2, Cl_2 등), 단원자 가스(He, Ne, Ar 등) 등의 분석은 불가능하다.
• 비분산형 적외선분석계는 고순도 헬륨 등 불활성 가스의 분석에 부적합하다.

㉦ 용액전도율식 분석계 또는 도전율식 가스분석계(흡수제의 도전율의 차를 이용하는 방법) : 용액에 시료가스를 흡수시키면 측정성분에 따라 도전율이 변하는 것을 이용하여 가스의 농도를 구하는 분석계이다. 측정가스와 반응용액은 다음과 같다.
• CO_2 - NaOH 용액
• SO_2 - NaOH 용액
• Cl_2 - $AgNO_3$ 용액
• NH_3 - H_2SO_4 용액

㉧ 화학발광검지기(Chemiluminescence Detector) : Ar 가스가 운반(Carrier) 역할을 하는 고온(800~900[℃])으로 유지된 반응 관 내에 시료를 주입시키면 시료 중의 질소화합물이 열분해 된 후 O_2 가스에 의해 산화되어 NO 상태로 되고 생성된 NO 가스를 O_3 가스와 반응시켜 화학발광을 일으킨다.

㉨ 흡광광도계 또는 분광광도계 : 측정 대상 가스를 흡수한 용액에 적당한 화학적 조작을 가하여 발색시킨 다음 그 발색시료에 가시부 또는 자외부 파장의 빛을 비추어 그 흡수광량에 의해 대상가스의 농도를 알아내는 가스분석계

㉫ 대기압이온화질량분석계(APIMS) : 반도체용 초고순도 분위기 가스 중의 초미량 수분 함량을 측정하는 분석기기로서 가장 낮은 농도의 측정에 사용되는 분석계

㉬ 가스크로마토그래피(Gas Chromatography) : 기체 비점 300[℃] 이하의 액체를 측정하는 물리적 가스분석계

핵심예제

3-1. 적외선 분광분석법에 대한 설명으로 틀린 것은?

[2009년 제2회, 2015년 제3회, 2017년 제1회 유사, 2020년 제4회 유사]

① 적외선을 흡수하기 위해서는 쌍극자 모멘트의 알짜 변화를 일으켜야 한다.
② H_2, O_2, N_2, Cl_2 등의 2원자 분자는 적외선을 흡수하지 않으므로 분석이 불가능하다.
③ 미량성분의 분석에는 셀(Cell) 내에서 다중반사되는 기체 셀 사용한다.
④ 흡광계수는 셀압력과는 무관하다.

3-2. 적외선 가스분석기의 특징에 대한 설명으로 틀린 것은?

[2003년 제2회 유사, 2009년 제1회 유사, 2016년 제3회 유사, 2017년 제3회 유사, 2019년 제2회, 2020년 제3회 유사]

① 선택성이 우수하다.
② 연속분석이 가능하다.
③ 측정농도의 범위가 넓다.
④ 대칭 2원자 분자의 분석에 적합하다.

|해설|

3-1
흡광계수는 셀압력에 비례한다.

3-2
대칭 2원자 분자의 분석에 부적합하다.

정답 3-1 ④ 3-2 ④

핵심이론 04 가스크로마토그래피 (Gas Chromatography)

① 가스크로마토그래피의 개요

㉠ 용 어

- 이동상(Mobile Phase) : 용리액(흘려 주는 용매)
- 고정상(Stationary Phase) : 충전물질(시료성분의 통과속도를 느리게 하여 성분을 분리시키는 부분)이며 정지상이라고도 한다.
- 용리(Elution) : 용매를 칼럼을 통하여 흘려 주는 과정
- 머무름 시간(Retention Time) : 어떤 조건에서 시료를 분리관에 도입시킨 후 그중의 어떤 성분이 검출되어 기록지상에 피크(Peak)로 나타날 때까지의 시간
  - 인젝션(Injection)에서 최대 피크까지 걸리는 시간이다.
  - 시료의 양에 따라 변하지 않는 양이다.
  - 시료의 여러 가지 성분은 각각 동일한 보유시간(머무름 시간, Retention Time)을 가질 수 없다.
  - 다른 성분의 간섭을 받지 않는다.
- 머무름 부피(Retention Volume) : 머무름 시간에 운반가스의 유량을 곱한 값
- 가스크로마토그래피는 기체크로마토그래피라고도 한다.

㉡ 가스크로마토그래피법

- 두 가지 이상의 성분으로 된 물질을 단일성분으로 분리하는 선택성이 우수한 분리분석기법
- 이동상으로 캐리어 가스(이동기체)를 이용, 고정상으로 액체 또는 고체를 이용해서 혼합성분의 시료를 캐리어 가스로 공급하여, 고정상을 통과할 때 시료 중의 각 성분을 분리하는 분석법
- 시료가 칼럼을 지날 때 각 성분의 이동도 차이를 이용해 혼합물의 각 성분을 분리해 낸다.
- 이용되는 기체의 특성 : 확산속도의 차이(이동속도의 차이)
- 원리 : 흡착의 원리, 분리의 원리

• 흡착제를 충전한 관 속에 혼합시료를 넣고, 용제를 유동시키면 흡수력 차이에 따라 성분의 분리가 일어난다.
• 액체흡착제를 사용할 때 분리의 바탕이 되는 것은 분배계수의 차이다.
• 시료를 이동시키기 위하여 흔히 사용되는 기체는 헬륨가스이다.
• 시료의 주입은 반드시 기체이어야 하는 것은 아니다.
• 기체크로마토그래피에 의해 가스의 조성을 알고 있을 때에는 계산에 의해서 그 비중을 알 수 있다. 이때 비중 계산의 인자로는 성분의 함량비, 분자량, 수분 등이 있다(증발온도는 아니다).
• 각 성분의 머무름 시간은 분석조건이 일정하면 조성에 관계없이 거의 일정하다.
• 기체크로마토그래피를 통하여 가장 먼저 피크가 나타나는 물질은 메탄이다.
• 피크면적측정법 : 주로 적분계(Integrator)에 의한 방법을 이용한다.
• 용도 : 수소, 이산화탄소, 탄화수소(부탄, 나프탈렌, 할로겐화 탄화수소 등), 산화물, 연소기체 등의 분석(기체크로마토그래피 분석방법으로 분석하지 않는 가스 : 염소)

㉢ 충전물에 따른 가스크로마토그래피의 분류
• 기체-고체크로마토그래피(GSC) : 흡착성 고체분말을 충전물로 사용(시료성분이 정지상 고체 표면에 흡착)한다.
• 기체-액체크로마토그래피(GLC) : 적당한 담체에 고정상 액체를 함침한 충전물을 사용(시료성분이 정지상 액체상에 분배)한다.

㉣ 가스크로마토그래피의 일반적인 특성
• 분리능력과 선택성이 우수하다.
• 한 대의 장치로 여러 가지 가스를 분석할 수 있다.
• 여러 가지 가스성분이 섞여 있는 시료가스분석에 적당하다.
• 다른 분석기기에 비하여 감도가 뛰어나다.
• 미량성분의 분석이 가능하다.
• 액체크로마토그래피보다 분석속도가 빠르다.
• 운반기체로서 화학적으로 비활성인 헬륨을 주로 사용한다.
• 칼럼에 사용되는 액체 정지상은 휘발성이 낮아야 한다.
• 빠른 시간 내에 분석이 가능하다.
• 액체크로마토그래피보다 분석속도가 빠르다.
• 적외선 가스분석계에 비해 응답속도가 느리다.
• 연속분석이 불가능하다.
• 연소가스에서는 SO_2, NO_2 등의 분석이 불가능하다.
• 분석 순서는 가스크로마토그래피 조정 및 안전성을 확인한 후 분리관에 충전물을 충전한 다음에 분석시료를 도입한다.
• 각 성분의 머무름 시간은 분석조건이 일정하면 조성에 관계없이 거의 일정하다.
• 분배크로마토그래피의 경우는 액체 성분분석도 가능하므로 LP가스의 액체 부분을 채취해도 된다.

② 가스크로마토그래피의 구성요소

운반기체, 압력조정기·압력계, 유속조절기(유량측정기)·유량조절밸브, 시료주입기, 분리관, 검출기, 기록계 등

㉠ 운반기체(Carrier Gas) : 시료 주입구에서 기화된 시료를 분리관으로 이동시키는 기체
• 운반가스는 이동상이며 전개제(Developer)로 이용한다.
• 운반가스의 구비조건
  - 사용하는 검출기에 적합해야 한다.
  - 순도가 높고 구입이 용이해야 한다.
  - 시료와 반응성이 낮은 불활성(비활성) 기체이어야 한다.
  - 독성이 없어야 한다.
  - 건조해야 한다.
  - 기체 확산을 최소로 할 수 있어야 한다.
• 종류 : 수소(H_2), 헬륨(He), 아르곤(Ar), 질소(N_2) 등
  - 가스크로마토그래피 분석법에 사용되는 캐리어가스 중 가장 많이 사용하는 것은 질소, 헬륨이다.

- TCD(열전도도 검출기)용 : 순도 99.9[%] 이상의 수소나 헬륨
- FID(수소염이온화 검출기)용 : 순도 99.9[%] 이상의 질소 또는 헬륨
- ECD(전자포획 검출기)용 : 순도 99.99[%] 이상의 질소 또는 헬륨
- 기타 검출기에서는 각각 규정하는 가스를 사용한다.

• 운반기체의 불순물을 제거하기 위하여 사용하는 부속품 : 화학필터(Chemical Filter), 산소제거트랩(Oxygen Trap), 수분제거트랩(Moisture Trap)

㉡ 압력조정기 · 압력계

㉢ 유속조절기(유량측정기) · 유량조절밸브

㉣ 시료 주입기(Injector) : 분석하고자 하는 시료를 주입하는 장치

• 주입한 시료를 기화시켜 분리관으로 보내는 역할을 한다.
• 주입기 온도는 분석물의 비등점보다 20~50[℃] 정도 높다.
• 시료를 서서히 주입할 경우 피크의 폭이 넓어지므로 시료 주입은 일시에 빠르게 하여야 한다.

㉤ 분리관(칼럼, Column) : 내부에 충전물이 채워져 있는 여러 용기가 있으며, 시료성분들을 각각의 단일 화합물로 분리하는 장치이다. 유리관 또는 합성수지관으로 되어 있다.

• GC 칼럼의 종류는 크게 충전 칼럼과 모세관 칼럼으로 구분된다. 분석시간을 짧게 하려면 충전 칼럼을, 분석시간은 상대적으로 오래 걸리지만 정밀하게 분리하고자 한다면 모세관 칼럼을 사용한다. 모세관 칼럼은 열린관 칼럼이라고도 한다. 주로 열린관 칼럼이 사용된다.
• 충전 칼럼(Packed Column) : 일정한 크기의 기체 크로마토그래프용 충전제를 내경 1~4[mm], 길이 1~5[m] 정도의 불활성 금속(스테인리스강관), 유리 또는 합성수지의 관 표면에 균일하게 충전한 칼럼이다. 내경이 크며 길이가 짧고 시료 부피가 큰 기체시료 분석에 적합하다. 분리능이 낮고 열에 약하다. 보통 30[cm]당 100~1,000의 이론단수를 갖는다.
• 모세관 칼럼(Capillary Column) : 불활성인 금속, 유리, 석영 또는 합성수지의 관 내면에 매우 얇은 액체상(Liquid Phase) 막으로 관의 내벽을 입힌 중공구조의 칼럼이다. 운반기체의 압력 강하가 작게 일어나므로 긴 분리관을 사용할 수 있다. 다성분의 복잡한 혼합시료의 분석에 많이 사용하며 칼럼의 길이가 수십 [m]로 길어서 분리능이 우수하여 충전 칼럼보다 더 많이 사용되며, 보통 30[cm]당 50,000~100,000의 이론단수를 갖는다. 시료처리 용량은 적다.
  - PLOT(Porous Layer Open Tubular) : 칼럼 벽면에 고정상 물질을 코팅한 것으로, WCOT보다 효율이 낮다.
  - WCOT(Wall Coated Open Tubular, 벽도포열린관) : 칼럼 내부(고정상 벽면)를 액체막(정지상)으로 얇게 입힌 단순한 모세관이다. 효율이 높아 일반적으로 WCOT를 사용한다. 초기의 WCOT 칼럼은 스테인리스강, 알루미늄, 구리 또는 플라스틱으로 만들다가 그 후 유리관도 사용하였다. 유리관은 염화수소, 센 염산수용액 또는 Potassium Hydrogen Fluoride로 에칭시켜 표면을 거칠게 하여 정지상이 더 단단히 결합되도록 하였다.
  - FSOT(Fused Silica Open Tubular) : 새로운 방식의 WCOT 칼럼이다. 유리 모세관 칼럼보다 더 얇은 벽으로 구성된다. Polyimide Coating으로 강도 및 내구성을 확보하였으며, 유연성이 우수하여 구부릴 수 있어서 길이가 긴 칼럼의 제작이 가능하다. 물리적으로 강도, 유연성, 대응능력이 기타 칼럼보다 탁월하여 많이 사용된다. 비휘발성이며, 열적 안정성과 화학적 안정성이 우수하며 비활성(시료와 비활성)의 특징을 지닌다.
  - SCOT(Support Coated Open Tubular, 지지체도포열린관) : 모세관 내부를 규조토와 같은 고체 지지체 물질로 얇은 막(~30[μm])을 입히고,

그 위에 액체 정지상이 흡착되어 있는 것으로 WCOT보다 몇 배 더 많은 정지상을 지니므로 시료 용량이 WCOT보다 크다. 효율은 WOCT 칼럼보다 떨어지지만 충전 칼럼보다는 훨씬 크다.

- FSWC(Fused Silica Wall Coated, 용융실리카 벽도포열린관 칼럼) : 금속산화물을 거의 포함하지 않도록 특별 정제한 실리카를 이용하여 만든다. 유리 칼럼보다 훨씬 얇은 벽을 갖는다. 모세관을 뽑아내면서 외부의 Polyimide로 입혀 강도를 높였다. 유연성이 매우 커서 수 [inch]의 코일 형태로 만들 수 있다. 물리적 강도와 유연성, 시료 구성 성분에 대한 낮은 반응성(화학적 비활성) 등이 우수하여 널리 사용된다. 칼럼의 안지름은 일반적으로 0.25~0.32[mm]이고, 더 높은 분리능을 갖는 칼럼의 안지름은 0.15~0.2[mm]이다.

• 분리관 오븐은 가열기구, 온도조절기구, 온도측정기구로 구성되어 있다.

• 분리능에 가장 큰 영향을 미치는 것은 충전물에 부착되는 액체의 양이다.

• 충전물(충전담체) : 화학적으로 활성을 띠지 않는 정지상 물질
  - 큰 표면적을 가진 미세한 분말이 좋다.
  - 입자 크기가 균등하면 분리작용이 좋다.
  - 충전하기 전에 비휘발성 액체로 피복한다.
  - 충전물질의 분류
    ⓐ 흡착형 충전물질 : 기체-고체크로마토그래프법에서 분리관 내경에 따라 사용한다(실리카겔, 활성탄, 알루미나, 합성제올라이트, 몰레큘러시브 등).
    ⓑ 분배형 충전물질 : 기체-액체크로마토그래프법에서 적당한 담체(불활성 규조토, 내화벽돌, 유리, 석영 등)에 고정상 액체를 함침시킨 것을 충전물로 사용한다. 고정상 액체는 분석개상을 완전히 분리시키고 증기압이 낮고 점성이 작고 화학성분이 일정하고 화학적으로 안정한 것이어야 한다. 일반적으로 사용되는(가장 널리 사용되는) 고체 지지체 물질은 규조토이다.
    ⓒ 다공성 고분자형 충전물질 : 다이비닐벤젠(Divinyl Benzene)을 가교제로 스티렌계 단량체를 중합시킨 고분자 물질을 단독 또는 고정상 액체로 표면처리하여 사용한다.

• 충전물의 충전방법 : 내부를 잘 씻어 말린 분리관에 한쪽 끝은 유리솜으로 막고 진동을 주어 감압흡인하면서 충전물을 고르고 빽빽하게 채운 후, 한쪽 끝을 유리솜으로 막는다. 충전물질의 최고사용온도 부근에서 수 시간 동안 헬륨 또는 질소를 통하여 건조시킨다. 이때 감소되는 만큼 충전하고 더 이상 감소되지 않을 때까지 조작을 반복한다.

ⓗ 검출기(Detector) : 분리관으로부터 분리된 단일 화합물을 검출하여 양에 비례하는 전기적인 신호로 변환시키는 장치이다.

• 검출기 오븐은 검출기를 한 개 또는 여러 개를 수용할 수 있고, 분리관 오븐과 동일하거나 그 이상의 온도를 유지할 수 있는 기구로 구성한다.

• 가스크로마토그래피에서 사용되는 검출기의 구비조건
  - 적당한 강도를 가져야 한다.
  - 모든 용질에 대한 감응도가 비슷하거나 선택적인 감응을 보여야 한다.
  - 일정 질량범위에 걸쳐 직선적인 감응도를 보여야 한다.
  - 가스 유출속도와 감응시간이 원활하게 이루어져야 한다.
  - 재현성이 좋아야 한다.
  - 시료를 파괴하지 않아야 한다.

• 가스크로마토그래피에서 사용되는 검출기의 종류 : 불꽃이온화 검출기(FID), 염광광도 검출기(FPD), 열전도도 검출기(TCD), 전자포획 검출기(ECD), 원자방출 검출기(AED), 알칼리열이온화 검출기(FTD), 황화학발광 검출기(SCD), 열이온 검출기(TID), 방전이온화 검출기(DID), 환원성가스 검출기(RGD) 등

㉦ 기록계(Data System) : 검출기에서 나온 신호값을 Y축, 시간을 X축으로 하여 크로마토그램을 그려낸다.

③ 가스크로마토그래피에서 사용되는 검출기의 종류

㉠ 불꽃이온화 검출기 또는 수소염이온화 검출기(FID ; Flame Ionization Detector)

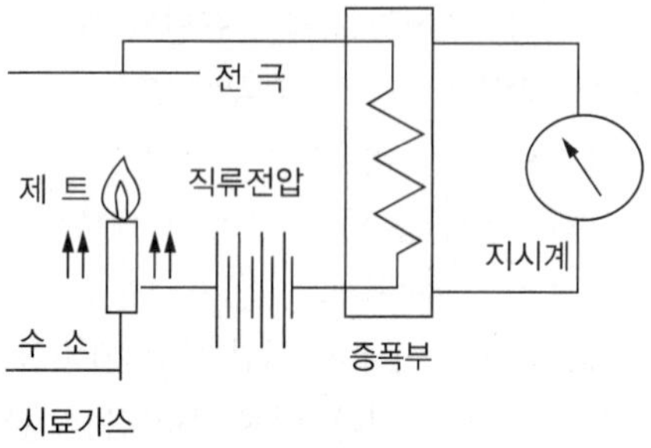

• 개 요
  - FID는 수소불꽃 속에 탄화수소가 들어가면 불꽃의 전기전도도가 증대하는 현상을 이용한 검출기이다.
  - 도로에 매설된 도시가스가 누출되는 것을 감지하여 분석한 후 가스 누출 유무를 알려 주는 가스검출기이다.

• 구성요소 : 시료가스, (수소연소)노즐, 컬렉터(이온수집기) 전극, 증폭부(직류전압변환회로), 농도지시계(감도조절부, 신호감쇄부) 등

• FID의 특징
  - 감도가 아주 우수하다.
  - 벤젠, 페놀 등의 탄화수소에 대한 감도가 가장 우수한 검출기이다.
  - 탄화수소에 대해 감도가 최고이며 가장 높은 검출한계를 갖는다(예 프로판의 성분을 분석할 때 FID가 가장 적합).
  - 메탄(CH_4)과 같은 탄화수소 계통의 가스는 열전도 검출기보다 불꽃이온화 검출기(FID)가 적합하다.
  - 물에 대하여 감도를 나타내지 않기 때문에 자연수 중에 들어있는 오염물질을 검출하는 데 유용하다.
  - FID에 의한 탄화수소의 상대감도는 탄소수에 거의 비례한다.
  - 이온의 형성은 불꽃 속에 들어온 탄소원자의 수에 비례한다.
  - 시료를 연소시켜 파괴한다.
  - 연소성 기체에 대하여 감응한다.
  - 미량의 탄화수소를 검출할 수 있다.
  - 유기화합물의 분리에도 가장 적합하다.
  - 열전도도 검출기보다 감도가 높다.
  - 노이즈가 적고 사용이 편리하다.
  - H_2, O_2, H_2O, CO_2, SO_2, CO 등에는 감응하지 않는다.
  - 연소 시 발생되는 수분의 응축을 방지하기 위해서 검출기의 온도는 100[℃] 이상에서 작동되어야 한다.

㉡ 불꽃광도 검출기 또는 염광광도 검출기(FPD ; Flame Photometric Detector)

• 개 요
  - FPD는 수소염에 의하여 시료성분을 연소시키고 이때 발생하는 염광의 광도를 분광학적으로 측정하는 검출기이다.
  - 황화합물과 인화합물에 대하여 선택성이 높은 검출기이다.

• FPD의 특징
  - 불꽃광도 검출기는 열전도 검출기보다 미량분석에 적합하다.
  - 황화합물, 인화합물을 선택적으로 검출한다.
  - 탄화수소에는 전혀 감응하지 않는다.

㉢ 열전도도 검출기(TCD ; Thermal Conductivity Detector)

• TCD는 금속필라멘트 또는 전기저항체인 서미스터를 이용하여 캐리어가스와 시료가스의 열전도도 차이를 측정하는 검출기이다.

• 구성 : 금속 필라멘트 또는 전기저항체를 검출소자로 하여 금속판 안에 들어 있는 본체와 여기에 안정된 직류전기를 공급하는 전원회로, 전류조절부, 신호검출 전기회로, 신호감쇄부 등으로 구성되어 있다.

• 열전도형 검출기의 특성
  - 가열된 서미스터에 가스를 접촉시키는 방식이다.
  - 비파괴성 검출기이며 모든 화합물의 검출이 가능하여 일반적으로 널리 사용된다.
  - 고농도의 가스를 측정할 수 있다.
  - 가연성 가스 이외의 가스도 측정할 수 있다.
  - 유기 및 무기화학종 모두에 감응한다.
  - 공기와의 열전도도 차가 클수록 감도가 좋다.
  - 선형감응범위가 크고 유기 및 무기화학종 모두에 감응하고, 검출 후에도 용질이 파괴되지 않으나 감도가 비교적 낮다.
  - 감도는 사용되는 검출기 중에서 가장 낮다.
  - 구조가 비교적 간단하고 선형감응범위가 넓다.
  - 수소와 헬륨의 검출한계가 가장 낮다.
• 열전도도 검출기의 측정 시 주의사항
  - 운반기체 흐름속도에 민감하므로 흐름속도를 일정하게 유지한다.
  - 필라멘트에 전류를 공급하기 전에 일정량의 운반기체를 먼저 흘러 보낸다.
  - 감도를 위해 필라멘트와 검출실 내벽온도를 적정하게 유지한다.
  - 운반기체의 흐름속도가 느릴수록 감도가 증가한다.
  - 유속이 너무 낮으면 분석시간이 길어진다.
• 산소(O_2) 중에 포함되어 있는 질소(N_2) 성분을 가스 크로마토그래피로 정량할 때
  - 열전도도 검출기를 사용한다.
  - 질소(N_2)의 피크가 산소(O_2)의 피크보다 먼저 나오도록 칼럼을 선택한다.
  - 캐리어가스로는 헬륨을 쓰는 것이 바람직하다.
  - 산소제거트랩(Oxygen Trap)을 사용하는 것이 좋다.

㉣ 전자포획 검출기(ECD ; Electron Capture Detector)
• 개 요
  - ECD는 방사선 동위원소의 자연붕괴과정에서 발생하는 베타입자를 이용하여 시료의 양을 측정하는 검출기이다.
  - 자유전자포착 성질을 이용하여 전자친화력이 있는 화합물에만 감응하는 원리를 적용하여 환경물질 분석에 널리 이용되는 검출기이다.
• ECD의 특징
  - 할로겐, 산소화합물, 과산화물 및 나이트로기와 같은 전기음성도가 큰 작용기를 포함하는 분자에 특히 감도가 좋다.
  - 유기할로겐화합물, 나이트로화합물 및 유기금속화합물을 선택적으로 검출할 수 있다.
  - 직선성이 좋지 않다.

㉤ 원자방출 검출기(AED ; Atomic Emission Detector)

㉥ 알칼리열이온화 검출기(FTD ; Flame Thermionic Detector) : 수소염 이온화 검출기에 알칼리 또는 알칼리토류 금속염의 튜브를 부착한 것으로, 유기질소화합물 및 유기염 화합물을 선택적으로 검출할 수 있다.

㉦ 황화학발광 검출기(SCD)

㉧ 열이온 검출기(TID)

㉨ 방전이온화 검출기(DID) : 초고순도 산소(O_2) 중의 미량 불순물(Ar, N_2, CH_4, H_2)을 분석한다. 정확한 분석을 위해 구리(Cu) 또는 망간(Mn)으로 된 산소제거트랩(Oxygen Trap)의 사용을 도입한다.

㉩ 환원성 가스 검출기(RGD) : 환원성 가스(H_2, CO, H_2S 등)를 검출한다.

④ 설치 및 조작법

㉠ 설치조건
• 진동이 없고 분석에 사용되는 유해물질을 안전하게 처리할 수 있는 곳에 설치한다.
• 설치 장소는 부식가스나 먼지가 적고, 실온 5~35[℃], 상대습도 85[%] 이하, 직사광선을 받지 않는 곳이어야 한다.
• 공급 전원은 주파수 변동이 가능한 한 없어야 한다.
• 전원 변동은 지정전압의 10[%] 이내이어야 한다.
• 접지저항 10[Ω] 이하의 접지점이 있는 곳이어야 한다.

㉡ 분석 전 준비사항 : 가스통은 화기가 없는 실외의 그늘진 곳에 넘어지지 않도록 고정 및 설치하며 가스류 배관의 누출 여부를 확인한다.

㉢ 조작 순서

- 가스크로마토그래피 조정(분석조건의 설정 : 유량, 분리관 온도, 시료 기화실 온도, 검출기온도, 감도, 기록지 이동속도 등 설정)
- 가스크로마토그래피의 안정성 확인(바탕선의 안정도 확인 : 검출기 및 기록계를 소정의 작동 상태로 하여 바탕선의 안정 상태 확인)
- 표준가스 도입
- 시료가스 도입가(시료의 도입 : 액체시료나 기체시료는 실린더를 사용하여 주입하고, 고체시료는 용매를 용해시켜 주입)
- 성분분석
- 피크 면적 계산
  - 크로마토그램 기록 : 시료의 피크가 기록계의 기록지상에 진동이 없고 가능한 한 큰 피크를 그리도록 성분에 따라 감도를 보정한다.
  - 데이터 정리 : 날짜, 장치명, 시료명 및 시료 도입량, 운반가스 종류 및 유량, 충전물의 종류, 분리관 온도 등 제반 필요사항을 정리하여 기재한다.

㉣ 분리의 평가 : 분리의 평가는 분리효율과 분리능으로 한다.

- 분리효율 : 이론단수 또는 1 이론단에 해당하는 분리관의 길이(HETP)로 표시하고 크로마토그램상의 피크로부터 계산한다.
- 분리능 : 2개의 접근한 피크의 분리 정도를 나타내기 위해 분리계수 또는 분리도를 가지고 정량적으로 정의하여 사용한다.

⑤ **크로마토그램과 제반 계산식**

㉠ 가스크로마토그래프의 크로마토그램

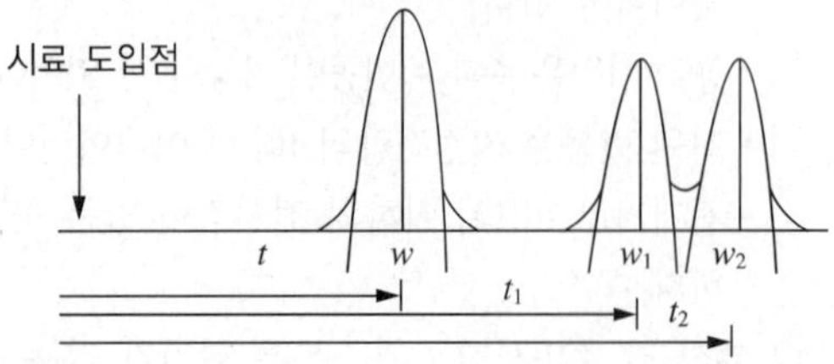

- t, t_1, t_2 : 체류시간 또는 머무름 시간(시료 도입점으로부터 피크의 최고점까지 이르는 길이)
- W, W_1, W_2 : 피크의 좌우 변곡점 길이(피크의 좌우 변곡점에서 접선이 자르는 바탕선의 길이)

㉡ 피크의 넓이 계산 : $A = Wh$

여기서, W : 피크의 높이의 1/2 지점에서의 피크의 너비

h : 피크의 높이

㉢ 이론단수 :

$$N = 16 \times \left(\frac{l}{W}\right)^2 = 16 \times \left(\frac{t}{T}\right)^2 = 16 \times \left(\frac{vt}{W}\right)^2$$

여기서, l : 시료 도입점으로부터 피크 최고점까지의 길이

W : 봉우리(피크)의 폭

t : 머무름 시간

T : 바닥에서의 너비 측정시간

v : 기록지의 속도

㉣ 이론단 해당 높이(HETP ; Height Equivalent to a Theoretical Plate) : $HETP = \frac{L}{N}$

여기서, L : 분리관의 길이

N : 이론단수

㉤ 가스 주입시간 : $t_i = \frac{V}{Q}$

여기서, V : 지속용량

Q : 이동기체의 유량

㉥ 기록지의 속도 : $v = \frac{l}{t_i} = \frac{Q}{V} \times l$

여기서, l : 주입점에서 피크까지의 길이

t_i : 가스 주입시간

㉦ 주입점에서 피크까지의 길이 : $l = vt_i = v \times \frac{V}{Q}$

㉧ 분리도(Resolution) : 2개의 인접 피크를 분리・식별하는 분리관의 능력

- 분리도 : $R = \frac{2(t_2 - t_1)}{W_2 + W_1}$

여기서, W : 폭

t : 머무름 시간

W : 피크의 폭

$$W = \frac{4t_R}{\sqrt{N}} = 4t_R\sqrt{\frac{H}{L}}$$

여기서, H : 단의 높이

L : 칼럼 길이

• 분리도는 간단하게 $R = K\sqrt{L}$ 로 나타내기도 한다.

여기서, K : 상수

L : 칼럼 길이

• 칼럼 길이의 제곱근에 비례한다.

• 분리도는 칼럼의 길이가 길고, 두 성분의 머무름 시간의 차이가 크고, 띠의 폭이 좁을수록 크다.

㉧ 두 용질의 상대 머무름

$$\alpha = \frac{t_2 - t}{t_1 - t}$$

여기서, t : 머무름 없는 성분이 피크에 도달한 시간

t_1 : 두 용질 중 피크에 먼저 도달한 시간

t_2 : 두 용질 중 피크에 나중에 도달한 시간

핵심예제

4-1. 가스크로마토그래피의 구성장치가 아닌 것은?

[2003년 제2회 유사, 2006년 제1회 유사, 2016년 제3회 유사, 2017년 제3회, 2019년 제1회]

① 분광부 ② 유속조절기
③ 칼 럼 ④ 시료주입기

4-2. 가스크로마토그래피에서 운반가스의 구비조건으로 옳지 않은 것은? [2004년 제1회, 2006년 제3회 유사, 2011년 제1회 유사, 2017년 제1회, 2018년 제3회]

① 사용하는 검출기에 적합해야 한다.
② 순도가 높고 구입이 용이해야 한다.
③ 기체 확산이 가능한 한 큰 것이어야 한다.
④ 시료와 반응성이 낮은 불활성 기체이어야 한다.

4-3. 기체크로마토그래피의 분리관에 사용되는 충전담체에 대한 설명으로 틀린 것은?

[2008년 제1회, 2015년 제3회, 2020년 제1·2회 통합]

① 화학적으로 활성을 띠는 물질이 좋다.
② 큰 표면적을 가진 미세한 분말이 좋다.
③ 입자 크기가 균등하면 분리작용이 좋다.
④ 충전하기 전에 비휘발성 액체로 피복한다.

4-4. 가스크로마토그래피에서 사용되는 검출기가 아닌 것은?

[2007년 제2회 유사, 2013년 제2회, 2018년 제1회, 2019년 제3회 유사]

① FID(Flame Ionization Detector)
② ECD(Electron Capture Detector)
③ NDIR(Non-Dispersive Infrared)
④ TCD(Thermal Conductivity Detector)

4-5. 불꽃이온화 검출기(FID)에 대한 설명 중 옳지 않은 것은?
[2007년 제1회, 2009년 제2회 유사, 2012년 제1회 유사, 2017년 제2회 유사, 2018년 제3회]

① 감도가 아주 우수하다.
② FID에 의한 탄화수소의 상대감도는 탄소수에 거의 반비례한다.
③ 구성요소로는 시료가스, 노즐, 컬렉터 전극, 증폭부, 농도지시계 등이 있다.
④ 수소불꽃 속에 탄화수소가 들어가면 불꽃의 전기전도도가 증대하는 현상을 이용한 것이다.

4-6. 열전도형 검출기(TCD)의 특성에 대한 설명으로 틀린 것은? [2017년 제3회]

① 고농도의 가스를 측정할 수 있다.
② 가열된 서미스터에 가스를 접촉시키는 방식이다.
③ 공기와의 열전도도 차가 작을수록 감도가 좋다.
④ 가연성 가스 이외의 가스도 측정할 수 있다.

4-7. 에탄올, 헵탄, 벤젠, 에틸아세테이트로 된 4성분 혼합물을 TCD를 이용하여 정량분석하려고 한다. 다음 데이터를 이용하여 각 성분 '에탄올 : 헵탄 : 벤젠 : 에틸아세테이트'의 중량분율(wt[%])을 구하면?

[2006년 제3회, 2009년 제3회, 2017년 제2회]

성 분	면적[cm^2]	중량인자
에탄올	5.0	0.64
헵 탄	9.0	0.70
벤 젠	4.0	0.78
에틸아세테이트	7.0	0.79

① 20 : 36 : 16 : 28
② 22.5 : 37.1 : 14.8 : 25.6
③ 22.0 : 24.1 : 26.8 : 27.1
④ 17.6 : 34.7 : 17.2 : 30.5

핵심예제

4-8. 어떤 기체를 가스크로마토그래피로 분석하였더니 지속유량(Retention Volume)이 3[mL]이고, 지속시간(Retention Time)이 6[min]이 되었다면 운반기체의 유속[mL/min]은?

[2006년 제3회, 2012년 제2회]

① 0.5　② 2.0
③ 5.0　④ 18

4-9. 관의 길이 250[cm]에서 벤젠의 가스크로마토그램을 재었더니 머무른 부피가 82.2[mm], 봉우리의 폭(띠 너비)이 9.2[mm]이었다. 이때 이론단수는? [2009년 제3회, 2015년 제2회]

① 812　② 995
③ 1,063　④ 1,277

4-10. 어떤 관의 길이 25[cm]에서 벤젠을 가스크로마토그램으로부터 계산한 이론단수가 400단이었다. 기록지에 머무른 부피가 30[mm]라면 봉우리의 폭(띠 너비)은 몇 [mm]인가?

[2008년 제2회]

① 3　② 6
③ 9　④ 12

4-11. 머무름 시간이 407초, 길이 12.2[m] 칼럼에서의 띠 너비를 바닥에서 측정하였을 때 13초였다. 이때 단 높이(HETP)는 몇 [mm]인가? [2008년 제1회 유사, 2014년 제3회, 2021년 제1회]

① 0.58　② 0.68
③ 0.78　④ 0.88

4-12. 어떤 시료 가스크로마토그램에서 성분 A의 체류시간(t)이 10분이고, 피크 폭이 10[mm]이었다. 이 경우 성분 A에 대한 HETP(Height Equivalent to a Theoretical Plate)는 약 몇 [mm]인가?(단, 분리관의 길이는 2[m]이고, 기록지의 속도는 10[mm/min]이다) [2011년 제1회]

① 0.63　② 0.8
③ 1.25　④ 2.5

4-13. 크로마토그래피에서 분리도를 2배로 증가시키기 위한 칼럼의 단수(N)은?

[2015년 제1회 유사, 2018년 제1회 유사, 2019년 제1회]

① 단수(N)를 $\sqrt{2}$ 배 증가시킨다.
② 단수(N)를 2배 증가시킨다.
③ 단수(N)를 4배 증가시킨다.
④ 단수(N)를 8배 증가시킨다.

4-14. 가스크로마토그램에서 A, B 두 성분의 보유시간은 각각 1분 50초와 2분 20초이고, 피크 폭은 다 같이 30초였다. 이 경우 분리도는 얼마인가? [2007년 제3회, 2019년 제2회]

① 0.5　② 1.0
③ 1.5　④ 2.0

4-15. 가스크로마토그램 분석결과 노멀 헵탄의 피크 높이가 12.0[cm], 반높이선 너비가 0.48[cm]이고, 벤젠의 피크 높이가 9.0[cm], 반높이선 너비가 0.62[cm]였다면, 노멀 헵탄의 농도는 얼마인가? [2004년 제2회, 2006년 제1회, 2019년 제2회]

① 49.20[%]　② 50.79[%]
③ 56.47[%]　④ 77.42[%]

4-16. 가스크로마토그래피(Gas Chromatography)에서 캐리어가스 유량이 5[mL/s]이고 기록지 속도가 3[mm/s]일 때 어떤 시료가스를 주입하니 지속용량이 250[mL]이었다. 이때 주입점에서 성분의 피크까지 거리는 약 몇 [mm]인가?

[2014년 제3회 유사, 2016년 제1회, 2019년 제3회]

① 50　② 100
③ 150　④ 200

|해설|

4-1

가스크로마토그래피의 구성요소 : 운반기체(Carrier Gas), 시료주입기(Injector), 분리관(Column), 검출기(Detector), 유속조절기(유량측정기)・유량조절밸브, 압력조정기・압력계, 기록계(Data System) 등

※ 아닌 것으로 출제되는 것 : 분광부, 광원 등

4-2

운반가스는 기체 확산을 최소로 할 수 있어야 한다.

4-3

충전담체는 화학적으로 활성을 띠지 않는 물질이 좋다.

4-4

NDIR(Non-Dispersive Infrared, 비분산적외선) 가스센서

- 고유의 특정 파장 적외선을 흡수하는 가스분자의 특성을 이용하여 적외선의 흡수율을 측정하여 가스의 현재 농도를 계측하는 가스센서이다.
- 비접촉식으로 측정 정확성이 높고 수명이 길어 가장 우수한 가스검지방식으로 평가되고 있다.
- 가스크로마토그래피에 사용되는 검출기는 아니다.

4-5

FID에 의한 탄화수소의 상대감도는 탄소수에 거의 비례한다.

4-6

공기와의 열전도도 차가 클수록 감도가 좋다.

4-7

- 총중량
  $= (5.0\times0.64)+(9.0\times0.70)+(4.0\times0.78)+(7.0\times0.79)$
  $= 18.15$
- 중량분율(wt[%])
  - 에탄올 $= \dfrac{5.0\times0.64}{18.15}\times100[\%] \simeq 17.6[\%]$
  - 헵탄 $= \dfrac{9.0\times0.70}{18.15}\times100[\%] \simeq 34.7[\%]$
  - 벤젠 $= \dfrac{4.0\times0.78}{18.15}\times100[\%] \simeq 17.2[\%]$
  - 에틸아세테이트 $= \dfrac{7.0\times0.79}{18.15}\times100[\%] \simeq 30.5[\%]$

4-8

유속 $v=\dfrac{Q}{t}=\dfrac{3}{6}=0.5[\text{mL/min}]$

4-9

이론단수 $N=16\times\left(\dfrac{82.2}{9.2}\right)^2 \simeq 1{,}277$

4-10

이론단수 $N=400=16\times\left(\dfrac{30}{W}\right)^2$에서 봉우리의 폭(띠 너비)

$W=6[\text{mm}]$

4-11

- 이론단수 $N=16\times\left(\dfrac{407}{13}\right)^2 \simeq 15{,}683$
- 단높이 $HETP=\dfrac{L}{N}=\dfrac{12.2\times1{,}000}{15{,}683} \simeq 0.78[\text{mm}]$

4-12

- 이론단수 $N=16\times\left(\dfrac{l}{W}\right)^2=16\times\left(\dfrac{t}{T}\right)^2=16\times\left(\dfrac{vt}{W}\right)^2$
  $=16\times\left(\dfrac{10\times10}{10}\right)^2=1{,}600$
- $HETP=\dfrac{L}{N}=\dfrac{2\times1{,}000}{1{,}600} \simeq 1.25[\text{mm}]$

4-13

크로마토그래피의 분리도는 칼럼 단수의 제곱근에 비례하므로 분리도를 2배로 증가시키려면 칼럼의 단수(N)를 4배 증가시킨다.

4-14

분리도

$R=\dfrac{2(t_2-t_1)}{W_2+W_1}=\dfrac{2\times(140-110)}{30+30}=1.0$

4-15

노멀 헵탄의 면적 = 반높이선 너비 × 피크 높이
= 0.48 × 12
= 5.76[cm^2]

벤젠의 면적 = 반높이선 너비 × 피크 높이
= 0.62 × 9
= 5.58[cm^2]

노멀 헵탄의 농도 $=\dfrac{5.76}{5.76+5.58}\times100[\%] \simeq 50.79[\%]$

4-16

기록지 속도 $v=\dfrac{l}{t_i}=\dfrac{Q}{V}\times l$에서

주입점에서 성분의 피크까지 거리

$l=\dfrac{V}{Q}\times v=\dfrac{250}{5}\times3=150[\text{mm}]$

정답 4-1 ① 4-2 ③ 4-3 ① 4-4 ③ 4-5 ② 4-6 ③ 4-7 ④ 4-8 ① 4-9 ④ 4-10 ② 4-11 ③ 4-12 ③ 4-13 ③ 4-14 ② 4-15 ② 4-16 ③

제3절 | 가스미터(가스계량기)

핵심이론 01 가스미터의 개요

① 가스미터(Gas meter)의 구비조건과 선정 시 고려사항

㉠ 가스미터의 구비조건

- 고대다(高大多) : 내구성(내구력), 계량용량, 계량 정확성, 감도, 구조 간단, 내열성, 가스의 기밀성, 유지관리・수리・부착 용이성, 기계오차 조정 용이성
- 저소단(底少短) : 크기(소형), 압력손실, 기차의 변동, 가격

㉡ 가스미터 선정 시 고려할 사항

- 가스의 최대사용유량에 적합한 계량능력인 것을 선택한다.
- 감도유량, 사용가스의 종류에 적합한 것을 선택한다.
- 가스의 기밀성이 좋고 내구성이 큰 것을 선택한다.
- 사용 시 기차가 작아 정확하게 계량할 수 있는 것을 선택한다.
- 내구성, 내열성, 내압성이 좋고 유지관리가 용이한 것을 선택한다(설치 높이, 내관검사 등은 아니다).
- 계량법에서 정한 유효기간에 만족해야 한다.
- 외관시험 등을 행한 것이어야 한다.

② 가스미터의 크기 선정과 성능

㉠ 가스미터의 크기 선정

- 15호 이하의 소형 가스미터는 최대사용가스량이 가스미터 용량의 60[%]가 되도록 선정한다.
- 1개의 가스기구가 가스미터의 최대통과량의 80[%]를 초과한 경우에는 1등급이 더 큰 가스미터를 선정한다.
- LP가스 연소기구에 따라 가스미터의 용량을 선정하는 것이 좋은데, LPG 공업용의 경우에 가스미터를 부착할 때의 크기는 30[m³/h]를 초과하는 것으로 한다.
- 가스미터의 호칭별(G) 최대유량(Q_{max})과 최소유량의 상한값(Q_{min})

(단위 : [m³/h])

G	Q_{max}	Q_{min}
0.6	1	0.016
1	1.6	
1.6	2.5	
2.5	4	0.025
4	6	0.04
6	10	0.06
10	16	0.1
16	25	0.16
25	40	0.25
40	65	0.4
65	100	0.65
100	160	1
160	250	1.6
250	400	2.5
400	650	4
650	1,000	6.5

㉡ 가스미터의 성능

- 공차는 검정공차와 사용공차가 있다.
  - 검정공차 : ±1.5[%]
  - 사용공차 : 검정기준에서 정하는 최대허용오차의 2배 값
- 막식 가스미터에서는 유량에 맥동성이 있으므로 선편(先偏)이 발생하기 쉽다.
- 감도유량 : 가스미터가 작동하기 시작하는 최소유량
  - 가정용 막식 : 3[L/h]
  - LPG용 : 15[L/h]
- 가스미터(계량기)의 허용최대압력손실 : 30[mmH_2O](0.3[kPa])

③ 계량기의 종류별 기호와 설치주의사항

㉠ 계량기의 종류별 기호

A : 판수동 저울, B : 접시 지시 및 판지시 저울, C : 전기식 지시 저울, D : 분동, E : 이동식 축증기, F : 체온계, G : 전력량계, H : 가스미터, I : 수도미터, J : 온수미터, K : 주유기, L : LPG미터, M : 오일미터, N : 눈새김 탱크, O : 눈새김 탱크로리, P : 혈압계, Q : 적산열량계, R : 곡물수분측정기, S : 속도측정기

㉡ 가스계량기의 설치 시 주의사항
- 가스계량기와 화기(그 시설 안에서 사용하는 자체 화기는 제외) 사이에 유지하여야 하는 거리 : 2[m] 이상
- 설치 장소 : 다음의 요건을 모두 충족하는 곳
  - 가스계량기의 교체 및 유지 관리가 용이할 것
  - 환기가 양호할 것
  - 직사광선이나 빗물을 받을 우려가 없을 것(단, 보호상자 안에 설치하는 경우에는 그러하지 아니하다)
  - 주택의 경우, 가스 사용자가 구분하여 소유하거나 점유하는 건축물의 외벽(단, 실외에서 가스 사용량을 검침을 할 수 있는 경우에는 그러하지 아니하다)
- 설치 금지 장소 : 공동주택의 대피 공간, 방·거실 및 주방 등으로서 사람이 거처하는 곳 및 가스계량기에 나쁜 영향을 미칠 우려가 있는 장소
- 가스계량기(30[m^3/hr] 미만인 경우만을 말함)의 설치 높이는 바닥으로부터 1.6[m] 이상 2[m] 이내에 수직·수평으로 설치하고, 밴드·보호가대 등 고정장치로 고정시킬 것
- 격납상자에 설치하는 경우, 기계실 및 보일러실(가정에 설치된 보일러실은 제외)에 설치하는 경우와 문이 달린 파이프 덕트 안에 설치하는 경우에는 설치 높이의 제한을 하지 아니한다.
- 가스계량기와 전기계량기 및 전기개폐기와의 거리는 60[cm] 이상의 거리를 유지할 것
- 단열조치를 하지 아니한 굴뚝, 전기점멸기 및 전기접속기와의 거리는 30[cm] 이상의 거리를 유지할 것
- 절연조치를 하지 아니한 전선과의 거리는 15[cm] 이상의 거리를 유지할 것
- 입상관과 화기(그 시설 안에서 사용하는 자체 화기는 제외) 사이에 유지해야 하는 거리는 우회거리 2[m] 이상으로 하고, 환기가 양호한 장소에 설치해야 하며, 입상관의 밸브는 바닥으로부터 1.6[m] 이상 2[m] 이내에 설치할 것. 다만, 보호상자에 설치하는 경우에는 그러하지 아니하다.
- 진동이 작은 장소에 설치한다.
- 습도가 낮은 곳에 부착한다.
- 검침, 교체가 용이한 곳에 설치한다(검침을 고려한 장소에 설치하여야 한다).
- 겨울철 수분 응축에 따른 밸브, 밸브시트 동결 방지를 위하여 (가스미터의 출구측 배관에) 입상배관(수직배관)을 금지한다.
- 부착 및 교환작업이 용이하여야 한다.
- 직사일광에 노출되지 않는 곳이어야 한다.
- 가능한 한 통풍이 잘되는 곳이어야 한다.
- 직사광선이나 빗물을 받을 우려가 있는 곳에 설치하는 경우에는 격납상자 내에 설치한다.
- 전기 공작물과 일정 거리 이상 떨어진 위치에 설치한다.
- 지상에서는 벽면에 설치한다.
- 옥외 설치는 직사광선을 피한다.
- 통로 가까이 설치하는 것은 피한다.

④ 기밀시험 및 검정과 교정

㉠ 가스미터의 기밀시험 관련 사항
- 가스미터는 1,000[mmH_2O]의 기밀시험에 합격해야 한다.
- 도시가스 사용압력이 2.0[kPa]인 배관에 설치된 막식 가스미터의 기밀시험압력 : 기밀시험압력은 최고사용압력의 1.1배 또는 8.4[kPa] 중 높은 압력 이상의 압력이므로 이 경우의 기밀시험압력은 8.4[kPa]이다.
- 가정용 가스계량기에 10[kPa]로 표시되어 있다면, 이것은 기밀시험압력을 의미한다.

㉡ 계량기의 검정
- 계량기의 검정기준에서 정하는 가스미터의 사용공차(오차) : 검정 시의 최대허용오차의 2배 값으로 한다.
- 가스계량기의 (재)검정유효기간
  - 기준 가스미터의 기준기 : 2년
  - 최대유량 10[m^3/h] 이하의 경우 : 5년
  - 그 밖의 가스미터 : 8년
- 재검정 유효기간의 기산 : 재검정 완료일의 다음 달 1일부터 기산

- 가스미터를 검정하기 위하여 표준미터로 시험할 때 시험미터를 최소유량부터 최대유량까지 7포인트 유량시험이 가능할 것
- 회전차형 및 피스톤형 가스미터를 제외한 건식 가스미터의 검정증인 표시 위치 : 눈금 지시부 및 상판의 접합부

㉢ 가스미터의 교정

- 가스미터 교정 시 고려해야 할 사항 : 프로버(Prover) 내의 정확한 압력 및 온도 측정, 유량을 일정하게 조절 등
- 정밀도 및 정확도에 영향이 작아서 보정 절차를 생략할 수 있는 사항 : 중력가속도에 대한 보정, 압력계의 차압이 작을 경우 고압 부분의 기체밀도의 보정 등
- 기준 가스미터 교정주기 : 2년

⑤ 가스미터의 표시

㉠ 가스미터의 표시 : X[L/rev], MAX Y[m^3/hr] : 계량실 1주기 체적이 X[L], 사용최대유량은 시간당 Y[m^3]

㉡ 가스미터의 성능 표시사항

- 감도유량
- 1주기 체적
- 사용공차(형식 승인은 아니다)

㉢ 구경이 40[mm] 이하인 액화석유 가스미터에 대한 표시사항

- 기물명
- 기물번호 및 제작년도
- 계량실 출구의 구경
- 사용최대유량
- 제작기호 또는 제작 회사명
- 사용최고압력
- 온도보정장치를 가지는 것은 온도 보정범위(최저작동압력은 아니다)

⑥ 가스미터의 분류

㉠ 실측식 가스미터 : 직접측정방법

- 건식 가스미터
  - 막식(다이어프램식) 가스미터 : 독립내기식(T형, H형), 그로바식 또는 클로버식(B형)
  - 회전자식 가스미터 : 루츠식, 로터리 피스톤식, 오벌식
- 습식 가스미터 : 정확한 계량이 가능하여 주로 기준기로 이용되는 가스미터로 기준습식 가스미터, 드럼형 등이 있다.

㉡ 추량식(추측식) 가스미터 : 간접 측정방법으로 오리피스식(Orifice), 벤투리식(Venturi), 터빈형(Turbine), 와류식(Vortex), 델타형(Delta) 등이 있다.

⑦ 다기능 가스안전계량기(마이콤 미터)

㉠ 다기능 가스안전계량기 : 가스계량기에 이상유량차단장치, 가스누출차단장치 등 가스안전의 기능을 수행하는 안전장치가 부착된 가스용품이다.

㉡ 구조 및 치수

- 통상의 사용 상태에서 빗물・먼지 등이 침입할 수 없는 구조로 한다.
- 차단밸브가 작동한 후에는 복원 조작을 하지 않는 한 열리지 않는 구조로 한다.
- 복원을 위한 버튼이나 레버 등은 다기능계량기의 정면에서 쉽게 확인할 수 있고, 복원 조작을 쉽게 실시할 수 있는 위치에 있는 것으로 한다.
- 사용자가 쉽게 조작할 수 없는 테스트차단기능(제어부로부터의 신호를 받아 차단하는 것만 해당)이 있는 것으로 한다.
- 가스검지기능을 가지는 다기능계량기의 검지부는 방수구조(가정용은 제외)로서 소방시설 설치 유지 및 안전관리에 관한 법률에 따른 검정품으로 한다.
- 입출 구간거리 및 나사 규격

입출 구간거리[mm]		나사 규격
90	±0.5	M34×1.5
100		
130		

㉢ 작동성능

- 유량차단성능
  - 합계 유량차단값을 초과하는 가스가 흐를 경우에 75초 이내에 차단하는 것으로 한다. 단, 합계 유량차단값은 설정기 등으로 변경 또는 설정할 수 있는 것으로 한다.

    합계 유량차단값 = 연소기구 소비량의 총합×1.13

- 통상의 사용 상태에서 증가유량차단값을 초과하여 유량이 증가하는 경우 차단하는 것으로 한다. 증가유량차단값은 설정기 등으로 변경 또는 설정할 수 있는 것으로 한다.

  증가유량차단값 = 연소기구 중 최대소비량×1.13

- 연속사용시간차단성능 : 유량이 변동 없이 장시간 연속하여 흐를 경우 차단하는 것으로 한다. 또한 해당 기능은 설정기 등으로 시간을 변경 또는 설정할 수 있는 것으로 한다.
- 미소사용유량등록성능 : 정상 사용 상태에서 미소유량을 감지하여 오경보를 방지할 수 있는 것으로 한다. 단, 미소유량은 40[L/h] 이하로 하고 설정기 등으로 미소유량을 설정 또는 변경할 수 있는 것으로 한다.
- 미소누출검지성능 : 유량을 연속으로 30일간 검지할 때에 표시하는 기능이 있고, 그밖의 원인으로 인하여 차단 복귀하더라도 해당 기능에 영향을 주지 아니하는 것으로 한다.
- 압력저하차단성능 : 통상의 사용 상태에서 다기능계량기 출구쪽 압력 저하를 감지하여 압력이 0.6±0.1[kPa]에서 차단하는 것으로 한다.
- 옵션단자성능
- 옵션성능 : 통신성능, 검지성능

⑧ 계산식

㉠ 가스미터에서의 계량값 : 22.4[L]×몰수×온도보정치

㉡ 가스의 통과량

- 지시량±사용공차
- 최소지시량 = 지시량 − 사용공차
- 최대지시량 = 지시량 + 사용공차

㉢ 가스미터의 기차 : $\dfrac{\text{계량치} - \text{기준치}}{\text{계량치}} \times 100[\%]$

㉣ 가스 사용량 : $V = \sum Q_n T_n N_n$

여기서, Q_n : 가스기기의 용량

T_n : 사용시간

N_n : 사용일수

㉤ 최대가스사용량 : $V_{\max} = No \times T \times N$

여기서, No : 호수

T : 작동시간

N : 사용일수

㉥ 배관의 유량

- 저압배관의 유량(도시가스 등) : $Q = K\sqrt{\dfrac{hD^5}{SL}}$

여기서, K : 유량계수

h : 압력손실(기점, 종점 간의 압력 강하 또는 기점압력과 말단압력의 차이)

D : 배관의 지름

S : 가스의 비중

L : 배관의 길이

- 중압·고압배관의 유량 :

$$Q = K\sqrt{\frac{(P_1^2 - P_2^2)D^5}{SL}}$$

여기서, K : 유량계수

P_1 : 초압

P_2 : 종압

D : 배관의 지름

S : 가스의 비중

L : 배관의 길이

㉦ 피크 시 가스수요량 : 일 피크 사용량×세대수×피크시율×피크일률

⑨ 가스미터 눈금구조 및 가스미터 관련 제반사항

㉠ 가스미터 눈금의 구조

- 눈금판을 읽는 방법은 지침식, 직독식 및 혼용식으로 한다.
- 지시부는 식별이 용이하도록 [m^3] 단위와 [L] 단위의 부피를 표시하는 부분의 색이 구별되어야 한다.
- 부피를 표시하는 눈금의 굵기는 0.2[mm] 이상이어야 한다.
- 부피를 표시하는 눈금 간의 길이는 1[mm] 이상이어야 한다.

㉡ 가스미터 관련 제반사항

- 가스관리용 계기 : 유량계, 온도계, 압력계 등
- 가스미터의 검침시스템 중 원격계측방법 : 기계식, 펄스식, 전자식
- 가스미터의 입구 배관에 드레인 밸브를 부착하는 가장 큰 이유는 응결수 제거이다.
- 가스미터를 통과하는 동일한 양의 프로판가스의 온도를 겨울에는 0[℃], 여름에는 32[℃]로 유지한다고 했을 때 여름철 프로판가스의 체적은 겨울철의 1.12배 정도이다.
- 가스미터는 계산된 주기체적값과 가스미터에 지시된 공칭 주기체적값 간의 차이가 기준조건에서 공칭 주기체적값의 5[%]를 초과해서는 안 된다.
- 계량법에서 LP 가스용 미터기의 최대유량 압력손실 수주는 30[mm] 이하로 한다.

핵심예제

1-1. 가스미터의 구비조건으로 가장 거리가 먼 것은?

[2007년 제2회, 2010년 제3회 유사, 2013년 제1회 유사, 제2회 유사, 제3회 유사, 2016년 제2회 유사, 2019년 제2회 유사, 제3회]

① 기계오차의 조정이 쉬울 것
② 소형이며 계량 용량이 클 것
③ 감도는 작으나 정밀성이 높을 것
④ 사용가스의 양을 정확하게 지시할 수 있을 것

1-2. 가스미터 선정 시 고려사항으로 옳지 않은 것은?

[2003년 제1회, 2007년 제3회, 2012년 제1회 유사, 2017년 제3회 유사, 2019년 제2회 유사]

① 가스의 최대사용유량에 적합한 계량능력의 것을 선택한다.
② 가스의 기밀성이 좋고 내구성이 큰 것을 선택한다.
③ 사용 시 기차가 커서 정확하게 계량할 수 있는 것을 선택한다.
④ 내열성, 냉압성이 좋고 유지관리가 용이한 것을 선택한다.

1-3. 가스계량기의 설치 장소에 대한 설명으로 틀린 것은?

[2004년 제1회 유사, 2006년 제2회 유사, 2007년 제1회 유사, 2010년 제1회 유사, 2011년 제1회 유사, 제3회 유사, 2012년 제3회 유사, 2015년 제2회, 2017년 제2회 유사, 2018년 제3회 유사, 2019년 제1회 유사, 2020회 제1·2회 통합]

① 습도가 낮은 곳에 부착한다.
② 진동이 작은 장소에 설치한다.
③ 화기와 2[m] 이상 떨어진 곳에 설치한다.
④ 바닥으로부터 2.5[m] 이상에 수직 및 수평으로 설치한다.

1-4. 가스미터의 출구측 배관에 입상배관을 피하여 설치하는 가장 주된 이유는? [2003년 제3회, 2011년 제2회]

① 설치 면적을 줄일 수 있다.
② 검침 및 수리 등의 작업이 편리하다.
③ 배관의 길이를 줄일 수 있다.
④ 가스미터 내 밸브 시트 등이 동결될 우려가 있다.

1-5. MAX 1.5[m^3/h], 0.5[L/rev]라고 표시되어 있는 가스미터가 1시간당 400회전하였다면 가스유량은?

[2006년 제2회, 2008년 제1회]

① 0.75[m^3/h] ② 200[L/h]
③ 1[m^3/h] ④ 400[L/h]

핵심예제

1-6. 다음 보기의 가스미터 중 실측식으로만 짝지어진 것은?

[2004년 제2회, 2006년 제2회 유사, 2007년 제2회 유사, 제3회, 2008년 제3회 유사, 2012년 제2회, 2013년 제3회 유사]

보기

ⓐ 델타형　　ⓑ 오리피스미터
ⓒ 습 식　　ⓓ 루트식
ⓔ 터빈식　　ⓕ 다이어프램식

① ⓒ, ⓔ, ⓕ　　② ⓐ, ⓓ, ⓕ
③ ⓒ, ⓓ, ⓕ　　④ ⓐ, ⓑ, ⓔ

1-7. 다음 가스미터 중 추량식(간접식)이 아닌 것은?

[2003년 제3회 유사, 2009년 제3회 유사, 2010년 제3회 유사, 2016년 제2회]

① 벤투리식　　② 오리피스식
③ 막 식　　④ 터빈식

1-8. 다기능 가스안전계량기(마이콤 미터)의 작동성능이 아닌 것은? [2007년 제3회, 2013년 제2회, 2019년 제3회]

① 유량차단성능　　② 과열방지차단성능
③ 압력저하차단성능　　④ 연속사용시간차단성능

1-9. 가스미터는 동시 사용률을 고려하여 시간당 최대사용량을 통과시킬 수 있도록 배관지름과 가스미터의 크기를 적절하게 선택하여야 한다. 다음 중 최대통과량이 가장 큰 가스미터기를 나타내는 것은? [2007년 제3회]

① N형 2호　　② M형 3호
③ B형 5호　　④ T형 7호

1-10. 어떤 가스의 유량을 막식가스미터로 측정하였더니 65[L]이었다. 표준가스미터로 측정하였더니 71[L]이었다면 이 가스미터의 기차는 약 몇 [%]인가?

[2003년 제1회 유사, 2006년 제1회 유사, 2010년 제1회 유사, 2011년 제3회, 2015년 제3회 유사, 2017년 제1회, 2020년 제3회 유사]

① −8.4[%]　　② −9.2[%]
③ −10.9[%]　　④ −12.5[%]

1-11. 기준기로서 150[m^3/h]로 측정된 유량은 기차가 4[%]인 가스미터를 사용하면 지시량은 몇 [m^3/h]를 나타내는가?

[2004년 제1회 유사, 2007년 제1회, 2009년 제2회, 2011년 제2회 유사, 2015년 제2회, 2021년 제3회]

① 143.75　　② 144.00
③ 156.00　　④ 156.25

|해설|

1-1
가스미터는 감도가 예민하고 정밀성이 높아야 한다.

1-2
가스미터는 사용 시 기차가 작아서 정확하게 계량할 수 있는 것을 선택한다.

1-3
가스계량기는 바닥으로부터 1.6[m] 이상 2.0[m] 이내에 수직·수평으로 설치한다.

1-4
겨울철 수분 응축에 따른 밸브, 밸브시트의 동결방지를 위하여 (가스미터의 출구측 배관에) 입상배관(수직배관)을 금지한다.

1-5
가스유량 = 0.5[rpm] × 400[L/rev] = 200[L/h]

1-6
- 실측식 : ⓒ, ⓓ, ⓕ
- 추량식 : ⓐ, ⓑ, ⓔ

1-7
막식 가스미터는 실측식이다.

1-8
다기능 가스안전계량기(마이콤 미터)의 작동성능
- 유량차단성능
- 연속사용시간차단성능
- 미소사용유량등록성능
- 미소누출검지성능
- 압력저하차단성능
- 옵션단자성능
- 옵션성능 : 통신성능, 검지성능

1-9
최대가스사용량 $V_{max} = No \times T \times N$ (여기서, No : 호수, T : 작동시간, N : 사용일수)이므로 T형 7호의 가스 최대통과량이 가장 크다.

1-10
기 차

$$\frac{65-71}{65} \times 100[\%] \simeq -9.2[\%]$$

1-11

$0.04 = \dfrac{x-150}{x}$에서 $0.04x = x - 150$이므로 $x = 156.25[m^3/h]$

정답 1-1 ③ 1-2 ③ 1-3 ④ 1-4 ④ 1-5 ② 1-6 ③ 1-7 ③ 1-8 ② 1-9 ④ 1-10 ② 1-11 ④

핵심이론 02 대표적인 가스미터

① 막식 가스미터

㉠ 개 요

- 막식 가스미터(다이어프램식 가스미터)는 두 개의 계측실이 가스 흐름에 의해 상호보완 작용으로 밸브시스템을 작동하여 계측실의 왕복운동을 회전운동으로 변환하여 가스량을 적산하는 가스미터이다.
- 일정 부피인 2개의 통에 기체를 교대로 충만하고 배출한 횟수를 이용하여 유량을 측정한다.
- 가스를 일정 용적의 통 속에 넣어 충만시킨 후 배출하여 그 횟수를 용적단위로 환산하는 방법의 가스미터이다.
- 가스의 계량실로의 도입 및 배출은 막의 차압에 의해 생기는 밸브와 막의 연동작용에 의해 일어난다.
- 막(다이어프램)의 재질 : (합성)고무, 청동, 스테인리스강 등
- 용량 : 1.5~200[m^3/h](일반수용가)
- 막식 가스미터의 감도유량 : 3[L/h] 이하(일반 가정용 LP 가스미터의 감도유량 : 15[L/h] 이하)
- 다이어프램식 가스미터에 표기된 주기체적의 공칭값과 실제값과의 차이는 기준조건에서 5[%] 이내이어야 한다.

㉡ 종류 : 독립내기식, 클로버식

- 독립내기식(독립내기형)
  - 주로 LP가스에 사용되며, T형과 H형이 있다.
  - 독립내기형 다이어프램식 가스미터를 나타내는 기호 : M
  - 독립내기형 다이어프램식 가스미터의 구조 : 가스미터 몸체와 그 내부에 다이어프램을 내장한 계량실이 분리된 구조
- 클로버식 : B형

㉢ 특 징

- 건식 실측 가스미터에 해당한다.
- 소용량의 계량에 적합하다.
- 저렴하고 유지관리가 용이하다.
- 일반수용가에 널리 사용된다.
- 비교적 회전수가 늦기 때문에 100[m^3/h] 이하의 소용량 가스계량에 적합하며, 도시가스를 저압으로 사용하는 일반 가정에서 주로 사용한다.
- 부착 후 유지관리 시간이 필요하지 않아 관리가 용이하다.
- 가격이 비싸며 대용량에서는 설치 면적이 많이 소요된다.

② 루츠 가스미터(Roots Meter)

㉠ 개 요

- 루트 가스미터라고도 한다.
- 용량 : 100~5,000[m^3/h](대용량수용가)

㉡ 특 징

- 회전자식으로 고속회전이 가능하다.
- 고속회전형이며 고압에서도 사용 가능하다.
- 비교적 회전수가 빠르다.
- 소형이므로 설치 공간이 작다.
- 대용량의 가스 측정에 쓰인다.
- 주로 대수용가의 가스 측정에 적당하다.
- 가스미터 중 최대용량범위가 가장 크다.
- 중압가스의 계량이 가능하다.
- 유량이 일정하거나 변화가 심한 곳, 깨끗하거나 건조하거나 관계없이 많은 가스 타입을 계량하기에 적합하다.
- 액체 및 아세틸렌, 바이오가스, 침전가스를 계량하는 데에는 다소 부적합하다.
- 측정의 정확도와 예상 수명은 가스 흐름 내에 먼지의 과다 퇴적이나 다른 종류의 이물질에 따라 다르다.
- 사용 중에 수위 조정 등의 관리가 필요하지 않다.
- 맥동에 의한 영향이 작다.
- 여과기(스트레이너, Strainer) 설치가 필요하다.
- 설치 후 유지관리가 필요하다.
- 구조가 비교적 복잡하다.
- 0.5[m^3/h] 이하의 소용량에서는 작동하지 않을 우려가 있다(소유량에는 부동의 우려가 있다).
- 실험실용으로는 부적합하다.
- 습식 가스미터에 비해 유량이 부정확하다.

③ 습식 가스미터

㉠ 개 요

- 습식 가스미터는 내부 드럼 회전수를 적산하여 기체의 체적유량을 구하는 방식으로서 정확한 계량이 가능하여 다른 가스미터의 기준기로 이용되는 가스미터이다.
- 용량 : 0.2~3,000[m^3/h]
- 계량원리 : 원통의 회전수를 측정한다.
- 일정 시간 동안의 회전수로 유량을 측정한다.

㉡ 특 징

- 가스미터에 의한 압력손실이 작아 사용 중 기압차의 변동이 거의 없어 유량이 정확하게 계량된다.
- 가장 정확한 계량이 가능한 가스미터이다.
- 유량 측정이 정확하다.
- 기차의 변동이 거의 없다.
- 기준기로도 이용된다.
- 실측 가스미터이다.
- 드럼형이다.
- 가스발열량 측정에도 이용된다.
- 실험용으로 적합하다.
- 설치 공간이 크다.
- 사용 중에 수위 조절 등의 관리가 필요하다.
- 수면이 너무 낮으면 가스가 그냥 지나친다.

④ 추량식(추정식) 가스미터

㉠ 오리피스 미터 : 넓은 판에 각형이나 예리한 변을 지닌 오리피스 구멍을 만들어 이를 관에 부착시켜 유량을 측정하는 미터기이며, 압력손실이 크다.

㉡ 터빈미터(Turbine Meter)

- 날개에 부딪히는 유체의 운동량으로 회전체를 회전시켜 운동량과 회전량의 변화로 가스 흐름을 측정하는 가스미터이다.
- 속도에너지, 압력에너지를 운동에너지로 변환시킨다.
- 측정범위가 넓고 압력손실이 작다.
- 정밀도가 높다.
- 소용량에서 대용량까지 유량 측정의 범위가 넓다.
- 스월(Swirl)의 영향을 받는다.

㉢ 와류미터(Vortex) : 와류를 이용하여 주파수의 특성과 유속의 비례관계를 유지하여 유량을 측정하는 미터기

- 유량계의 입구에 고정된 터빈형태의 가이드 보디(Guide Body)가 와류현상을 일으켜 발생한 고유의 주파수가 피에조 센서에 의해 검출되어 유량을 적산하는 방법의 가스미터이다.
- 고점도 유량 측정에 적합하다.

핵심예제

2-1. 막식 가스미터의 감도유량(㉠)과 일반 가정용 LP 가스미터의 감도유량(㉡)의 값이 바르게 나열된 것은?

[2016년 제1회]

① ㉠ 3[L/h] 이상, ㉡ 15[L/h] 이상
② ㉠ 15[L/h] 이상, ㉡ 3[L/h] 이상
③ ㉠ 3[L/h] 이하, ㉡ 15[L/h] 이하
④ ㉠ 15[L/h] 이하, ㉡ [3L/h] 이하

2-2. 루츠식 유량계에 대한 설명 중 틀린 것은?

① 스트레이너의 설치가 필요하다.
② 맥동에 의한 영향이 대단히 크다.
③ 작은 유량에서는 동작하지 않을 수 있다.
④ 구조가 비교적 복잡하다.

2-3. 루츠미터와 습식 가스미터 특징 중 루트미터의 특징에 해당되는 것은?

[2003년 제1회, 2006년 제1회, 2008년 제1회 유사, 제2회 유사, 2010년 제2회, 2013년 제1회 유사, 2014년 제3회 유사, 2015년 제1회, 2016년 제1회 유사]

① 유량이 정확하다.
② 사용 중 수위 조정 등의 관리가 필요하다.
③ 실험실용으로 적합하다.
④ 설치 공간을 작게 차지한다.

2-4. 습식 가스미터에 대한 설명으로 틀린 것은?

[2004년 제1회 유사, 2007년 제2회 유사, 2008년 제3회 유사, 2010년 제1회 유사, 2013년 제3회 유사, 2017년 제3회]

① 추량식이다.
② 설치 공간이 크다.
③ 정확한 계량이 가능하다.
④ 일정 시간 동안의 회전수로 유량을 측정한다.

핵심예제

2-5. 4실로 나누어진 습식 가스미터의 드럼이 10회전했을 때 통과유량이 100[L]이었다면 각 실의 용량은 얼마인가?

[2009년 제2회, 2013년 제1회 유사, 2014년 제1회, 2018년 제2회]

① 1[L]
② 2.5[L]
③ 10[L]
④ 25[L]

2-6. 가스미터에 대한 설명 중 틀린 것은? [2004년 제3회 유사, 2013년 제1회, 2019년 제2회 유사, 2020년 제1·2회 통합]

① 습식 가스미터는 측정이 정확하다.
② 다이어프램식 가스미터는 일반 가정용 측정에 적당하다.
③ 루트미터는 회전자식으로 고속회전이 가능하다.
④ 오리피스 미터는 압력손실이 없어 가스량 측정이 정확하다.

|해설|

2-1
- 막식 가스미터의 감도유량 : 3[L/h] 이하
- 일반 가정용 LP 가스미터의 감도유량 : 15[L/h] 이하

2-2
루츠식 유량계는 맥동에 의한 영향이 작다.

2-3
① 유량이 정확하지 않다.
② 사용 중 수위 조정 등의 관리가 필요하지 않다.
③ 실험실용으로 적합하지 않다.

2-4
습식 가스미터는 실측식이다.

2-6
오리피스 미터는 압력손실이 크다.

정답 2-1 ③ 2-2 ② 2-3 ④ 2-4 ① 2-5 ② 2-6 ④

핵심이론 03 가스미터의 고장

① 불통(不通)
 ㉠ 가스가 미터를 통과하지 못하는 고장
 ㉡ 불통의 원인
  - 크랭크축의 녹
  - 타르나 수분 등에 의한 밸브와 밸브시트의 접착 또는 고착
  - 날개 등에서의 납땜 탈락 등으로 인한 회전장치 부분의 고장
  - 회전자 베어링의 마모에 의한 회전자의 접촉
  - 설치공사 불량에 의한 먼지

② 부동(不動)
 ㉠ 개 요
  - 부동은 가스가 미터를 통과하지만 계량기 지침이 작동하지 않아 계량이 되지 않는 고장이다.
  - 루츠 가스미터의 경우, 회전자는 회전하고 있으나 미터의 지침이 작동하지 않는 고장형태이다.
 ㉡ 부동의 원인
  - 계량막의 파손
  - 밸브의 탈락
  - 밸브와 밸브시트의 틈새 불량
  - 밸브와 밸브시트 사이에서의 누설
  - 지시장치의 기어 불량

③ 떨림 : 가스가 통과할 때에 출구측의 압력변동이 심하게 되어 가스의 연소형태를 불안정하게 하는 고장형태이다.

④ 기차 불량
 ㉠ 개 요
  - 기차 불량은 계량 정밀도가 저하되는 고장이다.
  - 가스미터가 규정된 사용공차를 초과할 때의 고장이다.
 ㉡ 기차 불량의 원인
  - 계량막, 계량막 밸브에서의 가스 누설
  - 밸브와 밸브시트의 사이에서의 가스 누설
  - 패킹부에서의 누설
  - 가스미터의 노후, 충격, 부품의 마모 및 외부 영향

• 계량막 신축으로 인한 계량실 부피 변화
• 회전자 베어링의 마모에 의한 간격 증대
• 설치 오류, 충격

㉢ 기차(오차) $= \frac{\text{기준값} - \text{측정값}}{\text{기준값} } \times 100[\%]$

⑤ 감도 불량

㉠ 감도 불량은 미터에 감도유량이 흘렀을 때 미터지침의 시도(示度)에 변화가 나타나지 않는 고장이다.

㉡ 감도 불량의 원인
• 계량막 밸브의 누설
• 밸브와 밸브시트 사이에서의 누설
• 패킹부에서의 누설

⑥ 이물질로 인해 불량이 생기는 원인 : 연동기구가 변형된 경우, 크랭크축에 이물질이 들어가 회전부에 윤활유가 없어진 경우, 밸브와 시트 사이에 점성물질이 부착된 경우

핵심예제

3-1. 막식 가스미터에서 가스는 통과하지만 미터의 지침이 작동하지 않는 고장이 일어났다. 예상되는 원인으로 가장 거리가 먼 것은? [2008년 제1회, 2016년 제1회]

① 계량막의 파손
② 밸브의 탈락
③ 회전장치 부분의 고장
④ 지시장치 톱니바퀴의 불량

3-2. 루츠 가스미터의 고장에 대한 설명으로 틀린 것은? [2003년 제2회, 2018년 제3회]

① 부동 - 회전자는 회전하고 있으나 미터의 지침이 움직이지 않는 고장
② 떨림 - 회전자 베어링의 마모에 의한 회전자 접촉 등에 의해 일어나는 고장
③ 기차 불량 - 회전자 베어링의 마모에 의한 간격 증대 등에 의해 일어나는 고장
④ 불통 - 회전자의 회전이 정지하여 가스가 통과하지 못하는 고장

|해설|

3-1
가스는 통과하지만 미터의 지침이 작동하지 않는 고장은 부동(不動)이다. ①, ②, ④는 부동의 원인이지만 ③은 불통(不通 : 가스가 미터를 통과하지 못하는 고장)의 원인이다.

3-2
회전자 베어링의 마모에 의한 회전자 접촉 등에 의해 일어나는 고장은 불통이다.

정답 3-1 ③ 3-2 ②

핵심이론 04 가스검지

① 가스검지법의 개요

㉠ 가스검지법은 독성가스나 가연성 가스 저장소에서 가스 누출로 인한 폭발 및 가스중독을 방지하기 위하여 현장에서 누출 여부를 확인하는 방법이다.

㉡ 가스검지법의 분류 : 시험지법, 검지관법, 가연성 가스검출기법

㉢ 가스검지기의 구비조건

- 성능 : 재현성, 정밀도, 반응속도, 측정범위, 선택성, 사용조건(주위 온습도)
- 신뢰성 : 장기 안정성, 수명, 열화속도, 주위조건 변화 적응성
- 기타 특성 : 보수 용이성, 합리적인 가격, 경량, 소형, 소비전력

㉣ 가스검지기 선정 시 고려사항 : 검지대상가스, 검지범위, 검지방법, 주위조건(온도, 습도, 주변 가스성분 등), 외부 연결기기, 설치방법, 측정가스, 전원, 향후 확장계획, 보수 등

② 시험지법

㉠ 시험지법은 검지가스와 반응하는 시약을 침투시켜 색이 변하는 것으로 가스를 검지하는 방법이다.

㉡ 검지가스별 시험지와 누설 변색 색상

- 아세틸렌(C_2H_2) : 염화 제1동 착염지 - 적색
- 암모니아(NH_3), 알칼리성 가스 : (적색) 리트머스 시험지 - 청색
- 염소(Cl_2), 할로겐, NO_2 : KI 전분지(아이오딘화칼륨, 녹말종이) - 청(갈)색
- 일산화탄소(CO) : 염화팔라듐지 - 흑색
- 사이안화수소(HCN) : 질산구리벤젠지(초산벤젠지) - 청색
- 포스겐($COCl_2$) : 하리슨시험지 - 심등색
- 황화수소(H_2S) : 연당지(초산납지) - 흑(갈)색

※ 연당지 : 초산납을 물에 용해하여 만든 가스시험지

③ 검지관법

㉠ 개 요

- 검지관법은 화학공장에서 누출된 유독가스를 신속하게 현장에서 검지 정량하는 방법이다.
- 검지관은 내경 2~4[mm]의 유리관에 발색시약을 흡착시킨 검지제를 충전하여 양끝을 막은 것이다.
- 사용할 때에는 양끝을 절단하여 측정한다.
- 국지적인 가스누출검지에 사용된다.

㉡ 검지가스별 측정농도의 범위 및 검지한도

- 아세틸렌(C_2H_2) : 0~0.3[%], 10[ppm]
- 암모니아(NH_3) : 0~25[%], 5[ppm]
- 염소(Cl_2) : 0~0.004[%], 0.1[ppm]
- 일산화탄소(CO) : 0~0.1[%], 1[ppm]
- 수소(H_2) : 0~1.5[%], 250[ppm]
- 산소(O_2) : 0~30[%], 1,000[ppm]
- 프로판(C_3H_8) : 0~5[%], 100[ppm]
- 황화수소(H_2S) : 0~0.18[%], 0.5[ppm]

④ 가연성 가스 검출기법

㉠ 안전등형 : 석유램프를 사용하여 불꽃 길이에 의하여 가스농도를 측정하며 주로 탄광 내에서 메탄(CH_4) 가스의 발생을 검출하는 데 적당한 가연성 가스검출방법이다.

- 메탄이 존재하면 불꽃이 커진다.
- 청색 불꽃의 길이로 메탄의 농도를 추정한다.

불꽃 길이[mm]	메탄농도[%]
7	1
8	1.5
9.5	2
11	2.5
13.5	3
17	3.5
24.5	4
47	4.5

㉡ 간섭계형 : 가스의 굴절률 차이를 이용하여 가스농도를 측정한다.

㉢ 열선형 : 열전도식과 접촉연소식이 이에 속한다.

㉣ 반도체형 : 반도체식과 열선형 반도체식이 이에 속한다.

⑤ 센서에 따른 가스검지방식의 종류

㉠ 접촉연소식 가스검지기 : 백금 필라멘트 촉매가 가연성 가스를 함유한 공기와 접촉하여 산화반응을 일으키는 방식

- 촉매의 표면 위에서 가스의 촉매연소에 의해 발생하는 열의 증감에 따른 저항의 변화를 측정한다.
- 대상 가스 : 가연성 가스
- 가연성 가스의 검지방식으로 가장 적합하다.
- 정밀도가 좋고 안정성이 양호하다.
- 가격이 저렴하다.
- 가연성 가스는 검지대상이 되므로 특정 성분만 검지할 수 없다.
- 측정가스의 반응열을 이용하므로 가스는 일정 농도 이상이 필요하다.
- 완전연소가 일어나도록 충분한 공기를 공급해 준다.
- 연소반응에 따른 필라멘트의 전기저항 증가를 검출한다.
- 검지회로

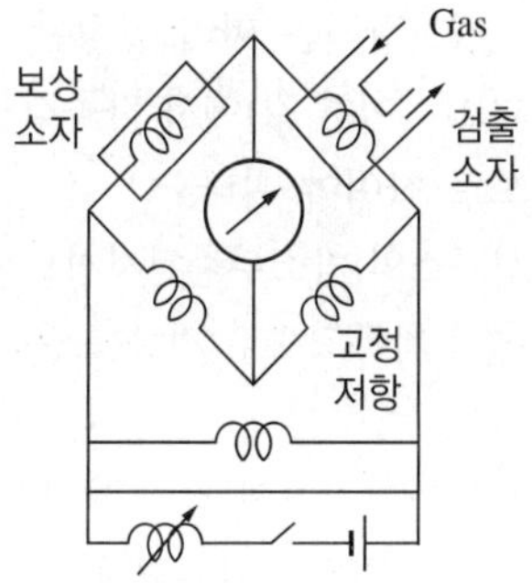

㉡ 반도체식 가스검지기 : 350[℃] 전후에서 가연성 가스를 산화주석에 통과시키면 그 표면에 가스가 흡착되어 전기전도도가 상승하는 성질을 이용하여 가스 누출을 검지하는 방식

- 대상가스 : 가연성 가스, 독성가스
- 사용 반도체 재료 : 산화주석(SnO_2)
- 안정성이 우수하며, 센서 수명이 길다.
- 미량가스에 대한 출력이 높으므로 감도가 좋다.
- 낮은 농도에서 민감하게 반응하므로 저농도용으로 사용된다.
- 응답속도를 빠르게 하기 위해 가열해 준다.
- 소형·경량화가 가능하며 응답속도가 빠르다.
- 가격은 보통이다.
- 주위 조건에 따른 보상능력이 부족하다.
- 정밀도, 신뢰성, 선택성이 모두 낮다.

㉢ 열선형 반도체식 가스검지기 : 산화된 금속 반도체의 표면에 가스 흡착의 전기적 변화를 백금 코일의 양끝의 저항에 따른 고체의 열전도의 변화를 측정하는 방식

- 대상가스 : 가연성 가스, 독성가스
- 열전도효과를 원리로 한다.
- 반도체식을 대체할 수 있다.
- 수명이 길며 정밀도, 신뢰성, 선택성 모두 높다.
- 가격이 비싸다.

㉣ 열전도식 가스검지기 : 열선형으로 백금선의 전기저항의 변화로 가스를 검지하는 가스검지기이다.

- 공기와의 열전도도 차가 클수록 감도가 좋다.
- 출력이 선형적으로 나타나므로 높은 가스농도 측정에 적합하다.
- 고농도의 가스를 측정할 수 있다.
- 오랜 기간 동안 안정한 상태를 유지한다.
- 안정성이 좋고 주변의 온도 변화에 대해 매우 민감한 보상이 가능하다.
- 산소 없이도 측정 가능하다.
- 가연성 가스 이외의 가스도 측정할 수 있다.
- 자기가열된 서미스터에 가스를 접촉시키는 방식이다.
- 서모스탯식 가스검지기 : 가스와 공기의 열전도도가 다른 것을 측정원리로 하는 검지기

㉤ 갈바닉전지식 가스검지기 : 은이나 금 등의 귀금속을 양극으로 하고 납을 음극으로 하여 이것을 전해질 용액(가성소다 수용액) 속에 침전시켜 가스 중의 산소가 전해질 용액 중에 녹아 남은 산소에 비례하여 발생되는 환원전류를 측정하는 방식

- 대상가스 : O_2 가스
- 반도체식을 대체할 수 있다.
- 정밀도가 좋고 신뢰성이 높다.
- 가격은 보통이다.

㉥ 정전위전해식 가스검지기 : 가스 투과성의 격막을 통하여 전해질에 확산 및 흡수된 가스를 산화시키고 이때 발생하는 전류로 가스농도를 측정하는 방식
- 대상가스 : 가연성 가스, 독성가스
- 정밀도와 감도가 좋고 선택성, 반응성이 양호하다.
- 선형 출력 특성을 지닌다.
- 소형, 경량이므로 취급이 용이하다.
- 반도체용 특수재료가스의 검지방법에는 정전위전해법이 널리 사용된다.
- 유지 및 보수비용이 많이 든다.
- 가격이 비싸다.

㉦ 수소염화이온화식 가스검출기 : 수소불꽃 속에 시료가 들어가면 전기전도도가 증대하는 현상을 이용한 가스검지방식
- 검지성분은 탄화수소에 한한다.
- 탄화수소의 상대감도는 탄소수에 비례한다.
- 검지감도가 다른 감지기에 비하여 매우 높다.

㉧ 적외선식 가스검출기
- 대상가스 : 가연성 가스, H_2S 가스
- 정밀도가 양호하고 신뢰성이 높다.
- 가격이 비싸다.

⑥ 경보 및 가스검지 관련 제반사항

㉠ 가스누출검지경보장치
- 가스검지기의 경보방식
  - 즉시 경보형 : 가스농도가 경보설정치에 도달하면 즉시 경보를 발하는 경보방식
  - 경보 지연형 : 가스농도가 경보설정치에 도달한 후 그 농도 이상으로 계속해서 유지될 경우 일정시간(20~60초) 경과 후에 경보를 발하는 경보방식
  - 반시한 경보형(반즉시 경보형) : 가스농도가 설정치에 도달한 후 그 농도 이상으로 계속해서 지속되는 경우에 가스농도가 높을수록 경보 지연시간을 짧게 한 경보방식
- 경보농도는 가연성 가스인 경우 폭발하한계의 1/4 (25[%]) 이하, 독성가스는 TLV-TWA 기준농도 이하로 한다.
- 가연성 가스누출감지경보기는 담배연기 등에, 독성가스 누출감지경보기는 담배연기, 기계 세척유 가스, 등유의 증발가스, 배기가스 및 탄화수소계 가스, 기타 잡가스에는 경보가 울리지 않아야 한다.
- 경보를 발신한 후에는 가스농도가 변화하여도 계속 경보를 울려야 하며, 그 확인 또는 대책을 조치할 때에는 경보가 정지되어야 한다.
- 지시계의 눈금범위
  - 가연성 가스용 : 0~폭발하한계값
  - 독성가스인 경우 : 0~TLV-TWA 기준농도 3배 값
- 가스검지에서 발신까지의 소요시간은 경보농도의 1.6배 농도에서 보통 30초 이내이어야 한다. 다만, 암모니아, 일산화탄소 또는 이와 유사한 가스 등을 감지하는 가스누출감지경보기는 1분 이내로 한다.
- 하나의 검지대상가스가 가연성이면서 독성인 경우에는 독성가스를 기준으로 가스누출검지경보장치를 선정한다.
- 가연성 가스, 도시가스 제조소에 설치된 가스누출검지경보장치는 미리 설정된 가스농도(폭발하한계의 1/4 이하 값)에서 자동적으로 경보를 울리는 것으로 하여야 한다.
- 독성가스의 가스누출검지경보장치는 허용농도 이하에서 자동적으로 경보를 울리는 것으로 하여야 한다.
- 가스누출검지기의 검지 부분은 백금, 리튬, 바나듐 등의 재질이 사용된다.
- 가스에 접촉하는 부분은 내식성의 재료 또는 충분한 부식방지처리를 한 재료를 사용하고, 그 외의 부분은 도장이나 도금처리가 양호한 재료이어야 한다.
- 충분한 강도를 지니며 취급 및 정비가 쉬워야 한다.
- 가연성 가스(암모니아 제외) 누출감지경보기는 방폭성능을 갖는 것이어야 한다.
- 수신회로가 작동 상태에 있는 것을 쉽게 식별할 수 있어야 한다.
- 경보는 램프의 점등 또는 점멸과 동시에 경보를 울리는 것이어야 한다.

- 가스누출감지경보기는 항상 작동 상태이어야 하며, 정기적인 점검과 보수를 통하여 정밀도를 유지하여야 한다.
- 검지기의 설치 위치
  - 도시가스(LNG) 등 공기보다 가벼운 가스 : 검지기 하단은 천장면 등의 아래쪽 0.3[m] 이내에 부착한다.
  - LPG 등 공기보다 무거운 가스 : 검지기 상단은 바닥면 등에서 위쪽으로 0.3[m] 이내에 부착한다.
- 경보기는 근로자가 상주하는 곳에 설치하여야 한다.
- 성능시험
  - 시험용 가스는 시판용 표준가스 또는 가스발생장치를 이용하여 정확하게 제조된 표준가스를 사용하여야 한다.
  - 시판용 표준가스 및 검지관은 유효기간 이내의 것을 사용하여야 한다.
  - 측정범위 이내의 경보 설정점과 비슷한 농도의 시험용 가스를 주입하여 가스농도와 지시눈금이 일치되도록 스팬(Span) 조정을 한다.
  - 경보 정밀도는 규정한 범위 이내에서 작동되어야 하며, 스팬 조정이 허용오차 이내로 조정되지 않을 경우에는 감지부를 교체하는 등의 수리를 하여야 한다.
  - 영점(Zero) 조정은 오염되지 않은 대기에서 0[ppm] 또는 0LEL[%]를 지시하도록 조정한다.
  - 응답속도가 규정치 이내에 들어가는지 확인한다.

㉡ 가스누출경보차단장치

- 원격 개폐가 가능하고 누출된 가스를 검지하여 경보를 울리면서 자동으로 가스통로를 차단하는 구조이어야 한다.
- 제어부에서 차단부의 개폐 상태를 확인할 수 있는 구조이어야 한다.
- 차단부가 검지부의 가스검지 등에 의하여 닫힌 후에는 복원 조작을 하지 않는 한 열리지 않는 구조이어야 한다.
- 차단부가 전자밸브인 경우에는 통전의 경우에는 열리고, 정전의 경우에는 닫히는 구조이어야 한다.

㉢ 도시가스의 누출 여부를 검사할 때 사용되는 검지기의 종류 : 검지관식 검지기, 적외선식 검지기, 가연성 가스검지기

- 검지관식 검지기 : 검지관과 가스채취기 등으로 구성되며, 검지관 내부에 시료가스가 송입되면 검지제와의 반응으로 변색된다. 검지관은 한 번 사용하면 다시 사용할 수 없다.
- 적외선식 검지기 : 적외선식 측정원리를 적용하여 가연성, CO_2, CO, N_2O 등의 가스를 연속적으로 감지한다. 내압 방폭구조로서 폭발 위험지역에 설치하며, 산소가 존재하지 않은 환경에서도 사용가능하다.
- 가연성 가스검지기 : 메탄, 프로판, 수소, 에틸알코올, 아세톤 등의 가연성 가스를 검지할 때 가장 적합한 검지기이다.

㉣ 가스검지 관련 제반사항

- 검사 절차를 자동화하려는 계측작업에서 반드시 필요한 장치 : 자동급송장치, 자동선별장치, 자동검사장치
- 가스압력조정기(Regulator)는 공급되는 가스의 압력을 연소기구에 적당한 압력까지 감압시키는 역할을 한다.
- 전자밸브(Solenoid Valve)의 작동원리 : 전류의 자기작용에 의한 작동
- 파이프나 조절밸브로 구성된 계는 유동공정에 속한다.
- 매질 중에서 초음파의 전파속도 $= \frac{L}{t}$

  여기서, L : 초음파의 송수파기에서 액면까지의 거리

  t : 초음파가 수신될 때까지 걸린 시간의 1/2
- 2차 지연형 계측기의 제동비(ξ) :

  $$\xi = \frac{\delta}{\sqrt{4\pi^2 + \delta^2}}$$

  여기서, δ : 대수감쇠율

• 2차 지연형 계측기의 대수감쇠율(δ) :

$$\delta = \frac{2\pi\xi}{\sqrt{1-\xi^2}}$$

여기서, ξ : 제동비

핵심예제

4-1. 독성가스나 가연성 가스 저장소에서 가스 누출로 인한 폭발 및 가스중독을 방지하기 위하여 현장에서 누출 여부를 확인하는 방법으로 가장 거리가 먼 것은?

[2004년 제3회, 2007년 제1회, 2016년 제1회, 제3회 유사]

① 검지관법
② 시험지법
③ 가스크로마토그래피법
④ 가연성 가스 검출법

4-2. 시험지에 의한 가스검지법 중 시험지별 검지가스가 바르지 않게 연결된 것은?

[2007년 제2회 유사, 제3회 유사, 2010년 제3회 유사, 2012년 제2회, 2013년 제1회 유사, 2014년 제2회 유사, 2015년 제1회 유사, 2016년 제1회 유사, 2017년 제1회, 2019년 제1회 유사, 2020년 제1·2회 통합]

① 연당지 - HCN
② KI전분지 - NO_2
③ 염화 팔라듐지 - CO
④ 염화 제1동 착염지 - C_2H_2

4-3. KI-전분지의 검지가스와 변색반응의 색깔이 바르게 연결된 것은? [2004년 제2회, 2016년 제2회]

① 할로겐 - [청~갈색]
② 아세틸렌 - [적갈색]
③ 일산화탄소 - [청~갈색]
④ 사이안화수소 - [적갈색]

4-4. 가스누출 검지관법에 대한 설명으로 옳지 않은 것은?

[2003년 제3회]

① 검지관은 내경 2~4[mm]의 유리관에 발색시약을 흡착시킨 검지제를 충전한다.
② 사용할 때 반드시 한쪽만 절단하여 측정한다.
③ 국지적인 가스 누출 검지에 사용된다.
④ 염소에 대한 측정농도의 범위는 0~0.004[%] 정도이고, 검지 한도는 0.1[ppm]이다.

4-5. 검지관에 의한 프로판의 측정농도 범위와 검지 한도를 각각 바르게 나타낸 것은? [2012년 제3회, 2018년 제1회]

① 0~0.3[%], 10[ppm]
② 0~1.5[%], 250[ppm]
③ 0~5[%], 100[ppm]
④ 0~30[%], 1,000[ppm]

4-6. 가연성 가스검출기의 형식이 아닌 것은?

[2003년 제1회 유사, 2011년 제1회 유사, 2017년 제3회]

① 안전등형 ② 간섭계형
③ 열선형 ④ 서포트형

4-7. 탄광 내에서 CH_4 가스의 발생을 검출하는 데 가장 적당한 방법은? [2004년 제1회, 2006년 제2회 유사, 2009년 제1회, 2018년 제2회, 제3회 유사, 2019년 제1회]

① 시험지법
② 검지관법
③ 질량분석법
④ 안전등형 가연성 가스검출법

4-8. 반도체식 가스누출 검지기의 특징에 대한 설명으로 옳은 것은? [2008년 제2회, 2011년 제3회, 2015년 제1회 유사]

① 안정성은 떨어지지만 수명이 길다.
② 가연성 가스 이외의 가스는 검지할 수 없다.
③ 응답속도를 빠르게 하기 위해 가열해 준다.
④ 미량가스에 대한 출력이 낮으므로 감도는 좋지 않다.

|해설|

4-1

가스검지법

독성가스나 가연성 가스 저장소에서 가스 누출로 인한 폭발 및 가스중독을 방지하기 위하여 현장에서 누출 여부를 확인하는 방법으로, 그 종류로는 시험지법, 검지관법, 가연성 가스 검출기법 등이 있다.

4-2

연당지 – 황화수소(H_2S)

4-3

② 아세틸렌(C_2H_2) : 염화 제1동 착염지 – 적색
③ 일산화탄소(CO) : 염화 팔라듐지 – 흑색
④ 사이안화수소(HCN) : 질산구리벤젠지(초산벤젠지) – 청색

4-4

가스 누출 검지관을 사용할 때에는 양끝을 절단하여 측정한다.

4-5

③ 0~5[%], 100[ppm] : 프로판(C_3H_8)
① 0~0.3[%], 10[ppm] : 아세틸렌(C_2H_2)
② 0~1.5[%], 250[ppm] : 수소(H_2)
④ 0~30[%], 1,000[ppm] : 산소(O_2)

4-6

가연성 가스 검출기의 형식이 아닌 것으로 서포트형, 검지관형, 중화적정형 등이 출제된다.

4-7

안전등형 가연성 가스검출법 : 석유램프의 일종으로 탄광 내에서 CH_4 가스의 발생을 검출하는 데 가장 적당한 가연성 가스 검출방법이다. 메탄이 존재하면 불꽃이 커지며 청색 불꽃의 길이로 메탄의 농도를 추정한다.

4-8

① 안정성이 우수하며 수명이 길다.
② 가연성 가스뿐만 아니라 독성가스도 검지할 수 있다.
④ 미량가스에 대한 출력이 높아 감도가 좋다.

정답 4-1 ③ 4-2 ① 4-3 ① 4-4 ② 4-5 ③ 4-6 ④ 4-7 ④ 4-8 ③

제4절 | 자동제어

핵심이론 01 자동제어의 개요

① 자동제어 관련 용어

㉠ 목표값 : 자동제어에서 희망하는 제어량(온도 등)에 일치시키려는 물리량

㉡ 뱅뱅 : 제어량이 목표값을 중심으로 일정한 폭의 상하 진동을 하게 되는 현상

㉢ 언더슈트(Undershoot) : 동작 간격에 못 미쳐서 미달되는 오차

㉣ 오버슈트(Overshoot) : 동작 간격으로부터 벗어나 초과되는 오차

㉤ 오프셋(Off-set, 잔류편차) : 정상 상태로 되고 난 다음에도 남는 제어동작

㉥ 외란 : 제어량의 값이 목표값과 달라지게 하는 외부로부터의 영향

㉦ 펄스 : 계측시간이 짧은 에너지의 흐름

㉧ 히스테리시스 : 자동제어계측기의 정특성에서 입력값을 증가시키면서 발생되는 출력값과 입력을 감소시키면서 발생되는 출력값의 차이

② 제어시스템

㉠ 개루프 제어계와 폐루프 제어계

- 개루프 제어(Open Loop Control)시스템 : 가장 간단한 장치이며 제어동작이 출력과 관계없이 신호의 통로가 열려 있는 제어

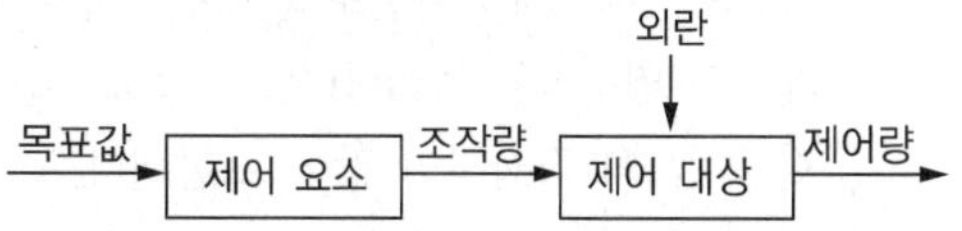

– 미리 정해진 순서에 따라 제어의 각 단계를 순차적으로 행하는 시퀀스 제어가 대표적이다.
– 제어 동작이 출력과 무관한 간단한 제어이지만 오차가 발생되며 출력이 목표값과 비교되어 제어편차를 수정하는 과정이 없으므로 오차 수정이 어렵다.

• 폐루프 제어(Closed Loop Control)시스템 : 제어의 최종신호값이 이 신호의 원인이 되었던 전달요소로 되돌려지는 제어방식

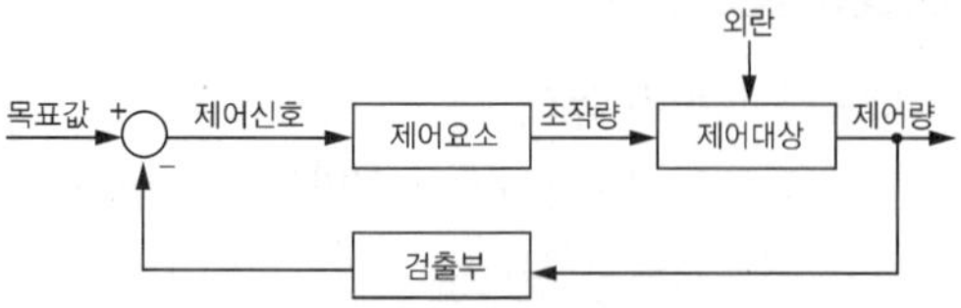

- 출력의 결과를 목표치와 비교하여 앞 단계로 되돌려 수정하는 피드백 제어(Feedback Control, 되먹임 제어)가 대표적이다.

  ※ 피드백(Feedback) : 폐루프를 형성하여 출력측의 신호를 입력측에 되돌리는 것
- 출력값을 피드백시켜 목표값과 비교하여 그 차이에 비례하는 동작신호를 제어계에 다시 보내어 오차를 수정시키므로 개루프제어에 비하여 정확성이 매우 우수하고 신뢰성이 높은 제어방식이다.
- 장단점

장 점	단 점
• 외부조건 변화에 대한 영향 감소 • 제어기 성능에 영향을 많이 받지 않음 • 제어계 특성 향상 • 정확성 우수(목표값에 정확하게 도달)	• 고 가 • 복잡하며 불안정 우려 요인이 있음 • 특성 변화에 대한 입력 대 출력 비의 감도가 감소

㉡ 제어 정보 표시형태에 의한 분류

• 아날로그제어계 : 아날로그신호로 처리되는 제어계로서 연속적인 물리량(온도, 습도, 길이, 조도, 질량 등)의 직접적인 값이 포함된다.

• 디지털제어계 : 시간과 정보의 크기를 모두 불연속적으로 표현한 제어계로 디지털신호를 사용하며 제어 정보는 카운터, 레지스터 등의 기구를 통해 입력된다(컴퓨터를 사용하는 제어).

• 2진 제어계 : 2진 신호를 이용하여 제어하는 자동화에 가장 많이 적용하는 시스템(하나의 제어변수에 두 가지의 가능한 값, 신호의 유무, 온오프, 인아웃(I/O), 실린더의 전진과 후진, 모터의 기동과 정지 등)

㉢ 제어 시점에 의한 분류

• 시한제어 : 제어 순서・제어명령 실행시간을 기억시키고 정해진 시간이 되면 제어의 각 동작이 행해지는 제어이다.

• 순서제어 : 제어 순서를 기억시키고 제어의 각 동작은 전 단계 동작 완료 감지장치의 신호에 의해 행해지는 제어로 가장 많이 사용된다.

• 조건제어 : 순서 제어가 확정된 제어로 검출결과를 종합하여 제어 명령을 실행・결정하는 제어이다.

㉣ 신호처리방식에 의한 분류

• 동기제어계 : 시간과 관계된 신호에 의하여 제어되는 제어시스템

• 비동기제어계 : 시간과 관계없이 입력신호 변화에 의해서 제어되는 제어시스템

• 논리제어계 : 요구 입력의 조건에 맞는 신호가 출력되는 시스템

• 시퀀스제어계 : 제어프로그램에 의해 미리 결정된 순서대로 제어신호가 출력되어 순차적인 제어를 행하는 제어

㉤ 제어 대상이 되는 제어량의 종류(성질)에 의한 분류 : 프로세스제어, 서보기구제어, 자동조정제어

• 프로세스제어 : 원료에 물리적・화학적 처리를 가하여 제품을 만들어 내는 프로세스제어량(온도, 압력, 유량, 액면(액위), 조성, 점도, 효율 등)을 제어하며 철강업・화학공장・발전소와 같은 제조공정용 플랜트에 이용된다.

• 서보기구제어 : 서보기구의 제어량(위치, 방향, 자세)을 목표값의 임의 변화에 추종되게 구성시킨 제어계

- 레이더의 방향 및 선박과 항공기의 방향제어 등에 사용되는 제어방식이다.
- 공작기계・선박의 방향제어・산업용 로봇・비행기・미사일제어・추적용 레이더 등에 이용된다.

- 자동조정제어 : 전기적인 양(전력, 전류, 전압, 주파수 등) 또는 기계적인 양(위치, 속도, 압력 등)을 제어량으로 하며 이것을 일정하게 유지하는 것을 목적으로 하는 제어방식으로, 응답속도가 매우 빨라야 한다. 정전압장치·발전기의 조속기 등에 이용된다.

ⓗ 제어를 행하는 과정에 따른 분류
- 파일럿 제어 : 요구되는 입력조건이 만족되면 그에 상응하는 출력신호가 발생되는 형태를 요구하는 제어
  - 메모리 기능이 없고 여러 입출력 요소가 있을 때는 논리적인 해결을 위해 불 대수가 이용되므로 논리제어라고도 하는 제어방식이다.
  - 입력과 출력이 1:1 대응관계에 있는 시스템이다.
- 메모리제어 : 출력에 영향을 줄 반대되는 입력신호가 들어올 때까지 이전에 출력된 신호를 유지하는 제어
- 시간에 따른 제어 : 전 단계와 다음 단계의 작업사이에는 상관없이 제어가 시간의 변화에 따라 이루어지는 제어
- 조합제어 : 요구 입력의 조건에 관련된 신호가 출력되는 제어
- 시퀀스제어 : 미리 정해진 순서에 따라 순차적으로 진행하는 제어방식

ⓢ 목표값에 따른 제어의 분류 : 정치제어, 추치제어(추종제어, 프로그램제어, 캐스케이드제어, 비율제어)
- 정치제어(Constant-value Control) : 목표값이 시간적으로 변하지 않고 일정한 제어(프로세스제어, 자동조정)
- 추치제어 : 목표값을 측정하는 데 제어량을 목표값에 일치되도록 하는 제어방식
  - 추종제어(Follow-up Control)
    - ⓐ 목표값의 변화가 시간적으로 임의로 변하는 제어(서보기구)
    - ⓑ 목표치가 시간에 따라 변화하지만, 변화의 모양은 예측할 수 없다.
  - 프로그램제어(Program Control) : 목표값이 미리 정해진 계측에 따라 시간적 변화를 할 경우 목표값에 따라 변하도록 하는 제어
    - ⓐ 목표값이 미리 정한 프로그램에 따라서 시간과 더불어 변화하거나 제어 순서 등을 지정한다.
    - ⓑ 적용 : 금속이나 유리 등의 열처리, 가스크로마토그래피의 온도제어 등
  - 캐스케이드제어(Cascade Control) : 2개의 제어계를 조합하여 1차 제어장치가 제어량을 측정하여 제어 명령을 내리고, 2차 제어장치가 이 명령을 바탕으로 제어량을 조절하는 제어
    - ⓐ 측정제어라고도 한다.
    - ⓑ 1차 제어장치가 제어량을 측정하고 2차 조절계의 목표값을 설정하는 것으로, 외란의 영향이나 낭비시간 지연이 큰 프로세서에 적용되는 제어방식이다.

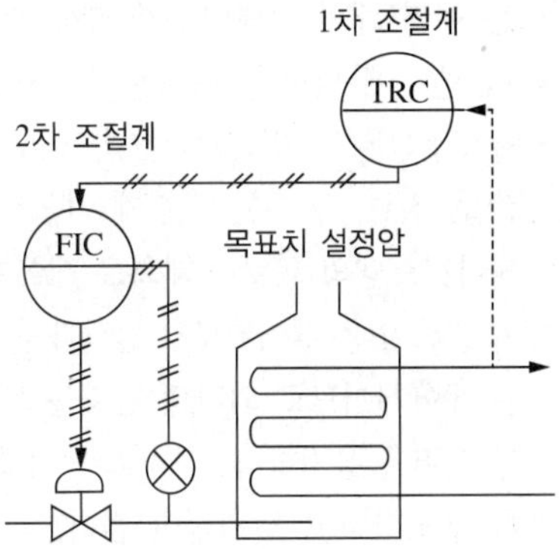

    - ⓒ 1차 제어장치가 제어량을 측정하여 제어 명령을 하고, 2차 제어장치가 이 명령을 바탕으로 제어량을 조절하는 제어방식이다.
    - ⓓ 2개의 제어계를 조합하여 제어량을 1차 조절계로 측정하고 그 조작 출력으로 2차 조절계의 목표치를 설정하는 제어방식이다.
    - ⓔ 프로세스계 내에 시간 지연이 크거나 외란이 심할 경우 조절계를 이용하여 설정점을 작동시키게 하는 제어방식이다.

ⓕ 보일러에 여러 대의 버너를 사용하여 연소실의 부하를 조절하는 경우 버너의 특성 변화에 따라 버너 대수를 수시로 바꾸는데, 이때 사용하는 제어방식으로 가장 적당한 제어방식이다.

ⓖ 계 전체의 지연을 작게 하는데 유효하기 때문에 출력측에 낭비시간이나 시간 지연이 큰 프로세스제어에 적합한 제어방법이다.

ⓗ 단일 루프제어에 비해 외란의 영향을 줄이고 계 전체의 지연을 작게 하는 데 유효하기 때문에 출력측에 낭비시간이나 지연이 큰 프로세스제어에 이용되는 제어이다.

– 비율제어 : 목표치가 다른 양과 일정한 관계에서 변화되는 추치제어

③ 제어와 자동제어

㉠ 제어(Control) : 목적에 적합하도록 되어 있는 대상에 필요한 조작을 가하는 것으로, 시스템 내의 하나 또는 여러 개의 입력변수가 약속된 법칙에 의하여 출력 변수에 영향을 미치는 공정이다.

- 제어량 : 온도, 압력, 시간, 속도, 유량, 위치, 방향, 전압, 전류, 주파수 등을 제어하고자 하는 물리량
- 제어시스템의 회로 : 개회로 제어계(신호의 흐름이 열려 있는 제어계로서 입력과 출력이 서로 독립된 제어계이므로 외란의 영향을 무시하고 제어계의 출력을 유지한다. 설치비가 저렴하지만 제어계가 부정확하고 신뢰성이 없다)
- 제어 명령 : 정성적 제어, 정량적 제어

– 정성적 제어 : 제어회로를 온오프, 유무 상태 등 두 동작 중 한 동작에 의하여 제어 명령이 내려지는 제어방법

– 정량적 제어 : 제어량을 지시하는 지시계와 목표값을 나타내는 지시계를 달아 놓아 양자의 지시량을 비교하여 제어량이 목표값에 일치되도록 하는 제어방법

– 제어시스템을 선택하는 경우 : 외란변수에 의한 영향이 무시할 수 있을 정도로 작을 때, 특징과 영향을 확실히 알고 있는 하나의 외란변수만 존재할 때, 외란변수의 변화가 아주 작을 때

> **외란변수**(Disturbance Variables)
> - 제어계의 상태를 어지럽게 교란시키는 바람직하지 않은 영향을 주는 외적 요인
> - 외란 원인 : 가스의 공급압력, 가스의 공급온도, 저장탱크의 주위 온도, 가스 유출량, 틈새바람 등 (가스의 공급속도는 내적 요인이므로 외란이 아닌 내란으로 분류되며 탱크의 외관은 이들과 무관하다)

㉡ 자동제어 : 제어하고자 하는 하나의 변수가 계속 측정되어서 다른 변수, 즉 지령치와 비교되며 그 결과가 첫 번째의 변수를 지령치에 맞추도록 수정을 가하는 것

- 자동제어의 회로 : 폐회로 제어시스템(신호의 흐름이 닫혀 있는 제어계로서 외란의 영향에 대응하는 제어가 폐회로제어이다. 센서를 통해 출력을 연속적으로 감시한다. 설치비가 비싸지만 제어계가 정확하고 신뢰성이 높다)
- 외란에 의한 출력값 변동을 입력변수로 활용한다.
- 제어하고자 하는 변수가 계속 측정된다.
- 피드백신호를 필요로 한다.
- 자동제어시스템을 선택하는 경우 : 여러 개의 외란변수가 존재할 때, 외란 변수들의 특징과 값이 변화할 때

> **시퀀스제어**(Sequence Control)
> - 제어프로그램에 의해 미리 결정된 순서대로 제어신호가 출력되어 순차적인 제어를 행하는 제어
> - 미리 정해 놓은 순서에 따라 제어의 각 단계가 순차적으로 진행되는 제어방식
> - 일반적으로 공장 자동화에 가장 많이 응용되는 제어방법
> - 이전 단계작업의 완료 여부를 리밋스위치 또는 센서를 이용하여 확인한 후 다음 단계의 작업 수행
> - 메모리 기능이 없고 여러 개의 입출력 사용 시 불 대수가 이용된다.
> - 시퀀스 제어의 예 : 교통신호등의 신호제어, 승강기의 작동제어, 자동판매기의 작동제어, 전열기에 의해 자동으로 물을 끓일 경우 등

피드백제어
- 폐루프를 형성하여 출력측의 신호를 입력측에 되돌리는 제어로 되먹임제어라고도 한다.
- 피드백에 의해 제어량과 목표값을 비교하고 그들이 일치되도록 정정 동작을 하는 제어이다.
- 되먹임제어는 정량적 제어, 폐루프제어, 비교제어이다.
- 목표값에 정확히 도달할 수 있다.
- 제어계의 특성을 향상시킬 수 있다.
- 외부조건의 변화에 영향을 줄일 수 있다.
- 제어기 부품들의 성능이 다소 나빠져도 큰 영향을 받지 않는다.
- 입력과 출력을 비교하는 장치가 반드시 필요하다.
- 기계제어에서는 입력신호에 대하여 어떤 출력신호를 얻을 수 있는가를 추산하는 것이 중요하다.
- 가장 핵심적인 역할을 수행하는 장치는 목표값과 제어량을 비교하는 비교기(비교부)이다.
- 목표값과 출력결과가 일치할 때까지 제어를 되풀이하므로 외부로부터 예측하지 못한 방해가 들어오는 경우 이에 대응하기 쉬운 제어라고 할 수 있다.
- 설정부 : 피드백제어계에서 설정한 목표값을 피드백신호와 같은 종류의 신호로 바꾸는 역할을 하는 부분이다.
- 자동제어의 분류 중 폐루프제어는 피드백신호가 요구된다.
- 제어폭이 증가(Band Width)되며 정확성이 높다.
- 대역폭이 증가계의 특성 변화에 대한 입력 대 출력비의 감도가 감소한다.
- 피드백을 하면 외란이나 잡음신호의 영향을 줄일 수 있다.
- 설비비의 고액 투입이 요구된다.
- 운영에 있어 고도의 기술이 요구된다.
- 설계가 복잡하고 제작비용이 비싸진다.
- 일부 고장이 있으면 전 생산에 영향을 미친다.
- 수리가 쉽지 않다.
- 동작신호 : 기준 압력과 주피드백량의 차로서 제어동작을 일으키는 신호이다.

④ 자동제어의 4대 기본장치 : 조절부, 조작부, 검출부, 비교부

㉠ 검출부
- 제어대상으로부터 제어에 필요한 신호를 나타내는 부분
- 압력, 온도, 유량 등의 제어량을 계측하여 신호로 나타내는 부분
- 제어량을 검출하고 기준 입력신호와 비교시키는 요소

㉡ 비교부
- 목표값과 제어량을 비교하는 장치
- 목표량인 기준 입력요소와 주피드백량과의 차이를 구하는 부분

㉢ 조절부(조절기, Controller) 또는 판단부 : 제어편차에 따라 일정한 신호를 조작요소에 보내는 장치
- 기본입력과 검출부 출력의 차를 조작부에 신호로 전하는 부분
- 기준입력과 주피드백신호의 차에 의해서 일정한 신호를 조작요소에 보내는 제어장치

㉣ 조작부(조작기, Actuator)
- 조절부로부터 받은 신호를 조작량으로 변환하여 제어대상에 보내는 장치
- 전압 또는 전력증폭기, 제어밸브, 서보전동기(Servo Motor) 등으로 되어 있으며 조절부에서 나온 신호를 증폭시켜 제어대상을 작동시키는 장치
- 조작장치
  - 공기식 조작장치 : 다이어프램밸브가 대표적으로 사용되는 장치
  - 유압식 조작장치
  - 전기식 조작장치
  - 혼합식 조작장치

⑤ 자동제어 관련 제반사항

㉠ 자동제어의 일반적인 동작 순서 : 검출 → 비교 → 판단 → 조작
- 제어대상을 계측기를 사용하여 검출한다.
- 목표값으로 이미 정한 물리량과 비교한다.

• 결과에 따른 편차가 있으면 판단하여 조절한다.
• 조작량을 조작기에서 증감한다.

ⓛ 액면 조절을 위한 자동제어의 구성 : 액면계 → 전송기 → 조절기 → 조작기 → 밸브

ⓒ 계측기의 일반적인 주요 구성 : 검출부, 변환부, 전송부(전달부), 지시부

ⓔ 온도계 중 백금저항 온도계, 서미스터(Thermister) 저항 온도계, 크로멜-알루멜 열전대 온도계 등은 자동제어에 사용하기 적합하나, 베크만 온도계는 구조상 자동제어에 사용하기 부적당하다.

ⓜ 대규모의 플랜트가 많은 화학공장에서 사용하는 제어방식에 비율제어(Ratio Control), 종속제어(Cascade Control), 전치제어(Feed Forward Control) 등은 해당되지만 요소제어(Element Control)는 아니다.

ⓗ 가스보일러의 자동연소제어
• 가스보일러의 자동연소제어에서의 조작량 : 연료량, 연소가스양, 공기량 등
• 증기식 가스보일러의 자동연소제어에서의 제어량 : 증기압력

ⓢ 가스 공급용 저장탱크의 가스 저장량을 일정하게 유지하기 위하여 탱크 내부의 압력을 측정하고 측정된 압력과 설정압력(목표압력)을 비교하여 탱크에 유입되는 가스의 양을 조절하는 자동제어계가 있다. 탱크 내부의 압력을 측정하는 동작은 검출에 해당한다.

ⓞ 제어회로에 사용되는 기본논리
• 논리곱(AND) 연산 : 변수 A와 B가 모두 성립할 때, 변수 Y가 성립할 때(Y는 A와 B의 논리곱(AND) 연산)이며 논리식은 $Y = A \cdot B$로 표시한다. Y가 1이 되기 위해서는 A와 B가 모두 1이 되어야 한다.
• 논리합(OR) 연산 : 변수 A와 B 중 어느 한쪽만 성립할 때, 변수 Y가 성립할 때(Y는 A와 B의 논리합(OR) 연산)이며 논리식은 $Y = A + B$로 표시한다. Y가 1이 되기 위해서는 A 또는 B 중 어느 하나가 1이면 된다.
• 부정(NOT) 연산 : 변수 A가 아니면 변수 Y이거나, 변수 A이면 변수 Y가 부정되면 A와 Y는 부정(NOT) 연산 관계를 지닌다. 논리식은 $Y = \overline{A}$로 표시되며 Y가 1이 되기 위해서는 A가 0이 되어야 한다.

논리곱(AND)	논리합(OR)	부정(NOT) 연산
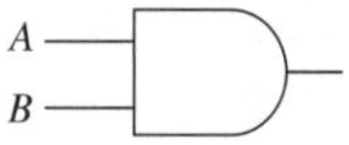	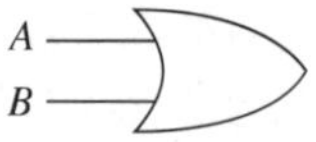	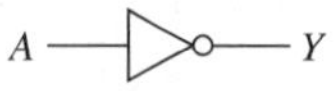

핵심예제

1-1. 다음 중 프로세스제어량으로 보기 어려운 것은?
[2008년 제1회 유사, 제2회, 2015년 제3회]

① 온 도　　② 유 량
③ 밀 도　　④ 액 면

1-2. 전기로의 온도를 10[℃/min]의 속도로 올려서 노 내의 온도를 500[℃]로 만들어 2시간 유지시킨 후 5[℃/min]의 속도로 온도를 내려서 상온에 도달시키고자 할 때 어떤 제어방법을 사용하는 것이 가장 좋은가? [2007년 제1회]

① 정치제어
② 추종제어
③ 캐스케이드제어
④ 프로그램제어

1-3. 전력, 전류, 전압, 주파수 등을 제어량으로 하며 이것을 일정하게 유지하는 것을 목적으로 하는 제어방식은?
[2016년 제2회, 2019년 제3회]

① 자동조정　　② 서보기구
③ 추치제어　　④ 정치제어

1-4. 변화되는 목표치를 측정하면서 제어량을 목표치에 맞추는 자동제어방식이 아닌 것은?
[2012년 제3회, 2017년 제1회, 2021년 제1회]

① 추종제어　　② 비율제어
③ 프로그램제어　　④ 정치제어

핵심예제

1-5. 되먹임제어의 특성에 대한 설명으로 틀린 것은?

[2012년 제2회 유사, 2014년 제1회, 2016년 제3회]

① 목표값에 정확히 도달할 수 있다.
② 제어계의 특성을 향상시킬 수 있다.
③ 외부조건의 변화에 영향을 줄일 수 있다.
④ 제어기 부품들의 성능이 다소 나빠지면 큰 영향을 받는다.

1-6. 다음 그림과 같은 논리회로의 출력 Y를 옳게 나타낸 것은?

[2007년 제1회]

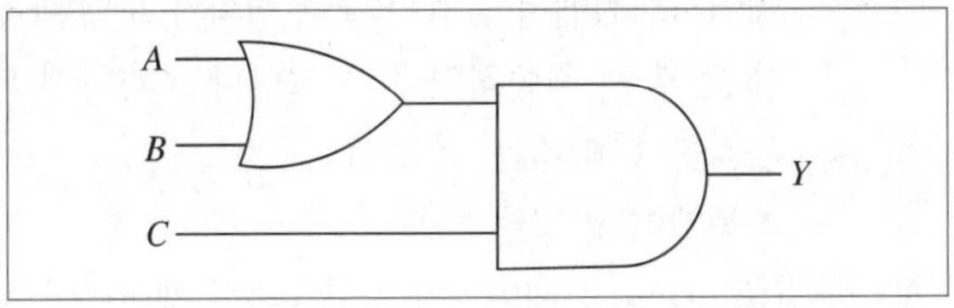

① $A+B+C$　　② $\overline{(A+B)}+C$
③ $(A \cdot B)+C$　　④ $(A+B) \cdot C$

|해설|

1-1
프로세스제어량 : 온도, 압력, 유량, 액면(액위), 조성, 점도 등

1-2
프로그램제어의 적용 : 금속이나 유리 등의 열처리, 가스크로마토그래피의 온도제어 등

1-3
자동조정제어 : 전기적인 양(전력, 전류, 전압, 주파수 등) 또는 기계적인 양(위치, 속도, 압력 등)을 제어량으로 하며 이것을 일정하게 유지하는 것을 목적으로 하는 제어방식으로, 응답속도가 대단히 빨라야 한다. 정전압장치 · 발전기의 조속기 등에 이용된다.

1-4
추종제어, 프로그램제어, 캐스케이드제어, 비율제어 등은 변화되는 목표치를 측정하면서 제어량을 목표치에 맞추는 자동제어방식이지만, 정치제어는 목표값이 변화되지 않고 일정한 제어방식이다.

1-5
제어기 부품들의 성능이 다소 나빠져도 큰 영향을 받지 않는다.

1-6
A와 B는 OR이므로 $A+B$이며, $(A+B)$와 C는 AND이므로 $(A+B) \cdot C$가 된다.

정답 1-1 ③ 1-2 ④ 1-3 ① 1-4 ④ 1-5 ④ 1-6 ④

핵심이론 02 블록선도 · 자동제어계의 응답 · 신호 전송방법

① 블록선도(Block Diagram)

㉠ 정 의
- 자동제어계 내에서 신호가 전달되는 모양을 나타내는 선도
- 제어신호의 전달경로를 표시하는 선도
- 제어시스템을 구성하는 각 요소가 어떻게 동작하고, 신호는 어떻게 전달되는지를 나타내는 선도

㉡ 블록선도의 구성요소 : 전달요소, 가합점, 인출점
㉢ 출력 $B(s) = G(s)A(s)$
㉣ $G(s) = B(s)/A(s)$

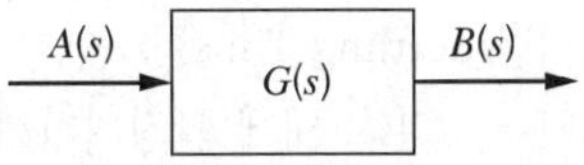

㉤ 블록선도의 등가변환 : 전달요소 치환, 인출점 치환, 병렬 결합, 피드백 결합

블록선도	등가변환
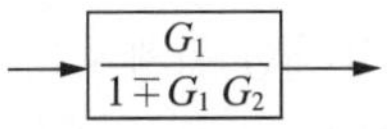	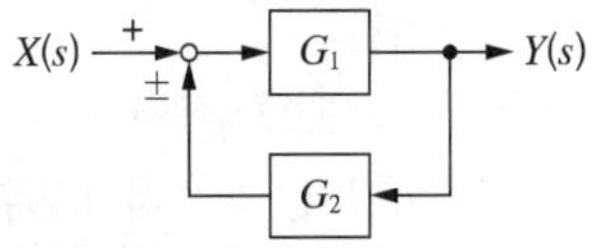

② 자동제어계의 응답

㉠ 응답 · 정상응답 · 과도응답
- 응답(Response) : 계에 입력신호를 가했을 때 출력신호의 변화를 나타내는 것이며, 기준입력에 대응하는 정상응답이 계의 정확도의 지표가 되므로 응답 해석을 한다.
- 정상응답(Steady State Response) : 자동제어계의 입력신호가 어떤 상태에 이를 때 출력신호가 최종값으로 되는 정상적인 응답으로, 이 특성은 시험입력에 대한 정상오차값을 측정하여 판단한다.
- 과도응답(Transient Response) : 입력신호에 대한 출력신호의 시간적 변화로 입력이 임의의 시간적 변화를 가했을 때 정상 상태가 되기까지의 출력신호의 시간적 변화이다.

- 계단응답(Step Response) : 시스템이 시간적으로 얼마나 빨리 반응(속응성)하는가 등을 정량화하는 척도

  스텝응답 $Y = 1 - e^{-\frac{t}{T}}$

  여기서, t : 변화시간

  T : 시정수

㉡ 시 간

- 지연시간(Delay Time) : 응답이 최초로 희망값의 50[%] 진행되는 데 필요한 시간
- 상승시간(Rise Time) : 응답이 목표값에 처음으로 도달하는 데 걸리는 시간(응답이 희망값의 10[%]에서 90[%]까지 도달하는 데 필요한 시간)
- 정정시간(Settling Time) : 응답의 최종값의 허용범위가 5~10[%] 내에 안정되기까지 필요한 시간
- 액세스 타임(Access Time) : 정보를 기억장치에 기억시키거나 읽어 내는 명령을 한 후부터 실제로 정보가 기억 또는 읽기 시작할 때까지 소요되는 시간
- 1차 제어계에서 시간상승 대한 관계식 : $\tau = CR$

  여기서, τ : 시간상수

  C : 커패시턴스

  R : 저항
- 데드타임(Dead Time, L) : 스위칭 지연시간(처음 펄스에서 다음 펄스가 발생될 때까지의 지연시간)
- 시정수(T 또는 τ, Time Constant) : 전기회로에 갑자기 전압을 가했을 때 전류가 점차 증가하여 일정한 값에 도달할 때까지의 증가 비율로, 정상값의 63.2[%]에 달할 때까지의 시간을 초로 표시한다.
- L/T(데드타임과 시정수의 비) : Process Controller의 난이도를 표시하는 값
  - L/T값이 클 경우에는 응답속도가 느리고 제어가 어렵다.
  - L/T값이 작을수록 응답속도가 빠르고 제어가 용이하다.

㉢ 편 차

- 정상편차 : 과도응답에 있어서 충분한 시간이 경과하여 제어편차가 일정한 값으로 안정되었을 때의 값
- 제어편차 : 외란의 영향으로 발생된 편차(제어량의 목표값 − 제어량의 변화된 목표값)
- 오버슈트
  - 응답 중에 생기는 입력과 출력 사이의 편차량
  - 최대편차량 $= \dfrac{\text{최대초과량}}{\text{최종목표값}} \times 100[\%]$
  - 제어시스템에서 응답이 계단 변화가 도입된 후에 얻게 될 최종적인 값을 얼마나 초과하게 되는지를 나타내는 척도
  - 자동제어 안정성 척도

㉣ 헌팅(Hunting) : 제어계가 불안정하여 제어량이 주기적으로 변화하는 좋지 못한 상태

㉤ 동특성

- 자동제어계에서 응답을 나타낼 때 목표치를 기준한 앞뒤의 진동으로 시간의 지연을 필요로 하는 시간적 동작의 특성
- 동특성 응답 : 과도응답, 임펄스 응답, 스텝응답

③ **신호 전송방식** : 공기압식, 유압식, 전기식

㉠ 공기압식

- 신뢰성이 높은 입력신호 전송방식이다.
- 조절기의 자동제어의 조작단의 고장이 거의 없다.
- 방폭 및 내열성이 우수하다.
- 자동제어에 용이하다.
- 조작부의 동특성이 양호하다.
- 석유화학, 화약공장과 같은 화기의 위험성이 있는 곳에 사용한다.
- 전송 지연이 있다.
- 신호 전송거리 : 최대 100[m]
- 공기압식 조절계의 구성요소
  - 파일럿밸브 : 변환된 공기압을 증폭하는 기구
  - 노즐-플래퍼(Nozzle-Flapper) : 변위를 공기압신호로 변환하는 기기

㉡ 유압식

- 사용유압은 0.2~1[kg/cm²] 정도이다.
- 조작속도가 빠르고 조작력이 크고 응답성이 우수하다.
- 전송 지연이 작고 희망특성을 얻을 수 있다.
- 부식의 염려가 작으나 인화 위험성이 있다.
- 파일럿밸브식과 분사관식이 있다.
- 신호 전송거리 : 최대 300[m]
- 유압식 조절계의 제어동작 : I동작이 기본이고, P동작과 PI동작이 있다.

㉢ 전기식

- 신호 지연이 없으며 배선이 용이하다.
- 컴퓨터와의 접속성이 좋다.
- 신호의 복잡한 취급이 용이하다.
- 온오프가 간단하다.
- 취급기술을 요하며 습도에 주의해야 한다.
- 신호 전송거리 : 300[m]~수[km]
- 전기적 변환방식의 예 : 저항 변화를 이용, 압전기의 변환을 이용, 콘덴서의 용량 변화를 이용한다.

핵심예제

2-1. 1차 지연요소가 적용되는 계에서 시정수(τ)가 10분일 때 10분 후의 스텝(Step)응답은 최대출력의 몇 [%]인가?

[2013년 제1회]

① 33[%] ② 50[%]
③ 63[%] ④ 67[%]

2-2. 시정수(Time Constant)가 5[sec]인 1차 지연형 계측기의 스텝응답(Step Response)에서 전변화의 95[%]까지 변화하는데 걸리는 시간은?

[2012년 제3회]

① 10초 ② 15초
③ 20초 ④ 30초

|해설|

2-1

스텝응답

$$Y=1-e^{-\frac{t}{\tau}}=1-e^{-\frac{10}{10}}\simeq 0.63=63[\%]$$

여기서, t : 변화시간

τ : 시정수

2-2

스텝응답

$$Y=1-e^{-\frac{t}{T}}$$

$$0.95=1-e^{-\frac{t}{5}}$$

$t\simeq 15$초

여기서, t : 변화시간

T : 시정수

정답 2-1 ③ 2-2 ②

핵심이론 03 제어동작

① 불연속동작제어계

㉠ 온오프동작(2위치 동작)

- 조작량이 제어편차에 의해서 정해진 2개의 값이 어느 편인가를 택하는 제어방식이다.
- 제어량이 설정치로부터 벗어났을 때 조작부를 개 또는 폐의 2가지 중 하나로 동작시키는 동작이다.

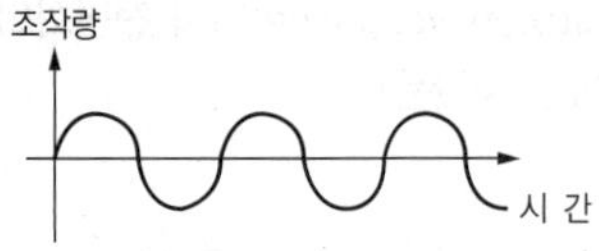

- 편차의 정(+), 부(−)에 의해서 조작신호가 최대, 최소가 되는 제어동작이다.
- 2위치 제어 또는 뱅뱅제어라고도 한다.
- 외란에 의한 잔류편차가 발생하지 않는다.
- 사이클링(Cycling) 현상을 일으킨다.
- 설정값 부근에서 제어량이 일정하지 않다.
- 주로 탱크의 액위를 제어하는 방법으로 이용된다.

㉡ 다위치동작 : 제어량이 변화했을때 제어장치의 조작 위치가 3위치 이상이 있어 제어량 편차의 크기에 따라 그중 하나의 위치를 취하는 동작이다.

㉢ 부동제어(불연속 속도동작) : 제어량 편차의 과소에 의하여 조작단을 일정한 속도로 정작동, 역작동 방향으로 움직이게 하는 동작이다.

② 연속동작제어계

㉠ P동작(비례동작) : 동작신호에 대해 조작량의 출력 변화가 일정한 비례관계에 있는 제어동작이다.

- 조절부 동작의 수식 표현

$Y(t) = K \cdot e(t)$

여기서, $Y(t)$: 출력

K : 비례감도(비례상수)

$e(t)$: 편차)

- 비례대(PB ; Proportional Band, $PB[\%]$)
  - 밸브를 완전히 닫힌 상태로부터 완전히 열린 상태로 움직이는 데 필요한 오차의 크기이다.

$$PB[\%] = \frac{CR}{SR} \times 100[\%]$$

여기서, CR : 제어범위(제어기 측정온도차)

SR : 설정 조절범위(비례제어기 온도차 또는 조절온도차)

  - 자동조절기에서 조절기의 입구신호와 출구신호 사이의 비례감도의 역수인 $1/K$을 백분율[%]로 나타낸 값이다.

$$PB[\%] = \frac{1}{K} \times 100[\%]$$

$$K \times PB[\%] = 100[\%]$$

- 사이클링(상하진동)을 제거할 수 있다.
- 외란이 작은 제어계, 부하 변화가 작은 프로세스 제어에 적합하다.
- 오차에 비례한 제어출력신호를 발생시키며 공기식 제어의 경우에는 압력 등을 제어출력신호로 이용한다.
- 잔류편차가 발생한다.
- 외란이 큰 제어계(부하가 변화하는 등)에는 부적합하다.

㉡ I동작(적분동작) : 출력 변화의 속도가 편차에 비례하는 제어동작이다.

- 조절부 동작의 수식 표현

$$Y(t) = K \cdot \frac{1}{T_i} \int e(t)dt$$

여기서, $Y(t)$: 출력

K : 비례감도

T_i : 적분시간

$e(t)$: 편차

$\frac{1}{T_i}$: 리셋률

- 편차의 크기와 지속시간이 비례하는 동작이다.
- 제어량의 편차가 없어질 때까지 동작을 계속한다.
- 부하 변화가 커도 잔류편차가 제거된다.
- 진동하는 경향이 있다.
- 응답시간이 길어서 제어의 안정성은 떨어진다.
- 단독으로 사용되지 않고, 비례동작과 조합하여 사용된다.

- 적분동작은 유량제어에 가장 많이 사용된다.
- 적분동작이 좋은 결과를 얻을 수 있는 경우
  - 측정 지연 및 조절 지연이 작은 경우
  - 제어 대상이 자기평형성을 가진 경우
  - 제어 대상의 속응도가 큰 경우
  - 전달 지연과 불감시간이 작은 경우

㉢ D동작(미분동작) : 조절계의 출력 변화가 편차의 시간 변화(편차의 변화속도)에 비례하는 제어동작이다.

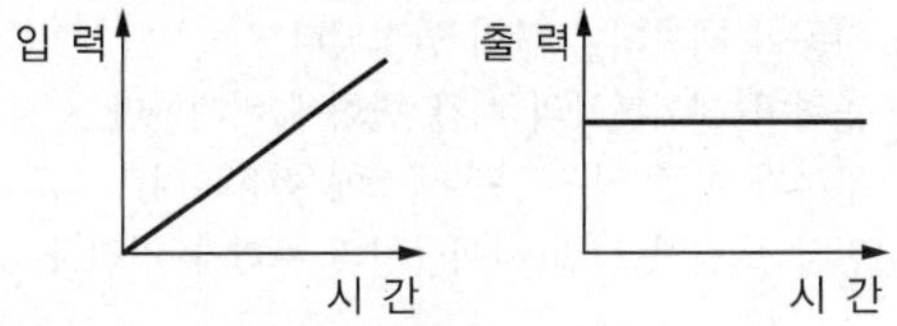

- 조절부 동작의 수식 표현

$$Y(t) = K \cdot T_d \cdot \frac{de}{dt}$$

여기서, $Y(t)$: 출력

K : 비례감도

T_d : 미분시간

e : 편차

- 진동이 제거된다.
- 응답시간이 빨라져서 제어의 안정성이 높아진다.
- 오버슈트를 감소시킨다.
- 잔류편차가 제거되지 않는다.
- 단독으로 사용되지 않고, 비례동작과 조합하여 사용된다.

㉣ PI동작(비례적분동작) : 비례동작에 의해 발생하는 잔류편차를 제거하기 위하여 적분동작을 조합시킨 제어동작이다.

- 조절부 동작의 수식 표현

$$Y(t) = K \cdot \left[e(t) + \frac{1}{T_i} \int e(t) dt \right]$$

- 잔류편차가 제거된다.
  ※ 정상특성 : 출력이 일정한 값에 도달한 이후 제어계의 특성
- 부하 변화가 넓은 범위의 프로세스에도 적용할 수 있다.
- 진동하는 경향이 있다.
- 제어의 안정성이 떨어진다.
- 간헐현상이 발생한다.

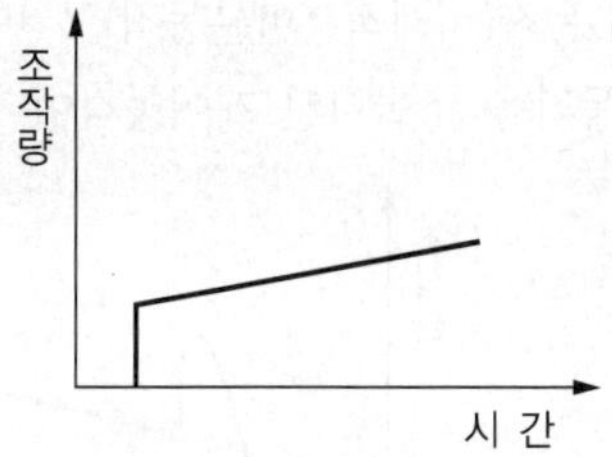

- 제어시간은 단축되지 않다.
- 전달 느림이나 쓸모없는 시간이 크면 사이클링의 주기가 커진다.
- 자동조절계의 비례적분동작에서 적분시간 : P동작에 의한 조작신호의 변화가 I동작만으로 일어나는 데 필요한 시간이다.

㉤ PD동작(비례미분동작) : 제어결과에 신속하게 도달되도록 비례동작에 미분동작을 조합시킨 제어동작이다.

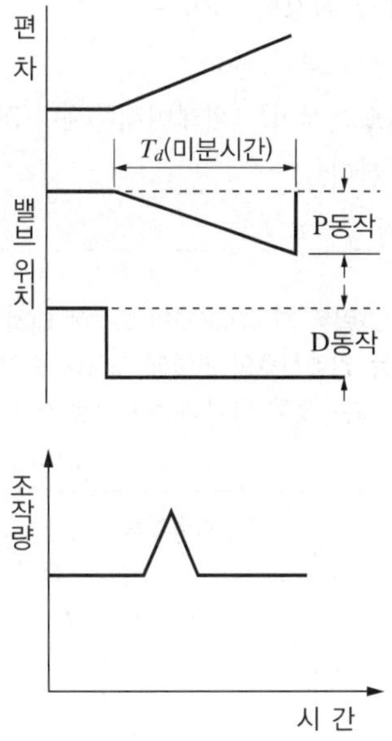

- 조절부 동작의 수식 표현

$$Y(t) = K \cdot \left[e(t) + T_d \cdot \frac{de}{dt} \right]$$

- 오버슈트가 감소한다.
- 진동이 제거된다.
- 응답속도가 개선된다.

• 제어의 안정성이 높아진다.
• 잔류편차는 제거되지 않는다.

ⓗ PID동작(비례적분미분동작) : 비례적분동작에 미분동작을 조합시킨 제어동작이다.

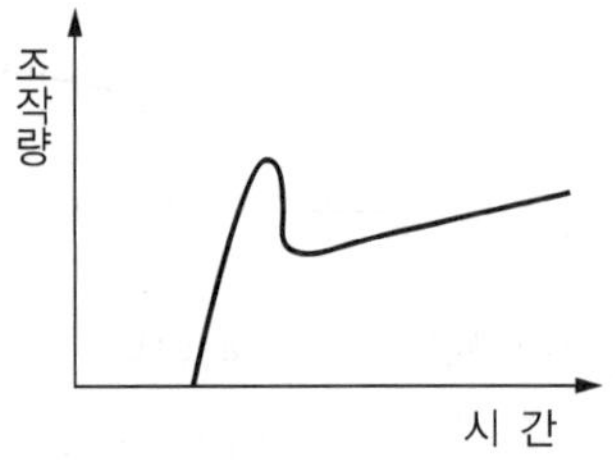

• 조절부 동작의 수식 표현

$$Y(t) = K \cdot \left[e(t) + \frac{1}{T_i} \int e(t)dt + T_d \frac{de}{dt} \right]$$

• 잔류편차와 진동이 제거되어 응답시간이 가장 빠르다.
• 제어계의 난이도가 큰 경우에 가장 적합한 제어동작이다.
• 가장 최적의 제어동작이다.
• 조절효과가 좋다.
• 피드백제어는 비례미적분제어(PID Control)를 사용한다.

핵심예제

3-1. 다음 그림은 자동제어계의 특성에 대하여 나타낸 것이다. 그림 중 B는 입력신호의 변화에 대하여 출력신호의 변화가 즉시 따르지 않는 것을 나타내는 것으로 이를 무엇이라고 하는가? [2007년 제3회, 2015년 제3회]

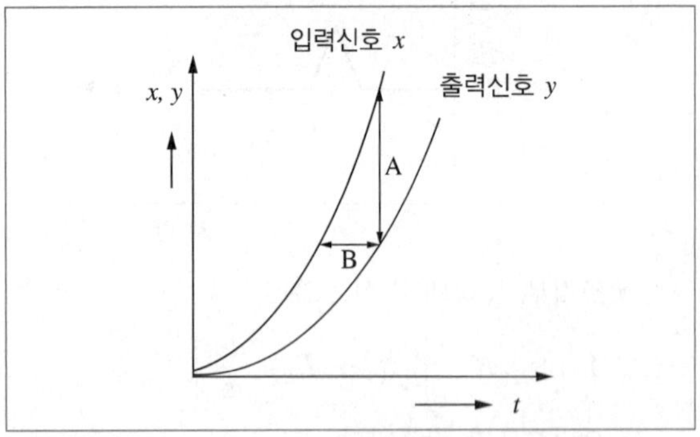

① 정오차
② 히스테리시스 오차
③ 동오차
④ 지연(遲延)

3-2. 비례제어기로 60~80[℃] 사이의 범위로 온도를 제어하고자 한다. 목표값이 일정한 값으로 고정된 상태에서 측정된 온도가 73~76[℃]로 변할 때 비례대역은 약 몇 [%]인가?
[2008년 제2회 유사, 2010년 제3회 유사, 2021년 제2회, 2022년 제1회 유사]

① 10[%]
② 15[%]
③ 20[%]
④ 25[%]

3-3. 비례적분제어동작에 대한 설명으로 옳은 것은?
[2003년 제2회, 2009년 제3회, 2012년 제3회]

① 진동이 제거되어 빨리 안정된다.
② 출력이 제어편차의 시간 변화에 비례한다.
③ 부하가 아주 작은 프로세스에 적용된다.
④ 전달 느림이 크면 사이클링의 주기가 커진다.

3-4. 자동조절계의 제어동작에 대한 설명으로 틀린 것은?
[2012년 제2회, 2020년 제1·2회 통합]

① 비례동작에 의한 조작신호의 변화를 적분동작만으로 일어나는 데 필요한 시간을 적분시간이라고 한다.
② 조작신호가 동작신호의 미분값에 비례하는 것을 레이트 동작(Rate Action)이라고 한다.
③ 매분당 미분동작에 의한 변화를 비례동작에 의한 변화로 나눈 값을 리셋률이라고 한다.
④ 미분동작에 의한 조작신호의 변화가 비례동작에 의한 변화와 같아질 때까지의 시간을 미분시간이라고 한다.

|해설|

3-1
지연 : 입력신호의 변화에 대해 출력신호의 변화가 즉시 따르지 않는 것으로, 시간이 경과하여 일정한 값에 이르는 특성을 지닌다. 문제의 그림에서 B가 지연에 해당한다.

3-2
비례대역

$$PB = \frac{CR}{SR} \times 100[\%] = \frac{76-73}{80-60} \times 100[\%] = 15[\%]$$

3-3
① 진동하는 경향이 있으므로 안정성이 좋지 않다.
② 출력이 제어편차의 적분값에 비례한다.
③ 부하가 큰 프로세스에 적용된다.

3-4
매분당 적분동작에 의한 변화를 비례동작에 의한 변화로 나눈 값을 리셋률이라고 한다.

정답 3-1 ④ 3-2 ② 3-3 ④ 3-4 ③

교육이란 사람이 학교에서 배운 것을
잊어버린 후에 남은 것을 말한다.

–알버트 아인슈타인–

Win-Q

가스기사

PART 2

2019~2022년 과년도 기출문제

2023년 최근 기출복원문제

과년도 + 최근 기출복원문제

2019년 제1회 과년도 기출문제

제1과목 | 가스유체역학

01 수면의 높이가 10[m]로 일정한 탱크의 바닥에 5[mm]의 구멍이 났을 경우 이 구멍을 통한 유체의 유속은 얼마인가?

① 14[m/s] ② 19.6[m/s]
③ 98[m/s] ④ 196[m/s]

해설

구멍을 통한 유체의 유속

$v = \sqrt{2gh} = \sqrt{2 \times 9.8 \times 10} = 14[\text{m/s}]$

02 레이놀즈수를 옳게 나타낸 것은?

① 점성력에 대한 관성력의 비
② 점성력에 대한 중력의 비
③ 탄성력에 대한 압력의 비
④ 표면장력에 대한 관성력의 비

해설

레이놀즈수 : $\dfrac{\text{관성력}}{\text{점성력}}$

03 유체의 흐름에 관한 다음 설명 중 옳은 것을 모두 나타낸 것은?

㉮ 유관은 어떤 폐곡선을 통과하는 여러 개의 유선으로 이루어지는 것을 뜻한다. ㉯ 유적선은 한 유체입자가 공간을 운동할 때 그 입자의 운동궤적이다.

① ㉮ ② ㉯
③ ㉮, ㉯ ④ 모두 틀림

해설

- 유관(Stream Tube)
  - 유선으로 만들어지는 관이며 유선으로 둘러싸인 유체의 관이다.
  - 유선관이라고도 하며 두께가 없는 관벽을 형성한다.
  - 어떤 폐곡선을 통과하는 여러 개의 유선으로 이루어지는 것을 뜻한다.
- 유적선(Path Line)
  - 한 유체입자가 일정한 시간 동안에 움직인 경로(Path)이다.
  - 한 유체입자가 공간을 운동할 때 그 입자의 운동궤적이다.
  - 예 : 흘러가는 물에 물감을 뿌렸을 때 어느 공간에 나타나는 모양

04 이상기체 속에서의 음속을 옳게 나타낸 식은?(단, ρ : 밀도, P : 압력, k : 비열비, $\overline{R}$: 일반기체상수, M : 분자량이다)

① $\sqrt{\dfrac{k}{\rho}}$ ② $\sqrt{\dfrac{d\rho}{dP}}$
③ $\sqrt{\dfrac{\rho}{kP}}$ ④ $\sqrt{\dfrac{k\overline{R}T}{M}}$

해설

음속(a 또는 c)

$a = \sqrt{kRT} = \sqrt{\dfrac{k\overline{R}T}{M}}$

1 ① 2 ① 3 ③ 4 ④ 정답

05 절대압이 2[kgf/cm^2]이고, 40[℃]인 이상기체 2[kg]이 가역과정으로 단열압축되어 절대압 4[kgf/cm^2]이 되었다. 최종온도는 약 몇 [℃]인가?(단, 비열비 k는 1.4이다)

① 43 ② 64
③ 85 ④ 109

해설

$\frac{T_2}{T_1}=\left(\frac{P_2}{P_1}\right)^{\frac{k-1}{k}}$ 에서

$T_2 = T_1 \times \left(\frac{P_2}{P_1}\right)^{\frac{k-1}{k}} = (40+273) \times \left(\frac{4}{2}\right)^{\frac{1.4-1}{1.4}}$

$\simeq 382[\mathrm{K}] = 109[℃]$

06 다음 그림과 같은 확대 유로를 통하여 a지점에서 b지점으로 비압축성 유체가 흐른다. 정상 상태에서 일어나는 현상에 대한 설명으로 옳은 것은?

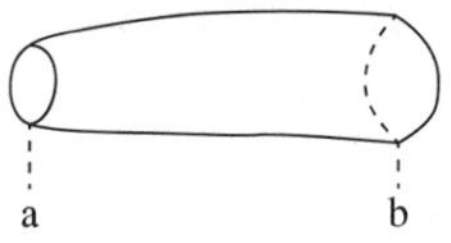

① a지점에서의 평균속도가 b지점에서의 평균속도보다 느리다.
② a지점에서의 밀도가 b지점에서 밀도보다 크다.
③ a지점에서의 질량 플럭스(Mass Flux)가 b지점에서의 질량 플럭스보다 크다.
④ a지점에서의 질량유량이 b지점에서의 질량유량보다 크다.

해설

① a지점에서의 평균속도가 b지점에서의 평균속도보다 빠르다.
② a지점에서의 밀도는 b지점에서 밀도와 같다.
④ a지점에서의 질량유량은 b지점에서의 질량유량과 같다.

07 깊이 1,000[m]인 해저의 수압은 계기압력으로 몇 [kgf/cm^2]인가?(단, 해수의 비중량은 1,025[kgf/m^3]이다)

① 100 ② 102.5
③ 1,000 ④ 1,025

해설

해저의 수압

$P=\gamma h = 1{,}025 \times 1{,}000 = 1{,}025 \times 10^3$[kgf/$m^2$]
$= 1{,}025 \times 10^3 \times 10^{-4}$[kgf/$cm^2$]
$= 102.5$[kgf/cm^2]

08 유체를 연속체로 가정할 수 있는 경우는?

① 유동시스템의 특성 길이가 분자평균자유행로에 비해 충분히 크고, 분자들 사이의 충돌시간은 충분히 짧은 경우
② 유동시스템의 특성 길이가 분자평균자유행로에 비해 충분히 작고, 분자들 사이의 충돌시간은 충분히 짧은 경우
③ 유동시스템의 특성 길이가 분자평균자유행로에 비해 충분히 크고, 분자들 사이의 충돌시간은 충분히 긴 경우
④ 유동시스템의 특성 길이가 분자평균자유행로에 비해 충분히 작고, 분자들 사이의 충돌시간은 충분히 긴 경우

해설

유체를 연속체로 가정할 수 있는 경우 : 유동시스템의 특성 길이가 분자평균자유행로에 비해 충분히 크고, 분자들 사이의 충돌시간은 충분히 짧은 경우

정답 5 ④ 6 ③ 7 ② 8 ①

09 100[PS]는 약 몇 [kW]인가?

① 7.36　② 7.46
③ 73.6　④ 74.6

해설

100[PS] = 100 × 75[kgf · m/s] = 7,500 × 9.81[N · m/s]
= 73,575[W] ≃ 73.6[kW]

10 중력에 대한 관성력의 상대적인 크기와 관련된 무차원의 수는 무엇인가?

① Reynolds수　② Froude수
③ 모세관수　④ Weber수

해설

① Reynolds수 : 관성력/점성력
② Froude수 : 관성력/중력
③ 모세관수 : 무차원의 수로 존재하지 않음
④ Weber수 : 관성력/표면장력

11 이상기체가 초음속으로 단면적이 줄어드는 노즐로 유입되어 흐를 때 감소하는 것은?(단, 유동은 등엔트로피 유동이다)

① 온 도　② 속 도
③ 밀 도　④ 압 력

해설

이상기체가 초음속으로 단면적이 줄어드는 노즐로 유입되어 흐를 때
• 증가 : 압력, 온도, 밀도
• 감소 : 속도, 단면적

12 비중이 0.9인 액체가 나타내는 압력이 1.8[kgf/cm^2]일 때 이것은 수두로 몇 [m] 높이에 해당하는가?

① 10　② 20
③ 30　④ 40

해설

압력 $P=\gamma h$에서

수두 $h=\frac{P}{\gamma}=\frac{1.8\times10^4}{0.9\times10^3}=20[\text{m}]$

13 수직으로 세워진 노즐에서 물이 10[m/s]의 속도로 뿜어 올려진다. 마찰손실을 포함한 모든 손실이 무시된다면 물은 약 몇 [m] 높이까지 올라갈 수 있는가?

① 5.1[m]　② 10.4[m]
③ 15.6[m]　④ 19.2[m]

해설

물이 올라가는 높이

$h=\frac{v^2}{2g}=\frac{10^2}{2\times9.8}\simeq5.1[\text{m}]$

9 ③ 10 ② 11 ② 12 ② 13 ① 정답

14 다음 그림과 같이 60° 기울어진 4[m]×8[m]의 수문이 A지점에서 힌지(Hinge)로 연결되어 있을 때, 이 수문에 작용하는 물에 의한 정수력의 크기는 약 몇 [kN]인가?

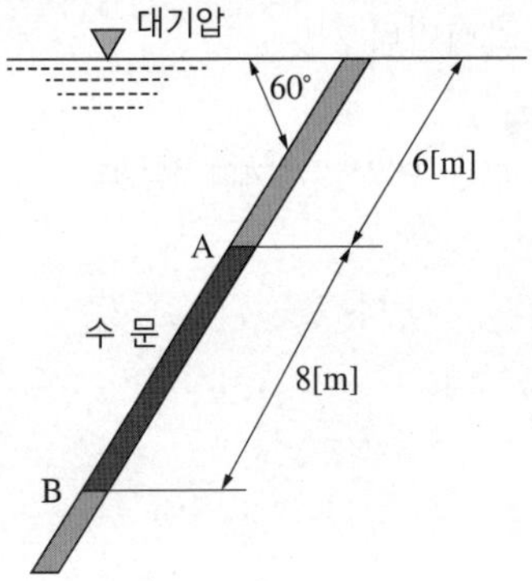

① 2.7 ② 1,568
③ 2,716 ④ 3,136

해설

정수력의 크기

$F=\gamma hA=\gamma\times y_c\sin\theta\times A$

$=1{,}000\times\left(6+\frac{8}{2}\right)\times\sin60°\times(4\times8)\simeq277{,}128[\text{kgf}]$

$=277{,}128\times9.8\times10^{-3}\simeq2{,}716[\text{kN}]$

15 다음의 펌프 종류 중에서 터보형이 아닌 것은?

① 원심식
② 축류식
③ 왕복식
④ 경사류식

해설

왕복식 펌프는 용적식 펌프에 해당한다.

16 압력 1.4[kgf/cm²abs], 온도 96[℃]의 공기가 속도 90[m/s]로 흐를 때, 정체온도[K]는 얼마인가? (단, 공기의 C_P = 0.24[kcal/kg · K]이다)

① 397 ② 382
③ 373 ④ 369

해설

공기의 기체상수 $R=\frac{1.987}{29}\simeq0.0685$

$C_v=C_p-R=0.24-0.0685=0.1715$이므로

비열비 $k=\frac{C_p}{C_v}=\frac{0.24}{0.1715}\simeq1.4$

마하수 $M_a=\frac{\text{속도}}{\text{음속}}=\frac{v}{a}=\frac{v}{\sqrt{kgRT}}$

$=\frac{90}{\sqrt{1.4\times9.8\times\frac{848}{29}\times(96+273)}}\simeq0.234$

$\frac{T_0}{T}=\left(1+\frac{k-1}{2}M_a^2\right)$에서

정체온도

$T_0=T\times\left(1+\frac{k-1}{2}M_a^2\right)$

$=(96+273)\times\left(1+\frac{1.4-1}{2}\times0.234^2\right)\simeq373[\text{K}]$

정답 14 ③ 15 ③ 16 ③

17 두 개의 무한히 큰 수평 평판 사이에 유체가 채워져 있다. 아래 평판을 고정하고 윗 평판을 V의 일정한 속도로 움직일 때 평판에는 τ의 전단응력이 발생한다. 평판 사이의 간격은 H이고, 평판 사이의 속도 분포는 선형(Couette 유동)이라고 가정하여 유체의 점성계수 μ를 구하면?

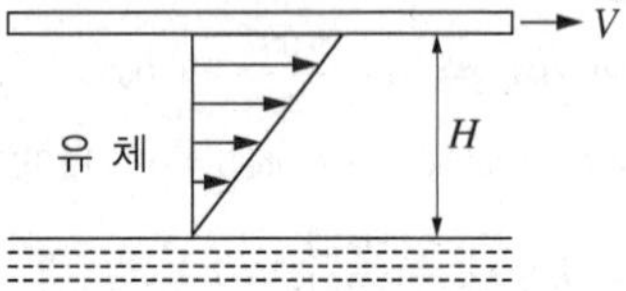

① $\dfrac{\tau V}{H}$　② $\dfrac{\tau H}{V}$

③ $\dfrac{VH}{\tau}$　④ $\dfrac{\tau V}{H^2}$

해설

전단응력

$\tau = \mu \dfrac{du}{dy}$

$\mu = \tau \dfrac{dy}{du} = \dfrac{\tau H}{V}$

18 온도 27[℃]의 이산화탄소 3[kg]이 체적 0.30[m^3]의 용기에 가득 차 있을 때 용기 내의 압력[kgf/cm^2]은?(단, 일반기체상수는 848[kgf · m/kmol · K]이고, 이산화탄소의 분자량은 44이다)

① 5.79　② 24.3

③ 100　④ 270

해설

$PV = n\overline{R}T$에서

$P = \dfrac{n\overline{R}T}{V} = \dfrac{3}{44} \times \dfrac{848 \times (27+273)}{0.3} \simeq 57{,}818[\text{kgf/m}^2]$

$= 57{,}818 \times 10^{-4}[\text{kgf/cm}^2] \simeq 5.79[\text{kgf/cm}^2]$

19 다음 유량계 중 용적형 유량계가 아닌 것은?

① 가스미터(Gas Meter)

② 오벌유량계

③ 선회 피스톤형 유량계

④ 로터미터

해설

로터미터는 면적식 유량계에 해당한다.

20 내경이 0.0526[m]인 철관에 비압축성 유체가 9.085[m^3/h]로 흐를 때의 평균유속은 약 몇 [m/s]인가?(단, 유체의 밀도는 1,200[kg/m^3]이다)

① 1.16　② 3.26

③ 4.68　④ 11.6

해설

유량 $Q = Av$에서

유속 $v = \dfrac{Q}{A} = \dfrac{4Q}{\pi d^2} = \dfrac{4 \times 9.085}{\pi \times 0.0526^2 \times 3{,}600} \simeq 1.16[\text{m/s}]$

17 ② 18 ① 19 ④ 20 ① 정답

21 **어느 온도에서 A(g) + B(g) ⇄ C(g) + D(g)와 같은 가역반응이 평형 상태에 도달하여 D가 1/4[mol] 생성되었다. 이 반응의 평형상수는?(단, A와 B를 각각 1[mol]씩 반응시켰다)**

① 16/9　② 1/3
③ 1/9　④ 1/16

해설

화학반응식	A(g)	+	B(g)	⇄	C(g)	+	D(g)
초기농도	1		1		0		0
변화농도	$-x$		$-x$		$+x$		$+x$
평형농도	$1-x$		$1-x$		x		x

평형 상태에 도달하여 D가 1/4[mol] 생성되었으므로 $x=\frac{1}{4}$

평형상수 $K=\frac{[C]^c[D]^d}{[A]^a[B]^b}=\frac{x^1x^1}{(1-x)^1(1-x)^1}=\frac{\frac{1}{4}\times\frac{1}{4}}{\frac{3}{4}\times\frac{3}{4}}=\frac{1}{9}$

22 **다음 중 폭발범위의 하한값이 가장 낮은 것은?**

① 메 탄　② 아세틸렌
③ 부 탄　④ 일산화탄소

해설

폭발범위
- 부탄(C_4H_{10}) : 1.8~8.4[%]
- 아세틸렌(C_2H_2) : 2.5~82[%]
- 메탄(CH_4) : 5~15.4[%]
- 일산화탄소(CO) : 12.5~75[%]

23 **가연성 가스와 공기를 혼합하였을 때 폭굉범위는 일반적으로 어떻게 되는가?**

① 폭발범위와 동일한 값을 가진다.
② 가연성 가스의 폭발상한계값보다 큰 값을 가진다.
③ 가연성 가스의 폭발하한계값보다 작은 값을 가진다.
④ 가연성 가스의 폭발하한계와 상한계값 사이에 존재한다.

해설

가연성 가스와 공기를 혼합하였을 때 폭굉범위는 일반적으로 가연성 가스의 폭발하한계와 상한계값 사이에 존재한다.

24 **발열량이 24,000[kcal/m³]인 LPG 1[m³]에 공기 3[m³]을 혼합하여 희석하였을 때 혼합기체 1[m³]당 발열량은 몇 [kcal]인가?**

① 5,000　② 6,000
③ 8,000　④ 16,000

해설

$Q_1=(1+3)Q_2$

$Q_2=\frac{Q_1}{1+3}=\frac{24,000}{4}=6,000[\text{kcal/m}^3]$

25 **연소속도에 영향을 주는 요인으로서 가장 거리가 먼 것은?**

① 산소와의 혼합비
② 반응계의 온도
③ 발열량
④ 촉 매

해설

발열량 자체는 연소속도에 영향을 주는 요인으로서 거리가 멀다.

정답 21 ③ 22 ③ 23 ④ 24 ② 25 ③

26 **다음은 정압연소 사이클의 대표적인 브레이턴 사이클(Brayton Cycle)의 $T-S$선도이다. 이 그림에 대한 설명으로 옳지 않은 것은?**

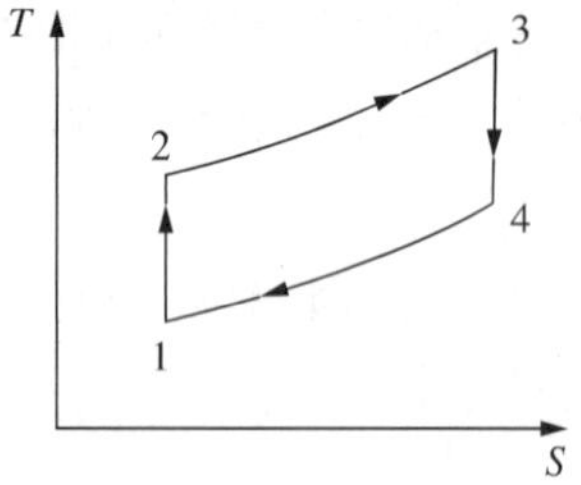

① 1-2의 과정은 가역단열압축과정이다.
② 2-3의 과정은 가역정압가열과정이다.
③ 3-4의 과정은 가역정압팽창과정이다.
④ 4-1의 과정은 가역정압배기과정이다.

해설
③ 3-4 : 단열팽창(터빈)
① 1-2 : 단열압축(압축기)
② 2-3 : 정압가열(연소기)
④ 4-1 : 정압방열(배기)

27 **폭발범위에 대한 설명으로 틀린 것은?**

① 일반적으로 폭발범위는 고압일수록 넓다.
② 일산화탄소는 공기와 혼합 시 고압이 되면 폭발범위가 좁아진다.
③ 혼합가스의 폭발범위는 그 가스의 폭굉범위보다 좁다.
④ 상온에 비해 온도가 높을수록 폭발범위가 넓다.

해설
혼합가스의 폭발범위는 그 가스의 폭굉범위보다 넓다.

28 **열역학 제2법칙을 잘못 설명한 것은?**

① 열은 고온에서 저온으로 흐른다.
② 전체 우주의 엔트로피는 감소하는 법이 없다.
③ 일과 열은 전량 상호 변환할 수 있다.
④ 외부로부터 일을 받으면 저온에서 고온으로 열을 이동시킬 수 있다.

해설
자연계에 아무런 변화도 남기지 않고 어느 열원의 열을 계속해서 일로 바꿀 수 없다.

29 **운전과 위험분석(HAZOP)기법에서 변수의 양이나 질을 표현하는 간단한 용어는?**

① Parameter ② Cause
③ Consequence ④ Guide Words

해설
① 변수(Parameter) : 유량, 압력, 온도, 물리량이나 공정의 흐름조건을 나타내는 변수
② 원인(Cause) : 이탈이 일어나는 이유
③ 결과(Consequence) : 이탈이 일어남으로써 야기되는 상태

30 **연료에 고정탄소가 많이 함유되어 있을 때 발생되는 현상으로 옳은 것은?**

① 매연 발생이 많다.
② 발열량이 높아진다.
③ 연소효과가 나쁘다.
④ 열손실을 초래한다.

해설
① 매연 발생이 적다.
③ 연소효과가 좋다.
④ 열손실을 줄인다.

26 ③ 27 ③ 28 ③ 29 ④ 30 ② 정답

31 실제기체가 완전기체(Ideal Gas)에 가깝게 될 조건은?

① 압력이 높고, 온도가 낮을 때
② 압력, 온도 모두 낮을 때
③ 압력이 낮고, 온도가 높을 때
④ 압력, 온도 모두 높을 때

해설
실제기체가 완전기체(Ideal Gas)에 가깝게 될 조건은 압력이 낮고, 온도가 높을 때이다.

32 다음 중 연소의 3요소로만 옳게 나열된 것은?

① 공기비, 산소농도, 점화원
② 가연성 물질, 산소공급원, 점화원
③ 연료의 저열발열량, 공기비, 산소농도
④ 인화점, 활성화에너지, 산소농도

해설
연소의 3요소 : 가연성 물질, 산소공급원, 점화원

33 1[atm], 15[℃] 공기를 0.5[atm]까지 단열팽창시키면 그때 온도는 몇 [℃]인가?(단, 공기의 C_P/C_V = 1.4이다)

① −18.7[℃] ② −20.5[℃]
③ −28.5[℃] ④ −36.7[℃]

해설

$$\frac{T_2}{T_1}=\left(\frac{V_1}{V_2}\right)^{k-1}=\left(\frac{P_2}{P_1}\right)^{\frac{k-1}{k}}$$

$$T_2=T_1\times\left(\frac{P_2}{P_1}\right)^{\frac{k-1}{k}}=(15+273)\times\left(\frac{0.5}{1}\right)^{\frac{1.4-1}{1.4}}$$

$$\simeq 236.3[\text{K}]=-36.7[℃]$$

34 소화안전장치(화염감시장치)의 종류가 아닌 것은?

① 열전대식
② 플레임 로드식
③ 자외선 광전관식
④ 방사선식

해설
소화안전장치(화염감시장치)의 종류 : 열전대식, 플레임 로드식, 자외선 광전관식

35 어떤 과정이 가역적으로 되기 위한 조건은?

① 마찰로 인한 에너지 변화가 있다.
② 외계로부터 열을 흡수 또는 방출한다.
③ 작용 물체는 전 과정을 통하여 항상 평형이 이루어지지 않는다.
④ 외부조건에 미소한 변화가 생기면 어느 지점에서라도 역전시킬 수 있다.

해설
① 마찰로 인한 에너지 변화가 없다.
② 외계로부터 열을 흡수 또는 방출하지 않는다.
③ 작용 물체는 전 과정을 통하여 항상 평형이 이루어진다.

정답 31 ③ 32 ② 33 ④ 34 ④ 35 ④

36 프로판 20[v%], 부탄 80[v%]인 혼합가스 1[L]가 완전연소하는 데 필요한 산소는 약 몇 [L]인가?

① 3.0[L]　② 4.2[L]
③ 5.0[L]　④ 6.2[L]

해설
- 프로판의 연소방정식 : $C_3H_8 + 5O_2 \rightarrow 3CO_2 + 4H_2O$
- 부탄의 연소방정식 : $C_4H_{10} + 6.5O_2 \rightarrow 4CO_2 + 5H_2O$

∴ 프로판 20[v%], 부탄 80[v%]인 혼합가스 1[L]가 완전연소하는 데 필요한 산소량 = 0.2×5 + 0.8×6.5 = 6.2[L]

37 공기의 확산에 의하여 반응하는 연소가 아닌 것은?

① 표면연소　② 분해연소
③ 증발연소　④ 확산연소

해설
표면연소는 고체연료가 공기의 확산에 의하지 않고 표면에서 산소와 반응하는 연소형태이다.

38 프로판가스 44[kg]을 완전연소시키는 데 필요한 이론공기량은 약 몇 [Nm^3]인가?

① 460　② 530
③ 570　④ 610

해설
- 프로판의 연소방정식 : $C_3H_8 + 5O_2 \rightarrow 3CO_2 + 4H_2O$
- 이론공기량

$$A_0 = \frac{O_0}{0.21} = \frac{(44/44)\times 5\times 22.4}{0.21} \simeq 533[\mathrm{Nm^3}]$$

39 298.15[K], 0.1[MPa] 상태의 일산화탄소(CO)를 같은 온도의 이론공기량으로 정상유동 과정으로 연소시킬 때 생성물의 단열화염온도를 주어진 표를 이용하여 구하면 약 몇 [K]인가?(단, 이 조건에서 CO 및 CO_2의 생성엔탈피는 각각 −110,529[kJ/kmol], −393,522[kJ/kmol]이다)

CO_2의 기준 상태에서 각각의 온도까지 엔탈피차	
온도[K]	엔탈피차[kJ/kmol]
4,800	266,500
5,000	279,295
5,200	292,123

① 4,835　② 5,058
③ 5,194　④ 5,293

해설
CO와 CO_2의 생성엔탈피의 차 = −110,529 −(−393,522) = 282,993[kJ/kmol]이므로
주어진 표에서 단열화염온도는 5,000~5,200[K] 사이이다.
5,000[K]와 5,200[K]의 중간온도인 5,100[K]에서의 엔탈피차를 시행착오법으로 계산하면

$$279{,}295 + \frac{292{,}123 - 279{,}295}{2} = 285{,}709[\mathrm{kJ/kmol}]$$이므로

단열화염온도는 5,000~5,200[K] 사이이며 엔탈피차는 5,100[K]에서의 엔탈피차보다 작으므로
①~④ 중에서 5,058[K]가 구하고자 하는 단열화염온도에 가장 가깝다.

40 발열량에 대한 설명으로 틀린 것은?

① 연료의 발열량은 연료단위량이 완전연소했을 때 발생한 열량이다.
② 발열량에는 고위발열량과 저위발열량이 있다.
③ 저위발열량은 고위발열량에서 수증기의 잠열을 뺀 발열량이다.
④ 발열량은 열량계로는 측정할 수 없어 계산식을 이용한다.

해설
발열량은 열량계로 측정할 수 있다.

36 ④　37 ①　38 ②　39 ②　40 ④ 정답

제3과목 | 가스설비

41 접촉분해(수증기 개질)에서 카본 생성을 방지하는 방법으로 알맞은 것은?

① 고온, 고압, 고수증기
② 고온, 저압, 고수증기
③ 고온, 고압, 저수증기
④ 저온, 저압, 저수증기

해설
접촉분해(수증기 개질)에서 카본 생성을 방지하는 방법 : 고온, 저압, 고수증기

42 금속의 표면결함을 탐지하는 데 주로 사용되는 비파괴검사법은?

① 초음파탐상법
② 방사선투과시험법
③ 중성자투과시험법
④ 침투탐상법

해설
침투탐상법은 금속의 표면결함을 탐지하는 데 주로 사용되는 비파괴검사법으로 내부의 결함을 검사할 수는 없다.

43 부탄가스 공급 또는 이송 시 가스 재액화현상에 대한 대비가 필요한 방법(식)은?

① 공기혼합 공급방식
② 액송펌프를 이용한 이송법
③ 압축기를 이용한 이송법
④ 변성가스 공급방식

해설
압축기를 이용한 이송법은 부탄가스 공급 또는 이송 시 가스 재액화현상에 대한 대비가 필요한 방법(식)이다.

44 탄소강에 자경성을 주며 이 성분을 다량으로 첨가한 강은 공기 중에서 냉각하여도 쉽게 오스테나이트 조직으로 된다. 이 성분은?

① Ni ② Mn
③ Cr ④ Si

해설
Mn(망간) 성분은 탄소강에 자경성을 주어 이 성분을 다량으로 첨가한 강은 공기 중에서 냉각하여도 쉽게 오스테나이트 조직으로 된다.

45 배관이 열팽창할 경우에 응력이 경감되도록 미리 늘어날 여유를 두는 것을 무엇이라 하는가?

① 루 핑 ② 핫 멜팅
③ 콜드 스프링 ④ 팩레싱

해설
콜드 스프링 : 배관이 열팽창할 경우 응력이 경감되도록 미리 늘어날 여유를 두는 신축 조인트

정답 41 ② 42 ④ 43 ③ 44 ② 45 ③

46 기어펌프는 어느 형식의 펌프에 해당하는가?

① 축류펌프
② 원심펌프
③ 왕복식 펌프
④ 회전펌프

47 냉동능력에서 1[RT]를 [kcal/h]로 환산하면?

① 1,660[kcal/h]
② 3,320[kcal/h]
③ 39,840[kcal/h]
④ 79,680[kcal/h]

해설
냉동톤(RT) : 냉동능력을 나타내는 단위
- 0[℃]의 물 1[ton]을 24시간(1일) 동안에 0[℃]의 얼음으로 만드는 능력
- 1[RT] = 3,320[kcal/h] = 3.86[kW] ≃ 5.25[PS]

48 LPG 압력조정기 중 1단 감압식 준저압 조정기의 조정압력은?

① 2.3~3.3[kPa]
② 2.55~3.3[kPa]
③ 57.0~83[kPa]
④ 5.0~30.0[kPa] 이내에서 제조자가 설정한 기준압력의 ±20[%]

해설
LPG 압력조정기 중 1단 감압식 준저압 조정기의 조정압력 : 5.0~30.0[kPa] 이내에서 제조자가 설정한 기준압력의 ±20[%]

49 가스 중에 포화수분이 있거나 가스배관의 부식 구멍 등에서 지하수가 침입 또는 공사 중에 물이 침입하는 경우를 대비해 관로의 저부에 설치하는 것은?

① 에어밸브 ② 수취기
③ 콕 ④ 체크밸브

해설
수취기 : 가스 중에 포화수분이 있거나 가스배관의 부식 구멍 등에서 지하수가 침입 또는 공사 중에 물이 침입하는 경우를 대비해 관로의 저부에 설치하는 것

50 도시가스설비에 대한 전기방식(防蝕)의 방법이 아닌 것은?

① 희생양극법
② 외부전원법
③ 배류법
④ 압착전원법

해설
가스설비에 대한 전기방식(防蝕)의 방법 : 희생양극법(유전양극법), 외부전원법, 배류법

51 압력조정기를 설치하는 주된 목적은?

① 유량 조절
② 발열량 조절
③ 가스의 유속 조절
④ 일정한 공급압력 유지

해설
압력조정기(Regulator) : 용기 내의 가스압력과 관계없이 연소기에서 완전연소에 필요한 최적의 압력으로 감압하고 일정한 적정 공급압력을 유지한다. 다이어프램(감지부), 밸브(제어부), 스프링(부하부)으로 구성되어 있다.

46 ④ 47 ② 48 ④ 49 ② 50 ④ 51 ④ 정답

52 고무호스가 노후되어 직경 1[mm]의 구멍이 뚫려 280[mmH_2O]의 압력으로 LP가스가 대기 중으로 2시간 유출되었을 때 분출된 가스의 양은 약 몇 [L]인가?(단, 가스의 비중은 1.6이다)

① 140[L] ② 238[L]
③ 348[L] ④ 672[L]

해설
분출된 가스의 양

$$Q = 2 \times 0.009 \times 1^2 \times \sqrt{\frac{280}{1.6}} \simeq 0.238[m^3] = 238[L]$$

53 공기 액화 사이클 중 압축기에서 압축된 가스가 열교환기로 들어가 팽창기에서 일을 하면서 단열팽창하여 가스를 액화시키는 사이클은?

① 필립스의 액화 사이클
② 캐스케이드 액화 사이클
③ 클라우드의 액화 사이클
④ 린데의 액화 사이클

해설
① 필립스의 액화 사이클 : 수소와 헬륨을 냉매로 하며 2개의 피스톤이 한 실린더에 설치되어 팽창기와 압축기의 역할을 동시에 하는 액화 사이클이다.
② 캐스케이드 액화 사이클 : 비등점이 점차 낮은 냉매를 사용하여 낮은 비등점의 기체를 액화시키는 액화 사이클이다. 암모니아(NH_3), 에틸렌(C_2H_4), 메탄(CH_4) 등이 냉매로 사용된다.
④ 린데의 액화 사이클 : 고압으로 압축된 공기를 줄-톰슨밸브를 통과시켜 자유팽창(등엔탈피 변화)으로 냉각・액화시키는 공기 액화 사이클

54 터보 압축기에서 누출이 주로 생기는 부분에 해당되지 않는 것은?

① 임펠러 출구
② 다이어프램 부위
③ 밸런스 피스톤 부분
④ 축이 케이싱을 관통하는 부분

해설
터보 압축기에서 주로 누출이 생기는 부분
• 임펠러 입구
• 다이어프램 부위
• 밸런스 피스톤 부분
• 축이 케이싱을 관통하는 부분

55 PE배관의 매설 위치를 지상에서 탐지할 수 있는 로케팅 와이어 전선의 굵기[mm^2]로 맞는 것은?

① 3 ② 4
③ 5 ④ 6

해설
PE배관의 매설 위치를 지상에서 탐지할 수 있는 로케팅 와이어 전선의 굵기 : 6[mm^2]

56 분자량이 큰 탄화수소를 원료로 10,000[kcal/Nm^3] 정도의 고열량 가스를 제조하는 방법은?

① 부분연소 프로세스
② 사이클링식 접촉분해 프로세스
③ 수소화분해 프로세스
④ 열분해 프로세스

해설
열분해 프로세스 : 원유, 중유, 나프타 등의 분자량이 큰 탄화수소 원료를 고온(800~900[℃])으로 분해하여 10,000[kcal/Nm^3] 정도의 고열량 가스를 제조하는 방법

정답 52 ② 53 ③ 54 ① 55 ④ 56 ④

57 전기방식시설의 유지관리를 위해 배관을 따라 전위 측정용 터미널을 설치할 때 얼마 이내의 간격으로 하는가?

① 50[m] 이내
② 100[m] 이내
③ 200[m] 이내
④ 300[m] 이내

해설
전기방식시설의 유지관리를 위해 배관을 따라 전위 측정용 터미널을 설치할 때 300[m] 이내의 간격으로 한다.

58 고압가스 용접용기에 대한 내압검사 시 전 증가량이 250[mL]일 때 이 용기가 내압시험에 합격하려면 영구증가량은 얼마 이하가 되어야 하는가?

① 12.5[mL]
② 25.0[mL]
③ 37.5[mL]
④ 50.0[mL]

해설
용기의 내압시험 시 영구 증가율이 10[%] 이하인 용기를 합격한 것으로 한다.

$$\text{영구 증가율} = \frac{\text{영구 증가량}}{\text{전 증가량}} \times 100[\%] = \frac{\text{영구 증가량}}{250} \times 100[\%] = 10[\%]\text{이므로}$$

영구 증가량은 25.0[mL] 이하이어야 한다.

59 용접결함 중 접합부의 일부분이 녹지 않아 간극이 생긴 현상은?

① 용입 불량 ② 융합 불량
③ 언더컷 ④ 슬래그

해설
② 융합 불량(Incomplete of Fusion) : 용접전류가 낮고 용접속도가 빠를 때 모재를 충분히 용융시키지 못한 상태에서 용접금속이 흘러들어가 메워진 상태
③ 언더컷(Undercut) : 용접살 끝에 인접하여 모재가 파인 후 용착금속이 채워지지 않고 남은 부분
④ 슬래그(Slag) : 용접전류가 낮고 운봉속도가 너무 느릴 때 용착금속 안이나 모재와의 융합부에 슬래그가 남는 불량(슬래그 혼입)

60 저압배관의 관경 결정(Pole식) 시 고려할 조건이 아닌 것은?

① 유 량 ② 배관 길이
③ 중력가속도 ④ 압력손실

해설
• 저압배관의 유량(도시가스 등) : $Q = K\sqrt{\frac{hD^5}{SL}}$

여기서, K : 유량계수
h : 압력손실(기점, 종점 간의 압력 강하 또는 기점압력과 말단압력의 차이)
D : 배관의 지름
S : 가스의 비중
L : 배관의 길이

• 유량 $Q = K\sqrt{\frac{hD^5}{SL}}$ 이므로, 저압배관의 관경 $D = \sqrt[5]{\left(\frac{Q}{K}\right)^2 \frac{SL}{h}}$

57 ④ 58 ② 59 ① 60 ③ 정답

제4과목 | 가스안전관리

61 **액화석유가스의 충전용기는 항상 몇 [℃] 이하로 유지하여야 하는가?**

① 15[℃] ② 25[℃]
③ 30[℃] ④ 40[℃]

해설
액화석유가스의 충전용기는 항상 40[℃] 이하로 유지하여야 한다.

62 **차량에 고정된 탱크 운반 차량의 운반기준 중 다음 (   )에 옳은 것은?**

> 가연성 가스(액화석유가스를 제외한다) 및 산소탱크의 내용적은 (Ⓐ)[L], 독성가스(액화암모니아를 제외한다)의 탱크의 내용적은 (Ⓑ)[L]를 초과하지 않을 것

① Ⓐ 20,000, Ⓑ 15,000
② Ⓐ 20,000, Ⓑ 10,000
③ Ⓐ 18,000, Ⓑ 12,000
④ Ⓐ 16,000, Ⓑ 14,000

해설
차량에 고정된 탱크 운반 차량의 운반기준: 가연성 가스(액화석유가스를 제외한다) 및 산소탱크의 내용적은 18,000[L], 독성가스(액화암모니아를 제외한다)의 탱크의 내용적은 12,000[L]를 초과하지 않을 것

63 **고압가스 용기에 대한 설명으로 틀린 것은?**

① 아세틸렌 용기는 황색으로 도색하여야 한다.
② 압축가스를 충전하는 용기의 최고충전압력은 TP로 표시한다.
③ 신규검사 후 경과연수가 20년 이상인 용접용기는 1년마다 재검사를 하여야 한다.
④ 독성가스 용기의 그림 문자는 흰색 바탕에 검은색 해골 모양으로 한다.

해설
압축가스를 충전하는 용기의 최고충전압력은 FP로 표시한다.

64 **아세틸렌을 용기에 충전할 때에는 미리 용기에 다공물질을 고루 채워야 하는데 이때 다공도는 몇 [%] 이상이어야 하는가?**

① 62[%] 이상
② 75[%] 이상
③ 92[%] 이상
④ 95[%] 이상

해설
아세틸렌을 용기에 충전할 때에는 미리 용기에 다공물질을 고루 채워야 하는데, 이때 다공도는 75[%] 이상 92[%] 미만이어야 한다.

정답 61 ④ 62 ③ 63 ② 64 ②

65 **용기에 의한 액화석유가스 사용시설에서 용기집합설비의 설치기준으로 틀린 것은?**

① 용기집합설비의 양단 마감조치 시에는 캡 또는 플랜지로 마감한다.
② 용기를 3개 이상 집합하여 사용하는 경우에 용기집합장치로 설치한다.
③ 내용적 30[L] 미만인 용기로 LPG를 사용하는 경우 용기집합설비를 설치하지 않을 수 있다.
④ 용기와 소형 저장탱크를 혼용 설치하는 경우에는 트윈호스로 마감한다.

해설
용기와 소형 저장탱크는 혼용하여 설치할 수 없다.

66 **아세틸렌을 2.5[MPa]의 압력으로 압축할 때에는 희석제를 첨가하여야 한다. 희석제로 적당하지 않는 것은?**

① 일산화탄소 ② 산 소
③ 메 탄 ④ 질 소

해설
아세틸렌을 2.5[MPa] 압력으로 압축하는 때에는 질소・메탄・일산화탄소 또는 에틸렌 등의 희석제를 첨가한다.

67 **도시가스 배관용 볼밸브 제조의 시설 및 기술 기준으로 틀린 것은?**

① 밸브의 오링과 패킹은 마모 등 이상이 없는 것으로 한다.
② 개폐용 핸들의 열림 방향은 시계 방향으로 한다.
③ 볼밸브는 핸들 끝에서 294.2[N] 이하의 힘을 가해서 90° 회전할 때 완전히 개폐하는 구조로 한다.
④ 나사식 밸브 양끝의 나사축선에 대한 어긋남은 양끝면의 나사 중심을 연결하여 직선에 대하여 끝 면으로부터 300[mm] 거리에서 2.0[mm]를 초과하지 아니하는 것으로 한다.

해설
개폐용 핸들의 열림 방향은 시계 반대 방향으로 한다.

68 **액화석유가스의 적절한 품질을 확보하기 위하여 정해진 품질기준에 맞도록 품질을 유지하여야 하는 자에 해당하지 않는 것은?**

① 액화석유가스 충전사업자
② 액화석유가스 특정사용자
③ 액화석유가스 판매사업자
④ 액화석유가스 집단공급사업자

해설
액화석유가스의 적절한 품질을 확보하기 위하여 정해진 품질기준에 맞도록 품질을 유지하여야 하는 자 : 액화석유가스 수출입업자, 액화석유가스 충전사업자, 액화석유가스 집단공급사업자, 액화석유가스 판매사업자, 석유정제업자, 부산물인 석유제품 판매업자

65 ④ 66 ② 67 ② 68 ② 정답

69 지름이 각각 5[m]와 7[m]인 LPG 지상 저장탱크 사이에 유지해야 하는 최소거리는 얼마인가?(단, 탱크 사이에는 물분무장치를 하지 않고 있다)

① 1[m] ② 2[m]
③ 3[m] ④ 4[m]

해설
유지해야 하는 최소거리

$$L=\frac{D_1+D_2}{4}=\frac{5+7}{4}=3[\mathrm{m}]$$

70 20[kg](내용적 : 47[L]) 용기에 프로판이 2[kg] 들어 있을 때, 액체프로판의 중량은 약 얼마인가?(단, 프로판의 온도는 15[℃]이며, 15[℃]에서 포화 액체프로판 및 포화가스 프로판의 비용적은 각각 1.976[cm^3/g], 62[cm^3/g]이다)

① 1.08[kg] ② 1.28[kg]
③ 1.48[kg] ④ 1.68[kg]

해설
프로판 전체 중량 2[kg] = 액체 프로판 중량 + 기체 프로판 중량
액체프로판의 중량을 x[kg]라 하면
기체프로판 중량은 $2-x$[kg]이다.
체적 = 비용적 × 중량
전체 체적 = 액체프로판 체적 + 기체프로판 체적

$$47=1.967x+62(2-x)=124-60.033x$$

$$\therefore\ x=\frac{124-47}{60.033}\simeq 1.28[\mathrm{kg}]$$

71 저장시설로부터 차량에 고정된 탱크에 가스를 주입하는 작업을 할 경우 차량 운전자는 작업기준을 준수하여 작업하여야 한다. 다음 중 틀린 것은?

① 차량이 앞뒤로 움직이지 않도록 차바퀴의 전후를 고정목 등으로 확실하게 고정시킨다.
② '이입작업 중(충전 중) 화기엄금'의 표시판이 눈에 잘 띄는 곳에 세워져 있는가를 확인한다.
③ 정전기제거용의 접지코드를 기지(基地)의 접지탭에 접속하여야 한다.
④ 운전자는 이입작업이 종료될 때까지 운전석에 위치하여 만일의 사태가 발생하였을 때 즉시 엔진을 정지할 수 있도록 대비하여야 한다.

해설
운전자는 이입작업이 종료될 때까지 운전석에 위치할 필요가 없고, 엔진은 이입작업 전에 끈다.

72 가스용 염화비닐호스의 안지름 치수 규격이 옳은 것은?

① 1종 : 6.3±0.7[mm]
② 2종 : 9.5±0.9[mm]
③ 3종 : 12.7±1.2[mm]
④ 4종 : 25.4±1.27[mm]

해설
가스용 염화비닐호스의 안지름은 6.3[mm](1종), 9.5[mm](2종), 12.7[mm](3종)로 하고 그 허용차는 ±0.7[mm]로 할 것

정답 69 ③ 70 ② 71 ④ 72 ①

73 **가연성 가스 제조소에서 화재의 원인이 될 수 있는 착화원이 모두 바르게 나열된 것은?**

Ⓐ 정전기 Ⓑ 베릴륨합금제 공구에 의한 충격 Ⓒ 안전증 방폭구조의 전기기기 Ⓓ 촉매의 접촉작용 Ⓔ 밸브의 급격한 조작

① Ⓐ, Ⓓ, Ⓔ
② Ⓐ, Ⓑ, Ⓒ
③ Ⓐ, Ⓒ, Ⓓ
④ Ⓑ, Ⓒ, Ⓔ

해설
- Ⓑ 베릴륨합금제 공구는 방폭공구이다.
- Ⓒ 안전증 방폭구조의 전기기기는 폭발방지장치이다.

74 **산소, 아세틸렌, 수소 제조 시 품질검사의 실시 횟수로 옳은 것은?**

① 매시간마다
② 6시간에 1회 이상
③ 1일 1회 이상
④ 가스 제조 시마다

해설
산소, 아세틸렌, 수소 제조 시 품질검사의 실시 횟수 : 1일 1회 이상

75 **고압가스 냉동제조시설에서 냉동능력 20[ton] 이상의 냉동설비에 설치하는 압력계의 설치기준으로 틀린 것은?**

① 압축기의 토출압력 및 흡입압력을 표시하는 압력계를 보기 쉬운 곳에 설치한다.
② 강제윤활방식인 경우에는 윤활압력을 표시하는 압력계를 설치한다.
③ 강제윤활방식인 것은 윤활유 압력에 대한 보호장치가 설치되어 있는 경우 압력계를 설치한다.
④ 발생기에는 냉매가스의 압력을 표시하는 압력계를 설치한다.

해설
강제윤활방식인 경우에는 윤활압력을 표시하는 압력계를 설치한다. 다만, 윤활유 압력에 대한 보호장치가 설치되어 있는 경우 압력계를 설치하지 아니할 수 있다.

76 **고압가스 일반제조의 시설에서 사업소 밖의 배관 매몰 설치 시 다른 매설물과의 최소 이격거리를 바르게 나타낸 것은?**

① 배관은 그 외면으로부터 지하의 다른 시설물과 0.5[m] 이상
② 독성가스의 배관은 수도시설로부터 100[m] 이상
③ 터널과는 5[m] 이상
④ 건축물과는 1.5[m] 이상

해설
① 배관은 그 외면으로부터 지하의 다른 시설물과 0.3[m] 이상
② 독성가스의 배관은 수도시설로부터 300[m] 이상
③ 터널과는 10[m] 이상

73 ① 74 ③ 75 ③ 76 ④ 정답

77 1일간 저장능력이 35,000[m^3]인 일산화탄소 저장설비의 외면과 학교는 몇 [m] 이상의 안전거리를 유지하여야 하는가?

① 17[m] ② 18[m]
③ 24[m] ④ 27[m]

해설
일산화탄소는 독성가스이며 학교는 제1종 보호시설이므로 1일간 저장능력이 35,000[m^3]인 일산화탄소 저장설비의 외면과 학교는 27[m] 이상의 안전거리를 유지하여야 한다.

78 이동식 프로판 연소기용 용접용기에 액화석유가스를 충전하기 위한 압력 및 가스성분의 기준은?(단, 충전하는 가스의 압력은 40[℃] 기준이다)

① 1.52[MPa] 이하, 프로판 90[mol%] 이상
② 1.53[MPa] 이하, 프로판 90[mol%] 이상
③ 1.52[MPa] 이하, 프로판 + 프로필렌 90[mol%] 이상
④ 1.53[MPa] 이하, 프로판 + 프로필렌 90[mol%] 이상

해설
이동식 프로판 연소기용 용접용기에 액화석유가스를 충전하기 위한 압력 및 가스성분의 기준 : 40[℃] 이하에서 압력은 1.53[MPa] 이하, 가스성분은 프로판 + 프로필렌 90[mol%] 이상

79 가연성 가스의 폭발범위가 적절하게 표기된 것은?

① 아세틸렌 : 2.5~81[%]
② 암모니아 : 16~35[%]
③ 메탄 : 1.8~8.4[%]
④ 프로판 : 2.1~11.0[%]

해설
가연성 가스의 폭발범위
- 프로판 : 2.2~9.5[%]
- 아세틸렌 : 2.5~81[%]
- 메탄 : 5~15[%]
- 암모니아 : 15~28[%]

80 충전질량 1,000[kg] 이상인 LPG 소형 저장탱크 부근에 설치하여야 하는 분말소화기의 능력단위로 옳은 것은?

① BC용 B-10 이상
② BC용 B-12 이상
③ ABC용 B-10 이상
④ ABC용 B-12 이상

해설
충전질량 1,000[kg] 이상인 LPG 소형 저장탱크 부근에 설치하여야 하는 분말소화기의 능력단위와 수량 : ABC용 B-12 이상, 2개 이상

정답 77 ④ 78 ④ 79 ① 80 ④

제5과목 | 가스계측

81 **스프링식 저울의 경우 측정하고자 하는 물체의 무게가 작용하여 스프링의 변위가 생기고 이에 따라 바늘의 변위가 생겨 지시하는 양으로 물체의 무게를 알 수 있다. 이와 같은 측정방법은?**

① 편위법 ② 영위법
③ 치환법 ④ 보상법

해설
① 편위법 : 측정량의 크기에 따라 지침 등을 편위시켜 측정량을 구하는 방법이다. 스프링식 저울의 경우 물체의 무게가 작용되어 스프링의 변위가 생기고, 이에 따라 바늘의 변위가 생겨 물체의 무게를 지시하는 눈금으로 무게를 측정한다.
② 영위법 : 측정량(측정하고자 하는 상태량)과 기준량(독립적 크기 조정 가능)을 비교하여 측정량과 똑같이 되도록 기준량을 조정한 후 기준량의 크기로부터 측정량을 구하는 방법(천칭)이다.
③ 치환법 : 정확한 기준과 비교 측정하여 측정기 자신의 부정확한 원인이 되는 오차를 제거하기 위하여 사용되는 방법으로, 다이얼 게이지를 이용하여 두께를 측정하는 방법 등이 있다.
④ 보상법 : 측정량의 크기가 거의 같은 미리 알고 있는 양의 분동을 준비하여 분동과 측정량의 차이로부터 측정량을 구하는 방법이다.

82 **경사각이 30°인 경사관식 압력계의 눈금을 읽었더니 50[cm]이었다. 이때 양단의 압력 차이는 약 몇 [kgf/cm^2]인가?(단, 비중이 0.8인 기름을 사용하였다)**

① 0.02 ② 0.2
③ 20 ④ 200

해설
압력차
$\Delta P = \gamma x \sin\theta = (0.8 \times 1{,}000) \times 0.5 \times \sin 30°$
$= 200[\text{kgf/m}^2] = 0.02[\text{kgf/cm}^2]$

83 **유체의 운동방정식(베르누이의 원리)을 적용하는 유량계는?**

① 오벌기어식 ② 로터리베인식
③ 터빈유량계 ④ 오리피스식

해설
오리피스식 유량계
조임기구의 하나인 오리피스를 이용한 유량계로, 유체의 운동방정식(베르누이의 원리)을 적용한다.

84 **천연가스의 성분이 메탄(CH_4) 85[%], 에탄(C_2H_6) 13[%], 프로판(C_3H_8) 2[%]일 때 이 천연가스의 총발열량은 약 몇 [kcal/m^3]인가?(단, 조성은 용량 백분율이며, 각 성분에 대한 총발열량은 다음과 같다)**

성 분	메 탄	에 탄	프로판
총발열량[kcal/m^3]	9,520	16,850	24,160

① 10,766 ② 12,741
③ 13,215 ④ 14,621

해설
천연가스의 총발열량
$9{,}520 \times 0.85 + 16{,}850 \times 0.13 + 24{,}160 \times 0.02 \simeq 10{,}766[\text{kcal/m}^3]$

85 **검지가스와 누출확인시험지가 옳게 연결된 것은?**

① 포스겐 – 하리슨씨시약
② 할로겐 – 염화제일구리착염지
③ CO – KI 전분지
④ H_2S – 질산구리벤젠지

해설
검지가스와 누출 확인 시험지
• 포스겐 – 하리슨시험지
• 할로겐 – KI 전분지
• CO – 염화팔라듐지
• H_2S – 연당지

81 ① 82 ① 83 ④ 84 ① 85 ① 정답

86 가스미터 설치 장소 선정 시 유의사항으로 틀린 것은?

① 진동을 받지 않는 곳이어야 한다.
② 부착 및 교환 작업이 용이하여야 한다.
③ 직사일광에 노출되지 않는 곳이어야 한다.
④ 가능한 한 통풍이 잘되지 않는 곳이어야 한다.

해설
가스미터는 가능한 한 통풍이 잘되는 곳에 설치한다.

87 탄광 내에서 CH_4 가스의 발생을 검출하는 데 가장 적당한 방법은?

① 시험지법
② 검지관법
③ 질량분석법
④ 안전등형 가연성 가스 검출법

해설
안전등형 가연성 가스 검출법 : 석유램프를 사용하여 불꽃 길이에 의하여 가스농도를 측정하며 주로 탄광 내에서 메탄(CH_4) 가스의 발생을 검출하는 데 적당한 가연성 가스검출방법

88 습도에 대한 설명으로 틀린 것은?

① 절대습도는 비습도라고도 하며 [%]로 나타낸다.
② 상대습도는 현재의 온도 상태에서 포함할 수 있는 포화수증기 최대량에 대한 현재 공기가 포함하고 있는 수증기의 양을 [%]로 표시한 것이다.
③ 이슬점은 상대습도가 100[%]일 때의 온도이며 노점온도라고도 한다.
④ 포화공기는 더 이상 수분을 포함할 수 없는 상태의 공기이다.

해설
습도의 표기의 종류
- 상대습도(Relative Humidity) : 수증기의 분압을 포화수증기압으로 나눈 것으로, 단위는 [%]이다. 습도라고 할 때는 보통 상대습도를 의미한다.
- 절대습도(Absolute Humidity) : 단위부피당 포함된 수증기의 양으로, 단위는 [g/m^3]이다.
- 비습도(Specific Humidity) : 일정 질량의 공기에 대한 수증기 질량의 비율로, 무차원이며 비습이라고도 한다.

89 크로마토그래피에서 분리도를 2배로 증가시키기 위한 칼럼의 단수(N)은?

① 단수(N)를 $\sqrt{2}$ 배 증가시킨다.
② 단수(N)를 2배 증가시킨다.
③ 단수(N)를 4배 증가시킨다.
④ 단수(N)를 8배 증가시킨다.

해설
크로마토그래피의 분리도는 칼럼의 단수의 제곱근에 비례하므로 분리도를 2배로 증가시키려면 칼럼의 단수(N)를 4배 증가시킨다.

정답 86 ④ 87 ④ 88 ① 89 ③

90 2차 지연형 계측기에서 제동비를 ξ로 나타낼 때 대수감쇠율을 구하는 식은?

① $\dfrac{2\pi\xi}{\sqrt{1+\xi^2}}$

② $\dfrac{2\pi\xi}{\sqrt{1-\xi^2}}$

③ $\dfrac{2\pi\xi}{\sqrt{1+\xi}}$

④ $\dfrac{2\pi\xi}{\sqrt{1-\xi}}$

해설

- 2차 지연형 계측기의 제동비(ξ) : $\xi = \dfrac{\delta}{\sqrt{4\pi^2+\delta^2}}$

  여기서, δ : 대수감쇠율
- 2차 지연형 계측기의 대수감쇠율(δ) : $\delta = \dfrac{2\pi\xi}{\sqrt{1-\xi^2}}$

  여기서, ξ : 제동비

91 가스크로마토그래피의 구성장치가 아닌 것은?

① 분광부
② 유속조절기
③ 칼 럼
④ 시료주입기

해설

가스크로마토그래피의 구성장치 : 캐리어 가스, 시료주입기, 압력조정기, 유속조절기, 유량조절밸브, 압력계, 칼럼(분리관), 검출기, 기록계 등

92 선팽창계수가 다른 2종의 금속을 결합시켜 온도 변화에 따라 굽히는 정도가 다른 특성을 이용한 온도계는?

① 유리제 온도계
② 바이메탈 온도계
③ 압력식 온도계
④ 전기저항식 온도계

해설

① 유리제 온도계 : 봉상 온도계라고도 한다. 봉상 온도계에서 측정오차를 최소화하려면 가급적 온도계 전체를 측정하는 물체에 접촉시키는 것이 좋다. 종류로는 알코올 온도계, 수은 온도계, 베크만 온도계 등이 있다.
③ 압력식 온도계 : 밀폐된 관에 수은 등과 같은 액체나 기체를 봉입한 것으로, 온도에 따라 체적 변화를 일으켜 관 내에 생기는 압력의 변화를 이용하여 온도를 측정하는 접촉식 온도계이다.
④ 전기저항식 온도계 : 온도가 증가함에 따라 금속의 전기저항이 증가하는 현상을 이용한 접촉식 온도계로, 서미스터 등을 사용하며 저항 온도계라고도 한다.

93 다음 중 팔라듐관 연소법과 관련이 없는 것은?

① 가스뷰렛
② 봉 액
③ 촉 매
④ 과염소산

해설

팔라듐관 연소법은 수소분석에 적합하며 가스뷰렛, 팔라듐관, 봉액, 촉매, 수주관 등으로 구성된다. 촉매로는 팔라듐 석면, 팔라듐 흑연, 백금, 실리카겔 등이 사용된다.

90 ② 91 ① 92 ② 93 ④ 정답

94 탄화수소 성분에 대하여 감도가 좋고, 노이즈가 작고 사용이 편리한 장점이 있는 가스검출기는?

① 접촉연소식
② 반도체식
③ 불꽃이온화식
④ 검지관식

해설
불꽃이온화식 가스검출기 : 수소불꽃 속에 탄화수소가 들어가면 불꽃의 전기전도도가 증대하는 현상을 이용한 검출기이다. 탄화수소 성분에 대하여 감도가 좋고, 노이즈가 작고, 사용이 편리하다.

95 유리제 온도계 중 모세관 상부에 보조 구부를 설치하고 사용온도에 따라 수은량을 조절하여 미세한 온도차의 측정이 가능한 것은?

① 수은 온도계
② 알코올 온도계
③ 베크만 온도계
④ 유점 온도계

해설
베크만 온도계 : 모세관 상부에 보조 구부를 설치하고 사용온도에 따라 수은량을 조절하여 미세한 온도차의 측정이 가능한 수은 온도계로, 끓는점이나 응고점의 변화, 발열량, 유기화합물의 분자량 측정 등에 사용한다.

96 적분동작이 좋은 결과를 얻을 수 있는 경우가 아닌 것은?

① 측정지연 및 조절지연이 작은 경우
② 제어대상이 자기평형성을 가진 경우
③ 제어대상의 속응도(速應度)가 작은 경우
④ 전달지연과 불감시간(不感時間)이 작은 경우

해설
제어대상의 속응도(速應度)가 크면 적분동작이 좋은 결과를 얻을 수 있다.

97 초저온 영역에서 사용될 수 있는 온도계로 가장 적당한 것은?

① 광전관식 온도계
② 백금측온저항체 온도계
③ 크로멜–알루멜 열전대 온도계
④ 백금–백금·로듐 열전대 온도계

해설
백금측온저항체 온도계 : 초저온 영역에서 사용될 수 있는 온도계로, 사용 온도범위가 넓어 저항온도계의 저항체 중 재질이 가장 우수하다.

정답 94 ③ 95 ③ 96 ③ 97 ②

98 막식 가스미터에서 가스가 미터를 통과하지 않는 고장은?

① 부 동 ② 불 통
③ 기차 불량 ④ 감도 불량

해설
② 불통 : 가스가 미터를 통과하지 않는 고장
① 부동 : 가스가 미터기를 통과하지만 계량기 지침이 작동하지 않아 계량이 되지 않는 고장
③ 기차 불량 : 계량 정밀도가 저하되는 고장
④ 감도 불량 : 미터의 지침의 감도(시도) 변화가 나타나지 않는 고장

99 가스미터의 크기 선정 시 1개의 가스기구가 가스미터의 최대통과량의 80[%]를 초과한 경우의 조치로서 가장 옳은 것은?

① 1등급 큰 미터를 선정한다.
② 1등급 작은 미터를 선정한다.
③ 상기 시 가스량 이상의 통과능력을 가진 미터 중 최대의 미터를 선정한다.
④ 상기 시 가스량 이상의 통과능력을 가진 미터 중 최소의 미터를 선정한다.

해설
가스미터의 크기 선정 시 1개의 가스기구가 가스미터의 최대통과량의 80[%]를 초과한 경우, 1등급 큰 미터를 선정한다.

100 제어량이 목표값을 중심으로 일정한 폭의 상하 진동을 하게 되는 현상을 무엇이라고 하는가?

① 오프셋
② 오버슈트
③ 오버잇
④ 뱅 뱅

해설
① 오프셋(Off-set) : 정상 상태에서의 편차
② 오버슈트 : 응답 중에 생기는 입력과 출력 사이의 편차량
③ 오버잇 : 거의 사용되지 않는 용어

98 ② 99 ① 100 ④ 정답

2019년 제2회 과년도 기출문제

제1과목 | 가스유체역학

01 기체 수송에 사용되는 기계들이 줄 수 있는 압력차를 크기 순서대로 옳게 나타낸 것은?

① 팬(Fan) < 압축기 < 송풍기(Blower)
② 송풍기(Blower) < 팬(Fan) < 압축기
③ 팬(Fan) < 송풍기(Blower) < 압축기
④ 송풍기(Blower) < 압축기 < 팬(Fan)

해설
기체 수송에 사용되는 기계들이 줄 수 있는 압력차를 크기 순서:
팬 < 송풍기 < 압축기

02 진공압력이 0.10[kgf/cm²]이고, 온도가 20[℃]인 기체가 계기압력 7[kgf/cm²]로 등온압축되었다. 이때 압축 전 체적(V_1)에 대한 압축 후의 체적(V_2)의 비는 얼마인가?(단, 대기압은 720[mmHg]이다)

① 0.11 ② 0.14
③ 0.98 ④ 1.41

해설
$P_1 = \frac{720}{760} \times 1.033 \simeq 0.979[\mathrm{kgf/cm^2}]$
$P_1 V_1 = P_2 V_2$에서
$\frac{V_2}{V_1} = \frac{P_1}{P_2} = \frac{0.979 - 0.1}{0.979 + 7} \simeq 0.11$

03 압력 P_1에서 체적 V_1을 갖는 어떤 액체가 있다. 압력을 P_2로 변화시키고 체적이 V_2가 될 때, 압력차이($P_2 - P_1$)를 구하면?(단, 액체의 체적탄성계수는 K로 일정하고, 체적 변화는 아주 작다)

① $-K\left(1 - \frac{V_2}{V_1 - V_2}\right)$
② $K\left(1 - \frac{V_2}{V_1 - V_2}\right)$
③ $-K\left(1 - \frac{V_2}{V_1}\right)$
④ $K\left(1 - \frac{V_2}{V_1}\right)$

해설
체적탄성계수 $K = \frac{1}{\beta} = -V\frac{dP}{dV} = -V_1\frac{(P_2 - P_1)}{(V_2 - V_1)}$에서
$P_2 - P_1 = -K\left(\frac{V_2 - V_1}{V_1}\right) = K\left(1 - \frac{V_2}{V_1}\right)$

정답 1 ③ 2 ① 3 ④

04 다음 그림과 같이 비중량이 γ_1, γ_2, γ_3 인 세 가지의 유체로 채워진 마노미터에서 A 위치와 B 위치의 압력 차이($P_B - P_A$)는?

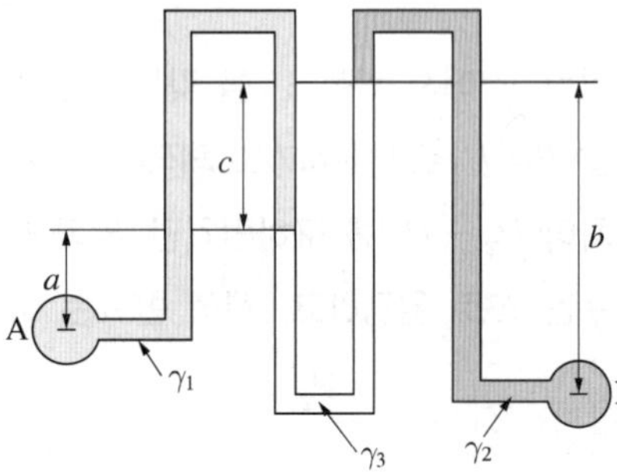

① $-a\gamma_1 - b\gamma_2 + c\gamma_3$

② $-a\gamma_1 + b\gamma_2 - c\gamma_3$

③ $a\gamma_1 - b\gamma_2 - c\gamma_3$

④ $a\gamma_1 - b\gamma_2 + c\gamma_3$

해설

$P_A - a\gamma_1 - c\gamma_3 = P_B - b\gamma_2$

$P_B - P_A = -a\gamma_1 + b\gamma_2 - c\gamma_3$

05 왕복펌프의 특징으로 옳지 않은 것은?

① 저속운전에 적합하다.

② 같은 유량을 내는 원심펌프에 비하면 일반적으로 대형이다.

③ 유량은 적어도 되지만 양정이 원심펌프로 미칠 수 없을 만큼 고압을 요구하는 경우는 왕복펌프가 적합하지 않다.

④ 왕복펌프는 양수작용에 따라 분류하면 단동식과 복동식 및 차동식으로 구분된다.

해설

왕복펌프는 양수량이 적고 저양정, 고압에 적합하다.

06 비중량이 30[kN/m^3]인 물체가 물속에서 줄(Rope)에 매달려 있다. 줄의 장력이 4[kN]이라고 할 때 물속에 있는 이 물체의 체적은 얼마인가?

① 0.198[m^3] ② 0.218[m^3]

③ 0.225[m^3] ④ 0.246[m^3]

해설

줄의 장력을 W, 물체를 1, 물을 2라고 하면

$\gamma_1 \times V - W = \gamma_2 \times V$에서 $30 \times V - 4 = 9.8 \times V$이므로

$$V = \frac{4}{20.2} \simeq 0.198[\text{m}^3]$$

07 내경 0.05[m]인 강관 속으로 공기가 흐르고 있다. 한쪽 단면에서의 온도는 293[K], 압력은 4[atm], 평균유속은 75[m/s]였다. 이 관의 하부에는 내경 0.08[m]의 강관이 접속되어 있는데 이곳의 온도는 303[K], 압력은 2[atm]이라고 하면, 이곳에서의 평균유속은 몇 [m/s]인가?(단, 공기는 이상기체이고 정상유동이라 간주한다)

① 14.2 ② 60.6

③ 92.8 ④ 397.4

해설

처음 상태를 1, 하부 상태를 2라 하면

처음 상태의 유량 $Q_1 = A_1 v_1 = \frac{\pi}{4} \times 0.05^2 \times 75 \simeq 0.147[\text{m}^3/\text{s}]$

$\frac{P_1 V_1}{T_1} = \frac{P_2 V_2}{T_2}$에서 V를 Q로 대치하면

$\frac{P_1 Q_1}{T_1} = \frac{P_2 Q_2}{T_2}$이므로

$$Q_2 = \frac{P_1 Q_1 T_2}{P_2 T_1} = \frac{4 \times 0.147 \times 303}{2 \times 293} \simeq 0.304[\text{m}^3/\text{s}]$$

$Q_2 = A_2 v_2$에서

$$v_2 = \frac{Q_2}{A_2} = \frac{0.304}{\frac{\pi}{4} \times 0.08^2} \simeq 60.6[\text{m/s}]$$

4 ② 5 ③ 6 ① 7 ② 정답

08 다음 그림과 같은 덕트에서의 유동이 아음속 유동일 때 속도 및 압력의 유동 방향 변화를 옳게 나타낸 것은?

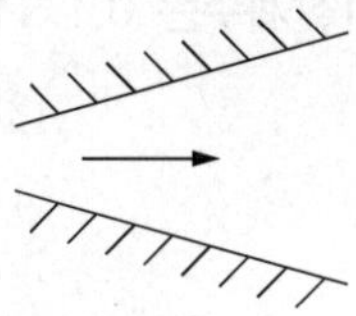

① 속도 감소, 압력 감소
② 속도 증가, 압력 증가
③ 속도 증가, 압력 감소
④ 속도 감소, 압력 증가

해설
확대관에서의 아음속 유동 경우
• 증가 : 단면적, 압력, 밀도, 온도
• 감소 : 속도

09 관 내 유체의 급격한 압력 강하에 따라 수중에서 기포가 분리되는 현상은?

① 공기 바인딩
② 감압화
③ 에어리프트
④ 캐비테이션

해설
캐비테이션(공동현상) : 관 내 유체의 급격한 압력 강하에 따라 수중에서 기포가 분리되는 현상

10 비중 0.9인 유체를 10[ton/h]의 속도로 20[m] 높이의 저장탱크에 수송한다. 지름이 일정한 관을 사용할 때 펌프가 유체에 가해 준 일은 몇 [kgf·m/kg]인가?(단, 마찰손실은 무시한다)

① 10　　② 20
③ 30　　④ 40

해설
동력 $H=\frac{W}{t}=\gamma hQ$에서 일량 $W=\gamma hQt$이며
단위질량당 펌프가 유체에 가해 준 일량
$w=W/m=\gamma hQt/mt=\gamma hQt/\rho Qt=\gamma h/\rho$
$=0.9\times10^3\times20\times\frac{1}{0.9\times10^3}=20[\text{kgf}\cdot\text{m/kg}]$

11 공기 속을 초음속으로 날아가는 물체의 마하각(Mach Angle)이 35°일 때, 그 물체의 속도는 약 몇 [m/s]인가?(단, 음속은 340[m/s]이다)

① 581　　② 593
③ 696　　④ 900

해설
$\sin\alpha=\frac{C}{V}$에서 $V=\frac{C}{\sin\alpha}=\frac{340}{\sin35^\circ}\simeq593[\text{m/s}]$

정답 8 ④ 9 ④ 10 ② 11 ②

12 다음은 면적이 변하는 도관에서의 흐름에 관한 그림이다. 그림에 대한 설명으로 옳지 않은 것은?

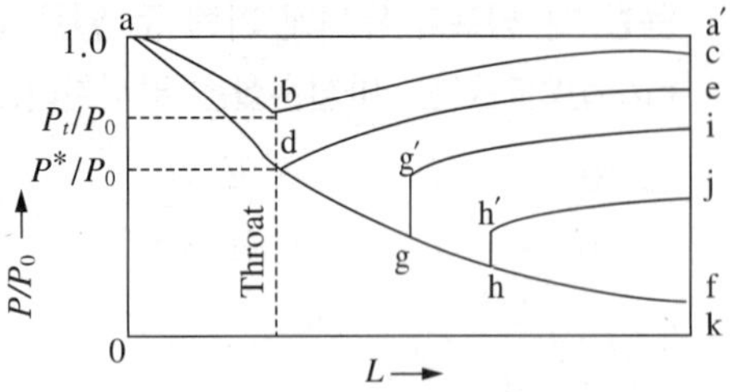

① d점에서의 압력비를 임계압력비라고 한다.
② gg′ 및 hh′는 충격파를 나타낸다.
③ 선 abc상의 다른 모든 점에서의 흐름은 아음속이다.
④ 초음속인 경우 노즐의 확산부의 단면적이 증가하면 속도는 감소한다.

해설
초음속인 경우 노즐 확산부의 단면적이 증가하면 속도는 증가한다.

13 지름 5[cm]의 관 속을 15[cm/s]로 흐르던 물이 지름 10[cm]로 급격히 확대되는 관 속으로 흐른다. 이때 확대에 의한 마찰손실계수는 얼마인가?

① 0.25 ② 0.56
③ 0.65 ④ 0.75

해설
확대에 의한 마찰손실계수

$K=\left[1-\left(\frac{d_1}{d_2}\right)^2\right]^2 \quad K=\left[1-\left(\frac{5}{10}\right)^2\right]^2 \simeq 0.56$

14 지름이 400[mm]인 공업용 강관에 20[℃]의 공기를 264[m³/min]로 수송할 때, 길이 200[m]에 대한 손실수두는 약 몇 [cm]인가?(단, Darcy–Weisbach 식의 관 마찰계수는 0.1×10^{-3}이다)

① 22 ② 37
③ 51 ④ 313

해설
• 유속 $v=\frac{Q}{A}=\frac{264}{\frac{\pi}{4}\times0.4^2\times60}\simeq35[\text{m/s}]$
• 손실수두
$h_L=f\frac{l}{d}\frac{v^2}{2g}=0.1\times10^{-3}\times\frac{200}{0.4}\times\frac{35^2}{2\times9.8}$
$\simeq3.13[\text{m}]=313[\text{cm}]$

15 다음 중 등엔트로피 과정은?

① 가역단열과정
② 비가역등온과정
③ 수축과 확대과정
④ 마찰이 있는 가역적 과정

16 유체의 점성과 관련된 설명 중 잘못된 것은?

① [poise]는 점도의 단위이다.
② 점도란 흐름에 대한 저항력의 척도이다.
③ 동점성 계수는 점도/밀도와 같다.
④ 20[℃]에서 물의 점도는 1[poise]이다.

해설
20[℃]에서 물의 점도는 1[cP]이다.

12 ④ 13 ② 14 ④ 15 ① 16 ④ 정답

17 단면적이 변화하는 수평 관로에 밀도가 ρ인 이상유체가 흐르고 있다. 단면적 A_1인 곳에서의 압력은 P_1, 단면적이 A_2인 곳에서의 압력은 P_2이다. $A_2 = A_1/2$이면 단면적이 A_2인 곳에서의 평균유속은?

① $\sqrt{\dfrac{4(P_1-P_2)}{3\rho}}$

② $\sqrt{\dfrac{4(P_1-P_2)}{15\rho}}$

③ $\sqrt{\dfrac{8(P_1-P_2)}{3\rho}}$

④ $\sqrt{\dfrac{8(P_1-P_2)}{15\rho}}$

해설

단면적이 A_2인 곳에서의 평균유속

$$v_2 = \frac{A_1}{\sqrt{A_1^2 - A_2^2}}\sqrt{2\left(\frac{P_1-P_2}{\rho}\right)} = \sqrt{\frac{8(P_1-P_2)}{3\rho}}$$

18 전단응력(Shear Stress)과 속도구배의 관계를 나타낸 다음 그림에서 빙엄플라스틱 유체(Bingham Plastic Fluid)를 나타낸 것은?

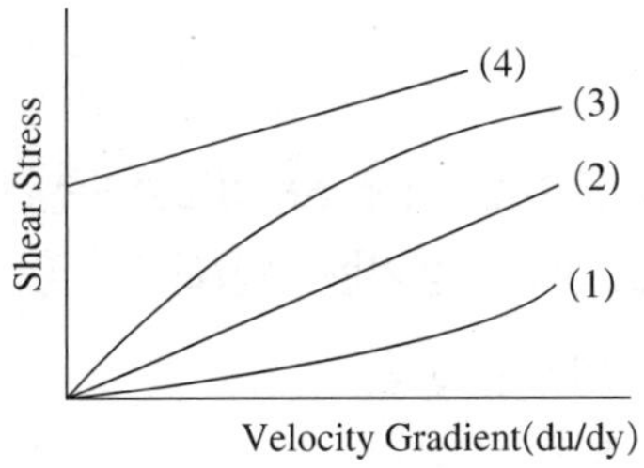

① (1) ② (2)
③ (3) ④ (4)

해설

(4) : 빙엄플라스틱 유체
(1) : 팽창유체
(2) : 뉴턴유체
(3) : 의가소성 유체

19 완전발달흐름(Fully Developed Flow)에 대한 내용으로 옳은 것은?

① 속도분포가 축을 따라 변하지 않는 흐름
② 천이영역의 흐름
③ 완전난류의 흐름
④ 정상상태의 유체 흐름

해설

완전발달흐름(Fully Developed Flow) : 속도분포가 축을 따라 변하지 않는 흐름

20 유체를 연속체로 취급할 수 있는 조건은?

① 유체가 순전히 외력에 의하여 연속적으로 운동을 한다.
② 항상 일정한 전단력을 가진다.
③ 비압축성이며 탄성계수가 작다.
④ 물체의 특성 길이가 분자 간의 평균자유행로보다 훨씬 크다.

해설

유체를 연속체로 가정하는 조건

- 유체입자의 크기가 분자평균자유행로에 비해 충분히 크고 충돌시간은 충분히 짧을 것
- $l \gg \lambda$
  여기서, l : 유동을 특정 지어 주는 대표 길이
  λ : 분자의 평균자유행로
- 물체의 특성 길이가 분자 간의 평균자유행로보다 훨씬 크다.
- 분자 간의 거리(분자의 평균자유행로)가 물체의 대표 길이(용기 치수, 관의 지름 등)에 비해서 1[%] 미만으로 매우 작다.
- 충돌과 충돌소요시간이 매우 짧다(통계적 특성 보존 가능).
- 분자 간에 큰 응집력이 작용한다.

정답 17 ③ 18 ④ 19 ① 20 ④

제2과목 | 연소공학

21 다음 그림은 카르노 사이클(Carnot Cycle)의 과정을 도식으로 나타낸 것이다. 열효율 η를 나타내는 식은?

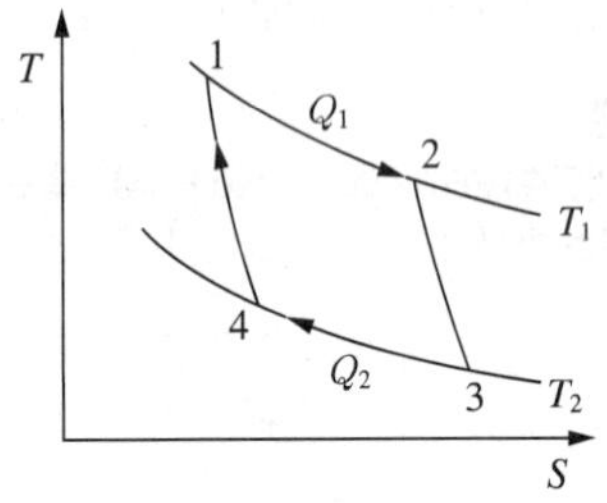

① $\eta = \dfrac{Q_1 - Q_2}{Q_1}$

② $\eta = \dfrac{Q_2 - Q_1}{Q_1}$

③ $\eta = \dfrac{T_1}{T_1 - T_2}$

④ $\eta = \dfrac{T_2 - T_1}{T_1}$

해설

카르노 사이클의 열효율

$\eta = \dfrac{Q_1 - Q_2}{Q_1} = \dfrac{T_1 - T_2}{T_1}$

22 발열량이 21[MJ/kg]인 무연탄이 7[%]의 습분을 포함한다면, 무연탄의 발열량은 약 몇 [MJ/kg]인가?

① 16.43 ② 17.85
③ 19.53 ④ 21.12

해설

$H_L = H_h - 2.51(9H + W) = 21 - 2.51 \times 0.07 \simeq 20.82$[MJ/kg]

23 최소점화에너지에 대한 설명으로 옳은 것은?

① 최소점화에너지는 유속이 증가할수록 작아진다.
② 최소점화에너지는 혼합기 온도가 상승함에 따라 작아진다.
③ 최소점화에너지의 상승은 혼합기 온도 및 유속과는 무관하다.
④ 최소점화에너지는 유속 20[m/s]까지는 점화에너지가 증가하지 않는다.

해설

최소점화에너지는 유속의 감소, 혼합기 온도의 상승에 따라 작아진다.

24 압력-엔탈피선도에서 등엔트로피선의 기울기는?

① 부 피 ② 온 도
③ 밀 도 ④ 압 력

해설

압력-엔탈피선도에서 등엔트로피선의 기울기는 부피이다.

25 줄-톰슨효과를 참조하여 교축과정(Throttling Process)에서 생기는 현상과 관계없는 것은?

① 엔탈피 불변
② 압력 강하
③ 온도 강하
④ 엔트로피 불변

해설

- 이상기체의 교축과정 : 온도 · 엔탈피 일정, 압력 강하, 엔트로피 증가
- 실제유체의 교축과정 : 엔탈피 일정, 압력 · 온도 강하, 엔트로피 · 비체적 · 속도 증가

21 ① 22 ③ 23 ② 24 ① 25 ④ 정답

26 비중이 0.75인 휘발유(C_8H_{18}) 1[L]를 완전연소시키는 데 필요한 이론산소량은 약 몇 [L]인가?

① 1,510 ② 1,842
③ 2,486 ④ 2,814

해설
- 휘발유(C_8H_{18}) 1[L]의 질량 : 체적 × 비중 = 1 × 0.75 = 0.75[kg] = 750[g]
- 옥탄의 연소방정식 : $C_8H_{18} + 12.5O_2 \rightarrow 8CO_2 + 9H_2O$
- 필요한 이론산소량 : $\frac{750}{114} \times 22.4 \times 12.5 \simeq 1,842$[L]

27 1[kmol]의 일산화탄소와 2[kmol]의 산소로 충전된 용기가 있다. 연소 전 온도는 298[K], 압력은 0.1[MPa]이고 연소 후 생성물은 냉각되어 1,300[K]로 되었다. 정상 상태에서 완전연소가 일어났다고 가정했을 때 열전달량은 약 몇 [kJ]인가?(단, 반응물 및 생성물의 총엔탈피는 각각 −110,529[kJ], −293,338[kJ]이다)

① −202,397 ② −230,323
③ −340,238 ④ −403,867

해설
- 연소방정식 : $CO + 2O_2 \rightarrow CO_2 + 1.5O_2$
- 열전달량

$$Q = (H_2 - n_2\overline{R}T_2) - (H_1 - n_1\overline{R}T_1)$$
$$= (-293,338 - 2.5 \times 8.314 \times 1,300) - (-110,529 - 3.0 \times 8.314 \times 298)$$
$$= -320,359 + 117,962 = -202,397[\text{kJ}]$$

28 기체가 168[kJ]의 열을 흡수하면서 동시에 외부로부터 20[kJ]의 일을 받으면 내부에너지의 변화는 약 몇 [kJ]인가?

① 20 ② 148
③ 168 ④ 188

해설
내부에너지 변화량
$\Delta U = \Delta Q - \Delta W = 168 - (-20) = 188$[kJ]

29 열화학반응 시 온도 변화의 열전도 범위에 비해 속도 변화의 전도범위가 크다는 것을 나타내는 무차원수는?

① 루이스수(Lewis Number)
② 너셀수(Nesselt Number)
③ 프랜틀수(Prandtl Number)
④ 그라쇼프수(Grashof Number)

해설
③ 프랜틀수(Prandtl Number) : 동점성계수 / 열전도계수 = 운동량의 퍼짐도 / 열적 퍼짐도
① 루이스수(Lewis Number) : 열확산/질량 확산
② 너셀수(Nesselt Number) : 대류 열전달/전도 열전달
④ 그라쇼프수(Grashof Number) : 부력/점성력

30 산소의 기체상수(R) 값은 약 얼마인가?

① 260[J/kg · K]
② 650[J/kg · K]
③ 910[J/kg · K]
④ 1,074[J/kg · K]

해설
$\overline{R} = mR$이므로
산소의 기체상수 $R = \frac{\overline{R}}{m} = \frac{8,314}{32} \simeq 260[\text{J/kg} \cdot \text{K}]$

정답 26 ② 27 ① 28 ④ 29 ③ 30 ①

31 **가연성 가스의 폭발범위에 대한 설명으로 옳지 않은 것은?**

① 일반적으로 압력이 높을수록 폭발범위가 넓어진다.
② 가연성 혼합가스의 폭발범위는 고압에서는 상압에 비해 훨씬 넓어진다.
③ 프로판과 공기의 혼합가스에 불연성 가스를 첨가하는 경우 폭발범위는 넓어진다.
④ 수소와 공기의 혼합가스는 고온에 있어서는 폭발범위가 상온에 비해 훨씬 넓어진다.

해설
프로판과 공기의 혼합가스에 불연성 가스를 첨가하면 폭발범위는 좁아진다.

32 **압력이 1기압이고, 과열도가 10[℃]인 수증기의 엔탈피는 약 몇 [kcal/kg]인가?(단, 100[℃]의 물의 증발잠열이 539[kcal/kg]이고, 물의 비열은 1[kcal/kg · ℃], 수증기의 비열은 0.45[kcal/kg · ℃], 기준 상태는 0[℃]와 1[atm]으로 한다)**

① 539　② 639
③ 643.5　④ 653.5

해설
과열도가 10[℃]이므로 과열증기온도는 110[℃]이다.
압력이 1기압이고, 과열도가 10[℃]인 수증기의 엔탈피
= 물의 현열 + 물의 증발잠열 + 수증기의 현열
$= mC_{물}\Delta T + 539 + mC_{수증기}\Delta T$
$= 1 \times 1 \times (100 - 0) + 539 + 1 \times 0.45 \times (110 - 100)$
$= 643.5$[kcal/kg]

33 **가스의 비열비($k = C_P / C_V$)의 값은?**

① 항상 1보다 크다.
② 항상 0보다 작다.
③ 항상 0이다.
④ 항상 1보다 작다.

해설
$C_P > C_V$이므로 $k = C_P / C_V > 1$이다.

34 **어떤 고체연료의 조성은 탄소 71[%], 산소 10[%], 수소 3.8[%], 황 3[%], 수분 3[%], 기타 성분 9.2[%]로 되어 있다. 이 연료의 고위발열량[kcal/kg]은 얼마인가?**

① 6,698　② 6,782
③ 7,103　④ 7,398

해설
$H_h = 8,100\text{C} + 34,200(\text{H} - \text{O}/8) + 2,500\text{S}$
$= 8,100 \times 0.71 + 34,200 \times (0.038 - 0.1/8) + 2,500 \times 0.03$
$\simeq 6,698$[kcal/kg]

31 ③　32 ③　33 ①　34 ① 정답

35 다음 중 대기오염방지기기로 이용되는 것은?

① 링겔만
② 플레임로드
③ 레드우드
④ 스크러버

해설
스크러버는 대기오염방지기기인 습식 집진장치에 해당한다.

36 가스 혼합물을 분석한 결과 N_2 70[%], CO_2 15[%], O_2 11[%], CO 4[%]의 체적비를 얻었다. 이 혼합물은 10[kPa], 20[℃], 0.2[m^3]인 초기 상태로부터 0.1[m^3]으로 실린더 내에서 가역단열압축할 때 최종 상태의 온도는 약 몇 [K]인가?(단, 이 혼합가스의 정적비열은 0.7157[kJ/kg · K]이다)

① 300　　② 380
③ 460　　④ 540

해설
혼합가스 평균분자량
$M = 28\times0.7+44\times0.15+32\times0.11+28\times0.04=30.84$
$C_p - C_v = R$에서
정압비열 $C_p = R + C_v = \frac{8.314}{30.84}+0.7157 \simeq 0.9853[\text{kJ/kg}\cdot\text{K}]$
비열비 $k = \frac{C_p}{C_v} = \frac{0.9853}{0.7157} \simeq 1.377$
$\frac{T_2}{T_1} = \left(\frac{V_1}{V_2}\right)^{k-1}$에서
최종 상태의 온도
$T_2 = T_1 \times \left(\frac{V_1}{V_2}\right)^{k-1} = (20+273)\times\left(\frac{0.2}{0.1}\right)^{1.377-1} \simeq 380.5[\text{K}]$

37 종합적 안전관리 대상자가 실시하는 가스안전성평가의 기준에서 정량적 위험성평가기법에 해당하지 않는 것은?

① FTA(Fault Tree Analyis)
② ETA(Event Tree Analyis)
③ CCA(Cause Consequence Analyis)
④ HAZOP(Hazard and Operability Studies)

해설
HAZOP(Hazard and Operability Studies)는 정성적 위험성평가기법에 해당한다.

38 수소(H_2)의 기본특성에 대한 설명 중 틀린 것은?

① 가벼워서 확산하기 쉬우며 작은 틈새로 잘 발산한다.
② 고온, 고압에서 강재 등의 금속을 투과한다.
③ 산소 또는 공기와 혼합하여 격렬하게 폭발한다.
④ 생물체의 호흡에 필수적이며 연료의 연소에 필요하다.

해설
생물체의 호흡에 필수적이며 연료의 연소에 필요한 것은 산소(O_2)기체이다.

정답 35 ④ 36 ② 37 ④ 38 ④

39 **다음 보기에서 설명하는 연소형태로 가장 적절한 것은?**

보기

㉠ 안전간격이 큰 것일수록 위험하다.
㉡ 폭발범위가 넓은 것은 위험하다.
㉢ 가스압력이 커지면 통상 폭발범위는 넓어진다.
㉣ 연소속도가 크면 안전하다.
㉤ 가스 비중이 큰 것은 낮은 곳에 체류할 위험이 있다.

① 증발연소 ② 등심연소
③ 확산연소 ④ 예혼합연소

해설

예혼합연소 : 연료·공기 혼합 공급
- 연소시키기 전에 이미 연소 가능한 혼합가스를 만들어 연소시키는 방식이다.
- 연소실 부하율을 높게 얻을 수 있다.
- 연소실의 체적이나 길이가 짧아도 된다.
- 화염면이 자력으로 전파되어 간다.
- 버너에서 상류의 혼합기로 역화를 일으킬 염려가 있다.

40 **탄소 1[kg]을 이론공기량으로 완전연소시켰을 때 발생되는 연소가스량은 약 몇 [Nm^3]인가?**

① 8.9 ② 10.8
③ 11.2 ④ 22.4

해설

- 탄소의 연소방정식 : $C + O_2 \rightarrow CO_2$
- 연소가스량 $= \frac{1}{12} \times 22.4 \times \left(1 + \frac{79}{21} \times 1\right) \simeq 8.9[Nm^3]$

제3과목 | 가스설비

41 **냉동용 특정설비제조시설에서 발생기란 흡수식 냉동설비에 사용하는 발생기에 관계되는 설계온도가 몇 [℃]를 넘는 열교환기 및 이들과 유사한 것을 말하는가?**

① 105[℃] ② 150[℃]
③ 200[℃] ④ 250[℃]

해설

냉동용 특정설비제조시설에서 발생기란 흡수식 냉동설비에 사용하는 발생기에 관계되는 설계온도가 200[℃]를 넘는 열교환기 및 이들과 유사한 것을 말한다.

42 **아세틸렌에 대한 설명으로 틀린 것은?**

① 반응성이 대단히 크고 분해 시 발열반응을 한다.
② 탄화칼슘에 물을 가하여 만든다.
③ 액체 아세틸렌보다 고체 아세틸렌이 안정하다.
④ 폭발범위가 넓은 가연성 기체이다.

해설

아세틸렌은 반응성이 매우 크고, 분해 시 흡열반응을 한다.

43 **스프링 작동식과 비교한 파일럿식 정압기에 대한 설명으로 틀린 것은?**

① 오프셋이 작다.
② 1차 압력 변화의 영향이 작다.
③ 로크업을 적게 할 수 있다.
④ 구조 및 신호계통이 단순하다.

해설

파일럿식 정압기는 구조 및 신호계통이 복잡하다.

39 ④ 40 ① 41 ③ 42 ① 43 ④ 정답

44 이음매 없는 용기의 제조법 중 이음매 없는 강관을 재료로 사용하는 제조방식은?

① 웰딩식
② 만네스만식
③ 에르하르트식
④ 딥드로잉식

해설
만네스만식 : 이음매 없는 용기의 제조법 중 이음매 없는 강관을 재료로 사용하는 제조방식

45 신규 용기의 내압시험 시 전 증가량이 100[cm^3]이었다. 이 용기가 검사에 합격하려면 영구 증가량은 몇 [cm^3] 이하이어야 하는가?

① 5 ② 10
③ 15 ④ 20

해설
용기의 내압시험 시 영구 증가율이 10[%] 이하인 용기를 합격한 것으로 한다.

$$영구증가율 = \frac{영구\ 증가량}{전\ 증가량} \times 100[\%] = \frac{영구\ 증가량}{100} \times 100[\%] = 10[\%]이므로$$

영구증가량은 10[cm^3] 이하이어야 한다.

46 다음 금속재료에 대한 설명으로 틀린 것은?

① 강에 P(인)의 함유량이 많으면 신율, 충격치는 저하된다.
② 18[%] Cr, 8[%] Ni을 함유한 강을 18-8 스테인리스강이라 한다.
③ 금속가공 중에 생긴 잔류응력을 제거할 때에는 열처리를 한다.
④ 구리와 주석의 합금은 황동이고, 구리와 아연의 합금은 청동이다.

해설
구리와 주석의 합금은 청동이고, 구리와 아연의 합금은 황동이다.

47 대체천연가스(SNG) 공정에 대한 설명으로 틀린 것은?

① 원료는 각종 탄화수소이다.
② 저온수증기개질방식을 채택한다.
③ 천연가스를 대체할 수 있는 제조가스이다.
④ 메탄을 원료로 하여 공기 중에서 부분 연소로 수소 및 일산화탄소의 주성분을 만드는 공정이다.

해설
SNG(Substitute Natural Gas)
- 대체천연가스, 합성천연가스, 대체합성천연가스 등으로 부른다.
- 천연가스를 대체할 수 있는 제조가스이다.
- 원료는 각종 탄화수소이다.
- 저온수증기개질방식을 채택한다.
- 저온수증기개질에 의한 SNG(대체천연가스) 제조 프로세스 순서 : LPG → 수소화 탈황 → 저온수증기개질 → 메탄화 → 탈탄산 → 탈습 → SNG

정답 44 ② 45 ② 46 ④ 47 ④

48 부식방지방법에 대한 설명으로 틀린 것은?

① 금속을 피복한다.
② 선택배류기를 접속시킨다.
③ 이종의 금속을 접촉시킨다.
④ 금속 표면의 불균일을 없앤다.

해설
부식을 방지하려면 이종의 금속을 접촉시키지 않는다.

49 압력용기라 함은 그 내용물이 액화가스인 경우 35[℃]에서의 압력 또는 설계압력이 얼마 이상인 용기를 말하는가?

① 0.1[MPa] ② 0.2[MPa]
③ 1[MPa] ④ 2[MPa]

해설
압력용기란 그 내용물이 액화가스인 경우 35[℃]에서의 압력 또는 설계압력이 0.2[MPa] 이상인 용기이다.

50 냄새가 나는 물질(부취제)에 대한 설명으로 틀린 것은?

① DMS는 토양 투과성이 아주 우수하다.
② TBM은 충격(Impact)에 가장 약하다.
③ TBM은 메르캅탄류 중에서 내산화성이 우수하다.
④ THT의 LD_{50}은 6,400[mg/kg] 정도로 거의 무해하다.

해설
내충격성의 크기 순 : THT > TBM > DMS

51 펌프에서 송출압력과 송출유량 사이에 주기적인 변동이 일어나는 현상을 무엇이라 하는가?

① 공동현상
② 수격현상
③ 서징현상
④ 캐비테이션현상

해설
서징현상(맥동현상)
- 펌프를 운전하였을 때에 주기적으로 한숨을 쉬는 듯한 상태가 되어 입출구 압력계의 지침이 흔들리고 동시에 송출유량이 변화하는 현상
- 송출압력과 송출유량 사이에 주기적인 변동이 일어나는 현상
- 펌프 입구와 출구의 진공계 및 압력계의 바늘이 흔들리며 송출유량이 변하는 현상

52 다음 중 가스액화 사이클이 아닌 것은?

① 린데 사이클
② 클라우드 사이클
③ 필립스 사이클
④ 오토 사이클

해설
가스액화 사이클의 종류 : 린데 사이클, 클라우드 사이클, 필립스 사이클 등

48 ③ 49 ② 50 ② 51 ③ 52 ④ 정답

53 35[℃]에서 최고충전압력이 15[MPa]로 충전된 산소용기의 안전밸브가 작동하기 시작하였다면 이때 산소용기 내의 온도는 약 몇 [℃]인가?

① 137[℃] ② 142[℃]
③ 150[℃] ④ 165[℃]

해설

안전밸브의 작동압력

P = 내압시험압력 × 0.8

$= 최고충전압력 \times \frac{5}{3} \times 0.8 = 15 \times \frac{5}{3} \times 0.8 = 20[MPa]$

산소용기 내의 온도를 T_2라 하면

$\frac{P_1 V_1}{T_1} = \frac{P_2 V_2}{T_2}$ 에서 $V_1 = V_2$ 이므로

$\frac{P_1}{T_1} = \frac{P_2}{T_2}$ 에서

$T_2 = \frac{T_1 \times P_2}{P_1} = \frac{(273+35) \times 20}{15} = 410.7[K]$

$= (410.7 - 273)[℃] = 137.7[℃]$

54 중간매체 방식의 LNG 기화장치에서 중간 열매체로 사용되는 것은?

① 폐 수 ② 프로판
③ 해 수 ④ 온 수

해설

중간매체 기화장치(IFV ; Intermediate Fluid Vaporizer)

- 주위의 대기공기 열을 이용하여 열을 교환하는 대기식, 강제통풍식 공기기화기(AAV 또는 FDAAV)가 있다.
- 폐쇄 루프, 개방 루프 또는 복합 시스템에서 작동하도록 구성되어 있다.
- 해수와 LNG 사이에 프로판과 같은 중간 열매체가 순환한다.
- 중간 열매체로 프로판이 사용된다.
- Base Load용으로 개발된 것이다.
- 중간유체기화장치라고도 한다.

55 고압가스 설비의 두께는 상용압력의 몇 배 이상의 압력에서 항복을 일으키지 않아야 하는가?

① 1.5배 ② 2배
③ 2.5배 ④ 3배

해설

고압가스 설비의 두께는 상용압력의 2배 이상의 압력에서 항복을 일으키지 않아야 한다.

56 다음 보기에서 설명하는 안전밸브의 종류는?

보기
• 구조가 간단하고, 취급이 용이하다. • 토출용량이 높아 압력 상승이 급격하게 변하는 곳에 적당하다. • 밸브시트의 누출이 없다. • 슬러지 함유, 부식성 유체에도 사용이 가능하다.

① 가용전식 ② 중추식
③ 스프링식 ④ 파열판식

해설

파열판식 안전밸브

- 얇은 평판을 작동 부분에 설치하여 이상압력이 발생되면 판이 파열되어 장치 내의 가스를 분출시키는 안전밸브이다.
- 구조가 간단하며, 취급이 용이하다.
- 토출용량이 높아 압력 상승이 급격하게 변하는 곳에 적당하다.
- 밸브시트의 누출이 없다.
- 부식성, 괴상물질(슬러지 등)을 함유한 유체에 적합하다.

정답 53 ① 54 ② 55 ② 56 ④

57 고온 · 고압에서 수소가스설비에 탄소강을 사용하면 수소취성을 일으키게 되므로 이것을 방지하기 위하여 첨가하는 금속원소로 적당하지 않은 것은?

① 몰리브덴　　② 크립톤
③ 텅스텐　　④ 바나듐

해설
수소취성방지방법
- 기체 또는 액체 상태의 억제제를 첨가한다.
- 몰리브덴, 텅스텐, 바나듐 등의 금속원소를 첨가한다.
- 금속 박막 또는 비금속 무기막과 같은 표면막처리를 한다.

58 고압식 액화산소 분리장치의 제조과정에 대한 설명으로 옳은 것은?

① 원료공기는 1.5~2.0[MPa]로 압축된다.
② 공기 중의 탄산가스는 실리카겔 등의 흡착제로 제거한다.
③ 공기압축기 내부 윤활유를 광유로 하고 광유는 건조로에서 제거한다.
④ 액체질소와 액화공기는 상부 탑에 이송되나 이 때 아세틸렌 흡착기에서 액체공기 중 아세틸렌과 탄화수소가 제거된다.

해설
① 원료공기는 15~20[MPa]로 압축된다.
② 공기 중의 탄산가스는 농도 8[%]의 묽은 가성소다를 이용하여 제거한다.
③ 공기압축기 내부 윤활유를 광유로 하고, 광유는 유분리기에서 제거한다.

59 펌프의 양수량이 2[m^3/min]이고, 배관에서의 전 손실수두가 5[m]인 펌프로 20[m] 위로 양수하고자 할 때 펌프의 축동력은 약 몇 [kW]인가?(단, 펌프의 효율은 0.87이다)

① 7.4　　② 9.4
③ 11.4　　④ 13.4

해설
축동력

$$L=\frac{\gamma Qh}{\eta}=\frac{1,000\times2\times(5+20)}{0.87}\simeq57,471[\mathrm{kgf\cdot m/min}]$$

$$=\frac{57,471\times9.8}{60}[\mathrm{Nm/s}]\simeq9,387[\mathrm{W}]\simeq9.4[\mathrm{kW}]$$

60 고압가스저장시설에서 가연성 가스설비를 수리할 때 가스설비 내를 대기압 이하까지 가스치환을 생략하여도 무방한 경우는?

① 가스설비의 내용적이 3[m^3]일 때
② 사람이 그 설비의 안에서 작업할 때
③ 화기를 사용하는 작업일 때
④ 개스킷의 교환 등 경미한 작업을 할 때

해설
고압가스저장시설에서 가연성 가스설비를 수리할 때 가스설비 내를 대기압 이하까지 가스치환을 해야 하지만, 다음의 경우는 치환을 생략하여도 무방하다.
- 가스설비의 내용적이 1[m^3]일 때
- 출입구의 밸브가 확실히 폐지되어 있고 내용적이 5[m^3] 이상의 가스설비에 이르는 사이에 2개 이상의 밸브를 설치한 것
- 사람이 그 설비의 밖에서 작업할 때
- 화기를 사용하지 않는 작업일 때
- 설비의 간단한 청소 또는 개스킷의 교환 등 경미한 작업을 할 때

57 ② 58 ④ 59 ② 60 ④ 정답

61 **저장탱크에 의한 액화석유가스 사용시설에서 배관설비 신축흡수조치 기준에 대한 설명으로 틀린 것은?**

① 건축물에 노출하여 설치하는 배관의 분기관의 길이는 30[cm] 이상으로 한다.
② 분기관에는 90° 엘보 1개 이상을 포함하는 굴곡부를 설치한다.
③ 분기관이 창문을 관통하는 부분에 사용하는 보호관의 내경은 분기관 외경의 1.2배 이상으로 한다.
④ 11층 이상 20층 이하 건축물의 배관에는 1개소 이상의 곡관을 설치한다.

해설
건축물에 노출하여 설치하는 배관의 분기관 길이는 50[cm] 이상으로 한다.

62 **부취제 혼합설비의 이입작업 안전기준에 대한 설명으로 틀린 것은?**

① 운반 차량으로부터 저장탱크에 이입 시 보호의 및 보안경 등의 보호장비를 착용한 후 작업한다.
② 부취제가 누출될 수 있는 주변에는 방류둑을 설치한다.
③ 운반 차량은 저장탱크의 외면과 3[m] 이상 이격거리를 유지한다.
④ 이입작업 시에는 안전관리자가 상주하여 이를 확인한다.

해설
부취제가 누출될 수 있는 주변에 중화제 및 소화기 등을 구비하여 부취제 누출 시 곧바로 중화 및 소화작업을 한다.

63 **고압가스 특정제조시설에서 플레어 스택의 설치 위치 및 높이는 플레어 스택 바로 밑의 지표면에 미치는 복사열이 몇 [kcal/m^2·h] 이하로 되도록 하여야 하는가?**

① 2,000 ② 4,000
③ 6,000 ④ 8,000

해설
고압가스 특정제조시설에서 플레어 스택의 설치 위치 및 높이는 플레어 스택 바로 밑의 지표면에 미치는 복사열이 4,000[kcal/m^2·h] 이하가 되도록 하여야 한다.

64 **저장탱크에 액화석유가스를 충전하려면 정전기를 제거한 후 저장탱크 내용적의 몇 [%]를 넘지 않도록 충전하여야 하는가?**

① 80[%] ② 85[%]
③ 90[%] ④ 95[%]

해설
저장탱크에 액화석유가스를 충전하려면 정전기를 제거한 후 저장탱크 내용적의 90[%]를 넘지 않도록 충전하여야 한다.

정답 61 ① 62 ② 63 ② 64 ③

65 **2개 이상의 탱크를 동일 차량에 고정할 때의 기준으로 틀린 것은?**

① 탱크의 주밸브는 1개만 설치한다.
② 충전관에는 긴급탈압밸브를 설치한다.
③ 충전관에는 안전밸브, 압력계를 설치한다.
④ 탱크와 차량의 사이를 단단하게 부착하는 조치를 한다.

해설
2개 이상의 탱크를 동일한 차량에 고정할 때에는 탱크마다 탱크의 주밸브를 설치한다.

66 **지하에 설치하는 액화석유가스 저장탱크실 재료의 규격으로 옳은 것은?**

① 설계강도 : 25[MPa] 이상
② 물-결합재 비 : 25[%] 이하
③ 슬럼프(Slump) : 50~150[mm]
④ 굵은 골재의 최대 치수 : 25[mm]

해설
① 설계강도 : 21[MPa] 이상
② 물-결합재 비 : 50[%] 이하
③ 슬럼프(Slump) : 120~150[mm]

67 **독성가스 배관을 2중관으로 하여야 하는 독성가스가 아닌 것은?**

① 포스겐
② 염 소
③ 브롬화메탄
④ 산화에틸렌

해설
2중관
- 2중관으로 해야 하는 독성가스 : 암모니아, 아황산가스, 염소, 염화메탄, 산화에틸렌, 사이안화수소, 포스겐 및 황화수소
- 고압가스 특정제조시설에서 하천 또는 수로를 횡단하여 배관을 매설할 경우 2중관으로 해야 하는 가스 : 염소, 포스겐, 불소, 아크릴알데하이드, 아황산가스, 사이안화수소 또는 황화수소

68 **고압가스용기의 보관 장소에 용기를 보관할 경우의 준수할 사항 중 틀린 것은?**

① 충전용기와 잔가스용기는 각각 구분하여 용기 보관 장소에 놓는다.
② 용기 보관 장소에는 계량기 등 작업에 필요한 물건 외에는 두지 아니한다.
③ 용기 보관 장소의 주위 2[m] 이내에는 화기 또는 인화성 물질이나 발화성 물질을 두지 아니한다.
④ 가연성 가스 용기 보관 장소에는 비방폭형 손전등을 사용한다.

해설
가연성 가스 용기 보관 장소에서는 방폭형 손전등을 사용한다.

65 ① 66 ④ 67 ③ 68 ④ 정답

69 다음 중 특정설비가 아닌 것은?

① 조정기
② 저장탱크
③ 안전밸브
④ 긴급차단장치

해설
특정설비 : 차량에 고정된 탱크, 저장탱크, 저장탱크에 부착된 안전밸브 및 긴급차단장치, 기화장치, 압력용기, 평저형 및 이중각 진공단열형 저온저장탱크, 역화방지장치, 독성가스 배관용 밸브, 자동차용 가스자동주입기, 냉동용 특정설비(냉동설비를 구성하는 압축기, 응축기, 증발기 또는 압력용기), 대기식 기화장치, 저장탱크 또는 차량에 고정된 탱크에 부착되지 않은 안전밸브 및 긴급차단밸브, 특정고압가스용 실린더 캐비닛, 자동차용 압축천연가스 완속충전설비, 액화석유가스용 용기 잔류가스 회수장치

70 압축가스의 저장탱크 및 용기 저장능력의 산정식을 옳게 나타낸 것은?(단, Q : 설비의 저장능력[m^3], P : 35[℃]에서의 최고충전압력[MPa], V_1 : 설비의 내용적[m^3]이다)

① $Q=\dfrac{(10P-1)}{V_1}$
② $Q=1.5PV_1$
③ $Q=(1-P)V_1$
④ $Q=(10P+1)V_1$

해설
압축가스의 저장탱크 및 용기 저장능력의 산정식
$Q=(10P+1)V_1$
여기서, Q : 설비의 저장능력[m^3]
P : 35[℃]에서의 최고충전압력[MPa]
V_1 : 설비의 내용적[m^3]

71 액화석유가스에 첨가하는 냄새가 나는 물질의 측정방법이 아닌 것은?

① 오더미터법
② 에지법
③ 주사기법
④ 냄새주머니법

해설
부취제 냄새 측정방법
- 관능시험법 : 오더(Odor)미터법(냄새측정기법), 주사기법, 냄새주머니법, 무취실법
- 화학적 분석법 : 가스크로마토그래피법, 검지관법, 분광광도법 등

72 산소, 아세틸렌 및 수소가스를 제조할 경우의 품질검사방법으로 옳지 않은 것은?

① 검사는 1일 1회 이상 가스제조장에서 실시한다.
② 검사는 안전관리부총괄자가 실시한다.
③ 액체산소를 기화시켜 용기에 충전하는 경우에는 품질검사를 아니할 수 있다.
④ 검사 결과는 안전관리부총괄자와 안전관리책임자가 함께 확인하고 서명 날인한다.

해설
검사는 안전관리책임자가 실시한다.

정답 69 ① 70 ④ 71 ② 72 ②

73 고압가스 운반 차량에 대한 설명으로 틀린 것은?

① 액화가스를 충전하는 탱크에는 요동을 방지하기 위한 방파판 등을 설치한다.
② 허용농도가 200[ppm] 이하인 독성가스는 전용차량으로 운반한다.
③ 가스 운반 중 누출 등 위해 우려가 있는 경우에는 소방서 및 경찰서에 신고한다.
④ 질소를 운반하는 차량에는 소화설비를 반드시 휴대하여야 한다.

해설
불활성 가스인 질소를 운반하는 차량에는 소화설비를 반드시 휴대할 필요가 없다.

74 동절기에 습도가 낮은 날 아세틸렌 용기밸브를 급히 개방할 경우 발생할 가능성이 가장 높은 것은?

① 아세톤 증발
② 역화방지기 고장
③ 중합에 의한 폭발
④ 정전기에 의한 착화 위험

해설
동절기에 습도가 낮은 날 아세틸렌 용기밸브를 급히 개방할 경우 정전기에 의한 착화 위험의 발생 가능성이 매우 높다.

75 일반도시가스사업자 시설의 정압기에 설치되는 안전밸브 분출부의 크기 기준으로 옳은 것은?

① 정압기 입구측 압력이 0.5[MPa] 이상인 것은 50A 이상
② 정압기 입구압력에 관계없이 80A 이상
③ 정압기 입구측 압력이 0.5[MPa] 미만인 것으로서 설계유량이 1,000[Nm^3/h] 이상인 것으로 32A 이상
④ 정압기 입구측 압력이 0.5[MPa] 미만인 것으로서 설계유량이 1,000[Nm^3/h] 미만인 것으로 32A 이상

해설
일반도시가스사업자 시설의 정압기에 설치되는 안전밸브 분출부의 크기 기준
- 정압기 입구측 압력이 0.5[MPa] 이상 : 50A 이상
- 정압기 입구측 압력이 0.5[MPa] 미만
  - 정압기 설계유량이 1,000[Nm^3/h] 이상 : 50A 이상
  - 정압기 설계유량이 1,000[Nm^3/h] 미만 : 25A 이상

76 가연성 가스를 운반하는 차량의 고정된 탱크에 적재하여 운반하는 경우 비치하여야 하는 분말 소화제는?

① BC용, B-3 이상
② BC용, B-10 이상
③ ABC용, B-3 이상
④ ABC용, B-10 이상

해설

가스의 구분	소화기의 종류		비치 개수
	소화약제 종류	능력단위	
가연성 가스	분말 소화제	BC용, B-10 이상 또는 ABC용, B-12 이상	차량 좌우에 각각 1개 이상
산 소	분말 소화제	BC용, B-8 이상 또는 ABC용, B-10 이상	차량 좌우에 각각 1개 이상

정답 73 ④ 74 ④ 75 ① 76 ②

77 **장치 운전 중 고압반응기의 플랜지부에서 가연성 가스가 누출되기 시작했을 때 취해야 할 일반적인 대책으로 가장 적절하지 않은 것은?**

① 화기 사용 금지
② 일상점검 및 운전
③ 가스 공급의 즉시 정지
④ 장치 내를 불활성 가스로 치환

해설
장치 운전 중 고압반응기의 플랜지부에서 가연성 가스가 누출되기 시작했을 때는 가스 공급의 즉시 정지, 장치 내를 불활성 가스로 치환하고 화기 사용 금지 등의 조치를 취해야 한다.

78 **다음 중 1종 보호시설이 아닌 것은?**

① 주 택
② 수용능력 300인 이상의 극장
③ 국보 제1호인 남대문
④ 호 텔

해설
주택은 제2종 보호시설에 해당한다.

79 **폭발에 대한 설명으로 옳은 것은?**

① 폭발은 급격한 압력의 발생 등으로 심한 음을 내며, 팽창하는 현상으로 화학적인 원인으로만 발생한다.
② 발화에는 전기불꽃, 마찰, 정전기 등의 외부 발화원이 반드시 필요하다.
③ 최소발화에너지가 큰 혼합가스는 안전간격이 작다.
④ 아세틸렌, 산화에틸렌, 수소는 산소 중에서 폭굉을 발생하기 쉽다.

해설
① 폭발은 급격한 압력의 발생 등으로 심한 음을 내며, 팽창하는 현상으로 화학적인 원인 또는 물리적인 원인으로 발생한다.
② 발화에는 전기불꽃, 마찰, 정전기 등의 외부 발화원이 없어도 발화의 3요소만 갖추면 내부 발화원에 의해서도 발생 가능하다.
③ 최소발화에너지가 큰 혼합가스는 안전간격이 크다.

80 **내용적 40[L]의 고압용기에 0[℃], 100기압의 산소가 충전되어 있다. 이 가스 4[kg]을 사용하였다면 전압력은 약 몇 기압[atm]이 되겠는가?**

① 20　　② 30
③ 40　　④ 50

해설
사용 전을 1, 사용 후를 2라 할 때 온도와 체적은 사용 전후가 동일하므로

$P_1V = n_1\overline{R}T = \frac{w_1}{M}\overline{R}T$에서

사용 전 질량 $w_1 = \frac{P_1VM}{\overline{R}T} = \frac{100\times40\times32}{0.082\times273} \simeq 5,717.9[\mathrm{g}]$

$P_2V = n_2\overline{R}T = \frac{w_2}{M}\overline{R}T$에서

사용 후 압력 $P_2 = \frac{w_2\overline{R}T}{MV} = \frac{(5,717.9-4,000)\times0.082\times273}{32\times40}$

$\simeq 30[\mathrm{atm}]$

정답 77 ② 78 ① 79 ④ 80 ②

제5과목 | 가스계측

81 가스크로마토그램 분석결과 노멀 헵탄의 피크 높이가 12.0[cm], 반높이선 너비가 0.48[cm]이고 벤젠의 피크 높이가 9.0[cm], 반높이선 너비가 0.62[cm]였다면 노멀 헵탄의 농도는 얼마인가?

① 49.20[%] ② 50.79[%]
③ 56.47[%] ④ 77.42[%]

해설
- 노멀 헵탄의 면적 = 반높이선 너비 × 피크 높이
  = 0.48 × 12 = 5.76[cm^2]
- 벤젠의 면적 = 반높이선 너비 × 피크 높이 = 0.62 × 9 = 5.58[cm^2]
- 노멀 헵탄의 농도

$$= \frac{5.76}{5.76 + 5.58} \times 100[\%] \simeq 50.79[\%]$$

82 온도 25[℃] 습공기의 노점온도가 19[℃]일 때 공기의 상대습도는?(단, 포화증기압 및 수증기 분압은 각각 23.76[mmHg], 16.47[mmHg]이다)

① 69[%] ② 79[%]
③ 83[%] ④ 89[%]

해설
상대습도

$$\phi = \frac{P_w}{P_s} \times 100[\%] = \frac{16.47}{23.76} \times 100[\%] \simeq 69[\%]$$

83 헴펠식 분석법에서 흡수, 분리되는 성분이 아닌 것은?

① CO_2 ② H_2
③ C_mH_n ④ O_2

해설
헴펠식 분석법에서 흡수, 분리되는 성분 : CO_2, C_mH_n, O_2, CO

84 가스미터의 필요 구비조건이 아닌 것은?

① 감도가 예민할 것
② 구조가 간단할 것
③ 소형이고 용량이 작을 것
④ 정확하게 계량할 수 있을 것

해설
가스미터는 소형이고 용량이 커야 한다.

85 피스톤형 압력계 중 분동식 압력계에 사용되는 다음 액체 중 약 3,000[kg/cm^2] 이상의 고압 측정에 사용되는 것은?

① 모빌유 ② 스핀들유
③ 피마자유 ④ 경 유

해설
압력 적용범위
- 모빌유 : 3,000[kg/cm^2] 이상
- 스핀들유, 피자마유 : 100~1,000[kg/cm^2]
- 경유 : 40~100[kg/cm^2]

81 ② 82 ① 83 ② 84 ③ 85 ① 정답

86 연소식 O_2계에서 산소측정용 촉매로 주로 사용되는 것은?

① 팔라듐　② 탄 소
③ 구 리　④ 니 켈

해설
연소식 O_2계에서 산소측정용 촉매로 주로 팔라듐을 사용한다.

87 가스미터의 종류별 특징을 연결한 것 중 옳지 않은 것은?

① 습식 가스미터 – 유량 측정이 정확하다.
② 막식 가스미터 – 소용량의 계량에 적합하고 가격이 저렴하다.
③ 루츠미터 – 대용량의 가스 측정에 쓰인다.
④ 오리피스 미터 – 유량 측정이 정확하고 압력손실도 거의 없고 내구성이 좋다.

해설
오리피스 미터는 압력손실이 크다.

88 가스의 폭발 등 급속한 압력 변화를 측정하거나 엔진의 지시계로 사용하는 압력계는?

① 피에조 전기압력계
② 경사관식 압력계
③ 침종식 압력계
④ 벨로스식 압력계

해설
피에조 전기압력계 : 피에조 전기저항효과라고도 하는 압전효과(Piezoelectric Effect)를 이용한 전기식 압력계로, 몇몇 종류의 결정체는 특정한 방향으로 힘을 받으면 자체 내에 전압이 유기되는 성질이 있는데, 피에조 전기압력계는 이러한 성질을 이용한 것이다. 가스 폭발 등 급속한 압력 변화를 측정하는 데 가장 적합하며, 가스의 폭발 등 급속한 압력 변화를 측정하거나 엔진의 지시계로 사용한다.

89 다음 중 기본단위는?

① 에너지　② 물질량
③ 압 력　④ 주파수

해설
② 물질량 : 기본단위[mol]
① 에너지 : 유도단위
③ 압력 : 유도단위
④ 주파수 : 유도단위

90 가스의 화학반응을 이용한 분석계는?

① 세라믹 O_2계
② 가스크로마토그래피
③ 오르자트 가스분석계
④ 용액전도율식 분석계

해설
오르자트 가스분석계는 가스의 화학반응을 이용한 분석계이며, ①·②·④는 물리적 분석계이다.

정답 86 ① 87 ④ 88 ① 89 ② 90 ③

91 가스크로마토그램에서 A, B 두 성분의 보유시간은 각각 1분 50초와 2분 20초이고, 피크폭은 다 같이 30초였다. 이 경우 분리도는 얼마인가?

① 0.5　② 1.0
③ 1.5　④ 2.0

해설

분리도

$$R = \frac{2(t_2 - t_1)}{W_2 + W_1} = \frac{2 \times (140 - 110)}{30 + 30} = 1.0$$

92 막식 가스미터의 선정 시 고려해야 할 사항으로 가장 거리가 먼 것은?

① 사용최대유량
② 감도유량
③ 사용가스의 종류
④ 설치 높이

해설

가스미터 선정 시 고려해야 할 사항

- 가스의 최대사용유량에 적합한 계량능력인 것을 선택한다.
- 감도유량, 사용가스의 종류에 적합한 것을 선택한다.
- 가스의 기밀성이 좋고 내구성이 큰 것을 선택한다.
- 사용 시 기차가 작아 정확하게 계량할 수 있는 것을 선택한다.
- 내열성, 내압성이 좋고 유지·관리가 용이한 것을 선택한다.

93 오프셋(잔류편차)이 있는 제어는?

① I제어　② P제어
③ D제어　④ PID제어

해설

P제어(P동작 또는 비례동작)

- 조작량이 편차의 크기에 단순 비례하여 조절요소에 보내는 신호의 주기가 변하는 제어동작이다.
- 오차에 비례한 제어출력신호를 발생시키며 공기식 제어의 경우에는 압력 등을 제어출력신호로 이용하는 제어이다.
- 잔류편차(Off-set)가 발생한다.
- 사이클링을 제거할 수 있다.
- 외란이 작은 제어계에 적당하다.
- 부하 변화가 작은 프로세스에 적당하다.

94 고온·고압의 액체나 고점도의 부식성 액체 저장탱크에 가장 적합한 간접식 액면계는?

① 유리관식　② 방사선식
③ 플로트식　④ 검척식

해설

방사선식 액면계 : 고온·고압의 액체나 고점도의 부식성 액체 저장탱크에 가장 적합한 간접식 액면계

95 실온 22[℃], 습도 45[%], 기압 765[mmHg]인 공기의 증기 분압[P_w]은 약 몇 [mmHg]인가?(단, 공기의 가스 상수는 29.27[kg·m/kg·K], 22[℃]에서 포화압력[Ps]은 18.66[mmHg]이다)

① 4.1　② 8.4
③ 14.3　④ 16.7

해설

$\phi = \frac{P_w}{P_s}$ 에서

$P_w = \phi \times P_s = 0.45 \times 18.66 \simeq 8.4[\text{mmHg}]$

정답 91 ② 92 ④ 93 ② 94 ② 95 ②

96 응답이 목표값에 처음으로 도달하는 데 걸리는 시간을 나타내는 것은?

① 상승시간
② 응답시간
③ 지연시간
④ 오버슈트

해설
② 응답시간 : 응답에 소요되는 시간
③ 지연시간 : 목표값의 50[%]에 도달하는 데 소요되는 시간
④ 오버슈트 : 동작 간격으로부터 벗어나 초과되는 오차

97 일반적인 열전대 온도계의 종류가 아닌 것은?

① 백금-백금·로듐
② 크로멜-알루멜
③ 철-콘스탄탄
④ 백금-알루멜

해설
열전대의 종류에 백금-알루멜은 존재하지 않는다.

98 열전대 온도계의 작동원리는?

① 열기전력
② 전기저항
③ 방사에너지
④ 압력팽창

해설
열전대 온도계의 작동원리 : 열기전력

99 제어계의 과도응답에 대한 설명으로 가장 옳은 것은?

① 입력신호에 대한 출력신호의 시간적 변화이다.
② 입력신호에 대한 출력신호가 목표치보다 크게 나타나는 것이다.
③ 입력신호에 대한 출력신호가 목표치보다 작게 나타나는 것이다.
④ 입력신호에 대한 출력신호가 과도하게 지연되어 나타나는 것이다.

100 적외선 가스분석기의 특징에 대한 설명으로 틀린 것은?

① 선택성이 우수하다.
② 연속분석이 가능하다.
③ 측정농도 범위가 넓다.
④ 대칭 2원자 분자의 분석에 적합하다.

해설
적외선 가스분석기는 대칭 2원자 분자의 분석에 부적합하다.

정답 96 ① 97 ④ 98 ① 99 ① 100 ④

2019년 제3회 과년도 기출문제

제1과목 | 가스유체역학

01 이상기체의 등온, 정압, 정적과정과 무관한 것은?

① $P_1 V_1 = P_2 V_2$

② $P_1 / T_1 = P_2 / T_2$

③ $V_1 / T_1 = V_2 / T_2$

④ $P_1 V_1 / T_1 = P_2 (V_1 + V_2) / T_1$

해설

① $P_1 V_1 = P_2 V_2$: 등온과정

② $P_1 / T_1 = P_2 / T_2$: 정적과정

③ $V_1 / T_1 = V_2 / T_2$: 정압과정

02 유체의 흐름 상태에서 표면장력에 대한 관성력의 상대적인 크기를 나타내는 무차원의 수는?

① Reynolds수

② Froude수

③ Euler수

④ Weber수

해설

④ Weber수 : 관성력/표면장력

① Reynolds수 : 관성력/점성력

② Froude수 : 관성력/중력

③ Euler수 : 압축력/관성력

03 캐비테이션 발생에 따른 현상으로 가장 거리가 먼 것은?

① 소음과 진동 발생

② 양정곡선의 상승

③ 효율곡선의 저하

④ 깃의 침식

해설

캐비테이션이 발생하면 양정곡선이 하강한다.

04 안지름이 10[cm]인 원관을 통해 1시간에 10[m^3]의 물을 수송하려고 한다. 이때 물의 평균유속은 약 몇 [m/s]이어야 하는가?

① 0.0027 ② 0.0354

③ 0.277 ④ 0.354

해설

유량 $Q = Av$에서

$$v = \frac{Q}{A} = \frac{4Q}{\pi d^2} = \frac{4 \times 10}{\pi \times 0.1^2 \times 3{,}600} \simeq 0.354[\text{m/s}]$$

05 양정 25[m], 송출량 0.15[m^3/min]로 물을 송출하는 펌프가 있다. 효율 65[%]일 때 펌프의 축동력은 몇 [kW]인가?

① 0.94 ② 0.83

③ 0.74 ④ 0.68

해설

축동력

$$H_2 = \frac{\gamma h Q}{\eta} = \frac{1{,}000 \times 25 \times 0.15}{0.65} \simeq 5{,}769[\text{kgf} \cdot \text{m/min}]$$

$$= 5{,}769 \times \frac{9.8}{60} \simeq 942[\text{W}] \simeq 0.94[\text{kW}]$$

1 ④ 2 ④ 3 ② 4 ④ 5 ① 정답

06 30[℃]인 공기 중에서의 음속은 몇 [m/s]인가?(단, 비열비는 1.4이고, 기체상수는 287[J/kg · K]이다)

① 216　　② 241
③ 307　　④ 349

해설
음 속
$a=\sqrt{kRT}=\sqrt{1.4\times287\times(30+273)}\simeq349[\text{m/s}]$

07 어떤 매끄러운 수평 원관에 유체가 흐를 때 완전 난류유동(완전히 거친 난류유동) 영역이었고, 이때 손실수두가 10[m]이었다. 속도가 2배가 되면 손실수두는?

① 20[m]　　② 40[m]
③ 80[m]　　④ 160[m]

해설
난류유동에서의 손실수두는 속도의 제곱에 비례하므로 속도가 2배 되면, 손실수두는 4배가 되어 손실수두는 10 × 4 = 40[m]가 된다.

08 개수로 유동(Open Channel Flow)에 관한 설명으로 옳지 않은 것은?

① 수력구배선은 자유표면과 일치한다.
② 에너지선은 수면 위로 속도수두만큼 위에 있다.
③ 에너지선의 높이가 유동 방향으로 하강하는 것은 손실 때문이다.
④ 개수로에서 바닥면의 압력은 항상 일정하다.

해설
개수로에서 바닥면의 압력은 일정하지 않다.

09 유체가 반지름 150[mm], 길이가 500[m]인 주철관을 통하여 유속 2.5[m/s]로 흐를 때 마찰에 의한 손실수두는 몇 [m]인가?(단, 관 마찰계수 f = 0.03이다)

① 5.47　　② 13.6
③ 15.9　　④ 31.9

해설
손실수두
$h_L=f\dfrac{l}{d}\dfrac{v^2}{2g}=0.03\times\dfrac{500}{2\times0.15}\times\dfrac{2.5^2}{2\times9.8}\simeq15.9[\text{m}]$

10 다음 그림과 같이 물을 사용하여 기체압력을 측정하는 경사 마노미터에서 압력차(P_1-P_2)는 몇 [cmH_2O]인가?(단, θ = 30°, 면적 A_1 ≫ 면적 A_2이고, R = 30[cm]이다)

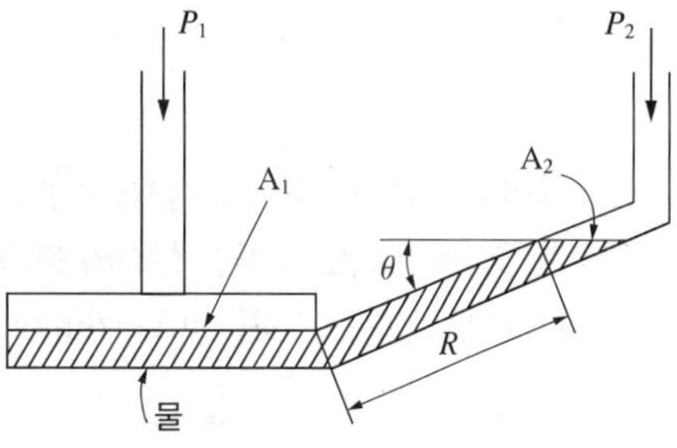

① 15　　② 30
③ 45　　④ 90

해설
압력차
$P_1-P_2=\gamma R\sin\theta=1,000\times0.3\times\sin30°$
$=150[\text{mmH}_2\text{O}]=15[\text{cmH}_2\text{O}]$

11 일반적인 원관 내 유동에서 하임계 레이놀즈수에 가장 가까운 값은?

① 2,100　　② 4,000
③ 21,000　　④ 40,000

해설
- 원관 내 유동에서 하임계 레이놀즈수 : 약 2,100
- 원관 내 유동에서 상임계 레이놀즈수 : 약 4,000

12 온도 20[℃], 절대압력이 5[kgf/cm²]인 산소의 비체적은 몇 [m³/kg]인가?(단, 산소의 분자량은 32이고, 일반기체상수는 848[kgf · m/kmol · K]이다)

① 0.551　　② 0.155
③ 0.515　　④ 0.605

해설

$PV = G\overline{R}T = \frac{w}{M}\overline{R}T$에서

비체적은

$\nu = \frac{V}{w} = \frac{\overline{R}T}{MP} = \frac{848 \times (20+273)}{32 \times 5 \times 10^4} \simeq 0.155[\mathrm{m^3/kg}]$

13 매끈한 직원관 속의 액체 흐름이 층류이고 관 내에서 최대속도가 4.2[m/s]로 흐를 때 평균속도는 약 몇 [m/s]인가?

① 4.2　　② 3.5
③ 2.1　　④ 1.75

해설

관 내 층류유동의 평균속도

$u_{av} = \frac{1}{2}u_{\max} = \frac{1}{2} \times 4.2 = 2.1[\mathrm{m/s}]$

14 유체에 잠겨 있는 곡면에 작용하는 정수력의 수평 분력에 대한 설명으로 옳은 것은?

① 연직면에 투영한 투영면의 압력 중심의 압력과 투영면을 곱한 값과 같다.
② 연직면에 투영한 투영면의 도심의 압력과 곡면의 면적을 곱한 값과 같다.
③ 수평면에 투영한 투영면에 작용하는 정수력과 같다.
④ 연직면에 투영한 투영면의 도심의 압력과 투영면의 면적을 곱한 값과 같다.

해설

유체에 잠겨 있는 곡면에 작용하는 정수력의 수평 분력은 연직면에 투영한 투영면의 도심의 압력과 투영면의 면적을 곱한 값과 같다.

수평 성분(F_x 또는 F_H)

$F_H = F_x = PA = \gamma\overline{h}A = \gamma\frac{R}{2}Rb = \frac{1}{2}\gamma bR^2$

11 ① 12 ② 13 ③ 14 ④ 정답

15 압축성 유체에 대한 설명 중 가장 올바른 것은?

① 가역과정 동안 마찰로 인한 손실이 일어난다.
② 이상기체의 음속은 온도의 함수이다.
③ 유체의 유속이 아음속(Subsonic)일 때, Mach 수는 1보다 크다.
④ 온도가 일정할 때 이상기체의 압력은 밀도에 반비례한다.

해설
① 가역과정 동안 마찰로 인한 손실이 일어나지 않는다.
③ 유체의 유속이 아음속(Subsonic)일 때, Mach수는 1보다 작다.
④ 온도가 일정할 때 이상기체의 압력은 밀도에 비례한다.

16 물체 주위의 유동과 관련하여 다음 중 옳은 내용을 모두 나타낸 것은?

> ㉮ 속도가 빠를수록 경계층 두께는 얇아진다.
> ㉯ 경계층 내부유동은 비점성유동으로 취급할 수 있다.
> ㉰ 동점성계수가 커질수록 경계층 두께는 두꺼워진다.

① ㉮　　② ㉮, ㉯
③ ㉮, ㉰　　④ ㉯, ㉰

해설
경계층 내부유동은 점성유동으로 취급할 수 있다.

17 20[℃] 공기 속을 1,000[m/s]로 비행하는 비행기의 주위 유동에서 정체온도는 몇 [℃]인가?(단, k = 1.4, R = 287[N · m/kg · K]이며 등엔트로피 유동이다)

① 518　　② 545
③ 574　　④ 598

해설
$\Delta T = T_0 - T = \frac{k-1}{kR}\frac{v^2}{2}$ 에서

정체온도 $T_0 = T + \frac{k-1}{kR}\frac{v^2}{2}$

$= (20+273) + \frac{1.4-1}{1.4\times 287}\times\frac{1{,}000^2}{2}$

$\simeq 791[\text{K}] = 518[℃]$

18 유체의 점성계수와 동점성계수에 관한 설명 중 옳은 것은?(단, M, L, T는 각각 질량, 길이, 시간을 나타낸다)

① 상온에서의 공기의 점성계수는 물의 점성계수보다 크다.
② 점성계수의 차원은 $ML^{-1}T^{-1}$이다.
③ 동점성계수의 차원은 L^2T^{-2}이다.
④ 동점성계수의 단위에는 [poise]가 있다.

해설
① 상온에서의 공기의 점성계수는 물의 점성계수보다 작다.
③ 동점성계수의 차원은 L^2T^{-1}이다.
④ [poise]는 점성계수의 단위이며, 동점성계수의 단위는 [m^2/s]이다.

정답 15 ② 16 ③ 17 ① 18 ②

19 **원심펌프에 대한 설명으로 옳지 않은 것은?**

① 액체를 비교적 균일한 압력으로 수송할 수 있다.
② 토출유동의 맥동이 적다.
③ 원심펌프 중 벌류트펌프는 안내깃을 갖지 않는다.
④ 양정거리가 크고, 수송량이 적을 때 사용된다.

해설
원심펌프는 양정거리가 짧고, 수송량이 많을 때 사용한다.

20 **이상기체에 대한 설명으로 옳은 것은?**

① 포화 상태에 있는 포화증기를 뜻한다.
② 이상기체의 상태방정식을 만족시키는 기체이다.
③ 체적탄성계수가 100인 기체이다.
④ 높은 압력하의 기체를 뜻한다.

해설
이상기체(Ideal Gas)는 기체분자 간 인력이나 반발력이 작용하지 않는다고 가정한 가상적인 기체로, 완전기체(Perfect Gas)라고도 한다. 이상기체에서는 아보가드로의 법칙, 보일-샤를의 법칙과 이상기체의 상태방정식 등이 그대로 적용된다.

제2과목 | 연소공학

21 **액체연료의 연소형태가 아닌 것은?**

① 등심연소(Wick Combustion)
② 증발연소(Vaporizing Combustion)
③ 분무연소(Spray Combustion)
④ 확산연소(Diffusive Combustion)

해설
확산연소는 기체연료의 연소형태이다.

22 **50[℃], 30[℃], 15[℃]인 3종류의 액체 A, B, C가 있다. A와 B를 같은 질량으로 혼합하였더니 40[℃]가 되었고, A와 C를 같은 질량으로 혼합하였더니 20[℃]가 되었다고 하면, B와 C를 같은 질량으로 혼합하면 온도는 약 몇 [℃]가 되겠는가?**

① 17.1 ② 19.5
③ 20.5 ④ 21.1

해설
열량 $Q = mC\Delta T$에서
$mC_A(50-40) = mC_B(40-30)$이므로, $C_A = C_B$
$mC_A(50-20) = mC_C(20-15)$이므로, $6C_A = C_C$
$mC_B(30-T_m) = mC_C(T_m-15)$에서
$C_B(30-T_m) = C_C(T_m-15) = 6C_B(T_m-15)$이므로,
$$T_m = \frac{30+6\times15}{7} \simeq 17.1[℃]$$

19 ④ 20 ② 21 ④ 22 ① 정답

23 파열물의 가열에 사용된 유효열량이 7,000[kcal/kg], 전입열량이 12,000[kcal/kg]일 때 열효율은 약 얼마인가?

① 49.2[%] ② 58.3[%]
③ 67.4[%] ④ 76.5[%]

해설
열효율

$$\eta = \frac{7,000}{12,000} \times 100[\%] \simeq 58.3[\%]$$

24 가스화재 시 밸브 및 콕을 잠그는 경우 어떤 소화효과를 기대할 수 있는가?

① 질식소화 ② 제거소화
③ 냉각소화 ④ 억제소화

해설
① 질식소화 : 산소(공기)를 차단하여 연소에 필요한 산소농도 이하가 되게 하여 소화하는 방법
③ 냉각소화 : 화염온도를 낮추어 소화시키는 방법으로 물 등 액체의 증발잠열을 이용하여 가연물을 인화점 및 발화점 이하로 낮추어 소화하는 방법
④ 억제소화 : 가연물의 산화연소되는 화학반응이 일어나지 않도록 억제시키는 소화방법

25 엔트로피의 증가에 대한 설명으로 옳은 것은?

① 비가역과정의 경우 계와 외계의 에너지의 총합은 일정하고, 엔트로피의 총합은 증가한다.
② 비가역과정의 경우 계와 외계의 에너지의 총합과 엔트로피의 총합이 함께 증가한다.
③ 비가역과정의 경우 물체의 엔트로피와 열원의 엔트로피의 합은 불변이다.
④ 비가역과정의 경우 계와 외계의 에너지의 총합과 엔트로피의 총합은 불변이다.

해설
비가역과정의 경우 계와 외계의 에너지의 총합은 일정하고, 엔트로피의 총합은 증가한다.

26 저발열량이 41,860[kJ/kg]인 연료를 3[kg] 연소시켰을 때 연소가스의 열용량이 62.8[kJ/℃]였다면, 이때의 이론연소 온도는 약 몇 [℃]인가?

① 1,000[℃]
② 2,000[℃]
③ 3,000[℃]
④ 4,000[℃]

해설
이론연소온도

$$T_{th} = \frac{H_L \times m}{Q} + t = \frac{41,860 \times 3}{62.8} + 0 \simeq 2,000[℃]$$

정답 23 ② 24 ② 25 ① 26 ②

27 **연소반응 시 불꽃의 상태가 환원염으로 나타났다. 이때 환원염은 어떤 상태인가?**

① 수소가 파란 불꽃을 내며 연소하는 화염
② 공기가 충분하여 완전연소 상태의 화염
③ 과잉의 산소를 내포하여 연소가스 중 산소를 포함한 상태의 화염
④ 산소의 부족으로 일산화탄소와 같은 미연분을 포함한 상태의 화염

해설
①·②·③ 산화염
④ 환원염

28 **연료의 발화점(착화점)이 낮아지는 경우가 아닌 것은?**

① 산소농도가 높을수록
② 발열량이 높을수록
③ 분자구조가 단순할수록
④ 압력이 높을수록

해설
착화온도는 분자구조가 복잡할수록 낮아진다.

29 **오토(Otto) 사이클의 효율을 η_1, 디젤(Diesel) 사이클의 효율을 η_2, 사바테(Sabathe) 사이클의 효율을 η_3이라 할 때 공급열량과 압축비가 같을 경우 효율의 크기는?**

① $\eta_1 > \eta_2 > \eta_3$
② $\eta_1 > \eta_3 > \eta_2$
③ $\eta_2 > \eta_1 > \eta_3$
④ $\eta_2 > \eta_3 > \eta_1$

해설
열효율의 크기 순서
- 초온, 초압, 최저온도, 압축비, 공급열량, 가열량, 연료 단절비 등이 같은 경우 : 오토 사이클 > 사바테 사이클 > 디젤 사이클
- 최고압력이 일정한 경우 : 디젤 사이클 > 사바테 사이클 > 오토 사이클

30 **CH_4, CO_2, H_2O의 생성열이 각각 75[kJ/kmol], 394[kJ/kmol], 242[kJ/kmol]일 때 CH_4의 완전연소 발열량은 약 몇 [kJ]인가?**

① 803 ② 786
③ 711 ④ 636

해설
- CH_4(메탄)의 연소방정식 : $CH_4 + 2O_2 \rightarrow CO_2 + 2H_2O$
- CH_4의 완전연소 발열량
  $Q = -75 + 394 + 2 \times 242 = 803$[kJ]

27 ④ 28 ③ 29 ② 30 ① 정답

31 **열역학 제0법칙에 대하여 설명한 것은?**

① 저온체에서 고온체로 아무 일도 없이 열을 전달할 수 없다.

② 절대온도 0에서 모든 완전 결정체의 절대 엔트로피의 값은 0이다.

③ 기계가 일을 하기 위해서는 반드시 다른 에너지를 소비해야 하고 어떤 에너지도 소비하지 않고 계속 일을 하는 기계는 존재하지 않는다.

④ 온도가 서로 다른 물체를 접촉시키면 높은 온도를 지닌 물체의 온도는 내려가고, 낮은 온도를 지닌 물체의 온도는 올라가서 두 물체의 온도 차이는 없어진다.

해설

① 열역학 제2법칙
② 열역학 제3법칙
③ 열역학 제1법칙

32 **유독물질의 대기 확산에 영향을 주게 되는 매개변수로서 가장 거리가 먼 것은?**

① 토양의 종류

② 바람의 속도

③ 대기 안정도

④ 누출지점의 높이

해설

유독물질의 대기 확산에 영향을 주는 매개변수 : 대기 안정도, 바람의 속도, 국지적 지형 영향, 누출원의 높이, 누출원의 기하학적 형태, 누출물질의 모멘텀, 누출물질의 부력 등

33 **연료가 완전연소할 때 이론상 필요한 공기량을 M_0[m^3], 실제로 사용한 공기량을 M[m^3]라 하면 과잉공기 백분율로 바르게 표시한 식은?**

① $\dfrac{M}{M_0}\times 100$

② $\dfrac{M_0}{M}\times 100$

③ $\dfrac{M-M_0}{M}\times 100$

④ $\dfrac{M-M_0}{M_0}\times 100$

해설

과잉공기 백분율

$\dfrac{M-M_0}{M_0}\times 100[\%]$

34 **체적 2[m^3]의 용기 내에서 압력 0.4[MPa], 온도 50[℃]인 혼합기체의 체적분율이 메탄(CH_4) 35[%], 수소(H_2) 40[%], 질소(N_2) 25[%]이다. 이 혼합기체의 질량은 약 몇 [kg]인가?**

① 2 ② 3

③ 4 ④ 5

해설

혼합기체의 평균분자량

$M=(16\times 0.35)+(2\times 0.4)+(28\times 0.25)=13.4$

$PV=n\overline{R}T=\dfrac{w}{M}\overline{R}T$

질량 $w=\dfrac{MPV}{\overline{R}T}=\dfrac{13.4\times 0.4\times 10^3\times 2}{8.314\times(50+273)}\simeq 4[\text{kg}]$

정답 31 ④ 32 ① 33 ④ 34 ③

35 폭발범위의 하한값이 가장 큰 가스는?

① C_2H_4 ② C_2H_2
③ C_2H_4O ④ H_2

해설
폭발범위(폭)
- C_2H_2(아세틸렌) : 2.5~82(79.5로 가장 넓음)
- C_2H_4O(산화에틸렌) : 3~80(77)
- H_2(수소) : 4~75(71)
- C_2H_4(에틸렌) : 3.0~33.5(30.5)

36 전실화재(Flashover)와 역화(Back Draft)에 대한 설명으로 틀린 것은?

① Flashover는 급격한 가연성 가스의 착화로서 폭풍과 충격파를 동반한다.
② Flashover는 화재성장기(제1단계)에서 발생한다.
③ Back Draft는 최성기(제2단계)에서 발생한다.
④ Flashover는 열의 공급이 요인이다.

해설
Back Draft는 급격한 가연성 가스의 착화로서 폭풍과 충격파를 동반한다.

37 어떤 계에 42[kJ]을 공급했다. 만약 이 계가 외부에 대하여 17,000[N · m]의 일을 하였다면 내부에너지의 증가량은 약 몇 [kJ]인가?

① 25 ② 50
③ 100 ④ 200

해설
내부에너지 변화량
$\Delta U = \Delta Q - \Delta W = 42 - 17 = 25$[kJ]

38 수증기와 CO의 몰 혼합물을 반응시켰을 때 1,000[℃], 기압에서의 평형 조성이 CO, H_2O가 각각 28[mol%], H_2, CO_2가 각각 22[mol%]라 하면, 정압평형정수(K_P)는 약 얼마인가?

① 0.2 ② 0.6
③ 0.9 ④ 1.3

해설
- 반응식 : $CO + H_2O \rightarrow CO_2 + H_2$
- 정압평형정수 $K_P = \dfrac{[CO_2] \times [H_2]}{[CO] \times [H_2O]} = \dfrac{22 \times 22}{28 \times 28} \simeq 0.6$

35 ④ 36 ① 37 ① 38 ② 정답

39 다음 중 등엔트로피의 과정은?

① 가역단열과정
② 비가역단열과정
③ Polytropic 과정
④ Joule-Thomson 과정

해설
가역단열과정 = 등엔트로피 과정

40 도시가스의 조성을 조사해 보니 부피 조성으로 H_2 30[%], CO 14[%], CH_4 49[%], CO_2 5[%], O_2 2[%]를 얻었다. 이 도시가스를 연소시키기 위한 이론산소량[Nm^3]은?

① 1.18 ② 2.18
③ 3.18 ④ 4.18

해설
성분 중 가연성 물질의 연소방정식
- $H_2 + 0.5O_2 \rightarrow H_2O$
- $CO + 0.5O_2 \rightarrow CO_2$
- $CH_4 + 2O_2 \rightarrow CO_2 + 2H_2O$

연소에 필요한 이론산소량
$O_0 = 0.5 \times 0.3 + 0.5 \times 0.14 + 2 \times 0.49 - 0.02 = 1.18[Nm^3]$

제3과목 | 가스설비

41 정압기에 관한 특성 중 변동에 대한 응답속도 및 안정성의 관계를 나타내는 것은?

① 동특성
② 정특성
③ 작동최대차압
④ 사용최대차압

해설
① 동특성 : 부하변동에 대한 응답속도와 안정성의 관계 또는 부하변동에 대한 신속성과 안정성이 요구되는 특성으로 부하 변화가 큰 곳에 사용되는 정압기의 중요한 특성이다.
② 정특성 : 정압기의 정상 상태에서 유량과 2차 압력의 관계
③ 작동최대차압 : 정압기가 작동할 수 있는 최대 차압
④ 사용최대차압 : 메인밸브에 1차 압력과 2차 압력이 작동하여 최대로 되었을 때의 차압

42 석유정제공정의 상압 증류 및 가솔린 생산을 위한 접촉개질처리 등에서와 석유화학의 나프타 분해공정 중 에틸렌, 벤젠 등을 제조하는 공정에서 주로 생산되는 가스는?

① OFF가스
② Cracking가스
③ Reforming가스
④ Topping가스

해설
OFF가스(정류가스)
- 석유정제 OFF가스 : 석유정제공정의 상압 증류 및 가솔린 생산을 위한 접촉개질처리 등에서 생산되는 가스
- 석유화학 OFF가스 : 석유화학의 나프타 분해공정 중 에틸렌, 벤젠 등을 제조하는 공정에서 생산되는 가스

정답 39 ① 40 ① 41 ① 42 ①

43 도시가스 원료 중에 함유되어 있는 황을 제거하기 위한 건식 탈황법의 탈황제로서 일반적으로 사용되는 것은?

① 탄산나트륨
② 산화철
③ 암모니아 수용액
④ 염화암모늄

해설
도시가스 원료 중에 함유되어 있는 황을 제거하기 위한 건식탈황법의 탈황제로서 일반적으로 산화철이나 산화아연 등이 사용된다.

44 연소 시 발생할 수 있는 여러 문제 중 리프팅(Lifting) 현상의 주된 원인은?

① 노즐의 축소
② 가스압력의 감소
③ 1차 공기의 과소
④ 배기 불충분

해설
② 가스 압력의 증가
③ 1차 공기의 과대
④ 배기량 증대

45 도시가스 공급시설에 설치하는 공기보다 무거운 가스를 사용하는 지역정압기실 개구부와 RTU(Remote Terminal Unit) 박스는 얼마 이상의 거리를 유지하여야 하는가?

① 2[m] ② 3[m]
③ 4.5[m] ④ 5.5[m]

해설
도시가스 공급시설에 설치하는 공기보다 무거운 가스를 사용하는 지역정압기실 개구부와 RTU(Remote Terminal Unit) 박스는 4.5[m] 이상의 거리를 유지하여야 한다.

46 배관에서 지름이 다른 강관을 연결하는 목적으로 주로 사용하는 것은?

① 티 ② 플랜지
③ 엘 보 ④ 리듀서

해설
① 티 : 유입구와 배출구와 분기구를 잇는 부품이다.
② 플랜지 : 관과 관, 관과 다른 기계 부분을 잇는 부품으로, 주철관을 납으로 연결시킬 수 없는 장소에도 사용한다.
③ 엘보 : 직선 배관에서 90° 또는 45° 방향으로 따라 갈 때의 연결 부품이다.

47 발열량이 13,000[kcal/m^3]이고, 비중이 1.3, 공급압력이 200[mmH_2O]인 가스의 웨버지수는?

① 10,000 ② 11,402
③ 13,000 ④ 16,900

해설
웨버지수

$$WI = \frac{H}{\sqrt{d}} = \frac{13,000}{\sqrt{1.3}} \simeq 11,402$$

43 ② 44 ① 45 ③ 46 ④ 47 ② 정답

48 1,000[rpm]으로 회전하는 펌프를 2,000[rpm]으로 변경하였다. 이 경우 펌프의 양정과 소요동력은 각각 얼마씩 변화하는가?

① 양정 : 2배, 소요동력 : 2배
② 양정 : 4배, 소요동력 : 2배
③ 양정 : 8배, 소요동력 : 4배
④ 양정 : 4배, 소요동력 : 8배

해설

• 양정 $h_2 = h_1\left(\frac{N_2}{N_1}\right)^2\left(\frac{D_2}{D_1}\right)^2 = h_1\left(\frac{2,000}{1,000}\right)^2 = 4h_1$

• 소요동력 $H_2 = H_1\left(\frac{N_2}{N_1}\right)^3\left(\frac{D_2}{D_1}\right)^5 = H_1\left(\frac{2,000}{1,000}\right)^3 = 8H_1$

49 회전펌프에 해당하는 것은?

① 플랜지펌프
② 피스톤펌프
③ 기어펌프
④ 다이어프램펌프

해설

①, ②, ④는 왕복펌프이다.

50 산소가 없어도 자기분해폭발을 일으킬 수 있는 가스가 아닌 것은?

① C_2H_2　② N_2H_4
③ H_2　④ C_2H_4O

해설

산소가 없어도 자기분해 폭발을 일으킬 수 있는 가스 : C_2H_2(아세틸렌), N_2H_4(하이드라진), C_2H_4O(산화에틸렌), O_3(오존)

51 실린더 안지름 20[cm], 피스톤 행정 15[cm], 매분 회전수 300, 효율이 90[%]인 수평 1단 단동압축기가 있다. 지시 평균유효압력을 0.2[MPa]로 하면 압축기에 필요한 전동기의 마력은 약 몇 [PS]인가?(단, 1[MPa]은 10[kgf/cm^2]로 한다)

① 6　② 7
③ 8　④ 9

해설

피스톤 압출량

$Q = V = lanz\eta$

$= 0.15 \times \frac{\pi}{4} \times 0.2^2 \times 300 \times 1 \times 0.9 \simeq 1.4[\text{m}^3/\text{min}]$

전동기의 마력

$H = \frac{PQ}{\eta} = \frac{(0.2 \times 10 \times 10^4) \times 1.4}{0.9 \times 75 \times 60} \simeq 7[\text{PS}]$

52 도시가스 저압배관의 설계 시 관경을 결정하고자 할 때 사용되는 식은?

① Fan식
② Oliphant식
③ Coxe식
④ Pole식

해설

Pole식(도시가스 저압배관의 설계 시 관경을 결정하고자 할 때 사용하는 식)

$D = \sqrt[5]{\frac{Q^2SL}{K^2H}}$

여기서, K : 유량계수
h : 압력손실(기점, 종점 간의 압력 강하 또는 기점압력과 말단압력의 차이)
D : 배관의 지름
S : 가스의 비중
L : 배관의 길이

53 가스보일러 물탱크의 수위를 다이어프램에 의해 압력변화로 검출하여 전기 접점에 의해 가스회로를 차단하는 안전장치는?

① 헛불방지장치
② 동결방지장치
③ 소화안전장치
④ 과열방지장치

해설
② 동결방지장치 : 물을 사용하는 연소기인 보일러에서 겨울철 보일러 내 또는 난방배관 내 물의 온도가 영하로 내려가 보일러가 파손되는 것을 방지하기 위하여 물에 부동액을 섞거나 온도를 감지하여 점화를 하거나 전기히터를 작동하거나 물을 순환시켜 그 운동에너지로 동결을 방지하는 안전장치
③ 소화안전장치 : 불이 꺼지면 이를 감지하여 가스밸브를 닫아 주는 역할을 하는 안전장치
④ 과열방지장치 : 둥근 바이메탈판 형태로 되어 있으며 일정 온도에 도달하면 바이메탈이 작동하여 접점을 끊어 전기회로를 차단하여 가스밸브를 닫도록 되어 있는 안전장치

54 가스온수기에 반드시 부착하여야 할 안전장치가 아닌 것은?

① 소화안전장치
② 역풍방지장치
③ 전도안전장치
④ 정전안전장치

해설
전도안전장치는 이동식에 적용된다.

55 나프타를 접촉분해법에서 개질온도를 705[℃]로 유지하고 개질압력을 1기압에서 10기압으로 점진적으로 가압할 때 가스의 조성 변화는?

① H_2와 CO_2가 감소하고, CH_4와 CO가 증가한다.
② H_2와 CO_2가 증가하고, CH_4와 CO가 감소한다.
③ H_2와 CO가 감소하고, CH_4와 CO_2가 증가한다.
④ H_2와 CO가 증가하고, CH_4와 CO_2가 감소한다.

해설
나프타를 접촉분해법에서 개질온도를 일정하게 하고 개질압력을 올리면, H_2와 CO가 감소하고 CH_4와 CO_2가 증가한다.

56 LPG를 사용하는 식당에서 연소기의 최대가스소비량이 3.56[kg/h]이었다. 자동절체식 조정기를 사용하는 경우 20[kg] 용기를 최소 몇 개를 설치하여야 자연기화 방식으로 원활하게 사용할 수 있겠는가?(단, 20[kg] 용기 1개의 가스발생능력은 1.8[kg/h]이다)

① 2개　　② 4개
③ 6개　　④ 8개

해설
자연기화방식의 용기 설치 수량

$$= \frac{\text{필요가스량[kg/h]}}{\text{용기 1개당 가스 발생능력[kg/h]}} \times 2(\text{예비용기})$$

$$= \frac{3.56}{1.8} \times 2 \simeq 3.956 \simeq 4\text{개}$$

53 ① 54 ③ 55 ③ 56 ② 정답

57 **찜질방 가열로실의 구조에 대한 설명으로 틀린 것은?**

① 가열로의 배기통은 금속 이외의 불연성재료로 단열조치를 한다.
② 가열로실과 찜질실 사이의 출입문은 유리재로 설치한다.
③ 가열로의 배기통 재료는 스테인리스를 사용한다.
④ 가열로의 배기통에는 댐퍼를 설치하지 아니한다.

해설
가열로실과 찜질실 사이의 출입문은 금속재로 설치한다.

58 **LNG 저장탱크에서 사용되는 잠액식 펌프의 윤활 및 냉각을 위해 주로 사용되는 것은?**

① 물 ② LNG
③ 그리스 ④ 황 산

해설
LNG 저장탱크에서 사용되는 잠액식 펌프(Submerged Pump)의 윤활 및 냉각을 위해 액화질소 또는 LNG를 사용한다.

59 **차단성능이 좋고 유량 조정이 용이하나 압력손실이 커서 고압의 대구경 밸브에는 부적당한 밸브는?**

① 글로브 밸브
② 플러그 밸브
③ 게이트 밸브
④ 버터플라이 밸브

해설
글로브 밸브 : 차단성능이 좋고 유량 조정이 용이하지만 압력손실이 커서 고압의 대구경 밸브에는 부적당한 밸브

60 **다기능 가스안전계량기(마이콤 미터)의 작동성능이 아닌 것은?**

① 유량차단성능
② 과열방지차단성능
③ 압력저하차단성능
④ 연속사용시간차단성능

해설
다기능 가스안전계량기(마이콤 미터)의 작동성능
- 유량차단성능
- 연속사용시간차단성능
- 미소사용유량등록성능
- 미소누출검지성능
- 압력저하차단성능
- 옵션단자성능
- 옵션성능 : 통신성능, 검지성능

정답 57 ② 58 ② 59 ① 60 ②

제4과목 | 가스안전관리

61 아세틸렌의 임계압력으로 가장 가까운 것은?

① 3.5[MPa]
② 5.0[MPa]
③ 6.2[MPa]
④ 7.3[MPa]

해설
- 아세틸렌의 임계온도 : 36[℃]
- 아세틸렌의 임계압력 : 6.2[MPa]

62 LPG 용기 보관실의 바닥 면적이 40[m^2]이라면 환기구의 최소 통풍 가능 면적은?

① 10,000[cm^2]
② 11,000[cm^2]
③ 12,000[cm^2]
④ 13,000[cm^2]

해설
환기구의 최소 통풍 가능 면적 = 40 × 300 = 12,000[cm^2]

63 고압가스 제조장치의 내부에 작업원이 들어가 수리를 하고자 한다. 이때 가스치환작업으로 가장 부적합한 경우는?

① 질소제조장치에서 공기로 치환한 후 즉시 작업을 하였다.
② 아황산가스인 경우 불활성 가스로 치환한 후 다시 공기로 치환하여 작업을 하였다.
③ 수소제조장치에서 불활성 가스로 치환한 후 즉시 작업을 하였다.
④ 암모니아인 경우 불활성 가스로 치환하고 다시 공기로 치환한 후 작업을 하였다.

해설
수소제조장치에서 불활성 가스로 치환한 후 산소농도를 18~22[%]로 유지한 다음에 작업을 해야 한다.

64 의료용 산소용기의 도색 및 표시가 바르게 된 것은?

① 백색으로 도색 후 흑색 글씨로 산소라고 표시한다.
② 녹색으로 도색 후 백색 글씨로 산소라고 표시한다.
③ 백색으로 도색 후 녹색 글씨로 산소라고 표시한다.
④ 녹색으로 도색 후 흑색 글씨로 산소라고 표시한다.

해설
산소용기의 도색 및 표시
- 공업용 : 녹색으로 도색 후 백색 글씨로 산소라고 표시한다.
- 의료용 : 백색으로 도색 후 녹색 글씨로 산소라고 표시한다.

61 ③ 62 ③ 63 ③ 64 ③ 정답

65 **고압가스 저장시설에서 가연성 가스 용기 보관실과 독성가스의 용기 보관실은 어떻게 설치하여야 하는가?**

① 기준이 없다.
② 각각 구분하여 설치한다.
③ 하나의 저장실에 혼합 저장한다.
④ 저장실은 하나로 하되 용기는 구분 저장한다.

해설
고압가스 저장시설에서 가연성 가스 용기 보관실과 독성가스의 용기 보관실은 각각 구분하여 설치한다.

66 **액화석유가스를 차량에 고정된 내용적 V[L]인 탱크에 충전할 때 충전량 산정식은?(단, W : 저장능력[kg], P : 최고충전압력[MPa], d : 비중[kg/L], C : 가스의 종류에 따른 정수이다)**

① $W = V/C$
② $W = C(V+1)$
③ $W = 0.9dV$
④ $W = (10P+1)V$

해설
저장능력(충전질량 또는 최대적재량) 산정기준
- 압축가스 저장탱크 및 용기의 저장능력[m³] : $Q = n(10P+1)V_1$
  여기서, n : 용기 본수
  P : 35[℃](아세틸렌가스의 경우에는 15[℃])에서의 최고충전압력[MPa]
  V_1 : 내용적[m³]
- 액화가스 저장탱크의 저장능력[kg] : $W = 0.9dV_2$
  여기서, d : 상용온도에서 액화가스의 비중[kg/L]
  V_2 : 탱크의 내용적[L]

(액화가스의 저장탱크 설계 시 저장능력에 따른 내용적 : $V_2 = \frac{W}{0.9d}$)

- 액화가스 용기 및 차량에 고정된 탱크의 저장능력 : $W = V_2/C$

67 **이동식 부탄연소기(220[g] 납붙임용기 삽입형)를 사용하는 음식점에서 부탄연소기의 본체보다 큰 주물 불판을 사용하여 오랜 시간 조리를 하다가 폭발사고가 일어났다. 사고의 원인으로 추정되는 것은?**

① 가스 누출
② 납붙임 용기의 불량
③ 납붙임 용기의 오장착
④ 용기 내부의 압력 급상승

해설
이동식 부탄연소기(220[g] 납붙임용기 삽입형)를 사용하는 음식점에서 부탄연소기의 본체보다 큰 주물 불판을 사용하여 오랜 시간 조리를 하다가 폭발사고가 일어났다면 사고의 원인은 용기 내부의 압력 급상승으로 추정된다.

68 **냉동설비와 1일 냉동능력 1톤의 산정기준에 대한 연결이 바르게 된 것은?**

① 원심식 압축기 사용 냉동설비－압축기의 원동기 정격출력 1.2[kW]
② 원심식 압축기 사용 냉동설비－발생기를 가열하는 1시간의 입열량 3,320[kcal]
③ 흡수식 냉동설비－압축기의 원동기 정격출력 2.4[kW]
④ 흡수식 냉동설비－발생기를 가열하는 1시간의 입열량 7,740[kcal]

해설
- 원심식 압축기 사용 냉동설비－압축기의 원동기 정격출력 1.2[kW]
- 흡수식 냉동설비－발생기를 가열하는 1시간의 입열량 6,640[kcal]

정답 65 ② 66 ① 67 ④ 68 ①

69 고압가스용 납붙임 또는 접합용기의 두께는 그 용기의 안전성을 확보하기 위하여 몇 [mm] 이상으로 하여야 하는가?

① 0.115 ② 0.125
③ 0.215 ④ 0.225

해설
- 고압가스용 납붙임 또는 접합용기의 두께는 그 용기의 안전성을 확보하기 위하여 0.125[mm] 이상으로 하여야 한다.
- 이동식 부탄연소기용 용기의 두께는 0.20[mm] 이상으로 한다.

70 용기의 제조등록을 한 자가 수리할 수 있는 용기의 수리범위에 해당되는 것으로만 모두 짝지어진 것은?

㉠ 용기 몸체의 용접 ㉡ 용기 부속품의 부품 교체 ㉢ 초저온용기의 단열재 교체

① ㉠ ② ㉠, ㉡
③ ㉡, ㉢ ④ ㉠, ㉡, ㉢

해설
용기 제조자의 수리범위 : 용기 몸체의 용접, 용기 부속품의 부품 교체, 초저온용기의 단열재 교체, 아세틸렌 용기 내의 다공질물 교체, 용기의 스커트 · 프로텍터 · 네크링의 교체 및 가공 등

71 아세틸렌용 용접용기를 제조하고자 하는 자가 갖추어야 할 시설기준의 설비가 아닌 것은?

① 성형설비
② 세척설비
③ 필라멘트 와인딩설비
④ 자동부식방지도장설비

해설
아세틸렌용 용접용기를 제조하고자 하는 자가 갖추어야 할 제조설비 : 단조설비 또는 성형설비, 아랫부분 접합설비(아랫부분을 접합하여 제조하는 경우로 한정), 열처리로(노 안의 용기를 가열하는 각 부분의 온도차가 25[℃] 이하가 되도록 한 구조의 것) 및 그 노 내의 온도를 측정하여 자동으로 기록하는 장치, 세척설비, 쇼트브라스팅 및 도장설비, 밸브 탈 · 부착기, 용기 내부 건조설비 및 진공흡입설비(대기압 이하), 용접설비(내용적 250[L] 미만의 용기제조시설은 자동용접설비), 네크링가공설비(전문생산업체로부터 공급받는 경우에는 제외), 원료혼합기, 건조로, 원료충전기, 자동부식방지도장설비, 아세톤 또는 다이메틸폼아마이드 충전설비, 그 밖에 제조에 필요한 설비 및 기구

72 가연성 가스설비 내부에서 수리 또는 청소작업을 할 때에는 설비 내부의 가스농도가 폭발하한계의 몇 [%] 이하가 될 때까지 치환하여야 하는가?

① 1 ② 5
③ 10 ④ 25

해설
가연성 가스설비 내부에서 수리 또는 청소작업을 할 때에는 설비 내부의 가스농도가 폭발하한계의 25[%] 이하가 될 때까지 치환하여야 한다.

69 ② 70 ④ 71 ③ 72 ④ 정답

73 **초저온용기에 대한 정의를 가장 바르게 나타낸 것은?**

① −50[℃] 이하의 액화가스를 충전하기 위한 용기로서 단열재를 씌우거나 냉동설비로 냉각시키는 등의 방법으로 용기 내의 가스온도가 사용온도를 초과하지 않도록 한 용기
② 액화가스를 충전하기 위한 용기로서 단열재로 피복하여 용기 내의 가스온도가 상용온도를 초과하지 않도록 한 용기
③ 대기압에서 비점이 0[℃] 이하인 가스를 상용압력이 0.1[MPa] 이하의 액체 상태로 저장하기 위한 용기로서 단열재로 피복하여 가스온도가 상용온도를 초과하지 않도록 한 용기
④ 액화가스를 냉동설비로 냉각하여 용기 내의 가스의 온도가 −70[℃] 이하로 유지하도록 한 용기

74 **아세틸렌가스를 2.5[MPa]의 압력으로 압축할 때 첨가하는 희석제가 아닌 것은?**

① 질 소 ② 메 탄
③ 일산화탄소 ④ 아세톤

해설
아세틸렌가스를 2.5[MPa]의 압력으로 압축할 때 첨가하는 희석제 : 질소, 메탄, 일산화탄소, 에틸렌

75 **고압가스용 용접용기의 내압시험방법 중 팽창측정시험의 경우 용기가 완전히 팽창한 후 적어도 얼마 이상의 시간을 유지하여야 하는가?**

① 30초 ② 1분
③ 3분 ④ 5분

해설
고압가스용 용접용기의 내압시험방법 중 팽창측정시험의 경우 용기가 완전히 팽창한 후 적어도 30초 이상의 시간을 유지하여야 한다.

76 **차량에 고정된 탱크로 가연성 가스를 적재하여 운반할 때 휴대하여야 할 소화설비의 기준으로 옳은 것은?**

① BC용, B-10 이상 분말소화제를 2개 이상 비치
② BC용, B-8 이상 분말소화제를 2개 이상 비치
③ ABC용, B-10 이상 포말소화제를 1개 이상 비치
④ ABC용, B-8 이상 포말소화제를 1개 이상 비치

해설

가스의 구분	소화기의 종류		비치 개수
	소화약제 종류	능력단위	
가연성 가스	분말 소화제	BC용, B-10 이상 또는 ABC용, B-12 이상	차량 좌우에 각각 1개 이상
산 소	분말 소화제	BC용, B-8 이상 또는 ABC용, B-10 이상	차량 좌우에 각각 1개 이상

정답 73 ① 74 ④ 75 ① 76 ①

77 **가스폭발에 대한 설명으로 틀린 것은?**

① 폭발한계는 일반적으로 폭발성 분위기 중 폭발성 가스의 용적비로 표시된다.
② 발화온도는 폭발성 가스와 공기 중 혼합가스의 온도를 높였을 때에 폭발을 일으킬 수 있는 최고의 온도이다.
③ 폭발한계는 가스의 종류에 따라 달라진다.
④ 폭발성 분위기란 폭발성 가스가 공기와 혼합하여 폭발한계 내에 있는 상태의 분위기를 뜻한다.

해설

발화온도는 폭발성 가스와 공기 중 혼합가스의 온도를 높였을 때에 폭발을 일으킬 수 있는 최저의 온도이다.

78 **가스난로를 사용하다가 부주의로 점화되지 않은 상태에서 콕을 전부 열었다. 이때 노즐로부터 분출되는 생가스의 양은 약 몇 [m³/h]인가?(단, 유량계수 : 0.8, 노즐지름 : 2.5[mm], 가스압력 : 200[mmH₂O], 가스비중 : 0.5로 한다)**

① 0.5[m³/h] ② 1.1[m³/h]
③ 1.5[m³/h] ④ 2.1[m³/h]

해설

$$Q = 0.011KD^2 \times \sqrt{\frac{P}{S}} = 0.011 \times 0.8 \times 2.5^2 \times \sqrt{\frac{200}{0.5}} \simeq 1.1[\text{m}^3/\text{h}]$$

79 **초저온가스용 용기제조기술기준에 대한 설명으로 틀린 것은?**

① 용기동판의 최대 두께와 최소 두께의 차이는 평균 두께의 10[%] 이하로 한다.
② '최고충전압력'은 상용압력 중 최고압력을 말한다.
③ 용기의 외조에 외조를 보호할 수 있는 플러그 또는 파열판 등의 압력방출장치를 설치한다.
④ 초저온용기는 오스테나이트계 스테인리스강 또는 타이타늄합금으로 제조한다.

해설

초저온용기는 오스테나이트계 스테인리스강 또는 알루미늄합금으로 제조한다.

80 **증기가 전기스파크나 화염에 의해 분해폭발을 일으키는 가스는?**

① 수 소
② 프로판
③ LNG
④ 산화에틸렌

해설

증기 상태의 산화에틸렌가스는 전기 스파크나 화염에 의해 분해폭발을 일으킨다.

77 ② 78 ② 79 ④ 80 ④ 정답

81 가스크로마토그래피로 가스를 분석할 때 사용하는 캐리어 가스로서 가장 부적당한 것은?

① H_2 ② CO_2
③ N_2 ④ Ar

해설
가스크로마토그래피로 가스를 분석할 때 사용하는 캐리어 가스 : H_2, He, N_2, Ar

82 램버트-비어의 법칙을 이용한 것으로 미량분석에 유용한 화학분석법은?

① 중화적정법
② 중량법
③ 분광광도법
④ 아이오딘적정법

해설
분광광도법 : 흡수, 형광, 방출 등의 현상에 바탕을 둔 가스분석법이다. 램버트-비어의 법칙을 이용한 것으로, 미량분석에 유용한 화학분석법이다.

83 내경 10[cm]인 관 속으로 유체가 흐를 때 피토관의 마노미터 수주가 40[cm]이었다면 이때의 유량은 약 몇 [m^3/s]인가?

① 2.2×10^{-3} ② 2.2×10^{-2}
③ 0.22 ④ 2.2

해설
유 량

$$Q = Av = A\sqrt{2gh} = \frac{\pi}{4}\times0.1^2\times\sqrt{2\times9.8\times0.4}$$
$$\simeq 2.2\times10^{-2}[m^3/s]$$

84 22[℃]의 1기압 공기(밀도 1.21[kg/m^3])가 덕트를 흐르고 있다. 피토관을 덕트 중심부에 설치하고 물을 봉액으로 한 U자관 마노미터의 눈금이 4.0[cm]이었다. 이 덕트 중심부의 유속은 약 몇 [m/s]인가?

① 25.5 ② 30.8
③ 56.9 ④ 97.4

해설
유 속

$$v = \sqrt{2gh\left(\frac{\gamma_m-\gamma}{\gamma}\right)} = \sqrt{2\times9.8\times0.04\times\left(\frac{1{,}000-1.21}{1.21}\right)}$$
$$\simeq 25.439[m/s]$$

85 습식 가스미터는 어떤 형태에 해당하는가?

① 오벌형
② 드럼형
③ 다이어프램형
④ 로터리 피스톤형

86 가스크로마토그래피에서 일반적으로 사용되지 않는 검출기(Detector)는?

① TCD ② FID
③ ECD ④ RID

해설
가스크로마토그래피에서 사용되는 검출기의 종류 : 불꽃이온화검출기(FID), 염광광도검출기(FPD), 열전도도검출기(TCD), 전자포획검출기(ECD), 원자방출검출기(AED), 알칼리열이온화검출기(FTD), 황화학발광검출기(SCD), 열이온검출기(TID), 방전이온화검출기(DID), 환원성가스검출기(RGD)

정답 81 ② 82 ③ 83 ② 84 ① 85 ② 86 ④

87 가스크로마토그래피(Gas Chromatography)에서 캐리어가스 유량이 5[mL/s]이고, 기록지 속도가 3[mm/s]일 때 어떤 시료가스를 주입하니 지속용량이 250[mL]이었다. 이때 주입점에서 성분의 피크까지 거리는 약 몇 [mm]인가?

① 50 ② 100
③ 150 ④ 200

해설

기록지 속도 $v = \frac{l}{t_i} = \frac{Q}{V} \times l$에서

주입점에서 성분의 피크까지 거리

$l = \frac{V}{Q} \times v = \frac{250}{5} \times 3 = 150[\text{mm}]$

88 측정제어라고도 하며, 2개의 제어계를 조합하여 1차 제어장치가 제어량을 측정하여 제어 명령을 내리고, 2차 제어장치가 이 명령을 바탕으로 제어량을 조절하는 제어를 무엇이라 하는가?

① 정치(正値)제어
② 추종(追從)제어
③ 비율(比率)제어
④ 캐스케이드(Cascade)제어

해설

① 정치제어 : 목표값이 시간적으로 변하지 않고 일정한 제어이다.
② 추종제어 : 목표값의 변화가 시간적으로 임의로 변하는 제어이다. 목표치가 시간에 따라 변화하지만, 변화의 모양은 예측할 수 없다.
③ 비율제어 : 목표치가 다른 양과 일정한 관계에서 변화되는 추치제어이다.

89 배기가스 중 이산화탄소를 정량분석하고자 할 때 가장 적합한 방법은?

① 적정법
② 완만연소법
③ 중량법
④ 오르자트법

해설

오르자트법

- 채취된 가스를 분석기 내부의 성분 흡수제에 흡수시켜 체적 변화를 측정하는 정량 가스분석법이다.
- 용적 감소를 이용하여 연소가스 주성분인 이산화탄소, 산소, 일산화탄소 등을 분석한다.
- 배기가스 중 이산화탄소를 정량분석하고자 할 때 가장 적당한 방법이다.
- 건배기가스의 성분을 분석한다.

90 10^{-12}은 계량단위의 접두어로 무엇인가?

① 아토(atto)
② 젭토(zepto)
③ 펨토(femto)
④ 피코(pico)

해설

① 아토(atto) : 10^{-18}
② 젭토(zepto) : 10^{-21}
③ 펨토(femto) : 10^{-15}

91 가스미터의 구비조건으로 가장 거리가 먼 것은?

① 기계오차의 조정이 쉬울 것
② 소형이며 계량용량이 클 것
③ 감도는 작으나 정밀성이 높을 것
④ 사용가스량을 정확하게 지시할 수 있을 것

해설

가스미터는 감도가 좋고 정밀성이 높아야 한다.

87 ③ 88 ④ 89 ④ 90 ④ 91 ③ 정답

92 고속, 고압 및 레이놀즈수가 높은 경우에 사용하기 가장 적정한 유량계는?

① 벤투리 미터
② 플로노즐
③ 오리피스 미터
④ 피토관

해설
플로노즐
• 고속·고압 및 레이놀즈수가 높은 경우에 사용하기 적정한 유량계이다.
• 유체 흐름에 의한 유선형의 노즐형상을 지니므로 유체 중에 이물질에 의한 마모 등의 영향이 매우 작다.
• 오리피스에 비하여 약 65[%] 정도 더 많은 유체를 흘릴 수 있다.
• 오리피스보다 마모가 정도에 미치는 영향이 작다.

93 액면측정장치가 아닌 것은?

① 유리관식 액면계
② 임펠러식 액면계
③ 부자식 액면계
④ 퍼지식 액면계

해설
임펠러식 액면계는 존재하지 않는다.

94 연소기기에 대한 배기가스 분석의 목적으로 가장 거리가 먼 것은?

① 연소 상태를 파악하기 위하여
② 배기가스 조성을 알기 위해서
③ 열정산의 자료를 얻기 위하여
④ 시료가스 채취장치의 작동 상태를 파악하기 위해

해설
연소기기에 대한 배기가스 분석의 목적
• 배기가스 조성을 알기 위해서
• 연소 상태를 파악하기 위하여
• 열효율의 증가를 위하여
• 열정산의 자료를 얻기 위하여

95 전력, 전류, 전압, 주파수 등을 제어량으로 하며 이것을 일정하게 유지하는 것을 목적으로 하는 제어방식은?

① 자동조정
② 서보기구
③ 추치제어
④ 정치제어

해설
자동조정제어 ; 전기적인 양(전력, 전류, 전압, 주파수 등) 또는 기계적인 양(위치, 속도, 압력 등)을 제어량으로 하며, 이것을 일정하게 유지하는 것을 목적으로 하는 제어방식으로 응답속도가 매우 빨라야 한다. 정전압장치·발전기의 조속기 등에 이용된다.

96 전자유량계는 어떤 유체의 측정에 유용한가?

① 순수한 물
② 과열된 증기
③ 도전성 유체
④ 비전도성 유체

해설
전자유량계는 도전성 유체의 측정에 유용하다.

정답 92 ② 93 ② 94 ④ 95 ① 96 ③

97 습식 가스미터의 수면이 너무 낮을 때 발생하는 현상은?

① 가스가 그냥 지나친다.
② 밸브의 마모가 심해진다.
③ 가스가 유입되지 않는다.
④ 드럼의 회전이 원활하지 못하다.

해설
습식 가스미터의 수면이 너무 낮으면 가스가 그냥 지나치게 되는 현상이 발생한다.

98 열전대 온도계에서 열전대의 구비조건이 아닌 것은?

① 재생도가 높고 가공이 용이할 것
② 열기전력이 크고 온도 상승에 따라 연속적으로 상승할 것
③ 내열성이 크고 고온가스에 대한 내식성이 좋을 것
④ 전기저항 및 온도계수, 열전도율이 클 것

해설
열전대 온도계는 전기저항 및 온도계수, 열전도율이 작아야 한다.

99 다음의 특징을 가지는 액면계는?

- 설치, 보수가 용이하다.
- 온도, 압력 등의 사용범위가 넓다.
- 액체 및 분체에 사용이 가능하다.
- 대상물질의 유전율 변화에 따라 오차가 발생한다.

① 압력식
② 플로트식
③ 정전용량식
④ 부력식

해설
정전용량식 액면계
- 검출소자를 액 속에 넣어 액 위에 따른 정전용량의 변화를 측정하여 액면 높이를 측정하는 액면계이다.
- 설치, 보수가 용이하다.
- 온도, 압력 등의 사용범위가 넓다.
- 액체 및 분체에 사용이 가능하다.
- 대상물질의 유전율 변화에 따라 오차가 발생한다.

100 우연오차에 대한 설명으로 옳은 것은?

① 원인 규명이 명확하다.
② 완전한 제거가 가능하다.
③ 산포에 의해 일어나는 오차를 말한다.
④ 정부의 오차가 다른 분포상태를 가진다.

해설
우연오차
- 발생원인을 알 수 없는 오차로, 측정할 때마다 측정값이 일정하지 않고 분포현상을 일으킨다.
- 원인 규명이 명확하지 않다.
- 완전한 제거가 가능하지 않다.
- 정부의 오차가 일정한 분포 상태를 가진다.

97 ① 98 ④ 99 ③ 100 ③ 정답

2020년 제1·2회 통합 과년도 기출문제

제1과목 | 가스유체역학

01 200[℃]의 공기가 흐를 때 정압이 200[kPa], 동압이 1[kPa]이면 공기의 속도[m/s]는?(단, 공기의 기체상수는 287[J/kg·K]이다)

① 23.9 ② 36.9
③ 42.5 ④ 52.6

해설
정압을 P_1, 동압을 P_2라고 하면

밀도 $\rho = \frac{m}{V}$이며, 상태방정식 $PV = mRT$에서 P는 정압이므로

$P_1 V = mRT$로부터 밀도는

$\rho = \frac{m}{V} = \frac{P_1}{RT} = \frac{200 \times 10^3}{287 \times (200 + 273)} \simeq 1.47[\text{kg/m}^3]$

베르누이방정식에서 속도수두는 동압과 같으므로

속도수두 $\frac{\rho v^2}{2} = P_2 = 1 \times 10^3$에서

공기의 속도 $v = \sqrt{\frac{2 \times 10^3}{1.47}} \simeq 36.9[\text{m/s}]$

02 밀도 1.2[kg/m^3]의 기체가 직경 10[cm]인 관 속을 20[m/s]로 흐르고 있다. 관의 마찰계수가 0.02라면 1[m]당 압력손실은 약 몇 [Pa]인가?

① 24 ② 36
③ 48 ④ 54

해설
압력 강하

$\Delta P = f\frac{l}{d}\frac{\gamma v^2}{2g} = f\frac{l}{d}\frac{\rho v^2}{2} = 0.02 \times \frac{1}{0.1} \times \frac{1.2 \times 20^2}{2}$

$= 48[\text{kg/m} \cdot \text{s}^2] = 48[\text{Pa}]$

03 반지름 200[mm], 높이 250[mm]인 실린더 내에 20[kg]의 유체가 차 있다. 유체의 밀도는 약 몇 [kg/m^3]인가?

① 6.366 ② 63.66
③ 636.6 ④ 6,366

해설
밀 도

$\rho = \frac{m}{V} = \frac{20}{\frac{\pi}{4} \times 0.4^2 \times 0.25} \simeq 636.6[\text{kg/m}^3]$

04 물이 내경 2[cm]인 원형 관을 평균유속 5[cm/s]로 흐르고 있다. 같은 유량이 내경 1[cm]인 관을 흐르면 평균유속은?

① 1/2만큼 감소
② 2배로 증가
③ 4배로 증가
④ 변함없다.

해설
유 량

$Q = A_1 v_1 = A_2 v_2$

$v_2 = \frac{A_1}{A_2} \times v_1 = \frac{\pi \times 2^2/4}{\pi \times 1^2/4} \times v_1 = 4v_1$

정답 1 ② 2 ③ 3 ③ 4 ③

05 압축성 유체가 다음 그림과 같이 확산기를 통해 흐를 때 속도와 압력은 어떻게 되는가?(단, M_a는 마하수이다)

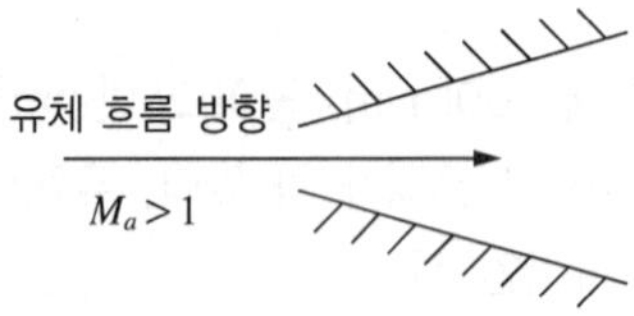

① 속도 증가, 압력 감소
② 속도 감소, 압력 증가
③ 속도 감소, 압력 불변
④ 속도 불변, 압력 증가

해설
압축성 유체가 확산기를 통해 흐를 때 $M_a > 1$이면 속도는 증가하고, 압력과 밀도는 감소한다.

06 수직 충격파는 다음 중 어떤 과정에 가장 가까운가?

① 비가역과정
② 등엔트로피 과정
③ 가역과정
④ 등압 및 등엔탈피 과정

해설
수직 충격파는 비가역과정이다.

07 왕복펌프 중 산, 알칼리액을 수송하는 데 사용되는 펌프는?

① 격막펌프
② 기어펌프
③ 플런저펌프
④ 피스톤펌프

해설
② 기어펌프 : 두 개의 회전기어를 사용하여 액체를 이동시키는 기계식 펌프이다.
③ 플런저펌프 : 플런저에 의해 급수하는 펌프로서, 구조가 간단하다.
④ 피스톤펌프 : 피스톤작용으로 물을 급수하는 펌프로, 수량이 많고 수압이 낮은 곳에 사용한다.

08 다음 중 대기압을 측정하는 계기는?

① 수은기압계
② 오리피스미터
③ 로터미터
④ 둑(Weir)

해설
수은기압계(Barometer) : 대기압을 측정하는 기압계로, 수은의 비중이 물의 비중보다 13.6배나 무거워서 기압 측정을 위한 높이를 그만큼 더 낮게 할 수 있다.

09 체적효율은 η_v, 피스톤 단면적을 A[m²], 행정을 S[m], 회전수를 n[rpm]이라 할 때 실제 송출량 Q[m³/s]를 구하는 식은?

① $Q = \dfrac{ASn}{60\eta_v}$
② $Q = \eta_v \dfrac{ASn}{60}$
③ $Q = \dfrac{AS\pi n}{60\eta_v}$
④ $Q = \eta_v \dfrac{AS\pi n}{60}$

해설
실제 송출량
$Q = \eta_v \dfrac{ASn}{60}$ [m³/s]

5 ① 6 ① 7 ① 8 ① 9 ② 정답

10 아음속 등엔트로피 흐름의 확대 노즐에서의 변화로 옳은 것은?

① 압력 및 밀도는 감소한다.
② 속도 및 밀도는 증가한다.
③ 속도는 증가하고, 밀도는 감소한다.
④ 압력은 증가하고, 속도는 감소한다.

해설
아음속 등엔트로피 흐름의 확대 노즐에서의 변화
• 증가 : 압력, 밀도
• 감소 : 속도

11 다음 그림에서와 같이 관 속으로 물이 흐르고 있다. A점과 B점에서의 유속은 각각 몇 [m/s]인가?

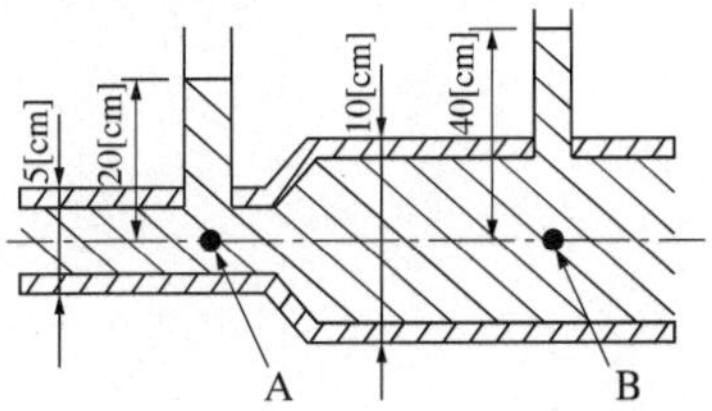

① 2.045, 1.022　② 2.045, 0.511
③ 7.919, 1.980　④ 3.960, 1.980

해설
유량 $Q = A_A v_A = A_B v_B$에서

$$v_B = \frac{A_A}{A_B} \times v_A = \frac{\pi \times (0.05)^2/4}{\pi \times (0.1)^2/4} \times v_A = 0.25 v_A$$

A지점의 압력 $P_A = \gamma h_A$에서 $\frac{P_A}{\gamma} = h_A = 0.2[\mathrm{m}]$

B지점의 압력 $P_B = \gamma h_B$에서 $\frac{P_B}{\gamma} = h_B = 0.4[\mathrm{m}]$

$\frac{P_A}{\gamma} + \frac{v_A^2}{2g} = \frac{P_B}{\gamma} + \frac{v_B^2}{2g}$에서 $0.2 + \frac{v_A^2}{2\times 9.8} = 0.4 + \frac{v_B^2}{2\times 9.8}$이며

$\frac{v_A^2 - v_B^2}{2\times 9.8} = 0.4 - 0.2 = 0.2$이므로

$v_A^2 - v_B^2 = 0.2 \times 2 \times 9.8 = 3.92$이다.

$v_A^2 - v_B^2 = v_A^2 - (0.25 v_A)^2 = 3.92$이므로

$v_A \simeq 2.045$

$v_B = 0.25 v_A = 0.25 \times 2.045 = 0.511$

12 안지름 80[cm]인 관 속을 동점성계수 4[stokes]인 유체가 4[m/s]의 평균속도로 흐른다. 이때 흐름의 종류는?

① 층 류
② 난 류
③ 플러그 흐름
④ 천이영역 흐름

해설
레이놀즈수 $R_e = \frac{\rho v d}{\mu} = \frac{vd}{\nu} = \frac{4\times 0.8}{4\times 10^{-4}} = 8{,}000$이므로, 흐름의 종류는 난류이다.

13 압축률이 5×10^{-5}[cm^2/kgf]인 물속에서의 음속은 몇 [m/s]인가?

① 1,400　② 1,500
③ 1,600　④ 1,700

해설
음 속

$$a = \sqrt{\frac{K}{\rho}} = \sqrt{\frac{1}{\beta\rho}} = \sqrt{\frac{1}{\beta \times \frac{\gamma}{g}}}$$

$$= \sqrt{\frac{1}{5\times 10^{-5} \times 10^{-4} \times \frac{1{,}000}{9.8}}} = 1{,}400[\mathrm{m/s}]$$

14 다음 중 기체 수송에 사용되는 기계로 가장 거리가 먼 것은?

① 팬　② 송풍기
③ 압축기　④ 펌 프

해설
펌프(Pump)는 비압축성 유체를 이송하는 기계이다.

정답 10 ④ 11 ② 12 ② 13 ① 14 ④

15 원관 중의 흐름이 층류일 경우 유량이 반경의 4제곱과 압력기울기 $(P_1 - P_2)/L$에 비례하고 점도에 반비례한다는 법칙은?

① Hagen-Poiseuille 법칙
② Reynolds 법칙
③ Newton 법칙
④ Fourier 법칙

16 프랜틀의 혼합 길이(Prandtl Mixing Length)에 대한 설명으로 옳지 않은 것은?

① 난류유동에 관련된다.
② 전단응력과 밀접한 관련이 있다.
③ 벽면에서는 0이다.
④ 항상 일정한 값을 갖는다.

해설
프랜틀의 혼합거리는 난류 정도가 심할수록 길어진다.

17 다음 그림과 같이 물이 흐르는 관에 U자 수은관을 설치하고, A지점과 B지점 사이의 수은 높이차(h)를 측정하였더니 0.7[m]이었다. 이때 A점과 B점 사이의 압력차는 약 몇 [kPa]인가?(단, 수은의 비중은 13.6이다)

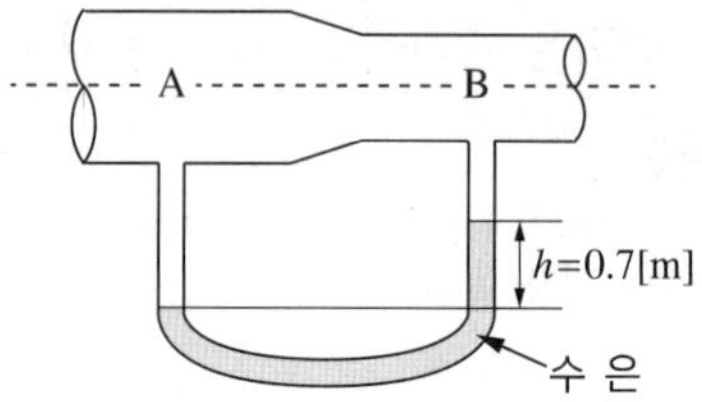

① 8.64
② 9.33
③ 86.4
④ 93.3

해설
압력차
$\Delta P = (\gamma_2 - \gamma_1)h = (13.6 - 1) \times 1{,}000 \times 0.7 = 8{,}820[\mathrm{kgf/m^2}]$
$= 8{,}820 \times 9.8[\mathrm{Pa}] = 86{,}436[\mathrm{Pa}] \simeq 86.4[\mathrm{kPa}]$

18 실험실의 풍동에서 20[℃]의 공기로 실험을 할 때 마하각이 30°이면 풍속은 몇 [m/s]가 되는가?(단, 공기의 비열비는 1.4이다)

① 278
② 364
③ 512
④ 686

해설
- 공기음속 $a = \sqrt{kRT} = \sqrt{1.4 \times 287 \times (20 + 273)} \simeq 343[\mathrm{m/s}]$
- 마하각(α 또는 μ)

  $\sin\mu = \dfrac{1}{M_a} = \dfrac{a}{v}$ 에서
- 비행체의 속도

  $v = \dfrac{a}{\sin\mu} = \dfrac{343}{\sin 30°} = 686[\mathrm{m/s}]$

15 ① 16 ④ 17 ③ 18 ④ 정답

19 SI 기본단위에 해당하지 않는 것은?

① [kg] ② [m]

③ [W] ④ [K]

해설

W(와트)는 유도단위에 해당한다.

20 안지름이 20[cm]의 관에 평균속도 20[m/s]로 물이 흐르고 있다. 이때 유량은 얼마인가?

① 0.628[m^3/s]

② 6.280[m^3/s]

③ 2.512[m^3/s]

④ 0.251[m^3/s]

해설

유 량

$Q = Av = \frac{\pi}{4} \times 0.2^2 \times 20 \simeq 0.628[m^3/s]$

제2과목 | 연소공학

21 기체연료를 미리 공기와 혼합시켜 놓고, 점화해서 연소하는 것으로 연소실 부하율을 높게 얻을 수 있는 연소방식은?

① 확산연소

② 예혼합연소

③ 증발연소

④ 분해연소

해설

예혼합연소 : 기체연료를 미리 공기와 혼합시켜 놓고 점화해서 연소하는 것으로, 연소실 부하율을 높게 얻을 수 있는 연소방식이지만, 역화의 위험성을 지닌다.

22 기체연료의 연소형태에 해당하는 것은?

① 확산연소, 증발연소

② 예혼합연소, 증발연소

③ 예혼합연소, 확산연소

④ 예혼합연소, 분해연소

해설

기체연료의 2대 연소형태 : 확산연소, 예혼합연소

정답 19 ③ 20 ① 21 ② 22 ③

23 저위발열량 93,766[kJ/Sm^3]의 C_3H_8을 공기비 1.2로 연소시킬 때의 이론연소온도는 약 몇 [K]인가? (단, 배기가스의 평균비열은 1.653[kJ/Sm^3 · K]이고 다른 조건은 무시한다)

① 1,735　　② 1,856
③ 1,919　　④ 2,083

해설

- 프로판의 연소방정식
  $C_3H_8 + 5O_2 \rightarrow 3CO_2 + 4H_2O$
- 전체 연소가스량[Sm^3]
  $G = (m-0.21)A_0 + 3CO_2 + 4H_2O$
  $= (1.2-0.21)\times 5 \times \frac{1}{0.21} + 3 + 4 \simeq 30.57[\text{Sm}^3]$
- 이론연소온도 $T_{th} = \frac{H_L}{GC} = \frac{93,766}{30.57 \times 1.653} \simeq 1,856[\text{K}]$

24 확산연소에 대한 설명으로 옳지 않은 것은?

① 조작이 용이하다.
② 연소 부하율이 크다.
③ 역화의 위험성이 적다.
④ 화염의 안정범위가 넓다.

해설

확산연소는 연소 부하율이 작다.

25 공기비가 클 경우 연소에 미치는 영향이 아닌 것은?

① 연소실 온도가 낮아진다.
② 배기가스에 의한 열손실이 커진다.
③ 연소가스 중의 질소산화물이 증가한다.
④ 불완전연소에 의한 매연의 발생이 증가한다.

해설

공기비가 작을 경우, 불완전연소에 의한 매연의 발생이 증가한다.

26 사고를 일으키는 장치의 이상이나 운전자의 실수를 조합을 연역적으로 분석하는 정량적인 위험성 평가방법은?

① 결함수분석법(FTA)
② 사건수분석법(ETA)
③ 위험과 운전분석법(HAZOP)
④ 작업자실수분석법(HEA)

해설

② 사건수분석법(ETA) : 초기사건으로 알려진 특정한 장치의 이상이나 운전자의 실수로부터 발생되는 잠재적인 사고결과를 예측 평가하는 정량적인 안전성 평가기법
③ 위험과 운전분석법(HAZOP) : 공정에 존재하는 위험요소들과 공정의 효율을 떨어뜨릴 수 있는 운전상의 문제점을 찾아내어 그 원인을 제거하는 정성적인 안전성 평가기법
④ 작업자실수분석법(HEA) : 설비의 운전원, 정비보수원, 기술자 등의 작업에 영향을 미칠만한 요소를 평가하여 그 실수의 원인을 파악하고 추적하여 정량적으로 실수의 상대적 순위를 결정하는 안전성 평가기법

27 분진폭발의 위험성을 방지하기 위한 조건으로 틀린 것은?

① 환기장치는 공동 집진기를 사용한다.
② 분진이 발생하는 곳에 습식 스크러버를 설치한다.
③ 분진 취급공정을 습식으로 운영한다.
④ 정기적으로 분진 퇴적물을 제거한다.

해설

환기장치는 단독 집진기를 사용한다.

23 ② 24 ② 25 ④ 26 ① 27 ① 정답

28 **돌턴(Dalton)의 분압법칙에 대하여 옳게 표현한 것은?**

① 혼합기체의 온도는 일정하다.
② 혼합기체의 체적은 각 성분의 체적의 합과 같다.
③ 혼합기체의 기체상수는 각 성분의 기체상수의 합과 같다.
④ 혼합기체의 압력은 각 성분(기체)의 분압의 합과 같다.

29 **다음 중 공기와 혼합기체를 만들었을 때 최대 연소속도가 가장 빠른 기체연료는?**

① 아세틸렌
② 메틸알코올
③ 톨루엔
④ 등 유

해설

기체연료의 분자량을 살펴보면, 아세틸렌(C_2H_2) 26, 메틸알코올(CH_3OH) 32, 톨루엔($C_6H_5CH_3$) 92, 등유 약 170이다. 미연소 혼합기의 분자량이 작을수록 최대 연소속도가 빠르므로, 분자량이 가장 작은 아세틸렌과 공기의 혼합기체의 연소속도가 가장 빠르다.

30 **프로판가스 1[m³]를 완전연소시키는데 필요한 이론공기량은 약 몇 [m³]인가?(단, 산소는 공기 중에 20[%] 함유한다)**

① 10　② 15
③ 20　④ 25

해설

- 프로판의 연소방정식
  $C_3H_8 + 5O_2 \rightarrow 3CO_2 + 4H_2O$
- 프로판(C_3H_8) $1[m^3] = \frac{1}{22.4}$[kmol]이며
- 필요한 산소량 $= \frac{1}{22.4} \times 5 \times 22.4 \fallingdotseq 5[m^3]$이므로
- 이론공기량 $A_0 = \frac{O_0}{0.2} = \frac{5}{0.2} = 25[m^3]$

31 **제1종 영구기관을 바르게 표현한 것은?**

① 외부로부터 에너지원을 공급받지 않고 영구히 일을 할 수 있는 기관
② 공급된 에너지보다 더 많은 에너지를 낼 수 있는 기관
③ 지금까지 개발된 기관 중에서 효율이 가장 좋은 기관
④ 열역학 제2법칙에 위배되는 기관

해설

제1종 영구기관은 외부로부터 에너지원을 공급받지 않고 영구히 일을 할 수 있는 기관으로, 열역학 제1법칙에서 부정되는 기관이다.

정답 28 ④ 29 ① 30 ④ 31 ①

32 **프로판가스의 연소과정에서 발생한 열량은 50,232[MJ/kg]이었다. 연소 시 발생한 수증기의 잠열이 8,372[MJ/kg]이면, 프로판가스의 저발열량 기준 연소효율은 약 몇 [%]인가?(단, 연소에 사용된 프로판가스의 저발열량은 46,046[MJ/kg]이다)**

① 87 ② 91
③ 93 ④ 96

해설
연소효율

$$\eta = \frac{\text{실제 발생열량}}{\text{저발열량}} = \frac{50,232 - 8,372}{46,046} \simeq 0.91 = 91[\%]$$

33 **난류예혼합화염과 층류예혼합화염에 대한 특징을 설명한 것으로 옳지 않은 것은?**

① 난류예혼합화염의 연소속도는 층류예혼합화염의 수배 내지 수십 배에 달한다.
② 난류예혼합화염의 두께는 수 밀리미터에서 수십 밀리미터에 달하는 경우가 있다.
③ 난류예혼합화염은 층류예혼합화염에 비하여 화염의 휘도가 낮다.
④ 난류예혼합화염의 경우 그 배후에 다량의 미연소분이 잔존한다.

해설
난류예혼합화염은 층류예혼합화염에 비하여 화염의 휘도가 높다.

34 **인화(Pilot Ignition)에 대한 설명으로 틀린 것은?**

① 점화원이 있는 조건하에서 점화되어 연소를 시작하는 것이다.
② 물체가 착화원 없이 불이 붙어 연소하는 것을 말한다.
③ 연소를 시작하는 가장 낮은 온도를 인화점(Flash Point)이라 한다.
④ 인화점은 공기 중에서 가연성 액체의 액면 가까이 생기는 가연성 증기가 작은 불꽃에 의하여 연소될 때의 가연성 물체의 최저 온도이다.

해설
물체가 착화원 없이 불이 붙어 연소하는 것은 발화점(Ignition Point)이다.

35 **오토 사이클의 열효율을 나타낸 식은?(단, η은 열효율, γ는 압축비, k는 비열비이다)**

① $\eta = 1 - \left(\frac{1}{\gamma}\right)^{k+1}$
② $\eta = 1 - \left(\frac{1}{\gamma}\right)^{k}$
③ $\eta = 1 - \frac{1}{\gamma}$
④ $\eta = 1 - \left(\frac{1}{\gamma}\right)^{k-1}$

해설
오토 사이클의 열효율

$$\eta = 1 - \left(\frac{1}{\gamma}\right)^{k-1}$$

32 ② 33 ③ 34 ② 35 ④ 정답

36 Fire Ball에 의한 피해로 가장 거리가 먼 것은?

① 공기팽창에 의한 피해
② 탱크 파열에 의한 피해
③ 폭풍압에 의한 피해
④ 복사열에 의한 피해

해설
Fire Ball에 의한 피해
• 공기팽창에 의한 피해
• 폭풍압에 의한 피해
• 복사열에 의한 피해

37 다음 중 차원이 같은 것끼리 나열한 것은?

㉮ 열전도율	㉯ 점성계수
㉰ 저항계수	㉱ 확산계수
㉲ 열전달률	㉳ 동점성계수

① ㉮, ㉯ ② ㉰, ㉲
③ ㉱, ㉳ ④ ㉲, ㉳

해설
㉮ 열전도율[W/m · K] : MLT^{-3}
㉯ 점성계수[kg/m · s] : $ML^{-1}T^{-1}$
㉰ 저항계수(항력계수) : 무차원수
㉱ 확산계수[m^2/s] : L^2T^{-1}
㉲ 열전달률[W/m^2 · K] : $MT^{-3}\partial^{-1}$
㉳ 동점성계수[m^2/s] : L^2T^{-1}

38 C_3H_8을 공기와 혼합하여 완전연소시킬 때 혼합기체 중 C_3H_8의 최대농도는 약 얼마인가?(단, 공기 중 산소는 20.9[%]이다)

① 3[vol%] ② 4[vol%]
③ 5[vol%] ④ 6[vol%]

해설
• 프로판의 연소방정식
$C_3H_8 + 5O_2 \rightarrow 3CO_2 + 4H_2O$
• 혼합기체 중 C_3H_8의 최대농도

$$\frac{\text{프로판가스의 양}}{\text{전체 혼합가스의 양}} \times 100[\%]$$

$$= \frac{22.4}{22.4 + \frac{5 \times 22.4}{0.029}} \times 100[\%] \simeq 4[\text{vol}\%]$$

39 최대안전틈새의 범위가 가장 좁은 가연성 가스의 폭발등급은?

① A ② B
③ C ④ D

해설
최대안전틈새의 범위는 C, B, A의 순으로 좁다.

40 분자량이 30인 어떤 가스의 정압비열이 0.75[kJ/kg · K]이라고 가정할 때 이 가스의 비열비(k)는 약 얼마인가?

① 0.28 ② 0.47
③ 1.59 ④ 2.38

해설
• 기체상수 $R = \frac{8.314}{M} = \frac{8.314}{30} \simeq 0.277$[kJ/kg · K]
$C_p - C_v = R$에서 $C_v = C_p - R = 0.75 - 0.277$
$= 0.473$[kJ/kg · K]
• 비열비 $k = C_p / C_v = \frac{0.75}{0.473} \simeq 1.59$

정답 36 ② 37 ③ 38 ② 39 ③ 40 ③

제3과목 | 가스설비

41 다음 그림은 어떤 종류의 압축기인가?

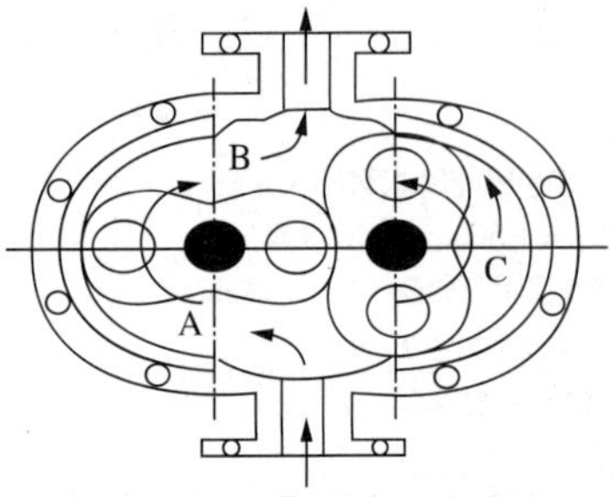

① 가동날개식
② 루츠식
③ 플런저식
④ 나사식

42 수소에 대한 설명으로 틀린 것은?

① 암모니아 합성의 원료로 사용된다.
② 열전달률이 작고 열에 불안정하다.
③ 염소와의 혼합기체에 일광을 쪼이면 폭발한다.
④ 모든 가스 중 가장 가벼워 확산속도도 가장 빠르다.

해설
수소는 열전달률이 아주 크고, 열에 대하여 안정하다.

43 가스조정기 중 2단 감압식 조정기의 장점이 아닌 것은?

① 조정기의 개수가 적어도 된다.
② 연소기구에 적합한 압력으로 공급할 수 있다.
③ 배관의 관경을 비교적 작게 할 수 있다.
④ 입상배관에 의한 압력 강하를 보정할 수 있다.

해설
2단 감압식 조정기는 조정기 수가 많아서 점검 부분이 많다.

44 다음 수치를 가진 고압가스용 용접용기의 동판 두께는 약 몇 [mm]인가?

- 최고충전압력 : 15[MPa]
- 동체의 내경 : 200[mm]
- 재료의 허용응력 : 150[N/mm^2]
- 용접효율 : 1.00
- 부식 여유 두께 : 고려하지 않음

① 6.6　② 8.6
③ 10.6　④ 12.6

해설
동판의 두께

$$t = \frac{PD_i}{2\sigma_a\eta - 1.2P} + C$$

$$= \frac{15\times200}{2\times150\times1.0 - 1.2\times15} + 0 \simeq 10.6[\text{mm}]$$

45 인장시험방법에 해당하는 것은?

① 올센법　② 샤르피법
③ 아이조드법　④ 파우더법

해설
올센(Olsen)법은 유압식 인장시험방법으로 암슬러형, 발드윈형, 모블페더하프형, 시마즈형, 인스트론형 등이 있는데, 현장에서는 주로 암슬러형과 인스트론형이 사용된다.

41 ② 42 ② 43 ① 44 ③ 45 ① 정답

46 대기압에서 1.5[MPa · g]까지 2단 압축기로 압축하는 경우 압축동력을 최소로 하기 위해서는 중간 압력을 얼마로 하는 것이 좋은가?

① 0.2[MPa · g] ② 0.3[MPa · g]
③ 0.5[MPa · g] ④ 0.75[MPa · g]

해설
대기압 0.1[MPa]에서 1.5[MPa · g]=(1.5+0.1)[MPa]까지 2단 압축하였으므로

압축비 $\varepsilon = \sqrt{\frac{1.6}{0.1}} = \sqrt{16} = 4$

중간압력은 1단의 토출압력 P_1 이므로

$\varepsilon = \frac{P_1}{P}$ 에서 $P_1 = \varepsilon P = 4 \times 0.1 = 0.4$[MPa]
$= (0.4 - 0.1)$[MPa · g]
$= 0.3$[MPa · g]

47 가연성 가스로서 폭발범위가 넓은 것부터 좁은 것의 순으로 바르게 나열한 것은?

① 아세틸렌 – 수소 – 일산화탄소 – 산화에틸렌
② 아세틸렌 – 산화에틸렌 – 수소 – 일산화탄소
③ 아세틸렌 – 수소 – 산화에틸렌 – 일산화탄소
④ 아세틸렌 – 일산화탄소 – 수소 – 산화에틸렌

해설
폭발범위[vol%] : 아세틸렌(2.5~81) – 산화에틸렌(3~80) – 수소(4~75) – 일산화탄소(12.5~74)

48 접촉분해 프로세스에서 다음 반응식에 의해 카본이 생성될 때 카본 생성을 방지하는 방법은?

$$CH_4 \rightleftarrows 2H_2 + C$$

① 반응온도를 낮게, 반응압력을 높게 한다.
② 반응온도를 높게, 반응압력을 낮게 한다.
③ 반응온도와 반응압력을 모두 낮게 한다.
④ 반응온도와 반응압력을 모두 높게 한다.

해설
접촉분해 프로세스에서 다음 반응식에 의해 카본이 생성될 때 카본 생성을 방지하는 방법 : 반응온도를 낮게, 반응압력을 높게 한다.

49 왕복식 압축기의 특징이 아닌 것은?

① 용적형이다.
② 압축효율이 높다.
③ 용량 조정의 범위가 넓다.
④ 점검이 쉽고 설치 면적이 작다.

해설
왕복식 압축기는 점검이 어렵고, 설치 면적이 넓다.

50 금속재료에 대한 설명으로 옳은 것으로만 짝지어진 것은?

㉠ 염소는 상온에서 건조하여도 연강을 침식시킨다.
㉡ 고온, 고압의 수소는 강에 대하여 탈탄작용을 한다.
㉢ 암모니아는 동, 동합금에 대하여 심한 부식성이 있다.

① ㉠ ② ㉠, ㉡
③ ㉡, ㉢ ④ ㉠, ㉡, ㉢

해설
염소는 고온(300[℃])에서 철과 급격히 반응하지만, 완전히 건조되면 상온에서 철과 작용하지 않는다. 따라서 액체염소 제조에는 우선 염소건조에 의해 수분을 0.01[%] 이하로 한다.

정답 46 ② 47 ② 48 ① 49 ④ 50 ③

51 **압력용기에 해당하는 것은?**

① 설계압력([MPa])과 내용적([m^3])을 곱한 수치가 0.05인 용기
② 완충기 및 완충장치에 속하는 용기가 자동차 에어백용 가스충전용기
③ 압력에 관계없이 안지름, 폭, 길이 또는 단면의 지름이 100[mm]인 용기
④ 펌프, 압축장치 및 축압기의 본체와 그 본체와 분리되지 아니하는 일체형 용기

해설
②, ③, ④는 압력용기에서 제외되는 용기이다.

52 **천연가스에 첨가하는 부취제의 성분으로 적합하지 않은 것은?**

① THT(Tetra Hydro Thiophene)
② TBM(Tertiary Butyl Mercaptan)
③ DMS(Dimethyl Sulfide)
④ DMDS(Dimethyl Disulfide)

해설
부취제의 성분으로 적합하지 않은 것으로 DMDS, TEA, OCP 등이 출제된다.

53 **지하 매설물 탐사방법 중 주로 가스배관을 탐사하는 기법으로 전도체에 전기가 흐르면 도체 주변에 자장이 형성되는 원리를 이용한 탐사법은?**

① 전자유도탐사법 ② 레이더탐사법
③ 음파탐사법 ④ 전기탐사법

해설
전자유도탐사법 : 지하 매설물 탐사방법 중 주로 가스배관을 탐사하는 기법으로, 전도체에 전기가 흐르면 도체 주변에 자장이 형성되는 원리를 이용한 탐사법

54 **고압가스의 상태에 따른 분류가 아닌 것은?**

① 압축가스 ② 용해가스
③ 액화가스 ④ 혼합가스

해설
고압가스의 상태에 따른 분류 : 압축가스, 액화가스, 용해가스

55 **LP가스장치에서 자동교체식 조정기를 사용할 경우의 장점에 해당되지 않는 것은?**

① 잔액이 거의 없어질 때까지 소비된다.
② 용기 교환주기의 폭을 좁힐 수 있어 가스 발생량이 적어진다.
③ 전체 용기 수량이 수동 교체식의 경우보다 적어도 된다.
④ 가스 소비 시의 압력변동이 작다.

해설
자동교체식 조정기는 용기 교환주기의 폭을 넓힐 수 있어 가스 발생량이 많아진다.

56 **용해 아세틸렌가스 정제장치는 어떤 가스를 주로 흡수, 제거하기 위하여 설치하는가?**

① CO_2, SO_2 ② H_2S, PH_3
③ H_2O, SiH_4 ④ NH_3, $COCl_2$

해설
용해 아세틸렌가스 정제장치는 주로 H_2S, PH_3 가스를 흡수, 제거하기 위하여 설치한다.

51 ① 52 ④ 53 ① 54 ④ 55 ② 56 ② 정답

57 **고압가스용기의 재료에 사용되는 강의 성분 중 탄소, 인, 황의 함유량은 제한되어 있다. 이에 대한 설명으로 옳은 것은?**

① 황은 적열취성이 원인이 된다.
② 인(P)은 될수록 많은 것이 좋다.
③ 탄소량은 증가하면 인장강도와 충격치가 감소한다.
④ 탄소량이 많으면 인장강도는 감소하고 충격치는 증가한다.

해설
② 인(P)은 될수록 적은 것이 좋다.
③·④ 탄소량이 증가하면 인장강도는 공석강에서 최대가 되지만, 공석강 이상으로 탄소량이 증가하면 인장강도가 저하되며 연신율과 충격치는 감소한다.

58 **액화 프로판 15[L]를 대기 중에 방출하였을 경우 약 몇 [L]의 기체가 되는가?(단, 액화 프로판의 액밀도는 0.5[kg/L]이다)**

① 300[L]
② 750[L]
③ 1,500[L]
④ 3,800[L]

해설
15 × 250 = 3,750[L]를 초과하므로 3,800[L]의 기체가 된다.

59 **LNG Bunkering이란?**

① LNG를 지하시설에 저장하는 기술 및 설비
② LNG 운반선에서 LNG 인수기지로 급유하는 기술 및 설비
③ LNG 인수기지에서 가스홀더로 이송하는 기술 및 설비
④ LNG를 해상 선박에 급유하는 기술 및 설비

해설
LNG Bunkering : LNG를 해상 선박에 급유하는 기술 및 설비

60 **염소가스(Cl_2) 고압용기의 지름을 4배, 재료의 강도를 2배로 하면 용기의 두께는 얼마가 되는가?**

① 0.5
② 1배
③ 2배
④ 4배

해설
용기의 두께
$t = \frac{PD_i}{2\sigma_a \eta - 1.2P} + C$에서 지름 4배, 강도 2배이므로 용기의 두께는 4/2배로 2배가 된다.

정답 57 ① 58 ④ 59 ④ 60 ③

제4과목 | 가스안전관리

61 가연성이면서 독성가스가 아닌 것은?

① 염화메탄 ② 산화프로필렌
③ 벤 젠 ④ 사이안화수소

해설
산화프로필렌(C_3H_6O) : 가연성(위험물안전관리법에서는 제4류 특수인화물, 유해화학물질관리법에서는 유독물로 규정하고 있으나, 고압가스법에서는 가연성 가스로만 규정)

62 독성가스인 염소 500[kg]을 운반할 때 보호구를 차량의 승무원 수에 상당한 수량을 휴대하여야 한다. 다음 중 휴대하지 않아도 되는 보호구는?

① 방독마스크 ② 공기호흡기
③ 보호의 ④ 보호장갑

해설
독성가스인 염소 1,000[kg] 이상을 운반할 때는 차량의 승무원 수에 상당한 수량의 방독마스크, 보호의, 보호장갑, 보호장화, 공기호흡기를 휴대하여야 한다.

63 액화석유가스 저장탱크 지하 설치 시의 시설기준으로 틀린 것은?

① 저장탱크 주위 빈 공간에는 세립분을 포함한 마른 모래를 채운다.
② 저장탱크를 2개 이상 인접하여 설치하는 경우에는 상호간에 1[m] 이상의 거리를 유지한다.
③ 점검구는 저장능력이 20[ton] 초과인 경우에는 2개소로 한다.
④ 검지관은 직경 40A 이상으로 4개소 이상 설치한다.

해설
저장탱크 주위 빈 공간에는 세립분을 함유하지 않은 것으로서 손으로 만졌을 때 물이 손에서 흘러내리지 않는 상태의 모래를 채운다.

64 가스난방기는 상용압력의 1.5배 이상의 압력으로 실시하는 기밀시험에서 가스차단밸브를 통한 누출량이 얼마 이하가 되어야 하는가?

① 30[mL/h] ② 50[mL/h]
③ 70[mL/h] ④ 90[mL/h]

해설
가스난방기는 상용압력의 1.5배 이상의 압력으로 실시하는 기밀시험에서 가스차단밸브를 통한 누출량이 70[mL/h] 이하가 되어야 한다.

65 고압가스 특정제조시설의 내부반응감시장치에 속하지 않는 것은?

① 온도감시장치 ② 압력감시장치
③ 유량감시장치 ④ 농도감시장치

해설
고압가스특정제조시설의 내부반응 감시장치 : 온도감시장치, 압력감시장치, 유량감시장치

66 액화석유가스 저장탱크에 설치하는 폭발방지장치와 관련이 없는 것은?

① 비 드 ② 후프링
③ 방파판 ④ 다공성 알루미늄 박판

해설
액화석유가스 저장탱크에 설치하는 폭발방지장치 : 후프링, 방파판, 다공성 알루미늄 박판

61 ② 62 ② 63 ① 64 ③ 65 ④ 66 ① 정답

67 **가스도매사업자의 공급관에 대한 설명으로 맞는 것은?**

① 정압기지에서 대량 수요자의 가스사용시설까지 이르는 배관
② 인수기지 부지경계에서 정압기까지 이르는 배관
③ 인수기지 내에 설치되어 있는 배관
④ 대량 수요자 부지 내에 설치된 배관

해설
가스도매사업자의 공급관 : 정압기지에서 대량 수요자의 가스사용시설까지 이르는 배관

68 **액화석유가스용 강제용기 스커트의 재료를 고압가스용기용 강판 및 강대 SG 295 이상의 재료로 제조하는 경우에는 내용적이 25[L] 이상, 50[L] 미만인 용기는 스커트의 두께를 얼마 이상으로 할 수 있는가?**

① 2[mm] ② 3[mm]
③ 3.6[mm] ④ 5[mm]

해설
액화석유가스용 강제(용접)용기 스커트
• 직경, 두께 및 아랫면 간격(용기를 수평면에 똑바로 세운 상태에서 그 용기 본체의 아랫면과 수평면의 간격)

용기의 내용적	직 경	두 께	아랫면 간격
20[L] 이상 25[L] 미만	용기 동체 직경의 80[%] 이상	3[mm] 이상	10[mm] 이상
25[L] 이상 50[L] 미만		3.6[mm] 이상	15[mm] 이상
50[L] 이상 125[L] 미만		5[mm] 이상	

• KS D 3533(고압가스용기용 강판 및 강대) SG 295 이상의 강도 및 성질을 갖는 재료로 제조 시
– 내용적 25[L] 이상 50[L] 미만인 용기 : 두께 3.0[mm] 이상
– 내용적 50[L] 이상 125L 미만인 용기 : 두께 4.0[mm] 이상

69 **가연성 가스가 폭발할 위험이 있는 농도에 도달할 우려가 있는 장소로서 '2종 장소'에 해당되지 않는 것은?**

① 상용의 상태에서 가연성 가스의 농도가 연속해서 폭발하한계 이상으로 되는 장소
② 밀폐된 용기가 그 용기의 사고로 인해 파손될 경우에만 가스가 누출할 위험이 있는 장소
③ 환기장치에 이상이나 사고가 발생한 경우에 가연성 가스가 체류하여 위험하게 될 우려가 있는 장소
④ 1종 장소의 주변에서 위험한 농도의 가연성 가스가 종종 침입할 우려가 있는 장소

해설
①은 제0종 장소에 해당한다.

70 **고정식 압축도시가스 자동차 충전시설에서 가스누출검지경보장치의 검지경보장치 설치 수량의 기준으로 틀린 것은?**

① 펌프 주변 1개 이상
② 압축가스설비 주변에 1개
③ 충전설비 내부에 1개 이상
④ 배관접속부마다 10[m] 이내에 1개

해설
고정식 압축도시가스 자동차 충전시설에서 가스누출검지경보장치의 검지경보장치 설치수량의 기준
• 압축설비 주변 또는 충전설비 내부에는 1개 이상
• 압축가스설비 주변에는 2개
• 배관접속부마다 10[m] 이내에 1개
• 펌프 주변에는 1개 이상

정답 67 ① 68 ② 69 ① 70 ②

71 가연성 가스의 제조설비 중 전기설비가 방폭 성능구조를 갖추지 아니하여도 되는 가연성 가스는?

① 암모니아 ② 아세틸렌
③ 염화에탄 ④ 아크릴알데하이드

해설
방폭 성능구조를 갖추지 아니하여도 되는 가연성 가스 : 암모니아, 브롬화메탄

72 특정설비에 설치하는 플랜지 이음매로 허브플랜지를 사용하지 않아도 되는 것은?

① 설계압력이 2.5[MPa]인 특정설비
② 설계압력이 3.0[MPa]인 특정설비
③ 설계압력이 2.0[MPa]이고, 플랜지의 호칭 내경이 260[mm] 특정설비
④ 설계압력이 1.0[MPa]이고, 플랜지의 호칭 내경이 300[mm] 특정설비

해설
설계압력이 2[MPa]를 초과하는 것 및 설계압력을 [MPa]로 표시한 값과 플랜지의 호칭 내경을 [mm]로 표시한 값의 곱이 500을 초과하는 것은 허브플랜지를 사용한다.

73 고압가스 특정제조시설에서 준내화구조 액화가스 저장탱크 온도상승방지설비 설치와 관련한 물분무 살수장치 설치기준으로 적합한 것은?

① 표면적 1[m^2]당 2.5[L/분] 이상
② 표면적 1[m^2]당 3.5[L/분] 이상
③ 표면적 1[m^2]당 5[L/분] 이상
④ 표면적 1[m^2]당 8[L/분] 이상

해설
고압가스 특정제조시설에서 액화가스 저장탱크 온도상승방지설비 설치와 관련한 물분무살수장치 설치기준
- 준내화구조 : 표면적 1[m^2]당 2.5[L/분] 이상
- 내화구조 : 표면적 1[m^2]당 5[L/분] 이상

74 고압가스용 안전밸브 구조의 기준으로 틀린 것은?

① 안전밸브는 그 일부가 파손되었을 때 분출되지 않는 구조로 한다.
② 스프링의 조정나사는 자유로이 헐거워지지 않는 구조로 한다.
③ 안전밸브는 압력을 마음대로 조정할 수 없도록 봉인할 수 있는 구조로 한다.
④ 가연성 또는 독성가스용의 안전밸브는 개방형을 사용하지 않는다.

해설
안전밸브는 그 일부가 파손되어도 충분한 분출량을 얻을 수 있어야 한다.

75 용기의 도색 및 표시에 대한 설명으로 틀린 것은?

① 가연성 가스용기는 빨간색 테두리에 검은색 불꽃 모양으로 표시한다.
② 내용적 2[L] 미만의 용기는 제조자가 정하는 바에 의한다.
③ 독성가스 용기는 빨간색 테두리에 검은색 해골 모양으로 표시한다.
④ 선박용 LPG 용기는 용기의 하단부에 2[cm]의 백색 띠를 한 줄로 표시한다.

해설
선박용 LPG 용기는 용기의 상단부에 2[cm]의 백색 띠를 두 줄로 표시한다.

정답 71 ① 72 ④ 73 ① 74 ① 75 ④

76 고압가스설비 중 플레어 스택의 설치 높이는 플레어스택 바로 밑의 지표면에 미치는 복사열이 얼마 이하로 되도록 하여야 하는가?

① 2,000[kcal/m^2 · h]
② 3,000[kcal/m^2 · h]
③ 4,000[kcal/m^2 · h]
④ 5,000[kcal/m^2 · h]

해설
고압가스설비 중 플레어 스택의 설치 높이는 플레어 스택 바로 밑의 지표면에 미치는 복사열이 4,000[kcal/m^2 · h] 이하로 되도록 하여야 한다.

77 고압가스제조시설사업소에서 안전관리자가 상주하는 현장사무소 상호간에 설치하는 통신설비가 아닌 것은?

① 인터폰 ② 페이징설비
③ 휴대용 확성기 ④ 구내 방송설비

해설
고압가스제조시설 사업소에서 안전관리자가 상주하는 현장사무소 상호간에 설치하는 통신설비 : 인터폰, 페이징설비, 구내 방송설비, 구내 전화

78 불화수소에 대한 설명으로 틀린 것은?

① 강산이다.
② 황색 기체이다.
③ 불연성 기체이다.
④ 자극적 냄새가 난다.

해설
불화수소(HF)는 무색 기체이다.

79 액화 조연성 가스를 차량에 적재 운반하려고 한다. 운반책임자를 동승시켜야 할 기준은?

① 1,000[kg] 이상 ② 3,000[kg] 이상
③ 6,000[kg] 이상 ④ 12,000[kg] 이상

해설
운반책임자 동승기준

가스의 종류		기준(이상)
압축가스	독성가스	100[m^3]
	가연성 가스	300[m^3]
	조연성 가스	600[m^3]
액화가스	독성가스	1,000[kg]
	가연성 가스	3,000[kg]
	조연성 가스	6,000[kg]

80 고압가스 운반 중에 사고가 발생한 경우의 응급조치의 기준으로 틀린 것은?

① 부근의 화기를 없앤다.
② 독성가스가 누출된 경우에는 가스를 제독한다.
③ 비상연락망에 따라 관계업소에 원조를 의뢰한다.
④ 착화된 경우 용기 파열 등의 위험이 있다고 인정될 때는 소화한다.

해설
고압가스 운반 중 착화된 경우 용기 파열 등의 위험이 없다고 인정될 때는 소화한다.

정답 76 ③ 77 ③ 78 ② 79 ③ 80 ④

81 단위계의 종류가 아닌 것은?

① 절대단위계 ② 실제단위계
③ 중력단위계 ④ 공학단위계

해설
단위계의 종류
- 절대단위계 : 길이, 질량, 시간을 기본량으로 하는 단위계
  - CGS단위계 : [cm], [g], 초를 기본단위로 하는 단위계
  - MKS단위계 : [m], [kg], 초를 기본단위로 하는 단위계
  - 국제단위계(SI) : 국제도량협회에서 MKS단위계를 채택한 7개의 기본단위, 2개의 보조단위 및 이들로 짝지어지는 유도단위(조합단위)와 16개의 SI 접두어, 10의 정수 승배로 구성된 단위로 구성된다.
    ⓐ SI 기본단위 7가지 : 길이 – 미터[m], 질량 – 킬로그램[kg], 시간 – 초[s], 전류 – 암페어[A], 온도 – 켈빈[K], 물질량 – 몰[mol], 조도 – 칸델라[cd]
    ⓑ 보조단위 : 평면각 – 라디안[rad], 입체각 – 스테라디안[sr]
- 중력단위계(공학단위계) : 길이, 힘(무게), 시간을 기본량으로 하는 단위계

82 5[kgf/cm^2]는 약 몇 [mAq]인가?

① 0.5 ② 5
③ 50 ④ 500

해설
5[kgf/cm^2] = 5×10.14[mAq] ≃ 50[mAq]

83 열팽창계수가 다른 두 금속을 붙여서 온도에 따라 휘어지는 정도의 차이로 온도를 측정하는 온도계는?

① 저항 온도계 ② 바이메탈 온도계
③ 열전대 온도계 ④ 광고온계

해설
바이메탈온도계 : 열팽창계수가 다른 두 금속을 붙여서 온도에 따라 휘어지는 정도의 차이로 온도를 측정하는 고체팽창식 온도계이다. 황동, 인바, 모넬메탈, 니켈강 등을 재료로 사용하며 측정범위는 약 -50~500[℃] 정도이다.

84 온도 계측기에 대한 설명으로 틀린 것은?

① 기체 온도계는 대표적인 1차 온도계이다.
② 접촉식의 온도 계측에는 열팽창, 전기저항 변화 및 열기전력 등을 이용한다.
③ 비접촉식 온도계는 방사 온도계, 광온도계, 바이메탈 온도계 등이 있다.
④ 유리 온도계는 수은을 봉입한 것과 유기성 액체를 봉입한 것 등으로 구분한다.

해설
방사 온도계, 광온도계는 비접촉식 온도계이지만, 바이메탈 온도계는 접촉식 온도계에 해당한다.

85 20[℃]에서 어떤 액체의 밀도를 측정하였다. 측정용기의 무게가 11.6125[g], 증류수를 채웠을 때가 13.1682[g], 시료용액을 채웠을 때가 12.8749[g]이라면 이 시료 액체의 밀도는 약 몇 [g/cm^3]인가?(단, 20[℃]에서 물의 밀도는 0.99823[g/cm^3]이다)

① 0.791 ② 0.801
③ 0.810 ④ 0.820

해설
시료 액체의 밀도

$$\rho = \frac{\text{시료 액체 질량}}{\text{증류수 질량}} \times \text{물의 밀도}$$

$$= \frac{12.8749 - 11.6125}{13.1682 - 11.6125} \simeq 0.810[\text{g/cm}^3]$$

81 ② 82 ③ 83 ② 84 ③ 85 ③ 정답

86 **시험지에 의한 가스검지법 중 시험지별 검지가스가 바르지 않게 연결된 것은?**

① 연당지 – HCN
② KI전분지 – NO_2
③ 염화팔라듐지 – CO
④ 염화 제일동 착염지 – C_2H_2

해설
연당지 – 황화수소(H_2S)

87 **물체의 탄성변위량을 이용한 압력계가 아닌 것은?**

① 부르동관 압력계
② 벨로스 압력계
③ 다이어프램 압력계
④ 링밸런스식 압력계

해설
링밸런스식 압력계(환상천평식 압력계) : 액주식 압력계로, 봉입액으로 기름이나 수은을 사용하며 측정범위는 25~3,000[mmH_2O] 정도이다. 도압관은 굵고 짧게 하며 계기는 압력원에 접근하도록 가깝게 설치한다.

88 **자동조절계의 제어동작에 대한 설명으로 틀린 것은?**

① 비례동작에 의한 조작신호의 변화를 적분동작만으로 일어나는 데 필요한 시간을 적분시간이라고 한다.
② 조작신호가 동작신호의 미분값에 비례하는 것을 레이트 동작(Rate Action)이라고 한다.
③ 매분당 미분동작에 의한 변화를 비례동작에 의한 변화로 나눈 값을 리셋률이라고 한다.
④ 미분동작에 의한 조작신호의 변화가 비례동작에 의한 변화와 같아질 때까지의 시간을 미분시간이라고 한다.

해설
매분당 적분동작에 의한 변화를 비례동작에 의한 변화로 나눈 값을 리셋률이라고 한다.

89 **가스미터에 대한 설명 중 틀린 것은?**

① 습식 가스미터는 측정이 정확하다.
② 다이어프램식 가스미터는 일반 가정용 측정에 적당하다.
③ 루츠미터는 회전자식으로 고속회전이 가능하다.
④ 오리피스 미터는 압력손실이 없어 가스량 측정이 정확하다.

해설
오리피스 미터는 압력손실이 크고, 가스량 측정이 정확하지 않다.

정답 86 ① 87 ④ 88 ③ 89 ④

90 가스계량기의 설치 장소에 대한 설명으로 틀린 것은?

① 습도가 낮은 곳에 부착한다.
② 진동이 작은 장소에 설치한다.
③ 화기와 2[m] 이상 떨어진 곳에 설치한다.
④ 바닥으로부터 2.5[m] 이상에 수직 및 수평으로 설치한다.

해설
가스계량기는 바닥으로부터 1.6[m] 이상 2.0[m] 이내에 수직・수평으로 설치한다.

91 다음 막식 가스미터의 고장에 대한 설명을 옳게 나열한 것은?

㉮ 부동 : 가스가 미터를 통과하나 지침이 움직이지 않는 고장 ㉯ 누설 : 계량막 밸브와 밸브시트 사이, 패킹부 등에서의 누설이 원인

① ㉮　　② ㉯
③ ㉮, ㉯　　④ 모두 틀림

해설
㉯는 누설의 원인이 아니라 감도 불량의 원인이다.

92 열전대 온도계에 적용되는 원리(효과)가 아닌 것은?

① 제베크효과　　② 틴들효과
③ 톰슨효과　　④ 펠티에효과

해설
- 열전대온도계에 적용되는 원리(효과) : 제베크효과, 톰슨효과, 펠티에효과
- 틴들효과 : 가시광선의 파장과 비슷한 미립자가 분산되어 있을 때 빛을 비추면 산란이 되어 빛의 통로가 생기는 현상

93 물리적 가스분석계 중 가스의 상자성체에 있어서 자장에 대해 흡인되는 성질을 이용한 것은?

① SO_2 가스계　　② O_2 가스계
③ CO_2 가스계　　④ 기체크로마토그래피

해설
O_2 가스계는 O_2 가스의 상자성을 이용하는 물리적 가스분석계이다. 가스의 상자성체에 있어서 자장에 대해 흡인되는 성질을 이용한다.

94 오프셋(Off-set)이 발생하기 때문에 부하 변화가 작은 프로세스에 주로 적용되는 제어동작은?

① 미분동작　　② 비례동작
③ 적분동작　　④ 뱅뱅동작

해설
비례동작 : 오프셋(Off-set)이 발생하기 때문에 부하 변화가 작은 프로세스에 주로 적용되는 제어동작

95 오르자트법에 의한 기체분석에서 O_2의 흡수제로 주로 사용되는 것은?

① KOH용액
② 암모니아성 $CuCl_2$ 용액
③ 알칼리성 파이로갈롤 용액
④ H_2SO_4 산성 $FeSO_4$ 용액

해설
① KOH 용액 : CO_2 분석
② 암모니아성 $CuCl_2$ 용액 : CO 분석
④ H_2SO_4 산성 $FeSO_4$ 용액 : 암모니아가스 분석

정답 90 ④ 91 ① 92 ② 93 ② 94 ② 95 ③

96 밀도와 비중에 대한 설명으로 틀린 것은?

① 밀도는 단위체적당 물질의 질량으로 정의한다.
② 비중은 두 물질의 밀도비로서 무차원수이다.
③ 표준물질인 순수한 물은 0[℃], 1기압에서 비중이 1이다.
④ 밀도의 단위는 [$N \cdot s^2/m^4$]이다.

해설
표준물질인 순수한 물은 4[℃], 1기압에서 비중이 1이다.

97 열전도도검출기의 측정 시 주의사항으로 옳지 않은 것은?

① 운반기체 흐름속도에 민감하므로 흐름속도를 일정하게 유지한다.
② 필라멘트에 전류를 공급하기 전에 일정량의 운반기체를 먼저 흘러 보낸다.
③ 감도를 위해 필라멘트와 검출실 내벽온도를 적정하게 유지한다.
④ 운반기체의 흐름속도가 클수록 감도가 증가하므로, 높은 흐름속도를 유지한다.

해설
운반기체의 흐름속도가 느릴수록 감도가 증가한다.

98 정오차(Static Error)에 대하여 바르게 나타낸 것은?

① 측정의 전력에 따라 동일 측정량에 대한 지시값에 차가 생기는 현상
② 측정량이 변동될 때 어느 순간에 지시값과 참값에 차가 생기는 현상
③ 측정량이 변동하지 않을 때의 계측기 오차
④ 입력신호 변화에 대해 출력신호가 즉시 따라가지 못하는 현상

해설
정오차(Static Error) : 측정량이 변동하지 않을 때의 계측기 오차

99 패러데이(Faraday)법칙의 원리를 이용한 기기분석 방법은?

① 전기량법
② 질량분석법
③ 저온정밀 증류법
④ 적외선 분광광도법

해설
전기량법 : 패러데이(Faraday)법칙의 원리를 이용한 기기분석방법

100 기체 크로마토그래피의 분리관에 사용되는 충전담체에 대한 설명으로 틀린 것은?

① 화학적으로 활성을 띠는 물질이 좋다.
② 큰 표면적을 가진 미세한 분말이 좋다.
③ 입자 크기가 균등하면 분리작용이 좋다.
④ 충전하기 전에 비휘발성 액체로 피복한다.

해설
충전담체는 화학적으로 활성을 띠지 않는 물질이 좋다.

정답 96 ③ 97 ④ 98 ③ 99 ① 100 ①

2020년 제3회 과년도 기출문제

제1과목 | 가스유체역학

01 다음 중 퍼텐셜 흐름(Potential Flow)이 될 수 있는 것은?

① 고체 벽에 인접한 유체층에서의 흐름
② 회전 흐름
③ 마찰이 없는 흐름
④ 파이프 내 완전발달 유동

해설
퍼텐셜 흐름(Potential Flow)이 될 수 있는 흐름 : 점성이 없는 완전유체(이상유체)의 흐름, 비회전 흐름, 맴돌이가 없는 흐름, 마찰이 없는 흐름

02 100[℃], 2기압의 어떤 이상기체의 밀도는 200[℃], 1기압일 때의 몇 배인가?

① 0.39 ② 1
③ 2 ④ 2.54

해설
'100[℃], 2기압의 어떤 이상기체의 밀도는 200[℃], 1기압일 때의 몇 배인가'라는 것은 '373[K], 2기압의 어떤 이상기체의 밀도는 473[K], 1기압일 때의 몇 배인가'라는 의미이다.

밀도 $\rho = \frac{m}{V}$ 이며 이상기체의 상태방정식 $PV = n\overline{R}T$는

$PV = \frac{m}{M}\overline{R}T$에서 양변을 V로 나누면

$P = \frac{m}{VM}\overline{R}T$에서 $P = \rho\frac{\overline{R}T}{M}$이므로 $\rho = \frac{PM}{\overline{R}T}$가 된다.

즉, 기압에 비례하고 온도에 반비례하므로 473[K], 1기압일 때를 상태 1, 373[K], 2기압일 때를 상태 2라고 하면

$\frac{\rho_2}{\rho_1} = \frac{P_2M/\overline{R}T_2}{P_1M/\overline{R}T_1} = \frac{P_2/T_2}{P_1/T_1} = \frac{2/373}{1/473} \simeq 2.54$이므로

$\rho_2 = 2.54\rho_1$이다.

03 다음 중 동점성계수의 단위를 옳게 나타낸 것은?

① [kg/m^2] ② [kg/m · s]
③ [m^2/s] ④ [m^2/kg]

해설
동점성계수의 단위 : [m^2/s] 또는 [cm^2/s] = [stokes]

04 베르누이 방정식을 실제유체에 적용할 때 보정해 주기 위해 도입하는 항이 아닌 것은?

① W_p(펌프일) ② h_f(마찰손실)
③ ΔP(압력차) ④ W_t(터빈일)

해설
베르누이 방정식을 실제유체에 적용할 때 보정해 주기 위해 도입하는 항 : W_p(펌프일), h_f(마찰손실), W_t(터빈일)

05 중량 10,000[kgf]의 비행기가 270[km/h]의 속도로 수평 비행할 때 동력은?(단, 양력(L)과 항력(D)의 비 $L/D = 5$이다)

① 1,400[PS] ② 2,000[PS]
③ 2,600[PS] ④ 3,000[PS]

해설
비행기 수평 비행 시의 동력

$H = Fv \times \frac{D}{L} = 10{,}000 \times 270 \times \frac{1}{5}$[kgf · km/h]

$= 540 \times 10^6$[kgf · m/h] $= \frac{540 \times 10^6}{75 \times 3{,}600}$[PS] = 2,000[PS]

정답 1 ③ 2 ④ 3 ③ 4 ③ 5 ②

06 비중 0.8, 점도 2[poise]인 기름에 대해 내경 42[mm]인 관에서의 유동이 층류일 때 최대가능속도는 몇 [m/s]인가?(단, 임계 레이놀즈수 = 2,100이다)

① 12.5　　② 14.5
③ 19.8　　④ 23.5

해설

임계 레이놀즈수 $R_e = \dfrac{\rho v d}{\mu} = \dfrac{0.8 \times 10^3 \times v \times 0.042}{2 \times 10^{-3} \times 10^2} = 2,100$에서 최대 가능 속도 $v = 2.5[\text{m/s}]$

07 물이 평균속도 4.5[m/s]로 안지름 100[mm]인 관을 흐르고 있다. 이 관의 길이 20[m]에서 손실된 헤드를 실험적으로 측정하였더니 4.8[m]이었다. 관 마찰계수는?

① 0.0116　　② 0.0232
③ 0.0464　　④ 0.2280

해설

손실수두 $h_L = f\dfrac{l}{d}\dfrac{v^2}{2g} = f \times \dfrac{20}{0.1} \times \dfrac{4.5^2}{2 \times 9.8} = 4.8$에서

관 마찰계수 $f = 0.0232$

08 압축성 유체가 축소-확대 노즐의 확대부에서 초음속으로 흐를 때, 다음 중 확대부에서 감소하는 것을 옳게 나타낸 것은?(단, 이상기체의 등엔트로피 흐름이라고 가정한다)

① 속도, 온도　　② 속도, 밀도
③ 압력, 속도　　④ 압력, 밀도

해설

축소 – 확대 노즐의 확대부에서 초음속으로 흐를 때, 속도와 단면적이 증가하고 압력, 밀도, 온도가 감소한다.

09 유체의 흐름에서 유선이란 무엇인가?

① 유체 흐름의 모든 점에서 접선 방향이 그 점의 속도 방향과 일치하는 연속적인 선
② 유체 흐름의 모든 점에서 속도벡터에 평행하지 않는 선
③ 유체 흐름의 모든 점에서 속도벡터에 수직한 선
④ 유체 흐름의 모든 점에서 유동 단면의 중심을 연결한 선

10 비중이 0.9인 액체가 탱크에 있다. 이때 나타난 압력은 절대압으로 2[kgf/cm^2]이다. 이것을 수두(Head)로 환산하며 몇 [m]인가?

① 22.2　　② 18
③ 15　　④ 12.5

해설

압력수두

$\dfrac{P}{\gamma} = \dfrac{2 \times 10^4}{0.9 \times 10^3} \simeq 22.2[\text{m}]$

11 다음 압축성 흐름 중 정체온도가 변할 수 있는 것은?

① 등엔트로피 팽창과정인 경우
② 단면이 일정한 도관에서 단열마찰 흐름인 경우
③ 단면이 일정한 도관에서 등온마찰 흐름인 경우
④ 수직 충격파 전후 유동의 경우

해설

- 압축성 흐름 중 정체온도가 변할 수 없는 경우 : 등엔트로피 팽창과정인 경우, 단면이 일정한 도관에서 단열마찰 흐름인 경우, 수직 충격파 전후 유동의 경우
- 압축성 흐름 중 정체온도가 변할 수 있는 경우 : 단면이 일정한 도관에서 등온마찰 흐름인 경우

정답 6 ① 7 ② 8 ④ 9 ① 10 ① 11 ③

12 기체 수송장치 중 일반적으로 상승압력이 가장 높은 것은?

① 팬 ② 송풍기
③ 압축기 ④ 진공펌프

해설

- 상승압력이 높은 순서 : 압축기, 송풍기, 팬
- 진공펌프에는 부압(−)이 걸린다.

13 완전난류구역에 있는 거친 관에서의 관 마찰계수는?

① 레이놀즈수와 상대조도의 함수이다.
② 상대조도의 함수이다.
③ 레이놀즈수의 함수이다.
④ 레이놀즈수, 상대조도 모두와 무관하다.

해설

완전난류구역에 있는 거친 관에서의 관 마찰계수는 상대조도의 함수이다.

14 Hagen-Poiseuille식이 적용되는 관내 층류유동에서 최대속도 $V_{\max}$ =6[cm/s]일 때 평균속도 V_{avg}는 몇 [cm/s]인가?

① 2 ② 3
③ 4 ④ 5

해설

$V_{avg} = \frac{1}{2} V_{\max} = \frac{1}{2} \times 6 = 3[\text{cm/s}]$

15 전양정 30[m], 송출량 7.5[m³/min], 펌프의 효율 0.8인 펌프의 수동력은 약 몇 [kW]인가?(단, 물의 밀도는 1,000[kg/m³]이다)

① 29.4 ② 36.8
③ 42.8 ④ 46.8

해설

펌프의 수동력

$H_1 = \gamma h Q = 1,000 \times 30 \times 7.5 = 225,000[\text{kgf} \cdot \text{m/min}]$

$= 225,000 \times \frac{9.8}{60} = 36,750[\text{W}] \simeq 36.8[\text{kW}]$

16 운동 부분과 고정 부분이 밀착되어 있어서 배출 공간에서부터 흡입 공간으로의 역류가 최소화되며, 경질 윤활유와 같은 유체 수송에 적합하고 배출압력을 200[atm] 이상 얻을 수 있는 펌프는?

① 왕복펌프 ② 회전펌프
③ 원심펌프 ④ 격막펌프

해설

회전펌프의 특징

- 연속회전하므로 토출액의 맥동이 작다.
- 운동 부분과 고정 부분이 밀착되어 있어서 배출 공간에서부터 흡입 공간으로의 역류가 최소화된다.
- 경질 윤활유와 같은 유체 수송에 적합하다.
- 배출압력을 200[atm] 이상 얻을 수 있다.

12 ③ 13 ② 14 ② 15 ② 16 ② 정답

17 30[cmHg]인 진공압력은 절대압력으로 몇 [kgf/cm^2]인가?(단, 대기압은 표준대기압이다)

① 0.160 ② 0.545
③ 0.625 ④ 0.840

해설
절대압력
$\frac{76-30}{76} \times 1.033 \simeq 0.625$[kgf/cm^2]

18 수직 충격파가 발생할 때 나타나는 현상으로 옳은 것은?

① 마하수가 감소하고 압력과 엔트로피도 감소한다.
② 마하수가 감소하고 압력과 엔트로피는 증가한다.
③ 마하수가 증가하고 압력과 엔트로피는 감소한다.
④ 마하수가 증가하고 압력과 엔트로피도 증가한다.

해설
충격파의 영향
- 증가 : 압력, 온도, 밀도, 비중량, 마찰열(비가역과정), 엔트로피
- 감소 : 속도, 마하수

19 정적비열이 1,000[J/kg · K]이고, 정압비열이 1,200[J/kg · K]인 이상기체가 압력 200[kPa]에서 등엔트로피 과정으로 압력이 400[kPa]로 바뀐다면, 바뀐 후의 밀도는 원래 밀도의 몇 배가 되는가?

① 1.41 ② 1.64
③ 1.78 ④ 2

해설
비열비 $k=\frac{C_p}{C_v}=\frac{1,200}{1,000}=1.2$

$\frac{T_2}{T_1}=\left(\frac{P_2}{P_1}\right)^{\frac{k-1}{k}}=\left(\frac{400}{200}\right)^{\frac{1.2-1}{1.2}} \simeq 1.1225$에서 $T_2=1.1225\,T_1$

밀도 $\rho=\frac{m}{V}$이며 $PV=mRT$에서 $\frac{m}{V}=\frac{P}{RT}$이므로

$$\frac{\rho_2}{\rho_1}=\frac{\frac{P_2}{RT_2}}{\frac{P_1}{RT_1}}=\frac{P_2}{P_1}\times\frac{T_1}{T_2}=\frac{400}{200}\times\frac{T_1}{T_2}$$

$$=2\times\frac{T_1}{T_2}=2\times\frac{T_1}{1.1225\,T_1}\simeq 1.78$$

20 다음 중 음속(Sonic Velocity) a의 정의는?(단, g : 중력가속도, ρ : 밀도, P : 압력, s : 엔트로피이다)

① $a=\sqrt{\left(\frac{dP}{d\rho}\right)_s}$ ② $a=\sqrt{\frac{1}{\rho}\left(\frac{dP}{d\rho}\right)_s}$
③ $a=\sqrt{g\left(\frac{dP}{d\rho}\right)_s}$ ④ $a=\sqrt{\frac{1}{g}\left(\frac{dP}{d\rho}\right)_s}$

해설
음 속
$a=\sqrt{\left(\frac{dP}{d\rho}\right)_s}$

정답 17 ③ 18 ② 19 ③ 20 ①

제2과목 | 연소공학

21 체적이 2[m³]인 일정 용기 안에서 압력 200[kPa], 온도 0[℃]의 공기가 들어 있다. 이 공기를 40[℃]까지 가열하는 데 필요한 열량은 약 몇 [kJ]인가?(단, 공기의 R은 287[J/kg · K]이고, C_v는 718[J/kg · K]이다)

① 47 ② 147

③ 247 ④ 347

해설

$P_1V=mRT_1$에서 $m=\frac{P_1V}{RT_1}=\frac{200\times10^3\times2}{287\times273}\simeq5.1[\text{kg}]$

필요한 열량

$Q=mC_v(T_2-T_1)=5.1\times718\times40=146,472[\text{J}]=147[\text{kJ}]$

22 이론연소가스량을 올바르게 설명한 것은?

① 단위량의 연료를 포함한 이론 혼합기가 완전반응을 하였을 때 발생하는 산소량

② 단위량의 연료를 포함한 이론 혼합기가 불완전반응을 하였을 때 발생하는 산소량

③ 단위량의 연료를 포함한 이론 혼합기가 완전반응을 하였을 때 발생하는 연소가스량

④ 단위량의 연료를 포함한 이론 혼합기가 불완전반응을 하였을 때 발생하는 연소가스량

해설

이론연소가스량 : 단위량의 연료를 포함한 이론 혼합기가 완전 반응을 하였을 때 발생하는 연소가스량

23 연소에 대한 설명 중 옳지 않은 것은?

① 연료가 한 번 착화하면 고온으로 되어 빠른 속도로 연소한다.

② 환원반응이란 공기의 과잉 상태에서 생기는 것으로 이때의 화염을 환원염이라 한다.

③ 고체, 액체 연료는 고온의 가스 분위기 중에서 먼저 가스화가 일어난다.

④ 연소에 있어서는 산화반응뿐만 아니라 열분해반응도 일어난다.

해설

- 환원반응이란 공기의 부족 상태에서 생기는 것으로 이때의 화염을 환원염이라고 한다.
- 산화반응이란 공기의 과잉 상태에서 생기는 것으로 이때의 화염을 산화염이라고 한다.

24 공기 1[kg]이 100[℃]인 상태에서 일정 체적하에서 300[℃]의 상태로 변했을 때 엔트로피의 변화량은 약 몇 [J/kg · K]인가?(단, 공기의 C_v는 717[J/kg · K]이다)

① 108 ② 208

③ 308 ④ 408

해설

엔트로피의 변화량

$\Delta S=mC_v\ln\frac{T_2}{T_1}=1\times717\times\ln\left(\frac{300+273}{100+273}\right)\simeq308[\text{J/kg}\cdot\text{K}]$

※ 출제 당시 문제의 조건 중 C_v가 C_p로 잘못 출제되어, 문제 오류로 한국산업인력공단에서 전항정답 처리를 하였다. 조건 C_p를 C_v로 수정하여 풀면 정답은 ③번이 된다.

21 ② 22 ③ 23 ② 24 ③ 정답

25 혼합기체의 연소범위가 완전히 없어져 버리는 첨가 기체의 농도를 피크농도라 하는데 이에 대한 설명으로 잘못된 것은?

① 질소(N_2)의 피크농도는 약 37[vol%]이다.
② 이산화탄소(CO_2)의 피크농도는 약 23[vol%]이다.
③ 피크농도는 비열이 작을수록 작아진다.
④ 피크농도는 열전달률이 클수록 작아진다.

해설
피크농도(Inflammability Peak)는 비열이 클수록 작아진다.

$$\text{피크농도} = \frac{1}{\text{가연물(1몰)} + \text{공기몰수}} \times 100[\text{vol\%}]$$

26 연소기에서 발생할 수 있는 역화를 방지하는 방법에 대한 설명 중 옳지 않은 것은?

① 연료 분출구를 작게 한다.
② 버너의 온도를 높게 유지한다.
③ 연료의 분출속도를 크게 한다.
④ 1차 공기를 착화범위보다 작게 한다.

해설
역화를 방지하기 위해서 버너가 과열되지 않도록 온도를 낮춘다.

27 다음 그림은 층류 예혼합화염의 구조도이다. 온도곡선의 변곡점인 T_i를 무엇이라 하는가?

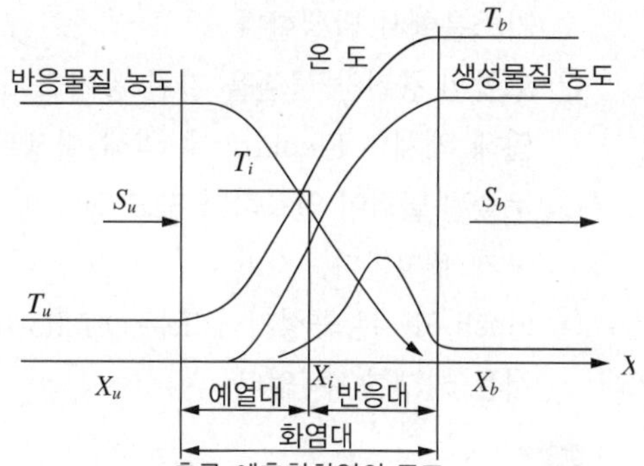

층류 예혼합화염의 구조

① 착화온도
② 반전온도
③ 화염평균온도
④ 예혼합화염온도

해설
온도곡선의 변곡점인 T_i는 발열속도와 방열속도가 평형을 이루는 점으로, 여기서부터 반응이 시작되며 이 점을 착화온도라고 한다. T_u는 미연소혼합기온도, T_b는 단열화염온도이다.

28 반응기 속에 1[kg]의 기체가 있고 기체를 반응기 속에 압축시키는 데 1,500[kgf · m]의 일을 하였다. 이때 5[kcal]의 열량이 용기 밖으로 방출했다면 기체 1[kg]당 내부에너지 변화량은 약 몇 [kcal]인가?

① 1.3
② 1.5
③ 1.7
④ 1.9

해설
내부에너지 변화량

$$\Delta U = \Delta Q - \Delta W = -5 - \left(-\frac{1,500}{427}\right) \simeq -1.5[\text{kcal/kg}]$$

즉, 내부에너지는 1.5[kcal/kg]만큼 감소하였다.

29 Flash Fire에 대한 설명으로 옳은 것은?

① 느린 폭연으로 중대한 과압이 발생하지 않는 가스운에서 발생한다.
② 고압의 증기압 물질을 가진 용기가 고장으로 인해 액체의 Flashing에 의해 발생된다.
③ 누출된 물질이 연료라면 BLEVE는 매우 큰 화구가 뒤따른다.
④ Flash Fire는 공정지역 또는 Offshore 모듈에서는 발생할 수 없다.

해설

누출된 LPG는 누출 즉시 기화하게 된다. 이런 현상을 Flash 증발이라 하고, 기화된 증기가 점화원에 의해 화재가 발생된 현상을 Flash Fire라고 한다. Flash Fire는 느린 폭연으로 중대한 과압이 발생하지 않는 가스운에서 발생한다. 점화 시 폭발음이 있을 수 있으나 강도가 약해 고려될 만한 사항은 아니다.

30 중유의 경우 저발열량과 고발열량의 차이는 중유 1[kg]당 얼마나 되는가?(단, h : 중유 1[kg]당 함유된 수소의 중량[kg], W : 중유 1[kg]당 함유된 수분의 중량[kg]이다)

① $600(9h+W)$　② $600(9W+h)$
③ $539(9h+W)$　④ $539(9W+h)$

해설

저발열량과 고발열량의 차이 : $600(9h+W)$

31 효율이 가장 좋은 사이클로서 다른 기관의 효율을 비교하는 데 표준이 되는 사이클은?

① 재열 사이클　② 재생 사이클
③ 냉동 사이클　④ 카르노 사이클

해설

카르노 사이클의 특징

- 열역학 제2법칙과 엔트로피의 기초가 되는 사이클이다.
- 열기관 사이클 중 열효율이 가장 좋은 사이클로서 다른 기관의 효율을 비교하는 데 표준이 되는 사이클이다.
- 일전달, 열전달은 등온과정에서만 발생한다.
- 사이클에서 총엔트로피의 변화는 없다.

32 다음 가스 중 연소의 상한과 하한의 범위가 가장 넓은 것은?

① 산화에틸렌　② 수 소
③ 일산화탄소　④ 암모니아

해설

연소범위(폭)

- 산화에틸렌(C_2H_4O) : 3~80[%](77)
- 수소(H_2) : 4~75[%](71)
- 일산화탄소(CO) : 12.5~75[%](62.5)
- 암모니아(NH_3) : 15~28[%](13)

33 층류 예혼합화염과 비교한 난류 예혼합화염의 특징에 대한 설명으로 옳은 것은?

① 화염의 두께가 얇다.
② 화염의 밝기가 어둡다.
③ 연소속도가 현저하게 늦다.
④ 화염의 배후에 다량의 미연소분이 존재한다.

해설

① 화염의 두께가 두껍다.
② 화염의 밝기가 밝다.
③ 연소속도가 현저하게 빠르다.

29 ① 30 ① 31 ④ 32 ① 33 ④ 정답

34 **프로판(C_3H_8)의 연소반응식은 다음과 같다. 프로판(C_3H_8)의 화학양론계수는?**

$C_3H_8+5O_2 \rightarrow 3CO_2+4H_2O$

① 1 ② 1/5
③ 6/7 ④ −1

해설
화학양론계수 : (1 + 5) − (3 + 4) = −1

35 **100[kPa], 20[℃] 상태인 배기가스 0.3[m³]을 분석한 결과 N_2 70[%], CO_2 15[%], O_2 11[%], CO 4[%]의 체적률을 얻었을 때 이 혼합가스를 150[℃]인 상태로 정적가열할 때 필요한 열전달량은 약 몇 [kJ]인가?(단, N_2, CO_2, O_2, CO의 정적비열[kJ/kg·K]은 각각 0.7448, 0.6529, 0.6618, 0.7445이다)**

① 35 ② 39
③ 41 ④ 43

해설
연소방정식은
$0.7N_2+0.15CO_2+0.11O_2+0.04CO \rightarrow 0.04CO_2+0.09O_2+0.7N_2+0.15CO_2$이며
이를 정리하면,
$0.7N_2+0.15CO_2+0.11O_2+0.04CO \rightarrow 0.19CO_2+0.09O_2+0.7N_2$

$m_1C_vT_1$
$= \frac{0.3\times1.0}{22.4}\times(0.7\times28\times0.7448+0.15\times44\times0.6529+0.11\times32\times0.6618+0.04\times28\times0.7445)\times293$
$= \frac{0.3}{22.4}\times22.07\times293 \simeq 86.6[kJ]$

$m_2C_vT_2$
$= \frac{0.3\times0.98}{22.4}\times(0.19\times44\times0.6529+0.09\times32\times0.6618+0.7\times28\times0.7448)\times423 = \frac{0.3\times0.98}{22.4}\times21.96\times423 \simeq 121.9[kJ]$

열전달량
$Q=m_2C_vT_2-m_1C_vT_1=121.9-86.6=35.3\simeq35[kJ]$

36 **연소온도를 높이는 방법이 아닌 것은?**

① 발열량이 높은 연료 사용
② 완전연소
③ 연소속도를 천천히 할 것
④ 연료 또는 공기를 예열

해설
연소온도를 높이려면 연소속도를 빠르게 한다.

37 **미분탄연소의 특징에 대한 설명으로 틀린 것은?**

① 가스화 속도가 빠르고 연소실의 공간을 유효하게 이용할 수 있다.
② 화격자연소보다 낮은 공기비로써 높은 연소효율을 얻을 수 있다.
③ 명료한 화염이 형성되지 않고 화염이 연소실 전체에 퍼진다.
④ 연소 완료시간은 표면연소속도에 의해 결정된다.

해설
미분탄연소는 가스화 속도가 느리고 연소실의 공간을 유효하게 이용할 수 있다.

38 **탄갱(炭坑)에서 주로 발생하는 폭발사고의 형태는?**

① 분진폭발
② 증기폭발
③ 분해폭발
④ 혼합 위험에 의한 폭발

해설
탄갱(炭坑)에서 주로 발생하는 폭발사고의 형태는 분진폭발이다.

정답 34 ④ 35 ① 36 ③ 37 ① 38 ①

39 기체연료의 연소특성에 대해 바르게 설명한 것은?

① 예혼합연소는 미리 공기와 연료가 충분히 혼합된 상태에서 연소하므로 별도의 확산과정이 필요하지 않다.

② 확산연소는 예혼합연소에 비해 조작이 상대적으로 어렵다.

③ 확산연소의 역화 위험성은 예혼합연소보다 크다.

④ 가연성 기체와 산화제의 확산에 의해 화염을 유지하는 것을 예혼합연소라 한다.

해설

② 예혼합연소는 확산연소에 비해 조작이 상대적으로 어렵다.
③ 예혼합연소의 역화 위험성은 확산연소보다 크다.
④ 가연성 기체와 산화제의 확산에 의해 화염을 유지하는 것을 확산연소라고 한다.

40 프로판과 부탄의 체적비가 40 : 60인 혼합가스 10 [m^3]를 완전연소하는 데 필요한 이론공기량은 약 몇 [m^3]인가?(단, 공기의 체적비는 산소 : 질소 = 21 : 79이다)

① 96　　② 181
③ 206　　④ 281

해설

프로판의 연소방정식 : $C_3H_8 + 5O_2 \rightarrow 3CO_2 + 4H_2O$

프로판(C_3H_8) 4[m^3] $= \frac{4}{22.4}$[kmol]이며

필요한 산소량 $= \frac{4}{22.4} \times 5 \times 22.4 = 20[m^3]$이므로

이론공기량 $A_0 = \frac{O_0}{0.21} = \frac{20}{0.21} \simeq 95.2[m^3]$

부탄의 연소방정식 : $C_4H_{10} + 6.5O_2 \rightarrow 4CO_2 + 5H_2O$

부탄(C_4H_{10}) 6[m^3] $= \frac{6}{22.4}$[kmol]이며

필요한 산소량 $= \frac{6}{22.4} \times 6.5 \times 22.4 = 39[m^3]$이므로

이론공기량 $A_0 = \frac{O_0}{0.21} = \frac{39}{0.21} \simeq 185.7[m^3]$

필요한 전체 이론공기량 $= 95.2 + 185.7 \simeq 281[m^3]$

제3과목 | 가스설비

41 이상적인 냉동 사이클의 기본 사이클은?

① 카르노 사이클
② 랭킨 사이클
③ 역카르노 사이클
④ 브레이턴 사이클

해설

① 카르노 사이클 : 등온팽창, 단열팽창, 등온압축, 단열압축의 과정으로 구성된 이상 사이클이며, 열효율이 가장 우수하다.
② 랭킨 사이클 : 2개의 단열과정과 2개의 정압과정으로 이루어진 사이클이며 증기동력 사이클의 열역학적 이상 사이클, 증기원동기(증기기관)의 가장 기본이 되는 증기동력 사이클이다.
④ 브레이턴 사이클 : 2개의 단열과정(등엔트로피 과정)과 2개의 정압과정(등압과정)으로 구성된 사이클이며 가스터빈의 이상 사이클이다.

42 고압가스시설에서 전기방식시설의 유지관리를 위하여 T/B를 반드시 설치해야 하는 곳이 아닌 것은?

① 강재보호관 부분의 배관과 강재보호관
② 배관과 철근콘크리트 구조물 사이
③ 다른 금속구조물과 근접 교차 부분
④ 직류전철 횡단부 주위

해설

T/B를 반드시 설치해야 하는 곳
- 직류전철 횡단부 주위
- 지중에 매설되어 있는 배관 절연부의 양측
- 강재보호관 부분의 배관과 강재보호관
- 다른 금속구조물과 근접 교차 부분
- 도시가스도매사업자시설의 밸브기지 및 정압기지
- 교량 및 횡단배관의 양단부

39 ① 40 ④ 41 ③ 42 ② 정답

43 LP가스 탱크로리의 하역 종료 후 처리할 작업 순서로 가장 옳은 것은?

Ⓐ 호스를 제거한다. Ⓑ 밸브에 캡을 부착한다. Ⓒ 어스선(접지선)을 제거한다. Ⓓ 차량 및 설비의 각 밸브를 잠근다.

① Ⓓ → Ⓐ → Ⓑ → Ⓒ
② Ⓓ → Ⓐ → Ⓒ → Ⓑ
③ Ⓐ → Ⓑ → Ⓒ → Ⓓ
④ Ⓒ → Ⓐ → Ⓑ → Ⓓ

해설
LP가스 탱크로리에서 하역작업 종료 후 처리할 작업 순서
차량 및 설비의 각 밸브를 잠근다. → 호스를 제거한다. → 밸브에 캡을 부착한다. → 어스선(접지선)을 제거한다.

44 불꽃의 주위, 특히 불꽃의 기저부에 대한 공기의 움직임이 세지면 불꽃이 노즐에 정착하지 않고 떨어지게 되어 꺼지는 현상은?

① 블로 오프(Blow Off)
② 백파이어(Back Fire)
③ 리프트(Lift)
④ 불완전연소

해설
블로 오프(Blow Off)
- 불꽃의 주위, 특히 불꽃의 기저부에 대한 공기의 움직임이 세지면 불꽃이 노즐에 정착하지 않고 떨어지게 되어 꺼지는 현상
- 선화(Lifting) 상태에서 다시 분출속도가 증가하여 결국 화염이 꺼지는 현상
- 주위 공기의 움직임에 따라 불꽃이 날려서 꺼지는 현상
- 연료가스의 분출속도가 연소속도보다 클 때 발생한다.

45 벽에 설치하여 가스를 사용할 때에만 퀵 커플러로 연결하여 난로와 같은 이동식 연소기에 사용할 수 있는 구조로 되어 있는 콕은?

① 호스콕 ② 상자콕
③ 휴즈콕 ④ 노즐콕

해설
상자콕 : 벽에 설치하여 가스를 사용할 때에만 퀵 커플러로 연결하여 난로와 같은 이동식 연소기에 사용할 수 있는 구조로 되어 있는 콕으로, 3.3[kPa] 이하의 압력과 1.2[m^3/h] 이하의 표시 유량에 사용한다.

46 회전펌프의 특징에 대한 설명으로 옳지 않은 것은?

① 회전운동을 하는 회전체와 케이싱으로 구성된다.
② 점성이 큰 액체의 이송에 적합하다.
③ 토출액의 맥동이 다른 펌프보다 크다.
④ 고압유체펌프로 널리 사용된다.

해설
회전펌프는 연속 회전하므로 토출액의 맥동이 다른 펌프보다 작다.

47 수소취성에 대한 설명으로 가장 옳은 것은?

① 탄소강은 수소취성을 일으키지 않는다.
② 수소는 환원성 가스로 상온에서도 부식을 일으킨다.
③ 수소는 고온, 고압하에서 철과 화합하며 이것이 수소취성의 원인이 된다.
④ 수소는 고온, 고압에서 강중의 탄소와 화합하여 메탄을 생성하여 이것이 수소취성의 원인이 된다.

해설
① 탄소강은 수소취성을 일으킬 수 있다.
② 수소는 환원성 가스로 상온에서는 부식을 일으키지 않는다.
③ 수소는 고온·고압하에서 강 중의 탄소와 화합하며 이것이 수소취성의 원인이 된다.

정답 43 ① 44 ① 45 ② 46 ③ 47 ④

48 도시가스 지하 매설에 사용되는 배관으로 가장 적합한 것은?

① 폴리에틸렌 피복강관
② 압력배관용 탄소강관
③ 연료가스 배관용 탄소강관
④ 배관용 아크용접 탄소강관

해설
지하 매설배관의 종류
• 폴리에틸렌 피복강관(PLP관)
• 분말용착식 폴리에틸렌 피복강관
• 가스용 폴리에틸렌관(PE관)

49 다음 초저온 액화가스 중 액체 1[L]가 기화되었을 때 부피가 가장 큰 가스는?

① 산 소
② 질 소
③ 헬 륨
④ 이산화탄소

해설
액화산소가스가 기화하면 부피가 약 800배로 증가한다.

50 펌프 임펠러의 현상을 나타내는 척도인 비속도(비교회전도)의 단위는?

① [rpm · m^3/min · m]
② [rpm · m^3/min]
③ [rpm · kgf/min · m]
④ [rpm · kgf/min]

해설
비교회전도(비회전도 또는 비속도, Specific Speed, N_s)
상사조건을 유지하면서 임펠러(회전차)의 크기를 바꾸어 단위 유량에서 단위 양정을 내게 할 때의 임펠러에 주어져야 할 회전수

비속도 $N_s = \dfrac{n \times \sqrt{Q}}{h^{0.75}}$ (여기서, n : 회전수, Q : 유량, h : 양정)

• 양정 h : 양흡펌프의 경우는 2로 나누고 다단펌프의 경우는 단수로 나눈 값이다.
• 비속도는 무차원수가 아니므로 단위는 어떻게 조건을 잡느냐에 따라 다르지만, 보통 [rpm · m^3/min · m]으로 나타낸다.

51 입구에 사용측과 예비측의 용기가 각각 접속되어 있어 사용측의 압력이 낮아지는 경우 예비측 용기로부터 가스가 공급되는 조정기는?

① 자동교체식 조정기
② 1단식 감압식 조정기
③ 1단식 감압용 저압조정기
④ 1단식 감압용 준저압조정기

해설
자동교체식 조정기 : 입구에 사용측과 예비측의 용기가 각각 접속되어 있어 사용측의 압력이 낮아지는 경우 예비측 용기로부터 가스가 공급되는 조정기

48 ① 49 ① 50 ① 51 ① 정답

52 단열을 한 배관 중에 작은 구멍을 내고 이 관에 압력이 있는 유체를 흐르게 하면 유체가 작은 구멍을 통할 때 유체의 압력이 하강함과 동시에 온도가 변화하는 현상을 무엇이라고 하는가?

① 토리첼리 효과 ② 줄-톰슨 효과
③ 베르누이 효과 ④ 도플러 효과

해설
줄-톰슨 효과 : 단열을 한 배관 중에 작은 구멍을 내고 이 관에 압력이 있는 유체를 흐르게 하면 유체가 작은 구멍을 통할 때 유체의 압력이 하강함과 동시에 온도가 변화하는 현상

53 진한 황산은 어느 가스 압축기의 윤활유로 사용되는가?

① 산 소 ② 아세틸렌
③ 염 소 ④ 수 소

해설
압축기의 윤활유
- 산소 압축기 : 물
- 아세틸렌 압축기 : 양질의 광유
- 수소 압축기 : 양질의 광유

54 부탄가스 30[kg]을 충전하기 위해 필요한 용기의 최소 부피는 약 몇 [L]인가?(단, 충전상수는 2.05이고, 액 비중은 0.5이다)

① 60 ② 61.5
③ 120 ④ 123

해설
필요한 용기의 최소 부피
가스질량 × 충전상수 = 30 × 2.05 = 61.5[L]

55 5[L]들이 용기에 9기압의 기체가 들어 있다. 또 다른 10[L]들이 용기에 6기압의 같은 기체가 들어 있다. 이 용기를 연결하여 양쪽의 기체가 서로 섞여 평형에 도달하였을 때 기체의 압력은 약 몇 기압이 되는가?

① 6.5기압 ② 7.0기압
③ 7.5기압 ④ 8.0기압

해설
평형기체의 전압력

$P = P_1 + P_2 = 9 \times \frac{5}{15} + 6 \times \frac{10}{15} = 7.0$기압

56 일반도시가스 공급시설의 최고사용압력이 고압, 중압인 가스홀더에 대한 안전조치사항이 아닌 것은?

① 가스방출장치를 설치한다.
② 맨홀이나 검사구를 설치한다.
③ 응축액을 외부로 뽑을 수 있는 장치를 설치한다.
④ 관의 입구를 출구에는 온도나 압력의 변화에 따른 신축을 흡수하는 조치를 한다.

해설
일반도시가스 공급시설의 최고사용압력이 고압·중압인 가스홀더에는 안전밸브를 설치한다.

57 용기밸브의 구성이 아닌 것은?

① 스 템 ② O링
③ 퓨 즈 ④ 밸브시트

해설
용기밸브의 구성 : 스템, O링, 밸브시트

정답 52 ② 53 ③ 54 ② 55 ② 56 ① 57 ③

58 '응력(Stress)과 스트레인(Strain)은 변형이 작은 범위에서는 비례관계에 있다.'는 법칙은?

① Euler의 법칙　② Wein의 법칙
③ Hooke의 법칙　④ Trouton의 법칙

해설
① Euler의 법칙 : 꼭짓점(Vertex)의 수 V, 모서리(Edge)의 수 E, 면(Facet)의 수 F일 때, $V-E+F=2$가 성립한다는 법칙
② Wein의 법칙 : 최대복사파장은 온도에 반비례한다는 법칙
④ Trouton의 법칙 : 표준증발열에 관한 법칙

59 액시얼 플로(Axial Flow)식 정압기의 특징에 대한 설명으로 틀린 것은?

① 변칙 Unloading형이다.
② 정특성, 동특성 모두 좋다.
③ 저차압이 될수록 특성이 좋다.
④ 아주 간단한 작동방식을 가지고 있다.

해설
액시얼 플로식 정압기는 고차압이 될수록 특성이 좋다.

60 압력조정기의 구성 부품이 아닌 것은?

① 다이어프램　② 스프링
③ 밸 브　④ 피스톤

해설
압력조정기의 구성 부품 : 다이어프램, 스프링, 밸브

제4과목 | 가스안전관리

61 고압가스 안전관리법의 적용을 받는 고압가스의 종류 및 범위에 대한 내용 중 옳은 것은?(단, 압력은 게이지압력이다)

① 상용의 온도에서 압력이 1[MPa] 이상이 되는 압축가스로서 실제로 그 압력이 1[MPa] 이상이 되는 것 또는 25[℃]의 온도에서 압력이 1[MPa] 이상이 되는 압축가스
② 35[℃]의 온도에서 압력이 1[Pa]을 초과하는 아세틸렌가스
③ 상용의 온도에서 압력이 0.1[MPa] 이상이 되는 액화가스로서 실제로 그 압력이 0.1[MPa] 이상이 되는 것 또는 압력이 0.1[MPa]이 되는 액화가스
④ 35[℃]의 온도에서 압력이 0[Pa]을 초과하는 액화사이안화수소

해설
고압가스 안전관리법의 적용을 받는 고압가스의 종류 및 범위
- 35[℃]에서 게이지압력 0[Pa]을 초과하는 액화가스 중 액화산화에틸렌 가스
- 상용의 온도에서 게이지압력 1[MPa] 이상이 되는 압축가스로서 실제로 그 압력이 1[MPa] 이상이 되는 것 또는 35[℃]에서 게이지압력 1[MPa] 이상인 압축가스(아세틸렌가스 제외)
- 상용온도에서 게이지압력 0.2[MPa] 이상인 액화가스로서 실제로 그 압력이 0.2[MPa] 이상이 되는 것
- 15[℃]에서 게이지압력 0[MPa]을 초과하는 아세틸렌가스

62 **도시가스 사용시설에 사용하는 배관재료 선정기준에 대한 설명으로 틀린 것은?**

① 배관의 재료는 배관 내의 가스 흐름이 원활한 것으로 한다.
② 배관의 재료는 내부의 가스압력과 외부로부터의 하중 및 충격하중 등에 견디는 강도를 갖는 것으로 한다.
③ 배관의 재료는 배관의 접합이 용이하고 가스의 누출을 방지할 수 있는 것으로 한다.
④ 배관의 재료는 절단, 가공을 어렵게 하여 임의로 고칠 수 없도록 한다.

해설
배관의 재료는 비상사태 시 응급 복구를 대비하여 절단이나 가공이 용이한 것을 채택한다.

63 **LPG 저장설비를 설치 시 실시하는 지반조사에 대한 설명으로 틀린 것은?**

① 1차 지반조사방법은 이너팅을 실시하는 것을 원칙으로 한다.
② 표준관입시험은 N값을 구하는 방법이다.
③ 베인(Vane)시험은 최대 토크 또는 모멘트를 구하는 방법이다.
④ 평판재하시험은 항복하중 및 극한하중을 구하는 방법이다.

해설
제1차 지반조사방법은 보링을 실시하는 것을 원칙으로 한다.

64 **정전기를 억제하기 위한 방법이 아닌 것은?**

① 습도를 높여 준다.
② 접지(Grounding)한다.
③ 접촉전위차가 큰 재료를 선택한다.
④ 정전기의 중화 및 전기가 잘 통하는 물질을 사용한다.

해설
정전기를 억제하기 위해 접촉전위차가 작은 재료를 선택한다.

65 **품질유지대상인 고압가스의 종류에 해당하지 않는 것은?**

① 아이소부탄
② 암모니아
③ 프로판
④ 연료전지용으로 사용되는 수소가스

해설
품질유지대상인 고압가스의 종류
- 냉매로 사용되는 가스 : 프레온 22, 프레온 134a, 프레온 404a, 프레온 407c, 프레온 410a, 프레온 507a, 프레온 1234yf, 프로판, 아이소부탄
- 연료전지용으로 사용되는 수소가스

정답 62 ④ 63 ① 64 ③ 65 ②

66 다음 가스가 공기 중에 누출되고 있다고 할 경우 가장 빨리 폭발할 수 있는 가스는?(단, 점화원 및 주위환경 등 모든 조건은 동일하다고 가정한다)

① CH_4　② C_3H_8
③ C_4H_{10}　④ H_2

해설
가연성 가스가 누출될 때 폭발하한계가 낮은 가스일수록 먼저 폭발할 수 있다. 각 가스의 폭발범위는
① CH_4 : 5~15[%]
② C_3H_8 : 2.1~9.5[%]
③ C_4H_{10} : 1.8~8.4[%]
④ H_2 : 4~75[%]
이므로 부탄(C_4H_{10}) 누출 시 가장 빨리 폭발할 수 있다.

67 안전관리상 동일 차량으로 적재 운반할 수 없는 것은?

① 질소와 수소
② 산소와 암모니아
③ 염소와 아세틸렌
④ LPG와 염소

해설
안전관리상 동일 차량으로 적재 운반할 수 없는 것
• 염소와 아세틸렌
• 염소와 수소
• 염소와 암모니아

68 가연성 가스설비의 재치환작업 시 공기로 재치환한 결과를 산소측정기로 측정하여 산소의 농도가 몇 [%]가 확인될 때까지 공기로 반복하여 치환하여야 하는가?

① 18~22[%]　② 20~28[%]
③ 22~35[%]　④ 23~42[%]

해설
가연성 가스설비의 재치환작업 시 공기로 재치환한 결과를 산소측정기로 측정하여 산소농도가 18~22[%]가 확인될 때까지 공기로 반복하여 치환하여야 한다.

69 액화석유가스 저장시설에서 긴급차단장치의 차단조작기구는 해당 저장탱크로부터 몇 [m] 이상 떨어진 곳에 설치하여야 하는가?

① 2[m]　② 3[m]
③ 5[m]　④ 8[m]

해설
액화석유가스 저장시설에서 긴급차단장치의 차단조작기구는 해당 저장탱크로부터 5[m] 이상 떨어진 곳에 설치하여야 한다.

70 저장탱크에 의한 액화석유가스(LPG) 저장소의 저장설비는 그 외면으로부터 화기를 취급하는 장소까지 몇 [m] 이상의 우회거리를 두어야 하는가?

① 2[m]　② 5[m]
③ 8[m]　④ 10[m]

해설
저장탱크에 의한 액화석유가스(LPG) 저장소의 저장설비는 그 외면으로부터 화기를 취급하는 장소까지 8[m] 이상의 우회거리를 두어야 한다.

66 ③ 67 ③ 68 ① 69 ③ 70 ③ 정답

71 지하에 설치하는 액화석유가스 저장탱크의 재료인 레디믹스트 콘크리트의 규격으로 틀린 것은?

① 굵은 골재의 최대치수 : 25[mm]
② 설계강도 : 21[MPa] 이상
③ 슬럼프(Slump) : 120~150[mm]
④ 물 – 결합재 비 : 83[%] 이하

해설
물 – 결합재비 : 50[%] 이하

72 수소의 일반적 성질에 대한 설명으로 틀린 것은?

① 열에 대하여 안정하다.
② 가스 중 비중이 가장 작다.
③ 무색, 무미, 무취의 기체이다.
④ 가벼워서 기체 중 확산속도가 가장 느리다.

해설
수소는 모든 가스 중 가장 가벼워 확산속도도 가장 빠르다.

73 고압가스 특정제조시설에서 분출원인이 화재인 경우 안전밸브의 축적압력은 안전밸브의 수량과 관계없이 최고허용압력의 몇 [%] 이하로 하여야 하는가?

① 105[%] ② 110[%]
③ 116[%] ④ 121[%]

해설
고압가스 특정제조시설에서 분출원인이 화재인 경우 안전밸브의 축적압력은 안전밸브의 수량과 관계없이 최고허용압력의 121[%] 이하로 하여야 한다.

74 고압가스를 차량에 적재하여 운반하는 때에 운반책임자를 동승시키지 않아도 되는 것은?

① 수소 400[m^3]
② 산소 400[m^3]
③ 액화석유가스 3,500[kg]
④ 암모니아 3,500[kg]

해설
산소는 조연성 가스이므로 600[m^3] 이상일 때에는 운반책임자를 동승시켜야 한다.

75 니켈(Ni) 금속을 포함하고 있는 촉매를 사용하는 공정에서 주로 발생할 수 있는 맹독성 가스는?

① 산화니켈(NiO)
② 니켈카보닐[$Ni(CO)_4$]
③ 니켈클로라이드($NiCl_2$)
④ 니켈염(Nickel Salt)

해설
니켈(Ni) 금속을 포함하고 있는 촉매를 사용하는 공정에서 주로 발생할 수 있는 맹독성 가스는 니켈카보닐[$Ni(CO)_4$]이다. 온도 100[℃] 이상에서 일산화탄소와 니켈이 반응하여 니켈카보닐을 생성한다.
$Ni + 4CO \rightarrow Ni(CO)_4$

76 특정설비인 고압가스용 기화장치 제조설비에서 반드시 갖추지 않아도 되는 제조설비는?

① 성형설비 ② 단조설비
③ 용접설비 ④ 제관설비

해설
특정설비인 고압가스용 기화장치 제조설비에서 반드시 갖추어야 하는 제조설비 : 성형설비, 용접설비, 세척설비, 제관설비, 전처리설비 및 부식방지도장설비, 유량계 등

정답 71 ④ 72 ④ 73 ④ 74 ② 75 ② 76 ②

77 **고압가스 충전용기를 운반할 때의 기준으로 틀린 것은?**

① 충전용기와 등유는 동일 차량에 적재하여 운반하지 않는다.
② 충전량이 30[kg] 이하이고, 용기 수가 2개를 초과하지 않는 경우에는 오토바이에 적재하여 운반할 수 있다.
③ 충전용기 운반 차량은 '위험고압가스'라는 경계표시를 하여야 한다.
④ 충전용기 운반 차량에는 운반기준 위반행위를 신고할 수 있도록 안내문을 부착하여야 한다.

해설
충전량이 20[kg] 이하인 경우에는 오토바이에 적재하여 운반할 수 있다.

78 **내용적이 3,000[L]인 용기에 액화암모니아를 저장하려고 한다. 용기의 저장능력은 약 몇 [kg]인가?(단, 액화암모니아 정수는 1.86이다)**

① 1,613 ② 2,324
③ 2,796 ④ 5,580

해설
용기의 저장능력

$W = \frac{V}{C} = \frac{3,000}{1.86} \simeq 1,613[kg]$

79 **산화에틸렌의 저장탱크에는 45[℃]에서 그 내부가스의 압력이 몇 [MPa] 이상이 되도록 질소가스를 충전하여야 하는가?**

① 0.1 ② 0.3
③ 0.4 ④ 1

해설
산화에틸렌의 저장탱크에는 45[℃]에서 그 내부 가스의 압력이 0.4[MPa] 이상이 되도록 질소가스를 충전한다.

80 **고압가스 특정제조시설에서 하천 또는 수로를 횡단하여 배관을 매설할 경우 2중관으로 하여야 하는 가스는?**

① 염 소 ② 암모니아
③ 염화메탄 ④ 산화에틸렌

해설
2중관
- 2중관으로 해야 하는 독성가스 : 암모니아, 아황산가스, 염소, 염화메탄, 산화에틸렌, 사이안화수소, 포스겐 및 황화수소
- 고압가스 특정제조시설에서 하천 또는 수로를 횡단하여 배관을 매설할 경우 2중관으로 해야 하는 가스 : 염소, 포스겐, 불소, 아크릴알데하이드, 아황산가스, 사이안화수소 또는 황화수소

77 ② 78 ① 79 ③ 80 ① 정답

제5과목 | 가스계측

81 접촉식 온도계에 대한 설명으로 틀린 것은?

① 열전대 온도계는 열전대로서 서미스터를 사용하여 온도를 측정한다.
② 저항 온도계의 경우 측정회로로서 일반적으로 휘스톤브리지가 채택되고 있다.
③ 압력식 온도계는 감온부, 도압부, 감압부로 구성되어 있다.
④ 봉상 온도계에서 측정오차를 최소화하려면 가급적 온도계 전체를 측정하는 물체에 접촉시키는 것이 좋다.

해설
열전대 온도계는 열전대로서 금속선을 사용하여 온도를 측정한다.

82 계량계측기기는 정확·정밀하여야 한다. 이를 확보하기 위한 제도 중 계량법상 강제 규정이 아닌 것은?

① 검 정　　② 정기검사
③ 수시검사　　④ 비교검사

해설
계량법상 강제 규정 : 검정, 정기검사, 수시검사

83 탄화수소에 대한 감도는 좋으나 H_2O, CO_2에 대하여는 감응하지 않는 검출기는?

① 불꽃이온화검출기(FID)
② 열전도도검출기(TCD)
③ 전자포획검출기(ECD)
④ 불꽃광도법검출기(FPD)

해설
② 열전도도검출기(TCD) : 금속필라멘트 또는 전기저항체인 서미스터를 이용하여 캐리어가스와 시료가스의 열전도도 차이를 측정하는 검출기이다. 선형감응범위가 크고 유기 및 무기화학종 모두에 감응하고, 검출 후에도 용질이 파괴되지 않지만, 감도는 사용되는 검출기 중에서 가장 낮다.
③ 전자포획검출기(ECD) : 방사성 동위원소의 자연붕괴과정에서 발생하는 베타입자를 이용하여 시료의 양을 측정하는 검출기이다. 할로겐, 산소화합물, 과산화물 및 나이트로기와 같은 전기음성도가 큰 작용기를 포함하는 분자에 특히 감도가 좋다.
④ 불꽃광도법검출기(FPD) : 수소염에 의하여 시료성분을 연소시키고 이때 발생하는 염광의 광도를 분광학적으로 측정하는 검출기이다. 황화합물, 인화합물을 선택적으로 검출하며, 탄화수소에는 전혀 감응하지 않는다.

84 가스성분에 대하여 일반적으로 적용하는 화학분석법이 옳게 짝지어진 것은?

① 황화수소 – 아이오딘적정법
② 수분 – 중화적정법
③ 암모니아 – 기체크로마토그래피법
④ 나프탈렌 – 흡수평량법

해설
가스 성분에 대하여 일반적으로 적용하는 화학분석법
- 황화수소 – 아이오딘적정법
- 수분 – 칼피셔법
- 암모니아 – 중화적정법
- 나프탈렌 – 헴펠법

정답 81 ① 82 ④ 83 ① 84 ①

85 다음 계측기기와 관련된 내용을 짝지은 것 중 틀린 것은?

① 열전대 온도계 - 제베크효과
② 모발 습도계 - 히스테리시스
③ 차압식 유량계 - 베르누이식의 적용
④ 초음파 유량계 - 램버트-비어의 법칙

해설
- 초음파 유량계 : 도플러 효과
- 흡광광도계 : 램버트-비어의 법칙

86 시험용 미터인 루츠가스미터로 측정한 유량이 5[m³/h]이다. 기준용 가스미터로 측정한 유량이 4.75[m³/h]이라면 이 가스미터의 기차는 약 몇 [%]인가?

① 2.5[%] ② 3[%]
③ 5[%] ④ 10[%]

해설
기 차

$$\frac{5-4.75}{5}\times100[\%]=5[\%]$$

87 계측기의 선정 시 고려사항으로 가장 거리가 먼 것은?

① 정확도와 정밀도 ② 감 도
③ 견고성 및 내구성 ④ 지시방식

해설
계측기의 선정 시 고려사항
- 측정대상 : 측정량의 종류, 상태
- 측정환경 : 장소, 조건
- 측정수량 : 소량, 다량
- 측정방법 : 원격 측정, 자동 측정, 지시, 기록 등
- 요구성능 : 측정범위, 정확도와 정밀도, 감도, 견고성 및 내구성, 편리성, 고장조치 등
- 경제사항 : 가격, 유지비, 측정에 소요되는 비용

88 적외선 가스분석기에서 분석 가능한 기체는?

① Cl_2 ② SO_2
③ N_2 ④ O_2

해설
적외선 가스분석기는 선택성이 우수하고 연속 분석이 가능한 가스분석법이지만, 적외선을 흡수하지 않는 단원자 분자(He, Ne, Ar 등)와 이원자 분자(O_2, N_2, Cl_2 등)는 분석이 불가능하다.

89 게겔(Gockel)법에 의한 저급 탄화수소 분석 시 분석가스와 흡수액이 옳게 짝지어진 것은?

① 프로필렌 - 황산
② 에틸렌 - 옥소수은칼륨용액
③ 아세틸렌 - 알칼리성 파이로갈롤용액
④ 이산화탄소 - 암모니아성 염화제1구리용액

해설
② 에틸렌 - 브롬화수소용액
③ 아세틸렌 - 옥소수은칼륨용액
④ 이산화탄소 - 수산화칼륨용액

90 액화산소 등을 저장하는 초저온 저장탱크의 액면 측정용으로 가장 적합한 액면계는?

① 직관식 ② 부자식
③ 차압식 ④ 기포식

해설
차압식 액면계
- 주로 고압 밀폐탱크의 액면 측정용으로 사용한다.
- 액화산소와 같은 극저온 저장조의 상·하부를 U자관에 연결하여 차압에 의하여 액면을 측정하는 방식인 햄프슨식이 대표적이다.

정답 85 ④ 86 ③ 87 ④ 88 ② 89 ① 90 ③

91 **막식 가스미터의 부동현상에 대한 설명으로 가장 옳은 것은?**

① 가스가 누출되고 있는 고장이다.
② 가스가 미터를 통과하지 못하는 고장이다.
③ 가스가 미터를 통과하지만 지침이 움직이지 않는 고장이다.
④ 가스가 통과할 때 미터가 이상 음을 내는 고장이다.

92 **건조공기 120[kg]에 6[kg]의 수증기를 포함한 습공기가 있다. 온도가 49[℃]이고, 전체 압력이 750[mmHg]일 때의 비교 습도는 약 얼마인가?(단, 49[℃]에서의 포화수증기압은 89[mmHg]이고 공기의 분자량은 29로 한다)**

① 30[%] ② 40[%]
③ 50[%] ④ 60[%]

해설

- 절대습도 $\omega = \frac{G_v}{G_a} = \frac{6}{120} = 0.05$
- 포화습도 $\omega_s = \frac{M_s}{M_a} \times \frac{P_s}{P - P_s} = \frac{18}{29} \times \frac{89}{760 - 89} \simeq 0.0823$
- 비교습도 $\omega_p = \frac{\omega}{\omega_s} = \frac{0.05}{0.0823} \simeq 0.6075 \simeq 60[\%]$

93 **두 금속의 열팽창계수의 차이를 이용한 온도계는?**

① 서미스터 온도계
② 베크만 온도계
③ 바이메탈 온도계
④ 광고온도계

해설

바이메탈 온도계

- 열팽창계수가 다른 2종 박판 금속을 맞붙여 온도 변화에 의하여 휘어지는 변위로 온도를 측정하는 접촉식 온도계로, 열팽창식 온도계 또는 금속 온도계라고도 한다.
- 바이메탈의 두께 : 0.1~2[mm] 정도
- 선팽창계수가 큰 재질로, 주로 황동을 사용한다.

94 **소형 가스미터의 경우 가스 사용량이 가스미터 용량의 몇 [%] 정도가 되도록 선정하는 것이 가장 바람직한가?**

① 40[%] ② 60[%]
③ 80[%] ④ 100[%]

해설

15호 이하의 소형 가스미터는 최대사용가스량이 가스미터 용량의 60[%]가 되도록 선정한다.

정답 91 ③ 92 ④ 93 ③ 94 ②

95 액주식 압력계에 해당하는 것은?

① 벨로스 압력계
② 분동식 압력계
③ 침종식 압력계
④ 링밸런스식 압력계

해설
① 벨로스 압력계 : 압력의 변화에 대응하여 자체 길이와 체적이 정밀하게 변하는 벨로스(주름)를 이용한 탄성식 압력계
② 분동식 압력계 : 유압 및 공압 측정에서 1차 표준기로 사용되고 있는 압력계
③ 침종식 압력계 : 액 속에 종 모양의 플로트를 넣어 압력에 따른 플로트의 변위량으로 압력을 측정하는 압력계

96 기체크로마토그래피를 통하여 가장 먼저 피크가 나타나는 물질은?

① 메 탄 ② 에 탄
③ 아이소 부탄 ④ 노르말 부탄

해설
기체크로마토그래피를 통하여 가장 먼저 피크가 나타나는 물질은 메탄이다.

97 기체크로마토그래피에 의해 가스의 조성을 알고 있을 때에는 계산에 의해서 그 비중을 알 수 있다. 이때 비중 계산과의 관계가 가장 먼 인자는?

① 성분의 함량비 ② 분자량
③ 수 분 ④ 증발온도

해설
비중계산과의 관계있는 인자 : 성분의 함량비, 분자량, 수분

98 도시가스사용시설에서 최고사용압력이 0.1[MPa] 미만인 도시가스 공급관을 설치하고, 내용적을 계산하였더니 8[m^3]이었다. 전기식 다이어프램형 압력계로 기밀시험을 할 경우 최소유지시간은 얼마인가?

① 4분 ② 10분
③ 24분 ④ 40분

해설

압력측정 기구	최고 사용 압력	용 적	기밀유지시간
전기식 다이어프램형 압력계	저 압	1[m^3] 미만	4분
		1[m^3] 이상 10[m^3] 미만	40분
		10[m^3] 이상 300[m^3] 미만	4× V분(단, 240분을 초과할 경우에는 240분으로 할 수 있다)

95 ④ 96 ① 97 ④ 98 ④ 정답

99 가스 공급용 저장탱크의 가스 저장량을 일정하게 유지하기 위하여 탱크 내부의 압력을 측정하고 측정된 압력과 설정압력(목표압력)을 비교하여 탱크에 유입되는 가스의 양을 조절하는 자동제어계가 있다. 탱크 내부의 압력을 측정하는 동작은 다음 중 어디에 해당하는가?

① 비 교 ② 판 단
③ 조 작 ④ 검 출

100 열전대 온도계의 특징에 대한 설명으로 틀린 것은?

① 원격 측정이 가능하다.
② 고온의 측정에 적합하다.
③ 보상도선에 의한 오차가 발생할 수 있다.
④ 장기간 사용하여도 재질이 변하지 않는다.

해설
열전대 온도계는 장기간 사용하면 재질이 변한다.

정답 99 ④ 100 ④

2020년 제4회 과년도 기출문제

제1과목 | 가스유체역학

01 레이놀즈수가 10^6이고 상대조도가 0.005인 원관의 마찰계수 f는 0.030이다. 이 원관에 부차 손실계수가 6.6인 글로브밸브를 설치하였을 때, 이 밸브의 등가 길이(또는 상당 길이)는 관지름의 몇 배인가?

① 25　② 55
③ 220　④ 440

해설
관의 상당 길이
$$l_e = \frac{Kd}{f} = \frac{6.6 \times d}{0.03} = 220d$$

02 압축성 유체의 기계적 에너지 수지식에서 고려하지 않는 것은?

① 내부에너지　② 위치에너지
③ 엔트로피　④ 엔탈피

해설
압축성 유체의 기계적 에너지 수지식에서 내부에너지, 위치에너지, 엔탈피 등을 고려한다.

03 압축성 이상기체(Compressible Ideal Gas)의 운동을 지배하는 기본방정식이 아닌 것은?

① 에너지방정식　② 연속방정식
③ 차원방정식　④ 운동량방정식

해설
압축성 이상기체(Compressible Ideal Gas)의 운동을 지배하는 기본 방정식 : 에너지방정식, 연속방정식, 운동량방정식

04 LPG 이송 시 탱크로리 상부를 가압하여 액을 저장탱크로 이송시킬 때 사용되는 동력장치는 무엇인가?

① 원심펌프　② 압축기
③ 기어펌프　④ 송풍기

해설
LPG 이송 시 탱크로리 상부를 가압하여 액을 저장탱크로 이송시킬 때 사용되는 동력장치는 압축기이다.

05 마하수는 어느 힘의 비를 사용하여 정의되는가?

① 점성력과 관성력
② 관성력과 압축성 힘
③ 중력과 압축성 힘
④ 관성력과 압력

해설
마하수(Mach Number, M_a) : 유체속도를 음속으로 나눈 값의 무차원수
$$M_a = \frac{\text{관성력}}{\text{압축성 힘}} = \frac{\text{관성력}}{\text{탄성력}} = \frac{\text{유속}}{\text{음속}} = \frac{\text{실제 유동속도}}{\text{음속}}$$

1 ③ 2 ③ 3 ③ 4 ② 5 ② 정답

06 수은 – 물 마노미터로 압력차를 측정하였더니 50[cmHg]였다. 이 압력차를 [mH_2O]로 표시하면 약 얼마인가?

① 0.5　② 5.0
③ 6.8　④ 7.3

해설

압력차

$\frac{50}{76} \times 10.33 \simeq 6.8[mH_2O]$

07 산소와 질소의 체적비가 1 : 4인 조성의 공기가 있다. 표준 상태(0[℃], 1기압)에서의 밀도는 약 몇 [kg/m^3]인가?

① 0.54　② 0.96
③ 1.29　④ 1.51

해설

밀 도

$\rho = \frac{m}{V} = \frac{32 \times 1}{22.4 \times 5} + \frac{28 \times 4}{22.4 \times 5} \simeq 1.29[kg/m^3]$

08 다음 단위 간의 관계가 옳은 것은?

① $1[N] = 9.8[kg \cdot m/s^2]$
② $1[J] = 9.8[g \cdot m^2/s^2]$
③ $1[W] = 1[kg \cdot m^2/s^3]$
④ $1[Pa] = 10^5[kg \cdot m/s^2]$

해설

① $1[N] = 1[kg \cdot m/s^2]$
② $1[J] = 1[g \cdot m^2/s^2]$
④ $1[Pa] = 1[kg/m \cdot s^2]$

09 송풍기의 공기유량이 3[m^3/s]일 때 흡입쪽의 전압이 110[kPa], 출구쪽의 정압이 115[kPa]이고, 속도가 30[m/s]이다. 송풍기에 공급하여야 하는 축동력은 얼마인가?(단, 공기의 밀도는 1.2[kg/m^3]이고, 송풍기의 전효율은 0.8이다)

① 10.45[kW]　② 13.99[kW]
③ 16.62[kW]　④ 20.78[kW]

해설

• 전압

P = 출구전압 – 흡입전압

$= \left(115 + \frac{1.2 \times 30^2 \times 10^{-3}}{2}\right) - 110 = 5.54[kPa]$

• 축동력

$H_2 = \frac{\gamma h Q}{\eta} = \frac{\gamma \times \frac{P}{\gamma} \times Q}{\eta} = \frac{PQ}{\eta}$

$= \frac{5.54 \times 3}{0.8} \simeq 20.78[kW]$

10 평판에서 발생하는 층류 경계층의 두께는 평판선단으로부터의 거리 x와 어떤 관계가 있는가?

① x에 반비례한다.
② $x^{\frac{1}{2}}$에 반비례한다.
③ $x^{\frac{1}{2}}$에 비례한다.
④ $x^{\frac{1}{3}}$에 비례한다.

해설

평판 유동에서 층류 경계층의 두께는 $x^{\frac{1}{2}}$에 비례한다.

정답 6 ③ 7 ③ 8 ③ 9 ④ 10 ③

11 관 내의 압축성 유체의 경우 단면적 A와 마하수 M, 속도 V 사이에 다음과 같은 관계가 성립한다고 한다. 마하수가 2일 때 속도를 0.2[%] 감소시키기 위해서는 단면적을 몇 [%] 변화시켜야 하는가?

$$dA/A=(M^2-1)\times dV/V$$

① 0.6[%] 증가 ② 0.6[%] 감소
③ 0.4[%] 증가 ④ 0.4[%] 감소

해설

$$dA/A=(M^2-1)\times dV/V$$
$$=(2^2-1)\times(-0.2)=-0.6[\%]$$

12 정체온도 T_s, 임계온도 T_c, 비열비를 k라 하면 이들의 관계를 옳게 나타낸 것은?

① $\dfrac{T_c}{T_s}=\left(\dfrac{2}{k+1}\right)^{k-1}$

② $\dfrac{T_c}{T_s}=\left(\dfrac{1}{k-1}\right)^{k-1}$

③ $\dfrac{T_c}{T_s}=\left(\dfrac{2}{k+1}\right)$

④ $\dfrac{T_c}{T_s}=\left(\dfrac{1}{k-1}\right)$

해설

임계조건 : 목에서 유속이 음속인 상태($M_a=1$)인 임계 상태의 조건(압축성 유체의 등엔트로피 유동)

- 임계온도비 : $\dfrac{T_c}{T_s}=\left(\dfrac{2}{k+1}\right)$
  (여기서, T_c : 임계온도, T_s : 정체온도, k : 비열비)
- 임계밀도비 : $\dfrac{\rho_c}{\rho_s}=\left(\dfrac{2}{k+1}\right)^{\frac{1}{k-1}}$
  (여기서, ρ_c : 임계밀도, ρ_s : 정체밀도, k : 비열비)

13 유체 속에 잠긴 경사면에 작용하는 정수력의 작용점은?

① 면의 도심보다 위에 있다.
② 면의 도심에 있다.
③ 면의 도심보다 아래에 있다.
④ 면의 도심과는 상관없다.

해설

유체 속에 잠긴 경사면에 작용하는 정수력의 작용점은 면의 도심보다 아래에 있다.

14 관 속을 충만하게 흐르고 있는 액체의 속도를 급격히 변화시키면 어떤 현상이 일어나는가?

① 수격현상
② 서징현상
③ 캐비테이션 현상
④ 펌프효율 향상 현상

해설

수격현상(Water Hammering)

- 관 내를 흐르고 있는 액체의 유속을 급격히 변화시키면 발생할 수 있는 현상
- 유체가 흐르는 배관 내에서 갑자기 밸브를 닫았더니 급격한 압력 변화가 일어났을 때 발생할 수 있는 현상

15 점성력에 대한 관성력의 상대적인 비를 나타내는 무차원의 수는?

① Reynolds수 ② Froude수
③ 모세관수 ④ Weber수

해설

② Froude수 : 중력에 대한 관성력의 상대적인 비
③ 모세관수 : 표면장력에 대한 점도·속도의 상대적인 비
④ Weber수 : 표면장력에 대한 관성력의 상대적인 비

11 ② 12 ③ 13 ③ 14 ① 15 ① 정답

16 직각좌표계에 적용되는 가장 일반적인 연속방정식은 다음과 같이 주어진다. 다음 중 정상 상태(Steady State)의 유동에 적용되는 연속방정식은?

$$\frac{\partial \rho}{\partial t}+\frac{\partial(\rho u)}{\partial x}+\frac{\partial(\rho v)}{\partial y}+\frac{\partial(\rho w)}{\partial z}=0$$

① $\frac{\partial \rho}{\partial t}+\frac{\partial(\rho u)}{\partial x}+\frac{\partial(\rho v)}{\partial y}+\frac{\partial(\rho w)}{\partial z}=0$

② $\frac{\partial(\rho u)}{\partial x}+\frac{\partial(\rho v)}{\partial y}+\frac{\partial(\rho w)}{\partial z}=0$

③ $\frac{\partial u}{\partial x}+\frac{\partial v}{\partial y}+\frac{\partial w}{\partial z}=0$

④ $\frac{\partial \rho}{\partial t}+\rho\frac{\partial u}{\partial x}+\rho\frac{\partial v}{\partial y}+\rho\frac{\partial w}{\partial z}=0$

해설

정상 상태(Steady State)의 유동에 적용되는 연속방정식

$$\frac{\partial(\rho u)}{\partial x}+\frac{\partial(\rho v)}{\partial y}+\frac{\partial(\rho w)}{\partial z}=0$$

17 수압기에서 피스톤의 지름이 각각 20[cm]와 10[cm]이다. 작은 피스톤에 1[kgf]의 하중을 가하면 큰 피스톤에는 몇 [kgf]의 하중이 가해지는가?

① 1 ② 2
③ 4 ④ 8

해설

압 력

$$P=\frac{F_1}{A_1}=\frac{F_2}{A_2}$$

$$F_1=F_2\times\frac{A_1}{A_2}=1\times\frac{20^2}{10^2}=4[\text{kgf}]$$

18 축동력을 L, 기계의 손실 동력을 L_m 이라고 할 때 기계효율 η_m 을 옳게 나타낸 것은?

① $\eta_m=\frac{L-L_m}{L_m}$ ② $\eta_m=\frac{L-L_m}{L}$

③ $\eta_m=\frac{L_m-L}{L}$ ④ $\eta_m=\frac{L_m-L}{L_m}$

해설

기계효율

$$\eta_m=\frac{L-L_m}{L}$$

19 뉴턴의 점성법칙과 관련 있는 변수가 아닌 것은?

① 전단응력 ② 압 력
③ 점성계수 ④ 속도기울기

해설

뉴턴의 점성법칙과 관련 있는 변수 : 전단응력, 점성계수, 속도기울기

20 다음 중 에너지의 단위는?

① [dyn](dyne) ② [N](newton)
③ [J](joule) ④ [W](watt)

해설

① [dyn](dyne) : 힘의 단위
② [N](newton) : 힘의 단위
④ [W](watt) : 동력의 단위

정답 16 ② 17 ③ 18 ② 19 ② 20 ③

제2과목 | 연소공학

21 15[℃], 50[atm]인 산소 실린더의 밸브를 순간적으로 열어 내부압력을 25[atm]까지 단열팽창시키고 닫았다면 나중 온도는 약 몇 [℃]가 되는가?(단, 산소의 비열비는 1.4이다)

① −28.5[℃] ② −36.8[℃]
③ −78.1[℃] ④ −157.5[℃]

해설

$\frac{T_2}{T_1} = \left(\frac{V_1}{V_2}\right)^{k-1} = \left(\frac{P_2}{P_1}\right)^{\frac{k-1}{k}}$ 에서 $\frac{T_2}{15+273} = \left(\frac{25}{50}\right)^{\frac{1.4-1}{1.4}}$ 이며

$T_2 = 288 \times 0.5^{\frac{0.4}{1.4}} \simeq 236.3[\mathrm{K}] = -36.7[℃]$

22 폭발억제장치의 구성이 아닌 것은?

① 폭발검출기구 ② 활성제
③ 살포기구 ④ 제어기구

해설

폭발억제장치의 구성 : 폭발검출기구(감지부), 제어기구(제어부), 살포기구(소화약제부)

23 초기사건으로 알려진 측정한 장치의 이상이나 운전자의 실수로부터 발생되는 잠재적인 사고결과를 평가하는 정량적 안전성 평가기법은?

① 사건수분석(ETA)
② 결함수분석(FTA)
③ 원인결과분석(CCA)
④ 위험과 운전분석(HAZOP)

해설

② 결함수분석(FTA ; Fault Tree Analysis) : 사고를 일으키는 장치의 이상이나 운전자 실수의 조합을 연역적으로 분석하는 평가기법
③ 원인결과분석(CCA ; Cause Consequence Analysis) : 잠재된 사고의 결과와 이러한 사고의 근본적인 원인을 찾아내고 사고결과와 원인의 상호관계를 예측·평가하는 정량적 안전성 평가기법
④ 위험과 운전분석(HAZOP ; Hazard and Operability Studies) : 공정에 존재하는 위험요소들과 공정의 효율을 떨어뜨릴 수 있는 운전상의 문제점을 찾아내어 그 원인을 제거하는 정성적인 안전성 평가기법

24 발열량 10,500[kcal/kg]인 어떤 연료 2[kg]을 2분 동안 완전연소시켰을 때 발생한 열량을 모두 동력으로 변환시키면 약 몇 [kW]인가?

① 735 ② 935
③ 1,103 ④ 1,303

해설

동 력

$H = \frac{10{,}500 \times 2 \times 4.2}{2 \times 60} = 735[\mathrm{kW}]$

21 ② 22 ② 23 ① 24 ① 정답

25 프로판과 부탄이 혼합된 경우로서 부탄의 함유량이 많아지면 발열량은?

① 커진다. ② 줄어든다.
③ 일정하다. ④ 커지다가 줄어든다.

26 가연물의 구비조건이 아닌 것은?

① 반응열이 클 것
② 표면적이 클 것
③ 열전도도가 클 것
④ 산소와 친화력이 클 것

해설
가연물은 열전도도가 작아야 한다.

27 액체연료의 연소용 공기공급방식에서 2차 공기란 어떤 공기를 말하는가?

① 연료를 분사시키기 위해 필요한 공기
② 완전연소에 필요한 부족한 공기를 보충하는 공기
③ 연료를 안개처럼 만들어 연소를 돕는 공기
④ 연소된 가스를 굴뚝으로 보내기 위해 고압, 송풍하는 공기

해설
2차 공기 : 완전연소에 필요한 부족한 공기를 보충하는 공기

28 TNT당량은 어떤 물질이 폭발할 때 방출하는 에너지와 동일한 에너지를 방출하는 TNT의 질량을 말한다. LPG 1[ton]이 폭발할 때 방출하는 에너지는 TNT당량으로 약 몇 [kg]인가?(단, 폭발한 LPG의 발열량은 15,000[kcal/kg]이며, LPG의 폭발계수는 0.1, TNT가 폭발 시 방출하는 당량에너지는 1,125[kcal/kg]이다)

① 133 ② 1,333
③ 2,333 ④ 4,333

해설

$$\text{TNT당량} = \frac{15,000 \times 1,000 \times 0.1}{1,125} \simeq 1,333[\text{kg}]$$

29 질소 10[kg]이 일정 압력 상태에서 체적이 1.5[m^3]에서 0.3[m^3]으로 감소될 때까지 냉각되었을 때 질소의 엔트로피 변화량의 크기는 약 몇 [kJ/K]인가?(단, C_p는 14[kJ/Kg · K]로 한다)

① 25 ② 125
③ 225 ④ 325

해설
엔트로피 변화량

$$\Delta S = mC_p \ln\frac{V_2}{V_1} = 10 \times 14 \times \ln\frac{0.3}{1.5} \simeq -225[\text{kJ/K}]$$

정답 25 ① 26 ③ 27 ② 28 ② 29 ③

30 **Van der Waals식 $\left(P+\frac{an^2}{V^2}\right)(V-nb)=nRT$ 에 대한 설명으로 틀린 것은?**

① a의 단위는 [atm · L^2/mol^2]이다.
② b의 단위는 [L/mol]이다.
③ a의 값은 기체분자가 서로 어떻게 강하게 끌어 당기는가를 나타낸 값이다.
④ a는 부피에 대한 보정항의 비례상수이다.

해설
b는 부피에 대한 보정항의 비례상수이다.

31 **연료와 공기 혼합물에서 최대연소속도가 되기 위한 조건은?**

① 연료와 양론 혼합물이 같은 양일 때
② 연료가 양론 혼합물보다 약간 적을 때
③ 연료가 양론 혼합물보다 약간 많을 때
④ 연료가 양론 혼합물보다 아주 많을 때

해설
연료와 공기 혼합물에서 최대연소속도가 되기 위한 조건은 연료가 양론 혼합물보다 약간 많을 때이다.

32 **다음은 간단한 수증기 사이클을 나타낸 그림이다. 여기서 랭킨(Rankine) 사이클의 경로를 옳게 나타낸 것은?**

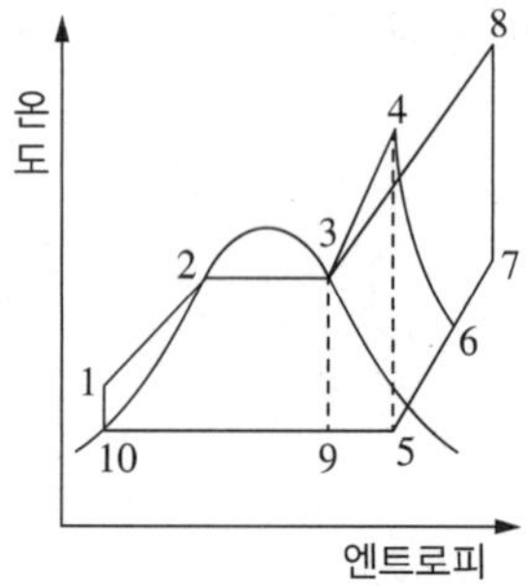

① 1 → 2 → 3 → 9 → 10 → 1
② 1 → 2 → 3 → 4 → 5 → 9 → 10 → 1
③ 1 → 2 → 3 → 4 → 6 → 5 → 9 → 10 → 1
④ 1 → 2 → 3 → 8 → 7 → 5 → 9 → 10 → 1

해설
랭킨(Rankine) 사이클의 경로
1 → 2 → 3 → 4 → 5 → 9 → 10 → 1

33 **충격파가 반응 매질 속으로 음속보다 느린 속도로 이동할 때를 무엇이라 하는가?**

① 폭 굉 ② 폭 연
③ 폭 음 ④ 정상연소

해설
① 폭굉 : 연소파의 화염 전파속도가 음속을 돌파할 때 그 선단에 충격파가 발달하게 되는 현상
④ 정상연소 : 공기가 충분히 공급되고 연소 시 기상조건이 양호할 때의 연소로, 열의 발생속도와 발산속도가 균형을 유지하는 상태의 연소

30 ④ 31 ③ 32 ② 33 ② 정답

34 방폭에 대한 설명으로 틀린 것은?

① 분진폭발은 연소시간이 길고 발생에너지가 크기 때문에 파괴력과 연소 정도가 크다는 특징이 있다.

② 분해폭발을 일으키는 가스에 비활성 기체를 혼합하는 이유는 화염온도를 낮추고 화염 전파능력을 소멸시키기 위함이다.

③ 방폭대책은 크게 예방, 긴급대책으로 나누어진다.

④ 분진을 다루는 압력을 대기압보다 낮게 하는 것도 분진대책 중 하나이다.

해설

방폭대책에는 예방, 국한, 소화, 피난대책이 있다.

35 프로판가스 1[Sm^3]을 완전연소시켰을 때의 건조연소가스량은 약 몇 [Sm^3]인가?(단, 공기 중의 산소는 21[v%]이다)

① 10 ② 16

③ 22 ④ 30

해설

- 프로판의 연소방정식 : $C_3H_8 + 5O_2 \rightarrow 3CO_2 + 4H_2O$
- 이론공기량 $A_0 = \frac{O_0}{0.21} = \frac{5}{0.21} \simeq 23.81[Sm^3]$
- 건조연소가스량

$G_d = (m-0.21)A_0 + 3CO_2$

$= (1-0.21) \times 23.81 + 3 \simeq 21.81 \simeq 22[Sm^3]$

36 공기가 산소 20[v%], 질소 80[v%]의 혼합기체라고 가정할 때 표준 상태(0[℃], 101.325[kPa])에서 공기의 기체상수는 약 몇 [kJ/kg·K]인가?

① 0.269 ② 0.279

③ 0.289 ④ 0.299

해설

공기의 기체상수

8.314[kJ/kmol·K] × 1[kmol]/(32 × 0.2 + 28 × 0.8[kg])

≒ 0.289[kJ/kg·K]

37 열역학 특성식으로 $P_1 V_1^{\,n} = P_2 V_2^{\,n}$이 있다. 이때 n값에 따른 상태 변화를 옳게 나타낸 것은?(단, k는 비열비이다)

① $n = 0$: 등온

② $n = 1$: 단열

③ $n = \pm\infty$: 정적

④ $n = k$: 등압

해설

폴리트로픽 지수(n)와 상태 변화의 관계식

- $n = 0$이면, $P = C$: 등압변화
- $n = 1$이면, $T = C$: 등온변화
- $n = k(=1.4)$: 단열변화
- $n = \infty$이면, $V = C$: 등적변화
- 범위 : $-\infty \sim +\infty$

38 표준 상태에서 고발열량과 저발열량의 차는 얼마인가?

① 9,700[cal/g·mol]

② 539[cal/g·mol]

③ 619[cal/g]

④ 80[cal/g]

해설

표준 상태에서 고발열량(총발열량)과 저발열량(진발열량)과의 차이는 9,700[cal/g·mol]이다.

정답 34 ③ 35 ③ 36 ③ 37 ③ 38 ①

39 **기체연료의 확산연소에 대한 설명으로 틀린 것은?**

① 연료와 공기가 혼합하면서 연소한다.
② 일반적으로 확산과정은 확산에 의한 혼합속도가 연소속도를 지배한다.
③ 혼합에 시간이 걸리며 화염이 길게 늘어난다.
④ 연소기 내부에서 연료와 공기의 혼합비가 변하지 않고 연소된다.

해설
연소기 내부에서 연료와 공기의 혼합비가 변하면서 연소된다.

40 **연료의 구비조건이 아닌 것은?**

① 저장 및 운반이 편리할 것
② 점화 및 연소가 용이할 것
③ 연소가스 발생량이 많을 것
④ 단위 용적당 발열량이 높을 것

해설
연료는 연소가스 발생량이 적어야 한다.

제3과목 | 가스설비

41 **터보(Turbo)압축기의 특징에 대한 설명으로 틀린 것은?**

① 고속회전이 가능하다.
② 작은 설치 면적에 비해 유량이 크다.
③ 케이싱 내부를 급유해야 하므로 기름의 혼입에 주의해야 한다.
④ 용량조정범위가 비교적 좁다.

해설
터보압축기는 윤활유가 필요하지 않으므로 기름의 혼입에 주의할 필요는 없다.

42 **호칭지름이 동일한 외경이 강관에 있어서 스케줄 번호가 다음과 같을 때 두께가 가장 두꺼운 것은?**

① XXS ② XS
③ Sch 20 ④ Sch 40

해설
XXS : 2배 강한 벽 두께(Double Extra Strong)로 가장 두껍다.

39 ④ 40 ③ 41 ③ 42 ① 정답

43 과류차단 안전기구가 부착된 것으로서 가스 유로를 볼로 개폐하고 배관과 호스 또는 배관과 커플러를 연결하는 구조의 콕은?

① 호스콕 ② 퓨즈콕
③ 상자콕 ④ 노즐콕

해설
퓨즈콕
- 과류차단 안전기구가 부착된 것으로서 가스 유로를 볼로 개폐하고 배관과 호스 또는 배관과 커플러를 연결하는 구조의 콕
- 가스 사용 중 호스가 빠지거나 절단되었을 때 또는 화재 시 규정압력 이상의 가스가 흐르면 콕에 내장되어 있는 볼이 떠올라 가스 통로를 자동으로 차단하여 안전을 지켜 준다.

44 저온장치에 사용되는 진공단열법의 종류가 아닌 것은?

① 고진공단열법
② 다층진공단열법
③ 분말진공단열법
④ 다공단층진공단열법

해설
진공단열법
공기 열전도율보다 낮은 값을 얻기 위해 단열 공간을 진공으로 하여 공기를 이용하여 전열을 제거하는 단열법
- 고진공단열법 : 단열 공간을 진공으로 하여 열전도를 차단하는 단열법
- 다층진공단열법 : 고진공도를 이용하여 열전도를 차단하는 단열법
- 분말진공단열법 : 알루미늄분말, 펄라이트, 규조토 등의 충전용 분말로 열전도를 차단하는 단열법

45 교반형 오토클레이브의 장점에 해당되지 않는 것은?

① 가스 누출의 우려가 없다.
② 기액반응으로 기체를 계속 유통시킬 수 있다.
③ 교반효과는 진탕형에 비하여 더 좋다.
④ 특수 라이닝을 하지 않아도 된다.

해설
교반형 오토클레이브는 가스 누출의 우려가 있다.

46 원심펌프의 특징에 대한 설명으로 틀린 것은?

① 저양정에 적합하다.
② 펌프에 충분히 액을 채워야 한다.
③ 원심력에 의하여 액체를 이송한다.
④ 용량에 비하여 설치 면적이 작고 소형이다.

해설
원심펌프는 고양정에 적합하다.

47 가스폭발 위험성에 대한 설명으로 틀린 것은?

① 아세틸렌은 공기가 공존하지 않아도 폭발 위험성이 있다.
② 일산화탄소는 공기가 공존하여도 폭발 위험성이 없다.
③ 액화석유가스가 누출되면 낮은 곳으로 모여 폭발 위험성이 있다.
④ 가연성이 고체 미분이 공기 중에 부유 시 분진폭발의 위험성이 있다.

해설
일산화탄소는 공기와 공존 시 폭발 위험성이 있다.

정답 43 ② 44 ④ 45 ① 46 ① 47 ②

48 LPG 공급방식에서 강제기화방식의 특징이 아닌 것은?

① 기화량을 가감할 수 있다.
② 설치 면적이 작아도 된다.
③ 한랭 시에는 연속적인 가스 공급이 어렵다.
④ 공급 가스의 조성을 일정하게 유지할 수 있다.

해설
LPG 공급방식은 한랭 시에도 연속적인 가스 공급이 가능하다.

49 최대지름이 10[m]인 가연성 가스 저장탱크 2기가 상호 인접하여 있을 때 탱크 간에 유지하여야 할 거리는?

① 1[m] ② 2[m]
③ 5[m] ④ 10[m]

해설
인접 이격거리
$\frac{10+10}{4}=5[m]$

50 탄소강에서 생기는 취성(메짐)의 종류가 아닌 것은?

① 적열취성 ② 풀림취성
③ 청열취성 ④ 상온취성

해설
탄소강에서 생기는 취성(메짐)의 종류에 풀림취성은 존재하지 않는다.

51 LPG와 나프타를 원료로 한 대체천연가스(SNG) 프로세스의 공정에 속하지 않는 것은?

① 수소화탈황공정
② 저온수증기개질공정
③ 열분해공정
④ 메탄합성공정

해설
저온수증기 개질에 의한 SNG(대체천연가스) 제조 프로세스
LPG → 수소화 탈황 → 저온수증기개질 → 메탄화(메탄합성공정) → 탈탄산 → 탈습 → SNG

52 LP가스 1단 감압식 저압조정기의 입구압력은?

① 0.025~0.35[MPa]
② 0.025~1.56[MPa]
③ 0.07~0.35[MPa]
④ 0.07~1.56[MPa]

48 ③ 49 ③ 50 ② 51 ③ 52 ④ 정답

53 **토양의 금속 부식을 확인하기 위해 시험편을 이용하여 실험하였다. 이에 대한 설명으로 틀린 것은?**

① 전기저항이 낮은 토양 중의 부식속도는 빠르다.
② 배수가 불량한 점토 중의 부식속도는 빠르다.
③ 염기성 세균이 번식하는 토양 중의 부식속도는 빠르다.
④ 통기성이 좋은 토양에서 부식속도는 점차 빨라진다.

해설
통기성이 좋은 토양에서 부식속도는 점차 느려진다.

54 **가스배관의 접합시공방법 중 원칙적으로 규정된 접합시공방법은?**

① 기계적 접합 ② 나사 접합
③ 플랜지 접합 ④ 용접 접합

해설
가스배관의 접합시공방법은 원칙적으로 용접 접합으로 규정되어 있다.

55 **탱크로리에서 저장탱크로 LP가스를 압축기에 의한 이송하는 방법의 특징으로 틀린 것은?**

① 펌프에 비해 이송시간이 짧다.
② 잔가스 회수가 용이하다.
③ 균압관을 설치해야 한다.
④ 저온에서 부탄이 재액화될 우려가 있다.

해설
압축기로 LP가스 이송 시 균압관을 설치할 필요는 없다.

56 **아세틸렌(C_2H_2)에 대한 설명으로 틀린 것은?**

① 동과 직접 접촉하여 폭발성의 아세틸리드를 만든다.
② 비점과 융점이 비슷하여 고체 아세틸렌은 융해한다.
③ 아세틸렌가스의 충전제로 규조토, 목탄 등의 다공성 물질을 사용한다.
④ 흡열화합물이므로 압축하면 분해폭발할 수 있다.

해설
고체 아세틸렌은 융점(−81.8[℃])과 비점(−83.6[℃])이 비슷하여 안정하며 융해하지 않고 승화한다.

정답 53 ④ 54 ④ 55 ③ 56 ②

57 LPG 기화장치 중 열교환기에 LPG를 송입하여 여기에서 기화된 가스를 LPG용 조정기에 의하여 감압하는 방식은?

① 가온감압방식
② 자연기화방식
③ 감압가온방식
④ 대기온이온방식

해설
가온감압방식 : LPG 기화장치 중 열교환기에 LPG를 송입하여 여기에서 기화된 가스를 LPG용 조정기에 의하여 감압하는 방식

58 수소에 대한 설명으로 틀린 것은?

① 압축가스로 취급된다.
② 충전구의 나사는 왼나사이다.
③ 용접용기에 충전하여 사용한다.
④ 용기의 도색은 주황색이다.

해설
수소는 무계목용기에 충전하여 사용한다.

59 기포펌프로서 유량이 0.5[m^3/min]인 물을 흡수면보다 50[m] 높은 곳으로 양수하고자 한다. 축동력이 15[PS] 소요되었다고 할 때 펌프의 효율은 약 몇 [%]인가?

① 32 ② 37
③ 42 ④ 47

해설
축동력

$$L = \frac{\gamma Q h}{\eta}$$

$$15 = \frac{1,000 \times 0.5 \times 50}{\eta \times 75 \times 60}$$

$$\eta = \frac{1,000 \times 0.5 \times 50}{15 \times 75 \times 60} \simeq 0.37 = 37[\%]$$

60 어떤 연소기구에 접속된 고무관이 노후화되어 0.6[mm]이 구멍이 뚫려 280[mmH_2O]의 압력으로 LP가스가 5시간 누출되었을 경우 가스 분출량은 약 몇 [L]인가?(단, LP가스의 비중은 1.7이다)

① 52 ② 104
③ 208 ④ 416

해설
분출된 가스의 양

$$Q = 5 \times 0.009 \times 0.6^2 \times \sqrt{\frac{280}{1.7}} \simeq 0.208[m^3] = 208[L]$$

57 ① 58 ③ 59 ② 60 ③ 정답

제4과목 | 가스안전관리

61 가스사고를 원인별로 분류했을 때 가장 많은 비율을 차지하는 사고 원인은?

① 제품 노후(고장)
② 시설 미비
③ 고의 사고
④ 사용자 취급부주의

해설
가스 관련 사고의 원인으로 사용자 취급부주의가 가장 많다.

62 산업 재해 발생 및 그 위험요인에 대하여 짝지어진 것 중 틀린 것은?

① 화재, 폭발 – 가연성, 폭발성 물질
② 중독 – 독성가스, 유독물질
③ 난청 – 누전, 배선 불량
④ 화상, 동상 – 고온, 저온물질

해설
난청 – 소음

63 고압가스용 안전밸브 중 공칭밸브의 크기가 80A일 때 최소내압시험 유지시간은?

① 60초 ② 180초
③ 300초 ④ 540초

해설
밸브몸통의 내압시험시간

공칭밸브 크기	최소 시험유지시간(초)
50A 이하	15
65A 이상 200A 이하	60
250A 이상	180

※ 공기 또는 기체로 내압시험을 하는 경우에도 같다.

64 고압가스용 저장탱크 및 압력용기(설계압력 20.6[MPa] 이하)제조에 대한 내압시험압력 계산식 $\left\{P_t = \mu P\left(\frac{\sigma_t}{\sigma_d}\right)\right\}$에서 계수 μ의 값은?

① 설계압력의 1.25배
② 설계압력의 1.3배
③ 설계압력의 1.5배
④ 설계압력의 2.0배

해설
압력용기 등의 설계압력 범위에 따른 계수 μ의 값
- 설계압력 20.6[MPa] 이하 : 설계압력의 1.3배
- 설계압력 20.6[MPa] 초과 98[MPa] 이하 : 설계압력의 1.25배
- 설계압력 98[MPa] 초과 : $1.1 \le \mu \le 1.25$의 범위에서 사용자와 제조자가 합의하여 결정한다.

정답 61 ④ 62 ③ 63 ① 64 ②

65 차량에 고정된 탱크의 안전운행기준으로 운행을 완료하고 점검하여야 할 사항이 아닌 것은?

① 밸브의 이완 상태
② 부속품 등의 볼트 연결 상태
③ 자동차 운행등록허가증 확인
④ 경계표지 및 휴대품 등의 손상 유뮤

해설
차량에 고정된 탱크의 안전운행기준으로 운행을 완료하고 점검하여야 할 사항
• 밸브의 이완 상태
• 경계표지 및 휴대품 등의 손상 유무
• 부속품 등의 볼트 연결 상태
• 높이검지봉과 부속배관 등의 부착 상태
• 가스의 누출 등의 이상 유무

66 고압가스를 차량에 적재·운반할 때 몇 [km] 이상의 거리를 운행하는 경우에 중간에 충분한 휴식을 취한 후 운행하여야 하는가?

① 100　② 200
③ 300　④ 400

해설
고압가스를 차량에 적재·운반할 때 200[km] 이상의 거리를 운행하는 경우에 중간에 충분한 휴식을 취한 후 운행하여야 한다.

67 다음 보기에서 임계온도가 0[℃]에서 40[℃] 사이인 것으로만 나열된 것은?

보기
㉠ 산 소　㉡ 이산화탄소
㉢ 프로판　㉣ 에틸렌

① ㉠, ㉡　② ㉡, ㉢
③ ㉡, ㉣　④ ㉢, ㉣

해설
임계온도[℃]
• 산소 : −118.6
• 에틸렌 : 9.5
• 이산화탄소 : 31
• 프로판 : 96.67

68 독성가스 냉매를 사용하는 압축기 설치 장소에는 냉매누출 시 체류하지 않도록 환기구를 설치하여야 한다. 냉동능력 1[ton]당 환기구 설치 면적 기준은?

① 0.05[m^2] 이상
② 0.1[m^2] 이상
③ 0.15[m^2] 이상
④ 0.2[m^2] 이상

해설
독성가스 냉매를 사용하는 압축기 설치 장소에 환기구 설치 면적 기준은 냉동능력 1[ton]당 0.05[m^2] 이상이다.

65 ③　66 ②　67 ③　68 ①　정답

69 사이안화수소의 안전성에 대한 설명으로 틀린 것은?

① 순도 98[%] 이상으로서 착색된 것은 60일을 경과할 수 있다.
② 안정제로는 아황산, 황산 등을 사용한다.
③ 맹독성 가스이므로 흡수장치나 재해방지장치를 설치한다.
④ 1일 1회 이상 질산구리벤젠지로 누출을 검지한다.

해설
- 순도가 98[%] 이상으로서 착색되지 않은 것은 다른 용기에 옮겨 충전하지 않을 수 있다.
- 사이안화수소 저장은 용기에 충전한 후 60일을 경과하지 않아야 한다.

70 고압가스 제조설비의 기밀시험이나 시운전 시 가압용 고압가스로 부적당한 것은?

① 질 소 ② 아르곤
③ 공 기 ④ 수 소

해설
고압가스 제조설비의 기밀시험이나 시운전 시 가압용 고압가스 : 질소, 아르곤, 공기

71 도시가스 사용시설에 설치되는 정압기의 분해점검 주기는?

① 6개월 1회 이상
② 1년에 1회 이상
③ 2년에 1회 이상
④ 설치 후 3년까지는 1회 이상, 그 이후에는 4년에 1회 이상

해설
도시가스 사용시설에 설치되는 정압기의 분해점검주기 : 설치 후 3년까지는 1회 이상, 그 이후에는 4년에 1회 이상

72 차량에 고정된 후부 취출식 저장탱크에 의하여 고압가스를 이송하려고 한다. 저장탱크 주밸브 및 긴급차단장치에 속하는 밸브와 차량의 뒷범퍼와의 수평거리가 몇 [cm] 이상 떨어지도록 차량에 고정시켜야 하는가?

① 20 ② 30
③ 40 ④ 60

해설
차량에 고정된 후부 취출식 저장탱크에 의한 고압가스 이송 시 저장탱크 주밸브 및 긴급차단장치에 속하는 밸브와 차량의 뒷범퍼와의 수평거리가 40[cm] 이상 떨어지도록 차량에 고정시켜야 한다.

정답 69 ① 70 ④ 71 ④ 72 ③

73 일반도시가스사업제조소에서 도시가스 지하 매설배관에 사용되는 폴리에틸렌관의 최고사용압력은?

① 0.1[MPa] 이하
② 0.4[MPa] 이하
③ 1[MPa] 이하
④ 4[MPa] 이하

해설
일반도시가스사업제조소에서 도시가스 지하 매설배관에 사용되는 폴리에틸렌관의 최고사용압력은 0.4[MPa] 이하이다.

74 아세틸렌을 용기에 충전한 후 압력이 몇 [℃]에서 몇 [MPa] 이하가 되도록 정치하여야 하는가?

① 15[℃]에서 2.5[MPa]
② 35[℃]에서 2.5[MPa]
③ 15[℃]에서 1.5[MPa]
④ 35[℃]에서 1.5[MPa]

해설
아세틸렌을 용기에 충전한 후 압력이 15[℃]에서 1.5[MPa] 이하가 되도록 정치하여야 한다.

75 다음 특정설비 중 재검사 대상에 해당하는 것은?

① 평저형 저온 저장탱크
② 대기식 기화장치
③ 저장탱크에 부착된 안전밸브
④ 고압가스용 실린더 캐비닛

해설
특정설비 중 재검사 대상에서 제외되는 것
- 평저형 및 이중각 진공단열형 저온 저장탱크
- 역화방지장치
- 독성가스 배관용 밸브
- 자동차용 가스 자동주입기
- 냉동용 특정설비
- 대기식 기화장치
- 저장탱크 또는 차량에 고정된 탱크에 부착되지 않은 안전밸브 및 긴급차단밸브
- 저장탱크 및 압력용기 중 다음에서 정한 것 : 초저온 저장탱크, 초저온 압력용기, 분리할 수 없는 이중관식 열교환기, 그 밖에 산업통상자원부장관이 재검사를 실시하는 것이 현저히 곤란하다고 인정하는 저장탱크 또는 압력용기
- 특정고압가스용 실린더 캐비닛
- 자동차용 압축천연가스 완속충전설비
- 액화석유가스용 용기 잔류가스 회수장치

76 가스 저장탱크 상호간에 유지하여야 하는 최소한의 거리는?

① 60[cm]　② 1[m]
③ 2[m]　④ 3[m]

해설
가스 저장탱크 상호간에 유지하여야 하는 최소한의 거리 : 1[m]

73 ② 74 ③ 75 ③ 76 ② 정답

77 도시가스시설에서 가스사고가 발생한 경우 사고의 종류별 통보방법과 통보기한의 기준으로 틀린 것은?

① 사람이 사망한 사고 : 속보(즉시), 상보(사고 발생 후 20일 이내)
② 사람이 부상당하거나 중독된 사고 : 속보(즉시), 상보(사고 발생 후 15일 이내)
③ 가스 누출에 의한 폭발 또는 화재사고(사람이 사망·부상·중독된 사고 제외) : 속보(즉시)
④ LNG 인수기지의 LNG 저장탱크에서 가스가 누출된 사고(사람이 사망·부상·중독되거나 폭발·화재사고 등 제외) : 속보(즉시)

해설

사람이 부상당하거나 중독된 사고 : 속보(즉시), 상보(사고 발생 후 10일 이내)

78 지상에 설치하는 저장탱크 주위에 방류둑을 설치하지 않아도 되는 경우는?

① 저장능력 10[ton]의 염소탱크
② 저장능력 2,000[ton]의 액화산소탱크
③ 저장능력 1,000[ton]의 부탄탱크
④ 저장능력 5,000[ton]의 액화질소탱크

해설

- 가연성 가스, 산소 : 저장능력 1,000[ton] 이상
- 독성가스 : 저장능력 5[ton] 이상
- 독성가스를 사용하는 내용적이 10,000[L] 이상인 수액기 주위에는 방류둑을 설치한다.
- 가스 도매사업의 가스공급시설의 설치기준에 따르면, 액화가스 저장탱크의 저장능력이 500[ton] 이상일 때 방류둑을 설치하여야 한다.

79 가스누출경보 및 자동차단장치의 기능에 대한 설명으로 틀린 것은?

① 독성가스의 경보농도는 TLV-TWA 기준농도 이하로 한다.
② 경보농도 설정치는 독성가스용에서는 ±30[%] 이하로 한다.
③ 가연성 가스경보기는 모든 가스에 감응하는 구조로 한다.
④ 검지에서 발신까지 걸리는 시간은 경보농도의 1.6배 농도에서 보통 30초 이내로 한다.

해설

담배 연기 등 잡가스에는 경보가 울리지 않아야 한다.

80 가스안전성평가기준에서 정한 정량적인 위험성 평가기법이 아닌 것은?

① 결함수 분석
② 위험과 운전 분석
③ 작업자 실수 분석
④ 원인-결과 분석

해설

위험과 운전 분석은 정성적인 위험성 평가기법에 해당한다.

정답 77 ② 78 ④ 79 ③ 80 ②

81 1차 지연형 계측기의 스텝응답에서 전변화의 80[%]까지 변화하는 데 걸리는 시간은 시정수의 얼마인가?

① 0.8 ② 1.6배
③ 2.0배 ④ 2.8배

해설

스텝응답 $Y=1-e^{-\frac{t}{T}}$ (여기서, t : 변화시간, T : 시정수)

$0.8=1-e^{-\frac{t}{T}}$에서 $\frac{t}{T}\simeq 1.6$이므로 1차 지연형 계측지의 스텝응답에서 전변화의 80[%]까지 변화하는 데 걸리는 시간은 시정수의 1.6배이다.

82 가스미터의 특징에 대한 설명으로 옳은 것은?

① 막식 가스미터는 비교적 값이 싸고 용량에 비하여 설치 면적이 작은 장점이 있다.
② 루츠미터는 대유량의 가스 측정에 적합하고 설치면적이 작고, 대수용가에 사용한다.
③ 습식 가스미터는 사용 중에 기차의 변동이 큰 단점이 있다.
④ 습식 가스미터는 계량이 정확하고 설치 면적이 작은 장점이 있다.

해설

① 막식 가스미터는 비교적 값이 비싸고 용량에 비하여 설치 면적이 많이 소요된다.
③ 습식 가스미터는 사용 중에 기차의 변동이 작다.
④ 습식 가스미터는 계량이 정확하고 설치 면적이 크다.

83 오프셋을 제거하고, 리셋시간도 단축되는 제어방식으로서 쓸모없는 시간이나 전달 느림이 있는 경우에도 사이클링을 일으키지 않아 넓은 범위의 특성 프로세스에 적용할 수 있는 제어는?

① 비례적분미분제어기
② 비례미분제어기
③ 비례적분제어기
④ 비례제어기

해설

비례적분미분제어기 : 오프셋을 제거하고, 리셋시간도 단축되는 제어방식으로서 쓸모없는 시간이나 전달 느림이 있는 경우에도 사이클링을 일으키지 않아 넓은 범위의 특성 프로세스에 적용할 수 있는 제어

84 제어량의 응답에 계단 변화가 도입된 후에 얻게 될 궁극적인 값을 얼마나 초과하게 되는가를 나타내는 척도를 무엇이라 하는가?

① 상승시간(Rise Time)
② 응답시간(Response Time)
③ 오버슈트(Overshoot)
④ 진동주기(Period of Oscillation)

해설

오버슈트(Overshoot) : 제어량의 응답에 계단 변화가 도입된 후에 얻게 될 궁극적인 값을 얼마나 초과하게 되는가를 나타내는 척도

$$\text{최대편차량}=\frac{\text{최대 초과량}}{\text{최종 목표값}}\times 100[\%]$$

81 ② 82 ② 83 ① 84 ③ 정답

85 **막식 가스미터의 부동현상에 대한 설명을 가장 옳은 것은?**

① 가스가 미터를 통과하지만 지침이 움직이지 않는 고장
② 가스가 미터를 통과하지 못하는 고장
③ 가스가 누출되고 있는 고장
④ 가스가 통과될 때 미터가 이상음을 내는 고장

86 **다음 열전대 중 사용온도범위가 가장 좁은 것은?**

① PR　　② CA
③ IC　　④ CC

해설
열전대 사용온도범위[℃]
- PR : 0~1,600
- CA : −20~1,250
- CC : −200~350
- IC : −210~760

87 **캐리어가스의 유량이 60[mL/min]이고, 기록지의 속도가 3[cm/min]일 때 어떤 성분 시료를 주입하였더니 주입점에서 성분 피크까지의 길이가 15[cm]이었다. 지속용량은 약 몇 [mL]인가?**

① 100　　② 200
③ 300　　④ 400

해설
기록지 속도 $v = \frac{l}{t_i} = \frac{Q}{V} \times l$에서

지속용량 $V = \frac{Q}{v} \times l = \frac{60}{3} \times 15 = 300[\text{mL}]$

88 **전기저항식 습도계와 저항 온도계식 건습구 습도계의 공통적인 특징으로 가장 옳은 것은?**

① 정도가 좋다.
② 물이 필요하다.
③ 고습도에서 장기간 방치가 가능하다.
④ 연속 기록, 원격 측정, 자동제어에 이용된다.

해설
전기저항식 습도계와 저항 온도계식 건습구 습도계의 공통적인 특징은 연속 기록, 원격 측정, 자동제어에 이용된다는 것이다.

정답 85 ① 86 ④ 87 ③ 88 ④

89 **적외선 분광분석법에 대한 설명으로 틀린 것은?**

① 적외선을 흡수하기 위해서는 쌍극자 모멘트의 알짜 변화를 일으켜야 한다.
② 고체, 액체, 기체상의 시료를 모두 측정할 수 있다.
③ 열검출기와 광자검출기가 주로 사용된다.
④ 적외선 분광기기로 사용되는 물질은 적외선에 잘 흡수되는 석영을 주로 사용한다.

해설
적외선법 또는 적외선 분광분석법 또는 적외선 흡수법
- 화합물이 가지는 고유의 흡수 정도의 원리(흡광도의 원리)를 이용하여 정성 및 정량분석에 이용할 수 있는 가스분석법
- 적외선을 이용하여 대부분의 가스를 분석할 수 있으며 선택성이 우수하고 연속분석이 가능한 가스분석법이지만, 적외선을 흡수하지 않는 단원자 분자(He, Ne, Ar 등)와 이원자 분자(O_2, N_2, Cl_2 등)는 분석이 불가능하다.
- 적외선을 흡수하기 위해서는 쌍극자 모멘트의 알짜 변화를 일으켜야 한다.
- 미량성분의 분석에는 셀(Cell) 내에서 다중 반사되는 기체 셀을 사용한다.
- 고체, 액체, 기체상의 시료를 모두 측정할 수 있다.
- 주로 열검출기와 광자검출기가 사용된다.

90 **연료가스의 헴펠식(Hempel) 분석방법에 대한 설명으로 틀린 것은?**

① 중탄화수소, 산소, 일산화탄소, 이산화탄소 등의 성분을 분석한다.
② 흡수법과 연소법을 조합한 분석방법이다.
③ 흡수 순서는 일산화탄소, 이산화탄소, 중탄화수소, 산소의 순이다.
④ 질소성분은 흡수되지 않은 나머지로 각 성분의 용량 [%]의 합을 100에서 뺀 값이다.

해설
흡수 순서는 이산화탄소, 중탄화수소, 산소, 일산화탄소의 순이다.

91 **액주형 압력계 사용 시 유의해야 할 사항이 아닌 것은?**

① 액체의 점도가 클 것
② 경계면이 명확한 액체일 것
③ 온도에 따른 액체의 밀도 변화가 작을 것
④ 모세관 현상에 의한 액주의 변화가 없을 것

해설
액주형 압력계는 액체의 점도가 작아야 한다.

92 **습식 가스미터의 특징에 대한 설명으로 틀린 것은?**

① 계량이 정확하다.
② 설치 공간이 크게 요구된다.
③ 사용 중에 기차의 변동이 크다.
④ 사용 중에 수위 조정 등의 관리가 필요하다.

해설
습식 가스미터는 사용 중에 기차의 변동이 작다.

93 **마이크로파식 레벨측정기의 특징에 대한 설명 중 틀린 것은?**

① 초음파식보다 정도가 낮다.
② 진공용기에서의 측정이 가능하다.
③ 측정면에 비접촉으로 측정할 수 있다.
④ 고온·고압의 환경에서도 사용이 가능하다.

해설
마이크로파식 레벨측정기는 초음파식보다 정도가 우수하다.

89 ④ 90 ③ 91 ① 92 ③ 93 ① 정답

94 **채취된 가스를 분석기 내부의 성분 흡수제에 흡수시켜 체적 변화를 측정하는 가스분석 방법은?**

① 오르자트분석법
② 적외선 흡수법
③ 불꽃이온화분석법
④ 화학발광분석법

해설
② 적외선 흡수법 : 화합물이 가지는 고유의 흡수 정도의 원리(흡광도의 원리)를 이용하여 정성 및 정량분석에 이용할 수 있는 가스분석법
③ 불꽃이온화 분석법 : 수소불꽃 속에 탄화수소가 들어가면 불꽃의 전기전도도가 증대하는 현상을 이용한 가스분석법
④ 화학발광 분석법 : NO_x 분석에 이용되는데, NO_x 분석 시 약 590~2,500[nm]의 파장영역에서 발광하는 광량을 이용하는 물리적 가스분석법

95 **독성가스나 가연성 가스 저장소에서 가스 누출로 인한 폭발 및 가스중독을 방지하기 위하여 현장에서 누출 여부를 확인하는 방법으로 가장 거리가 먼 것은?**

① 검지관법
② 시험지법
③ 가연성 가스검출기법
④ 기체크로마토그래피법

해설
기체크로마토그래피(Gas Chromatography) : 기체 비점 300[℃] 이하의 액체를 측정하는 물리적 가스분석계

96 **다음 중 간접계측방법에 해당되는 것은?**

① 압력을 분동식 압력계로 측정
② 질량을 천칭으로 측정
③ 길이를 줄자로 측정
④ 압력을 부르동관 압력계로 측정

해설
①, ②, ③은 직접계측방법이다.

97 **기체크로마토그래피의 주된 측정원리는?**

① 흡 착　　② 증 류
③ 추 출　　④ 결정화

98 **다음 압력계 중 압력 측정범위가 가장 큰 것은?**

① U자형 압력계
② 링밸런스식 압력계
③ 부르동관 압력계
④ 분동식 압력계

해설
압력 측정범위
- U자형 압력계 : 5~2,000[mmH_2O]
- 링밸런스식 압력계 : 25~3,000[mmH_2O]
- 부르동관 압력계 : 0.1~5,000[kg/cm^2]
- 분동식 압력계 : 2~100,000[kg/cm^2]

정답 94 ① 95 ④ 96 ④ 97 ① 98 ④

99 다음 중 1차 압력계는?

① 부르동관 압력계
② U자 마노미터
③ 전기저항 압력계
④ 벨로스 압력계

해설
①, ③, ④는 2차 압력계에 해당한다.

100 차압식 유량계로 유량을 측정하였더니 오리피스 전후의 차압이 1,936[mmH_2O]일 때 유량은 22[m^3/h]이었다. 차압이 1,024[mmH_2O]이면 유량은 약 몇 [m^3/h]이 되는가?

① 6
② 12
③ 16
④ 18

해설
차압 1,936[mmH_2O]일 때 유량을 Q_1이라 하고,
차압 1,024[mmH_2O]일 때의 유량을 Q_2이라 하면

$$\frac{Q_2}{Q_1} = \frac{k\sqrt{2g\Delta P_2/\gamma}}{k\sqrt{2g\Delta P_1/\gamma}} = \sqrt{\frac{\Delta P_2}{\Delta P_1}}$$ 이므로

$$Q_2 = Q_1 \times \sqrt{\frac{\Delta P_2}{\Delta P_1}} = 22 \times \sqrt{\frac{1,024}{1,936}} = 16[\mathrm{m^3/h}]$$

99 ② 100 ③ 정답

2021년 제1회 과년도 기출문제

제1과목 | 가스유체역학

01 2[kgf]은 몇 [N]인가?

① 2 ② 4.9
③ 9.8 ④ 19.6

해설
$2 \times 9.8 = 19.6$[N]

02 2차원 직각좌표계(x, y) 상에서 속도 퍼텐셜(ϕ, Velocity Potential)이 $\phi = Ux$로 주어지는 유동장이 있다. 이 유동장의 흐름함수(ψ, Stream Function)에 대한 표현식으로 옳은 것은?(단, U는 상수이다)

① $U(x+y)$ ② $U(-x+y)$
③ Uy ④ $2Ux$

해설
속도 퍼텐셜이 $\phi = Ux$이므로 x방향으로 변하지만, y방향으로는 일정한 유체 흐름이다. 따라서 흐름함수는 y방향으로 일정한 Uy가 된다.

03 펌프작용이 단속적이라서 맥동이 일어나기 쉬우므로 이를 완화하기 위하여 공기실을 필요로 하는 펌프는?

① 원심펌프 ② 기어펌프
③ 수격펌프 ④ 왕복펌프

해설
① 원심펌프 : 충격이나 맥동 없이 액체를 균일한 압력으로 수송할 수 있으며, 그 두(Head)에 있어 제한을 받으므로 비교적 낮은 압력에서 사용하는 펌프
② 기어펌프 : 두 개의 회전기어를 사용하여 액체를 이동시키는 기계식 펌프
③ 수격펌프 : 높은 곳에서 원형 관 속을 흘러 떨어지는 물의 에너지만 사용하며 그 물의 일부를 보다 높은 곳으로 양수하는 펌프

04 매끄러운 원관에서 유량 Q, 관의 길이 L, 직경 D, 동점성계수 ν가 주어졌을 때 손실수두 h_f를 구하는 순서로 옳은 것은?(단, f는 마찰계수, R_e는 Reynolds수, V는 속도이다)

① Moody선도에서 f를 가정한 후 R_e를 계산하고 h_f를 구한다.
② h_f를 가정하고 f를 구해 확인한 후 Moody선도에서 R_e로 검증한다.
③ R_e를 계산하고 Moody선도에서 f를 구한 후 h_f를 구한다.
④ R_e를 가정하고 V를 계산하고 Moody선도에서 f를 구한 후 h_f를 계산한다.

해설
매끄러운 원관에서 손실수두 h_f를 구하는 순서 : R_e를 계산하고 Moody선도에서 f를 구한 후 h_f를 구한다.

정답 1 ④ 2 ③ 3 ④ 4 ③

05 내경이 300[mm], 길이가 300[m]인 관을 통하여 평균유속 3[m/s]로 흐를 때 압력손실수두는 몇 [m]인가?(단, Darcy-Weisbach식에서의 관 마찰계수는 0.03이다)

① 12.6 ② 13.8
③ 14.9 ④ 15.6

해설
손실수두

$$h_L = f\frac{l}{d}\frac{v^2}{2g} = 0.03\times\frac{300}{0.3}\times\frac{3^2}{2\times 9.8} \simeq 13.8[\mathrm{m}]$$

06 압력 0.1[MPa], 온도 20[℃]에서 공기의 밀도는 몇 [kg/m³]인가?(단, 공기의 기체상수는 287[J/kg・K]이다)

① 1.189 ② 1.314
③ 0.1288 ④ 0.6756

해설
$PV = mRT$에서

밀도 $\rho = \frac{m}{V} = \frac{P}{RT} = \frac{0.1\times 10^6}{287\times(20+273)} \simeq 1.189[\mathrm{kg/m^3}]$

07 동점도의 단위로 옳은 것은?

① $[\mathrm{m/s^2}]$ ② $[\mathrm{m/s}]$
③ $[\mathrm{m^2/s}]$ ④ $[\mathrm{m^2/kg \cdot s^2}]$

해설
동점도의 단위 : $[\mathrm{m^2/s}]$

08 공기를 이상기체로 가정하였을 때 25[℃]에서 공기의 음속은 몇 [m/s]인가?(단, 비열비 $k = 1.4$, 기체상수 $R = 29.27$[kgf・m/kg・K]이다)

① 342 ② 346
③ 425 ④ 456

해설
음 속

$$a = \sqrt{kgRT} = \sqrt{1.4\times 9.8\times 29.27\times(25+273)} \simeq 346[\mathrm{m/s}]$$

09 지름 8[cm]인 원관 속을 동점성계수가 1.5×10^{-6} [m²/s]인 물이 0.002[m³/s]의 유량으로 흐르고 있다. 이때 레이놀즈수는 약 얼마인가?

① 20,000 ② 21,221
③ 21,731 ④ 22,333

해설
레이놀즈수

$$R_e = \frac{\rho v d}{\mu} = \frac{vd}{\nu} = \frac{Qd}{A\nu} = \frac{Qd}{(\pi d^2/4)\times\nu} = \frac{4Q}{\pi d\nu}$$
$$= \frac{4\times 0.002}{\pi\times 0.08\times 1.5\times 10^{-6}} \simeq 21{,}221$$

10 20[℃] 1.03[kgf/cm²abs]의 공기가 단열가역압축되어 50[%]의 체적 감소가 생겼다. 압축 후의 온도는?(단, 기체상수 R은 29.27[kgf・m/kg・K]이며 $C_P/C_v = 1.4$이다)

① 42[℃] ② 68[℃]
③ 83[℃] ④ 114[℃]

해설
$\frac{T_2}{T_1} = \left(\frac{V_1}{V_2}\right)^{k-1}$에서

$$T_2 = T_1\times\left(\frac{V_1}{V_2}\right)^{k-1} = (20+273)\times\left(\frac{1}{0.5}\right)^{1.4-1} \simeq 387[\mathrm{K}]$$
$$= 114[℃]$$

5 ② 6 ① 7 ③ 8 ② 9 ② 10 ④ 정답

11 **마찰계수와 마찰저항에 대한 설명을 옳지 않은 것은?**

① 관 마찰계수는 레이놀즈수와 상대조도의 함수로 나타낸다.
② 평판상의 층류 흐름에서 점성에 의한 마찰계수는 레이놀즈수의 제곱근에 비례한다.
③ 원관에서의 층류운동에서 마찰저항은 유체의 점성계수에 비례한다.
④ 원관에서의 완전난류운동에서 마찰저항은 평균유속의 제곱에 비례한다.

해설
평판상의 층류 흐름에서 점성에 의한 마찰계수는 레이놀즈수에 반비례한다.

12 **다음 그림과 같이 윗변과 아랫변이 각각 a, b이고 높이가 H인 사다리꼴형 평면 수문이 수로에 수직으로 설치되어 있다. 비중량 γ인 물의 압력에 의해 수문이 받는 전체 힘은?**

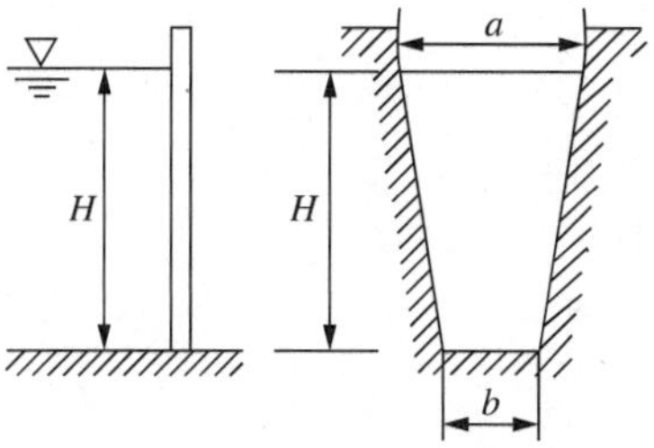

① $\dfrac{\gamma H^2(a-2b)}{6}$ ② $\dfrac{\gamma H^2(a-2b)}{3}$
③ $\dfrac{\gamma H^2(a+2b)}{6}$ ④ $\dfrac{\gamma H^2(a+2b)}{3}$

해설
물의 압력에 의해 수문이 받는 전체 힘

$$F=\frac{\gamma H^2(a+2b)}{6}$$

13 **내경이 10[cm]인 원관 속을 비중 0.85인 액체가 10[cm/s]의 속도로 흐른다. 액체의 점도가 5[cP]라면 이 유동의 레이놀즈수는?**

① 1,400 ② 1,700
③ 2,100 ④ 2,300

해설
레이놀즈수

$$R_e=\frac{\rho vd}{\mu}=\frac{0.85\times10^3\times0.1\times0.1}{0.05\times10^{-3}\times10^2}=1,700$$

14 **압축성 유체의 1차원 유동에서 수직 충격파 구간을 지나는 기체 성질의 변화로 옳은 것은?**

① 속도, 압력, 밀도가 증가한다.
② 속도, 온도, 밀도가 증가한다.
③ 압력, 밀도, 온도가 증가한다.
④ 압력, 밀도, 운동량 플럭스가 증가한다.

해설
충격파의 영향
• 증가 : 압력, 온도, 밀도, 비중량, 마찰열(비가역과정), 엔트로피
• 감소 : 정체압력, 속도, 마하수

정답 11 ② 12 ③ 13 ② 14 ③

15 대기의 온도가 일정하다고 가정할 때 공중에 높이 떠 있는 고무풍선이 차지하는 부피(a)와 그 풍선이 땅에 내렸을 때의 부피(b)를 옳게 비교한 것은?

① a는 b보다 크다.
② a와 b는 같다.
③ a는 b보다 작다.
④ 비교할 수 없다.

해설

$P_a V_a = P_b V_b$에서 $V_a = \frac{P_b}{P_a} \times V_b$이며

$P_a < P_b$이므로, $V_a > V_b$이다.

16 안지름 20[cm]의 원관 속을 비중이 0.83인 유체가 층류(Laminar Flow)로 흐를 때 관 중심에서의 유속이 48[cm/s]이라면 관 벽에서 7[cm] 떨어진 지점에서의 유체의 속도는[cm/s]는?

① 25.52
② 34.68
③ 43.68
④ 46.92

해설

$$u = u_{\max}\left(1 - \frac{r^2}{r_0^2}\right) = 48 \times \left(1 - \frac{3^2}{10^2}\right) = 43.68[\text{cm/s}]$$

17 베르누이 방정식에 관한 일반적인 설명으로 옳은 것은?

① 같은 유선상이 아니더라도 언제나 임의의 점에 대하여 적용된다.
② 주로 비정상류 상태의 흐름에 대하여 적용된다.
③ 유체의 마찰효과를 고려한 식이다.
④ 압력수두, 속도수두, 위치수두의 합은 유선을 따라 일정하다.

해설

① 동일한 유선상에 있어야 한다.
② 정상유동(Steady State)이어야 한다.
③ 유체의 마찰효과를 고려하지 않은 식이다.

18 다음 중 원심 송풍기가 아닌 것은?

① 프로펠러 송풍기
② 다익 송풍기
③ 레이디얼 송풍기
④ 익형(Airfoil) 송풍기

해설

프로펠러 송풍기는 축류 송풍기에 해당한다.

15 ① 16 ③ 17 ④ 18 ① 정답

19 **일반적으로 원관 내부 유동에서 층류만이 일어날 수 있는 레이놀즈수(Reynolds Number)의 영역은?**

① 2,100 이상 ② 2,100 이하
③ 21,000 이상 ④ 21,000 이하

해설
임계 레이놀즈수
- 하임계 레이놀즈수 : 난류에서 층류로 천이하는 레이놀즈수 (R_e =2,100)
- 상임계 레이놀즈수 : 층류에서 난류로 천이하는 레이놀즈수 (R_e =4,000)

20 **수평 원관 내에서의 유체 흐름을 설명하는 Hagen-Poiseuille식을 얻기 위해 필요한 가정이 아닌 것은?**

① 완전히 발달된 흐름
② 정상 상태 흐름
③ 층 류
④ 퍼텐셜 흐름

해설
수평 원관 내에서의 유체 흐름을 설명하는 Hagen-Poiseuille식을 얻기 위해 필요한 가정 : 완전히 발달된 흐름, 정상 상태 흐름, 층류, 비압축성 유체, 뉴턴유체

제2과목 | 연소공학

21 **연료의 일반적인 연소형태가 아닌 것은?**

① 예혼합연소 ② 확산연소
③ 잠열연소 ④ 증발연소

해설
잠열연소라는 것은 존재하지 않는다.

22 **연소에서 공기비가 작을 때의 현상이 아닌 것은?**

① 매연의 발생이 심해진다.
② 미연소에 의한 열손실이 증가한다.
③ 배출가스 중의 NO_2의 발생이 증가한다.
④ 미연소 가스에 의한 역화의 위험성이 증가한다.

해설
공기비가 너무 크면 배출가스 중의 NO_2의 발생이 증가한다.

23 **이상기체 10[kg]을 240[K]만큼 온도를 상승시키는 데 필요한 열량이 정압인 경우와 정적인 경우에 그 차가 415[kJ]이었다. 이 기체의 가스 상수는 약 몇 [kJ/kg·K]인가?**

① 0.173 ② 0.287
③ 0.381 ④ 0.423

해설
열량 $Q = mC\Delta T$에서 비열 $C = \frac{Q}{m\Delta T}$이므로

$R = C_p - C_v = \frac{415}{10 \times 240} \simeq 0.173$

정답 19 ② 20 ④ 21 ③ 22 ③ 23 ①

24 다음과 같은 조성을 갖는 혼합가스의 분자량은? (단, 혼합가스의 체적비는 CO_2(13.1[%]), O_2(7.7[%]), N_2(79.2[%])이다)

① 27.81 ② 28.94
③ 29.67 ④ 30.41

해설
혼합가스의 분자량
$(44\times0.131)+(32\times0.077)+(28\times0.792)\simeq30.41$

25 다음은 Air-Standard Otto Cycle의 $P-V$ Diagram이다. 이 Cycle의 효율(η)을 옳게 나타낸 것은?(단, 정적 열용량은 일정하다)

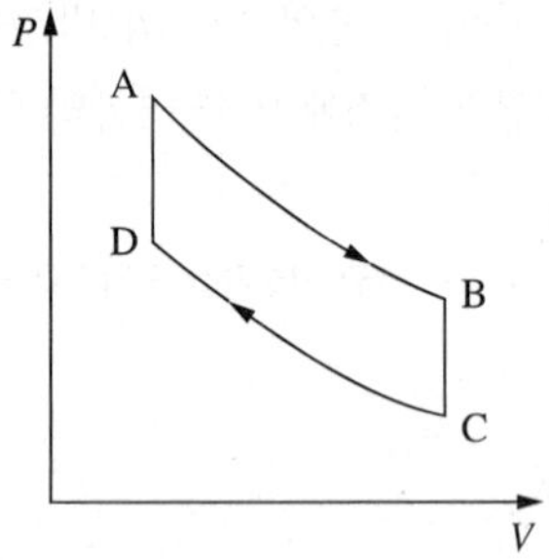

① $\eta=1-\left(\dfrac{T_B-T_C}{T_A-T_D}\right)$

② $\eta=1-\left(\dfrac{T_D-T_C}{T_A-T_B}\right)$

③ $\eta=1-\left(\dfrac{T_A-T_D}{T_B-T_C}\right)$

④ $\eta=1-\left(\dfrac{T_A-T_B}{T_D-T_C}\right)$

해설
오토 사이클의 효율

$$\eta=\frac{\text{유효한 일}}{\text{공급열량}}=\frac{W}{Q_1}=\frac{\text{공급열량}-\text{방출열량}}{\text{공급열량}}$$
$$=\frac{mC_v(T_A-T_D)-mC_v(T_B-T_C)}{mC_v(T_A-T_D)}=1-\left(\frac{T_B-T_C}{T_A-T_D}\right)$$

26 가스폭발의 용어 중 DID의 정의에 대하여 가장 올바르게 나타낸 것은?

① 격렬한 폭발이 완만한 연소로 넘어갈 때까지의 시간
② 어느 온도에서 가열하기 시작하여 발화에 이르기까지의 시간
③ 폭발 등급을 나타내는 것으로서 가연성 물질의 위험성의 척도
④ 최초의 완만한 연소로부터 격렬한 폭굉으로 발전할 때까지의 거리

해설
폭굉유도거리(DID)
- 최초의 완만한 연소로부터 격렬한 폭굉으로 발전할 때까지의 거리이다.
- 압력이 높을 때, 점화원의 에너지가 클 때, 관 속에 장해물이 있을 때, 관지름이 작을 때, 정상연소속도가 빠른 혼합가스일수록 짧아진다.

27 1[kWh]의 열당량은?

① 860[kcal] ② 632[kcal]
③ 427[kcal] ④ 376[kcal]

해설
1[kWh]=3,600[kJ] ≃ 860[kcal]
(여기서, [J]=[W/s], 1[cal] ≃ 4.186[J])

24 ④ 25 ① 26 ④ 27 ① 정답

28 **위험 장소 분류 중 상용의 상태에서 가연성 가스가 체류해 위험하게 될 우려가 있는 장소, 정비 · 보수 또는 누출 등으로 인하여 종종 가연성 가스가 체류하여 위험하게 될 우려가 있는 장소는?**

① 제0종 위험 장소
② 제1종 위험 장소
③ 제2종 위험 장소
④ 제3종 위험 장소

해설
제1종 위험 장소
- 상용의 상태에서 가연성 가스가 체류해 위험하게 될 우려가 있는 장소
- 정비 · 보수 또는 누출 등으로 인하여 종종 가연성 가스가 체류하여 위험하게 될 우려가 있는 장소

29 **공기와 연료의 혼합기체의 표시에 대한 설명 중 옳은 것은?**

① 공기비(Excess Air Ratio)는 연공비의 역수와 같다.
② 당량비(Equivalence Ratio)는 실제의 연공비와 이론 연공비의 비로 정의된다.
③ 연공비(Fuel Air Ratio)라 함은 가연 혼합기 중의 공기와 연료의 질량비로 정의된다.
④ 공연비(Air Fuel Ratio)라 함은 가연 혼합기 중의 연료와 공기의 질량비로 정의된다.

해설
① 공기비(Excess Air Ratio)는 이론공기량에 대한 실제공기량의 비이다. 연공비의 역수는 공연비이다.
③ 연공비(Fuel Air Ratio)라 함은 가연 혼합기 중의 연료와 공기의 질량비로 정의된다.
④ 공연비(Air Fuel Ratio)라 함은 가연 혼합기 중의 공기와 연료의 질량비로 정의된다.

30 **메탄가스 1[Nm³]를 완전연소시키는 데 필요한 이론공기량은 약 몇 [Nm³]인가?**

① 2.0[Nm³] ② 4.0[Nm³]
③ 4.76[Nm³] ④ 9.5[Nm³]

해설
- 메탄의 연소방정식 : $CH_4 + 2O_2 \rightarrow CO_2 + 2H_2O$
- 필요한 공기량 $A_0 = \frac{O_0}{0.21} = \frac{2}{0.21} \simeq 9.5$[Nm³]

31 **전실화재(Flash Over)의 방지대책으로 가장 거리가 먼 것은?**

① 천장의 불연화
② 폭발력의 억제
③ 가연물량의 제한
④ 화원의 억제

해설
전실화재(Flash Over)의 방지대책
- 천장의 불연화
- 가연물량의 제한
- 화원의 억제(개구부의 제한)

32 **이상기체의 구비조건이 아닌 것은?**

① 내부에너지는 온도와 무관하여 체적에 의해서만 결정된다.
② 아보가드로의 법칙을 따른다.
③ 분자의 충돌은 완전탄성체로 이루어진다.
④ 비열비는 온도에 관계없이 일정하다.

해설
내부에너지는 온도만의 함수이다.
$dU = C_v dT$

정답 28 ② 29 ② 30 ④ 31 ② 32 ①

33 상온 · 상압하에서 가연성 가스의 폭발에 대한 일반적인 설명 중 틀린 것은?

① 폭발범위가 클수록 위험하다.
② 인화점이 높을수록 위험하다.
③ 연소속도가 클수록 위험하다.
④ 착화점이 높을수록 안전하다.

해설
상온 · 상압하에서 가연성 가스는 인화점이 낮을수록 위험하다.

34 옥탄(g)의 연소엔탈피는 반응물 중의 수증기가 응축되어 물이 되었을 때 25[℃]에서 −48,220[kJ/kg]이다. 이 상태에서 옥탄(g)의 저위발열량은 약 몇 [kJ/kg]인가?(단, 25[℃] 물의 증발엔탈피[h_{fg}]는 2,441.8[kJ/kg]이다)

① 40,750 ② 42,320
③ 44,750 ④ 45,778

해설
- 옥탄의 연소방정식 : $C_8H_{18} + 12.5O_2 \rightarrow 8CO_2 + 9H_2O$
- 옥탄 1[kg] 연소 시 발생되는 수증기량을 x라 하면
  114 : 9×18 = 1 : x이므로 $x = \frac{1 \times 9 \times 18}{114} \simeq 1.42$[kg]
- 저위발열량 $H_L = 48{,}220 - (2{,}441.8 \times 1.421) \simeq 44{,}750$[kJ/kg]

35 다음 중 연소의 3요소를 옳게 나열한 것은?

① 가연물, 빛, 열
② 가연물, 공기, 산소
③ 가연물, 산소, 점화원
④ 가연물, 질소, 단열압축

해설
연소의 3요소 : 가연물, 산소, 점화원

36 열역학 및 연소에서 사용되는 상수와 그 값이 틀린 것은?

① 열의 일상당량 : 4,186[J/kcal]
② 일반 기체상수 : 8,314[J/kmol · K]
③ 공기의 기체상수 : 287[J/kg · K]
④ 0[℃]에서의 물의 증발잠열 : 539[kJ/kg]

해설
물의 증발잠열
- 0[℃] 물 : 597[kcal/kg] = 2,501[kJ/kg]
- 100[℃] 물 : 539[kcal/kg] = 2,256[kJ/kg]

33 ② 34 ③ 35 ③ 36 ④ 정답

37 분자량이 30인 어떤 가스의 정압비열이 0.516[kJ/kg · K]이라고 가정할 때 이 가스의 비열비 k는 약 얼마인가?

① 1.0　　② 1.4

③ 1.8　　④ 2.2

해설

$C_p - C_v = R = \frac{8.314}{30} \simeq 0.277$이므로

$C_v = C_p - R = 0.516 - 0.277 = 0.239$[kJ/kg · K]

비열비 $k = \frac{C_p}{C_v} = \frac{0.516}{0.239} \simeq 2.159 \simeq 2.2$

38 다음 확산화염의 여러 가지 형태 중 대향분류(對向噴流) 확산화염에 해당하는 것은?

①

②

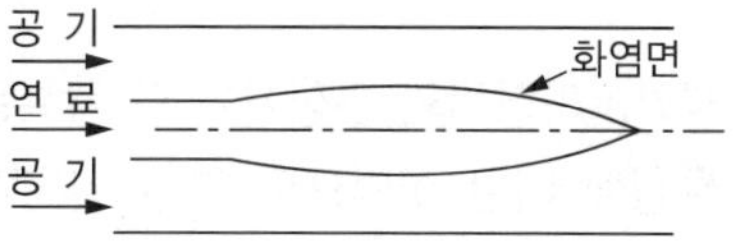

③

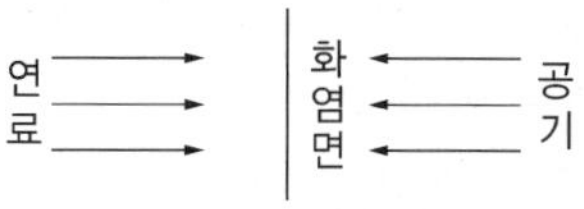

④

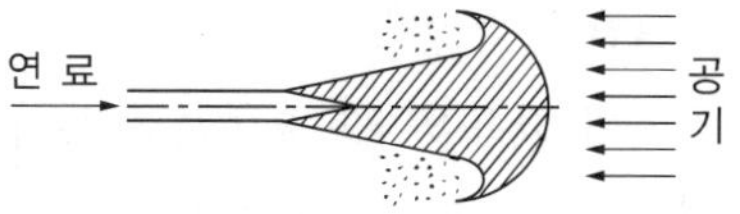

해설

① 자유분류 확산화염

② 동축류 확산화염

③ 대향류 확산화염

39 다음 반응 중 폭굉(Detonation)속도가 가장 빠른 것은?

① $2H_2 + O_2$　　② $CH_4 + 2O_2$

③ $C_3H_8 + 3O_2$　　④ $C_3H_8 + 6O_2$

해설

기체연료 중 공기와 혼합기체를 만들었을 때 연소속도가 가장 빠른 것은 수소이다. 수소의 폭굉반응 $2H_2 + O_2$의 속도는 1,400~3,500[m/s]로 가장 빠르다.

40 액체프로판이 298[K], 0.1[MPa]에서 이론공기를 이용하여 연소하고 있을 때 고발열량은 약 몇 [MJ/kg]인가?(단, 연료의 증발엔탈피는 370[kJ/kg]이고, 기체 상태의 생성엔탈피는 각각 C_3H_8 −103,909[kJ/kmol], CO_2 −393,757[kJ/kmol] 액체 및 기체 상태 H_2O는 각각 −286,010[kJ/kmol], −241,971[kJ/kmol]이다)

① 44　　② 46

③ 50　　④ 2,205

해설

• 프로판의 연소방정식

$C_3H_8 + 5O_2 \rightarrow 3CO_2 + 4H_2O$

• 고발열량

$$Q = \frac{(3 \times 393,757 + 4 \times 286,010) - 103,909}{44 \times 1,000} \simeq 50[\text{MJ/kg}]$$

정답 37 ④ 38 ④ 39 ① 40 ③

41 다음 그림에서 보여 주는 관 이음재의 명칭은?

① 소 켓　② 니 플
③ 부 싱　④ 캡

해설
니플(Nipple) : 관과 관이나 관 부속품과 관 부속품, 관과 관 부속품 등의 암나사와 암나사 부위와 연결하는 것으로, 전체 길이는 10[cm] 이내이며 양쪽은 수나사로 되어 있다.

42 결정조직이 거친 것을 미세화하여 조직을 균일하게 하고 조직의 변형을 제거하기 위하여 균일하게 가열한 후 공기 중에서 냉각하는 열처리 방법은?

① 퀜 칭　② 노멀라이징
③ 어닐링　④ 템퍼링

해설
① 퀜칭(담금질, Quenching) : 담금질온도(담금질온도는 아공석강에서는 A_3 점 이상 30~50[℃], 과공석강에서는 A_1 점 이상 30~50[℃]의 범위)까지 가열했다가 수랭으로 급랭시켜 경도를 올리는 열처리 공법
③ 어닐링(풀림, Annealing) : 금속의 내부응력을 제거하고 가공경화된 재료를 연화시켜 결정조직을 결정하고, 상온가공을 용이하게 할 목적으로 하는 열처리
④ 템퍼링(뜨임, Tempering) : 철을 담금질하면 경도는 커지지만 취성이 생기므로 이를 적당한 온도로 재가열했다가 공기 중에서 서랭시켜 인성을 부여하는 열처리 공법

43 고압가스 제조장치의 재료에 대한 설명으로 틀린 것은?

① 상온, 건조 상태의 염소가스에는 보통강을 사용한다.
② 암모니아, 아세틸렌의 배관재료에는 구리를 사용한다.
③ 저온에서 사용되는 비철금속 재료는 동, 니켈강을 사용한다.
④ 암모니아 합성탑 내부의 재료에는 18-8 스테인리스강을 사용한다.

해설
- 구리 및 구리합금 재료는 암모니아, 아세틸렌에 심하게 부식되므로 배관재료로 사용할 수 없다.
- 구리 및 구리합금 재료를 고압장치의 재료로 사용하기에는 산소가스가 적당하다.

44 가스 액화분리장치의 구성기기 중 왕복동식 팽창기의 특징에 대한 설명으로 틀린 것은?

① 고압식 액체산소분리장치, 수소액화장치, 헬륨액화기 등에 사용된다.
② 흡입압력은 저압에서 고압(20[MPa])까지 범위가 넓다.
③ 팽창기의 효율은 85~90[%]로 높다.
④ 처리가스량이 1,000[m^3/h] 이상의 대량이면 다기통이 된다.

해설
왕복동식 팽창기의 효율은 60~65[%] 정도이다.

41 ② 42 ② 43 ② 44 ③ 정답

45 자동절체식 조정기를 사용할 때의 장점에 해당하지 않는 것은?

① 잔류액이 거의 없어질 때까지 가스를 소비할 수 있다.
② 전체 용기의 개수가 수동절체식보다 적게 소요된다.
③ 용기 교환주기를 길게 할 수 있다.
④ 일체형을 사용하면 다단 감압식보다 배관의 압력손실을 크게 해도 된다.

해설
분리형을 사용하면 1단 감압식 조정기의 경우보다 배관의 압력손실이 어느 정도 커도 문제없다.

46 피스톤 행정용량 0.00248[m^3], 회전수 175[rpm]의 압축기로 1시간에 토출구로 92[kg/h]의 가스가 통과하고 있을 때 가스의 토출효율은 약 몇 [%]인가?(단, 토출가스 1[kg]을 흡입한 상태로 환산한 체적은 0.189[m^3]이다)

① 66.8 ② 70.2
③ 76.8 ④ 82.2

해설
가스 토출효율

$$\eta = \frac{92 \times 0.189}{0.00248 \times 175 \times 60} \times 100[\%] \simeq 66.8[\%]$$

47 도시가스사업법에서 정의한 가스를 제조하여 배관을 통하여 공급하는 도시가스가 아닌 것은?

① 석유가스 ② 나프타부생가스
③ 석탄가스 ④ 바이오가스

해설
도시가스사업법에서 정의한 가스를 제조하여 배관을 통하여 공급하는 도시가스 : 석유가스, 나프타부생가스, 바이오가스 또는 합성천연가스

48 수소화염 또는 산소·아세틸렌 화염을 사용하는 시설 중 분기되는 각각의 배관에 반드시 설치해야 하는 장치는?

① 역류방지장치 ② 역화방지장치
③ 긴급이송장치 ④ 긴급차단장치

해설
수소화염 또는 산소·아세틸렌 화염을 사용하는 시설 중 분기되는 각각의 배관에 반드시 설치해야 하는 장치는 역화방지장치이다.

49 가스 액화 사이클의 종류가 아닌 것은?

① 클라우드식 ② 필립스식
③ 클라우지우스식 ④ 린데식

해설
가스 액화 사이클의 종류 : 린데 사이클, 클라우드 사이클, 필립스 사이클

정답 45 ④ 46 ① 47 ③ 48 ② 49 ③

50 왕복식 압축기의 연속적인 용량제어방법으로 가장 거리가 먼 것은?

① 바이패스 밸브에 의한 조정
② 회전수를 변경하는 방법
③ 흡입 주밸브를 폐쇄하는 방법
④ 베인 컨트롤에 의한 방법

해설
왕복식 압축기의 용량제어방법
- 연속적인 용량제어방법 : 바이패스 밸브에 의한 조정, 회전수를 변경하는 방법, 흡입밸브를 폐쇄하는 방법, 타임드 밸브 제어에 의한 방법
- 불연속적(단계적) 용량제어방법 : 클리어런스 밸브에 의한 방법, 흡입밸브 개방에 의한 방법

51 적화식 버너의 특징으로 틀린 것은?

① 불완전연소가 되기 쉽다.
② 고온을 얻기 힘들다.
③ 넓은 연소실이 필요하다.
④ 1차 공기를 취할 때 역화 우려가 있다.

해설
적화식 버너는 연소에 필요한 공기를 모두 2차 공기에서 취하는 방식이므로 1차 공기를 취하지 않는다.

52 도시가스 배관에서 가스 공급이 불량하게 되는 원인으로 가장 거리가 먼 것은?

① 배관의 파손
② Terminal Box의 불량
③ 정압기의 고장 또는 능력 부족
④ 배관 내의 물의 고임, 녹으로 인한 폐쇄

해설
도시가스 배관에서 가스 공급이 불량하게 되는 원인
- 배관의 파손
- 정압기의 고장 또는 능력 부족
- 배관 내의 물의 고임, 녹으로 인한 폐쇄

53 고압가스의 분출 시 정전기가 가장 발생하기 쉬운 경우는?

① 다성분의 혼합가스인 경우
② 가스의 분자량이 작은 경우
③ 가스가 건조해 있을 경우
④ 가스 중에 액체나 고체의 미립자가 섞여 있는 경우

해설
고압가스의 분출 시 가스 중에 액체나 고체의 미립자가 섞여 있는 경우, 정전기가 발생하기 쉽다.

54 1호당 1일 평균가스소비량이 1.44[kg/day]이고 소비자 호수가 50호라면 피크 시의 평균가스소비량은?(단, 피크 시의 평균 가스소비율은 17[%]이다)

① 10.18[kg/h]
② 12.24[kg/h]
③ 13.42[kg/h]
④ 14.36[kg/h]

해설
피크 시의 평균 가스소비량
$= 1.44 \times 50 \times 0.17 = 12.24$[kg/h]

55 전기방식법 중 외부 전원법의 특징이 아닌 것은?

① 전압, 전류의 조정이 용이하다.
② 전식에 대해서도 방식이 가능하다.
③ 효과범위가 넓다.
④ 다른 매설 금속체의 장해가 없다.

해설
전기방식법 중 외부 전원법은 다른 매설 금속체의 장해가 있다.

56 고압가스 탱크의 수리를 위하여 내부가스를 배출하고 불활성 가스로 치환하여 다시 공기로 치환하였다. 내부의 가스를 분석한 결과 탱크 안에서 용접작업을 해도 되는 경우는?

① 산소 20[%]
② 질소 85[%]
③ 수소 5[%]
④ 일산화탄소 4,000[ppm]

해설
고압가스 탱크의 수리를 위하여 내부가스를 배출하고 불활성 가스로 치환하여 다시 공기로 치환하였다. 내부의 가스를 분석한 결과 탱크 안에서 용접작업을 해도 되는 경우는 산소농도 18~22[%] 범위이다.

57 성능계수가 3.2인 냉동기가 10[ton]의 냉동을 위하여 공급하여야 할 동력은 약 몇 [kW]인가?

① 8 ② 12
③ 16 ④ 20

해설
1[RT] = 3,320[kcal/h] = 3.86[kW]이며

성능계수 $\varepsilon_R = \frac{\text{흡수열}}{\text{받은일}} = \frac{q_2}{W_c}$ 이므로

공급하여야 할 동력 $W_c = \frac{q_2}{\varepsilon_R} = \frac{10 \times 3.86}{3.2} \simeq 12$[kW]

58 LPG를 이용한 가스 공급방식이 아닌 것은?

① 변성혼입방식 ② 공기혼합방식
③ 직접혼입방식 ④ 가압혼입방식

해설
LP가스를 이용한 도시가스 공급방식 : 직접혼입방식, 공기혼합방식, 변성혼입방식

정답 55 ④ 56 ① 57 ② 58 ④

59 **가스의 연소기구가 아닌 것은?**

① 피셔식 버너 ② 적화식 버너
③ 분젠식 버너 ④ 전 1차 공기식 버너

해설
가스의 연소기구 : 분젠식, 세미분젠식, 적화식, 전 1차 공기식

60 **용기 내장형 액화석유가스 난방기용 용접용기에서 최고충전압력이란 몇 [MPa]를 말하는가?**

① 1.25[MPa] ② 1.5[MPa]
③ 2[MPa] ④ 2.6[MPa]

해설
용기내장형 액화석유가스 난방기용 용접용기에서 최고충전압력 : 1.5[MPa]

제4과목 | 가스안전관리

61 **고압가스 충전용기를 차량에 적재 운반할 때의 기준으로 틀린 것은?**

① 충돌을 예방하기 위하여 고무링을 씌운다.
② 모든 충전용기는 적재함에 넣어 세워서 적재한다.
③ 충격을 방지하기 위하여 완충판 등을 갖추고 사용한다.
④ 독성가스 중 가연성 가스와 조연성 가스는 동일 차량 적재함에 운반하지 않는다.

해설
고압가스 충전용기를 차량에 적재할 때에는 차량 운행 중의 동요로 인하여 용기가 충돌하지 아니하도록 고무링을 씌우거나 적재함에 넣어 세워서 적재한다. 단, 압축가스의 충전용기 중 그 형태 및 운반 차량의 구조상 세워서 적재하기 곤란한 때에는 적재함 높이 이내로 눕혀서 적재할 수 있다.

62 **아세틸렌을 용기에 충전할 때에는 미리 용기에 다공질물을 고루 채워야 하는데, 이때 다공질물의 다공도 상한값은?**

① 72[%] 미만 ② 85[%] 미만
③ 92[%] 미만 ④ 98[%] 미만

해설
아세틸렌을 용기에 충전할 때에는 미리 용기에 다공질물을 고루 채워야 한다. 이때 다공질물의 다공도 상한값은 92[%] 미만이다.

59 ① 60 ② 61 ② 62 ③ 정답

63 액화산소 저장탱크 저장능력이 2,000[m³]일 때 방류둑의 용량은 얼마 이상으로 하여야 하는가?

① 1,200[m^3] ② 1,800[m^3]
③ 2,000[m^3] ④ 2,200[m^3]

해설
$2,000 \times 0.6 = 1,200[m^3]$

64 초저온용기의 신규검사 시 다른 용접용기 검사항목과 달리 특별히 시험하여야 하는 검사항목은?

① 압궤시험 ② 인장시험
③ 굽힘시험 ④ 단열성능시험

해설
초저온용기의 신규검사 시 다른 용접용기 검사항목과 달리 특별히 시험하여야 하는 검사 항목은 단열성능시험이다.

65 압력을 가하거나 온도를 낮추면 가장 쉽게 액화하는 가스는?

① 산 소 ② 천연가스
③ 질 소 ④ 프로판

해설
가스의 비점이 높을수록 압력을 가하거나 온도를 낮추면 쉽게 액화한다. 각 가스의 비점[℃]은 산소 -183, 천연가스 -162, 질소 -196, 프로판 -42.1이다. 이 중에서 프로판의 비점이 가장 높으므로 압력을 가하거나 온도를 낮추면 가장 쉽게 액화한다.

66 액화석유가스용 소형 저장탱크의 설치 장소의 기준으로 틀린 것은?

① 지상 설치식으로 한다.
② 액화석유가스가 누출한 경우 체류하지 않도록 통풍이 좋은 장소에 설치한다.
③ 전용 탱크실로 하여 옥외에 설치한다.
④ 건축물이나 사람이 통행하는 구조물의 하부에 설치하지 아니한다.

해설
소형 저장탱크는 옥외에 설치하지만, 전용탱크실을 설치한 경우는 옥외에 설치하지 않을 수 있다.

67 염소와 동일 차량에 적재하여 운반하여도 무방한 것은?

① 산 소 ② 아세틸렌
③ 암모니아 ④ 수 소

해설
산소와 염소는 모두 조연성 가스이므로 동일 차량에 적재하여 운반하여도 무방하지만, 아세틸렌·암모니아·수소 등은 가연성 가스이므로 조연성 가스인 염소와 동일 차량에 적재하여 운반하지 않는다.

68 폭발상한값은 수소와 그리고 폭발하한값은 암모니아와 가장 유사한 가스는?

① 에 탄 ② 일산화탄소
③ 산화프로필렌 ④ 메틸아민

해설
폭발범위[vol%]
- 수소 4~75
- 암모니아 15~28
- 에탄(C_2H_6) : 3~12.5
- 일산화탄소(CO) : 12.5~75
- 산화프로필렌(CH_3CHOCH_2, 프로필렌옥사이드) : 2.1~38.5
- 메틸아민(CH_3NH_2) : 4.9~20.8

정답 63 ① 64 ④ 65 ④ 66 ③ 67 ① 68 ②

69 도시가스사업법에서 요구하는 전문교육 대상자가 아닌 것은?

① 도시가스사업자의 안전관리책임자
② 특정가스사용시설의 안전관리책임자
③ 도시가스사업자의 안전점검원
④ 도시가스사업자의 사용시설점검원

해설
도시가스사업법에서 요구하는 전문교육 대상자
- 도시가스사업자(가스공급시설 설치자 포함)의 안전관리책임자 · 안전관리원 · 안전점검원
- 가스사용시설 안전관리업무 대행자에 채용된 기술인력 중 안전관리책임자
- 특정가스사용시설의 안전관리책임자
- 제1종 가스시설 시공자에 채용된 시공관리자
- 시공사(제2종 가스시설 시공업자의 기술인력인 시공자 양성교육 이수자) 및 제2종 가스시설시공업자에 채용된 시공관리자
- 온수보일러 시공자(제3종 가스시설시공업자의 기술인력인 온수보일러시공자 양성교육과 온수보일러 시공관리자 양성교육 이수자)와 제3종 가스시설 시공업자에 채용된 온수보일러 시공관리자

70 독성가스 배관용 밸브 제조의 기준 중 고압가스 안전관리법의 적용대상 밸브 종류가 아닌 것은?

① 니들밸브 ② 게이트밸브
③ 체크밸브 ④ 볼밸브

해설
독성가스 배관용 밸브 제조의 기준 중 고압가스 안전관리법의 적용대상 밸브 종류 : 볼밸브, 글로브밸브, 게이트밸브, 체크밸브 및 콕

71 용기에 의한 액화석유가스저장소에서 액화석유가스의 충전 용기 보관실에 설치하는 환기구의 통풍 가능 면적의 합계는 바닥 면적 1[m^2]마다 몇 [cm^2] 이상이어야 하는가?

① 250[cm^2] ② 300[cm^2]
③ 400[cm^2] ④ 650[cm^2]

해설
용기에 의한 액화석유가스저장소에서 액화석유가스의 충전용기 보관실에 설치하는 환기구의 통풍 가능 면적의 합계는 바닥 면적 1[m^2]마다 300[cm^2] 이상이어야 한다.

72 저장탱크에 가스를 충전할 때 저장탱크 내용적의 90[%]를 넘지 않도록 충전해야 하는 이유는?

① 액의 요동을 방지하기 위하여
② 충격을 흡수하기 위하여
③ 온도에 따른 액팽창이 현저히 커지므로 안전공간을 유지하기 위하여
④ 추가로 충전할 때를 대비하기 위하여

해설
저장탱크에 가스를 충전할 때 저장탱크 내용적의 90[%]를 넘지 않도록 충전해야 하는 이유 : 온도에 따른 액팽창이 현저히 커지므로 안전 공간을 유지하기 위하여

73 독성가스를 차량으로 운반할 때에는 보호장비를 비치하여야 한다. 압축가스의 용적이 몇 [m^3] 이상일 때 공기호흡기를 갖추어야 하는가?

① 50[m^3] ② 100[m^3]
③ 500[m^3] ④ 1,000[m^3]

해설
독성가스를 차량으로 운반할 때에는 보호장비를 비치하여야 하는데, 압축가스의 용적이 100[m^3] 이상일 때 공기호흡기를 갖추어야 한다.

69 ④ 70 ① 71 ② 72 ③ 73 ② 정답

74 **가스안전위험성평가기법 중 정량적 평가에 해당되는 것은?**

① 체크리스트기법
② 위험과 운전분석기법
③ 작업자실수분석기법
④ 사고예상질문분석기법

해설
작업자실수분석기법은 정량적 평가기법이며, ①·②·④는 정성적 평가기법이다.

75 **고압가스 특정제조시설에서 에어로졸 제조의 기준으로 틀린 것은?**

① 에어로졸 제조는 그 성분 배합비 및 1일에 제조하는 최대수량을 정하고 이를 준수한다.
② 금속제의 용기는 그 두께가 0.125[mm] 이상이고 내용물로 인한 부식을 방지할 수 있는 조치를 한다.
③ 용기는 40[℃]에서 용기 안의 가스압력의 1.2배의 압력을 가할 때 파열되지 않는 것으로 한다.
④ 내용적이 100[cm^3]을 초과하는 용기는 그 용기의 제조자의 명칭 또는 기호가 표시되어 있는 것으로 한다.

해설
용기는 50[℃]에서 용기 안의 가스압력의 1.5배의 압력을 가할 때에 변형되지 아니하고, 50[℃]에서 용기 안의 가스압력의 1.8배의 압력을 가할 때에 파열되지 아니하는 것으로 한다. 단, 1.3[MPa] 이상의 압력을 가할 때에 변형되지 아니하고, 1.5[MPa]의 압력을 가할 때에 파열되지 아니하는 것은 그러하지 아니하다.

76 **일반도시가스공급시설에 설치된 압력조정기는 매 6개월에 1회 이상 안전점검을 실시한다. 압력조정기의 점검기준으로 틀린 것은?**

① 입구압력을 측정하고 입구압력이 명판에 표시된 입구압력범위 이내인지 여부
② 격납상자 내부에 설치된 압력조정기는 격납상자의 견고한 고정 여부
③ 조정기의 몸체와 연결부의 가스 누출 유무
④ 필터 또는 스트레이너의 청소 및 손상 유무

해설
6개월에 1회 이상 안전점검 시 확인하여야 할 사항
- 압력조정기의 정상 작동 유무
- 필터 또는 스트레이너의 청소 및 손상 유무
- 건축물 내부에 설치된 압력조정기의 경우는 가스 방출구의 실외 안전 장소 설치 여부
- 압력조정기의 몸체 및 연결부의 가스 누출 유무
- 격납상자 내부에 설치된 압력조정기의 경우, 격납상자에 견고한 고정 여부

77 **용기에 의한 액화석유가스 저장소의 저장설비 설치기준으로 틀린 것은?**

① 용기 보관실 설치 시 저장설비는 용기집합식으로 하지 아니한다.
② 용기 보관실은 사무실과 구분하여 동일한 부지에 설치한다.
③ 실외 저장소 설치 시 충전용기와 잔가스용기의 보관 장소는 1.5[m] 이상의 거리를 두어 구분하여 보관한다.
④ 실외 저장소 설치 시 바닥으로부터 2[m] 이내의 배수시설이 있을 경우에는 방수재료로 이중으로 덮는다.

해설
실외 저장소 설치 시 바닥으로부터 3[m] 이내의 배수시설이 있을 경우에는 방수재료로 이중으로 덮는다.

정답 74 ③ 75 ③ 76 ① 77 ④

78 불화수소(HF) 가스를 물에 흡수시킨 물질을 저장하는 용기로 사용하기에 가장 부적절한 것은?

① 납용기 ② 유리용기
③ 강용기 ④ 스테인리스용기

해설
불화수소(HF) 가스를 물에 흡수시킨 물질을 저장하는 용기로 납용기, 강철용기, 스테인리스용기 등은 사용하기에 적합하나 유리용기는 사용하기 부적절하다.

79 고압가스용 용접용기의 반타원체형 경판의 두께 계산식은 다음과 같다. m을 올바르게 설명한 것은?

$$t=\frac{PDV}{2S\eta-0.2P}+C \text{에서 } V\text{는 } \frac{2+m^2}{6} \text{이다.}$$

① 동체의 내경과 외경비
② 강판 중앙 단곡부의 내경과 경판 둘레의 단곡부 내경비
③ 반타원체형 내면의 장축부와 단축부의 길이의 비
④ 경판 내경과 경판 장축부의 길이의 비

80 일반 용기의 도색이 잘못 연결된 것은?

① 액화염소 – 갈색
② 아세틸렌 – 황색
③ 액화탄산가스 – 회색
④ 액화암모니아 – 백색

해설
액화탄산가스 – 청색(의료용 액화탄산가스는 회색)

제5과목 | 가스계측

81 다음 중 측온저항체의 종류가 아닌 것은?

① Hg ② Ni
③ Cu ④ Pt

해설
측온저항체의 종류 : Cu, Ni, Pt

82 기체크로마토그래피법의 검출기에 대한 설명으로 옳은 것은?

① 불꽃이온화검출기는 감도가 낮다.
② 전자포획검출기는 선형감응범위가 아주 우수하다.
③ 열전도도검출기는 유기 및 무기화학종에 모두 감응하고 용질이 파괴되지 않는다.
④ 불꽃광도검출기는 모든 물질에 적용된다.

해설
① 불꽃이온화검출기는 감도가 높다.
② 전자포획검출기는 자유전자포착 성질을 이용하여 전자친화력이 있는 화합물에만 감응하는 원리를 적용하여 환경물질분석에 널리 이용된다.
④ 불꽃광도검출기는 황화합물, 인화합물을 선택적으로 검출하며 탄화수소에는 전혀 감응하지 않는다.

78 ② 79 ③ 80 ③ 81 ① 82 ③ 정답

83 다음 보기에서 설명하는 가스미터는?

보기
• 설치 공간을 적게 차지한다. • 대용량의 가스 측정에 적당하다. • 설치 후의 유지관리가 필요하다. • 가스의 압력이 높아도 사용이 가능하다.

① 막식 가스미터　　② 루츠미터
③ 습식 가스미터　　④ 오리피스 미터

해설
루츠(가스)미터
• 회전자식으로 고속회전이 가능하다.
• 고속회전형이며 고압에서도 사용 가능하다.
• 회전수가 비교적 빠르다.
• 소형이므로 설치 공간이 작다.
• 대용량의 가스 측정에 쓰인다.
• 설치 후 유지관리가 필요하다.

84 내경 70[mm]의 배관으로 어떤 양의 물을 보냈더니 배관 내 유속이 3[m/s]이었다. 같은 양의 물을 내경 50[mm]의 배관으로 보내면 배관 내 유속은 약 몇 [m/s]가 되는가?

① 2.56　　② 3.67
③ 4.20　　④ 5.88

해설
유 량
$Q = A_1 v_1 = A_2 v_2$
$v_2 = v_1 \times \frac{A_1}{A_2} = 3 \times \frac{\pi \times 0.07^2/4}{\pi \times 0.05^2/4} = 5.88[\text{m/s}]$

85 용량범위가 1.5~200[m^3/h]로 일반 수용가에 널리 사용되는 가스미터는?

① 루츠미터　　② 습식 가스미터
③ 델터미터　　④ 막식 가스미터

해설
막식 가스미터(다이어프램식 가스미터)
• 두 개의 계측실이 가스 흐름에 의해 상호보완작용으로 밸브시스템을 작동하여 계측실의 왕복운동을 회전운동으로 변환하여 가스량을 적산하는 가스미터이다.
• 용량 : 1.5~200[m^3/h]
• 건식 실측 가스미터에 해당한다.
• 소용량의 계량에 적합하다.
• 저렴하고 유지관리가 용이하다.
• 일반수용가에 널리 사용된다.

86 다음 보기에서 설명하는 열전대 온도계(Thermo Electric Thermometer)의 종류는?

보기
• 기전력 특성이 우수하다. • 환원성 분위기에 강하나 수분을 포함한 산화성 분위기에는 약하다. • 값이 비교적 저렴하다. • 수소와 일산화탄소 등에 사용이 가능하다.

① 백금-백금·로듐
② 크로멜-알루멜
③ 철-콘스탄탄
④ 구리-콘스탄탄

해설
철-콘스탄탄 열전대 온도계(J형)
• 극성 : (+) 순철(Fe) / (−) 콘스탄탄(Cu 55, Ni 45)
• 구기호는 IC이며, 보상도선의 색깔은 노란색이다.
• 측정온도의 범위 : −210~760[℃]
• 열기전력이 크다(기전력 특성이 우수하다).
• 환원성 분위기에 강하지만 수분을 포함한 산화성·부식성 분위기에 약하다.
• E형 열전대 다음으로 기전력 특성이 높다.
• 환원, 비활성, 산화 또는 진공 분위기 등에서 사용 가능하다.
• 수소와 일산화탄소 등에 사용이 가능하다.
• 가격이 저렴하고 다양한 곳에서 사용한다.

정답 83 ② 84 ④ 85 ④ 86 ③

87 진동이 일어나는 장치의 진동을 억제하는 데 가장 효과적인 제어동작은?

① 뱅뱅동작　② 비례동작
③ 적분동작　④ 미분동작

해설
미분동작은 진동이 일어나는 장치의 진동을 억제하는 데 가장 효과적인 제어동작이다.

88 변화되는 목표치를 측정하면서 제어량을 목표치에 맞추는 자동제어방식이 아닌 것은?

① 추종제어　② 비율제어
③ 프로그램제어　④ 정치제어

해설
추종제어, 프로그램제어, 캐스케이드제어, 비율제어 등은 변화되는 목표치를 측정하면서 제어량을 목표치에 맞추는 자동제어방식이지만, 정치제어는 목표값이 변화되지 않고 일정한 제어방식이다.

89 스프링식 저울에 물체의 무게가 작용되어 스프링의 변위가 생기고 이에 따라 바늘의 변위가 생겨 물체의 무게를 지시하는 눈금으로 무게를 측정하는 방법을 무엇이라 하는가?

① 영위법　② 치환법
③ 편위법　④ 보상법

해설
① 영위법 : 측정량(측정하고자 하는 상태량)과 기준량(독립적 크기 조정 가능)을 비교하여 측정량과 똑같이 되도록 기준량을 조정한 후 기준량의 크기로부터 측정량을 구하는 방법(천칭)이다.
② 치환법 : 정확한 기준과 비교 측정하여 측정기 자신의 부정확한 원인이 되는 오차를 제거하기 위하여 사용되는 방법으로, 다이얼 게이지를 이용하여 두께를 측정하는 방법 등이 있다.
④ 보상법 : 측정량의 크기가 거의 같은 미리 알고 있는 양의 분동을 준비하여 분동과 측정량의 차이로부터 측정량을 구하는 방법이다.

90 막식 가스미터에서 발생할 수 있는 고장의 형태 중 가스미터에 감도 유량을 흘렸을 때, 미터 지침의 시도(示度)에 변화가 나타나지 않는 고장을 의미하는 것은?

① 감도 불량　② 부 동
③ 불 통　④ 기차 불량

해설
감도 불량
• 막식 가스미터에서 발생할 수 있는 고장의 형태 중 가스미터에 감도 유량을 흘렸을 때, 미터 지침의 시도(示度)에 변화가 나타나지 않는 고장
• 원 인
  – 계량막 밸브의 누설
  – 밸브와 밸브시트 사이에서의 누설
  – 패킹부에서의 누설

91 화학분석법 중 아이오딘(I)적정법은 주로 어떤 가스를 정량하는 데 사용되는가?

① 일산화탄소　② 아황산가스
③ 황화수소　④ 메 탄

92 측정치가 일정하지 않고 분포현상을 일으키는 흩어짐(Dispersion)이 원인이 되는 오차는?

① 개인오차　② 환경오차
③ 이론오차　④ 우연오차

해설
① 개인오차 : 개인 숙련도에 따른 오차
② 환경오차 : 측정 시의 온도, 습도, 압력 등의 영향으로 발생되는 오차
③ 이론오차 : 이론적으로 보정 가능한 오차(열팽창이나 처짐 등)

정답 87 ④ 88 ④ 89 ③ 90 ① 91 ③ 92 ④

93 부르동(Bourdon)관 압력계에 대한 설명으로 틀린 것은?

① 높은 압력은 측정할 수 있지만 정도는 좋지 않다.
② 고압용 부르동관의 재질은 니켈강이 사용된다.
③ 탄성을 이용하는 압력계이다.
④ 부르동관의 선단은 압력이 상승하면 수축되고, 낮아지면 팽창한다.

해설
부르동관의 선단은 압력이 상승하면 팽창하고, 낮아지면 수축한다.

94 수소의 품질검사에 이용되는 분석방법은?

① 오르자트법
② 산화연소법
③ 인화법
④ 팔라듐블랙에 의한 흡수법

해설
수소의 품질검사에 이용되는 분석방법은 오르자트법이다.

95 상대습도가 30[%]이고, 압력과 온도가 각각 1.1[bar], 75[℃]인 습공기가 100[m^3/h]로 공정에 유입될 때 몰습도[mol H_2O/mol Dry Air]는?(단, 75[℃]에서 포화수증기압은 289[mmHg]이다)

① 0.017 ② 0.117
③ 0.129 ④ 0.317

해설
• 상대습도 $\phi = \frac{P_w}{P_s}$ 에서
수증기분압 $P_w = \phi \times P_s = 0.3 \times 286 = 86.7$[mmHg]
• 습공기전압 $P = \frac{1.1}{1.01325} \times 760 \simeq 825.1$[mmHg]
• 몰습도 $\omega_m = \frac{P_w}{P_a} = \frac{P_w}{P - P_w}$
$= \frac{86.7}{825.1 - 86.7} \simeq 0.117$[mol H_2O/mol Dry Air]

96 다음 중 액면측정방법이 아닌 것은?

① 플로트식 ② 압력식
③ 정전용량식 ④ 박막식

해설
액면측정방법이 아닌 것으로 박막식, 임펠러식 등이 출제된다.

정답 93 ④ 94 ① 95 ② 96 ④

97 다음 가스분석방법 중 성질이 다른 하나는?

① 자동화학식
② 열전도율법
③ 밀도법
④ 기체크로마토그래피법

해설
①은 화학적 가스분석방법에 해당하며, ②・③・④는 물리적 가스분석방법에 해당한다.

98 제베크(Seebeck)효과의 원리를 이용한 온도계는?

① 열전대 온도계
② 서미스터 온도계
③ 팽창식 온도계
④ 광전관 온도계

99 머무른 시간 407초, 길이 12.2[m]인 칼럼에서의 띠 너비를 바닥에서 측정하였을 때 13초였다. 이때 단 높이는 몇 [mm]인가?

① 0.58 ② 0.68
③ 0.78 ④ 0.88

해설
- 이론단수 $N = 16 \times \left(\frac{407}{13}\right)^2 \simeq 15,683$
- 단 높이(HETP) $\frac{L}{N} = \frac{12.2 \times 1,000}{15,683} \simeq 0.78[\text{mm}]$

100 헴펠식 가스분석법에서 흡수・분리되지 않는 성분은?

① 이산화탄소 ② 수 소
③ 중탄화수소 ④ 산 소

해설
헴펠법
- 시료가스 중의 각각의 성분을 규정된 흡수액에 의해 순차적이고 선택적으로 흡수시켜, 그 가스 부피의 감소량으로부터 성분을 분석하는 정량 가스분석법이다.
- 가스분석의 순서는 CO_2 → C_mH_n → O_2 → CO의 순이다.
- 흡수액에 흡수되지 않는 성분은 산소와 함께 연소시켜 그때 가스 부피의 감소량 및 이산화탄소의 생성량으로부터 계산에 의해 정량하는 가스분석방법이므로 연소분석법이기도 하다.
- 헴펠식 가스분석법에서 수소나 메탄은 연소법으로 성분을 분석한다.

97 ① 98 ① 99 ③ 100 ② 정답

2021년 제2회 과년도 기출문제

제1과목 | 가스유체역학

01 다음과 같은 일반적인 베르누이의 정리에 적용되는 조건이 아닌 것은?

$$\frac{P}{\rho g}+\frac{v^2}{2g}+Z= Constant$$

① 정상 상태의 흐름이다.
② 마찰이 없는 흐름이다.
③ 직선관에서만의 흐름이다.
④ 같은 유선상에 있는 흐름이다.

해설
베르누이 방정식의 가정조건
- 유체는 비압축성이어야 한다(압력이 변해도 밀도는 변하지 않아야 한다).
- 유체는 비점성이어야 한다(점성력이 존재하지 않아야 한다).
- 정상유동(정상 상태의 흐름, Steady State)이어야 한다(시간에 대한 변화가 없어야 한다).
- 동일한 유선상에 있어야 한다.
- 유선이 경계층(Boundary Layer)을 통과해서는 안 된다.
- 이상유체의 흐름이다.
- 마찰이 없는 흐름이다.

02 압력계의 눈금이 1.2[MPa]를 나타내고 있으며 대기압이 720[mmHg]일 때 절대압력은 몇 [kPa]인가?

① 720 ② 1,200
③ 1,296 ④ 1,301

해설
절대압력

대기압 + 계기압력 $= 1.2\times1{,}000+\frac{720}{760}\times101.325\simeq1{,}296$[kPa]

03 냇물을 건널 때 안전을 위하여 일반적으로 물의 폭이 넓은 곳으로 건너간다. 그 이유는 폭이 넓은 곳에서는 유속이 느리기 때문이다. 이는 다음 중 어느 원리와 가장 관계가 깊은가?

① 연속방정식
② 운동량방정식
③ 베르누이의 방정식
④ 오일러의 운동방정식

해설
연속방정식(연속의 정리)
- 흐르는 유체에 질량보존의 법칙을 적용한 방정식이다.
- 질량보존의 법칙은 실제유체나 이상유체에 관계없이 모두 적용되는 법칙이다.
- 예를 들어, 냇물을 건널 때 안전을 위하여 물의 폭이 넓은 곳으로 건너가는 이유는 폭이 넓은 곳은 유속이 느리기 때문이다.

04 수차의 효율을 η, 수차의 실제 출력을 L[PS], 수량을 Q[m³/s]라 할 때, 유효낙차 H[m]를 구하는 식은?

① $H=\frac{L}{13.3\eta Q}$[m]
② $H=\frac{QL}{13.3\eta}$[m]
③ $H=\frac{L\eta}{13.3Q}$[m]
④ $H=\frac{\eta}{L\times13.3Q}$[m]

해설
유효낙차

$H=\frac{L}{13.3\eta Q}$[m]

정답 1 ③ 2 ③ 3 ① 4 ①

05 펌프의 회전수를 n[rpm], 유량을 Q[m^3/min], 양정을 H[m]라 할 때 펌프의 비교회전도 n_s를 구하는 식은?

① $n_s = nQ^{\frac{1}{2}} H^{-\frac{3}{4}}$

② $n_s = nQ^{-\frac{1}{2}} H^{\frac{3}{4}}$

③ $n_s = nQ^{-\frac{1}{2}} H^{-\frac{3}{4}}$

④ $n_s = nQ^{\frac{1}{2}} H^{\frac{3}{4}}$

해설

비교회전도

$$n_s = \frac{n \times \sqrt{Q}}{H^{0.75}} = nQ^{\frac{1}{2}} H^{-\frac{3}{4}}$$

06 원관 내 유체의 흐름에 대한 설명 중 틀린 것은?

① 일반적으로 층류는 레이놀즈수가 약 2,100 이하인 흐름이다.

② 일반적으로 난류는 레이놀즈수가 약 4,000 이상인 흐름이다.

③ 일반적으로 관 중심부의 유속은 평균유속보다 빠르다.

④ 일반적으로 최대속도에 대한 평균속도의 비는 난류가 층류보다 작다.

해설

일반적으로 최대속도에 대한 평균속도의 비는 난류가 층류보다 크다.

07 내경이 2.5×10^{-3}[m]인 원관에 0.3[m/s]의 평균속도로 유체가 흐를 때 유량은 약 몇 [m^3/s]인가?

① 1.06×10^{-6} ② 1.47×10^{-6}

③ 2.47×10^{-6} ④ 5.23×10^{-6}

해설

유 량

$$Q = Av = \frac{\pi}{4} \times (2.5 \times 10^{-3})^2 \times 0.3 \simeq 1.47 \times 10^{-6} [\text{m}^3/\text{s}]$$

08 간격이 좁은 2개의 연직 평판을 물속에 세웠을 때 모세관 현상의 관계식으로 맞는 것은?(단, 두 개의 연직 평판의 간격 : t, 표면장력 : σ, 접촉각 : β, 물의 비중량 : γ, 액면의 상승 높이 : h_c이다)

① $h_c = \dfrac{4\sigma \cos\beta}{\gamma t}$

② $h_c = \dfrac{4\sigma \sin\beta}{\gamma t}$

③ $h_c = \dfrac{2\sigma \cos\beta}{\gamma t}$

④ $h_c = \dfrac{2\sigma \sin\beta}{\gamma t}$

해설

- 액면 상승 높이 $h_c = \dfrac{4\sigma\cos\beta}{\gamma d} = \dfrac{4\sigma\cos\beta}{\rho g d}$
- h_c의 비교 : 증류수 > 상수도 > 수은
- 평판일 경우 $h_c = \dfrac{2\sigma\cos\beta}{\gamma t}$ (여기서, t : 평판의 간격)

5 ① 6 ④ 7 ② 8 ③ 정답

09 원관을 통하여 계량수조에 10분 동안 2,000[kg]의 물을 이송한다. 원관의 내경을 500[mm]로 할 때 평균유속은 약 몇 [m/s]인가?(단, 물의 비중은 1.0이다)

① 0.27 ② 0.027
③ 0.17 ④ 0.017

해설

질량유량 $\dot{m}=\rho Av$에서

$$v=\frac{\dot{m}}{\rho A}=\frac{2,000/600}{1,000\times\frac{\pi}{4}\times0.5^2}\simeq0.017[\text{m/s}]$$

10 표준대기에 개방된 탱크에 물이 채워져 있다. 수면에서 2[m] 깊이의 지점에서 받는 절대압력은 몇 [kgf/cm^2]인가?

① 0.03 ② 1.033
③ 1.23 ④ 1.92

해설

절대압력

대기압 $+\gamma h=1.03+1,000\times2\times10^{-4}=1.23$[kgf/cm^2]

11 수직 충격파가 발생될 때 나타나는 현상은?

① 압력, 마하수, 엔트로피가 증가한다.
② 압력은 증가하고, 엔트로피와 마하수는 감소한다.
③ 압력과 엔트로피가 증가하고, 마하수는 감소한다.
④ 압력과 마하수는 증가하고, 엔트로피는 감소한다.

해설

수직 충격파가 발생하면 압력과 엔트로피는 증가하고, 마하수는 감소한다.

12 구가 유체 속을 자유낙하할 때 받는 항력 F가 점성계수 μ, 지름 D, 속도 V의 함수로 주어진다. 이 물리량들 사이의 관계식을 무차원으로 나타내고자 할 때 차원해석에 의하면 몇 개의 무차원수로 나타낼 수 있는가?

① 1 ② 2
③ 3 ④ 4

해설

무차원수

$\pi=n-m=4-3=1$개

13 단면적이 변하는 관로를 비압축성 유체가 흐르고 있다. 지름이 15[cm]인 단면에서의 평균속도가 4[m/s]이면 지름이 20[cm]인 단면에서의 평균속도는 몇 [m/s]인가?

① 1.05 ② 1.25
③ 2.05 ④ 2.25

해설

유량 $A_1v_1=A_2v_2$에서

$$v_2=\frac{A_1}{A_2}\times v_1=\frac{\pi(0.15)^2/4}{\pi(0.2)^2/4}\times4=2.25[\text{m/s}]$$

정답 9 ④ 10 ③ 11 ③ 12 ① 13 ④

14 강관 속을 물이 흐를 때 넓이 250[cm^2]에 걸리는 전단력이 2[N]이라면 전단응력은 몇 [kg/m · s^2]인가?

① 0.4 ② 0.8
③ 40 ④ 80

해설
전단응력
$$\tau = \frac{F_s}{A} = \frac{2}{250 \times 10^{-4}} = 80[\text{Pa}] = 80[\text{kg/m} \cdot \text{s}^2]$$

15 전양정 15[m], 송출량 0.02[m^3/s], 효율 85[%]인 펌프로 물을 수송할 때 축동력은 몇 마력인가?

① 2.8[PS] ② 3.5[PS]
③ 4.7[PS] ④ 5.4[PS]

해설
축동력
$$H_2 = \frac{\gamma h Q}{\eta} = \frac{1{,}000 \times 15 \times 0.02}{0.85} \simeq 353[\text{kgf} \cdot \text{m/s}]$$
$$= \frac{353}{75}[\text{PS}] \simeq 4.7[\text{PS}]$$

16 어떤 유체의 운동문제에 8개의 변수가 관계되고 있다. 이 8개의 변수에 포함되는 기본 차원이 질량 M, 길이 L, 시간 T일 때 π정리로서 차원 해석을 한다면 몇 개의 독립적인 무차원량 π를 얻을 수 있는가?

① 3개 ② 5개
③ 8개 ④ 11개

해설
무차원수
$\pi = n - m = 8 - 3 = 5$개

17 다음 그림은 회전수가 일정할 경우의 펌프의 특성곡선이다. 효율곡선에 해당하는 것은?

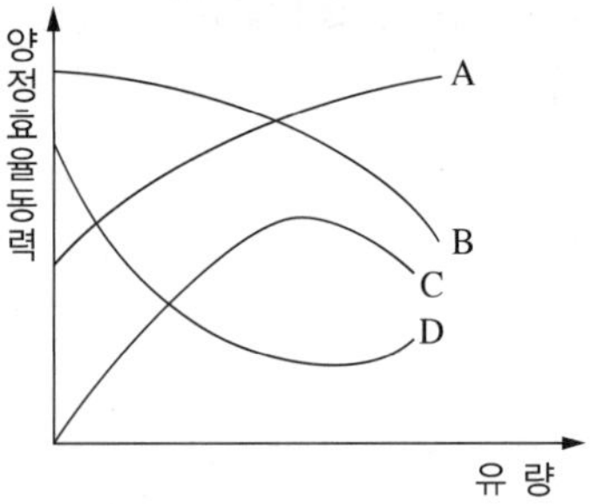

① A ② B
③ C ④ D

해설
① A : 축동력곡선
② B : 양정곡선
④ D : 없음

18 다음 그림과 같이 비중이 0.85인 기름과 물이 층을 이루며 뚜껑이 열린 용기에 채워져 있다. 물의 가장 낮은 밑바닥에서 받는 게이지 압력은 얼마인가? (단, 물의 밀도는 1,000[kg/m^3]이다)

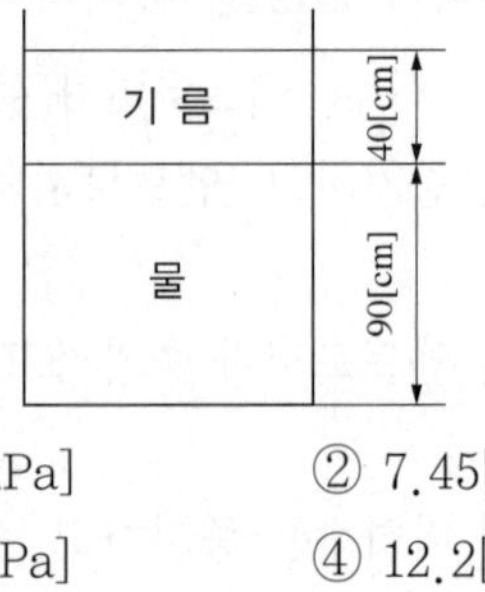

① 3.33[kPa] ② 7.45[kPa]
③ 10.8[kPa] ④ 12.2[kPa]

해설
압 력
$$P = \gamma_1 h_2 + \gamma_2 h_2 = 0.85 \times 9{,}800 \times 0.4 + 1 \times 9{,}800 \times 0.9$$
$$\simeq 12.2[\text{kPa}]$$

14 ④ 15 ③ 16 ② 17 ③ 18 ④ 정답

19 압력이 100[kPa]이고 온도가 30[℃]인 질소(R = 0.26[kJ/kg · K])의 밀도[kg/m³]는?

① 1.02 ② 1.27
③ 1.42 ④ 1.64

해설

$PV = mRT$에서

밀도 $\rho = \frac{m}{V} = \frac{P}{RT} = \frac{10 \times 10^3}{0.26 \times 10^3 \times (30+273)} \simeq 1.27[\text{kg/m}^3]$

20 온도 20[℃]의 이상기체가 수평으로 놓인 관 내부를 흐르고 있다. 유동 중에 놓인 작은 물체의 콕에서의 정체온도(Stagnation Temperature)가 T_s = 40[℃]이면 관에서의 기체의 속도[m/s]는?(단, 기체의 정압비열 C_p =1,040[J/kg · K]이고, 등엔트로피 유동이라고 가정한다)

① 204 ② 217
③ 237 ④ 253

해설

공기의 기체상수 $R = \frac{8,314}{29} \simeq 287$

$C_v = C_p - R = 1,040 - 287 = 753$이므로

비열비 $k = \frac{C_p}{C_v} = \frac{1,040}{753} \simeq 1.38$

$\frac{T_s}{T} = \left(1 + \frac{k-1}{2} M_a^2\right)$에서 $\frac{40+273}{20+273} = \left(1 + \frac{1.38-1}{2} M_a^2\right)$

마하수 $M_a \simeq 0.6$이며

마하수 $M_a = \frac{속도}{음속} = \frac{v}{a} = \frac{v}{\sqrt{kgRT}} = 0.6$이므로

기체의 속도 $v = 0.6 \times \sqrt{kgRT}$

$= 0.6 \times \sqrt{1.38 \times 9.8 \times \frac{848}{29} \times (20+273)}$

$\simeq 204[\text{m/s}]$

제2과목 | 연소공학

21 다음 보기에서 설명하는 가스폭발 위험성 평가기법은?

보기
- 사상의 안전도를 사용하며 시스템의 안전도를 나타내는 모델이다.
- 귀납적이기는 하나 정량적 분석기법이다.
- 재해의 확대요인의 분석에 적합하다.

① FHA(Fault Hazard Analysis)
② JSA(Job Safety Analysis)
③ EVP(Extreme Value Projection)
④ ETA(Event Tree Analysis)

해설

사건수분석(ETA ; Event Tree Analysis) 기법 : 초기사건으로 알려진 특정한 장치의 이상이나 운전자의 실수로부터 발생되는 잠재적인 사고결과를 예측 평가하는 정량적인 안전성 평가기법
- 사상의 안전도를 사용하며 시스템의 안전도를 나타내는 모델이다.
- 귀납적이지만, 정량적 분석기법이다.
- 재해의 확대요인의 분석에 적합하다.

22 랭킨 사이클의 과정은?

① 정압가열 → 단열팽창 → 정압방열 → 단열압축
② 정압가역 → 단열압축 → 정압방열 → 단열팽창
③ 등온팽창 → 단열팽창 → 등온압축 → 단열압축
④ 등온팽창 → 단열압축 → 등온압축 → 단열팽창

정답 19 ② 20 ① 21 ④ 22 ①

23 에틸렌(Ethylene) 1[Sm^3]을 완전연소시키는 데 필요한 공기의 양은 약 몇 [Sm^3]인가?(단, 공기 중의 산소 및 질소의 함량 21[v%], 79[v%]이다)

① 9.5　② 11.9
③ 14.3　④ 19.0

해설
- 에틸렌의 연소방정식 : $C_2H_4 + 3O_2 \rightarrow 2CO_2 + 2H_2O$
- 필요한 공기량 $A_0 = \frac{O_0}{0.21} = \frac{3}{0.21} \simeq 14.3[Sm^3]$

24 가스의 연소속도에 영향을 미치는 인자에 대한 설명 중 틀린 것은?

① 연소속도는 일반적으로 이론혼합비보다 약간 과농한 혼합비에서 최대가 된다.
② 층류연소속도는 초기온도의 상승에 따라 증가한다.
③ 연소속도의 압력 의존성이 매우 커 고압에서 급격한 연소가 일어난다.
④ 이산화탄소를 첨가하면 연소범위가 좁아진다.

해설
압력이 높아지면 분자 간 간격이 좁아져 분자들의 유효충돌이 증가하여 연소속도가 증가하지만, 고압에서 급격한 연소가 일어나는 것은 아니다.

25 418.6[kJ/kg]의 내부에너지를 갖는 20[℃]의 공기 10[kg]이 탱크 안에 들어 있다. 공기의 내부에너지가 502.3[kJ/kg]으로 증가할 때까지 가열하였을 경우 이때의 열량 변화는 약 몇 [kJ]인가?

① 775　② 793
③ 837　④ 893

해설
정적과정에서의 열량 변화는 내부에너지 변화량과 같으므로
$_1Q_2 = \Delta U = 10 \times (502.3 - 418.6) = 837[kJ]$

26 프로판 1[Sm^3]을 공기과잉률 1.2로 완전연소시켰을 때 발생하는 건연소가스량은 약 몇 [Sm^3]인가?

① 28.8　② 26.6
③ 24.5　④ 21.1

해설
- 프로판의 연소방정식 : $C_3H_8 + 5O_2 \rightarrow 3CO_2 + 4H_2O$
- 이론공기량 $A_0 = \frac{O_0}{0.21} = \frac{5}{0.21} \simeq 23.81[Sm^3]$
- 건조연소가스량 $G_d = (m-0.21)A_0 + 3CO_2$
$= (1.2-0.21) \times 23.81 + 3 \simeq 26.6[Sm^3]$

23 ③ 24 ③ 25 ③ 26 ② 정답

27 **증기원동기의 가장 기본이 되는 동력 사이클은?**

① 사바테(Sabathe) 사이클
② 랭킨(Rankine) 사이클
③ 디젤(Diesel) 사이클
④ 오토(Otto) 사이클

해설
① 사바테(Sabathe) 사이클 : 고속 디젤기관의 기본 사이클
③ 디젤(Diesel) 사이클 : 디젤기관의 기본 사이클
④ 오토(Otto) 사이클 : 가솔린기관의 기본 사이클

28 **가연물이 되기 쉬운 조건이 아닌 것은?**

① 열전도율이 작다.
② 활성화에너지가 크다.
③ 산소와 친화력이 크다.
④ 가연물의 표면적이 크다.

해설
가연물은 활성화에너지가 작다.

29 **순수한 물질에서 압력을 일정하게 유지하면서 엔트로피를 증가시킬 때 엔탈피는 어떻게 되는가?**

① 증가한다.　② 감소한다.
③ 변함없다.　④ 경우에 따라 다르다.

해설
순수한 물질에서 압력을 일정하게 유지하면서 엔트로피를 증가시킬 때 엔탈피는 증가한다.

30 **다음 중 가역과정이라고 할 수 있는 것은?**

① Carnot 순환
② 연료의 완전연소
③ 관 내의 유체의 흐름
④ 실린더 내에서의 급격한 팽창

해설
Carnot 순환은 가역과정이며, ②·③·④는 비가역과정이다.

31 **임계압력을 가장 잘 표현한 것은?**

① 액체가 증발하기 시작할 때의 압력을 말한다.
② 액체가 비등점에 도달했을 때의 압력을 말한다.
③ 액체, 기체, 고체가 공존할 수 있는 최소압력을 말한다.
④ 임계온도에서 기체를 액화시키는 데 필요한 최저의 압력을 말한다.

해설
임계압력 : 임계온도에서 기체를 액화시키는 데 필요한 최저의 압력

정답 27 ② 28 ② 29 ① 30 ① 31 ④

32 최소산소농도(MOC)와 이너팅(Inerting)에 대한 설명으로 틀린 것은?

① LFL(연소하한계)은 공기 중의 산소량을 기준으로 한다.
② 화염을 전파하기 위해서는 최소한의 산소농도가 요구된다.
③ 폭발 및 화재는 연료의 농도에 관계없이 산소의 농도를 감소시킴으로써 방지할 수 있다.
④ MOC값은 연소반응식 중 산소의 양론계수와 LFL(연소하한계)의 곱을 이용하여 추산할 수 있다.

해설
LFL(연소하한계)은 공기 중의 가연성 물질용량의 최솟값을 기준으로 하지만, 연소나 폭발은 산소의 문제이며 화염을 전파하기 위해서는 최소한의 산소농도가 요구된다.

33 파라핀계 탄화수소의 탄소수 증가에 따른 일반적인 성질 변화에 옳지 않은 것은?

① 인화점이 높아진다.
② 착화점이 높아진다.
③ 연소범위가 좁아진다.
④ 발열량([kcal/m^3])이 커진다.

해설
파라핀계 탄화수소의 탄소수가 증가하면 착화점이 낮아진다.

34 어느 카르노 사이클이 103[℃]와 −23[℃]에서 작동이 되고 있을 때 열펌프의 성적계수는 약 얼마인가?

① 3.5 ② 3
③ 2 ④ 0.5

해설
열펌프의 성적계수

$$\varepsilon_H = \frac{T_1}{T_1 - T_2} = \frac{103+273}{(103+273)-(-23+273)} = 2.98 \simeq 3$$

35 표면연소에 대하여 가장 옳게 설명한 것은?

① 오일이 표면에서 연소하는 상태
② 고체 연료가 화염을 길게 내면서 연소하는 상태
③ 화염의 외부 표면에 산소가 접촉하여 연소하는 상태
④ 적열된 코크스 또는 숯의 표면에 산소가 접촉하여 연소하는 상태

해설
표면연소 : 적열된 코크스 또는 숯의 표면에 산소가 접촉하여 연소하는 상태

36 자연 상태의 물질을 어떤 과정(Process)을 통해 화학적으로 변형시킨 상태의 연료를 2차 연료라고 한다. 다음 중 2차 연료에 해당하는 것은?

① 석 탄 ② 원 유
③ 천연가스 ④ LPG

해설
석탄, 원유, 천연가스는 1차 연료이며, LPG는 2차 연료이다.

32 ① 33 ② 34 ② 35 ④ 36 ④ 정답

37 다음 보기에서 열역학에 대한 설명으로 옳은 것을 모두 나열한 것은?

보기

㉮ 기체에 기계적 일을 가하여 단열 압축시키면 일은 내부에너지로 기체 내에 축적되어 온도가 상승한다.

㉯ 엔트로피는 가역이면 항상 증가하고, 비가역이면 항상 감소한다.

㉰ 가스를 등온팽창시키면 내부에너지의 변화는 없다.

① ㉮　　② ㉯

③ ㉮, ㉰　　④ ㉯, ㉰

해설

엔트로피는 가역이면 변화가 없고, 비가역이면 항상 증가한다.

38 폭발 위험 예방원칙으로 고려하여야 할 사항에 대한 설명으로 틀린 것은?

① 비일상적 유지관리 활동은 별도의 안전관리시스템에 따라 수행되므로 폭발 위험 장소를 구분하는 때에는 일상적인 유지관리 활동만을 고려하여 수행한다.

② 가연성 가스를 취급하는 시설을 설계하거나 운전절차서를 작성하는 때에는 0종 장소 또는 1종 장소의 수와 범위가 최대가 되도록 한다.

③ 폭발성 가스 분위기가 존재할 가능성이 있는 경우에는 점화원 주위에서 폭발성 가스 분위기가 형성될 가능성 또는 점화원을 제거한다.

④ 공정설비가 비정상적으로 운전되는 경우에도 대기로 누출되는 가연성 가스의 양이 최소화되도록 한다.

해설

가연성 가스를 취급하는 시설을 설계하거나 운전절차서를 작성하는 때에는 제0종 장소 또는 제1종 장소의 수와 범위가 최소가 되도록 한다.

39 연소범위에 대한 일반적인 설명으로 틀린 것은?

① 압력이 높아지면 연소범위는 넓어진다.

② 온도가 올라가면 연소범위는 넓어진다.

③ 산소농도가 증가하면 연소범위는 넓어진다.

④ 불활성 가스의 양이 증가하면 연소범위는 넓어진다.

해설

불활성 가스의 양이 증가하면 연소범위는 좁아진다.

40 증기운폭발(VCE)의 특성에 대한 설명 중 틀린 것은?

① 증기운의 크기가 증가하면 점화 확률이 커진다.

② 증기운에 의한 재해는 폭발보다는 화재가 일반적이다.

③ 폭발효율이 커서 연소에너지의 대부분이 폭풍파로 전환된다.

④ 누출된 가연성 증기가 양론비에 가까운 조성의 가연성 혼합기체를 형성하면 폭굉의 가능성이 높아진다.

해설

증기운폭발은 연소에너지의 약 20[%]만 폭풍파로 변한다.

정답 37 ③ 38 ② 39 ④ 40 ③

제3과목 | 가스설비

41 용기용 밸브는 가스 충전구의 형식에 따라 A형, B형, C형의 3종류가 있다. 가스 충전구가 암나사로 되어 있는 것은?

① A형 ② B형
③ A형, B형 ④ C형

해설
가스 충전구의 형식에 따른 용기용 밸브의 분류
- A형 : 가스 충전구가 수나사
- B형 : 가스 충전구가 암나사
- C형 : 가스 충전구에 나사가 없는 것

42 비교 회전도(비속도, n_s)가 가장 작은 펌프는?

① 축류펌프 ② 터빈펌프
③ 벌류트펌프 ④ 사류펌프

해설
비교회전도(비속도, n_s)
- 터빈펌프 : 약 100
- 벌류트펌프 : 약 350
- 사류펌프 : 약 880
- 축류펌프 : 약 1,500

43 고압가스 제조시설의 플레어 스택에서 처리가스의 액체 성분을 제거하기 위한 설비는?

① Knock-out Drum
② Seal Drum
③ Flame Arrestor
④ Pilot Burner

해설
Knock-out Drum : 고압가스 제조시설의 플레어스택에서 처리가스의 액체 성분을 제거하기 위한 설비

44 고압가스 제조장치 재료에 대한 설명으로 틀린 것은?

① 상온, 상압에서 건조 상태의 염소가스에 탄소강을 사용한다.
② 아세틸렌은 철, 니켈 등의 철족의 금속과 반응하여 금속 카보닐을 생성한다.
③ 9[%] 니켈강은 액화천연가스에 대하여 저온취성에 강하다.
④ 상온, 상압에서 수증기가 포함된 탄산가스 배관에 18-8 스테인리스강을 사용한다.

해설
일산화탄소는 철, 니켈 등의 철족의 금속과 반응하여 금속 카보닐을 생성한다.

41 ② 42 ② 43 ① 44 ② 정답

45 흡입 구경이 100[mm], 송출 구경이 90[mm]인 원심펌프의 올바른 표시는?

① 100×90 원심펌프
② 90×100 원심펌프
③ 100-90 원심펌프
④ 90-100 원심펌프

해설
100×90 원심펌프 : 흡입 구경이 100[mm], 송출 구경이 90[mm]인 원심펌프

46 저압배관에서 압력손실의 원인으로 가장 거리가 먼 것은?

① 마찰저항에 의한 손실
② 배관의 입상에 의한 손실
③ 밸브 및 엘보 등 배관 부속품에 의한 손실
④ 압력계, 유량계 등 계측기 불량에 의한 손실

해설
저압배관에서 압력손실의 원인
- 마찰저항에 의한 손실
- 배관의 입상에 의한 손실
- 밸브 및 엘보 등 배관 부속품에 의한 손실
- 배관의 지름이나 길이에 의한 손실

47 액화석유가스를 사용하고 있던 가스레인지를 도시가스로 전환하려고 한다. 다음 조건으로 도시가스를 사용할 경우 노즐 구경은 약 몇 [mm]인가?

- LPG 총발열량(H_1) : 24,000[kcal/m^3]
- LNG 총발열량(H_2) : 6,000[kcal/m^3]
- LPG 공기에 대한 비중(d_1) : 1.55
- LNG 공기에 대한 비중(d_2) : 0.65
- LPG 사용압력(p_1) : 2.8[kPa]
- LNG 사용압력(p_2) : 1.0[kPa]
- LPG를 사용하고 있을 때의 노즐 구경(D_1) : 0.3[mm]

① 0.2　　② 0.4
③ 0.5　　④ 0.6

해설
LPG를 가스 1, LNG를 가스 2라 하면

가스 1의 웨버지수 $WI_1 = \frac{H_1}{\sqrt{S_1}} = \frac{24,000}{\sqrt{1.55}} \simeq 19,277$

가스 2의 웨버지수 $WI_2 = \frac{H_2}{\sqrt{S_2}} = \frac{6,000}{\sqrt{0.65}} \simeq 7,442$

노즐지름 변경률 $\frac{D_2}{D_1} = \sqrt{\frac{WI_1\sqrt{P_1}}{WI_2\sqrt{P_2}}}$ 에서

$$D_2 = D_1 \times \sqrt{\frac{WI_1\sqrt{P_1}}{WI_2\sqrt{P_2}}} = 0.3 \times \sqrt{\frac{19,277\sqrt{2.8}}{7,442\sqrt{1.0}}} \simeq 0.6[\text{mm}]$$

48 고압가스 이음매 없는 용기의 밸브 부착부 나사의 치수 측정방법은?

① 링게이지로 측정한다.
② 평형 수준기로 측정한다.
③ 플러그 게이지로 측정한다.
④ 버니어 캘리퍼스로 측정한다.

해설
고압가스 이음매 없는 용기의 밸브 부착부 나사의 치수는 플러그 게이지로 측정한다.

정답 45 ① 46 ④ 47 ④ 48 ③

49 **이음매 없는 용기와 용접용기의 비교 설명으로 틀린 것은?**

① 이음매가 없으면 고압에서 견딜 수 있다.
② 용접용기는 용접으로 인하여 고가이다.
③ 만네스만법, 에르하르트식 등이 이음매 없는 용기의 제조법이다.
④ 용접용기는 두께공차가 작다.

해설
용접용기는 용접으로 인하여 저가이다.

50 **LNG, 액화산소, 액화질소 저장탱크 설비에 사용되는 단열재의 구비조건에 해당되지 않는 것은?**

① 밀도가 클 것
② 열전도도가 작을 것
③ 불연성 또는 난연성일 것
④ 화학적으로 안정되고 반응성이 적을 것

해설
단열재는 밀도가 작아야 한다.

51 **압축기의 윤활유에 대한 설명으로 틀린 것은?**

① 공기압축기에는 양질의 광유가 사용된다.
② 산소압축기에는 물 또는 15[%] 이상의 글리세린수가 사용된다.
③ 염소압축기에는 진한 황산이 사용된다.
④ 염화메탄의 압축기에는 화이트유가 사용된다.

해설
산소압축기에는 물 또는 10[%] 이하의 묽은 글리세린 수용액이 사용된다.

52 **액화석유가스에 대하여 경고성 냄새가 나는 물질(부취제)의 비율은 공기 중 용량으로 얼마의 상태에서 감지할 수 있도록 혼합하여야 하는가?**

① 1/100
② 1/200
③ 1/500
④ 1/1,000

해설
액화석유가스에 대하여 경고성 냄새가 나는 물질(부취제)의 비율은 공기 중 용량으로 1/1,000의 상태에서 감지할 수 있도록 혼합하여야 한다.

53 **배관용 강관 중 압력배관용 탄소강관의 기호는?**

① SPPH
② SPPS
③ SPH
④ SPHH

해설
• SPPH : 고압배관용 탄소강관
• SPPS : 압력배관용 탄소강관

54 **LP가스의 일반적 특성에 대한 설명으로 틀린 것은?**

① 증발잠열이 크다.
② 물에 대한 용해성이 크다.
③ LP가스는 공기보다 무겁다.
④ 액상의 LP가스는 물보다 가볍다.

해설
LP가스는 물에 대한 용해성이 작다.

49 ② 50 ① 51 ② 52 ④ 53 ② 54 ② 정답

55 중압식 공기분리장치에서 겔 또는 몰레큘러-시브(Molecular Sieve)에 의하여 주로 제거할 수 있는 가스는?

① 아세틸렌　② 염 소
③ 이산화탄소　④ 암모니아

해설
중압식 공기분리장치에서 겔 또는 몰레큘러-시브(Molecular Sieve)에 의하여 주로 제거할 수 있는 가스는 이산화탄소이다.

56 저온장치용 재료로서 가장 부적당한 것은?

① 구 리　② 니켈강
③ 알루미늄합금　④ 탄소강

해설
저온장치용 재료로서 탄소강은 부적당하다.

57 펌프의 서징(Surging)현상을 바르게 설명한 것은?

① 유체가 배관 속을 흐르고 있을 때 부분적으로 증기가 발생하는 현상
② 펌프 내의 온도 변화에 따라 유체가 성분의 변화를 일으켜 펌프에 장애가 생기는 현상
③ 배관을 흐르고 있는 액체에 속도를 급격하여 변화시키면 액체에 심한 압력 변화가 생기는 현상
④ 송출압력과 송출유량 사이에 주기적인 변동이 일어나는 현상

해설
서징현상(맥동현상)
- 펌프를 운전하였을 때에 주기적으로 한숨을 쉬는 듯한 상태가 되어 입출구 압력계의 지침이 흔들리고 동시에 송출유량이 변화하는 현상
- 송출압력과 송출유량 사이에 주기적인 변동이 일어나는 현상
- 펌프 입구와 출구의 진공계 및 압력계의 바늘이 흔들리며 송출유량이 변하는 현상

58 끓는점이 약 -162[℃]로서 초저온 저장설비가 필요하며 관리가 다소 복잡한 도시가스의 연료는?

① SNG　② LNG
③ LPG　④ 나프타

해설
끓는점이 약 -162[℃]로서 초저온 저장설비가 필요하며 관리가 다소 복잡한 도시가스의 연료는 LNG이다.

59 TP(내압시험압력)이 25[MPa]인 압축가스(질소) 용기의 경우 최고충전압력과 안전밸브 작동압력이 옳게 짝지어진 것은?

① 20[MPa], 15[MPa]
② 15[MPa], 20[MPa]
③ 20[MPa], 25[MPa]
④ 25[MPa], 20[MPa]

해설
- 최고충전압력 : 내압시험압력 $\times \frac{3}{5} = 25 \times \frac{3}{5} = 15$[MPa]
- 안전밸브의 작동압력 : 내압시험압력 $\times 0.8 = 25 \times 0.8 = 20$[MPa]

60 도시가스설비 중 압송기의 종류가 아닌 것은?

① 터보형　② 회전형
③ 피스톤형　④ 막식형

해설
도시가스 설비 중 압송기의 종류 : 터보형, 회전형, 피스톤형

정답 55 ③ 56 ④ 57 ④ 58 ② 59 ② 60 ④

61 고압가스용 가스히트펌프 제조 시 사용하는 재료의 허용 전단응력은 설계온도에서 허용 인장응력값의 몇 [%]로 하여야 하는가?

① 80[%] ② 90[%]
③ 110[%] ④ 120[%]

해설
고압가스용 가스히트펌프 제조 시 사용하는 재료의 허용 전단응력은 설계온도에서 허용 인장응력값의 80[%]로 하여야 한다.

62 고압가스 운반 차량에 설치하는 다공성 벌집형 알루미늄 합금박판(폭발방지제)의 기준은?

① 두께는 84[mm] 이상으로 하고, 2~3[%] 압축하여 설치한다.
② 두께는 84[mm] 이상으로 하고, 3~4[%] 압축하여 설치한다.
③ 두께는 114[mm] 이상으로 하고, 2~3[%] 압축하여 설치한다.
④ 두께는 114[mm] 이상으로 하고, 3~4[%] 압축하여 설치한다.

해설
고압가스 운반 차량에 설치하는 다공성 벌집형 알루미늄 합금박판(폭발방지제)의 두께는 114[mm] 이상으로 하고, 2~3[%] 압축하여 설치한다.

63 자동차 용기 충전시설에서 충전기 상부에는 닫집 모양의 캐노피를 설치하고 그 면적은 공지 면적의 얼마로 하는가?

① 1/2 이하 ② 1/2 이상
③ 1/3 이하 ④ 1/3 이상

해설
자동차 용기 충전시설에서 충전기 상부에는 닫집 모양의 캐노피를 설치하고, 그 면적은 공지 면적의 1/2 이하로 한다.

64 최고충전압력의 정의로서 틀린 것은?

① 압축가스 충전용기(아세틸렌가스 제외)의 경우 35[℃]에서 용기에 충전할 수 있는 가스의 압력 중 최고압력
② 초저온용기의 경우 상용압력 중 최고압력
③ 아세틸렌가스 충전용기의 경우 25[℃]에서 용기에 충전할 수 있는 가스의 압력 중 최고압력
④ 저온용기 외의 용기로서 액화가스를 충전하는 용기의 경우 내압시험압력의 3/5배의 압력

해설
최고충전압력
- 압축가스를 충전하는 용기 : 35[℃]의 온도에서 그 용기에 충전할 수 있는 가스의 압력 중 최고압력
- 저온용기, 초저온용기, 아세틸렌 용접용기 : 상용압력 중 최고압력
- 저온용기 외의 용기로서 액화가스를 충전하는 용기 : 내압시험압력의 3/5배의 압력
- 용기 내장형 액화석유가스 난방기용 용접용기 : 15[MPa]

61 ① 62 ③ 63 ① 64 ③ 정답

65 가연성 가스가 대기 중으로 누출되어 공기와 적절히 혼합된 후 점화가 되어 폭발하는 가스사고의 유형으로, 주로 폭발압력에 의해 구조물이나 인체에 피해를 주며, 대구지하철공사장 폭발사고를 예로 들 수 있는 폭발의 형태는?

① BLEVE(Boiling Liquid Expanding Vapor Explosion)
② 증기운폭발(Vapor Cloud Explosion)
③ 분해폭발(Decomposition Explosion)
④ 분진폭발(Dust Explosion)

해설
비등액체팽창 증기폭발(BLEVE ; Boiling Liquid Expanding Vapor Explosion) : 가연성 가스가 대기 중으로 누출되어 공기와 적절히 혼합된 후 점화되어 폭발하는 가스사고의 유형으로, 주로 폭발압력에 의해 구조물이나 인체에 피해를 준다.

66 저장탱크에 의한 LPG 사용시설에서 실시하는 기밀시험에 대한 설명으로 틀린 것은?

① 상용압력 이상의 기체의 압력으로 실시한다.
② 지하 매설배관은 3년마다 기밀시험을 실시한다.
③ 기밀시험에 필요한 조치는 안전관리총괄자가 한다.
④ 가스누출검지기로 시험하여 누출이 검지되지 않은 경우 합격으로 한다.

해설
기밀시험에 필요한 조치는 검사신청인이 한다.

67 내용적이 100[L]인 LPG용 용접용기의 스커트 통기 면적의 기준은?

① 100[mm^2] 이상
② 300[mm^2] 이상
③ 500[mm^2] 이상
④ 1,000[mm^2] 이상

해설
LPG용 용접용기의 스커트 통기 면적
- 20[L] 이상 25[L] 미만 : 300[mm^2] 이상
- 25[L] 이상 50[L] 미만 : 500[mm^2] 이상
- 50[L] 이상 125[L] 미만 : 1,000[mm^2] 이상

68 고압가스 제조 시 산소 중 프로판가스의 용량이 전체 용량의 몇 [%] 이상인 경우 압축하지 아니하는가?

① 1[%] ② 2[%]
③ 3[%] ④ 4[%]

해설
고압가스 제조 시 산소 중 프로판가스의 용량이 전체 용량의 4[%] 이상인 경우 압축하지 아니한다.

69 지하에 설치하는 지역정압기에는 시설의 조작을 안전하고 확실하게 하기 위하여 안전 조작에 필요한 장소의 조도는 몇 [lux] 이상이 되도록 설치하여야 하는가?

① 100[lux] ② 150[lux]
③ 200[lux] ④ 250[lux]

해설
지하에 설치하는 지역정압기에는 시설의 조작을 안전하고 확실하게 하기 위하여 안전조작에 필요한 장소의 조도는 150[lux] 이상이 되도록 설치하여야 한다.

정답 65 ② 66 ③ 67 ④ 68 ④ 69 ②

70 동·암모니아 시약을 사용한 오르자트법에서 산소의 순도는 몇 [%] 이상이어야 하는가?

① 98[%] ② 98.5[%]
③ 99[%] ④ 99.5[%]

해설
동·암모니아 시약을 사용한 오르자트법에서 산소의 순도는 99.5[%] 이상이어야 한다.

71 고압가스설비를 이음쇠에 의하여 접속할 때에는 상용압력이 몇 [MPa] 이상이 되는 곳의 나사는 나사게이지로 검사한 것이어야 하는가?

① 9.8[MPa] 이상
② 12.8[MPa] 이상
③ 19.6[MPa] 이상
④ 23.6[MPa] 이상

해설
고압가스설비를 이음쇠에 의하여 접속할 때 상용압력이 19.6[MPa] 이상이 되는 곳의 나사는 나사게이지로 검사한 것이어야 한다.

72 염소가스의 제독제로 적당하지 않은 것은?

① 가성소다 수용액 ② 탄산소다 수용액
③ 소석회 ④ 물

해설
염소가스의 제독제 : 가성소다 수용액, 탄산소다 수용액, 소석회

73 고압가스 저장탱크를 지하에 설치 시 저장탱크실에 사용하는 레디믹스콘크리트의 설계강도 범위에 상한값은?

① 20.6[MPa] ② 21.6[MPa]
③ 22.5[MPa] ④ 23.5[MPa]

해설
고압가스 저장탱크를 지하에 설치 시 저장탱크실에 사용하는 레디믹스콘크리트의 설계당도 범위의 상한값은 23.5[MPa]이다.

74 금속 플렉시블호스 제조자가 갖추지 않아도 되는 검사설비는?

① 염수분무시험설비
② 출구압력측정시험설비
③ 내압시험설비
④ 내구시험설비

해설
금속 플렉시블호스 제조자가 갖추어야 하는 검사설비 : 버니어캘리퍼스·마이크로미터·나사 게이지 등 치수측정설비, 액화석유가스액 또는 도시가스 침적설비, 염수분무시험설비, 내압시험설비, 기밀시험설비, 내구시험설비, 유량측정설비, 인장시험, 비틀림시험, 굽힘시험장치, 충격시험기, 내열시험설비, 내응력부식균열시험설비, 내용액시험설비, 냉열시험설비, 반복부착시험설비, 난연성 시험설비, 항온조(-5[℃] 이하, 120[℃] 이상 가능), 내후성 시험설비 등

70 ④ 71 ③ 72 ④ 73 ④ 74 ② 정답

75 액화석유가스 용기 충전기준 중 로딩암을 실내에 설치하는 경우 환기구 면적의 합계기준은?

① 바닥 면적의 3[%] 이상
② 바닥 면적의 4[%] 이상
③ 바닥 면적의 5[%] 이상
④ 바닥 면적의 6[%] 이상

해설
액화석유가스 용기 충전기준 중 로딩암을 실내에 설치하는 경우 환기구 면적의 합계기준은 바닥 면적의 6[%] 이상이다.

76 도시가스제조소의 가스누출통보설비로서 가스경보기 검지부의 설치 장소로 옳은 것은?

① 증기, 물방울, 기름 섞인 연기 등의 접촉 부위
② 주위의 온도 또는 복사열에 의한 열이 40[℃] 이하가 되는 곳
③ 설비 등에 가려져 누출가스의 유통이 원활하지 못한 곳
④ 차량 또는 작업 등으로 인한 파손 우려가 있는 곳

해설
① 증기, 물방울, 기름이 섞인 연기 등이 직접 접촉될 우려가 없는 곳
③ 누출가스의 유통이 원활한 곳
④ 차량 또는 작업 등으로 인한 파손 우려가 없는 곳

77 독성가스의 운반기준으로 틀린 것은?

① 독성가스 중 가연성 가스와 조연성 가스는 동일 차량 적재함에 운반하지 아니한다.
② 차량의 앞뒤에 붉은 글씨로 '위험고압가스', '독성가스'라는 경계표시를 한다.
③ 허용농도가 100만분의 200 이하인 압축 독성가스 10[m^3] 이상을 운반할 때는 운반책임자를 동승시켜야 한다.
④ 허용농도가 100만분의 200 이하인 액화 독성가스 10[kg] 이상을 운반할 때는 운반책임자를 동승시켜야 한다.

해설
허용농도가 100만분의 200 이하인 액화 독성가스 100[kg] 이상을 운반할 때는 운반책임자를 동승시켜야 한다.

78 다음 중 발화원이 될 수 없는 것은?

① 단열압축 ② 액체의 감압
③ 액체의 유동 ④ 가스의 분출

해설
- 발화원 : 폭발(연소)의 조건으로는 가연성 가스와 공기(산소)의 혼합기체에 반응을 개시하기 위한 필요한 에너지를 주면 폭발이 일어나는데, 이 에너지를 주는 것을 말한다. 주어지는 에너지가 작을 때는 발화하지 않는다. 발화에 필요한 에너지는 혼합가스의 조성에 따라 매우 큰 폭의 차이를 나타내며, 온도와 압력이 높을수록 발화에 필요한 에너지는 작아진다.
- 발화원의 종류 : 마찰, 타격, 단열압축, 액체의 증압, 액체의 유동, 가스의 분출, 전기스파크(정전기 포함), 고온 물체, 충격파, 빛 등

정답 75 ④ 76 ② 77 ④ 78 ②

79 100[kPa]의 대기압하에서 용기 속 기체의 진공압력이 15[kPa]이었다. 이 용기 속 기체의 절대압력은 몇 [kPa]인가?

① 85　　② 90
③ 95　　④ 115

해설
절대압력
대기압 − 진공압 = 100 − 15 = 85[kPa]

80 다음 (　) 안에 순서대로 들어갈 알맞은 수치는?

초저온용기의 충격시험은 3개의 시험편 온도를 (　)[℃] 이하로 하여 그 충격치의 최저가 (　)[J/cm^2] 이상이고 평균 (　)[J/cm^2] 이상의 경우를 적합한 것으로 한다.

① −100, 10, 20
② −100, 20, 30
③ −150, 10, 20
④ −150, 20, 30

해설
초저온용기의 충격시험은 3개의 시험편 온도를 −150[℃] 이하로 하여 그 충격치의 최저가 20[J/cm^2] 이상이고 평균 30[J/cm^2] 이상의 경우를 적합한 것으로 한다.

제5과목 | 가스계측

81 다음은 기체크로마토그래프의 크로마토그램이다. t, t_1, t_2는 무엇을 나타내는가?

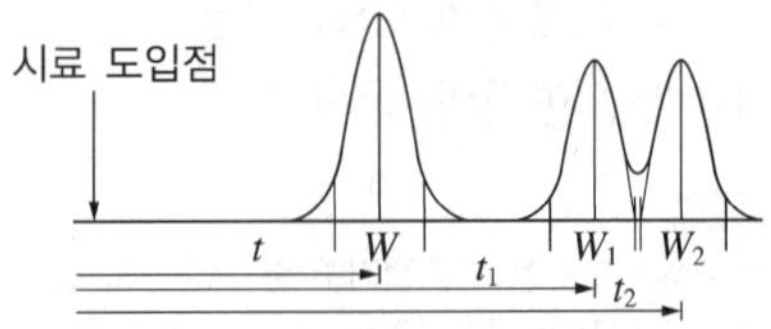

① 이론단수
② 체류시간
③ 분리관의 효율
④ 피크의 좌우 변곡점 길이

해설
- t, t_1, t_2 : 체류시간 또는 보유시간(시료 도입점으로부터 피크의 최고점까지 이르는 길이)
- W, W_1, W_2 : 피크의 좌우 변곡점 길이(피크의 좌우 변곡점에서 접선이 자르는 바탕선의 길이)

82 기체크로마토그래피 분석법에서 자유전자포착성질을 이용하여 전자친화력이 있는 화합물에만 감응하는 원리를 적용하여 환경물질분석에 널리 이용되는 검출기는?

① TCD　　② FPD
③ ECD　　④ FID

해설
전자포획 검출기(ECD ; Electron Capture Detector) : 방사성 동위원소의 자연붕괴과정에서 발생하는 베타입자를 이용하여 시료의 양을 측정하는 검출기이다.
- 유기할로겐화합물, 나이트로화합물 및 유기금속화합물을 선택적으로 검출할 수 있다.
- 자유전자포착성질을 이용하여 전자친화력이 있는 화합물에만 감응하는 원리를 적용하여 환경물질분석에 널리 이용된다.

79 ① 80 ④ 81 ② 82 ③ 정답

83 다음 중 가장 저온에 대하여 연속 사용할 수 있는 열전대 온도계의 형식은?

① T ② R
③ S ④ L

해설
측정온도의 범위[℃]
- T형(순동/콘스탄탄) : -200~350
- R형(백금-로듐/백금) : 0~1,600
- S형(백금-로듐/백금) : 0~1,600

※ L형 : 열전대 온도계의 종류가 아님

84 직접 체적유량을 측정하는 적산 유량계로서 정도(精度)가 높고 고점도의 유체에 적합한 유량계는?

① 용적식 유량계
② 유속식 유량계
③ 전자식 유량계
④ 면적식 유량계

해설
용적식 유량계 : 직접 체적유량을 측정하는 적산유량계로서, 정도(精度)가 높고 고점도의 유체에 적합하다.

85 절대습도(Absolute Humidity)를 가장 바르게 나타낸 것은?

① 습공기 중에 함유되어 있는 건공기 1[kg]에 대한 수증기의 중량
② 습공기 중에 함유되어 있는 습공기 1[m^3]에 대한 수증기의 체적
③ 기체의 절대온도와 그것과 같은 온도에서의 수증기로 포화된 기체의 습도비
④ 존재하는 수증기의 압력과 그것과 같은 온도의 포화수증기압과의 비

해설
절대습도(Absolute Humidity) : 습공기 중에 함유되어 있는 건공기 1[kg]에 대한 수증기의 증량

86 가스계량기는 실측식과 추량식으로 분류된다. 다음 중 실측식이 아닌 것은?

① 건 식 ② 회전식
③ 습 식 ④ 벤투리식

해설
벤투리식은 추량식이다.

87 압력센서인 스트레인 게이지의 응용원리는?

① 전압의 변화
② 저항의 변화
③ 금속선의 무게 변화
④ 금속선의 온도 변화

해설
압력센서인 스트레인 게이지의 응용원리 : 저항의 변화

정답 83 ① 84 ① 85 ① 86 ④ 87 ②

88 **반도체식 가스누출 검지기의 특징에 대한 설명으로 옳은 것은?**

① 안정성은 떨어지지만 수명이 길다.
② 가연성 가스 이외의 가스는 검지할 수 없다.
③ 소형 · 경량화가 가능하며 응답속도가 빠르다.
④ 미량가스에 대한 출력이 낮으므로 감도는 좋지 않다.

해설
① 안정성이 우수하며 센서 수명이 길다.
② 가연성 가스, 독성가스를 검지할 수 있다.
④ 미량가스에 대한 출력이 높아 감도가 좋다.

89 **비례제어기로 60~80[℃] 사이의 범위로 온도를 제어하고자 한다. 목표값이 일정한 값으로 고정된 상태에서 측정된 온도가 73~76[℃]로 변할 때 비례대역은 약 몇 [%]인가?**

① 10[%] ② 15[%]
③ 20[%] ④ 25[%]

해설
비례대역

$$PB=\frac{CR}{SR}\times 100[\%]=\frac{76-73}{80-60}\times 100[\%]=15[\%]$$

90 **원형 오리피스를 수면에서 10[m]인 곳에 설치하여 매분 0.6[m³]의 물을 분출시킬 때 유량계수 0.6인 오리피스의 지름은 약 몇 [cm]인가?**

① 2.9 ② 3.9
③ 4.9 ④ 5.9

해설
평균유속 $v_m=\sqrt{2gh}=\sqrt{2\times 9.8\times 10}=14[\mathrm{m/s}]$이며
유량이 매분 0.6[m³]이므로 매초 $\frac{0.6}{60}[\mathrm{m}^3]$이다.
유량 $Q=CAv_m$이므로 $\frac{0.6}{60}=0.6\times\frac{\pi}{4}\times d^2\times 14$에서
$d\simeq 0.03893[\mathrm{m}]\simeq 3.9[\mathrm{cm}]$

91 **오르자트 가스분석기의 구성이 아닌 것은?**

① 칼 럼 ② 뷰 렛
③ 피 펫 ④ 수준병

해설
오르자트 가스분석기의 구성 : 가스뷰렛(기체 부피 측정), 가스피펫(흡수액 포함), 수준관 또는 수준병(차단액인 물 포함)

92 **습식 가스미터에 대한 설명으로 틀린 것은?**

① 계량이 정확하다.
② 설치 공간이 크다.
③ 일반 가정용에 주로 사용한다.
④ 수위 조정 등 관리가 필요하다.

해설
정확한 계량이 가능하여 주로 기준기로 이용되는 가스미터는 습식 가스미터이며, 일반 가정용에 주로 사용되는 가스계량기는 막식 가스미터이다.

88 ③ 89 ② 90 ② 91 ① 92 ③ 정답

93 **국제표준규격에서 다루고 있는 파이프(Pipe) 안에 삽입되는 차압 1차 장치(Primary Device)에 속하지 않는 것은?**

① Nozzle(노즐)

② Thermo Well(서모 웰)

③ Venturi Nozzle(벤투리 노즐)

④ Orifice Plate(오리피스 플레이트)

해설

국제표준규격에서 다루고 있는 파이프(Pipe) 안에 삽입되는 차압 1차 장치(Primary Device) : Nozzle(노즐), Venturi Nozzle(벤투리 노즐), Orifice Plate(오리피스 플레이트)

94 **피토관은 측정이 간단하지만 사용방법에 따라 오차가 발생하기 쉬우므로 주의가 필요하다. 이에 대한 설명으로 틀린 것은?**

① 5[m/s] 이하인 기체에는 적용하기 곤란하다.

② 흐름에 대하여 충분한 강도를 가져야 한다.

③ 피토관 앞에는 관지름 2배 이상의 직관 길이를 필요로 한다.

④ 피토관 두부를 흐름의 방향에 대하여 평행으로 붙인다.

해설

피토관은 별도의 직관 길이를 반드시 필요로 하지는 않는다.

95 **가스미터가 규정된 사용공차를 초과할 때의 고장을 무엇이라고 하는가?**

① 부 동 ② 불 통

③ 기차 불량 ④ 감도 불량

해설

① 부동 : 가스가 미터를 통과하지만 계량기 지침이 작동하지 않아 계량이 되지 않는 고장

② 불통 : 가스가 미터를 통과하지 못하는 고장

④ 감도 불량 : 미터에 감도유량을 흘렸을 때 미터 지침의 시도(示度)에 변화가 나타나지 않는 고장

96 **순간적으로 무한대의 입력에 대한 변동하는 출력을 의미하는 응답은?**

① 스텝응답 ② 직선응답

③ 정현응답 ④ 충격응답

해설

충격응답 : 순간적으로 무한대의 입력에 대한 변동하는 출력을 의미하는 응답

정답 93 ② 94 ③ 95 ③ 96 ④

97 석유제품에 주로 사용하는 비중 표시방법은?

① Alcohol도 ② API도

③ Baume도 ④ Twaddell도

해설

석유제품에 비중 표시는 주로 API도로 한다.

98 초산납 10[g]을 물 90[mL]로 용해하여 만드는 시험지와 그 검지가스가 바르게 연결된 것은?

① 염화팔라듐지 - H_2S

② 염화팔라듐지 - CO

③ 연당지 - H_2S

④ 연당지 - CO

해설

①・② 염화팔라듐지 - CO

④ 연당지 - H_2S

99 헴펠식 가스분석법에서 수소나 메탄은 어떤 방법으로 성분을 분석하는가?

① 흡수법 ② 연소법

③ 분해법 ④ 증류법

해설

헴펠식 가스분석법에서 수소나 메탄은 연소법으로 성분을 분석한다.

100 다음 중 열선식 유량계에 해당하는 것은?

① 델타식 ② 아누바식

③ 스웰식 ④ 토마스식

해설

토마스식 유량계는 열선식 유량계에 해당한다.

정답 97 ② 98 ③ 99 ② 100 ④

2021년 제3회 과년도 기출문제

제1과목 | 가스유체역학

01 직경이 10[cm]인 90° 엘보에 계기압력 2[kgf/cm²]의 물이 3[m/s]로 흘러들어온다. 엘보를 고정시키는 데 필요한 x 방향의 힘은 약 몇 [kgf]인가?

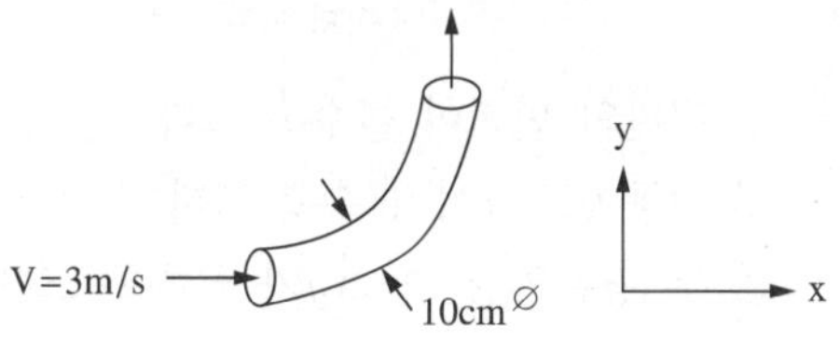

① 157 ② 164
③ 171 ④ 179

해설

단면적 $A = \frac{\pi}{4} \times 0.1^2 \simeq 0.00785[\text{m}^2]$

유량 $Q = Av = \frac{\pi}{4} \times 0.1^2 \times 3 \simeq 0.0236[\text{m}^3/\text{s}]$

입구쪽을 1, 출구쪽을 2라 하자.

x방향의 힘을 F_x라 하면

$\sum F_x = P_1 A_1 \cos\theta_1 - P_2 A_2 \cos\theta_2 - F_x$
$= \rho Q(v_2 \cos\theta_2 - v_1 \cos\theta_1)$ 에서

$F_x = P_1 A_1 \cos 0° - P_2 A_2 \cos 90° - \rho Q(v_2 \cos 90° - v_1 \cos 0°)$
$= 2 \times 10^4 \times 0.00785 \times 1 - 1{,}000 \times 0.0236 \times (v_2 \times 0 - 3 \times \cos 0°)$
$= 157[\text{kgf}] + 70.8[\text{N}] = 157[\text{kgf}] + \frac{70.8}{9.8}[\text{kgf}] \simeq 164[\text{kgf}]$

※ y방향의 힘, 합력의 크기와 방향 계산

y방향의 힘을 F_y라 하면

$\sum F_y = P_1 A_1 \sin\theta_1 - P_2 A_2 \sin\theta_2 - (W) + F_y$
$= \rho Q(v_2 \sin\theta_2 - v_1 \sin\theta_1)$ 에서

$F_y = \rho Q(v_2 \sin 90° - v_1 \sin 0°) - P_1 A_1 \sin 0° + P_2 A_2 \sin 90°$
$= 1{,}000 \times 0.0236 \times (3 \times 1 - 3 \times 0) - 2 \times 10^4 \times 0.00785 \times 0$
$+ 2 \times 10^4 \times 0.00785 \times 1$
$= 70.8[\text{N}] + 157[\text{kgf}] = \frac{70.8}{9.8}[\text{kgf}] + 157[\text{kgf}] \simeq 164[\text{kgf}]$

합력 $F = \sqrt{F_x^2 + F_y^2} = \sqrt{164^2 + 164^2} \simeq 232[\text{kgf}]$

작용 방향 $\sin\theta = \frac{F_y}{F}$ 에서 $\theta = \sin^{-1}\left(\frac{164}{232}\right) \simeq 45°$

02 유체의 흐름에 대한 설명으로 다음 중 옳은 것을 모두 나타내면?

> ㉮ 난류전단응력은 레이놀즈응력으로 표시할 수 있다.
> ㉯ 박리가 일어나는 경계로부터 후류가 형성된다.
> ㉰ 유체와 고체 벽 사이에는 전단응력이 작용하지 않는다.

① ㉮ ② ㉮, ㉰
③ ㉮, ㉯ ④ ㉮, ㉯, ㉰

해설

유체와 고체 벽 사이에는 전단응력이 작용한다.

03 수면의 높이차가 20[m]인 매우 큰 두 저수지 사이에 분당 60[m³]으로 펌프가 물을 아래에서 위로 이송하고 있다. 이때 전체 손실수두는 5[m]이다. 펌프의 효율이 0.9일 때 펌프에 공급해 주어야 하는 동력은 얼마인가?

① 163.3[kW] ② 220.5[kW]
③ 245.0[kW] ④ 272.2[kW]

해설

축동력

$H_2 = \frac{\gamma h Q}{\eta} = \frac{1{,}000 \times (20 + 5) \times 60 \times 9.8}{0.9 \times 60 \times 1{,}000} \simeq 272.2[\text{kW}]$

정답 1 ② 2 ③ 3 ④

04 다음과 같은 베르누이 방정식이 적용되는 조건을 모두 나열한 것은?

$$\frac{P}{\gamma}+\frac{V^2}{2g}+Z=\text{일정}$$

㉮ 정상 상태의 흐름
㉯ 이상유체의 흐름
㉰ 압축성 유체의 흐름
㉱ 동일 유선상의 유체

① ㉮, ㉯, ㉱　② ㉯, ㉱
③ ㉮, ㉰　④ ㉯, ㉰, ㉱

해설
베르누이 방정식은 비압축성 유체의 흐름이다.

05 실린더 내에 압축된 액체가 압력 100[MPa]에서 0.5[m^3]의 부피를 가지며, 압력 101[MPa]에서는 0.495[m^3]의 부피를 갖는다. 이 액체의 체적탄성계수는 약 몇 [MPa]인가?

① 1　② 10
③ 100　④ 1,000

해설
체적탄성계수

$$K=\frac{1}{\beta}=-V\frac{dP}{dV}=-V_1\frac{(P_2-P_1)}{(V_2-V_1)}$$
$$=-0.5\times\frac{(101-100)}{(0.495-0.5)}=100[\text{MPa}]$$

06 두 평판 사이에 유체가 있을 때 이동 평판을 일정한 속도 u로 운동시키는 데 필요한 힘 F에 대한 설명으로 틀린 것은?

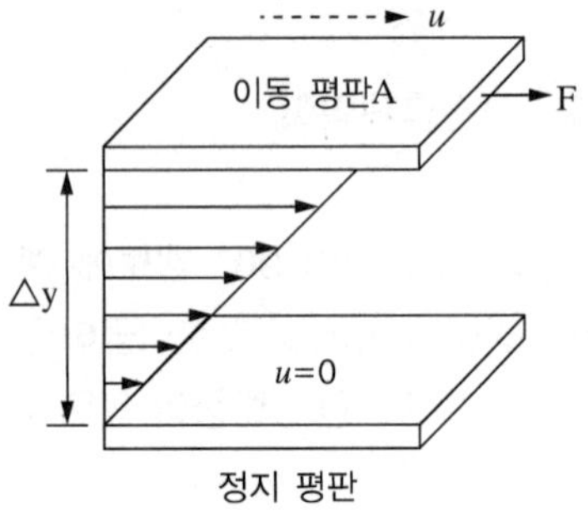

① 평판의 면적이 클수록 크다.
② 이동속도 u가 클수록 크다.
③ 두 평판의 간격 Δy가 클수록 크다.
④ 평판 사이에 점도가 큰 유체가 존재할수록 크다.

해설
두 평판의 간격 Δy가 작을수록 크다.

07 동점도(Kinematic Viscosity) ν가 4[stokes]인 유체가 안지름 10[cm]인 관 속을 80[cm/s]의 평균속도로 흐를 때 이 유체의 흐름에 해당하는 것은?

① 플러그 흐름
② 층 류
③ 전이영역의 흐름
④ 난 류

해설
레이놀즈수

$$R_e=\frac{\rho vd}{\mu}=\frac{vd}{\nu}=\frac{80\times10}{4}=200$$

$R_e < 2{,}100$이므로 유체의 흐름은 층류이다.

4 ① 5 ③ 6 ③ 7 ② 정답

08 **압축성 이상기체의 흐름에 대한 설명으로 옳은 것은?**

① 무마찰, 등온 흐름이면 압력과 부피의 곱은 일정하다.
② 무마찰, 단열 흐름이면 압력과 온도의 곱은 일정하다.
③ 무마찰, 단열 흐름이면 엔트로피는 증가한다.
④ 무마찰, 등온 흐름이면 정체온도는 일정하다.

해설
무마찰, 등온흐름이면 압력과 부피의 곱은 일정하다.
등온이므로 보일–샤를의 법칙 $\frac{PV}{T}$=일정에서 T=일정이며
따라서 PV=일정

09 **다음 중 1[cP](Centipoise)를 옳게 나타낸 것은?**

① $10[\mathrm{kg}\cdot\mathrm{m}^2/\mathrm{s}]$
② $10^{-2}[\mathrm{dyne}\cdot\mathrm{cm}^2/\mathrm{s}]$
③ $1[\mathrm{N/cm}\cdot\mathrm{s}]$
④ $10^{-2}[\mathrm{dyne}\cdot\mathrm{s/cm}^2]$

해설
$1[\mathrm{cP}] = 1\times10^{-2}[\mathrm{P}] = 10^{-2}[\mathrm{dyne}\cdot\mathrm{s/cm}^2]$

10 **등엔트로피 과정하에서 완전기체 중의 음속을 옳게 나타낸 것은?(단, E는 체적탄성계수, R은 기체상수, T는 기체의 절대온도, P는 압력, k는 비열비이다)**

① $\sqrt{PE}$　　② $\sqrt{kRT}$
③ RT　　④ PT

해설
음 속

$$a=\sqrt{kRT}=\sqrt{\left(\frac{dP}{d\rho}\right)_s}=\sqrt{\frac{K}{\rho}}=\sqrt{\frac{gdP}{d\gamma}}$$

(여기서, k : 비열비, R : 기체상수, T : 절대온도, P : 절대압력, ρ : 밀도, s : 엔트로피, K : 체적탄성계수)

11 **공기가 79[vol%] N_2와 21[vol%] O_2로 이루어진 이상기체 혼합물이라 할 때 25[℃], 750[mmHg]에서 밀도는 약 몇 [kg/m³]인가?**

① 1.16　　② 1.42
③ 1.56　　④ 2.26

해설
$PV=nRT=\frac{m}{M}RT$에서

밀도 $\rho=\frac{m}{V}=\frac{750}{760}\times\frac{0.79\times28+0.21\times32}{0.0821\times(25+273)}\simeq1.16[\mathrm{kg/m^3}]$

정답 8 ① 9 ④ 10 ② 11 ①

12 다음 그림은 수축 노즐을 갖는 고압용기에서 기체가 분출될 때 질량유량($\dot{m}$)과 배압(P_b)과 용기 내부압력(P_r)의 비의 관계를 도시한 것이다. 다음 중 질식된(Choking) 상태만 모은 것은?

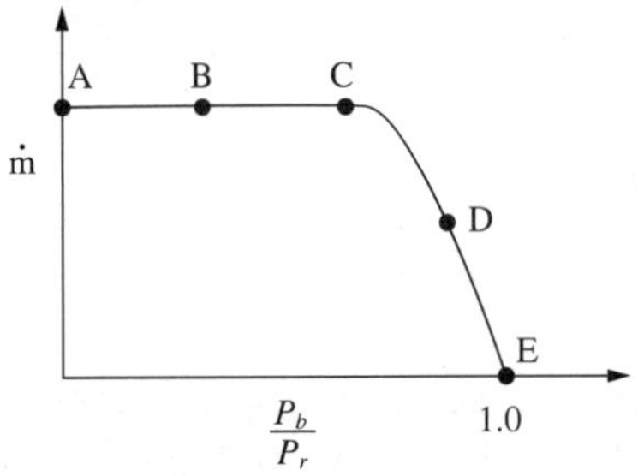

① A, E ② B, D
③ D, E ④ A, B

해설
수축 노즐에서 가스가 지나는 관의 직경을 줄이면 속도가 빨라지는데(베르누이의 정리) 이것은 로켓 추진력을 증가시키는 데 이용된다. 그러나 압축성 유체가 지나는 관의 단면적을 일정 수준 이하로 줄이면 유체속도가 음속에 도달하며 더 이상 빨라지지 않고 연소관 내부의 압력만 증가한다. 수축 노즐로 더 이상 유체속도를 줄일 수 없는 유체의 흐름을 질식유동(Choked Flow)이라고 한다.
- A, B : 분출밸브가 폐쇄되어 고압용기의 밀봉 상태(질식 상태) 유지
- C : 분출밸브가 개방되기 시작하여 고압용기의 기체가 분출
- D : 기체 분출 계속 진행
- E : 분출압력과 내부압력의 비가 같다.

13 지름 20[cm]인 원형관이 한 변의 길이가 20[cm]인 정사각형 단면을 가지는 덕트와 연결되어 있다. 원형관에서 물의 평균속도가 2[m/s]일 때, 덕트에서 물의 평균속도는 얼마인가?

① 0.78[m/s] ② 1[m/s]
③ 1.57[m/s] ④ 2[m/s]

해설
$A_1 v_1 = A_2 v_2$

$\frac{\pi}{4} \times 0.2^2 \times 2 = 0.2 \times 0.2 \times v_2$

$\therefore\ v_2 = \frac{\pi}{2} \simeq 1.57[\mathrm{m/s}]$

14 지름 1[cm]의 원통관에 5[℃]의 물이 흐르고 있다. 평균속도가 1.2[m/s]일 때 이 흐름에 해당하는 것은?(단, 5[℃] 물의 동점성계수 ν는 1.788×10^{-6} [m^2/s]이다)

① 천이구간 ② 층 류
③ 퍼텐셜 유동 ④ 난 류

해설
레이놀즈수

$$R_e = \frac{\rho v d}{\mu} = \frac{vd}{\nu} = \frac{1.2 \times 0.01}{1.788 \times 10^{-6}} \simeq 6,711$$

$R_e > 4,000$이므로 유체의 흐름은 난류이다.

15 원형 관에서 완전난류 유동일 때 손실수두는?

① 속도수두에 비례한다.
② 속도수두에 반비례한다.
③ 속도수두에 관계없으며, 관의 지름에 비례한다.
④ 속도에 비례하고, 관의 길이에 반비례한다.

해설
손실수두 $h_L = \frac{\Delta P}{\gamma} = f \frac{l}{d} \frac{v^2}{2g}[\mathrm{m}]$에서 속도수두는 $\frac{v^2}{2g}$이므로 손실수두는 속도수두에 비례한다(손실수두는 속도의 제곱에 비례한다).

16 펌프의 흡입부 압력이 유체의 증기압보다 낮을 때 유체 내부에서 기포가 발생하는 현상을 무엇이라고 하는가?

① 캐비테이션 ② 이온화현상
③ 서징현상 ④ 에어바인딩

해설
캐비테이션(Cavitation, 공동현상) : 펌프의 흡입부 압력이 유체의 증기압보다 낮을 때 유체 내부에서 기포(Vapor Pocket)가 발생하는 현상

12 ④ 13 ③ 14 ④ 15 ① 16 ① 정답

17 **구형 입자가 유체 속으로 자유낙하할 때의 현상으로 틀린 것은?(단, μ는 점성계수, d는 구의 지름, U는 속도이다)**

① 속도가 매우 느릴 때 항력(Drag Force)은 $3\pi\mu dU$이다.

② 입자에 작용하는 힘을 중력, 항력, 부력으로 구분할 수 있다.

③ 항력계수(C_D)는 레이놀즈수가 증가할수록 커진다.

④ 종말속도는 가속도가 감소되어 일정한 속도에 도달한 것이다.

해설

스토크스 법칙이 적용되는 범위에서 항력계수(C_D, Drag Co-efficient)는 $C_D = 24/R_e$ 이므로, 항력계수(C_D)는 레이놀즈수가 증가할수록 작아진다.

18 **관 내를 흐르고 있는 액체의 유속이 급격히 감소할 때, 일어날 수 있는 현상은?**

① 수격현상

② 서징현상

③ 캐비테이션

④ 수직 충격파

해설

워터해머현상(Water Hammering, 수격현상)

- 수격현상은 관 내를 흐르고 있는 액체의 유속을 급격히 변화시키면 일어날 수 있는 현상이다.
- 유체가 흐르는 배관 내에서 갑자기 밸브를 닫았더니 급격한 압력변화가 일어났을 때 발생할 수 있는 현상이다.

19 **다음은 축소-확대 노즐을 통해 흐르는 등엔트로피 흐름에서 노즐거리에 대한 압력분포곡선이다. 노즐 출구에서의 압력을 낮출 때 노즐목에서 처음으로 음속 흐름(Sonic Flow)이 일어나기 시작하는 선을 나타낸 것은?**

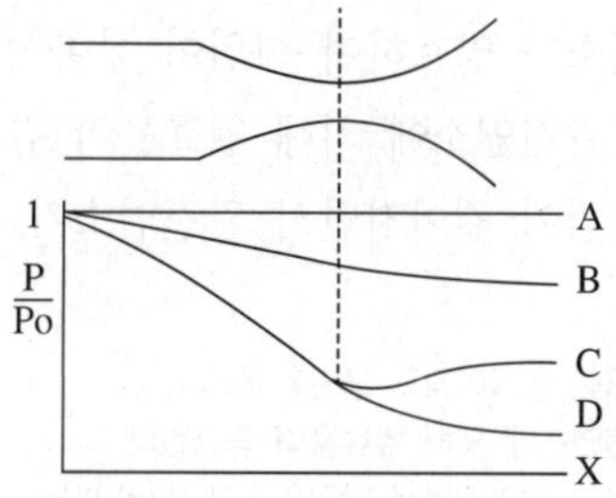

① A　　② B

③ C　　④ D

해설

축소-확대 노즐을 통해 흐르는 등엔트로피 흐름에서 노즐거리에 대한 압력분포곡선에서 노즐출구의 압력을 낮출 때 처음으로 음속 흐름(Sonic Flow)이 일어나기 시작하는 선은 C선이다.

20 **다음 중 뉴턴의 점성법칙과 관련성이 가장 먼 것은?**

① 전단응력

② 점성계수

③ 비 중

④ 속도구배

해설

- 유체의 전단응력 $\tau = \mu \dfrac{du}{dy}$

(여기서, μ : 점성계수, $\dfrac{du}{dy}$: 속도구배, 전단변형률, 각변형률)

- 뉴턴의 점성법칙과 관계있는 요인 : 전단응력, 속도구배(속도기울기), 점성계수

정답 17 ③ 18 ① 19 ③ 20 ③

21 **공기 흐름이 난류일 때 가스연료의 연소현상에 대한 설명으로 옳은 것은?**

① 화염이 뚜렷하게 나타난다.
② 연소가 양호하여 화염이 짧아진다.
③ 불완전연소에 의해 열효율이 감소한다.
④ 화염이 길어지면서 완전연소가 일어난다.

해설
① 화염이 헝클어지고 불명확해진다.
③ 완전연소에 의해 열효율이 증가한다.
④ 화염이 짧아지면서 완전연소가 일어난다.

22 **연소 시 실제로 사용된 공기량을 이론적으로 필요한 공기량으로 나눈 것을 무엇이라 하는가?**

① 공기비 ② 당량비
③ 혼합비 ④ 연료비

해설
공기비 : 연소 시 실제로 사용된 공기량을 이론적으로 필요한 공기량으로 나눈 것

23 **연소온도를 높이는 방법으로 가장 거리가 먼 것은?**

① 연료 또는 공기를 예열한다.
② 발열량이 높은 연료를 사용한다.
③ 연소용 공기의 산소농도를 높인다.
④ 복사전열을 줄이기 위해 연소속도를 늦춘다.

해설
연소온도를 높이려면 복사전열을 증가시키기 위해 연소속도를 빠르게 한다.

24 **메탄 80[v%], 에탄 15[v%], 프로판 4[v%], 부탄 1[v%]인 혼합가스의 공기 중 폭발하한계값은 약 몇 [%]인가?(단, 각 성분의 하한계값은 메탄 5[%], 에탄 3[%], 프로판 2.1[%], 부탄 1.8[%]이다)**

① 2.3 ② 4.3
③ 6.3 ④ 8.3

해설

$$\frac{100}{LFL}=\sum\frac{V_i}{L_i}=\frac{80}{5}+\frac{15}{3}+\frac{4}{2.1}+\frac{1}{1.8}\simeq 23.46$$

$$\therefore\ LFL=\frac{100}{23.46}\simeq 4.3$$

25 **다음 중 가역단열과정에 해당하는 것은?**

① 정온과정
② 정적과정
③ 등엔탈피 과정
④ 등엔트로피 과정

해설
가역단열과정 = 등엔트로피 과정

21 ② 22 ① 23 ④ 24 ② 25 ④ 정답

26 가로 4[m], 세로 4.5[m], 높이 2.5[m]인 공간에서 아세틸렌이 누출되고 있을 때 표준 상태에서 약 몇 [kg]이 누출되면 폭발이 가능한가?

① 1.3 ② 1.0
③ 0.7 ④ 0.4

해설
- 공간의 체적 = 4×4.5×2.5 = 45[m³]
- 아세틸렌(C_2H_2)의 폭발한계 : 2.5~82[vol%]
- 아세틸렌의 폭발가능 누출량[kg] $= \dfrac{45 \times 0.025}{22.4} \times 26 \simeq 1.3$[kg]

27 Diesel Cycle의 효율이 좋아지기 위한 조건은?(단, 압축비를 ε, 단절비(Cut-off Ratio)를 σ라 한다)

① ε와 σ가 클수록
② ε가 크고 σ가 작을수록
③ ε가 크고 σ가 일정할수록
④ ε가 일정하고, σ가 클수록

해설
디젤 사이클의 열효율 $\eta_d = 1 - \left(\dfrac{1}{\varepsilon}\right)^{k-1} \times \dfrac{\sigma^k - 1}{k(\sigma - 1)}$ 이므로
ε가 크고 σ가 작을수록 디젤 사이클의 효율이 좋아진다.

28 가장 미세한 입자까지 집진할 수 있는 집진장치는?

① 사이클론 ② 중력 집진기
③ 여과 집진기 ④ 스크러버

해설
집진입자의 크기
- 여과 집진기 : 0.1~20[μm]
- 스크러버(세정탑) : 0.5~3[μm]
- 사이클론 : 3~100[μm]
- 중력 집진기 : 50~100[μm]

29 메탄가스 1[m³]를 완전연소시키는데 필요한 공기량은 약 몇 [Sm³]인가?(단, 공기 중 산소는 21[%]이다)

① 6.3 ② 7.5
③ 9.5 ④ 12.5

해설
- 메탄의 연소방정식
  $CH_4 + 2O_2 \rightarrow CO_2 + 2H_2O$
- 필요한 공기량
  $A_0 = \dfrac{O_0}{0.21} = \dfrac{2}{0.21} \simeq 9.5[\mathrm{Sm^3}]$

30 흑체의 온도가 20[℃]에서 100[℃]로 되었다면 방사하는 복사에너지는 몇 배가 되는가?

① 1.6 ② 2.0
③ 2.3 ④ 2.6

해설
복사에너지는 절대온도의 4승에 비례하므로
복사에너지는 $\left(\dfrac{100+273}{20+273}\right)^4 \simeq 2.6$배가 된다.

31 지구온난화를 유발하는 6대 온실가스가 아닌 것은?

① 이산화탄소
② 메 탄
③ 염화불화탄소
④ 아산화질소

해설
지구온난화를 유발하는 6대 온실가스 : 이산화탄소(CO_2), 메탄(CH_4), 아산화질소(N_2O), 수소불화탄소(HFCs), 과불화탄소(PFCs), 육불화유황(SF_6)

정답 26 ① 27 ② 28 ③ 29 ③ 30 ④ 31 ③

32 **산소(O_2)의 기본특성에 대한 설명 중 틀린 것은?**

① 오일과 혼합하면 산화력의 증가로 강력히 연소한다.
② 자신은 스스로 연소하는 가연성이다.
③ 순산소 중에서는 철, 알루미늄 등도 연소되며 금속산화물을 만든다.
④ 가연성 물질과 반응하여 폭발할 수 있다.

해설
산소는 스스로 연소하지 않고 연소를 돕는 조연성이다.

33 **과잉공기량이 지나치게 많을 때 나타나는 현상으로 틀린 것은?**

① 연소실 온도 저하
② 연료 소비량 증가
③ 배기가스 온도의 상승
④ 배기가스에 의한 열손실 증가

해설
과잉공기량이 너무 많으면 배기가스 온도가 저하된다.

34 **Propane 가스의 연소에 의한 발열량이 11,780[kcal/kg]이고 연소할 때 발생된 수증기의 잠열이 1,900[kcal/kg]이라면 Propane 가스의 연소효율은 약 몇 [%]인가?(단, 진발열량은 11,500[kcal/kg]이다)**

① 66 ② 76
③ 86 ④ 96

해설
연소효율

$$\frac{11,780-1,900}{11,500}\times 100[\%]\simeq 86[\%]$$

35 **혼합기체의 특성에 대한 설명으로 틀린 것은?**

① 압력비와 몰비는 같다.
② 몰비는 질량비와 같다.
③ 분압은 전압에 부피분율을 곱한 값이다.
④ 분압은 전압에 어느 성분의 몰분율을 곱한 값이다.

해설
몰비는 체적비와 같고 질량비와는 다르다.

36 **'혼합 가스의 압력은 각 기체가 단독으로 확산할 때의 분압의 합과 같다.'라는 것은 누구의 법칙인가?**

① Boyle-Charles의 법칙
② Dalton의 법칙
③ Graham의 법칙
④ Avogadro의 법칙

해설
① Boyle-Charles의 법칙 : 일정량의 기체가 차지하는 부피는 압력에 반비례하고 절대온도에 비례한다. $\frac{PV}{T}$=일정
③ Graham의 법칙 : 혼합기체의 확산속도는 일정한 온도에서 기체 분자량의 제곱근에 반비례한다는 법칙이다.
④ Avogadro의 법칙 : 온도와 압력이 일정할 때 모든 기체는 같은 부피 속에 같은 수의 분자가 들어 있다.

32 ② 33 ③ 34 ③ 35 ② 36 ② 정답

37 이상기체에 대한 설명으로 틀린 것은?

① 보일-샤를의 법칙을 만족한다.
② 아보가드로의 법칙에 따른다.
③ 비열비$\left(k=\dfrac{C_P}{C_V}\right)$는 온도에 관계없이 일정하다.
④ 내부에너지는 체적과 관계있고 온도와는 무관하다.

해설

내부에너지는 온도만의 함수이다.

38 다음 중 착화온도가 가장 낮은 물질은?

① 목 탄 ② 무연탄
③ 수 소 ④ 메 탄

해설

착화온도[℃]

- 목탄 : 250~300
- 무연탄 : 400~500
- 수소 : 580~600
- 메탄 : 615~682

39 분진폭발의 발생조건으로 가장 거리가 먼 것은?

① 분진이 가연성이어야 한다.
② 분진농도가 폭발범위 내에서는 폭발하지 않는다.
③ 분진이 화염을 전파할 수 있는 크기 분포를 가져야 한다.
④ 착화원, 가연물, 산소가 있어야 발생한다.

해설

분진농도가 폭발범위 바깥에서는 폭발하지 않는다.

40 연소범위에 대한 설명으로 옳은 것은?

① N_2를 가연성 가스에 혼합하면 연소범위는 넓어진다.
② CO_2를 가연성 가스에 혼합하면 연소범위가 넓어진다.
③ 가연성 가스는 온도가 일정하고 압력이 내려가면 연소범위가 넓어진다.
④ 가연성 가스는 온도가 일정하고 압력이 올라가면 연소범위가 넓어진다.

해설

① N_2를 가연성 가스에 혼합하면 연소범위는 좁아진다.
② CO_2를 가연성 가스에 혼합하면 연소범위가 좁아진다.
③ 가연성 가스는 온도가 일정하고 압력이 내려가면 연소범위가 좁아진다.

정답 37 ④ 38 ① 39 ② 40 ④

제3과목 | 가스설비

41 **분젠식 버너의 구성이 아닌 것은?**

① 블러스트
② 노 즐
③ 댐 퍼
④ 혼합관

해설
분젠식 버너 : 가스가 노즐로부터 일정한 압력으로 분출하는 힘을 이용하여 연소에 필요한 공기를 흡인하고, 혼합관에서 혼합한 후 화염공에서 분출시켜 예혼합연소시키는 버너로 노즐, 댐퍼, 혼합관 등으로 구성된다.

42 **공동주택에 압력조정기를 설치할 경우 설치기준으로 맞는 것은?**

① 공동주택 등에 공급되는 가스압력이 중압 이상으로서 전 세대수가 200세대 미만인 경우 설치할 수 있다.
② 공동주택 등에 공급되는 가스압력이 저압으로서 전 세대수가 250세대 미만인 경우 설치할 수 있다.
③ 공동주택 등에 공급되는 가스압력이 중압 이상으로서 전 세대수가 300세대 미만인 경우 설치할 수 있다.
④ 공동주택 등에 공급되는 가스압력이 저압으로서 전 세대수가 350세대 미만인 경우 설치할 수 있다.

해설
공동주택에 압력조정기를 설치할 경우 설치기준 : 공동주택 등에 공급되는 가스압력이 저압으로서 전 세대수가 250세대 미만인 경우 설치할 수 있다.

43 **AFV식 정압기의 작동상황에 대한 설명으로 옳은 것은?**

① 가스 사용량이 증가하면 파일럿 밸브의 열림이 감소한다.
② 가스 사용량이 증가하면 구동압력은 저하한다.
③ 가스 사용량이 감소하면 2차 압력이 감소한다.
④ 가스 사용량이 감소하면 고무슬리브의 개도는 증대된다.

해설
① 가스 사용량이 감소하면 파일럿 밸브의 열림이 감소한다.
③ 가스 사용량이 증가하면 2차 압력이 감소한다.
④ 가스 사용량이 감소하면 고무슬리브의 개도가 감소한다.

44 **압력 2[MPa] 이하의 고압가스 배관설비로서 곡관을 사용하기가 곤란한 경우 가장 적정한 신축이음매는?**

① 벨로스형 신축이음매
② 루프형 신축이음매
③ 슬리브형 신축이음매
④ 스위블형 신축이음매

해설
② 루프형 신축이음매 : 관 자체의 가요성을 이용하여 관을 루프 모양으로 구부려 그 휨에 의하여 신축을 흡수하는 신축 이음매이며, 신축 곡관형이라고도 한다.
③ 슬리브형 신축 이음매 : 신축량이 크고 신축으로 인한 응력이 생기지 않으며 직선 이음이므로 설치 공간이 작은 이음매이다.
④ 스위블형 신축 이음매 : 2개 이상의 엘보를 사용하여 이음부의 나사의 회전을 이용하여 신축을 흡수하는 방식의 신축 이음매이다.

41 ① 42 ② 43 ② 44 ① 정답

45 탄소강이 약 200~300[℃]에서 인장강도는 커지나 연신율이 갑자기 감소되어 취약하게 되는 성질을 무엇이라 하는가?

① 적열취성　② 청열취성
③ 상온취성　④ 수소취성

해설
① 적열취성 : 황이 많은 강이 고온(900[℃] 이상)에서 황(S)이나 산소가 철과 화학반응을 일으켜 황화철, 산화철을 만들어 연신율이 감소되고 메짐성이 증가되는 현상
③ 상온취성 : 인(P)의 영향으로 충격치가 감소하고, 냉간가공 시 균열이 발생한다(참고로 강은 100[℃] 부근에서 충격값이 최대이다).
④ 수소취성 : 금속재료 특히 철강 중에 흡수된 수소에 의하여 강재의 연성과 인성이 저하하고 소성변형 없이도 파괴되는 경향이 증대되는 현상

46 도시가스의 제조공정 중 부분연소법의 원리를 바르게 설명한 것은?

① 메탄에서 원유까지의 탄화수소를 원료로 하여 산소 또는 공기 및 수증기를 이용하여 메탄, 수소, 일산화탄소, 이산화탄소로 변환시키는 방법이다.
② 메탄을 원료로 사용하는 방법으로 산소 또는 공기 및 수증기를 이용하여 수소, 일산화탄소만을 제조하는 방법이다.
③ 에탄만을 원료로 하여 산소 또는 공기 및 수증기를 이용하여 메탄만을 생성시키는 방법이다.
④ 코크스만을 사용하여 산소 또는 공기 및 수증기를 이용하여 수소와 일산화탄소만을 제조하는 방법이다.

해설
부분연소법(부분연소공정)
- 원료에 소량의 공기와 산소를 혼합하여 가스 발생의 반응기에 넣어 원료의 일부를 연소시켜 그 열을 열원으로 이용하는 방식
- 메탄에서 원유까지의 탄화수소를 원료로 하여 산소 또는 공기 및 수증기를 이용하여 메탄, 수소, 일산화탄소, 이산화탄소로 변환시키는 방법이다.
- 나프타의 접촉개질장치의 주요 구성 : 예열로, 기액분리기, 수소화 정제반응기
  - 접촉개질 반응의 종류 : 나프텐의 탈수소반응, 파라핀의 탄화탈수소 반응, 파라핀·나프텐의 이성화반응, 불순물의 수소화 정제반응

47 발열량 5,000[kcal/m^3], 비중 0.61, 공급 표준압력 100[mmH_2O]인 가스에서 발열량 11,000[kcal/m^3], 비중 0.66, 공급 표준압력 200[mmH_2O]인 천연가스로 변경할 경우 노즐 변경률은 얼마인가?

① 0.49　② 0.58
③ 0.71　④ 0.82

해설
노즐지름 변경률

$$\frac{D_2}{D_1}=\sqrt{\frac{WI_1\sqrt{P_1}}{WI_2\sqrt{P_2}}}=\sqrt{\frac{\frac{5,000}{\sqrt{0.61}}\times\sqrt{100}}{\frac{11,000}{\sqrt{0.66}}\times\sqrt{200}}}\simeq 0.58$$

48 용기밸브의 구성이 아닌 것은?

① 스 템　② O링
③ 스핀들　④ 행 거

해설
용기밸브의 구성
- 본체부 : 몸체, 상개(밸브의 윗덮개), 트림 또는 플러그나 밸브시트(Trim, Plug, Valve Seat, 유체 유로를 열었다 닫았다 하는 부분)
- 조작부 : 다이어프램, 스프링, 스템 등
- 보조기기 : O링(누설방지용 부품) 등

49 액화천연가스(메탄기준)를 도시가스 원료로 사용할 때 액화천연가스의 특징을 바르게 설명한 것은?

① C/H 질량비가 3이고, 기화설비가 필요하다.
② C/H 질량비가 4이고, 기화설비가 필요 없다.
③ C/H 질량비가 3이고, 가스제조 및 정제설비가 필요하다.
④ C/H 질량비가 4이고, 개질설비가 필요하다.

해설
액화천연가스(메탄기준)를 도시가스 원료로 사용할 때 액화천연가스는 천연가스의 C/H 질량비가 3이고, 기화설비가 필요하다.

정답 45 ② 46 ① 47 ② 48 ④ 49 ①

50 **LPG 수송관의 이음 부분에 사용할 수 있는 패킹재료로 가장 적합한 것은?**

① 목 재
② 천연고무
③ 납
④ 실리콘 고무

해설
LPG 수송관의 이음부분에 사용할 수 있는 패킹재료는 실리콘 고무가 적합하다.

51 **아세틸렌의 압축 시 분해폭발의 위험을 줄이기 위한 반응장치는?**

① 겔로그 반응장치
② IG 반응장치
③ 파우서 반응장치
④ 레페 반응장치

해설
레페 반응장치 : 아세틸렌의 압축 시 분해폭발의 위험을 줄이기 위한 반응장치로, N_2 49[%] 또는 CO_2 42[%]를 첨가한다.

52 **다음 중 화염에서 백-파이어(Back-fire)가 가장 발생하기 쉬운 원인은?**

① 버너의 과열
② 가스의 과량 공급
③ 가스압력의 상승
④ 1차 공기량의 감소

해설
역화의 원인(Back-fire)
- 가스의 분출속도보다 연소속도가 빨라질 경우
- 연소속도가 일정하고 분출속도가 느린 경우
- 공기 과다로 혼합가스의 연소속도가 빠르게 나타나는 경우
- 혼합기체의 양이 너무 적은 경우
- 가스압력이 지나치게 낮을 때
- 콕이 충분하게 열리지 않은 경우
- 노즐, 콕 등 기구밸브가 막혀 가스량이 극히 적게 되는 경우
- 노즐 구경, 염공이 크거나 부식에 의해 확대되었을 경우
- 버너가 과열되었을 경우
- 인화점이 낮을 때

53 **공기액화 분리장치의 폭발방지대책으로 옳지 않은 것은?**

① 장치 내에 여과기를 설치한다.
② 유분리기는 설치해서는 안 된다.
③ 흡입구 부근에서 아세틸렌 용접은 하지 않는다.
④ 압축기의 윤활유는 양질유를 사용한다.

해설
공기액화 분리장치의 폭발을 방지하기 위해서는 유분리기를 설치한다.

정답 50 ④ 51 ④ 52 ① 53 ②

54 LP가스 판매사업의 용기 보관실의 면적은?

① $9[m^2]$ 이상 ② $10[m^2]$ 이상
③ $12[m^2]$ 이상 ④ $19[m^2]$ 이상

해설
LP가스 판매사업의 용기보관실의 면적 : $19[m^2]$ 이상

55 전기방식법 중 효과범위가 넓고, 전압 · 전류의 조정이 쉬우며, 장거리 배관에는 설치 개수가 적어지는 장점이 있고, 초기 투자가 많은 단점이 있는 방법은?

① 희생양극법 ② 외부전원법
③ 선택배류법 ④ 강제배류법

해설
① 희생양극법 : 지중 또는 수중에 설치된 양극 금속과 매설배관을 전선으로 연결하여 양극 금속과 매설배관 사이의 전지작용으로 부식을 방지하는 방법으로, 유전양극법이라고도 한다.
③ 선택배류법 : 레일과 배관을 도선으로 연결할 때 레일쪽에서 배관으로 직접 유입 누설되는 전류에 의한 전식을 방지하기 위해 순방향 다이오드를 배관의 직류전원 (−)선을 레일에 연결하여 방식하는 방법
④ 강제배류법 : 외부전원법과 선택배류법을 조합하여 레일의 전위가 높아도 방식 전류를 흐르게 할 수 있게 한 방식방법

56 양정 20[m], 송수량 $3[m^3/min]$일 때 축동력 15[PS]를 필요로 하는 원심펌프의 효율은 약 몇 [%]인가?

① 59[%] ② 75[%]
③ 89[%] ④ 92[%]

해설
축동력

$$L=\frac{\gamma Qh}{\eta}$$

$$15=\frac{1,000\times3\times20}{\eta\times75\times60}$$

$$\eta=\frac{1,000\times3\times20}{15\times75\times60}\simeq0.89=89[\%]$$

57 토출량이 $5[m^3/min]$이고, 펌프 송출구의 안지름이 30[cm]일 때 유속은 약 몇 [m/s]인가?

① 0.8 ② 1.2
③ 1.6 ④ 2.0

해설
토출량

$$Q=Av$$

$$\frac{5}{60}=\frac{\pi}{4}\times0.3^2\times v$$

$$\therefore\ v\simeq1.2[m/s]$$

58 연소방식 중 급배기방식에 의한 분류로서 연소에 필요한 공기를 실내에서 취하고, 연소 후 배기가스는 배기통으로 옥외로 방출하는 형식은?

① 노출식 ② 개방식
③ 반밀폐식 ④ 밀폐식

해설
반밀폐식 급배기방식 : 연소에 필요한 공기를 실내에서 취하고, 연소 후 배기가스는 배기통으로 옥외로 방출하는 형식

정답 54 ④ 55 ② 56 ③ 57 ② 58 ③

59 **탄소강에 소량씩 함유하고 있는 원소의 영향에 대한 설명으로 틀린 것은?**

① 인(P)은 상온에서 충격치를 떨어뜨려 상온메짐의 원인이 된다.
② 규소(Si)는 경도는 증가시키나 단접성은 감소시킨다.
③ 구리(Cu)는 인장강도와 탄성계수를 높이나 내식성은 감소시킨다.
④ 황(S)은 Mn과 결합하여 MnS를 만들고 남은 것이 있으면 FeS를 만들어 고온메짐의 원인이 된다.

해설
구리(Cu)는 함유량 0.25[%] 이내에서 인장강도와 탄성한도를 높이며 내식성을 증가시킨다.

60 **액화천연가스 중 가장 많이 함유되어 있는 것은?**

① 메 탄
② 에 탄
③ 프로판
④ 일산화탄소

해설
액화천연가스 중 가장 많이 함유되어 있는 것은 메탄가스이다.

제4과목 | 가스안전관리

61 **고압가스 충전용기 운반 시 동일 차량에 적재하여 운반할 수 있는 것은?**

① 염소와 아세틸렌
② 염소와 암모니아
③ 염소와 질소
④ 염소와 수소

해설
고압가스 충전용기 운반 시 조연성 가스인 염소는 가연성 가스와 동일 차량에 적재하여 운반할 수 없다. 질소는 불활성 가스이므로 염소와 동일 차량에 적재하여 운반할 수 있다.

62 **고온 · 고압하의 수소에서는 수소원자가 발생되어 금속조직으로 침투하여 Carbon이 결합, CH_4 등의 Gas를 생성하여 용기가 파열하는 원인이 될 수 있는 현상은?**

① 금속조직에서 탄소의 추출
② 금속조직에서 아연의 추출
③ 금속조직에서 구리의 추출
④ 금속조직에서 스테인리스강의 추출

해설
고온 · 고압하의 수소에서는 수소원자가 발생되어 금속조직으로 침투하여 카본이 결합, CH_4 등의 가스를 생성하여 용기가 파열하는 원인이 될 수 있는 현상 : 금속조직에서 탄소의 추출

59 ③ 60 ① 61 ③ 62 ① 정답

63 고압가스 저장탱크 실내 설치의 기준으로 틀린 것은?

① 가연성 가스 저장탱크실에는 가스누출검지경보장치를 설치한다.
② 저장탱크실은 각각 구분하여 설치하고 자연환기시설을 갖춘다.
③ 저장탱크에 설치한 안전밸브는 지상 5[m] 이상의 높이에 방출구가 있는 가스방출관을 설치한다.
④ 저장탱크의 정상부와 저장탱크실 천장과의 거리는 60[cm] 이상으로 한다.

해설
저장탱크실은 각각 구분하여 설치하고, 강제환기시설을 갖춘다.

64 고압가스 냉동제조설비의 냉매설비에 설치하는 자동제어장치 설치기준으로 틀린 것은?

① 압축기의 고압측 압력이 상용압력을 초과하는 때에 압축기의 운전을 정지하는 고압차단장치를 설치한다.
② 개방형 압축기에서 저압측 압력이 상용압력보다 이상 저하할 때 압축기의 운전을 정지하는 저압차단장치를 설치한다.
③ 압축기를 구동하는 동력장치에 과열방지장치를 설치한다.
④ 셸형 액체 냉각기에 동결방지장치를 설치한다.

해설
압축기를 구동하는 동력장치에 과부하보호장치를 설치한다.

65 독성 고압가스의 배관 중 2중관의 외층관 내경은 내층관 외경의 몇 배 이상을 표준으로 하여야 하는가?

① 1.2배 ② 1.25배
③ 1.5배 ④ 2.0배

해설
독성 고압가스의 배관 중 2중관의 외층관 내경은 내층관 외경의 1.2배 이상을 표준으로 하여야 한다.

66 정전기 발생에 대한 설명으로 옳지 않은 것은?

① 물질의 표면 상태가 원활하면 발생이 적어진다.
② 물질 표면이 기름 등에 의해 오염되었을 때는 산화, 부식에 의해 정전기가 발생할 수 있다.
③ 정전기의 발생은 처음 접촉, 분리가 일어났을 때 최대가 된다.
④ 분리속도가 빠를수록 정전기의 발생량은 적어진다.

해설
분리속도가 빠를수록 정전기의 발생량은 많아진다.

정답 63 ② 64 ③ 65 ① 66 ④

67 염소가스의 제독제가 아닌 것은?

① 가성소다 수용액
② 물
③ 탄산소다 수용액
④ 소석회

해설
- 염소가스의 제독제 : 가성소다(수용액, 670[kg]), 탄산소다(수용액, 870[kg]), 소석회(620[kg])
- 물은 암모니아, 산화에틸렌, 염화메탄, 아황산가스 등의 제독제이다.

68 도시가스시설의 완성검사대상에 해당하지 않는 것은?

① 가스 사용량의 증가로 특정가스사용시설로 전환되는 가스사용시설 변경공사
② 특정가스사용시설로서 호칭지름 50[mm]의 강관을 25[m] 교체하는 변경공사
③ 특정가스사용시설의 압력조정기를 증설하는 변경공사
④ 특정가스사용시설에서 배관 변경을 수반하지 않고 월 사용 예정량 550[m^3]를 이설하는 변경공사

해설
도시가스시설의 완성검사대상 : 특정가스사용시설의 배관을 변경하는 공사로서 월 사용 예정량을 500[m^3] 이상 증설하거나 월 사용 예정량이 500[m^3] 이상인 시설을 이설하는 변경공사

69 사이안화수소(HCN)를 용기에 충전할 경우에 대한 설명으로 옳지 않은 것은?

① 순도는 98[%] 이상으로 한다.
② 아황산가스 또는 황산 등의 안정제를 첨가한다.
③ 충전한 용기는 충전 후 12시간 이상 정치한다.
④ 일정 시간 정치한 후 1일 1회 이상 질산구리벤젠 등의 시험지로 누출을 검사한다.

해설
사이안화수소를 충전한 용기는 충전 후 24시간 이상 정치한다.

70 용기에 의한 액화석유가스 사용시설에서 기화장치의 설치기준에 대한 설명으로 틀린 것은?

① 기화장치의 출구측 압력은 1[MPa] 미만이 되도록 하는 기능을 갖거나, 1[MPa] 미만에서 사용한다.
② 용기는 그 외면으로부터 기화장치까지 3[m] 이상의 우회거리를 유지한다.
③ 기화장치의 출구배관에는 고무호스를 직접 연결하지 아니한다.
④ 기화장치의 설치 장소에는 배수구나 집수구로 통하는 도랑을 설치한다.

해설
기화장치의 설치 장소에는 배수구나 집수구로 통하는 도랑이 없어야 한다.

67 ② 68 ④ 69 ③ 70 ④ 정답

71 **안전관리규정의 작성기준에서 다음 보기 중 종합적 안전관리 규정에 포함되어야 할 항목으로 모두 나열한 것은?**

보기
㉠ 경영 이념 ㉡ 안전관리 투자 ㉢ 안전관리 목표 ㉣ 안전문화

① ㉠, ㉡, ㉢
② ㉠, ㉡, ㉣
③ ㉠, ㉢, ㉣
④ ㉠, ㉡, ㉢, ㉣

해설
안전관리규정의 작성기준에서 종합적 안전관리규정에 포함되어야 할 항목
- 경영 이념
- 안전관리 목표
- 안전관리 투자
- 안전문화

72 **액화가스의 저장탱크 압력이 이상 상승하였을 때 조치사항으로 옳지 않은 것은?**

① 방출밸브를 열어 가스를 방출시킨다.
② 살수장치를 작동시켜 저장탱크를 냉각시킨다.
③ 액 이입 펌프를 정지시킨다.
④ 출구측의 긴급차단밸브를 작동시킨다.

해설
입구측의 긴급차단밸브를 작동시킨다.

73 **내용적이 59[L]의 LPG 용기에 프로판을 충전할 때 최대 충전량은 약 몇 [kg]으로 하면 되는가?(단, 프로판의 정수는 2.35이다)**

① 20[kg] ② 25[kg]
③ 30[kg] ④ 35[kg]

해설
최대 충전량
$W = V/C = 59/2.35 \simeq 25$[kg]

74 **고압가스용기 보관 장소의 주위 몇 [m] 이내에는 화기 또는 인화성 물질이나 발화성 물질을 두지 않아야 하는가?**

① 1[m] ② 2[m]
③ 5[m] ④ 8[m]

해설
고압가스 용기 보관 장소의 주위 2[m] 이내에는 화기 또는 인화성 물질이나 발화성 물질을 두지 않아야 한다.

정답 71 ④ 72 ④ 73 ② 74 ②

75 가스누출경보차단장치의 성능시험방법으로 틀린 것은?

① 가스를 검지한 상태에서 연속경보를 울린 후 30초 이내에 가스를 차단하는 것으로 한다.
② 교류전원을 사용하는 차단장치는 전압이 정격전압의 90[%] 이상 110[%] 이하일 때 사용에 지장이 없는 것으로 한다.
③ 내한성능에서 제어부는 −25[℃] 이하에서 1시간 이상 유지한 후 5분 이내에 작동시험을 실시하여 이상이 없어야 한다.
④ 전자밸브식 차단부는 35[kPa] 이상의 압력으로 기밀시험을 실시하여 외부 누출이 없어야 한다.

해설
내한성능에서 제어부는 −10[℃] 이하에서 1시간 이상 유지한 후 10분 이내에 작동시험을 실시하여 이상이 없어야 한다.

76 매몰형 폴리에틸렌 볼밸브의 사용압력기준은?

① 0.4[MPa] 이하
② 0.6[MPa] 이하
③ 0.8[MPa] 이하
④ 1[MPa] 이하

해설
매몰형 폴리에틸렌 볼밸브의 사용압력기준 : 0.4[MPa] 이하

77 고압가스를 운반하는 차량에 경계표지의 크기는 어떻게 정하는가?

① 직사각형인 경우, 가로 치수는 차체 폭의 20[%] 이상, 세로 치수는 가로 치수의 30[%] 이상, 정사각형의 경우는 그 면적을 400[cm^2] 이상으로 한다.
② 직사각형인 경우, 가로 치수는 차체 폭의 30[%] 이상, 세로 치수는 가로 치수의 20[%] 이상, 정사각형의 경우는 그 면적을 400[cm^2] 이상으로 한다.
③ 직사각형인 경우, 가로 치수는 차체 폭의 20[%] 이상, 세로 치수는 가로 치수의 30[%] 이상, 정사각형의 경우는 그 면적을 600[cm^2] 이상으로 한다.
④ 직사각형인 경우, 가로 치수는 차체 폭의 30[%] 이상, 세로 치수는 가로 치수의 20[%] 이상, 정사각형의 경우는 그 면적을 600[cm^2] 이상으로 한다.

해설
고압가스를 운반하는 차량에 경계표지의 크기 : 직사각형인 경우, 가로 치수는 차체 폭의 30[%] 이상, 세로 치수는 가로 치수의 20[%] 이상, 정사각형의 경우는 그 면적을 600[cm^2] 이상으로 한다.

78 고압가스제조시설에서 아세틸렌을 충전하기 위한 설비 중 충전용 지관에는 탄소 함유량이 얼마 이하의 강을 사용하여야 하는가?

① 0.1[%]
② 0.2[%]
③ 0.33[%]
④ 0.5[%]

해설
고압가스제조시설에서 아세틸렌을 충전하기 위한 설비 중 충전용 지관에는 탄소 함유량 0.1[%] 이하의 강을 사용하여야 한다.

75 ③ 76 ① 77 ④ 78 ① 정답

79 CO 15[v%], H_2 30[v%], CH_4 55[v%]인 가연성 혼합가스의 공기 중 폭발하한계는 약 몇 [v%]인가? (단, 각 가스의 폭발하한계는 CO 12.5[v%], H_2 4.0[v%], CH_4 5.3[v%]이다)

① 5.2　　② 5.8
③ 6.4　　④ 7.0

해설

$\frac{100}{LFL}=\frac{15}{12.5}+\frac{30}{4.0}+\frac{55}{5.3}\simeq 19.1$이므로

폭발하한계 $LFL=\frac{100}{19.1}\simeq 5.2$

80 액화석유가스용 차량에 고정된 저장탱크 외벽이 화염에 의하여 국부적으로 가열될 경우를 대비하여 폭발방지장치를 설치한다. 이때 재료로 사용되는 금속은?

① 아 연
② 알루미늄
③ 주 철
④ 스테인리스

해설

액화석유가스용 차량에 고정된 저장탱크 외벽이 화염에 의하여 국부적으로 가열될 경우를 대비하여 폭발방지장치를 설치할 때에 재료로 사용되는 금속은 알루미늄이다.

제5과목 | 가스계측

81 베크만 온도계는 어떤 종류의 온도계에 해당하는가?

① 바이메탈 온도계
② 유리 온도계
③ 저항 온도계
④ 열전대 온도계

해설

베크만 온도계

- 베크만 온도계는 유리제 온도계의 한 종류로서, 모세관 상부에 보조 구부를 설치하고 사용온도에 따라 수은량을 조절하여 미세한 온도차의 측정이 가능한 수은 온도계이다.
- 온도측정범위 : −20∼160[℃]
- 용도 : 끓는점이나 응고점의 변화, 발열량, 유기화합물의 분자량 측정 등

82 입력과 출력이 다음 그림과 같을 때 제어동작은?

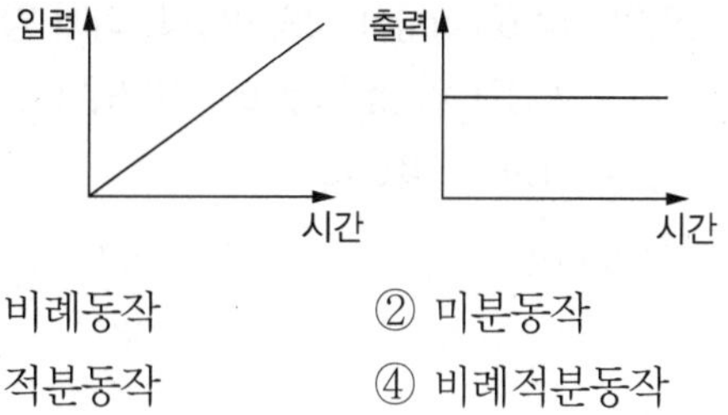

① 비례동작　　② 미분동작
③ 적분동작　　④ 비례적분동작

해설

미분동작에서는 입력은 시간에 비례하고 출력은 시간에 일정하게 나타난다.

정답 79 ① 80 ② 81 ② 82 ②

83 기체크로마토그래피에서 사용되는 캐리어가스(Carrier Gas)에 대한 설명으로 옳은 것은?

① 가격이 저렴한 공기를 사용해도 무방하다.
② 검출기의 종류에 관계없이 구입이 용이한 것을 사용한다.
③ 주입된 시료를 칼럼과 검출기로 이동시켜 주는 운반기체 역할을 한다.
④ 캐리어가스는 산소, 질소, 아르곤 등이 주로 사용된다.

해설
①・④ 캐리어가스로 수소(H_2), 헬륨(He), 아르곤(Ar), 질소(N_2) 등이 사용된다.
② 사용하는 검출기에 적합해야 한다.

84 경사각(θ)이 30°인 경사관식 압력계의 눈금(x)을 읽었더니 60[cm]가 상승하였다. 이때 양단의 차압($P_1 - P_2$)은 약 몇 [kgf/cm^2]인가?(단, 액체의 비중은 0.8인 기름이다)

① 0.001 ② 0.014
③ 0.024 ④ 0.034

해설
압력차
$\Delta P = \gamma x \sin\theta = (0.8 \times 1,000) \times 0.6 \times \sin 30^\circ$
$= 240[kgf/m^2] = 0.024[kgf/cm^2]$

85 어느 수용가에 설치되어 있는 가스미터의 기차를 측정하기 위하여 기준기로 지시량을 측정하였더니 150[m^3]을 나타내었다. 그 결과 기차가 4[%]로 계산되었다면 이 가스미터의 지시량은 몇 [m^3]인가?

① 149.96[m^3] ② 150[m^3]
③ 156[m^3] ④ 156.25[m^3]

해설
$0.04 = \dfrac{x - 150}{x}$ 에서 $0.04x = x - 150$이므로
$x = 156.25[m^3]$

86 차압식 유량계에서 교축 상류 및 하류의 압력이 각각 P_1, P_2일 때 체적유량이 Q_1이라고 한다. 압력이 2배만큼 증가하면 유량 Q는 얼마가 되는가?

① $2Q_1$ ② $\sqrt{2}\,Q_1$
③ $\dfrac{1}{2}Q_1$ ④ $\dfrac{Q_1}{\sqrt{2}}$

해설
차압식 유량계에서 유량은 압력차의 제곱근에 비례하므로 압력이 2배만큼 증가하면, 유량은 처음 유량의 $\sqrt{2}$ 배가 된다.

83 ③ 84 ③ 85 ④ 86 ② 정답

87 기체크로마토그래피에 의한 분석방법은 어떤 성질을 이용한 것인가?

① 비열의 차이
② 비중의 차이
③ 연소성의 차이
④ 이동속도의 차이

해설
기체크로마토그래피에 의한 분석방법은 기체의 이동속도의 차이를 이용한다.

88 태엽의 힘으로 통풍하는 통풍형 건습구 습도계로서 휴대가 편리하고 필요 풍속이 약 3[m/s]인 습도계는?

① 아스만 습도계
② 모발 습도계
③ 간이건습구 습도계
④ Dewcell식 노점계

해설
통풍형 건습구 습도계 또는 아스만(Assmann) 습도계
- 측정오차에 대한 풍속의 영향을 최소화하기 위해 강제통풍장치를 이용하여 설계된 건습구 습도계이다.
- 태엽의 힘으로 통풍하는 통풍형 건습구 습도계이다.
- 휴대가 편리하고 최소 필요 풍속이 3[m/s]이다.
- 3~5[m/s]의 통풍이 필요하다.
- 증류수 공급, 거즈 설치·관리가 필요하다.
- 습도 측정 시 계산이 필요하다.

89 막식 가스미터에서 크랭크축이 녹슬거나 밸브와 밸브시트가 타르나 수분 등에 의해 접착 또는 고착되어 가스가 미터를 통과하지 않는 고장의 형태는?

① 부 동
② 기어 불량
③ 떨 림
④ 불 통

해설
불통(不通)이란 가스가 미터를 통과하지 못하는 고장으로, 원인은 다음과 같다.
- 크랭크축의 녹
- 타르나 수분 등에 의한 밸브와 밸브시트의 접착 또는 고착
- 날개 등에서의 납땜 탈락 등으로 인한 회전장치 부분의 고장
- 회전자 베어링의 마모에 의한 회전자의 접촉
- 설치공사 불량에 의한 먼지

90 소형 가스미터(15호 이하)의 크기는 1개의 가스기구가 해당 가스미터에서 최대 통과량의 얼마를 통과할 때 한 등급 큰 계량기를 선택하는 것이 가장 적당한가?

① 90[%] ② 80[%]
③ 70[%] ④ 60[%]

해설
소형 가스미터(15호 이하)의 크기는 1개의 가스기구가 해당 가스미터에서 최대 통과량의 80[%]를 통과할 때 한 등급 큰 계량기를 선택하는 것이 적당하다.

정답 87 ④ 88 ① 89 ④ 90 ②

91 기체크로마토그래피의 조작과정이 다음과 같을 때 조작 순서가 가장 올바르게 나열된 것은?

> Ⓐ 크로마토그래피 조정
> Ⓑ 표준가스 도입
> Ⓒ 성분 확인
> Ⓓ 크로마토그래피 안정성 확인
> Ⓔ 피크 면적 계산
> Ⓕ 시료가스 도입

① Ⓐ – Ⓓ – Ⓑ – Ⓕ – Ⓒ – Ⓔ
② Ⓐ – Ⓑ – Ⓒ – Ⓓ – Ⓔ – Ⓕ
③ Ⓓ – Ⓐ – Ⓕ – Ⓑ – Ⓒ – Ⓔ
④ Ⓐ – Ⓑ – Ⓓ – Ⓒ – Ⓕ – Ⓔ

해설

기체 크로마토그래피의 조작 순서 : 크로마토그래피 조정 → 크로마토그래피 안정성 확인 → 표준가스 도입 → 시료가스 도입 → 성분 확인 → 피크 면적 계산

92 산소(O_2)는 다른 가스에 비하여 강한 상자성체이므로 자장에 대하여 흡인되는 특성을 이용하여 분석하는 가스분석계는?

① 세라믹식 O_2계　　② 자기식 O_2계
③ 연소식 O_2계　　④ 밀도식 O_2계

해설

자기식 O_2계(O_2 가스계)

- 산소(O_2)는 다른 가스에 비하여 강한 상자성체이므로 자장에 대하여 흡인되는 특성을 이용하여 분석하는 가스분석계이다.
- 열선(저항선)의 냉각작용이 강해지면 온도가 저하하고, 온도 저하에 의한 전기저항의 변화를 측정한다.
- 자기풍 세기 : O_2농도에 비례하고, 열선온도에 반비례한다.
- 자화율 : 열선온도에 반비례한다.
- 가동 부분이 없고 구조도 비교적 간단하며 취급이 용이하다.
- 가스의 유량, 압력, 점성의 변화에 대하여 지시오차가 거의 발생하지 않는다.
- 열선은 유리로 피복되어 있어 측정가스 중의 가연성 가스에 대한 백금의 촉매작용을 막아 준다.
- 다른 가스의 영향이 없고 계기 자체의 지연시간이 작다.
- 감도가 크고 정도는 1[%] 내외이다.

93 측정자 자신의 산포 및 관측자의 오차와 시차 등 산포에 의하여 발생하는 오차는?

① 이론오차　　② 개인오차
③ 환경오차　　④ 우연오차

해설

우연오차

- 발생원인을 알 수 없는 오차로 원인 규명이 명확하지 않다.
- 측정할 때마다 측정값이 일정하지 않은 오차이다.
- 측정치가 일정하지 않고 분포현상을 일으키는 흩어짐(Dispersion)이 원인이 되는 오차이다.
- 측정자 자신의 산포 및 관측자의 오차와 시차 등 산포에 의하여 발생한다.
- 상대적인 분포현상을 가진 측정값을 나타낸다.
- 정부의 오차가 일정한 분포 상태를 가진다.

94 부르동관 압력계를 용도로 구분할 때 사용하는 기호로 내진(耐震)형에 해당하는 것은?

① M　　② H
③ V　　④ C

해설

① M : 증기용 보통형
② H : 내열형
④ C는 모양 호칭 체계에서 사용되는 기호이다.
- A : 무테형
- B : 둥근테형
- C : 자른테형
- D : 매입형

91 ① 92 ② 93 ④ 94 ③ 정답

95 **되먹임제어와 비교한 시퀀스제어의 특성으로 틀린 것은?**

① 정성적 제어
② 디지털신호
③ 열린회로
④ 비교제어

해설

비교제어는 되먹임제어(Feedback Control)의 중요한 특징이다.

96 **용액에 시료가스를 흡수시키면 측정성분에 따라 도전율이 변하는 것을 이용한 용액도전율식 분석계에서 측정가스와 그 반응용액이 틀린 것은?**

① CO_2 – NaOH 용액
② SO_2 – CH_3COOH 용액
③ Cl_2 – $AgNO_3$ 용액
④ NH_3 – H_2SO_4 용액

해설

SO_2 – NaOH 용액

97 **다음 보기에서 설명하는 가장 적합한 압력계는?**

보기
- 정도가 아주 좋다.
- 자동계측이나 제어가 용이하다.
- 장치가 비교적 소형이므로 가볍다.
- 기록장치와의 조합이 용이하다.

① 전기식 압력계
② 부르동관식 압력계
③ 벨로스식 압력계
④ 다이어프램식 압력계

해설

전기식 압력계의 특징
- 정도가 아주 좋다.
- 자동계측이나 제어가 용이하다.
- 장치가 비교적 소형이어서 가볍다.
- 기록장치와의 조합이 용이하다.
- 변환기, Indicator, 기록계 등의 측정장치와 분리가 가능하다.
- 정확도 및 신뢰성이 아날로그 압력계보다 우수하다.
- 측정범위 : 수천[mmH_2O]~수천[kg/cm^2], 정확도 ±0.5[%]

98 **서미스터(Thermistor) 저항체 온도계의 특징에 대한 설명으로 옳은 것은?**

① 온도계수가 작으며 균일성이 적다.
② 저항 변화가 작으며 재현성이 좋다.
③ 온도 상승에 따라 저항치가 감소한다.
④ 수분 흡수 시에도 오차가 발생하지 않는다.

해설

① 온도계수가 크며, 균일성이 좋지 않다.
② 저항 변화가 크며, 재현성이 좋지 않다.
④ 수분을 흡수하면 오차가 발생한다.

정답 95 ④ 96 ② 97 ① 98 ③

99 **염소가스를 검출하는 검출시험지에 대한 설명으로 옳은 것은?**

① 연당지를 사용하며 염소가스와 접촉하면 흑색으로 변한다.
② KI-녹말종이를 사용하며 염소가스와 접촉하면 청색으로 변한다.
③ 하리슨씨 시약을 사용하며 염소가스와 접촉하면 심등색으로 변한다.
④ 리트머스시험지를 사용하며 염소가스와 접촉하면 청색으로 변한다.

해설
① 연당지를 사용하며 황화수소가스와 접촉하면 흑색으로 변한다.
③ 하리슨시약을 사용하며 포스겐가스와 접촉하면 심등색으로 변한다.
④ 리트머스시험지를 사용하며 암모니아가스와 접촉하면 청색으로 변한다.

100 **다음 보기에서 자동제어의 일반적인 동작 순서를 바르게 나열한 것은?**

보기
㉠ 목표값으로 이미 정한 물리량과 비교한다.
㉡ 조작량을 조작기에서 증감한다.
㉢ 결과에 따른 편차가 있으면 판단하여 조절한다.
㉣ 제어대상을 계측기를 사용하여 검출한다.

① ㉣ → ㉠ → ㉢ → ㉡
② ㉣ → ㉡ → ㉠ → ㉢
③ ㉡ → ㉠ → ㉣ → ㉢
④ ㉡ → ㉠ → ㉢ → ㉣

해설
자동제어의 일반적인 동작 순서 : 제어대상을 계측기를 사용하여 검출한다. → 목표값으로 이미 정한 물리량과 비교한다. → 결과에 따른 편차가 있으면 판단하여 조절한다. → 조작량을 조작기에서 증감한다.

99 ② 100 ① 정답

2022년 제1회 과년도 기출문제

제1과목 | 가스유체역학

01 관 내부에서 유체가 흐를 때 흐름이 완전난류라면 수두손실은 어떻게 되겠는가?

① 대략적으로 속도의 제곱에 반비례한다.
② 대략적으로 직경의 제곱에 반비례하고, 속도에 정비례한다.
③ 대략적으로 속도의 제곱에 비례한다.
④ 대략적으로 속도에 정비례한다.

해설

손실수두 $h_L = \frac{\Delta P}{\gamma} = f\frac{l}{d}\frac{v^2}{2g}[\mathrm{m}]$ 이므로,

관 내에서 유체의 흐름이 완전난류라면 수두손실은 속도의 제곱에 비례한다.

02 다음 중 정상유동과 관계있는 식은?(단, V = 속도 벡터, s = 임의 방향좌표, t = 시간이다)

① $\partial V/\partial t = 0$
② $\partial V/\partial s \neq 0$
③ $\partial V/\partial t \neq 0$
④ $\partial V/\partial s = 0$

해설

정상유동은 유동특성의 시간에 관계없이 일정하게 유지되므로 $\partial V/\partial t = 0$의 관계식이 성립한다.

03 물이 23[m/s]의 속도로 노즐에서 수직상방으로 분사될 때 손실을 무시하면 약 몇 [m]까지 물이 상승하는가?

① 13 ② 20
③ 27 ④ 54

해설

물이 올라가는 높이

$h = \frac{v^2}{2g} = \frac{23^2}{2\times 9.8} \simeq 27[\mathrm{m}]$

04 기체가 0.1[kg/s]로 직경 40[cm]인 관 내부를 등온으로 흐를 때 압력이 30[kgf/m²abs], R = 20 [kgf · m/kg · K], T = 27[℃]라면 평균속도는 몇 [m/s]인가?

① 5.6 ② 67.2
③ 98.7 ④ 159.2

해설

$PV = mRT$에서 양변을 V로 나누면

$P = \frac{m}{V}RT = \rho RT$이므로

밀도 $\rho = \frac{P}{RT} = \frac{30}{20\times(27+273)} = 0.005[\mathrm{kg/m^3}]$

질량유량 $\dot{m} = \rho A v$에서

평균속도 $v = \frac{\dot{m}}{\rho A} = \frac{0.1}{0.005\times\frac{\pi\times 0.4^2}{4}} \simeq 159.2[\mathrm{m/s}]$

정답 1 ③ 2 ① 3 ③ 4 ④

05 **내경 0.0526[m]인 철관 내를 점도가 0.01[kg/m · s]이고, 밀도가 1,200[kg/m³]인 액체가 1.16[m/s]의 평균속도로 흐를 때 Reynolds수는 약 얼마인가?**

① 36.61　　② 3,661
③ 732.2　　④ 7,322

해설

레이놀즈수 $R_e = \dfrac{\rho v d}{\mu} = \dfrac{1,200 \times 1.16 \times 0.0526}{0.01} \simeq 7,322$

06 **어떤 유체의 비중량이 20[kN/m³]이고, 점성계수가 0.1[N · s/m²]이다. 동점성계수는 [m²/s] 단위로 얼마인가?**

① 2.0×10^{-2}
② 4.9×10^{-2}
③ 2.0×10^{-5}
④ 4.9×10^{-5}

해설

비중량 $\gamma = \rho g$에서 밀도 $\rho = \dfrac{\gamma}{g} = \dfrac{20 \times 10^3}{9.8} \simeq 2.041 \times 10^3\,[\mathrm{kg/m^3}]$

동점성계수 $\nu = \dfrac{\mu}{\rho} = \dfrac{0.1}{2.041 \times 10^3} \simeq 4.9 \times 10^{-5}\,[\mathrm{m^2/s}]$

07 **성능이 동일한 n대의 펌프를 서로 병렬로 연결하고, 원래와 같은 양정에서 작동시킬 때 유체의 토출량은?**

① $1/n$로 감소한다.
② n배로 증가한다.
③ 원래와 동일하다.
④ $1/2n$로 감소한다.

해설

펌프의 직렬연결과 병렬연결
- 직렬연결 : 양정 증가, 유량 불변
- 병렬연결 : 유량 증가, 양정 불변

08 **직각좌표계상에서 Euler기술법으로 유동을 기술할 때 $F = \nabla \cdot \vec{V}$, $G = \nabla \cdot (\rho \vec{V})$로 정의되는 두 함수에 대한 설명 중 틀린 것은?(단, $\vec{V}$는 유체의 속도, ρ는 유체의 밀도를 나타낸다)**

① 밀도가 일정한 유체의 정상유동(Steady Flow)에서는 $F = 0$이다.
② 압축성(Compressible) 유체의 정상유동(Steady Flow)에서는 $G = 0$이다.
③ 밀도가 일정한 유체의 비정상유동(Unsteady Flow)에서는 $F \neq 0$이다.
④ 압축성(Compressible) 유체의 비정상유동(Unsteady Flow)에서는 $G \neq 0$이다.

해설

밀도가 일정한 유체의 비정상유동(Unsteady Flow)에서 $F = 0$이다.

5 ④ 6 ④ 7 ② 8 ③ 정답

09 하수 슬러리(Slurry)와 같이 일정한 온도와 압력조건에서 임계 전단응력 이상이 되어야만 흐르는 유체는?

① 뉴턴유체(Newtonian Fluid)
② 팽창유체(Dilatant Fluid)
③ 빙엄 가소성 유체(Bingham Plastics Fluid)
④ 의가소성 유체(Pseudoplastic Fluid)

해설

빙엄 플라스틱 유체 또는 빙엄 가소성 유체(Bingham Plastic Fluid) : 일정 응력 이상을 가하지 않으면 흐름을 시작하지 않는 비뉴턴유체로, 전단응력이 속도구배에 비례한다. 일정한 온도와 압력조건에서 하수 슬러리(Slurry)와 같이 입계 전단응력 이상이 되어야만 흐르는 유체이며, 전단응력과 속도구배 곡선에서 y절편이 존재한다(케첩, 마요네즈, 샴푸, 치약, 진흙).

10 1차원 유동에서 수직 충격파가 발생하게 되면 어떻게 되는가?

① 속도, 압력, 밀도가 증가한다.
② 압력, 밀도, 온도가 증가한다.
③ 속도, 온도, 밀도가 증가한다.
④ 압력은 감소하고 엔트로피가 일정하게 된다.

해설

- 증가 : 압력, 온도, 밀도, 비중량, 마찰열(비가역과정), 엔트로피
- 감소 : 정체압력, 속도, 마하수

11 유체 수송장치의 캐비테이션 방지대책으로 옳은 것은?

① 펌프의 설치 위치를 높인다.
② 펌프의 회전수를 크게 한다.
③ 흡입관 지름을 크게 한다.
④ 양흡입을 단흡입으로 바꾼다.

해설

① 펌프의 설치 위치를 낮춘다.
② 펌프의 회전수를 작게 한다.
④ 단흡입을 양흡입으로 바꾼다.

12 내경 5[cm] 파이프 내에서 비압축성 유체의 평균 유속이 5[m/s]이면 내경을 2.5[cm]로 축소하였을 때의 평균유속은?

① 5[m/s]
② 10[m/s]
③ 20[m/s]
④ 50[m/s]

해설

유량 $Q = A_1 v_1 = A_2 v_2$ 에서

$$v_2 = v_1 \times \frac{A_1}{A_2} = v_1 \times \frac{\pi d_1^2/4}{\pi d_2^2/4} = v_1 \times \frac{d_1^2}{d_2^2} = 5 \times \left(\frac{0.05}{0.025}\right)^2$$
$$= 20[\mathrm{m/s}]$$

13 잠겨 있는 물체에 작용하는 부력은 물체가 밀어낸 액체의 무게와 같다고 하는 원리(법칙)와 관련 있는 것은?

① 뉴턴의 점성법칙
② 아르키메데스 원리
③ 하겐-푸아죄유 원리
④ 맥클라우드 원리

해설

아르키메데스의 원리 : 잠겨 있는 물체에 작용하는 부력은 물체가 밀어낸 액체의 무게와 같다고 하는 원리(부력의 법칙)

정답 9 ③ 10 ② 11 ③ 12 ③ 13 ②

14 온도 T_0 = 300[K], Mach수 M = 0.8인 1차원 공기유동의 정체온도(Stagnation Temperature)는 약 몇 [K]인가?(단, 공기는 이상기체이며, 등엔트로피 유동이고, 비열비 k는 1.4이다)

① 324 ② 338
③ 346 ④ 364

해설

$$\frac{T_s}{T_0} = \left(1 + \frac{k-1}{2}M^2\right)$$

∴ 정체온도 $T_s = T_0 \times \left(1 + \frac{k-1}{2}M^2\right)$

$$= 300 \times \left(1 + \frac{1.4-1}{2} \times 0.8^2\right) \simeq 338[\mathrm{K}]$$

15 질량보존의 법칙을 유체유동에 적용한 방정식은?

① 오일러방정식
② 달시방정식
③ 운동량방정식
④ 연속방정식

16 100[kPa], 25[℃]에 있는 이상기체를 등엔트로피 과정으로 135[kPa]까지 압축하였다. 압축 후의 온도는 약 몇 [℃]인가?(단, 이 기체의 정압비열 C_P는 1.213[kJ/kg · K]이고, 정적비열 C_v는 0.821[kJ/kg · K]이다)

① 45.5 ② 55.5
③ 65.5 ④ 75.5

해설

비열비 $k = \frac{C_P}{C_v} = \frac{1.213}{0.821} \simeq 1.48$

$\frac{T_2}{T_1} = \left(\frac{V_1}{V_2}\right)^{k-1} = \left(\frac{P_2}{P_1}\right)^{\frac{k-1}{k}}$ 에서 $\frac{T_2}{25+273} = \left(\frac{135}{100}\right)^{\frac{1.48-1}{1.48}}$ 이며

$T_2 = 298 \times 1.35^{\frac{0.48}{1.48}} \simeq 328.5[\mathrm{K}] = 55.5[℃]$

17 이상기체에서 정압비열을 C_p, 정적비열을 C_v로 표시할 때 비엔탈피의 변화 dh는 어떻게 표시되는가?

① $dh = C_p dT$
② $dh = C_v dT$
③ $dh = \frac{C_p}{C_v} dT$
④ $dh = (C_p - C_v) dT$

해설

정압비열 $C_p = \frac{dh}{dT}$이므로, $dh = C_p dT$

18 지름이 0.1[m]인 관에 유체가 흐르고 있다. 임계레이놀즈수가 2,100이고, 이에 대응하는 임계유속이 0.25[m/s]이다. 이 유체의 동점성계수는 약 몇 [cm²/s]인가?

① 0.095 ② 0.119
③ 0.354 ④ 0.454

해설

레이놀즈수 $R_e = \frac{\rho v d}{\mu} = \frac{vd}{\nu}$ 에서

동점성계수 $\nu = \frac{vd}{R_e} = \frac{0.25 \times 0.1}{2,100} \simeq 1.19 \times 10^{-5}[\mathrm{m^2/s}]$

$\simeq 0.119[\mathrm{cm^2/s}]$

14 ② 15 ④ 16 ② 17 ① 18 ② 정답

19 **다음 그림에서와 같이 파이프 내로 비압축성 유체가 층류로 흐르고 있다. A점에서 최대유속 1[m/s]을 갖는다면 R점에서의 유속은 몇 [m/s]인가? (단, 관의 직경은 10[cm]이다)**

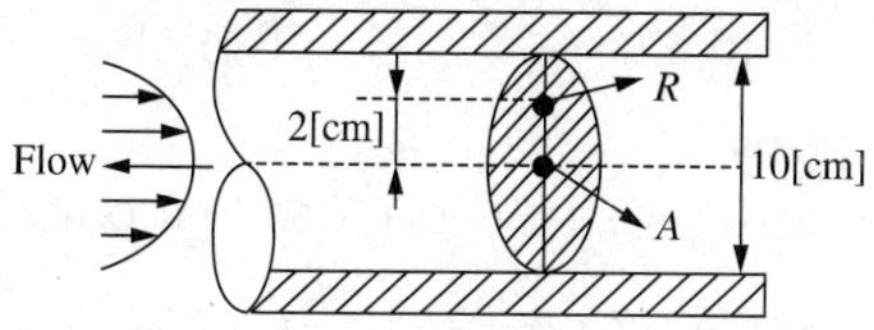

① 0.36　　② 0.60
③ 0.84　　④ 1.00

해설

유속 $u = u_{\max}\left(1-\frac{r^2}{r_0^2}\right) = 1\times\left(1-\frac{0.02^2}{0.05^2}\right) \simeq 0.84[\text{m/s}]$

20 **공기 중의 음속 C는 $C^2=\left(\frac{\partial P}{\partial \rho}\right)_s$로 주어진다. 이때 음속과 온도의 관계는?(단, T는 주위 공기의 절대온도이다)**

① $C \propto \sqrt{T}$
② $C \propto T^2$
③ $C \propto T^3$
④ $C \propto \frac{1}{T}$

해설

- 공기(대기) 중의 음속은 단열 변화로 간주한다.
- 체적탄성계수 $K=kP$(k : 비열비, 공기의 비열비 k = 1.4)이며 $PV=mRT$에서 $P=\frac{m}{V}RT$이므로 $P=\rho RT$이다.
- $C^2=\left(\frac{\partial P}{\partial \rho}\right)_s$에서

$$C=\sqrt{\left(\frac{\partial P}{\partial \rho}\right)_s}=\sqrt{\frac{K}{\rho}}=\sqrt{\frac{kP}{\rho}}=\sqrt{\frac{k\rho RT}{\rho}}=\sqrt{kRT}$$

이므로 공기 중의 음속은 온도의 제곱근에 비례한다.

제2과목 | 연소공학

21 **위험 장소의 등급 분류 중 2종 장소에 해당하지 않는 것은?**

① 밀폐된 설비 안에 밀봉된 가연성 가스나 그 설비의 사고로 인하여 파손되거나 오조작의 경우에만 누출할 위험이 있는 장소
② 확실한 기계적 환기조치에 따라 가연성 가스가 체류하지 아니하도록 되어 있으나 환기장치에 이상이나 사고가 발생한 경우에는 가연성 가스가 체류하여 위험하게 될 우려가 있는 장소
③ 상용 상태에서 가연성 가스가 체류하여 위험하게 될 우려가 있는 장소, 정비 보수 또는 누출 등으로 인하여 종종 가연성 가스가 체류하여 위험하게 될 우려가 있는 장소
④ 인접한 실내에서 위험한 농도의 가연성 가스가 종종 침입할 우려가 있는 장소

해설

상용 상태에서 가연성 가스가 체류하여 위험하게 될 우려가 있는 장소, 정비 보수 또는 누출 등으로 인하여 종종 가연성 가스가 체류하여 위험하게 될 우려가 있는 장소는 1종 장소에 해당한다.

22 **연소에 의한 고온체의 색깔이 가장 고온인 것은?**

① 휘적색　　② 황적색
③ 휘백색　　④ 백적색

해설

③ 휘백색 : 1,500[℃]
① 휘적색 : 950[℃]
② 황적색 : 1,100[℃]
④ 백적색 : 1,300[℃]

23 교축과정에서 변하지 않은 열역학 특성치는?

① 압 력
② 내부에너지
③ 엔탈피
④ 엔트로피

해설
일반적으로 교축과정에서는 외부에 대하여 일을 하지 않고 열교환이 없으며, 속도 변화가 거의 없음에 따라 엔탈피는 변하지 않는다고 가정한다.

24 연소반응이 완료되지 않아 연소가스 중에 반응의 중간 생성물이 들어 있는 현상을 무엇이라 하는가?

① 열해리
② 순반응
③ 역화반응
④ 연쇄분자반응

25 도시가스의 조성을 조사해 보니 부피 조성으로 H_2 35[%], CO 24[%], CH_4 13[%], N_2 20[%], O_2 8[%]이었다. 이 도시가스 1[Sm^3]를 완전연소시키기 위하여 필요한 이론공기량은 약 몇 [Sm^3]인가?

① 1.3 ② 2.3
③ 3.3 ④ 4.3

해설
성분 중 가연성 물질의 연소방정식
- $H_2 + 0.5O_2 \rightarrow H_2O$
- $CO + 0.5O_2 \rightarrow CO_2$
- $CH_4 + 2O_2 \rightarrow CO_2 + 2H_2O$

연소에 필요한 이론산소량

$O_0 = 0.5 \times 0.35 + 0.5 \times 0.24 + 2 \times 0.13 - 0.08 = 0.475[\mathrm{Sm}^3]$

∴ 필요한 이론공기량 $A_0 = \frac{O_0}{0.21} = \frac{0.475}{0.21} \simeq 2.3[\mathrm{Sm}^3]$

26 프로판가스에 대한 최소산소농도값(MOC)를 추산하면 얼마인가?(단, C_3H_8의 폭발하한치는 2.1[v%]이다)

① 8.5[%] ② 9.5[%]
③ 10.5[%] ④ 11.5[%]

해설
프로판의 연소방정식 : $C_3H_8 + 5O_2 \rightarrow 3CO_2 + 4H_2O$

$MOC = LFL \times \frac{M_{O_2}}{M_f} = 2.1 \times \frac{5}{1} = 10.5[\%]$

27 125[℃], 10[atm]에서 압축계수(Z)가 0.96일 때 NH_3(g) 35[kg]의 부피는 약 몇 [Sm^3]인가?(단 N의 원자량 14, H의 원자량은 1이다)

① 2.8 ② 4.3
③ 6.4 ④ 8.5

해설
$PV = ZnRT$

$\therefore V = \frac{ZnRT}{P}$

$= 0.96 \times \frac{35}{17} \times \frac{0.082 \times (125 + 273)}{10} \simeq 6.45[\mathrm{Sm}^3]$

23 ③ 24 ① 25 ② 26 ③ 27 ③ 정답

28 **2개의 단열과정과 2개의 정압과정으로 이루어진 가스터빈의 이상 사이클은?**

① 에릭슨 사이클
② 브레이턴 사이클
③ 스털링 사이클
④ 앳킨슨 사이클

해설

① 에릭슨(Ericsson) 사이클 : 2개의 등온과정과 2개의 정압과정(등압과정)으로 이루어진 가스터빈의 기본 사이클이다.
③ 스털링(Stirling) 사이클 : 2개의 정압과정(등압과정)과 2개의 정적과정(등적과정)으로 구성된 스털링기관(밀폐식 외연기관)의 기본 사이클이다.
④ 앳킨슨(Atkinson) 사이클 : 2개의 단열과정과 1개의 정적과정, 1개의 정압과정으로 구성되며 등적 브레이턴 사이클이라고도 한다.

29 **착화온도에 대한 설명 중 틀린 것은?**

① 압력이 높을수록 낮아진다.
② 발열량이 클수록 낮아진다.
③ 산소량이 증가할수록 낮아진다.
④ 반응활성도가 클수록 높아진다.

해설

착화온도는 반응활성도가 클수록 낮아진다.

30 **고발열량(高發熱量)과 저발열량(底發熱量)의 값이 가장 가까운 연료는?**

① LPG ② 가솔린
③ 메 탄 ④ 목 탄

해설

고발열량과 저발열량의 값의 차이는 주로 연소 후 발생되는 H_2O에 의하여 생긴다. 따라서 H_2O가 생성되지 않는 목탄 연소의 경우 고발열량과 저발열량의 값이 가장 가깝다.

31 **다음 중 BLEVE와 관련이 없는 것은?**

① Bomb
② Liquid
③ Expanding
④ Vapor

해설

BLEVE : Boiling Liquid Expanding Vapor Explosion(비등액체팽창증기폭발)

32 **메탄가스 1[m^3]를 완전연소시키는 데 필요한 공기량은 약 몇 [Sm^3]인가?(단, 공기 중 산소는 20[%] 함유되어 있다)**

① 5 ② 10
③ 15 ④ 20

해설

메탄의 연소방정식 : $CH_4 + 2O_2 \rightarrow CO_2 + 2H_2O$

∴ 필요한 공기량 $A_0 = \frac{O_0}{0.20} = \frac{2}{0.2} = 10[\text{Sm}^3]$

정답 28 ② 29 ④ 30 ④ 31 ① 32 ②

33 기체상수 R의 단위가 [J/mol · K]일 때의 값은?

① 8.314　　② 1.987
③ 848　　④ 0.082

해설
일반기체상수 $\overline{R}$의 값
$\overline{R}$ = 8.314[J/mol · K] = 1.987[cal/mol · K] = 848[kg · m/kmol · K] = 0.082[L · atm/mol · K]

34 정적비열이 0.682[kcal/kmol · ℃]인 어떤 가스의 정압비열은 약 몇 [kcal/kmol · ℃]인가?

① 1.3　　② 1.4
③ 2.7　　④ 2.9

해설
$C_p - C_v = R$이므로
정압비열
$C_p = C_v + R = 0.682 + 1.987 = 2.669 \simeq 2.7$[kcal/kmol · ℃]

35 가스가 노즐로부터 일정한 압력으로 분출하는 힘을 이용하여 연소에 필요한 공기를 흡인하고, 혼합관에서 혼합한 후 화염공에서 분출시켜 예혼합연소시키는 버너는?

① 분젠식
② 전 1차 공기식
③ 블라스트식
④ 적화식

해설
② 전 1차 공기식 버너 : 연소에 필요한 공기량 전체를 1차 공기에 의존하여 연소하는 버너
③ 블라스트식 버너 : 연소에 필요공기량을 전량 혼합하여 노즐에서 분출연소시키는 형식의 버너
④ 적화식 버너 : 연소에 필요한 공기를 모두 2차 공기로 취하는 방식이며 가스를 그대로 대기 중에 분출시켜 연소하는 버너

36 최소점화에너지(MIE)의 값이 수소와 가장 가까운 가연성 기체는?

① 메 탄
② 부 탄
③ 암모니아
④ 이황화탄소

해설
최소점화에너지(MIE)[mJ]
• 메탄 : 0.28
• 부탄 : 0.25
• 암모니아 : 0.77
• 이황화탄소, 수소 : 0.019

37 이상기체에 대한 설명으로 틀린 것은?

① 기체의 분자력과 크기가 무시된다.
② 저온으로 하면 액화된다.
③ 절대온도 0도에서 기체로서의 부피는 0으로 된다.
④ 보일-샤를의 법칙이나 이상기체상태방정식을 만족한다.

해설
이상기체는 저온 · 고온으로 해도 액화나 응고되지 않는다.

33 ① 34 ③ 35 ① 36 ④ 37 ② 정답

38 실제기체가 이상기체 상태방정식을 만족할 수 있는 조건이 아닌 것은?

① 압력이 높을수록
② 분자량이 작을수록
③ 온도가 높을수록
④ 비체적이 클수록

해설
고온 · 저압일수록 이상기체에 가까워진다.

39 공기 1[kg]을 일정한 압력하에서 20[℃]에서 200[℃]까지 가열할 때 엔트로피 변화는 약 몇 [kJ/K]인가?(단, C_p는 1[kJ/kg · K]이다)

① 0.28 ② 0.38
③ 0.48 ④ 0.62

해설
엔트로피 변화량

$$\Delta S = mC_p \ln\frac{T_2}{T_1} = 1\times1\times\ln\frac{200+273}{20+273} \simeq 0.48[\text{kJ/K}]$$

40 프로판을 연소할 때 이론단열불꽃온도가 가장 높을 때는?

① 20[%]의 과잉공기로 연소하였을 때
② 100[%]의 과잉공기로 연소하였을 때
③ 이론량의 공기로 연소하였을 때
④ 이론량의 순수산소로 연소하였을 때

제3과목 | 가스설비

41 저온장치에 사용되는 팽창기에 대한 설명으로 틀린 것은?

① 왕복동식은 팽창비가 40 정도로 커서 팽창기의 효율이 우수하다.
② 고압식 액체산소분리장치, 헬륨 액화기 등에 사용된다.
③ 처리가스량이 1,000[m³/h] 이상이 되면 다기통이 된다.
④ 기통 내의 윤활에 오일이 사용되므로 오일 제거에 유의하여야 한다.

해설
왕복동식 팽창기
• 팽창비 : 약 40 정도
• 효율 : 60~65[%]

42 LP가스 설비 중 강제기화기 사용 시의 장점에 대한 설명으로 가장 거리가 먼 것은?

① 설치 장소가 적게 소요된다.
② 한랭 시에도 충분히 기화된다.
③ 공급가스 조성이 일정하다.
④ 용기압력을 가감, 조절할 수 있다.

해설
강제기화기를 사용하면 용기압력을 가감, 조절할 수 없다.

43 수소의 공업적 제법이 아닌 것은?

① 수성가스법
② 석유분해법
③ 천연가스분해법
④ 공기액화분리법

해설
수소의 공업적 제조방법 : 천연가스・석유・석탄 등의 열분해(천연가스분해법, 석유분해법, 석탄분해법), 수성가스법, 수전해법, 수증기개질법

44 액화가스의 기화기 중 액화가스와 해수 및 하천수 등을 열교환시켜 기화하는 형식은?

① Air Fin식
② 직화가열식
③ Open Rack식
④ Submerged Combustion식

해설
Open Rack Vaporizer는 해수를 가열원으로 사용한다.

45 원심압축기의 특징이 아닌 것은?

① 설치 면적이 작다.
② 압축이 단속적이다.
③ 용량 조정이 어렵다.
④ 윤활유가 불필요하다.

해설
원심압축기는 압축이 연속적이다.

46 가스시설의 전기방식 공사 시 매설배관 주위에 기준 전극을 매설하는 경우 기준 전극은 배관으로부터 얼마 이내에 설치하여야 하는가?

① 30[cm] ② 50[cm]
③ 60[cm] ④ 100[cm]

해설
가스시설의 전기방식 공사 시 매설배관 주위에 기준 전극을 매설하는 경우 기준 전극은 배관으로부터 50[cm] 이내에 설치하여야 한다.

47 다음 보기에서 설명하는 가스는?

보기
• 자극성 냄새를 가진 무색의 기체로서 물에 잘 녹는다. • 가압, 냉각에 의해 액화가 용이하다. • 공업적 제법으로는 클라우드법, 카자레법이 있다.

① 암모니아
② 염 소
③ 일산화탄소
④ 황화수소

해설
암모니아(NH_3)
• 가연성, 독성가스이며 무색이다.
• 자극성 냄새를 가진 무색의 기체로서 물에 잘 녹는다.
• 가압, 냉각에 의해 액화가 용이하다.
• 공업적 제법으로는 클라우드법, 카자레법이 있다.

43 ④ 44 ③ 45 ② 46 ② 47 ① 정답

48 독성가스 배관용 밸브의 압력 구분을 호칭하기 위한 표시가 아닌 것은?

① Class ② S
③ PN ④ K

해설
독성가스 배관용 밸브의 호칭압력은 밸브의 압력 구분을 호칭하기 위한 것으로 Class, PN, K로 표시한다. Class는 ASME B 16.34, PN은 EN 1333, K는 KS B 2308을 따른다.

49 송출유량(Q)이 0.3[m^3/min], 양정(H)이 16[m], 비교회전도(N_s)가 110일 때, 펌프의 회전속도(N)은 약 몇 [rpm]인가?

① 1,507 ② 1,607
③ 1,707 ④ 1,807

해설
비교회전도 $N_s = \frac{n \times \sqrt{Q}}{H^{0.75}}$ 에서 $110 = \frac{n \times \sqrt{0.3}}{16^{0.75}}$ 이므로

펌프의 회전속도 $n = 110 \times \frac{16^{0.75}}{\sqrt{0.3}} \simeq 1{,}607[\text{rpm}]$

50 고압가스저장설비에서 수소와 산소가 동일한 조건에서 대기 중에 누출되었다면 확산속도는 어떻게 되겠는가?

① 수소가 산소보다 2배 빠르다.
② 수소가 산소보다 4배 빠르다.
③ 수소가 산소보다 8배 빠르다.
④ 수소가 산소보다 16배 빠르다.

해설
그레이엄의 기체 확산속도의 법칙 $\frac{v_A}{v_B} = \sqrt{\frac{M_B}{M_A}}$ 에서

$\frac{v_{H_2}}{v_{O_2}} = \sqrt{\frac{M_{O_2}}{M_{H_2}}} = \sqrt{\frac{32}{2}} = 4$배

∴ 수소가 산소보다 4배 빠르다.

51 압축기에 사용되는 윤활유의 구비조건으로 옳은 것은?

① 인화점과 응고점이 높을 것
② 정제도가 낮아 잔류 탄소가 증발해서 줄어드는 양이 많을 것
③ 점도가 적당하고 항유화성이 적을 것
④ 열안정성이 좋아 쉽게 열분해하지 않을 것

해설
① 인화점이 높고 응고점이 낮을 것
② 정제도가 높고 잔류 탄소의 양이 적을 것
③ 점도가 적당하고 항유화성이 클 것

52 액화석유가스용 용기잔류가스회수장치의 구성이 아닌 것은?

① 열교환기
② 압축기
③ 연소설비
④ 질소퍼지장치

해설
액화석유가스용 용기잔류가스회수장치의 구성 : 압축기(액분리기 포함) 또는 펌프 · 잔류가스회수탱크 또는 압력용기 · 연소설비 · 질소퍼지장치 등

정답 48 ② 49 ② 50 ② 51 ④ 52 ①

53 어느 용기에 액체를 넣어 밀폐하고 압력을 가해 주면 액체의 비등점은 어떻게 되는가?

① 상승한다.
② 저하한다.
③ 변하지 않는다.
④ 이 조건으로 알 수 없다.

해설

액체의 비등점(끓는점)은 액체가 표면과 내부에서 기포가 발생하면서 끓기 시작하는 온도이다. 액체 표면으로부터 증발이 일어날 뿐만 아니라, 액체에서 기체로 물질의 상태가 변화되는 온도이다. 끓고 있는 액체는 온도가 변하지 않고 일정 온도를 유지하는데, 이는 흡수된 열이 모두 액체 분자 간의 인력을 끊고 기체로 상태 변화가 일어나는 데에 쓰이기 때문이다. 비등점은 액체의 증기압이 외부의 압력과 같아지는 온도이므로 외부의 압력에 따라 변화하게 된다. 외부의 압력이 커질수록 비등점은 높아지고, 외부압력이 낮아지면 비등점도 낮아지는데 실제 에베레스트산 정상에서의 대기압은 250[mmHg] 정도이며, 이때 물의 끓는점은 71[℃]이다(1[atm] = 760[mmHg]). 따라서 용기에 액체를 넣어 밀폐하고 압력을 가해 주면 액체의 비등점은 상승한다.

54 흡입밸브압력이 0.8[MPa · g]인 3단 압축기의 최종단의 토출압력은 약 몇 [MPa · g]인가?(단, 압축비는 3이며, 1[MPa]은 10[kg/cm^2]로 한다)

① 16.1　② 21.6
③ 24.2　④ 28.7

해설

$$\varepsilon = \sqrt[3]{\frac{P_3}{P}}$$

$$P_3 = \varepsilon^3 P = 27 \times (0.8 + 0.1) = 24.3[\text{MPa}]$$
$$= (24.3 - 0.1)[\text{MPa} \cdot \text{g}]$$
$$= 24.2[\text{MPa} \cdot \text{g}]$$

55 가스홀더의 기능에 대한 설명으로 가장 거리가 먼 것은?

① 가스 수요의 시간적 변동에 대하여 제조가스량을 안정되게 공급하고 남는 가스를 저장한다.
② 정전, 배관공사 등의 공사로 가스 공급의 일시 중단 시 공급량을 계속 확보한다.
③ 조성이 다른 제조가스를 저장, 혼합하여 성분, 열량 등을 일정하게 한다.
④ 소비지역에서 먼 곳에 설치하여 사용 피크 시 배관의 수송량을 증대한다.

해설

가스홀더는 소비지역에서 가까운 곳에 설치하여 사용 피크 시 배관의 수송량을 증대시킨다.

56 LP가스 고압장치가 상용압력이 2.5[MPa]일 경우, 안전밸브의 최고작동압력은?

① 2.5[MPa]　② 3.0[MPa]
③ 3.75[MPa]　④ 5.0[MPa]

해설

LP가스 고압장치의 안전밸브의 최고작동압력
= 상용압력 × 1.2 = 3.0[MPa]

53 ① 54 ③ 55 ④ 56 ② 정답

57 **지하에 매설하는 배관의 이음방법으로 가장 부적합한 것은?**

① 링조인트 접합
② 용접 접합
③ 전기융착 접합
④ 열융착 접합

해설
지하에 매설하는 배관의 이음방법 : 용접 접합, 전기융착 접합, 열융착 접합

58 **압축기에 사용하는 사용가스와 윤활유의 연결로 부적당한 것은?**

① 수소 : 순광물성 기름
② 산소 : 디젤엔진유
③ 아세틸렌 : 양질의 광유
④ LPG : 식물성유

해설
• 산소 : 물 또는 10[%] 이하의 묽은 글리세린 수용액
• 공기 : 디젤엔진유

59 **배관의 전기방식 중 희생양극법의 장점이 아닌 것은?**

① 전류 조절이 쉽다.
② 과방식의 우려가 없다.
③ 단거리의 파이프라인에는 저렴하다.
④ 다른 매설금속체로의 장애(간섭)가 거의 없다.

해설
희생양극법은 전류 조절이 어렵다.

60 **안전밸브의 선정 절차에서 가장 먼저 검토하여야 하는 것은?**

① 기타 밸브구동기 선정
② 해당 메이커의 자료 확인
③ 밸브 용량계수값 확인
④ 통과 유체 확인

해설
안전밸브의 선정 절차 순서
① 통과 유체 확인
② 밸브 용량계수값 확인
③ 해당 메이커 자료 확인
④ 기타 밸브구동기 선정

정답 57 ① 58 ② 59 ① 60 ④

61 액화 가연성 가스 접합용기를 차량에 적재하여 운반할 때 몇 [kg] 이상일 때 운반책임자를 동승시켜야 하는가?

① 1,000[kg]
② 2,000[kg]
③ 3,000[kg]
④ 6,000[kg]

해설
운반책임자의 동승기준

압축가스	• 가연성 : 300[m^3] 이상 • 조연성 : 600[m^3] 이상
액화가스	• 가연성 : 3,000[kg] 이상(납붙임 용기 및 접합용기 : 2,000[kg] 이상) • 조연성 : 6,000[kg] 이상

62 고압가스특정제조시설의 긴급용 벤트스택 방출구는 작업원이 항시 통행하는 장소로부터 몇 [m] 이상 떨어진 곳에 설치하는가?

① 5[m] ② 10[m]
③ 15[m] ④ 20[m]

63 산화에틸렌에 대한 설명으로 틀린 것은?

① 배관으로 수송할 경우에는 2중관으로 한다.
② 제독제로서 다량의 물을 비치한다.
③ 저장탱크에는 45[℃]에서 그 내부가스의 압력이 0.4[MPa] 이상이 되도록 탄산가스를 충전한다.
④ 용기에 충전하는 때에는 미리 그 내부가스를 아황산 등의 산으로 치환하여 안정화시킨다.

해설
산화에틸렌을 저장탱크나 용기에 충전하는 때에는 미리 그 내부가스를 질소가스나 탄산가스로 바꾼 후에 산이나 알칼리를 함유하지 아니하는 상태로 충전시킨다.

64 공기보다 무거워 누출 시 체류하기 쉬운 가스가 아닌 것은?

① 산 소
② 염 소
③ 암모니아
④ 프로판

해설
공기의 분자량은 약 29이며 산소, 염소, 프로판의 분자량은 각각 32, 71, 44로 공기보다 무거워 누출 시 체류하기 쉬운 가스인 반면, 암모니아 분자량은 17이므로 공기보다 가벼워 체류하지 않는다.

65 방폭전기기기 설치에 사용되는 정크션 박스(Junction Box), 풀 박스(Pull Box)는 어떤 방폭구조로 하여야 하는가?

① 압력방폭구조(p)
② 내압방폭구조(d)
③ 유압방폭구조(o)
④ 특수방폭구조(s)

해설
내압방폭구조 : 용기 내부에서 가연성 가스의 폭발이 발생할 경우, 그 용기가 폭발압력에 견디고 접합면, 개구부 등을 통하여 외부의 가연성 가스에 인화되지 않도록 한 방폭구조이다.

- 전기기기의 내압방폭구조의 선택 요인 : 가연성 가스의 최대안전틈새, 발화온도
- 슬립링, 정류자, 정크션 박스(Junction Box), 풀 박스(Pull Box), 접송함 등은 내압방폭구조로 하여야 한다.
- 내압방폭구조는 내부 폭발에 의한 내용물 손상으로 영향을 미치는 기기에는 부적당하다.
- 내압방폭구조의 기호 : d

정답 61 ② 62 ② 63 ④ 64 ③ 65 ②

66 불소가스에 대한 설명으로 옳은 것은?

① 무색의 가스이다.
② 냄새가 없다.
③ 강산화제이다.
④ 물과 반응하지 않는다.

해설
① 상온에서 옅은 황록색의 가스이다.
② 자극적인 냄새가 난다.
④ 물과 반응한다.

67 냉동기의 제품 성능의 기준으로 틀린 것은?

① 주름관을 사용한 방진조치
② 냉매설비 중 돌출 부위에 대한 적절한 방호조치
③ 냉매가스가 누출될 우려가 있는 부분에 대한 부식 방지조치
④ 냉매설비 중 냉매가스가 누출될 우려가 있는 곳에 차단밸브 설치

해설
압축기, 유분리기, 응축기 및 수액기와 이들 사이의 배관을 설치한 곳은 냉매가스가 누출된 때에 그 냉매가스가 체류하지 아니하는 구조로 해야 한다.

68 액화석유가스 자동차에 고정된 탱크 충전시설 중 저장설비는 그 외면으로부터 사업소 경계와의 거리 이상을 유지하여야 한다. 저장능력과 사업소 경계와의 거리의 기준이 바르게 연결된 것은?

① 10[ton] 이하 - 20[m]
② 10[ton] 초과 20[ton] 이하 - 22[m]
③ 20[ton] 초과 30[ton] 이하 - 30[m]
④ 30[ton] 초과 40[ton] 이하 - 32[m]

해설
① 10[ton] 이하 - 24[m]
② 10[ton] 초과 20[ton] 이하 - 27[m]
④ 30[ton] 초과 40[ton] 이하 - 33[m]

69 고압가스 일반제조시설에서 긴급차단장치를 반드시 설치하지 않아도 되는 설비는?

① 염소가스 정체량이 40[ton]인 고압가스설비
② 연소열량이 5×10^7[kcal]인 고압가스설비
③ 특수반응설비
④ 산소가스 정체량이 150[ton]인 고압가스 설비

해설
고압가스 일반제조시설에서 긴급차단장치를 반드시 설치해야 하는 설비
- 특수반응설비
- 연소열량이 6×10^7[kcal]인 고압가스설비
- 연소열량이 6×10^7[kcal] 미만이지만 정체량이 100[ton] 이상인 고압가스설비
- 정체량 30[ton] 이상인 독성가스의 고압가스설비
- 정체량이 100[ton] 이상인 산소의 고압가스설비

70 탱크 주밸브, 긴급차단장치에 속하는 밸브, 그 밖의 중요한 부속품이 돌출된 저장탱크는 그 부속품을 차량의 좌측면이 아닌 곳에 설치한 단단한 조작상자 내에 설치한다. 이 경우 조작상자와 차량의 뒷범퍼와의 수평거리는 얼마 이상 이격하여야 하는가?

① 20[cm] ② 30[cm]
③ 40[cm] ④ 50[cm]

정답 66 ③ 67 ④ 68 ③ 69 ② 70 ①

71 긴급이송설비에 부속된 처리설비는 이송되는 설비 내의 내용물을 안전하게 처리하여야 한다. 처리방법으로 옳은 것은?

① 플레어스택에서 배출시킨다.
② 안전한 장소에 설치되어 있는 저장탱크에 임시 이송한다.
③ 밴트스택에서 연소시킨다.
④ 독성가스는 제독 후 사용한다.

해설
① 플레어스택에서 안전하게 연소시킨다.
③ 밴트스택에서 안전하게 배출시킨다.
④ 독성가스는 제독 후 안전하게 폐기시킨다(고압가스제조시설에 한한다).

72 고압가스 냉동기 제조의 시설에서 냉매가스가 통하는 부분의 설계압력 설정에 대한 설명으로 틀린 것은?

① 보통의 운전 상태에서 응축온도가 65[℃]를 초과하는 냉동설비는 그 응축온도에 대한 포화증기 압력을 그 냉동설비의 고압부 설계압력으로 한다.
② 냉매설비의 저압부가 항상 저온으로 유지되고 또한 냉매가스의 압력이 0.4[MPa] 이하인 경우에는 그 저압부의 설계압력을 0.8[MPa]로 할 수 있다.
③ 보통의 상태에서 내부가 대기압 이하로 되는 부분에는 압력이 0.1[MPa]을 외압으로 하여 걸리는 설계압력으로 한다.
④ 냉매설비의 주위 온도가 항상 40[℃]를 초과하는 냉매설비 등의 저압부 설계압력은 그 주위 온도의 최고온도에서의 냉매가스의 평균압력 이상으로 한다.

해설
냉매설비의 주위 온도가 항상 40[℃]를 초과하는 냉매설비 등의 저압부 설계압력은 그 주위 온도의 최고온도에서의 냉매가스의 포화압력 이상으로 한다.

73 충전용기 적재에 관한 기준으로 옳은 것은?

① 충전용기를 적재한 차량은 제1종 보호시설과 15[m] 이상 떨어진 곳에 주차하여야 한다.
② 충전량이 15[kg] 이하이고 적재수가 2개를 초과하지 아니한 LPG는 이륜차에 적재하여 운반할 수 있다.
③ 용량 15[kg]의 LPG 충전용기는 2단으로 적재하여 운반할 수 있다.
④ 운반 차량 뒷면에는 두께가 3[mm] 이상, 폭 50[mm] 이상의 범퍼를 설치한다.

해설
② 충전용기는 이륜차(자전거 포함)에 적재하여 운반하지 아니한다.
③ 용량 10[kg] 미만의 LPG 충전용기는 2단으로 적재하여 운반할 수 있다.
④ 운반 차량 뒷면에는 두께가 5[mm] 이상, 폭 100[mm] 이상의 범퍼를 설치한다.

74 가스보일러에 의한 가스사고를 예방하기 위한 방법이 아닌 것은?

① 가스보일러는 전용 보일러실에 설치한다.
② 가스보일러의 배기통은 한국가스안전공사의 성능 인증을 받은 것을 사용한다.
③ 가스보일러는 가스보일러 시공자가 설치한다.
④ 가스보일러의 배기통은 풍압대 내에 설치한다.

해설
가스보일러의 배기통은 풍압대 밖에 설치한다.

71 ② 72 ④ 73 ① 74 ④ 정답

75 **고압가스 용기 및 차량에 고정된 탱크충전시설에 설치하는 제독설비의 기준으로 틀린 것은?**

① 가압식, 동력식 등에 따라 작동하는 수도직결식의 제독제 살포장치 또는 살수장치를 설치한다.
② 물(중화제)인 중화조를 주위온도가 4[℃] 미만인 동결 우려가 있는 장소에 설치 시 동결방지장치를 설치한다.
③ 물(중화제) 중화조에는 자동급수장치를 설치한다.
④ 살수장치는 정전 등에 의해 전자밸브가 작동하지 않을 경우에 대비하여 수동 바이패스 배관을 추가로 설치한다.

해설
고압가스 용기 및 차량에 고정된 탱크충전시설에는 가압식, 동력식 등에 따라 작동하는 제독제 살포장치 또는 살수장치를 설치한다(수도직결식을 설치하지 않는다).

76 **액화가스 충전용기의 내용적을 V[L], 저장능력을 W[kg], 가스의 종류에 따르는 정수를 C로 했을 때 이에 대한 설명으로 틀린 것은?**

① 프로판의 C값은 2.35이다.
② 액화가스와 압축가스가 섞여 있을 경우에는 액화가스 10[kg]을 1[m^3]으로 본다.
③ 용기의 어깨에 C값이 각인되어 있다.
④ 열대지방과 한대지방의 C값은 다를 수 있다.

해설
용기의 어깨에 C값을 각인하지 않는다.

77 **일반도시가스사업 예비 정압기에 설치되는 긴급차단장치의 설정압력은?**

① 3.2[kPa] 이하
② 3.6[kPa] 이하
③ 4.0[kPa] 이하
④ 4.4[kPa] 이하

78 **소형 저장탱크에 의한 액화석유가스사용시설에서 벌크로리 측의 호스 어셈블리에 의한 충전 시 충전작업자는 길이 몇 [m] 이상의 충전호스를 사용하여 충전하는 경우에 별도의 충전보조원에게 충전작업 중 충전호스를 감시하게 하여야 하는가?**

① 5[m]　② 8[m]
③ 10[m]　④ 20[m]

정답 75 ① 76 ③ 77 ④ 78 ③

79 가스 제조 시 첨가하는 냄새가 나는 물질(부취제)에 대한 설명으로 옳지 않은 것은?

① 독성이 없을 것
② 극히 낮은 농도에서도 냄새가 확인될 수 있을 것
③ 가스관이나 Gas Meter에 흡착될 수 있을 것
④ 배관 내의 상용온도에서 응축하지 않고 배관을 부식시키지 않을 것

해설
부취제는 가스관이나 Gas Meter에 흡착되지 않아야 한다.

80 다음 보기에서 가스용 퀵 커플러에 대한 설명으로 옳은 것으로 모두 나열된 것은?

보기
㉠ 퀵 커플러는 사용 형태에 따라 호스접속형과 호스앤드접속형으로 구분한다.
㉡ 4.2[kPa] 이상의 압력으로 기밀시험을 하였을 때 가스 누출이 없어야 한다.
㉢ 탈착 조작은 분당 10~20회의 속도로 6,000회 실시한 후 작동시험에서 이상이 없어야 한다.

① ㉠
② ㉠, ㉡
③ ㉡, ㉢
④ ㉠, ㉡, ㉢

해설
가스용 퀵 커플러
- 퀵 커플러는 사용 형태에 따라 호스접속형과 호스앤드접속형으로 구분한다.
- 4.2[kPa] 이상의 압력으로 기밀시험을 하였을 때 가스 누출이 없어야 한다.
- 탈착 조작은 분당 10~20회의 속도로 6,000회 실시한 후 작동시험에서 이상이 없어야 한다.

제5과목 | 가스계측

81 대기압이 750[mmHg]일 때 탱크 내의 기체압력이 게이지압으로 1.98[kg/cm^2]이었다. 탱크 내 기체의 절대압력은 약 몇 [kg/cm^2]인가?(단, 1기압은 1.0336[kg/cm^2]이다)

① 1 ② 2
③ 3 ④ 4

해설
절대압력 = 대기압 + 게이지압

$$= \frac{750}{760} \times 1.0336 + 1.98$$

$$\simeq 3[kg/cm^2]$$

82 질소용 Mass Flow Controller에 헬륨을 사용하였다. 예측 가능한 결과는?

① 질량유량에는 변화가 있으나 부피 유량에는 변화가 없다.
② 지시계는 변화가 없으나 부피유량은 증가한다.
③ 입구압력을 약간 낮춰 주면 동일한 유량을 얻을 수 있다.
④ 변화를 예측할 수 없다.

해설
질소용 Mass Flow Controller에 헬륨을 사용하면, 지시계는 변화가 없으나 부피유량은 증가한다.

79 ③ 80 ④ 81 ③ 82 ② 정답

83 측정방법에 따른 액면계의 분류 중 간접법이 아닌 것은?

① 음향을 이용하는 방법
② 방사선을 이용하는 방법
③ 압력계, 차압계를 이용하는 방법
④ 플로트에 의한 방법

해설
플로트에 의한 방법은 직접법이다.

84 가스시료 분석에 널리 사용되는 기체크로마토그래피(Gas Chromatography)의 원리는?

① 이온화
② 흡착 치환
③ 확산 유출
④ 열전도

85 60[°F]에서 100[°F]까지 온도를 제어하는 데 비례제어기가 사용된다. 측정온도가 71[°F]에서 75[°F]로 변할 때 출력압력이 3[psi]에서 5[psi]까지 도달하도록 조정된다. 비례대[%]은?

① 5[%] ② 10[%]
③ 15[%] ④ 20[%]

해설
비례대역 $PB = \frac{CR}{SR} \times 100[\%] = \frac{75-71}{100-60} \times 100[\%] = 10[\%]$

86 계량의 기준이 되는 기본단위가 아닌 것은?

① 길 이
② 온 도
③ 면 적
④ 광 도

해설
계량의 기준이 되는 기본단위 : 길이[m], 질량[kg], 시간[s], 전류[A], 물질량[mol], 온도[K], 광도[cd]

87 기체크로마토그래피의 구성이 아닌 것은?

① 캐리어가스
② 검출기
③ 분광기
④ 칼 럼

해설
가스크로마토그래피의 구성요소 : 운반기체(Carrier Gas), 압력조정기・압력계, 유속조절기(유량측정기)・유량조절밸브, 시료주입기(Injector), 분리관(Column), 검출기(Detector), 기록계(Data System) 등

정답 83 ④ 84 ② 85 ② 86 ③ 87 ③

88 적외선 가스분석계로 분석하기 가장 어려운 가스는?

① H_2O　　② N_2

③ HF　　④ CO

해설

단원자 분자(He, Ne, Ar 등)와 이원자 분자(H_2, O_2, N_2, Cl_2 등)는 적외선을 흡수하지 않으므로 적외선 가스분석계로 분석이 불가능하다.

89 용적식 유량계에 해당되지 않는 것은?

① 로터미터

② Oval식 유량계

③ 루트 유량계

④ 로터리 피스톤식 유량계

해설

로터미터는 면적식 유량계에 해당한다.

90 시정수(Time Constant)가 5초인 1차 지연형 계측기의 스텝응답(Step Response)에서 전변화의 95[%]까지 변화하는 데 걸리는 시간은?

① 10초　　② 15초

③ 20초　　④ 30초

해설

스텝응답 $Y=1-e^{-\frac{t}{T}}$(여기서, t : 변화시간, T : 시정수)

$0.95=1-e^{-\frac{t}{5}}$이므로 $t \simeq 15$초

91 가연성 가스검출기로 주로 사용되지 않는 것은?

① 중화적정형

② 안전등형

③ 간섭계형

④ 열선형

해설

가연성 가스검출기의 종류 : 안전등형, 간섭계형, 열선형, 반도체형

92 다음 보기에서 설명하는 가스미터는?

보기

- 계량이 정확하고 사용 중 기차(器差)의 변동이 거의 없다.
- 설치 공간이 크고 수위 조절 등의 관리가 필요하다.

① 막식 가스미터

② 습식 가스미터

③ 루츠(Roots)미터

④ 벤투리 미터

해설

습식 가스미터

- 가스미터에 의한 압력손실이 작아 사용 중 기압차의 변동이 거의 없어 유량이 정확하게 계량된다.
- 가장 정확한 계량이 가능한 가스미터이다.
- 유량 측정이 정확하다.
- 사용 중 기차의 변동이 거의 없다.
- 기준기로도 이용된다.
- 실측 가스미터이다.
- 드럼형이다.
- 가스 발열량 측정에도 이용된다.
- 실험용으로 적합하다.
- 설치 공간이 크다.
- 사용 중에 수위 조절 등의 관리가 필요하다.
- 수면이 너무 낮을 때 가스가 그냥 지나친다.

88 ② 89 ① 90 ② 91 ① 92 ② 정답

93 열전대 온도계 중 측정범위가 가장 넓은 것은?

① 백금-백금·로듐
② 구리-콘스탄탄
③ 철-콘스탄탄
④ 크로멜-알루멜

해설

측정범위
- 백금 - 백금 · 로듐 : 0 ~ 1,600[℃]
- 구리 - 콘스탄탄 : -200 ~ 350[℃]
- 철 - 콘스탄탄 : -210 ~ 760[℃]
- 크로멜-알루멜 : -20 ~ 1,250[℃]

94 연소가스 중 CO와 H_2의 분석에 사용되는 가스분석계는?

① 탄산가스계
② 질소가스계
③ 미연소가스계
④ 수소가스계

해설

미연소식 가스계 : 연소가스 중 일산화탄소(CO)와 수소(H_2) 분석에 주로 사용되는 가스분석계이다.

95 최대유량이 10[m^3/h] 이하인 가스미터의 검정·재검정 유효기간으로 옳은 것은?

① 3년, 3년
② 3년, 5년
③ 5년, 3년
④ 5년, 5년

해설

가스계량기의 (재)검정 유효기간
- 기준 가스미터의 기준기 : 2년
- 최대유량 10[m^3/h] 이하의 경우 : 5년
- 그 밖의 가스미터 : 8년

96 방사선식 액면계에 대한 설명으로 틀린 것은?

① 방사선원은 코발트 60(^{60}Co)이 사용된다.
② 종류로는 조사식, 투과식, 가반식이 있다.
③ 방사선 선원을 탱크 상부에 설치한다.
④ 고온, 고압 또는 내부에 측정자를 넣을 수 없는 경우에 사용된다.

해설

방사선식 액면계에서 방사선 선원은 탱크 외벽에 설치한다.

97 저압용의 부르동관 압력계 재질로 옳은 것은?

① 니켈강
② 특수강
③ 인발강관
④ 황 동

해설

부르동관의 재질
- 저압용 : 황동, 청동, 인청동, 특수청동
- 고압용 : 니켈(Ni)강, 스테인리스강

정답 93 ① 94 ③ 95 ④ 96 ③ 97 ④

98 게겔법에서 C_3H_6를 분석하기 위한 흡수액으로 사용되는 것은?

① 33[%] KOH 용액
② 알칼리성 파이로갈롤 용액
③ 암모니아성 염화 제1구리 용액
④ 87[%] H_2SO_4

해설
가스와 흡수제

CO_2	30[%]의 수산화칼륨(KOH) 용액
C_2H_2(아세틸렌)	아이오딘수은칼륨 용액(옥소수은칼륨 용액)
C_2H_4(에틸렌)	HBr(브롬화수소 용액)
O_2	알칼리성 파이로갈롤 용액(수산화칼륨 + 파이로갈롤 수용액)
CO	암모니아성 염화 제1구리 용액
C_3H_6(프로필렌), n-C_4H_8	87[%] H_2SO_4 용액
중탄화수소(C_mH_n)	발연 황산(진한 황산)

99 제어동작에 대한 설명으로 옳은 것은?

① 비례동작은 제어오차가 변화하는 속도에 비례하는 동작이다.
② 미분동작은 편차에 비례한다.
③ 적분동작은 오프셋을 제거할 수 있다.
④ 미분동작은 오버슈트가 많고 응답이 느리다.

해설
① 비례동작은 편차에 비례한다.
② 미분동작은 제어오차가 변화하는 속도에 비례하는 동작이다.
④ 미분동작은 오버슈트가 적고 응답이 빠르지만 편차 제거는 못 한다.

100 루츠식 가스미터는 적은 유량 시 작동하지 않을 우려가 있는데 보통 얼마 이하일 때 이러한 현상이 나타나는가?

① 0.5[m^3/h]
② 2[m^3/h]
③ 5[m^3/h]
④ 10[m^3/h]

98 ④ 99 ③ 100 ① 정답

2022년 제2회 과년도 기출문제

제1과목 | 가스유체역학

01 관로의 유동에서 여러 가지 손실수두를 나타낸 것으로 틀린 것은?(단, f : 마찰계수, d : 관의 지름, $\left(\frac{V^2}{2g}\right)$: 속도수두, $\left(\frac{V_1^2}{2g}\right)$: 입구관 속도수두, $\left(\frac{V_2^2}{2g}\right)$: 출구관 속도수두, R_h : 수력 반지름, L : 관의 길이, A : 관의 단면적, C_c : 단면적 축소계수이다)

① 원형관 속의 손실수두 : $h_L = f\frac{L}{d}\frac{V^2}{2g}$

② 비원형관 속의 손실수두 : $h_L = f\frac{4R_h}{L}\frac{V^2}{2g}$

③ 돌연 확대관 손실수두 : $h_L = \left(1-\frac{A_1}{A_2}\right)^2\frac{V_1^2}{2g}$

④ 돌연 축소관 손실수두 : $h_L = \left(\frac{1}{C_c}-1\right)^2\frac{V_2^2}{2g}$

해설

비원형관 속의 손실수두 : $h_L = f\frac{L}{4R_h}\frac{V^2}{2g}$

02 980[cSt]의 동점도(Kinematic Viscosity)는 몇 [m²/s] 인가?

① 10^{-4} ② 9.8×10^{-4}

③ 1 ④ 9.8

해설

1[Stokes]=1[St]=1[cm²/s]=10^{-4}[m²/s]=100[cSt](centistokes)이므로

동점도 $= \frac{980}{10^6} = (9.8\times10^2)\times10^{-6} = 9.8\times10^{-4}$[m²/s]

03 다음 중 실제유체와 이상유체에 모두 적용되는 것은?

① 뉴턴의 점성법칙

② 압축성

③ 점착조건(No Slip Condition)

④ 에너지 보존의 법칙

04 진공압력이 0.10[kgf/cm²]이고, 온도가 20[℃]인 기체가 계기압력 7[kgf/cm²]으로 등온압축되었다. 이때 압축 전 체적(V_1)에 대한 압축 후의 체적(V_2)의 비는 얼마인가?(단, 대기압은 720[mmHg]이다)

① 0.11 ② 0.14

③ 0.98 ④ 1.41

해설

$P_1 = \frac{720}{760}\times1.033 \simeq 0.979[\text{kgf/cm}^2]$

$P_1V_1 = P_2V_2$에서

$\frac{V_2}{V_1} = \frac{P_1}{P_2} = \frac{0.979-0.1}{0.979+7} \simeq 0.11$

정답 1 ② 2 ② 3 ④ 4 ①

05 안지름 100[mm]인 관 속을 압력 5[kgf/cm²], 온도 15[℃]인 공기가 2[kg/s]로 흐를 때 평균유속은?(단, 공기의 기체상수는 29.27[kgf · m/kg · K]이다)

① 4.28[m/s] ② 5.81[m/s]
③ 42.9[m/s] ④ 55.8[m/s]

해설

압력 $P=5[\text{kgf/cm}^2]=5\times10^4[\text{kgf/m}^2]$

$PV=mRT$에서

$\rho=\frac{m}{V}=\frac{P}{RT}=\frac{5\times10^4}{29.27\times(15+273)}\simeq5.93[\text{kg/m}^3]$

질량유량 $\dot{m}=\rho Av$이므로

평균유속 $v=\frac{\dot{m}}{\rho A}=\frac{2}{5.93\times\left(\frac{\pi}{4}\times0.1^2\right)}\simeq42.9[\text{m/s}]$

06 표면장력계수의 차원을 옳게 나타낸 것은?(단, M은 질량, L은 길이, T는 시간의 차원이다)

① MLT^{-2} ② MT^{-2}
③ LT^{-1} ④ $ML^{-1}T^{-2}$

해설

표면장력(계수)의 단위와 차원

- 단위 : [N/m], [kgf/m]
- 차원 : MT^{-2}, FL^{-1}

07 초음속 흐름이 갑자기 아음속 흐름으로 변할 때 얇은 불연속면의 충격파가 생긴다. 이 불연속면에서의 변화로 옳은 것은?

① 압력은 감소하고 밀도는 증가한다.
② 압력은 증가하고 밀도는 감소한다.
③ 온도와 엔트로피가 증가한다.
④ 온도와 엔트로피가 감소한다.

해설

얇은 불연속면의 충격파의 영향

- ↑ : 압력, 온도, 밀도, 비중량, 마찰열(비가역과정), 엔트로피
- ↓ : 정체압력, 속도, 마하수

08 비중이 0.887인 원유가 관의 단면적이 0.0022[m²]인 관에서 체적유량이 10.0[m³/h]일 때 관의 단위 면적당 질량유량[kg/m² · s]은?

① 1,120 ② 1,220
③ 1,320 ④ 1,420

해설

체적유량 $\dot{Q}=Av$에서

$v=\frac{\dot{Q}}{A}=\frac{10[\text{m}^3/\text{h}]}{0.0022[\text{m}^2]\times3,600[\text{s/h}]}\simeq1.263[\text{m/s}]$

질량유량 $\dot{m}=\rho Av$이므로

∴ 단위 면적당 질량유량 $=\frac{\dot{m}}{A}=\rho v$

$=(0.887\times10^3)[\text{kg/m}^3]\times1.263[\text{m/s}]$

$\simeq1,120[\text{kg/m}^2\cdot\text{s}]$

09 온도 27[℃]의 이산화탄소 3[kg]이 체적 0.30[m³]의 용기에 가득 차 있을 때 용기 내의 압력[kgf/cm²]은?(단, 일반기체상수는 848[kgf · m/kmol · K]이고, 이산화탄소의 분자량은 44이다)

① 5.79 ② 24.3
③ 100 ④ 270

해설

$PV=n\bar{R}T$에서

$P=\frac{n\bar{R}T}{V}=\frac{3}{44}\times\frac{848\times(27+273)}{0.3}\simeq57,818[\text{kgf/m}^2]$

$=57,818\times10^{-4}[\text{kgf/cm}^2]\simeq5.79[\text{kgf/cm}^2]$

5 ③ 6 ② 7 ③ 8 ① 9 ① 정답

10 물이나 다른 액체를 넣은 타원형 용기를 회전하고 그 용적 변화를 이용하여 기체를 수송하는 장치로, 유독성 가스를 수송하는 데 적합한 것은?

① 로베(Lobe) 펌프
② 터보(Turbo) 압축기
③ 내시(Nash) 펌프
④ 팬(Fan)

해설
① 로베(Lobe) 펌프 : 2개의 로베(Lobe)가 회전함에 따라 물질이 흡입에서 토출 방향으로 이송되는 회전식 펌프이다.
② 터보(Turbo) 압축기 : 고속 회전하는 임펠러의 원심력으로 공기를 압축하는 압축기이다. 고속 회전이 가능하며 용량 제어가 쉽다. 범위도 넓으며, 무급유식이고 설치 면적이 작다.
④ 팬(Fan) : 운반용 운반 매체가 없는 공기량을 한 지점에서 다른 지점으로 옮기는 기체 수송기계이다.

11 내경이 0.0526[m]인 철관에 비압축성 유체가 9.085[m^3/h]로 흐를 때의 평균유속은 약 몇 [m/s]인가? (단, 유체의 밀도는 1,200[kg/m^3]이다)

① 1.16 ② 3.26
③ 4.68 ④ 11.6

해설
유속 $Q = Av$에서

평균유속 $v = \frac{Q}{A} = \frac{9.085}{\frac{\pi}{4} \times 0.0526^2 \times 3,600} \simeq 1.16[\text{m/s}]$

12 어떤 유체의 액면 아래 10[m]인 지점의 계기압력이 2.16[kgf/cm^2]일 때, 이 액체의 비중량은 몇 [kgf/m^3]인가?

① 2,160 ② 216
③ 21.6 ④ 0.216

해설
비중량 $\gamma = \frac{P}{h} = \frac{2.16 \times 10^4}{10} = 2,160[\text{kgf/m}^3]$

13 뉴턴유체(Newtonian Fluid)가 원관 내를 완전 발달된 층류 흐름으로 흐르고 있다. 관 내의 평균속도 V와 최대속도 U_{max}의 비 $\frac{V}{U_{max}}$는?

① 2 ② 1
③ 0.5 ④ 0.1

해설
평균속도 $V = \frac{1}{2} U_{max}$ 이므로 $\frac{V}{U_{max}} = \frac{1}{2} = 0.5$

14 수직 충격파(Normal Shock Wave)에 대한 설명 중 옳지 않은 것은?

① 수직 충격파는 아음속 유동에서 초음속 유동으로 바뀌어 갈 때 발생한다.
② 충격파를 가로지르는 유동은 등엔트로피 과정이 아니다.
③ 수직 충격파 발생 직후의 유동조건은 $h-s$ 선도로 나타낼 수 있다.
④ 1차원 유동에서 일어날 수 있는 충격파는 수직 충격파뿐이다.

해설
수직 충격파는 초음속 유동에서 아음속 유동으로 바뀌어 갈 때 발생한다.

정답 10 ③ 11 ① 12 ① 13 ③ 14 ①

15 지름 4[cm]인 매끈한 관에 동점성계수가 1.57×10^{-5}[m^2/s]인 공기가 0.7[m/s]의 속도로 흐르고, 관의 길이가 70[m]이다. 이에 대한 손실수두는 몇 [m]인가?

① 1.27 ② 1.37
③ 1.47 ④ 1.57

해설

레이놀즈수 $R_e = \frac{vd}{\nu} = \frac{0.7 \times 0.04}{1.57 \times 10^{-5}} \simeq 1{,}783$

∴ 층류이므로 관마찰계수 $f = \frac{64}{R_e} = \frac{64}{1{,}783} \simeq 0.0359$

손실수두 $h_L = f\frac{l}{d}\frac{v^2}{2g} = 0.0359 \times \frac{70}{0.04} \times \frac{0.7^2}{2 \times 9.8} \simeq 1.57[\text{m}]$

16 도플러효과(Doppler Effect)를 이용한 유량계는?

① 아누바 유량계
② 초음파 유량계
③ 오벌 유량계
④ 열선 유량계

해설

도플러효과(Doppler Effect)에 의하면 초음파의 유속과 유체 유속의 합이 비례하며, 이 원리를 이용한 유량계는 초음파 유량계이다.

17 압축성 유체의 유속 계산에 사용되는 Mach수의 표현으로 옳은 것은?

① 음속/유체의 속도
② 유체의 속도/음속
③ (음속)^2
④ 유체의 속도×음속

해설

마하수(Mach Number, M_a)

- 유체속도를 음속으로 나눈 값의 무차원수
- 마하수

$$M_a = \frac{\text{관성력}}{\text{압축성 힘}} = \frac{\text{관성력}}{\text{탄성력}} = \frac{\text{유속}}{\text{음속}} = \frac{\text{실제유동속도}}{\text{음속}}$$

$$= \frac{\rho v^2 l^2}{K l^2} = \frac{\rho v^2}{K} = \frac{v^2}{\frac{K}{\rho}} = \frac{v}{\sqrt{\frac{K}{\rho}}} = \frac{v}{\sqrt{\frac{kP}{\rho}}} = \frac{v}{\sqrt{kRT}}$$

$$= \frac{v}{a}$$

18 지름이 3[m]인 원형 기름탱크의 지붕이 평평하고 수평이다. 대기압이 1[atm]일 때 대기가 지붕에 미치는 힘은 몇 [kgf]인가?

① 7.3×10^2
② 7.3×10^3
③ 7.3×10^4
④ 7.3×10^5

해설

압력 1[atm] = 1.033[kgf/cm^2] = 1.033×10^4[kgf/m^2]

압력 $P = \frac{F}{A}$이므로

대기가 지붕에 미치는 힘 $F = PA = (1 \times 1.033 \times 10^4) \times \left(\frac{\pi}{4} \times 3^2\right)$

$\simeq 7.3 \times 10^4[\text{kgf}]$

15 ④ 16 ② 17 ② 18 ③ 정답

19 온도 20[℃], 압력 5[kgf/cm^2]인 이상기체 10[cm^3]를 등온조건에서 5[cm^3]까지 압축하면 압력은 약 몇 [kgf/cm^2]인가?

① 2.5　② 5
③ 10　④ 20

해설
$P_1V_1 = P_2V_2$

$\therefore P_2 = \frac{P_1V_1}{V_2} = \frac{5\times10}{5} = 10$[kgf/cm^2]

20 기계효율은 η_m, 수력효율을 η_h, 체적효율을 η_v라 할 때 펌프의 총효율은?

① $\frac{\eta_m \times \eta_h}{\eta_v}$

② $\frac{\eta_m \times \eta_v}{\eta_h}$

③ $\eta_m \times \eta_h \times \eta_v$

④ $\frac{\eta_v \times \eta_h}{\eta_m}$

해설
펌프의 총효율 $\eta_t = \eta_m \times \eta_h \times \eta_v$

제2과목 | 연소공학

21 카르노 사이클에서 열효율과 열량, 온도와의 관계가 옳은 것은?(단, $Q_1 > Q_2$, $T_1 > T_2$)

① $\eta = \frac{Q_1 - Q_2}{Q_1} = \frac{T_1 - T_2}{T_1}$

② $\eta = \frac{Q_1 - Q_2}{Q_2} = \frac{T_1 - T_2}{T_2}$

③ $\eta = \frac{Q_1}{Q_1 - Q_2} = \frac{T_2}{T_1 - T_2}$

④ $\eta = \frac{Q_2}{Q_1 - Q_2} = \frac{T_1}{T_1 - T_2}$

해설
카르노 사이클에서 열효율과 열량, 온도와의 관계
$\eta = \frac{Q_1 - Q_2}{Q_1} = \frac{T_1 - T_2}{T_1}$ (여기서, $Q_1 > Q_2$, $T_1 > T_2$)

22 기체연소 시 소염현상이 원인이 아닌 것은?

① 산소농도가 증가할 경우
② 가연성 기체, 산화제가 화염반응대에서 공급이 불충분할 경우
③ 가연성 가스가 연소범위를 벗어날 경우
④ 가연성 가스에 불활성 기체가 포함될 경우

해설
기체연소 시 산소농도가 감소할 경우 소염현상이 나타난다.

정답 19 ③ 20 ③ 21 ① 22 ①

23 **층류 예혼합화염과 비교한 난류 예혼합화염의 특징에 대한 설명으로 틀린 것은?**

① 연소속도가 빨라진다.
② 화염의 두께가 두꺼워진다.
③ 휘도가 높아진다.
④ 화염의 배후에 미연소분이 남지 않는다.

해설
난류 예혼합화염은 화염의 배후에 미연소분이 남는다.

24 **과잉공기가 너무 많은 경우의 현상이 아닌 것은?**

① 열효율을 감소시킨다.
② 연소온도가 증가한다.
③ 배기가스의 열손실을 증대시킨다.
④ 연소가스량이 증가하여 통풍을 저해한다.

해설
과잉공기가 너무 많으면 연소온도가 낮아진다.

25 **수소(H_2, 폭발범위 : 4.0~75[v%])의 위험도는?**

① 0.95 ② 17.75
③ 18.75 ④ 71

해설
위험도 $H=\frac{U-L}{L}=\frac{75-4.0}{4}=17.75$

26 **확산연소에 대한 설명으로 틀린 것은?**

① 확산연소 과정은 연료와 산화제의 혼합속도에 의존한다.
② 연료와 산화제의 경계면이 생겨 서로 반대측 면에서 경계면으로 연료와 산화제가 확산해 온다.
③ 가스라이터의 연소는 전형적인 기체연료의 확산화염이다.
④ 연료와 산화제가 적당 비율로 혼합되어 가연 혼합기를 통과할 때 확산화염이 나타난다.

해설
연료와 산화제가 적당 비율로 혼합되어 가연 혼합기를 통과할 때 예혼합화염이 나타난다.

27 **-5[℃] 얼음 10[g]을 16[℃]의 물로 만드는 데 필요한 열량은 약 몇 [kJ]인가?(단, 얼음의 비열은 2.1 [J/g · K], 융해열은 335[J/g], 물의 비열은 4.2 [J/g · K]이다)**

① 3.4 ② 4.2
③ 5.2 ④ 6.4

해설
• -5[℃] 얼음 → 0[℃] 얼음 : $Q_1 = 10 \times 2.1 \times 5 = 105$[J]
• 0[℃] 얼음 → 0[℃] 물 : $Q_2 = 10 \times 335 = 3,350$[J]
• 0[℃] 물 → 16[℃] 물 : $Q_1 = mC\Delta T = 10 \times 4.2 \times 16 = 672$[J]
∴ -5[℃] 얼음 10[g]을 16[℃]의 물로 만드는 데 필요한 열량
$Q = Q_1 + Q_2 + Q_3 = 105 + 3,350 + 672 = 4,127$[J] = 4.127[kJ]

23 ④ 24 ② 25 ② 26 ④ 27 ② 정답

28 이산화탄소의 기체상수(R)값과 가장 가까운 기체는?

① 프로판 ② 수 소
③ 산 소 ④ 질 소

해설

이론적으로 특정기체상수 $R=\frac{\overline{R}}{M}$이므로 이산화탄소(CO_2)와 프로판(C_3H_8)의 분자량이 약 44로 거의 같으므로 두 기체의 특정기체상수는 거의 같다(여기서, $\overline{R}$: 일반기체상수, M : 기체의 분자량).

구 분	분자량[kg/kmol]	기체상수[kJ/kg · K]
이산화탄소	44.0098	0.18892
프로판	44.094	0.18856
수 소	2.01588	4.12446
산 소	31.9988	0.25984
질 소	28.0134	0.29680

29 증기의 성질에 대한 설명으로 틀린 것은?

① 증기의 압력이 높아지면 엔탈피가 커진다.
② 증기의 압력이 높아지면 현열이 커진다.
③ 증기의 압력이 높아지면 포화온도가 높아진다.
④ 증기의 압력이 높아지면 증발열이 커진다.

해설

증기의 압력이 높아지면 증발열은 작아진다.

30 산화염과 환원염에 대한 설명으로 가장 옳은 것은?

① 산화염은 이론공기량으로 완전연소시켰을 때의 화염을 말한다.
② 산화염은 공기비를 아주 크게 하여 연소가스 중 산소가 포함된 화염을 말한다.
③ 환원염은 이론공기량으로 완전연소시켰을 때의 화염을 말한다.
④ 환원염은 공기비를 아주 크게 하여 연소가스 중 산소가 포함된 화염을 말한다.

해설

- 산화염(겉불꽃) : 과잉의 산소를 내포하여 연소가스 중 산소를 포함한 상태의 화염
- 환원염(속불꽃) : 산소 부족으로 일산화탄소와 같은 미연분을 포함한 상태의 화염

31 본질안전 방폭구조의 정의로 옳은 것은?

① 가연성 가스에 점화를 방지할 수 있다는 것이 시험 그 밖의 방법으로 확인된 구조
② 정상 시 및 사고 시에 발생하는 전기불꽃, 고온부로 인하여 가연성 가스가 점화되지 않는 것이 점화시험 그 밖의 방법에 의해 확인된 구조
③ 정상 운전 중에 전기불꽃 및 고온이 생겨서는 안 되는 부분에 점화가 생기는 것을 방지하도록 구조상 및 온도 상승에 대비하여 특별히 안전성을 높이는 구조
④ 용기 내부에서 가연성 가스의 폭발이 일어났을 때 용기가 압력에 본질적으로 견디고 외부의 폭발성 가스에 인화할 우려가 없도록 한 구조

해설

본질안전 방폭구조 : 정상 및 사고(단선, 단락, 지락 등) 시에 발생하는 전기불꽃, 아크 또는 고온부로 인하여 가연성 가스가 점화되지 않는 것이 점화시험, 기타 방법에 의하여 확인된 구조

- 공적기관에서 점화시험 등의 방법으로 확인한 구조
- 방폭지역에서 전기(전기기기와 권선 등)에 의한 스파크, 접점단락 등에서 발생되는 전기적 에너지를 제한하여 전기적 점화원 발생을 억제하고, 만약 점화원이 발생하더라도 위험물질을 점화할 수 없다는 것이 시험을 통하여 확인될 수 있는 구조
- 본질안전 방폭구조의 기호 : ia 또는 ib

정답 28 ① 29 ④ 30 ② 31 ②

32 **천연가스의 비중 측정방법은?**

① 분젠실링법
② Soap Bubble 법
③ 라이트법
④ 윤켈스법

해설
분젠실링법
- 천연가스의 비중을 측정하는 방법으로, 시료가스를 세공에서 유출시키고 같은 조작으로 공기를 유출시켜서 각각의 유출시간의 비로부터 가스의 비중을 산출한다.
- 비중계, 스톱워치, 온도계가 필요하다.

33 **비열에 대한 설명으로 옳지 않은 것은?**

① 정압비열은 정적비열보다 항상 크다.
② 물질의 비열은 물질의 종류와 온도에 따라 달라진다.
③ 비열비가 큰 물질일수록 압축 후의 온도가 더 높다.
④ 물은 비열이 작아 공기보다 온도를 증가시키기 어렵고 열용량도 적다.

해설
- 비열은 물질마다 다르며 비열이 큰 물질일수록 온도를 변화시키기 어렵다.
- 물은 비열이 커서 열용량이 크고 공기보다 온도를 증가시키기 어렵다.

34 **고발열량과 저발열량의 값이 다르게 되는 것은 다음 중 주로 어떤 성분 때문인가?**

① C ② H
③ O ④ S

해설
고발열량과 저발열량의 값이 다른 것은 H 성분 때문이다.

35 **폭굉(Detonation)에 대한 설명으로 가장 옳은 것은?**

① 가연성 기체와 공기가 혼합하는 경우에 넓은 공간에서 주로 발생한다.
② 화재로의 파급효과가 작다.
③ 에너지 방출속도는 물질 전달속도의 영향을 받는다.
④ 연소파를 수반하고 난류 확산의 영향을 받는다.

해설
① 가연성 기체와 공기가 혼합하는 경우에 주로 좁은 공간에서 발생한다.
③ 에너지 방출이 아주 짧은 시간 내에 이루어지므로 에너지 방출속도는 물질 전달속도의 영향을 받지 않는다.
④ 연소파를 수반하고 난류 확산의 영향을 받는 경우는 폭연(Deflagration)이다.

32 ① 33 ④ 34 ② 35 ② 정답

36 **불활성화 방법 중 용기의 한 개구부로 불활성 가스를 주입하고 다른 개구부로부터 대기 또는 스크레버로 혼합가스를 방출하는 퍼지방법은?**

① 진공퍼지
② 압력퍼지
③ 스위프퍼지
④ 사이펀퍼지

해설
① 진공퍼지 : 용기, 반응기에 대한 가장 일반적인 이너팅 방법으로, 저압퍼지라고도 한다. 큰 용기는 내진공설계가 고려되지 않은 경우가 대부분이므로 큰 저장용기에는 부적합하다.
② 압력퍼지 : 불활성 가스를 가압하에서 장치 내로 주입하고 불활성 가스가 공간에 채워진 후에 압력을 대기로 방출함으로써 정상압력으로 환원하는 방법이이다. 가압공정이 매우 빨라 퍼지시간이 매우 짧지만 퍼지가스(불활성 가스) 소모량이 많다.
④ 사이펀퍼지 : 용기에 액체를 채운 다음 용기로부터 액체를 배출시키는 동시에 증기층으로 불활성 가스를 주입하여 원하는 산소농도를 만드는 퍼지방법이다.

37 **이상기체와 실제기체에 대한 설명으로 틀린 것은?**

① 이상기체는 기체 분자 간 인력이나 반발력이 작용하지 않는다고 가정한 가상적인 기체이다.
② 실제기체는 실제로 존재하는 모든 기체로 이상기체 상태방정식이 그대로 적용되지 않는다.
③ 이상기체는 저장용기의 벽에 충돌하여도 탄성을 잃지 않는다.
④ 이상기체 상태방정식은 실제기체에서는 높은 온도, 높은 압력에서 잘 적용된다.

해설
이상기체 상태방정식은 실제기체에서는 높은 온도, 낮은 압력에서 잘 적용된다.

38 **고체연료의 고정층을 만들고 공기를 통하여 연소시키는 방법은?**

① 화격자 연소
② 유동층 연소
③ 미분탄 연소
④ 훈연연소

해설
② 유동층 연소 : 석탄 분쇄입자와 유동매체(석회석)의 혼합가루층에 적정 속도의 공기를 불어 넣은 부유 유동층 상태에서 연소하는 방식의 연소
③ 미분탄 연소 : 석탄을 200[Mesh] 이하의 미분으로 분쇄하여 1차 공기와 함께 노의 연소 버너로 보내어 연소실에서 취출하여 공기 중의 미분을 부유시켜서 연소하는 방식의 연소
④ 훈연연소 : 훈연은 축육이나 어패류 등의 식품에 목재 등을 불완전연소시켜 발생한 연기를 흡착시켜 보존성과 풍미를 향상시키는 방법

39 **연소범위는 다음 중 무엇에 의해 주로 결정되는가?**

① 온도, 부피
② 부피, 비중
③ 온도, 압력
④ 압력, 비중

40 **부탄(C_4H_{10}) 2[Sm^3]를 완전연소시키기 위하여 약 몇 [Sm^3]의 산소가 필요한가?**

① 5.8 ② 8.9
③ 10.8 ④ 13.0

해설
부탄의 연소방정식 : $C_4H_{10} + 6.5O_2 \rightarrow 4CO_2 + 5H_2O$
부탄의 완전연소에 필요한 산소량 = $6.5 \times 2 = 13.0$[Sm^3]

정답 36 ③ 37 ④ 38 ① 39 ③ 40 ④

41 브롬화메틸 30[ton](T=110[℃]), 펩탄 50[ton](T=120[℃]), 사이안화수소 20[ton](T=100[℃])이 저장되어 있는 고압가스특정제조시설의 안전구역 내 고압가스설비의 연소열량은 약 몇 [kcal]인가?(단, T는 상용온도를 말한다)

[상용온도에 따른 K의 수치]

상용온도[℃]	40 이상 70 미만	70 이상 100 미만	100 이상 130 미만	130 이상 160 미만
브롬화메틸	12,000	23,000	32,000	42,000
펩 탄	84,000	240,000	401,000	550,000
사이안화수소	59,000	124,000	178,000	255,000

① 6.2×10^7 ② 5.2×10^7
③ 4.9×10^6 ④ 2.5×10^6

해설

$Z = W_A + W_B + W_C = 30 + 50 + 20 = 100[\text{ton}]$

$Q = K \cdot W$

$$= \left(\frac{K_A W_A}{Z}\right)\times\sqrt{Z} + \left(\frac{K_B W_B}{Z}\right)\times\sqrt{Z} + \left(\frac{K_C W_C}{Z}\right)\times\sqrt{Z}$$

$$= \left(\frac{30\times32{,}000}{100}\right)\times\sqrt{100} + \left(\frac{50\times401{,}000}{100}\right)\times\sqrt{100} + \left(\frac{20\times178{,}000}{100}\right)\times\sqrt{100}$$

$$\simeq 2.5\times10^6[\text{kcal}]$$

42 왕복식 압축기에서 체적효율에 영향을 주는 요소로서 가장 거리가 먼 것은?

① 클리어런스
② 냉 각
③ 토출밸브
④ 가스 누설

해설

왕복식 압축기에서 체적효율에 영향을 주는 요소 : 압축비, 냉각, 가스 누설, 클리어런스

43 온도 T_2 저온체에서 흡수한 열량을 q_2, 온도 T_1인 고온체에서 버린 열량을 q_1이라 할 때 냉동기의 성능계수는?

① $\dfrac{q_1 - q_2}{q_1}$

② $\dfrac{q_2}{q_1 - q_2}$

③ $\dfrac{T_1 - T_2}{T_1}$

④ $\dfrac{T_1}{T_1 - T_2}$

해설

냉동기의 성능계수

$$(COP)_R = \varepsilon_R = \frac{\text{흡수열}}{\text{받은일}} = \frac{q_2}{W_c} = \frac{q_2}{q_1 - q_2} = \frac{T_2}{T_1 - T_2} = \frac{h_1 - h_4}{h_2 - h_1}$$

(여기서, q_2 : 흡입열량, q_1 : 응축열량, W_c : 압축기 소요동력, T_1 : 고온, T_2 : 저온, h_1 : 압축기 입구에서의 엔탈피, h_2 : 증발기 입구에서의 엔탈피, h_4 : 응축기 입구에서의 엔탈피)

44 액화석유가스충전사업자는 액화석유가스를 자동차에 고정된 용기에 충전하는 경우에 허용오차를 벗어나 정량을 미달되게 공급해서는 안 된다. 이때 허용오차의 기준은?

① 0.5[%] ② 1[%]
③ 1.5[%] ④ 2[%]

41 ④ 42 ③ 43 ② 44 ③ 정답

45 매몰 용접형 가스용 볼밸브 중 퍼지관을 부착하지 않는 구조의 볼밸브는?

① 짧은 몸통형
② 일체형 긴 몸통형
③ 용접형 긴 몸통형
④ 소코렛(Sokolet)식 긴 몸통형

해설
퍼지관의 부착 여부에 따른 볼밸브의 종류
- 짧은 몸통형(Short Pattern) : 볼밸브에 퍼지관을 부착하지 아니한 것
- 긴 몸통형(Long Pattern) : 볼밸브에 퍼지관을 부착한 것(일체형과 용접형으로 구분)

46 아세틸렌 제조설비에서 제조공정 순서로서 옳은 것은?

① 가스청정기 → 수분제거기 → 유분제거기 → 저장탱크 → 충전장치
② 가스발생로 → 쿨러 → 가스청정기 → 압축기 → 충전장치
③ 가스반응로 → 압축기 → 가스청정기 → 역화방지기 → 충전장치
④ 가스발생로 → 압축기 → 쿨러 → 건조기 → 역화방지기 → 충전장치

해설
아세틸렌 제조설비에서 제조공정 순서 : 가스발생로 → 쿨러 → 가스청정기 → 압축기 → 충전장치

47 차량에 고정된 탱크의 저장능력을 구하는 식은? (단, V : 내용적, P : 최고충전압력, C : 가스 종류에 따른 정수, d : 상용온도에서의 액비중이다)

① $10PV$
② $(10P+1)V$
③ V/C
④ $0.9dV$

해설
액화가스용기 및 차량에 고정된 탱크의 저장능력
$W = V/C$(여기서, V : 내용적, C : 가스 종류에 따른 정수)

48 수소를 공업적으로 제조하는 방법이 아닌 것은?

① 수전해법
② 수성가스법
③ LPG분해법
④ 석유분해법

해설
수소의 공업적 제조방법 : 천연가스, 석유, 석탄 등의 열분해(천연가스분해법, 석유분해법, 석탄분해법), 수성가스법, 수전해법, 수증기 개질법

49 펌프의 특성 곡선상 체절운전(체절양정)이란 무엇인가?

① 유량이 0일 때의 양정
② 유량이 최대일 때의 양정
③ 유량이 이론값일 때의 양정
④ 유량이 평균값일 때의 양정

정답 45 ① 46 ② 47 ③ 48 ③ 49 ①

50 고압으로 수송하기 위해 압송기가 필요한 프로세스는?

① 사이클링식 접촉 분해 프로세스
② 수소화 분해 프로세스
③ 대체천연가스 프로세스
④ 저온수증기개질 프로세스

51 부식방지방법에 대한 설명으로 틀린 것은?

① 금속을 피복한다.
② 선택배류기를 접속시킨다.
③ 이종의 금속을 접촉시킨다.
④ 금속 표면의 불균일을 없앤다.

해설
부식을 방지하려면 이종의 금속을 접촉시키지 않는다.

52 가스레인지의 열효율을 측정하기 위하여 주전자에 순수 1,000[g]을 넣고 10분간 가열하였더니 처음 15[℃]인 물의 온도가 70[℃]가 되었다. 이 가스레인지의 열효율은 약 몇 [%]인가?(단, 물의 비열은 1[kcal/kg · ℃], 가스사용량은 0.008[m^3], 가스 발열량은 13,000[kcal/ m^3]이며, 온도 및 압력에 대한 보정치는 고려하지 않는다)

① 38 ② 43
③ 48 ④ 53

해설
필요한 열량$= mC\Delta t \times = 1\times1\times(70-15) = 55[\text{kcal}]$

필요한 가스량$= \dfrac{55}{13,000} \simeq 4.23\times10^{-3}[\text{m}^3]$

$\therefore$ 열효율 $\eta = \dfrac{\text{필요한 가스량}}{\text{가스사용량}}\times100 = \dfrac{4.23\times10^{-3}}{0.008}\times100$

$\simeq 53[\%]$

53 도시가스에 냄새가 나는 부취제를 첨가하는데, 공기 중 혼합비율의 용량으로 얼마의 상태에서 감지할 수 있도록 첨가하고 있는가?

① 1/1,000
② 1/2,000
③ 1/3,000
④ 1/5,000

해설
도시가스에 냄새가 나는 부취제는 공기 중 혼합비율의 용량으로, 1/1,000의 상태에서 감지할 수 있도록 첨가한다.

54 다음 보기에서 설명하는 합금원소는?

보기
- 담금질 깊이를 깊게 한다.
- 크리프 저항과 내식성을 증가시킨다.
- 뜨임메짐을 방지한다.

① Cr ② Si
③ Mo ④ Ni

해설
① 크롬(Cr) : 경도, 인장강도, 내열성, 내식성, 내마멸성 증가
② 규소(Si) : 경도 · 탄성한계 · 인장강도 · 주조성(유동성) · 결정립 성장 증가, 연신율 · 충격치 · 전성 · 냉간가공성 · 단접성 감소
④ 니켈(Ni) : 강인성 · 내식성 · 내마멸성 · 저온 충격성 증가, 저온 취성 개선

50 ① 51 ③ 52 ④ 53 ① 54 ③ 정답

55 **피셔(Fisher)식 정압기에 대한 설명으로 틀린 것은?**

① 파일럿 로딩형 정압기와 작동원리가 같다.
② 사용량이 증가하면 2차 압력이 상승하고, 구동 압력은 저하한다.
③ 정특성 및 동특성이 양호하고 비교적 간단하다.
④ 닫힘 방향의 응답성을 향상시킨 것이다.

해설
- 부하가 없을 때는 2차 압력이 상승하고, 구동압력은 저하한다.
- 사용량이 증가하면 2차 압력이 저하하고, 구동압력은 상승한다.

56 **다기능 가스안전계량기(마이콤 미터)의 작동성능이 아닌 것은?**

① 유량차단성능
② 과열차단성능
③ 압력저하차단성능
④ 연속사용시간차단성능

해설
다기능 가스안전계량기(마이콤 미터)의 작동성능
- 유량차단성능
- 연속사용시간차단성능
- 미소사용유량등록성능
- 미소누출검지성능
- 압력저하차단성능
- 옵션단자성능
- 옵션성능 : 통신성능, 검지성능

57 **수소압축가스설비란 압축기로부터 압축된 수소가스를 저장하기 위한 것으로서, 설계압력이 얼마를 초과하는 압력용기를 말하는가?**

① 9.8[MPa]
② 41[MPa]
③ 49[MPa]
④ 98[MPa]

58 **시동하기 전에 프라이밍이 필요한 펌프는?**

① 터빈펌프
② 기어펌프
③ 플런저펌프
④ 피스톤펌프

59 **다음 금속재료에 대한 설명으로 틀린 것은?**

① 강에 P(인)의 함유량이 많으면 신율, 충격치는 저하된다.
② 18[%] Cr, 8[%] Ni을 함유한 강을 18-8스테인리스강이라 한다.
③ 금속가공 중에 생긴 잔류응력을 제거할 때에는 열처리를 한다.
④ 구리와 주석의 합금은 황동이고, 구리와 아연의 합금은 청동이다.

해설
구리와 주석의 합금은 청동이고, 구리와 아연의 합금은 황동이다.

60 **염화수소(HCl)에 대한 설명으로 틀린 것은?**

① 폐가스는 대량의 물로 처리한다.
② 누출된 가스는 암모니아수로 알 수 있다.
③ 황색의 자극성 냄새를 갖는 가연성 기체이다.
④ 건조 상태에서는 금속을 거의 부식시키지 않는다.

해설
염화수소는 무색이며 자극성 냄새를 갖는 독성가스이다.

정답 55 ② 56 ② 57 ② 58 ① 59 ④ 60 ③

제4과목 | 가스안전관리

61 가스의 종류와 용기 도색의 구분이 잘못된 것은?

① 액화암모니아 : 백색
② 액화염소 : 갈색
③ 헬륨(의료용) : 자색
④ 질소(의료용) : 흑색

해설
헬륨(의료용) : 갈색

62 가스시설과 관련하여 사람이 사망한 사고 발생 시 규정상 도시가스사업자는 한국가스안전공사에 사고 발생 후 얼마 이내에 서면으로 통보하여야 하는가?

① 즉 시
② 7일 이내
③ 10일 이내
④ 20일 이내

해설
사람이 사망한 도시가스 사고 발생 시 사업자가 한국가스안전공사에 상보(서면으로 제출하는 상세한 통보)를 할 때 그 기한은 사고 발생 후 20일 이내이다.

63 독성가스 운반 차량의 뒷면에 완충장치로 설치하는 범퍼의 설치기준은?

① 두께 3[mm] 이상, 폭 100[mm] 이상
② 두께 3[mm] 이상, 폭 200[mm] 이상
③ 두께 5[mm] 이상, 폭 100[mm] 이상
④ 두께 5[mm] 이상, 폭 200[mm] 이상

해설
독성가스 운반 차량의 뒷면에 완충장치로 설치하는 범퍼의 설치기준 : 두께 5[mm] 이상, 폭 100[mm] 이상

64 특수고압가스가 아닌 것은?

① 다이실란
② 삼불화인
③ 포스겐
④ 액화알진

해설
특수고압가스 : 특정고압가스사용시설 중 압축모노실란, 압축다이보레인, 액화알진, 포스핀, 세렌화수소, 게르만, 다이실란, 오불화비소, 오불화인, 삼불화인, 삼불화질소, 삼불화붕소, 사불화유황, 사불화규소

65 저장탱크에 의한 LPG 저장소에서 액화석유가스 저장탱크의 저장능력은 몇 [℃]에서의 액비중을 기준으로 계산하는가?

① 0[℃]
② 4[℃]
③ 15[℃]
④ 40[℃]

정답 61 ③ 62 ④ 63 ③ 64 ③ 65 ④

66 **안전관리 수준평가의 분야별 평가항목이 아닌 것은?**

① 안전사고
② 비상사태 대비
③ 안전교육 훈련 및 홍보
④ 안전관리 리더십 및 조직

해설
안전관리 수준평가의 분야별 평가항목
- 안전관리 리더십 및 조직
- 안전교육 훈련 및 홍보
- 가스사고
- 비상사태 대비
- 운영관리
- 시설관리

67 **산소 제조 및 충전의 기준에 대한 설명으로 틀린 것은?**

① 공기액화분리장치기에 설치된 액화산소통 안의 액화산소 5[L] 중 탄화수소의 탄소질량이 500[mg] 이상이면 액화산소를 방출한다.
② 용기와 밸브 사이에는 가연성 패킹을 사용하지 않는다.
③ 파이로갈롤 시약을 사용한 오르자트법 시험결과 순도가 99[%] 이상이어야 한다.
④ 밀폐형의 수전해조에는 액면계와 자동급수장치를 설치한다.

해설
파이로갈롤 시약을 사용한 오르자트법 시험결과 순도가 98.5[%] 이상이어야 한다.

68 **에틸렌에 대한 설명으로 틀린 것은?**

① 3중 결합을 가지므로 첨가반응을 일으킨다.
② 물에는 거의 용해되지 않지만 알코올, 에테르에는 용해된다.
③ 방향을 가지는 무색의 가연성 가스이다.
④ 가장 간단한 올레핀계 탄화수소이다.

해설
에틸렌은 2중 결합의 존재에 따른 활성으로 첨가반응 등의 여러 가지 반응을 일으킨다.

69 **액화석유가스를 용기에 의하여 가스 소비자에게 공급할 때의 기준으로 옳지 않은 것은?**

① 공급설비를 가스 공급자의 부담으로 설치한 경우 최초의 안전공급계약 기간은 주택은 2년 이상으로 한다.
② 다른 가스 공급자와 안전공급계약이 체결된 가스 소비자에게는 액화석유가스를 공급할 수 없다.
③ 안전공급계약을 체결한 가스 공급자는 가스 소비자에게 지체 없이 소비설비 안전점검표를 발급하여야 한다.
④ 동일 건축물 내 여러 가스 소비자에게 하나의 공급설비로 액화석유가스를 공급하는 가스 공급자는 그 가스 소비자의 대표자와 안전공급계약을 체결할 수 있다.

해설
가스 공급자는 용기가스 소비자가 액화석유가스 공급을 요청하면 다른 가스 공급자와의 안전공급계약 체결 여부와 그 계약의 해지를 확인한 후 안전공급계약을 체결하여야 한다.

정답 66 ① 67 ③ 68 ① 69 ②

70 **가스 안전사고 원인을 정확히 분석하여야 하는 가장 주된 이유는?**

① 산재보험금 처리
② 사고의 책임 소재 명확화
③ 부당한 보상금의 지급 방지
④ 사고에 대한 정확한 예방대책 수립

해설
가스 안전사고 원인을 정확히 분석하여야 하는 가장 주된 이유 : 사고에 대한 정확한 예방대책 수립

71 **지상에 설치하는 액화석유가스의 저장탱크 안전밸브에 가스 방출관을 설치하고자 한다. 저장탱크의 정상부가 지상에서 8[m]일 경우 방출구의 높이는 지면에서 몇 [m] 이상이어야 하는가?**

① 8 ② 10
③ 12 ④ 14

해설
저장탱크에 설치한 안전밸브에는 지면으로부터 5[m] 이상의 높이 또는 그 저장탱크의 정상부로부터 2[m] 이상의 높이 중 더 높은 위치에 방출구가 있는 가스 방출관을 설치한다.
따라서 방출구의 높이는 $8+2=10$[m] 이상이어야 한다.

72 **독성가스 충전용기 운반 시 설치하는 경계표시는 차량구조상 정사각형으로 표시할 경우 그 면적을 몇 [cm^2] 이상으로 하여야 하는가?**

① 300 ② 400
③ 500 ④ 600

73 **고압가스 저장시설에서 사업소 밖의 지역에 고압의 독성가스 배관을 노출하여 설치하는 경우 학교와 안전 확보를 위하여 필요한 유지거리의 기준은?**

① 40[m]
② 45[m]
③ 72[m]
④ 100[m]

74 **납붙임 용기 또는 접합용기에 고압가스를 충전하여 차량에 적재할 때에는 용기의 이탈을 막을 수 있도록 어떠한 조치를 취하여야 하는가?**

① 용기에 고무링을 씌운다.
② 목재 칸막이를 한다.
③ 보호망을 적재함 위에 씌운다.
④ 용기 사이에 패킹을 한다.

해설
납붙임 용기 또는 접합용기에 고압가스를 충전하여 차량에 적재할 때에는 용기의 이탈을 막을 수 있도록 적재함 위에 보호망을 씌운다.

70 ④ 71 ② 72 ④ 73 ③ 74 ③ 정답

75 액화석유가스 용기용 밸브의 기밀시험에 사용되는 기체로서 가장 부적당한 것은?

① 헬 륨
② 암모니아
③ 질 소
④ 공 기

해설
액화석유가스 용기용 밸브의 기밀시험 시 암모니아와 같은 가연성 가스를 사용하면 안 된다.

76 내용적이 50[L]인 아세틸렌 용기의 다공도가 75[%] 이상, 80[%] 미만일 때 다이메틸폼아마이드의 최대충전량은?

① 36.3[%] 이하
② 37.8[%] 이하
③ 38.7[%] 이하
④ 40.3[%] 이하

해설
내용적이 50[L]인 아세틸렌 용기의 다공도가 75[%] 이상, 80[%] 미만일 때 다이메틸폼아마이드의 최대충전량은 37.8[%] 이하이다.

77 액화석유가스 저장탱크를 지상에 설치하는 경우 저장능력이 몇 톤 이상일 때 방류둑을 설치해야 하는가?

① 1,000
② 2,000
③ 3,000
④ 5,000

78 고압가스제조시설에서 초고압이란?

① 압력을 받는 금속부의 온도가 -50[℃] 이상 350[℃] 이하인 고압가스설비의 상용압력 19.6[MPa]를 말한다.
② 압력을 받는 금속부의 온도가 -50[℃] 이상 350[℃] 이하인 고압가스설비의 상용압력 98[MPa]를 말한다.
③ 압력을 받는 금속부의 온도가 -50[℃] 이상 450[℃] 이하인 고압가스설비의 상용압력 19.6[MPa]를 말한다.
④ 압력을 받는 금속부의 온도가 -50[℃] 이상 450[℃] 이하인 고압가스설비의 상용압력 98[MPa]를 말한다.

정답 75 ② 76 ② 77 ① 78 ②

79 고압가스충전시설에서 2개 이상의 저장탱크에 설치하는 집합 방류둑의 용량이 보기와 같을 때 칸막이로 분리된 방류둑의 용량[m³]은?

보기
- 집합 방류둑의 총용량 : 1,000[m³]
- 각 저장탱크별 저장탱크 상당용적 : 300[m³]
- 집합 방류둑 안에 설치된 저장탱크의 저장능력 상당능력 총합 : 800[m³]

① 300 ② 325
③ 350 ④ 375

해설
칸막이로 구분된 방류둑의 용량

$$V = A \times \frac{B}{C} = 1{,}000 \times \frac{300}{800} = 375[\mathrm{m}^3]$$

여기서,
V : 칸막이로 분리된 방류둑의 용량[m³]
A : 집합 방류둑의 총용량[m³]
B : 각 저장탱크별 저장탱크 상당용적[m³]
C : 집합 방류둑 안에 설치된 저장탱크의 저장능력 상당능력 총합[m³]

80 액화석유가스사용시설에 설치되는 조정압력 3.3[kPa] 이하인 조정기의 안전장치 작동정지 압력의 기준은?

① 7[kPa]
② 5.6 ~ 8.4[kPa]
③ 5.04 ~ 8.4[kPa]
④ 9.9[kPa]

제5과목 | 가스계측

81 물이 흐르고 있는 관 속에 피토관(Pitot Tube)을 수은이 든 U자관에 연결하여 전압과 정압을 측정하였더니 75[mm]의 액면 차이가 생겼다. 피토관 위치에서의 유속은 약 몇 [m/s]인가?

① 3.1 ② 3.5
③ 3.9 ④ 4.3

해설
피토관의 유속

$$v = \sqrt{2gh \times \left(\frac{S_m}{S} - 1\right)} = \sqrt{2 \times 9.8 \times 0.075 \times \left(\frac{13.6}{1} - 1\right)} \simeq 4.3[\mathrm{m/s}]$$

82 램버트-비어의 법칙을 이용한 것으로 미량분석에 유용한 화학분석법은?

① 적정법
② GC법
③ 분광광도법
④ ICP법

해설
① 적정법 : 특정 화학종의 농도를 결정하기 위해 사용하는 정량분석법
② GC법(기체크로마토그래프법) : 시료를 기체화하여 운반가스로 이동시킨 후 이를 칼럼 내에서 분리・전개하여 각 성분을 분석하는 방법
④ ICP법 : 고온 플라스마 내에서 들뜬 원소의 방출 스펙트럼으로부터 분석 데이터를 도출하는 원소분석법

79 ④ 80 ③ 81 ④ 82 ③ 정답

83 오르자트 가스분석장치로 가스를 측정할 때의 순서로 옳은 것은?

① 산소 → 일산화탄소 → 이산화탄소
② 이산화탄소 → 산소 → 일산화탄소
③ 이산화탄소 → 일산화탄소 → 산소
④ 일산화탄소 → 산소 → 이산화탄소

84 가스계량기의 설치에 대한 설명으로 옳은 것은?

① 가스계량기는 화기와 1[m] 이상의 우회거리를 유지한다.
② 설치 높이는 바닥으로부터 계량기 지시장치의 중심까지 1.6[m] 이상 2.0[m] 이내에 수직·수평으로 설치한다.
③ 보호상자 내에 설치할 경우 바닥으로부터 1.6[m] 이상 2.0[m] 이내에 수직·수평으로 설치한다.
④ 사람이 거처하는 곳에 설치할 경우에는 격납상자에 설치한다.

해설
① 가스계량기는 화기와 2[m] 이상의 우회거리를 유지한다.
③ 보호상자 내에 설치할 경우에는 설치 높이의 제한을 하지 아니한다.
④ 직사광선이나 빗물을 받을 우려가 있는 곳에 설치하는 경우에는 격납상자 내에 설치한다.

85 연소기기에 대한 배기가스 분석의 목적으로 가장 거리가 먼 것은?

① 연소 상태를 파악하기 위하여
② 배기가스 조성을 얻기 위해서
③ 열정산의 자료를 얻기 위하여
④ 시료가스 채취장치의 작동 상태를 파악하기 위해

해설
연소기기에 대한 배기가스 분석의 목적
- 배기가스 조성을 알기 위해서
- 연소 상태를 파악하기 위하여
- 열효율의 증가를 위하여
- 열정산의 자료를 얻기 위하여

86 액체의 정압과 공기압력을 비교하여 액면의 높이를 측정하는 액면계는?

① 기포관식 액면계
② 차동변압식 액면계
③ 정전용량식 액면계
④ 공진식 액면계

해설
② 차동변압식 액면계 : 부자(플로트)의 위치 검출에 차동변압기를 이용하는 부자식 액면계이다.
③ 정전용량식 액면계 : 검출소자를 액 속에 넣어 액위에 따른 정전용량의 변화를 측정하여 액면 높이를 측정하는 간접측정식 액면계이다.
④ 공진식 액면계 : 잘 알려지지 않은 명칭이다.

87 압력 계측기기 중 직접압력을 측정하는 1차 압력계에 해당하는 것은?

① 부르동관 압력계
② 벨로스 압력계
③ 액주식 압력계
④ 전기저항 압력계

해설
①, ②, ④는 2차 압력계(간접식 압력계)에 해당한다.

정답 83 ② 84 ② 85 ④ 86 ① 87 ③

88 **루츠(Roots) 가스미터의 특징에 해당되지 않는 것은?**

① 여과기 설치가 필요하다.
② 설치 면적이 크다.
③ 대유량 가스 측정에 적합하다.
④ 중압가스의 계량이 가능하다.

해설
루츠 가스미터는 설치 면적이 작다.

89 **가스미터의 구비조건으로 거리가 먼 것은?**

① 소형으로 용량이 적을 것
② 기차의 변화가 없을 것
③ 감도가 예민할 것
④ 구조가 간단할 것

해설
가스미터는 소형으로 용량이 커야 한다.

90 **온도가 21[℃]에서 상대습도 60[%]의 공기를 압력은 변화하지 않고 온도를 22.5[℃]로 할 때, 공기의 상대습도는 약 얼마인가?**

온도[℃]	물의 포화증기압[mmHg]
20	16.54
21	17.23
22	19.12
23	20.41

① 52.30[%] ② 53.63[%]
③ 54.13[%] ④ 55.95[%]

해설
• 온도 21[℃], 상대습도 60[%]에서의 수증기의 분압
$P_w = \phi \times P_s = 0.6 \times 17.23 = 10.338[\text{mmHg}]$
• 22.5[℃]에서의 물의 포화증기압
$$P_s = 19.12 + \frac{22.5-22}{(23-22)/(20.41-19.12)} = 19.765[\text{mmHg}]$$
• 22.5[℃]에서의 상대습도
$$\phi = \frac{P_w}{P_s} \times 100[\%] = \frac{10.338}{19.765} \times 100[\%] \simeq 52.30[\%]$$

91 **잔류편차(Off-set)가 없고 응답 상태가 빠른 조절 동작을 위하여 사용하는 제어방식은?**

① 비례(P)동작
② 비례적분(PI)동작
③ 비례미분(PD)동작
④ 비례적분미분(PID)동작

해설
① 비례(P)동작 : 조작량이 편차에 비례하여 연속적으로 변화하는 제어방식이다. 잔류편차가 발생하기 때문에 부하 변화가 작은 프로세스에 주로 적용되는 동작이다.
② 비례적분(PI)동작 : 미소한 잔류편차를 시간적으로 누적하여 어떤 크기로 된 곳에서 조작량을 증가시켜 편차를 없애는 동작이다. 잔류편차는 제거되지만 오버슈트가 존재하여 진동하는 경향이 있으므로 제어 안정성은 좋지 않은 동작이다.
③ 비례미분(PD)동작 : 입력편차의 시간 미분값에 비례한 크기의 출력을 연속적으로 내는 제어동작이다. 오버슈트를 감소시켜 진동하는 경향이 제거되어 제어 안정성이 좋고 속응성을 개선한 동작이다. 그러나 잔류편차는 어느 정도는 존재한다.

92 **NO_x를 분석하기 위한 화학발광검지기는 Carrier가스가 고온으로 유지된 반응관 내에 시료를 주입시키면, 시료 중의 질소화합물은 열분해된 후 O_2가스에 의해 산화되어 NO 상태로 된다. 생성된 NO Gas를 무슨 가스와 반응시켜 화학발광을 일으키는가?**

① H_2 ② O_2
③ O_3 ④ N_2

해설
생성된 NO Gas는 O_3 가스와 반응시키면 화학발광을 일으킨다.

88 ② 89 ① 90 ① 91 ④ 92 ③ 정답

93 **액체산소, 액체질소 등과 같이 초저온 저장탱크에 주로 사용되는 액면계는?**

① 마그네틱 액면계
② 햄프슨식 액면계
③ 벨로스식 액면계
④ 슬립 튜브식 액면계

해설
① 마그네틱 액면계 : 자성을 이용하여 액주계 내의 마그네틱 플로트를 움직여서 액면을 측정하는 액면계로 고온·고압의 유체에도 사용 가능하다.
③ 벨로스식 액면계 : 벨로스 사이의 차압으로부터 액위를 구하는 차압식 액면계이다.
④ 슬립 튜브식 액면계 : 저장탱크 정상부에서 탱크 밑면까지 지름이 작은 스테인리스관을 부착하여 관을 상하로 움직여서 관 내에서 분출하는 가스 상태와 액체 상태의 경계면을 찾아 액면을 측정하는 간접식 액면계이다.

94 **1차 제어장치가 제어량을 측정하고 2차 조절계의 목표값을 설정하는 것으로서, 외란의 영향이나 낭비시간 지연이 큰 프로세서에 적용되는 제어방식은?**

① 캐스케이드제어 ② 정치제어
③ 추치제어 ④ 비율제어

해설
캐스케이드제어(Cascade Control)
- 2개의 제어계를 조합하여 1차 제어장치가 제어량을 측정하여 제어 명령을 내리고, 2차 제어장치가 이 명령을 바탕으로 제어량을 조절하는 제어로 측정제어라고도 한다.
- 1차 제어장치가 제어량을 측정하고 2차 조절계의 목표값을 설정하는 것으로, 외란의 영향이나 낭비시간 지연이 큰 프로세서에 적용되는 제어방식이다.

95 **광고온계의 특징에 대한 설명으로 틀린 것은?**

① 비접촉식으로는 아주 정확하다.
② 약 3,000[℃]까지 측정이 가능하다.
③ 방사 온도계에 비해 방사율에 의한 보정량이 적다.
④ 측정 시 사람의 손이 필요 없어 개인오차가 작다.

해설
광고온계는 측정 시 사람의 손이 필요하므로 개인오차가 존재한다.

96 **0[℃]에서 저항이 120[Ω]이고, 저항온도계수가 0.0025인 저항온도계를 어떤 노 안에 삽입하였을 때 저항이 216[Ω]이 되었다면 노 안의 온도는 약 몇 [℃]인가?**

① 125 ② 200
③ 320 ④ 534

해설
노 내 온도 $T = \frac{R_1 - R_0}{\alpha \times R_0} = \frac{216 - 120}{0.0025 \times 120} = 320$[℃]

정답 93 ② 94 ① 95 ④ 96 ③

97 기체크로마토그래피에서 사용되는 캐리어가스에 대한 설명으로 틀린 것은?

① 헬륨, 질소가 주로 사용된다.
② 시료 분자의 확산을 가능한 크게 하여 분리도가 높게 한다.
③ 시료에 대하여 불활성이어야 한다.
④ 사용하는 검출기에 적합하여야 한다.

해설

기체크로마토그래피에서 사용되는 캐리어가스는 기체 확산을 최소로 할 수 있어야 한다.

98 기체크로마토그래피에서 사용되는 모세관 칼럼 중 모세관 내부를 규조토와 같은 고체 지지체 물질로 얇은 막으로 입히고 그 위에 액체 정지상이 흡착되어 있는 것은?

① FSOT
② 충전칼럼
③ WCOT
④ SCOT

해설

① FSOT(Fused Silica Open Tubular) : 새로운 방식의 WCOT 칼럼이다. 유리 모세관 칼럼보다 더 얇은 벽으로 구성된다. Polyimide Coating으로 강도 및 내구성을 확보하였으며, 유연성이 우수하여 구부릴 수 있어서 길이가 긴 칼럼의 제작이 가능하다.
② 충전컬럼(Packed Column) : 일정한 크기의 기체크로마토그래프용 충전제를 내경 1~4[mm], 길이 1~5[m] 정도의 불활성 금속(스테인리스강관), 유리 또는 합성수지의 관 표면에 균일하게 충전한 칼럼이다.
③ WCOT(Wall Coated Open Tubular, 벽도포열린관) : 칼럼 내부(고정상 벽면)를 액체막(정지상)으로 얇게 입힌 모세관 칼럼으로, 효율이 높아 일반적으로 WCOT를 사용한다.

99 벤젠, 톨루엔, 메탄의 혼합물을 기체크로마토그래피에 주입하였다. 머무름이 없는 메탄은 42초에 뾰족한 피크를 보이고 벤젠은 251초, 톨루엔은 335초에 용리하였다. 두 용질의 상대 머무름은 약 얼마인가?

① 1.1 ② 1.2
③ 1.3 ④ 1.4

해설

두 용질의 상대 머무름 $\alpha = \dfrac{335-42}{251-42} = \dfrac{293}{209} \simeq 1.4$

100 10^{15}를 의미하는 계량단위 접두어는?

① 요 타 ② 제 타
③ 엑 사 ④ 페 타

해설

① 요타(Yotta) : 10^{24}
② 제타(Zetta) : 10^{21}
③ 엑사(Exa) : 10^{18}

97 ② 98 ④ 99 ④ 100 ④ 정답

2023년 제1회 최근 기출복원문제

※ 2023년부터는 CBT(컴퓨터 기반 시험)로 진행되어 수험자의 기억에 의해 문제를 복원하였습니다. 실제 시행문제와 일부 상이할 수 있음을 알려드립니다.

제1과목 | 가스유체역학

01 점성력에 대한 관성력의 상대적인 비를 나타내는 무차원의 수는?

① Reynolds수 ② Froude수
③ Cauchy수 ④ Weber수

해설
② Froude수 : 중력에 대한 관성력의 비
③ Cauchy수 : 관성력에 대한 탄성력의 비
④ Weber수 : 표면장력에 대한 관성력의 비

02 충격이나 맥동 없이 액체를 균일한 압력으로 수송할 수 있으며 그 두(Head)에 있어 제한을 받아 비교적 낮은 압력에서 사용되는 펌프는?

① 회전펌프
② 피스톤펌프
③ 플런저펌프
④ 원심펌프

해설
① 회전펌프(Rotary Pump) : 1~3개의 회전자(Rotor)의 회전에 의해 액체를 압송하는 펌프로서, 구조가 간단하고 취급이 용이하다. 양수량의 변동이 작고, 고압을 얻기 비교적 쉬우며, 기름 등과 같이 점도가 높은 액체 수송에 적합하다.
② 피스톤펌프(Piston Pump) : 왕복운동을 하는 피스톤의 움직임에 따른 체적 변화를 이용하여 유체를 흡입·토출하는 왕복펌프로, 효율이 높고 고효율 영역이 넓으며 매우 높은 압력에 도달할 수 있다. 압력 변화는 유량에 거의 영향을 미치지 않으므로 일정한 유량을 제공할 수 있다.
③ 플런저펌프 : 왕복운동을 하는 플런저의 움직임에 따른 체적 변화를 이용하여 유체를 흡입·토출하는 왕복펌프이다. 구조가 콤팩트하고 고압에서 사용 가능하며, 효율이 높고 유량 조정이 용이하다. 고압, 큰 흐름 및 유압 프레스, 건설 기계 및 선박과 같은 흐름을 조정해야 하는 경우에 널리 사용된다.

03 물이 평균속도 4.5[m/s]로 안지름 100[mm]인 관을 흐르고 있다. 이 관의 길이 20[m]에서 손실된 헤드를 실험적으로 측정하였더니 4.8[m]이었다. 관마찰계수는?

① 0.0116 ② 0.0232
③ 0.0464 ④ 0.2280

해설
관 마찰에 의한 손실수두

$$h_L = f\frac{l}{d}\frac{v^2}{2g}$$

$$4.8 = f\times\frac{20}{0.1}\times\frac{4.5^2}{2\times9.8} = f\times\frac{100\times4.5^2}{9.8}$$

$$\therefore f = \frac{4.8\times9.8}{100\times4.5^2} \simeq 0.0232$$

04 다음 그림은 회전수가 일정할 경우의 펌프의 특성곡선이다. 효율곡선에 해당하는 것은?

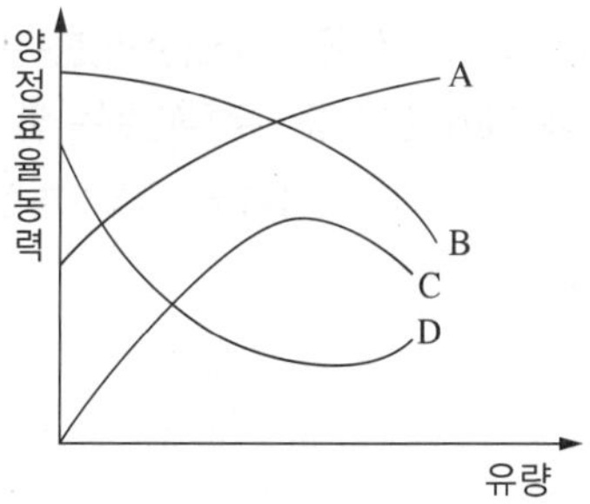

① A ② B
③ C ④ D

해설
① A : 축동력곡선
② B : 양정곡선
④ D : 없음

05 유체의 흐름에 대한 설명으로 다음 중 옳은 것을 모두 나타내면?

> ㉠ 난류 전단응력은 레이놀즈 응력으로 표시할 수 있다.
> ㉡ 후류는 박리가 일어나는 경계로부터 하류구역을 뜻한다.
> ㉢ 유체와 고체벽 사이에는 전단응력이 작용하지 않는다.

① ㉠　② ㉠, ㉢
③ ㉠, ㉡　④ ㉠, ㉡, ㉢

해설
유체와 고체벽 사이에는 전단응력이 작용한다.

06 어느 물리법칙이 $F(a, V, \nu, L)=0$과 같은 식으로 주어졌다. 이 식을 무차원수의 함수로 표시하고자 할 때 이에 관계되는 무차원수는 몇 개인가?(단, a, V, ν, L은 각각 가속도, 속도, 동점성계수, 길이이다)

① 4　② 3
③ 2　④ 1

해설
- 가속도 a의 차원 : LT^{-2}
- 속도 V의 차원 : LT^{-1}
- 동점성계수 ν의 차원 : L^2T^{-1}
- 길이 L의 차원 : L

얻을 수 있는 무차원수
$\pi=n-m=4-2=2$개

07 내경이 0.0526[m]인 철관에 비압축성 유체가 9.085[m^3/h]로 흐를 때의 평균유속은 약 몇 [m/s]인가?(단, 유체의 밀도는 1,200[kg/m^3]이다)

① 1.16　② 3.26
③ 4.68　④ 11.6

해설
유량 $Q=Av$에서
평균유속 $v=\dfrac{Q}{A}=\dfrac{9.085}{\dfrac{\pi}{4}\times0.0526^2\times3{,}600}\simeq1.16[\text{m/s}]$

08 수면의 높이차가 20[m]인 매우 큰 두 저수지 사이에 분당 60[m^3]으로 펌프가 물을 아래에서 위로 이송하고 있다. 이때 전체 손실수두는 5[m]이다. 펌프의 효율이 0.9일 때 펌프에 공급해 주어야 하는 동력은 얼마인가?

① 163.3[kW]　② 220.5[kW]
③ 245.0[kW]　④ 272.2[kW]

해설
축동력
$$H_2=\frac{\gamma hQ}{\eta}=\frac{1{,}000\times(20+5)\times60\times9.8}{0.9\times60\times1{,}000}\simeq272.2[\text{kW}]$$

09 단수가 Z인 다단펌프의 비속도는 다음 중 어느 것에 비례하는가?

① $Z^{0.33}$　② $Z^{0.75}$
③ $Z^{1.25}$　④ $Z^{1.33}$

해설
비속도는 $N_s=\dfrac{n\times\sqrt{Q}}{(h/Z)^{0.75}}$이므로
단수가 Z인 다단펌프의 비속도는 $Z^{0.75}$에 비례한다.
여기서, n : 회전수
Q : 유량
h : 양정
Z : 단수

5 ③　6 ③　7 ①　8 ④　9 ②　정답

10 **이상기체에서 소리의 전파속도(음속) a는 다음 중 어느 값에 비례하는가?**

① 절대온도의 제곱근
② 압력의 세제곱
③ 밀 도
④ 부피의 세제곱

해설

• 이상기체 속에서의 음속

$$a=\sqrt{\frac{k\bar{R}T}{M}}$$

여기서, k : 비열비
$\bar{R}$: 일반기체상수
T : 절대온도
M : 분자량

• 이상기체에서 음속은 절대온도의 제곱근에 비례한다.

11 **실린더 내에 압축된 액체가 압력 100[MPa]에서 0.5[m^3]의 부피를 가지며, 압력 101[MPa]에서는 0.495[m^3]의 부피를 갖는다. 이 액체의 체적 탄성계수는 약 몇 [MPa]인가?**

① 1 ② 10
③ 100 ④ 1,000

해설

체적 탄성계수

$$K=\frac{1}{\beta}=-V\frac{dP}{dV}=-V_1\frac{(P_2-P_1)}{(V_2-V_1)}$$

$$=-0.5\times\frac{(101-100)}{(0.495-0.5)}=100[\mathrm{MPa}]$$

12 **다음 그림에서와 같이 관 속으로 물이 흐르고 있다. A점과 B점에서의 유속은 각각 몇 [m/s]인가?**

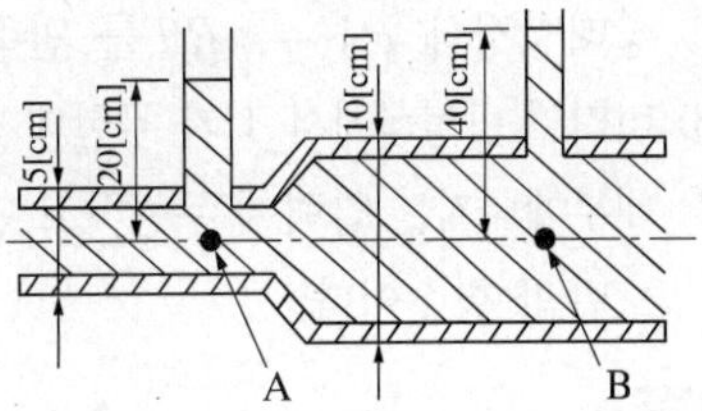

① 2.045, 1.022 ② 2.045, 0.511
③ 7.919, 1.980 ④ 3.960, 1.980

해설

유량 $Q=A_Av_A=A_Bv_B$에서

$$v_B=\frac{A_A}{A_B}\times v_A=\frac{\pi\times(0.05)^2/4}{\pi\times(0.1)^2/4}\times v_A=0.25v_A$$

A지점의 압력 $P_A=\gamma h_A$에서 $\dfrac{P_A}{\gamma}=h_A=0.2[\mathrm{m}]$

B지점의 압력 $P_B=\gamma h_B$에서 $\dfrac{P_B}{\gamma}=h_B=0.4[\mathrm{m}]$

$\dfrac{P_A}{\gamma}+\dfrac{v_A^2}{2g}=\dfrac{P_B}{\gamma}+\dfrac{v_B^2}{2g}$에서 $0.2+\dfrac{v_A^2}{2\times9.8}=0.4+\dfrac{v_B^2}{2\times9.8}$이며

$\dfrac{v_A^2-v_B^2}{2\times9.8}=0.4-0.2=0.2$이므로

$v_A^2-v_B^2=0.2\times2\times9.8=3.92$이다.

$v_A^2-v_B^2=v_A^2-(0.25v_A)^2=3.92$이므로

$v_A\simeq2.045$

$v_B=0.25v_A=0.25\times2.045=0.511$

13 **온도 T_0 = 300[K], Mach수 M = 0.8인 1차원 공기유동의 정체온도(Stagnation Temperature)는 약 몇 [K]인가?(단, 공기는 이상기체이며, 등엔트로피 유동이고, 비열비 k는 1.4이다)**

① 324 ② 338
③ 346 ④ 364

해설

$$\frac{T_s}{T_0}=\left(1+\frac{k-1}{2}M^2\right)$$

$$\therefore \text{ 정체온도 } T_s=T_0\times\left(1+\frac{k-1}{2}M^2\right)$$

$$=300\times\left(1+\frac{1.4-1}{2}\times0.8^2\right)\simeq338[\mathrm{K}]$$

14 이상기체에 대한 설명으로 틀린 것은?

① 압축인자 $Z=1$이 된다.
② 상태방정식 $PV=nRT$를 만족한다.
③ 비리얼 방정식에서 V가 무한대가 되는 것이다.
④ 내부에너지는 압력에 무관하고 단지 부피와 온도만의 함수이다.

해설
내부에너지는 온도만의 함수이다.

15 중량 10,000[kgf]의 비행기가 270[km/h]의 속도로 수평 비행할 때 동력은?(단, 양력(L)과 항력(D)의 비 $L/D=5$이다)

① 1,400[PS] ② 2,000[PS]
③ 2,600[PS] ④ 3,000[PS]

해설
비행기 수평 비행 시의 동력

$$H = Fv \times \frac{D}{L} = 10{,}000 \times 270 \times \frac{1}{5}[\text{kgf} \cdot \text{km/h}]$$

$$= 540 \times 10^6[\text{kgf/m} \cdot \text{h}] = \frac{540 \times 10^6}{75 \times 3{,}600}[\text{PS}] = 2{,}000[\text{PS}]$$

16 전단응력(Shear Stress)과 속도구배의 관계를 나타낸 다음 그림에서 빙엄플라스틱 유체(Bingham Plastic Fluid)를 나타낸 것은?

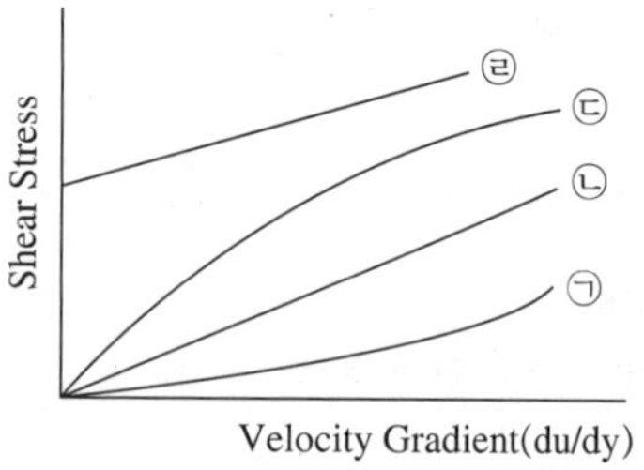

① ㉠ ② ㉡
③ ㉢ ④ ㉣

해설
㉣ : 빙엄플라스틱 유체
㉠ : 팽창유체
㉡ : 뉴턴유체
㉢ : 의가소성 유체

17 마찰계수와 마찰저항에 대한 설명을 옳지 않은 것은?

① 관 마찰계수는 레이놀즈수와 상대조도의 함수로 나타낸다.
② 평판상의 층류 흐름에서 점성에 의한 마찰계수는 레이놀즈수의 제곱근에 비례한다.
③ 원관에서의 층류운동에서 마찰저항은 유체의 점성계수에 비례한다.
④ 원관에서의 완전난류운동에서 마찰저항은 평균유속의 제곱에 비례한다.

해설
평판상의 층류 흐름에서 점성에 의한 마찰계수는 레이놀즈수에 반비례한다.

14 ④ 15 ② 16 ④ 17 ② 정답

18 관로 내 물(밀도 1,000[kg/m³])이 30[m/s]로 흐르고 있으며, 그 지점의 정압이 100[kPa]일 때 정체압은 몇 [kPa]인가?

① 0.45　　② 100
③ 450　　④ 550

해설
정체압 압력은 정압과 동압의 합이다.
$P_s = P + \frac{\rho v^2}{2} = 100 + \frac{1 \times 30^2}{2} = 550[\text{kPa}]$

19 압력구배가 0인 평판 위의 경계층 유동과 관련된 설명으로 옳지 않은 것은?

① 표면 조도가 천이에 영향을 미친다.
② 경계층 외부 유동에서의 교란 정도가 천이에 영향을 미친다.
③ 층류에서 난류로의 천이는 거리를 기준으로 하는 Reynolds수의 영향을 받는다.
④ 난류의 속도분포는 층류보다 덜 평평하고 층류 경계층보다 다소 얇은 경계층을 형성한다.

해설
경계층 유동에서 경계층의 두께는 난류가 더 크다.

20 다음 중 비압축성 유체의 흐름에 가장 가까운 것은?

① 달리는 고속열차 주위의 기류
② 초음속으로 나는 비행기 주위의 기류
③ 압축기에서의 공기유동
④ 물속을 주행하는 잠수함 주위의 수류

해설
물속을 주행하는 잠수함 주위의 수류는 비압축성 유체의 흐름에 가깝다. 보기 ①, ②, ③과 관 속에서 수격작용을 일으키는 유동 등은 압축성 유체의 흐름이다.

제2과목 | 연소공학

21 이상기체의 폴리트로픽(Polytropic) 변화에 대한 식이 $PV^n = C$라고 할 때, 다음의 변화에 대한 표현으로 옳지 않은 것은?

① $n=0$일 때는 정압변화를 한다.
② $n=1$일 때는 등온변화를 한다.
③ $n=\infty$일 때는 정적변화를 한다.
④ $n=k$일 때는 등온 및 정압변화를 한다(단, $k=$비열비이다).

해설
$n=k$일 때는 단열변화(등엔트로피 변화)를 한다.

22 프로판가스 1[Sm³]을 완전연소시켰을 때의 건조연소가스량은 약 몇 [Sm³]인가?(단, 공기 중의 산소는 21[v%]이다)

① 10　　② 16
③ 22　　④ 30

해설
- 프로판의 연소방정식 : $C_3H_8 + 5O_2 \rightarrow 3CO_2 + 4H_2O$
- 이론공기량 $A_0 = \frac{O_0}{0.21} = \frac{5}{0.21} \simeq 23.81[\text{Sm}^3]$
- 건조연소가스량
  $G_d = (m-0.21)A_0 + 3CO_2$
  $= (1-0.21) \times 23.81 + 3 \simeq 21.81 \simeq 22[\text{Sm}^3]$

23 메탄의 탄화수소(C/H)비는 얼마인가?

① 0.25　　② 1
③ 3　　④ 4

해설
메탄의 탄화수소(C/H)비 $= \frac{12}{1 \times 4} = 3$

정답 18 ④ 19 ④ 20 ④ 21 ④ 22 ③ 23 ③

24 연소 계산에 사용되는 공기비 등에 대한 설명으로 옳지 않은 것은?

① 공기비란 실제로 공급한 공기량의 이론공기량에 대한 비율이다.
② 과잉공기란 연소 시 단위연료당의 공급공기량이다.
③ 필요한 공기량의 최소량은 화학반응식으로부터 이론적으로 구할 수 있다.
④ 공연비는 공기와 연료의 공급 질량비이다.

해설
과잉공기는 연소를 위해 필요한 이론공기량보다 더 많은(과잉된) 공기이다.

25 다음 중 리프팅(Lifting)의 원인이 아닌 것은?

① 노즐 구경이 너무 크게 된 경우
② 공기조절기를 지나치게 열었을 경우
③ 가스의 공급압력이 지나치게 높은 경우
④ 버너의 염공에 먼지 등이 부착되어 염공이 작아진 경우

해설
노즐 구경이 너무 작아지면 리프팅이 발생한다.

26 폭굉유도거리(DID)가 짧아지는 경우는?

① 압력이 낮을 때
② 관지름이 굵을 때
③ 점화원의 에너지가 작을 때
④ 정상 연소속도가 큰 혼합가스일 때

해설
① 압력이 높을 때
② 관지름이 가늘 때
③ 점화원의 에너지가 클 때

27 메탄을 공기비 1.3에서 연소시킨 경우 단열연소온도는 약 몇 [K]인가?(단, 메탄의 저발열량은 50[MJ/kg], 배기가스의 평균비열은 1.293[kJ/kg · K]이고, 고온에서의 열분해는 무시하고 연소 전 온도는 25[℃]이다)

① 1,688 ② 1,820
③ 1,951 ④ 2,234

해설
• 메탄의 연소방정식 : $CH_4 + 2O_2 \rightarrow CO_2 + 2H_2O$
• 전체 연소가스량[kg]

$$G = (m-0.232)A_0 + CO_2 + 2H_2O$$
$$= \frac{1}{16} \times \left[(1.3-0.232) \times 2 \times \frac{32}{0.232} + 1 \times 44 + 2 \times 18\right]$$
$$\simeq 23.4[\text{kg}]$$

• 단열연소온도 $T_{th} = \frac{H_L}{GC} + t = \frac{50,000}{23.4 \times 1.293} + (25+273)$
$\simeq 1,951[\text{K}]$

28 C_3H_8을 공기와 혼합하여 완전연소시킬 때 혼합기체 중 C_3H_8의 최대농도는 약 얼마인가?(단, 공기 중 산소는 20.9[%]이다)

① 3[vol%] ② 4[vol%]
③ 5[vol%] ④ 6[vol%]

해설
• 프로판의 연소방정식
$C_3H_8 + 5O_2 \rightarrow 3CO_2 + 4H_2O$
• 혼합기체 중 C_3H_8의 최대농도

$$\frac{\text{프로판가스의 양}}{\text{전체 혼합가스의 양}} \times 100[\%]$$
$$= \frac{22.4}{22.4 + \frac{5 \times 22.4}{0.209}} \times 100[\%] \simeq 4[\text{vol\%}]$$

24 ② 25 ① 26 ④ 27 ③ 28 ② 정답

29 고온 400[℃], 저온 50[℃]의 온도범위에서 작동하는 Carnot 사이클 열기관의 열효율을 구하면 몇 [%]인가?

① 37　　② 42
③ 47　　④ 52

해설

$$\eta_c = \frac{T_1 - T_2}{T_1} = \frac{(400+273)-(50+273)}{400+273} \times 100[\%] = 52[\%]$$

30 단열된 용기 안에 2개의 구리 블록이 있다. 블록 A는 10[kg], 온도 300[K]이고, 블록 B는 10[kg], 900[K]이다. 구리의 비열이 0.4[kJ/kg · K]일 때, 두 블록을 접촉시켜 열교환이 가능하게 하고 장시간 놓아두어 최종 상태에서 두 구리 블록의 온도가 같아졌다. 이 과정 동안 시스템의 엔트로피 증가량 [kJ/K]은?

① 1.15　　② 2.04
③ 2.77　　④ 4.82

해설

$m_A C_A(t_m - t_A) = m_B C_B(t_B - t_m)$에서

$10 \times 0.4 \times (t_m - 300) = 10 \times 0.4 \times (900 - t_m)$이므로

$t_m = 600[\mathrm{K}]$

$$S_A = m_A C_A \ln\frac{T_m}{T_A} = 10 \times 0.4 \times \ln\frac{600}{300} = 2.77[\mathrm{kJ/K}]$$

$$S_B = m_B C_B \ln\frac{T_B}{T_m} = 10 \times 0.4 \times \ln\frac{900}{600} = 1.62[\mathrm{kJ/K}]$$

$$S_A - S_B = 2.77 - 1.62 = 1.15[\mathrm{kJ/K}]$$

31 방폭전기기기의 구조별 표시방법으로 틀린 것은?

① p – 압력(壓力) 방폭구조
② o – 안전증 방폭구조
③ d – 내압(耐壓) 방폭구조
④ s – 특수 방폭구조

해설

e – 안전증 방폭구조

32 열역학 제1법칙에 관한 설명으로 옳지 않은 것은?

① 열역학적계에 대한 에너지 보존법칙을 나타낸다.
② 외부에 어떠한 영향을 남기지 않고 계가 열원으로부터 받은 열을 모두 일로 바꾸는 것은 불가능하다.
③ 열은 에너지의 한 형태로서 일을 열로 변환하거나 열을 일로 변환하는 것이 가능하다.
④ 열을 일로 변환하거나 일을 열로 변환할 때 에너지의 총량은 변하지 않고 일정하다.

해설

'외부에 어떠한 영향을 남기지 않고 계가 열원으로부터 받은 열을 모두 일로 바꾸는 것은 불가능하다.'는 것은 열역학 제2법칙이다.

33 다음 중 기체연료의 주된 연소형태는?

① 확산연소　　② 액면연소
③ 증발연소　　④ 분무연소

해설

기체연료의 2대 연소형태 : 확산연소, 예혼합연소

정답 29 ④ 30 ① 31 ② 32 ② 33 ①

34 연료에 고정탄소가 많이 함유되어 있을 때 발생하는 현상으로 옳은 것은?

① 매연 발생이 많다.
② 발열량이 높아진다.
③ 연소효과가 나쁘다.
④ 열손실을 초래한다.

해설
① 매연 발생이 적다.
③ 연소효과가 좋다.
④ 열손실을 줄인다.

35 다음 중 연소 시 가장 높은 온도를 나타내는 색깔은?

① 적 색　　② 백적색
③ 휘백색　　④ 황적색

해설
③ 휘백색 : 1,500[℃]
① 적색 : 850[℃]
② 백적색 : 1,300[℃]
④ 황적색 : 1,100[℃]

36 최소산소농도(MOC)와 이너팅(Inerting)에 대한 설명으로 옳지 않은 것은?

① LFL(연소하한계)은 공기 중의 산소량을 기준으로 한다.
② 화염을 전파하기 위해서는 최소한의 산소농도가 요구된다.
③ 폭발 및 화재는 연료의 농도에 관계없이 산소의 농도를 감소시킴으로써 방지할 수 있다.
④ MOC값은 연소반응식 중 산소의 양론계수와 LFL(연소하한계)의 곱을 이용하여 추산할 수 있다.

해설
LFL(연소하한계)은 공기 중의 가연성 물질용량의 최솟값을 기준으로 하지만, 연소나 폭발은 산소의 문제이며 화염을 전파하기 위해서는 최소한의 산소농도가 요구된다.

37 다음 냉동 사이클에서 열역학 제1법칙과 제2법칙을 모두 만족하는 Q_1, Q_2, W는?

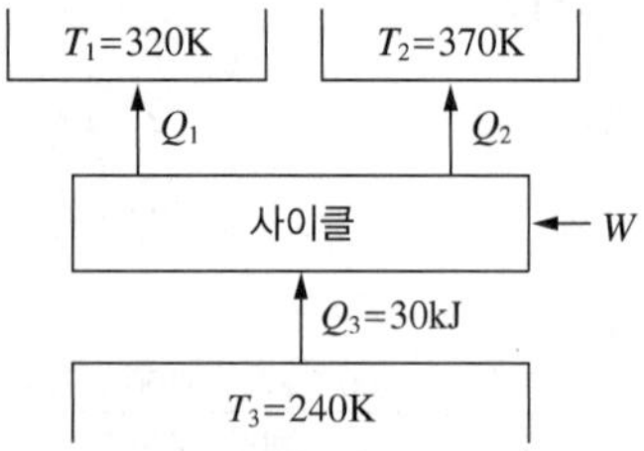

① $Q_1 = 20[\mathrm{kJ}]$, $Q_2 = 20[\mathrm{kJ}]$, $W = 20[\mathrm{kJ}]$
② $Q_1 = 20[\mathrm{kJ}]$, $Q_2 = 30[\mathrm{kJ}]$, $W = 20[\mathrm{kJ}]$
③ $Q_1 = 20[\mathrm{kJ}]$, $Q_2 = 20[\mathrm{kJ}]$, $W = 10[\mathrm{kJ}]$
④ $Q_1 = 20[\mathrm{kJ}]$, $Q_2 = 15[\mathrm{kJ}]$, $W = 5[\mathrm{kJ}]$

해설
- $T_2 > T_1$ 이므로 $Q_2 > Q_1$
  ①, ②, ③은 만족하고, ④는 불만족한다.
- 열역학 제1법칙에 의하면 $Q_3 + W = Q_1 + Q_2$
  ① $30 + 20 \neq 20 + 20$이므로 불만족
  ② $30 + 20 = 20 + 30$이므로 만족
  ③ $30 + 10 \neq 20 + 20$이므로 불만족
- 열역학 제2법칙에 의하면 비가역과정이므로 엔트로피가 증가이어야 한다. 남아 있는 ②의 경우,
  $S_3 = \frac{30}{240} = 0.125[\mathrm{kJ/K}]$
  $S_1 = \frac{20}{320} = 0.0625[\mathrm{kJ/K}]$
  $S_2 = \frac{30}{370} = 0.0811[\mathrm{kJ/K}]$
  $S_1 + S_2 = 0.0625 + 0.0811 = 0.1436$
  $S_1 + S_2 > S_3$

34 ② 35 ③ 36 ① 37 ② 정답

38 배기가스의 온도가 120[℃]인 굴뚝에서 통풍력 12[mmH_2O]를 얻기 위하여 필요한 굴뚝의 높이는 약 몇 [m]인가?(단, 대기의 온도는 20[℃]이다)

① 24　② 32
③ 39　④ 47

해설

$Z_{th} = 355H \times \left(\frac{1}{T_a} - \frac{1}{T_g}\right)[mmH_2O]$에서

$12 = 355H \times \left(\frac{1}{20+273} - \frac{1}{120+273}\right) = 0.803H$이므로

$H = \frac{12}{0.308} \simeq 39[m]$

39 공기비가 클 경우 연소에 미치는 영향에 대한 설명으로 옳지 않은 것은?

① 통풍력이 강하여 배기가스에 의한 열손실이 많아진다.
② 연소가스 중 NO_x의 양이 많아져 저온부식이 된다.
③ 연소실 내의 연소온도가 저하된다.
④ 불완전연소가 되어 매연이 많이 발생한다.

해설

공기비가 작은 경우 불완전연소가 되어 매연이 많이 발생한다.

40 프로판 및 메탄의 폭발하한계는 각각 2.5[vol%], 5.0[vol%]이다. 프로판과 메탄이 4 : 1의 체적비로 있는 혼합가스의 폭발하한계는 약 몇 [vol%]인가?(단, 상온, 상압 상태이다)

① 0.56　② 2.78
③ 4.50　④ 6.75

해설

$\frac{100}{LFL} = \sum \frac{V_i}{L_i} = \frac{80}{2.5} + \frac{20}{5} = 36$

$\therefore LFL = \frac{100}{36} \simeq 2.78$

제3과목 | 가스설비

41 지하에 매설하여 설치하는 배관의 이음방법으로 적합하지 않은 것은?

① 링조인트 접합
② 용접 접합
③ 플랜지 접합
④ 열융착 접합

해설

지하 매설배관의 이음방법 : 용접 접합, 플랜지 접합, 열융착 접합

42 펌프를 운전할 때 펌프 내에 액이 충만되지 않으면 공회전하여 펌프작업이 이루어지지 않는 현상을 방지하기 위해 펌프 내에 액을 충만시키는 것은?

① 베이퍼 로크(Vaper Lock)
② 프라이밍(Priming)
③ 캐비테이션(Cavitation)
④ 서징(Surging)

43 도시가스 강관 파이프의 길이가 5[m]이고, 선팽창계수(α)가 0.000015(1/[℃])일 때 온도가 20[℃]에서 70[℃]로 올라갔다면 늘어날 길이는?

① 2.74[mm]　② 3.75[mm]
③ 4.78[mm]　④ 5.76[mm]

해설

파이프의 늘어난 길이

$\lambda = l - l' = l\alpha(t - t') = 5{,}000 \times 0.000015 \times (70 - 20)$
$= 3.75[mm]$

정답 38 ③ 39 ④ 40 ② 41 ① 42 ② 43 ②

44 서징(Surging)의 발생 원인이 아닌 것은?

① 압력이 주기적으로 변화할 때
② 배관 중에 물탱크나 공기탱크가 있을 때
③ 운전 상태가 펌프의 고유 진동수와 같을 때
④ 펌프의 양정곡선이 우향 감소구배일 때

해설
펌프의 양정곡선이 우향 상승구배일 때 서징현상이 발생한다.

45 일반도시가스사업의 고압 또는 중압의 가스공급시설은 최고사용압력의 몇 배 이상으로 내압시험을 하는가?

① 1배 ② 1.5배
③ 2배 ④ 2.5배

46 고압가스 저장탱크와 유리제 게이지를 접속하는 상·하배관에 설치해야 하는 밸브는?

① 자동식 스톱밸브
② 수동식 스톱밸브
③ 자동식 및 수동식의 스톱밸브
④ 역류방지밸브

47 발열량이 13,000[kcal/m^3]이고, 비중이 1.3, 공급압력이 200[mmH_2O]인 가스의 웨버지수는?

① 10,000 ② 11,402
③ 13,000 ④ 16,900

해설
웨버지수

$$WI = \frac{H}{\sqrt{d}} = \frac{13{,}000}{\sqrt{1.3}} \simeq 11{,}402$$

48 가스용기의 최고충전압력이 14[MPa]이고, 내용적이 50[L]인 수소용기의 저장능력은 약 얼마인가?

① 4[m^3] ② 7[m^3]
③ 10[m^3] ④ 15[m^3]

해설
저장능력 $Q = n(10P+1)V_1$

$= 1\times(10\times14+1)\times50\times10^{-3} \simeq 7[\text{m}^3]$

49 보통 탄소강에서 여러 가지 목적으로 합금원소를 첨가한다. 다음 중 적열메짐을 방지하기 위하여 첨가하는 원소는?

① 망 간
② 텅스텐
③ 규 소
④ 니 켈

해설
적열메짐은 강 속의 불순물인 황(S)에 의해서 발생하는데, 이를 방지하기 위하여 망간(Mn)을 첨가하면 황화망간(MnS)이 만들어지고 황화철(FeS) 생성을 억제하여 적열메짐이 방지된다.

정답 44 ④ 45 ② 46 ③ 47 ② 48 ② 49 ①

50 나사 이음에 대한 설명으로 옳지 않은 것은?

① 유니언 : 관과 관의 접합에 이용되며 분해가 쉽다.
② 부싱 : 관지름이 다른 접속부에 사용된다.
③ 니플 : 관과 관의 접합에 사용되며 암나사로 되어 있다.
④ 밴드 : 관의 완만한 굴곡에 이용된다.

해설
니플(Nipple) : 관과 관이나 관 부속품과 관 부속품, 관과 관 부속품 등의 암나사와 암나사 부위를 연결하는 것으로, 전체 길이는 10[cm] 이내이며 양쪽은 수나사로 되어 있다.

51 부식방지방법에 대한 설명으로 틀린 것은?

① 금속을 피복한다.
② 선택배류기를 접속시킨다.
③ 이종의 금속을 접촉시킨다.
④ 금속 표면의 불균일을 없앤다.

해설
부식을 방지하려면 이종의 금속을 접촉시키지 않는다.

52 다음 금속재료에 대한 설명으로 틀린 것은?

① 강에 P(인)의 함유량이 많으면 신율, 충격치는 저하된다.
② 18[%] Cr, 8[%] Ni을 함유한 강을 18-8스테인리스강이라 한다.
③ 금속가공 중에 생긴 잔류응력을 제거할 때에는 열처리를 한다.
④ 구리와 주석의 합금은 황동이고, 구리와 아연의 합금은 청동이다.

해설
구리와 주석의 합금은 청동이고, 구리와 아연의 합금은 황동이다.

53 고압가스용 밸브에 대한 설명으로 옳지 않은 것은?

① 고압밸브는 그 용도에 따라 스톱밸브, 감압밸브, 안전밸브, 체크밸브 등으로 구분된다.
② 가연성 가스인 브롬화메탄과 암모니아용기 밸브의 충전구는 오른나사이다.
③ 암모니아용기 밸브는 동 및 동합금의 재료를 사용한다.
④ 용기에는 용기 내 압력이 규정압력 이상으로 될 때 작동하는 안전밸브가 부착되어 있다.

해설
암모니아용기 밸브의 재료로는 강재가 사용된다.

54 토양 중에 금속 부식을 시험편을 이용하여 실험하였다. 이에 대한 설명으로 틀린 것은?

① 전기저항이 낮은 토양 중의 부식속도는 빠르다.
② 배수가 불량한 점토 중의 부식속도는 빠르다.
③ 혐기성 세균이 번식하는 토양 중의 부식속도는 빠르다.
④ 통기성이 좋은 토양 중의 부식속도는 점차 빨라진다.

해설
통기성이 좋은 토양에서 부식속도는 점차 느려진다.

정답 50 ③ 51 ③ 52 ④ 53 ③ 54 ④

55 유량이 0.5[m^3/min]인 축류펌프에서 물을 흡수면보다 50[m] 높은 곳으로 양수하고자 한다. 축동력이 15[PS] 소요되었다고 할 때 펌프의 효율은 약 몇 [%]인가?

① 32 ② 37
③ 42 ④ 47

해설
축동력

$$L = \frac{\gamma Q h}{\eta}$$

$$15 = \frac{1,000 \times 0.5 \times 50}{\eta \times 75 \times 60}$$

$$\eta = \frac{1,000 \times 0.5 \times 50}{15 \times 75 \times 60} \simeq 0.37 = 37[\%]$$

56 가스배관의 굵기를 구할 수 있는 다음 식에서 'S'가 의미하는 것은?

$$Q = K\sqrt{\frac{(P_1^2 - P_2^2)D^5}{SL}}$$

① 유량계수
② 가스 비중
③ 배관 길이
④ 관 내경

해설
K : 유량계수, P_1 : 초압, P_2 : 종압, D : 배관의 지름, S : 가스의 비중, L : 배관의 길이

57 아세틸렌(C_2H_2)에 대한 설명으로 옳지 않은 것은?

① 동과 직접 접촉하여 폭발성의 아세틸리드를 만든다.
② 비점과 융점이 비슷하여 고체 아세틸렌은 융해된다.
③ 아세틸렌가스의 충전제로 규조토, 목탄 등의 다공성 물질을 사용한다.
④ 흡열화합물이므로 압축하면 분해폭발할 수 있다.

해설
고체 아세틸렌은 융점(−81.8[℃])과 비점(−83.6[℃])이 비슷하여 안정하며 융해되지 않고 승화한다.

58 냄새가 나는 물질(부취제)의 주입방법이 아닌 것은?

① 적하식 ② 증기 주입식
③ 고압분사식 ④ 회전식

해설
- 액체 주입방식(고압분사식) : 펌프 주입방식, 적하 주입방식, 미터연결 바이패스방식
- 기체 주입방식(증기 주입식 또는 증발식) : 바이패스 증발방식, 워크증발방식

55 ② 56 ② 57 ② 58 ④ 정답

59 다음 중 양정이 높을 때 사용하기 가장 적당한 펌프는?

① 1단 펌프
② 다단펌프
③ 단흡입펌프
④ 양흡입펌프

60 도시가스 제조설비 중 나프타의 접촉분해법에서 생성가스 중 메탄(CH_4)성분을 많게 하는 조건은?

① 반응온도 및 압력을 상승시킨다.
② 반응온도 및 압력을 감소시킨다.
③ 반응온도를 저하시키고, 압력을 상승시킨다.
④ 반응온도를 상승시키고, 압력을 감소시킨다.

해설
나프타의 접촉분해(수증기개질)법에서 생성가스 중 메탄(CH_4)성분을 많게 하려면 반응온도를 저하시키고, 압력을 상승시킨다.

제4과목 | 가스안전관리

61 가스보일러가 가동 중인 아파트 7층 다용도실에서 세탁 중이던 주부가 세탁 30분 후 머리가 아프다며 다용도실을 나온 후 실신하였다. 정밀조사 결과, 상층으로 올라갈수록 CO의 농도가 높아짐을 알았다. 최우선 대책으로 옳은 것은?

① 다용도실의 환기를 개선한다.
② 공동배기구 시설을 개선한다.
③ 도시가스의 누출을 차단한다.
④ 가스보일러 본체 및 가스배관시설을 개선한다.

해설
상층으로 올라갈수록 CO의 농도가 높아지는 것은 가스보일러의 배기가스 배출 불량이 원인이므로 공동배기구 시설을 개선해야 한다.

62 차량에 고정된 탱크에 설치된 긴급차단장치는 차량에 고정된 저장탱크나 이에 접속하는 배관 외면의 온도가 얼마일 때 자동적으로 작동하도록 되어 있는가?

① 100[℃] ② 105[℃]
③ 110[℃] ④ 120[℃]

정답 59 ② 60 ③ 61 ② 62 ③

63 저장탱크에 의한 액화석유가스 저장소에서 지반조사 시 지반조사의 실시기준은?

① 저장설비와 가스설비 외면으로부터 10[m] 내에서 2곳 이상 실시한다.
② 저장설비와 가스설비 외면으로부터 10[m] 내에서 3곳 이상 실시한다.
③ 저장설비와 가스설비 외면으로부터 20[m] 내에서 2곳 이상 실시한다.
④ 저장설비와 가스설비 외면으로 부터 20[m] 내에서 3곳 이상 실시한다.

64 다음 중 특정설비의 범위에 해당되지 않는 것은?

① 조정기 ② 저장탱크
③ 안전밸브 ④ 긴급차단장치

해설
특정설비의 범위 : 차량에 고정된 탱크, 저장탱크, 저장탱크에 부착된 안전밸브 및 긴급차단장치, 기화장치, 압력용기, 평저형 및 이중각 진공단열형 저온 저장탱크, 역화방지장치, 독성가스 배관용 밸브, 자동차용 가스자동주입기, 냉동용 특정설비(냉동설비를 구성하는 압축기, 응축기, 증발기 또는 압력용기), 대기식 기화장치, 저장탱크 또는 차량에 고정된 탱크에 부착되지 않은 안전밸브 및 긴급차단밸브, 특정고압가스용 실린더 캐비닛, 자동차용 압축 천연가스 완속충전설비, 액화석유가스용 용기잔류가스 회수장치

65 고압가스 용접용기 중 오목부에 내압을 받는 접시형 경판의 두께를 계산하고자 한다. 다음 계산식 중 어떤 계산식 이상의 두께로 하여야 하는가?(단, P는 최고충전압력의 수치[MPa], R는 중앙 만곡부 내면의 반지름[mm], W는 접시형 경판의 형상에 따른 계수, S는 재료의 허용응력 수치[N/mm^2], η는 경판 중앙부 이음매의 용접효율, C는 부식 여유 두께[mm]이다)

① $t[\text{mm}] = \dfrac{PRW}{S\eta - P} + C$

② $t[\text{mm}] = \dfrac{PRW}{S\eta - 0.5P} + C$

③ $t[\text{mm}] = \dfrac{PRW}{2S\eta - 0.2P} + C$

④ $t[\text{mm}] = \dfrac{PRW}{2S\eta - 1.2P} + C$

해설
압력용기 경판의 두께(t) 계산

- 접시형 경판 : $t = \dfrac{PRW}{2S\eta - 0.2P} + C$ (P : 최고충전압력[MPa]), R : 중앙 만곡부 내면의 반지름[mm], W : 접시형 경판의 형상에 따른 계수, S : 허용응력[N/mm^2], η : 경판 중앙부 이음매의 용접효율, C : 부식 여유 두께[mm])
- 반타원체형 경판 : $t = \dfrac{PRV}{2S\eta - 0.2P} + C$ (P : 최고충전압력[MPa]), R : 중앙 만곡부 내면의 반지름[mm], V : 반타원체형 경판의 형상에 따른 계수, S : 허용응력[N/mm^2], η : 경판 중앙부 이음매의 용접효율, C : 부식 여유 두께[mm])

63 ① 64 ① 65 ③ 정답

66 도시가스용 압력조정기의 정의로 옳은 것은?

① 도시가스 정압기 이외에 설치되는 압력조정기로서 입구쪽 구경이 50A 이하이고, 최대표시유량이 300[Nm^3/h] 이하인 것이다.
② 도시가스 정압기 이외에 설치되는 압력조정기로서 입구쪽 구경이 50A 이하이고, 최대표시유량이 500[Nm^3/h] 이하인 것이다.
③ 도시가스 정압기 이외에 설치되는 압력조정기로서 입구 쪽 구경이 100A 이하이고, 최대표시유량이 300[Nm^3/h] 이하인 것이다.
④ 도시가스 정압기 이외에 설치되는 압력조정기로서 입구 쪽 구경이 100A 이하이고, 최대표시유량이 500[Nm^3/h] 이하인 것이다.

67 액화석유가스의 누출을 감지할 수 있도록 냄새나는 물질을 섞어야 할 양에 대한 설명으로 옳은 것은?

① 공기 중에 1백분의 1의 비율로 혼합되었을 때 그 사실을 알 수 있도록 섞는다.
② 공기 중에 1천분의 1의 비율로 혼합되었을 때 그 사실을 알 수 있도록 섞는다.
③ 공기 중에 5천분의 1의 비율로 혼합되었을 때 그 사실을 알 수 있도록 섞는다.
④ 공기 중에 1만분의 1의 비율로 혼합되었을 때 그 사실을 알 수 있도록 섞는다.

68 일반도시가스사업자 시설의 정압기에 설치되는 안전밸브 분출부의 크기 기준으로 옳은 것은?

① 정압기 입구측 압력이 0.5[MPa] 이상인 것은 50A 이상
② 정압기 입구압력에 관계없이 80A 이상
③ 정압기 입구측 압력이 0.5[MPa] 미만인 것으로서 설계유량이 1,000[Nm^3/h] 이상인 것으로 32A 이상
④ 정압기 입구측 압력이 0.5[MPa] 미만인 것으로서 설계유량이 1,000[Nm^3/h] 미만인 것으로 32A 이상

해설

일반도시가스사업자 시설의 정압기에 설치되는 안전밸브 분출부의 크기 기준
- 정압기 입구측 압력이 0.5[MPa] 이상 : 50A 이상
- 정압기 입구측 압력이 0.5[MPa] 미만
  - 정압기 설계유량이 1,000[Nm^3/h] 이상 : 50A 이상
  - 정압기 설계유량이 1,000[Nm^3/h] 미만 : 25A 이상

69 산화에틸렌의 성질에 대한 설명으로 틀린 것은?

① 불연성이다.
② 무색의 가스 또는 액체이다.
③ 분자량이 이산화탄소와 비슷하다.
④ 충격 등에 의해 분해폭발할 수 있다.

해설

산화에틸렌은 가연성 가스이다.

정답 66 ① 67 ② 68 ① 69 ①

70 **다음 보기의 가스 성질에 대한 설명 중 옳은 것을 모두 바르게 나열한 것은?**

보기

㉠ 수소는 무색의 기체이다.
㉡ 아세틸렌은 가연성 가스이다.
㉢ 이산화탄소는 불연성이다.
㉣ 암모니아는 물에 잘 용해된다.

① ㉠, ㉡
② ㉡, ㉢
③ ㉠, ㉣
④ ㉠, ㉡, ㉢, ㉣

71 **고압가스 특정제조시설에 설치하는 일정 규모 이상의 가연성 가스의 저장탱크와 다른 가연성 가스와의 사이가 두 저장탱크의 최대 지름을 합산한 길이의 4분의 1이 0.5[m]인 경우 저장탱크와 다른 저장탱크의 사이는 최소 몇 [m] 이상을 유지하여야 하는가?**

① 0.5[m] ② 1[m]
③ 1.5[m] ④ 2[m]

해설

두 저장탱크의 최대 지름을 합산한 길이의 4분의 1이 0.5[m]인 경우 저장탱크와 다른 저장탱크와의 사이는 최소 1[m] 이상을 유지하여야 한다.

72 **고압가스용기를 취급 또는 보관할 때는 위해요소가 발생하지 않도록 관리하여야 한다. 용기 보관장소에 충전용기를 보관하는 방법으로 옳지 않은 것은?**

① 충전용기와 잔가스용기는 각각 구분하여 용기 보관장소에 놓는다.
② 용기 보관 장소에는 계량기 등 작업에 필요한 물건 외에는 두지 아니한다.
③ 용기 보관 장소 주위 2[m] 이내에는 화기 또는 인화성 물질이나 발화성 물질을 두지 아니한다.
④ 충전용기는 항상 60[℃] 이하의 온도를 유지하고, 직사광선을 받지 않도록 조치한다.

해설

충전용기는 항상 40[℃] 이하의 온도를 유지하고, 직사광선을 받지 않도록 조치한다.

73 **독성가스에 대한 설명으로 옳지 않은 것은?**

① 암모니아 등의 독성가스 저장탱크에는 가스 충전량이 그 저장탱크 내용적의 90[%]를 초과하는 것을 방지하는 장치를 설치한다.
② 독성가스의 제조시설에는 그 가스 누출 시 흡수 또는 중화할 수 있는 장치를 설치한다.
③ 독성가스의 제조시설에는 풍향계를 설치한다.
④ 암모니아와 브롬화메탄 등의 독성가스의 제조시설의 전기설비는 방폭성능을 가지는 구조로 한다.

해설

암모니아와 브롬화메탄 등의 독성가스의 제조시설의 전기설비는 방폭성능을 가지는 구조로 할 필요가 없다.

70 ④ 71 ② 72 ④ 73 ④ 정답

74 **일정 규모 이상의 고압가스 저장탱크 및 압력용기를 설치하는 경우 내진설계를 하여야 한다. 다음 중 내진설계를 하지 않아도 되는 경우는?**

① 저장능력 100[ton]인 산소저장탱크
② 저장능력 1,000[m^3]인 수소저장탱크
③ 저장능력 3[ton]인 암모니아저장탱크
④ 증류탑으로서의 높이 10[m]의 압력용기

해설

내진설계 적용대상시설

- 고압가스법의 적용을 받는 10[ton] 이상의 아르곤탱크
- 도시가스사업법의 적용을 받는 3[ton] 이상의 저장탱크
- 액화석유가스법의 적용을 받는 3[ton] 이상의 액화석유가스 저장탱크
- 고압가스법의 적용을 받는 5[ton] 이상의 암모니아 탱크
- 동체부 높이 5[m] 이상의 탑류

75 **다음 중 고압가스안전관리법상 전문교육의 교육대상자가 아닌 자는?**

① 안전관리원
② 운반차량운전자
③ 검사기관의 기술인력
④ 특정고압가스사용신고시설 중 독성가스 시설의 안전관리책임자

해설

고압가스안전관리법상 전문교육의 교육대상자

- 안전관리책임자 · 안전관리원
- 특정고압가스사용신고시설의 안전관리책임자
- 운반책임자
- 검사기관의 기술인력
- 독성가스시설의 안전관리책임자 · 안전관리원
- 특정고압가스사용신고시설 중 독성가스 시설의 안전관리책임자

76 **고압가스 운반기준에 대한 설명으로 틀린 것은?**

① 운반 중 충천용기는 항상 40[℃] 이하를 유지한다.
② 가연성 가스와 산소는 동일 차량에 적재해서는 안 된다.
③ 충전용기와 휘발유는 동일 차량에 적재해서는 안 된다.
④ 납붙임용기에 고압가스를 충전하여 운반 시에는 주의사항 등을 기재한 포장상자에 넣어서 운반한다.

해설

가연성 가스와 산소를 동일 차량에 적재하여 운반하는 때에는 그 충전용기의 밸브가 서로 마주 보지 않도록 적재하여야 한다.

77 **독성 고압가스의 배관 중 2중관의 외층관 내경은 내층관 외경의 몇 배 이상을 표준으로 하는가?**

① 1.2배
② 1.5배
③ 2.0배
④ 2.5배

78 **액화가스의 정의에 대하여 옳게 설명한 것은?**

① 일정한 압력으로 압축되어 있는 것이다.
② 대기압에서의 비점이 0[℃] 이하인 것이다.
③ 대기압에서의 비점이 상용의 온도 이상인 것이다.
④ 가압, 냉각 등의 방법으로 액체 상태로 되어 있는 것이다.

해설

액화가스 : 가압, 냉각 등의 방법으로 액체 상태로 되어 있는 것으로, 대기압에서의 끓는점이 40[℃] 이하 또는 상용의 온도 이하인 것이다.

정답 74 ③ 75 ② 76 ② 77 ① 78 ④

79 **가스 안전사고의 원인을 정확히 분석하여야 하는 가장 주된 이유는?**

① 산재보험금 처리
② 사고의 책임 소재 명확화
③ 부당한 보상금의 지급 방지
④ 사고에 대한 정확한 예방대책 수립

해설
가스 안전사고 원인을 정확히 분석하여야 하는 가장 주된 이유 : 사고에 대한 정확한 예방대책 수립

80 **액화가스를 충전받기 위한 차량은 지상에 설치된 저장탱크 외면으로부터 몇 [m] 이상 떨어져 정지하여야 하는가?**

① 2[m] ② 3[m]
③ 5[m] ④ 8[m]

제5과목 | 가스계측기기

81 **열전도도검출기 측정 시 주의사항으로 옳지 않은 것은?**

① 운반기체 흐름속도에 민감하므로 흐름속도를 일정하게 유지한다.
② 필라멘트에 전류를 공급하기 전에 일정량의 운반기체를 먼저 흘려보낸다.
③ 감도를 위해 필라멘트와 검출실 내벽의 온도를 적정하게 유지한다.
④ 운반기체의 흐름속도가 클수록 감도가 증가하므로, 높은 흐름속도를 유지한다.

해설
운반기체의 흐름속도가 느릴수록 감도가 증가한다. 낮은 흐름속도를 유지하면 감도는 증가하지만 유속이 너무 낮으면 분석시간이 길어진다.

82 **유체의 압력 및 온도 변화에 영향이 작고, 소유량이며 정확한 유량제어가 가능하여 혼합가스 제조 등에 유용한 유량계는?**

① Roots Meter
② 벤투리 유량계
③ 터빈식 유량계
④ Mass Flow Controller

해설
MFC(Mass Flow Controller, 질량유량측정제어기)
- 질량유량을 매우 정확하게 폭넓은 범위에서 측정 및 제어할 수 있다.
- 유체의 압력 및 온도 변화에 영향이 작다.
- 정확한 가스유량의 측정과 제어가 가능하다.
- 응답속도가 빠르다.
- 소유량이며 혼합가스 제조 등에 유용하다.

79 ④ 80 ② 81 ④ 82 ④ 정답

83 계측기와 그 구성을 연결한 것으로 옳지 않은 것은?

① 부르동관 – 압력계
② 플로트(浮子) – 온도계
③ 열선 소자 – 가스검지기
④ 운반가스(Carrier Gas) – 가스분석기

해설
플로트(浮子) – 액면계

84 압력 5[kgf/cm² · abs], 온도 40[℃]인 산소의 밀도는 약 몇 [kg/m³]인가?

① 2.03 ② 4.03
③ 6.03 ④ 8.03

해설

$PV = G\bar{R}T = \frac{m}{M}\bar{R}T$이며

밀도 $\rho = \frac{m}{V} = \frac{PM}{\bar{R}T} = \frac{5 \times 10^4 \times 32}{848 \times (40+273)} \simeq 6.03[\text{kg/m}^3]$

85 가스미터의 구비조건으로 옳지 않은 것은?

① 기차의 변동이 클 것
② 소형이고 계량 용량이 클 것
③ 가격이 싸고, 내구력이 있을 것
④ 구조가 간단하고 감도가 예민할 것

해설
가스미터는 기차의 변동이 작아야 한다.

86 게겔(Gockel)법을 이용하여 가스를 흡수 분리할 때 33[%] KOH로 분리되는 가스는?

① 이산화탄소
② 에틸렌
③ 아세틸렌
④ 일산화탄소

해설
흡수액

CO_2	30[%]의 수산화칼륨(KOH) 용액(게겔법은 33[%])
C_2H_2(아세틸렌)	아이오딘수은칼륨 용액(옥소수은칼륨 용액)
C_2H_4(에틸렌)	HBr(브롬화수소 용액)
O_2	알칼리성 파이로갈롤 용액(수산화칼륨 + 파이로갈롤 수용액)
CO	암모니아성 염화 제1구리 용액
C_3H_6(프로필렌), n-C_4H_8	87[%] H_2SO_4 용액
중탄화수소(C_mH_n)	발연 황산(진한 황산)

87 일반적인 액면측정방법이 아닌 것은?

① 압력식
② 정전용량식
③ 박막식
④ 부자식

해설
액면측정방법이 아닌 것으로 박막식, 임펠러식 등이 출제된다.

정답 83 ② 84 ② 85 ① 86 ① 87 ③

88 전력, 전류, 전압, 주파수 등을 제어량으로 하며 이것을 일정하게 유지하는 것이 목적인 제어방식은?

① 자동조정　　② 서보기구
③ 추치제어　　④ 정치제어

해설
자동조정제어 : 전기적인 양(전력, 전류, 전압, 주파수 등) 또는 기계적인 양(위치, 속도, 압력 등)을 제어량으로 하며, 이것을 일정하게 유지하는 것을 목적으로 하는 제어방식으로 응답속도가 매우 빨라야 한다. 정전압장치, 발전기의 조속기 등에 이용된다.

89 오르자트 가스분석장치에서 사용되는 흡수제와 흡수가스의 연결이 바르게 된 것은?

① CO 흡수액 - 30[%] KOH 수용액
② O_2 흡수액 - 알칼리성 파이로갈롤 용액
③ CO 흡수액 - 알칼리성 파이로갈롤 용액
④ CO_2 흡수액 - 암모니아성 염화제일구리 용액

해설
①, ③ CO 흡수액 - 암모니아성 염화제일구리 용액
④ CO_2 흡수액 - 30[%] KOH 수용액

90 방사선식 액면계의 종류가 아닌 것은?

① 조사식　　② 전극식
③ 가반식　　④ 투과식

해설
방사선식 액면계의 종류에 전극식은 존재하지 않는다.

91 NO_x 분석 시 약 590~2,500[nm]의 파장영역에서 발광하는 광량을 이용하는 가스분석방식은?

① 화학발광법
② 세라믹식 분석
③ 수소이온화 분석
④ 비분산적외선 분석

해설
화학발광법 : NO_x 분석 시 약 590~2,500[nm]의 파장영역에서 발광하는 광량을 이용하는 가스분석방식이다. 화학발광(Chemiluminescence)은 가시광선의 방출에 의해 일어나는 화학반응이다. 활성화된 상태의 이산화질소(NO_2)는 오존이 있는 낮은 압력 상태에서 일산화질소가 산화될 때 형성되고, 활성화된(들뜬 상태) 분자들이 바닥 상태로 천이되면서 화학발광에 의한 빛(파장 590~2,500[nm])을 방출하게 된다.

92 다음 중 제베크(Seebeck) 효과의 원리를 이용한 온도계는?

① 열전대 온도계
② 서미스터 온도계
③ 팽창식 온도계
④ 광전관 온도계

해설
열전대 온도계는 제베크(Seebeck) 효과의 원리를 이용한 온도계이다. 제베크 효과는 2가지 다른 도체의 양끝을 접합하고 두 접점을 다른 온도로 유지할 경우 회로에 생기는 기전력에 의해 열전류가 흐르는 현상이다.

88 ① 89 ② 90 ② 91 ① 92 ① 정답

93 경사각이 30°인 다음 그림과 같은 경사관식 압력계에서 차압은 약 얼마인가?

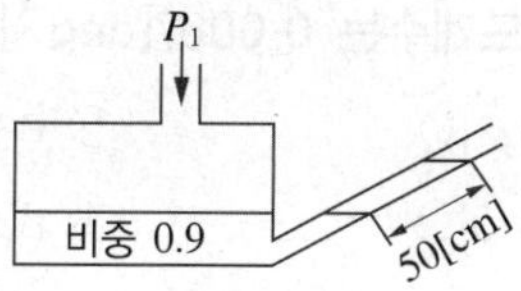

① 0.225[kg/m²]
② 225[kg/cm²]
③ 2.21[kPa]
④ 221[Pa]

해설
차 압
$\Delta P = P_1 - P_2 = \gamma l \sin\theta$
$= 0.9 \times (1{,}000 \times 9.8) \times 0.5 \times \sin 30° = 2{,}205$[Pa]
$\simeq 2.21$[kPa]

94 습식 가스미터기는 주로 표준계량에 이용된다. 이 계량기는 어떤 유형(Type)의 계측기기인가?

① Drum Type
② Orifice Type
③ Oval Type
④ Venturi Type

해설
습식 가스미터기는 주로 표준계량에 이용되는데, 이 계량기는 Drum Type이다.

95 측정량이 시간에 따라 변동하고 있을 때 계기의 지시값은 그 변동에 따를 수 없는 것이 일반적이며 시간적으로 처짐과 오차가 생긴다. 이 측정량의 변동에 대하여 계측기의 지시가 어떻게 변하는지 대응관계를 나타내는 계측기의 특성을 의미하는 것은?

① 정특성
② 동특성
③ 계기특성
④ 고유특성

96 KI-전분지의 검지가스와 변색반응의 색이 옳게 연결된 것은?

① 할로겐 – 청~갈색
② 아세틸렌 – 적갈색
③ 일산화탄소 – 청~갈색
④ 사이안화수소 – 적갈색

해설
② 아세틸렌(C_2H_2) : 염화 제1동 착염지 – 적색
③ 일산화탄소(CO) : 염화 파라듐지 – 흑색
④ 사이안화수소(HCN) : 질산구리벤젠지(초산벤젠지) – 청색

정답 93 ③ 94 ① 95 ② 96 ①

97 다음 가스미터 중 추량식(간접식)이 아닌 것은?

① 벤투리식
② 오리피스식
③ 막 식
④ 터빈식

해설
막식은 직접식이다.

98 추 무게가 공기와 액체 중에서 각각 5[N], 3[N]이었다. 추가 밀어낸 액체의 체적이 1.3×10^{-4}[m^3]일 때 액체의 비중은 약 얼마인가?

① 0.98 ② 1.24
③ 1.57 ④ 1.87

해설
액체의 비중

$$S = \frac{5-3}{1.3 \times 10^{-4} \times 1{,}000 \times 9.8} \simeq 1.57$$

99 온도 0[℃]에서 저항이 40[Ω]인 니켈저항체로서 100[℃]에서 측정하면 저항값은 얼마인가?(단, Ni의 온도계수는 0.0067[deg^{-1}]이다)

① 56.8[Ω] ② 66.8[Ω]
③ 78.0[Ω] ④ 83.5[Ω]

해설
저항값 $R_t = R_0(1 + \alpha dt) = 40 \times (1 + 0.0067 \times 100) = 66.8$[Ω]

100 기체크로마토그래피의 충전칼럼 내의 충전물, 즉 고체 지지체로서 가장 널리 사용되는 재질은?

① 실리카겔
② 활성탄
③ 알루미나
④ 규조토

해설
• 칼럼에 사용되는 흡착제 충전물(정지상 또는 고체 지지체) : 활성탄, 실리카겔, 규조토, 활성알루미나
• 가장 널리 사용되는 고체 지지체 물질 : 규조토

정답 97 ③ 98 ③ 99 ② 100 ④

2023년 제2회 최근 기출복원문제

제1과목 | 가스유체역학

01 비압축성 유체의 유량을 일정하게 하고, 관지름을 2배로 하면 유속은 어떻게 되는가?(단, 기타 손실은 무시한다)

① 1/2로 느려진다. ② 1/4로 느려진다.
③ 2배로 빨라진다. ④ 4배로 빨라진다.

해설
유량 $Q = A_1 v_1 = A_2 v_2$ 에서

$v_2 = \frac{A_1}{A_2} \times v_1 = \frac{A_1}{4A_1} \times v_1 = \frac{1}{4} v_1$ 이므로 $\frac{1}{4}$로 느려진다.

02 안지름이 150[mm]인 관 속에 20[℃]의 물이 4[m/s]로 흐른다. 안지름이 75[mm]인 관 속에 40[℃]의 암모니아가 흐르는 경우 역학적 상사를 이루려면 암모니아의 유속은 얼마가 되어야 하는가?(단, 물의 동점성계수는 1.006×10^{-6}[m²/s]이고, 암모니아의 동점성계수는 0.34×10^{-6}[m²/s]이다)

① 0.27[m/s] ② 2.7[m/s]
③ 3[m/s] ④ 5.68[m/s]

해설
레이놀즈수 $R_e = \frac{\rho v d}{\mu} = \frac{vd}{\nu}$ 에서 $\frac{v_1 d_1}{\nu_1} = \frac{v_2 d_2}{\nu_2}$ 이므로,

$v_2 = \frac{v_1 d_1 \nu_2}{d_2 \nu_1} = \frac{4 \times 0.15 \times 0.34 \times 10^{-6}}{0.075 \times 1.006 \times 10^{-6}} \simeq 2.7[m/s]$

03 구형 입자가 유체 속으로 자유낙하할 때의 현상으로 옳지 않은 것은?(단, μ는 점성계수, d는 구의 지름, U는 속도이다)

① 속도가 매우 느릴 때 항력(Drag Force)은 $3\pi\mu d U$이다.
② 입자에 작용하는 힘을 중력, 항력, 부력으로 구분할 수 있다.
③ 항력계수(C_D)는 레이놀즈수가 증가할수록 커진다.
④ 종말속도는 가속도가 감소되어 일정한 속도에 도달한 것이다.

해설
스토크스 법칙이 적용되는 범위에서 항력계수(C_D, Drag Coefficient)는 $C_D = 24/R_e$ 이므로, 항력계수(C_D)는 레이놀즈수가 증가할수록 작아진다.

04 수은-물 마노미터로 압력차를 측정하였더니 50[cmHg]였다. 이 압력차를 [mH₂O]로 표시하면 약 얼마인가?

① 0.5 ② 5.0
③ 6.8 ④ 7.3

해설
50[cmHg] = (50/76) × 10.33[mH₂O] ≃ 6.8[mH₂O]

정답 1 ② 2 ② 3 ③ 4 ③

05 충격파(Shock Wave)에 대한 설명 중 옳지 않은 것은?

① 열역학 제2법칙에 따라 엔트로피가 감소한다.
② 초음속 노즐에서는 충격파가 생겨날 수 있다.
③ 충격파 생성 시 초음속에서 아음속으로 급변한다.
④ 열역학적으로 비가역적인 현상이다.

해설
엔트로피가 급격히 증가한다.

06 온도가 일정할 때 압력이 10[kgf/cm² · abs]인 이상기체의 압축률은 몇 [cm²/kgf]인가?

① 0.1　　② 0.5
③ 1　　④ 5

해설
압축률

$$\beta = \frac{\text{체적 변화율}}{\text{미소압력 변화}} = \frac{-dV/V}{dP} = -\frac{1}{V}\frac{dV}{dP} = \frac{1}{P}$$

$$= \frac{1}{10} = 0.1[\text{cm}^2/\text{kgf}]$$

07 유체 수송기계 중 주로 비압축성 유체의 수송에 쓰이는 기계는?

① 압축기(Air Compressor)
② 송풍기(Blower)
③ 팬(Fan)
④ 펌프(Pump)

해설
• 비압축성 유체 수송기계 : 펌프, 수차, 유체엔진 및 터빈
• 기체 수송기계 : 팬(Fan), 송풍기(Blower), 압축기(Air Compressor)

08 반지름 3[cm], 길이 15[m], 관 마찰계수 0.025인 수평 원관 속을 물이 난류로 흐를 때 관 출구와 입구의 압력차가 9,810[Pa]이면 유량은 얼마인가?

① 5.0[m³/s]
② 5.0[L/s]
③ 5.0[cm³/s]
④ 0.5[L/s]

해설

$$h_L = f\frac{l}{d}\frac{v^2}{2g} = \frac{\Delta P}{\gamma} = \frac{9{,}810}{9{,}800} \simeq 1[\text{m}]$$ 이므로

$$v = \sqrt{\frac{2gdh_L}{fl}} = \sqrt{\frac{2\times 9.8\times 0.06\times 1}{0.025\times 15}} \simeq 1.77[\text{m/s}]$$

$$Q = Av = \pi r^2 v = 3.14\times 0.03^2\times 1.77 = 0.005[\text{m}^3/\text{s}] = 5[\text{L/s}]$$

09 비압축성 유동에 대한 Navier–Stokes 방정식에서 나타나지 않는 힘은?

① 체적력(중력)
② 압 력
③ 점성력
④ 표면장력

해설
Navier–Stokes 방정식(나비에–스토크스 방정식, N–S 방정식) : 점성을 가진 유체의 운동을 나타내는 비선형 편미분 방정식으로 속도, 체적력(중력), 밀도, 압력, 점성력으로 나타낸다.

10 등엔트로피 과정이란 어떤 과정인가?

① 가역 단열과정이다.
② 비가역 등온과정이다.
③ 수축과 확대 과정이다.
④ 마찰이 있는 가역적 과정이다.

11 비압축성 유체가 흐르는 유로가 축소될 때 일어나는 현상이 아닌 것은?

① 압력이 감소한다.
② 유량이 감소한다.
③ 유속이 증가한다.
④ 질량유량은 변화가 없다.

해설
비압축성 유체가 흐르고 있는 유로가 갑자기 축소될 때 유로의 단면적 축소, 유속의 증가, 압력의 감소, 마찰손실 증가 등의 현상이 나타나지만, 유량·질량유량은 변화가 없다.

12 다음 중 점성(Viscosity)과 관련성이 가장 먼 것은?

① 전단응력
② 점성계수
③ 비 중
④ 속도구배

해설

$$\tau = \mu \frac{du}{dy}$$

여기서, τ : 전단응력
μ : 점성계수
$\frac{du}{dy}$: 속도구배

13 비압축성 유체가 매끈한 원형 관에서 난류로 흐르며 Blasius 실험식과 잘 일치한다면 마찰계수와 레이놀즈수의 관계는?

① 마찰계수는 레이놀즈수에 비례한다.
② 마찰계수는 레이놀즈수에 반비례한다.
③ 마찰계수는 레이놀즈수의 1/4승에 비례한다.
④ 마찰계수는 레이놀즈수의 1/4승에 반비례한다.

해설
매끈한 원형 관에서의 난류로 흐를 때의 관 마찰계수의 함수는 $f = F(R_e)$로 레이놀즈수(R_e)만의 함수이며 관 마찰계수는 Blasius 실험식에 의하면 $f = 0.3164 R_e^{-1/4}$ 이므로, 마찰계수는 레이놀즈수의 1/4 제곱에 반비례한다.

14 유체역학에서 다음 보기와 같은 베르누이 방정식이 적용되는 조건이 아닌 것은?

보기

$$\frac{P}{\gamma} + \frac{v^2}{2g} + Z = 일정$$

① 적용되는 임의의 두 점은 같은 유선상에 있다.
② 정상 상태의 흐름이다.
③ 마찰이 없는 흐름이다.
④ 유체 흐름 중 내부에너지 손실이 있는 흐름이다.

해설
베르누이 방정식의 가정조건
- 유체는 비압축성이어야 한다(압력이 변해도 밀도는 변하지 않아야 한다).
- 유체는 비점성이어야 한다(점성력이 존재하지 않아야 한다).
- 정상유동(Steady State)이어야 한다(시간에 대한 변화가 없어야 한다).
- 동일한 유선상에 있어야 한다.
- 유선이 경계층(Boundary Layer)을 통과해서는 안 된다.
- 이상유체의 흐름이다.
- 마찰이 없는 흐름이다.

15 기체 수송용 압축기에서 최대사용압력이 높은 것부터 순서대로 나열된 것은?

① 원심압축기 > 왕복압축기 > 회전압축기
② 회전압축기 > 원심압축기 > 왕복압축기
③ 왕복압축기 > 원심압축기 > 회전압축기
④ 원심압축기 > 회전압축기 > 왕복압축기

정답 11 ② 12 ③ 13 ④ 14 ④ 15 ③

16 유체 수송장치의 캐비테이션 방지대책으로 옳은 것은?

① 펌프의 설치 위치를 높인다.
② 펌프의 회전수를 크게 한다.
③ 흡입관 지름을 크게 한다.
④ 양흡입을 단흡입으로 바꾼다.

해설
① 펌프의 설치 위치를 낮춘다.
② 펌프의 회전수를 작게 한다.
④ 단흡입을 양흡입으로 바꾼다.

17 어떤 비행체의 마하각을 측정하였더니 45°를 얻었다. 이 비행체가 날고 있는 대기 중에서 음파의 전파 속도가 310[m/s]일 때 비행체의 속도는 얼마인가?

① 340.2[m/s]
② 438.4[m/s]
③ 568.4[m/s]
④ 338.9[m/s]

해설
마하각(Mach Angle, α 또는 μ)

$\sin\mu = \frac{1}{M_a} = \frac{a}{v}$ 에서

비행체의 속도 $v = \frac{a}{\sin\mu} = \frac{310}{\sin 45°} \simeq 438.4[\text{m/s}]$

18 질량 M, 길이 L, 시간 T로 압력의 차원을 나타낼 때 옳은 것은?

① MLT^{-2}
② ML^2T^{-2}
③ $ML^{-1}T^{-2}$
④ ML^2T^{-3}

해설

물리량	MLT계		FLT계	
	단 위	차 원	단 위	차 원
압 력 전단응력(τ) 체적 탄성계수	Pa	$ML^{-1}T^{-2}$	kgf/m²	FL^{-2}

19 지름이 8[mm]인 물방울의 내부압력(게이지압력)은 몇 [Pa]인가?(단, 물의 표면장력은 0.075[N/m]이다)

① 0.037
② 0.075
③ 37.5
④ 75

해설
$\sigma = \frac{\Delta P d}{4}$ 에서 $\Delta P = \frac{4\sigma}{d} = \frac{4 \times 0.075}{0.008} = 37.5[\text{Pa}]$

20 속도 15[m/s]로 항해하는 길이 80[m]의 화물선의 조파저항에 관한 성능을 조사하기 위하여 수조에서 길이 3.2[m]인 모형 배로 실험할 때 필요한 모형 배의 속도는 몇 [m/s]인가?

① 9.0
② 3.0
③ 0.33
④ 0.11

해설
자유표면이 존재하는 경우 실형과 모형에서 역학적 상사가 같아야 한다. 즉, 무차원수 프루드(Froude)수가 서로 같아야 한다.

프루드수 $F_r = \frac{v}{\sqrt{Lg}}$ 에서

$\left(\frac{v}{\sqrt{Lg}}\right)_p = \left(\frac{v}{\sqrt{Lg}}\right)_m$ 이므로

$v_m = \sqrt{\frac{L_m}{L_p}} \times v_p = \sqrt{\frac{3.2}{80}} \times 15 \simeq 3[\text{m/s}]$

16 ③ 17 ② 18 ③ 19 ③ 20 ② 정답

제2과목 | 연소공학

21 298.15[K], 0.1[MPa] 상태의 일산화탄소(CO)를 같은 온도의 이론공기량으로 정상유동 과정으로 연소시킬 때 생성물의 단열화염온도를 주어진 표를 이용하여 구하면 약 몇 [K]인가?(단, 이 조건에서 CO 및 CO_2의 생성엔탈피는 각각 −110,529[kJ/kmol], −393,522[kJ/kmol]이다)

CO_2의 기준 상태에서 각각의 온도까지 엔탈피차	
온도[K]	엔탈피차[kJ/kmol]
4,800	266,500
5,000	279,295
5,200	292,123

① 4,835　② 5,058
③ 5,194　④ 5,293

해설
CO와 CO_2의 생성엔탈피의 차는 −110,529 − (−393,522) = 282,993[kJ/kmol]이므로
주어진 표에서 단열화염온도는 5,000~5,200[K] 사이이다.
5,000[K]와 5,200[K]의 중간온도인 5,100[K]에서의 엔탈피차를 시행착오법으로 계산하면

$$279{,}295 + \frac{292{,}123 - 279{,}295}{2} = 285{,}709[\text{kJ/kmol}]$$이므로

단열화염온도는 5,000~5,200[K] 사이이며 엔탈피차는 5,100[K]에서의 엔탈피차보다 작으므로 ①~④ 중에서 5,058[K]가 구하고자 하는 단열화염온도에 가장 가깝다.

22 30[kg] 중유의 고위발열량이 90,000[kcal]일 때 저위발열량은 약 몇 [kcal/kg]인가?(단, C : 30[%], H : 10[%], 수분 : 2[%]이다)

① 1,552　② 2,448
③ 3,552　④ 4,944

해설
- [kg]당 고위발열량 = 90,000/30 = 3,000[kcal/kg]
- 저위발열량

$$H_L = H_h - 600(9\text{H} + w)$$
$$= 3{,}000 - 600 \times (9 \times 0.1 + 0.02) = 2{,}448[\text{kcal/kg}]$$

23 2개의 단열과정과 2개의 정압과정으로 이루어진 가스터빈의 이상 사이클은?

① 에릭슨 사이클
② 브레이턴 사이클
③ 스털링 사이클
④ 앳킨슨 사이클

해설
① 에릭슨(Ericsson) 사이클 : 2개의 등온과정과 2개의 정압과정(등압과정)으로 이루어진 가스터빈의 기본 사이클이다.
③ 스털링(Stirling) 사이클 : 2개의 정압과정(등압과정)과 2개의 정적과정(등적과정)으로 구성된 스털링기관(밀폐식 외연기관)의 기본 사이클이다.
④ 앳킨슨(Atkinson) 사이클 : 2개의 단열과정과 1개의 정적과정, 1개의 정압과정으로 구성되며 등적 브레이턴 사이클이라고도 한다.

24 다음 중 화학적 폭발과 관계없는 것은?

① 분 해
② 연 소
③ 산 화
④ 파 열

해설
파열은 물리적 폭발과 관계있다.

25 예혼합연소의 특징에 대한 설명으로 옳은 것은?

① 역화의 위험성이 없다.
② 노(爐)의 체적이 커야 한다.
③ 연소실부하율을 높게 얻을 수 있다.
④ 화염대에 해당하는 두께는 10~100[mm] 정도로 두껍다.

해설
① 역화의 위험성이 있다.
② 노(爐)의 체적이 작아도 된다.
④ 화염대에 해당하는 두께는 0.1~0.3[mm] 정도로 얇다.

정답 21 ② 22 ② 23 ② 24 ④ 25 ③

26 **고체연료의 연소과정 중 화염 이동속도에 대한 설명으로 옳은 것은?**

① 발열량이 낮을수록 화염 이동속도는 커진다.
② 석탄화도가 높을수록 화염 이동속도는 커진다.
③ 입자직경이 작을수록 화염 이동속도는 커진다.
④ 1차 공기온도가 높을수록 화염 이동속도는 작아진다.

해설
① 발열량이 높을수록 화염 이동속도는 커진다.
② 석탄화도가 낮을수록 화염 이동속도는 커진다.
④ 1차 공기온도가 높을수록 화염 이동속도는 커진다.

27 **다음 그림은 액체연료의 연소시간(t)의 변화에 따른 유적 직경(d)의 거동을 나타낸 것이다. 착화 지연기간으로 유적의 온도가 상승하여 열팽창을 일으키므로 직경이 다소 증가하지만 증발이 시작되면 감소하는 것은?**

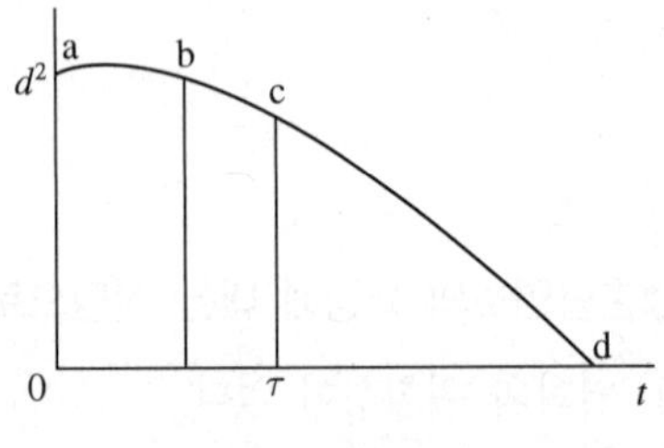

① a – b
② b – c
③ c – d
④ d

해설
• a–b 구간 : 가열시간 영역
• b–c 구간 : 증발기간 영역
• c–d 구간 : 연소기간 영역

28 **다음 중 액체연료의 연소형태가 아닌 것은?**

① 액면연소
② 분해연소
③ 분무연소
④ 등심연소

해설
분해연소는 고체연료의 연소형태에 해당한다.

29 **랭킨 사이클의 열효율 증대방법에 해당하지 않는 것은?**

① 복수기(응축기) 압력 저하
② 보일러 압력 증가
③ 터빈의 질량유량 증가
④ 보일러에서 증기를 고온으로 과열

해설
랭킨 사이클의 열효율 증대방법
• 열이 공급되는 평균 온도가 증가
• 보일러에서 증기를 고온으로 과열
• 열이 방출되는 평균 온도 감소
• 보일러 압력 증가
• 복수기(응축기) 압력 저하

30 **카르노 사이클에서 열량을 받는 과정은?**

① 등온팽창
② 등온압축
③ 단열팽창
④ 단열압축

해설
카르노 사이클의 구성과정 : 등온팽창 → 단열팽창 → 등온압축 → 단열압축
• 1 → 2 등온팽창 : 열량의 흡수
• 2 → 3 단열팽창 : 온도의 하강
• 3 → 4 등온압축 : 열량의 방출
• 4 → 1 단열압축 : 온도의 상승

26 ③ 27 ① 28 ② 29 ③ 30 ① 정답

31 **발열량이 24,000[kcal/m^3]인 LPG 1[m^3]에 공기 3[m^3]을 혼합하여 희석하였을 때 혼합기체 1[m^3]당 발열량은 몇 [kcal]인가?**

① 5,000　② 6,000
③ 8,000　④ 16,000

해설
$Q_1 = (1+3)Q_2$
$Q_2 = \frac{Q_1}{1+3} = \frac{24,000}{4} = 6,000[\text{kcal/m}^3]$

32 **폭굉현상에 대한 설명으로 틀린 것은?**

① 폭굉한계의 농도는 폭발(연소)한계의 범위 내에 있다.
② 폭굉현상은 혼합가스의 고유 현상이다.
③ 오존, NO_2, 고압하의 아세틸렌의 경우에도 폭굉을 일으킬 수 있다.
④ 폭굉현상은 가연성 가스가 어느 조성범위에 있을 때 나타나는데 여기에는 하한계와 상한계가 있다.

해설
폭굉현상은 관 내에서 연소파가 일정거리 진행 후 급격히 연소속도가 증가하는 현상이다.

33 **물질의 양을 1/2로 줄이면 강도성(강성적) 상태량의 값은?**

① 1/2로 줄어든다.
② 1/4로 줄어든다.
③ 변화가 없다.
④ 2배로 늘어난다.

해설
물질의 양을 1/2로 줄이면 강도성(강성적) 상태량의 값은 변화가 없고, 종량성 상태량의 값은 1/2로 줄어든다.

34 **대기압하에서 물질의 질량이 같을 때 엔탈피의 변화가 가장 큰 경우는?**

① 100[℃] 물이 100[℃] 수증기로 변화
② 100[℃] 공기가 200[℃] 공기로 변화
③ 90[℃]의 물이 91[℃] 물로 변화
④ 80[℃]의 경기가 82[℃] 공기로 변화

해설
① $\Delta H = H_g - H_f = 2,675.46 - 417.44 = 2,258.02[\text{kJ/kg}]$
② $\Delta H = C_p(T_2 - T_1) = 1.004 \times (200-100) = 100.4[\text{kJ/kg}]$
③ $\Delta H = C_p(T_2 - T_1) = 4.18 \times (91-90) = 4.18[\text{kJ/kg}]$
④ $\Delta H = C_p(T_2 - T_1) = 1.004 \times (82-80) = 2.008[\text{kJ/kg}]$
따라서 엔탈피 변화량의 크기는 ①>②>③>④의 순이다.

35 **연성 가스의 폭발범위에 대한 설명으로 옳지 않은 것은?**

① 일반적으로 압력이 높을수록 폭발범위가 넓어진다.
② 가연성 혼합가스의 폭발범위는 고압에서는 상압에 비해 훨씬 넓어진다.
③ 프로판과 공기의 혼합가스에 불연성 가스를 첨가하는 경우 폭발범위는 넓어진다.
④ 수소와 공기의 혼합가스는 고온에 있어서는 폭발범위가 상온에 비해 훨씬 넓어진다.

해설
프로판과 공기의 혼합가스에 불연성 가스를 첨가하면 폭발범위는 좁아진다.

정답 31 ② 32 ② 33 ③ 34 ① 35 ③

36 **프로판을 완전연소시키는 데 필요한 이론공기량은 메탄의 몇 배인가?(단, 공기 중 산소의 비율은 21[v%]이다)**

① 1.5　② 2.0
③ 2.5　④ 3.0

해설
- 프로판의 연소방정식 : $C_3H_8 + 5O_2 \rightarrow 3CO_2 + 4H_2O$
- 메탄의 연소방정식 : $CH_4 + 2O_2 \rightarrow CO_2 + 2H_2O$
- 이론공기량의 비는 산소 몰수비와 같으므로

  이론공기량의 비는 $\frac{5}{2} = 2.5$이다.

37 **압력-엔탈피선도에서 등엔트로피선의 기울기는?**

① 부 피　② 온 도
③ 밀 도　④ 압 력

해설
압력-엔탈피선도에서 등엔트로피선의 기울기는 부피이다.

38 **일정한 체적하에서 포화증기의 압력을 높이면 무엇이 되는가?**

① 포화액
② 과열증기
③ 압축액
④ 습증기

39 **어떤 용기 속에 1[kg]의 기체가 들어 있다. 이 용기의 기체를 압축하는 데 2,300[kgf·m]의 일을 하였으며, 이때 7[kcal]의 열량이 용기 밖으로 방출하였다면 이 기체의 내부에너지 변화량은 약 얼마인가?**

① 0.7[kcal/kg]
② 1.0[kcal/kg]
③ 1.6[kcal/kg]
④ 2.6[kcal/kg]

해설
내부에너지 변화량

$$\Delta U = \Delta Q - \Delta W = -7 - \left(-\frac{2,300}{427}\right) \simeq -1.6[\text{kcal/kg}]$$

즉, 내부에너지는 1.6[kcal/kg]만큼 감소하였다.

40 **공기가 산소 20[v%], 질소 80[v%]의 혼합기체라고 가정할 때 표준 상태(0[℃], 101.325[kPa])에서 공기의 기체상수는 약 몇 [kJ/kg·K]인가?**

① 0.269　② 0.279
③ 0.289　④ 0.299

해설
공기의 기체상수
$8.314[\text{kJ/kmol}\cdot\text{K}] \times 1[\text{kmol}]/(32 \times 0.2 + 28 \times 0.8[\text{kg}])$
$\fallingdotseq 0.289[\text{kJ/kg}\cdot\text{K}]$

정답 36 ③ 37 ① 38 ② 39 ③ 40 ③

41 정압기의 특성 중 유량과 2차 압력의 관계를 나타내는 것은?

① 정특성
② 동특성
③ 사용최대차압
④ 작동최소차압

해설
② 동특성 : 부하변동에 대한 응답속도와 안정성의 관계 또는 부하변동에 대한 신속성과 안전성이 요구되는 특성으로 부하 변화가 큰 곳에 사용되는 정압기의 중요한 특성이다.
③ 사용최대차압 : 메인밸브에 1차 압력과 2차 압력이 작동하여 최대로 되었을 때의 차압이다.
④ 작동최소차압 : 정압기가 작동할 수 있는 최소의 차압이다.

42 일정 압력 이하로 내려가면 가스 분출이 정지되는 구조의 안전밸브는?

① 스프링식
② 파열식
③ 가용전식
④ 박판식

해설
② 파열식, ④ 박판식 : 얇은 평판을 작동 부분에 설치하여 이상 압력이 발생되면 판이 파열되어 장치 내의 가스를 분출시키는 안전밸브로, 보통 파열판식이라고 한다.
③ 가용전식 : 이상 고압에 의해 작동하지 않고 설정온도에서 밸브의 개구부 금속이 용융되어 압을 분출시키는 안전밸브이다.

43 일반용 액화석유가스 압력조정기의 내압 성능에 대한 설명으로 옳은 것은?

① 입구쪽 시험압력은 2[MPa] 이상으로 한다.
② 출구쪽 시험압력은 0.2[MPa] 이상으로 한다.
③ 2단 감압식 2차용 조정기의 경우에는 입구쪽 시험압력을 0.8[MPa] 이상으로 한다.
④ 2단 감압식 2차용 조정기 및 자동절체식 분리형 조정기의 경우에는 출구쪽 시험압력을 0.8[MPa] 이상으로 한다.

해설
① 입구쪽 시험압력은 3[MPa] 이상으로 한다.
② 출구쪽 시험압력은 0.3[MPa] 이상으로 한다.
④ 2단 감압식 1차용 조정기의 경우에는 출구쪽 시험압력을 0.8[MPa] 이상 또는 조정압력의 1.5배 이상 중 압력이 높은 것으로 한다.

44 가스배관에 대한 설명 중 옳은 것은?

① SDR21 이하의 PE배관은 0.25[MPa] 이상 0.4[MPa] 미만의 압력에 사용할 수 있다.
② 배관의 규격 중 관의 두께는 스케줄 번호로 표시하는데 스케줄수 40은 살 두께가 두꺼운 관을 말하고, 160 이상은 살 두께가 가는 관을 나타낸다.
③ 강괴에 내재하는 수축공, 국부적으로 집합한 기포나 편식 등의 개재물이 압착되지 않고 층상의 균열로 남아 있어 강에 영향을 주는 현상을 래미네이션이라 한다.
④ 재료가 일정온도 이하의 저온에서 하중을 변화시키지 않아도 시간이 경과함에 따라 변형이 일어나고 끝내 파단에 이르는 것을 크리프 현상이라 하고, 한계온도는 −20[℃] 이하이다.

해설
① SDR21 이하의 PE배관은 0.25[MPa] 이하의 압력에 사용할 수 있다.
② 배관의 규격 중 관의 두께는 스케줄 번호로 표시하는데 스케줄수 40은 살 두께가 가는 관이고, 160 이상은 살 두께가 두꺼운 관을 나타낸다.
④ 재료가 일정온도 이상의 고온에서 하중을 변화시키지 않아도 시간이 경과함에 따라 변형이 일어나고 끝내 파단에 이르는 것을 크리프 현상이라 하고, 한계온도는 탄소강의 경우 350[℃] 이상이다.

정답 41 ① 42 ① 43 ③ 44 ③

45 고압식 액체산소 분리공정 순서로 옳은 것은?

㉠ 공기압축기(유분리기)
㉡ 예랭기
㉢ 탄산가스흡수기
㉣ 열교환기
㉤ 건조기
㉥ 액체산소탱크

① ㉠→㉡→㉢→㉣→㉤→㉥
② ㉢→㉠→㉡→㉤→㉣→㉥
③ ㉡→㉠→㉢→㉣→㉤→㉥
④ ㉠→㉢→㉡→㉤→㉣→㉥

해설
고압식 액체산소 분리공정 순서 : 탄산가스흡수기→공기압축기(유분리기)→예랭기→건조기 →열교환기→액체산소탱크

46 고압가스 이음매 없는 용기의 밸브 부착부 나사의 치수 측정방법은?

① 링게이지로 측정한다.
② 평형 수준기로 측정한다.
③ 플러그 게이지로 측정한다.
④ 버니어 캘리퍼스로 측정한다.

47 고압가스의 분출 시 정전기가 가장 발생하기 쉬운 경우는?

① 다성분의 혼합가스인 경우
② 가스의 분자량이 작은 경우
③ 가스가 많이 건조한 경우
④ 가스 중에 액체나 고체의 미립자가 섞여 있는 경우

해설
가스 중에 액체나 고체의 미립자가 섞여 있으면 고압가스의 분출 시 정전기가 쉽게 발생한다.

48 LNG의 기화장치에 대한 설명으로 옳지 않은 것은?

① Open Rack Vaporizer는 해수를 가열원으로 사용한다.
② Submerged Combustion Vaporizer는 연소가스가 수조에 설치된 열교환기의 하부에 고속으로 분출되는 구조이다.
③ Submerged Combustion Vaporizer는 물을 순환시키기 위하여 펌프 등의 다른 에너지원을 필요로 한다.
④ Intermediate Fluid Vaporizer는 프로판을 중간매체로 사용할 수 있다.

해설
Submerged Combustion Vaporizer는 직접 열을 가해 천연가스를 데워 주는 방식의 기화장치로, 물을 순환시키기 위한 펌프 등의 다른 에너지원을 필요로 하지 않는다.

49 일반도시가스 공급시설에서 최고 사용압력이 고압, 중압인 가스홀더에 대한 안전조치 사항이 아닌 것은?

① 가스방출장치를 설치한다.
② 맨홀이나 검사구를 설치한다.
③ 응축액을 외부로 뽑을 수 있는 장치를 설치한다.
④ 관의 입구와 출구에는 온도나 압력의 변화에 따른 신축을 흡수하는 조치를 한다.

해설
고압, 중압인 가스홀더에 대한 안전조치 사항
• 관의 입구와 출구에는 온도나 압력의 변화에 따른 신축을 흡수하는 조치를 한다.
• 응축액을 외부로 뽑을 수 있는 장치를 설치한다.
• 응축액의 동결을 방지하는 조치를 한다.
• 맨홀이나 검사구를 설치한다.

45 ② 46 ③ 47 ④ 48 ③ 49 ① 정답

50 **천연가스의 액화에 대한 설명으로 옳은 것은?**

① 가스전에서 채취된 천연가스는 불순물이 거의 없어 별도의 전처리과정이 필요하지 않다.
② 임계온도 이상, 임계압력 이하에서 천연가스를 액화한다.
③ 캐스케이드 사이클은 천연가스를 액화하는 대표적인 냉동 사이클이다.
④ 천연가스의 효율적 액화를 위해서는 성능이 우수한 단일 조성의 냉매 사용이 권고된다.

해설
① 가스전에서 채취된 천연가스는 불순물이 포함되어 있어서 별도의 전처리과정이 필요하다.
② 임계온도 이하, 임계압력 이상에서 천연가스를 액화한다.
④ 천연가스의 효율적 액화를 위해서는 성능이 우수한 복합 조성의 냉매 사용이 권고된다.

51 **내용적 120[L]의 LP 가스용기에 50[kg]의 프로판을 충전하였다. 이 용기 내부가 액으로 충만될 때의 온도를 그림에서 구한 것은?**

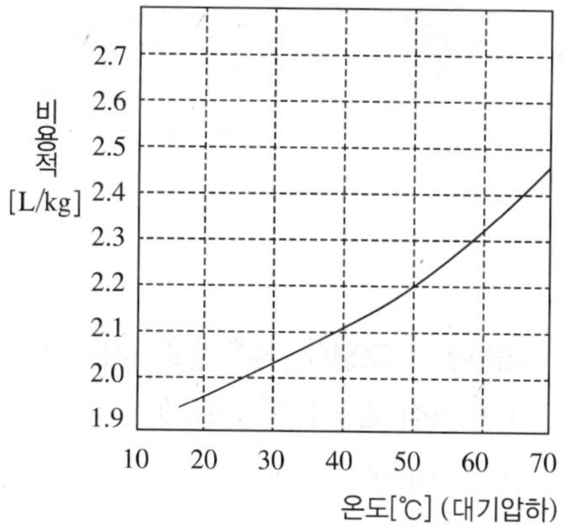

① 37[℃]
② 47[℃]
③ 57[℃]
④ 67[℃]

해설
내용적 120[L], 무게 50[kg]이므로 비용적은 120/50 = 2.4이다. 그래프에서 비용적 2.4와 만나는 온도는 67[℃]이다.

52 **저압배관에서 압력손실의 원인으로 가장 거리가 먼 것은?**

① 마찰저항에 의한 손실
② 배관의 입상에 의한 손실
③ 밸브 및 엘보 등 배관 부속품에 의한 손실
④ 압력계, 유량계 등 계측기 불량에 의한 손실

해설
저압배관에서 압력손실의 원인
- 마찰저항에 의한 손실
- 배관의 입상에 의한 손실
- 밸브 및 엘보 등 배관 부속품에 의한 손실
- 배관의 지름이나 길이에 의한 손실

53 **다음 보기와 같은 성질을 갖는 가스는?**

보기
- 공기보다 무겁다.
- 조연성 가스이다.
- 염소산칼륨을 이산화망간 촉매하에서 가열하면 실험적으로 얻을 수 있다.

① 산 소
② 질 소
③ 염 소
④ 수 소

해설
산소(O_2)
- 조연성, 무독성 가스이다.
- 공기보다 무겁다.
- 액체 공기를 분류하여 제조하는 반응성이 강한 가스이다.
- 산소의 임계온도는 -118.6[℃], 임계압력은 49.8[atm]이다.
- 염소산칼륨을 이산화망간 촉매하에서 가열하면 실험적으로 얻을 수 있다.
- 산화력이 매우 크다.
- 순산소 중에서는 철, 알루미늄 등도 연소되며 금속산화물을 만든다.
- 고압에서 유기물과 접촉시키면 위험하다.
- 오일과 혼합하면 산화력의 증가로 강력히 연소한다.
- 가연성 물질과 반응하면 폭발할 수 있다.

정답 50 ③ 51 ④ 52 ④ 53 ①

54 외부전원법으로 전기방식 시공 시 직류전원장치의 (+)극 및 (-)극에는 각각 무엇을 연결해야 하는가?

① (+)극 : 불용성 양극, (-)극 : 가스배관
② (+)극 : 가스배관, (-)극 : 불용성 양극
③ (+)극 : 전철 레일, (-)극 : 가스배관
④ (+)극 : 가스배관, (-)극 : 전철 레일

55 도시가스 제조설비 중 나프타의 접촉분해법에서 생성가스 중 메탄(CH_4) 성분을 많게 하는 조건은?

① 반응온도 및 압력을 감소시킨다.
② 반응온도 및 압력을 상승시킨다.
③ 반응온도를 상승시키고, 압력을 감소시킨다.
④ 반응온도를 저하시키고, 압력을 상승시킨다.

해설
나프타의 접촉분해(수증기개질)법에서 생성가스 중 메탄(CH_4) 성분을 많게 하려면 반응온도를 저하시키고, 압력을 상승시킨다.

56 직경 150[mm], 행정 100[mm], 회전수 500[rpm], 체적효율 75[%]인 왕복압축기의 송출량은 약 얼마인가?

① 0.54[m^3/min]
② 0.66[m^3/min]
③ 0.79[m^3/min]
④ 0.88[m^3/min]

해설
압축기의 피스톤 압출량

$$V = lanz\eta = 0.1 \times \frac{\pi}{4} \times 0.15^2 \times 500 \times 1 \times 0.75 \simeq 0.66[m^3/min]$$

57 이상적인 냉동 사이클의 기본 사이클은?

① 카르노 사이클
② 랭킨 사이클
③ 역카르노 사이클
④ 브레이턴 사이클

해설
① 카르노 사이클 : 등온팽창, 단열팽창, 등온압축, 단열압축의 과정으로 구성된 이상 사이클이며, 열효율이 가장 우수하다.
② 랭킨 사이클 : 2개의 단열과정과 2개의 정압과정으로 이루어진 사이클이며 증기동력 사이클의 열역학적 이상 사이클, 증기원동기(증기기관)의 가장 기본이 되는 증기동력 사이클이다.
④ 브레이턴 사이클 : 2개의 단열과정(등엔트로피 과정)과 2개의 정압과정(등압과정)으로 구성된 사이클이며 가스터빈의 이상 사이클이다.

58 에틸렌, 프로필렌, 부틸렌과 같은 LP가스의 분류와 화학적 안정성이 바르게 연결된 것은?

① 파라핀계 - 안정
② 올레핀계 - 불안정
③ 파라핀계 - 불안정
④ 올레핀계 - 안정

해설
에틸렌, 프로필렌, 부틸렌과 같은 LP가스는 올레핀계이며 화학적으로 불안정하다.

54 ① 55 ④ 56 ② 57 ③ 58 ② 정답

59 냉동기의 냉동능력을 옳게 나타낸 것은?

① 1시간에 냉동기가 흡수하는 열량[kcal/h]
② 1[m^3]의 공간을 냉동기가 흡수하는 열량[kcal/m^3]
③ 냉매 1[kg]이 흡수하는 열량[kcal/kg]
④ 냉매 1[kg]로 냉각할 수 있는 공간[m^3/kg]

60 나프타(Naphtha)에 대한 설명으로 옳지 않은 것은?

① 원유의 상압증류에서 비점이 200[℃] 이하의 유분을 뜻한다.
② 고비점 유분 및 황분이 많은 것은 바람직하지 않다.
③ 비점이 130[℃] 이하인 것을 보통 경질 나프타라고 한다.
④ 가스화 효율이 좋으려면 올레핀계 탄화수소량이 많은 것이 좋다.

해설
가스화 효율이 좋으려면 파라핀계 탄화수소량이 많은 것이 좋다.

제4과목 | 가스안전관리

61 철근콘크리트제 방호벽의 설치기준에 대한 설명 중 틀린 것은?

① 일체로 된 철근콘크리트 기초로 한다.
② 기초의 높이는 350[mm] 이상, 되메우기 깊이는 300[mm] 이상으로 한다.
③ 기초의 두께는 방호벽 최하부 두께의 120[%] 이상으로 한다.
④ 직경 8[mm] 이상의 철근을 가로, 세로 300[mm] 이하의 간격으로 배근한다.

해설
철근콘크리트제 방호벽은 직경 9[mm] 이상의 철근을 가로, 세로 400[mm] 이하의 간격으로 배근한다.

62 고압가스 저장탱크는 가스가 누출하지 아니하는 구조로 하고, 가스를 저장하는 것에는 가스방출장치를 설치하여야 한다. 이때 가스저장능력이 몇 [m^3] 이상인 경우에 가스방출장치를 설치하여야 하는가?

① 5　② 10
③ 50　④ 500

정답 59 ① 60 ④ 61 ④ 62 ①

63 가연성 가스이면서 독성가스인 것은?

① 염소, 불소, 프로판
② 암모니아, 질소, 수소
③ 프로필렌, 오존, 아황산가스
④ 산화에틸렌, 염화메탄, 황화수소

해설
① 염소 : 조연성·독성가스
불소 : 조연성·독성가스
프로판 : 가연성·무독성 가스
② 암모니아 : 가연성·독성가스
질소 : 불연성·무독성 가스
수소 : 가연성·무독성 가스
③ 프로필렌 : 가연성·독성가스
오존 : 조연성·독성가스
아황산가스 : 가연성·독성가스

64 액화석유가스사용시설에 설치되는 조정압력 3.3[kPa] 이하인 조정기의 안전장치 작동정지압력의 기준은?

① 7[kPa]
② 5.6~8.4[kPa]
③ 5.04~8.4[kPa]
④ 9.9[kPa]

해설
조정압력이 3.30[kPa] 이하인 압력조정기의 안전장치 작동압력
• 작동표준압력 : 7.0[kPa]
• 작동개시압력 : 5.60~8.40[kPa]
• 작동정지압력 : 5.04~8.40[kPa]

65 고압가스 특정제조시설에서 안전구역 안의 고압가스설비의 외면으로부터 다른 안전구역 안에 있는 고압가스설비의 외면까지 유지하여야 할 거리의 기준은?

① 10[m] 이상
② 20[m] 이상
③ 30[m] 이상
④ 50[m] 이상

66 지중에 설치하는 강재배관의 전위측정용 터미널(T/B)의 설치기준으로 옳지 않은 것은?

① 희생양극법은 300[m] 이내 간격으로 설치한다.
② 직류전철 횡단부 주위에는 설치할 필요가 없다.
③ 지중에 매설되어 있는 배관 절연부 양측에 설치한다.
④ 타 금속구조물과 근접 교차 부분에 설치한다.

해설
T/B는 반드시 직류전철 횡단부 주위에 설치한다.

67 사이안화수소에 대한 설명으로 옳은 것은?

① 가연성, 독성가스이다.
② 가스의 색깔은 연한 황색이다.
③ 공기보다 아주 무거워 아래쪽에 체류하기 쉽다.
④ 냄새가 없고, 인체에 대한 강한 마취작용을 나타낸다.

해설
② 가스의 색깔은 무색이다.
③ 공기보다 가벼워서 누출 시 위쪽에 체류하기 쉽다.
④ 아몬드향이 나지만 인체에 대한 강한 독성작용을 나타낸다.

63 ④ 64 ③ 65 ③ 66 ② 67 ① 정답

68 **염소의 특징에 대한 설명으로 옳지 않은 것은?**

① 가연성이다.
② 독성가스이다.
③ 상온에서 액화시킬 수 있다.
④ 수분과 반응하고 철을 부식시킨다.

해설
염소는 조연성이다.

69 **지하에 설치하는 액화석유가스 저장탱크실 재료의 규격으로 옳은 것은?**

① 설계강도 : 25[MPa] 이상
② 물-결합재 비 : 25[%] 이하
③ 슬럼프(Slump) : 50~150[mm]
④ 굵은 골재의 최대 치수 : 25[mm]

해설
① 설계강도 : 21[MPa] 이상
② 물-결합재 비 : 50[%] 이하
③ 슬럼프(Slump) : 120~150[mm]

70 **공기보다 무거워 누출 시 체류하기 쉬운 가스가 아닌 것은?**

① 산 소
② 염 소
③ 암모니아
④ 프로판

해설
공기보다 무거워 누출 시 체류하기 쉬운 가스가 아닌 것은 분자량이 공기의 분자량(약 29)보다 작은 가스이다. 각 가스의 분자량은 다음과 같다.

- 염소(Cl_2) : 71
- 프로판(C_3H_8) : 44
- 산소(O_2) : 32
- 암모니아(NH_3) : 17

71 **가스용품 중 배관용 밸브 제조 시 기술기준으로 옳지 않은 것은?**

① 밸브의 O링과 패킹은 마모 등 이상이 없는 것으로 한다.
② 볼밸브는 핸들 끝에서 294.2[N] 이하의 힘을 가해서 90° 회전할 때 완전히 개폐되는 구조로 한다.
③ 개폐용 핸들 휠의 열림 방향은 시계 방향으로 한다.
④ 볼밸브는 완전히 열렸을 때 핸들 방향과 유로 방향이 평행인 것으로 한다.

해설
개폐용 핸들 휠의 열림 방향은 시계 반대 방향으로 한다.

정답 68 ① 69 ④ 70 ③ 71 ③

72 **고압가스 용기를 운반할 때 혼합 적재를 금지하는 기준으로 틀린 것은?**

① 염소와 아세틸렌은 동일 차량에 적재하여 운반하지 않는다.

② 염소와 수소는 동일 차량에 적재하여 운반하지 않는다.

③ 가연성 가스와 산소를 동일 차량에 적재하여 운반할 때는 그 충전용기의 밸브가 서로 마주보지 않도록 적재한다.

④ 충전용기와 석유류를 동일 차량에 적재할 때는 완충판 등으로 조치하여 운반한다.

해설

충전용기와 휘발유나 경유는 동일 차량에 적재하여 운반하지 않는다.

73 **저장탱크에 의한 LPG 사용시설에서 로딩암을 건축물 내부에 설치한 경우 환기구 면적의 합계는 바닥 면적의 얼마 이상으로 하여야 하는가?**

① 3[%] ② 6[%]

③ 10[%] ④ 20[%]

해설

액화석유가스 저장탱크에는 자동차에 고정된 탱크에서 가스를 이입할 수 있도록 로딩암을 건축물 내부에 설치할 경우 환기구를 설치하여야 한다. 이때 환기구 면적의 합계는 바닥 면적의 6[%] 이상으로 하여야 한다.

74 **가스 안전사고를 조사할 때 유의할 사항으로 적합하지 않은 것은?**

① 재해조사는 발생 후 되도록 빨리 현장이 변경되지 않은 가운데 실시하는 것이 좋다.

② 재해에 관계가 있다고 생각되는 것은 물적 · 인적인 것을 모두 수집 · 조사한다.

③ 시설의 불안전한 상태나 작업자의 불안전한 행동에 대하여 유의하여 조사한다.

④ 재해조사에 참가하는 자는 항상 주관적인 입장을 유지하여 조사한다.

해설

재해조사에 참여하는 자는 항상 객관적인 입장을 유지하여 조사한다.

75 **고압가스 충전설비 및 저장설비 중 전기설비를 방폭구조로 하지 않아도 되는 고압가스는?**

① 암모니아

② 수 소

③ 아세틸렌

④ 일산화탄소

해설

고압가스 충전설비 및 저장설비 중 전기설비를 방폭구조로 하지 않아도 되는 고압가스 : 암모니아, 브롬화메탄, 공기 중에서 자기발화하는 가스

76 **고압가스를 차량에 적재 · 운반할 때 몇 [km] 이상의 거리를 운행하는 경우에 중간에 충분한 휴식을 취한 후 운행하여야 하는가?**

① 100 ② 200

③ 300 ④ 400

해설

고압가스를 차량에 적재 · 운반할 때 200[km] 이상의 거리를 운행하는 경우에 중간에 충분한 휴식을 취한 후 운행하여야 한다.

72 ④ 73 ② 74 ④ 75 ① 76 ② 정답

77 **용기 보관실에 고압가스용기를 취급 또는 보관하는 때의 관리기준에 대한 설명 중 틀린 것은?**

① 충전용기와 잔가스용기는 각각 구분하여 용기 보관 장소에 놓는다.

② 용기 보관 장소의 주위 8[m] 이내에는 화기 또는 인화성 물질이나 발화성 물질을 두지 아니한다.

③ 충전용기는 항상 40[℃] 이하의 온도를 유지하고 직사광선을 받지 않도록 조치한다.

④ 가연성 가스 용기 보관 장소에는 방폭형 휴대용 손전등 외의 등화를 휴대하고 들어가지 아니한다.

해설

용기 보관 장소의 주위 2[m] 이내에는 화기 또는 인화성 물질이나 발화성 물질을 두지 아니한다.

78 **물을 제독제로 사용하는 독성가스는?**

① 염소, 포스겐, 황화수소

② 암모니아, 산화에틸렌, 염화메탄

③ 아황산가스, 사이안화수소, 포스겐

④ 황화수소, 사이안화수소, 염화메탄

해설

제독제별 해당 가스

- 물 : 암모니아, 산화에틸렌, 염화메탄, 아황산가스
- 가성소다 : 염소, 포스겐, 황화수소, 사이안화수소, 아황산가스
- 탄산소다 : 염소, 황화수소, 아황산가스
- 소석회 : 염소, 포스겐

79 **고압가스설비에서 고압가스 배관의 상용압력이 0.6[MPa]일 때 기밀시험압력[MPa]의 기준은?**

① 0.6 ② 0.7

③ 0.75 ④ 1.0

해설

고압가스설비에서 고압가스 배관의 기밀시험압력은 상용압력 이상으로 하되, 0.7[MPa]를 초과하는 경우 0.7[MPa] 압력 이상으로 한다.

80 **저장설비 또는 가스설비의 수리 또는 청소 시 안전에 대한 설명으로 옳지 않은 것은?**

① 작업계획에 따라 해당 책임자의 감독하에 실시한다.

② 탱크 내부의 가스를 그 가스와 반응하지 아니하는 불활성가스 또는 불활성 액체로 치환한다.

③ 치환에 사용된 가스 또는 액체를 공기로 재치환하고 산소농도가 22[%] 이상으로 된 것이 확인될 때까지 작업한다.

④ 가스의 성질에 따라 사업자가 확립한 작업절차서에 따라 가스를 치환하되 불연성 가스설비에 대하여는 치환작업을 생략할 수 있다.

해설

산소가스설비를 수리 또는 청소할 때 산소농도 22[%] 이하가 될 때까지 공기나 질소로 치환한다.

정답 77 ② 78 ② 79 ① 80 ③

제5과목 | 가스계측기기

81 가스검지시험지와 검지가스와의 연결이 옳은 것은?

① KI 전분지 – CO
② 리트머스지 – C_2H_2
③ 하리슨시약 – $COCl_2$
④ 염화 제1동 착염지 – 알칼리성 가스

해설
① KI 전분지 – Cl_2
② 리트머스지 – NH_3
④ 염화 제1동 착염지 – C_2H_2

82 열전대 온도계는 두 종류의 금속선을 접속하여 하나의 회로로 만들어 2개의 접점에 온도차를 부여하면 회로에 접점의 온도에 거의 비례한 전류가 흐르는 것을 이용한 것이다. 이때 응용된 원리로서 옳은 것은?

① 측온체의 발열현상
② 제베크 효과에 의한 열전기력
③ 두 금속의 열전도도의 차이
④ 키르히호프의 전류법칙에 의한 저항 강하

해설
열전대 온도계는 제베크 효과에 의한 열전기력을 이용한 접촉식 온도계이다.

83 막식 가스미터의 감도유량(㉠)과 일반 가정용 LP 가스미터의 감도유량(㉡)의 값이 바르게 나열된 것은?

① ㉠ 3[L/h] 이상, ㉡ 15[L/h] 이상
② ㉠ 15[L/h] 이상, ㉡ 3[L/h] 이상
③ ㉠ 3[L/h] 이하, ㉡ 15[L/h] 이하
④ ㉠ 15[L/h] 이하, ㉡ [3L/h] 이하

해설
• 막식 가스미터의 감도유량 : 3[L/h] 이하
• 일반 가정용 LP 가스미터의 감도유량 : 15[L/h] 이하

84 기체크로마토그래피(Gas Chromatography)에서 캐리어가스 유량이 5[mL/s]이고, 기록지 속도가 3[mm]일 때 어떤 시료가스를 주입하니 지속용량이 250[mL]이었다. 이때 주입점에서 성분의 피크까지 거리는 약 몇 [mm]인가?

① 50 ② 100
③ 150 ④ 200

해설
주입점에서 피크까지의 길이

$$l = vt_i = \frac{V}{Q} \times v = \frac{250}{5} \times 3 = 150[\text{mm}]$$

81 ③ 82 ② 83 ③ 84 ③ 정답

85 가스분석을 위하여 햄펠법으로 분석할 경우 흡수액이 KOH 30[g]/H_2O 100[mL]인 가스는?

① CO_2
② C_mH_n
③ O_2
④ CO

해설
햄펠법 분석 흡수액
- CO_2 : KOH 30[%] 수용액
- C_mH_n : 발연황산
- O_2 : 파이로갈롤 용액
- CO : 암모니아성 염화 제1구리 용액

86 다음 중 액주식 압력계가 아닌 것은?

① 경사관식
② 벨로스식
③ 환상천평식
④ U자관식

해설
벨로스식 압력계는 탄성식 압력계에 해당한다.

87 가스크로마토그래피에 의한 분석방법은 어떤 성질을 이용한 것인가?

① 비열의 차이
② 비중의 차이
③ 연소성의 차이
④ 이동속도의 차이

88 피스톤형 게이지로서 다른 압력계의 교정 또는 검정용 표준기로 사용되는 압력계는?

① 분동식 압력계
② 부르동관식 압력계
③ 벨로스식 압력계
④ 다이어프램식 압력계

해설
분동식 압력계는 피스톤형 게이지로서 다른 압력계의 교정 또는 검정용 표준기로 사용되는 압력계이다. 램, 실린더, 기름탱크, 가압펌프 등으로 구성된다.

89 독성가스나 가연성 가스 저장소에서 가스 누출로 인한 폭발 및 가스중독을 방지하기 위하여 현장에서 누출 여부를 확인하는 방법이 아닌 것은?

① 검지관법
② 시험지법
③ 가연성가스검출기법
④ 가스크로마토그래피법

해설
가스크로마토그래피법은 현장에서 사용할 수 없고 별도의 전용 분석실에서 사용해야 한다.

90 가스미터는 계산된 주기체적값과 가스미터에 지시된 공칭 주기체적값 간의 차이가 기준조건에서 공칭 주기체적값의 얼마를 초과해서는 아니 되는가?

① 1[%] ② 2[%]
③ 3[%] ④ 5[%]

해설
가스미터는 계산된 주기체적값과 가스미터에 지시된 공칭 주기체적값 간의 차이가 기준조건에서 공칭 주기체적값의 5[%]를 초과해서는 안 된다.

정답 85 ① 86 ② 87 ④ 88 ① 89 ④ 90 ④

91 **고온 · 고압의 액체나 고점도의 부식성 액체 저장 탱크에 가장 적합한 간접식 액면계는?**

① 유리관식 ② 방사선식
③ 플로트식 ④ 검척식

해설
방사선식 액면계 : 고온 · 고압의 액체나 고점도의 부식성 액체 저장 탱크에 가장 적합한 간접식 액면계

92 **루트식 가스미터의 특징에 해당되는 것은?**

① 계량이 정확하다.
② 설치 공간이 커진다.
③ 사용 중 수위 조절이 필요하다.
④ 소유량에는 부동의 우려가 있다.

해설
① 습식 가스미터보다 계량이 정확하지 않다.
② 설치 공간이 작다.
③ 사용 중 수위 조절이 필요하지 않다.

93 **직각 3각 위어(Weir)를 사용하여 물의 유량을 측정하였다. 위어를 통과하는 물의 높이를 H, 유량계수를 k라고 했을 때 부피유량 Q를 구하는 식은?**

① $Q = kH$
② $Q = kH^{1/2}$
③ $Q = kH^{3/2}$
④ $Q = kH^{5/2}$

94 **압력 30[atm], 온도 50[℃], 부피 1[m³]의 질소를 −50[℃]로 냉각시켰더니 그 부피가 0.32[m³]이 되었다. 냉각 전후의 압축계수가 각각 1.001, 0.930일 때 냉각 후의 압력은 약 몇 [atm]이 되는가?**

① 60 ② 70
③ 80 ④ 90

해설
압축계수 $Z_1 = \frac{P_1 V_1}{RT_1}$에서 $R = \frac{P_1 V_1}{T_1 Z_1}$이며 $Z_2 = \frac{P_2 V_2}{RT_2}$이므로

$$P_2 = \frac{RT_2 Z_2}{V_2} = \frac{P_1 V_1 T_2 Z_2}{V_2 T_1 Z_1} = \frac{30 \times 1 \times (-50+273) \times 0.930}{0.32 \times (50+273) \times 1.001} \simeq 60[\text{atm}]$$

95 **속도 변화에 의하여 생기는 압력차를 이용하는 유량계는?**

① 벤투리 미터
② 아누바 유량계
③ 로터미터
④ 오벌 유량계

해설
벤투리 미터는 속도 변화에 의하여 생기는 압력차를 이용하는 차압식 유량계이다.

91 ② 92 ④ 93 ④ 94 ① 95 ① 정답

96 서미스터(Thermistor)에 대한 설명으로 옳지 않은 것은?

① 측정범위는 약 -100~300[℃]이다.
② 수분을 흡수하면 오차가 발생한다.
③ 반도체를 이용하여 온도 변화에 따른 저항 변화를 온도 측정에 이용한다.
④ 감도가 낮고 온도 변화가 큰 곳의 측정에 주로 이용된다.

해설
서미스터는 주로 감도가 높고 온도 변화가 작은 곳을 측정하는 데 이용한다.

97 막식 가스미터에서 가스는 통과하지만 미터의 지침이 작동하지 않는 고장이 일어났다. 예상되는 원인이 아닌 것은?

① 계량막의 파손
② 밸브의 탈락
③ 회전장치 부분의 고장
④ 지시장치 톱니바퀴의 불량

해설
가스는 통과하지만 미터의 지침이 작동하지 않는 고장을 부동이라고 한다. 계량막의 파손, 밸브의 탈락, 밸브와 밸브시트의 틈새 불량, 밸브와 밸브시트 간격에서의 누설, 지시 기어장치의 물림 불량 등으로 인하여 발생된다.

98 캐스케이드 제어에 대한 설명으로 옳은 것은?

① 비율제어라고도 한다.
② 단일 루프제어에 비해 내란의 영향이 없으나 계 전체의 지연이 크게 된다.
③ 2개의 제어계를 조합하여 제어량을 1차 조절계로 측정하고, 그 조작 출력으로 2차 조절계의 목표치를 설정한다.
④ 물체의 위치, 방위, 자세 등의 기계적 변위를 제어량으로 하는 제어계이다.

해설
캐스케이드 제어(Cascade Control)
- 1차 제어장치가 제어량을 측정하여 제어명령을 하고, 2차 제어장치가 이 명령을 바탕으로 제어량을 조절하는 제어방식이다.
- 2개의 제어계를 조합하여 1차 제어장치의 제어량을 측정하여 제어명령을 발하고, 2차 제어장치의 목표치로 설정하는 제어방식이다.
- 프로세스계 내에 시간 지연이 크거나 외란이 심할 경우 조절계를 이용하여 설정점을 작동시키게 하는 제어방식이다.

99 공기의 유속을 피토관으로 측정하였을 때 차압이 60[mmH$_2$O]이었다. 이때 유속[m/s]은?(단, 피토관 계수 1, 공기의 비중량 1.2[kgf/m^3]이다)

① 0.053 ② 31.3
③ 5.3 ④ 53

해설
피토관의 유속

$$v = C\sqrt{2g\Delta h} = C\sqrt{2g(P_t - P_s)/\gamma} = 1 \times \sqrt{\frac{2 \times 9.8 \times 60}{1.2}} \simeq 31.3[\text{m/s}]$$

100 일반적으로 사용하는 열전대의 종류가 아닌 것은?

① 크로멜 – 백금
② 철 – 콘스탄탄
③ 구리 – 콘스탄탄
④ 백금 – 백금・로듐

해설
크로멜 – 백금으로 만든 열전대는 존재하지 않는다.

정답 96 ④ 97 ③ 98 ③ 99 ② 100 ①

참 / 고 / 문 / 헌

- 경태환(2007). **신연소·방화공학**. 동화기술.
- 김동진, 박남섭, 김동균, 김동호, 김홍석(2014). **공업열역학**. 문운당.
- 김원회, 김준식(2002). **센서공학**. 성안당.
- 노승탁(2016). **공업열역학**. 문운당.
- 박병호(2019). **가스산업기사**. 시대고시기획.
- 박병호(2019). **에너지관리기사**. 시대고시기획.
- 박홍채, 오기동, 이윤복(2012). **내화물공학개론**. 구양사.
- 성재용(2009). **에너지설비유동계측 및 가시화**. 아진.
- 에너지관리공단(2015). **보일러에너지절약 가이드북**. 신기술.
- 윤석범, 임익태, 서이수(2016). **유체역학**. 문운당.
- 전영남(2017). **연소와 에너지**. 청문각.
- 정호신, 엄동석(2006). **용접공학**. 문운당.
- 최병철(2016). **연소공학**. 문운당.
- Turns, Stephen R.(2012), *An Introduction to Combustion : Concpets and Applications*, 3rd Edi., McGrawHill.

[인터넷 사이트]

- 국가법령정보센터(http://www.law.go.kr)

Win-Q 가스기사 필기

개정2판1쇄 발행	2024년 03월 05일 (인쇄 2024년 01월 31일)
초 판 발 행	2022년 06월 03일 (인쇄 2022년 04월 22일)
발 행 인	박영일
책 임 편 집	이해욱
편 저	박병호
편 집 진 행	윤진영, 최 영
표지디자인	권은경, 길전홍선
편집디자인	정경일, 이현진
발 행 처	(주)시대고시기획
출 판 등 록	제10-1521호
주 소	서울시 마포구 큰우물로 75 [도화동 538 성지 B/D] 9F
전 화	1600-3600
팩 스	02-701-8823
홈 페 이 지	www.sdedu.co.kr
I S B N	979-11-383-6682-3(13570)
정 가	36,000원

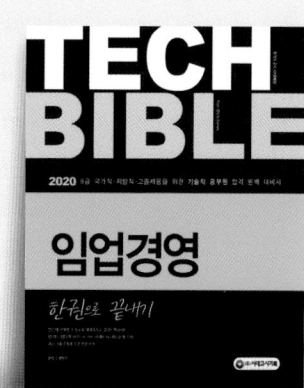